国外名校名著系列教材

电化学方法
原理和应用

ELECTROCHEMICAL METHODS
Fundamentals and Applications

第三版

[美] 阿伦·J.巴德　拉里·R.福克纳　亨利·S. 怀特　著
邵元华　董献堆　张柏林　詹东平　苏 彬　译

化学工业出版社
·北京·

内容简介

《电化学方法——原理和应用》（第三版）既保持了第一、二版的写作宗旨与方式，全面涵盖了现在广泛应用的电化学方法原理，同时也增补了本书第二版出版 20 多年来电化学快速发展的新领域和新课题，如超微电极的应用、扫描电化学显微镜的完善及拓展、单颗粒（实体）电化学、电催化及涉及内层电化学反应的理论、各种电化学与其他技术联用等。本书内容丰富、描述详尽、结构严谨。书中包括大量的公式、化学实例和习题，并附有最新的参考文献，及实验室贴士，非常便于学习。

本书可作为高等学校化学、材料、能源、环境等专业高年级本科生及研究生教材，同时也是从事电化学和电分析化学领域研究和应用人员的必备参考书。

Electrochemical Methods Fundamentals and Applications，3rd Edition/by Bard A. J.，Faulkner L. R.，White H. S.
ISBN 9781119334064

北京市版权局著作权合同登记号：01-2025-1594

图书在版编目（CIP）数据

电化学方法——原理和应用 /（美）阿伦·J. 巴德（Allen J. Bard），（美）拉里·R. 福克纳（Larry R. Faulkner），（美）亨利·S. 怀特（Henry S. White）著；邵元华等译．--3 版．--北京：化学工业出版社，2025.7.--（国外名校名著系列教材）．--ISBN 978-7-122-47867-2

Ⅰ. O646

中国国家版本馆 CIP 数据核字第 20254ZQ919 号

责任编辑：杜进祥　马泽林　　文字编辑：向　东
责任校对：宋　玮　　装帧设计：刘丽华

出版发行：化学工业出版社（北京市东城区青年湖南街 13 号　邮政编码 100011）
印　　装：天津千鹤文化传播有限公司
787mm×1092mm　1/16　印张 50　字数 1502 千字　2025 年 10 月北京第 3 版第 1 次印刷

购书咨询：010-64518888　　售后服务：010-64518899
网　　址：http://www.cip.com.cn
凡购买本书，如有缺损质量问题，本社销售中心负责调换。

定　　价：149.00 元　

译 序

由国际著名化学家 A. J. Bard 和 L. R. Faulkner 合著的“ELECTROCHEMICAL METHODS Fundamentals and Applications”一书分别于 1980 年和 2001 年出版了第一版与第二版。20 多年后，H. S. White 教授也参与进来共同编著的第三版终于在 2022 年 5 月问世。这本书自从第一版出版以来，普遍认为是一本非常好的教科书和参考书。它既可作为大学化学系高年级学生和研究生教材，同时也是从事电化学与电分析化学领域研究和应用的必备基础书。

第三版的出发点与前两版不同，三位作者结合当前电化学在很多领域的发展，重新组织了该书的写作框架，基于数学、物理与化学的基本原理，发展电化学相关概念、基本原理与技术，使其既适用于具有化学与化工背景的学生与专业研究人员，同时也适用于非化学与化工背景的相关研究人员。该书全面涵盖了现在广泛应用的电化学方法与技术原理，同时也增补了该书第二版出版 20 多年来电化学快速发展的新领域和新进展，如超微电极的应用、扫描电化学显微镜的完善及拓展、单实体电化学、电催化及涉及内层电化学反应的理论、各种电化学与其他技术联用等。该书内容丰富、描述详尽、结构严谨。书中包括大量的习题和化学实例，并附有最新的参考文献，详细注解了如何在实验室把电化学概念与原理转化为实际操作与应用。

五位参与翻译的老师均是仍活跃在教学、科研一线的、年富力强的电化学与电分析化学领域的同志，通过他们 2 年多的辛苦努力，终于完成了该书的翻译出版。希望该书的出版能够像前两版一样，促进我国在电化学与电分析化学基础和应用的教育、科研的发展。

汪尔康

发展中国家科学院和中国科学院院士

汪尔康 2025 年 6 月于长春

译者的话

期盼已久的 A. J. Bard 和 L. R. Faulkner 的“ELECTROCHEMICAL METHODS Fundamentals and Applications”第三版（现在作者加上了 H. S. White）终于由 Wiley 出版社出版了（2022 年 5 月 31 日，这也可能是该书的最后版本。Bard 教授于 2024 年 2 月 11 日病逝）。化学工业出版社从 John Wiley & Sons 公司购买了版权，并与我们签署了翻译协议（部分译者参与了第二版的翻译工作）。由于该书篇幅大（英文 1044 页左右）、涉及的内容多、难度大，较第二版多了 200 多页，因而由北京大学邵元华教授负责，董献堆研究员、张柏林研究员（中国科学院长春应用化学研究所），并邀请厦门大学詹东平教授、浙江大学苏彬教授参与共同翻译。朱果逸老师由于年事已高，没有再参与该版的翻译工作。

该书的三位作者 A. J. Bard 教授、L. R. Faulkner 教授和 H. S. White 教授均是国际著名的电化学和电分析化学专家。其中 A. J. Bard 教授是美国科学院院士和 2002 年度美国化学会最高奖 Priestley Medal 得主，曾任《美国化学会志》（Journal of the American Chemical Society，JACS）主编 20 年，L. R. Faulkner 教授曾任得克萨斯大学校长多年；而 H. S. White 教授曾任 JACS 副主编多年，现在是犹他大学讲席教授。三位作者在电化学与电分析化学的诸多领域均有开拓性的建树。该书是三位作者花费大量心血完成的。

第三版较第二版有较大的改动，充分反映了过去 20 多年电化学的演变，突出了在理解电化学现象与出现的新的实验工具等方面的重要进展；同时，也拓展了该书作为电化学方法的价值，而非仅作为通用的介绍。与第二版比较，第三版主要的改动和增加的新内容包括：①对于电极过程概论（第 1 章）进行了大幅度的修改，以适应从各种背景进入电化学的新手；②新增加了三章，a. 超微电极的稳态伏安法（第 5 章），b. 内层电极反应与电催化（第 15 章），c. 单颗粒电化学（第 19 章）；③对于 Marcus 动力学在电极反应的应用进行了较详尽的处理，详细地介绍了迁移行为，拓展了对于电化学阻抗谱的介绍；④在许多章增加了实验室贴士（Lab Notes），以帮助新进入该领域的研究人员方便从概念到实验室进行实验之用。我们希望该书第三版中文版的出版正如前两版一样，能够推动我国在相关领域的发展。

本书在翻译的过程中得到了汪尔康院士、陈洪渊院士、董绍俊院士、田中群院士、杨秀荣院士等的大力支持和关怀，特别是汪先生在百忙中为本书写序，对我们是极大的鼓励和鞭策。在本书的策划和翻译过程中，化学工业出版社的编辑们做出了很大的努力和花费了大量的时间，我们对于他们认真的态度和一丝不苟的工作精神表示敬佩和感谢。我们在翻译的过程中也参考了前两版的中译本，并从中学习了许多东西，在此对天津大学的谷林锳先生等表示感谢。我们也感谢在翻译过程中给予我们帮助的同事和学生，如李美仙教授、朱志伟教授、刘俊杰博士、刘畅博士、华雨彤、邓锦涛等，他们在翻译初稿出来后，进行了仔细阅读并提出了宝贵的意见，特别是刘俊杰博士帮助修改公式与符号。我们也感谢在翻译过程中家人们所给予的理解与支持。

邵元华主要翻译了本书第 1～4 章，以及前言、主要符号与缩写，并对全书进行了校对和统一符号用法。董献堆翻译了第6～9章及第16章，以及附录A、B。张柏林翻译了第14章、第17章和第21章。詹东平翻译了第5章、第10～13章。苏彬翻译了第15章、第18～20章，以及附录C。同时我们将封面和封底上的基本公式、量纲换算、重要关系式、物理常数、25℃时导出的常数等整理成为附录D。索引没有按照原文进行翻译，而是按照中文的常规做法整理的。中国科学院大连化学物理研究所彭章泉研究员对第1～7章进行了认真的校对，张柏林、詹东平和苏彬参与了部分章节的校对。

有一些词汇的翻译需要在此特别说明一下。对于potential现在中文常见的翻译有电位或电势（两者意义基本相同，可能在物理上稍有区别），为了与前两版一致，在该版中全部采用电势。对于cell一词，翻译可能需要与具体情况相匹配，对于具体情况明确的可译为电解池、原电池或电池，对于比较中性（一般）的情况（例如，介绍各种电化学方法与技术时，因为这些技术与方法既适用于电解池，也适用于各种电池），我们译为电化学池，主要与battery（电池）有所区别。当然，为了学习的方便，第一次出现的重要术语，我们均给出了英文标注。另外，该书翻译中尽量采用国际单位制单位。

由于我们的水平有限，可能存在许多翻译不准确的地方，欢迎读者随时提出宝贵的意见。

邵元华（北京大学化学与分子工程学院）
董献堆（中国科学院长春应用化学研究所）
张柏林（中国科学院长春应用化学研究所）
詹东平（厦门大学化学化工学院）
苏　彬（浙江大学化学系）

2024年8月

前　言

自从本书的第一版和第二版分别在 1980 年和 2001 年出版后，电化学得到了很大的发展。主要表现为电化学现象得到更好的理解；实验手段更加成熟；新的方法不断涌现。在第三版中，我们力求适应一个不断发展和壮大的领域；同时，拓展该书的价值使其作为该领域一般性的介绍。

我们的总体目标是为学生和新的专业人员提供一个权威的资源，涵盖他们现在必须要知道的成功研究的核心内容。因此，第三版的重点已转移到正在广泛应用的方法学，以及目前所关注的重点问题上。这种新的构想，正如下面概述的那样，导致了本书的范围和组织框架发生了变化。

另外，我们现在要面对的是一个更加广泛的读者群。电化学与能源和环境密切相关，已吸引了教育背景不是化学或化工的大批科学家和工程师。前两版主要是针对化学专业的研究生和从事电化学工作的专业人员，对他们来讲，前期的准备是需要知道物理化学相关知识。在本版中，我们却是以大学普通化学、物理和数学为基础，进行教学。我们试图撰写一本书——独立的，但几乎所有的关键概念都是从化学和物理的基本概念发展而来。

本书包括大量的习题和化学实例，为了使概念阐释清楚，采用了大量的图表，通篇格式适用于教学。这本书可用作大学高年级学生和研究生的正规教材，同时我们也力图使写作方式适于感兴趣的在职读者自修之用。因为我们强调基本原理和应用的范畴，本书继续突出所述方法的数学理论，但是关键思想始终避开烦冗的数学基础。特定的数学基础知识因需要而介绍。每一章后的习题作为教学手段而设计，通常它们扩展了在正文中所介绍的概念，或者展示实验结果如何被转化为基本的结论。本书还引用了大量的文献，但主要包括具有影响力的论文和综述。

全书主要的变动如下：

• 增加了全新的第 5 章（超微电极的稳态伏安法），以支持作者的观点，即现在在方法学序列中稳态伏安法是最佳起点。前两版作为起点的电势阶跃法，现在放在重新设计的第 6 章（基于电势阶跃的暂态方法）。

• 增加了全新的第 15 章（内层电极反应与电催化），对于一些重要的复杂反应的电极动力学给出了大篇幅的介绍。

• 第三个新的章节是第 19 章（单颗粒电化学），探讨了电化学的前沿，即集中于单个基本事件的电化学。

• 第 1 章（电极过程概论）也进行了重新组织和修订，以提高来自不同背景的电化学新手的使用效率。

• 现在第 3 章（电极反应的基础动力学）包括一个应用于电极反应更深入处理的 Marcus 动力学。

• 第 4 章（迁移和扩散引起的物质传递）包括一个对于迁移更全面的介绍，现在该问题经常会在与方法学相关的章节中碰到。

• 第 11 章（电化学阻抗谱与交流伏安法）更加聚焦于电化学阻抗谱，内容更加充实。

• 第13章（耦合均相化学反应的电极反应）已建立一个由循环伏安法作为主要方法学的研究体系，并介绍了更多的实例。

• 现在第18章（扫描电化学显微镜）作为一个单章用来描述SECM和SECCM。该主题自从2001年第二版后有很大的进展。

• 第21章（电化学体系的原位表征）已被重新认识和重写，强调了方法的现场或工况能力。

• 所有其他章均对目前的知识和实践进行了清晰、有效的编写。

• 最后，我们在很多章加上了实验室贴士（Lab Notes），用于帮助新手尽快从概念到实验室实际操作的转变。

我们将尽量使第三版与第二版的厚度保持接近，很自然地就删去或缩减了一些内容，以给当前更加关注的研究更多的空间。在这种情况下，新版中注明了这些内容在旧版中对应的章节，以便感兴趣的读者仍然可以在旧版找到相关的内容。通常，我们删去或简化的内容是不常用的技术介绍。除了在实验室贴士这部分，实验室中具体的操作步骤不在本书的范围。

在前言后，读者将会看到一个实用的单元——“主要符号和缩写”，它们提供了定义、符号、单位和章节引用索引。表1～表5包含了单位及其功能化的替代索引。表5列出了一些由美国化学会认可的化合物名称及缩写，随后的图1则显示了部分化合物的结构式。通常我们遵循国际纯粹与应用化学联合会（IUPAC）电化学委员会推荐使用的符号［R. Parsons et al., *Pure Appl. Chem.*, **37**, 503(1974)］。有些例外是因为沿袭习惯用法或为使符号不致混淆而不得不用的。

与前两版一样，我们应该感谢许多对本书给予帮助的人们。John Wiley & Sons出版社的责任编辑Sarah Higginbotham和编辑主任Stefanie Volk自始至终给予了很好的判断和默默的支持。Sundaramoorthy Balasubramani在本书的出版过程中是不可或缺的。Cynthia Zoski和Johna Leddy再次慷慨地同意针对书中的习题编写一本习题指南，以及在我们撰写书稿时经常给出的有用的评论。C. Amatore，A. Bond，F. Dalton，B. Dunn，B. Feldman，W. Geiger，P. He，W. R. Heineman，A. Heller，P. Kissinger，S. Lin，S. Minteer，M. Mirkin，B. Mullins，M. Neurock，D. Pletcher，H. Ren，M. Robert，L. Sombers，P. Unwin，J. Wadhawan和F. Zamborini等对此书提出了有建设性的意见，并回答了我们提出的疑问。已去世的Jean-Michel Savéant是我们几十年的宝贵同行，对该书的三版均进行了很有帮助的评论。他是我们心中的科学灯塔，是最具远见和高尚品质的代表。我们感谢上述同行们和许多其他的电化学界同仁，在多年的工作中给予我们的启迪。最后，我们也感谢我们的家人对于完成该巨大的工程所给予的无私支持。

Allen J. Bard
得克萨斯大学奥斯汀分校
化学系和电化学中心
Larry R. Faulkner
得克萨斯大学奥斯汀分校
化学系和电化学中心
Henry S. White
犹他大学化学系

2022年2月24日

主要符号和缩写

下面的 5 个表列出的是在多章中或某一章中使用较多的符号与缩写。类似的符号在具体章节中可能会有不同的意义。在大部分情况下，这些符号的用法通常遵循国际纯粹与应用化学联合会（IUPAC）电化学委员会的建议［R. Parsons et al., *Pure Appl. Chem.*, **37**, 503(1974)］；但也有例外。

用于浓度或电流的上划线［如 $\overline{C}_{\mathrm{O}}(x,s)$］表示变量的拉普拉斯（Laplace）变换，但当 $\bar{i}$ 表示直流极谱法中的平均电流时例外。

表 1　标准上下标

0	标准(上标)	dl	双电层	O	特指 $O+ne \rightleftharpoons R$ 中的 O
a	阳极的	eq	平衡	p	(a)峰
ads	吸附的	f	(a)向前		(b)p-类载流子
c	(a)阴极的		(b)法拉第的	R	(a)特指 $O+ne \rightleftharpoons R$ 中的 R
	(b)荷电的(充电)	l	极限的		(b)圆环
D	圆盘	M	金属(上标)	r	反向
d	扩散	n	n-类载流子	S	溶液(上标)

表 2　罗马符号

符号	意　义	常用单位	涉及章节
A	(a)面积	cm^2	1.1.5
	(b)多孔电极的横截面积	cm^2	12.5.1
	(c)速率表达式中的频率因子	取决于反应的本质与级数	3.1.2
	(d)放大器开环增益	无	16.1.1
A_{dc}	直流放大器开环增益	无	16.1.2(1)
A_g	电极的几何面积	cm^2	6.1.5
A_m	电极的微观面积	cm^2	6.1.5
a	(a)活度	无	2.1.5
	(b)多孔电极的内部面积	cm^2	12.5.1
	(c)扫描电化学显微镜采用的圆盘探头半径	μm, nm	18.2
a_j	(a)物种 j 的活度	无	2.1.5
	(b)吸附物种之间的相互作用参数	无	17.2.2
a_j^{α}	α 相中物质 j 的活度	无	2.1.5
a_p	在流动电解中多孔电极总的有效筛孔面积	cm^2	12.5.1
b	$\alpha Fv/(RT)=\alpha fv$	s^{-1}	7.4.1(1)
b_j	用于吸附物种 j, $\beta_j\Gamma_{j,s}$	mol/cm^2	14.5.4
C	电容	F	1.6.2, 11.2
c	真空中的光速	m/s	

续表

符号	意　义	常用单位	涉及章节
C_B	电解池的串联等效电容	F	11.1,11.3
C_D	分散层的预测微分电容	F，F/cm^2	14.3.2(3)，14.3.3
C_d	双电层的微分电容	F，F/cm^2	1.6.2，14.2.2
C_{GCS}	在 Gouy-Chapman-Stern 模型中的预测双电层微分电容	F，F/cm^2	14.3.3
C_H	Helmholtz 层中的预测微分电容	F，F/cm^2	14.3.1，14.3.3
C_i	双电层的积分电容	F，F/cm^2	14.2.2
C_j	(a)物种 j 的浓度	mol/L，mol/cm^3	
	(b)电子元件 j 的电容	F，F/cm^2	
C_j^*	物种 j 的本体浓度	mol/L，mol/cm^3	1.3.2，4.5.1
C_j^0	物种 j 的标准态浓度	mol/L	2.1.5
$C_j(0,t)$	物种 j 在电极表面时间为 t 时的浓度(线性体系)	mol/L，mol/cm^3	4.5.1(3)
$C_j(0,t)_m$	在阻抗理论中，时间 t 时在电极表面物种 j 的浓度[线性体系中 $t \gg 1/\omega$]	mol/L，mol/cm^3	11.4.1
$C_j(r)$	物种 j 在半径 r 处的浓度(径向体系)	mol/L，mol/cm^3	5.1.1
$C_j(r=r_0)$	物种 j 在电极表面处的浓度(径向体系)	mol/L，mol/cm^3	5.1.1
$C_j(r,t)$	物种 j 在时间 t、半径 r 处的浓度(径向体系)	mol/L，mol/cm^3	4.4.2
$C_j(r_0,t)$	物种 j 在电极表面、时间为 t 时的浓度(径向体系)	mol/L，mol/cm^3	6.1.2
C_j(surface)	物种 j 在电极表面的浓度(包含有多类几何与方法的一般性符号)	mol/L，mol/cm^3	5.2.5
$C_j(x)$	物种 j 在距离电极表面为 x 处的浓度	mol/L，mol/cm^3	1.3.1，4.1
$C_j(x=0)$	物种 j 在电极表面的浓度(线性体系)	mol/L，mol/cm^3	1.3.2
$C_j(x,t)$	物种 j 在距离电极表面为 x、时间为 t 时的浓度(线性体系)	mol/L，mol/cm^3	4.4.2
$C_j(y)$	物种 j 在距离旋转电极为 y 处的浓度	mol/L，mol/cm^3	10.2.2
$C_j(y=0)$	物质 j 在旋转电极表面的浓度	mol/L，mol/cm^3	10.2.4
$C_j(z=0)$	物种 j 在圆盘 UME 表面的浓度	mol/L，mol/cm^3	5.2.2
C_s	在 Z_f 中的串联电容	F	11.3.1，11.3.2(3)
C_g^S	在 CNT 中，一种物质成核产生气泡的超饱和浓度	mol/L，mol/cm^3	15.6.4
C_{SC}	空间电荷电容	F/cm^2	20.2.1(4)
D，D_j	(物种 j 的)扩散系数	cm^2/s	1.3.1，4.4
D_E	电极修饰层内电子的扩散系数	cm^2/s	17.5.2(3)
D_e	在氧化还原循环中氧化还原电对的有效扩散系数	cm^2/s	19.6
$D_j(\lambda,\boldsymbol{E})$	物质 j 的浓度密度态	$cm^{-3} \cdot eV^{-1}$	3.5.5(1)
$\boldsymbol{D}_M$	模拟中的模型扩散系数	无	B.1.3，B.1.8
D_S	电极修饰层内初始反应物(底物)的扩散系数	cm^2/s	17.5.2(2)

续表

符号	意　义	常用单位	涉及章节
d	(a)AFM、SECM 或 STM 探头到基底的距离	μm，nm	18.1，21.1.1
	(b)在一个纳米尺度氧化还原循环池中电极之间的距离	cm，μm，nm	19.6
d_j	j 相的密度	kg/L，g/cm^3	
E	(a)相对于参比电极的电极电势	V	1.1，2.1.4
	(b)反应电动势	V	2.1.3
	(c)交流电压的振幅	V	11.2
ΔE	(a)脉冲伏安法中的脉冲高度	mV	8.4.2
	(b)交流伏安法中交流激励的幅值(峰-峰值一半)	mV	11.5.1
$\boldsymbol{E}$	(a)能量	J，eV	
	(b)电子能量	eV	2.2.5，3.5.5(1)
ε	电场强度	V/cm	2.2.1
$\boldsymbol{\varepsilon}$	电场强度矢量	V/cm	2.2.1
$\dot{E}$	电压或电势的相量	V	11.2
E^0，$E^0_{O/R}$ $E^0(O/R)$	(a)电极或电对的标准电势(将 O/R 电对作为下标或将 O/R 用括弧括上)	V	2.1.4
	(b)半反应的标准电动势(将 O/R 电对作为下标或将 O/R 用括弧括上)	V	2.1.4
ΔE^0	两个电对的标准电势差，$E^0_2-E^0_1$	V	13.3.6(1)
$E^{0'}$，$E^{0'}_{O/R}$，$E^{0'}(O/R)$	电极或电对的形式电势(将 O/R 电对作为下标或将 O/R 用括弧括上)	V	2.1.7
$\Delta E^{0'}$	两个电对的形式电势差，$E^{0'}_2-E^{0'}_1$	V	7.5.2，13.3.6
$\boldsymbol{E}^{0'}$	相对于电对形式电势的电子能量	eV	3.5.5(1)
E^{0a}，$E^{0a}_{O/R}$	电极或电对相对于绝对标度的标准电势(下标为 O/R 电对)	V	2.2.5(1)
$E_{1/2}$	(a)伏安法中测量或预期的半波电势	V	1.3.2，5.3～5.4，6.2～6.3
	(b)在推导扩散体系中的可逆半波电势 $E^{0'}+[RT/(nF)]\ln(D_R^{1/2}/D_O^{1/2})$	V	6.2.2
$E_{1/4}$	当 $i=i_{d,c}/4$(或 $i=i_l/4$)时的电势	V	5.3.1(1)
$E_{3/4}$	当 $i=3i_{d,c}/4$(或 $i=3i_l/4$)时的电势	V	5.3.1(1)
E_A	反应的活化能	kJ/mol	3.1.2
$\boldsymbol{E}_A$	在掺杂半导体中受体的能级	eV	20.1.3
E_{ac}	电势的交流组分	mV	11，11.4.1
E_{appl}	施加于工作电极与参比电极之间的电压	V	1.2.2，1.5.1，1.6.4(4)
E_b	在 NPV 和 RPV 中所施加的基础电势	V	8.2.1，8.3
$\boldsymbol{E}_C$	在固体中 CB 底部(CB 边缘)的电子能级	eV	20.2.1(1)
E_D	旋转圆盘电极的电势	V	10.3.2
$\boldsymbol{E}_D$	在掺杂半导体中给体的能级	eV	20.1.3
E_d	溶出分析中的沉积电势	V	12.7.1
E_{dc}	电势的直流组分	V	11.4.1

续表

符号	意义	常用单位	涉及章节
E_{eq}	电极的平衡电势	V	1.1.7(1), 3.2, 3.4.1
$\boldsymbol{E}_F$, $\boldsymbol{E}_F^\alpha$	Fermi 能级(α 相,用上标表示)	eV	2.2.5(2), 3.5.5(1), 20.1.4
E_f	向前阶跃电势	V	6.5
E_{fb}	平带电势	V	20.2.1(2)
$\boldsymbol{E}_g$	物质的带隙	eV	20.1.1
E_i	初始电势	V	6.5, 7.1
E_j	液接电势	mV	2.3.4
E_m	膜电势	mV	2.4.1
E_n	成核电势	V	15.6.2(1)
E_p	峰电势	V	7.2.1(2)
ΔE_p	(a)循环伏安法中的 $E_{pa}-E_{pc}$ 或 $\lvert E_{pf}-E_{pr}\rvert$	mV	7.2.2(3), 7.2.2(8)
	(b)方波伏安法中的脉冲高度	mV	8.5.1
$\Delta E_{p,1/2}$	伏安法中在半高处的峰宽	mV	17.2.2
$E_{p/2}$	LSV 或 CV 中 $i=i_{pf}/2$ 处,前置 E_{pf} 的电势	V	7.2.1(3), 7.2.2(8)
E_{pa}	阳极峰电势	V	7.2.2(1)
E_{pc}	阴极峰电势	V	7.2.1(2)
E_{pf}	向前峰电势	V	7.2.2(8)
E_{pr}	向后峰电势	V	7.2.2(8)
E_R	旋转圆环电极电势	V	10.3.2
E_r	反向阶跃电势	V	6.5
E_S	SECM 或 EC-STM 中基底电势	V	18.2, 21.1.1
E_T	SECM 或 EC-STM 中探头(探针)电势	V	18.2, 21.1.1
ΔE_s	方波伏安法中的阶梯阶跃高度	mV	8.5.1
$\boldsymbol{E}_V$	在固体中 VB 顶部(VB 边缘)的电子能量	eV	20.2.1(1)
E_z	零电荷电势	V	1.6.4(1), 14.2.2
E_λ	CV 或 CSWV 中的反转(反向)电势	V	1.6.4(2), 7.2.2
$E_{\tau/4}$	计时电势法的 1/4 波电势	V	9.3.1
e	(a)电子电荷	C	
	(b)电子线路中的电压	V	11.2, 16.1
e_i	电路的输入电压	V	16.2.2
e_o	放大器或电路的输出电压	V	16.1.1
e_s	穿过放大器输入端的电压	μV	16.1.1
EA	电子亲和势	eV	15.1.2, 20.1.4
$\mathrm{erf}(x)$	x 的误差函数	无	A.3
$\mathrm{erfc}(x)$	x 的余误差函数	无	A.3
F	法拉第常数;1mol 电子所带电量	C/mol	1.1.5
$F_1(\lambda)$	在计时安培法与 STV 中,通用动力学函数	无	6.3.2
f	(a)$F/(RT)$	V^{-1}	
	(b)正弦振动频率	s^{-1}	11.2
	(c)旋转频率	$r\cdot s^{-1}$	10.2
	(d)SWV 中频率 $f=1/2t_p$	s^{-1}	8.5.1

续表

符号	意　义	常用单位	涉及章节
f	(e)滴定分数	无	12.4.1
	(f)碰撞频率	s^{-1}	19.3.1
$f(\mathbf{E})$	Fermi 函数	无	3.5.5(1)
$f_m(j,k)$	物质 m 在盒子 j 中模拟迭代 k 次后的分数浓度	无	B.1.3
G	(a)吉布斯自由能	kJ，kJ/mol	2.1.2
	(b)电导率	$S=\Omega^{-1}$	2.3.3
	(c)SECM 中与探头的形状和扩散场相关的几何因子	无	18.1
ΔG	化学过程的吉布斯自由能变化	kJ，kJ/mol	2.1.2，2.1.3
$\overline{G}$	电化学自由能	kJ，kJ/mol	2.2.4
$\Delta G^{\neq}$，$\Delta G_j^{\neq}$	(物质 j)标准活化吉布斯自由能	kJ/mol	3.1.2
G^0	标准吉布斯自由能	kJ/mol	2.1.2
ΔG^0	化学过程中标准吉布斯自由能变化	kJ/mol	2.1.2，2.1.3
$\Delta G^{0\alpha\rightarrow\beta}_{\text{transfer},j}$	物质 j 从 α 相转移到 β 相的标准自由能	kJ/mol	2.3.6
g	(a)重力加速度	m/s^2，cm/s^2	
	(b)吸附等温线的相互作用参数	$J\cdot cm^2/mol^{-1}$ 或无	14.5.3(2)，17.2.2
ΔG_V	成核过程中所产生的每单位体积自由能的变化	J/m^3	15.6.2(2)
H	(a)焓	kJ，kJ/mol	2.1.2
	(b)$\dfrac{k_f}{D_O^{1/2}}+\dfrac{k_b}{D_R^{1/2}}$	$s^{-1/2}$	6.3.1(1)
ΔH	化学过程中焓的变化	kJ，kJ/mol	2.1.2
$\Delta H^{\neq}$	标准活化焓	kJ/mol	3.1.2
ΔH^0	化学过程中标准焓变化	kJ/mol	2.1.2
H_{ab}	电子耦合矩阵元	eV	3.5.2(2)
h	普朗克常数	J·s	
I	交流电流幅值(1/2 峰-峰值)	A	11.2
$\dot{I}$	电流相量	A	11.2
$\overline{I}$	直流极谱中平均电流的扩散电流常数	$\mu A\cdot s^{1/2}\cdot L/(mg^{2/3}\cdot mmol)$	8.1.5
$I(t)$	$i(t)$的卷积变换(半积分)	$C/s^{1/2}$	7.7
$(I)_{max}$	直流极谱中最大电流的扩散电流常数	$\mu A\cdot s^{1/2}\cdot L/(mg^{2/3}\cdot mmol)$	8.1.5
IE	离子化能	eV	15.1.2
I_l	LSV 或 CV 中 $I(t)$的极限值	$C/s^{1/2}$	7.7
I_p	交流电流幅值的峰值	A	11.5.1
I_T	SECM 中无量纲的探头电流，$i_T/i_{T,\infty}$	无	18.2
$Im(w)$	复变函数 w 的虚部		A.5
i	电流	A	1.1.5
Δi	方波伏安法的差分电流，i_f-i_r	A	8.5.1
δi	DPV 中的电流差，$i(\tau)-i(\tau')$	A	8.4.1
$(\delta i)_{max}$	DPV 中的峰高	A	8.4.2
$(i)_{RP}$	RPV 法脉冲的取样电流	A	8.3

续表

符号	意　义	常用单位	涉及章节
$i(0)$	整体电解的初始电流	A	12.2.1
i_0	交换电流	A	3.4.1
$i_{0,t}$	真实(校正后)的交换电流	A	14.7.1
i_A	在处理修饰电极动力学时，正比于初始反应物到达外层膜边界的流量的特征电流	A	17.5.1
i_a	阳极组分电流	A	3.2
i_{ac}	电流的交流组分	A	11
i_c	(a)充电电流	A	7.2.1(4)
	(b)阴极组分电流	A	3.2
i_D	旋转圆盘电极的电流	A	10.3.1
i_d，$i_{d,j}$	(a)(物质 j) 扩散极限电流	A	5.1.2
	(b)(物质 j)扩散对流引起的电流	A	4.1
$\bar{i}_d$	整个汞滴寿命期间通过的平均扩散极限电流	A	8.1.3
$(i_d)_{max}$	滴汞电极在 t_{max} 时的扩散极限电流(最大电流)	A	8.1.3
$i_{d,a}$	扩散限制的阳极电流	A	5.2.5
$(i_{d,a})_{RP}$	在 RPV 中当向前过程是还原时，扩散限制的阳极电流	A	8.3
$i_{d,c}$	扩散限制的阴极电流	A	5.1.2，5.2.5
$(i_{d,c})_{DC}$	在直流极谱或 RPV 中当向前过程是还原时，扩散限制的阴极电流	A	8.2.3(1)，8.3
$(i_{d,c})_{NP}$	NPV 中扩散限制的阴极电流	A	8.2.1
$i_{d,c}^{ss}$	超微电极中扩散限制的暂态电流的稳态渐近线	A	6.1.3(1)
i_E	在处理修饰电极动力学时，描述电子穿越修饰层的最大速率的特征电流	A	17.5.2(3)
i_F	在处理修饰电极动力学时，描述底物转换的最大速率的特征电流	A	17.5.1
i_f	(a)法拉第电流	A	7.2.1(6)
	(b)向前阶跃或扫描过程的电流	A	6.5.2
	(c)SWV 中向前的电流取样	A	8.5.1
	(d)反馈电流	A	16.2
i_j	物种 j 的电流	A	4.1
i_K	KL 方法中动力学限制的电流	A	10.2.5
i_k	在处理修饰电极动力学时，描述修饰层中交叉反应的最大速率的特征电流	A	17.5.2(4)
i_l	极限电流	A	1.3.2
$i_{l,a}$	阳极极限电流	A	1.3.2(2)
$i_{l,c}$	阴极极限电流	A	1.3.2(2)
i_m，$i_{m,j}$	(物种 j)迁移电流	A	4.1
i_P	描述初始反应物以最大速率渗透进入修饰电极薄膜的特征电流	A	17.5.2(2)

续表

符号	意　义	常用单位	涉及章节
i_{p}	峰电流	A	7.2.1(2)
i_{pa}	阳极峰电流	A	7.2.2(1)
i_{pc}	阴极峰电流	A	7.2.1(2)
i_{pf}	向前的峰电流	A	7.2.2(8)
$i_{pf,u}$	未受耦合动力学影响的过程的向前峰电流	A	13.3.7(1)
i_{ph}	光电化学池的光电流	A	20.3.1
i_{pr}	向后峰电流	A	7.2.2(8)
$\|i_{pr}/i_{pf}\|$	伏安法中的反向判据	无	7.2.2(8)
i_{R}	旋转圆环电极的电流	A	10.3.1
i_{r}	(a)向后阶跃或扫描电流	A	6.5.2
	(b)SWV 中反向电流取样	A	8.5.1
$\|i_{r}(2\tau)/i_{f}(\tau)\|$	计时安培法中的反向标准	无	6.5.2
i_{S}	(a)处理修饰电极动力学时，描述初始反应物扩散通过修饰层的特征电流	A	17.5.2(2)
	(b)SECM 与 SECCM 的基底电流	A	18.1，18.8
$\|i_{S}/i_{T}\|$	SECM 中 TG/SC 模式的收集效率	无	18.4.2
i_{T}	扫描电化学显微镜的探头电流	A	18.1
$\|i_{T}/i_{S}\|$	SECM 中 SG/TC 模式的收集效率	无	18.4.2
$i_{T,\infty}$	扫描电化学显微镜远离基底时的探头电流	A	18.1
$\boldsymbol{J}_{j}$	物种 j 的流量矢量	$mol/(cm^{2}\cdot s)$	4.1
$J_{j}(0,t)$	物质 j 在电极表面处 t 时间下的流量(线性体系)	$mol/(cm^{2}\cdot s)$	4.4.3
$J_{j}(r_{0},t)$	物质 j 在电极表面处 t 时间下的流量(径向体系)	$mol/(cm^{2}\cdot s)$	5.1.1，6.1.2
$J_{j}(x)$	物质 j 在 x 处的流量(线性体系)	$mol/(cm^{2}\cdot s)$	1.3.1，4.1
$J_{j}(x=0)$	物质 j 在电极表面的流量(线性体系)	$mol/(cm^{2}\cdot s)$	1.3.1
$J_{j}(x,t)$	物质 j 在 x 处 t 时间的流量(线性体系)	$mol/(cm^{2}\cdot s)$	4.4.2
J_{n}	成核速率	s^{-1}	15.6.2(2)
$J_{n,0}$	成核速率的前置因子	s^{-1}	15.6.2(2)
j	(a)电流密度	A/cm^{2}	1.1.5
	(b) $\sqrt{-1}$	无	A.5
j_{0}	交换电流密度	A/cm^{2}	3.4.1
j_{tot}	在模拟中需要的最大盒子数目	无	B.1.7
K，K_{j}	(反应 j 的)平衡常数	无	
K_{H}	Henry 定律中的常数	mol/(L·bar)	15.6.4
$K_{P,j}$	Marcus 理论中，(由 j 确定的)反应物或产物的前置态的平衡常数	依赖于模式	3.5.3(1)
k，k_{j}	(过程 j 的)反应的速率常数	取决于反应本质与级数	
ℓ	玻尔兹曼常数	J/K	
k^{0}，k_{j}^{0}	(反应 j 的)标准异相速率常数	cm/s	3.3.2，3.3.3
k_{b}	(a)氧化的异相速率常数	cm/s	3.2
	(b)"逆"反应均相速率常数	取决于反应本质与级数	3.1

续表

符号	意　义	常用单位	涉及章节
k_d	ECE机理中的歧化反应的速率常数	L/(mol·s)	13.3.7
k_f	(a)还原的异相速率常数	cm/s	3.2
	(b)"正"反应均相速率常数	取决于本质与级数	3.1
$k_{i,j}^{pot}$	物质 j 干扰物质 i 电势法测量的选择性系数	无	2.4.2
k_{max}	模拟中最后的迭代数	无	B.1.7
k_t^0	真实标准异相速率常数	cm/s	14.7.1
L	(a)多孔电极的长度	cm	12.5.1
	(b)SECM中探头到基底的无量纲距离 d/a	无	18.2
$L\{f(t)\}$	$f(t)=\overline{f}(s)$的拉普拉斯变换		A.1.2
$L^{-1}\{\overline{f}(s)\}$	$\overline{f}(s)$的拉普拉斯逆变换		A.1.4
l	(a)长度	cm	
	(b)电极层的厚度	cm	11.4.4，17.5
	(c)薄层电解池溶液的厚度	cm	12.6
	(d)电吸附价	无	14.5.2
ℓ	模拟中相应 t_k 的迭代数	无	B.1.4
m	(a)质量	g,kg	
	(b)滴汞电极的汞的质量流速	mg/s	8.1.2
m_j	物质 j 的物质传递系数	cm/s	1.3.2
N，N_j	(a)(种类 j 的)项数	无	
	(b)在RRDE中的收集效率(如用下标,可区别测量条件)	无	10.3.2(1)
$N(\Delta t)$	在时间间隔 Δt 纳米颗粒的碰撞数	无	19.3.1
N_A	(a)阿伏伽德罗常数	mol^{-1}	
	(b)掺杂半导体中受体密度	cm^{-3}	20.1.3
N_D	掺杂半导体中供体密度	cm^{-3}	20.1.3
n	(a)电极反应中电子的化学计量数	无	1.1.5
	(b)掺杂半导体中CB的电子密度	cm^{-3}	20.1.3
	(c)折射率	无	21.3.2
n^0	在 $z:z$ 电解质中每种离子的数量浓度	cm^{-3}	14.3.2
n_{app}	通过的表观电子数	无	13.3.7(1)
n_i	在本征半导体中CB的电子密度	cm^{-3}	20.1.2
n_j	(a)物质 j 在一个体积单元或相中物质的量	mol	2.2.4，14.1.1
	(b)电解液中离子 j 的数量浓度	cm^{-3}	14.3.2
n_j^0	离子 j 在本体电解液中的数量浓度	cm^{-3}	14.3.2
O	反应 $O+ne \rightleftharpoons R$ 的氧化形式		13.3.2
P	压力	Pa，bar	
P_e	CNT体系中,在包围的液体中气体的静压	Pa，bar	15.6.2(5)
P_g	CNT体系中,在溶解气体浓度为 C_g 时的平衡分压	Pa，bar	15.6.4

续表

符号	意　义	常用单位	涉及章节
P_g^S	CNT体系中,溶解气体过饱和浓度为C_g^S时的平衡分压	Pa，bar	15.6.4
P_i	CNT体系中,在气泡内气体的分压	Pa，bar	15.6.2(5)
P_j	物种j的分压	Pa，bar	2.1.5
P_j^0	物种j的标准态压力	Pa，bar	2.1.5
P_L	CNT体系中,气泡的Laplace压力	Pa，bar	15.6.4
p	(a)掺杂半导体中在VB的空穴密度	cm^{-3}	20.1.3
	(b)在整体电解中m_jA/V	s^{-1}	12.2.1
	(c)在流动电解中m_js/ε	s^{-1}	12.5.1
	(d)体系ECE/DISP中无量纲动力学参数	无	13.3.7(3)
p_i	本征半导体的VB空穴密度	cm^{-3}	20.1.2
Q	电解时通过的电量	C	1.1.5，6.6.1
Q^0	根据法拉第定律,一组分完全电解所需的电量	C	12.2.3
Q_d	扩散组分的计时库仑电量	C	6.6.1
$Q_d(2\tau)/Q_d(\tau)$	计时库仑法中的反向标准	无	6.6.2
Q_{dl}	用于双电层电容的电量	C	6.6.1
Q_r	计时库仑法中反向撤离电荷	C	6.6.2
q^α	α相的过剩电荷	C，μC	1.6.2，2.2.2
R	反应$O+ne \rightleftharpoons R$的还原形式		
R	(a)气体常数	J/(mol·K)	
	(b)电阻	Ω	
	(c)流动电解中电解物质的分数	无	12.5.1
R_B	电化学池的串联等效电阻	Ω	11.1，11.3
R_c	补偿电阻	Ω	1.5.4，16.7.1(1)
R_{ct}	电荷传递电阻	Ω	1.2.3，3.4.3(2)，3.7.5(2)
R_f	反馈电阻	Ω	16.2
R_{mt}	物质传递(转移)电阻	Ω	13.2(3)，3.4.6
R_s	(a)溶液电阻	Ω	1.5
	(b)Z_f中的串联电阻组分	Ω	11.3.1,11.3.2(3)
R_u	未补偿电阻	Ω	1.5.4，16.7.1(1)
Re	雷诺数	无	10.1.2
Re(w)	复变函数w的实部		A.5
RG	SECM中的几何因子r_g/a	无	18.2
r	(a)从电极中心的径向距离	cm	4.4.2，5.1，5.2
	(b)在CNT中簇或核的半径	m，nm	15.6.2(2)
r_0	电极半径	cm	4.4.2，5.1，5.2
r_1	旋转圆盘电极或旋转环盘电极的半径	cm	10.3
r_2	圆环电极的内径	cm	10.3
r_3	圆环电极的外径	cm	10.3
r_c	CNT中簇或核的临界半径	m，nm	15.6.2(2)

续表

符号	意　义	常用单位	涉及章节
r_d	沉积于电极表面的催化纳米颗粒的半径	cm	19.5
r_e	纳米颗粒与电极表面的接触半径	cm	19.4.3
r_g	SECM中探头的绝缘部分半径	μm，nm	18.2
r_p	颗粒的半径	cm	19.4.1
S	(a)熵	kJ/K，kJ/(mol·K)	2.1.2
	(b)CNT中超饱和率	无	15.6.4
ΔS	化学过程的熵变	kJ/K，kJ/(mol·K)	2.1.2
$\Delta S^{\neq}$	标准活化熵	kJ/K，kJ/(mol·K)	3.1.2
ΔS^0	化学过程中标准熵变	kJ/(mol·K)	2.1.2
$S_\kappa(t)$	$t=\kappa$时上升的单位阶跃函数	无	A.1.7
s	(a)拉普拉斯平面变量，通常对t互补		A.1.2
	(b)多孔电极的比表面积	cm^{-1}	12.5.1
T	热力学温度	K	
t	时间	s	
t_1	计时电势法中第一次电流反向的时间	s	9.4.2
t_{2d}	氧化还原循环中平均的来回暂态时间	s	19.6
t_d	溶出分析中的沉积时间	s	12.7.1
t_f	向前阶跃的电流取样时间	s	6.5.2
t_j	物质j的传递数	无	2.3.3，4.2
t_k	模拟的已知特征时间	s	B.1.4
t_{max}	滴汞电极的滴汞周期	s	8.1.3
t_p	方波伏安法的脉冲宽度	s	8.5.1
t_r	在计时安培法或计时库仑法中采样电流在反向阶跃时的时间	s	6.5.2
U	流体的线性流速	cm/s	12.5.1
u_j	离子j(或电荷载体)的淌度	$cm^2/(V\cdot s)$	2.3.3，4.1
V	体积	L，cm^3	
V_a	CNT中电沉积物质的原子体积	m^3，nm^3	15.6.2(4)
$\boldsymbol{v}$	速度矢量	cm/s	4.1
v	线性电势扫描速度	V/s	1.6.4(2)，7.2.1(1)，7.2.2
v, v_j	(a)速度(组分j或在j方向)	cm/s	
	(b)(过程j的)均相反应速率	$mol/(cm^3\cdot s)$	
	(c)(过程j的)异相反应速率	$mol/(cm^2\cdot s)$	1.1.5，3.2
	(d)流动电解中容量流速(无下标)	cm^3/s	12.5.1
v_{mt}	传质到表面的速率	$mol/(cm^2\cdot s)$	1.3.1
$W_j(\lambda,\boldsymbol{E})$	物质j的概率密度函数	eV^{-1}	3.5.5(1)
w	带状电极的宽度	cm	5.2.4
Δw	在Marcus理论中w_R-w_O	eV	3.5.3(3)
w_j	在Marcus理论中电子转移反应物质j的功项(下标表示反应的O-侧/R-侧)	eV	3.5.3(3)
X_C	容抗	Ω	11.2
X_j	物质j的摩尔分数	无	2.1.5，14.1.3

符号	意　义	常用单位	涉及章节
x	(a)距离，通常指距一个平板电极	cm	
	(b)在扫描探针方法中水平坐标	μm，nm	18.3，21.1.1，21.1.2
x_1	内亥姆霍兹平面与电极表面的距离	cm	1.6.3，14.3.4
x_2	外亥姆霍兹平面与电极表面的距离	cm	1.6.3，14.3.3
Y	导纳	S，Ω^{-1}	11.2
$\mathbf{Y}$	导纳向量	S，Ω^{-1}	11.2
y	(a)旋转圆盘电极或旋转环盘电极下方的距离	cm	10.2.1
	(b)在扫描探针方法中水平坐标	μm，nm	18.3，21.1.1，21.1.2
y_h	旋转环盘电极的动态边界层厚度	cm	10.2.1
Z	(a)阻抗	Ω	12.2
	(b)模拟的无量纲电流参数	无	B.1.6
$\mathbf{Z}$	阻抗矢量	Ω	11.2
$Z(k)$	模拟中 k 迭代的无量纲电流参数	无	B.1.6
$Z(\omega)$	阻抗谱	Ω	11，11.4
Z_f	法拉第阻抗	Ω	11.3.1
Z_{Im}	阻抗的虚部	Ω	11.2
Z_{Re}	阻抗的实部	Ω	11.2
Z_W	Warburg 阻抗	Ω	11.3.1
z	(a)到圆盘电极或圆柱电极表面的垂直距离	cm	5.2.2(1)，6.1.3(2)
	(b)扫描探针方法中的垂直坐标	μm，nm，Å(1Å=0.1nm)	18.3，21.1.1，21.1.2
	(c)$z:z$ 型电解质溶液中每个离子的电荷	无	14.3.2
z_j	物种 j 的带符号电荷	无	2.3.3

表 3　希腊符号

符号	意义	常用单位	涉及章节
α	传递(转移)系数	无	3.3.2，3.3.4
β	(a)电子隧穿的距离参数	nm^{-1}	3.5.2(1)
	(b)RRDE 的几何参数，$(r_3/r_1)^3-(r_2/r_1)^3$	无	10.3.1
	(c)偶尔代表 $1-\alpha$	无	
β_j	(a)阻抗理论中$\partial E/\partial C_j(0,t)$	$V\cdot cm^3/mol$	11.3.2(2)
	(b)物质 j 吸附等温线的平衡参数	无	14.5.3
Γ^*	体系中仅含有电活性吸附物 O 与 R 时，O 与 R 总的表面浓度	mol/cm^2	17.2.2
Γ_j	物质 j 的表面过剩浓度	mol/cm^2	6.6.1，14.1.1
$\Gamma_{j(r)}$	物质 j 对于组分 r 的相对表面过剩浓度	mol/cm^2	14.1.3
$\Gamma_s,\Gamma_{j,s}$	饱和时物质 j 的表面过剩浓度	mol/cm^2	14.5.3(1)
γ	(a)表面张力	J/m^2，dyn/cm	14.1.1
	(b)支持电解质浓度与电活性反应物浓度之比	无	5.7.2
γ_{gs}	CNT 中气-固界面张力	J/m^2，dyn/cm	15.6.2(3)
γ_j	物质 j 的活度系数	无	2.1.5
γ_{ls}	CNT 中液-固界面张力	J/m^2，dyn/cm	15.6.2(3)
δ_j	电极上由稳态传质提供的物质 j 的 Nernst 层厚度	cm	1.3.2，10.2.2

续表

符号	意义	常用单位	涉及章节
ε	(a)介电常数	无	14.3.1
	(b)电极的孔率	无	12.5.1
ε_0	真空介电常数	$C^2/(N \cdot m^2)$	2.2.1，14.3.1
$\varepsilon_j(\boldsymbol{E})$	Marcus-Gerischer 理论中的正比函数(下标 ox 代表氧化，red 代表还原)	$cm^3 \cdot eV$	3.5.5(1)
ζ	Zeta 电势	mV	10.6
η	(a)过电势，$E-E_{eq}$	V	1.2.2，3.4.2
	(b)(如加下标，为流体 j 的)黏度	$g/(cm \cdot s)=P$(泊)	2.3.3，10.1.2
η_{ct}	电荷转移过电势	V	1.2.3
η_{HER}	Tafel 作图中对于所定义的 HER 体系相对于 E_{eq} 的过电势	V	15.2.2(1)
η_{mt}	物质传递(转移)过电势	V	1.2.3
η_n	成核过电势	V	15.6.2(1)
θ	(a)$e^{nf(E-E^{0'})}$	无	5.4.1，6.2.1
	(b)$\tau^{1/2}+(t-\tau)^{1/2}-t^{1/2}$	$s^{1/2}$	6.6.2
	(c)界面覆盖的分数(未加下标说明物质)	无	14.5.3(1)
	(d)接触角	度	15.6.2(3)
θ_j	物质 j 对界面的覆盖度分数	无	14.5.3(1)
θ_m	阻抗理论中 $e^{nf(E_{dc}-E^{0'})}$	无	11.4.1
κ	(a)溶液的电导率	$S/cm=\Omega^{-1} \cdot cm^{-1}$	2.3.3，4.2
	(b)反应的传递系数	无	3.1.3
	(c)双层厚度参数；Debye 长度的倒数	cm^{-1}	14.3.2(1)
	(d)在处理修饰电极动力学时体系初始反应物的分配系数	无	17.5.2(2)
κ_{el}	电子传递系数	无	3.5.2(2)
Λ	LSV 与 CV 中无量纲的异相动力学参数 $k^0/(Dfv)^{1/2}$	无	7.3.1，13.3.2
Λ^0	SSV 中无量纲的异相动力学参数 k^0/m_O	无	5.4.1(2)
Λ_b	SSV 中无量纲的异相动力学参数 k_b/m_R	无	5.4.1(1)
Λ_f	SSV 中无量纲的异相动力学参数 k_f/m_O	无	5.4.1(1)
Λ_α	α 相溶液的当量电导	$cm^2/(\Omega \cdot eq)$	2.3.3
λ	(a)电子转移的重组能	eV	3.5.3(3,4)
	(b)计时安培法与 STV 中$\frac{k_f t^{1/2}(1+\xi\theta)}{D_O^{1/2}}$(STV 中 $t=\tau$)	无	6.3.2
	(c)无量纲均相动力学参数，不同的方法和机理有不同的表示，通常为 τ_{obs}/τ_{rxn}	无	13.3.1(1)，13.4
	(d)循环伏安法的换向时间	s	1.6.4(2)，7.2.2
	(e)波长	nm	
λ^0	STV 中无量纲动力学参数 $(1+\xi)k^0\tau^{1/2}/D_O^{1/2} \approx 2k^0\tau^{1/2}/D_O^{1/2}$	无	6.3.5
λ_i	内组分的重组能	eV	3.5.3(4)
λ_j	离子 j 的当量电导	$cm^2/(\Omega \cdot eq)$	2.3.3
λ_{0j}	外推到无限稀释时离子 j 的当量电导	$cm^2/(\Omega \cdot eq)$	2.3.3

续表

符号	意义	常用单位	涉及章节
λ_o	外组分的重组能	eV	3.5.3(4)
μ	反应层厚度	cm	1.4.2
$\overline{\mu}_e^\alpha$	电子在 α 相的电化学势	kJ/mol	2.2.4，2.2.5
μ_j^α	物质 j 在 α 相的化学势	kJ/mol	2.2.4
$\overline{\mu}_j^\alpha$	物质 j 在 α 相的电化学势	kJ/mol	2.2.4
$\mu_j^{0\alpha}$	物质 j 在 α 相的标准化学势	kJ/mol	2.2.4
ν	(a)流体力学中运动黏度	cm^2/s	10.1.2
	(b)光的频率	s^{-1}	
ν_j	物质 j 在化学过程中的计量系数	无	2.1.6
ν_n	Marcus 理论中的核频率因子	s^{-1}	3.5.3(2)
ξ	通常有 m_O/m_R；对于半无限扩散有 $\left(\frac{D_O}{D_R}\right)^{1/2}$；对于 SSV 则为 D_O/D_R	无	5.4.1(2)，6.2.5
ρ，ρ_α	(a)(α 相的)电阻率	Ω·m	4.2
	(b)(表面 α)粗糙因子	无	6.1.5
	(c)(α 相的)三维电荷密度	C/cm^3	10.6
$\rho(\boldsymbol{E})$	电子态密度	cm^2/eV	3.5.5(1)
σ	(a)在 LSV 与 CV 中 $\frac{nFv}{RT}=nfv$	s^{-1}	7.2.1(1)
	(b)在阻抗理论中 $\frac{1}{nFA\sqrt{2}}\left(\frac{\beta_O}{D_O^{1/2}}-\frac{\beta_R}{D_R^{1/2}}\right)$	$\Omega\cdot s^{1/2}$	11.3.2(2)
	(c)标准误差		A.3
	(d)每个吸附分子的表面积	nm^2	17.3.2
σ_R	描述吸附能依赖于电势的参数	无	17.2.4(1)
σ^α	α 相的过剩表面电荷密度	C/cm^2	1.6.2，14.2.2
τ	(a)计时电势法的过渡时间	s	9.1，9.2.2
	(b)采样电流伏安法的采样时间	s	6.2，8.2.1
	(c)双阶跃实验的向前阶跃宽度	s	6.5
	(d)在处理超微电极扩散控制电流时的无量纲参数，$4D_Ot/r_0^2$	无	6.1.3(1)
	(e)通常由实验性质定义的特征时间	s	
	(f)RC 时间常数，有时为 R_uC_d	s	1.6.4(1)
τ'	脉冲伏安法起始脉冲电势，由每个循环开始测量	s	8.2.1
τ_2	计时电势法中反向过渡时间	s	9.4.2
τ_2/t_1	计时电势法中反向标准	无	9.4.2
τ_{obs}	电化学方法中观测的特征时间	s	7.6，13.2.2，13.4
τ_{rev}	CV 中在 $E_{1/2}$ 与 E_λ 之间的时间	s	13.3.1(2)
τ_{rxn}	均相反应的特征时间	s	13.2.2
τ_{ss}	超微电极的稳态更新时间	s	5.1.3
$\Phi(\theta)$	CNT 中基于接触角的几何参数 $[(2-\cos\theta)(1+\cos\theta)^2]/4$	无	15.6.2(3)
Φ_α	α 相的功函	eV	2.2.5(4)

续表

符号	意义	常用单位	涉及章节
ϕ	(a)电势	V	2.2.1
	(b)两个正弦信号之间的相角	(°),弧度	11.2
	(c)阻抗法中 $\dot{I}_{ac}$ 和 $\dot{E}_{ac}$ 之间的相角	(°),弧度	11.2, 11.3.3(4)
$\Delta\phi$	(a)两点或两相间的电势差	V	2.2.1, 2.2.3
	(b)半导体空间电荷区的电势降	V	20.2.1
ϕ_0	双电层溶液一侧总的电势降	V	14.3.2(1)
ϕ_2	外亥姆霍兹平面相对本体溶液的电势	V	1.6.3, 14.3.3
ϕ_{PAD}	PAD处相对本体溶液的电势	V	17.2.6
ϕ_{PET}	PET处相对本体溶液的电势	V	17.2.2(2)
ϕ^S	本体溶液的电势	V	1.6.3
ϕ^α	导电相 α 的内(Galvani)电势	V	2.2.1
$\Delta_\beta^\alpha\phi$	α 相和 β 相之间液/液界面的接界电势	V	7.8
$\Delta_\beta^\alpha\phi_j^0$	物质 j 的离子从 α 相转移到 β 相的标准 Galvani 电势	V	7.8
$\chi(j)$	模拟中盒子 j 的无量纲距离	无	B.1.5
$\chi(bt)$	LSV 与 CV 中完全不可逆体系的无量纲电流	无	7.4.1(1)
$\chi(\sigma t)$	LSV 与 CV 中可逆体系的无量纲电流	无	7.2.1(1)
χ_f	修饰电极动力学处理中初始反应物渗透进入薄膜的速率常数	cm/s	17.5.2(2)
Ψ	CV 中无量纲的准可逆参数	无	7.3.2
ω	(a)旋转的角频率,2π×转速	s^{-1}	10.2
	(b)正弦振荡的角频率,$2\pi f$	s^{-1}	11.2

表 4　标准缩写

缩写	意义	涉及章节
1e, 2e,…,ne	1 电子,2 电子,…,n 电子	
1D,2D,3D	一维,二维,三维	
ADC	模-数转换器	16.6
AES	俄歇电子能谱	21.8.2
AFM	原子力显微术(镜)	21.1.2
Ag/AgCl	Ag/AgCl(饱和溶液)参比电极	1.1.3, 2.1.8(3)
ASV	阳极溶出伏安法	12.7.1
ATR	衰减全反射	21.4.1
A/V	面积与容积比	5, 12
BDD	硼掺杂的金刚石	14.4.1(2)
BiFE	铋膜电极	12.7.2
BV	Bulter-Volmer	3.3
CACV	循环交流伏安法	11.5.3
CB	导带	20.1.1
CE	(a)前置异相电子转移的均相化学过程①	13.1
	(b)毛细管电泳	12.5.3
CNT	(a)经典的成核理论	15.6.2
	(b)碳纳米管	14.4.1(2)
CSWV	循环方波伏安法	8.5.4

续表

缩写	意义	涉及章节
CV	循环伏安法	7.1，7.2.2
DAC	数-模转换器	16.6
DEMS	微分电化学质谱	21.6
DESI-MS	去吸附电喷雾离子化质谱	21.6
DFT	密度泛函理论	15.4.1
DISP	在 ECE 体系中主要由均相歧化反应决定的第二个电子的转移	13.3.7(3)
DME	滴汞电极	8.1.1
DMFC	直接甲醇燃料电池	15.3.3
DPP	示差(微分,差分)脉冲极谱	8.4.5
DPV	示差(微分,差分)脉冲伏安法	8.4
DSA	尺寸稳定阳极	20.1.5(1)
$(E)_n$	n 个电子转移中的逐步异相电子转移(EE 是描述两步骤的表示法)①	13.3.6(2)
EA	电子亲和势	20.1.4
EC	随后均相化学反应的异相电子转移①	13.1
EC′	在随后均相反应中电活性物质的催化再生①	13.1
EC_2	异相电子转移随后均相二聚反应①	13.1
ECE	依次为异相电子转移、均相化学反应和异相电子转移①	13.1
ECE/DISP	在 ECE 体系中均相歧化反应是重要的	13.3.7
ECEC	依次为异相电子转移、均相化学反应、异相电子转移与均相化学反应①	13.1
ECL	电致化学发光	20.5
ECM	电毛细极大	14.2.2
EC-STM	电化学扫描隧道显微镜	21.1.1
EDS	能量色散 X 射线谱	21.8.1
EE	完成两电子的还原或氧化的逐级异相电子转移①	13.1
EELS	电子能量损失谱	21.8.2
EIS	电化学阻抗谱	11，11.4
emf	电动势	2.1.3
EMIRS	电化学调制红外反射光谱	21.4.1
ESR	电子自旋共振	21.7.1
ETM	电子迁移材料	20.2.3
EXAFS	扩展 X 射线吸收精细结构	21.5
FCC	面心立方	14.4.1(1)
FFT	快速傅里叶变换	A.6
FI	流动注射	12.5.3
FRA	频率响应分析仪	11.8，11.8.1
FSCV	快速扫描循环伏安法	17.8.4(2)
FT	傅里叶变换	A.6
FTAC	傅里叶变换交流伏安法,通常指大幅值方法	11.6.2
FTIR	傅里叶变换红外(光谱仪)	21.4.1
FTO	氟掺杂的锡氧化物	20.1.5(3)
GBP	增益带宽积	16.1.2(2)
GC	玻碳	1.9.2
GCS	Gouy-Chapman-Stern 模型	14.3.3
GDP	恒电流双脉冲	9.6

续表

缩写	意义	涉及章节
HCP	六方密堆积	14.4.1(2)
HER	氢析出反应	2.19(a)，15.2.1
HMDE	悬汞电极	7.2.1(c)，8.2.3(2)
HOMO	最高占有分子轨道	
HOPG	高定向热解石墨	14.4.1(2)
HREELS	高分辨电子能量损失谱	21.8.2
HTM	空穴迁移材料	20.2.3
ICR	离子电流整流	10.6
IE	离子化能量	15.1.2
IHP	内亥姆霍兹平面	1.6.3，14.3.4
INE	理想非极化电极	1.2.2
IPE	理想极化电极	1.2.2，1.6.1
IR	红外	
IRRAS	红外反射吸收光谱	21.4.1
ISE	离子选择电极	2.4
ITIES	两互不相溶电解质溶液界面	7.8
ITO	铟-锡氧化物	20.1.5(3)
KL	Koutecký-Levich	10.2.5，17.5.1
LB	Langmuir-Blodgett	17.1
LCEC	液相色谱电化学检测	12.5.3
LEED	低能电子衍射	21.8.2
LSV	线性扫描伏安法	7，7.2.1
LUMO	最低未占有分子轨道	
MFE	汞膜电极	12.7.2
MMO	混合金属氧化物	20.1.5(1)
MO	分子轨道	
NCE	标准甘汞电极，$Hg/Hg_2Cl_2/KCl(1.0mol/L)$	2.1.8(3)
NHE	标准氢电极(SHE)	1.1.3，2.1.4
NMR	核磁共振	21.7.2
NP	纳米颗粒	19.2
NPP	常规脉冲极谱法	8.2.3
NPV	常规脉冲伏安法	8.2.1
NSOM	近场扫描光学技术(显微镜)	21.1.3
OCP	开路电势	3.6
ODE	常规微分方程	A.1.1
OEMS	在线电化学质谱	21.6
OER	氧析出反应	2.1.9(1)
OHP	外亥姆霍兹平面	1.6.3，14.3.3
ORR	氧还原反应	2.1.9(1)，15.3.1
OTE	光学透明电极	21.3.1
OTTLE	光学透明薄层电极	21.3.1
PAD	(a)脉冲电流(安培)检测器	12.5.3(1)
	(b)酸离解面	17.2.6
PCET	质子耦合电子转移	13.3.8(5)
PDE	偏微分方程	A.1.1

续表

缩写	意义	涉及章节
PDF	概率密度函数	19.6
PET	电子转移面	17.2.2(2)
PNP	Poisson-Nernst-Planck	14.7.4
PZC	零电荷电势	1.6.4(1), 14.2.2
QCM	石英晶体微天平	21.2
QCM-D	具有耗散监测的石英晶体微天平	21.2.2
QD	量子点	20.1.2
QRE	准参比电极	2.5.2
RC-SECM	氧化还原竞争的 SECM	18.4.1
RDE	旋转圆盘电极	1.3.2, 10.2
RDS	决速步骤	3.7.2
RGO	还原型石墨烯氧化物	15.2.2(5)
RHE	可逆氢电极	2.1.8(4)
RPP	反向脉冲极谱法	8.3
RPV	反向脉冲伏安法	8.3
RRDE	旋转环盘电极	10.3
RVC	网状玻璃碳	12.1.3(1)
SAM	(a)自组装单层膜	17.1
	(b)扫描 Auger 微探针	21.8.2
SCE	饱和甘汞电极	1.1.3, 2.1.8(3)
SECCM	扫描电化学池显微镜	18.8
SECM	扫描电化学显微镜	18
SEIRAS	表面增强红外吸收光谱	21.4.1
SEM	扫描电子显微镜	21.1.4, 21.8.1
SERS	表面增强拉曼光谱	21.4.2
SG/TC	基底产生/探头收集(SECM 的一种模式)	18.4.2
SHE	标准氢电极(NHE)	1.1.3, 2.1.4
SIMS	二次离子质谱	21.8.2
SI-SECM	表面问询型 SECM	18.5
SMD	单分子检测	19.6
SMDE	静态滴汞电极	8.2.3(2)
SNIFTIRS	差减归一化界面傅里叶变换红外光谱	21.4.1
SPR	表面等离子体共振	21.3.3
SSCE	钠饱和甘汞电极 $Hg/Hg_2Cl_2/NaCl$(饱和),$-5mV$ vs. SCE	表 C.2
SSV	稳态伏安法	5.1.4
STEM	扫描透射电子显微镜	21.1.4, 21.8.1
STM	扫描隧道显微镜	21.1.1
STV	取样暂态伏安法	6.2
SWV	方波伏安法	8.5.1
TEM	透射电子显微镜	21.1.4, 21.8.1
TERS	针尖增强拉曼光谱	21.4.2
TFA	第一到达时间	19.3.3
TG/SC	探头产生/基底收集(SECM 的一种模式)	18.4.2
UHV	超高真空	21.8.2
UME	超微电极	1.3.2, 5.2

续表

缩写	意义	涉及章节
UPD	欠电势沉积	15.6.3
UV	紫外	
VB	价带	20.1.1
XAS	X射线吸收光谱	21.5
XAFS	X射线吸收精细结构	21.5
XANES	X射线吸收近边结构	21.5
XPS	X射线光电子能谱	21.8.2
XRD	X射线衍射	21.5

① 这些字母标注为 i，q 或 r，表示不可逆、准可逆或可逆反应。

表 5　化学物质的缩写[①]

缩写	意义	涉及章节
AB	偶氮苯	图 1
AND	己二腈	式(18.4.7)
AN	丙烯腈	式(18.4.5)
An	蒽	图 1
2,6-AQDS	蒽醌-2,6-二磺酸盐	图 1
AzT	偶氮甲苯	图 1
B[*ghi*]FA	苯并[*ghi*]荧蒽	图 1
BP	二苯甲酮	图 1
bpy	2,2′-联吡啶	图 1
BQ	对苯醌	图 1
Ch	䓛	图 1
COD	环辛二烯	图 1
CP[*cd*]Py	环戊二烯并[*cd*]芘	图 1
DA	多巴胺	图 1
DCB	对苯二腈	图 1
DCE	1,2-二氯乙烷	
2,6-DHADS	9,10-二羟基蒽-2,6-二磺酸盐	图 1
DMA	9,10-二甲基蒽	图 1
DMF	*N*,*N*-二甲基甲酰胺	
DMSO	二甲基亚砜	
DOPAC	3,4-二羟基苯乙酸	图 1
DPA	9,10-二苯基蒽	图 1
EDTA	乙二胺四乙酸二钠盐	
EPI	肾上腺素	图 1
FA	荧蒽	图 1
Fc	二茂铁	图 1
FcA^-	二茂铁甲酸根	图 1
FcMeOH	二茂铁甲醇	图 1
$FcTMA^+$	(二茂铁基甲基)三甲基铵离子	图 1
FePc	酞菁亚铁(Ⅱ)	图 1(MPc)
FePP	原卟啉Ⅸ亚铁(Ⅱ)	图 1(MPP)
GOx	葡萄糖氧化酶	
5-HIAA	5-羟基吲哚-3-乙酸	图 1

续表

缩写	意义	涉及章节
HQ	氢醌	图 1
5-HT	5-羟色胺	图 1
HVA	高香草酸	图 1
$Me_{10}Fc$	二茂铁癸烷	图 1
10-MP	10-甲基吩噻嗪	图 1
MPc	金属(Ⅱ)酞菁	图 1
MPP	原卟啉Ⅸ金属(Ⅱ)	图 1
MTPP	四苯基卟啉金属(Ⅱ)	图 1
MV^{2+}	甲基紫精	图 1
Naf	Nafion™	图 17.4.1
NB	硝基苯	图 1
NE	去甲肾上腺素	图 1
NP	萘	图 1
p-Chl	四氯对苯醌	图 1
P3HT	3-己基取代聚噻吩	图 20.2.5
PEDOT	聚(3,4-乙烯二氧噻吩)	图 20.2.5
PP	原卟啉Ⅸ	图 1
PPD	2,5-二苯基-1,3,4-噁二唑	图 1
PPy	聚吡咯	图 20.2.5
PS	聚苯乙烯	图 17.4.1
PSS	聚苯乙烯磺酸	图 17.4.1
PT	聚噻吩	图 20.2.5
PVFc	聚(乙烯基二茂铁)	图 17.4.1
PVOS	聚紫精有机硅烷	图 17.4.1
PVP	聚(4-乙烯基吡啶)	图 17.4.1
PXDOT	聚(3,4-邻二甲苯二氧噻吩)	图 20.2.6
PXV	聚二甲苯基紫精	图 17.4.1
Py	芘	图 1
QPVP	聚(4-乙烯基-*N*-甲基吡啶)	图 17.4.1
R	红荧烯	图 1
$TBABF_4$	四丁基四氟硼酸铵	
TBAI	四丁基碘化铵	
$TBAN_3$	四丁基叠氮化铵	
TBAP	四丁基高氯酸铵	
$TBAPF_6$	四丁基六氟磷酸铵	
TBATPB	四丁基四苯硼酸铵	
TCNQ	7,7,8,8-四氰基对苯二醌二甲烷	图 1
$TEABF_4$	四乙基四氟硼酸铵	
TEAP	四乙基高氯酸铵	
$TEMPO^-$	2,2,6,6-四甲基哌啶氧化物	图 1
TH	噻蒽	图 1
THF	四氢呋喃	
TMPD	*N*,*N*,*N'*,*N'*-四甲基对苯二胺	图 1
TPAsTPB	四苯基砷四苯硼	

续表

缩写	意义	涉及章节
TPP	四苯基卟啉	图 1
TPrA	三正丙胺	图 1
TPTA	三对甲苯基胺	图 1
*tt*BP	1,3,5-三叔丁基并环戊二烯	图 1
TTF	四硫富瓦烯	图 1

① 标准化学缩写，像 EtOH，MeCN 与 PhBr 没有包括在内。

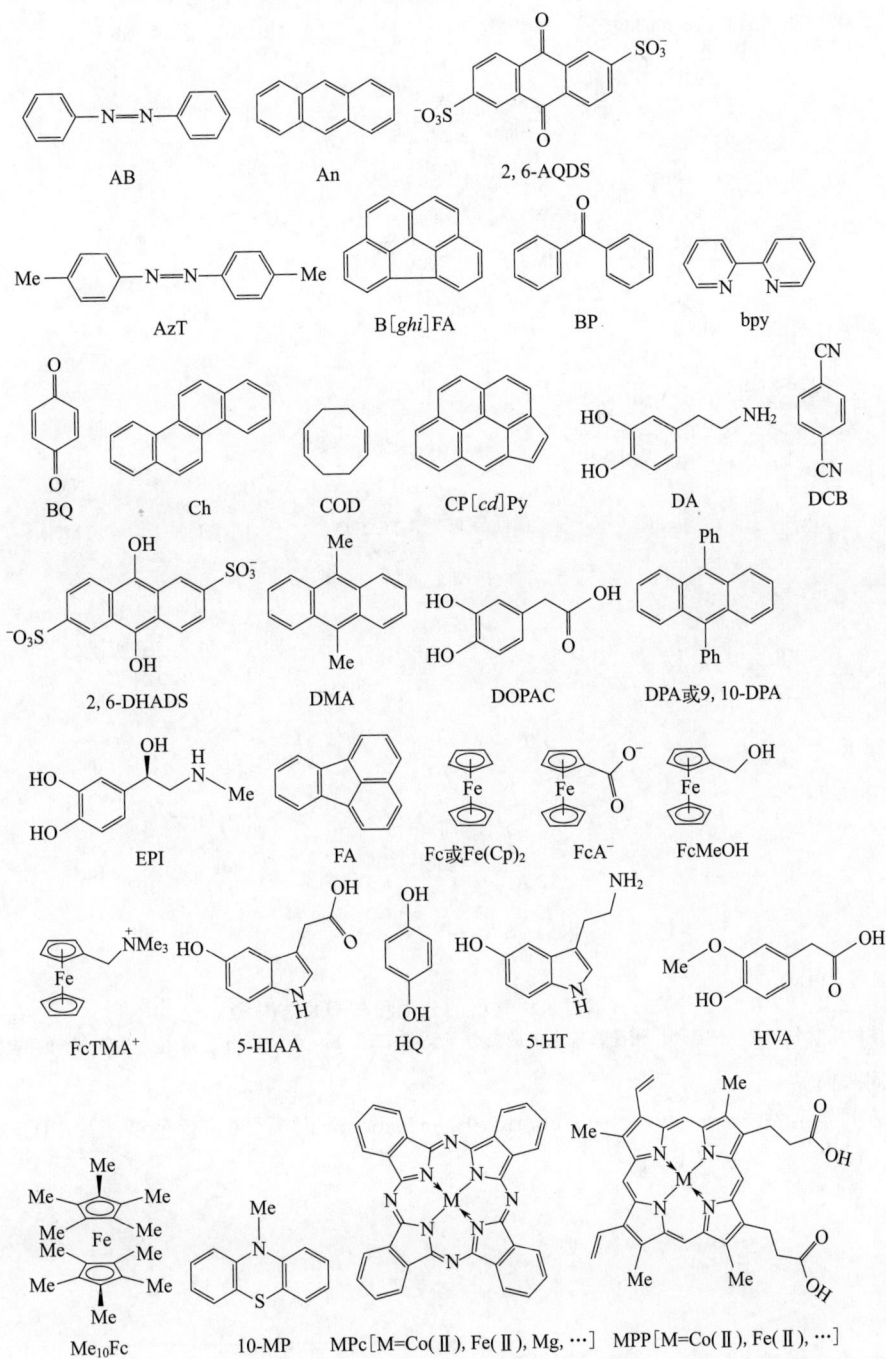

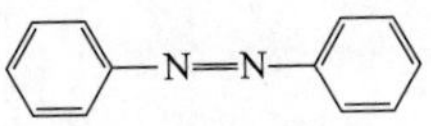
AB

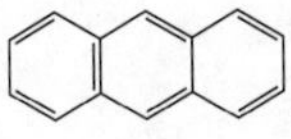
An

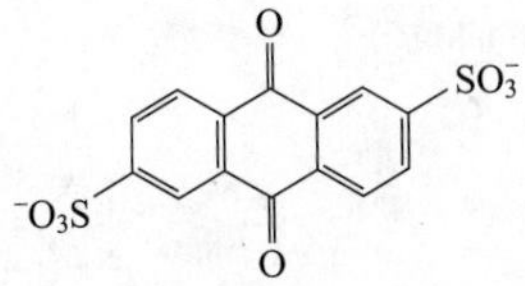
2, 6-AQDS

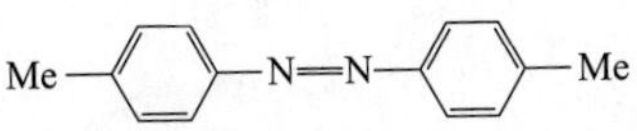
AzT

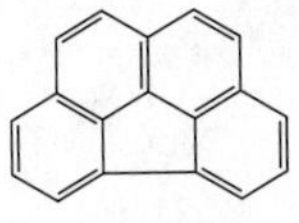
B[*ghi*]FA

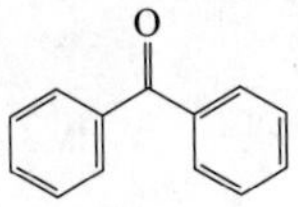
BP

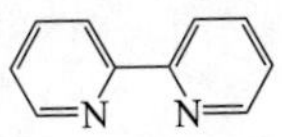
bpy

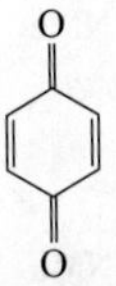
BQ

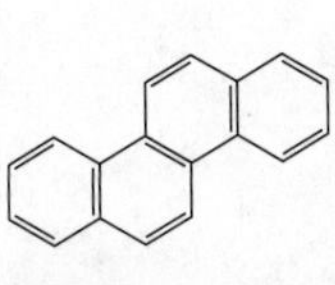
Ch

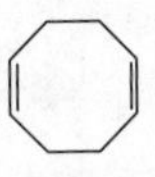
COD

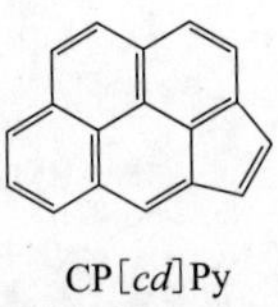
CP[*cd*]Py

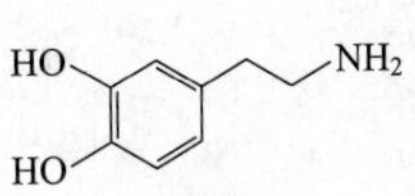
DA

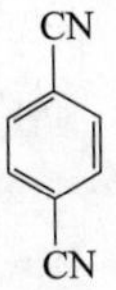
DCB

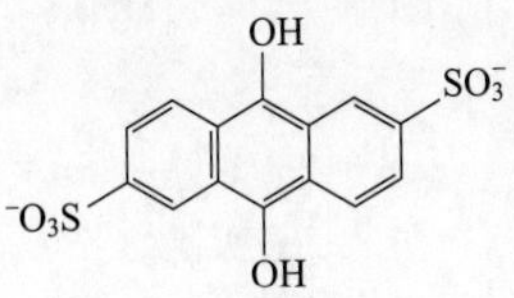
2, 6-DHADS

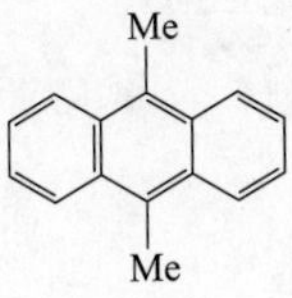
DMA

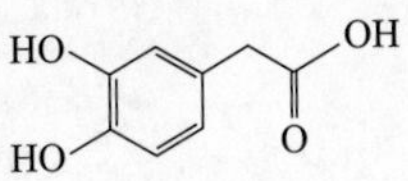
DOPAC

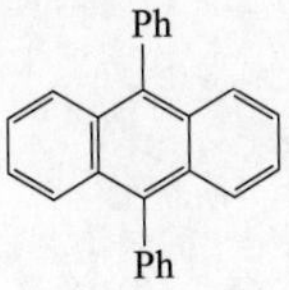
DPA或9, 10-DPA

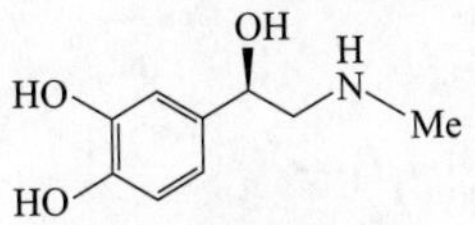
EPI

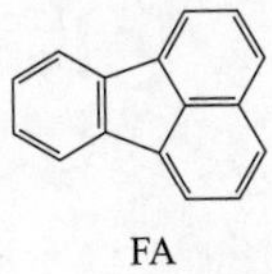
FA

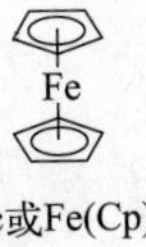
Fc或Fe(Cp)$_2$

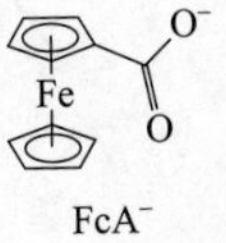
FcA$^-$

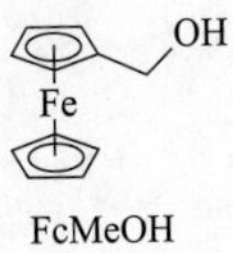
FcMeOH

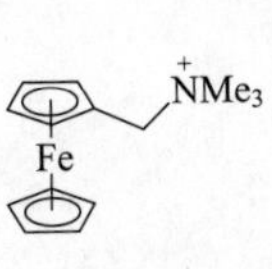
FcTMA$^+$

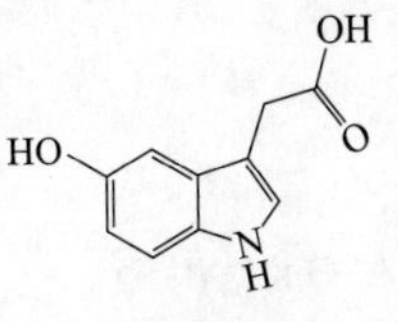
5-HIAA

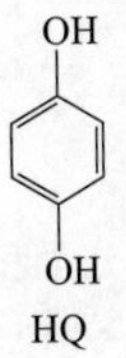
HQ

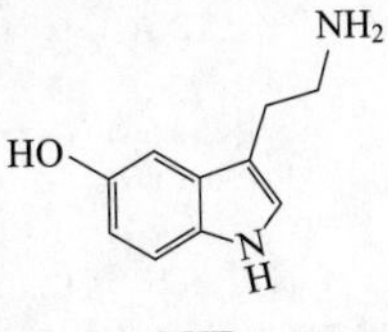
5-HT

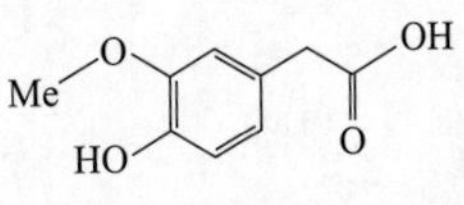
HVA

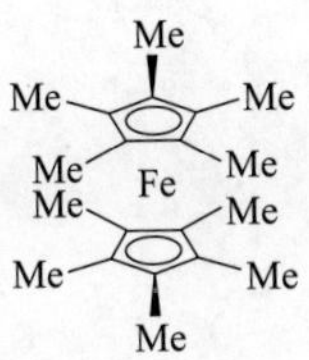
Me$_{10}$Fc

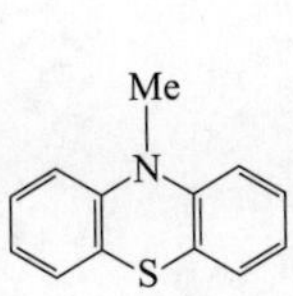
10-MP

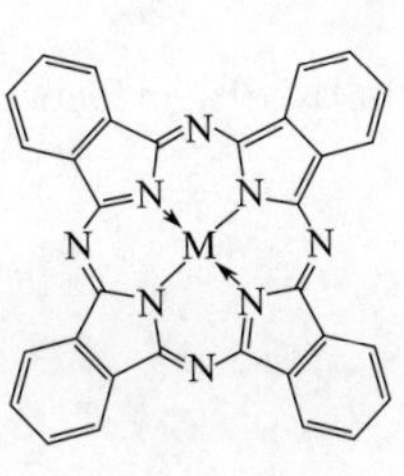
MPc[M=Co(Ⅱ), Fe(Ⅱ), Mg, …]

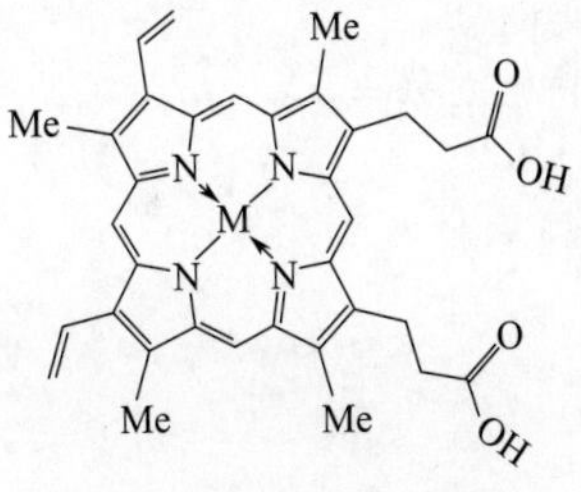
MPP[M=Co(Ⅱ), Fe(Ⅱ), …]

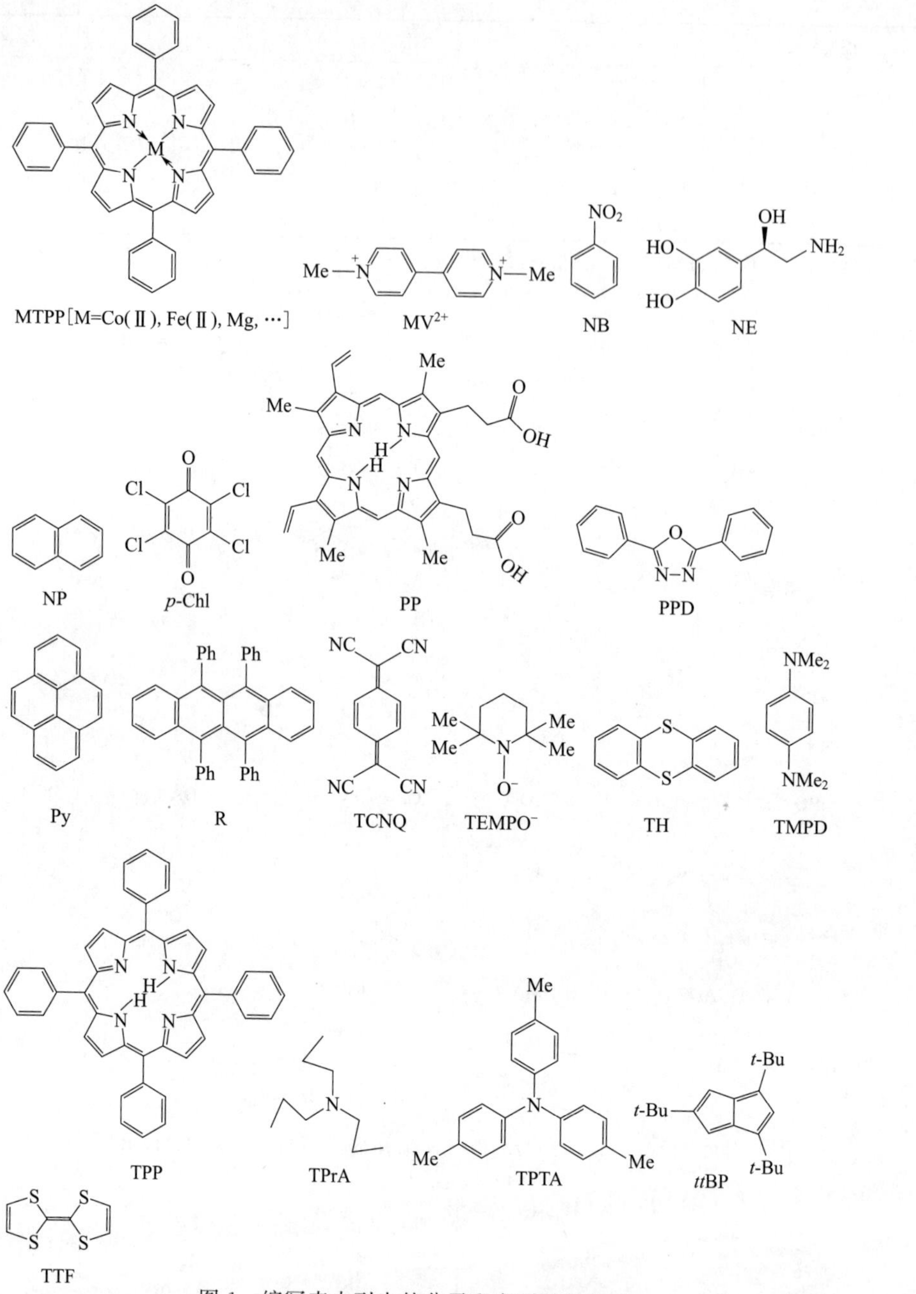

图 1　缩写表中列出的分子和离子的结构式

具体的化学名称见上述表 5。用于修饰电极的高分子见图 17.4.1；图 20.2.5 显示了导电高分子的结构

关于同步网站

本书有同步网站 www.wiley.com/go/BardElectrochemical3e。网站特色是图片 PPT 幻灯片

目　　录

第 9 章　控制电流技术

第1章 电极过程概论

电化学使到达一种金属或半导体电极附近的分子或离子可控地增加或移除电子（经常是依次地）成为可能。电化学体系提供了接触基本化学事件和有价值实际应用的途径，然而，电化学也是很复杂的。关键的事件经常仅发生在占总体积很小的部分上，一般是在金属表面或附近，或者仅在金属表面上很少的一些活性位点。反应的分子或离子必须被传递到反应的位置，该传递过程会影响反应的速率。一旦电极上的反应被引发，它可通过涉及几乎所有的化学步骤的方式——质子转移、连接反应的变化、消除反应、重排反应来进行，甚至在电极上或与其他的分子或离子之间的随后的电子转移反应。电极上的反应涉及分子和离子的轨道结构，以及金属、半导体与绝缘体的能带结构，它们也依赖于静电学和热力学。在化学的各个领域中，电化学提供了一些对有效理论和实验检验的最大挑战；然而，对于该具有超过200年历史的学科，已搭建了扎实的理论与实验方法学基础。本书代表了其最精华的部分。

电化学连接了电与化学的相互作用，其许多工作是论述通过电流引起的化学变化或由化学反应产生的电能。现在，电化学领域得到了极大拓展，包括不同现象（例如，电泳和腐蚀）、各类器件（电致变色显示器、电分析传感器、各种燃料电池）和各种技术（电子装置或汽车的移动电源、用于电网负荷管理的大规模储能、金属电镀及铝和氯气的大规模生产）等。尽管本书所讨论的电化学原理均适用于上述各方面，但本书的重点是电化学方法在各种化学体系研究方面的应用。

基于种种原因，科学家们要进行电化学测量。他们可能是想理解电极上一个反应的动力学，也许是加速或抑制其反应，抑或优化其产率；他们可能想产生一种不稳定的中间体（诸如自由基离子），并研究它的衰变速率或光谱性质；也可能是寻求分析溶液中痕量物质；他们可能对于获取一个反应的热力学数据感兴趣。在这些例子中，与常用的光谱方法一样，电化学方法被用作研究化学体系的工具。现在已经发展出许多电化学方法。应用这些方法，就需要了解电极反应的基本原理和电极/溶液界面的电性质。

本章搭建了一个舞台，将介绍描述电化学体系所用的术语和概念。它包括界面（interface）和电化学池（cell）、电势（电位）（potential）与电流（current）、参比电极和电势测量、电化学实验相关的概念；电流-电势曲线背后的动态行为；从电化学响应提取的化学信息；法拉第（faradaic）与非法拉第（nonfaradaic）过程；双电层结构（double-layer structure）和充电电流（charging current）。这种基本概念之旅的设计是为了帮助读者建立起一个电化学概念与体系的初步的工作知识框架。

如果更大的目标是学习如何可靠地应用电化学方法来进行自己的工作，那么第一章仅是起步，读者需要掌握更多的知识。在随后的章节中，本章所介绍的基本概念和处理方法，会得到更加全面和严谨的阐述。

1.1 基本概念

1.1.1 电化学池和电化学反应

在电化学体系中，人们关心的是影响电荷在化学相界面之间传递的过程与相关因素，所涉及的界面大多数是由一种电子导体（电极，electrode）和一种离子导体（电解质，electrolyte）所构成。贯穿本书的焦点是电极/电解质界面，以及施加电势和电流通过时该界面上所发生的事情。

电极上的电荷传递是通过电子（有时是半导体电极上的空穴）运动实现的［界面上电荷转移或传递也可通过离子（ion）的运动来实现，例如，在液/液界面电化学中。译者注］，在电解质溶液中，电荷是由运动的离子所载带的❶。电极与电解质溶液形成的界面上通过的电荷需要一种电极反应来连接这些不同的导电模式，该电极反应使电子在电极上被消耗或产生，离子在电解质溶液中同样被消耗或产生。包括如下例子：

① 从水溶液中电镀铜，

$$Cu^{2+} + 2e \longrightarrow Cu \tag{1.1.1}$$

② 在碱性水溶液中，在 Pt 电极上产生氢气，

$$2H_2O + 2e \longrightarrow H_2 + 2OH^- \tag{1.1.2}$$

③ 在乙腈中，在 Au 电极上生成硝基苯自由基负离子，

$$PhNO_2 + e \longrightarrow PhNO_2^- \cdot \tag{1.1.3}$$

④ 在一个锂离子电池中，锂离子从一个氧化钴酸锂电极中的脱嵌，在电极上留下了过剩电子，可用于外电路，

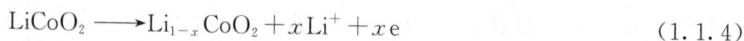

$$LiCoO_2 \longrightarrow Li_{1-x}CoO_2 + xLi^+ + xe \tag{1.1.4}$$

⑤ 稳定的钌配合物在金电极上，在水溶液中的氧化反应❷，

$$Ru(bpy)_3^{2+} \longrightarrow Ru(bpy)_3^{3+} + e \tag{1.1.5}$$

典型的电极材料包括固体金属（例如，铂、金）、液体金属（汞、汞齐）、碳（例如，石墨、石墨烯与玻碳）和半导体（铟-锡氧化物、硅、GaAs 和 CdS)。最常用的电解质相是水或非水溶剂中含有诸如 H^+、Na^+、四烷基铵离子、Cl^- 或 BF_4^- 等的离子物种的溶液。为了使这样的电解质相在一个电化学池有用，该相在所设计的电化学实验中必须具有较低的电阻（即有充分的导电性)。较少采用的电解质包括熔盐（例如，NaCl-KCl 低共熔盐）和离子导电高分子（例如，Nafion，聚氧化乙烯-$LiClO_4$)。另外，还有固态电解质（例如，β-氧化铝钠，其电荷传导是由氧化铝层间钠离子的运动而引起的)。

考虑在单个界面上发生的事情是很自然的，但这种孤立的界面在实验上是无法处理的。实际上，必须研究称为电化学池（electrochemical cell）的多个界面集合体的性质。这样的体系最普遍的定义是两个电极被至少一个电解质相所隔开。

对于这些电化学池结构的表述，已有一种简明的符号用法。例如，图 1.1.1（a）所示的电化学池，可以简洁地写成

$$Zn/Zn^{2+}, Cl^-/AgCl/Ag \tag{1.1.6}$$

在该符号用法中，斜线代表一个相界面，同一相中的两个组分用逗号分开❸。当涉及气相时，应写出与其相邻的相应导电组分。例如，图 1.1.1（b）中的电化学池，可图解式地写为

$$Pt/H_2/H^+, Cl^-/AgCl/Ag \tag{1.1.7}$$

一般来讲，在电化学池中电极之间的电势不相同。如果两根电极用一根导线连接起来的话，电子会从较负的电极流向较正的电极，这样可以保持电化学池中的化学反应。通过电极反应在较负电极处产生的电子移动到较正电极处，消耗电子以提供不同的电极反应。在电化学池中发生的总的化学反应是由描述两个电极上分开的化学变化的、独立的半反应（half-reaction）构成的。例如，电化学池［式(1.1.6)］是由如下的两个双向半反应构成：$Zn^{2+} + 2e \rightleftharpoons Zn$ 和 $AgCl + e \rightleftharpoons Ag + Cl^-$。当两根电极接通后，在 Zn 一侧进行的是反向反应，同时在 Ag 一侧进行的是正向过程，从而导致 Zn 溶解，AgCl 转化为 $Ag + Cl^-$，总的净反应是：

---

❶ 有时会被问到这样的问题：溶液中的传导是否由“自由”电子进行？这样的电子寿命很短，对电导率的贡献可忽略不计。20.4 节中所讨论的“溶剂化”电子可在一些极端条件下存在，但通常具有很高的反应活性。溶液中绝大多数可移动的电荷是离子，在电极上进行交换的电子可由溶液中的原子、分子或离子载带。

❷ bpy＝2,2′-联吡啶（图 1）。

❸ 这里没有用到的双斜线代表，其界面电势差对电池总电势的贡献是可以忽略的。例如，后面将看到的液/液界面电化学研究中，经常会用到（译者注）。

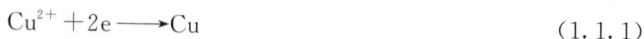

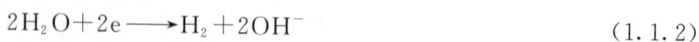

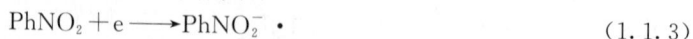

$$Zn + 2AgCl \longrightarrow Zn^{2+} + 2Ag + 2Cl^- \tag{1.1.8}$$

过程式(1.1.1)～式(1.1.5) 均为半反应，都不能单独发生，每个半反应必须与电化学池中，包含有另外一个界面的、反向进行的半反应耦合。

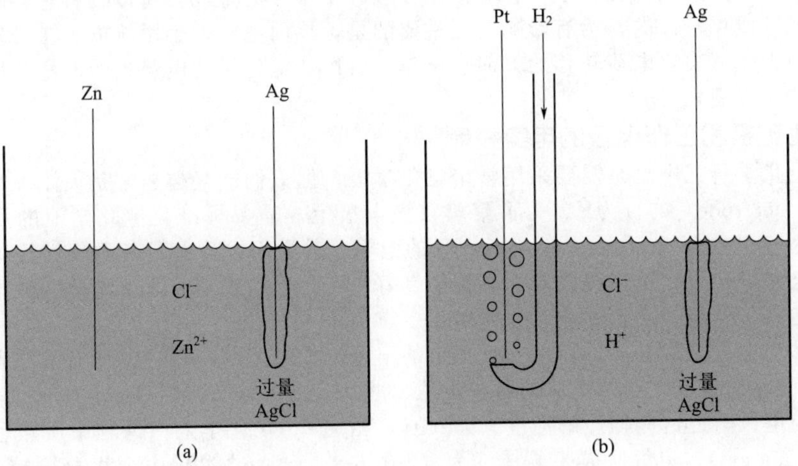

图 1.1.1　典型的电化学池

(a) 浸在 $ZnCl_2$ 溶液中的金属 Zn 和被 AgCl 覆盖的 Ag 丝；(b) 在 H_2 气流中的 Pt 丝和在 HCl 溶液中被 AgCl 覆盖的 Ag 丝

1.1.2　界面电势差和电化学池电势

我们会在第 2 章看到从一个导电相到另外一个导电相，通常电势的变化是渐变的，并且，它经常发生在界面附近较窄的区间。因此，从一根电极通过中间的导电相，到另外一根电极的电势的变化，可用图 1.1.2 所示的阶梯方式来描述。

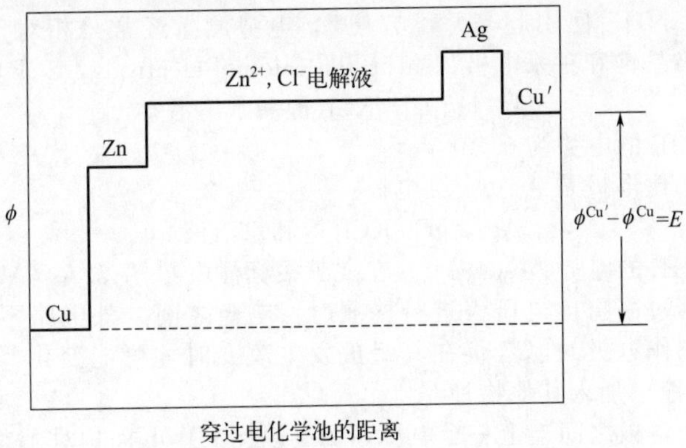

图 1.1.2　在平衡时（开路，零电流）穿越 $Cu/Zn/Zn^{2+}$，$Cl^-/AgCl/Ag/Cu'$的电势（ϕ）的轮廓

Cu 和 Cu′代表图 1.1.1(a) 中电化学池的铜连线。电化学池电势仅在两个相似的相之间可被测量。由于 AgCl 是多孔的，并不在线路上，电解质直接与 Ag 接触。但 AgCl 是半反应的重要组成部分，因此，它包括在该电化学池中

一个高阻抗的电压表可在无可观电流通过干扰电化学池的情况下，测量一个电化学池中电极之间的电势差。该电化学池电势（cell potential）的单位为伏［特］[V，1V=1 焦耳/库仑(J/C)]，它是表征电极之间外部可驱动电荷能量的尺度，以及电化学池向外所做的电功。它是电化学池中电极之间所有相界面电势差的代数和（在图 1.1.2 中表示为 E）。

观测到电极之间的电势差不仅仅只有上述讨论的方式，也可通过外接一个电源来随意改变。由于外加电压是可调的，可期望每个界面的电势差，特别是电极/电解质界面的电势差，随之改

变。通常情况下，外加的电压与开路电池电势不同，电池的响应是通过从电源汲取电流而发生。在实际操作中通过改变外加电压，可以改变电流流动的方向。我们随后会很快讨论电流的量及其化学作用。

电势在界面区域急剧的变化表明在界面上存在一个很强的电场，可以预料它会对界面区域内电荷载体（电子或离子）的行为有影响。更重要的是，界面电势差会影响电子在另外一相的相对能量，因此，它能够决定电荷转移的方向和速率。所以，电化学池电势差的测量和控制是实验电化学中最重要的方面之一。

1.1.3 参比电极和工作电极的电势控制

虽然在电化学研究中总是需要采用整个电化学池，但人们的兴趣通常是关注一个称为工作电极（working electrode）的行为❹。为了聚焦在该电极上，需要标准化电化学池的另外一半，即采用一个称为参比电极（reference electrode）的电极，其界面电势差具备重现性且恒定。如果能够构建一个电化学池，由工作电极与一个性能良好的参比电极组成，那么电化学池电势的任何变化均应该发生在工作电极上。

这样的参比电极关键是要保持已知且恒定的组分。如果一个半反应的所有参与者均存在于电极/电解质界面［包括氧化还原反应的两种形式(例如，AgCl 与 Ag 或 H^+ 与 H_2)］，其结果是界面电势差将与电极附近这些物质的活度（activity）相关❺。在化学入门课程中所熟悉的能斯特方程（Nernst equation)，定量地描述了其行为（2.1.6 节）。通过构建一个组分可控的参比电极，就可得到可重现的参比界面的电势差。

当电化学池通过电流时，参比电极的界面电势差不改变也很重要，另外，参比端要不受工作电极的污染，将会很快看到如何处理这些问题。设计、构建和使用参比电极本身构成了一个重要主题（2.1.8 节和 2.5 节），本章的目标仅是简介参比电极的概念和指出一些常用形式，现在不必转移我们的注意力。

国际上认可的主要参比电极是标准氢电极（standard hydrogen electrode，SHE）或常规氢电极（normal hydrogen electrode，NHE)，它所有的组分在 25℃时均为单位活度❻。

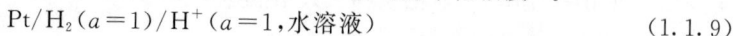

$$\mathrm{Pt/H_2}(a=1)/\mathrm{H^+}(a=1,\text{水溶液}) \tag{1.1.9}$$

从实验的角度讲，NHE 使用起来并不方便❼，电势测量经常是相对于其他参比电极引用。历史上著名的参比电极是饱和甘汞电极（saturated calomel electrode，SCE)：

$$\mathrm{Hg/Hg_2Cl_2/KCl}(\text{饱和水溶液}) \tag{1.1.10}$$

它在 25℃时相对于 NHE 的电势为 0.244V。

一种更加常见的参比电极是 Ag/AgCl 电极：

$$\mathrm{Ag/AgCl/KCl}(\text{饱和水溶液}) \tag{1.1.11}$$

它在 25℃时相对于 NHE 的电势为 0.197V。在文献中标注电势“vs. Ag/AgCl”是很普遍的。

当电化学池电势通过高阻抗电压表进行检测时，电极之间的外电路不允许有可观的电流通过。在这种情况下，工作电极的电势仅在其组成发生改变时才可能变化，引起组成变化可能是 pH 变化或电极周围溶液中加入其他物种。

如上所述，也可在电极之间连上一个电源，用于改变工作电极相对于参比电极的电势，使其电势等于电源的输出电压。理想情况下，在无外加电源时，所观测到的电化学池电势的任何变化均应是工作电极的变化，这是因为所构建的参比电极的界面电势差是恒定的❽。以这样的方式，

---

❹ 有时称为指示电极（indicator electrode)。

❺ 活度是热力学常用的概念，用于考虑浓度、分压或摩尔分数的影响。详见 2.1.5 节。在此，仅把它看作是浓度、压力或摩尔分数的代表即可，“单位活度”可粗略地对应于浓度为 1mol/L 的溶液，或分压为 10^5Pa（1bar）或一种纯固体。(本书的中译本均尽量采用国际标准单位，译者注)

❻ 这样 NHE 将涉及像 1mol/L 氢离子，H_2 接近于 1bar（1.01325×10^5Pa）那样的情况。

❼ NHE 很难精确地实现，除非将真实电极的行为进行外推。就当前而言，没有必要给出如何进行上述外推。我们仅需要认识到 NHE 不是一种日常用的参比电极。

❽ 这是因为体系中其他界面电势差，像金属-金属接触的电势差也保持不变（图 1.1.2)。

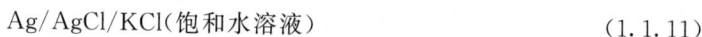

我们就有可能随意控制工作电极的电势。在下面的章节中，我们将更详细地讨论该问题。

1.1.4　电势作为电子能量的一种表述

在电化学中，我们观测或控制工作电极相对于参比电极的电势，其实等同于观测或控制工作电极相对于电解质电子态的电子可转移能[1-2]（2.2.5 节）。将工作电极调节到更负的电势，其电子能量升高。经常可在几伏范围内调节电势，因此能量的变化可以很大。每改变 1V，工作电极上的电子能量改变一个电子伏特（1eV）❾，即 96.5kJ/mol 电子。相对于许多化学反应的活化能或整个能量的变化，该值是相当大的，可与化学成键过程中改变轨道间距离的能量相比。

电极上的电子可以达到很高的能级，从而转移到电解质溶液中物种（物质）的空能级上。在这种情况下，发生的是电子从电极流向溶液（还原电流）[图 1.1.3(a)]；同理，通过施加更正的电势，可使电子的能量降低，在某个点可在电极上找到更合适的能级，电子从电解液中的分子或离子上转移到电极上。电子从溶液流向电极是氧化电流 [图 1.1.3(b)]。这些过程所发生的临界电势经常与特定的半反应的标准电势（standard potential，E^0）相关。在第 2 章中，我们将专门讨论标准电势。

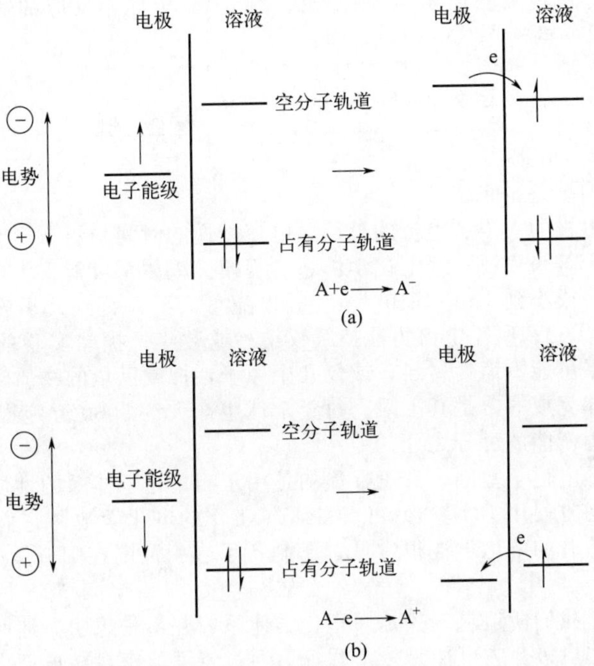

图 1.1.3　溶液中物种 A 的还原（a）和氧化（b）过程的表示法

所示的分子轨道（MO）为物质 A 的最高占有和最低空的 MO。对于简单的单电子转移反应，它们分别近似地对应于 A/A^- 和 A^+/A 电对的 E^0。图例体系代表在质子惰性溶剂（例如乙腈）中铂电极上的芳香族烃（如 9,10-二苯基蒽）的情况

1.1.5　电流作为反应速率的一种表述

当通过外加电压使工作电极的电势相对于参比电极发生变化时，电流可在外电路流动，这是因为随着反应发生电子穿过电极/溶液界面。电子数与反应物消耗和产物产生的量之间存在化学计量关系。对于每个反应物电极反应所消耗或产生 n 个电子（例如，氧化 Zn 需要 2e），那么对于每摩尔反应转化的物种，外电路必须有 n 摩尔电子流过，总的电量 Q 是

❾　eV 是电化学研究中常用的能量单位，它是移动一个正的实验电荷（在量上等于电子电荷 e）穿越 1V 的能垒所做的功。通常，$\Delta \boldsymbol{E}=q\Delta\phi$，其中 $\Delta \boldsymbol{E}$ 是能量的变化；q 是移动的电荷；$\Delta\phi$ 是电荷移动的电势差，当 q 以 e 单位表示，而 $\Delta\phi$ 单位是 V 时，$\Delta \boldsymbol{E}$ 的单位就是 eV。

$$Q(\text{库仑})=nF(\text{库仑/电解的物质的量})\times N(\text{电解的物质的量}) \tag{1.1.12}$$

这里 F（法拉第常数，Faraday constant）是 1mol 电子的电量，96485.3C/mol。公式(1.1.12)为法拉第定律。在一个简单的单电子反应中，通过 96485.3C 的电量可消耗 1mol 的反应物并产生 1mol 的产物[10]。

电流是收集总电荷的速率，用安培（A）表示：

$$i(\text{A})=\frac{dQ}{dt}(\text{C/s})=nF\frac{dN}{dt} \tag{1.1.13}$$

$$\boxed{\text{速率}(\text{mol/s})=\frac{dN}{dt}=\frac{i}{nF}} \tag{1.1.14}$$

这样，电流是工作电极上反应速率的直接度量。

通常诠释电极反应的速率要比发生在溶液或气相中的反应复杂得多。溶液或气相中的反应称为均相反应（homogeneous reaction），它们在介质中每个地方发生的速率都是均一的。相反，电极过程是异相反应（heterogeneous reaction），仅发生在电极/电解质界面。其速率除了正常的动力学变量外，还依赖于到电极的传质与各种表面影响。对于异相反应的速率（v），其单位通常是每单位电极面积（A）的速率（mol/s），即：

$$\boxed{\text{速率}[\text{mol/(s}\cdot\text{cm}^2)]=v=\frac{i}{nFA}=\frac{j}{nF}} \tag{1.1.15}$$

这里 j 是电流密度（A/cm^2）。

1.1.6 电化学体系中的各种量

通常会根据工作电极的大小、电流的量级、电流传递的时间长短、实验扰动的时间范围、反应物消耗及产物的多少等来表征一个电化学体系的规模。该体系可能很大，也可能很小。工作电极可以是几平方米大，或小到 1nm^2（10^{-18}m^2）；电流可大到几百到几千安培，或小到几个皮安(picoamper，pA，10^{-12}A)；所需电流可能持续仅纳秒或数年；扰动实验的时间间隔可能从很长到纳秒；所采用的体系可能不消耗材料，或仅几个原子，抑或巨量的物质。例如，工业制备金属铝是在电化学池中整体完成的，是其上限。每年全球生产大约 5000 万吨铝，美国仅占不到 5%，但仍需要美国全年电力产能的百分之几。

本书主要展示的是电化学基础，真正聚焦的是用于测量化学体系的性质及研究化学行为的实验方法学。我们将考虑方便用于实验台（lab-sized）工作的电化学池，它们通常不会大于几百毫升，但可能更小。几微升的电化学池很常见，已制备了容积范围在阿升（attoliter，aL，10^{-18}L）的电化学池。

在大多数实验中，我们所追求的仅是探索化学体系，并不是想明显地改变其总体组成。通常采用的是一个小的工作电极。它可能是一个圆盘（通过将细丝密封在玻璃中，抛光得到一个截面制备而成）、或一段暴露出的细丝、抑或一个液滴。它可能在直径或长度是几厘米，但通常比较小，表面积小于 0.1cm^2。对于更小的电极已进行了大量的工作，例如，圆盘的直径在几微米，或甚至小到约 10nm。

用于控制和观测电化学池的仪器有时可输出 1～10A 的电流，但大多数情况下，其具有较小的范围。实验室所用的电化学池的“大”电流在 10～1000mA 区间。微小工作电极的电流可到皮安（10^{-12}A），甚至更小。

在我们的讨论中，到目前为止还没有特别关注电极的几何形状及表面区域，这些电极可能制作得比较粗糙，也许就是一段裸露的金属细丝或薄片。在随后更加全面的讨论中，将会发现电极的几何形状等在电化学体系中经常是非常重要的，因此会对电极的形状、大小以及它们在电化学体系放置的位置加以密切关注。

1.1.7 电流-电势曲线

工作电极的电流对其电势做图，称为电流-电势曲线（current-potential curve，i-E curve），

---

[10] 有时通过电子的物质的量单位摩尔称为当量（译者注：弃用单位）。

可提供发生在工作界面上反应的可观的信息。本书有相当一部分内容是处理如何获得和解释该 i-E 曲线的。

通过考察图 1.1.4 所示的电化学池，以定性的方式讨论如何得到电流-电势曲线。在 1.3 节及随后的章节中，会以更加定量的方法进行讨论。第一步是将用于测量电压的高阻抗伏特计的开关断开，这样电化学池无电流通过。该电压称为电化学池的开路电势（open-circuit potential）[11]。

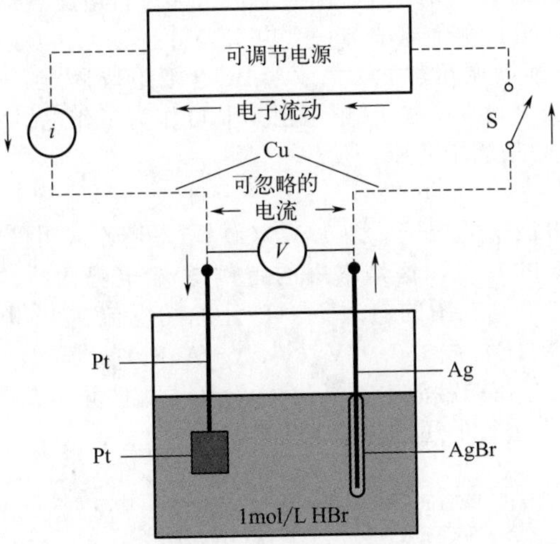

图 1.1.4　连接在获取电流-电势曲线的仪器上的电化学池

[Pt/H^+（1mol/L），Br^-（1mol/L）/AgBr/Ag]

电源连续可调输出由正到负的电压。开关 S，控制电化学池与电源的连通和断开。在所展示的情况下，电源设置为吸引电子，当开关闭合时，电子是从 Ag/AgBr 电极（这里 Ag 转化为 AgBr）到 Pt 电极（这里 H^+ 转化为 H_2）。箭头显示的是电子流动的途径，通过安培计（i）时测量电流。高阻抗伏特计（V）测量两个电极之间的电势差，但需要很小的电流流过。外部连线是铜线（虚线部分），在铜线与电极材料之间有液接界（由伏特计下方的点表示）。由于电化学池内大气中的氧气的电化学还原对于感兴趣的过程有干扰，需要从电化学池中除去。大多数电化学池可通过通入 N_2 气或其他的方法来除氧

(1) 开路电势

对一些如图 1.1.1 所示的电化学池，可能由其热力学数据来计算它们的开路电势，即通过能斯特方程，以及两个电极所涉及的半反应的标准电势来求算（2.1.6 节）。由于每个电极通过给定的半反应联系起来一对氧化还原形式(氧化还原电对)，关键的条件是电化学池的两端必须建立真正的平衡。例如，图 1.1.1(b) 中，一端电极有 H^+ 与 H_2，另一端电极是 Ag 与 AgCl[12]。

图 1.1.4 所示的电化学池与上述不同，不能建立一个总体平衡。在 Ag/AgBr 电极上，存在一个电对，其半反应是

$$AgBr + e \rightleftharpoons Ag + Br^- \qquad E^0 = 0.0711\text{V(vs. NHE)} \tag{1.1.16}$$

由于 AgBr 和 Ag 均为纯固体，因此它们的活度为 1。Br^- 的活度可通过溶液中的浓度算出。这样，该电极相对于 NHE 的电势就可由能斯特方程求得，该电极处于平衡态。但对于 $Pt/H^+, Br^-$ 电极，我们不能找出对应于该半反应的电对，因此，无法计算其热力学电势。由于没有 H_2 气导入到该电化学池中，显然控制电对不是 H^+/H_2 电对。这样，对于 Pt 电极，以及整个电化学池

---

[11] 开路电势也称为零电流电势（zero-current potential）或静止电势（rest potential）。在最近几年术语“静止电势”的使用很模糊不清。在本书中，为了避免混淆，仅使用开路电势或零电流电势。

[12] 当每个电极上存在一氧化还原电对时，没有液接电势的贡献（需要进一步讨论），开路电势也称为平衡电势（equilibrium potential）。图 1.1.1 所示的两个电化学池就是这种情况。

不在平衡态，也不存在平衡电化学池电势。

虽然该电化学池的平衡电势不能从热力学数据得到，但该电化学池仍有开路电势，下面可以看到，我们可将其置于一定的区间。正如将在第 3 章中讨论的那样，其准确值是由动力学所控制的。

(2) 背景 *i-E* 曲线

现在让我们来考察如图 1.1.4 所示的电化学池，当开关将电路连通时会发生什么？该电化学池与一个可调节的电源（甚至一个干电池与一个电势差计搭配），以及一个微安计连接，Pt 电极相对于 Ag/AgBr 的电势可逐渐调至较负。Ag/AgBr 电极组成固定，处于平衡，可作为参比电极。电化学池电势的任何变化均发生在 Pt 电极上，其可作为工作电极[13]。

在 Pt 电极上首先发生的是质子还原：

$$2H^{+}+2e \longrightarrow H_2 \tag{1.1.17}$$

电子流动的方向从电极到溶液中的质子［图 1.1.3(a)］，是还原（阴极）电流。

该结果图示在图 1.1.5 的右侧，这是本书的首例电流-电势曲线。在本书所采用的惯例中，阴极电流作为正电流，负电势画在图的右边[14]。H^+ 还原的电流在 Pt 电极接近于 H^+/H_2 反应的 E^0 时突然升高［0V（vs. NHE）或 -0.07V（vs. Ag/AgBr）］。同样大小的电流即刻通过 Ag/AgBr 参比电极，Ag 在 Br^- 存在的溶液中被氧化为 AgBr。为防止电荷流失需要在 Ag 电极上的氧化反应速率等于在 Pt 电极上进行的还原反应速率[15]。

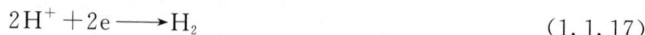

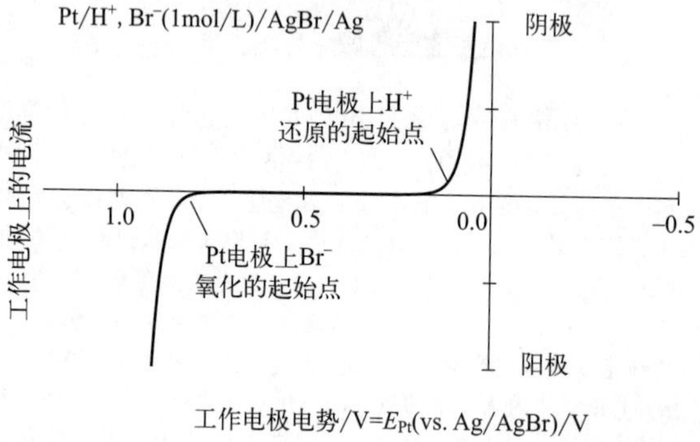

图 1.1.5 电化学池 Pt/H^+(1mol/L)，Br^-(1mol/L)/AgBr/Ag 的电流-电势曲线示意图

图中显示了质子还原和溴离子氧化的过程。由于 $E_{Ag/AgBr}=0.07$V（vs. NHE），电势坐标通过对每个电势值增加 0.07V 而转变 E_{Pt}（V，vs. NHE）。读者可期待还原电流在接近于 0.0V（vs. NHE，这里所用标尺的 -0.07V）上升。由于质子浓度非常大，氢放电的波很大。在所观察到的电流范围内，仅能够看到该波的一角，比 0.0V（vs. NHE）要正很多。该现象对于许多测量背景极限适用

---

⑬ 在此情况下，两根电极中一个是真正的参比电极，但对于所有的两电极电化学池，并不总是如此。

⑭ 将阴极电流作为正电流的惯例来源于早期在 Hg 电极的工作，那时通常研究的是还原反应。该选择及将负电势画在右边，这样可能把代表性的数据画在第一象限。该惯例的缺点是随着负电势变得更负，正电流增加，这样有时看起来怪怪的。即使现在对于氧化反应的研究很普遍，但仍有许多电化学工作者采用该惯例。在这版中，曾经想改为相反的表述法，但因如下的两个原因仍保留了该历史惯例：(a) 文献中在相当长的时间主要采用该惯例，从文献中引用的大多数图采用该惯例；(b) 将会在第 2 章中看到，这样做在教学上是具有优势的。即使这样，许多电化学工作者喜欢把阳极电流作为正电流，正电势画在右边。当翻阅文献或查看已发表的 *i-E* 曲线，就会认识到哪种惯例正在被采用（即，哪种惯例正确?）。对于该问题，从历史和当前的实践来讲，没有办法可能只能采用变通的方法。

⑮ 虽说电化学池中电流流动会引起一些 $Ag+Br^-$ 化学转化为 AgBr（或反之亦然），反应的量通常很少，并不会明显地改变 Br^- 的本体浓度。另外，参比电极经常要比工作电极大，采用离子电导材料，如烧结玻璃或纤维，与工作电极隔开。这些预防措施可使参比电极忍受一定的电流通过，整体组分的改变可以忽略不计，并防止来自工作电极一侧的污染。

当 Pt 电极的电势变得很正时，电子从溶液相流入到电极，Br^- 可被氧化为 Br_2（和 Br_3^-）。当 E_{Pt} 接近于 E^0，在电势左端的相应氧化（阳极）电流显著增加，其半反应是：

$$Br_2 + 2e \rightleftharpoons 2Br^- \tag{1.1.18}$$

标准电势是 +1.09V（vs. NHE）或 +1.02V（vs. Ag/AgBr）。随着该反应在 Pt 电极上进行，参比电极中的 AgBr 被还原为 Ag 和 Br^-，后者溶解于溶液中。

图 1.1.5 是背景 i-E 曲线的例子，描述了一个工作电极插入到仅含有为了减小溶液电阻而加入的电解质（称为支持电解质，supporting electrolyte）的溶液中的行为。由于支持电解质浓度较大（例如，图 1.1.5 中负端的 H^+，正端的 Br^-），背景曲线的特征是电势两端有电流的急剧增加。在一些极端的电势（相对于零电荷电势）情况下，背景电流会很大，掩盖一些电极上的平行反应（可能来源于加入到空白溶液中的、需要研究的感兴趣物种）的小的电流。背景极限（background limit）是这样的电势，超过它通常就无法得到有用的信息。工作范围（或电势窗，potential window）是在正、负背景极限之间的电势区域，在给定的电极材料、溶剂和支持电解质下，可以探讨非背景过程的反应。在图 1.1.5 所示的体系中，该工作范围大约从 +0.9V 到 +0.1V。

图 1.1.5 所示体系其开路电势（即零电荷电势）并非很好定义，只能说它在两个背景极限之间的某处。实验上测得的值将与溶液中的痕量杂质（例如 O_2），以及 Pt 的前期使用历史有关。

(3) 改变工作电极

现在考虑上述电化学池中 Pt 电极被 Hg 电极取代的情况：

$$Hg/H^+(1mol/L),Br^-(1mol/L)/AgBr/Ag \tag{1.1.19}$$

由于无法对 Hg 电极定义一个电对，因此我们仍不能计算该电化学池的开路电势。在外加电势下，当考察该电化学池的行为时，会发现其电极反应和观察到的电流-电势曲线与先前讨论的情况非常不同。图 1.1.6 展示了 Hg 工作电极上的电流与电极电势的关系，测量相对于相同的参比电极，但电势坐标改为 NHE 标尺。

当将 Hg 电极的电势调节至较负时，在热力学预测的 H_2 析出发生的 0.0V 附近，实际上并没有观察到阴极电流。的确，正如图 1.1.6 所显示的那样，为了使反应发生，外加电势必须要负很多。对于半反应式(1.1.7) 的平衡电势，不依赖于所用金属电极［2.2.4(5)节］，热力学没有变化。然而，当 Hg 作为氢析出反应的电极时，反应速率（通过一个异相速率常数表征的）较在 Pt 电极上要低很多。在该情况下，反应并不在热力学建议的电势发生。必须施加比较大的电子能量（相应于更负的电势）才能使该反应以可观的速率发生。

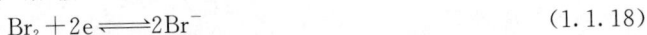

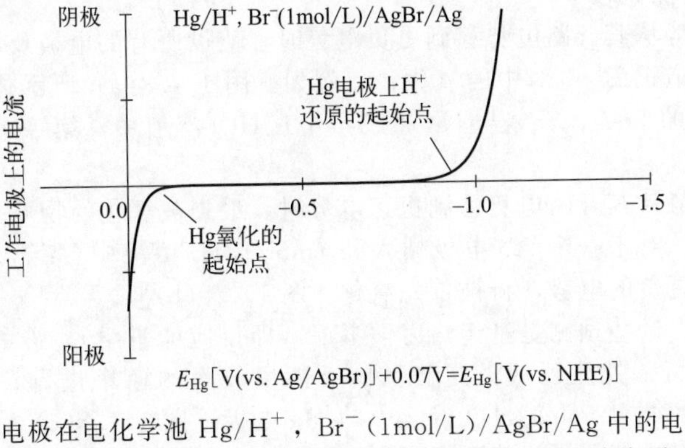

图 1.1.6　汞电极在电化学池 Hg/H^+，Br^-(1mol/L)/AgBr/Ag 中的电流-电势曲线
图中所示的极限过程是汞的氧化和在较大的负过电势下质子的还原。电势坐标与图 1.1.5 的定义类似

异相电子转移反应的速率常数是外加电势的函数。任何多加的、为了使反应在一定速率下进行的电势（超过热力学需要的）称为过（超）电势（overpotential）。可以这样讲，Hg 电极对于氢析出反应具有高的过电势。第 15 章中将会更详细介绍该反应，并给出在 Hg 电极行为的解释。在第 3 章中将会看到对于一个电极反应，过电势的影响是降低活化能垒。

将 Hg 电极的电势移到更正时，其阳极反应和电流流动的电势区间与 Pt 作为电极时有很大不同。Hg 被氧化为 Hg_2Br_2 的正背景极限发生在 0.14V(vs. NHE) [0.07V(vs. Ag/AgBr)]，其特定的半反应是

$$Hg_2Br_2 + 2e \rightleftharpoons 2Hg + 2Br^- \quad (1.1.20)$$

总结上述两个例子可以看出，背景极限因体系不同而不同，通常与电化学池中工作电极材料、工作电极一侧所用的溶剂与支持电解质有关。

(4) 添加一种电活性溶质

现在考察超越背景曲线的情况，在上述电化学池溶液中加入少量 Cd^{2+}，

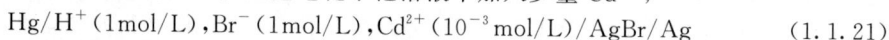

$$Hg/H^+(1mol/L), Br^-(1mol/L), Cd^{2+}(10^{-3}mol/L)/AgBr/Ag \quad (1.1.21)$$

它是电化学研究中，在空白电解质中加入感兴趣物种的一个例子。

图 1.1.7 显示了其电流-电势曲线。还原波出现在大约 −0.4V (vs. NHE)，源于如下的还原反应

$$CdBr_4^{2-} + 2e \xrightarrow{Hg} Cd(Hg) + 4Br^- \quad (1.1.22)$$

这里 Cd(Hg) 是指镉汞齐，即镉原子溶解在 Hg 中。该还原波将在 1.3.2 节中讨论⑯。

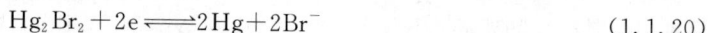

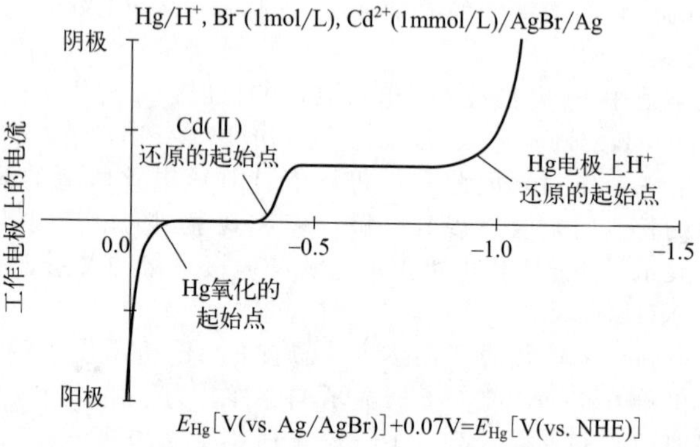

图 1.1.7 汞电极在电化学池 $Hg/H^+(1mol/L)$，$Br^-(1mol/L)$，$Cd^{2+}(10^{-3}mol/L)/AgBr/Ag$ 中的电流-电势曲线的示意图

所示的为 Cd^{2+} 在 −0.3～−0.5V 的还原波。电势的标度与图 1.1.5 类似，已转换为基于 NHE 的标度

(5) 电极反应的优先权

当一个电极的电势从其开路电势移到更负电势时，假设所有的电极反应动力学都很快，首先被还原的物质是具有最正 E^0 电对中的氧化物。例如，图 1.1.8(a) 所示体系中，Pt 电极插入到含有均为 0.01mol/L 的 Fe^{3+}、Sn^{4+} 与 Ni^{2+} 的 1mol/L HCl 溶液中，第一个被还原的是 Fe^{3+}，其电对标准电势最正。

同理，当电极电势从其开路电势移到更正电势时，最先被氧化的物质是具有最负标准电势电对中的还原物。这样，对于一个 Au 电极插入到 1mol/L HI 溶液中含有 0.01mol/L Sn^{2+} 和 Fe^{2+} 而言，Sn^{2+} 电对具有更负的电势，将被首先氧化 [图 1.1.8(b)]。

但应该记住的是，这些预测是基于热力学考虑（即反应能量学）。慢的动力学可能使电极反应在标准电势建议的可能发生反应的电势区间不能以较大的速率进行。对于一个插入到含有 0.01mol/L Cr^{3+} 和 Zn^{2+} 的 1mol/L HCl 溶液中的 Hg 电极 [图 1.1.8(c)]，所预测的首先是氢的析出。正如我们早先讨论的那样，该反应在 Hg 电极上很慢，实际上实验观察到的第一个过程是 Cr^{3+} 的还原。

---

⑯ 如果 Cd^{2+} 加入到图 1.1.4 所示的电化学池中，所记录的电流-电势曲线实际上与图 1.1.5 体系中没有 Cd^{2+} 的情况相同。在 Pt 电极上，质子还原的电势要比 Cd^{2+} 还原的电势正很多，这样在 1mol/L HBr 中阴极背景极限出现在镉被还原之前（看不到镉还原的波）。

在图 1.1.8 中所示体系中，没有一个电对的两种形式都存在，因此，无法定义电极开路电势的平衡。对于每个电化学体系，其开路电势位于最容易氧化和最容易还原反应电势之间。除了定义背景极限的物质外，如果溶液中仅有可供还原的氧化形式的物质［图 1.1.8 中的（a）和（c）］，那么开路电势必须在正的背景极限与第一个被还原的标准电势之间。如果溶液中仅有可供氧化的还原形式的物质［图 1.1.8(b)］，那么开路电势必须在负的背景极限与第一个被氧化物质的标准电势之间。

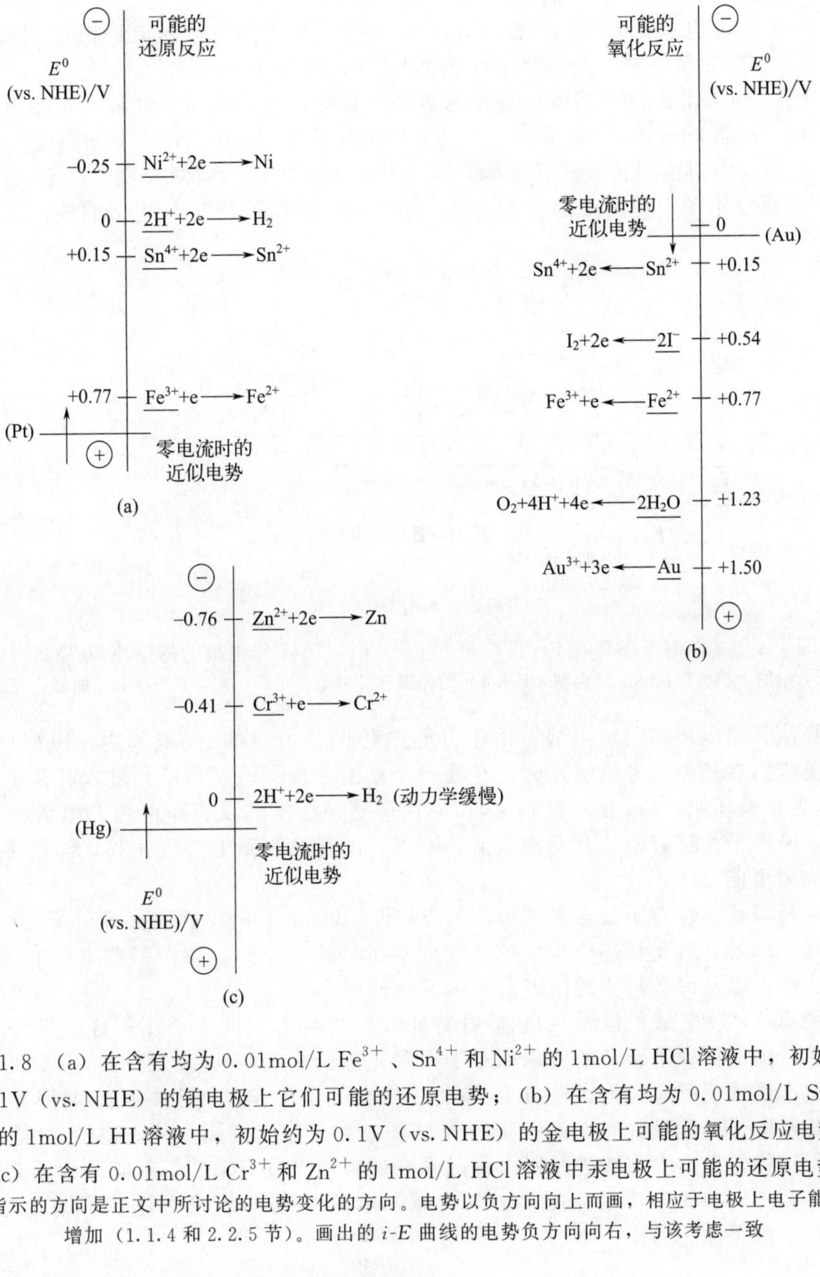

图 1.1.8 （a）在含有均为 0.01mol/L Fe^{3+}、Sn^{4+} 和 Ni^{2+} 的 1mol/L HCl 溶液中，初始电势约为 1V（vs. NHE）的铂电极上它们可能的还原电势；（b）在含有均为 0.01mol/L Sn^{2+} 和 Fe^{2+} 的 1mol/L HI 溶液中，初始约为 0.1V（vs. NHE）的金电极上可能的氧化反应电势；（c）在含有 0.01mol/L Cr^{3+} 和 Zn^{2+} 的 1mol/L HCl 溶液中汞电极上可能的还原电势

箭头指示的方向是正文中所讨论的电势变化的方向。电势以负方向向上而画，相应于电极上电子能量的增加（1.1.4 和 2.2.5 节）。画出的 i-E 曲线的电势负方向向右，与该考虑一致

(6) 一个氧化还原电对的两种形式均为溶质

在一些体系中，氧化还原电对的两种形式均存在于溶液中，其行为与上述讨论的有显著不同。例如，对图 1.1.4 所示体系做如下三种改变：

① 采用 Ag/AgCl 代替 Ag/AgBr；

② 采用有两个室的电化学池，中间用烧结玻璃分开；

③ 两个室中均加入 1mol/L HCl，在 Pt 电极室中也加入 2mmol/L Fe^{2+} 和 4mmol/L 的 Fe^{3+}。这样，该电化学池为

$$\mathrm{Pt/H^+(1mol/L),Cl^-(1mol/L),Fe^{3+}(4mmol/L),}$$
$$\mathrm{Fe^{2+}(2mmol/L)/\!/H^+(1mol/L),Cl^-(1mol/L)/AgCl/Ag} \qquad (1.1.23)$$

所采用的隔离室可使 Fe^{3+} 远离 Ag 电极，它可能会使 Ag 氧化。烧结玻璃保持两个室通过离子接触导通，但防止两个室中的溶液混合。

在该体系中，Ag 电极变成参比电极（Ag/AgCl）[17]，Pt 工作电极的电势相对于该参比，本质上与图 1.1.6 和图 1.1.7 一样，可重新表示为 NHE 标度。

铁离子存在于 1mol/L HCl 溶液中是作为氯的配合物，这样其相关电对可简述为[18]

$$\mathrm{Fe(III)+e \rightleftharpoons Fe(II)} \qquad E^{0'}=+0.70\mathrm{V(vs.\ NHE,1mol/L\ HCl)} \qquad (1.1.24)$$

因为 Pt 电极与电对的两种形式相接触，其电势由 Fe(Ⅲ)/Fe 电对控制，对于式(1.1.24) 在形式电势 $E^{0'}$ 附近显示了一种真正的平衡电势。图 1.1.9 展示了其电流-电势曲线。

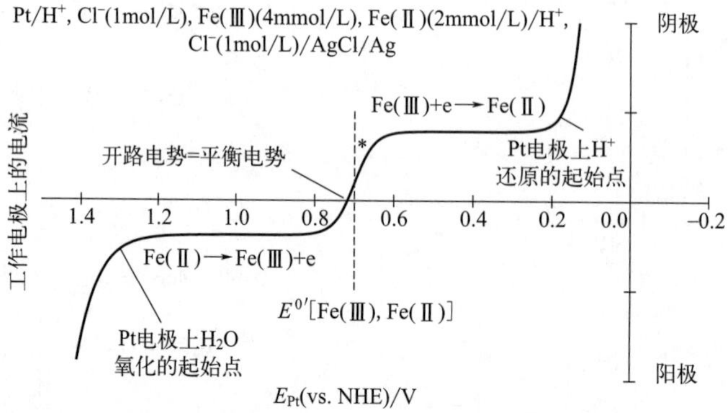

图 1.1.9　在溶液中含有 Fe(Ⅲ) 和 Fe(Ⅱ) 时，Pt 工作电极上的电流-电势曲线

电化学池见图的顶部。存在一个复合波，Fe(Ⅲ) 的还原在开路电势负的一端，而 Fe(Ⅱ) 的氧化在正的一端

随着电势从开路电势移向负电势，由于开路电势已在电对的 $E^{0'}$ 范围内，Fe(Ⅲ) 可能会马上开始还原反应。在开路（零电流）时，存在一个动态平衡。该氧化还原过程可在正、反两个方向进行［Fe(Ⅲ) 被还原，Fe(Ⅱ) 被氧化］，但速率是平衡的，没有净电流。电势往平衡电势的负方向移动，速率平衡被打破，有阴极电流；同理，电势从开路电势往正移，净的 Fe(Ⅱ) 的氧化过程立即成为可能。

总的结果是观察到含有阴极与阳极电流的 Fe(Ⅲ)/Fe(Ⅱ) 的复合波，穿过 $E^{0'}$。对于一个给定的电极过程，理解其氧化与还原反应的连续性本质是很重要的，我们将在本章的 1.3.2(3)节、第 3 章和第 5 章，以及许多其他的地方反复强调该问题。

通过这些简单案例，我们已看到电流-电势曲线像各种形式的光谱图一样，有许多共同的特点。通俗地讲，谱图代表了跃迁的概率相对于探测光子的能量，其标志性的特点是可被用于定性鉴别、定量检测或诊断反应行为。电流-电势曲线代表的是工作电极上的反应速率和方向相对于该电极上可转移电子的能量，它们的特点与光谱图一致。像光谱图一样，电流-电势曲线反映了参与者的电子结构，但与大多数谱图不一样的是它们本质上具有动力学基础。为了充分理解这种曲线，人们必须理解相关电极反应的动力学贡献。电流-电势曲线来自许多不同的电化学方法，我们将会一直予以关注。

---

[17] 是在 1mol/L HCl，而不是通常的饱和 KCl 溶液中。

[18] 在该情况下，由于发生了配合作用，我们采用特定介质的形式电势（formal potential）$E^{0'}$，而不是标准电势 E^{0}。将在第 2 章中解释形式电势。现在，我们仅把形式电势看作与标准电势具有相同功能即可。

1.1.8　控制电流相对于控制电势

有关 i-E 曲线的工作已经足够表明，在电化学体系中电流与电势之间存在函数关系。如果实验条件保持不变的话，调控它们中的任何一个变量可以决定另外一个。例如，如果选择控制工作电极电势的话，那么反应的能量学就由该选择决定。反应速率与它的时间依赖性（同样，电流与它的时间依赖性）将有相关的结果。或者，选择控制电流，定义工作电极上的反应速率，那么，能量学遵循与电势-时间类似的功能。

电极反应与均相反应的行为有一定的类似性，可通过控制温度来改变反应速率。但在其他条件不变时，不能同时控制两者。如果想要一个给定的速率，必须接受所需要的温度与时间的关系；或者，如果想在给定的温度下工作，必须接受反应速率相对于时间的关系。

电化学的新手经常不理解该点：在实验体系中，不能同时控制电流和电势。除非其他的重要变量，如温度可同时改变。

1.1.9　法拉第与非法拉第过程

在电极上有两类截然不同的过程发生。较熟悉的一类包括我们已讨论的反应，这些电极反应涉及电子转移、氧化或还原反应发生、电荷穿过电极/溶液界面。这些电极过程是化学计量的，并由法拉第定律所决定，因此称为法拉第过程（faradaic process）。发生法拉第过程的电极有时也称为电荷转移电极（charge transfer electrode）。

我们也已看到，由于一些反应是热力学上或动力学上不利的反应，一个给定的电极/溶液界面在一定的电势区间无电荷转移发生（例如，图 1.1.6 中相对于 NHE 在－0.2～－0.8V 之间）。但离子的分布在电极/溶液界面会随着电势的改变或溶液组成的改变而变化。在该电极表面发生的过程不涉及电荷转移称为非法拉第过程（nonfaradaic process）。尽管电荷不会穿过该界面，但当电势、电极面积或溶液组成发生变化时，非法拉第过程能够引起外部电流（至少是暂态的）流动。在研究的焦点是电极/溶液界面本质时，非法拉第过程是主要关注点。

我们现在将继续聚焦法拉第过程，但在 1.6 节我们所讨论的体系仅有非法拉第过程发生。

1.2　法拉第过程和影响电极反应速率的因素

1.2.1　电化学池——类型和定义

有法拉第电流流动的电化学池被称为原电池（galvanic cell，或伽伐尼电池）或电解池（electrolytic cell）。

原电池是这样一类电化学池，当外部用一导体连接后，电极上会自动发生反应［图 1.2.1(a)］。这种电化学池经常应用于将化学能转化为电能。有重要商业应用价值的原电池包括一次（不可充电的）电池（例如，碱性 Zn-MnO_2 电池）、二次（可充电的）电池（例如，可充电的储存 Pb-PbO_2 电池，或锂离子电池）和燃料电池（例如，一个 H_2-O_2 电池）。

电解池是这样一类电化学池，电极反应不能自动发生，需要外加大于开路电势的电压［图 1.2.1(b)］。这些电解池常用于使用电能来进行所需要的化学反应。商业中采用的电解池包括电合成（例如，制备氯和铝）、电解精炼（例如，铜）和电镀（例如，银与金）。铅-酸储能电

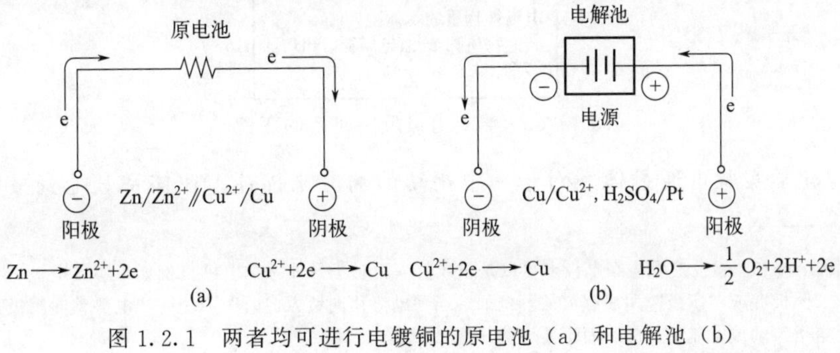

图 1.2.1　两者均可进行电镀铜的原电池（a）和电解池（b）

池（或任何其他的二次电池）在充电时是电解池，在放电时是原电池。

虽然有时为方便起见区分这两种电化学池，但我们经常最关注的是仅在一个电极上发生的反应。依次仅聚焦在电化学池的一个半反应上，可使处理问题简化。如果需要的话，随后可将各自半电池的特征综合起来，搞清楚整个电化学池的行为（无论原电池或电解池）。

单个电极的行为和它反映的本质与它是原电池或电解池的一部分无关。例如，考察图 1.2.1 中的电化学池，$Cu^{2+}+2e\longrightarrow Cu$ 的反应在两类电化学池中相同。如果想电镀铜可在两类电化学池中任意一个完成，在一个原电池（利用一个比 Cu^{2+}/Cu 更负的半电池）或在一个电解池（利用任何一个半电池，通过外加电压驱使电子到铜电极上）。

电解（electrolysis）是一个定义比较广的术语，包括化学变化伴随着与电解液相接触的电极上的法拉第反应。在这些所讨论的电化学池中，发生还原反应的电极称为阴极（cathode），发生氧化反应的电极称为阳极（anode）。电子从电极穿越界面到溶液中引起的电流称为阴极电流，而相反的过程引发的电流称为阳极电流。在一个电解池中，阴极相对于阳极为负，但在一个原电池中，阴极相对于阳极为正[19]。

1.2.2 电化学实验和电化学池中的各种变量

电化学行为的实验研究工作包括控制电化学池的一些变量，观察其他的变量（通常是电流、电势或浓度）是如何随时间或其他可控变量变化的。图 1.2.2 列出了电化学池的一些重要参数。研究方法可分为很多种，下面解释一些方法的差别：

① 在电势法（potentiometry）中，$i=0$，测量的电势作为浓度（应该为活度，译者注）的函数。由于在该实验中没有电流流过，没有纯的法拉第反应发生，电势经常（但不总是）由体系的热力学性质所决定。许多变量（电极面积、物质传递、电极几何形状）并不直接影响电势。

② 在伏安法（voltammetry）中，控制电势（通常遵循一个特定的时间函数）测量电流作为电势的函数。

③ 在恒电流（galvanostatic）实验中，控制电流（通常定义为一个时间函数）测量电势作为时间的函数。

④ 在库仑法（coulometry）中，电势保持恒定在电极反应发生的值，通常是通过电流积分得到通过的总的电量。

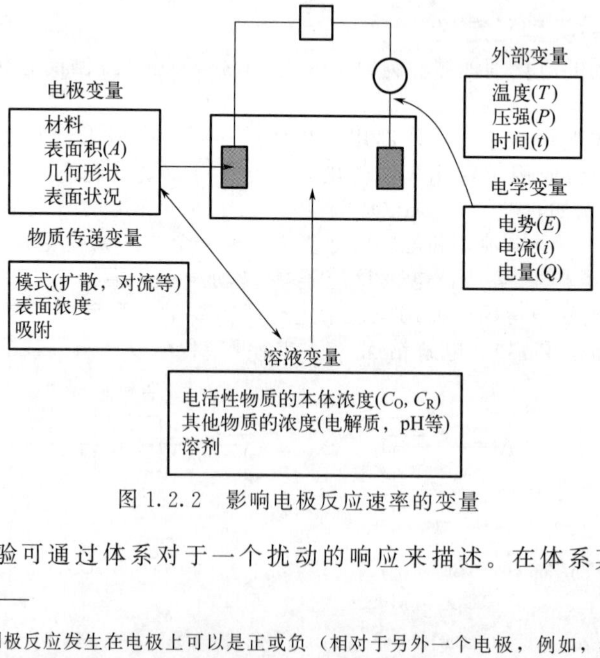

图 1.2.2 影响电极反应速率的变量

大多数电化学实验可通过体系对于一个扰动的响应来描述。在体系其他变量保持恒定时

---

[19] 由于阴极电流和阴极反应发生在电极上可以是正或负（相对于另外一个电极，例如，参比电极），具有特定电势正、负号的术语“阴极”或“阳极”用法有欠缺。例如，当“电势移向负方向时”不能讲“电势移向阴极方向”。术语阳极与阴极指的是电子流动或电流的方向，而不是电势。

(图 1.2.3)，施加一个确定的激发信号（例如，一个电势阶跃）时，记录的是一个确定的响应信号（例如，电流随时间的变化）。如果激发信号与时间相关，那么响应信号一般来讲也是时间的函数，这样的方法称为暂态法（transient method)。另外，激发信号可能是恒定的，或随时间变化很慢，响应相对于时间可能是稳定的，基于这样概念的方法称为稳态法（steady-state method)。

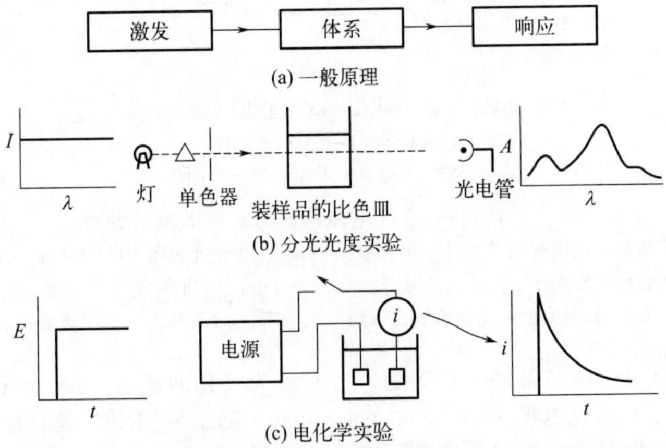

图 1.2.3 (a) 通过施加激发（或扰动）信号并观察响应来研究体系性质的一般原理；(b) 在分光光度实验中，激发信号是不同波长（λ）的光，响应信号是吸光率（A）曲线；(c) 在电化学（电势阶跃）实验中，激发信号是所加的电势阶跃，响应信号是观察到的 i-t 曲线

实验的目的是从观察到的激发与响应信号的函数，以及适当的体系的模型知识，得到热力学、动力学和分析等相关的信息。同样的基本思路应用于许多其他的研究，例如电路测试或分光光度分析。在分光光度法中，激发信号是不同波长的光，响应信号是体系在该波长下透过光的分数，体系的模型是 Beer 定律或其他分子模型，信息包括吸光物质的浓度、吸光率或跃迁能量。

在发展电化学体系模型之前，让我们更仔细地考察电化学池中电流与电势的本质。对于图 1.2.4 所示的体系，即一个镉电极插入到 1mol/L $Cd(NO_3)_2$ 溶液中，与一个 SCE 电极构成一个电化学池。该电化学池的开路电势是 0.64V，连接到镉电极的铜线相对于连接到汞电极的铜线电势更负[20]。当外加电压 E_{appl} 为 0.64V 时，它准确地抵消该电化学池的开路电势。对于电荷运动，无净驱动力，因此 $i=0$。当 E_{appl} 较大时（即 $E_{appl}>0.64$V，此时 Cd 电极相对于 SCE 更负)，电源可驱动电子进入 Cd 电极，并在 Hg 电极收回。在 Cd 电极上发生的反应是 $Cd^{2+}+2e \longrightarrow Cd$，同时，在 SCE 电极 Hg 被氧化为 Hg_2Cl_2，电化学池是电解池。外电源所加电压克服了电池的自发驱动力。一个有趣的问题是“如果 $E_{appl}=0.80$V（即，如果将 Cd 电极的电势设置为相对于 SCE 为−0.80V)，多少电流将流动?”从 1.1.5 节我们学到的“电流是多少?”这一问题，对于该体系，等同于“对于反应：$Cd^{2+}+2e \longrightarrow Cd$ 速率是多少?”

电极反应的信息经常是由测量工作电极的电流相对于其电势作图，即由 i-E 曲线得到。有时一些特定的术语与该曲线的特征相关联[21]。如果一个工作电极有一可定义的平衡电势（E_{eq})，那么该电势是一个很重要的参考点［见 1.1.7(1)节］。通过法拉第电流可使电极电势偏离该平衡值称为极化（polarization)，可由过电势 η 来表示[22]：

$$\eta=E-E_{eq} \tag{1.2.1}$$

---

[20] 该值是由图 1.2.4 提供的信息，根据 Nernst 公式计算得到的。实验值也应当包括活度系数和液接电势的影响（见第 2 章)，这些在此被省略了。

[21] 这些术语承接于历史，并不总是代表最好的可能用法。但它们在电化学术语中的应用是根深蒂固的，明智的办法是保留它们，并尽可能准确地定义它们。

[22] 在电化学文献中，极化指的是偏离一些参考点，但不总是平衡电势，过电势指的是相对于所选择参考点的极化量度。

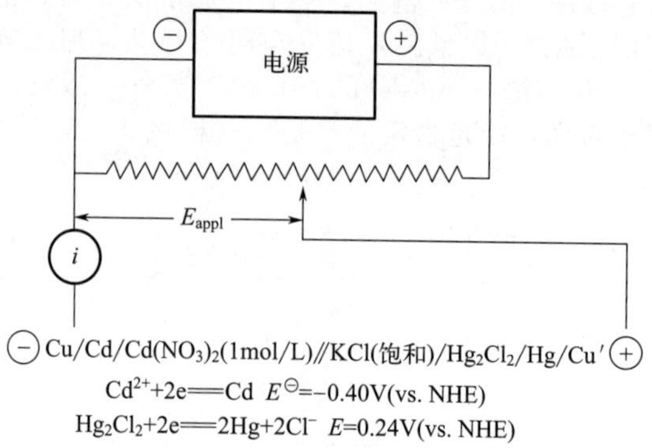

图 1.2.4　与一个外电源相连的电化学池示意图

中间有可调节接触的电阻称为电势计。电化学池中的“//”在此表明 KCl 溶液和 $Cd(NO_3)_2$ 溶液之间仅有可忽略的电势差［一种液体接界，a liquid junction（有时称为液接界或液接，译者注）］。在 SCE 中为了避免铜溶解在汞池中的干扰，采用 Pt 作为中间接触线

电流-电势曲线，特别是在稳态条件下得到的，有时称为极化曲线（polarization curve）。

一个理想非（不可）极化电极（ideally nonpolarizable electrode，INE）是这样一类电极，它的电势不随电流通过而改变，即其电极电势固定[23][24]。在一个 i-E 曲线上［图 1.2.5(a)］，理想非极化性是一个垂直的区域。由一个颇大的汞池所构建的 SCE 电极，在小电流下接近于理想非极化性。

相反，理想（可）极化电极（ideally polarizable electrode，IPE）当通过很小电流时可引起电势很大的变化，因此，理想可极化性的特征是一个水平的，零电流 i-E 曲线［图 1.2.5(b) 及 1.6.1 节］。

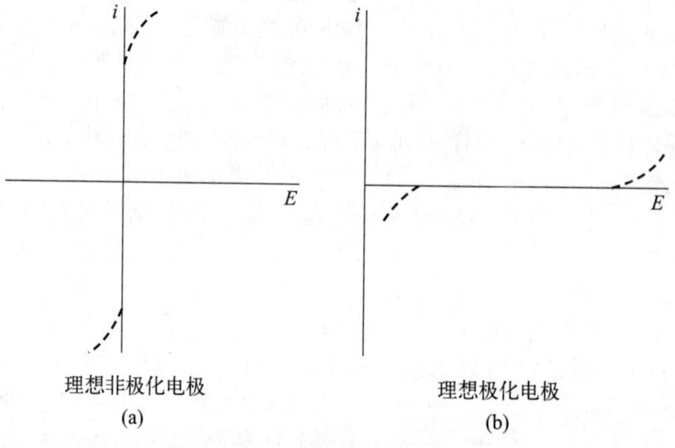

图 1.2.5　理想非极化电极（a）和理想极化电极（b）的电流-电势曲线

虚线表示实际电极在有限的电流或电势区间接近于理想电极的行为。在图（a）中偏离理想性反映了电极反应动力学的极限，而在图（b）中是开始了新的电极反应

1.2.3　影响电极反应速率和电流的因素

考察一个总电极反应：$O+ne \rightleftharpoons R$，它包含了一系列溶解在溶液中的引起氧化态 O 转化

---

[23] 一个 INE 也称为理想去极化电极（ideally depolarized electrode，IDE）。如果一种物质通过氧化还原反应而使电极不在极端电势（即在零电流电势附近）下工作的话，可称为去极化剂（depolarizer）。这样，理想去极化将产生如图 1.2.5(a) 所示的 i-E 曲线。

[24] 去极化剂有时也常用于描述优先地进行氧化或还原的物种，用于防止不必要的电极反应；有时，它另外一个名字是电活性物质。

为还原态 R 的步骤（图 1.2.6）。一般来讲，电流（或电极反应速率）是由如下过程控制的[1,2]：

① 物质传递［例如，O 从本体溶液（bulk solution）㉕ 到电极表面］。

② 电子在电极表面转移。

③ 电子转移前或后的化学反应。它们可能是均相过程（例如，质子化或二聚）或电极表面的异相反应（例如，催化分解）。

④ 其他的表面反应，例如，吸附、脱附或结晶。

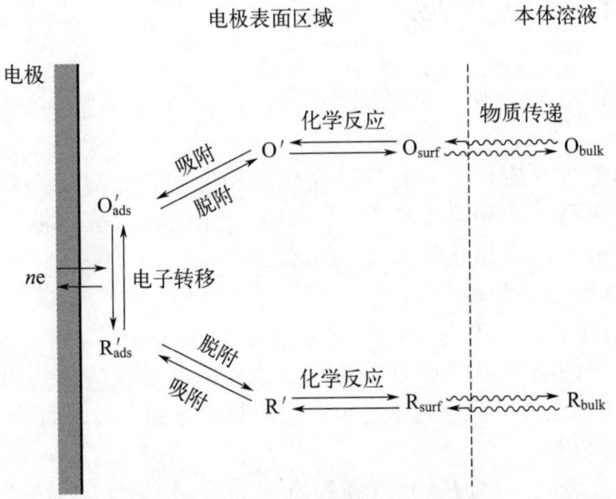

图 1.2.6 一般电极反应的途径

其中的一些过程（例如，在电极表面的电子转移或吸附）的速率常数依赖于电势。

最简单的反应仅涉及反应物到电极的物质传递、非吸附物质的异相电子转移，以及产物到本体溶液的传质。这类反应的代表是在质子惰性（非质子）溶剂（例如，DMF）中芳香烃化合物 9,10-二苯基蒽（图 1 中的 DPA）被还原为阴离子自由基（DPA$^{\bar{\cdot}}$）。更复杂的反应序列很常见。它们涉及几乎所有的化学过程，包括一系列的电子转移、耦合的溶液反应、质子化、分支机制、平行通路或电极表面的修饰。

可能有几种方法可得到稳态电流，将在 1.3 节与 1.4 节中集中讨论该问题。当达到稳态电流时，在这些机理中所涉及的所有反应的速率相同。该电流的值是由内在的一个或几个最慢的过程所限定的，这些步骤称为决速步骤（rate-determing step，RDS）。慢的步骤可将较快的步骤拉回来，使其按照决速步骤来处置产物或释放反应物。

电流的每个值都由确切的过电势 η 来驱动，该过电势可认为是不同反应步骤的过电势的总和：η_{mt}（物质传递过电势，mass-transfer overpotential），η_{ct}（电荷转移过电势，charge-transfer overpotential）和 η_{rxn}（与前置反应相关的过电势）等。任何步骤的过电势是外加电能活化该步骤按照需要的速率进行反应，输出给定的电流密度的表达。由于 $-\eta/i$ 的单位是电阻，电极反应可由一个总电阻 R 来代表，它包含了代表各个步骤的电阻，即 R_{mt}、R_{ct} 等（图 1.2.7）。小的电阻代表一个动力学快的、容易驱动的反应步骤，慢的反应用大的电阻表示㉖。

㉕ 本体溶液（常简称为本体，bulk）是离电极较远的溶液主体，每个部分的浓度都是均匀的，不会因电极过程引起浓度梯度。在电极附近会消耗和产生物质，存在浓度梯度，并且它很重要。在实验室规模，本体离电极并不很远，通常距离小于几百微米。在许多实验中，本体实际上不受电极过程的影响，但不能保证总是这样。具有大电极的电化学池和有效物质传递的体系，可达到使整个体系转换的目的，特别是目标是进行电化学合成。第 12 章将讨论为“整体电解”所构建的体系。

㉖ 更加准确地讲，我们所标出的电阻应该是阻抗。但不像其他类似的理想电子元件，阻抗是 E 或 i 的函数（经常具有强烈的依赖性）。如图 1.2.7 所示的线形模型，通常仅定量地适用于在平衡点附近有小的扰动，即所加信号较小。

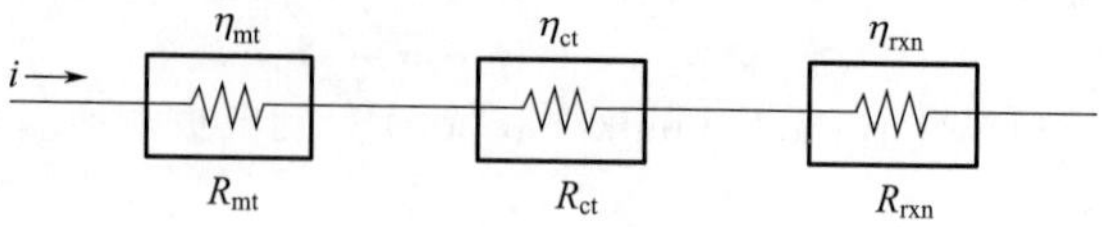

图 1.2.7 以电阻表示的电极反应过程

1.3 物质传递控制的反应

现在更加定量地讨论电流-电势曲线的大小与形状。如果想理解 i，必须能够描述电极表面反应的速率。

对于一个最简单的电极反应，参与物应该是化学稳定的，相对于物质传递过程，相关的化学反应是很快的。我们将在第 3 章和第 5 章看到，如果一个电极反应仅涉及快速的异相电荷转移反应动力学与可移动的、可逆的均相化学反应，那么：

① 均相反应可认为是处于平衡。

② 法拉第过程物种的表面浓度与电势的关系遵守 Nernst 公式。

因为在电极表面主要的物种遵守热力学关系，这样的电极反应称为可逆或能斯特型的反应。

在能斯特型的体系中，电极反应净速率完全由反应物传递到电极表面的速率 v_{mt} [mol/(cm^2 · s)] 决定。由式(1.1.15) 可知[27]：

$$v_{mt}=\pm i/(nFA) \quad \text{（还原反应为+，氧化反应为−）} \tag{1.3.1}$$

在电化学动力学中，传质发挥着巨大作用，下面将对其三个模式进行评述，并采用数学方法进行处理。

1.3.1 传质的各种模式

物质传递（mass transfer，简称为传质，译者注）是物质由于电势或化学势的不同，从溶液中一个地方移动到另外一个地方，或整体（体积元）溶液的物理移动。传质的模式(第 4 章中将会更加详细讨论）有：

① 迁移（migration）。在电场（存在一个电势梯度）的作用下荷电物质的移动[28]。

② 扩散（diffusion）。在化学势梯度（即浓度梯度）作用下物质的移动。

③ 对流（convection）。搅拌或流体流动。由于自然对流（密度梯度）引起的流体的流动，以及强制对流，表现为停滞的区域、层流与湍流。

传质到电极表面遵循 Nernst-Planck 方程，沿着 x 轴，正交于表面的一维传质公式为：

$$\boxed{J_j(x)=-D_j\frac{\partial C_j(x)}{\partial x}-\frac{z_jF}{RT}D_jC_j(x)\frac{\partial \phi(x)}{\partial x}+C_j(x)\upsilon(x)} \tag{1.3.2}$$

这里 $J_j(x)$ 是从距离 x 到表面物质 j 的流量 [flux，mol/(s · cm^2)]，它是在距离表面 x 位置物质通过单位面积的净速率，正流量表示净移动是流向 x 方向。该方程中，D_j 是扩散系数，cm^2/s；$\partial C_j(x)/\partial x$ 是在距离 x 处的浓度梯度；$\partial\phi(x)/\partial x$ 是电势梯度；z_j 与 C_j 分别是物种 j 的电荷（无量纲）与浓度（mol/cm^3）；$\upsilon(x)$ 是在 x 处溶液体积元沿 x 轴运动的速度，cm/s。在第 4 章中将会推导并讨论 Nernst-Planck 方程。该方程右边的三项代表了扩散、迁移与对流对于流量的贡献。

物种 j 在电极表面的流量 $J_j(x=0)$ 具有特殊含义。当其值为负时，表示的是流向表面，化学上需要理解为通过电解物种 j 消耗的速率；当其值为正时，表示的是离开表面的流量，因此，是通过电极反应产生物种 j 的速率；如果其值为零，物种 j 既不是电极反应的反应物，也不是

[27] v_{mt} 是一个没有方向的量。式(1.3.1) 中明确的正、负号是为了表明还原电流为正，氧化电流为负。

[28] 有时也称为漂移（drift）。

产物。

假设物种 k 是仅有的反应物，其在电极表面的流量大小 $|J_k(x=0)|$ 由式(1.3.1)中的 v_{mt} 表示，由该式可得：

$$\frac{|i|}{nFA}=|J_k(x=0)| \tag{1.3.3}$$

在随后的章节中，在很多不同的实验情况下，我们会采用 Nernst-Planck 方程计算传质限制的电流。对于三项均对传质有贡献的情况，计算流量比较复杂，因此，电化学体系经常设计成为使其中一项或两项的贡献可以忽略。例如，可通过加入比电活性物种浓度高很多的惰性支持电解质，使迁移部分的贡献不重要（见 4.3.2 节）。对流可通过不搅拌溶液（静止的溶液）来防止。另外，对流可通过一些特定的方式使其成为主流，如采用旋转圆盘电极或流动池。

在本节剩余的部分，我们将对稳态传质进行近似的处理以深入理解电化学反应而不必详尽阐述数学细节。

1.3.2　稳态传质的半经验处理

考察在阴极上物种 O 的还原反应：$O+ne \rightleftharpoons R$。在一个实际情况下，氧化态 O 和还原态 R 可能分别是 $Fe(CN)_6^{3-}$ 和 $Fe(CN)_6^{4-}$，但最初在 0.1mol/L K_2SO_4 溶液中仅有 mmol/L 水平的 $Fe(CN)_6^{3-}$。我们设计一个电解池，Pt 和 SCE 分别作为工作电极和参比电极，并聚焦于到电极表面形成稳态传质的条件。

一个有效的方法是以一个圆盘电极嵌入到绝缘体中这样的方式来制备工作电极，并沿着中心轴以已知的转速来旋转该工作电极，该电极称为旋转圆盘电极（rotating disk electrode，RDE），将在 10.2 节进行讨论。旋转引起沿着轴的旋转向上的流体稳态流动，然后由于离心作用，会从电极表面径向地向外流动。当该类电极外加电势使其发生电化学反应，其特征是有一稳态电流。如果电势改变的话，在短暂过渡后该体系会建立一个新的稳态。

稳态也能在其他体系中观察到，大部分重要的例子涉及很小的工作电极，其形状可能是球形、半球形或圆盘。它们的半径从 25μm 到 10nm，称为超微电极（ultramicroelectrode，UME）。第 5 章全部是有关在超微电极上的稳态实验。在超微电极上获得稳态的基础直觉上与在 RDE 上不同，我们现在聚焦在后者。但这里导出的结果大体上适用于其他稳态体系。

在旋转圆盘电极上开始电解时，物种 O 在电极表面被消耗，因此它的表面浓度 $C_O(x=0)$ 比本体中的浓度 C_O^* 小。如图 1.3.1 中实线所示，展示的是从电极表面到本体溶液的浓度分布图。搅拌对电极表面附近影响很小，停滞层［有时称为能斯特扩散层（Nernst diffusion layer）］向外扩展的厚度是 δ_O。超过 $x=\delta_O$，对流将使其保持在本体浓度 C_O^*（图 1.3.1 中的虚线）。由于采用了过量的支持电解质，迁移在任何位置均不重要。

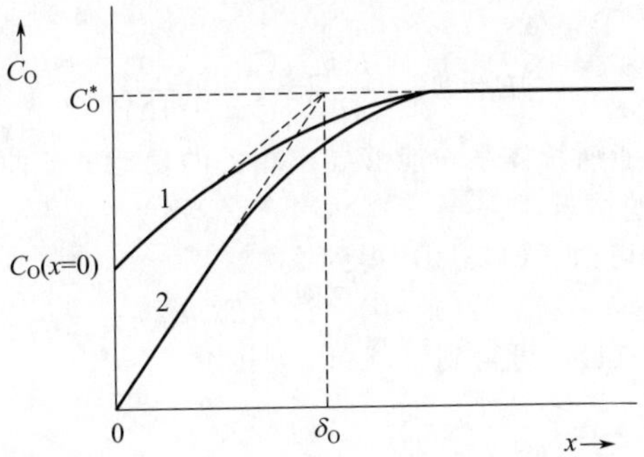

图 1.3.1　浓度分布图（实线）和扩散层的近似（虚线）

$x=0$ 相应于电极表面，δ_O 是扩散层的厚度。浓度分布图是在两种不同电极电势下的情况：①此处 $C_O(x=0)$ 大约为 $C_O^*/2$；②此处 $C_O(x=0)\approx 0$ 和 $i=i_l$。当一个体系达到稳态时，浓度分布图保持稳态，O 在任何面的流量均相同

在扩散层内（$x<\delta_O$），对流与迁移均不起作用，式(1.3.2)中的第一（扩散）项给出 O 的流量，在电极表面：

$$J_O(x=0)=-D_O(\mathrm{d}C_O/\mathrm{d}x)_{x=0} \tag{1.3.4}$$

如果进一步假设在扩散层内浓度梯度是线性的，那么由式(1.3.4) 可得

$$J_O(x=0)=-D_O[C_O^*-C_O(x=0)]/\delta_O \tag{1.3.5}$$

由于 δ_O 经常是未知的，可将其与扩散系数相结合方便地写为 $m_O=D_O/\delta_O$，并将式(1.3.4) 表示为：

$$J_O(x=0)=-m_O[C_O^*-C_O(x=0)] \tag{1.3.6}$$

这里物质传递系数（mass-transfer coefficient）m_O 的单位是 cm/s[29]。

电极上发生还原反应的电流为正，结合式(1.3.3) 与式(1.3.6)，可得到

$$\boxed{\frac{i}{nFA}=m_O[C_O^*-C_O(x=0)]} \tag{1.3.7}$$

同时在电极表面产生 R，这样 $C_R(x=0)>C_R^*$（C_R^* 是 R 在本体的浓度），可有

$$\boxed{\frac{i}{nFA}=m_R[C_R(x=0)-C_R^*]} \tag{1.3.8}$$

当 $C_R^*=0$（本体溶液中没有 R）时，

$$\boxed{\frac{i}{nFA}=m_RC_R(x=0)} \tag{1.3.9}$$

$C_O(x=0)$ 和 $C_R(x=0)$ 的值依赖于电极电势（E）。当 $C_O(x=0)$ 趋近于零时，更确切地讲，当 $C_O(x=0)\ll C_O^*$，$C_O^*-C_O(x=0)\approx C_O^*$，O 的传质速率最大。在该情况下的电流称为极限电流（limiting current）i_l：

$$\boxed{i_l=nFAm_OC_O^*} \tag{1.3.10}$$

当电流达到极限值时，对于给定的传质条件，电极过程是以最大可能的速率进行，这是因为 O 到了表面即可被还原。

结合式(1.3.7) 与式(1.3.10)，可得到 $C_O(x=0)$ 的表达式：

$$\boxed{\frac{C_O(x=0)}{C_O^*}=1-\frac{i}{i_l}} \tag{1.3.11}$$

$$C_O(x=0)=\frac{i_l-i}{nFAm_O} \tag{1.3.12}$$

这样，O 在电极表面的浓度与电流成线性关系，并由 $i=0$ 时的 C_O^* 变化到 $i=i_l$ 时的一个可忽略的值。

如果界面电子转移很快，那么电极表面的 O 与 R 的浓度可认为是处于平衡，与电势的关系遵守该半反应的 Nernst 方程[30]：

$$E=E^{0'}+\frac{RT}{nF}\ln\frac{C_O(x=0)}{C_R(x=0)} \tag{1.3.13}$$

在几种不同条件下对于这种能斯特体系，能够导出相关的稳态 i-E 曲线。

(1) 初始没有 R 存在的情况

当 $C_R^*=0$，$C_R^*(x=0)$ 可由式(1.3.9) 得到

$$C_R(x=0)=i/(nFAm_R) \tag{1.3.14}$$

然后由式(1.3.12)～式(1.3.14)，可得到

---

[29] m_O 在此被作为一个唯象参数来处理，有时 m_O 值更准确的表述可特定为一个可测量的量。对于旋转圆盘电极(10.2.2 节)，$m_O=0.62D_O^{2/3}\omega^{1/2}\nu^{-1/6}$，$\omega$ 是圆盘的角速度（即 $2\pi f$，f 是以每秒转数为单位的频率）；ν 是运动黏度(即黏度/密度)，cm^2/s。对于一个半径为 r_0 的球形超微电极，$m_O=D_O/r_0$。在圆盘超微电极，$m_O=4D_O/(\pi r_0)$(5.2.5 节)。

[30] 这里我们采用 $E^{0'}$，称为形式电势或式电势（formal potential），而不是标准电势 E^0。式电势是标准电势的一种形式，考虑了活度系数和介质的某些化学影响。在 2.1.7 节中将会有更详细的讨论。就目前而言，无需区分二者。

$$\boxed{E=E^{0'}+\frac{RT}{nF}\ln\frac{m_R}{m_O}+\frac{RT}{nF}\ln\frac{i_l-i}{i}} \tag{1.3.15}$$

图 1.3.2(a) 显示了其 i-E 曲线，注意到当 $i=i_l/2$ 时，

$$\boxed{E=E_{1/2}=E^{0'}+\frac{RT}{nF}\ln\frac{m_R}{m_O}} \tag{1.3.16}$$

因此，

$$\boxed{E=E_{1/2}+\frac{RT}{nF}\ln\frac{i_l-i}{i}} \tag{1.3.17}$$

半波电势（half-wave potential，$E_{1/2}$）与底物的浓度无关，因此它是该 O/R 体系的特征。当 m_O 与 m_R 值相近（它们经常是这样）时，半波电势与式电势相差仅几毫伏。

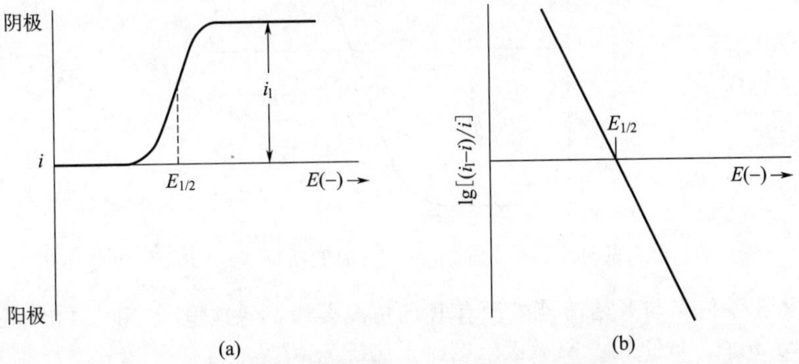

图 1.3.2　(a) 涉及两种溶解物的能斯特型反应的电流-电势曲线，初始仅有氧化物；(b) 该体系的 $\lg[(i_l-i)/i]$ 与 E 作图

当体系遵守式(1.3.17)，E 与 $\lg[(i_l-i)/i]$ 作图是一条直线，斜率是 $2.3RT/(nF)$（或在 25℃时为 $59.1/n$ mV）。或者如图 1.3.2(b) 所示，$\lg[(i_l-i)/i]$ 与 E 作图，也是一条直线，斜率是 $nF/(2.3RT)$（或在 25℃时为 $n/59.1\text{mV}^{-1}$），其在 E 轴的截距是 $E_{1/2}$。

极限电流正比于物质 O 的本体浓度，通常通过校准或标准加入法用作分析测定的基础。

通过该简单的例子，我们看到可逆波在电势轴上的位置由电极反应的标准电势所决定。波的各种特征可提供了解化学信息的途径，这些包括 $E_{1/2}$、$E^{0'}$、C_O^*、m_O 或 n，取决于想了解该体系的什么性质。

(2) O 和 R 初始均存在的情况

当氧化还原电对均存在于本体时，需要区分阴极极限电流 $i_{l,c}[C_O(x=0)\approx 0]$ 与阳极极限电流 $i_{l,a}[C_R(x=0)\approx 0]$。我们仍有由式(1.3.12) 给出的 $C_O(x=0)$，但现在 i_l 特定为 $i_{l,c}$。阳极极限电流反映的是 R 被传递到电极表面并转化为 O 的最大速率。由式(1.3.8) 得到

$$\boxed{i_{l,a}=-nFAm_RC_R^*} \tag{1.3.18}$$

（负号是因为所采用的惯例中定义阳极电流为负。）这样，$C_R(x=0)$ 可由下式给出

$$C_R(x=0)=\frac{i-i_{l,a}}{nFAm_R} \tag{1.3.19}$$

$$\boxed{\frac{C_R(x=0)}{C_R^*}=1-\frac{i}{i_{l,a}}} \tag{1.3.20}$$

其 i-E 曲线为

$$\boxed{E=E^{0'}+\frac{RT}{nF}\ln\frac{m_R}{m_O}+\frac{RT}{nF}\ln\frac{i_{l,c}-i}{i-i_{l,a}}} \tag{1.3.21}$$

或

$$\boxed{E=E_{1/2}+\frac{RT}{nF}\ln\frac{i_{l,c}-i}{i-i_{l,a}}} \tag{1.3.22}$$

这里 $E_{1/2}$ 是由式(1.3.16) 定义，它是两个极限电流之间正好一半时［即当 $i=(i_{l,c}+i_{l,a})/2$］的电势。

该公式图示在图 1.3.3 中。当 $i=0$，$E=E_{eq}$，体系处于平衡，表面浓度等于本体浓度。当有电流流动时，电势会偏离平衡电势，偏离的量称为传质过电势（当仅有氧化还原电对的一个存在，例如，图 1.3.2 所示的 $C_R^*=0$，平衡电势不是由 O/R 电对定义的）。

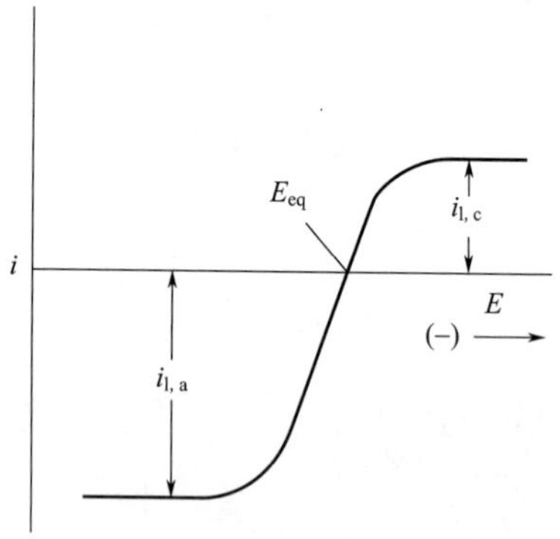

图 1.3.3　在两种可溶物均初始存在时的能斯特体系的电流-电势曲线

从该波可得化学信息与开始溶液中没有 R 的情况类似，但这里 $i_{l,a}$ 和 $i_{l,c}$ 比单独信息更丰富，阳极极限电流与 $m_R C_R^*$ 成正比，阴极极限电流正比于 $m_O C_O^*$。

注意到，O 的还原在电势轴上并不能与 R 的氧化分得很开，在单个波中，从一个状态到另外一个的转化是平滑的。在平衡电势（零电流电势）的负方向发生的是净还原，而在正方向是净氧化，整个波是在反应的式电势区域。这些是可逆体系的特征，其动力学很快、传质控制响应［也可参考 1.1.7(6) 有关 Fe(Ⅲ)/Fe(Ⅱ) 电对的讨论］。电化学初学者得到的概念是还原与氧化在电势轴上分得很开，一个在 $E^{0'}$ 附近，另一个在 $-E^{0'}$ 附近。避免这样的错误想法很重要[31]。

(3) R 作为电极材料的情况

现在假设物质 R 是一种金属[32]，电极反应发生在 R 本体（例如 $Ag^+ + e \rightleftharpoons Ag$）。通常 R 的活度为 1，相应的能斯特公式是：

$$E=E^{0'}+\frac{RT}{nF}\ln C_O(x=0) \tag{1.3.23}$$

采用式(1.3.11) 得到的 $C_O(x=0)$ 值，有

$$\boxed{E=E^{0'}+\frac{RT}{nF}\ln C_O^*+\frac{RT}{nF}\ln\frac{i_l-i}{i_l}} \tag{1.3.24}$$

图 1.3.4 显示了其相应的电流-电势曲线。当 $i=0$，$E=E_{eq}=E^{0'}+[RT/(nF)]\ln C_O^*$。

我们在 1.2.2 节与 1.2.3 节中已见到当电流通过时，过电势 $\eta=E-E_{eq}$，它通常是电极反应中各个过电势的总和，包括驱动传质、电极动力学以及任何其他的动力学过程。在一个可逆的情况下，所有的动力学都很快，过电势完全是传质过电势 η_{mt}[33]。因此：

$$\eta_{mt}=\frac{RT}{nF}\ln\frac{i_l-i}{i_l} \tag{1.3.25}$$

---

[31] 我们将在第 3 章中看到，氧化与还原的确可以在电势轴上分得很开，但与式电势无关，是动力学的原因。

[32] 这种情况不适合于 R 被镀在惰性基底上，其厚度小于单分子层（例如，基底电极是 Pt，R 是 Cu 的情况）。在这种情况下，活度远小于 1。

[33] 有时称为浓度过电势。

当 $i=i_1$，$\eta_{mt}\longrightarrow-\infty$[34]。

式(1.3.25) 可写为指数形式：

$$1-\frac{i}{i_1}=\exp\frac{nF\eta_{mt}}{RT} \tag{1.3.26}$$

指数可扩展为幂级数，如果变量较小，高阶的项可被省去，即

$$e^x=1+x+\frac{x^2}{2}+\cdots\approx 1+x(\text{当 } x \text{ 较小}) \tag{1.3.27}$$

这样，当电势偏离平衡电势较小时，$i-\eta_{mt}$ 的特征是线性的：

$$\eta_{mt}=-\frac{RTi}{nFi_1} \tag{1.3.28}$$

由于 $-\eta/i$ 具有电阻的量纲（欧姆），我们可定义一个传质的小的信号 R_{mt} 为

$$\boxed{R_{mt}=\frac{RT}{nFi_1}} \tag{1.3.29}$$

这里我们所看到的在小的过电势下，传质限制的电极反应类似于一个真实的电阻元件[35]。

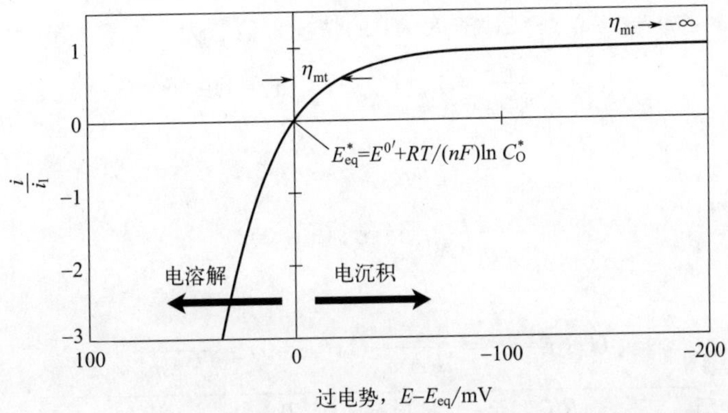

图 1.3.4 电极材料是还原态时一个能斯特体系的电流-电势曲线

电势轴是相对于平衡电势。在平衡电势的负端，物种 O 被还原电沉积在电极表面，在大的负过电势下达到极限电流。在平衡电势的正端，物种 R 被氧化，可从电极表面溶解到溶液中。由于在电极表面上没有 R 传质的限制，随着外加过电势的增加，电流（负向）增加

1.4 耦合化学反应的能斯特型反应的半经验处理

到目前为止所讨论的电流-电势曲线可用于测量浓度、传质系数和化学计量或热力学常数，如 n 值和标准电势。在界面上的电子转移速率是决速步骤的条件下，它们还可用于测量异相电子转移反应的速率常数（见第 3、5 章和第 10 章）。当均相反应与电子转移步骤耦合的话，会遇到另外一类稳态伏安行为。在这样的情况下，可采用电化学方法求得平衡常数和耦合过程的速率常数。

1.4.1 耦合可逆反应

如果一个均相过程快到总是被认为处于热力学平衡的话（一个可逆过程），与一个能斯特型的电子转移反应耦合，那么可简单地扩展 1.3 节中对于稳态的处理来得到 i-E 曲线。例如，考虑

---

[34] 由于 η 是极化的量度，该情况同时称为完全传质极化或完全浓度极化。

[35] 一种类似（但不相同）的处理给出，具有平衡电势定义的任何体系的 η_{mt} 与 R_{mt}，例如，在 1.3.2(2) 节中所显示的 O 与 R 均溶解于本体中的情况。通常，$R_{mt}=[di/dE]^{-1}_{E=E_{eq}}$。

一种 O 涉及电子转移反应前的平衡过程中[36]：

$$A \rightleftharpoons O + qY \tag{1.4.1}$$

$$O + ne \rightleftharpoons R \tag{1.4.2}$$

例如，A 可能是一种电化学惰性的金属配合物 MY_q^{n+}；O 是未配位的电化学活性金属离子 M^{n+}；Y 是未配位的中性配体［也见 5.3.2(3)节］。对于式(1.4.2) 的反应，能斯特公式在电极表面仍可采用：

$$E = E^{0'} + \frac{RT}{nF}\ln\frac{C_O(x=0)}{C_R(x=0)} \tag{1.4.3}$$

式(1.4.1) 假设所有地方均处于平衡状态

$$\frac{C_O C_Y^q}{C_A} = K(\text{所有的 } x) \tag{1.4.4}$$

因此，

$$E = E^{0'} + \frac{RT}{nF}\ln\frac{KC_A(x=0)}{C_Y^q(x=0)C_R(x=0)} \tag{1.4.5}$$

假设：(a) 当 $t=0$，对于所有的 x，$C_A = C_A^*$，$C_Y = C_Y^*$，$C_R = 0$；(b) 与 C_A^* 相比，C_Y^* 很大，在所有时间下 $C_Y(x=0) = C_Y^*$；(c) 对于 $K \ll 1$ 的情况，稳态为

$$\frac{i}{nFA} = m_A[C_A^* - C_A(x=0)] \tag{1.4.6}$$

$$\frac{i_l}{nFA} = m_A C_A^* \tag{1.4.7}$$

$$\frac{i}{nFA} = m_R C_R(x=0) \tag{1.4.8}$$

像上述那样

$$C_A(x=0) = \frac{i_l - i}{nFAm_A} \quad C_R(x=0) = \frac{i}{nFAm_R} \tag{1.4.9a, b}$$

$$\boxed{E = E^{0'} + \frac{RT}{nF}\ln\frac{m_R}{m_A} + \frac{RT}{nF}\ln K - \frac{RT}{nF}q\ln C_Y^* + \frac{RT}{nF}\ln\frac{i_l - i}{i}} \tag{1.4.10}$$

$$E = E_{1/2} + \frac{0.059}{n}\ln\frac{i_l - i}{i} \quad (\text{在 } 25℃\text{时}) \tag{1.4.11}$$

这里

$$\boxed{E_{1/2} = E^{0'} + \frac{0.059}{n}\lg\frac{m_R}{m_A} + \frac{0.059}{n}\lg K - \frac{0.059}{n}q\lg C_Y^*} \tag{1.4.12}$$

因此，式(1.4.11) 的 i-E 曲线有正常的能斯特形状，但 $E_{1/2}$ 的位置，相对于式(1.4.2) 无均相平衡干扰的过程，将向负方向移动（因为 $K \ll 1$）。从半波电势随 $\lg C_Y^*$ 的变化而移动，从而可求算出 K 与 $q = -(n/0.059)(dE_{1/2}/d\lg C_Y^*)$。当所有的反应处于可逆时，可得到热力学与化学计量值，但得不到有关反应的动力学与机理的信息[37]。

1.4.2 耦合不可逆化学反应

当一个不可逆的化学反应与一个能斯特型的电子转移反应耦合时，其 i-E 曲线可用于提供均相过程的动力学信息。考察如下的一个能斯特型电荷转移随后的一级反应：

$$O + ne \rightleftharpoons R \tag{1.4.13}$$

$$R \xrightarrow{k} T \tag{1.4.14}$$

---

[36] 为了简化符号，所有物种的电荷均被省略。

[37] 当引入上述机理时，假设未配位的金属离子是电活性的，配合物不是。以这种方式思考简化了该主题的首次讨论，然而，无需假设。由于金属离子与配合物保持在平衡，很难辨别出哪种物种是主要的电反应物。在热力学平衡下，无法得到机理信息。

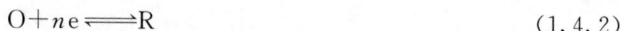

k 是 R 进一步反应的速率常数（s^{-1}）。在酸溶液中对氨基苯酚的氧化是这类反应的一个例子。

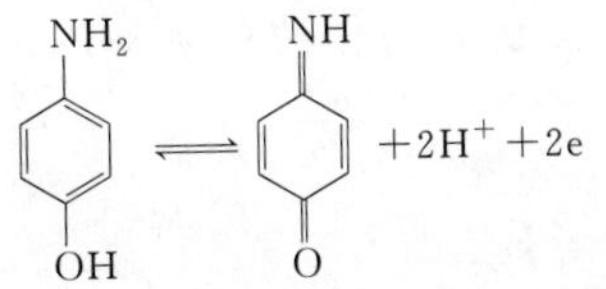

$$\text{（结构式）} \rightleftharpoons \text{（结构式）} +2H^+ +2e \qquad (1.4.15)$$

$$\text{（结构式）} +H_2O \longrightarrow \text{（结构式）} +NH_3 \qquad (1.4.16)$$

式(1.4.16) 的反应并不影响 O 的传质与还原，这样式(1.3.7) 与式(1.3.10) 仍适用（假设在时间为零所有的 x 轴上，$C_O=C_O^*$，$C_R=0$）。但还原过程引起 R 以高的速率在电极表面消失，这种差别影响其 i-E 曲线。

在无随后反应的情况下，我们认为 R 的浓度分布图是从表面值 $C_O(x=0)$ 处线性减少到能斯特扩散的外边界 δ 处 $C_R=0$。耦合反应增加了 R 消失的一个途径，这样在有该反应存在时，R 的分布并不能像 δ 一样拓展到溶液中。因此，所增加的反应使分布图变陡，加速了离开电极表面的传质。对于像在一个旋转圆盘电极上的稳态行为，我们假设 R 在表面消失的速率等于在无反应存在时的扩散速率 [$m_R C_R(x=0)$，见式(1.3.8)]，加上正比于反应速率的增量 [$\mu k C_R(x=0)$]。在稳态时，式(1.3.7) 所给出的形成 R 的速率，等于其总的消失的速率，这样，我们有

$$\frac{i}{nFA}=m_O[C_O^*-C_O(x=0)]=m_R C_R(x=0)+\mu k C_R(x=0) \qquad (1.4.17)$$

这里 μ 是单位为 cm 的正比常数，这样 μk 的量纲是 cm/s。在文献 [3] 中，μ 称为反应层厚度。就我们的目的而言，最好是将 μ 认为是一个可调节的参数。由式(1.4.17)

$$C_O(x=0)=\frac{i_1-i}{nFAm_O} \qquad (1.4.18)$$

$$C_R(x=0)=\frac{i}{nFA(m_R+\mu k)} \qquad (1.4.19)$$

将这些值代入到反应式(1.4.13) 的能斯特公式可得到

$$\boxed{E=E^{0'}+\frac{RT}{nF}\ln\frac{m_R+\mu k}{m_O}+\frac{RT}{nF}\ln\frac{i_1-i}{i}} \qquad (1.4.20)$$

或

$$E=E'_{1/2}+\frac{0.059}{n}\lg\frac{i_1-i}{i} \quad （在 25℃ 时） \qquad (1.4.21)$$

这里

$$E'_{1/2}=E^{0'}+\frac{0.059}{n}\lg\frac{m_R+\mu k}{m_O} \qquad (1.4.22)$$

或

$$\boxed{E'_{1/2}=E_{1/2}+\frac{0.059}{n}\lg\left(1+\frac{\mu k}{m_R}\right)} \qquad (1.4.23)$$

这里 $E_{1/2}$ 是无动力学扰动反应的半波电势。

可定义两种极限情况：（a）当 $\mu k/m_R\ll 1$，即 $\mu k\ll m_R$，式(1.4.14) 的随后反应的影响可忽略不计，i-E 曲线不受干扰；（b）$\mu k/m_R\gg 1$，随后反应占主导地位

$$E'_{1/2}=E_{1/2}+\frac{0.059}{n}\lg\frac{\mu k}{m_R} \qquad (1.4.24)$$

其影响是使还原波向正方向移动，但形状不变。对于旋转圆盘电极，$m_R=0.62D_R^{2/3}\omega^{1/2}\nu^{-1/6}$，假设 $\mu\neq f(\omega)$，式(1.4.24) 变为

$$E'_{1/2}=E_{1/2}+\frac{0.059}{n}\lg\frac{\mu k}{0.62D_R^{2/3}\omega^{1/2}\nu^{-1/6}} \qquad (1.4.25)$$

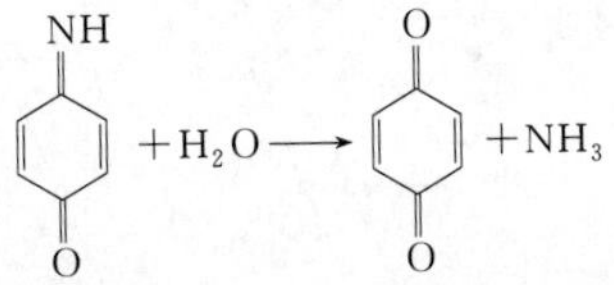

增加旋转速率 ω 可加快传质速率，使其比随后反应更具竞争力，因此，该波移向负方向，接近于无干扰的波（图 1.4.1），ω 每增加 10 倍可使波移动 $30/n$mV。

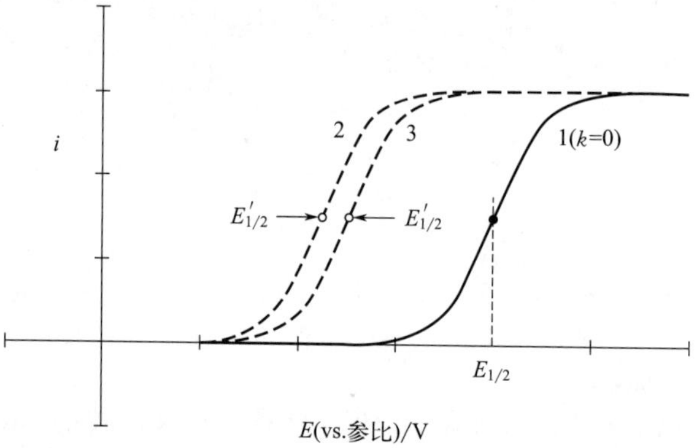

图 1.4.1　在旋转圆盘电极上，不可逆随后均相化学反应对能斯特型 i-E 曲线的影响
1—没有扰动的曲线；2,3—不同转速下有随后反应的情况，3 的旋转速度大于 2 的

对于其他的与电子转移反应耦合的化学反应可采用类似的方法进行处理[4]。这种方式对于形成定性或半定量解释 i-E 曲线是有用的，但 k 的准确值不能测量，除非可推导出 m_R 和 μ 的明确表达式。在第 13 章中将讨论耦合均相化学反应的电极反应的严格处理方法。

1.5　电化学池的电阻和电势测量

现在让我们考察一个电化学池，它由两个理想非极化电极组成，例如，两个 SCE 电极插入到 KCl 溶液中（SCE/KCl/SCE）。由于限制电流流动的仅为溶液的电阻，该理想电化学池的 i-E 特征是像一个纯电阻（图 1.5.1 中的实线）。事实上，这些条件（即一对非极化电极）是在测量溶液电导率时所追求的。对于任何真实的电极（例如，一个实际应用的 SCE），在电流密度足够大时，传质与电荷转移过电势也会较大。

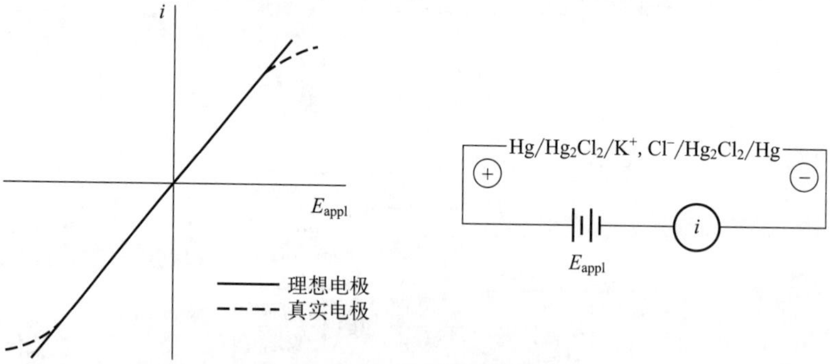

图 1.5.1　由两个近似理想非极化电极所组成的电化学池的电流-电势曲线
斜率是 $1/R_s$，R_s 是溶液电阻

任何电极电势的测量均是相对于一个参比电极进行的，当有电流通过时，电压降等于 iR_s（经常称为欧姆降，ohmic drop）总是包括在测量值中。这里，R_s 是电极之间溶液的电阻，而与描述电极反应中传质与活化步骤的阻抗不同，它在较宽泛的条件下表现为纯电阻。

将欧姆降包括在电势测量中对于电化学实验具有重要影响，因此必须对此进行详细探讨。

1.5.1　当电流流过时外加电压的组成

再次考察图 1.2.4 所示的电化学池。在开路时（$i=0$），镉电极的电势在其平衡值 $E_{eq,Cd}$（约

$-0.64V$，vs. SCE)。先前已看到，当外加电压（E_{appl}）等于$-0.64V$时，没有电流通过安培计。如果将E_{appl}改为$-0.80V$，将有电流流过。所施加的电压分为两部分：一部分施加于Cd电极上，使E_{Cd}有一个新的值，也许是$-0.70V$，使有电流流过；剩余的外加电压（在该例子中为$-0.10V$）代表的是电流在溶液中流动引起的欧姆降。假设SCE参比电极是一个理想的非极化电极，其电势在有电流流过时不变。

通常有如下公式：

$$E_{appl}(\text{vs. SCE})=E_{Cd}(\text{vs. SCE})-iR_s=E_{eq,Cd}(\text{vs. SCE})+\eta-iR_s \tag{1.5.1}$$

式中最后的两项与电流流过有关。当工作（Cd）电极有阴极电流时，两者均为负；相反，对于阳极电流，两者均为正。过电势（所有来源的，1.2.3节）$\eta=E_{Cd}-E_{eq,Cd}$，是确实需要其去驱动电极反应以相应于电流的速率进行。在上述例子中，$\eta=-0.06V$。存在的欧姆降$-iR_s$驱使净电流流过电解质溶液[38]。

图1.5.2显示了沿着净电流通路静电势的分布（与先前讨论的图1.1.2类似）。图1.1.2体系处于开路状态，没有电流流过。在每个导电相的电势是常数，电势的变化仅发生在界面。在图1.5.2中，在电解质相中的电势并不恒定，从工作电极到参比电极，其斜率是向上的，这是电流流动的结果。穿过电解质（工作端相对于参比端）的电势差是欧姆降。在电解质中，阴离子被驱动沿着电势分布的方向向上，而阳离子向下[39]。

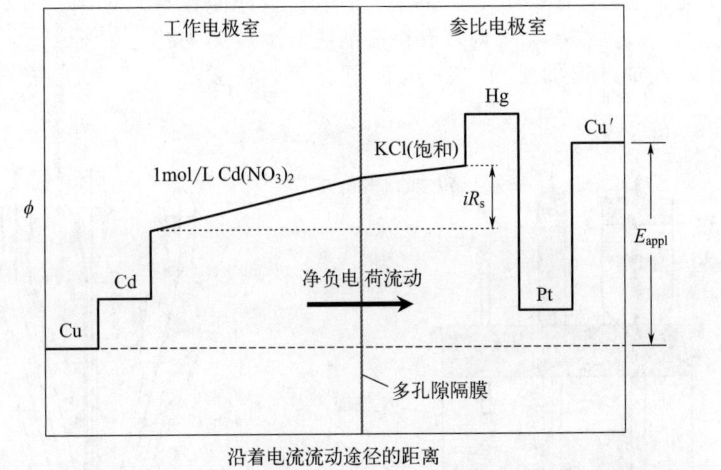

图1.5.2 图1.2.4中电化学池中沿着电流通路静电势（ϕ）的分布

Cu和Cu′代表连接仪器与电化学池的导线（见图1.1.4）。该电化学池有两个室，分别有含有不同电解质的工作电极与参比电极。一种多孔的，像烧结玻璃那样的离子导体隔膜，可避免电解质的混合。由于电导率的不同，在两种电解质中电势分布的斜率将不同

在该电化学池中，与工作和参比电极接触的是不同的电解质。它们必须以某种方式相互接触，以实现离子交换（例如，通过一个烧结玻璃）。这种接触称为液（体）接（界）(liquid junction)，在图1.5.2中以垂直的灰度线表示。由于液接是导电相之间的边界，通常期望静电势［称为液（体）接（界）电势，liquid junction potential］不是连续的，像其他边界一样，用台阶表示。在2.3节中将详细讨论液接，将会看到对于大部分电化学工作而言，好的设计经常会把液接电势降到可忽略的水平（例如图1.5.2所显示的体系）。在图1.2.4所示图中相应的双斜线表示一个对于总电化学池电势没有贡献的液接。

在式(1.5.1)中，把欧姆降与过电势分开是因为这是本体溶液的特征，并不与工作电极/电

---

[38] 式(1.5.1)中欧姆降前为负号是因为电流采用符号的惯例（阴极电流为正）。

[39] 虽然在图1.5.2中看到的是在任何金属相中没有斜率分布，但每个金属相中必须有向右上升的斜率，因为对于电流流动，金属也有电阻。由于金属比电解质导电性要好很多，在该图的尺度下其欧姆降不可见。

解质界面或电极反应相关。不幸的是，它在 E_{appl} 的存在给我们控制在工作电极/电解质界面相对于参比电极的电势带来困难。我们真正感兴趣的是 Cd 电极相对于参比电极的真实电势，即校正 iR_s 后的电势 E_{Cd}。E_{Cd} 是很重要的值，表明在工作电极上发生电极反应的类型与速率；E_{appl} 是人们可准确测量与控制的值，是想要的工作电极电势（也许是随着时间的不同以给定的方式变化的电极电势），因此在一些条件下通常使实际工作电极电势尽可能地接近于 E_{appl}，即，使欧姆降最小化。正确的电解池设计与仪器使用是成功的关键。

1.5.2 两电极电化学池

在 iR_s 小于几毫伏且有电流流动，参比电极保持非极化的条件下，正如我们正在讨论的，可采用两电极电化学池（two-electrode cell）（图 1.5.3）测量电流-电势曲线。工作电极的电势直接来自 E_{appl} 或补偿小的欧姆降后。在经典的水溶液实验中，经常采用两电极电化学池。在这些体系中，经常是 $i<10\mu A$，$R_s<100\Omega$，这样 $iR_s<10^{-5}A\times100\Omega$ 或 $iR_s<1mV$，对于大多数情况该值可忽略不计。对于目前常采用的 UME，由于电流非常小，通常 iR_s 不重要，采用两电极电化学池很普遍。图 1.5.4(a) 展示了应用一个 UME 时所采用的典型的电化学池。

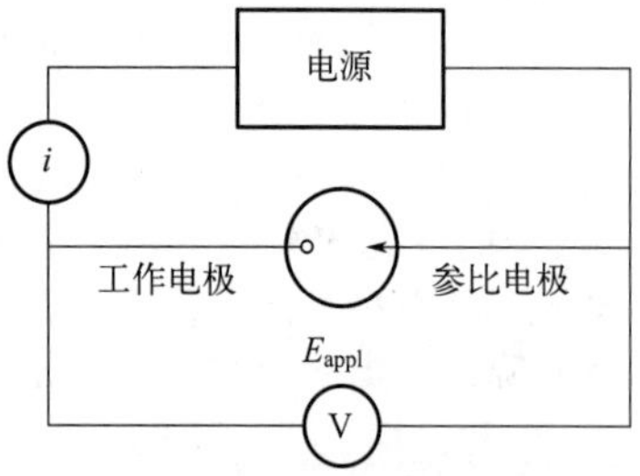

图 1.5.3 两电极电化学池

采用大的电极（即使在毫米级别）或高电阻的溶液，如许多有机溶剂或低浓度的支持电解质中，欧姆降都会带来严重后果。正如将在下面讨论的那样，在这种情况下，需要采用 1.5.3 节讨论的三电极电化学池[40]。

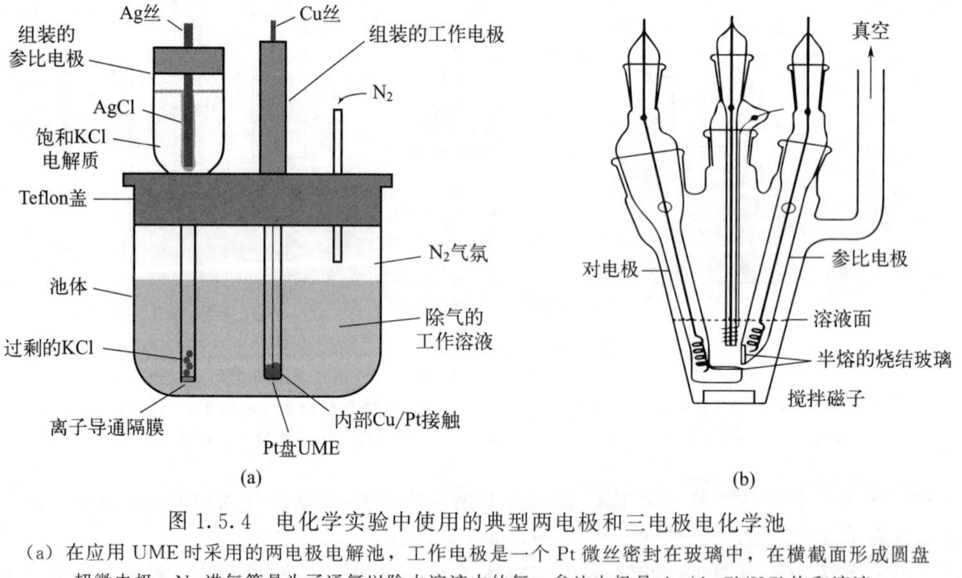

图 1.5.4 电化学实验中使用的典型两电极和三电极电化学池

（a）在应用 UME 时采用的两电极电解池，工作电极是一个 Pt 微丝密封在玻璃中，在横截面形成圆盘超微电极。N_2 进气管是为了通氮以除去溶液中的氧，参比电极是 Ag/AgCl/KCl 饱和溶液；（b）在铂圆盘工作电极上，为研究非水溶液而设计的三电极电解池，带有抽真空除气的接口（引自 Demortier 和 Bard[5]）。整体电解使用的三电极电解池见图 12.1.1

1.5.3 三电极电化学池

当 iR_s 对于两电极电化学池太大（例如，采用大电流电化学池或具有低的电导率的非水溶液

---

[40] 在此处提醒读者注意，本书的重点是在实验室尺度的电化学池中进行的电化学表征方法，此处的评论是要聚焦该点。两电极电化学池在工业及技术中广泛应用，这包括合成池、电池和燃料电池。在许多情况下，iR_s 在电极之间总电压中占比很大，有时是占主要的。在这样的体系中电极电势的优化超出了本书的范围。

中）时，在实验中采用三电极电化学池（three-electrode cell）更合适（图 1.5.5）。在该装置中，电流在工作电极与对电极（counter electrode）之间流过[41]，同时电势的测量是相对于一个分开的、没有电流流过的参比电极进行的。由于对电极的性质不影响测量或感兴趣电极的行为，它可以是任何一种合适的电极。它可能是这样选择的电极，通过电解不产生到达工作电极表面而引起干扰的电极。经常将其置于另外一个与工作电极采用离子传导隔膜分开的室，参比电极的尖端置于工作电极附近，其原因随后会讨论。图 1.5.4(b) 显示了一个三电极电化学池的例子。

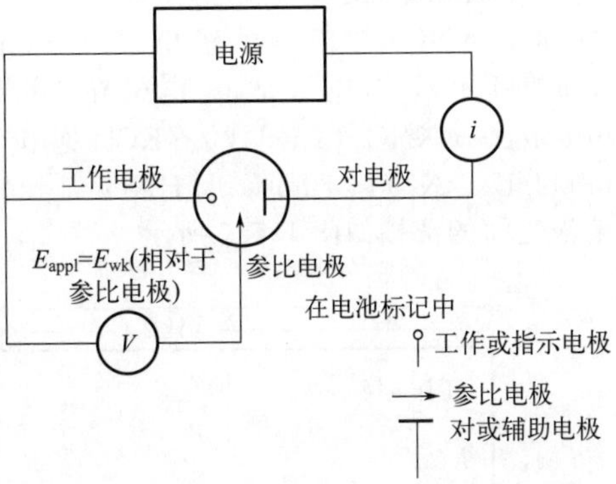

图 1.5.5　三电极电化学池和不同电极的命名

用于测量工作与参比电极之间电势的装置具有高的输入阻抗，这样通过参比电极的电流可忽略不计。因此，它的电势保持恒定，等于其开路电势。

在三电极电化学池中，E_{appl} 是工作电极相对于参比电极的电压，正如在两电极电化学池中一样，仍然是大多数实验中测量/控制的量。

这种三电极装置广泛地应用于电化学实验，图 1.5.5 所示的仪器展示了其控制能力，称为恒电势（位）仪（potentiostat）（1.9.1 节和第 16 章）。

1.5.4　未补偿电阻

在三电极体系中，iR_s 项可部分或有时大部分从测量的工作电极电势中扣除，但不是全部补偿。考察图 1.5.6 所示的溶液中工作电极（wk）与对电极（ctr）之间的电势分布（在真实电化学池中，该分布依赖于电极的形状、几何结构与溶液电导等），电极之间的溶液可认为是一个电势计（经常是一个高度非线性化的）。如果参比电极（ref）可准确地放置于除了电极表面的任何位置，那么一部分 iR_s（表示为 iR_u，这里 R_u 是未补偿电阻）将会包含在测量电势中。好消息是大部分 iR_s 已被三电极系统从测量电势中扣除（即已经补偿）。在本书中，已补偿电阻表示为 R_c，因此，$R_u+R_c=R_s$。

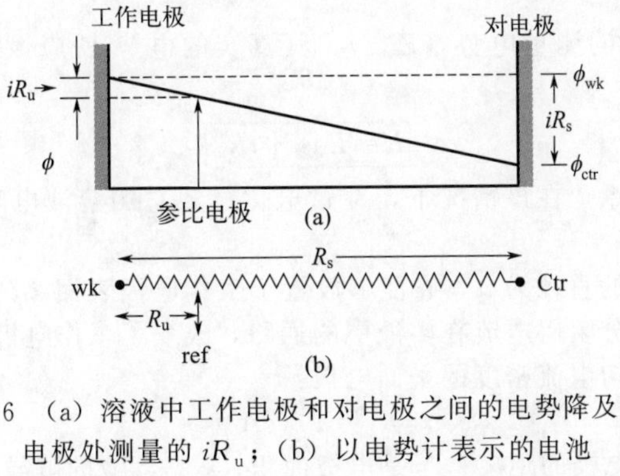

图 1.5.6　(a) 溶液中工作电极和对电极之间的电势降及在参比电极处测量的 iR_u；(b) 以电势计表示的电池

即使通过设计将具有很细尖头的称为 Luggin-Haber 毛细管的参比电极放置于工作电极很近的地方，仍有一些未补偿的电阻存在。未补偿的电势降有时可通过例如稳态曲线来测量 R_u 而扣除，或通过点到点的方式对每个电势值进行校准。电化学仪器中经常包括提供电子线路补偿 iR_u 的部分（第 16 章）。

可认为一个三电极电化学池是由两个不同的池组成的，一个是参比池，另外一个是载流池

[41] 或称为辅助电极（auxiliary electrode）。

(current-carrying cell)，共用工作电极。图 1.5.7 显示了通过两个池的电势分布，在此工作电极是 1mol/L KNO_3 溶液中的镉电极（5mmol/L Cd/Cd^{2+}），参比电极是 SCE（如图 1.2.4 和图 1.5.2 所示），对电极是 Pt 电极在 1mol/L HNO_3 溶液中。参比池的组成是：$Cu/Cd/Cd^{2+}$ (5mmol/L)，KNO_3(1mol/L)//KCl(饱和溶液)/Hg_2Cl_2/Hg/Pt/Cu′，载流池是：$Cu/Cd/Cd^{2+}$ (5mmol/L)，KNO_3(1mol/L)//HNO_3(1mol/L)/Pt/ Cu″。在参比电极尖端与接近工作电极的工作溶液之间的液接如图 1.5.7 所示。

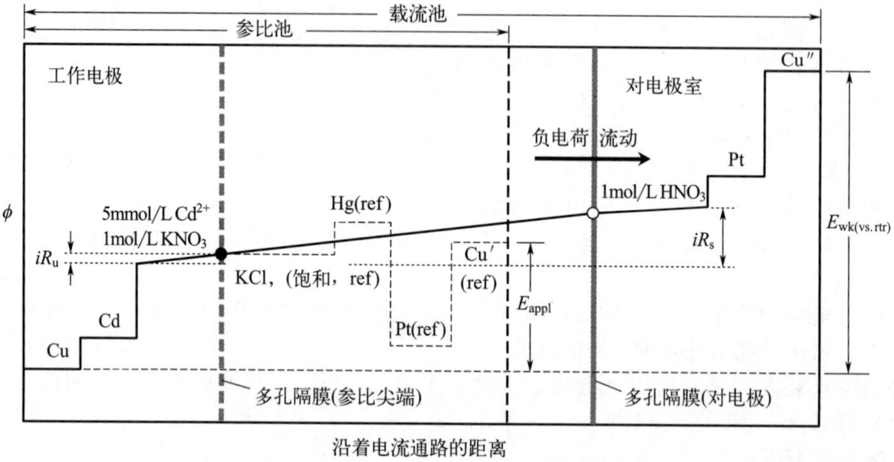

图 1.5.7 穿越一个三电极电化学池的电势分布

实线分布图表示的是载流池（工作与对电极）。灰色虚线显示的是参比电极的组成。工作与参比电极构成了参比池。左边的黑色圈处，参比电极的尖端与载流池进行连接。工作电极与对电极室之间的液接在右边的多孔隔膜处。Cu、Cu′与 Cu″分别是与工作、参比和对电极相连接的铜线

由于仅有很小的电流流过，在参比电极的电解质中电势分布是平的。但是，由于参比池与载流池共享一段溶液（在工作电极与参比池接触点），参比池仍然包括一部分总的欧姆降。

由于电流流动的途径，在载流池中其电势分布的斜率是向右向上的。该池的欧姆降是 $-iR_s$，比 $-iR_u$ 要大几倍。

工作电极相对于 SCE 的测量电势（E_{appl}），其真实的电势 E 应该扣除未补偿欧姆降（iR_u）后给出：

$$\boxed{E = E_{appl} + iR_u} \tag{1.5.2}$$

该公式也适用于两电极体系。在该情况下，穿过电化学池总的溶液电阻未被补偿；这样 $R_c = 0$，$R_u = R_s$。

如果参比毛细管尖端的直径为 d，它能够放置于工作电极表面 $2d$ 处而不引起可观的屏蔽误差。这里的屏蔽指的是部分阻碍电流在溶液中的通路，改变了工作电极表面的电流密度。

对于一个表面具有均匀电流密度的平面电极：

$$R_u = x/(\kappa A) \tag{1.5.3}$$

式中，x 是毛细管尖端到电极的距离；A 是电极面积；κ 是溶液的电导率。

对于球形微电极，如悬汞电极或滴汞电极（DME），由于大部分的电阻降发生在电极附近，iR_u 的影响会特别严重。对于一个半径为 r_0 的球形电极：

$$R_u = \frac{1}{4\pi\kappa r_0}\frac{x}{x + r_0} \tag{1.5.4}$$

当参比电极的尖端距离工作电极仅一个半径远（$x = r_0$）时，R_u 已是其远离工作电极无限远的值的一半。

任何在工作电极本身的电阻（例如，在制备超微电极时采用的细丝，在半导体电极或在电极表面上的电阻膜）也会出现在 R_u 中。

在本节中，我们已了解到未补偿欧姆降是如何包括在工作电极的测量或控制电势中的。当然，还有更多的相关内容。在下节中，将会看到在一个电化学池的时间响应中，R_u 也是决定因素。

1.6　电极/溶液界面和充电电流

1.6.1　理想极化电极

在一个 IPE［理想（可）极化电极］上，即使电势是外部施加的电压，仍没有电荷转移能够在金属/溶液界面发生（见 1.2.2 节）。在整个可调节的电势范围内，没有一个真实电极能够表现出 IPE 那样的行为，一些电极/溶液体系在一定的电势范围内，能够接近于理想极化性。例如，Hg 电极与除氧气的 KCl/KOH 相接触，在 2V 的窗口中接近于一个 IPE 行为。在足够正电势下，Hg 可氧化：

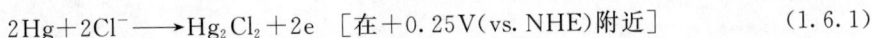

$$2Hg + 2Cl^- \longrightarrow Hg_2Cl_2 + 2e \quad [\text{在}+0.25V(vs.\ NHE)\text{附近}] \tag{1.6.1}$$

在非常负的电势时 K^+ 可被还原：

$$K^+ + e \xrightarrow{Hg} K(Hg) \quad [\text{在}-2.1V(vs.\ NHE)\text{附近}] \tag{1.6.2}$$

它们是该体系中定义背景极限的电极反应。在这些过程之间的电势范围内，电荷转移反应不重要。尽管水的还原

$$2H_2O + 2e \longrightarrow H_2 + 2OH^- \tag{1.6.3}$$

在大部分该区间热力学上是可能的，除非外加相当负的电势，否则其在 Hg 表面上是以非常低的速率进行的。在该区域法拉第电流的流动是因为痕量杂质（例如，金属离子、氧气和有机物）的电荷转移反应，该类电流在干净的体系中是很小的。另外一类具有 IPE 行为的电极是在金电极表面吸附一层烷基硫醇自组装单层（17.1 节）。

1.6.2　电极上的电容和电荷

当电势变化时，由于电荷不能穿过 IPE 界面，那么电极/溶液界面的行为类似于一个电容器，它是电子线路中的一个基本元件，由两片金属板被一种介电（绝缘）材料隔开［见图 1.6.1(a)］。其行为遵守下式：

$$\frac{q}{E} = C \tag{1.6.4}$$

这里 q 是存储在电容器的电荷，C（库仑）；E 是穿过电容器的电势差，V（伏）；C 是电容，F（法［拉］）。当外加 E 时，电荷将在电容器的金属板上累积，直到 q 满足式(1.6.4)。例如，当在 10μF 的电容器上施加 2V 时，电流流动直到累积至 20μC。电荷是由一个金属板上的过剩电子与另外金属板上电子匮乏所组成［图 1.6.1(b)］。在该过程中，一种暂态电流（称为充电电流，charging current）在连接两个板的外电路流过，它的大小依赖于电路的电阻（见 1.6.4 节）。

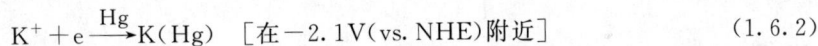

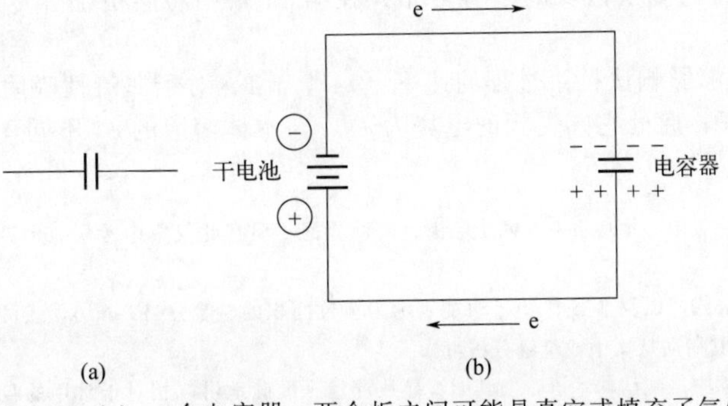

图 1.6.1　(a) 一个电容器，两个板之间可能是真空或填充了气体、液体或固体绝缘体；(b) 采用一个干电池进行充电

在实验中已经显示电极/溶液界面类似于一个电容器，界面区域模型给出了在某种程度上与电容器的相似性。在任何电势下，电极上将会有电荷 q^M，溶液相有电荷 q^S（图 1.6.2）。电荷在电极相对于溶液是正或负，取决于穿过界面的电势和溶液的组成，在任何时间，$q^M=-q^S$（2.2.2 节）[42]。在电极一侧的电荷 q^M，代表电子的过剩或匮乏，它存在于在电极表面非常薄的一层中（对于一个金属电极<1nm）。溶液一侧的电荷 q^S 是由电极表面附近过剩的阳离子或阴离子构成。电荷 q^M 和 q^S 经常被除以电极面积 A，表示为电荷密度，例如 σ^M（$\mu C/cm^2$）$=q^M/A$。存在于电极/溶液界面的荷电物质和定向偶极的阵列称为双电层（或电双层，electrical double layer，EDL），将会在下面看到，其结构要比两个荷电层复杂得多。

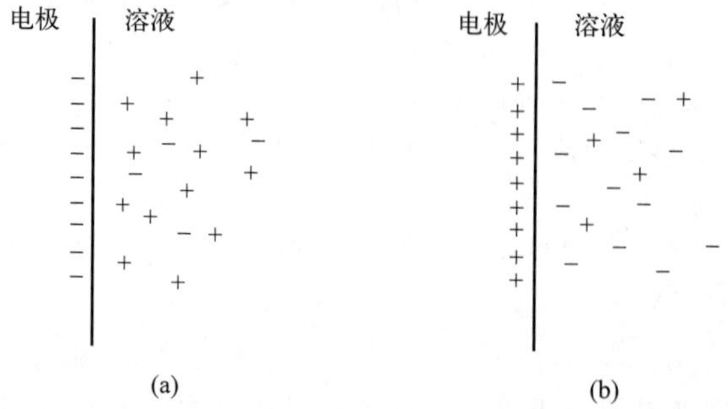

图 1.6.2　类似电容器的电极-溶液界面，电极上所带电荷为 q^M

（a）负电；（b）正电

在给定的电势下，电极/溶液界面可由一个双层电容 C_d 来表征，其典型的值为 $10\sim40\mu F/cm^2$。不像真实的电容器电容与外加电压无关，电化学双层的电容通常依赖于电势[43]。

1.6.3　双电层简介

双层的溶液一侧本身可理解为包含了多层。最靠近电极的层称为内层（inner layer），它包含有溶剂分子，有时还包含了称为特性吸附（specifically adsorbed）的其他物种（离子或分子）[图 1.6.3(a)]。该内层也称为紧密层（compact layer）、亥姆霍兹（Helmholtz）层或斯特恩（Stern）层。特性吸附离子的电中心距离为 x_1，称为内亥姆霍兹面（inner Helmholtz plane，IHP）。在该内层中总的电荷密度是 σ^i（$\mu C/cm^2$）。溶剂化的离子不能接近金属到达 x_1，仅能到 x_2，称为外亥姆霍兹面（outer Helmholtz plane，OHP）。溶剂化离子与荷电金属之间的相互作用仅涉及长程静电作用，它本质上与离子的化学性质无关。由于热扰动（即布朗运动），非特性吸附的离子分布在称为分散层（diffuse layer）的三维区间，从 OHP 扩展到本体溶液[44]。在分散层中的过剩电荷密度为 σ^d，那么在双层溶液这边总的过剩电荷密度是 σ^S，表示为

$$\boxed{\sigma^S=\sigma^i+\sigma^d=-\sigma^M} \tag{1.6.5}$$

分散层的厚度与溶液中总的离子浓度相关，对于浓度大于 10^{-2}mol/L 的情况，它小于 10nm。图 1.6.3(b) 显示了穿过双层区域的电势分布。在第 14 章中将会更加详尽地讨论吸附和双电层结构。

双电层的结构能够影响法拉第过程的速率（14.7 节）。对于非特性吸附的电活性物种，它仅能够接近电极到 OHP，此处它感受到的电势为 ϕ_2，与本体溶液的 ϕ^S 不同，穿过分散层的电势降

---

[42] 在一个真实实验装置中，不得不考虑两个电极、两种界面。但在此仅集中考察一个界面，而忽略另外界面上发生的事情。

[43] 在文献中的各种公式，以及本书中，C_d 可能表示为单位面积的电容（$\mu F/cm^2$），或可能表示为整个界面的电容（μF）。在给定的情况下，其用法从文中或量纲分析可知。

[44] 非特性吸附在文献中是确认的术语，但其能够导致混淆。准确地讲，相对于常用的吸附概念（涉及吸附物种与表面之间的化学键合），非特性吸附离子是完全不吸附的离子。在电化学中，由于它们在界面区域是过剩的，非特性吸附可看作吸附。

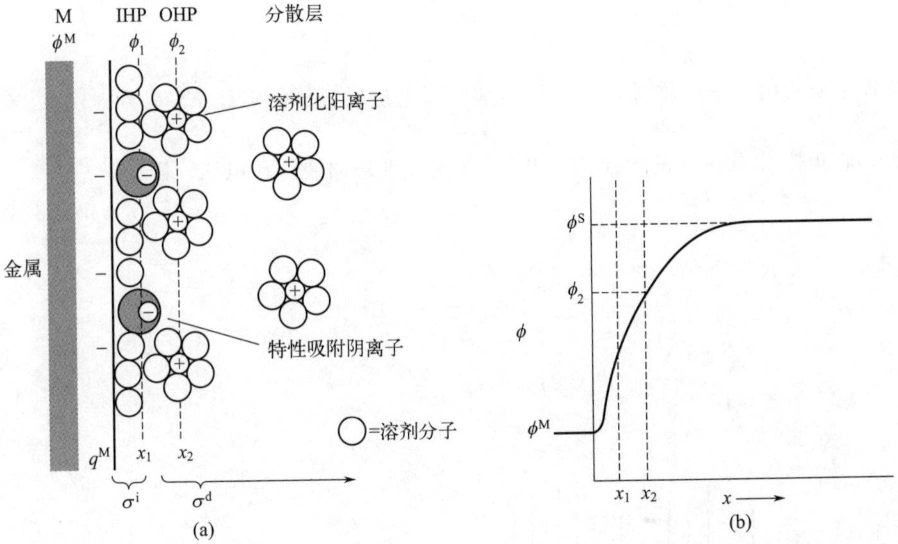

图 1.6.3　(a) 阴离子特性吸附条件下双层区域的模型；(b) 无离子特性吸附时双电层区域的电势分布
电势 ϕ 将在 2.2 节仔细讨论，图 14.3.6 会给出该分布的更定量的描述

为 $\phi_2-\phi^S$。例如在 0.1mol/L NaF 中，当 $E=-0.55V$ (vs. SCE) 时，$\phi_2-\phi^S$ 为 $-0.021V$，在较正或较负的电势下该值有稍大些的值。在考察电极反应时经常忽略双层的影响，但有些情况下必须考虑[45][46]。

在电化学实验中，双电层电容或充电电流的存在是不能忽视的。的确，将在下节中看到，双电层充电在电化学池建立电势差和控制电势方面发挥着主导控制作用。

1.6.4　双电层电容和充电电流

考察一个理想极化电极与一个在通过一定电流但组成或电势基本不变的参比电极所构成的两电极电化学池，可以粗略地看成是一个在 KCl 溶液中的 Hg 电极与一个 SCE 组成。该电化学池，Hg/K^+，Cl^-/SCE 可用一个电路来模拟，溶液中的电阻为 R_s，在 Hg/K^+，Cl^- 界面的电容为 C_d (图 1.6.4)[47][48]。

电化学体系的信息经常是通过外加一个电扰动信号，观察其响应而得到。在随后的章节中会遇到许多不同形式的此类实验。现在考察一个理想极化电极对于两种常见的电扰动的响应（电势阶跃和电势扫描）是有意义的[49]。

(1) 电势（电压）阶跃

处理在理想极化电极上一个电势阶跃与 RC 电路问题类似（图 1.6.5）。假设最初电路中 R_s 与 C_d 未加上电压，那么该电容器没有充电，电阻上没有电流流过。当外加一个幅值是 E 的电压

---

[45] 在所给出的例子中，在 OHP 处的电势是 $-21mV$（相对于本体溶液），这样在该处的每个分子或离子的电子态在能量上要比在溶液中高 21meV。它使得在该处的物种稍容易氧化或稍难还原。21meV 大约等于 kT（Boltzmann 常数乘以热力学温度），在 25℃时为 25.7meV，因此，对于需要精确考虑速率常数时它能产生可观的动力学影响，但对于仅动力学数据的量时不重要。

[46] 如果氧化还原电对中的一个限域在电极表面，就像在电活性物种是吸附物情形时，双层结构甚至可以影响该电对的热力学行为。

[47] 实际上，SCE 的电容 C_{SCE} 也必须包括在其中，其总串联电容 $C_T=C_dC_{SCE}/(C_d+C_{SCE})$。通常要将 SCE 设计得具有大很多的面积，这样 $C_{SCE}\gg C_d$，$C_T\approx C_d$，因此 C_{SCE} 在该电路中可忽略。

[48] 由于在一个真实电极中，C_d 通常是电势的函数，所提出的模型线路元件仅当总的电池电势变化不大时才能是精确的。在电势范围可采用一个平均的 C_d 作为粗略的结果。

[49] 在第一和第二版中也介绍了外加恒电流的情况。

阶跃时，电流 i 随时间 t 的行为是

$$i=\frac{E}{R_s}e^{-t/(R_sC_d)} \tag{1.6.6}$$

该公式是从式(1.6.4)推导而来，可由加在双电层电容器的电压 E_C 写为

$$q=C_dE_C \tag{1.6.7}$$

当 $t>0$，加在电阻和电容器的电压 E_R 和 E_C 必须等于外加的阶跃电压，因此

$$E=E_R+E_C=iR_s+\frac{q}{C_d} \tag{1.6.8}$$

由于 $i=dq/dt$，重排后得到

$$\frac{dq}{dt}=\frac{-q}{R_sC_d}+\frac{E}{R_s} \tag{1.6.9}$$

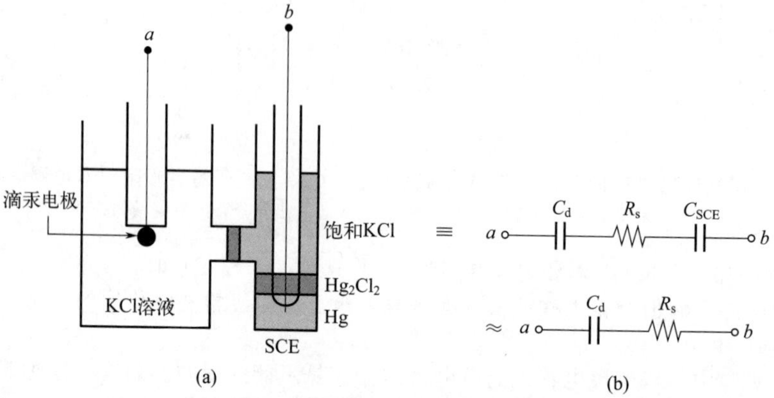

图 1.6.4　(a) 由一个理想极化的滴汞电极和一个 SCE 组成的两电极电化学池；(b) 由线形电路元件组成的电化学池表示法

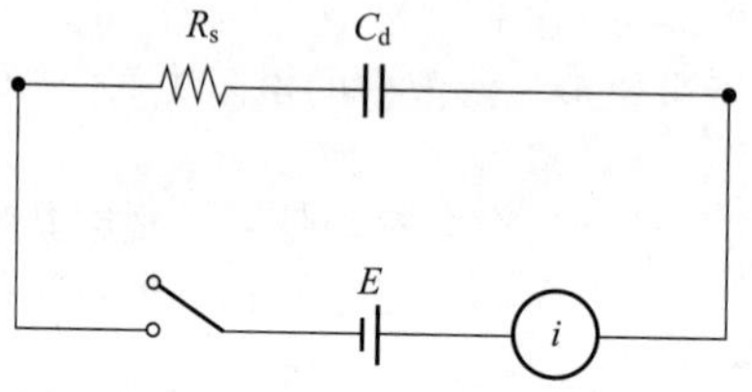

图 1.6.5　电势阶跃实验的 RC 电路

式(1.6.9)的解是

$$q=EC_d[1-e^{-t/(R_sC_d)}] \tag{1.6.10}$$

微分上式，可得式(1.6.6)。

这样，一个电势阶跃产生一种指数衰减的充电电流，其时间常数 $\tau=R_sC_d$（图 1.6.6）。当 $t=\tau$ 时，电流衰减到其初始值的 37%；$t=3\tau$ 时，电流衰减到其初始值的 5%。例如，如果 $R_s=1\Omega$，$C_d=20\mu F$，$\tau=20\mu s$，那么双电层充电将在 60μs 完成 95%。

由于工作电极的电势 E 是由所选用参比电极所定义的，处理一个真实的电化学池稍微复杂一些。在电解池外加电压为零或电势相对于参比电极为零，并不意味着工作电极不带电荷[50]。当工作电极的电势在 E_z，即零电荷电势（potential of zero charge，PZC）时，工作电极不带电荷，它是由电极与溶液的性质决定的。在任何时间穿过 C_d 的电压是 $E-E_z$，电极上的电荷是[51]

[50] 当外加电势相对于参比电极为零，结论是穿过工作电极/电解质溶液界面的电势降通常不为零。

[51] 该 q 与上述 q^M 相同，经常讨论的电荷是从工作电极的角度，采用的符号是没有上标的。

$$q=C_d(E-E_z) \tag{1.6.11}$$

另外，我们在上述例子时仅设定了阶跃的幅值，没有考虑其方向与电流的符号。在下面的处理中会把这些补上。

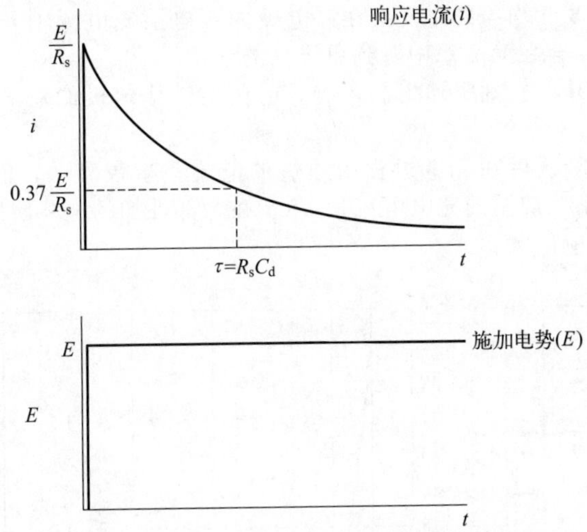

图 1.6.6 一个电势阶跃实验中由电势阶跃引起的暂态电流（i vs. t）

现在假设有一个像在 1.5.3 节那样的三电极电化学池，一个恒电势仪继续用于测量和控制外加的工作电极相对于参比电极（也许是一个 SCE）的电压 E_{appl}。在 $t=0$ 时，E_{appl} 突然从 E_1 变到 E_2。假设在阶跃前工作电极的双电层已充满电荷，这样没有电流流过溶液，因此也没有溶液欧姆降，工作电极的电势也是 E_1。在 $t=0$ 后 E_{appl} 变为 E_2，可驱动工作电极的电势向相同的方向变化。C_d 上的电荷必然也会发生变化，溶液电阻有电流流过。由式(1.5.2) 可知，工作电极的电势在任何时刻是：

$$E=E_2+iR_u \tag{1.6.12}$$

这里 R_u 是未补偿的电阻（1.5.4 节）[52]。当两边同时扣除 E_z 和乘以 C_d 后得到

$$C_d(E-E_z)=C_d(E_2-E_z)+iR_uC_d \tag{1.6.13}$$

由式(1.6.11) 可知，在任何时间左边是工作电极的电荷 q，右边第一项是 q_2，是电势达到 E_2 时工作电极双电层的电荷。另外，我们知道 $i=-dq/dt$（对于给定的电流惯例），通过取代和重排得到

$$\frac{dq}{dt}=-\frac{q}{R_uC_d}+\frac{q_2}{R_uC_d} \tag{1.6.14}$$

其与式(1.6.9) 具有相同的形式。但其解与式(1.6.10) 不同，因为不能假设在 $t=0$ 时工作电极的双电层不带电荷。的确，已假设在阶跃前在 E_1 时达平衡，最初在双电层的电荷为

$$q_1=C_d(E_1-E_z) \tag{1.6.15}$$

在习题 A.9 中，读者能够得到式(1.6.14) 的解，初始条件是

$$q=q_2-(q_2-q_1)e^{-t/(R_uC_d)}=q_2-C_d\Delta E e^{-t/(R_uC_d)} \tag{1.6.16}$$

这里已知 q_2-q_1 为 $C_d\Delta E$，而 $\Delta E=E_2-E_1$。

充电电流作为 $i=-dq/dt$，可从式(1.6.16) 导出[53]：

$$\boxed{i=-\frac{\Delta E}{R_u}e^{-t/(R_uC_d)}} \tag{1.6.17}$$

代入式(1.6.12) 得到工作电极的电势为

---

[52] 式(1.6.12) 对于两电极和三电极电化学池均适用，对于前者 $R_u=R_s$。

[53] 这可看作是与式(1.6.16) 相同的结果。对于那种情况，$R_u=R_s$，$\Delta E=E$。

$$\boxed{E=E_2-\Delta E \mathrm{e}^{-t/(R_u C_d)}} \tag{1.6.18}$$

图 1.6.7 显示了在 0.1mol/L KCl 溶液中，相对于 SCE 一个典型的悬汞电极的行为（即在图 1.6.4 中所示的两电极类的电化学池）。其中有三点值得注意：

① 任何电极电势的改变均与同时发生在该电极的双电层充电分不开。的确，界面充电是指一个导电相电势的建立，会在第 2 章中看到更详尽的介绍。

② 工作电极的电势并不立刻跟随 E_{appl}，需要时间对工作电极的双电层进行充电，至少需要几倍的 $R_u C_d$。

③ 当外加一个电势阶跃后在充电过程中通过的电流呈指数衰减，但开始时其值可能很大。对于图 1.6.7 所示的体系，初始的充电电流是 1A，在全部外加的电势阶跃中，当 $t=0$ 时未补偿电阻的电压降是 1V，影响巨大。

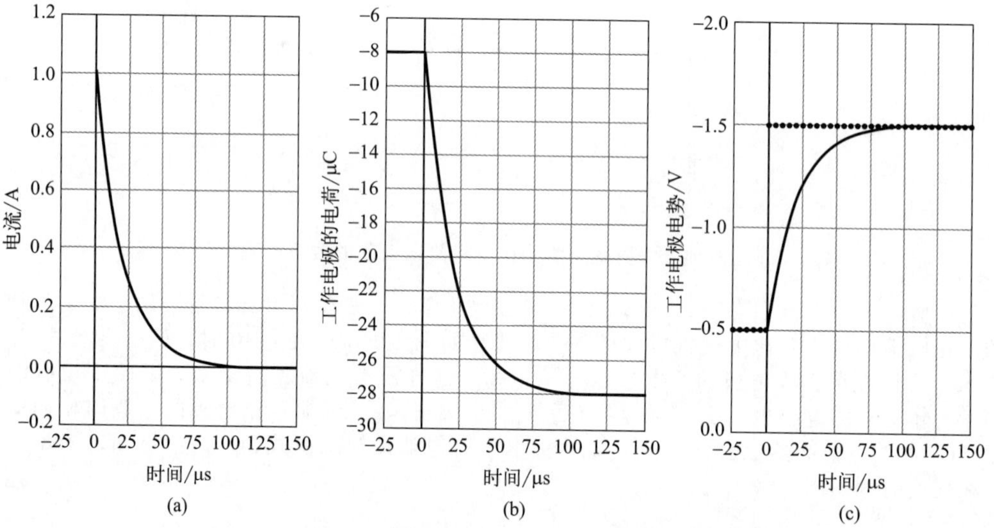

图 1.6.7 在 Hg 工作电极上施加一个电压阶跃后的行为

在 $t=0$ 之前，$E_{appl}=-0.5$V，之后阶跃到-1.5V，$R_u=1\Omega$，$C_d=20\mu$F，$E_z=-0.1$V，电解池时间常数$=20\mu$s。(a) 电流；(b) 工作电极的双电层电荷：$q_1=-8\mu$C，$q_2=-28\mu$C；(c) 相对于参比的 E（实线）与 E_{appl}（点）

（2）线性电势扫描（或电压斜线上升）

在许多电化学实验中，需要将 E_{appl} 从开始值 E_1，以扫描速度 v(V/s) 线性变化到另外一个值 E_2 [图 1.6.8(a)][54]。

$$E_{appl}=E_1-vt \tag{1.6.19}$$

假设在开始扫描前工作电极的双电层在 E_1 处是充满电荷的，这样工作电极在 E_1 处溶液中没有电流流动。在 $t=0$ 时扫描开始。由于工作电极的电势在不断变化，因此双电层的电荷也在不断改变。在电解池中必然会有充电电流流动，在溶液中产生电压降。工作电极的电势为

$$E=E_1-vt+iR_u \tag{1.6.20}$$

采用同样的方式将式(1.6.12) 变换为式(1.6.14)，式(1.6.20) 可变换为

$$\frac{\mathrm{d}q}{\mathrm{d}t}=-\frac{q}{R_u C_d}+\frac{q_1}{R_u C_d}-\frac{vt}{R_u} \tag{1.6.21}$$

这里 q_1 是由式(1.6.15) 给出的工作电极的双电层的初始电荷。

---

[54] 在本书和大多数文献中，扫描速度 v 是一个绝对量，没有正负号。扫描的方向可由公式中的符号来表示。公式(1.6.19) 中描述的是一个向负方向进行的扫描。

该微分公式的解是

$$q=q_1-vtC_d+vR_uC_d^2[1-e^{-t/(R_uC_d)}] \tag{1.6.22}$$

电流是 $-dq/dt$ 或

$$\boxed{i=\pm vC_d[1-e^{-t/(R_uC_d)}]} \quad (+是负方向扫描，-是正方向扫描) \tag{1.6.23}$$

由式(1.6.22) 可知是向负方向扫描，导致在式(1.6.23) 中 v 前是+。对于一个正方向扫描，式(1.6.20)～式(1.6.22) 中的 v 前符号相反。式(1.6.23) 中的最后结果明确地给出了两个方向。

对于一个负方向的扫描，扫描开始后电流从零开始增加。经过几个时间常数后，它达到稳态值 vC_d [图 1.6.8(b)]，该值可用于估算 C_d。

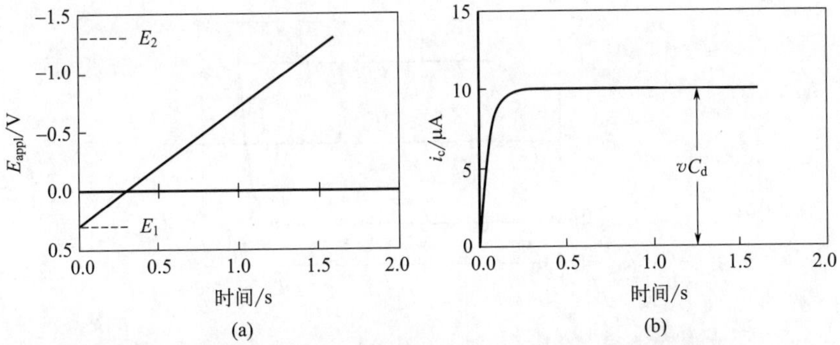

图 1.6.8 工作电极仅发生双层充电电流时外加线性电势扫描的行为

(a) E_{appl} 相对于时间的关系（工作电极相对于参比电极）；(b) 充电电流相对于时间的关系。

$R_u=5k\Omega$，$C_d=10\mu F$，$R_uC_d=50ms$，$E_1=0.3V$，$E_2=-1.3V$，$v=1V/s$

另外一种是 E_{appl} 遵循三角波［即如图 1.6.9(a) 中当达到 E_λ 时电势扫描反向］变化的。对于向负方向扫描的情况，三角波可表示为

$$E_{appl}=E_1-vt \qquad 0\leqslant t\leqslant|E_\lambda-E_1|/v \tag{1.6.24}$$

$$E_{appl}=E_\lambda+vt \qquad t>|E_\lambda-E_1|/v \tag{1.6.25}$$

稳态电流从向前扫描的值 vC_d 变化到反向扫描的值 $-vC_d$。图 1.6.9 显示了体系具有恒定 C_d 值的初始向负方向扫描的情况。

(3) 电化学测量中的充电电流

由于有相当部分电化学实验涉及充电电流，我们在此已小心地进行了处理。大多数策略是基于时间、电势、界面结构，甚至与电极的面积的变化相关。结果是一般来讲充电电流总是存在的，对背景电流有贡献，与观测到的法拉第电流是竞争关系[55]，充电电流经常干扰法拉第电流的测量。当电活性物种浓度很低时（例如，在痕量分析中），充电电流要比任何感兴趣的法拉第电流大很多，通常是它们界定了检测限。在随后的章节中，我们会经常看到它，并发展应对的策略。

仍然不能简单地把充电电流作为背景来考虑。它是在电化学体系中控制电势的不可或缺的一部分，是设计和操作实验的重要部分。另外，它提供了获取界面结构信息（电极表面电荷和界面电容）的途径。在一些工作中，充电电流是关注的重点，提供获得有关体系信息的途径。

(4) 有关 E_{appl} 的结论

在 1.5 节与 1.6 节中，集中对比了工作电极的电势 E 与相对于参比在工作电极上外加的电压 E_{appl} 的区别。两个量的区别是未补偿的欧姆降 iR_u。

---

[55] 在 1.1.7(2) 中引入了背景电流的概念，在大多数实验中它包括充电电流，加上来自于溶剂、支持电解质、电极材料或杂质的法拉第电流。在背景极限附近来自体系的主要组分的法拉第电流占主导，但在背景极限之间某个区域，背景电流可能主要是充电电流。

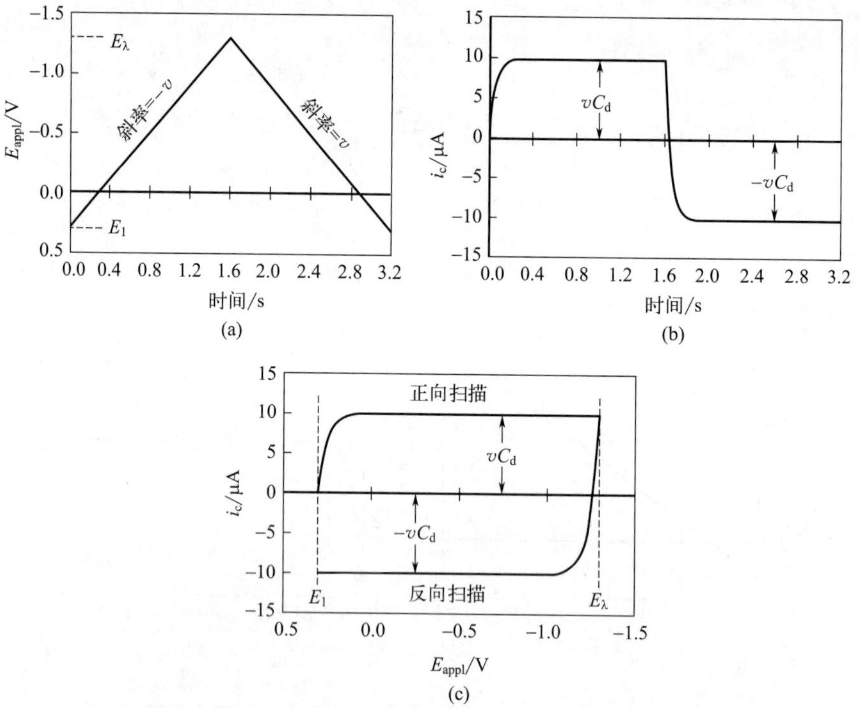

图 1.6.9　工作电极仅发生双层充电电流时外加循环线性电势扫描的行为

(a) E_{appl} 相对于时间的关系（工作电极相对于参比电极）；(b) 充电电流相对于时间的关系；(c) 充电电流相对于 E_{appl} 的关系。电解池参数见图 1.6.8。$E_1=0.3\text{V}$，$E_2=-1.3\text{V}$，$v=1\text{V/s}$

在大多数电化学实验中，需要控制工作电极的电势，而 E_{appl} 是控制的手段，在任何时候，控制 E 是目标。例如，如果外加电压为程序化阶跃或扫描，那么需要工作电极足够准确地遵守该电势变化，这样对于实验的理论处理才是合理的。我们已经看到 E 并不严格地遵循 E_{appl} 的情况，其与外加电压符合的程度依赖于电解池的时间常数和未补偿的欧姆降，必须对此特别关注。

幸运的是在实践中经常可以建立这样的实验条件，使两者相符得很好，它们是

① 电解池的时间常数相较于实验时间尺度（time scale）可以很小[56]。

② 未补偿欧姆降很小。

如果溶液导电性很好，工作电极面积足够小的话，上述两个条件是能够满足的。根据所探讨的体系，可能需要采用三电极电化学池，并采用电路方式补偿电阻（16.7.3 节）。

由于在大多数实验工作中 E 与 E_{appl} 相同，有经验的工作者在他们的报告和书写中很少区分二者。例如，他们会简单地说在阶跃或三角波中采用的是 E（而不是 E_{appl}）。虽说他们对于在阶跃边界或在扫描的转折点的非理想性有充分的理解，但他们会将阶跃或扫描理想化。在发表的图中，比如一张伏安图中，虽然仪器产生的图实际上是采用 E_{appl}，但他们仍会将电势坐标显示为 E。

在本书余下的章节中采用同样的方式，进一步的引用将会很少采用 E_{appl}，除非特别需要注意时。我们将假设会很好地控制 E，即使通过比较复杂的步骤，仅会将重点关注在所记录的结果中的未补偿欧姆降的影响上。

---

[56] 实验的时间尺度是一个经常会反复遇到的重要概念。它通常指一个实验中大部分重要数据被记录完所需要的时间。例如，它可能是测量一个阶跃电势实验或扫描得到一个伏安图所需要的时间。如果要使工作电极电势准确地随外加电势的时间变化，电解池时间常数必须要比实验的时间尺度小很多。

1.7　本书的组织架构

本书的组织框架支持教师和学生按照自己的方式进入到电化学。图 1.7.1 解释了各种可能性。

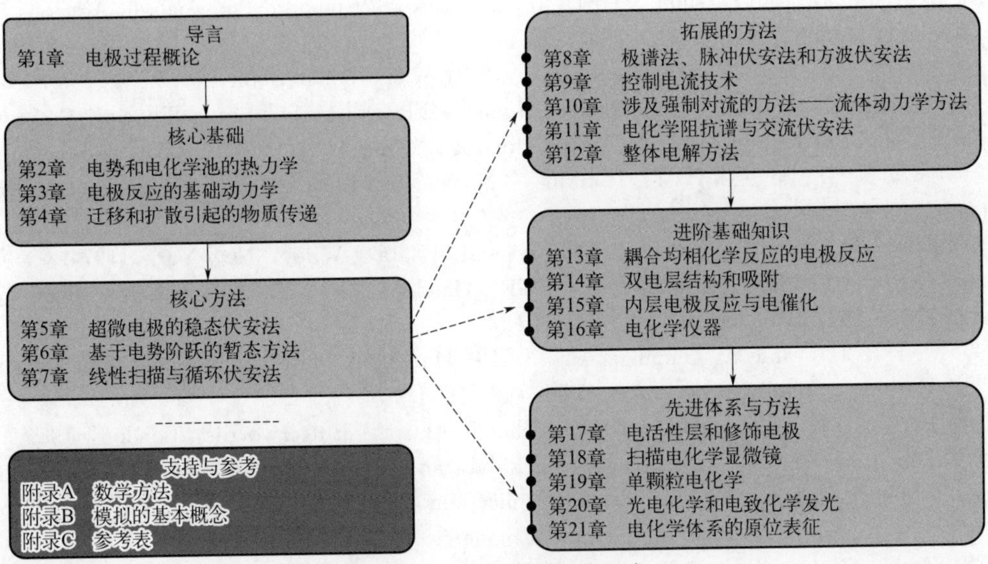

图 1.7.1　章节的主要分组成

该图左栏显示的应理解为前七章提出的基本核心内容。最好是按照顺序进行教学或学习，因为核心思想和处理方法的构建是基于前面章节介绍的概念。

对于右栏中的内容，教师与学生有更大的灵活性，根据自己的兴趣与时间开展进一步的教学或学习。对于大部分标有点或虚箭头所指的章，在学习了前七章后，可独立选读。虽说本书是按照一个完整的故事，所有的章节按照顺序（如实线所示）来撰写的，读者可通过选读右栏中几章达到预期效果。

最后一组也供选择性学习。对于第 17～21 章通常是建立在进阶基础知识组（第 13～16 章）知识上的。

书后也提供了附录，它们对于学生通读本书给予支持。附录 A 中的数学方法广泛地应用于第 5～13 章，它们使读者的进展顺利，或起码能够使读者对总体有所理解。附录 A 开始于第 5 章。附录 B 简介了数值模拟方法，其已广泛地应用于解决目前感兴趣的复杂问题。对于模拟的需求始于第 5 章，并贯穿全书。附录 C 是一系列有用的参考表，适用于每章的习题与日常学习和工作。

1.8　电化学文献

在第二版同样的标题下，总结了大量的在 2001 年已有的电化学英文文献，分类列出了主要的教科书与专著，也标注了一些综述系列和主要期刊。即使现在，读者可能发现它们仍是非常有用的。

在这一版中没有这样做，主要是作者想给其他的内容省些空间。另外，自从 2001 年后出版的模式发生了很大的变化，特别是对于原始的研究论文。从多方面考虑列出太长是不现实的。

然而，列出一些通用的参考资源（包括汇编的数据）、实验室技术、主要的综述丛书等仍是有意义的，它们包括了正文中许多的参考资料。

1.8.1 参考资源

1）Bard，A. J.，G. Inzelt，and F. Scholz，Eds.，“Electrochemical Dictionary，” 2nd ed.，Springer，Heidelberg，2012.

2）Bard，A. J.，and H. Lund，Eds.，“Encyclopedia of the Electrochemistry of the Elements，”（18 volumes），Marcel Dekker，New York，1973-1986.

3）Bard，A. J.，R. Parsons，and J. Jordan，Eds.，“Standard Potentials in Aqueous Solutions，” Marcel Dekker，New York，1985.

4）Conway，B. E.，“Electrochemical Data，” Elsevier，Amsterdam，1952.

5）Horvath，A. L.，“Handbook of Aqueous Electrolyte Solutions：Physical Properties，Estimation，and Correlation Methods，” Ellis Horwood，Chichester，UK，1985.

6）Janz，G. J.，and R. P. T. Tomkins，“Nonaqueous Electrolytes Handbook”（2 volumes）Academic，New York，1972.

7）Meites，L.，and P. Zuman，“Electrochemical data，” Wiley，New York，1974.

8）Meites，L.，and P. Zuman et al.，“CRC Handbook Series in Organic Electrochemistry，”（6 volumes），CRC，Boca Raton，FL，1977-1983.

9）Meites，L.，and P. Zuman et al.，“CRC Handbook Series in Inorganic Electrochemistry，”（8 volumes），CRC，Boca Raton，FL，1980-1988.

10）Parsons，R.，“Handbook of Electrochemical Data，” Butterworths，London，1959.

11）Zemaitis，J. F.，D. M. Clark，M. Rafal，and N. C. Scrivner，“Handbook of Aqueous Electrolyte Thermodynamics：Theory and Applications，” Design Institute for Physical Property Data（for the American Institute of Chemical Engineers），New York，1986.

12）Zoski，C. G.，Ed.，“Handbook of Electrochemistry，” Elsevier，Amsterdam，2007.

1.8.2 实验室技术汇编

在本书中，通用的和特定的有关电化学现象和理论的资源分别在各章节中会被引用，但一般来讲，不包括有关电化学实验室技术的书。为方便读者，现在把它们列出如下：

1）Adams，R. N.，“Electrochemistry at Solid Electrodes，” Marcel Dekker，New York，1969.

2）Gileadi，E.，E. Kirowa-Eisner，and J. Penciner，“Interfacial Electrochemistry-An experimental Approach，” Addison-Wesley，Reading，MA，1975.

3）Kissinger P. T.，and W. R. Heineman，Eds.，“Laboratory Techniques in Electroanalytical Chemistry，” 2nd ed，Marcel Dekker，New York，1996.

4）Sawyer，D. T.，A. Sobkowiak，and J. L. Roberts，Jr.，“Electrochemistry for Chemists，” 2nd ed，Wiley，New York，1995.

5）Scholz，F.，Ed.，“Electroanalytical Methods，” 2nd ed.，Springer，Berlin，2007.

6）Zoski，C. G.，Ed.，“Handbook of Electrochemistry，” Elsevier，Amsterdam，2007.

1.8.3 系列综述

有一系列的与电化学及相关领域有关的综述丛书。每年或几年出几卷，有关的章节是由不同方面的权威专家撰写的[57][58]。

1）“Advances in Electrochemical Science and Engineering，”（18 volumes），H. Gerischer，C. W. Tobias，R. C. Alkire，D. M. Kolb，J. Lipkowski，P. N. Ross，L. A. Kibler，P. N. Bartlett，and M. T. Koper，Eds.，Wiley-VCH，Weinheim，Germany，1990-2018.

---

[57] 许多这类系列综述存在很久，其主编与出版社会有变化。下面会把不同时期的主编按照出现的早晚写上，出版社是最新卷的出版社。特定的卷空白会引入子集、列出主编或出版社。

[58] 在该系列综述中的文章会被以标号 1，2，4 和 7 进行引用，其他的文献也经常是这样，会以期刊文献的格式，缩写分别为 *Adv. Electrochem. Sci. Engr.*，*Adv. Electrochem. Electrochem. Engr.*，*Electroanal. Chem.*，和 *Mod. Asp. Electrochem.*。系列 4 不应该与 *J. Electroanal. Chem.* 混淆。

2）"Advances in Electrochemistry and Electrochemical Engineering," （13 volumes），Delahay，P.，C. W. Tobias，H. Gerischer，Eds.，Wiley，New York，1961-1984.

3）"Comprehensive Treatise of Electrochemistry," （10 volumes），Yeager，E.，J. O'M. Bockris，B. E. Conway，S. Sarangapani，R. E. White，S. Srinivasan，and Yu. A. Chizmadzhev，Eds.，Plenum，New York，1984.

4）"Electroanalytical Chemistry," （27 volumes），A. J. Bard，I. Rubinstein，and C. G. Zoski，Eds.，Taylor and Francis，Boca Raton，FL，1966-2017.

5）"Electrochemistry（Specialist Periodical Reports）"（10 volumes），G. J. Hills（Vols. 1-3），H. R. Thirsk（Vols. 4-7），and D. Pletcher（Vols. 8-10）Senior Reporters，The Chemical Society，London，1971-1985.

6）"Encylopedia of Electrochemistry"（11 volumes），A. J. Bard and M. Strtmann，Series Eds.，Wiley-VCH，Wenheim，Germany，2002-2007.

7）"Modern Aspects of Electrochemistry"（60 volumes），J. O'M. Bockris，B. E. Conway，R. E. White，C. G. Vayenas，Series Eds.，Springer，New York，1954-2022.

8）"Techniques of Electrochemistry"（3 volumes），Yeager，E.，and A. J. Salkind，Eds.，Wiley-Interscience，New York，1972-1978.

1.9 实验室贴士：恒电势仪和电化学池行为

实验室贴士（Lab Note）的目的是帮助读者尽快熟悉基本的电化学仪器、电化学池的电响应，以及一些仪器的局限性。

1.9.1 恒电势仪

进行所设计的工作，就需要一台恒电势仪，它是大多数电化学实验室的中心工具。它是用于控制三电极电化学池，并提供有关该电化学池行为的装置。恒电势仪本质上显示了图 1.5.5 所示电化学池与周边的功能，它通常通过带夹子的连接线与工作、参比电极和对电极连接[59]。

一个恒电势仪采用反馈电路自动控制工作电极与对电极之间的电源分配，这样 E_{appl} 外加在工作电极相对于参比电极的电压，将连续地保持与设定的值一致，即使该值随时间而变化（也见图 5.1.1 及相关的讨论）。电压加在载流路径（从工作电极到对电极）上，该路径上的电流是 E_{appl} 及其时间依赖性的函数。在实际的限制范围内，恒电势仪将会提供满足控制条件所需的任何参数。通常的恒电势仪能够在电化学池两端施加±(13～14V) 电压，电流范围在±100mA。一些功率大的仪器可提供±100V 与±1A。第 16 章将会全面地讨论这些体系。

正如 1.6.4(4) 所讨论的那样，E_{appl} 是一个持续的目标，以准确地控制相对于参比电极的工作电极电势 E。一般选择的条件使 E 跟随 E_{appl} 足够准确，这样才能使理论的应用有价值。

通常需要 E_{appl}（因此也需要 E）采用某一波形（例如阶跃或循环扫描）。这可通过时间的变化，根据需要的波形，改变恒电势仪的输入来达到。第 16 章会详细介绍。

许多现代恒电势仪，包括所有的常用技术，现在已装备了电化学实验室，它们是完全集成的，并自动化的。计算机控制所有的操作，包括电化学池的管理、波形的产生、数据的记录与结果的展示。人们可用这样的仪器来进行如下建议的实验。

1.9.2 真实电解池中的背景过程

当我们热衷于研究一个特定物种的性质时，有时会忽略对于空白电解质体系（仅无感兴趣物种的相同溶液）的深入探讨。这样的体系通常仅含有溶剂与支持电解质，例如，除氧的 1mol/L KCl 溶液或缓冲液。正如在 1.1.7(2) 节和 1.6.4(3) 节所描述的那样，在这种空白电解质溶液中的电流测量，给实验者提供了阳极与阴极的电势极限，以及充电电流的大小。在鉴别来自于支

---

[59] 恒电势仪也可应用于两电极电化学池。在该情况下，将对电极与参比电极的连线一起连接到参比电极上。

持电解质与溶剂中的杂质的一些未期望的法拉第电流中，该类测量也是非常重要的。如果不能鉴别（如果可能的话，最好消去），这些电流可能会对感兴趣的氧化还原过程产生错误的信息，导致错误的结论。

对于研究背景过程，可有多种电极/电解质组合。一个简单的实验是采用不贵的商品化的、直径为1～3mm的玻碳（GC）圆盘电极作为工作电极，将该GC电极放置于除氧的0.1mol/L KCl溶液中，以Pt电极作为对电极，以商品化的Ag/AgCl电极作为参比电极。除氧可较易地通过在溶液中通N_2气鼓泡几分钟，随后在电解池的溶液上方保持N_2气氛来实现。对电极的面积应该要比工作电极大很多。典型的对电极是Pt薄片或网状Pt，商品化的Pt对电极也能买到。对于自制的Pt对电极，重要的是不要把非Pt的连线与溶液相接触，以避免可能的氧化和污染溶液（例如，Cu线的氧化）。

搭建好电解池并连接上恒电势仪后，就可进行空白电解质的循环伏安实验，扫描速度为0.1V/s，在一个电极行为接近于IPE的电势范围内进行实验，一个稳妥的电势范围是−0.5～0.5V（vs. Ag/AgCl）。画出循环伏安图，从稳态充电电流中求算GC电极/0.1mol/L KCl溶液界面的C_d值。不要指望所得到的空白溶液的伏安图像图1.6.9(c)那样的理想图，大部分常见的电极/电解质界面在较大的电势范围内并不具有理想极化电极的行为。探索GC电极出现显著电流之前电势在正、负两端扫描范围，确定电势窗的大小。

在空白溶液中进行电势阶跃实验可测量R_u与C_d，确认所加E在IPE行为的区间。画出$\ln i$-t曲线，其中t测量是在阶跃的边界，仪器可直接给出该图，如果不能，可将数据导出，采用电子表格程序绘出该图。从该图可由斜率得到电解池的时间常数，从截距得到R_u。从这些测量中，可估算多快可对GC电极/0.1mol/L KCl溶液界面充电。研究电解质浓度数量级变化对R_u与C_d的影响。如果有不同大小电极的话，还可以研究电极面积对于R_u与C_d的影响。

上述实验看起来很初级，但它们在得到有用电化学测量中的可用电势范围，以及电池时间常数方面很重要。有经验的电化学家在探索新体系时总是会继续这些背景测量，以确保背景过程与电解池的性质并不干扰或限制对于所感兴趣物种的测量。

1.9.3 采用简单RC网络的进一步工作

为了探讨更宽的时间范围，可将电阻与电容组成的网络来代替一个真实的电化学池与恒电势仪连接。图1.9.1中的网络，由于工作电极仅展现为一个双电层电容C_d，可用于模仿一个理想极化电极。正如在1.5.4节所讨论的那样，溶液中的电阻分为补偿的和未补偿的（R_c与R_u）。

构建的作为真实电化学池的替代品的RC网络通常称为模拟电（解）池（dummy cell）。图1.9.1的三元件模拟电解池为双电层充电提供了一个好的模型，对于作为教学工具与测试恒电势仪的暂态特性也是很有用的。

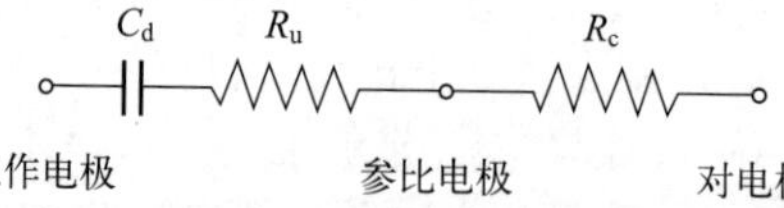

图1.9.1 响应很像一个理想极化电极的三元件网络
图中显示了与恒电势仪的连接处

构建一个如图1.9.1所示的网络，可采用一个电路板将两个电阻与一个电容器串联起来。一个有用的优先的选择组成是$C_d=10\mu F$，$R_u=1k\Omega$，$R_c=10k\Omega$。这样的组合给出电解池时间常数是10ms，因此双电层的暂态充电时间小于50ms。像图中所示的那样，该电路应该与恒电势仪相连接。

采用恒电势仪中的自动用户界面，设置$E_1=-0.5V$到$E_2=-1.5V$[60]，采用阶跃持续时间为$10R_uC_d$，进行电势阶跃实验。像在真实电池一样，画出$\ln i$-t曲线（t从阶跃边缘开始测量），可由斜率得到电解池的时间常数，从截距得到R_u。检验实验所得值与构建该模拟电解池时所采

[60] 有些仪器可能仅能够进行双阶跃实验，如E_1到E_2，然后回到E_1。可采用该模式，仅忽略第二步阶跃的数据。

用的 R_c 与 R_u 值的一致性。

研究改变 E_1 时，$\Delta E = E_2 - E_1$，对于 R_c、R_u 与 C_d 的影响，后面的三个参数可有数量级的变化。当采用较小的 R_u 与 C_d 值时，在非常短的时间时 $\ln i$-t 作图是非线性的，这是因为所采用的恒电势仪内部滤波器和输出限制所致。估算在工作与参比电极间恒电势仪建立 E_{appl} 所需要的时间。

在+0.5V 到-0.5V 之间进行循环伏安法（三角波），看上述三元件网络是否能够得到图 1.6.9(c) 类似的响应。采用稳态充电电流，求算 C_d 的值，检查与电路中电容值的匹配情况。下一步，改变扫描速度至少一个数量级，观察充电电流与扫描速度之间的关系。应该是稳态充电电流随扫描速度线性增加，这种行为通常可在真实电化学体系中观察到。

许多电化学研究组经常采用模拟电解池来帮助测试实验仪器与实验组合。一个常见的应用是校准恒电势仪的 i/E 响应，以及检测仪器的 E 或 i 的非零输出。

1.10 参考文献

1 L. R. Faulkner, *J. Chem. Educ.*, **60**, 262 (1983).

2 L. R. Faulkner in "Physical Methods in Modern Chemical Analysis," Vol. 3, T. Kuwana, Ed., Academic, New York, 1983, pp. 137–248.

3 P. Delahay, "New Instrumental Methods in Electrochemistry," Wiley-Interscience, New York, 1954, p. 92.

4 See, for example, G. J. Hoytink, J. Van Schooten, E. de Boer, and W. Aalbersberg, *Rec. Trav. Chim.*, **73**, 355 (1954), for an application to the study of reactions coupled to the reduction of aromatic hydrocarbons.

5 A. Demortier and A. J. Bard, *J. Am. Chem. Soc.*, **95**, 3495 (1973).

1.11 习题

1.1 对于如下的每个电极/溶液界面，请写出当电势逐步移动时，首先发生的电极反应的方程式：①电势从开路电势负移达到背景极限；②电势从开路电势正移达到背景极限。在每个反应后面，请写出该反应相对于 SCE 的近似电势（V）（假设反应是可逆的）。画出体系的整个 i-E 曲线：

(a) Pt/Cu^{2+}(0.01mol/L)，Cd^{2+}(0.01mol/L)，H_2SO_4(1mol/L)；

(b) Pt/Sn^{2+}(0.01mol/L)，Sn^{4+}(0.01mol/L)，HCl(1mol/L)；

(c) Hg/Cd^{2+}(0.01mol/L)，Zn^{2+}(0.01mol/L)，HCl(1mol/L)。

1.2 一个面积为 0.30cm^2 的旋转圆盘电极用于在 1mol/L H_2SO_4 中还原 0.010mol/L Fe^{3+} 到 Fe^{2+}。给定 Fe^{3+} 的扩散系数 D_O 为 5.2×10^{-6} cm^2/s，$v=0.010$cm^2/s，$m_O = 0.62 D_O^{2/3}\omega^{1/2}\nu^{-1/6}$。计算在圆盘旋转速度为 10r/s 时的还原极限电流，在计算过程中考虑各变量的单位，并在答案中给出电流的单位。

1.3 体积为 50cm^3 的 1mol/L HCl 溶液中含有 2.0×10^{-3} mol/L Fe^{3+} 和 1.0×10^{-3} mol/L Sn^{4+}。此溶液用一个面积为 0.30cm^2 的铂旋转圆盘电极进行伏安实验。在所采用的旋转速度下，Fe^{3+} 和 Sn^{4+} 的物质传递系数 m 均为 10^{-2}cm/s。(a) 计算在这些条件下还原 Fe^{3+} 的极限电流。(b) 从+1.3～-0.40V (vs. NHE) 进行电流-电势扫描。定量地标出所得的 i-E 曲线。假设在此扫描中 Fe^{3+} 和 Sn^{4+} 的本体浓度没有变化，所有的电极反应均为能斯特型反应。

1.4 0.1mol/L KCl 溶液在 25℃时的电导率是 0.013S/cm。(a) 计算在此溶液中，面积为 0.1cm^2 相距 3cm 的两个铂平板电极溶液之间的电阻；(b) 带有 Luggin 毛细管的参比电极离一个铂平板电极（A=0.1cm^2）的距离如下：0.05cm、0.1cm、0.5cm、1.0cm，计算每种情况下的 R_u；(c) 对于一个具有相同面积的球形工作电极，重复在 (b) 中的计算［在 (b) 和 (c) 部分中，假设采用了一个大的对电极］。

1.5 在 R_u 分别为 1Ω、10Ω 或 100Ω 的条件下，对于一个面积为 0.1cm^2，$C_d = 20\mu$F/cm^2 的电极进行电势阶跃实验。在每种情况下的时间常数以及双电层充电完成 95%所需的时间是多少？

1.6 假设在习题1.5中的电势阶跃是从$E_1=-0.1V$到$E_2=-0.6V$，PZC是$-0.3V$（vs. Ag/AgCl）。(a) 计算工作电极在E_1与E_2时的电荷。当PZC在（b）$+0.1V$和（c）$-0.1V$（vs. SCE）时，进行上述类似的计算。

1.7 对于习题1.5中的电极，当以0.02V/s、1V/s和20V/s进行线性扫描时，流过的非法拉第电流是多少（忽略任何的暂态值）？

1.8 考虑如下的Nernst半反应：

$$A^{3+}+2e \rightleftharpoons A^{+} \quad E^{0'}_{A^{3+}/A^{+}}=-0.500V(vs.\ NHE)$$

25℃时，在过量支持电解质存在下，含有2.00mmol/L A^{3+}和1.00mmol/L A^{+}的溶液i-E曲线显示$i_{l,c}=4.00\mu A$和$i_{l,a}=-2.40\mu A$。(a) $E_{1/2}$（V，vs. NHE）是多少？(b) 画出该体系预期的i-E曲线图。(c) 画出该体系的“对数曲线”图［类似于图1.3.2(b)］。

1.9 考虑在习题1.8的体系中加入一个配合剂L^-，它与A^{3+}有如下的反应

$$A^{3+}+4L^{-} \rightleftharpoons AL_4^{-} \quad K=10^{16}$$

25℃时，在过量惰性支持电解质存在下，对于仅含有2.0mmol/L A^{3+}和0.1mol/L L^-的溶液，请回答习题1.8中的问题（a）～(c)（假设A^{3+}和AL_4^-的m_O相同）。

1.10 在1.3.2节的条件下，一个体系中初始R浓度为C_R^*与$C_O^*=0$，请推导出电流-电势关系。认为O和R均可溶，画出预期的i-E曲线。

1.11 设想将面积为$1cm^2$的汞池浸入到0.1mol/L的高氯酸钠溶液中，需要多少电荷（数量级）才能使其电势改变1mV？当电解质的浓度变为10^{-2}mol/L时，其影响如何？为什么？

1.12 整理式(1.3.17)可得到下面计算能斯特反应的i-E曲线的简便表达式：

$$i/i_l=\{1+\exp[nF/(RT)(E-E_{1/2})]\}^{-1} \tag{1.11.1}$$

(a) 推导此表达式。(b) 考虑半反应：$Ru(NH_3)_6^{3+}+e \rightleftharpoons Ru(NH_3)_6^{2+}$，其$E^0$可由附录C查到。在含有10mmol/L $Ru(NH_3)_6^{3+}$和1mol/L KCl作为支持电解质的溶液中，可得到一个稳态的i-E曲线。在两种Ru化合物的$m=10^{-3}$cm/s条件下，采用面积为$0.1cm^2$的铂电极进行实验，利用程序进行计算并画出预期的i-E曲线。

1.13 (a) 类似于习题1.12，采用式(1.3.16)对于$E_{1/2}$的定义，从式(1.3.21)推导出可用于溶液含有氧化还原两种组分情况下的电流作为电势函数的表达式；(b) 考虑与习题1.12相同的体系，但溶液中含有10mmol/L $Ru(NH_3)_6^{3+}$、5mmol/L $Ru(NH_3)_6^{2+}$和1mol/L KCl，应用一个程序进行计算并画出其i-E曲线；(c) 在阴极电流密度为$0.48mA/cm^2$的情况下，η_{conc}是多少？(d) 估算R_{mt}。

第 2 章　电势和电化学池热力学

第 1 章中，聚焦于把电势作为一个电化学变量。这里将更详细地探讨其物理意义，电势差的起源，以及通过电势可获得的化学信息。首先将通过热力学方法来处理这些问题，这将使我们知道电势差显示自由能变化。该关联将为通过电化学测量来获取化学信息开辟了道路。随后，将探讨电势差建立的物理机理，并将获得对于电势测量与控制的深入了解。

2.1　电化学热力学基础

2.1.1　可逆性

由于热力学只严格地适用于平衡体系，其涉及这样的思想，即一个过程能够从平衡位置向两个相反方向中的任一方向移动。形容词“可逆的”（reversible）是该思想的本质，但它有几种相关但不同的含义，现在需要区分如下三种。

(1) 化学可逆性（chemical reversibility）

考虑如图 1.1.1(b) 所示的电化学池：

$$Pt/H_2/H^+,Cl^-/AgCl/Ag \tag{2.1.1}$$

当所有的物质都处于标准状态时，实验测得银丝和铂丝之间的电势差是 0.222V[❶]，铂丝作为负极。当两个电极连通时，电子会从 Pt 电极通过外电路流到 Ag 电极，发生如下的反应：

$$H_2+2AgCl \longrightarrow 2Ag+2H^+ +2Cl^- \tag{2.1.2}$$

如果用一个电池或者其他直流电源，来抵消这个电化学池的电压，那么通过该电化学池的电流将反向，新的电化学池反应为

$$2Ag+2H^+ +2Cl^- \longrightarrow H_2+2AgCl \tag{2.1.3}$$

改变电化学池电流方向仅仅改变了反应方向，并没有新的反应发生，因此该电化学池就称为“化学上可逆的”（chemically reversible）。

另外，如下的体系不是化学可逆的：

$$Zn/H^+,SO_4^{2-}/Pt \tag{2.1.4}$$

锌电极相对于铂电极为负，电化学池放电时引起锌的溶解：

$$Zn \longrightarrow Zn^{2+} +2e \tag{2.1.5}$$

在铂电极上有氢气析出：

$$2H^+ +2e \longrightarrow H_2 \tag{2.1.6}$$

因此净的电池反应是[❷]

$$Zn+2H^+ \longrightarrow H_2+Zn^{2+} \tag{2.1.7}$$

当外加一个大于电池电压的反向电压时，就有反向电流流过，而所观测到的反应是

$$2H^+ +2e \longrightarrow H_2 \quad \text{（锌电极上）} \tag{2.1.8}$$

---

❶ 本章的讨论是基于热力学量的基本理解，熵（H），焓（S）与 Gibbs 自由能 G（经常仅称为自由能），它们通常在普通化学中介绍。作者认为应该有该准备。本节中提到的标准态、活度与标准热力学量会在 2.1.5 节中介绍。

❷ 净反应在外电路中没有电子流动的情况下也能发生，因为溶液中的 H^+ 会浸蚀锌。这一“副反应”与电化学过程是相同的，如果溶液是稀酸，其反应速率较慢。

$$2H_2O \longrightarrow O_2 + 4H^+ + 4e \quad (铂电极上) \tag{2.1.9}$$

$$2H_2O \longrightarrow 2H_2 + O_2 \quad (净反应) \tag{2.1.10}$$

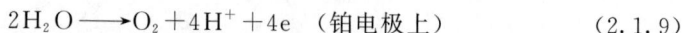

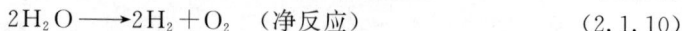

当电流反向后，不仅有不同的电极反应发生，而且有不同的净反应过程，这种电化学池称为“化学上不可逆的”(chemically irreversible)。

可以通过它们的化学可逆性来类似地表征半反应。在无氧、干燥的乙腈溶液中还原硝基苯时，产生一个稳定的自由基阴离子，这是一个化学上可逆的单电子过程：

$$PhNO_2 + e \rightleftharpoons PhNO_2^{\overline{\cdot}} \tag{2.1.11}$$

在相似的条件下还原卤代苯 ArX，通常是一个化学不可逆过程，因为电子转移反应生成的自由基阴离子会迅速分解：

$$ArX + e \longrightarrow Ar\cdot + X^- \tag{2.1.12}$$

半反应是否化学可逆与溶液条件和实验的时间尺度有关。例如，若硝基苯的反应在酸性乙腈溶液中进行，该反应是化学不可逆的，因为在该条件下，$PhNO_2^{\overline{\cdot}}$ 将与质子发生反应。另外，如果采用一种技术能够在很短的时间尺度内研究 ArX 的还原反应，那么该反应是化学可逆的，因为自由基阴离子的衰减比观测的时间尺度要长：

$$ArX + e \rightleftharpoons ArX^{\overline{\cdot}} \tag{2.1.13}$$

(2) 热力学可逆性 (thermodynamic reversibility)

当外加一个无限小的反向驱动力时，就可以使一个过程反向进行，该过程即为热力学可逆的。该可逆过程在任何时间仅能感受到一个无限小的驱动力才是如此，因而它必须总是处于平衡状态。一个体系中两个状态之间的可逆途径是一系列连续的平衡态，穿越它需要无限长的时间。

化学不可逆电化学池不可能具有热力学意义的可逆行为。一个化学可逆的电化学池不一定以趋于热力学可逆性的方式工作。

(3) 实际可逆性 (practical reversibility)

由于所有的实际过程都是以一定的速率进行的，它们不具有严格的热力学可逆性。然而，实际上一个过程可能以这样的方式进行，即在要求的精度内，热力学公式仍然适用。在这些情况下，人们可以称此过程为可逆的。实际可逆性并不是一个绝对的术语，它包含着观察者对于该过程的态度和期望。

一个有用的类比是从一个弹簧秤上拿去一个重物。为使该过程严格可逆地进行，需要经历系列连续的平衡态；通常适用的“热力学”公式是

$$kx = mg \tag{2.1.14}$$

式中，k 为力常数；x 为当加上质量为 m 的重物时弹簧被拉长的距离；g 为地球的重力加速度。在此可逆过程中，弹簧以无限小的距离回缩，因为重物以无限小的质量渐次移走。

如果一次性将重物拿开，而达到同样的最后状态，式(2.1.14) 在此过程中任何时间都无法适用，该过程将严重地失衡，而且是很不可逆的。

另外，重物可被一块块地移走。当重物被分割成足够多的小块时，热力学公式(2.1.14) 可在大多数时间内适用。人们不大可能将真实（但略有一点不可逆）的过程和严格的可逆过程区分开。这样可将此真实的转化过程标记为“实际上可逆的”。

在电化学中，经常根据 Nernst 公式来提供电极电势 E 和电极过程参与者的浓度之间的关系：

$$E = E^{0'} + \frac{RT}{nF}\ln\frac{C_O}{C_R} \tag{2.1.15}$$

$$O + ne \rightleftharpoons R \tag{2.1.16}$$

如果一个体系遵守 Nernst 公式或由其推导而来的公式，该电极反应常被称为热力学或电化学可逆的（或能斯特型反应，nernstian reaction）。

一个过程是否可逆取决于人们测定失衡信号的能力。这种能力依次与测量时间范畴、所观察的过程驱动力变化的速率和体系重新建立平衡的速度有关。如果施加于体系的扰动足够小，或者与测量时间相比该体系重新平衡的速度足够快，热力学关系仍可适用。如果实验条件范围很宽，一个给定体系在一个实验中可以是可逆的，而在另外一个实验中可以是不可逆的。本书中将会反复遇到这个问题。

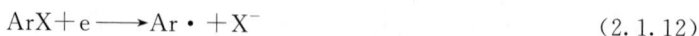

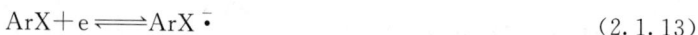

2.1.2 可逆性与吉布斯自由能（Gibbs free energy）

考虑采用三种不同的方法进行如下的反应[1]：$Zn+2AgCl \longrightarrow Zn^{2+}+2Ag+2Cl^-$

① 假设在恒定的大气压和25℃时，锌和氯化银在量热器中直接混合，并且实验中由于反应的程度很小，以至于所有物质的活度都保持不变。可以发现，当所有组分都处于标准态时，反应所释放的热量是锌的反应产生的，为233kJ/mol。因此，反应的标准焓是 $\Delta H^0=-233\text{kJ}$❸。

② 假设我们现在构造一个如图1.1.1(a) 所示的电化学池，即，

$$Zn/Zn^{2+}(a=1),Cl^-(a=1)/AgCl/Ag \tag{2.1.17}$$

并且通过一个电阻 R 进行放电。同样假设反应程度足够小，所有活度基本不变。在此放电过程中，热量可以从电阻和电池上释放出来，可以将整个装置放在一个量热器中，测量其总热量的变化。会发现每摩尔锌所释放的热量是233kJ，与电阻 R 无关。即 $\Delta H^0=-233\text{kJ}$，与电化学池放电的速率无关。

③ 将电化学池和电阻放在不同的量热器中，重复这个实验。假设连接电化学池和电阻的导线没有电阻，并且在两个量热器之间不传热。如果将电化学池的热量变化看作为 Q_C，电阻的热量变化为 Q_R，将会发现 $Q_C+Q_R=-233\text{kJ/mol}$，是锌反应所产生的，与 R 无关。然而，这些量之间的平衡确与放电的速率相关。随着 R 的增加，$|Q_C|$减小而$|Q_R|$增加。在 R 趋于无限大时，每摩尔锌的 Q_C 接近-43kJ，而 Q_R 趋近于-190kJ。

在这个例子中，能量 Q_R 以热的形式释放出来，但它是由电能而得到的，也可被转化为光或机械功。与此相反，Q_C 必然是一个与热相关的能量变化。既然通过 $R\rightarrow\infty$来放电相应于一个热力学可逆过程，那么在经过一个可逆途径时，以热的形式出现的能量，Q_{rev} 与 $\lim\limits_{R\rightarrow\infty}Q_C$ 一致。熵的变化 ΔS 定义为 Q_{rev}/T[2]，因此对于该例子，当所有的组分都在标准态时，

$$T\Delta S^0=\lim_{R\rightarrow\infty}Q_C=-43\text{kJ} \tag{2.1.18}$$

因为 $\Delta G^0=\Delta H^0-T\Delta S^0$，

$$\Delta G^0=-190\text{kJ}=\lim_{R\rightarrow\infty}Q_R \tag{2.1.19}$$

注意到现在已证实可从电化学池获得的最大的净功（net work）为$-\Delta G$，这里的净功定义为非体积功（非 PV 功）[2]。对于任何有限的电阻 R，$|Q_R|$（和净功）比极限值小。

2.1.3 自由能和电化学池的电动势（emf）

从上一节中认识到，如果采用一个无限大的电阻使电化学池［式(2.1.17)］放电，放电过程将是可逆的，电势差总是其平衡值（开路电势值）。由于假设反应程度足够小，所有的活度都保持不变，电势也应该保持不变。这样，耗散在 R 上的能量可由下式给出

$$|\Delta G|=\text{通过的电量}\times\text{可逆电势差} \tag{2.1.20}$$

$$|\Delta G|=nF|E| \tag{2.1.21}$$

式中，n 为每个锌原子反应时所通过电路的电子数（或每摩尔锌反应时电子的物质的量）；F 为1mol电子的带电量（96485C）。

我们也认识到自由能的变化与电池净反应方向有关，应该有正负号。当反应方向改变时符号相反。然而，反向仅需要一个无限小的电势差的变化，因此 E 基本恒定且与（可逆的）转化的方向无关。现在遇到一个问题：我们想把一个对方向敏感的量（ΔG）与一个方向不敏感的可观测量（E）联系起来。这种需要是引起目前电化学体系中所存在的符号引用惯例混乱的根源。

事实上，负号和正号的确切含义对于自由能和电势而言是不同的。对于自由能，“－”和“＋”分别是体系失去和得到的能量，这是一个热力学惯例。对于电势，“－”和“＋”表示负电荷的过剩和缺乏，是由本杰明·富兰克林（Benjamin Franklin）早在发现电子之前所提出来的静电学惯例。在许多科学讨论中，其含义的差别并不重要，因为热力学相对静电学的前后关系是清楚的。但是当人们需要同时应用热力学和静电学的概念去考察电化学池时，明确区分这两种不同的用法是必要的。

---

❸ 采用热力学惯例，以吸热为正，放热为负。

可以引入一个所谓的电化学池反应电动势（electromotive force，emf，译者注）的热力学概念来克服这一困难。这个量被赋予反应（而非实体池），因此它有方向的概念。以一种正式的方式，也可将每个图示的电化学池与一个给定的电化学池反应关联起来，这样简图的右边电极总是对应着还原反应，而左边对应着氧化反应。

如式(2.1.17) 所表示的电化学池，相应的电池反应为

$$Zn+2AgCl \longrightarrow Zn^{2+}+2Ag+2Cl^- \tag{2.1.22}$$

电池反应反向

$$Zn^{2+}+2Ag+2Cl \longrightarrow Zn+2AgCl \tag{2.1.23}$$

与其相关的电池表示式是

$$Ag/AgCl/Zn^{2+}(a=1),Cl^-(a=1)/Zn \tag{2.1.24}$$

电化学池反应的电动势 E_{rxn}，可定义为图示电化学池中右边电极相对于左边电极的静电势。例如，在式(2.1.17) 所示的电化学池中，测量的电势差是 0.985V，锌电极为负；这样，反应式(2.1.22) 的电动势为+0.985V，是自发反应。同理，反应式(2.1.22) 的逆反应是电池反应式(2.1.23)，其电动势为−0.985V。采用这种惯例，我们就可以将一个（可观测的）与电化学池工作的方向无关的静电量（电池电势差），与一个（确定的）与方向相关的热力学量（Gibbs 自由能）联系起来。如果理解了这种静电测量和热力学概念之间形式上的关系，人们就可以完全避免由电池电势符号惯例所带来的常见的混乱[3,4]。

由于这种惯例暗指当反应为自发反应时电池电动势为正值，所以

$$\boxed{\Delta G=-nFE_{rxn}} \tag{2.1.25}$$

或如上所述，当所有的组分活度为 1 时［即在它们的标准态（2.1.5 节）］，

$$\boxed{\Delta G^0=-nFE_{rxn}^0} \tag{2.1.26}$$

式中，E_{rxn}^0 称为电池反应的标准电动势。

现在已将电化学池的电势差与自由能联系起来，其他的热力学量便可由电化学测量而得出。例如，电池反应的熵变可由 ΔG 与温度之间的依赖关系而得到：

$$\Delta S=-\left(\frac{\partial \Delta G}{\partial T}\right)_P=nF\left(\frac{\partial E_{rxn}}{\partial T}\right)_P \tag{2.1.27}$$

和

$$\Delta H=\Delta G+T\Delta S=nF\left[T\left(\frac{\partial E_{rxn}}{\partial T}\right)_P-E_{rxn}\right] \tag{2.1.28}$$

反应的平衡常数由下式给出

$$\boxed{RT\ln K_{rxn}=-\Delta G^0=nFE_{rxn}^0} \tag{2.1.29}$$

这些关系式允许从热力学数据计算电化学性质。本章的几个习题也可帮助解释这些方法的用途。现已有大量的表格化的热力学数据存在[5-8]。

2.1.4 半反应和标准电极电势

由于一个总的电池反应是由两个独立的半反应所组成，可以认为将电池电动势分成两个独立电极电势是合理的。的确，可设计出一系列的自洽的半反应电动势与半电池电势，但由于受到实验上的约束，过程很复杂。

从实验的角度讲，仅可以测量具有相同组分的两个电子导体之间的电势差（2.2.3 节）。在电化学中，这种局限使得人们总是将两个电极组成的整体电池，通过具有相同成分的导线与测量装置（例如一个高阻抗的伏安计）相连。尽管有该限制，如果将电极电势和半反应电动势相比于一个具有标准半反应特征的标准参比电极的话，可以建立一个有用的各半反应的标度。

按惯例，所选择的主要参比是常规氢电极（NHE），也称为标准氢电极（standard hydrogen electrode，SHE）：

$$Pt/H_2(a=1)/H^+(a=1) \tag{2.1.30}$$

它的电势在所有的温度下被认为是零。如下的半反应标准电动势值在所有的温度下也被指定为零：

$$2H^+ + 2e \rightleftharpoons H_2 \quad (2.1.31)$$

通过测量在整个电化学池中电极相对于 NHE 的电势，以记录半电池电势［2.1.8(1)节］。例如，在如下的体系中，

$$Pt/H_2(a=1)/H^+(a=1)//Ag^+(a=1)/Ag \quad (2.1.32)$$

电池电势为 0.799V，银电极为正。因而，可以认为 Ag^+/Ag 电对的标准电势相对于 NHE 为 +0.799V。而且，Ag^+ 还原的标准电动势相对于 NHE 也为 +0.799V，而 Ag 氧化的标准电动势相对于 NHE 则为 −0.799V。另一种正确的表述是 Ag^+/Ag 的标准电极电势相对于 NHE 是 +0.799V。概括起来写作❹：

$$Ag^+ + e \rightleftharpoons Ag \qquad E^0_{Ag^+/Ag} = +0.799V(vs.\ NHE) \quad (2.1.33)$$

对于如式(2.1.16) 所示的通用体系，R/O 电极的静电势（相对于 NHE）总是和 O 还原的电动势一致。因而，可以将静电学和热力学信息浓缩为列表中的一项，即电极电势，将半反应写为还原类。附录 C 提供了一些常见的电势值。文献［5］是一本关于水相体系权威的参考书。

这类表格是非常有用的，因为它们将许多化学信息和电学信息浓缩到很小的空间。少数电极电势可表征相当多的电化学池和反应。由于电势实际上是自由能的标志，所以它们也是计算平衡常数、配合常数和溶度积的方便手段。它们也可以线性组合的方式提供有关其他半反应的电化学信息。人们只需粗略地看一眼一个排列整齐的电势表，就可以知道一个给定的氧化还原反应能否自发地进行。

认识到静电势（而不是 emf）是可测量的实验变量很重要。若一个半反应化学上可逆，无论发生氧化过程或还原过程，相应的电极电势通常在相近的区域并有相同的符号［见文献［9］和 1.1.7(7) 节和 1.3.2(2)节］。

2.1.5 标准态与活度

标准热力学量（例如，形成各种物质的标准自由能）相应于所有感兴趣的物种，包括任一反应的参与者，都在它们的标准态（standard state）。同理，定义一个电化学池或半反应的标准电势的条件是当所有物种都处在标准态[10]。由于许多热力学量，比如一种溶质的自由能依赖于其浓度，故该规定是需要的。为了使所列出的表有意义，需要给出特定的浓度。采用标准规程将会有帮助的，即系统化地定义标准态。标准的热力学量可通过采用上标“0”来标注，例如，ΔG^0（对于一个反应的标准自由能的变化）或 E^0（一个电极的标准电势）。

定义标准态是直截了当的，但需要规范化❺：

① 对于固体或液体，标准态是物质在标准压 10^5 Pa（1bar）时的状态。对于固态，需要标明确切的同素异形体或具体的晶体形式。

② 对于纯气体，标准态是标准压下的气体，其行为像一种理想气体。

③ 对于一种溶质，标准态是具有标准浓度和标准压下的溶液，但其行为正如每个溶质分子都处于无限稀释下的情况。根据情况，标准浓度可以是 1mol/L 或 1mol（摩尔）；另外，对于气体溶质它可能是 10^5 Pa 的分压或在合金（或其他可用摩尔分数很好地描述的体系）中一种组分的单位摩尔分数。

规范化对于气体或溶质的意思是产生一种概念性的条件，在此条件下每个气体分子或凝聚态的溶质是相互独立的，远离与稀释剂（对于溶液而言是溶剂，对于气体是自由空间）之间的相互作用。现实中，物种在 10^5 Pa 压力下的气体中，或溶质在摩尔浓度水平下，均会受到附近实体（entity，或单体）（像它们本身一样或不同）的影响，因为距离太近了以至于相互施加力，并相互影响周边环境。当这种相互作用比较大时，必须采用逐步稀释的办法去消除这种影响，利用外推法测量标准态的性质。

当然，人们经常想要的工作条件的浓度或分压与标准态不同。如果每个浓度或分压用活度

---

❹ 在一些早期的文献中，还原和氧化的标准 emf 分别称为“还原电势”和“氧化电势”。这些名称极易引起混乱，应避免采用，因为它们使反应方向的化学概念与电势的物理概念相混淆。

❺ 1982 年 IUPAC 重新定义了标准压，从 1atm（1.01325×10^5 Pa）到 10^5 Pa（1bar）。标准态在 1982 年前基于旧的标准压，列表中的数据在 1982 年前编撰的是假定为这些旧的标准态。压力标准的改变对于大多数电化学工作影响不大。

a_j 表示的话，热力学关系可适应这样的条件，对于一种可溶的物种或气体物种，活度的定义为

$$a_j=\gamma_j C_j/C_j^0 \qquad a_j=\gamma_j P_j/P_j^0 \tag{2.1.34a, b}$$

式中，C_j 是物种 j 的浓度（P_j 是分压）；C_j^0 是该物种的标准态浓度（P_j^0 是标准态分压）；γ_j 是活度系数（activity coefficient）。

对于一个理想体系，其中的每个实体是独立的，其活度系数为 1，a_j 仅是基于标准态标度的浓度或分压。例如，一种物种在理想的 1mmol/L 溶液中其活度应该为 10^{-3}，常用的标准态浓度是 1mol/L。活度是没有单位的，C_j 与 P_j 必须总是采用所定义的标准态的单位。

活度系数反映的是一个真实体系的非理想性，这是因为一种溶质或气体分子的自由能会随着环境的改变而变化。随着溶液更加稀释（或在气体体系中随着压力的减小），体系会变得更加理想化，活度系数接近于 1❻。

已有可预测活度系数的理论，著名的是 Debye-Hückel 理论，可用于稀的完全离解的电解质溶液[2,11]。它预测对于一个给定的离子物种，其活度系数依赖于它所带电荷与离子大小、所有其他离子的电荷与浓度、溶剂的介电常数。活度系数在无限稀释的极限条件下是 1，但随着离子从零开始增多时会逐步减小。对于相对比较稀的溶液，Debye-Hückel 理论预测：

$$\boxed{\lg\gamma_j=\frac{-Az_j^2 I^{1/2}}{1+Bd_j I^{1/2}}} \tag{2.1.35}$$

式中，z_j 是物种 j 所带电荷；d_j 是它的有效溶剂化直径；I 是体积离子强度：

$$I=\frac{1}{2}\sum_m z_m^2 C_m \tag{2.1.36}$$

式(2.1.36) 中的总和包括体系中所有的离子物种，C_m 是摩尔浓度。式(2.1.35) 中的 A 和 B 与溶剂的介电常数及温度有关。对于水溶液在 25℃时，$A=0.509(\text{mol/L})^{-1/2}$，$B=3.29\text{nm}^{-1}\cdot(\text{mol/L})^{-1/2}$。

表 2.1.1 提供了一些该理论预测的值，解释了各种因素的影响。对于带高电荷、体型大的、离子强度高的情况，活度系数会偏离理想状态较大；在介电常数较小的溶剂中，也会逐渐偏离理想状态。在上述讨论的情况下，中性物种保持在近似于理想状态。

表 2.1.1 由 Debye-Hückel 理论计算的活度系数①

离子	d_j/nm②	体积离子强度/(mol/L)		
		0.001	0.01	0.1
H^+	0.9	0.967	0.914	0.826
Na^+	0.4	0.965	0.902	0.770
Ag^+	0.25	0.965	0.897	0.745
OH^-	0.35	0.965	0.900	0.762
NO_3^-	0.3	0.965	0.899	0.754
Mg^{2+}	0.8	0.872	0.690	0.445
Fe^{2+}	0.6	0.870	0.676	0.401
Fe^{3+}	0.9	0.737	0.443	0.179
$Fe(CN)_6^{3-}$	0.4	0.726	0.394	0.095
$Fe(CN)_6^{4-}$	0.5	0.569	0.200	0.020

① 由式(2.1.35) 计算得到的在水相和 25℃时的值。

② 来自于 Klotz[12]。

❻ 有时会看到把活度描述为一个“理想化的浓度”。实际上，它是两个事情的结果：(a) 是相对于标准态的规范化浓度；(b) 一种自由能的调节（表示在活度系数上）。对于基于自由能的准确公式需要活度，但它不是浓度。如果一个给定浓度的溶液中一种物种存在，其离子强度变化的话，那么活度将会改变，但该物种单位体积的分子数不变。

Debye-Hückel 理论仅定量地适用于离子强度小于 0.1mol/L，离子物种完全离解的情况。对于较浓的介质，活度系数的行为会比较复杂（图 2.1.1）❼。离子强度变化的方向可反转，活度系数可能会变得大于 1，这样的行为在特定的热力学文献中会有更加充分的讨论[2]。

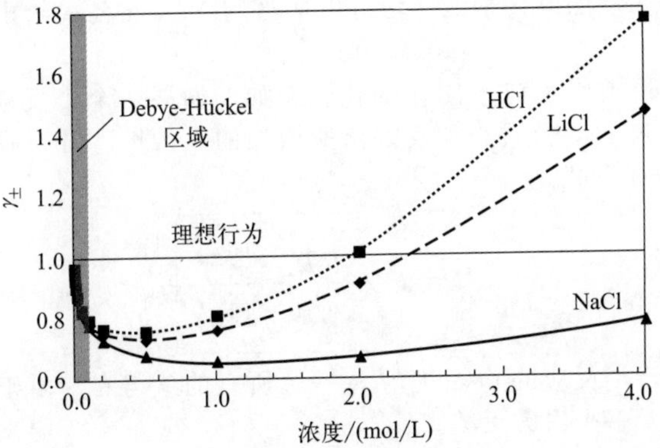

图 2.1.1　实验所测量得到的平均离子活度系数相对于浓度作图（单位是 mol/kg 溶剂）
数据来自于水溶液。摩尔浓度低于 1mol/L 时与物质的量（mol）相当。Debye-Hückel 理论仅适用于左边阴影区，图中所示的 $\gamma_\pm$ 值与表 2.1.1 中的阳离子值接近（数据来源于 Moore[13]）

对于实际应用的电化学介质（例如，0.5mol/L KCl 水溶液或 0.1mol/L $TBABF_4$ 的乙腈溶液）中的溶质，活度系数经常是未知的，并非容易得到。在电化学研究中，经常必须采用的方法是要么忽略活度的影响，或更普遍方法是容忍其影响（正如我们将很快在 2.1.7 节中关于形式电势所讨论的那样）。

2.1.6　电动势和浓度

考虑一个一般性的电化学池，其右边电极的半反应是

$$\nu_O O + ne \rightleftharpoons \nu_R R \tag{2.1.37}$$

式中，ν_j 是化学计量系数。如果电化学池的左边是一个 NHE，电池反应是

$$\nu_{H_2} H_2 + \nu_O O \longrightarrow \nu_R R + \nu_{H^+} H^+ \tag{2.1.38}$$

其自由能可由基本的热力学公式给出[2]

$$\Delta G = \Delta G^0 + RT\ln\frac{a_R^{\nu_R} a_{H^+}^{\nu_{H^+}}}{a_O^{\nu_O} a_{H_2}^{\nu_{H_2}}} \tag{2.1.39}$$

式中，a_j 是组分 j 的活度❽。因为 $\Delta G = -nFE$ 并且 $\Delta G^0 = -nFE^0$，所以

$$E = E^0 - RT\ln\frac{a_R^{\nu_R} a_{H^+}^{\nu_{H^+}}}{a_O^{\nu_O} a_{H_2}^{\nu_{H_2}}} \tag{2.1.40}$$

既然 $a_{H^+} = a_{H_2} = 1$，则

$$\boxed{E = E^0 + RT\ln\frac{a_O^{\nu_O}}{a_R^{\nu_R}}} \tag{2.1.41}$$

这个关系式就是 Nernst 公式，它提供了 O/R 的电极电势（vs. NHE）与 O 和 R 的活度之间的关

❼ 测量活度系数的实验方法并不能给出单个离子的值，但通常给出一个平均离子活度系数（mean ionic activity coefficient）$\gamma_\pm$。对于像 HCl 这样 1∶1 的电解质，$\gamma_\pm = (\gamma_+\gamma_-)^{1/2}$，$\gamma_+$ 与 γ_- 分别代表阳和阴单个离子的值。

❽ 1982 年标准压力的变化的一个后果是现在 NHE 的电势与历史上采用的值不同[5]。"新的 NHE" 相对于 "旧的 NHE"（基于一个标准大气压）为 +0.169mV。这种差别并不重要，本书也这样认为。表中所列出的电势，包括在表 C.1 中的值，仍是相对于旧的 NHE（见文献［14］）。

系。另外，它定义了式(2.1.37) 反应的电动势和活度的依赖关系。

任何电化学池反应的电动势均为两个半反应的电极电势的差，

$$\boxed{E_{\text{rxn}}=E_{右}-E_{左}} \tag{2.1.42}$$

式中，$E_{右}$和$E_{左}$相应于图示的电化学池，均可由适当的 Nernst 公式给出。电池电动势即等于这个差值。

Nernst 公式的函数形式因反应不同而变化。例如，如果一个半反应中参与的不是 O 和 R，而是配体或质子，那么 Nernst 公式必须反映出所增加的复杂性。对于一个电极及相应的还原型半反应，其通用的 Nernst 形式是

$$\boxed{E=E^{0}+\frac{RT}{nF}\ln\frac{\prod_{j}^{\text{O side}}a_j^{\nu_j}}{\prod_{j}^{\text{R side}}a_j^{\nu_j}}} \tag{2.1.43}$$

上、下两个集分别对应于半反应的 O 一边与 R 一边所有的参与者。由于活度没有单位，其对数保持没有单位，与数值及多少次方无关。

2.1.7 形式电势

通常在计算半电池电势时采用活度是很不方便的，因为活度系数一般是未知的。避免这个问题的方法是采用形式电势 $E^{0'}$（formal potential，或式电势）。形式电势是在：①物质 O 和 R 的浓度比$[\text{O}]^{\nu_\text{O}}/[\text{R}]^{\nu_\text{R}}$为 1，这里［O］和［R］代表的是 O 和 R 所有的平衡化学形式(例如，溶剂化的、各种形式的质子化的或各种程度配位的）下的总的无单位的摩尔浓度；②其他的物质，如介质中各种组分的浓度均为定值时，测得的半电池电势（相对于 NHE)。

对于像公式(2.1.37) 所示的反应，按此定义可写为

$$E=E^{0'}+\frac{RT}{nF}\ln\frac{a_\text{O}^{\nu_\text{O}}}{a_\text{R}^{\nu_\text{R}}}=E^{0'}+\frac{RT}{nF}\ln\frac{[\text{O}]^{\nu_\text{O}}}{[\text{R}]^{\nu_\text{R}}} \tag{2.1.44}$$

至少式电势与标准电势和一些活度系数相关，但它也经常包括一些化学因素，如平衡常数与配体浓度。

为了更全面地理解，让我们重新写一下式(2.1.41)，这样可将活度系数从第二项中去掉：

$$E=E^{0}+\frac{RT}{nF}\ln\frac{\gamma_\text{O}^{\nu_\text{O}}}{\gamma_\text{R}^{\nu_\text{R}}}+\frac{RT}{nF}\ln\frac{(C_\text{O}/C^{0})^{\nu_\text{O}}}{(C_\text{R}/C^{0})^{\nu_\text{R}}} \tag{2.1.45}$$

如果体系比较简单，溶剂化的 O 与 R 是仅有的存在形式，那么 $C_\text{O}/C^{0}=[\text{O}]$，$C_\text{R}/C^{0}=[\text{R}]$❾，与式(2.1.44) 比较会发现 $E^{0'}$是式(2.1.45) 的前两项：

$$E^{0'}=E^{0}+\frac{RT}{nF}\ln\frac{\gamma_\text{O}^{\nu_\text{O}}}{\gamma_\text{R}^{\nu_\text{R}}} \tag{2.1.46}$$

该公式是其常见的形式。

例如，考察在 1mol/L $HClO_4$ 溶液中如下的反应

$$Fe^{3+}+e \rightleftharpoons Fe^{2+} \tag{2.1.47}$$

Nernst 公式成为式(2.1.44) 最右边的形式

$$E=E^{0'}+\frac{RT}{nF}\ln\frac{[Fe^{3+}]}{[Fe^{2+}]} \tag{2.1.48}$$

其式电势是

---

❾ 在不太正式场合，甚至在文献中经常会看到，对于一种溶质的活度 a 实际应写为 $\gamma_j C_j$。活度系数有时被因子分解，舍弃浓度。这是不对的，因为活度与活度系数没有单位。如果活度系数被因子分解的话，所剩下的也必须是无单位的。实际上，是 $a_j/\gamma_j=C_j/C_j^0$，不是 C_j。如果 C_j 是摩尔浓度，其标准态是 1mol/L，那么 C_j/C_j^0 具有 C_j 的数值，但没有单位。因此，这样应用数值是准确，但量纲不对。

$$E^{0'} = E^0 + \frac{RT}{nF}\ln\frac{\gamma_{Fe^{3+}}}{\gamma_{Fe^{2+}}} \qquad (2.1.49)$$

对于如下反应

$$Cu^{2+} + 2e \rightleftharpoons Cu \qquad (2.1.50)$$

基于式电势的 Nernst 公式是

$$E = E^{0'} + \frac{RT}{nF}\ln[Cu^{2+}] \qquad (2.1.51)$$

和

$$E^{0'} = E^0 + \frac{RT}{nF}\ln\gamma_{Cu^{2+}} \qquad (2.1.52)$$

因为金属 Cu 的活度与活度系数均为 1，在式(2.1.51) 和式(2.1.52) 中不出现金属 Cu。

离子强度影响活度系数，因此 $E^{0'}$ 会因介质不同而变化。表 C.2 列出了在 1mol/L HCl，10mol/L HCl，1mol/L $HClO_4$，1mol/L H_2SO_4，2mol/L H_3PO_4 中 Fe(Ⅲ)/Fe(Ⅱ) 电对的式电势。事实上，半反应与电化学池的标准电势的测量，就是在不同的离子强度下测量式电势，然后外推到离子强度为零时得到的。

$E^{0'}$ 也经常包含一些与配位反应或离子对相关的因素，事实上 Fe(Ⅲ)/Fe(Ⅱ) 电对在 HCl、H_2SO_4 与 H_3PO_4 溶液中的情况就是如此。Fe 的两种价态在这些介质中均会形成配合物，式(2.1.47) 并不能准确地描述该半反应，以式(1.1.24) 进行表述更好些。括弧中的浓度([Fe(Ⅲ)] 和 [Fe(Ⅱ)]) 就比较好理解与定义，它们通常是由未知配位程度的铁与亚铁的各种配合物组成的。通过采用经验的式电势，可规避需要知道相关平衡的详细描述。

在其他情况下，通过明确地定义式电势，利用式电势来得到与电极反应相关的均相平衡的信息。习题 7.12 给出这样一个例子。

2.1.8　参比电极

(1) NHE 与经典氢电极

由于 NHE 是热力学的标准，到目前为止在本章中，我们已将其作为唯一的参比电极。然而，实际应用中不能构建一个这样的 NHE，这是因为它需要 $a_{H_2} = a_{H^+} = 1$，暗指在气体和溶液中是理想行为。一个真实的氢电极接近于 NHE，相对于 NHE 的测量可通过外推真实氢电极所得到的结果到无限稀释的电解质溶液而得到。文献 [11] 已清楚地描述了整个测量过程。对于电化学热力学的历史，包括建立电势标度而言，这种艰辛的测量是完全必要的。

一个真实的氢电极可采用图 1.1.1(b) 左边所示的方式进行构建。一根 Pt 电极插入到含有已知 H^+ 浓度的水电解质溶液中，然后往 Pt 电极附近的溶液中通入氢气。通常 Pt 电极需要镀铂化 (platinized)，即在氯铂酸溶液中进行还原反应使铂电沉积在 Pt 电极上。该过程可显著地增加 Pt 电极的表面积，并改进氢离子被还原为氢气的异相反应动力学。像这样的经典氢电极工作良好、具有重复性。但它们也有一些问题，因此很少在普通实验室中应用。

在日常测量中有更方便的参比电极。本节剩余的部分将包括参比电极的一些关键性质，及最常用的参比电极选择。本章中的实验室贴士 (2.5 节) 包括一些实际应用情况。更详细的内容可参考一些权威的综述[15-19]。

(2) 实用参比电极的属性

可以在实验室中日常应用的参比电极必须具备如下属性：

① 选定一个在一定精度下电势可预测的参比电极，其电势在一定时间范围内是可靠的。

② 包装简便，使其可插入到一个电化学池中，便于移走、储存，有较长的寿命、可重复使用。

③ 可与工作溶液具有适配的离子接触。

④ 不污染工作电极的溶液，也不被工作电极溶液所污染。

⑤ 在不显著改变电势的情况下，保持参比电极功能下允许任何电流通过。

满足上述属性①的参比电极是具有良好的平衡反应，即它们是基于一个在电极与其氧化还原电对的两种形式均是动力学快速的一个电化学平衡中。这样的平衡是可预测性、精确与稳定性的基础。许多参比电极也包含了一个间接的平衡（通常是溶解平衡），可用于稳定不是氧化还原电对的、电极反应参与者的活度。2.1.8(3) 节给出了一些例子。

参比电极的组装经常是类似于图 1.5.4(a) 所示的 Ag/AgCl。电极活性材料与内部电解质通常被包封在一个玻璃或塑料容器内，被一个塑料盖封住，其可与外界通过带有夹子的导线连接。参比电极可经常在实验室制备与应用，许多也可以买到商品化的产品。当然，包装材质对于工作溶液必须是惰性的并且不溶于该溶液。

参比电极的内部电解质与工作溶液的连接，是通过组装在参比电极尖端的离子导体元件而建立的。大多数情况下，采用的是多孔玻璃或陶瓷；但一种离子导电的高分子、一种多孔高分子膜，一个烧结的玻璃或碳纤维都可用。尖端材料必须在工作溶液中是惰性和不溶的。属性④中所提到的污染问题可能会比较严重，这是因为在尖端的两个方向均有泄漏的可能，对于实际应用中该问题的讨论可参考 2.5.1 节。

属性⑤中有关参比电极可接受的电流问题，在现代电化学实践中采用三电极电化学池时通常不是问题，因为电流通过参比电池仅是连续测量电势的要求（见 1.5.3 节和 1.5.4 节）。目前的仪器在处理该问题时采用的是高输入阻抗（16.4 节），因此电流很小，参比电极保持在可忽略的极化状态下。但对于两电极电化学池，情况可能大不一样，这里的参比电极也是对电极。在该情况下，参比电极必须接受所有流过工作电极的电流。根据工作电极的大小，选择的参比电极可能很小到很大。采用一个面积较大，氧化还原浓度很高的参比电极可能会有帮助。在一些老的文献中（到 20 世纪 60 年代），参比电极经常是两电极电化学池中的对电极。有时不得不应对相当大的电流（比通用的标准大），并采用较大的电极，在平衡中会有不少固体物质。

(3) 基于溶解平衡的水相参比电极

许多实际应用的参比电极是基于引入水相电解质溶解平衡过程的。至今应用最广泛的是饱和 KCl 溶液作为电解质的 Ag/AgCl 参比电极：

$$\mathrm{Ag/AgCl/KCl(饱和)} \qquad E_{\mathrm{ref}} = 0.197\mathrm{V}(\mathrm{vs.\ NHE},在\ 25℃) \tag{2.1.53}$$

这里给出的电势是基于直接测量而得到的推荐的值[16,18-19]。该电极可从许多商业渠道买到，当然，也可以在实验室中通过 Ag 丝在浓的 KCl 溶液中阳极化电镀，然后按照图 1.5.4(a) 所示将电极与电解质溶液组装后，而较容易制备得到。对于 KCl 与 AgCl 之间的溶解平衡，可假设在温度恒定时，Ag^+ 与 Cl^- 的活度保持不变，提供该参比电极一个稳定的电势。对于该参比电势有一个中等大小的温度系数，但对大部分工作没有问题。

饱和甘汞电极（SCE），几十年来是实际应用的主导参比电极[15-18]⑩⑪。

$$\mathrm{Hg/Hg_2Cl_2/KCl(饱和)} \qquad E_{\mathrm{ref}} = 0.244\mathrm{V}(\mathrm{vs.\ NHE},在\ 25℃) \tag{2.1.54}$$

发表于 20 世纪 80 年代前的文献，有相当一部分涉及该电极作为参比标度。在最近几年，它输给了 Ag/AgCl 电极，这是因为：(a) 它的构建要比 Ag/AgCl 复杂得多；(b) 它体积庞大，使用笨重；(c) 它是基于 Hg，产生的毒性较大。即使这样，仍能够买到 SCE，并且仍得到广泛应用，特别在离子选择性电极中（2.4 节），因为它具备优良的参比电极行为。像 Ag/AgCl 一样，SCE 依赖于溶解平衡以确保在电极反应中涉及的离子物种（Hg_2^{2+} 与 Cl^-）的活度不变。SCE 电势随温度的变化，较 Ag/AgCl 稍微大一些。

在文献中也能看到采用常规甘汞电极（normal calomel electrode，NCH）[15,18-19]⑩：

$$\mathrm{Hg/Hg_2Cl_2/KCl(1mol/L)} \qquad E_{\mathrm{ref}} = 0.280\mathrm{V}(\mathrm{vs.\ NHE},在\ 25℃) \tag{2.1.55}$$

当少量氯离子的泄漏不可接受时，可采用硫酸亚汞电极[16,19]⑩：

$$\mathrm{Hg/Hg_2SO_4/K_2SO_4(饱和)} \qquad E_{\mathrm{ref}} = 0.651\mathrm{V}(\mathrm{vs.\ NHE},在\ 25℃) \tag{2.1.56}$$

---

⑩ 在所引用的参比中，所展示的值是合理的，是相对于直接测量的值。它包括在参比电极尖端的接界电势，其不确定性为 1mV 或多一些（2.3.5 节）。由于该不确定性，在文献中会看到稍微不同的 E_{ref} 值。

⑪ 有时可偶尔看到 SCE 的电势为 0.2412V（vs.“老的”NHE）[15,19]。该值是基于电对的标准电势与实验测量的饱和 KCl 溶液的平均活度系数计算得到的。计算值与测量值的差别在于 $\gamma_{\mathrm{Cl^-}}$ 与平均活度系数，以及接界电势的不同[15]。式(2.1.54) 给出的测量值已被推荐到 SCE 实际应用中。

对于强碱性的工作溶液，HgO 电极可能更好[20-21]：

$$Hg/HgO/NaOH(0.1mol/L) \qquad E_{ref}=0.164V(vs.\ NHE,在\ 25℃) \tag{2.1.57}$$

(4) 可逆氢电极

上述已对经典的氢电极进行了讨论，结论是其太复杂，不适用于日常工作。即便如此，它们仍可应用于当来自于参比电极尖端的离子或溶剂所产生的污染必须避免时的情况。其结构正如上述描述的那样，该参比电极可表示为

$$Pt/H_2/pH\ 值已知的测试水溶液/ \tag{2.1.58}$$

镀铂的 Pt 电极作为工作电极直接插入到样品溶液［在式(2.1.58) 中称为测试溶液］中，该测试溶液的 pH 是很好定义的，可通过缓冲溶液或含有充足的 H^+ 溶液来解决。在该参比电极中作为溶质的氢气是需要的，但通常必须与工作电极隔开，因此需要插入一个像熔融玻璃的多孔分离器。如果在分离器两端的离子组分相同，那么将没有液接电势（2.3 节）。

该参比称为一个可逆的氢电极（reversible hydrogen electrode，RHE）。它与 NHE（SHE）不同（是一个概念，不是一个容易实现的装置）。

RHE 的电势由下式给出

$$E_{RHE}=E^0_{H^+/H_2}+\frac{2.303RT}{2F}\lg\frac{a^2_{H^+}}{a_{H_2}} \tag{2.1.59}$$

如果气体作为理想气体，我们可得出

$$E_{RHE}=-\frac{2.303RT}{F}pH+\frac{2.303RT}{2F}\lg\frac{P_{H_2}}{P^0} \qquad (V,vs.\ NHE) \tag{2.1.60}$$

这里，P_{H_2} 是氢气的分压；P^0 是标准态压力（1bar 或 10^5Pa）。

可买到商品化的类似于 RHE 的电极，其设计者省略了在经典氢电极中所需要的氢气瓶。这些装置有一个内氢气供应者（通常由电解产生），它通过一个镀铂的气体扩散电极来释放氢气。它们组装得像更常见的参比电极一样紧凑⑫。

(5) 非水体系的参比电极

采用像乙腈、二氯甲烷或 DMF 这样的非水溶剂时，可能特别关注的是从水相参比电极中水的泄漏，这是因为在质子惰性环境下，水是一种可与电产生的物质进行反应的反应剂。在此情况下，如下的参比电极可能更适用：

$$Ag/Ag^+(乙腈中,0.01mol/L) \tag{2.1.61}$$

这样的电极可组装得像图 1.5.4(a) 所示的 Ag/AgCl 电极一样；但由于乙腈的挥发性，内部的电解质可能需要周期性更换。通常，Ag^+ 是作为高氯酸盐或四氟硼酸盐引入的。

这样的电极以试剂盒的形式商品化，使用者可根据实际选用的电化学池添加溶剂中的 Ag^+。

非水介质中许多工作采用的是准参比电极（quasireference electrode，QRE）（见 2.5.2 节）。

(6) 标度的互换

图 2.1.2 显示的是 NHE、Ag/AgCl 和 SCE 标度之间的关系。也包括了基于“绝对”标度与相应的 Fermi 能级，后面两种概念见 2.2.5 节。

一些电对的标准电势可相对于 NHE 进行测量，其精度优于 1mV，这样有时可以看到其数值以四位数进行报道是合理的（像在表 C.1 中）。但通常相对于 Ag/AgCl 或 SCE，采用四位数进行转换或报道是不妥的，这是因为这两种电极在实际状态与应用中，其不确定性为 1mV 或更多［见 2.1.8(3) 与 2.3.5 节］。

2.1.9　电势-pH 图与热力学预测

我们在 2.1.4 节中学到，半电池电势对于表征电化学池的行为与评价反应的自发性是有用的。电势-pH 图（也称为 Pourbaix 图，Pourbaix diagram）采用图示法代表半电池电势，对于预测体系的行为是有用的[22]。

在这些图中，相对于 NHE 的电势用垂直线代表，pH 用横线。涉及电子与质子转移的半反

---

⑫ 有时这些装置也称为动态氢电极。

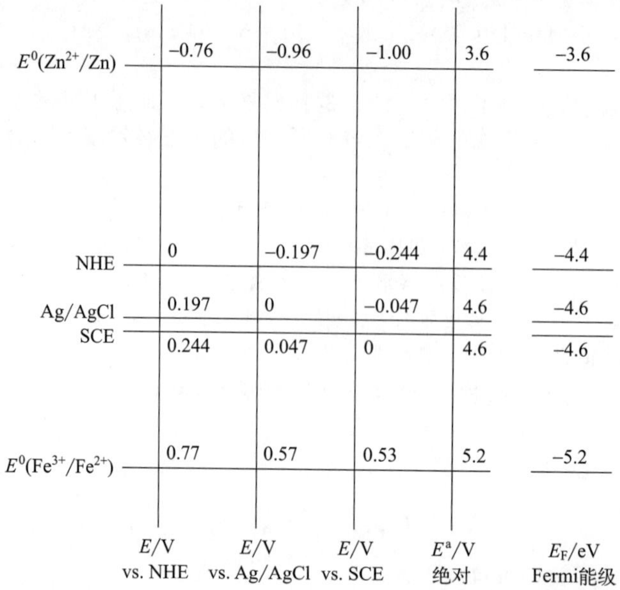

图 2.1.2 NHE、Ag/AgCl、SCE 和“绝对”电势标度之间的关系，以及相对应的 Fermi 能级

应在该图中是斜线。其电势是由 Nernst 公式给出，除了 H^+ 与 OH^- 外，其他所有的物质的活度均假设为 1。这样，对于涉及氧化态的形式 O，还原到 R，并涉及质子的反应的通用公式是

$$O + qH^+ + ne \rightleftharpoons R \tag{2.1.62}$$

可由下式表示

$$E = E^0 + 2.303q[RT/(nF)]\lg a_{H^+} = E^0 - 0.059(q/n)\text{pH}(\text{V, vs. NHE}) \tag{2.1.63}$$

在 E 相对于 pH 的图上，该公式描述的是每 pH 单位斜率为 $-59(q/n)$ mV（在 25℃）的一条线，截距是在 pH=0 处的 E^0。一个不涉及质子的电子转移反应可由一条平行线代表（$E=E^0$）。由于其与电势无关，纯粹的酸-碱反应可由一条垂直线来代表。

(1) 水的 *E*-pH 图

可通过水的 E-pH 图（图 2.1.3）来解释该方法，假设还原反应产生氢气：

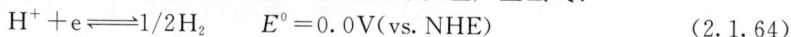

$$H^+ + e \rightleftharpoons 1/2H_2 \qquad E^0 = 0.0\text{V(vs. NHE)} \tag{2.1.64}$$

氧化反应产生氧气：

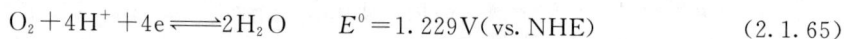

$$O_2 + 4H^+ + 4e \rightleftharpoons 2H_2O \qquad E^0 = 1.229\text{V(vs. NHE)} \tag{2.1.65}$$

从通用的表达式式(2.1.63) 可知，这两个反应在图中可用两条线来代表

$$E = 0.0 - 0.059\text{pH} \qquad (\text{A 线}) \tag{2.1.66}$$

和

$$E = 1.229 - 0.059\text{pH} \qquad (\text{B 线}) \tag{2.1.67}$$

上述两个公式可用于作为 pH 的函数来计算水氧化还原的可逆电势。

电势-pH 图有时称为区域支配图（predominance area diagram），因为它们指出的是在选定的 pH 和电势下哪种物质起决定作用。例如，水在图 2.1.3 的两条线之间是热力学稳定的，但在水氧化线之上区域氧占主导地位；还原线下氢占主导地位。在此聚焦于水电解的两个产物是因为它们是热力学最稳定的，并在实验中通常看到的也是如此。然而，可能会问水或氧氧化或还原时的其他物种，如超氧离子 $O_2^{\cdot}$ 或 H_2O_2。在随后的有关热力学预测的局限时将讨论该情况。

(2) 铁的 *E*-pH 图

大多数元素和一些合金的 E-pH 图可在汇编[22]、电化学全书[7] 和期刊论文中找到。Fe 的 E-pH 图（图 2.1.4）是特别有用的，因为它与 Fe 这种重要材料的腐蚀有关。

在强酸溶液中，铁的二价与三价离子并不形成不溶的氢氧化物或氧化物，其 E-pH 图是由如

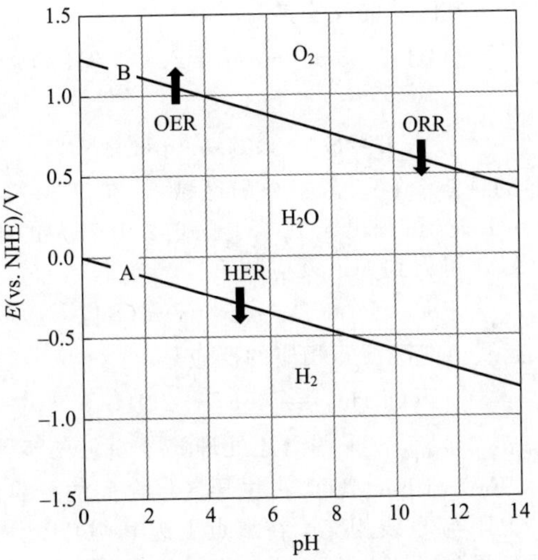

图 2.1.3 水体系的电势-pH 图

箭头所指的反应是重要的化学过程：氢析出反应（hydrogen evolution reaction，HER）（H_2O 或 H^+ 到 H_2），氧析出反应（oxygen evolution reaction，OER）（H_2O 到 O_2），与氧还原反应（oxygen reduction reaction，ORR）（O_2 到 H_2O 或 OH^-）。箭头仅显示了变化的方向，这些反应可在所示 pH 值附近发生

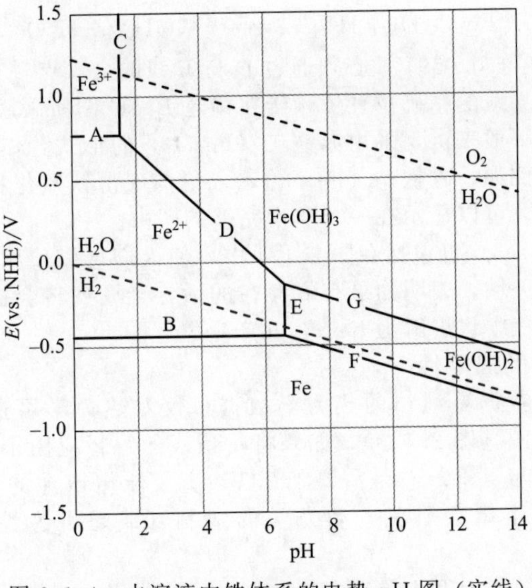

图 2.1.4 水溶液中铁体系的电势-pH 图（实线）

正文中讨论了每条线的标注。虚线是水体系。占主导区域随后确认为最右边（上方的线）或最左边（下方的线）

下的半反应决定的

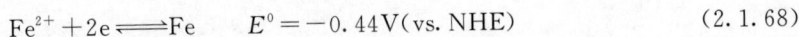

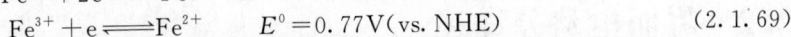

$$Fe^{2+} + 2e \rightleftharpoons Fe \qquad E^0 = -0.44V(vs.\ NHE) \tag{2.1.68}$$

$$Fe^{3+} + e \rightleftharpoons Fe^{2+} \qquad E^0 = 0.77V(vs.\ NHE) \tag{2.1.69}$$

由于这些过程不涉及质子，它们在图 2.1.4 中由平行线 A 与 B 代表。

根据溶度积 $K_{sp} = 4 \times 10^{-38} = a_{Fe^{3+}} a^3_{OH^-}$ 可知，在 Fe^{3+} 区域（A 线上方）向右拓展的 pH 范围内，体系会有 $Fe(OH)_3$ 或 Fe_2O_3 沉淀形成。单位活度的 Fe^{3+} 溶液（约 1mol/L）将在 pH=1.5 处开始发生沉淀。由于溶度积的表达式中不包括电子，Fe^{3+} 与 $Fe(OH)_3$ 之间的区域在该 pH 值

时是一条垂直线（C线），但该线不能拓展到A线以下，此处是Fe^{2+}占主导的区域。

分隔Fe^{2+}与$Fe(OH)_3$占主导区域的反应是

$$Fe(OH)_3+3H^++e \rightleftharpoons Fe^{2+}+3H_2O \qquad (2.1.70)$$

可由如下的线代表

$$E=E^0-3\times 0.059pH \qquad (2.1.71)$$

它必须通过底部右边多边形的顶点（Fe^{2+}占主导的区域），在该处$Fe(OH)_3$与Fe^{2+}共存。从该点以斜率为每个pH单位−0.177V可画出线D。对于式(2.1.70)的半反应，外推该线到pH=0处可得到E^0。外推到pH=14，可得到如下反应的E^0：

$$Fe(OH)_3+e \rightleftharpoons Fe^{2+}+3OH^- \qquad (2.1.72)$$

如果pH值升高的话，亚铁也能沉淀，相应的反应是

$$Fe(OH)_2 \rightleftharpoons Fe^{2+}+2OH^- \qquad (2.1.73)$$

溶度积是$K_{sp}=1.6\times 10^{-15}=a_{Fe^{2+}}a_{OH^-}^2$。采用上述处理$Fe^{3+}$沉淀的步骤，结果是在pH=6.6处有一新的垂直线（线E），代表Fe^{2+}与$Fe(OH)_2$占主导区域之间的分界线。它的下限与线B相交，在B线下面金属铁占主导，上限与D线相交，在那点上边$Fe(OH)_3$占主导。

在图2.1.4的右边，仍有两个区域需要画线，即划分Fe与$Fe(OH)_2$，以及$Fe(OH)_2$与$Fe(OH)_3$之间的线。

对于前者，相关的反应是

$$Fe(OH)_2+2H^++2e \rightleftharpoons Fe+2H_2O \qquad (2.1.74)$$

它给出一条边界线，其斜率是每个pH单位−0.059V，它必须通过B线与E线的交叉点，在该处Fe与$Fe(OH)_2$共存。在有该点与斜率后，我们可画出边界线F线。

最后的边界线对应于如下的过程

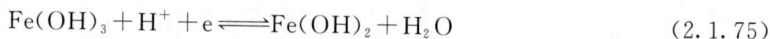

$$Fe(OH)_3+H^++e \rightleftharpoons Fe(OH)_2+H_2O \qquad (2.1.75)$$

它也有斜率为每个pH单位−0.059V，必须通过D与E线的交叉点，它是图2.1.4中G线。

区域的数目与各种边界线的精确位置依赖于在构建E-pH图所采用的物质。例如，对于铁的体系，有很多种氧化铁。一般来讲，采用赤铁矿（Fe_2O_3）的形式，作为三价铁的氧化物，但其他的相也应该包括在内［例如，磁铁矿（Fe_3O_4），二价与三价铁氧化物的混合物］。另外，高价的铁在强碱性溶液中稳定，可以显示在一个非常完整的图中。

水的E-pH线（图2.1.3）也包括在图2.1.4中，使人们可以预测各种反应。例如，Fe(Ⅲ)所在的电势是氧占主导的区域，表明如果有氧存在的话，金属铁将会被氧化（将会被腐蚀）。该图也表明元素铁在酸性溶液中将溶解为Fe^{2+}，并产生氢气。

(3) 由E-pH图预测的局限性

由于Pourbaix图中的数据是纯粹的热力学数据，仅对热力学可逆体系的预测是完全有效的。例如，对于水的这种图（图2.1.3），如果将每条线的解释应用于所有实际的电极，那么应该假设水裂解反应为氢气与氧气，总是需要1.23V，并要求电解池的电阻可忽略。但这从来没有观察到过，因为，将在下章会看到，动力学的限制（缺乏可逆性）要求过电势驱动这些反应。

事实上，实际的电化学行为很依赖于电极材料。在水与氢气之间的线准确地描述了其在Pt电极上的行为，但与Hg电极上的行为相差甚远。没有电极材料允许水可逆地氧化，该问题将会在第15章进行详细的讨论。

2.2 界面电势差详述

对于前面章节中的热力学考虑来讲，未提出穿过相边界的可观测到的电势差的机理。然而，一种机理理论会帮助进行化学思维，那么让我们现在来考察这种电势差是如何建立的。

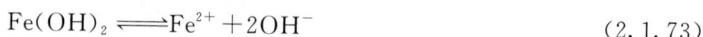

2.2.1 相电势物理学

当然可以提及某一相中任何一点 (x,y,z) 的电势⑬。该点电势 $\phi(x,y,z)$ 的值物理上定义为，在没有物质之间相互作用时，将单位正电荷从无限远处移到点 (x,y,z) 所需要做的功⑭。由静电学知识能确认 $\phi(x,y,z)$ 与试验电荷所经过的路径无关[23]。所做的功用来克服库仑场的作用，因此，通常把电势表示为

$$\phi(x,y,z)=\int_{\infty}^{x,y,z}-\boldsymbol{\varepsilon}\cdot \mathrm{d}\boldsymbol{l} \tag{2.2.1}$$

这里 $\boldsymbol{\varepsilon}$ 为电场强度矢量（即在任一点处作用于单位电荷上的力）；$\mathrm{d}\boldsymbol{l}$ 为电荷运动轨迹方向上无限小的长度元。从无限远处到 (x,y,z) 点的任何途径上进行积分。那么点 (x',y',z') 和点 (x,y,z) 之间的电势差为

$$\phi(x',y',z')-\phi(x,y,z)=\int_{x,y,z}^{x',y',z'}-\boldsymbol{\varepsilon}\cdot \mathrm{d}\boldsymbol{l} \tag{2.2.2}$$

一般情况下，两点之间任意一处的电场强度都不为零，其积分不能抵消，因而通常存在一些电势差。

一个导电相是具有可移动电荷载体的相，如金属、半导体或电解质溶液。当没有电流通过导电相（即它处于电平衡状态）时，就没有电荷载体的净运动，因此相内所有点的电场均须为零。否则，电荷载体必定要在电场的作用下运动来抵消此电场。从式(2.2.2) 可知，在这些条件下，相内任意两点之间的电势差也必然为零；这样，整个相是一个等电势体（equipotential volume）。应用于导电相内每个位置 α 的电势，在平衡时称为该相的内电势（inner potential，或伽伐尼电势，Galvani potential）ϕ^{α}。不在电平衡时，一个相的内电势是未定义的⑮。

决定内电势的主要因素是该相本身的过剩电荷，因为来自于无限远处的试验电荷不得不做功来克服因这些电荷所产生的库仑场。试验电荷也有可能不得不做功克服来自于样品外其他带电物体所产生的其他场。如果是这样的话，它们也会对我们所讨论的相内电势做贡献。如果整个体系的电荷分布恒定的话，那么相电势将保持为常数，但相内或外的电荷分布改变的话，相电势将会变化。因此，得出的第一个论点是：相间化学相互作用所产生的电势差某种程度上源于电荷分离。

一个有趣的问题是关于导电相中任意过剩电荷的位置问题。初等静电学中的高斯（Gauss）定律在此是非常有帮助的[24]。Gauss 定律指出：如果用一个假想面（Gauss 面，Gaussian surface）闭合一个空间，该 Gauss 面内的净电荷 q 可由电场对整个表面的积分求得：

$$q=\varepsilon_0\int\boldsymbol{\varepsilon}\cdot \mathrm{d}\boldsymbol{S} \tag{2.2.3}$$

式中，ε_0 为一个比例常数⑯；$\mathrm{d}\boldsymbol{S}$ 为垂直于表面向外一个无穷小的矢量。现在考虑位于导体内的一个 Gauss 面，该导体内部是均匀的（即实心导体或均相导体）。如果没有电流通过，则 Gauss 面上所有的点 $\boldsymbol{\varepsilon}$ 为零，因此在这个边界内的净电荷为零。如图 2.2.1 所示。这个结论适用于任何 Gauss 面，甚至于紧靠相边界内侧的 Gauss 面；这样，必然得出过剩电荷实际上分布在导电相表面的结论⑰。

---

⑬ 也称为静电势。

⑭ 虽然 $\phi(x,y,z)$ 具有严格的定义，但无法进行严格的测量。仅电势差可被准确地测量，那么电势仅在一些特殊的条件下有可能被测量（2.2.3 节）。

⑮ 当电流通过一个相时，相内电势不是恒定的。如果要电流流过这些点之间的电阻，需要任何内部两点相关 ϕ。这样的情况会遇到，在 1.5 节与 4.2 节中讨论，在本章中不讨论这种情况，而集中于平衡。

⑯ 参数 ε_0 称为真空介电常数或电常数，其值为 $8.85419\times10^{-12}\,\mathrm{C^2/(N\cdot m^2)}$。本书中所采用的静电学习惯的更全面的解释，可参见 14.3.1 节的脚注。

⑰ 这个表面层有一定的厚度。临界尺寸是相对于本体载流子浓度的过剩电荷的尺寸。如果此电荷因从一个大的体积中引出载流子而建立的话，则热过程将阻碍过剩电荷在此表面上紧密堆聚，那么此荷电区由于其三维特性被称为空间荷电区（space charge region）。在电解质溶液和半导体中，其厚度可从十分之几纳米到几千纳米不等。在金属中其厚度则可忽略不计。这方面的更详细讨论可参考第 14 章和第 21 章。

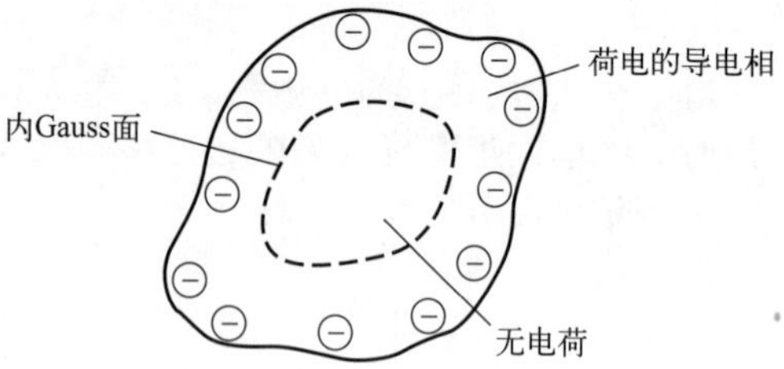

图 2.2.1 含有一个高斯闭合区体的三维导电相的截面图
本图说明过剩电荷分布于相表面

至此相电势建立方式的概念正在开始浮现出来：

① 导电相电势的变化可由改变相表面或周边电荷分布来达到。

② 如果相的过剩电荷发生变化，其电荷载体将进行调整以使全部过剩电荷分布在整个相边界上。

③ 在无电流通过的条件下，电荷的表面分布将使相内电场强度为零。

④ 相内有一恒定的电势 ϕ。

电化学意义上很大的导体内电势的改变所需的过剩电荷通常不是很大。例如，对于一个半径为 0.5mm 的悬在空气或真空中的球形汞滴，其电势改变 1V，仅需大约 5×10^{-14}C/V 的电量（大约 300000 电子/V）[23]。

2.2.2 导电相之间的相互作用

两个导体，例如一个金属和一个电解质溶液放在一起相互接触，两相之间的库仑相互作用使情况变得很复杂。使一相带电来改变其内电势往往也会改变邻相的内电势。图 2.2.2 解释了这一点，它描述了这样一种情况，一个放大的荷电金属球，比如半径 0.5mm 的汞滴，被几毫米厚的不带电的电解质溶液所包围。这样的集合体悬在真空中，知道金属的电荷 q^M 存在于金属表面上。这种未平衡的电荷（在图中为负）吸引在电极附近溶液中浓度过剩的阳离子。对于溶液中这种明显的不平衡的电荷量及其分布，应该如何解释呢？

考察式(2.2.3) 在图 2.2.2 所示的 Gauss 面上的积分。由于此表面位于一个没有电流通过的导体相中，在任何一点的 $\boldsymbol{\varepsilon}$ 为零，包含的净电荷也为零。如果将此 Gauss 面放在紧靠金属与溶液界面的外面，将得到同样的结论。这样，现在知道溶液中过量的正电荷 q^S 分布在金属-溶液界面，并完全补偿了金属的过剩电荷。即

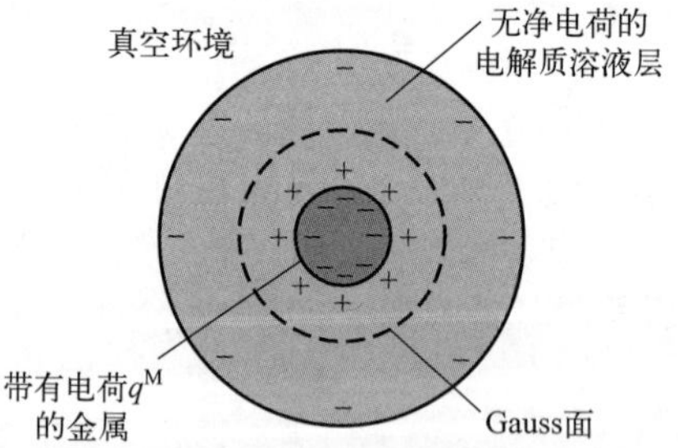

图 2.2.2 金属球与它周围的电解质溶液层之间相互作用的截面图
高斯封闭体是一个包含金属相和部分电解质溶液的球体

$$\boxed{q^S = -q^M} \tag{2.2.4}$$

这个事实对于处理界面电荷排列是非常有用的，前已述及，这种电荷排列被称为双电层（electrical double layer）（见 1.6 节和第 14 章）⑱。

⑱ 这里我们是在一个宏观的尺度上考虑问题，将 q^S 看作严格分布在金属-溶液界面上是准确的。在尺度为 1μm 或更小的情况下，图形更详尽。将会发现 q^S 仍在金属-溶液界面附近，但它分布在厚度可为 100nm 的一个或多个区域中（见 14.3 节）。

另一种方法是将 Gauss 面移到紧邻电解质溶液外边界以内的位置。所包含的电荷仍必须是零，仍可知道整个体系的净电荷是 q^{M}。因此与 q^{M} 相等的负电荷必须分布在电解质溶液的外表面。

图 2.2.3 显示了电势与距离（从此集合体中心开始）的关系，即将一个单位正试验电荷从无限远处移动到离中心一定距离所做的功。随着试验电荷从此图中右端向左移动，它受到电解质溶液外表面电荷的吸引；这样，在周围的真空中向电解质表面的任何运动都需要做负功，在该方向上电势逐步降低。在电解质中，任何一点的 $\boldsymbol{\varepsilon}$ 为零，移动试验电荷不需做功，电势为恒定值 ϕ^{S}。由于金属-溶液界面的双电层，存在一个强的电场，双电层上的电荷排列使正试验电荷穿过此界面需要做负功。因此，在双电层距离坐标内，电势有一个从 ϕ^{S} 到 ϕ^{M} 的急剧变化[19]。由于金属是一个等势体，其内部电势恒定。如果要增加金属上的负电荷，很自然地要降低 ϕ^{M}，但是也降低了 ϕ^{S}，因为溶液外边界的过剩电荷也将增加，在通过真空中的每一点时，试验电荷将受到电解质溶液层更强烈的吸引。

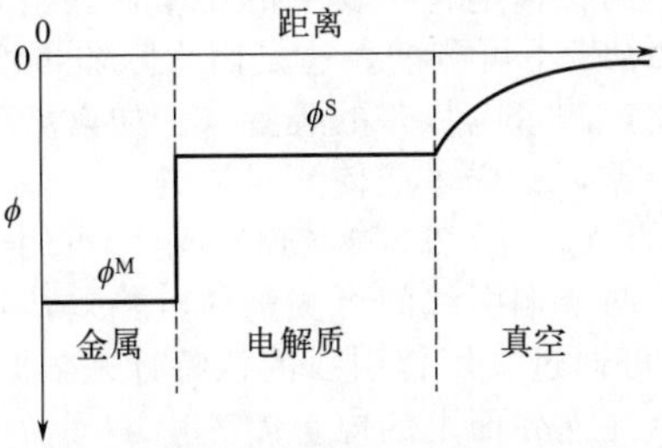

图 2.2.3　图 2.2.2 中所示体系的电势分布图，距离为距金属球中心的径向距离

$\phi^{M}-\phi^{S}$ 的差值，称为界面电势差（interfacial potential difference），与界面上的电荷不平衡性和界面的物理尺寸有关，即它依赖于界面电荷密度（C/cm^2）。改变界面电势差需要一定量的电荷密度的变化。对于上面所考虑的球形汞滴（$A=0.03cm^2$），若被 0.1mol/L 的强电解质溶液所包围，界面电势差变化 1V，需要大约 10^{-6}C 电量（或 6×10^{12} 个电子）。这些数量较无电解质溶液存在时大 10^{7} 倍。这种差别的出现是因为任何表面电荷的库仑场均需要邻近电解质溶液的一个非常大的极化与之平衡。

在实际电化学中，金属电极部分暴露在电解质溶液中，部分被绝缘起来。例如，可用一个面积为 $0.1cm^2$ 的铂圆盘电极，接在一根几乎完全密封在玻璃中的铂导线上。研究用来改变这样一个相电势的过量电荷的位置是有意义的。当然，电荷必须在整个表面上分布，包括绝缘的和电化学活性的区域。然而，已经看到电解质溶液的库仑作用是如此强烈，以致在任何电势下几乎所有的过剩电荷均分布在靠近溶液一侧的金属界面处，除非与电解质溶液接触的金属相的面积所占百分比确实很小[20]。

有将一个相赋予过剩电荷的实用手段。一个重要的手段是简单地采用一个电源将电子泵入或泵出金属或半导体。的确，我们将大量地应用这种方法控制电极动力学过程。

也有一些化学手段来对一个相进行充电。例如，由经验知道，将一个铂丝放入含有铁氰化物和亚铁氰化物的溶液中，其电势将移到一个由 Nernst 公式给定的可预知的平衡值。这个过程的发生是因为电子在两相中的亲和力最初是不同的；因此电子可从金属转移到溶液或发生相反的过程 [2.2.5(4)节]。铁氰化物被还原或亚铁氰化物被氧化。电荷将继续转移直到电势的变化达到平衡点，此时溶液和金属的电子亲和力相等。在一个典型的体系中，与铁氰化物和亚铁氰化物得失的总电荷相比，在铂电极上建立平衡所需的电荷是非常少的；因此，净化学效应对溶液的影响可忽略不计。依据此机理，金属要和溶液相适应并反映其组成的变化。

---

[19] 此图是以宏观的尺度画出的，这样从 ϕ^{S} 到 ϕ^{M} 的转变显示为垂直。双电层理论（14.3 节）表明大部分的变化发生在一个到几个溶剂单分子层的距离内，仅较小部分发生在溶液的分散层中。

[20] 正如一个超微电极的情况（见 6.7 节）。

电化学存在大量这样的情况，在此情况下荷电的物质（电子或离子）穿过界面区域。这些过程通常产生一个净电荷转移，以建立所观察到的电势差。然而，对它们进行更深层次的研究，必须引入另外一些概念（见 2.3 节和第 3 章）。

实际上，界面电势差在两相无过剩电荷时也可产生。考虑一种电解质溶液与一个电极相接触的情况。由于电解质溶液与金属表面相互作用（例如，湿润），与金属相接触的水偶极子通常有某种优先的取向。从库仑作用的观点看，这种情况与穿过界面的电荷分离相当，因为水偶极子不是随时间无序分布的。由于让一个试验电荷通过界面需要做功，由此界面电势差不为零[25-28]。

2.2.3 电势差的测量

两个接触的相之间的界面电势差 $\Delta\phi$ 对于发生在该界面上的电化学过程是很重要的。它的部分影响是基于界面电场，具体体现在边界的 ϕ 的高速变化。该电场的强度可高达 10^7 V/cm。它可以大到足够扭曲电反应物，改变它们的反应性，并能够影响到电荷在该界面传输的动力学。然而，对于电化学更重要的是，电势差能够直接影响界面两边电子的相对能级。它控制两相相对电子亲和性，因此，它控制界面上的任何电化学反应的速率，甚至方向。

不幸的是，对于单个界面 $\Delta\phi$ 是不可测的，这是因为除非再增加一个界面，否则单个界面的电性质无法测量。事实确实如此，测量电势差的装置（例如，高阻抗伏特计或静电计）仅在两个具有相同组分的相之间记录电势差，这样才能使测量准确。

考虑 Zn/Zn^{2+}，Cl^- 界面上的 $\Delta\phi$，图 2.2.4（a）所示为可用于测量 $\Delta\phi$ 的最简单方法，恒电势仪用铜作为引线。很明显，在两个铜引线间可测量的电势差，除 $\Delta\phi$ 以外，还包括在 Zn/Cu 和 Cu/电解质界面上的电势差。也可通过采用锌引线的伏特计来将此问题简化，如图 2.2.4（b）所示，但所测量的电压仍包含两个独立界面上的电势差。

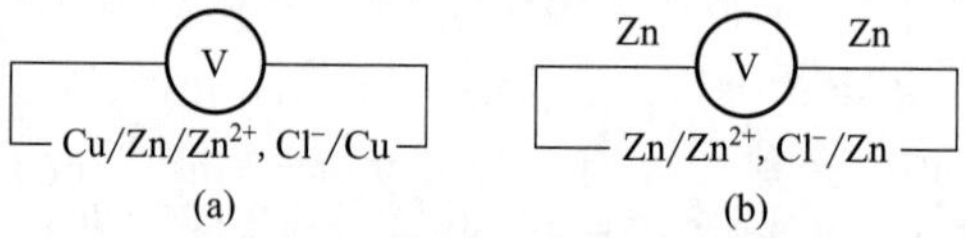

图 2.2.4 用于测量电池中含有 Zn/Zn^{2+} 界面电势的两种装置

现在认识到所测量的电池电势是几个不能独立测量的界面电势差的总和。例如，可以根据如图 1.1.2 所示的 Vetter 图的方式[26]，画出通过如下电化学池的阶梯式电势分布

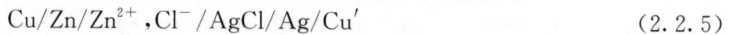

$$Cu/Zn/Zn^{2+}, Cl^- / AgCl/Ag/Cu' \tag{2.2.5}$$

这里可测量的平衡电势差 E 定义为 $\phi^{Cu'}-\phi^{Cu}$。

即使对于这些复杂的情况，仍然可能集中研究单个界面的电势差，比如式(2.2.5) 中的锌和电解质之间的界面。如果保持电化学池中所有其他的接界的界面电势不变，那么任何 E 的变化都必须归结为锌和电解质溶液之间的界面 $\Delta\phi$ 的变化。保持其他的接界的界面电势差恒定并不是一件难事，金属-金属接界在没有特殊的情况下，其界面电势差在恒温时恒定，至于银/电解质溶液界面，若参与半反应的物种的活度一定，其界面电势差也保持恒定。若领悟了这个概念，则所有有关半反应的基本原理和如何选择参比电极就会变得更加清晰。

2.2.4 电化学势

继续考察 Zn/Zn^{2+}，Cl^-（水溶液）界面，并且重点放在金属锌和溶液中锌离子上。在金属中，Zn^{2+} 固定在带正电荷的锌离子的晶格上，自由电子遍布整个金属结构中。溶液中的锌离子被水合，并且可能与 Cl^- 相互作用。锌离子能态显然与局部化学环境相关，它主要是通过电性质的短程力表现出来。另外，即使不考虑化学影响，仅将 +2 价锌带到正在讨论的位置也需要能量。后者能量与所在位置的 ϕ 成正比；因此，这个能量受环境的影响比其自身性质的影响要大得多。虽然对于单个物种人们无法在实验上分离这两个能量组分，但两个环境距离尺度上的差别使得人们可以在数学上将其分离开来[25-28]。Butler[29] 和 Guggenheim[30] 从概念上提出了将其分开的方法，并引入了电化学势（electrochemical potential）$\overline{\mu}_j$ 的概念，对于带有电荷 z_j 的物种 j 在给定的物理位置 (x,y,z)，其电化学势 $\overline{\mu}_j$ 为：

$$\boxed{\overline{\mu}_j(x,y,z)=\mu_j(x,y,z)+z_jF\phi(x,y,z)} \tag{2.2.6}$$

式(2.2.6) 中 μ_j，是熟悉的化学势：

$$\mu_j=\left(\frac{\partial G}{\partial n_j}\right)_{T,P,n_{k\neq j}} \tag{2.2.7}$$

这里 n_j 是局部体积单元中 j 的物质的量。同理，电化学势是

$$\overline{\mu}_j=\left(\frac{\partial \overline{G}}{\partial n_j}\right)_{T,P,n_{k\neq j}} \tag{2.2.8}$$

式中的 $\overline{G}$ 是电化学自由能，与化学自由能 G 不同，它包括来自长程电学环境的影响。

如果物种 j 是在一个均匀的导电相 α 中，并在平衡态，那么 $\overline{\mu}_j$、μ_j 和 ϕ 在内部的所有点都不变，ϕ 是内电势 ϕ^α。在这种条件下，式(2.2.6) 变为

$$\boxed{\overline{\mu}_j^\alpha=\mu_j^\alpha+z_jF\phi^\alpha} \tag{2.2.9}$$

它可应用于整个相，而不仅是某个特定的位置。

(1) 电化学势的性质

涉及电化学势的重要关系如下：

① 对于一个不带电荷的物种，其在任何位置有：$\overline{\mu}_j=\mu_j$。

② 对于任何物质在任何位置：$\mu_j=\mu_j^0+RT\ln a_j$，μ_j^0 是标准化学势，a_j 是物种 j 的局部活度。

③ 对于一个纯相 α（例如，固体 Zn、AgCl、Ag 或 H_2），在平衡和活度为 1 时：$\overline{\mu}_j^\alpha=\mu_j^{0\alpha}$。

④ 对于在一个金属相 α 中的电子（$z=-1$）：$\overline{\mu}_e^\alpha=\mu_e^{0\alpha}-F\phi^\alpha$。由于电子的浓度不会有较大的变动，没有活度项。

⑤ 对于在 α 相与 β 相之间处于平衡的物种 j：$\overline{\mu}_j^\alpha=\overline{\mu}_j^\beta$。

(2) 单一相中的反应

在一个单一的导电相 α 中，对于化学平衡，内电势没有影响。在涉及电化学势的公式中，不考虑 ϕ^α 项。可通过考察如下的酸-碱平衡来讨论这样的影响：

$$\mathrm{HOAc}\rightleftharpoons \mathrm{H^+}+\mathrm{OAc^-} \tag{2.2.10}$$

需要

$$\overline{\mu}_{\mathrm{HOAc}}=\overline{\mu}_{\mathrm{H^+}}+\overline{\mu}_{\mathrm{OAc^-}} \tag{2.2.11}$$

$$\mu_{\mathrm{HOAc}}=\overline{\mu}_{\mathrm{H^+}}+F\phi^\alpha+\mu_{\mathrm{OAc^-}}-F\phi^\alpha \tag{2.2.12}$$

$$\mu_{\mathrm{HOAc}}=\overline{\mu}_{\mathrm{H^+}}+\mu_{\mathrm{OAc^-}} \tag{2.2.13}$$

(3) 涉及两相但没有电荷转移的反应

让我们现在考察溶解平衡

$$\mathrm{AgCl}(\text{晶体})\rightleftharpoons \mathrm{Ag^+}+\mathrm{Cl^-}(\text{溶液},\mathrm{S}) \tag{2.2.14}$$

对于该反应有

$$\mu_{\mathrm{AgCl}}^{0\mathrm{AgCl}}=\overline{\mu}_{\mathrm{Ag^+}}^{\mathrm{S}}+\overline{\mu}_{\mathrm{Cl^-}}^{\mathrm{S}} \tag{2.2.15}$$

将上式进行扩展得到

$$\mu_{\mathrm{AgCl}}^{0\mathrm{AgCl}}=\mu_{\mathrm{Ag^+}}^{0\mathrm{S}}+RT\ln a_{\mathrm{Ag^+}}^{\mathrm{S}}+F\phi^{\mathrm{S}}+\mu_{\mathrm{Cl^-}}^{0\mathrm{S}}+RT\ln a_{\mathrm{Cl^-}}^{\mathrm{S}}-F\phi^{\mathrm{S}} \tag{2.2.16}$$

重排后给出

$$\mu_{\mathrm{AgCl}}^{0\mathrm{AgCl}}-\mu_{\mathrm{Ag^+}}^{0\mathrm{S}}-\mu_{\mathrm{Cl^-}}^{0\mathrm{S}}=RT\ln(a_{\mathrm{Ag^+}}^{\mathrm{S}}a_{\mathrm{Cl^-}}^{\mathrm{S}})=RT\ln K_{\mathrm{sp}} \tag{2.2.17}$$

这里 K_{sp} 是溶度积。

式(2.2.16) 中的 ϕ^{S} 项被消去，最后的结果是仅与化学势相关，该平衡不受穿过界面的电势的影响。这是没有电荷转移（离子或电子转移）时相间反应的普遍特性。

(4) 两种金属之间的平衡

考虑一根 Cu 线与 Zn 电极相连的情况，在平衡时

$$\overline{\mu}_e^{\mathrm{Cu}}=\overline{\mu}_e^{\mathrm{Zn}} \tag{2.2.18}$$

$$\mu_e^{0\mathrm{Cu}}-F\phi^{\mathrm{Cu}}=\mu_e^{0\mathrm{Zn}}-F\phi^{\mathrm{Zn}} \tag{2.2.19}$$

重排后得到

$$\phi^{Zn}-\phi^{Cu}=(\mu_e^{0Zn}-\mu_e^{0Cu})/F \qquad (2.2.20)$$

该公式表明在平衡时 Zn 与 Cu 之间建立了电势差 $\phi^{Zn}-\phi^{Cu}$，该电势差称为接触电势（contact potential)，正比于电子在两种金属中的标准化学势差[21]。平衡是由当两种金属接触后，立刻进行的电子转移建立的。

正如 2.2.3 节中讨论的那样，在严格的热力学下无法测量单个界面上的电势差。但是，有估算接触电势值的方法。

图 1.1.2 显示了穿过整个电化学池的电势分布，包括在 Cu/Zn 与 Ag/Cu 界面的接触电势。

(5) 一个电化学池电势的阐述方式

当界面上有净的电荷转移反应发生时，与 ϕ 相关的项是不能消去的，界面电势差强烈地影响化学过程。可应用电势差来探测或改变平衡的位置。例如，考察电化学池［式(2.2.5)］，其电池反应可表示为

$$Zn+2AgCl+2e(Cu')\rightleftharpoons Zn^{2+}+2Ag+2Cl^{-}+2e(Cu) \qquad (2.2.21)$$

在平衡时

$$\overline{\mu}_{Zn}^{Zn}+2\overline{\mu}_{AgCl}^{AgCl}+2\overline{\mu}_{e}^{Cu'}=\overline{\mu}_{Zn^{2+}}^{S}+2\overline{\mu}_{Ag}^{Ag}+2\overline{\mu}_{Cl^{-}}^{S}+2\overline{\mu}_{e}^{Cu} \qquad (2.2.22)$$

$$2(\overline{\mu}_{e}^{Cu'}-\overline{\mu}_{e}^{Cu})=\overline{\mu}_{Zn^{2+}}^{S}+2\overline{\mu}_{Ag}^{Ag}+2\overline{\mu}_{Cl^{-}}^{S}-\overline{\mu}_{Zn}^{Zn}-2\overline{\mu}_{AgCl}^{AgCl} \qquad (2.2.23)$$

但是

$$2(\overline{\mu}_{e}^{Cu'}-\overline{\mu}_{e}^{Cu})=-2F(\phi^{Cu'}-\phi^{Cu})=-2FE \qquad (2.2.24)$$

扩展式(2.2.23) 得到

$$-2FE=\mu_{Zn^{2+}}^{0S}+RT\ln a_{Zn^{2+}}^{S}+2F\phi^{S}+2\mu_{Ag}^{0Ag}+2\mu_{Cl^{-}}^{0S}+2RT\ln a_{Cl^{-}}^{S}-2F\phi^{S}-\mu_{Zn}^{0Zn}-2\mu_{AgCl}^{0AgCl} \qquad (2.2.25)$$

$$-2FE=\Delta G^{0}+RT\ln a_{Zn^{2+}}^{S}(a_{Cl^{-}}^{S})^{2} \qquad (2.2.26)$$

这里

$$\Delta G^{0}=\mu_{Zn^{2+}}^{0S}+2\mu_{Cl^{-}}^{0S}+2\mu_{Ag}^{0Ag}-\mu_{Zn}^{0Zn}-2\mu_{AgCl}^{0AgCl}=-2FE^{0} \qquad (2.2.27)$$

这样得到如下的公式

$$E=E^{0}-\frac{RT}{2F}\ln a_{Zn^{2+}}^{S}(a_{Cl^{-}}^{S})^{2} \qquad (2.2.28)$$

此为该电化学池的 Nernst 公式。该工作结合前面的结果展现了电化学势在处理界面电荷转移反应中的通用性，它们是强有力的工具。

它们容易使用，例如，对于如下的两个电化学池，

$$Cu/Pt/Fe^{2+},Fe^{3+},Cl^{-}/AgCl/Ag/Cu' \qquad (2.2.29)$$

$$Cu/Au/Fe^{2+},Fe^{3+},Cl^{-}/AgCl/Ag/Cu' \qquad (2.2.30)$$

它们具有相同的电化学池电势吗？该问题留给读者（见习题 2.8)。

2.2.5 Fermi 能级和绝对电势

(1) 绝对标度

对于电化学中大部分目标来讲，电极电势和半反应的电动势相对于 NHE 就足够了，但有时有一个估算的绝对电势或单电极电势是有帮助的。

绝对标度的概念是通过一个半反应，其电子在真空，而不是在一个金属电极上，来定义平衡态的氧化还原电对。最重要的例子是

$$2H^{+}(aq)+2e_{vac}\rightleftharpoons H_{2}(g) \qquad (2.2.31)$$

它与 NHE 相关。如果能够测量式(2.2.31) 标准自由能的变化 $\Delta G_{H^{+}/H_{2}}^{0a}$，那么也得到相应的标准电势 $E_{H^{+}/H_{2}}^{0a}=-\Delta G_{H^{+}/H_{2}}^{0a}/(nF)$。对于它是由第一原理定义的，与任何参比电极无关而言，它是"绝对的"。其独立性的理由是电子在真空中的电势是一个定值 $\phi^{vac}=0$。在一个常规的 H^{+}/H_{2} 半

---

[21] 或功函的差［见 (2.2.5(4)］。

反应中

$$2H^+(aq)+2e_M \rightleftharpoons H_2(g) \qquad (2.2.32)$$

电子在电极上的电势 ϕ^M 是未知的，只能通过相对于第二个电极（参比电极）来进行处理。

在建立NHE绝对电势方面已进行了大量的努力[10,31-36]，可估算其值为 $\Delta E^{0a}_{H^+/H_2}=(4.4\pm 0.1)V$。该值是建立在理论与实验的基础上的，但并未达到严格的热力学要求。接受该 $E^{0a}_{H^+/H_2}$ 的估算值后，就可把任意的电对O/R放到该绝对标度上，它的位置是 $E^{0a}_{O/R}=E^{0a}_{H^+/H_2}+E^0_{O/R}$ (vs. NHE)。图2.1.2解释了该原理。

(2) Fermi能级与电子电化学势的等价

从式(2.2.31)中减去式(2.2.32)得到

$$2e_{vac} \rightleftharpoons 2e_M \qquad (2.2.33)$$

对于每摩尔电子，该过程自由能的变化是 $\bar{\mu}^M_e-\bar{\mu}^{vac}_e$；但由定义知 $\bar{\mu}^{vac}_e=0$。每个电子的自由能变化是 $\bar{\mu}^M_e/N_A$，必须与从真空中添加到金属并平衡时的（或丢失一个电子到真空中的）平均能级相同。这种"可转移"电子的能量称为费米能 $\boldsymbol{E}^M_F$㉒。

我们采用的达到对于NHE结论的过程具有广泛的实用性。对于任何在平衡时的相α，

$$\boldsymbol{E}^{\alpha}_F=\bar{\mu}^{\alpha}_e/N_A \qquad (2.2.34)$$

费米能是一相中电子的电化学势的等价表示。因此，$-\boldsymbol{E}^M_F$ 是将单电子从金属移到真空所需要的能量，并产生一个平衡的空位。从 $Pt/H_2/H^+$ ($a=1$) 移动一个电子到真空，需要的能量是4.4eV或425kJ/mol。

(3) 绝对电势与费米能级之间的关系

通过绝对电势可以重新表述式(2.2.33)中的自由能的变化，对于式(2.2.31)有 $\Delta G^{0a}_{H^+/H_2}=-2FE^{0a}_{H^+/H_2}$；对于式(2.2.32)由定义为 $\Delta G^0=0$。两项的差 $-2FE^{0a}_{H^+/H_2}$ 是式(2.2.33)的自由能的变化。除以 $2N_A$ 给出每个电子的自由能的变化 $-eE^{0a}_{H^+/H_2}$，它也是NHE的费米能。如果两个值均用电子伏特（eV）表示的话，对于一个平衡态的NHE，$\boldsymbol{E}^M_F$ 的数值与 $-E^{0a}_{H^+/H_2}$ 相同。事实上，正如在图2.1.2中所看到的那样，该关系适用于任何在平衡态的半电池㉓。

(4) 一个半电池的平衡

对于一个与溶液接触的惰性金属，电平衡的条件是两相中的费米能相等：

$$\boldsymbol{E}^S_F=\boldsymbol{E}^M_F \qquad (2.2.35)$$

该条件等价于两相中电子的电化学势相等，或两相中的可转移电子平均能相同[31]。

不像金属，溶液相没有"自由电子"。可转移到电极上的电子位于氧化还原电对的还原态（例如 Fe^{2+}）。然而，事实是这些必须在特定化学物种上的电子并不妨碍对于溶液严格定义一个费米能[31]。

例如，当把一个金属与含有 Fe^{3+} 和 Fe^{2+} 的溶液相接触时，金属与溶液的费米能通常不相等。通过两相之间的电子转移使两者相等，电子可从费米能高（高的 $\bar{\mu}_e$ 或更有能量的电子）的相流到费米能低的相。该电子流动调节界面电荷与引起两相中电势差（与电极电势）的移动，随着平衡的建立，电极电势达到稳定。在这个过程中总的转移的电荷数量通常相当小（2.2.2节），并不显著改变电化学池组分。

该例子的平衡需要

$$\bar{\mu}^S_{Fe^{3+}}+\bar{\mu}^M_e=\bar{\mu}^S_{Fe^{2+}} \qquad (2.2.36)$$

重排上式并扩展电化学势，得到

㉒ 该能量也经常称为Fermi能级。更准确地讲，它是电子在各种能级中占有概率为0.5的Fermi-Dirac分布的能量。3.5.5节与20.1.4节中将详细介绍 $\boldsymbol{E}_F$。如果往相中加上一个电子，它将与费米能平衡；如果移走一个电子，它将来自（即它的空位将与费米能平衡）费米能。

㉓ 一个电极的电势与费米能有不同的正负号，因为电势是所涉及的正试验电荷的能量变化，而费米能相对的是负的电子。

$$\overline{\mu}_e^M=\mu_{Fe^{2+}}^{0S}-\mu_{Fe^{3+}}^{0S}-RT\ln\frac{a_{Fe^{3+}}}{a_{Fe^{2+}}}-F\phi^S \tag{2.2.37}$$

该公式显示 $\overline{\mu}_e^M$（即金属的费米能）确实反映了标准化学势和 Fe^{3+} 与 Fe^{2+} 的活度。

可通过可测量的电极电势（E 相对于一个参比电极）与氧化还原电对的标准化学势 $E^0_{Fe^{3+}/Fe^{2+}}$ 来重写式(2.2.37)。这样做的话，需要采用本章前面所建立的三个定义：

$$\overline{\mu}_e^M=\mu_e^{0M}-F\phi^M \tag{2.2.38}$$

$$E=\phi^M-\phi^{ref} \tag{2.2.39}$$

$$E^0_{Fe^{3+}/Fe^{2+}}=-(\mu_{Fe^{2+}}^{0S}-\mu_{Fe^{3+}}^{0S})/F \tag{2.2.40}$$

将这三个公式代入到式(2.2.37)，随后重排得到

$$E=E^0_{Fe^{3+}/Fe^{2+}}+\frac{RT}{F}\ln\frac{a_{Fe^{3+}}}{a_{Fe^{2+}}}+\frac{\mu_e^{0M}}{F}-(\phi^{ref}-\phi^S) \tag{2.2.41}$$

这里 μ_e^{0M} 是电子在金属中的标准化学势；$\phi^{ref}-\phi^S$ 是参比电极与溶液之间的电势差。式(2.2.41)确认 E 像 $\overline{\mu}_e^M$ 一样依赖于 Fe^{3+} 与 Fe^{2+} 的活度。

在式(2.2.38) 中，每项的单位是每摩尔能量。除以 Avogadro 常数 N_A 后，每项可采用每电子能量来表示。在该过程中，我们认识到：(a) $F/N_A=e$（这里 e 是电子的电荷）；(b) $\phi^M=E+\phi^{ref}$；(c) $\overline{\mu}_e^M/N_A=\boldsymbol{E}_F^M$；(d) $\overline{\mu}_e^{0M}/N_A=-\Phi_M$（这里 Φ_M 是电极材料的功函数）[37]㉔。因此，式(2.2.38) 等价于

$$\boldsymbol{E}_F^M=-\Phi_M-e(E+\phi^{ref}) \tag{2.2.42}$$

由该关系式可得出三点重要结论：

① $\boldsymbol{E}_F^M$ 值反映的是电化学池中金属的电子结构（由功函数定量）与各相中的电荷状态，包括金属，由式(2.2.42) 中的最后一项给出。

② $\boldsymbol{E}_F^M$ 与任何可测量的 E 之间的关系不能严格地给出，因为单个电极的电势 ϕ^{ref} 是未知的。

③ 随着 E 移向更正的值，金属中的电子能 $\boldsymbol{E}_F^M$ 将会减少相同的值（反之亦然）。图 2.1.2 显示了 $\boldsymbol{E}_F^M$ 与 E 之差的方向性。

2.3 液接界电势

目前为止在本章中，我们仅考察了平衡体系，已知在电化学平衡体系中的电势差可用热力学准确地处理。然而，在许多真实的电化学池中是没有平衡的，因为它们的特征是在工作与参比电极周围由不同的电解质包围。在两个溶液之间存在一个界面，物质的传递过程使溶质混合。除非两个溶液最初的浓度相同，否则液接（界）(liquid junction) 不会处于平衡，因为净的物质流动一直在穿过界面。

2.3.1 电解质溶液-电解质溶液边界的电势差

考察如下的电化学池

$$\underset{\alpha}{Cu/Zn/Zn^{2+}(0.1mol/L),\ NO_3^-(0.2mol/L)}/\underset{\beta}{Cu^{2+}(0.1mol/L),NO_3^-(0.2mol/L)}/Cu' \tag{2.3.1}$$

其平衡过程见图 2.3.1。在零电流时电池的电势为

$$E=(\phi^{Cu'}-\phi^{\beta})-(\phi^{Cu}-\phi^{\alpha})+(\phi^{\beta}-\phi^{\alpha}) \tag{2.3.2}$$

E 的前两项是期望的 Cu 与 Zn 电极的界面电势差，第三项是测量的电池电势，也与两个电解质溶液之间的电势差有关，即液接（界）电势 (liquid junction potential)。液接电势的发现威胁到

㉔ 功函数是从不带电荷的固体表面移动一个电子到真空所需要的能量。对于典型的金属，功函数在 2～6eV。在所定义的功函数 Φ_M 中包括表面能，在此我们忽略了它。该表面能依赖于晶体的取向、表面弛豫、吸附及溶剂相互作用[28,34]。

我们的电极电势体系，因为该电极电势体系是基于这样的思想，所有对于 E 的贡献可归因于一个电极或其他电极，而液接电势不是这样。我们必须评估这种现象的重要性。

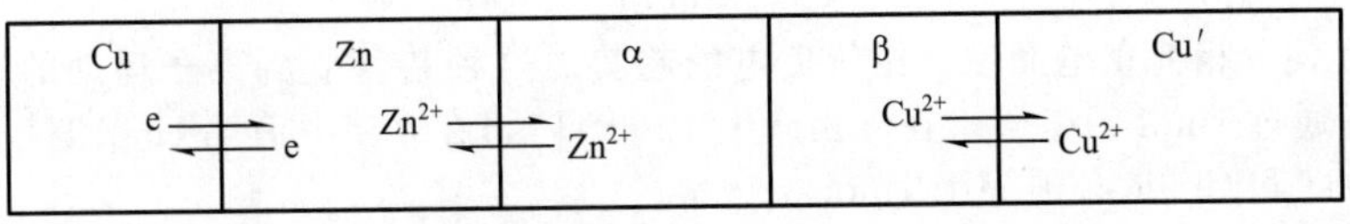

图 2.3.1 电化学池［式(2.3.1)］中的各相边界

对于所示的一些特定的电荷载体，可以建立平衡，但在两种电解质 α 相和 β 相的接触处，平衡没有建立

2.3.2 液接界的类型

通过对图 2.3.2(a) 所示边界的研究，可以容易地理解液接界电势存在的现实。在液体接界处，H^+ 和 Cl^- 有急剧升高的浓度梯度，因此，两种离子势必从右到左扩散。由于氢离子较氯离子的淌度大得多，所以它最初以较高的速度进入浓度较稀的相。这个过程使浓度较稀的相得到正电荷而浓度较大的相得到负电荷，其结果就产生了边界电势差。而后相应的电场阻碍 H^+ 的运动并加快 Cl^- 的通过，直到两者穿过此界面的速率相等。由于电荷分离，就有一个可检测的电势差，它不是由于一个平衡过程所产生的[3,26,38-39]。根据它产生的根源，有时该界面电势被称为扩散电势（diffusion potential）。

Lingane[3] 把液接界分为三种类型：

① 电解质相同但浓度不同的两种溶液，如图 2.3.2(a) 所示；

② 相同浓度的两种不同电解质溶液，有一种共同离子，如图 2.3.2(b) 所示；

③ 不满足上述两种情况的两种溶液，如图 2.3.2(c) 所示。

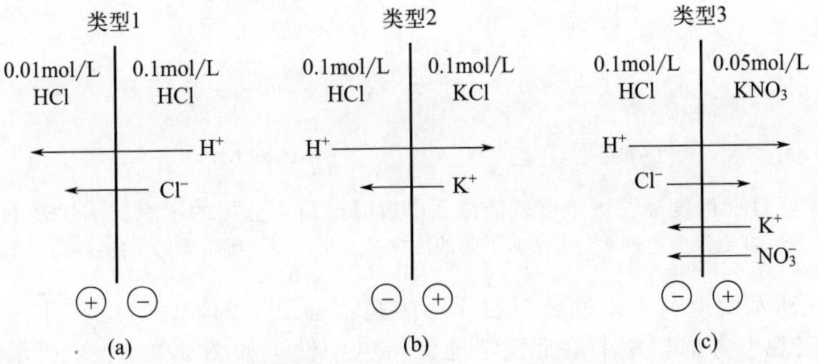

图 2.3.2 液接界的类型：(a) 类型 1；(b) 类型 2；(c) 类型 3

箭头所指方向是每种离子的净传递方向，箭头的长度表示离子的相对淌度。对于每种情况下的液接电势的极性由圆圈中的符号表示（改编自 J. J. Lingane[3]，John Wiley & Sons）

将会发现这种分类方法在以后处理液接电势时是有用的。

尽管边界区域不处于平衡状态，但经过较长时间后，界面处的组分实际上是恒定的，因此可以研究该界面电荷的可逆转移行为。

2.3.3 电导率、迁移数和淌度

当电流通过一个电化学池时，溶液中的电流是通过离子运动来传导的。例如，以如下电化学池作为例子：

$$\ominus \mathrm{Pt}/\mathrm{H_2}(1\mathrm{bar})/\underset{\alpha(a_1)}{\mathrm{H^+,Cl^-}}/\underset{\beta(a_2)}{\mathrm{H^+,Cl^-}}/\mathrm{H_2}(1\mathrm{bar})\mathrm{Pt'}\oplus \tag{2.3.3}$$

这里 $a_2 > a_1$㉕。当电化学池以原电池的方式运作（即自发的）时，在左边电极上发生氧化

㉕ 一个如式(2.3.3) 所示的电化学池，两边具有相同的电极，但一种或两种氧化还原形式的活度不同，称为浓差电池（concentration cell）。

$$H_2 \longrightarrow 2H^+(\alpha) + 2e(Pt) \tag{2.3.4}$$

右边电极上发生还原

$$2H^+(\beta) + 2e(Pt') \longrightarrow H_2 \tag{2.3.5}$$

因此，存在一个使 α 相荷正电而使 β 相荷负电的趋势。这种趋势受到离子运动的制约：H^+ 向右及 Cl^- 向左。每通过 1mol 的电子，在 α 相产生 1mol H^+，在 β 相中消耗 1mol H^+。通过 α 相和 β 相界面的总的 H^+ 和 Cl^- 量必须等于 1mol。

将由 H^+ 和 Cl^- 所运载的电流分数称为它们的迁移数（transference number）[26]。如果以 t_+ 表示 H^+ 的迁移数，以 t_- 表示 Cl^- 的迁移数，显然有

$$t_+ + t_- = 1 \tag{2.3.6}$$

通常，对于一个含有多种离子 j 的电解质溶液，每个离子都携带一些电流，这样有

$$\boxed{\sum_j t_j = 1} \tag{2.3.7}$$

可用图 2.3.3 来图示电化学池中的该过程。在电化学池的右边最初有较高活度的盐酸［图 2.3.3(a)］；因此自发放电时在左边产生 H^+，在右边消耗 H^+。如图 2.3.3(b) 所示，假设 5 个单位的氢离子产生与消耗。对于盐酸，$t_+ \approx 0.8$ 和 $t_- \approx 0.2$；因此，为了保持电中性，4 个单位的氢离子必须迁移到右边，1 个单位 Cl^- 到左边。此过程见图 2.3.3(c)，溶液的最终状态见图 2.3.3(d)。

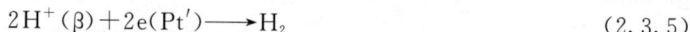

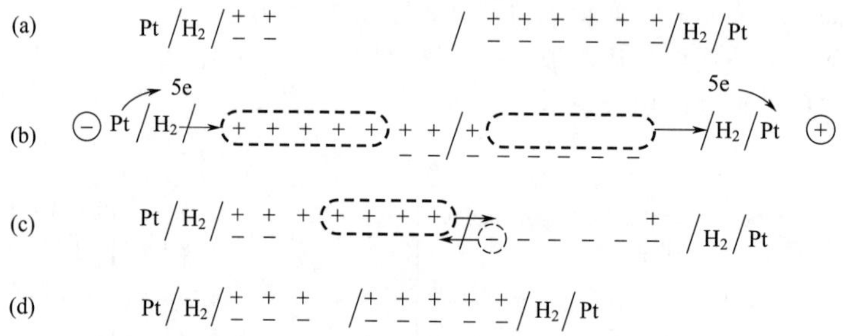

图 2.3.3　一个右边 HCl 浓度高左边浓度低的体系电解时电荷再分配的示意（＋代表 H^+，－代表 Cl^-）
(a) 初始态；(b) 在电极上通过 5 个电子时引起的法拉第变化；(c) 所需要离子的迁移；(d) 最后的状态

图 2.3.3(b) 所示的电荷不平衡情况在实际中是不会发生的，因为会产生一个很大的电场来消除不平衡。从宏观上考虑，整个溶液稳定地保持电中性。如图 2.3.3(c) 所示的迁移与电子转移反应同时发生。

迁移数是通过详细地测量离子电导而得到的，主要是通过测量溶液中有电流通过时的电阻或电阻的倒数，电导 G[39,40]。电场中溶液的电导与电场矢量相垂直的截面积 A 成正比，与平行于电场矢量的溶液部分的长度 l 成反比。该比例常数为电导率（conductivity）κ，它是溶液的固有性质：

$$G = \kappa A / l \tag{2.3.8}$$

G 的单位为西门子（$S = \Omega^{-1}$）；κ 的单位是 S/cm 或 $\Omega^{-1} \cdot cm^{-1}$。

由于通过溶液的电流是由不同离子的独立运动所完成的，所以 κ 是所有离子物种 j 贡献的总和。直观上讲每一种组分的 κ 与离子的浓度、所带电荷数 $|z_j|$ 及其迁移速率的某种指标成正比。

这个指标称为淌度 u_j（mobility），它是单位电场强度下离子运动的极限速度。淌度通常的量纲是 $cm^2/(V \cdot s)$［即 (cm/s)/(V/cm)］。当一个强度为 $\boldsymbol{\varepsilon}$ 的电场施加到一种离子上，离子将在此电场力的作用下加速运动，直到摩擦阻力与电场力平衡。然后该离子将以此终端速度运动。图 2.3.4 显示了此平衡作用。

电场所施加的力的大小为 $|z_j|e\boldsymbol{\varepsilon}$，这里 e 是电子的电荷。摩擦阻力可由 Stokes 定律近似为

[26] 或迁移数（transport number）。

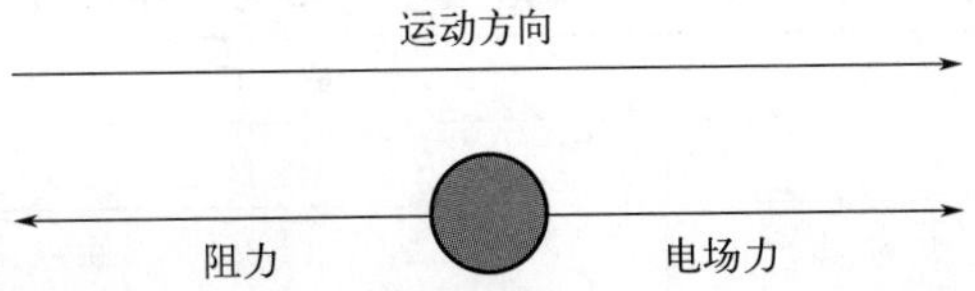

图 2.3.4　在电场作用下溶液中运动的荷电粒子上的力。在终端速度时这些力达到平衡

$6\pi\eta rv$，这里 η 是介质的黏度；r 是离子的半径；v 是速度。当达到终端速度时，经过重排得到如下公式：

$$u_j=\frac{v}{\varepsilon}=\frac{|z_j|e}{6\pi\eta r} \tag{2.3.9}$$

联系各种离子电导率与电荷、淌度和浓度之间关系的比例系数就是法拉第常数，这样

$$\boxed{\kappa=F\sum_j|z_j|u_jC_j} \tag{2.3.10}$$

对于物种 j 的迁移数是它对电导率的贡献除以总的电导率：

$$\boxed{t_j=\frac{|z_j|u_jC_j}{\sum_k|z_k|u_kC_k}} \tag{2.3.11}$$

对于简单的纯电解质溶液（例如，一正和一负的离子），如 KCl、$CaCl_2$ 和 HNO_3，其电导通常用当量电导率 Λ（equivalent conductivity）来描述，其定义为

$$\boxed{\Lambda=\frac{\kappa}{C_{eq}}} \tag{2.3.12}$$

式中，C_{eq} 为正（或负）电荷的浓度（经常称为当量浓度）。这样，Λ 表示的是单位电荷浓度的电导率。对于这些体系中的任意一种离子，由于 $|z|C=C_{eq}$，从式(2.3.10）和式(2.3.12）中可知

$$\Lambda=F(u_++u_-) \tag{2.3.13}$$

式中，u_+ 为正离子的淌度；u_- 为负离子的淌度。由此关系可知 Λ 是每种离子当量离子电导率的总和

$$\Lambda=\lambda_++\lambda_- \tag{2.3.14}$$

因此有

$$\lambda_j=Fu_j \tag{2.3.15}$$

在这些简单的溶液中，迁移数 t_j 可由下式给出

$$t_j=\lambda_j/\Lambda \tag{2.3.16}$$

或者

$$t_j=\frac{u_j}{u_++u_-} \tag{2.3.17}$$

迁移数可通过几种方法进行测量[39-40]，在文献中有大量的关于纯溶液的数据。通常，迁移数由电解时所引起的浓度变化来测量，如图 2.3.3（见习题 2.11）所示的实验。表 2.3.1 给出了在 25℃时水溶液的一些值。从这些结果中，人们可以导出单个离子的电导率 λ_j。λ_j 和 t_j 的值均与纯电解质的浓度有关，因为离子之间的相互作用可以改变其淌度[39-40,42]。在表 2.3.2 中所列出的 λ_j 值，通常是 λ_{0j} 值，它是由外推到无限稀释时而得到的。在查不到迁移数时，可以方便地采用这些值和公式(2.3.16）去估算纯溶液的 t_j 值，对于混合电解质溶液，可采用与式(2.3.11）类似的方法计算 t_j：

$$\boxed{t_j=\frac{|z_j|C_j\lambda_j}{\sum_k|z_k|C_k\lambda_k}} \tag{2.3.18}$$

表 2.3.1 25℃时水溶液中的阳离子迁移数①

电解质	浓度(C_{eq})②			
	0.01	0.05	0.1	0.2
HCl	0.8251	0.8292	0.8314	0.8337
NaCl	0.3918	0.3876	0.3854	0.3821
KCl	0.4902	0.4899	0.4898	0.4894
NH_4Cl	0.4907	0.4905	0.4907	0.4911
KNO_3	0.5084	0.5093	0.5103	0.5120
Na_2SO_4	0.3848	0.3829	0.3828	0.3828
K_2SO_4	0.4829	0.4870	0.4890	0.4910

① 引自 MacInnes[41] 及所引的文献。

② 正（或负）电荷的摩尔浓度，mol/L。

表 2.3.2 25℃时无限稀释的水溶液的离子特性

离子	$\lambda_0/[cm^2/(\Omega \cdot eq)]$①	$u/[cm^2/(s \cdot V)]$②	离子	$\lambda_0/[cm^2/(\Omega \cdot eq)]$①	$u/[cm^2/(s \cdot V)]$②
H^+	349.82	3.625×10^{-3}	I^-	76.85	7.96×10^{-4}
K^+	73.52	7.619×10^{-4}	NO_3^-	71.44	7.404×10^{-4}
Na^+	50.11	5.193×10^{-4}	OAc^-	40.9	4.24×10^{-4}
Li^+	38.69	4.010×10^{-4}	ClO_4^-	68.0	7.05×10^{-4}
NH_4^+	73.4	7.61×10^{-4}	$\frac{1}{2}SO_4^{2-}$	79.8	8.27×10^{-4}
$\frac{1}{2}Ca^{2+}$	59.50	6.166×10^{-4}	HCO_3^-	44.48	4.610×10^{-4}
OH^-	198	2.05×10^{-3}	$\frac{1}{3}Fe(CN)_6^{3-}$	101.0	1.047×10^{-3}
Cl^-	76.34	7.912×10^{-4}			
Br^-	78.4	8.13×10^{-4}	$\frac{1}{4}Fe(CN)_6^{4-}$	110.5	1.145×10^{-3}

① 引自 MacInnes[43]。

② 由 λ_0 计算而得。

也存在一些固体电解质，有时在电化学池中用到它们，如β-氧化铝、卤化银和高分子如聚环氧乙烷/$LiClO_4$[44-45]。在这些材料中，离子即使在无溶剂时也可在电场作用下运动。例如，单晶β-氧化铝钠在室温下的电导率是 0.035S/cm，这个值与水溶液中的类似。固体电解质在制造电池和电化学器件时是很重要的。其中有些固体电解质（如 α-Ag_2S 和 AgBr）与所有液体电解质有着本质上的不同，它们既有电子导电又有离子导电。可以通过在电化学池上施加一个不足以引起电化学反应的很小的电压，观察所引起的电流（非法拉第电流）大小来确定固体电解质的电子电导的相对贡献。另外，可通过电解分别确定法拉第电流的贡献（见习题 2.12）。

2.3.4 液接界电势的计算

假设如图 2.3.5 所示浓差电池［式(2.3.3)］与一个电源相接。电源所加电压与电池的电压相反，可以用实验的方法使这两个电压正好抵消，这样在检流计 G 上就没有电流流过。如果所加的反向电压稍微减少一些，电池反应将像前面所描述的那样自发地进行，在外电路中电子从 Pt 流向 Pt′。在液接区所发生的过程是从右到左有等量的负电荷通过。如果所加的反向电压是从零点开始增大，包括电解质界面的电荷转移在内的整个过程将反过来。驱动力有很小的变化就可以改变电荷流通方向的事实说明整个过程的电化学自由能的变化为零。

这些现象可分解为在金属-溶液界面上发生的化学转变：

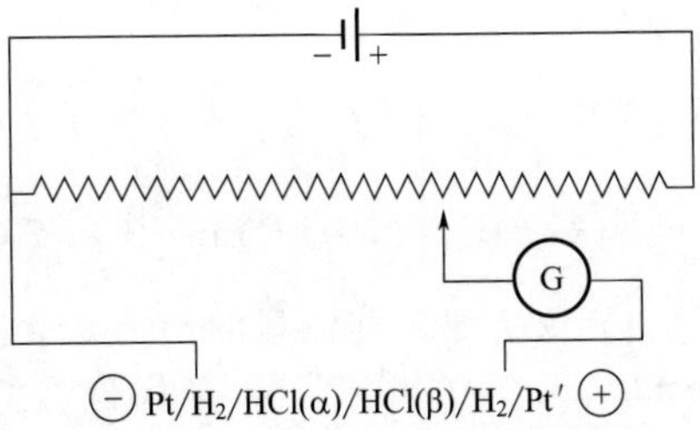

图 2.3.5　说明电荷在一个有液接界电化学池中可逆流动的实验体系
G 是检流计，能够测量电流及其方向的高灵敏的伏安计。可通过调节分压器（图 1.2.4）找到电的平衡点，使 G 显示没有电流

$$\frac{1}{2}H_2 \rightleftharpoons H^+(\alpha)+e(Pt) \tag{2.3.19}$$

$$H^+(\beta)+e(Pt') \rightleftharpoons \frac{1}{2}H_2 \tag{2.3.20}$$

以及图 2.3.6 所示的在液接界区影响电荷迁移的情况：

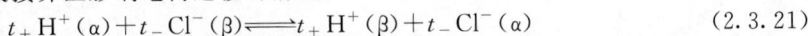

$$t_+H^+(\alpha)+t_-Cl^-(\beta) \rightleftharpoons t_+H^+(\beta)+t_-Cl^-(\alpha) \tag{2.3.21}$$

由于式(2.3.19) 和式(2.3.20) 在零电流条件下是严格平衡的；因此每个反应各自的电化学自由能的变化为零。当然，这一点对于它们的总和也是正确的。

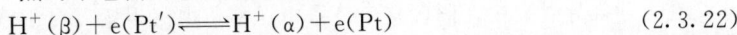

$$H^+(\beta)+e(Pt') \rightleftharpoons H^+(\alpha)+e(Pt) \tag{2.3.22}$$

它描述了体系的化学变化。此式加上描述电荷迁移的关系式(2.3.21) 阐述了电化学池中发生的整个过程。然而，已经知道对于整个过程和式(2.3.22) 的电化学自由能的变化均为零，因此可以得出结论：对于式(2.3.21)，其电化学自由能的变化也为零。换言之，尽管电荷在液接界面上的转移不能认为是一个平衡过程，但是该过程的发生方式却使体系的电化学自由能变化为零。这个重要结论提供了一种计算液接界电势的方法。

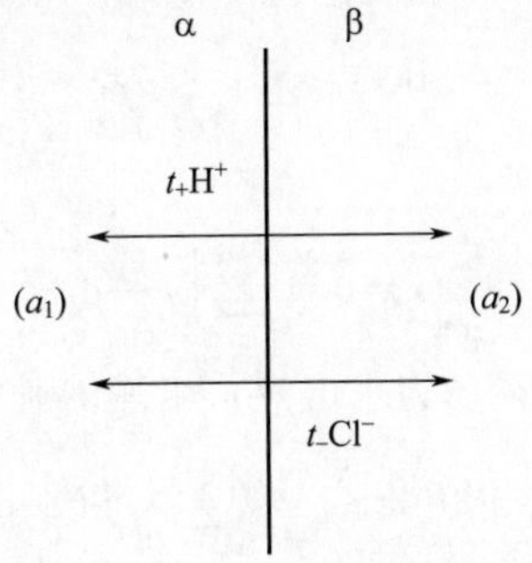

图 2.3.6　通过图 2.3.5 中所示液接界的可逆电荷转移示意

首先把注意力集中在净化学反应式(2.3.22) 上。由于电化学自由能的变化为零，那么

$$\overline{\mu}^{\beta}_{H^+}+\overline{\mu}^{Pt'}_{e}=\overline{\mu}^{\alpha}_{H^+}+\overline{\mu}^{Pt}_{e} \tag{2.3.23}$$

$$FE=F(\phi^{Pt'}_{e}-\phi^{Pt}_{e})=\overline{\mu}^{\beta}_{H^+}-\overline{\mu}^{\alpha}_{H^+} \tag{2.3.24}$$

$$E=\frac{RT}{F}\ln\frac{a_2}{a_1}+(\phi^{\beta}-\phi^{\alpha}) \tag{2.3.25}$$

在式(2.3.25) 中 E 的第一部分仅是与可逆化学变化相关的能斯特关系，而 $\phi^{\beta}-\phi^{\alpha}$ 为液接电势。通常，对于零电流条件下的一个可逆化学体系，

$$E_{cell}=E_{Nernst}+E_j \tag{2.3.26}$$

因此，液接界电势对 Nernst 响应来讲是一个附加干扰。

为了求出 E_j 值，考虑式(2.3.21)

$$t_+\overline{\mu}^{\alpha}_{H^+}+t_-\overline{\mu}^{\beta}_{Cl^-}=t_+\overline{\mu}^{\beta}_{H^+}+t_-\overline{\mu}^{\alpha}_{Cl^-} \tag{2.3.27}$$

因此，

$$t_+(\overline{\mu}^{\alpha}_{H^+}-\overline{\mu}^{\beta}_{H^+})+t_-(\overline{\mu}^{\beta}_{Cl^-}-\overline{\mu}^{\alpha}_{Cl^-})=0 \tag{2.3.28}$$

$$t_+\left[RT\ln\frac{a^{\alpha}_{H^+}}{a^{\beta}_{H^+}}+F(\phi^{\alpha}-\phi^{\beta})\right]+t_-\left[RT\ln\frac{a^{\beta}_{Cl^-}}{a^{\alpha}_{Cl^-}}-F(\phi^{\beta}-\phi^{\alpha})\right]=0 \tag{2.3.29}$$

单个离子的活度系数在热力学严格定义上是不能测量的[2,38,46-47]；因此通常用可测量的平均离子活度系数（mean ionic activity coefficient）（2.1.5 节）来代替。在此计算过程中，$a^{\alpha}_{H^+}=a^{\alpha}_{Cl^-}=a_1$，$a^{\beta}_{H^+}=a^{\beta}_{Cl^-}=a_2$。由于 $t_++t_-=1$，对于类型 1 电解质为 1∶1 时，有

$$\boxed{E_j=\phi^{\beta}-\phi^{\alpha}=(t_+-t_-)\frac{RT}{F}\ln\frac{a_1}{a_2}} \tag{2.3.30}$$

例如，考虑 $a_1=0.01$ 和 $a_2=0.1$ 的 HCl 溶液，从表 2.3.1 可知 $t_+=0.83$，$t_-=0.17$；因此在 25℃时为

$$E_j=(0.83-0.17)59.1\times\lg\frac{0.01}{0.1}=-39\text{mV} \tag{2.3.31}$$

对于整个电化学池，

$$E=59.1\lg\frac{a_2}{a_1}+E_j=59-39=20(\text{mV}) \tag{2.3.32}$$

可见液接电势是所测得的电池电势的一个重要组成部分。

在上述推导过程中，假设整个体系中迁移数恒定不变。对于液接界电势类型 1，这是一个非常好的近似，因此式(2.3.30) 并不是过于折中的方法。对于类型 2 和类型 3 的体系，显然式(2.3.30) 不适用。在考虑这些情况时，必须将液接界区分割成无数个单位体积元，其组成逐渐从纯 α 相到纯 β 相过渡。穿过每一单位体积元的迁移电荷与组分中的每一个离子物种有关，每通过 1mol 电荷必须有 $t_j/|z_j|$ mol 物种 j 的移动。这样，从 α 相到 β 相正电荷的传输可见图 2.3.7 所示。可以看出电化学自由能的变化与任何可运动物种的关系是 $(t_j/z_j)\mathrm{d}\overline{\mu}_j$（$z_j$ 是与符号有关的量）；因此，总的电化学自由能的微分是

$$\mathrm{d}\overline{G}=\sum_j\frac{t_j}{z_j}\mathrm{d}\overline{\mu}_j \tag{2.3.33}$$

从 α 相到 β 相进行积分，可得到

$$\int_{\alpha}^{\beta}\mathrm{d}\overline{G}=0=\sum_j\int_{\alpha}^{\beta}\frac{t_j}{z_j}\mathrm{d}\overline{\mu}_j \tag{2.3.34}$$

如果 μ_j^0 对于 α 相和 β 相（比如，如果均为水溶液）相等，则有

$$\sum_j\int_{\alpha}^{\beta}\frac{t_j}{z_j}RT\,\mathrm{d}\ln a_j+\left(\sum_j t_j\right)F\int_{\alpha}^{\beta}\mathrm{d}\phi=0 \tag{2.3.35}$$

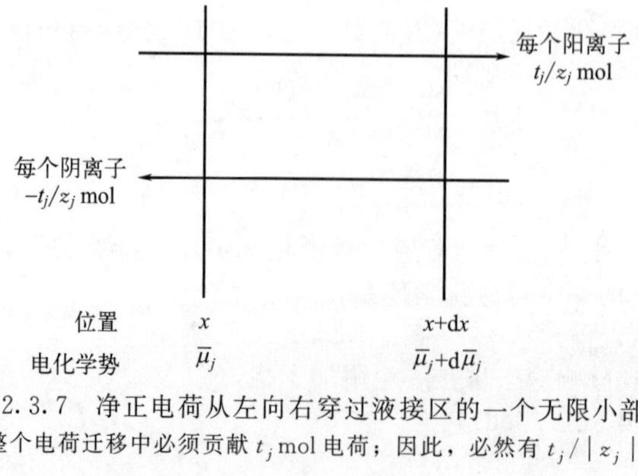

图 2.3.7　净正电荷从左向右穿过液接区的一个无限小部分

1mol 每种物质在整个电荷迁移中必须贡献 t_j mol 电荷；因此，必然有 $t_j/|z_j|$ mol 那种物质迁移

由于$\sum t_j=1$，

$$E_j=\phi^\beta-\phi^\alpha=-\frac{RT}{F}\sum_j\int_\alpha^\beta \frac{t_j}{z_j}\mathrm{d}\ln a_j \tag{2.3.36}$$

这是液接电势的通用表达式。显而易见，式(2.3.30) 是 t_j 为常数、1∶1 型电解质溶液间的类型 1 液接界的特例。

应当注意对于类型 1，E_j 与 t_+-t_- 有密切关系，如果 $t_+=t_-$，E_j 实际上等于零。这样，对于如下电化学池

$$Ag/AgCl/KCl(0.1mol/L)/KCl(0.01mol/L)/AgCl/Ag \tag{2.3.37}$$

有 $t_+=0.49$ 与 $t_-=0.51$，在 25℃时 $E_j=-1.2$mV，该值为上述基于 HCl 的电化学池值的 1/30。

类型 1 液接界可在一定的严格条件下进行处理，与形成此接界的方法无关，但类型 2 和类型 3 液接界的电势却与它们形成的方式有关（例如，静止的或流动的），并且它们仅能通过近似的方法处理。显然不同的液接界形成方式导致通过液接界区的 t_j 的剖面不同，这样导致有对于式(2.3.36) 不同的积分。E_j 的近似值可通过如下的假设来得到：①离子在液接界区任何地方的摩尔浓度数值上与活度等价；②每一种离子的浓度在两相之间线性转变。

这样，式(2.3.36) 可被积分，给出 Henderson 公式[26,38]：

$$E_j=\frac{\sum_j \frac{|z_j|\mu_j}{z_j}[C_j(\beta)-C_j(\alpha)]}{\sum_j |z_j|\mu_j[C_j(\beta)-C_j(\alpha)]}\frac{RT}{F}\ln\frac{\sum_j |z_j|\mu_j C_j(\alpha)}{\sum_j |z_j|\mu_j C_j(\beta)} \tag{2.3.38}$$

式中，u_j 为物种 j 的淌度；C_j 为物种 j 的摩尔浓度（无单位）。

对于类型 2 液接界，电解质溶液 1∶1 的情况，这个公式称为 Lewis-Sargent 关系式：

$$E_j=\pm\frac{RT}{F}\ln\frac{\Lambda_\beta}{\Lambda_\alpha} \tag{2.3.39}$$

这里正号相应于两相中有一阳离子作为共同离子，负号相应于两相中有一阴离子作为共同离子。下面的电化学池可作为一个例子：

$$Ag/AgCl/HCl(0.1mol/L)/KCl(0.01mol/L)/AgCl/Ag \tag{2.3.40}$$

其 E_{cell} 本质上为 E_j。在 25℃时测量值为 (28±1)mV，与形成此液接界的技术有关[38]，由式(2.3.39) 和表 2.3.2 的数据其估算值为 26.8mV。

2.3.5　液接界电势的最小化

在大多数电化学实验中，液接界电势是一个附加的影响因素，因而总是经常要设法使其减小。或者希望它很小或至少保持不变。减小 E_j 的常用方法是用一个具有高浓度体系的盐桥 (salt bridge) 来取代液接部分，而盐桥的溶液中正、负离子具有几乎相等的淌度，例如对于

$$HCl(C_1)/NaCl(C_2) \tag{2.3.41}$$

可用如下体系来取代

$$HCl(C_1)/KCl(C)/NaCl(C_2) \tag{2.3.42}$$

对于如下的电化学池，表 2.3.3 列出了一些测量的液接界电势，

$$Hg/Hg_2Cl_2/HCl(0.1mol/L)/KCl(0.1mol/L)/Hg_2Cl_2/Hg \tag{2.3.43}$$

表 2.3.3　盐桥对所测量的液接界电势的影响①

KCl 的浓度 C/(mol/L)	E_j/mV	KCl 的浓度 C/(mol/L)	E_j/mV
0.1	27	2.5	3.4
0.2	20	3.5	1.1
0.5	13	4.2(饱和溶液)	<1
1.0	8.4		

① Lingane[48]。

注：原始数据来自 Fales 与 Vosburgh[49]，Guggenheim[50] 与 Ferguson 等[51]。

随着 C 的增加，E_j 显著降低，因为在两个液接界部位的离子迁移很大程度上由高浓度的 KCl 来完成。这一系列液接界电势大小相近但极性相反，因此它们趋于相互抵消。在水性盐桥中通常包含有 KCl($t_+=0.49$，$t_-=0.51$)，或者在 Cl^- 有干扰时，采用 KNO_3($t_+=0.51$，$t_-=0.49$)。其他的已被推荐用于盐桥、具有相等迁移数的浓溶液包括 CsCl($t_+=0.5025$)、RbBr($t_+=0.4958$)和 NH_4I($t_+=0.4906$)[52]。

在许多测量中，如测量 pH 值时，如果液接界电势在校正（例如，采用一个标准缓冲溶液）和测量时保持恒定就足够了。然而，E_j 仍有 1～2mV 的变化，这在解释电势数据时都应该考虑到。

2.3.6 两互不相溶液体之间的液接界

另外一类接界是两互不相溶电解质溶液[53-57]。一个典型的例子是

$$\underset{\alpha\text{相}}{K^+Cl^-(H_2O)}/\underset{\beta\text{相}}{TBA^+ClO_4^-(\text{硝基苯})} \tag{2.3.44}$$

这里 $TBA^+ClO_4^-$ 是四丁基铵高氯酸盐。电化学池在两个水溶液之间有互不相溶液体界面，例如下式

$$Ag/AgCl/KCl(\text{水相})/TBA^+ClO_4^-(\text{硝基苯})/KCl(\text{水相})AgCl/Ag \tag{2.3.45}$$

该类电化学池对于在离子选择性电极（2.4.3 节）中的应用与作为生物膜模型是很有意义的。处理穿过该接界的电势的方式类似于本节早前给出的方法，不同之处是任何物种 j 在两相中标准化学势 $\mu_j^{0\alpha}$ 与 $\mu_j^{0\beta}$ 现在不同了。在平衡时，$\overline{\mu}_j^{\alpha}=\overline{\mu}_j^{\beta}$ 这样界面电势差为

$$\phi^{\beta}-\phi^{\alpha}=-\frac{1}{z_jF}\left[\Delta G^{0\alpha\to\beta}_{\text{transfer},j}+RT\ln\left(\frac{a_j^{\beta}}{a_j^{\alpha}}\right)\right] \tag{2.3.46}$$

这里 $\Delta G^{0\alpha\to\beta}_{\text{transfer},j}$ 是带电物种 j（电荷 z_j）在两相之间转移需要的标准自由能，定义为

$$\Delta G^{0\alpha\to\beta}_{\text{transfer},j}=\mu_j^{0\beta}-\mu_j^{0\alpha} \tag{2.3.47}$$

该值可由溶解度数据进行估算，但仅在采用所谓的超热力学假设下。例如，对于四苯砷四苯硼盐（$TPAs^+TPB^-$），由于它们都是大的离子，大部分电荷都埋在周围的苯环中[58]，普遍认为 $TPAs^+$ 的溶剂化自由能（$\Delta G^0_{\text{solvn}}$）与 TPB^- 相等。因此，每种离子的溶剂化自由能等于其盐的一半，在给定的溶剂中，盐的溶剂化自由能可由溶度积测量得到，即

$$\Delta G^0_{\text{solvn}}(TPAs^+)=\Delta G^0_{\text{solvn}}(TPB^-)=\frac{1}{2}\Delta G^0_{\text{solvn}}(TPAs^+TPB^-) \tag{2.3.48}$$

$$\Delta G^{0\alpha\to\beta}_{\text{transfer},TPAs^+}=\Delta G^0_{\text{solvn}}(TPAs^+,\beta)-\Delta G^0_{\text{solvn}}(TPAs^+,\alpha) \tag{2.3.49}$$

另外，$\Delta G^{0\alpha\to\beta}_{\text{transfer},j}$ 可由盐在 α 相与 β 相之间的分配而求算。对于每个离子而言，如果两相互溶性较小的话，该方法测量得到的值应该与由式(2.3.49) 计算得到的一致。

离子在两互不相溶液体界面上的转移速度也是很有趣的，可采用电化学方法进行研究（7.8 节）。

2.4 离子选择性电极

2.4.1 选择性界面

假设可以在两电解质溶液相之间产生一个界面，仅一种离子可穿过。式(2.3.36) 仍适用，但如果认识到可透过离子的迁移数为 1 而其他的离子的迁移数为零，可简化该式。如果两种电解质溶解在相同的溶剂中，通过积分式(2.3.36) 可得到下式：

$$\frac{RT}{z_j}\ln\frac{a_j^{\beta}}{a_j^{\alpha}}+F(\phi^{\beta}-\phi^{\alpha})=0 \tag{2.4.1}$$

这里 j 是可穿过该界面的物种，重排给出

$$E_{\text{m}}=-\frac{RT}{z_jF}\ln\frac{a_j^{\beta}}{a_j^{\alpha}} \tag{2.4.2}$$

这里 $E_{\text{m}}=\phi^{\beta}-\phi^{\alpha}$。如果 j 在一相中的活度保持恒定，那么 E_{m} 常被称为膜电势（membrane potential)，将会以能斯特方式对另外一相中的离子活度进行响应。

该理论是离子选择性电极（ion-selective electrode，ISE）的本质[59-65]。采用这些装置的测量是基于膜电势的变化。任何一个单一体系的性质在很大程度上取决于感兴趣的离子在膜部分电荷迁移中占主导地位的程度。下面将看到真实装置是相当复杂的，电荷通过膜迁移的选择性很难达到，且实际上不需要。

许多离子选择性界面已被研究过，一些不同类型的电极已被商品化。将通过它们中的几种离子选择性电极来探讨导入选择性的基本策略。玻璃膜是讨论的出发点，因为它提供了一个相当完整的考察基本概念和实际装置中常见复杂问题的视角。

2.4.2 玻璃电极

在 20 世纪早期人们已经认识到玻璃/电解质溶液界面的离子选择性行为[66]，从那时起，玻璃电极已被应用于 pH 值和碱金属离子活度的测量[16,26,47,59-68]。图 2.4.1 给出了构建典型装置的示意。进行测量时，薄玻璃膜整个浸在待测溶液中，记录相对于一个如 SCE 的参比电极的电极电势。这样，电化学池就变成了

$$\underbrace{\mathrm{Hg/Hg_2Cl_2/KCl(饱和)}}_{\mathrm{SCE}}/待测溶液/\underbrace{玻璃膜/\underbrace{\mathrm{HCl(0.1mol/L)/AgCl/Ag}}_{玻璃电极的内参比电极}}_{玻璃电极} \tag{2.4.3}$$

待测溶液在两个界面及其他部分影响电化学池的总电势差。由 2.3.5 节的讨论希望在 SCE 与待测溶液之间的液接界电势 E_j 很小。待测溶液更重要的影响是对于穿过玻璃膜的电势差。如果 E_j 可忽略（或至少恒定），电化学池中其他的界面均有恒定的组成，电化学池电势的变化可全部归结为玻璃膜和待测溶液之间的液接界。如果此界面仅对单个物种 j 有选择性，电池电势是

$$E=常数+\frac{RT}{z_jF}\ln a_j^{\mathrm{soln}} \tag{2.4.4}$$

式中常数项是其他的界面上电势差的总和㉗。此项可通过“标准化”电极而得到，即用已知 j 活度的标准溶液取代电化学池中待测试溶液，从而测量 E 值㉘㉙。

实际上，玻璃相的行为是相当复杂的[26,47,60,66-67]。膜的本体厚度大约为 50μm，它是干燥的玻璃，通过内部存在的阳离子专一地进行电荷迁移。通常，玻璃内部存在的阳离子为碱金属离子，如 Na^+ 或 Li^+。溶液中的氢离子对该区域的导电并不做出贡献。与溶液相接触的膜的表面与本体不同，因为玻璃的硅酸盐结构是水合的。如图 2.4.2 所示，水合层很薄。仅在该水合层中发生玻璃和邻近溶液之间的相互作用，可因伴随着水合过程的溶胀而在动力学上被加速。

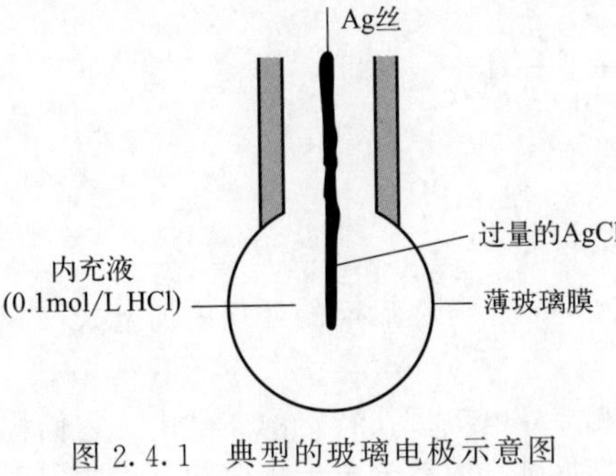

图 2.4.1 典型的玻璃电极示意图

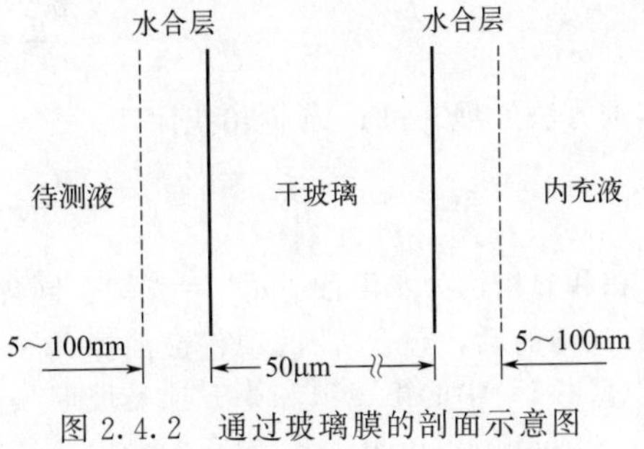

图 2.4.2 通过玻璃膜的剖面示意图

㉗ 式(2.4.4) 是由式(2.4.2) 推导来的，将测试溶液作为 α 相，电极的内充溶液作为 β 相。也见图 2.3.5 和图 2.3.6。

㉘ “物质 j 的活度”是指 j 无单位的浓度乘以平均离子活度系数。请参看 2.1.5 节与 2.3.4 节有关单一离子活度概念。

㉙ 在日常应用中，并不能明确地评估常数项。在一个 pH 计中，一个补偿电压可通过手动来调节标准溶液的测量。当测试溶液替代标准溶液后，pH 计直接准确地读出待测试离子的活度，只要溶液替换不影响该常数。该实验显示膜电势是如何变化的。所以，在测量中必须相对于一个标准进行校准。

每个水合的区域都产生膜电势，因为硅酸盐网络对特定阳离子有亲和力，它们被吸附在此结构上（可能在固定的阴离子位点）。这种作用产生电荷分离从而改变界面电势差。此电势差反过来将改变吸附和脱附的速率。这样，与前面（2.3.2 节）所讨论的关于建立液接界电势的机理类似，速率将逐渐达到平衡。

显然，玻璃膜与一个选择性可透过膜那样的简化思想相悖。事实上，对于最感兴趣的一些离子，如质子，它可能根本没有穿透玻璃膜。那么，这种离子迁移数在整个膜中就并非是 1，准确地讲在特定区域内可能为零。这时仍能理解所观察到的选择性响应吗？如果所感兴趣的离子主导了膜界面区域的电荷转移，答案是肯定的。

考虑如图 2.4.3 所示的一个关于玻璃膜的三个区域的模型。在界面区域 m′和 m″与溶液中组分很快达到平衡，这样每一个吸附的物种有一个活度，它反映了邻近溶液中对应的活度。玻璃的本体由 m 代表，假设传导由单个物种进行，为了讨论的方便，假设为 Na^+。因此整个体系由五个相组成，穿过膜的总的电势差是由本体区域的四部分液接界构成：

$$E_m=(\phi^{\beta}-\phi^{m''})+(\phi^{m''}-\phi^{m})+(\phi^{m}-\phi^{m'})+(\phi^{m'}-\phi^{\alpha}) \tag{2.4.5}$$

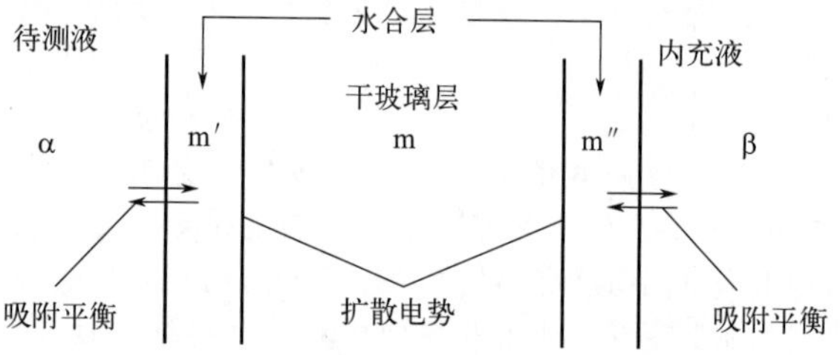

图 2.4.3　处理穿越玻璃膜的膜电势模型

第一项和最后一项是由该界面上选择性电荷交换平衡所产生的界面电势差。这种情况被称为 Donnan 平衡（Donnan equilibrium）[26,60]。由此而产生的电势差的值可由电化学势得到。假设 Na^+ 和 H^+ 作为界面活性离子，这样在界面 α/m' 上

$$\bar{\mu}_{H^+}^{\alpha}=\bar{\mu}_{H^+}^{m'} \tag{2.4.6}$$

$$\bar{\mu}_{Na^+}^{\alpha}=\bar{\mu}_{Na^+}^{m'} \tag{2.4.7}$$

将式(2.4.6) 扩展，有

$$\mu_{H^+}^{0\alpha}+RT\ln a_{H^+}^{\alpha}+F\phi^{\alpha}=\mu_{H^+}^{0m'}+RT\ln a_{H^+}^{m'}+F\phi^{m'} \tag{2.4.8}$$

重排可给出

$$\phi^{m'}-\phi^{\alpha}=\frac{\mu_{H^+}^{0\alpha}-\mu_{H^+}^{0m'}}{F}+\frac{RT}{F}\ln\frac{a_{H^+}^{\alpha}}{a_{H^+}^{m'}} \tag{2.4.9}$$

用同样的方法处理 β 和 m″界面给出

$$\phi^{\beta}-\phi^{m''}=\frac{\mu_{H^+}^{0m''}-\mu_{H^+}^{0\beta}}{F}+\frac{RT}{F}\ln\frac{a_{H^+}^{m''}}{a_{H^+}^{\beta}} \tag{2.4.10}$$

由于 α 相和 β 相均为水溶液，$\mu_{H^+}^{0\alpha}=\mu_{H^+}^{0\beta}$。同理，$\mu_{H^+}^{0m'}=\mu_{H^+}^{0m''}$。在后面的处理中加上式(2.4.9) 和式(2.4.10) 的话，包含 μ^0 的项将被消掉。

式(2.4.5) 中的第二项和第三项是玻璃膜内的液接界电势。在特定的文献中，它们称为扩散电势（diffusion potential），因为它们是由 2.3.2 节中所讨论的差分离子扩散的方式所引起的。这些体系对应于上述所定义的液接界电势类型 3。

可以采用前面所引入的 Henderson 公式(2.3.38) 的另一种形式来处理它们。如果忽略活度的影响并假设界面区域离子浓度是线性分布的，该公式的常用形式可由式(2.3.36) 导出。这里，仅对一价正电荷载体感兴趣，因而对于 m 和 m′的界面，式(2.3.38) 可写为

$$\phi^{m}-\phi^{m'}=\frac{RT}{F}\ln\frac{u_{H^+}a_{H^+}^{m'}+u_{Na^+}a_{Na^+}^{m'}}{u_{Na^+}a_{Na^+}^{m}} \tag{2.4.11}$$

这里浓度被活度取代。另外，对于 m 和 m″的界面有

$$\phi^{m''}-\phi^{m}=\frac{RT}{F}\ln\frac{u_{Na^+}a_{Na^+}^{m}}{u_{H^+}a_{H^+}^{m''}+u_{Na^+}a_{Na^+}^{m''}} \qquad (2.4.12)$$

正如式(2.4.5) 所示，现在合并由式(2.4.9) ～式(2.4.12) 所示的各个界面的电势差，得到透过膜的总电势差㉚：

$$E_m=\frac{RT}{F}\ln\frac{\alpha_{H^+}^{\alpha}\alpha_{H^+}^{m''}}{\alpha_{H^+}^{\beta}\alpha_{H^+}^{m'}} \quad (\text{Donnan 项})$$

$$+\frac{RT}{F}\ln\frac{(u_{Na^+}/u_{H^+})\alpha_{Na^+}^{m'}+\alpha_{H^+}^{m'}}{(u_{Na^+}/u_{H^+})\alpha_{Na^+}^{m''}+\alpha_{H^+}^{m''}} \quad (\text{扩散项}) \qquad (2.4.13)$$

对此结果可作一些重要的简化。首先，可将式(2.4.13) 中的两项重新整理给出：

$$E_m=\frac{RT}{F}\ln\frac{(u_{Na^+}/u_{H^+})(\alpha_{H^+}^{\alpha}\alpha_{Na^+}^{m'}/\alpha_{H^+}^{m'})+\alpha_{H^+}^{\alpha}}{(u_{Na^+}/u_{H^+})(\alpha_{H^+}^{\beta}\alpha_{Na^+}^{m''}/\alpha_{H^+}^{m''})+\alpha_{H^+}^{\beta}} \qquad (2.4.14)$$

现在考虑式(2.4.6) 和式(2.4.7)，它们的加和也一定是正确的：

$$\overline{\mu}_{Na^+}^{\alpha}+\overline{\mu}_{H^+}^{m'}=\overline{\mu}_{H^+}^{\alpha}+\overline{\mu}_{Na^+}^{m'} \qquad (2.4.15)$$

该公式是对于如下离子交换反应的一种自由能平衡的表示：

$$Na^+(\alpha)+H^+(m')\rightleftharpoons H^+(\alpha)+Na^+(m') \qquad (2.4.16)$$

该反应不涉及净电荷转移，对于界面电势差不敏感［见 2.2.4(3)］，其有一个平衡常数：

$$K_{H^+,Na^+}=\frac{a_{H^+}^{\alpha}a_{Na^+}^{m'}}{a_{H^+}^{m'}a_{Na^+}^{\alpha}} \qquad (2.4.17)$$

对于β相与m″相之间有类似于上述的公式，其平衡常数值一致。将这些关系式代入到式(2.4.14) 得到

$$E_m=\frac{RT}{F}\ln\frac{(u_{Na^+}/u_{H^+})K_{H^+,Na^+}a_{Na^+}^{\alpha}+a_{H^+}^{\alpha}}{(u_{Na^+}/u_{H^+})K_{H^+,Na^+}a_{Na^+}^{\beta}+a_{H^+}^{\beta}} \qquad (2.4.18)$$

由于实验中 K_{H^+,Na^+} 与 u_{Na^+}/u_{H^+} 是常数，方便地定义它们的积为电势法选择性系数（potentiometric selectivity coefficient）K_{H^+,Na^+}^{pot}：

$$E_m=\frac{RT}{F}\ln\frac{a_{H^+}^{\alpha}+K_{H^+,Na^+}^{pot}a_{Na^+}^{\alpha}}{a_{H^+}^{\beta}+K_{H^+,Na^+}^{pot}a_{Na^+}^{\beta}} \qquad (2.4.19)$$

如果β相是内充溶液（组分恒定），α相是待测溶液，那么电池总的电势是

$$\boxed{E=\text{常数}+\frac{RT}{F}\ln(a_{H^+}^{\alpha}+K_{H^+,Na^+}^{pot}a_{Na^+}^{\alpha})} \qquad (2.4.20)$$

由此表达式可知，电池的电势与待测溶液中的 Na^+ 和 H^+ 的活度有关，对这些离子的选择性定义为 K_{H^+,Na^+}^{pot}。如果 $K_{H^+,Na^+}^{pot}a_{Na^+}^{\alpha}$ 的积比 $a_{H^+}^{\alpha}$ 小得多，那么此膜本质上将仅对 H^+ 具有选择性响应。在此条件下，在α和m′相之间的电荷交换由 H^+ 主导。

在仅考虑 Na^+ 和 H^+ 作为活性物质的情况下，已系统地阐明了此问题。玻璃膜也对其他离子有响应，如 Li^+、K^+、Ag^+ 和 NH_4^+。相关的响应可以通过相应的电势法选择性系数来表述（对于一些典型的离子见习题 2.16），玻璃组分对此有较大的影响。基于不同组分玻璃的不同类型的电极已商品化。它们广义上可分为：①具有选择性顺序为 $H^+\gg Na^+>K^+$、Rb^+、$Cs^+\gg Ca^{2+}$ 的 pH 电极；②具有选择性顺序为 $Ag^+>H^+>Na^+\gg K^+$、$Li^+\gg Ca^{2+}$ 的钠离子选择性电极；③具有较窄选择性范围，选择性顺序为 $H^+>K^+>Na^+>NH_4^+$、$Li^+\gg Ca^{2+}$ 的通用阳离子选择性电极。

有许多关于玻璃电极设计、性能和理论的文献[16,26,47,59-68]。感兴趣的读者可以参考它们而得

㉚ 应注意，如果不把 m 看作是一个独立相的话，这里的扩散项就与考虑 m′和 m″组分时 Henderson 公式所预示的一样。有关此问题的许多处理都遵循此方法。相对于以 Henderson 公式为基础的假设来讲，膜的三相模型更为现实，因此加上了 m 相。

到更深刻的论述。

2.4.3 其他类型的离子选择性电极

刚才所阐述的原理也适用于其他类型的选择性膜[59-65,68-69]。最常用的可分为如下两类。

(1) 固态膜

与玻璃膜类似（玻璃膜是固态膜的一种），其他常见的固态膜是其表面对确定的离子有特性吸附的电解质。

例如，单晶 LaF_3 膜，掺杂 EuF_2 可使产生允许氟离子传导的空穴。它的表面可选择性地富集 F^-，除了 OH^-，几乎不允许其他物种进入。

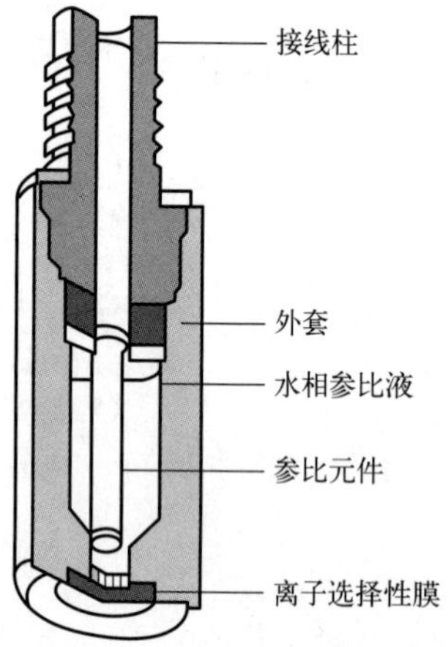

图 2.4.4 一种典型的塑料膜离子选择性电极
（由 ThermoFisher Scientific 提供）

其他的选择性膜是由不溶盐的沉淀物所制备的，如 AgCl、AgBr、AgI、Ag_2S、CuS、CdS 和 PbS。这些沉淀物通常被压制成片。银盐是由银离子传导的，但重金属的硫化物通常要与 Ag_2S 混合，因为它们的导电性不好。这些膜的表面通常对盐所含的离子灵敏，也对可以和盐组分中的离子趋于形成不溶沉淀物的离子敏感。例如，Ag_2S 膜对 Ag^+、S^{2-} 和 Hg^{2+} 有响应。同理，AgCl 膜对于 Ag^+、Cl^-、Br^-、I^-、CN^- 和 OH^- 敏感。

(2) 塑料膜

另外一种可供选择的方式是利用疏水的高分子膜作为传感元件（在商品化中通常称为塑料膜）。正如图 2.4.4 所示，该膜将内充水溶液和待测溶液分开。这种高分子膜中溶入了对所研究的离子具有选择性的螯合剂，它们提供电荷跨越膜边界的选择性机理。

基于这些原理的装置之一是钙离子选择性电极。采用的高分子是经典的聚氯乙烯树脂［poly(vinyl chloride)，PVC］，螯合剂可以是烷基磷酸酯钠盐 $(RO)_2PO_2^- Na^+$，这里 R 是一个有 8～18 个碳的脂肪族链。此膜对于 Ca^{2+} 灵敏，也对一些干扰离子响应（表 2.4.1）。"水硬度"电极基于类似的试剂，但被设计为对 Ca^{2+} 和 Mg^{2+} 有几乎同等的响应。

表 2.4.1 典型的已商品化的离子选择性电极

种类	类型①	浓度范围/(mol/L)	pH 范围	干扰离子②
氨气(NH_3)	GS	$1\sim5\times10^{-7}$	>11	挥发的胺
铵离子(NH_4^+)	P	$1\sim5\times10^{-7}$	0～8	K^+,Na^+,Mg^{2+}
溴离子(Br^-)	S	$1\sim2\times10^{-6}$	0～14	Ag^+,I^-,S^{2-},CN^-
镉离子(Cd^{2+})	S	$10^{-1}\sim10^{-7}$	3～7	Ag^+,S^{2-},Hg^{2+},Cu^{2+},Pb^{2+},Fe^{3+}
钙离子(Ca^{2+})	P	$1\sim5\times10^{-7}$	2.5～11	Al^{3+},Pb^{2+},Hg^{2+},H^+,Sr^{2+},Fe^{2+},Mg^{2+}
二氧化碳(CO_2)	GS	$10^{-2}\sim10^{-4}$	4.8～5.2	NO_2,NO_2^-,SO_2,HSO_3^-,HOAc,HCOOH
氯离子(Cl^-)	S	$1\sim3\times10^{-5}$	1～12	Ag^+,S^{2-},CN^-,I^-,Br^-
铜离子(Cu^{2+})	S	$10^{-1}\sim10^{-8}$	2～12	Ag^+,S^{2-},Cl^-,Hg^{2+},Br^-
氰离子(CN^-)	S	$10^{-2}-10^{-6}$	10～14	Ag^+,S^{2-},I^-
氟离子(F^-)	S	饱和溶液-10^{-6}	4～8	OH^-
氢离子(H^+)(pH 电极)	G	$1\sim10^{-14}$(无钠)	0～14	Na^+
		$1\sim10^{-12}$(钠基)	0～12	
碘离子(I^-)	S	$1\sim5\times10^{-8}$	0～12	Ag^+,S^{2-},CN^-
铅离子(Pb^{2+})	S	$10^{-1}\sim10^{-6}$	3～7	Ag^+,Hg^{2+},S^{2-},Cd^{2+},Cu^{2+},Fe^{2+},Fe^{3+}

续表

种类	类型[①]	浓度范围/(mol/L)	pH 范围	干扰离子[②]
硝酸根(NO_3^-)	P	$1 \sim 5\times10^{-6}$	2～11	I^-,Cl^-,Br^-,HCO_3^-,NO_2^-,F^-,OAc^-,SO_4^{2-}
亚硝酸根(NO_2^-)	P	$10^{-2} \sim 4\times10^{-6}$	4～8	CN^-,OAc^-,F^-,Cl^-,NO_3^-,SO_4^{2-}
高氯酸根(ClO_4^-)	P	$0.1 \sim 2\times10^{-6}$	0～11	SCN^-,I^-,Cl^-,PO_4^{3-},NO_3^-,OAc^-
钾离子(K^+)	P	$1 \sim 10^{-6}$	1～11	Rb^+,Cs^+,NH_4^+,H^+,Na^+,Ca^{2+},Mg^{2+}
银离子(Ag^+)	S	$1 \sim 10^{-7}$	2～12	S^{2-},Hg^{2+}
钠离子(Na^+)	G	饱和溶液～10^{-6}	6～2	Ag^+,Li^+,K^+,Tl^+,NH_4^+
钠离子(Na^+)	P	$0.1 \sim 2\times10^{-6}$	3～10	K^+,NH_4^+,Ca^{2+},Mg^{2+}
硫离子(S^{2-})	S	$1 \sim 10^{-7}$	12～14	Ag^+,Hg^{2+}
四氟硼酸根(BF_4^-)	P	$1 \sim 7\times10^{-6}$	2.5～11	ClO_4^-,I^-,ClO_3^-,CN^-,Br^-,NO_2^-,NO_3^-,HCO_3^-
硫氰酸根(SCN^-)	S	$0.1 \sim 2\times10^{-5}$	2～12	Ag^+,S^{2-},Cl^-,I^-,Br^-
水的硬度(Ca^{2+},Mg^{2+})	P	$1 \sim 10^{-5}$	5～10	Cu^{2+},Zn^{2+},Ni^{2+},Fe^{2+}

① G 为玻璃；GS 为气敏；P 为塑料膜；S 为固态。典型的温度范围对于塑料膜电极为 0～40℃，对于固态电极为 0～80℃。

② 列出的干扰通常从左到右减弱。不同的厂家识别的干扰离子不同。

其他的有高分子膜选择性电极特征的体系对于阴离子亦适用，例如，NO_3^-、ClO_4^- 和 Cl^-。硝酸根和高氯酸根可分别由含有烷基化的 1,10-菲咯啉与 Ni^{2+} 和 Fe^{2+} 的螯合物膜来传感。上述三种阴离子均对其他的含有季铵盐的膜敏感。

大多数高分子膜基电极具有带电的螯合剂，其操作原理是基于离子交换平衡。另外一种不同的装置涉及不带电荷的螯合剂，称为中性载体（neutral carrier），通过与确定离子选择性螯合而达到电荷的转移。例如，钾离子选择性电极可由中性大环缬氨霉素作为中性载体制备而成。该膜对于 K^+ 的选择性较 Na^+、Li^+、Mg^{2+}、Ca^{2+} 或 H^+ 大得多，但对于 Rb^+ 和 Cs^+ 几乎有和 K^+ 相同的选择性。选择性依赖于目标离子与载体螯合位点之间的分子识别。

(3) 商品化的装置

表 2.4.1 列出了一些典型的已商品化的离子选择性电极，可适用的 pH 值和浓度范围以及典型的干扰离子等。它们中的许多电极的选择性系数可从综述及制造商的文献中得到[68,70-72]。

(4) 检测限

正如表 2.4.1 所示的那样，ISE 的测量下限通常为 $10^{-6} \sim 10^{-7}$ mol/L。该极限主要由离子从内部溶液渗漏到传感表面外的样品溶液所决定的[64,73]。渗漏可通过降低被测离子在内部电解质中的浓度来减缓，从而在膜中建立浓度梯度使离子从样品向内部电解质流动。此低浓度可采用离子缓冲液来保持，即一种金属离子与过量的强螯合剂的混合溶液。另外，可在内部溶液中加入第二种决定电势的高浓度离子。在这些条件下，测量下限可以得到几个数量级的改进[64,74]。

通常构建的商品化 ISE 适合于 10～250mL 样品溶液的测试，当然也有适合于较小样品体积的，以及适用于流动体系的特殊产品。它们具有相同的操作原理，在此不做详细介绍。

特别制备的、很小的 ISE 可用于具有高空间分辨率的局部离子浓度的检测，这是 SECM 的一个重要部分，将在 18.6 节阐述。

(5) 固体接触型离子选择性电极

所有常规离子选择性电极的特点是选择性膜的两端具有离子导通（待测溶液在外面，内参比电解质在里面）。内外两个参比电极将离子膜的电势转化为外电路可测量的电势差。

人们一直很感兴趣的是“固体”而不是“液体”接触的概念（通常是指电子接触而非离子接触），如图 2.4.5 所示，指的是内部电极与离子选择性膜的接触[64,75-76]。

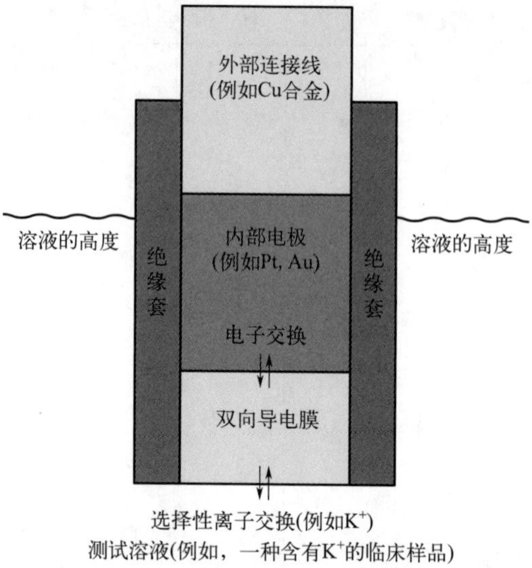

图 2.4.5 一个固体接触型 ISE 的概念示意图

一个惰性内部电极界面与离子选择性膜直接接触。正如在常规 ISE 中一样，该类 ISE 应该与一个外部参比电极一起构成一个完整的电化学池。但在该类电极中，没有内参比电极

固体接触是一种具有一些重要优点的想法，在该情况下内参比电极与内充溶液将不再需要，因此整个 ISE 的结构将更加简化，增加其被微型化的可能性，还可应用于移动的环境。另外，还可以避免内充溶液泄漏到待测溶液，相对于常规 ISE，该种固体 ISE 的工作范围将被拓展。

然而，成功的条件是很艰难的。为了达到实用上稳定，渴望一个体系的响应本质上是能够再平衡（正如一个常规 ISE 那样），因此，它必须满足如下条件：

① 能够使电子在内部电极与膜之间达到平衡；

② 能够使目标离子在待测溶液与至少膜外部区域选择性地达到平衡；

③ 整个膜应该具有足够的导电性，以确保离子交换区域与内部电极之间具有良好的电子通信。

这些条件建议需要一个双导的膜（即电子与离子导通）。已基于各种膜结构与组成的思想发表了几百篇这样实验装置的论文。

采用基于导电高分子的膜已取得了一些成功［例如，聚（3,4-乙烯二氧噻吩），聚吡咯，聚（3-辛基噻吩）与聚苯胺］[31]。这些材料可满足上述列出的条件①与③，但仅靠其本身，很难满足与待测溶液之间的选择性交换（条件②）。离子选择性必须通过仔细的设计而实现。例如，可能可以选择一个与导电高分子的电荷补偿离子，同时也是对感兴趣的离子的中性载体。另外，可通过修饰导电高分子膜的外层，在表面上形成一层疏水的离子交换高分子膜；或者，甚至可在导电高分子膜上形成一层不同的离子交换膜，很像我们上述讨论的装置中的塑料膜。最后一项策略中，要想达到稳定性好，需要与导电高分子之间有良好的离子通信。有时可通过在导电高分子中加入电荷补偿离子来实现。最初的固体接触设计就是基于该策略[77]。

一些功能化的固体接触膜也可通过各种碳材料与离子交换表面活性剂相结合来制备，这些碳材料包括碳纳米管和石墨烯。

---

[31] 这些材料与我们通常遇到的高分子非常不同，普通的高分子材料不是绝缘体（例如，聚乙烯、聚苯乙烯或 Teflon），就是纯的离子导体（例如，聚苯乙烯磺酸或 Nafion）。电子导电性可通过部分氧化或还原带有电子通信（通常是芳香类的）的单体（20.2.3 节）。部分氧化或还原的意思是仅有一部分单体发生这些反应。在氧化或还原过程中电荷补偿离子必须进入到材料中，通常采用电化学方法使其发生（经常伴随着聚合反应）。

成功的体系可提供良好的稳定性，以及可与常规电极比拟的工作范围，但是，还没有商品化的固体接触型 ISE。

2.4.4 气敏离子选择性电极

图 2.4.6 给出了一个典型的电势法气敏电极的结构[78]。通常，这样的装置是由一个高分子隔膜保护与待测溶液隔开的玻璃 pH 电极组成。在玻璃膜和隔膜之间有小体积的电解质溶液。诸如 SO_2、NH_3 和 CO_2 这样的小分子可穿透此隔膜与两膜之间的电解质溶液发生反应，从而使 pH 值发生变化。玻璃电极则对酸性的变化产生响应。

采用氧化钇掺杂的二氧化锆（钇锆氧化物）作为固体电解质的电化学池，可以在高温下测量气体中氧的含量。这种类型的传感器被广泛地应用于监测汽车发动机所产生的尾气，这样，通过控制空气与燃料的混合比来减少所排放的污染物如 CO 和 NO_x。这种固体电解质仅在高温下（500～1000℃）有好的导电性，导电过程是由于氧化物离子的迁移。一个典型的传感器是由内外壁均涂有 Pt 的管状氧化锆组成的。外壁 Pt 电极与已知氧分压 P_a 的空气相接触并作为参比电极。管内壁与较低氧分压（P_{eg}）的热尾气相接触，电化学池的构成如下：

$$\mathrm{Pt/O_2(空气,}P_a\mathrm{)/ZrO_2+Y_2O_3/O_2(尾气,}P_{eg}\mathrm{)/Pt} \qquad (2.4.21)$$

这个氧浓度池的电势可用于测量 P_{eg}（见习题 2.19）。

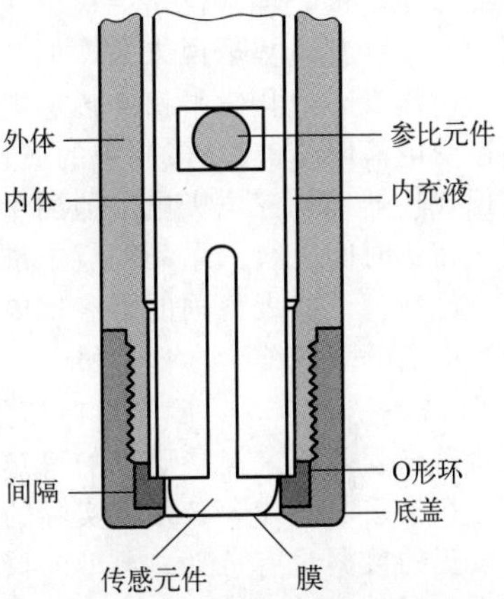

图 2.4.6　一种气敏电极的结构
（由 ThermoFisher Scientific 提供）

在此指出广泛应用的克拉克氧电极（Clark oxygen electrode）从原理上讲与这些装置不同[17,79]。克拉克装置在结构上与图 2.4.6 类似，其高分子膜将电解质固定并与传感表面接触。然而，克拉克传感器是一个铂电极，分析信号是分子氧还原所产生的稳态法拉第电流。安培型传感器将会在 17.8.3 节中讨论。

2.5 实验室贴士：参比电极的实际应用

2.1.8 节中介绍了参比电极的重要贡献与最常用的体系。该贴士主要考虑日常工作中的两个相关问题。

2.5.1 参比电极尖端的泄漏

对于一个正常工作的电极其参比尖端需要离子传导，因此，离子与溶剂在尖端两侧的泄漏是必然的。重要的是要保持任何泄漏足够少，不影响工作电极上的电极过程、工作溶液的完好或者参比电极的性质。通常，这才是真实使用的情况。

然而，必须谨慎地对待其复杂性。例如，参比电极 Ag/AgCl 泄漏少量的水到非水溶液中，该污染会导致待测溶液不可接受。更加潜在的危害是泄漏到水工作溶液中的痕量 $AgCl_2^-$ 与 $AgCl_3^{2-}$。这些物种可到达工作电极，能够电沉积污染电极表面。对于工作电极表面结构与组成敏感的实验，该影响会很严重。

一种双液接（double junction）在防止泄漏方面会有帮助。例如，一个由 Pt 工作电极和一个 Ag/AgCl 参比电极组成的电化学池，其双液接界如下：

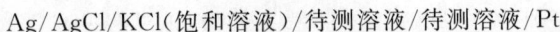

$$\begin{array}{c}|\leftarrow \text{双液接界} \rightarrow| \\ \mathrm{Ag/AgCl/KCl(饱和溶液)/待测溶液/待测溶液/Pt}\end{array} \qquad (2.5.1)$$

这里的“待测溶液”指的是感兴趣的在工作电极上的溶液。双液接界包含参比尖端、俘获的待测试溶液样品和第二个离子导体物（例如，一个熔融玻璃片）。可简单地搭建一个这样的双液接界，即截断一个小管，在一端塞入一个熔融玻璃，然后加上待测溶液，将参比电极尖端插入即可。采用该简易装置，参比的泄漏会首先到该管中的待测溶液中，最终它会通过熔融玻璃到达工作电极室，但这需要时间。理想情况下，有足够的时间完成所要进行的实验，而没有较严重的干扰。

从工作电极到参比电极是另一个方向的泄漏，能够引起在尖端中的沉淀。该过程逐渐降低离子接触的质量，有时会影响到尖端的电学功能。参比电极可能会开始漂移，并变得不可靠，或引起的高阻抗会带来不可接受的噪声，这样的行为意味着该参比电极的寿命到期。

2.5.2 准参比电极

许多研究者在非水介质中采用准参比电极（quasi reference electrode，QRE）㉜，这是因为水相参比电极会污染非水工作溶液，或者因为非水参比电极不方便，特别是对于易挥发的溶剂。一个准参比电极，经常仅是一根金属丝，如 Ag 或 Pt，当应用于实验中时，本质上不会改变测试溶液的组成，其电势虽说未知，但在一系列实验测量中也不会有太大的改变。

由于没有电化学平衡来传递电荷，可能有人会问这样的问题：准参比电极在测量电势时是可以接受电流吗［2.1.8(2) 中的属性⑤］？答案是准参比电极可通过其自身的双电层电容来稳定，在现代仪器采用三电极电解池测量电势时，能够传递或接受少量的电荷。随着其双电层电容的改变，在长时间进行一系列测量中准参比电极会漂移。

已在尝试发展稳固的准参比电极。一种选择是在导电的表面固定一层含有 Fc 与 Fc^+ 浓度比已知的高分子膜作为参比电极[80]。已有报道相当好性能的准参比电极[81]，它是将聚吡咯电沉积在 Pt 或不锈钢上，然后滞留在部分氧化态。银丝在碱性水溶液中被氧化，覆盖了 AgO，希望能够通过稳固效应来保持更好的稳定性。

在报道电势前，必须将实际的准参比电极电势相对于一个真实的参比电极进行校正，没有经过校正的数据没有意义。典型的校正是相对于 Ag/AgCl 或 SCE，在相同的条件下，简单地测量一个电对相对于该准参比电极的电势（例如，采用 SSV 或 CV），其标准或式电势相对于 Ag/AgCl 或 SCE 是已知的。有两种方法：

① 可能在溶液中加入“内参比氧化还原体系”进行研究[82]。二茂铁（Fc)/二茂铁离子（Fc^+）是常用的电对，因为它在许多溶剂中具有可逆的行为[83]。仅在待测溶液中加入 Fc，测量其相对于准参比电极的伏安响应的位置即可。当然，重要的是内参比物质不与主要感兴趣的电化学过程发生干扰。

② 许多研究是基于这样的体系，它能够提供内参比而无需添加任何其他物质。如果一个电对标准电势相对于 Ag/AgCl 或 SCE 是已知的，其循环伏安图很好，那么就可直接从该循环伏安图中校正准参比电极。图 7.5.2 显示了一个很好的例子，该图有两对电对，两者均有已知相对于优良参比电极的式电势。

准参比电极不适用于这样的实验，其本体组成的改变能够引起 QRE 电势的变化。

2.6 参考文献

1 The arguments presented here follow those given earlier by (a) D. A. MacInnes, “The Principles of Electrochemistry,” Dover, New York, 1961, pp. 110–113 and by (b) J. J. Lingane, “Electroanalytical Chemistry” 2nd ed., Wiley–Interscience, New York, 1958, pp. 40–45; (c) Experiments like those described here were actually carried out by H. Jahn, *Z. Physik. Chem.*, **18**, 399 (1895).

2 I. M. Klotz and R. M. Rosenberg, “Chemical Thermodynamics,” 7th ed., Wiley, Hoboken, NJ, 2008.

3 J. J. Lingane, “Electroanalytical Chemistry,” 2nd ed., Wiley–Interscience, New York, 1958, Chap. 3.

4 F. C. Anson, *J. Chem. Educ.*, **36**, 394 (1959).

㉜ 准的意思是“几乎”或“似乎”的一个参比电极。

5 A. J. Bard, R. Parsons, and J. Jordan, Eds., "Standard Potentials in Aqueous Solutions," Marcel Dekker, New York, 1985.
6 National Institute of Standards and Technology, U. S. Department of Commerce, "NIST Chemistry WebBook, SRD 69," http://webbook.nist.gov/ (accessed 30 August 2021).
7 A. J. Bard and H. Lund, Eds., "Encyclopedia of Electrochemistry of the Elements" (16 vols), Marcel Dekker, New York, 1973–1986.
8 M. W. Chase, Jr., "NIST–JANAF Thermochemical Tables," 4th ed., American Chemical Society, Washington, and American Institute of Physics, New York, for the National Institute of Standards and Technology, 1998.
9 L. R. Faulkner, *J. Chem. Educ.*, **60**, 262 (1983).
10 R. Parsons in A. J. Bard, R. Parsons, and J. Jordan, Eds., *op.cit.*, Chap. 1.
11 R. A. Alberty and F. Daniels, "Physical Chemistry," 5th ed., Wiley, New York, 1979, pp 175–179.
12 I. M. Klotz, "Chemical Thermodynamics," Benjamin, New York, 1964, p. 417.
13 W. J. Moore, "Physical Chemistry," 3rd ed., Prentice–Hall, Englewood Cliffs, NJ, 1964, p. 351.
14 R. Parsons, *op. cit.*, p. 5.
15 D. J. G. Ives and G. J. Janz, Eds., "Reference Electrodes," Academic, New York, 1961.
16 H. Galster, "pH Measurement: Fundamentals, Methods, Applications, Instrumentation," VCH, Wenheim, 1991 (English translation of "pH Messung," VCH, Wenheim, 1990).
17 D. T. Sawyer, A. Sobkowiak, and J. L. Roberts, Jr., "Electrochemistry for Chemists," 2nd ed., Wiley, New York, 1995.
18 H. Kahlert in "Electroanalytical Chemistry," F. Scholz, Ed., 2nd ed., Springer-Verlag, Berlin, Heidelberg, 2010, Chapter III.2.
19 T. J. Smith and K. J. Stevenson in "Handbook of Electrochemistry," C. G. Zoski, Ed., Elsevier, Amsterdam, 2007, Chap. 4.
20 P. Longhi, T. Mussini, R. Orsenigo, and S. Rondinini, *J. Appl. Electrochem.* **17**, 505 (1987).
21 R. A. Nickell, W. H. Zhu, R. U. Payne, D. R. Cahela, and B. J. Tatarchuk, *J. Power Sources*, **161**, 1217 (2006).
22 M. Pourbaix, "Atlas of Electrochemical Equilibria in Aqueous Solutions," 2nd English ed., J. A. Franklin, transl., National Association of Corrosion Engineers, Houston, 1974.
23 J. Walker, D. Halliday and R. Resnick, "Fundamentals of Physics," 10th ed., Wiley, Hoboken, NJ, 2014, Chap. 24.
24 *Ibid.*, Chap. 23.
25 J. O'M. Bockris and A. K. N. Reddy, "Modern Electrochemistry," Vol. 2, Plenum, New York, 1970, Chap. 7.
26 K. J. Vetter, "Electrochemical Kinetics," Academic, New York, 1967.
27 B. E. Conway, "Theory and Principles of Electrode Processes," Ronald, New York, 1965, Chap. 13.
28 R. Parsons, *Mod. Asp. Electrochem.*, **1**, 103 (1954).
29 J. A. V. Butler, *Proc. Roy. Soc., London*, **112A**, 129 (1926).
30 E. A. Guggenheim, *J. Phys. Chem.*, **33**, 842 (1929); **34**, 1540 (1930).
31 H. Reiss, *J. Phys. Chem*, **89**, 3783 (1985).
32 H. Reiss and A. Heller, *J. Phys. Chem.*, **89**, 4207 (1985).
33 S. Trasatti, *Pure Appl. Chem.*, **58**, 955 (1986).
34 A. A. Isse and A. Gennaro, *J. Phys. Chem. B*, **114**, 7894 (2010).
35 W. A. Donald and E. R. Williams, *Electroanal. Chem.*, **25**, 1, 2013.
36 J. Ho, M. L. Coote, C. J. Cramer, and D. G. Truhlar in "Organic Electrochemistry," 5th ed., O. Hammerich and B. Speiser, Eds., CRC Press, Boca Raton, FL, 2016, Chap. 4.

37 J. Janata and M. Josowicz, *Anal. Chem.*, **69**, 293A (1997).
38 D. A. MacInnes, "The Principles of Electrochemistry," Dover, New York, 1961, Chap. 13.
39 J. O'M. Bockris and A. K. N. Reddy, *op. cit.*, Vol. 1, Chap. 4.
40 D. A. MacInnes, *op. cit.*, Chap. 4.
41 *Ibid.*, p. 85.
42 *Ibid.*, Chap. 18.
43 *Ibid.*, p. 342.
44 D. O. Raleigh, *Electroanal. Chem.*, **6**, 87 (1973).
45 G. Holzäpfel, "Solid State Electrochemistry" in "Encyclopedia of Physical Science and Technology," R. A. Meyers, Ed., Academic, New York, 1992, Vol. 15, p. 471.
46 J. O'M. Bockris and A. K. N. Reddy, *op. cit.*, Vol. 1, Chap. 3.
47 R. G. Bates, "Determination of pH," 2nd ed., Wiley–Interscience, New York, 1973.
48 J. J. Lingane, "Electroanalytical Chemistry," Wiley–Interscience, New York, 1958, p. 65.
49 H. A. Fales and W. C. Vosburgh, *J. Am. Chem. Soc.*, **40**, 1291 (1918).
50 E. A. Guggenheim, *J. Am. Chem. Soc.*, **52**, 1315 (1930).
51 A. L. Ferguson, K. Van Lente, and R. Hitchens, *J. Am. Chem. Soc.*, **54**, 1285 (1932).
52 P. R. Mussini, S. Rondinini, A. Cipolli, R. Manenti and M. Mauretti, *Ber. Bunsenges. Phys. Chem.*, **97**, 1034 (1993).
53 P. Vanýsek, "Electrochemistry on Liquid/Liquid Interfaces," Springer, Berlin, 1985.
54 H. H. J. Girault and D. J. Schiffrin, *Electroanal. Chem.*, **15**, 1 (1989).
55 H. H. J. Girault, *Mod. Asp. Electrochem.*, **25**, 1 (1993).
56 A. G. Volkov, D. W. Deamer, D. L. Tanelian, and V. S Markin, "Liquid Interfaces in Chemistry and Biology," Wiley–Interscience, New York, 1998.
57 R. A. Iglesias and S. A. Dassie, "Ion Transfer at Liquid/Liquid Interfaces," Nova Science Publishers, New York, 2010.
58 E. Grunwald, G. Baughman, and G. Kohnstam, *J. Am. Chem. Soc.*, **82**, 5801 (1960).
59 H. Freiser, "Ion-Selective Electrodes in Analytical Chemistry," Plenum, New York, Vol. 1, 1979; Vol. 2, 1980.
60 J. Koryta and K. Štulík, "Ion-Selective Electrodes," 2nd ed., Cambridge University Press, Cambridge, 1983.
61 A. Evans, "Potentiometry and Ion Selective Electrodes," Wiley, New York, 1987.
62 D. Ammann, "Ion-Selective Microelectrodes: Principles, Design, and Application," Springer, Berlin, 1986.
63 E. Lindner, K. Toth, and E. Pungor, "Dynamic Characteristics of Ion-Sensitive Electrodes," CRC, Boca Raton, FL, 1988.
64 E. Bakker and E. Pretsch, *Electroanal. Chem.*, **24**, 1 (2011).
65 K. N. Mikhelson, "Ion-Selective Electrodes," Springer-Verlag, Berlin, Heidelberg, 2013
66 M. Dole, "The Glass Electrode," Wiley, New York, 1941.
67 G. Eisenman, Ed., "Glass Electrodes for Hydrogen and Other Cations," Marcel Dekker, New York, 1967.
68 Y. Umezawa, Ed., "CRC Handbook of Ion-Selective Electrodes," CRC, Boca Raton, FL 1990.
69 R. P. Buck and E. Lindner, *Accts. Chem. Res.*, **31**, 257 (1998).
70 Y. Umezawa, P. Buhlmann, K. Umezawa, K. Tohda, S. Amemiya, *Pure Appl. Chem.*, **72**, 1851 (2000).
71 Y. Umezawa, K. Umezawa, P. Buhlmann, N. Hamada, H. Aoki, J. Nakanishi, M. Sato, K. P. Xiao, Y. Nishimura, *Pure Appl. Chem.*, **74**, 923 (2002).
72 Y. Umezawa, P. Buhlmann, K. Umezawa, N. Hamada, *Pure Appl. Chem.*, **74**, 995 (2002).
73 S. Mathison and E. Bakker, *Anal. Chem.*, **70**, 303 (1998).
74 T. Sokalski, A. Ceresa, T. Zwicki, and E. Pretsch, *J. Am. Chem. Soc.*, **119**, 11347 (1997).

75 J. Bobacka, A. Ivaska, and A. Lewenstam, *Chem. Rev.*, **108**, 329 (2008).
76 E. Zdrachek and E. Bakker, *Anal. Chem.*, **91**, 2 (2019).
77 A. Cadogan, Z. Gao, A. Lewenstam, A. Ivaska, and D. Diamond, *Anal. Chem.*, **64**, 2496 (1992).
78 J. W. Ross, J. H. Riseman, and J. A. Krueger, *Pure Appl. Chem.*, **36**, 473 (1973).
79 L. C. Clark, Jr., *Trans. Am. Soc. Artif. Intern. Organs*, **2**, 41 (1956).
80 (a) P. Peerce and A. J. Bard, *J. Electroanal. Chem.*, **108**, 121 (1980); (b) R. M. Kannuck, J. M. Bellama, E. A Blubaugh, and R. A. Durst, *Anal. Chem.*, **59**, 1473 (1987).
81 J. Ghilane, P. Hapiot, and A. J. Bard, *Anal. Chem.*, **78**, 6868 (2006).
82 A. A. J. Torriero, S. W. Feldberg, J. Zhang, A. N. Simonov, and A. M. Bond, *J. Solid State Electrochem.*, **17**, 3021 (2013).
83 G. Gritzner and J. Kuta, *Pure Appl. Chem.*, **56**, 461 (1984).

2.7　习题

2.1　设计电化学池使如下的反应能够发生。如果需要液接界，请在式中适当地表示出来，但可忽略它们的影响。

(a) $H_2O \rightleftharpoons H^+ + OH^-$

(b) $2H_2 + O_2 \rightleftharpoons 2H_2O$

(c) $2PbSO_4 + 2H_2O \rightleftharpoons PbO_2 + Pb + 4H^+ + 2SO_4^{2-}$

(d) $An^{\overline{\cdot}} + TMPD^{\dot{+}} \rightleftharpoons An + TMPD$（在乙腈溶液中，这里 An 和 $An^{\overline{\cdot}}$ 分别是蒽和它的阴离子自由基，TMPD 和 $TMPD^{\dot{+}}$ 分别是 N,N,N',N'-四甲基对苯二胺和它的阳离子自由基。采用附录 C.3 中给出的蒽在 DMF 中的电势）。

(e) $2Ce^{3+} + 2H^+ + BQ \rightleftharpoons 2Ce^{4+} + H_2Q$(在水溶液中，这里 BQ 是对苯醌，$H_2Q$ 是对氢醌）

(f) $Ag^+ + I^- \rightleftharpoons AgI$(水溶液中）

(g) $Fe^{3+} + Fe(CN)_6^{4-} \rightleftharpoons Fe^{2+} + Fe(CN)_6^{3-}$（水溶液中）

(h) $Cu^{2+} + Pb \rightleftharpoons Pb^{2+} + Cu$（水溶液中）

(i) $An^{\overline{\cdot}} + BQ \rightleftharpoons BO^{\overline{\cdot}} + An$(在 N,N-二甲基甲酰胺溶液中，这里 BQ、An 和 $An^{\overline{\cdot}}$ 意义同上，而 $BQ^{\overline{\cdot}}$ 是对苯醌阴离子自由基。采用附录 C.3 中给出的对苯醌在乙腈中的电势）。

在每个电化学池中电极上所发生的半反应是什么？在每种情况下电化学池的标准电势是什么？哪个电极是负的？在进行一个从左到右的净反应时，电化学池是以电解池式还是原电池式的方式进行的？确定你的结论与化学直觉一致。

2.2　已经研究了可能用于燃料电池的燃料：一些碳氢化合物和一氧化碳。从参考文献［5-8，15］中的热力学数据，导出下列反应在 25℃时的 E^0 值。

(a) $CO(g) + H_2O(l) \longrightarrow CO_2(g) + 2H^+ + 2e$

(b) $CH_4(g) + 2H_2O(l) \longrightarrow CO_2(g) + 8H^+ + 8e$

(c) $C_2H_6(g) + 4H_2O(l) \longrightarrow 2CO_2(g) + 14H^+ + 14e$

(d) $C_2H_2(g) + 4H_2O(l) \longrightarrow 2CO_2(g) + 10H^+ + 10e$

即使不能建立一个可逆的 emf（为什么不能?)，哪一个半电池与标准氧半电池在酸性溶液中组成一个电池理论上具有最高的电池电势？上述哪一种燃料可以产生最高的摩尔净功？哪一种燃料可以给出最高的质量净功（每克)？哪一种将释放最少的 CO_2（每单位净功)？

2.3　设计一个电池代表下列整个电池过程（$T=298K$)：

$$2Na^+ + 2Cl^- \longrightarrow 2Na(Hg) + Cl_2(\text{水相})$$

这里 Na(Hg) 代表钠汞齐。此反应能否自发地进行？标准自由能的变化是多少？形成汞齐 Na(Hg) 的标准自由能是－85kJ/mol，从热力学的观点讲，另外一个反应更容易在此电池的阴极发生，它是什么样的反应？已观察到上述反应可以在高的电流效率下进行，为什么？此电池有商业应用价值吗？

2.4　下列体系电池反应和 emf 是什么？这些反应能自发地进行吗？假设所有的体系均为水相。

(a) $Ag/AgCl/K^+, Cl^-(1mol/L)/Hg_2Cl_2/Hg$

(b) $Pt/Fe^{3+}(0.01mol/L), Fe^{2+}(0.1mol/L), HCl(1mol/L)//Cu^{2+}(0.1mol/L), HCl(1mol/L)/Cu$

(c) $Pt/H_2(1bar)/H^+, Cl^-(0.1mol/L)//H^+, Cl^-(0.1mol/L)/O_2(0.2bar)/Pt$

(d) $Pt/H_2(1atm)/Na^+, OH^-(0.1mol/L)//Na^+, OH^-(0.1mol/L)/O_2(0.2bar)/Pt$

(e) $Ag/AgCl/K^+, Cl^-(1mol/L)//K^+, Cl^-(0.1mol/L)/AgCl/Ag$

(f) $Pt/Ce^{3+}(0.01mol/L), Ce^{4+}(0.1mol/L), H_2SO_4(1mol/L)//Fe^{2+}(0.01mol/L), Fe^{3+}(0.1mol/L), HCl(1mol/L)/Pt$

2.5 考虑习题 2.4 中的（f），在原电池放电达到平衡时，体系的组分是什么？电池的电势是多少？在考虑两边的体积相等时，每个电极相对于 NHE 或 SCE 的电势分别是多少？

2.6 设计一个可导出 $PbSO_4$ 溶度积的电化学池。从相关的 E^0 值（$T=298K$）计算其溶度积。

2.7 从习题 2.1 的（a）所示的电池反应参数中导出水的离解常数（$T=298K$）。

2.8 考虑下列的电化学池

$$Cu/M/Fe^{2+}, Fe^{3+}, H^+//Cl^-/AgCl/Ag/Cu'$$

如果 M 是化学惰性的话，电化学池电势与 M（例如，石墨、金、铂）的本质无关吗？应用电化学势证明你的观点。

2.9 对于给出的标准氢电极的半电池反应

$$Pt/H_2(a=1)/H^+(a=1)(\text{溶液})$$
$$H_2 \rightleftharpoons 2H(\text{溶液})+2e(Pt)$$

证明虽然此半电池反应的 emf 被看作为零，但铂和溶液之间的电势差，即 $\phi^{Pt}-\phi^{S}$ 不为零。

2.10 试提出采用与其他的半反应进行线性组合，以获取一个新的半反应的标准电位时的热力学上充分的根据。以下面两个为例，试计算 E^0 值，$T=298K$。

(a) $CuI+e \rightleftharpoons Cu+I^-$

(b) $O_2+2H^++2e \rightleftharpoons H_2O_2$

已知如下的半反应和 E^0（V，vs. NHE）

$Cu^{2+}+2e \rightleftharpoons Cu$	0.340V
$Cu^{2+}+I^-+e \rightleftharpoons CuI$	0.86V
$O_2+4H^++4e \rightleftharpoons 2H_2O$	1.229V
$H_2O_2+2H^++2e \rightleftharpoons 2H_2O$	1.763V

2.11 迁移数通常是由本习题所解释的 Hittorf 法进行测量的。考虑如下由三部分所组成的电化学池

$$\ominus \overset{L}{Ag/AgNO_3(0.100mol/L)}//\overset{C}{AgNO_3(0.100mol/L)}//\overset{R}{AgNO_3(0.100mol/L)Ag}\oplus$$

这里双斜线（//）表示烧结玻璃圆盘，它将这三部分分开，防止其相互混合，但不阻碍离子运动。在每个部分中 $AgNO_3$ 溶液的体积是 25.00mL。当外接电源按图示的极性连接，加电流使 96.5C 的电量通过，可引起银在左边银电极上沉积，右边银电极溶解。

(a) 在左边银电极上沉积多少克银？沉积的银是多少毫摩尔？

(b) 如果 Ag^+ 的迁移数是 1.00（即 $t_{Ag^+}=1.00$，$t_{NO_3^-}=0.00$），电解后在三部分中的 Ag^+ 浓度分别是多少？

(c) 假设 Ag^+ 的迁移数是 0.00（即 $t_{Ag^+}=0.00$，$t_{NO_3^-}=1.00$），电解后在三部分中 Ag^+ 的浓度分别是多少？

(d) 一个实际的这类实验中发现在阳极部分（R）中 Ag^+ 的浓度增加到 0.121mol/L，计算 t_{Ag^+} 和 $t_{NO_3^-}$。

2.12 假设要测定一种掺杂的 AgBr 固体电解质的电子（而非离子）电导率。实验电池可通过在两个银电极之间夹一层 AgBr 膜来制备，每个银电极的质量为 1.00g，即⊖Ag/AgBr/Ag⊕。通过 200mA 电流 10min 后拆开电池，发现阴极为 1.12g，如果银的沉积是在阴极上的唯一法拉第过程，在通过电池的电流中代表 AgBr 中电子电导的比例是多少？

2.13 对于表 2.3.3 中所示的前两种浓度，在 $T=298K$ 时，计算式(2.3.43) 中盐桥两侧的液接界电势。在每种情况下，两个电势的总和是多少？与表中相应的值比较结果如何？

2.14 估算下列情况下的液接界电势（$T=298K$）：

(a) $HCl(0.1mol/L)/NaCl(0.1mol/L)$

(b) $HCl(0.1mol/L)/NaCl(0.01mol/L)$

(c) KNO_3(0.01mol/L)/NaOH(0.1mol/L)

(d) $NaNO_3$(0.1mol/L)/NaOH(0.1mol/L)

2.15 通常可以看到，用pH计可直接读到0.001pH。在比较不同试验溶液pH值时，试评价这些读数的准确度，并说明测量同一种溶液的pH值的微小变化（如在滴定过程中）时的这些读数的意义。

2.16 下列关于 $K^{pot}_{Na^+,j}$ 的数据对于钠离子选择性玻璃电极上的干扰物 j 来讲是有代表性的：K^+，0.001；NH_4^+，10^{-5}；Ag^+，300；H^+，100。当电势法测得钠离子的浓度为 10^{-3} mol/L 时，计算引起10%误差的每种干扰物活度。

2.17 对于一个液膜电极来讲，Na_2H_2EDTA 是一个好的离子交换剂吗？对于 Na_2H_2EDTA-R，其中R是含有20个碳的烷基取代基，情况如何？解释为什么。

2.18 试说明发展直接电势法测定不带电荷物质的选择性电极的可行性。

2.19 对于一个基于氧浓度池［式(2.4.21)］的尾气分析仪，高温下在两个 $Pt/ZrO_2+Y_2O_3$ 界面上电极反应为

$$O_2+4e \rightleftharpoons 2O^{2-}$$

写出该电池电势与压力（P_{eg} 和 P_a）之间的关系式。当尾气中氧的分压为0.01bar（1000Pa）时，电池的电势是多少？

2.20 对于半反应：Fe(Ⅲ)+e $\rightleftharpoons$ Fe(Ⅱ)

(a) 采用表C.1中的标准电势和表2.1.1中的活度系数，预测其在0.1mol/L $HClO_4$［对于Fe(Ⅲ)/Fe(Ⅱ)是非配合介质］的形式电势。

(b) 采用表C.2给出的形式电势，估算在1mol/L中 $\gamma_{Fe^{3+}}/\gamma_{Fe^{2+}}$ 的比。它与(a)体系计算值比较如何？需要考虑化学项。

(c) 为什么在1mol/L HCl与10mol/L HCl中Fe(Ⅲ)/Fe(Ⅱ)的形式电势的变化相对于标准电势要比在 $HClO_4$ 中大？

第3章　电极反应的基础动力学

在第1章中，我们建立了电流与电极反应净速率之间的正比关系。也已知对于一个给定的电极过程，在某些电势区没有电流流动，而在其他的电势区有不同程度的电流流动。因此，反应速率强烈地依赖于电势。

本章的目标是设计一种理论，它能够定量地解释所观察到的电极动力学行为与电势和浓度的关系。一旦建立了这样的理论，它将有助于理解新情况下的动力学效应。首先，简要地回顾一下均相动力学的某些概念，它们既可提供熟悉的起始依据，又可提供通过类推方法建立电化学动力学理论的基础。

3.1　均相动力学的回顾

3.1.1　动态平衡

考察通过简单的单分子基元反应联系的两种物质A和B[1]：

$$A \underset{k_b}{\overset{k_f}{\rightleftharpoons}} B \tag{3.1.1}$$

两个基元反应始终都在进行，正反应的速率 v_f 与逆反应的速率 v_b ［mol/(L・s)］为

$$v_f = k_f C_A \tag{3.1.2a}$$

$$v_b = k_b C_B \tag{3.1.2b}$$

速率常数 k_f 和 k_b 的单位是 s^{-1}，很容易显示它们分别是A和B平均寿命的倒数（见习题3.6）。从A转化为B的净速率是

$$v_{net} = k_f C_A - k_b C_B \tag{3.1.3}$$

在平衡时净转化速率为零，这样

$$\frac{k_f}{k_b} = K = \frac{C_B}{C_A} \tag{3.1.4}$$

因此在体系达到平衡时，动力学理论和热力学一样，可预测出恒定的浓度比值。

任何动力学理论都要求这种一致性。在平衡的极限处，动力学公式必须转变成热力学形式的关系式。动力学描述了体系的演变情况，包括达到平衡状态的方式和平衡状态的动态保持这两个方面。热力学仅描述平衡态，除非动力学的观点和热力学的观点对于平衡态性质的描述是一致的，否则对一个体系的理解甚至都达不到粗糙的水平。

另外，热力学不能提供保持平衡态所需机理的信息，而动力学可以定量地描述该平衡过程。在上述例子中，平衡时从A转化为B的速率并非为零（反之亦然），但正反两个方向的速率是相等的。有时将它们称为反应的交换速度（exchange velocity）v_0：

$$v_0 = k_f (C_A)_{eq} = k_b (C_B)_{eq} \tag{3.1.5}$$

将在下面看到交换速度的思想在处理电极动力学方面发挥着重要作用。

---

[1] 一个基元反应描述一个真实的、独立的化学过程。一般写出来的化学反应并非基元反应，因为产物转变为反应物的过程包含了几个可区分开的步骤，而每个步骤才是基元反应，这些基元反应构成了总反应的机理。

3.1.2　阿伦尼乌斯（Arrhenius）公式和势能面

实验事实表明大多数速率常数随温度变化有一共同的模式，即 $\ln k$ 与 $1/T$ 几乎均成线性关系。Arrhenius 首先认识到这种行为的普遍性，提出速率常数可表达为

$$\boxed{k = A e^{-E_A/(RT)}} \tag{3.1.6}$$

这里 E_A 具有能量的单位。由于该指数因子暗示着利用热能去克服一个高度为 E_A 的能垒的可能性，所以此参数被称为活化能（activation energy）。如果指数项表述克服能垒的可能性，那么 A 必须与企图达到此可能性的频率有关，这样 A 一般称为频率因子（frequency factor）。通常，这些思想是过分简化了，但它们反映了事实的本质，并且有助于人们在头脑中建立起一个反应途径的图像。

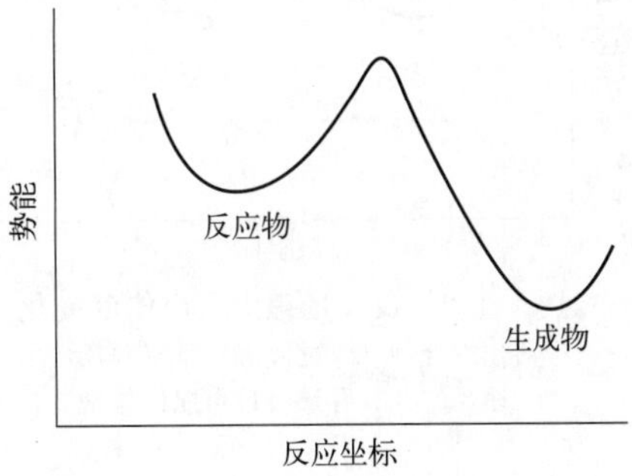

图 3.1.1　反应过程中势能变化简图

活化能的概念可导出势能沿着反应坐标（reaction coordinate）变化的反应途径图[1-5]。图 3.1.1 给出了一个例子。对于一个简单的单分子过程，如 1,2-二苯乙烯的顺-反异构化，反应坐标可能是一个很容易识别的分子参数，例如该分子中沿着中心双键扭曲的角度。更常见的是，反应坐标是指在一个多维曲面上过程优先发生的途径，该曲面描述的是单个体系中（例如，一个 1,2-二苯乙烯分子）反应物与产物中所有原子相关坐标上的势能函数。该表面的一个区域相应于称为“反应物”的构型，另一个区域相应于“产物”的构型。二者必须占据势能面的最低处，因为它们是仅有的具有长寿命的构型。虽然其他的构型是可能的，它们必须在较高的能量处，缺乏甚至短暂稳定所需的能量最小值。随着反应的进行，坐标从反应物的坐标变化到产物。由于沿着反应坐标的途径连接两个最低点，它必须先升高，通过一个最高点，然后再降低到产物区。经常是将谷底到最高点的高度作为活化能，$E_{A,f}$ 和 $E_{A,b}$ 分别对应于正向和逆向的反应❷。

采用另一种符号，可将 E_A 理解为从一个最低点到最高点的标准内能的变化，最高点通常称为过渡态（transition state）或活化配合物（activated complex）。也可指定它作为标准活化内能，$\Delta E^{\ddagger}$。标准活化焓 $\Delta H^{\ddagger}$ 将是 $\Delta E^{\ddagger}+\Delta(PV)^{\ddagger}$，但 $\Delta(PV)$ 通常在一个凝聚相反应中可忽略不计，这样 $\Delta H^{\ddagger}\approx\Delta E^{\ddagger}$。Arrhenius 公式可重写为

$$k = A e^{-\Delta H^{\ddagger}/(RT)} \tag{3.1.7}$$

因为在指数项中引入了一个无量纲常数，标准活化熵 $\Delta S^{\ddagger}$，也可将系数 A 写作 $A'\exp(\Delta S^{\ddagger}/R)$。这样，

$$k = A' e^{-(\Delta H^{\ddagger}-T\Delta S^{\ddagger})/(RT)} \tag{3.1.8}$$

或

$$\boxed{k = A' e^{-\Delta G^{\ddagger}/(RT)}} \tag{3.1.9}$$

这里 $\Delta G^{\ddagger}$ 是标准活化自由能（standard free energy of activation）❸。此式与式(3.1.7）一样，是 Arrhenius 公式［式(3.1.6)］的等价陈述，式(3.1.6）本身是一个对事实的经验式的总结。式(3.1.7）和式(3.1.9）是从式(3.1.6）导出的，但仅仅阐述了经验常数 E_A。到目前为止，还

---

❷　一个理想的势能面包括所有能够影响感兴趣过程能量的原子的位置，并不是像所定义的只有 A 和 B。其他相关的原子是溶剂层附近和较远的原子，以及涉及离子对、吸附位点和其他的与初始参与物 A 与 B 二者非常相关的形式。因此，在该表面的“反应物区”是一个“谷形的”，描述的是 A 处于其正常的低能量构型；也可发现其处于正常范围的“栖息地”，例如，在溶液中或吸附在表面上。同理，“产物区”是一个不同的谷形区域，是 B 的常规“栖息地”。

❸　由于一种物质的自由能与熵和浓度有关，这里我们采用标准的热力学量（2.1.5 节）。在稀释的体系中，速率常数与浓度无关，这样导致式(3.1.9）的争论是需要发展在标准浓度状态时的公式。选择标准态对于现在的讨论不是太重要。为了简化符号，我们在此省去了 $\Delta E^{\ddagger}$、$\Delta H^{\ddagger}$、$\Delta S^{\ddagger}$与 $\Delta G^{\ddagger}$的上标 0，但通常将它们理解为相对于标准态的浓度。

没有阐述任何特定的动力学理论。

3.1.3 过渡态理论

已经建立了多个动力学理论用于阐释控制反应速率的因素，这些理论的主要目的是根据特定的化学体系从定量的分子性质来预测 A 和 E_A 的值。一个被电极动力学采用的重要通用理论是过渡态理论（transition state theory）[1-5]，它也称为活化配合物理论（activated complex theory）。

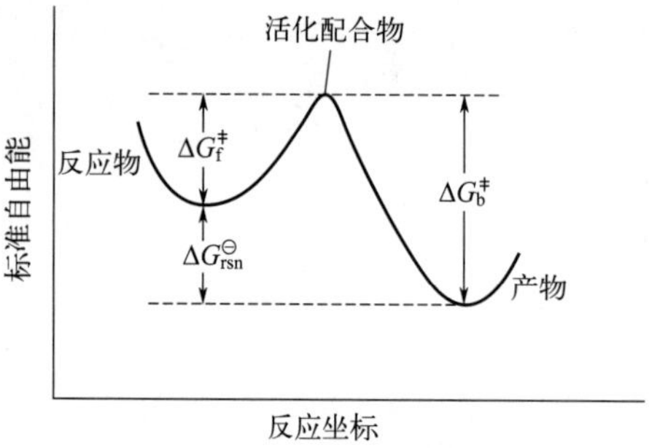

图 3.1.2 反应过程中自由能的变化
活化配合物（或过渡态）是有利反应途径的、具有最大自由能的构型

该方法的中心思想是反应通过一个相当明确的过渡态或活化配合物来进行的，如图 3.1.2 所示。从反应物到活化配合物的标准自由能的变化为 $\Delta G_f^\ddagger$，而从产物到活化配合物的标准自由能的变化为 $\Delta G_b^\ddagger$。

先考虑式(3.1.1) 所示的体系，A 和 B 两种物质通过单分子反应联系起来。首先集中考虑一个特定的条件，整个体系（A、B 以及所有其他的构型）均处于热平衡。对于此情况，活化配合物的浓度可根据由任意一个平衡常数导出的标准活化自由能计算出：

$$\frac{[\text{配合物}]}{[\text{A}]}=\frac{\gamma_A/C^0}{\gamma^\ddagger/C^0}K_f=\frac{\gamma_A}{\gamma^\ddagger}\exp[-\Delta G_f^\ddagger/(RT)] \tag{3.1.10}$$

$$\frac{[\text{配合物}]}{[\text{B}]}=\frac{\gamma_B/C^0}{\gamma^\ddagger/C^0}K_b=\frac{\gamma_B}{\gamma^\ddagger}\exp[-\Delta G_b^\ddagger/(RT)] \tag{3.1.11}$$

式中，C^0 为标准态的浓度（2.1.5 节）；γ_A、γ_B 和 $\gamma^\ddagger$分别为无量纲的活度系数。通常假设该体系是理想的体系，这样活度系数趋于 1 并可从式(3.1.10) 和式(3.1.11) 中消去。

活化配合物以一个组合的速率常数 k'衰变为 A 或 B，它们可被分为四个部分：①由 A 产生再回到 A，f_{AA}；②来自 A 的衰减到 B，f_{AB}；③来自 B 再衰减到 A，f_{BA}；④来自 B 的再回到 B，f_{BB}。那么，$f_{AA}+f_{AB}+f_{BA}+f_{BB}=1$，这样由 A 转化到 B（及其反向）的速率是

$$k_f[\text{A}]=f_{AB}k'[\text{配合物}] \tag{3.1.12a}$$

$$k_b[\text{B}]=f_{BA}k'[\text{配合物}] \tag{3.1.12b}$$

既然在平衡时 $k_f[\text{A}]=k_b[\text{B}]$，$f_{AB}$ 和 f_{BA} 必须相等。在此理论最简化的形式下，两者可看作 1/2。这种假设暗示 $f_{AA}=f_{BB}=0$，这样，活化配合物并不被认为回到原始状态。而是认为，任何达到活化构型的体系，继续以与原始状态相反的方向进行。在一个更加灵活的方式中，f_{AB} 和 f_{BA} 可等于 $\kappa/2$，这里 κ 为传输系数（transmission coefficient），其值可从 0 到 1。

将从式(3.1.10) 和式(3.1.11) 得到的活化配合物浓度分别代入式(3.1.12a) 和式(3.1.12b) 中，可得到速率常数为

$$k_f=\frac{\kappa k'}{2}e^{-\Delta G_f^\ddagger/(RT)} \tag{3.1.13a}$$

$$k_b=\frac{\kappa k'}{2}e^{-\Delta G_b^\ddagger/(RT)} \tag{3.1.13b}$$

统计力学可用于预测 k'值。通常，该值依赖于在活化配合物区域中势能面的形状，对于简单的情况，k'可被看作为 $2kT/h$，其中 k 和 h 是玻尔兹曼（Boltzmann）常数和普朗克（Planck）常数。这样式(3.1.13) 中两个速率常数均可表示为

$$\boxed{k=\kappa\frac{kT}{2}e^{-\Delta G^\ddagger/(RT)}} \tag{3.1.14}$$

这是用过渡态理论计算速率常数最常见的公式。

为了得到式(3.1.14)，仅需考虑一个处在平衡时的体系。如下的事实很重要，即一个基元过程的速率常数在给定的温度和压力下是一定的，而与反应物和产物的浓度无关，因此式(3.1.14) 是一个通用的表达式。如果它适用于平衡态，也应该适用于非平衡状态。平衡的假设虽在推导过

程中有用，但并不限定该公式的应用范围[2]❹。

3.2 电极反应的本质

任何动态过程的精确动力学图像在平衡极限下必须产生一个热力学形式的方程。对于一个电极反应，平衡是由 Nernst 公式来表征的，它将电极电势与反应物的本体浓度联系起来。对于简单的情况：

$$\mathrm{O}+ne \underset{k_b}{\overset{k_f}{\rightleftharpoons}} \mathrm{R} \tag{3.2.1}$$

该 Nernst 公式为

$$\boxed{E_{eq}=E^{0'}+\frac{RT}{nF}\ln\frac{C_O^*}{C_R^*}} \tag{3.2.2}$$

式中，E_{eq} 是平衡电势；$E^{0'}$ 是形式电势（2.1.7 节）；C_O^* 和 C_R^* 为本体浓度。任何正确的电极动力学理论必须在相应的条件下预测出此结果。

同时也要求该理论能够解释在各种环境下所观察到的电流与电势的依赖关系。特别是在低电流和有效搅拌的情况，整个电流全由界面电子转移动力学控制。早期对于这种体系的研究表明，电流通常与过电势（$\eta=E-E_{eq}$）之间存在指数关系，即

$$i=a'\mathrm{e}^{\eta/b'} \tag{3.2.3}$$

或者如 Tafel 在 1905 年所给出的那样[6-7]，

$$\boxed{\eta=a+b\lg i} \tag{3.2.4}$$

一个成功的电极动力学的模型必须能解释式(3.2.4) 的正确性，此式被称为塔菲尔公式(Tafel equation)。

如反应式(3.2.1) 所示其有正向和逆向的反应途径。正向的反应以速率 v_f 向前进行，它必须与 O 的表面浓度成正比（经常与本体浓度 C_O^* 不同）。将距离表面 x 处和在时间 t 时的浓度表示为$C_O(x,t)$，因此表面浓度为$C_O(0,t)$。关联正向反应的速率和浓度$C_O(0,t)$ 的正比常数是速率常数 k_f。

$$v_f=k_fC_O(0,t)=\frac{i_c}{nFA} \tag{3.2.5}$$

该方程将 v_f 与正向反应导致的穿过界面的阴极电流 i_c 联系起来。同理，对于逆向反应有

$$v_b=k_bC_R(0,t)=\frac{i_a}{nFA} \tag{3.2.6}$$

这里 i_a 是相应的阳极电流。这样，净反应速率为

$$v_{net}=v_f-v_b=k_fC_O(0,t)-k_bC_R(0,t)=\frac{i_c-i_a}{nFA} \tag{3.2.7}$$

对于整个反应有

$$i=i_c-i_a=nFA[k_fC_R(0,t)-k_bC_R(0,t)] \tag{3.2.8}$$

净电流 i 可在外电路测量，i_c 与 i_a 不能独立测量，但具有概念值。

异相体系的反应速率与单位界面面积有关，因此它们有 mol/(s·cm²) 这样的单位。如果浓

---

❹ 注意 $\kappa T/h$ 的单位是 s^{-1}，指数项无量纲，这样在式(3.1.14) 中的表达式在量纲上相应于一级速率常数。对于二级反应，相应于式(3.1.10) 中的平衡，在左边的分母上应该有两个反应物的浓度，在右边的分子上应有每种物质的活度系数与标准态浓度 C^0 的商。这样 C^0 在最后的表达式中将不会被消掉，而以一次方的形式存在于表达式的分母上。由于它通常有一个单位值（通常 1mol/L），它的存在并不影响其数值，但影响其量纲。总的结果是产生一个前置因子，其数值等于 $\kappa T/h$，但单位为 L/(mol·s)。这是采用过渡态理论处理较单分子衰减更为复杂的过程时常被忽略的一点。见 2.1.5 节和文献［2］。

度的单位是 mol/cm^3，那么异相速率常数的单位是 cm/s。

3.3 电极动力学的 Butler-Volmer 模型

经验表明，电极电势强烈地影响发生在其表面上反应的动力学。在一定电势下，氢析出反应的速率很快，但在其他电势区域并非如此。在确定的电势范围内，铜从金属样品上溶解，但此金属在该电势范围外稳定，所有的法拉第过程均如此。由于界面电势差可被用于控制反应性质，我们期望能够准确地理解 k_f 和 k_b 与电势的依赖关系。在本节中，将纯粹地基于经典的概念发展一个可预测的模型[8-19]。虽然它有很大的局限性，但它在电化学文献中被广泛地采用，在此领域的每一个学生都必须理解它。3.5 节将会给出基于电子转移微观特性的更基础的模型。

3.3.1 电势对能垒的影响

在 3.1 节中已经看到，反应在势能面上沿着反应坐标从反应物构型到产物构型变化的进程可用图可视化地表示出来。这种思维方式也适用于电极反应，但其势能面的形状是电极电势的函数。

通过考虑下列在 Hg 电极上的反应可以容易地看到此影响，

$$Na^+ + e \underset{}{\overset{Hg}{\rightleftharpoons}} Na(Hg) \tag{3.3.1}$$

这里 Na(Hg) 代表钠汞齐，Na^+ 溶解在乙腈或二甲基甲酰胺（DMF）中。如果我们认为反应的坐标是界面到钠核的距离，那么自由能沿着反应坐标的剖面图如图 3.3.1(a) 所示。右边是 $Na^+ + e$。该构型的能量与核在溶液中的位置无关，除非电极非常接近离子使其部分或全部去溶剂化。左边的构型表示钠原子溶解在汞中。在汞相中，能量与位置无关，但如果钠原子离开汞内部，随着有利的汞-钠相互作用的失去，其能量将上升。相应于这些反应物和产物构型的曲线在过渡态处交叉，氧化和还原的能垒的高度决定它们的相对速率。如图 3.3.1(a) 所示，当两者速率相等时，体系处于平衡态，电势是 E_{eq}。

现在假设电势变化到更正的值。主要的影响是降低“反应物”电子的能量，因此与 $Na^+ + e$

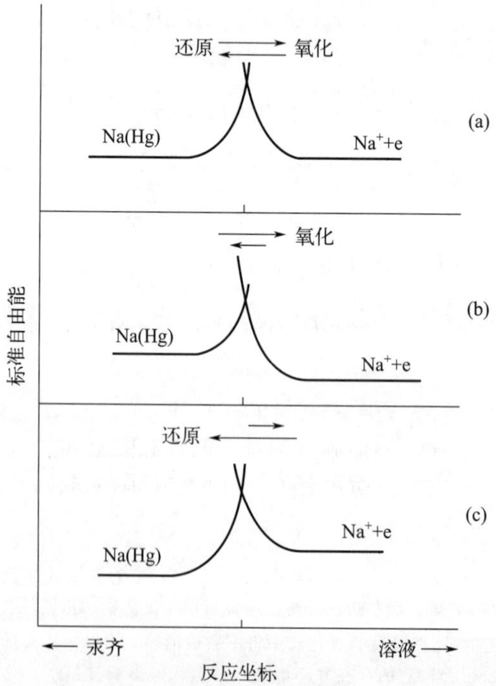

图 3.3.1 法拉第过程中自由能变化的简单示意图

(a) 在平衡电势时；(b) 在比平衡电势更正的电势时；(c) 在比平衡电势更负的电势时

有关的曲线相对于 Na(Hg) 降低，该情况如图 3.3.1(b) 所示。由于还原的能垒升高、氧化的能垒降低，净转变是由 Na(Hg) 到 $Na^+ + e$。

将电势移到较 E_{eq} 更负的值，电子的能量升高，如图 3.3.1(c) 所示，对应于 $Na^+ + e$ 的曲线将移到较高的能量处。由于还原的能垒降低、氧化的能垒升高，相对于在 E_{eq} 的条件，有一净阴极电流流过。

这些讨论定性地显示电势影响电极反应的净速率和方向。通过对此模型更详细的考虑，可以建立一个定量理论。

3.3.2　单步骤单电子过程

现在来考察最简单可能的电极过程，在此仅 O 和 R 两种溶质参与界面上的单电子转移反应，而没有其他任何化学步骤，

$$O + e \underset{k_b}{\overset{k_f}{\rightleftharpoons}} R \tag{3.3.2}$$

还假设标准自由能沿着反应坐标的剖面图具有抛物线形状，如图 3.3.2 所示。图的上部画出了从反应物到产物的全路径，下部是在过渡态附近区域的放大图。至于这些剖面图形状的细节，知道与否对于此处的讨论并不重要。

在发展一种电极动力学理论时，可以方便地选择体系中有重要化学意义的某点作为电势的参考点，而不是一个绝对的外参比如 Ag/AgCl 电极。有两个自然的参考点，即体系的平衡电势和在所考虑条件下的电对的标准（或形式）电势。的确，在上节的讨论中曾采用平衡电势作为参比点，在本节中将再次采用它。然而，仅在电对的两种物质均存在和平衡可定义时，才能够这样做。更加通用的参考点是 $E^{0'}$。假设当电极电势等于 $E^{0'}$ 时，图 3.3.2 的上部曲线适用于 O+e。相应的阴极和阳极的活化能分别是 $\Delta G_{0c}^{\ddagger}$ 和 $\Delta G_{0a}^{\ddagger}$。

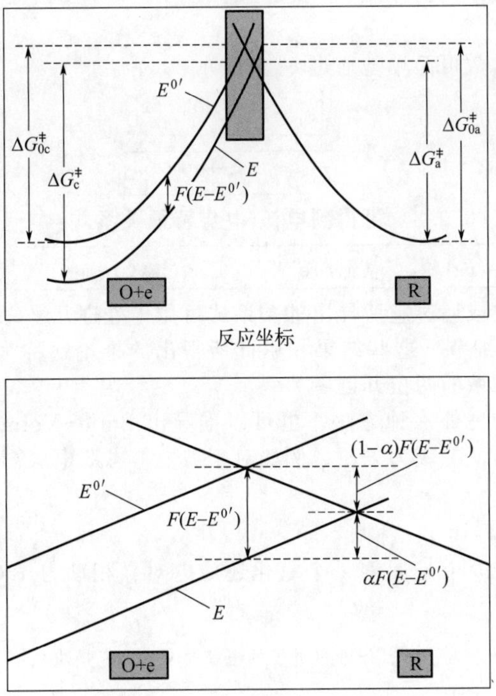

反应坐标

图 3.3.2　电势的变化对于氧化和还原的标准活化自由能的影响

下图是上图中阴影部分的放大图

如果电势变化到一个新值 E，在电极上每摩尔电子的相对能量变化为 $-F\Delta E = -F(E -$

$E^{0'}$）；因此 O+e 的曲线将上移或下移这一数值❺。图 3.3.2 的左边的下部曲线显示了一个正 ΔE 的影响。显然氧化的能垒值 $\Delta G_a^{\ddagger}$ 要较 $\Delta G_{0a}^{\ddagger}$ 值小，小的值是总能量变化的一个分数。把此分数称为 $1-\alpha$，这里 α 称为传递（转移）系数（transfer coefficient），其值可从 0 到 1。这样，

$$\Delta G_a^{\ddagger}=\Delta G_{0a}^{\ddagger}-(1-\alpha)F(E-E^{0'}) \quad (3.3.3)$$

该图也揭示在电势 E 处的阴极能垒 $\Delta G_c^{\ddagger}$ 应较 $\Delta G_{0c}^{\ddagger}$ 高出 $\alpha F(E-E^{0'})$，因此

$$\Delta G_c^{\ddagger}=\Delta G_{0c}^{\ddagger}+\alpha F(E-E^{0'}) \quad (3.3.4)$$

现在假设速率常数 k_f 和 k_b 有 Arrhenius 的形式，

$$k_f=A_f e^{-\Delta G_c^{\ddagger}/(RT)} \quad (3.3.5a)$$

$$k_b=A_b e^{-\Delta G_a^{\ddagger}/(RT)} \quad (3.3.5b)$$

将式(3.3.3) 和式(3.3.4) 所表示的活化能代入，得到

$$k_f=A_f e^{-\Delta G_{0c}^{\ddagger}/(RT)} e^{-\alpha f(E-E^{0'})} \quad (3.3.6a)$$

$$k_b=A_b e^{-\Delta G_{0a}^{\ddagger}/(RT)} e^{(1-\alpha)f(E-E^{0'})} \quad (3.3.6b)$$

这里 $f=F/(RT)$。在每个表达式中的前两项产生一个与电势无关的积，等于在 $E=E^{0'}$ 时的速率常数❻。

现在考察一个特殊的情况，界面处于平衡状态，溶液中 $C_O^*=C_R^*$。在此情况下，$E=E^{0'}$，$C_O(0,t)=C_O^*$ 与 $C_R(0,t)=C_R^*$。由于是在平衡处，$i=0$，因此，$k_f C_O^*=k_b C_R^*$，那么 k_f 必须等于 k_b。现在看到 $E^{0'}$ 是处于正向和逆向速率常数恒定并相等时的电势，该处的速率常数值称为标准速率常数 k^0（standard rate constant）❼。虽说是通过一种特殊情况找到该点，速率常数与浓度无关；但对于所有的浓度，在 $E^{0'}$ 处，k_f 等于 k_b。事实上，此发现是在没有详细地考虑 k_f 与 k_b 的情况下，仅引入了物质作用的原理❽。在 $E^{0'}$ 处 $k_f=k_b=k^0$ 仅依赖于式(3.3.2) 给出的电化学反应的形式。

其他电势值的速率常数可简单地通过 k^0 来表示：

$$\boxed{k_f=k^0 e^{-\alpha f(E-E^{0'})}} \quad (3.3.7a)$$

$$\boxed{k_b=k^0 e^{(1-\alpha)f(E-E^{0'})}} \quad (3.3.7b)$$

将这些关系式代入式(3.2.8) 可得到电流-电势特征关系式：

$$\boxed{i=FAk^0[C_O(0,t)e^{-\alpha f(E-E^{0'})}-C_R(0,t)e^{(1-\alpha)f(E-E^{0'})}]} \quad (3.3.8)$$

该公式非常重要，它或通过它所导出的关系式可用于处理几乎每一个需要解释的异相动力学问题。3.4 节将介绍这些细节。这些结果和由此所得出的推论通称为 Butler-Volmer（BV）电极动力学公式，以纪念该领域的两位开创者[20-21]。

采用基于电化学势的另外一种方法，也可以推导出 Butler-Volmer 动力学表达式[13-14,16,22-24]。这种方法对于更加复杂的情况较为方便，例如对于需要考虑双电层影响的情况。在本书第一版中对此有详细的介绍❾。

3.3.3 标准速率常数

k^0 的物理阐释是直观的：它是对一个氧化还原电对异相动力学难易程度的量度。一个具有

---

❺ 该能量需要电势差乘以 q 为 $q\Delta E$。每摩尔电子的电荷是 $-F$（F 是法拉第常数）；因此，电子能量的变化是 $-F\Delta E$（J/mol）。

❻ 在其他的电化学文献中，k_f 和 k_b 有用 k_c 和 k_a 或 k_{ox} 和 k_{red} 表示的。有时动力学公式用一个互余的传递系数 $\beta=1-\alpha$ 来表示。如果在动力学表达式中看到 β，区分其的意义是 α 或 $1-\alpha$ 很重要。也见脚注❿。

❼ 在电化学文献中标准速率常数也有用 $k_{s,h}$ 和 k_s 表示的。有时它也被称为固有速率常数。

❽ 在此也没有提及 Nernst 方程。仅采用了 $E^{0'}$ 作为识别器得到了在该特殊情况下的平衡电势。它也提醒我们该理论将会预测在平衡时具有能斯特型的行为（3.4.1 节）。

❾ 见第一版，3.4 节。

较大 k^0 值的体系将在较短的时间内达到平衡，而 k^0 值较小的体系达到平衡将较慢。

至今最大可测量的标准速率常数在1～40cm/s范围内[25-31]，它们与 $Ru(NH_3)_6^{3+}/Ru(NH_3)_6^{2+}$ 和各种二茂铁及其离子电对有关。另外，$Ru(bpy)_3^{3+}/Ru(bpy)_3^{2+}$ 及许多芳香族碳氢化合物（如取代的蒽、芘和苝）的氧化还原成相应的阴或阳离子自由基反应也很快。所有这些过程仅涉及电子转移和去溶剂化，分子的框架没有大的变化。与此类似，一些涉及形成汞齐的电极过程［例如，$Na^+/Na(Hg)$，$Cd^{2+}/Cd(Hg)$ 和 Hg_2^{2+}/Hg］的动力学很快[32,33]。相反的是，涉及与电子转移相关的分子重排的异相反应，例如将分子氧还原成过氧化氢或水，或将质子还原成分子氢，可能会很慢[7,8,32-34]。许多这类体系涉及多步骤机理（见3.7节与第13和15章）。已有报道 k^0 值较 10^{-9}cm/s还要小[35-36]，因此电化学涉及多于十个数量级的动力学反应活性。

由式(3.3.7)注意到即使 k^0 值小，当施加相对于 $E^{0'}$ 足够大的过电势时，k_f 和 k_b 能够相当大。实际上，可通过控制电压的方法改变活化能以驱动反应发生。在3.4节中，将对此思想有详尽的讨论。

3.3.4 传递系数

在Butler-Volmer动力学模型中，假设传递系数 α 与电势无关。像 k^0 一样，它是依赖于体系化学特征的一个特定参数。

对于一个单电子转移步骤，传递系数 α 是能垒的对称性的度量⑩。这种想法可通过考察如图3.3.3所示的交叉区域的几何图形而得到。如果自由能曲线在交叉区域是线性的，其角度 θ 和 ϕ 可定义为

$$\tan\theta = \alpha FE/x \tag{3.3.9a}$$

$$\tan\phi = (1-\alpha)FE/x \tag{3.3.9b}$$

因此

$$\alpha = \frac{\tan\theta}{\tan\phi + \tan\theta} \tag{3.3.10}$$

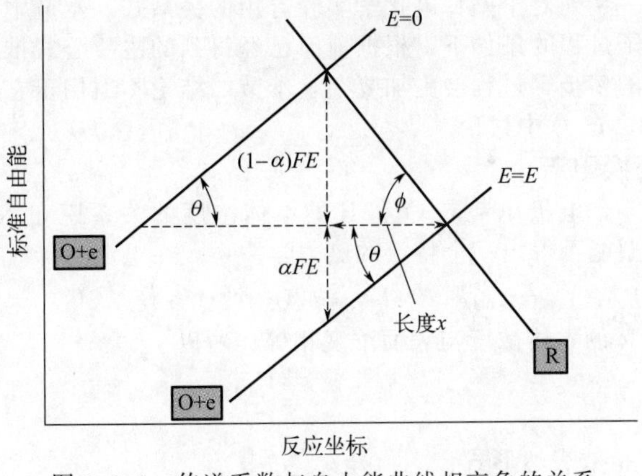

图3.3.3 传递系数与自由能曲线相交角的关系

如果是交叉对称的，则 $\phi=\theta$，且 $\alpha=1/2$。对于其他情况，$0\leqslant\alpha<1/2$ 或 $1/2<\alpha\leqslant1$ 则如图3.3.4所示。对于大多数体系，α 值在0.3～0.7之间，在没有确切的测量时通常将之近似为0.5。

在BV模型中假设 α 与电势无关等价于假设一个线性自由能曲线，因此交叉处几何形状不会随电势而改变。由于真实的自由能曲线不大可能在反应坐标的大范围内保持线性，因而当反应物与产物的势能曲线的交叉区域随电势移动时，θ 和 ϕ 会发生变化。所以，一般认为 α 是与电势相

⑩ 对于单步骤单电子反应的 α 有时也称为对称因子，有时用符号 β 表示[7]。但是，对于该节中确定的概念所采用的符号 α 与传递系数的术语在文献中更常见。

关的因子。

然而，在大多数实验中 α 是恒定的，因为可以得到动力学数据的电势范围相当窄。交叉点仅在很小的区域变化，例如图 3.3.2 所标示的矩形区域，剖面图（抛物线）的弯曲部分很难看清。因为电子转移的速率常数随电势呈指数变化，可操作的电势范围是有限的。当外加电势偏离一个可检测电流发生的电势不大的值时，物质传递变成了速率限制步骤，电子转移动力学不再控制实验。动力学与传质的竞争情况将会贯穿在本书的剩余部分。

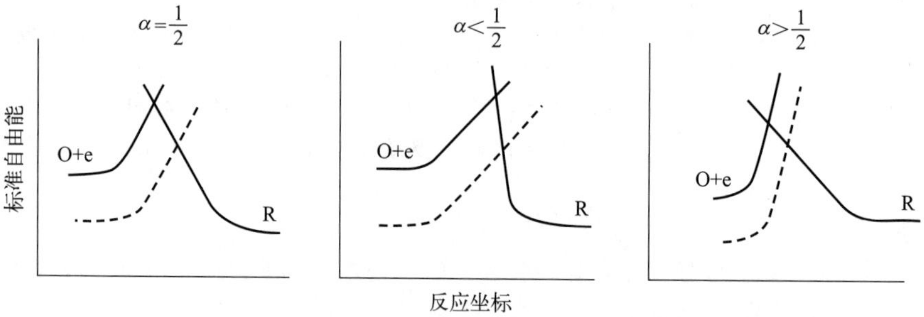

图 3.3.4 传递系数作为反应能垒对称性的标志

虚线显示对于 O+e 随着电势变正时该曲线的移动

其他的有关异相电子转移的模型（3.5 节）的确预测了传递系数依赖于电势。在一些体系中，动力学可在很宽的范围内进行测量，α 随电势会有很大的变化［3.5.4(3)节］。

3.4 Butler-Volmer 模型在单步骤单电子过程中的应用

在本节中，将建立一系列对于阐释电化学实验有用的关系式。本节中每个关系式都是在假设电极反应是单步骤单电子过程的条件下，根据前面已经得到的主要公式推导出的。对于引入附加的电子转移或化学步骤的多步骤过程会更加复杂，本节的结论不适用于它们。这些多步骤过程的处理会在 3.7 节与第 13、15 章中讨论。

3.4.1 平衡条件和交换电流

在平衡时净电流为零，电极电势与 O 和 R 的本体浓度的关系遵守 Nernst 公式(2.1.6 节)。现在看一看该动力学模型能否得出一个特定的热力学关系。在电流为零时，对于式(3.3.8) 有

$$FAk^0C_O(0,t)e^{-\alpha f(E-E^{0'})}=FAk^0C_R(0,t)e^{(1-\alpha)f(E-E^{0'})} \tag{3.4.1}$$

由于是在平衡态，O 和 R 的本体浓度与表面浓度相等；所以

$$e^{f(E_{eq}-E^{0'})}=\frac{C_O^*}{C_R^*} \tag{3.4.2}$$

它是如下 Nernst 公式的指数表达形式：

$$\boxed{E_{eq}=E^{0'}+\frac{RT}{F}\ln\frac{C_O^*}{C_R^*}} \tag{3.4.3}$$

这样，该动力学理论通过了其第一次测试。

即使在平衡时净电流为零，仍能够想象其平衡的法拉第活性，它可通过交换电流（exchange current）i_0 来表示，其大小在数量上等于 i_c 或 i_a，采用 i_c 有

$$i_0=FAk^0C_O^*e^{-\alpha f(E_{eq}-E^{0'})} \tag{3.4.4}$$

将式(3.4.2) 两边同时乘 $-\alpha$ 幂次方，得到

$$e^{-\alpha f(E_{eq}-E^{0'})}=\left(\frac{C_O^*}{C_R^*}\right)^{-\alpha} \tag{3.4.5}$$

将式(3.4.5) 代入式(3.4.4)，给出[11]

$$\boxed{i_0=FAk^0C_O^{*(1-\alpha)}C_R^{*\alpha}} \tag{3.4.6}$$

因而交换电流与 k^0 成正比，在动力学公式中经常可用交换电流代替 k^0。对于 $C_O^*=C_R^*=C^*$ 的特定情况，

$$i_0=FAk^0C^* \tag{3.4.7}$$

交换电流经常被归一化为单位面积上的电流，从而得到交换电流密度（exchange current density），$j_0=i_0/A$。

3.4.2　电流-过电势公式

采用 i_0 而不是 k^0 的优点是电流可以通过偏离平衡电势（即过电势），而不是形式电势 $E^{0'}$ 来表述。用式(3.3.8) 除以式(3.4.6) 得到

$$\frac{i}{i_0}=\frac{C_O(0,t)\mathrm{e}^{-\alpha f(E-E^{0'})}}{C_O^{*(1-\alpha)}C_R^{*\alpha}}-\frac{C_R(0,t)\mathrm{e}^{(1-\alpha)f(E-E^{0'})}}{C_O^{*(1-\alpha)}C_R^{*\alpha}} \tag{3.4.8}$$

或

$$\frac{i}{i_0}=\frac{C_O(0,t)}{C_O^*}\mathrm{e}^{-\alpha f(E-E^{0'})}\left(\frac{C_O^*}{C_R^*}\right)^{\alpha}-\frac{C_R(0,t)}{C_R^*}\mathrm{e}^{(1-\alpha)f(E-E^{0'})}\left(\frac{C_O^*}{C_R^*}\right)^{-(1-\alpha)} \tag{3.4.9}$$

$(C_O^*/C_R^*)^\alpha$ 和 $(C_O^*/C_R^*)^{-(1-\alpha)}$ 的比值可容易地从式(3.4.2) 和式(3.4.5) 中导出，代入上式可得到

$$\boxed{i=i_0\left[\frac{C_O(0,t)}{C_O^*}\mathrm{e}^{-\alpha f\eta}-\frac{C_R(0,t)}{C_R^*}\mathrm{e}^{(1-\alpha)f\eta}\right]} \tag{3.4.10}$$

这里 $\eta=E-E_{eq}$。此公式称为电流-过电势公式(current-overpotential equation)，将在以后的讨论中经常用到。该式中第一项描述的是在任何电势下的阴极电流，而第二项是阳极电流的贡献[12]。

图 3.4.1 显示了式(3.4.10) 所预测的行为，实线描述的是实际的总电流，它是 i_c 和 i_a 的总和，虚线显示的是 i_c 或 i_a。对于较大的负过电势，阳极部分可忽略，因而总的电流曲线在此与 i_c 重合。对于较大的正过电势，阴极部分可忽略，总的电流基本上与 i_a 一样。电势从 E_{eq} 向正负两个方向移动时，电流值迅速增大，这是因为指数因子占主导地位，但对于极端的 η 值，电流趋

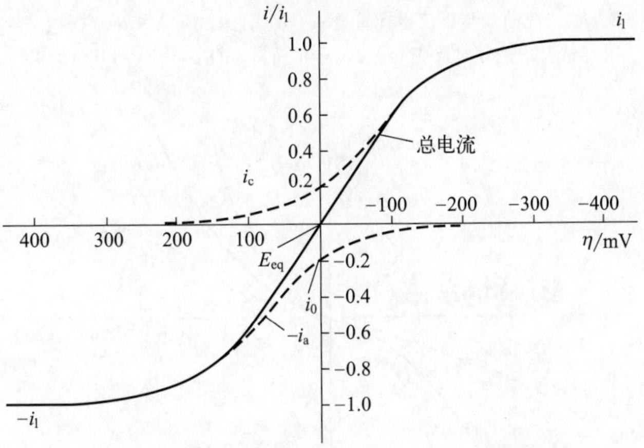

图 3.4.1　体系 O+e ⇌ R 的电流-过电势曲线

条件：$\alpha=0.5$，$T=298\text{K}$，$i_{l,c}=-i_{l,a}=i_l$ 和 $i_0/i_l=0.2$。虚线表明电流 i_c 和 i_a 的部分

[11] 对于 i_a 可得到同样的公式。

[12] 由于在此处理中没有包括双电层的影响，所以在 Delahay 的命名法中[16]，k^0 和 i_0 称为体系的表观常数。二者均与双电层的结构有一定的关系，是相对于溶液本体在外 Helmholtz 面上电势 ϕ_2 的函数。这一点将在 14.7 节中更加详细地讨论。

于稳定。在这些稳定区域，电流不是由异相动力学，而是由传质过程所决定的。式(3.4.10)中的指数项的影响由于 $C_O(0,t)/C_O^*$ 和 $C_R(0,t)/C_R^*$ 而减弱，二者反映了反应物的供给情况(3.4.6节)。

3.4.3 电流-过电势公式的近似形式

(1) 没有传质影响的情况

如果溶液被充分地搅拌，或电流维持在很小值时，其表面浓度与本体浓度没有较大的差别，那么式(3.4.10)为

$$\boxed{i=i_0\left[e^{-\alpha f\eta}-e^{(1-\alpha)f\eta}\right]} \tag{3.4.11}$$

此式在历史上称为 Butler-Volmer 方程（Butler-Volmer equation，BV 方程）。当 i 小于极限电流 $i_{l,c}$ 或 $|i_{l,a}|$ 的 10%时，它是式(3.4.10)的很好近似。公式(1.4.10)和公式(1.4.19)显示 $C_O(0,t)/C_O^*$ 和 $C_R(0,t)/C_R^*$ 将在 0.9～1.1 之间。

图 3.4.2 显示了不同交换电流密度时式(3.4.11)的行为（但 $\alpha=0.5$ 保持不变）。一个显著的特点是反映了在 E_{eq} 处电流-过电势曲线的变形程度与交换电流密度的关系。图 3.4.3 以类似的方式显示了 α 的影响，交换电流密度保持恒定。

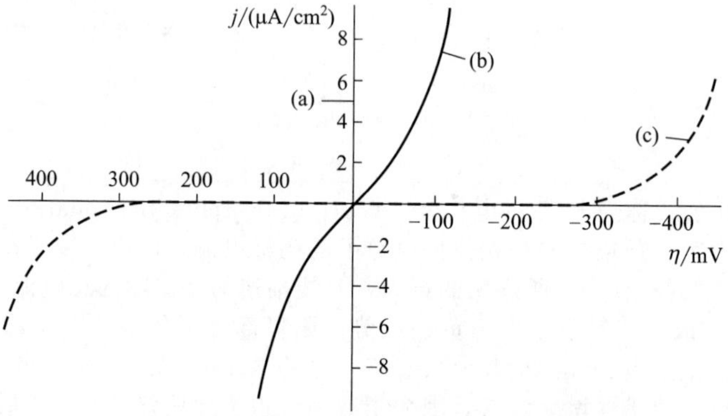

图 3.4.2 交换电流密度对引发净电流密度所需的活化过电势的影响

(a) $j_0=10^{-3}$ A/cm²（此曲线与电流坐标重叠）；(b) $j_0=10^{-6}$ A/cm²；(c) $j_0=10^{-9}$ A/cm²。上述情况均是针对反应 O+e $\rightleftharpoons$ R 而言，且 $\alpha=0.5$ 和 $T=298$K

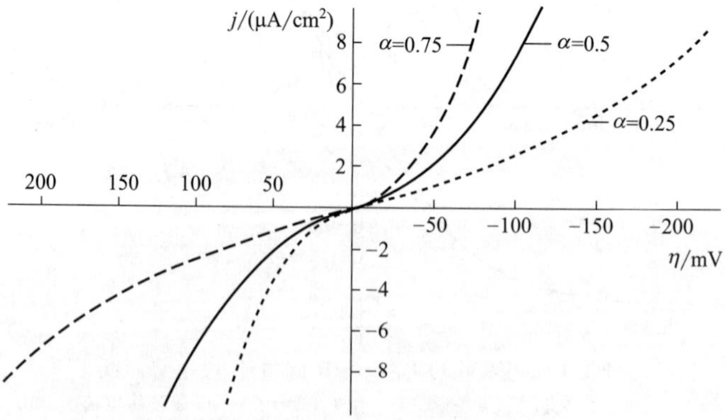

图 3.4.3 对于 O+e $\rightleftharpoons$ R 在 $T=298$K 和 $j_0=10^{-6}$ A/cm² 时，传递系数对于电流-过电势曲线对称性的影响

由于这里没有考虑传质的影响，任意给定电流下的过电势仅用于提供异相反应过程以该电流所表征的速率进行所需的活化能。交换电流越小，动力学越迟缓，因此特定净电流下的反应活化过电势必须越大。

如图 3.4.2(a) 中的情况，如果交换电流很大，在很小的活化过电势下，体系仍能够提供大的电流，甚至是传质极限电流。在这种情况下，任何所观察到的过电势均与 O 和 R 表面浓度的变化有关。它称为传质过电势（mass-transfer overpotential），可看作为支持此电流的传质速率所需的活化能。如果 O 和 R 的浓度相当，E_{eq} 将接近 $E^{0'}$，在 $E^{0'}$ 附近几十毫伏内就可达到阳极和阴极部分的极限电流。

另外，人们要考虑如图 3.4.2(c) 中的情况，因为 k^0 值很低，所以交换电流非常小。在这种情况下，除非施加很大的活化过电势，否则没有显著的电流流动。在足够大的过电势下，异相反应过程可以足够快以至于传质控制电流，从而可达到一个极限平台电流。当传质的影响开始出现时，传质过电势也将产生，但主要的过电势仍是激活电荷传递。在这样的体系中，还原波发生在较 $E^{0'}$ 负得多的电势，氧化波发生在较 $E^{0'}$ 正得多的电势。

交换电流可认为是一种电荷在界面交换的“无功速率”。如果想勾勒出一个仅是这种双向无功电流很小一部分的净电流的话，得到它仅需要很小的过电势。即使在平衡时，体系仍以比我们要求的大得多的速率进行界面电荷转移。施加一微小的过电势的作用，是在很小的程度上破坏双向反应速率间的平衡，从而使其中一个占主导地位。但是，如果需要一个超过交换电流的净电流的话，将是一个困难得多的任务。所以不得不驱动体系以所需要的速率释放电荷，仅能够通过施加很大的过电势来达到此目的。由此可见，交换电流是在活化过程中没有大量能量损失的情况下，体系释放净电流能力的量度。

实际体系的交换电流密度反映了相当宽的 k^0 值的范围，在可能宽的浓度范围内得到扩充。它们可超过 $10A/cm^2$ 或小于 pA/cm^2。

(2) 在小 η 值时的线性特征

对于小的 x 值，指数 e^x 可近似为 $1+x$，所以对于足够小的 η，式(3.4.11) 可重新表示为

$$\boxed{i=-i_0 f\eta} \tag{3.4.12}$$

这样，在 E_{eq} 附近较窄的电势范围内，净电流与过电势有线性关系。$-\eta/i$ 的比有电阻的单位，常被称为电荷转移电阻 R_{ct}（charge-transfer resistance）：

$$\boxed{R_{ct}=\frac{RT}{Fi_0}} \tag{3.4.13}$$

该参数是 i-η 曲线在原点（$\eta=0$，$i=0$）处斜率的负倒数。作为动力学难易程度的一个很方便的指数，它可从一些实验中直接得到。对于非常大的 k^0，它接近于零［图 3.4.2(a)］。

(3) 在大的 η 值时的 Tafel 行为

对于较大的 η 值（负或正）时，式(3.4.11) 括号中的一项可忽略。例如，在很负过电势时，$\exp(-\alpha f\eta)\gg\exp[(1-\alpha)f\eta]$，式(3.4.11) 变为

$$i=i_0 e^{-\alpha f\eta} \tag{3.4.14}$$

或

$$\boxed{\eta=\frac{RT}{\alpha F}\ln i_0-\frac{RT}{\alpha F}\ln i} \tag{3.4.15}$$

因而，发现上述的动力学处理的确给出一个 Tafel 形式的关系式，与在适当条件下所观察到的现象一致。Tafel 经验常数［式(3.2.4)］现在可从理论上证实为[13]

$$a=\frac{2.303RT}{\alpha F}\lg i_0 \tag{3.4.16a}$$

$$b=\frac{-2.303RT}{\alpha F} \tag{3.4.16b}$$

当逆向反应（即一个净还原反应的阳极过程，反之亦然）的贡献小于电流的 1% 时，Tafel 形式是正确的，或

---

[13] 注意到对于 $\alpha=0.5$，电流每变化一个数量级 $-b=0.118V$，该值有时被称为“典型的”Tafel 斜率。

$$\frac{e^{(1-\alpha)f\eta}}{e^{-\alpha f\eta}}=e^{f\eta}\leqslant 0.01 \quad (\eta<0) \tag{3.4.17}$$

它暗示在25℃时，$|\eta|>118\text{mV}$⓮。当电极动力学很慢时，需要较大的过电势才能观察到较好的Tafel关系。这一点强调了这样的事实，Tafel行为是一个完全不可逆动力学的标志。此类体系，除非在很高的过电势下，一般仅允许小电流流动，其法拉第过程实际上是单向的。如果电极动力学相当快，在建立过电势的时间内，体系将达到传质极限电流。对于这样的情况，观察不到Tafel关系，因为式(3.4.14)是无传质影响的电流。

(4) Tafel图

η对$\lg i$作图，或更常见的$\lg i$对η作图称为Tafel图（Tafel plot），它是一个经典的导出动力学参数的方法[7]。在$\lg i$对η作图的情况下，有一个阳极分支，斜率为$(1-\alpha)F/(2.303RT)$；一个阴极分支，斜率为$-\alpha F/(2.303RT)$。如图3.4.4所示，两者的线性部分外推均可得一个截距$\lg i_0$。当η接近零时，由于逆向反应不能再被忽略，两者均严重偏离线性行为。当它应用于一个基元反应，传递系数α和交换电流i_0均可较容易地从这些作图中得到。对于复杂的电极反应，Tafel图对于研判机理仍然有用，但在需要包括中间体的处理时，其定量解释会变得很复杂(15.2.2节)。

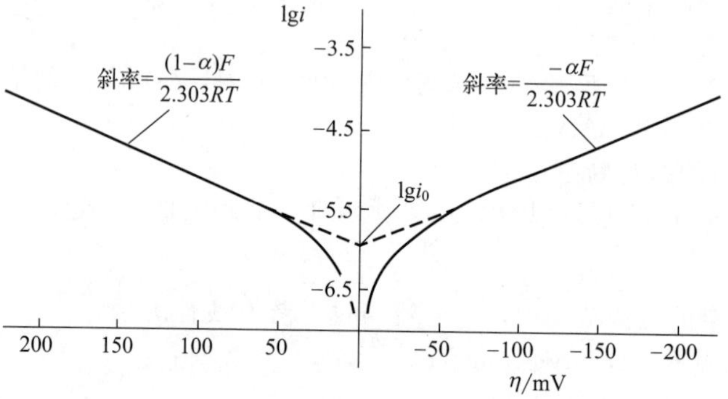

图3.4.4 $O+e \rightleftharpoons R$在$\alpha=0.5$，$T=298\text{K}$和$j_0=10^{-6}\text{A/cm}^2$时，电流-过电势曲线的阳极和阴极分支的Tafel图

Mn(Ⅳ)/Mn(Ⅲ)体系在浓酸中的一些实际的Tafel图如图3.4.5所示[37]。在非常大的过电势时的线性负偏差是由于传质的限制。在非常小的过电势区域，由于前面述及的原因会急剧下降。

一种改进的方法可用于在小过电势下所得到的数据的分析[38]。式(3.4.11)可重新写为

$$i=i_0 e^{-\alpha f\eta}(1-e^{f\eta}) \tag{3.4.18}$$

或

$$\lg\frac{i}{1-e^{f\eta}}=\lg i_0-\frac{\alpha F\eta}{2.303RT} \tag{3.4.19}$$

这样，$\lg[i/(1-e^{f\eta})]$对η作图可得截距$\lg i_0$和斜率$-\alpha F/(2.303RT)$。该方法的优点是可用于那些并非完全不可逆的电极反应，即阳极和阴极过程均在过电势区内对所测电流有重要贡献，且物质传递影响并不重要的那些反应。这样的体系通常称为准可逆（quasireversible）体系，因为必须考虑相反的电荷转移反应，仍然需要一个显著的活化过电势以使一个给定的净电流通过界面。

3.4.4 交换电流图

从式(3.4.4)认识到交换电流可被重新表示为

$$\lg i_0=\lg FAk^0+\lg C_O^*+\frac{\alpha F}{2.303RT}E^{0'}-\frac{\alpha F}{2.303RT}E_{eq} \tag{3.4.20}$$

⓮ 考虑正极部分也会达到同样的标准。

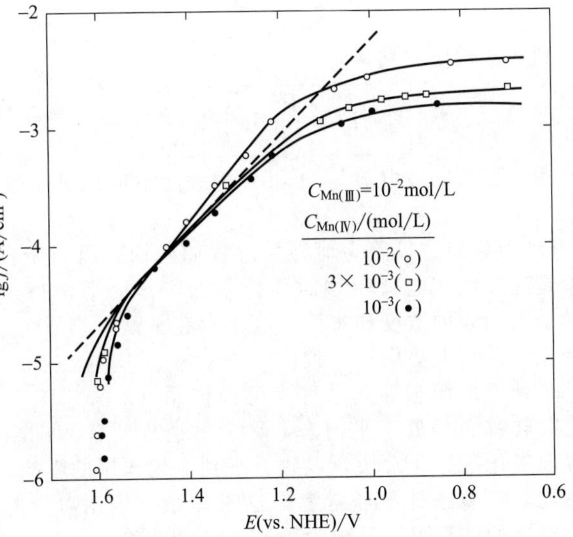

图 3.4.5 在 298K、7.5mol/L H_2SO_4 溶液中，将 Mn(Ⅳ) 在铂电极上还原为 Mn(Ⅲ) 的 Tafel 图

虚线对应于 $\alpha=0.24$（引自 Vetter 和 Manecke[37]）

在浓度 C_O^* 恒定时，$\lg i_0$ 对 E_{eq} 作图应有一直线，其斜率为 $-\alpha F/(2.303RT)$。在 O 的浓度不变时，在实验上可通过改变 R 的本体浓度改变平衡电势 E_{eq}。当 i_0 可以直接测得时（9.6 节与 11.4 节），这种作图法对于从实验中获得 α 是有用的。

另外一种测量 α 的方法是将式(3.4.6) 重写为

$$\lg i_0=\lg FAk^0+(1-\alpha)\lg C_O^*+\alpha\lg C_R^* \tag{3.4.21}$$

这样

$$\left(\frac{\partial \lg i_0}{\partial \lg C_O^*}\right)_{C_R^*}=1-\alpha \tag{3.4.22a}$$

$$\left(\frac{\partial \lg i_0}{\partial \lg C_R^*}\right)_{C_O^*}=\alpha \tag{3.4.22b}$$

不需要将 C_O^* 或 C_R^* 保持恒定的另一公式是

$$\frac{\mathrm{d}\lg(i_0/C_O^*)}{\mathrm{d}\lg(C_R^*/C_O^*)}=\alpha \tag{3.4.23}$$

它可方便地从式(3.4.6) 导出。

3.4.5 非常快的动力学和可逆行为

对于任何一种动力学模型，一个重要的极限情况是电极动力学需要可忽略的驱动力。正如前面所注意到的那样，这种情况对应于一个非常大的交换电流，反映的是一个大的标准速率常数 k^0。电流-过电势公式(3.4.10) 重写如下：

$$\frac{i}{i_0}=\frac{C_O(0,t)}{C_O^*}e^{-\alpha f\eta}-\frac{C_R(0,t)}{C_R^*}e^{(1-\alpha)f\eta} \tag{3.4.24}$$

当 i_0 比任何所感兴趣的电流都大得多时，i/i_0 的比值趋于零，重排式(3.4.24) 得到

$$\frac{C_O(0,t)}{C_R(0,t)}=\frac{C_O^*}{C_R^*}e^{f(E-E_{eq})} \tag{3.4.25}$$

将式(3.4.2) 所示的能斯特公式代入，得到

$$\frac{C_O(0,t)}{C_R(0,t)}=e^{f(E_{eq}-E^{0'})}e^{f(E-E_{eq})} \tag{3.4.26}$$

或

$$\frac{C_O(0,t)}{C_R(0,t)}=e^{f(E-E^{0'})} \tag{3.4.27}$$

该公式可重新排列后得到非常重要的结果：

$$\boxed{E=E^{0'}+\frac{RT}{F}\ln\frac{C_O(0,t)}{C_R(0,t)}} \tag{3.4.28}$$

因此发现，无论电流流动与否，电极电势与 O 和 R 的表面浓度均可通过一个 Nernst 形式的公式联系起来。

式(3.4.28) 中没有动力学参数，因为动力学过程如此快，以至于在实验中没有体现。事实上，电势和表面浓度总是通过快速电荷转移而保持平衡，作为平衡特征的热力学公式(3.4.28) 总是成立。净电流流动是因为表面浓度和本体浓度不存在平衡，物质传递连续将电反应物移到表面，在此通过电化学变化使其与电势保持一致。

已经明确，一个总是处于平衡态的体系称为可逆体系（2.1.1 节）。因而从逻辑上讲，一个电化学体系，其界面电荷转移总是处于平衡态，称为可逆（或者 Nernst 型）体系。这些术语简单地指这些体系，其界面氧化还原非常快，以致看不到活化作用的影响。在电化学中存在许多这样的体系，我们将在不同的实验条件下经常考虑这类体系。根据对于电荷转移动力学研究的需要，也将看到对于任何给定的体系可能呈现为可逆、准可逆和完全不可逆三种情况。

3.4.6 物质传递的影响

将由式(1.3.11) 和式(1.3.20) 所表示的 $C_O(0,t)/C_O^*$ 和 $C_R(0,t)/C_R^*$ 代入式(3.4.10) 可以得到一个更完全的 i-η 关系式：

$$\frac{i}{i_0}=\left(1-\frac{i}{i_{l,c}}\right)e^{-\alpha f\eta}-\left(1-\frac{i}{i_{l,a}}\right)e^{(1-\alpha)f\eta} \tag{3.4.29}$$

习题 3.2 中，读者有机会证明该公式可通过重排后给出在全部 η 的范围内，i 作为 η 的显函数：

$$i=\frac{e^{-\alpha f\eta}-e^{(1-\alpha)f\eta}}{\dfrac{1}{i_0}+\dfrac{e^{-\alpha f\eta}}{i_{l,c}}-\dfrac{e^{(1-\alpha)f\eta}}{i_{l,a}}} \tag{3.4.30}$$

图 3.4.6 给出了几种 i_0/i_l 比时的 i-η 曲线，这里，$i_l=i_{l,c}=-i_{l,a}$。现在已知道，当所需要的净电流远超交换电流时，阳极与阴极部分可在电势轴上进行分开。对于图 3.4.6，净电流的标度是由 i_l 定义的（最大可能的净电流，是由传质条件给定的）。当 i_0/i_l 很大时，体系是可逆的；当 i_0/i_l 很小时，体系是不可逆的；当该比接近于 1 时，体系是准可逆的。

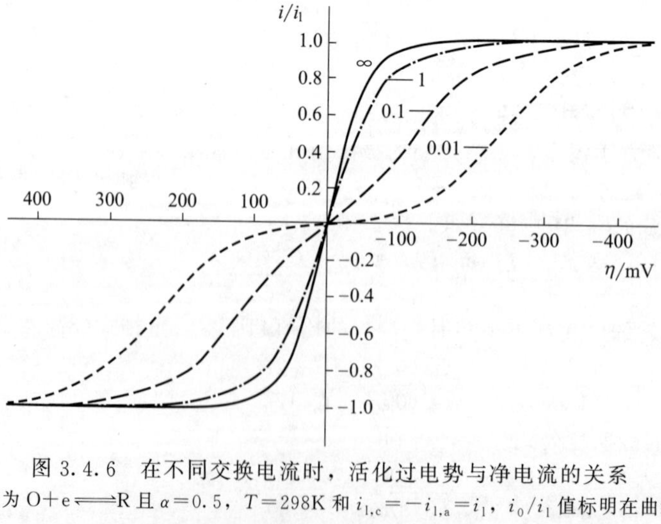

图 3.4.6 在不同交换电流时，活化过电势与净电流的关系

反应为 $O+e \rightleftharpoons R$ 且 $\alpha=0.5$，$T=298K$ 和 $i_{l,c}=-i_{l,a}=i_l$，i_0/i_l 值标明在曲线上

对于过电势较小的情况，行为可被线性化。当 $\alpha f\eta \ll 1$ 时，式(3.4.24) 的完全的 Taylor 级

数展开式(附录 A.2) 为

$$\boxed{\frac{i}{i_0}=\frac{C_O(0,t)}{C_O^*}-\frac{C_R(0,t)}{C_R^*}-\frac{F\eta}{RT}} \tag{3.4.31}$$

将式(1.3.11) 与式(1.3.20) 代入，重排后给出

$$\eta=-i\frac{RT}{F}\left(\frac{1}{i_0}+\frac{1}{i_{l,c}}-\frac{1}{i_{l,a}}\right) \tag{3.4.32}$$

根据式(1.3.29) 和式(3.4.13) 所定义的电荷转移和物质传递准电阻，此公式可写为

$$\boxed{\eta=-i(R_{ct}+R_{mt,c}+R_{mt,a})} \tag{3.4.33}$$

在此清楚地看到，当 i_0 远大于极限电流时，$R_{ct} \ll R_{mt,c}+R_{mt,a}$，过电势即使在 E_{eq} 附近，也是一个浓度过电势。另外，i_0 远小于极限电流时，那么 $R_{mt,c}+R_{mt,a} \ll R_{ct}$，在 E_{eq} 附近的过电势是由于电荷转移的活化。

在 Tafel 区域，可得到式(3.4.29) 的其他的有用形式。对于阴极部分 η 值较大处，阳极的贡献不重要，式(3.4.29) 变为

$$\frac{i}{i_0}=\left(1-\frac{i}{i_{l,c}}\right)e^{-\alpha f\eta} \tag{3.4.34}$$

或

$$\eta=\frac{RT}{\alpha F}\ln\frac{i_0}{i_{l,c}}+\frac{RT}{\alpha F}\ln\frac{i_{l,c}-i}{i} \tag{3.4.35}$$

当体系的 Tafel 图因传质影响变得复杂时，该公式对求算其动力学参数是有用的。对于阳极部分(在此没有给出)，可较易得到类似的结果。

3.4.7 基本 Butler-Volmer 公式的局限性

如果仅 O 与 R 参与了一个单电子的基元过程，那么这里所发展的结论具有普适性，即使 O 或 R（或两者）均不是作为溶质传质，也许是键合在表面或在一个三维的晶格中。但是，必须注意的是浓度的表达方式。

在式(3.3.8) 所表示的 i-E 特征中，所选择的 k^0 的单位决定了两个表面浓度的表示方法，二者必须一致。如果在上述处理中 k^0 采用的是 cm/s，那么 $C_O(0,t)$ 与 $C_R(0,t)$ 是三维浓度，用 mol/cm^3 表示。另外，对于 O 与 R 键合在表面的情况（17.6.2 节)，采用二维浓度［例如，$\Gamma_O(t)$ 与 $\Gamma_R(t)$ 的单位是 mol/cm^2］更合适，k^0 的单位是 s^{-1}。这种对于表面浓度单位需要一致性的情况会使一些基元反应的动力学关系式复杂化，这些反应如金属的电沉积，或一个反应中，O 是溶质而 R 是吸附的。在此种情况下，采用活度来表达 BV 动力学关系式更实用。

另外需要注意的是基元电极反应经常涉及其他的参与物，例如，配体、质子、离去的基团与吸附位点。由此推导出的 BV 关系式并不包含它们。O 与 R 仅隐含在这种表达式中，因此它不适用于该情况。可采用 BV 模型去处理它们，但实例将在第 15 章中才能见到。

3.5 电荷转移的微观理论

在 3.3 节与 3.4 节中，探讨了最常用的描述异相电子转移反应的 Butler-Volmer 模型，其中反应的速率可通过唯象参数 k^0 和 α 来表示。这种方法对于帮助组织实验研究的结果和提供有关反应机理的信息是有用的，但不能够用于预测动力学是如何受反应物质、溶剂、电极材料和电极吸附层的性质及结构等因素的影响。

为了得到这些信息，人们需要一个微观的理论去描述分子结构和环境是如何影响电子转移过程的。其目的是使预测的结果能够被实验证实，以便人们可以理解引起反应在动力学上或快或慢的基本因素。在此理解的基础上，将会有更加坚实的基础去设计许多有科学和技术应用价值的优越新体系。

在此领域 Marcus[39-43]、Hush[44-46]、Levich[47]、Dogonadze[48] 和许多其他人做出了主要的贡

献。已有许多全面的综述[49-57]。在本节中所采用的方法主要是基于 Marcus 模型，它在电化学研究中已有广泛的应用，并已被证明通过最少量的计算，便有能力进行关于结构对动力学影响的有用的预测。Marcus 因此贡献而获得 1992 年度诺贝尔化学奖。

3.5.1　内层与外层电极反应

Taube 在描述类型广泛的配位化合物的均相电子转移反应中，引入了内层（球）（inner-sphere）和外层（球）（outer-sphere）电子转移反应术语（图 3.5.1）[58]。在他的用法中“外层”是指这样的一个反应，反应物最初的配位层在活化配合物中保持完整，因此反应可理解为“电子从一个初始键体系转移到另外一个体系”[58]。相反地，均相“内层”反应是发生在一个活化配合物中，相关的离子共享一个配体（“在一个初始键体系内电子转移”[58]）。

均相电子转移

外层：$Co(NH_3)_6^{3+} + Cr(bpy)_3^{2+} \longrightarrow Co(NH_3)_6^{2+} + Cr(bpy)_3^{3+}$

内层：$Co(NH_3)_5Cl^{2+} + Cr(H_2O)_6^{2+} \longrightarrow (NH_3)_5CoClCr(H_2O)_5^{4+}$

异相电子转移

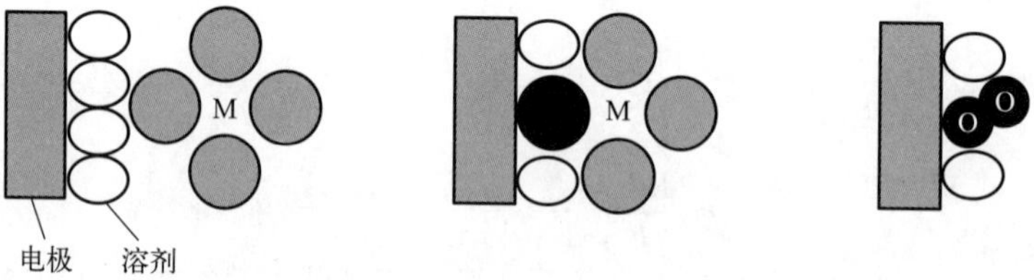

(a) 外层　　(b) 内层　　(c) 内层

图 3.5.1　外层和内层反应

内层的均相反应在失去一个水分子后，产生一个配位体桥联的配合物（见图上部），它能分解为$CrCl(H_2O)_5^{2+}$和 $Co(NH_3)_5(H_2O)^{2+}$。在异相反应中：(a) 一个金属离子（M）被配位体所包围，与电极间隔一个溶剂层；(b) 一个带有桥接配体（深色阴影）的金属配合物，该配体同时吸附到电极上，例如，卤化物存在时，在汞电极上$Cr(H_2O)_5^{2+}$ 的氧化；(c) 在氧还原反应期间以 O_2 在金属电极上的吸附结束

采用类推法，可将这些思想引入到电极反应领域：

① 在一个基本的外层电极反应（outer-sphere electrode reaction）中反应物和产物与电极表面之间没有化学相互作用，它们通常在距电极至少有一个溶剂层远［图 3.5.1(a)］。一个典型的例子是异相还原 $Ru(NH_3)_6^{3+}$，在电极表面的反应物本质上被认为与在本体溶液中的一样。

② 在一个基本的内层电极反应中，电极表面变成了反应体系化学组成的一部分。从反应物到产物的途径中涉及特性吸附（1.6.3 节与 14.3.4 节）。一类内层反应以特性吸附阴离子作为金属离子的配位桥梁[59]　［图 3.5.1(b)］。Pt 电极上氧还原和析氢过程涉及内层反应的步骤［图 3.5.1(b) 与第 15 章］。内层反应的动力学通常强烈地依赖于电极材料，但这类内层反应的依赖性不强⑮。

本节剩余的部分将集中讨论外层过程的通用处理方法。

内层电极反应将会在第 15 章中讨论。由于这些过程涉及特定的、可变的化学相互作用，因此很难通用化。即便如此，对于内层电极反应的理论方法仍是一个重要的目标，最起码它们在燃料电池与电池这种实际应用中是很关键的。一个有用的处理必须包含特性吸附，以及一些其他的在异相催化中常遇到的影响因素[60]。

3.5.2　拓展的电荷转移与绝热性

考察一个反应物距电极不同的距离进行电子转移是有意义的。对于该情况，速率是如何依赖于距离，以及之间的介质的本质是什么？

⑮　即使与电极没有强的相互作用，外层反应能够与电极材料有关，这是因为 (a) 双电层的影响（14.7 节）；(b) 金属对于 Helmholtz 层结构的影响；(c) 电极上电子态的分布与能量的影响（3.5.5 节）。

(1) 电子隧穿

电子转移本身可通过将其作为在电极的电子态与反应物的电子态之间的隧穿来理解。隧穿的概率随着距离 x 的增加而呈指数衰减［$\exp(-\beta x)$］，这里因子 β 与两个态之间的能垒及介质的性质相关。例如，对于真空中，两片金属之间的隧穿[61]

$$\beta \approx 4\pi(2m\Phi)^{1/2}/h \approx 10.2\text{nm}^{-1} \cdot \text{eV}^{-1/2} \times \Phi^{1/2} \tag{3.5.1}$$

式中，m 是电子的质量（9.1×10^{-28}g）；Φ 是该金属的功函，通常以 eV 表示。对于 Pt，Φ 约为 5.7eV，β 大约为 24nm^{-1}。

采用吸附单层隔开电活性反应物与电极之间的方法，有可能研究在两者之间固定距离（1～3nm）时的电子转移反应（17.6.2 节）。一种方法是采用像烷基硫醇这样的自组装单层或氧化物绝缘膜的阻碍层，来定义溶解的反应物与电极之间最近的距离[62-64]。该策略需要知道阻碍层准确厚度，并保证该层无针孔或缺陷，防止溶解的电活性物质穿过该层（17.6.1 节）。另外，吸附的单层可能本身含有电活性基团[65-73]。这类膜典型的代表是烷基硫醇（RSH）末端接上一个二茂铁（—Fc），即 $HS(CH_2)_nOOCFc$（经常表示为 HSC_nOOCFc，典型的 $n=8\sim18$）（图 3.5.2）。这样的分子经常会采用类似的非电活性分子（例如，HSC_nCH_3）在单层膜上进行稀释。速率常数可作为烷基链的长度进行测量，从 $\ln k$ 与 n 或距离 x 作图的斜率求算出 β。

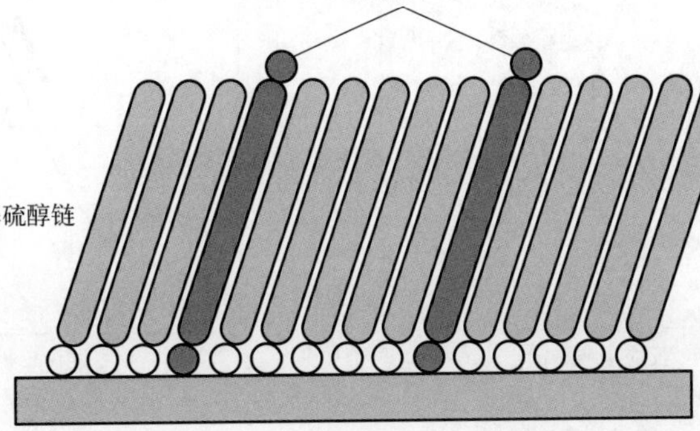

图 3.5.2　离电极固定距离的膜中含有带电活性基团的烷基硫醇类分子的吸附单层示意图

对于饱和链，典型的 β 值在 $10\sim12\text{nm}^{-1}$。由于对于较小的 β，在任何距离其 $\exp(-\beta x)$ 都要大一些，通过键导（through-bond）的值与在真空中的值（通过空间，through-space）的差别（约 20nm^{-1}），表明中间的介质分子键具有加速隧穿的作用。采用 π-共轭的隔开单元［例如，亚苯基亚乙炔基（ —Ph—C≡C— ）单元］已看到更小的 β 值（$3\sim6\text{nm}^{-1}$）[69,70]。

在电子转移理论中，隧穿概率包含在称为电子传输系数（electronic transmission coefficient，κ_{el}）的速率常数的前置因子中［3.1.3 与 3.5.3(2)节］[57]。它与距离的关系常被表示为：

$$\kappa_{el}(x) = \exp[-\beta(x - x_a)] \quad (x \geqslant x_a) \tag{3.5.2}$$

$$\kappa_{el}(x) = 1 \quad (x < x_a) \tag{3.5.3}$$

这里 x_a 是电极与电活性反应物发生电耦合到电极足够变成为一个绝热反应（adiabatic，下面会讨论此概念）之间的距离。当 x 等于 x_a（或更小），κ_{el} 等于 1。当 x 较 x_a 大时，隧穿概率以指数级下降。该近似关系与实际情况匹配[65,66,68-70]，但可能需要更加复杂的距离函数代替[63]。

(2) 绝热与非绝热反应

在反应动力学理论中，在一个相互接近的体系中（或这里指的是反应物与电极）反应物之间电子相互作用的程度，对于描述该体系的能量面具有重要的影响。由于电子耦合，该面并不像图 3.3.1 与图 3.3.2 所示那样产生一个简单的交叉。的确，它们避免交叉，并在该点分开（图 3.5.3）。反应坐标中势能面在交叉点有一间隙，称为表面分裂（surface splitting）或曲线分裂。其值是 $2H_{ab}$，这里 H_{ab} 是电子耦合矩阵元（electronic coupling martrix element）[74]。耦合沿着主要的反应途径降低了活化配合物的能量，降低量为 H_{ab}，并升高了该处上面部分最低能量，

升高量为 H_{ab}。有两种极限情况：

① 如果电子耦合强[16]，间隙 $2H_{ab}$ 的值大于 kT。图 3.5.3(a) 展示了其对于异相情况的影响。下部的表面（曲线）从 O 到 R 连续进行，上部表面代表的是一个活化态。由于两个表面在能量上很好地分离，一个反应体系几乎总是维持在低的表面上进行，其动量沿着 q 轴使体系从 O 到 R 进行（或相反），κ_{el} 趋近于 1。该过程称为绝热的（adiabatic），即它总是保留在单个表面。

② 如果电子耦合较弱（例如反应物离电极表面较远时），如图 3.5.3(b) 所示的交叉点的能量面分裂小于 kT。沿着 q 轴的动量以及缺乏适当的能垒导致体系保持在初始的 O+e 表面，或者说，实际上穿过基态到活化态面。因此，很可能体系从 O 到 R 进行还原反应。该过程称为非绝热的（nonadiabatic），意思是它引入了从一个表面到另外一个表面的穿越。每次反应穿越该区域成功的概率（O 变成 R 或相反）依赖于 H_{ab}，用 $\kappa_{el}<1$ 来表示[57]。例如，如果一个电活性反应物离电极上的绝热反应面 1nm（即 $x-x_a=1$nm），β 是 10nm^{-1}，那么根据式(3.5.3) 隧穿概率是 $\kappa_{el}=e^{-10}=4.5\times10^{-5}$。平均而言，每个成功的电子转移需要反应物通过交叉区域达到活化态 22000 次。

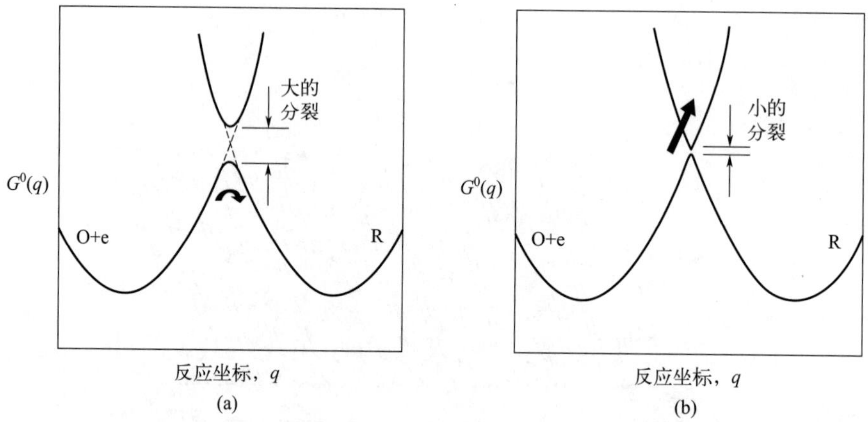

图 3.5.3　外层电极反应在交叉点能量曲线（能量面）的断裂

这里的断裂等于 $2H_{ab}$。(a) 在 O 与电极之间较强的相互作用导致了很好定义的从 O+e 到 R 的连续曲线（面），如果反应体系达到过渡态，正如箭头所示的那样，经过一个峰谷到 R 的概率很高；(b) 一个弱的相互作用导致的分裂小于 kT。当反应体系从左侧接近过渡态时，它倾向于保持在 O+e 曲线上，如直箭头所示。交叉到 R 曲线的概率可能很小。这些曲线是为电极反应绘制的，但原理与均相反应相同，其中反应物和产物可能分别为 O+R′和 R+O′

对于涉及溶解的电活性反应物的电极反应，可将该反应看成一个在较宽距离范围发生的反应，其速率常数随着距离呈指数衰减。电子转移是在电极附近的一个三维区域内发生的，而不是仅在一个最近的面；但是，仅在一些严苛的环境下，其对于溶解的电活性反应物的影响才能够从实验上进行区分（例如，$D_O<10^{-10}\text{cm}^2/\text{s}$）[75]。具有正常扩散性的体系，发生在拓展距离（$\kappa_{el}\ll1$）的整体行为与发生在最近面（$\kappa_{el}=1$）的行为并没有太大的差别，这是因为在拓展电子转移区域内（几倍 $1/\beta$ 以内）的所有分子可在表面上一个分子的反应寿命（习题 3.6）时间尺度上产生一个靠近的方式。如果扩散性很低，该情况不再成立，拓展的电子转移有较大贡献。

3.5.3　Marcus 微观模型

一个外层反应，一个电子从电极转移到物质 O，形成产物 R，该异相过程与采用一个恰当的还原剂 R′，将 O 还原到 R 的均相反应紧密相关：

$$\text{O}+\text{R}'\longrightarrow\text{R}+\text{O}' \tag{3.5.4}$$

将发现在同一理论范畴中考虑这两种情况是方便的。

---

[16] 但又没有强到产生化学键合。这里所讨论的是外层电极反应，电活性反应物在电极表面的溶剂层外。

电子转移行为，无论是均相或异相的，均是反应物质的无辐射电子重排。因此，在电子转移理论和激发态分子的去活化的处理之间存在许多共同的因素[76]。由于转移是无辐射的，电子必须从一个初始态（在电极上或在还原剂 R′上）移到具有同等能量的接受态（在物质 O 上）。这种对等能电子转移（isoenergetic electron transfer）的要求是一个具有深远意义的基本观点。

对于大多数电子转移的微观理论，另一重要观点是假设在实际转移过程中反应物和产物的构型并无变化[77]。这种思想本质上是基于 Frank-Condon 原理（Franck-Condon principle），该原理认为，在电子跃迁的时间尺度内，核动量和位置不发生变化。这样，反应物 O 和产物 R 在转移的时刻有相同的核构型。

(1) 前驱体态（precusor state）

在早期 Marcus 理论的发展中⑰，反应物常被认为是通过硬球的布朗运动而相遇的，速率常数的前置指数因子通过碰撞数来表示[39-41]。后来，该模型重新通过前驱体态来描述[57,78-79]，一个反应对（O＋电极表面或溶液中 O＋R′）位于合适的反应距离，但不需要处于活化配合物的结构中。假设前驱体态与分开的反应物之间处于平衡，其浓度可由一个平衡常数 $K_{P,O}$ 来表示。同时形成的前驱体态作为一个单体，在它的势能面上获取不同的结构，有可能得到相应于活化配合物的构象，在此电子转移发生，由 O 产生 R。

对于均相与异相反应的情况，平衡常数 $K_{P,O}$ 是不同的：

① 对于一个异相反应，前驱体态 O_{pre} 是位于电极附近的物种 O，也许被 O 的溶剂化半径 a_O 分开。那么 $K_{P,O}=\Gamma_{O_{pre}}/C_O(0,t)$，这里 $\Gamma_{O_{pre}}$ 是 O_{pre} 的二维浓度（mol/cm^2）⑱。因此，当 $C_O(0,t)$ 的单位是 mol/cm^3 时，$K_{P,O}$ 是 cm。

② 对于一个 O 的均相还原，前驱体态也可用 O_{pre} 代表，它是 OR′的组合体，被二者的溶剂化半径 $a_O+a_{R'}$ 分开。那么 $K_{P,O}=C_{O_{pre}}/C_OC_{R'}$，如果浓度采用常规方式表示的话，单位是 L/mol。

(2) 速率常数的形式

无论反应是异相还是均相，其速率可由 O_{pre} 的单分子衰减到 R 而给出，可描述为一级速率常数 $k_{f,pre}$，具有单位 s^{-1}。速率常数的计算依赖于 O_{pre} 的浓度，对于异相反应具有二维浓度，而对于均相反应是三维浓度。这样反应速率是

$$v_f=k_{f,pre}\Gamma_{O_{pre}} \qquad [\text{异相}, \quad mol/(cm^2\cdot s)] \tag{3.5.5}$$

$$v_f=k_{f,pre}C_{O_{pre}} \qquad [\text{均相}, \quad mol/(L\cdot s)] \tag{3.5.6}$$

对于这两种情况，O_{pre} 的浓度可通过平衡常数重新表达

$$v_f=k_{f,pre}K_{P,O}C_O(0,t) \qquad (\text{异相}) \tag{3.5.7}$$

$$v_f=k_{f,pre}K_{P,O}C_OC_{R'} \qquad (\text{均相}) \tag{3.5.8}$$

其常见的形式为

$$v_f=k_fC_O(0,t) \qquad (\text{异相}) \tag{3.5.9}$$

$$v_f=k_fC_OC_{R'} \qquad (\text{均相}) \tag{3.5.10}$$

这样，可以看到总的正向的电子转移速率常数 k_f 对于两种情况有固定的表达式

$$k_f=k_{f,pre}K_{P,O} \tag{3.5.11}$$

将 $k_{f,pre}$ 与 Arrhenius 公式联系起来有

$$k_f=K_{P,O}A'\exp[-\Delta G_f^{\ddagger}/(RT)] \tag{3.5.12}$$

式中，$\Delta G_f^{\ddagger}$ 是正向过程（还原 O）的活化自由能；A'是频率因子，s^{-1}。

在文献中，前置因子 A'有很多表示的方式。在此采用一个惯用的方式[57]，$A'=\nu_n\kappa_{el}$，这里

---

⑰ 下面的相关讨论是基于 Marcus 在 1956 年所发展的理论，在过去的几十年中 Marcus 及其他人对此进行了完善，用于描述热活化的电子转移反应（见上面的引用）。一个重要的贡献者是 Hush，他较早地关注电极反应。整体工作经常也被称为 Marcus-Hush 理论。

⑱ 在前驱体态中，O 在分子水平要与电极之间摆好位置进行反应（在正确的位置与合适的取向）。符号 $\Gamma_{O_{pre}}$ 是 O 在该条件下的二维浓度，它是电极附近 O 分子的一部分，包括在三维浓度 $C_O(0,t)$ 之中。

ν_n 是核频率因子（nuclear frequency factor）(s^{-1})，它代表了翻越能垒的频率（通常与键长变化、键转动和溶剂运动有关）；κ_{el} 为电子传输系数［见 3.5.2(1)，与电子隧穿的概率有关］。基于此，还原过程的速率常数为

$$\boxed{k_f = K_{P,O}\nu_n\kappa_{el}\exp[-\Delta G_f^{\ddagger}/(RT)]} \tag{3.5.13}$$

注意到该关系式可应用于电极上的还原反应，以及溶液中 O 被另外一个反应物还原的均相电子转移反应。对于异相的情况，$K_{P,O}$ 单位是 cm，因此要求 k_f 单位是 cm/s。对于均相过程，$K_{P,O}$ 单位为 L/mol，因此同样根据需要 k_f 单位为 L/(mol・s)。

已对前置指数因子进行过系统综述[57,80]⑲。并已有估算各种因子的方法，但它们的值有较大的不确定性。

通常，对于一个绝热反应可将 κ_{el} 看成 1，在该反应中，反应物接近于电极，二者之间存在较强的电子耦合⑳。非绝热电子转移反应通常涉及反应物与电极之间（或均相中的两个反应物）空间分裂处的隧穿，可用式(3.5.2) 或其他的表达式来定义 κ_{el}。在该情况下，κ_{el} 通常要比 1 小几个数量级。

(3) 构象变化与活化能

现在聚焦前驱体态，涉及多维度的势能面，通过原子的相对位置来定义其体系的标准自由能。在电子转移发生前，我们想象前驱体态本质上就是处于其与电极或 R′反应距离的物种 O，这种状态称为“O 构型”；电子转移后，同样的原子聚集态，前驱体态是处于其与电极或 O′反应距离的物种 R，称为“R 构型”。从 O 到 R 构型的过渡（或相反）相应于电子转移，仅在前驱体态自身扭曲到适用于 O 与 R 的构型才能发生㉑。

前驱体态的两个主要组成（例如，O/R 主体＋电极）之间的平均分开的距离在前驱体态寿命期间保持不变。这样，核坐标的变化来自于振动或转动，而不是两个主体的转化。

Marcus 研究了 O 构型与 R 构型的自由能面依赖于所有振动和转动模式的方式[41]。他能够证明，沿着最可能的反应途径，两个前驱态的标准自由能 G_O^0 和 G_R^0，与一个简单、有效的坐标 q 之间具有二次方的关系[41,54]：

$$G_O^0(q) = (k/2)(q - q_O)^2 \qquad (\mathrm{J/mol}) \tag{3.5.14}$$

$$G_R^0(q) = (k/2)(q - q_R)^2 + \Delta G^0 \qquad (\mathrm{J/mol}) \tag{3.5.15}$$

式中，q_O 和 q_R 为相对于 O 和 R 的平衡原子构型的坐标值；k 具有力常数特征。很自然地会把 Marcus 坐标 q 作为“反应坐标”，我们下面采用了该术语。在式(3.5.15) 中，对所考虑的情况，ΔG^0 既可为一个电极反应的自由能 $F(E-E^{0'})$㉒，也可为一个均相电子转移反应的总的自由能变化㉓。

基于式(3.5.14) 与式(3.5.15)，对于异相的情况，可采用两个相交的抛物线画出标准自由能相对于 Marcus 坐标的曲线，用来代表一个反应体系［图 3.5.4(a) 所示］。活化配合物所在的位置处扭曲的 O 与 R 构型具有相同的结构与能量，即在 $q^{\ddagger}$的交叉点。对于正向反应的途径是从 q_O 沿着 O＋e 曲线向右进行，在 $q^{\ddagger}$点通过活化配合物（在该处发生电子转移）然后沿着 R 曲线

---

⑲ 前置指数项有时也包括一个核隧穿因子 Γ_n，在此把它消掉了。它源自量子力学的处理，指的是低于活化能的电子转移的核构象[50,56,80]。

⑳ 但不是化学键合。见 3.5.2(2)。

㉑ 在文献中 O 构型有时称为前驱体配合物（precursor complex)，R 称为后续配合物。如果坚持认为 O 构型是“反应物”而 R 构型是“产物”，该用法是合适的。我们通常对于双向反应感兴趣，因此采用一个名称前驱体态来表示反应聚集体，同时区分 O 构型与 R 构型。

㉒ 在文献（以及本书的第二版）中，电极反应的自由能 ΔG^0 是用 $F(E-E^{0'})$来表示的。由于速率的表达式与浓度有关，采用 $F(E-E^{0'})$来表示更合适。Marcus 在其有关异相动力学的原始论文中也是采用形式电势[41]。

㉓ 这里所呈现的 Marcus 理论本质上暗指，正如式(3.5.14) 与式(3.5.15) 时表示的那样，自由能是以 J/mol 表示。这一点在式(3.5.13) 和对于有关异相反应将 ΔG^0 看作 $F(E-F^{0'})$ 中是隐含的，由于 F 与 E 分别以 C/mol 与 V 来表示，那么 $F(E-E^{0'})$ 的积是 J/mol。

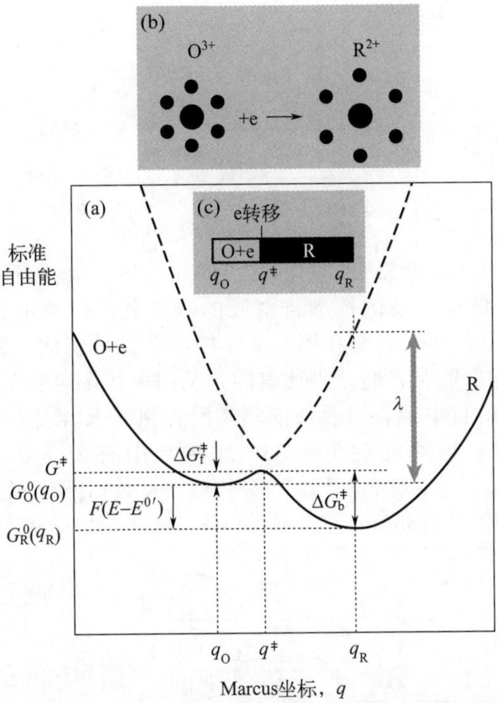

图 3.5.4　(a) 对于如 $Ru(NH_3)_6^{3+}+e \longrightarrow Ru(NH_3)_6^{2+}$ 的电子转移反应的前驱体配合物，标准自由能与 Marcus 反应坐标关系。标注的是一个异相反应，但也可应用于均相反应（见正文）。曲线相应于 O 构型包括电子相应于电势 E 的电极上的 Fermi 能级。展示了活化配合物附近的曲线断裂。它产生了一个连接 O 与 R 的低能通路（实线），加上一个活化配合物（虚线）。(b) 伴随着电子转移可能发生的结构变化的通用表示法，例如，在电活性物种中化学键长的变化或重构溶剂层；(c) 随着反应从 q_O 到 q_R（或相反），化学鉴别配合物的变化（以颜色的不同深度变化显示）。当前驱体的构象达到 O+e 与 R 能量面的共同点时，电子转移才能发生

到达最低点 q_R。

图 3.5.4(a) 也适用于均相，这里 O 构型的曲线描述的是 O 与其反应伴侣 R′；而对于 R 的曲线描述的是 R 与 O′一起。那么在两者最低点的能量差是反应的 ΔG^0。

图 3.5.4 (b) 是模式化的参与物的稳定构型的代表［也许是在一个电极上作为物质 O 和 R 的 $Ru(NH_3)_6^{3+}$ 与 $Ru(NH_3)_6^{2+}$］。该图也象征性地展示了还原过程中核构型的变化。

过渡态的自由能由下式给出[24]

$$G_O^0(q^‡)=(k/2)(q^‡-q_O)^2 \tag{3.5.16}$$

$$G_R^0(q^‡)=(k/2)(q^‡-q_R)^2+\Delta G^0 \tag{3.5.17}$$

由于 $G_O^0(q^‡)=G_R^0(q^‡)$，对 $q^‡$解上述两式得到下式

$$q^‡=\frac{q_R+q_O}{2}+\frac{\Delta G^0}{k(q_R-q_O)} \tag{3.5.18}$$

还原过程的活化自由能为

$$\Delta G_f^‡=G_O^0(q^‡) \tag{3.5.19}$$

正如式(3.5.14) 所定义的那样，所有的自由能都是相对于 $G_O^0(q_0)=0$。将式(3.5.18) 中的 $q^‡$代入式(3.5.16) 重排后得到

---

[24] 该处理并不包括电子耦合的影响［3.5.2(2)节］，它降低过渡态的能量为 H_{ab}。该项可较易地加上，最终可表示在速率常数的前置因子中作为一个常数。为了简单起见，这里我们省略了它，后面的讨论中没有任何内容受到明显影响。

$$\Delta G_f^{\ddagger}=\frac{k(q_R-q_O)^2}{8}\left[1+\frac{2\Delta G^0}{k(q_R-q_O)^2}\right]^2 \tag{3.5.20}$$

定义 $\lambda=(k/2)(q_R-q_O)^2$，有

$$\boxed{\Delta G_f^{\ddagger}=\frac{\lambda}{4}\left[1+\frac{F(E-E^{0'})}{\lambda}\right]^2}\quad（电极反应） \tag{3.5.21}$$

$$\boxed{\Delta G_f^{\ddagger}=\frac{\lambda}{4}\left(1+\frac{\Delta G^0}{\lambda}\right)^2}\quad（均相反应） \tag{3.5.22}$$

如果将反应物或产物相互靠近需要做功的话（例如，将一个带正电荷的反应物带到一个带正电荷的电极的反应位置)，该功是总的标准自由能的一部分，但并不包括在图 3.5.4(a) 中，它描述的仅是前驱体态。更完整的表达是在图 3.5.4 中两个最低点的能量差是 $\Delta G^0+w_R-w_O$，这里 w_O 与 w_R 分别表示的是功项，它们分别代表的是从前驱体配合物的 O 组成部分（O 与电极或 R′）到形成 O 构型所需要的自由能，以及从前驱体配合物的 R 组成部分（R 与电极或 O′）到形成 R 构型所需要的自由能。为简化起见，在上述推导中省去了功项，但可将式(3.5.15)～式(3.5.22) 中的 ΔG^0 用 $\Delta G^0+\Delta w$ 来取代，$\Delta w=w_R-w_O$。对于一个电极反应是 $F(E-E^{0'})+\Delta w$。因此，包括功项的完整公式是㉕

$$\boxed{\Delta G_f^{\ddagger}=\frac{\lambda}{4}\left[1+\frac{F(E-E^{0'})+\Delta w}{\lambda}\right]^2}\quad（电极反应） \tag{3.5.23}$$

$$\boxed{\Delta G_f^{\ddagger}=\frac{\lambda}{4}\left(1+\frac{\Delta G^0+\Delta w}{\lambda}\right)^2}\quad（均相反应） \tag{3.5.24}$$

(4) 重组能

在 Marcus 理论中一个关键的参数是重组能（reorganization energy）λ，它是重组前驱体配合物所需要的能量。图 3.5.4(a) 右侧粗的灰色箭头解释了 λ 的标度，它与两个方向的活化能不同，但它是确定体系活化能的一个参数。我们刚刚在上面看到，λ 定义为$(2/k)(q_R-q_O)^2$，因此，其物理意义是在没有转移电子的情况下，从坐标 q_O 的最低点到坐标 q_R 的（相应于 R 构型的能量最低点）扰乱 O 构型的自由能的变化。其关系见图 3.5.4(a)。

重组能通常可分为“内”λ_i 或“外”λ_o 两部分：

$$\lambda=\lambda_i+\lambda_o \tag{3.5.25}$$

式中，λ_i 对应于前驱体态的中心元素（反应物、产物或电极）；λ_o 对应于其外围的组成，主要是溶剂㉖。

在一定的程度上前驱体配合物的常规模式在需要扭曲的范围内保持和谐，这样从原理上讲能够从配合物的总的常规振动模式来计算 λ_i 值，即

$$\lambda_i=\sum_j 1/2k_j(q_{O,j}-q_{R,j})^2 \tag{3.5.26}$$

式中，k_j 是各种力常数；q 是常规模式下坐标的位移。

通常假设溶剂是连续介质，而反应物是球形，来计算 λ_o 值[41]。对于一个物质 O 被还原的电极反应

$$\boxed{\lambda_o=\frac{e^2}{8\pi\varepsilon_0}\left(\frac{1}{a_O}-\frac{1}{R}\right)\left(\frac{1}{\varepsilon_{op}}-\frac{1}{\varepsilon_s}\right)} \tag{3.5.27}$$

式中，a_O 是物种 O 的溶剂化半径；ε_{op} 与 ε_s 分别是光学与静电介电常数；R 是分子中心到电极

㉕ 功项是前驱体平衡变化需要的自由能，因此 $w_O=-RT\ln K_{P,O}$ 与 $w_R=-RT\ln K_{P,R}$。

㉖ 在此不能将 λ 的内外组成与内层和外层反应混淆。在该情况下的处理，我们考虑的是外层反应，λ_i 与 λ_o 是重组能在主要参与物与溶剂层中的分配。

距离的两倍，是反应物的中心到其在电极中电荷的影像中心的距离㉗。在正常的情况下，电极反应发生在其最接近的面处，$R=2a_O$。对于一个均相电子转移反应：

$$\boxed{\lambda_o=\frac{e^2}{4\pi\varepsilon_0}\left(\frac{1}{2a_1}+\frac{1}{2a_2}-\frac{1}{d}\right)\left(\frac{1}{\varepsilon_{op}}-\frac{1}{\varepsilon_s}\right)} \tag{3.5.28}$$

式中，a_1 与 a_2 是反应物［在式(3.5.4) 中的 O 与 R′］的溶剂化半径；d 是前驱体配合物中的两个反应物中心之间的距离，通常，$d=a_1+a_2$。

典型的 λ 值的范围在 30～150kJ/mol（0.3～1.5eV/分子，通常表示为“0.3～1.5eV”）㉘。λ_o 的值通常在 0.3～0.5eV。对于一个在电极附近的反应物，已有研究[81] 显示其 λ_o 值与空间距离有关，当与电极的距离缩小到 0.4nm 时，能够小到 0.1eV。

在经典的 Marcus 理论中，对于一个反应左右两边的重组能是相同的。最近的改进版本中允许 O 构型与 R 构型可有不同的重组能，认识到应用于两边前驱体配合物力常数可能相当的不同[82]。

3.5.4　Marcus 理论的应用

从原理上讲，通过计算前置因子项和 λ 值，有可能估算一个电极反应的速率常数，但在实际中很少这样做。Marcus 理论更大的价值是它提供的化学和物理洞察力，这来自于它预测活化能随 λ 或电极电势变化的能力。

（1）与 Butler-Volmer 动力学的比较

对于电化学而言，主要感兴趣的一点是 Marcus 理论描述的异相动力学与 BV 模型有什么不同。为了阐明该问题，我们从构建 BV 模型相同的电极反应开始：

$$\mathrm{O}+\mathrm{e}\underset{k_b}{\overset{k_f}{\rightleftharpoons}}\mathrm{R} \tag{3.5.29}$$

由 Marcus 理论，可以重新将表达式(3.5.23) 写为

$$\Delta G_f^{\ddagger}=\frac{\lambda}{4}+\frac{F(E-E^{0'})+\Delta w}{2}+\frac{[F(E-E^{0'})+\Delta w]^2}{4\lambda} \tag{3.5.30}$$

式中，$\Delta w=w_R-w_O$。式(3.5.30) 可将电势相关的项分开表示，有下式

$$\Delta G_f^{\ddagger}=\frac{\lambda}{4}+\frac{\Delta w}{2}+\frac{\Delta w^2}{4\lambda}+\left[\frac{1}{2}+\frac{F(E-E^{0'})}{4\lambda}+\frac{\Delta w}{2\lambda}\right]F(E-E^{0'}) \tag{3.5.31}$$

如果特定用 α 作为括号中的因子

$$\boxed{\alpha=\frac{1}{2}+\frac{F(E-E^{0'})}{4\lambda}+\frac{\Delta w}{2\lambda}} \tag{3.5.32}$$

那么

$$\Delta G_f^{\ddagger}=\frac{\lambda}{4}+\frac{\Delta w}{2}+\frac{\Delta w^2}{4\lambda}+\alpha F(E-E^{0'}) \tag{3.5.33}$$

对于逆向反应，从式(3.5.16) 与式(3.5.17) 发现，或者仅通过考察图 3.5.4 可知

$$\Delta G_b^{\ddagger}=\Delta G_f^{\ddagger}-\Delta G^0=\Delta G_f^{\ddagger}-F(E-E^{0'})-\Delta w \tag{3.5.34}$$

因此，

$$\Delta G_b^{\ddagger}=\frac{\lambda}{4}-\frac{\Delta w}{2}+\frac{\Delta w^2}{4\lambda}-(1-\alpha)F(E-E^{0'}) \tag{3.5.35}$$

由 Marcus 推导出的 $\Delta G_f^{\ddagger}$ 与 $\Delta G_b^{\ddagger}$ 的表达式［式(3.5.33)与式(3.5.35)］，与基于 BV 模型得

㉗ 在一些电子转移的处理中，假设反应物的电荷大部分被溶液中的对离子所屏蔽，因此在电极中并不形成影像电荷。在该情况下，R 是反应物中心与电极之间的距离[26,44]。

㉘ 发展 Marcus 理论经常涉及能量用焦耳表示（脚注㉓），但许多分析是基于以分子为基础表示的能量。对于该目的，最方便的能量单位是电子伏特（eV）。通过除以 Avogadro 常数 N_A（分子/摩尔）与一个电子的电荷 e（库仑/电子）将其从 J/mol 转化为 eV/分子。由于 N_Ae 的乘积是法拉第常数，转化因子就是 F。通常单个分子或电子不在单位中出现，这样，能量/分子被当作 eV。同样的原因，e 与 F 通常以 C 与 C/mol 给出，而不是 C/电子或 C 分子/mol 电子。

出的式(3.3.3) 与式(3.3.4) 相同，但在 Marcus 理论中 α 不是一个常数，根据式(3.5.32)，它依赖于电势。

采用式(3.5.13)、式(3.5.33) 和式(3.5.35)，正向与逆向的速率常数可表达为

$$k_f = K_{P,O}\nu_n\kappa_{el}e^{-\lambda/(4RT)}e^{-\Delta w/(2RT)}e^{-\Delta w^2/(4\lambda RT)}e^{-\alpha f(E-E^{0'})} \tag{3.5.36}$$

$$k_b = K_{P,R}\nu_n\kappa_{el}e^{-\lambda/(4RT)}e^{\Delta w/(2RT)}e^{-\Delta w^2/(4\lambda RT)}e^{(1-\alpha)f(E-E^{0'})} \tag{3.5.37}$$

当 $E=E^{0'}$ 时，这些速率常数仅包含在最后的指数项前的因子。由于 $K_{P,O}=e^{-w_O/(RT)}$ 和 $K_{P,R}=e^{-w_R/(RT)}$ $E=E^{0'}$ (脚注㉕)，两种情况具有相同的结果：

$$k_f(E^{0'}) = k_b(E^{0'}) = k^0 = \nu_n\kappa_{el}e^{-\lambda/(4RT)}e^{-(w_O+w_R)/(2RT)}e^{-\Delta w^2/(4\lambda RT)} \tag{3.5.38}$$

这样，在 $E^{0'}$ 处我们证实 k_f 与 k_b 相等，正如在 3.3.2 节所展示的那样，对于任何适当的动力学模型，必须是这样的。

现在，可将式(3.5.36) 与式(3.5.37) 写成熟悉的形式：

$$\boxed{k_f = k^0 e^{-\alpha f(E-E^{0'})}} \tag{3.5.39a}$$

$$\boxed{k_b = k^0 e^{(1-\alpha)f(E-E^{0'})}} \tag{3.5.39b}$$

上述两个公式延续了在 3.3 节与 3.4 节中 BV 模型的推论。许多，但并不是全部的重要 BV 公式也可应用于 Marcus 动力学。这里总结了各自的特殊点：

① 式(3.3.8) 中 BV 的 i-E 特征，适用于 Marcus 动力学，但 α 与电势有关，由式(3.5.32) 定义。

② 在 $i=0$ 时，Nernst 公式［式(3.4.3)］偏离 Marcus 动力学的 i-E 特征，正如 BV 动力学一样。

③ 对于交换电流的通用 BV 公式也可应用于 Marcus 动力学，但 α 必须看成是 $E=E_{eq}$ 时的 α_{eq} 值。BV 公式的特殊情况 $C_O^*=C_R^*$，式(3.4.7) 适用于 Marcus 动力学。

④ 即使认识到 α 依赖于电势，BV 的电流-过电势公式［式(3.4.10)］通常也不适用于 Marcus 动力学。可以显示（习题 3.13）Marcus 动力学的电流-过电势公式是

$$\boxed{i = i_0 e^{-F^2\eta(E_{eq}-E^{0'})/(4\lambda RT)}\left[\frac{C_O(0,t)}{C_O^*}e^{-\alpha f\eta} - \frac{C_R(0,t)}{C_R^*}e^{(1-\alpha)f\eta}\right]} \tag{3.5.40}$$

对于重要的特殊情况 $E_{eq}=E^{0'}$，Marcus 动力学的电流-过电势公式采用的形式与 BV 动力学一样。应用式(3.5.40)，需要将 α 作为 η 的函数。式(3.5.32) 可较易地重新表达为

$$\boxed{\alpha = \frac{1}{2} + \frac{F\eta}{4\lambda} + \frac{\Delta w}{2\lambda} + \frac{F(E_{eq}-E^{0'})}{4\lambda}} \tag{3.5.41}$$

⑤ 一般来讲，BV 公式是通过 i_0 与 η 来描述的［包括式(3.4.15) 的 Tafel 公式，3.4.4 节中的交换电流关系式，3.4.6 节中的传质限制关系式］，它们不直接适用于 Marcus 动力学，例外是 $E_{eq}=E^{0'}$。只要是 $E_{eq}\neq E^{0'}$，对于 Marcus 动力学采用 BV 公式均会引起一些麻烦。

⑥ 对于小的 η 时，线性 BV 公式［式(3.4.12)和式(3.4.13)］适用于 Marcus 动力学。

⑦ 在可逆情况下，Marcus 动力学的 i-η 公式［式(3.5.40)］可得到联系电极电势与表面浓度的 Nernst 关系式［式(3.4.28)］，与 BV 动力学一样。

(2) 重组能对标准速率常数的影响

假设两个反应体系具有相同的 ν_n、κ_{el}、w_O 和 w_R 值，但重组能 λ_1 与 λ_2 不同。由式(3.5.38) 其相应的标准速率常数 k_1^0 和 k_2^0 的比是

$$k_2^0/k_1^0 = e^{-(\lambda_2-\lambda_1)/(4RT)}e^{-\Delta w^2/(4\lambda_2 RT)}e^{\Delta w^2/(4\lambda_1 RT)} \tag{3.5.42}$$

由于 Δw^2 通常远小于 $4\lambda RT$，最后的两项可近似为 1，它们的积更接近于 1，这样式(3.5.42) 可写成

$$k_2^0/k_1^0 \approx e^{-(\lambda_2-\lambda_1)/(4RT)} \tag{3.5.43}$$

或

$$\lg\frac{k_2^0}{k_1^0} \approx -\frac{\lambda_2-\lambda_1}{2.303\times 4RT} \quad (\lambda_1 \text{ 与 } \lambda_2 \text{ 以 J/mol 表示}) \tag{3.4.44}$$

对于λ_1与λ_2来讲，更常用的以eV/分子来表示。分子与分母同时应用转换因子（除以法拉第常数，见脚注㉘）得到

$$\lg \frac{k_2^0}{k_1^0}=-\frac{F(\lambda_2-\lambda_1)}{2.303\times 4RT} \quad (\lambda_1 \text{与} \lambda_2 \text{是以 eV 表示}) \tag{3.5.45}$$

在25℃时该关系式是

$$\lg \frac{k_2^0}{k_1^0}=-\frac{\lambda_2-\lambda_1}{0.236} \quad (\lambda_1 \text{与} \lambda_2 \text{是以 eV 表示}) \tag{3.4.46}$$

在λ_1与λ_2之间每差236meV，标准速率常数在25℃时相差一个数量级，大的k^0值对应较小的λ值。

一般来讲，对于一个O与R的反应具有类似的结构，k^0会较大。涉及较大的结构改变（如键长或键角有较大变化）的电子转移一般较慢。溶剂化也通过其对于λ的贡献而发挥影响。相对于小分子，大分子（大的α_0）倾向于展现较低的溶剂化能，对于反应的溶剂化影响较小。基于此，应该好理解为什么小分子，像在质子惰性的介质中O_2到$O_2^-\cdot$的还原，要比大的芳香分子（如蒽Ar到$A^-\cdot$）的还原要慢。

溶剂对于一个电子转移的作用远超其对于λ_0的贡献。已有证据表明，溶剂的重组动力学，常用纵向的弛豫时间τ_L来表示，与式(3.5.13)中的前置指数因子成反比[50,53,83-86]。由于τ_L与黏度粗略地成正比，其暗指对于一个外层的电子转移反应的k^0将随溶液的黏度的增加而减少（即随着反应物扩散系数的减少）。已报道了一些这样的行为[87-89]。

(3) 传递系数的行为

式(3.5.32)预测，对于任何外层电极反应，其α在$E^{0'}$处为$0.5+\Delta w/(2\lambda)$。由于$\Delta w/(2\lambda)$通常较小，式(3.5.32)暗示在$E^{0'}$处α的典型值是0.5，但会随电势而线性变化，在更负的电势处变得较小。

图3.5.5解释了对于外层电极反应在所期待的范围内3种重组能值的行为［曲线(b)～(d)］。由Marcus动力学所预测的α值可有较大的变化，特别是对于λ值较小的情况。

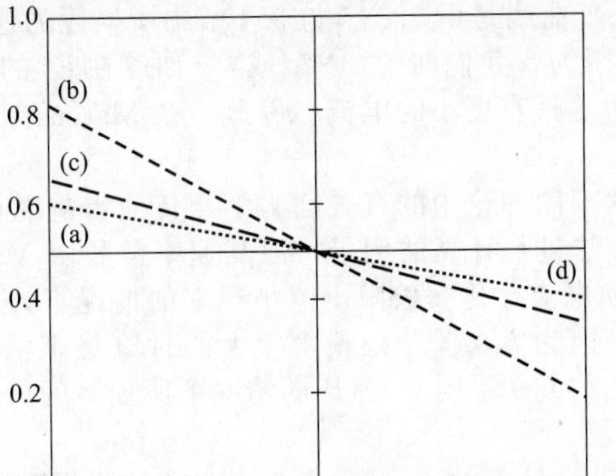

图3.5.5 传递系数与电势的关系图

(a) BV动力学，$\alpha=0.5$；(b) Marcus动力学，$\lambda=0.4$eV，$\Delta w=0$eV；(c) Marcus动力学，$\lambda=0.8$eV，$\Delta w=0$eV；(d) Marcus动力学，$\lambda=1.2$eV，$\Delta w=0$eV

图3.5.5(a)代表的是BV动力学的α，传递系数不随电势而变化，并不受限于该值。它是一个为了拟合BV模型而完全可调节的参数。

对于Marcus动力学，传递系数在$E=E^{0'}$处有一个固定值$0.5+\Delta w/(2\lambda)$。完全可调节的参数是λ与Δw。在某些情况下，后者可被合理地忽略。

已有与Marcus动力学期待一致的一些实验结果的报道[82,90-93]。

(4) 速率常数和电流-电势曲线

在 Marcus 动力学中的 α 依赖于电势对异相速率常数 k_f 与 k_b 具有重要的影响。图 3.5.6 中的曲线（b）与（c）解释了两种情况下涉及 Marcus 动力学时对 k_f 的影响。与 BV 模型结果［曲线（a）］不同的是，Marcus 处理时 k_f 在正负两端均出现衰减的情况。对于较小的重组能，衰减更明显，表明对于较小的 λ 值，α 更加依赖于电势。

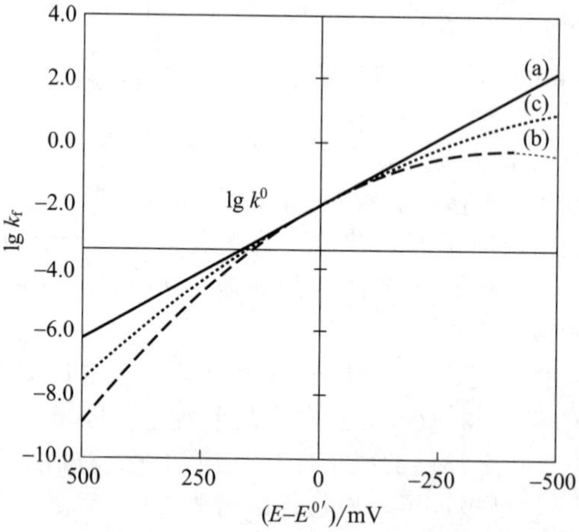

图 3.5.6　对于 $k_0=10^{-2}$cm/s，k_f 依赖于电势的示意图

（a）BV 动力学，$\alpha=0.5$；（b）Marcus 动力学，$\lambda=0.4$eV，$\Delta w=0$eV；（c）Marcus 动力学，$\lambda=0.8$eV，$\Delta w=0$eV；在曲线（b）的点虚线部分显示的仅仅基于活化能预测的翻转区［3.5.4(5)节］。非绝热性能够进一步减小翻转区的速率常数，在此，不做进一步的解释。在金属电极上翻转不适用［3.5.4(6)节］

对于 k_b，本质上具有相同的图像，但有镜像行为，在正电势 k_b 值较大，而负方向其值较小。

对于 BV 动力学，其 i-E 曲线是由 3.3 节与 3.4 节中所描述的速率常数推导得到的，基于该处 Marcus 动力学所发现的行为，我们期望，i-E 或 i-η 曲线在 $E^{0'}$ 的 100mV 以内大部分与 BV 动力学所给出的重合，但在两端具有更小的电流。因此，在 Marcus 动力学下的伏安响应应该是被拖长。

这些期待在研究稳态伏安图理论中的有关动力学与传质影响时得到确认[94]。在图 3.5.7 中，可以看到采用 3.4.6 节的方法进行计算的例子，但其速率常数由 Marcus 动力学给出。正如期待的那样（3.4.6 节），在交换电流比传质极限电流小很多的情况下，$\eta=0$ 处的曲线显示有一夸大的影响。这种行为的出现是因为 k_f 或 k_b 必须由很大的过电势来活化，才能使电流比交换电流大。图 3.5.7 中的两幅图显示了在不同 i_0/i_l 比的情况下所预测的行为。在每张图中可进行由 BV 与 Marcus 动力学预测的比较。

在足够小的 i_0/i_l 与 λ 时，对于 Marcus 动力学一个有趣的预测是从未达到足够的活化来输送传质极限电流 i_l[94]。在高过电势下，电流达到一个低于 i_l 值的平台，可在图 3.5.7 中见到该行为。实验工作已证实了该预测[63-64]。该行为与 BV 模型区别很大，在高的过电势活化时 BV 模型没有速率的限制。

在 Marcus 动力学中 α 一直在变，其 Tafel 曲线正如图 3.5.8 所示，是弯曲的不是直线[7]㉙。

(5) 翻转区域

对于具有较大驱动力的反应，Marcus 理论做出了一些重要的预测。为了解释其功能，通过无量纲的方式将一个电极反应的阴极活化能表示为

$$\frac{\Delta G_f^{\ddagger}}{\lambda}=\frac{1}{4}\left(1+\frac{E-E^{0'}+\Delta w}{\lambda}\right)^2 \quad \text{（能量以 eV 表示）} \tag{3.5.47}$$

㉙ 该结论适用于单步骤单电子过程。对于复杂的机理（3.7 节与第 15 章）Tafel 曲线经常由于其他原因而弯曲[7]。

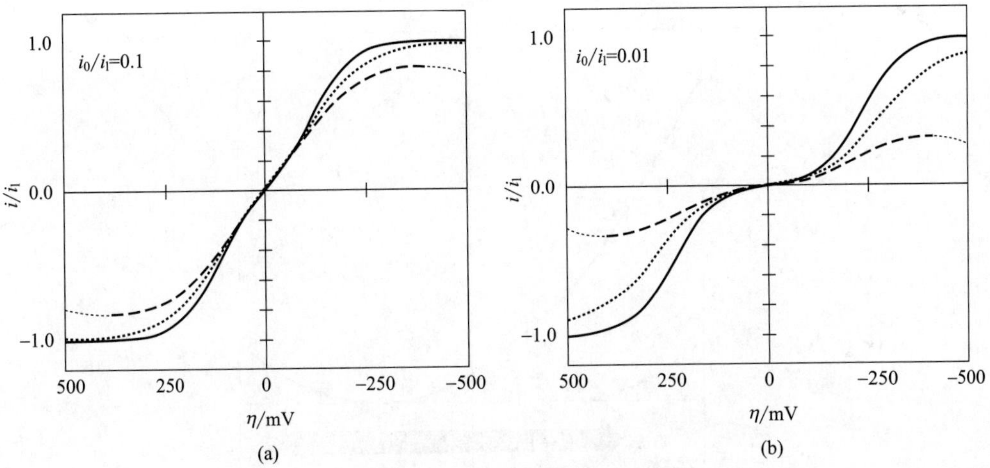

图 3.5.7 类似于图 3.4.6 的稳态电流-过电势曲线

反应是 $O+e \longrightarrow R$，具有 $T=298K$，$i_{l,c}=-i_{l,a}$，$E_{eq}=E^{0'}$。每个图中给出了 i_0/i_l 值。实线：对于 $\alpha=0.5$ 的 BV 动力学（与图 3.4.6 相同）；虚线：当 $\lambda=0.4eV$，$\Delta w=0.0eV$ 时 Marcus 动力学预测的结果［在点虚线一段是翻转区，不适用于金属电极，见 3.5.4(6) 节］；点线：当 $\lambda=0.8eV$，$\Delta w=0.0eV$ 时 Marcus 动力学预测的结果。对于 Marcus 理论的 α 函数的关系见图 3.5.5

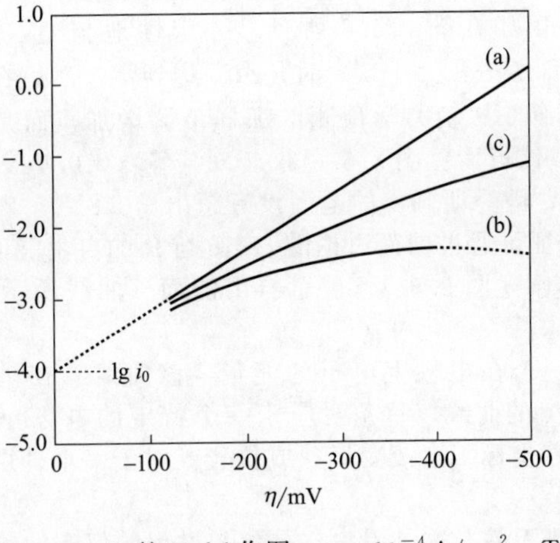

图 3.5.8 对于反应 $O+e \longrightarrow R$ 的 Tafel 作图，$i_0=10^{-4}A/cm^2$，$T=298K$，$E_{eq}=E^{0'}$

(a) 对于 $\alpha=0.5$ 的 BV 动力学结果，虚线显示的是当 $\eta<118mV$ 时外推的结果；(b) 当 $\lambda=0.4eV$，$\Delta w=0.0eV$ 时 Marcus 动力学预测的结果［虚线是翻转区，不适用于金属电极，见 3.5.4(6) 节］；(c) 当 $\lambda=0.8eV$，$\Delta w=0.0eV$ 时 Marcus 动力学预测的结果。对于 Marcus 理论的 α 函数的关系见图 3.5.5

该公式是由式(3.5.23) 两边除以 λ，并理解 λ、Δw、$\Delta G_b^{\ddagger}$ 均是以 eV 表示而得到的。同理，无量纲的阳极活化能也可表示为

$$\frac{\Delta G_b^{\ddagger}}{\lambda}=\frac{1}{4}\left(1+\frac{E-E^{0'}+\Delta w}{\lambda}\right)^2-\frac{E-E^{0'}+\Delta w}{\lambda} \quad \text{(能量以 eV 表示)} \qquad (3.5.48)$$

图 3.5.9 显示的 $\Delta G_f^{\ddagger}/\lambda$ 和 $\Delta G_b^{\ddagger}/\lambda$ 相对于 $(E-E^{0'}+\Delta w)/\lambda$ 作图，作为一个普适性的代表，适用于所有的外层 O/R 电极反应，无论它们的 λ、Δw 或 $E^{0'}$ 值如何。

现在聚焦于 $\Delta G_f^{\ddagger}$ 的行为（实线），其在纵坐标线上交点的电势是 $E^{0'}-\Delta w$，随着 E 在该点（向左）正移，$\Delta G_f^{\ddagger}$ 单调增加，相应的速率常数 k_f 将不断地降低，与图 3.5.6 所显示的特殊情况一致，定性地与 BV 动力学一样。

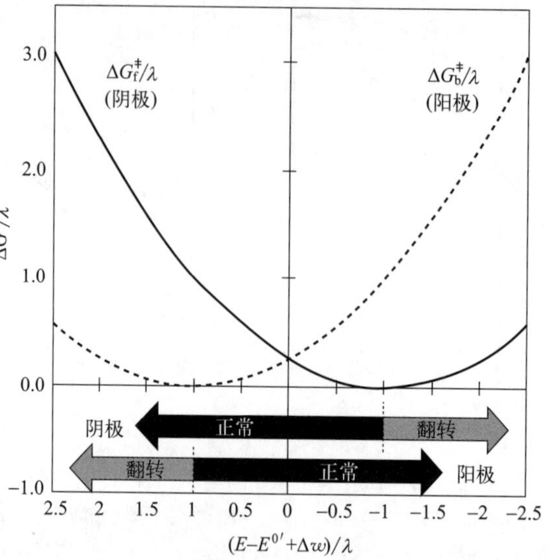

图 3.5.9　电极反应无量纲活化能与电势关系的示意图。
该图也显示了阴极与阳极方向的正常与翻转区域

随着电势从纵坐标上交点向负方向移动，其行为更加复杂。如果电势仅保持在适中的负值，$\Delta G_f^{\ddagger}$ 减少，k_f 变为较大，正如在图 3.5.6 所见，并定性地与 BV 模型预测的一致。然而，当 $(E-E^{0'}+\Delta w)/\lambda=-1$（即 $E-E^{0'}\approx-\lambda$）时，$\Delta G_f^{\ddagger}$ 达到零，然后在更极端的电势下增加。其结果是 k_f 在负电势区域并不像 BV 动力学预测的那样单调增加，而是在 $E-E^{0'}\approx-\lambda$ 附近偏离，并在超过那个点后减低[30]。该行为见图 3.5.6(b)，对应于 $\lambda=0.4\text{eV}$。但在图 3.5.6(c)（对应于 $\lambda=0.8\text{eV}$）中并没有看到，因为所画出的范围没有超出 −0.8V。

Marcus 理论的这个特征可通过前面讨论的 O+e 与 R 的自由能面，并结合图 3.5.4 来进行理解。在图 3.5.10 中将详尽阐述图 3.5.4，展示自由能面（曲线所示）是如何随着电极电势的变化而改变的。

由于 O+e 曲线包括一个在电极上电子的能量，该曲线有在垂直方向的位置并依赖于 E。图 3.5.10 显示了几条 O+e 的曲线，每条对应于一个特定的电势。除非电势能够影响前驱体态的结构，否则这些曲线沿着坐标不会改变形状或位置。对于一个外层电极反应，任何这样的影响假设可忽略不计。

相反，R 的曲线与电势无关，这是因为它是参与过程的仅有的参与物，完全处于溶液中。对于穿越界面的电势差不敏感。

在图 3.5.10 所展示的任何情况下，阴极活化能 $\Delta G_f^{\ddagger}$ 是 O+e 曲线的最低点与 R 曲线交叉点之间的高度差；同理，阳极活化能是 R 曲线的最低点与该交叉点之间的高度差。

对于实例 0（O+e 的实线），电势 E 是在电对的 $E^{0'}$ 处。由于功项在这里被忽略，那么 O+e 与 R 的最低点有相同的能量，$\Delta G_f^{\ddagger}=\Delta G_b^{\ddagger}$。从该点出发，我们来讨论其他的情况：

① 对于实例 N1、N2 和 N3（虚线）情况，E 逐渐移向比 $E^{0'}$ 更负，$\Delta G_f^{\ddagger}$ 从实例 0 衰减到实例 N2。对于后者，$E=E^{0'}-\lambda$，交叉点准确地位于 O+e 曲线的最低点，因此 $\Delta G_f^{\ddagger}=0$。对于更负的电势，正如实例 N3 的情况，交叉点在 O+e 曲线的“背面”（$q^{\ddagger}<q_O$），随着电势移向更极端，$\Delta G_f^{\ddagger}$ 逐步变大。这样，遇到了随着反应驱动力的增加，$\Delta G_f^{\ddagger}$ 与 k_f 相对于正常趋势的翻转。该电势区域 $E<E^{0'}-\lambda$，称为阴极过程的翻转区域（inverted region for the cathodic process）。对于阳

[30] 在高过电势下速率常数的翻转是 Marcus 理论的一个重要预测，在下面的段落中会进一步仔细解释。但是，读者需要谨慎，这种影响不是在所有的实验条件下都会出现。在进行基本的介绍后，会在 3.5.4(6) 节中讨论该问题。

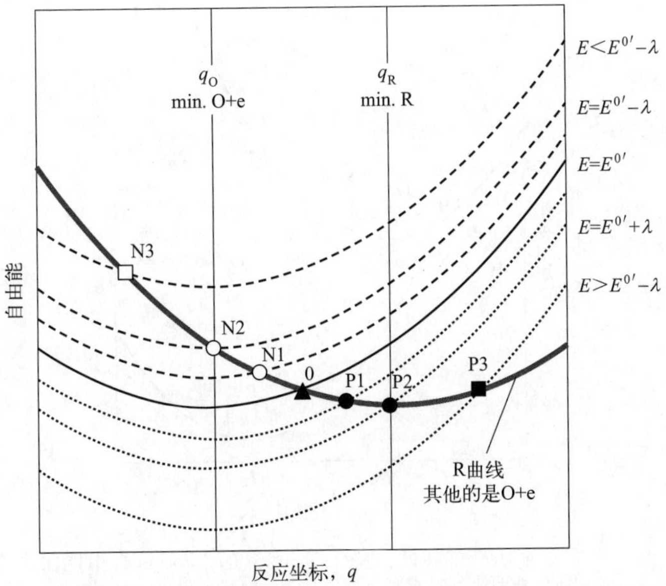

图 3.5.10　在外层电极反应 O＋e ⟹ R 代表 O＋e 与 R 自由能表面交叉点的曲线

粗灰线具有最小 q_R，代表在所有电势下的 R；另外一条具有最小 q_O，代表在不同电势（值标在右侧）下的 O＋e。这些曲线，以及它们与 R 曲线的交叉点，均做出了标注，以利于文中的讨论。在该图及相关的讨论中，省去了功项。为了清楚，没有画出曲线在每个交叉点的所期待的分裂

极过程，没有这样的翻转：对于 N1～N3 的情况，$\Delta G_b^{\ddagger}$ 逐步增加，k_b 逐步减小。

② 对于 P1～P3（点虚线）的情况，考虑相对于 $E^{0'}$ 逐步移向更正的电势。在该系列中相对于 $\Delta G_f^{\ddagger}$ 的行为本质上与 $\Delta G_f^{\ddagger}$ 相对于 N1～N3 系列相同。从 0～P2，$\Delta G_b^{\ddagger}$ 减小。对于后者，电势是 $E^{0'}+\lambda$，O＋e 曲线与 R 曲线的交叉点准确地位于 R 曲线最低点，即 $\Delta G_b^{\ddagger}=0$。在任何更正的电势，包括 P3 的情况，该体系是处于阳极翻转区域（inverted region for the anodic process），这里的交叉点是在 R 曲线的“背面”（$q^{\ddagger}>q_R$）。在更极端的电势下，该区域中 $\Delta G_b^{\ddagger}$ 逐步变得较大。因此，可以看到在 $E>E^{0'}+\lambda$ 后阳极过程，与阴极过程在 $E=E^{0'}-\lambda$ 时，类似的翻转趋势。对于阴极过程，在 P1～P3 情况下没有这样的翻转：随着电势的增加，$\Delta G_f^{\ddagger}$ 逐步增加，保持正常行为。

翻转的本质是随着反应驱动力的增加，活化能增加（相应的速率常数减小）。正常的行为正好相反：活化能随着反应驱动力的增加而减小，速率常数增大。

翻转的影响有两个物理原因：

① 大的驱动力意味着产物需要在振动模式下快速地接受所释放出的能量，随着 $-\Delta G^0$ 超过 λ，进行该项工作的概率将降低（20.5.1 节）。

② 翻转区域总是具有一个反应物构型曲线的“背面”交叉点，在该处由于电子耦合产生了曲线分裂，引起反应物与产物的最低点处在不同表面上（图 3.5.11）。因此，在翻转区域电子转移反应总会变为非绝热的。沿着 q 轴的反应体系的动量必须准确地被翻转，使反应在翻转区域发生。由于 $\kappa_{el}\ll1$，其对于反应速率的抑制作用将比仅靠活化能翻转趋势的期待要大很多。

(6) 电极材料的影响

对于异相电子转移，Marcus 理论涉及一个隐含的假设，即电子与电极相应于 Fermi 能级较窄的态之间进行（图 3.5.4 的文字说明）。上面所展现的所有理论应用均依赖于该思想。然而，电极材料能够引入一些附加的影响，特别是对翻转区的相关动力学行为。

例如，对于一个金属电极，期待着观察不到电子转移的翻转，因为还没有一个可接受的机理[43]。虽然在非常负的过电势下，在 Fermi 能级处的确可以预测反应速率显示翻转，但在金属中 Fermi 能级下有连续的电子占有态，在没有翻转下它们可以转移电子到 O。金属中任何由该电

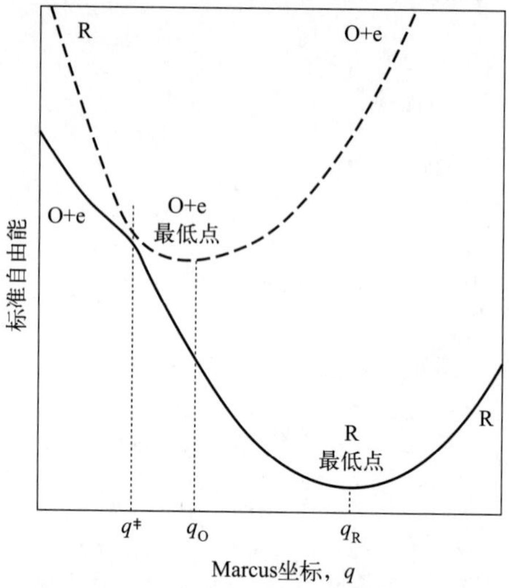

图 3.5.11 在阴极翻转区（$E<E^{0'}-\lambda$）的 Marcus 自由能曲线
O＋e 曲线与 R 曲线的能量最低点处于不同的表面，因此还原是非绝热的。该情况适用于翻转区域的任何反应

子转移所产生的低的空能级将最终由来自于 Fermi 能级的电子补上，能量会以热的方式耗散。因此，总能量的变化将如热力学期望的那样。对于在金属上的氧化具有类似的讨论，在 Fermi 能级上的未被占据的态随时准备接受转移来的电子。

这里我们有第一个证据表明电极的电子结构对于外层电子转移反应动力学是重要的。在 3.5.5 节与 21.2 节中将会更加全面地展现该思想。

虽说对于在金属上的电子转移不会期待其速率翻转，但正如 Marcus 理论对这些体系所预测的那样，在高的过电势情况下，异相速率常数会保持平稳（不再升高），实验已观察到这样的结果[65-66,93]。

原理上讲，对于非金属电极，例如，半导体（第 20 章）或导电聚合物（20.2.3 节），是可以观察到异相电子转移过程速率的翻转。如果电极的电子结构不支持上述对于金属的机理，在非金属电极上的速率翻转的确已有报道[95-100]，但在异相电化学实验中呈现的翻转还是很少见的。

(7) 对于均相反应的预测

对于一个给定的反应物，Marcus 理论也能够描述异相与均相反应的动力学之间的关系。对于如下的自交换反应

$$\mathrm{O}+\mathrm{R}\xrightarrow{k_{\mathrm{ex}}}\mathrm{R}+\mathrm{O} \tag{3.5.49}$$

与相关的电极反应的 k^0 比较：$\mathrm{O}+e\longrightarrow\mathrm{R}$。可通过将 O 进行同位素标记，测量其出现在 R 中的同位素来测量 k_{ex}，或有时通过其他的方法，像 ESR 或 NMR。比较式(3.5.27) 与式(3.5.28)，这里 $a_O=a_1=a_2=a$ 和 $R=d=2a$，得到

$$\lambda_{\mathrm{el}}=\lambda_{\mathrm{ex}}/2 \tag{3.5.50}$$

式中，λ_{el} 与 λ_{ex} 分别是电极反应与自交换反应的 λ_o。对于自交换反应 $\Delta G^0=0$，只要 λ_o 在重组能中占主导地位，式(3.5.21) 给出 $\Delta G_f^{\ddagger}=\lambda_{\mathrm{ex}}/4$。对于电极反应，只要 λ_i 可忽略，对应于 $E=E^0$，式(3.5.22) 给出 $\Delta G_f^{\ddagger}=\lambda_{\mathrm{el}}/4$。由式(3.5.50) 可知，对于均相与异相反应可用共同的项 $\Delta G_f^{\ddagger}$ 来表示，λ_{ex} 与 k^0 的关系为

$$(k_{\mathrm{ex}}/A_{\mathrm{ex}})^{1/2}=k^0/A_{\mathrm{el}} \tag{3.5.51}$$

式中，A_{ex} 与 A_{el} 分别是自交换反应与电极反应的前置指数因子㉛。粗略的 A_{el} 是 $10^4 \sim 10^5$cm/s，而 A_{ex} 是 $10^{11} \sim 10^{12}$ L/(mol・s)[101]。

对于均相电子转移，Marcus 理论也预测了存在一个翻转区，其 $\Delta G_f^{\ddagger}$ 随着电子转移的热力学驱动力 ΔG^0 的增加而增加。对于均相反应，可画出像图 3.5.10 中的曲线，并可像上述那样进行分析。当 $\Delta G^0 = -\lambda$ 时，$\Delta G_f^{\ddagger}$ 是零，所预测的正向速率常数最大。对于任何 ΔG^0 较该值小，不是那么放热，正向反应在正常的范围内，随着驱动力的增加而减小。但是，如果 ΔG^0 比 $-\lambda$ 更放热（即对于非常强的驱动反应）活化能随着驱动力的增加而稳步地变得更大，速率常数更小。这是正向反应的翻转区域。同理，当 ΔG^0 比 $+\lambda$ 更吸热的话，对于逆向反应有一翻转区域。存在翻转区域可用于说明电致化学发光现象（20.5 节），也已通过其他的手段清楚地看到溶液中电子转移反应的翻转区[102]。

翻转区可能在两互不相溶电解质溶液的界面上观察到，氧化剂 O 在一相，还原剂 R′在另外一相[103,104]。相关的实验已有报道[105]。

3.5.5　基于能态分布的模型

对于异相动力学，另外一种理论分析方法是基于电极的电子态与溶液中反应物的电子态之间的重叠[47-49,53,106-107]。图 3.5.12 显示了此概念，在本节中将详细探讨。该模型源自 Gerischer 的贡献[106-107]，对于处理在半导体电极上的电子转移尤其有用（20.2 节），这里半导体电极的电子结构是重要的。

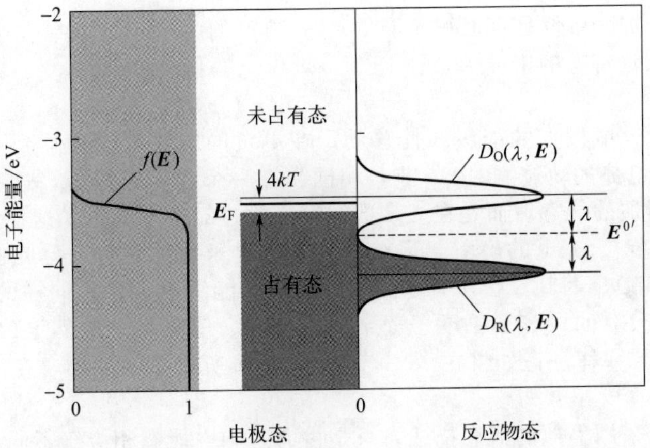

图 3.5.12　当溶液中 O 和 R 的浓度相等时，金属/溶液界面上各种电子态的关系

纵坐标是基于绝对标度的电子能量 E。在电极一侧所表明的是一个宽度为 $4kT$、中心在费米能级 $\boldsymbol{E}_F$ 上的区域，这里 $f(\boldsymbol{E})$ 是电子占有率从 1［$f(\boldsymbol{E})$ 以下区域］到 0［$f(\boldsymbol{E})$ 以上区域］的过渡区（见左边固体阴影区的图形）。在溶液一边，所示为 O 和 R 的能态密度分布。它们是高斯分布，和概率密度函数［$W_O(\lambda,\boldsymbol{E})$ 和 $W_R(\lambda,\boldsymbol{E})$］具有相同的形状。相应于标准电势 $\boldsymbol{E}^{0'}$ 的电子能量是 −3.8eV 和 λ＝0.3eV。这里的费米能级相应的电极电势是 −250mV（vs. $E^{0'}$）。界面两边的填充态由深色阴影表示。由于电极的填充态与（空的）O 态重叠，故还原过程可以发生。由于（填充的）R 态仅与电极的填充态重叠，氧化被阻碍

（1）Gerischer 模型

主要观点是，一个电子转移反应能够在任何已占有的能态和与其能量 $\boldsymbol{E}$ 匹配的一个未占有接受态之间发生。如果该过程是一个还原反应过程，已占有态是在电极上而接受态在电活性物质 O 上。相反，对于一个氧化反应过程，已占有态在溶液中物质 R 上而接受态在电极上。一般地，能态有一个有效的能量范围，总的速率是各能级处速率的积分。

㉛ 像式(3.5.13) 中的速率常数因子那样，$A_{ex} = (K_{P,O}\nu_n\kappa_{el})_{hom}$ 和 $A_{el} = (K_{P,O}\nu_n\kappa_{el})_{het}$，这里的下标 “hom” 与 “het” 分别是指该因子应用于均相与异相的情况。

在电极上，能量 $\boldsymbol{E}$ 和 $\boldsymbol{E}+\mathrm{d}\boldsymbol{E}$ 之间的电子态的数量是 $A\rho(\boldsymbol{E})\mathrm{d}\boldsymbol{E}$，这里 A 是与溶液接触的面积；$\rho(\boldsymbol{E})$ 是态密度（density of states）[单位是（面积·能量）$^{-1}$，如 $\mathrm{cm}^{-2}\cdot\mathrm{eV}^{-1}$]。当然，在一个宽的能量范围内电子态的总数是 $A\rho(\boldsymbol{E})$ 在此范围内的积分。如果电极是一种金属，则态密度很大而且是连续的；但如果电极是一种半导体，则有可观的能量区域，称为带隙（band gap），此处的态密度很小（对于物质电子性质的讨论见 20.1 节）。

电子以能量从低到高的顺序填充电极的能态，直到所有的电子被接纳为止。任何物质均有多于电子所需要的能态，这样在填充态之上总有空能态。如果温度接近 0K，那么最高的填充态所对应的能级是 Fermi 能（Fermi energy，或 Fermi 能级，Fermi level）$\boldsymbol{E}_\mathrm{F}$，所有高于 Fermi 能级的能态将是空的。在任何较高的温度下，热能使一些电子占据高于 $\boldsymbol{E}_\mathrm{F}$ 的能态并产生低于 $\boldsymbol{E}_\mathrm{F}$ 的空位。在热平衡时能态的填充状况可用 Fermi 函数（Fermi function）$f(\boldsymbol{E})$ 来描述，

$$f(\boldsymbol{E})=\{1+\exp[(\boldsymbol{E}-\boldsymbol{E}_\mathrm{F})/kT]\}^{-1} \tag{3.5.52}$$

它是一个电子占有能态 $\boldsymbol{E}$ 的概率。对于较 Fermi 能级低得多的能态，占有率实际上是 1，对于较 Fermi 能级大得多的能态，占有率实际上是零（图 3.5.12）。$\boldsymbol{E}_\mathrm{F}$ 上下几个 kT 范围内的能态具有中间的占有率，随着能量的升高通过 $\boldsymbol{E}_\mathrm{F}$ 其值从 1 到 0。在 $\boldsymbol{E}_\mathrm{F}$ 处的占有率为 0.5。图 3.5.12 所示的过渡区域带宽为 $4kT$（在 25℃时大约为 100meV）。

在能量范围 $\boldsymbol{E}$ 与 $\boldsymbol{E}+\mathrm{d}\boldsymbol{E}$ 之间的电子数即为占有态的数目，$AN_\mathrm{occ}(\boldsymbol{E})\mathrm{d}\boldsymbol{E}$，这里 $N_\mathrm{occ}(\boldsymbol{E})$ 是密度函数

$$N_\mathrm{occ}(\boldsymbol{E})=f(\boldsymbol{E})\rho(\boldsymbol{E}) \tag{3.5.53}$$

像 $\rho(\boldsymbol{E})$ 一样，$N_\mathrm{occ}(\boldsymbol{E})$ 单位是（面积·能量）$^{-1}$，典型的为 $\mathrm{cm}^{-2}\cdot\mathrm{eV}^{-1}$，而 $f(\boldsymbol{E})$ 无量纲。同理，我们可以定义未占有态的密度为

$$N_\mathrm{unocc}(\boldsymbol{E})=[1-f(\boldsymbol{E})]\rho(\boldsymbol{E}) \tag{3.5.54}$$

随着电势的变化，电极上的能级线性移动，在更负的电势下能级移到更高的能量，反之亦然。Fermi 能级跟随电势的轨迹（2.2.5 节）相同。在一个金属电极上，这些变化的发生不是通过填充或空出许多附加的能态，而是在大多数情况下通过对金属充电，这样所有的能态随着电势的影响而移动（2.2 节）。充电的确引起了在金属上总电子数的变化，但此变化仅占总电子数的很小一部分（2.2.2 节）。因此，在所有电势下的 Fermi 能级附近存在同样的态序。由于此原因，将 $\rho(\boldsymbol{E})$ 看作是 $\boldsymbol{E}-\boldsymbol{E}_\mathrm{F}$ 的调和函数更合适，几乎与 $\boldsymbol{E}_\mathrm{F}$ 值无关。既然 $f(\boldsymbol{E})$ 性质相同，所以 $N_\mathrm{occ}(\boldsymbol{E})$ 和 $N_\mathrm{unocc}(\boldsymbol{E})$ 一样。正如将在 20.1 节与 20.2 节所讨论的那样，在一个半导体上的图像更复杂。

溶液中的能态可采用类似的概念描述，只是占有态和空能态相应于不同的化学物质，即分别相应于一个氧化还原电对的 R 和 O 两种组分。这些能态与区域化的金属能态不同。若没有接近电极，R 和 O 组分不能与电极进行电子转移。由于 R 和 O 可在溶液中非均相存在，且关注的是电极表面附近的混合态，最好用浓度来表示态密度，而不是粒子总数。在任意时刻，电极附近溶液中 R 上的可移动电子根据一个浓度密度函数 $D_\mathrm{R}(\lambda,\boldsymbol{E})$，单位是（体积·能量）$^{-1}$，如 $\mathrm{cm}^{-3}\cdot\mathrm{eV}^{-1}$，分布在一个能量区。这样，在 $\boldsymbol{E}$ 到 $\boldsymbol{E}+\mathrm{d}\boldsymbol{E}$ 范围内电极附近 R 的数浓度（number concentration）是 $D_\mathrm{R}(\lambda,\boldsymbol{E})\mathrm{d}\boldsymbol{E}$。因为这一小部分 R 与 R 的总表面浓度 $C_\mathrm{R}(0,t)$ 成正比，能够将因子 $D_\mathrm{R}(\lambda,\boldsymbol{E})$ 表示为

$$D_\mathrm{R}(\lambda,\boldsymbol{E})=N_\mathrm{A}C_\mathrm{R}(0,t)W_\mathrm{R}(\lambda,\boldsymbol{E}) \tag{3.5.55}$$

式中，N_A 为 Avogadro 常数；$W_\mathrm{R}(\lambda,\boldsymbol{E})$ 是一个概率密度函数，单位是（能量）$^{-1}$。由于在整个能量域的 $D_\mathrm{R}(\lambda,\boldsymbol{E})$ 积分必然得到所有态的总数浓度是 $N_\mathrm{A}C_\mathrm{R}(0,t)$，得到 $W_\mathrm{R}(\lambda,\boldsymbol{E})$ 是一个归一化的函数

$$\int_{-\infty}^{\infty}W_\mathrm{R}(\lambda,\boldsymbol{E})\mathrm{d}\boldsymbol{E}=1 \tag{3.5.56}$$

类似的由物种 O 代表的空能态的分布是

$$D_\mathrm{O}(\lambda,\boldsymbol{E})=N_\mathrm{A}C_\mathrm{O}(0,t)W_\mathrm{O}(\lambda,\boldsymbol{E}) \tag{3.5.57}$$

正如式(3.5.56) 所示的它的对应方那样，这里 $W_O(\lambda,\boldsymbol{E})$ 也是归一化的。在图 3.5.12 中 O 和 R 的能态分布被表示为高斯型的，其原因将在下面讨论。

现在考虑电极上的占有态在能量范围 $\boldsymbol{E}$ 和 $\boldsymbol{E}+\mathrm{d}\boldsymbol{E}$ 之间 O 的还原速率。它仅为总的还原速率的一部分，称为对于能量 $\boldsymbol{E}$ 的区域速率（local rate）。在一时间间隔 Δt 内，电子从电极上的占有态能够过渡到具有同样能量范围的 O 上，还原速率是到达的电子数除以 Δt。此速率是瞬间速率，如果 Δt 足够短：①该还原过程并不能显著地改变溶液一侧未占有能态的数；②单个 O 分子由于其分子内振动和转动并不显著地改变其未占有能态的能级。

这样 Δt 是在或低于振动的时间范围。区域还原速率可被写成

$$\text{区域速率}(\boldsymbol{E})=\frac{P_{\mathrm{red}}(\boldsymbol{E})AN_{\mathrm{occ}}(\boldsymbol{E})\mathrm{d}\boldsymbol{E}}{\Delta t} \tag{3.5.58}$$

式中，$AN_{\mathrm{occ}}(\boldsymbol{E})\mathrm{d}\boldsymbol{E}$ 为能够转变的电子数；$P_{\mathrm{red}}(\boldsymbol{E})$ 为电子过渡到 O 的未占有态的概率。直观上 $P_{\mathrm{red}}(\boldsymbol{E})$ 与接受态密度 $D_O(\lambda,\boldsymbol{E})$ 成正比。定义 $\varepsilon_{\mathrm{red}}(\boldsymbol{E})$ 作为一个正比函数，有

$$\text{区域速率}(\boldsymbol{E})=\frac{\varepsilon_{\mathrm{red}}(\boldsymbol{E})D_O(\lambda,\boldsymbol{E})AN_{\mathrm{occ}}(\boldsymbol{E})\mathrm{d}\boldsymbol{E}}{\Delta t} \tag{3.5.59}$$

式中，$\varepsilon_{\mathrm{red}}(\boldsymbol{E})$ 的单位是体积・能量（例如，$\mathrm{cm}^3\cdot\mathrm{eV}$）。总的还原速率是所有无限小能量区间的区域速率之和，可由如下积分得到

$$\text{速率}=\nu\int_{-\infty}^{\infty}\varepsilon_{\mathrm{red}}(\boldsymbol{E})D_O(\lambda,\boldsymbol{E})AN_{\mathrm{occ}}(\boldsymbol{E})\mathrm{d}\boldsymbol{E} \tag{3.5.60}$$

根据常规式中 Δt 可用频率来表示，$\nu=1/\Delta t$。积分的范围覆盖所有的能量，但被积的函数仅在电极的被占有态与溶液中 O 的能态重叠区域才有显著的值。在图 3.5.12 中，相关区域大约在 −4.0～−3.5eV 的能量范围。

将式(3.5.53) 和式(3.5.57) 代入上式，得到

$$\text{速率}=\nu AN_AC_O(0,t)\int_{-\infty}^{\infty}\varepsilon_{\mathrm{red}}(\boldsymbol{E})W_O(\lambda,\boldsymbol{E})f(\boldsymbol{E})\rho(\boldsymbol{E})\mathrm{d}\boldsymbol{E} \tag{3.5.61}$$

该速率是以每秒多少分子或电子表示的。除以 AN_A 将给出更方便的速率，$\mathrm{mol/(cm^2\cdot s)}$，进一步除以 $C_O(0,t)$ 得到速率常数为

$$\boxed{k_f=\nu\int_{-\infty}^{\infty}\varepsilon_{\mathrm{red}}(\boldsymbol{E})W_O(\lambda,\boldsymbol{E})f(\boldsymbol{E})\rho(\boldsymbol{E})\mathrm{d}\boldsymbol{E}} \tag{3.5.62}$$

采用类似的方法，可以容易地导出对于 R 氧化反应的速率常数。在电极一侧，空能态是电子的受体候选者，因此 $N_{\mathrm{unocc}}(\boldsymbol{E})$ 是感兴趣的分布。溶液一侧的填充态的密度是 $D_R(\lambda,\boldsymbol{E})$，在时间间隔 Δt 内电子转移的概率是 $P_{\mathrm{ox}}(\boldsymbol{E})=\varepsilon_{\mathrm{ox}}(\boldsymbol{E})D_R(\lambda,\boldsymbol{E})$。采用与推导式(3.5.62) 相同的方式，可得到

$$\boxed{k_b=\nu\int_{-\infty}^{\infty}\varepsilon_{\mathrm{ox}}(\boldsymbol{E})W_R(\lambda,\boldsymbol{E})[1-f(\boldsymbol{E})]\rho(\boldsymbol{E})\mathrm{d}\boldsymbol{E}} \tag{3.5.63}$$

在图 3.5.12 中，R 的能态分布不与电极上未占有态的区域重叠，所以式(3.5.63) 中的被积函数在每处实际上为零，与 k_f 相比，k_b 可忽略。电极相对于 O/R 电对是处于还原状态。若将电极电势变为更正的值，Fermi 能级将下移并能够达到这样的位置，即 R 的能态开始与电极上的未占有能态重叠，这样式(3.5.63) 中的积分变得显著起来，k_b 将会增大。

文献中有许多类似于式(3.5.62) 和式(3.5.63) 的形式的公式，采用不同的符号和引入各种变量来阐释整合前置因子和正比函数 $\varepsilon_{\mathrm{red}}(\boldsymbol{E})$ 及 $\varepsilon_{\mathrm{ox}}(\boldsymbol{E})$。例如，经常见到从 ε 函数中导出的隧穿概率 κ_{el}，或前驱态平衡常数 $K_{P,O}$ 或 $K_{P,R}$ 放置在整合前置因子中。通常频率 ν 等同于式(3.5.13) 中的 ν_n。有时指前因子含有频率以外的东西，但仍用一个简单的符号表示。这里所提供的处理是通用的，能够顾及大多数的观点，即关于体系的基本性质是如何决定 ν、$\varepsilon_{\mathrm{red}}(\boldsymbol{E})$ 和 $\varepsilon_{\mathrm{ox}}(\boldsymbol{E})$ 的。

根据式(3.5.62)和式(3.5.63)，采用一个适当的电极材料的态密度$\rho(\boldsymbol{E})$，显然可以解释电极的电子结构对于动力学的影响，这方面的工作已有报道。然而，必须警惕这样的可能性，即$\varepsilon_{red}(\boldsymbol{E})$和$\varepsilon_{ox}(\boldsymbol{E})$也依赖于$\rho(\boldsymbol{E})$[32]。

（2）Marcus-Gerischer动力学

为了定义密度概率$W_O(\lambda,\boldsymbol{E})$和$W_R(\lambda,\boldsymbol{E})$，可将Marcus理论加到Gerischer模型中。关键是要认识到式(3.5.21)的推导是含蓄地基于这样的思想，即电子转移全部从Fermi能级开始。现在所考虑的是，Fermi能级上区域速率必须与Marcus理论给出的活化能成正比。采用电子能量，式(3.5.21)可重写为[33]

$$\Delta G_f^{\ddagger}=\frac{\lambda}{4}\left(1-\frac{\boldsymbol{E}-\boldsymbol{E}^{0'}}{\lambda}\right)^2 \tag{3.5.64}$$

式中，$\boldsymbol{E}^{0'}$为相应于O/R电对形式电势的能量。从3.5.4(5)节的讨论可知，人们应该理解在$\boldsymbol{E}_F=\boldsymbol{E}^{0'}+\lambda$时，此处$\Delta G_f^{\ddagger}$为零。因而，当$\boldsymbol{E}_F=\boldsymbol{E}^{0'}+\lambda$时，Fermi能级上的区域还原速率最大。当Fermi能级在任何其他的能量$\boldsymbol{E}$时，根据式(3.5.13)、式(3.5.59)和式(3.5.64)，Fermi能级上的区域还原速率可以表示为如下的比

$$\frac{区域速率(\boldsymbol{E}_F=\boldsymbol{E})}{区域速率(\boldsymbol{E}_F=\boldsymbol{E}^0+\lambda)}=\frac{\nu_n\kappa_{el}\exp\left[-\frac{\lambda}{4kT}\left(1-\frac{\boldsymbol{E}-\boldsymbol{E}^0}{\lambda}\right)^2\right]}{\nu_n\kappa_{el}}=\frac{\varepsilon_{red}(\boldsymbol{E})D_O(\lambda,\boldsymbol{E})f(\boldsymbol{E})\rho(\boldsymbol{E})}{\varepsilon_{red}(\boldsymbol{E}^0+\lambda)D_O(\lambda,\boldsymbol{E}^0+\lambda)f(\boldsymbol{E}_F)\rho(\boldsymbol{E}_F)} \tag{3.5.65}$$

假设ε_{red}不依赖于$\boldsymbol{E}_F$的位置，将上式简化为

$$\frac{D_O(\lambda,\boldsymbol{E})}{D_O(\lambda,\boldsymbol{E}^0+\lambda)}=\exp\left[-\frac{(\boldsymbol{E}-\boldsymbol{E}^{0'}-\lambda)^2}{4\lambda kT}\right] \tag{3.5.66}$$

这是其平均值在$\boldsymbol{E}=\boldsymbol{E}^{0'}+\lambda$处一个高斯分布（附录A.3），标准偏差为$(2\lambda kT)^{1/2}$。由式(3.5.57)可知，$D_O(\lambda,\boldsymbol{E})/D_O(\lambda,\boldsymbol{E}^{0'}+\lambda)=W_O(\lambda,\boldsymbol{E})/W_O(\lambda,\boldsymbol{E}^{0'}+\lambda)$。另外，由于$W_O(\lambda,\boldsymbol{E})$被归一化了，前指因子$W_O(\lambda,\boldsymbol{E}^{0'}+\lambda)$，可看作标准偏差倒数的$(2\pi)^{-1/2}$倍（附录A.3），因此

$$\boxed{W_O(\lambda,\boldsymbol{E})=(4\pi\lambda kT)^{-1/2}\exp\left[-\frac{(\boldsymbol{E}-\boldsymbol{E}^{0'}-\lambda)^2}{4\lambda kT}\right]} \tag{3.5.67}$$

同理，可以得到如下的公式

$$\boxed{W_R(\lambda,\boldsymbol{E})=(4\pi\lambda kT)^{-1/2}\exp\left[-\frac{(\boldsymbol{E}-\boldsymbol{E}^{0'}+\lambda)^2}{4\lambda kT}\right]} \tag{3.5.68}$$

因此，R的能态分布和O的具有相同的形状，如图3.5.12所示，其中心在$\boldsymbol{E}^{0'}-\lambda$。

任何电极动力学的模型均需要满足如下条件

$$\frac{k_b}{k_f}=e^{f(E-E^{0'})}=e^{-(\boldsymbol{E}-\boldsymbol{E}^{0'})/(kT)} \tag{3.5.69}$$

它可因平衡时体系应收敛到Nernst公式的需要而较易地推导出（3.3.2节）。由Gerischer的模型发展得到的式(3.5.62)和式(3.5.63)是通用的，人们可以想象这两个公式中的各种组分函数可

---

[32] 例如，考察一种基于该思想的简单模型，在时间间隔Δt时，在能量范围$\boldsymbol{E}$与$\boldsymbol{E}+d\boldsymbol{E}$之间，所有的电子可在所有的空的态进行等概率重新分布。一种改进的方法提供了来源于电极的物种O的态以不同加权参与的可能性。如果电极的态设定为单位重量，溶液中的重量为$\kappa_{red}(\boldsymbol{E})$，那么

$$P_{red}(\boldsymbol{E})=\frac{\kappa_{red}(\boldsymbol{E})D_O(\lambda,\boldsymbol{E})\delta}{\rho(\boldsymbol{E})+\kappa_{red}(\boldsymbol{E})D_O(\lambda,\boldsymbol{E})\delta}=\varepsilon_{red}(\boldsymbol{E})D_O(\lambda,\boldsymbol{E})$$

式中，δ是发生电子转移穿过的平均距离；$\kappa_{red}(\boldsymbol{E})$没有量纲，可被认为是隧穿发生的可能性（$\kappa_{el}$）应用于$k_f$表示中。如果金属电极，$\rho(\boldsymbol{E})$将比$\kappa_{red}(\boldsymbol{E})D_O(\lambda,\boldsymbol{E})\delta$大几个数量级；因此，速率常数为$\kappa_f=\nu\int_{-\infty}^{\infty}\kappa_{red}(\boldsymbol{E})\delta W_O(\lambda,\boldsymbol{E})f(\boldsymbol{E})d\boldsymbol{E}$它与电极的电子结构无关。

[33] 电势差ΔE相应于电子的能量差$-\Delta\boldsymbol{E}$（2.2.5节）；因此，$E-E^{0'}$对应$-(\boldsymbol{E}-\boldsymbol{E}^{0'})$，$E=E^{0'}-\lambda$对应$\boldsymbol{E}=\boldsymbol{E}^{0'}+\lambda$。

结合起来以不同的方式满足此要求。此后将不包括功项的 Marcus 理论结合起来，就能够定义分布函数 $W_O(\lambda,\boldsymbol{E})$ 和 $W_R(\lambda,\boldsymbol{E})$。该 Marcus-Gerischer 模型［式(3.5.69)］需要 $\varepsilon_{ox}(\boldsymbol{E})$ 和 $\varepsilon_{red}(\boldsymbol{E})$ 是等同的函数关系。然而，对于包括功项的相关模型，这些结论不一定正确。

(3) 重组能的影响

在 Marcus-Gerischer 模型中，重组能 λ 对于预期电流-电势响应有很大的影响。图 3.5.13(a) 解释了 $\lambda=0.3$eV 时的情况，该 λ 值接近实验上所发现的下限值。对于此重组能，-300mV 的过电势（案例 1）将 Fermi 能级置于 O 的能态分布的峰值处，因此将观察到快速的还原过程。同样地，一个 $+300$mV 的过电势（案例 2）将 Fermi 能级置于 R 的能态分布的峰值处，使体系发生快速的氧化。一个 -1000mV 的过电势（案例 3），将使 $D_O(\lambda,\boldsymbol{E})$ 与电极占有态完全重叠，对于 $\eta=+1000$mV（案例 4），$D_R(\lambda,\boldsymbol{E})$ 仅与电极上空能态重叠。后两种案例分别对应于非常强的可被还原和氧化的状态㉞。

图 3.5.13(b) 是非常不同的重组能相当大（为 1.5eV）时的情况。在此案例，一个 -300mV 的过电势不足以提升 Fermi 能级使电极上填充能态与 $D_O(\lambda,\boldsymbol{E})$ 重叠，一个 $+300$mV 的过电势也不足以降低 Fermi 能级使电极上未填充能态与 $D_R(\lambda,\boldsymbol{E})$ 重叠。它需要 $\eta\approx-1000$mV 使还原反应有效地发生，同样地对于氧化反应，需要 $\eta\approx+1000$mV。对此重组能，i-E 曲线的阳极和阴极部分会被分离得很宽，很像图 3.4.2(c) 或图 3.5.7(b) 中的示例。

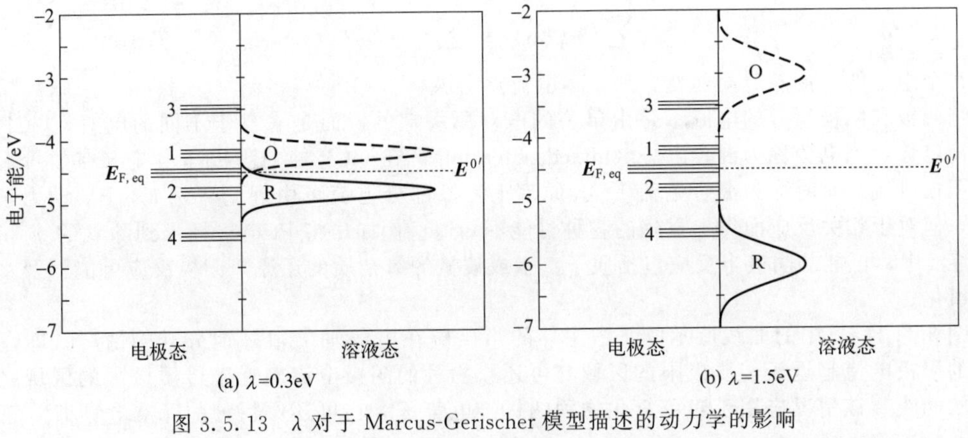

图 3.5.13 λ 对于 Marcus-Gerischer 模型描述的动力学的影响

(a) $\lambda=0.3$eV；(b) $\lambda=1.5$eV。O 与 R 浓度相同，这样相应于平衡电势的 Fermi 能级 $\boldsymbol{E}_{F,eq}$ 是在式电势 $\boldsymbol{E}^{0'}$ 时的电子能量。Fermi 能级随着电极电势而移动：1—$\eta=-300$mV；2—$\eta=+300$mV；3—$\eta=-1000$mV；4—$\eta=+1000$mV。在每种情况下，Fermi 能级是这组的中心线，浅色线表示 $\boldsymbol{E}_F\pm kT$。溶液侧：虚线为 $D_O(\lambda,\boldsymbol{E})$，实线为 $D_R(\lambda,\boldsymbol{E})$

由于以重叠态分布来表示此异相动力学公式直接与基本的 Marcus 理论相联系，发现它的许多预测与前两节是一致的情况并不奇怪。主要的区别在于该公式能够清楚地解释远离 Fermi 能级的能态的贡献，它对于半导体电极上发生的反应（见 20.2 节）或涉及金属电极上键合单层的情况（17.6.2 节）是很重要的。证实在半导体电极上的异相反应存在反转区的工作依赖于 Marcus-Gerischer 公式的解释[95-99]。

3.6 开路电势与电极上多个半反应

一个电极的开路电势（OCP）定义为净电流为零时的电势。通常可采用一个高输入阻抗的装

㉞ 图 3.5.13 中的案例 3 与 4 解释了在 3.5.4(6) 节中在一个金属电极不指望观察到翻转区的点。电子转移不限定在一个金属的 Fermi 能级，可在 Fermi 能级上或下面的连续态。

置在工作电极与参比电极之间测量得到，工作电极不需要其他任何连接。

开路电势是阴极与阳极半反应电流准确抵消时的电势。当两个半反应均有一个电对存在，其他电活性物质并不对电流流动起较大作用时，体系的行为如图 3.4.1 所示，开路电势为 Nernst 公式定义的该电对的平衡电势。在这些条件下（即它不随时间或溶液的稍微变化而漂移），开路电势称为稳定的。

然而，并不是所有的实验体系都如此简单。需要对开路电势进行更通用的描述，使其能够解释当一个惰性工作电极插入到电解质溶液中，并没有显著法拉第过程的体系所测量电势，或当氧化还原电对在溶液中浓度较低时，开路电势不再接近于 Nernst 电势的情况[108]。

3.6.1 多组分体系中的开路电势

通常电化学体系涉及几个（经常是许多）电活性物种。除了有意加入的溶质，其是主要感兴趣的研究对象，电活性也可能来自于溶剂、支持电解质、工作电极材料，或者由溶剂或支持电解质而引入的杂质，或者氧气等污染物。在任何给定的电势与时间，通过工作电极的总电流是所有阳极与阴极半反应所发生的各自电流的总和，这样

$$i(E,t)=\sum_j i_{c,j}(E,t)-\sum_j i_{a,j}(E,t) \tag{3.6.1}$$

式中求和包括所有相关电极反应，$i_{c,j}$ 与 $i_{a,j}$ 分别是每个组分的阴极与阳极电流，在 OCP，$i=0$，因此

$$\sum_j i_{c,j}(E,t)=\sum_j i_{a,j}(E,t) \tag{3.6.2}$$

如果每个组分的电流随时间而变，那么零电流点会漂移。

当阴极和阳极组分的电流不是由单一的电对所决定的，而是来自于不同的电对，OCP 不再是平衡电势，该电势称为混合电势（mixed potential）。在 OCP 处的阴极净电流（在数量上等于净的阳极电流）有时称为混合电流 i_{mix}。原理上，该部分电流可由理论（例如，BV 动力学）来计算，但对于相关反应而做出贡献的物种可能不知道。例如，将 Pt 电极插入到除氧的 0.1mol/L KCl 溶液中，可能的阴极半反应包括质子、水或痕量的氧杂质的还原，阳极反应可能涉及水或杂质的氧化。

图 3.6.1(a) 中的曲线所示的是占主导的半反应在电势轴上很好地分开的情况，即在氧化物种的阳极电流趋近于传质极限的区域与可还原物种的阴极电流趋近于传质极限的区域之间有一定的间距。该情况应用于当可氧化物种的标准电势 E^0_{Ox} 在可还原物种的标准电势 E^0_{Red} 正的一

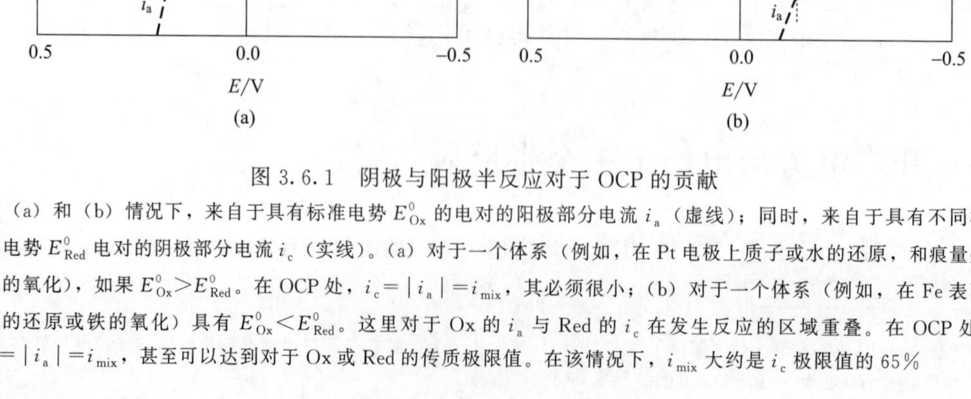

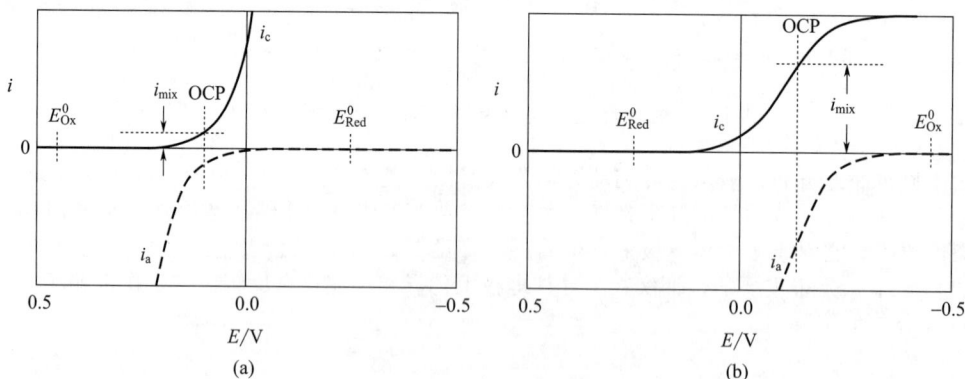

图 3.6.1 阴极与阳极半反应对于 OCP 的贡献

在（a）和（b）情况下，来自于具有标准电势 E^0_{Ox} 的电对的阳极部分电流 i_a（虚线）；同时，来自于具有不同标准电势 E^0_{Red} 电对的阴极部分电流 i_c（实线）。(a) 对于一个体系（例如，在 Pt 电极上质子或水的还原，和痕量杂质的氧化），如果 $E^0_{Ox}>E^0_{Red}$。在 OCP 处，$i_c=|i_a|=i_{mix}$，其必须很小；(b) 对于一个体系（例如，在 Fe 表面氧的还原或铁的氧化）具有 $E^0_{Ox}<E^0_{Red}$。这里对于 Ox 的 i_a 与 Red 的 i_c 在发生反应的区域重叠。在 OCP 处，$i_c=|i_a|=i_{mix}$，甚至可以达到对于 Ox 或 Red 的传质极限值。在该情况下，i_{mix} 大约是 i_c 极限值的 65%

边。净过程导致的结果是混合电流并不能在热力学上自动发生，而是在两个过程的曲线尾部有一些重合。在 OCP 处的混合电流较小，相对于二者的传质极限电流（i_a 或 i_c）要低几个数量级。

相反的情况是 $E^0_{Ox}<E^0_{Red}$，正如图 3.6.1(b) 所示，描述混合过程的净法拉第反应变成了自发的，混合电流会很大。实际上，该混合过程显现了一个原电池的行为。

3.6.2　电极上能斯特行为的建立或失效

现在假设将一个氧化还原电对的两种形式，加入到例如 Pt/0.1mol/L KCl 体系中［图 3.6.1(a) 所示］。铁氰化钾与亚铁氰化钾的半反应电流将会加到式(3.6.1) 与式(3.6.2) 中的其他电流中，但如果它们的贡献可忽略的话，那么 OCP 将不会有太大变化。然而，如果该电对的浓度增加几个数量级的话，该电对所引起的半反应电流将远超背景电流，OCP 将移向电对的能斯特值的方向。

图 3.6.2 显示的实验结果证实了该行为。当总浓度在 μmol/L～nmol/L 范围时，OCP 保持在 0.1mol/L KCl 附近，但当 $Fe(CN)_6^{3-}/Fe(CN)_6^{4-}$ 电对的浓度仅低于 mmol/L 时，其 OCP 达到其 Nernst 电势。在该例子中，总是加入等摩尔浓度的铁氰化钾与亚铁氰化钾，因此，在该稳定状态，其 $E_{eq}=E^{0'}$。

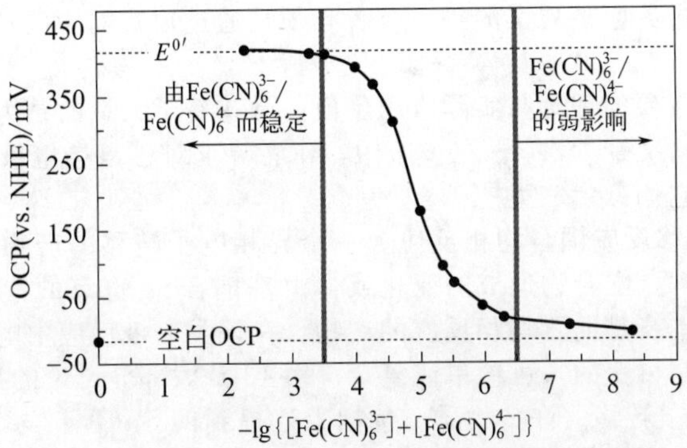

图 3.6.2　对于含有等摩尔浓度铁氰化钾与亚铁氰化钾的 0.1mol/L KCl 的 OCP 与总的氧化还原浓度之间的关系图
（引自 Percival 和 Bard[108]）

当然，一个稳定的电极可通过反转上述过程使其变成不稳定。例如，如果一个在 mmol/L 范围的电对逐步被稀释几个数量级，铁氰化钾与亚铁氰化钾对于电极上混合电流的贡献将会逐步变得不重要，电势将会按照图 3.6.2 中的曲线往下变化，最终将会与背景电流进行竞争，使该电对不能保持电极上的能斯特平衡。

3.6.3　在电流-电势曲线中的多个半反应电流

当法拉第电流流动时，通常对于总电流的贡献来自于多于一个过程。几乎总有一些背景电流来源于上述所描述的"纯"的支持电解质溶液。这经常被看成是在没有要研究的氧化还原物种时的一种常态。

更加极端的混合电流的例子是这样一类过程，发生在接近或甚至超过溶剂/支持电解质的背景极限，例如，是由水的氧化与质子的还原所引起的。一个经典的例子是 Kolbe 电解，在电极上有较多的氧气析出。该过程涉及氧化碳酸盐到形成烷烃，例如：

$$CHCOO^- - e \longrightarrow CO_2 + CH_3\cdot \tag{3.6.3}$$

$$2CH_3\cdot \longrightarrow C_2H_6 \tag{3.6.4}$$

另外一类多重电流的情况是采用一个金属电极的析氢反应，例如，Mn 电极，在还原产生氢气的同时发生氧化。在这样的情况下，测量不同过程对于净电流的贡献通常需要采用另外的电极，例如在 SECM 中（第 18 章），监测其中的一种产物的生成。

3.7 多步骤机理

在3.3～3.5节中对于电极动力学的主要特征达到了定性与定量的理解，并发展了一系列可用于描述许多真实化学体系的关系式，例如

$$Fe(CN)_6^{3-}+e \rightleftharpoons Fe(CN)_6^{4-} \tag{3.7.1}$$

$$Tl^{+}+e \overset{Hg}{\rightleftharpoons} Tl(Hg) \tag{3.7.2}$$

$$\text{蒽}+e \rightleftharpoons \text{蒽}^{\cdot-} \tag{3.7.3}$$

然而，现在必须认识到大多数电极过程是多步机理的。例如，对于如下重要的反应：

$$2H^{+}+2e \rightleftharpoons H_2 \tag{3.7.4}$$

显然一定涉及几个基元反应。氢核是通过不同的氧化形式分开的，但通过还原相结合。在还原过程中，一定以某种方式有一对电荷转移，并有一些化学过程联系这两个核。

也考察如下还原反应

$$Sn(\text{Ⅳ})+2e \rightleftharpoons Sn(\text{Ⅱ}) \tag{3.7.5}$$

认为2个电子同时隧穿过界面是现实的吗？或者必须是通过短暂的中间体Sn(Ⅲ)进行2个单电子还原㉟。

由于这类反应具有重要的理论与实际应用价值，已花费了大量的精力探讨该类复杂电极反应的机理，并积累了大量的文献[7-13,110]。在该版中，作者寻求对于复杂电极过程给予更加详细的处理。为此，可方便地将它们分为三类㊱：

① 外层异相电子转移反应耦合均相反应。一个异相电子转移的产物经常参与随后的溶液相中的反应（质子化、分解、配合物形成的变化或自由基耦合）。也有的情况是在一个均相平衡中涉及电活性物质，或它本身是前置均相反应的产物。在该类电极反应中电极被认为是均相化学的启动器或质问者。机理是可变的，可简单或复杂。第13章大部分讨论的是该类反应。

② 多个外层异相电子转移。许多物质，包括上述提到的Sn(Ⅳ)与Sn(Ⅱ)，在一个电极上进行多电子的还原或氧化。即使所有的反应物、产物与中间体都是化学稳定的，这些过程可变得很复杂。第13章将讨论这些反应。

③ 内层电子反应。在该类反应中，至少有一种反应参与物与电极表面形成化学键，整个反应的动力学与电极的化学性质有关。经常涉及吸附的中间体，正如上述所提到的重要例子H^+/H_2。金属的电镀也归属于该类反应。在本版的新的第15章，主要涉及内层电极反应。

由于电极过程的化学多样性是巨大的，很难全部包含在这3类反应中，但它们包括了大部分的行为。对于一些特定的情况可留在第13章和第15章进行处理。在本节的剩余部分，仅阐述多步骤过程广泛应用的几个点。

3.7.1 单电子转移的主导性

在电化学中广泛赞同的概念是真正基元电子转移反应总是涉及交换一个电子，所以总反应涉及n个电子的变化必须涉及n个清晰的电子转移步骤㊲。类似于上述导出单步骤单电子过程的公式可用于描述每个这样的基元步骤，虽然必须经常了解中间体的浓度，而不是开始物质或最终产物的浓度。当然，总过程可能也涉及其他的基元反应，例如吸附、脱附，或远离界面发生的化学反应。

㉟ 在酸性溴盐中的该反应，通过电化学测量到Sn(Ⅲ)，该问题最近得到解决[109]。

㊱ 在本书中，内层与外层电极反应（3.5.1节）经常需要进行区分。在一个外层过程中，反应物、产物与中间体不与电极表面发生化学相互作用。在内层过程中，一个或更多会参与反应。

㊲ Gileadi与Kirowa-Eisner[7] 已建议该原理可能不能应用于溶液中的离子进入到金属晶格中的过程（例如，对于在Cu电极上两电子还原Cu^{2+}）。所需要的电子，虽然可以以计量学方式书写，但仅能够作为传导带群体的一部分，它们通过调整来适应沉积的离子。从这个角度讲，铜的电沉积与蒽还原到其自由基阴离子是相当不同的一个过程。

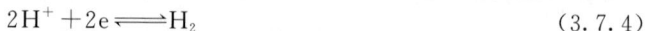

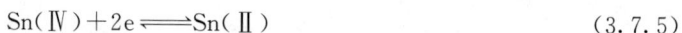

3.7.2 外层电子转移的决速步骤

在研究化学动力学时，人们经常采用的方法是认识到单一的步骤，比其他都慢，控制整个反应的速率，用以预测和分析该反应行为。如果所涉及的是电极过程，该决速步骤可能是一个异相电子转移反应。

考察一个总过程中涉及O与R耦合的一个多电子过程

$$\mathrm{O}+ne \rightleftharpoons \mathrm{R} \tag{3.7.6}$$

其机理有如下一些普遍的特性

$$\mathrm{O}+n'e \rightleftharpoons \mathrm{O}' \quad (\text{前置与 RDS 步骤的净结果}, E^{0'}_{\mathrm{pre}}) \tag{3.7.7}$$

$$\mathrm{O}'+e \underset{k_b}{\overset{k_f}{\rightleftharpoons}} \mathrm{R}' \quad (\text{外层 RDS 步骤}, E^{0'}_{\mathrm{rds}}) \tag{3.7.8}$$

$$\mathrm{R}'+n''e \rightleftharpoons \mathrm{R} \quad (\text{RDS 随后步骤的净结果}, E^{0'}_{\mathrm{post}}) \tag{3.7.9}$$

式中，$n'+n''+1=n$[38]。

其 i-E 特征可表示为

$$i=nFAk^0_{\mathrm{rds}}\left[C_{\mathrm{O}'}(0,t)e^{-\alpha_{\mathrm{rds}}f(E-E^{0'}_{\mathrm{rds}})}-C_{\mathrm{R}'}(0,t)e^{(1-\alpha_{\mathrm{rds}})f(E-E^{0'}_{\mathrm{rds}})}\right] \tag{3.7.10}$$

这里 k^0_{rds}，α_{rds} 和 $E^{0'}_{\mathrm{rds}}$ 应用于RDS。由于每次O′到R′的净转换产生 n 个电子的流动，不是仅仅一个电子穿越界面，上述公式是式(3.3.8)乘以 n。浓度 $C_{\mathrm{O}'}(0,t)$ 与 $C_{\mathrm{R}'}(0,t)$ 不仅由传质与异相电子转移动力学之间的相互作用（像在3.4节发现的那样）来控制，也受到前置与随后反应的性质的影响。情况可能会变得相当复杂，因此，在此不讨论该普适性的问题，而是简介其中一些重要的，但相对简单的案例[39]。

3.7.3 平衡时的多步骤过程

即使一个过程可能涉及很复杂的机理，但当真实平衡能够建立时［$i=0$，对于所有的物种 j，$C_j(0,t)=C_j^*$］，它仍必须遵循Nernst公式。电极电势是由初始的反应物与最终的产物的浓度所决定的。对于由 n 个电子联系的溶质O与R

$$\boxed{E_{\mathrm{eq}}=E^{0'}+\frac{RT}{nF}\ln\frac{C_{\mathrm{O}}^*}{C_{\mathrm{R}}^*}} \tag{3.7.11}$$

式中，$E^{0'}$ 是总反应的形式电势。这是体系热力学与微观可逆性的结果[40]。在平衡时与机理的细节无关。

3.7.4 能斯特型的多步骤过程

如果在一个复杂的电极过程中所有的步骤都很快，那么所有步骤的交换速率要比净的反应速率大，即使有净电流流动，所有参与的物质的浓度本质上总是在区域平衡。由于对于一个异相电极过程，其正向与逆向反应仅发生在电极表面，它仅在表面热力学平衡可以连续地保持。对于具有快速动力学的化学可逆体系，反应物与产物的表面浓度（甚至对于一个多步骤的过程中的初始反应物与最终产物）总是通过一个能斯特形式的方程与电极电势关联起来。对于由 n 个电子联系的溶质O与R[41]：

$$\boxed{E=E^{0'}+\frac{RT}{nF}\ln\frac{C_{\mathrm{O}}(0,t)}{C_{\mathrm{R}}(0,t)}} \tag{3.7.12}$$

大量的真实体系满足这些条件，采用电化学方法研究它们可获得丰富的化学信息（5.3.2节）。

---

[38] 对于 n' 和（或）n'' 为零的情况，该讨论也适用。

[39] 有关该点，我们先提供一个提醒：在第一版和许多老的文献中，可以看到在处理多电子过程中，采用 n_a 作为决速步骤的 n 值。因此，n_a 出现在许多动力学表达式中。由于 n_a 可能总是1（如果有一个电子转移决速），它是一个多余的符号，在此弃用。对于一个多步骤过程，其电流-电势通常可表示为

$i=nFAk^0[C_{\mathrm{O}}(0,t)e^{-\alpha n_a f(E-E^{0'})}-C_{\mathrm{R}}(0,t)e^{(1-\alpha)n_a f(E-E^{0'})}]$ 这是一种罕见的适用于多步骤机理的表达式。

[40] 见第二版3.5.2节中式(3.7.11)的推导。

[41] 见第二版3.5.3节中式(3.7.12)的推导。

一个例子是 Hg 电极上 Cd(Ⅱ) 的乙二胺（en）配合物的还原：

$$Cd(en)_3^{2+}+2e \xrightleftharpoons{Hg} Cd(Hg)+3en \tag{3.7.13}$$

3.7.5 准可逆与不可逆多步骤过程

如果一个多步骤过程既不是能斯特型，也不在平衡时，在电化学实验中动力学影响其行为的详细信息，可用于诊断机理与定量动力学参数。像在研究均相动力学一样，可先提出一个假设的机理，根据该机理预测实验行为，比较实验结果与预测的行为。在电化学领域，预测行为的一个重要部分是，通过一些可控的参数，如参与物的浓度等，建立 i-E 特征曲线。

如果决速步骤是一个异相电子转移步骤的话，那么 i-E 特征曲线具有式(3.7.10)的形式。对于大多数机理，O′与 R′是中间体，它们的浓度不能直接控制，该公式是有限可用的。由于有时可采用更加可控的物质浓度，如采用 O 和 R 的浓度[111] 应对一个假设的机理，来重新表述 $C_{O'}(0,t)$ 和 $C_{R'}(0,t)$，式(3.7.10)仍可作为一个更加实用的电流-电势关系的基础[111]。

通用的情况对于实际应用可较易地变得很复杂。即使对于式(3.7.7)～式(3.7.9)所给出的简单机理，其前置与随后反应的动力学假设都是很快的，足以保持区域平衡，在能够完全定量地揭示 RDS 动力学之前，必须找到合适的方法来得到 n'、n''、$E^{0'}_{pre}$、$E^{0'}_{post}$ 和 $E^{0'}_{rds}$ 的值⓬。这通常是一个困难的要求。

更加可用的结果来自于一些更简单的情况。

(1) 初始步骤完全不可逆

假设 RDS 是机理中的第一步，它也是一个完全不可逆的异相外层电子转移反应：

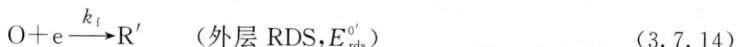

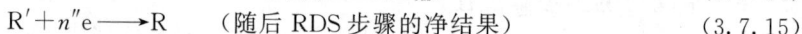

$$O+e \xrightarrow{k_f} R' \quad (\text{外层 RDS}, E^{0'}_{rds}) \tag{3.7.14}$$

$$R'+n''e \longrightarrow R \quad (\text{随后 RDS 步骤的净结果}) \tag{3.7.15}$$

式(3.7.14)的随后化学反应对于电化学响应没有影响，除非每步反应的 O 分子加上 n''电子。这样，电流是单独来自于步骤(3.7.14)的电流大 $n=1+n''$倍。在 $C_{O'}(0,t)=C_O(0,t)$时，总的结果由式(3.7.10)的第一项给出

$$i=nFAk^0_{rds}C_O(0,t)e^{-\alpha_{rds}f(E-E^{0'}_{rds})} \tag{3.7.16}$$

在 0.1mol/L NaOH 溶液中极谱还原铬酸盐就是这方面的例子：

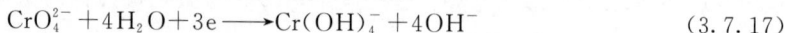

$$CrO_4^{2-}+4H_2O+3e \longrightarrow Cr(OH)_4^-+4OH^- \tag{3.7.17}$$

尽管该体系的机理很复杂，其行为正如设想那样，第一步是一个不可逆的电子转移。

(2) 在平衡附近的化学可逆过程

一些实验方法，像阻抗谱法（第 11 章），是基于在平衡附近对体系施加小的扰动。这些方法经常以相对直接的方式提供交换电流。考察其多步骤过程在平衡时的交换性质是有意义的。将要探讨的例子是 $O+ne \rightleftharpoons R$，影响式(3.7.7)～式(3.7.9)所给出的普适性机理，具有形式电势 $E^{0'}$。

在平衡时，机理中的每个步骤都处于平衡，都有其交换速率。电子转移反应的交换速率可用交换电流来表示。总的交换速率也可用交换电流来表示。正如现在所考虑的，在一系列机理中有一单个的 RDS，总的交换速率是由 RDS 的交换速率所决定的。

可得到结果是⓭

$$\boxed{i_0=nFAk^0_{app}C_O^{*[1-(n'+\alpha_{rds})/n]}C_R^{*[(n'+\alpha_{rds})/n]}} \tag{3.7.18}$$

式中，表观标准速率常数（apparent standard rate constant）k^0_{app} 是

$$k^0_{app}=k^0_{rds}e^{n'f(E^{0'}_{pre}-E^{0'})}e^{\alpha f(E^{0'}_{rds}-E^{0'})} \tag{3.7.19}$$

该关系式一般来讲适用于式(3.7.7)～式(3.7.9)的机理，但不适用于其他的机理，例如，涉及纯的均相前置或随后反应，或在正向和逆向反应中涉及其他的 RDS 的反应。即使这样，得

⓬ 详细的推导见第二版，3.5.4 节。

⓭ 第二版提供了详细的内容，见 3.5.4(4) 节。

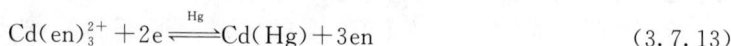

到式(3.7.18) 所采用的原理可用于推导出其他类型机理的类似表达式，提供的步骤是化学可逆与平衡的应用。通常可能采用表观标准速率常数与各种参与物的本体浓度来表示总的交换电流。对于一个给定的过程，如果其交换电流可以有效地进行测量，那么所导出的关系式能够提供机理的详细信息。

例如，采用类似于 3.4.4 节的方法，从式(3.7.18) 可得到

$$\left(\frac{\partial \lg i_0}{\partial \lg C_O^*}\right)_{C_R^*}=1-\frac{n'+\alpha_{rds}}{n} \tag{3.7.20}$$

$$\left(\frac{\partial \lg i_0}{\partial \lg C_R^*}\right)_{C_O^*}=\frac{n'+\alpha_{rds}}{n} \tag{3.7.21}$$

由于 n 可常常独立地由库仑法或反应物与产物的化学知识得到，可由此计算 $n'+\alpha_{rds}$。从该值可估算 n' 与 α_{rds} 的值，这样可提供 RDS 中参与物的化学信息。

从上述可以看到，对于多步骤过程 k^0_{app} 通常不是一个简单的动力学参数。解释它可能需要详细地理解机理，包括各个基元步骤的标准电势或平衡常数。

对于一个具有式(3.7.7)～式(3.7.9) 形式的准可逆机理，其电流-过电势方程是[44]

$$\boxed{\frac{i}{i_0}=\frac{C_O(0,t)}{C_O^*}e^{-(n'+\alpha_{rds})f\eta}-\frac{C_R(0,t)}{C_R^*}e^{(n''+1-\alpha_{rds})f\eta}} \tag{3.7.22}$$

当电流比较小或传质有效时，表面浓度与本体浓度差别不大，就有

$$\boxed{i=i_0\left[e^{-(n'+\alpha_{rds})f\eta}-e^{(n''+1-\alpha_{rds})f\eta}\right]} \tag{3.7.23}$$

该式与式(3.4.11) 类似。在小的过电势时，可线性化为

$$\boxed{i=i_0 nf\eta} \tag{3.7.24}$$

它与式(3.4.12) 相对应。该多步骤体系的电荷转移电阻是

$$\boxed{R_{ct}=\frac{RT}{nFi_0}} \tag{3.7.25}$$

它是式(3.4.13) 的通用形式。

式(3.7.22)～式(3.7.25) 是假定机理式(3.7.7)～式(3.7.9) 所特有的，但对于任何准可逆机理，采用同样的处理可得到类似的结果。事实上，式(3.7.24) 与式(3.7.25) 对于多步骤准可逆过程是通用的，它们构建了平衡微扰实验方法，例如阻抗谱、测量 i_0 的原理基础。

3.8　参考文献

1 P. Atkins, J. de Paula, and J. Keeler, “Physical Chemistry,” 11th ed., Oxford University Press, Oxford, 2018.

2 R. S. Berry, S. A. Rice, and J. Ross, “Physical Chemistry,” 2nd ed., Oxford University Press, New York, 2000.

3 H. Eyring, S. H. Lin, and S. M. Lin, “Basic Chemical Kinetics,” Wiley, New York, 1980, Chap. 4.

4 W. C. Gardiner, Jr., “Rates and Mechanisms of Chemical Reactions,” Benjamin, New York, 1969.

5 S. Glasstone, K. J. Laidler, and H. Eyring, “Theory of Rate Processes,” McGraw-Hill, New York, 1941.

6 J. Tafel, *Z. Phys. Chem.*, **50**, 641 (1905).

7 E. Gileadi and E. Kirowa-Eisner, *Corros. Sci.*, **47**, 3068 (2005).

8 E. Gileadi, “Electrode Kinetics,” Wiley-VCH, New York, 1993.

---

[44] 第二版提供了详细的内容，见 3.5.4(4) 节。

9 R. G. Compton, Ed., "Electrode Kinetics: Reactions," Elsevier, Amsterdam, 1987.
10 C. H. Bamford and R. G. Compton, Eds., "Electrode Kinetics: Principles and Methodology," Elsevier, Amsterdam, 1986.
11 W. J. Albery, "Electrode Kinetics," Clarendon, Oxford, 1975.
12 H. R. Thirsk, "A Guide to the Study of Electrode Kinetics," Academic, New York, 1972, Chap. 1.
13 T. Erdey-Grúz, "Kinetics of Electrode Processes," Wiley-Interscience, New York, 1972, Chap. 1.
14 K. J. Vetter, "Electrochemical Kinetics," Academic, New York, 1967, Chap. 2.
15 B. E. Conway, "Theory and Principles of Electrode Processes," Ronald, New York, 1965, Chap. 6.
16 P. Delahay, "Double Layer and Electrode Kinetics," Wiley-Interscience, New York, 1965, Chap. 7.
17 C. N. Reilley in "Treatise on Analytical Chemistry," Part I, Vol. 4, I. M. Kolthoff and P. J. Elving, Eds., Wiley-Interscience New York, 1963, Chap. 42.
18 P. Delahay, "New Instrumental Methods in Electrochemistry," Wiley-Interscience, New York, 1954, Chap. 2.
19 J. E. B. Randles, *Trans. Faraday Soc.*, **48**, 828 (1952).
20 J. A. V. Butler, *Trans. Faraday Soc.*, **19**, 729, 734 (1924).
21 T. Erdey-Grúz and M. Volmer, *Z. Phys. Chem.*, **150A**, 203 (1930).
22 R. Parsons, *Trans. Faraday Soc.*, **47**, 1332 (1951).
23 J. O'M Bockris, *Mod. Asp. Electrochem.*, **1**, 180 (1954).
24 D. M. Mohilner and P. Delahay, *J. Phys. Chem.*, **67**, 588 (1963).
25 N. Koizumi and S. Aoyagui, *J. Electroanal. Chem.*, **55**, 452 (1974).
26 H. Kojima and A. J. Bard, *J. Am. Chem. Soc.*, **97**, 6317 (1975).
27 P. Sun and M. V. Mirkin, *Anal. Chem.*, **78**, 6526 (2006).
28 M. Shen and A. J. Bard, *J. Am. Chem. Soc.*, **133**, 15737 (2011).
29 N. Nioradze, R. Chen, N. Kurapati, A. Khvataeva-Domanov, S. Mabic, and S. Amemiya, *Anal. Chem.*, **87**, 4836 (2015).
30 J. Kim and A. J. Bard, *J. Am. Chem. Soc.*, **138**, 975 (2016).
31 Y. Yu, T. Sun, and M. V. Mirkin, *Anal. Chem.*, **88**, 11758 (2016).
32 K. J. Vetter, *op. cit.*, Chap. 4.
33 T. Erdey-Grúz, *op. cit.*, Chap. 4.
34 P. Delahay, "Double Layer and Electrode Kinetics," *op. cit.*, Chap. 10.
35 R. Parsons, "Handbook of Electrochemical Data," Butterworths, London, 1959.
36 A. J. Bard and H. Lund, "Encyclopedia of the Electrochemistry of the Elements," Marcel Dekker, New York, 1973–1986.
37 K. J. Vetter and G. Manecke, *Z. Physik. Chem. (Leipzig)*, **195**, 337 (1950).
38 P. A. Allen and A. Hickling, *Trans. Faraday Soc.*, **53**, 1626 (1957).
39 R. A. Marcus, *J. Chem. Phys.*, **24**, 966 (1956).
40 R. A. Marcus, *Annu. Rev. Phys. Chem.*, **15**, 155 (1964).
41 R. A. Marcus, *J. Chem. Phys.*, **43**, 679 (1965).
42 R. A. Marcus, *Electrochim. Acta*, **13**, 955 (1968).
43 R. A. Marcus (Nobel Lecture), *Angew. Chem. Intl. Ed.*, **32**, 1111 (1993).
44 N. S. Hush, *J. Chem. Phys.*, **28**, 962 (1958).
45 N. S. Hush, *Trans. Faraday Soc.*, **57**, 557 (1961).
46 N. S. Hush, *Electrochim. Acta*, **13**, 1005 (1968).
47 V. G. Levich, *Adv. Electrochem. Electrochem. Eng.*, **4**, 249 (1966) and references cited therein.
48 R. R. Dogonadze in "Reactions of Molecules at Electrodes," N. S. Hush, Ed., Wiley-Interscience, New York, 1971, Chap. 3 and references cited therein.

49 W. Schmickler and E. Santos, "Interfacial Electrochemistry," 2nd ed., Springer, Heidelberg, 2010.

50 M. D. Newton in "Electron Transfer in Chemistry," V. Balzani, Ed., Wiley-VCH, Weinheim, 2001, Vol. I, Part 1, Chap. 1.

51 N. S. Hush, *J. Electroanal. Chem.*, **470**, 170 (1999).

52 P. F. Barbara, T. J. Meyer, and M. A. Ratner, *J. Phys. Chem.*, **100**, 13148 (1996).

53 C. J. Miller in "Physical Electrochemistry. Principles, Methods, and Applications," I. Rubinstein, Ed., Marcel Dekker, New York, 1995, Chap. 2.

54 R. A. Marcus and P. Siddarth, "Photoprocesses in Transition Metal Complexes, Biosystems and Other Molecules," E. Kochanski, Ed., Kluwer, Amsterdam, 1992.

55 A. M. Kuznetsov, *Mod. Asp. Electrochem.*, **20**, 95 (1989).

56 M. J. Weaver in "Comprehensive Chemical Kinetics," R. G. Compton, Ed., Elsevier, Amsterdam, Vol. 27, 1987, Chap. 1.

57 N. Sutin, *Acc. Chem. Res.*, **15**, 275 (1982).

58 H. Taube, "Electron Transfer Reactions of Complex Ions in Solution," Academic, New York, 1970, p. 27.

59 J. J. Ulrich and F. C. Anson, *Inorg. Chem.*, **8**, 195 (1969).

60 G. A. Somorjai, "Introduction to Surface Chemistry and Catalysis," Wiley, New York, 1994.

61 C. J. Chen, "Introduction to Scanning Tunneling Microscopy," Oxford University Press, New York, 1993, p. 5.

62 H. O. Finklea, *Electroanal. Chem.*, **19**, 109 (1996).

63 C. M Hill, J. Kim, N. Bodappa, and A. J. Bard, *J. Am. Chem. Soc.*, **139**, 6114 (2017).

64 M. Velický, S. Hu, C. R. Woods, P. S. Tóth, V. Zólyomi, A. K. Geim, H. D. Abruña, K. S. Novoselov, and R. A. W. Dryfe, *ACS Nano*, **14**, 993 (2020).

65 C. E. D. Chidsey, *Science*, **251**, 919 (1991).

66 R. J. Forster and L. R. Faulkner, *J. Am. Chem. Soc.*, **116**, 5444 (1994).

67 J. F. Smalley, S. W. Feldberg, C. E. D. Chidsey, M. R. Linford, M. D. Newton, and Y.-P. Liu, *J. Phys. Chem.*, **99**, 13141 (1995).

68 J. N. Richardson, S. R. Peck, L. S. Curtin, L. M. Tender, R. H. Terrill, M. T. Carter, R. W. Murray, G. K. Rowe, and S. E. Creager, *J. Phys. Chem.*, **99**, 766 (1995).

69 S. B. Sachs, S. P. Dudek, R. P. Hsung, L. R. Sita, J. F. Smalley, M. D. Newton, S. W. Feldberg, and C. E. D. Chidsey, *J. Am. Chem. Soc.*, **119**, 10563 (1997).

70 S. Creager, S. J. Yu, D. Bamdad, S. O'Conner, T. MacLean, E. Lam, Y. Chong, G. T. Olsen, J Luo, M. Gozin, and J. F. Kayyem, *J. Am. Chem. Soc.*, **121**, 1059 (1999).

71 K. Slowinski, K. U. Slowinska, and M. Majda, *J. Phys. Chem. B*, **103**, 8544 (1999).

72 J. F. Smalley, H. O. Finklea, C. E. D. Chidsey, M. R. Linford, S. E. Creager, J. P. Ferraris, K. Chalfant, T. Zawodzinsk, S. W. Feldberg, and M. D. Newton, *J. Am. Chem. Soc.*, **125**, 2004 (2003).

73 P. R. Bueno, G. Mizzon, and J. J. Davis, *J. Phys. Chem. B*, **116**, 8822 (2012).

74 R. J. Cave and M. D. Newton, *J. Chem. Phys.*, **106**, 9213 (1997).

75 S. W. Feldberg, *J. Electroanal. Chem.*, **198**, 1 (1986).

76 S. F. Fischer and R. P. Van Duyne, *Chem. Phys.*, **26**, 9 (1977).

77 W. F. Libby, *J. Phys. Chem.*, **56**, 863 (1952).

78 N. Sutin, *Acc. Chem. Res.*, **1**, 225 (1968).

79 J. T. Hupp and M. J. Weaver, *J. Electroanal. Chem.*, **152**, 1 (1983).

80 B. S. Brunschwig, J. Logan, M. D. Newton, and N. Sutin, *J. Am. Chem. Soc.*, **102**, 5798 (1980).

81 R. E. Bangle, J. Schneider, E. J. Piechota, L. Troian-Gautier, and G. J. Meyer, *J. Am. Chem. Soc.*, **142**, 674 (2020).

82 E. Laborda, M. C. Henstridge, and R. G. Compton, *J. Electroanal. Chem.*, **667**, 48 (2012).

83 D. F. Calef and P. G. Wolynes. *J. Phys. Chem.*, **87**, 3387 (1983).

84 J. T. Hynes in "Theory of Chemical Reaction Dynamics," M. Baer, Ed., CRC, Boca Raton, FL, 1985, Chap. 4.
85 H. Sumi and R. A. Marcus, *J. Chem. Phys.*, **84**, 4894 (1986).
86 M. J. Weaver, *Chem. Rev.*, **92**, 463 (1992).
87 X. Zhang, J. Leddy, and A. J. Bard, *J. Am. Chem. Soc.*, **107**, 3719 (1985).
88 X. Zhang, H. Yang, and A. J. Bard, *J. Am. Chem. Soc.*, **109**, 1916 (1987).
89 M. E. Williams, J. C. Crooker, R. Pyati, L. J. Lyons, and R. W. Murray, *J. Am. Chem. Soc.*, **119**, 10249 (1997).
90 J. M. Savéant and D. Tessier, *J. Electroanal. Chem.*, **65**, 57 (1975).
91 J. M. Savéant and D. Tessier, *Faraday Discuss. Chem. Soc.*, **74**, 57 (1982).
92 A. M. Bond, P. J. Mahon, E. A. Maxwell, K. B. Oldham, and C. G. Zoski, *J. Electroanal. Chem.*, **370**, 1 (1994).
93 M.C. Henstridge, E. Laborda, and R. G. Compton, *J. Electroanal. Chem.*, **674**, 90 (2012).
94 S. W. Feldberg, *Anal. Chem.*, **82**, 5176 (2010).
95 H. Lu, J. N. Preiskorn, and J. T. Hupp, *J. Am. Chem. Soc.*, **115**, 4927 (1993).
96 X. Dang and J. T. Hupp, *J. Am. Chem. Soc.*, **121**, 8399 (1999).
97 D. A. Gaal and J. T. Hupp, *J. Am. Chem. Soc.*, **122**, 10956 (2000).
98 T. W. Hamann, F. Gstrein, B. S. Brunschwig, and N. S. Lewis, *J. Am. Chem. Soc.*, **127**, 7815 (2005).
99 T. W. Hamann, F. Gstrein, B. S. Brunschwig, and N. S. Lewis, *J. Am. Chem. Soc.*, **127**, 13949 (2005).
100 M. Rudolph and E. L. Ratcliff, *Nat. Comm.*, **8**, 1 (2017).
101 R. A. Marcus, *J. Phys. Chem.*, **67**, 853 (1963).
102 G. L. Closs and J. R. Miller, *Science*, **240**, 440 (1988).
103 R. A. Marcus, *J. Phys. Chem.*, **94**, 1050 (1990).
104 R. A. Marcus, *J. Phys. Chem.*, **95**, 2010 (1991).
105 M. Tsionsky, A. J. Bard, and M. V. Mirkin, *J. Am. Chem. Soc.*, **119**, 10785 (1997).
106 H. Gerischer, *Adv. Electrochem. Electrochem. Eng.*, **1**, 139 (1961).
107 H. Gerischer in "Physical Chemistry: An Advanced Treatise," Vol. 9A, H. Eyring, D. Henderson, and W. Jost, Eds., Academic, New York, 1970.
108 S. J. Percival and A. J. Bard, *Anal. Chem.*, **89**, 9843 (2017)
109 J. Chang and A. J. Bard, *J. Am. Chem. Soc.*, **136**, 311 (2014).
110 P. Delahay, "Double Layer and Electrode Kinetics," *op. cit.*, Chaps. 8–10.
111 K. B. Oldham, *J. Am. Chem. Soc.*, **77**, 4697 (1955).
112 G. Scherer and F. Willig, *J. Electroanal. Chem.*, **85**, 77 (1977).

3.9 习题

3.1 考虑电极反应：$O+ne \rightleftharpoons R$，在如下的条件时：$C_O^*=C_R^*=1\text{mmol/L}$，$k^0=10^{-7}\text{cm/s}$，$\alpha=0.3$ 和 $n=1$。

(a) 计算交换电流密度，$j_0=i_0/A$，单位为 $\mu\text{A/cm}^2$。

(b) 当阳极和阴极电流密度可达 $600\mu\text{A/cm}^2$ 时，绘出该反应的电流密度-过电势曲线。忽略物质传递的影响。

(c) 在（b）所示的电流范围内，绘出 $\lg|j|$-η 曲线（Tafel 图）。

3.2 (a) 由式(3.4.29) 推导出式(3.4.30)。

(b) 假设 $m_O=m_R=10^{-3}\text{cm/s}$，采用式(3.4.30) 和一个编程的方法重新计算习题 3.1 中问题（b）和（c），包括物质传递的影响。

3.3 采用编程的方法计算和绘出式(3.4.30) 中所给出的 i-η 通用公式的电流-电势和 ln(电流)-电势曲线。

(a) 在如下所给参数条件下，将结果列表［电势、电流、ln(电流)、过电势］并绘出 i-η 图和 $\ln|i|$-η 图。$A=1\text{cm}^2$；$C_O^*=1.0\times10^{-3}\text{mol/cm}^3$；$C_R^*=1.0\times10^{-5}\text{mol/cm}^3$；$n=1$；$\alpha=0.5$；$k^0=1.0\times$

10^{-4} cm/s；m_O=0.01cm/s；m_R=0.01cm/s；$E^{0'}$=−0.5V（vs. NHE）。

（b）请画出当其他参数与（a）相同时，在确定 k^0 范围内，i-E 的各种曲线。在什么样的 k^0 值时，曲线与能斯特反应曲线无法区分？

（c）请画出当其他参数与（a）相同时，对于一系列 α 值的 i-E 曲线。

3.4　考虑一个单电子电极反应，其 α=0.50 与 α=0.10。计算如下情况下所得到的电流的相对误差：

（a）在过电势为 10mV、20mV 与 50mV 时采用线性 i-η 特征。

（b）对于过电势为 50mV、100mV 与 200mV 时采用 Tafel 关系式(完全不可逆的)。

3.5　如下体系在 25℃ 时其交换电流密度 j_0 是 2.0mA/cm^2：Pt/$Fe(CN)_6^{3-}$（2.0mmol/L），$Fe(CN)_6^{4-}$（2.0mmol/L），NaCl(1.0mol/L)，此体系的传递系数大约是 0.50[112]。计算（a）k^0 值；（b）两个配合物的浓度均为 0.1mol/L 时，其 j_0 值：（c）在铁氰化钾和亚铁氰化钾浓度均为 10^{-4} mol/L 时，面积为 0.1cm^2 的电极，其电荷转移电阻是多少？

3.6　（a）对于均相的一级反应 $A \xrightarrow{k_f} B$，证明 A 的平均寿命是 $1/k_f$。

（b）对于电反应物分子 O，请推导在如下反应中的平均寿命：在电极表面进行如下的异相反应 $O + e \xrightarrow{k_f} R$；假设在与表面距离小于 d 时能够与表面反应。考虑一个假设的体系，其中溶液相从表面仅扩展距离 d（也许是 1.0nm）。

（c）当寿命为 1ms 时，需要的 k_f 值是多少？寿命短到 1ns 可能吗？

3.7　试讨论将一个 0.1cm^2 铂电极浸入到含有 Fe(Ⅱ）和 Fe(Ⅲ）的 1mol/L HCl 溶液中，使电势达到平衡的机理。为使电极电势移动 100mV，大约需要多少电荷？假设 C_d=20μF/cm^2。为什么当 Fe(Ⅱ）和 Fe(Ⅲ）的浓度很低时，即使它们的浓度比被保持在接近于 1，电势值也变得不稳定了呢？这个实验事实反映了热力学原则吗？你认为此答案应用到离子选择电极电势的建立上合适吗？

3.8　下列数据是由一个在搅拌溶液中，面积为 0.1cm^2 的电极上还原 R 为 R^- 所得到的；溶液中含有 0.01mol/L R 和 0.01mol/L R^-。

η/mV	−100	−120	−150	−500	−600
i/μA	45.9	62.6	100	965	965

请计算 i_0，k^0，α，R_{ct}，i_l，m_O 和 R_{mt}。

3.9　对于 10^{-2} mol/L Mn(Ⅲ）和 10^{-2} mol/L Mn(Ⅳ)，根据图 3.4.5 中的数据估算 j_0 和 k^0。当 Mn(Ⅲ）和 Mn(Ⅳ）的浓度均为 1mol/L 时，所预测的 j_0 是多少？

3.10　对于大多数溶剂，溶剂项（$1/\varepsilon_{op}-1/\varepsilon_s$）的值大约为 0.5，计算当一个分子半径是 0.70nm，与电极表面的距离是 0.7nm 时，仅由于溶剂化引起的 λ_0 和活化自由能（以 eV 为单位）的值。

3.11　请推导出式(3.5.63)。

3.12　对于一个平衡能量为 $\boldsymbol{E}_{eq}$ 的体系，如何从表示 $D_O(\lambda,\boldsymbol{E})$ 和 $D_R(\lambda,\boldsymbol{E})$ 的公式出发，导出本体浓度 C_O^* 和 C_R^* 与 $\boldsymbol{E}^{0'}$之间类似于 Nernst 公式的表达式。该表达式与以 E_{eq} 和 $E^{0'}$ 表示的 Nernst 公式有何不同？如何解释此差异？

3.13　采用式(3.3.8) 与式(3.4.6)，并加上式(3.5.32)，请推导出式(3.5.40)，表达为 Marcus 动力学的形式。

第 4 章　迁移和扩散引起的物质传递

在第 1 章与第 3 章中，开始理解电极反应不仅是由反应的动力学所决定的，而且也由物质传递所控制的反应物到电极表面所决定的。在本章中，我们将集中于物质传递（简称为传质，译者注）的基础，包括一些重要的偏微分方程，它们将在本章后半部分被频繁地用于发展各种电化学技术的理论。

4.1　通用性物质传递公式

在 1.3 节中学习到溶液中发生的传质是由于扩散、迁移和对流引起的。扩散与迁移是由电化学势 $\overline{\mu}$ 的梯度（2.2.4 节）产生的，但对流是由于溶液中局域不平衡的机械力而引起的。

考虑连接溶液中的 r 和 s 两点的一个无穷小的溶液单元（图 4.1.1），对于确定的物种 j，$\overline{\mu}_j(r) \neq \overline{\mu}_j(s)$。$\overline{\mu}_j$ 在一定距离上的这种差异（电化学势梯度）是由于物质 j 存在浓度（活度）差（浓度梯度），或因为存在电势（ϕ）差（电场或电势梯度）。通常，物质 j 的移动发生在电化学势降低的方向上，以消除 $\overline{\mu}_j$ 值的差异，这样的流动通过流量（flux，$\boldsymbol{J}_j$）来描述，它是垂直于传递方向上的单位面积的传质速率；因此，$\boldsymbol{J}_j$［mol/(s · cm^2)］是与电化学势梯度 $\nabla\overline{\mu}_j$ 成正比的矢量：

$$\boldsymbol{J}_j = -K_j \boldsymbol{\nabla}\overline{\mu}_j \tag{4.1.1}$$

式中，K_j 是正比常数；$\boldsymbol{\nabla}$ 是所熟悉的数学上的矢量运算符号。式中负号的原因是物质 j 流量的矢量与电化学势梯度 $\boldsymbol{\nabla}\overline{\mu}_j$ 的方向相反，因为流量起到减小梯度的作用。

$\boldsymbol{\nabla}$ 的形式依赖于所采用的坐标系。对于线性（一维）物质传递，$\boldsymbol{\nabla} = \boldsymbol{i}(\partial/\partial x)$，其中 $\boldsymbol{i}$ 是沿轴向的单位矢量；x 是距离。对于在三维笛卡尔空间的物质传递有

$$\boldsymbol{\nabla} = \boldsymbol{i}\frac{\partial}{\partial x} + \boldsymbol{j}\frac{\partial}{\partial y} + \boldsymbol{k}\frac{\partial}{\partial z} \tag{4.1.2}$$

如果除了该电化学势梯度外，溶液还在移动，这样溶液一个单元的浓度是 C_j，矢量流速是 $\boldsymbol{v}$，那么在流量公式中加入另外一项：

$$\boldsymbol{J}_j = -K_j \boldsymbol{\nabla}\overline{\mu}_j + C_j \boldsymbol{v} \tag{4.1.3}$$

式中，$\boldsymbol{v}$ 可有与 $\boldsymbol{\nabla}\overline{\mu}_j$ 不同的方向。

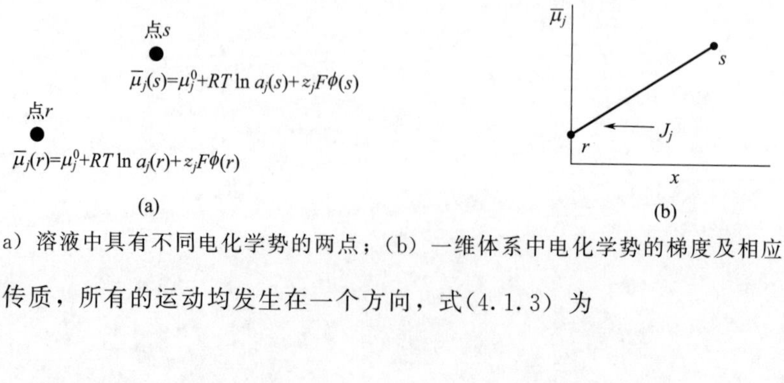

图 4.1.1　(a) 溶液中具有不同电化学势的两点；(b) 一维体系中电化学势的梯度及相应的流量矢量

对于线性传质，所有的运动均发生在一个方向，式(4.1.3) 为

$$J_j(x)=-K_j\left[\frac{\partial\overline{\mu}_j(x)}{\partial x}\right]+C_jv(x) \tag{4.1.4}$$

由 2.2.4 节认识到 $\overline{\mu}_j(x)=\mu_j^0+RT\ln a_j(x)+z_jF\phi(x)$，这里 μ_j^0 是物种 j 的标准化学势；z_j 是它的电荷；$a_j(x)$ 是 j 的活度；$\phi(x)$ 是电势。正如所指出那样，$\overline{\mu}_j$、a_j 与 ϕ 是溶液中位置的函数。由 2.1.5 节有 $a_j=\gamma_jC_j(x)/C_j^0$，式中 C_j^0 是物种 j 的标准态浓度；γ_j 是活度系数。代入式(4.1.4) 得

$$J_j(x)=-K_j\left\{\frac{\partial}{\partial x}\left[\mu_j^0+RT\ln\frac{\gamma_jC_j(x)}{C_j^0}+z_jF\phi(x)\right]\right\}+C_j(x)v(x) \tag{4.1.5}$$

由于 C_j^0 是常数，γ_j 通常被认为与位置无关，求导与重排后得到

$$J_j(x)=-K_j\left[\frac{RT}{C_j(x)}\frac{\partial C_j(x)}{\partial x}+z_jF\frac{\partial\phi(x)}{\partial x}\right]+C_j(x)v(x) \tag{4.1.6}$$

括号中的两项分别代表的是扩散与迁移对于流量的贡献。扩散的贡献可由 Fick 第一定律 (Fick's first law) 给出，将会在 4.4.2 节展示，对于一维的情况有如下的形式：

$$J_j=-D_j\frac{\partial C_j(x)}{\partial x} \tag{4.1.7}$$

式中，D_j 是物种 j 的扩散系数 (diffusion coefficient)。通过将式(4.1.6) 的第一项与式(4.1.7) 比较，可知

$$K_j=D_jC_j(x)/(RT) \tag{4.1.8}$$

代入式(4.1.6) 得到最后结果

$$\boxed{J_j(x)=-D_j\frac{\partial C_j(x)}{\partial x}-\frac{z_jF}{RT}D_jC_j(x)\frac{\partial\phi(x)}{\partial x}+C_j(x)v(x)} \tag{4.1.9}$$

该式称为修正的 Nernst-Planck 方程❶。传递方程的一般形式是

$$\boxed{J_j=-D_j\nabla C_j-\frac{z_jF}{RT}D_jC_j\nabla\phi+C_jv} \tag{4.1.10}$$

如果物种 j 是离子，其扩散系数 D_j，离子淌度 u_j (2.3.3 节) 是由 Nernst-Einstein 公式表示：

$$\boxed{D_j=\frac{u_jkT}{|z_j|e}=\frac{u_jRT}{|z_j|F}} \tag{4.1.11}$$

因此，可采用淌度来表示修正的 Nernst-Planck 方程：

$$\boxed{\boldsymbol{J}_j=-D_j\nabla C_j-\frac{u_jz_jC_j}{|z_j|F}\nabla\phi+C_j\boldsymbol{v}} \tag{4.1.12}$$

对于上述给出的修正的 Nernst-Planck 方程的三种形式，第一、第二与第三项分别表示扩散、迁移和对流对流量的贡献。当传质发生时，为了描述发生传质的体系中的局域浓度与流量，必须在定义现有体系的特定数学条件（初始与边界条件）下求解该传递方程（4.5 节）。如果三种传质模式都重要的话，那么它们都必须保留在修正的 Nernst-Planck 方程中。如果已知一到两种不重要，相关的项可被删去，可用简化的传递方程来描述体系。

在本章中，将集中考察不存在对流的体系，对流物质传递将在第 10 章中进行讨论。在静止条件下，即在不搅拌或没有密度梯度的静止溶液中，溶液的对流速度 $\boldsymbol{v}$ 是零，可应用 Nernst-Planck 方程

$$\boldsymbol{J}_j=-D_j\nabla C_j-\frac{z_jF}{RT}D_jC_j\nabla\phi \tag{4.1.13}$$

对于线性传质，该式为

---

❶ Nernst-Planck 方程仅包含扩散与电迁移两项。在本书中，采用修正的 Nernst-Planck 方程叫法来表示更通用的传递公式，包括了对流。

$$J_j(x)=-D_j\frac{\partial C_j(x)}{\partial x}-\frac{z_jF}{RT}D_jC_j(x)\frac{\partial \phi(x)}{\partial x} \tag{4.1.14}$$

如果物种 j 带电荷，它的流量等价于局域电流密度。为了说明这一点，考察一个具有横截面积为 A 的线性体系，它是沿着 x，与物质流动方向垂直的物质流动。定义正电流作为正电荷向 x 较小的方向（向左）移动或负电荷向右移动。任何物种的正流量相应于向更大的 x 方向移动（即向右），那么 J_j [$mol/(s\cdot cm^2)$] 等于 $-i_j/(z_jFA)$[$C/s(C\cdot cm^2/mol)^{-1}$]❷，这里 i_j 是源于物种 j 流量在任何 x 值时的电流分量。公式(4.1.14) 可写为

$$-J_j=\frac{i_j}{z_jFA}=\frac{i_{d,j}}{z_jFA}+\frac{i_{m,j}}{z_jFA} \tag{4.1.15}$$

有

$$\frac{i_{d,j}}{z_jFA}=D_j\frac{\partial C_j}{\partial x} \tag{4.1.16}$$

$$\frac{i_{m,j}}{z_jFA}=\frac{z_jF}{RT}D_jC_j\frac{\partial \phi}{\partial x} \tag{4.1.17}$$

式中，$i_{d,j}$ 与 $i_{m,j}$ 分别是物种 j 的扩散与迁移电流。

在电解过程中溶液中任何位置的总电流 i，是所有物种贡献的总和，即

$$i=\sum_j i_j \tag{4.1.18}$$

或由式(4.1.16)～式(4.1.18) 得到

$$i=FA\sum_j z_jD_j\frac{\partial C_j}{\partial x}+\frac{F^2A}{RT}\frac{\partial \phi}{\partial x}\sum_j z_j^2D_jC_j \tag{4.1.19}$$

这里每种物种的局域电流是由扩散部分（由第一个总和中的相关项）与迁移部分（由第二个总和中的相关项）构成❸。

现在继续进行更加详细的电化学体系中的迁移与扩散的讨论。下面的概念与推导的公式最起码可回溯到 Fick[1] 与 Planck[2] 的年代。在一些综述中可以找到电化学体系中通用传质问题的更加详尽的介绍[3-8]。

4.2　本体溶液中的迁移

在（离电极较远的）本体溶液中，浓度梯度一般较小，总的电流本质上全部由迁移承担。所有的荷电物种都有贡献。对于具有横截面积为 A 的线性体系本体中的物种 j，$i_j=i_{m,j}$。重排式(4.1.17) 得到

$$i_j=\frac{z_j^2F^2AD_jC_j}{RT}\frac{\partial \phi}{\partial x} \tag{4.2.1}$$

将式(4.1.11) 代入，i_j 可重新表示为

$$i_j=|z_j|FAu_jC_j\frac{\partial \phi}{\partial x} \tag{4.2.2}$$

对于一个像平行板电极之间所存在的线性电场，

$$\frac{\partial \phi}{\partial x}=\frac{\Delta E}{l} \tag{4.2.3}$$

式中，$\Delta E/l$ 是在距离 l 上的改变所引起的电势 ΔE 梯度，V/cm。这样

---

❷　由于选择正电流方向，负号是需要的。由 $z_j=+1$ 的物质产生的正电流对应于该物质的负流量（向左移动）。如果移动的物种 $z_j=-1$，正电流对应于正流量。

❸　分配给物种的扩散与电迁移的电流分量是概念性的。这样对于想象中的空间某个点的总电流是有用的，但它们并不能分开测量或独立控制。

$$i_j = \frac{|z_j| F A u_j C_j \Delta E}{l} \tag{4.2.4}$$

本体溶液中由于迁移所引起的总电流是

$$i = \sum_j i_j = \frac{FA\Delta E}{l} \sum_j |z_j| u_j C_j \tag{4.2.5}$$

它是式(4.1.18) 在该情况下的表达式。

溶液的电导 $G(\Omega^{-1})$（电阻的倒数），由欧姆定律给出

$$G = \frac{1}{R} = \frac{i}{\Delta E} = \frac{FA}{l} \sum_j |z_j| u_j C_j = \frac{A}{l}\kappa \tag{4.2.6}$$

式中，κ 是电导率，$\Omega^{-1} \cdot cm^{-1}$（见 2.3.3 节），它是

$$\kappa = F \sum_j |z_j| u_j C_j \tag{4.2.7}$$

同理，可通过电阻率 ρ（resistivity，$\Omega \cdot cm$）写出一个表示溶液的电阻，这里 $\rho = 1/\kappa$。

$$R = \frac{\rho l}{A} \tag{4.2.8}$$

给定的离子 j 在总电流中的分数是 t_j，是 j 的迁移数［也见式(2.3.11)与式(2.3.18)］：

$$\boxed{t_j = \frac{i_j}{i} = \frac{|z_j| u_j C_j}{\sum_k |z_k| u_k C_k} = \frac{|z_j| C_j \lambda_j}{\sum_k |z_k| C_k \lambda_k}} \tag{4.2.9}$$

式中，λ 值是当量离子电导率（2.3.3 节）。

4.3　活性电极附近的混合迁移与扩散

在给定的时间溶液中不同位置的扩散和迁移对于一种物质的流量（以及该物质的流量对总电流）的相对贡献是不同的[9-11]。由于电极反应的局域影响，在电极附近的电反应物与产物的浓度与本体浓度不同。在表面浓度与本体浓度之间存在一个浓度分布平滑地将它们联系起来。与电解池大小相比，这些分布拓展的区域通常较小（1～100μm）。大部分溶液在本体中，传质主要靠迁移（4.2 节）。但在电极附近，浓度随着空间位置而变化，一般来讲，电活性物质的传递是由迁移和扩散共同完成。

在电极表面的电活性物质的流量与反应速率成正比，因此，对应于外电路流过的法拉第电流(1.3.1 节与 4.4.3 节)。该电流在概念上可以分为扩散电流和迁移电流，分别反映表面电活性物质流量中的扩散和迁移部分：

$$i = i_d + i_m \tag{4.3.1}$$

与 i_d 和 i_m 相关的流量可能具有相同或相反的方向，依赖于电场的方向和电活性物质所带电荷。图 4.3.1 展示了 3 类物质的还原例子（带正电荷的、带负电荷的与不带电荷的）。在阳离子被还原和阴离子被氧化时，电迁移分量与 i_d 的方向相同；当阴离子被还原、阳离子被氧化时则与 i_d 相反。

4.3.1　电解过程中的传质平衡图表

为了解释一个完整电解池中的传质影响，可采用“平衡图表”(balance sheet) 的方法来讨论如下的几个实例[9,12]。

(1) 电解 HCl

考虑图 4.3.2(a) 所示的电解池，假设单位时间内通过该电池的总电流是 10 个电子，在阴极上生成 5 个 H_2 分子，在阳极上生成 5 个 Cl_2 分子❹。由表 2.3.2 可知，H^+ 的当量电导 λ_+ 要比

---

❹ 准确地讲，一些氧气也能够在阳极形成，为简化起见，忽略了该反应。

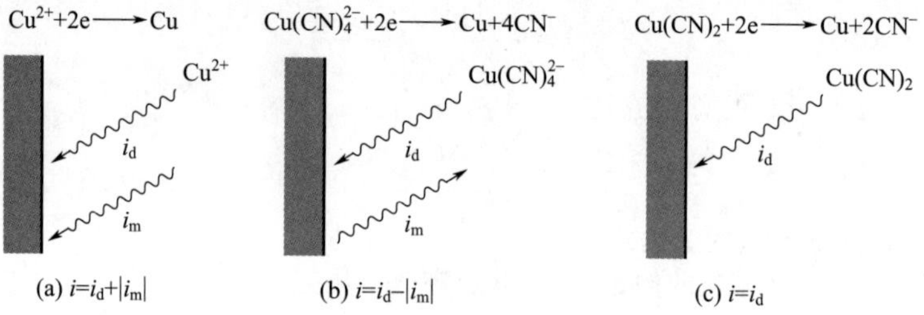

图 4.3.1 还原过程中不同电迁移电流贡献的例子

(a) 反应物荷正电；(b) 反应物荷负电；(c) 反应物不带电荷。该处所解释的影响可通过一个超微电极的稳态伏安法观察到（5.7 节）

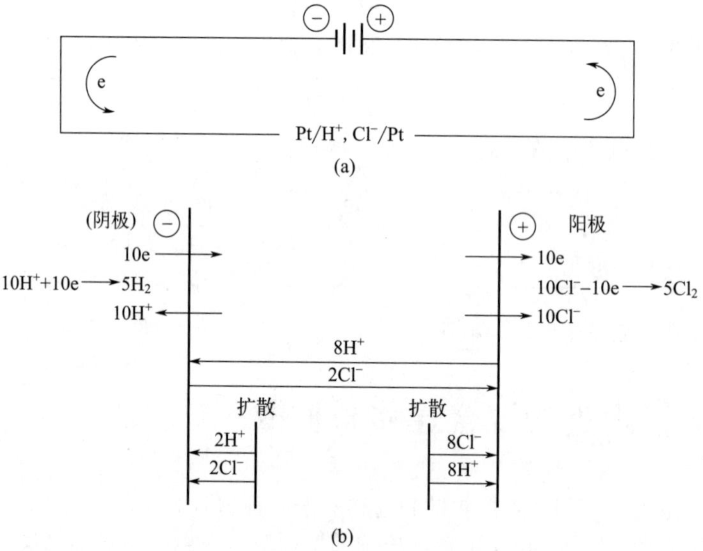

图 4.3.2 电解盐酸溶液的平衡图表

(a) 电解池的示意；(b) 单位时间内外电路通过 10 个电子时各种离子对于电流的贡献

Cl^- 的当量电导 λ_- 大 4 倍，即 $\lambda_+ \approx 4\lambda_-$，那么，从式(4.2.9) 可知 $t_+=0.8$ 和 $t_-=0.2$。在本体溶液中总电流是在单位时间内，由 $8H^+$ 向阴极和 $2Cl^-$ 向阳极运动来进行的［图 4.3.2(b)］。为了保持一个稳定的电流，单位时间内需向阴极供给 $10H^+$，因此，2 个额外的 H^+ 必须扩散到电极，为了保持电中性，同时带来了 2 个 Cl^-。同样，在阳极上单位时间内要提供 10 个 Cl^-，8 个 Cl^- 和 8 个 H^+ 需由扩散到达电极。这样，不同的电流［单位时间（s）内，任选 e 为单位］是：对于 H^+，$i_d=2$，$i_m=8$；对于 Cl^-，$i_d=8$，$i_m=2$。总电流 i 是 10。在迁移与扩散方向相同的情况下，式(4.3.1) 成立。

如果在单个电极上进行单个物种的电解，每秒电解的总摩尔数是 $|i/(nF)|$。对于该量，每秒通过迁移提供或消耗的摩尔数是 $|i_m/(nF)|$，通过考虑在本体中的行为可更全面地进行定义。对于混合的荷电物种，由第 j 个物种所携带的本体中的电流分数是 t_j，其电流是 t_ji。每秒由第 j 个物种迁移的摩尔数是 $|t_ji/(z_jF)|$。由于假设任何物种的迁移电流应用于溶液中的任何地方(在本体溶液中或电极表面附近)，那么被电解的物种量也是 $|i_m/(nF)|$。这样

$$\left|\frac{i_m}{nF}\right| = \left|\frac{t_j i}{z_j F}\right| \tag{4.3.2}$$

如果考虑到电流的方向与 z_j 的符号，它是[5]

[5] 正如在图 4.3.1 讨论的那样，当阳离子被还原或阴离子被氧化时，i_m 与 i 有相同的方向，但当阴离子被还原或阳离子被氧化时，i_m 与 i 的方向相反。

$$i_m = \pm \frac{n}{z_j} t_j i \qquad (\text{还原为}+,\text{氧化为}-) \tag{4.3.3}$$

由式(4.3.1)

$$i_d = i\left(1 \mp \frac{nt_j}{z_j}\right) \qquad (\text{还原为}+,\text{氧化为}-) \tag{4.3.4}$$

假设在溶液中任何地方 i_m 是一致的，等同于假设迁移数在溶液中各处均相同。当溶液中离子浓度较高时上述假设是对的，电解产生或移去的离子仅会在局域引起较小的浓度变化。如果电解能够较大地干扰扩散层中的离子浓度，使其与本体浓度完全不同，那么 t_j 值正如式(4.2.9)所要求的那样，在电极附近必须变化。在这种情况下，上述所发展的处理方法在此仅能近似地表征相应的扩散与迁移所代表的电流[6]。

(2) 无外加电解质时电解铜配合物

现在考虑含有 10^{-3}mol/L $Cu(NH_3)_4^{2+}$、10^{-3}mol/L $Cu(NH_3)_2^{+}$ 与 3×10^{-3}mol/L Cl^-，在 0.1mol/L NH_3 电解池中的情况［图 4.3.3(a)］。如果所有离子的当量电导率相等，即

$$\lambda_{Cu(II)} = \lambda_{Cu(I)} = \lambda_{Cl^-} = \lambda \tag{4.3.5}$$

本体中的迁移数可由式(4.2.9) 得到，$t_{Cu(II)} = 1/3, t_{Cu(I)} = 1/6$ 与 $t_{Cl^-} = 1/2$。每单位时间内有 6 个电子的电流通过电解池，本体中的电流是由 1 个 Cu(Ⅱ) 与 1 个 Cu(Ⅰ) 向阴极、3 个 Cl^- 向阳极的迁移所携带的。

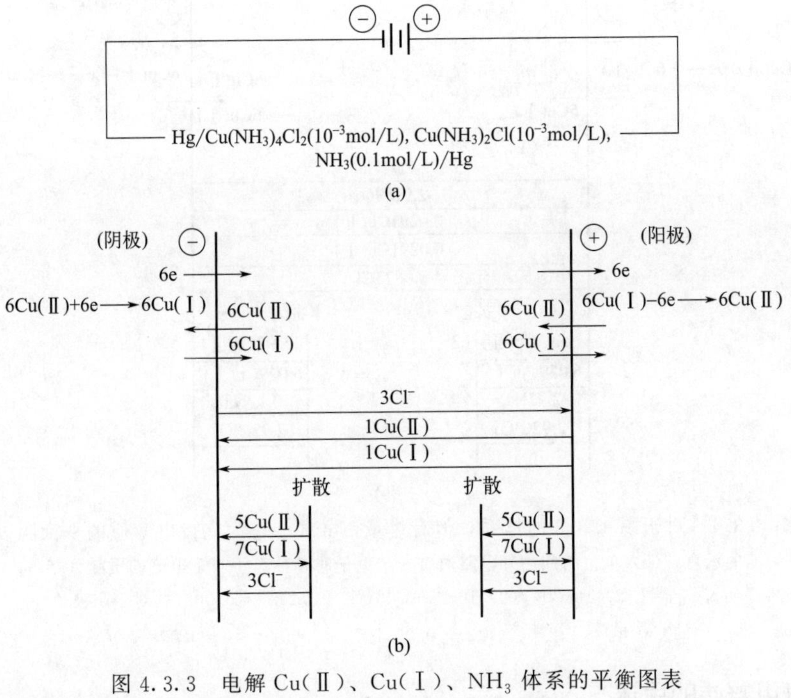

图 4.3.3　电解 Cu(Ⅱ)、Cu(Ⅰ)、NH_3 体系的平衡图表

(a) 电解池的示意；(b) 单位时间内外电路通过 6 个电子时各种离子对于电流的贡献；$i=6$，$n=1$。
对于阴极的 Cu(Ⅱ)，$|i_m| = (1/2)\times(1/3)\times6 = 1$［式(4.3.3)］，$i_d = 6-1 = 5$［式(4.3.4)］。
对于阳极的 Cu(Ⅰ)，$|i_m| = (1/1)\times(1/6)\times6 = 1$，$i_d = 6+1 = 7$

图 4.3.3(b) 显示了该体系的平衡图表。在阴极，1/6 的 Cu(Ⅱ) 的还原电流是由于迁移，而 5/6 是由于扩散[7]。NH_3 未带电荷，不对电流做贡献，仅作为 Cu(Ⅰ) 与 Cu(Ⅱ) 物种的稳定

[6] 5.7 节介绍了在低的离子强度溶液中采用超微电极（UME）进行的实验，在该实验中，法拉第反应会引起氧化还原物种的浓度及电极表面附近的惰性电解质离子浓度较大的改变，从而使迁移数与位置有关。

[7] 在这种体系中的法拉第电流的严格计算需要用 Nernst-Planck 方程得到 Cu(Ⅱ) 与其他离子物质的流量。

剂。由于溶液中总的离子浓度较小，该电解池的电阻相对较大。

(3) 有过量电解质时电解铜配合物

最后考察与上例相同的电解池，但加入 0.1mol/L $NaClO_4$ [图 4.3.4(a)]。假设所有离子的当量电导率相等为 λ，本体中的迁移数为 $t_{Na^+}=t_{ClO_4^-}=0.485$，$t_{Cu(Ⅱ)}=0.0097$，与 $t_{Cu(Ⅰ)}=0.00485$，$t_{Cl^-}=0.0146$。Na^+ 与 ClO_4^- 不参与电子转移反应，但因为它们的浓度很高，所以在本体溶液中携带 97%的电流。该电解池的平衡图表 [图 4.3.4(b)] 显示大部分 Cu(Ⅱ) 到达阴极是通过扩散，仅总流量的 0.5%是由于迁移。

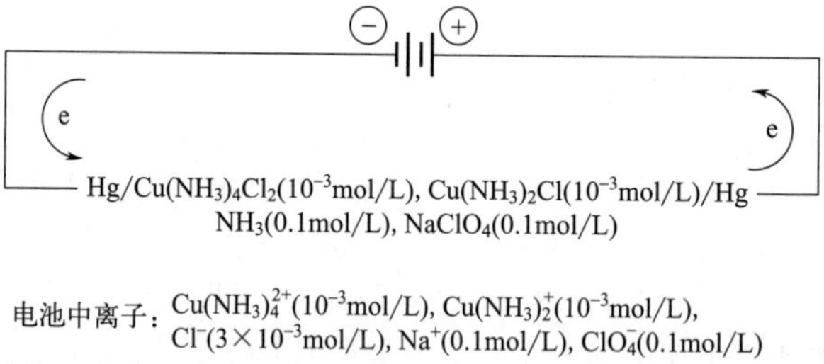

(a)

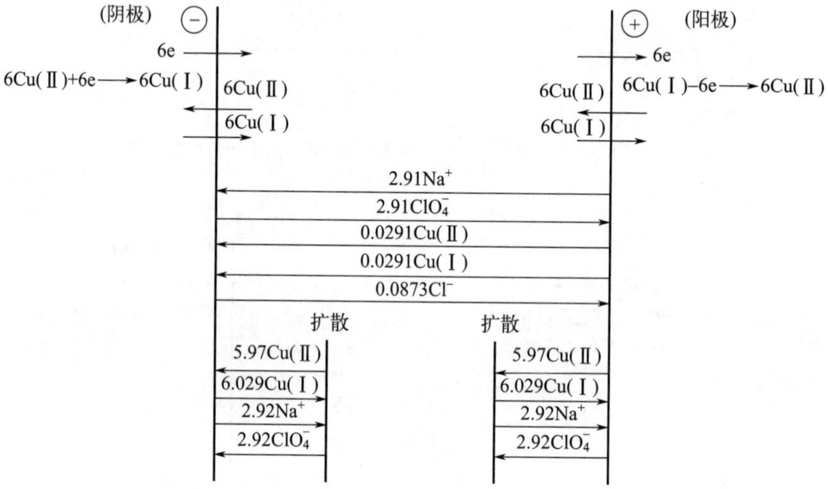

(b)

图 4.3.4 对于图 4.3.3 的体系，但有过量 $NaClO_4$ 作为支持电解质的平衡图表

(a) 电解池的示意；(b) 单位时间内外电路通过 6 个电子时各种离子对于电流的贡献 ($i=6$，$n=1$)。

$t_{Cu(Ⅱ)}=[(2\times10^{-3})\lambda/(2\times10^{-3}+3\times10^{-3}+0.2)\lambda]=0.0097$。对于阴极的 Cu(Ⅱ)，$|i_m|=(1/2)\times0.0097\times6=0.03$，$i_d=6-0.03=5.97$

4.3.2 支持电解质的用途

上述例子表明加入过量的非电活性离子（支持电解质）几乎消去了电活性物质传质中迁移的贡献，这是有价值的普适性结果。支持电解质的存在可简化对于电化学体系的数学处理，使电极附近的电活性反应物与产物的传质方程忽略迁移项。结果是加入过量支持电解质已成为电化学实际应用中的标准范式，除非像下面提到的一些需特殊考虑的情况。

支持电解质必须选择与溶剂和电极感兴趣的过程相互兼容。许多酸、碱与盐适用于水溶液。对于具有高的介电常数的有机溶剂，像乙腈、DMF，通常采用的是四烷基铵盐，如 Bu_4NBF_4 与 Et_4NClO_4（Bu=正丁基，Et=乙基）。研究像苯这样低介电常数的溶剂，由于大多数离子盐在这些溶剂中溶解性不好，不可避免地涉及溶液高电阻。一些盐，如 Hx_4NClO_4（Hx=正己烷）可溶于非极性介质，大量地形成离子对，降低了导电性。

除了降低迁移的贡献，支持电解质还有一些其他重要功能：

① 它降低了在工作电极和参比电极之间的未补偿电阻的电势降（1.5.4 节）。所以，支持电解质可提高对工作电极电势的控制和测量的精度［1.6.4(4) 节与 16.7 节］。

② 本体溶液电导的提高也可降低在电解池中电能的消耗，从而大大简化了测量仪器（12.1.3 节与 16.7 节）。

③ 支持电解质经常可以建立重要的反应条件，例如，pH 值、离子强度、配合剂的浓度。

④ 在分析应用中，由于高浓度电解质的存在经常作为缓冲溶液，可降低或消除样品的基底效应。

⑤ 支持电解质可确保双电层的厚度相对于扩散层很薄（14.3 节），即使在电极上有离子的产生或消耗，仍可使整体溶液中保持均一的离子强度。

支持电解质也带来一些问题。由于所用浓度很大，它们的杂质能够带来严重的干扰。例如，它们自身有法拉第响应，可与电极过程的产物发生反应，或吸附在电极表面并改变动力学行为。另外，支持电解质可显著地改变电解池中介质的性质，使其与纯溶剂不同。这种差别使得电化学实验所得到的结果（例如，热力学数据）与采用纯溶剂的其他的实验所得数据的比较变得复杂化。

有时出于充分的理由，可试图采用低浓度的支持电解质来测试体系，甚至所加的支持电解质不超过电活性物质的量。超微电极可使该项工作成为现实。在该场景，迁移总是要考虑的，必须清楚地在理论中表示出。5.7 节将进一步探讨该问题。

4.4　扩散

正如上述所讨论的那样，采用支持电解质并在静止的溶液中，可以将一种电活性物质在电极附近的物质传质仅限制为扩散模式。大多数电化学方法是建立在这些条件成立的假设上；因此扩散是一个重要的中心环节。现在对扩散现象和描述它的数学模型进行更深入细致的探讨[13-17]。

4.4.1　一种微观观点

扩散，通常导致一个混合物的均一化，是由于“随机散步”（random walk，或随机步行）所致。通过讨论一维的随机散步，可很容易地理解扩散过程。考虑一个被限定在线性轨道上的单个溶质分子，受到溶剂分子的碰撞而建立布朗运动，溶质分子每单位时间 τ 随机向前和向后移动，其运动的步长为 l。试问“经历时间 t 后，分子将在什么地方？”对此只能回答出分子处于某个不同位置的概率。或者说，可以想象在 $t=0$ 时，大量的分子集中在一条线上，在时间 t 时分子将是如何分布的。

该问题有时称为“喝醉酒的水手问题”，想象一个从酒吧出来的喝得大醉的水手（图 4.4.1），他随意地左右摇晃（每摇晃一步的距离为 l，每 τ 秒走一步）。在一定时间 t 后，这个水手倒在街上某一距离的概率是多少？

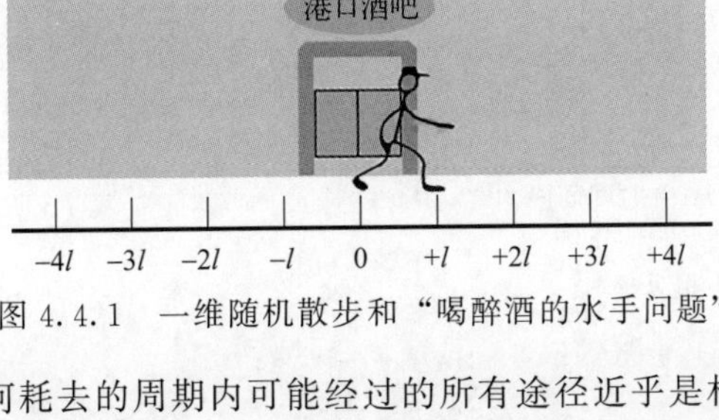

图 4.4.1　一维随机散步和“喝醉酒的水手问题”

在随机散步中，在任何耗去的周期内可能经过的所有途径近乎是相等的；因此分子到达的任何特定点的概率简单地说就是到达该点的途径数除以到达所有可能点的总途径数。这种想法见图 4.4.2。在时间 τ，分子到达 $+l$ 和 $-l$ 处的概率几乎相等；在时间 2τ，在 $+2l$、0 和 $-2l$ 处的相对概率分别是 1、2 和 1。概率的公式，即在 m 时间单位（$m=t/\tau$）之后，分子在给定位置上的概率 $P(m,r)$ 由二项式系数给出

$$P(m,r)=\frac{m!}{r!(m-r)!}\left(\frac{1}{2}\right)^m \tag{4.4.1}$$

这里位置簇的定义为 $x=(-m+2r)l, r=0,1,\cdots,m$。

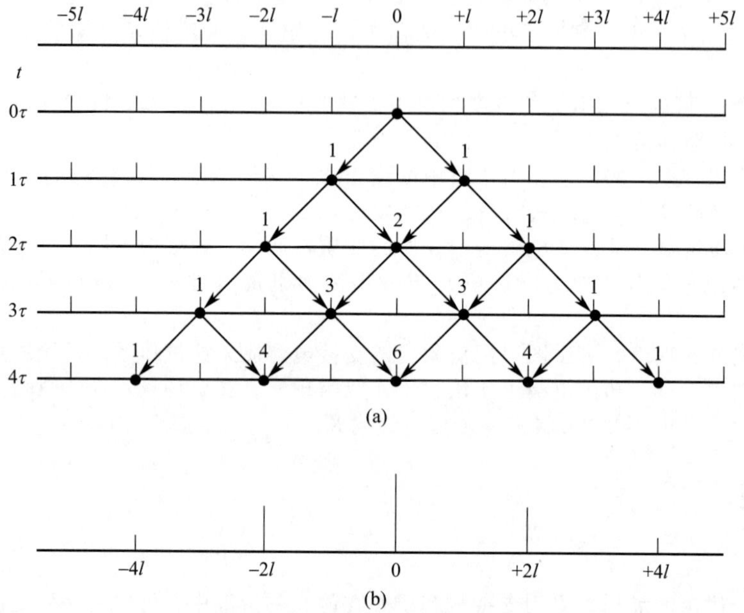

图 4.4.2　(a) 在 0～4 时间单位内，一维随机散步的概率分布，在每个可能达到点上的显示的数字是该点的途径数；(b) 在 $t=4\tau$ 时的分布示意。在此时刻，$x=0$ 处的概率是 6/16，$x=\pm 2l$ 处是 4/16，$x=\pm 4l$ 处是 1/16

分子的均方位移 $\overline{\Delta^2}$，可通过把每个达到的途径位移的平方之和除以总的途径数（2^m）来计算。位移的平方类似于统计学中所得到的标准偏差，因为运动可能是正或负两种方向，并且位移的总和总是为零。该步骤见表 4.4.1。

表 4.4.1　随机散步过程的分布①

t	n②	Δ③	$\Sigma\Delta^2$	$\overline{\Delta^2}=(\Sigma\Delta^2)/n$
0τ	$1(=2^0)$	0	0	0
1τ	$2(=2^1)$	$\pm l(1)$	$2l^2$	l^2
2τ	$4(=2^2)$	$0(2),\pm 2l(1)$	$8l^2$	$2l^2$
3τ	$8(=2^3)$	$\pm l(3),\pm 3l(1)$	$24l^2$	$3l^2$
4τ	$16(=2^4)$	$0(6),\pm 2l(4),\pm 4l(1)$	$64l^2$	$4l^2$
$m\tau$	2^m		$mnl^2(=m2^ml^2)$	ml^2

① l=步长，$1/\tau$=步频，$t=m\tau$=时间间隔。

② n=概率的总数。

③ Δ=可能的位置：括号内为相对概率。

通常，$\overline{\Delta^2}$ 由下式给出

$$\overline{\Delta^2}=ml^2=\frac{t}{\tau}l^2=2Dt \tag{4.4.2}$$

式中，D 为扩散系数，Einstein[18,19] 将其等同于 $l^2/(2\tau)$，是一个与步长和步频率有关的常数❽。其单位为（长度）^{2}/时间，通常为 cm^2/s。

这样在时间 t 时，均方根位移（root-mean-square displacement，经常称为扩散长度）是

$$\boxed{\bar{\Delta}=(2Dt)^{1/2}} \tag{4.4.3}$$

该公式提供了一种扩散过程影响其距离的简洁的经验方法（例如，在给定的时间内，平均来讲产物分子离开电极多远）。在水溶液中，D 的典型数值为 $5\times10^{-6}cm^2/s$，因此在 1ms 内建立的扩散层厚度是 10^{-4}cm 数量级（在 0.1s 内建立的扩散层厚度是 10^{-3}cm，或在 10s 内建立的扩散层厚度是 10^{-2}cm 数量级）[见 6.1.1(3)节]。

随着 m 变大，能够给出式(4.4.1) 的连续形式。在 $t=0$ 时原点处的 N_0 个分子，在某个时间 t 后的分布可用高斯曲线描述。在以位置 x 为中心、Δx 宽的一小段区域内，分子数 $N(x,t)$ 是[21]

$$\frac{N(x,t)}{N_0}=\frac{\Delta x}{2(\pi Dt)^{1/2}}\exp\left(\frac{-x^2}{4Dt}\right) \tag{4.4.4}$$

对于二维和三维的随机散步问题，可采用类似的处理方法，对两种情况下的均方根位移分别是 $(4Dt)^{1/2}$ 和 $(6Dt)^{1/2}$[17,22]。

把扩散系数与溶液的黏度 η 相关联是有用的，把定义离子淌度的式(2.3.9) 插入到 Nernst-Einstein 方程［式(4.1.11)］中，得到 Stokes-Einstein 方程：

$$\boxed{D_j=kT/(6\pi\eta r)} \tag{4.4.5}$$

式中，r 是扩散物质的半径。虽然上述推导基于离子淌度，但结果与电荷无关，因此，该方程不仅适用于离子，也适用于中性物质。

可通过考虑分子和扩散速度的概念来发展一个更加清晰的分子图像[22]。在一个麦克斯韦气体中，一个质量为 m、一维平均速度为 v_x 的粒子的平均动力学能量为 $(1/2)mV_x^2$。此能量可表示为 $kT/2$[23-24]；所以平均分子速度是 $v_x=(kT/m)^{1/2}$。对于在 300K 时的氧气分子（$m=5\times10^{-23}$g），可发现 $v_x=3\times10^4$cm/s。然而，一个氧气分子仅在它与溶剂分子碰撞前一小段距离上，在给定的方向以此高速度运动，然后改变方向。由重复碰撞所产生的随机散步而引起的通过溶液的纯运动较 v_x 慢很多，它是由上述碰撞过程所控制的。在一个溶液的液相中，类似于麦克斯韦气体的速率分布仍可适用，但碰撞之间的距离要比在气相中短很多，因此，溶液中随机散步带来的净移动在液相中慢很多。液相中的 D 值通常小至气相中的万分之一。

从式(4.4.3) 可得出一种“扩散速度”v_d 为

$$v_d=\bar{\Delta}/t=(2D/t)^{1/2} \tag{4.4.6}$$

在采用式(4.4.6) 作为真实速率时必须谨慎，因为随机散步在起始点（相对于长的距离）更倾向于以较小的位移进行，此速率与时间有关。基于实验可测量的 Δ 与 t 而得来的 v_d 值与瞬间的分子速率 v_x 比要小很多。对于一个典型的 D 值（水中是 $5\times10^{-6}cm^2/s$），在 $t=1\mu s$、1ms 和 1s 时，v_d 分别是 3cm/s、0.1cm/s 和 0.003cm/s。

对于电场中淌度为 u_j 的离子，迁移和扩散的相对重要性可通过比较 v_d 与稳态迁移速率 v 来量度（2.3.3 节）。由定义，$v=u_j\varepsilon$，式中 ε 是离子所受的电场强度。由 Nernst-Einstein 公式［式(4.1.11)］得

$$v=|z_j|FD_j\varepsilon/(RT) \tag{4.4.7}$$

对于一个给定的物质当 $v\ll v_d$，在给定位置和时间内，扩散相对于迁移占主导地位。由式(4.4.6) 和式(4.4.7) 发现，此条件可表示为

$$(2D_jt)^{1/2}\varepsilon\ll\frac{2RT}{|z_j|F} \tag{4.4.8}$$

---

❽ 扩散系数是 1855 年由 Fick 引入的[1]，他提出的关系式现在称为 Fick 第一定律（4.4.2 节）。1905 年 Einstein[18-19] 导出式(4.4.2)，显示 $l^2 2\tau$ 与 Fick 的 D 相同。随后不久，Langevin[20] 基于牛顿第二定律，采用完全不同的方法得到式(4.4.2)。有时，D 可由 $fl^2/2$ 给出，这里 f 是每时间单位置换数（$=1/\tau$）。

式中左边是扩散长度乘以电场强度，它是在扩散长度范围内溶液中的电压降。为了确保迁移与扩散相比可忽略，该电压降必须小于 $2RT/|z_j|F$，它在 25℃时是 $51.4/|z_j|\text{mV}$。这就是说迁移可被忽略，扩散离子的电势能在扩散长度范围内（在电化学实验中典型值在 1～100μm）的差值必须小于几个 kT。

4.4.2 扩散的菲克（Fick）定律

Fick 定律是描述物质的流量及浓度与时间及位置间函数关系的一组微分方程[1]。在本节中，将推导出对于线性（一维）扩散的表示，并将结果推广到其他几何形状的情况。

物种 O 的流量，写为 $J_O(x,t)$，是每秒内在垂直于扩散轴的每平方厘米的截面积上通过 x 位置的 O 的物质的量（mol）。在 x 处的流量可能随时间而变化，因此 t 需要在函数中有清晰的表达。菲克第一定律阐明流量与浓度梯度成正比的关系：

$$\boxed{J_O(x,t)=-D_O\frac{\partial C_O(x,t)}{\partial x}} \tag{4.4.9}$$

该公式最初是由 Fick 提出的[1]，但可由源于 Einstein 所讨论的微观模型推导出来[19,25]。假设在时间 t 时，$N_O(x)$ 个分子瞬间移动到 x 的左侧，$N_O(x+\Delta x)$ 个分子瞬间移动到 x 的右侧（图 4.4.3）。所有的分子都在距位置 x 一个步长 Δx 范围内。时间增量 Δt 期间，随机散步过程中，这些分子的一半在两个方向均移动 Δx，因此，在 x 处通过一截面积 A 的净流量是从左边移动到右边和从右边移动到左边的分子数差值：

$$J_O(x,t)=\frac{1}{A}\frac{\dfrac{N_O(x)}{2}-\dfrac{N_O(x+\Delta x)}{2}}{\Delta t} \tag{4.4.10}$$

通过乘以 $\Delta x^2/\Delta x^2$，注意到 O 的浓度是 $C_O=N_O/(A\Delta x)$，导出

$$-J_O(x,t)=\frac{\Delta x^2}{2\Delta t}\frac{C_O(x+\Delta x)-C_O(x)}{\Delta x} \tag{4.4.11}$$

允许 Δx 和 Δt 趋于零时，得到式(4.4.9)。正如 Einstein 所注意到的那样[19,25]，该推导证实了 Fick 公式中的 D 为 $\Delta x^2/(2\Delta t)$。

菲克第二定律（Fick's second law）是关于 O 的浓度随时间变化的定律❾：

$$\boxed{\frac{\partial C_O(x,t)}{\partial t}=D_O\frac{\partial^2 C_O(x,t)}{\partial x^2}} \tag{4.4.12}$$

该公式可从 Fick 第一定律推导出。在位置 x 处的浓度变化为由宽度是 dx 的单元体流入和流出的流量的差值（图 4.4.4）：

$$\frac{\partial C_O(x,t)}{\partial t}=\frac{J(x,t)-J(x+dx,t)}{dx} \tag{4.4.13}$$

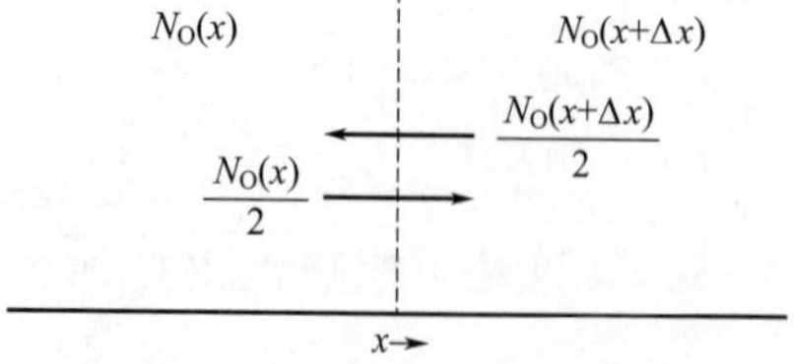

图 4.4.3 溶液中 x 平面的流量

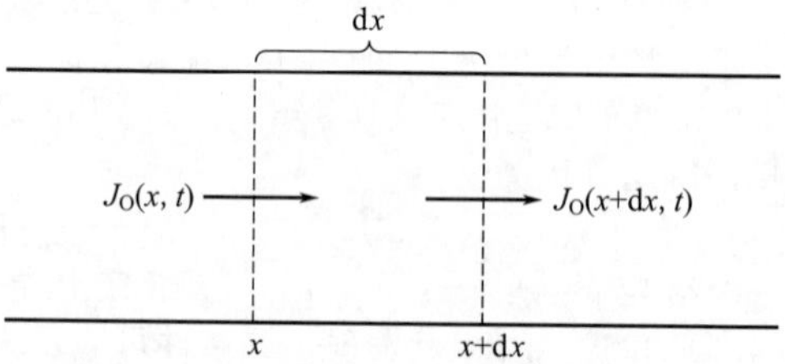

图 4.4.4 在 x 处的单元体输入和输出的流量

正如所需要的 J/dx 的单位是 [mol/(s·cm²)]/cm，或取每单位时间内的浓度。

在 $x+dx$ 处的流量可按在 x 处的公式给出

❾ Fick 第二定律经常称为连续性或物质-转换方程。

$$J(x+\mathrm{d}x,t)=J(x,t)+\frac{\partial J(x,t)}{\partial x}\mathrm{d}x \tag{4.4.14}$$

从式(4.4.9) 可以得到

$$-\frac{\partial J(x,t)}{\partial x}=\frac{\partial}{\partial x}D_O\frac{\partial C_O(x,t)}{\partial x} \tag{4.4.15}$$

将式(4.4.13)～式(4.4.15) 结合起来得

$$\frac{\partial C_O(x,t)}{\partial t}=\frac{\partial}{\partial x}\left[D_O\frac{\partial C_O(x,t)}{\partial x}\right] \tag{4.4.16}$$

当 D_O 不是 x 的函数时，得到式(4.4.12)。

在大多数电化学体系中，由电解引起的溶液组分的变化是足够小的，因而扩散系数随 x 的变化可忽略。然而，当电活性组分浓度很高时，溶液的性质，如区域黏度，在电解时会发生很大的变化（5.8节）。对于这些体系，式(4.4.12) 不再适用，需要有更复杂的处理[26-27]。在这些条件下，迁移的影响也变得重要。

对于任意的几何形状，Fick第二定律的一般式是

$$\boxed{\frac{\partial C_O}{\partial t}=D_O\nabla^2 C_O} \tag{4.4.17}$$

式中，∇^2为拉普拉斯算符。表4.4.2给出了各种几何形状下∇^2的形式。因此，有关平板电极的问题［图4.4.5(a)］，线性扩散公式［式(4.4.12)］是适用的。有关球形电极的问题［图4.4.5(b)］，如悬汞电极（HMDE)，必须使用扩散公式的球坐标形式：

$$\boxed{\frac{\partial C_O(r,t)}{\partial t}=D_O\left[\frac{\partial^2 C_O(r,t)}{\partial r^2}+\frac{2}{r}\frac{\partial C_O(r,t)}{\partial r}\right]} \tag{4.4.18}$$

线性和球形公式之间的差异是因为随着 r 的增加，球形扩散通过不断增大的面积来进行的。

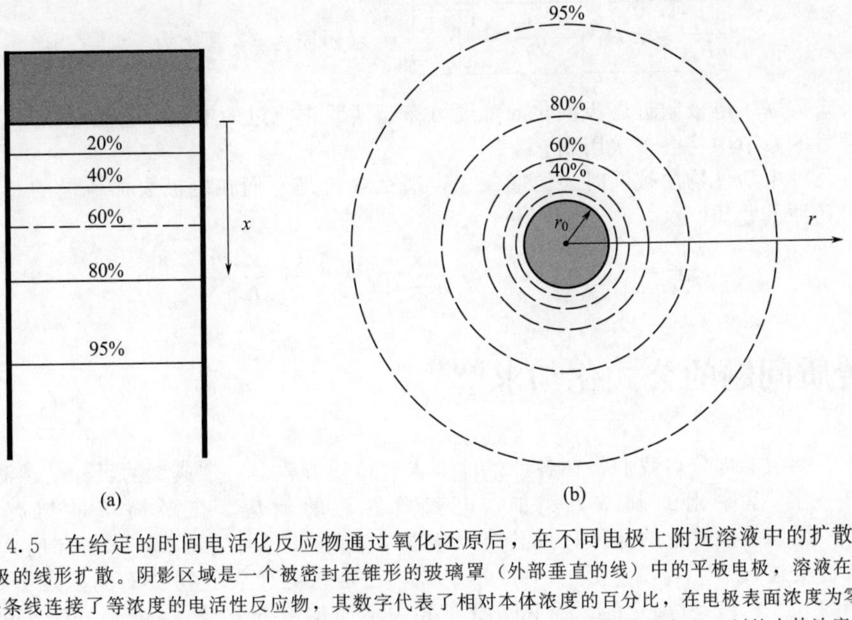

图4.4.5　在给定的时间电活化反应物通过氧化还原后，在不同电极上附近溶液中的扩散类型

(a) 平板电极的线形扩散。阴影区域是一个被密封在锥形的玻璃罩（外部垂直的线）中的平板电极，溶液在玻璃罩下方。每条线连接了等浓度的电活性反应物，其数字代表了相对本体浓度的百分比，在电极表面浓度为零。

(b) 一个球形电极的径向扩散。最接近电极表面（阴影区）的虚线部分对应于20%的本体浓度

表4.4.2　不同几何形状的拉普拉斯算符的形式①

类型	变量	∇^2	例
线性	x	$\partial^2/\partial x^2$	屏蔽的圆盘电极

续表

类型	变量	∇^2	例
球形	r	$\partial^2/\partial r^2+(2/r)(\partial/\partial r)$	悬汞电极
圆柱形(轴向)	r	$\partial^2/\partial r^2+(1/r)(\partial/\partial r)$	线状电极
Disk(圆盘)	r,z	$\partial^2/\partial r^2+(1/r)(\partial/\partial r)+\partial^2/\partial z^2$	镶嵌圆盘超微电极②
Band(带状)	x,z	$\partial^2/\partial x^2+\partial^2/\partial z^2$	镶嵌带电极③

① 见 Crank[14]，可得到更多信息。

② r=从圆盘中心所测的径向距离；z=到圆盘表面的法向距离。

③ x=垂直于长轴的带平面上的距离；z=到带表面的法向距离。

4.4.3 在电极表面电反应物的流量

现在考察一个线性体系，电活性物种 k 纯粹是由于扩散传递到电极，并在电极进行反应。相应的电流与该物质在电极表面的流量 $J_k(0,t)$ 成正比：

$$J_k(0,t)=-D_k\left[\frac{\partial C_k(x,t)}{\partial x}\right]_{x=0} \tag{4.4.19}$$

由于 k 在表面消耗，它的浓度分布在 $x=0$ 处斜率为正，且 $J_k(0,t)$ 总是负的。正如式(1.3.3) 所示那样，在流量的量与电流的量之间的正比常数是 nFA；然而，电流的符号依赖于反应是阴极还是阳极反应，这样

$$\frac{\mp i}{nFA}=J_k(0,t)=-D_k\left[\frac{\partial C_k(x,t)}{\partial x}\right]_{x=0} \quad (\text{还原为}-,\text{氧化为}+) \tag{4.4.20}$$

或

$$\boxed{\frac{i}{nFA}=\pm D_k\left[\frac{\partial C_k(x,t)}{\partial x}\right]_{x=0}} \quad (\text{还原为}+,\text{氧化为}-) \tag{4.4.21}$$

因为上述公式关联了电极附近逐步演化的浓度分布与实验中流过的电流，它是电化学中重要的关系式，在随后的章节中将会多次用到它。

如果有几种电活性物质被同时还原或氧化，那么电流是它们在电极表面流量的总和。因此，对于 q 种可还原的物质

$$\frac{i}{FA}=-\sum_{k=1}^{q}n_kJ_k(0,t)=\sum_{k=1}^{q}n_kD_k\left[\frac{\partial C_k(x,t)}{\partial x}\right]_{x=0} \tag{4.4.22}$$

4.5 传质问题的公式化与求解

贯穿本书剩余的部分，我们将在各种条件下求解传质方程。一个典型的目标是预测工作电极的电流对于一个程序化的刺激（例如，电势阶跃）的响应。在最简单的情况下，采用式(4.4.21)，正如前面讨论的那样，得到电反应物 k 在电极表面的流量，求解与时间相关的电流。为了进行上述计算，需要 $[\partial C_k(x,t)/\partial x]_{x=0}$，它是在电极表面物种 k 的浓度分布的斜率，是由浓度函数 $C_k(x,t)$ 所决定的，而它本身是相关传质偏微分方程（partial different equation，PDE）（例如，Fick 第二定律）的解。为了得到需要的理论结果，就必须能够解这些 PDE。该过程的一个例子是，外加电势氧化或还原一个分子，使其具有扩散限制的速率（6.1 节）时在一个圆盘电极上的时间相关的电流的计算。

不幸的是，对于单个参与者要想求解其单个传质的 PDE 经常是一种奢望，因为电极过程涉及物种之间的相互关联。电极反应的参与物可相互转换（例如，O 到 R 或相反，仅通过电极过程本身），或能够衰减为惰性产物，亦或甚至在溶液中相互反应。要得到任何参与物的数学解通

常需要同时得到所有参与物的解。必须通过一个 PDE 来表示每个参与物，定义其传质及任何所进行的反应[10]。然后，必须一起解一系列的 PDE 组。

例如，如果希望考察的是一个纯扩散体系，其电极反应是：$O+e \rightleftharpoons R$，O 与 R 均影响其行为（例如，通过可逆动力学），然后，为了得到浓度或电流的分布，需要求解两个传质公式(一种物质一个)。如果实验可使扩散仅在一维[11]，那么每个 PDE 是式(4.4.17) 的一维模式：

$$\frac{\partial C_O(x,t)}{\partial t}=D_O\frac{\partial^2 C_O(x,t)}{\partial x^2} \qquad \frac{\partial C_R(x,t)}{\partial t}=D_R\frac{\partial^2 C_R(x,t)}{\partial x^2} \tag{4.5.1a, b}$$

由于一个传质 PDE 是一个通用的关系式，必须放在特定的实验内容下（附录 A.1.1 与 A.1.6 节），因此求解式(4.5.1a) 与 (4.5.1b) 需要更多的公式。可以通过定义一些时间与空间的特定点或边界的数学条件，来完成上述工作。

4.5.1 电化学问题的初始与边界条件

在基于 Fick 第二定律的扩散偏微分方程中，浓度的导数是相对于时间 t 或空间坐标，如 x 或 r。每次对 t 求导，必须确定一个初始条件，定义在 $t=0$ 时的浓度分布。同理，每次对空间坐标求导，必须确定一个边界条件，给出在一个空间域的边界（通常是在电极表面或无限远处）的时间与浓度的关系（或它的一阶导数）。要求解式(4.5.1a) 与式(4.5.1b)，需要 6 个条件：两个初始条件与 4 个边界条件[12]。

(1) 初始条件

对于 $t=0$，条件是这样的形式：$C_O(x,0)=f(x)$。在大多数实验开始时，O 与 R 在整个溶液中的分布是均匀的，具有本体浓度值 C_O^* 和 C_R^*，在该情况下初始条件是

$$\boxed{C_O(x,0)=C_O^*} \qquad \boxed{C_R(x,0)=C_R^*} \tag{4.5.2a, b}$$

(2) 半无限边界条件

一个电解池与扩散的尺度相比通常要大很多；因此，在池壁上的电解质（的确，实际上所有的电解质）不受电极过程的影响（6.1.1 节）。可以假设在离电极很远处，浓度是本体浓度值：

$$\boxed{\lim_{x\to\infty}C_O(x,t)=C_O^*} \qquad \boxed{\lim_{x\to\infty}C_R(x,0)=C_R^*} \tag{4.5.3a, b}$$

它们称为半无限条件（semi-infinite condition）。

对于薄层电化学池（12.6 节），池壁位于距离 l 处，与扩散长度在一个数量级，必须考虑采用 $x=l$ 代替 $x\to\infty$。

(3) 在电极表面的边界条件

也必须认识到在一个电极反应中物质的守恒。当 O 在电极上被转化为 R，并且 O 与 R 均溶解于溶液相，这样对于每个 O 在电极上进行电子转移，必然会产生一个 R；因此 $J_O(0,t)=-J_R(0,t)$，且

$$\boxed{D_O\left[\frac{\partial C_O(x,t)}{\partial x}\right]_{x=0}+D_R\left[\frac{\partial C_R(x,t)}{\partial x}\right]_{x=0}=0} \tag{4.5.4}$$

该条件称为流量平衡（flux balance）。

另外的边界条件通常与电极表面的浓度或浓度梯度相关。例如，如果实验中控制的是电势，可能有

$$C_O(0,t)=f(E) \tag{4.5.5}$$

或

$$\frac{C_O(0,t)}{C_R(0,t)}=f(E) \tag{4.5.6}$$

式中，$f(E)$ 是电极电势的函数，可由一般的电流-电势特征曲线或一个其特殊的情况（例如，

---

[10] 目前不需要理解如何将反应项包含在这些公式中，第 13 章将会提供大量的例子。

[11] 经常容易做到，6.1 节给出全面的需要的条件，已得到实施。

[12] 在式(4.5.1a) 与式(4.5.1b) 中有两种不同的对时间的导数，加上 4 种不同的对浓度的导数，包括二阶导数。

Nernst 方程）而导出。由于 E 常常是时间的函数（如在电势扫描时），$f(E)$ 也可能是与时间相关。

如果电流是控制的量，相应的边界条件可通过在 $x=0$ 时的流量来表示，例如

$$-J_O(0,t)=\frac{i}{nFA}=D_O\left[\frac{\partial C_O(x,t)}{\partial x}\right]_{x=0}=f(t) \tag{4.5.7}$$

4.5.2 线性扩散问题的通用公式

本书中遇到的许多传质问题有如下共性：

① 对于发生在平板电极的电极过程：O+e$\rightleftharpoons$R，发生在一个静止的、初始均匀的溶液中，这里可采用线性扩散。

② O 与 R 在溶液中是化学稳定的且可溶。

③ 存在的支持电解质相对于 C_O^* 和 C_R^* 是过量的。

传质问题需要 O 与 R 的 Fick 第二定律［式(4.5.1a)与式(4.5.1b)］。求解这些 PDE 需要 6 个条件，其中 5 个对于几乎每个问题都是常见的：

① 2 个初始条件［式(4.5.2a)与式(4.5.2b)］。

② 2 个半无限条件［式(4.5.3a)与式(4.5.3b)］。

③ 流量平衡式(4.5.4)。

为了本书后面引用的方便，我们对这组特定的 PDE、初始条件与边界条件给出一个特定的名称：通用公式(general formulation)。

对于一个特殊的情况，O 或 R 在本体中不存在，通用公式仍适用，仅需要在式(4.5.2a) 与式(4.5.2b) 或式(4.5.3a) 与式(4.5.3b) 认识到 $C_R^*=0$ 或 $C_O^*=0$。

为了达到求解建立于通用公式的任何问题，必须加上第 8 个方程——最后一个边界条件，表达被处理的实验类型与电极动力学的本质。它定义当前的特定问题，可能有式(4.5.5)、式(4.5.6) 或式(4.5.7) 的形式。

4.5.3 涉及迁移或对流的体系

在体系中所加电解质相对于电活性物质的浓度不是过量的话，或者存在对流，这样扩散就不是仅有的重要的传质模式。在问题的开始，每个参与物的传质 PDE 必须包括迁移或对流，或两者。

起点是采用 4.1 节中的原理，定义适用于该体系修正的 Nernst-Planck 方程。必须选择适合于体系的几何模式，然后，必须包括与体系相关的项，其中扩散项总是相关的。例如，假设所面对的体系是平板电极在一个静止的溶液中，电解质具有的浓度不超过电活性物质本身（5.7 节）的线性扩散。Nernst-Planck 方程适用：

$$J_j(x,t)=-D_j\frac{\partial C_j(x,t)}{\partial x}-\frac{z_jF}{RT}D_jC_j(x,t)\frac{\partial\phi(x,t)}{\partial x} \tag{4.5.8}$$

该式是仅有扩散与迁移项的式(4.1.9)，并清楚地表明时间是变量。

Nernst-Planck 方程定义一个物质的流量，其作用有点像对于纯粹扩散问题的 Fick 第一定律。为了解决传质问题，其浓度及电势的空间分布是需要的，并需要一个类似于 Fick 第二定律的表达。它可采用 4.4.2 节的方法，总是从修正的 Nernst-Planck 方程推导出来。对于一个线性传质体系，从式(4.4.13) 与式(4.4.14) 得到的通用结果是

$$\boxed{\frac{\partial C_j(x,t)}{\partial t}=-\frac{\partial J_j(x,t)}{\partial x}} \tag{4.5.9}$$

这样对于导致式(4.5.8) 的例子，有

$$\frac{\partial C_j(x,t)}{\partial t}=\frac{\partial}{\partial x}\left[D_j\frac{\partial C_j(x,t)}{\partial x}+\frac{z_jF}{RT}D_jC_j(x,t)\frac{\partial\phi(x,t)}{\partial x}\right] \tag{4.5.10}$$

这是对于每个参与物（例如，O 与 R）在问题开始时，应该写出的传质偏微分方程。

在 5.7 节与第 10 章，将会处理涉及迁移或对流的真实问题。

4.5.4 求解的实用方法

在问题的通用公式通过传质 PDE 与一系列初始和边界条件给出后，就必须想方设法求解。

通过三种一般性的方法可以得到结果：

(1) 解析解

在简化的情况下，可将此问题通过数学推敲出一个闭型或级数解。历史上大部分的电化学的理论问题就是通过简化体系而得到解析解的，许多将会在随后的章节中碰到。下面列出的是简化的共同点：

① 电极的几何形状经常定义为平面或球形，这样传质可以保持在一维。

② 对流与迁移可通过我们已经提到的方式进行抑制。

③ 限定时间尺度，这样可避免在较长时间时（例如，初始电产物的化学衰减，或开始自然对流）化学或传质的复杂化。

④ 动力学局限于简单的情况，它包括对于电极过程和任何溶液中的耦合过程。

附录 A 介绍了拉普拉斯变换方法（Laplace transform method），被广泛地应用于传质问题。在附录 A. 1. 6 中，该方法应用于拓展通用公式，得到广泛可应用的结果，在随后的章节中它们是特定问题的起点。读者可能希望现在就开始了解这些内容。

一类特殊的问题是有关稳态的，它对于超微电极（第 5 章）或对流体系（第 10 章）都是有实际意义的。由于在稳态时 $\partial C_j/\partial t=0$，对于物质 j 的 Fick 第二定律变为 Laplace 方程

$$\nabla^2 C_j=0 \tag{4.5.11}$$

由于时间不是变量，不再需要初始条件得到解。对于暂态行为不能简单描述的体系，有时能够得到闭型解。

对于传质问题的解能够偶尔地通过搜索文献发现类似的问题而得到。例如，热传导所涉及的 PDE 与扩散公式相同[28,29]：

$$\partial T/\partial t=\alpha\,\nabla^2 T \tag{4.5.12}$$

式中，T 是温度；α 是热扩散性 [$\alpha=\kappa/(\rho s)$，其中 κ 是热导率，ρ 是密度，s 是比热]。如果能够找到通过温度分布或热流量问题的解的话，就可较易地转化出浓度分布与电流的结果。

在电学上也有类似的情况，例如，式(4.5.11) 所表示的稳态扩散公式，与在一个空间区域中的电势分布一样

$$\nabla^2\phi=0 \tag{4.5.13}$$

如果可以通过电流密度 j 求解该电学问题的话，这里 j

$$j=-\kappa\,\nabla\phi \tag{4.5.14}$$

（κ 是电导率），那么对于类似的扩散问题（通过 C_O 的函数）就可写出其解，由式(4.4.9) 得到流量，或从更通用的形式

$$\boxed{J=-D_O\nabla C_O} \tag{4.5.15}$$

例如，该方法已应用于测量一个超微电极上的稳态未补偿电阻[30]，以及在扫描电化学显微镜（SECM）下离子选择性电极探头与表面之间溶液的电阻[31-32]。

有时也有可能通过一个电子元件的网络来模拟电化学体系的物质传递与动力学[33-34]。由于有一些计算机应用于分析电子线路（例如，SPICE），该方法对于一些电化学问题是方便的。

(2) 电化学模拟器

更复杂的传质问题，经常涉及复杂的动力学，超出了可得到解析解的范围。许多这类问题已采用数值模拟（digital simulation）进行讨论。在该方法中，已构建体系的数值模型，它通过计算迭代来处理每个相关的物理与化学问题。

Feldberg[35] 将附录 B 所描述的有限差分方法引入到电化学模拟中。该处所覆盖的内容足够使读者构建与实践有限差分模拟器（一种推荐的掌握电化学动力学的活动）。更多的主流文献报道了研究者自己的软件，类似于在附录 B 所描述的。这类数值模拟在如下情况是有效的：(a) 对于相当复杂的动力学（在电极上或在溶液中）；(b) 对于处理简单几何体系的对流或迁移；(c) 对于简单几何形状的多电极体系。

这样的模型化现在大多数是由商业化的电化学模拟器进行的。这些程序包都涉及产生数值模型，但它们采用较附录 B 所讨论的显式模拟更加先进的计算机方法。所有都包含机理的多样性。

使用者自己定义电极反应机理、几何形状与实验的模式后进行模拟。机理采用化学符号输入。所有的也都可以进行实验与计算结果的比较。早期的模拟器，主要受限于实验模式(例如，仅限于循环伏安法)、几何形状（仅平面或球形电极）与机理的复杂性。后来，它们已能够处理附加的实验模式、更复杂的几何形状、多电极体系、相当复杂的电极过程，甚至包括吸附的物种。

(3) 通用的模拟器/问题解决者

处理电化学体系最多样化的方法是采用一个像 COMSOL Multphysics® 这样的通用模型包。该类应用采用有限元模拟与其他的数值方法，在定义的初始与边界条件下，同时求解体系的一系列偏微分方程组。它允许从许多物理领域中提取方程组，包括机械、传质、流体动力学与电动力学。因此，这些程序包能够面对广泛的科学与工程问题，包括许多来自电化学的问题。复杂的动力学、复杂的传质、不规则的电极形状，多电极阵列均能够有效地顾及到。另外，这些应用可以解决可能对电化学重要的一些问题，像电势空间变化的函数，或流体速率分布的函数，然而，它们超越了电化学模拟器所能解决的问题的范畴。

4.6 参考文献

1 A. Fick, *Poggendorff's Annalen*, **94**, 59 (1855) [In Engl.: *Phil. Mag.*, S.4, **10**, 30 (1855)].
2 M. Planck, *Ann. Phys. Chem.*, **39**, 161 (1890); **40**, 561 (1890).
3 J. S. Newman and K. E. Thomas-Alyea, "Electrochemical Systems," 3rd ed., Wiley, Hoboken, NJ, 2004.
4 J. Newman, *Electroanal. Chem.*, **6**, 187 (1973).
5 J. Newman, *Adv. Electrochem. Electrochem. Eng.*, **5**, 87 (1967).
6 N. Ibl, *Chem. Ing. Tech.*, **35**, 353 (1963).
7 W. Vielstich, *Z. Elektrochem.*, **57**, 646 (1953).
8 C. W. Tobias, M. Eisenberg, and C. R. Wilke, *J. Electrochem. Soc.*, **99**, 359C (1952).
9 G. Charlot, J. Badoz-Lambling, and B. Tremillion, "Electrochemical Reactions," Elsevier, Amsterdam, 1962, pp. 18–21, 27–28.
10 I. M. Kolthoff and J. J. Lingane, "Polarography," 2nd ed., Interscience, New York, 1952, Vol. 1, Chap. 7.
11 J. Koryta, J. Dvořák, and L. Kavan, "Principles of Electrochemistry," 2nd ed., Wiley, Chichester, 1993, Chap. 2.
12 J. Coursier, Thesis, Masson, Paris, 1954, as credited in G. Charlot, *et al.*, *op. cit.*
13 H. J. V. Tyrrell and K. R. Harris, "Diffusion in Liquids," Butterworths, London, 1984.
14 J. Crank, "The Mathematics of Diffusion", 2nd ed. Clarendon, Oxford, 1975.
15 W. Jost, *Angew. Chem. Int. Ed.*, **3**, 713 (1964).
16 W. Jost, "Diffusion in Solids, Liquids, and Gases," Academic, New York, 1960.
17 S. Chandrasekhar, *Rev. Mod. Phys.*, **15**, 1 (1943).
18 A. Einstein, *Ann. Phys.*, **17**, 549 (1905).
19 A. Einstein, "Investigations on the Theory of the Brownian Movement," R. Fürth, Ed., and A. D. Cowper, Trans., Dover, Mineola, NY, 1956 (an anthology of English translations of Einstein's publications, with notes added by Fürth).
20 P. Langevin, *C.R. Acad. Sci.*, **146**, 530 (1908).
21 L. B. Anderson and C. N. Reilley, *J. Chem. Educ.*, **44**, 9 (1967).
22 H. C. Berg, "Random Walks in Biology," Princeton University Press, Princeton, NJ, 1983.
23 N. Davidson, "Statistical Mechanics," McGrawHill, New York, 1962, pp. 155–158.
24 R. S. Berry, S. A. Rice, and J. Ross, "Physical Chemistry," Wiley, New York, 1980, pp. 1056–1060.
25 A. Einstein, *Zeit. Elektrochem.*, **14**, 235, 1908.
26 R. B. Morris, K. F. Fischer, and H. S. White, *J. Phys. Chem.*, **92**, 5306 (1988).
27 S. C. Paulson, N. D. Okerlund, and H. S. White, *Anal. Chem.*, **68**, 581 (1996).

28 H. S. Carslaw and J. C. Jaeger, "Conduction of Heat in Solids," 2nd ed., Clarendon, Oxford, 1959.
29 M. N. Özişik, "Heat Conduction," Wiley, New York, 1980.
30 K. B. Oldham in "Microelectrodes, Theory and Applications," M. I. Montenegro, M. A. Queiros, and J. L. Daschbach, Eds., Kluwer, Amsterdam, 1991, p. 87.
31 B. R. Horrocks, D. Schmidtke, A. Heller, and A. J. Bard, *Anal. Chem.*, **65**, 3605 (1993).
32 C. Wei, A. J. Bard, G. Nagy, and K. Toth, *Anal. Chem.*, **67**, 1346 (1995).
33 J. Horno, M. T. García-Hernández, and C. F. González-Fernández, *J. Electroanal. Chem.*, **352**, 83 (1993).
34 A. A. Moya, J. Castilla, and J. Horno, *J. Phys. Chem.*, **99**, 1292 (1995).
35 S. W. Feldberg, *Electroanal. Chem.*, **3**, 199 (1969).

4.7 习题

4.1 证明一维修正的 Nernst-Planck 方程［式(4.1.9)］的右边三项均具有流量的单位［$mol/(cm^2 \cdot s)$］。

4.2 考虑在铂电极上电解 0.01mol/L NaOH 溶液，其反应式为

$$2OH^- \longrightarrow 1/2O_2 + H_2O + 2e \quad (阳极)$$

$$2H_2O + 2e \longrightarrow H_2 + 2OH^- \quad (阴极)$$

请给出此体系在稳态操作条件下的平衡图表。假设在每单位时间内，在外电路通过 20 个电子，并可采用表 2.3.2 中的 λ_0 值估算迁移数。

4.3 考虑在铂电极上电解含有 10^{-1} mol/L $Fe(ClO_4)_3$ 和 10^{-1} mol/L $Fe(ClO_4)_2$ 的溶液，反应式为

$$Fe^{2+} \longrightarrow Fe^{3+} + e \quad (阳极)$$

$$Fe^{3+} + e \longrightarrow Fe^{2+} \quad (阴极)$$

假设两种盐均完全溶解，Fe^{3+}、Fe^{2+} 和 ClO_4^- 的 λ 值相等，每单位时间在外电路有 10 个电子通过。请给出此体系在稳态操作条件下的平衡图表。

4.4 对于一个给定的可用线性扩散与半无限边界条件的方程描述的电化学体系，电解池的壁必须至少远离电极 5 倍于"扩散层厚度"。对于一种物质其 $D = 10^{-5}\,cm^2/s$，对于一个耗时 100s 的实验，电解池壁距电极的距离是多少？

4.5 淌度 u_j 与扩散系数 D_j 的关系可由式(4.1.11) 给出。(a) 根据表 2.3.2 中有关淌度的数据，估算 H^+，I^- 和 Li^+ 在 25℃时的扩散系数。(b) 试写出由 λ_j 值估算 D_j 的公式。

4.6 采用 4.4.2 节的程序，推导出球形扩散的 Fick 第二定律［式(4.4.18)］。［提示：因为发生在 r 和 $r + dr$ 处的扩散有不同的面积，通过考虑每秒扩散的摩尔数，得到在宽度元 dr 处的浓度变化，可能更为方便］

第 5 章　超微电极的稳态伏安法

到目前为止，前面的章节已经为理解电化学方法奠定了基础。现在，开始用八章的篇幅讨论最广泛使用的电化学方法，包括概念设计、实现方法和解释。本章及随后两章建立了电化学方法的核心，包括本章的稳态伏安法、第 6 章的基本的电势阶跃法、第 7 章的电势扫描法。

大多数电化学方法涉及对工作电极施加激励（如电势或电流的阶跃变化）和响应的观察（如由此产生的电流或电势的变化）。通常，响应与时间相关；然而，在某些情况下，工作电极上的电流在电势变化后能快速达到稳定值。稳态电流具有很大的优势，无论在理论还是实验上都无需考虑时间依赖性，因此方法的实现和解释都得以简化。这种简单性是作者决定从本章开始电化学方法学的基础，覆盖了稳态伏安法。

在第 1 章中，已经提出了基于旋转圆盘电极对流的稳态伏安法的近似处理方法。这里重点研究扩散体系，随着超微电极（ultramicroelectrode，UME）的引入，实际的稳态实验成为可能。超微电极被认为是非常小的工作电极，如半径小于 25μm 的圆盘或球形电极。小尺寸赋予这类电极非常有用的性质，包括施加任意电势后能快速收敛到稳态电流[1-2]❶。

在 5.1 节中将看到如何在球形超微电极上实现稳态伏安法。在 5.2 节中则讨论其他形状超微电极上的稳态伏安行为。

5.1　球形超微电极的稳态伏安法

在此考察一个实验，其中半径 r_0 的球形工作电极被用于含对电极和 Ag/AgCl 参比电极的三电极电解池中。溶液中含有电活性物种 O，其本体浓度为 C_O^*。电极反应 $O+ne \rightleftharpoons R$ 中，工作电极上产生 R 物种，而 R 物种并不存在于本体溶液中（即 $C_R^*=0$）。溶液未经搅拌且含有支持电解质，因此对流和迁移没有贡献。O 和 R 物种的传质仅通过扩散实现。

实验体系如图 5.1.1 所示。恒电势仪（1.9.1 节）控制施加在工作电极和对电极之间的电压，并能自动调节该电压使工作电极和参比电极之间的电势差保持在由波形发生器设定的目标值❷。设定的目标值可以是固定的，也可以是随时间变化的。恒电势仪是一个有源元件，其作用是随时注入电流以保证工作电极电势在任何时间满足目标值。从化学角度看，电流是电子的流量，用于保证在指定电势下以一定的速率进行电化学反应。电流是恒电势仪对指定电极电势的响应，是可实验观测的。恒电势仪的设计将在第 16 章介绍。

5.1.1　稳态扩散

假定工作电极的电势 E 固定在 O 物种还原为 R 物种的电势下，流过的电流与还原反应速率成正比。O 物种在电极附近被消耗，其表面浓度低于本体浓度 C_O^*；R 物种在电极表面产生。O

---

❶ 在第 5～11 章所述方法中，电极面积 A 足够小，电解质溶液体积 V 足够大，以保证实验中流过电解池的电流不会改变电活性物质的本体浓度。这种情况被称为小 A/V 条件。Laitinen 和 Kolthoff[1-2] 发明了“微电极（microelectrode）”一词来描述这一情况下电极的作用，即探测体系性质而不改变体系组分。其已被广泛使用了几十年。为保持已建立的术语，将微小尺寸工作电极命名为“超微电极”，也变得通用。在第 12 章，我们将研究大 A/V 条件，在那里电极被用于改变体系组成。

❷ 也可称为函数信号发生器。其目标电压 E_{appl} 的定义和讨论在 1.5 节和 1.6 节中。

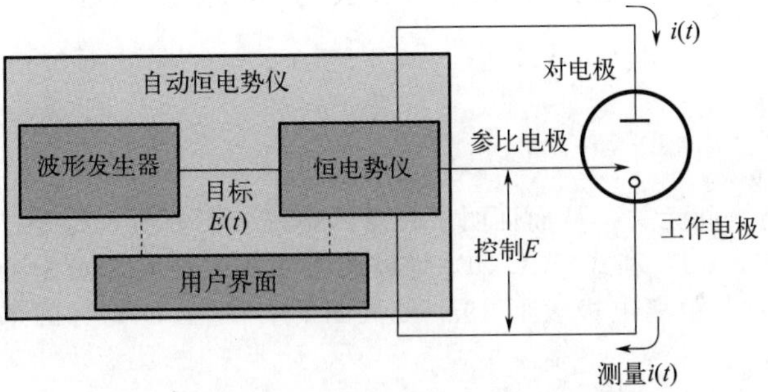

图 5.1.1 用于控制电势的实验装置示意图

恒电势仪如本文所述作用于电解池。许多现代仪器如自动恒电势仪（或电化学工作站），其中波形发生器、恒电势仪和用户界面集成在一起，正如图中灰色区域所示。这些仪器在用户选择的模块下工作，模块对应于常用方法的波形和数据收集模式，如循环伏安法或计时库仑法。

物种的扩散流量必须从本体溶液向电极扩散，而 R 物种的扩散流量必须从电极向本体溶液扩散。问题在于 O 和 R 物种浓度不同于本体溶液浓度的扩散层是否会随着时间的延长而变厚，或是最终达到浓度分布、扩散流量和电流保持恒定的稳态。

该问题可以从描述浓度分布变化的菲克第二定律（4.4.2 节）得到答案。在含有电活性物质的稀溶液中，对于任意的几何形状，菲克第二定律可以表示为

$$\frac{\partial C_j}{\partial t}=D_j\nabla^2 C_j \tag{5.1.1}$$

式中，C_j 代表 j 物种的浓度，一般是空间坐标和时间 t 的函数。在球坐标下，菲克第二定律（表 4.4.2）为

$$\frac{\partial C_j}{\partial t}=D_j\left(\frac{\partial^2 C_j}{\partial r^2}+\frac{2}{r}\frac{\partial C_j}{\partial r}\right)=D_j\frac{1}{r^2}\frac{\partial}{\partial r}\left(r^2\frac{\partial C_j}{\partial r}\right) \tag{5.1.2}$$

式中，r 为从电极中心所测的径向距离。由于在所有角度下的行为都是一致的，不会出现角球面坐标。如果体系能够达到稳态，则时间变得无关紧要，且$\partial C_j/\partial t=0$。在这种情况下，菲克第二定律得到简化。根据式(5.1.2)，可以得到

$$\frac{1}{r^2}\frac{\mathrm{d}}{\mathrm{d}r}\left(r^2\frac{\mathrm{d}C_j}{\mathrm{d}r}\right)=0 \tag{5.1.3}$$

即拉普拉斯方程$\nabla^2 C_j=0$。如果式(5.1.3) 有解，则存在稳态。

此时，式(5.1.3) 括号内的表达式是一个与 r 有关的常数。我们确认这一常数为 A_j：

$$r^2\frac{\mathrm{d}C_j}{\mathrm{d}r}=A_j \tag{5.1.4}$$

现在采用无限定积分可得，

$$\int \mathrm{d}C_j=\int\frac{A_j}{r^2}\mathrm{d}r \tag{5.1.5}$$

$$C_j(r)=-\frac{A_j}{r}+B_j \tag{5.1.6}$$

式中，B_j 是积分的常数项，现在明确的是 C_j 依赖于 r。

对于物种 O 和 R，可以应用边界条件来估算 A_j 和 B_j。当 r 很大时，$C_j(r)$ 必须接近本体浓度［半无限条件；4.5.1(2)节］。因此，

$$\lim_{r\to\infty}C_j(r)=C_j^*=B_j \tag{5.1.7}$$

因此，$B_O=C_O^*$，$B_R=0$。

在电极表面，物种 O 和 R 的浓度分别为 $C_O(r=r_0)$、$C_R(r=r_0)$。将表面浓度代入式(5.1.6) 并重排，可得

$$A_j=r_0\left[C_j^*-C_j(r=r_0)\right] \tag{5.1.8}$$

现在，可以将 A_j 和 B_j 代入式(5.1.6) 得到 O 和 R 物种的浓度分布：

$$C_O(r)=C_O^*-\frac{r_0}{r}[C_O^*-C_O(r=r_0)] \tag{5.1.9}$$

$$C_R(r)=\frac{r_0}{r}C_R(r=r_0) \tag{5.1.10}$$

$C_O(r)$ 和 $C_R(r)$ 都与时间无关，从而证明了在球形电极上可以实现稳态。

图 5.1.2 是由式(5.1.9) 和式(5.1.10) 计算所得的一组稳态浓度分布。注意到扩散层厚度比电极半径大许多倍。在距离电极表面 $19r_0$ 处（图的右侧），O 物种的浓度仍只有其本体浓度的 96%。

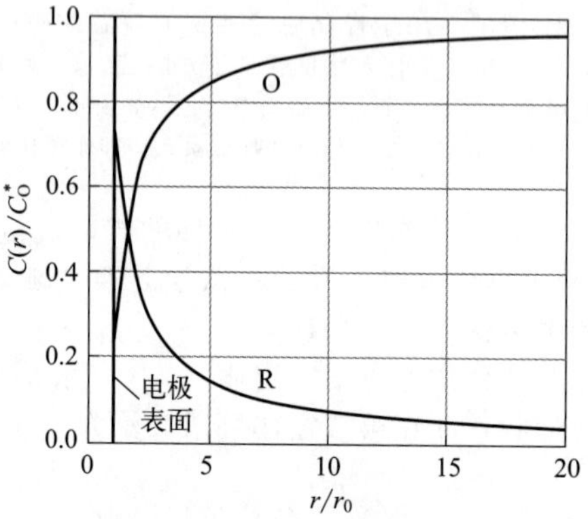

图 5.1.2 球形电极的稳态浓度分布

此时 $C_O(r=r_0)=0.25C_O^*$，$C_R(r=r_0)=0.75C_O^*$，$D_O=D_R$。

对于单电子可逆电极反应，它们对应于 25℃时的 $E=E^{0'}-28.2\text{mV}$

O 和 R 物种的浓度分布通过电极反应连接起来，即通过识别电极表面的流量平衡将它们连接在一起［4.5.1(3)节］。沿浓度分布曲线的向下斜率发生扩散；因此物种 O 的流量 $J_O(r_0)$ 流向电极表面，物种 R 的流量 $J_R(r_0)$ 离开电极表面。

$$J_O(r_0)=-D_O\left[\frac{dC_O(r)}{dr}\right]_{r=r_0} \tag{5.1.11a}$$

$$J_R(r_0)=-D_R\left[\frac{dC_R(r)}{dr}\right]_{r=r_0} \tag{5.1.11b}$$

这些流量代表单位面积的反应速率。质量守恒定律要求流量之和为 0：

$$D_O\left[\frac{dC_O(r)}{dr}\right]_{r=r_0}+D_R\left[\frac{dC_R(r)}{dr}\right]_{r=r_0}=0 \tag{5.1.12}$$

通过对式(5.1.9) 和式(5.1.10) 求导，发现 O 和 R 物种的表面浓度能通过下式联系起来：

$$C_R(r=r_0)=\frac{D_O}{D_R}[C_O^*-C_O(r=r_0)] \tag{5.1.13}$$

因此，式(5.1.10) 又可以写成

$$C_R(r)=\frac{r_0D_O}{rD_R}[C_O^*-C_O(r=r_0)] \tag{5.1.14}$$

一般情况下，本体溶液中同时存在 O 和 R 物种，相同的处理方法可以得到

$$\boxed{C_O(r)=C_O^*-\frac{r_0}{r}[C_O^*-C_O(r=r_0)]} \tag{5.1.15}$$

$$\boxed{C_R(r)=C_R^*+\frac{r_0D_O}{rD_R}[C_O^*-C_O(r=r_0)]} \tag{5.1.16}$$

$$\boxed{C_R(r=r_0)=C_R^*+\frac{D_O}{D_R}\left[C_O^*-C_O(r=r_0)\right]} \tag{5.1.17}$$

这些结果表明，$C_O(r=r_0)$ 和 D_O/D_R 完全决定了O和R物种的稳态分布。如果 $D_O=D_R$，那么在任意 r 下 $C_O(r)+C_R(r)=C_O^*+C_R^*$，正如图5.1.2所示。

5.1.2 稳态电流

如果一个体系具有稳态浓度分布，那么该体系也具有电反应物到达电极表面的稳定流量，即稳定的电流 i❸。根据4.4.2节的原则，

$$J_O(r_0)=-\frac{i}{nFA}=-D_O\left[\frac{dC_O(r)}{dr}\right]_{r=r_0} \tag{5.1.18}$$

对式(5.1.15) 求导可得：

$$i=\frac{nFAD_OC_O^*}{r_0}\left[1-\frac{C_O(r=r_0)}{C_O^*}\right] \tag{5.1.19}$$

如果工作电极电势相较于 $E^{0'}$ 足够负，那么O物种无法与电极共存，$C_O(r=r_0)$ 实际上为0。电活性物质到达电极表面后以尽可能快的速率被还原，$C_O(r=r_0)$ 非常小，对应的电流为式(5.1.19) 的极限值❹，

$$\boxed{i_{d,c}=\frac{nFAD_OC_O^*}{r_0}} \tag{5.1.20}$$

对于球形电极上的还原反应，这是阴极扩散控制的稳态电流，也是稳态下O物种的最大扩散电流。因为 $A=4\pi r_0^2$，球形电极上的 $i_{d,c}$ 也可以写成

$$\boxed{i_{d,c}=4\pi nFD_OC_O^*r_0} \tag{5.1.21}$$

5.1.3 稳态的收敛

图5.1.2显示，扩散层内的电反应物在数倍于电极半径的距离内耗尽，建立稳态必须经过一定时间。对于一个处处浓度均为 C_O^* 的溶液，由于O物种在电极表面很容易得到，如果工作电极在开路状态下施加图5.1.2所示的电势，会有相当大的暂态电流流过。随着电解的进行，O的耗尽层变厚，电极附近O的浓度分布逐渐稳定且平缓。因此，电极表面的O流量及电流随着时间延长而下降。最终，浓度分布收敛至图5.1.2所示，电流达到稳态值。如果在电活性范围内改变施加电势到一个新的值，会产生另一暂态电流，随着扩散层发展到新的稳态，电流值衰减到另一稳定值。

暂态响应的细节将在第6章中讲述。现在只需认识到，当施加新的电势，会有一个电流暂态，达到稳态有一延迟。

建立稳态所需的时间可以由扩散理论来估计。在4.4.1节，我们学到扩散分子的一维均方根位移为 $(2Dt)^{1/2}$，式中 D 为扩散系数；t 为扩散的时间。该距离，有时也称扩散长度（diffusion length），是一种度量距离的标准，受时间 t 上扩散过程的影响。从图5.1.2可以看出，球形电极的稳态扩散层厚度在 $5r_0$ 范围内，将该值作为扩散长度，建立稳态扩散层（稳态更新时间，τ_{ss}）所需的时间约为 $12.5r_0^2/D$。

对于历史上的滴汞电极（8.1节）的汞滴，其 r_0 可能为 250μm。如果 $D_O=10^{-5}\,cm^2/s$（一般溶剂中溶质的典型数值），则需要800s甚至更长时间才能建立稳态。实际上，稳态可能根本无法建立，因为浓度梯度或振动引起的偶然的对流会破坏基于扩散、持续时间久的实验。

为了在实际实验中利用稳态电流，必须在更短时间内达到稳态，这就需要更小的 r_0。表5.1.1表明 $r_0\leqslant 25\mu m$ 电极的更新时间是适用的（可以变得相当短）。现在很清楚为什么本章

---

❸ 在本章中，所有 i 都代表稳态电流。i_d 被用于扩散限制的稳态电流。通常，i_d 代表 $i_{d,c}$ 或 $i_{d,a}$，用于区分阴极或阳极扩散控制电流。当不存在混淆的风险时，通常使用通用符号 i_d。

❹ 式(1.3.10) 中的传质系数 m_O，由 D_O/r_0 给出。

的重点完全放在了超微电极上❺。

表 5.1.1 超微电极的稳态更新时间

尺寸①	25μm	10μm	2.5μm	1μm	250nm	100nm	25nm	10nm
τ_{ss}②	8s	1.3s	80ms	13ms	0.8ms	130μs	8μs	1.3μs

① 特征尺寸：对于球形、半球形、盘状和柱状电极是 r_0；对于带状电极是 w。

② $12.5r_0^2/D$ 或 $12.5w^2/D$，$D=1\times10^{-5}\text{cm}^2/\text{s}$。球形、半球形或盘状电极可以达到稳态；柱状或带状电极则不会达到稳态。对于后者，更新时间与准稳态相关（见 5.2.2 节和 5.2.4 节）。

5.1.4 稳态伏安法

设想一个实验，在一直讨论的相同体系中，施加一系列电势（E_1、E_2、E_3……），并在每一个电势下保持足够长的时间来测量稳态电流。进一步假设工作电极为 $r_0=5\mu\text{m}$ 的球形超微电极，在电势变化后只需一到两秒就能达到稳态。在暂态阶段，扩散过程有时间几乎完全更新扩散层中的所有物种；因此即使电极反应是不可逆的并产生无电活性的产物，前一电势下电解的影响也会被完全消除。因此，每个电势的施加代表了基于自身稳态浓度分布的单独测量，而不记忆该系列电势的前期反应。这种实验方法称为稳态伏安法（steady-state voltammetry，SSV），其结果记录的是稳态电流与电势的曲线，即稳态伏安图[3]。

对于所讨论的体系，结果可能类似于图 5.1.3（从−0.2～−1.0V，每隔 50mV 绘制稳态电流）。当电势 E 远正于物种 O 开始还原的电势，不发生电极反应，稳态电流为 0。超过−0.5V 后，还原反应发生，O 的表面浓度降低。随着电势 E 更负，表面浓度进一步降低，浓度分布曲线更陡峭，稳态电流变大。超过−0.8V 后，在每个电势下 C_O（$r=r_0$）基本为 0，电流为扩散控制的 $i_{d,c}$ [由式(5.1.20) 或式(5.1.21) 给出]。因此，稳态伏安图是一个波，类似于在第 1 章看到的那样。

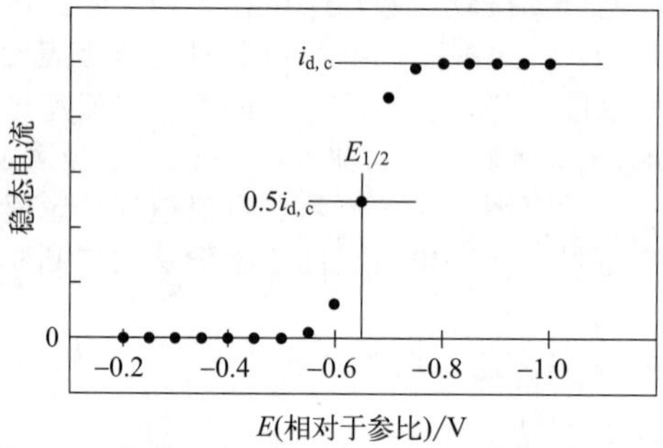

图 5.1.3 球形超微电极上 O/R 体系的稳态伏安图

从−0.2～−1.0V 每隔 50mV 施加连续电势。对于施加的电势，每个数据点都是稳态电流，而并非只有平台电流是稳态值

半波电势 $E_{1/2}$ 是指当 $i=i_{d,c}/2$、O 的表面浓度为本体浓度 C_O^* 的一半时的电势，可作为波形位置的标记。其依赖于电极过程的热力学和动力学（5.3 节和 5.4 节）。

在图 5.1.3 中，电流测量值间隔相对较大，只是为了说明记录稳态伏安图的概念。在实际实验中，间距要小得多，这样可以更好地定义该波。

实际上，通常的做法是从初始电势到终止电势进行线性电势扫描 [如自动化仪器的线性扫描伏安（LSV）模式]。电流基本上是连续记录的。如果扫描速率 v 足够慢，扩散可以根据变化的电势不断调整稳态。例如，1μm 电极的稳态更新时间 τ_{ss} 约为 13ms，如果电势以 50mV/s 的速度扫描，则在 τ_{ss} 内电势 E 移动不超过 1mV。因此，扩散具有保持稳态（mV-by-mV）的能力。

一个有用的规则是，在稳态更新时间内，电势的变化不应超过 $0.1RT/F$（即电子能量在

---

❺ 表 5.1.1 中预测了非球形电极的稳态更新时间。这些将在第 5.2 节中介绍，现在只关注球形电极。

25℃下的变化不应超过 $0.1kT$ 或 2.6meV)。因此，

$$v \leqslant \frac{0.1RT}{F\tau_{ss}} \approx \frac{1\times 10^{-6}}{r_0^2}\,\text{mV/s}(r_0\ \text{以 cm 为单位}) \tag{5.1.22}$$

对于一个半径为 1μm 的圆盘电极，v 应为 100mV/s 或更小。通过响应对扫描速率的依赖性可以验证扫描速率是否足够慢。若选择的速率过快，则在平台处开始出现峰值，因为此时并不是单纯的稳态电流，还包含了涉及稳态调整的暂态效应。

图 5.1.4 为球形金超微电极在线性扫描下记录的稳态伏安图。电活性物质是四氰基醌二甲烷(TCNQ)，其在乙腈溶液中发生单电子还原生成阴离子自由基。

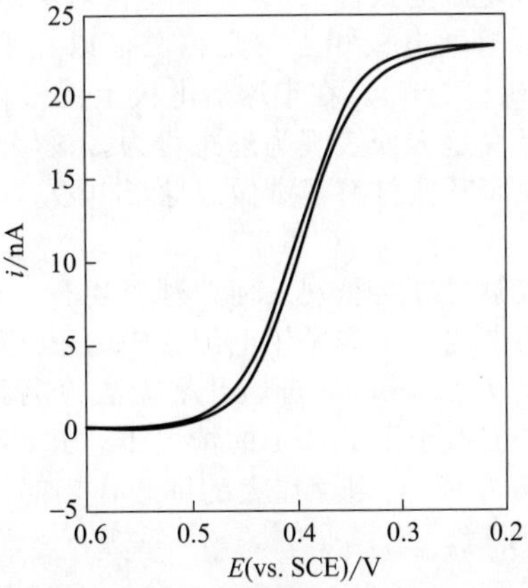

图 5.1.4 在含 0.1mol/L $TBABF_4$ 的乙腈溶液中，半径为 3μm 的球形金超微电极上 TCNQ 的稳态伏安图 ($C_O^* = 6.5$mmol/L，v=100mV/s)

由 0.6V 向 0.2V 正向扫描并回扫至 0.6V 得到双线（经 Demaille，Brust，Tsionsky 和 Bard[4] 许可转载）

图 5.1.4 中的双线是因为实验中使用了自动恒电势仪的循环伏安（CV）模式。许多稳态伏安图是在 CV 模式下记录的，文献中将实验方法称为稳态循环伏安法；但是一般不将稳态 CV 视为一种特定的方法。当真正保持稳态时，正向扫描和反向扫描应该产生相同的结果❻❼。

5.2 超微电极的形状和性质

超微电极的出现将电化学方法扩展到空间、时间、化学介质、方法学等广泛的新领域，并带来了重大机遇[5-12]。在本书第一版问世时，人们几乎没有注意到超微电极，但其影响推动了第二版中的许多变化，更是这一版中更多变化的基础。

超微电极的基本概念是电极尺寸小于在易于实现的实验中所得的扩散层厚度。尽管并不是所有应用都依赖于这种行为，但许多情况下是这样，包括 SSV。超微电极的其他应用则是建立在低欧姆降或小时间常数等非常小电极特性上。我们将在 5.6 节和第 6 章讨论这些问题。

超微电极在操作上定义为至少有一个维度（如圆盘电极的半径）的尺寸小于 25μm 的电极[13]，这一尺寸被称为特征尺寸（characteristic dimension）❽。现在已经可以制作特征尺寸小至 10nm 的电极。要具备超微电极的性质，电极只需在一个维度上足够小就可以了，所以电极可以是各种形状，在其他物理维度上仍有很大的回旋余地。下面将介绍一些最有用形状的超微电极。

---

❻ 在某些情况下，稳态行为无法真正保持。如，电极反应会改变表面，改变反应动力学或改变表面电反应物的可用性。稳态 CV 在这种情况下具有诊断价值。CV 将会在第 7 章作为重点进一步讨论。

❼ 在稳态 CV 中，两次扫描间的滞后可以认为是扫描速率过快而无法完全消除暂态效应。这可能是图 5.1.4 中存在较小滞后的原因。

❽ 在第二版中，也称为临界尺寸（critical dimension）。现在与《电化学词典》统一[13]。

5.2.1　球形或半球形超微电极

球形电极的稳态行为已在5.1节中介绍了。选择球形电极优先进行处理是因为它是最理想的形状。它具有均匀可接近的（uniformly accessible）性质，这意味着电极表面每一点的传质几何形状是相同的。因此，在电极上的任何一点，任何物质的通量都是相同的。这是由于除了电极表面本身，没有物理上的不连续或边界，且在球面上每一点的曲率都是相同的。扩散控制的稳态电流由式(5.1.20)或式(5.1.21)给出。

对于无限平面覆盖的半球形超微电极，其扩散场只有相同半径球形超微电极的一半，其电流也相应只有球形超微电极电流的一半。式(5.1.20)通过面积的比例来补偿差异，因此它既适用于半球形超微电极也适用于球形超微电极。式(5.1.21)仅对于球形超微电极是准确的。

如果覆盖层的半径与半球形超微电极相当，则扩散可以在平面覆盖层背面的部分溶液间发生。这种效应会导致电流增强（18.2节）。在半球形电极上无限覆盖层保持着均匀可接近性。在本章剩余部分，假设半球形电极在这方面表现为理想行为，该假设在实验上是现实的。

球形电极可以用金制备[4]，而其他材料很难做成球形电极。半球形电极可以在圆盘超微电极上镀汞制备。

球形电极在与球体进行电接触之处会呈现几何非理想状态，这是由于该区域内的扩散被部分或全部屏蔽。传统的球形电极的电化学工作是用毛细管中的汞液滴进行的，并使其与毛细管中的汞线接触。对于大的液滴（r_0约为250μm），屏蔽几乎无法检测到；但对于球形超微电极，接触可以占据相当大的球形部分。在类似于图5.2.1的情况下，式(5.1.20)中所使用的面积应针对球体的屏蔽部分进行校正（习题6.12）。当存在大的屏蔽作用时，应避免使用式(5.1.21)，因为式(5.1.21)是基于球体的整个面积。

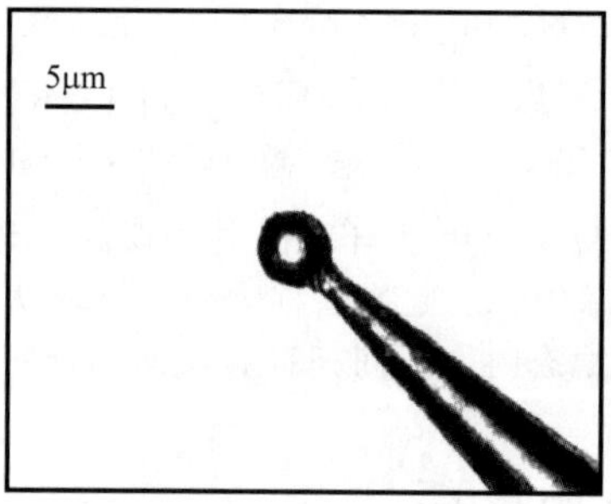

图5.2.1　半径4μm的球形金电极的光学显微镜图

球体延伸出的圆锥形是玻璃微管，通过其实现电接触（引自Demaille，Brust，Tsionsky和Bard[4]，1997）

5.2.2　圆盘超微电极

至今为止最重要且实用的是圆盘（disk）超微电极，制备方法是将细金属丝密封在如玻璃或塑料树脂等绝缘体中，然后将其抛光暴露出金属丝的横截面。特征尺寸r_0必须等于或小于25μm。圆盘超微电极的制备是一项重要技术活，将在5.9.1节中讨论。r_0小至10nm的圆盘电极已被经常制备。圆盘电极的几何面积与半径的平方成正比，可以很小。如，$r_0=1\mu m$，电极面积A只有$3\times10^{-8}cm^2$，比直径1mm的电极的面积小了6个数量级。

(1) 圆盘电极上的稳态扩散

圆盘电极扩散行为的理论处理比较复杂，涉及两个维度[14-15]：盘的径向和垂直于盘面的法向（图5.2.2）。由表4.4.2可知，描述物种j稳态扩散对应的拉普拉斯方程是

$$\nabla^2 C_j(r,z)=\frac{\partial^2 C_j(r,z)}{\partial r^2}+\frac{1}{r}\frac{\partial C_j(r,z)}{\partial r}+\frac{\partial^2 C_j(r,z)}{\partial z^2}=0 \tag{5.2.1}$$

将这一实验与5.1节中已处理过的实验等效，即在本体浓度C_O^*的静止溶液中，将圆盘超微电极的电势保持在E。电极反应为$O+ne \rightleftharpoons R$。在电极上可以产生本体溶液中不存在的物种R。

求解式(5.2.1)需要4个边界条件。其中两个半无限条件是

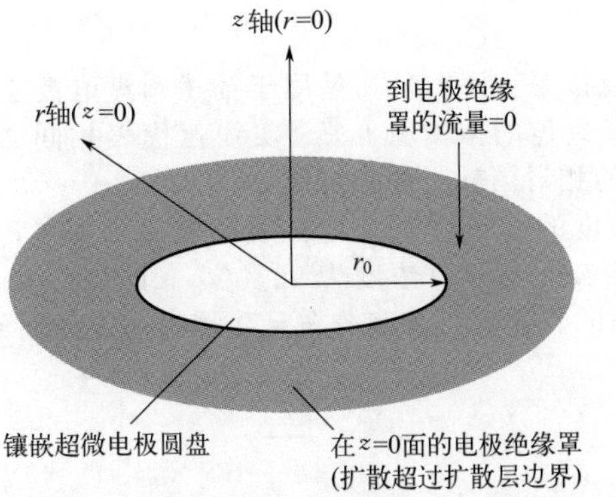

图 5.2.2　超微圆盘电极上的扩散几何图形

$$\lim_{r\to\infty} C_O(r,z)=C_O^* \tag{5.2.2a}$$

$$\lim_{z\to\infty} C_O(r,z)=C_O^* \tag{5.2.2b}$$

第三个条件是圆盘电极周围的绝缘罩不发生反应，不会有流量进出：

$$\left.\frac{\partial C_O(r,z)}{\partial z}\right|_{z=0}=0 \qquad (r>r_0) \tag{5.2.3}$$

最后一个条件是由方法学和体系的动力学行为确定的。现在，考虑的是 $r\leqslant r_0$ 时电极表面氧化态浓度 $C_O(z=0)$ 均匀的情况。

Newman[16] 解决了与镶嵌圆盘电极电势分布相关的同构问题，因此可以采用他的解决方案来获得所需的结果。首先，用“消耗浓度”来重新定义问题，即 $\Delta C_O=C_O^*-C_O(r,z)$，拉普拉斯方程就变为

$$\nabla^2\Delta C_j(r,z)=\frac{\partial^2\Delta C_j(r,z)}{\partial r^2}+\frac{1}{r}\frac{\partial\Delta C_j(r,z)}{\partial r}+\frac{\partial^2\Delta C_j(r,z)}{\partial z^2}=0 \tag{5.2.4}$$

很容易发现对于 O 物种，式(5.2.4) 与式(5.2.1) 相同。边界条件式(5.2.2a，b) 变为

$$\lim_{r\to\infty}\Delta C_O(r,z)=0 \tag{5.2.5a}$$

$$\lim_{z\to\infty}\Delta C_O(r,z)=0 \tag{5.2.5b}$$

边界条件式(5.2.3) 写成 $\Delta C_O(r,z)$，其余保持不变。在电极表面，对于 $r\leqslant r_0$，则有 $\Delta C_O(z=0)=C_O^*-C_O(z=0)$。现在，我们的问题在形式上与 Newman 解决的问题是一致的。

进行椭圆坐标变换，ξ、η 分别关联 r、z，

$$r=r_0[(1+\xi^2)(1-\eta^2)]^{1/2} \tag{5.2.6a}$$

$$z=r_0\xi\eta \tag{5.2.6b}$$

ξ 坐标一般表示到电极表面的距离（这里 $\xi=0$）。η 坐标一般表示相对于绝缘罩表面（对应于 $\eta=0$）的角位置。穿过圆盘电极中心的旋转对称轴，对应 $\eta=1$。

这些坐标下的拉普拉斯方程为

$$\nabla^2\Delta C_O(\xi,\eta)=\frac{\partial}{\partial\xi}\left[(1+\xi^2)\frac{\partial\Delta C_O(\xi,\eta)}{\partial\xi}\right]+\frac{\partial}{\partial\eta}\left[(1-\eta^2)\frac{\partial\Delta C_O(\xi,\eta)}{\partial\eta}\right]=0 \tag{5.2.7}$$

边界条件变为

$$\lim_{\xi\to\infty}\Delta C_O(\xi,\eta)=0 \qquad \text{(远离圆盘)} \tag{5.2.8}$$

$$\left.\frac{\partial C_O(\xi,\eta)}{\partial\eta}\right|_{\eta=0}=0 \qquad \text{(在绝缘罩上)} \tag{5.2.9}$$

$$\Delta C_O(0,\eta)=\Delta C_O(z=0) \qquad \text{(在圆盘表面)} \tag{5.2.10}$$

应注意 $\Delta C_O(z=0)$ 与 $C_O(z=0)$ 一样都是常数。

求解过程[16] 是简洁的，这里并不详细介绍。重新表述该问题，结果是扩散到圆盘电极的稳态浓度分布：

$$\frac{\Delta C_O(\xi,\eta)}{\Delta C_O(z=0)}=1-(2/\pi)\tan^{-1}\xi \tag{5.2.11}$$

图 5.2.3 为二维浓度分布图。该图最初是用于描述圆盘电极电解过程中周围溶液的电势分布，但同样适用于我们所感兴趣的浓度分布❾。实线弧代表相同 $\Delta C_O/\Delta C_O(z=0)$ 的面，用于测量由电解引起的 O 物种的相对消耗。如，对应 $\Delta C_O/\Delta C_O(z=0)=0.1$ 的外弧描述了物种 O 的消耗浓度是电极表面消耗浓度的 10%。如果电极表面被完全耗尽，将处于非常负的电势，那么 $\Delta C_O(z=0)$ 将等于 C_O^*，外弧代表了 O 浓度为 $90\%C_O^*$（即 $\Delta C_O=10\%C_O^*$）的表面。注意在电极边缘附近弧线是紧密分布的，这表明浓度分布是陡峭的。这种现象反映了电极边缘的快速扩散传输。

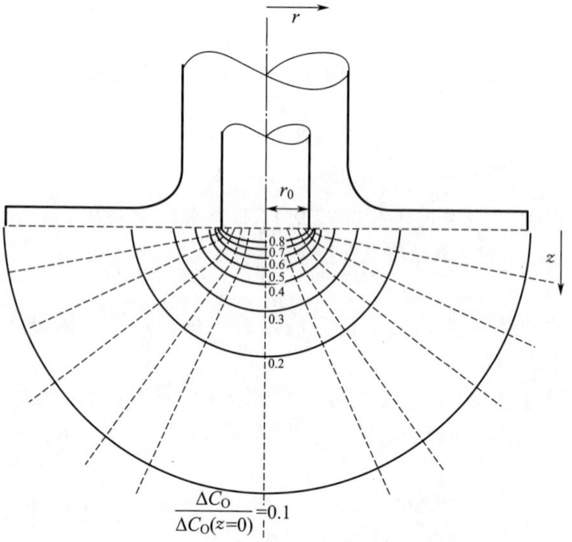

图 5.2.3 圆盘超微电极的稳态浓度分布图

实线代表固定值为 $\Delta C_O/\Delta C_O(z=0)$ 的面，虚线代表通量路径（引自 Newman[16]）

(2) 圆盘超微电极的扩散控制稳态电流

圆盘电极上任意一点的局部稳态电流密度 j 是

$$j=nFD_O\left[\frac{\partial C_O(r,z)}{\partial z}\right]_{z=0}=-nFD_O\left[\frac{\partial \Delta C_O(r,z)}{\partial z}\right]_{z=0} \tag{5.2.12}$$

$$j=-nFD_O\left[\frac{\partial \Delta C_O(\xi,\eta)}{\partial \xi}\frac{\partial \xi}{\partial z}\right]_{\xi=0}=-nFD_O\left[\frac{1}{r_0\eta}\frac{\partial \Delta C_O(\xi,\eta)}{\partial \xi}\right]_{\xi=0} \tag{5.2.13}$$

对于式(5.2.13) 右边的结果，可以用式(5.2.6a) 中的 r 和 ξ 计算 $r_0\eta$，用式(5.2.11) 计算括号内的导数。因此，

$$j=nFD_O\left[\left(\frac{1+\xi^2}{r_0^2-r^2+r_0^2\xi^2}\right)^{1/2}\frac{2\Delta C_O(z=0)}{\pi(1+\xi^2)}\right]_{\xi=0}=\frac{2nFD_O\Delta C_O(z=0)}{\pi(r_0^2-r^2)^{1/2}} \tag{5.2.14}$$

半径为 r、宽度为 dr 的环的总电流为 $2\pi rj\,dr$，总的稳态电流是对整个环带的积分，

$$i=2\pi\int_0^{r_0} jr\,dr=4nFD_O\Delta C_O(z=0)\int_0^{r_0}\frac{r}{(r_0^2-r^2)^{1/2}}dr \tag{5.2.15}$$

最后的积分值就是 r_0，所以

$$i=4nFD_Or_0[C_O^*-C_O(z=0)] \tag{5.2.16}$$

由于 $A=\pi r_0^2$，则有

❾ 在第 10 章中将涉及在 Newman 原始论文中提到的相同图。

$$\boxed{i=\frac{4nFAD_O}{\pi r_0}[C_O^*-C_O(z=0)]} \tag{5.2.17}$$

当电势足够负以至于物种 O 无法与电极共存时，$C_O(z=0)=0$，得到阴极扩散控制的稳态电流，

$$\boxed{i_{d,c}=\frac{4nFAD_OC_O^*}{\pi r_0}} \tag{5.2.18a}$$

$$\boxed{i_{d,c}=4nFD_OC_O^*r_0} \tag{5.2.18b}$$

这些都是重要的、广泛使用的关系式。式(5.2.18a，b) 的常见应用是确定 r_0（5.9.3 节）。

上述对 i 和 $i_{d,c}$ 的推导假设圆盘电极被无限的覆盖层所包围，其原因与 5.2.1 节中指出的完全相同。在本书中，我们在这方面的假设通常具有理想性；但在 18.2 节中定量处理了具有有限覆盖层的圆盘电极行为。

(3) 圆盘超微电极上电流密度的变化

这种圆盘形状电极的一个重要特征是电流密度在电极表面各处发生变化，其中边缘处电流密度最大，这是因为周围溶液中的电活性物质提供了最近的扩散途径。当 $C_O(z=0)=0$ 时，根据式(5.2.14)，受扩散控制的效应如图 5.2.4 所示。大约 40％的 $i_{d,c}$ 在 90％～100％的半径 r_0 之间通过。

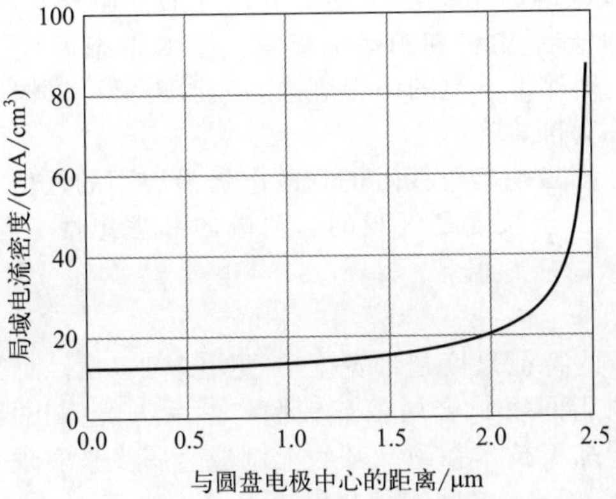

图 5.2.4　半径 2.5μm 的圆盘超微电极表面的局域扩散控制电流密度曲线
($n=1$，$D_O=1\times10^{-5}\,cm^2/s$，$C_O^*=5mmol/L$)

电流密度可以变得相当高。在图 5.2.4 所示的情况下，电流密度在电极边沿处达到了 $0.1A/cm^2$，并且在电极各处都能高于 $10mA/cm^2$。总的稳态极限电流只有 4.8nA，但是所有的行为都发生在 $2\times10^{-7}\,cm^2$ 内。

圆盘电极表面的稳态电流密度的不均匀性使某些实验的解释复杂化。建模可能对实验结果做出最有效的解释，特别是在求解动力学参数时（5.4.4 节）。

(4) O 和 R 表面浓度的局部关系

即使流量在圆盘电极表面发生变化，O 和 R 的流量在电极上的每一点都必须相等且相反，即必须满足质量守恒。因此，

$$D_O\left[\frac{dC_O(r,z)}{dz}\right]_{z=0}+D_R\left[\frac{dC_R(r,z)}{dz}\right]_{z=0}=0 \tag{5.2.19}$$

或

$$D_O\left[\frac{dC_O(\xi,\eta)}{d\xi}\frac{\partial\xi}{\partial z}\right]_{\xi=0}+D_R\left[\frac{dC_R(\xi,\eta)}{d\xi}\frac{\partial\xi}{\partial z}\right]_{\xi=0}=0 \tag{5.2.20}$$

从式(5.2.12)～式(5.2.14) 的步骤中，我们可以发现

$$\frac{2D_O\Delta C_O(z=0)}{\pi(r_0^2-r^2)^{1/2}}+\frac{2D_R\Delta C_R(z=0)}{\pi(r_0^2-r^2)^{1/2}}=0 \tag{5.2.21}$$

或

$$D_R\Delta C_R(z=0)=-D_O\Delta C_O(z=0) \tag{5.2.22}$$

$$\boxed{C_R(z=0)=C_R^*+\frac{D_O}{D_R}[C_O^*-C_O(z=0)]} \tag{5.2.23}$$

我们之前已发现在球形电极上的表面浓度有相同的关系，即式(5.1.17)。

5.2.3　圆柱状超微电极

通过简单地暴露一段长为 l、半径为 r_0 的细丝可以制备圆柱状超微电极。长度是宏观的，一般是毫米级，因此特征尺寸为 r_0。

与圆盘电极对应的拉普拉斯方程相同［式(5.2.1)］。坐标 r 为垂直于轴对称的径向位置，z 为柱长度方向位置。因为通常假设长度方向是均匀的，所以$\partial C/\partial z=\partial^2 C/\partial z^2=0$，因而 z 可以舍去。与 5.2.1 节中球形问题时使用的边界条件相同，详细分析见文献［9］。

在 O 表面浓度为 0 的电势和长时间限制下，当扩散长度大于 r_0 时，扩散极限电流变为

$$i_{d,c}=\frac{2nFAD_OC_O^*}{r_0\ln(4D_Ot/r_0^2)} \tag{5.2.24a}$$

$$i_{d,c}=\frac{4\pi nFlD_OC_O^*}{\ln(4D_Ot/r_0^2)} \tag{5.2.24b}$$

根据 $A=2\pi r_0 l$ 推导的式(5.2.24b) 表明 $i_{d,c}$ 对临界尺寸的依赖较弱。由于在式(5.2.24a，b) 中有时间 t，因此 $i_{d,c}$ 不会类似球形电极和圆盘电极有真正的稳态极限。然而，当 $4D_Ot/r_0^2\gg 1$ 时，时间 t 为对数的倒数形式，确保了电流的缓慢衰减，实验上仍可以像圆盘电极和球形电极一样认为是一种稳态。这种情况称为准稳态。

柱状电极除了在两端处都是均匀可接近的，故电极沿表面的任何一处都可能有均匀的电流密度，直到两端接近几个 r_0。由于长度是宏观的，两端的非理想性只会影响电极的一小部分，且通常不重要。

5.2.4　带状超微电极

带状（band）超微电极的特征尺度是带宽度 w 要小于 25μm，而其长度 l 甚至可以大至厘米级。通过在玻璃板或塑料树脂间密封金属箔或镀膜，然后抛光露出截面，即可制备带状超微电极。也可以通过常规微电子加工技术在绝缘基底上制造金属线来实现带状电极的制备。通过这些方法可以获得宽度在 10nm～25μm 之间的带状电极。

在操作上，柱状电极和带状电极有许多相似之处。二者与盘状电极不同的是它们的几何面积与特征尺度成线性关系，而盘状电极的面积与特征尺度的平方成正比。虽然电极具有很小的宽度 w（或柱状电极的 r_0 很小），但面积却可以很大，并产生相当大的电流。比如，宽度为 1μm、长度为 1cm 的带状电极的面积可达 10^{-4} cm^2，几乎比 1μm 的圆盘电极面积高出 4 个数量级。

正如二维扩散的圆盘电极类似于简单的一维扩散的半球电极一样，二维扩散的带状电极行为类似简单的半柱电极。处理带状电极上扩散的坐标体系如图 5.2.5 所示。当施加的电势有效地将电反应物的表面浓度趋近至 0，当扩散长度显著大于 w 时，电流-时间关系趋近准稳态[9]，

$$i_{d,c}=\frac{2\pi nFAD_OC_O^*}{w\ln(64D_Ot/w^2)} \tag{5.2.25a}$$

$$i_{d,c}=\frac{2\pi nFlD_OC_O^*}{\ln(64D_Ot/w^2)} \tag{5.2.25b}$$

因此，带状超微电极在长时间内也不会达到真正的稳态。

带状电极并不是均匀可接近的。扩散传质在电极的边缘处比在远离边缘的表面更加有效，局部电流密度在电极表面上相应变化。

5.2.5　超微电极的稳态行为总结

对于这里所考虑的任何形状电极，当扩散层厚度大于特征尺寸时，工作电极的电流趋向稳态或准稳态。仿照 1.3.2 节的经验公式，该阴极极限电流可写为

$$\boxed{i_{d,c}=nFAm_OC_O^*} \tag{5.2.26}$$

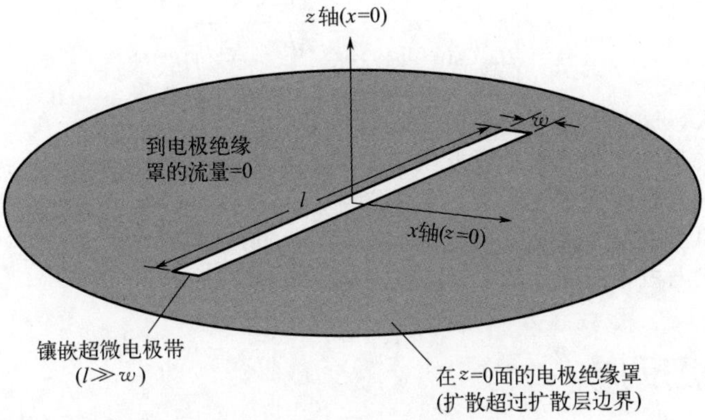

图 5.2.5　带状电极上的扩散坐标图

一般电极长度远大于宽度，电极端部的扩散可以忽略，只考虑 x、z 轴方向的扩散

式中，m_O 为传质系数，其具体形式与电极形状有关，列于表 5.2.1[10]。

表 5.2.1　不同形状超微电极的传质系数 m_O 的形式

球形	半球形	盘状	柱状①	带状①
$\dfrac{D_O}{r_0}$	$\dfrac{D_O}{r_0}$	$\dfrac{4D_O}{\pi r_0}$	$\dfrac{2D_O}{r_0\ln(4D_Ot/r_0^2)}$	$\dfrac{2\pi D_O}{w\ln(64D_Ot/w^2)}$

① 长时间极限是趋向准稳态。

对于球形和盘状电极，式(5.1.19) 和式(5.2.17) 表明

$$\boxed{i=nFAm_O\left[C_O^*-C_O(\text{surface})\right]} \tag{5.2.27}$$

式中对于球形电极，$C_O(\text{surface})$ 为 $C_O(r=r_0)$；对于盘状电极，$C_O(\text{surface})$ 为 $C_O(z=0)$。对于这两种形状，只要电极表面的表面浓度是均匀的，1.3.2 节中的简单模型的假设基础是严格有效的。最后一个条件是在球形和盘状电极的稳态扩散处理中被假设的。

还可以确认这个简单模型的其他重要关系，包括

$$\boxed{C_O(\text{surface})=C_O^*\left(1-\frac{i}{i_{\text{d,c}}}\right)} \tag{5.2.28}$$

对于本体溶液中没有 R 的情况，可以使用这最后的结果来获得

$$\boxed{C_R(\text{surface})=\frac{m_O}{m_R}C_O^*\left(\frac{i}{i_{\text{d,c}}}\right)} \tag{5.2.29}$$

当本体溶液中存在 R 时，从问题的对称性了解到，在正电势下，必须有阳极极限电流 $i_{\text{d,a}}$ 来反映 R 的扩散控制的氧化。除了给出阳极电流的符号外，其与式(5.2.26) 具有相同的形式，因此，

$$\boxed{i_{\text{d,a}}=-nFAm_RC_R^*} \tag{5.2.30}$$

同样地，

$$\boxed{i=nFAm_R\left[C_R(\text{surface})-C_R^*\right]} \tag{5.2.31}$$

当 O 和 R 都存在时，式(5.2.26)～式(5.2.28) 仍然有效；但是 R 的表面浓度为

$$C_R(\text{surface})=C_R^*+\frac{m_O}{m_R}C_O^*\left(\frac{i}{i_{\text{d,c}}}\right) \tag{5.2.32}$$

---

[10] 真正的电极很少是理想的球形、半球形、圆盘、圆柱或矩形带状，故传质系数通常必须理解为近似值。如，一个实际的圆盘电极可能具有椭圆形状或不规则的周长，但在实际中仍使用给定的 r_0 作为“平均值”或“表观值”。

通过替换式(5.2.26)和式(5.2.30)，可以将其转换为

$$\boxed{C_R(\text{surface})=C_R^*\left(1-\frac{i}{i_{d,a}}\right)} \tag{5.2.33}$$

使用不同的处理方法，这些关系式将在许多场合中被利用。

还未证明这些关系对于半球形、柱状或带状超微电极的有效性。对于半球形和柱状电极，简单的几何结构表明，当表面浓度均匀时，这些关系仍然有效。带状电极的问题要复杂得多。对于所有的几何图形，即使不是严格有效的，这些关系仍可能是一种有意义的近似。

对于柱状和带状电极，i、$i_{d,c}$ 和 $i_{d,a}$ 总是准稳态电流。

5.3 可逆电极反应

本节的目标是研究体系的稳态伏安法，其中反应物和产物是化学稳定的，所有过程的动力学包括电荷转移动力学都是快速的，因此每个化学过程都处于平衡。这些条件定义了一个可逆体系。

仍然考虑电极反应 $O+ne \rightleftharpoons R$，其中 O 和 R 都是可溶的。溶液不搅拌且含有支持电解质，故对流和迁移均可忽略。工作电极是一超微电极，可以记录稳态伏安图。

5.3.1 波的形状

(1) 本体溶液中不存在 R

由于该体系是可逆的，电极电势和 O、R 的表面浓度总是满足能斯特方程（3.4.5 节），

$$E=E^{0'}+\frac{RT}{nF}\ln\frac{C_O(\text{surface})}{C_R(\text{surface})} \tag{5.3.1}$$

其中 $C_O(\text{surface})$ 和 $C_R(\text{surface})$ 是表面浓度，例如球形电极表面浓度为 $C_O(r=r_0)$，圆盘电极表面浓度为 $C_O(z=0)$。对于任何形状的电极，电势使 O 和 R 的表面浓度均匀，因此可以依赖 5.2.5 节中验证过的广义关系。在式(5.3.1)中，$C_O(\text{surface})$ 可以用式(5.2.28)替代，$C_R(\text{surface})$ 可以用式(5.2.29)替代（当 $C_R^*=0$ 时）。经过重排可得

$$E=E^{0'}+\frac{RT}{nF}\ln\frac{m_R}{m_O}+\frac{RT}{nF}\ln\frac{i_{d,c}-i}{i} \tag{5.3.2}$$

其中 m_O 和 m_R 为表 5.2.1 给出的传质系数。这是 5.2.5 节中介绍的任何超微电极几何形状的可逆波的形状方程。对于球形、圆盘和半球形电极，式(5.3.2)变为

$$\boxed{E=E^{0'}+\frac{RT}{nF}\ln\frac{D_R}{D_O}+\frac{RT}{nF}\ln\frac{i_{d,c}-i}{i}} \tag{5.3.3}$$

式(5.3.2)和式(5.3.3)都是对于球形和圆盘超微电极的严格结果。由于只验证了式(5.2.28)和式(5.2.29)这两种情况，所以这些结果也可能是其他形状的近似值。

式(5.3.2)也可以写成

$$\boxed{E=E_{1/2}+\frac{RT}{nF}\ln\frac{i_{d,c}-i}{i}} \tag{5.3.4}$$

其中半波电势 $E_{1/2}$ 一般为

$$E_{1/2}=E^{0'}+\frac{RT}{nF}\ln\frac{m_R}{m_O} \tag{5.3.5}$$

但对于球形、盘状和半球形电极，$E_{1/2}$ 也可写成

$$\boxed{E_{1/2}=E^{0'}+\frac{RT}{nF}\ln\frac{D_R}{D_O}} \tag{5.3.6}$$

式(5.3.2)、式(5.3.4)、式(5.3.5)和在第 1 章中用稳态传质的简单方法推导出的式(1.3.15)、式(1.3.17)、式(1.3.16)完全相同。

如图5.3.1所示，电流从基线上升到扩散控制极限区，约对应以 $E_{1/2}$ 为中心的很窄电势范围。大部分情况下，式(5.3.6) 中的扩散系数［或式(5.3.5) 中的传质系数］之比几乎是1，所以对所有物种都是可溶的可逆体系，$E_{1/2}$ 可以作为 $E^{0'}$ 的近似值。

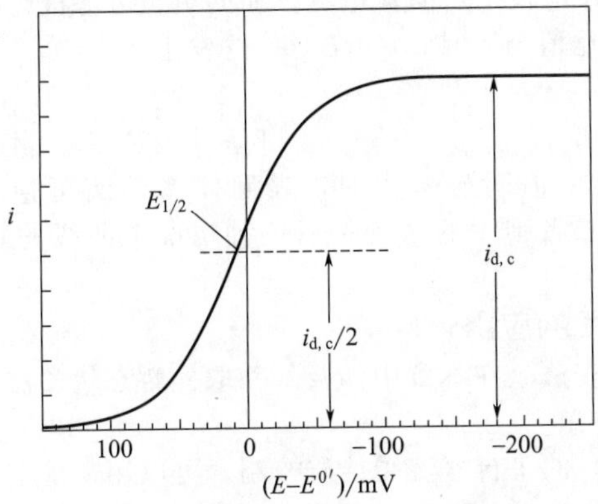

图5.3.1 稳态伏安图中的可逆阴极波

其中 $n=1$，$T=298K$，$D_O=0.7D_R$。由于 $D_O \neq D_R$，$E_{1/2}$ 略偏离 $E^{0'}$，在本例中约偏离9mV。若 $n>1$，曲线要更陡峭些

还应注意到，E 对 $\lg[(i_{d,c}-i)/i]$ 呈线性关系，其斜率为 $2.303RT/(nF)$ 或 $59.1/n$mV（在25℃）。常常从实验数据计算这一“波斜率”来判断可逆性。可逆性的另一种判断方法是Tomeš判据[17]，即在25℃下 $|E_{3/4}-E_{1/4}|=56.4/n$mV。其中电势 $E_{3/4}$ 和 $E_{1/4}$ 分别是 $i=3i_{d,c}/4$ 和 $i=i_{d,c}/4$ 时对应的电势。如果从实验数据得到的波形斜率或Tomeš判据显著偏离预期值，体系就不是可逆的［5.4.2(2)节］。

(2) O和R均存在于本体溶液中

当溶液中同时存在O和R时，根据式(5.2.28) 和式(5.2.33)，将表面浓度代入，得到式(5.3.1) 的波形方程。结果是

$$\boxed{E=E_{1/2}+\frac{RT}{nF}\ln\frac{i_{d,c}-i}{i-i_{d,a}}} \tag{5.3.7}$$

其中 $E_{1/2}$ 由式(5.3.5) 或式(5.3.6) 给出，取决于几何形状。参数 $i_{d,c}$ 和 $i_{d,a}$ 分别是O还原和R氧化时的扩散控制稳态电流（或准稳态电流），分别由式(5.2.26)、式(5.2.30) 给出。对于本体溶液中不存在R的情况，式(5.3.7) 对于球形和盘状电极是严格的，但也可能是其他电极形状的近似。

图5.3.2展示了在体系中O和R都存在时的复合阳极-阴极波形。在开路情况下，工作电极

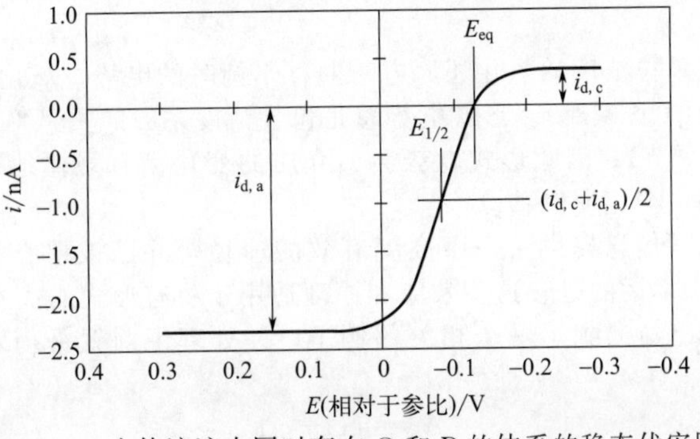

图5.3.2 本体溶液中同时存在O和R的体系的稳态伏安图

其中 $E^{0'}=-0.1V$，$n=1$，$C_O^*=1mmol/L$，$C_R^*=3mmol/L$，$D_O=1\times10^{-5}cm^2/s$，$D_R=2\times10^{-5}cm^2/s$，$r_0=1\mu m$

通过 O/R 电对保持在

$$E_{eq}=E^{0'}+\frac{RT}{nF}\ln\frac{C_O^*}{C_R^*} \tag{5.3.8}$$

从 E_{eq} 向更负电势极化，工作电极产生阴极电流；而向更正电势极化，则产生阳极电流。

当式(5.3.7) 中对数的比值为 1 时，$E=E_{1/2}$。这发生在 $i=(i_{d,c}+i_{d,a})/2$ 时，即阳极电流平台和阴极电流平台的中间。

根据式(5.3.7)，E 与 $\lg[(i_{d,c}-i)/(i-i_{d,a})]$ 呈线性关系，其斜率为 $2.303RT/(nF)$ 或 $59.1/n$mV（在 25℃）。当斜率值明显偏大时，表明体系偏离可逆性[11]。实际上，图 5.3.1 和图 5.3.2 的波形是一样的。二者唯一的区别是后一种情况下曲线的垂直平移，以得到阳极平台电流。

5.3.2 可逆电流-电势曲线的应用

本节同样适用于稳态伏安法（在本章中涉及）和取样暂态伏安法（在第 6 章中涉及）。

(1) 从波高中获得的信息

简单波（无论是否可逆）的平台电流受传质控制，可以用来确定影响电极表面反应物极限流量的任一体系参数，包括 n、A、D 和 C^*。之前，最常见的应用是使用伏安波高度来确定浓度，或跟踪浓度的变化。

稳态伏安图的平台电流也能提供电极的特征尺寸信息（如球形、半球形或圆盘电极的 r_0；5.9.3 节）。

(2) 从波形中获得的信息

在可逆（能斯特）体系中，电极表面的电极反应总是处于平衡，其动力学非常快以至于界面完全受热力学控制。正如电势法测量一样，从可逆波的形状和位置可以提供热力学性质，如标准电势、反应自由能、各种平衡常数等。另外，动力学效应几乎不会表现出来，所以得不到界面电子转移的动力学信息。

常用波斜率来分析波形。对于可逆体系（5.3.1 节），波斜率是 $2.303RT/(nF)$ 或 $59.1/n$mV（在 25℃）。在非能斯特异相动力学或整体上的化学不可逆反应中［5.4.2(2)节］，常会出现大的斜率，所以这个斜率常可以用来判断可逆性。

如果已知体系是可逆的，波斜率可以用于确定 n 值。

有时会遇到接近 60mV 的波斜率，其可以作为 n 值为 1 的可逆反应的标志。如果电极反应简单，如简单的吸附问题（第 14 章），从波斜率就可以确认这些结论。但是如果电极反应很复杂，采用能从两个方向研究电极反应的方法如大电极的循环伏安法去判断可逆性更安全（第 7 章）。

(3) 从波形位置中获得的信息

由于可逆波的半波电势接近 $E^{0'}$，稳态或取样暂态伏安法可以很方便地用来估计尚未定性的化学体系的电势。反应必须是可逆的，因为缓慢的电子转移动力学或耦合的不可逆均相反应会导致 $E_{1/2}$ 与 $E^{0'}$ 相差较大（1.4.2 节、5.4.2 节、6.3.5 节和第 13 章）。盲目地假设 $E_{1/2}\approx E^{0'}$ 是一个常见的错误。

形式电势的定义是单位浓度的氧化还原电对共存平衡时的电势，氧化态和还原态可以以多种化学形式存在（如耦合的酸-碱对）。形式电势总是包含活度系数的贡献，也常反映如配位、酸碱平衡等化学效应（2.1.7 节）；因此形式电势会因介质的变化而有规律地变化。相应稳态或采样暂态伏安法的半波电势也会相应偏移。

这种现象为获取化学信息提供了一条高度有效的途径，并已被精心利用（主要使用比 SSV 历史更长的伏安技术）。幸运的是，这些效应和原理适用于所有形式的伏安法。

我们在 1.4.1 节中已经遇到了一个相关的例子，并处理了前置平衡对伏安响应的影响。反应为

$$A \rightleftharpoons O+qY \tag{5.3.9}$$

---

[11] 或者可以表示可观的 iR_u，但对于本章的重点超微电极来说是少见的。

$$\mathrm{O}+n\mathrm{e} \rightleftharpoons \mathrm{R} \tag{5.3.10}$$

其中A和Y可能是一配合物和配体。只要动力学足够快使得参与者始终保持平衡，该处理方法适用于式(5.3.9)描述的任何形式的结合。在1.4.1节中，伏安图具有式(5.3.4)所给出的正常形状，但$E_{1/2}$比式(5.3.5)更复杂。在25℃下，

$$E_{1/2}=E^{0'}+\frac{0.059}{n}\lg\frac{m_R}{m_A}+\frac{0.059}{n}\lg K-\frac{0.059}{n}q\lg C_Y^* \tag{5.3.11}$$

前两项表示在没有配合剂Y的情况下O/R伏安波的$E_{1/2}$，后两项表示配合的影响[12]。

对于式(5.3.9)的平衡常数，也是解离（或不稳定）常数。如果O的结合是显著的，那么$K \ll 1$，$\lg K$为负数，通常为$-3 \sim -30$；因此式(5.3.11)中的第三项值通常为$-180\mathrm{mV} \sim -1.8\mathrm{V}$。

在推导式(5.3.11)中，假设摩尔浓度C_Y^*远大于所有形式O的总摩尔浓度，则C_Y^*通常为0.1～1mol/L。当$q=1 \sim 6$时，式(5.3.11)中的最后一项为0～360mV。

将最后两项放在一起，可以看到，在溶液中加入Y后通常会导致波负移（图5.3.3），通常是数百毫伏的负移。事实上，这种位移的存在是Y与O结合强有力的定性证据。通过在没有Y和不同浓度Y的情况下进行实验，可以获得K和q值。

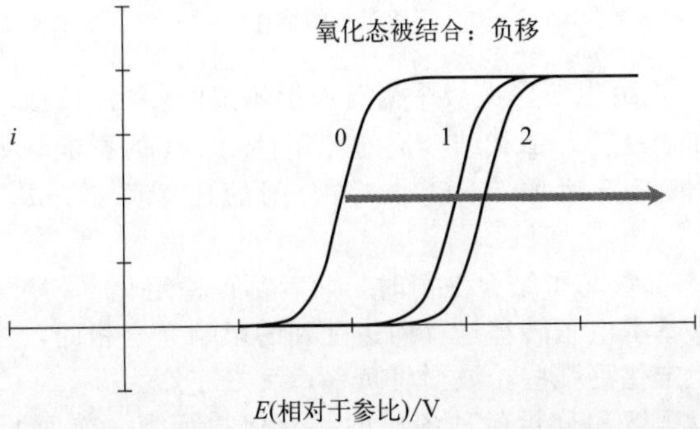

图5.3.3　在可逆O/R电对中加入一种能与O平衡结合的物质的影响
曲线：0—不含结合剂；1—加入显著过量的结合剂；2—结合剂浓度进一步增加

在1.4.1节中，我们首先在传质的近似方法中遇到这种情况；然而，后来在5.2.5节中了解到这种方法所依据的主要方程对于球形和盘状超微电极的稳态电流是严格的。在6.2.4节中，将发现它们对于在适用半无限线性扩散的任何电极上获得的采样暂态电流也是严格的。因此，式(5.3.11)和其他类似平衡情况的结果对于球形和盘状电极的稳态和采样暂态伏安法也是严格的。对于其他形状的超微电极的SSV至少是近似值。

在这个例子中，因氧化还原态之一被选择性的化学稳定化而引起的波位置移动是一个重要特征。对于可逆体系，电势坐标是自由能坐标，波移动的程度与稳定化引起的自由能变化直接相关。这些概念有普适性，可以用于理解许多化学作用对电化学行为的影响。氧化还原物种参与的平衡将影响波位置；另外，平衡中涉及的组分（如上例中的Y物种）的浓度变化会引起额外的半波电势移动。这种波位置的移动起初似乎混乱，但其原理并不复杂，并非常有价值：

① 如果氧化态（如O物种）在某平衡中被化学结合［如式(5.3.9)］，那么氧化态被稳定化。使得氧化态的还原过程困难，产生还原态的氧化过程容易。相应伏安波向负移，移动幅度与化学结合过程的平衡常数（即标准自由能的变化）以及结合剂的浓度有关。前面讨论的案例就是这种情况，一般如图5.3.3所示。

② 如果氧化还原电对的还原态（如R物种）在某平衡中被化学结合，和未配位相比，还原

---

[12] 如果平衡常数K以摩尔浓度计，那么C_Y^*表示为摩尔浓度。在K以活度计时，C_Y^*写作a_Y/γ_Y，这也是摩尔浓度的数值。

态的自由能降低。相应使得还原态的氧化过程更复杂，氧化态的还原过程更容易。因而，伏安波向正移，移动幅度与化学结合过程的平衡常数以及结合剂的浓度有关。这种情况通常如图 5.3.4 所示。

③ 增加结合剂的浓度，使更多的物种被结合，相应的效应得到加强，相对于原始位置的偏移更严重。图 5.3.3 和图 5.3.4 说明了每种情况下曲线 2 相对于曲线 1 的位置。

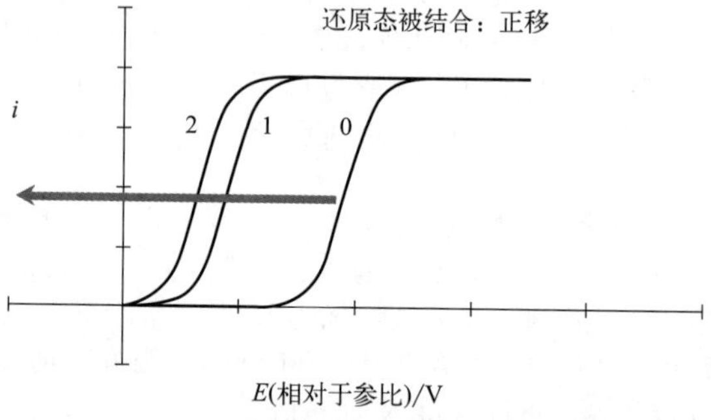

图 5.3.4 在可逆 O/R 电对中加入一种能与 R 平衡结合的物质的影响

曲线：0—不含结合剂；1—加入显著过量的结合剂；2—结合剂浓度进一步增加

④ 按照同样的原理，也可以解释次级平衡对波形位置的影响。例如，假设结合剂（如 NH_3）本身参与了酸碱平衡（如 NH_4^+），那么结合剂的可用性受 pH 的影响。如果 pH 改变降低结合剂的浓度（如在氨结合的情况下添加 HNO_3），结合剂的比例降低，从而使波回到图 5.3.3 和图 5.3.4 中的曲线 0。

⑤ 当氧化态和还原态都参与了结合平衡时，两者都被稳定化（相对于无结合过程），两种效应的作用相互抵消。如果基本电子转移过程两边受到的影响完全相同，将无自由能的改变，波形不移动。如果氧化态的稳定化更强些，波形将负移，反之亦然。

在这一框架下，可以理解和分析各种各样的结合化学行为。前面的例子很明显是金属的配合。酸-碱平衡也通常是重要的，能够影响质子型介质中的无机或有机氧化还原物种。这里所讨论的原理适用于多种现象，例如汞齐化、二聚、离子配对、表面吸附键合、与聚电解质的静电作用，以及和酶、抗体或 DNA 的作用。

对于其他类型的电极反应，可以得到详细的处理方法，包括

$$O + mH^+ + ne \rightleftharpoons R \qquad \text{(习题 5.2)}$$

$$O + ne \rightleftharpoons R_{adsorbed} \qquad \text{(第 14 章)}$$

对于没有涉及这里强调的结合现象的体系，但与简单的 $O + ne \rightleftharpoons R$ 又不太一样的反应，只要它是可逆的，也可以用相似的方法处理。如

$$O + ne \rightleftharpoons R_{insoluble} \qquad \text{(习题 5.3)}$$

$$O + ne \rightleftharpoons 3R \qquad \text{(习题 5.4)}$$

有关细节经常可在各种类型伏安法的文献中查到。

可逆体系的优点是所有化学参与物都处于平衡；因此，通过一系列平衡关系与参与氧化还原的物种相关联。控制整个体系行为的是初态和终态间的自由能变化，对实验来说机理是未知的，因而是否按照精确的机理步骤处理并不重要。

(4) 从扩散电流的变化获得的信息

对于许多体系，式(5.3.9) 中的物种 A 和 O 的扩散系数差别不大，因此有无配位时的 O 的还原扩散电流 $i_{d,c}$ 是相同的（如图 5.3.3 和图 5.3.4 所示）。然而，如果结合剂 Y 分子很大，如蛋白质、聚合物或 DNA，那么结合的 O 远大于游离的 O，D 和 $i_{d,c}$ 就会显著降低。在这些条件下，改变 Y 的量，测量引起的 $i_{d,c}$ 变化，可以获得 K 和 q 值。该类工作的一个例子是基于 $Co(phen)_3^{3+}$ 和双链 DNA 的相互作用[18]，其中 phen 是 1,10-菲罗啉。$Co(phen)_3^{3+}$ 和 DNA 结合前后的扩散系数从 $3.7\times10^{-6}cm^2/s$ 降至 $2.6\times10^{-7}cm^2/s$。

5.4 准可逆和不可逆电极反应

现在转向异相电子转移动力学开始限制电极反应速率的情况。3.4.6节阐述了与这种情况有关的基本观点。在这些情况下，动力学参数 k_f、k_b、k^0 和 α 会影响电势阶跃的响应，因而从响应曲线中可以求出这些参数。在本节，处理单步骤单电子反应 $O+e \rightleftharpoons R$，通常使用通用的 Butler-Volmer 的 i-E 关系（3.3.2节）。

5.4.1 电极动力学对于稳态响应的影响

预测的稳态伏安行为取决于所采用的动力学模型以及 O 和 R 是否存在于本体溶液中。在发展基本思想时区分了几种情况。

(1) 一般动力学，O 和 R 混合存在于本体溶液中

对于所考虑的单电子反应，电流为

$$i=FA\left[k_f C_O(\text{surface})-k_b C_R(\text{surface})\right] \tag{5.4.1}$$

式中，$C_O(\text{surface})$ 和 $C_R(\text{surface})$ 是所选超微电极的表面浓度；k_f 和 k_b 分别是与电势相关的正向反应和逆向反应的速率常数。根据式(5.2.28) 和式(5.2.33)，对表面浓度进行替换

$$i=FA\left[k_f C_O^*\left(1-\frac{i}{i_{d,c}}\right)-k_b C_R^*\left(1-\frac{i}{i_{d,a}}\right)\right] \tag{5.4.2}$$

式中，$i_{d,c}$ 和 $i_{d,a}$ 分别为阴极和阳极扩散控制电流。经过重排可得

$$i=\frac{FAk_f C_O^*}{i_{d,c}}(i_{d,c}-i)-\frac{FAk_b C_R^*}{i_{d,a}}(i_{d,a}-i) \tag{5.4.3}$$

根据式(5.2.26) 和式(5.2.30) 的 $i_{d,c}=FAm_O C_O^*$ 和 $i_{d,a}=-FAm_R C_R^*$，并定义 $\Lambda_f=k_f/m_O$ 和 $\Lambda_b=k_b/m_R$，则结果为

$$\boxed{i=\frac{\Lambda_f i_{d,c}+\Lambda_b i_{d,a}}{1+\Lambda_f+\Lambda_b}} \tag{5.4.4}$$

这种关系是完全通用的。目前还没有动力学模型被应用[13]。

(2) Butler-Volmer 动力学，O 和 R 混合存在于本体溶液中

现在，引用 BV 模型，其中速率常数由式(3.3.7a,b) 给出，并重新表示为

$$k_f=k^0\theta^{-\alpha} \tag{5.4.5a}$$

$$k_b=k^0\theta^{1-\alpha} \tag{5.4.5b}$$

其中

$$\theta=e^{f(E-E^{0'})}=k_b/k_f \tag{5.4.6}$$

且 $f=F/(RT)$。如果定义 $\Lambda^0=k^0/m_O$ 和 $\xi=m_O/m_R$，那么 $\Lambda_f=\Lambda^0\theta^{-\alpha}$，$\Lambda_b=\Lambda^0\xi\theta^{1-\alpha}$。替换和因式分解可得

$$\boxed{i=\frac{\Lambda^0\theta^{-\alpha}(i_{d,c}+\xi\theta i_{d,a})}{1+\Lambda^0\theta^{-\alpha}(1+\xi\theta)}} \tag{5.4.7}$$

该方程简洁描述了在任何电势和任何动力学状态（可逆、准可逆或完全不可逆）下，超微电极上单步骤单电子反应的稳态电流，该方程具有显著的适用范围。还描述了该过程下所有可能的稳态伏安图。假设只有 O 和 R 物种在溶液中保持稳定，BV 动力学适用[14]。

无量纲参数 Λ^0 表示相对于传质速率的电子转移能力。这是在 $E^{0'}$ 处 Λ_f 和 Λ_b/ξ 的值。因为 ξ

---

[13] 在第二版中，SSV 中的动力学效应可通过两个参数 k 和 k^0 来体现，表示电子转移速率常数和传质系数的比值。在这一版中，处理方法更加简单和通用。参数 Λ_f、Λ_b 和 Λ^0 现在被用来表示电子转移和传质速率的比值。

[14] 实际上，式(5.4.7) 的适用性并不局限于超微电极。它适用于任何遵循一般传质关系式(5.2.26)～式(5.2.33) 的体系。在本书中，我们将遇到许多不是基于超微电极的体系。

值通常为 1，则在 $E^{0'}$ 处有 $\Lambda_f \sim \Lambda_b \sim \Lambda^0$。当 $\Lambda^0 \ll 1$，反应的总体速率即电流受到电子转移动力学的限制；当 $\Lambda^0 \gg 1$，动力学不受限制，传质控制总体速率。

当电势从远正于 $E^{0'}$ 的值（θ 很大）变为远负于 $E^{0'}$ 的值（θ 趋近于 0），i 从 $i_{d,a}$ 的渐近线过渡到 $i_{d,c}$。然而，这种转变可以有不同的形式，正如图 3.4.6 所示，这可以理解为在给定 $m_O C_O^* = m_R C_R^*$ 情况下，$\Lambda^0 \to \infty$ 和 $\Lambda^0 = 1, 0.1, 0.01$ 的图集（习题 5.8）。

(3) 一些特殊情况

对于常见的情况，式(5.4.7) 采用更简单的形式。

① BV 动力学。本体溶液中不存在物种 R。当 $C_R^* = 0$，$i_{d,a} = 0$；因此，

$$\frac{i}{i_{d,c}} = \frac{\Lambda^0 \theta^{-\alpha}}{1 + \Lambda^0 \theta^{-\alpha}(1 + \xi\theta)} \tag{5.4.8}$$

② BV 动力学。本体溶液中不存在物种 O。当 $C_O^* = 0$，$i_{d,c} = 0$；因此，

$$\frac{i}{i_{d,a}} = \frac{\Lambda^0 \xi\theta^{(1-\alpha)}}{1 + \Lambda^0 \xi\theta^{(1-\alpha)}[(\xi\theta)^{-1} + 1]} \tag{5.4.9}$$

③ 可逆动力学。在习题 5.9 中，请读者证明对于 $\Lambda^0 \to \infty$，式(5.4.7) 的简化形式与 5.3.1 节中得到的结果相同。

图 5.4.1 是根据式(5.4.8) 显示的本体溶液中不存在 R 的体系的伏安图。最左边的曲线对应式(5.3.2)。更小的 k^0 使得波形变宽并向更极端电势移动，正如在 3.4.6 节讨论中所期望的一样。

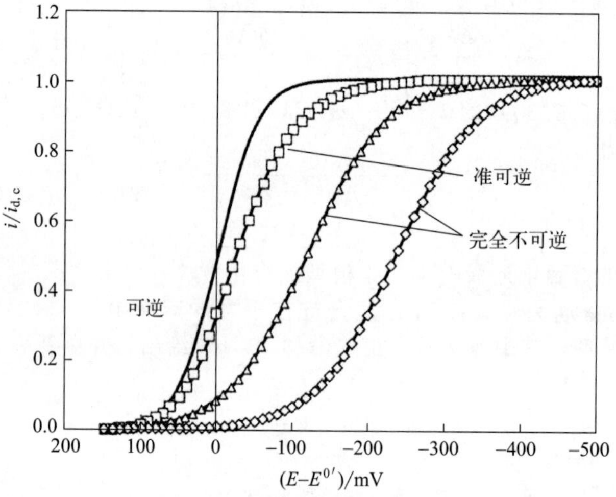

图 5.4.1　不同动力学条件下的阴极稳态伏安图

按 Butler-Volmer 动力学假定，由式(5.4.8) 计算球形或半球形电极的曲线。$C_R^* = 0$，$\alpha = 0.5$，$r_0 = 5\mu m$，$D_O = D_R = 1 \times 10^{-5} cm^2/s$。对于可逆曲线，$\Lambda^0 \to \infty$。对于带点的曲线，$k^0$ 值分别为 2×10^{-2}（正方形）、2×10^{-3}（三角形）、2×10^{-4}（菱形）。由于 $m_O = D_O / r_0 = 2 \times 10^{-2} cm/s$，这些曲线对应的 Λ^0 值分别为 1、0.1、0.01

5.4.2　完全不可逆性

改变电势，活化 k_f 的同时抑制了 k_b；因此，在更负电势下逆向的电极反应变得更不重要。如果 k^0 很小，要看到显著的电流需要对 k_f 进行相当大的活化，逆向的 k_b 就会被抑制到可忽略的程度。还原过程的完全不可逆反应符合条件 $k_b/k_f \approx 0$（即 $\theta \approx 0$），下列关系给出了不可逆阴极波的形状：

$$\boxed{\frac{i}{i_{d,c}} = \frac{\Lambda_f}{1 + \Lambda_f}} \tag{5.4.10a}$$

$$\boxed{\frac{i}{i_{d,c}} = \frac{\Lambda^0 \theta^{-\alpha}}{1 + \Lambda^0 \theta^{-\alpha}}} \tag{5.4.10b}$$

式(5.4.10a) 由式(5.4.4) 通过 $\Lambda_b \ll \Lambda_f$ 简单推导而来。由于来自式(5.4.4)，没有特定的动力学模型来解释这一关系。式(5.4.10b) 由式(5.4.7) 通过将 θ 变得很小或由式(5.4.10a) 通过设置 $\Lambda_f=\Lambda^0\theta^{-\alpha}$ 推导而来。无论采用哪种方法，式(5.4.10b) 都涉及 BV 动力学。

类似的考虑也适用于阳极波。完全不可逆阳极区符合条件 $k_f/k_b \approx 0$（即 θ 变得很大），下列关系给出了不可逆阳极波的形状：

$$\boxed{\frac{i}{i_{d,a}}=\frac{\Lambda_b}{1+\Lambda_b}} \tag{5.4.11a}$$

$$\boxed{\frac{i}{i_{d,a}}=\frac{\Lambda^0\xi\theta^{1-\alpha}}{1+\Lambda^0\xi\theta^{1-\alpha}}} \tag{5.4.11b}$$

其中式(5.4.11a) 来自于式(5.4.4)，不涉及动力学模型的假设，而式(5.4.11b) 则基于 BV 动力学。

本体溶液中物种 R 的是否存在并不影响不可逆阴极波，因为在有关电势范围内阳极组分的逆反应总是可以忽略。同样，对于不可逆阳极波，本体溶液中物种 O 的是否存在也是不重要的。

对于阴极波，式(5.4.10b) 可以重排得

$$E=E^{0'}+\frac{RT}{\alpha F}\ln\Lambda^0+\frac{RT}{\alpha F}\ln\frac{i_{d,c}-i}{i} \tag{5.4.12}$$

其中，半波电势为

$$E_{1/2}=E^{0'}+\frac{RT}{\alpha F}\ln\Lambda^0 \tag{5.4.13}$$

E 与 $\lg[(i_{d,c}-i)/i]$ 呈线性关系，其斜率为 $2.303RT/(\alpha F)$（即在 25℃时为 $59.1/\alpha$ mV），截距为 $E_{1/2}$。从斜率和截距中可以得到 α 和 k^0，但必须要知道 $E^{0'}$ 和 m_O 才能得到后者。

对于阳极波的类似关系可以很容易从式(5.4.11b) 中推导出：

$$E=E^{0'}-\frac{RT}{(1-\alpha)F}\ln\Lambda^0\xi-\frac{RT}{(1-\alpha)F}\ln\frac{i_{d,a}-i}{i} \tag{5.4.14}$$

$$E_{1/2}=E^{0'}-\frac{RT}{(1-\alpha)F}\ln\Lambda^0\xi \tag{5.4.15}$$

5.4.3　动力学判据

可以通过分析 $\Lambda^0=k^0/m_O$，即在 $E^{0'}$ 处的 Λ_f 和 Λ_b/ξ 值，来判断 SSV 中不同动力学行为。实际上，这一参数比较了本征电子转移速率和传质速率。尽管超微电极上的电流很小，但传质速率可以很高，所以电流密度很高，这一特点使得可以通过 Λ^0 研究快速异相反应。在扫描电化学显微镜（SECM，第 18 章）中可以利用稳态电流测量法估计 k^0，最大 k^0 值可达 200cm/s[19]；然而，目前所报道的最大值在 10～40cm/s 范围内（3.3.3 节和 18.4.1 节）。

如果一个体系接近可逆，那么 $E^{0'}$ 附近的速率常数必须足够大，式(5.4.7) 才能交汇为可逆的式(5.3.7)，如果 $\Lambda^0>10$，这在正常的精度范围内是正确的。

对于还原过程，当整个波形 $\theta\approx 0$ 时，对于所显示的阴极波是完全不可逆。如果把 $E_{1/2}-E^{0'}$ 负于 $-4.6RT/F$ 作为判据，那么式(5.4.12) 的第二项必须负于 $-4.6RT/F$，对应 $\lg\Lambda^0<-2\alpha$。考虑氧化波，也可以得到同样的结论。

所以准可逆波就在两者之间，判据是 $10^{-2\alpha}\leqslant\Lambda^0\leqslant 10$。

动力学行为部分由实验条件决定，如果这些条件改变，动力学行为也会改变。SSV 中影响动力学行为的最重要的实验变量是电极的特征尺寸（如 r_0）。图 5.4.2 就是这一效应的一个很好的例子，它显示了二茂铁甲基三甲基铵（$FcTMA^+$，图 1）在不同尺寸半球形电极上的氧化过程的稳态伏安图[20]。对于半球形电极，$\Lambda^0=k^0\gamma_0/D$；因此 Λ^0 随着电极尺寸的减少而成比例减小。对于大电极，体系是可逆的，但对于小的三电极体系则不是，这一点随着超微电极的变小而逐渐清晰（5.4.3 节和习题 5.6）。

在估计动力学参数时，电极的实际形状是很重要的。例如，在制备小电极（亚微米半径）时，金属圆盘有时会凹进绝缘封套中，只能通过一个小孔接触到溶液（习题 5.5）。这样的电极

会表现出小孔半径的极限电流特性，而其异相动力学却受内陷的圆盘的半径控制[21-22]。

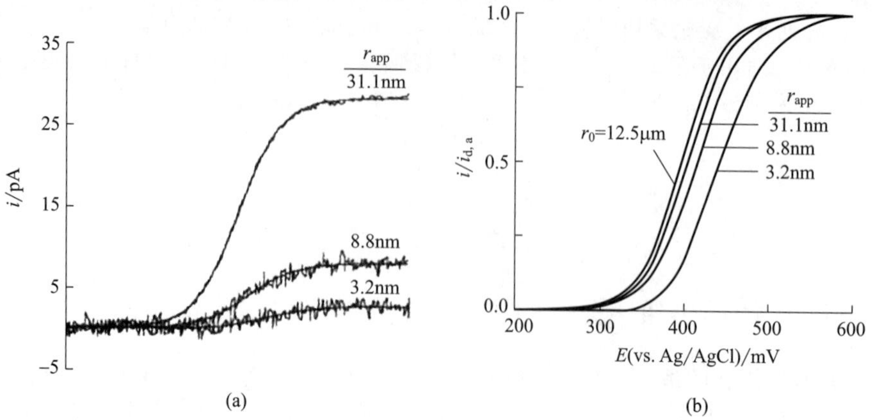

图 5.4.2 (a) 0.2mol/L KCl 溶液中 2mmol/L $FcTMA^+$ 在铂超微电极上氧化的稳态伏安图（v=10mV/s），利用半球形电极的关系式 $i_{d,a}=2\pi nFDC^*r_{app}$ 及 $D=7.5\times10^{-6}cm^2/s$，由极限电流 $i_{d,a}$ 计算表观半径 r_{app}；(b) 对 (a) 中曲线归一化得到的光滑曲线

图中同样标出了 25μm 直径铂超微电极的归一化稳态伏安图（引自 Watkins 等[20]，2003）

5.4.4 电极形状的影响

上述讨论仅对球形电极是严格的，这类电极上是均匀可接近的。稳态伏安法可容易地在其他 UME 上进行；但准可逆和完全不可逆体系的结果会受到电极表面不同位置传质不均匀性的影响。例如，圆盘状超微电极上边沿处传质速率远高于电极中心处［见 5.2.2(3)节］，所以边沿处的动力学会受到更强的活化以支持扩散极限电流。

注意这里和 5.2.5 节相当不同，在那里，基于球形电极可逆体系得到的结论可以推广用于其他形状的电极[23]。对于可逆体系可以这样推广，是因为可逆体系中电势控制电极表面 O 和 R 的浓度，保证了整个电极表面上分布的均匀性。而对于准可逆和不可逆体系，电势控制的是电极表面上的速率常数，而不是表面浓度的均匀性。表面浓度是通过界面电子转移速率和传质速率的局部平衡间接控制的。当电极表面不是均匀可接近时，这种平衡与电极的几何形状具有奇特的关系。这些复杂情况可以用数值模拟进行理论处理（对任意电极形状）。对有对称性的盘状超微电极，可以简化处理，文献中给出便于得到的有关伏安图的定量分析结果[6-7,24-26]。

5.4.5 不可逆电流-电势曲线的应用

紧接着下面章节，将评述从不可逆稳态伏安图中可以获得的各种信息；然而，重要的是理解单步骤单电子电极反应，即外层基本电极反应。一个复杂的电极过程（如 O_2 还原为 H_2O）可以涉及多个电子转移步骤、化学重组、吸附或解吸步骤或与电极反应相关的不可逆均相过程。目前还未准备好处理这些复杂问题，第 13 和 15 章将主要讨论这些问题。

(1) 可从波高中得到的信息

对于单步骤单电子涉及化学稳定物种的体系，不可逆或准可逆波的极限电流平台受扩散控制，可用于求出任何对极限电流有贡献的参数，包括 A、D、C^* 或超微电极的特征尺寸。5.3.2(1) 节中的分析，同样适用于 SSV 中的不可逆和准可逆的单步骤单电子体系。

(2) 可从波形和位置中得到的信息

当波是不可逆时，半波电势不是形式电势的一个好的近似，不能像 5.3.2(3) 节中讨论的那样来估算热力学参数。对完全不可逆的情况，波形和位置只能提供动力学信息，有时准可逆波可以用来得到 $E^{0'}$ 的近似值。由于波形状和位置的信息及其解释与动力学判据有关，能够做出可靠的动力学判据是至关重要的。

对于已知的单步骤单电子反应，波的形状是很有用的判断标志。可逆性可以用 E-lg［$(i_d-i)/i$］的斜率或 Tomeš 判据 $|E_{3/4}-E_{1/4}|$ 来判定。表 5.4.1 总结了三种动力学情况下对于 SSV 的期待值。对

于可逆体系，在室温下，这些指标都在 $60/n$mV 左右。更大的值往往标志着不可逆的程度。例如，对单步骤单电子反应，α 在 0.3～0.7 之间，完全不可逆体系的 $|E_{3/4}-E_{1/4}|$ 为 80～190mV。这样的 $|E_{3/4}-E_{1/4}|$ 值一般意味着偏离可逆。也可以用波斜率做类似判断；然而，从准可逆伏安图得到的用于求波斜率的曲线有些是非线性，难以用来进行精确分析。Tomeš 判据 $|E_{3/4}-E_{1/4}|$ 的优点是它总是可用。

表 5.4.1　25℃ 时稳态伏安图的波形特征

动力学区	波斜率/mV	$\|E_{3/4}-E_{1/4}\|$/mV
可逆($n\geqslant1$)	线性,$59.1/n$	$56.4/n$
准可逆($n=1$)	非线性	>56.4,<不可逆
不可逆(阴极,$n=1$)	线性,$59.1/\alpha$	$56.4/\alpha$
不可逆(阳极,$n=1$)	线性,$59.1/(1-\alpha)$	$56.4/(1-\alpha)$

如果 $n=1$，在稳态伏安法中基于界面电子转移动力学的体系表现出完全不可逆行为，则动力学参数可以通过以下四种途径获得：

① k_f 的点对点求解。由记录的阴极波中，可以在起波处对每一电势测量得到 $i/i_{d,c}$，并使用式(5.4.10a)得到对应的 Λ_f 值，若 m_O 已知则可以得到 k_f 值。对于阳极波，使用同样的测量方法，并利用式(5.4.10a) 得到对应的 Λ_b 值，若 m_R 已知，则可以计算出对应的 k_b 值。该分析方法不涉及特定的动力学模型假设。如果随后假设了动力学模型，可以从 k_f 值进一步分析其他参数（如 BV 动力学中的 k^0 和 α，Marcus 动力学中的 k^0 和 λ）。如果应用 BV 动力学模型，那么 $\lg k_f$ 对 $E-E^{0'}$ 作图，从斜率可以得到 α，从截距可以得到 k^0。无论假设什么模型，由于 $E^{0'}$ 无法从波的位置单独确定，需要使用其他方法（如电势测量法）得到 $E^{0'}$ 才能确定 k^0。

② 波斜率图。根据式(5.4.12)，如果使用 BV 动力学模型，完全不可逆阴极波给出线性的 E 对 $\lg[(i_{d,c}-i)/i]$ 关系，从斜率可以求得 α，从截距（若 $E^{0'}$ 已知）可以求得 k^0。根据式(5.4.14)，类似的方法也适用于阳极波。

③ Tomeš 判据和半波电势。如表 5.4.1 所示，完全不可逆体系的 α 可以从 $|E_{3/4}-E_{1/4}|$ 直接得到。该 α 值可以与式(5.4.13) 或式(5.4.15) 结合使用，进而求得 k^0。当然同样需要 BV 动力学适用且 $E^{0'}$、m_O 或 m_R 必须已知。

④ 曲线拟合。最通用的方法是使用非线性最小二乘算法对整个数字化的伏安图相对于一个理论函数进行拟合，求出相关的参数。对于完全不可逆波，使用式(5.4.10a) 或式(5.4.11a) 做拟合函数，结合描述 k_f 或 k_b 与电势关系的动力学模型，确定可调参数，进行计算。对于 Marcus 动力学模型，可调参数是 k^0 和 λ。若使用 BV 动力学模型，即式(5.4.10b) 或式(5.4.11b)，可调参数是 k^0 和 α。该算法可以确定最能描述实验结果的参数值。

如果稳态伏安图是准可逆的，就不能使用简化波形描述，而必须根据一般动力学的适当表达式来分析结果。最有用的方法如下：

① Mirkin 和 Bard 的方法。可以很方便地使用 $|E_{1/4}-E_{1/2}|$ 和 $|E_{3/4}-E_{1/2}|$ 两项电势差来分析准可逆稳态波。假设 BV 动力学适用，已发表了这些差值和相应的 k^0 和 α 的对照表格，可以用于球形和盘状超微电极[26]；因此，可以通过查找过程（实验值与理论值匹配）来估算动力学参数。

② 曲线拟合。这种方法基本上与完全不可逆体系相同，除了拟合函数必须从式(5.4.7)、式(5.4.8) 或式(5.4.9) 中得到，还取决于本体溶液组成。

对于准可逆波，$E_{1/2}$ 与 $E^{0'}$ 相差不远，有时可以用来粗略估计形式电势。动力学参数从波形求出后，再从基本公式中做出更好的估计。对于 SSV，Mirkin 和 Bard 提供了 k^0、α 和 $E_{1/2}-E^{0'}$ 的对应表格[26]。

5.4.6　通过改变传质速率来获取动力学参数

在 5.4.3 节中，可以通过改变到工作电极的传质速率来改变动力学情况，有时会从可逆状态一直转变为完全不可逆状态。事实上，通过改变自变量传质速率，而工作电极电势保持不变的实验，可以获得动力学参数。这一方法起源于旋转圆盘电极，被称为 Koutecký-Levich 方法(10.2.5 节)。该方法已被重新用于超微电极的稳态电流测量[27-28]，其中传质速率可以通过不同尺寸的电极来改变。如表 5.2.1 所示，各种形状超微电极的传质系数与临界尺寸成反比，因此电极越小，传质速率越高。在超微电极上，传质速率可以发生数量级改变。

该方法简单说来是基于完全不可逆动力学下在恒定电势下发生的稳态阴极过程，式(5.4.10a)描述了这一电流。若对方程乘以扩散控制电流，并求倒数，则结果如下：

$$\frac{1}{i}=\frac{1}{\Lambda_{\mathrm{f}} i_{\mathrm{d,c}}}+\frac{1}{i_{\mathrm{d,c}}} \tag{5.4.16}$$

已知 $i_{\mathrm{d,c}}=FAm_{\mathrm{O}}C_{\mathrm{O}}^{*}$，$\Lambda_{\mathrm{f}}=k_{\mathrm{f}}/m_{\mathrm{O}}$，则有：

$$\frac{1}{i}=\frac{1}{FAk_{\mathrm{f}}C_{\mathrm{O}}^{*}}+\frac{1}{FAm_{\mathrm{O}}C_{\mathrm{O}}^{*}} \tag{5.4.17}$$

此时乘以面积，并定义 i/A 为电流密度 j，则有：

$$\boxed{\frac{1}{j}=\frac{1}{Fk_{\mathrm{f}}C_{\mathrm{O}}^{*}}+\frac{1}{Fm_{\mathrm{O}}C_{\mathrm{O}}^{*}}} \tag{5.4.18}$$

这种形式的 Koutecký-Levich 方程不仅适用于超微电极，也适用于旋转圆盘电极。对于旋转圆盘电极，传质系数随转速发生变化。

根据式(5.4.18)，在固定电势下测量 $1/j$，应与 $1/m_{\mathrm{O}}$ 成线性关系，并具有正的截距 $1/(Fk_{\mathrm{f}}C_{\mathrm{O}}^{*})$，由此可以计算异相速率常数 k_{f}。也可以说，k_{f} 是斜率与截距的比值。

在推导式(5.4.18) 时，只使用了基于式(5.4.4) 的式(5.4.10a)。在任何阶段都没有引入电极动力学模型，故目前所述的通过该方法所得的速率常数是独立于任何动力学假设的。

假设使用 BV 动力学模型，正如式(5.4.5a) 所述，那么 $\ln k_{\mathrm{f}}$ 应与 E 成线性关系，由斜率可求得 α。若 $E^{0'}$ 已知，则从 $E^{0'}$ 处的截距可以求得 k^{0}。

当电极动力学是准可逆的，方程变得更加复杂，但 Koutecký-Levich 方法仍然适用。$1/j$ 应与 $1/m_{\mathrm{O}}$（或 $1/m_{\mathrm{R}}$）成线性关系，并仍能从斜率和截距求得速率常数。对于准可逆体系，Koutecký-Levich 方程必须由一般动力学关系［式(5.4.4) 或式(5.4.7)］，或适当的特殊情况［5.4.1(3) 节］推导而来，结果如下：

$$\boxed{\frac{1}{j}=I_{\mathrm{KL}}+\frac{S_{\mathrm{KL}}}{m}} \tag{5.4.19}$$

表 5.4.2 给出了特殊情况下的斜率 S_{KL} 和截距 I_{KL}。表 5.4.2 的最后一列表明，由 $S_{\mathrm{KL}}/I_{\mathrm{KL}}$ 可以直接得到动力学参数（在大多数情况下取决于电势）。

表 5.4.2 Koutecký-Levich 图的斜率和截距①

案例	S_{KL}	I_{KL}	$S_{\mathrm{KL}}/I_{\mathrm{KL}}$
一般动力学，一般组成②	$\dfrac{1+\xi\theta}{FC_{\mathrm{O}}^{*}[1-\theta(C_{\mathrm{R}}^{*}/C_{\mathrm{O}}^{*})]}$	$\dfrac{1}{Fk^{0}\theta^{-\alpha}C_{\mathrm{O}}^{*}[1-\theta(C_{\mathrm{R}}^{*}/C_{\mathrm{O}}^{*})]}$	$(1+\xi\theta)k^{0}\theta^{-\alpha}$
一般动力学，$C_{\mathrm{R}}^{*}=0$②	$\dfrac{1+\xi\theta}{FC_{\mathrm{O}}^{*}}$	$\dfrac{1}{Fk^{0}\theta^{-\alpha}C_{\mathrm{O}}^{*}}$	$(1+\xi\theta)k^{0}\theta^{-\alpha}$
一般动力学，$C_{\mathrm{O}}^{*}=0$③	$-\dfrac{1+\xi\theta}{F\xi\theta C_{\mathrm{R}}^{*}}$	$-\dfrac{1}{Fk^{0}\theta^{1-\alpha}C_{\mathrm{R}}^{*}}$	$\left(1+\dfrac{1}{\xi\theta}\right)k^{0}\theta^{1-\alpha}$

续表

案例	S_{KL}	I_{KL}	S_{KL}/I_{KL}
完全不可逆还原②	$\frac{1}{FC_O^*}$	$\frac{1}{Fk^0\theta^{-\alpha}C_O^*}$	$k^0\theta^{-\alpha}=k_f$
完全不可逆氧化②	$-\frac{1}{FC_R^*}$	$-\frac{1}{Fk^0\theta^{1-\alpha}C_R^*}$	$k^0\theta^{1-\alpha}=k_b$

① 描述了单步骤单电子反应 $O+e \rightleftharpoons R$ 的异相动力学的影响，其中 O 和 R 均溶解于溶液中。所有情况都涉及 BV 动力学的假设。

② $1/j$ vs. $1/m_O$ 的点。

③ $1/j$ vs. $1/m_R$ 的点。

图 5.4.3 描述了快速动力学体系的 Koutecký-Levich 实验作图⑮。本体溶液中只存在氧化态形式，故测量的电流为阴极电流（对应表 5.4.2 中的第二行）。在大多数实验下，该体系近乎可逆；然而，在更小超微电极下的超快传质速率使得动力学测量成为可能。结果与 $k^0=0.45$cm/s、$\alpha=0.5$ 一致。

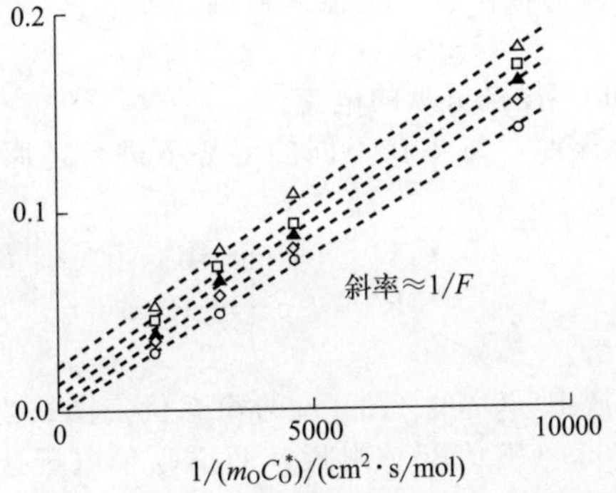

图 5.4.3　在 0.1mol/L KNO_3 溶液中，球形铂纳米颗粒超微电极上，5mmol/L $Ru(NH_3)_6^{3+}$ 还原的 Koutecký-Levich 图

从左到右点组，r_0 分别为 0.7nm、1.2nm、1.6nm、3.3nm；从上到下，数据点对应的 $E-E^{0'}$ 分别为 −50mV、−70mV、−100mV、−150mV、−200mV（引自 Kim 和 Bard[28]，2016）

Koutecký-Levich 方法是在稳态条件下测量电化学界面动力学极限的一种广泛有用的方法。在所考虑的情况中，限制主要来自于异相电子转移动力学；但在其他体系中，正如考虑修饰电极的动力学那样（第 17 章），可能来自于其他类型过程。

5.5　多组分体系和多步骤电荷转移

考虑溶液中有两种还原组分（O 和 O′）的情况，$O+ne \longrightarrow R$，$O'+ne \longrightarrow R'$ 两个电极反应能够发生。假设第一个反应发生在比第二个反应更负的电势下，并且第二个反应直到第一个反应达到极限扩散后才发生，研究 O 还原不会受 O′的干扰，但 O′的还原电流叠加在 O 的还原极限扩散电流上（图 5.5.1）。一个实际的例子就是在含有 0.1mol/L $TBABF_4$ 的乙腈溶液中二茂铁（Fc^+）和苯醌（BQ）的单电子还原，Fc^+ 还原波的 $E_{1/2}$ 在 0.3V（vs. SCE）附近，但 BQ

⑮ Koutecký-Levich 图并不总是 $1/j$-$1/m$。通常的，纵坐标是 $1/i$，横坐标可以是与传质系数成比例的实验变量的倒数。

直到电势负于－1.4V 才开始还原。还原反应后，Fc^+ 还原为 Fc，BQ 还原为阴离子自由基 $BQ^{\overline{\cdot}}$。

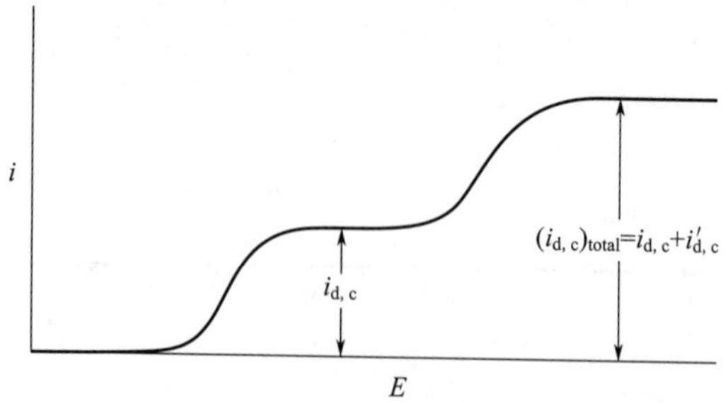

图 5.5.1 两组分体系的 SSV

在两个过程都处于极限扩散速度下的电势区［即 $C_O(\text{surface})=C_{O'}(\text{surface})\approx 0$］，总电流就是两个独立极限扩散电流的加和。对于超微电极的阴极 SSV，有

$$(i_{d,c})_{total}=FA(nm_O C_O^* + n'm_{O'}C_{O'}^*) \tag{5.5.1}$$

其中，m_O 和 $m_{O'}$ 已在表 5.2.1 中定义了，取决于超微电极的形状。第二个反应的独立电流可以通过从总电流中减去第一个波的极限扩散电流来得到。即

$$i'_{d,c}=(i_{d,c})_{total}-i_{d,c} \tag{5.5.2}$$

其中，$i_{d,c}$ 和 $i'_{d,c}$ 分别为 O 和 O′各自贡献的电流。

对单物种 O 的顺序多步还原，每步在不同的电势下进行还原成多种产物的体系，处理方法类似，如

$$O+n_1e \longrightarrow R^1 \tag{5.5.3}$$

$$R^1+n_2e \longrightarrow R^2 \tag{5.5.4}$$

其中第二步发生在更负的电势。

图 5.5.2 展示了乙腈溶液中 TCNQ（图 1）的稳态伏安图。当电势正于 0.3V 左右时，电流基本为 0。第一个还原波的 $E_{1/2}$ 在 0.25V 附近，TCNQ 单电子还原为阴离子自由基 $TCNQ^{\overline{\cdot}}$。第二个还原波的 $E_{1/2}$ 在－0.3V 附近，$TCNQ^{\overline{\cdot}}$ 单电子还原为 $TCNQ^{2-}$。

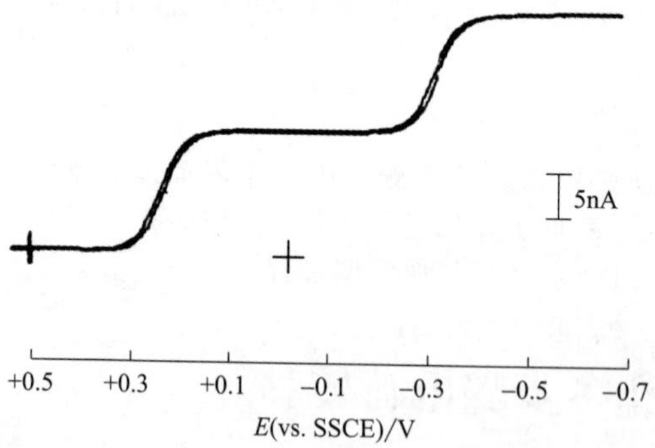

图 5.5.2 在含 0.1mol/L TBAP 的除氧乙腈溶液中，半径为 12.4μm 的铂盘超微电极上 1mmol/L TCNQ 的循环稳态伏安图（引自 Norton 等[29] 并得到许可，1991）

在 O 扩散控制还原为 R^2 的电势下（比图 5.5.2 中－0.4V 更负），对于式(5.5.3) 和式(5.5.4) 所表示的整个反应过程的稳态电流为

$$i_{d,c}=FAm_O C_O^*(n_1+n_2) \tag{5.5.5}$$

其中，m_O 由表 5.2.1 根据电极形状给出。在含少量支持电解质的溶液中，迁移对于流量做出贡献，且第一个波和第二个波的极限电流并不相加（5.7.4 节）。

这里关注的是多步骤电子转移产生稳定产物时的极限电流。但将在第 13 章再讨论涉及序列电子转移的许多有趣的动力学和机理问题。

5.6 超微电极额外属性

超微电极的独特能力大大扩展了电化学方法的应用范围，将电化学方法扩展到以前难以处理的领域。超微电极使得以下化学体系的研究成为可能：

① 使用新的实验模式(包括 SSV)；

② 使用以前无法使用的高电阻介质；

③ 在限域但仍较大的空间（如鼠的大脑或单生物细胞）内获取需要的高度局域分析或诊断信息；

④ 对高浓度分析物的测量；

⑤ 在分子事件相关的距离尺度上研究空间关系；

⑥ 涉及时间上的离散事件，如成核和单颗粒碰撞；

⑦ 使用其他电化学方法无法达到的短时间尺度。

在本节和 5.7 节中，将讨论涵盖①～③类应用的超微电极的性质。④类将在 5.8 节中讨论。⑤类和⑥类的应用在第 18 章和第 19 章中涉及。⑦类被用于第 6 章，并介绍了暂态实验。其中一些应用不涉及 SSV；然而由于它们都与超微电极相关，在这里一并提及，这构成了本章的重点。

5.6.1 超微电极的未补偿电阻

溶液中电流在工作电极和对电极之间流动，因而可以粗略地认为电流通过的通道长度与两个电极面间的距离相等。电流通道只包含部分电解质溶液，通道是两个电极面做端面和一个环绕曲面围成的空间，用最短距离连接两电极面周长上的所有点构成环绕曲面（见图 5.6.1）。一般情况下，对电极远大于工作电极，所以电流通道向对电极端变宽，向工作电极端收窄。未补偿电阻 R_u 的精确值取决于参比电极尖端所处的位置，这个位置会影响电流通道。图 5.6.1 显示的是工作电极半径是对电极半径的 1/10 的情况，若工作电极是超微电极，其半径很容易达到对电极半径的千分之一甚至百万分之一。这种情况下，工作电极附近一段电流通道的截面会非常小，而正是这一段决定了未补偿电阻 R_u。

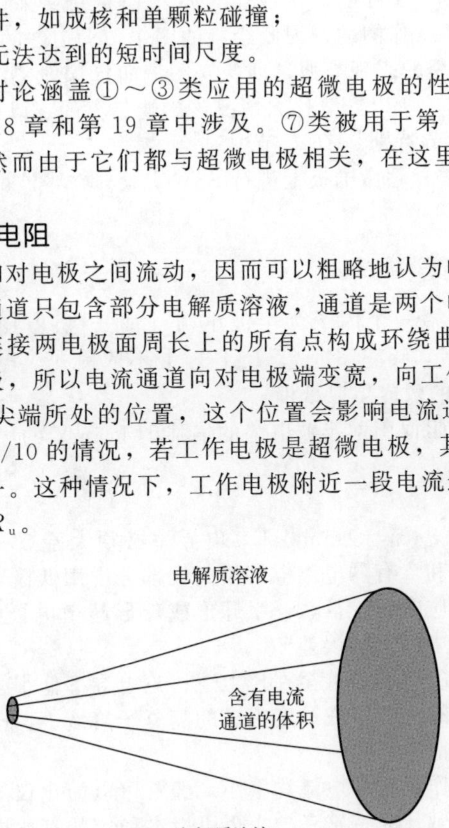

图 5.6.1 圆盘状工作电极和对电极间电流通道示意

电流通道主要（虽不是严格地）局限于通过最短距离连接两电极周长围起来的那部分溶液体积

对于均匀电流，一段溶液体积的电阻是 $l/(\kappa A)$，其中 l 是这段电流通道（溶液体积）的厚度；A 是截面积；κ 是电导率。通常，假设溶液是均匀的，则 κ 在溶液中任何地方甚至是电化学活性处都保持恒定。这适用于含有过量支持电解质的电化学体系，但不适用于少量或缺乏支持电解质的体系（5.7 节）。

对于含有过量支持电解质的体系，在圆盘状工作电极附近，厚度为 $r_0/4$、截面积和圆盘一样的一段溶液的电阻是 $1/(4\pi\kappa r_0)$。对于对电极也可做出同样的计算，只是对电极的半径比 r_0 高出 $10^3 \sim 10^6$ 倍。很明显可以看出，未补偿电阻主要是非常接近工作电极的很小体积溶液的电阻。

与对电极相比，球形工作电极可近似看作点来处理，这时未补偿电阻是[30]

$$R_u = \frac{1}{4\pi\kappa r_0}\frac{x}{x+r_0} \tag{5.6.1}$$

其中，x 为从工作电极到参比电极尖端的距离。对于超微电极，一般不可能放置参比尖端到使 x 与 r_0 相当；因此，上式中括号部分可近似为 1，则有

$$\boxed{R_u = \frac{1}{4\pi\kappa r_0}} \tag{5.6.2}$$

R_u 随着电极减小而增大，主要决定 R_u 的溶液体积也变小。但长度的尺度收缩与 r_0 成正比，而截面积的收缩与 r_0^2 成正比。面积减小的影响多于厚度变小的影响。

5.6.2 导电性对超微电极伏安法的影响

在任何恒电势实验中，未补偿电阻都会造成控制误差，所以工作电极的实际电势 E 与目标电势 E_{appl} 的差值为未补偿欧姆降 iR_u（1.5.4 节和 16.7 节）。有阴极电流时，实际电势比目标电势 E_{appl} 更正；有阳极电流时，实际电势比目标电势 E_{appl} 更负。采用常规仪器进行工作时，伏安图是按记录的电流对电势 E_{appl} 作图的，因此绘制的图中包含 iR_u 的作用。

iR_u 的影响与准可逆作用的表现类似，即伏安图偏向远端电势，并沿电势坐标变宽。这些影响会引起对实验数据的误解，所以弄清什么情况该影响是大的，以及如何减轻和校正它们是很重要的，有关内容在后面的章节特别是 16.7 节中讨论。

考虑在一半径为 r_0 的圆盘超微电极上进行 SSV 实验。在半波电势 $E_{1/2}$ 处电势控制的误差大小为

$$(iR_u)_{E_{1/2}} = \frac{i_{d,c}}{2}\frac{1}{4\pi\kappa r_0} = \frac{nFD_OC_O^*}{2\pi\kappa} \tag{5.6.3}$$

其中式(5.6.3) 中间部分的第一个因子为半波电流［即式(5.2.18a) 的一半］，第二个因子为式(5.6.2) 给出的 R_u。根据式(5.6.3)，$(iR_u)_{E_{1/2}}$ 并不依赖 r_0。电流与 r_0 成线性关系，而未补偿电阻与 r_0 成反比，故 r_0 的效应得以抵消。

为了记录由于未补偿电阻而引起半波电势的偏移小于 5mV 的稳态伏安图，需要

$$\frac{nFD_OC_O^*}{2\pi\kappa} < 5\times10^{-3}\,\mathrm{V} \tag{5.6.4}$$

对于 $n=1$，$D_O=10^{-5}\,\mathrm{cm^2/s}$，$C_O^*=1\mathrm{mmol/L}$，电导率必须大于 $3\times10^{-5}\,\mathrm{S/cm}$。电解质浓度大于电化学物质的所有水溶液，和含有弱电离电解质的大部分常用低极性溶剂的体系，都满足这一最小值。因此，在所有这些介质中记录盘状、半球形或球形超微电极的稳态伏安图是切实可行的，而不会由于未补偿电阻而产生严重的误差[16]。

超微电极伏安法吸引人的一面是甚至在比上述讨论电导率低很多的介质中，常常能够记录伏安图。如在没有支持电解质的溶剂中或黏度很高的高分子溶液中，已经得到有用的数据。我们将在 5.7 节中进一步讨论这些情况。

使用超微电极，由于工作电极和电流均很小，经常可以简化仪器。实验中，甚至不需要对参比电极和工作电极间的位置做什么特殊考虑，也可以在稳定的参比电极上通过小电流而没有极化该电极的危险。因此，在基于超微电极的实验中常常使用两电极体系，包括 SSV（16.8.4 节）。

5.6.3 基于空间分辨的应用

超微电极本身的物理尺寸很小，可用于探测小空间。在电生理学研究中，经常使用单个超微电极，如测量神经突触附近神经递质浓度随时间的变化[7,10-12]。单个电极也是 SECM 的基础（第 18 章）。另外，一系列的超微电极可以以各种有趣的方式提供研究体系的空间敏感特性[7,31]。

超微电极阵列及其组合可以通过微光刻技术制备，这类电极有时由平行的带状构成。如果带状电极也并联连接，其行为就类似将在 6.1.5 节描述的那种多活性区电极。如果各个带独立作用，就可以当作多个分开的工作电极，用于表征样品的不同区域，如高分子覆盖层[32]。

---

[16] 相反，当使用低电导率介质时，对于毫米级或厘米级电极往往受到未补偿电阻的强烈影响。这是后面章节必须讨论的一个问题。

也可以使用阵列电极上的单元电极去检测发生在邻近单元电极的化学反应。最简单的例子就是以产生-收集模式(generator-collector mode) 使用双带电极体系。如图 5.6.2 所示，两个带距离很近，以至于它们的扩散场相互重叠，这样电极上发生的反应可以互相影响。其中一个电极作为产生器，用于驱动实验，通常是通过缓慢扫描电势的方式得到稳态伏安图。现在假设两个电极组合使用，在只含有氧化态的本体溶液中，进一步假设可逆反应 $O+ne \rightleftharpoons R$，并且 R 是化学稳定的。如果没有第二个电极反应的影响，每个独立的电极都可以记录到单电极的准稳态伏安特性。但是在产生-收集模式下，第二个电极的电势设定在 O 还原波的底部电势区，一旦有 R 扩散到达就立即被氧化为 O。只有在产生电极正在生成 R 时，收集电极才会有电流流过，收集电极电流对产生电极电势作图得到和产生电极形状相同、符号相反的电流-电势曲线。因为收集电极不可能全部收集生成的 R，所以收集电极电流值小于产生电极上相应的电流值。

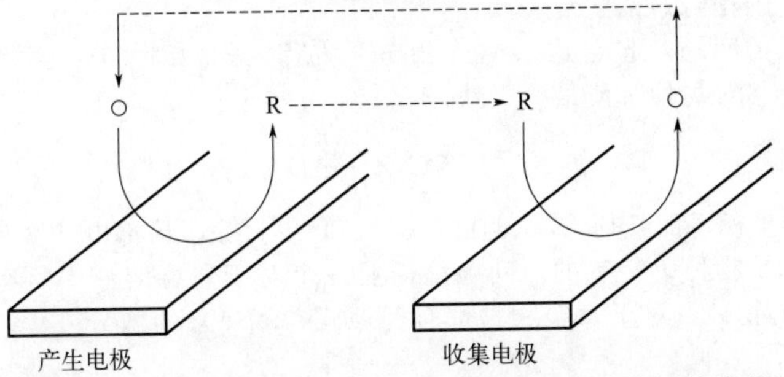

图 5.6.2 在产生-收集模式下操作的两个微带状电极的示意

这是第一次提到反向实验 (reversal experiment)，其中第二阶段的电化学实验被用来表征前一阶段的产物。在该例子中，反向实验可以发生在空间排布的相邻电极上。然而，这也可以及时地发生在单个电极上，我们会遇到许多这样的案例。和其他反向实验一样，双带电极上的产生与收集对 R 的化学稳定性是敏感的。如果 R 不足以保持活性并扩散到收集电极，就看不到收集电流。如果只有部分保持活性的 R 扩散到收集电极，将仅能观察到部分期望电流⑰。

产生-收集实验有另一个有趣的现象，即发生电流会被收集电极通过氧化还原循环 (redox cycling) 机理[33] 增强。没有使用收集电极时，产生电极上生成的所有 R 都将扩散到溶液中，对产生电极上的实验没有任何进一步的作用。如果收集电极把部分 R 转化回 O，部分再生的 O 会扩散回产生电极，结果就增加了 O 扩散向产生电极的流量。于是产生电极的电流和没有活性收集电极时相比要大。

除了双带电极，超微电极阵列也可用于产生-收集实验。一个精心设计的方法是使用叉指式阵列 (interdigitated array) 电极，叉指式阵列电极有一系列平行的带，让产生和收集用的带交替排列。一组用作产生器，另一组用作收集器。

对于这类电极体系，其动态行为依赖于带宽和带间宽度[7]。

氧化还原循环的一个显著例子[34] 是基于微加工制备的一对独立金属电极，每个微小体积的电解质溶液都被捕获在惰性塑料基底中的一系列密封孔中。在每个孔中，电极间隔约 100nm。因此，每个体积的溶液都作为只有 10aL (10^{-17} L) 的产生-收集电解池，但这些电解池阵列是平行工作的，因此可以观察到更大的电流。在电解池中加入 $Fe(CN)_6^{3-}$ 和 $Fe(CN)_6^{4-}$，发生电极上的电流可以提高 250 倍，该值反映了每个电解池的微小体积和两个电极间的紧密间距。

在 SECM 中收集和氧化还原循环是特别重要的 (第 18 章)，因为产生电极和收集电极间的距离可以在纳米尺度上随意变化，SECM 是一个更强大的这两方面利用舞台。

---

⑰ 产生-收集实验起源于具有悠久应用历史的旋转环盘电极 (见 10.3.2 节)。这里第一次提及产生-收集模式是因为与超微电极阵列有关。在双电极薄层电解池 (见 12.7.3 节和 19.6 节) 中第一次观察到氧化还原循环[33]。

5.7 稳态伏安法中的迁移

对于低离子强度、有时甚至没有添加支持电解质的体系，利用超微电极记录稳态伏安图是可行的。这样的实验有许多研究的可能，增加了对有效理论的兴趣[35]。

在任何这样的实验中，迁移必然显著影响荷电反应物和产物的运动，甚至在电极表面附近，这是因为荷电物质在体系中各处的总离子量中占了相当大的比例。因为必须在每个传质方程中加入迁移项，且必须处理所有离子物种的传质，理论处理变得比至今所遇到的问题更加复杂。在此之前，一般假设只有扩散是重要的；因此，得到只包含电极反应参与物（如 O 和 R）的传质方程，而非参与物则完全忽略。为获得稳态电流（5.1 节），只需考虑一个参与物，即电反应物。

5.7.1 涉及迁移问题的数学方法

对于这一更复杂的问题，起点是 Nernst-Planck 方程［式(4.1.9)］的前两项，分别描述了在任何位置扩散和迁移对物种 j 流量的贡献：

$$\boldsymbol{J}_j=-D_j\boldsymbol{\nabla}C_j-\frac{z_jF}{RT}D_jC_j\boldsymbol{\nabla}\phi \tag{5.7.1}$$

向量运算符$\boldsymbol{\nabla}$取决于坐标系的几何形状。在式(5.7.1) 中，除了局部电势 ϕ 依赖于所有离子物种的分布，其他因素都是物种 j 特有的。问题是需要一个对于包含溶液中所有离子物种的同时的解。如果有 m 个离子物种，对于每个物种都有类似式(5.7.1) 的微分方程。此外，还需要实现局部电中性⑱：

$$\sum_j^m z_jC_j=0 \tag{5.7.2}$$

原则上，这些 $m+1$ 个方程具有 $m+1$ 个未知函数的解，即 m 个不同的 C_j，加上 ϕ。

不参与电极反应的离子物种在电极表面的流量为 0。然而，至少有一个离子物种必须是电极反应的反应物或产物，其在表面任何一点的流量与局部电流密度成正比。电流密度在电极面积上的积分得到电流 i。这些考虑为得到公式的解提供了一些边界条件。

对于任意选择的电极形状、电极反应、离子组成和动力学，同时求解任何体系的传质和静电方程都具有挑战性。求解耦合微分方程的计算软件，如 COMSOL Multiphysics®，可以适应特定体系细节的许多变化，但简化问题仍是有帮助的。如果要寻找解析解，简化是必要的。通常会选择以下一种或多种：

① 简单的几何形状（如基于球形或半球形的电极）；

② 没有时间依赖性（即适用于稳态）；

③ 一个简化的电极反应（如中性电反应物被单电子还原或氧化为荷电产物）；

④ 一种简化的电解质（如 1∶1 的盐，例如 KCl 或 $TBABF_4$）；

⑤ 对于所有物种，扩散系数相同；

⑥ Nernst-Einstein 关系的有效性，$u_j=D_jz_jF/(RT)$，实际上，这一假设已经在式(5.7.1) 的 Nernst-Planck 方程中给出了；

⑦ 不需要活化过电势的能斯特型电极动力学。

一些重要的分析处理已被提出[36-38]，并将在下面讨论。然而，总的来说，这些问题更适合数值处理而不是解析解[39]。

5.7.2 扩散-迁移层的浓度分布

Oldham[36] 在不同浓度支持电解质（电解质的阴离子和阳离子都有单位电荷，如 $NaClO_4$）的溶液中研究了二茂铁的稳态氧化 $Fc \longrightarrow Fc^+ + e$。假设工作电极是一个均匀可接近的半球。

---

⑱ 局部电中性通常应用于电化学体系，但在高电流密度（包括半径 $r_0 \leqslant 10nm$ 的超微电极）下会被打破。在这种情况下必须使用 Poisson 方程。

在超微电极中处理 SSV 迁移的关键参数是支持电解质的本体浓度相对于电活性氧化还原物种的无量纲比 γ，即

$$\gamma = C^{*}_{\mathrm{electrolyte}} / C^{*}_{\mathrm{redox}} \tag{5.7.3}$$

当 $\gamma \gg 1$ 时，氧化还原物种的传递以扩散为主，SSV 响应正如 5.3 节和 5.4 节所述。当 $\gamma <$ 10 时，迁移和扩散对荷电反应物和产物的传递均有显著贡献，导致 SSV 响应中的波形和极限电流发生变化。

图 5.7.1 显示了当 $\gamma = 0.1$ 时的一系列稳态浓度分布曲线。Fc 和 Fc^{+} 的曲线与我们在纯扩散体系中所预期的电反应物和初级电产物曲线相似；然而支持电解质离子的分布曲线却有很大的不同。在纯扩散情况下，支持电解质的浓度通常是电反应物的 20～1000 倍，因此电极反应的离子需求相对于局部离子供应是微不足道的。离子物种不需要调整其浓度来实现电极反应，因此在本体浓度下，在扩散层上的离子分布基本上是平坦的。

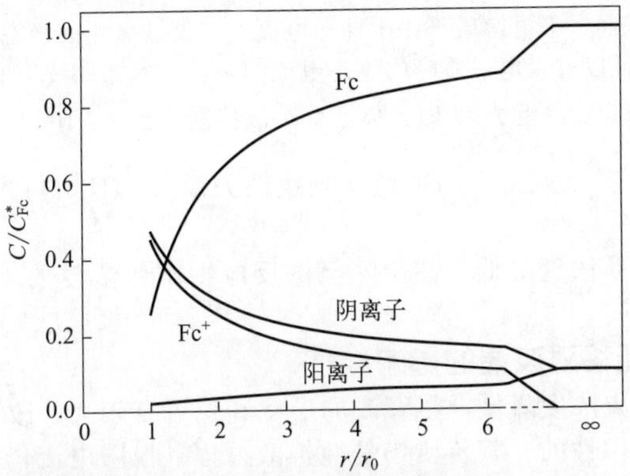

图 5.7.1　半球形电极附近的稳态浓度分布[36]

Fc 以 75% 的传质限制速率氧化。本体电解质浓度为 $0.1C^{*}_{\mathrm{Fc}}$，即 $\gamma = 0.1$

在所述情况下，电解质的浓度仅为电反应物的 1/10，二茂铁的氧化不会发生，除非阴离子从本体溶液中到达或阳离子运动到本体溶液中以保持局部电中性。在扩散-迁移层中，阴离子的浓度远高于本体溶液，阳离子被优先除去。迁移造成了这一效应。由于支持电解质浓度较低，溶液中的电场比支持电解质过量时要大得多。

这是电极反应的一个例子，它提高了扩散-迁移层相对于本体溶液的离子占比，因此增加了该区域的局部电导率，有效降低了未补偿电阻（见 5.6.1 节）。Olaham[36] 指出这种效应在电极反应中是很常见的。他认为由于离子的再分配，电解池的“稳态电阻”通常低于“静态电阻”。这一效应构成了低电导率体系中惊人的 SSV 可行性。在不添加任何支持电解质的介质中，记录有用的稳态伏安图现今已成为常规应用⑲。

5.7.3　低电解质浓度下波的形状

二茂铁/二茂铁离子电对的动力学非常快，因此当支持电解质过量时，氧化波是可逆的（图 5.7.2 最左侧曲线）。随着电解质浓度的降低，需要大量的功以中和二茂铁氧化时产生的离子电荷，电极反应变得更加复杂。对于任何给定电流，这种功在电势坐标上表现为更极端的电势移动（在氧化的正方向）。随着电解质浓度的逐渐降低，波将进一步偏离其在过量电解质时的位置。

图 5.7.2 中的曲线与图 5.4.1 中的类似，因此可以从减缓动力学的角度来解释波的位移和展宽。然而，图 5.7.2 中的效应并不源于电极动力学。任何电流下测量的电势偏移 ΔE，是电流流动时为保持电中性，必须在扩散-迁移层中发展的电势差。

溶液区域的电势差反映了电流流动时的电阻，因此这种情况的 ΔE 类似于在普通实验中的欧

⑲　在缺乏支持电解质时，SSV 必须依赖于某种来源的真实离子。杂质离子存在于普通溶剂中，并在法拉第过程发生时会迁移到耗尽层，从而提高局部电导率。而非常纯的溶剂则只能在非常低的扫速下实现 SSV，或者根本无法实现。

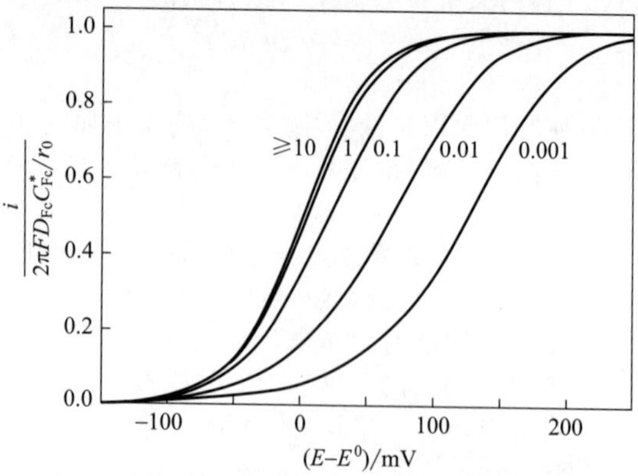

图 5.7.2 在不同水平电解质下，半球形电极上二茂铁氧化的稳态伏安预测图[36]
阳极电流为正且以过量电解质时的稳态电流归一化。每条曲线上的数字代表 $\gamma=C^*_{\text{electrolyte}}/C^*_{\text{redox}}$。当 $\gamma\gg1$ 时，体系受扩散控制；当 $\gamma<10$ 时，迁移显著

姆降 iR_u。然而，ΔE 并不是欧姆降（与电流不是线性关系），$\Delta E/i$ 与式(5.6.2) 给出的 R_u 的传统估计并不相同。

一般说来，随着电解质浓度降低，甚至降至电反应物本体浓度的 1/10 或更低，会出现更宽的波和更极端的电势。

5.7.4 稳态伏安法中迁移对波高的影响

在图 5.7.2 中，电解质浓度降低，尽管波的形状和位置有较大的改变，但波高保持不变。这是因为电反应物二茂铁是中性的，其传质仍是纯扩散过程。极限电流仍是基于电极表面二茂铁的扩散控制。随着电解质浓度降低，需要一个更极端的电势来建立二茂铁的极限流量，但一旦二茂铁的表面浓度趋于 0，该流量在所有情况下都是相同的。

如果电反应物带电荷，那么随着电解质浓度的降低，迁移最终对其在电极表面的流量具有重要贡献，电流也会受到影响。相比于过量支持电解质，极限电流会更大或更小，这取决于离子电荷的符号。阳极过程在扩散-迁移层内形成正电荷，负离子被吸引到电极上，正离子则被排斥；阴极过程则相反。若电反应物是阳离子，迁移增加了阴极极限电流，抑制了阳极极限电流；若电反应物是阴离子，则完全相反。图 5.7.3 显示了汞膜电极上还原 Tl^+ 为铊汞齐的效应，随着 $LiClO_4$ 浓度的减小，极限电流增加[40]。

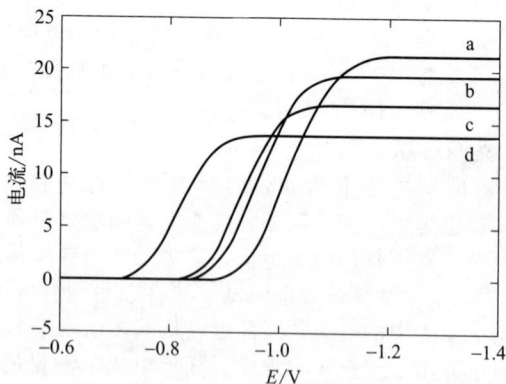

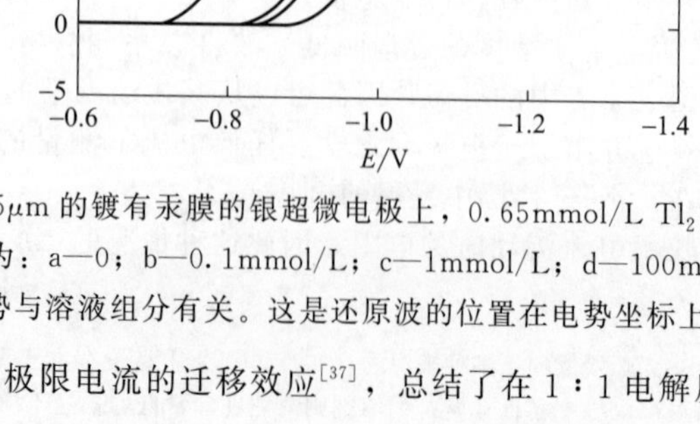

图 5.7.3 在半径为 15μm 的镀有汞膜的银超微电极上，0.65mmol/L Tl_2SO_4 还原的伏安图[40]
支持电解质 $LiClO_4$ 的浓度为：a—0；b—0.1mmol/L；c—1mmol/L；d—100mmol/L。电势相对于铂丝准参比电极，其电势与溶液组分有关。这是还原波的位置在电势坐标上发生移动的原因

图 5.7.4 来自 SSV 中极限电流的迁移效应[37]，总结了在 1∶1 电解质溶液中发生单电子电极

反应的关键结果。该图显示了在任意 γ 下测量的稳态极限电流相对于存在过量支持电解质 $i_1(\gamma\to\infty)$ 时记录的极限电流的比值，可以很容易看到上一段中所确定的定性影响。对于 $z=+1$ 的电反应物的还原反应或 $z=-1$ 的电反应物的氧化反应，影响最大，相较于过量支持电解质的情况，在低支持电解质浓度下波高会翻倍。如图 5.7.4 所示，当 $\gamma>10^3$，无论电活性分子的电荷如何，迁移对极限电流的贡献完全消除；在这些条件下，SSV 响应是纯扩散控制的。

这种处理还包括了其他 n 值的体系[37]，其中 n 值对于还原反应为正，对于氧化反应为负⑳。对于溶液中不添加支持电解质，即 $i_1(\gamma=0)$ 的情况，可以计算极限电流。当 $n=z$ 时，则有

$$\boxed{\frac{i_1(\gamma=0)}{i_1(\gamma\to\infty)}=1+|n|} \tag{5.7.4}$$

当 $n\neq z$ 时，则有

$$\boxed{\frac{i_1(\gamma=0)}{i_1(\gamma\to\infty)}=1\pm z\left\{1+(1+|z|)(1-z/n)\ln\left[1-\frac{1}{(1+|z|)(1-z/n)}\right]\right\}} \tag{5.7.5}$$

负号用于 $n>z$，正号用于 $n<z$。

可以清楚地利用低支持电解质浓度对波高的影响，至少确定电活性物种的电荷符号（习题 5.11）。

同时它还有更多定量用途。图 5.7.5 给出了一个例子，显示了四硫富瓦烯（TTF，图 1）在乙腈溶液中的两个单电子步骤氧化[29]。第一步生成了阳离子自由基 $TTF^{\dot{+}}$，第二步生成了阳离子 TTF^{2+}。随着支持电解质浓度的降低，两个波的行为非常不同。初步氧化（$E_{1/2}$ 在 0.3V 附近，平台在 0.4～0.6V 之间）的波高几乎不变，表明反应物是不带电的，这一结果与 TTF 作为本体溶液的活性物种相一致。相反，第二个波高（$E_{1/2}$ 在 0.7V 附近，平台超过 0.8V）在低支持电解质浓度下被强烈抑制，这一发现清楚地表明在相应电极反应中存在带正电物种。

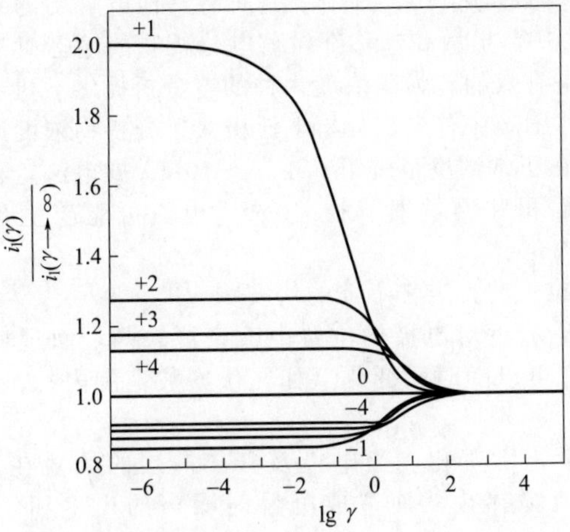

图 5.7.4　单电子还原反应中迁移对 SSV 波高的影响[37]

参数 γ 为 $C^*_{\text{electrolyte}}C^*_{\text{redox}}$，$i_1(\gamma)/i_1(\gamma\to\infty)$ 为给定 γ 下 SSV 波高与过量电解质（$\gamma\to\infty$）下波高的比值。每条曲线上的数字对应电活性物质的电荷。−3 和−2 电荷值的曲线没有标记，但可以在−4 和−1 电荷值的曲线间观察到，−3 电荷值的曲线高于−2 电荷值曲线。对于单电子氧化波，该图仍适用，但每个电荷符号都相反

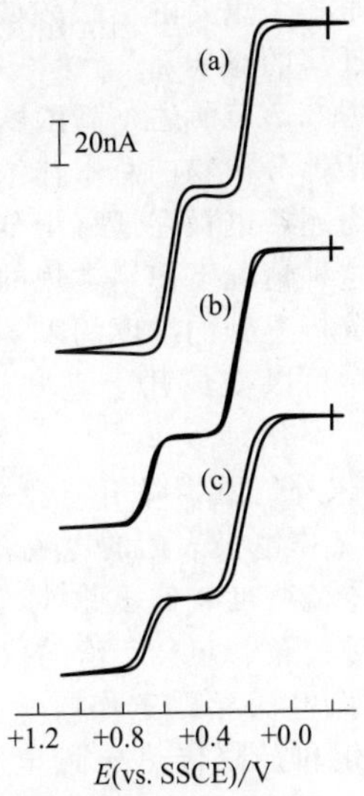

图 5.7.5　在乙腈溶液中，半径 12.5μm 的铂盘电极上 5mmol/L TTF 的稳态伏安图[29]

支持电解质分别是（a）100mmol/L；（b）1mmol/L；（c）0mmol/L TBAP

---

⑳　在本书其他地方，n 作为正整数。

对于第二次氧化存在不同的情况。一种可能性是反歧化反应，电极产生的 TTF^{2+} 与 TTF 进行快速的电子交换：

$$TTF^{2+} + TTF \longrightarrow 2TTF^{+\cdot} \tag{5.7.6}$$

由此产生的阳离子自由基可以扩散回电极，并脱去第二个电子作为二价阳离子离去。若反应式(5.7.6) 足够快，没有 TTF 会通过二价阳离子的流量扩散，表面唯一的电反应物是 $TTF^{+\cdot}$。

另外，若不存在反应式(5.7.6)，进入的 TTF 可以通过 TTF^{2+} 向外的流量，直接在电极上进行两电子氧化。

在低支持电解质浓度下，第二次氧化的强烈抑制与第一种情况更加一致。使用模拟[29] 或分析方法[41]，可以处理体系的动力学，包括迁移效应，并估计反应式(5.7.6) 的速率常数。

5.8　高浓度待测物的分析

法拉第电分析是基于流过的电流确定分析物的特征和数量的电化学技术。通常是感兴趣的物种在溶液中的浓度为 10mmol/L～1μmol/L，并含有大量支持电解质。许多不同的法拉第技术已经发展为电分析手段并应用于实际。重要的测量参数是半波电势或峰电势（确定性质）和波高或峰高（确定浓度）。这些方法是在几十年中发展起来的，主要使用特征尺寸 0.5～10mm 的常规微电极，比本章中关注的超微电极大几个数量级。本章中我们还未准备好处理电分析的大部分方面，其大部分内容将在第 6～11 章中讨论。然而，有一部分完全是由超微电极实现的，涉及高浓度分析物，在这里讲述是合适的。

基于电化学的工业过程（如铜的回收或电精炼）的特征，通常是在不含过量电解质介质中具有高浓度电反应物（经常在摩尔范围内）。直接过程监测（最好是原位的，对操作过程进行分析测量）是一个重要的实践领域；然而，法拉第电分析在历史上始终不适用，很大程度上是由于不能解释迁移的影响。

根据 5.7 节所述，高浓度分析物的体系通常有 $\gamma<10$，其中 γ 是所有其他电解质的总本体浓度与电活性分析物的总本体浓度比值。当 $\gamma<10$，扩散和迁移都对荷电分析物的输运具有重要贡献。因为超微电极在迁移十分重要的体系中是有效的，为高浓度物种的电分析提供了机会。

在这种情况下使用常规的微电极存在一些困难。首先，分析电流极大。分析物浓度通常是法拉第电分析遇到的浓度的 $10^3\sim10^6$ 倍；因此在正常浓度范围下 0.1μA～10mA 的电流，在高浓度分析物中可以变成几十毫安到 1A（与电极面积和测量细节相关）。大电流可能产生几个负面影响：

① 未补偿欧姆降 iR_u 会变得很大，产生拉长的、定义不清的伏安响应㉑。

② 工作电极表面的电流密度变得不均匀，靠近对电极的位置电流密度较高，而远离对电极的位置电流密度较低。此外，电流密度的模式可以随时间变化（如在伏安波范围内）。这一效应也会导致拉长、定义不清的伏安图。

③ 大电流导致工作电极上扩散层的大量化学变化。当电极及其扩散层的尺寸在毫米级，密度变化和极限传热导致电极附近发生对流搅拌，从而造成测量时噪声的产生和结果的不准确。

前两个影响源于溶液中的离子运动，即迁移。第三个影响与进出扩散-迁移层的极限传质和传热有关，有时也与重力有关。

使用超微电极这些问题将得到缓解。即使相对于传统浓度体系，在高浓度分析物体系中，iR_u 倍增（不管工作电极的大小），但在基于超微电极的电解池中其通常仍是可管理的。当 $\gamma<10$，由于 iR_u 的影响，波可能会明显偏移，但通常可以达到一个良好的平台。此外，超微电极相

㉑　由于体系中离子强度通常比类似的传统分析物溶液大，R_u 通常会更小，仅为 5～50 倍（离子强度从传统溶液的 0.1mol/L 变为工业溶液的 1～5mol/L）。由于电流增大 1000 倍到百万倍，iR_u 在高浓度体系中增大了 1～5 个数量级。

对于对电极任何位置都是微小的，第②点中讨论的空间效应可以忽略不计。最后，超微电极的扩散-迁移层在物理意义上极小，并且具有比大电极快得多的传质和传热速率。与常规尺寸微电极相比，超微电极的对流混合问题要小得多。

在高浓度分析物体系中利用 SSV 进行电分析已被证明具有实用性[42-43]。图 5.8.1 显示了在 9mol/L LiCl 溶液中高浓度 Cu(Ⅱ) 的实验结果，包括高达 1.5mol/L 的 Cu(Ⅱ) 的实际标准曲线。

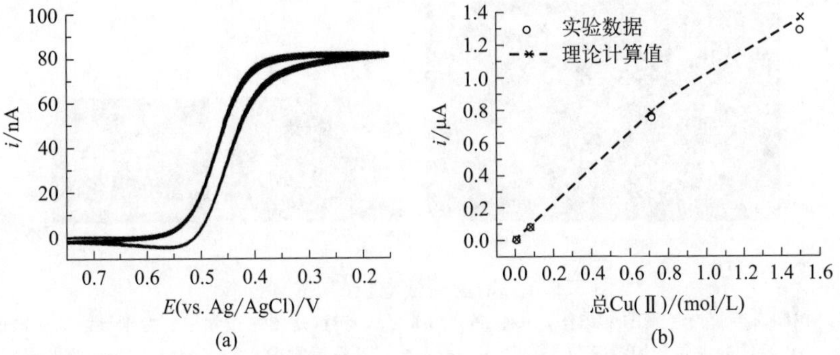

图 5.8.1　(a) 在 9mol/L LiCl 溶液中 71.4mmol/L Cu(Ⅱ) 的循环 SSV 图，以 20mV/s 的速率连续循环 60min。电极为半径 12.5μm 的铂圆盘电极。电极反应是 Cu(Ⅱ) 单电子还原为 Cu(Ⅰ)。(b) 在 9mol/L LiCl 溶液中 Cu (Ⅱ) 的标准曲线
(经 Zhao、Zhang、Boika 和 Bard[43] 许可转载)

在高浓度时，标准曲线负向偏离直线。一小部分偏差是由于在高浓度溶液中黏度的增加，降低了扩散系数和离子淌度。大部分偏差是由于电反应物极限流量的迁移抑制，正如预期的负电荷物种的还原 (5.7.4 节)。已知的 Cu(Ⅱ) 平衡常数建议，在 9mol/L LiCl 中 Cu(Ⅱ) 主要以 $CuCl_4^{2-}$ 或 $CuCl_3^-$ 形式存在。研究人员能够在该体系中通过扩散和迁移来模拟传质，结果如图 5.8.1(b) 所示。

对于刚才讨论的铜体系，虽然黏度对标准曲线的影响很小，但在涉及高浓度分析物的其他情况下，黏度是一个主要问题。一个例子是在含 0.2mol/L $TBAPF_6$ 的乙腈溶液中硝基苯的单电子还原[44]。硝基苯甚至在浓度超过 9mol/L 时也表现出良好的 SSV。在 1mol/L 范围内，标准曲线基本呈线性；在更高浓度时曲线开始出峰，在约 3mol/L 时达到峰值，而后在 9mol/L 时下降 50%以上。这一显著效应被证实是由于黏度引起的。在研究浓度范围内，黏度增大 5 倍，扩散系数和离子淌度降至 1/5。大于 3mol/L 时，m_O 的减小大于 C_O^* 的增加，这些因素共同决定了 SSV 的波高；因此，标准曲线发生翻转。在高浓度分析物的实际电分析应用中，必须为体系物理性质随分析物浓度的显著变化做好准备。在常规电分析中很少遇到这种效应。

本节主要从电分析角度进行了介绍，但也有机会直接研究具有更基本目标的高浓度电反应物[42,44]。在这类工作中，通常必须采用计算模型来考虑迁移。

5.9　实验室贴士：超微电极的制备

本节介绍超微电极的一些实用方面，但不是详细的总结。对于非常小的超微电极的研究十分活跃，随着新方法的构思和测试，实践不断发展。有兴趣的读者可以通过阅读最新的出版物和咨询有经验人员来了解最新技术发展现状。

5.9.1　超微电极的制备与表征

超微电极通常由 Pt、Au 或 C 制成，但出于特殊目的时也可以由其他材料制成[45]。半径为 5μm 的圆盘状 Pt 和 Au 超微电极可以在市场上买到，但也很容易制备，具体操作是利用火焰法或拉制法将 Pt 丝或 Au 丝小心地密封在具有较低软化温度的玻璃内。半球形汞电极可以通过在 Pt 或 C 圆盘上镀汞制备。具有更复杂几何形状的超微电极和超微电极阵列通常是通过微光刻技

术制备的。

较小的圆盘状超微电极的制备方法通常是通过化学刻蚀导线，而后将其密封在绝缘材料中；或使用拉制仪拉制玻璃管内的金属丝，使其尺寸急剧减小并被密封在绝缘体内。切割或抛光绝缘材料可以得到绝缘层内导电盘组成的横截面（如图 5.9.1 所示）。使用这些技术可以制备 r_0 小至 10nm 的超微电极，尽管可靠地制备和表征这样小的电极具有挑战性。

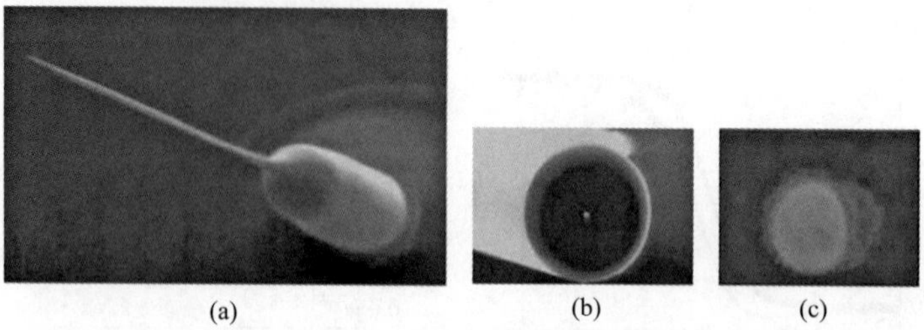

图 5.9.1 铂盘超微电极的SEM图像

（a）拉制石英管内包裹的细铂丝，狭窄部分约 3mm，铂盘是图左边尖端、变细导线的横截面；
（b）组件的尖端，铂盘是位于直径约 20μm 圆锥形石英管中心的直径约 400nm 的光斑；
（c）铂圆盘超微电极本身（引自 Ballesteros，Katemann 和 Schuhmann[46]）

制备电极后，通常必须注意其表面状况。6.8.1 节涉及了微电极包括超微电极的表面处理。随着超微电极尺寸的减小，它们更加容易损坏，在表面处理时需要格外谨慎。

制备超微电极时，其精确的几何形状和尺寸通常是未知的，特别是当特征尺寸接近可实现范围的较小端（<100nm），或是采用新的制备方法时。没有电化学测量方法单独提供电极几何形状的直接证据。例如，在制备或实验使用过程中，铂圆盘纳米电极经常会凹进周围的绝缘层，导致稳态电流比圆盘水平时更小。分析电化学数据几乎总是需要对电极几何形状进行假设，若没有单独评估几何形状，可能会导致很大的误差。光学显微镜可以观测约 10μm 的超微电极，而扫描电子显微镜通常用于表征更小的电极。

5.9.2 超微电极完整性测试

"我的电极能否正常工作?"这总是一个关于超微电极的合理问题。无论是否为超微电极，所有的微电极在制备过程中都存在缺陷；在小电极上的缺陷是灾难性的，而同样的缺陷在大电极上甚至可能无法检测到。

最常见的问题是在电极材料和周围绝缘相之间（如在超微电极的圆盘和绝缘罩之间）的连接处密封不完全（通常称为漏液）。有时漏液会造成较大的空隙，使大量电解液进入与电极材料接触。

在制备并表征好电极进行首次表面处理后，进行明确的电极完整性测试是一个好的策略。若使用更小的超微电极，则这一步骤是必要的。

一种有效的方法是检测含简单氧化还原物种（单电子外层反应，稳定的氧化还原电对，不发生吸附㉒，不受溶解氧的干扰）的溶液的稳态伏安响应。一个很好的选择是二茂铁的氧化，即非水溶剂中的二茂铁或水溶剂中的改性二茂铁，如（二茂铁基甲基）三甲基铵（$FcTMA^+$；见图 1)。在自动化的恒电势仪上选择 CV 模式，并设置电势范围使其只发生法拉第行为，确保消除背景过程的扫描限制。为了避免氧气的影响，还需要对电解池进行除氧。

图 5.9.2 比较了在含 1mmol/L Fc 的乙腈溶液中两种不同状态（但表面上相同的）铂盘超微电极的稳态伏安图。如 5.7.3 节所述，铂超微电极上二茂铁氧化的稳态伏安图表现出以 Fc^+/Fc 电对的 $E^{0'}$ 为中心的波形。图 5.9.2(b) 表现出超微电极近乎理想的 SSV 响应，即具有非常平坦的极限扩散电流平台的能斯特型波。图 5.9.2(a) 的响应则表现出非理想的能斯特行为，即电流

㉒ $Fe(CN)_6^{4-}$ 的单电子氧化通常被用于测试，然而在测量过程中，不溶性 Fe(Ⅱ)/Fe(Ⅲ) 配合物经常会沉积在电极表面，导致不明确的 i-E 曲线。

平台轻微倾斜且在正向扫描和反向扫描之间有显著的滞后。

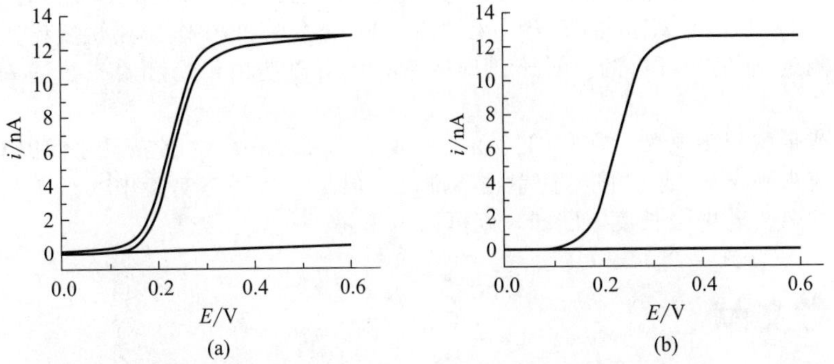

图 5.9.2　在含 1mmol/L 二茂铁、0.1mol/L $TBAPF_6$ 的乙腈溶液中，相同方法制备的两个半径 12.5μm 的铂盘超微电极的稳态伏安图

v=5mV/s；E vs. Ag/AgCl/KCl (sat'd)。响应表明图 (a) 电极质量差，图 (b) 电极质量好。正向扫描和反向扫描都被绘制。每个实验都显示了不含二茂铁时的背景响应（由 Koushik Barman 博士提供）

非理想行为的来源是什么？为了研究这一问题，在不含氧化还原活性分子的“空白溶液”中重复实验是有用的。图中包含了空白测试的结果，主要有两点：

① 图 5.9.2(a) 中的背景电流在正向扫描和反向扫描之间有细微的滞后。这一电流滞后对应于 $i=vC$ 所描述的背景充电电流，其中 v 是扫描速度，C 是电容［见 1.6.4(2)节］。对于宏观电极，C 以双电层电容 C_d 为主。然而对于超微电极，由于小电极尺寸，双电层电容极小（如电极尺寸从 0.1cm 减小至 10μm，C_d 减小至 $1/10^4$）。因此，引起该背景电流的电容更可能与外部导线和密封金属/玻璃界面的杂散电容有关（见 6.7 节）。

② 使用非理想铂盘电极记录的“空白”伏安图显示出倾斜的响应，大致服从“$i=E/R$”关系。结合 Fc 存在时观察到的滞后现象，这一行为表明电极漏液，即电解质离子和 Fc 泄漏到铂丝和绝缘材料间的缝隙中。仅从伏安图中无法判别漏液的确切原因，但导致类似响应的原因通常是金属丝和绝缘材料间的密封性差，或用于电极制备的非理想绝缘材料的有限电导率。随着时间的推移，电极会出现漏液，尤其是在处理不当时，如摔落或受到极大的电压脉冲。

没有一个超微电极的稳态伏安图是完全理想的，一个常见的问题是“什么程度的非理性行为是可接受的?”答案很大程度上取决于研究者所追求的信息。例如，图 5.9.2 中的两组伏安图都可以根据式(5.2.18a) 从极限电流平台估算 Fc 的扩散系数 D。但图 5.9.2(a) 中的伏安图是非理想的，D 在测量中极限电流的滞后会导致约 10%的计算误差。

相反，如果想知道二茂铁氧化等快速电子转移过程的动力学信息（如 k^0 和 α），大背景电流的滞后会对最终结果造成较大的误差和不确定性。在这种情况下，最好使用在快速简单动力学测试中表现出近乎理想行为的电极的原始数据，如乙腈溶液中的二茂铁，如图 5.9.2(b) 所示。

第 5 章所示的稳态 i-E 曲线几乎都是理想的。然而，在每种情况下，研究者都需要花费相当多的时间和精力来学习超微电极的制备和表征。通常，超微电极会出现漏液行为，表现出非常大的电容电流或非稳态行为。研究者不应气馁，因为你并不是唯一学习如何制备超微电极的人。

5.9.3　估算超微电极的尺寸

在 5.9.1 节中，强调了通过光学或电子显微镜表征电极几何形状，这一过程是十分重要的。虽然通过显微镜表征是很重要的，但在超微电极的日常使用中往往过于繁琐。若某一制备方法的可行性已通过显微镜验证，则用相同方法制备的新电极尺寸（如半径）通常可由已知浓度和扩散系数的物种［如 Fc 在 0.1mol/L TEAP/乙腈溶液（见表 C.4）中的扩散系数是 $2.4\times10^{-5}cm^2/s$］在 SSV 中的极限电流求得。作为实例，读者可以利用式(5.2.18) 验证图 5.9.2(b) 中极限电流对应的 r_0 为 12.5μm（正如图题中标注的那样）。本质上以相同的方式，式(5.2.18) 可被用于估计新制备的超微圆盘电极的半径 r_0。

对于半球形电极，r_0 可根据 $i_d=2nFD_OC_O^*r_0$ 计算［即相同 r_0 的球形电极的 i_d 的一半，如

式(5.1.21) 所示]。

对于球形超微电极，部分区域必然通过电连接而被屏蔽，正如图 5.2.1 所示。因此，有效面积小于 $4\pi r_0^2$，式(5.1.21) 对 r_0 的确定是无效的，必须将 A 和 r_0 作为独立参数。显微镜虽然不方便，但用于测定 r_0 仍是可行的。对于已知体系，也可以使用稳态和暂态数据来计算 A 和 r_0，具体可见习题 6.12。

对于柱状或带状超微电极，在式(5.2.24b) 或式(5.2.25b) 中临界尺寸仅以对数形式出现，利用准稳态电流来确定 r_0 或 w 既不简单也不准确。但是，从暂态实验中（第 6 章）可以得到柱状或带状电极的 A。若电极长度 l 已知，则可以由 A 求得 r_0 或 w。

5.10 参考文献

1 H. A. Laitinen and I. M. Kolthoff, *J. Am. Chem. Soc.*, **61**, 3344 (1939).
2 H. A. Laitinen, *Trans. Electrochem. Soc.*, **82** 289 (1942).
3 A. M. Bond, K. B. Oldham, and C. G. Zoski, *Anal. Chim. Acta*, **216**, 177 (1989).
4 C. Demaille, M. Brust, M. Tsionsky, and A. J. Bard, *Anal. Chem.*, **69**, 2323 (1997).
5 M. V. Mirkin and S. Amemiya, Eds., "Nanoelectrochemistry," CRC Press, Boca Raton, FL, 2015.
6 C. G. Zoski in "Modern Techniques in Electroanalysis," P. Vansek, Ed., Wiley-Interscience, New York, 1996, Chap. 6.
7 C. Amatore in "Physical Electrochemistry," I. Rubinstein, Ed., Marcel Dekker, New York, 1995, Chap. 4.
8 R. J. Forster, *Chem. Soc. Rev.*, **23**, 289 (1994).
9 J. Heinze, *Angew. Chem. Int. Ed. Engl.*, **32**, 1268 (1993).
10 M. I. Montenegro, M. A. Queirós, and J. L. Daschbach, Eds., "Microelectrodes: Theory and Applications," NATO ASI Series, Vol. 197, Kluwer, Dordrecht, 1991.
11 M. Fleischmann, S. Pons, D. R. Rolison, and P. P. Schmidt, Eds., Ultramicroelectrodes, Datatech Systems Morganton, NC, 1987.
12 R. M. Wightman, *Anal. Chem.*, **53**, 1125A (1981).
13 C. G. Zoski in "Electrochemical Dictionary," 2nd ed., A. J. Bard, G. Inzelt, and F. Scholz, Eds., Springer, Heidelberg, 2012, p. 945.
14 Y. Saito, *Rev. Polarog. (Japan)*, **15**, 177 (1968).
15 K. B. Oldham, *J. Electroanal. Chem.*, **122**, 1 (1981).
16 J. Newman, *J. Electrochem. Soc.*, **113**, 501 (1966).
17 (a) J. Tomeš, *Coll. Czech. Chem. Commun.*, **9**, 12, (1937). (b) *Ibid.*, p. 81. (c) *Ibid.*, p. 150.
18 M. T. Carter, M. Rodriguez, and A. J. Bard, *J. Am. Chem. Soc.*, **111**, 8901 (1989).
19 P. Sun and M. V. Mirkin, *Anal. Chem.*, **78**, 6526 (2006).
20 J. J. Watkins, J. Chen, H. S. White, H. D. Abruña, E. Maisonhaute, and C. Amatore, *Anal. Chem.*, **75**, 3962 (2003).
21 S. Baranski, *J. Electroanal. Chem.*, **307**, 287 (1991).
22 K. B. Oldham, *Anal. Chem.*, **64**, 646 (1992).
23 K. B. Oldham and C. G. Zoski, *J. Electroanal. Chem.*, **256**, 11 (1988).
24 A. M. Bond, K. B. Oldham, and C. G. Zoski, *J. Electroanal. Chem.*, **245**, 71 (1988).
25 K. B. Oldham, J. C. Myland, C. G. Zoski, and A. M. Bond, *J. Electroanal. Chem.*, **270**, 79 (1989).
26 M. V. Mirkin and A. J. Bard, *Anal. Chem.*, **64**, 2293 (1992).
27 J. Kim and A. J. Bard, *Anal. Chem.*, **88**, 1742 (2016).
28 J. Kim and A. J. Bard, *J. Am. Chem. Soc.*, **138**, 975 (2016).
29 J. D. Norton, W. E. Benson, H. S. White, B. D. Pendley, and H. D. Abruña, *Anal. Chem.*, **63**, 1909 (1991).

30 L. Němec, *J. Electroanal. Chem.*, **8**, 166 (1964).
31 C. G. Zoski and M. Wijesinghe, *Israel J. Chem.*, **50**, 347 (2010).
32 I. Fritsch-Faules and L. R. Faulkner, *Anal. Chem.*, **64**, 1118, 1127 (1992).
33 L. B. Anderson and C. N. Reilley, *J. Electroanal. Chem.*, **10**, 295 (1965).
34 S.-R. Kwon, K. Fu, D. Han, and P. W. Bohn, *ACS Nano*, **12**, 12923 (2018).
35 W.-J. Lan, H. S. White, and S. Chen in "Nanoelectrochemistry," M. V. Mirkin and S. Amemiya, Eds., CRC Press, Boca Raton, FL, 2015, Chap. 2.
36 K. B. Oldham, *J. Electroanal. Chem.*, **250**, 1 (1988).
37 C. Amatore, B. Fosset, J. Bartelt, M. R. Deakin, and R. M. Wightman, *J. Electroanal. Chem.*, **256**, 255 (1988).
38 K. B. Oldham in "Microelectrodes, Theory and Applications," M. I. Montenegro, M. A. Queiros, and J. L. Daschbach, Eds., Kluwer, Amsterdam, 1991, p. 87.
39 J. D. Norton, H. S. White, and S. W. Feldberg, *J. Phys. Chem.*, **94**, 6772 (1990).
40 M. Ciszkowska and J. G. Osteryoung, *Anal. Chem.*, **67**, 1125 (1995).
41 C. Amatore, S. C. Paulson, and H. S. White, *J. Electroanal. Chem.*, **439**, 173 (1997).
42 R. B. Morris, K. F. Fischer, and H. S. White, *J. Phys. Chem.*, **92**, 5306 (1988).
43 H. Zhao, J. Chang, A. Boika, and A. J. Bard, *Anal. Chem.*, **85**, 7696 (2013).
44 S. C. Paulson, N. D. Okerlund, and H. S. White, *Anal. Chem.*, **68**, 581 (1996).
45 C. G. Zoski, *Electroanalysis*, **14**, 1041 (2002).
46 B. Ballesteros Katemann and W. Schuhmann, *Electroanalysis*, **14**, 22 (2002).

5.11　习题

5.1　已知某一物种的电极反应 $n=1$，浓度为 1mmol/L，扩散系数为 $1.2\times10^{-5}\text{cm}^2/\text{s}$，圆盘超微电极的稳态伏安实验得到的平台电流为 2.32nA。电极半径是多少？

5.2　许多有机物的还原有 H^+ 参与。认为可逆反应 $O+mH^++ne \rightleftharpoons R$ 中 O 和 R 都是可溶的，初始只有 O 存在，浓度为 C_O^*。

(a) 画出稳态伏安图。

(b) 测定 m 值需要什么实验步骤？

5.3　简单金属离子还原为金属，沉积在一已沉积金属的圆盘超微电极上。电极反应为 $M^{n+}+ne \rightleftharpoons M(s)$。假设反应可逆，固体 M 的活度系数为常数 1，画出稳态伏安图。$E_{1/2}$ 如何随 i_d、M^{n+} 浓度变化？

5.4　对于可逆半反应 $I_3^-+2e \rightleftharpoons 3I^-$，Pt 圆盘超微电极浸入只有 I^- 的溶液中，试画出稳态伏安图的形状。半波电势是多少？它与 I^- 的本体浓度有关吗？这种情况可与 $O+ne \rightleftharpoons R$ 直接比较吗？

5.5　一"陷入"盘状超微电极如图 5.11.1 所示。假设孔口直径 d_0 为 1μm，Pt 半球直径为 10μm，陷入长度 l 为 20μm，陷入空间内电极尖端浸入本体溶液［如 0.01mol/L $Ru(bpy)_3^{2+}$ 的 0.1mol/L KCl 溶液］中。

(a) 稳态扩散电流 i_d 是多少？

(b) 利用该电极的稳态波形曲线研究异相电子转移反应，合适的 r_0 值会是多少？

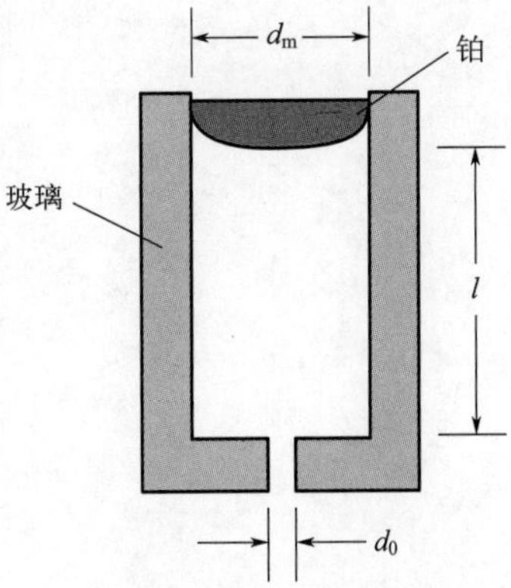

图 5.11.1　通过小孔和溶液沟通的内陷工作电极

5.6　考虑图 5.4.2 中的结果。Watkins 等人[20] 从数据中发现对于反应 $FcTMA^{2+}+e \rightleftharpoons FcTMA^+$，在 0.1mol/L KCl 溶液中铂电极的 $k^0=(4\pm3)\text{cm/s}$。已知 $FcTMA^+$ 的 $D=7.5\times10^{-6}\text{cm}^2/\text{s}$，图 5.4.2(b) 中四个电极的 Λ^0 分别为多少？在本研究中，使用的最小的电极的 $r_{app}=1.7\text{nm}$（结果并未在图中显示），此时 Λ^0 是多少？使用 5.4.3 节中讨论的准则，对应可逆和准可逆行为边界的 r_0 是多少？对应准可逆和完全不可逆行为边界的 r_0 是多少？这里所考虑的五个

电极分别适用于什么动力学判据？

5.7 在半径 $r_0=5\mu m$ 的半球超微电极上发生 O 物种的单电子还原反应。含有 10mmol/L O 和支持电解质的溶液中的稳态伏安曲线指出 $\Delta E_{3/4}=E_{1/2}-E_{3/4}=35.0mV$，$\Delta E_{1/4}=E_{1/4}-E_{1/2}=31.5mV$，$i_d=15nA$。假设 $D_O=D_R$，$T=298K$。

(a) 求 D_O。

(b) 用参考文献［26］的方法计算 k^0 和 α。

5.8 证明式(3.4.30) 是式(5.4.7) 的一种形式，且图 3.4.6 是式(5.4.7) 的一组图（对应 $\Lambda^0\to\infty$ 和 $\Lambda^0=1,0.1,0.01$），前提是 $m_O C_O^*=m_R C_R^*$。

5.9 证明对于可逆反应，式(5.4.7) 可以简化为以下任一情况：

(a) 式(5.3.7)，$n=1$，O 和 R 物种同时存在于本体溶液中。

(b) 式(5.3.3)，$n=1$，R 物种不存在于本体溶液中。

(c) 以下方程，$n=1$，O 物种不存在于本体溶液中：

$$\boxed{i=\frac{\xi\theta i_{d,a}}{1+\xi\theta}} \tag{5.11.1}$$

5.10 对于表 5.4.2 中的第三种情况（一般动力学，$C_O^*=0$），推导 S_{KL} 和 I_{KL}。

(a) 根据式(5.4.9)。

(b) 根据表 5.4.2 中的第一种情况（通用动力学，通用组分）。

5.11 在没有特意添加支持电解质的情况下，测量超微电极 SSV 的极限电流是确定氧化还原活性物种电荷的一种简便方法。在铂盘超微电极（$r_0=10\mu m$，$C_{A^z}^*=1mmol/L$）上发生反应 $A^z+e\rightleftharpoons A^{z-1}$。首先在 0.5mol/L 支持电解质存在时测定还原反应的稳态极限电流，并标记为 i_l（$\gamma=500$）；然后在不含支持电解质时测定稳态极限电流，标记为 i_l（$\gamma=0$）。根据给定的 i_l（$\gamma=500$）和 i_l（$\gamma=0$），利用式(5.7.4) 和式(5.7.5)，确定以下每种情况的电活性物种的电荷 z。并根据图 5.7.4 所示的结果检查答案。

(a) $i_l(\gamma=500)=5.0nA$，$i_l(\gamma=0)=6.35nA$。

(b) $i_l(\gamma=500)=5.0nA$，$i_l(\gamma=0)=5.0nA$。

(c) $i_l(\gamma=500)=5.0nA$，$i_l(\gamma=0)=10nA$。

(d) $i_l(\gamma=500)=5.0nA$，$i_l(\gamma=0)=4.25nA$。

第 6 章　基于电势阶跃的暂态方法

在本章中，考察涉及工作电极电势阶跃变化的方法，这类方法包括一些电化学中最广泛使用的实验技术。这里涵盖的所有方法都是为小 A/V（面积体积比）条件设计的，适用于微小工作电极（但不必是超微电极）❶。很容易显示，在 10mL 或更多的溶液、持续几秒到几分钟的实验中，即使是 $1cm^2$ 尺寸的大电极也只消耗微不足道的一少部分电活性溶质（习题 6.2）。因此，在将要探讨的方法中，溶液本体保持不受扰动。

6.1　扩散控制下的计时电流法

在含有电活性物质静止溶液的三电极体系中，考虑平板工作电极上的电势阶跃。例如，假设蒽（An）溶解在除氧 DMF 中，0.1mol/L $TBABF_4$ 作为支持电解质。

以如图 5.1.1 所示实验装置，对电解池进行恒电势控制。由函数发生器产生如图 6.1.1(a) 的阶跃波形，由恒电势仪在其控制范围内通过程序施加到工作电极［1.6.4(4) 节和 16.7.1 节］。通常，存在不会发生法拉第过程的电势区，在此电势区选定 E_1。还存在蒽的还原动力学非常快、以致其表面浓度接近零的更负电势区，在此区选取 E_2。

施加电势阶跃后，电极立即将附近的蒽还原成稳定的阴离子自由基：

$$\mathrm{An} + \mathrm{e} \longrightarrow \mathrm{An}^{\overline{\cdot}} \tag{6.1.1}$$

阶跃以电解池和仪器允许的能力瞬间发生，需要大的电流。随后，电流流动保持电极表面蒽被完全还原的条件。初始还原建立一个浓度梯度，随后产生蒽向电极表面的连续流量。来到电极的蒽不能与处于电势 E_2 的电极共存，必须通过还原把蒽耗尽。于是流量，也就是电流，正比于电极表面的浓度梯度。连续的还原使耗尽层变厚，这样电极表面的浓度分布的斜率随时间而减小，因此电流变小。这些影响示于图 6.1.1(b) 和 (c)。因为电流以时间的函数测量记录，所以该方法称为计时电流法（计时安培法）(chronoamperometry)。

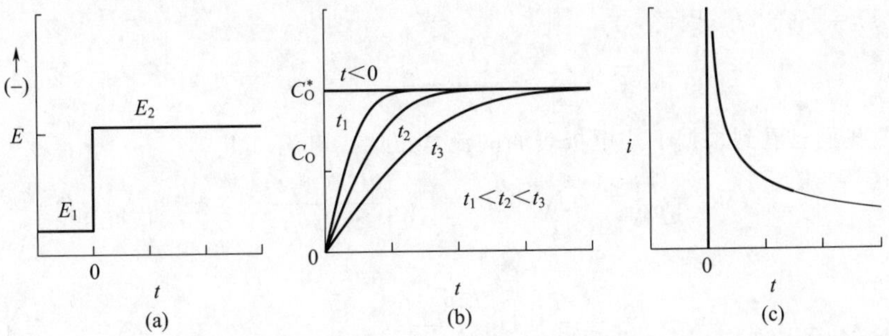

图 6.1.1　(a) 阶跃实验波形，反应物 O 在电势 E_1 不反应，在 E_2 以扩散极限速率被还原；(b) 实验中不同时刻的浓度分布；(c) 电流与时间的关系曲线

---

❶　参见第 5 章脚注❶关于这些术语的定义。

在第 5 章，考虑了稳态时的电流流动，熟悉了扩散层比工作电极的最小尺寸大得多的情况。在本章的大部分（以及本书剩余的大部分），将讨论那些没有达到甚至很少接近稳态的实验，其实验时间比建立稳态（5.1.3 节）所需的时间短很多，扩散层通常比电极尺寸薄很多❷。

例如，如果图 6.1.1 的实验是在圆盘上进行的，通常要保证图 6.1.1(b) 中的距离比圆盘半径 r_0 小很多。从 4.4.1 节已知，经过时间 t 相应的扩散层厚度是 $(2Dt)^{1/2}$。为了实现想要的条件，扩散层厚度就必须小于 $0.1r_0$。对于 $r_0=1\text{mm}$ 和 $D=1\times10^{-5}\text{cm}^2/\text{s}$ 的情况，实验持续时间不应超过 5s。计时电流法通常在常规微电极上进行，典型的阶跃时间范围是 20ms～1s。在超微电极上，时间尺度必须更短，可能为 100ns 至几毫秒，取决于 UME 的特征尺寸。

本章的重点完全集中在工作电极上施加新电势后的暂态阶段。在第 5 章中，我们认为暂态只是稳态的前奏，基本上忽略了该过程。在本章，暂态过程是主要关注点。计时电流法是接下来的几章中介绍的许多电化学暂态技术（elctrochemical transient technique）中的一种。

6.1.1 平板上的线性扩散

前面的讨论提供了对计时电流法的快速理解，但实验需要严格处理。如前所述，开始是假设一个平板电极在一种存在支持电解质不搅拌的溶液中。考虑一般的电极反应 $\text{O}+\text{e}\longrightarrow\text{R}$。无论这一反应过程的动力学本质上是快还是慢，总是可以用足够负的阶跃电势激活驱动，从而使 O 在电极表面的浓度有效地为零。在任何更极端的阶跃电势下，这个条件也成立。

(1) 半无限线性扩散和 Cottrell 方程

如果与电极的任何维度相比，扩散层总是较小时，可以认为电极是一个无限大的平面❸。扩散只发生在垂直于平面的维度 x 方向上。线性扩散的菲克第二定律描述了这种情况：

$$\frac{\partial C_{\text{O}}(x,t)}{\partial t}=D_{\text{O}}\frac{\partial^2 C_{\text{O}}(x,t)}{\partial x^2} \tag{6.1.2}$$

正如 4.5 节所总结的那样，求解此方程还需要三个条件，其中两个是初始和半无限条件：

$$C_{\text{O}}(x,0)=C_{\text{O}}^* \tag{6.1.3}$$

$$\lim_{x\to\infty}C_{\text{O}}(x,t)=C_{\text{O}}^* \tag{6.1.4}$$

第三个条件来自即将开始的实验，定义了电势阶跃后的电极表面状态

$$C_{\text{O}}(0,t)=0 \qquad (t>0) \tag{6.1.5}$$

附录 A.1.6 表明，对式(6.1.2) 进行拉普拉斯变换后，应用条件式(6.1.3) 和式(6.1.4)，可得

$$\overline{C}_{\text{O}}(x,s)=\frac{C_{\text{O}}^*}{s}+A(s)\text{e}^{-(s/D_{\text{O}})^{1/2}x} \tag{6.1.6}$$

变换式(6.1.5) 给出

$$\overline{C}_{\text{O}}(0,s)=0 \tag{6.1.7}$$

由此可得 $A(s)=-C_{\text{O}}^*/s$。因此，

$$\overline{C}_{\text{O}}(x,s)=\frac{C_{\text{O}}^*}{s}-\frac{C_{\text{O}}^*}{s}\text{e}^{-(s/D_{\text{O}})^{1/2}x} \tag{6.1.8}$$

在 4.4.3 节，我们已看到根据下式电极表面的流量正比于电流

$$\frac{i(t)}{nFA}=-J_{\text{O}}(0,t)=D_{\text{O}}\left[\frac{\partial C_{\text{O}}(x,t)}{\partial x}\right]_{x=0} \tag{6.1.9}$$

变换为

$$\frac{\bar{i}(s)}{nFA}=D_{\text{O}}\left[\frac{\partial \overline{C}_{\text{O}}(x,s)}{\partial x}\right]_{x=0} \tag{6.1.10}$$

---

❷ 处理暂态技术时，确实需要建立合适的思维方式。本章也讨论超微电极上暂态到稳态的整个过程。在到达稳态时，当然必须考虑扩散层与电极的尺寸相比不那么小的情况。

❸ 在第 5 章，我们知道盘电极边沿处的扩散情况复杂，这里忽略了这种情况。因为时间足够短时，边沿径向扩散对总电流贡献不重要，可以忽略。

把式(6.1.8)的微分代入式(6.1.10)，得到

$$\bar{i}(s)=\frac{nFAD_O^{1/2}C_O^*}{s^{1/2}} \tag{6.1.11}$$

反变换后得到阴极还原极限扩散电流-时间响应

$$\boxed{i(t)=i_{d,c}(t)=\frac{nFAD_O^{1/2}C_O^*}{\pi^{1/2}t^{1/2}}} \tag{6.1.12}$$

这是Cottrell方程[1]❹。通过测量或控制所有的参数，Kolthoff和Laitinen[2-3]完成的经典实验详细地验证了它的正确性。

电极表面附近电活性物种的不断消耗是电流与$t^{1/2}$呈倒数关系的起因。在其他类型实验中这种时间依赖关系会经常遇到，它是电解速率受扩散控制的一个标志。

(2) 计时电流法测量的注意事项

在“Cottrell条件”下的i-t关系实际测量中，必须注意仪器和实验的局限性：

① 恒电势仪限制。公式(6.1.12)预测了短时间内非常高的电流，但实际最大电流受限于恒电势仪的电流或电压输出能力［16.7.1(1)节］。

② 测量记录系统的局限性。在电流突变的初始阶段，电流测量电路可能会过载，可能需要一些时间才能恢复正常，恢复之后才能获得准确的数据。

③ 电解池时间常数带来的限制。如1.6.4(1)节和6.8.2节所示，电势阶跃开始后必然有充电电流。充电电流随电解池时间常数R_uC_d呈指数衰减（R_u是溶液未补偿电阻，C_d是工作电极双层电容）。大约$5R_uC_d$时间内，充电电流相当可观，在刚开始时，它可掩蔽法拉第电流。此外，如本章6.8.2节的实验贴士所述，实验要测量$t=0$时表面浓度实际瞬时变化，数据采集时间必须持续到远大于$5R_uC_d$之后。

④ 对流造成的限制。在更长的时间里，杂散振动和累积的密度梯度会引起对扩散层区域的对流扰动，导致电流大于Cottrell方程预测的电流。对流干扰出现时间取决于电极朝向、电极周围保护罩的存在以及其他因素[2-3]。在水和其他流体溶剂中，基于扩散的测量超过300s是很困难的，甚至超过20s的测量就可能出现一些对流影响。

(3) 浓度分布

反变换式(6.1.8)得到

$$C_O(x,t)=C_O^*\left\{1-\operatorname{erfc}\left[\frac{x}{2(D_Ot)^{1/2}}\right]\right\} \tag{6.1.13}$$

或

$$\boxed{C_O(x,t)=C_O^*\operatorname{erf}\left[\frac{x}{2(D_Ot)^{1/2}}\right]} \tag{6.1.14}$$

图6.1.2显示式(6.1.14)定义的不同时间t时的浓度分布。很容易看出，电极附近的氧化态被耗尽，电极表面的浓度梯度随时间变小，使得式(6.1.12)的法拉第电流随时间单调降低。

图6.1.2还展示出扩散层不是固定的厚度，即电极附近与本体浓度不同的区域。浓度分布逐渐趋近本体浓度值。把式中的$(2D_Ot)^{1/2}$项看作扩散层厚度是很有用的，表征了反应物O在t时间内扩散的距离（4.4.1节）。式(6.1.14)中，误差函数的自变量相当于以$2(D_Ot)^{1/2}=2^{1/2}(2D_Ot)^{1/2}$为单位表示的距电极的距离。误差函数随其参数的变化很快地接近其渐近极限值1（附录A.3）。当其自变量为1、2、3［即x值分别为$(D_Ot)^{1/2}$的2倍、3倍、6倍］时，误差函数的值分别为0.84、0.995、0.99998。因而可以认为扩散层是在距电极$6(D_Ot)^{1/2}$的距离内。对大部分需要，可以认为扩散层更薄些。人们经常用扩散层厚度描述电极过程影响溶液的程度。对Cottrell实验，在离电极表面距离远大于扩散层厚度的溶液中，电极过程对溶液浓度没有明显影响，那里的反应物分子不参与电极过程。而对距离电极表面远小于扩散层厚度的溶液，电极反应

❹ 符号$i_{d,c}(t)$表示这个特定的电流-时间响应是针对$C_O(0,t)=0$的情况，是O在任何时刻t的扩散所能支持的最大电流，是阴极（下标c标记）的扩散极限（下标d标记）电流。

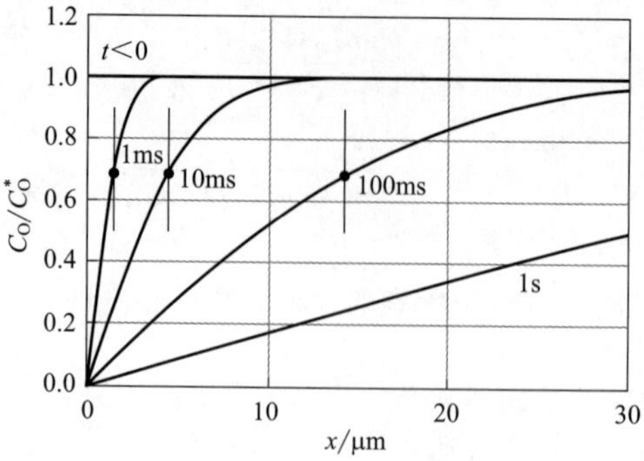

图 6.1.2　Cottrell 阶跃实验不同时刻时的浓度分布

$D_O=1\times10^{-5}\text{cm}^2/\text{s}$，图中竖线标记 1ms、10ms、100ms 时的 $(2D_Ot)^{1/2}$ 值（相当于扩散层有效厚度）。1s 时标记在图外。点标记对应 $x=(2D_Ot)^{1/2}$ 时的比值 $C_O/C_O^*=0.683$

的影响显著。本书中，定义 4.4.1 节导出的均方根扩散长度 $(2D_Ot)^{1/2}$ 作为扩散层厚度❺。

当然，如图 6.1.2 所示，扩散层厚度与实验时间密切相关。对扩散系数为 $1\times10^{-5}\text{cm}^2/\text{s}$ 的物种，$(2D_Ot)^{1/2}$ 在 1s 时大约 45μm，在 1ms 时仅 1.4μm，1μs 时只有 45nm。

6.1.2　球形电极的响应

如果阶跃实验使用球形电极（如悬汞电极）而非平面电极，必须考虑球形扩散场，Fick 第二定律变为（表 4.4.2）

$$\frac{\partial C_O(r,t)}{\partial t}=D_O\left[\frac{\partial^2 C_O(r,t)}{\partial r^2}+\frac{2}{r}\frac{\partial C_O(r,t)}{\partial r}\right] \tag{6.1.15}$$

式中，r 是距电极球心的径向距离。此时的初始条件和边界条件为（r_0 是电极半径）

$$C_O(r,0)=C_O^* \qquad (r>r_0) \tag{6.1.16}$$

$$\lim_{r\to\infty}C_O(r,t)=C_O^* \tag{6.1.17}$$

$$C_O(r_0,t)=0 \qquad (t>0) \tag{6.1.18}$$

(1) 计时电流暂态行为

通过变量代换 $v(r,t)=rC_O(r,t)$，可把式(6.1.15) 转换为线性形式(推导过程留给读者，习题 6.1)。求解得到极限扩散电流为

$$\boxed{i_{d,c}(t)=nFAD_OC_O^*\left[\frac{1}{(\pi D_Ot)^{1/2}}+\frac{1}{r_0}\right]} \tag{6.1.19}$$

可写为

$$i_{d,c}(\text{球形})=i_{d,c}(\text{线性})+i_{d,c}(\text{稳态}) \tag{6.1.20}$$

球形扩散极限电流就是线性扩散电流（Cottrell 电流）加上球形极限扩散稳态电流［第 5 章中很熟悉的式(5.1.20)］。对球形电极，式(6.1.19) 是电势阶跃响应的完全解，包括了稳态前的全部暂态变化和稳态本身。

(2) 浓度分布

电极附近电活性物质的浓度分布也可以扩散方程的解得到，其结果是

$$C_O(r,t)=C_O^*\left\{1-\frac{r_0}{r}\text{erfc}\left[\frac{r-r_0}{2(D_Ot)^{1/2}}\right]\right\} \tag{6.1.21}$$

式中，$r-r_0$ 是从电极表面算起的距离。此式所示的浓度分布与式(6.1.13) 的线性情况非常相似，差别只是式中的因子 r_0/r。如果扩散层和电极半径相比很薄，该因子基本上是 1，球形电极行为就和线性电极行为并无差别，就像日常生活中我们感觉不到地球是球形一样。和地球曲

---

❺ 图 6.1.2 展示的 $(2D_Ot)^{1/2}$ 是扩散层后的一种数量级表达，不是完美标准。文献中有取 $(D_Ot)^{1/2}$ 的 1 倍、$\pi^{1/2}$ 倍或 2 倍作为扩散层厚度，都可使用。

率半径相比，我们在地球表面的活动区域小很多，所以通常不能把地球表面与粗略的平面区分。

另一极端方面，当扩散层厚度远大于电极半径时（如第5章UME的情况），电极表面附近的浓度分布就变得与时间无关，并与 $1/r$ 成线性关系。从式(6.1.21)可以看出，当 $(r-r_0) \ll 2(D_O t)^{1/2}$，误差补函数趋近1，于是

$$C_O(r,t)=C_O^*(1-r_0/r) \tag{6.1.22}$$

电极表面处的斜率为 C_O^*/r_0。由此，根据球形电极电流和流量之间的关系，可给出稳态电流式(5.1.20)，

$$\frac{i}{nFA}=D_O\left[\frac{\partial C_O(r,t)}{\partial r}\right]_{r=r_0} \tag{6.1.23}$$

(3) 线性近似的适用性

时间足够短、电极半径足够大时，线性扩散完全可以用于处理球形的物质传输。确切地说，只要式(6.1.19)中的第二项（常数项）和第一项（Cottrell项）相比足够小，线性处理合乎需要。对于准确度小于 $a\%$，

$$\frac{nFAD_OC_O^*}{r_0}\leqslant\frac{a}{100}\frac{nFAD_O^{1/2}C_O^*}{(\pi t)^{1/2}} \tag{6.1.24}$$

或

$$\frac{(\pi D_O t)^{1/2}}{r_0}\leqslant\frac{a}{100} \tag{6.1.25}$$

若 $a=10\%$，$D_O=10^{-5}\text{cm}^2/\text{s}$，则 $t^{1/2}/r_0\leqslant 18\text{s}^{1/2}/\text{cm}$。对于半径为1mm的滴汞电极，3s内按线性处理，准确度在10%之内。

式(6.1.25)左边项的分子就是扩散层厚度，可以看出球形扩散稳态行为的占比程度主要取决于这个扩散层厚度与电极半径的比值。当扩散层厚度增长到和 r_0 相比不够小时，稳态电流对所测电流贡献显著。

6.1.3 其他超微电极的暂态行为

对于球形电极上的阶跃实验，能够获得从电势阶跃上升开始到稳态的全部扩散限制暂态行为。针对圆盘电极，还没有发展出全部暂态过程的处理方法，因为若以6.1.1节中的半无限线性扩散方式处理，需要把圆盘看作为一个无限平面，这只在扩散层很薄时才合理有效。但从5.2.2节知道，当扩散层能够伸展到比圆盘半径大得多时，圆盘会在长时间极限达到稳态电流。为完整起见，现在来全面分析圆盘电极上的扩散限制的暂态行为，也考察柱状与带状电极的扩散暂态行为。5.1.3节和5.2节已述，只有当圆盘电极、柱状电极和带状电极小到足以用作超微电极时，才会实际收敛到稳态（或准稳态）。

(1) 圆盘电极

对于圆盘电极的几何形态，物种O的扩散方程如下（表4.4.2，图5.2.2）：

$$\frac{\partial C_O(r,z,t)}{\partial t}=D\left[\frac{\partial^2 C_O(r,z,t)}{\partial r^2}+\frac{1}{r}\frac{\partial C_O(r,z,t)}{\partial r}+\frac{\partial^2 C_O(r,z,t)}{\partial z^2}\right] \tag{6.1.26}$$

式中，r 是径向位置，垂直于圆盘对称轴线（$r=0$）；z 是法向坐标，垂直于圆盘面（$z=0$）。

求解此方程需要另外5个条件，包括一个初始条件、两个半无限条件：

$$C_O(r,z,0)=C_O^* \tag{6.1.27}$$

$$\lim_{r\to\infty}C_O(r,z,t)=C_O^* \tag{6.1.28a}$$

$$\lim_{z\to\infty}C_O(r,z,t)=C_O^* \tag{6.1.28b}$$

第四个条件是在电极外的区域（$r>r_0$）没有反应发生，因而没有O的流进或流出：

$$\left.\frac{\partial C_O(r,z,t)}{\partial z}\right|_{z=0}=0\quad (r>r_0) \tag{6.1.29}$$

最后一个条件由实验扰动信号决定。在 $t=0$ 后，电势阶跃使得电极表面O的表面浓度为零。

$$C_O(r,0,t)=0\qquad (r\leqslant r_0,t>0) \tag{6.1.30}$$

该问题可通过引入无量纲参数 $\tau=4D_{O}t/r_0^2$ 来解决[4]，它代表的是扩散厚度［以 $2(D_{O}t)^{1/2}$ 表示］和圆盘半径的比值平方，得到电流时间曲线方程：

$$i_{d,c}(t)=\frac{4nFAD_{O}C_{O}^{*}}{\pi r_0}f(\tau) \tag{6.1.31}$$

对不同的 τ 值区间，可使用两个不同的级数计算函数 $f(\tau)$[4-6]，对 $\tau<1$ 的短时间区，

$$f(\tau)=\frac{\pi^{1/2}}{2\tau^{1/2}}+\frac{\pi}{4}+0.094\tau^{1/2} \tag{6.1.32}$$

或将 π 值代入得到

$$f(\tau)=0.88623\tau^{-1/2}+0.78540+0.094\tau^{1/2} \tag{6.1.33}$$

对 $\tau>1$ 的长时间区❻❼

$$f(\tau)=1+\frac{4}{\pi^{3/2}}\tau^{-1/2}+0.05626\tau^{-3/2}-0.00646\tau^{-5/2}\cdots \tag{6.1.34}$$

全部 τ 范围可以使用所有点误差偏离在 0.6%之内的单个近似公式[5]：

$$f(\tau)=0.7854+0.8862\tau^{-1/2}+0.2146e^{-0.7823\tau^{-1/2}} \tag{6.1.35}$$

如图 6.1.3 所示，可分 3 个区间分析超微圆盘电极的极限扩散电流-时间关系。对短时间区，扩散层厚度和 r_0 相比还很薄，径向扩散不占优，扩散呈半无限线性扩散的特征。因此早期的电流就是 Cottrell 电流［式(6.1.12)］，如图 6.1.3(a) 所示，两种计算结果相互重叠。也可从式(6.1.31) 和式(6.1.32) 看出这是 τ 趋近 0 时的数学上的极限情况。对于一个电极 $r_0=5\mu m$，$D_{O}=10^{-5}cm^2/s$，图 6.1.3(a) 中的短时间区大约是 60ns～60μs，对应扩散层厚度［以 $(2D_{O}t)^{1/2}$ 计］从 0.01μm 增至 0.3μm。

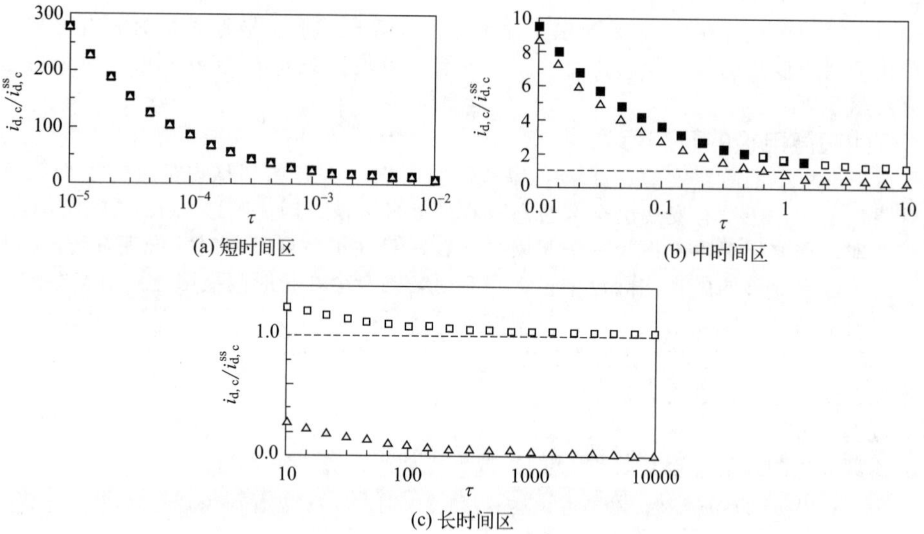

图 6.1.3 超微圆盘电极的极限扩散电流-时间关系

时间坐标以与时间 t 成比例的 τ 表示。图中符号，空心三角：Cottrell 电流；实心方块：式(6.1.31) 和式(6.1.33)；空心方块：式(6.1.31) 和式 (6.1.34)，虚线：球形稳态

如图 6.1.3(b) 所示，中时间区时扩散层厚度和 r_0 数量级相近，径向扩散开始变得重要，电流比忽略边缘效应（edge effect）的纯线性扩散电流大。若 r_0 和 D_{O} 分别为 5μm 和 $10^{-5}cm^2/s$，

---

❻ 计算 $f(\tau)$ 的两个公式，在 $0.82<\tau<1.44$ 区间重叠，所以可以用 $\tau=1$ 为分区标志。

❼ 和球形体系的严格结果比较，圆盘电极电流也可用 Cottrell 项和稳态项的线性组合来估计：$i_{d,c}(t)\approx nFAD_{O}^{1/2}C_{O}^{*}\pi^{-1/2}t^{-1/2}+4nFAD_{O}C_{O}^{*}r_0$，此式对于短时区和长时区是精确的，在图 6.1.3(b) 的中时区范围有百分之几的误差，在 $\tau=1$ 附近有最大误差（约+7%）。

这一时区大约在 60μs～60ms，对应扩散层厚度为 0.3～11μm。

时间更长时，扩散层厚度远大于 r_0，与半球形电极行为类似，电流趋向稳态。对应的由式(5.2.18a,b) 定义的稳态电流以 $i_{d,c}^{SS}$ 表示于图 6.1.3(c)，它是式(6.1.31) 和式(6.1.34) 在 τ 很大时的极限情况❽。使用同上的 r_0 和 D_O 特征值，图 6.1.3(c) 的时区对应 60ms～60s，扩散层厚度从 11μm 增至约 350μm。(译者注：原文 25μm 有误！应约 350μm，时间 1000 倍，厚度 31 倍)

这里讨论的实验时间范围基于常见的电极半径参数和扩散系数，在标准的商品电化学仪器上很容易实现。超微电极的一个显著特点是可在各种传质情况下使用。本质上就是如 5.2 节对于超微电极的操作定义为基础，应用其能力来接近或达到稳态。

在中后时间区，由于电极边沿几何上更利于电活性物质扩散，超微电极的电流密度本质上是不均匀的 [5.2.2(3) 节]。这种不均匀性会影响解释局部电流密度有关的现象，如异相电子转移动力学、扩散层中电活性物种的二级反应动力学等 (5.4.4 节)。

5.7 节曾介绍了低离子强度体系中超微电极的稳态测量的概念，对于这种体系的精确处理需要同时考虑扩散和迁移，那里侧重点是稳态伏安法 (SSV)。然而对这些体系，也可以采用超微电极进行暂态测量[7]。

(2) 柱状电极

柱状电极的几何形状较简单，仅涉及一个扩散维度。其 Fick 第二扩散定律表示为 (表 4.4.2)：

$$\frac{\partial C_O(r,z,t)}{\partial t}=D\left[\frac{\partial^2 C_O(r,z,t)}{\partial r^2}+\frac{1}{r}\frac{\partial C_O(r,z,t)}{\partial r}+\frac{\partial^2 C_O(r,z,t)}{\partial z^2}\right] \tag{6.1.36}$$

式中，r 为径向位置，垂直于坐标的对称轴；z 为柱长度位置。因为通常假定长度方向是均匀的，所以$\partial C/\partial z=\partial^2 C/\partial z^2=0$，$z$ 坐标可以舍去。边界条件和 5.2.2 节处理球形问题时的完全相同 (6.1.2 节)。

文献 [8] 报道了一个偏差小于 1.3% 的近似公式

$$i_{d,c}(t)=\frac{nFAD_O C_O^*}{r_0}\left[\frac{2\exp(-0.05\pi^{1/2}\tau^{1/2})}{\pi^{1/2}\tau^{1/2}}+\frac{1}{\ln(5.2945+0.7493\tau^{1/2})}\right] \tag{6.1.37}$$

式中 $\tau=4D_O t/r_0^2$。在短时间区，τ 很小，式(6.1.37) 中第一项重要，指数项近似为 1，这样式(6.1.37) 还原为 Cottrell 方程，这正是扩散厚度远小于半径 r_0 时的情况。直到 τ 达到约 0.01，扩散层厚度达到 r_0 的 10% 时，使用 Contrell 方程得到结果与用此式处理柱扩散的偏离仍小于 4%。

长时间区，τ 很大时，可舍去式(6.1.37) 中第一项，第二项中的对数项可近似为 $\ln\tau^{1/2}$，这样电流就是第 5 章所考虑的准稳态情况下的式(5.2.24a)。

(3) 带状电极

这里不对带状电极行为做详尽分析[8,9]。正如我们预期的那样，短时间内，电流收敛到 Contrell 形式 [式(6.1.12)]。长时间时，电流时间关系接近准稳态 [式(5.2.25)]。

6.1.4 计时电流法结果得到的信息

基于一般电极反应 O+ne⟶R，我们现在已描述了各种尺寸和形状电极响应大幅度电势阶跃的 i_d-t 曲线。所有类型的电极至少在短时间内 i_d-t 关系遵循 Cottrell 形式。随电极的形状不同，电流最终可能会偏离 Cottrell 形式，对于各种超微电极，最终会达到稳态或准稳态。可从暂态计时电流的各个部分获得有用信息。

(1) Cottrell 斜率

在 Cottrell 方程 [式(6.1.12)] 适用的时间范围内，可以看到 (在阴极情况下) $i_{d,c}(t)$ 对 $t^{-1/2}$ 的线性关系，其斜率为 $nFAD_O^{1/2}C_O^*/\pi^{1/2}$ (常称为 Cottrell 斜率)。注意应排除双层充电电流仍发生时得到的数据 (短于 $5R_uC_d$ 时间内，6.8.2 节)。如果其他量已知，从 Cottrell 斜率可以得

---

❽ 这里需要区分阴极扩散限制暂态电流 $i_{d,c}(t)$ 和阴极扩散极限稳态电流 $i_{d,c}^{SS}$。在第 5 章，我们使用 $i_{d,c}$ 表示的是后者，因为在那里所有电流都是稳态电流。

到 n、A、D_O 或 C_O^* 中的任何一个。实验中，经常使用计时电流法的记录电流积分的形式——计时电量法（6.6 节）可以更容易、更精确地获得 Cottrell 斜率。

（2）扩散限制的稳态电流

在 UME 的计时电流法长时间极限下获得的稳态（或准稳态）电流与第 5 章 5.3.2(1) 节广泛讨论的扩散限制稳态（或准稳态）电流完全相同，包含同样的化学信息。通常如果只对稳态感兴趣，从 SSV 获得稳态或准稳态电流比从计时电流法更容易些。

（3）联合分析暂态和稳态数据

如果使用 UME，就有机会利用较短时间和较长时间的计时电流数据[10-11]。基于扩散系数作用的差别，即 D_O 对 Cottrell 斜率的贡献是平方根，但对稳态电流的贡献是线性因子，可以实现一种有价值的、普遍使用的 D_O 测量方法——在缺乏 n 或 C_O^* 信息的情况下实现 D_O 测量。现在讨论细节。

圆盘 UME 的扩散控制暂态计时电流由式(6.1.31)～式(6.1.34) 给出，用由稳态实验［式(5.2.18a)］或暂态实验的长时间电流给出的极限扩散稳态电流 $i_{d,c}^{SS}$ 对 $i_{d,c}(t)$ 进行归一化，可得到两种情况的结果

$$\frac{i_{d,c}(t)}{i_{d,c}^{SS}}=f(\tau)=\frac{\pi^{1/2}}{2\tau^{1/2}}+\frac{\pi}{4}+0.094\tau^{1/2}\ (\tau<1) \tag{6.1.38}$$

$$\frac{i_{d,c}(t)}{i_{d,c}^{SS}}=1+\frac{4}{\pi^{3/2}}\tau^{-1/2}+0.05626\tau^{-3/2}-0.00646\tau^{-5/2}\cdots\quad(\tau>1) \tag{6.1.39}$$

式中，$\tau=4D_Ot/r_0^2$。如果代入 τ 并仅取前两项，可得

$$\frac{i_{d,c}(t)}{i_{d,c}^{SS}}=\frac{\pi}{4}+\frac{\pi^{1/2}r_0}{4D_O^{1/2}t^{1/2}}\qquad(\tau<0.16\text{ 或 }t<0.04r_0^2/D_O) \tag{6.1.40}$$

$$\frac{i_{d,c}(t)}{i_{d,c}^{SS}}=1+\frac{2r_0}{\pi^{3/2}D_O^{1/2}t^{1/2}}\qquad(\tau>4\text{ 或 }t>r_0^2/D_O) \tag{6.1.41}$$

在每个公式右边指定条件和范围内，这些关系式的偏差小于 1%[11]❾。

在这些区间，可期望得到一条 $i_{d,c}(t)/i_{d,c}^{SS}$ 对 $t^{-1/2}$ 作图为线性关系，从斜率可得到 D_O。电极半径 r_0 必须已知（一般可用 5.9.3 节讨论的方法获得）。一旦知道了 D_O，就可以用式(5.2.18b) 从 $i_{d,c}^{SS}$ 获得 n 或 C_O^*。

6.1.5 微观与几何面积

如果电极表面是严格的平面并有明确的边界，如封在玻璃中的有原子级平滑表面的金属圆盘，Cottrell 方程中的电极面积 A 就很容易理解。但真实电极的表面没有那么光滑，真实电极表面的面积概念不是很明确。

对于一个给定的电极，图 6.1.4 是有助于确定电极面积的两种测量表示。一种是微观面积 (microscopic area)，这是原子级计量的面积，包括了对所有起伏、裂隙、毛刺等原子级暴露表面的总计❿。另一种是较容易得到的几何面积（geometric area，有时叫投影面积 projected area）。从数学上看，几何面积是对电极边界做正投影得到的截面面积。显然微观面积 A_m 总是大于几何面积 A_g，二者之比定义为粗糙系数（roughness factor）ρ：

$$\rho=A_m/A_g \tag{6.1.42}$$

常规抛光过的金属表面的粗糙系数通常为 2～3，高质量单晶表面的粗糙系数可低于 1.5，液体金属电极如汞的表面经常被假设是原子级光滑的。

微观面积一般通过两种方法估计，一是通过测量双电层电容（14.4 节），二是通过测量电极表面通过电解的方式形成单分子层或剥离单分子层所需要的电量。例如铂或金电极的真实面积，经常通过指定条件下测量吸附层脱附需要通过电极的电量来确定[12]。对于铂电极，可以用吸附氢的脱附电量估计 A_m（14.6 节），对应（100）晶面 Pt 原子密度的吸附位密度的常用标准值

❾ 由于充电电流的干扰，$5R_uC_d$ 时间前的电流必须放弃（6.8.2 节）。

❿ 微观面积又称真实面积。

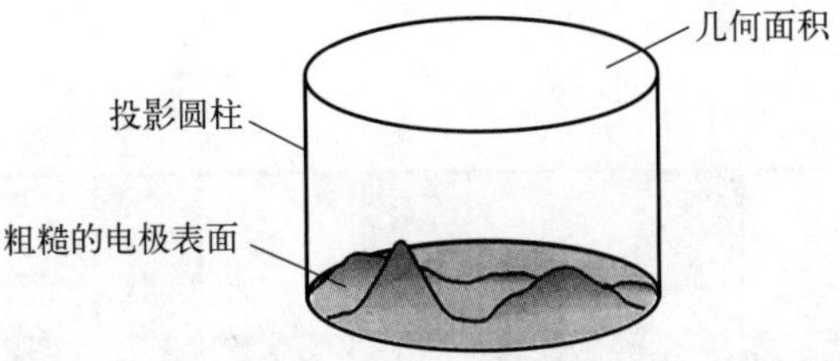

图 6.1.4 电极面积和电极表面边界的正投影。围绕边界投影的正截面是电极的几何面积

(但可能是武断的)是 210μC/cm²。对于金电极，使用对应(100)晶面 Au 原子密度的吸附位密度——氧吸附层的还原测量 A_m，电量转换因子是 386μC/cm²。A_m 的测量有些不确定，因为不确定性来源于其他法拉第过程和双电层充电的影响不易扣除，还有金属不同暴露晶面的脱附电量不同(图 14.4.6)。

在 Cottrell 方程及其他类似描述电流流动的方程中，所使用的电极面积与测量的时间尺度有关。在 6.1.1 节推导 Cottrell 方程时，电流定义为通过 $x=0$ 面的物种流量。总反应速率以摩尔每秒为单位，对应以安培为单位的总电流，是流量与扩散场有效面积(effectivel area of the diffusion field)的乘积，它是最后结果需要的面积。

对于大多数计时电流实验，测量时间在 1ms～10s，扩散层在几微米到甚至几十微米厚。这些厚度远大于一般良好抛光电极零点几微米以下的粗糙程度。所以相对于扩散层来说，可以认为电极是平坦的，扩散层的等浓度面是平行于电极表面的，扩散场有效面积就是电极几何面积。如图 6.1.5(a) 所示，满足这些条件时，在 Cottrell 方程或类似关系式中应该使用几何面积。

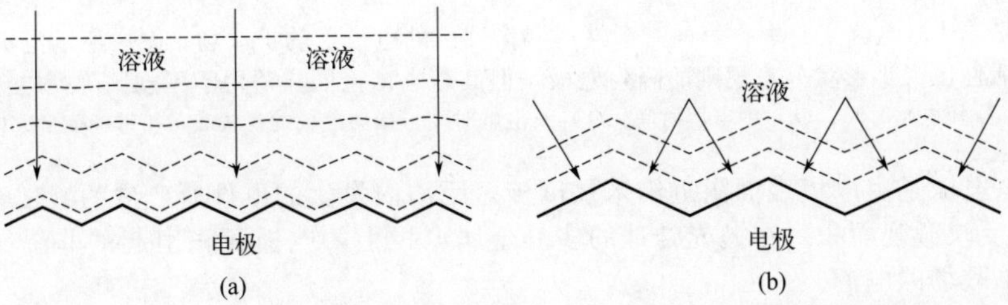

图 6.1.5 粗糙电极上长时间(a)和短时间(b)的扩散场。这里假设电极表面的粗糙源于理想的三角锯齿状图中虚线表示扩散层中的等浓度面，箭头所示向量表示浓度梯度驱动朝向电极的流量

想象一下，对于很短的时间尺度如 100ns，扩散层厚度只有 10nm，这时电极的粗糙尺度大于扩散层厚度[图 6.1.5(b)]，因此扩散层中的等浓度表面趋向于跟随表面的特征。它们定义了扩散场的有效面积，通常远大于电极的几何面积。该值接近于微观面积，但还是小于微观面积，因为在扩散场中，小于扩散层厚度的粗糙被平均化了。

对于面积大而仅部分区域有活性的电极，如图 6.1.6 所示，也需做类似分析理解其计时电流行为。用微电子技术制备的阵列电极，或是用如石墨这样的导电颗粒分散在如高分子之类的绝缘相中形成的复合材料电极，就是这种情况。另一重要的类别是有针孔阻挡层覆盖或修饰的电极，电活性物质可能通过针孔到达电极表面(17.6.1节)。在短时间范围内，扩散层厚度小于活性位点的尺度时，每个活性位点各自产生独立的扩散场[图 6.1.6(a)]，扩散场总面积是活性位点面积的总和。随着时间的增长，各独立扩散场向外延伸出活性位点边界，线性扩散逐渐演变为放射状径向扩散[图 6.1.6(b)]。随时间进一步增长，扩散层厚度越过相邻活性位点的间距尺度时，各自的扩散场就融合为一个场，再次表现出线性扩散特征，电极面积是整个电极甚至包括活性位点间绝缘区的总几何面积[图 6.1.6(c)]。各个独立活性面积已无法分辨。从溶液很远(和活性区的间距相比)地方来的分子，平均来看，扩散向表面不同活性位区的距离和需要的时间的差别可以忽略。对坐落在规则阵列电极活性位点大小均匀分布的情况，可进行解析分析处理[13]，对于更一般情况则需要数值模拟。

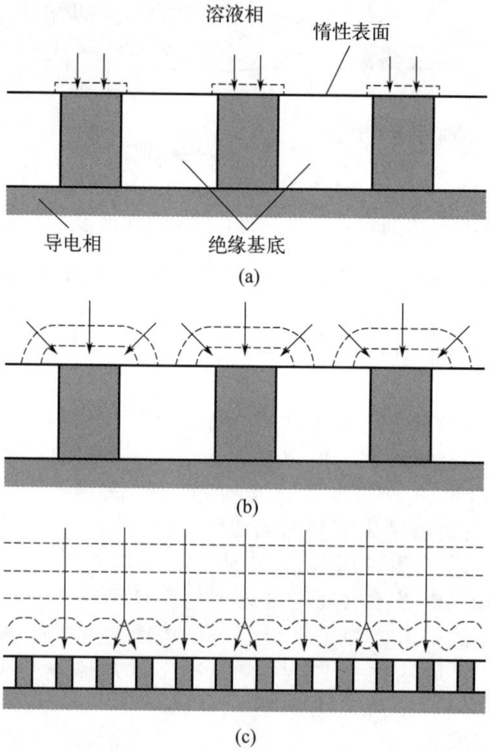

图 6.1.6 计时电流实验中，表面有活性区和惰性区的电极上的扩散场。图中所示电极虽然是活性区大小形状分布规则的阵列电极，但其基本结论同样适用于不规则阵列电极
(a) 短电解时间；(b) 中电解时间；(c) 长电解时间。指向电极的箭头表示扩散场流量方向

由于充电电流是由电极表面附近纳米尺度极短距离内发生的事件所产生的（1.6.3 节和第 14 章），它总是反映微观面积。在抛光处理的多晶金属电极上，电极面积引起的非法拉第电流可能远大于表征扩散场的电流。

另外，宽间距分散镶嵌在惰性介质中的微电极阵列，情况可能相反，比如由垂直穿过聚碳酸酯膜的金填充纳米孔组成的复合电极[14]。这种聚碳酸酯膜的一部分可被安装用作工作电极，提供了一种镶嵌在聚碳酸酯膜中的金纳米圆盘阵列电极。和相同几何面积的固体金电极相比，秒级的法拉第响应完全一样，但背景电流小 1～3 个数量级，分析检测限也低得多（8.6 节）。

6.2 可逆电极反应的暂态取样伏安法

现在考察在 6.1 节开始所述蒽的 DMF 溶液中，进行一系列电势阶跃实验。每个电势阶跃实验之间，都对溶液进行搅拌，以至于总能够建立相同的初始条件，也在无法拉第过程发生区域选定同样的初始电势（阶跃之前）。实验之间的变化是如图 6.2.1(a) 所示的不同阶跃终点电势。进一步假设实验 1 阶跃到尚不足以使蒽活化还原的电势，实验 2 和 3 阶跃到蒽可以还原但还不足以使表面浓度有效地达到零，而选择实验 4 和 5 的阶跃电势在传质极限控制区。

实验 1 不产生法拉第电流，实验 4 和 5 产生 Cottrell 电流（6.1.1 节）。在实验 4 和 5 中，表面浓度降为零，扩散使蒽尽可能快地到达电极表面，该电流受此因素限制。一旦电极电势达到极端值，电势不再影响蒽还原的电流。

实验 2 和 3 的情况则有所不同，由于还原没有强烈到蒽与电极不能共存的程度，表面浓度仍低于本体浓度，本体蒽仍扩散向表面，在电极表面必须被还原消除。与传质限制的实验 4 和 5 的情况相比，本体与表面浓差较小，单位时间内向电极表面的扩散流量较小，相应的时间内电流也较小。贫化效应适用于实验 2 和 3，因此电流在这两种情况下仍随时间衰减［图 6.2.1(b)］。

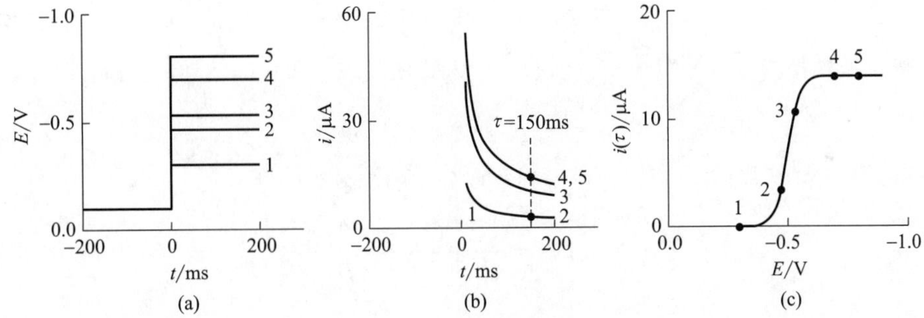

图 6.2.1　暂态取样伏安法

(a) 序列实验中施加的电势阶跃波形；(b) 对应各阶跃观测到的电流-时间曲线，在阶跃后 10～200ms 内记录电流，曲线 1 和基线相近；(c) 取样电流伏安图。在此例中初始电势是 $-0.1V$（vs. 参比）；阶跃电势分别是 $-0.3V$、$-0.47V$、$-0.53V$、$-0.7V$、$-0.8V$。电活性物种的平衡电势 $E^{0'}=-0.5V$，$n=1$，$C_O^*=1mmol/L$，$D_O=1\times10^{-5}cm^2/s$，圆盘工作电极半径 1mm、$R_uC_d=30\mu s$。在阶跃后 $\tau=150ms$ 对电流采样，收集间隔几毫伏的许多阶跃电势实验的取样电流绘制图 (c)

对每一这样的阶跃实验，如果在某些固定时间 τ 进行电流测量，然后将此电流对相应的阶跃电势作图，可得到取样电流 $i(\tau)$-电势曲线。正如图 6.2.1(c) 所示，产生的电流-电势曲线与早前在第 1 章、第 5 章遇到的伏安曲线波形类似。这类实验称为暂态取样伏安法（sampled-transient voltammetry，STV），在实际应用中有几种形式[11]。这里描述的如上操作是其中最简单的一种，称为常规脉冲伏安法（normal pulse voltammetry，NPV）。本章将对 STV 进行一般性讨论，目的在于建立适用于这类方法的基本概念。第 8 章再详述几种基于阶跃波形的伏安方法的技术细节，包括 NPV 及其来龙去脉等。

从原理上说，可以在暂态电流流动的时间区间或后来可能达到稳态或准稳态时进行电流取样。在第 5 章我们已经充分讨论了后一种稳态情况，不再进一步说明。这里和第 8 章，只讨论半无限线性扩散下的短时间尺度的这类实验。在这些实验中，所用电极为面积 A 的平板电极，边缘扩散不重要。即使实际上电极不是平板的，如汞滴的情况，扩散长度也远小于曲率半径，不影响测量。

6.2.1　任意电势阶跃

现在研究 STV 理论，再次考虑同 6.1.1 节一样的阶跃实验，但允许任意幅度的阶跃。每次实验都从没有电流流动的电势开始，然后在 $t=0$ 时，电势 E 瞬间阶跃到另一个值，假定电荷转移动力学非常快，于是有

$$E=E^{0'}+\frac{RT}{nF}\ln\frac{C_O(0,t)}{C_R(0,t)} \tag{6.2.1}$$

式中包含 O 和 R，所以必须处理二者的扩散运动。

从 O 和 R 传质问题包含的两个扩散方程、两个初始条件、两个半无限条件、流量平衡的通用公式(4.5.2 节）出发，假设本体溶液中没有 R 物种，因此 $C_R^*=0$。拓展到拉普拉斯空间（附录 A.1.6)，可将该通用公式浓缩到两个方程，并采用其作为起点

$$\overline{C}_O(x,s)=\frac{C_O^*}{s}+A(s)e^{-(s/D_O)^{1/2}x} \tag{6.2.2}$$

$$\overline{C}_R(x,s)=-\xi A(s)e^{-(s/D_R)^{1/2}x} \tag{6.2.3}$$

式中，$\xi=(D_O/D_R)^{1/2}$；$A(s)$ 待定义。

---

[11] 第二版采用取样电流伏安法（sampled-current voltammetry）这个术语，本版使用暂态取样伏安法（sampled-transient voltammetry）名称，以和前面的稳态伏安法（steady-state voltammetry）对应。

求解需要的最后边界条件是表示可逆性的式(6.2.1)。式(6.2.1) 可方便地改写为

$$\theta=\frac{C_O(0,t)}{C_R(0,t)}=\exp\left[nf(E-E^{0'})\right] \tag{6.2.4}$$

此式的拉普拉斯转换为 $\overline{C}_O(0,s)=\theta\overline{C}_R(0,s)$，代入式(6.2.2) 和式(6.2.3)，可得

$$\frac{C_O^*}{s}+A(s)=-\xi\theta A(s) \tag{6.2.5}$$

可导出 $A(s)=-C_O^*/[s(1+\xi\theta)]$。这样得到浓度分布的变换为

$$\overline{C}_O(x,s)=\frac{C_O^*}{s}-\frac{C_O^*\mathrm{e}^{-(s/D_O)^{1/2}x}}{s(1+\xi\theta)} \tag{6.2.6}$$

$$\overline{C}_R(x,s)=\frac{\xi C_O^*\mathrm{e}^{-(s/D_R)^{1/2}x}}{s(1+\xi\theta)} \tag{6.2.7}$$

式(6.2.6) 和式(6.1.8) 唯一不同是右侧第二项的因子 $1/(1+\xi\theta)$。由于 $\xi\theta$ 与 x 和 t 无关，和以前导出 Cottrell 方程一样 [式(6.1.9)～式(6.1.12)]，可以导出 $\bar{i}(s)$，然后反变换得到

$$\boxed{i(t)=\frac{nFAD_O^{1/2}C_O^*}{\pi^{1/2}t^{1/2}(1+\xi\theta)}} \tag{6.2.8}$$

这是 $C_R^*=0$ 时可逆体系对电势阶跃的通用响应函数。Cottrell 方程 [式(6.1.12)] 是本式在极限扩散时的特殊形式，即在 $E-E^{0'}$ 很负以至于 $\theta\to0$ 时的情况。把 Cottrell 电流记为 $i_{d,c}(t)$，式(6.2.8) 可改写为

$$\boxed{i(t)=\frac{i_{d,c}(t)}{1+\xi\theta}} \tag{6.2.9}$$

现在可看出，对可逆体系，所有电流-时间曲线具有相同的形状，只是电流大小按阶跃电势决定的因子 $1/(1+\xi\theta)$ 缩放。若电势相对于 $E^{0'}$ 很正，此因子将趋近于 0；若电势相对于 $E^{0'}$ 很负，此因子将趋近于 1。如图 6.2.1(b) 所示，随电势 E 不同，$i(t)$ 将在 0 与 $i_{d,c}(t)$ 之间变化。

6.2.2 伏安图的形状

使用 STV 技术的目的是通过以下步骤获得 $i(\tau)$-E 曲线：(a) 用不同的最终电势 E 进行阶跃实验；(b) 在阶跃后的固定时间 τ 对电流响应进行采样；(c) 绘制 $i(\tau)$ 与 E 的关系图。这里考察可逆电对的 $i(\tau)$-E 图的形状，以及从中可以得到的信息种类。

式(6.2.9) 给出了阴极的所有情况。对于固定的采样时间 τ，

$$i(\tau)=\frac{i_{d,c}(\tau)}{1+\xi\theta} \tag{6.2.10}$$

可重写为

$$\xi\theta=\frac{i_{d,c}(\tau)-i(\tau)}{i(\tau)} \tag{6.2.11}$$

展开为

$$E=E^{0'}+\frac{RT}{nF}\ln\frac{1}{\xi}+\frac{RT}{nF}\ln\frac{i_{d,c}(\tau)-i(\tau)}{i(\tau)} \tag{6.2.12}$$

当 $i(\tau)=i_{d,c}(\tau)/2$ 时，上式中最后一项消失，于是可定义半波电势 (half-wave potential) $E_{1/2}$：

$$\boxed{E_{1/2}=E^{0'}+\frac{RT}{nF}\ln\frac{D_R^{1/2}}{D_O^{1/2}}} \tag{6.2.13}$$

于是

$$\boxed{E=E_{1/2}+\frac{RT}{nF}\ln\frac{i_{d,c}(\tau)-i(\tau)}{i(\tau)}} \tag{6.2.14}$$

最后两个公式描述了最初 R 不存在时、半无限线性扩散条件下，可逆体系的 STV 伏安图。比较式(6.2.12)、式(6.2.14) 和 5.3.1 节的稳态伏安方程，可以看出它们具有一致的形式。只是在

暂态伏安图中的 $E_{1/2}$ 依赖于 $\xi=(D_O/D_R)^{1/2}$，而稳态伏安中 $E_{1/2}$ 依赖于 $\xi=D_O/D_R$。

作为已经代表稳态伏安图的图 5.3.1，也可以精确表达式(6.2.13) 与式(6.2.14) 给出的 STV 图，但对应的是 $D_O=0.5D_R$ 时。而不是图 5.3.1 中图注表示的 $D_O=0.7D_R$。

由于大部分情况下，$(D_O/D_R)^{1/2}$ 接近于 1，故式(6.2.13) 中第二项通常很小，所以对可逆电对的 STV，$E_{1/2}$ 通常可作为 $E^{0'}$ 的一个很好近似。

在早先的可逆波的情况下，E 对 $\lg\{[i_{d,c}(\tau)-i(\tau)]/i(\tau)\}$ 呈线性关系，"波斜率"是 $2.303RT/(nF)$ 即 $59.1/n$mV（25℃ 时）。Tomeš 判据依然可用，25℃ 时 $|E_{3/4}-E_{1/4}|=56.4/n$mV[15]，$E_{3/4}$ 和 $E_{1/4}$ 分别是 $i(\tau)=3i_{d,c}(\tau)/4$ 和 $i(\tau)=i_{d,c}(\tau)/4$ 时对应的电势。如果从实验数据得到的波形斜率或 Tomeš 判据显著偏离预期值，体系就是不可逆的。

对于初始 O 和 R 都存在时，可以采用上述所发展的方法导出期望的伏安关系，但细节留给读者练习（习题 6.5）。由于 O 和 R 都在 Cottrell 条件下电解，都存在极限扩散电流，在较负电势，O 还原的阴极 Cottrell 电流 $i_{d,c}(t)$ 直接由式(6.1.12) 表示。在较正电势，R 氧化的阳极 Cottrell 电流 $i_{d,a}(t)$ 可仿照式(6.1.12) 通过对称对应得到⑫：

$$i_{d,a}(t)=\frac{nFAD_R^{1/2}C_R^*}{\pi^{1/2}t^{1/2}} \tag{6.2.15}$$

O、R 共存时的复合 STV 曲线方程和描述相同情况下 SSV 的式(5.3.7) 具有一样的形式：

$$\boxed{E=E_{1/2}+\frac{RT}{nF}\ln\frac{i_{d,c}(\tau)-i(\tau)}{i(\tau)-i_{d,a}(\tau)}} \tag{6.2.16}$$

对于初始只有 R 没有 O 的情况，整个伏安曲线完全是阳极行为，可以很容易地从式(6.2.16) 导出：

$$\boxed{E=E_{1/2}+\frac{RT}{nF}\ln\frac{-i(\tau)}{i(\tau)-i_{d,a}(\tau)}} \tag{6.2.17}$$

6.2.3 R 初始不存在时的浓度分布

反变换式(6.2.6) 和式(6.2.7) 得到 $C_R^*=0$ 情况下的浓度分布：

$$C_O(x,t)=C_O^*-\frac{C_O^*}{1+\xi\theta}\text{erfc}\left[\frac{x}{2(D_Ot)^{1/2}}\right] \tag{6.2.18}$$

$$C_R(x,t)=\frac{\xi C_O^*}{1+\xi\theta}\text{erfc}\left[\frac{x}{2(D_Rt)^{1/2}}\right] \tag{6.2.19}$$

可解出表面浓度为

$$C_O(0,t)=C_O^*\left(1-\frac{1}{1+\xi\theta}\right)=C_O^*\ \frac{\xi\theta}{1+\xi\theta} \tag{6.2.20}$$

$$C_R(0,t)=C_O^*\ \frac{\xi}{1+\xi\theta} \tag{6.2.21}$$

从式(6.2.9) 知 $i(t)/i_{d,c}(t)=1/(1+\xi\theta)$，所以

$$\boxed{C_O(0,t)=C_O^*\left[1-\frac{i(t)}{i_{d,c}(t)}\right]} \tag{6.2.22}$$

$$\boxed{C_R(0,t)=\xi C_O^*\ \frac{i(t)}{i_{d,c}(t)}} \tag{6.2.23}$$

6.2.4 简化的电流-浓度关系式

对 STV 的采样时刻 τ，式(6.2.22) 和式(6.2.23) 可重排并重新表示为

$$i(\tau)=\frac{nFAD_O^{1/2}}{\pi^{1/2}\tau^{1/2}}[C_O^*-C_O(0,\tau)]=nFAm_O[C_O^*-C_O(0,\tau)] \tag{6.2.24}$$

---

⑫ O 和 R 都是在 Cottrell 条件下电解，扩散性质一样，结果表达也一样，只是使用不同下标表示不同物种。当然，注意电流方向不同。

$$i(\tau)=\frac{nFAD_R^{1/2}}{\pi^{1/2}\tau^{1/2}}C_R(0,\tau)=nFAm_RC_R(0,\tau) \tag{6.2.25}$$

至此，我们严谨地得出了一组简单关系，它们形式上与在第 1.3.2 节基于物质传输的单纯方法得到的结果完全相同。只需定义

$$m_O=\frac{D_O^{1/2}}{\pi^{1/2}\tau^{1/2}} \tag{6.2.26a}$$

$$m_R=\frac{D_R^{1/2}}{\pi^{1/2}\tau^{1/2}} \tag{6.2.26b}$$

在 5.2.5 节，已证明了 SSV 的相应方程，并用 m_O 与 m_R 去区分不同超微电极的形状。这里可逆体系的 STV，包括初始存在 R 的情况，也一样遵循式(5.2.26)～式(5.2.33) 的简单形式。

这里再次确认，对于线性扩散，$\xi=m_O/m_R=(D_O/D_R)^{1/2}$。

6.2.5 可逆电流-电势曲线的应用

对应用的详细讨论，参见 5.3.2 节，均适用于 STV 和 SSV。

6.3 准可逆与不可逆电极反应的暂态取样伏安法

本节将采用通用 i-E 特征处理单步骤单电子反应 $O+e \rightleftharpoons R$。与前面刚研究过的可逆反应相比，这里考虑的界面电子转移动力学不是那么快，动力学参数 k_f、k_b、k^0 和 α 影响电势阶跃的暂态电流响应，因而可经常从暂态响应中能够求出这些参数。

6.3.1 电极动力学对于暂态行为的影响

预期的暂态行为特征取决于所用的动力学模型和 O、R 在本体溶液是否初始存在。在发展基本思路时分几种情况。

(1) 通用动力学，O、R 以任何比例初始共存在本体溶液

发展电荷转移动力学和扩散共同控制的暂态电流的理论，可以从通用公式［4.5.2 节，收录在关于拉普拉斯空间分析的附录 A.1.6，式(A.1.62)、式(A.1.63)］出发。对于电极表面的单步骤单电子反应，求解需要的最后边界条件是动力学关系：

$$\frac{i}{FA}=D_O\left[\frac{\partial C_O(x,t)}{\partial x}\right]_{x=0}=k_fC_O(0,t)-k_bC_R(0,t) \qquad (t>0) \tag{6.3.1}$$

由于 k_f 和 k_b 在阶跃时是常数，式(6.3.1) 的拉普拉斯变换是

$$D_O\left[\frac{\partial \overline{C}_O(x,s)}{\partial x}\right]_{x=0}=k_f\overline{C}_O(0,s)-k_b\overline{C}_R(0,s) \tag{6.3.2}$$

用式(A.1.62)、式(A.1.63) 代入，重排后得

$$\overline{C}_O(x,s)=\frac{C_O^*}{s}-\frac{(k_fC_O^*-k_bC_R^*)e^{-(s/D_O)^{1/2}x}}{D_O^{1/2}s(H+s^{1/2})} \tag{6.3.3}$$

式中

$$H=\frac{k_f}{D_O^{1/2}}+\frac{k_b}{D_R^{1/2}} \tag{6.3.4}$$

电流变换已在式(6.1.10) 给出，于是从式(6.3.3) 就可导出

$$\overline{i}(s)=FAD_O\left[\frac{\partial \overline{C}_O(x,s)}{\partial x}\right]_{x=0}=\frac{FA(k_fC_O^*-k_bC_R^*)}{s^{1/2}(H+s^{1/2})} \tag{6.3.5}$$

逆变换后得到 C_O^* 和 C_R^* 共存通用情况的暂态电流

$$\boxed{i(t)=FA(k_fC_O^*-k_bC_R^*)\exp(H^2t)\operatorname{erfc}(Ht^{1/2})} \tag{6.3.6}$$

两种特例为

$$\boxed{i(t)=FAk_fC_O^*\exp(H^2t)\operatorname{erfc}(Ht^{1/2})} \qquad (C_R^*=0) \tag{6.3.7}$$

$$\boxed{i(t)=-FAk_bC_R^*\exp(H^2t)\mathrm{erfc}(Ht^{1/2})} \qquad (C_O^*=0) \tag{6.3.8}$$

给定阶跃电势时，k_f、k_b 和 H 为常数。$\exp(x^2)\mathrm{erfc}(x)$ 函数积在 $x=0$ 时是 1，随 x 增大，其值单调减小趋于 0。因而相应于式(6.3.7) 的电流-时间曲线的形状如图 6.3.1 所示。异相动力学限制 $t=0$ 时的电流为一确定有限值，从中可导出 k_f。对式(6.3.6)～式(6.3.8) 所涵盖的任何情况均有相同的通用行为。由于施加阶跃后，也有充电电流存在，所以只能用充电电流衰减后的数据外推回 $t=0$ 来得到那时的法拉第电流［1.6.4 (1) 节和 6.8.2 节］。

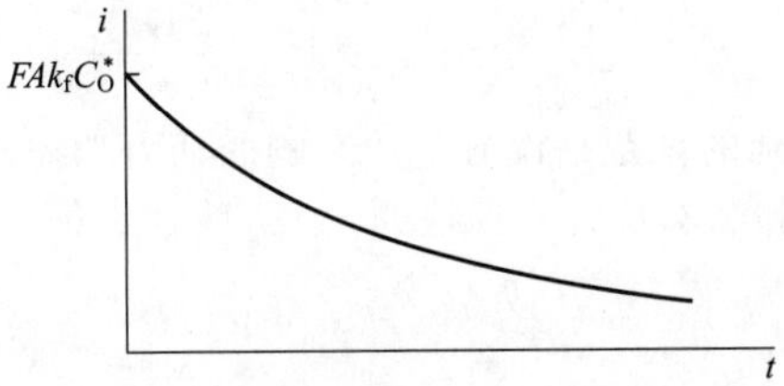

图 6.3.1　施加阶跃电势，通过准可逆动力学，O 被还原时的电流衰减曲线

$Ht^{1/2}$ 的值较小时，外推比较容易，因为 $\exp(H^2t)\mathrm{erfc}(Ht^{1/2})$ 通过相应的 Maclaurin 级数展开，只取前两项进行线性近似

$$\exp(H^2t)\mathrm{erfc}(Ht^{1/2})=1-\frac{2Ht^{1/2}}{\pi^{1/2}} \tag{6.3.9}$$

此时，式(6.3.7)、式(6.3.8) 可表示为

$$i=FAk_fC_O^*\left(1-\frac{2Ht^{1/2}}{\pi^{1/2}}\right) \tag{6.3.10a}$$

$$i=-FAk_bC_R^*\left(1-\frac{2Ht^{1/2}}{\pi^{1/2}}\right) \tag{6.3.10b}$$

可以使用 H 较小处的小幅度阶跃电势（通常是在阴极波或阳极波起始点附近）进行实验，得到 i 对 $t^{1/2}$ 线性图，从截距就可以求出 k_f（若 $C_R^*=0$）或 k_b（若 $C_O^*=0$）。

至此，我们没有引入任何电极动力学模型，所以用此方法得到的任何 k_f 或 k_b 值不依赖任何模型。

(2) Butler-Volmer 动力学，O、R 以任何比例共存在本体溶液

如果选择 Butler-Volmer 动力学模型，单步骤单电子反应 $O+e \rightleftharpoons R$ 的正、逆向速率常数为

$$k_f=k^0e^{-\alpha f(E-E^{0'})}=k^0\theta^{-\alpha} \tag{6.3.11a}$$

$$k_b=k^0e^{(1-\alpha)f(E-E^{0'})}=k^0\theta^{1-\alpha} \tag{6.3.11b}$$

其中，$\theta=e^{f(E-E^{0'})}$；k^0 和 α 是基本动力学参数（3.3 节）。

如果采用前面一节的方法得到 k_f 或 k_b 的值，就可通过 Butler-Volmer 动力学模型来解释相关的动力学常数。$\ln k_f$ 或 $\ln k_b$ 相对于 E 作图应为线性关系，α 可从斜率得到，$E^{0'}$ 处的截距提供 k^0。

当本体溶液中 O 与 R 都存在时，有平衡电势，电势对 i-t 曲线的影响可用过电势 $\eta=E-E_{eq}$ 表示。必须选择平衡电势为初始电势以避免预电解，这是考察稳定体系实验的自然方式。因而任何电势阶跃都有一个过电势值。

对于式(6.3.6) 的另外一种表示，注意到可由 BV 动力学给出

$$k_fC_O^*-k_bC_R^*=k^0\left[C_O^*e^{-\alpha f(E-E^{0'})}-C_R^*e^{(1-\alpha)f(E-E^{0'})}\right] \tag{6.3.12}$$

k^0 可以用式(3.4.6) 的 i_0 代替，并引入式(3.4.2) 重排得到

$$k_fC_O^*-k_bC_R^*=\frac{i_0}{FA}\left[e^{-\alpha f\eta}-e^{(1-\alpha)f\eta}\right] \tag{6.3.13}$$

因此式(6.3.6) 可以写成

$$i=i_0\left[e^{-\alpha f\eta}-e^{(1-\alpha)f\eta}\right]\exp(H^2t)\mathrm{erfc}(Ht^{1/2}) \tag{6.3.14}$$

同样代入 H 有

$$H=\frac{i_0}{FA}\left[\frac{e^{-\alpha f\eta}}{C_O^* D_O^{1/2}}-\frac{e^{(1-\alpha)f\eta}}{C_R^* D_R^{1/2}}\right] \tag{6.3.15}$$

注意到式(6.3.6)、式(6.3.14) 的形式为两项的乘积

$$i=[\text{没有传质影响的电流 } i]\times[f(H,t)]$$

式中，函数 $f(H,t)$ 是传质的影响。

使用式(6.3.9)，可对式(6.3.14) 的 $\exp(H^2t)\mathrm{erfc}(Ht^{1/2})$ 进行线性化处理，得到

$$i=i_O[e^{-\alpha f\eta}-e^{(1-\alpha)f\eta}]\left(1-\frac{2Ht^{1/2}}{\pi^{1/2}}\right) \tag{6.3.16}$$

这样，由 i 相对于 $t^{1/2}$ 作图得到的截距是没有传质影响的动力学控制电流。

对于 η 值较小时，可采用式(3.4.12) 描述的 i-η 近线性特征，因此式(6.3.14) 可写成

$$i=-\frac{Fi_0\eta}{RT}\exp(H^2t)\mathrm{erfc}(Ht^{1/2}) \tag{6.3.17}$$

那么对于小的 η 和小的 $Ht^{1/2}$，有一个“完全线性”的形式：

$$i=-\frac{Fi_0\eta}{RT}\left(1-\frac{2Ht^{1/2}}{\pi^{1/2}}\right) \tag{6.3.18}$$

于是，可通过 $i_{t=0}$ 对过电势 η 做图，得到 i_0。

6.3.2 还原 O 的暂态取样伏安法

对于本体相只有 O 存在的情况，回看表示它的 i-t 关系式(6.3.7)，并设定 BV 动力学模型，则有 $k_b/k_f=\theta=\exp[f(E-E^{0'})]$，所以 H 是

$$H=\frac{k_f}{D_O^{1/2}}(1+\xi\theta) \tag{6.3.19}$$

式(6.3.7) 可换个方式表示为

$$i=\frac{FAD_O^{1/2}C_O^*}{\pi^{1/2}t^{1/2}(1+\xi\theta)}[\pi^{1/2}Ht^{1/2}\exp(H^2t)\mathrm{erfc}(Ht^{1/2})] \tag{6.3.20}$$

由于半无限线性扩散适用，扩散控制电流是 O 还原的 Cottrell 电流，它就是括号前因子的成分，基于式(6.1.12)，式(6.3.20) 可化为

$$\boxed{i=\frac{i_{d,c}}{1+\xi\theta}F_1(\lambda)} \tag{6.3.21}$$

式中

$$F_1(\lambda)=\pi^{1/2}\lambda\exp(\lambda^2)\mathrm{erfc}(\lambda) \tag{6.3.22}$$

和

$$\lambda=Ht^{1/2}=\frac{k_f t^{1/2}}{D_O^{1/2}}(1+\xi\theta) \tag{6.3.23}$$

方程 (6.3.21) 紧密地代表了阶跃实验的电流与电势、时间之间的依赖关系，适用于可逆、准可逆、完全不可逆的所有动力学。此式用于电势阶跃实验，就像早前提到的式(5.4.7) 用于稳态伏安法。使用无量纲参数 λ 的函数 $F_1(\lambda)$，可以方便地比较分析指定电势阶跃时的动力学最大可支撑电流 $FAk_fC_O^*$ 和扩散控制最大可支撑电流 $[i_{d,c}/(1+\xi\theta)]$，表明动力学对电流的影响。这里用于电势阶跃的 λ，类似于 5.4.1 节分析 SSV 用的 Λ_f 和 Λ_b。小的 λ 值意味着动力学对电流起控制作用，而大的 λ 值对应快速动力学、电流受扩散控制的情况。随 λ 从 0 逐渐增大，函数 $F_1(\lambda)$ 从 0 开始单调上升趋近于 1（图 6.3.2）。

可逆和不可逆限制的情况可使用式(6.3.21) 的简化形式。例如，考虑描述可逆体系任意电势阶跃电流-时间曲线的式(6.2.9)。通过认识到可逆动力学 λ 会很大，于是函数 $F_1(\lambda)$ 是 1，就可由式(6.3.21) 简单地得到此相同关系式。完全不可逆限制的情况在下一节中单独讨论。

至此，使用式(6.3.21) 已成为最方便地描述电势阶跃的电流-时间响应。其实，与理解式(6.2.9) 用于可逆体系一样，它也可以用来说明暂态取样伏安法的电流-电势曲线。对确定的

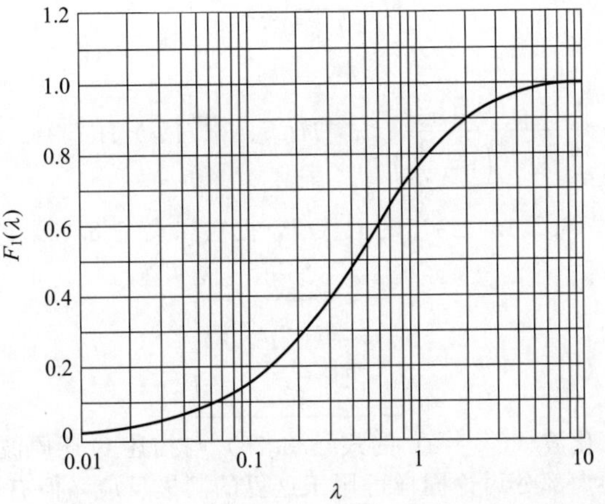

图 6.3.2　计时电流和暂态取样伏安法 STV 的通用动力学函数 $F_1(\lambda)$

取样时间 τ，λ 表示为 $(k_f\tau^{1/2}/D_O{}^{1/2})(1+\xi\theta)$，它在一个伏安实验众多变量中只是电势的函数。在相对于 $E^{0'}$ 很正的电势，θ 很大，所以无论 $F_1(\lambda)$ 大小，都有 $i\approx 0$。而在很负的电势，$\theta\to 0$，k_f 很大，所以 $F_1(\lambda)$ 趋近 1，$i\to i_{d,c}$。从这些简单的讨论，我们预期暂态取样伏安图通常具有与所发现的可逆体系类似的波形。图 6.3.3 比较不同动力学体系的伏安曲线，证实了该预期。

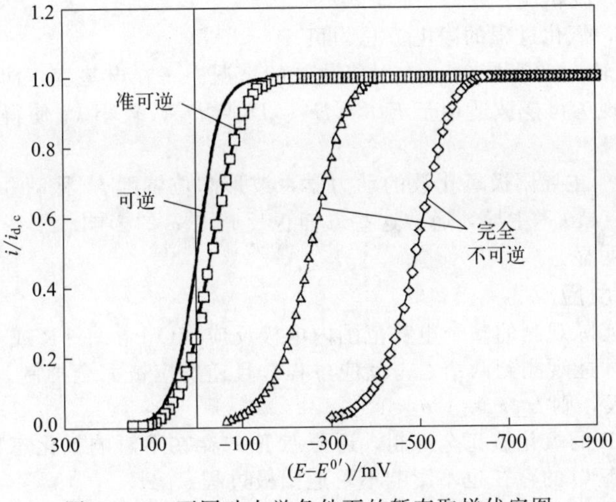

图 6.3.3　不同动力学条件下的暂态取样伏安图

单步骤、单电子反应 O+e⟶R，初始 R 不存在，基于 BV 动力学，按式(6.3.21) 计算图中曲线，$\alpha=0.5$，$\tau=1\text{s}$，$D_O=D_R=1\times10^{-5}\text{cm}^2/\text{s}$。从左到右对应的 k^0 是 10cm/s、1×10^{-3}cm/s、1×10^{-5}cm/s 和 1×10^{-7}cm/s

动力学非常快的体系对应大的 k^0，伏安图表现为可逆波且半波电势接近 $E^{0'}$（图 6.3.3 中 $D_O=D_R$，$E_{1/2}=E^{0'}$）。k^0 越小时，必须更高的过电势来驱动反应，这样波形拉向更极端的电势(对还原反应是移向负电势端)，并且因动力学效应而波形变宽（从图 6.3.3 可清晰地看到）。增加的过电势代表需要的动力学活化。对较小 k^0，过电势可达几百毫伏甚至几伏。k_f 的活化与电势成指数关系，所以足够负的电势最终仍会把 k_f 活化到足够大，保证可处理电化学物种极限扩散流量；这样波最终达到平台电流 $i_{d,c}$（除非体系的背景极限先到达）。

6.3.3　氧化 R 的暂态取样伏安法

现在回到本体相没有 O 存在时，在电极过程中观察到的是纯 R 的氧化。从描述体系 $C_O^*=0$ 情况的暂态电流的式(6.3.8) 出发，在 BV 动力学模型下，H 可再次表示为

$$H=\frac{k_{\mathrm{b}}}{D_{\mathrm{R}}^{1/2}}\left(1+\frac{1}{\xi\theta}\right) \tag{6.3.24}$$

于是式(6.3.8) 可写作

$$i=\frac{FAD_R^{1/2}C_{\mathrm{R}}^*}{\pi^{1/2}t^{1/2}\left(1+\dfrac{1}{\xi\theta}\right)}\left[\pi^{1/2}Ht^{1/2}\exp(H^2t)\mathrm{erfc}(Ht^{1/2})\right] \tag{6.3.25}$$

R 氧化的 Cottrell 电流是式(6.2.15) 给出的 $i_{\mathrm{d,a}}(t)$，把它和式(6.3.22) 的 $F_1(\lambda)$ 代入式(6.3.25)，可重写为

$$\boxed{i=\frac{i_{\mathrm{d,a}}}{1+\dfrac{1}{\xi\theta}}F_1(\lambda)} \tag{6.3.26}$$

显然，这个描述 R 氧化波（$C_{\mathrm{O}}^*=0$）的式(6.3.26) 与描述 O 还原波（$C_{\mathrm{R}}^*=0$）的式(6.3.21) 非常相似。因此，上节的大部分讨论同样可用于这里的阳极反应，但有以下几点不同：

① 由于 k_{b} 是阳极波的主要动力学参数（阴极波的则是 k_{f}），在取样时刻 τ，将 λ 表示为如下形式更有用：

$$\lambda=\frac{k_{\mathrm{b}}\tau^{1/2}}{D_{\mathrm{R}}^{1/2}}\left(1+\frac{1}{\xi\theta}\right) \tag{6.3.27}$$

② 按式(6.3.26)，在相对于 $E^{0'}$ 很负的电势，$\theta\rightarrow0$，无论 $F_1(\lambda)$ 如何，在该区间 $i\approx0$。在很正的电势，θ 和 k_{b} 变大，所以 $F_1(\lambda)\rightarrow1$，$i\rightarrow i_{\mathrm{d,a}}$。于是波形为从零基线升至 $i_{\mathrm{d,a}}$ 平台，在电势轴上的朝向和阴极还原波相反。

③ 约定 $i_{\mathrm{d,a}}$ 为负，氧化过程的净电流总为负。

④ 把图 6.3.3 旋转 180°就是 $C_{\mathrm{O}}^*=0$ 时氧化波的情况——在电势变正时，氧化波升至负电流平台。对可逆体系表现为可逆波适用于 $E_{1/2}=E^{0'}$、$D_{\mathrm{O}}=D_{\mathrm{R}}$，较小 k^0 使得氧化波正移（即向更极端氧化电势方向）。

⑤ 由于 $k_{\mathrm{b}}=k^0\theta^{1-\alpha}$ 主导阳极氧化波的动力学，波形和位置随 k^0 移动并通常依赖于（$1-\alpha$）。而对阴极还原波，$k_{\mathrm{f}}=k^0\theta^{-\alpha}$ 主导，通常这些方面也反映了 α 的影响。下一节讨论完全不可逆反应时，这种区别会更明显。

6.3.4 完全不可逆反应

不可逆定义为在实际观测的整个电势范围内电极反应（$\mathrm{O+e\longrightarrow R}$ 或 $\mathrm{R\longrightarrow O+e}$）是单向的，需要大的过电势才能观测到两个之一反应过程，且逆反应被完全抑制。若研究阴极，则 $k_{\mathrm{b}}/k_{\mathrm{f}}=\theta\approx0$；若研究阳极，则 $k_{\mathrm{f}}/k_{\mathrm{b}}=1/\theta\approx0$。

由于该研究区间 R 的氧化被完全抑制，还原态 R 的存在不影响氧化态物种 O 的完全不可逆还原波。同理，氧化态 O 的存在也不影响不可逆阳极过程。

(1) 阴极电流

在不可逆阴极响应区间，$\theta=0$。基于式(6.3.19)，有 $H=k_{\mathrm{f}}/D_{\mathrm{O}}^{1/2}$，所以式(6.3.6) 或式(6.3.7) 变为

$$i=FAk_{\mathrm{f}}C_{\mathrm{O}}^*\exp\left(\frac{k_{\mathrm{f}}^2t}{D_{\mathrm{O}}}\right)\mathrm{erfc}\left(\frac{k_{\mathrm{f}}t^{1/2}}{D_{\mathrm{O}}^{1/2}}\right) \tag{6.3.28}$$

式(6.3.21) 依然可用，但简化为

$$\boxed{\frac{i}{i_{\mathrm{d}}}=F_1(\lambda)=\pi^{1/2}\lambda\exp(\lambda^2)\mathrm{erfc}(\lambda)} \tag{6.3.29}$$

式中，λ 为 $k_{\mathrm{f}}t^{1/2}/D_{\mathrm{O}}^{1/2}$（描述暂态电流）或 $k_{\mathrm{f}}\tau^{1/2}/D_{\mathrm{O}}^{1/2}$（描述暂态取样伏安图）。

对不可逆 STV 波，半波电势位于 $F_1(\lambda)=0.5$ 的位置，此时 $\lambda=0.433$。如果 $k_{\mathrm{f}}=k^0\theta^{-\alpha}$，$t=\tau$，那么

$$\frac{k^0\tau^{1/2}}{D_{\mathrm{O}}^{1/2}}\exp\left[-\alpha f(E_{1/2}-E^{0'})\right]=0.433 \tag{6.3.30}$$

取对数并重排，得到

$$\boxed{E_{1/2}=E^{0'}+\frac{RT}{\alpha F}\ln\frac{2.31k^0\tau^{1/2}}{D_O^{1/2}}}\tag{6.3.31}$$

式中第二项代表活化动力学需要的过电势，对不可逆阴极还原反应是负值，意味着还原波相对 $E^{0'}$ 向负移，如图 6.3.3 所示。因而式(6.3.31) 为已知 α 和 $E^{0'}$ 时评价 k^0 提供了一个简单方法。

对于一个完全不可逆的 STV 曲线，波斜率图是非线性的，用处有限；但 Tomeš 判据仍然有效，可用于获取 α。对于 STV 中的不可逆阴极波，

$$|E_{3/4}-E_{1/4}|=45.0/\alpha\,\mathrm{mV}\tag{6.3.32}$$

(2) 阳极电流

在不可逆阳极波的电势区间，$1/\theta\to 0$。基于式(6.3.24)，有 $H=k_b/D_R^{1/2}$，所以式(6.3.6) 或式(6.3.8) 变为

$$i=-FAk_bC_R^*\exp\left(\frac{k_b^2t}{D_R}\right)\mathrm{erfc}\left(\frac{k_bt^{1/2}}{D_R^{1/2}}\right)\tag{6.3.33}$$

类似地，式(6.3.26) 也可简化为式(6.3.29)，只是这里取 $\lambda=k_bt^{1/2}/D_R^{1/2}$。

按照逻辑得出式(6.3.31)，给定 $k_b=k^0\theta^{1-\alpha}$ 和 $t=\tau$，得到不可逆阳极 STV 波的半波电势：

$$\boxed{E_{1/2}=E^{0'}-\frac{RT}{(1-\alpha)F}\ln\frac{2.31k^0\tau^{1/2}}{D_R^{1/2}}}\tag{6.3.34}$$

对于一个不可逆波，该式中第二项一般来讲是正的，该波相对 $E^{0'}$ 向正移。

对于 STV 中的不可逆阳极波，Tomeš 判据是

$$|E_{3/4}-E_{1/4}|=45.0/(1-\alpha)\,\mathrm{mV}\tag{6.3.35}$$

6.3.5 动力学判据

如同在 5.4.3 节对稳态伏安法处理的那样，我们可区分条件定义三种动力学判据。因此，聚焦 λ 的特定值，定义 $E^{0'}$ 处的 λ 为 λ^0。该参数与 5.4.3 节中的 Λ^0 具有本质上相同的作用。

在 $E^{0'}$ 处，$k_f=k_b=k^0$，$\theta=1$，因此 $\lambda^0=(1+\xi)k^0\tau^{1/2}/D_O^{1/2}$。为方便起见，可近似为 $2k^0\tau^{1/2}/D_O^{1/2}$，可把它理解为电极动力学和扩散提供电流的本征能力的比较因子。任意电势下的最大正向反应速度是 $k_fC_O^*$，对应电极表面没有耗散的情况。当 $E=E^{0'}$，就是 $k^0C_O^*$，相应的电流是 $FAk^0C_O^*$。在取样时刻 τ，扩散可支撑的最大电流是 Cottrell 电流。所以两个电流比值是 $\pi^{1/2}k^0\tau^{1/2}/D_O^{1/2}$，或 $(\pi^{1/2}/2)\lambda^0$，本质和 λ^0 相同。

如果一个体系接近可逆，λ^0 一定是足够大，在 $E^{0'}$ 附近 $F_1(\lambda)$ 接近 1。若 $\lambda^0>2$（或者说 $k^0\tau^{1/2}/D_O^{1/2}>1$），$F_1(\lambda^0)$ 超过 0.90，这种体系在实际实验中足以表现出可逆行为。更小的 λ^0 将表现出可观测的动力学效应，因而可以把 $\lambda^0=2$ 作为可逆与准可逆的区分标志。当然这不是一个突变的划分边界，具体使用取决于实验测量的精度。

对于阴极一端完全不可逆性，所有电势下需要 $k_b/k_f\approx 0$（即 $\theta\approx 0$），对应有高于基线的可测量电流。因为 θ 就是 $\exp[f(E-E^{0'})]$，这个条件意味着电流波形上升部分沿负向远离 $E^{0'}$。如果 $E_{1/2}-E^{0'}$ 比 $-4.6RT/(nF)$ 还负，$E_{1/2}$ 处的 k_b/k_f 将不大于 0.01，可当作完全不可逆性的标志。这意味着式(6.3.31) 的第二项比 $-4.6RT/(nF)$ 更负，重排可导出此时 $\lg\lambda^0<-2\alpha+\lg(2/2.31)$。忽略后一项，就得到完全不可逆条件是 $\lg\lambda^0<-2\alpha$，若 $\alpha=0.5$，λ^0 必须小于 0.1。对阳极一边的完全不可逆性，可导出本质上相同的条件。

在中间区，$10^{-2\alpha}\leqslant\lambda^0\leqslant 2$，体系是准可逆的，描述电流衰减和伏安波形的式(6.3.21) 或式(6.3.26) 无法简化。

掌握动力学判据是很重要的，它不仅取决于电极反应的本征动力学性质，与实验条件也有关系。对一确定体系，如 STV 中的采样时间 τ 这样的时间尺度参数，也是实验中选定动力学区域的重要变量。假设现有一常见的电极反应，其参数是 $k^0=10^{-2}\,\mathrm{cm/s}$，$\alpha=0.5$，$D_O=D_R=10^{-5}\,\mathrm{cm^2/s}$，若在阶跃 100ms 后取样，此时 $\lambda^0>2$，测量得到的伏安图应为可逆的。若在 100ms 和 250μs 之间取样，对应 $2\geqslant\lambda^0\geqslant 0.1$，则会得到准可逆行为。而在小于 250μs 内的 τ 时采样，伏

安图将会产生完全不可逆性。

在5.4.3节，已发现实验条件对观察SSV实验的动力学特征有类似影响，在那里，关键实验参数是电极的临界尺度（通常是r_0）。而对于STV，关键是采样时间τ。

6.3.6 不可逆电流-电势曲线的应用

(1) 从波高中得到的信息

读者可参考5.3.2(1)节，其适用于STV和SSV。从波高提取信息时与以电子转移动力学表示的电极过程的可逆性没有关系。

(2) 从波形和位置中得到的信息

当波是不可逆时，半波电势不是形式电势的一个好的估算值，不能像5.3.2节中那样直接用于测量热力学参数。然而对于单步骤单电子的异相电子转移动力学的信息是可以得到的。5.4.5节对SSV的详细讨论通常也适用于STV，强烈推荐有兴趣的读者现在复习回顾。本节下面将特别详细讨论STV。

STV的波斜率和Tomeš判据与SSV不同，表6.3.1总结了三种动力学情况下，对于STV的期待。

表6.3.1 25℃时暂态取样伏安的波形特征

动力学分区	波形斜率/mV	$\vert E_{3/4}-E_{1/4}\vert$/mV
可逆($n\geqslant1$)	线性，$59.1/n$	$56.4/n$
准可逆($n=1$)	非线性	$56.4/\alpha$和$45.0/\alpha$之间
不可逆($n=1$)	非线性	$45.0/\alpha$(阴极还原)，$45.0/(1-\alpha)$(阳极氧化)

波斜率大是一个明确标志，说明体系不是简单的可逆行为，但不能据此认为是电子转移动力学控制的电极过程。电极反应常常包含发生在扩散层的纯粹化学反应，包含“化学复杂化”的体系可以表现出完全不可逆简单电子转移动力学一样的波形特征。例如，在水溶液中硝基苯被还原为苯羟胺，与溶液的pH值有关[16]：

$$PhNO_2+4H^++4e\longrightarrow Ph\overset{H}{N}OH+H_2O \tag{6.3.36}$$

然而第一个电子转移步骤本质上是相当快的，正如在非水相（例如，DMF）测量得到的那样。在水溶液中

$$PhNO_2+e\rightleftharpoons PhNO_2^{\cdot-} \tag{6.3.37}$$

观察到的不可逆性，源于这一步随后的质子化和电子转移。如果使用完全不可逆单步骤单电子转移模型去处理所观察到的硝基苯伏安曲线，可能得到动力学参数，但这样的参数没有意义。对如此复杂体系的处理需要推导出电极反应机理，正如将在第13章中讨论的那样。

使用波形参数去判断动力学性质之前，必须对电极过程有一个基本的化学认识。使用能够直接观察正反两个反应方向的技术（如第7章循环伏安法），可以在该点上较容易地确立信心。

如果一个单电子单步骤反应的体系，其基于界面电子转移动力学的STV行为表现为完全不可逆，那么它的动力学参数可以通过以下三种途径获得：

① k_f或k_b的点对点求解。从记录的伏安图，在起波处，对不同电势都可以测量得到i/i_d，然后按式(6.3.29)求出每个电势的λ。对阴极波，如果τ和D_O已知，从每一个λ可以计算得到对应k_f。对阳极波，如果τ和D_R已知，则从每一个λ可以计算得到对应k_b。该方法没有假定特定的动力学模型。如果确定了动力学模型，可以从k_f或k_b进一步分析其他参数。最常见的是假设Butler-Volmer模型，那么$\lg k_f$或$\lg k_b$对$E-E^{0'}$作图为线性，从斜率可以得到α、从截距可以得到k^0。此方法需要事先用其他如电势测量方法得到$k^{0'}$，因为无法从波位置得到$E^{0'}$。

② Tomeš判据和半波电势。从表6.3.1可以看出，对完全不可逆体系，能从$|E_{3/4}-E_{1/4}|$直接得到α。进而由式(6.3.31)和式(6.3.34)得到k^0。同样需Butler-Volmer动力学适用，且必须$E^{0'}$已知。

③ 曲线拟合。最通用的方法是用非线性最小二乘算法对整个伏安波形与理论函数进行拟合，

求出参数。对于完全不可逆波，使用式(6.3.29)，结合以可调参数描述 k_f 或 k_b 与电势关系的动力学模型，发展进行拟合的公式。若使用 BV 模型，合适的取代式是式(6.3.11a,b)，可调参数是 α 和 k^0。由算法拟合决定与实验结果最符合的参数。

如果伏安图是准可逆的，就不能使用描述波形的简化公式，必须按照式(6.3.21)或式(6.3.26)那样的通用方程去分析结果，点对点求解或曲线拟合是选项。

6.4 多组分体系和多步骤电荷转移

5.5节分析了多种电活性组分或氧化还原多步骤体系的稳态伏安法，相同的概念也可以用于暂态取样伏安法。建议读者现在回顾5.5节。

一个多组分的例子是在除氧 KCl 水溶液中，Cd(Ⅱ)和 Zn(Ⅱ)在滴汞电极的连续还原，Cd(Ⅱ)还原波的 $E_{1/2}$ 在相对于 SCE 的−0.6V 附近，而 Zn(Ⅱ)直到电势比−0.9V 更负才开始还原。STV 与图5.5.1类似。超过−1.0V，总电流是两种组分独立扩散极限还原电流的简单加和，把两种组分标记为 O 和 O′，使用 $m_O=D_O^{1/2}/(\pi^{1/2}\tau^{1/2})$ 和 $m_{O'}=D_{O'}^{1/2}/(\pi^{1/2}\tau^{1/2})$ 时，方程式(5.5.1)精确描述了总电流，和6.2.4节 STV 的有关公式一样。

事实上，假设 O 和 O′各种还原反应相互独立，电极反应产物也不相互干扰。然而实际情况中，各种反应经常会相互干扰影响［式(5.5.1)］。一个经典的例子是在非缓冲溶液中，汞电极上，镉离子和碘酸根离子的还原。第二个波是如下反应 $IO_3^- + 3H_2O + 6e \longrightarrow I^- + 6OH^-$ 进行的 IO_3^- 还原。释放出的氢氧根扩散离开电极表面，会与溶液中向电极表面扩散的镉离子反应，产生 $Cd(OH)_2$ 沉淀，在第二个波发生的电势下会降低第一个波镉离子还原为汞齐的波高。结果导致第二个平台远低于两个反应独立或有缓冲溶液时的电流。

氧分子还原是多步骤体系的基础，具有生物学和技术上的重要性。中性溶液中分子氧在汞电极上经历两步还原。图6.4.1显示了其STV的极谱形式[13]。第一步氧分子得到两电子还原为过氧化氢，波形位于−0.1V（vs. SCE），第二个两电子还原再把过氧化氢还原为水，在−0.5V以前第二步很不明显，因而只能看到第一步的两电子过程、扩散控制的单一波。在更负的电势，第二步才开始发生，到超过−1.2V，氧以极限扩散速度完全还原为水。

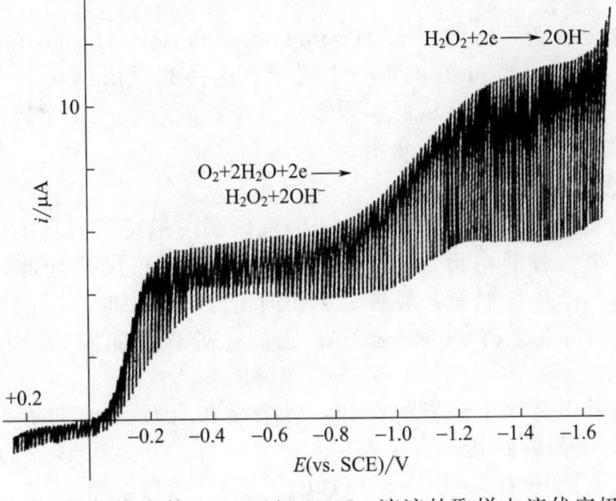

图6.4.1 空气饱和的0.1mol/L KNO_3 溶液的取样电流伏安极谱图

滴汞电极为工作电极，滴汞的生长和敲击下落产生寿命2～4s的振荡。电势以线性随时间缓慢变化，所以横坐标轴既是时间轴又是电势轴。电流包络上沿由汞滴增大下落前的电流确定，因而极谱是在汞滴寿命期内的STV技术。电流突然变小的毛刺发生在汞滴下落时，随后下一汞滴开始生长

[13] 极谱是滴汞电极上的伏安法。8.1节提供历史上这一重要方法学的细节。

如果两步及式(6.2.26a) 中的 m_O 相同，方程式(5.5.5) 准确地描述了 STV 下两步变成稳定产物的总电流。

分子氧的电还原，第一步还原为过氧化氢，然后还原为水，是特别复杂的。产生水的整个过程需要断开很强的氧-氧键、添加 4 个电子和 4 个质子。反应机理中可能存在几个步骤，关键的电子转移显然涉及与电极表面的密切相互作用（即它们是内层反应，3.5.1 节）。这里只展示图 6.4.1，不对氧还原动力学作深入分析。氧还原机理将在 15.3.1 节探讨。

6.5 计时电流反向技术

在施加初始阶跃后，人们有可能希望继续施加另外的阶跃，甚至更复杂的阶跃序列。最常见的是双阶跃技术，其中第一个阶跃用于生成感兴趣的物种，第二个阶跃用来检测它。虽然第二个阶跃可能阶跃到工作范围内任意电势，但通常它与第一个阶跃的作用相反。图 6.5.1 显示了一个例子。假设溶液中有物种 O，它在形式电势 $E^{0'}$ 发生可逆还原。电极施加一个远正于 $E^{0'}$ 的初始电势 E_i，若 $C_R^*=0$，此时没有反应发生。在 $t=0$ 时，电势突变到远负于 $E^{0'}$ 的电势 E_f，在时间 τ 内把 O 以 Cottrell 电流还原生成 R。然后第二个反向阶跃将电极电势返回到较正的电势 E_r（常选用 $E_r=E_i$），这时还原态 R 就无法再与电极共存，会被重新氧化回 O。在反向阶跃持续期间，初期出现阳极氧化大电流，随后随 R 被消耗电流逐渐衰减（图 6.5.2）。

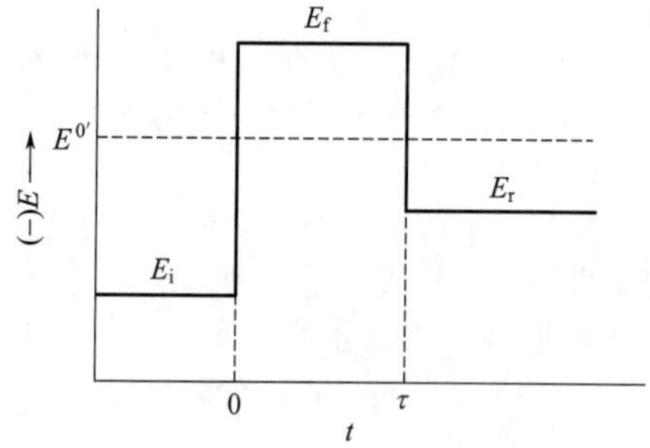

图 6.5.1 双电势阶跃实验的一般波形

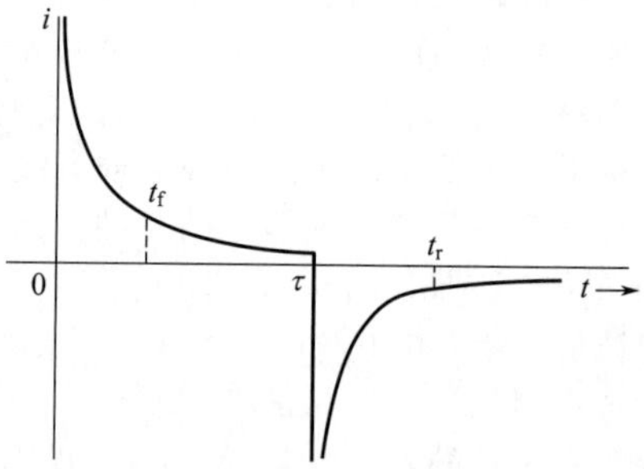

图 6.5.2 双电势阶跃计时电流法的电流响应

这种实验称为双电势阶跃计时电流法（double potential step chronoamperometry），是暂态反向技术（transient reversal technique）的第一个例子。这样的方法构成了一个技术大类，主要特征是初始生成物再被后续反向电解，从而实现第一步产物的直接电化学检测。反向方法是研究复杂电极反应的强大技术，后续会有更多介绍。

6.5.1 问题求解方法

为了定量分析这类实验，需要先处理第一步向前阶跃，然后用得到的 τ 时的浓度分布，作为求解后一步反向阶跃扩散方程的初始条件。前面（6.1.1 节）已经清楚地分析了第一步阶跃的影响，可以直接使用那里的结论。然而一般来讲，在向前阶跃结束时，反向实验的浓度分布非常复杂，常基于叠加原理（principle of superpostion）去简化处理反向实验[17,18]。现在就用叠加原理来分析解决该问题。

可以把双电势阶跃看作是两个信号的叠加：一个是在所有 $t>0$ 时有效的恒定电势分量 E_f，一个是在 $t>\tau$ 时叠加上去的阶跃扰动分量 E_r-E_f。图 6.5.3 显示了该思想，数学上表示为

$$E(t)=E_f+S_\tau(t)(E_r-E_f) \qquad (t>0) \tag{6.5.1}$$

式中阶跃函数 $S_\tau(t)$ 在 $t\leqslant\tau$ 时是 0，在 $t>\tau$ 时是 1。同样，类似电势分量，也可把 O 和 R 的浓度表示为两种浓度的叠加

$$C_O(x,t)=C_O^{\mathrm{I}}(x,t)+S_\tau(t)C_O^{\mathrm{II}}(x,t-\tau) \tag{6.5.2}$$

$$C_R(x,t)=C_R^{\mathrm{I}}(x,t)+S_\tau(t)C_R^{\mathrm{II}}(x,t-\tau) \tag{6.5.3}$$

该问题的边界条件和初始条件很容易通过实际浓度 $C_O(x,t)$ 和 $C_R(x,t)$ 建立。初始条件为

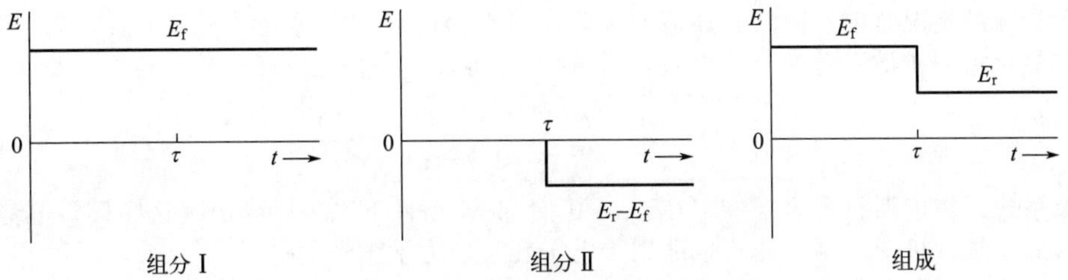

图 6.5.3　两个组分叠加作为双阶跃波形

$$C_O(x,0)=C_O^* \tag{6.5.4a}$$

$$C_R(x,0)=0 \tag{6.5.4b}$$

在向前阶跃过程中，有

$$C_O(0,t)=C'_O \tag{6.5.5a}$$

$$C_R(0,t)=C'_R \tag{6.5.5b}$$

这里只处理 O/R 电对是能斯特型的情况，因此，

$$C'_O=\theta' C'_R \tag{6.5.6}$$

式中

$$\theta'=\exp[nf(E_f-E^{0'})] \tag{6.5.7}$$

反向阶跃通过下式定义

$$C_O(0,t)=C''_O \tag{6.5.8a}$$

$$C_R(0,t)=C''_R \tag{6.5.8b}$$

和

$$C''_O=\theta'' C''_R \tag{6.5.9}$$

式中

$$\theta''=\exp[nf(E_r-E^{0'})] \tag{6.5.10}$$

在所有时间内，半无限条件是

$$\lim_{x\to\infty} C_O(x,t)=C_O^* \tag{6.5.11a}$$

$$\lim_{x\to\infty} C_R(x,t)=0 \tag{6.5.11b}$$

可采用的流量平衡条件是，

$$J_O(0,t)=-J_R(0,t) \tag{6.5.12}$$

这里所有的条件以及 O 和 R 的扩散方程都是线性的。一个重要的后果是浓度分量 C_O^{I}、C_O^{II}、C_R^{I}、C_R^{II} 各自独立，分别提供自己的贡献，可以分别求解。这样，实际的浓度分布就可以用式(6.5.2) 和式(6.5.3) 组合得到，进而导出电流-时间关系。这些步骤的详细推导在本书的第一版中给出[14]，这里作为习题 6.7。

当浓度的分量确定有线性关系，且具有可分离性时，叠加方法可以成功使用。可惜，许多电化学情况不满足这些要求，只好使用其他如数值模拟的方法。

对于化学稳定的 O 和 R 的准可逆体系的双电势阶跃计时电流法已进行了处理，文献［19］最初分析了一个特例，随后文献［20］进一步做了普适处理，得到了一系列结果。允许在各种条件下，从实验数据获取动力学参数。

6.5.2　电流-时间响应

由于在 $0<t\leqslant\tau$ 时的实验与 6.2.1 节已处理的相同，电流可由式(6.2.8) 给出，这里把它重写为

$$i_f(t)=\frac{nFAD_O^{1/2}C_O^*}{\pi^{1/2}t^{1/2}(1+\xi\theta')} \tag{6.5.13}$$

用前一节描述的方法，可以得到反向阶跃过程中的电流

$$-i_r(t)=\frac{nFAD_O^{1/2}C_O^*}{\pi^{1/2}}\left[\left(\frac{1}{1+\xi\theta'}-\frac{1}{1+\xi\theta''}\right)\frac{1}{(t-\tau)^{1/2}}-\frac{1}{(1+\xi\theta')t^{1/2}}\right] \tag{6.5.14}$$

---

[14] 第一版，P178-180。

一种特殊的情况是前一阶跃到还原波极限扩散平台的对应电势（$\theta'\approx 0$，$C'_O\approx 0$），然后反向阶跃回到氧化极限扩散平台的对应电势（$\theta''\to\infty$，$C''_R\approx 0$）。这时式(6.5.14) 可以简化为下式

$$\boxed{-i_r(t)=\frac{nFAD_O^{1/2}C_O^*}{\pi^{1/2}}\left[\frac{1}{(t-\tau)^{1/2}}-\frac{1}{t^{1/2}}\right]} \tag{6.5.15}$$

该关系式无需能斯特行为条件，在 $C'_O\approx 0$，$C''_R\approx 0$ 条件下也可以导出。这样只要电势阶跃足够大使其处于扩散极限控制，此式也适用于电子转移动力学缓慢的体系。

图 6.5.2 显示了由式(6.5.13) 和式(6.5.14) 预测的电流响应。与真实实验比较时，使用两个阶跃中对应取样电流值的比（$-i_r/i_f$）是有用的。若对应两个电流时间是 t_f 和 t_r，则纯粹极限扩散控制下，从式(6.5.15) 得到

$$\frac{-i_r}{i_f}=\left(\frac{t_f}{t_r-\tau}\right)^{1/2}-\left(\frac{t_f}{t_r}\right)^{1/2} \tag{6.5.16}$$

若选 t_f 和 t_r 使得 $t_r-\tau=t_f$ 成立，则有

$$\boxed{\frac{-i_r}{i_f}=1-\left(1-\frac{\tau}{t_r}\right)^{1/2}} \tag{6.5.17}$$

选择不同 t_r，得到一系列比值绘图，结果应该符合图 6.5.4 所示的工作曲线。对一个稳定的体系，可以用 $-i_r(2\tau)/i_f(\tau)=0.293$ 作为方便快速的参考点。偏离这条工作曲线，意味着存在复杂的电极反应动力学。例如，如果 R 衰变为非电活性物种，$|i_r|$ 将小于式(6.5.15) 的预期，$-i_r/i_f$ 将落于式(6.5.15) 预期的图 6.5.4 中曲线的下方。第 13 章将涵盖更详细的方式，介绍采用反向方法表征电极过程耦合均相化学反应。

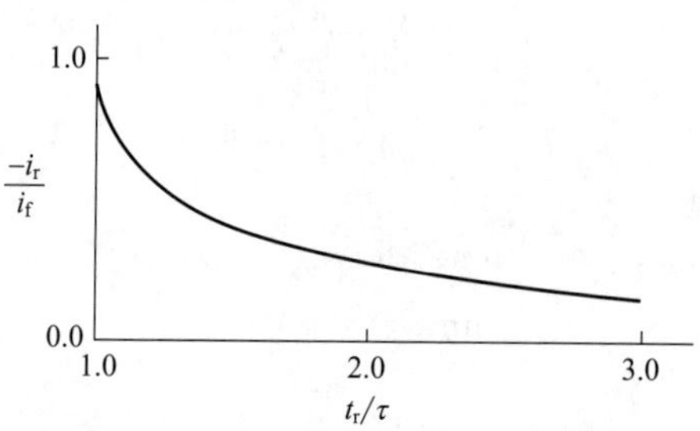

图 6.5.4 使用式(6.5.17) 定义，当 $t_r=t_f+\tau$ 时，$-i_r(t_r)/i_f(t_f)$对 t_r 的工作曲线

对体系 O+ne ⇌ R，且在实验期间 O 和 R 都是稳定的，两个电势阶跃的响应都是极限扩散控制

6.6 计时电量（库仑）法

至此，本章集中讨论了电势阶跃激励的电流-时间暂态行为和从暂态中采样构建的伏安图。另一非常有用的分析模式是对电流进行积分，获得电量对时间的关系 $Q(t)$。这种计时电量模式(chronocoulometric mode)[21-22] 相对于计时电流法常有一些实验上的重要优势。它们是：①计时电量法的测量信号一般随时间增加。因此和早期暂态响应相比，暂态后期受电势非理想阶跃变化的影响较轻微，信噪比也更好。计时电流法相反。②积分对暂态电流中的随机噪声有平滑作用，记录的计时电量法曲线会更清晰。③双电层充电、吸附物质的电极反应对电量 $Q(t)$ 的贡献，可以和扩散反应物法拉第反应对电量的贡献区分开来。而在计时电流法中，各种成分的贡献一般不容易区分开。这一优点对表面过程的研究特别有益。

6.6.1 大幅度电势阶跃

最简单的计时电量实验是 6.1.1 节讨论过的 Cottrell 情况。在静止均相溶液中有物种 O，使用平板电极，初始电势为电解程度不大的电势 E_i。在 $t=0$ 时，电势阶跃到足以使 O 以极限扩散电流还原的电势 E_f。计时电流响应由 Cottrell 方程式(6.1.12) 描述，从 $t=0$ 开始对其积分得到

O扩散还原累计通过的电量为

$$Q_d=\int_0^t i_{d,c}(t)\mathrm{d}t=\frac{2nFAD_O^{1/2}C_O^*t^{1/2}}{\pi^{1/2}} \tag{6.6.1}$$

如图6.6.1所示，Q_d随时间增长而增加，与$t^{1/2}$呈线性关系。已知其他参数时，可以求出n、A、D_O或C_O^*中任何一个。

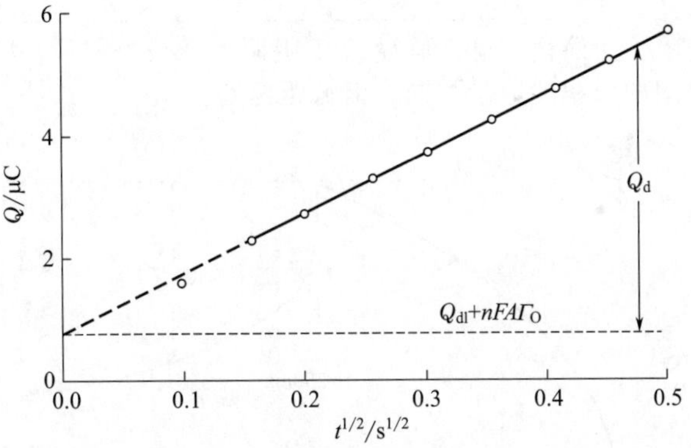

图6.6.1 铂盘电极上计时电量响应的线性关系图

体系是含0.95mmol/L的1,4-二氰基苯（DCB，图1）的0.1mol/L $TBABF_4$-苯甲腈溶液。$T=25$℃，$A=0.018\mathrm{cm}^2$。DCB+e⇌DCB$^{\cdot-}$的$E^{0'}$是-1.63V（vs. QRE）。本图是图6.6.2计时电量图的$t<250$ms部分（数据来自R. S. Glass）

式(6.6.1)表明，$t=0$时扩散对电量的贡献为0。然而Q对$t^{1/2}$的直线一般不通过原点，因为实际的电量Q中还有来自双层充电和任何可能在E_i下吸附的O分子的电还原。这些电量与随时间慢慢累积的扩散贡献电量不一样，它们只是瞬间通过的，因此可以把它们作为与时间无关的两个附加项写在公式中

$$\boxed{Q=\frac{2nFAD_O^{1/2}C_O^*t^{1/2}}{\pi^{1/2}}+Q_{dl}+nFA\Gamma_O} \tag{6.6.2}$$

式中，Q_{dl}为电容电量；$nFA\Gamma_O$为表面吸附O还原的法拉第分量；Γ_O为吸附O的表面过剩(surface excess)，$\mathrm{mol/cm^2}$。

Q对$t^{1/2}$作图直线的截距为$Q_{dl}+nFA\Gamma_O$。计时电量法常用于获得电活性物质的表面过剩。把这两种表面组分的贡献分开是有意义的，为此通常需要其他一些实验，例如在下节中描述的那样。$nFA\Gamma_O$的近似值可通过比较含有O和仅有支持电解质的溶液的Q-$t^{1/2}$直线截距来得到。后者的Q_{dl}值是对于背景溶液的，可能作为前者体系的Q_{dl}值的近似值。然而，如果O吸附时这两种情况下电容组分将不相同，这是因为吸附影响界面电容（第14章）。

6.6.2 扩散控制下的反向实验

几乎总是把计时电量反向实验的阶跃幅度设置得足够大，以保证电活性物质以最大速率扩散向电极。与前面类似，典型的实验模式是在$t=0$，电势从E_i阶跃到O在极限扩散条件下的还原电势E_f。在电势E_f持续一段时间τ，再跃迁回E_i。在电势E_i，R以极限扩散速度再氧化回O。这种序列是6.5节讨论的一般反向实验的一种特例。我们已经发现对$t>\tau$的计时电流响应，使用式(6.5.15)为

$$i_r=\frac{-nFAD_O^{1/2}C_O^*}{\pi^{1/2}}\left[\frac{1}{(t-\tau)^{1/2}}-\frac{1}{t^{1/2}}\right] \tag{6.6.3}$$

τ之前，和上节实验处理一样。所以τ之后，扩散引起并继续累积的电量与时间的关系是

$$Q_d(t>\tau)=\frac{2nFAD_O^{1/2}C_O^*\tau^{1/2}}{\pi^{1/2}}+\int_\tau^t i_r\mathrm{d}t \tag{6.6.4}$$

或

$$Q_d(t>\tau)=\frac{2nFAD_O^{1/2}C_O^*}{\pi^{1/2}}[t^{1/2}-(t-\tau)^{1/2}] \tag{6.6.5}$$

由于第二步取回第一步注入的电量，该函数随 t 增加而降低。整个实验 Q-t 曲线类似于图 6.6.2，可以预计 $Q(t>\tau)$ 对 $[t^{1/2}-(t-\tau)^{1/2}]$ 是线性的。虽然 Q_{dl} 在正向阶跃时注入、反向时释放，但净电势变化为 0，因而在时间 τ 后的总电量中并没有净的电容电量。

如图 6.6.2 所示，反向时移去的电量 $Q_r(t>\tau)$ 是二者之差 $Q(\tau)-Q(t>\tau)$：

$$\boxed{Q_r(t>\tau)=Q_{dl}+\frac{2nFAD_O^{1/2}C_O^*}{\pi^{1/2}}[\tau^{1/2}+(t-\tau)^{1/2}-t^{1/2}]} \tag{6.6.6}$$

式中括号部分常用 θ 表示。为简化起见，假设 R 不吸附。$Q_r(t>\tau)$ 对 θ 作图是线性，斜率与上一个向前阶跃计时电量图的斜率的数量相同，但截距是 Q_{dl}。

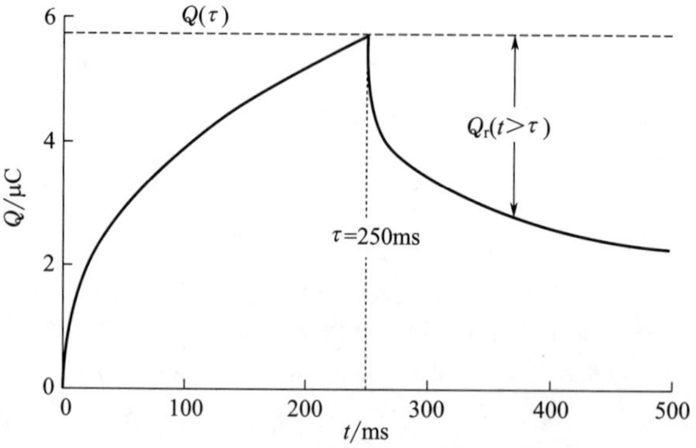

图 6.6.2 双电势阶跃实验的计时电量响应

体系与图 6.6.1 相同。电势阶跃到扩散极限控制电势（数据来自 R. S. Glass）

图 6.6.3 中，$Q(t<\tau)$ 对 $t^{1/2}$ 和 $Q(t>\tau)$ 对 θ 这一对图常被称为 Anson 图（Anson plot），对定量吸附物质的电极反应非常有用。在这里讨论的例子中，O 吸附而 R 不吸附，图中两个截距之差就是 $nFA\Gamma_O$。理想情况下，差减消去了 Q_{dl}，得到纯粹源于吸附氧化态 O 的净法拉第电量。如果第二步相对 τ 能足够快速恢复第一步之前存在的界面条件，则 Q_{dl} 抵消应该是精确的。对于所讨论的情况，需要包括在第二步早期吸附 O 层的完全恢复。

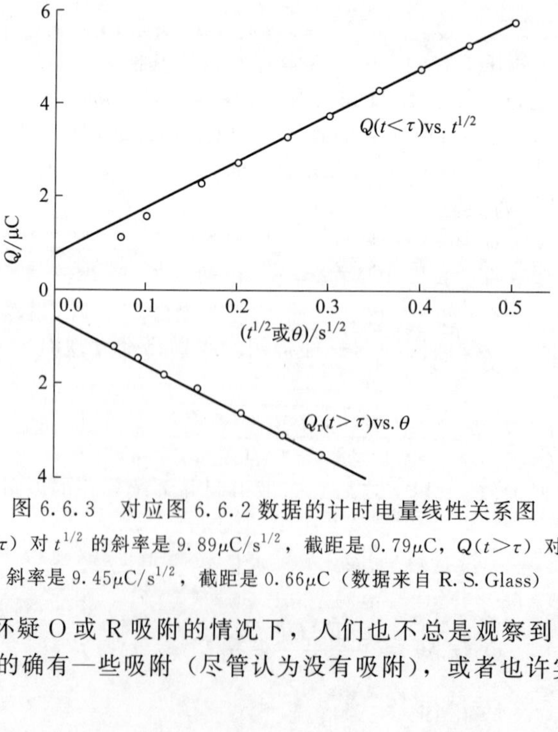

图 6.6.3 对应图 6.6.2 数据的计时电量线性关系图

$Q(t<\tau)$ 对 $t^{1/2}$ 的斜率是 9.89μC/s$^{1/2}$，截距是 0.79μC，$Q(t>\tau)$ 对 θ 的斜率是 9.45μC/s$^{1/2}$，截距是 0.66μC（数据来自 R. S. Glass）

实际中，即使在不怀疑 O 或 R 吸附的情况下，人们也不总是观察到 Q_{dl} 的精确消除（正如图 6.6.3）。也许实际上的确有一些吸附（尽管认为没有吸附），或者也许实验在电极的界面结构或其微观面积产生一种残留的变化。

假设精确消除 Q_{dl}，如果 O 在初始电势被吸附，R 在阶跃电势被吸附，那么截距差将是 $nFA(\Gamma_O - \Gamma_R)$。各种可能情况的详细分析，参考原始文献［21，23-24］。

式(6.6.3)、式(6.6.5) 和式(6.6.6) 都基于假设第二阶跃开始时的浓度分布完全源自没被复杂化的 Cottrell 实验。也就是说这些浓度分布是稳定的，不因那些可能吸附与脱附的扩散物质的增减而被干扰。显然，这个前提条件很难严格满足。有关严格处理由文献［23］给出，说明了如何对计时电量数据校正这些影响（17.3.1 节）。

反向计时电量法对于表征 O 和 R 的均相化学反应也是有用的。扩散决定的法拉第电量分量 $Q_d(t)$ 对液相反应很敏感[24-25]，如前所述，可以很方便地从总电量 $Q(t)$ 中把它分出来。

如果 O 和 R 都是稳定不吸附的，$Q_d(t)$ 就如式(6.6.1) 和式(6.6.5) 所示。如果用 $Q_d(t)$ 除以第一步的总扩散电量——Cottrell 电量 $Q_d(\tau)$，可以得到两个之比的简单式：

$$\frac{Q_d(t \leqslant \tau)}{Q_d(\tau)} = \left(\frac{t}{\tau}\right)^{1/2} \tag{6.6.7}$$

$$\boxed{\frac{Q_d(t > \tau)}{Q_d(\tau)} = \left(\frac{t}{\tau}\right)^{1/2} - \left[\left(\frac{t}{\tau}\right) - 1\right]^{1/2}} \tag{6.6.8}$$

此式与具体的实验参数 n、A、D_O、C_O^* 无关。对给定的 t/τ，该电量比甚至与 τ 无关。式(6.6.7) 和式(6.6.8) 描述了稳定体系计时电量响应的本质形状。如果实际实验结果与此函数形状不符，说明存在某种复杂化学行为。用电量比 $Q_d(2\tau)/Q_d(\tau)$ 或$[Q_d(\tau) - Q_d(2\tau)]/Q_d(\tau)$ 可快速判断化学稳定性。若是稳定体系，这两个值分别应该是 0.414 和 0.586。

相反，考虑电对 O/R，若 R 会在溶液中迅速分解为非电活性物质 X。第一步阶跃时 O 以极限扩散速度还原，遵守式(6.6.7)。然而由于 R 以液相衰减反应部分分解消失，R 不会在第二步被全部氧化回去，不遵守式(6.6.8)。和稳定体系相比，$Q_d(t > \tau)/Q_d(\tau)$ 就会降得较慢。若 R 已完全衰变为 X，则根本看不到 R 的再氧化，那么在第二步的所有时间 $t > \tau$，都有 $Q_d(t > \tau)/Q_d(\tau) = 1$。

可以观察到偏离式(6.6.7) 和式(6.8.8) 的其他情况。第 13 章讨论有关重要均相反应的机理诊断。由于在基本假设方面没有区别，对于耦合化学反应的体系，计时电流法理论的主要内容一样可直接应用于描述计时电量实验。差别只是在计时电量法中是积分响应，所以在计时电量实验中可以更加明显地看出双电层电容和吸附物对电极过程的贡献。

6.6.3 异相动力学的影响

前面讨论的只是电活性物质以极限扩散速率到达电极的情况。当通过施加极端电势来实施该条件，在实验上得不到异相速率参数。另外，若想求得这些参数，在界面电荷转移动力学完全或部分控制下进行计时电量实验是有用的。达到该目标可在相应感兴趣的时间尺度，采用暂态采样伏安图上升区选择电势作为阶跃电势，对应时间必须足够短以保证在足够的时间段反映电极动力学对于电流流动的影响。

合适的实验条件是在 $t=0$ 时，电势从不发生电解的电势跃至发生电解的电势。这里分析一个特定的案例[26-27]，初始时 O 以浓度 C_O^* 存在而 R 不存在。在 6.3.1 节，已经得到准可逆电极动力学的暂态电流式(6.3.7)。从 $t=0$ 积分得到计时电量响应

$$Q(t) = \frac{nFAk_f C_O^*}{H^2}\left[\exp(H^2 t)\operatorname{erfc}(Ht^{1/2}) + \frac{2Ht^{1/2}}{\pi^{1/2}} - 1\right] \tag{6.6.9}$$

式中，$H = (k_f/D_O^{1/2}) + (k_b/D_R^{1/2})$。对 $Ht^{1/2} > 5$，相比其它项括号内第一项可忽略，这样得到上式的极限形式

$$Q(t) = nFAk_f C_O^*\left(\frac{2t^{1/2}}{H\pi^{1/2}} - \frac{1}{H^2}\right) \tag{6.6.10}$$

于是法拉第电量对 $t^{1/2}$ 的图是线性的，电量坐标上的截距是负值，$t^{1/2}$ 坐标上的截距是正值。如图 6.6.4 所示，需要外推才能得到 $t^{1/2}$ 轴上较精确的截距。记此截距为 $t_i^{1/2}$，可得到

$$H = \frac{\pi^{1/2}}{2t_i^{1/2}} \tag{6.6.11}$$

有了 H，通过线性斜率 $2nFAk_fC_O^*/(H\pi^{1/2})$ 可得到 k_f。

式(6.6.9) 和式(6.6.10) 不包括吸附物种或双电层充电的贡献，准确应用这种处理时必须加以校正，或设法控制使它们和扩散部分电量相比小到可忽略的程度。

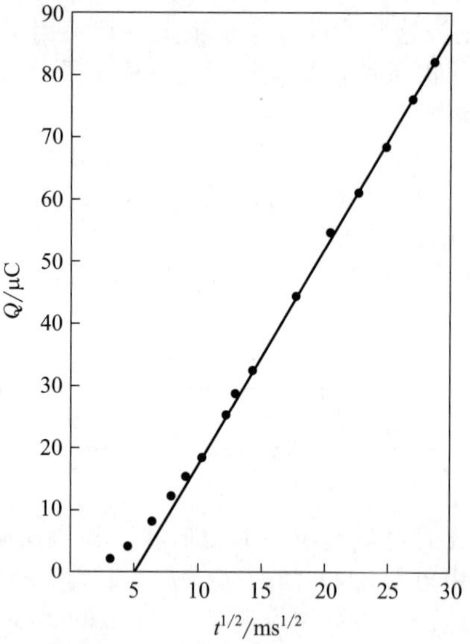

图 6.6.4 1mol/L Na_2SO_4 溶液中，10mmol/L Cd^{2+} 的计时电量响应

工作电极是面积为 $2.3\times10^{-2}cm^2$ 的悬汞电极。初始电势−0.470V (vs. SCE)，阶跃电势为−0.620V。图中直线斜率 3.52μC/$ms^{1/2}$，$t_i^{1/2}=5.1ms^{1/2}$（引自文献 Christie，Lauer，Osteryoung[27]）

实际上，使用此方法进行动力学参数测量是困难的，因而并未得到广泛应用。该方法的主要价值是在分析计时电量轴上负截距的起因时所考虑问题的洞察力，特别是应用于修饰电极（第 17 章）。上述结果说明，动力学限制的电量释放到扩散或迁移物种会产生一个较小的截距，其小于 6.6.1 节和 6.6.2 节预期的值。负截距是动力学限制的明确标志。这可能来自这里分析的缓慢界面动力学，但也可能来自其他原因，如未补偿电阻导致的电势建立缓慢。如果它不是研究目的，可以使用更极端电势阶跃改进该行为。

6.7 微电极的电解池时间常数

在 1.6.4 节发现，改变电势因而也改变了双电层上的电荷量，都涉及未补偿电阻 R_u、双层电容 C_d。电解池时间常数 R_uC_d（cell time constant）决定了使电极达到要求电势需要的时间（6.8.2 节），设定了实验时间尺度的下限。电极的大小是决定电解池时间常数的最重要因素。

对于一个圆盘工作电极，它的单位面积界面电容 C_d^0 典型值是 10～50μF/cm^2，那么，

$$C_d=\pi r_0^2C_d^0 \tag{6.7.1}$$

若半径 r_0 是 1mm，C_d 就是 0.3～1.5μF。而若 $r_0=1\mu$m，C_d 就降低 6 个数量级，只有 0.3～1.5pF。

虽然不太明显，未补偿电阻也依赖于电极尺寸（5.6.1 节）。

从式(6.7.1) 和式(5.6.2)，可将电解池的时间常数表示为

$$\boxed{R_uC_d=\frac{r_0C_d^0}{4\kappa}} \tag{6.7.2}$$

式中，κ 是电解质溶液的电导率。

虽然 R_u 与 r_0 成反比，但 C_d 与 r_0 的平方成正比，因而 R_uC_d 与 r_0 成正比，这是个重要的结

论，表明小电极能用于更短时间区域的研究。例如考虑电极大小对于体系的影响，室温下 0.1mol/L KCl 溶液中，$C_d^0=20\mu F/cm^2$，$\kappa=0.013\Omega^{-1}\cdot cm^{-1}$，若 $r_0=1mm$，时间常数大约是 $30\mu s$。一般电势阶跃实验，包括记录数据时间，实际下限时间在 1ms 数量级，符合我们的一般经验，常规毫米尺寸电极，可用于毫秒级及更长的时间域实验研究。若 $r_0=5\mu m$，时间常数是 170ns，实验的时间尺度下限可达到数微秒。

在超微电极被理解和便捷可得之前，很难进行微秒时间尺度的电化学研究。超微电极打开了相对方便地进行微秒时间域的研究大门[28-31]，不仅是电势阶跃方法，也包括本书后面涉及的其他实验方法。

虽然日常使用还不太容易或方便，超微电极已经可被用于进行纳秒级时间域的研究。要做到这一点，电极尺寸必须更小，采用电导性能更高的电解质。也需要特制的仪器[32-34]，因为商品仪器的带宽通常不足（16.9 节）。

另外，必须考虑消除工作电极的杂散电容。在 2.2 节，已学到导体的电势取决于相间界面电荷，1.6 节隐含假设电极溶液界面的双层电容电荷单独决定工作电极电势。事实上，工作电极表面的全部电荷 q_{total} 决定电势。工作电极电势变化时，必须进行充电，相关的电容限制了电极/溶液界面电势的改变速度。

可以把 q_{total} 看作两个部分：a. 电极/溶液界面的双层电荷 q；b. 构成工作电极或连接到工作电极的所有其他导电体表面的“杂散”电荷 q_{stray}。这些“其他表面”至少包括：

① 工作电极材料（如铂丝）边缘的，穿过探针装置的绝缘体（通常涉及与玻璃或高分子材料的界面）。

② 材料的边缘可能继续到工作电极内部（经常包括与空气的接触界面）。

③ 连接电极和导线的任何材料的表面，如工作电极与恒电势仪电连接用的铜导线和焊锡。

④ 其他从工作电极装置电连接的表面，如恒电势仪连接电缆内部的有关界面。

⑤ 电子线路上的电缆、开关等导电元件的表面。

理想情况下，所有这些，除了要研究的电化学界面本身，都与非极化绝缘体（包括空气或真空）接触。

类似式(1.6.11)，有

$$q_{total}=q+q_{stray}=C_d(E-E_z)+C_{stray}(E-E_z) \tag{6.7.3}$$

这样，工作电极的电容函数就是 C_d+C_{stray}。正常电化学情况下，电极/溶液界面的高极化率导致 q 远远大于 q_{stray}，因而 $q_{total}\approx q$、$C_{stray}\ll C_d$。此时式(1.6.11) 可用，按通常方式考虑工作电极的表面充电是合适的。

但是，电极/溶液界面变得很小时，情况就不同了。C_d 与 r_0 的平方成正比，它会迅速变小，q_{stray} 就不能再忽略，也不能只用式(6.7.2) 给出时间常数，而是

$$R_uC=\frac{r_0C_d^0}{4\kappa}+\frac{C_{stray}}{4\pi\kappa r_0} \tag{6.7.4}$$

式中第一项就是式(6.7.2) 的 R_uC_d，第二项是 R_uC_{stray}。前者与 r_0 成正比，后者与 r_0 成反比，因而在 $C_d=C_{stray}$ 对应的 r_0 值时，时间常数会出现最小值，如图 6.7.1 所示。

杂散电容的来源与影响已有详细研究[28,32-34]。在一个研究中[33]，5mol/L $HClO_4$ 溶液中的 Pt 圆盘电极在 $r_0=2.5\mu m$ 时时间常数降至 12ns，并表现出很好的特征——正比于 r_0 且有 0 截距，与图 6.7.1 所示模型体系相符。

拥有小于几十纳秒的电解池时间常数的能力，就有可能进行在几百纳秒甚至更短时间尺度上的阶跃实验。然而，因测量的困难和扩散层厚度变小[35-37] 引起的分子可用性相关基础问题，导致这一尺度的实验工作复杂化。对于持续 100ns 的电势阶跃，$(2Dt)^{1/2}$ 仅为约 12nm，因此在常规电解质溶液中，如果溶质分子必须通过扩散到达电极，则只有相对较少的溶质分子足够靠近电极而发生反应，获得可测量的信号可能是个问题（习题 6.13），通过转换为光子检测电化学过程是有用的[38]。

如果电反应物质是附着在电极上，已大量存在于表面，而不是通过扩散靠近电极[33,39]，这样的体系会是更好的研究对象。已经用这种体系进行了在 500ns 范围内的阶跃实验。图 6.7.2 给出

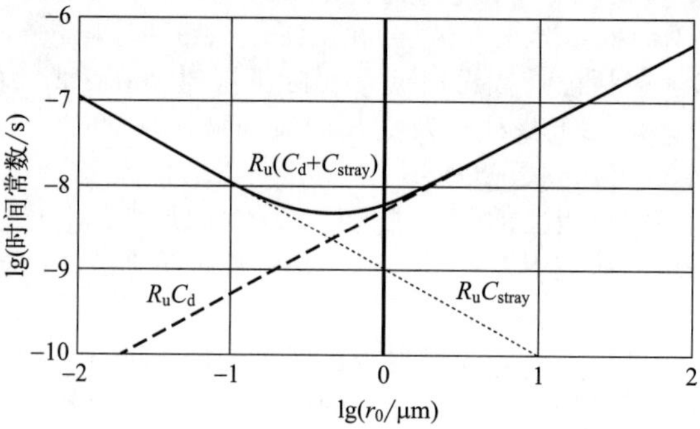

图 6.7.1 时间常数与盘电极半径关系图

电解池时间常数（实线）是 $R_u C_d$ 与 $R_u C_{stray}$ 之和。这里 $\kappa=0.75\Omega^{-1}\cdot cm^{-1}$，$C_d^0=150\mu F/cm^2$，$C_{stray}=1pF$，与 5mol/L $HClO_4$ 的电导率相当。最小时间常数大约为 5ns，对应 $r_0=0.5\mu m$

了一个例子，其电极反应为，

$$2,6\text{-AQDS}+2H^+ +2e \rightleftharpoons 2,6\text{-DHADS} \quad (6.7.5)$$

这里 2,6-AQDS 是 2,6-二磺酸蒽醌，2,6-DHADS 是 9,10-蒽二酚的 2,6-二磺酸盐，其分子结构见图 1。它们的氧化态和还原态都可以在汞表面形成完整的吸附层，并通过电化学相互转化。图 6.7.2 的双电势阶跃实验首先将 2,6-AQDS 单层转化为 2,6-DHADS 单层，然后逆转回去。因为两种物质都是束缚在表面、不会扩散，所以在充电电流下降后，法拉第电流都是指数级衰减的。速率常数取决于阶跃电势和溶液中质子浓度。基于这些变量函数的动力学测量，已发展了详细的动力学图像[33]。第 14 章和第 17 章将更详细地讨论表面层的电化学活性。

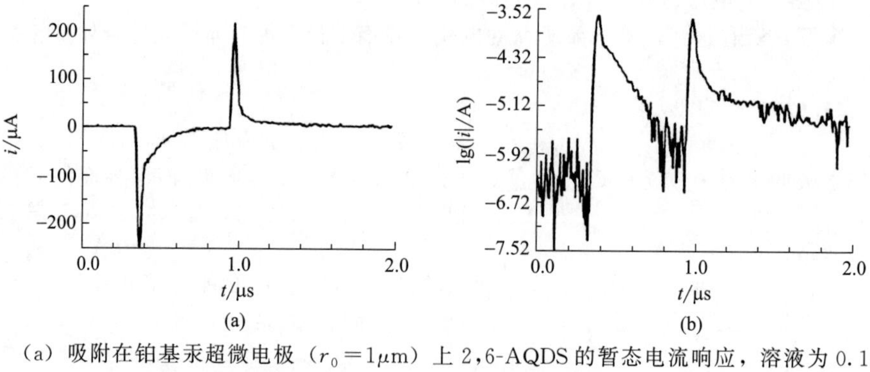

图 6.7.2 (a) 吸附在铂基汞超微电极（$r_0=1\mu m$）上 2,6-AQDS 的暂态电流响应，溶液为 0.1mmol/L 2,6-AQDS，1.8mol/L 硫酸溶液。向前阶跃从 0.270V 到 −0.122V (vs. Ag/AgCl)，保持 600ns，然后再反向跃回 0.270V。(b) lg|i| 对时间作图。向前阶跃的线性部分对应速率常数 $8.5\times10^7 s^{-1}$、寿命为 113ns 的 2,6-AQDS 还原过程，电解池时间常数为 24ns（引自 Xu[33]）

大多数溶解溶质的快速电化学研究已通过循环伏安法进行，而不是采用计时电流法，故将在下一章再次讨论该问题。

6.8 实验室贴士：电势阶跃方法实际所关注的事宜

6.8.1 微电极表面准备

不仅制备新电极时，而且进行一组新的实验之前，有时甚至在序列实验之间，都需要关注工作电极的表面。表面粗糙度、化学状态、污染是重要的考量因素。要想获得有意义和可重现的实验数据，必须确保表面的物理和化学状态是已知的，并且在序列测量中保持一致。界面结构的微小变化会显著地改变电子转移反应的速率，这对异相动力学研究更是特别重要。

电极表面的处理与所使用材料以及电极应用目的密切相关。例如，金微电极表面通常可能需要简单的抛光，而光电应用的 CdTe 电极的制备就需要非常特殊的化学处理。类似地，制备用于研究溶解态氧化还原分子的 Pt 电极制备经常无需太严格，而用于研究涉及吸附中间体内层反应的 Pt 电极的表面结构在整个反应中起关键决定作用。一般来说开始任何新的研究，都要仔细阅读描述电极表面制备的文献，并能够确认其良好表面电化学特征。

表面粗糙度（6.1.5 节）受抛光和导致电极材料电溶解或电沉积的电化学过程的影响（例如银电极上银的溶解或电镀 Ag）。块体金属表面的金属物种的氧化和还原通常发生在一些活泼的位点，每种过程会增加表面粗糙度。传统方法进行的物理抛光可以降低粗糙度，但也会留下与抛光颗粒直径相当的抛光条纹和擦痕。在光滑表面上使用气相沉积法制备金属层，可以避免物理抛光擦痕，但是这种电极通常是一次性的。

“化学状态”一词涉及电极材料活性表面上的化学态，与电极材料无关物质的特定吸附（第 14 章）或设计表面共价结合（第 17 章）实现的可控沉积。许多金属，包括 Pt，在正电势下经历阳极氧化形成氧化层（第 14 章），这些层通常可以在合适的负电势下再被还原。吸附可能涉及电极反应的反应物、产物、中间体，支持电解质的组分、有意加入修饰表面的添加物或污染物。碳电极的表面易受氧化过程的影响，实验过程中氧化过程会引入功能位点，例如酸基团，可能改变实验中电极的反应活性。

一般来说，“污染”在这里是指任何不希望和不可控改变电极表面的过程，通常是由未知的物种造成。电极经常被溶剂-电解质体系中存在的物质（例如临床样品中的蛋白质）或复杂电极反应的副产物（有时是不溶性聚合物）污染。空气传播的污染物会强烈吸附在金属表面，因此，通常这些做法是明智的，如抛光和预清洁后的电极浸入电解质溶液之前，避免将其长时间暴露在实验室空气中。使用高度纯化的溶剂和电解质，确保在对电极和参比电极产生的物质不会到达工作电极，可以减少对电极表面的污染。来自参比电极材料溶解的痕量金属离子（例如来自 Ag/AgCl 电极的 $AgCl_2^-$）会沉积在工作电极上，引发电子转移反应动力学的大的非预期变化。

较大的超微电极（特征尺寸≥50nm），能够进行机械抛光。通常在制造时或根据经验（通常在每天实验之前，或不太频繁）进行机械抛光。制造过程中的粗抛光可以用刚玉砂纸完成，后期用氧化铝或金刚石磨膏抛光，最后通常采用直径为 50nm～1μm 的磨料。一般在制造过程中进行多步抛光，在电极的日常使用维护中，通常只需要使用制造中的最后精细抛光步骤。

较小的 UME，尤其是接近实用范围的极限的，通常不够结实，不能进行机械抛光。而且，不得使用大于电极半径的抛光颗粒去抛光，应采用更精细的表面处理，例如聚焦离子束铣削来制备非常光滑和清洁的金属 UME。因为重新清洁表面不现实，非常小的 UME 经常是一次性使用的。

历史上，在电解质水溶液中调控 Pt 电极状态，用实验范围上下极限电势进行两个或三个周期的 1s 量级时间的正、负交替阶跃，最后在负极限电势结束。该处理过程有两个主要影响：第一，它反复生长、还原 PtO 和 PtO_2 层，最后在负电势结束，产生新鲜的 Pt 表面；第二，背景过程产生 OH· 这样的污染物化学清除剂。这种方法适用于较大的 UME（关键尺寸大于 1μm），但对较小 UME 可能会产生无法恢复的损坏。

作为一种替代方案，实用的方法是将 Pt 工作电极在水溶液中氧分子还原电势下简单地保持几秒。该步骤减少了表面氧化物，并在表面附近产生 OH·，起到清洁表面的作用。对于实用下限尺寸的小 UME，可以承受这一处理过程，也具有适用于较宽范围的电极材料的优点。

6.8.2 充电电流的干扰

暂态技术通常涉及工作电极电势随时间的变化。而任何电势变化都需要改变双电层上的电荷，就必然有充电电流 i_c 流过（1.6.4 节），该电流叠加到可能同时通过的法拉第电流上，因此它代表了对通常期望的测量的干扰。

对电势阶跃技术，充电电流恰好在 E_{appl}（恒电势仪施加的工作电极和参考电极之间的电压差）中的每个阶跃刚施加后通过。考察图 6.8.1(a)，它显示了阶跃激发 Cottrell 实验刚开始的电流行为。电极是一个半径为 2.5mm 的较大圆盘，此时电解池时间常数 R_uC_d 为 39μs。1.6.4

(1) 节已说明这种情况下，双电层充电电流 i_c 呈指数下降，由式(1.6.17) 给出，如图 6.8.1(a) 中的虚线。

法拉第响应因充电过程变得复杂。理想结果（Cottrell 电流 i_d）由点线给出。然而，因为工作电极的实际电势不会随电势阶跃立即瞬间改变，响应测量并不理想。充电过程建立工作电极的实际电势，需要时间达到预期的电势阶跃值，如式(l.6.18) 所示。对于图 6.8.1(a) 中的体系，在最初 20μs 没有法拉第活动，因为电势还没有负到足以引发还原反应。到 28μs 时，电势达到 $E^{0'}$（−0.45V）时电解发生，但还不是以扩散极限的速率进行。直到 65μs 时，电势达到 −0.60V，这一负电势值足以保障扩散控制，达到所需的 −0.7V 阶跃电势总共需要 180μs（约 $4R_uC_d$）。延迟的法拉第响应遵循图 6.8.1(a) 中叉号所标示的曲线。由于刚才讨论的原因，它在最短时间内落后于理想值点线，但随后不久就大于理想值，这是因为实际电解延迟，在电极附近留下了比理想情况下对应时间时更多的电活性物质。随着经过的时间变长，早期事件的充电影响消失，延迟的法拉第电流收敛于理想值。

观察到的总电流是 i_c 和延迟法拉第响应之和，如图 6.8.1(a) 的实线所示。在最初 80μs，i_c 在总电流中占主导地位，在大约 100μs，i_c 的贡献仍显著。在大约 $5R_uC_d$ 后，i_c 已经减弱到可以忽略不计的程度。

计时电流法或 STV 测量的数据记录必须延迟到双电层充电不再干扰时，因此阶跃宽度必须远大于 $5R_uC_d$，一般至少为 $50R_uC_d$，当然也可以任意更长。图 6.8.1(b) 是 200ms 时间范围内总电流的对数显示，差不多是这个体系的 $5000R_uC_d$。数据可以在 1～200ms 以等间隔（如 1ms）采集，或者可以仅在接近阶跃结束的一小段时间内采样（例如在最后几毫秒）。开始时的充电电流尖峰超过目标电流 1～3 个数量级，这清楚地说明了为什么需要合适的电流采样方法来排除它。在接下来的几章中，双层充电的干扰以及消除的方法将是一个反复出现的话题。

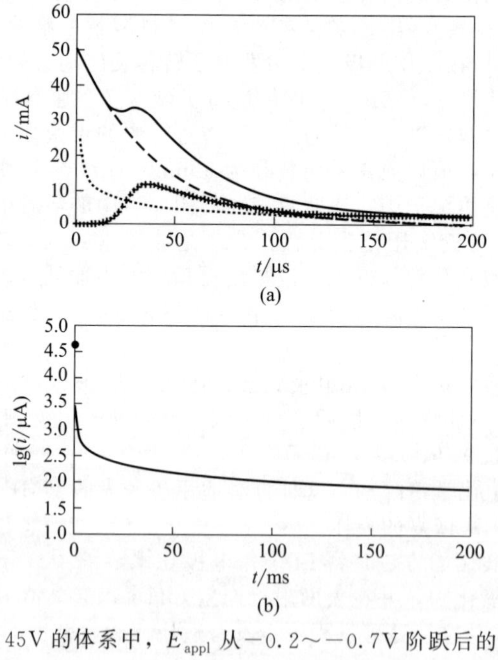

图 6.8.1 在 $E^{0'}=-0.45V$ 的体系中，E_{appl} 从 −0.2～−0.7V 阶跃后的电流行为。工作电极是 $r_0=0.25cm$ 的圆盘。$n=1$，$D=10^{-5}cm^2/s$，$C_O^*=1mmol/L$，$C_R^*=0$，$A=0.196cm^2$，$R_u=10\Omega$，$C_d=3.9\mu F$，$R_uC_d=39\mu s$

(a) $5R_uC_d$ 前的电流组成。实线—总电流；虚线—充电电流 i_c；点线—Cottrell 电流（理想法拉第暂态电流）；叉号—延迟法拉第暂态电流。(b) 典型实验时间范围内的总电流，纵轴上的大圆点表示 $t=0$ 时的电流最大值

6.9　参考文献

1 F. G. Cottrell, *Z. Physik, Chem.*, **42**, 385 (1902).
2 H. A. Laitinen and I. M. Kolthoff, *J. Am. Chem. Soc.*, **61**, 3344 (1939).
3 H. A. Laitinen, *Trans. Electrochem. Soc.*, **82**, 289 (1942).
4 K. Aoki and J. Osteryoung, *J. Electroanal. Chem.*, **122**, 19 (1981).
5 D. Shoup and A. Szabo, *J. Electroanal. Chem.*, **140**, 237 (1982).
6 K. Aoki and J. Osteryoung, *J. Electroanal. Chem.*, **160**, 335 (1984).
7 (a) W. Hyk, M. Palys, and Z. Stojek, *J. Electroanal. Chem.*, **415**, 13 (1996); (b) W. Hyk and Z. Stojek, *J. Electroanal. Chem.*, **422**, 179 (1997).
8 A. Szabo, D. K. Cope, D. E. Tallman. P. M. Kovach, and R. M. Wightman, *J. Electroanal. Chem.*, **217**, 417 (1987).
9 K. Aoki, K. Tokuda, and H. Matsuda, *J. Electroanal. Chem.*, **225**, 19 (1987).
10 C. P. Winlove, K. H. Parker, and R. K. C. Oxenham, *J. Electroanal. Chem.*, **170**, 293 (1984).
11 G. Denuault, M. Mirkin, and A. J. Bard, *J. Electroanal. Chem.*, **308**, 27 (1991).
12 R. Woods, *Electroanal. Chem.*, **9**, 1 (1976).
13 T. Gueshi, K. Tokuda, and H. Matsuda, *J. Electroanal. Chem.*, **89**, 247 (1978).
14 V. P. Menon and C. R. Martin, *Anal. Chem.*, **67**, 1920 (1995).
15 J. Tomeš, *Coll. Czech. Chem. Commun.*, **9**, 12, 81, 150, (1937).
16 C. K. Mann and K. K. Barnes, "Electrochemical Reactions in Nonaqueous Solvents," Marcel Dekker, New York, 1970, Chap. 11.
17 T. Kambara, *Bull. Chem. Soc. Jpn.*, **27**, 523 (1954).
18 D. D. Macdonald, "Transient Techniques in Electrochemistry," Plenum, New York, 1977.
19 W. M. Smit and M. D. Wijnen, *Rec. Trav. Chim.*, **79**, 5 (1960).
20 D. H. Evans and M. J. Kelly, *Anal. Chem.*, **54**, 1727 (1982).
21 F. C. Anson, *Anal. Chem.*, **38**, 54 (1966).
22 G. Inzelt in "Electroanalytical Methods," 2nd ed., F. Scholz, Springer, Berlin, 2010, Chap. II.4.
23 J. H. Christie, R. A. Osteryoung, and F. C. Anson, *J. Electroanal. Chem.*, **13**, 236 (1967).
24 J. H. Christie, *J. Electroanal. Chem.*, **13**, 79 (1967).
25 M. K. Hanafey, R. L. Scott, T. H. Ridgway, and C. N. Reilley, *Anal. Chem.*, **50**, 116 (1978).
26 J. H. Christie, G. Lauer, R. A. Osteryoung, and F. C. Anson, *Anal. Chem.*, **35**, 1979 (1963).
27 J. H. Christie, G. Lauer, and R. A. Osteryoung, *J. Electroanal. Chem.*, **7**, 60 (1964).
28 R. M. Wightman and D. O. Wipf, *Acc. Chem. Res.*, **23**, 64 (1990).
29 J. Heinze, *Angew. Chem. Int. Ed. Engl.*, **32**, 1268 (1993).
30 R. J. Forster, *Chem. Soc. Rev.*, **23**, 289 (1994).
31 C. Amatore in "Physical Electrochemistry." I. Rubenstein, Ed., Marcel Dekker, New York, 1995, Chap. 4.
32 C. Amatore, C. Lefron, and F. Pfluger, *J. Electroanal. Chem.*, **270**, 43 (1989).
33 C. Xu, "Fast Electrochemistry of Surface Monolayers on Ultramicroelectrodes," Ph. D. Thesis, University of Illinois at Urbana-Champaign, 1992.
34 C. Amatore and E. Maisonhaute, *Anal. Chem.*, **77**, 303A (2005).
35 R. Morris, D. J. Franta, and H. S. White, *J. Phys. Chem.*, **91**, 3559 (1987).
36 J. D. Norton, H. S. White, and S. W. Feldberg, *J. Phys. Chem.*, **94**, 6772 (1990).
37 C. P. Smith and H. S. White, *Anal. Chem.*, **65**, 3343 (1993).
38 M. M. Collinson and R. M. Wightman, *Science*, **268**, 1883 (1995).
39 R. J. Forster and L. R. Faulkner, *J. Am. Chem. Soc.*, **116**, 5444, 5453 (1994).

6.10 习题

6.1 对半径为 r_0 的球形电极，Fick 定律为式(6.1.15)。在条件式(6.1.16) ～式(6.1.18) 下求解电流遵守式(6.1.19)。

[提示：将 $v(r,t)=rC(r,t)$ 代入 Fick 定律和边界条件中，问题就可变成线性扩散形式]

6.2 在条件 $n=1$，$C^*=1.00\text{mmol/L}$，$A=0.02\text{cm}^2$，$D=10^{-5}\text{cm}^2/\text{s}$ 下，计算 $t=0.1$s，0.5s，1s，2s，3s，5s，10s 和 $t\to\infty$时，(a) 平板电极和 (b) 球状电极在扩散控制下的电流，并在同一图中绘制 i-t 曲线。要电解多长时间，球形电极上的电流才超出平板电极电流的 10%？

积分 Cottrell 方程导出电解中的电量与时间的关系，并计算 $t=10$s 时的总电量，用法拉第定律计算此时反应的物质的量。如果溶液体积是 10mL，问电解了多少比例的样品？

6.3 分析刚好突出在玻璃绝缘罩的半球悬汞电极上的扩散控制电解。汞表面的半径是 5μm，玻璃绝缘罩直径是 5mm。电活性物质是 0.1mol/L $TBABF_4$ 乙腈溶液中的 1mmol/L 噻蒽（TF，结构见图 1)，电解产物是阳离子自由基。其扩散系数是 $2.7\times10^{-5}\text{cm}^2/\text{s}$。计算 $t=0.1$ms，0.2ms，0.5ms，1ms，2ms，3ms，5ms，10ms 和 $t=0.1$s，0.2s，0.5s，1s，2s，3s，5s，10s 时的电流。在线性扩散近似下做同样计算。分别成对绘出短时区和长时区的 i-t 曲线。误差要求小于 10%时，在多长时间内可以使用线性近似？

6.4 25℃，金属配合离子还原为金属汞齐（$n=2$）的可逆暂态取样伏安实验，实验数据如下

NaX 浓度/(mol/L)	0.10	0.50	1.00
$E_{1/2}$(vs. SCE)/V	−0.448	−0.531	−0.566

(a) 计算配合物中金属离子 M^{2+} 和配合剂 X^- 的配位数。

(b) 如果简单金属离子可逆还原的半波电势 $E_{1/2}$ 是＋0.081V（vs. SCE)，假设配合离子和金属离子的扩散系数相等，所有活度系数为 1，计算配合物的稳定常数。

6.5 假设平面电极，半无限扩散条件，初始 O 和 R 都存在的可逆反应 $O+ne \rightleftharpoons R$，对从平衡电势阶跃到任意电势 E 的阶跃实验，从 Fick 定律出发，推导电流-时间曲线。分析相应暂态取样实验的电流-电势曲线形状，半波电势 $E_{1/2}$ 的值是多少？它与浓度有关吗？

6.6 推导下列四种情况的 Tomeš 判据。(a) 可逆暂态取样伏安；(b) 完全不可逆阴极还原暂态取样伏安；(c) 完全不可逆阳极氧化暂态取样伏安；(d) 完全不可逆阴极还原稳态伏安。

6.7 从式(6.5.1)～式(6.5.12) 推导式(6.5.14) 和式(6.5.15)。

6.8 用图 6.6.4 的数据，计算 Cd^{2+} 还原为汞齐反应的 k_f。

6.9 设计一个计时电量实验，用于测定 Tl 在汞中的扩散系数。

6.10 使用图 6.6.1～图 6.6.3 的数据，计算 DCB 的扩散系数。分析说明图 6.6.3 的两条直线的斜率在多大程度上偏离完全稳定可逆体系的预期特征。这些数据是非水溶剂平面电极上的典型数据。对于图 6.6.3 中斜率和截距大小的略微不相等，提供至少两种可能的解释。

6.11 G. Denault 等[11] [6.1.4(3) 节] 提出，把超微电极在短时间得到的扩散控制的暂态电流 $i_d(t)$ 以稳态电流 $i_{d,c}^{ss}$ 归一化，不需要电极反应的电子数 n、反应物本体浓度 C^*，就可以求出扩散系数 D。

(a) 为什么这个方法不适用于大电极？

(b) 用半径 13.1μm 的微圆盘电极，使用可插入工作电极和参比电极的高分子水凝胶，凝胶中含有远超 $Ru(NH_3)_6^{3+}$ 量的 KNO_3，$Ru(NH_3)_6^{3+}$ 单电子还原反应的 $i_d(t)/i_{d,c}^{ss}$ 对 $t^{-1/2}$ 关系直线的斜率是 $0.427\text{s}^{1/2}$，截距是 0.780，计算扩散系数 D。

(c) 若实验 (b) 得到 $i_{d,c}^{ss}=6.3$nA，那么凝胶中 $Ru(NH_3)_6^{3+}$ 的浓度是多少？

6.12 假设一个如图 5.2.1 所示的球形金 UME，对 pH 7.4 的 0.09mol/L 磷酸盐缓冲液中的 5mmol/L $Ru(NH_3)_6^{3+}$，做 SSV 和 STV 实验得到单电子还原波。其中 $D_O=5.3\times10^{-6}\text{cm}^2/\text{s}$（附录表 C.4）。

(a) 设计一种方法，在常规脉冲伏安模式下，用 SSV 和 STV 的极限电流，求 r_0 和 A。

(b) 该体系 SSV 的极限电流为 16.5nA，STV 的极限电流为 402nA。STV 的采样时间为 5ms。求 r_0。

(c) 确定 A 和总球形面积的屏蔽分数。

(d) (b) 中 STV 实验的扩散层厚度是多少？半无限线性扩散适用于该实验吗？

6.13 使用 $r_0=1\mu m$ 的圆盘 UME，在 Cottrell 条件下进行 200ns 电势阶跃实验。在电活性物质浓度为 1mmol/L 的水溶液中，$D=1\times10^{-5}cm^2/s$，电解池时间常数为 10ns。实验在 Cottrell 条件下进行。

(a) 假设 $t=0$ 时，E_{appl} 在小于 R_uC_d 的时间内上升到阶跃值，最早什么时候可以精确记录法拉第暂态数据？

(b) 此阶跃结束时对应的扩散层厚度是多少？

(c) 基于 (b) 的结果，证明在半径为 $1\mu m$ 的电极上可以使用用于平面扩散的 Cottrell 方程。

(d) 在 $t=0$ 时，从工作电极表面延伸出一个扩散层厚度的溶液体积中有多少溶质分子？

(e) 假设电活性物质以单分子层形式存在，其中每个分子占据 $0.8nm\times1.2nm$ 的面积。$t=0$ 时，电极上有多少分子？

第 7 章　线性扫描与循环伏安法

现在转向采用电势扫描来产生暂态响应。尽管第 5 章已使用了电势扫描记录稳态伏安图，但总是小心翼翼地以小的扫描速度保证稳态条件（5.1.3 节）。本章中，考虑更快的扫描。对常规小电极（例如 r_0 在 0.1mm 和 10mm 之间的圆盘电极），扫描速度可在 10mV/s 到大约 1000V/s 的范围内。超微电极上扫描速度可能超过 10^6 V/s。在扫描实验中，人们通常记录电流作为电势的函数，这等价于相对于时间记录电流。该方法的正式名称是线性电势扫描计时电流法（linear potential sweep chronoamperometry），但大多数人称为线性扫描伏安法（linear sweep voltammetry，LSV）❶。相应的正反向扫描实验是循环伏安法（cyclic voltammetry，CV），这是一种强大的诊断型方法，也许是所有电化学技术中应用最广泛的方法。

7.1　电势扫描的暂态响应

原则上，可以通过一系列不同电势阶跃获得一个体系的完整电化学行为，正如第 6 章所述的一系列 i-t 曲线，把结果可以绘制成如图 7.1.1(a) 所示的 i-t-E 三维曲面。但是，为了获得清晰准确的三维分辨，需要很小的电势阶跃间隔（如小至 1mV），实验数据的积累和分析不但耗时繁琐，而且从 i-t 曲线也不易观察识别不同物种。如果通过随时间扫描电势并直接记录 i-E 曲线，就可以在单个实验中更有效地获得信息。从概念上讲，这种获得 i-E 曲线的方法相当于对三维 i-t-E 域进行剖切 [图 7.1.1(b)]。

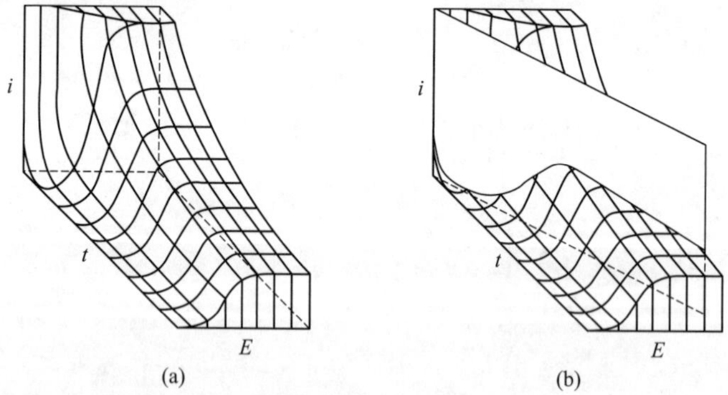

图 7.1.1　(a) Nernst 反应的部分 i-t-E 曲面，电势坐标以 $60/n$mV 为单位；(b) 剖切曲面的线性电势扫描（引自 Reinmuth[1]）

人们可以很容易地掌握这种瞬态响应的要点。作为一个具体的例子，对 6.1 节讨论过的蒽（An）那样的体系，溶液是含有蒽与支持电解质的质子惰性溶剂（如乙腈），在实验前被搅拌均

❶ 该方法也曾称为静止电极极谱法。但遵循推荐的名词，仍保留术语极谱用于可更新汞电极上的暂态取样极谱法（第 8 章）。

匀，但在电势扫描过程中是静止的。图 7.1.2(a) 显示了电势随时间的变化，图 7.1.2(b) 解释了电流-电压响应。扫描开始时，初始电势 E_i 远正于电势 $E^{0'}$，还原 An 向其阴离子自由基 $An^{\overline{\cdot}}$ 变化。最初阶段只有充电电流［1.6.4(2)节］流过，但当电势达到 $E^{0'}$ 附近时，还原开始，有法拉第电流流过。随电势稳步越来越负，An 表面浓度必然降低，流向电极表面的流量增加，电流也增加。当电势越过 $E^{0'}$，表面的 An 浓度下降到基本接近零。向表面的物质传递速率达到最大，然后随电极附近 An 的贫化耗尽效应逐渐增强而电流降低，于是观察到如图 7.1.2(b) 所示的峰状电流-电势曲线。在该处，电极附近的浓度分布如图 7.1.2(c) 所示。

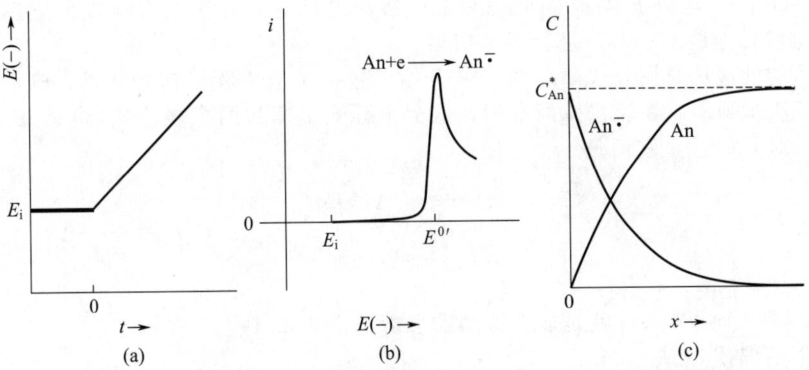

图 7.1.2 (a) 从 E_i 开始的线性电势扫描；(b) 对应的 i-E 关系曲线；(c) 超越峰电势后反应物 An 和产物 $An^{\overline{\cdot}}$ 的浓度分布

如果此时电势扫描反向如图 7.1.3(a) 所示，电极附近有高浓度的蒽阴离子自由基。随着电势重新接近 $E^{0'}$、进而越过 $E^{0'}$，表面的电化学平衡将逐步向有利于生成中性蒽的方向移动。因此，蒽阴离子自由基重新被氧化，有阳极氧化电流流过。基于同样的原因，反向暂态电流和正向电流峰形状相似［图 7.1.3(b)］。

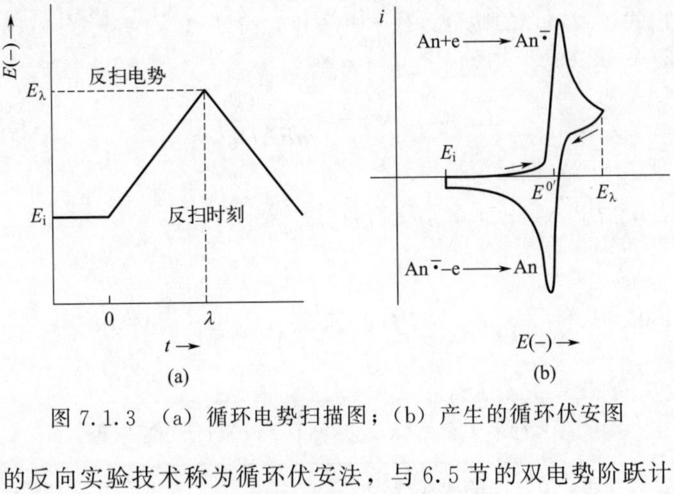

图 7.1.3 (a) 循环电势扫描图；(b) 产生的循环伏安图

这种电势扫描的反向实验技术称为循环伏安法，与 6.5 节的双电势阶跃计时电流法类似。循环伏安法广泛应用于电极反应的表征和机理诊断（第 13 章）。

下面在 7.2～7.4 节，将发展可逆、准可逆和完全不可逆电极反应动力学的 LSV 和 CV 理论，提供一种分析方法，来直接显示各种不同实验变量特别是扫描速度和浓度如何影响电流。然而，4.5.4(2) 节和附录 B 的模型数字模拟可通用于计算伏安图，特别是整个电极过程包含有多步电子转移或耦合均相反应的复杂情况（第 13 章）。

7.2　能斯特（可逆）体系

现在讨论半无限扩散条件下的反应 $O+ne \rightleftharpoons R$，初始溶液只含物种 O 和支持电解质。电极动力学很快，因而物种 O 和 R 的表面浓度及工作电极电势关系总是处于能斯特平衡：

$$\frac{C_O(0,t)}{C_R(0,t)}=\exp\{nf[E(t)-E^{0'}]\}=\theta(t) \tag{7.2.1}$$

式中，$f=F/(RT)$，电势 E 与时间明确相关。最初电极电势处于没有电极反应发生的 E_i，从 $t=0$ 时起，电势以速度 v(V/s) 进行线性扫描。

对该体系的处理从通用公式(4.5.2 节）开始，包括扩散方程、初始条件、O 和 R 的半无限扩散条件以及流量平衡。在拉普拉斯空间，这七个等式凝练为两个表达式(附录 A.1.6) 作为进一步的起点，对 $C_R^*=0$，它们是

$$\overline{C}_O(x,s)=\frac{C_O^*}{s}+A(s)e^{-(s/D_O)^{1/2}x} \tag{7.2.2}$$

$$\overline{C}_R(x,s)=-\xi A(s)e^{-(s/D_R)^{1/2}x} \tag{7.2.3}$$

式中，$A(s)$ 与 x 无关；$\xi=(D_O/D_R)^{1/2}$。

这里还需要一个边界条件就是能斯特型的平衡［式(7.2.1)］。

7.2.1　线性扫描伏安法

Randles[2] 和 Ševčík[3] 最早成功地分析了 LSV，这里按照后来 Nicholson 和 Shain 所发展的方法与符号进行处理[4]。

(1) 传质问题的解

从式(7.2.2) 和式 (7.2.3) 出发，不需要最后一个边界条件式(7.2.1)，从式(4.4.21) 得到电流的 Laplace 变换，写作

$$\overline{i}(s)=nFAD_O\left[\frac{\partial\overline{C}_O(x,s)}{\partial x}\right]_{x=0} \tag{7.2.4}$$

用式(7.2.2) 可导出式(7.2.4) 的微分，代入并重排，得到 $A(s)=-\overline{i}(s)/(nFAD_O^{1/2}s^{1/2})$，这样对于 $x=0$，式(7.2.2) 变为

$$\overline{C}_O(0,s)=\frac{C_O^*}{s}-\frac{\overline{i}(s)}{nFAD_O^{1/2}s^{1/2}} \tag{7.2.5}$$

运用卷积定理（附录 A.1.3）做反变换得到❷

$$C_O(0,t)=C_O^*-[nFA(\pi D_O)^{1/2}]^{-1}\int_0^t i(\tau)(t-\tau)^{-1/2}d\tau \tag{7.2.6}$$

引入

$$f(\tau)=\frac{i(\tau)}{nFA} \tag{7.2.7}$$

式(7.2.6) 成为

$$\boxed{C_O(0,t)=C_O^*-(\pi D_O)^{-1/2}\int_0^t f(\tau)(t-\tau)^{-1/2}d\tau} \tag{7.2.8}$$

从式(7.2.3) 可得到对于 $C_R(0,t)$ 的类似表达式

$$\boxed{C_R(0,t)=(\pi D_R)^{-1/2}\int_0^t f(\tau)(t-\tau)^{-1/2}d\tau} \tag{7.2.9}$$

式(7.2.8) 和式(7.2.9) 的推导从通用公式直接得到，不涉及电极动力学和或实验技术的任何假设，因此是通用的，适用于任何涉及稳定可溶 O 和 R、半无限线性扩散、$C_R^*=0$ 的体系。

---

❷　式(7.2.6) 中 τ 不是具体时间，只是个虚拟变量，求出定积分后就消去了。

现在结合时间依赖的电势条件式

$$E(t)=E_i-vt \qquad (t>0) \tag{7.2.10}$$

因此，最后一个边界条件式(7.2.1) 可重新写为

$$\frac{C_O(0,t)}{C_R(0,t)}=\theta_i\exp(-\sigma t)=\theta_i S(t) \tag{7.2.11}$$

式中，$\theta_i=e^{nf(E_i-E^{0'})}$，$S(t)=e^{-\sigma t}$，$\sigma=nfv$。

在第6章阶跃实验的处理中，能够在拉普拉斯空间求解，获得电流变换 $\bar{i}(s)$ 的简单明确表达式，然后反变换得到 i-t 响应。在那些情况下，最后一个边界条件是 $C_O(0,t)=\theta C_R(0,t)$，因为 θ 与时间无关，它可以很容易地转换为 $\bar{C}_O(0,s)=\theta\bar{C}_R(0,s)$，从拉普拉斯积分中分解。在扫描的处理上就没那么幸运了，这里 θ 依赖于时间，必须在不转换到拉普拉斯空间下使用最后一个边界条件。

把表面浓度式(7.2.11) 代入式(7.2.8) 和式(7.2.9) 得到

$$\int_0^t f(\tau)(t-\tau)^{-1/2}d\tau=\frac{C_O^*}{\theta_i S(t)(\pi D_R)^{-1/2}+(\pi D_O)^{-1/2}} \tag{7.2.12}$$

$$\int_0^t i(\tau)(t-\tau)^{-1/2}d\tau=\frac{nFA\pi^{1/2}D_O^{1/2}C_O^*}{\theta_i S(t)\xi+1} \tag{7.2.13}$$

最后关系式是一个积分方程，它的解是函数 $i(t)$，就是想得到的 i-t 曲线（或者 i-E 曲线，因为电势随时间的变化是线性的）。由于得不到解析解，必须使用数值方法求解。在数值法求解之前，对方程先做两点变化是值得的：①由于通常数据表示为 i-E 曲线，故把电流从时间的函数 $i(t)$ 转换为电势的函数 $i(E)$；②将方程改写为无量纲形式，这样得到的单一数值解就可应用于各种实验条件的组合。

首先做代换

$$\sigma t=nfvt=nf(E_i-E) \tag{7.2.14}$$

令 $f(\tau)=g(\sigma\tau)$，$z=\sigma\tau$，于是 $\tau=z/\sigma$，$d\tau=dz/\sigma$，在 $\tau=0$ 时 $z=0$，$\tau=t$ 时 $z=\sigma t$，于是得到

$$\int_0^t f(\tau)(t-\tau)^{-1/2}d\tau=\int_0^{\sigma t}g(z)\left(t-\frac{z}{\sigma}\right)^{-1/2}\frac{dz}{\sigma} \tag{7.2.15}$$

这样式(7.2.13) 就可写为

$$\int_0^{\sigma t}g(z)(\sigma t-z)^{-1/2}\sigma^{-1/2}dz=\frac{C_O^*(\pi D_O)^{1/2}}{1+\xi\theta_i S(\sigma t)} \tag{7.2.16}$$

最后除以 $C_O^*(\pi D_O)^{1/2}$，得到

$$\int_0^{\sigma t}\frac{\chi(z)dz}{(\sigma t-z)^{1/2}}=\frac{1}{1+\xi\theta_i S(\sigma t)} \tag{7.2.17}$$

式中

$$\boxed{\chi(\sigma t)=\frac{g(z)}{C_O^*(\pi D_O\sigma)^{1/2}}=\frac{i(\sigma t)}{nFAC_O^*(\pi D_O\sigma)^{1/2}}} \tag{7.2.18}$$

式(7.2.17) 就是所期望的以无量纲变量 $\chi(z)$、ξ、θ、$S(\sigma t)$ 和 σt 重新表示的方程。$S(\sigma t)$ 是电势 E 的函数，对任意 $S(\sigma t)$ 值，用式(7.2.17) 可解出 $\chi(\sigma t)$，进而重排式(7.2.18) 求出电流

$$\boxed{i=nFAC_O^*(\pi D_O\sigma)^{1/2}\chi(\sigma t)} \tag{7.2.19}$$

对于 σt 的任何值，$\chi(\sigma t)$ 是一纯数，这样式(7.2.19) 就明确给出 LSV 曲线上任一点的电流和实验变量 n、A、D_O、C_O^* 和 v 间的函数关系。注意到电流 i 正比于 C_O^* 和 $v^{1/2}$。

式(7.2.17) 可用数值方法求出[4]，可采用级数解[3,5]，解析积分必须通过数值求解[6-7] 以及其他相关方法[8-9]。通用结果作为 σt 或 $n(E-E_{1/2})$ 的函数❸，用一组 $\chi(\sigma t)$ 或 $\pi^{1/2}\chi(\sigma t)$ 的值表示（图 7.2.1 和表 7.2.1）。

---

❸ 注意 $\ln[\xi\theta_i S(\sigma t)]=nf(E-E_{1/2})$，$E_{1/2}\equiv E^{0'}+[RT/(nF)]\ln(D_R/D_O)^{1/2}$。

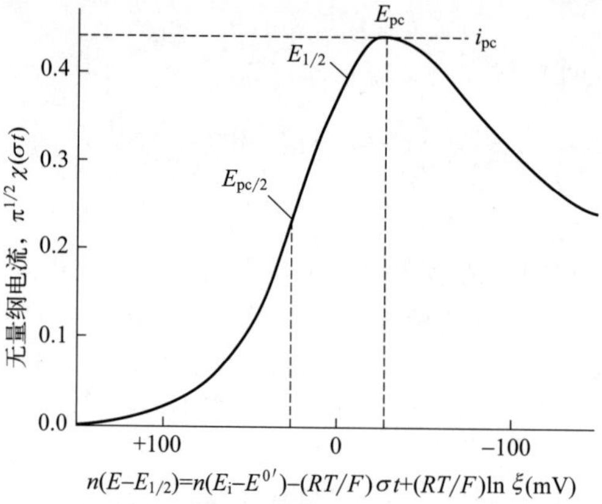

图 7.2.1 无量纲电流表示的线性电势扫描伏安图

电势坐标值在 25℃下得到

表 7.2.1 可逆电荷转移的电流函数[4]①②

$nf(E-E_{1/2})$	$n(E-E_{1/2})$③	$\pi^{1/2}\chi(\sigma t)$	$\phi(\sigma t)$	$nf(E-E_{1/2})$	$n(E-E_{1/2})$③	$\pi^{1/2}\chi(\sigma t)$	$\phi(\sigma t)$
4.67	120	0.009	0.008	−0.19	−5	0.400	0.548
3.89	100	0.020	0.019	−0.39	−10	0.418	0.596
3.11	80	0.042	0.041	−0.58	−15	0.432	0.641
2.34	60	0.084	0.087	−0.78	−20	0.441	0.685
1.95	50	0.117	0.124	−0.97	−25	0.445	0.725
1.75	45	0.138	0.146	−1.109	−28.50	0.4463	0.7516
1.56	40	0.160	0.173	−1.17	−30	0.446	0.763
1.36	35	0.185	0.208	−1.36	−35	0.443	0.796
1.17	30	0.211	0.236	−1.56	−40	0.438	0.826
0.97	25	0.240	0.273	−1.95	−50	0.421	0.875
0.78	20	0.269	0.314	−2.34	−60	0.399	0.912
0.58	15	0.298	0.357	−3.11	−80	0.353	0.957
0.39	10	0.328	0.403	−3.89	−100	0.312	0.980
0.19	5	0.355	0.451	−4.67	−120	0.280	0.991
0.00	0	0.380	0.499	−5.84	−150	0.245	0.997

① 电流计算

a. $i=i$(平板)$+i$(球形校正)。

b. $i=nFAD_O^{1/2}C_O^*\sigma^{1/2}\pi^{1/2}\chi(\sigma t)+nFAD_OC_O^*(1/r_0)\phi(\sigma t)$。

c. $i=(6.02\times10^5)n^{3/2}AD_O^{1/2}C_O^*v^{1/2}\pi^{1/2}\chi(\sigma t)+(9.65\times10^4)nAD_OC_O^*\phi(\sigma t)/r_0$，电流以安培为单位，25℃。式中 A 单位 cm^2，D_O 单位 cm^2/s，C_O^* 单位 mol/cm^3，v 单位 V/s，r_0 单位 cm。

② $E_{1/2}=E^{0'}+[RT/(nF)]\ln(D_R/D_O)^{1/2}$。

③ mV，25℃。

(2) 峰电流和电势

在其最大值，$\pi^{1/2}\chi(\sigma t)=0.4463$。对应从式(7.2.19) 得到阴极还原峰电流 i_{pc}，由 Randles-Ševčík 方程给出

$$i_{pc}=0.4463\left(\frac{F^3}{RT}\right)^{1/2}n^{3/2}AD_O^{1/2}C_O^*v^{1/2} \tag{7.2.20}$$

在25℃时

$$\boxed{i_{pc}=(2.69\times10^5)n^{3/2}AD_O^{1/2}C_O^*v^{1/2}} \tag{7.2.21}$$

式中，i_{pc} 单位是安培除以面积，A/cm^2；D_O 单位 cm^2/s；C_O^* 单位 mol/cm^3；v 单位 V/s。

对应阴极还原电流峰电势 E_{pc}（见表7.2.1）是

$$\boxed{E_{pc}=E_{1/2}-1.109\frac{RT}{nF}=E_{1/2}-\frac{28.5}{n}\text{mV}\quad 25℃} \tag{7.2.22}$$

有时使用 $i=i_{pc}/2$ 处的半峰高电势（half-peak potential）会方便些，

$$\boxed{E_{pc/2}=E_{1/2}+1.09\frac{RT}{nF}=E_{1/2}+\frac{28.0}{n}\text{mV}\quad 25℃} \tag{7.2.23}$$

注意 $E_{1/2}$ 大约位于 E_{pc} 和 $E_{pc/2}$ 中间。Nernst波的一个方便判据是

$$\boxed{|E_{pc}-E_{pc/2}|=2.20\frac{RT}{nF}=\frac{56.5}{n}\text{mV}\quad 25℃} \tag{7.2.24}$$

对可逆动力学，E_{pc} 与扫描速度无关，而 i_{pc} 及任一点的电流则正比于 $v^{1/2}$。后一性质表示扩散控制，类似于计时电流法中 $i_{d,c}(t)$ 与 $t^{-1/2}$ 的关系。在LSV方法中，一个方便的常数是依赖于 $n^{3/2}$ 和 $D_O^{1/2}$ 的 $i_{pc}/v^{1/2}C_O^*$（有时称为电流函数）。例如，对于可逆电极反应，已知 D_O 时电流函数可用于估算电极反应的电子数 n。D_O 可以从其他分子大小类似物质的已知 n 值的LSV（进行的是可逆电极反应）中得到。

现在来分析O还原为R的LSV的基本特征，R氧化为O也类似。在每种情况下：

① 按电势扫描顺序，E_p 在 $E_{1/2}$ 之后出现，25℃下，阴极波 E_p 比 $E_{1/2}$ 更负 $28.5/n$mV、阳极波 E_p 比 $E_{1/2}$ 更正 $28.5/n$mV。

② $E_{p/2}$ 在 $E_{1/2}$ 之前出现，25℃下，阴极波的 $E_{p/2}$ 比 $E_{1/2}$ 更正 $28.0/n$mV、阳极波峰 E_p 比 $E_{1/2}$ 更负 $28.0/n$mV。

③ $E_{1/2}$ 非常接近 E_p 与 $E_{p/2}$ 的平均值。

④ i_p 由式(7.2.21)给出，阳极峰用负号。

(3) 球形电极和超微电极

对球形电极（如悬汞电极）的LSV，可做类似处理[5]。产生的电流为

$$i=i(\text{平板})+\frac{nFAD_OC_O^*\phi(\sigma t)}{r_0} \tag{7.2.25}$$

式中，r_0 为电极半径；$\phi(\sigma t)$ 为表7.2.1中的函数。对常规尺寸的电极，扫速较高时，式中的 i（平板）项远大于球形修正项，可看作平板电极处理（即半无限线性扩散适用）。

在快速扫描时，半球形电极和超微电极也可认为扩散是线性的。但是对于超微电极，在慢速扫描时第二项占主导，从式(7.2.25)可导出其条件为

$$v\ll RTD/(nFr_0^2) \tag{7.2.26}$$

此时伏安曲线表现为与扫描速度无关的稳态响应，如第5章讨论的SSV波形❹。若 $r_0=5\mu m$，$n=1$，$D=10^{-5}cm^2/s$，$T=298K$，式(7.2.26)的右边是1000mV/s，这样扫描速度在100mV/s以下时可以记录准确的稳态电流。右边项与半径的平方成反比，所以要获得较大电极的稳态行为是不现实的。相反，对非常小的超微电极，需要很高的扫速才能观察到非稳态行为。例如对半径 $0.5\mu m$ 的圆盘超微电极，使用上述 n、D、T，即使10V/s仍可获得稳态行为。

快速扫速下线性扩散的峰状伏安行为和慢速扫描下的稳态伏安行为示于图7.2.2。在低扫描速度时，伏安曲线是稳态伏安图，参考5.3.1节的处理。超微电极总是用于研究这些极限情况，即大 $v^{1/2}/r_0$ 时的线性行为和小 $v^{1/2}/r_0$ 时的稳态行为。中间区间的数学处理很复杂，很难获得有

---

❹ 式(7.2.26)也包含了扩散长度和电极半径的效果比较［6.1.2(3)节讨论过］。扩散长度 $[D_O/(nfv)]^{1/2}$ 对应时间 $1/(nfv)$，这个时间是沿电势坐标扫过 kT/n 能量（25℃时是 $25.7/n$meV）所需的时间，常被称作LSV或CV方法的特征时间（13.2.2节）。

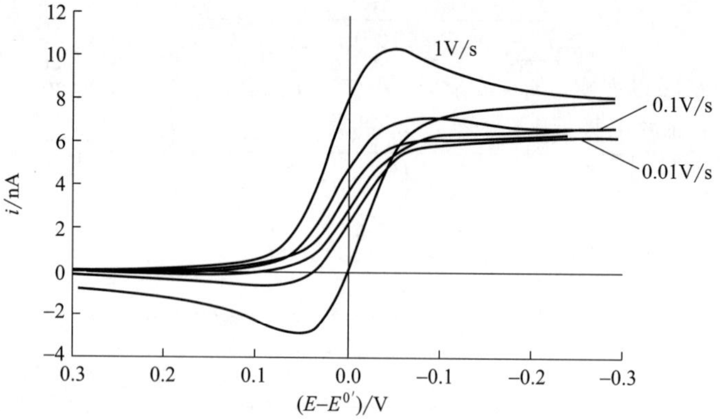

图 7.2.2　10μm 半球形超微电极上扫速对于循环伏安图的影响

用以下条件模拟 Nernst 反应：$n=1$，$E^{0'}=0.0\text{V}$，$D_O=D_R=10^{-5}\text{cm}^2/\text{s}$，$C_O^*=1.0\text{mmol/L}$，$T=25℃$。扫速为 1V/s 时，前向 LSV 响应开始时表现出线性扩散的峰形，但是较小的峰电流比值 i_{pa}/i_{pc} 和扫描反向位置的高电流，表明稳态行为仍然占主导

用信息。

(4) 双电层电容的影响

如 1.6.4(4) 节所述，电势扫描实验中电势是连续不断变化的，充电电流 i_c 总存在。在大多数扫描中，它是❺

$$i_c=\pm AC_d v \qquad (\text{负扫为}+,\text{正扫为}-) \tag{7.2.27}$$

所以必须用充电电流作基线来测量法拉第电流（图 7.2.3）。

对线性扩散，i_p 与 $v^{1/2}$ 成正比，而 i_c 与 v 成正比，所以在高速扫描下，i_c 更显著。从式(7.2.21) 和式(7.2.27) 得到

$$\left|\frac{i_c}{i_p}\right|=\frac{C_d v^{1/2}\times 10^{-5}}{2.69n^{3/2}D_O^{1/2}C_O^*} \tag{7.2.28}$$

或者对于 $D_O\approx 10^{-5}\text{cm}^2/\text{s}$，$C_d\approx 20\mu\text{F/cm}^2$

$$\left|\frac{i_c}{i_p}\right|\approx\frac{(2.4\times 10^{-8})v^{1/2}}{n^{3/2}C_O^*} \tag{7.2.29}$$

在高 v、低 C_O^* 时，LSV 的法拉第电流组分与背景充电电流相比变得小了，该影响常常限定了可用的最大扫速和可用浓度的下限。

(5) 未补偿电阻的影响

恒电势仪实际上控制的是 $E_{appl}=E-iR_u$，而不是真正的工作电极电势 E [1.5.4 节，1.6.4(4) 节和 16.7.1 节]。由于电流作为峰电流记录的，控制电势的误差相应也不断变化。若 i_pR_u 和测量精度相当，扫描就不会是真正线性的，也不再满足式(7.2.10) 设定。

R_u 的实际影响是使波形变平坦，电流峰向更远电势移动。因为电流随 $v^{1/2}$ 增加，因而扫速越高，E_p 偏移越大，所以大的 R_u 使 E_p 成为扫速的函数。随扫速增大，还原峰负移，氧化峰正移。从现象上看，未补偿电阻模拟了准可逆异相动力学产生的 E_p 偏移（7.3 节）。

(6) 充电电流的修正

已提出了 LSV 中充电电流的一种校正步骤[10-11]。使用没有电活性物质的空白实验的充电电流 i_c^b 为

$$i_c^b=-C_d^b(\mathrm{d}E/\mathrm{d}t) \tag{7.2.30}$$

式中，C_d^b 是空白体系的双电层电容，μF；E 是相对参比的实际电势。对于负向扫描，

---

❺ 见式(1.6.23)。电化学文献中，通常把扫描速度作为无符号量，充电电流的符号则依赖于扫描方向。对负扫，把充电电流看作是阴极的；对正扫，把充电电流看作是阳极的。

$$E=E_{appl}+i_c^b R_u=E_i-vt+i_c^b R_u \quad (7.2.31)$$

因此，在任何给定的 E 值下，

$$C_d^b=\frac{i_c^b}{v-R_u(di_c^b/dt)} \quad (7.2.32)$$

如果 R_u 已知［例如用 16.7.3(1) 节中讨论的方法之一获得］，测量 i_c^b 和 di_c^b/dt 可确定 C_d^b 为 E 的函数。

当溶液中加入物质 O 时，总电流为

$$i=i_f+i_c \quad (7.2.33)$$

其中，i_f 是法拉第分量。因为 i_f 会导致 dE/dt 在测试溶液的电势范围和空白溶液的不同。一般来说，充电电流 i_c 与背景电流 i_c^b 不同。但测试溶液的界面电容 C_d 仍是由下式给出的

$$i_c=-C_d(dE/dt) \quad (7.2.34)$$

对于

$$E=E_i-vt+iR_u \quad (7.2.35)$$

于是有

$$i_f=i-C_d v+C_d R_u\frac{di}{dt} \quad (7.2.36)$$

如果假设 C_d 与空白溶液背景的相同（即所有电势下 $C_d=C_d^b$），则式(7.2.36) 提供了 i_f 相对于 E 的关系。

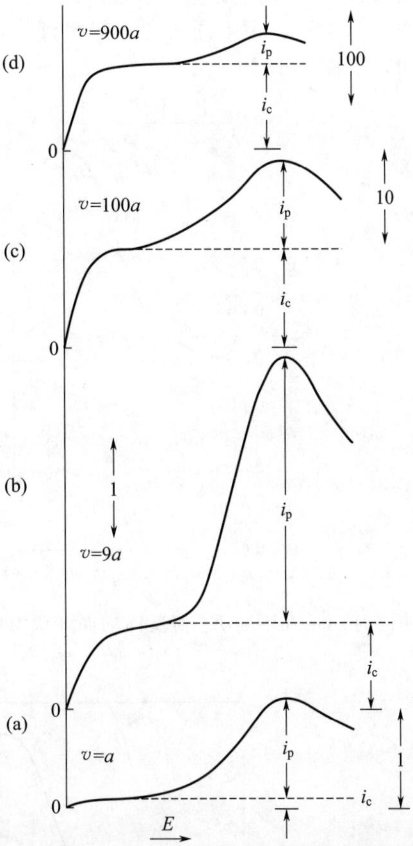

图 7.2.3　不同扫速下 LSV，双电层充电的影响

假设 C_d 与 E 无关。显示了充电电流 i_c 与法拉第峰电流 i_p 的值。(c) 和 (d) 中电流标度分别是 (a) 和 (b) 中的 10 倍和 100 倍

该方法适用于稀溶液、无吸附、物种自由扩散的 LSV 和 CV。然而，实验溶液有空白溶液没有的成分引起电极表面的任何变化将使 $C_d=C_d^b$ 的假设失效。许多能吸附在电极上的电化学反应物、中间体或产物，都会导致 C_d 与空白溶液相比的很大变化。

7.2.2　循环伏安法

在某一时间 $t=\lambda$（或在换向电势 E_λ，switching potential），改变扫描方向，就可以进行线性扫描伏安的反向实验——CV。这样，任一时间的电势可表示为

$$E=E_i-vt \qquad (0<t\leqslant\lambda) \quad (7.2.37)$$

$$E=E_i-2v\lambda+vt \qquad (t>\lambda) \quad (7.2.38)$$

在反向时，使用与正向不同的扫描速度是可能的[12]，但很少这样做。这里仅讨论对称的三角波。向前扫描就是前面 7.2.1 节已分析的 LSV。这里只需分析反向扫描。

(1) 理论

应用式(7.2.38) 到表面浓度的能斯特平衡方程式(7.2.1)，对于 $t>\lambda$，也一样得到式(7.2.11)，只是其中的 $S(t)$ 现在由下式给出

$$S(t)=e^{\sigma t-2\sigma\lambda} \qquad (t>\lambda) \quad (7.2.39)$$

在 7.2.1(1) 节中，我们已分析 $C_R^*=0$ 和 O 还原到 R 的向前扫描。现在处理正向扫描的反向过程，方法与 7.2.1(1) 节的类似。反向扫描曲线形状取决于换向电势 E_λ，或者说取决于反向前的扫描越过阴极峰多远。只要 E_λ 越过阴极峰不少于 $35/n$ mV❻，反向峰就都有同样的形状，反向

---

❻ 该条件基于如下假设：恒电势仪的响应是理想的，R_u 的影响可忽略（见 16.7 节）。非理想的实际情况中，E_λ 与峰电势的距离要更远一些。

曲线形状和正向 i-E 曲线基本相似，只是以阴极曲线的下降电流为基线，绘制在电流坐标的另一方向。图 7.2.4 示出用不同换向电势得到的典型 i-t 曲线，这是基于时间的记录。更常用的是记录 i-E 曲线（图 7.2.5）。

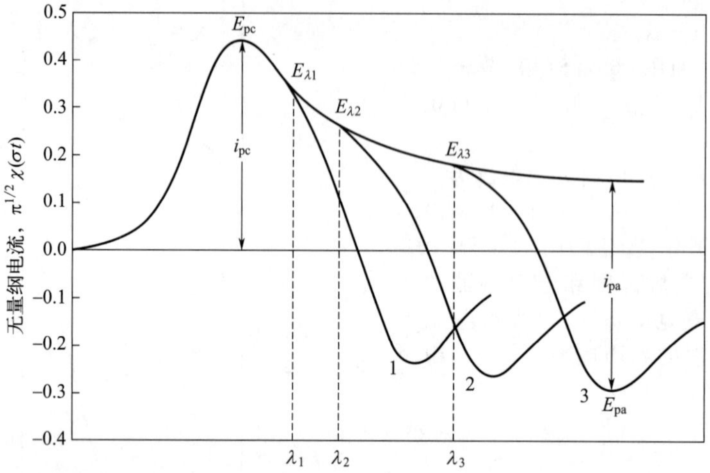

图 7.2.4　在不同 E_λ 值反向的循环伏安图，基于时间坐标表示（注意与时间对应的电势）

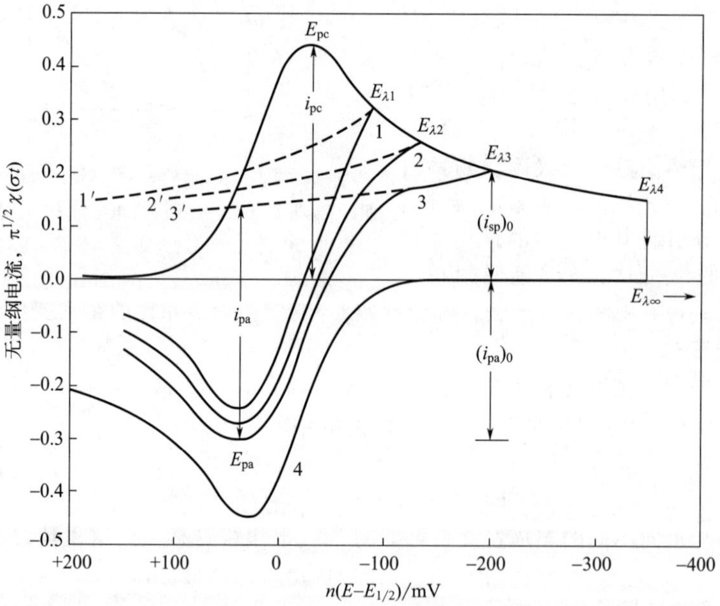

图 7.2.5　与图 7.2.4 相同的循环伏安图，但基于电势坐标表示的 i-E 曲线

E_λ 分别为 1—$E_{1/2}-90/n$；2—$E_{1/2}-130/n$；3—$E_{1/2}-200/n$ mV；4—电势保持在 $E_{\lambda 4}$ 直到阴极电流衰退到 0［曲线 4 是阴极 i-E 曲线对电势轴和过 $n(E-E_{1/2})=0$ 点垂线的镜像。曲线 1、2、3 用曲线 4 叠加阴极 i-E 曲线的衰减电流曲线 1′、2′、3′得到］

循环伏安法的两个有用的参数是峰电流比 $|i_{pa}/i_{pc}|$ 和峰电势差 $E_{pa}-E_{pc}$。

(2) 峰电流比

对稳定可溶产物（即 $O+ne \rightleftharpoons R$）的 Nernst 波，$i_{pa}$ 以阴极衰减电流为基线测量（图 7.2.4 和图 7.2.5），峰电流比 $|i_{pa}/i_{pc}|=1$，且与扫描速度 v，扩散系数 D_O、D_R，E_λ 无关（只要 $|E_\lambda-E_{pc}|>35/n$ mV）。

如果阴极扫描停止，让电流衰减到0（图7.2.5曲线4），得到的i-t曲线与阴极曲线形状完全相同，只是画在i坐标和E坐标的相反方向。允许阴极电流衰减到0，可以产生厚的扩散层，意味着扩散层中O完全贫化耗尽，而R则富集到接近C_O^*的浓度，这样阳极扫描实际上与只含R溶液的阳极LSV扫描结果相同。

比值$|i_{pa}/i_{pc}|$偏离1，预示着电极过程中涉及复杂机理[13]，详细分析见第13章。

Nicholson[14] 建议，该比值可由如下的方法计算：(a) 未校正阳极峰电流$(i_{pa})_0$（图7.2.5曲线3），可相对于零电流基线来测量❼；(b) E_λ处的电流$(i_{sp})_0$：

$$\boxed{\left|\frac{i_{pa}}{i_{pc}}\right| = \left|\frac{(i_{pa})_0}{i_{pc}}\right| + \frac{0.485(i_{sp})_0}{i_{pc}} + 0.086} \tag{7.2.40}$$

(3) 峰电势差

峰电势差$E_{pa}-E_{pc}$常表示为ΔE_p，它是Nernst反应的有用判据。虽然ΔE_p与E_λ略微相关（表7.2.2），但一般总是接近$2.303RT/(nF)$（25℃时是$59.1/n$mV）。连续循环实验时，会达到稳定响应，25℃时$\Delta E_p=58/n$mV[6]。

(4) 估计$E_{1/2}$

对可逆体系，E_{pa}和E_{pc}的平均值非常接近$E_{1/2}$。当$i_{pc}R_u$和$i_{pa}R_u$很小或R_u已补偿抵消时，未补偿电阻可忽略，对于表7.2.2中给出的任何换向条件，换向电势的误差只有一种且一般小于$1.8/n$mV。

(5) 未补偿电阻的影响

当iR_u显著时，式(7.2.37)和式(7.2.38)不能精确描述电势扫描，实际扫描是工作电极和参比电极的电势差E_{appl}在线性变化。由于$E=E_{appl}+iR_u$（1.5.4节），CV的真实扫描条件是

$$E=E_i-vt+iR_u \quad (0<t\leqslant\lambda) \tag{7.2.41}$$

$$E=E_i-2v\lambda+vt+iR_u \quad (t>\lambda) \tag{7.2.42}$$

表7.2.2　25℃时Nernst体系，ΔE_p随E_λ的变化[4]

$n(E_{pc}-E_\lambda)$/mV	71.5	121.5	171.5	271.5	∞
$n(E_{pa}-E_{pc})$/mV	60.5	59.2	58.3	57.8	57.0

注：基于Nicholson和Shain[4]。

由于电流不断变化，iR_u影响电势扫描线性程度和LSV或CV的理论分析。

如7.2.1(5)节所述，未补偿电阻的影响导致还原峰负移，氧化峰正移。结果随R_u和扫速v增大，CV峰的峰电势差ΔE_p变大。如果和没有未补偿电阻的峰电势差ΔE_p^0相比iR_u较小，R_u的影响近似使得峰电势差为$\Delta E_p^0+2i_pR_u$。对25℃可逆体系，大约是$60/n$mV$+2i_pR_u$。当iR_u和ΔE_p^0相当时，未补偿电阻的影响更加严重，已经不能再当作线性扰动处理。那么基于模拟计算比较理论和实验是必要的。

(6) 充电电流背景

在实际循环伏安图中，法拉第响应通常叠加在近似为常数的充电电流上。7.2.1(4)节已经讨论过向前扫描的情况。对反向扫描，dE/dt只是符号改变，大小不变。充电电流对正、反向扫描基线的影响相同，构成基线，i_{pc}和i_{pa}必须进行相应的修正。7.2.1(6)节描述的校正技术适用于CV。在反向段，工作电极的实际电势由式(7.2.42)给出。

由于充电电流的校正是不确定的，因而实际应用中CV的峰电流测量是固有的不精确。对反向峰，由正向过程折回的法拉第响应（图7.2.5中的曲线1′、2′、3′）更不容易确定，用它做参考，电流测量会进一步更不精确。所以若必须用得到的峰高来求出如电活性物种浓度这些体系性质，CV通常不是一种理想的定量方法。CV方法的强大用途在于它的诊断能力，来源于

❼ 这里的“零电流基线”指零法拉第电流。实际实验中，是充电电流定义的基线[7.2.2(6)节]。

它能够较容易地解释定性与半定量的行为。一旦理解了体系的机理，其他方法更适合测定这些参数。

(7) 从可逆循环伏安图得到的信息

从可逆循环伏安图获得的信息基本和可逆 SSV、STV 相同，可以获得化学计量的和热力学的数据（见 5.3.2 节的讨论）。

图 7.2.6 给出一个从波电势而不是峰高获得化学信息的例子。此图描述了稳定的四甲基哌啶-1-氧化物自由基（TEMPO·，结构见图 1）的循环伏安行为，乙腈溶液中它经单电子可逆氧化生成 $TEMPO^+$[15]：

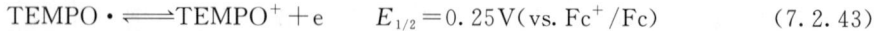

$$TEMPO\cdot \rightleftharpoons TEMPO^+ + e \qquad E_{1/2}=0.25V(vs.\ Fc^+/Fc) \tag{7.2.43}$$

当加入四丁基叠氮化铵（$TBAN_3$）时，CV 曲线［图 7.2.6(a)］保持可逆但向负电势移动。观察到的行为建议氧化态 $TEMPO^+$ 因 $TBAN_3$ 的加入而被稳定［5.3.2(3) 节］。研究者提出有 1∶1 电荷转移配合物形成的平衡存在

$$TEMPO^+ + N_3^- \rightleftharpoons (TEMPO^+N_3^-) \tag{7.2.44}$$

其化学计量关系得到图 7.2.6(b)（习题 7.12）支持，光谱证据证实这个假说的其他方面。该体系有趣之处在于它可以促进有价值的电化学合成，可能是因为电荷转移配合物可以为合适共反应物提供叠氮基团自由基 $N_3^\cdot$。

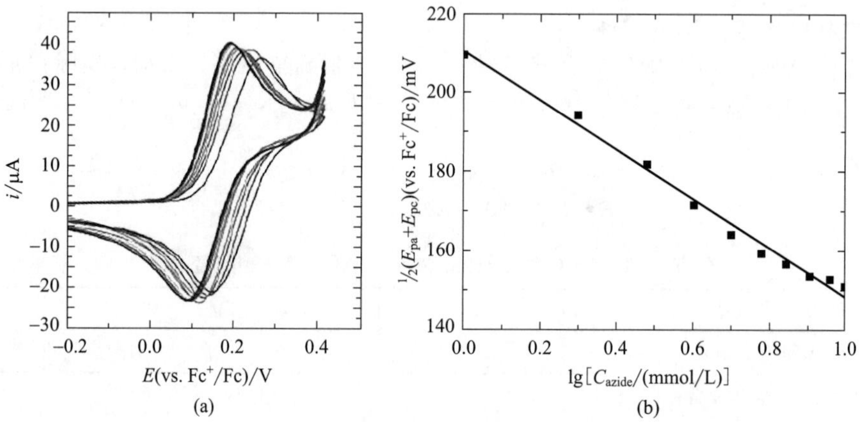

图 7.2.6　(a) 0.1mol/L $LiClO_4$ 的乙腈溶液中存在 N_3^- 时，1mmol/L TEMPO·在玻碳圆盘电极（$r_0=1.5mm$）上的循环伏安曲线

$v=100mV/s$，叠氮化物以四正丁基铵盐的形式加入。曲线从右至左，叠氮化物浓度以 1mmol/L 增量从 1mmol/L 增加到 10mmol/L。扫描从−0.2V 开始，第一次扫描先正向扫。阳极氧化电流向上为正。(b) 斜率−62mV，对应 1mmol/L 叠氮化物的截距是 210mV（来自文献 Siu 等[15]）

(8) 更加通用的 LSV 和 CV 符号

至此，已经发展了以向更负电势扫描引起还原的向前扫描特定情况下的 LSV 和 CV 的方程。为使读者明确其意义，对伏安特征标记阴极电流（例如 i_{pc} 或 E_{pa}）。后面 7.3 节和 7.4 节也类似。但是，此刻已经显示 CV 的解释是基于前扫和反扫的不同特征。在本节中，所有对应还原和氧化的下标 c 和 a 也同样可标记为 f 和 r，分别表示向前和反向。从而相应也可以有 E_{pf}、E_{pr}、i_{pf}、i_{pr}，以及 $|i_{pr}/i_{pf}|$，$\Delta E_p=|E_{pf}-E_{pr}|$ 等。由于半峰电势总是与前扫有关，可以简单地使用 $E_{p/2}$。该符号具有准确标记特征的优点，无论扫描的方向是否是向前。在后面的章节中将这样使用。

必须注意，阳极和阴极峰位于 $E_{1/2}$ 的两侧［如 7.2.1(2) 节所述］，相对于 α 具有不同的行为（7.3 节和 7.4 节）。

7.3 准可逆体系

Matsuda 和 Ayabe[6] 提出"准可逆"(quasireversible)一词用于表示具有电子转移动力学受限的反应，对此必须考虑正向和反向两个过程。他们还首次分析处理了这种体系的扫描伏安法。对单步骤单电子反应，

$$\mathrm{O}+\mathrm{e} \underset{k_b}{\overset{k_f}{\rightleftharpoons}} \mathrm{R} \tag{7.3.1}$$

设 $C_R^*=0$，从 4.5.2 节的通用公式出发，求解需要反映电极过程动力学和电势变化的边界条件。对此体系，此条件是

$$D_O\left[\frac{\partial C_O(x,t)}{\partial x}\right]_{x=0}=k^0 e^{-\alpha f[E(t)-E^{0'}]}\{C_O(0,t)-C_R(0,t)e^{f[E(t)-E^{0'}]}\} \tag{7.3.2}$$

式中，$E(t)$ 由式(7.2.10)给出。

7.3.1 线性扫描伏安法

LSV 电流峰的形状及其各种峰特征是 α 和动力学参数 Λ 的函数，参数 Λ[6] 定义为

$$\boxed{\Lambda=\frac{k^0}{(D_O^{1-\alpha}D_R^{\alpha}fv)^{1/2}}} \tag{7.3.3}$$

若 $D_O=D_R=D$，则

$$\Lambda=\frac{k^0}{(Dfv)^{1/2}} \tag{7.3.4}$$

电流由下式给出

$$i=FAD_O^{1/2}C_O^*f^{1/2}v^{1/2}\Psi(E) \tag{7.3.5}$$

其中，$\Psi(E)$ 是 i-E 曲线的一个无量纲表示，各种 Λ、α 值时 $\Psi(E)$ 的例子示于图 7.3.1。当 $\Lambda>15$ 时，接近可逆体系的行为。对于较小的 Λ 值(如小的 k^0 或大的扫速 v)，波形变宽、偏移向更远端电势(更负电势)。

根据文献中的函数关系[6]❽，i_p、E_p、$E_{p/2}$ 的值依赖于 Λ 与 α。由于 Λ 值随扫速 v 变化，引起峰形变化，准可逆反应的 i_p 不与 $v^{1/2}$ 成正比。

对阳极过程(即 $C_R^*=0$、电势向正扫)，伏安行为基本类似。在 $\Lambda>15$ 时，伏安响应表现为可逆。对于较小的 Λ 值，波形变宽、偏移向更远端电势(对阳极过程是更正电势)。

根据实验的时间尺度，给定体系可能表现出能斯特行为、准可逆行为或完全不可逆行为，时间尺度可以被视为是穿过 LSV 波所需的时间。在小 v(或长时间尺度)下，体系可能产生可逆波，而在大 v(或短时间尺度)下，甚至可能观察到不可逆行为。在 6.3 节中，在电势阶跃实验中也遇到过类似的效应。Matsuda 和 Ayabe[6] 建议的 LSV 分区标志如下❾：

① 可逆(Nernst 型)	$\Lambda>15$	$k^0>0.3v^{1/2}$(cm/s)
② 准可逆	$15\geqslant\Lambda\geqslant10^{-2(1+\alpha)}$	$0.3v^{1/2}$(cm/s)$\geqslant k^0\geqslant2\times10^{-5}v^{1/2}$(cm/s)
③ 完全不可逆	$\Lambda<10^{-2(1+\alpha)}$	$k^0<2\times10^{-5}v^{1/2}$(cm/s)

7.3.2 循环伏安法

对准可逆单步骤单电子反应，使用 7.3.1 节的方法和式(7.2.37)、式(7.2.38)给出的电势扫描实验条件，可以得到循环伏安的 i-E 曲线。循环伏安波形和 ΔE_p 依赖于 v、k^0、α 和 E_λ。当然只要 E_λ 越过阴极峰至少 90mV，其影响就较小。准可逆体系的伏安特征依赖于 α 和式(7.3.3)定义的 Λ 或 Λ 的等价函数 ψ[14]，由下式定义❿

---

❽ 本书以前版本的 6.4 节提供了这些函数的关系图和简单讨论。

❾ k^0 取值基于 $n=1$，$\alpha=1$，$T=25$℃，$D=10^{-5}$cm^2/s。v 以 V/s 为单位，$\Lambda\approx k^0/(39Dv)^{1/2}$。

❿ 注意式(7.3.6)的 ψ 与式(7.3.5)中的 $\Psi(E)$ 不同。

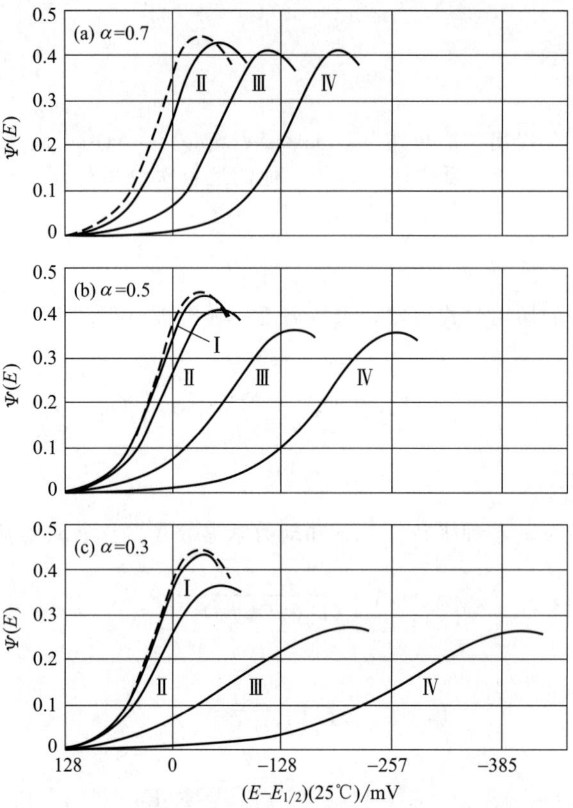

图 7.3.1　不同 α（其值如图中标注）和如下 Λ 值时，无量纲电流 $\Psi(E)$ 与电势的关系

Λ 值分别是：Ⅰ—10；Ⅱ—1；Ⅲ—0.1；Ⅳ—10^{-2}；虚线标示可逆反应动力学。

电势轴坐标间隔是 5kT（引自 Matsuda 和 Ayabe[6]）

$$\boxed{\psi=\Lambda\pi^{-1/2}=\frac{(D_O/D_R)^{\alpha/2}k^0}{(\pi D_O f v)^{1/2}}} \qquad (7.3.6)$$

图 7.3.2 显示了其典型的行为。正如所看到的准可逆体系的LSV，较小的 Λ 或 ψ（对应小 k^0 或高扫速 v）引起波形变宽、偏移向更远端电势。在 CV 实验中，这些影响同时表现在正、反波形上，因此，峰电势差 ΔE_p 变大。相比可逆情况，阴极峰更负移，阳极峰更正移。

(1) 估算 $E_{1/2}$

类似可逆体系，如果 ΔE_p 不超过 60mV 太多，即电极反应近乎可逆，对准可逆体系也可以这样用 E_{pc} 和 E_{pa} 的平均值估算 $E_{1/2}$。但如果 ΔE_p 较大，因为准可逆体系的阴极峰、阳极峰可能从可逆峰位置不对称偏移，估算 $E_{1/2}$ 会有较大误差。

一般情况下，异相动力学引起的 E_{pc} 负偏移大致正比于 α^{-1}，而 E_{pa} 正偏移近似正比于 $(1-\alpha)^{-1}$。若 $\alpha>0.5$，E_{pc} 和 E_{pa} 的平均值比 $E_{1/2}$ 更正；若 $\alpha<0.5$，则反之。基于 α 带来的差别，可用下式近似计算 $E_{1/2}$：

$$E_{1/2}\approx(E_{pa}+E_{pc})/2-(\alpha-0.5)(\Delta E_p-57\text{mV}) \quad (25℃) \qquad (7.3.7)$$

(2) 估算动力学参数

对于 $0.3<\alpha<0.7$ 时，ΔE_p 几乎与 α 无关，仅依赖于 ψ。表 7.3.1 对这个 α 范围，关联 ψ 与 k^0，是估算准可逆体系 k^0 的常用方法（称为 Nicholson 方法[14]）的基础。通过实验测定 ΔE_p 随 v 的变化，由此表 ΔE_p 查出或插值得到 ψ，然后绘制 ψ 对 $v^{-1/2}$ 图，应该为线性 0 截距，其斜率对应式(7.3.6) 的 $(D_O/D_R)^{\alpha/2}k^0/(\pi D_O f)^{1/2}$，常用假设 $D_O=D_R=D$，把斜率简化为 $k^0/(\pi Df)^{1/2}$，如果已知 D 就可估算准可逆体系的 k^0。

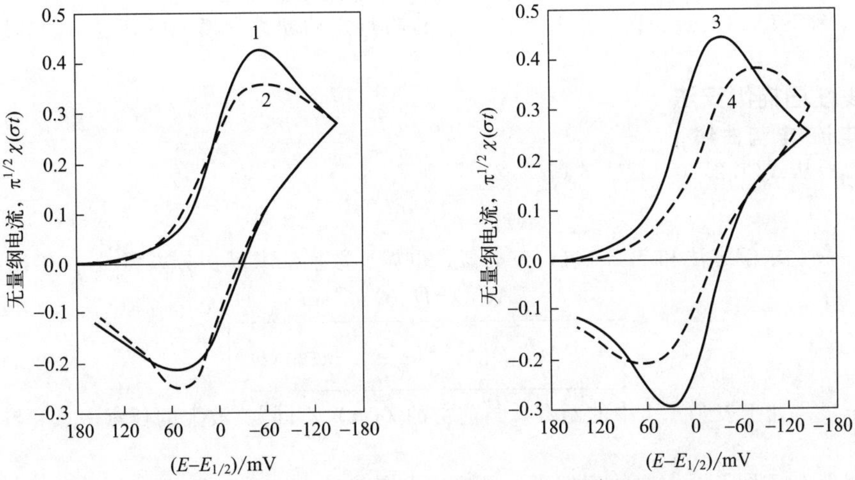

图 7.3.2 单步骤单电子反应，ψ 和 α 对循环伏安波影响的理论计算图

曲线 1：$\psi=0.5$，$\alpha=0.7$；曲线 2：$\psi=0.5$，$\alpha=0.3$；曲线 3：$\psi=7.0$，$\alpha=0.5$；曲线 4：$\psi=0.25$，$\alpha=0.5$（引自 Nicholson[14]）

表 7.3.1 25℃ 时 Nernst 体系，ΔE_p 与 ψ 的关系[14]①

ψ	20	7	6	5	4	3	2	1	0.75	0.50	0.35	0.25	0.10
$(E_{pa}-E_{pc})$/mV	61	63	64	65	66	68	72	84	92	105	121	141	212

① 单步骤单电子过程，$E_\lambda=E_p-112.5\text{mV}$，$\alpha=0.5$。

未补偿电阻 R_u 必须足够小，即 R_u 引起的电压降（i_pR_u 的数量级）和动力学效应引起的 ΔE_p 相比可以忽略。实际上 Nicholson[14] 已表示，未补偿电阻对循环伏安法的影响与异相动力学的影响相近，从 ΔE_p-v 行为上不易区分出电阻效应。在电流很大、k^0 接近可逆值时（这时 ΔE_p 仅略微不同于可逆情况的值），R_u 带来的误差最严重。

用 ΔE_p 做动力学研究时，有两种实用方法处理未补偿电阻的影响：一种方法是使用电子电阻补偿减少 R_u 的有效值。现在的仪器一般有这个功能，有关细节参考 16.7.3 节。使用这种方法有可能把有效的欧姆降减少到可忽略的程度。但应注意，电阻的电子补偿方法要小心谨慎使用，防止补偿过度。另一种方法是，如果 R_u 已知，可以从 ΔE_p 减去欧姆降成分 $R_u(i_{pc}-i_{pa})$。有些仪器可以测量记录 R_u 用于这种计算校正。当电子补偿不能将有效 R_u 降低到可忽略时，可以采用计算与电子补偿相结合来校正 ΔE_p。

将实验结果与模拟曲线进行比较的电化学模拟软件已经普遍可用［4.5.4(2)节］，迭代建模和比较已成为从 CV 数据中提取动力学参数的实用方法。做这些工作时，必须在模拟中包括充电电流的实际建模，或者针对充电电流修正 CV 数据［7.2.1(6)节］。

7.4 完全不可逆体系

对于完全不可逆的单步骤单电子反应 $O+e\xrightarrow{k_f}R$，对 $C_R^*=0$，传质问题仍可使用 4.5.2 节的通用公式。使用如下动力学定义的最后边界条件去求解

$$\frac{i}{FA}=D_O\left[\frac{\partial C_O(x,t)}{\partial x}\right]_{x=0}=k_f(t)C_O(0,t) \tag{7.4.1}$$

对于 BV 动力学

$$k_f(t)=k^0e^{-\alpha f[E(t)-E^{0'}]} \tag{7.4.2}$$

要求解这个数学问题，必须知道 $k_f(t)$ 的函数形式，进而需要知道 $k_f(E)$。即便可以处理不可逆体系的 SSV 和 STV（5.4.1 节和 6.3.1 节），在没有特定的动力学模型时，也不能处理不可逆体系的 LSV。

7.4.1 线性扫描伏安法

(1) 电流-电势曲线

将 $E(t)$ 从式(7.2.10) 代入式(7.4.2) 得到

$$k_f(t)=k^0 e^{-\alpha f(E_i-E^{0'})} e^{bt} \tag{7.4.3}$$

式中，$b=\alpha f v$。求解方法和 7.2.1(1) 节类似，也需要数值法求解积分方程[4,6]。给出的电流是

$$i=FAC_O^*(\pi D_O b)^{1/2}\chi(bt) \tag{7.4.4}$$

$$\boxed{i=FAC_O^* D_O^{1/2} v^{1/2}\left(\frac{\alpha F}{RT}\right)^{1/2}\pi^{1/2}\chi(bt)} \tag{7.4.5}$$

式中，$\chi(bt)$ 是列于表 7.4.1 中的函数 [与前文的 $\chi(\sigma t)$ 不同]。波上的任意一点 i 与 $v^{1/2}$ 和 C_O^* 成正比。

LSV 波类似于图 7.3.1 中的案例Ⅳ。虽然这没有超出 Matsuda 和 Ayabe（7.3.1 节）定义的准可逆范围，它接近了准可逆行为和完全不可逆行为间的界限。

球形电极的推导过程和平板电极的处理类似。表 7.4.1 列出了下列公式的球形校正因子 $\phi(bt)$ 的值，

$$i=i(\text{平板})+\frac{FAD_O C_O^*\phi(bt)}{r_0} \tag{7.4.6}$$

表 7.4.1 不可逆电荷转移的电流函数[4]①

无量纲电势②	电势③	$\pi^{1/2}\chi(bt)$	$\phi(bt)$	无量纲电势②	电势③	$\pi^{1/2}\chi(bt)$	$\phi(bt)$
6.23	160	0.003		0.58	15	0.437	0.323
5.45	140	0.008		0.39	10	0.462	0.396
4.67	120	0.016		0.19	5	0.480	0.482
4.28	110	0.024		0.00	0	0.492	0.600
3.89	100	0.035		−0.19	−5	0.496	0.685
3.50	90	0.050		−0.21	−5.34	0.4958	0.694
3.11	80	0.073	0.004	−0.39	−10	0.493	0.755
2.72	70	0.104	0.010	−0.58	−15	0.485	0.823
2.34	60	0.145	0.021	−0.78	−20	0.472	0.895
1.95	50	0.199	0.042	−0.97	−25	0.457	0.952
1.56	40	0.264	0.083	−1.17	−30	0.441	0.992
1.36	35	0.300	0.115	−1.36	−35	0.423	1.000
1.17	30	0.337	0.154	−1.56	−40	0.406	
0.97	25	0.372	0.199	−1.95	−50	0.374	
0.78	20	0.406	0.253	−2.72	−70	0.323	

① 电流计算

a. $i=i(\text{平板})+i(\text{球形校正})$；

b. $i=FAD_O^{1/2}C_O^*b^{1/2}\pi^{1/2}\chi(bt)+FAD_OC_O^*\phi(bt)/r_0$；

c. $i=(6.02\times10^5)AD_O^{1/2}C_O^*\alpha^{1/2}v^{1/2}\pi^{1/2}\chi(bt)+(9.65\times10^4)AD_OC_O^*\phi(bt)/r_0$。25℃，电流以 A 为单位；$A$ 单位为 cm^2；D_O 单位为 cm^2/s；C_O^* 单位为 mol/cm^3；v 单位为 V/s；r_0 单位为 cm。

② 无量纲电势 $=[\alpha F/(RT)](E-E^{0'})+\ln[(\pi D_O b)^{1/2}/k^0]$。

③ 25℃，电势 $=\alpha(E-E^{0'})+59.1\lg[(\pi D_O b)^{1/2}/k^0]$，单位为 mV。

注：由 Nicholson and Shain 修正而来[4]。

(2) 峰电流和电势

$\pi^{1/2}\chi(bt)$ 有最大值为 0.4958，将此值代入式(7.4.5) 得到阴极峰电流为：

$$\boxed{i_{pc}=(2.99\times10^5)\alpha^{1/2}AC_O^*D_O^{1/2}v^{1/2}} \tag{7.4.7}$$

其单位与式(7.2.21) 相同。类似可逆情况，不可逆时的峰电流正比于 $v^{1/2}$。

参考表 7.4.1，阴极峰电势 E_{pc} 由下式给出

$$\alpha(E_{pc}-E^{0'})+\frac{RT}{F}\ln\frac{(\pi D_O b)^{1/2}}{k^0}=-0.21\frac{RT}{F}=-5.34\text{mV}\quad 在 25℃ \tag{7.4.8}$$

或

$$\boxed{E_{pc}=E^{0'}-\frac{RT}{\alpha F}\left[0.780+\ln\frac{D_O^{1/2}}{k^0}+\ln\left(\frac{\alpha Fv}{RT}\right)^{1/2}\right]} \tag{7.4.9}$$

从表 7.4.1 中还可以找到

$$\boxed{|E_{pc}-E_{pc/2}|=\frac{1.857RT}{\alpha F}=\frac{47.7}{\alpha}\text{mV}\qquad 在 25℃} \tag{7.4.10}$$

式中，$E_{pc/2}$ 是峰电势 E_{pc} 前、峰电流一半 $i_{pc}/2$ 处的电势。

任何完全不可逆体系，k^0 都很小，因此式(7.4.9) 括号中的第二项导致 E_{pc} 处于相对于 $E^{0'}$ 很负的位置，表明大的活化过电势。峰的负移类似于图 7.3.1 中的准可逆的案例Ⅳ，但偏移更大，因为完全不可逆体系动力学比准可逆的情形Ⅳ更慢。从式(7.4.9) 括号中的第三项，可以看出 E_{pc} 依赖于扫描速度，扫速每增加 10 倍，E_{pc} 负移 $1.15RT/(\alpha F)$（或 25℃，$30/\alpha$ mV）。

通过 E_{pc} 来表示 i_{pc} 的表达式，可通过如下方法得到：(a) 重排式(7.4.9) 给出 $D_O^{1/2}[\alpha Fv/(RT)]^{1/2}$；(b) 代入式(7.4.5)；(c) 对于峰电流使用 $\chi(bt)$ 最大值；(d) 导出常数项。结果是[4,7]：

$$i_p=0.227FAC_O^*k^0\exp[-\alpha f(E_{pc}-E^{0'})] \tag{7.4.11}$$

用一系列扫描速度下得到的 $\ln i_{pc}$ 对 $E_{pc}-E^{0'}$ 作图得到斜率为 $-\alpha F/(RT)$、截距正比于 k^0 的直线。必须采用其他方法得到 $E^{0'}$，利用该方法得到 k^0，如果 $E^{0'}$ 未知，从斜率仍可以得到 α。

对于比单步骤单电子反应更复杂的不可逆过程，如多步异相反应或异相电子转移随后液相化学反应（第 13 章和第 15 章），通常难以推导出描述电流-电势关系的方程。实用办法是将实验行为与模拟预测进行比较。

(3) 阳极的情况

前面给出的处理适用于溶液有物种 O、电势向负扫描得到的不可逆阴极还原峰。在不可逆体系中，阴极和阳极分支在电势轴上完全分开，因此最初存在或不存在物种 R 与响应无关。对于在含有物种 R 的溶液的正向扫描中观察到的不可逆阳极氧化峰，可以类似处理。在电极过程的阳极分支中，$1-\alpha$ 具有 $-\alpha$ 对阴极分支所起的数学作用，理解了这一原则，就可容易地总结关键结果：使用式(7.4.7) 中的单位，阳极峰电流为

$$\boxed{i_{pa}=-(2.99\times10^5)(1-\alpha)^{1/2}AC_R^*D_R^{1/2}v^{1/2}} \tag{7.4.12}$$

阳极氧化极峰电势是

$$\boxed{E_{pa}=E^{0'}+\frac{RT}{(1-\alpha)F}\left\{0.780+\ln\frac{D_R^{1/2}}{k^0}+\ln\left[\frac{(1-\alpha)Fv}{RT}\right]^{1/2}\right\}} \tag{7.4.13}$$

E_{pa} 和 $E_{pa/2}$ 的关系是

$$\boxed{|E_{pa}-E_{pa/2}|=\frac{1.857RT}{(1-\alpha)F}=\frac{47.7}{1-\alpha}\text{mV}\quad 在 25℃} \tag{7.4.14}$$

类似式(7.4.11)，峰电流

$$i_{pa}=0.227FAC_R^*k^0\exp[(1-\alpha)f(E_{pa}-E^{0'})] \tag{7.4.15}$$

用一系列扫描速度下得到的 $\ln i_{pa}$ 对 $E_{pa}-E^{0'}$ 作图得到斜率为 $(1-\alpha)F/(RT)$、截距正比于 k^0。

7.4.2 循环伏安法

根据定义，完全不可逆过程的逆反应不可能发生在出现向前峰的电势区。因此，在有阴极正向峰的不可逆体系中，向正电势的反向扫描仅表现出沿电势轴折回的阴极电流的继续衰减，类似图 7.2.4 和图 7.2.5 可逆体系所讨论的电流衰减曲线。当扫描返回到比 E_{pc} 更正的电势时，电极动力学逐渐被抑制，电流下降到接近正向波底部的基线。在该电势范围内根本没有阳极过程发生。

如果反向扫描继续进行到一个更正的区域，有可能观察到 R 的完全不可逆氧化波。但两个动力学分支都需要大的活化过电势，所以两个波会分开很远。在大多数完全不可逆的异相动力学中，同图看不到氧化和还原两个波。如果一个可观察到，另一个通常被背景过程遮蔽。在两个过程都可见的情况下，CV 实质上是阳极和阴极各自单独无关 LSV 的叠加。

7.5 多组分体系和多步骤电荷转移

7.5.1 多组分体系

在 LSV 和 CV 电势扫描实验中，两种物质 O 和 O′顺序还原的分析，要比 5.5 节和 6.4 节的 SSV 或 STV 实验的分析更困难[16-17]。和以前方法类似，讨论两个反应 $O+ne \longrightarrow R$ 和 $O'+ne \longrightarrow R'$，第二个反应在更负电势发生。如果 O 和 O′的扩散是独立无关的，它们的流量就是可加和，混合物的 i-E 曲线是 O 和 O′的独立 i-E 曲线的简单加和（图 7.5.1）。然而第二个反应 LSV 的 i_p' 的测量必须用第一波的衰变电流做基线。通常假设越过峰电势后，和大电势阶跃实验的电流衰减规律一样，也按 $t^{-1/2}$ 衰变得到电流基线。文献中提出过一个两可调参数的方程更好地拟合电流衰退[17]，但拟合程序与反应可逆程度有关，且比较麻烦。

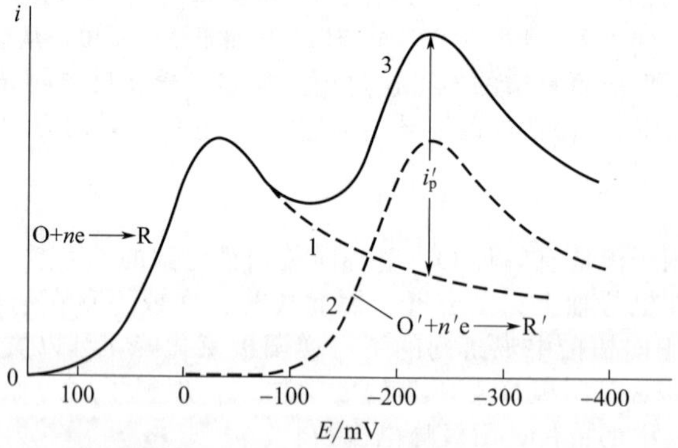

图 7.5.1 溶液中只有 O (1)；只有 O′ (2)；O 和 O′混合物 (3) 的伏安图，且 $n=n'$，$C_O^*=C_{O'}^*$，$D_O=D_{O'}$

在给定电化学工作站的功能情况下，更好的通用方法可能是比较模拟和实验结果。在模拟中可以考虑包括非法拉第基线的所有相关因素。

在确定第二个峰基线方面的困难也表明 LSV 和 CV 本身不适合精确定量［7.2.2(6) 节］。虽然它们对行为诊断非常有效，但当研究目的是准确定量，特别是有多峰重叠时，其他方法可能更好。幸好重叠并不总是问题。有时多组分体系的 CV 响应峰分离良好，如图 7.5.2 所示。习题 7.5 也为读者提供了一个解释这种伏安图细节的机会。

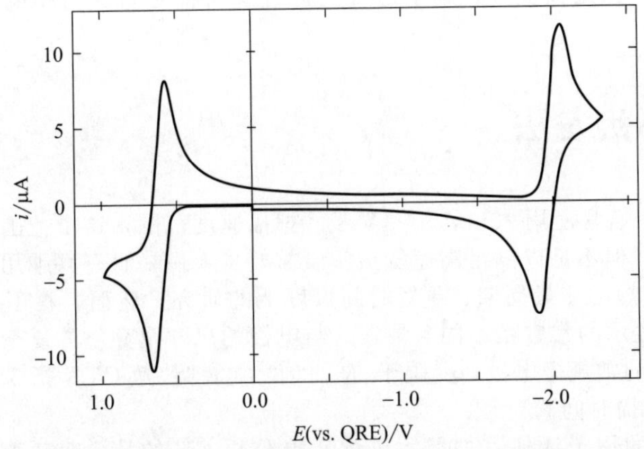

图 7.5.2　1mmol/L 二苯甲酮（BP，图 1）和 1mmol/L 三对甲苯基胺（TPTA），图 1）在乙腈和 0.1mol/L $TBABF_4$ 中的循环伏安图

扫描从相对于 QRE 的 0.0V 开始，首先正向移动。QRE 在 −0.03V（vs. SCE）。v=100mV/s（来自 Michael[18]）

7.5.2　多步骤电荷转移

对于单一底物 O 的逐步还原，情况更加复杂，如

$$\mathrm{O} + n_1 \mathrm{e} \longrightarrow \mathrm{R}_1 \qquad E_1^{0'} \tag{7.5.1}$$

$$\mathrm{R}_1 + n_2 \mathrm{e} \longrightarrow \mathrm{R}_2 \qquad E_2^{0'} \tag{7.5.2}$$

i-E 曲线的性质取决于：(a) 两种形式电势之间的差异，$\Delta E^{0'} = E_2^{0'} - E_1^{0'}$；(b) 每一步反应的可逆性；(c) n_1 和 n_2 值。为了展示行为范围特征，图 7.5.3 提供了在两个单电子可逆步骤的体系中，不同 $\Delta E^{0'}$ 值的计算循环伏安图。只有图 7.5.3(a) 类似于第 5 章和第 6 章讨论过的 SSV 和 STV 中的多步电荷转移行为。

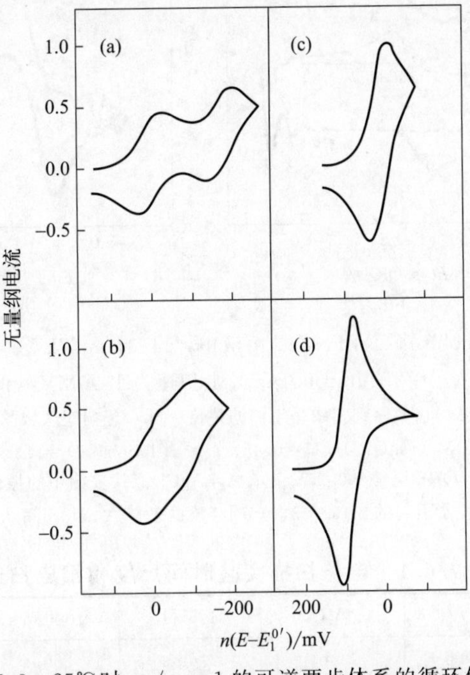

图 7.5.3　25℃时 $n_2/n_1=1$ 的可逆两步体系的循环伏安图

无量纲电流类似式(7.2.18) 定义的 $\pi^{1/2}\chi(\sigma t)$，$\Delta E^{0'}$ 值：(a) −180mV；(b) −90mV；(c) 0mV；(d) 180mV（引自 Polcyn 和 Shain[17]）

多步骤电荷转移步骤比较复杂，其中还可能包含参与物之间的均相电子转移反应，将在第13章详细讨论。

7.6　快速循环伏安法

常规微电极的CV通常使用10mV/s～1V/s的扫描速度范围，这个范围足够快且足够宽，适用于许多体系的研究，但不足以满足高速复杂实验需要。人们一直有兴趣用更高的扫描速度进行CV实验，以便实现更短的测量周期、更短时间尺度上的研究。然而，在不同的报道中，文献中的“快速循环伏安”表示的常常是不同事情，这与电极的尺寸及介质的复杂性有关。

① 对简单溶液中的常规微电极，受限于iR_u和R_uC_d，“快速CV”指5～100V/s的扫描速度和0.2s～10ms的总扫描时间。

② 对人们感兴趣的用于活体（如鼠大脑中）电分析CV的植入型UME，扫描速度通常在10～1000V/s，主要目的是进行每秒数次[19-22]（17.8.4节）的背景校正CV，观察几秒内的变化。最佳扫描速度及实际限制决定于用CV进行适当采样的时间要求和电极过程的动力学。

③ 使用UME用CV研究非常快速的电极过程动力学[21-26]，可能需要超过1MV/s的扫描速度，记录纳秒时间尺度的事件。扫描速度的上限受制于：a. 可实现的电解池时间常数（包括杂散电容的影响，6.7节）；b. 仪器带宽（16.9节）；c. 承受非常大电容背景电流的能力（图7.6.1）。

电势扫描实验的时间尺度τ_{obs}可以理解为扫过伏安峰电势范围所需的时间。虽然没有明确的峰宽度的定义，但通常认为τ_{obs}是$RT/(Fv)$（13.2.2节），即25℃时扫描25.7mV（对应单电子过程的kT）的时间。如式(7.2.24)所示，25℃时，单电子可逆反应的$|E_{pc}-E_{pc/2}|$约为60mV，对两电子可逆反应则约为30mV，所以这样定义τ_{obs}是恰当的。表7.6.1提供了一些τ_{obs}与v的对应值。

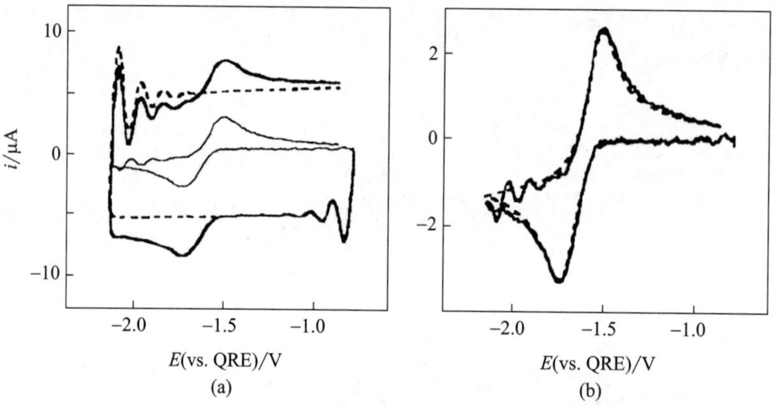

图7.6.1　0.9mol/L $TEABF_4$-乙腈溶液中，14.3mmol/L蒽（An）在金圆盘电极（$r_0=2.5\mu m\pm0.1\mu m$）上扫速为1.96MV/s的CV

(a) 没有蒽（虚线）和有蒽（粗实线），中间细实线是它们的差值；(b) 蒽响应区域的差减伏安图，实验结果（粗实线）比较理论伏安图（虚线），$E^{0'}=1.61V$（vs. QRE），$\alpha=0.45$，$k^0=5.1cm/s$，$D=1.6\times10^{-5}cm^2/s$。正电势向右；阳极的电流为正（向上）。QRE电势−0.25V（vs. Ag/AgCl）。伏安图中的振荡信号是由高比例的电阻补偿引起的［16.7.3(1)节］（数据来自Amatore等人[25,27]）

表7.6.1　电势扫描实验时间尺度和相应扫速

v	25mV/s	100mV/s	1V/s	10V/s	1000V/s	100kV/s	1MV/s
τ_{obs} ①	1.0s	260ms	26ms	2.6ms	260μs	2.6μs	260ns

① $\tau_{obs}=RT/(Fv)$，25℃。

如果要获得不失真（工作电极无法跟随电势变化引起）的实验结果，电解池时间常数必须比

τ_{obs} 短得多（理想情况下小一个数量级或更多）。6.7 节详细介绍了电解池时间常数，要想实现以表 7.6.1 列出的最快扫速进行 CV 实验，必须使用 UME。已知最短的电解池时间常数在 10ns 左右（6.7 节），因此，可用的最快扫描实验的特征是 $\tau_{obs} \approx 100$ns 或 $v \approx 3$MV/s。接近这个扫速已经成功实现[25,27]。进行此类工作必须仔细设计电极、电解池和电路连接的超高带宽专用仪器（16.9 节）。

由于 UME 上的电流很小，因此未补偿的欧姆压降的影响没有大电极上的大。然而，即使使用 UME，式(7.2.29) 也适用，因此法拉第波叠加在与扫速成正比的电容电流上。为了从伏安图中提取所需的信息，电容电流加法拉第的总响应可以模拟计算[28] 或扣减去 C_d 和 R_u 引起的影响。或者使用快速响应的正反馈电路去补偿由 R_u 引起的失真[27]。

超快伏安法的一个重要实际限制是该方法对吸附敏感，即使是少量的电活性物质的吸附或是影响电极表面结构（例如形成氧化层）的法拉第变化。这些表面变化的电流与 v 有直接关系（17.2 节），因此低速扫描时不重要的表面效应，在高速扫描时将会是电流的主要来源。

7.7 卷积变换技术

进行恰当的数学变换处理，可将 LSV 或 CV 的伏安图（i-E 或 i-t）曲线变换为类似于稳态波形的 SSV 响应，有时这种处理会让结果更容易解释。这些数学变换利用了卷积原理[convolution principle，式(A.1.21)]。

在 7.2.1(1) 节中，给出了任何电化学技术的半无限线性扩散用通用公式［式(7.2.8)］。代入式(7.2.7) 重新表达为

$$C_O(0,t) = C_O^* - [nFA(\pi D_O)^{1/2}]^{-1}\int_0^t i(\tau)(t-\tau)^{-1/2}\,d\tau \tag{7.7.1}$$

把式中代表实验数据的 $i(t)$ 卷积为 $I(t)$：

$$\boxed{I(t) = \frac{1}{\pi^{1/2}}\int_0^t i(\tau)(t-\tau)^{-1/2}\,d\tau} \tag{7.7.2}$$

于是式(7.7.1) 改写为[29]

$$C_O(0,t) = C_O^* - \frac{I(t)}{nFAD_O^{1/2}} \tag{7.7.3}$$

在扩散控制条件下，$C_O(0,t)=0$ 时，$I(t)$ 达到极限值 I_1：

$$I_1 = nFAD_O^{1/2}C_O^* \tag{7.7.4}$$

进而得到

$$\boxed{C_O(0,t) = \frac{I_1 - I(t)}{nFAD_O^{1/2}}} \tag{7.7.5}$$

类似，对最初不存在的还原物种 R，从式(7.2.9) 可导出

$$\boxed{C_R(0,t) = \frac{I(t)}{nFAD_R^{1/2}}} \tag{7.7.6}$$

这些关系式适用于任何电化学技术中的任何激励信号，通用公式(4.5.2 节) 可用，无需关于电荷转移反应可逆性的任何假设。

式(7.7.5) 和式(7.7.6) 与用于 SSV 的通用关系式具有同样形式(5.2.5 节)。这里 $m_O = D_O^{1/2}$ 和 $m_R = D_R^{1/2}$[30-31]⓫。

⓫ 按照 Riemann-Liouville 算符，$I(t)$ 可看作是 $i(t)$ 的半积分（semi-integral），用算符 $d^{-1/2}/dt^{-1/2}$ 表示，于是[30-31]

$$\frac{d^{-1/2}i(t)}{dt^{-1/2}} = m(t) = I(t)$$

$m(t)$ 和 $I(t)$ 都是式(7.7.2) 右侧项的表示，用来描述这种转换技术。卷积、半积分、半微分是等价的。

如果电子转移反应是可逆能斯特型的，则用式(7.7.5)和式(7.7.6)可给出

$$E=E_{1/2}+\frac{RT}{nF}\ln\frac{I_1-I(t)}{I(t)} \tag{7.7.7}$$

式中，$E_{1/2}=E^{0'}+[nF/(RT)]\ln(m_R/m_O)$。此式和分别用于稳态 SSV 的式(5.3.4)和取样 STV 的式(6.2.14)相同。这样，通过 LSV 响应的卷积变换可以把峰形转换为 S 波形（如图 7.7.1）。

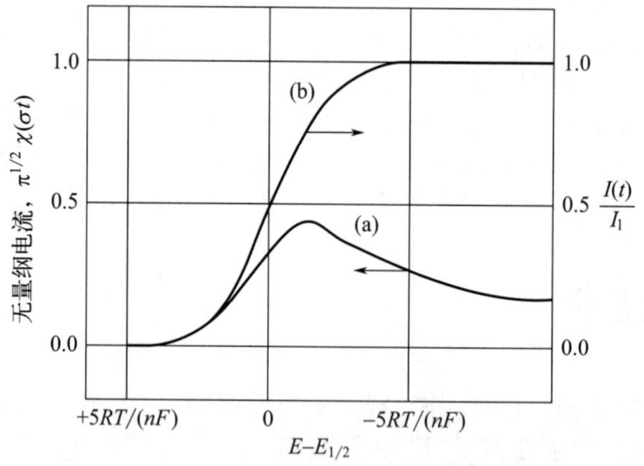

图 7.7.1　LSV（a）和卷积 LSV（b）的比较

曲线（a）和图 7.2.1 相同；曲线（b），I_1 由式(7.7.4)定义（引自 Imbeaux 和 Savéant[29]）

卷积通常是对常规 CV 结果进行数字计算后处理，已提出了几种不同的算法[32-33]。建议参考第二版的介绍⑫。

卷积方法已经应用于电极动力学的研究，因为不需要假设任何特定动力学模型，所以便于探寻与经典 Butler-Volmer 模型的差异。CV 卷积已用于检测许多脂肪族硝基化合物在非质子溶剂中的不可逆电化学还原，在 $\ln k_f(E)$ 对 E 曲线观察到明显偏离线性[34-35]。还发现 α 依赖于电势，符合 Marcus 动力学理论［3.5.4(3)节］。

对于可逆反应，向前和反向 CV 扫描的卷积伏安图应该重叠，$I(t)$ 在对应 $C_R(0,t)=0$ 的足够正电势下回到零。这一特征行为已经得到实验验证[10,29,33]［图 7.7.2(a)］。

然而，对于准可逆反应，向前和反向 CV 扫描的 $I(t)$ 曲线不应该重合［图 7.7.2(b)］。可以将这种不重合视为 E_{pc} 和 E_{pa} 从可逆 CV 的值偏离的表现⑬。获得这类体系的"可逆"$E_{1/2}$ 值的方式示于图 7.7.2(b)。

对未补偿电阻 R_u 的严格校正，在 $I(t)$-E 曲线[10,29,33]上比在 $i(t)$-E 曲线上更简单明了。正如已经在 7.2.1(5) 节和 7.2.2(5) 节看到的，R_u 会损害扫描的线性关系，因此很难准确地将 $i(t)$ 转换为 $i(E)$。但因为卷积电流 $I(E)$ 不依赖于关于激励函数 $E(t)$ 的细节，对于卷积电流的关联比较容易。要校正 R_u 的影响，只需基于时间正常计算 $I(t)$，然后，用实验测定的 i 和 R_u 计算每个数据点的 iR_u，把时间轴以式(7.2.41)和式(7.2.42)简单地计算转换电势轴，R_u 需单独另行测定获得（16.7.3 节）。

充电电流的校正可以在卷积前用 7.2.1(6) 节的方法完成。

---

⑫ 本书的第二版 6.7.2 节。

⑬ 这种特征可能会让人怀疑来自 SSV 的主要结论是否真的也适用于 LSV 卷积和 CV 卷积。准可逆体系的 SSV 正向和反向曲线确实重叠。在 SSV 中，准可逆性由电极的关键尺寸决定，电流响应与电势扫描速度或扫描方向无关，只要扫描速度足够慢以保持稳定状态即可。在 CV 卷积中，准可逆性由扫描速度设定的时间尺度决定。前向和反向响应彼此之间的偏移程度取决于扫描速度。在 CV 卷积中，这些信息包含在 $I(t)$ 中。尽管描述 SSV 和 LSV 卷积及 CV 卷积的方程形式相同，但 SSV 响应因稳态而与时间无关，建立在不依赖于时间尺度的响应上，而 CV 响应则相反，与时间尺度有关。

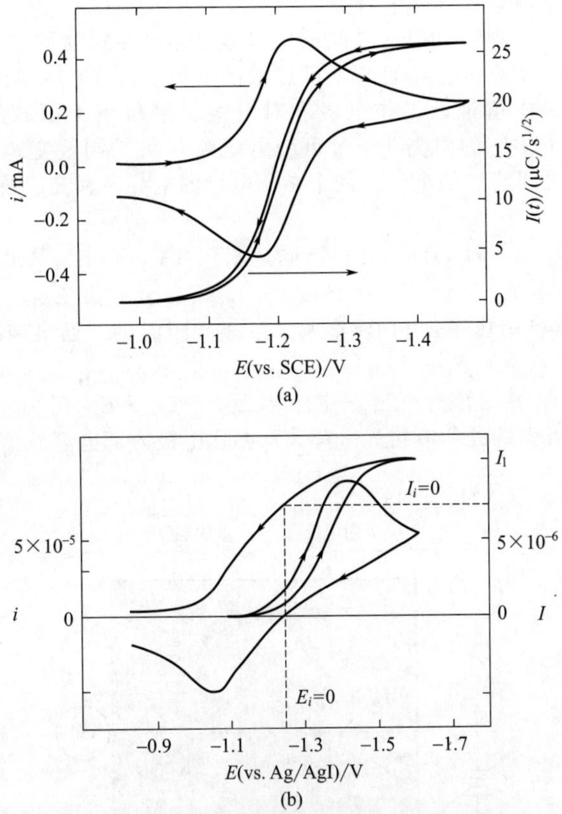

图 7.7.2　实验循环伏安图和其卷积的对比

(a) 1.84mmol/L 对硝基甲苯在含有 0.2mol/L TEAP 的乙腈溶液中，悬汞电极，$v=50\mathrm{V/s}$ (Whitson, Vanden Born 和 Evans[33])；(b) 0.5mmol/L 硝基叔丁烷在含有 0.1mol/L TBAI 的 DMF 溶液中，$v=17.9\mathrm{V/s}$，准可逆体系，$E_{1/2}=E_{i=0}-(RT/F)\ln[(I_1-I_{i=0})/I_{i=0}]$ (Savéant 和 Tessier[34])

7.8　液-液界面上的伏安法

2.3.6 节分析过两互不相溶电解质溶液界面（interface between two immiscible electrolyte solutions，ITIES）上的离子转移，不同离子转移涉及不同能量变化会引起电势差。在那里，我们只考虑了在液-液界面连接处自发形成的液接界电势。然而，通过施加外部电势可以主动驱动离子穿过界面，用电流可以检测离子转移的速率，这样就可以用伏安法研究一个 ITIES[36-42]。

根据式(2.3.46)，α 相和 β 相之间的接界电势由下式给出

$$\phi^{\beta}-\phi^{\alpha}=\Delta_{\alpha}^{\beta}\phi=[-1/(z_jF)][\Delta G_{\mathrm{transfer},j}^{0\alpha\rightarrow\beta}+RT\ln(a_j^{\beta}/a_j^{\alpha})] \tag{7.8.1}$$

式中，$\Delta G_{\mathrm{transfer},j}^{0\alpha\rightarrow\beta}$ 是带电荷 z_j 的物种离子 j 从 α 相向 β 相做相间离子转移需要的标准自由能。可方便地把它重新表达为相间标准电势差 $\Delta_{\alpha}^{\beta}\phi_j^0$，即物种离子 j 从 α 相向 β 相转移的标准离子转移伽伐尼电势（standard Galvani potential of ion transfer）

$$\Delta_{\alpha}^{\beta}\phi_j^0\equiv[-1/(z_jF)]\Delta G_{\mathrm{transfer},j}^{0\alpha\rightarrow\beta} \tag{7.8.2}$$

于是式(7.8.1) 就可写作 Nernst 方程的形式：

$$\boxed{\Delta_{\alpha}^{\beta}\phi=\Delta_{\alpha}^{\beta}\phi_j^0+[RT/(z_jF)]\ln(a_j^{\alpha}/a_j^{\beta})} \tag{7.8.3}$$

如 2.3.6 节所述，$\Delta G_{\mathrm{transfer},j}^{0\alpha\rightarrow\beta}$，即 $\Delta_{\alpha}^{\beta}\phi_j^0$ 可从热化学、溶解度或电势测量（在一个超热力学假设下）得到。

7.8.1 伏安法的实验方法

使用合适的电解池，可改变 ITIES 之间的电势差 $\Delta_\alpha^\beta\phi$，导致物种在两相中的活度发生遵守式(7.8.3)的变化，对应离子穿过界面产生可测量的电流。此类实验的实验装置如图 7.8.1 所示，其特征是一个四电极电解池，工作电极和对电极分别位于 ITIES 的两侧，两个参比电极(Ref)α 和 β 也分别位于 ITIES 的两侧。通过可变电压源 V 可控制改变跨越 ITIES 的电势差，可测量工作电极和对电极之间流过的电流。两个参比电极的电势差和高阻抗电压表构成电势差测量路径，可表示为

$$\begin{array}{ccc} \text{Ref}\ \alpha/(H_2O)Li^+,Cl^-/(\text{硝基苯})TBA^+,TPB^-/\text{Ref}\ \beta \\ E_{j,\alpha} \qquad\qquad \Delta_\alpha^\beta\phi \qquad\qquad E_{j,\beta} \end{array} \tag{7.8.4}$$

其中，TBA^+ 是四正丁基铵阳离子；TPB^- 是四苯基硼酸阴离子。如果两个参比电极相同，测得的电势差是

$$\Delta E_{\text{ref}} = E_{\text{ref},\beta} - E_{\text{ref},\alpha} = \Delta_\alpha^\beta\phi - E_{j,\alpha} + E_{j,\beta} \tag{7.8.5}$$

式中最后两项是参比电极尖端处的液接界电势，从参比电极内部电解质溶液到外部电解池溶液进行测量[14]。

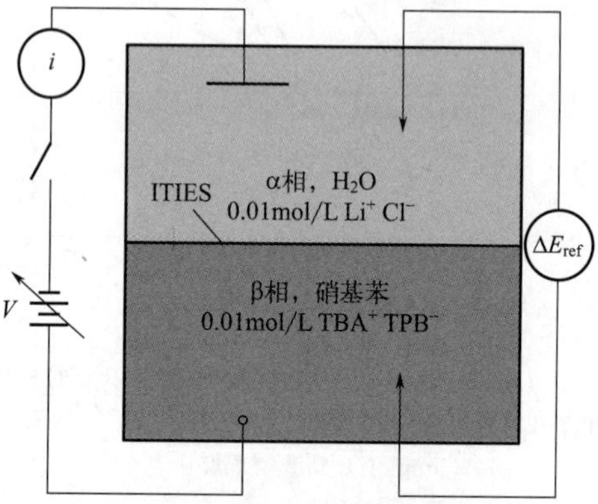

图 7.8.1 水相和硝基苯相之间的 ITIES 伏安法实验装置示意图

TBA^+—四正丁基铵阳离子；TPB^-—四苯基硼酸根阴离子

伏安图通过改变电压 V、测量 i 和 ΔE_{ref}，绘制 i-ΔE_{ref} 关系图实现。由于实验期间 $E_{j,\beta}$ 和 $E_{j,\alpha}$ 通常保持不变，ΔE_{ref} 是 $\Delta_\alpha^\beta\phi$ 加上一个常数，所以 ΔE_{ref} 的变化就反映了 $\Delta_\alpha^\beta\phi$ 的变化。图 7.8.2 给出了以这种实验方式记录的离子转移循环伏安图的例子。扩展增加一些概念后再进一步讨论它们。

上述已描述了记录伏安曲线的过程，可以遵循流程轻松完成测量。然而，需要构建一个四电极恒电势仪控制 ΔE_{ref}、执行程序（如循环扫描）。此类仪器将在 16.4.5 节中描述，已用于该领域的日常研究。

7.8.2 界面电势对组分的影响

现在来分析 ITIES 两侧组分平衡与 $\Delta_\alpha^\beta\phi$ 的依赖关系。表 7.8.1 提供了图 7.8.1 体系中的一些物种的 $\Delta G_{\text{transfer},j}^{0\alpha\to\beta}$ 和 $\Delta_\alpha^\beta\phi_j^0$。可以使用这些数据去计算两相中每种离子的活度比 a_j^α/a_j^β 和电势差 $\Delta_\alpha^\beta\phi$。通过假设每种离子在两侧非常薄界面层进行平衡分配，可以得到图 7.8.3(a) 中（习题 7.11）所示的界面区浓度分布和电势分布图。施加穿过液-液界面电势差较小（$-250\text{mV} < \Delta_\alpha^\beta\phi < 150\text{mV}$）时，强亲水的氯化锂盐几乎完全在水相，而强疏水的 TBATPB 只存在于硝基苯相。

---

[14] 测量的电势差还包括由于电化学池中电流流过两个参比电极尖端之间的欧姆电势降。小心定位放置参比电极，通常可以显著降低欧姆降。这里我们忽略它。

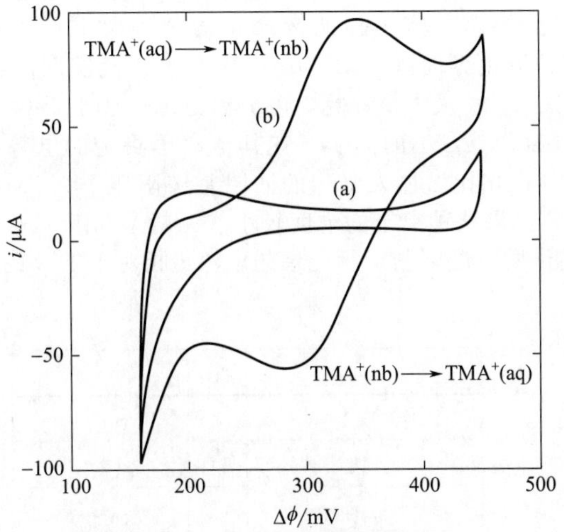

图 7.8.2　ITIES 的循环伏安图

(a) 0.1mol/L LiCl 水相（aq），0.1mol/L TBATPB-硝基苯相（nb）的 i-E 图；(b) 水相加入 0.47mmol/L TMA^+ 后的 i-E 图。扫描速度 20mV/s。$\Delta\phi=-\Delta E_{ref}$ 由式(7.8.5) 定义，是包含两参比电极的液接电势的水相参比电极相对硝基苯相参比电极的电势差，所以 $\Delta\phi\approx300-\Delta_\alpha^\beta\phi$ mV。电势向右扫描表示水相电势变正，正电流表示 TMA^+ 从水相向硝基苯相转移（引自文献 Vanýsek[40]）

表 7.8.1　在水相（α）和硝基苯相（β）之间离子转移的 Gibbs 自由能和标准界面电势差[36]①

离子②	$\Delta G^{0\alpha\to\beta}_{transfer,j}$/(kJ/mol)	$\Delta_\alpha^\beta\phi_j^0$/mV
Li^+	38.2	−396
Cl^-	43.9	455
TBA^+	−24.7	256
TPB^-	−35.9	−372
TMA^+	4.0	−41

① 注意一个正的 Gibbs 自由能变化意味着把物种从水相转移到硝基苯相所做的功。对于阳离子，$\Delta_\alpha^\beta\phi_j^0$ 越负意味着离子更容易存在于水相中。相反，$\Delta_\alpha^\beta\phi_j^0$ 越正，阴离子更容易存在于水相中。

② TBA^+ 是四正丁基铵阳离子；TPB^- 是四苯基硼酸根阴离子；TMA^+ 是四甲基铵阳离子。

7.8.3　伏安行为

如图 7.8.1 所示，通过工作电极和对电极施加电压，使穿过 ITIES 的电势 $\Delta_\alpha^\beta\phi$ 改变时，离子可能开始穿过界面。更负的 $\Delta_\alpha^\beta\phi$ 使水相电势相对更正，倾向于驱动 Li^+ 跨越界面进入硝基苯相和 TPB^- 跨越界面进入水相。而施加更正 $\Delta_\alpha^\beta\phi$ 使得水相电势相对更负，将驱使 Cl^- 进入硝基苯相，TBA^+ 进入水相。如果转移动力学足够快（即体系是可逆的），在 ITIES 附近可以即时实现和维持平衡。假设是可逆的，对于任何 $\Delta_\alpha^\beta\phi$，可用式(7.8.3) 计算离子的相对界面活度。

对于图 7.8.1 的体系，从图 7.8.3 中可以看到，在大约 −0.2～0.15V 的电势范围内，没有发生明显的离子转移，各离子的活度比值（a_j^α/a_j^β）变化不大，进入硝基苯相的 Li^+ 和 Cl^- 量、进入水相的 TBA^+ 和 TPB^- 量均可忽略。当电势扫描超出这个范围，离子转移发生。$\Delta_\alpha^\beta\phi$ 变正时，TBA^+ 进入水相而 Cl^- 进入硝基苯相。$\Delta_\alpha^\beta\phi$ 变负时，则是 TPB^- 进入水相而 Li^+ 进入硝基苯相。由于这些离子运动代表净电荷越过界面，因此在外部电路中产生电流。

该体系的伏安图见图 7.8.2(a)。所显示的极限是由 TBA^+ 进入水相的需要 $\Delta_\alpha^\beta\phi>100$mV，使

TPB^- 进入水相需要 $\Delta_\alpha^\beta\phi$<200mV［译者注：如果图 7.8.2 图注中的公式是正确的话，该值应该为<－140mV。对于该图的解释，感兴趣的读者可参考原文］所控制。在这个电势范围内，ITIES的行为实际上是理想极化界面（1.6.1 节），这个窗口范围取决于水相和有机相中有关离子的 $\Delta_\alpha^\beta\phi_j^0$。按照典型的 $\Delta G_{\text{transfer},j}^{0\alpha\to\beta}$ 最大值计算，电势窗范围一般小于 0.6～0.7V[36]。

如果在其中一相加入 $\Delta G_{\text{transfer},j}^{0\alpha\to\beta}$ 小的离子，在其他离子决定的电势窗内，它将在较小的 $\Delta_\alpha^\beta\phi$ 时发生相转移。例如，和 Li^+ 相比，加入水相的四甲基铵阳离子（TMA^+），更容易从水相进入硝基苯相［图 7.8.3(b)］。如果这种离子的浓度较小（一般是 0.1～1mmol/L），穿过界面转移速度一般受此离子向界面的传质速度限制。所记录的电流 i 相对于 $\Delta_\alpha^\beta\phi$ 的图和典型的循环伏安图类似［图 7.8.2(b)］。

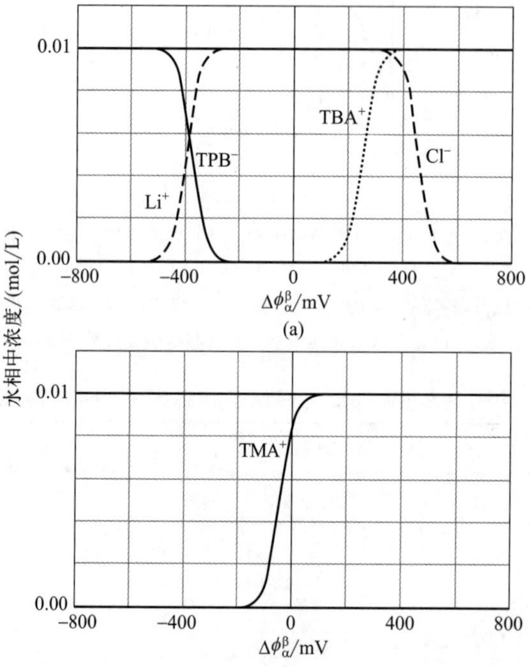

图 7.8.3 (a) 图 7.8.1 体系中，界面附近离子浓度对界面伽伐尼电势差 $\Delta_\alpha^\beta\phi$ 的分布图，在中间电势区，LiCl 主要在水相，TBATPB 主要在硝基苯相；(b) 同样体系中，0.01mol/L TMA^+ 的分布图

离子转移伏安图表现出能斯特型法拉第过程 LSV 和 CV 响应的同样特征，如峰电势 E_p 与 v 无关、峰电流 i_p 正比于 $v^{1/2}$、峰电势差 $\Delta E_p\approx59/|z_j|$mV、峰电流 i_p 与浓度 C_j^* 成正比等。但这样的测量，经常因低电导有机相的未补偿电阻而复杂化。在绝大部分已被研究的例子中，伏安行为已被证实是可逆的，没有显示离子转移慢的情况。因此这样的伏安测量可用于获得吉布斯转移自由能、扩散系数、溶液浓度等。ITIES研究中，伏安电极的制备是对于研究离子没有法拉第活性的两相溶液，例如研究锂离子的电极的制备，应该选择基于锂离子在水和含冠醚的邻硝基苯基苯醚[43] 相之间的转移，冠醚用于改进离子转移的特异性。

ITIES的离子转移也会影响电极与ITIES有接触的三相体系中的电子转移伏安法。图 7.8.4 给出了示例，其中圆柱形 UME 相对于 ITIES 放置在 1,2-二氯乙烷（DCE）和水[44] 之间的不同位置。DCE 相含有二茂铁（Fc）和 $TBAPF_6$，水中只有氯化钠。图 7.8.4(a) 表明电极置于各相内的结果。DCE 中表现为可逆的二茂铁伏安图，但在水相中仅有残余电流，因为二茂铁实际上不溶于水。当丝状 UME 电极穿过 ITIES 界面放置时，行为表现非常不同。向前扫描与单独的 DCE 相相同，但反转扫描和第二次前向扫描显示水相中有二茂铁 Fc^+/Fc 的响应。在第一次正向扫描期间，电解生成的 Fc^+ 部分穿过界面进入水相，产生自己的伏安响应。这种研究工作可以阐明复杂界面的动力学，包括由 ITIES 两侧的离子分布引起的影响。

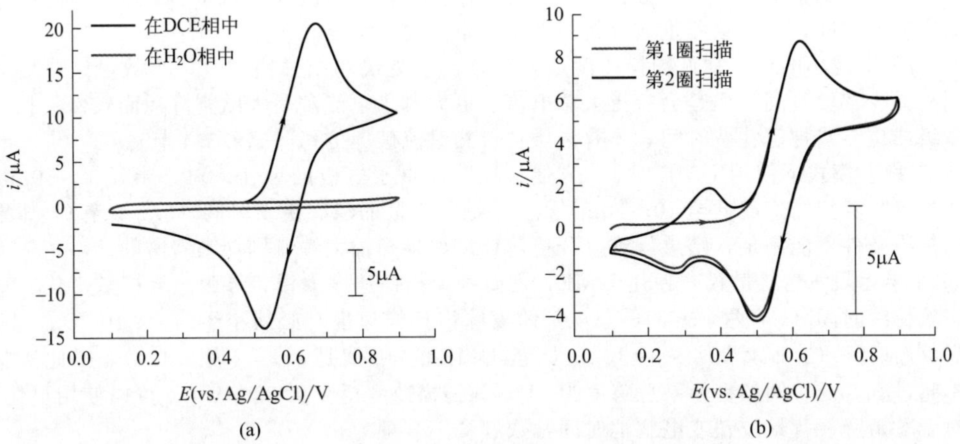

图 7.8.4　二茂铁（Fc）在水和 1,2-二氯乙烷之间 ITIES 体系中的伏安曲线

工作电极是直径为 0.25μm，长 2～3mm 的 Pt-Ir 丝。(a) Pt-Ir 丝电极在单独相中；(b) Pt-Ir 丝电极穿过 ITIES。DCE 相中：5mmol/L Fc，0.1mol/L $TBAPF_6$；水中：0.1mol/L NaCl，v＝100mV/s（Weatherly 等[44]）

无论在基础研究还是在应用方面，特别是在电合成和电分析中[44-45]，三相界面的电化学都受到了广泛关注。

7.9　实验室贴士：循环伏安法的实际操作事项

本节重点介绍循环伏安法的恰当实验条件，这通常是对学生和新研究人员的实验室入门训练。实验台前，人人都面临选择、评估和规划，例如工作电极、体系组成、扫描上下限和实验时间尺度。就 CV 来说，7.9.1～7.9.3 节给出了相关考虑因素，其中大多数广泛应用于电化学研究工作中。文献［46］提供了一份初学者指南。

7.9.1　基本的实验条件

前几章的实验室贴士已经提供了有关微电极包括超微电极的实用信息。对于伏安法，需要制备符合研究需要的可重现电极表面。电极材料必须提供所需的电势工作范围、对溶液中物质表现出合适化学性质。通常选用化学惰性的电极，但研究重点涉及相互作用（如电催化，第 15 章）时需选用具备特定化学性质的电极。通常，电极不应太大以避免不匹配传质条件，典型传质条件是边缘效应最小的半无限线性扩散或稳态扩散/迁移。过大的电极电流也大，导致欧姆降过大，还导致过大的电解池时间常数，使实验测量和结果解释复杂化。因此用合适电极尺寸，尽量减少这些不良影响，是较好的做法。

普通的伏安法研究，电活性物质的浓度可以高达 10mmol/L，但通常更明智选择是 0.5～5mmol/L 的浓度范围。低于 0.5mmol/L，信噪比或信号背景比变差。高于 5mmol/L 的浓度也不会带来好处，不能明显改善信号质量，却需要增加支持电解质，导致浪费且有时成本升高。如果电活性物质的浓度超过 10mmol/L，电极反应会明显改变电极附近的溶液密度，有时这会导致对流对于扩散层的破坏，产生不可靠的结果。

当然，如果研究浓度变化和范围就是研究目的，可以使用远高于 10mmol/L 或远低于 0.1mmol/L 浓度的（如 5.8 节和 8.6 节）。

在大多数伏安研究中，期望扩散是唯一传质方式，因此，在伏安扫描之前和过程中，溶液必须保持静止，并且必须存在过量的电解质。抑制电迁移的经验规则是支持电解质浓度比电活性物质浓度至少高 100 倍。例如，如果感兴趣的溶质浓度为 1mmol/L，那么支持电解质浓度为 0.1mol/L 通常足够了。如果还有其他化学目的，如参与配位或控制 pH 值，可以使用更高浓度的支持电解质。

CV或LSV扫描速度应该"方便快速"，意味着扫描不应该太慢或太快以免妨碍传质需要、浪费研究者的时间，或者给测量或分析解释带来不必要的复杂化。

① 对于常规小电极，常见扫描速度是100mV/s。更快的扫描速度（一个数量级或更多）并不会明显减少实验时间，但是会有更大总电流、更大背景电流和更大欧姆降。而较慢的扫描（一个数量级或更多）肯定耗费时间，还有传质被自然对流破坏的风险（9.3.4节）。

② 在稳态模式下使用UME时，"方便快捷"取决于电极的尺寸。对于半径1～10μm的电极，通常意味着扫描速度低至10～20mV/s。关键是电极的稳态更新时间（5.1.3节）。如果扫描太快，传质条件不能满足，结果就难以分析解释。如果扫描太慢，则会浪费时间。

③ 在半无限线性扩散模式使用UME，需要避免扫描速度太慢，导致边缘扩散占优。一般来说，实验持续时间（CV两个方向的总电势跨度除以扫描速度）必须小于约$4\times10^{-4}\tau_{ss}$，其中τ_{ss}是稳态更新时间（5.1.3节）。$r_0=10\mu m$圆盘UME的τ_{ss}值是1.3s（表5.1.1），因此实验持续时间不超过0.5ms。例如，如果总跨度为1V，则扫描速度至少为2000V/s。可以使用更快扫描，直到对于欧姆降、背景校正或电解池时间常数解释不合理为止。

7.9.2 初始和最终电势的选择

研究人员经常问自己如何选择初始和最终电势（或CV的反转电势E_λ）。这些电势定义了电极和邻近溶液发生的反应过程，因此应明智地选择。

当第一次施加电势到工作电极时[15]，通常希望体系保持电化学惰性、没有法拉第电流通过，工作电极附近的化学物质也不产生变化。理由如下：

① 大多数用于分析解释结果的理论，是建立在这样的假设，当实验开始时电极保持在本体组分。初始电势下有电流流过违背此条件。

② 实验开始前的大量电流流动会产生有害物种，会污染扩散层。

③ 初始电势下有电流流动能够沉积钝化层或重构表面，破坏电极表面。

经常以0.0V作为初始电势不是一种合理的做法，因为0.0V只是任意选择的电势标度上的另外一个点。依体系不同，该电势下也可能有明显的电流流动。在某些情况下，0.0V电势甚至可能位于可用电势窗口之外。

唯一完全安全的方法是将初始电势设置为体系的零电流电势（开路电势）。如果氧化还原对的两种形式都容易存在，则零电流电势就是平衡电势，能很好地定义。如果体系不是氧化还原电对平衡的，典型零电流电势位置在低背景电流某一区间，是一不确定的值。不管哪种情况，都可以用高阻抗电压表测量相对参比电极的零电流电势。根据用户命令，自动化的恒电势仪可以经常进行这种测量。

在一些体系中，感兴趣的所有电活性物质都保持电化学惰性的初始电势不存在，这时别无选择，只能根据初始电势下的电活性去分析解释结果。图8.6.2给出了在脉冲伏安法情况下的例子。

最终（或反转切换）电势也需要仔细选择。研究者常有把实验做到背景极限的坏习惯，应该忍住这种冲动。背景反应往往会污染电极附近区域，产生的物质往往会与主要感兴趣物种反应或破坏电极表面。图7.9.1显示Pt圆盘电极上二茂铁被氧化成二茂铁离子的案例。参与物稳定、电极反应可逆，所以只要扫描限于Fc^+/Fc的电势范围，CV基本上是理想的形态［图7.9.1(a)］。然而如果将正向扫描到阳极极限区［图7.9.1(b)］，非常正电势下电极上发生的事情会显著改变反向扫描特征。

除非有明确的理由进入背景极限，都应该保持最终或反向电势在两个极限之内。选取的最终电势或反转电势只需足以获得感兴趣的信息（例如CV中的一组波）即可。

同样，应该避免重复进行CV实验，除非有明确的实验理由。即使扫描仅限于感兴趣的特征范围，重复扫描仍有可能污染电极表面和电极附近的溶液。重复扫描循环过程中伏安行为的变化可能只是污染的特征，因此科学价值有限。

---

[15] 指恒电势仪实际施加电势控制研究体系时，不是恒电势仪导线连接到电解池时。

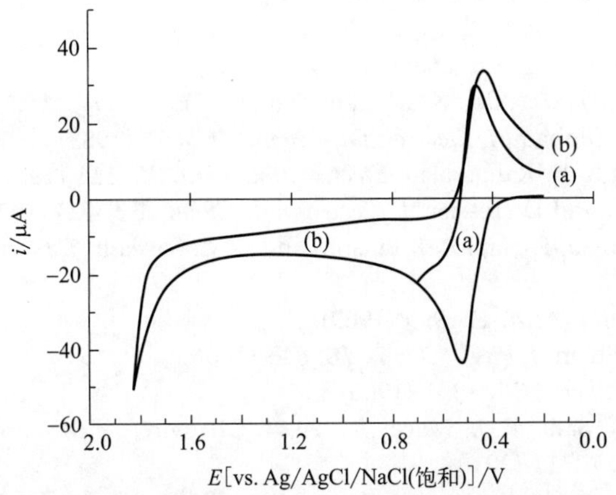

图 7.9.1 铂圆盘电极上二茂铁的 CV（r_0 = 0.5mm），说明扫描到背景正极限的有害影响
（a）E_λ = 0.7V；（b）E_λ = 1.85V。扫描从 0.2V 开始，先向正向移动。曲线（a）和（b）在前向扫描时重叠。5mmol/L 的 Fc 和 0.1mol/L $TBAPF_6$ 在 1,2-二氯乙烷中，v = 100mV/s（数据来自 C. K. T. Weatherly，犹他大学，2020）

总之，有效地进行电化学测量。做你必须做的，但是不要引入不确定多余因素。

7.9.3 除氧

大气中的氧气干扰许多电化学测量，因为在大多数溶剂中氧气会溶解达到可观的浓度。常温下水中空气饱和氧浓度为 0.25mmol/L 左右。水中分子氧被电解还原成 H_2O_2 和 H_2O，许多非质子溶剂中分子氧被电解还原成超氧化物 O_2^-，会干扰伏安特征。还能与许多还原物质发生均相反应，经常使电极反应产物不稳定。对于大多数电化学工作，除去电解池中 O_2 并保持惰性气氛是很重要的。只有在较正电势——比 O_2 还原电势更正端，才可能接受大气下进行工作。

除氧的最简单方法就是用惰性气体向电解池中的电解质溶液鼓泡（通常为氮气或氩气）2～5min。电解池必须配有盖子以控制电解质溶液上方的空间。鼓泡过程中，惰性气体将空气从该空间带走。冒泡后，惰性气体流在那里保持无氧气氛。图 1.5.4(a) 示例了一种常见的布置。图中氮气入口处于“液上”位，允许溶液上方的顶部空间被氮气持续更新，需要时将入口向下推入电解液中进行鼓泡除氧。文献［47］有关于通气除氧的全面讨论。

对于大多数含水介质的工作，通气足以除氧，但是对于基于挥发性溶剂（如乙腈或二氯甲烷）的体系，或有苛刻需求的情况（如希望维持活性物质用于光谱研究）。这些情况下，必须使用真空管路或手套箱。

与真空管路一起使用的流通池［如图 1.5.4(b)］，通过配有阀门旁支通道将电解池内的顶部空间连接到真空。除气过程通常包括冷冻-泵抽-解冻循环。先把电解池下部浸入液氮冻结电解液，然后打开接通真空的阀门，将电解池抽至背景压强，最后关闭阀门，解冻电解池。如此几次循环（通常为三次）后，将电解池与真空连接断开，开始进行测量。关于电化学中真空管线技术的讨论请参考文献［47-48］。

使用手套箱可以在大范围内保持一个无氧、无水的环境，所有的材料和设备都可以放在里面，不需要对电解池单独除氧。这是处理空气敏感材料的有效策略，也在文献中讨论过[47,49]。

7.10 参考文献

1 W. H. Reinmuth. *Anal. Chem.*, **32**, 1509 (1960).
2 J. E. B. Randles, *Trans. Faraday Soc.*, **44**, 327 (1948).
3 A. Ševčík, *Collect. Czech. Chem. Commun.*, **13**, 349 (1948).

4 R. S. Nicholson and I. Shain, *Anal. Chem.*, **36**, 706 (1964).
5 W. H. Reinmuth, *J. Am. Chem. Soc.*, **79**, 6358 (1957).
6 H. Matsuda and Y. Ayabe, *Z. Electrochem.*, **59**, 494 (1955).
7 Y. P. Gokhshtein, *Dokl. Akad. Nauk. SSSR*, **126**, 598 (1959).
8 J. C. Myland and K. B. Oldham, *J. Electroanal. Chem.*, **153**, 43 (1983).
9 A. C. Ramamurthy and S. K. Rangarajan, *Electrochim. Acta*, **26**, 111 (1981).
10 L. Nadjo, J.-M. Savéant, and D. Tessier, *J. Electroanal. Chem.*, **52**, 403 (1974).
11 C. P. Andrieux, D. Garreau, P. Hapiot, J. Pinson, and J.-M. Savéant, *J. Electroanal. Chem.*, **243**, 321 (1988).
12 J.-M. Savéant, *Electrochim. Acta*, **12**, 999 (1967).
13 W. M. Schwarz and I. Shain, *J. Phys. Chem.*, **70**, 845 (1966).
14 R. S. Nicholson, *Anal. Chem.*, **37**, 1351 (1965).
15 J. C. Siu, G. S. Sauer, A. Saha, R. L. Macey, N. Fu, T. Chauviré, K. M. Lancaster, and S. Lin, *J. Am. Chem. Soc.*, **140**, 12511 (2018).
16 Y. P. Gokhshtein and A. Y. Gokhshtein, in "Advances in Polarography," Vol. 2, I. S. Longmuir, Ed., Pergamon Press, New York, 1960, p. 465; *Dokl. Akad. Nauk SSSR*, **128**, 985 (1959).
17 D. S. Polcyn and I. Shain, *Anal. Chem.*, **38**, 370 (1966).
18 P. R. Michael, PhD Thesis, University of Illinois at Urbana-Champaign, 1977.
19 M. J. Ferris, E. S. Calipari, J. T. Yorgason, and S. R. Jones, *ACS Chem. Neurosci.*, **4**, 693 (2013).
20 D. L. Robinson, A. Hermans, A. T. Seipel, and R. M. Wightman, *Chem. Rev.*, **108**, 2554 (2008).
21 R. M. Wightman and D. O. Wipf, *Acc. Chem. Res.*, **23**, 64, 1990.
22 R. M. Wightman and D. O. Wipf, *Electroanal. Chem.*, **15**, 267 (1989).
23 X.-S. Zhou, B. W. Mao, C. Amatore, R. G. Compton, J.-L. Marignier, M. Mostafavi, J.-F. Nierengarten, and E. Maisonhaute, *Chem. Commun.*, **52**, 251 (2016).
24 C. Amatore and E. Maisonhaute, *Anal. Chem.*, **77**, 303A (2005).
25 C. Amatore, Y. Bouret, E. Maisonhaute, H. D. Abruña, and J. I. Goldsmith, *C.R. Chim.*, **6**, 99 (2003).
26 C. Amatore in "Physical Electrochemistry—Principles, Methods, and Applications," I. Rubinstein, Ed., Marcel Dekker, New York, 1995, p. 191.
27 C. Amatore, E. Maisonhaute, and G. Simonneau, *J. Electroanal. Chem.*, **486**, 141 (2000).
28 D. O. Wipf and R. M. Wightman, *Anal. Chem.*, **60**, 2460 (1988).
29 J. C. Imbeaux and J.-M. Savéant, *J. Electroanal. Chem.*, **44**, 1969 (1973).
30 K. B. Oldham and J. Spanier, *J. Electroanal. Chem.*, **26**, 331 (1970).
31 K. B. Oldham, *Anal. Chem.*, **44**, 196 (1972).
32 R. J. Lawson and J. T. Maloy, *Anal. Chem.*, **46**, 559 (1974).
33 P. E. Whitson, H. W. VandenBorn, and D. H. Evans, *Anal. Chem.*, **45**, 1298 (1973).
34 J. M. Savéant and D. Tessier, *J. Electroanal. Chem.*, **65**, 57 (1975).
35 J. M. Savéant and D. Tessier, *Faraday Discuss. Chem. Soc.*, **74**, 57 (1982).
36 Z. Samec, V. Mareček, J. Koryta, and M. W. Khalil, *J. Electroanal. Chem.*, **83**, 393 (1977).
37 D. W. M. Arrigan, G. Herzog, M. D. Scanlon, and J. Strutwolf, *Electroanal. Chem.*, **25**, 105 (2014).
38 B. Liu and M. V. Mirkin, *Anal. Chem.*, **73**, 670A (2001).
39 P. Vanýsek in "Modern Techniques in Electroanalysis," P. Vanýsek, Ed., Wiley, New York, 1996, pp. 337–364.
40 P. Vanýsek, *Electrochim. Acta*, **40**, 2841 (1995).
41 H. H. Girault, *Mod. Asp. Electrochem.*, **25**, 1 (1993).
42 H. H. J. Girault and D. J. Schiffrin, *Electroanal. Chem.*, **15**, 1 (1989).
43 S. Sawada, T. Osakai, and M. Senda, *Anal. Sci.*, **11**, 733 (1995).

44 C. K. T. Weatherly, H. Ren, M. A. Edwards, L. Wang, and H. S. White, *J. Am. Chem. Soc.*, **141**, 18091 (2019).
45 F. Marken and J. D. Wadhawan, *Acc. Chem. Res.*, **52**, 3325 (2019).
46 N. Elgrishi, K. J. Rountree, B. D. McCarthy, E. S. Rountree, T. T. Eisenhart, and J. L. Dempsey, *J. Chem. Educ.*, **95**, 197 (2018).
47 D. T. Sawyer, A. Sobkowiak, and J. L. Roberts, Jr., "Electrochemistry for Chemists," 2nd ed., Wiley-Interscience, New York, 1995, pp. 264.
48 V. Katovic, M. A. May, and C. P. Keszthelyi in "Laboratory Techniques in Electroanalytical Chemistry," 2nd ed., P T. Kissinger and W. R. Heineman, Eds., Marcel Dekker, New York, 1996, Chap. 18.
49 S. N. Frank and S.-M. Park in "Laboratory Techniques in Electroanalytical Chemistry," 2nd ed., P T. Kissinger and W. R. Heineman, Eds., Marcel Dekker, New York, 1996, Chap. 19.
50 K. M. Kadish, L. A. Bottomley, and J. S. Cheng, *J. Am. Chem. Soc.*, **100**, 2731 (1978).
51 M. E. Peover and B. S. White, *Electrochim. Acta*, **11**, 1061 (1966).
52 J. L. Sadler and A. J. Bard, *J. Am. Chem. Soc.*, **90**, 1979 (1968).
53 R. W. Johnson, *J. Am. Chem. Soc.*, **99**, 1461 (1977).
54 M. V. Mirkin, T. C. Richards, and A. J. Bard, *J. Phys. Chem.*, **97**, 7672 (1993).
55 I. Noviandri, K. N. Brown, D. S. Fleming, P. T. Gulyas, P. A. Lay, A. F. Masters, and L. Phillips, *J. Phys. Chem.*, **103**, 6713 (1999).

7.11　习题

7.1　从式(7.2.8) 和式(7.2.9) 推导

$$D_O^{1/2}C_O(0,t)+D_R^{1/2}C_R(0,t)=C_O^*D_O^{1/2} \tag{7.11.1}$$

7.2　用表7.4.1的数据绘出线性扫描伏安图，即在 $k^0=10^{-5}$cm/s、10^{-7}cm/s、10^{-9}cm/s 时，单步骤单电子过程 $\pi^{1/2}\chi(bt)$ 对电势的图，其中 $\alpha=0.5$，$T=25℃$，$v=100$mV/s，$D_O=10^{-5}\text{cm}^2/\text{s}$。把此结果和图7.2.1所示的Nernst反应结果进行比较。

7.3　Mueller 和 Adams（见 Adams R N，Electrochemistry at Solid Electrodes. New York：Marcel Dekker，1969：128）建议，通过测量Nernst体系的线性电势扫描伏安曲线，得到 $i_p/v^{1/2}$，然后用同一电极在同一溶液中做阶跃实验，得到 $it^{1/2}$ 的极限值，这样不需要 A、C_O^* 和 D_O 就可以求出电极反应的 n 值。试证明这一点，并说明为什么这种方法不适用于不可逆反应？

7.4　邻联二茴香胺（o-DIA）的氧化是两电子能斯特反应。在含2.27mmol/L邻联二茴香胺的2mol/L H_2SO_4 溶液中，用面积 $A=2.73\text{mm}^2$ 的碳糊电极，扫速0.500V/min时得到的 i_p 是8.19μA。计算 o-DIA的扩散系数 D。在 $v=100$mV/s时的 i_p 是多少？8.2mmol/L的 o-DIA在 $v=50$mV/s时的 i_p 是多少？

7.5　图7.5.2显示了在乙腈溶液中，二苯甲酮（BP）和三对甲苯基胺（TPTA）均为1mmol/L的循环伏安图。在BP可被还原和TPTA可被氧化的两个电势范围，对应BP不能被氧化、TPTA不能被还原。扫描从0.0V（vs. QRE）开始先向正扫。据伏安图形状说明：

(a) 在0.5～1.0V之间和−1.5～−2.0V之间两个电势区的伏安峰，分别对应什么电极反应？讨论有关的异相和均相动力学，估计形式电势。

(b) 在0.7～1.0V之间的电流为什么衰减？

(c) 在−1.0V的负扫电流和正扫电流是什么引起的？

7.6　0.1mol/L四乙基高氯酸铵（TEAP）的二甲亚砜（DMSO）溶液中，Kadish等研究了铁酞菁［FePc，见图1的MPc］和各种氮碱如咪唑（Im）间的互相作用。部分结果示于图7.11.1。在图7.11.1(a) 中，氧化还原对Ⅰ和Ⅱ都表现出与扫描速度无关的峰电势和电流函数。解释加入咪唑前后体系的伏安特性。

7.7　在吡啶或乙腈这样的非质子溶剂中，氧分子电化学还原的循环伏安图通常如图7.11.2所示。在汞电极上4s时间尺度内，STV实验给出斜率为63mV的线性 E-lg[$(i_{d,c}-i)/i$] 关系。在−1.0V（vs. SCE）电势下的还原产物能有ESR信号。如果加入少量甲醇，循环伏安图向正电势方向移动，且正向值增高，反向峰消失。随甲醇浓度增加，这种变化趋势逐渐增强，直到−0.4V(vs. SCE) 达到极限。在这种极端条件下，STV高度大约是无甲醇时的两倍，且波斜率为78mV。

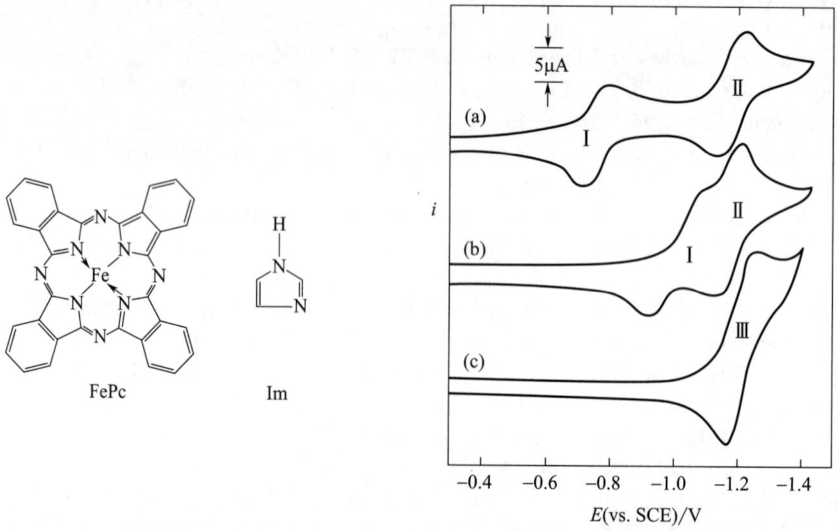

图 7.11.1　不同咪唑浓度时，1.18mmol/L 铁酞菁在含 0.1mol/L 四乙基高氯酸铵（TEAP）的二甲亚砜（DMSO）溶液的循环伏安图

扫描速度 100mV/s。咪唑浓度：(a) 0.00mol/L；(b) 0.01mol/L；(c) 0.95mol/L（引自 Kadish，Bottomley 和 Cheng[50]）

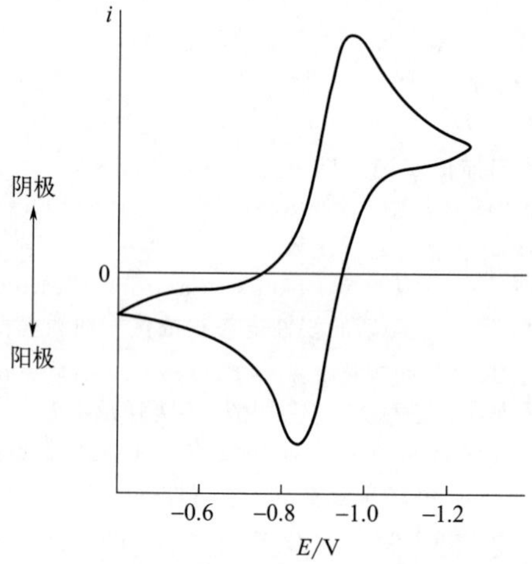

图 7.11.2　0.2mol/L 四正丁基高氯酸铵（TBAP）吡啶溶液中，HMDE 上氧的循环伏安图

频率 0.1Hz（引自 Peover 和 White[51]）

(a) 鉴定无甲醇溶液中的还原产物。

(b) 鉴定有甲醇时，极限条件下的还原产物。

(c) 讨论无甲醇时的电荷转移动力学。

(d) 解释伏安响应。

7.8　Sadler 和 Bard[52] 用面积 $A=1.54\mathrm{mm}^2$ 的铂圆盘电极，在 25℃、0.10mol/L TBAP 的 DMF 溶液中获得 0.68mmol/L 偶氮甲苯（AzT，图 1）的循环伏安图，示于图 7.11.3，其他数据列于表中。电量法结果表明第一个还原步骤是单电子的。处理这些数据，得到有关反应可逆性、产物稳定性、扩散系数等方面的信息并讨论（这是一组实际数据，不要指望它们与理论处理完全符合）。

扫描速度 /(mV/s)	第一波①				第二波①②		
	$i_{pc}/\mu A$	$i_{pa}/\mu A$	$-E_{pc}/V$②	$-E_{pa}/V$②	$i_{pc}/\mu A$	$-E_{pc}/V$②	$-E_{p/2}/V$②
430	8.0	8.0	1.42	1.36	7.0	2.10	2.00

续表

扫描速度/(mV/s)	第一波①				第二波①②		
	$i_{pc}/\mu A$	$i_{pa}/\mu A$	$-E_{pc}/V$②	$-E_{pa}/V$②	$i_{pc}/\mu A$	$-E_{pc}/V$②	$-E_{p/2}/V$②
298	6.7	6.7	1.42	1.36	6.5	2.09	2.00
203	5.2	5.2	1.42	1.36	4.7	2.08	2.00
91	3.4	3.4	1.42	1.36	3.0	2.07	1.99
73	2.9	2.9	1.42	1.36	2.8	2.06	1.98

① 过 E_{pc}100mV 后扫描反向。
② 表中电势相对于 SCE。

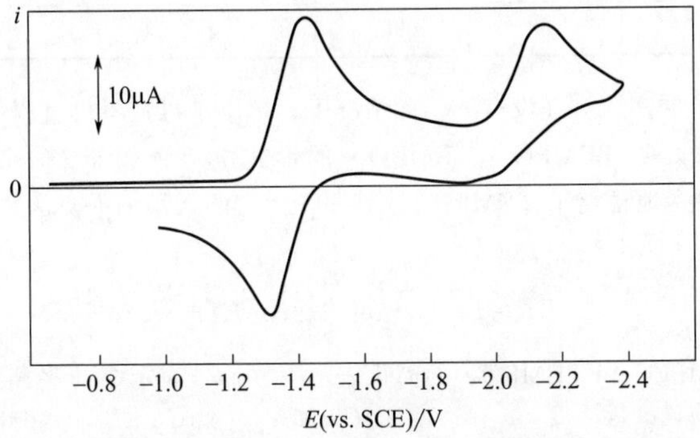

图 7.11.3　Pt 圆盘电极上，DMF 溶液中，偶氮甲苯的循环伏安图

7.9　在 0.1mol/L TBAP 的乙腈溶液中，Johnson[53] 研究了 1,3,5-三叔丁基并环戊二烯（ttBP，图 1）的电化学现象，从循环伏安、STV、整体电解实验得到下列结果。
循环伏安：示于图 7.11.4，扫描从 0.0V 开始先向正扫。
STV：还原波 $E_{1/2}=-1.46$V（vs. SCE），波斜率 59mV，在滴汞电极上进行，时间尺度 4s。
整体电解：在 +1.0V 整体电解得到一绿色溶液，并有分辨良好的 ESR 谱。在 −1.6V 整体电解得到一品红色溶液，也有分辨良好的 ESR 谱。整体电解转换都是在 CH_2Cl_2 溶液中进行。

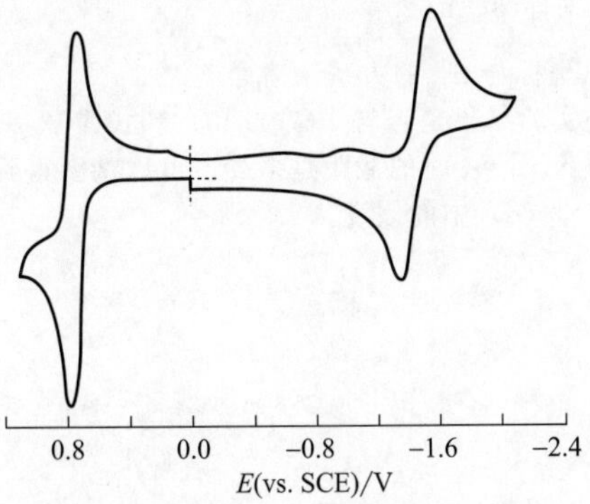

图 7.11.4　0.1mol/L TBAP 的乙腈溶液中，铂圆盘电极（$A=0.25cm^2$）上 ttBP 的循环伏安图，扫速 500mV/s，从相对于 SCE 的电势 0.0V 开始先向正扫（引自 Johnson[53]）

(a) 描述该体系的化学变化。
(b) 说明伏安曲线的形状，识别所有的峰。
(c) 联系循环伏安图，解释 STV 图。
(d) 对绿色溶液和品红色溶液中的氧化还原对，做简图说明它们的正向峰电流和 ΔE_p 对 v 的变化关系。

7.10　使用下列 $\Delta G^{0\alpha\rightarrow\beta}_{transfer,j}$ 值（kJ/mol）：Li^+，48.2；Cl^-，46.4；$TPAs^+$（四苯基砷离子），−35.1；

TPB^-（四苯基硼酸根），－35.1，绘出每种离子 Li^+、Cl^-、$TPAs^+$、TPB^- 在水/1,2-二氯乙烷（H_2O/DCE）体系中的界面分布简图（类似图 7.8.3，即离子浓度对电势 ϕ_α^β 的图），并根据此图预计如图 7.8.2(a) 那样的电流-电势行为。假设在 ITIES 两侧厚度 d 两相平衡，水相是 0.01mol/L 的 LiCl，DCE 相是 0.01mol/L TPAs TPB，均看作理想溶液且活度系数为 1。

7.11 二茂铁氧化的异相电子转移过程：

(a) Mirkin 等[54] 在乙腈溶液（含 0.5mol/L $TBABF_4$）中的二茂铁（Fc）氧化的异相电子转移动力学研究结果给出：$k^0=3.7$cm/s，$D_R=1.70\times10^{-5}$ cm^2/s。假设 $D_O=D_R$，计算 25℃扫描速度分别为 3V/s、30V/s、100V/s、200V/s、300V/s、600V/s 时，Fc^+/Fc 循环伏安的 ϕ 和 ΔE_p。

(b) Noviandri 等[55] 在 0.1mol/L $TBABF_4$ 的乙腈溶液中，用 25μm 直径的金圆盘电极研究 2mmol/L 二茂铁的氧化反应，得到不同 v 下的 ΔE_p 列于下表，试基于（a）的计算解释表中数据。

v/(V/s)	3.2	32	102	204	297	320	640
ΔE_p/mV	77	94	96	120	134	158	300

7.12 考虑图 7.2.6 中所示的实验。在没有 N_3^- 的情况下，单电子可逆电极过程由式(7.2.43) 给出。当添加 N_3^- 后，CV 行为说明 $TEMPO^+$/TEMPO· 的形式电势依赖于 N_3^- 浓度，可能通过相关平衡式(7.2.44)，N_3^- 可逆地稳定了 $TEMPO^+$，其基于活度的无量纲平衡常数为 K。形式电势通过以下能斯特关系定义（2.1.7 节）：

$$E_{eq}=E^{0'}+\frac{RT}{nF}\ln\frac{[O]}{[R]}=E^0+\frac{RT}{nF}\ln\frac{a_O}{a_R}$$

其中 O 和 R 是 $TEMPO^+$ 和 TEMPO· 的简化表示。方括号表示参与平衡的相应化学物质摩尔浓度（无单位）。在右边项，a 是活度，$a_O=\gamma_O C_O/C^0$ 和 $a_R=\gamma_R C_R/C^0$，其中，C_O 和 C_R 是非配合 O 和 R 的摩尔浓度；γ_O 和 γ_R 是它们的活性系数；C^0 是标准状态浓度，这里定义为 1mol/L。因为所有摩尔浓度已除以 C^0，所有方括号中的项是无单位的（2.1.7 节）。

(a) 从式(7.2.43) 和式(7.2.44) 出发⑯，在存在 N_3^- 的情况下推导出 $E^{0'}$ 的一般方程，用 $[N_3^-]$ 表示平衡中添加叠氮化物的所有化学形式。为简单起见，将电荷转移络合物表示为 OA，未配合物叠氮化物表示为 A。保留所有因子，包括活度系数和 C^0。

(b) 推导 $[N_3^-]=0$ 时一般方程的极限形式。将此情况改用指定 $E_0^{0'}$ 表达，使用此量重新表达一般方程。

(c) 假设理想情况（活度系数为 1）和 $[N_3^-]\gg C_{OA}/C^0$，简化通用方程。

(d) 求 $K[N_3^-]\gg1$ 的极限形式。

(e) 解释图 7.2.6(b) 的纵坐标与 $E^{0'}$ 的关系。估计 $E_0^{0'}$。

(f) 说明图 7.2.6(b) 中的实验结果是否与式(7.2.43) 和式(7.2.44) 描述的体系一致。

(g) 图 7.2.6(b) 中对应 $[N_3^-]=1$ 时的截距是多少？可以从图得到这个定量结果吗？

(h) 选做：测试验证（c）和（d）中的假设。

⑯ 这个问题基于 1.4.1 和 5.3.2(3) 节中 SSV 和 STV 处理耦合平衡的相同现象和原理，只是这里用于处理 CV。

第8章　极谱法、脉冲伏安法和方波伏安法

本章回到基于电势阶跃波形的伏安法。几十年来，人们使用电势阶跃和电流采样逐步地精心设计发展了各种各样的方法。这些方法已经演化为多种形式，一些主要用于电分析，其他则用于基础研究。所有这些方法都源自传统的极谱方法，所以从讨论可更新汞电极上的经典现象开始，然后是各种形式的脉冲伏安法，最后是最强大的方波伏安法。

8.1　极谱法

电分析化学确切地讲是从滴汞电极（dropping mercury electrode，DME）发展而来的，滴汞电极由海洛夫斯基（Heyrovský）发明[1]，用于测量表面张力（14.2.1节）。机缘巧合，海洛夫斯基发现了一种强大的伏安方式，并把它命名为极谱法（polarography），他因这一成就被授予1959年诺贝尔化学奖。可以说“极谱法”是本书中讨论的大多数方法的起源[2]。

术语“极谱法”自此成为可更新汞电极上伏安法的通称。在本书中，把历史上的形式称为直流极谱法（dc polarography）或常规极谱法（conventional polarography）。虽然这种方法现在已经被替代，但它是从20世纪20～60年代大量文献的研究主题，为有机和无机电化学持续提供了大量有用的描述性信息，以及形式电势、扩散系数与平衡常数等有价值的定量数据。为保持它们对初学者的价值，本版保留了如下极谱法基本内容的概述❶。

8.1.1　滴汞电极

图8.1.1描绘了一个经典的滴汞电极[3-6]。其由一根内径约5×10^{-3}cm的毛细管和高约20～100cm的软管（连接储汞器）构成。汞通过毛细管流出形成近似球形的液滴，汞滴一直增大直到表面张力无法支撑其重量时就滴落。最后汞滴的典型直径在1mm左右。若汞滴增大期间有电解反应发生，电流会随时间变化，电流变化反映了球形电极面积的扩张和电解消耗的贫化效应。汞滴落下时，会搅动溶液并大大消除了贫化效应，这样每一汞滴都是在更新的溶液中诞生。如果在汞滴生长寿命（2～6s）期间，电势变化不大，汞滴滴落和电势变化同步，则该过程和阶跃实验无异，即每个汞滴的生长过程，都是一次新实验。

8.1.2　Ilkovič方程

现在来分析，当DME保持在电解传质控制区电势时，单个汞滴寿命期间的电流。应该会得到一个类似于描述平板电极上电流的Cottrell方程［式(6.1.12)，6.1.1(1)节］。但是，DME的问题因电极反应过程中电极的物理生长而变得复杂。

Ilkovič最早提出了一种有效的处理方法[7-8]，以他的名字命名的方程为

$$\boxed{i_{\mathrm{d,c}}=708nD_{\mathrm{O}}^{1/2}C_{\mathrm{O}}^{*}m^{2/3}t^{1/6}}\tag{8.1.1}$$

式中，$i_{\mathrm{d,c}}$单位为A；D_{O}单位为$\mathrm{cm^2/s}$；C_{O}^{*}单位为$\mathrm{mol/cm^3}$；m单位为mg/s（毛细管中汞的质量流速）；t单位为s。如果C_{O}^{*}单位是mmol/L，则$i_{\mathrm{d,c}}$单位为μA。

❶ 本版大幅度减少了极谱法的内容。更全面的内容（包括相应的参考文献），请参考第一版5.3节及第二版7.1节和7.2节。

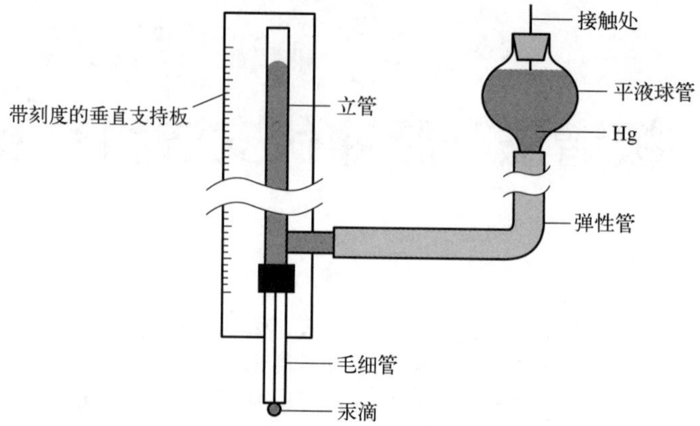

图 8.1.1 滴汞电极

Ilkovič 方程确实可以理解为 Cottrell 方程的延伸。只需两次替换即可从式(6.1.12) 得到式(8.1.1)：

① 必须清晰地表示与时间相关的电极面积 $A(t)$，因为随着汞滴的增长，面积增大使得扩散场逐渐扩大。可以证明（习题 8.2）

$$A(t)=4\pi\left(\frac{3mt}{4\pi d_{\mathrm{Hg}}}\right)^{2/3} \tag{8.1.2}$$

式中，d_{Hg} 为汞的密度；通常 $m=1\sim2\mathrm{mg/s}$。

② 将有效扩散系数改为 $(7/3)D_{\mathrm{O}}$。汞滴稳定增大导致现有扩散层依球形扩张，类似于膨胀气球膜的行为。在任何时间，效果上相当于扩散层厚度变薄，因此电极表面的浓度梯度增强，电流更大。

这样，我们发现 Ilkovič 处理是基于球面上的线性扩散的。事实上，汞滴寿命和成熟汞滴的直径典型值确保了线性扩散是一个很好的近似［6.1.2(3) 节］。Koutecký[9-10] 后来基于球面扩散进行了严格处理，但 Ilkovič 方程仍然是直流极谱法的基本诠释关系式。

图 8.1.2 显示了以式(8.1.1) 给出的几个汞滴的预测电流-时间曲线。电流是时间的单调递增函数，与静止平板电极上 Cottrell 方程给出的电流衰减形成鲜明对比。由此看来，汞滴的膨胀效应（面积增大和扩散扩张）大大抵消了电极附近电活性物质的贫化效应。

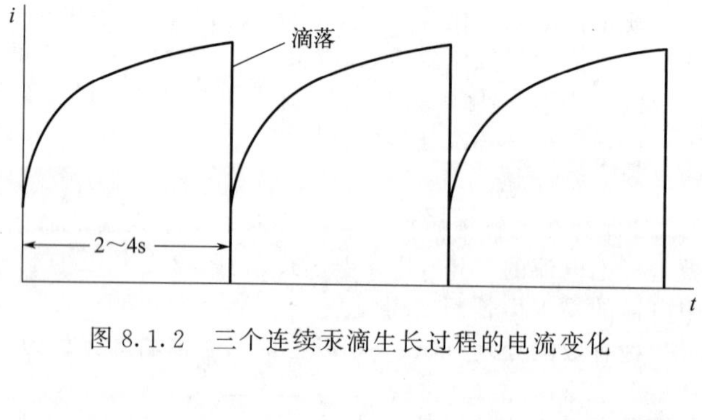

图 8.1.2 三个连续汞滴生长过程的电流变化

8.1.3 极谱波

常规极谱图是在电势随时间线性扫描时，记录 DME 的电流，但扫描要足够慢（1～3mV/s），使得每个汞滴生长期间电势基本上保持恒定。电势恒定是直流极谱名称中的“直流（dc）”二字的基础。如果连续记录电流，伴随汞滴的生长和滴落，电流的振荡通常相当明显。图 6.4.1 给出了极谱图实例。最容易测量的电流是汞滴刚好下落之前流过的电流。在线性近似下，该电流由下式给出

$$\boxed{(i_d)_{max}=708nD_O^{1/2}C_O^*m^{2/3}t_{max}^{1/6}} \tag{8.1.3}$$

式中，t_{max} 是汞滴寿命，一般称为滴落时间（drop time）❷。

实际上常规极谱图是暂态取样伏安法（STV）的一种形式，通过观察电流-电势曲线上最大电流的位置，就可以直观地采样。6.2～6.4 节已给出 STV 的解释，完全适用于常规极谱波。此外，5.2.5 节的简化传质方程也一样适用，代入式(8.1.2) 给出的时间相关面积得到

$$m_O=[(7/3)D_O/(\pi t_{max})]^{1/2} \tag{8.1.4a}$$

$$m_R=[(7/3)D_R/(\pi t_{max})]^{1/2} \tag{8.1.4b}$$

8.1.4 滴汞电极的实用优点

DME 为实验测量提供了有价值的特性[3-6]：

① 滴落动作重现性非常好，电极表面不断更新，可以确保高精度测量[11]；

② 沉积在电极内部或表面的材料（如从溶液中吸附或电沉积金属）不会长久地改变电极；

③ 重复的滴落和搅拌动作在效果上保证不断更新溶液，对电极施加恒定或缓慢变化的电势，可实现一系列阶跃实验，这完全符合 STV 的要求；

④ DME 电流-时间曲线的特征是接近最大电流时电流变化率最小，且最大电流与汞滴寿命结束相对应，这非常适合 STV；

⑤ 相应地，STV 便于多组分分析，因为每个波的传质控制区都会获得电流平台，所以多个连续波的基线都是平坦的（或至少是线性的）（6.4 节）。

此外，DME 还提供了汞表面特有的高析氢过电势。在许多水介质中，析氢决定了阴极背景极限。DME 的高过电势意味着背景极限被推到更负的电势，这样就有可能观察到原本掩盖在背景中的电极反应。一个例子是在碱性水溶液介质中达到背景极限前，DME 上可以清晰观察到钠离子还原成汞齐 Na(Hg) 的波。

实际上，该特例受益于 DME 的另一个好处，就是汞齐合金的形成。由于钠汞齐自发形成，

$$Na+Hg \longrightarrow Na(Hg) \quad (\Delta G^0<0) \tag{8.1.5}$$

Na^+ 还原成 Na(Hg) 的自由能小于还原成金属的自由能，相应标准电势更正。这是所有涉及还原成汞齐的电极反应的一般共同特征，它拓宽了在 DME 上可以研究的反应范围。

包括 DME 在内的所有汞电极的主要缺点是它们不能在比大约 0V（vs. SCE）更正的电势下操作。来自汞氧化的阳极极限总是在此电势附近，虽然这个电势一定程度上依赖于介质。

8.1.5 极谱分析

基于极限扩散电流和电活性物质的本体浓度之间的线性关系，可以进行极谱定量分析。大多数浓度的精确测量需要借助标准溶液绘制标准曲线。在日常工作中，可达到±1%的精度[3-6]；Lingane 的研究表明[11]，小心谨慎、细致地工作，可能达到±0.1%的精度。造成精度变差的原因大部分均来源于一些温度效应，尤其是传质的温度依赖性。温度每增加一度，扩散系数 D 一般要增大 1%～2%。标准加入法和内标法也可用于浓度测量，一般精度为百分之几。

采用 DME 的直流极谱分析的独特之处在于它是评估浓度的“绝对”方法[12]。重新排列式(8.1.3)，将实验变量（i_d、t_{max}、m 和 C_O^*）移到方程一侧，得到

$$\boxed{(I)_{max}=\frac{(i_d)_{max}}{m^{2/3}t_{max}^{1/6}C_O^*}=708nD_O^{1/2}} \tag{8.1.6}$$

式中，扩散电流常数（diffusion current constant）$(I)_{max}$ 与实验采用的 m、t_{max} 和 C_O^* 无关，仅取决于 n 和 D_O，只是电活性物质和介质决定的函数，类似光学分析的摩尔吸光系数。若已知一个体系的（I）$_{max}$，只需通过简单测量 i_d、t_{max} 和 m 就可求出 C_O^*，无需标准物质。因为式(8.1.3) 本身就是一个近似，该方法也是近似的。已报道了许多扩散电流常数和大量表格数据[3,5,13-15]。

由于 DME 的使用已日渐减少，新文献中很少再报道扩散电流常数。然而，旧文献中的数据

---

❷ 早期的极谱文献中，常使用汞滴寿命期间的平均电流 $\bar{i}_d$。从 Ilkovic 方程可以导出，平均电流是最大电流的 6/7：$\bar{i}_d=607nD_O^{1/2}C_O^*m^{2/3}t_{max}^{1/6}$。有关详细讨论参见第一版。

对估计 n 或 D 仍然有用❸。对于黏度（约 1cP）类似水的溶液介质，1e、2e、3e 反应对应的扩散电流常数一般分别在 1.5～2.5、3.0～4.5、4.5～7.0 之间。这些范围基于这样一个事实，即在给定介质中，大多数离子和小分子的扩散系数相近。例外情况包括水中的 H^+ 和 OH^-，还有广泛意义的氧、聚合物、生物大分子等。

常规极谱分析在 0.1～10mmol/L 的范围内最容易进行。前面关于精度的说明通常适用于这个范围。10mmol/L 以上，电极过程往往导致电极附近的溶液成分发生大幅变化，从而产生对流，并使电流变得不稳定。接下来讨论工作范围的下限。

8.1.6　残余电流和检测限

直流极谱实验中，在没有添加电活性物质的情况下，在阳极与阴极背景极限之间存在残余电流（residual current）[3-6]，它是双电层充电引起的非法拉第电流和由其他组分引起的法拉第电流的总和。这些组分包括：①痕量杂质，如重金属、电活性有机物或氧等；②电极材料，电极材料自身经常经历缓慢的、与电势有关的法拉第反应；③溶剂和支持电解质，它们会在很宽的电势范围内产生小电流，在极端电势下，它们的反应会大大加速，并最终确定背景极限。

由于 DME 总是在膨胀，新鲜表面不断出现。电极必然不断充电以保持电极电势，所以充电电流 i_c 总是存在。电极上的过剩电荷［1.6.4(1) 节］为

$$q^M = C_i A(E - E_z) \tag{8.1.7}$$

式中，C_i 是双电层积分电容（14.2.2 节）；A 是电极面积；E_z 是零电荷电势（PZC，14.2.2 节）。由于汞滴寿命期间，C_i 和 E 事实上是常数，式(8.1.7) 微分得到

$$i_c = -\frac{dq}{dt} = C_i(E_z - E)\frac{dA}{dt} \tag{8.1.8}$$

从式(8.1.2) 得到 dA/dt，进而求出

$$\boxed{i_c = 0.00567 C_i (E_z - E) m^{2/3} t^{-1/3}} \tag{8.1.9}$$

式中，C_i 单位是 $\mu F/cm^2$（典型的 C_i 值在 10～20$\mu F/cm^2$）；i_c 单位是 μA；m 单位是 mg/s。如果 C_i 和 t_{max} 不怎么随电势变化，i_c 就将与 E 成线性，被图 8.1.3 所示的实验证实。

在单个汞滴的寿命期间，法拉第电流和充电电流的时间分布非常不同。在每个汞滴刚诞生之时，dA/dt 较大，充电电流的突增是总电流主成分，随着汞滴的增大，充电电流随 $t^{-1/3}$ 衰减。而法拉第电流从汞滴诞生起就以 $t^{1/6}$ 稳定增长，并可能在每个汞滴寿命结束时占主导。这两种成分的相对贡献随着电活性物质的本体浓度 C_O^* 的变化而有很大差异。

图 8.1.4(a) 是 $C_O^* = 10^{-5}$ mol/L 体系的一个真实极谱图，在汞滴寿命期间，它的平均充电电流和法拉第电流大致相等。虽然法拉第极谱图可以分辨出来，但充电尖峰使得任何 $i_{d,c}$ 的估计都变得复杂。如果 C_O^* 降低到 10^{-6} mol/L，法拉第波的量化将变得不可能。这时的法拉第信号只有图 8.1.4(a) 中的 1/10 大小，被淹没在仍然占主导的充电电流尖峰（与 C_O^* 无关）中。因此，在经典极谱法中，Cd^{2+} 的检测限必然在 10^{-5} mol/L 和 10^{-6} mol/L 之间。

图 6.4.1 提供了一个高浓度体系的反例——空气饱和水溶液中 O_2 的还原（$C_{O_2}^* \approx 0.25$mmol/L）。法拉第电流大约是图 8.1.4(a) 中的 100 倍，它反而淹没了充电电流尖峰。图 6.4.1 中的电流振荡几乎完全是由于汞滴落下时法拉第电流消失造成的，而图 8.1.4(a) 中的电流振荡则几乎完全是由充电电流引起的。

这些例子说明了充电电流在分析灵敏度方面对经典极谱法的决定性作用。为了改进检测限，必须发展能抑制充电电流贡献或增强需被测的法拉第电流的方法。常规脉冲伏安法（normal pulse voltammetry，NPV）和差分（微分）脉冲伏安法（differential pulse voltammetry，DPV）都是基于这个角度来改进提高 DME 电分析灵敏度的，而且现在已经扩展到远超 DME 的范围。下节讨论 NPV，然后在第 8.4 节讨论 DPV。

---

❸ 早期的极谱文献中，常使用汞滴寿命期间的平均极限电流 $\bar{i}_d$。扩散电流常数有时也用平均电流从 Ilkovic 方程定义，这样的扩散电流常数是：$\bar{I} = \frac{\bar{i}_d}{m^{2/3} t_{max}^{1/6} C_O^*} = 607nD_O^{1/2} =$（6/7）$(I)_{max}$。

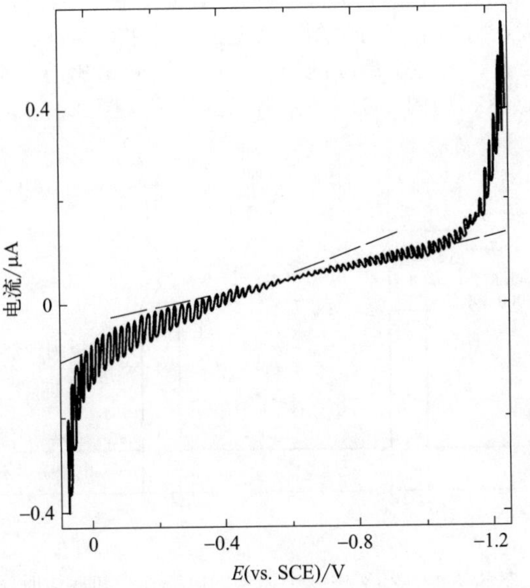

图 8.1.3　0.1mol/L HCl 溶液中 DME 的残余电流

比 0V 较正的电势下和比 -1.1V 更负电势下的急剧增加的电流分别源自汞的氧化和 H^+ 的还原。0V 和 -1.1V 之间的电流主要是电容性的。PZC 大约在 -0.6V(vs. SCE)（参考 Meites[5]）

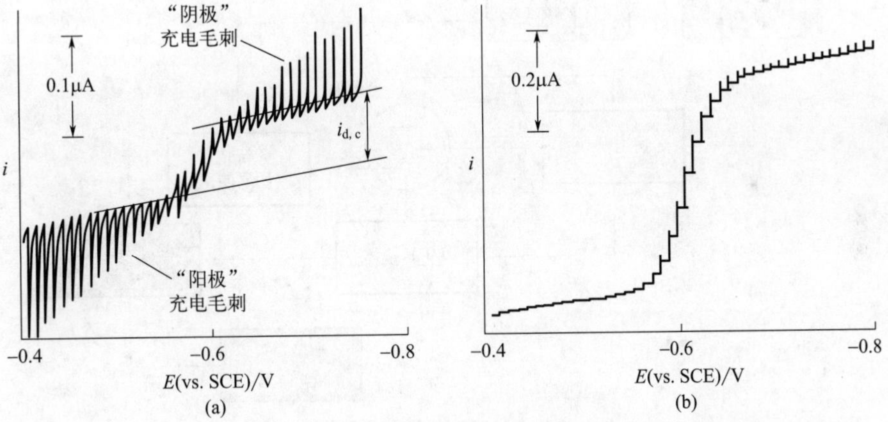

图 8.1.4　DME 上 10^{-5} mol/L Cd^{2+} 在 0.01mol/L HCl 中的极谱图

(a) 常规直流模式，本实验中 PZC 在 -0.57V 附近，因此，充电电流尖峰在更正电势下表现为“阳极的”，在更负电势下是“阴极的”；(b) 常规脉冲模式，这种方法消除了汞滴诞生时的非法拉第电流尖峰

8.2　常规脉冲伏安法

在 6.2 节中我们已经初步了解了作为 STV 模型基础的 NPV 概念，并在 6.2～6.4 节中进行了广泛的理论分析，这里的重点在实验技术方面。

8.2.1　技术实施

图 8.2.1 解释了 Barker 和 Gardner[16] 发明的 NPV 概念本质[6,17-21]。该方法的特点是一系列的测量周期。在每个周期的早期必须更新电极表面，以消除前一周期的影响。更新期间，电极通常保持在基电势 E_b，使得感兴趣的物种保持电惰性。在从每个周期开始计时的时刻 τ'，电势阶

跃升至 E 值持续 1～100ms，然后重置为基电势 E_b 以结束测量周期，紧接着开始下一个更新周期。在每个周期中，在接近脉冲结束的时刻 τ 对电流进行采样，并将采样值作为常数输出，直到下一个周期的采样值替换它。每一个后续的周期，阶跃电势都比前一个增大几毫伏。实验结果是取样电流对阶跃电势 E 做图，如图 8.1.4(b) 所示的波形。图 8.2.2 是实验实施框图。

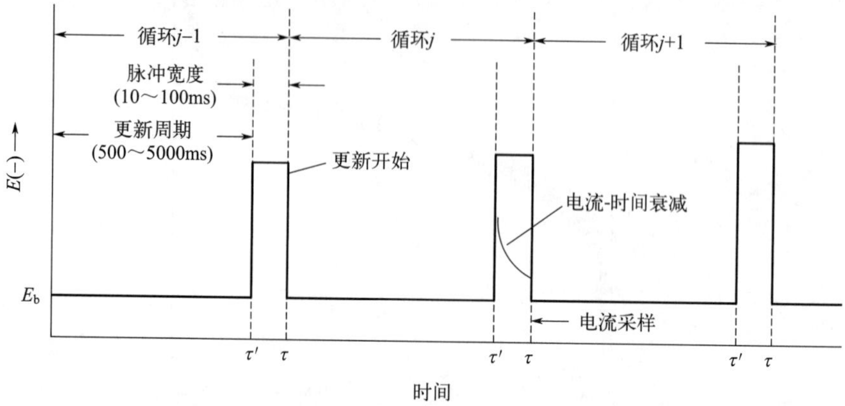

图 8.2.1 NPV 中三个循环的电势程序和取样时序

循环 j 示出的感兴趣物种在阶跃电势脉冲期间的电活性反应行为——法拉第电流暂态，会依电势不同大小不一地出现在所有脉冲期（电流坐标的零电流对应 E_b 位置水平）。τ 和 τ'时刻相对每个周期的开始进行计时

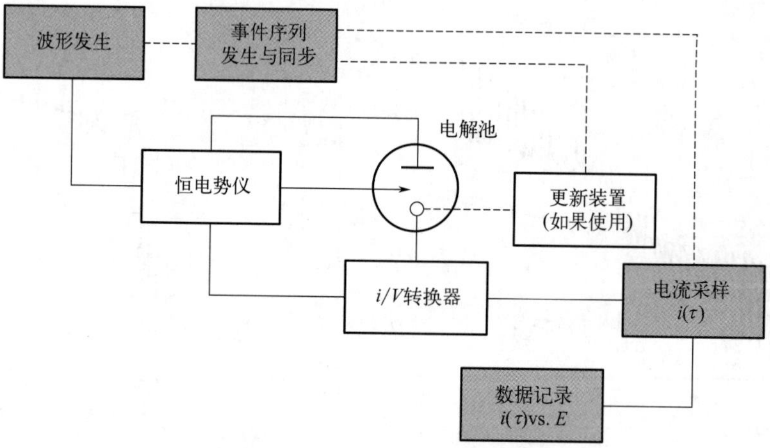

图 8.2.2 NPV 的实验装置示意图

通常使用计算机控制恒电势仪时，阴影框表示的任务由数字电路部分处理（16.6 节）。为了提高精度，电流采样通常在短时间内重复多次测量后，去噪平均后才作为此时刻的 $i(\tau)$。更新装置见正文讨论部分

NPV 适用于所有类型的微电极，无论是平板状还是非平板的，无论毫米尺寸还是几微米尺寸。通常，脉冲宽度足够短，半无限线性扩散仍适用，即使电极表面曲率不为零（6.1.2 节）。

更新过程是为了确保在时间 τ'施加脉冲时，主要物种（此处指 O）的浓度分布均匀保持在本体值 C_O^*。由于在脉冲之前 O 的电解可以忽略不计，因此每当脉冲电势 E 到达扩散控制区时，电流都遵循 Cottrell 方程［式(6.1.12)］。于是，伏安平台的采样法拉第电流为

$$\boxed{(i_{d,c})_{NP}=\frac{nFAD_O^{1/2}C_O^*}{\pi^{1/2}(\tau-\tau')^{1/2}}} \tag{8.2.1}$$

式中，$(\tau-\tau')$ 是从脉冲上升测量的采样时间。

NPV 是 STV 的模型，只要保障扩散层的更新复原有效（8.2.2 节），已发展完善的（6.2 节和 6.3 节）分析伏安波形位置、形状和高度的理论，完全适用于 NPV。对于无法实现更新复原

的体系，详细分析 NPV 结果是不切实际的。

NPV 时间尺度特征是毫秒级，比常规极谱法大约 3s 的时间尺度短很多，因此，一个在常规极谱实验中表现为可逆的化学体系，在 NPV 中可能表现为准可逆或不可逆。许多体系就是这样表现出缓慢电极动力学的。如果体系表现出快速的电极动力学，电极反应的产物在 1s 时间尺度上衰变，可能观察到相反的行为。那种情况下，NPV 只会表现出可逆性，因为在毫秒级的测量过程中几乎观察不到产物衰变。而常规极谱图将显示出电荷转移后的均相反应特征（第 13 章）。

对于 NPV 波形（图 8.2.1），在每个电势阶跃边沿都有一个充电电流尖峰，但充电电流会按电解池时间常数 R_uC_d 呈指数规律衰减［1.6.4(1) 节］。一般来讲，如果 $(\tau-\tau')>5R_uC_d$，取样电流就不包含电容贡献。许多介质中的电解池时间常数是几十微秒到几毫秒（6.7 节），因此 NPV 通常很容易满足这一条件。

8.2.2　静态电极的更新

扩散层的循环更新对 NPV 是必不可少的。在 DME 上是自动发生的，但是在静态电极如铂或碳圆盘上，经历一个又一个脉冲和采样循环后，电极和扩散层可能变得不那么能完全复原。扩散层内或电极表面，反应物会逐渐贫化耗尽，产物会逐渐累积，结果导致伏安响应降低。

在静止电极上实现循环复原有两种通用方法：

① 电化学更新（electrochemical renewal）。通常在脉冲期间进行的电极反应在电势回到 E_b 时发生逆转。例如在 1mol/L NH_3 ＋1mol/L NH_4Cl 中 $Cu(NH_3)_6^{2+}$ 的 NPV。当脉冲电势达到该配合物被还原的值时，电极反应是 $Cu(NH_3)_6^{2+}+e\longrightarrow Cu(NH_3)_6^{+}$，但是当电极恢复到 E_b 时，该过程逆转：$Cu(NH_3)_6^{+}\longrightarrow Cu(NH_3)_6^{2+}+e$。通过该逆转，特别是当在 E_b 的保持时间远长于脉冲持续时间时，可以实现更新恢复。电极动力学是否足够快（称为“可逆”）并不重要，只要化学过程能够有效逆转才是关键。

② 扩散更新（diffusive renewal）。即使没有电解逆转，也可以在 E_b 下简单地等待足够长时间，通过扩散来更换消耗的反应物，从而实现复原[22]。5.1.3 节说明了恢复所需的时间，在 UME[23-24] 上特别实用。即使是最大的 UME 也能在几秒钟内完全复原，而那些特征尺寸在 1μm 左右的超微电极可以在几毫秒内复原。另外尤其是在水介质中，UME 的电解池时间常数很小。这些性质的结合使得 NPV 实验可以用更短脉冲（传统设备低至 10ms，而特制仪器甚至可用 μs 脉冲）更快完成（比传统电极快 10～100 倍）。

电极在可对流体系中工作时，还有另一种更新复原方法。例如旋转铂圆盘电极，在电势保持在 E_b 时，依靠搅拌来更新恢复扩散层。持续的对流可能影响每个脉冲中采样的电流，超出基于扩散理论的预期值。然而，这种误差通常无关紧要（就像可进行标准校正的分析应用）或者相当小（因为短时间脉冲产生的扩散层仍然被限制在相对静止的溶液层中）。

如图 8.2.2 所示，可以使用特殊装置进行更新，可能需要规划一个新的测量循环的同步关系。示例包括用旋转电极的电机，每次更新期间用于改变电极表面溶液的微流控泵，或用于 DME 的震落汞滴的敲击器（8.2.3 节）。

如果扩散层不能有效地更新，极谱波将不会显示出一个平台，而是形成一个峰，在更远端电势时下降，反映反应物的累积消耗。这样该曲线就类似于线性扫描伏安图，本质上与形成 LSV 响应曲线的原因一样（7.1 节）。

8.2.3　常规脉冲极谱

作为极谱法的一种改进形式[16-17]，最初 NPV 被设计与 DME 一起使用，的确最初就称作常规脉冲极谱法（normal pulse polarography，NPP）。现在虽然极谱模式仍在使用，但静态滴汞电极（SMDE）几乎已完全取代 DME。接下来，我们将研究这两种可更新汞电极在伏安法上的差异。

(1) DME 上的行为

滴汞电极上的 NPV 如图 8.2.1 和图 8.2.2 所示，随着每个汞滴的滴落，循环更新自动发生，新汞滴在新鲜溶液中生长。由测量系统控制的电动机械滴落敲击器，也用于同步新测量循环的开始时间。

在常规极谱法的扩散控制平台，每一汞滴寿命期都有法拉第电流通过，但只在寿命终点滴落前采样测量。采样时刻之前的法拉第反应没有任何用处。这其实有损灵敏度，因为它消耗了电极表面附近的电活性物质，减少了其在实际测量时向表面的流量。脉冲方法阻止了早期电解，从而增加了感兴趣物种的测量电流。

如 8.1.2 节所述，直流极谱电流 $(i_{d,c})_{DC}$ 可重写为

$$(i_{d,c})_{DC}=\frac{nFA(7/3)^{1/2}D_O^{1/2}C_O^*}{\pi^{1/2}\tau^{1/2}} \tag{8.2.2}$$

比较这个直流极谱电流和 τ 时刻采样的 NPP 的取样电流，即式(8.2.1) 和式(8.2.2) 相除得到

$$\frac{(i_{d,c})_{NP}}{(i_{d,c})_{DC}}=\left(\frac{3}{7}\right)^{1/2}\left(\frac{\tau}{\tau-\tau'}\right)^{1/2} \tag{8.2.3}$$

使用 $\tau=4s$ 和 $(\tau-\tau')=50ms$ 这样的典型值，可算出这个比值约为 6。因此 NPP 方法的法拉第电流显著增大。在图 8.1.4 中比较了 DME 上 NPP 和常规极谱法的结果，显然脉冲方法的采样电流大得多。

NPP 还通过降低充电电流背景提高了极谱法的灵敏度。在 DME 中，dA/dt 从不为零，因此充电电流总是有贡献。从式(8.1.9) 中，我们看到 NPP 电流样本中包含的充电电流为

$$i_c(\tau)=0.00567C_i(E_z-E)m^{2/3}\tau^{-1/3} \tag{8.2.4}$$

幸运的是，这是汞滴寿命期间能达到的最小充电电流值，但更有用的是，NPP 中使用的电流采样完全滤除了每一汞滴新生时的充电电流尖峰。图 8.1.4 证实在同样条件下，和直流极谱法相比，NPP 的背景更小且更稳定。

(2) 静态滴汞电极上的行为

DME 的缺点是具有不断变化的面积和受限的时间尺度。前者使扩散的处理复杂化并产生了来自双层充电的连续背景电流。后者由液滴的寿命决定，不能在超出 0.5～5s 时间范围外任意变化。SMDE（图 8.2.3）的发明和商业化弥补了这些缺点[25-26]。

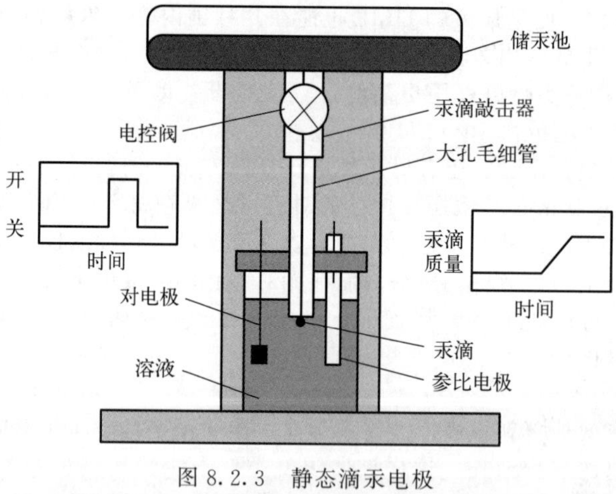

图 8.2.3 静态滴汞电极

包括电解池架以及通过惰性气体鼓泡对溶液进行搅拌和除氧的装置。自动化的恒电势仪控制这些功能，并管理汞滴的生成和敲除，控制电势施加程序。当需要新的汞滴时，向汞滴敲击器发送敲除命令震落旧汞滴，然后电控阀打开 30～100ms（左插图），在此期间汞滴形成（右插图），然后汞滴大小保持稳定不变

SMDE 是一种自动化装置，阀门控制汞流动❹。电子信号控制阀门打开时，仅约 10cm 高的汞柱驱动汞通过大孔毛细管。在不到 100ms 的时间内挤出生长汞滴，然后关闭阀门停止汞滴生长。汞滴就保持在原位，直到敲击器在接收到另一个电子信号时将其震落。SMDE 装置可作为静止的悬滴汞电极（hanging mercury drop electrode，HMDE），或在重复模式下替代 DME。在后

❹ 一种具有类似特性的新型装置——受控生长汞电极（controlled growth mercury electrode，CGME）已上市。

一种模式中，它保留了 DME 的所有重要优点（8.1.4 节），但增加了面积在汞滴形成后保持不变的新特性。

由于测量时 $dA/dt=0$，汞滴膨胀产生的充电电流为零。在 SMDE 的大多数 NPP 中，残余电流完全是法拉第电流，通常由体系中溶剂和支持电解质中的杂质所决定（8.1.6 节）。

几乎所有当代极谱工作现在都是用 SMDE 完成的。与 DME 相比，它提供了许多实用的优点：

① 完全消除了充电电流，降低了背景电流，改善了检测限；

② 出于同样的原因，在 DME 上，充电电流的消除还降低了背景电流的斜率［式(8.2.4) 和图 8.1.4(b)］，因而可以更好地测量波高，提高了精度；

③ 采用 SMDE 可实现较短的汞滴滴落时间（1s 或更短），因此，与 DME 相比，记录伏安图时间可节省 75%；

④ SMDE 为自动化设计，易与电化学工作站连接；

⑤ SMDE 更加紧凑。

8.2.4 实际应用

NPV 可与多种微电极一起使用，并在至少跨两个数量级的时间尺度上提供良好的定量精度。此外，已有一整套理论支持结果的解释和分析，详见 6.2～6.4 节。因此，NPV 非常适合旨在定量评估参数的基础实验工作。

在重金属和有机物的低浓度检测方面，尤其是环境样品[6,19-21]，NPV 也有着悠久的应用历史。大部分工作都是在极谱模式下完成的。NPP 的检测限通常在 10^{-6}～10^{-7} mol/L 之间，大约比直流极谱法好一个数量级。在 SMDE 上，灵敏度得到优化，电容背景基本上被完全消除。由于 8.4.4 节中讨论的原因，在静态电极上的检测限通常较差。8.6 节将更全面讨论脉冲伏安法在实际分析中的应用。

8.3 反向脉冲伏安法

如前所述，NPV 通常在主要电化学反应物不发生反应的电势区域中选择一个基电势 E_b。扫描通过脉冲电势逐次递进变化，先到达 $E^{0'}$ 附近，继而最终到极限扩散的电势区。对常见可逆反应 $O+ne \rightleftharpoons R$，本体初始只有 O 存在且 R 不存在时，$E_b$ 通常会设定在比 $E^{0'}$ 正约 200mV 的位置，然后向负方向施加电势阶跃脉冲［图 8.3.1(a)］。在施加每个脉冲之前的时间，保持在基电势，O 还原可忽略，且从体相到表面浓度均匀分布。

在反向脉冲伏安法（reverse pulse voltammetry，RPV）中[18-19,27]❺，电势波形和取样方法与 NPV 相同（图 8.2.1）。但在实施中有一些重要差别［图 8.3.1(a)］：①基电势选在体相电化学物种电解的极限扩散区；②阶跃脉冲电势“反向”越过 $E^{0'}$，进入电化学物种不反应的电势范围。

对于上述讨论的 RPV，基电势会设定在比 $E^{0'}$ 负 200mV 或以上的位置，而脉冲则向正方向进行。在每个长时间处于 E_b 的期间，物种 O 以极限扩散控制的速率被电解，它在电极表面的浓度降为零，而 R 在电极表面产生并向外扩散延伸。在电极附近主要是 R，而不是 O，在这样的浓度分布状态下施加脉冲电势。当脉冲移向到更高的正电势时，逐渐能够氧化基电势 E_b 下预电解产生的 R，因此在 τ 时刻测量得到的是 R 的阳极氧化电流。当脉冲电势变得比 $E^{0'}$ 更正 100mV 或以上时，R 的电解达到极限扩散速度不再随着阶跃电势的变化而变化，此时出现阳极电流平台［图 8.3.1(b)］。显然，反向实验聚焦的是检测基电势阶段电解的产物。

在常规脉冲实验中，直到脉冲电势接近 $E^{0'}$，O 才会在电极上反应还原，所以常规脉冲在 E_b 及附近的阶跃电势下，法拉第电流实际是 0［图 8.3.1(b)］。RPV 中的情况则完全不同，在 RPV 的基电势 E_b 附近，O 是以极限扩散速度还原的，可以采集到显著的阴极电流。未达到 $E^{0'}$ 附近

❺ 使用 DME 或 SDME，则称作反向脉冲极谱（reverse pulse polarography，RPP）。

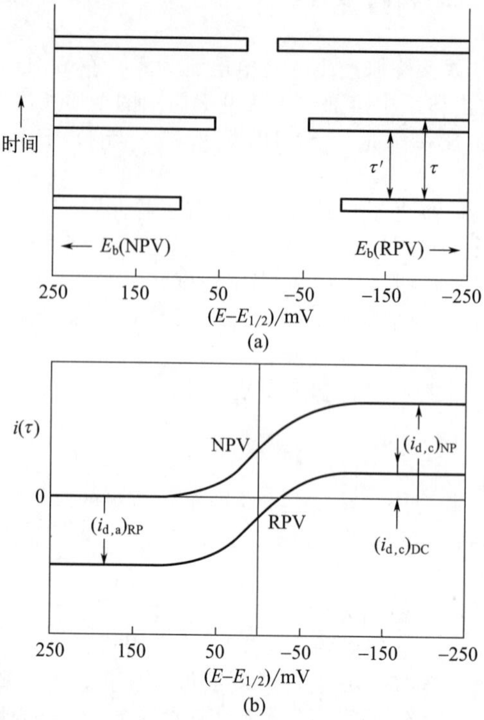

图 8.3.1 简单的单电子可逆体系，反向脉冲伏安 RPV 和常规脉冲伏安 NPV 的对比
(a) 电势波形和基电势 E_b 的位置，左边是 NPV、右边是 RPV，实验循环都需要在基电势下复原（8.2.2 节）；(b) i (τ) 相对于脉冲电势的伏安图

的小振幅的脉冲不会改变 O 电解的速度，因此对于所有此类脉冲所测得的取样电流大小都一样。如果半无限线性扩散适用，RPV 这个基电势附近的阴极还原平台电流，如图 8.3.1(b) 中 $(i_{d,c})_{DC}$ 所示，由 Cottrell 方程式(6.1.12) 给出

$$(i_{d,c})_{DC}=\frac{nFAD_O^{1/2}C_O^*}{\pi^{1/2}\tau^{1/2}} \tag{8.3.1}$$

可采用 6.5.2 节的结果来预测阳极平台电流 $(i_{d,a})_{RP}$。6.5.2 节曾分析过先以正向极限扩散电解，然后在反向阶跃对产物进行极限扩散的收集。当阶跃达到该波的主要平台时的 RPV 就是这种情况。于是用 RPV 的时间参数把描述脉冲过程电流的式(6.5.15) 重新表示为

$$(-i_{d,a})_{RP}=\frac{nFAD_O^{1/2}C_O^*}{\pi^{1/2}}\left[\frac{1}{(\tau-\tau')^{1/2}}-\frac{1}{\tau^{1/2}}\right] \tag{8.3.2}$$

该方程的第一项就是式(8.2.1) 的 NPV 极限扩散电流 $(i_{d,c})_{NP}$，第二项是来自式(8.3.1) 的 $(i_{d,c})_{DC}$。重排得到

$$\boxed{(i_{d,c})_{DC}-(i_{d,a})_{RP}=(i_{d,c})_{NP}} \tag{8.3.3}$$

式(8.3.3) 左侧是整个反向脉冲伏安图的总波高，它和有同样时间参数的常规脉冲伏安图的波高相等。

无论采用什么电极，只要半无限线性扩散条件适用，每步循环的浓度分布能在基电势复原，这些结论都是有效可用的。对于静止的平板电极，上面的关系直接适用。对 SMDE，只要 τ 期间的电解电流 $(i_{d,c})_{DC}$ 是 Cottrell 电流，并且没被汞滴生成时引起的对流所干扰，就可以使用这些关系式。对 DME，因电极面积的不断扩张，情况较复杂。然而研究结果表明[27-28]，只要 $(i_{d,c})_{DC}$ 可以用时间 τ 时的式(8.2.2) Ilkovič 电流表示，并且脉冲宽度和预电解时间相比很短［即 $(\tau-\tau')/\tau'<0.05$］，式(8.3.3) 仍然是一个好的近似。

对于可逆体系，RPV 波的形状可以从一般的双电势阶跃响应式(6.5.14) 导出。若 E_b 下的

预电解总是遵循极限扩散条件，即式(6.5.14) 的 $\theta'=\exp[nf(E_b-E^{0'})]\approx 0$，那么在任意反向脉冲电势 E 的取样电流是

$$-(i)_{RP}=\frac{nFAD_O^{1/2}C_O^*}{\pi^{1/2}}\left[\left(1-\frac{1}{1+\xi\theta''}\right)\frac{1}{(\tau-\tau')^{1/2}}-\frac{1}{\tau^{1/2}}\right] \quad (8.3.4)$$

式中，$\theta''=\exp[nf(E-E^{0'})]$。在式(8.3.4) 括号里的三项中，第一项和第三项合起来就是式(8.3.2) 定义的 $(-i_{d,a})_{RP}$，第二项就是 $-(i_{d,c})_{NP}/(1+\xi\theta'')$，于是有

$$(i)_{RP}=(i_{d,a})_{RP}+\frac{(i_{d,c})_{NP}}{1+\xi\theta''} \quad (8.3.5)$$

用式(8.3.3) 取代 $(i_{d,c})_{NP}$，重排得到

$$\xi\theta''=\frac{(i_{d,c})_{DC}-(i)_{RP}}{(i)_{RP}-(i_{d,a})_{RP}} \quad (8.3.6)$$

定义 $E_{1/2}=E^{0'}+[RT/(nF)]\ln(D_R^{1/2}/D_O^{1/2})$，可得到

$$\boxed{E=E_{1/2}+\frac{RT}{nF}\ln\frac{(i_{d,c})_{DC}-(i)_{RP}}{(i)_{RP}-(i_{d,a})_{RP}}} \quad (8.3.7)$$

式中，$(i)_{RP}$ 是表示电势 E 下的 RPV 采样电流，该式与 1.3.2(2) 节所述的可逆波函数一样。至此，如图 8.3.1(b)，半波电势、可逆 RPV 波的总高度和波斜率都与 NPV 的完全相同。这些结果是基于简单半无限线性扩散条件导出的，然而，也一样适用于 DME[27]。

RPV 的主要用途是表征电极反应的产物，尤其是产物稳定性。如果物种 R 在实验期间明显衰减，特别是在脉冲的时间尺度内，那脉冲期间它就不会被完全再氧化，阳极平台电流 $(i_{d,a})_{RP}$ 就肯定小于式(8.3.2) 预期的值。如果衰减非常快，R 将完全没有，阳极平台电流将为零。RPV 和 NPV 平台高度的比率定量表征了产物 R 的稳定性，借助有关理论，可以从中得到后续化学反应的速率常数。第 13 章将涵盖这方面的许多不同机理和方法。

如上所述，RPV 的核心常常是波的高度大小，而不是波的形状和位置。正如前面推导的那样，RPV 的特征基于计时电流理论，可以把它看作是双电势阶跃计时电流数据在电势坐标上的一种表示。因而双阶跃计时电流法的大量研究结果肯定可以用于分析各种化学情况下的 RPV 数据。

8.4　示差脉冲伏安法

用小振幅脉冲方式可以获得比 NPV 更好的分析灵敏度，这种方法称作示差（或微分、差分）脉冲伏安（differential pulse voltammetry，DPV）[6,17-21]，最初是为 DME 设计的，目前已广泛应用于各类电极。

8.4.1　方法的概念

图 8.4.1 说明了 DPV 的基础，与 NPV 类似，但涉及几个主要区别：①从一个周期到另一个周期，施加的基电势不是恒定的，每个周期有一小的增量；②对所有循环测量，脉冲高度仅保持在 10～100mV 之间的一个恒定值；③虽然类似 NPV，DPV 的基电势最初也设定在电活性物种的惰性区，但随着周期的进行，基础电势却是逐渐接近并超过 $E^{0'}$ 这样的特征电势，在这些电势区，脉冲施加前会发生“预电解”，为测量阶跃脉冲准备合适的扩散层（在后面解释），而在 NPV，脉冲前的基电势阶段只是为了更新扩散层；④DPV 中每个周期期间采集两个电流样本，第一个在 τ' 时刻——刚好在脉冲施加之前，第二个在脉冲后期时刻 τ，即刚好在此周期结束之前；⑤DPV 实验记录的是两个采样电流之差 $\delta i=i(\tau)-i(\tau')$ 对基电势的图。该方法的名称就是基于这种差分电流测量。

DPV 脉冲宽度（典型为约 50ms）及脉冲前的时间（0.5～4s）和 NPV 的类似。图 8.4.2 是实验系统的框图。

电流差减测量给出峰形结果，而不是波形响应，如图 8.4.3(a) 展示了 0.01mol/L HCl 中

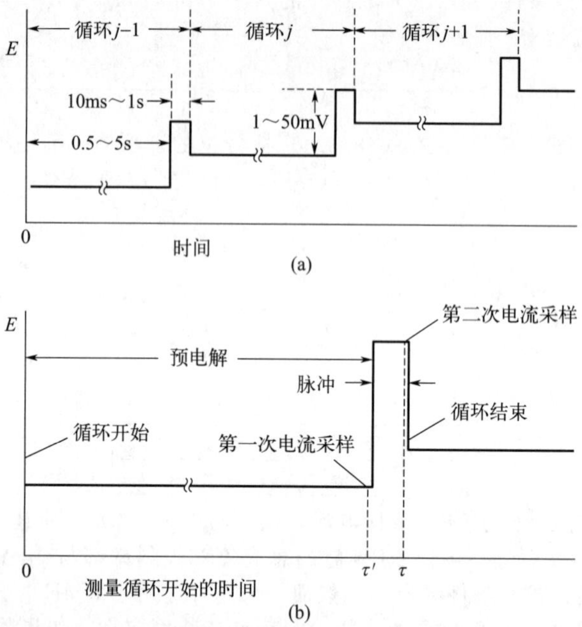

图 8.4.1 （a）DPV 实验中几个测量循环的电势程序。每一步的基电势和阶跃电势都是步进的，脉冲本身高度固定为 ΔE。阶跃电势的持续时间即脉冲宽度约为 $\tau-\tau'$，预电解时间是从周期开始直到脉冲上升的 τ' 取样。（b）单个循环周期内的事件。采样时刻通常恰好在阶跃前，但为了绘图清晰起见，在图中和阶跃位置有间隔

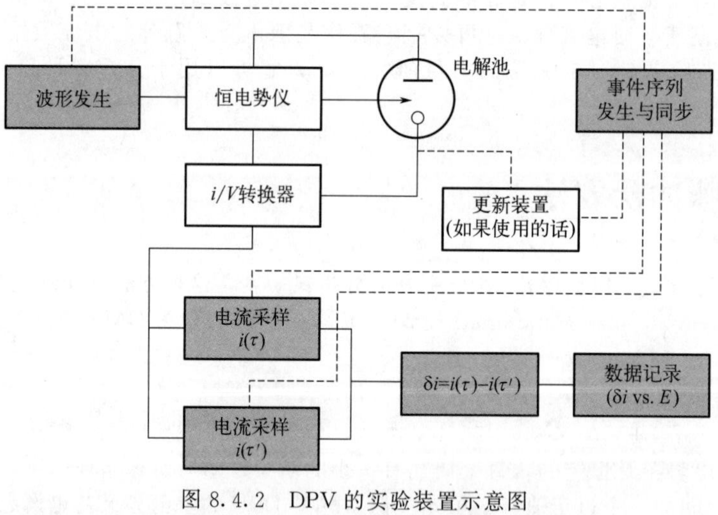

图 8.4.2 DPV 的实验装置示意图

通常，使用自动控制恒电势仪，阴影框表示的任务由数字电路部分处理（16.6 节）。为了提高精度，电流采样通常在短时间内重复多次测量后，去噪平均后才作为此时刻的 $i(\tau)$ 或 $i(\tau')$。关于更新见正文讨论

10^{-6} mol/L Cd^{2+} 的 DPV。峰形结果的原因很容易理解。在实验的初期，基电势比 Cd^{2+} 的 $E^{0'}$ 正很多，脉冲前没有法拉第电流流过，脉冲的电势变化也太小，不足以激发法拉第过程，所以 δi 几乎为 0。在实验后期，当基电势处于极限扩散区时，Cd^{2+} 已经以最大可能的速率还原。脉冲的电势变化也无法进一步增加速率，因此差值 δi 再次变得很小。只有在 $E^{0'}$ 附近（对于该可逆体系）才能观察到明显的法拉第差分电流。在这时，基电势使得 Cd^{2+} 在预电解期间以小于最大值的速率被还原，且表面浓度 $C_O(0,t)$ 保持大于零。施加脉冲使得 $C_O(0,t)$ 变得更低，向表面扩散的 O 流量和法拉第电流都增强，出现较大的电流差 δi。只有在小电势变化（脉冲高度）引起大电

流变化的电势区，DPV 才表现出响应。

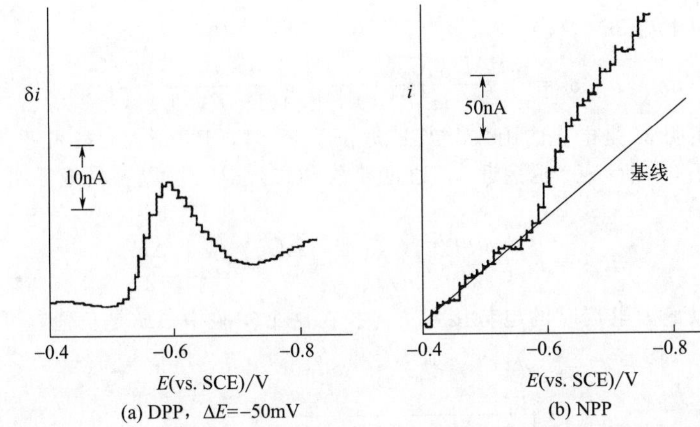

图 8.4.3　0.01mol/L HCl 溶液中，10^{-6} mol/L Cd^{2+} 的滴汞电极极谱图

8.4.2　理论

DPV 的每个测量循环周期都是一个双电势阶跃实验。从周期开始的 $t=0$，直到在 $t=\tau'$ 施加脉冲，施加的都是基电势 E。脉冲期间，电势为 $E+\Delta E$，其中 ΔE 为脉冲高度。预电解通常发生在 τ' 之前，因此脉冲作用于预电解创建的浓度分布。这种情况类似于 6.5 节中分析的情况，可以用那里发展的技术严格地分析。但这里我们将用一种较直观的方法来处理以保持问题简明。

因为初始阶段时长通常比脉冲持续时间长 20～100 倍，预电解都已经建立了一个较厚的扩散层，施加脉冲只能扰动改变电极附近的一个薄的区域。可以假设每个脉冲作用于一个半无限均相溶液，其本体浓度等于脉冲施加前的表面浓度。预电解的作用是建立一个“有效本体浓度”，它随着扫描进行、循环周期基电势的步进变化，从只有 O 到只有 R（反之亦然）变化。对于一个给定的脉冲，我们将差分法拉第电流视为在从电势 E 阶跃到 $E+\Delta E$ 后、在时间 $\tau-\tau'$、有效本体浓度体系流过的电流。

现在集中讨论 R 初始不存在的 Nernst 体系。从式(6.2.20) 和式(6.2.21) 中，得到电势 E 下预电解期间的表面浓度，现在将其称作有效体相浓度 $(C_O^*)_{eff}$ 和 $(C_R^*)_{eff}$：

$$(C_O^*)_{eff}=C_O^*\left(\frac{\xi\theta}{1+\xi\theta}\right) \tag{8.4.1a}$$

$$(C_R^*)_{eff}=C_O^*\left(\frac{\xi}{1+\xi\theta}\right) \tag{8.4.1b}$$

其中，$\theta=\exp[nf(E-E^{0'})]$；$\xi=(D_O/D_R)^{1/2}$。因为体系是能斯特体系，这些浓度与电势为 E 的电极处于平衡状态。现在问题简化为，从本体浓度 $(C_O^*)_{eff}$ 和 $(C_R^*)_{eff}$ 的均相体系，求解从平衡电势 E 阶跃到 $E+\Delta E$ 后的法拉第电流。

通过 6.2 节（及习题 6.5）的方法，该电流为

$$i=\frac{nFAD_O^{1/2}}{\pi^{1/2}t^{1/2}}\frac{(C_O^*)_{eff}-\theta'(C_R^*)_{eff}}{1+\xi\theta'} \tag{8.4.2}$$

式中，$\theta'=\exp[nf(E+\Delta E-E^{0'})]$；$t$ 是从脉冲开始计时的时间。将式(8.4.1a，b) 代入得到

$$i=\frac{nFAD_O^{1/2}C_O^*}{\pi^{1/2}t^{1/2}}\frac{\xi\theta-\xi\theta'}{(1+\xi\theta)(1+\xi\theta')} \tag{8.4.3}$$

方便地引入参数 P_A 和 σ[17]，这里

$$P_A=\xi\exp[nf(E+\Delta E/2-E^{0'})] \tag{8.4.4}$$

和

$$\sigma=\exp(nf\Delta E/2) \tag{8.4.5}$$

因为 $\xi\theta=P_A/\sigma$，$\xi\theta'=P_A\sigma$，于是

$$i=\frac{nFAD_O^{1/2}C_O^*}{\pi^{1/2}t^{1/2}}\frac{P_A(1-\sigma^2)}{(\sigma+P_A)(1+P_A\sigma)} \tag{8.4.6}$$

进而得到差分法拉第电流 $\delta i=i(\tau)-i(\tau')$ 为

$$\delta i=\frac{nFAD_O^{1/2}C_O^*}{\pi^{1/2}(\tau-\tau')^{1/2}}\frac{P_A(1-\sigma^2)}{(\sigma+P_A)(1+P_A\sigma)} \tag{8.4.7}$$

括号中的因子表明 δi 是电势的函数。当 E 远正于 $E^{0'}$ 时，P_A 很大，δi 几乎为 0。当 E 远负于 $E^{0'}$ 时，P_A 趋近于 0，所以 δi 也接近 0。通过导数 $d(\delta i)/dP_A$ 可以容易地证明 δi 在 $P_A=1$ 时有最大值[17]，所以有

$$E_{max}=E^{0'}+\frac{RT}{nF}\ln\left(\frac{D_R}{D_O}\right)^{1/2}-\frac{\Delta E}{2}=E_{1/2}-\frac{\Delta E}{2} \tag{8.4.8}$$

由于 ΔE 很小，所以最大电流时的电势接近 $E_{1/2}$。在这个实验中 ΔE 是负值，可以看到 E_{max} 比 $E_{1/2}$ 领先 $\Delta E/2$。

峰高为

$$\boxed{(\delta i)_{max}=\frac{nFAD_O^{1/2}C_O^*}{\pi^{1/2}(\tau-\tau')^{1/2}}\frac{1-\sigma}{1+\sigma}} \tag{8.4.9}$$

其中 $(1-\sigma)/(1+\sigma)$ 随着 $|\Delta E|$ 的减小而单调递减，并在 $\Delta E=0$ 时为零。当 ΔE 为负时，δi 为正（或阴极的），反之亦然。在脉冲幅度较大的极限情况下，$(1-\sigma)/(1+\sigma)$ 的最大值为 1，这时 $(\delta i)_{max}$ 等于同样时间条件下常规脉冲伏安波平台的法拉第电流，就是式(8.2.1) 所示的 $nFAD_O^{1/2}C_O^*/[\pi^{1/2}(\tau-\tau')^{1/2}]$。一般情况下，$\Delta E$ 不够大，电流差值达不到最大 $(\delta i)_{max}$。

表 8.4.1 列出了 $|\Delta E|$ 对 $(1-\sigma)/(1+\sigma)$ 的影响，$(1-\sigma)/(1+\sigma)$ 也是峰高和极限峰高的比值。实际分析中，一般典型的 ΔE 值是 50mV，随 n 值不同，峰电流是极限值的 45%～90%。

表 8.4.1 脉冲幅度对峰高的影响[17]

ΔE/mV	$(1-\sigma)/(1+\sigma)$		
	$n=1$	$n=2$	$n=3$
−10	0.0971	0.193	0.285
−50	0.453	0.750	0.899
−100	0.750	0.960	0.995
−150	0.899	0.995	
−200	0.960		

注：引自 Parry 和 Osteryoung[17]。

基电势范围更大更易观察到行为差异，随着脉冲高度增加，在半高处的峰宽 $W_{1/2}$ 增大。一般 $|\Delta E|$ 不宜超过 100mV 太多，因为这会使分辨率大为降低。ΔE 趋近于 0 时的极限峰宽为[17]

$$\lim_{\Delta E\to 0}W_{1/2}=3.52RT/(nF) \tag{8.4.10}$$

25℃时，对 $n=1$、2、3 的极限半高宽分别是 90.4mV、45.2mV、30.1mV。

由于 DPV 的电流峰高永远不会大于相应 NPV 的波高，差分方法的灵敏度增益不是因为增强了法拉第响应，而是源于降低了背景电流。如果第一个电流样和第二个电流样中，残余电流没多大变化，那么求 δi 的差减计算扣除了背景的贡献。

这里不讨论 DPV 对不可逆体系的应用。相反，只需指出，当 $|\Delta E|$ 趋于零时，任何差分扫描中的响应都接近相应 NPV 的导数。对可逆体系，这个事实很容易被证明（习题 8.7）。如果一个体系由于异相动力学缓慢而表现出不可逆性，仍可以看到差减响应，但是因存在过电势，峰值将从 $E^{0'}$ 移向更远端电势（即阴极过程的峰移向更负电势、阳极过程的峰移向更正电势）。峰宽会比可逆体系更大，因为不可逆波上升部分在更大的电势范围内延伸。由于不可逆波上升部分最大斜率小于相应的可逆情况，$(\delta i)_{max}$ 将小于式(8.4.9) 预期的值。如果不可逆性是由随后化学过程引起的，峰形也会变宽变低，但位置偏离 $E^{0'}$ 不远（原因在第 13 章中讨论）。

DPV 的时间尺度范围与 NPV 相同，因此对同一体系，这两种方法一般表现出相同程度的可

逆性。但是，脉冲方法的可逆性程度可能同基于更长时间尺度的方法不同（8.2.1 节）。

8.4.3　更新对比预电解

DPV 测量周期中的脉冲前阶段可以称为预电解期（pre-electrolysis period，图 8.4.1），而 NPV 中的类似阶段称为更新期（renewal period，图 8.2.1）。这里不同命名是为了区分不同的实验目的。

对于 NPV，每个周期中的有效更新对于获得有效的定量结果必不可少，保障复原是脉冲前周期的最重要目的。

对于 DPV，关键目的是通过基电势预电解调节扩散层，为脉冲检测建立有效本体浓度。实际更新通常是不必要的。在测量周期的时间尺度上，如果体系是动力学可逆的，即使先前周期的影响没有完全从扩散层中消除，预电解也可以容易地建立有效本体浓度。实际上，连续循环的累积效应是逐渐增厚扩散层，其方式支持在处理 DPV 中的波形和峰高时所使用的假设（8.4.2 节）。因此 DPV 在静态电极，如碳圆盘或 HMDE 上能够非常成功地进行。

如果感兴趣的电极反应不是化学可逆的（可能因为其中一个参与者衰变），那么在静止电极上进行 DPV 扫描期间，扩散层中的浓度将逐渐降低。更新可能会有所帮助，但仍可能不是必需的，因为 DPV 主要用于基于标准校准的分析测量。即使面对不可逆性，仍然可能获得可重现的、可实际校准的响应。

如果更新对于正研究的体系很重要，可以考虑 8.2.2 节讨论的策略。

8.4.4　残余电流

在大多数 DPV 中，背景电流本质上不包括电容的贡献，因为 dE/dt 和 dA/dt 在两个采样时刻都为零（8.2.1 节）。然而，溶液中杂质的电解或主成分的缓慢法拉第反应仍会产生残余电流（8.1.6 节）。通常，电势从 E 变到 $E+\Delta E$、时间从 τ' 到 τ，这些过程的速率不会有多大变化。因此从电流样本中扣除一般可以抑制背景法拉第过程的影响，但难以完全消除它，如 8.6 节所示。在 DPV 的实际分析中，法拉第背景通常是限制灵敏度的主要因素。

DPV 的改进，使检测灵敏度常常比 NPV 的提高了一个数量级。汞电极可直接实现低至 10^{-8} mol/L 的检测限，但需要仔细选择溶液介质。8.6 节提供了更详细信息。如果采用预浓缩富集，如示差脉冲溶出伏安法（12.7 节），可以实现更低的检测限。

因受到与电极材料表面自身相关的缓慢法拉第过程产生的残余电流的影响，固体电极的检测限一般较差❻。DPV 通过电流差分测量来减轻这些影响，但是残余背景通常仍然高于汞电极。

8.4.5　示差脉冲极谱法

用极谱电极进行 DPV 实验，被称为示差脉冲极谱法（differential pulse polarography，DPP）。因为 SMDE 的使用优点［8.2.3(2) 节］，现在被强烈推荐使用。SMDE 的汞滴可以快速形成，所以预电解时间可缩短至 500ms。预电解时间占整个实验时间的大部分，因此在实际分析中使用较短的预电解时间可节省大量时间，通常可节省 DME 所需时间的 80%。

如果使用 DME 而不使用 SMDE，dA/dt 就不为零，因此，充电电流对背景有贡献，很容易证明❼。

$$\delta i_c \approx -0.00567 C_i \Delta E m^{2/3} \tau^{-1/3} \tag{8.4.11}$$

对于负向扫描，δi_c 为正，反之亦然。这比采用 DME 上的 NPP 实验中的充电电流小一个数量级以上。而且，差分脉冲极谱法中，只要在一个电势范围内 C_i 保持不变，电容背景电流就是平坦的。相反，DME 中 NPP 的电容背景由于依赖于 E_z-E［方程 (8.2.4)］，其特征是具有倾斜的背景。从图 8.4.3 可以看到这种差异，差减法拉第响应明显更容易处理。

在任何情况下如果 DME 上充电电流背景较大，SMDE 比 DME 在灵敏度方面有优势。否则，

---

❻ 电极表面经常发生法拉第转变，如金属上氧化物的形成或还原，或石墨层边缘含氧官能团的电化学转化。许多此类过程发生缓慢且跨越较大的电势范围，因此，它们会产生背景电流，在电势或介质改变后仍可持续很长时间。如果电极在电解质中受到依赖于电势的低浓度物种的吸附，也可能存在缓慢衰减的非法拉第背景电流。这样的背景电流通常被看作是“表面过程”引起的。一般来说，这种电流在固体电极上比在汞电极上大得多，除非固体电极在不变的介质中长时间（几分钟甚至 1h）保持在固定的电势上。

❼ 第二版第 7 章。

就灵敏度而言两者相当。

8.5 方波伏安法

方波伏安法（square-wave voltammetry，SWV）是一种极为通用的方法，它起源于 Barker 的早期工作[29-30]，随后该方法经过广泛的改进和重新开发[31]，特别是自动化恒电势仪的应用使得该方法变得更加实用[19-20,32-33]。SWV 结合了多种脉冲伏安法的优点，包括示差脉冲伏安（DPV）的背景抑制和灵敏度，常规脉冲伏安法（NPV）的诊断用途，以及反向脉冲伏安法（RPV）的直接检测分析能力，还提供了比其他脉冲伏安技术更宽的时间尺度范围。这种方法已得到广泛应用，也有大量的综述[33-38] 提供比本书介绍更详尽的内容。

8.5.1 实验概念与实践

方波伏安法在静止电极上进行，例如铂圆盘或悬汞电极（HMDE），使用图 8.5.1 所示的波形和测量采样程序。与其他形式的脉冲伏安法类似，在电极上进行一系列测量循环，但在循环之间没有扩散层的更新复原。与 NPV、RPV 和 DPV 不同，这里讨论的方波伏安法没有极谱模式❽，波形可以看作是 DPV（图 8.4.1）的一种特例，其中预电解期和脉冲持续时间相等，且脉冲与扫描方向相反。然而，为了方便解释实验结果，可以把波形视为由阶梯扫描组成，阶梯扫描的每一梯步叠加对称双脉冲（一个正向脉冲和一个反向脉冲）。在多个循环中，波形是在阶梯扫描上叠加的双极方波。

图 8.5.1 定义了方波伏安法的基本参数。方波的特征是相对于阶梯的脉冲高度 ΔE_p 和脉冲宽度 t_p，脉冲宽度也表示为方波频率 $f=1/2t_p$。每一循环的阶梯步进变化为 ΔE_s，这样电势扫描速度就相当于 $v=\Delta E_s/2t_p=f\Delta E_s$。扫描从初始电势 E_i 开始，初始电势 E_i 恒定的时间可为任意时间。

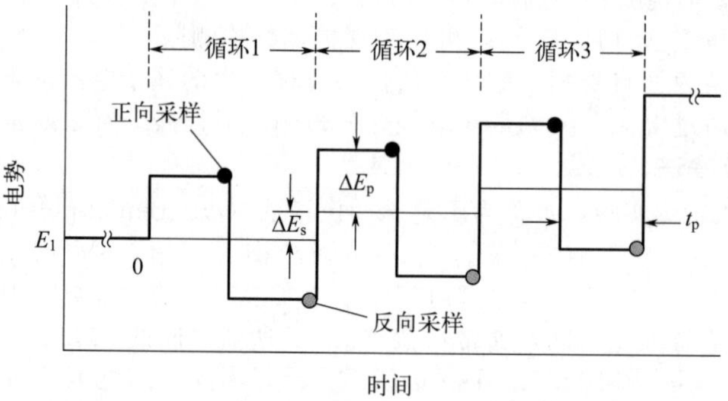

图 8.5.1　方波伏安的波形和测量采样程序

图中粗线是工作电极上实际施加的电势波形。中部的细线是相当于电势扫描的阶梯波，方波叠加其上。在每一循环，正向电流在黑点标志的时刻采样，反向电流在灰色点处采样

每个循环有两次脉冲，在每次脉冲结束前采样电流，每个循环进行两次电流采样。其中正向电流 i_f 采自每个循环的和阶梯同向的第一次脉冲，反向电流 i_r 采自和阶梯反向的第二次脉冲。然后取 i_f-i_r 做电流差 Δi。正反向电流均有诊断价值，因此分别保存。这样，单次 SWV 实验结果有三个伏安图，它们分别是正向电流 i_f、反向电流 i_r、差减电流 Δi 与对应阶梯扫描电势的关

❽ Barker[29-30] 发明了一种他称为“方波极谱法”的方法，采用一种截然不同的实验策略。一个小振幅、高频率的方波叠加在常规极谱法的缓慢变化斜波或阶梯步进波上，并采用电流取样方案来检测 DME 中每一汞滴上许多方波周期的平均响应。在本书第二版，这种方法被称为 Barker 方波伏安法（Barker square wave voltammetry，BSWV），而这里介绍的方法被称为 Osteryoung 方波伏安法（Osteryoung square wave voltammetry，OSWV）。在本版中，作者根据当代惯例将 OSWV 简称为方波伏安法（SWV）。

系。方波伏安法总是使用自动恒电势仪（16.6节）进行，其功能组件基本上和图8.4.2所示类似。

一般来讲，t_p（或频率 f）定义了实验的时间尺度，ΔE_s 确定了电势轴上数据点的间距，它们共同决定了整个电势扫描需要的时间。实际工作中，ΔE_s 一般远小于 ΔE_p，ΔE_p 决定了每步循环涉及的电势范围，进而决定了伏安特征沿电势轴的分辨率。只有 t_p（或频率 f）可以在宽范围变化，典型值是 0.25～100ms（$f=5\sim2000$Hz）。建议采用[33] $\Delta E_s=10/n$mV，$\Delta E_p=50/n$mV，通常足以满足需求。若 $\Delta E_s=10$mV，$t_p=0.25\sim100$ms，对应扫描速率相当于20V/s～50mV/s（译者注：原文有误），因此记录完整伏安图的时间比其他脉冲方法短，与循环伏安法的典型扫描时间相当。

8.5.2　响应的理论预测

由于每次测量循环开始，扩散层不会更新，所以不可能单独处理单个循环。和其他脉冲方法相比，方波伏安法的处理本身就更加复杂。每个循环的初始条件是前面所有脉冲造成的复杂扩散层，它不但是电势波形的函数，也是与电极过程相关的化学动力学和机理的函数。简单情况下，叠加原理也可以用于SWV扩展的阶跃波形，和6.5节处理双电势阶跃的方法类似。

现在分析基本典型情况，电极反应 $O+ne \rightleftharpoons R$，具有可逆动力学，均相溶液本体初始只有O没有R，初始电势 E_i 远正于 $E^{0'}$，在SWV开始实验前，浓度分布是均匀的。假定实验足够快，半无限线性扩散适用。通用公式（4.5.2节）可用。求解此问题的最后一个边界条件由电势波形确定，该波形通过电极处的能斯特平衡与浓度分布相关联。

可以方便地把电势波形看作一系列用序数 m 编号的半循环周期构成，第一个正向脉冲的 $m=1$，电势波形可表示为

$$E_m=E_i-\left[\mathrm{Int}\left(\frac{m+1}{2}\right)-1\right]\Delta E_s+(-1)^m\Delta E_s \quad (m\geqslant1) \tag{8.5.1}$$

式中，$\mathrm{Int}[(m+1)/2]$ 表示将比值截断取最大整数，对每半个循环周期，电极表面的Nernst平衡可以表示为

$$\theta_m=\frac{C_O(0,t)}{C_R(0,t)}=\exp\left[nf(E_m-E^{0'})\right] \tag{8.5.2}$$

可以得到第 m 个半循环周期取样电流的解析解[31,33,39]

$$i_m=\frac{nFAD_O^{1/2}C_O^*}{\pi^{1/2}t_p^{1/2}}\sum_{j=1}^{m}\frac{Q_{j-1}-Q_j}{(m-j+1)^{1/2}} \tag{8.5.3}$$

式中

$$Q_0=0 \tag{8.5.4a}$$

$$Q_j=\frac{\xi\theta_j}{1+\xi\theta_j} \quad (j>0) \tag{8.5.4b}$$

其中，$\xi=(D_O/D_R)^{1/2}$。式(8.5.3)中的加和项包括当前半循环和其前面的所有半循环，表示其前电解历史的影响。奇数 m 对应正向电流取样，偶数 m 对应反向电流取样。

在许多SWV的理论中，可用式(8.5.3)中加和项的前置因子对电流进行归一化，以表示无量纲电流。该因子就是时间 t_p 时的Cottrell电流，即脉冲宽度为 t_p 的NPV中的平台取样电流[见式(8.2.1)]。把此电流写作 i_d，可定义第 m 个半循环的无量纲取样电流 ψ_m 为

$$\psi_m=\frac{i_m}{i_d}=\sum_{j=1}^{m}\frac{Q_{j-1}-Q_j}{(m-j+1)^{1/2}} \tag{8.5.5}$$

使用一对对应半循环电流，用奇数的电流 ψ_m 减去偶数的 ψ_{m+1}，得到无量纲差分电流 $\Delta\psi_m$：

$$\Delta\psi_m=\frac{\Delta i_m}{i_d}=\psi_m-\psi_{m+1} \quad (m\text{ 为奇数}) \tag{8.5.6}$$

图8.5.2给出我们一直在讨论的实验的无量纲暂态电流行为和电流取样方式。在初期的循环中，阶梯电势远正于 $E^{0'}$，正向脉冲也尚未进入电解区，电流尚小。在图中部，阶梯电势移动到 $E^{0'}$ 附近区域，电解速率强烈依赖于电势。正向脉冲显著增强O的还原速率，反向脉冲则逆转还原过程，使电流成阳极电流。图的右部对应于阶梯电势远负于 $E^{0'}$ 时的那些循环，这时无论电势

值的大小，电解都基本以极限扩散速率发生，无论正向脉冲还是反向脉冲，对电流都影响不大，两个电流样差不多。由于前期多次循环电解的累积效果使得扩散层耗尽，O 向电极表面的扩散速率减小，所以正向脉冲的采样电流也比中部的小。由于这样的原因，图最右边的电流继续下降。显然，差分电流在 $E^{0'}$ 附近达到峰值，在两侧较小。

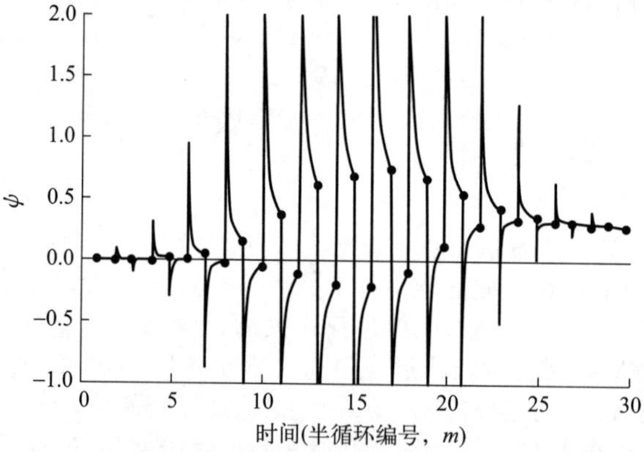

图 8.5.2 可逆 O/R 体系在整个 SWV 实验中的无量纲电流响应

$C_R^*=0$，扫描从比 $E^{0'}$ 更正的电势开始时，阴极电流向上。阶梯电势在 $m=15$ 附近达到 $E^{0'}$。采样电流用黑点表示。$n\Delta E_p=50mV$，$n\Delta E_s=30mV$（Osteryoung 和 O′Dea[33]，Marcel Dekker 公司提供）

图 8.5.3 是从刚才所描述实验中得到的无量纲电流表示的伏安图。正向和反向电流组合成类似循环伏安图的形状，并具有许多相同的诊断价值，同时差分电流和 DPV 的响应类似，并具有相近的灵敏度。

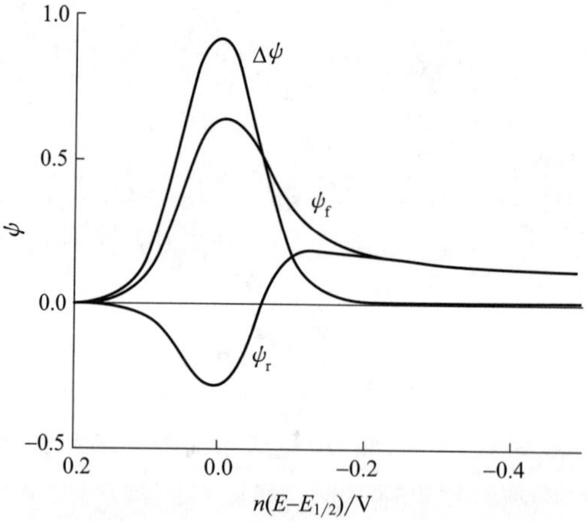

图 8.5.3 无量纲方波伏安图

可逆 O/R 体系，$C_R^*=0$，$n\Delta E_p=50mV$，$n\Delta E_s=10mV$。正向电流（ψ_f）、反向电流（ψ_r）和差减电流（$\Delta\psi$）对电势作图。电势相对于半波电势 $E_{1/2}$。注意 $n(E_m-E_{1/2})=(RT/F)\ \ln(\xi\theta_m)$（Osteryoung 和 O′Dea[33]，Marcel Dekker 公司提供）

表 8.5.1 SWV 无量纲峰电流（$\Delta\psi_p$）对实验参数①[33]

$n\Delta E_p$/mV	$n\Delta E_s$/mV			
	1	5	10	20
0①	0.0053	0.0238	0.0437	0.0774
10	0.2376	0.2549	0.2726	0.2998

续表

$n\Delta E_p$/mV	$n\Delta E_s$/mV			
	1	5	10	20
20	0.4531	0.4686	0.4845	0.5077
50	0.9098	0.9186	0.9281	0.9432
100	1.1619	1.1634	1.1675	1.1745

① $\Delta E_p=0$ 时就是阶梯伏安法（本书第二版 7.3.1 节）。源自 Osteryoung 和 O'Dea[33]。

差分电流伏安图在半波电势 $E_{1/2}=E^{0'}+[RT/(nF)]\ln(D_R/D_O)^{1/2}$ 处达到峰值，其无量纲峰值电流 $\Delta\psi_p$ 依赖于 n、ΔE_p、ΔE_s 的关系列于表 8.5.1。这样实际的差分峰电流值为

$$\boxed{\Delta i_p=\frac{nFAD_O^{1/2}C_O^*}{\pi^{1/2}t_p^{1/2}}\Delta\psi_p} \tag{8.5.7}$$

因为 Cottrell 项是同样脉冲宽度下 NPV 的平台电流，$\Delta\psi_p$ 定义了 SWV 相对于 NPV 极限电流的相对峰高，和 DPV 式(8.4.9) 中、表 8.4.1 的 $(1-\sigma)/(1+\sigma)$ 值作用一样。常规的实验条件下 $\Delta E_s=10/n\text{mV}$，$\Delta E_p=50/n\text{mV}$，SWV 的峰高大约是相应 NPV 电流平台高度的 93%。而对于 DPV，这一比例仅为约 45%（表 8.4.1）。因此 SWV 方法的灵敏度略高于 DPV 的。这是因为 $E^{0'}$ 附近的反向脉冲产生阳极电流，从而增大了 Δi。

对于涉及慢的异相动力学、耦合均相反应或平衡（如第 13 章的情况），或有更复杂传质形式（如 5.2 节、5.7 节、6.1.3 节的超微电极）的体系，最适宜通过数字建模来处理。综述文献 [33-38] 讨论了 SWV 在这些广泛现象中的应用。

图 8.5.4 给出铂圆盘超微电极上，向正电势扫描 $Fe(CN)_6^{4-}$ 氧化过程的实验与模拟数据。理论计算假设在所有频率下反应可逆，通过调整盘半径 r_0 和半波电势 $E_{1/2}=E^{0'}+[RT/(nF)]\ln(D_R/D_O)^{1/2}$ 进行最佳拟合。电流行为随频率变化说明超微电极上扩散模式偏离半无限线性扩散情况（5.2 节和 6.1.3 节）。在不同频率下，这些参数与实验的一致性和拟合的质量，证实了模型的合理性。该实例展示了 SWV 实验结果和理论计算比较的典型方式。

8.5.3　背景电流

SWV 中背景电流的分析与 DPV 中完全相同。只要 $t_p>5R_uC_d$，无论单个取样电流还是电流差减，都没有明显的充电电流贡献。背景法拉第过程确实会影响并通常控制着 SWV 方法的检测限。在固体电极上或接近背景极限时，背景对正、反向电流的影响可能相当大。在差减电流中，背景一般可以得到有效抑制，但不能完全消除。

8.5.4　应用

SWV 可以很大程度上类似循环伏安法（第 7 章和第 13 章）的方式用于诊断机理。SWV 电势范围宽，时间尺度合适，既有正向电流又有反向电流，特别是单次扫描可以给出三个伏安图，提供了丰富的信息，具备研究电极过程的很强能力。和 CV 相比，SWV 更能抑制背景干扰，可以检测更低的浓度。此外，背景对响应的扭曲通常要少得多，因此可以用理论模型高精度拟合数据进行比较。总之，对已知机理体系的定量参数评价，SWV 优于 CV。当然 SWV 也有不如 CV 的方面：对大多数实验工作者而言，CV 更易直观用化学术语进行解释，还可以提供更宽的时间尺度范围。

因为 CV 的反转扫描可以覆盖很大电势范围，所以它可以阐明发生在电势相差很大的过程之间的联系。SWV 的反向探究受限于脉冲高度，因此单次 SWV 扫描无法比拟 CV 在这方面的能力。为了弥补这一缺陷，循环方波伏安法（cyclic square-wave voltammetry，CSWV）应运而生。这种方法在一对正向和反向扫描中使用 SWV 数据采集模式，类似循环伏安法。正向扫描如上面所描述的 SWV 那样，施加阶梯增量 ΔE_s，直到达到反转切换电势 E_λ。然后阶梯增量变为 $-E_s$，做反向 SWV，直到阶梯电势返回到初始电势 ΔE_i，实验结束，得到六条伏安曲线——两个扫描方向上的正向取样电流、反向取样电流和差减电流与电势的关系。最简单的模式是使用差减电流以 CV 方式绘制伏安图。图 8.5.5 提供了一个实例[41]，展示了 SWV 在扣除背景方面优于 CV 的特点。

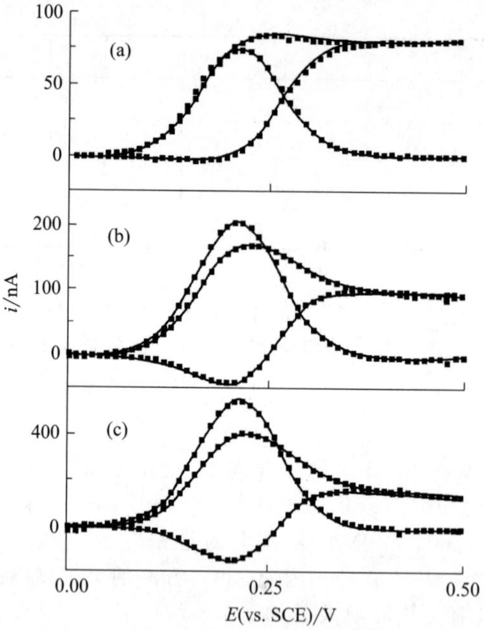

图 8.5.4 2mol/L KNO_3 溶液中，铂圆盘超微电极上，20mmol/L $Fe(CN)_6^{4-}$ 的方波伏安图

每个实验的电势扫描范围都是 0.0～0.50V，ΔE_p=50mV，ΔE_s=10mV，方波频率：(a) 5Hz；(b) 60Hz；(c) 500Hz。图中点为实验数据，线是理论模拟结果。理论模拟所用参数 r_0 和 $E_{1/2}$ 分别：(a) 11.9μm，0.2142V；(b) 12.4μm，0.2137V；(c) 12.2μm，0.2147V（Whelan，O'Dea，Osteryoung 和 Aoki[40]）

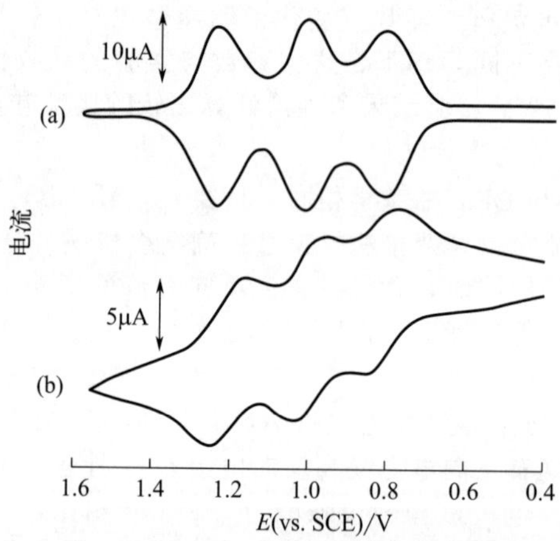

图 8.5.5 四苯基卟啉钴（CoTPP）在铂圆盘电极上的伏安法

四苯基卟啉钴（分子结构见图 1，M=Co）在 0.1mol/L TBAP 的二氯甲烷溶液。扫描从 0.4V（vs. SCE）开始，先向正扫。(a) CSWV，Δi vs. E；(b) CV，i vs. E（Helfrick 和 Bottomley[41]）

SWV 和 CSWV 已被用于机理诊断和动力学参数评估，综述文献［33-38］提供了许多具体实例。

因为 SWV 有坚实的理论基础和操作多样性，该方法也被开发用来定量研究电极的界面电子转移动力学[42] 和非法拉第过程[43]。

这些综述文献还引用了 SWV 的许多实际分析应用。图 8.5.6 显示了以分析为目的的例子。对于分析工作，SWV 通常也是所有脉冲方法中的最佳选择，因为它提供了与 DPV 相当的背景抑制效果，略高于 DPV 的灵敏度，以及更快的扫描时间。一般在汞表面可实现最好的重现性和最低的检测限，因此用作 HMDE 的 SMDE 与 SWV 配合使用非常有效。

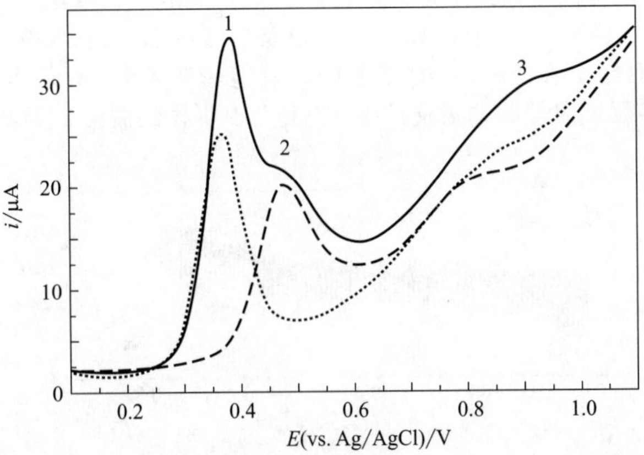

图 8.5.6　表没食子儿茶素没食子酸酯（Ⅰ，实线）、表没食子儿茶素（Ⅱ，点线）和没食子酸（Ⅲ，虚线）在玻碳圆盘电极上的 SWV(Δi vs. E)

浓度均为 1×10^{-4}mol/L，pH2 缓冲液。$f=100$Hz；$\Delta E_s=2$mV；$\Delta E_p=50$mV；$E_i=0.1$V。曲线Ⅰ和Ⅱ是从绿茶中提取的黄酮类。曲线Ⅱ和Ⅲ上的峰可分析归属Ⅰ中的电活性产物（1、2 和 3）(Nowak，Šeruga，Komorsky-Lovrić[44])

8.6　脉冲伏安法的分析应用

DPV 和 SWV 属于直接测量浓度的最灵敏方法，在实际分析中得到了广泛应用[6,19-21,26,32-38,45]。它们适用时，通常比竞争的其他非电化学方法更灵敏。另外，它们还经常可提供有关分析物化学形态的信息，可以确定氧化态、检测配合作用、表征酸-碱化学等。其他竞争性方法经常忽略或无法提供这些信息。脉冲分析的主要弱点也即大多数电分析化学技术的共同弱点，是对复杂体系的解析能力不足。

DPV 和 SWV 经常采用阳极溶出（12.7 节）方式，还广泛采用修饰电极（第 17 章），这些策略可显著地提高灵敏度和选择性[45]。

脉冲方法非常灵敏，因此必须特别注意溶剂和支持电解质中的杂质水平。把支持电解质的浓度从常用的 0.1～1mol/L 降低到 0.01mol/L 甚至 0.001mol/L，可以减少它带来的污染物。如果不需要考虑支持电解质的配合作用或缓冲作用等化学因素，可由可接受的最大溶液电阻决定浓度下限。在大多数分析工作中，出于方便和与样品制备化学相容性的考虑，一般使用水介质。然而一些新应用中，使用其他溶剂可以提供更宽的工作范围，更好地满足要求。仅仅因为残余法拉第电流在不算极端的电势下变得难以忍受的高，在任何介质中进行痕量分析时，示差脉冲极谱或方波伏安法的工作范围比常规伏安法的窄得多。图 8.6.1 清晰表明了这一点。

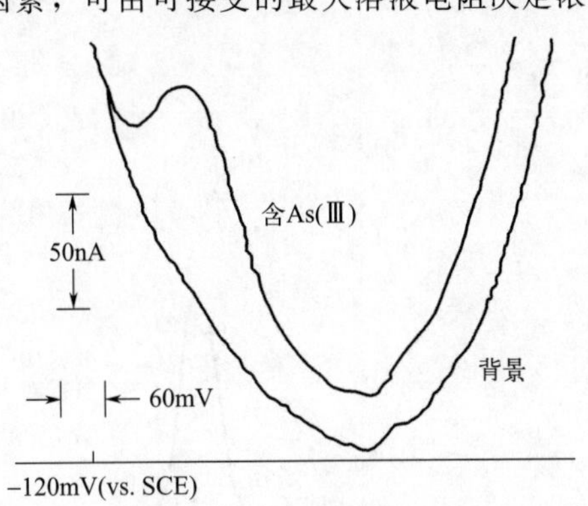

图 8.6.1　含 0.001% Triton X-100 的 1mol/L HCl 溶液中，4.84×10^{-7}mol/L As(Ⅲ) 的示差脉冲极谱图

$t_{max}=2$s，$\Delta E=-100$mV

(Osteryoung，Osteryoung[46])

在某些情况下，脉冲技术也可能会误导样品的组成。图 8.6.2 为含有 1mmol/L Fe^{3+} 和 0.1mmol/L Cd^{2+} 的体系提供了示例。如图 8.6.2(a) 中的直流极谱图所示，在汞电极工作范围内的每个电势下，Fe(Ⅲ) 都被还原，这准确地反映出 Fe(Ⅲ) 的 nC^* 值比 Cd(Ⅱ) 的 nC^* 值大 5 倍。图 8.6.2(b) 中的 NPP 曲线显示了 Fe(Ⅲ) 还原的电流平台，但却表

明 Cd(Ⅱ) 的浓度远大于 Fe(Ⅲ) 的浓度。这种错误结果是由于在基电势下的更新复原期间，Fe(Ⅲ) 已经被预电解造成的[22]。对于该体系，基电势下 Fe(Ⅲ) 必然被预电解，无法避免。在 DPP 中，因为电势范围完全在 Fe^{3+} 波的更负侧，只能看到 Cd^{2+} 还原峰［图 8.6.2(c)］。由于 DPV 近似是 NPV 的导数，因此除非对应的 NPV 上出现明显的波形，否则 DPV（或 SWV）中不会看到峰。

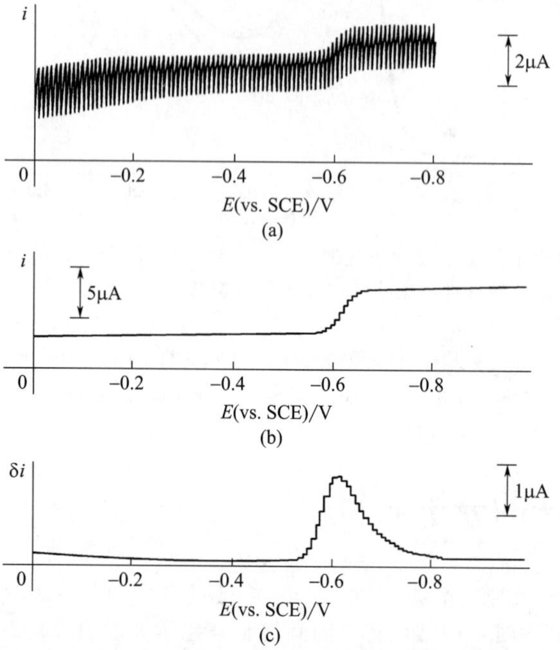

图 8.6.2 DME 上 0.1mol/L HCl 溶液中，10^{-3} mol/L Fe^{3+} 和 10^{-4} mol/L Cd^{2+} 的伏安图

（a）常规极谱；（b）NPP，E_b=0.0V(vs. SCE)；（c）DPP，$\Delta E=-50$mV

除了这样的问题外，DPV 和 SWV 非常适合于多组分体系的分析，因为只要有共同的基线，就可以很容易从差减结果分辨出各单个组分的信号。图 8.6.3 解释了该观点。从该图（以及图 8.5.6）中会发现，不仅用于重金属分析，脉冲法也适用于分析更丰富多样的分析物。

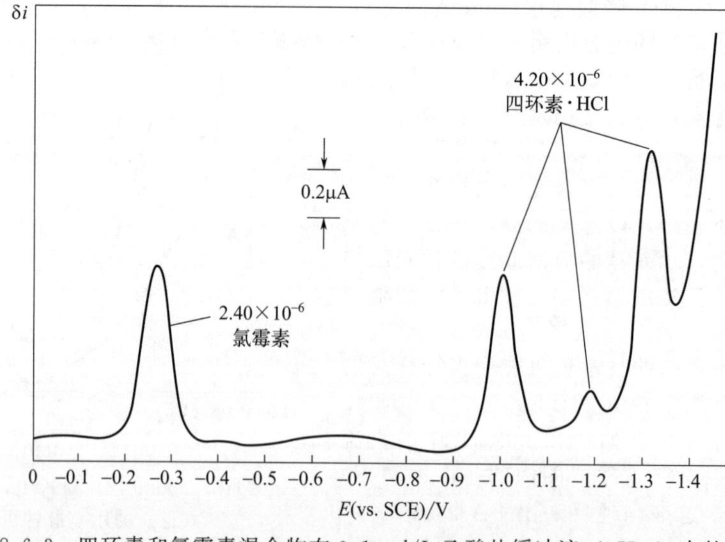

图 8.6.3 四环素和氯霉素混合物在 0.1mol/L 乙酸盐缓冲液（pH 4）中的 DPP

$\Delta E=-25$mV(Princeton Applied Research 提供)

8.7 参考文献

1 J. Heyrovský, *Chem. Listy*, **16**, 256 (1922).
2 A. J. Bard, *J. Chem. Educ.*, **84**, 644 (2007).
3 I. M. Kolthoff and J. J. Lingane, "Polarography," 2nd ed., Wiley-Interscience, New York, 1952.
4 J. J. Lingane, "Electroanalytical Chemistry," 2nd ed., Wiley-Interscience, New York, 1958.
5 L. Meites, "Polarographic Techniques," 2nd ed., Wiley-Interscience, New York, 1958.
6 A. Bond, "Modern Polarographic Methods in Analytical Chemistry," Marcel Dekker, New York, 1980.
7 D. Ilkovič, *Collect. Czech. Chem. Commun.*, **6**, 498 (1934).
8 D. Ilkovič, *J. Chim. Phys.*, **35**, 129 (1938).
9 J. Koutecký, *Czech. Cas. Fys.*, **2**, 50 (1953).
10 J. Koutecký and M. von Stackelberg in "Progress in Polarography," Vol. 1, P. Zuman and I. M. Koltoff, Eds., Wiley-Interscience, New York, 1962.
11 J. J. Lingane, *Anal. Chim. Acta*, **44**, 411 (1969).
12 J. J. Lingane, *Ind. Eng. Chem. Anal. Ed.*, **15**, 588 (1943).
13 L. Meites, Ed., "Handbook of Analytical Chemistry," McGraw-Hill, New York, 1963, pp. 4–43 to 5–103.
14 A. J. Bard and H. Lund, Eds., "Encyclopedia of the Electrochemistry of the Elements," Marcel Dekker, New York, 1973–1986.
15 L. Meites and P. Zuman, "Electrochemical Data," Wiley, New York, 1974.
16 G. C. Barker and A. W. Gardner, *Z. Anal. Chem.*, **173**, 79 (1960).
17 E. P. Parry and R. A. Osteryoung, *Anal. Chem.*, **37**, 1634 (1965).
18 Z. Stojek in "Electroanalytical Methods," 2nd ed., F. Scholz, Ed., Springer, Berlin, 2010, Chapter II.2.
19 J. Osteryoung, *Acc. Chem. Res.*, **26**, 77, (1993).
20 R. A. Osteryoung and J. Osteryoung, *Phil. Trans. Roy. Soc. London, Ser. A*, **302**, 315 (1981).
21 J. B. Flato, *Anal. Chem.*, **44** (11), 75A (1972).
22 J. L. Morris, Jr., and L. R. Faulkner, *Anal. Chem.*, **49**, 489 (1977).
23 A. G. Ewing, M. A. Dayton, and R. M. Wightman, *Anal. Chem.*, **53**, 1842 (1981).
24 R. M. Wightman and D. O. Wipf, *Electroanal. Chem.*, **15**, 267 (1989).
25 W. M. Peterson, *Am. Lab.*, **11** (12), 69 (1979).
26 Z. Kowalski, K. H. Wong, R. A. Osteryoung, and J. Osteryoung, *Anal. Chem.*, **59**, 2216 (1987).
27 J. Osteryoung and E. Kirowa-Eisner, *Anal. Chem.*, **52**, 62 (1980).
28 K. B. Oldham and E. P. Parry, *Anal. Chem.*, **42**, 229 (1970).
29 G. C. Barker and J. L. Jenkins, *Analyst*, **77**, 685 (1952).
30 G. C. Barker in "Proceedings of the Congress on Modern Analytical Chemistry in Industry," St. Andrews, Scotland, 1957, pp. 209–216.
31 L. Ramaley and M. S. Krause, Jr., *Anal. Chem.*, **41**, 1362 (1969).
32 J. G. Osteryoung and R. A. Osteryoung, *Anal. Chem.*, **57**, 101A (1985).
33 J. Osteryoung and J. J. O'Dea, *Electroanal. Chem.*, **14**, 209 (1986).
34 V. Mirčeski, R. Gulaboski, M. Lovrić, I. Bogeski, R. Kappl, and M. Hoth, *Electroanalysis*, **25**, 2411 (2013).
35 A. Chen and B. Shah, *Anal. Methods*, **5**, 2158 (2013).
36 M. Lovrić in "Electroanalytical Methods," 2nd ed., F. Scholz, Ed., Springer, Berlin, 2010, Chapter II.3.
37 V. Mirčeski, Š. Komorsky-Lovrić, and M. Lovrić, "Square-Wave Voltammetry," Springer, Berlin (2007).

38 G. N. Eccles, *Crit. Rev. Anal. Chem.*, **22**, 345 (1991).
39 J. H. Christie, J. A. Turner, and R. A. Osteryoung, *Anal. Chem.*, **49**, 1899 (1977).
40 D. Whelan, J. J. O'Dea, J. Osteryoung, and K. Aoki. *J. Electroanal. Chem.*, **202**, 23 (1986).
41 J. C. Helfrick, Jr., and L. A. Bottomley, *Anal. Chem.*, **81**, 9041 (2009).
42 P. Dauphin-Ducharme, N. Arroyo-Currás, M. Kurnik, G. Ortega, H. Li, and K. W. Plaxco, *Langmuir*, **33**, 4407 (2017).
43 S. J. Cobb and J. V. Macpherson, *Anal. Chem.*, **91**, 7935 (2019).
44 I. Nowak, M. Šeruga, and Š. Komorsky-Lovrić, *Electroanalysis*, **21**, 1019 (2009).
45 Y. Lu, X. Liang, C. Niyungeko, J. Zhou, J. Xu, and G. Tian, *Talanta*, **178**, 324 (2018).
46 J. G. Osteryoung and R. A. Osteryoung, *Am. Lab.*, **4** (7), 8 (1972).

8.8 习题

8.1 在 25℃时，对于可逆反应 $O+ne \rightleftharpoons R$ 过程，测量得到的 NPV 波的 $i_{d,c}=3.24\mu A$，其他电势下的结果如下

E(vs. SCE)/V	−0.395	−0.406	−0.415	−0.422	−0.431	−0.455
$i/\mu A$	0.48	0.97	1.46	1.94	2.43	2.92

计算：(a) 电极反应涉及的电子数；(b) 电极反应的氧化还原电对 O/R 的形式电势（vs. NHE），假设 $D_O=D_R$。

8.2 基于 8.1.2 节中的信息，从 Cottrell 方程式(6.1.12) 推导出 Ilkovič 方程式(8.1.1)。在此过程中，需推导式(8.1.2)。

8.3 物质 A 在滴汞电极上还原形成 B。1mmol/L A 的乙腈溶液表现出一个 $E_{1/2}$ 为−1.90V(vs. SCE) 的波。25℃下，波斜率为 60.5mV，$(I)_{max}$ 是 2.15（常用单位）。当加入二苯并-15-冠-5(C) 到溶液中时，极谱的行为改变。观察到以下结果

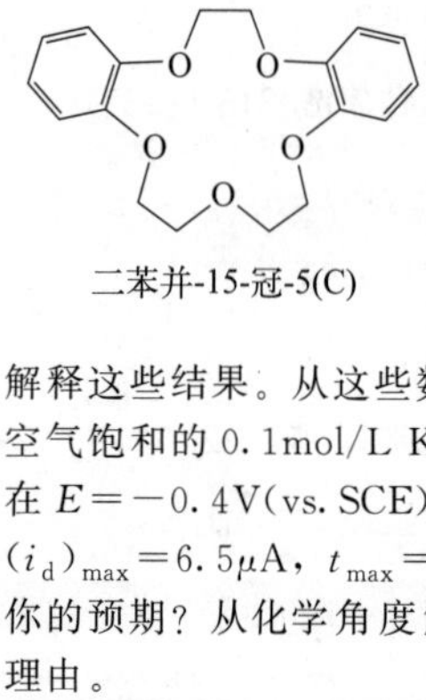

二苯并-15-冠-5(C)

C 的浓度/(mol/L)	$E_{1/2}$/V	波斜率/mV	$(I)_{max}$
10^{-3}	−2.15	60.3	2.03
10^{-2}	−2.21	59.8	2.02
10^{-1}	−2.27	59.8	2.04

解释这些结果。从这些数据中可以得到热力学数据吗？能够给出鉴别物质 A 的方法吗？

8.4 空气饱和的 0.1mol/L KNO_3 溶液中，分子氧的极谱图与图 6.4.1 类似。氧的浓度为 0.25mmol/L。在 $E=-0.4$V(vs. SCE)，$(i_d)_{max}=3.9\mu A$，$t_{max}=3.8$s，$m=1.85$mg/s。在 $E=-1.7$V(vs. SCE)，$(i_d)_{max}=6.5\mu A$，$t_{max}=3.0$s，$m=1.85$mg/s。计算每个电势下的 $(I)_{max}$。这两个值的比率是否符合你的预期？从化学角度解释任何差异。用更合适的常数来计算 O_2 的扩散系数，并说明你的选择理由。

8.5 分析废水中的有毒离子 Tl(Ⅰ)，废水中还含有过量 10～100 倍的 Pb(Ⅱ) 和 Zn(Ⅱ)。概述 DPV 法测定的任何困难，提出在不实施分离技术的情况下解决这些困难的办法。0.1mol/L KCl 中汞电极上的有关参数是 $E_{1/2}(Tl^+/Tl)=-0.46$V，$E_{1/2}(Pb^{2+}/Pb)=-0.40$V，$E_{1/2}(Zn^{2+}/Zn)=-0.995$V (vs. SCE)。

8.6 画出金圆盘电极上，不可逆电极反应（如 1mol/L KCl 中 $O_2 \rightarrow H_2O_2$）的 NPV 简图。假设还原态初始不存在，且在基电势下，初始溶液不发生电解。解释波形（注意这里不关心波的位置）。同样分析可逆电极反应的情况。如果记录伏安图时，圆盘电极发生旋转，曲线会有何不同？

8.7 (a) 证明 STV 波的可逆性的导数是

$$\frac{di}{dE}=\frac{n^2F^2AC_O^*}{RT\pi^{1/2}\tau^{1/2}}\frac{\xi\theta}{(1+\xi\theta)^2} \tag{8.8.1}$$

(b) 证明当 $\Delta E \rightarrow 0$ 时，$\delta i/\Delta E \approx di/dE$，式(8.4.7) 趋近此式。

第 9 章　控制电流技术

第 5～8 章讨论了控制电极电势同时测量电流随时间变化的方法。本章则考虑相反的情况，即控制电流并测量电势随时间的变化。这里也使用第 6～8 章的一些前提假设，如小的电极面积/溶液体积比、存在过量支持电解质、半无限扩散条件等。对于稳态行为，控制电势还是控制电流都一样，所以不再单独处理超微电极的情况。

这里讨论的方法被称为计时电势技术（chronopotentiometric technique），因为 E 是随时间测定的，或者被称为恒电流（galvanostatic）技术，因为工作电极上的电流是受控函数。

9.1　计时电势法介绍

计时电势实验是在电解池中通过在工作电极和对电极之间施加一个控制电流，并记录工作电极和参比电极之间的电势（图 9.1.1）来进行的。提供可控电流的设备称恒电流仪（galvanostat），许多电化学工作站可提供恒电流工作模式。

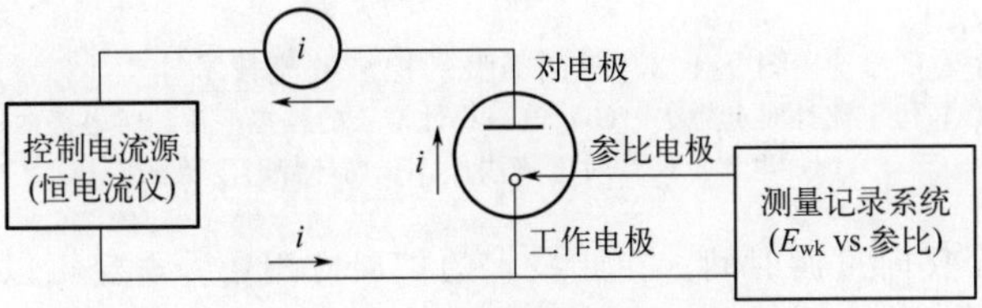

图 9.1.1　计时电势测量装置框图

恒电流计时电势法［constant-current chronopotentiometry，图 9.1.2(a)］是最常用的控制电流微电极方法。以 6.1 节讨论过的蒽（An）体系为例来介绍该方法。工作电极是一个铂圆盘，浸没在静止溶液中，其中 An 的本体浓度处处相同。在 $t=0$ 时，施加恒定阴极电流 i，引起蒽以恒定的速率还原为阴离子自由基 $An^{\overline{\cdot}}$，电极电势移动到 $An/An^{\overline{\cdot}}$ 特征电势范围内。随着浓度比的变化，电极电势逐渐负移，有利于电极表面生成 $An^{\overline{\cdot}}$。这个过程可以想象成电极附近 An 的滴定，由连续流动的电子产生类似电势滴定的 E-t 曲线（E 为加入的滴定剂 $i\times t$ 的函数）。最后，当电极表面的 An 浓度降到 0 以后，向电极的 An 流量就不足以接受通过恒电流强制越过电极/溶液界面提供的所有电子，工作电极的电势必须迅速负移，以便开始第二个还原过程。从开始施加恒电流到电势发生变化的时间称为过渡时间（transition time）τ。过渡时间依赖于电反应物浓度和扩散系数，是计时电势法的特征参数，相当于控制电势实验中的峰电流或极限电流。电极反应动力学可逆性决定了 E-t 曲线的形状和位置。

不仅恒定电流，也可以施加遵循已知时间函数［例如电流斜坡 $i=\beta t$，图 9.1.2(b)］的电流。这种方法被称为程控电流计时电势法（programmed current chronopotentiometry）。

恒定电流也可以在初始施加一段时间后反向［电流反向计时电势法，current reversal chronopotentiometry，图 9.1.2(c)］。例如上面考虑的例子中，在过渡时间之前或之时，电流突然改变为等幅度的阳极电流，则正向步骤期间形成的 $An^{\overline{\cdot}}$ 开始氧化生成 An，随着电极表面 $An/An^{\overline{\cdot}}$ 的比例中 An 含量增加，电势将正移。当电极表面 $An^{\overline{\cdot}}$ 浓度降至零时，必然发生向更正电势的

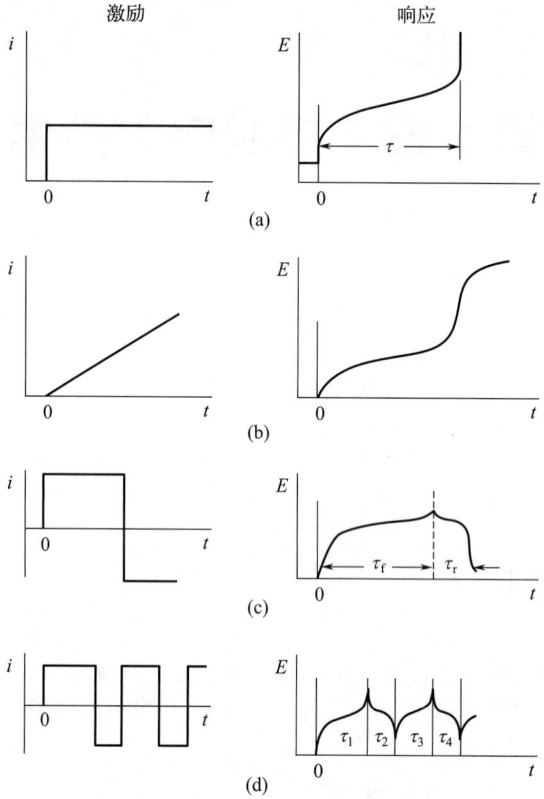

图 9.1.2 不同类型的控制电流技术

(a) 恒电流计时电势法；(b) 电流线性增长的程控电流计时电势法；
(c) 电流反向计时电势法；(d) 循环计时电势法

电势突变，可测量这个反向过渡时间。在此技术的扩展应用中，电流可以在每次过渡时反复反转，从而实现循环计时电势法［cyclic chronopotentiometry，图 9.1.2(d)］。

如同在控制电势的数据处理中一样，可以得到 E-t 曲线的导数或采用差减方法❶。

控制电流技术与控制电势方法存在显著差异：

① 因为不需要从参比电极到控制装置的反馈，恒电流实验的仪器更简单。虽然经常使用运算放大器制作恒电流源（16.5 节），但由一个高压源和一个大电阻构成的简单电路也足以胜任。

② 在控制电流实验的处理中，表面边界条件是基于已知电流或电极表面的流量（即已知浓度梯度），而对于控制电势方法，焦点是表面浓度本身。一般来讲，恒电流下扩散方程的求解比较简单，且常获得闭合形式的结果。

③ 恒电流方法有利于希望控制背景过程速率或程度的研究，例如液氨中溶剂化电子的产生、非质子溶剂中季铵离子的还原。在恒电势模式下处理背景过程通常很困难，因为其速率随电势变化非常剧烈。测定金属膜厚度的一个简单方法就是采用恒电流阳极溶出法。

④ 控制电流技术的一个缺点是双层充电效应通常较大，且在整个实验过程中都存在，不易校正。

⑤ 在控制电流方法中，多组分体系和分步电极反应的数据处理也更加复杂，部分原因是 E-t 暂态波形通常没有伏安曲线那样定义明确。

---

❶ 循环计时电势及其导数或差减，这些方法并不常用，第一版 7.6 节有较详细的讨论。

9.2 控制电流方法的理论

9.2.1 线性扩散的通用处理

仍然考虑电子转移反应 $O+ne\longrightarrow R$。假设工作电极为平面电极，存在过量支持电解质，不搅拌溶液，本体浓度分别为 C_O^* 和 C_R^*。通用公式(4.5.2节)使用七个方程——扩散方程、初始条件、O和R的半无限扩散条件以及流量平衡来描述该体系。拉普拉斯变换后，这些关系凝练的两个结果（附录A.1.6)，可作为下一步的出发点

$$\overline{C}_O(x,s)=\frac{C_O^*}{s}+A(s)e^{-(s/D_O)^{1/2}x} \tag{9.2.1}$$

$$\overline{C}_R(x,s)=\frac{C_R^*}{s}-\xi A(s)e^{-(s/D_R)^{1/2}x} \tag{9.2.2}$$

式中，$\xi=(D_O/D_R)^{1/2}$；$A(s)$ 是待定函数。

由于施加的电流 $i(t)$ 是受控的，任何时间电极表面的流量由式(4.4.21)给出：

$$D_O\left[\frac{\partial C_O(x,t)}{\partial x}\right]_{x=0}=\frac{i(t)}{nFA} \tag{9.2.3}$$

这是最后一个边界条件，其定义了电极表面的浓度梯度，使得扩散问题可解。式(9.2.3)的拉普拉斯变换为

$$D_O\left[\frac{\partial \overline{C}_O(x,s)}{\partial x}\right]_{x=0}=\frac{\overline{i}(s)}{nFA} \tag{9.2.4}$$

通过对式(9.2.1)求导，对应可得到 $A(s)$，于是式(9.2.1)和式(9.2.2)变为

$$\overline{C}_O(x,s)=\frac{C_O^*}{s}-\frac{\overline{i}(s)}{nFAD_O^{1/2}s^{1/2}}e^{-(s/D_O)^{1/2}x} \tag{9.2.5}$$

$$\overline{C}_R(x,s)=\frac{C_R^*}{s}+\frac{\overline{i}(s)}{nFAD_R^{1/2}s^{1/2}}e^{-(s/D_R)^{1/2}x} \tag{9.2.6}$$

虽然在大多数控制电流实验中施加的电流是恒电流，但式(9.2.5)和式(9.2.6)可以适用于包括反向电流在内的任意形式的电流 $i(t)$。至此也没有任何电子转移动力学条件，所以式(9.2.5)和式(9.2.6)也适用于所有的动力学体系。只要求O和R是化学稳定的溶质，其传质由半无限线性扩散控制❷。

9.2.2 恒电流电解——Sand方程

如果 $i(t)$ 是恒定的，则 $\overline{i}(s)=i/s$，式(9.2.5)变成

$$\overline{C}_O(x,s)=\frac{C_O^*}{s}-\frac{i}{nFAD_O^{1/2}s^{3/2}}e^{-(s/D_O)^{1/2}x} \tag{9.2.7}$$

逆变换得到浓度分布：

$$C_O(x,t)=C_O^*-\frac{i}{nFAD_O}\left[2\left(\frac{D_Ot}{\pi}\right)^{1/2}\exp\left(-\frac{x^2}{4D_Ot}\right)-x\cdot\operatorname{erfc}\frac{x}{2(D_Ot)^{1/2}}\right] \tag{9.2.8}$$

同理，

$$C_R(x,t)=C_R^*+\frac{i}{nFAD_R}\left[2\left(\frac{D_Rt}{\pi}\right)^{1/2}\exp\left(-\frac{x^2}{4D_Rt}\right)-x\cdot\operatorname{erfc}\frac{x}{2(D_Rt)^{1/2}}\right] \tag{9.2.9}$$

对于 $C_R^*=0$ 的情况，恒电流电解期间，不同时刻的浓度分布示于图9.2.1。电解开始后，虽然 $C_O(0,t)$ 不断下降，但电极表面浓度梯度 $[\partial C_O(x,t)/\partial x]_{x=0}$ 保持恒定值（即电流条件）。

表面浓度 $C_O(0,t)$ 可由式(9.2.8)得到

---

❷ 利用卷积性质对式(9.2.5)和式(9.2.6)做逆变换一样可得到式(9.2.8)和式(9.2.9)，便于控制电流问题的求解。

$$C_O(0,t)=C_O^*-\frac{2it^{1/2}}{nFAD_O^{1/2}\pi^{1/2}} \quad (9.2.10)$$

在过渡时间 τ，$C_O(0,t)$ 下降到 0，式(9.2.10) 成为 Sand 方程[1]

$$\boxed{\frac{i\tau^{1/2}}{C_O^*}=\frac{nFAD_O^{1/2}\pi^{1/2}}{2}=85.5nD_O^{1/2}A \quad \frac{\text{mA}\cdot\text{s}^{1/2}}{\text{mmol/L}} \quad (A\text{ 的单位是 cm}^2)} \quad (9.2.11)$$

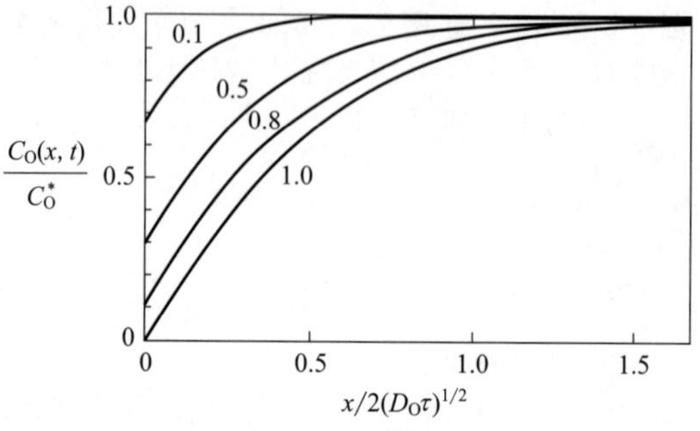

(a)

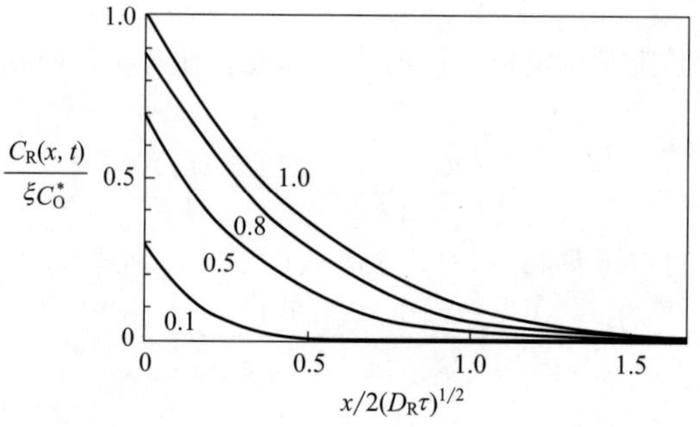

(b)

图 9.2.1 曲线上标注不同 t/τ 时，O 和 R 的无量纲浓度分布

习题 9.1 要求读者从式(9.2.8) 和式(9.2.9) 推导本图用的方程

过了过渡时间后，到达电极的 O 的流量不足以满足所施加电流的需要，电势就会跃变到发生另一个电极过程的电势（图 9.2.2)。E-t 曲线的形状将在 9.3.1～9.3.3 节讨论。

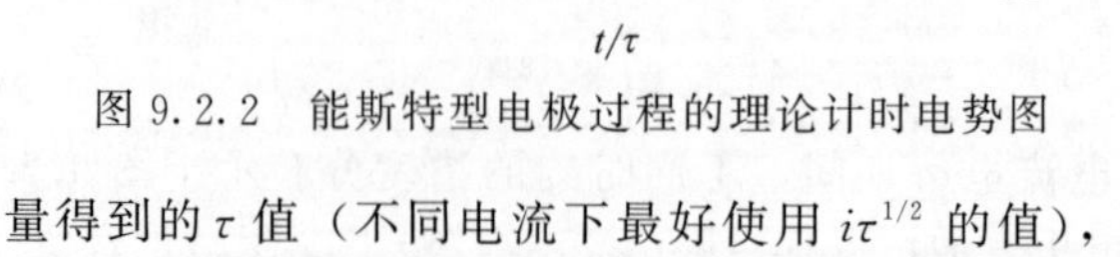

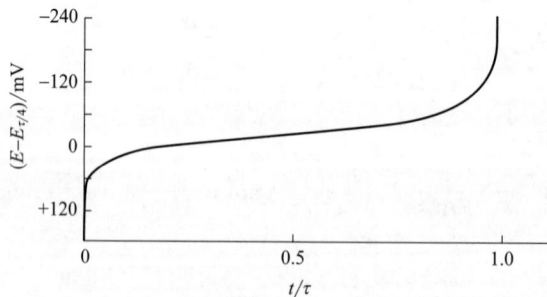

图 9.2.2 能斯特型电极过程的理论计时电势图

在已知电流 i 下测量得到的 τ 值（不同电流下最好使用 $i\tau^{1/2}$ 的值)，若其它参数已知，可以用来确定 n、A、C_O^* 或 D_O。对行为特征明晰的体系，过渡时间常数（transition time constant) $i\tau^{1/2}/C_O^*$ 与 i、C_O^* 无关。若此值不是常数，说明电极反应复杂，涉及耦合均相化学反应（第 13 章)、吸附（第 14 章)，或双层充电、对流发生等干扰了测量（9.3.4 节)。

9.2.3 程控电流计时电势法

可能选择施加随时间变化的程控电流，而不是保持恒定[2-3]。程控电流的处理通常相对简单，由式(9.2.5)和式(9.2.6)开始插入电流程序的转换。例如随时间线性增加的电流［图9.1.2(b)］，$i(t)=\beta t$，其拉普拉斯转换为 $\bar{i}(s)=\beta/s^2$，随后的浓度分布和过渡时间可以很容易推导出来。

特别有趣的是电流随时间平方根 $t^{1/2}$ 线性变化的情况，习题9.4要求读者推导该情况下的Sand方程，对于分步电子转移反应和多组分体系（9.5节），该公式具有优势。

9.3 恒电流电解过程的电势-时间曲线

9.3.1 可逆（能斯特）波

对快速电子转移动力学反应，可用Nernst方程关联电势和O、R的表面浓度（3.4.5节和3.7.4节）。用Sand方程［式(9.2.11)］把式(9.2.10)改写为

$$C_O(0,t)=C_O^*\left(1-\frac{t^{1/2}}{\tau^{1/2}}\right) \tag{9.3.1}$$

若 $C_R^*=0$，类似得到

$$C_R(0,t)=\xi C_O^*\ \frac{t^{1/2}}{\tau^{1/2}} \tag{9.3.2}$$

把它们代入适用于电极表面的Nernst方程［式(3.7.12)］，就得到[4]

$$\boxed{E=E_{\tau/4}+\frac{RT}{nF}\ln\frac{\tau^{1/2}-t^{1/2}}{t^{1/2}}} \tag{9.3.3}$$

式中，$E_{\tau/4}$ 是 $t=\tau/4$ 时的1/4波电势

$$E_{\tau/4}=E^{0'}+\frac{RT}{nF}\ln\frac{D_R^{1/2}}{D_O^{1/2}} \tag{9.3.4}$$

是与伏安法的 $E_{1/2}$ 类似的特征参数。可逆 E-t 曲线的特征标志是 E-$\lg[(\tau^{1/2}-t^{1/2})/t^{1/2}]$ 关系为线性，斜率为 $59.1/n$mV，或 $|E_{3\tau/4}-E_{\tau/4}|=47.9/n$mV(25℃)。

9.3.2 完全不可逆波

对完全不可逆的单步骤单电子反应

$$\mathrm{O}+\mathrm{e}\xrightarrow{k_f}\mathrm{R} \tag{9.3.5}$$

电流与电势的关系由下列方程表示[5]

$$i=nFAk^0C_O(0,t)\exp[-\alpha f(E-E^{0'})] \tag{9.3.6}$$

把 $C_O(0,t)$ 的表达式(9.3.1)代入得到[5]

$$E=E^{0'}+\frac{RT}{\alpha F}\ln\frac{FAk^0C_O^*}{i}+\frac{RT}{\alpha F}\ln\left(1-\frac{t^{1/2}}{\tau^{1/2}}\right) \tag{9.3.7}$$

使用Sand方程并取代 $\tau^{1/2}$，得到等价的表达式

$$\boxed{E=E^{0'}+\frac{RT}{\alpha F}\ln\frac{2k^0}{(\pi D_O)^{1/2}}+\frac{RT}{\alpha F}\ln(\tau^{1/2}-t^{1/2})} \tag{9.3.8}$$

对完全不可逆波，随电流增大，整个 E-t 曲线向更负电势方向移动，电流每增大10倍，移动 $2.3RT/(\alpha nF)$（即在25℃时是 $59/\alpha$mV）。工作电极与参比电极之间的未补偿电阻，也会产生类似的效果，因此必须避免或校正这一效应，才能从这个波移动来估算 k^0。对完全不可逆波，$|E_{3\tau/4}-E_{\tau/4}|=33.8/\alpha$mV(25℃)。

9.3.3 准可逆波

对准可逆单步骤单电子反应

$$\mathrm{O}+\mathrm{e} \underset{k_b}{\overset{k_f}{\rightleftharpoons}} \mathrm{R} \tag{9.3.9}$$

联立电流-电势方程式(3.4.10)与分别从式(9.2.8)和式(9.2.9)导出的 $C_O(0,t)$ 和 $C_R(0,t)$ 表达式，可得到普适的 E-t 关系。由于初始 O 和 R 共存，因而有初始平衡电势[6-7]，最后结果是

$$\frac{i}{i_0}=\left[1-\frac{2i}{FAC_O^*}\left(\frac{t}{\pi D_O}\right)^{1/2}\right]e^{-\alpha f\eta}-\left[1+\frac{2i}{FAC_R^*}\left(\frac{t}{\pi D_R}\right)^{1/2}\right]e^{(1-\alpha)f\eta} \tag{9.3.10}$$

准可逆电极反应动力学研究可以使用小电流微扰的恒电流或电流阶跃方法进行，相应电势对平衡位置的偏离也不大，可使用式(9.3.10)的线性近似。通过泰勒级数展开（附录 A.2）近似给出：

$$\boxed{-\eta=\frac{RT}{F}i\left[\frac{2t^{1/2}}{FA\pi^{1/2}}\left(\frac{1}{C_O^*D_O^{1/2}}+\frac{1}{C_R^*D_R^{1/2}}\right)+\frac{1}{i_0}\right]} \tag{9.3.11}$$

这样小 η 下，η 与 $t^{1/2}$ 呈线性关系，从截距可求出 $i_0$❸。式(9.3.11)用于准可逆体系小幅电流阶跃，与用于准可逆体系小幅电势阶跃方法的式(6.3.18)类似。

9.3.4 过渡时间测量中的实际问题

由于在进行恒电势计时法期间，电势是连续不断变化的，总是需要非法拉第电流 i_c 来对双电层电容充电：

$$i_c=-AC_d(\mathrm{d}\eta/\mathrm{d}t)=-AC_d(\mathrm{d}E/\mathrm{d}t) \tag{9.3.12}$$

施加的总电流 i 中，只有 i_f 部分用于法拉第反应：

$$i_f=i-i_c \tag{9.3.13}$$

因为 $\mathrm{d}E/\mathrm{d}t$ 是时间的函数，即使 i 是恒定值，i_c 和 i_f 也都是随时间变化的。在刚开始施加电流和接近电势跃变时刻时 $\mathrm{d}E/\mathrm{d}t$ 较大，i_c 和 i_f 的占比变化最快（图 9.3.1）。这种占比变化改变了 E-t 曲线的总体形状，使得 τ 的测量既困难又不精确。

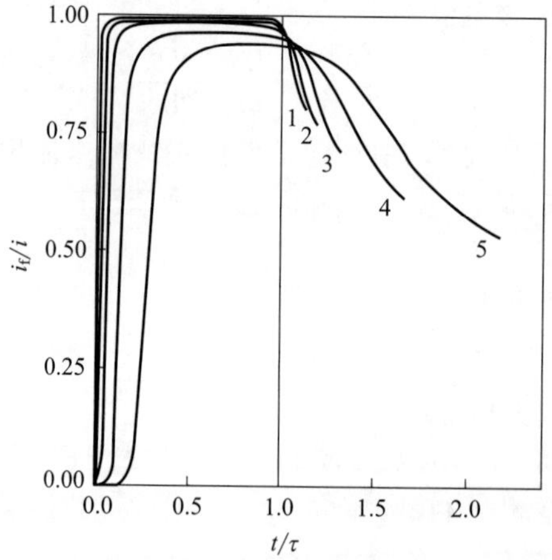

图 9.3.1 Nernst 电极过程，法拉第电流占总电流的分数 i_f/i 对时间的图

图中曲线编号 1～5 对应双层充电电流占比增大（也就是用于 C_O^* 电解的电流占比降低）。τ 越小，双层充电效应越大（引自 De Vries[8]）

一般来讲，过渡时间比伏安峰高或波高更难精确测量。在计时电势方法中，E-t 曲线失真问题和 τ 校正困难都很突出，因此人们提出了相应的解决方法。

最简单的方法是假设在 $0<t<\tau$ 期间 i_c 是常数。当然，这个假设并不严格，因为在整个 E-t 曲线上，$\mathrm{d}E/\mathrm{d}t$ 和 C_d 实际都是 E 的函数，是不断变化的[9-10]。但近似可得到

$$i=i_f+i_c \tag{9.3.14}$$

❸ 若有部分电流用于双层充电，必须进行校正。细节参考第二版 8.3.4 节。

$$\frac{i\tau^{1/2}}{C_O^*}=\frac{i_f\tau^{1/2}}{C_O^*}+\frac{i_c\tau}{C_O^*\tau^{1/2}} \tag{9.3.15}$$

式中，第一项 $i_f\tau^{1/2}/C_O^*=a$，才是“真正的计时电势常数”，它等于 $nFAD_O^{1/2}\pi^{1/2}/2$。后一项中的 $Q_c=i_c\tau=b$，是从初始电势到测量 τ 时刻时的电势变化 ΔE 期间平均双层电容充电需要的总电量（以库仑计），$i_c\tau\approx(C_d)_{avg}\Delta E$，这样定义 a 和 b 后，式(9.3.15) 可改写为

$$i\tau=aC_O^*\tau^{1/2}+b \tag{9.3.16}$$

用式(9.3.16) 对一系列不同电流计时电势实验的 $i\tau$ 对 $\tau^{1/2}$ 做图，可以得到斜率 aC_O^*，截距 b。

这种形式的方程，也可用于校正氧化膜的形成（如铂电极上的电化学氧化）或用于除扩散物质之外的吸附物的电解。考虑所有这些影响，式(9.3.14) 就变为[10]

$$i=i_f+i_c+i_{ox}+i_{ads} \tag{9.3.17}$$

式中，i_{ox} 是生成（或还原）氧化膜的电流；i_{ads} 是吸附物需要的电流。可类似处理式(9.3.16)，只是这时 b 是包括 $Q_{ox}=i_{ox}\tau$ 和 $Q_{ads}=nFA\Gamma$ 的，Γ 是电极表面单位面积上吸附物的物质的量(17.3.1 节)。虽然这些近似比较粗略，但即便在表面效应最显著的低浓度和短过渡时间的情况下[11]，用式(9.3.16) 处理实验数据也还是给出了较好的结果。

比较严格的方法是只假设 C_d 与 E 无关[8,12-13]。这时，必须以流量条件为边界条件，类似 9.2.1 节一样求解扩散问题。流量条件式(9.2.3) 改为❹

$$i=nFAD_O\left(\frac{\partial C_O}{\partial x}\right)_{x=0}-AC_d\frac{\partial E}{\partial t} \tag{9.3.18}$$

另外还需要相应的 i-E 关系（即可逆、完全不可逆或准可逆动力学特征），这样得到的非线性积分方程只能用数值法求解，或者用数字模拟计算。

在长时间实验中，对流和非线性扩散可能会产生一系列不同的问题。溶液相对于电极的运动，即对流效应，可能源于传给电解池的偶然振动（例如来自通风橱风扇、真空泵、过往人员等)，或由于电极表面反应物与产物之间的密度差异而产生的密度梯度。使用屏蔽的电极(图 9.3.2) 或以水平取向放置电极使密度大的物质总在密度小的物质下面[14-15]，可以减小对流效应。而垂直放置的电极（如金属片或丝)，即使在不太长的时间内（如 60～80s)，也常受到对流的干扰。使用屏蔽电极还可以限制扩散在垂直电极表面的法线方向，从而接近真正的线性扩散(图 4.4.5)。非屏蔽电极，如嵌在玻璃中的铂圆盘电极，当扩散层厚度变得与最小尺寸相当时，会表现出“边缘效应”，即物质更多从边沿方向扩散到非屏蔽电极上。计时电势法中，这种效应使得过渡时间增加。使用恰当取向放置的屏蔽电极，线性扩散条件可以保持到 300s 甚至更长。

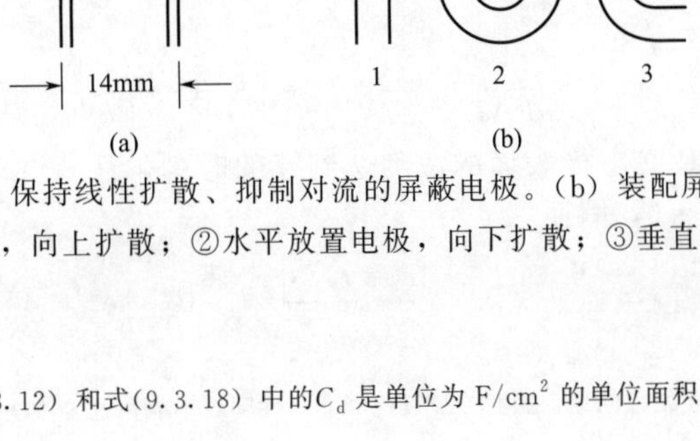

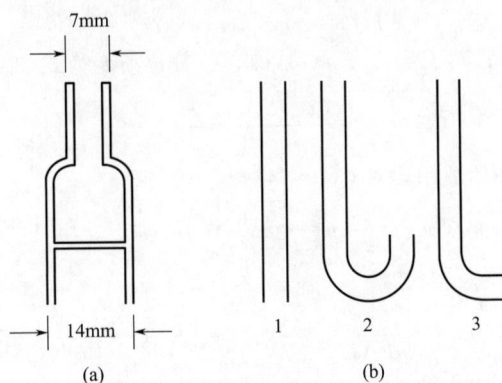

图 9.3.2 (a) 保持线性扩散、抑制对流的屏蔽电极。(b) 装配屏蔽电极的管子，用于实现①水平放置电极，向上扩散；②水平放置电极，向下扩散；③垂直放置电极（引自 Bard[14]）

❹ 对这里的讨论，式(9.3.12) 和式(9.3.18) 中的C_d 是单位为 F/cm^2 的单位面积电容。

9.4 反向技术

9.4.1 响应函数原理

在处理计时电势法（及其他电化学问题）中的电流反向问题时，一个有用的技术是基于响应函数原理（response function principle）[2,16]，该原理也广泛用于描述电路。其思路是运用拉普拉斯变换空间中的线性关系来发现体系对激励的响应，其基本方程为

$$\overline{R}(s)=\overline{\Psi}(s)\overline{S}(s) \tag{9.4.1}$$

式中，$\overline{\Psi}(s)$ 是激励函数的变换；$\overline{R}(s)$ 是体系的响应变换；$\overline{S}(s)$ 是关联激励和响应的体系变换。

对于电流激励 $i(t)$，$x=0$ 时，存在有 9.2.1 节中式(9.2.5) 的联系，可以写为

$$\overline{C}_{\mathrm{O}}(0,s)=C_{\mathrm{O}}^{*}/s-(nFAD_{\mathrm{O}}^{1/2}s^{1/2})^{-1}\overline{i}(s) \tag{9.4.2}$$

或

$$\overline{C}_{\mathrm{O}}^{*}-\overline{C}_{\mathrm{O}}(0,s)=(nFAD_{\mathrm{O}}^{1/2}s^{1/2})^{-1}\overline{i}(s) \tag{9.4.3}$$

这样$\overline{\Psi}(s)=\overline{i}(s)$，$\overline{R}(s)=\overline{C}_{\mathrm{O}}^{*}-\overline{C}_{\mathrm{O}}(0,s)$ 和 $\overline{S}(s)=(nFAD_{\mathrm{O}}^{1/2}s^{1/2})^{-1}$。

体系变换 $\overline{S}(s)$ 体现了正在研究的电化学体系的行为本性，对于当前情况，指稳定的反应参与者 O 和半无限线性扩散（也就是满足通用公式）。对于其他类型体系（如球形或圆柱形扩散、耦合一级反应动力学复杂性）的控制电流问题，体系变换可能不同❺。

从式(9.2.6) 中可以得到物种 R 的类似关系

$$\overline{C}_{\mathrm{R}}^{*}-\overline{C}_{\mathrm{R}}(0,s)=-(nFAD_{\mathrm{R}}^{1/2}s^{1/2})^{-1}\overline{i}(s) \tag{9.4.4}$$

从中可以发现 $\overline{\Psi}(s)=\overline{i}(s)$，$\overline{R}(s)=\overline{C}_{\mathrm{R}}^{*}-\overline{C}_{\mathrm{R}}(0,s)$和 $\overline{S}(s)=(nFAD_{\mathrm{R}}^{1/2}s^{1/2})^{-1}$。

9.4.2 电流反向

考虑一个 O/R 体系，其中最初仅存在 O，存在半无限线性扩散，施加持续时间 t_1（$t_1\leqslant\tau_1$，τ_1 是 O 还原的正向过渡时间）的恒定阴极还原电流 i。在 $t_1=\tau_1$ 时刻电流反向，电流从阴极电流变为阳极电流，于是正向还原电流阶跃期间生成的 R 将被氧化回 O。电解继续进行，直到 τ_2（从 t_1 开始计时的）时刻，电极表面的 R 浓度 C_{R} 降到 0。在反向的过渡时间（reverse transition time）τ_2，电势迅速向正值变化。现在推导 τ_2 的表达式[17-18]。

运用附录 **A**.1.7 的阶跃函数符号，电流可表示为

$$i(t)=i+S_{t_1}(t)(-2i) \tag{9.4.5}$$

式中，对 $t\leqslant t_1$，$S_{t_1}(t)=0$；对 $t>t_1$，$S_{t_1}(t)=1$，拉普拉斯变换式(9.4.5) 给出

$$\overline{i}(s)=\frac{i}{s}-\frac{(2\mathrm{e}^{-t_1 s})i}{s}=\frac{i}{s}(1-2\mathrm{e}^{-t_1 s}) \tag{9.4.6}$$

式(9.4.3) 和式(9.4.4) 亦然适用，对 $C_{\mathrm{R}}^{*}=0$ 情况，有

$$\overline{C}_{\mathrm{R}}(0,s)=\frac{i}{s}(1-2\mathrm{e}^{-t_1 s})(nFAD_{\mathrm{R}}^{1/2}s^{1/2})^{-1} \tag{9.4.7}$$

逆变换得到

$$C_{\mathrm{R}}(0,t)=\frac{2i}{nFAD_{\mathrm{R}}^{1/2}\pi^{1/2}}\left[t^{1/2}-2S_{t_1}(t)(t-t_1)^{1/2}\right] \tag{9.4.8}$$

定义 $t=(t_1+\tau_2)$ 为物种 R 在电极表面的浓度达到零的时刻，从式(9.4.8) 可知 $(t_1+\tau_2)^{1/2}-2\tau_2{}^{1/2}=0$ 时 $C_{\mathrm{R}}(0,t_1+\tau_2)=0$，因而

$$\boxed{\tau_2=t_1/3} \tag{9.4.9}$$

---

❺ 这个通用变换方法只用于线性问题，因此二级反应和非线性问题不能用这个方法处理。

结论是对于 R 稳定的体系，只要正向持续时间 $t_1 \leqslant \tau_1$，反向过渡时间 τ_2 总是正向反转时间 t_1 的 1/3（图 9.4.1），与 n、D_O、D_R、C_O^* 及电子转移动力学无关（假设这些过程足够快，即仅受扩散控制）。系数 1/3 表示，在反向阶跃的 τ_2 时间内，正向阶跃中生成的 R［等于 $it_1/(nF)$ mol］，只有 1/3 返回电极被反向氧化，其它 R 都扩散进入了溶液本体。乍一看，会疑惑为什么 τ_2/t_1 与 D_R 也无关。如果 D_R 很大，不应该是有更多的 R 扩散离开电极表面吗？但大的 D_R，也同时意味着更多的 R 在反向步骤扩散回电极表面。数学上可以证明该影响是精确互补的。

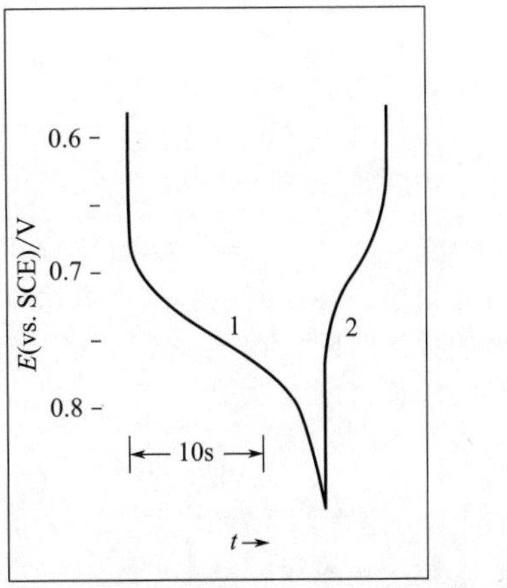

图 9.4.1　反向电流实验的计时电势图
二苯基苦味酰肼（DPPH）的氧化，随后是稳定自由基阳离子 $DPPH^{+\cdot}$ 的还原。溶液是 1.04mmol/L 的 DPPH 和 0.1mol/L 的 $NaClO_4$ 的乙腈溶液。电流为 100μA，使用面积为 1.2cm^2 的屏蔽铂电极（Solon，Bard[19]）

作为特征参数，计时电势的 τ_2/t_1 比值 1/3，类似于反向电势阶跃（6.5 节）的 $-i_r(2\tau)/i_f(\tau)=0.293$ 和循环伏安法［7.2.2(2) 节］的 $|i_{pr}/i_{pf}|=1$。

如 9.3 节所述，联立合适的动力学关系和 $C_O(0,t)$、$C_R(0,t)$ 方程，可以导出 E-t 曲线。例如对能斯特可逆波，$E_{0.215\tau_2}=E_{\tau/4}$。对准可逆体系，用 $E_{\tau/4}$ 和 $E_{0.215\tau_2}$ 的差别可以确定 k^0[20]。

9.5　多组分体系和多步骤反应

考虑在含有两种物质 O_1 和 O_2 的溶液中进行计时电势法，这两种物质在不同的电势下还原[17,21-23]。反应 $O_1+n_1e \longrightarrow R_1$ 先发生；然后在更负的电势下发生 $O_2+n_2e \longrightarrow R_2$。假定半无限线性扩散适用，则有下列响应函数方程

$$n_1FAD_1^{1/2}\left[\frac{C_1^*}{s}-\overline{C}_1(0,s)\right]=\frac{\overline{i}_1(s)}{s^{1/2}} \tag{9.5.1}$$

$$n_2FAD_2^{1/2}\left[\frac{C_2^*}{s}-\overline{C}_2(0,s)\right]=\frac{\overline{i}_2(s)}{s^{1/2}} \tag{9.5.2}$$

式中，C_1^* 和 C_2^* 分别是 O_1 和 O_2 的本体浓度；$\overline{i}_1(s)$ 和 $\overline{i}_2(s)$ 分别是 O_1 和 O_2 各自独立还原电流［$i_1(t)$ 和 $i_2(t)$］的变换形式。总电流 $i(t)$ 是 $i_1(t)+i_2(t)$，电流变换 $\overline{i}(s)=\overline{i}_1(s)+\overline{i}_2(s)$，从式(9.5.1) 和式(9.5.2) 得到

$$n_1D_1^{1/2}\left[\frac{C_1^*}{s}-\overline{C}_1(0,s)\right]+n_2D_2^{1/2}\left[\frac{C_2^*}{s}-\overline{C}_2(0,s)\right]=\frac{\overline{i}(s)}{FAs^{1/2}} \tag{9.5.3}$$

在施加电流后初期，只有 O_1 还原，电势不够负，O_2 不能发生还原，$\overline{C}_2(0,s)=C_2^*/s$，$\overline{i}_2(s)=0$，式(9.5.3) 与式(9.4.3) 相同，其行为不受 O_2 存在的影响。直到电极表面的 O_1 流量不能满足电流需要，电势在 $t=\tau_1$ 时刻突变到 O_2 开始还原的电势区。

在 $t>\tau_1$ 时，$\overline{C}_1(0,s)=0$，式(9.5.3) 变为

$$\frac{n_1D_1^{1/2}C_1^*}{s}+n_2D_2^{1/2}\left[\frac{C_2^*}{s}-\overline{C}_2(0,s)\right]=\frac{\overline{i}(s)}{FAs^{1/2}} \tag{9.5.4}$$

在电极表面 O_2 浓度降到 0，即 $\overline{C}_2(0,s)=0$ 时，到达 $t=\tau_1+\tau_2$ 时刻，出现第二个电势跃变。对恒电流方法 $\overline{i}(s)=i/s$，此时式(9.5.4) 就变为

$$\frac{n_1 D_1^{1/2} C_1^*}{s} + \frac{n_2 D_2^{1/2} C_2^*}{s} = \frac{i}{FAs^{3/2}} \tag{9.5.5}$$

逆变换，代入 $t=\tau_1+\tau_2$ 得到

$$\boxed{(n_1 D_1^{1/2} C_1^* + n_2 D_2^{1/2} C_2^*)\frac{FA\pi^{1/2}}{2} = i(\tau_1+\tau_2)^{1/2}} \tag{9.5.6}$$

对于 $n_1 D_1^{1/2} C_1^* = n_2 D_2^{1/2} C_2^*$ 的特例，$\tau_2=3\tau_1$。因此，扩散系数相同、浓度相同、n 值相同的两种物质，在控制电势伏安方法中，表现出高度相同的两个波，而在计时电势法中却表现为不相等的过渡时间。在 τ_1 之后，O_1 继续向电极扩散，只有部分电流用于 O_2 还原，导致第二个跃变时间较长（图 9.5.1）。

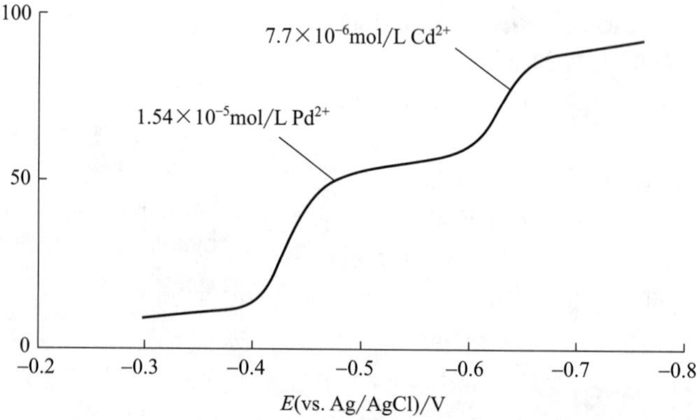

图 9.5.1　汞池电极上 Pb(Ⅱ) 和 Cd(Ⅱ) 的连续还原

注意这种 E-t 曲线和伏安图很相似（Reilley，Everett，Johns[22]）

同理对于逐步过程[17,23]

$$O + n_1 e \longrightarrow R_1 \tag{9.5.7}$$

$$R_1 + n_2 e \longrightarrow R_2 \tag{9.5.8}$$

过渡时间比值为

$$\frac{\tau_2}{\tau_1} = \frac{2n_2}{n_1} + \left(\frac{n_2}{n_1}\right)^2 \tag{9.5.9}$$

这样 $n_2=n_1$ 时，$\tau_2=3\tau_1$（图 9.5.2）。

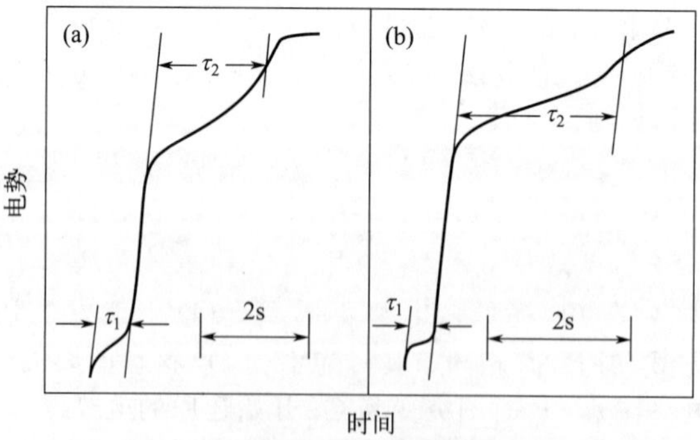

图 9.5.2　氧和铀离子各自在汞电极上的多步还原

(a) 25℃氧饱和的 1mol/L LiCl 溶液，$O_2+2H_2O+2e \longrightarrow H_2O_2+2OH^-$，$H_2O_2+2e \longrightarrow 2OH^-$，$\tau_2/\tau_1\approx 3$；
(b) 10^{-3}mol/L 硝酸铀的 0.1mol/L KCl+0.01mol/L HCl 溶液，U(Ⅵ) +e ⟶U(Ⅴ)，
U(Ⅴ) +2e ⟶U(Ⅲ)，$\tau_2/\tau_1\approx 8$（Berzins 和 Delahay[17]）

运用响应函数原理，可以证明（习题 9.4），若电流形式是 $i(t)=\beta t^{1/2}$，当 $n_2=n_1$ 时会得到

相等的过渡时间。

9.6　恒电流双脉冲法

在9.3.3节知道，施加电流阶跃的初期，电流主要用于非法拉第的双层充电，因而单阶跃脉冲恒电流方法不能用于研究交换电流 i_0 大的电子转移反应。研究快速反应动力学可用恒电流双脉冲方法(galvanostatic double pulse method，GDP，图9.6.1)进行探讨[24-28]。首先施加一个大电流脉冲 i_1，持续时间 t_1(一般0.5～1μs)，主要用于对双电层充电至支持后续较小电流 i_2 的电势。

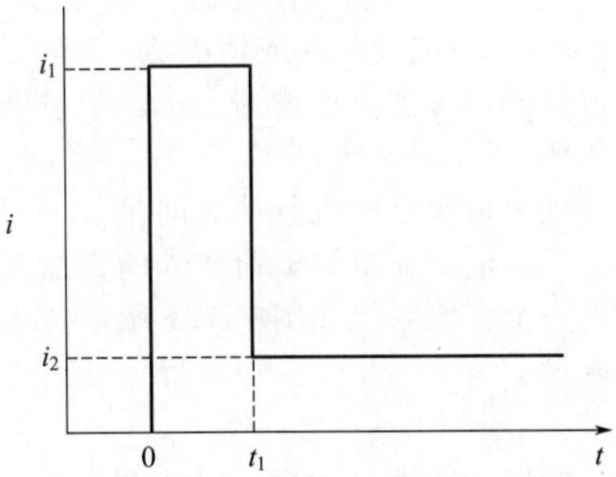

图9.6.1　恒电流双脉冲方法的激励波形

其基本思想是运用第一个短脉冲使体系刚好达到支持第二个电流的过电势。这样，当施加第二个电流时，过电势 η 不再改变，在第二个电流保持期间，双电层充电没有太大的影响。

通过试错法反复实验，恰当调整脉冲高度比(i_1/i_2)，可以使第一脉冲结束后的 E-t 曲线刚好为水平直线(图9.6.2)。此时，准可逆单步骤单电子过程的超电势由下式给出[25]

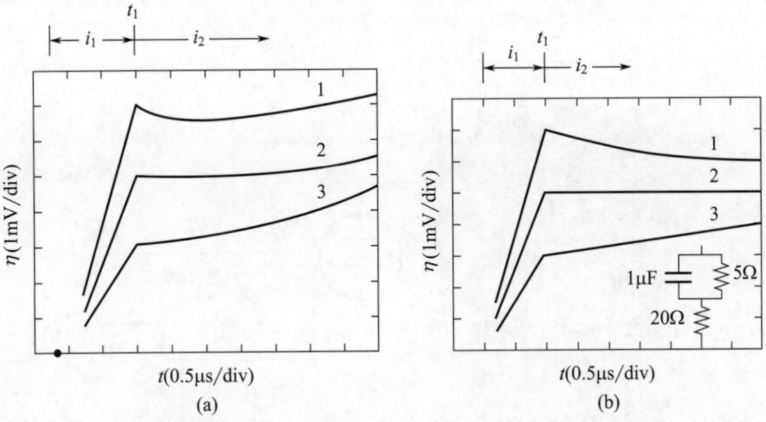

图9.6.2　(a)恒电流双脉冲法，悬汞电极上1mol/L $HClO_4$ 溶液中0.25mmol/L Hg_2^{2+} 还原的过电势-时间图。比值 i_2/i_1 分别是7.8(1)、5.3(2)、3.2(3)。其中曲线2就是式(9.6.3)表示的理想响应。(b)等效电路对恒电流双脉冲的电压-时间响应。其中 i_1 分别是7.6mA(1)、5.5mA(2)、3.3mA(3)；i_2=1mA(Kogoma，Nakayama，Aoyagi[26])

$$-\eta=\frac{RT}{F}\frac{i_2}{i_0}\left[1+\frac{4Ni_0}{3\pi^{1/2}}t_1^{1/2}+\left(1-\frac{9\pi}{32}\right)\left(\frac{4Ni_0}{3\pi^{1/2}}\right)^2 t_1+\cdots\right] \tag{9.6.1}$$

式中

$$N=\frac{1}{FA}\left(\frac{1}{C_O^* D_O^{1/2}}+\frac{1}{C_R^* D_R^{1/2}}\right) \tag{9.6.2}$$

t_1 足够小时，式(9.6.1)可近似为线性

$$\boxed{-\eta\approx\frac{RT}{F}i_2\left(\frac{1}{i_0}+\frac{4N}{3\pi^{1/2}}t_1^{1/2}\right)} \tag{9.6.3}$$

使用不同脉冲宽度 t_1 进行一系列的实验，就可以 i_2 开始时的超电势 η 对 $t_1^{1/2}$ 作图，从截距求出交换电流 i_0。

用恒电流双脉冲（GDP）法计算交换电流 i_0 不需要知道反应物和生成物的扩散系数或 C_d 值。这种技术可以测量的速率常数 k^0 可达 1cm/s[27,29]。

9.7 电量阶跃（恒电量）方法

假设工作电极在含有物种 O 和 R 的溶液中处于平衡状态，这两种物种参与电极反应 $O+e \rightleftharpoons R$，在电量阶跃或恒电量（charge-step or coulostatic）方法中，施加一个持续非常短时间的电流脉冲，传递电量增量 Δq，使电势偏离原平衡值 E_{eq}。脉冲之后，测量开路电势随时间的变化❻。

理想情况是电流脉冲时间足够短（如 0.1～1μs），电极反应不会明显地进行。因此，Δq 仅用于给双电层充电，电荷注入的方法和注入脉冲的形状并不重要。

一个实验系统如图 9.7.1 所示。当电子开关处于位置 A 时，电压源 V_{inj} 对注入电容器 C_{inj} 充入电量

$$\Delta q = C_{inj} V_{inj} \tag{9.7.1}$$

例如，如果 $V_{inj}=-10V$，$C_{inj}=10^{-9}F$，则 $\Delta q=-0.01\mu C$。电子开关切换到位置 B，该电量被输送至电化学池。如果工作电极的双层电容 C_d 远大于 C_{inj}，几乎所有电量都送入电解池。电量注入时间取决于工作电极和对电极之间的溶液总电阻 R_s，时间常数基本上为 $C_{inj}R_s$（习题 9.6）。

注入的电量使得工作电极电势从原来的 E_{eq} 改变到 $E(t=0)$，建立一个过电势 $\eta(t=0)$

$$E(t=0) - E_{eq} = \eta(t=0) = \frac{-\Delta q}{C_d} \tag{9.7.2}$$

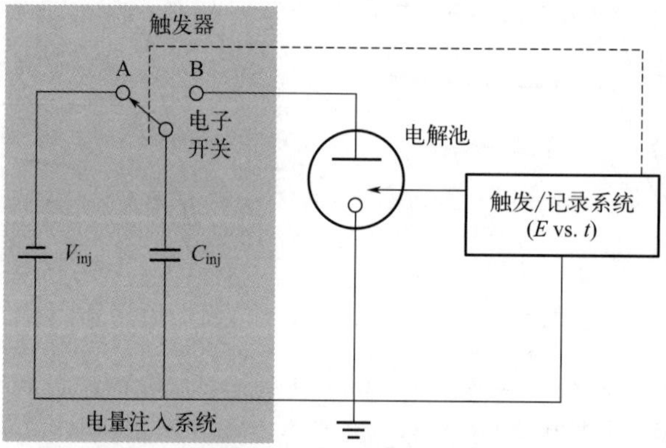

图 9.7.1　电量阶跃或恒电量方法的系统示意图

其中，Δq 的符号决定过电势 $\eta(t=0)$ 的符号。因为电极反应不再与电极处于平衡状态，净反应发生。通过法拉第反应，从电极上得到电子，O 还原为 R，或者 R 氧化为 O，失去电子给电极。通过法拉第反应使临时存储在 C_d 上的额外电荷 Δq 放电，当过电势 $\eta(t)$ 降至零时，开路电势恢复到原平衡电势 E_{eq}。记录暂态 η-t 曲线❼。

在该暂态过程中，总外部电流为零；因此法拉第电流 i_f 和充电电流 i_c 大小相等，方向相反。

$$i_f = -i_c = C_d \frac{d\eta}{dt} \tag{9.7.3}$$

---

❻ 这里的讨论有删节，完全处理参考第二版 8.7 节。

❼ 我们假设工作电极最初处于由 O 和 R 的本体浓度建立的真实平衡状态。实际实验中，初始电势可以是由恒电势仪施加的，在电荷注入前立即断开。恒电势仪在电极表面建立 O 和 R 的“有效体积浓度”，与差分脉冲伏安法完全相同（8.4.2 节）。这些浓度与外加电势处于当时指定的局部平衡状态，作为恒电量实验的“有效平衡电势”。

或

$$\eta(t)=\eta(t=0)+\frac{1}{C_d}\int_0^t i_f \mathrm{d}t \tag{9.7.4}$$

使用 i_f 的适当表达式求解式(9.7.4)，可得到 E（或 η）与时间 t 的关系[30-33]。如果在 $E(t=0)$ 没有法拉第反应发生，C_d 将保持充电状态，电势就不会弛豫回到开始点。

9.7.1 小偏离

若电势偏离较小，即 $\eta\ (t=0) \ll RT/(nF)$，那么 i_f 可用线性 i-η 关系近似。另外，如果电极过程动力学迟缓，电荷转移电阻 R_{ct} 远大于传质电阻，即工作在电极过程动力学控制区，可用式(3.4.12)～式(3.4.13) 表达法拉第电流和过电势的关系，

$$-\eta=\frac{RT}{nFi_0}i_f=R_{ct}i_f \tag{9.7.5}$$

和

$$\eta(t)=\eta(t=0)-\frac{1}{R_{ct}C_d}\int_0^t \eta(t)\mathrm{d}t \tag{9.7.6}$$

在习题 9.7 中，要求读者证明

$$\boxed{\eta(t)=\eta(t=0)\mathrm{e}^{-t/(R_{ct}C_d)}} \tag{9.7.7}$$

因此，以电荷转移反应动力学决定的时间常数为 $R_{ct}C_d$，预期电势将向平衡电势 E_{eq} 以指数形式弛豫。$\ln|\eta|$ 对 t 的曲线应该是线性的，截距为 $\ln|\eta(t=0)|$ [据此可以用式(9.7.2) 求出 C_d]，进而通过斜率 $-1/(R_{ct}C_d)$ 给出电荷转移电阻和交换电流。

当 R_{ct} 不是主导阻抗时，描述过电势弛豫的方程将变得更加复杂❽。已有详细分析讨论恒电量数据和弛豫曲线的文献[34-35]。

恒电量实验有一些优点，由于测量是在没有净外部电流流动的开路下进行的，不会出现欧姆降，因此可以在高阻介质中进行。而且因为弛豫是通过双层电容的放电而发生的，所以法拉第电流和电容电流不再是通常的竞争关系，而是 i_c 和 i_f 相等，C_d 不再干扰测量。但是，若电解池电阻较高，会增加向电解池注入电荷的时间。另外 ΔE 通常较小，需要高灵敏度测量，而电荷注入瞬间有大电压 V_{inj} 出现在电解池上并使测量复杂化。恒电量法可用于测定高达约 $0.1\mathrm{A/cm^2}$ 的 i_0 或高达约 $0.4\mathrm{cm/s}$ 的 k^0。文献中已讨论了实验和应用的相关方面[35-36]。

9.7.2 大偏离

如果在恒电量实验中电势的变化足够大，使其达到极限扩散区的电势，那么弛豫电流 i_f 应由 Cottrell 方程式(6.1.12) 给出。对于物种 O 的还原，认为双层电容 C_d 与电势无关，由式(9.7.4) 得到

$$\Delta E=E(t)-E(t=0)=\frac{2nFAD_O^{1/2}C_O^*t^{1/2}}{\pi^{1/2}C_d} \tag{9.7.8}$$

电极电势从较负的初始电势向较正电势弛豫，所以 ΔE 是正的。ΔE 对 $t^{1/2}$ 作图为线性，截距为 0，斜率是 $2nFAD_O^{1/2}C_O^*t^{1/2}/(\pi^{1/2}C_d)$，正比于溶液浓度。该方法已被建议用于低浓度测量[37-38]。

对读者来说，“恒电量思想”也许比恒电量方法更重要。其本质是：以双层电容充当电量来源，即使在开路状态下，一个处于不平衡状态的电极也可以继续进行电解。除恒电量法外，在一些电化学体系下也会遇到这一概念。9.7.3 节给出了一个例子，其他情况见习题 9.9 和 9.10 以及 16.7.3(2) 节，后者涉及通过电流中断法进行电阻补偿。

9.7.3 温度跃变对于恒电量法的扰动

类似恒电量的方法，电极电势也可以通过其他变量的突然变化来实现扰动，使电极偏离平衡态。可能最直接的方法就是改变电极温度（即 T-jump）[39-43]。使用介电材料如玻璃上的薄金属膜（约 1～25μm）做电极，用脉冲激光从背面穿过介电材料照射金属膜可以方便地实现温度跃

❽ 第二版 8.7.2 节。

变[41-42]。膜要足够厚，没有光透过且吸收的光能要全部转换为热。在这种条件下，进入溶液的电子不会发生光发射[39-40]（习题 9.9 和 9.10 以及 20.4.1 节）。实验装置见图 9.7.2。使用快速激光脉冲和薄金属膜，有可能实现纳秒级的测量。

电极温度跃变扰动电极/溶液界面平衡，引起工作电极电势的改变，然后弛豫回原平衡状态。从时间的弛豫变化——E-t 曲线，可以得到电极反应动力学信息。尽管温度引起的电极电势偏移还涉及多种不同现象［如双层电容的温度依赖性和由于电极与本体电解质之间温度梯度而产生的 Soret（热-浓差）电势］，但还是可以进行理论分析[40]，并且可以从实验结果中获得界面电子转移的速率常数。例如，这种方法已被用于测量烷基硫醇混合有序膜（其中一些带有二茂铁端基）中烷基链长度对二茂铁部分电子转移速率的影响（3.5.2 节和 17.6.2 节），发现这些膜上电子转移的速率常数高达 10^7-$10^8\,s^{-1}$[44]。T-jump 恒电量法也曾用于考察与单晶电极表面双层形成[45-47]相关的动力学。

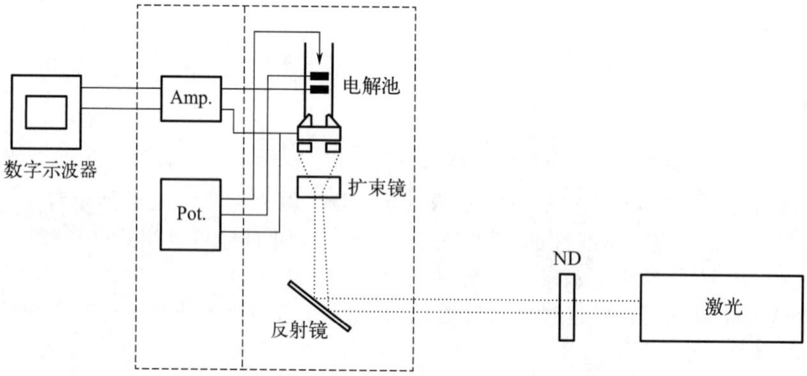

图 9.7.2 温度跃变实验仪器装置简图

激光通过一个中密度滤波器（ND）、反射镜、扩束镜照射在电解池底的薄膜电极上。深色长方形是对电极和测量电势变化用的参比电极 QRE。照射前用恒电势仪（Pot.）调整电极电势，并刚好在激光脉冲照射前断开。电势变化用快速放大器（Amp.）测量，数字示波器记录（Smallyet 等[42]）

9.8 参考文献

1 H. J. S. Sand, *Philos. Mag.*, **1**, 45 (1901).
2 R. W. Murray and C. N. Reilley, *J. Electroanal. Chem.*, **3**, 64, 182 (1962).
3 A. Molina, *Curr. Top. Electrochem.* **3**, 201 (1994).
4 Z. Karaoglanoff, *Z. Elektrochem.*, **12**, 5 (1906).
5 P. Delahay and T. Berzins, *J. Am. Chem. Soc.*, **75**, 2486 (1953).
6 L. B. Anderson and D. J. Macero, *Anal. Chem.*, **37**, 322 (1965).
7 Y. Okinaka, S. Toshima, and H. Okaniwa, *Talanta*, **11**, 203 (1964).
8 W. T. de Vries, *J. Electroanal. Chem.*, **17**, 31 (1968).
9 J. J. Lingane, *J. Electroanal. Chem.*, **1**, 379 (1960).
10 A. J. Bard, *Anal. Chem.*, **35**, 340 (1963).
11 P. E. Sturrock, G. Privett, and A. R. Tarpley, *J. Electroanal. Chem.*, **14**, 303 (1967).
12 R. S. Rodgers and L. Meites, *J. Electroanal. Chem.*, **16**, 1 (1968).
13 M. L. Olmstead and R. S. Nicholson, *J. Phys. Chem.*, **72**, 1650 (1968).
14 A. J. Bard, *Anal. Chem.*, **33**, 11 (1961).
15 H. A. Laitinen and I. M. Kolthoff, *J. Am. Chem. Soc.*, **61**, 3344 (1939).
16 H. B. Herman and A. J. Bard, *Anal. Chem.*, **35**, 1121 (1963).
17 T. Berzins and P. Delahay, *J. Am. Chem. Soc.*, **75**, 4205 (1953).
18 A. C. Testa and W. H. Reinmuth, *Anal. Chem.*, **33**, 1324 (1961).

19 E. Solon and A. J. Bard. *J. Am. Chem. Soc.*, **86**, 1926–1928 (1964).
20 F. H. Beyerlein and R. S. Nicholson, *Anal. Chem.*, **40**, 286 (1968).
21 P. Delahay and G. Mamantov, *Anal. Chem.*, **27**, 478 (1955).
22 C. N. Reilley, G. W. Everett, and R. H. Johns, *Anal. Chem.*, **27**, 483 (1955).
23 H. B. Herman and A. J. Bard, *Anal. Chem.*, **36**, 971 (1964).
24 H. Gerischer and M. Krause, *Z. Physik. Chem. N.F.*, **10**, 264 (1957); **14**, 184 (1958).
25 H. Matsuda, S. Oka, and P. Delahay, *J. Am. Chem. Soc.*, **81**, 5077 (1959).
26 M. Kogoma, T. Nakayama, and S. Aoyagui, *J. Electroanal. Chem.*, **34**, 123 (1972).
27 T. Rohko, M. Kogoma, and S. Aoyagui, *J. Electroanal. Chem.*, **38**, 45 (1972).
28 M. Kogoma, Y. Kanzaki, and S. Aoyagui, *Chem. Instr.*, **7**, 193 (1976).
29 N. Koizumi and S. Aoyagui, *J. Electroanal. Chem.*, **55**, 452 (1974).
30 P. Delahay, *J. Phys. Chem.*, **66**, 2204 (1962); *Anal. Chem.*, 34, 1161 (1962).
31 P. Delahay and A. Aramata, *J. Phys. Chem.*, **66**, 2208 (1962).
32 W. H. Reinmuth and C. E. Wilson, *Anal. Chem.*, **34**, 1159 (1962).
33 W. H. Reinmuth, *Anal. Chem.*, **34**, 1272 (1962).
34 J. M. Kudirka, P. H. Daum, and C. G. Enke, *Anal. Chem.*, **44**, 309 (1972).
35 H. P. van Leeuwen, *Electrochim. Acta*, **23**, 207 (1978).
36 H. P. van Leeuwen, *J. Electroanal. Chem.*, **12**, 159 (1982).
37 P. Delahay, *Anal. Chem.*, **34**, 1267 (1962).
38 P. Delahay and Y. Ide, *Anal. Chem.*, **34**, 1580 (1962).
39 V. A. Benderskii, S. D. Babenko, and A. G. Krivenko, *J. Electroanal. Chem.*, **86**, 223 (1978).
40 V. A. Benderskii, I. O. Efimov, and A. G. Krivenko, *J. Electroanal. Chem.*, **315**, 29 (1991).
41 J. F. Smalley, C. V. Krishnan, M. Goldman, S. W. Feldberg, and I. Ruzic, *J. Electroanal. Chem.*, **248**, 255 (1988).
42 J. F. Smalley, L. Geng, S. W. Feldberg, L. C. Rogers, and J. Leddy, *J. Electroanal. Chem.*, **356**, 181 (1993).
43 S. W. Feldberg, M. D. Newton, and J. F. Smalley, *Electroanal. Chem.*, **22**, 101 (2003).
44 J. F. Smalley, S. W. Feldberg, C. E. D. Chidsey, M. R. Linford, M. D. Newton, and Y. P. Liu, *J. Phys. Chem.*, **99**, 13141 (1995).
45 V. Climent, B. A. Coles, R. G. Compton, and J. M. Feliu, *J. Electroanal. Chem.*, **561**, 157 (2004).
46 N. Garcia-Aráez, V. Climent, and J. M. Feliu, *J. Am. Chem. Soc.*, **130**, 3824 (2008).
47 P. Sebastián, A. P. Sandoval, V. Climent, and J. M. Feliu, *Electrochem. Commun.*, **55**, 39 (2015).
48 G. C. Barker, D. McKeown, M. J. Williams, G. Bottura, and V. Concialini, *Faraday Discuss. Chem. Soc.*, **56**, 41 (1973).
49 G. C. Barker, *Ber. Bunsenges. Phys. Chem.*, **75**, 728 (1971).

9.9 习题

9.1 从式(9.2.8)和式(9.2.9)开始，推导图9.2.1中浓度分布的无量纲方程。以 $C_O(x,t)/C_O^*$ 和 $C_R(x,t)/(\xi C_O^*)$ 表示无量纲浓度，t/τ 表示无量纲时间，对O的分布用 $x/2(D_O\tau)^{1/2}$ 表示无量纲距离，对R的分布用 $x/2(D_R\tau)^{1/2}$ 表示无量纲距离。

9.2 对于涉及物种O正向还原的电流反向计时电势法，在半无限线性扩散条件下，反向过渡时间（τ_r）可以通过在正向（还原）反应电流（i_f）和反向（氧化）反应电流（i_r）之间选择适当的比例来使其等于正向电解时间（t_f）。试求出 i_f/i_r 比值并导出 $\tau_r=t_f$ 时的条件。

9.3 用汞池阴极、计时电势法测量 Pb^{2+} 和 Cd^{2+} 的混合物。以273μA还原1.00mmol/L的 Pb^{2+}，$\tau=25.9s$，$E_{\tau/4}=-0.38V$(vs. SCE)。以136μA还原0.69mmol/L的 Cd^{2+}，$\tau=42.0s$，$E_{\tau/4}=-0.56V$(vs. SCE)。对一未知 Pb^{2+} 和 Cd^{2+} 的混合溶液，以56.5μA还原产生两个波，$\tau_1=7.08s$，$\tau_2=7.00s$。忽略双电层效应和其它背景影响，计算混合溶液中 Pb^{2+} 和 Cd^{2+} 的浓度。

9.4 (a) 使用 $i(t)=\beta t^{1/2}$ 推导程控电流计时电势法的 Sand 方程。
(b) 对于某物质的分步还原，且 $n_1=n_2$，证明使用这种程控电流计时电势法时有 $\tau_1=\tau_2$。

9.5 分析图 9.4.1，估计过渡时间，并处理数据以获取有关电极反应的信息。

9.6 图 9.9.1 所示是恒电量实验中用于注入电量的电路。若初始用 10V 电池对 C_{inj} 进行完全充电。开关闭合后，平衡时 C_d 和 C_{inj} 还保留多少电量？对 C_d 充电大约需要多少时间？

9.7 用 Laplace 变换求解式(9.7.6) 给出式(9.7.7)。

9.8 1mmol/L Cd^{2+} 的 0.1mol/L HCl 溶液中，用面积为 0.05cm^2 的悬汞电极做恒电量实验。Cd^{2+}/Cd(Hg) 的 $E^{0'}$ 是−0.61V(vs. SCE)。设电极的初始电势保持在−0.4V(vs. SCE)，然后用足够的电量使其电势瞬间偏移至−1.0V(vs. SCE)。假定微分和积分双层电容是 10μF/cm^2，这样的电势变化需要多少电量？电量注入后，电势回落到−0.9V 需要多长时间？取 $D=10^{-5}cm^2/s$。

9.9 Barker 等[48] 使用 15ns 的激光脉冲照射汞池工作电极，进行电子激发实验。在电子溶剂化并可以参加反应前，激发电子移动了约 5nm。当电子进入 N_2O 的 1mol/L KCl 水溶液中时，发生下列反应

$$e_{aq}+N_2O+H_2O \longrightarrow OH\cdot+N_2+OH^-$$

在负于−1.0V(vs. SCE) 的电势下，氢氧自由基被还原。通过恒电量法跟踪照射的工作电极对闪光的响应可以获得如图 9.9.2 所示的曲线。图中 ΔE 相对初始电势测量。试解释图中曲线的形状。

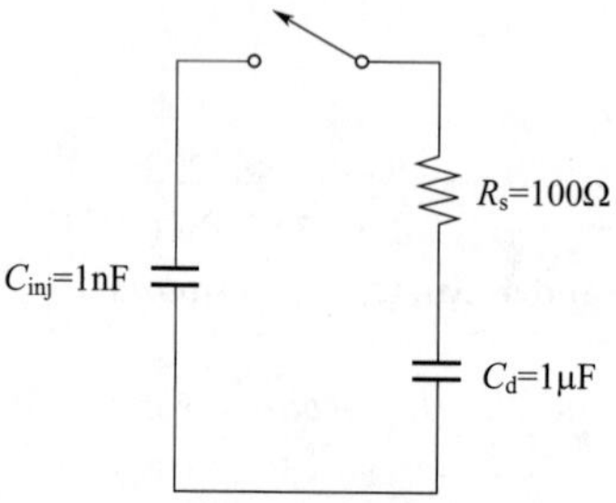

图 9.9.1 模拟恒电量注入实验的模型电路

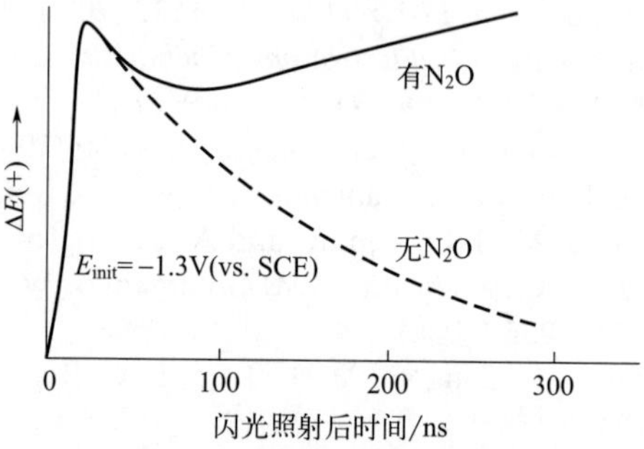

图 9.9.2 光脉冲照射后汞电极的电势-时间响应

9.10 Barker 的方法（习题 9.9）也可以用来生成氢原子并研究其电化学性质。酸性介质中产生氢原子的反应是

$$H_3O^+ + e_{aq} \longrightarrow H_{aq}\cdot + H_2O$$

析氢反应的研究者们常常认为 H· 是中间体，在后续的异相快速步骤，它进一步还原生成氢气：

$$H_{aq}\cdot + e + H_3O^+ \longrightarrow H_2 + H_2O \qquad (机理\ a)$$

或通过吸附步骤

$$H_{aq}\cdot \xrightarrow{k} H_{ads}$$

$$H_{ads} + e + H_3O^+ \longrightarrow H_2 + H_2O \qquad (机理\ b)$$

H· 是处于游离态还是吸附态曾存在争议。Barker 通过比较 H· 电化学还原的速率和它与乙醇均相反应生成无电化学活性物质的速率解决了这个问题。他发现[49] 在−0.9～−1.3V(vs. SCE) 电势区，参加电还原的那部分 H· 与电势无关。他的观测说明，应该选择机理 a 和 b 中哪一种？

第 10 章　涉及强制对流的方法——流体动力学方法

现在讨论电极和溶液彼此相对运动的电化学技术。电极本身可能处于运动状态（例如，旋转圆盘电极、流汞电极、振动电极），或者强制溶液流过静止的电极（例如，流体流中的管状或堆积床电极、通道电极、鼓泡电极）。涉及对流物质传递的测量方法有时被称为流体动力学方法（hydrodynamic method）。

流体动力学方法的两个优点是：达到稳态快和容易达到高精度测量。此外，在稳态下，双电层的充电不包括在测量中。虽然乍一看在稳态对流方法中失去了宝贵的时间变量，但事实并非如此，因为从电极的旋转速度或者溶液相对于电极的流速中已把时间包括在实验中了。双电极技术可以用来给出静止电极技术中反向方法所给出的同样类型的信息。在流动液体的连续监控中，以及在电合成所用的大规模反应器的处理中（12.5 节），流体动力学方法同样是有意义的。

提供已知的、可再现的物质传递条件的流体动力学电极的制备比静止电极更困难。流体动力学方法的理论处理也更困难，因为在处理电化学问题之前，需要解决流体动力学问题（例如，确定流速分布与旋转速度的函数关系）。很少能够得到闭合式的或精确的解。

电极结构和流动方式仅由实验者的想象力和资源所限制，然而旋转圆盘电极（rotating disk electrode，RDE）仍是目前最方便、应用最广泛的体系。它具有严密的理论处理，并且很容易用各种电极材料制备。下面涉及最多的是旋转圆盘电极及其相关的改进。

10.1　对流体系的理论

对流体系最简单的处理是基于扩散层的概念（1.3.2 节），在该模型中，假设在距电极某一定的距离 δ 之外，对流维持所有物种的浓度均匀，并且浓度等于本体值。在电极与 δ 之间的层内，假定不发生对流，因此仅通过扩散来进行传质。实际上，此时引入了一个可调参数 δ，将对流问题转化为扩散问题。对于许多目的而言，这是一种有用的方法；但是，这种方法并不能表示电流如何与溶液黏度、电极尺寸或流速相关联，也不能用于双电极技术或预测不同物质的相对传质速率。

一种更严格的方法是从对流-扩散方程式和溶液中速度分布开始的。它们或是用分析法解出或是用更为常见的数值法解出。在大多数情况下只要求稳态解。

10.1.1　对流-扩散方程

对于物种 j 的流量 $\boldsymbol{J}_j$ 的通用方程为式(4.1.10)：

$$\boldsymbol{J}_j=-D_j\nabla C_j-\frac{z_jF}{RT}D_jC_j\nabla\phi+C_j\boldsymbol{v} \tag{10.1.1}$$

在式中右侧，第一项表示扩散，第二项表示迁移，最后一项表示对流。对于含有过量支持电解质的溶液，可以忽略离子迁移项（4.3.2 节）。假定本章的大多数情况如此（尽管 10.2.6 节涵盖了一些例外情况）。速度矢量 $\boldsymbol{v}$ 表示溶液的运动，在直线坐标中由下式给出

$$\boldsymbol{v}(x,y,z)=\boldsymbol{i}v_x+\boldsymbol{j}v_y+\boldsymbol{k}v_z \tag{10.1.2}$$

其中，$\boldsymbol{i}$，$\boldsymbol{j}$ 和 $\boldsymbol{k}$ 是单位矢量；v_x，v_y 和 v_z 是溶液在点（x,y,z）处 x,y,z 方向上的速度分量。

同样，在直线坐标中，浓度梯度表示为

$$\nabla C_j = grad C_j = \boldsymbol{i}\frac{\partial C_j}{\partial x} + \boldsymbol{j}\frac{\partial C_j}{\partial y} + \boldsymbol{k}\frac{\partial C_j}{\partial z} \tag{10.1.3}$$

C_j 随时间的变化由下式给出

$$\frac{\partial C_j}{\partial t} = -\nabla \boldsymbol{J}_j = \mathbf{div}\boldsymbol{J}_j \tag{10.1.4}$$

联立式(10.1.1) 和式(10.1.4)，假设不存在迁移，并且 D_j 不是 x，y 和 z 的函数，我们得到普适的对流-扩散方程，

$$\frac{\partial C_j}{\partial t} = D_j \nabla^2 C_j - \boldsymbol{v} \cdot \nabla C_j \tag{10.1.5}$$

拉普拉斯算符∇^2的形式在表 4.4.2 中给出。对于沿 y 方向的一维扩散和对流，式(10.1.5) 可写为

$$\frac{\partial C_j}{\partial t} = D_j \frac{\partial^2 C_j}{\partial y^2} - v_y \frac{\partial C_j}{\partial y} \tag{10.1.6}$$

在没有对流的情况下（即 $\boldsymbol{v}=0$ 或 $v_y=0$），式(10.1.5) 和式(10.1.6) 简化为相应的扩散方程。

在像式(10.1.5) 的对流-扩散方程能够求解浓度分布和电流之前，都必须得到通过空间位置、旋转速度和其他变量表示的速度分布 $\boldsymbol{v}(x,y,z)$ 的表达式。

10.1.2　速度分布的确定

虽然深入探讨流体动力学超出了本章的范围，但对关键的概念和术语的简要讨论有助于读者对方法及其导出结果的感性认识。

对于不可压缩流体（即密度在时间和空间上恒定的流体），速度分布由两个微分方程和适当条件获得。连续性方程（continuity equation），

$$\nabla \cdot \boldsymbol{v} = \mathbf{div}\boldsymbol{v} = 0 \tag{10.1.7}$$

是其不可压缩性的描述，而 Navier-Stokes 方程，

$$d_s \frac{\mathrm{d}\boldsymbol{v}}{\mathrm{d}t} = -\nabla P + \eta_s \nabla^2 \boldsymbol{v} + \boldsymbol{f} \tag{10.1.8}$$

表述了流体的牛顿第一定律。式(10.1.8) 的左侧是每单位体积 m_a（其中 d_s 是密度），右侧是每单位体积上的力的总和（其中 P 是压力；η_s 是黏度；$\boldsymbol{f}$ 是重力作用在单位体积液体上的力）。$\eta_s \nabla^2 \boldsymbol{v}$ 项描述了流体内部的摩擦力，$\boldsymbol{f}$ 表示由于溶液中密度梯度的建立所引起的自然对流的影响。式(10.1.8) 通常写成

$$\frac{\mathrm{d}\boldsymbol{v}}{\mathrm{d}t} = -\frac{1}{d_s}\nabla P + \nu \nabla^2 \boldsymbol{v} + \frac{\boldsymbol{f}}{d_s} \tag{10.1.9}$$

其中，$\nu=\eta_s/d_s$ 称为运动黏度（kinematic viscosity）。对于许多用于电化学的溶剂，ν 的量级为 $0.01\mathrm{cm^2/s}$。例如，0.1mol/L 的 KCl 水溶液、0.1mol/L 的 TEPA（溶于 DMF）和 0.1mol/L TEAP（溶于 MeCN）的数值分别为 $0.008844\mathrm{cm^2/s}$、$0.008971\mathrm{cm^2/s}$ 和 $0.004536\mathrm{cm^2/s}$[1]。

求解任何流体动力学方程都需要指定体系的物理特殊性，将方程写在恰当的坐标系中（线性的、柱状的等），定义边界条件，并且通常以数值法解出。在电化学问题中，通常只对稳态速度分布感兴趣；因此式(10.1.9) 是对 $\mathrm{d}\boldsymbol{v}/\mathrm{d}t=0$ 时解出的。

在流体动力学问题中通常考虑两种不同类型的流体流动（图 10.1.1）。当各层（层状）流体具有稳定和特有的速度时，就会产生平滑且稳定的流动，这种流动被称为层流（laminar flow）。例如，通过光滑管道的水流通常是层流，在壁上的流速为零（由于流体和壁之间存在摩擦），并且在管道中间具有最大流速。在这些条件下，速度分布是典型的抛物线。相反，湍流（turbulent flow）引起不稳定和紊乱运动，此时在一个具体方向上的净流动只有平均值。例如，湍流可能是由管道中的障碍物对液流的阻挡形成的。湍流体系的理论描述远比层流情况更困难。

流体动力学问题往往以一组无量纲变量进行表征，雷诺数（Reynolds number）Re 是一个常用的参数，它将流体流动速度与体系的物理尺寸和流体的运动黏度联系起来。例如，旋转圆盘电极的雷诺数是 $\omega r^2/\nu$，其中 r 是圆盘的总半径（包括任何绝缘壁）；ω 是角速度（2π 倍的旋转速

度）。较高的 Re 值意味着高流动速度（或高转速）。当 Re 低于某一临界值 Re_{cr} 时，流动保持层流；但对于 $Re > Re_{cr}$，则为湍流。对于旋转圆盘电极，$Re_{cr} \approx 2\times10^5$。

流体动力学问题的通用处理，尤其是在涉及电化学中的问题时，可以在文献中找到[2-7]。

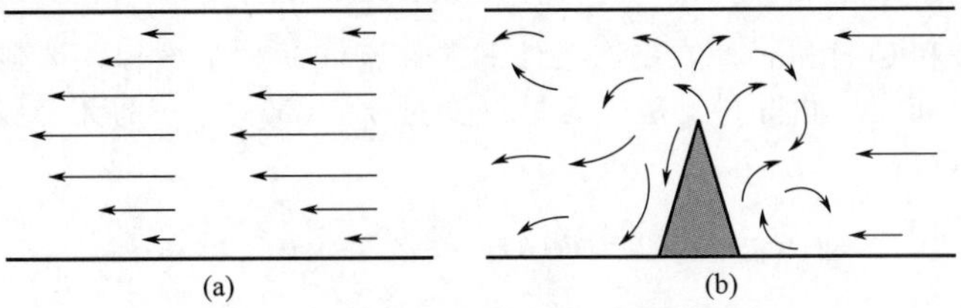

图 10.1.1　流体流动的类型

(a) 层流；(b) 湍流。箭头表示瞬时局部流体流速

10.2　旋转圆盘电极

旋转圆盘电极是能够把流体动力学方程和对流-扩散方程在稳态时严格解出的少数几种对流电极体系中的一种。电极的制备是把作为电极材料的圆盘嵌入到绝缘材料做的棒中，绝缘材料通常采用聚四氟乙烯（Teflon）、环氧树脂或其他塑料（图 10.2.1）。由于存在商业来源，目前大多数电极是购买的，而非在实验室中制备。虽然文献中提出对绝缘壁形状的要求是严格的，且圆盘的精确对齐与否是重要的[8]，但是实际上这些因素一般不会造成什么困难，只是在高的转速下可能形成湍流和旋涡。更为重要的是电极材料与绝缘壁之间不能有溶液的渗漏。

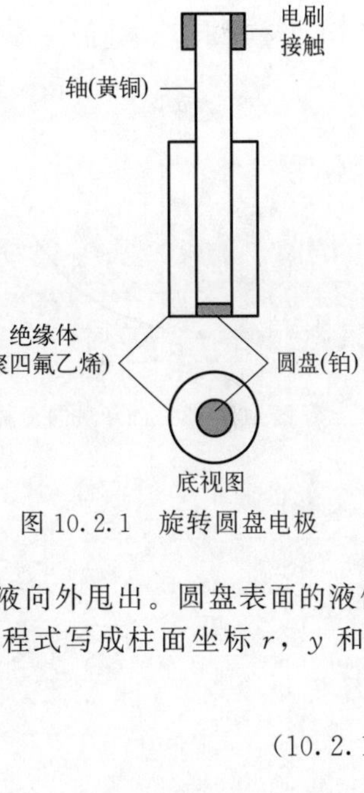

图 10.2.1　旋转圆盘电极

商用设备通常采用电极的旋转和将该旋转与电连接。通常，轴通过卡盘直接连接到电机上，并以可选频率 f（每秒转数）旋转。更有意义的旋转速率参数是角速度 $\omega(\mathrm{s}^{-1})$，其中 $\omega=2\pi f$。在 RDE 上的电接触是用电刷接触电极，所测量的电流的噪声大小和这种接触有关。RDE 的制备和应用在综述中详细给出[8-12]。

10.2.1　旋转圆盘上的速度分布

旋转的圆盘拖着其表面上的液体，并且在离心力的作用下将溶液向外甩出。圆盘表面的液体由垂直流向表面的液流补充。由于体系是对称的，把流体动力学方程式写成柱面坐标 r，y 和 ϕ（图 10.2.2）是方便的，对于柱面坐标，

$$\boldsymbol{v}=\boldsymbol{\mu}_1 v_r+\boldsymbol{\mu}_2 v_y+\boldsymbol{\mu}_3 v_\phi \tag{10.2.1}$$

$$\nabla=\boldsymbol{u}_1(\partial/\partial r)+\boldsymbol{u}_2(\partial/\partial y)+\boldsymbol{u}_3(\partial/\partial \phi) \tag{10.2.2}$$

式中，$\boldsymbol{\mu}_1$，$\boldsymbol{\mu}_2$ 和 $\boldsymbol{\mu}_3$ 是在 r，y 和 ϕ 正向变化的方向上，给定点上的单位矢量。与一般的笛卡尔矢量 $\boldsymbol{i}$，$\boldsymbol{j}$ 和 $\boldsymbol{k}$ 相反，矢量 $\boldsymbol{\mu}_1$，$\boldsymbol{\mu}_2$ 和 $\boldsymbol{\mu}_3$ 所具有的方向取决于这个点的位置；因此，散度和 Laplace 算符有更复杂的形式。具体表示如下，

$$\nabla\cdot\boldsymbol{v}=\frac{1}{r^2}\left[\frac{\partial}{\partial r}(v_r r^2)+\frac{\partial}{\partial y}(v_y r^2)+\frac{\partial}{\partial y}v_\phi\right] \tag{10.2.3}$$

$$\nabla^2=\frac{1}{r}\left[\frac{\partial}{\partial r}\left(r\frac{\partial}{\partial r}\right)+\frac{\partial}{\partial y}\left(r\frac{\partial}{\partial y}\right)+\frac{\partial}{\partial \phi}\left(\frac{1}{r}\frac{\partial}{\partial \phi}\right)\right] \tag{10.2.4}$$

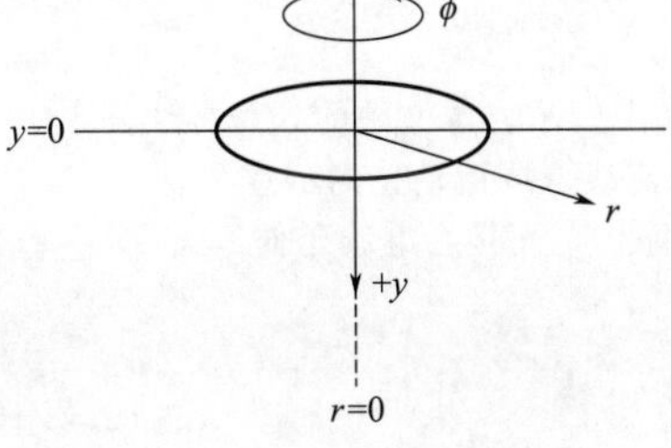

图 10.2.2　旋转圆盘的柱面极坐标

假设不存在重力的影响（$f=0$），并且圆盘周围的绝缘壁足够宽，以便消除电极边缘的特殊流动的影响。在圆盘表面（$y=0$），$v_r=0, v_y=0$ 和 $v_\phi=\omega r$。这暗示着在圆盘表面上的溶液以角速度 ω 被拖带。在远离圆盘处（$y\to\infty$），在 r 和 ϕ 方向上没有流动，而溶液以极限的速度 U_0 向圆盘流动，通过 U_0 的确定来得到问题的解。因此，$\lim\limits_{y\to\infty} v_r=0$，$\lim\limits_{y\to\infty} v_\phi=0$，$\lim\limits_{y\to\infty} v_y=-U_0$。

von Karman[13] 和 Cochran[14] 在稳态条件下求解流体动力学方程，得到了无限半径旋转圆盘附近流体的速度分布[2]，并得到了基于无量纲变量 $\gamma=(\omega/\nu)^{1/2}y$ 的无穷级数形式的结果。对于 γ 较小时（即 $\gamma\ll 1$），

$$v_r=r\omega F(\gamma)=r\omega\left(a\gamma-\frac{1}{2}\gamma^2-\frac{1}{3}b\gamma^3+\ldots\right) \tag{10.2.5}$$

$$v_\phi=r\omega G(\gamma)=r\omega\left(1+b\gamma+\frac{1}{3}a\gamma^3+\ldots\right) \tag{10.2.6}$$

$$v_y=(\omega\nu)^{1/2}H(\gamma)=(\omega\nu)^{1/2}\left(-a\gamma^2+\frac{1}{3}\gamma^3+\frac{1}{6}b\gamma^4+\ldots\right) \tag{10.2.7}$$

在这里 $a=0.51023$ 及 $b=-0.6159$。在远离电极的较大距离 $\gamma\gg 1$ 时合适的速率方程由 Levich 给出[2]。

重要的速度是 v_r 和 v_y（图 10.2.3）。靠近圆盘表面，$\gamma\to 0$，这些速度是，

$$v_y=(\omega\nu)^{1/2}(-a\gamma^2)=-0.51\omega^{3/2}\nu^{-1/2}y^2 \tag{10.2.8}$$

$$v_r=r\omega(a\gamma)=0.51\omega^{3/2}\nu^{-1/2}ry \tag{10.2.9}$$

图 10.2.4 显示了流速的矢量表示法。

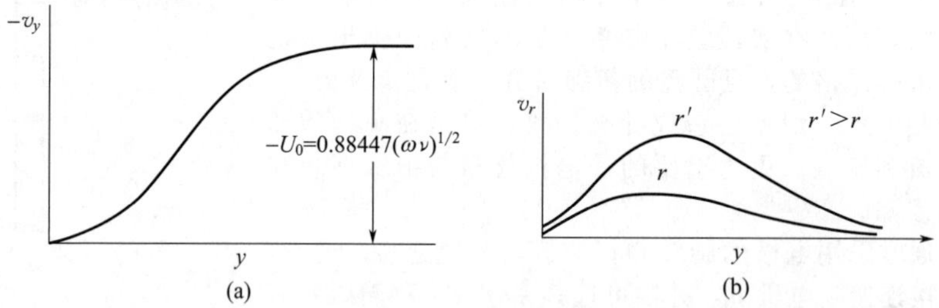

图 10.2.3 （a）法向流体速度 v_y vs. y；（b）在两种不同半径 r 和 r' 的径向流体速度 v_r vs. y

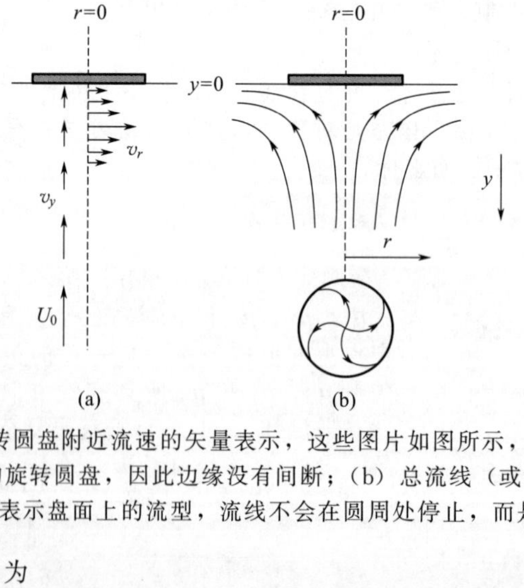

图 10.2.4 （a）旋转圆盘附近流速的矢量表示，这些图片如图所示，本文中的处理方法适用于无限半径的旋转圆盘，因此边缘没有间断；（b）总流线（或流动）的示意图。底部的循环图表示盘面上的流型，流线不会在圆周处停止，而是会继续延伸

在 y 方向极限速度 U_0 为

$$U_0=\lim_{y\to\infty} v_y=-0.88447(\omega\nu)^{1/2} \tag{10.2.10}$$

当 $\gamma=(\omega/\nu)^{1/2}$，$y=0.6$，$\nu_y=0.8U_0$ 时，对应的距离 $y_h=3.6(\nu/\omega)^{1/2}$ 称为流体动力学（有时也称为动量，或普兰特，Prandtl）边界层厚度（hydrodynamic boundary layer thickness），并量化了由旋转圆盘所拖带的液体层的厚度。超过 y_h 后，液体运动几乎没有旋转成分。对于水来讲（$\nu\approx 0.01\text{cm}^2/\text{s}$），在 $\omega=10^2\text{s}^{-1}$ 和 10^4s^{-1} 时，y_h 分别为 0.036cm 和 3.6×10^{-3}cm。

10.2.2　对流-扩散公式的解

一旦速度分布被确定，对流-扩散公式[式(10.1.5)]就可以用恰当的边界条件求解。我们现在关注的是稳态极限电流。当 ω 一定时，就会得到一个稳定的速度分布，此时电势阶跃到极限电流区域中［即此处 $C_O(y=0)\approx0$］，将引起类似于 Cottrell 实验的暂态电流（6.1.1 节）；但是，未搅拌溶液（6.1.12 节）中的暂态电流趋于零，而在 RDE 上，它变成一个稳态值。

在柱面坐标系上写出的稳态对流-扩散公式成为

$$\frac{\partial C_O}{\partial t}=D_O\left(\frac{\partial^2 C_O}{\partial y^2}+\frac{\partial^2 C_O}{\partial r^2}+\frac{1}{r}\frac{\partial C_O}{\partial r}+\frac{1}{r^2}\frac{\partial^2 C_O}{\partial \phi^2}\right)-\left(v_y\frac{\partial C_O}{\partial y}+v_r\frac{\partial C_O}{\partial r}+\frac{v_\phi}{r}\frac{\partial C_O}{\partial \phi}\right)\quad(10.2.11)$$

但是可以基于以下的考虑进行一些重要的简化：

① 由于对称性的原因，C_O 并不是 ϕ 的函数；因此，$\partial C_O/\partial\phi=\partial^2C_O/\partial\phi^2=0$，依赖于这些导数的项被删除。

② 远离电极处，$C_O=C_O^*$，且 O 在任何方向上都没有扩散。

③ 朝向电极的速度 v_y 不依赖于 r，正如在式(10.2.7) 中看到的那样；因此，O 朝向电极的对流传递对于电极表面上的所有 y 都是均匀的❶。

④ 在传质极限下，整个电极表面上 $C_O(y=0)=0$；因此在 $0\leqslant r\leqslant r_1$ 下，$(\partial C_O/\partial r)_{y=0}=0$，其中 r_1 是圆盘半径。

⑤ 条件④将电极附近的扩散限制在垂直于圆盘表面的方向，靠近边缘处除外。由于对流和扩散在 y 方向上的传质均匀，因此对于圆盘面上的所有 y（$0\leqslant r\leqslant r_1$），$\partial C_O/\partial r=\partial^2C_O/\partial r^2=0$。

⑥ 在稳态下，浓度不再与时间有关；因此，$\partial C_O/\partial t=0$。

因此，对于稳态下的传质极限，式(10.2.11) 变为

$$v_y\left(\frac{\partial C_O}{\partial y}\right)=D_O\frac{\partial^2 C_O}{\partial y^2}\quad(10.2.12)$$

通过从式(10.2.8) 替换 v_y 并重排，可以得到

$$\frac{\partial^2 C_O}{\partial y^2}=-\frac{y^2}{B}\frac{\partial C_O}{\partial y}\quad(10.2.13)$$

其中，$B=D_O\omega^{-3/2}\nu^{1/2}/0.51$。

公式(10.2.13) 可以直接积分解出。为了容易进行，令 $X=\partial C_O/\partial y$，因此$\partial X=\partial^2C_O/\partial y^2$。在 $y=0$ 时，$X=X_0=(\partial C_O/\partial y)_{y=0}$。于是，式(10.2.13) 变为

$$\frac{\partial X}{\partial y}=-\frac{y^2}{B}X\quad(10.2.14)$$

$$\int_{X_0}^{X}\frac{\mathrm{d}X}{X}=-\frac{1}{B}\int_0^y y^2\mathrm{d}y\quad(10.2.15)$$

$$\frac{X}{X_0}=\exp\frac{-y^3}{3B}\quad(10.2.16)$$

$$\frac{\partial C_O}{\partial y}=\left(\frac{\partial C_O}{\partial y}\right)_{y=0}\exp\frac{-y^3}{3B}\quad(10.2.17)$$

对电极表面到本体溶液积分，会得到

$$\int_0^{C_O^*}\mathrm{d}C_O=\left(\frac{\partial C_O}{\partial y}\right)_{y=0}\int_0^\infty\exp\frac{-y^3}{3B}\mathrm{d}y\quad(10.2.18)$$

这里左边的极限设置在具有 $C_O(y=0)=0$ 的浓度分布处，即极限电流条件。右边的积分是

❶ 公式(10.2.7) 取决于绝缘壁的宽度足以消除对流传输至圆盘电极本身的任何边缘效应。

$(3B)^{1/3}\Gamma(4/3)$ 或者 $0.8934(3B)^{1/3}$。因此，

$$C_O^* = \left(\frac{\partial C_O}{\partial y}\right)_{y=0} 0.8934\left(\frac{3D_O\omega^{-3/2}\nu^{1/2}}{0.51}\right)^{1/2} \tag{10.2.19}$$

电流与电极表面 C_O 的斜率成正比：

$$i = nFAD_O\left(\frac{\partial C_O}{\partial y}\right)_{y=0} \tag{10.2.20}$$

这里在所选择的电流条件下，$i=i_{l,c}$。由式(10.2.19) 和式(10.2.20)，得到 Levich 方程式：

$$\boxed{i_{l,c} = 0.62nFAD_O^{2/3}\omega^{1/2}\nu^{-1/6}C_O^*} \tag{10.2.21}$$

它可定出 Levich 常数 $i_{l,c}/(\omega^{1/2}C_O^*)$，它是类似于伏安法中电流函数或计时电势法中过渡时间常数的 RDE 的一种常数。

当我们使用稳态扩散层模型（1.3.2 节）来处理这个问题时，得到了

$$i_{l,c} = nFAm_OC_O^* = nFA\left(\frac{D_O}{\delta_O}\right)C_O^* \tag{10.2.22}$$

从 Levich 方程中，现在可以看到对于 RDE❷

$$\boxed{m_O = \frac{D_O}{\delta_O} = 0.62D_O^{2/3}\omega^{1/2}\nu^{-1/6}} \tag{10.2.23}$$

$$\boxed{\delta_O = 1.61D_O^{1/3}\omega^{-1/2}\nu^{1/6}} \tag{10.2.24}$$

通常用扩散层模型来处理 RDE 问题是很方便的。如果有必要的话，可以根据式(10.2.23) 代入 m_O 给出包含所有变量的最终方程。

虽然在大多数情况下 Levich 方程式(10.2.21) 已经足够了，但已有在速度表达式中利用更多项而导出的改进表达式[15]。

10.2.3　浓度分布

在极限电流条件下浓度分布可从式(10.2.18) 由 0 到距离 y 积分而得到，其中浓度为$C_O(y)$：

$$\int_0^{C_O(y)} dC_O = C_O(y) = \left(\frac{\partial C_O}{\partial y}\right)_{y=0}\int_0^y \frac{-y^3}{3B}dy \tag{10.2.25}$$

由式(10.2.19)，有

$$\left(\frac{\partial C_O}{\partial y}\right)_{y=0} = \frac{C_O^*}{0.8934}(3B)^{-1/3} \tag{10.2.26}$$

令 $u^3=y^3/(3B)$ 可以得到更为方便的形式 $dy=(3B)^{1/3}du$。这时式(10.2.25) 变为

$$C_O(y) = \frac{C_O^*}{0.8934}\int_0^Y \exp(-u^3)du \tag{10.2.27}$$

式中，$Y=y/(3B)^{1/3}$。当 $i=i_{l,c}$ 时的 C_O 浓度分布示于图 10.2.5。

10.2.4　RDE 上的通用电流-电势曲线

在非极限电流条件下，只需改变式(10.2.18) 中的积分限即可。$y=0$，$C_O=C_O(y=0)$ 的情况下，$(\partial C_O/\partial y)_{y=0}$ 可由类比式(10.2.19) 给出，

$$C_O^* - C_O(y=0) = \left(\frac{\partial C_O}{\partial y}\right)_{y=0} 0.8934\left(\frac{3D_O\omega^{-3/2}\nu^{1/2}}{0.51}\right)^{1/3} \tag{10.2.28}$$

以准确的方式导出式(10.2.21)，可以显示为

$$i = 0.62nFAD_O^{2/3}\omega^{1/2}\nu^{-1/6}[C_O^* - C_O(y=0)] \tag{10.2.29}$$

或置换式(10.2.21)，可以得到

$$i = i_{l,c}\frac{C_O^* - C_O(y=0)}{C_O^*} \tag{10.2.30}$$

---

❷ 从 y_h 和式(10.2.24) 的表达式中，得到 $y_h/\delta_O \approx 2(\nu/D)^{1/3}$。对于 H_2O 而言，$\nu=0.01cm^2/s$，$D_O \approx 10^{-5}cm^2/s$，因此，$\delta_O \approx 0.05y_h$。无量纲比 ν/D 在流体动力学问题中经常出现，称为施密特数（Schmidt number）Sc。

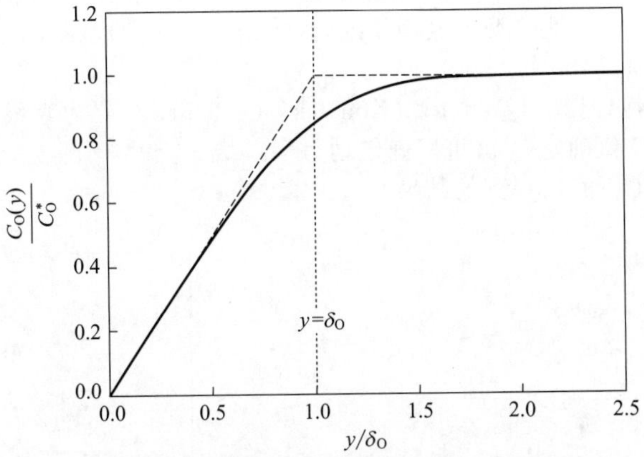

图 10.2.5　物种 O 在无量纲坐标中的浓度分布

另外，式(10.2.29) 可以像式(10.2.24) 中所定义的那样，以 δ_O 写出，得到

$$\boxed{i=\frac{nFAD_O[C_O^*-C_O(y=0)]}{\delta_O}=nFAm_O[C_O^*-C_O(y=0)]} \tag{10.2.31}$$

该方程与 1.3.2 节中由稳态模型所导出的相同。

由式(10.2.31) 可以导出在 RDE 上的简单反应 $O+ne \rightleftharpoons R$ 的电流-电势曲线，对于还原态的等效表达式为

$$i=i_{l,a}\frac{C_R^*-C_R(y=0)}{C_R^*} \tag{10.2.32}$$

式中，

$$i_{l,a}=0.62nFAD_R^{2/3}\omega^{1/2}\nu^{-1/6}C_R^* \tag{10.2.33}$$

从联系电势和表面浓度的 Nernst 关系开始，可以根据式(10.2.3) 和式(10.2.32) 进行替换，得到熟悉的伏安波方程：

$$\boxed{E=E_{1/2}+\frac{RT}{nF}\frac{i_{l,c}-i}{i-i_{l,a}}} \tag{10.2.34}$$

式中，

$$\boxed{E_{1/2}=E^{0'}+\frac{RT}{nF}\ln\left(\frac{D_R}{D_O}\right)^{2/3}} \tag{10.2.35}$$

10.2.5　Koutecký-Levich 方法

因为在所有电势下 i 随 $\omega^{1/2}$ 变化，可逆反应的波形与 ω 无关。这样，i 与 $\omega^{1/2}$ 的关系图将是一条穿过原点的直线。偏离这一行为通常表明在电极过程中存在某一动力学限制。

例如，考虑一个完全不可逆的单步骤、单电子反应，其圆盘电流是

$$i=FAk_f(E)C_O(y=0) \tag{10.2.36}$$

这里 $k_f(E)=k^0\exp[-\alpha f(E-E^{0'})]$，根据式(10.2.30)，

$$i=FAk_f(E)C_O^*\left(1-\frac{i}{i_{l,c}}\right) \tag{10.2.37}$$

定义

$$i_K=FAk_f(E)C_O^* \tag{10.2.38}$$

通过重排可以得出 Koutecký-Levich(KL) 方程，

$$\boxed{\frac{1}{i}=\frac{1}{i_K}+\frac{1}{i_{l,c}}=\frac{1}{i_K}+\frac{1}{0.62nFAD_O^{2/3}\omega^{1/2}\nu^{-1/6}C_O^*}} \tag{10.2.39}$$

参数 i_K 表示无任何传质作用时的电流，即如果传质能使电极表面维持一定的浓度，那么在不考

虑电极反应的情况下，电流将会在动力学极限条件下流动。在这种情况下，只有在 i_K [或 $k_f(E)$] 很大时，$i/(\omega^{1/2}C)$ 才为常数。其他情况时，i 对 $\omega^{1/2}$ 作图成曲线，并在 $\omega^{1/2}\to\infty$时，以 i_K 为极限（图 10.2.6）。

根据式(10.2.39)，$1/i$ 对 $1/\omega^{1/2}$ 图（Koutecký-Levich 图）应为直线，并以 $1/i_K$ 作为截距（图 10.2.7）。在不同 E 值确定 i_K 就可以确定动力学参数 k^0 和 α。图 10.2.8 表示了在碱溶液中金电极上 O_2 还原为 HO_2^- 时所得到的结果。

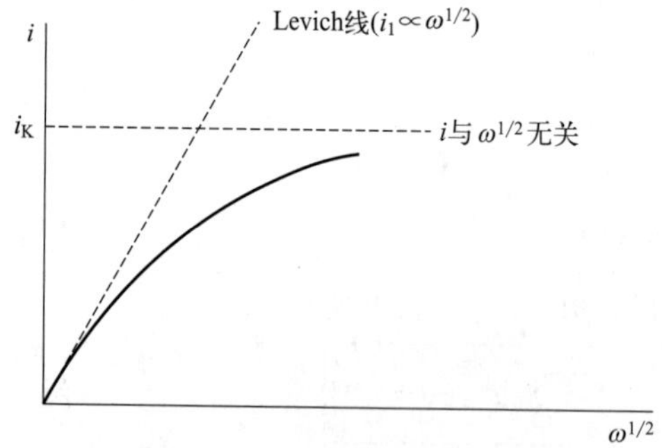

图 10.2.6 在恒定 E_D 下有慢动力学电极反应的 RDE 上 i 随 $\omega^{1/2}$ 的变化

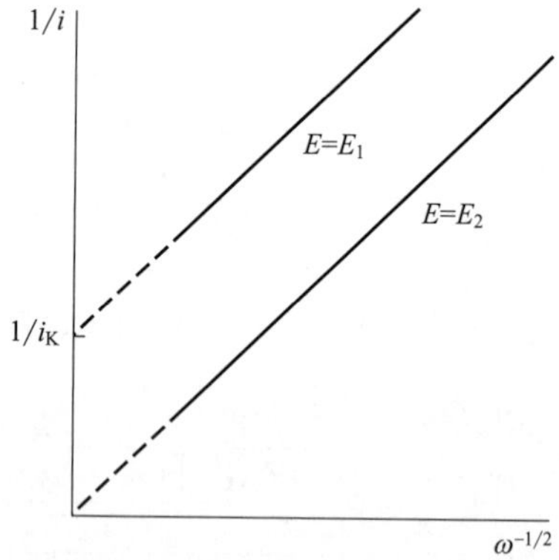

图 10.2.7 在电势 E_1 时的 Koutecký-Levich 图，此时电子转移速率足够慢，起着控制因素的作用；在 E_2 时电子转移快，例如在曲线的极限电流区。在两种情况下直线斜率都是$(0.62nFAC_O^* D_O^{2/3}\nu^{-1/6})^{-1}$

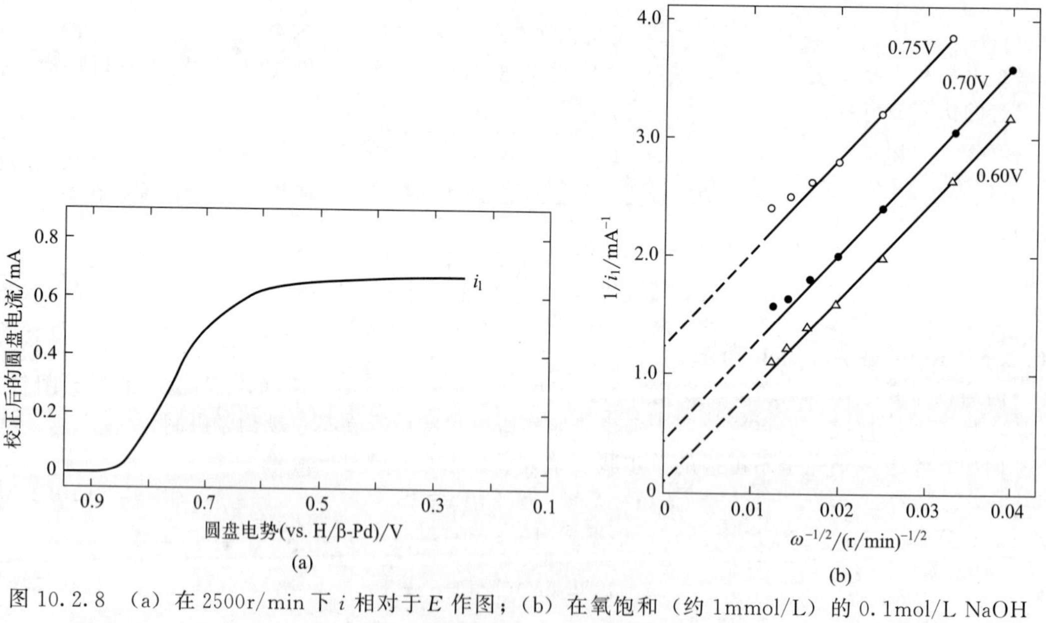

图 10.2.8 (a) 在 2500r/min 下 i 相对于 E 作图；(b) 在氧饱和（约 1mmol/L）的 0.1mol/L NaOH 溶液中，金旋转圆盘电极上（$A=0.196\text{cm}^2$）O_2 还原为 HO_2^- 时的 Koutecký-Levich 图

电势扫描 1V/min，$T=26$℃（i_1 表示已校正了的 O_2 还原电流）（引自 Zurilla，Sen，Yeagre[16]）

KL 方法起源于 RDE，用于处理异相电子转移动力学，正如我们所讨论的那样；然而，其已被证明广泛适用于其他形式的稳态传质或动力学极限。的确，在 5.4.6 节的 SSV 中第一次看到了它，将在修饰电极中再次看到它（17.5 节）；因此，式(10.2.39) 值得更广泛地考虑。

当传质和任何形式的电极过程在稳态时以串联的方式发生，两者都必须以相同的速度进行。

如果电极过程速率与 $C_O(y=0)$ 成正比，就可以写出

$$m_O[C_O^*-C_O(y=0)]=k'C_O(y=0) \tag{10.2.40}$$

式中，k'是一个正比常数。习题 10.10 请读者证明从式(10.2.40) 如何直接得到式(10.2.39)，i_K 通常定义为

$$i_K=nFAk'C_O(y=0) \tag{10.2.41}$$

对于不可逆的单步骤单电子电极反应，这种方法给出了上述结果，但对于不同的速率限制步骤(例如，物种 O 通过在 RDE 上的聚合物膜扩散)，k'和 i_K 将采取不同的形式(例如，涉及薄膜厚度和膜内 O 的扩散系数)。KL 方程适用于所有这些情况，并外推到 $\omega^{-1/2}\rightarrow 0$ 时得到 k'。17.5.2 节讨论了许多不同速率限制的类型。

由于准可逆电子转移动力学的净速率依赖于 $C_O(y=0)$ 和 $C_R(y=0)$，其不存在刚才讨论的速率限制步骤的情况，但可以推导出类似 KL 方程的处理方法。

单步骤单电子反应的 i-η 方程 [式(3.4.10)]可以写成

$$\frac{i}{i_0}=\frac{C_O(y=0)}{C_O^*}b^{-\alpha}-\frac{C_R(y=0)}{C_R^*}b^{1-\alpha} \tag{10.2.42}$$

这里 $b=\exp[F\eta/(RT)]$。该式与式(10.2.30) 和式(10.2.32) 结合可得到

$$\frac{1}{i}=\frac{b^\alpha}{1-b}\left(\frac{1}{i_0}+\frac{b^{-\alpha}}{i_{1,c}}-\frac{b^{1-\alpha}}{i_{1,a}}\right) \tag{10.2.43}$$

也可以表示为

$$\boxed{\frac{1}{i}=\frac{b^\alpha}{1-b}\left[\frac{1}{i_0}+\frac{1}{0.62FA\nu^{-1/6}\omega^{1/2}}\left(\frac{b^{-\alpha}}{D_O^{2/3}C_O^*}+\frac{b^{1-\alpha}}{D_R^{2/3}C_R^*}\right)\right]} \tag{10.2.44}$$

因此，$1/i$ 对 $1/\omega^{1/2}$ 在一定的 η 下也是直线，并且通过此图的截距决定了动力学表达式。通过多个 η 值的截距，可以得到单个参数（例如 i_0 和 α）。

文献中有时给出式(10.2.39) 和式(10.2.44) 的其他形式，此处为了方便将它们列出：

① 如果用更为普遍的单步骤单电子动力学关系式(3.2.8) 进行推导，则圆盘上 $1/i$ 的方程将成为：

$$\frac{1}{i}=\frac{1}{FA(k_fC_O^*-k_bC_R^*)}\left(1+\frac{D_O^{-2/3}k_f+D_R^{-2/3}k_b}{0.62\nu^{-1/6}\omega^{1/2}}\right) \tag{10.2.45}$$

② 如果逆反应（如阳极反应）可以忽略，则式(10.2.45) 为

$$i=\frac{FAk_fC_O^*}{1+k_f/(0.62\nu^{-1/6}D_O^{2/3}\omega^{1/2})}=\frac{FAk_fC_O^*}{1+k_f\delta_O/D_O} \tag{10.2.46}$$

这里 δ_O 与式(10.2.24) 中的定义相同。在确定 RDE 上是动力学或是传质控制的条件时这个方程是有用的，并且较易从式(10.2.40) 推导出。当 $k_f\delta_O/D_O\ll 1$ 时，电流完全处于动力学（或活化）控制。当 $k_f\delta_O/D_O\gg 1$ 时，传质控制着方程的结果。因此，如果用 RDE 来做动力学测量，$k_f\delta_O/D_O$ 应当是小的，比如说 0.1 以下，即是 $k_f\leqslant 0.1D_O/\delta_O$。

RDE 技术在电化学问题中的应用已在文献 [8-11，15，17] 中给予综述。

10.2.6　RDE 上的电流分布

在以前的推导中，假定溶液电阻很小，这样可期望整个圆盘上电流密度是均匀的，并与径向距离无关。虽然这在实际体系中是常见的，但确切的电流分布将取决于溶液的电阻，以及电极反应的物质和电荷转移的参数。对该问题[18] 做过处理，并已讨论过[19]。

当体系完全由溶液电阻控制时，初级电流分布（primary current distribution）描述了 RDE 中电流密度的空间分布模式。不受电反应物的传质或电极动力学限制。因此，活化过电势和浓度过电势可以忽略，电极被当作等电势面。在溶液的电阻率相对较高，法拉第过程远低于传质极限且活化过电势较低的情况下，RDE 上的实际电流分布将接近初级电流分布。

对于半径为 r_1 的圆盘电极嵌入大的绝缘面中，且对电极在无穷远处时，在这种条件下的电势分布显示在图 10.2.9 中❸。电流的流向是垂直于等势面，电流密度在整个圆盘表面是不均匀的，边缘处（$r=r_1$）大于中心处（$r=0$）。产生这种情况的原因是边缘上的离子流来自边线方向，同时也来自圆盘的垂直方向。流入圆盘的总电流由欧姆定律[5,18] 给出，

$$i=\Delta E/R_s \tag{10.2.47}$$

式中，ΔE 为在圆盘和对电极间的电势差。于是，这种情况下的总电阻 R_s 为

$$R_s=1/(4\kappa r_1) \tag{10.2.48}$$

式中，κ 为本体溶液的比电导率。

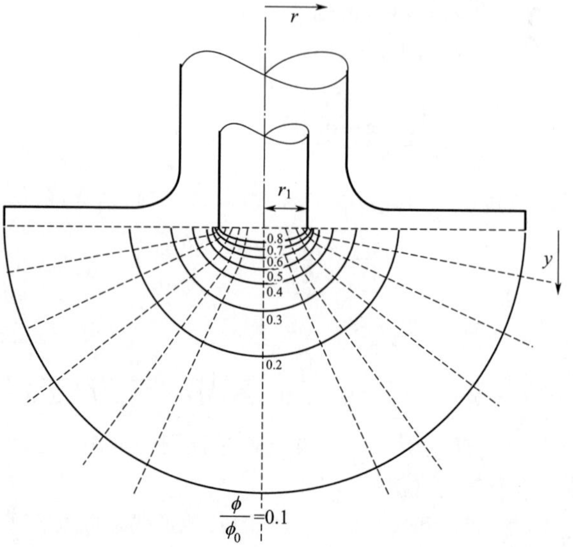

图 10.2.9 RDE 上的初级电流分布

实线表示在不同 ϕ/ϕ_0 值的等势线，ϕ_0 是电极表面的电势。即 ϕ 代表圆盘测量相对于一个无限小的参比电极（无干扰）的电势，参比电极放置于溶液中给定的点。

虚线是电流流线。电流密度在圆盘边缘比中心要高（引自 Newman[18]）

把电极动力学和传质影响包括进去以后，电流分布（有时称为次级电流分布，secondary current distribution）就比初级电流分布将更接近于均匀。Albery 和 Hitchman[19] 曾经表明，电流分布可以采用无量纲参数 ρ 来讨论，该参数定义为

$$\rho=\frac{R_s}{R_E} \tag{10.2.49}$$

式中，R_E 是包含电荷转移和浓差极化造成的电极电阻（3.4.6 节）。次级电流分布作为 ρ 的函数示于图 10.2.10。应当指出，当 $\rho\to\infty$（即高的溶液电阻和小的 R_E）时，电流分布就达到初级分布。反之，小的 ρ（高的溶液电导和大的 R_E）得到非常均匀的电流分布。为了避免不均匀分布，条件必须是 $\rho<0.1$[19]。取

$$R_E+R_s=\frac{dE}{di} \tag{10.2.50}$$

（式中 di/dE 是在给定 E 值下的 i-E 曲线的斜率）并结合式(10.2.48) 和式(10.2.49)，可以得到

❸ 图 10.2.9 之前在图 5.2.3 出现，因为 Newman 的数学方法[18] 可以用来解决两个不同的电化学问题。在前一种情况下，轮廓是由溶液中的等浓度点连成的，溶液中的通量是扩散的电反应物。此处，轮廓是由等势点连成的，流量是溶液中的离子电导。

均匀分布的条件[19]为

$$\frac{\mathrm{d}i}{\mathrm{d}E} < 0.36 r_1 \kappa \tag{10.2.51}$$

对于关注 RDE 常规使用的研究者来说，这里的主要信息是通过使用足够的支持电解质来保持低的溶液电阻，从而使圆盘上的电流分布由电极过程而不是溶液电阻控制。

在极限电流下，$\mathrm{d}i/\mathrm{d}E$ 趋于零，从而总会得到均匀的电流分布。

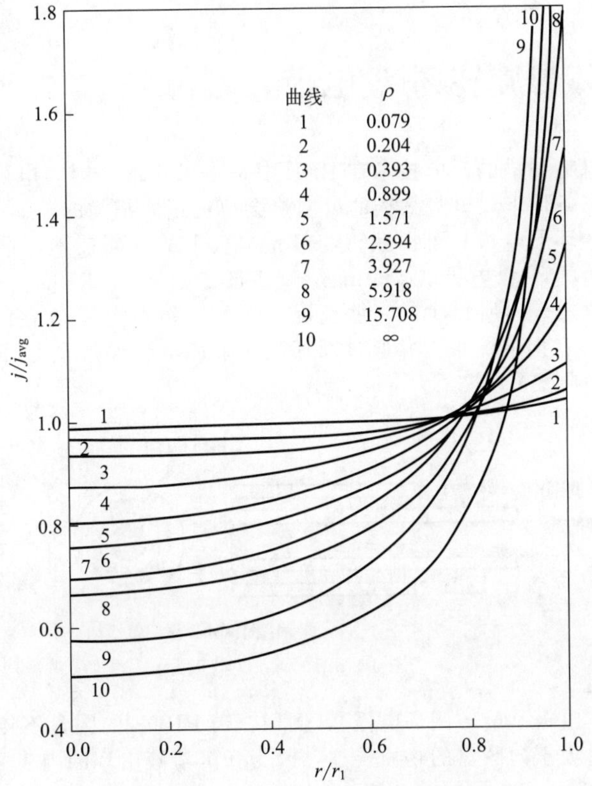

图 10.2.10 RDE 上的次级电流分布

局部电流密度 j 与平均电流密度 j_{avg} 的比值相对于半径 r 与圆盘半径 r_1 的比值的函数关系，参数 ρ 定义于式(10.2.49) 中（Albury，Hitchman[19]）

10.2.7 实际应用旋转圆盘电极的注意事项

所导出的与 RDE 相关的方程式不适用于很小或很大的 ω 值。当 ω 小时，流体动力边界层 $y_{\mathrm{h}} = 3.6(\nu/\omega)^{1/2}$ 很大，当其接近圆盘半径 r_1 的大小时，近似性就被破坏了。于是，ω 的下限由 $r_1 > 3.6(\nu/\omega)^{1/2}$ 条件求得：即 $\omega > 10\nu/r_1^2$。对于 $\nu = 0.01\mathrm{cm}^2/\mathrm{s}$ 和 $r_1 = 0.1$ 时，ω 应当较 $10\mathrm{s}^{-1}$ 大。

在低的 ω 值时记录 RDE 上 i-E 曲线会产生另一问题，即在 10.2.4 节推导中涉及假定的电极表面上稳态浓度（即$\partial C_{\mathrm{O}}/\partial t = 0$）；因此，电极电势的扫描必须足够慢，以便保持稳态。如果扫描速率对于给定的 ω 大得多，则 i-E 曲线就不是所预测的波形，而是像静止电极线性扫描伏安法那样出现一个峰形。在 RDE 上的时间响应问题将在 10.4.1 节进一步讨论。

ω 的上限是由湍流的出现决定的。在实际电极上，当圆盘表面没有很好抛光时，当 RDE 的轴有点弯曲或偏心时，或当电解池壁与电极表面很近时，可以在远低于临界雷诺数预测的 ω 下出现湍流。此外，在很高转速下，在电极周围有很厉害的飞溅及旋涡形成。实际中，最大转速常常选为 10000r/min 或 $\omega \approx 1000\mathrm{s}^{-1}$。

总的来讲，在大多数 RDE 研究中，ω 和 f 范围是 $10\mathrm{s}^{-1} < \omega < 1000\mathrm{s}^{-1}$ 或 $100\mathrm{r/min} < f <$

10000r/min。

得到的 RDE 理论也假设圆盘被精确地装在轴的中心，如果转盘偏离轴心，不管是结构问题还是连接轴的电极弯曲都会引起电流的变大。在这种情况下，圆盘扫过更宽的溶液区域，导致附加的径向传质贡献，类似的问题也会出现在旋转圆环电极（10.3.1 节）。第二版讨论了偏心对准理论[4]。

在标准 RDE 理论中，假设圆盘边缘的径向扩散对电流的贡献可以忽略不计。如果盘径足够大，线性扩散是适用的［6.1.3(1) 节］。

10.3 旋转圆环与旋转环-盘电极

基于电势阶跃或电势扫描的反向技术在 RDE 中是不可用的，因为电极反应的产物不断地从圆盘表面移除。在稳态条件下，电势扫描的反向将会再现正向扫描的 i-E 曲线。然而，通过在圆盘周围添加一个独立的环形电极，可以获得与静止电极上的反向技术相同的信息（图 10.3.1），这样就创建了一个旋转的环-盘电极（rotating ring-disk electrode，RRDE）。通过测量环电极上的电流，可以了解在盘电极表面所发生的一些情况。例如，如果物种 O 在圆盘上按 $O+ne \longrightarrow R$ 被还原，则产物 R 将被径向液流带走并通过圆环；如果环电势保持在 O/R 波的正方向上，则 R 可以被氧化回 O（或被收集）。

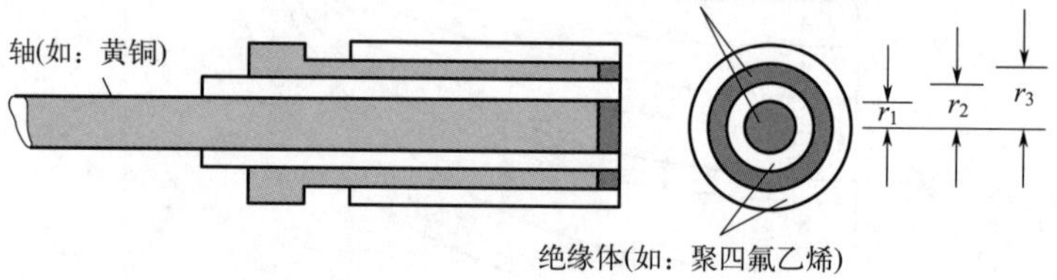

图 10.3.1 环-盘电极

单独的环也可用作电极（旋转圆环电极），例如，当 RRDE 的圆盘不接通时。在给定 A 和 ω 时，向圆环的物质传递大于向圆盘的物质传递，因为新鲜溶液由环的内表面的径向和由本体溶液的法向流到环上。

由于径向传质项必须包含在对流-扩散方程中，环形电极的理论处理要比 RDE 复杂得多。尽管数学上对这个问题的处理有时是困难的，然而其结果是很容易被理解和应用的。这里只对这个问题作概述，数学处理的细节则在文献［8，19］中给出。

10.3.1 旋转圆环电极

下面讨论内半径为 r_2 和外半径为 r_3 的环电极[面积 $A_r=\pi(r_3^2-r_2^2)$][5]。当这个电极以角速度 ω 旋转时，溶液流速分布是 10.2.1 节中讨论过的分布。在这种情况下必须解出的稳态对流-扩散方程式为

$$v_r\left(\frac{\partial C_O}{\partial r}\right)+v_y\left(\frac{\partial C_O}{\partial y}\right)=D_O\left(\frac{\partial^2 C_O}{\partial y^2}\right) \tag{10.3.1}$$

它可以通过以下三种方式从式(10.2.11) 简化得到：

① 对于稳态，浓度与时间无关，所以 $\partial C_O/\partial t=0$。

② 和 RDE 一样，对称性的原则使浓度与 ϕ 无关，于是 ϕ 的导数被消除了。

③ 以 $D_O[\partial^2 C_O/\partial r^2+(1/r)\partial C_O/\partial r]$ 项表示的径向扩散传质比径向对流[$v_r(\partial C_O/\partial r)$]小，

---

[4] 第二版 9.3.6 节。

[5] 假定电极是用宽的外壁构成的，就像 RDE 的情况一样，并且在 $r=0$ 到 $r=r_2$ 之间填充了一个内部绝缘体。整个组件有一个从 $r=0$ 到壁外半径的齐平表面。

因此可以忽略扩散项。

极限环电流的边界条件是：

$$\lim_{y\to\infty} C_O = C_O^* \tag{10.3.2}$$

$$C_O(y=0)=0 \quad (r_2 \leqslant r < r_3) \tag{10.3.3}$$

$$(\partial C_O/\partial y)_{y=0}=0 \quad (r<r_2) \tag{10.3.4}$$

把 v_r 和 v_y 引入到式(10.2.8) 和式(10.2.9) 中，得到

$$(B'ry)\left(\frac{\partial C_O}{\partial r}\right) - B'y^2\left(\frac{\partial C_O}{\partial y}\right) = D_O\left(\frac{\partial^2 C_O}{\partial y^2}\right) \tag{10.3.5}$$

$$r\left(\frac{\partial C_O}{\partial r}\right) - y\left(\frac{\partial C_O}{\partial y}\right) = \left(\frac{D_O}{B'}\right)\frac{1}{y}\left(\frac{\partial^2 C_O}{\partial y^2}\right) \tag{10.3.6}$$

式中，$B'=0.51\omega^{3/2}\nu^{-1/2}$。环电极上的电流由下式给出❻

$$i_R = nFD_O 2\pi \int_{r_2}^{r_3}\left(\frac{\partial C_O}{\partial y}\right)_{y=0} r\,dr \tag{10.3.7}$$

解这些方程式可得到极限环电流[20]：

$$\boxed{i_{R,l,c}=0.62nF\pi(r_3^3-r_2^3)^{2/3}D_O^{2/3}\omega^{1/2}\nu^{-1/6}C_O^*} \tag{10.3.8}$$

一个包括波的极限区域和上升部分的一般结果是

$$i_R = i_{R,l,c}\left[1-\frac{C_O(y=0)}{C_O^*}\right] \tag{10.3.9}$$

根据式(10.2.30) 和式(10.2.21)，该式应为半径为 r_1 的圆盘在同样条件下观察到的电流，于是得出

$$i_R = i_D \frac{(r_3^3-r_2^3)^{2/3}}{r_1^2} \tag{10.3.10}$$

或者

$$\frac{i_R}{i_D} = \beta^{2/3} = \left(\frac{r_3^3}{r_1^3} - \frac{r_2^3}{r_1^3}\right)^{2/3} \tag{10.3.11}$$

对于给定的 C_O^* 和 ω，环电极比同样面积的盘电极给出的电流大。

10.3.2　旋转环-盘电极

由于 RRDE 实验包括控制两个电势（分别为盘电势 E_D 和环电势 E_R）和测量两个电流（盘电流 i_D 和环电流 i_R），故结果的表述要比单个工作电极实验更复杂。RRDE 的实验通常用双恒电势仪来进行（16.4.4 节），它可以独立地调节 E_D 和 E_R（图 10.3.2）。

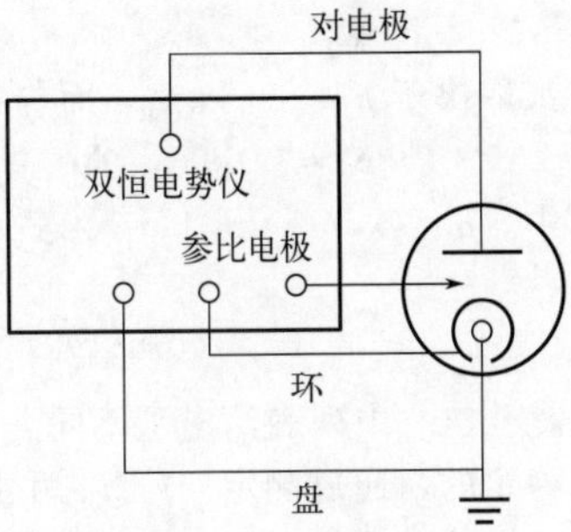

图 10.3.2　控制 RRDE 的双恒电势仪的框图

对于运作的 RRDE，盘电极的 i-E 特性不因环的存在而受到影响，如 10.2 节所述❼。

不同类型的实验可能在 RRDE 上进行，但大多数实验可分为两类：

① 收集实验，其圆盘产生的物种在环上可观察到。

② 屏蔽实验，其圆盘上的反应干扰了流到环上的本体电活性物种。

---

❻ 环半径为 r 且宽度为 δr 的无穷小环截面的面积为 $\pi(r+\delta r)-\pi r^2 \approx 2\pi r\delta r$。通过该部分的电流 $(i_R)_{\delta r}$ 是 $\frac{(i_R)_{\delta r}}{nFA} = \frac{(i_R)_{\delta r}}{nF2\pi r\delta r} = D_O\left(\frac{\partial C_O}{\partial y}\right)_{y=0}$。总的环电流是所有 $(i_R)_{\delta r}$ 的总和，当 $\delta r \to 0$ 时，给出式(10.3.7)。

❼ 如果发现圆盘电极电流随 E_R 或 i_R 的变化而变化，则应怀疑 RRDE 存在缺陷，或由于溶液中的未补偿电阻导致环电极和盘电极间出现不希望的耦合。

(1) 收集实验

考虑这样的实验，圆盘维持在电势 E_D，其上发生 $O+ne \longrightarrow R$ 反应，产生阴极电流 i_D，同时环维持足够正的电势 E_R，这样，在传质极限速率下到达环上的任何 R 都能被氧化。本体溶液中没有 R，所以所有到达环并在环上反应的物质都来自圆盘。我们感兴趣的是在此条件下的环电流 i_R，即是在盘上产生的 R 有多少能在环上被收集到。又必须解稳态环的对流-扩散方程式(10.3.6)，这一次是对物质 R 来求解：

$$r\left(\frac{\partial C_R}{\partial r}\right)-y\left(\frac{\partial C_R}{\partial y}\right)=\left(\frac{D_R}{B'}\right)\frac{1}{y}\left(\frac{\partial^2 C_R}{\partial y^2}\right) \tag{10.3.12}$$

边界条件更加复杂：

① 在圆盘上（$0\leqslant r<r_1$），R 的流量与 O 的关联是用常用的守恒方程：

$$D_R\left(\frac{\partial C_R}{\partial y}\right)_{y=0}=-D_O\left(\frac{\partial C_O}{\partial y}\right)_{y=0} \tag{10.3.13}$$

根据 10.2.2 节的结果，

$$\left(\frac{\partial C_R}{\partial y}\right)_{y=0}=\frac{-i_D}{nFAD_R}=\frac{-i_D}{\pi r_1^2 nFAD_R} \tag{10.3.14}$$

② 在绝缘间隙区（$r_1\leqslant r\leqslant r_2$）没有电流流过；于是，

$$\left(\frac{\partial C_R}{\partial y}\right)_{y=0}=0 \tag{10.3.15}$$

③ 在环上（$r_2\leqslant r<r_3$）、极限电流条件下，

$$C_R(y=0)=0 \tag{10.3.16}$$

在本体溶液中开始时 R 不存在，$\lim\limits_{y\to\infty}C_R=0$ 且 O 的本体浓度是 C_O^*。正如式(10.3.7)一样，环电流由下式给出

$$i_R=nFD_R 2\pi\int_{r_2}^{r_3}\left(\frac{\partial C_R}{\partial y}\right)_{y=0} r\,\mathrm{d}r \tag{10.3.17}$$

利用 Laplace 变换方法，用无量纲变量来解决这一问题，并且已经报道了结果[21-22]。环电流与盘电流通过收集效率（collection efficiency）N 相关，

$$\boxed{N=\frac{-i_R}{i_D}} \tag{10.3.18}$$

它只取决于 r_1、r_2 和 r_3，而与 ω、C_O^* 和 D_R 无关。对于给定的 RRDE，N 可以这样计算

$$N=1-F(\alpha/\beta)+\beta^{2/3}[1-F(\alpha)]-(1+\alpha+\beta)^{2/3}\{1-F[(\alpha/\beta)(1+\alpha+\beta)]\} \tag{10.3.19}$$

式中，$\alpha=(r_2/r_1)^3-1$；β 由式(10.3.11)给出，并且

$$F(\theta)=\frac{\sqrt{3}}{4\pi}\ln\frac{(1+\theta^{1/3})^3}{1+\theta}+\frac{3}{2\pi}\arctan\frac{2\theta^{1/3}-1}{3^{1/2}}+\frac{1}{4} \tag{10.3.20}$$

文献[21]中列表给出了不同 r_2/r_1 和 r_3/r_2 时函数 $F(\theta)$ 和 N 的值。对给定的电极，当体系的 R 是稳定的，通过测定 $-i_R/i_D$ 可由实验测得 N。一旦 N 确定，对该 RRDE 而言，它就是一个恒定的已知值。例如对于 $r_1=0.187$cm，$r_2=0.200$cm 及 $r_3=0.332$cm 的 RRDE，$N=0.555$，即盘上 55.5%的产物在环上被收集。N 值在垫厚度（r_2-r_1）减小和环尺寸（r_3-r_2）增加时就变大。

在 RRDE 表面附近 R 的浓度分布示于图 10.3.3。

在典型的收集实验中，i_D 和 i_R 作为 E_D 的函数作图（在恒定 E_R 下），见图 10.3.4(a)。如果 N 与 i_D 和 ω 无关，可以说产物是稳定的。如 R 以足够快的速度分解，那么它在由盘到环的路径中会损失一些，收集系数要小于对前面电极所确定的 N，并且它是 ω、i_D 或 C_O^* 的函数。关于 R 衰变的速度和机理的信息可以由 RRDE 的收集实验求得（第 13 章）。关于电极反应可逆性的信息可以做恒定 E_D 值下环的伏安图（i_R 对 E_R），并且把 $E_{1/2}$ 和盘伏安图加以对比而求得[图 10.3.4(b)]。

(2) 屏蔽实验

在圆盘处于开路时，O 还原为 R 的环电极电流由式(10.3.8)～式(10.3.11)给出。当 $i_D=0$

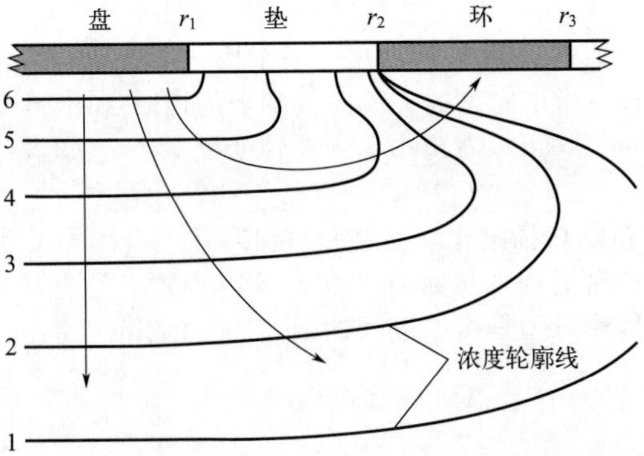

图 10.3.3　RRDE 上物质 R 的浓度分布示意图

曲线为等浓度线，由 1～6 浓度增加。对于圆盘（$0\leqslant r<r_1$），$\partial C_R/\partial r=0$；在间隙处，（$r_1\leqslant r<r_2$），$(\partial C_R/\partial y)_{y=0}=0$；在环表面（$r_2\leqslant r<r_3$），$C_R(y=0)=0$（Albery，Hichman[19]）

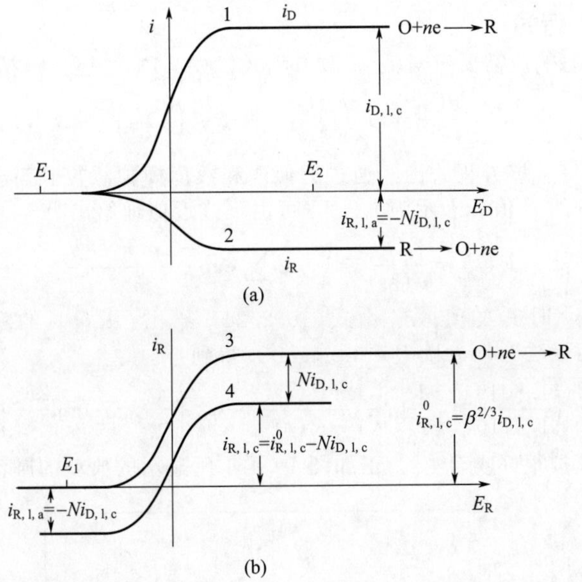

图 10.3.4　(a) 收集实验时的盘伏安图。1—i_D 对 E_D 作图；2—当 $E_R=E_1$ 时，i_R 对 E_D 作图。(b) 屏蔽和收集实验时环的伏安图。3—当 $i_D=0(E_D=E_1)$ 时，i_R 对 E_R 作图；4—当 $i_D=i_{D,l,c}$ 时，i_R 对 E_R 作图（$E_D=E_2$）

时，环上的极限电流 $i^0_{R,l}$ 由式(10.3.11) 给出，重写为

$$i^0_{R,l}=\beta^{2/3}i_{D,l} \tag{10.3.21}$$

式中，$i_{D,l}$ 为盘电极上发生反应时所可能达到的盘极限电流。

如果盘电极处于接通状态，那么 O 在那里也会被还原，给出电流 i_D，O 到环的流量减少。我们在前面了解到，当环电极被设置在传质控制区域来收集在圆盘上产生的物种时，收集分数是 N。在这一屏蔽实验中，圆盘造成了在环上被还原物种的损失，并且环收集该损失的一小部分 N。这样，极限环电流就变成了

$$\boxed{i_{R,l}=i^0_{R,l}-Ni_D} \tag{10.3.22}$$

该方程式对任何 i_D 值都成立，其中包括 $i_D=0$ 和 $i_D=i_{D,l}$。对于特殊情况 $i_D=i_{D,l}$，由式(10.3.21) 可得到，

$$\boxed{i_{R,l}=i_{R,l}^{0}(1-N\beta^{-2/3})} \tag{10.3.23}$$

于是，当盘电流是在其极限值时，环电流要减小一个因子 $1-N\beta^{-2/3}$。该因子总是小于 1，称为屏蔽因子（shielding factor）。当把完整的 i-E 曲线拿来讨论时［图 10.3.4(b)］，这些关系就较容易理解。如果假设为可逆情况，可以看出由 $i_D=0$ 转变到 $i_D=i_{D,l}$ 时，其影响是使整个环伏安图（i_R 对 E_R）移动 $Ni_{D,l}$ 值。

其他双电极系统[23]，包括扫描电化学显微镜（SECM；第 18 章）和微电极阵列（5.6.3 节），可以在稳态下工作，并表现出类似的屏蔽和收集影响。然而，这些系统与 RRDE 不同，即不存在对流作用，因此电极间传输时间是由电极间的距离决定的。

10.4 暂态电流

在电势阶跃后观察盘或环上电流的暂态过程有时可用来理解一个电化学体系。例如，组分 A 在盘电极上吸附的研究，可以将盘电势阶跃到 A 被吸附的电势值，通过观察 A 电解时环电流的暂态屏蔽过程来进行。

10.4.1 RDE 的暂态行为

处理 RDE 上的暂态响应需要解对流-扩散方程式(10.2.13)，但要包括 $\partial C_O/\partial t$ 项：

$$\frac{\partial C_O}{\partial t}=D_O\left(\frac{\partial^2 C_O}{\partial y^2}\right)-B'y^2\left(\frac{\partial C_O}{\partial y}\right) \tag{10.4.1}$$

式中，$B'=0.51\omega^{3/2}\nu^{-1/2}$。该方程式已经通过近似法和数值模拟法得到解。对于电势阶跃到极限电流区域时，任意时刻的 i_l 值，表示为 $i_l(t)$，可由下式近似地给出[24]：

$$R(t)=\frac{i_l(t)}{i_l(\mathrm{ss})}=1+2\sum_{m=1}^{\infty}\exp\frac{-m^2\pi^2 D_O t}{\delta_O^2} \tag{10.4.2}$$

式中，$i_l(\mathrm{ss})$ 是当 $t\to\infty$ 时 i_l 的值；δ_O 由式(10.2.24) 给出。$R(t)$ 的隐式近似方程也可用文献［25］中提出的“矩量法”（method of moments）得到：

$$\frac{D_O t}{\delta_O^2}=\frac{1}{6}\left(\frac{1.8049}{1.6116}\right)^2\left\{\frac{1}{2}\ln\frac{1-R(t)^3}{[1-R(t)]^3}+\sqrt{3}\left[\frac{\pi}{6}-\arctan\frac{2R(t)+1}{\sqrt{3}}\right]\right\} \tag{10.4.3}$$

这两个表达式与数值模拟很好吻合[26]，正如图 10.4.1 所显示的典型的圆盘暂态过程。

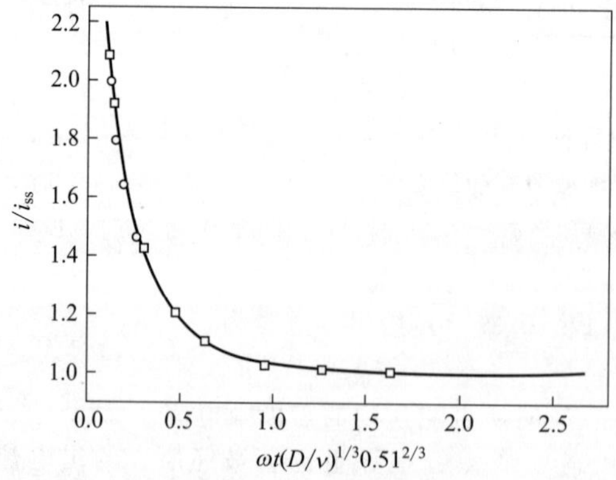

图 10.4.1 圆盘电极上电势阶跃时圆盘暂态电流

曲线是模拟曲线；方框是由式(10.4.2) 得来，而圆圈是由式(10.4.3) 得来（Prater，Bard[26]）

在短的时间内，当扩散层厚度大大小于 δ_O 时，电势阶跃暂态过程符合 Cottrell 方程式(6.1.12)，但因为扩散层变得足够厚足以受到对流的影响时，其会偏向稳态电流方向。电流达到其稳态值所需的时间可以从图 10.4.1 中的曲线获得，当下式成立时，时间 τ 时的电流小于 $i_l(\mathrm{ss})$ 的 1%，

$$\omega\tau(D/\nu)^{1/3}0.51^{2/3}>1.3 \tag{10.4.4}$$

用近似值 $(D/\nu)^{1/3}\approx 0.1$，可以发现 $\tau>20/\omega$。因此，对于 $\omega=100\,\mathrm{s}^{-1}$（约 1000r/min），$\tau\approx 0.2\mathrm{s}$。

10.4.2 RRDE 的暂态过程

下面讨论这样的实验，RRDE 的环维持在物质 R 氧化到 O 的电势，圆盘维持在开路或不产生 R 的电势。如果使用电势阶跃法或恒电流阶跃使得在圆盘上产生 R，那么 R 由圆盘外缘穿过垫到达环内缘就需要一定时间（穿过时间，transit time）。在圆盘电流达到其稳态值时将需要一个额外的时间。暂态环电流 $i_R(t)$ 的严格解涉及求解式(10.3.6) 随时间的变化形式：

$$\frac{\partial C_R}{\partial t}=D_R\left(\frac{\partial^2 C_R}{\partial y^2}\right)+B'y^2\left(\frac{\partial C_R}{\partial y}\right)-B'ry\left(\frac{\partial C_R}{\partial r}\right) \tag{10.4.5}$$

Albery 和 Hitchman 曾讨论了这个难题[27]，并给出了几种数值方法和近似解，也可以用模拟的方法得出解[26]。

图 10.4.2 显示了几个不同电极的环暂态电流。随着垫变大、环变宽，环电流的起始时间延迟，趋于稳态时的速度变慢。

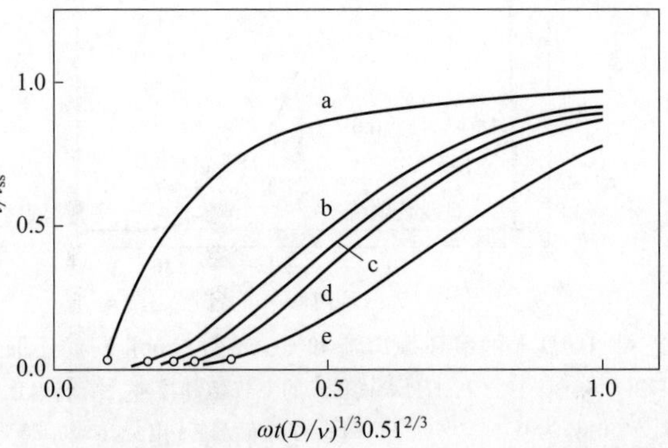

图 10.4.2　在电极不同的几何参数下（r_2/r_1，r_3/r_1）的模拟环暂态电流

a—1.02，1.04；b—1.05，1.07；c—1.07，1.48；d—1.09，1.52；e—1.13，1.92。

显示暂态电流的点来自式(10.4.8)（Prate，Bard[26]）

可以得到穿过时间的近似 t'[28]。靠近电极表面的径向速度由式(10.2.9) 给出，它可以写为

$$v_r=\frac{\partial r}{\partial t}=0.51\omega^{3/2}\nu^{-1/2}ry \tag{10.4.6}$$

在圆盘边缘处（$r=r_1$）产生的 R 分子，必须垂直于圆盘扩散达到圆环，因为在 $y=0$ 处 v_r 为零。然后 R 向径向甩走，再借助在 y 方向的扩散和对流运动达到环的内缘。这个途径可以用某一平均轨迹和某一与时间有关的距电极表面的距离 y 来描述。对式(10.4.6) 进行积分而得到

$$\ln\frac{r_2}{r_1}=0.51\omega^{3/2}\nu^{-1/2}\int_0^{t'}y\,\mathrm{d}t \tag{10.4.7}$$

如果近似采用 $y\approx(Dt)^{1/2}$，把此值代入式(10.4.7)，进行积分的结果是

$$\omega t'=3.58(\nu/D)^{1/3}\left(\lg\frac{r_2}{r_1}\right)^{2/3} \tag{10.4.8}$$

当 $(D/\nu)^{1/3}\approx 0.1$，$\omega=100\mathrm{s}^{-1}$ 以及 $r_2/r_1=1.07$（它表示很窄的间隙），根据式(10.4.8)，穿过时间约为 30ms。

在图 10.4.2 中，从式(10.4.8) 中计算出的 t' 值显示为每条曲线开始上升时的一个开环。穿过时间是电反应物环第一次到达环的测量，因此它标志着环暂态的开始。在图 10.4.2 中，这些时间仅相当于环电流到达稳态值的 2%左右时所需要的时间。

研究暂态环电流可以有效地确定在盘上产生的中间体的吸附，因为吸附将造成这种物质在环上滞后出现[29]。暂态过程还可以用来定性地研究电极过程，所描述的“屏蔽暂态”实验中[30]，

它涉及 Cu 环-Pt 盘电极浸在含 2×10^{-5}mol/L Cu(Ⅱ) 空气饱和溶液中。反应过程被总结在图 10.4.3 中。当 E_D 为 1.00V(vs. SCE) 时，在圆盘上没有反应发生。同时，如果 E_R 维持在 −0.25V(vs. SCE)，就有约 11μA 的阴极环电流流过，这是由反应 Cu(Ⅱ)+2e ⟶ Cu 产生的。在这个电势下，即使 $O_2+4H^++4e\longrightarrow 2H_2O$ 反应的可逆电势正得多，但因为反应速度很慢，氧在 Cu 环上不会还原。如果 Pt 盘电势阶跃到 0.0V，约有 700μA 的阴极盘电流流过，这个电流表示在 Pt 圆盘上 O_2 和 Cu(Ⅱ) 的同时还原。在铂底层上镀铜比在整体铜上沉积铜的电势要正，即所谓欠电势沉积（underpotential deposition）（15.6.3 节）。在圆盘上 Cu(Ⅱ) 的还原屏蔽环，于是，可看到 i_R 的降低。但是，由于铜在圆盘上沉积，使氧还原受阻，盘电流下降。在盘上沉积约为单层铜以后就不再可能发生进一步欠电势沉积，Cu(Ⅱ) 在圆盘上的还原停止，环电流再次回到未屏蔽时的值。

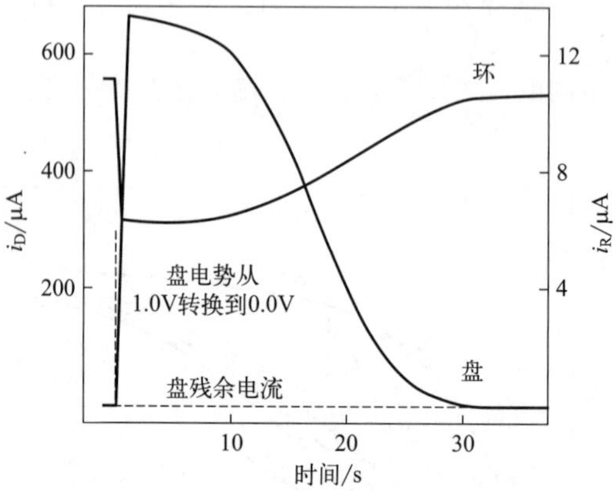

图 10.4.3 RRDE 中 Pt 盘上的氧还原电流和 Cu 环上 Cu(Ⅱ) 的还原电流与时间的关系

0.2mol/L H_2SO_4 和 2×10^{-5}mol/L Cu(Ⅱ) 的空气饱和溶液。旋转速度为 2500r/min，在 $t>0$ 时，盘电势为 0.00V (vs. SCE)；对所有 t，环电势在 −0.25V (vs. SCE)。盘面积是 0.458cm²；$\beta^{2/3}=0.36$；$N=0.183$ (Bruckenstein 和 Miller[30])

这个简单的实验，很清楚地展示出了铜对氧还原过程的“毒化作用”。实验还表明，在 Cu 低到 1×10^{-6} 的溶液中欠电势沉积出的铜单层对铂电极的行为有很大影响。由于 Cu(Ⅱ) 是在蒸馏水和无机酸中一种很普通的杂质，这在电化学研究中并不是偶然存在的风险。少量其他杂质的吸附也会影响固体电极的行为。因此，电化学实验往往需要很大的努力来建立和保持溶液的纯度。

10.5 调制的旋转圆盘电极

到目前为止，在本章中，我们都假设在电流测量时，电极的旋转速度 ω 是恒定的。但是，在 ω 随时间变化时，测量电流也是有用的❽。

最简单的情况是单调变量 ω 为时间的函数（例如 ω 正比于 t^2），这样就可以自动地给出 i_D 对 $\omega^{1/2}$ 的图。这个“自动的 Levich 图”相对于逐点测量来说可以节省时间，特别是当电极表面随时间变化以及需要快速进行实验时（例如，在电沉积过程中或有杂质或产物吸附）。该技术及相关方法已被评述过[31]。

另一个有用的技术是以 $\omega^{1/2}$ 的正弦变量为特征（称为流体动力学调制，hydrodynamic modulation）[30,32]。讨论一个 RDE，它的转速的平方根以一个固定的中心速度 ω_0 变化，其频率为 σ，因此 $\omega^{1/2}$ 的瞬时值为

❽ 这一讨论在这个版本中被删除了，更多内容见第二版 9.6 节。

$$\omega^{1/2}=\omega_0^{1/2}+\Delta\omega^{1/2}\sin(\sigma t) \tag{10.5.1}$$

式中，$\Delta\omega$ 通常只是 ω_0 值的1%左右。对于电反应物是对流传送的任何过程，旋转速度的调制对圆盘电流都起着调节作用。电流的调制幅度是

$$\Delta i=(\Delta\omega/\omega_0)^{1/2} i_{\omega_0} \tag{10.5.2}$$

变化的圆盘电流分量可以通过锁相检测很容易地与整体电流分开。

调制电流基本上不包含来自双电层充电，电极的氧化或还原，或吸附物种的电极反应的贡献。此外，它对阳极和阴极背景电流相对不敏感。

图10.5.1显示了一项研究的结果，即0.2μmol/L Tl(Ⅰ)在汞齐金RDE上被还原（当需要如汞表面行为时可以采用）[33]。虽然还原Tl(Ⅰ)的法拉第电流在 i_D-E 扫描时无法与残余电流分开，但可通过测量 Δi 得到一个清晰的还原波。

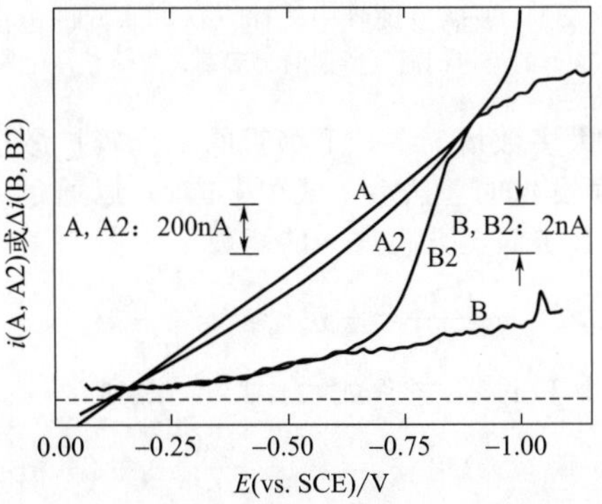

图10.5.1　Tl(Ⅰ)在汞齐化的金圆盘上的伏安扫描

所有A的迹线是稳态伏安图；所有B的迹线都涉及流体动力学调制。A，B—0.01mol/L $HClO_4$；A2，B2—0.01mol/L $HClO_4$ 溶液中含有 2.0×10^{-7}mol/L Tl^+。不同的电流灵敏度由相关的标记标明；虚线是所有曲线的零电流。对于所有曲线，$\omega_0^{1/2}=60(\text{r/min})^{1/2}$。对于B曲线，$\omega_0^{1/2}=6(\text{r/min})^{1/2}$，$\sigma/(2\pi)=3\text{Hz}$，平均时间常数=3s，扫描速度=2mV/s（Miller和Bruckenstein[33]）

还可以通过用激光照射圆盘电极的背面来对RDE进行热调制[34]。该方法与9.7.3节讨论的温度跃迁实验类似。

10.6　电动流体现象

电动流体学（electrohydrodynamics）研究由电场引起的流体运动，反之亦然。所涉及的现象与机械压力梯度引起的对流现象有着根本的不同，正如我们在本章中所考虑的那样。在没有重力影响的情况下（自然对流），由以下方程可得到稳态的流体速度矢量 $\boldsymbol{v}$：

$$\eta_s\nabla^2\boldsymbol{v}=\nabla P \tag{10.6.1}$$

其中，η_s 是流体的黏度。在电动流体体系中，引起流体流动的力是由流体中过剩电荷密度相互作用产生的，即，

$$\eta_s\nabla^2\boldsymbol{v}=-\rho_E\boldsymbol{\varepsilon} \tag{10.6.2}$$

式中，$\boldsymbol{\varepsilon}$ 是电场矢量，V/cm；ρ_E 是单位体积的电荷。

讨论如图10.6.1所示的情况，在充满电解质溶液的玻璃毛细管两端施加电场，在大多数pH值下，由于表面Si—OH基团的质子化/去质子化平衡而使毛细管壁带有电荷。在pH>3时，表面电荷为负电荷，它必须被溶液中的正电荷扩散层抵消，正如荷电电极表面一样（2.2.2节和第14章）。

当沿毛细管轴向施加电场时，双电层溶液侧的过剩电荷（以电解质阳离子的形式）开始沿电场移动，溶剂的净黏滞阻力引起溶液沿同一方向对流。流体在这个过程中向阴极流动，称为电渗

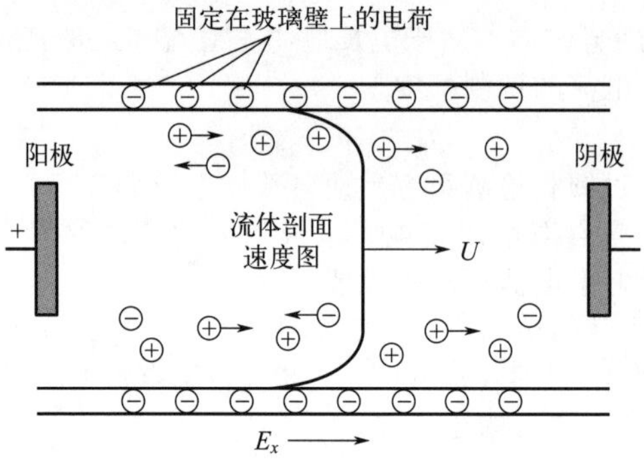

图 10.6.1 玻璃毛细管中流体（例如水）的电渗示意

仅显示在毛细管壁附近的离子。这里的流速剖面（所谓的“活塞式流动”）比外部压力驱动的抛物线剖面要平坦

流（electroosmotic flow）。在大多数情况下，毛细管的半径较扩散层的厚度大，因此，曲率可以忽略，流动可以认为是沿平面发生的。然后，式(10.6.2) 以通过毛细管轴向的电场 ε_x 表示[7]，而电势 ϕ 和速度 v_x 则是毛细管表面上方距离 y 的函数。

$$\eta_s \frac{\partial^2 v_x}{\partial y^2} = -\rho_E \boldsymbol{\varepsilon}_x = \varepsilon\varepsilon_0 \frac{\partial^2 \phi}{\partial y^2} \boldsymbol{\varepsilon}_x \tag{10.6.3}$$

在式(10.6.3) 中，电荷密度由 Poisson 方程式(14.3.5) 得到，

$$\rho_E = -\varepsilon\varepsilon_0 \frac{\partial^2 \phi}{\partial y^2} \tag{10.6.4}$$

当远离管壁（$y \to \infty$），用 $\partial v_x/\partial y = 0$ 和 $\partial\phi/\partial y = 0$ 对式(10.6.3) 进行一次积分得到，

$$\eta_s (\partial v_x/\partial y) = \varepsilon\varepsilon_0 (\partial\phi/\partial y) \boldsymbol{\varepsilon}_x \tag{10.6.5}$$

从内壁附近的位置 $v_x = 0$，$\phi = \zeta$ 到管的中间 $v_x = U$，$\phi = 0$ 进行第二次积分，给出 Helmholtz-Smoluchowski 公式：

$$U = -\varepsilon\varepsilon_0 \zeta \varepsilon_x / \eta_S \tag{10.6.6}$$

参数 ζ 称为 zeta 电势（zeta potential），它是在扩散层中的称为剪切面（shear plane）位置处的电势[35]，u 是通过荷电表面平面的电渗溶液流速。对于一种水溶液，当 $\zeta = 0.1\text{V}$，$\varepsilon_x = 100\text{V/cm}$ 时，U 约为 0.1cm/s。

在文献［7］中可以找到毛细管电渗流（electroosmotic）的完整处理方法，其中可以不假定扩散双层厚度相对于毛细管半径较小。

电渗流是与荷电固体和溶液相对运动相关现象的几种电动效应之一。第二个例子是流动电势（streaming potential），它源自两个电极如图 10.6.1 的方式放置，当溶液流过管道时产生的。这本质上与电渗流效应相反。还有电泳现象（electrophoresis），溶液中的带电颗粒在电场中运动。这种效应被广泛应用于蛋白质、DNA 片段和许多其他物质的分离。电动效应有着悠久的科学史[35-36]。

电渗流和电泳也是引起锥形纳米孔中的离子电流整流（ionic current rectification，ICR）现象的原因。ICR 是指通过将玻璃毛细管的末端拉制成圆锥形或锥形而经常观察到的非欧姆电流-电压特性[37]。这种行为是由纳米孔小孔处的高离子电导态和低离子电导态引起的，这取决于外加电压的符号[38-39]。观察 ICR 的双重要求是，纳米孔具有不对称的几何形状，内表面带电。玻璃中的锥形纳米孔可以满足这两个条件。

如图 10.6.2 所示，在锥形玻璃管的尖端形成一个锥形纳米孔，并具有均匀的表面负电荷。相同的 KCl 溶液放置在纳米孔的内部和外部。对纳米孔内的 Ag/AgCl 电极施加一个负电势（相对于本体溶液的 Ag/AgCl 电极），K^+ 流从外部溶液流向孔隙内部，而 Cl^- 向相反方向移动。由于孔表面具有阳离子选择性，Cl^- 由于静电排斥作用而被玻璃表面所阻碍，使得它通过孔口从孔内部到达本体溶液的传输速率降低。这种阴离子排斥的结果是 K^+ 和 Cl^- 在孔口附近的纳米孔内积累，导致局部电导率大于本体溶液。相反，相对于外部溶液在孔隙内部施加一个正电势时，Cl^-

从外部溶液到内部溶液的传输受到表面负电荷的阻碍，当 Cl^- 在孔内耗尽时，会导致纳米孔电导率和观察到的离子电流的降低。ICR 通常是在半径 10～500nm 的锥形纳米孔中观察到的，一些应用在文献中已经讨论过[40-42]。

在本书所考虑的各种电化学实验中，因为电场通常很小，所以电动效应不重要。但是，在有意施加非常大电场的实验中则会产生对流[43-44]。相关的实验是对电化学实验施加磁场的效应[43,45]。对于薄层池中阻力大的溶液流体动力学上的不稳定能够产生对流模式。例如，在 ECL 实验中（20.5 节），采用有很低浓度的支持电解质的有机相时，薄层池中的对流（有时称为 Felici 不稳定性）能够产生六边形模式[46-47]。

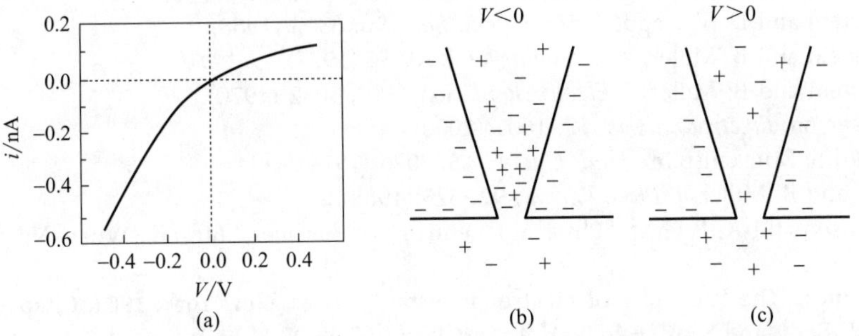

图 10.6.2　（a）在 0.01mol/L KCl 溶液中，半径约为 20nm 的玻璃纳米管的 i-V 曲线。该电势对应于纳米管内 Ag/AgCl 电极与外部溶液中相同的 Ag/AgCl 电极的电势，扫描速度为 20mV/s。（b），（c）负电压（$V<0$）和正电压（$V>0$）的离子分布示意图［（a）部分摘自 Wei，Bard，Feldberg[37]］

10.7　参考文献

1 M. Tsushima, K. Tokuda, and T. Ohsaka, *Anal. Chem.*, **66**, 4551 (1994).

2 V. G. Levich, "Physicochemical Hydrodynamics," Prentice-Hall, Englewood Cliffs, NJ, 1962.

3 R. B. Bird, W. E. Stewart, and E. N. Lightfoot, "Transport Phenomena," 2nd ed., Wiley, New York, 2002.

4 J. N. Agar, *Disc. Faraday Soc.*, **1**, 26 (1947).

5 J. Newman, *J. Electroanal. Chem.*, **6**, 187 (1973).

6 J. S. Newman and K. E. Thomas-Alyea, "Electrochemical Systems," 3rd ed., Wiley, Hoboken, NJ, 2004.

7 R. F. Probstein, "Physicochemical Hydrodynamics—An Introduction," 2nd ed., Wiley, New York, 1994.

8 A. C. Riddiford, *Adv. Electrochem. Electrochem. Eng.*, **4**, 47 (1966).

9 R. N. Adams, "Electrochemistry at Solid Electrodes," Marcel Dekker, New York, 1969, pp. 67–114.

10 C. Deslouis and B. Tribollet, *Adv. Electrochem. Sci. Eng.*, **2**, 205 (1992).

11 W. J. Albery, C. C. Jones, and A. R. Mount, *Compr. Chem. Kinet.*, **29**, 129 (1989).

12 V. Yu. Filinovskii and Yu. V. Pleskov, *Comprehensive Treatise Electrochem.*, **9**, 293 (1984).

13 T. von Kármán, *Z. Angew. Math. Mech.*, **1**, 233 (1921).

14 W. G. Cochran, *Math. Proc. Cambridge Philos. Soc.*, **30** (3), (1934).

15 J. S. Newman, *J. Phys. Chem.*, **70**, 1327 (1966).

16 R. W. Zurilla, R. K. Sen, and E. Yeager, *J. Electrochem. Soc.*, **125**, 1103–1109 (1978).

17 V. Yu. Filinovskii and Yu. V. Pleskov, *Prog. Surf. Membr. Sci.*, **10**, 27 (1976).

18 J. Newman, *J. Electrochem. Soc.*, **113**, 501, 1235 (1966).

19 W. J. Albery and M. L. Hitchman, "Ring-Disc Electrodes," Clarendon, Oxford, 1971, Chap. 4.

20 V. G. Levich, *op. cit.*, p. 107.

21 W. J. Albery and M. Hitchman, *op. cit.*, Chap. 3.

22 W. J. Albery and S. Bruckenstein, *Trans. Faraday Soc.*, **62**, 1920 (1966).

23 E. O. Barnes, G. E. M. Lewis, S. E. C. Dale, F. Marken, and R. G. Compton, *Analyst*, **137**, 1068 (2012).

24 Yu. G. Siver, *Russ. J. Phys. Chem.*, **33**, 533 (1959).

25 S. Bruckenstein and S. Prager, *Anal. Chem.*, **39**, 1161 (1967).

26 K. B. Prater and A. J. Bard, *J. Electrochem. Soc.*, **117**, 207 (1970).

27 W. J. Albery and M. Hitchman, *op. cit.*, Chap. 10.

28 S. Bruckenstein and G. A. Feldman, *J. Electroanal. Chem.*, **9**, 395 (1965).

29 S. Bruckenstein and D. T. Napp, *J. Am. Chem. Soc.*, **90**, 6303 (1968).

30 S. Bruckenstein and B. Miller, *Acc. Chem. Res.*, **10**, 54 (1977).

31 S. Bruckenstein and B. Miller, *J. Electrochem. Soc.*, **117**, 1032 (1970).

32 J. V. Macpherson, *Electroanalysis*, **12**, 1001 (2000).

33 B. Miller and S. Bruckenstein, *Anal. Chem.*, **46**, 2026 (1974).

34 J. L. Valdes and B. Miller, *J. Phys. Chem.*, **92**, 525 (1988).

35 A. W. Adamson and A. P. Gast, "Physical Chemistry of Surfaces," 6th ed., Wiley, New York, 1997.

36 D. A. MacInnes, "The Principles of Electrochemistry," Dover, New York, 1961, Chap. 23.

37 C. Wei, A. J. Bard, and S. W. Feldberg, *Anal. Chem.*, **69**, 4627 (1997).

38 D. Woermann, *Phys. Chem. Chem. Phys.*, **5**, 1853 (2003).

39 H. S. White and A. Bund, *Langmuir*, **24**, 2212 (2008).

40 W.-J. Lan, M. A. Edwards, L. Luo, R. T. Perera, X. Wu, C. R. Martin, and H. S. White, *Acc. Chem. Res.*, **49**, 2605 (2016).

41 N. Laohakunakorn and U. F. Keyser, *Nanotechnology*, **26**, 275202 (2015).

42 R. A. Lucas, C.-Y. Lin, and Z. S. Siwy, *J. Phys. Chem. B*, **123**, 6123 (2019).

43 J.-P. Chopart, A. Olivier, E. Merienne, J. Amblard, and O. Aaboubi, *Electrochem. Solid-State Lett.*, **1**, 139 (1998).

44 D. A. Saville, *Annu. Rev. Fluid Mech.*, **29**, 27 (1997).

45 J. Lee, S. R. Ragsdale, X. Gao, and H. S. White, *J. Electroanal. Chem.*, **422**, 169 (1997).

46 H. Schaper and E. Schnedler, *J. Phys. Chem.*, **86**, 4380 (1982).

47 M. Orlik, J. Rosenmund, K. Doblhofer, and G. Ertl, *J. Phys. Chem.*, **102**, 1397 (1998).

48 S. Bruckenstein and P. R. Gifford. *Anal. Chem.*, **51**(2), 250–255 (1979).

10.8 习题

10.1 对于一个半径 r_1 为 0.20cm 的 RED，浸入到含有物质 A 的水溶液中（$C_A^* = 10^{-2}$ mol/L，$D_A = 5 \times 10^{-6}$ cm^2/s）。其旋转速度为 100r/min。A 的还原为单电子反应，$\nu = 0.01$cm^2/s。计算：

(a) 在圆盘边缘与圆盘表面垂直距离为 10^{-3} cm 处的 v_r 和 v_y；

(b) 电极表面处的 v_r 和 v_y。

(c) U_0，$i_{l,c}$，m_A，δ_A 和 Levich 常数。

10.2 什么尺寸（r_2 和 r_3）的旋转圆环电极能够产生与 $r_1 = 0.20$cm 的 RDE 相同的极限电流（提示：有多种可能的组合都可以）？环电极的面积是多少？

10.3 从图 10.2.8 的数据，计算 O_2 在 0.1mol/L NaOH 中的扩散系数和在 0.75V 处的氧还原的 k_f。取 $\nu = 0.01$cm^2/s。电极反应不是单步骤、单电子转移过程，所以给出的 k_f 的解释取决于（15.3.1 节）所提出的机理。

10.4 图 10.8.1 描绘了 RRDE 电极在含有 5mmol/L $CuCl_2$ 的 0.5mol/L KCl 溶液中的电流-电势曲线。对于该电极，$N = 0.53$。

(a) 分析这些数据，求 D，β 和有关电极反应第一步还原 Cu(Ⅱ)+e ⟶ Cu(Ⅰ) 的其他可能的信息。

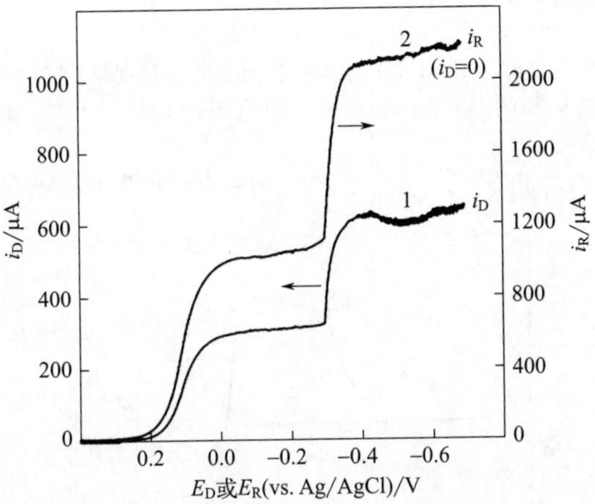

图 10.8.1　在含有 5mmol/L $CuCl_2$ 的 0.5mol/L KCl 溶液中的 RRDE 电极的伏安图

1—i_D vs. E_D；2—i_R vs. E_R（$i_D=0$）。$\omega=201s^{-1}$，圆盘面积$=0.0962cm^2$；$\nu=0.011cm^2/s$

(b) 如果环的伏安图是在 $E_D=-0.10V$ 得到的，那么在 $E_R=-0.10V$ 处的 $i_{R,l,c}$ 预期值为多少？

(c) 如果 $E_R=+0.4V$，$E_D=-0.10V$，那么 i_R 的预期值为多少？

(d) 在第二个波进行的是什么过程？解释该波的形状。

(e) 假设环电势保持在$+0.4V$，绘出当 E_D 由$+0.4V$ 到$-0.6V$ 扫描时，所预期的 i_R 对 E_D 图。

10.5　在 5mmol/L $K_3Fe(CN)_6$ 和 0.1mol/L KCl 溶液中，RRDE 上的环伏安图见图 10.8.2。计算该电极的 N 和 $Fe(CN)_6^{3-}$ 的 D。i_D 相对于 $\omega^{1/2}$ 作图的斜率应该是多少？在 5000r/min 下极限盘电流（$i_{D,l,c}$）和极限环电流（$i_{R,l,c}$）（$i_D=0$ 和 $i_D=i_{D,l,c}$）应该是多少？假设 $\nu=0.01cm^2/s$。

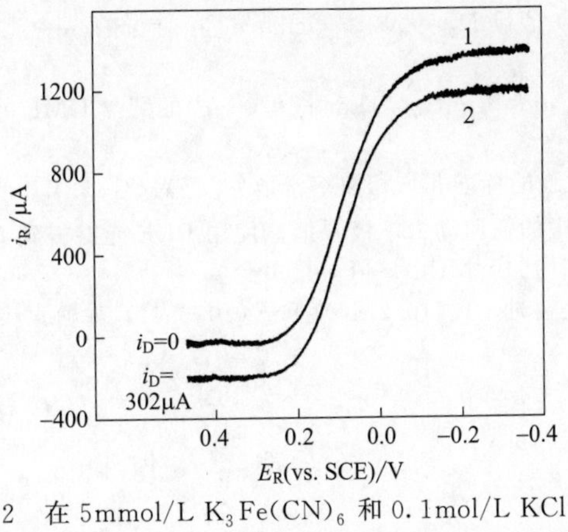

图 10.8.2　在 5mmol/L $K_3Fe(CN)_6$ 和 0.1mol/L KCl 溶液中，
环电极在 $i_D=0$（1）和 i_D 在 $i_{D,l,c}=302\mu A$（2）时的伏安图

RRDE($r_2=0.188cm$，$r_3=0.325cm$) 转速为 48.6r/s

10.6　在下列尺寸的 RRDE 上进行实验：$r_1=0.20cm$，$r_2=0.22cm$，$r_3=0.32cm$。在 2000r/min 的转速下记录盘电极的伏安图（i_D 相对于 E_D）。为了避免非稳态效应的发生，最大的电势扫描速度应为多少？该电极的穿过时间是多少？

10.7　电活性物质的扩散系数可由测量 RDE 的极限电流获得，也可由相同电极（在 $\omega=0$）上暂态测量（例如电势阶跃测量）获得。不需要知道 A，n 或 C^*。解释如何进行这样的测量，并讨论该方法可能存在的误差。

10.8　Bruckenstein 和 Gifford[48] 提出在 RRDE 上的环电极屏蔽测量可用于分析微摩尔的溶液，采用的公式是

$$\Delta i_{R,l}=0.62nF\pi r_1^2 D^{2/3}\nu^{-1/6}\omega^{1/2}NC^*$$

式中，$\Delta i_{R,l}$ 表示当 $i_D=0$ 和 $i_D=i_{D,l,c}$ 时极限环电流的变化。

(a) 推导该公式。

(b) 图 10.8.3 给出在 0.1mol/L HNO_3 溶液中 Bi(Ⅲ) 还原到 Bi(0) 时的 $i_{R,l}$ 对 E_D 作图。在 −0.25V 发生物质传递控制的 Bi(Ⅲ) 的还原。根据正向扫描时（E_D 由 +0.1V 到 −0.2V）曲线上的数据，计算该 RRDE 的 N。

(c) 解释在反向扫描（E_D 由 −0.2V 到 +1.0V）时所观察到的大的暂态环电流。

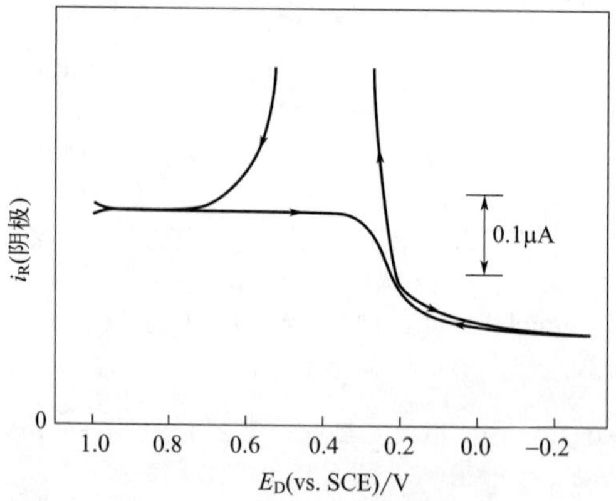

图 10.8.3 在含有 4.86×10^{-7} mol/L Bi(Ⅲ) 的 0.1mol/L HNO_3 溶液中还原 Bi(Ⅲ) 到 Bi(0) 的 $i_{R,l,c}$ 相对于 E_D 作图

环电极电势控制在 −0.25V，盘电极的电势以 200mV/s 从 +0.1V 开始扫描。$i_{D,l,c}$ 相对于 $C^*_{Bi(Ⅲ)}$ 作图的斜率是 0.934μA·L/μmol [Bruckenstein and Gifford (48). © 1979, American Chemical Society]

10.9 物种 O 在单步骤单电子过程中还原为 R，在 RDE 和各种尺寸 UME 上用稳态伏安法研究。

(a) 计算 RDE 旋转速率为 500r/min、1000r/min、5000r/min 和 10000r/min 时，传质系数 m_O 的值。后者接近最高实际转速。假设 $D_O=5\times10^{-6}\text{cm}^2/\text{s}$ 和 $\nu=0.01\text{cm}^2/\text{s}$。在 $\lg m_O$ 与旋转速率的图上显示结果。

(b) 计算 $r_0=25\mu\text{m}$、$10\mu\text{m}$、$1\mu\text{m}$、$0.1\mu\text{m}$ 和 $0.05\mu\text{m}$ 的圆盘 UME 的 m_O 值。将这些值作为水平线放置在图上。

(c) 假设对评估 O/R 过程的标准非均相速率常数 k^0 感兴趣。5.4.3 节表明 $\Lambda^0=k^0/m_O$ 必须小于 10 才能观察到稳态伏安法中的任何动力学极限值。使用 RDE 能够得到 k^0 的最大值是多少？使用一个大小在 (b) 中所给范围内的 UME，该值又是多少？

10.10 说明不使用其他关系代替时，式(10.2.40) 和式(10.2.41) 如何直接推导得式(10.2.39)。

第 11 章　电化学阻抗谱与交流伏安法

在第 5～10 章中，主要讨论了通过对体系施加大的扰动来研究电极反应的一些方法。利用电势扫描、电势阶跃或电流阶跃，经常可使工作电极偏离平衡状态，并且通常是观察暂态信号的响应。另一类方法是使用交流电势（E_{ac}）扰动电化学体系，并观察产生的交流电流（i_{ac}）。电流的幅值和相位角包含了电化学信息。

如果扰动在频率 f 是纯正弦的，且幅值小于几毫伏，则 i_{ac} 和 E_{ac} 之间的关系可以用电阻抗（impedance）Z 表示。也就是说，可以找到一个唯一的 Z，使得阻抗两端的电压变化正好等于 E_{ac} 时，就会产生与 i_{ac} 相同的电流。在电化学中，通常可以将 Z 表示为特定电阻 R 和特定电容 C 的串联组合，因此，在频率 f 时，该电化学池的行为与串联的一个物理电阻和一个电容器的行为没有区别。

然而，实际的电化学体系比单个电阻和单个电容的串联组合要复杂得多。虽然 R 和 C 值准确地描述了频率 f 时的电化学池，但它们通常不能描述不同频率 f 时的电化学池。在 f' 处仍然存在等效的电阻-电容组合，即不同 R' 和 C' 值一起构成不同的阻抗 Z'。通过改变扰动的频率，可以在不同的时间尺度上探测体系；因此，阻抗成为频率的函数 $Z(\omega)$，其中 $\omega=2\pi f$。阻抗谱（impedance spectrum）包含了影响电化学体系中电流流动的一切因素：电流路径中的电阻、界面电容、反应物的传质、所有相关的异相和均相反应的动力学。

可以通过分析 $Z(\omega)$ 来识别控制步骤并提取量化参数。

电化学阻抗谱（electrochemical impedance spectroscopy，EIS）是这一领域的名称[1-11]。自动化系统用于在一定频率范围内施加正弦电势变化，以测量产生的电流，并将结果作为 $Z(\omega)$ 输出。EIS 的实践得到了广泛的发展，因为它为相当一部分电化学问题提供了便利和大量信息。本章的大部分内容涉及 EIS 及其解释。

然而，也有基于电化学阻抗思想的其他方法。其中最重要的是交流伏安法（ac voltammetry），E_{ac} 是施加在电势扫描上的正弦分量，并检测和测量 i_{ac}[12-16]，由此得到的交流伏安图是 i_{ac} 的幅值相对于扫描电势的关系图，实际上表达了 Z 随扫描电势的变化。

基于阻抗的技术包括如下的重要优势：

① 具有进行高精度测量的实验能力，因为响应可能是无限稳定的，并且可以在一段时间内取平均值。

② 在广泛的频率范围（或时间尺度）——10^{-4}～10^{6} Hz（或 10^{4}～10^{-6} s）内自由工作。

③ 通过电流-电势特性的线性化（或其他简化），从理论上具有处理响应的能力。

阻抗的解释与我们在前几章中的经验不同，在前几章中，直接从化学和物理的基本原理来预测电化学响应。在这里，解释是一个两阶段的过程，涉及将化学体系作为一个电子元件网络的中间表示。更困难的任务是要从化学和物理过程的角度理解该网络的元件——电阻和电容。在 11.1～11.3 节中，将集中介绍几个被证明广泛适用的重要概念。

11.1　电化学池阻抗的简单测量

有一个手动实验，很好地展示了在单一频率 f 下，电阻-电容器组合和电化学池的电等效性。为了清楚地认识电化学阻抗的概念，有必要简单地考察一下这个实验。

这种测量类似 Wheatstone 桥（惠斯通电桥）的操作，见图 11.1.1(a)。在图中显示的四电阻网络中，R_x 是一个待测量的未知电阻。一个直流电压被施加在顶部和底部的顶点，并寻找通过横向顶点 A 和 B 之间的电流。网络左右两侧的电阻形成电压分压器，根据这两对电阻的比例在 A 和 B 处建立电压。在大多数情况下，A 和 B 的电压不相同，这是因为电阻在两边的比例不一样；因此，电流流过 A 和 B 之间，并记录在检零器（电流计）上。由于左右两侧的上边电阻相同，因此只有当 R_{adj} 恰好等于 R_x 时，A 和 B 才能具有相同的电压。未知的 R_x 可以通过改变 A 和 B 之间的 R_{adj} 来测量，直到 $i=0$。这种基于零平衡原理的测量方法具有极高的精确度，在科学应用中有着悠久的历史。

同样的原理也可以应用于测量电化学池的阻抗[11]，如图 11.1.1(b) 所示。与图 11.1.1(a) 相比有 5 个不同之处：

① 电化学池是未知的，占据了 R_x 早先的位置；

② 顶部和底部顶点施加小幅值（约 5mV）的纯正弦交流电压，而不是之前使用的直流电压；

③ 桥的调整臂除了具有可变电阻 R_{adj} 外，还包含一个可变电容 C_{adj}；

④ 有两个检零仪，一个用于检测交流电流，另一个用于检测直流电流；

⑤ 在直流检零路径中存在一个可变电压。

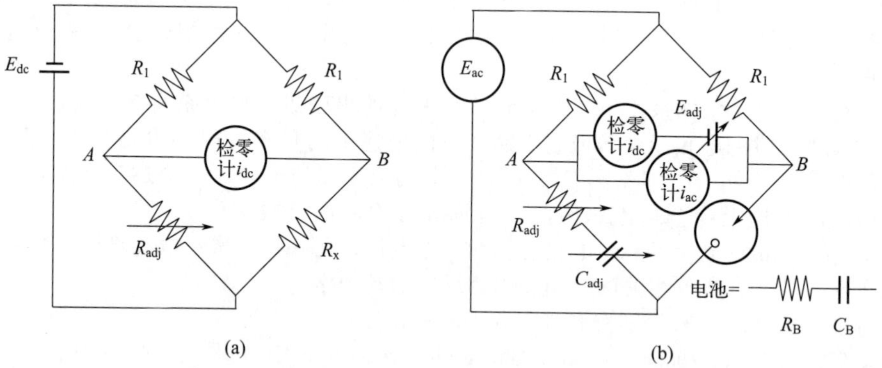

图 11.1.1 （a）用于确定未知电阻 R_x 的 Wheatstone 桥；（b）用于确定电化学池 R_B 和 C_B 串联等效的阻抗桥

虽然这个阻抗桥比 Wheatstone 桥更复杂，但操作理念是相同的。在顶点 A 和 B 之间寻求一个完全零电流的条件，当串联组合的 R_{adj} 和 C_{adj} 被调整为与所用频率下电化学池行为完全相同的值时，就实现了零电流❶。电化学池对交流信号的行为就像电阻 R_B-电容 C_B 组合，当 R_{adj} 和 C_{adj} 被调整到这些值时，电桥就达到了平衡。

实现平衡这一事实提供了一个明显的证据，即在频率测量时，电化学池的行为完全是一个可识别的电阻-电容组合。

可以改变交流信号的频率，并在不同的 R_B 和 C_B 值下形成了平衡桥。以该方法，电化学池的阻抗谱 $Z(\omega)$ 就可被定义。

两电极电化学池通常包含氧化还原电对的两种形态的溶液，因此在工作电极上定义一个平衡电势 E_{eq}。例如，在 1mol/L $NaClO_4$ 中加入 1mmol/L Eu^{2+} 和 1mmol/L Eu^{3+}。金电极可以作为工作电极，与一个非极化参比电极如 Ag/AgCl 配用，该电极还可以作为对电极。在该实验中，工作电极的平均电势为 E_{eq}，由电对的氧化态和还原态的体积比决定。通过制备不同浓度比的溶液，可以在其他电势下进行测量。

这种方法被称为法拉第阻抗法（faradaic impedance method），它在电化学历史上非常重要，因为它提供了许多关于异相动力学和双电层结构的精确信息[11]。事实上，它是当代 EIS 的根源。

---

❶ 电池是电压源，为了电桥正常工作，其电压也必须为零。这就是可变电压源和直流零点检测器的用途。这个问题现在不必分散我们的注意力。

虽然自动化 EIS 系统具有更强大的功能，现在已经完全取代了这种方法，但它仍然提供了最简单的说明：一个真实的电化学池在规定的条件下确实表现得像一个由 R_B 和 C_B 串联而成的、可确定的等效电路（equivalent circuit）。

为了解释阻抗谱并将其转化为有用的定量参数，必须有一个将 $Z(\omega)$ 与基础电化学过程联系起来的理论。我们现在正朝着这个方向前进，从复习交流电路的行为开始。

11.2　交流电路简述

纯正弦电压可以表示为

$$e = E\sin\omega t \tag{11.2.1}$$

其中，ω 是角频率 $2\pi f$；f 是常规频率，Hz。如图 11.2.1 所示，可以将该电压视为旋转矢量 $\dot{E}$（或相量），其长度为振幅 E，旋转角频率为 ω。任意时刻观察到的电压 e 为相量在某个特定轴上的投影分量（通常为 90°）。

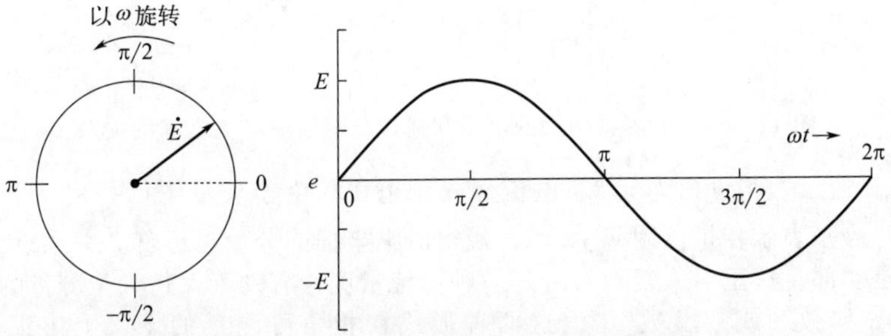

图 11.2.1　交流电压 $e = E\sin\omega t$ 的相量图

通常希望考虑两个相同频率的正弦信号之间的关系，如电流 i 和电压 e 之间的相互关系。每个信号都表示为以 ω 旋转的独立相量，$\dot{I}$ 或 $\dot{E}$（图 11.2.2）。它们通常不是同相的；于是，其相量相差一个相位角 ϕ。其中一个相量，通常是 $\dot{E}$，作为参考信号，相对于它测量 ϕ。在图中，电流滞后于电压，一般可以表示为

$$i = I\sin(\omega t + \phi) \tag{11.2.2}$$

式中，ϕ 是一个带符号的量，在该情况下为负值。

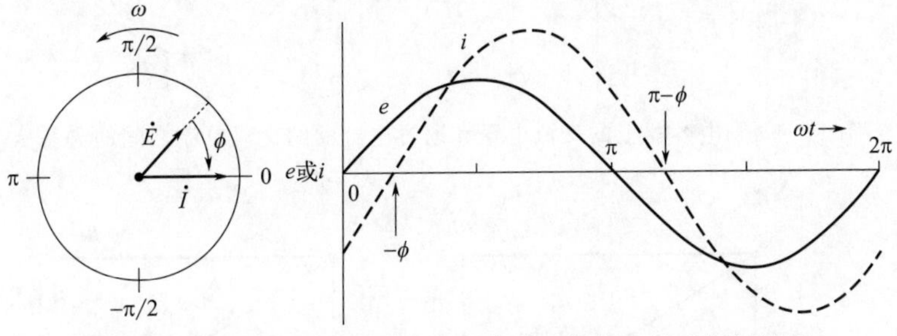

图 11.2.2　频率 ω 处电流和电压信号之间相互关系的相量图

相同频率的两个相量之间的关系在旋转时保持不变；因此，相位角是恒定的。所以，我们通常可以在相量图中去掉旋转的基准，而简单地将相量绘制为具有共同原点并被适当的角度分隔的矢量来研究相量之间的关系。

将这些概念应用于一些简单的电路分析。首先考虑一个纯电阻 R，其上施加一个正弦电压 $e = E\sin\omega t$。因为欧姆定律总是成立，所以电流是 $(E/R)\sin\omega t$，或者用相量表示为：

$$\dot{I}=\frac{\dot{E}}{R} \tag{11.2.3}$$

$$\dot{E}=\dot{I}R \tag{11.2.4}$$

相位角为零，矢量图如图 11.2.3 所示。

假设现在用一个纯电容 C 来代替电阻。基本关系为 $q=Ce$，或 $i=C(\mathrm{d}e/\mathrm{d}t)$；因此，

$$i=\omega CE\cos\omega t \tag{11.2.5}$$

$$i=\frac{E}{X_{\mathrm{C}}}\sin\left(\omega t+\frac{\pi}{2}\right) \tag{11.2.6}$$

其中，X_{C} 为容抗 $1/(\omega C)$。

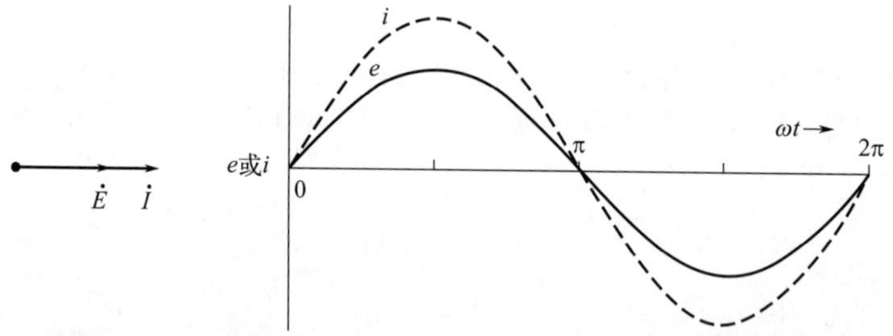

图 11.2.3　电阻器两端的电压和通过电阻器的电流之间的关系

如图 11.2.4 所示，相位角为 $\pi/2$，电流领先于电压。由于矢量图已扩展到平面，因此可以方便地用复数符号来表示相量（附录 A.5）。规定沿纵坐标的分量为虚部，并乘以 $j=\sqrt{-1}$；横坐标上的分量是实部。这里引入复数符号是一种簿记量度，有助于保持矢量分量的直线性。在数学上称它们为“实数”或“虚数”，但这两种形式在相角可测量的意义上讲都是真实的。如图 11.2.5 所示，在电路分析中，沿横坐标绘出电流相量是有利的，即使电流的相位角是相对于电压测量的。如果做到了这一点，显然

$$\dot{E}=-jX_{\mathrm{C}}\dot{I} \tag{11.2.7}$$

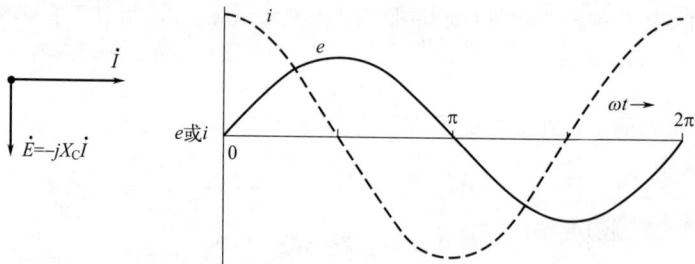

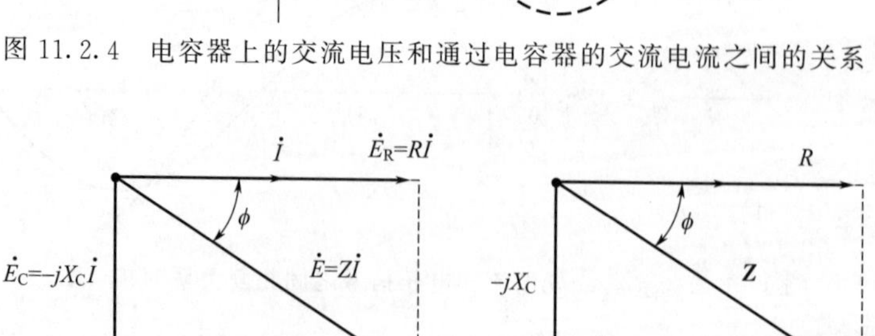

图 11.2.4　电容器上的交流电压和通过电容器的交流电流之间的关系

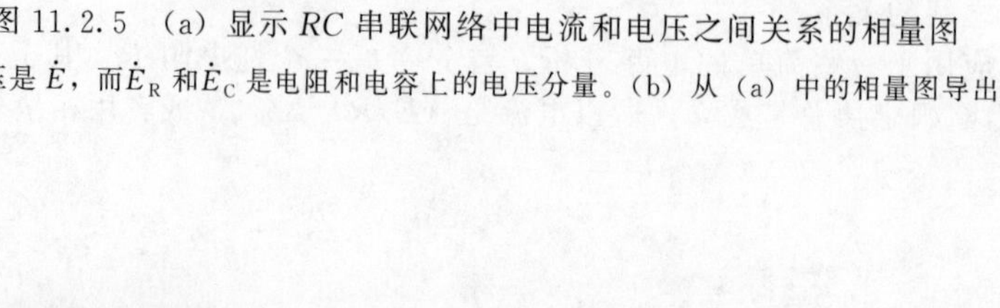

图 11.2.5　(a) 显示 RC 串联网络中电流和电压之间关系的相量图

整个网络上的电压是 $\dot{E}$，而 $\dot{E}_{\mathrm{R}}$ 和 $\dot{E}_{\mathrm{C}}$ 是电阻和电容上的电压分量。(b) 从 (a) 中的相量图导出的阻抗矢量图

不管 $\dot{I}$ 是否相对横坐标作图，这个关系必然成立，因为重要的只是 $\dot{E}$ 和 $\dot{I}$ 之间的关系。式(11.2.4) 和式(11.2.7) 的比较表明，X_C 必须有电阻的量纲，但是与 R 不同，它的大小随频率的增加而下降。

现在考虑串联的电阻 R 和电容 C。在它们之间施加电压 $\dot{E}$，并且 $\dot{E}$ 必须始终等于各个电压降的总和；因此

$$\dot{E}=\dot{E}_R+\dot{E}_C \tag{11.2.8}$$

$$\dot{E}=\dot{I}(R-jX_C) \tag{11.2.9}$$

$$\dot{E}=\dot{I}\mathbf{Z} \tag{11.2.10}$$

通过这种方式，我们发现电压通过一个称为阻抗的矢量 $\mathbf{Z}=R-jX_C$ 与电流联系在一起。图 11.2.5 显示了这些不同量之间的关系。一般来说，阻抗可以表示为❷

$$\boxed{\mathbf{Z}=Z_{Re}+jZ_{Im}} \tag{11.2.11}$$

其中，Z_{Re} 和 Z_{Im} 分别是实部和虚部。对于该例子，$Z_{Re}=R$ 和 $Z_{Im}=-X_C=-1/(\omega C)$。$\mathbf{Z}$ 的幅值记为 $|Z|$ 或 Z，由下式给出

$$|Z|^2=R^2+X_C^2=(Z_{Re})^2+(Z_{Im})^2 \tag{11.2.12}$$

相位角 ϕ 为

$$\tan\phi=-Z_{Im}/Z_{Re}=X_C/R=1/(\omega RC) \tag{11.2.13}$$

阻抗是通用化的电阻，而式(11.2.10) 是欧姆定律的一般化形式。式(11.2.4) 和式(11.2.7) 作为特例。相位角表示串联电路中电容和电阻分量之间的比值。对于纯电阻，$\phi=0$；对于纯电容，$\phi=\pi/2$；对于串联组合，可观察到两者之间的相位角。

阻抗随频率的变化通常是人们感兴趣的，可以用不同的方式表示。在 Bode 图（Bode plot）中，$\lg|Z|$ 和 ϕ 都是相对于 $\lg\omega$ 绘制的。另一种表示方法是 Nyquist 图（Nyquist plot，或阻抗平面图，impedance-plane plot），即不同 ω 值下 $-Z_{Im}$ 与 Z_{Re} 的关系曲线❸。图 11.2.6 和图 11.2.7 是串联 RC 电路的图。并联 RC 电路的类似曲线如图 11.2.8 和图 11.2.9 所示。

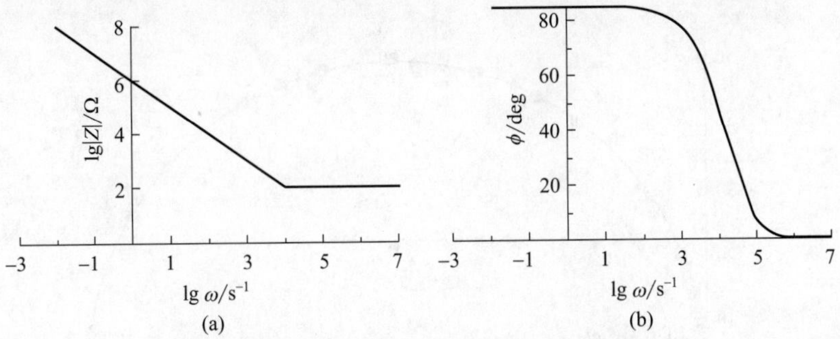

图 11.2.6　$R=100\Omega$ 和 $C=1\mu F$ 的串联 RC 电路的阻抗（a）和相位角（b）（i vs. e）的 Bode 图

可以根据类似于对电阻所运用的规则，通过合并阻抗来分析更复杂的电路。对于串联阻抗，总阻抗是各个值的总和（表示为复数矢量）。对于并联阻抗，总阻抗的倒数是各个矢量的倒数之和。图 11.2.10 显示了一个简单的应用。

有时，用导纳（admittance）$\mathbf{Y}$，阻抗的倒数 $1/\mathbf{Z}$，来分析交流电路是有利的，因而导纳代表一类电导。欧姆定律的广义形式［式(11.2.10)］可以改写为 $\dot{I}=\dot{E}\mathbf{Y}$。这些概念在分析并联电路

❷ 在许多处理方法中（以及在本书的早期版本中），阻抗的定义是 $\mathbf{Z}=Z_{Re}-jZ_{Im}$，但在本版本中，我们通过使用式(11.2.11) 中的定义转换为更常见的做法。该文献还以阻抗的实部和虚部的各种符号为特征。其他作者可能使用 Z' 或 Z_r 代替 Z_{Re}，以及使用 Z'' 或 Z_j 代替 Z_{Im}。

❸ 在电气工程中，Nyquist 图是 Z_{Im} 与 Z_{Re} 的关系，但在 EIS 中，纵轴通常是负的。这是因为电化学的 Z_{Im} 几乎总是电容性的。利用上述约定，EIS 中的 Nyquist 图位于第一象限。

时是有用的，因为并联元件的总导纳是单个导纳的总和。

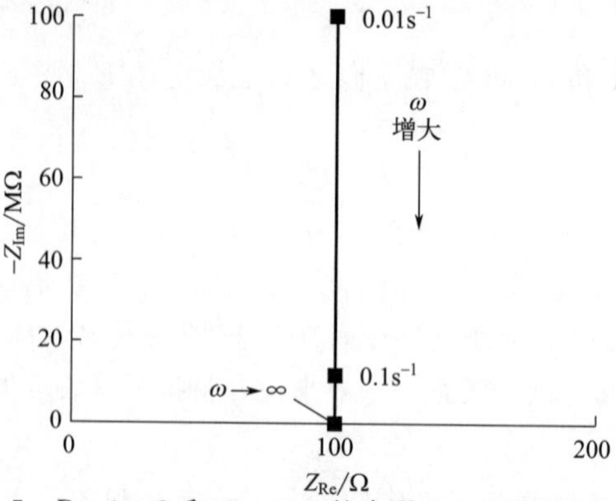

图 11.2.7　$R=100\Omega$ 和 $C=1\mu F$ 的串联 RC 电路的 Nyquist 图

各点的数字是相应的 ω 值

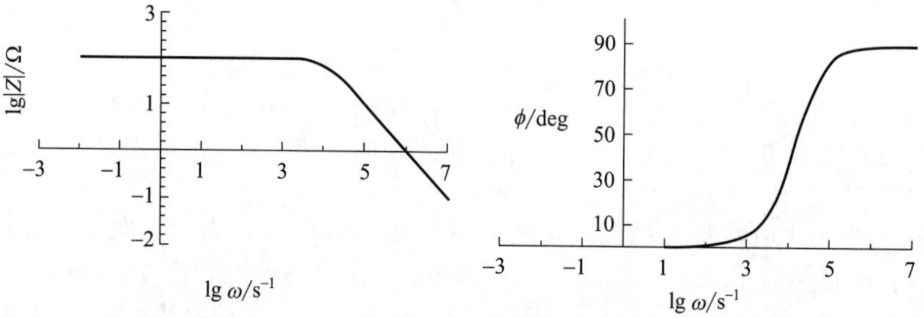

图 11.2.8　$R=100\Omega$ 和 $C=1\mu F$ 的并联 RC 电路 Bode 图

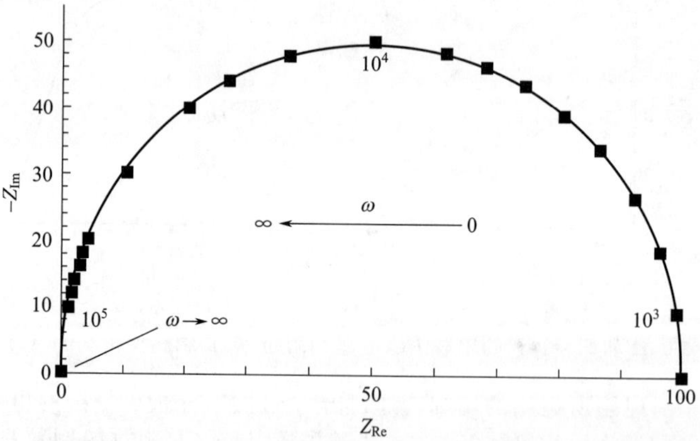

图 11.2.9　$R=100\Omega$ 和 $C=1\mu F$ 的并联 RC 电路的 Nyquist 图

各点的数字是相应的 ω 值

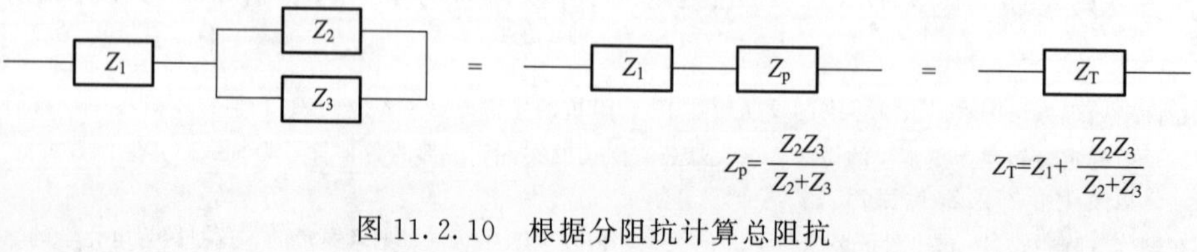

图 11.2.10　根据分阻抗计算总阻抗

11.3 电化学池的等效电路

在11.1节中，我们看到整个电化学池以 R_B 和 C_B 的串联组合形式对给定频率 ω 上的交流信号做出响应。这是最简单的电化学池等效电路。不幸的是，它过于空泛，只使用了两个量以涵盖电化学池中影响交流电流的所有因素，因此它几乎不作为电化学池性能的任何特定方面的支撑。我们需要将 R_B 和 C_B 分解成物理和化学上可识别的元素，因此需要定义更详尽的电路。所有电路都是等效的，它们的行为类似于电化学池（以及 R_B 和 C_B），但有时只是在一定的频率范围内成立。

不同的电化学情况需要不同详尽描述形式的 R_B 和 C_B。因为在实际体系中，控制交流响应的因素有很大的差异。有时是传质控制，有时是电极动力学控制，有时两者都参与控制。在其他时候，电极表面上的电活性层的行为很重要，或者溶液中一个过程的动力学可能与电极反应相关。在下面的介绍中，"功能等效电路"用于识别"一般等效电路" R_B 和 C_B 的特定的衍生物，其支持特定情况下对EIS数据的解释。从字面上看，它是在一个限定的频率范围内电化学池中发生的控制过程的电学表达，其特点是可以与这些过程定量识别的电路元件相关。在EIS中，功能等效电路有多种形式，但我们只重点关注几种适用于更常见行为模式的电路。

11.3.1 Randles等效电路

对于我们通常考虑的范例（$O+ne \rightleftharpoons R$，可逆不是必要的，但O和 R 都是不吸附、可溶且稳定的），Randles等效电路［图11.3.1(a)］是一个常见的起点[17-20]，它是 R_B 和 C_B 的详细阐述，因此它是一个通用等效电路，意在描述所有频率下的体系。

引入并联元件是因为通过工作界面的总电流是分别来自法拉第过程 i_f 和双电层充电 i_c 的总和。双电层电容几乎是理想的❹；因此，它在等效电路中用 C_d 表示。法拉第过程不能用简单的与频率无关的线性元件如 R 和 C 来表示。相反，它必须表示为一般性阻抗 Z_f。所有电流必须通过未补偿的溶液电阻，因此，R_u 是Randle电路中的一个串联元件❺❻。

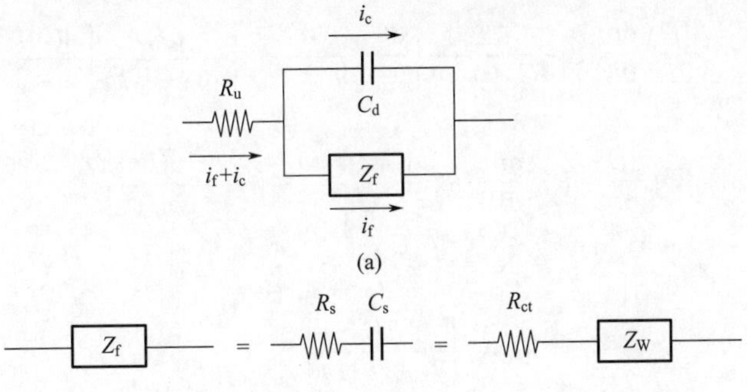

图11.3.1 (a) 电化学池的Randles等效电路；(b) 将 Z_f 细分为 R_s 和 C_s，或 R_{ct} 和 Z_w

法拉第阻抗 Z_f 表征了电极反应本身，包括动力学和传质的影响。它通常被进一步分解，图11.3.1(b) 显示了两种常见的等效电路。其中较简单的方法是将法拉第阻抗视为一个串

❹ "纯"或"理想"的电容或电阻对电压有线性响应，其值与频率无关。在电化学体系中，R_u 和 C_d 通常被视为理想元件。虽然 C_d 经常随电势变化，但它对仅有几毫伏变化的交流信号的表现基本上是线性的。在低电解质浓度下，R_u 和 C_d 都开始依赖于频率(即出现频散)[21-22]。

❺ 在11.1节的电桥测量中，整个电化学池的电阻是没有补偿的。

❻ 在法拉第阻抗测量中（11.1节），对电极上的过程也有贡献。通常对于对电极上所发生的过程不感兴趣，所以通过采用相对于工作电极的大面积对电极，有意将该界面的阻抗降低到可忽略的程度。

联电阻 R_s 和一个串联电容 C_s[7]。另一种方法是将动力学电阻 R_{ct}｛电荷转移电阻［3.4.3(2)节］｝与另一个一般阻抗 Z_W（体现传质效应的 Warburg 阻抗）分开。下面将介绍后一种方法的剖析基础。

11.3.2 法拉第阻抗的阐释

与 R_u 和 C_d 不同，法拉第阻抗的分量不是“纯的”，因为它们随频率 ω 而变化。的确，专注于电极动力学的 EIS 实验的主要目标是寻找这些函数，然后运用理论将它们转化为化学信息。在本节中，我们将了解如何做到这一点。

(1) 串联 R_s 和 C_s 的电学行为

假设一个正弦电流被强制通过以 R_s 和 C_s 串联表示的阻抗 Z_f［图 11.3.1(b)］。总电压降为

$$E=iR_s+\frac{q}{C_s} \tag{11.3.1}$$

因此

$$\frac{dE}{dt}=R_s\frac{di}{dt}+\frac{i}{C_s} \tag{11.3.2}$$

如果电流是

$$i=I\sin\omega t \tag{11.3.3}$$

那么

$$\frac{dE}{dt}=R_sI\omega\cos\omega t+\frac{I}{C_s}\sin\omega t \tag{11.3.4}$$

该方程式是从电化学意义上鉴别 R_s 和 C_s 的一个纽带。它描述了电极反应对正弦电流［式(11.3.3)］的响应，用电的等效值表示。接下来我们将在化学过程中发现同样的响应；然后，通过比较，了解 R_s 和 C_s 如何依赖于浓度、动力学参数和扩散性等。

(2) 化学体系的性质

对于 O 和 R 都是可溶和稳定的标准体系 $O+ne\rightleftharpoons R$，可以写出

$$E=E[i,C_O(0,t),C_R(0,t)] \tag{11.3.5}$$

因此

$$\frac{dE}{dt}=\left(\frac{\partial E}{\partial i}\right)\frac{di}{dt}+\left[\frac{\partial E}{\partial C_O(0,t)}\right]\frac{dC_O(0,t)}{dt}+\left[\frac{\partial E}{\partial C_R(0,t)}\right]\frac{dC_R(0,t)}{dt} \tag{11.3.6}$$

或

$$\frac{dE}{dt}=R_{ct}\frac{di}{dt}+\beta_O\frac{dC_O(0,t)}{dt}+\beta_R\frac{dC_R(0,t)}{dt} \tag{11.3.7}$$

式中

$$R_{ct}=\left(\frac{\partial E}{\partial i}\right)_{C_O(0,t),C_R(0,t)} \tag{11.3.8}$$

$$\beta_O=\left[\frac{\partial E}{\partial C_O(0,t)}\right]_{i,C_R(0,t)} \tag{11.3.9}$$

$$\beta_R=\left[\frac{\partial E}{\partial C_R(0,t)}\right]_{i,C_O(0,t)} \tag{11.3.10}$$

要获得 dE/dt 的表达式主要取决于能否求出式(11.3.7) 右边的 6 个因子。其中 R_{ct}、β_O 和 β_R 3 个参数与电极反应的动力学性质有关。剩下的 3 个因子即 i、C_O^*、C_R^* 的导数，通常可以按照式(11.3.3) 给出的电流进行估算。其中之一是较易的：

$$\frac{di}{dt}=I\omega\cos\omega t \tag{11.3.11}$$

---

[7] 在一些处理中，R_s 和 C_s 分别被称为极化电阻和赝电容。然而，这些名称或其他类似的名称已被应用于电化学中的其他变量，所以我们在此避免使用这些名称。特别是赝电容，经常用于电化学池领域中完全不同的东西[23]。此外，在本书的其他地方，R_s 代表溶液电阻 R_u+R_c。在本章中，R_s 总是指在 Z_f 中的串联电阻。

其他因子将通过考虑传质来算出❽。

假定半无限线性扩散，其初始条件为 $C_O(0,t)=C_O^*$ 和 $C_R(0,t)=C_R^*$，可以根据 9.2.1 节中的式(9.2.5) 和式(9.2.6) 写出❾：

$$\overline{C}_O(0,s)=\frac{C_O^*}{s}+\frac{\overline{i}(s)}{nFAD_O^{1/2}s^{1/2}} \tag{11.3.12}$$

$$\overline{C}_R(0,s)=\frac{C_R^*}{s}-\frac{\overline{i}(s)}{nFAD_R^{1/2}s^{1/2}} \tag{11.3.13}$$

用卷积进行逆变换给出

$$C_O(0,t)=C_O^*+\frac{1}{nFAD_O^{1/2}\pi^{1/2}}\int_0^t\frac{i(t-u)}{u^{1/2}}\mathrm{d}u \tag{11.3.14}$$

$$C_R(0,t)=C_R^*-\frac{1}{nFAD_R^{1/2}\pi^{1/2}}\int_0^t\frac{i(t-u)}{u^{1/2}}\mathrm{d}u \tag{11.3.15}$$

用式(11.3.3) 代替 $i(t-u)$，于是，问题就变为求出这两个关系式中共同的积分项的问题。

下面从三角函数的恒等式开始：

$$\sin\omega(t-u)=\sin\omega t\cos\omega u-\cos\omega t\sin\omega u \tag{11.3.16}$$

它意味着

$$\int_0^t\frac{I\sin\omega(t-u)}{u^{1/2}}\mathrm{d}u=I\sin\omega t\int_0^t\frac{\cos\omega u}{u^{1/2}}\mathrm{d}u-I\cos\omega t\int_0^t\frac{\sin\omega u}{u^{1/2}}\mathrm{d}u \tag{11.3.17}$$

在电流接通之前，表面浓度是 C_O^* 和 C_R^*，经过几次循环后，可以认为它们达到稳态，即按照同样的模式反复循环。这一点是可以肯定的，因为在电流流过的任何完整循环中没有发生净电解。重点关注稳态本身，而非从初始条件到稳态的暂态过程。式(11.3.17) 右边的两个积分体现了过渡时间。由于 $u^{1/2}$ 出现在分母中，被积函数只在短时间内可见。几次循环后，每个积分都达到表征稳态的恒定值。可以把积分极限取到无限大而得到它：

$$\int_{稳态}\frac{I\sin(t-u)}{u^{1/2}}\mathrm{d}u=I\sin\omega t\int_0^\infty\frac{\cos\omega u}{u^{1/2}}\mathrm{d}u-I\cos\omega t\int_0^\infty\frac{\sin\omega u}{u^{1/2}}\mathrm{d}u \tag{11.3.18}$$

很容易看出式(11.3.18) 右边的两个积分等于 $(\pi/2\omega)^{1/2}$；因此，把它代入式(11.3.14) 和式(11.3.15)，得到

$$C_O(0,t)=C_O^*+\frac{I}{nFA(2D_O\omega)^{1/2}}(\sin\omega t-\cos\omega t) \tag{11.3.19}$$

$$C_R(0,t)=C_R^*-\frac{I}{nFA(2D_R\omega)^{1/2}}(\sin\omega t-\cos\omega t) \tag{11.3.20}$$

现在，可以求出上面所要求的表面浓度的导数❿：

$$\frac{\mathrm{d}C_O(0,t)}{\mathrm{d}t}=\frac{I}{nFA}\left(\frac{\omega}{2D_O}\right)^{1/2}(\sin\omega t+\cos\omega t) \tag{11.3.21}$$

$$\frac{\mathrm{d}C_R(0,t)}{\mathrm{d}t}=-\frac{I}{nFA}\left(\frac{\omega}{2D_R}\right)^{1/2}(\sin\omega t+\cos\omega t) \tag{11.3.22}$$

---

❽ 上述通过电路来分析等效阻抗与通常定义的电路分析类同。也就是说，E 的正变化导致 i 的正变化。在本书其他地方，遵循的电化学电流惯例将阴极电流定义为正；因此，E 的负向变化引起 i 的正向变化。如果我们在此遵循该惯例，试图比较等效电路和化学体系将引起混乱。必须对电流有一个共识。由于阻抗测量的解释与电子电路分析密切相关，采用电学惯例是有利的。在本章中，我们把阳极电流视为正值。这一权宜之计不会造成太大的麻烦，因为在交流实验中很少遵循电流的瞬时符号。相反，我们测量的是 i_{ac} 的振幅及其相对于 E_{ac} 的相位角。相位角取决于对电流惯例的选择，但即使在这里采取电学惯例也是有利的，因为用于测量相位角的电学装置是基于该惯例的。

❾ 在本章中，认为电流的符号是相反的。

❿ 一般来讲，应该将电流看作 $i=i_{dc}+I\sin\omega t$，其中 i_{dc} 是稳态或者稍微随时间变化。但是，现在对于导出表面浓度感兴趣，并且它们将被高频交流信号主导。关系式(11.3.21) 和式(11.3.22) 仍能应用于非常高的近似。这是数学上的表示方式，即实验的交流部分可与直流部分分开。

将式(11.3.11)、式(11.3.21) 和式(11.3.22) 代入式(11.3.7) 得到

$$\frac{\mathrm{d}E}{\mathrm{d}t}=\left(R_{\mathrm{ct}}+\frac{\sigma}{\omega^{1/2}}\right)I\omega\cos\omega t+I\sigma\omega^{1/2}\sin\omega t \tag{11.3.23}$$

式中

$$\sigma=\frac{1}{nFA\sqrt{2}}\left(\frac{\beta_{\mathrm{O}}}{D_{\mathrm{O}}^{1/2}}-\frac{\beta_{\mathrm{R}}}{D_{\mathrm{R}}^{1/2}}\right) \tag{11.3.24}$$

(3) R_s 和 C_s 的鉴别

为了鉴别 R_s 和 C_s，我们只需比较两个响应方程式(11.3.4) 和式(11.3.23)。它们都描述了电极反应对电流的行为 [见式(11.3.3)]，第一个方程采用电学术语，第二个方程采用化学术语。通过审视，可以看出

$$\boxed{R_s=R_{\mathrm{ct}}+\sigma/\omega^{1/2}} \tag{11.3.25}$$

$$\boxed{C_s=\frac{1}{\sigma\omega^{1/2}}} \tag{11.3.26}$$

完全求出 R_s 和 C_s 取决于找出 R_{ct}、β_{O} 和 β_{R} 的关系式。

下面将看到，R_{ct} 主要是由异相电荷转移动力学决定的，并且上面已经观察到 $\sigma/\omega^{1/2}$ 和 $1/(\sigma\omega^{1/2})$ 项源于物质传递效应。由此可将法拉第阻抗分成电荷转移电阻 R_{ct} 和 Warburg 阻抗 Z_{W}，如图 11.3.1(b) 所示。方程式(11.3.25) 和式(11.3.26) 表明，Warburg 阻抗可以看成是一个与频率有关的电阻 $R_{\mathrm{W}}=\sigma/\omega^{1/2}$ 和与频率相关的电容 $C_{\mathrm{W}}=C_s=1/(\sigma\omega^{1/2})$ 的串联。因此，总的法拉第阻抗 Z_{f} 可写为

$$\boldsymbol{Z}_{\mathrm{f}}=R_{\mathrm{ct}}+R_{\mathrm{W}}-j/(\omega C_{\mathrm{W}})=R_{\mathrm{ct}}+\left[\sigma\omega^{-1/2}-j(\sigma\omega^{-1/2})\right] \tag{11.3.27}$$

括号中的项表示 Warburg 阻抗。

11.3.3 法拉第阻抗的行为和用途

(1) 获取动力学参数

从概念上讲，阻抗测量是在工作电极处于平衡时的平均电势。由于正弦扰动的幅值很小，导致平衡偏差总是很小，可以用线性化的 i-η 特性来描述相应的电响应。对于一个单步骤单电子过程，线性化的关系是式(3.4.31)，按照电子学的电流惯例改写为

$$\eta=\frac{RT}{F}\left[\frac{C_{\mathrm{O}}(0,t)}{C_{\mathrm{O}}^*}-\frac{C_{\mathrm{R}}(0,t)}{C_{\mathrm{R}}^*}+\frac{i}{i_0}\right] \tag{11.3.28}$$

因此

$$\boxed{R_{\mathrm{ct}}=\frac{RT}{Fi_0}} \tag{11.3.29}$$

$$\beta_{\mathrm{O}}=\frac{RT}{FC_{\mathrm{O}}^*} \tag{11.3.30}$$

$$\beta_{\mathrm{R}}=-\frac{RT}{FC_{\mathrm{R}}^*} \tag{11.3.31}$$

现在可见

$$R_s-\frac{1}{\omega C_s}=R_{\mathrm{ct}}=\frac{RT}{Fi_0} \tag{11.3.32}$$

因此，当 R_s 和 C_s 已知时，可以计算出交换电流，并由此可得到 k^0。阻抗测量法可以精确定义这些电学的等效值，因而能得到高精度的动力学数据。

方程式(11.3.32) 表明，原则上由一个频率得到的数据可以求出 i_0。然而，这样做是不明智的，因为没有实验保证等效电路可靠地代表的就是体系的行为。校验一致性的最好方法是探讨阻抗的频率依赖关系。例如，式(11.3.25) 和式(11.3.26) 预示了 R_s 和 $1/(\omega C_s)$ 二者都应与 $\omega^{-1/2}$ 成线性关系，并应有一个共同的斜率 σ，而且 σ 可以由实验常数定量地预测：

$$\boxed{\sigma=\frac{RT}{F^2A\sqrt{2}}\left(\frac{1}{D_{\mathrm{O}}^{1/2}C_{\mathrm{O}}^*}+\frac{1}{D_{\mathrm{R}}^{1/2}C_{\mathrm{R}}^*}\right)} \tag{11.3.33}$$

图 11.3.2 显示了这些关系。

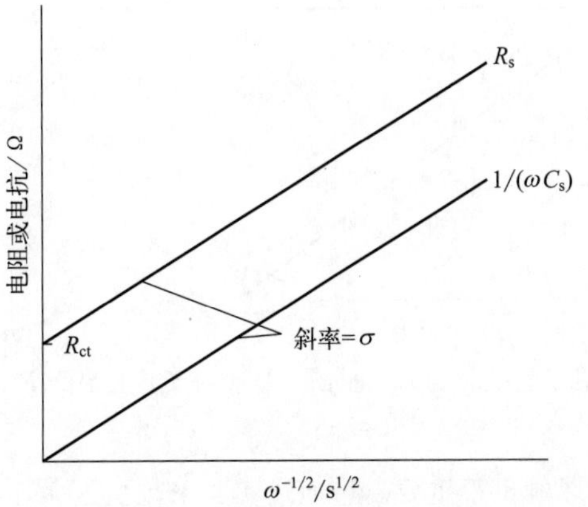

图 11.3.2　R_s 和 $1/(\omega C)_s$ 与 $\omega^{-1/2}$ 的关系图

R_s 作图的截距应是 R_{ct}，从它可以求出 i_0。外推的截距相当于频率无限大时估算的体系性能。因为时间很短，使得扩散不能成为影响电流的因素，Warburg 阻抗在高频时被略去。由于表面浓度不会偏离平均值很多［见式(11.3.19) 和式(11.3.20)］，因此，唯有电荷转移动力学支配着电流。

如果没有观察到图 11.3.2 中典型的线性行为，那么电极过程就不像我们这里假设的那么简单，而必须考虑更复杂的情况。这种内在一致性的核对的有效程度是阻抗技术一个极其重要的优点。更详细的情况见 11.4 节。

(2) 可逆电极反应

当电荷转移动力学非常快时，$i_0\to\infty$，因此，$R_{ct}\to 0$，这样 $R_s\to\sigma/\omega^{1/2}$。图 11.3.3(a) 是相应的阻抗图。

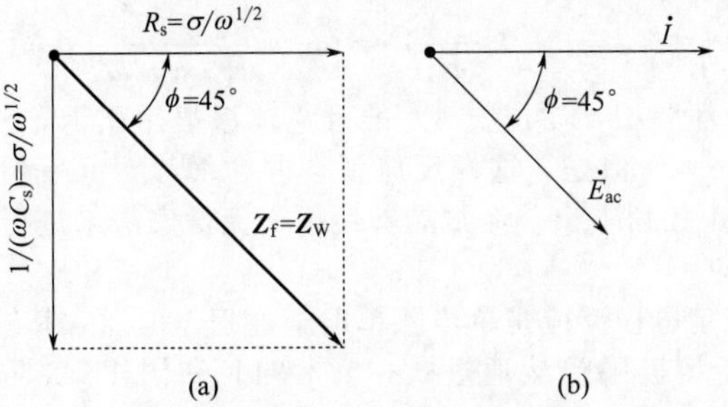

图 11.3.3　(a) 表示可逆体系法拉第阻抗分量的矢量图；
(b) 交流电流和电势的交流分量之间的相的关系图

由于电阻和容抗准确相等，法拉第阻抗值是

$$Z_f=\left(\frac{2}{\omega}\right)^{1/2}\sigma \qquad (11.3.34)$$

这仅是 Warburg 阻抗的大小。由于这是适用于任意电极反应的物质传递阻抗，所以它是一个最小的阻抗。

如果动力学是可观测的，那么另一因素 R_{ct} 就要有贡献，Z_f 必定较大，如图 11.3.4(a) 所示。因此，一个给定的激励信号 $\dot{E}_{ac}$ 响应的正弦电流幅值，对于可逆体系是最大的，而对于较迟缓的动力学则相应地减小。如果异相氧化还原过程很迟缓，则 R_{ct} 和 Z_f 相当大，以致只有很小的电流交流分量，并且，检测的极限决定了这种方法可测定的速率常数的下限。有关定量工作的范围将在 11.4.2(4) 节中较详细地讨论。

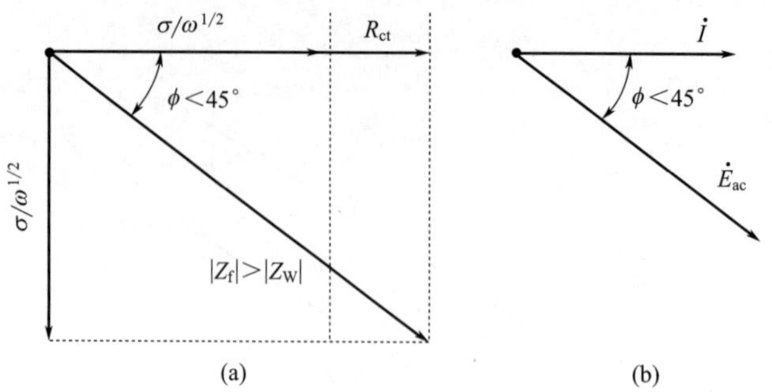

图 11.3.4 (a) 显示 R_{ct} 对于阻抗影响的矢量图；(b) 对于具有显著 R_{ct} 体系的 $\dot{I}$ 和 $\dot{E}_{ac}$ 的相关系图

(3) 平均电势的影响

探讨浓度比 C_O^*/C_R^* 的影响也很重要。可通过实验来改变这一比值，以便改变平均电势进行一系列阻抗测量。

无论大的或小的比值都意味着有一个浓度是很小的，因此 σ 和 Z_f 必然很大。在这两种情况下，交流响应都很小，这是由于一种反应物的供给是不足的，不能得到形成交流电流的循环可逆电极过程的高反应速率。只有当两种电活性物都以可比的浓度存在时，才能达到可观的交流电流。因此，通过这个简单的推理，期望 Z_f 在 $E^{0'}$ 附近有一个最小值，这一事实很容易从数学上来显示（11.5.1 节）。

现在重要的一点是阻抗测量最容易在 $E^{0'}$ 附近进行，当电势无论偏向正还是负时，阻抗测量都变得困难起来。这种效应预示了交流伏安响应的形状，这将在 11.5.1 节中推导。这也是 EIS 中选择使用直流电势的重要考虑因素之一（11.4.1 节）。

(4) 相［位］角

电流相量 $\dot{I}_{ac}$ 和电势相量 $\dot{E}_{ac}$ 之间的相角 ϕ 也值得关注。由于 $\dot{I}_{ac}$ 沿着 R_s 的方向变化，$\dot{E}_{ac}$ 沿着 Z_f 的方向变化（图 11.3.3），故相角 ϕ 为

$$\phi=\tan^{-1}\frac{1}{\omega R_s C_s}=\tan^{-1}\frac{\sigma/\omega^{1/2}}{R_{ct}+\sigma/\omega^{1/2}} \tag{11.3.35}$$

在可逆情况下，$R_{ct}=0$，因此 $\phi=45°$ 或 $\pi/4$。准可逆体系显示出 $R_{ct}>0$，因此，$\phi<\pi/4$。然而，ϕ 总是大于零，除非 $R_{ct}\to\infty$。但是，这样反应就会非常缓慢，几乎看不到交流响应。ϕ 对动力学的灵敏性表明 R_{ct} 可能由相角求出。经常能够使用交流伏安法来进行这样的工作（11.5.2 节）。

(5) 多步骤电极反应

虽然本节是建立在假定电极反应是单步骤单电子过程，但通常其结论是可以应用到化学上可逆的多步骤机理中。能斯特极限仍然通过式(11.3.34) 和图 11.3.3 来描述，只是采用下式给出 σ：

$$\boxed{\sigma=\frac{RT}{n^2F^2A\sqrt{2}}\left(\frac{1}{D_O^{1/2}C_O^*}+\frac{1}{D_R^{1/2}C_R^*}\right)} \tag{11.3.36}$$

当电荷转移动力学证明它们自身在化学上是可逆的 n 电子体系，在这种情况下可以用图 11.3.4 中的模式讨论。对于准可逆多步骤反应的机理，R_{ct} 如下

$$R_{ct}=\frac{RT}{nFi_0} \tag{11.3.37}$$

有关这种体系中 i_0 更详细的解释见 3.7.5(2) 节。

11.4 电化学阻抗谱

EIS 已经成为最重要的基于阻抗的技术，因为它提供了一个广泛适用性、大诊断范围和高精

确性的强大组合[1-11]。EIS 可以用来探测几乎任何电化学体系在广泛的时间尺度和电势范围内的行为，然后可以全面展示结果，提供判断价值。一旦在行为术语上理解了一个体系，通常就有可能将 EIS 的重点放在时间尺度和电势上以获得参数的精确测量。

作为全面展示结果的一个例子，图 11.4.1 提供了一组阻抗谱，记录了锌工作电极在 KOH 溶液中的电势在大范围内逐步变化的情况。谱图以 $-Z_{\rm Im}$ 与 $Z_{\rm Re}$ 的 Nyquist 图（或阻抗平面图）的形式出现，这是一种常见的形式。在下面我们将学习如何读懂这些图。

11.4.1　测量条件

EIS 仪器（11.8 节）通常是围绕一个三电极恒电势仪构建；因此，研究人员可以对工作电极的电势进行整体控制。常见的是在任意的 $E_{\rm dc}$ 下考察电极，甚至在一定范围内逐步改变 $E_{\rm dc}$，如图 11.4.1。而在开路体系上进行 EIS 技术也是常见的。

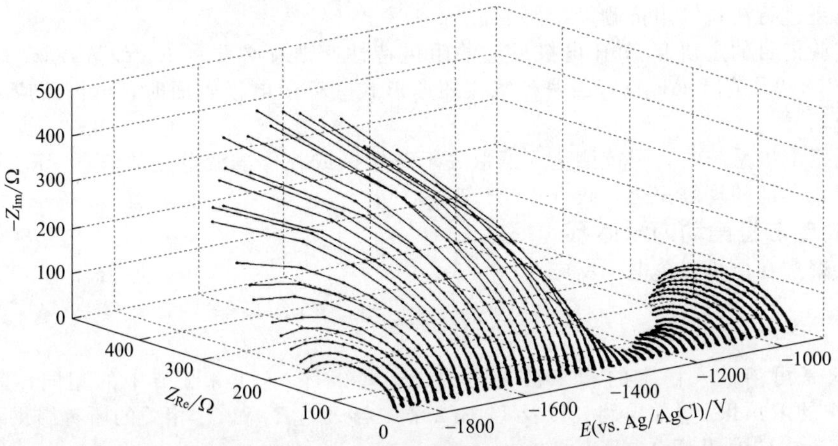

图 11.4.1　锌电极在 0.01mol/L KOH 中获得的阻抗谱（Nyquist 图）

电极电势沿右侧所示的刻度（从负到正）逐渐改变，并保持电势恒定 200ms 后记录阻抗谱。频率范围为 5Hz～25kHz。对于每条曲线，高频极限在图的近端，沿着电势轴，低频极限在曲线的远端，朝向图的左侧。在检测的电势范围内，锌电极开始氧化，主要氧化成 $Zn(OH)_4^{2-}$，但也形成 $ZnO/Zn(OH)_2$ 薄膜。阻抗谱显示了薄膜对电极动力学的影响（经 Ko 和 Park[24] 许可转载）

在 11.1 节中，我们讨论了一个测量整个两电极电化学池阻抗的例子。许多 EIS 研究是在开路情况下对整个电化学装置（例如电化学池）进行的。恒电势 EIS 体系可以通过将参比电极和对电极导线连接到装置的一端，将工作电极导线连接到另一端来处理这种测量。测量装置的开路电势，并将直流电势 $E_{\rm dc}$ 设置为该值，然后记录阻抗谱。在这种情况下，$R_{\rm u}$ 值是工作电极和对电极之间的整个溶液的电阻（加上电极或体系内部连接中的任何电阻）。

如果焦点只放在工作电极上，则运用三电极体系，并由研究者选择 $E_{\rm dc}$。即使“直流电流”（即缓慢变化的电流）也在流动，也可以获得任何电势下的阻抗谱。EIS 谱的 $E_{\rm dc}$ 选择通常归属于以下三类：

① 如果工作电极处于平衡状态（即感兴趣的氧化还原电对的两种物质都存在），那么在平衡电势下工作就变得很自然。用这种方法进行的恒电势实验本质上等同于 11.1 节中描述的法拉第阻抗测量。

② 如果工作电极具有类似理想极化电极（IPE；1.6.1 节）的电势范围，可将工作电极设置在此范围内（理想情况下为开路电势）。法拉第动力学几乎没有贡献。当研究者希望关注电解池电阻或界面电容时，在这种模式下选择 $E_{\rm dc}$ 值。

③ 如果有一个电极过程（例如，$\rm O+\mathit{n}e \rightleftharpoons R$）在与交流时间尺度相比的长时间尺度上是可逆的，那么可以使用 $E_{\rm dc}$ 来控制平均表面浓度，$C_{\rm O}(0,t)_{\rm m}$ 和 $C_{\rm R}(0,t)_{\rm m}$，它们遵循能斯特关系：

$$\frac{C_{\rm O}(0,t)_{\rm m}}{C_{\rm R}(0,t)_{\rm m}}=\theta_{\rm m}=\exp\left[\frac{nF}{RT}(E_{\rm dc}-E^{0'})\right] \tag{11.4.1}$$

如果物质 O 在本体溶液中以 C_O^* 存在，物质 R 不存在，则可以将此关系与式(7.11.1) 结合得到：

$$\boxed{C_O(0,t)_m = C_O^* \frac{\xi\theta_m}{1+\xi\theta_m}} \tag{11.4.2a}$$

$$\boxed{C_R(0,t)_m = C_O^* \frac{\xi}{1+\xi\theta_m}} \tag{11.4.2b}$$

其中，$\xi=\left(\frac{D_O}{D_R}\right)^{1/2}$。如果 E_{dc} 随时间是稳定的，则形成一个扩散层，其中这些表面浓度进一步延伸到溶液中，该距离不受交流信号的影响。因此，$C_O(0,t)_m$ 和 $C_R(0,t)_m$ 作为该信号的"有效本体浓度"，就像在 8.4.2 节中看到的 DPV 一样。这种方法在功能上相当于使用 O 和 R 的不同比值的平衡体系进行法拉第阻抗测量，如 11.1 节所述。

如果实验的目的是研究 O/R 电极反应的阻抗特性，则有必要将 E_{dc} 设置在该过程的 $E^{0'}$ 附近。如 11.3.3(3) 节所示，只有当两种氧化还原形式共存于电极表面时，电极反应才能产生有意义的交流信号。

当使用三电极系统时，阻抗测量不携带关于对电极或补偿溶液电阻的信息。R_u 的值与以前对三电极电化学池的理解完全一致（1.5.4 节）。

11.4.2 简单法拉第动力学体系

再一次聚焦在单步骤单电子反应上

$$O + e \underset{k_b}{\overset{k_f}{\rightleftharpoons}} R \tag{11.4.3}$$

其中 O 和 R 是可溶的、稳定的和未被吸附的。这些条件与 11.3.2 节中的相同；因此，适用图 11.3.1 中的 Randles 等效电路，以及 11.3.2 节中与 Z_f、R_s 和 C_s 相关的所有结果。首先研究图 11.4.2(a) 中的通用等效电路。

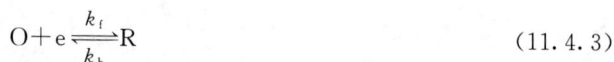

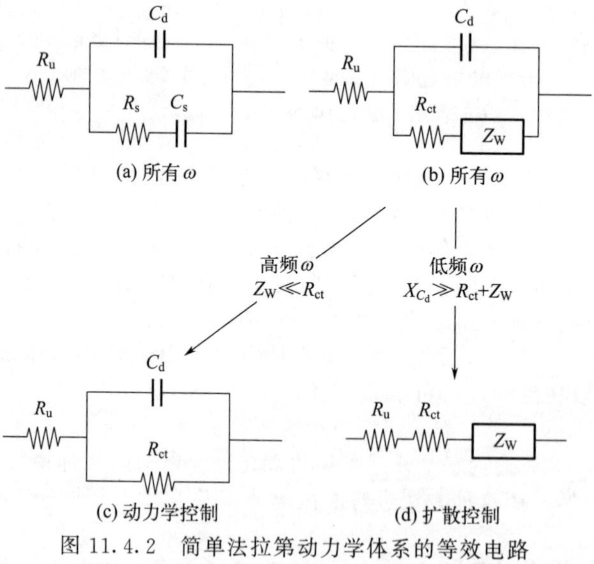

图 11.4.2 简单法拉第动力学体系的等效电路

(a) 所有 ω 的 Randles 等效电路，将 Z_f 转换为 R_s 和 C_s；(b) 所有 ω 的 Randles 等效电路，将 Z_f 划分为 R_{ct} 和 Warburg（传质）阻抗 Z_W；(c) 当 $|Z_W| \ll R_{ct}$ 时，高频 ω 功能等效电路；(d) 当 $X_{C_d} \gg R_{ct}+Z_W$ 时，低频 ω 功能等效电路

Z 的实部可以根据 11.2 节的方法推导为：

$$Z_{Re} = R_u + \frac{R_s}{A^2+B^2} \tag{11.4.4}$$

其中，$A=(C_d/C_s)+1$；$B=\omega R_s C_d$，同样的，

$$-Z_{Im}=\frac{B^2/(\omega C_d)+A/(\omega C_s)}{A^2+B^2} \tag{11.4.5}$$

用式(11.3.25) 和式(11.3.26) 替换 R_s 和 C_s 得到：

$$Z_{Re}=R_u+\frac{R_{ct}+\sigma\omega^{-1/2}}{(C_d\sigma\omega^{1/2}+1)^2+\omega^2C_d^2(R_{ct}+\sigma\omega^{-1/2})^2} \tag{11.4.6}$$

$$-Z_{Im}=\frac{\omega C_d(R_{ct}+\sigma\omega^{-1/2})^2+\sigma\omega^{-1/2}(\omega^{1/2}C_d\sigma+1)}{(C_d\sigma\omega^{1/2}+1)^2+\omega^2C_d^2(R_{ct}+\sigma\omega^{-1/2})^2} \tag{11.4.7}$$

该体系在所有频率上的 Nyquist 图为式(11.4.7) 相对于式(11.4.6) 作图。很容易看出它是复杂的，所以通过分别关注高频和低频的行为来简化它。如果把讨论转移到图 11.4.2(b) 中的通用等效电路上，这个工作就简单多了，它只是将电荷转移电阻 R_{ct} 从 Warburg 阻抗 Z_W 中分离出来［11.3.2(3) 节］。

(1) 高频极限

如 11.3.3(2) 节所示，Warburg 阻抗的幅值是 $(2/\omega)^{1/2}\sigma$；因此，它随 ω 下降。在高频率下，Warburg 阻抗变得比 R_{ct} 小很多，因此功能等效电路采取图 11.4.2(c) 所示的电路。阻抗为

$$\boldsymbol{Z}=R_u+\frac{-jX_{C_d}R_{ct}}{-jX_{C_d}+R_{ct}}=R_u+\frac{-jR_{ct}/(C_d\omega)}{R_{ct}-j/(C_d\omega)} \tag{11.4.8}$$

它有如下的组分

$$Z_{Re}=R_u+\frac{R_{ct}}{1+\omega^2C_d^2R_{ct}^2} \tag{11.4.9}$$

$$-Z_{Im}=\frac{\omega C_dR_{ct}^2}{1+\omega^2C_d^2R_{ct}^2} \tag{11.4.10}$$

上述两式中消除 ω 后得到

$$\boxed{\left(Z_{Re}-R_u-\frac{R_{ct}}{2}\right)^2+Z_{Im}^2=\left(\frac{R_{ct}}{2}\right)^2} \tag{11.4.11}$$

因此，$-Z_{Im}$ 相对于 Z_{Re} 作图应是半径为 $R_{ct}/2$ 的半圆形 Nyquist 图，其以 $Z_{Re}=R_u+R_{ct}/2$ 为圆心，且 $-Z_{Im}=0$，图 11.4.3 表示了该结果。

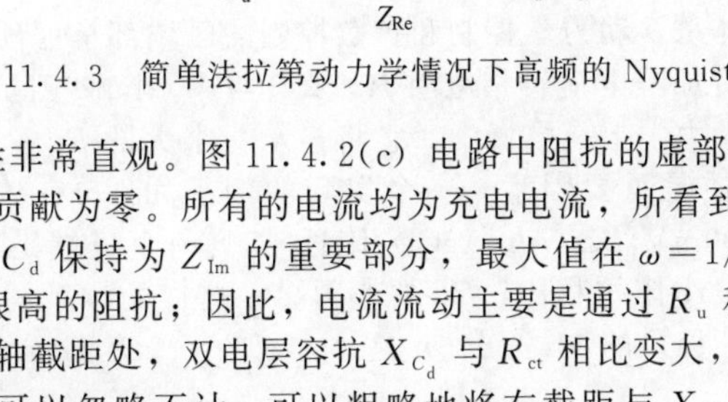

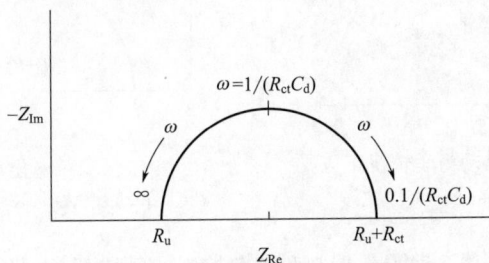

图 11.4.3　简单法拉第动力学情况下高频的 Nyquist 图

图 11.4.3 的一般特性非常直观。图 11.4.2(c) 电路中阻抗的虚部仅来自于 C_d。因为它不提供阻抗，所以在高频时，贡献为零。所有的电流均为充电电流，所看到的阻抗是欧姆电阻。随着频率的降低，有限的阻抗 C_d 保持为 Z_{Im} 的重要部分，最大值在 $\omega=1/(R_{ct}C_d)$ 出现。在非常低的频率时，电容 C_d 具有很高的阻抗；因此，电流流动主要是通过 R_u 和 R_{ct}，这样虚部阻抗再一次下降。在半圆的右侧实轴截距处，双电层容抗 X_{C_d} 与 R_{ct} 相比变大，因此非法拉第路径实质上是开路，对总阻抗的贡献可以忽略不计。可以粗略地将右截距与 $X_{C_d}\approx 10R_{ct}$ 的频率联系起来，即 $\omega\approx 0.1/(R_{ct}C_d)$。

在实际体系中，由于 Warburg 阻抗很重要，因而在该低频区域，通常会看到偏离半圆的情况。

(2) 低频极限

对于小于 $0.1/(R_{ct}C_d)$ 的 ω，通过 C_d 的阻抗总是远大于 R_{ct}，因此非法拉第路径可以忽略不

计。Warburg 阻抗向低频增长，最终相对于 R_{ct} 变得显著。因此，低频 ω 区的功能等效电路如图 11.4.2(d) 所示，阻抗为

$$\mathbf{Z}=R_u+R_{ct}+Z_W=R_u+R_{ct}+\sigma\omega^{-1/2}-j\sigma\omega^{-1/2} \tag{11.4.12}$$

组分如下

$$Z_{Re}=R_u+R_{ct}+\sigma\omega^{-1/2} \tag{11.4.13}$$

$$-Z_{Im}=\sigma\omega^{-1/2} \tag{11.4.14}$$

消除 $\sigma\omega^{-1/2}$ 得到

$$-Z_{Im}=Z_{Re}-R_u-R_{ct} \tag{11.4.15}$$

因此，$-Z_{Im}$ 与 Z_{Re} 的关系图应该是线性的，并且斜率为 1。频率在此区域仅依赖 $\sigma\omega^{-1/2}$ 项。它们均来自于 Warburg 阻抗 Z_W [11.3.2(3) 节]；因此，$-Z_{Im}$ 与 Z_{Re} 的线性相关性是扩散控制电极过程的特征。

从总阻抗式(11.4.6) 和式(11.4.7) 的方程式可以得到稍有差异但更准确的结果。随着 $\omega\rightarrow 0$，方程式(11.4.6) 趋近于式(11.4.13)，而式(11.4.7) 趋于

$$-Z_{Im}=\sigma\omega^{-1/2}+2\sigma^2C_d \tag{11.4.16}$$

而不是式(11.4.14)。式(11.4.13) 和式(11.4.16) 两式消去 $\sigma\omega^{-1/2}$ 项，得到

$$\boxed{-Z_{Im}=Z_{Re}-R_u-R_{ct}+2\sigma^2C_d} \tag{11.4.17}$$

预测的 Nyquist 图如图 11.4.4 所示。

(3) 应用到真实体系

如图 11.4.5 所示，实际阻抗平面图将结合上述两种极限情况的特征。实际例子可以在上文的图 11.4.1[24] 和下文的图 11.4.10[25] 中看到。后者清楚地显示了动力学控制和扩散控制的区域，但它也有还没有研究到的其他特征。将在 11.4.4 节进一步讨论。

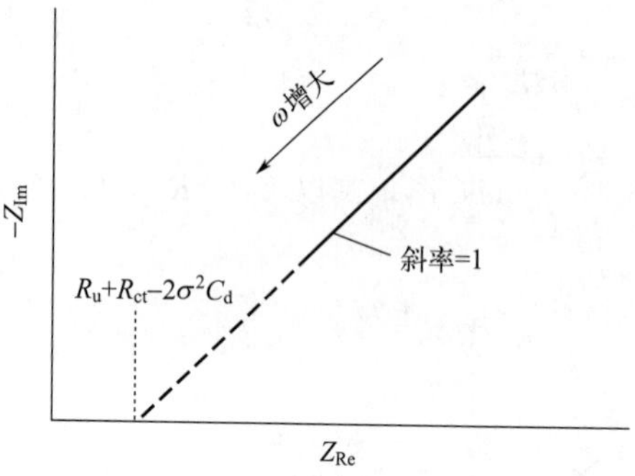

图 11.4.4 简单法拉第动力学情况下低频的 Nyquist 图

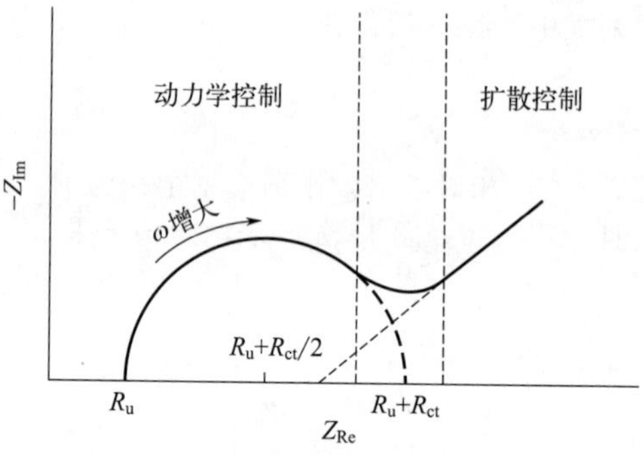

图 11.4.5 电化学体系的 Nyquist 图

传质和动力学控制区域分别在低频区和高频区

尽管对于任何给定的体系，动力学控制和扩散控制的区域都是可预期的，但是它们可能都不能被很好地定义。决定性特征是电荷转移电阻 R_{ct} 及其与 Warburg 阻抗的关系，这种关系是由 σ 控制的。如果化学体系在动力学上是缓慢的，它将显示一个大的 R_{ct}，并且可能仅显示非常有限的频率范围，该区域中传质是重要因素。一个实际的例子如图 11.4.6(a) 所示，其他例子见图 11.4.1 [特别是在−1200mV (vs. Ag/AgCl) 附近]。另一个极端是，在几乎整个可用的 σ 范围内，与欧姆电阻和 Warburg 阻抗相比，R_{ct} 要小得多。这样的体系动力学很快，传质总是起主导作用，半圆区域几乎看不见。图 11.4.6(b) 是这方面的一个案例。

(4) 测定 k^0 的限制

前面几节突显了在解释阻抗数据时的局限性，由此很自然地导致这样的想法，即为了可靠地由阻抗法测量速率常数 k^0，k^0 必须在一定很好定义的区间，这样的区间能够被半定量地定义。

① 上限。参数 R_{ct} 必须对 R_s 有重要贡献，因此 $R_{ct}\geqslant\sigma/\omega^{1/2}$。将式(11.3.29)、式(11.3.33) 和式(3.4.7) 代入，并且假设 $D_O=D_R$ 和 $C_O^*=C_R^*$，得到 $k^0\leqslant(D\omega/2)^{1/2}$。实际最高的 ω 值是由电

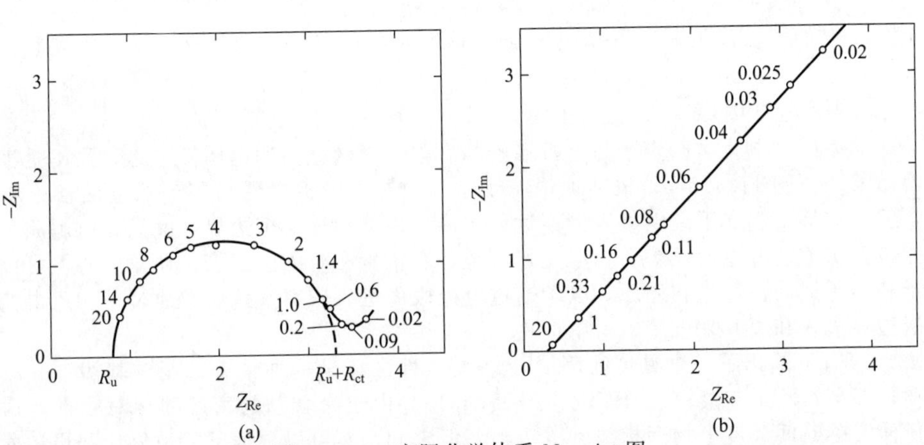

图 11.4.6　实际化学体系 Nyquist 图

(a) 1mol/L $NaClO_4$ + 10^{-3}mol/L $HClO_4$ 中发生 $Zn^{2+}+2e \rightleftharpoons Zn(Hg)$，其中 $C^*_{Zn^{2+}}=C^*_{Zn(Hg)}=8\times10^{-3}$mol/L；

(b) 1mol/L $HClO_4$ 中，$Hg_2^{2+}+2e \rightleftharpoons 2Hg$，$C^*_{Hg_2^{2+}}=2\times10^{-3}$mol/L（来自 Sluyters 和 Oomen[26]，获得许可）

化学池的时间常数 R_uC_d 决定的，它必须保持在较交流循环周期小得多。采用超微电极，可在几兆赫频率下进行有用的工作，因此 $\omega\leqslant10^7\,s^{-1}$，如果 $D\approx10^{-5}\,cm^2/s$，有上限 $k^0\leqslant7$cm/s⑪。

② 下限。当 R_{ct} 很大时，Warburg 阻抗可忽略不计，并且可以采用图 11.4.2(c) 所示的等效电路。问题是 R_{ct} 不可能那么大，以至于所有的电流均通过 C_d。即 $R_{ct}\leqslant1/(\omega C_d)$ 或 $k^0\geqslant RTC_d\omega/(F^2C^*A)$。如果选择最常用的条件 $C^*=10^{-2}$mol/L 和 $\omega=2\pi\times1$Hz⑫，在 $T=298$K 和 $C_d/A=20\mu F/cm^2$ 条件下，得到下限 $k^0\geqslant3\times10^{-6}$cm/s。

11.4.3　电阻和电容的测量

EIS 经常被用来测量一个体系的串联电阻和电容。一个常见的例子是测量一个电化学体系的未补偿电阻 R_u 和双电层电容 C_d。这种测量在基础研究中很重要，但也常用于表征技术器件（如电解池），其内阻可能是可行性或性能的一个重要指标。

如果没有法拉第电流路径，则 Z_f 无穷大，Randles 等效电路 [图 11.3.1(a)] 简化为图 11.4.7(a) 中的功能等效电路。在 11.2 节中，我们讨论了电阻和电容的串联组合的阻抗，并找到了图 11.2.6 和图 11.2.7 中给出的 Bode 图和 Nyquist 图。对于图 11.4.7(a) 的电路，Nyquist 图是一条垂直线，外推至 $\omega\to\infty$ 时与横轴相交于 R_u [图 11.4.7(b)]。在频率无穷大时，C_d 的容抗为零，因此功能等效电路中只剩下 R_u，如果需要 C_d，可由 Z_{Im} 求出，即

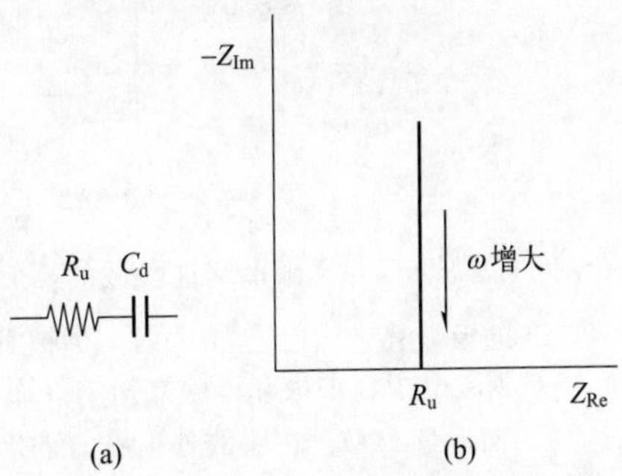

图 11.4.7　没有法拉第电流路径的体系的功能等效电路（a）和 Nyquist 图（b）

$$-Z_{Im}=X_{C_d}=1/(\omega C_d) \tag{11.4.18}$$

$1/Z_{Im}$ vs. ω 的曲线应该是线性的，斜率为 C_d。

如果 Nyquist 图不同于垂直线，则图 11.4.7(a) 是一个不恰当的功能等效电路。最有可能的是，还有一个显著的法拉第电流路径，如 11.4.2 节所示。人们可能需要对体系有更好的了解，

---

⑪ 在非质子溶剂中芳香族物质的还原或氧化到阴或阳自由基一般是已知的最快的异相电荷转移反应。k^0 值可超过 1cm/s。通过阻抗方法测量此类体系的例子见文献 [27-28]。

⑫ 同样重要的是，交流信号的周期不能太长，因为在几次循环后对流成为影响因素。由于对流在大多数黏度像水的液体体系中在几秒内将成为问题，所以低频极限设置在 1Hz。目前的 EIS 仪器可在低得多的频率下操作（低至 10μHz），并且当所研究的过程不是对流控制时，在低频下工作可获得有用的信息。这方面的例子包括固-固界面的传递或反应，以及如在玻璃或高分子这样的黏度很大的介质中的扩散和反应。

才能确定高 ω 时的实轴截距确实为 R_u；然而，这通常是正确的，即使存在法拉第路径［11.4.2(1) 节］。

11.4.4 受限电活性区域

在某些体系中，电化学产生于与电极接触的有限尺寸区域内的电活性中心，而不是半无限溶液中的溶质[25,29]。图 11.4.8(a) 概括地说明了这一思想。电极仍然与附近的电活性中心进行电子转移，但它们被限制在距离电极表面不远的边界层内。越过这个边界，就只有电解质了。薄层溶液可能包含扩散性的电活性溶质，但更普遍地，它包含相对固定的氧化还原中心，可以通过层内的电子和离子运动被氧化和还原。电子通过电极表面进入或离开该层，通过带相反电荷的离子穿过外层边界进入和离开来维持电荷中性（17.5 节）。

图 11.4.8(b) 给出了一个具体的例子[25]。电活性区域是一种带有二茂铁基团（—Fc）的线型聚合物，即聚（乙烯二茂铁）(PVFc；图 17.4.1)。由于聚合物的密度和相对刚性，这些基团不能在任何实际时间尺度上物理扩散到电极上，但它们仍然可以根据下式被氧化和再还原

$$-\mathrm{Fc} \underset{}{\overset{k^0,\alpha}{\rightleftharpoons}} -\mathrm{Fc}^+ + \mathrm{e} \quad E^{0'}_{-\mathrm{Fc}^+/-\mathrm{Fc}} \tag{11.4.19}$$

只有紧邻电极的位点可以直接反应，但是层中的其他位点可以通过位点之间的重复电荷交换参与电极反应［17.5.2(3) 节］。

$$-\mathrm{Fc} + -\mathrm{Fc}^+ \rightleftharpoons -\mathrm{Fc}^+ + -\mathrm{Fc} \tag{11.4.20}$$

这是由反离子在膜外边界的运动而促进的。这个复杂的过程可以以扩散的方式发生，因此聚合物中的电荷运动遵循菲克定律⑬。

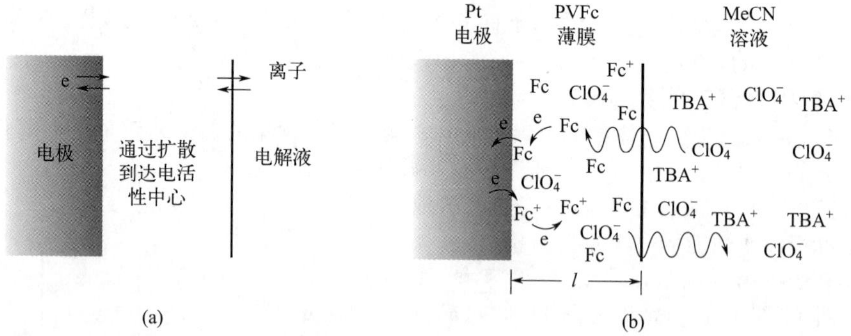

图 11.4.8 (a) 受限电活性区域的一般表示；(b) 覆盖一层 PVFc（平均电势在 $E^{0'}_{-\mathrm{Fc}^+/-\mathrm{Fc}}$ 附近）的 Pt 电极，其中－Fc 基团大约一半被氧化，一半被还原。交流信号使电势在平均值附近轻微改变，并刺激电子在电极和薄膜之间的界面来回流动。电荷通过相邻位置之间的交换扩散到薄膜中，而通过 ClO_4^- 在膜的外边界的进出运动保持电荷中性。波状路径表示反离子的布朗运动

具有电活性区域的体系可能相当复杂[30]。如图 11.4.8 所示的层状结构在电极表面的不同点可以有不同的厚度。或者可能根本没有连续层，而是在电极上有一个或多个未被覆盖的小块。区域中心的氧化和还原过程可能不完全是扩散，还包括电迁移。在第 17 章中，我们会遇到许多电极上有电活性区域的体系，所以把大部分细节留到后面讨论。现在的目标只是理解一个具有受限电活性区域的体系在 EIS 中的行为，所以我们将只讨论图 11.4.8(b) 中的例子。

必须选择直流电势 E_{dc}，使该层处于二茂铁基团被部分氧化和还原的状态；因此 E_{dc} 必须在 $E^{0'}_{-\mathrm{Fc}^+/-\mathrm{Fc}}$ 附近。当叠加 E_{ac} 时，使 E_{dc} 周围的电势仅发生几毫伏的正弦变化。这种变化导致－Fc 和－Fc^+ 的比值在表面也发生变化，并且这种变化通过电荷扩散在层内向外传播。交流电流 i_{dc} 是衡量这些变化发生速率的一个指标。如果 E_{dc} 距离 $E^{0'}_{-\mathrm{Fc}^+/-\mathrm{Fc}}$ 太远，电极反应就不会产生明显的交流电流，因为 E_{dc} 会在层中形成完全氧化或完全还原的状态，而 E_{ac} 永远不会大到足以产生

⑬ 在本书的大多数情况下，二茂铁体系是可逆的；但是，在这种情况下，动力学会因聚合相中的运动而减慢。需要认识到准可逆性，如式(11.4.19) 中所示。

任何改变。

为了分析这种情况，有必要考虑由 E_{ac} 引起的周期性成分变化会在该层中传播多远，即考虑该层内有多少地方会受到 E_{ac} 的影响。答案是扩散长度 $(2D_E/\omega)^{1/2}$，其中 D_E 是该层中扩散电荷传播的系数，$1/\omega$ 是对应于交流信号的特征时间⓮。在任何频率 ω 下，可以预期在离电极小于 $(2D_E/\omega)^{1/2}$ 的任何距离时，层内的氧化还原状态会受到交流信号的强烈影响。然而，浓度的周期性循环受到电极距离的抑制，所以超过几倍 $(2D_E/\omega)^{1/2}$ 的薄膜部分不受影响。

在相对较高的频率下，$(2D_E/\omega)^{1/2}$ 可以保持在比薄层厚度 l 小得多的大小。然后，正如在 11.3.2 节和 11.4.2 节中处理的那样，该层就看作一个半无限扩散体系；可以预期 11.4.2 节中概述的行为。这正是在图 11.4.9 中看到的，描述了正在讨论的分层体系中的预期 EIS。图中的左边和中间区域与图 11.4.5 基本相同，有一个动力学限制的半圆和一条单位斜率的扩散限制线。在这两个区域，体系的 Randles 等效电路 [图 11.4.9(a)]简化为图 11.4.9(b) 和 (c) 中的功能等效电路，正如我们在图 11.4.2 中看到的半无限线性扩散体系。

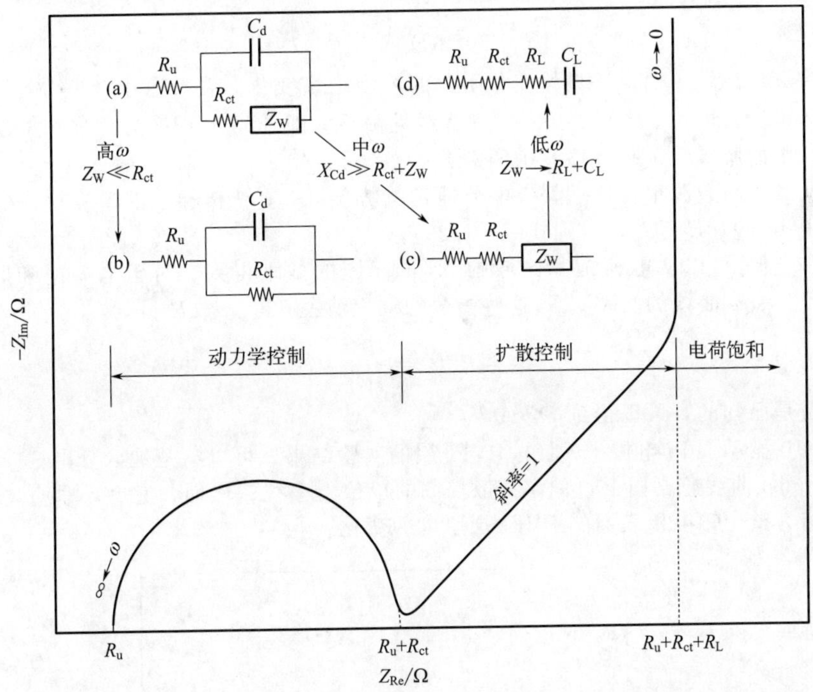

图 11.4.9　电极表面的电活性层的预期 Nyquist 图以及不同段的功能等效电路

(a) 用 Warburg 阻抗表示的 Randles 等效电路 (适用于所有 ω)；(b) 高 ω (动力学控制) 的功能等效电路；(c) 中 ω (扩散控制) 的功能等效电路；(d) 低 ω (电荷饱和) 的功能等效电路。标记的箭头显示了随着 ω 的变化，Randles 等效电路如何演变为功能形式(b)、(c) 和 (d) (改编自 Hunter，Tyler，Smyrl 和 White[25])

在最低的频率下，具有受限电活性区域的体系才会显示出其特征。随着 ω 变小，$(2D_E/\omega)^{1/2}$ 可以变得与膜厚度相当，使得整个膜受到电荷传播的影响。然后，对于 $(2D_E/\omega)^{1/2} \gg l$，电荷传播变得有效，以至于由变化的电势确定的氧化和还原形式的表面浓度 $C_{-Fc^+}(0,t)$ 和 $C_{-Fc}(0,t)$ 总是适用于薄层中的任何地方。因此，整个薄层的氧化还原状态遵循 E_{ac}，这被称为电荷饱和 (charge saturation) 极限。该薄层储存的电荷与交流周期内电势的变化呈线性关系，因此它起到了电容器的作用。

这种体系[25,29] 的理论与 11.3.2 节中的理论的不同之处仅在于计算了边界为 $x=l$ 的扩散体

⓮ 我们已经在式(11.3.21) 和式(11.3.22) 中遇到了扩散长度的表达式，描述了通过氧化还原物质物理扩散引起的电荷传播。

系的 Warburg 阻抗 Z_W。正如所预期的，Z_W 的形式与 $(2D_E/\omega)^{1/2} < l$ 的半无限扩散情形相同，但对于非常低的频率，它趋向于一种极限形式，

$$Z_W = R_L - j/(\omega C_L) \tag{11.4.21}$$

其中，R_L 和 C_L 与 ω 无关。因此，Warburg 阻抗在低频时会收敛到纯电阻 R_L 和纯电容 C_L 的串联组合中，其中 C_L 量化了前面概述的电荷存储效应，而 R_L 则表示由于伴随传质而产生的电阻。

电荷饱和区域的功能等效电路［图 11.4.9(d)］由描述扩散控制区域的电路［图 11.4.9(c)］演化而来，只需确定 Z_W 在低 ω 时的极限形式。由于结果只是一个 RC 组合，就像在 11.4.3 节中讨论的那样，可以很容易地理解，电荷饱和区域的 Nyquist 图变成了一条垂直线，横轴上的截距等于总电阻 $R_u + R_{ct} + R_L$。

Warburg 阻抗[25,29] 的理论处理确定

$$C_L = nFAl \frac{dC_{-Fc^+}}{dE} \tag{11.4.22}$$

$$R_L = \frac{l}{3nFAD_E}\left(\frac{dC_{-Fc^+}}{dE}\right)^{-1} \tag{11.4.23}$$

其中，dC_{-Fc^+}/dE 描述了由电势增量变化引起的浓度增量变化。在 EIS 中，E_{ac} 较小，通常小于 5mV；因此，dE 与 dC_{-Fc^+} 之间的关系可视为线性关系，即 dC_{-Fc^+}/dE 为常数。式(11.4.22) 和式(11.4.23) 中的所有因子都是体系中的常数。

式(11.4.22) 的起源很容易理解。电荷通过电势差 dE 变化传递，$dQ = nFAl dC$。除以电势变化就可以得出 $dQ/dE = C_L$，得到式(11.4.22)。

在实验中，R_L 可以从电荷饱和区域的 Nyquist 图的截距得到。对于电荷饱和区域的数据，可以得到 $-Z_{Im}^{-1}$ vs. ω 曲线的斜率 C_L。这些参数的乘积消去 dC_{-Fc^+}/dE 得到

$$R_L C_L = \frac{l^2}{3D_E} \tag{11.4.24}$$

如果另一个量是已知的，可以得到 D_E 或 l。

图 11.4.10 显示了 Pt 电极[25] 上的 PVFc 层的实验结果，可以清楚地区分出三个区域。电荷饱和区的 Nyquist 曲线急剧向上，偏离扩散控制的单位斜率线；然而，它并不垂直。作者将观察到的行为归结为整个铂电极表面的 PVFc 层厚度的变化。

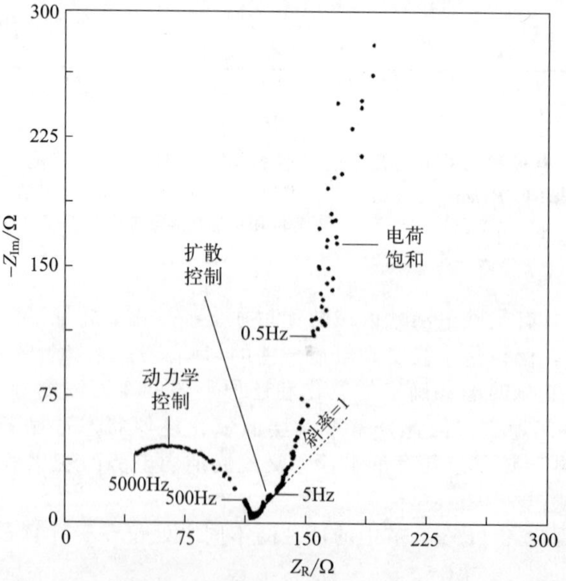

图 11.4.10 在含有 0.1mol/L TBAP 的 MeCN 溶液中铂电极上的 PVFc 层的 Nyquist 图（0.01～5000Hz）$E_{dc} = 0.4$V(vs. SSCE)。悬垂二茂铁分子的表面覆盖率为 1.06×10^{-7}mol/cm^2（来自 Hunter，Tyler，Smyrl 和 White[25]）

11.4.5　其他应用

上述讨论的方法可以应用于更复杂的电化学体系的 EIS，如耦合均相反应或吸附中间体的体系。理想情况下，实验 Nyquist 图最终通过与基于相关过程和体系物理结构的精确理论模型的比较来解释。然而，在研究的诊断阶段，过程和结构都没有被充分理解。用包含不同元件的等效电路来表示体系可能有助于早期的解释。解释可以来自这个方向，但也必须保持警惕。等效电路并不是唯一的，不能总是将等效电路中的元件分配给特定的物理或化学过程[31]。就像在电化学的其他领域一样，解释是由不同的经验辅助的。

EIS 通常用于复杂结构的表征，其中电极表面粗糙度和异质性是重要因素。该方法已应用于广泛的电化学体系，包括与电源相关的体系、腐蚀、电沉积、聚合物薄膜和半导体电极。代表性研究可以在专门的参考文献［1,3-11］或研讨会论文集中找到。

11.5　交流伏安法

交流伏安法（ac voltammetry）是法拉第阻抗方法的一种变异[12-16]。以常规方式使用三电极电化学池，施加在工作电极上的电势程序是一个直流值 E_{dc}，其随时间缓慢阶跃或扫描，加上一个正弦分量 E_{ac}，振幅也许为 5mV。所测的响应是 i_{ac} 在 E_{ac} 频率处的幅值及其相对于 E_{ac} 的相位角⑮。典型的实验装置图示在图 11.5.1 中。

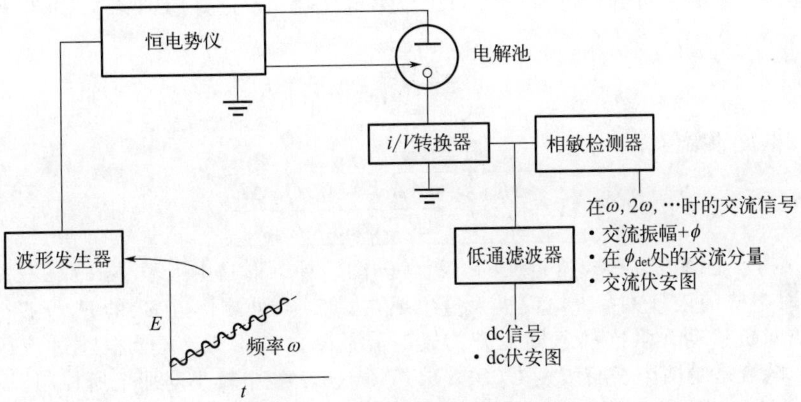

图 11.5.1　交流伏安法仪器示意图

所施加的信号是频率为 ω 时叠加交流信号的电势扫描，输出端的滤波和相敏检测允许将电流信号分为直流（或缓慢变化）和交流（快速变化）分量。调谐检测允许分离基频 ω 和谐波 $2\omega, 3\omega, \cdots$ 处的交流电流。这些信号中的任何一个都可以报告，也可以报告选定检测角度下的交流分量，即 ϕ_{det} 与 E_{ac} 的关系

E_{dc} 的作用是设定 O 和 R 的平均表面浓度 $C_O(0,t)_m$ 和 $C_R(0,t)_m$（11.4.1 节）。一般情况下，E_{dc} 不同于平衡值 E_{eq}，因此 $C_O(0,t)_m$ 和 $C_R(0,t)_m$ 不同于 C_O^* 和 C_R^*，并且存在扩散层。因为 E_{dc} 在交流时间尺度上是有效稳定的，该层很快变得比来自 E_{ac} 的快速扰动影响的区域厚得多。因此，$C_O(0,t)_m$ 和 $C_R(0,t)_m$ 成为实验中交流部分的有效本体浓度。

通常从只含有一种氧化还原形式的溶液开始，例如 Eu^{3+}，得到交流电流幅值和相位角相对于 E_{dc} 的伏安图。实际上，这些图代表了 $C_O(0,t)$ 和 $C_R(0,t)$ 比值连续变化时的法拉第阻抗。交流伏安法的主要优点是可以获得电极过程的精确定量信息。

11.5.1　可逆体系

讨论一个浸在初始仅含有物质 O 的溶液中的工作电极的交流响应，并进行能斯特过程

---

⑮ 或者，可以用相位角为 90°时的 E_{ac} 与 E_{ac} 的相位差测量电流分量。它们提供了同等的信息。

$O+ne \rightleftharpoons R$。直流电势开始处于比 $E^{0'}$ 正得多的值，并慢慢地向负方向扫描。在多次交流循环中，E_{dc} 保持恒定。

由于电荷转移电阻可以忽略，故式(11.3.36) 适用于

$$\sigma=\frac{RT}{n^2F^2A\sqrt{2}}\left[\frac{1}{D_O^{1/2}C_O(0,t)_m}+\frac{1}{D_R^{1/2}C_R(0,t)_m}\right] \tag{11.5.1}$$

平均表面浓度 $C_O(0,t)_m$ 和 $C_R(0,t)_m$ 分别由式(11.4.2a,b) 给出；因此，代入式(11.5.1)，再代入式(11.3.34)，得到法拉第阻抗：

$$Z_f=\frac{RT}{n^2F^2A\omega^{1/2}D_O^{1/2}C_O^*}\left(\frac{1}{\xi\theta_m}+2+\xi\theta_m\right) \tag{11.5.2}$$

$\xi\theta_m$ 可以写成

$$\xi\theta_m=e^a \tag{11.5.3}$$

式中

$$a=\frac{nF}{RT}(E_{dc}-E_{1/2}) \tag{11.5.4}$$

以及 $E_{1/2}=E^{0'}+[RT/(nF)]\ln(D_R^{1/2}/D_O^{1/2})$。式(11.5.2) 括号中的项是 $e^{-a}+2+e^a$，也就是 $4\cosh^2(a/2)$，因此，我们得到

$$Z_f=\frac{4RT}{n^2F^2A\omega^{1/2}D_O^{1/2}C_O^*}\cosh^2\frac{a}{2} \tag{11.5.5}$$

在 11.3.3(4) 节中曾看到，可逆体系的法拉第电流比 $\dot{E}_{ac}$ 正好超前 45°。如果 $\dot{E}_{ac}=\Delta E\sin\omega t$，那么

$$i_{ac}=\frac{\Delta E}{Z_f}\sin\left(\omega t+\frac{\pi}{4}\right) \tag{11.5.6}$$

可观察到的该电流的幅值为

$$\boxed{I=\frac{\Delta E}{Z_f}=\frac{n^2F^2A\omega^{1/2}D_O^{1/2}C_O^*\Delta E}{4RT\cosh^2(a/2)}} \tag{11.5.7}$$

图 11.5.2(a) 是由该方程式所定义的交流伏安图。钟罩形是由因子$\cosh^{-2}(a/2)$ 所致，它反映了阻抗 Z_f 对电势的依赖关系。电流极大值出现在 $a/2=0$ 处或接近 $E^{0'}$ 的 $E_{dc}=E_{1/2}$ 处。该电势无论是向正或向负移动，阻抗都急剧上升，故电流下降。11.3.3(3) 节概述过该行为的物理基础。事实上，电流是受两个表面浓度 $C_O(0,t)_m$ 或 $C_R(0,t)_m$ 中较小的那个所控制。

$E_{dc}=E_{1/2}$ 处的峰电流由式(11.5.7) 很容易得到。由于 $\cosh(0)=1$，则

$$\boxed{I_p=\frac{n^2F^2A\omega^{1/2}D_O^{1/2}C_O^*\Delta E}{4RT}} \tag{11.5.8}$$

从式(11.5.7) 和式(11.5.8) 可以明显地看出，交流伏安图的形状与下式相关（见习题 11.7）。

$$\boxed{E_{dc}=E_{1/2}+\frac{2RT}{nF}\ln\left[\left(\frac{I_p}{I}\right)^{1/2}-\left(\frac{I_p-I}{I}\right)^{1/2}\right]} \tag{11.5.9}$$

图 11.5.3(a) 给出了一个实验例子。

根据式(11.5.8)，可逆交流伏安图的 I_p 与 n^2、$\omega^{1/2}$ 和 C_O^* 直接成正比。它也与 ΔE 有线性关系；然而，这种关系相当有限，原因是如果 ΔE 太大，推导 Z_f 的基础是具有线形化的 i-E 特性将不再成立。对于线性度的几个百分点范围内，ΔE 必须小于 $10/n$mV。对于较小的 ΔE，半高峰宽在 25℃时为 $90.4/n$mV。ΔE 越大峰越宽。

本节的所有结果也适用于 DME。事实上，交流伏安法是作为一种极谱方法发明的，当应用于 DME 或 SMDE 时，仍被称为交流极谱法。因为与实验的交流部分相比，DME 处液滴的生长和滴落是缓慢的，所以对理论的唯一重要影响是需要通过将式(8.1.2) 代入式(11.5.7) 来表达与时间有关的面积 A。电流随着连续液滴的生长和滴落而振荡，在每个液滴滴落前电流最大 [图 11.5.3(b)]。交流极谱图的包络线可以用上面推导出的所有关系式来处理，A 定义为 t_{max} 的面积。

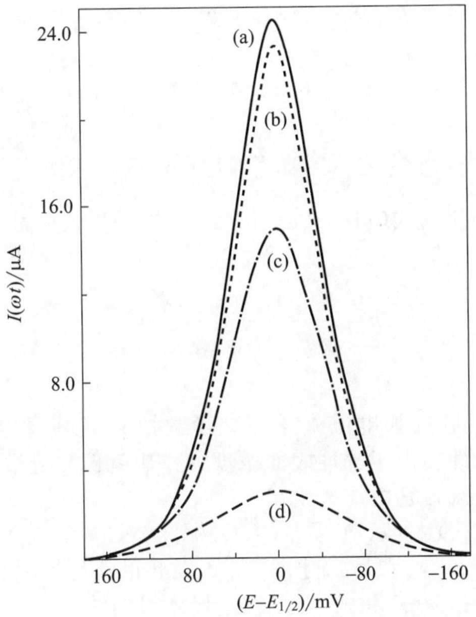

图 11.5.2　单步骤单电子体系的交流伏安图

(a) $k^0 \to \infty$；(b) $k^0 = 1$cm/s；(c) $k^0 = 0.1$cm/s；(d) $k^0 = 0.01$cm/s。其他参数：$\omega = 2500\text{s}^{-1}$，$\alpha = 0.500$，$D = 9\times10^{-6}\text{cm}^2/\text{s}$，$A = 0.035\text{cm}^2$，$C_O^* = 1.00\times10^{-3}$mol/L，$T = 298$K，$\Delta E = 5$mV（转载自 Smith[16]，由 Marcel Dekker 公司提供）

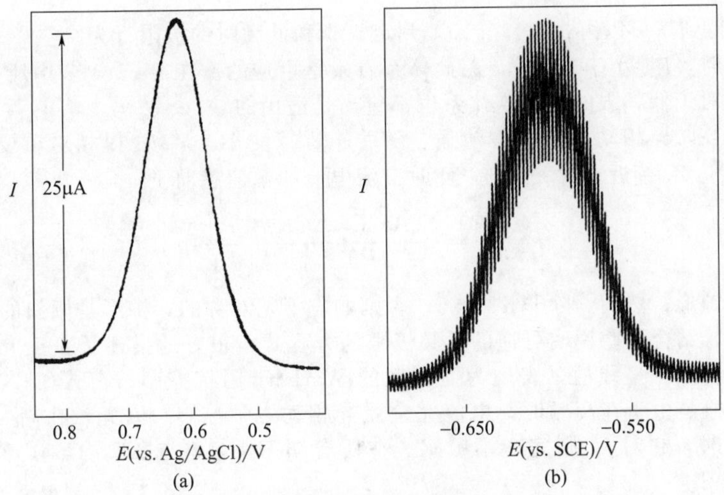

图 11.5.3　交流电流振幅与电势的伏安图

(a) Pt 圆盘有 5×10^{-5}mol/L $Fe(P_2dtc)_3$ 在 0.1mol/L TEAP 丙酮溶液中。$\Delta E = 5$mV，$\omega/(2\pi) = 200$Hz。P_2dtc^-—哌啶基二硫代氨基甲酸酯（经 Bond，O'halloran，Ruzic 和 Smith 许可[32]）。(b) 对于 1.0mol/L Na_2SO_4 中的 3×10^{-3}mol/L Cd^{2+} 的 DME（交流伏安图），$\Delta E = 5$mV，$\omega/(2\pi) = 320$Hz（经 Smith 许可转载[33]）

11.5.2　准可逆与不可逆体系

当异相动力学变得足够迟缓时，就需要一个更完善的理论来预测交流伏安响应。即使对于单步骤单电子过程，在 k^0 可以取任意值的一般情况下，它也是复杂的[13-16]。这里详细地探讨一个重要的特殊情况，它将使我们能非常直观地理解动力学的影响。

该特殊情况是单步骤单电子体系的直流响应，该体系实际上是能斯特过程，而交流过程则不是。这种情况在实际体系中是常见的，因为两方面的时间尺度可以有很大的差别。这就是说，k^0

足够大，使得平均表面浓度保持在通过 Nernst 方程的 E_{dc} 所决定的比值，尽管 k^0 还没有大到足以保证对非常快交流扰动可以忽略的电荷转移电阻。

在这种情况下，法拉第阻抗包括 R_{ct} 和 σ，阻抗可由式（11.3.27）写出：

$$Z_f=\left[\left(R_{ct}+\frac{\sigma}{\omega^{1/2}}\right)^2+\left(\frac{\sigma}{\omega^{1/2}}\right)^2\right]^{1/2} \tag{11.5.10}$$

直流可逆性的假设允许我们使用式(11.4.2a，b）给出的平均表面浓度；因此，可以完全按照可逆体系（11.5.1节）得到：

$$\sigma=\frac{4RT}{\sqrt{2}F^2AD_O^{1/2}C_O^*}\cosh^2\frac{a}{2} \tag{11.5.11}$$

式中，认定 $n=1$ 及用式(11.5.4) 定义 a。

在式(11.3.29) 中，R_{ct} 用交换电流 i_0 表示。通常把 i_0 说成是根据式(3.4.6) 由 O 和 R 的本体浓度定义的一种平衡特性。由于平均表面浓度的作用就像交流过程的本体值，可以把它认为是对交流扰动的有效交换电流，它由下式给出

$$(i_0)_{eff}=FAk^0[C_O(0,t)_m]^{(1-\alpha)}[C_R(0,t)_m]^{\alpha} \tag{11.5.12}$$

通过改变平均表面浓度改变 E_{dc}，从而控制 $(i_0)_{eff}$，因此也就是控制 R_{ct}。如上所述这种依从关系更明确的表示是将式(11.4.2a，b) 和式(11.5.4) 代入得到的：

$$(i_0)_{eff}=FAk^0C_O^*\xi^{\alpha}\left(\frac{e^{\beta a}}{1+e^a}\right) \tag{11.5.13}$$

式中，$\beta=1-\alpha$。由于 $R_{ct}=RT/[F(i_0)_{eff}]$，可有

$$R_{ct}=\frac{RT}{F^2Ak^0C_O^*\xi^{\alpha}}\left(\frac{1+e^a}{e^{\beta a}}\right) \tag{11.5.14}$$

现在 R_{ct} 和 σ 已得到，可以由式(11.5.10) 判定高频和低频时的极限行为。

当频率很低时，R_{ct} 小于 $\sigma/\omega^{1/2}$，因此体系看来是可逆的。在 11.5.1 节中所得出的关于可逆交流响应的一切对于低频限的准可逆体系也都应当是适用的。

随着频率升高，异相动力学变得勉强。随着 $\sigma/\omega^{1/2}$ 变小，R_{ct} 变得相对重要。在高频极限，R_{ct} 超过了 $\sigma/\omega^{1/2}$，Z_f 接近于 R_{ct} 本身，此时交流电流的幅值趋向于

$$I=\frac{\Delta E}{R_{ct}}=\frac{F^2Ak^0C_O^*\Delta E\xi^{\alpha}}{RT}\left(\frac{e^{\beta a}}{1+e^a}\right) \tag{11.5.15}$$

交流伏安图保持钟形；然而，除非 $\alpha=0.5$，否则响应不是对称的，钟形是倾斜的。

这些方程式，结合那些说明可逆的低频极限的方程式，很好地描述了 ω 变化时体系的行为。开始时，峰电流与 $\omega^{1/2}$ 呈线性，表现为受扩散的 Warburg 阻抗控制。在式(11.5.15) 中并无频率依赖性，这大概是由于在高频时，电流完全受异相动力学控制。因此，在高 ω 时，I 与 k^0 成正比；而在低 ω 时，它对 k^0 则完全不敏感。在所有频率下，I 与 ΔE、C_O^* 之间的正比关系都存在。

高频时 I 受动力学控制，意味着电流必定比真正可逆体系要小得多，如图 11.5.2 所示。图中所有曲线的 k^0 值都相当大，因此直流可逆性的假设是成立的。可以看到，在交流伏安法中，任何完全不可逆的过程（在交流时间尺度上）几乎是不可见的。这个事实在分析工作中是有用的（11.7 节）⑯。

$\dot{I}_{ac}$ 相对于 $\dot{E}_{ac}$ 的相角作为动力学信息的来源是很重要的。这一点，在 11.3.3(4) 节中提出，来源于式(11.3.35)，可以改写为

---

⑯ 相对于这里讨论所得到的感受，完全不可逆的情况确实产生交流电流，该电流的产生来自对直流波[34-35] 的简单调制。由于该波的形状与 k^0 无关（7.4.1 节），交流峰值高度也与 k^0 无关。峰电势值位于直流波的半波电势附近；因此，它与 $E^{0'}$ 的偏移与 k^0 的大小无关。

$$\cot\phi = 1 + \frac{R_{ct}\omega^{1/2}}{\sigma} \tag{11.5.16}$$

将式(11.5.11) 和式(11.5.14) 代入，并重排得到

$$\boxed{\cot\phi = 1 + \frac{(2D_O^{\beta}D_R^{\alpha}\omega)^{1/2}}{k^0}\frac{1}{e^{\beta a}(1+e^{-a})}} \tag{11.5.17}$$

对于可逆体系，$k^0 \to \infty$，第二项趋于零；因此，$\cot\phi = 1$，ϕ 总是 $\pi/4$ 或 45°。当 k^0 小到足以使第二项显著时，就可以看到准可逆性。

括号内的因子表明，$\cot\phi$ 与直流电势有关。它的最大值为

$$\boxed{E_{dc}(\max\cot\phi) = E_{1/2} + \frac{RT}{F}\ln\frac{\alpha}{\beta}} \tag{11.5.18}$$

该最大值几乎与所有的实验变量无关，例如 ΔE、C_O^*、A 和 ω。$E_{dc}(\max\cot\phi) - E_{1/2}$ 的电势的差值为求传递系数 α 提供了简便的方法。图 11.5.4 显示了 Ti(Ⅳ) 在草酸溶液[36] 中单电子还原为 Ti(Ⅲ) 的数据，可以看到 $E_{dc}(\max\cot\phi)$ 如上面所预期的那样，与频率无关。

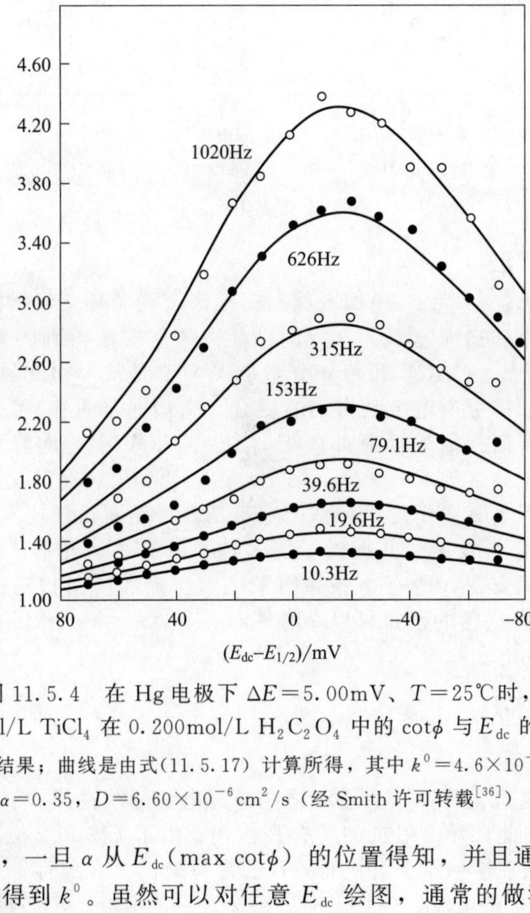

图 11.5.4　在 Hg 电极下 $\Delta E = 5.00$mV、$T = 25$℃时，
3.36mmol/L $TiCl_4$ 在 0.200mol/L $H_2C_2O_4$ 中的 $\cot\phi$ 与 E_{dc} 的关系图

点是实验结果；曲线是由式(11.5.17) 计算所得，其中 $k^0 = 4.6 \times 10^{-2}$cm/s，
$\alpha = 0.35$，$D = 6.60 \times 10^{-6}$cm²/s（经 Smith 许可转载[36]）

由式(11.5.17) 可知，一旦 α 从 $E_{dc}(\max\cot\phi)$ 的位置得知，并且通过其他测量得到扩散系数，$\cot\phi$ 对 $\omega^{1/2}$ 的图就能得到 k^0。虽然可以对任意 E_{dc} 绘图，通常的做法是使 $E_{dc} = E_{1/2}$，其中 $a = 0$，则式(11.5.17) 改写为

$$\boxed{[\cot\phi]_{E_{1/2}} = 1 + \left(\frac{D_O^{\beta}D_O^{\alpha}}{2}\right)^{1/2}\frac{\omega^{1/2}}{k^0}} \tag{11.5.19}$$

如果可以取 $D_O = D_R = D$，且 $D_O^{\beta}D_R^{\alpha} = D$，那么，这个特殊图的斜率变得与 α 无关。图 11.5.5 是一个案例，它是图 11.5.4 在 $E_{dc} = E_{1/2} = -0.290$V(vs. SCE) 的数据对 $\omega^{1/2}$ 作的图。

从交流伏安法获得的关于异相电荷转移动力学的定量信息通常来自于 $\cot\phi$ 对电势和频率的

行为，而不是峰的高度、形状或位置。对 $\cot\phi$ 有利的一个原因是，许多实验变量不需要严格控制，或甚至不必要知道。这些变量之中有 C_O^* 和 A。无需已知 A 是一个重要的优点。然而，通过 $\cot\phi$ 计算动力学的最主要原因是式(11.5.17)～式(11.5.19) 对任何准可逆或不可逆体系都适用。我们已经推导出了直流可逆性适用的情况；然而，无论该条件如何，它们都是成立的[15-16]。这就可以使实验者从必须达到的特殊极限条件下摆脱出来。

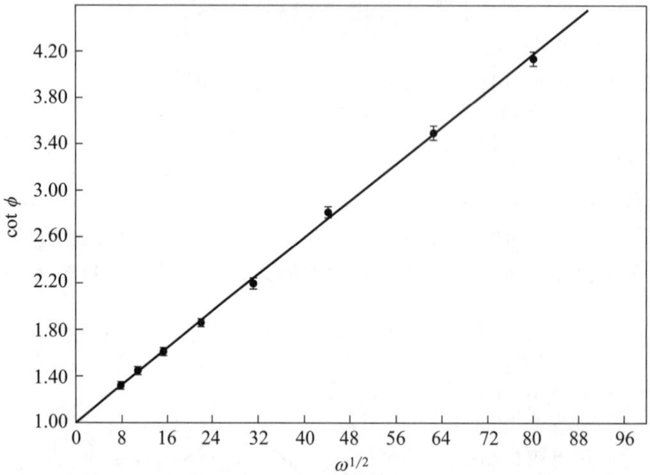

图 11.5.5 $\cot\phi$ vs. $\omega^{1/2}$ 作图，其中 $E_{dc}=E_{1/2}=-0.290\text{V}$(vs. SCE)，其余条件与图 11.5.4 相同

(经许可转载自 Smith[36])

11.5.3 循环交流伏安法

可以简单地通过在 E_{dc}[12,32,37-38] 中加入反向扫描来实现循环交流伏安法（CACV)。得到的伏安图具有与在相同的频率和扫描速率下进行的循环方波伏安法得到的差分电流伏安图（CSWV，8.5.4 节）非常相似的特征。CACV 和差分电流 CSWV 都是从小幅度的电势循环变化中产生响应的，因此对于具有可逆或准可逆电极动力学的耦合，它们通常只在 $E^{0'}$ 值附近产生峰值。在可逆的情况下，正向扫描和反向扫描的峰值都在 $E_{1/2}$ 处。CACV 中正向峰和反向峰的相对高度可用于判断耦合均相反应，正如常规 CV 一样（第 13 章)。原则上，循环交流伏安法保留了传统循环测量的许多判断功能，但具有便于定量评估的响应功能。然而，该技术尚未得到广泛应用，可能是因为 CSWV 现已得到广泛发展，并提供了更多种类的有用伏安输出（差分电流伏安图、正向采样伏安图和反向采样伏安图，所有这些都用于正向扫描和反向扫描；8.5.4 节)。第二版包括对 CACV 的详细讨论，有兴趣的读者可以参考⑰。

11.6 非线性响应

在 EIS 和交流伏安法理论中，一直基于适用小过电势的线性化 i-η 关系。当引用式(11.3.28)时，做出了线性假设，由此推导出阻抗的所有表达式。由于 EIS 和交流伏安法通常涉及小振幅的交流激励信号，这种方法在这一点上对我们的目的是有效的。在线性体系中，频率为 ω 的纯正弦 E_{ac} 的激励也提供频率为 ω 的电流，并且仅提供频率为 ω 的电流，正如我们所考虑的那样。

然而，电极反应的 i-η 函数实际上不是线性的。它在适中的过电势范围内是弯曲的，可以观察和利用曲率的影响。任何非线性 i-E 关系都在频率为 ω 处对纯正弦激励产生失真的响应；因此，i_{ac} 不是纯正弦曲线。然而，它是周期性的，因此可以表示为基频 ω 处的信号及其谐波 2ω，3ω，…的叠加（傅里叶合成；附录 A.6)。

---

⑰ 见第二版，10.5.4 节。

非线性体系在激励时也会产生直流分量，即使后者是纯正弦的（附录 A.6）。这种效应是法拉第整流。

如果体系被频率为 ω_1 和 ω_2 的两个纯正弦波叠加激励，产生的电流当然会有 $\omega_1, 2\omega_1, 3\omega_1, \cdots$ 和 $\omega_2, 2\omega_2, 3\omega_2, \cdots$ 的分量。然而，也有混合效应，在组合频率 $\omega_1+\omega_2$ 和 $\omega_1-\omega_2$ 下产生互调响应⑱。通过调谐检测，可以有选择地测量这些信号中的任何一个并加以利用（如果它们高于噪声）。

所有基于非线性响应技术的共同优点是相对自由，不受非法拉第干扰。双电层电容通常比法拉第阻抗更具线性，因此，充电电流在很大程度上受限于基频。

11.6.1　二次谐波交流伏安法

最常见的基于非线性响应的方法是二次谐波交流伏安法（second harmonic ac voltammetry），其中电解池完全像交流伏安法那样被激励（图 11.5.1），但检测系统仅测量二次谐波 2ω 处的电流贡献⑲。得到的伏安图是 $I_{2\omega}$ 相对于 E_{dc}。

高次谐波伏安法的精确处理很简单，但很冗长[13,15-16]。我们将遵循一种直观的方法来揭示其独有的特征，为了简化，只考虑 R 最初不存在的可逆体系。

平均表面浓度 $C_O(0,t)_m$ 和 $C_R(0,t)_m$ 由 E_{dc} 值确定，并由式(11.4.2a，b）给出。图 11.6.1 对 $C_R(0,t)_m$ 进行了图形化描述。交流响应是由 $\dot{E}_{ac}$ 引起表面浓度对平均值的微小扰动的方式所决定。在基波处的交流响应基本上由变化的线性组元控制，其斜率为 $\partial C_O(0,t)_m/\partial E$ 和 $\partial C_R(0,t)_m/\partial E$。较高的谐波反映曲率；因此，它们对二阶和更高阶的导数很敏感。仅这一点就可以预测二次谐波响应的一般形状。

考虑图 11.6.1 中的电势 E_1、E_3 和 E_5，它们有一个共同的特征，即在 $C_O(0,t)_m$ 和 $C_R(0,t)_m$ 时的曲率为零；因此，对电势的二阶导数为零，并且不存在二次谐波电流。当然，E_1 和 E_5 处也没有基波响应的极值；而 E_3 位于拐点 $E=E_{1/2}$ 处，此处基波响应最大。E_2 和 E_4 位于最大曲率点；因此，它们应该是二次谐波电流峰值的电势。如果只检测振幅 $I_{2\omega}$，那么可以得到一个双峰伏安图。

由于 E_2 处的曲率与 E_4 处的曲率相反，当 E_{dc} 通过 $E_{1/2}$ 处的零点时，二次谐波分量造成 180°的相移。因此，在一个固定相角的 $I_{2\omega}$ 的相敏检测会在 $E_{1/2}$ 处改变符号。图 11.6.2 给出一个例子[39]，在任何相位角上检测到的能斯特反应将有在电势坐标相交点对称的正负波峰。在所有的相角对该交点所对应的直流电势都是 $E_{1/2}$[40]。

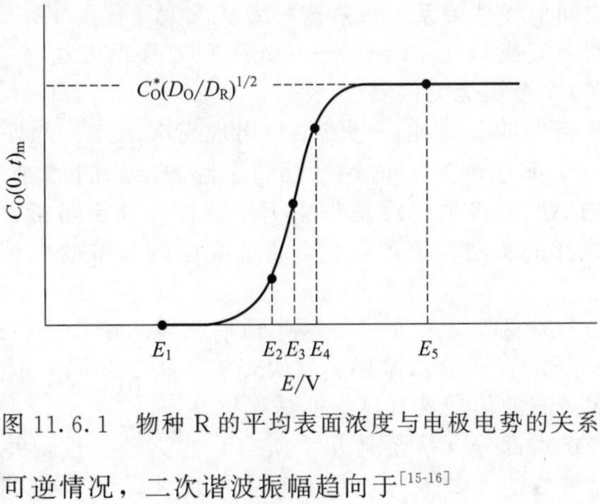

图 11.6.1　物种 R 的平均表面浓度与电极电势的关系

对于 $\Delta E \leqslant 10$mV 的可逆情况，二次谐波振幅趋向于[15-16]

$$I_{2\omega}=\frac{n^3F^3AC_O^*(2\omega D_O)^{1/2}\Delta E^2\sinh(a/2)}{16R^2T^2\cosh^3(a/2)} \tag{11.6.1}$$

⑱ 当 $\omega_1 \gg \omega_2$ 时频率的加和与差减称为边带，当 $\omega_1 \approx \omega_2$ 时称为拍频。边带在 ω_1 附近上下两侧。拍频相比 ω_1 很小或很大。

⑲ 这种命名法与电气工程中的不同，在电气工程中，频率为 ω 的信号是基波，而频率为 2ω 的信号是第一谐波。我们遵循电化学领域的常规用法。

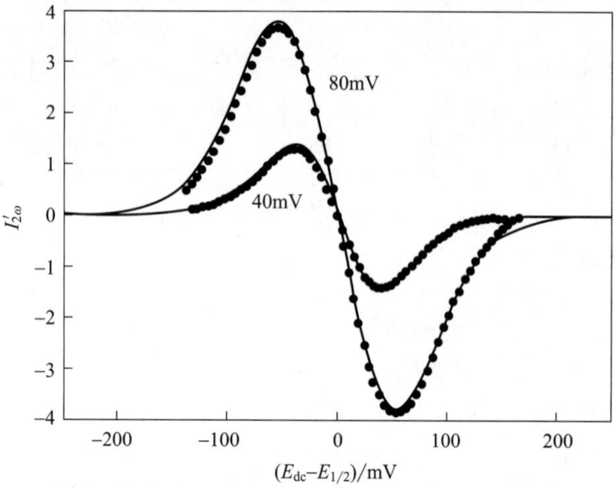

图 11.6.2 0.30mmol/L $Ru(NH_3)_6^{3+}$ 在 0.1mol/L KCl+1.0mol/L HNO_3 中的 HMDE 的第二谐波相位选择交流伏安图

$\omega/(2\pi)$ =35.00Hz。数据点是实验数据。对于大幅度激励，曲线是理论上的。纵坐标是同相（0°）二次谐波幅度 $I'_{2\omega}$。曲线显示了 ΔE 的值。小幅度激励（$\Delta E \leqslant 10$mV）的曲线形状相似（经允许，来自 Engblom，Myland，Oldham 和 Taylor[39]）

其中，$a=[nF/(RT)](E_{dc}-E_{1/2})$。这个方程体现出与 C_O^*、$\omega^{1/2}$ 和 $D_O^{1/2}$ 的正比关系，这正是对扩散控制过程所预测的。然而，$I_{2\omega}$ 与 ΔE^2 成正比，反映了非线性效应对较大扰动的重要性。在25℃时，两个峰电势位于 $E_{dc}=E_{1/2}\pm 34/n$ mV 处。

二次谐波技术可用于分析和定量计算异相动力学参数[13,15-16,41]。几乎没有电容性背景是有帮助的。

11.6.2 大振幅交流伏安法

正如所看到的，交流伏安法的大多数理论和实践都是基于小振幅的交流信号，因此可以假定电势、电流和表面浓度之间呈线性关系。虽然这种做法大大简化了工作，但它并不是必需的。已经发展了能够处理更大的交流扰动（ΔE=10～100mV）的理论方法[42-43]，实验方法也在同步发展[12,39,44-45]，该领域被称为大振幅交流伏安法。

已经知道，由于 i-E 特性的非线性，电流中会出现高次谐波。此外，已经看到 $i_{2\omega}$（在较低的 ΔE 处）与 ΔE^2 成正比，其中的平方依赖性反映了随着 ΔE 的增加，更大的非线性的影响。可以直观地理解，更大的 ΔE 值将更广泛地探索 i-E 特性，甚至可能达到从 E_{dc} 的两个方向的传质控制极限。因此，这样的实验应该产生包含更大振幅的谐波的电流，并使更多的谐波变得重要。

图 11.6.2 和图 11.6.3 的实验结果证实了这些预期，显示了 $Ru(NH_3)_6^{3+}$ 水溶液的大振幅交流伏安法结果。对于图 11.6.3，实验是循环交流伏安法，从 200mV（vs. Ag/AgCl）开始的负向扫描。观察到基波到八次谐波的信号具有良好的信噪比。

因为这种方法可以测试大部分（甚至是几乎所有）的 i-E 特性，并且能够提供高精度的结果，所以有研究表明，这种方法比其他方法更能真实地反映动力学细节[42-43,46]。在结果分析中，使用复杂的统计方法来拟合多个谐波对动力学模型的贡献。这种方法用于探讨在黏性溶剂 1-丁基-3-甲基咪唑六氟磷酸中、Fc^+/Fc 在硼掺杂金刚石电极上的动力学[47]。发现动力学偏离了 Butler-Volmer 模型，并以一种双重模式进行。研究人员提出，边缘的 sp^2 碳比 sp^3 金刚石表面支持更快的电子转移动力学。

鉴于对多重谐波的关注，大振幅交流伏安法的理想实验策略是采用基于时域数据傅里叶变换的体系（11.8.2 节）。因此，该方法在文献中有时简称为 FTAC。

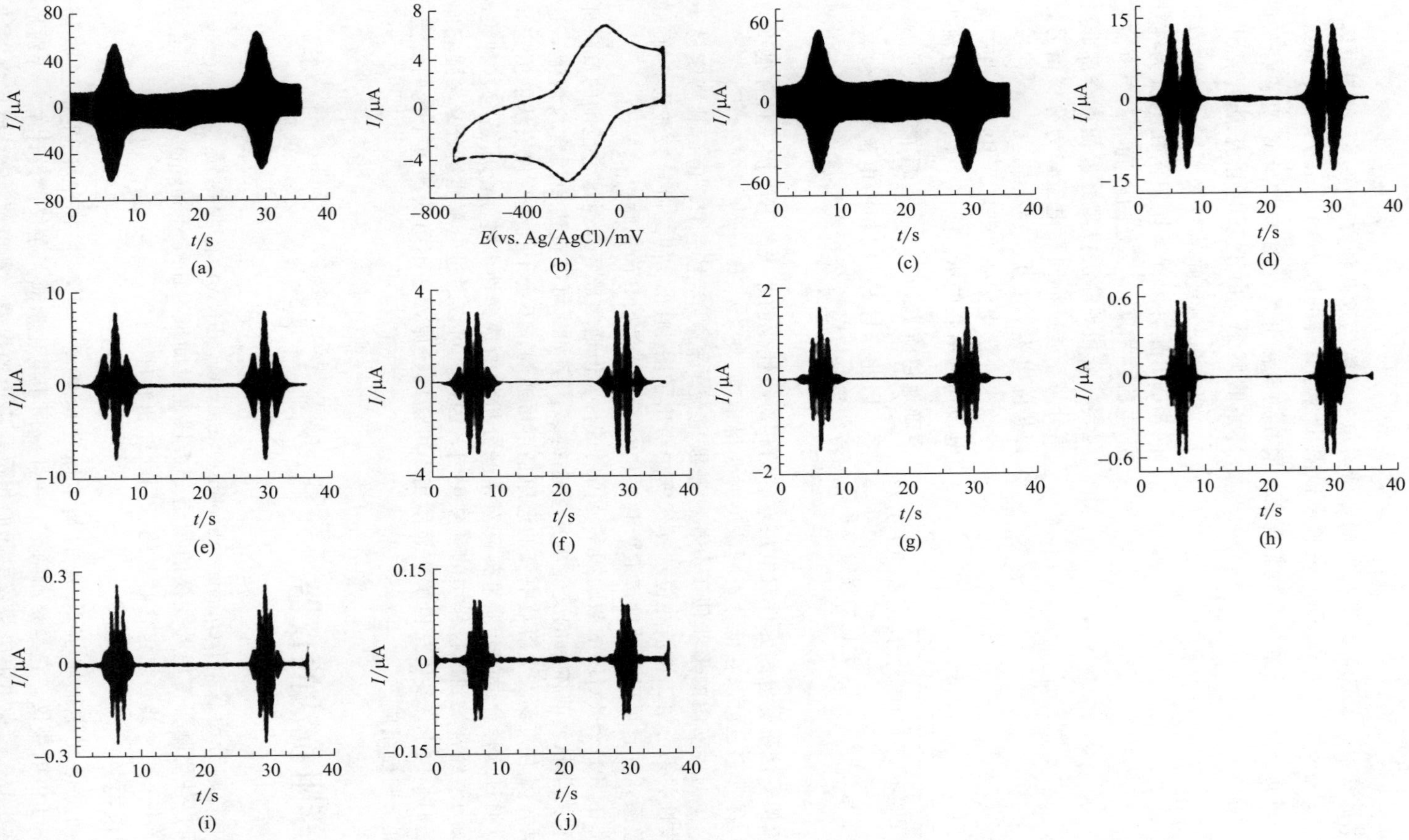

图 11.6.3 在 0.5mol/L KCl 中，0.5mmol/L $Ru(NH_3)_6^{3+}$ 在玻碳电极上的大振幅循环交流伏安法测量结果

（a）总电流；（b）直流电流（类似于传统的 CV，但因法拉第整流而失真）；（c）～（j）基波到八次谐波循环交流伏安图。$f=9.54Hz$；$\Delta E=80mV$；$v=50mV/s$。扫描从 200mV（vs. Ag/AgCl）开始，首先进行负向扫描。除（b）外的所有图中，记录了与（b）中的 CV 相对应的瞬时交流电流，在这里使用的时间尺度上，单个循环是无法分辨的。每张图的第一个响应与负向直流电压扫描有关，而第二个响应与正向扫描有关（经许可改编自 Zhang，Guo，Bond 和 Marken[44]）

11.7　应用交流伏安法进行化学分析

基波和二次谐波交流伏安法都具有良好的分析灵敏度，因为这两种方法都具有抑制电容电流的手段[13,15-16]。检测极限与 DPV 和 SWV 的检测极限相当，有时可达到 10^{-7} mol/L 的数量级。

使用基本模式进行分析，测量与激励信号 $\dot{E}_{ac}$ 同相的电流分量，图 11.7.1 说明了对于可逆体系的概念。由于充电电流理想情况下与 $\dot{E}_{ac}$ 相差 90°（纯电容性来源），它没有与 $\dot{E}_{ac}$ 同相的分量，因此，期望同相电流为纯法拉第电流。相反，90°处的电流（正交电流）应包含一个相等的法拉第分量加上全部非法拉第分量。通过将同相电流作为分析信号，可以排除电容的干扰。

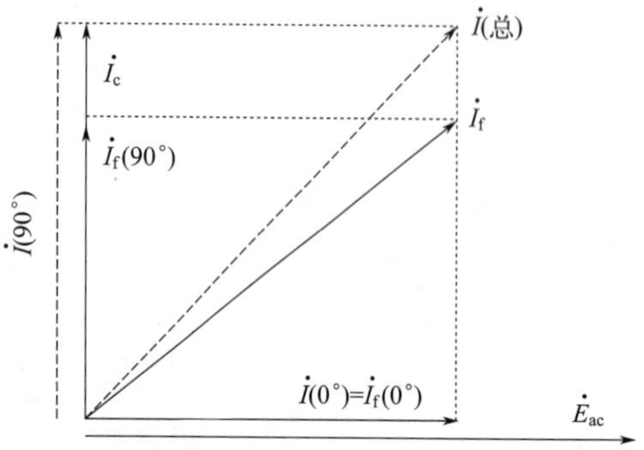

图 11.7.1　相量图显示了可逆体系的法拉第（$\dot{I}_f$）和电容（$\dot{I}_c$）分量与总电流（$\dot{I}$）之间的理想关系

未补偿电阻 R_u 带来了限制。由于充电电流通过串联的 R_u 和 C_d，因此该电流不会准确地超前 $\dot{E}_{ac}$90°，而是超前某个更小的角度。因此，与 $\dot{E}_{ac}$ 同相的电流确实包含非法拉第组分，随着分析物浓度的下降，这对于测量变得重要。

二次谐波交流伏安法不受电路元件双电层电容的相对线性化的非法拉第干扰。只有很小的二次谐波电容电流，尽管它也可以在低分析物浓度时变得重要。

交流测量中产生的伏安图的形状便于分析。基波电流的检测产生一个峰值，其高度易于测量，并与浓度呈线性关系。第二谐波相位选择伏安法给出了图 11.6.2 的二阶导数波形。峰-峰振幅与浓度呈线性关系，并且可以高精度读取。它也相对不受背景信号的影响[41]。

分析测量通常在 10Hz～1kHz 的激励频率范围内进行，但通常最好选择这个范围的较高部分的频率[48]，因为动力学较慢的体系的交流响应要小得多。例如，可以直接使用含氧溶液，这大大节省了分析时间，因为大多数水溶液中氧的还原是不可逆的，不会干扰交流伏安法的测定。此外，人们通常可以通过选择合适的介质来提高对某些分析物的选择性。过渡金属适合这种策略，因为它们的电极动力学经常受到配位作用的强烈影响；因此，可以通过电解质组分来增强它们的交流响应或掩盖它们。由于许多支持电解质显示出不可逆的还原，在不引入严重干扰的情况下，有相当大的自由度来调控组成。

11.8　电化学阻抗法的仪器

阻抗谱可以用频响分析仪（frequency response analyzer，FRA）在频率域（frequency domain）测得，也可以使用基于傅里叶变换的频谱分析仪在时间域（time domain）进行。这两种策略都在商业仪器中采用，其必须包含必要的专用硬件和软件。

11.8.1　频率域仪器

图 11.8.1 是测量电化学池阻抗 FRA 的基本原理示意图[8-9,49]。由 FRA 产生的正弦信号 $E_{ac}=\Delta E\sin\omega t$ 施加于恒电势仪。它是叠加到 E_{dc} 并且应用于电化学池。在仪器设计中，特别是在高频时，必须非常小心，避免由恒电势仪引起的相位及幅值的误差。和电流 $i(t)$ 成比例的转换电压信号，与输入信号混合后输入到分析仪中，并在几个信号周期内进行积分，产生与施加 ω 处阻抗的实部和虚部（或等效地与阻抗的幅度和相角）成比例的电压。

为了获得一套阻抗谱，频率在给定范围内逐步改变，记录 Z_{Re} 和 Z_{Im} 的值与 ω 的关系。商用

FRA 的频率范围为 10μHz～30MHz；然而，由于电化学电解池和恒电势仪的带宽限制，EIS 通常限于 1MHz 以下的频率（16.7 节和 16.9 节）。

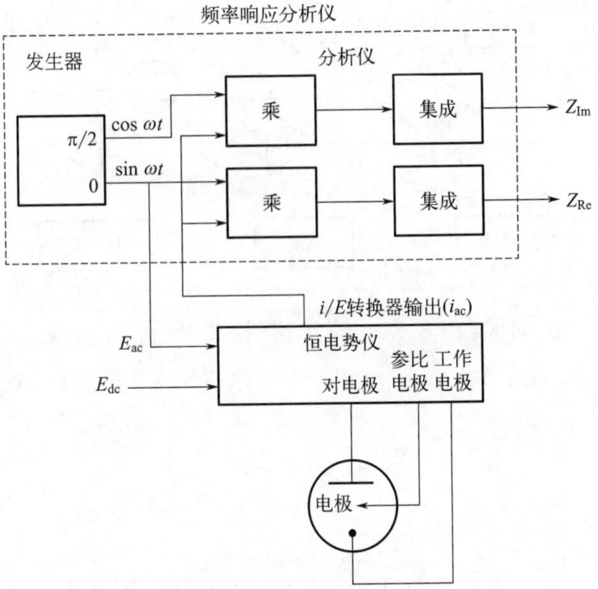

图 11.8.1 基于 FRA 的电化学电池阻抗测量系统

11.8.2 时间域仪器

另一种策略是对电化学体系施加一个 E_{ac}，E_{ac} 是诸如脉冲或白色噪声信号等多频率的结果[12,45,50-54]，然后通过傅里叶分析对各个频率的响应进行分类。通常，在恒电势仪上将 E_{ac} 添加到 E_{dc} 中，并记录来自电化学池随时间变化的电流。激发和响应可以通过傅里叶变换（FT）方法转变为相对于频率的幅值和相角的谱图信号，从中可以计算得到作为频率函数的阻抗 Z_{Re} 与 Z_{Im} 的值。

傅里叶变换能解释几个不同激励信号同时施加到一个化学体系上的实验，尽管这些信号的响应是彼此叠加的，但傅里叶变换算法提供了分析它们的方法。这种同时测量的能力有时被称为变换方法的多路优点（附录 A.6）。

图 11.8.2 中总结了这种操控概念，其中表明激励信号 E_{ac} 实际上是一个噪声波形，而不是纯正弦波形。当然，E_{ac} 将激励一个表示有关“噪声”变化的电流。在持续至少一个待研究的最低频率周期的短暂时间内，恒电势仪跟随器和 i/E 转换器（16.4.3 节）的输出被同时数字化并存储。这两个瞬态的 FT 给出了构成信号的纯正弦波的分布（附录 A.6）。因此，人们知道激励的振幅以及在傅里叶分布中每个频率下电流的相应振幅和相位角。由于数据采集和分析的时间很短，重复整个过程是可行的，这样就可以得到集合平均的结果，或者可以跟踪随 E_{dc} 或时间的变化。

实际上，希望使用一种特殊的噪声来激励。特别有利的是一种奇次谐波、相位变化的伪随机白噪声[51,53]，如图 11.8.3 所示。这种噪声是几个频率（本例中为 15 个）信号的叠加，都是最低频率的奇次谐波。选择奇次谐波可以确保二次谐波成分不会出现在 15 个基本频率的测量电流中。激励频率的振幅是相等的（“白”噪声），所以每个频率的权重是相等的。它们的相位角是随机的，所以总的激励信号在振幅上不会出现大的波动。

通过倒置信号分析的过程，我们可以很容易地产生这种 E_{ac}（图 11.8.3）。我们从振幅和相位角阵列开始，这些阵列已经按照规范进行了调整。将这些数字以所需的速率依次送入数/模转换器（DAC），得到一个模拟信号，经过过滤后送到恒电势仪的输入端。通过 D/A 转换和滤波步骤的重复，产生重复的激励波形，反复施加该波形直到完成单个测量，一个具有不同随机相位角的新波形被生成用于下一次测量，以此类推。

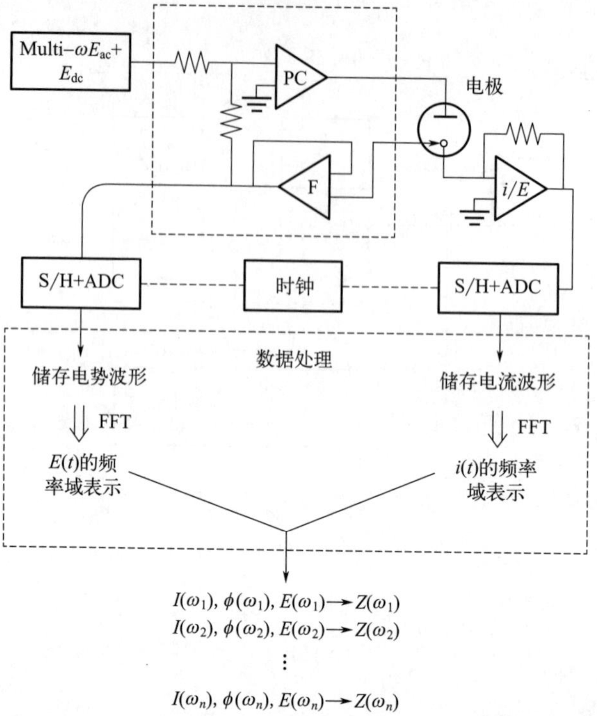

图 11.8.2 交流阻抗测量时域系统中的物理设备和计算步骤

设备：F—电压跟随器；i/E—电流/电压转换器；PC—电势控制放大器；S/H—采样/保持放大器；ADC—模/数转换器；FFT—快速傅里叶变换算法（附录 A.6）；大虚线框内的步骤是计算性的

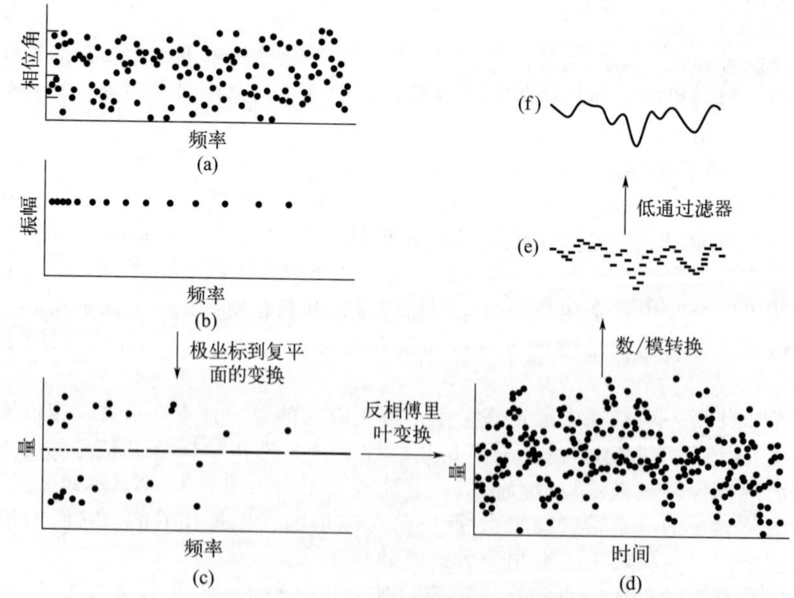

图 11.8.3 生成复杂激励波形的程序

(a)，(b) 所选频率的随机相位角和均匀振幅；(c)(a) 和 (b) 的复平面表示；(d) 时域表示法；(e) DAC 输出；(f) 过滤后的 E_{ac} 在恒电势仪上添加到 E_{dc} 中。(低通滤波器) (e) 和 (f) 中仅示出了波形周期的一小部分（来自 Creason，Hayes，Smith[51]，经许可）

FT 将一个复杂的波形分解成多个分量的能力也可用于获得多个谐波[44,52-53]。人们可以用一个纯正弦波激励，并检查转换后的电流波形，提供直流加上基频和谐波的振幅及相位角。通过对 E_{dc} 进行微小的渐进式改变，并在每次改变后重复时间域测量周期，可以从单次电势扫描获得的数据中描绘出所有相应的伏安图（如图 11.6.3）。

除了作为时间域测量过程的一个组成部分外，FT 算法对信号调节操作也很有价值，包括平滑、卷积和相关性等[53,55]。

11.9　拉普拉斯平面上的数据分析

在电化学中，要获得电流、电势和时间之间的明确的数学联系通常是困难的。要么是体系本身内在复杂，要么是实验条件不够理想。拉普拉斯域中可能存在更简单的关系；因此，转换数据并在变换空间中执行分析可能是富有成效的[56-59]。第二版介绍了这一领域的方法学和结果[20]。

11.10　参考文献

1 C. Gabrielli, *Electrochim. Acta*, **331**, 135324 (2020).
2 E. Barsoukov and J. R. Macdonald, "Impedance Spectroscopy," 3rd ed., Wiley, Hoboken, NJ, 2018.
3 M. E. Orazem and B. Tribollet, "Electrochemical Impedance Spectroscopy," 2nd ed., Wiley, Hoboken, NJ, 2017.
4 A. Lasia, "Electrochemical Impedance Spectroscopy and Its Applications," Springer, New York, 2014.
5 V. F. Lvovich, "Impedance Spectroscopy: Applications to Electrochemical and Dielectric Phenomena," Wiley, Hoboken, NJ, 2012.
6 U. Retter and H. Lohse, in "Electroanalytical Methods," F. Scholz, Ed., 2nd ed., Springer, Berlin, 2010.
7 A. Lasia, *Mod. Asp. Electrochem.*, **32**, 143 (1999).
8 C. Gabrielli, in "Physical Electrochemistry," I. Rubinstein, Ed., Marcel Dekker, New York, 1995, Chap. 6.
9 F. Mansfeld and W. J. Lorenz, in "Techniques for Characterization of Electrodes and Electrochemical Processes," R. Varma and J. R. Selman, Eds., Wiley, New York, 1991, Chap. 12.
10 D. D. Macdonald, in "Techniques for Characterization of Electrodes and Electrochemical Processes," R. Varma and J. R. Selman, Eds., Wiley, New York, 1991, Chap. 11.
11 M. Sluyters-Rehbach and J. H. Sluyters, *Electroanal. Chem.*, **4**, 1 (1970).
12 K. B. Oldham, J. C. Myland, and A. M. Bond, "Electrochemical Science and Technology," Wiley, Chichester, 2012, Chap. 15.
13 A. M. Bond, "Modern Polarographic Methods in Analytical Chemistry," Marcel Dekker, New York, 1980.
14 D. D. Macdonald, "Transient Techniques in Electrochemistry," Plenum, New York, 1977.
15 D. E. Smith, *Crit. Rev. Anal. Chem.*, **2**, 247 (1971).
16 D. E. Smith, *Electroanal. Chem.*, **1**, 1 (1966).
17 J. E. B. Randles, *Disc. Faraday Soc.*, **1**, 11 (1947).
18 D. C. Grahame, *J. Electrochem. Soc.*, **99**, C370 (1952).
19 L. Pospisil and R. de Levie, *J. Electroanal. Chem.*, **22**, 227 (1969).

[20] 第二版，10.9 节。

20 H. Moreira and R. de Levie, *J. Electroanal. Chem.*, **29**, 353 (1971); **35**, 103 (1972).
21 D. C. Grahame, *J. Am. Chem. Soc.*, **68**, 301 (1946).
22 G. C. Barker, *J. Electroanal. Chem.*, **12**, 495 (1966).
23 G. Crabtree, G. Rubloff, and E. Takeuchi, "Next Generation Electrical Energy Storage," Office of Basic Energy Sciences, Washington, DC, 2017. https://science.osti.gov/-/media/bes/pdf/brochures/2017/BRN-NGEES_rpt-low-res.pdf?la=en&hash=0DEB8D525053595FEEEB75BB52F02D19E43F149F.
24 Y. Ko and S.-M. Park, *J. Phys. Chem. C*, **116**, 7260 (2012).
25 T. B. Hunter, P. S. Tyler, W. H. Smyrl, and H. S. White, *J. Electrochem. Soc.*, **134**, 2198 (1987).
26 J. H. Sluyters and J. J. C. Oomen, *Rec. Trav. Chim. Pays-Bas*, **79**, 1101 (1960).
27 H. Kojima and A. J. Bard, *J. Electroanal. Chem.*, **63**, 117 (1975).
28 H. Kojima and A. J. Bard, *J. Am. Chem. Soc.*, **97**, 6317 (1975).
29 C. Ho, I. D. Raistrick, and R. A. Huggins, *J. Electrochem. Soc.*, **127**, 343 (1980).
30 C. Gabrielli and H. Perrot, *Mod. Asp. Electrochem.*, **44**, 151 (2009).
31 R. de Levie, *Ann. Biomed. Eng.*, **20**, 337 (1992).
32 A. M. Bond, R. J. O'Halloran, I. Ruzic, and D. E. Smith, *Anal. Chem.*, **48**, 872 (1976).
33 D. E. Smith, *Anal. Chem.*, **35**, 1811 (1963).
34 B. Timmer, M. Sluyters-Rehbach, and J. H. Sluyters, *J. Electroanal. Chem.*, **14**, 169, 181 (1967).
35 D. E. Smith, and T. G. McCord, *Anal. Chem.*, **40**, 474 (1968).
36 D. E. Smith, *Anal. Chem.*, **35**, 610 (1963).
37 A. M. Bond, *J. Electroanal. Chem.*, **50**, 285 (1974).
38 A. M. Bond, R. J. O'Halloran, I. Ruzic, and D. E. Smith, *Anal. Chem.*, **50**, 216 (1978).
39 S. O. Engblom, J. C. Myland, K. B. Oldham, and A. L. Taylor, *Electroanalysis*, **13**, 626 (2001).
40 C. P. Andrieux, P. Hapiot, J. Pinson, and J.-M. Savéant, *J. Am. Chem. Soc.*, **115**, 7783 (1993).
41 H. Blutstein, A. M. Bond, and A. Norris, *Anal. Chem.*, **46**, 1754 (1974).
42 S. O. Engblom, J. C. Myland, and K. B. Oldham, *J. Electroanal. Chem.*, **480**, 120 (2000).
43 D. J. Gavaghan and A. M. Bond, *J. Electroanal. Chem.*, **480**, 133 (2000).
44 J. Zhang, S.-X. Guo, A. M. Bond, and F. Marken, *Anal. Chem.*, **76**, 3619 (2004).
45 A. M. Bond, D. Elton, S.-X. Guo, G. F. Kennedy, E. Mashkina, A. N. Simonov, and J. Zhang, *Electrochem. Commun.*, **57**, 78 (2015).
46 S. Y. Tan, P. R. Unwin, J. V. Macpherson, J. Zhang, and A. M. Bond, *Anal. Chem.*, **89**, 2830 (2017).
47 J. Li, C. L. Bentley, S.-Y. Tan, V. S. S. Mosali, M. A. Rahman, S. J. Cobb, S.-X. Guo, J. V. Macpherson, P. R. Unwin, A. M. Bond, and J. Zhang, *J. Phys. Chem. C*, **123**, 17397 (2019).
48 A. M. Bond, *Anal. Chem.*, **45**, 2026 (1973).
49 C. Gabrielli, "Identification of Electrochemical Processes by Frequency Response Analysis," Technical Report 04/83, Solartron Analytical, 1998. https://www.ameteksi.com/library/application-notes/-/media/76e935901dd74ceea01ccaed28ffd9a2.ashx.
50 H. Kojima and S. Fujiwara, *Bull. Chem. Soc. Jpn.*, **44**, 2158 (1971).
51 S. C. Creason, J. W. Hayes, and D. E. Smith, *J. Electroanal. Chem.*, **47**, 9 (1973).
52 D. E. Glover and D. E. Smith, *Anal. Chem.*, **45**, 1869 (1973).
53 D. E. Smith, *Anal. Chem.*, **48**, 221A, 517A (1976).
54 J. Házì, D. M. Elton, W. A. Czerwinski, J. Schiewe, V. A. Vincente-Beckett, and A. M. Bond, *J. Electroanal. Chem.*, **437**, 1 (1997).
55 J. W. Hayes, D. E. Glover, D. E. Smith, and M. W. Overton, *Anal. Chem.*, **45**, 277 (1973).
56 M. D. Wijnen, *Rec. Trav. Chim.*, **79**, 1203 (1960).
57 E. Levart and E. P. D. A. D'Orsay, *J. Electroanal. Chem.*, **19**, 335 (1968).
58 A. A. Pilla, *J. Electrochem. Soc.*, **117**, 467 (1970).
59 A. A. Pilla, in "Computers in Chemistry and Instrumentation: Electrochemistry," Vol. 2, J. S. Mattson, H. B. Mark, Jr., and H. C. MacDonald, Eds., Marcel Dekker, New York, 1972.

11.11　习题

11.1　推导出将并联电阻-电容网络（R_p 和 C_p 并联）转换为串联等效电路（R_s 和 C_s 串联）的公式。

11.2　法拉第阻抗有时表示为并联电阻和电容，而不是串联电阻和电容。求用 R_{ct}、β_O、β_R 和 ω 表示的并联代表元件的表达式。[提示：使用串联元件的已知表达式和串并联电路转换的方程（习题 11.1）]

11.3　采用法拉第阻抗法来研究反应 $O+ne \rightleftharpoons R$，施加小正弦信号（5mV 振幅）并测量电解池的等效串联电阻 R_B 和电容 C_B。以下数据是在 $C_O^*=C_R^*=1.00\text{mmol/L}$，$T=25℃$，$A=1\text{cm}^2$ 的情况下获得的：

$[\omega/(2\pi)]/\text{s}^{-1}$	R_B/Ω	$C_B/\mu\text{F}$
49	146.1	290.8
100	121.6	158.6
400	63.3	41.4
900	30.2	25.6

在完全相同的条件下进行的单独实验中，在没有电活性物质的情况下，电化学池电阻 R_u 为 10Ω，工作电极的双层电容 C_d 为 20.0μF。

(a) 根据这些数据，计算每个频率下的 R_s 和 C_s，以及法拉第阻抗分量之间的相位角 ϕ。

(b) 计算反应的 i_0 和 k^0，并估计 D（假设 $D_O=D_R$）。

11.4　从式(11.4.6）和式(11.4.7）推导出式(11.4.13）和式(11.4.16)。

11.5　从式(11.4.9）和式(11.4.10）推导出式(11.4.11)。

11.6　设计并证明一个体系的等效电路，其中 O 和 R 通过化学修饰结合到电极表面。按照 11.3 节中的步骤，评估能斯特电极反应的法拉第阻抗的预期频率依赖性。相位角是多少？

11.7　从式(11.5.7）中推导式(11.5.9)，描述可逆交流伏安峰的形状。

11.8　根据图 11.5.4 和图 11.5.5 中的数据，估计草酸溶液中 Hg 下 Ti(Ⅳ）还原为 Ti(Ⅲ）的 α 和 k^0。从其他实验中我们知道 $n=1$，$D_O=6.6\times10^{-6}\text{cm}^2/\text{s}$，假设 $D_O=D_R$。

11.9　DMF 中硝基苯还原为其自由基阴离子发生在 Hg 电极，$k^0=(2.2\pm0.3)\text{cm/s}$[28]。在 (22±2)℃时，$D_O$ 值为 $1.02\times10^{-5}\text{cm}^2/\text{s}$，其中 k^0 为估算值。传递系数 α 为 0.70，计算 $\omega/(2\pi)=10\text{s}^{-1}$、$100\text{s}^{-1}$、$1000\text{s}^{-1}$ 和 10000s^{-1} 的预期相位角。画出 $E=E_{1/2}$ 时 $\cos\phi$ 与 $\omega^{1/2}$ 的对应关系图。描述一种从锁相和四分之一相敏伏安图中获得 $\cot\phi$ 的方法，并对频率范围进行评论，在该频率范围内，通过实验可以获得足够精确的 $\cot\phi$ 值，从而可以确定当前体系的 k^0 值。

11.10　绘制振幅和相位阵列［如图 11.8.3(a) 和 (b) 所示］，以生成具有 100Hz，200Hz，300Hz，…分量的复杂波形，相位角都等于 $\pi/2$。设这些阵列有 128 种元素，第 0 种元素代表直流水平，第 127 种元素代表 $\omega/(2\pi)=1270\text{Hz}$。与图 11.8.3 中产生的波形相比，由该阵列产生的波形有什么缺点？该波形有什么优势吗？

第 12 章　整体电解方法

在前几章所描述的方法中，一般的特征是电极面积 A 与溶液体积 V 的比值很小。这种“小 A/V 条件”允许在很长的时间间隔内进行实验而不会明显改变本体溶液的浓度。然而，在其他情况下是希望通过电解来改变本体溶液的组成。例如：如果目标是进行电合成或者库仑分析，那么就必须进行整体（或耗尽）电解（bulk electrolysis），其特点是尽可能具有传质和“大 A/V 条件”。虽然整体电解通常以相当大的电极、大电流，以及以分钟甚至小时计量的实验时间尺度为特点，但仍然可以依赖第 1～4 章中提出的控制电极反应的基本原理。整体电解的通用处理以及综述可以在文献［1-5］中获得。

在许多实际的电化学装置和过程中需要整体电解，特别是电池、燃料电池和建立在电合成基础上的化学制造。本章介绍了整体电解的基本概念；然而，为了与本书的本质保持一致，本章重点讲述的是实验室方法，而不是工程技术。电化学工程是一个更广泛致力于管理和优化技术体系性能的领域，其有时在非常大的规模上进行[6-8]。

整体电解方法通常根据被控制的变量来分类。例如，在控制电势技术中，工作电极的电势相对于参比电极保持恒定。在控制电流技术中，通过维持电解池的电流恒定，或有时电流按照时间程序变化，或对于电解池的某些信号有响应。下面大多数都是专门针对这些类别的。

整体电解也可以根据操作目的或者方式进行分类：

① 制备整体电解或电合成描述了物质或材料的电解生产[9-14]。其规模涵盖的范围很大。较小规模下，研究者可能追求制备几微克到几克的产品，这可以在实验室规模的电池中使用我们接下来即将讨论的技术来完成（12.1～12.3 节和 12.5 节）。较大规模下，量是以吨为单位进行计量的。基本上，全球所有的金属铝和氯的生产都是通过电合成完成的，消耗全球电力的相当大部分[8]。

② 电量（库仑）法（coulometry）（12.2.3 节和 12.3.2 节）描述了基于目标物质彻底电解所需电量的电分析测量方法。

③ 电重量法（electrogravimetry）（12.2.4 节）描述了基于工作电极上沉积重量的电分析测量方法。

④ 电分离法（electroseparation）（12.2.5 节）描述了从溶液中选择性去除成分的整体电解。

⑤ 流动电解法（flow electrolysis）（12.5 节）描述了溶液流过电解池时的彻底电解。

⑥ 薄层电解（thin-layer electrolysis）（12.6 节）描述了将体积很小的溶液限制在一个相对工作电极的薄层（20～100μm）上，从而获得大 A/V 的方法。这个方法的电流和时间尺度与 LSV 和 CV 相近。

⑦ 溶出分析法（stripping analysis）（12.7 节）先在预先准备的小体积材料或者电极表面进行电解，然后进行伏安分析，通常采用 LSV、DPS 或 SWV 技术。

该分类中的所有类别都将在本章中讨论，但并非所有类别都仅限于特定的章节。特别是，电合成在几个章节中都有涉及，因为它可以在控制电势或控制电流技术下，使用分批电解池或流动电解池进行。电合成的方法原理与在这些模式下任何其他目的的整体电解是相同的。

本章还包括微流控流动池，如用于液相色谱的电化学检测电解池、毛细管电泳和其他基于液相流动的技术（12.5.3 节）。虽然这些电解池并不总是在整体电解的模式下运行，但它们与这里描述的其他流动池有关。

12.1　一般注意事项

在本节中，将发展整体电解的两个基本概念，然后转向一系列重要的实践方面，无论实验模式或目的如何，这些概念都广泛适用。

12.1.1　电极过程的完成率

一个重要的原理是工作电极的电势最终决定了在整体电解中实现的转换程度。对于控制电势电解的能斯特体系，这个想法最容易理解；然而，它通常与整体转换有关，即使条件不涉及控制电势或工作电极上的能斯特交换。

考虑一个可逆过程

$$O + ne \rightleftharpoons R \tag{12.1.1}$$

其中，O 和 R 都是可溶并且稳定的，而且 R 开始时不存在。工作电极保持在还原反应的传质控制区域的电势 E，体系连续有效地搅拌，使得除了工作电极附近无法忽略不计的传质薄层外，各处均保持均匀的浓度。当 O 转化为 R 时，还原电流下降。最终，当 O 和 R 的本体浓度收敛于由施加电势所定义的能斯特平衡值时，电解得到了一个有效的结束，

$$E = E^{0'} + \frac{RT}{nF}\ln\frac{\lim\limits_{t\to\infty} C_O^*}{\lim\limits_{t\to\infty} C_R^*} \tag{12.1.2}$$

当体系达到 E 定义的平衡时，在电极上不再有将 O 转化为 R 的动力。

如果 $C_O^*(0)$ 为 O 的初始浓度，x 为达到平衡时转换的分数，则

$$\lim_{t\to\infty} C_O^* = (1-x)C_O^*(0) \tag{12.1.3a}$$

$$\lim_{t\to\infty} C_R^* = xC_O^*(0) \tag{12.1.3b}$$

因此，

$$\boxed{E = E^{0'} + \frac{RT}{nF}\ln\frac{1-x}{x}} \tag{12.1.4}$$

而还原的完成率为

$$\boxed{x = \frac{1}{1+10^{n(E-E^{0'})/0.059}}} \quad (25℃, E \text{ 以 V 为单位}) \tag{12.1.5}$$

当 99% 的 O 被还原成 R 时，工作电极的电势必定是

$$E = E^{0'} + \frac{0.059}{n}\lg\frac{0.01}{0.99} \approx E^{0'} - \frac{0.059\times 2}{n} \tag{12.1.6}$$

或在 25℃时比 $E^{0'}$ 负 $118/n$ mV。

如果 R 没有回到溶液中，可能是因为它与汞电极形成汞合金或作为金属电沉积，那么式(12.1.5) 不再适用。然而，使用合适的能斯特方程可以很容易地发展出类似的关系（习题 12.4）[❶]。

12.1.2　电流效率

当多个法拉第反应可以同时发生在一个电极上时，第 j 个过程所占总电流（i_{total}）的比例称为即刻电流效率

$$\text{第 } j \text{ 个过程的即刻电流效率} = \frac{i_j}{i_{total}} \tag{12.1.7}$$

单位（或 100%）电流效率意味着仅在电极上发生一个过程。

电解一段时间后我们可以根据第 j 个过程消耗总电荷的分数 Q_{total} 来定义总电流效率（overall

---

❶ 合并在第二版 11.2.1(2) 节和第一版 10.2.1(b) 节中处理。

current efficiency)：

$$第\ j\ 个过程的总电流效率=\frac{Q_j}{Q_{\text{total}}} \tag{12.1.8}$$

通常希望以高电流效率进行整体电解。实现它需要选择合适的工作电极电势和其他条件，以尽可能减少副反应（例如，溶剂、支持电解质、电极材料或杂质的还原或氧化）。

12.1.3　实验关注点

由于整体电解通常需要长时间尺度和大电流，面临着与基于小 A/V 条件的实验所不同的实验挑战。在这里，我们回顾了广泛适用于整体电解的问题，而不去管实验模式或目的如何。特定于给定模式(控制电势、控制电流或流动电解）的实验将在相应的章节进行讨论。

一个好的开始是掌握电解 1mol 任何物质所需的大量电荷。法拉第常数 F 是 1mol 电子的总电荷，96485C。要转化 1mol 分析物或制备 1mol 产物，每个分子需要 n 个电子，必须在工作电极上传递 nF 库仑。如果这要在 1h 内完成，平均电流将达到 26.8n 安培，这是一个很大的数字，甚至超过了目前最强大的电化学仪器的传输能力，并且会出现很大的控制问题。虽然可以在实验室级别的电解槽中电解或者生产出 1mol 产物，但这项工作需要几小时或者几批次才能完成。大多数实验室规模的整体电解是针对较小的数量，但仍然涉及相当大电流的传递和控制，通常在安培规模。F 的大小是造成电解池实用性差和电合成困难的原因。

电解池设计在整体电解中是十分重要的，特别是以下几个方面：

① 工作电极的面积应尽可能大；

② 传质应尽可能有效；

③ 工作电极和对电极放置时的对称性；

④ 对电极的隔离；

⑤ 电解液的电阻应尽可能小。

典型的整体电解的电解池如图 12.1.1 所示。流动电解的电解池设计将在 12.5 节中讨论。

(1) 工作电极

尽管有时使用粉体的紧密床、泥浆或流态床，但固体电极通常是用金属箔或网状玻璃碳(RVC)❷ 制成的网或圆柱体。其目的是有尽可能大的工作电极面积，以便尽快地进行电解。

(2) 物质传输

对电解速度也同样重要的是物质传输的有效性，不仅在本体溶液中，而且在多孔电极材料中。在像图 12.1.1 中的分批电解池，对流通常由搅拌棒驱动。在不产生漩涡的情况下尽可能剧烈地搅拌是有利的。超声波搅拌也被有效地应用（12.2.1 节）。

当使用多孔电极时，整个表面积通常对预期的反应无效，要么是因为传质到的内部位置很差❸，要么是因为溶液电阻限制了内部电流密度［12.1.3(3) 节］。多孔电极具有较小的总面积，但能更好地向内表面传质，因此可能实现更好的整体电解速率。

在流动电解池中，电解液通过工作电极的流速决定了体系的物质传输特性，如 12.5.1 节所述。

(3) 电极放置的几何形状

整体电解中的大电流通常在电解质相内产生显著的电势差，即使是在毫米尺度的距离上。溶液内电势的空间变化导致界面电势差在工作电极表面（特别是孔隙内）发生变化，进而导致电极局部反应速率的变化，从而导致电流密度的变化。一般来讲，工作电极和对电极上的电流密度在这些电极彼此最靠近的地方最高。这种影响对于大物理尺寸的工作电极来说往往更为严重。结果是电极的有效面积远小于微观面积，甚至是几何面积。

图 12.1.2 说明了图 12.1.1 中描述的两个电解池的预期行为。在这两种情况下，工作电极的背面没有活性，即使它暴露在电解液中。在图 12.1.1(a) 的电解池中，可以预期工作电极的正面有着相当均匀的电流密度，但电流密度可能随着进入多孔材料的距离而下降，因此远离对电极

---

❷ RVC 是玻碳的一种形式，具有大表面积的多孔结构，能够支持良好的流体流动。

❸ 正面朝向对电极，背面朝向相反的方向。

的内部区域的活性逐渐降低。

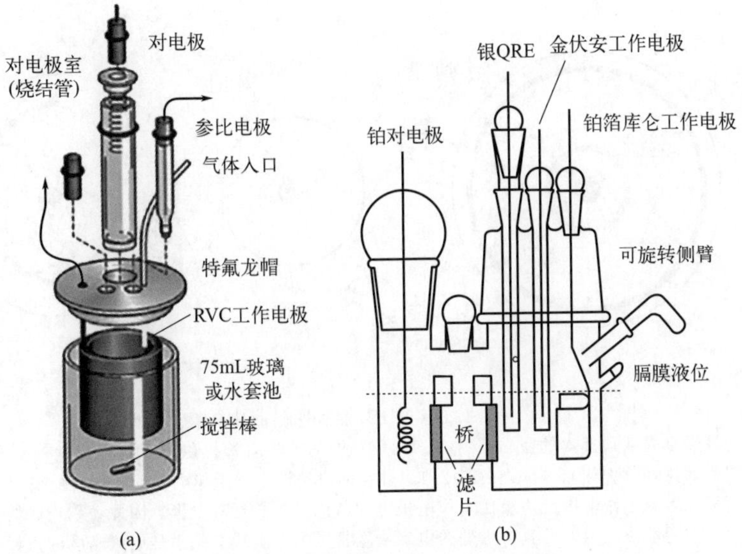

图 12.1.1　整体电解的电解池

(a) 设计用于在惰性气氛下水或非水介质中进行电合成或库仑法分析的商用电解池，对电极室允许对电极和工作电极的对称定位，RVC—网状玻璃状碳（生物分析系统公司提供）；(b) 带磨砂玻璃接头的三室电解池，用于在真空管路脱气后的库仑和伏安研究，可旋转的侧臂用于固体样品的添加，隔膜是用于通过注射添加，没有显示与真空管相连的臂（经 Smith 和 Bard 许可转载[15]）

通过对称地放置工作电极和对电极并使电解质相尽可能导电，最大限度地提高工作电极的有效面积总是有价值的。然而，高度对称的放置并不总是可行的，如图 12.1.1(b) 的情况，这是因为电解池的其他操作要求，如在搅拌、真空脱气或包含伏安电极的装置内。

参比电极尖端的放置对于控制电势的实验也很重要。一般来说，它应靠近工作电极上电流密度最高的位置，并在实际允许的情况下尽可能接近工作电极。参比电极电势的长期稳定性也很重要。

(4) 对电极的隔离

在彻底电解中，对电极上产生的产物，通常是未知的和具有潜在反应性的，其数量与工作电极上的目标产物相当。如果其是可溶的，来自对电极的产物可能与工作电极上所需的产物反应，或者本身就是电活性的。默认的解决方案是分隔两个电极，就像我们在图 12.1.1 中的两个电解池中看到的那样。必须在隔室之间通过离子导电隔膜建立电连接，通常是多孔烧结玻璃、离子交换膜（例如 Nafion；图 17.4.1）、微孔膜、多孔陶瓷或纤维垫[16]。通常，隔膜对电解池电阻有明显的贡献，并且通常占工作电极和对电极之间欧姆降的最大部分。隔膜的选择在整体电解过程中总是很重要的，而且在电池和燃料电池等电化学电源的设计中显得至关重要。

当对电极处的产物不构成干扰时，例如，当形成固体产物或无害气体产物时，可使用“未分隔电解池”（无隔膜）。例如，可能涉及在卤化物介质中使用银阳极（例如，$Ag+Cl^- \longrightarrow AgCl+e$）或在铂阳极上使用肼作为“阳极去极化剂”（$N_2H_4 \longrightarrow N_2+4H^++4e$）（12.3.1 节）。

电合成体系有时被用于在工作电极和对电极上产生有用的产物，这种情况下，体系采用成对反应。一个重要的经典例子是氯碱电池，其电解盐水，在阳极产生氯气，在阴极产生氢氧化钠和氢气[8]。

(5) 电解池电阻

高电解池电阻使涉及大电流的实验变得非常复杂，因为大的 i^2R 值意味着浪费能量，需要使用高电压恒电势仪或其他电源，且有不期望的热量放出（16.7.1 节）。此外，将参比电极尖端放置到足够靠近工作电极以避免大的欧姆降是很难办到的 [12.2.2(2) 节]。当使用非水溶剂（如

MeCN、DMF、THF、DCE、CH_2Cl_2 和 NH_3）时，应特别注意电解池电阻的最小化，因为电解质的溶解度和离子的迁移率往往比在水中低。

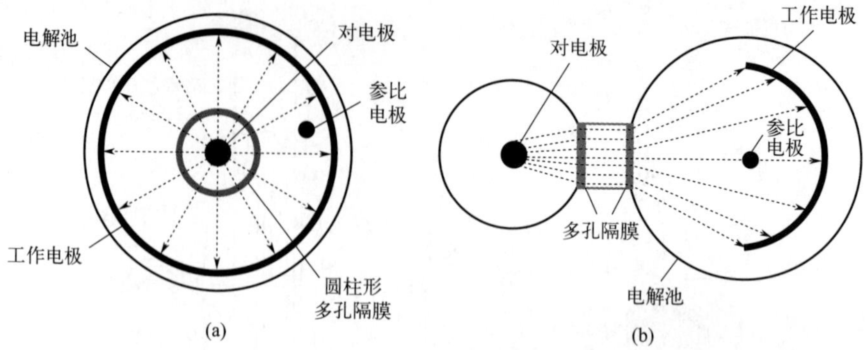

图 12.1.2 图 12.1.1 中的两个电解池中的电流分布

在每种情况下，视图都是从顶部看的。(a) 图 12.1.1(a) 中的圆柱对称提供了从对电极上的点到工作电极上的点的最小电阻等效路径（虚线）；(b) 在图 12.1.1(b) 的电解池中，工作电极的曲率半径小于工作电极和对电极之间的距离，因此工作电极的边缘比工作电极上的其他点更靠近对电极。因此，到边缘的电流路径涉及更小的溶液电阻，并且边缘处的电流密度将更大。虚线的间距是电流密度的指标

(6) 长时间尺度的影响

整体电解的时间尺度（约为 10～60min）通常比伏安法大几个数量级；因此，电子转移后的均相化学反应在伏安法中不会有什么影响，但在整体转换中它的干扰可能是重要的。例如，考虑反应顺序：

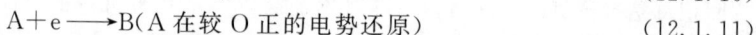

$$O+e \rightleftharpoons R \tag{12.1.9}$$

$$R \longrightarrow A(慢, t_{1/2} \approx 2\sim5\text{min}) \tag{12.1.10}$$

$$A+e \longrightarrow B(A 在较 O 正的电势还原) \tag{12.1.11}$$

例如，在液氨（以 0.1mol/L KI 作为支持电解质）中邻碘硝基苯（$O=IPhNO_2$）的还原过程就是这个反应顺序。伏安实验（例如，扫描速率为 50～500mV/s 的循环伏安法）显示了一个形成自由基阴离子 $IPhNO_2^{\cdot -}$ 的单电子反应，它在这个时间尺度上是稳定的。但是在控制电势电量还原（12.2.3 节）中，还原 1h 时，n 值达到 2。此时，自由基阴离子失去 I^- 形成自由基 $\cdot PhNO_2$，在这些电势下被还原为 $^-{:}PhNO_2$。该离子随后质子化形成硝基苯。

这种影响经常与电合成有关。

12.2 控制电势方法

如果可行的话，整体电解首选控制电势法，因为电势的控制提供了尽可能好的选择性，并定义了电解的完成率。除了特殊情况（12.3.3 节），它还提供最高的可实现电流效率和最短的完成时间。如果一种方法能够满足所有这些好处，就没有理由考虑另一种策略。

12.2.1 电流-时间行为

1.3.2 节中描述的简单传质模型也适用于整体电解的工作电极；然而，本体浓度是时间的函数，在电解过程中不断下降。因此，在工作电极电解时记录的 i-E 曲线（假设进行的速率很快，以至于在电势扫描过程中本体浓度没有明显的变化）将显示持续下降的极限电流 i_l（图 12.2.1）。

假设电解反应为 $O+ne \longrightarrow R$，在面积为 A 的电极上保持在极限电流区中的电势 E_C，在任意时刻的电流由式(1.3.10) 给出：

$$i_l(t)=nFAm_OC_O^*(t) \tag{12.2.1}$$

假设电流效率为 100%，该关系还反映了电解 O 的总消耗速率 $dN_O(t)/dt$(mol/s)：

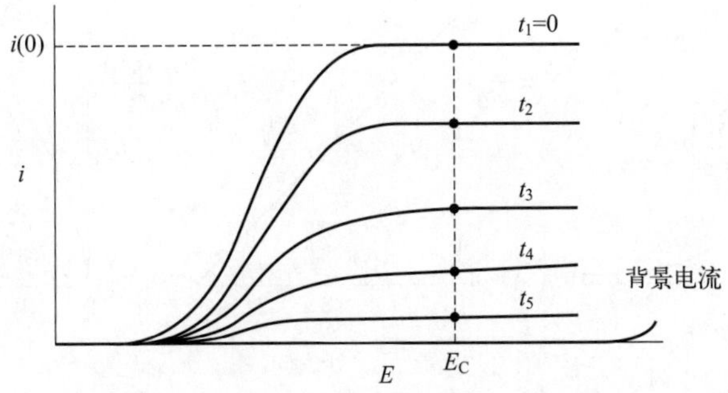

图 12.2.1　当 $E=E_C$ 时控制电势本体电解过程中在不同时间下的电流-电势曲线

$$i_1(t)=-nF\frac{dN_O(t)}{dt} \tag{12.2.2}$$

式中，$N_O(t)$ 为 O 的总物质的量，如果溶液是均相的（忽略在电极附近的扩散层的小体积，$\delta_O A$），则

$$C_O^*(t)=\frac{N_O(t)}{V} \tag{12.2.3}$$

其中，V 是溶液的总体积。因此，

$$i_1(t)=-nFV\frac{dC_O^*(t)}{dt} \tag{12.2.4}$$

由方程式(12.2.1) 和式(12.2.4) 给出

$$\frac{dC_O^*(t)}{dt}=-\frac{m_O A}{V}C_O^*(t)=-pC_O^*(t) \tag{12.2.5}$$

该方程式描述了一个一级衰减过程，这里 $p=m_O A/V$ 为一级速率常数。其解是

$$\boxed{C_O^*(t)=C_O^*(0)\exp(-pt)} \tag{12.2.6}$$

式中，$C_O^*(0)$ 为 O 的初始浓度。i-t 行为通过替代到式(12.2.1) 给出，

$$\boxed{i(t)=i(0)\exp(-pt)} \tag{12.2.7}$$

其中，$i(0)$ 为初始电流[17-18]。

因此，控制电势整体电解像是一个一级反应，其浓度和电流在电解过程中随时间按指数衰减（图 12.2.2），且最终达到背景（残余）电流水平。

可以用式(12.2.6) 或式(12.2.7) 来确定在一定的转化率时的时间：

$$t=-\frac{2.303}{p}\lg\frac{C_O^*(t)}{C_O^*(0)}=-\frac{2.303}{p}\lg\frac{i(t)}{i(0)} \tag{12.2.8}$$

为了达到 99%的电解程度，$C_O^*(t)/C_O^*(0)=10^{-2}$，$t=4.6/p$。而在 99.9%时，$t=6.9/p$。利用高效搅拌，$m_O\approx10^{-2}$cm/s，这样，对于 $A(\text{cm}^2)\approx V(\text{cm}^3)$ 来讲，$p=10^{-2}\text{s}^{-1}$，达到 99.9%的电流程度则应要求约 690s 或约 12min。典型的整体电解要比这慢，需要 30～60min，尽管所描述的电解池的设计有很大的 A/V 和高效的搅拌（诸如利用超声波），且 $p\approx10^{-1}\text{s}^{-1}$[19]。为了使电解有效速率高，$A$ 应当尽可能大，在许多实际装置中（例如制备用电解池或燃料电池），采用了多孔电极和流动体系（12.5 节）。

电解过程中消耗的总电量 $Q(t)$ 由 i-t 曲线下的面积给出［图 12.2.2(c)］：

$$\boxed{Q(t)=\int_0^t i(t)dt} \tag{12.2.9}$$

在控制电势下的电解是进行直接整体电解的最有效方法，因为在给定的电解池和物质传输条件下，电流总是维持在电流效率为 100%时的最大值。速率常数 p 与 $C_O^*(0)$ 无关；因此，在相同的条件下，在同一个电解池中电解 0.1mol/L 溶液和电解 10^{-6}mol/L 溶液需要相同的时间。

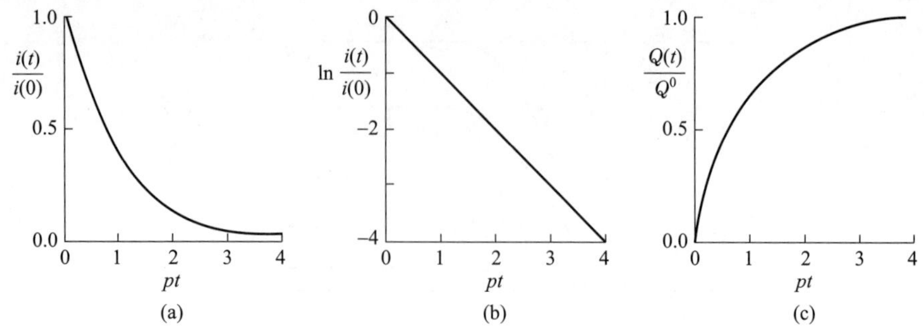

图 12.2.2　(a) 控制电势电解过程中的电流-时间关系；(b) $\lg i(t)$ 相对于 t；(c) Q 相对于 t（无量纲的形式）

12.2.2　实际考虑

控制电势下的整体电解对实验要求很高，需要最大的电流，有时甚至会出现严重的电势控制问题（16.7.1 节）。一个合适的恒电势仪必须具有强大的输出功率能力（例如 100W，±100V 时±1A 或±20V 时±5A）❹。在大型体系中，整体电解的恒电势控制可能根本无法实现，但它通常在实验室规模的电解槽中可以使用，用于实现适度的电合成或如下所述的其他目的。

(1) 柔量极限电解

即使是最强大的商业恒电势仪可能无法在部分实验过程中提供所需的电流或电压（尤其是在开始时，此时电流通常处于最高值）。通常，柔量极限（compliance limitation）不会影响整体电解，除非电解将以低于最大速率进行。在这种情况下，电势总是保持在低于期望的极限（对于还原反应来说更正，对于氧化反应来说更负），并且不会激活新的电极过程。

(2) 当电势控制不可行时

尽管在控制电势下电解通常是整体转换的最佳选择，但并不总是只有这个选择。问题是电势控制的有效性，这可以归结为欧姆降的问题。正如我们在 1.5.4 节中所了解到的那样，

$$E = E_{\mathrm{appl}} + iR_{\mathrm{u}} \tag{12.2.10}$$

其中，E 为工作电极的实际电势；E_{appl} 为工作电极和参比电极之间的控制电压。因此，未补偿欧姆降 iR_{u} 是电势控制误差。问题是这个误差是否小到可以被人们接受。

在整体电解中，参比电极的最佳位置仍然可能存在未补偿电阻 R_{u}，相当于工作电极和对电极之间总电阻的 10%。在有利的情况下，R_{u} 可能会降至 1Ω。如果电合成过程中的电流是 100mA（相对适中的值），控制误差将是 100mV，这是一个相当大的值，但对于整体电解仍然可以控制（即人们可以接受的误差，并且仍然将工作电极的实际电势保持在所需过程的传质控制区域中）。

然而，电流可能更大，或者未补偿电阻可能更大，甚至大几个数量级。例如，假设未补偿的电阻为 10Ω，电流为 1A（两者都是实际数字）。在这种情况下，电势控制误差 iR_{u} 将为 10V，这对于电势尺度来讲是一个巨大的数字。电极表面上的电势变化或对传质波动的响应可以是 1V 或更大。

在 iR_{u} 可能超过 250mV 的任何体系中，在实际意义上，控制电势下的操作变得无效。这种情况在电流超过千安培的工业电解池中很常见；当电流持续超过 1A 时，在实验室规模的电合成电解池中很容易遇到这种情况。对于电阻性介质（例如，非水溶剂），即使持续电流非常适度，控制电势电解也可能不切实际。那么，更好的选择可能是使用控制电流法（12.3.3 节）或使用具有更稀溶液的流动电解池（12.5.1 节）。

12.2.3　电量法

在控制电势电量法中，电解中消耗的总库仑数用来确定被电解物质的量。方法是绝对的，不

---

❹ 电压柔量和电流柔量是用于描述恒电势仪电子传递极限的术语［16.7.1(1) 节］。

需要标准化；然而，电极反应必须满足：

① 化学计量数已知；

② 为单一反应或至少没有不同化学计量数的副反应；

③ 反应时电流效率几乎为 100%。

实验体系通常与 12.1.3 节中描述的整体电解相同。此外，必须有测量通过的总电量的方法。通常地，在实验后采用合适的电化学工作站对 i-t 曲线进行数值积分完成测量；然而，也可以使用基于运算放大器积分电路（16.2.4 节）或其他设计的独立式电子设备（称为库仑计）进行测定。无论采用哪种方法，都可以得到电解过程中的 Q-t 曲线［图 12.2.2(c)］。

对于不复杂的体系，该曲线的形状可从式(12.2.7) 和式(12.2.9) 中得到：

$$\boxed{Q(t)=\frac{i(0)}{p}(1-e^{-pt})=Q^0(1-e^{-pt})} \tag{12.2.11}$$

其中，Q^0 为电解完成时的 Q 值（$t\to\infty$），由下式给出：

$$\boxed{Q^0=nFN_O(0)=nFVC_O^*(0)} \tag{12.2.12}$$

这里 $N_O(0)$ 表示初始存在的 O 的总物质的量。方程式(12.2.12) 只是法拉第定律的一个表述，是任何电量方法的基础。

由于电流在电解过程中被监控，从而可以确定背景电流和电解的完成情况。i-t 曲线的形状可以判断实验中存在的问题或电极反应机理。例如，如果电解后的最终电流是恒定的，但明显高于只有支持电解质时的预电解背景电流，则电解产物的反应可能再生出了原始物质或一些其他电活性物质（13.1.1 节）。这种情况也可能表明产物从对电极腔室中泄漏。如果电解开始时的电流在表现出一般的指数衰减之前的一段时间保持恒定［图 12.2.2(a)］，在给定的电解条件下（电极面积、C_O^*、电解池电阻、搅拌速率），恒电势仪的输出电流或电压可能不足以将工作电极维持在所选电势。

电量测定法广泛适用[1,5,20-21]。可以很容易地在各种介质中工作，并且不需要可隔离的产物，因此电极反应可以产生可溶的产物或气体。表 12.2.1 列出了典型应用。

表 12.2.1　典型的控制电势电量法测定

物质	电极	电解质①	电势②	整体反应
Li	Hg	0.1mol/L TBAP(MeCN)		Li(Ⅰ)→Li(Hg)
Cr	Pt	1mol/L H_2SO_4	+0.50	Cr(Ⅵ)→Cr(Ⅲ)
Fe	Pt	1mol/L H_2SO_4	+0.20	Fe(Ⅲ)→Fe(Ⅱ)
Zn	Hg	2mol/L NH_3＋ 1mol/L $(NH_4)_3$ 柠檬酸盐	−1.45	Zn(Ⅱ)→Zn(Hg)
Te^{2-}	Hg	1mol/L NaOH	−0.90	Te^{2-}→Te
Br^-	Ag on Pt	0.2mol/L KNO_3(MeOH)	0.0	Ag＋Br^-→AgBr
I^-	Pt	1mol/L H_2SO_4	+0.70	$2I^-$→I_2
U	Hg	0.5mol/L H_2SO_4	−0.325	U(Ⅵ)→U(Ⅳ)
Pu	Pt	1mol/L H_2SO_4	+0.70	Pu(Ⅲ)→Pu(Ⅳ)
抗坏血酸	Pt	0.2mol/L 邻苯二甲酸盐缓冲液，pH6	+1.09	氧化 $n=2$
芳香烃(如 DPA、红荧烯)	Hg or Pt	0.1mol/L TBAP(DMF)		还原 Ar→$Ar^{\overline{\cdot}}$
芳香族硝基化合物	Hg	0.5mol/L LiCl(DMSO)		还原 $ArNO_2$→$ArNO_2^{\overline{\cdot}}$

① 除非特别说明，否则均以水作为溶剂。

② V，vs. SCE。

控制电势电量法对于研究电极反应机理，以及在事先不知道电极面积或扩散系数的情况下确

定 n 值也是有用的❺。如前所述［12.1.3(6) 节］，电子转移后的化学过程太慢以至于在伏安法中不会有什么影响，但是电量法的结果，包括 n 的测定，会受到随后化学过程的影响。必须警惕这种影响。

12.2.4 电重量法

通过在电极上选择性沉积，然后通过称重来测定金属是最古老的电分析方法之一，最早的例子可以追溯到大约 1800 年。在控制电势方法中，将固体电极的电势调节到所期望的电镀反应能发生而其他不溶性物沉积的反应不发生的电势。用电重量法测定的金属及其沉积电势见表 12.2.2。

电重量法并不局限于测定金属，而是可以应用于任何电极过程，该过程可以安全地增加电极的质量，足以承受电极的去除、干燥和称重[1,3,22]。灵敏度受限于测定电极本身和电极＋沉积物之间重量的微小差异。

沉积物的物理特性取决于溶液中分析物的化学形式、溶液中可吸附的表面活性剂的存在以及其他因素[23-26]。从配位离子溶液中得到的金属沉积物常常比只含有水的溶液中得到的要光滑。例如，在含有 CN^- 介质［含 $Ag(CN)_2^-$］的 Ag^+ 溶液中得到的沉积物比在硝酸盐介质中得到的光亮。表面活性剂（"光亮剂"）的加入，例如凝胶，常常会改善沉积。沉积时有氢气析出也会使沉积物较粗糙。在很高的电流密度下得到的沉积物比低电流密度下得到的附着性差且粗糙。

表 12.2.2 在铂电极上各种金属的沉积电势（V，vs. SCE）

金属	支持电解质				
	0.2mol/L H_2SO_4	0.4mol/L NaTart＋0.1mol/L NaHTart	1.2mol/L NH_3＋0.2mol/L NH_4Cl	0.4mol/L KCN＋0.2mol/L KOH	EDTA＋NH_4OAc①
Au	＋0.70	(＋0.50)③	—	－0.11	＋0.40
Hg	＋0.40	(＋0.25)③	－0.05	－0.80	＋0.30
Ag	＋0.40	(＋0.30)③	－0.05	－0.80	＋0.30
Cu	－0.05	－0.30	－0.45	－1.55	－0.60
Bi	－0.08	－0.35	—	(－1.70)③	－0.60
Sb	－0.33	－0.75	—	－1.25	－0.60
Sn②	—	—	—	—	—
Pb	—	－0.50	—	—	0.65
Cd	－0.80	－0.90	－0.90	－1.20	－0.65
Zn	—	－1.10	－1.40	－1.50	—
Ni	—	—	－0.90	—	—
Co	—	—	－0.85	—	—

① 5g NH_4OAc＋200mL H_2O（pH≈5）；［EDTA］∶［金属］＝3∶1。

② 锡可从 HCl 或 HBr 溶液中含有的 Sn(Ⅱ) 沉积得到。

③ 沉积所得到的金属不适用于电重量法分析。

注：摘自 Tanaka[3]。

电重量法也广泛地使用石英晶体微天平（QCM）进行[27-28]，但这种模式不涉及整体电解。最好考虑 QCM 的其他应用（21.2 节）。

❺ 在伏安法中，如果要从极限电流确定 n，通常必须知道 D 和 A。习题 6.11 中突出了一个例外。为了从电势测量中确定 n，需要了解反应的可逆性。

12.2.5 电分离

电化学分离在历史上一直关注选择性沉积到汞电极中的金属。12.1.1节中所涉及电解的完成率是电势的函数在原则上是适用的。如果 $E_{a1}^{0'}$ 是金属 M_1 通过 n_1 电子还原为汞合金的形式电势，并且如果汞电极的体积等于电解质的体积，则在25℃下，完成电沉积（即≥99.9%）需要 $E \leqslant E_{a1}^{0'} - 0.18/n_1$ V。对于 $M_2 \leqslant 0.1\%$ 的沉积，$E \geqslant E_{a2}^{0'} + 0.18/n_2$ V。因此，形式电势之间的间隔必须至少为 $0.18(n_1^{-1}+n_2^{-1})$ V（图12.2.3）。如果 $|E_{a2}^{0'} - E_{a1}^{0'}|$ 小于此值，则无法实现99.9%水平的分离。在这种情况下，就要改变支持电解质，或是改变一个或两个金属的配合物，通常会得到更好的分离。这种方法适用于大多数过渡金属[29]。

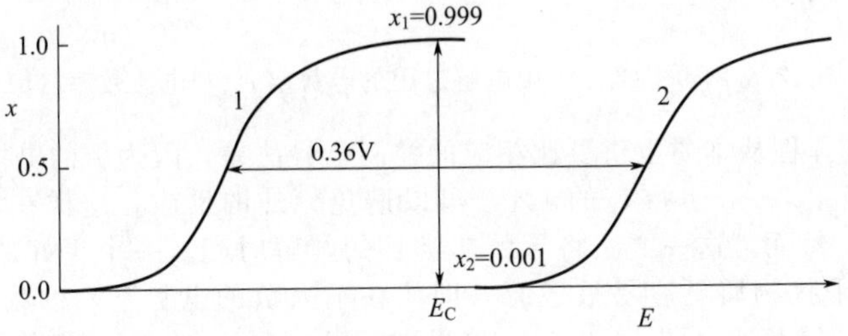

图12.2.3 在千分之一水平上在汞电极（$n_1=n_2=1$）上分离金属 M_1 和 M_2 的条件

12.3 控制电流方法

12.3.1 控制电流电解的特征

控制电流条件下的整体电解过程可以从 i-t 曲线中计算出来，如图12.3.1所示，描述了O物质的还原。只要施加的电流 i_{app} 小于极限电流 $i_l(t)$，电极反应就会以100%的电流效率进行。在此阶段，$C_O^*(t)$ 和 $i_l(t)$ 随时间线性下降。最终，$i_l(t)$ 降至等于 i_{app} 的点，此时

$$C_O^*(t) = \frac{i_{app}}{nFAm_O} \tag{12.3.1}$$

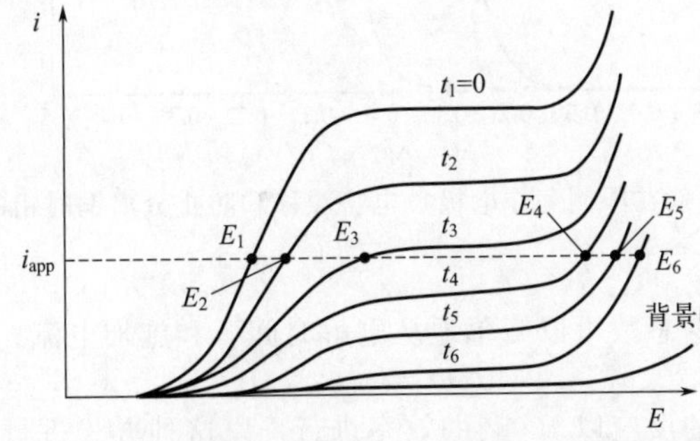

图12.3.1 在施加恒电流 i_{app} 时进行整体电解过程中，不同时间（从 t_1 增加到 t_6）时的电流-电势关系

在电解的过程中，电极电势从 E_1 移到 E_6，最大的移动发生在曲线3与4之间，其 i_l 较 i_{app} 低

在随后的任何时间，$i_{app} > i_l(t)$；因此，电势必须采用更负的值，以便额外的电极反应可以提供电流 $i_{app} - i_l(t)$，该电流不能再由O的直接还原支持，电流效率下降到100%以下。在这个阶段，电势保持在传质控制的O→R还原平台上；因此，O的电解过程就好像是在控制电势条件下进行的一样。该反应支持的电流呈指数衰减，如式(12.2.7)所示［图12.3.2(b)］。如果 i_{app} 大于初

始的极限电流，O 的电解速率与在控制电势条件下进行还原的速率相同，但是电流效率要低得多❻。

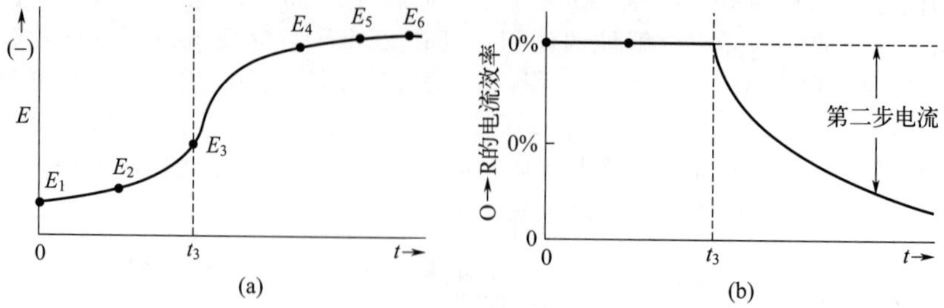

图 12.3.2 图 12.3.1 中电解过程的电势（a）和电流效率（b）

恒电流电解的选择性从本质上讲要比相应的控制电势法差，因为新的电极反应总是发生在电势移动之后。通过使用 i_{app}＜初始 i_l 的 1%，可以避免额外的反应，这样在电势移动发生之前，99%的 O 将被还原；然而，这一方法将导致非常长的电解时间。一个更好的选择是使用“去极化剂”，一种比任何干扰物质更容易被还原（即使在不太负的电势下）的物质。例如，考虑 Pb(Ⅱ) 存在时 Cu(Ⅱ) 的还原（图 12.3.3）。如果向溶液中加入 NO_3^-，它将在 Pb(Ⅱ) 还原发生之前优先被还原，并将防止 Pb 和 Cu 的共沉积。在这种情况下，可以说 NO_3^- 起到阴极去极化剂的作用[30]❼。去极化剂（depolarizer）这一名词意味着，该物质通过其自身的电极反应，将电势固定在某一期望值。氢离子通常也起去极化剂的作用。

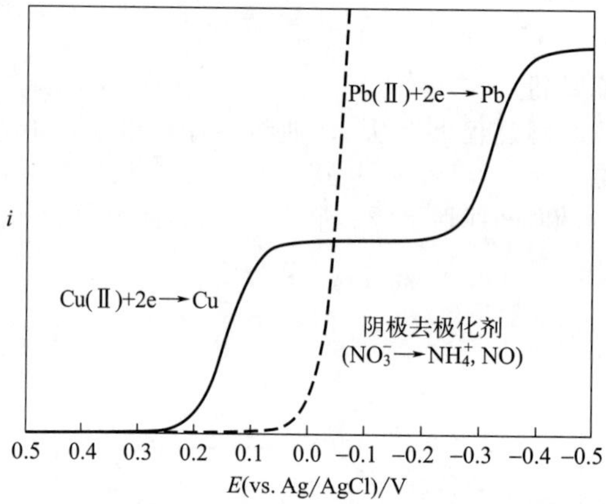

图 12.3.3 解释阴极去极化剂在限制工作电极负电势漂移和防止分离铜时铅的共沉积的 i-E 示意图

12.3.2 电量滴定

恒电流电解中消耗的库仑总数可以简单地从电解时间 τ 和施加电流 i_{app} 计算：

$$Q=i_{app}\tau \tag{12.3.2}$$

如果能找到一种方法使期望的反应以 100%的效率进行，以这种方式进行电量分析将是有吸引力的。虽然这一要求似乎与恒电流电解的动力学不一致，但有时可以达到所需的效率。

为了描述如何在恒电流方式中实现这一点，讨论在 H_2SO_4 介质中在铂电极上把 Fe^{2+} 氧化为 Fe^{3+} 来测定 Fe^{2+}（图 12.3.4）。如果把恒定电流施加到 Pt 电极上，当 Fe^{2+} 氧化的 i_l 降至 i_{app} 以下时，电流效率将＜100%（12.3.1 节）。然后，部分施加的电流应当进行次级过程［氧气的析出；图 12.3.4(a)］。如果在溶液中加入显著浓度的 Ce^{3+}，该行为变得更加有利［图 12.3.4(b)］。

---

❻ 有时，恒电流下的电解会比表面上相同条件下的控制电势电解快一些，因为恒电流电解过程中产生的气体（如氢气或氧气）会导致电极表面的有力搅拌，并产生更大的 m_O。

❼ 这是一个功能化策略，因为 NO_3^- 在 Cu 上被电催化还原[30]。

当 Fe^{2+} 直接氧化的电流效率低于 100%时，发生的下一个过程是 $Ce^{3+} \rightarrow Ce^{4+} + e$，产生的 Ce^{4+} 通过溶液中的快速反应氧化任何剩余的 Fe^{2+}，

$$Ce^{4+} + Fe^{2+} \longrightarrow Ce^{3+} + Fe^{3+} \quad (12.3.3)$$

虽然一些 Fe^{2+} 被间接氧化为 Fe^{3+}，但最终的结果是 100%的施加电流流向了 Fe^{2+} 的氧化过程。

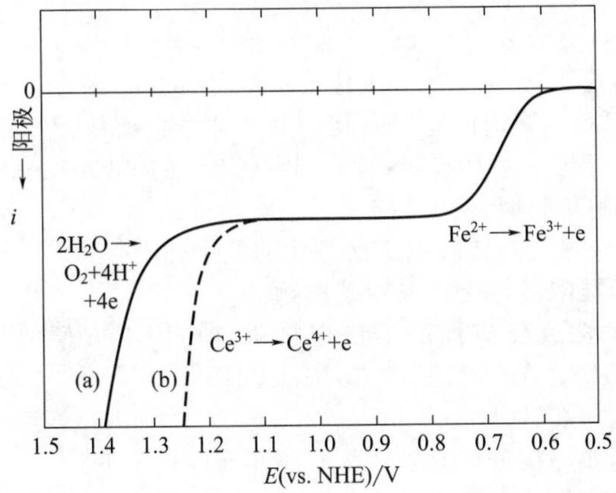

图 12.3.4　在没有（a）和存在（b）过量 Ce^{3+} 时，在 1mol/L H_2SO_4 溶液中 Fe^{2+} 的 i-E 曲线示意

该过程类似于用 Ce^{4+} 对 Fe^{2+} 的一般滴定，这样可以到达真正的当量点。因此，这种方法通常被称为电量（库仑）滴定（coulometric titration）（用电生成的滴定剂 Ce^{4+} 对 Fe^{2+} 进行滴定），我们认为 Fe^{2+} 氧化的滴定效率为 100%。因为工作电极的电流和电势都不能很好地指示反应过程，所以必须使用终点检测技术来指示 Fe^{2+} 氧化何时完成，就像一般滴定一样。可以使用任何常规的终点检测方法。

电量滴定装置的方框图如图 12.3.5 所示。电解池由在独立室中的工作电极和对电极构成。如果用电势法或安培法检测终点（12.4 节），则指示电极也应放置在电解池中。恒电流源通常是电子恒电流仪（16.5 节）。每当电流施加到电解池时，计时器就被驱动，以便可以记录到终点的总电解时间。通常，施加的电流在 10μA～200mA 的范围内，滴定时间在 10～100s 之间。

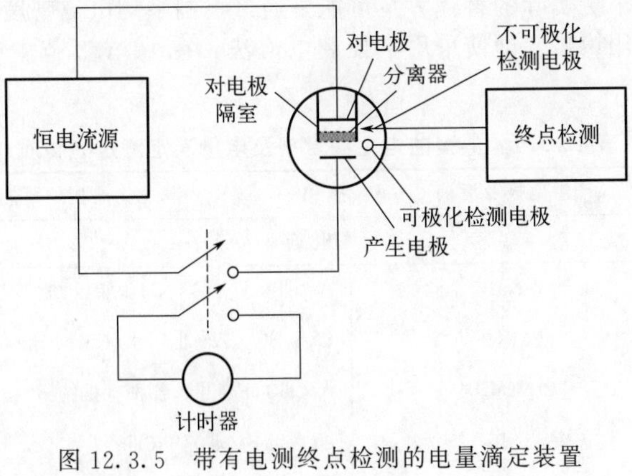

图 12.3.5　带有电测终点检测的电量滴定装置

溶液的条件和终点检测体系通常按普通滴定的相同标准选择（例如，快速、固定、简单、完全的滴定反应和灵敏的终点检测）。用于产生滴定剂的电流密度范围，可以由支持电解质体系中有或无测定剂的前置物质存在时的 i-E 曲线来确定。正如之前版本中讨论的那样❽。

电量法的中间体或滴定剂（如上述示例中的 Ce^{4+}）必须产生高电流效率，并与被测物（示

---

❽ 第二版，11.4.2 节；第一版，10.4.2 节。

例中的 Fe^{2+}）的反应既快速又完全。在某些情况下，如 Fe^{2+}-Ce^{4+} 滴定，产生的中间体只消耗总电流的一部分。在其他方法中，如测定水的卡尔·费歇尔（Karl Fisher）滴定法，所有的电流都用于产生中间体，然后与要滴定的物质发生反应。

由于 Karl Fischer 滴定法是最重要的电量滴定法之一，为此我们详细讨论其中的化学问题。滴定反应为

$$H_2O+SO_2+I_2 \longrightarrow 2HI+SO_3 \qquad (12.3.4)$$

其中 I_2 是在工作电极处通过 I^- 氧化生成。工作电极室含有 KI、SO_2 溶液和无水乙醇中的有机碱（如"Karl Fischer 级"甲醇），滴定前立即向其中加入样本。有机碱（通常为咪唑）是滴定反应的催化剂。电量法在这种情况下尤其有吸引力，因为传统的"Karl Fischer 试剂"——I_2 和 SO_2 的标准化溶液，特别难以制备和储存。

这个例子说明了电量滴定法与传统滴定法相比的几个优点：

① 无需制备或储备标准溶液，无需采用基准物。

② 可以使那些有挥发性或反应性的不稳定物质或使用不方便的物质作为滴定剂，例如，Br_2、Cl_2、Ti^{3+}、Sn^{2+}、Cr^{2+}、Ag^{2+} 和 Karl Fisher 试剂。

③ 很容易实现自动化。

④ 可以直接遥控（例如，在分析放射性物质或在惰性气氛下）。

⑤ 可以测量和滴定很少量的物质。采用 $i_{app}=10\mu A$ 和 $t=10s$ 的滴定是很容易的，它相对于 $n=1$ 的 10^{-8}mol 左右或者几微克可滴定的物质。的确，随着对纳米尺度化学的热度逐渐升高，人们对于采用电化学方法进行化学试剂的释放会有更大的兴趣[33]。注意到对于 $n=1$ 的反应，1pA 代表的流量仅是 10^{-17} mol/s。SECM 的表面问询技术（18.5 节）是电量滴定法的一种形式。

电量滴定一般可应用于酸-碱、沉淀、配合和氧化还原滴定。表 12.3.1 中给出了示例，详细的描述可在其他文献中找到[34-36]。

电量滴定仪也被运用于工艺流程分析。在这些体系中，不断地调整产生的电流，以保持电产生的滴定剂稍过剩于在进入的液体或气体样品中能与其反应的物质。产生的电流的大小是对分析物的瞬时浓度的测量[37-38]。

12.3.3 恒电流电解的实际考虑

12.2.2(2) 节指出，在控制电势下的整体电解并不总是一种选择。对于电阻性介质或具有非常大电流的电解池，一个更实际的替代方案可能是通过控制平均电流密度来管理整体转换。这是大规模工业电解池的常用策略。即使采用了控制电流法，在 12.1.3 节中确定的关键实验问题仍值得密切关注。

表 12.3.1 典型的电生滴定剂及电量滴定测定的物质

电生滴定剂	产生电极及溶液	典型的可测物质
		氧化剂
溴	Pt/NaBr	As(Ⅲ)，U(Ⅳ)，NH_3，烯烃，酚类，SO_2，H_2S，Fe(Ⅱ)
碘	Pt/KI	H_2S，SO_2，As(Ⅲ)，水(Karl Fischer)，Sb(Ⅲ)
氯	Pt/NaCl	As(Ⅲ)，Fe(Ⅱ)，各种有机物
Ce(Ⅳ)	$Pt/Ce_2(SO_4)_3$	U(Ⅳ)，Fe(Ⅱ)，Ti(Ⅲ)，I^-
Mn(Ⅲ)	$Pt/MnSO_4$	Fe(Ⅱ)，H_2O_2，Sb(Ⅲ)
Ag(Ⅱ)	$Pt/AgNO_3$	Ce(Ⅲ)，V(Ⅳ)，$H_2C_2O_4$
		还原剂
Fe(Ⅱ)	$Pt/Fe_2(SO_4)_3$	Mn(Ⅲ)，Cr(Ⅵ)，V(Ⅴ)，Ce(Ⅳ)，U(Ⅵ)，Mo(Ⅵ)
Ti(Ⅲ)	$Pt/TiCl_4$	Fe(Ⅲ)，V(Ⅴ，Ⅵ)，U(Ⅵ)，Re(Ⅷ)，Ru(Ⅳ)，Mo(Ⅵ)
Sn(Ⅱ)	Au/SnBr(NaBr)	I_2，Br_2，Pt(Ⅳ)，Se(Ⅳ)

续表

电生滴定剂	产生电极及溶液	典型的可测物质
		还原剂
Cu(Ⅰ)	Pt/Cu(Ⅱ)(HCl)	Fe(Ⅲ),Ir(Ⅳ),Au(Ⅲ),Cr(Ⅵ),IO_3^-
U(Ⅴ,Ⅳ)	Pt/UO_2SO_4	Cr(Ⅵ),Fe(Ⅲ)
Cr(Ⅱ)	$Hg/CrCl_3(CaCl_2)$	O_2,Cu(Ⅱ)
		沉淀和配位试剂
Ag(Ⅰ)	$Ag/HClO_4$	卤族离子,S^{2-},硫醇
Hg(Ⅰ)	$Hg/NaClO_4$	卤族离子,黄原酸盐
EDTA	$Hg/HgNH_3Y^{4-}$①	金属离子
CN^-	$Pt/Ag(CN)_2^-$	Ni(Ⅱ),Au(Ⅲ,Ⅰ),Ag(Ⅰ)
		酸碱物
OH^-	$Pt(-)/Na_2SO_4$	酸,CO_2
H^+	$Pt(+)/Na_2SO_4$	碱,CO_3^{2-},NH_3

① Y^{4-}是乙二胺四乙酸阴离子。

控制电流下的整体电解过程如12.3.1节所述。当相关过程的极限电流超过施加的电流时，大电流效率得以维持；但在电势移动后，当次级电极过程被激活时，电流效率下降。可以继续使用施加电流的初始值，或者降低电流以保持电流效率。

一个重要的问题是当初级过程不再能支持所施加的电流时所开始的次级电极过程的性质。例如，在图12.3.4的体系中，主要过程是Fe^{2+}氧化成Fe^{3+}，次要过程是O_2的析出或Ce^{3+}生成Ce^{4+}，这取决于电解质的组分。

如果次级过程是环境友好的——对初始材料或所需产品不产生任何有害物质，那么可以选择接受次级过程中电流效率的下降和能量的浪费。使用精心选择的去极化剂（12.3.1节）可以使这种选择完全可行。

如果次级过程产生未知产物（例如，通过溶剂或电解质的电解）或已知对电解目标有不利影响，则应添加性能良好的去极化剂，或尝试通过在电势移动后分阶段降低施加的电流来限制损害。

有一种非常有利的情况，即在控制电流下的整体电解可以以100%的电流效率进行，有时甚至超过在控制电势下的整体电解的速率。当次级过程产生一种可以使所需反应均相进行的试剂时，就会发生这种情况。电量滴定就是建立在这种情况上的。

在不断向电解池中加入反应物并移出产物的体系中，恒电流法的简单性是一个很大的优点。这里，可以通过调节电流密度、溶液流动速率或反应物添加速率来实现对工作电极电势的某种程度的控制。

12.4 终点测定的电测量

电测量法通常用于检测电量滴定（12.3.2节）和常规滴定[39-44]的终点❾。这些方法涉及指示电路中的两个小电极，它们与电量滴定中存在的电路分离（图12.3.5）。测量的量要么是两个电极之间的电势差（电势测量法），要么是两个电极之间通过的电流（电流测量法）。其中一个指示电极可以是稳定的参比电极，例如Ag/AgCl电极。另一个电极是“可极化的”，即能够反映滴

❾ 与前两个版本相比，本节中的介绍有明显的删减。第一版的10.5节提供了最全面的讨论。第二版的11.5节比第一版缩短了。

定过程中溶液的变化。可极化电极通常是铂、金或碳圆盘电极。有时两个指示电极都是可极化的。指示电路中的电流很小，因此通常参比电极的欧姆降和极化不被关注。

12.4.1 滴定过程中的电流-电势曲线

理解电势终点检测的关键是掌握滴定过程中可极化指示电极上 i-E 行为的变化。为了便于说明，再次通过电生成 Ce^{4+} 对 Fe^{2+} 进行电量滴定［12.3.2 节和方程式(12.3.3)］。假设 Fe^{3+}/Fe^{2+} 和 Ce^{4+}/Ce^{3+} 电对在可极化指示电极（例如，半径为 0.5mm 的玻碳电极）上都表现出可逆行为。图 12.4.1 显示了不同滴定分数 f 的曲线。在电量滴定中，f 是滴定经过的时间除以到达当量点的时间。行为最好分四个阶段来考虑：

① 最初（$f=0$），电解池包含 Fe^{2+} 和 Ce^{3+}，因此观察到 Fe^{2+} 的氧化阳极波和由于高浓度 Ce^{3+} 产生的阳极背景极限。还存在由氢气的析出所定义的阴极背景极限，但这对于这里的讨论并不重要，将不再进一步提及。

② 在滴定过程中（$0<f<1$），溶液中含有 Fe^{2+}、Fe^{3+} 和 Ce^{3+}，因此除了 Ce^{3+} 氧化导致的阳极极限外，还存在 Fe^{3+}/Fe^{2+} 的复合波。

③ 在当量点（$f=1$），存在 Fe^{3+} 和 Ce^{3+}。存在 $Fe^{3+} \rightarrow Fe^{2+}$ 的阴极波和 Ce^{3+} 氧化的阳极电流。

④ 在当量点（$f>1$）之后，溶液包含 Fe^{3+}、Ce^{3+} 和 Ce^{4+}，因此观察到 Ce^{4+}/Ce^{3+} 对的复合波和 Fe^{3+} 的阴极波。

正如接下来将看到的，不同的电势法和电流法的所有滴定曲线都可以从这些 i-E 曲线中推导出来。

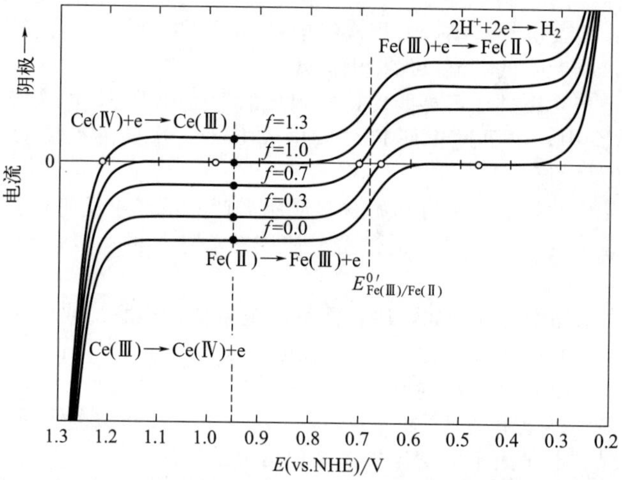

图 12.4.1 在不同滴定分数 f 下用电生成的 Ce^{4+} 对 Fe^{2+} 进行库仑滴定期间，玻碳指示电极上的理想化 i-E 曲线

溶液为含 0.1mol/L Ce^{3+} 的 1mol/L H_2SO_4 溶液和初始浓度约 2mmol/L 的 Fe^{2+}。由于 Ce^{3+} 的浓度较高，其氧化为 Ce^{4+} 有效地限定了阳极背景极限。这些曲线代表了搅拌溶液中圆盘微电极上的稳态伏安法。正文中讨论空心圆和实心圆

12.4.2 电势法

最常见的电势终点检测方法是测量一个可极化指示电极相对于非极化参比电极的开路电势。在图 12.4.1 中，$i=0$ 处的空心圆对应于通过该方法在每个 f 值处观察到的电势。相应的滴定曲线如图 12.4.2(a) 所示。在滴定期间（$0<f<1$）和在当量点之后（$f>1$），电极先被 Fe^{3+}/Fe^{2+} 平衡，然后被 Ce^{4+}/Ce^{3+} 平衡。在这两个阶段，电势都很明确，随着 f 的增加，电势变得稍微正一点，在开始时（$f=0$）和在当量点（$f=1$），电势未被极化，能够进行快速转换。这些特征在 i-E 曲线和滴定曲线中都很明显。尽管所代表的几个点并不能完全代表滴定曲线的形状，但人们可以很容易地理解平衡相和非平衡相在定义该形状中的作用。

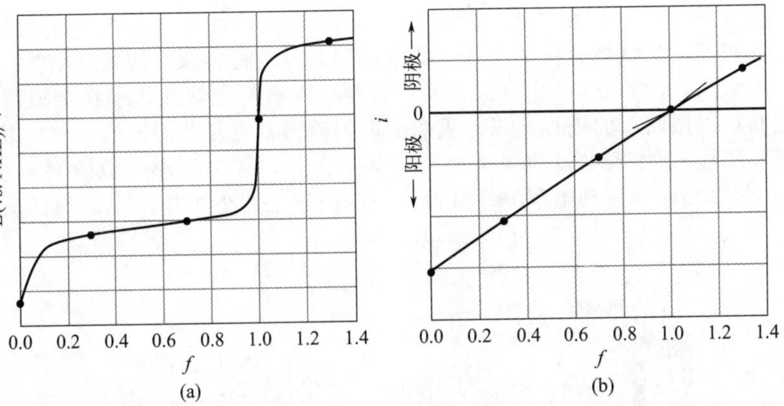

图 12.4.2　电势滴定曲线

(a) 基于开路（零电流）电势测量的一个可极化电极的电势曲线，点对应于图 12.4.1 中的空心圆；(b) 具有一个保持在 0.95V(vs. NHE) 的可极化电极的指示电解池电流曲线，点对应于图 12.4.1 中的实心圆。在当量点有轻微的斜率变化。更重要的是 $f=1$ 时电流符号的变化

一种可极化电极的电势测定也可以用外加非零电流来进行。许多用于电势终点检测的 pH/电压表可以支持这种选择，尽管它很少被使用。外加电流在图 12.4.1 的标度上很小，在指示电极上可以是阳极电流或阴极电流。测得的电势将位于 i-E 曲线与指示电极上适用的电流水平的交点处。如果外加电流是阳极电流，交点将比图 12.4.1 中的空心圆更正；如果外加电流是阴极电流，它们将更负。在任一情况下，滴定曲线在当量点附近仍具有基本相同的形状。如果滴定中涉及的一对或两对电极具有慢的电极动力学，外加电流可能是有利的。

另一种是双电极电势测定法，其中使用两个相同的可极化指示电极。恒定的电流持续被施加。这组 i-E 曲线分别应用于每个指示电极；然而，一个是阴极，另一个是阳极，每个都具有相同的电流大小。滴定曲线可以通过找出每条 i-E 曲线与小的相等的阴极和阳极电流的交点之间的电势差 ΔE 来计算。由此得到的 ΔE vs. f 在当量点显示一个峰值。

12.4.3　电流法

单电极电流法是将可极化指示电极的电势保持在相对于不可极化参比电极的恒定值。然后测量作为 f 的函数的电流。在图 12.4.1 中，$E=0.95$V(vs. NHE) 处的实心圆显示了在该电位下设置的可极化指示电极的电流值。最终的滴定曲线如图 12.4.2(b) 所示。由于电流通常与滴定中涉及的物质浓度呈线性关系，因此这些滴定曲线通常由直线段组成。通常，在当量点有一斜率变化，因为分析物对和滴定剂对的传质系数不同。根据电势的选择，滴定曲线可能在当量点穿过零电流轴，如图 12.4.2(b) 的例子所示。

双电极电流分析法使用两个可极化的指示电极，在它们之间施加一个小的恒定电势差 ΔE。因为它们在同一电流回路中，一个电极上的阳极电流必然与另一个电极上的阴极电流相等。这两个电极之间的电势差始终为 ΔE，位于零电流电势的两侧，并且其位置使得它们的电流大小相等、方向相反。电流的大小大致与零电流电势下 i-E 曲线的导数成正比。习题 12.6 要求读者理解这个概念，并理解为什么这种方法有时被称为死停终点检测。这是一种常用的方法，易于自动化，并且是电量 Karl Fischer 滴定的标准。

12.5　流动电解

整体电解的另一种方法是使待电解的溶液连续流过工作电极表面[45-47]。该流动可能由机械或电流体动力泵产生，或者甚至由重力供给。流动电解法可以实现高效率和快速转化。在需要处理大量溶液时特别方便。流动法用于工业场合（如从废液中去除铜等金属），并广泛应用于电合成、分离和分析[45]。

流动电解池（图 12.5.1）的设计需具有高转化率、最小的电极长度和最大的流速。通常，它们包含大表面积的工作电极，例如由细目的金属网、导电材料床（例如石墨或玻璃粒、金属屑或粉末）或导电泡沫，例如 RVC 构成。如果不需要有隔离的电解池，如在金属沉积中，对电极和工作电极之间可以用简单的隔板绝缘。隔离的电解池需要更复杂的结构（包括多孔玻璃、陶瓷或离子交换膜等隔板）。如果电解池要在控制电势下工作，还需要小心放置对电极和参比电极，以使 iR 降最小化。然而，流动电解池通常设计为在控制电流下工作，在这种情况下，不需要参比电极。

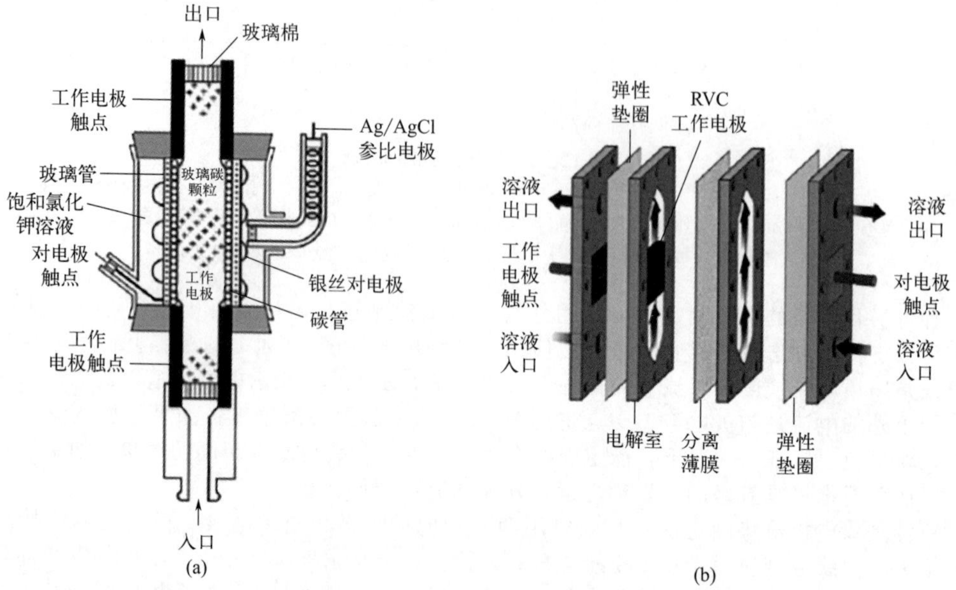

图 12.5.1 流动电解池

(a) 电解池利用玻璃碳颗粒工作电极在控制电势下测量电量（经 Fujinaga 和 Kihara 许可转载[48]）。(b) 一种用于电合成的两室流动电解池，具有网状玻璃碳（RVC）的三维工作电极，这个电解池涉及两个隔间的单独流动。定义流动室的区块是由绝缘聚合物加工而成。两侧的弹性垫圈提供密封以防止泄漏，但每个密封都有一个流动通道形状的开口，用于液体进入和电接触。对电极安装在右边的板上。当该电解池在控制电流下工作时，不需要参比电极。一个类似的电解池在其他地方也有详细的讨论[49]

（Pletcher，Green，和 Brown[45]）

许多实际的流动电解池被设计为多级系统（称为堆叠式流动电解池）中的模块，其中一个电解池的输出作为下一个电解池的输入，堆叠中的所有流动电解池以相同的方式运行[45]。电解池堆叠使得电化学反应器的尺寸易于定制，以实现目标的电化学体系的高转换效率。图 12.5.1(b) 中的电解池是为了便于堆叠而设计的。

12.5.1 数学处理

考虑一个长度为 L(cm)、横截面积为 A(cm^2) 的流体透过的多孔电极，将此电极浸入流动速度为 v(cm^3/s) 的液流中（图 12.5.2）。液体的线流速 U(cm/s) 由下式给出：

$$U=\frac{v}{A} \tag{12.5.1}$$

假设在电极上进行的反应 $O+ne \longrightarrow R$ 以 100% 的电流效率发生。O 的流入浓度是 $C_O(\mathrm{in})$，且假定 $C_R(\mathrm{in})=0$。在流出处，浓度分别为 $C_O(\mathrm{out})$ 和 $C_R(\mathrm{out})$。如果 R 是已转化的 O 的一个分数（$R=0$，无转化；$R=1$，100%转化），则

$$C_O(\mathrm{out})=C_O(\mathrm{in})(1-R) \tag{12.5.2a}$$

$$C_R(\mathrm{out})=C_O(\mathrm{in})R \tag{12.5.2b}$$

为了获得 R 的表达式，考虑电极运行一段时间 Δt，在此期间，$v\Delta t$ 的溶液体积流入和流出

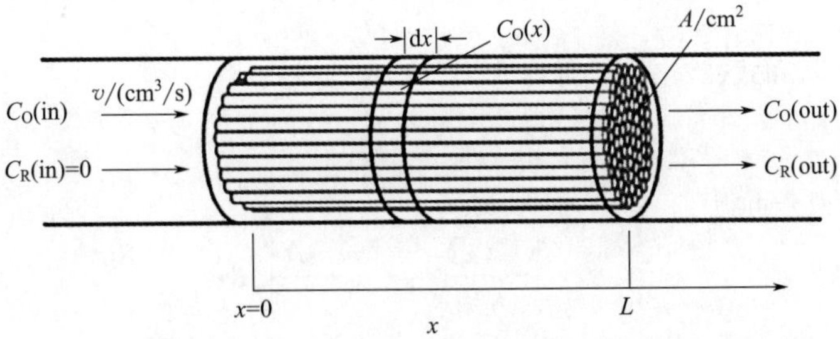

图 12.5.2　流动电解池工作电极的示意图

电极[46,50-54]。流入和流出的 O 的物质的量分别为 $C_O(\text{in})v\Delta t$ 和 $C_O(\text{out})v\Delta t$，由于电极中 O 转化为 R 的速率为 $i/(nF)$（mol/s），Δt 期间转化的物质的量为 $i\Delta t/(nF)$。因此

$$C_O(\text{out})v\Delta t = C_O(\text{in})v\Delta t - \frac{i\Delta t}{nF} \tag{12.5.3}$$

或者

$$C_O(\text{out}) = C_O(\text{in}) - \frac{i}{nFv} \tag{12.5.4}$$

$$R = 1 - \frac{C_O(\text{out})}{C_O(\text{in})} = \frac{i}{nFvC_O(\text{in})} \tag{12.5.5}$$

还希望用电极的某些首先需要定义的特性来表示电流。包含所有孔面积总和的总内部面积是 $a(\text{cm}^2)$，并且电极总体积是 LA（cm^3）。多孔电极通常以其比表面积 s 来表征，由下式给出

$$s(\text{cm}^{-1}) = \frac{a(\text{cm}^2)}{LA(\text{cm}^3)} \tag{12.5.6}$$

图 12.5.3 及其标注定义了这些特性与其他电极特性之间的关系。

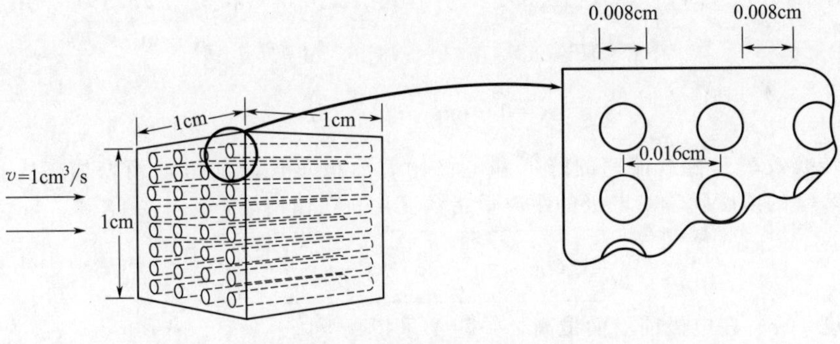

图 12.5.3　理想多孔电极比表面积 s 和孔隙率 ε 的计算说明

将电极视为 1cm×1cm×1cm 的立方体，包含直孔，每个孔的直径为 0.008cm，中心间距为 0.016cm。在 1cm^2 的面积上的孔隙总数 N 约为 3900；每个孔的内部面积为 $2\pi rL = \pi \times 0.008\text{cm} \times 1\text{cm} = 0.025\text{cm}^2$；内部电极总面积 $a = 3900 \times 0.025\text{cm}^2 = 98\text{cm}^2$；总电极体积为 1cm^3；比表面积 $s = 98\text{cm}^2/1\text{cm}^3 = 98\text{cm}^{-1}$；每个孔的表面积为 $\pi r^2 = 5.0\times10^{-5}\text{cm}^2$；面上的总孔面积为 $a_p = 3900\times5\times10^{-5}\text{cm}^2 = 0.2\text{cm}^2$；而孔隙率为 $\varepsilon = 0.2\text{cm}^2/1\text{cm}^2 = 0.2$ 如果体积流速为 $v = 1\text{cm}^3/\text{s}$，则线速度为 $U = (1\text{cm}^3/\text{s})/(1\text{cm}^2) = 1\text{cm/s}$，孔隙速度为 $W = (1\text{cm/s})/0.2 = 5\text{cm/s}$

O 的浓度随着距电极前沿面的距离（$x=0$）而连续降低，并且局部电流密度 $j(x)$ 随着 x 而变化，其中 $j(x)$ 与内部面积有关。由于厚度为 $\text{d}x$ 的板具有 $sA\text{d}x$ 的内部面积，板中的电流为 $j(x)sA\text{d}x$，相应的转化率为 $j(x)sA\text{d}x/(nF)$(mol/s)。从式(12.5.4) 中，可以将 x 处的浓度微分表示为

$$-\text{d}C_O(x) = \frac{j(x)sA\text{d}x}{nFv} \tag{12.5.7}$$

这是一个稳态体系；因此，可以写出传质限制条件（1.3.2节）

$$j(x)=nFm_{\mathrm{O}}C_{\mathrm{O}}(x) \tag{12.5.8}$$

结合式(12.5.7) 和式(12.5.8) 可得

$$-\frac{\mathrm{d}C_{\mathrm{O}}(x)}{\mathrm{d}x}=\frac{m_{\mathrm{O}}C_{\mathrm{O}}(x)sA}{v} \tag{12.5.9}$$

从输入到位置 x 的积分可得

$$\int_{C_{\mathrm{O}}(\mathrm{in})}^{C_{\mathrm{O}}(x)}\frac{\mathrm{d}C_{\mathrm{O}}(x)}{C_{\mathrm{O}}(x)}=\frac{-m_{\mathrm{O}}sA}{v}\int_0^x \mathrm{d}x \tag{12.5.10}$$

$$C_{\mathrm{O}}(x)=C_{\mathrm{O}}(\mathrm{in})\exp\left(\frac{-m_{\mathrm{O}}sA}{v}x\right) \tag{12.5.11}$$

$$j(x)=nFm_{\mathrm{O}}C_{\mathrm{O}}(\mathrm{in})\exp\left(\frac{-m_{\mathrm{O}}sA}{v}x\right) \tag{12.5.12}$$

电极中的总电流为

$$i=\int_0^L j(x)sA\,\mathrm{d}x=nFm_{\mathrm{O}}C_{\mathrm{O}}(\mathrm{in})sA\int_0^L \exp\left(\frac{-m_{\mathrm{O}}sAx}{v}\right)\mathrm{d}x \tag{12.5.13}$$

$$i=nFC_{\mathrm{O}}(\mathrm{in})v\left(1-\exp\frac{-m_{\mathrm{O}}sAL}{v}\right) \tag{12.5.14}$$

与式(12.5.5) 结合可得[50]

$$\boxed{R=1-\exp\frac{-m_{\mathrm{O}}sAL}{v}} \tag{12.5.15}$$

传质系数 m_{O} 是流速 U 的函数，有时表示为

$$m_{\mathrm{O}}=bu^{\alpha} \tag{12.5.16}$$

式中，b 是比例因子；α 是常数，对于层流，其值通常在 0.33 和 0.5 之间，对于湍流，其值增加到接近 1。对于式(12.5.16) 和式(12.5.1)，方程式(12.5.14) 和式(12.5.15) 采用以下形式

$$i=nFAUC_{\mathrm{O}}(\mathrm{in})\left[1-\exp(-bU^{\alpha-1}sL)\right] \tag{12.5.17}$$

$$R=1-\exp(-bU^{\alpha-1}sL) \tag{12.5.18}$$

因此，转换效率 R 随着流速的降低和电极比表面积及长度的增加而增加。从式(12.5.11) 中可以看出，O 的浓度随着沿电极的距离呈指数变化。在输出端，

$$\boxed{C_{\mathrm{O}}(\mathrm{out})=C_{\mathrm{O}}(\mathrm{in})\exp\frac{-m_{\mathrm{O}}sAL}{v}} \tag{12.5.19}$$

局部电流密度 $j(x)$ 在电极前沿面最高，并随 x 呈指数下降。

这些方程也可以用与整体电解相当的形式来表达。如果总的前沿表面上孔的空面积为 a_{p}，则孔隙度定义为（图 12.5.3）

$$\varepsilon=\frac{a_{\mathrm{p}}}{A} \tag{12.5.20}$$

液体流中的线流速 U 在进入电极时增加到空隙速度 W，由下式给出

$$W=\frac{U}{\varepsilon}=\frac{v}{A\varepsilon}=\frac{v}{a_{\mathrm{p}}} \tag{12.5.21}$$

一单位体积的溶液以这个流速流进孔，如果它在时间 $t=0$ 进入电极，那么在时间 t 将有距离 x，由下式给出

$$x=Wt=\frac{Ut}{\varepsilon} \tag{12.5.22}$$

这一发展使得方程有时间项，因此将式(12.5.22) 代入式(12.5.11) 得到

$$C_{\mathrm{O}}(t)=C_{\mathrm{O}}(\mathrm{in})\exp\left(\frac{-m_{\mathrm{O}}s}{\varepsilon}t\right) \tag{12.5.23}$$

其形式与整体电解式(12.2.6) 相同，它为$m_O s/\varepsilon=p$（与$m_O A/V=p$相比)。因此，电解池因子p随着传质速率和比表面积的增加而增加，但随着孔隙率的增加而减少。

根据式(12.5.15)，给定转化率R所需的多孔电极长度可由下式获得

$$\boxed{L=-\frac{v}{m_O sA}\ln(1-R)} \tag{12.5.24}$$

单位溶液通过电极的时间τ，有时称为停留时间，由式(12.5.22) 和式(12.5.24) 得出，如下所示

$$\boxed{\tau=\frac{L\varepsilon}{U}=p^{-1}\ln(1-R)} \tag{12.5.25}$$

得到多孔电极中电极效率的另一种简化方法是考虑在半径为r的孔中心的O扩散到壁所需时间：

$$t'\approx\frac{r^2}{2D_O} \tag{12.5.26}$$

由式(12.5.21) 和式(12.5.22)，可得出通过孔长度为L的电极所需时间为

$$\tau=\frac{La_p}{v} \tag{12.5.27}$$

这是对停留时间的另一种估计。如果τ大于或等于t'，则将获得一个高的转换率（$R\approx 1$)。因此，高转换所需的流速必须满足以下表达式：

$$\boxed{v\leqslant\frac{2a_p LD_O}{r^2}} \tag{12.5.28}$$

例如，考虑具有$A=0.2\text{cm}^2$、$\varepsilon=0.5$、$L=50\mu\text{m}$、$r=2.5\mu\text{m}$、$D_O=5\times10^{-6}\text{cm}^2/\text{s}$和$a_p=\varepsilon A=0.1\text{cm}^2$的多孔银电极。为了获得$R\rightarrow1$，流速不应超过$0.1\text{cm}^3/\text{s}$，从而使停留时间至少约为5ms。

这里所给出的简单处理是在极限电流条件下且忽略：(a) 在电极的和孔中溶液的电阻降；(b) 电子转移反应的动力学限制；(c) 电流效率小于1的可能性可以用于求出高效流动电解的一般条件。如果考虑这些效应，则可见文献［56-58］。这些通常会造成方程式需要数值解。

工作在$R=1$的流动电解池，对于液流的连续分析是方便的，因为它所度量的电流正比于被电解的物质的浓度，即根据式(12.5.5)，$C_O(\text{in})=i/(nFv)$。这种情况是连续电量分析；因此，该方法是绝对的，既不需要校准，也不需要知道传质参数或电极面积[59]。

12.5.2　双电极流动池

把两个工作电极装入流动管中的流动电解池也曾有描述（图12.5.4)[48,55]。这些可以看作是与旋转环-盘电极的流动电量法等效的方法，其中对流流动将物质从第一个工作电极运送到第二个工作电极。

该策略曾用作钚的电量分析[48]，在此两个工作电极是玻璃碳颗粒的大型床，第一个电极用于调整钚的氧化态到简单的已知水平Pu(Ⅳ)，第二个电极用于Pu(Ⅳ)＋e→Pu(Ⅲ) 的电量分析。

双电极流动电解池也可通过在第二电极（收集电极）电解分析第一电极（产生电极）的产物。最明显的情况涉及反向电解，如产生电极的O＋ne→R和收集电极的R→O＋ne。薄但有效的工作电极需要用小间隙g分隔。

一个体系包括两个多孔银圆盘工作电极（平均孔径50μm)，它们被厚度200μm的多孔聚四氟乙烯垫隔开[55]。每个工作电极都有自己的参比电极和对电极；因此，这是一个六电极电解池，需要两个独立的电势控制电路。工作电极的特性是在式(12.5.28) 之后直接给出的。在一个工作电极处将Fe(Ⅲ) 还原为Fe(Ⅱ) 的实验中，电流开始偏离在$R=1$时由式(12.5.5) 得出的预测值，流速与已确定的高效转化率的最大流速（约$0.1\text{cm}^3/\text{s}$) 一致。在此流速下，通过间隙的时间约为40ms。即使在$R<1$的流速下，也可得到了高收集效率，即$|i_{生产}/i_{收集}|$。这种体系可用于研究与电子转移反应相耦合的均相反应。收集效率不仅提供了关于产生电极处产品稳定性的信

息，而且电极过程的最终产品可在流出物中获得，并可容易地进行分析。该电解池在 DMF 中马来酸二乙酯自由基阴离子异构化研究中的应用已有报道[60]。

双电极流动池也可用于微流控系统［见 12.5.3(2) 和 (3) 节］。

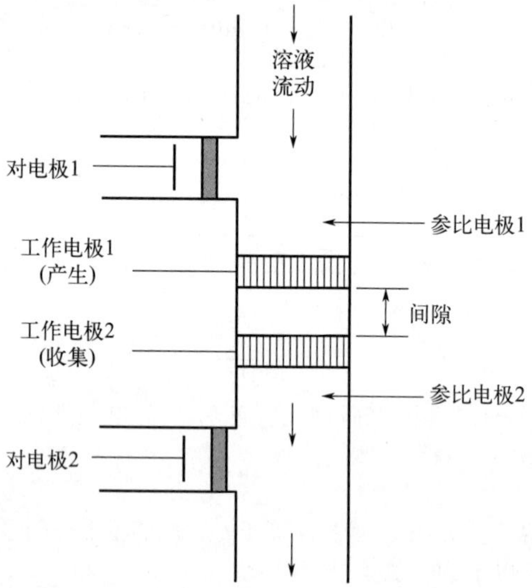

图 12.5.4 双电极流动电解池的示意图

概念见参考文献［55］，显示了由重力引起的从上方储液池的溶液流动的装置

12.5.3 微流控流动池

一个重要的发展领域是在微流控系统中使用流动电解池进行电化学检测、表征或电合成。在本书中，“微流控”（microfluidic）一词描述了一种体系，其中电解质在微升或更小的规模上被处理，从而可以进行电化学过程。一般来讲，一种流体可以通过流动或作为单个液滴进行操作，但本节完全讨论微流控流动电解池，这主要源于电化学检测液相色谱（LCEC）的成功发展[61-64]。用于毛细管电泳（capillary electrophoresis，CE）和流动注射（flow injection，FI）的微流体检测器随后也得以广泛使用[61-63]。随后的研究集中于创造更小的体系，其通常具有化学定制的表面，以产生选择性传感器。为了更全面地了解目标、策略和进展，感兴趣的读者可以参考已发表的综述[65-66]。在这里，我们将重点介绍微流控系统中电化学流通池的基本原理。

本节中提到的大多数应用涉及分析物的检测；因此，噪声是一个问题。关键是使用一种不增加来自电解池噪声的机理来驱动流动。由于这不是一个电化学问题，我们不会详细讨论它，但读者应该意识到这个问题。

(1) 液相色谱的电化学检测

因为 LCEC 推动了微流控流动池的发展，并且仍然是最大的应用领域，所以在该背景下介绍一般原理是合适的。

LCEC 电解池可能是电量式的，所有流入电解池的物质都被电解，但更常见的是电流式或伏安式的。已经采用了许多不同几何形状和流动模式的电解池。一般要求[67] 包括：

① 很好定义的流体力学；

② 小的死体积；

③ 高的传质速率；

④ 高的信噪比；

⑤ 耐用的设计；

⑥ 工作电极和参比电极响应的重复性。

一个重要因素是相对于电极的溶液流动的性质，它可以遵循几种模式中的任何一种（图 12.5.5）。对于所有模式，控制电解池电流的流体力学方程可以用第 10 章中讨论的方法求解[67-68]。表 12.5.1 总结了传质极限电流的相应方程。

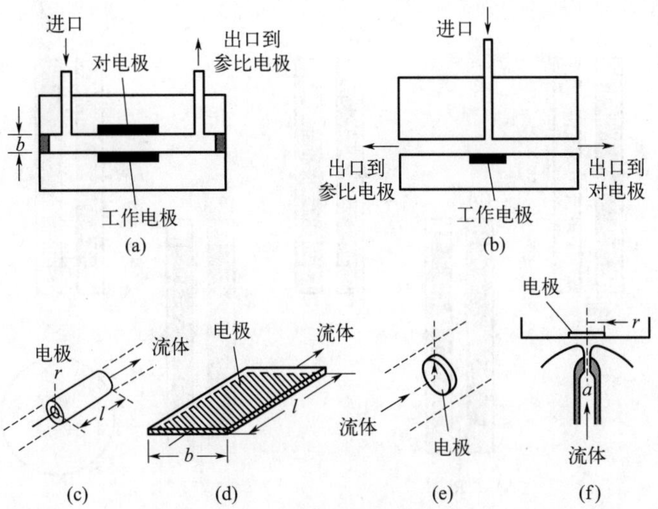

图 12.5.5　常见的电解池结构

(a) 薄层池；(b) 壁喷射池；(c) 管式电极；(d) 具有平行流动的平板电极；(e) 具有垂直于电极方向流动的平板电极；(f) 壁喷射电极（引自 Gunasingham 和 Fleet[67]，由 Marcel Dekker 公司提供）

表 12.5.1　各种几何形状电解池的极限电流

电解池几何形状	极限电流公式
管状	$i=1.61nFC(DA/r)^{2/3}v^{1/3}$
平板，管道中平行流动	$i=1.47nFC(DA/b)^{2/3}v^{1/3}$
平板，垂直流动	$i=0.903nFCD^{2/3}\nu^{-1/6}A^{3/4}U^{1/2}$
壁喷射	$i=0.898nFCD^{2/3}\nu^{-5/12}a^{-1/2}A^{3/8}v^{3/4}$

注：1. a—喷流口的直径；A—电极面积；b—通道的高度；C—浓度；D—扩散系数；ν—运动黏度；r—管电极的半径；v—平均的体积流动速率，cm^3/s；U—流体速率，cm/s。

2. 摘自 Elbicki，Morgan 和 Weber[68]。见图 12.5.5 对该类型的解释。

薄层和壁喷射式（wall-jet）结构在商业设备中占主导地位⑩。电极材料通常是不同形式的碳（如碳糊或玻碳），或铂、金或汞。尽管其他金属，如铜、镍和铅，也可用于特定分析（如氨基酸、碳水化合物）。

在基本薄层概念中，对于参比电极和对电极的放置有不同的选择（图 12.5.6）。图 12.5.6(a) 中的概念是最简单的，但它在工作电极表面产生了不均匀的电流分布，并在参比电极上产生了很高的未补偿电阻降。图 12.5.6(b) 中的设计产生了均匀的电流密度，但仍显示出未补偿的电阻降。在该模式下，在对电极上产生的有可能干扰物质，并且与工作电极上产物反应产生不需要的电流。如果载着被测电活性物质的流体的流速非常快，与工作电极上产物扩散穿过流动池（垂直于容易流动的方向）的时间相比短的话，则不会发生这种干扰。随着电解池设计和维护的复杂性增大，可以在两个平行电极之间增加一个隔膜，如图 12.5.6(c) 所示。原则上，参比电极可以放置在更靠近工作电极的位置，如图 12.5.6(d) 和 (e) 所示，但这对于常规参比电极来说是很困难的。

用于流动池的最简单的电化学技术是电流法，其中工作电极电势固定在分析物被氧化或还原的值，当分析物通过流动电解池时相应的电流被检测到（图 12.5.7）。灵敏度由电活性物质产生的电流与背景电流的比值决定。对于可氧化物质，可以达到大约 0.1pmol 水平的检测极限。由于氧还原和其他过程产生的背景电流较高，可还原物质的检测限较高，为 1pmol。

⑩　本节引用了薄层电化学的概念，这些概念还没有被呈现。已经努力使这一节独立可读，但是读者可以通过 12.6 节进行补充。

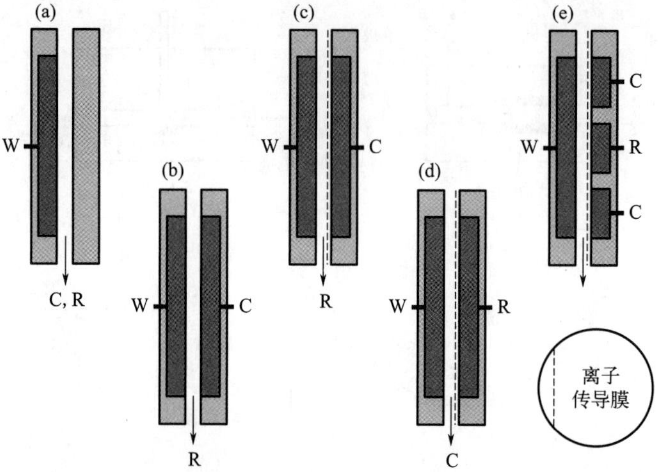

图 12.5.6 可以放置工作电极（W），对电极（C）和参比电极（R）于不同位置的各种薄层电化学检测器流动池的几何形状（引自 Lunte，Lunte 和 Kissinger[63]，由 Marcel Dekker 公司提供）

当电解池配置如图 12.5.6(b) 所示且氧化还原对是可逆的时，响应的放大是可能的[70]。如果间隙足够小，工作电极上的产物可以扩散到对电极上，并转化回被检测的分析物，而被检测的分析物又可以回到工作电极上再次被检测。氧化还原循环过程（12.6.3 节和 19.6 节）可在每个分析物分子保留在电极之间时重复进行。循环的有效性取决于流速（决定停留时间）和对电极与工作电极之间的间距（决定穿过间隙的扩散时间）。当扩散时间远小于停留时间时，氧化还原循环是实用的。在这种情况下，每个分析物分子比没有循环时传递更多的电子。

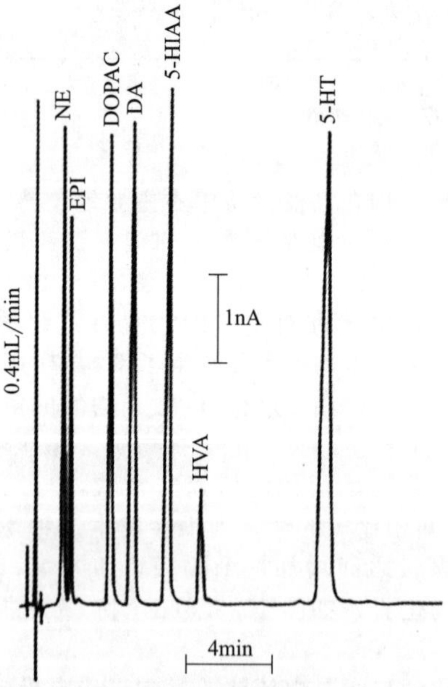

图 12.5.7 液相色谱法分离色氨酸和酪氨酸代谢物的谱图，薄层池所采用的是玻碳工作电极［在 0.65V(vs. Ag/AgCl)］

NE—去甲肾上腺素；EPI—肾上腺素；DOPAC—3,4-二羟基苯乙酸；DA—多巴胺；5-HIAA—5-羟基吲哚-3-乙酸；HVA—高香草酸；5-HT—5-羟色胺（引自 Huang 和 Kissinger[69]）

在检测器电极以伏安模式进行操作时，即在洗脱过程中在给定的电势窗口内进行扫描时，可以提高选择性和获得更好的定性信息。然而，由于部分来自双电层充电，并且更多的是来自于所采用的电极表面对于变化的电势具有慢的法拉第过程的高背景电流，检测限在伏安模式下要高得多（8.4.4 节）。使用方波伏安法或阶梯伏安法可以改善这种情况，但最佳灵敏度总是与在固定电势下不改变流体相组成相关。

另一种方法是使用具有保持在不同电势下的双工作电极的流动池[70]，同时检测每个电极上的电流（图 12.5.8）。如果电极并排放置，垂直于溶液流动方向（平行排列），每个电极暴露于相同的样品成分，一个用于建立背景电流水平，另一个用于检测感兴趣的物质。电极也可沿溶液流动方向[70] 放置，如 12.5.2 节（串联排列）。在这种情况下，下方的各种电极检测（收集）来自上方电极的产物。当所关注的分析物具有在第二电极上不产生可检测产物的色谱干扰时，该效应可用于提高选择性。

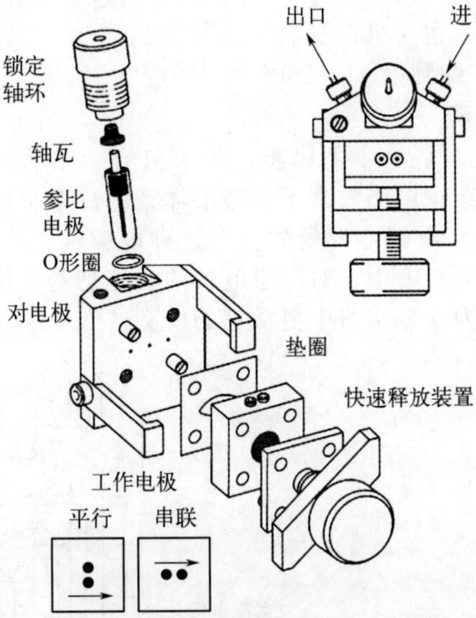

图 12.5.8 具有双工作电极和交叉流动设计的流动池

（引自 Lunte，Lunte 和 Kissinger[69]，由 Marcel Dekker 公司提供）

流动池的一个严重问题是在连续使用中电极的污染。尽管 LC 色谱柱可以有效去除一些污染电极表面的杂质，但有时用于检测的电极反应（如酚类的氧化）本身会在电极表面形成绝缘层。在这种情况下，通常需要在电势的阴、阳极两端循环扫描对电极进行清理（6.8.1 节和 14.6 节），或使用其他类型的电势程序来获得可再现的行为。像这样的步骤可以氧化或解吸表面杂质，以使电极表面恢复到可重复使用状态。这种模式下的自动操作有时被称为脉冲电流检测（PAD）[61,64,71-72]。

(2) 毛细管电泳

与刚刚讨论的非常相似的检测器流动池常用于 CE[61-63,73-75]；然而，用于 CE 的流动池设计要求更高，因为涉及更小的体积，并且可能遇到来自高施加电场和驱动电泳分离的相关电流流动的电干扰。

(3) 双电极电解池

12.5.2 节中介绍的串联双电极概念已经在上述 LCEC 的内容中介绍过；然而，它也被用于为其他目的设计的微型微流控电解池[76-79]。

为电合成引入了平行双电极概念[80]，其中流动电解池由工作电极和对电极组成，它们之间的间隙仅为 25～500μm。目的是促进两个电极电解产物的交叉反应。选择电极过程以产生单独的中间体，该中间体可以在流动通道中反应以产生最终产物，该最终产物可以从排出的流体中分离出来。这一概念已被证明在堆叠电解池配置中是有效的，有较高的整体转换效率，已经在高产率的克级生产中进行了展示。

12.6 薄层电化学

另一种处理大 A/V 条件的方法是在电极表面的薄层（2～100μm）中限制微小的溶液体积（几微升）。该概念展示在如图 12.6.1(a)，实际电解池如图 12.6.1(b) 所示。如果溶液厚度 l 远小于给定实验时间的扩散层厚度，即 $l \ll (2Dt)^{1/2}$，则溶液将因扩散而均匀化，并适用特殊的整体电解方程。在较短的时间内，必须考虑通过扩散（有时通过迁移）进行的传质。

在发现该效应后[82-84]，薄层（thin-layer）电化学池的理论和应用得到了广泛的发展，并已进行了综述[81,85-86]。类似于图 12.6.1(b) 的体系在某些用途上非常有用；薄层概念在电化学中的重要性得到了更广泛的体现。在这里，我们从最起始的形式介绍薄层的概念，并从 12.6.3 节和 12.6.4 节开始反复扩展，持续到第 17～20 章。

12.6.1 计时电流法和电量法

大多数薄层池符合图 12.6.1(a) 中的模型，其中只有一个边界上有一个活性电极；然而，两个边界都具有活性电极的体系也已经实现了。薄层体系的许多早期理论是为“双（同质）工作电极”（twin-working-electrode）电解池发展的，在这种电解池中，两个边界都是保持在相同电势下的活性电极。在本书以往的版本中，对薄层电解的处理是基于这个概念。在该版本中，理论是基于一个单一活性边界，因为这是实践中更常见的模型。

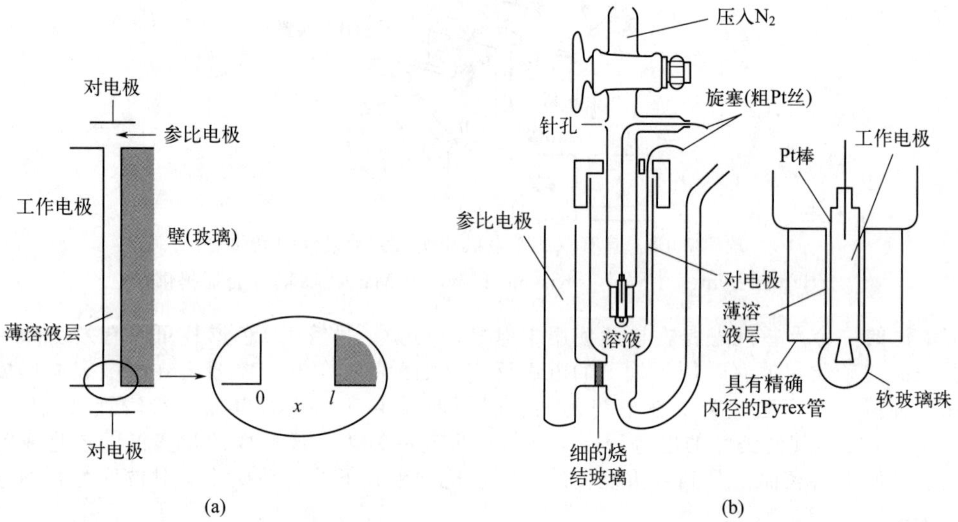

图 12.6.1 (a) 单电极薄层电解池的概念图；(b) 日常工作中使用的一种薄层电解池

溶液层位于作为工作电极铂棒和精确的毛细管内径的内表面之间的很小空间中。该层厚度通常为 2.5×10^{-3}cm。通过在每个端口附件棒的表面上加工三个小法兰，可使金属棒在毛细管内高度同心。使用旋塞阀交替施加和释放氮气压力，可以得到高度重现的洗涤和加入样品。与棒相连的粗铂丝是工作电极连接线。在溶液从薄层区排出并被毛细作用取代后，它还作为弹簧重新固定工作电极（来自 Hubbard，Anson[81]，由 Marcel Dekker 公司提供）

假设工作电极电势从没有电流流过的 E_1 电势阶跃到发生 $O+ne \longrightarrow R$ 反应的 E_2 电势，电极表面的 O 浓度基本为零。为了获得 i-t 行为和浓度分布，必须求解线性扩散方程，

$$\frac{\partial C_O(x,t)}{\partial t}=D_O\frac{\partial^2 C_O(x,t)}{\partial x^2} \tag{12.6.1}$$

在边界条件下

$$C_O(x,0)=C_O^* \quad (0\leqslant x\leqslant l) \tag{12.6.2}$$

$$C_O(0,t)=0 \quad (t>0) \tag{12.6.3}$$

$$J_O(l,t)=-D_O\left[\frac{\partial C_O(x,t)}{\partial x}\right]_{x=l}=0 \tag{12.6.4}$$

采用方程式(12.6.1)～式(12.6.3)，这个问题就和 Cottrell 实验（6.1.1 节）一样开始。然而，半无限边界条件不适用于薄层电解池，必须用式(12.6.4) 来代替，它表示在 $x=l$ 时没有流量能穿过惰性边界。用拉普拉斯变换法求解这些方程得出[81]⑪

$$C_O(x,t)=\frac{4C_O^*}{\pi}\sum_{m=1}^{\infty}\frac{1}{2m-1}\exp\frac{-(2m-1)^2\pi^2D_Ot}{4l^2}\sin\frac{(2m-1)\pi x}{2l} \tag{12.6.5}$$

无量纲浓度分布如图 12.6.2 所示。

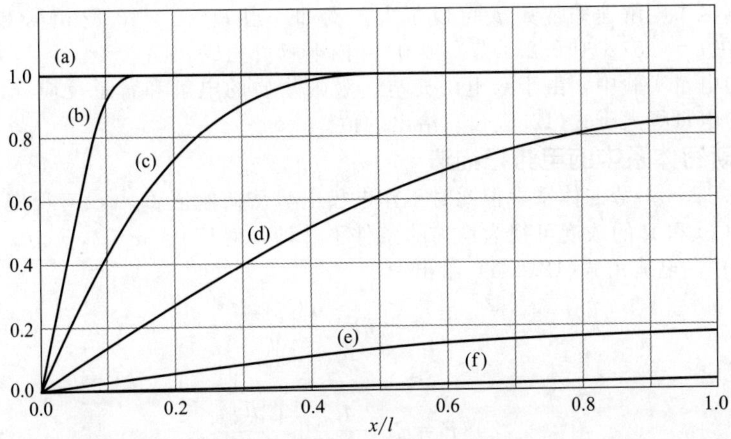

图 12.6.2　在 $x=0$ 时具有单一活性表面的薄层电解池中还原过程中 O 的无量纲浓度分布
曲线对应于 $(2Dt)^{1/2}/l$ 等于 (a) 0、(b) 0.06、(c) 0.18、(d) 0.57、(e) 1.26 和 (f) 1.79 时的时间

对一个面积为 A 的电极

$$i(t)=nFAD_O\left[\frac{\partial C_O(x,t)}{\partial x}\right]_{x=0} \tag{12.6.6}$$

使用式(12.6.5) 计算导数，可以得到

$$\boxed{i(t)=\frac{2nFAD_OC_O^*}{l}\sum_{m=1}^{\infty}\exp\frac{-(2m-1)^2\pi^2D_Ot}{4l^2}} \tag{12.6.7}$$

在稍后的时间，电流衰减可以仅使用 $m=1$ 项来表示，因为指数项的 $(2m-1)^2$ 因子导致 $m=2,3,\cdots$ 对于 π^2D_Ot/l^2 的任何合适值来说都是小的。那么

$$i(t)\approx\frac{2nFAD_OC_O^*}{l}\exp\frac{-\pi^2D_Ot}{4l^2} \tag{12.6.8}$$

或者

$$i(t)\approx i(0)\exp(-pt) \tag{12.6.9}$$

随着

$$p=\frac{\pi^2D_O}{4l^2}=\frac{\pi^2D_OA}{4Vl}=\frac{m_OA}{V} \tag{12.6.10}$$

其中

$$m_O=\frac{\pi^2D_O}{4l} \tag{12.6.11}$$

$$i(0)=\frac{8nFAC_O^*m_O}{\pi^2} \tag{12.6.12}$$

式(12.6.9) 的形式与式(12.2.7) 相同，如果在整个电解过程中可以认为电解池内的浓度完全均

⑪　双电极情况在第二版 11.7.2 节和第一版 10.7.2 节中介绍。

匀，则适用于薄层电解池。电解反应所通过的总电量是式(12.6.7)的积分，即

$$Q(t)=nFVC_{\mathrm{O}}^{*}\left[1-\frac{8}{\pi^2}\sum_{m=1}^{\infty}\left(\frac{1}{2m-1}\right)^2\exp\frac{-(2m-1)^2\pi^2D_{\mathrm{O}}t}{4l}\right] \tag{12.6.13}$$

在长时间下，将变为

$$\boxed{Q(t\to\infty)=nFVC_{\mathrm{O}}^{*}=nFN_{\mathrm{O}}} \tag{12.6.14}$$

其中 N_{O} 是施加该步骤时电解池中物质 O 的物质的量。方程式(12.6.14)与电量法方程式(12.2.12)相同，它表明在不知道 D_{O} 的情况下，可以测定 N_{O} 或 n。

薄层电解池中电解速率常数 p 可以很大。例如，当 $D=5\times10^{-6}\mathrm{cm^2/s}$ 和 $l=10^{-3}\mathrm{cm}$，$p=49\mathrm{s^{-1}}$，并且在 $t=4.6/p$（12.2.1 节）或 0.1s 内电解可完成 99%。

在实际的电量实验中，由于双电层充电、吸附物质的电解和背景反应（17.3.2 节）的额外贡献，测得的电量将大于式(12.6.14)给出的值。

12.6.2 能斯特体系中的电势扫描法

再次考虑 12.6.1 节的体系，但此时工作电极电势从初始值 E_{i}（没有反应发生）向负方向扫描。在薄层中 O 和 R 的浓度可视为均匀的条件下［即，对于 $0\leqslant x\leqslant l$，$C_{\mathrm{O}}(x,t)=C_{\mathrm{O}}(t)$ 和 $C_{\mathrm{R}}(x,t)=C_{\mathrm{R}}(t)$］，电流由式(12.2.4)给出

$$i=-nFV\frac{\mathrm{d}C_{\mathrm{O}}(t)}{\mathrm{d}t} \tag{12.6.15}$$

对于能斯特反应

$$E=E^{0'}+\frac{RT}{nF}\ln\frac{C_{\mathrm{O}}(t)}{C_{\mathrm{R}}(t)} \tag{12.6.16}$$

定义

$$C^{*}=C_{\mathrm{O}}(t)+C_{\mathrm{R}}(t) \tag{12.6.17}$$

结合式(12.6.16)和式(12.6.17)得

$$C_{\mathrm{O}}(t)=\frac{C^{*}\theta}{1+\theta} \tag{12.6.18a}$$

$$\theta=\mathrm{e}^{nf(E-E^{0'})} \tag{12.6.18b}$$

微分式(12.6.18a)并代入式(12.6.15)中，采用扫描速度 $v=|\mathrm{d}E/\mathrm{d}t|$，得到电流的表达式(使用右侧中的正号)

$$\boxed{i=\pm\frac{n^2F^2vVC^{*}}{RT}\cdot\frac{\theta}{(1+\theta)^2}} \tag{12.6.19}$$

虽然我们已经针对负向（还原）扫描研究了这一问题，相同的等式也适用于正向（氧化）扫描情况，但是在右侧使用了负号。因此，从 O 到 R 再回到 O 的循环转换产生了具有镜像的正向和反向扫描的 CV（图 12.6.3)。

峰电流发生在 $\theta=1$，或 $E=E^{0'}$，并由下式给出

$$i_{\mathrm{p}}=\pm\frac{n^2F^2vVC_{\mathrm{O}}^{*}}{4RT}\text{(+为阴极,−为阳极)} \tag{12.6.20}$$

峰电流与 v 成正比，但由式(12.6.14)给出的 i-E 曲线下的总电量与 v 无关。

在这种处理中，假设 O/R 电对与电解池中任何地方的电极电势 E 保持平衡。这是一个只有在扫描速率较低时才能成立的近似。考虑电解池内非均匀浓度这个问题的严格解[81]，表明近似式(12.6.19)在下列情况下成立

$$|v|\leqslant\frac{RT}{nF}\frac{\pi^2D}{3l^2}\lg\frac{1-\varepsilon}{1+\varepsilon} \tag{12.6.21}$$

式中，ε 为从式(12.6.20)计算 i_{p} 时允许的相对误差。

薄层法已被建议用于测定电极反应的动力学参数[81,87]⑫，但它们尚未被广泛应用。常规薄层电解池的一个困难是薄层中的高溶液电阻，特别是当使用非水溶液或低浓度支持电解质时。由于参比电极和对电极位于薄层室之外，可能会出现严重的不均匀电流分布和高的未补偿 iR 压降（例如，产生非线性电势扫描）[88-89]。尽管已经设计出一些电解池来最小化这个问题[81]，但是在任何伏安响应的测量中需要小心控制实验条件。

12.6.3　双电极薄层池

早在 12.6.1 节，就提到了两个边界都是活性电极的薄层电解池。在“双电极”情况下，两个边界有相同的电势。在概念上更重要的是“双电极”电解池，其在薄层的相对边界上具有彼此面对的独立控制的电极。

这个想法最初是在我们一直讨论的薄层体系中实现的[90]，可以捕获微米级厚度的电解质。当一个电极作为阳极而另一个电极作为阴极，并且电极过程基于单一稳定电对时，这些电解池能够支持稳态，其中阴极处的还原产物在阳极处被再次氧化，反之亦然。薄层中的每个电活性分子因此在电极之间处于稳定循环模式。随着时间的推移，每个分子都向电流贡献了许多电子。因此，这些电解池首次展示了相邻电极之间的氧化还原循环（5.6.3 节中介绍的现象）。这种效应在扫描电化学显微镜（18.1 节）中尤为重要，其中的电化学被限制在可移动电极和导电或绝缘基底之间的纳米尺度间隙。

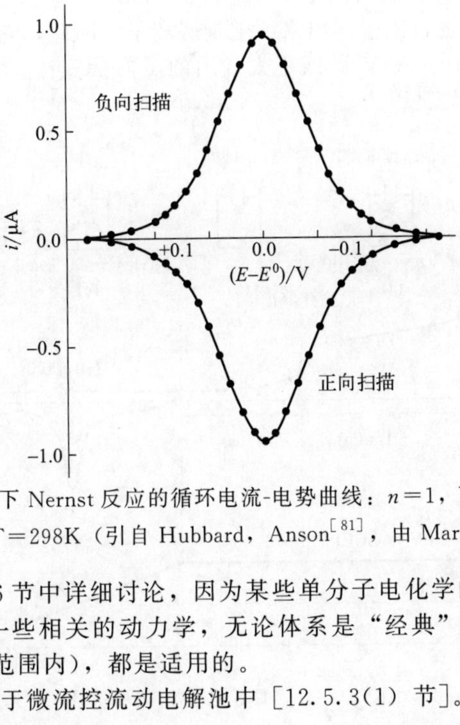

图 12.6.3　在如下条件下 Nernst 反应的循环电流-电势曲线：$n=1$，$V=1.0\mu L$，$v=1mV/s$，$C_O^*=1.0mmol/L$，$T=298K$（引自 Hubbard，Anson[81]，由 Marcel Dekker 公司提供）

氧化还原循环将在 19.6 节中详细讨论，因为某些单分子电化学的实验方法依赖于它。在习题 19.5 中，要求读者算出一些相关的动力学，无论体系是“经典”尺寸（l 在微米范围内）还是小得多的尺寸（l 在纳米范围内），都是适用的。

氧化还原循环也已被用于微流控流动电解池中［12.5.3(1) 节］。

12.6.4　薄层概念的应用

常规的薄层电解池是研究吸附[91-92] 和确定电极过程中的 n 的标准工具。它们也被广泛应用于光谱电化学（第 20 章）。

薄层所用的理论和数学处理方法可应用于许多其他重要的电化学问题。在 12.6.3 节中，我们已经注意到其对微流控电解池、SECM 和单分子电化学的适用性，但还有更多：

① 金属沉积到薄的汞膜上及其随后的溶出（12.7 节）是一个基本的薄层问题。

② 薄膜（例如，氧化物、吸附层和沉积物）的电化学氧化或还原也遵循类似的处理方法

⑫ 第二版 11.7.3 节和第一版 10.7.3 节提供了对完全不可逆的单步骤单电子反应的处理。

(17.2 节)。

③ 薄层的概念通常用于描述合成的修饰电极的行为，其特征是电活性物质键合在表面（第 17 章）。

在涉及表面膜的许多问题中，传质在很宽的时间范围内确实可以忽略不计，未补偿电阻的问题也很小；因此，可以进行相对快速的实验。

12.7 溶出分析

12.7.1 导言

溶出分析（stripping analysis）是一种如图 12.7.1 所示的分析方法。它以一个预富集步骤开始，从样品溶液中收集分析物到电极表面或收集到一个小体积中（悬汞滴或汞薄膜）。预富集后，可以观察到一个休止期，然后使用伏安技术（通常是 LSV、DPV 或 SWV）将沉积的分析物再溶解出来（“溶出”）。如果预富集是可重复的，就没有必要对溶液进行彻底电解。通过准确的标定，测得的伏安响应（峰值电流或积分电量）可以可靠地用于测定样品溶液中的分析物浓度。与直接伏安分析相比，其主要优势在于预富集（100 倍至>1000 倍），这相对于背景放大了分析物的响应。溶出分析对非常稀的样品（低至 10^{-11}～10^{-10} mol/L）特别有用。它最常用于通过阴极沉积，然后再线性电势扫描进行阳极溶出来测定金属离子；因此，它有时被称为阳极溶出伏安法（anodic stripping voltammetry，ASV），或不太常用的反向伏安法。这里将描述基本理论原则和典型应用。已有大量有关的综述[93-98]。

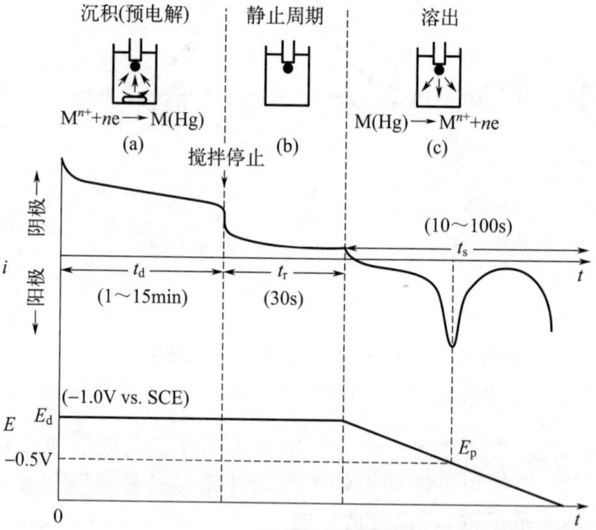

图 12.7.1 HMDE 上的阳极溶出

图示值是分析 Cu^{2+} 常用的值。(a) 在 E_d 处预电解，搅拌溶液；(b) 静止周期，搅拌停止；(c) 阳极扫描（v=10～100mV/s）（引自 Berendrecht[93]，由 Marcel Dekker 公司提供）

12.7.2 原理与理论

在大多数溶出分析中使用的汞电极是 HMDE [通常在 SMDE 上；8.2.3(2) 节]，或是沉积在旋转的玻碳或蜡浸石墨圆盘上的汞膜电极（MFE）。

如果使用 MFE，它通常在预富集期间通过与分析物共沉积而产生。人们通常将汞离子（10^{-5}～10^{-4} mol/L）直接添加到分析物溶液中，以形成合适的薄膜，其厚度通常小于 10nm。由于 MFE 比 HMDE 的体积小得多，故 MFE 表现出高的灵敏度。有证据表明，铂上的汞电极在长时间接触时会溶解一些铂，有可能出现毒化现象，因此通常避免使用铂基底。固体电极（无汞）

(例如 Pt、Ag、C) 可用于汞无法测定的元素 (例如 Ag、Au、Hg)。

为了避免使用汞，人们正在寻找替代品[94]。特别有前景的是铋膜电极 (BiFE)，它与分析物以与 MFE 相同的方式共沉积[99]。在普通金属离子的溶出分析中，电极 BiFE 显示出与 MFE 相当的性能。

预富集步骤是在搅拌溶液中，在电势 E_d 下进行的，E_d 比最容易还原的被测金属离子的 $E^{0'}$ 还要负几百毫伏。该行为通常遵循控制电势电解的原则 (12.2.1 节)。然而，由于电极面积很小，以至 t_d 远小于耗尽电解所需的时间，在该步骤中，任何电活性物质的电流保持基本恒定 (在其 i_l 处)，并且该物质沉积的物质的量为 $i_l t_d/(nF)$。由于电解并不彻底，样品和标准物的沉积条件 (搅拌速率、t_d、温度) 必须相同。

使用 HMDE，在搅拌停止时可以观察到静置期，溶液可以变得静止，汞齐中金属的浓度变得更加均匀。然后由 LSV、DPV 或 SWV 进行溶出步骤，电势向更正的值扫描。

当使用 MFE 时，沉积过程中的搅拌通过基底圆盘的旋转来控制。通常不会观察到静置时间，并且在溶出步骤中继续旋转。

阳极扫描过程中，i-E 曲线的行为取决于所用电极的类型。对于半径为 r_0 的 HMDE，扫描开始时，还原态浓度 C_M^* 在整个汞滴中是均匀的。当扫描速度 v 足够高，使得在整个扫描中液滴中央的浓度保持在 C_M^*，则该行为基本上是半无限扩散的。如果 LSV 用于溶出，7.2 节的基本处理适用[100]。在足够大的扫描速率下，球形项可以忽略，并且线性扩散适用，即 i_p 与 $v^{1/2}$ 成正比。实际的溶出测量通常在这个条件下进行。

因为 MFE 的体积和厚度很小，所以这种电极的溶出行为通常遵循薄层行为 (12.6 节)。LSV 在 MFE 中对溶出的理论处理见文献 [101-102]；图 12.7.2 给出了所用模型的示意图。如果假定溶出反应是可逆的，则能斯特方程在外表面成立。在此条件下的扩散方程加上图 12.7.2 所示的初始条件和边界条件，得到一个必须由数值求解的积分方程。在小的 v 和 l 时，薄层行为是主要的，$i_p \propto v$。对于高的 v 和大的 l，半无限线性行为是主要的，$i_p \propto v^{1/2}$。对于实际上完全实用的 LSV 扫描速度 (≤500mV/s) 来讲，现代应用的 MFE 已落入薄层行为的预期范围。

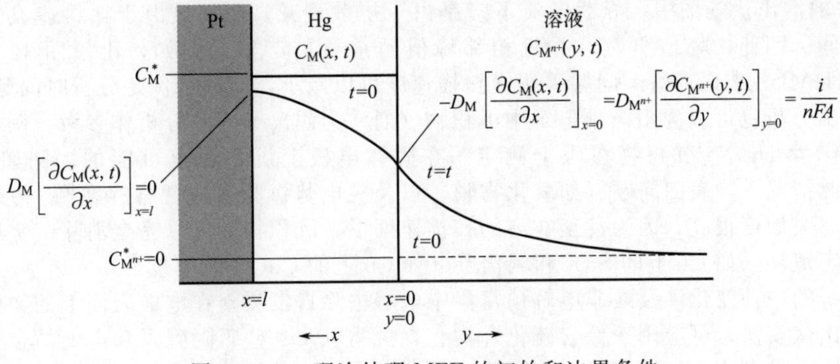

图 12.7.2 理论处理 MFE 的初始和边界条件

电极反应为 $M(Hg) \longrightarrow M^{n+} + ne$

12.7.3 应用和其他类型的方法

控制电势阴极沉积，随后采用线性电势扫描的阳极溶出技术，已被用于测定多种金属 (如铋、镉、铜、铟、铅和锌)，它们或是单独存在或是混合存在 (图 12.7.3)。在溶出步骤中使用 DPV 或 SWV 可以显著提高灵敏度。还可以采用其他方法，例如通过电势阶跃或电流阶跃进行溶出[93-98]。

汞电极有时会出现的干扰包括：

① 金属与基底材料 (如 Pt 或 Au) 的反应；

② 沉积金属与汞 (如镍-汞) 之间形成化合物；

③ 同时沉积到汞中的两种金属之间形成金属间化合物 (例如，铜-镉或铜-镍)。

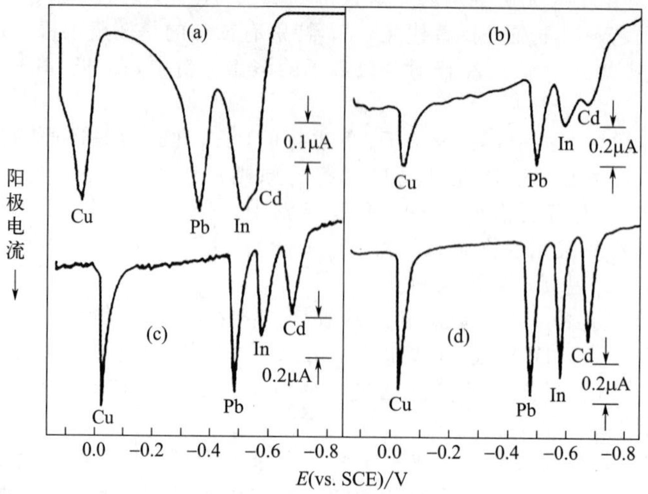

图 12.7.3　在 0.1mol/L KNO_3 溶液中，2×10^{-7} mol/L Cd^{2+}、In^{3+}、Pb^{2+} 和 Cu^{2+} 的溶出曲线（v=5mV/s）

(a) HMDE，t_d=30min；(b) 裂解石墨，t_d=5min；(c) 未抛光的玻碳，t_d=5min；(d) 抛光的玻碳，t_d=5min。对于 (b) ～ (d)，$\omega/(2\pi)$=2000r/min，并且加入 2×10^{-5} mol/L 的 Hg^{2+}（引自 Florence[103]，已获得允许）

这些效应在汞薄膜上比在汞悬滴上更严重，因为 MFE 涉及更浓的汞齐，并且基底面积与膜体积的比值很高。在选择 MFE 和 HMDE 时，像这样的干扰可能是最重要的考虑因素。

另外，MFE 在沉积步骤中提供了更高的灵敏度和更好的传质控制。如果必须选择 HMDE（例如，为了减少干扰），可以使用示差脉冲溶出获得与在 MFE 上 LSV 所得相当的灵敏度。

由于在 MFE 上溶出是使薄膜完全耗尽，故伏安峰窄，并且可以把多元组分体系的基线分辨出来。薄层性质和尖锐的峰形允许用较快的溶出扫描，这实际上缩短了分析时间。相反，在 HMDE 获得的溶出伏安图中，峰后电流下降是由于扩散衰减，而不是由于耗尽造成的，并且持续一定的时间。因此，峰值更宽，并且相邻峰值的重叠更严重［例如，比较图 12.7.3(a) 和 (d)］。对于 HMDE 来说，这个问题采用慢扫描速度可以减小，但其代价是分析时间延长。

阴极溶出分析也可以为阳极预电解中沉积物（通常为阴离子）的分析作参考。例如，卤化物（X^-）可以作为 Hg_2X_2 沉积物在汞上测定。在固体电极上沉积也是可能的，例如 Ag（习题 12.12）。在此情况下，表面问题（如氧化物膜）以及欠电势沉积效应常常存在⓭。另外，由固体电极上溶出，灵敏度很高，因为甚至在高的扫描速度下，沉积物都可以完全消除。金属膜的溶出常常用来测定镀层（如 Cu 上的 Sn）和氧化层（如 Cu 上的 CuO）的厚度⓮。

溶出分析的一种变化涉及在非电解预富集中电解去除自发吸附在电极表面上的物质，该技术称为吸附溶出伏安法，可应用于像含硫化合物、有机物以及一些吸附到汞和金上的金属配合物的研究中[94-97,105]。这样的例子包括半胱氨酸（蛋白质中含有该氨基酸）、在配位剂 Solochrome violet RS（酸性媒染紫）存在下溶解的钛以及药物地西泮（diazepam）。由该方法所发现的量仅限于单层水平。然而，采用能够与溶液中物质进行作用的厚的高分子层时，可采用类似的方法。相关的实验将在第 17 章中描述。

由于吸附溶出或基于聚合物层中配合或结合的溶出的出现，分析物的范围更广，许多研究致力于新型电极材料[94,106]和将溶出结合到自动化体系中，特别是那些涉及基于流动的分析[107]。

⓭ 欠电势沉积是指物质 M（如 Cu）的第一个单层与基底（如 Pt）的结合比后续 M 层之间的结合更强的现象。10.5 节讨论了一个例子，15.6.3 节进一步讨论了这个主题。在溶出分析中，可以发现最后一层比前面的层更难溶出。

⓮ 最早的电分析（电量）方法之一是测定铜线上锡涂层的厚度[104]。

12.8 参考文献

1 J. J. Lingane, "Electroanalytical Chemistry," 2nd ed., Wiley-Interscience, New York, 1958, Chaps. 13–21.

2 P. Delahay, "New Instrumental Methods in Electrochemistry," Wiley-Interscience, New York, 1954, Chaps. 11–14.

3 N. Tanaka, in "Treatise on Analytical Chemistry," Part I, Vol. 4, I. M. Kolthoff and P. J. Elving, Eds., Wiley-Interscience, New York, 1963, Chap. 48.

4 E. Leiva, *Electrochim. Acta*, **41**, 2185 (1996).

5 D. G. Davis, in "Instrumental Analysis," H. H. Bauer, G. D. Christian, and J. E. O'Reilly, Eds., Allyn and Bacon, Boston, MA, 1978, pp. 93–110.

6 T. F. Fuller and J. N. Harb, "Electrochemical Engineering", Wiley, Hoboken, NJ, 2018.

7 J. Newman and K. E. Thomas-Alyea, "Electrochemical Systems," 3rd ed., Wiley, Hoboken, NJ, 2004.

8 D. Pletcher and F. C. Walsh, "Industrial Electrochemistry," 2nd ed.; Chapman and Hall, London, 1990.

9 C. J. Burrows, Ed., "Electrifying Synthesis," *Acc. Chem. Res.* (Special Issue), 2020. https://pubs.acs.org/page/achre4/electrifying-synthesis.

10 D. Pletcher, *Electrochem. Commun.*, **88**, 1 (2018).

11 A. Wiebe, T. Gieshoff, S. Möhle, E. Rodrigo, M. Zirbes, and S. R. Waldvogel, *Angew. Chem. Int. Ed.*, **57**, 5594 (2018).

12 M. Yan, Y. Kawamata, and P. S. Baran, *Chem. Rev.*, **117**, 13230 (2017).

13 R. Francke and R. D. Little, *Chem. Soc. Rev.*, **43**, 2492 (2014).

14 M. M. Baizer, Ed., "Organic Electrochemistry," Marcel Dekker, New York, 1973.

15 W. H. Smith and A. J. Bard, *J. Am. Chem. Soc.*, **97**, 5203 (1975).

16 M. Paidar, V. Fateev, and K. Bouzek, *Electrochim. Acta*, **209**, 737 (2016).

17 J. J. Lingane, *J. Am. Chem. Soc.*, **67**, 1916 (1945).

18 J. J. Lingane, *Anal. Chim. Acta*, **2**, 584 (1948).

19 A. J. Bard, *Anal. Chem.*, **35**, 1125 (1963).

20 G. A. Rechnitz, "Controlled Potential Analysis," Pergamon, New York, 1963.

21 J. E. Harrar, *Electroanal. Chem.*, **8**, 1 (1975).

22 H. J. S. Sand, "Electrochemistry and Electrochemical Analysis," Blackie, London, 1940.

23 J. A. Harrison and H. R. Thirsk, *Electroanal. Chem.*, **5**, 67–148 (1971).

24 J. O. M. Bockris and A. Damjanovic, *Mod. Asp. Electrochem.*, **3**, 224 (1964).

25 M. Fleischmann and H. R. Thirsk, *Adv. Electrochem. Electrochem. Eng.*, **3**, 123 (1963).

26 M. Schlesinger and M. Paunovic, Eds., "Modern Electroplating," 5th ed., Wiley, Hoboken, NJ, 2010.

27 V. Tsionsky, L. Daikhin, M. Urbakh, and E. Gileadi, *Electroanal. Chem.*, **22**, 1 (2004).

28 C. Gabrielli and H. Perrot, *Mod. Asp. Electrochem.*, **44**, 151 (2009).

29 J. A. Maxwell and R. P. Graham, *Chem. Rev.*, **46**, 471 (1950).

30 M. Pérez-Gallent, M. C. Figueiredo, I. Katsounaros, and M. T. M. Koper, *Electrochim. Acta*, **227**, 77 (2017).

31 J. J. Lingane, "Electroanalytical Chemistry," *op. cit.*, pp. 488–495.

32 J. J. Lingane, C. H. Langford, and F. C. Anson, *Anal. Chim. Acta*, **16**, 165 (1959).

33 A. J. Bard, in "Chemistry at the Nanometer Scale," *Proc. of the Welch Foundation 40th Conf. Chem. Res.*, Robert A. Welch Foundation, Houston, TX, 1996, p. 235.

34 J. J. Lingane, "Electroanalytical Chemistry," *op. cit.*, Chap. 21.

35 H. L. Kies, *J. Electroanal. Chem.*, **4**, 257 (1962).

36 D. DeFord and J. W. Miller, in "Treatise on Analytical Chemistry," Part I, Vol. 4, I. M. Kolthoff and P. J. Elving, Eds., Wiley-Interscience, New York, 1963, Chap. 49.

37 P. A. Shaffer, Jr., A. Briglio, Jr., and J. A. Brockman, Jr., *Anal. Chem.*, **20**, 1008 (1948).
38 R. S. Braman, D. D. DeFord, T. N. Johnston, and L. J. Kuhns, *Anal. Chem.*, **32**, 1258 (1960).
39 J. J. Lingane, "Electroanalytical Chemistry," *op. cit.*, Chaps. 5–8, 12 and references to the older literature contained therein.
40 C. N. Reilley and R. W. Murray (Chap. 43) and N. H. Furman (Chap. 45) in "Treatise on Analytical Chemistry," Part I, Vol. 4, I. M. Kolthoff and P. J. Elving, Eds., Wiley-Interscience, New York, 1963.
41 J. T. Stock, "Amperometric Titrations," Interscience, New York, 1965.
42 W. D. Cooke, C. N. Reilley, and N. H. Furman, *Anal. Chem.*, **23**, 1662 (1951).
43 I. M. Kolthoff and J. J. Lingane, "Polarography," 2nd ed., Vol. 2, Interscience, New York, 1952, Chap. 47.
44 L. Meites, "Polarographic Techniques," 2nd ed., Wiley-Interscience, New York, 1965, Chap. 9.
45 D. Pletcher, R. A. Green, and R. C. D. Brown, *Chem. Rev.*, **118**, 4573 (2018).
46 R. E. Sioda and K. B. Keating, *Electroanal. Chem.*, **12**, 1 (1982).
47 R. de Levie, *Adv. Electrochem. Electrochem. Eng.*, **6**, 329 (1967).
48 T. Fujinaga and S. Kihara, *CRC Crit. Rev. Anal. Chem.*, **6**, 223 (1977).
49 A. A. Folgueiras-Amador, A. E. Teuten, D. Pletcher, and R. C. D. Brown, *React. Chem. Eng.*, **5**, 712 (2020).
50 R. E. Sioda, *Electrochim. Acta*, **13**, 375 (1968); **15**, 783 (1970); **17**, 1939 (1972); **22**, 439 (1977).
51 R. E. Sioda, *J. Electroanal. Chem.*, **34**, 399, 411 (1972); **56**, 149 (1974).
52 R. E. Sioda and T. Kambara, *J. Electroanal. Chem.*, **38**, 51 (1972).
53 I. G. Gurevich and V. S. Bagotsky, *Electrochim. Acta*, **9**, 1151 (1964).
54 I. G. Gurevich, V. S. Bagotsky, and Yu. R. Budeka, *Electrokhim*, **4**, 321, 874, 1251 (1968).
55 J. V. Kenkel and A. J. Bard, *J. Electroanal. Chem.*, **54**, 47 (1974).
56 J. A. Trainham and J. Newman, *J. Electrochem. Soc.*, **124**, 1528 (1977).
57 R. Alkire and R. Gould, *J. Electrochem. Soc.*, **123**, 1842 (1976).
58 B. A. Ateya and L. G. Austin, *J. Electrochem. Soc.*, **124**, 83 (1977).
59 E. L. Eckfeldt, *Anal. Chem.*, **31**, 1453 (1959).
60 A. J. Bard, V. J. Puglisi, J. V. Kenkel, and A. Lomax, *Faraday Discuss. Chem. Soc.*, **56**, 353 (1973).
61 J. Fedorowski and W. R. LaCourse, *Anal. Chim. Acta*, **861**, 1 (2015).
62 P. T. Kissinger, in "Encyclopedia of Chromatography," 3rd ed., Vol. 1, J. Cazes, Ed., CRC Press, Boca Raton, FL, 2010, pp. 695–697.
63 S. M. Lunte, C. E. Lunte, and P. T. Kissinger, in "Laboratory Techniques in Electroanalytical Chemistry," 2nd ed., P. T. Kissinger and W. R. Heineman, Eds., Marcel Dekker, New York, 1996, Chap. 27.
64 D. C. Johnson and W. R. LaCourse, *Anal. Chem.*, **62**, 589A (1990).
65 D. G. Rackus, M. H. Shamsi, and A. R. Wheeler, *Chem. Soc. Rev.*, **44**, 5320 (2015).
66 W. B. Zimmerman, *Chem. Eng. Sci.*, **66**, 1412 (2011).
67 H. Gunasingham and B. Fleet, *Electroanal. Chem.*, **16**, 89 (1989).
68 J. M. Elbicki, D. M. Morgan, and S. G. Weber, *Anal. Chem.*, **56**, 978 (1984).
69 T. Huang and P. T. Kissinger, *Curr. Sep.*, **14**, 114 (1996).
70 D. A. Roston, R. E. Shoup, and P. T. Kissinger, *Anal. Chem.*, **54**, 1417A (1982).
71 M. B. Jensen and D. C. Johnson, *Anal. Chem.*, **69**, 1776 (1997).
72 W. R. LaCourse, *Analysis*, **21**, 181 (1993).
73 T. Sierra, A. G. Crevillen, and A. Escarpa, *Electrophoresis*, **40**, 113 (2019).
74 B. White, in "Capillary Electrophoresis and Microchip Capillary Electrophoresis," K. Y. Chumbimuni-Torres, E. Carrilho, and C. D. García, Eds., Wiley, Hoboken, NJ, 2013, Chap. 9.
75 J. Wang, *Electroanalysis*, **17**, 1133 (2005).

76 R. G. Compton, B. A. Coles, J. J. Gooding, A. C. Fisher, and T. I. Cox, *J. Phys. Chem.*, **98**, 2446 (1994).
77 I. Dumitrescu, D. F. Yancey, and R. M. Crooks, *Lab Chip*, **12**, 986 (2012).
78 M. J. Anderson and R. M. Crooks, *Anal. Chem.*, **86**, 9962 (2014).
79 Z. Kostiuchenko and S. G. Lemay, *Anal. Chem.*, **92**, 2847 (2020).
80 Y. Mo, Z. Lu, G. Rughoobur, P. Patil, N. Gershenfeld, A. I. Akinwande, S. L. Buchwald, and K. F. Jensen, *Science*, **368**, 1352 (2020).
81 A. T. Hubbard and F. C. Anson, *Electroanal. Chem.*, **4**, 129 (1970).
82 E. Schmidt and H. R. Gygax, *Chimia*, **16**, 156 (1962).
83 J. H. Sluyters, *Rec. Trav. Chim.*, **82**, 100 (1963).
84 C. R. Christensen and F. C. Anson, *Anal. Chem.*, **35**, 205 (1963).
85 A. T. Hubbard, *CRC Crit. Rev. Anal. Chem.*, **2**, 201 (1973).
86 C. N. Reilley, *Pure Appl. Chem.*, **18**, 137 (1968).
87 A. T. Hubbard, *J. Electroanal. Chem.*, **22**, 165 (1969).
88 G. M. Tom and A. T. Hubbard, *Anal. Chem.*, **43**, 671 (1971).
89 I. B. Goldberg and A. J. Bard, *Anal. Chem.*, **38**, 313 (1972).
90 L. B. Anderson and C. N. Reilley, *J. Electroanal. Chem.*, **10**, 295 (1965).
91 A. T. Hubbard, *Chem. Rev.*, **88**, 633 (1988).
92 A. T. Hubbard, *Acc. Chem. Res.*, **13**, 177 (1980).
93 E. Barendrecht, *Electroanal. Chem.*, **2**, 53–109 (1967).
94 A. Economou and C. Kokkinos, *RSC Detect. Sci. Ser.*, **6**, 1 (2016).
95 M. Lovrić, in "Electroanalytical Methods," 2nd ed., F. Scholz, Ed., Springer, Berlin, 2010, Chap. II.7.
96 J. Wang, "Analytical Electrochemistry," 3rd ed., Wiley, Hoboken, NJ, 2006, pp. 85–97.
97 J. Wang, "Stripping Analysis: Principles, Instrumentation, and Applications," VCH, Dearfield Beach, FL, 1985.
98 F. Vydra, K. Štulík, and E. Juláková, "Electrochemical Stripping Analysis," Halsted, New York, 1977.
99 J. Wang, *Electroanalysis*, **17**, 1341 (2005).
100 W. H. Reinmuth, *Anal. Chem.*, **33**, 185 (1961).
101 W. T. de Vries and E. Van Dalen, *J. Electroanal. Chem.*, **8**, 366 (1964).
102 W. T. de Vries, *J. Electroanal. Chem.*, **9**, 448 (1965).
103 T. M. Florence, *J. Electroanal. Chem.*, **27**, 273 (1970).
104 G. G. Grower, *Proc. Am. Soc. Test. Mater.*, **17**, 129 (1917).
105 J. Wang, *Electroanal. Chem.*, **16**, 1 (1989).
106 A. Economou, *Sensors*, **18**, 1032 (2018).
107 A. Economou, *Anal. Chim. Acta*, **683**, 38 (2010).
108 H. A. Laitinen and N. H. Watkins, *Anal. Chem.*, **47**, 1352 (1975).

12.9 习题

12.1 当体积为 100cm^3，含有 0.010mol/L 的金属离子 M^{2+}，在较大面积（10cm^2）旋转铂圆盘电极上进行快扫描伏安法检测，观察到还原为金属 M 的极限电流是 193mA。计算量纲为 cm/s 的物质传递系数 $m_{M^{2+}}$。如果溶液电极在极限电流区域是电极电势控制，电解完 99.9%的 M^{2+} 需要多长时间？该电解需要多少库仑电量？

12.2 如果习题 12.1 中的溶液在相同条件下以 80mA 恒电流电解：(a) 当电流效率降到低于 100%，溶液中 M^{2+} 的浓度是多少？(b) 需要多长时间能够达到该点？(c) 在该点已经通过的电量是多少库仑？(d) 当 M^{2+} 浓度降低到初始浓度的 0.1%时，较上述问题需要增加多少时间？采用这种恒电流电解，消耗 99.9%的 M^{2+} 时的总电流效率是多少？

12.3　把 50mL 的 $ZnSO_4$ 溶液移至具有汞阴极的电解池中，且加入足够配成 0.1mol/L KNO_3 溶液的固体硝酸钾。电解 Zn^{2+} 是在 −1.3V(vs. SCE) 下完成，通过 241C 电量。计算锌离子的初始浓度。

12.4　体积为 200cm³ 的溶液中含有 1.0×10^{-3} mol/L X^{2+} 和 3.0×10^{-3} mol/L Y^{2+}，其中 X 和 Y 是金属，在面积为 50cm² 且容积为 100cm³ 的汞池电极上进行电解。在搅拌条件和电解池几何形状下，X^{2+} 和 Y^{2+} 的传质系数 m 均为 10^{-2} cm/s。X^{2+} 和 Y^{2+} 还原为金属汞齐的极谱半波电势值分别为 −0.45V 和 −0.70V(vs. SCE)。

(a) 绘制在上述条件下该溶液的电流-电势曲线（假设在扫描时 X^{2+} 和 Y^{2+} 的浓度没有变化）。制作一个具有定量意义的、标注清楚的电流 i-E 曲线。

(b) 在沉积到汞池的情况下，推导出类似于式(12.1.5) 的电解完成率的公式。

(c) 如果是在控制电势下进行电解，在多少电势下 X^{2+} 可被定量地沉积（在溶液中的剩余小于 0.1%），而 Y^{2+} 留在溶液中（小于 0.1% 的 Y^{2+} 被沉积于汞上）？

(d) 在控制电势电解时需要多长时间？

12.5　在电解生产铝过程中，采用碳电极在恒电流条件下在熔融冰晶石（Na_3AlF_6，$T\approx1000$℃）中还原 Al_2O_3。铝料放置在电解池中，电解进行到电解池的电压急剧上升，表明需要加入 Al_2O_3。请解释这种情况。

12.6　(a) 根据图 12.9.1 中的曲线，如何通过使用单电极电流分析法用 Sn^{2+} 滴定来确定 Br_2 和 I_2 的大致等物质的量混合物？画出在滴定的不同阶段获得的电流-电势曲线，以及根据你建议的方法应得到的单电极电流滴定曲线。

(b) 根据 (a) 中的电流-电势曲线，计算出由两个可极化电极组成的指示池的行为，外加电压差为 100mV。绘制指示池中的电流与滴定过程的示意图。为什么这种方法被称为“死停”终点技术？

12.7　采用银电极和恒电流对碘化物进行电量法滴定。样品是总体积为 50mL 含有 1.0mmol/L NaI 的 0.1mol/L 醋酸-醋酸钠溶液（pH=4）。下列的信息是有用的：

$Ag^+ + e \rightleftharpoons Ag$　　$E^{0'} = +0.56$V(vs. SCE)

$I_3^- + 2e \rightleftharpoons 3I^-$　　$E^{0'} = +0.30$V(vs. SCE)

$AgI + e \rightleftharpoons Ag + I^-$　　$E^{0'} = -0.39$V(vs. SCE)

(a) 描述滴定过程。产生电流是多少，预计总滴定时间是多少？

(b) 采用旋转铂圆盘电极记录实验曲线，讨论当扫描从阴极背景极限（大约 −0.5V）到阳极背景极限（大约 +1.5V）时的电流-电势曲线。绘出 0%、50%、100% 和 150% 滴定点的曲线。标出引起波形的电极过程。除了背景放电的所有电极反应均为可逆的。

(c) 对于如下体系绘出电流滴定曲线：

在 −0.3V(vs. SCE) 采用单极化电极；

在 +0.4V(vs. SCE) 采用单极化电极。

指示电极是旋转铂微电极。

12.8　在习题 12.7 中的溶液中的碘离子也可以采用控制电势在铂电极上氧化到碘分子的方法测定。对该氧化需要的电势为多少（见图 12.9.1）？将通过多少库仑的电量？

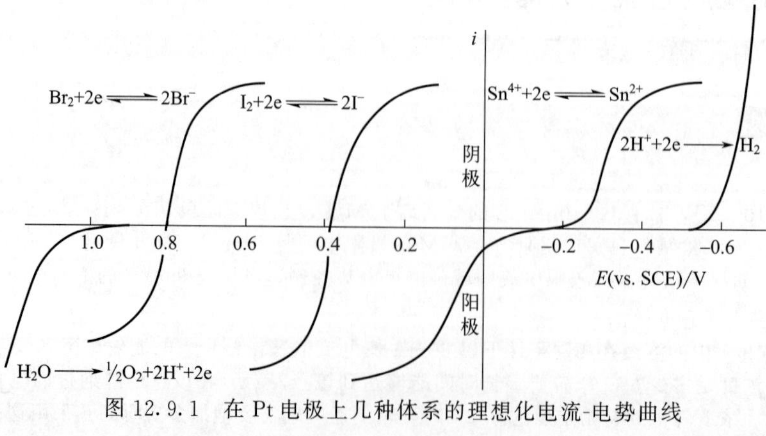

图 12.9.1　在 Pt 电极上几种体系的理想化电流-电势曲线

12.9 下面是分析铀样品的标准步骤：①将圆盘溶解在酸中产生 UO_2^{2+}。②在 0.1mol/L H_2SO_4 溶液中将 UO_2^{2+} 溶液通过 Jones 还原器（Zn 汞齐）极限还原，还原到 U^{3+}。③空气中搅拌得到 U^{4+}。④加入过量的 Fe^{3+} 和 Ce^{3+}，电量滴定到终点。

(a) 假设溶液经过步骤③处理后含有约 1mmol/L 的 U^{4+}。分别定量配制 4mmol/L 和 50mmol/L 的 Fe^{3+} 和 Ce^{3+} 溶液。硫酸的浓度达 1mol/L。绘出于该溶液中在旋转铂圆盘电极上记录的电流-电势曲线。相对于 NHE，阳极极限是 +1.7V，阴极极限是 −0.2V。

(b) 解释步骤④以及电量滴定的装置。

(c) 绘出滴定完成 0%、50%、100%和 150%处的电流-电势曲线。

(d) 绘出单极化电极在 +0.3V 处极限滴定的电流滴定曲线。

(e) 基于定量的电势尺度，给出零电流电势响应。

可能用到的信息如下：

$Ce^{4+} + e \rightleftharpoons Ce^{3+}$	$E^{0'} = 1.44V$(vs. NHE)
$Fe^{3+} + e \rightleftharpoons Fe^{2+}$	$E^{0'} = 0.77V$(vs. NHE)
$UO_2^{2+} + e \rightleftharpoons UO_2^{+}$	$E^{0'} = 0.05V$(vs. NHE)
$UO_2^{+} + 4H^{+} + e \rightleftharpoons U^{4+} + 2H_2O$	$E^{0'} = 0.62V$(vs. NHE)
$U^{4+} + e \rightleftharpoons U^{3+}$	$E^{0'} = 0.61V$(vs. NHE)

除了 UO_2^{+}/U^{4+} 之外，所有电对都是可逆的，在达到阴极背景极限之前，在 Pt 处不会显示出波。

12.10 在研究中一个有趣的分子是四氰基对苯醌二甲烷（TCNQ；如图 1）。常常需要高纯度的样品。假设你希望发展一种分析 TCNQ 纯度的方法。通过电致产生四氯对苯醌（*p*-Chl；如图 1）的阴离子自由基并进行电量滴定，请描述一种完成该目标的方法。含有 TBAP 的乙腈应该是合适的介质。铂电极上的电势窗是 −2.5～+2V(vs. SCE)。下列是有关的还原电势：

$TCNQ + e \rightleftharpoons TCNQ^{\overline{\cdot}}$	$E^{0'} = 0.20V$(vs. SCE)
$TCNQ^{\overline{\cdot}} + e \rightleftharpoons TCNQ^{2-}$	$E^{0'} = -0.33V$(vs. SCE)
$p\text{-Chl} + e \rightleftharpoons p\text{-Chl}^{\overline{\cdot}}$	$E^{0'} = 0.0V$(vs. SCE)

这些过程均为可逆的。

(a) 详细说明电解池的设计、开始时溶液的组成以及在电极和均相溶液中发生的活性过程。

(b) 绘出滴定在如下各点停止时，记录在旋转铂圆盘电极上的电流-电势曲线，在 0%、50%、100%及 150%。

(c) 绘出如下条件下的滴定曲线：以单极化电极在 1.0V 处进行电流检测；以单极化电极在 0.1V 处进行电流检测。

12.11 讨论对于两个组分的计时电势实验，两者的还原均为可逆的，并且波相差 500mV。在薄层池中进行该实验时，请推导出第二个过渡时间的表达式。比较和对比多组分体系在薄层计时电势法中和在半无限方法中的性质。

12.12 假设溴离子可在很低的浓度下被测定。该过程可通过将溴沉积到银电极上进行，所施加的电势使如下反应发生（典型的沉积电势相对于 SCE 为 +0.2V）：

$$Ag + Br^{-} \longrightarrow AgBr + e$$

可由与沉积相反的方向扫描来进行溶出。一般来讲，正如图 12.9.2 所示，溶出过程的响应与时间的关系很复杂。请解释这种现象。在定量分析中将会出现什么问题？如何克服它们？（见 Laitinen, Watkins[108]，在铅的测定中也有类似结果）

12.13 溶出分析海水表明当在 −0.5V 处沉积时，铜的阳极峰高度是 0.13μA。然而，在 −1.0V 处沉积时，可得到 0.31μA 较大的峰。解释这些结果。标准加入 10^{-7} mol/L Cu^{2+} 使两者的峰高均升高 0.24μA。说明对于该溶液可得到任意类型的极谱图的可行性。对于直流、常规脉冲以及示差脉冲实验，你期望得到什么样的响应？它们能够提供有用的分析信息吗？

12.14 当沉积时间为 5min、扫描速度为 50mV/s 时，采用 HMDE 分析铅得到峰电流为 1μA。对于扫描速度为 25mV/s 和 100mV/s 观察到的电流各为多少？当沉积时间为 1min，电极旋转速度为 2000r/min，扫描速度为 50mV/s 时，玻碳电极上有 10nm 的汞膜，对于同样的溶液峰电流是 25μA。在其他条件不改变的情况下，对于扫描速度为 25mV/s 和 100mV/s 观察到的电流是多少？比较该条件下的结果与沉积 1min、扫描速度 50mV/s、旋转速度 4000r/min 条件下的结果。假设在分析物中采用不同浓度的汞离子，其汞膜厚度不同。在其他条件恒定时，该问题对于峰电流的影响如何？

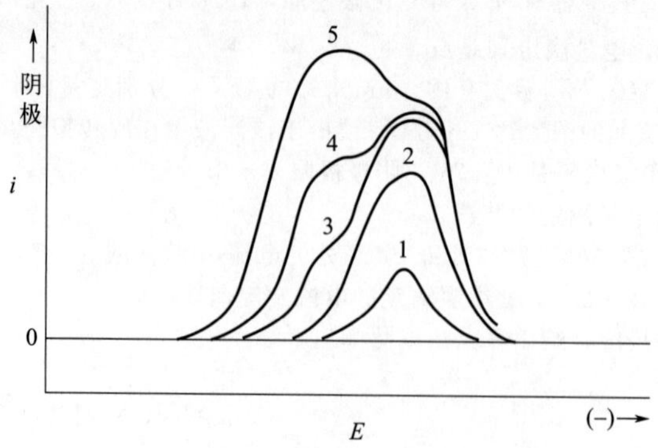

图 12.9.2 在阳极沉积后，溴化银从银电极上的阴极溶出
曲线 1～5 涉及逐渐增加沉积时间的情况

第 13 章　耦合均相化学反应的电极反应

在第 5～12 章中，几乎完全讨论了当稳定的电反应物（例如 O）在异相电子转移反应中被转化为稳定的产物（例如 R）时所得到的电化学响应。在本章中，将讨论 O 或 R 也参与均相化学反应的情况。电化学响应通常会受到反应类型的影响，通常可用于机理诊断或测量机理参数，如速率常数等。

电化学方法提供了一种有用的优势组合：

① 可以提供热力学和动力学信息，并广泛适用于不同溶剂中有机物和无机物的研究；

② 反应可以在很宽的时间范围内进行检测（从纳秒到小时，使用多种方法的组合）；

③ 可在电极附近合成感兴趣的暂态物种（例如活性 R），然后立即采用电化学方法进行分析。

Savéant 学派在建立对反应类型和研究方法的系统理解方面，做了许多工作[1-7]。本章很大程度上依赖于他们的概念和组织体系。不过，读者也应该意识到其他人的重要贡献[8-14]，该领域的起源可追溯到捷克斯洛伐克极谱学派[14]。

13.1　反应的分类

首先从识别多种可溶性物质的电化学反应的典型途径开始。将初始的电反应物看作 RX，使用图 13.1.1 来描述初始单电子氧化或还原后可能发生的反应。例如，如果 RX 是一个有机物种，R 可为碳氢基团（烷基，芳香基），X 可代表一种取代基（例如 H，OH，Cl，Br，NH_2，NO_2，CN，CO_2^-，…）。

图 13.1.1 中氧化和还原的机理路径是平行的。在氧化或还原的图中，单电子电极反应的初始产物都可能向八个方向发展，我们现在用数字来表示：

① 初始产物 $RX^{\overline{\cdot}}$ 或 $RX^{\overset{+}{\cdot}}$ 可能是稳定的，不会进一步反应。

② 初始产物可能在电极上进行第二次单电子转移，生成双重还原或双重氧化的产物（EE 过程）。

③ 增加一个电子到反键轨道或从成键轨道中移走一个电子，通常会使化学键变弱，可能导致分子的重排（EC 过程）。

④ 有时（例如一种烯烃反应物）可发生二聚反应（EC_2 过程），有进一步发生多聚和高聚反应的可能性。

⑤ 初始产物可能与溶液中物种发生反应。常见的类型包括 $RX^{\overline{\cdot}}$ 与亲电试剂 El^+（Lewis 酸，如 H^+、CO_2 或 SO_2）的反应，或 $RX^{\overset{+}{\cdot}}$ 与亲核试剂 Nu^-（Lewis 碱，如 OH^-、CN^- 或 NH_3）的反应，导致产物参与第二次电子转移过程，随后进入第二次均相反应（ECEC 过程）。

⑥ 如果 X 是一种离去基团，初始产物可能转化为能够二聚的自由基（ECC_2 过程）。

⑦ 或者，失去离去基团后所形成的自由基也可能经过另一次电子转移反应产生一种中间体，该中间体可与 H^+ 或 OH^- 反应而稳定（ECEC 过程的另一种形式）。

⑧ 初始产物可能与非电活性溶质发生均相电子转移反应，再次生成初始电反应物（EC′过程）。

在实际体系中，化学种类非常多，因此图 13.1.1 只是参考，并不是详尽的。即便如此，图示的类型是常见的，氧化和还原路径之间的平行关系是准确和值得关注的。

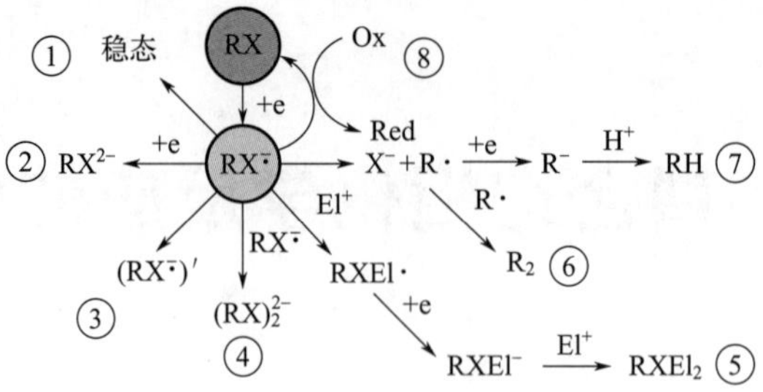

(a) 一般还原途径

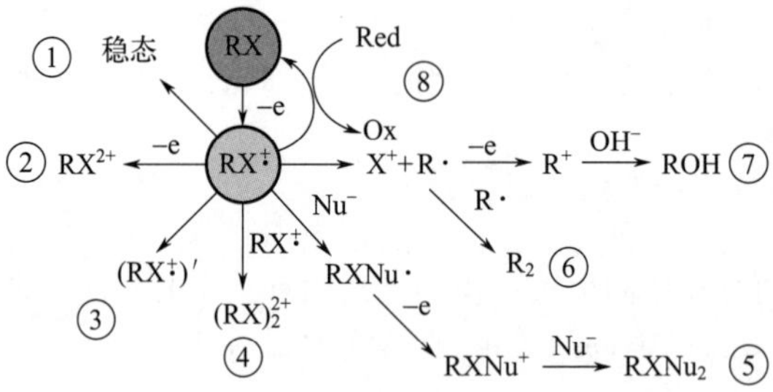

(b) 一般氧化途径

图 13.1.1 RX 单电子还原为初始产物 RX$^{\cdot-}$（a）和 RX 单电子氧化为初始产物RX$^{\cdot+}$（b）后可能的反应路径示意图

产物、反应物和中间体的电荷是任意指定的。例如，初始的物种可能是 RX$^-$，进攻的亲电试剂可能不带电荷等

一般来讲，增加一个电子所产生的物质较它本身更具碱性，所以可发生质子化［即图 13.1.1(a) 的路径⑤中 H$^+$ 作为亲电试剂］。同样，从一个分子中移走一个电子会产生一个较它本身更具酸性的物质，所以可发生失去质子的反应［即图 13.1.1(b) 的路径⑦中 X$^+$ 为 H$^+$］。

电化学中的反应示意图经常用一串字母标记表示步骤。“E”代表电极表面的电子转移，“C”代表均相化学反应[15]。因此，在一个反应次序为电子转移后涉及产物的化学反应的机理可称为“EC 反应”。在上面的编号分类中已经提到了几个这样的字母标记。

此外，我们使用下标“r”“q”和“i”分别将单个步骤标记为可逆、准可逆或不可逆过程。对于 E 步骤，这些下标表示已经熟悉的异相动力学类别。对于 C 步骤，只使用“r”和“i”，分别表示双向性和单向性，没有动力学的含义。因此，E_r 步骤是一个能斯特型的（双向的，快速动力学的），而 C_r 步骤只是双向的（快速或者慢速动力学）。

13.1.1 单 E 步骤的反应

系统地研究机理，很自然地会从那些只涉及单个电子转移的反应开始。在讨论中，X、Y 和 Z 代表在所感兴趣的电势窗内没有电活性的物质。虽然本章将以还原反应为框架进行阐述，但所有的机理模式都可以类比地用于氧化电极过程。

（1）EC 反应（随后反应，following reaction）

$$\mathrm{O} + ne \rightleftharpoons \mathrm{R} \tag{13.1.1}$$

$$\mathrm{R} \rightleftharpoons \mathrm{X} \tag{13.1.2}$$

在这种情况下，电极反应的产物 R，可发生反应（可能与溶剂）产生一种物质，它在 O 被还原的电势时，是非电活性的。此类反应的一个例子是在酸性溶液中对氨基苯酚（PAP）的氧化：

$$\mathrm{PAP} \rightleftharpoons \mathrm{QI} + 2\mathrm{H}^+ + 2e \tag{13.1.3}$$

$$\mathrm{QI} + \mathrm{H_2O} \longrightarrow \mathrm{BQ} + \mathrm{NH_3} \tag{13.1.4}$$

在初始电子转移反应中所形成的醌亚胺（QI），通过一个水解反应生成苯醌（BQ），苯醌在这些

电势下，既不能被氧化，也不能被还原[1]。

由于异相电子转移反应经常产生反应活性物质，EC 序列的变化经常会发生。例如，在非质子溶剂（如乙腈或 DMF）中，有机化合物的单电子还原和氧化会产生自由基或自由基离子，有时会发生二聚：

$$R + e \rightleftharpoons R^{\cdot -} \tag{13.1.5}$$

$$2R^{\cdot -} \rightleftharpoons R_2^{2-} \tag{13.1.6}$$

式中，R 可能是活化的烯烃，如富马酸二乙酯［图 13.1.1(a)，路径④］。如果紧接着电子转移反应的是一个二级反应，就像该例子，此类反应被称为 EC_2 反应。

其他的化学反应可能紧接着第一个反应。例如，在烯烃的二聚反应中，有一个质子化的二步骤过程：

$$R_2^{2-} + 2H^+ \longrightarrow R_2H_2 \tag{13.1.7}$$

因此，这个反应次序是 ECCC（或 EC_2C）反应。

单电子转移反应的产物也可重排［图 13.1.1(a) 和 (b)，路径③］。例如，在配位化合物中，电子转移可能导致失去配体，取代或异构化。例子如下：

$$Co^{III}Br_2en_2 + 6H_2O + e \longrightarrow Co^{II}(H_2O)_6 + 2Br^- + 2en \tag{13.1.8}$$

这里 en 代表乙二胺。

(2) 催化反应（EC′）(catalytic reaction)

$$O + ne \rightleftharpoons R \tag{13.1.9a}$$

$$R + Z \longrightarrow O + Y \tag{13.1.9b}$$

这是 EC 过程的一种特殊类型，涉及 R 与一个非电活性的氧化还原剂 Z 的均相反应，重新产生 O［图 13.1.1(a)，路径⑧］。这种电极反应被称为“催化”，因为它促进 Z 转化为 Y，而不会消耗 O 或 R。如果 Z 与 O 相比大量过剩，那么式(13.1.9b) 是准一级反应。

一个例子是在可以氧化 Ti(Ⅲ) 的物质存在下（如羟胺或氯酸根离子），在汞电极上 Ti(Ⅳ) 的还原：

$$Ti(IV) + e \rightleftharpoons Ti(III) \xrightarrow{ClO_3^- \text{ 或 } NH_2OH} Ti(IV) \tag{13.1.10}$$

由于羟胺或氯酸根离子可以被 Ti(Ⅲ) 还原，所以在热力学上它们也可以在产生 Ti(Ⅲ) 的任何电势下直接在电极上还原。然而，因为电极反应的动力学很慢，直接还原并不会发生。

(3) CE 反应（前置反应，preceding reaction）

$$Y \rightleftharpoons O \tag{13.1.11}$$

$$O + ne \rightleftharpoons R \tag{13.1.12}$$

这里，电活性物质 O 是由异相电子转移反应的前置反应产生的。一个例子是在水溶液中，在汞电极上还原甲醛。这种物质在平衡状态下以两种形式存在：

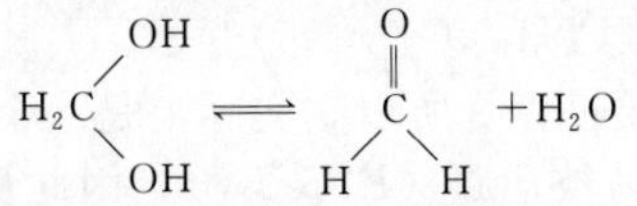

$$H_2C(OH)_2 \rightleftharpoons H_2C{=}O + H_2O \tag{13.1.13}$$

平衡常数有利于水合形式(左)。因此，式(13.1.13) 中的正向反应提供了大部分还原形式(右)。在一些条件下，电流将由此反应的动力学控制。

13.1.2　具有两个或更多 E 步骤的反应

(1) EE 反应

$$A + e \rightleftharpoons B \qquad E_1^{0'} \tag{13.1.14}$$

$$B + e \rightleftharpoons C \qquad E_2^{0'} \tag{13.1.15}$$

第一步电子转移反应的产物，通常能够在比 $E_1^{0'}$ 更正或更负的电势 $E_2^{0'}$ 下进行第二步电子转移［图 13.1.1(a)，路径②］。

---

[1] 该过程在式(1.4.15)～式(1.4.16) 中用结构式的方式呈现。

此种情况下，特别有趣的是，第二步电子转移在热力学上比第一步容易（还原反应 $E_2^{0'} > E_1^{0'}$；氧化反应 $E_2^{0'} < E_1^{0'}$）。在这种情况下，有多电子的整体响应。然而，忽略结构和溶剂化能的任何差异，R^- 比 R 更难还原，R^+ 比 R 更难氧化。例如，R^+ 的气相电离能（IE）几乎总是比 R 高 5eV 或更多（例如对于 Zn，$IE_1 = 9.4eV$，$IE_2 = 18eV$）。因此，人们通常期望电反应物进行逐步的单电子还原或氧化反应。然而，如果第一个电子转移步骤涉及重要的结构变化，例如重排或大的溶剂化的变化，那么第二个电子转移的标准电势在能量上就会变得更容易反应，从而促进该反应并产生一个多电子波。例如，这种效应可能是 Zn 表观的两电子氧化的基础，其中最终产物 Zn^{2+} 相较于可能的中间产物 Zn^+ 具有更高的溶剂化和稳定性。

当一个分子上有等同的电活性基团，而且这些电活性基团彼此之间没有相互作用时，也可以观察到多电子转移反应，例如：

$$R-(CH_2)_6-R+2e \rightleftharpoons [\bar{\cdot}R-(CH_2)_6-R\bar{\cdot}] \qquad (13.1.16)$$

式中，R 为 9-蒽基或 4-硝基苯基。该原则同样适用于聚合物的还原或氧化，例如 $(-CH_2-CHR'-)_x$，其中 R′是一个类似二茂铁的电活性基团。当电化学响应作为单个波出现时，代表 x 个电子 EEE… [或 $(E)_x$] 反应。这个结果与富勒烯（C_{60}）上发现的多步骤电子转移行为形成鲜明对比，富勒烯（C_{60}）有六个可分辨的、单电子阴极波 [总的 $(E)_6$ 次序反应]，其中每一步在热力学上比前一步更困难[16]。

无论何时在总次序中发生多于单个电子的转移反应，如在一个 EE 反应中，必须考虑溶液相中电子转移反应的可能性。对于式(13.1.14) 和式(13.1.15) 的体系来说，B 的歧化反应是一种可能性：

$$2B \rightleftharpoons A+C \qquad (13.1.17)$$

其逆反应也很重要，被称为 A 和 C 的归中反应。

(2) ECE 反应

当随后 C 步骤的产物在初始 E 步骤的电势下是电活性时，可以发生第二次电子转移反应 [图 13.1.1 (a)，路径⑤和⑦]；因此，整个次序变成 ECE 反应：

$$O_1 + n_1 e \rightleftharpoons R_1 \quad E_1^{0'} \qquad (13.1.18)$$

$$R_1 \xrightarrow{(+Z)} O_2 \qquad (13.1.19)$$

$$O_2 + n_2 e \rightleftharpoons R_2 \quad E_2^{0'} \qquad (13.1.20)$$

一个例子是卤代芳香硝基化合物（例如 $XC_6H_4NO_2$，其中 X＝Cl，Br，I）在非质子介质（例如液氨或 DMF）中的还原：

$$XC_6H_4NO_2 + e \rightleftharpoons XC_6H_4NO_2^{\bar{\cdot}} \qquad (13.1.21)$$

$$XC_6H_4NO_2^{\bar{\cdot}} \longrightarrow X^- + \cdot C_6H_4NO_2 \qquad (13.1.22)$$

$$\cdot C_6H_4NO_2 + e \rightleftharpoons \bar{:}C_6H_4NO_2 \qquad (13.1.23)$$

$$\bar{:}C_6H_4NO_2 + H^+ \longrightarrow C_6H_5NO_2 \qquad (13.1.24)$$

由于紧接着第二个 E 步骤是质子化过程，所以它实际上是一个 ECEC 反应❷。

由于 O_2 物种比 O_1 物种更容易被还原（$E_2^{0'} > E_1^{0'}$），因此从电极扩散开来的 R_1 物种能够还原溶液中的 O_2 物种，所以这种机理的确定并不像最初看起来那么简单。因此，对于上面提到的例子，可发生如下均相反应：

$$XC_6H_4NO_2^{\bar{\cdot}} + \cdot C_6H_4NO_2 \rightleftharpoons XC_6H_4NO_2 + \bar{:}C_6H_4NO_2 \qquad (13.1.25)$$

这一步骤非常重要，因为第二个电子转移完全发生在本体溶液中，而不是在电极表面[17] [见 13.3.7(3) 节]。

(3) $\overrightarrow{E}C\overleftarrow{E}$ 反应

当一个跟随电极上还原 A 的化学反应的产物可在 A 还原的电势处被氧化时（因此在第二个

---

❷ 尽管介质是“非质子性的”，但通常有一个质子源（如微量水）能够向强碱性反应物提供 H^+，如式(13.1.24) 中的负碳离子。

E 上的箭头是相反的)，发现了一种独特的反应模式[18]：

$$A+e \rightleftharpoons A^- \tag{13.1.26}$$

$$A^- \longrightarrow B^- \tag{13.1.27}$$

$$B^- - e \rightleftharpoons B \tag{13.1.28}$$

此处清楚地标明电荷只是为了强调两个 E 步骤的不同方向。与 EE 和 ECE 反应一样，也存在发生均相电子转移反应的可能性：

$$A^- + B \rightleftharpoons B^- + A \tag{13.1.29}$$

整个反应是简单的 A→B。因此，如果式(13.1.27) 很快，A 到 B 的转化不需要电荷从电极的净转移（即 $n=0$）。

一个例子是在 2mol/L 氢氧化钠溶液中还原 $Cr(CN)_6^{3-}$。当稳定的配合物 $Cr(CN)_6^{3-}$ (A) 被还原为 $Cr(CN)_6^{4-}$ (A^-) 时（溶液中没有 CN^-），迅速失去 CN^- 形成 $Cr(OH)_n(H_2O)_{6-n}^{2-n}$ (B^-)，又立即被氧化为 $Cr(OH)_n(H_2O)_{6-n}^{3-n}$ (B)。一般来说，$\overrightarrow{E}C\overleftarrow{E}$ 反应是基于第一个 E 步骤触发的结构变化。

一个有趣的扩展是电子转移催化的取代反应（相当于有机化学的 $S_{RN}1$ 机理）[1,5,7]：

$$RX+e \rightleftharpoons RX^- \tag{13.1.30}$$

$$RX^- \longrightarrow R+X^- \tag{13.1.31}$$

$$R+Nu^- \longrightarrow RNu^- \tag{13.1.32}$$

$$RNu^- - e \rightleftharpoons RNu \tag{13.1.33}$$

其中可能伴随有溶液相中的反应：

$$RX+RNu^- \longrightarrow RX^- + RNu \tag{13.1.34}$$

总反应不涉及净电子转移，只是一个简单的取代反应：

$$RX+Nu^- \longrightarrow X^- + RNu \tag{13.1.35}$$

(4) 方格反应机理 (square scheme)

两个电子转移反应可与两个化学反应以循环的方式进行耦合时称为“方格反应”[19]：

$$\begin{array}{ccc} A+e & \rightleftharpoons & A^- \\ \updownarrow & & \updownarrow \\ B+e & \rightleftharpoons & B^- \end{array} \tag{13.1.36}$$

这种机理通常发生在还原并且结构发生变化时，如顺-反异构化反应。对于氧化反应，此类反应的一个例子是在顺-$W(CO)_2(DPE)_2$［DPE 是 1,2-双(二苯膦)乙烷］的电化学中发现，这里的顺式(C) 在氧化中生成 C^+，它异构化为反式 T^+。由几个方格反应耦合所产生的更复杂的反应机理可形成网格、阶梯或围栏形式反应[14]。

(5) 进一步完善

虽然我们现在已经简述了最重要的通用反应类型，但是还有很多其他的反应类型。许多反应都可作为之前讨论过的情况的组合或者变体来处理。一个复杂的例子是存在质子供体（ROH）的液氨中，将硝基苯（$PhNO_2$）还原成苯基羟胺。这个过程已被分析为是一个 EECCEEC 过程[20]：

$$PhNO_2 + e \rightleftharpoons PhNO_2^{\cdot} \tag{13.1.37}$$

$$PhNO_2^{\cdot} + e \rightleftharpoons PhNO_2^{2-} \tag{13.1.38}$$

$$PhNO_2^{2-} + ROH \rightleftharpoons P^{O}_{hNO}H^- + RO^- \tag{13.1.39}$$

$$P^{O}_{hNO}H^- \longrightarrow PhNO(\text{亚硝基苯}) + OH^- \tag{13.1.40}$$

$$PhNO + e \rightleftharpoons PhNO^{\cdot} \tag{13.1.41}$$

$$PhNO^{\cdot} + e \rightleftharpoons PhNO^{2-} \tag{13.1.42}$$

$$PhNO^{2-} + 2ROH \longrightarrow P^{H}_{hNO}H + 2RO^- \tag{13.1.43}$$

电化学方法在电极反应机理研究中已经得到了广泛的应用。许多这样的研究还包括通过光谱技术（第 21 章）或化学方法鉴定产物和中间体。

13.2 耦合反应对于循环伏安法的影响

现在转向耦合反应如何影响电化学实验响应。目标是切实可行的——学习如何根据响应进行机理诊断和估算动力学或热力学参数。这里从理论开始，但是应该明白，随着时间的推移，直觉和技能会从对理论和实践经验中发展。

13.3 节末尾将集中讨论 CV 和 LSV，这样更容易理解耦合反应这一主题。在实验室里，人们几乎总是做同样的事情，首先求助于 CV 来诊断一个新的电化学体系。尽管所有的暂态方法都允许探索 i-E-t 空间，并且通常可以支持等效的诊断工作，但是 CV 可以在单个实验中将 E 和 t 对电流的影响可视化（图 7.1.1）。它还自然地说明了体系中多个电活性物质之间的联系。

13.2.1 判断标准

在电化学文献中，术语判断（或诊断）标准（diagnostic criteria）通常用于最重要的观测值，如 i_{pf}、E_{pf}、ΔE_p 和 $|i_{pr}/i_{pf}|$，以及它们对扫描速度或主要物种浓度的依赖性[21]。在 7.3 节中，我们熟悉了 ΔE_p 相对于 v 作为异相电子转移动力学的可逆性、准可逆性或完全不可逆性的判据。对于耦合均相反应，最重要的判据是基于：

① 正向反应的峰电流，i_{pf}；

② 正向反应的特征电势，E_{pf}；

③ 反向峰电流比，$|i_{pr}/i_{pf}|$。

我们的关注通常是进行对比：与未被干扰的电极反应相比，耦合反应将如何改变这些特征的行为？未受干扰的行为（例如，可逆的电子转移反应，$O+ne \rightleftharpoons R$）是一个参考案例，假设其特征无论是从理论上还是通过实验测定（例如在引起随后反应的物种不存在时）已经被理解。

（1）正向反应的峰电流

反应类型的细节决定了耦合化学可以影响 i_{pf} 的程度。例如，对于 EC 反应，电反应物 O 的流量几乎不受 C 步骤的影响；因此，流量的任何指标，如 CV 或 LSV 中的 i_{pf}，仅受到轻微的干扰。

相反，对于一个催化反应（EC′）的 i_{pf}，由于通过 C′步骤再生 O，i_{pf} 将增加。增加的程度取决于实验持续的时间（或特征时间）（13.2.2 节），其在 CV 或 LSV 上通过扫描速度控制。对于持续时间短的实验（高 v），i_{pf} 可能接近未被干扰反应的峰电流，因为再生反应没有足够时间去再生 O。对于持续时间长的实验（低 v），i_{pf} 将大于未被干扰反应下的峰电流，可能很明显。

（2）正向反应的峰电势

对 E_{pf} 的影响不仅取决于耦合反应的类型和实验持续时间，还取决于电子转移反应的可逆性。

考虑 E_rC_i 情况（即一个能斯特电极反应紧接着一个不可逆的化学反应）：

$$O+ne \rightleftharpoons R \longrightarrow X \tag{13.2.1}$$

在实验过程中，工作电极的电势与界面上的溶液组成有关，这种电势是由 Nernst 公式决定的：

$$E=E^{0'}+\frac{RT}{nF}\ln\frac{C_O(0,t)}{C_R(0,t)} \tag{13.2.2}$$

随后反应的影响是降低 $C_R(0,t)$，因此 $C_O(0,t)/C_R(0,t)$ 增加。所以在任何电流水平下的电势都比没有干扰时更正，波向正方向移动❸。

对于电子转移是完全不可逆的 E_iC_i 情况，由于其 i-E 特征曲线不包含 $C_R(0,t)$ 项，随后反应不会引起特征电势的变化。

（3）峰电流比值

反向的结果通常对随后化学反应非常敏感。例如，在 E_iC_i 情况下，如果随后反应产生了显

❸ 在 1.4.2 节中，使用简化的传质模型显示了 SSV 的结果。

著的影响，$|i_{pr}/i_{pf}|<1$，因为电极附近的 R 可通过反应（或通过扩散）移走。如果扫描速度很快，以至于在伏安法中随后反应不能明显进行，$|i_{pr}/i_{pf}|\rightarrow 1$。但是对于较慢的扫描速度，$|i_{pr}/i_{pf}|$ 会减小。对于非常慢的扫描，$|i_{pr}/i_{pf}|=0$。

13.2.2　特征时间

正如上述讨论，干扰反应的影响取决于它在实验中能够进行的程度。因此，定义和比较反应的特征时间（characteristic time for reaction）τ_{rxn} 和观测的特征时间（characteristic time for observation）τ_{obs} 变得很有价值。

例如，假设一个电产物 R 以速率常数 k 进行化学衰变：

① 如果反应是一级反应（例如 R→X），那么 $\tau_{rxn}\equiv 1/k$。可以很容易地证明 τ_{rxn} 是 R 的平均寿命［习题 3.6(a)］。

② 如果反应是 R 与物种 Z 反应的二级反应，那么 $\tau_{rxn}\equiv 1/(kC_Z^*)$。对于扩散层中 C_Z^* 比 R 的任意浓度都大的特殊情况，反应为准一级反应，则 τ_{rxn} 又是 R 的平均寿命。

对于给定的电化学方法，τ_{obs} 表征了对工作电极附近随时间变化的特性（如扩散层中的浓度）进行研究的时间周期。对于 CV 或 LSV，τ_{obs} 通常被定义为 $RT/(nFv)=1/(nfv)$，这是在 25℃、25.7/nmV 下扫描所需的时间（即每个电子的 kT）。因此，τ_{obs} 不是整个实验的持续时间，甚至也不是正向扫描的持续时间，而大致是扫描可逆波上升部分所需的时间。在这个时间范围内或更短时间内发生的过程控制了波的形状。在更短的时间尺度上发生的过程将得到充分体现，而在更长的时间尺度上发生的过程在观测结束之前几乎还没有开始。

τ_{rxn} 和 τ_{obs} 都是近似的参数，不是精确的度量。即便如此，它们也是有价值的辅助工具，主要用于数量级的比较。例如，如果感兴趣的过程是一个耦合反应，若 $\tau_{rxn}\gg\tau_{obs}$，那么可以很容易看出，CV 或 LSV 将在很大程度上不受干扰，而只反映异相电子转移动力学。相反地，若 $\tau_{rxn}\ll\tau_{obs}$，则干扰反应在观测过程中基本上是完整地体现的，并且在 CV 中会明显地表现出它的影响。

13.2.3　一个案例

让我们使用图 13.2.1 将本节的思想结合起来，该图展示了在 pH＝10 的水溶液中 $Mo(CN)_8^{4-}$ 的氧化和再还原的伏安图，其中半胱氨酸的量连续增加[22]。在没有半胱氨酸的情况下（CV 在图 13.2.1 中标记为空心圆圈），$Mo(CN)_8^{4-}$ 经历单电子氧化成 Mo(Ⅴ) 配合物，

$$Mo(CN)_8^{4-} \rightleftharpoons Mo(CN)_8^{3-} + e \tag{13.2.3}$$

在 pH＝10 时，这种反应在掺硼金刚石（BDD）上是准可逆的，随着扫描速度从 25mV/s 增加到 400mV/s，峰值略有分离。在图 13.2.1 中，当 $v=50$mV/s 时，$\Delta E_p\approx 90$mV。就我们目前的目的而言，不需要考虑准可逆性。在没有半胱氨酸的情况下，$|i_{pr}/i_{pf}|$ 接近于 1，i_{pf} 与 $v^{1/2}$ 的关系非常接近线性，表明反应由扩散控制。

半胱氨酸的逐渐增加对 CV 有两个显著的影响：

① 在充电电流背景下测量，反向峰值变小，在 500μmol/L 半胱氨酸时几乎消失。

② i_{pf} 变得更大，在 500μmol/L 半胱氨酸时，正向峰是未加入半胱氨酸时的三倍大。

影响①是一个明确的指标，表明式(13.2.3) 的产物 $Mo(CN)_8^{3-}$ 在半胱氨酸的促进下通过反应从扩散层中除去。这是一种 EC 反应。随着半胱氨酸浓度的增加，这种影响逐渐增大，表明反应的特征时间 τ_{rxn} 逐渐缩短。这种行为与 $Mo(CN)_8^{3-}$ 和半胱氨酸之间的双分子反应一致，其 $\tau_{rxn}=1/(kC^*_{cysteine})$。由于所有伏安图的扫描速率是相同的，故 τ_{obs} 是常数。对于最小半胱氨酸浓度，$\tau_{rxn}\gg\tau_{obs}$，随后反应的影响不会对伏安图造成强烈的干扰。但在最大半胱氨酸浓度下，$\tau_{rxn}\ll\tau_{obs}$ 一定是正确的，因为在随后反应下 $Mo(CN)_8^{3-}$ 几乎从扩散层去除。

影响②表明，当半胱氨酸存在时，$Mo(CN)_8^{4-}$ 可以以某种方式提供更多的电荷。我们已经知道，在无半胱氨酸时，i_{pf} 是扩散控制的，所以这个结果不能代表任何传质效应或 $Mo(CN)_8^{4-}$ 本体浓度的改变。此外，伏安图基本上保持在相同的平均电势（$E_{pf}+E_{pr}$）/2下。因此，E 步骤似乎保持不变。因此，C 步骤必须产生一种与 $Mo(CN)_8^{4-}$ 具有相同电势的可氧化物种。然而，i_{pf} 的增加没有显示出受限的迹象。如果体系是 ECE 反应，那么 i_{pf} 将有一个上限，因为整个过程的 n 值将固定在 n_1+n_2，其中 n_1 适用于第一个 E 步骤［式(13.2.3)］，n_2 适用于第二个 E 步骤。

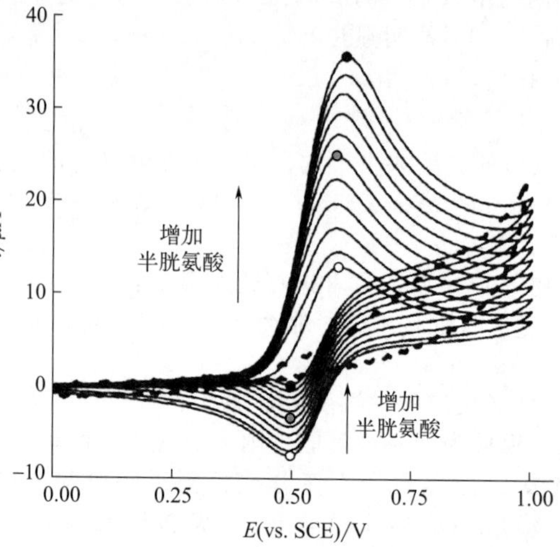

图 13.2.1 在 0.5mmol/L $Mo(CN)_8^{4-}$ 的 pH10 硼酸盐缓冲液中，连续加入 50μmol/L 半胱氨酸，v=50mV/s 时的 CV 图

虚线表示直接氧化 100μmol/L 半胱氨酸的 CV 图。工作电极是掺硼金刚石（BDD）。正电势在右边，阳极电流在上边。在正向和反向峰值处用圆圈标记三条曲线；空心圆圈，没有半胱氨酸；灰色圆圈，250μmol/L 半胱氨酸；黑色圆圈，500μmol/L 半胱氨酸（经授权改编自 Nekrassova 等人[22]）

总之，结果表明，这是一个催化体系 E_qC_i'，其中的 C 步骤可以写为：

$$Mo(CN)_8^{3-} + \text{半胱氨酸} \longrightarrow Mo(CN)_8^{4-} + Y \qquad (13.2.4)$$

由于 $Mo(CN)_8^{4-}$ 被再生，它可以在电极上再次反应，提高了整个反应过程的表观 n 值。在高半胱氨酸浓度下，扩散层中的 Mo 配合物在 τ_{obs} 时间内经历了几个催化循环。

在 13.3 节中，将继续对 13.1 节中定义的主要机理模式的预期 CV 或 LSV 行为进行探讨。在这个过程中，在此讨论的判断标准将是重要的。

13.2.4 包括动力学的理论

对于在基于扩散体系中进行的大多数电化学方法，在前几章中发展的理论方法仍然可以适用于耦合化学反应的影响。在适当的初始条件和边界条件下，仍然必须求解一组表达 Fick 第二定律的偏微分方程（4.5 节）；然而，耦合动力学增加了两种复杂性：

① 扩散问题通常涉及比 O 和 R 更多的物种，需要更多的微分方程。均相反应物和中间体（例如 X、Y 或 Z）的浓度也在扩散层中变化，可能需要加以描述。对于机理中的任何重要反应参与者，都存在一个与其他所有参与者同时求解的额外偏微分方程。

② 描述参与均相反应的所有反应物的偏微分方程（PDE）也必须说明该物种的所有反应性生成与消耗。这样做需要一个或多个额外参数。

例如，考虑线性扩散体系中的 E_rC_i 反应体系：

$$O + ne \rightleftharpoons R \qquad \text{(在电极上)} \qquad (13.2.5)$$

$$R \xrightarrow{k} Y \qquad \text{(在溶液中)} \qquad (13.2.6)$$

对于物种 R，必须对基本的 Fick 定律方程进行修正，因为 R 在任何位置的浓度都会因反应和扩散而改变。均相反应引起的局部变化率为：

$$\left[\frac{\partial C_R(x,t)}{\partial t}\right]_{\text{chem. rxn}} = -kC_R(x,t) \qquad (13.2.7)$$

这增加了由扩散引起的局部变化速率。因此，物种 R 的扩散动力学方程变成：

$$\frac{\partial C_R(x,t)}{\partial t} = D_R\frac{\partial^2 C_R(x,t)}{\partial x^2} - kC_R(x,t) \qquad (13.2.8)$$

物种 O 不参与反应式(13.2.6)，因此，基本扩散定律仍然适用，

$$\frac{\partial C_O(x,t)}{\partial t}=D_O\frac{\partial^2 C_O(x,t)}{\partial x^2} \tag{13.2.9}$$

求解偏微分方程式(13.2.8) 和式(13.2.9) 需要六个初始条件和边界条件。其中五个为初始条件，半无限条件和通用公式中的流量平衡 (4.5.2 节)。

第六个条件取决于电化学方法和电子转移反应的动力学，式(13.2.5)，正如已经看到的很多次那样 [例如 7.2.1(1) 节]。在这种情况下，E 步骤是可逆的，因此，

$$\frac{C_O(0,t)}{C_R(0,t)}=\theta(t)=e^{nf[E(t)-E^{0'}]} \tag{13.2.10}$$

如果选择 CV 方法，那么，

$$E(t)=E_i-v[t-2S_\lambda(t)(t-\lambda)] \tag{13.2.11}$$

其中，λ 是扫描反转的时间；$S_\lambda(t)$ 是单位阶跃函数。

对于其他机理，扩散动力学方程可以以同样的方式从 Fick 第二定律和适当的均相反应速率方程推导出来。表 13.2.1 提供了几种不同反应体系的方程，以及适用于 CV 或 LSV 的边界条件。

表 13.2.1 耦合均相反应的扩散动力学方程和条件

类型	反应	扩散动力学方程	初始及边界条件(x,t)	
			$(x,0)$和(∞,t)	$(0,t>0)$
1. C_rE_r	$Y\underset{k_b}{\overset{k_f}{\rightleftharpoons}}O$ $O+ne\rightleftharpoons R$	$\frac{\partial C_Y}{\partial t}=D_Y\frac{\partial^2 C_Y}{\partial x^2}-k_fC_Y+k_bC_O$ $\frac{\partial C_O}{\partial t}=D_O\frac{\partial^2 C_O}{\partial x^2}-k_fC_Y+k_bC_O$ $\frac{\partial C_R}{\partial t}=D_R\frac{\partial^2 C_R}{\partial x^2}$	$C_O/C_Y=K$ $C_O+C_Y=C*$ $C_R=0$	$C_O/C_R=\theta(t)$(注释①) (流量:注释②)
2. C_rE_i	$Y\underset{k_b}{\overset{k_f}{\rightleftharpoons}}O$ $O+ne\longrightarrow R$	(和类型 1 相同)	(和类型 1 相同)	$D_O[\partial C_O/\partial x]_{x=0}=$ $k'C_Oe^{bt}$(注释③) (流量:注释②)
3. E_rC_r	$O+ne\rightleftharpoons R$ $R\underset{k_b}{\overset{k_f}{\rightleftharpoons}}Y$	$\frac{\partial C_O}{\partial t}=D_O\frac{\partial^2 C_O}{\partial x^2}$ $\frac{\partial C_R}{\partial t}=D_R\frac{\partial^2 C_R}{\partial x^2}-k_fC_R+k_bC_Y$ $\frac{\partial C_Y}{\partial t}=D_Y\frac{\partial^2 C_Y}{\partial x^2}+k_fC_R-k_bC_Y$	$C_O=C_O^*$ $C_R=0$ $C_Y=0$	$C_O/C_R=\theta(t)$(注释①) (流量:注释②)
4. E_rC_i	$O+ne\rightleftharpoons R$ $R\xrightarrow{k_f}Y$	(如类型 3 中 $k_b=0$) (不需要关于 C_Y 的公式)	(和类型 3 相同)	(和类型 3 相同) (流量:注释④)
5. E_rC_{2i}	$O+ne\rightleftharpoons R$ $2R\xrightarrow{k_f}X$	$\frac{\partial C_O}{\partial t}=D_O\frac{\partial^2 C_O}{\partial x^2}$ $\frac{\partial C_R}{\partial t}=D_R\frac{\partial^2 C_R}{\partial x^2}-k_fC_R^2$	$C_O=C_O^*$ $C_R=0$	$C_O/C_R=\theta(t)$(注释①) (流量:注释④)
6. E_rC_i'	$O+ne\rightleftharpoons R$ $R+Z\xrightarrow{k_f}O+Y$	$\frac{\partial C_O}{\partial t}=D_O\frac{\partial^2 C_O}{\partial x^2}+k_fC_ZC_R$ $\frac{\partial C_R}{\partial t}=D_R\frac{\partial^2 C_R}{\partial x^2}-k_fC_ZC_R$	$C_O=C_O^*$ $C_R=0$	$C_O/C_R=\theta(t)$(注释①)

续表

类型	反应	扩散动力学方程	初始及边界条件(x,t)	
			(x,0)和(∞,t)	(0,t>0)
6. E_rC_i'		$\frac{\partial C_Z}{\partial t}=D_Z\frac{\partial^2 C_Z}{\partial x^2}-k_fC_ZC_R$	$C_Z=C_Z^*$	(流量:注释⑤)
7. $E_rC_iE_r$	$O_1+n_1e \rightleftharpoons R_1$	$\frac{\partial C_{O_1}}{\partial t}=D_{O_1}\frac{\partial^2 C_{O_1}}{\partial x^2}$	$C_{O_1}=C^*$	$C_{O_1}/C_{R_1}=\theta_1(t)$ (注释⑥)
	$R_1 \xrightarrow{k_f} O_2$	$\frac{\partial C_{R_1}}{\partial t}=D_{R_1}\frac{\partial^2 C_{R_1}}{\partial x^2}-k_fC_{R_1}$	$C_{R_1}=0$	
	$O_2+n_2e \rightleftharpoons R_2$	$\frac{\partial C_{O_2}}{\partial t}=D_{O_2}\frac{\partial^2 C_{O_2}}{\partial x^2}+k_fC_{R_1}$	$C_{O_2}=0$	$C_{O_2}/C_{R_2}=\theta_2(t)$ (注释⑥)
		$\frac{\partial C_{R_2}}{\partial t}=D_{R_2}\frac{\partial^2 C_{R_2}}{\partial x^2}$	$C_{R_2}=0$	(流量:注释⑦)

① 对于 CV：$\theta(t)=\exp[nf(E_i-E^{0'})]\exp\{-nfv[t-2S_\lambda(t)(t-\lambda)]\}$，其中，$E_i$ 是初始电势；$S_\lambda(t)$ 是扫描反转时间 λ 的单位阶跃函数。

② $D_O(\partial C_O/\partial x)_{x=0}=-D_R(\partial C_R/\partial x)_{x=0}$，$D_Y(\partial C_Y/\partial x)_{x=0}=0$。

③ 对于 LSV：$k'=k^0\exp[-\alpha f(E_i-E^{0'})]$，$b=\alpha fv$，其中 E_i 是初始电势。

④ $D_O(\partial C_O/\partial x)_{x=0}=-D_R(\partial C_R/\partial x)_{x=0}$。

⑤ $D_O(\partial C_O/\partial x)_{x=0}=-D_R(\partial C_R/\partial x)_{x=0}$ 并且 $D_Z(\partial C_Z/\partial x)_{x=0}=0$。通常这个问题在 $C_Z^*\gg C_O^*$ 的情况下可以求解，所以反应过程都是 $C_Z\to C_Z^*$。因此，不需要 Z 的扩散方程，均相动力学方程为准一级，$R\xrightarrow{k_f'}O$ 且 $k_f'=k_fC_Z^*$。

⑥ 对于 CV:$\theta_j(t)=\exp[nf(E_i-E_j^{0'})]\exp\{-nfv[t-2S_\lambda(t)(t-\lambda)]\}$，其中 E_i 为初始电势；$S_\lambda(t)$ 为反向扫描时间的单位阶跃函数；$E_j^{0'}$ 为反应 $O_j+n_je\rightleftharpoons R_j$ 的参数。

⑦ $D_{O_1}(\partial C_{O_1}/\partial x)_{x=0}=-D_{R_1}(\partial C_{R_1}/\partial x)_{x=0}$ 并且 $D_{O_2}(\partial C_{O_2}/\partial x)_{x=0}=-D_{R_2}(\partial C_{R_2}/\partial x)_{x=0}$。

只作为最终产物的物种不需要方程和条件。例如，在式(13.2.5)～式(13.2.6) 中，物种 Y 的浓度不影响 $C_O(x,t)$、$C_R(x,t)$、i 或 E。然而，如果式(13.2.6) 是可逆的，物种 Y 的浓度将出现在式(13.2.8) 中，并且必须提供有关 Y 的 $C_Y(x,t)$ 的扩散动力学方程和 Y 的初始和边界条件。这是表 13.2.1 中的类型 3。

虽然基于半无限线性扩散的体系包含了许多令人感兴趣的情况，但是其他情况不在该讨论范围。在前面的章节中，我们已经讨论了这样的情况：

① 扩散在几何学上是简单的，但为非线性的，如在圆盘电极上的 SSV（第 5 章）。

② 体系是对流的，如在 RDE 或 RRDE 下（第 10 章）。

③ 迁移过程是重要的，如在添加了低浓度电解质的 SSV 下（5.7 节）。

④ 涉及复杂几何体，例如，在 SECM 下（第 18 章），或在一个电极阵列下（5.6.3 节）。

对于这些情况，基本上可以如上所述处理耦合动力学。然而，传质部分是不同于线性扩散的 Fick 第二定律。它可能只是针对于某些不同几何形状的 Fick 第二定律。然而，它也可能需要从修正的 Nernst-Planck 方程中得到对流项（类型 2）或迁移项（类型 3）。或者它可能涉及一个更一般的传质表达式，以及定义电极阵列的一组复杂边界条件（类型 4）。在每种情况下，传质部分都可以按照上述动力学项进行修正，由此求解偏微分方程组。4.5 节讨论了相关问题和解决方案。

13.2.5 对比模拟

在当前的实践中，像本章中遇到的扩散动力学方程的解几乎总是通过数值模拟得到[8,23-25]❹。

---

❹ 耦合均相反应的电化学体系的基础工作大多是解析式(通常是数值解)。作为解析解的一个例子，在第二版的 12.2.2 节和第一版的 11.2.2 节中，对 E_rC_i 体系进行计时电势测定。

当然，正如我们在这里所讨论的那样，所有的模拟器都是对数学准确表达的问题的数值求解器。通用的模拟软件包已经商业化，甚至与一些电化学工作站集成在一起。模拟器可以根据用户的兴趣轻松定义反应机理。

事实上，对模拟的实践远远超出了仅仅求解一个包含传质和动力学的问题。现在评估电化学动力学模型中参数的标准方法是通过迭代的方法，可以称为对比（比较）模拟（comparative simulation）。对实验体系进行反复模拟，改变模型参数（均相和异相速率常数、平衡常数、传递系数、标准电势等），并将模拟伏安图与数据集进行对比，直至达到最佳拟合[8-9,23]。拟合过程可以同时包含具有多个波的复杂伏安图，甚至可以包含实验变量（如扫描速度或浓度）变化的一整组伏安图。在最复杂的方法中，所有这些都是由一种基于统计的拟合度量（例如方差平方和）为指导的算法自动完成的。在13.3节中，我们将遇到许多使用了对比模拟的例子❺。

以这种方式处理的体系的复杂性是有限度的。我们将在13.3.9节讨论该问题。

13.3　行为总结

本节涵盖了13.1节中介绍的所有反应机理在CV或LSV中的理论预期。重点是重要的极限情况和用于机理诊断以及速率常数估计的有用工具。

13.3.1　随后反应——E_rC_i情况

E_rC_i机理是均相化学反应与电极反应耦合的最简单的情况。我们将其写为

$$O+ne \rightleftharpoons R \xrightarrow{k_f} Y \tag{13.3.1}$$

作为我们总结的起点，希望不是那么复杂：

① 均相化学反应是由电极反应引发的，因此在实验开始前不需要考虑任何因素；

② 只有一个均相速率常数；

③ 由于均相反应是不可逆的，因此不需要处理物种Y的扩散或进一步反应。

定性行为很容易预测，如图13.3.1所示❻。在较快的扫描速度下［图13.3.1(a)］，观测时间τ_{obs}足够短，以至于后续反应不能明显进行。对于O/R电对，体系表现为不受干扰的可逆CV曲线。在逐渐减慢的扫描速度下［图13.3.1(b)～(d)］，在观测时间内C步骤开始明显地发生，从而使物种R通过化学反应丢失。随着v的减小，反向峰电流i_{pr}相对于i_{pf}变小；因此，$|i_{pr}/i_{pf}|$减小，最终在非常慢的扫描速度时接近零［图13.3.1(d)］。与未被干扰的情况相比，R的衰减导致表面浓度的比值$C_O(0,t)/C_R(0,t)$在整个波形中都变大。因此，在较低的扫描速度下，由于随后反应的影响更大而导致整个波逐渐正移。这种行为最容易出现在正向反应中，峰电势E_{pf}随v的减小而正移。

(1) 无量纲的动力学参数和区域图

在电化学响应理论中，τ_{obs}/τ_{rxn}比值是一个主要的无量纲动力学参数λ。对于不同的机理和不同的实验方法，λ具有不同的函数形式，因为τ_{rxn}取决于化学性质，而τ_{obs}取决于所采用的方法。对于通过CV或LSV观测的E_rC_i体系，$\tau_{rxn}=1/k_f$并且$\tau_{obs}=RT/(nFv)=1/(nfv)$；因此，

$$\lambda=\frac{RT}{nF}\times\frac{k_f}{v}=\frac{k_f}{nfv} \tag{13.3.2}$$

对于任何特定的化学体系，k_f是一个常数，λ的变化体现了时间尺度的变化。对于CV和LSV，通过改变v可以调节λ。或者，如果在固定扫描速率下比较不同E_rC_i体系，λ的差异可体现速率常数k_f的差异。以λ和无量纲电流绘制伏安响应的一个优点是可以同时显示一系列动力学行为，

---

❺ 这种方法的应用通常只用一个词“模拟”来表示，并且对比的基础可能不明确。有时，它是基于统计数据的，但也可能只基于个人判断。

❻ 对于图13.3.1，电极面积是$1cm^2$。这比CV中通常使用的电极面积要大一个数量级甚至更多。本章中的这幅图与其他图选择这一电极面积，以便电流尺度在数值上与电流密度相同。

如图 13.3.1(e) 所示。

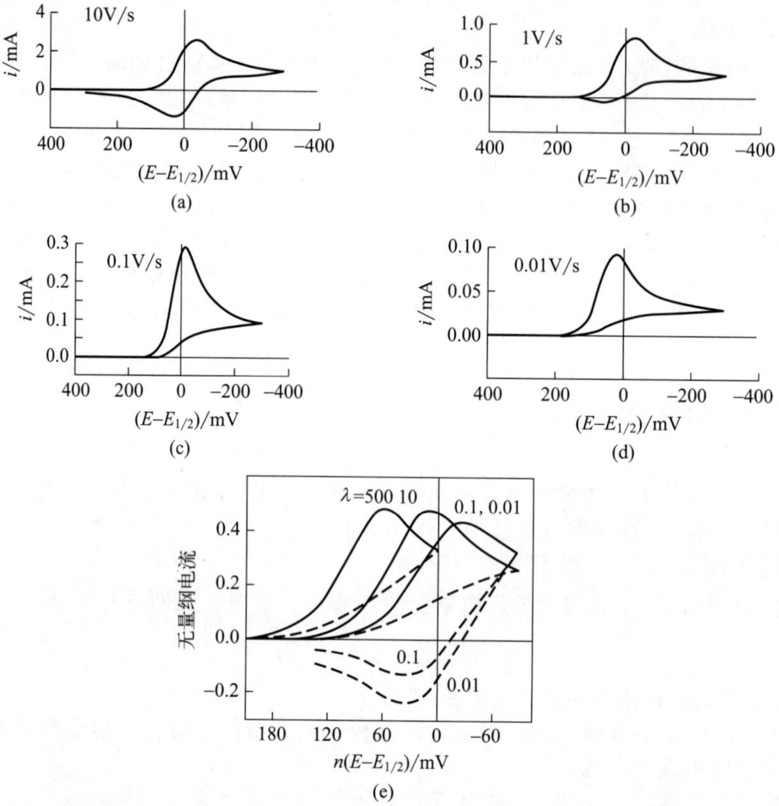

图 13.3.1 E_rC_i 机理在 25℃，$A+e \rightleftharpoons B$；$B\rightarrow C$ 下的循环伏安图［(a)～(d)］。单电子体系中，$E^0_{A/B}=0V$，$C^*_A=1mmol/L$，$C^*_B=0$，$A=1cm^2$，$D_A=D_B=10^{-5}cm^2/s$，$k_f=10s^{-1}$。扫描速度 v 分别为 (a) 10V/s，(b) 1V/s，(c) 0.1V/s，(d) 0.01V/s。每个图的纵坐标尺度不同。(e) 几种 $\lambda=k_f/(nfv)$ 值下 n 电子机理的无量纲的电流值。无量纲电流为 $\pi^{1/2}\chi(\sigma t)$，定义见式(7.2.18)

［(e) 部分经 Nicholson，Shain 许可转载[21]］

如图 13.3.2 所示，可以将电化学行为的全谱图绘制在区域图（zone diagram）中[1,26-27]❼。通常，区域图是体系的一个重要描述符（通常是判断参数）相对于与对数 λ 的关系图。使用对数尺度是因为 λ 通常可以在数量级上变化。在横坐标上的中心位置为 $\lg\lambda=0$，其中 $\tau_{obs}=\tau_{rxn}$。图 13.3.2 描述了 E_{pf} 的变化，参考了 O/R 电对的可逆 $E_{1/2}$。还提供了描述 $|i_{pr}/i_{pf}|$ 行为的标签。

如图 13.3.2 所示，分为 3 个区域：

① 当 $\lambda \ll 1(\lg\lambda<-1)$ 时，反应的时间尺度远大于观测的时间尺度，因此 R 的均相衰减在观测过程中并没有明显地进行，有效的总过程只是可逆的 O/R 电子转移过程。因此 25℃下，$E_{pf}=E_{1/2}-28.5/n$mV，$|i_{pr}/i_{pf}|=1$［7.2.2(2) 节］。该区域时间尺度的变化不会改变行为的本质，因为随后反应并不重要。这是一般（或纯）扩散的区域，被标记为 DO。

② 当 $\lambda \gg 1(\lg\lambda>1)$ 时，在观测期间随后反应充分显现，使得有效的总反应发生不可逆的转

❼ 区域图和区域标签的体系是由 Savéant 和 Vianello 提出的。几十年来，这一概念已被证明是有用的。本章中涵盖了许多例子。在两字母的区域标签中，第一个字母通常定义为主要因素（D 代表扩散，K 代表动力学），第二个字母是修饰词（E 代表非凡的，G 代表一般的，I 代表中等的，O 代表普通的，P 代表纯粹的）。如果标签不以 K 或 D 开头，则通常是由其他常规用法中派生出来的（如，IR 代表不可逆，QR 代表准可逆）。在这个版本中使用的标签遵循 Savéant 综合性书中的用法[1]。历史上，不同标签有时用于一个给定的区域。为了简化，作者对 Savéant 的用法进行了标准化；然而，本章中的图也在括号中显示了历史上的替代项。

化，$O+ne\longrightarrow X$。λ 每增加 10 倍，E_{pf} 的值就以 30mV 的幅度平稳地变正，如式(13.3.3) 所示。因为 R 是完全转化的，所以 $|i_{pr}/i_{pf}|=0$。波的形状和位置由均相过程决定；因此，该区域被称为纯动力学区，并被标记为 KP。

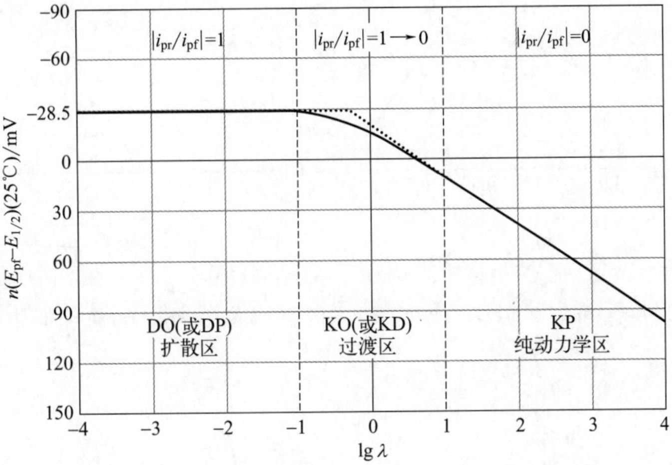

图 13.3.2　E_rC_i 反应机理在 CV 或 LSV 中的区域图

为简单起见，KO 区画宽了 2 个数量级，实际上一般是略窄的。曾经可替代的标记是 DO 和 KO

③ 当 λ 的量级为 1($-1<\lg\lambda<1$) 时，R 到 X 的转化是部分的，时间尺度的微小变化允许或大或小的完成度。因此，$|i_{pr}/i_{pf}|$ 从较小 λ 时的 1 过渡到较大 λ 时的 0。在这个区域内，电化学响应为从实验数据中评估参数（k_f，$E_{1/2}$，n）提供了最好的机会。同时，E_{pf} 随着 λ 的增加开始出现正向偏移，但影响不大。这是动力学和扩散共同控制的区域，标记为 KO❽。

区域图出现在许多出版物中，通常是在特定实验方法的详细理论基础上发展和呈现的。目前我们关注的只有 CV 和 LSV，而区域图也适用于其他各种方法，如计时电流法、方波伏安法、计时库仑法、计时电势法、流体动力学伏安法，甚至整体库仑法。

(2) 定量行为

在 KP 区域，曲线的形状本质上是完全不可逆的电荷转移，但不依赖于 α[21]。$i_p/v^{1/2}$ 的比值随扫描速度（例如，当 v 从 1 增加到 10 时，λ 只增加 5%）的变化比较小。峰电势比未被干扰的电极反应的峰电势更正，由下面的公式给出[21]：

$$\boxed{E_{pf}=E_{1/2}-0.780\frac{RT}{nF}+\frac{RT}{2nF}\ln\lambda}\qquad(13.3.3)$$

v($\lg\lambda$ 每下降一个单位，图 13.3.2）每增加 10 倍，波会向负电势（朝向未被干扰的波的位置）移动约 $30/n$mV（在 25℃下）。若已知 $E_{1/2}$，则可利用式(13.3.3) 由实验数据估算 k_f。

在 KO 区，可以像 7.2.2 节描述的那样从 $|i_{pr}/i_{pf}|$ 中获取信息。图 13.3.3(b) 是 $|i_{pr}/i_{pf}|$ vs. $k_f\tau_{rev}$ 的工作曲线[21]，其中 τ_{rev} 是 $E_{1/2}$ 和转化电势 E_λ 之间的时间。通过将 $|i_{pr}/i_{pf}|$ 的观测值拟合到该曲线上，可估算 k_f。另一种更广泛使用的方法是对比模拟（13.2.5 节），它不仅可以提供 k_f，还可以提供其他参数，如 D_O、$E_{1/2}$ 或 $E^{0'}$。

由于反向数据只在比较小的 λ 范围内得到动力学信息，将扫描电势范围扩展到更极端的值时去观察随后反应的产物是否具有电活性通常是有用的。例如，图 13.3.4 显示了与图 13.3.1(b) 相同的反应和条件下的循环伏安图，但是随着扫描扩展到更正的电势，显示出物种 C 的氧化波，在第二次反向扫描时，其氧化产物 D 被还原。CV 的一大优点是能够突出伏安特征之间的联系，就像在这个例子中一样。

---

❽ 在 Savéant 命名法中，KO 的意思是“普通动力学”。这个标签表示均相动力学修饰了“普通的”（未受干扰的，可逆的）情况。相反，在 KP 区，均相动力学完全起控制作用。

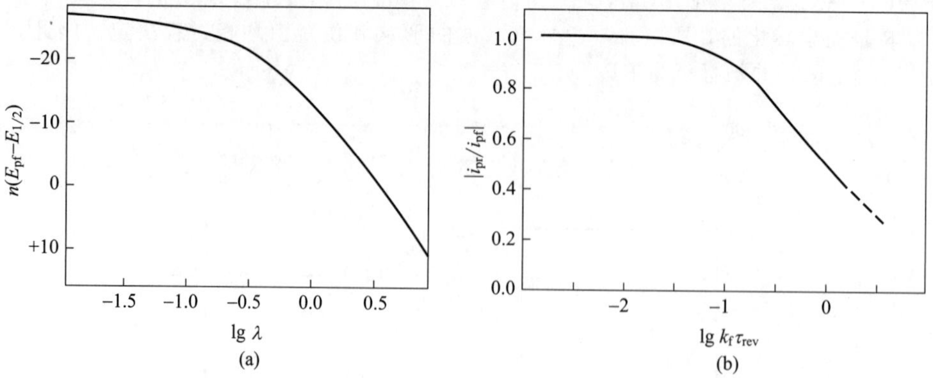

图 13.3.3　E_rC_i 机理下，(a) E_{pf} vs. $\lg\lambda$；(b) $|i_{pr}/i_{pf}|$ vs. $\lg k_f\tau_{rev}$

其中 τ_{rev} 是 $E_{1/2}$ 和转换电势 E_λ 之间的时间（改编自 Nicholson 和 Shain[21]）

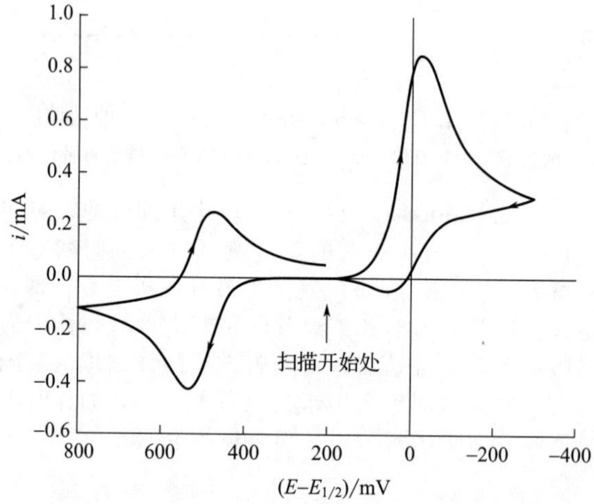

图 13.3.4　E_rC_i 机理的循环伏安图

$A+e \rightleftharpoons B$；$B \longrightarrow C$。参数如图 13.3.1(b) 所示，$v=1V/s$，随着反向扫描的扩展，可显示耦合反应 $D+e \rightleftharpoons C$，$E^{0'}_{D/C}=0.5V$ 的波。$D_A=D_B=D_C=D_D$

(3) 其他 E_rC 机理

E_rC 模式在不可逆的一级 C 步骤以外会发生很多变化。例如，在 E_rC_2 机理中，产物 R 发生二聚反应[27-31]：

$$2R \xrightarrow{k_2} R_2 \tag{13.3.4}$$

对于这个二级随后反应，$\tau_{rxn}=1/(k_2C_O^*)$；因此，无量纲动力学参数变为 $\lambda_2=k_2C_O^*/(nfv)$。该行为可以通过对 C_O^* 的电化学响应依赖性与 E_rC_i 机理区分开来。在 KP 区，E_{pf} 可以由下式计算[27-28,32]：

$$E_{pf}=E_{1/2}-0.902\frac{RT}{nF}+\frac{RT}{3nF}\ln\left(\frac{2}{3}\lambda_2\right) \tag{13.3.5}$$

因此，扫描速度改变 10 倍，E_{pf} 偏移 $20/n$mV（在 25℃下）。

其他的 E_rC 机理，如产物 R 可以与初始的物质 O 反应[31,33]，也已经进行了讨论。

13.3.2　EC_i 体系中电极动力学的影响

当电荷转移动力学很缓慢时，可观察到的行为取决于式(13.3.6) 中单电子 E 步骤的 k^0 和 α，以及 C 步骤中的动力学参数 $\lambda=k_f/(fv)$：

$$\mathrm{O}+\mathrm{e}\underset{}{\overset{k^0,\alpha}{\rightleftharpoons}}\mathrm{R}\xrightarrow{k_f}\mathrm{X} \tag{13.3.6}$$

即使在相对简单的电荷转移反应中，异相动力学的影响也是很重要的，因为正如13.3.1节所示，不可逆的C步骤导致伏安波向正方向移动，从而降低了异相还原反应的速率。

为了方便讨论可以定义一个无量纲参数 Λ，将 k^0 与CV的观测时间尺度联系起来[34]：

$$\Lambda=\frac{k^0}{(Dfv)^{1/2}}=\frac{\tau_{obs}^{1/2}k^0}{D^{1/2}} \tag{13.3.7}$$

可通过区域图图13.3.5中的 Λ 和 λ 来描述行为的全谱[34-35]。

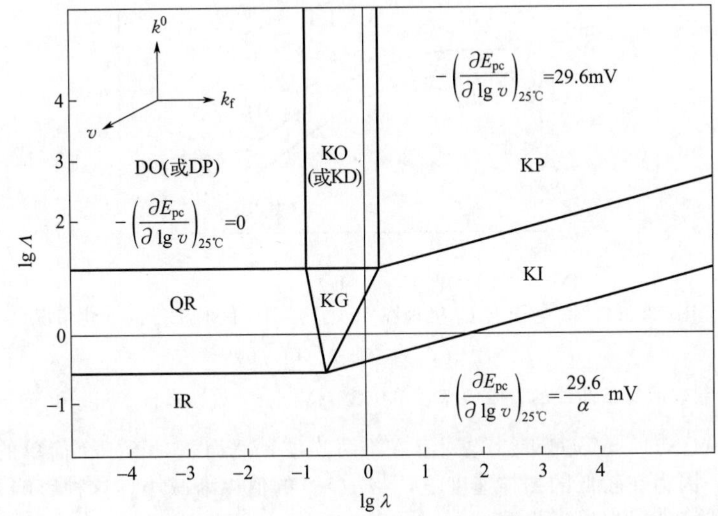

图13.3.5 单电子 E_qC_i 机理的区域图

$\lambda=k_f/(fv)$；$\Lambda=k^0/(Dfv)^{1/2}$。左上角的轴图显示了 v、k_f 和 k^0 增加1个数量级所引起的影响的方向和大小。v 的矢量方向反映了 λ 和 Λ 均依赖于扫描速率的事实。DO和KO区域显示了曾经的可替代的标记（改编自Nadjo和Savéant[34]，经许可）

不同区域的解释如下：

① 当 $\lg\lambda<-1$ 时，均相反应没有影响，行为具不受干扰电极反应的特征。根据 Λ 的大小，CV可以是可逆的（DO区，$\lg\Lambda>1$）、准可逆的（QR区，$\lg\Lambda\approx0$），也可以是完全不可逆的（IR区，$\lg\Lambda<-1$），正如7.3节所述。

② 大的 Λ 值总是意味着电子转移在实验时间尺度上是可逆的；因此，图13.3.5的上半部分对应于上文讨论的13.3.1节中的 E_rC_i 机理。DO、KO和KP区域如图13.3.2所示❾。

③ 在图的底部，无论C步骤是快还是慢，决速步骤始终是不可逆的电子转移（E_iC_i 机理）。如果均相反应较快（右下角），那么 Λ 值在没有C步骤的情况下也对应于准可逆性，使体系表现为不可逆的电子转移反应。这是因为快速均相反应在能够参与电极动力学之前就将物种R从电极附近移走。

④ 在KG区（一般动力学，$-0.7<\lg\Lambda<1.3$，$-1.2<\lg\lambda<0.8$），电子转移动力学和化学不可逆性的影响共同表现出来。因此，就有机会同时计算 k^0、α 和 k_f。图13.3.6给出了该区域的 E_{pc} 随 Λ 和 λ 的变化，可以看到 $\partial E_{pc}/\partial\lg v$ 随 Λ 的变化非常显著。电化学参数的值作为 Λ 和 λ 函数的表可见文献[34]，可用于计算；对比模拟（13.2.5节）提供了对机理模型更全面的测试。

E_qC_i 机理的一个例子是前面讨论过的Mo(Ⅳ)/Mo(Ⅲ)体系（13.2.3节）。先前的重点是在加入半胱氨酸的情况下的催化行为。然而，在没有半胱氨酸的情况下，行为也是显著的[22]。在

❾ 读者可能会注意到，图13.3.5的上半部分的区域边界与图13.3.2中选择的区域边界有所不同。由于相邻区域之间的过渡都是渐进的，因此可以使用稍有不同的标准来设置边界。位置的微小差别通常是无关紧要的。

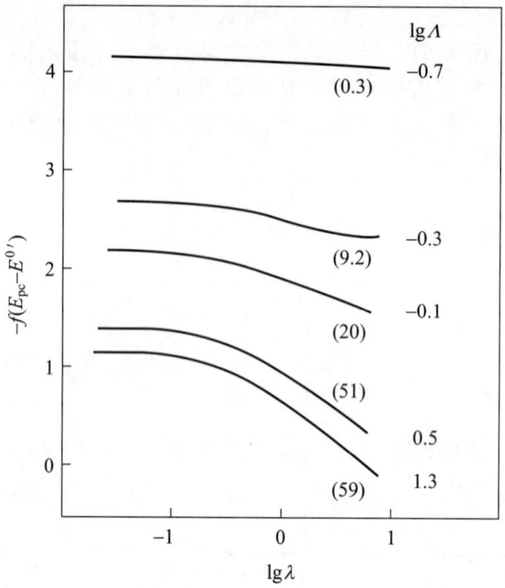

图 13.3.6 单电子 E_qC_i 机理在 25℃下、KG 区时 E_{pc} 的变化情况

$\lambda=k_f/(fv)$；$\Lambda=k^0/(Dfv)^{1/2}$

括号内的数表示每条曲线的极限斜率，单位为 mV/dec（数据来自 Nadjo 和 Savéant[34]）

BDD 电极上，$Mo(CN)_8^{3-}/Mo(CN)_8^{4-}$ 电对存在准可逆波；然而，对于一个简单的 E_q 过程，伏安图并不符合预期，因为在较低的扫描速度下，$|i_{pr}/i_{pf}|$的值逐渐减小。这种影响是有限的，但可以检测和量化。研究者提出以下机理：

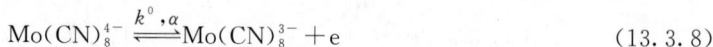

$$Mo(CN)_8^{4-} \xrightleftharpoons{k^0,\alpha} Mo(CN)_8^{3-} + e \tag{13.3.8}$$

$$Mo(CN)_8^{3-} \xrightarrow[H_2O]{k^f} [Mo(CN)_7H_2O]^{2-} + CN^- \tag{13.3.9}$$

通过对比模拟（13.2.5 节），可以发现 $k^0=4\times10^{-2}$cm/s，$\alpha=0.5$，$k_f=0.3s^{-1}$，成功模拟了一组扫描速度变化超过 10 倍的 CV。

13.3.3 双向随后反应

在一般的 EC 机理中，C 步骤可以是双向的，而单电子 E 步骤在任意水平下可以是可逆的[1,21,27]：

$$O+e \xrightleftharpoons{k_0,\alpha} R \underset{k_b}{\overset{k_f}{\rightleftharpoons}} X \quad K=k_f/k_b \tag{13.3.10}$$

我们已经讨论过的机理中，E_rC_i、E_qC_i 和 E_iC_i 都是子案例，以及 E_rC_r、E_qC_r、E_iC_r 也是子案例。这些都是在实践中遇到的。

式(13.3.10) 中的四个参数是全面描述这样一个体系的动力学特性所必需的。用 Λ [定义见式(13.3.7)]、K、α 和 λ 来无量纲地表示它们很方便；不过，这里对 λ 的定义有所不同，因为 τ_{rxn} 必须反映 C 步骤中两个方向的速率常数。利用 $\tau_{rxn}\equiv1/(k_f+k_b)$，我们得到

$$\lambda=\frac{k_f+k_b}{fv} \tag{13.3.11}$$

由于 α 通常在 0.5 附近的一个相当窄的范围内，行为区域边界并不严格依赖于它。因此，这些区域是在三维空间中定义的，其中 Λ、K 和 λ 作为坐标轴。

对于任意给定的体系，先前的知识可以使区域空间简化。例如，如果知道电子转移步骤在动力学上是容易的，那么 Λ 不是一个重要的变量。行为由 λ 和 K 定义，可归纳为图 13.3.7 的二维区域图。该图虽然从整个 EC 空间上进行了简化，但展示了比我们之前看到的行为更丰富的范围。

我们总结了几点看法：

① E_rC_i 机理（13.3.1 节）对应于图的下半部分，其中 K 较大，使得 C 步骤实际上是单向的。随着 λ 的增加，行为通过 DO、KO 和 KP 区域向右进行，如图 13.3.2 所示。

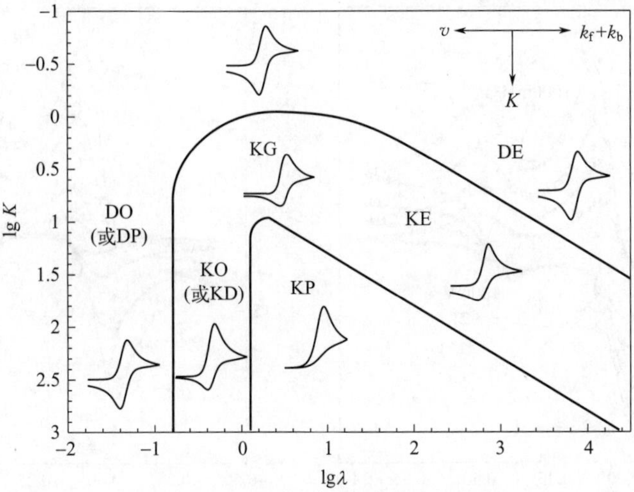

图 13.3.7 单电子 E_rC 机理的区域图

$\lambda=(k_f+k_b)/(fv)$。右上方的轴图例显示了由 v、k_f+k_b 和 K 的增加引起影响的方向。

DO 和 KO 区域显示了曾经的可替代的标记（改编自 Savéant[1]，经许可）

② 在图 13.3.7 的左侧，λ 较小，均相动力学反应太慢以至于 C 步骤不显著。因此，如 13.3.1 节和 13.3.2 节所述，区域 DO 对应于物种 O 的可逆 CV 图，不受随后反应的干扰。

③ 在图 13.3.7 右上方，随后化学反应的动力学较快，因此 C 步骤始终处于平衡状态。该体系是可逆的，并且受扩散控制，但不是"常规的反应"，因为除了 O/R 电对的扩散外，还取决于涉及 X 的耦合平衡。因此，该区域对应于超常规扩散（extraordinary diffusion）并且用 DE 标记。这是 E_rC_r 机理下的完全可逆区，我们在 1.4.1 节、5.3.2（3）节和 7.2.2（7）节中已给出，可以提供有价值的热力学和化学计量信息。

④ 在区域 KO、KG 和 KE 中，均相动力学修正了行为并有机会从 CV 数据中测量 k_f 和 k_b（或 k_f 和 K）。

对于任意机理，速率常数和平衡常数通常通过对比模拟（13.2.5 节）获得。

图 13.3.8 为室温下离子型液体 1-乙基-3-甲基咪唑双三氟甲磺酰亚胺 $[C_2mim]^+[NTf_2]^-$ 中 $I_3^-/I_2/I^-$ 体系的 CV 实验曲线[36]。通过对比模拟，研究者采用如下 EC 机理对这些结果进行了分析：

$$I_2+2e \rightleftharpoons 2I^- \quad (E^{0'},k^0,\alpha) \tag{13.3.12}$$

$$I_2+I^- \rightleftharpoons I_3^- \quad (K,k_f) \tag{13.3.13}$$

在该模型中，唯一的电极反应为式(13.3.12)；因此，假设所有的电还原反应都通过 I_2 进行。三碘化物 I_3^- 被认为是 I_2 的配合形式，只有通过式(13.3.13) 的逆反应解离后才会被还原。因此，反应 $I_3^-+2e \rightleftharpoons 3I^-$ 不是基元过程，而是式(13.3.12) 与式(13.3.13) 的逆反应的相加。很容易就能想到模型需要标准电势 $E^{0'}_{I_3^-/I^-}$；然而，该参数是不必要的，因为它完全由式(13.3.12) 的 $E^{0'}$ 和式(13.3.13) 的 K 决定。

在 CV 曲线中，有两组峰分别对应于配合和未配合的 I_2。如果所有的动力学都如此之快以至于不可见，在 CV 图中只能看到配合形式的可逆电对（I_3^-/I^-），体系将处于图 13.3.7 的 DE 区。如果所有的均相动力学都很慢，而异相动力学都很快，则只会看到未配合的电对（I_2/I^-），体系处于 DO 区。图 13.3.8 中的实际观测值介于这些极限之间。由于所有形式都是可见的，因此体系必须处于与 DE 区接壤的动力学受限区，即 KG 或 KE 区。在图 13.3.7 中，这些区域的 CV 图

与 I_2/I^- 峰值的实际结果类似[10]。

如图 13.3.8 所示，研究者可以通过一组优化的参数值在很大的扫描速度和浓度范围内对复杂的伏安图进行模拟[11]。

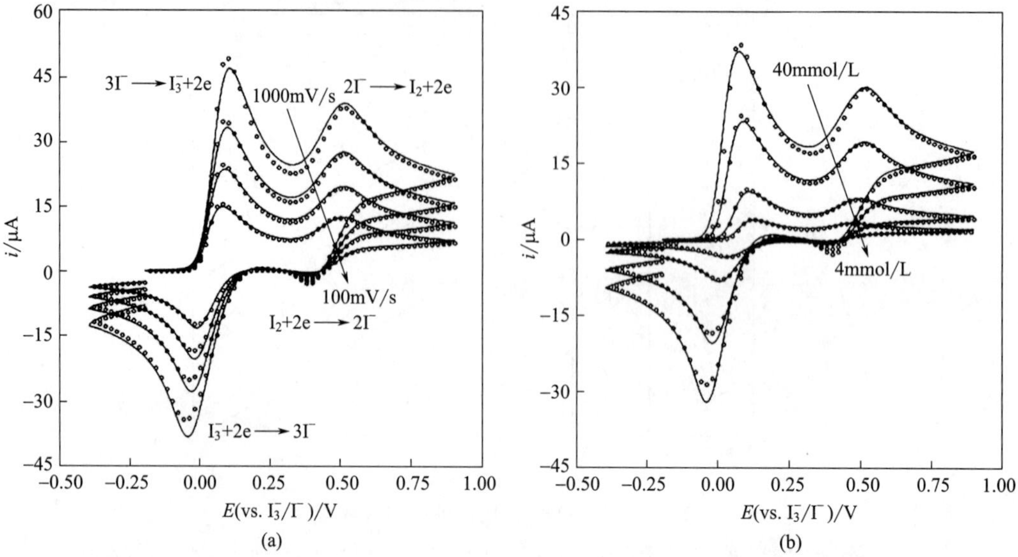

图 13.3.8　I^- 在 $[C_2mim]^+[NTf_2]^-$ 中、Pt 圆盘电极（$r_0=0.8$mm）上的 CV 图

实线为实验曲线；圆圈来自对 $E^{0'}$、k^0、α、K 和 k_f 的单一值的模拟。由于溶剂是离子型的，所以不需要支持电解质。正电势在右边，阳极电流在上边。扫描从 −0.2V 开始正向移动。

（a）25mmol/L I^-；（b）$v=250$mV/s（改编自 Bentley[36]）

13.3.4　催化反应——E_rC_i'体系

在催化反应体系中，一种物质 Z 通常是非电活性的，与直接电产物反应重新产生电反应物，例如：

$$O+ne \rightleftharpoons R \tag{13.3.14}$$

$$R+Z \xrightarrow{k_f} O+Y \tag{13.3.15}$$

一般情况下涉及二级反应，且需要考虑物种 Z 的扩散。然而，通常假设 Z 是过量的（$C_Z^* \gg C_O^*$），因此任意处都存在 $C_Z(x,t) \approx C_Z^*$。则 Z 的扩散不需要处理，式(13.3.15) 变为准一级反应。由于 $\tau_{rxn}=1/(k_f C_Z^*)$，

$$\lambda=\frac{k_f C_Z^*}{nfv} \tag{13.3.16}$$

图 13.3.9 和图 13.3.10 为预期的伏安图[1,21,26,32]。

在正向扫描后期，所有曲线都趋向于一个极限电流 $i_{plateau}$，它与 v 无关，由下式给出

$$\boxed{i_{plateau}=nFAC_O^*(Dk_fC_Z^*)^{1/2}} \tag{13.3.17}$$

当扩散层达到一定厚度时，电极表面通过式(13.3.15) 产生和通过扩散产生的 O 与通过电解消耗的 O 完全匹配时，该条件成立。此时，表面浓度 $C_O(0,t)$ 与时间或扫描速度无关。

这种平台（当它能在另一个波到达之前被观察到时）的存在是催化机理的一个显著特征。另

---

[10] 图 13.3.7 中 KG 和 KE 区域的类型不包括配合形式的峰（即 DE 形式），其从 $E^{0'}$ 偏移的量取决于 K。

[11] 研究者意识到式(13.3.12)和式(13.3.13) 的一个缺点是式(13.3.12) 可能会分两步进行，以至于体系是 EEC 机理。但是，在模型中加入另一组电子转移参数作为未知数来保持拟合精度被证明是不切实际的。

一个显著的标志是正向峰值电流 i_{pf} 可以比未受干扰时任意增大⓬。

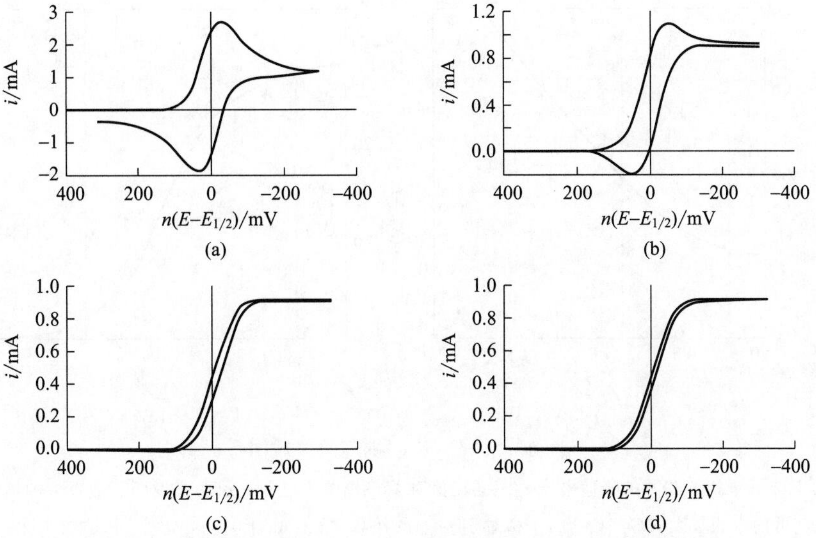

图 13.3.9　E_rC_i'机理在式(13.3.14) 和式(13.3.15) 下的 CV 图

其中 $E^{0'}_{O/R}=0V$，$C^*_O=1mmol/L$，$C^*_R=0$，$C^*_Z=1mol/L$，$A=1cm^2$，$D_O=D_R=D_Z=10^{-5}cm^2/s$，$T=25℃$，$k_f=10s^{-1}$。(a) $v=10V/s$；(b) $v=1V/s$；(c) $v=0.1V/s$；(d) $v=0.01V/s$

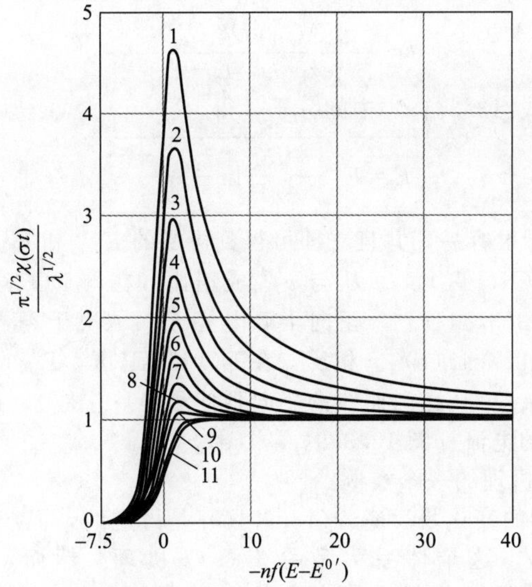

图 13.3.10　E_rC_i'机理在式(13.3.14) 和式(13.3.15) 下的 LSV 图

如下各种 $\lambda=k_fC^*_Z/(nfv)$ 值：1—1.00×10^{-2}；2—1.59×10^{-2}；3—2.51×10^{-2}；4—3.98×10^{-2}；5—6.30×10^{-2}；6—1.00×10^{-1}；7—1.59×10^{-1}；8—2.51×10^{-1}；9—3.98×10^{-1}；10—1.00；11—∞

(经 Savéant 和 Vianello[26]，© 1965，Pergamon Press PLC 许可转载)

图 13.3.11 给出了 E_rC_i'机理的两个区域图。有几点值得注意：

① 当 λ 较小时，$\tau_{rxn}\gg\tau_{obs}$，C 步骤在实验过程中没有时间表现出来。正如我们在前面的案例

⓬ 在本讨论中，当有峰存在时，i_{pf} 是正向峰电流 [图 13.3.9(a)，(b)；而当没有峰存在时，i_{pf} 为平台电流 [图 13.3.9(c)，(d)]。

中所看到的，这种行为是未受干扰时的行为。这就是 DO 区。

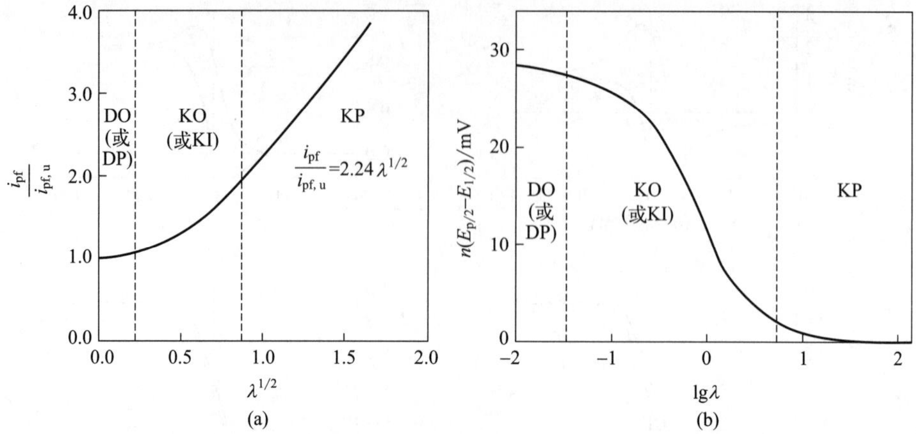

图 13.3.11 E_rC_i'机理的区域图

(a) i_{pf} 与未受干扰 E 步骤的峰值电流 $i_{pf,u}$ 的比值对 $\lambda^{1/2}$ 作图。这种表示形式说明了随着 λ 的增加（例如，在较低的 v 或较大的 C_Z^* 处），i_{pf} 相对于 $i_{pf,u}$ 的任意增长。由于 $i_{pf,u} \propto v^{1/2}$，该曲线意味着 i_{pf} 在 DO 区也与 $v^{1/2}$ 成正比，而在 KP 区与 v 无关。(b) 正向反应的半峰电势，$E_{p/2}$ 对 λ 作图。DO 和 KO 区域显示了曾经的可替代的标记［(a) 部分改编自 Nicholson 和 Shain[21]］

② 在 λ 较大时，$\tau_{obs} \gg \tau_{rxn}$，反应以均相动力学为主（KP 区）。$i$-$E$ 曲线失去了它的峰形，并且变成了一个波，描述如下：

$$i=\frac{nFAC_O^*(Dk_fC_Z^*)^{1/2}}{1+\exp[nf(E-E_{1/2})]} \tag{13.3.18}$$

将式(13.3.17) 代入式(13.3.18) 中的分子，得

$$\boxed{E=E_{1/2}+\frac{RT}{nF}\ln\frac{i_{plateau}-i}{i}} \tag{13.3.19}$$

因此，在 KP 区的分析很容易，并且立即可得到可逆的 $E_{1/2}$ 和 k_f。

③ 当$-1<\lg\lambda<1$ 时（KO 区），i_{pf} 从与 $v^{1/2}$ 成正比（在与 DO 区交界处）转变为与 v 无关（在与 KP 区交界处）［图 13.3.11(a)］。正向半峰电势 $E_{p/2}$ 取决于 λ，在 25℃时，$\Delta E_{p/2}/\Delta\lg v$ 的最大值约为 $24/n$mV［图 13.3.11(b)］。相反，在 DO 和 KP 区，$E_{p/2}$ 与 λ 无关。

在 CV 中，$|i_{pr}/i_{pf}|$（i_{pr} 可从正向曲线的反向延伸测得）总是 1，即使在 KP 区，反向扫描的电流趋向于重合正向扫描的电流［图 13.3.9(c)，(d)］。

13.2.3 节给出了 E_rC_i'机理的一个实例。

EC'机理的一个更复杂的变化是反应式(13.3.15) 是可逆的，但产物 Y 是不稳定的，经历了一个快速的衰减（Y→X）。这个体系大致是 $E_rC_r'C_i$ 机理。然而，Y 的不稳定性驱动反应式(13.3.15) 向右移动，使得观察到的行为收敛于 E_rC_i'机理。在这类过程中，氧化还原电对 O/R 促使 Z 的还原，最终生成 X，被称为氧化还原催化过程[1,6,37]。一个例子中[38]，以 1,2-苯并菲（Ch，图 1）和它的阴离子自由基作为 O/R 电对，以溴苯（PhBr）作为物种 Z：

$$Ch+e \rightleftharpoons Ch^{\overline{\cdot}} \tag{13.3.20}$$

$$Ch^{\overline{\cdot}}+PhBr \rightleftharpoons Ch+PhBr^{\overline{\cdot}} \tag{13.3.21}$$

$$PhBr^{\overline{\cdot}} \xrightarrow{k_d} Ph\cdot+Br^- \tag{13.3.22}$$

产物 Ph·最终通过其他化学反应稳定。

即使反应式(13.3.22) 太快而无法直接用电化学测量，也可以利用氧化还原催化反应来测量 k_d。这是通过选择 $E^{0'}$ 较 Z/Y 电对（这里为 $PhBr/PhBr^{\overline{\cdot}}$）正的中间体电对（在本例子中为 $Ch/Ch^{\overline{\cdot}}$），改变 CV 中 v 和 C_Z^* 来实现的。氧化还原催化反应已被广泛用于研究键断裂反应随后电

子转移（13.3.8 节）[1,5-6,39]。

13.3.5　前置反应——C_rE_r 体系

与双向 EC 机理类似（13.3.3 节），C_rE_r 体系的行为依赖于两个一级均相反应速率常数 k_f 和 $k_b(s^{-1})$：

$$Y \underset{k_b}{\overset{k_f}{\rightleftharpoons}} O \tag{13.3.23a}$$

$$K = k_f/k_b \tag{13.3.23b}$$

$$O + ne \rightleftharpoons R \tag{13.3.24}$$

使用 λ 和 K 作为无量纲参数依旧是方便的，其中，对于 CV 和 LSV，$\lambda=(k_f+k_b)/(nfv)$。异相电子转移反应式(13.2.4)，假设符合能斯特行为，因此不需要额外的参数来描述它。图 13.3.12 为相应的区域示意图[1,26,32]。

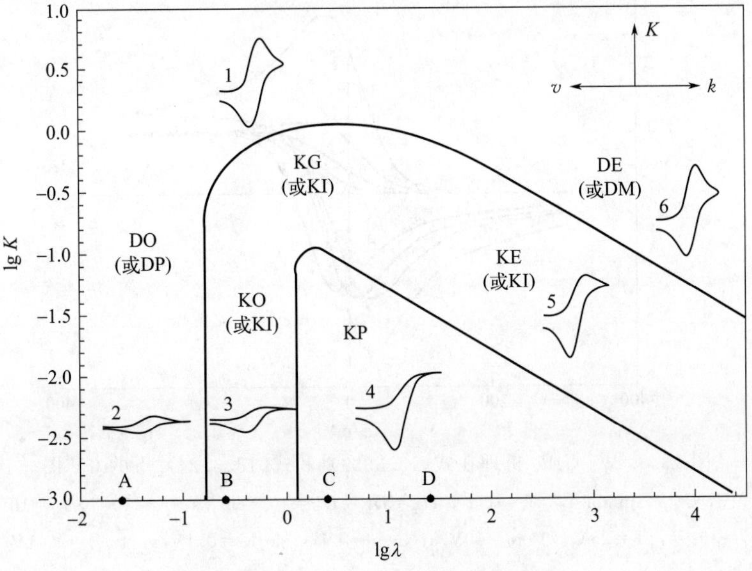

图 13.3.12　C_rE_r 机理的区域示意图

$\lambda=(k_f+k_b)/(nfv)$。右上角的图例显示了由 v、$k(k_f+k_b)$ 和 K 增加引起影响的方向。几个区域显示了曾经的可替代的标记。文中讨论了编号的 CV 图和字母点（改编自 Savéant[1]，经许可）

与以前的所有情况一样，区域 DO 的 λ 很小，对应于无效的均相动力学反应。反应的特征时间 $\tau_{rxn}=1/(k_f+k_b)$ 远大于 τ_{obs}；因此，物种 Y 和 O 在实验过程中并没有发生明显的相互转化。在扫描开始时，在任何 O 溶液浓度下，CV 表现为未扰动的能斯特响应。

如果前置反应式(13.3.23a) 在 CV 进行之前有时间达到平衡，那么 O 的本体浓度为

$$C_O^* = \frac{C^* K}{K+1} \tag{13.3.25}$$

其中，C^* 为 O+Y 的总浓度。当 K 较大时，平衡位于较右的位置，大部分 O+Y 以电活性形式 O 存在。伏安电流接近 C^* 所能支持的最大值（CV 模式图 13.3.12 中 1）。反之，当 K 较小时，O+Y 只有一小部分以 O 形式存在，伏安峰甚至难以观察到（CV 模式图 13.3.12 中 2）。

在位于图 13.3.12 的右上方的 DE 区，λ 和 K 均较大。在这个区域，反应式(13.3.23a) 是双向移动的，在观测的时间尺度上总是处于平衡状态。正如我们在 1.4.1 节和 5.3.2 节中所看到的，与能斯特电极反应耦合的均相反应平衡会产生扩散控制的能斯特响应，但从未受干扰的位置开始沿着电势坐标移动的程度取决于 K。这种移动是一种热力学效应，它反映了稳态平衡时物种 O 的自由能；因此，从 DE 区的伏安曲线可以得到热力学和化学计量信息。CV 中的峰高对应于总本体浓度 C^*（CV 模式图 13.3.12 中 6）。

在所有其他区域，响应受到均相动力学的限制，伏安图的形状会发生显著变化[1,21,6,32]。

图 13.3.13 说明了当 v 变化超过三个数量级时的影响。对于已明确的体系，$\lg K=-3$；因此，图 13.3.12 的所有的操作点都位于图的下坐标上。研究了三个不同的区域：

① 在最高扫描速度（曲线 1，$v=10\text{V/s}$）下，操作点为在 DO 区域的 A。该行为是一个不受干扰的可逆反应，由于 K 值较低，初始 O 浓度较小。

② $v=1\text{V/s}$（曲线 2）时，操作点移动到 KO 区的 B 点。仍然可以看到一个峰值，反映了扩散层中的损耗情况，但与扩散控制的情况相比（曲线 1）该峰值已有所降低。此外，通过正向峰电流（在扩散控制情况下近似为 $t^{-1/2}$）后，电流的扩散衰减变得平缓，趋向于一个平台，该平台的存在是动力学受限的一个明显指标。

③ 在两个更低的扫描速度（曲线 3，$v=0.1\text{V/s}$；曲线 4，$v=0.01\text{V/s}$）下，操作点分别位于 C 点和 D 点，均位于 KP 区。电流达到一个稳态值，由与扫描速度无关的阴极平台表示。

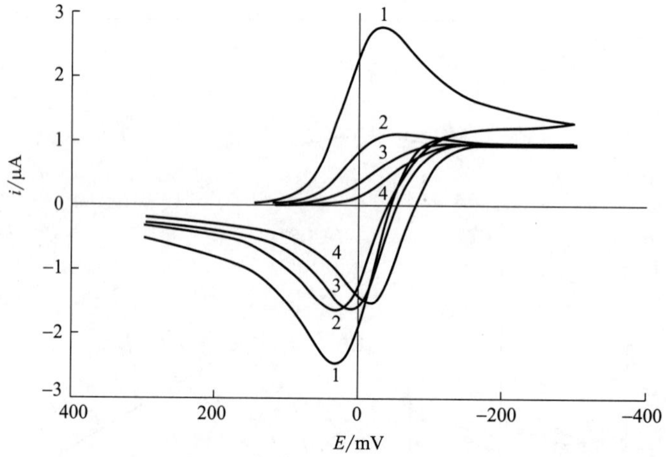

图 13.3.13 C_rE_r 机理在式(13.3.23) 和式(13.3.24) 下的 CV 图

$E^{0'}_{O/R}=0\text{V}$，$C^*=1\text{mmol/L}$，$A=1\text{cm}^2$，$D_Y=D_O=D_R=10^{-5}\text{cm}^2/\text{s}$，$K=10^{-3}$，$k_f=10^{-2}\text{s}^{-1}$，$k_b=10\text{s}^{-1}$，$T=25℃$。1—$v=10\text{V/s}$；2—$v=1\text{V/s}$；3—$v=0.1\text{V/s}$；4—$v=0.01\text{V/s}$

图 13.3.13 中的伏安图与图 13.3.12 中相应的 CV 图谱的相似之处是显而易见的。

在纯动力学区（KP)，当扩散层增厚到电极表面上 O 的还原速率与 O 的到达速率恰好匹配时，稳态建立，该稳态由 C 步骤 O 的稳定生成所支持。电流由下式给出[26,40]：

$$\boxed{i_{\text{plateau}}=nFAD^{1/2}C^*K(k_f+k_b)^{1/2}} \tag{13.3.26}$$

半峰（即平台的一半）电势 $E_{p/2}$ 为[40]：

$$E_{p/2}=E^{0'}-0.24\frac{RT}{nF}-\frac{RT}{2nF}\ln\lambda \tag{13.3.27}$$

因此，KP 区 $E_{p/2}$ 随 v 的移动为：

$$\mathrm{d}E_{p/2}/\mathrm{dlg}v=2.303RT/(2nF) \tag{13.3.28}$$

在 25℃时，v 增加 10 倍导致还原峰正移 $30/n$mV。

随着 v 的增大，λ 减小，体系可以从 KP 区移动到 KO 区（图 13.3.12)，其中 $\mathrm{d}E_{p/2}/\mathrm{dlg}v$ 变小。随着 v 的进一步增加，可以达到普通扩散（DO）区，此时 E_{pf} 和 $E_{p/2}$ 都与 v 无关。

在循环伏安法中，反向扫描受耦合反应的影响不大（图 13.3.13)，因为电生成物 R 一般储存在扩散层中，可用于扩散控制的再氧化。结果就是，当体系在均相动力学影响伏安曲线（KO、KG、KE 或 KP）的区域操作时，$|i_{pr}/i_{pf}|$(根据 7.2.2 节所述的阴极曲线的扩展来测量 i_{pr}）趋于明显大于 1。这种行为在图 13.3.13 的曲线 2～4 中很明显，在图 13.2.12 的 CV 图 3～5 中也有体现。随着扫描速度的增加，操作点向区域 KO 和 DO 之间的边界移动，$|i_{pr}/i_{pf}|$趋向 1，当体系进入 DO 区时，$|i_{pr}/i_{pf}|=1$。

C_rE_r 机理的主要判断指标为：

① 在较慢的扫描速度下正向反应的响应变宽，并且可能趋于一个平台。

② $|i_{pr}/i_{pf}|$ 显著高于 1，但在较高的扫描速度下会下降，可能趋近于 1。

③ 随着扫描速度的增加，$i_{pf}/v^{1/2}$ 下降。这种行为的基础将在下面用一个例子进行讨论。

对比模拟（13.2.5 节）是利用 CV 图结果计算 K 和 k_f（或者 k_f 和 k_b）的最有效的手段。

在 Rh(Ⅰ) 的环辛二烯（COD）配合物的电化学中发现了一个例子：$Rh(Cod)_2^+$[41]。由于这种物质的配体会被溶剂分子可逆置换，电极过程可以用 C_rE_r 机理来描述。以丙酮（acetone）为溶剂，假设机理为[41]：

$$\mathrm{Rh(COD)(acetone)_2^+ + COD \underset{k_b'}{\overset{k_f'}{\rightleftharpoons}} Rh(COD)_2^+ + 2acetone} \tag{13.3.29}$$

$$\mathrm{Rh(COD)_2^+ + e \rightleftharpoons Rh(COD)_2} \tag{13.3.30}$$

其中，k_f'和 k_b'均为准一级速率常数（COD 和丙酮均大量过剩）。电生成物 $Rh(COD)_2$ 衰减为非电活性形式。

该体系的实验和模拟结果[41] 在图 13.3.14(a) 中进行了比较。被记录下的 CV 图显示出一个很宽的正向峰和一个尖锐的反向峰，$|i_{pr}/i_{pf}|\approx 1.4$。这些特性与动力学受限的 C_rE_r 体系是一致的。基于反应式(13.3.29)和式(13.3.30) 的模拟有效地模拟了实验伏安图。同样的模型和参数也很好地解释了电流函数 $i_{pf}/v^{1/2}$ 随扫描速率的行为［图 13.3.14(b)］⑬。

图 13.3.14(b) 展示了 C_rE_r 机理的一个值得注意的行为，即 $i_{pf}/v^{1/2}$ vs. v 的显著下降。在扩散控制区（DO 和 DE），$i_{pf}/v^{1/2}$ 随 v 保持不变。最有可能的是，$Rh(COD)_2^+$ 体系在本研究中使用的最高扫描速度下接近或达到了 DO 区域，图 13.3.14(b) 中的渐近线就是结果。在动力学受限区（KO、KG、KI 或 KP），由于前置反应有时间参与贡献，电反应物 O 的供应超过了扩散控制。因此，在低扫描速度下的电流大于在扩散控制（与 $v^{1/2}$ 成正比）基础下的电流，并且 $i_{pf}/v^{1/2}$ 随着扫描速度的降低而增大，正如在本例子中观察到的那样。

在习题 13.9 中，读者可以求解图 13.3.14(a) 中 CV 图对应的区域。

13.3.6　多步骤电子转移

我们现在讨论具有连续的异相电子转移反应的体系[1,42-43]。对于两步（EE）反应机理，机理为：

$$\mathrm{A + e \overset{k_1^0,\alpha_1}{\rightleftharpoons} B} \qquad E_1^{0'} \tag{13.3.31}$$

$$\mathrm{B + e \overset{k_2^0,\alpha_2}{\rightleftharpoons} C} \qquad E_2^{0'} \tag{13.3.32}$$

完整的处理过程需要六个已知参数。如果其中任意一个步骤可逆，则不需要相应的标准速率常数和传递系数，因此处理过程得以简化。

(1) E_rE_r 反应

当两个电子转移反应都很快，其 CV 图完全由形式电势的相对位置决定，表示为：$\Delta E^{0'} = E_2^{0'} - E_1^{0'}$（图 13.3.15）[42]。

图 13.3.16 展示了在几种 $\Delta E^{0'}$ 数值下的 CV 曲线的形状变化。图 13.3.17 给出了当两个波能够被分辨出时（$\Delta E^{0'} < -125$mV），第一个波（阴极）的 $i_{pf}/v^{1/2}$ 和 $\Delta E_p = E_{pf} - E_{pr}$ 的相应变化，以及当 $\Delta E^{0'} > -125$mV 时，重叠波和完全合并波的 $i_{pf}/v^{1/2}$ 和 $\Delta E^{0'} = E_{pf} - E_{pr}$ 的相应变化。在图 13.3.17(a) 中，$i_{pf}/v^{1/2}$ 表示为 $\pi^{1/2}\chi_{pf}(\sigma t)n^{3/2}$，其中 $\chi_{pf}(\sigma t)$ 为式(7.2.18) 中定义的无量纲电流峰值。容易证明 $\pi^{1/2}\chi_{pf}(\sigma t)n^{3/2} = (i_{pf}/v^{1/2})$ $(Ff^{1/2}AC_O^*D^{1/2})$，其中 $(Ff^{1/2}AC_O^*D^{1/2})$ 对于给定的体系来说是一个常数。

---

⑬ 研究者使用的模型允许反应式(13.3.30) 的准可逆和 $Rh(COD)_2$ 的衰减。然而，报告的参数［反应式(13.3.30) 的 k^0 和 α，衰减的 k_c］表明对于 $2.5ms < \tau_{obs} < 1s$，在图 13.3.14(b) 所覆盖的大部分 v 范围内，这两种影响都不显著。在高扫速下，准可逆可能是一个因素；在低扫速下，电生成物的衰减可能是显著的。在大多数范围内，C_rE_r 机理就足够了。平衡常数 $K_{assoc} = [Rh(COD)_2^+]/[Rh(COD)(acetone)_2^+][COD]$ 不等同于 $K = k_f'/k_b'$。

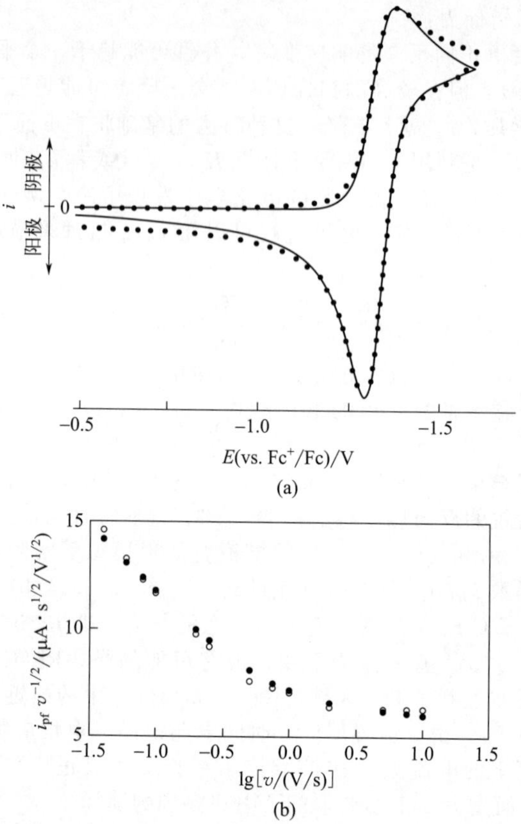

图 13.3.14 (a) 在不加 COD，v=300mV/s，丙酮+0.1mol/L $TBAPF_6$ 溶液中，1.4mmol/L $Rh(COD)_2^+$ 在 Pt 盘电极上的 CV 图。实心点为实验点。在 K_{assoc}=300L/mol（单独测量），k_b'=7.3s^{-1}，$E_{1/2}$=−1.31V 的条件下，对式(13.3.29) 和式(13.3.30) 进行了模拟，得到实线。模型中还包括，对于式(13.3.30)，k^0=0.1cm/s，α=0.5；对于电生成物的衰减，k_c=0.16。正向波后面紧跟着此图右侧的另一波。该波的出现解释了正向扫描中最负电势的差异。(b) 未添加 COD 时，1.1mmol/L $Rh(COD)_2^+$ 的电流函数 $i_{pf}/v^{1/2}$ vs. lg$v$。实心圆是实验点；空心圆由上述给出的参数计算得到（经 Orsini 和 Geiger[41] 许可转载）

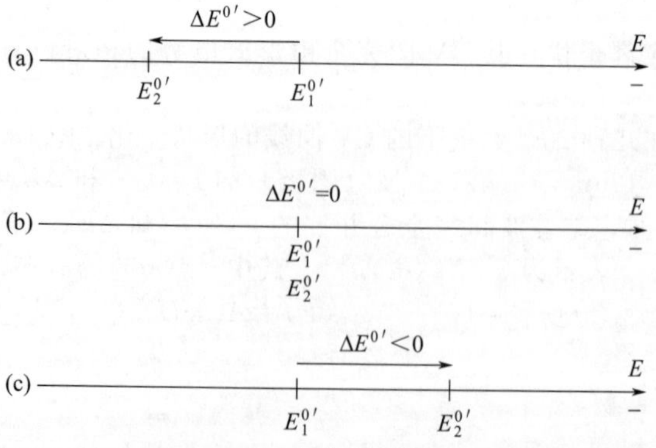

图 13.3.15 基于 $\Delta E^{0'}=E_2^{0'}-E_1^{0'}$ 的不同的 E_rE_r 机理

这里有四种行为区间：

① 当 $\Delta E^{0'}\geqslant$100mV 时，第二个 E 步骤比第一个更容易发生，所观察到的单一波其特征与能

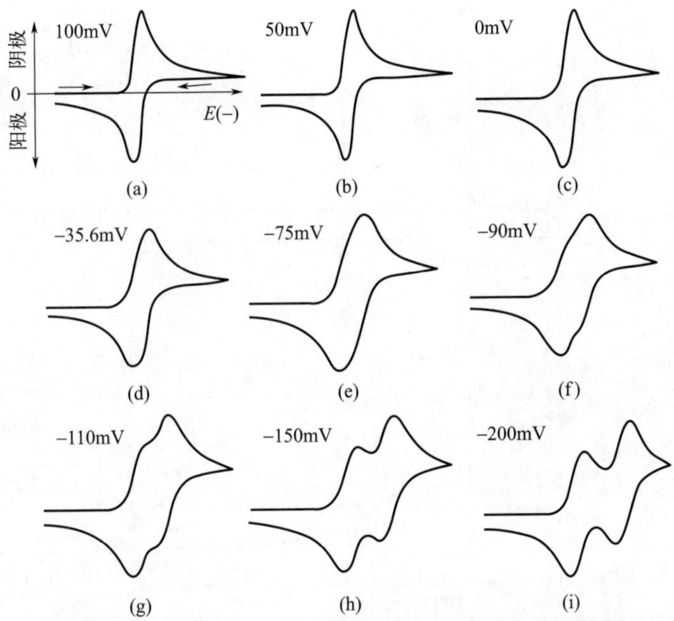

图 13.3.16　从 A 溶液开始，反应式(13.3.31) 和式(13.3.32) 中 E_rE_r 反应体系的 CV 图形状变化

每条曲线都用相应的 $\Delta E^{0'}$ 标记。所有伏安图与 (a) 中的轴和扫描方向相同

斯特两电子转移 $[\Delta E_p=29\text{mV},\ \pi^{1/2}\chi_{pf}(\sigma t)n^{3/2}=1.26]$[14] 没有什么区别。由于两个电子不太可能同时转移 (3.7.1 节)，故总反应被理解为分两个步骤进行，第二个步骤紧随第一步之后。

② 在 $100\text{mV}>\Delta E^{0'}>-80\text{mV}$ 处有一个单峰，随着 $\Delta E^{0'}$ 变得越来越负，ΔE_p 会变大。

③ 对于 $-80\text{mV}>\Delta E^{0'}>-125\text{mV}$，可以看到有两个无法分辨的峰。

④ 对于 $\Delta E^{0'}\leqslant-125\text{mV}$，两个峰变得可以分辨，每个峰都具有单电子转移的特征 $[\Delta E_p=58\text{mV},\ \pi^{1/2}\chi_{pf}(\sigma t)n^{3/2}=0.4463]$。

对于一个 E_rE_r 反应，$i_{pf}/v^{1/2}$ 和 ΔE_p 与扫描速度无关。如果满足这些判断，图 13.3.17 中的工作曲线可用来估算 $\Delta E^{0'}$。

ΔE^0 (或 $\Delta E^{0'}$) 的值由化学和结构因素决定[43][15]。

① 当连续电子转移反应涉及单一分子轨道时 [图 13.3.18(a)]，并且在电子转移中没有大的结构变化，那么预计有两个分开的波 ($\Delta E^0\leqslant-125\text{mV}$)。这种行为在芳香烃的还原反应中是典型的。例如，蒽会表现出两个间距约 500mV 的单电子波。

② 当转移发生在同一分子的不同轨道上时 (例如，在两个不同基团) [图 13.3.18(b)]，可以观察到波之间的间距更小，甚至是单个波，这取决于基团之间的相互作用程度。

当没有相互作用时，就会发生一个特别有趣的现象。在这种情况下，ΔE^0 不为 0 而是 −35.6mV (25℃)，曲线穿过图 13.3.17(b) 的水平虚线。

图 13.3.17(b) 中，ΔE_p 相应的数值为 58mV；因此，可观察到单电子转移的特征分离，即使所记录的单个波涉及两个电子转移。统计 (熵) 因素使第二个电子转移在自由能上比第一个要稍难些[44-45]。在式(13.3.35) 中得出 $\Delta E^0=-(2RT/F)\ln 2$。

对于 E_rE_r 体系，$\Delta E^0>-(2RT/F)\ln 2$ 表示正相互作用 (第二个 E 步骤由第一个辅助)，而 $\Delta E^0<-(2RT/F)\ln 2$ 表示负相互作用 (第二个 E 步骤受第一个阻碍)。在后一种情况下，可以

---

[14] 对于可逆波，$\pi^{1/2}\chi_{pf}(\sigma t)=0.4463$ (见表 7.2.1)。1.26 是通过 $2^{3/2}\times0.4463$ 计算得到。

[15] 我们通常处理形式电势 $E^{0'}$ 而非标准电势 E^0，因为电化学响应与 $E^{0'}$ 更直接相关。关于化学和结构因素的讨论通常采用热力学的方法，并关注 ΔE^0。我们在这里遵循这种做法，但是这种区别并不重要。如果所有参与物种都有相同的活度系数，则 $E^{0'}=E^0$，$\Delta E^{0'}=\Delta E^0$。

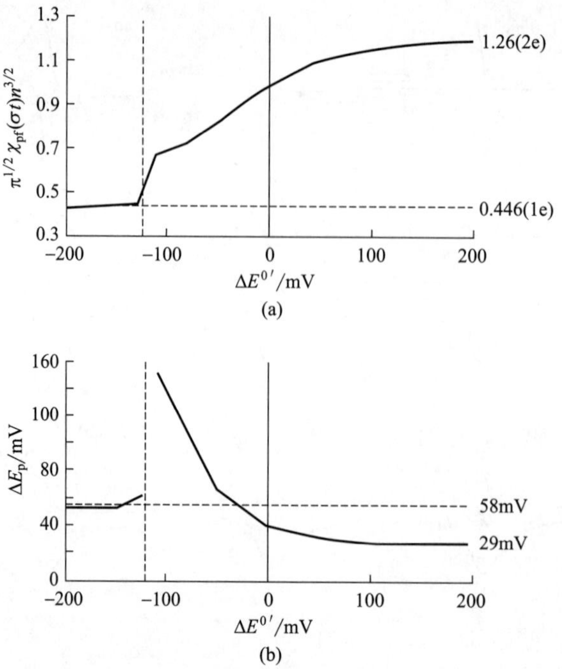

图 13.3.17 (a) E_rE_r 体系的无量纲峰电流函数(vs. $\Delta E^{0'}$),垂直刻度与 $i_{pf}/v^{1/2}$ 成正比,但由式(7.2.18)中定义的无量纲电流给出,其中$\chi_{pf}(\sigma t)$ 是正向峰的值;(b) E_rE_r 体系的 ΔE_p(vs. $\Delta E^{0'}$),当两个合并波可分辨时,$\Delta E^{0'}=-100$mV 附近会出现曲线不连续性

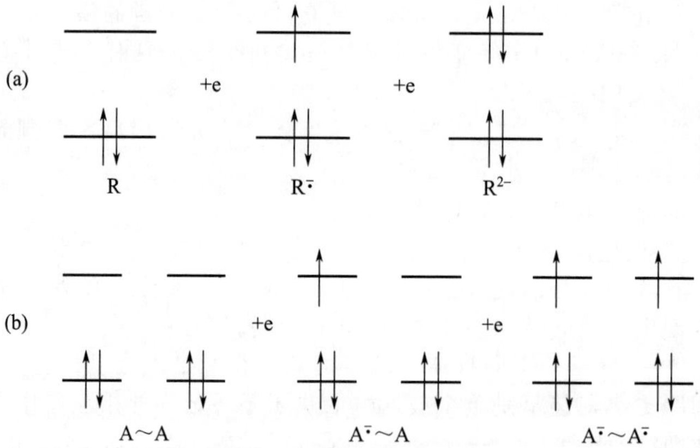

图 13.3.18 (a) 在分子 R 中将电子逐步加到同一分子轨道上,通常产生两个分离的波;(b) 在一个分子 A~A 的两个独立基团上逐步加电子,此处波的分离程度取决于基团之间的相互作用程度

观察到更大的峰分裂,例如,在 α,ω-9,9′-二蒽烷的伏安图中可以看到这种现象(图 13.3.19)。正相互作用通常是由结构重排、重要的溶剂变化或第一次电子转移产生的离子对效应导致的[43,47]。

无论何时一个 EE 反应发生,还必须考虑均相歧化和归中反应,

$$2B \underset{k_b}{\overset{k_f}{\rightleftharpoons}} A+C \tag{13.3.33a}$$

$$K_{disp}=k_f/k_b=[A][C]/[B]^2 \tag{13.3.33b}$$

平衡常数 K_{disp} 由 $\Delta E^{0'}$ 决定:

$$(RT/F)\ln K_{disp}=\Delta E^{0'}=E_2^{0'}-E_1^{0'} \tag{13.3.34}$$

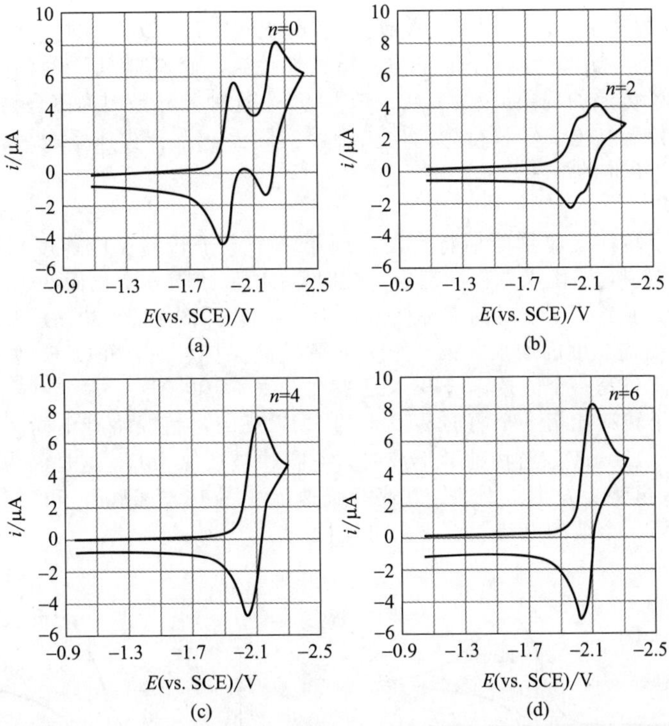

图 13.3.19　在含有 0.1mol/L TBAP 的苯：乙腈（1：1）溶液中，在 Pt 电极上还原 α,ω-9,9′-二蒽基烷烃［即 An—$(CH_2)_n$—An，其中 An＝9-蒽基］的循环伏安图

随着烷烃链的增长（n＝0,2,4,6…），伏安图显示了负相互作用的减小（经许可改编自 Itaya，Bard 和 Szwarc[46]）

对于两个完全分开的波（$\Delta E^{0'}<0$），$K_{\rm disp}$ 很小，A 和 C 归中较 B 的歧化大得多。在第二个波的电势时，从电极上扩散走的 C 可以减弱 A 向电极的扩散，因此 A、B 和 C 的浓度分布与没有发生溶液相反应时的浓度分布不同。然而，E_rE_r 体系的伏安图仍与 k_f 和 k_b 无关，因为在任何给定电势下，在电极附近溶液层中的平均氧化态保持不变［式(13.3.33(a)］[48]。如果通过归中反应除去物种 A，将产生两个 B 分子。无论哪种情况，在第二个波的电势下发生两电子传递，体系净电荷没有变化。

虽然均相歧化/归中不会影响扩散控制的 E_rE_r 体系中的 CV 曲线，但它可能会影响其他多步电子转移情况下的效应：

① 当任何一个 E 步骤是准可逆或不可逆［13.3.6(3)～(5) 节］时。

② 当存在中间化学反应时，如 ECE 反应（13.3.7 节）。

③ 当迁移对传质有显著贡献时（5.7 节；图 5.7.5）。

(2) $(E_r)_n$ 反应

上一节的思想通常适用于涉及两个以上的可逆电子转移，即 $E_rE_rE_r\cdots$ 或 $(E_r)_n$ 体系。如果体系涉及 n 个步骤，观察到的行为从一系列 n 所决定的一电子转移波到单个 n 电子转移波变化。例如，C_{60} 的溶液显示多达六个分开的单电子波，这归因于在分子的三个简并轨道中添加电子。相比之下，在许多聚合物的溶液中只观察到一个波，例如聚乙烯二茂铁（PVFc；图 17.4.1）。

后一种行为与聚合物链上的氧化还原中心缺乏相互作用是一致的[45]。对于包含 k 个非相互作用中心的分子，第一个电子和第 k 个电子转移之间的 ΔE^0 由下式给出：

$$E_k^0-E_1^0=-\left(\frac{2RT}{F}\right)\ln k \tag{13.3.35}$$

单一 CV 波表现为 k 个合并波，具有单电子过程的 ΔE_p 特性和反映 k 的 i_{pf} 特性。因此，氧化每分子上含有 74 个（平均值）二茂铁的 PVFc 时会产生 74 个电子波，其形状本质上是一个能斯特单电子转移反应的形状。

正向峰高度 i_{pf} 相对于单体（例如二茂铁）的比例为 $k(D_p/D_m)^{1/2}(C_p^*/C_m^*)$，其中下标指的是单体（m）和聚合物（p）[45]。这个因子与 k 呈线性关系，而不与 $k^{3/2}$ 呈线性关系，与 $k^{3/2}$ 呈线性关系是同时 k 电子传递的现象［7.2.1(2) 节］。产生这种差异是因为聚合物体系中的每个氧化还原单元必须分别位于其电子转移行为的电极上。实际上，聚合物体系表现为具有浓度 kC_p^* 和扩散系数 D_p 的独立单体的溶液。

(3) E_rE_q 反应

如果第一个电子转移反应是能斯特型的，而第二个电子转移反应速度稍慢一些，那么除了 $\Delta E^{0'}$ 外，还必须将 k_2^0 和 α_2 代入方程处理中。此时，CV 形状随 v 变化而变化。

图 13.3.20 显示了 $\Delta E^{0'}=0$ 时的循环伏安行为。在低 v[图 13.3.20(a)]下，有一个形状接近 E_rE_r 的单波。随着扫描速度的增加，第一个 E 步骤的波保持可逆，并以 $E^{0'}$ 为中心，但较慢的第二步会导致第二个波与第一个波逐渐分开［图 13.3.20(c) 和 (d)］。

对于第二个电子转移比第一个更容易发生的 E_rE_q 反应，情况略有不同。考虑图 13.3.21 中的示例，其中 $\Delta E^0=150$mV。当物种 B 形成时，它很快被还原为 C，这是因为第一个电子转移已经在较 E_2^0 负得多的电势上发生。因此，在高扫描速度［图 13.3.21(c) 和 (d) 的曲线］下，阴极波不会分裂，从第一个波的电势上看不出可逆性。

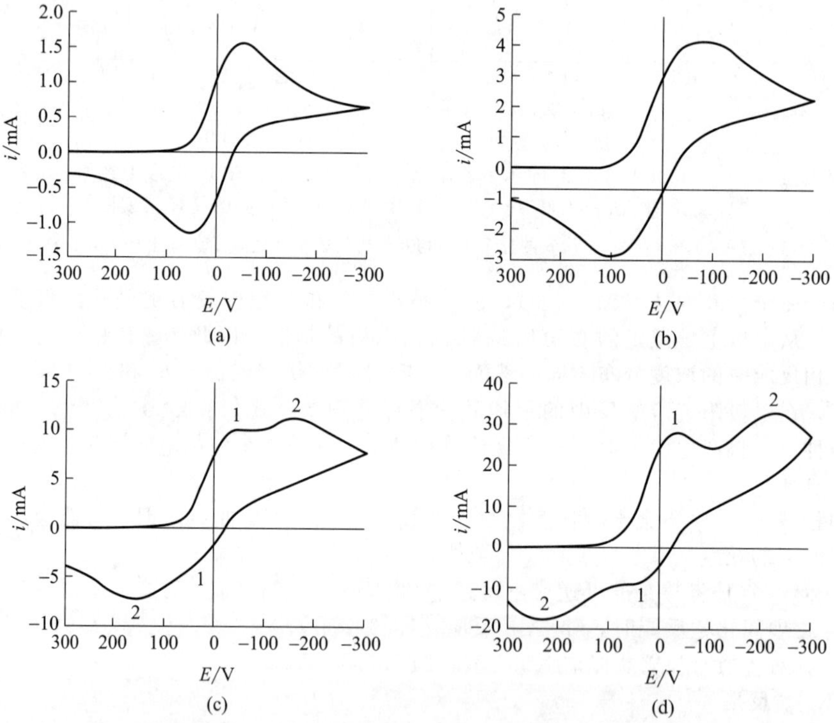

图 13.3.20 在 $\Delta E^{0'}=0$，$E_1^{0'}=E_2^{0'}=0$，$n_1=n_2=1$，$\alpha_1=\alpha_2=0.5$，$k_1^0=10^4$ cm/s，$k_2^0=10^{-2}$ cm/s，$D=10^{-5}$ cm^2/s，$C^*=1$mmol/L，$A=1$cm^2，$T=25$℃下的 E_rE_q 反应的代表性行为 扫描速率 v：(a) 1V/s；(b) 10V/s；(c) 100V/s；(d) 1000V/s。假设式(13.3.33a) 的速率常数为零。与电对 1 和 2 相关的特征在 (c) 和 (d) 中进行了区分

(4) E_qE_r 反应

当第一步是准可逆而第二步是可逆反应时，第一步总是决速步骤。描述这一反应所需参数为 k_1^0，α_1，$\Delta E^{0'}$。结果（图 13.3.22）是随着 v 的增加 E_{pc} 变得更负，但阴极波不分裂。阳极波在更高的扫描速率下分裂，因为物种 B 到 A 的氧化发生在更正的电势上。

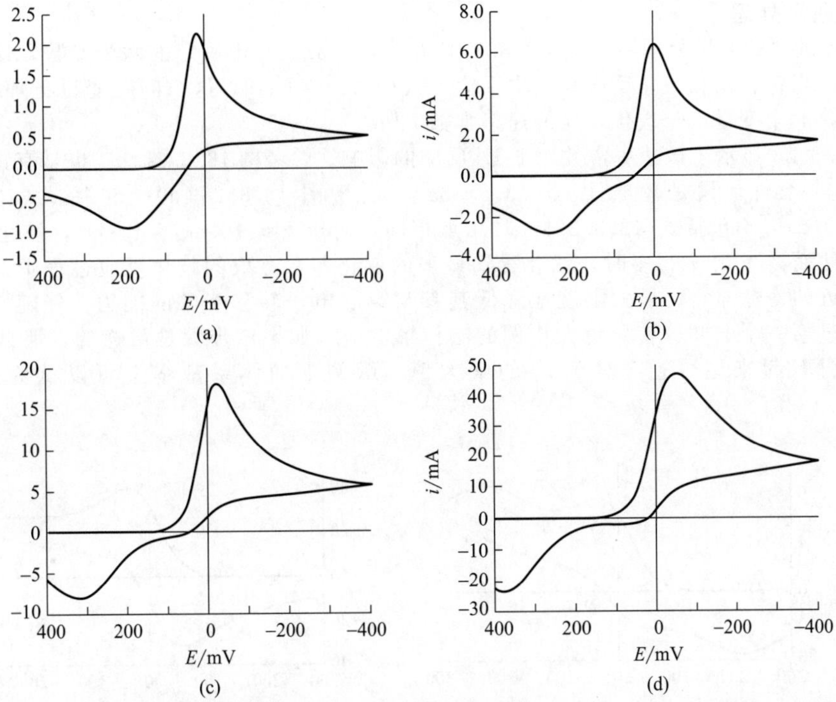

图 13.3.21　E_rE_q 反应的代表性行为

除了 $\Delta E^{0'}=150\text{mV}$，体系具有图 13.3.20 所示的所有参数。扫描速率：(a) 1V/s；(b) 10V/s；(c) 100V/s；(d) 1000V/s。假设式(13.3.33a) 的速率常数为零（由 Pine 研究公司提供）

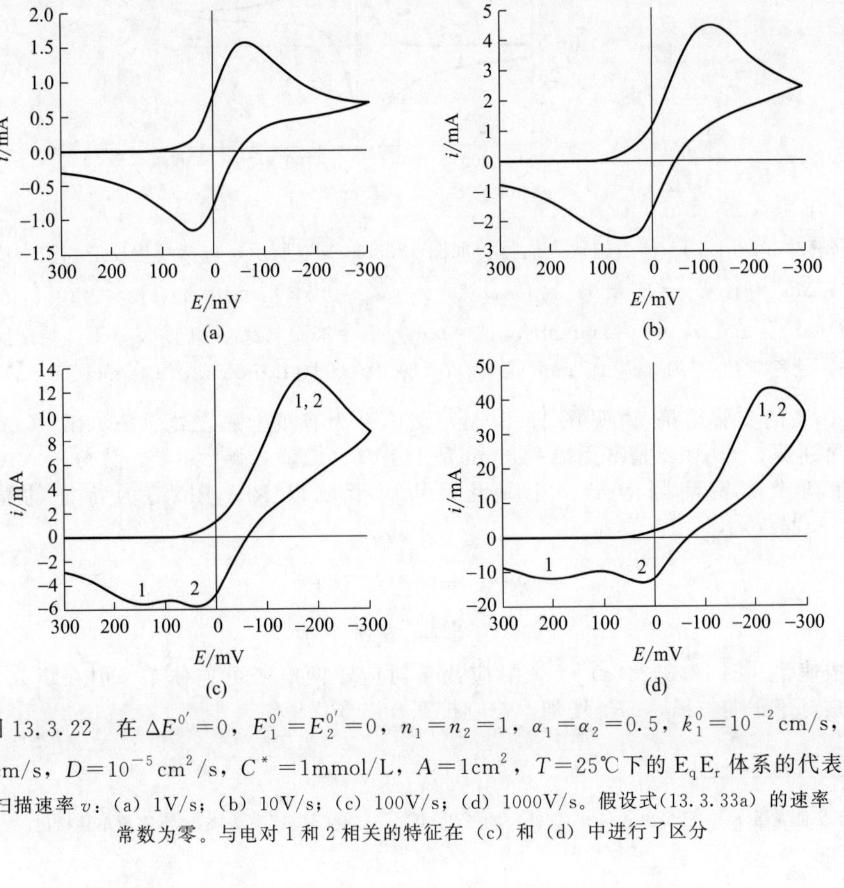

图 13.3.22　在 $\Delta E^{0'}=0$，$E_1^{0'}=E_2^{0'}=0$，$n_1=n_2=1$，$\alpha_1=\alpha_2=0.5$，$k_1^0=10^{-2}\text{cm/s}$，$k_2^0=10^4\text{cm/s}$，$D=10^{-5}\text{cm}^2/\text{s}$，$C^*=1\text{mmol/L}$，$A=1\text{cm}^2$，$T=25℃$ 下的 E_qE_r 体系的代表性行为

扫描速率 v：(a) 1V/s；(b) 10V/s；(c) 100V/s；(d) 1000V/s。假设式(13.3.33a) 的速率常数为零。与电对 1 和 2 相关的特征在 (c) 和 (d) 中进行了区分

(5) 通用处理

对 EE 机理的通用处理涉及式(13.3.31) 和式(13.3.32) 中确定的六个参数，这最好通过模拟来解决。当包含均相歧化反应和归中反应 [式(13.3.33(a)]，这个问题变得更加复杂。因此，需要考虑第七个变量——歧化反应的速率常数 k_f[16]。

图 13.3.23 显示了该速率常数对 E_rE_q 反应的影响。参考图 13.3.20(d) 也是有帮助的，其使用了相同的条件，只是忽略了式(13.3.33a)。由于图 13.3.23(a) [包括式(13.3.33a)] 与图 13.3.20(d) [不包括式(13.3.33a)] 几乎相同，对于 $k_f \leqslant 10^6 mol/(L \cdot s)$，歧化反应几乎没有影响。然而，当 k_f 大得多时，就会看到显著的变化。在有效的歧化反应过程中，B 物种在电极表面附近的寿命缩短，最大限度地降低其参与第二电子转移步骤的能力。伴随着 A 的再生，倾向于通过第一个 E 步骤传导更大比例的法拉第电流。如果该步骤是可逆的，那么歧化反应会导致 CV 图看起来更可逆。对于 k_f 的最大值，示例中的体系基本上可以认为是完全可逆的 [图 13.3.23(c)]。

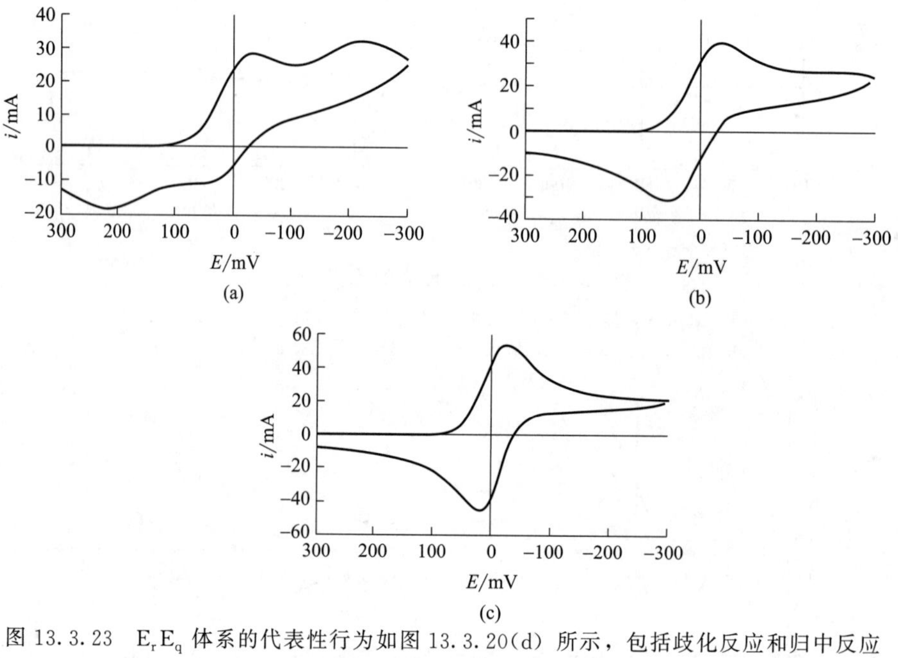

图 13.3.23 E_rE_q 体系的代表性行为如图 13.3.20(d) 所示，包括歧化反应和归中反应在 $\Delta E^{0'}=0$，$E_1^{0'}=E_2^{0'}=0$，$n_1=n_2=1$，$\alpha_1=\alpha_2=0.5$，$k_1^0=10^4 cm/s$，$k_2^0=10^{-2} cm/s$，$D=10^{-5} cm^2/s$，$C^*=1mmol/L$，$A=1cm^2$，$T=25℃$ 以及 $v=1000V/s$ 下，歧化反应速率常数 k_f 为 (a) $10^6 mol/(L \cdot s)$；(b) $10^8 mol/(L \cdot s)$；(c) $10^{10} mol/(L \cdot s)$

E_qE_q 体系的实验结果[49] 见图 13.3.24，该体系为有机金属二铑 (Fv)$Rh_2(CO)_2$(μ-dppm) 的氧化和再还原，其中 Fv 是富瓦烯；dppm 是 1,1-双（二苯基膦）甲烷。该分子 (A) 中的两个 Rh 中心在两个紧密间隔的步骤中氧化，从而形成以 Rh—Rh 键为特征的稳定双阳离子 [图 13.3.24(e)]，

$$A - e \xrightleftharpoons{k_1^0, \alpha_1} A^+ \quad E_1^{0'} \tag{13.3.36}$$

$$A^+ - e \xrightleftharpoons{k_2^0, \alpha_2} A^{2+} \quad E_2^{0'} \tag{13.3.37}$$

在最低扫描速率 [图 13.3.24(a)]下，响应几乎对应于两电子可逆体系，但在更高的扫描速度下，特别是对于正向扫描，ΔE_p 增加，响应扩宽。

---

[16] 由于平衡常数 K_{disp} 已经由式(13.3.33b) 的 $\Delta E^{0'}$ 定义，歧化反应速率常数 k_b 不需要单独给出。

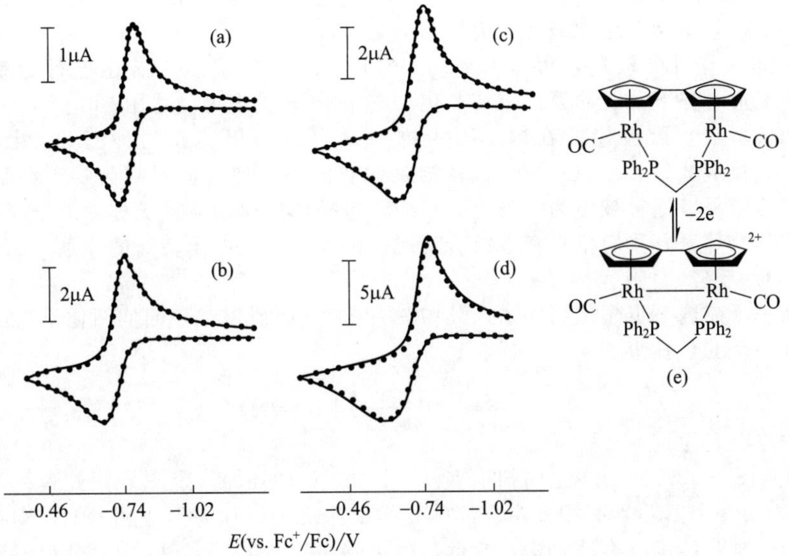

图 13.3.24　在 CH_2Cl_2 +0.1mol/L $TBAPF_6$ 溶液中，0.71mmol/L(Fv) $Rh_2(CO)_2(\mu\text{-dppm})$ 在 Pt 圆盘电极上的 CV 图

扫描速率：(a) 1V/s；(b) 5V/s；(c) 10V/s；(d) 50V/s；(e) 电极反应的结构式。扫描从负极限开始，首先是正向移动。阳极电流向下。图中的点是实验结果，曲线是模拟结果，$E_1^{0'}=-0.762$V，$E_2^{0'}=-0.775$V，$k_1^0=0.035$cm/s，$k_2^0>0.2$cm/s，$\alpha_1=0.25$ 和 $\alpha_2=0.50$（Chin，Geiqer 和 Rheingold[49] 许可改编）

对比模拟（13.2.5 节）为这四张伏安图提供了全拟合图，如图 13.3.24 所示。移去第一个电子比移去第二个稍难（$E_2^{0'}-E_1^{0'}=-13$mV）⑰；第一步的动力学明显慢得多（$k_1^0/k_2^0<0.2$）。研究者根据伴随电子转移的原子间间距的变化来解释动力学差异，特别是沿着 Rh—Rh 键的轴向。第一步的动力学速度较慢，这可能表明它完成了键形成所需的大部分 Rh—Rh 距离的缩短。

13.3.7　ECE/DISP 反应

通用的 ECE 反应组合是[1,7,9,50]⑱：

$$\mathrm{A}+\mathrm{e} \xrightleftharpoons{k_1^0,\alpha_1} \quad E_1^{0'} \tag{13.3.38}$$

$$\mathrm{B} \underset{k_b}{\overset{k_f}{\rightleftharpoons}} \mathrm{C} \quad K=\frac{k_f}{k_b} \tag{13.3.39}$$

$$\mathrm{C}+\mathrm{e} \xrightleftharpoons{k_2^0,\alpha_2} \mathrm{D} \quad E_2^{0'} \tag{13.3.40}$$

$$\mathrm{B}+\mathrm{C} \xrightarrow{k_d} \mathrm{A}+\mathrm{D} \tag{13.3.41}$$

一个完整的处理需要九个热力学和动力学参数，处理起来很复杂，但可以通过模拟来处理。然而，从一组实验 CV 中提取九个参数是非常困难的，所以需要寻找简化的方法。几乎在所有的处理中，两个 E 步骤被认为是可逆的，因此 k_1^0、k_2^0、α_1 和 α_2 都是不需要的，问题简化为五个参数：$E_1^{0'}$、$E_2^{0'}$、k_f、k_b（或 K）和 k_d。

其行为取决于两个形式电势的相对位置：

① 在最有趣的情况下，$E_2^{0'}$ 明显比 $E_1^{0'}$ 更正，因此，物质 C 比物质 A 更容易还原，在用于第一步反应式(13.3.38) 的电势下可立即还原。通常地，$\Delta E^{0'}=E_2^{0'}-E_1^{0'}\geqslant 180$mV。

---

⑰ 对于氧化过程，$E_2^{0'}-E_1^{0'}$ 的负值对应于能量上更容易的第二步。

⑱ 在许多历史文献中，包括 Savéant 的书和本书的早期版本，式(13.3.39) 的正向和反向反应的速率常数被相反地标记为 k_b 和 k_f，所以平衡常数为 K^{-1}，正如我们在这里定义的那样。在本版本中，作者选择将本节中的符号与本章的标准做法相匹配。这一改变简化了 ECE/DISP 体系的介绍，使其与该领域现有做法一致。读者必须注意这个问题。

② 在相反的极限情况下，当第二个 E 步骤发生在明显比第一个 E 步骤更负的电势时（$\Delta E^{0'} \leqslant -180\text{mV}$），有两个还原波。只有反应式(13.3.38）和式(13.3.39）发生在第一个波；因此，电极反应是一个 EC 机理，可以按照 13.3.1～13.3.3 节中的描述进行分析。当反应式(13.3.40）在更负电势下激活，第二个波产生，整个 ECE 机理可以适用。

反应式(13.3.41）可被包括在内，因为物种 B 可以均相还原物种 C。在上述情况①下，$\Delta E^{0'} \geqslant 180\text{mV}$，反应式(13.3.41）可以被认为是向右的不可逆反应。因为物质 B 和 C 处于相同的氧化水平，这个反应通常被称为“歧化”反应，包括该反应的体系被称为 ECE/DISP 机理。

在本节的其余部分，我们将只考虑符合情况①的涉及可逆电子转移的体系（$\Delta E^{0'} \geqslant 180\text{mV}$）。

(1) $E_rC_iE_r$ 反应

首先研究一个被进一步简化的体系，其中 $k_b = k_d = 0$，所以唯一的均相化学反应是 B 到 C 的不可逆转化（一个 $E_rC_iE_r$ 机理）。

$$A + e \underset{}{\overset{E_1^{0'}}{\rightleftharpoons}} B \xrightarrow{k_f} C + e \underset{}{\overset{E_2^{0'}}{\rightleftharpoons}} D \tag{13.3.42}$$

无量纲动力学参数变为 $\lambda = k_f/(fv)$。

在 CV 中（图 13.3.25），在正向扫描（波Ⅰ，A、C 均还原）上只观察到单一波。它发生在 $E_1^{0'}$ 附近，因为第一个 E 步骤必须发生在其他化学反应之前。如果形成物种 C，则在该电势下可还原为物种 D。如果 C 步骤不是太快，或者扫描足够快［图 13.3.25(b)］，可观察到物种 B 氧化的反向波（Ⅱ）。随着反向扫描的继续，观察到物种 D 向物种 C 异相转化的第二个氧化波（Ⅲ）。另一个反向扫描揭示了 C 还原为 D 的相应阴极波（Ⅳ）。这些波的相对大小取决于 $k_f/(fv)$（以 λ 表示）。

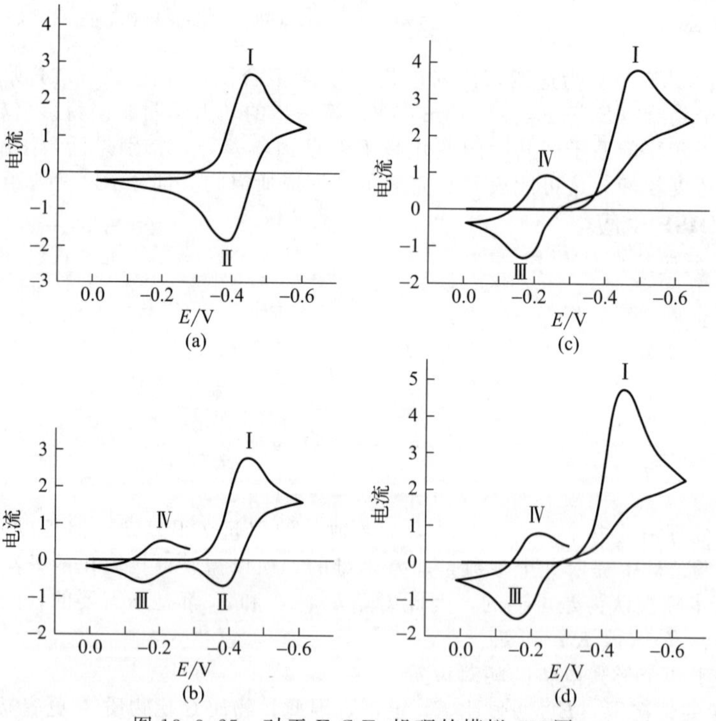

图 13.3.25 对于 $E_rC_iE_r$ 机理的模拟 CV 图

其中 $E_1^{0'} = -0.44\text{V}$，$E_2^{0'} = -0.20\text{V}$，$n_1 = n_2 = 1$。(a) $\lambda = 0$（未受干扰的能斯特反应）；(b) $\lambda = 0.05$；(c) $\lambda = 0.40$；(d) $\lambda = 2$，其中 $\lambda = k_f/(fv)$。从 (b) 到 (d) 的顺序显示了在恒定 v 下 k_f 增至 40 倍或在恒定 k_f 下 v 减至 1/40 的影响。电流尺度是无量纲的，涉及 $v^{1/2}$ 的归一化

一个有用的判断依据是表观电子数 n_{app}，即在正向峰每分子 A 还原所通过的电子数。利用下面的定义，可以从峰Ⅰ的高度 i_{pf}(Ⅰ) 来计算：

$$n_{app}=\frac{i_{pf}(\text{Ⅰ})}{0.4463Ff^{1/2}AD_A^{1/2}C_A^*v^{1/2}}=\frac{i_{pf}(\text{Ⅰ})}{i_{pf,u}(\text{Ⅰ})} \tag{13.3.43}$$

其中，$i_{pf,u}$(Ⅰ) 是未受干扰的 A/B 伏安图的正向峰高度，由式(7.2.20) 给出。

n_{app} 与 $\lg\lambda$ 的关系图（图 13.3.26）给出了体系的区域图。当 λ 较小时，物种 B 是稳定的，因为物种 C 的明显衰变没有时间发生。结果变为 A/B 电对的未受干扰的 CV [图 13.3.25(a)]和 $n_{app}\approx 1$（DO 区）。在该区域，Ⅲ波和Ⅳ波可忽略不计。对于较大的 λ（KP 区），物种 B 完全转化为 C，其立即反应生成 D；因此，$n_{app}\approx 2$。Ⅲ波和Ⅳ波是主要的，Ⅱ波不存在 [图 13.3.25(d)]。

图 13.3.26 中还给出了 $|i_{pr}(\text{Ⅱ})/i_{pf}(\text{Ⅰ})|$，其定性行为与 E_rC_i 机理相同，在 DO 区基本为 1，在 KP 区为 0。这种定量行为与 E_rC_i 机理不同，因为在这个例子中，C 步骤增加了 i_{pf}(Ⅰ)。

KG 区内，$\tau_{obs}=1/(fv)$ 和 $\tau_{rxn}=1/k_f$ 是相当的。n_{app} 和 $|i_{pr}(\text{Ⅱ})/i_{pf}(\text{Ⅰ})|$ 都在极限值之间过渡，为 k_f 的测量提供了机会。

这种 CV 的分析处理方法已有描述[1,9,51-52]，但是，正如我们通常观察到的，对比模拟（13.2.5 节）是目前测试机理模型和提取参数的最有效方法。

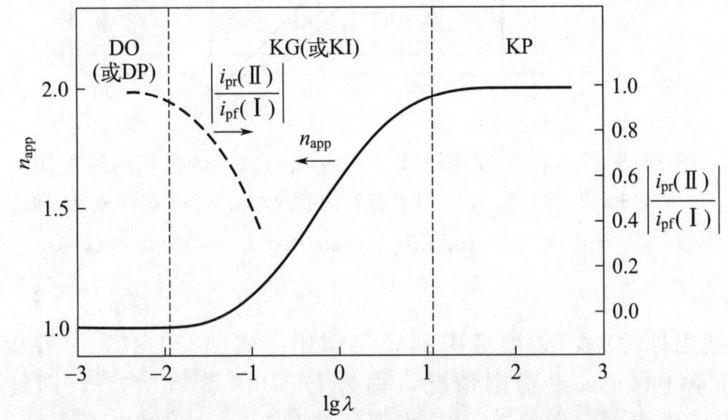

图 13.3.26　$E_rC_iE_r$ 体系中 CV 的区域图

n_{app} 的定义见式(13.3.43)。峰的标记对应于图 13.3.25。$\lambda=k_f/(fv)$。

区域标签在上方。DO 区和 KG 区显示了曾经的替代标记

(2) $E_rC_rE_r$ 反应

当反应式(13.3.38)～式(13.3.40) 都是可逆反应时，其机理为 $E_rC_rE_r$，其行为取决于 K 和 λ，其中后者是根据式(13.3.39) 的两个速率常数来定义的：

$$\lambda=(k_f+k_b)/(fv) \tag{13.3.44}$$

我们继续通过假设 $k_d=0$ 来忽略歧化反应；因此，反应机理为

$$A+e\overset{E_1^{0'}}{\rightleftharpoons}B\underset{k_b}{\overset{k_f}{\rightleftharpoons}}C+e\overset{E_2^{0'}}{\rightleftharpoons}D \tag{13.3.45a}$$

$$K=k_f/k_b \tag{13.3.45b}$$

区域图见图 13.3.27[53-54]。

有几个方面是值得注意的：

① 当 K 较小时，总是非常有利于 B 物质，且 C 或 D 的浓度不明显。因此，我们看到的是 A/B 电对不受干扰的单电子 CV 图（DO 区）。

② 即使当 K 很大时，如果 λ 很小（高 v 或小 k_f+k_b），仍保持在 DO 区。这就是图 13.3.27 中左下角的情况。

③ 相反的极限情况在图 13.3.27 中最右边 DE 区。此时 K 值适中或较大，以至于 B 转化为 C 是显著的；以及 λ 值较大，这样就有足够的时间让反应式(13.3.39) 达到平衡。在这个区域，式(13.3.45a) 中的所有步骤总是处于平衡状态，所以净结果是一个两电子的能斯特反应。

$$A+2e\rightleftharpoons D \tag{13.3.46}$$

产生一个可逆的两电子 CV 波。通过结合相关热力学数据，可以计算反应式(13.3.46) 的标

准电势 $E^0_{A/D}$：

$$E^0_{A/D}=(E^0_1+E^0_1)/2+[RT/(2nF)]\ln K \tag{13.3.47}$$

在 DE 区观察到的波基本上是在这个电势下发生的。

④ 对于在 DO 区和 DE 区之间的 K 和 λ 值，观察到的行为受动力学控制。$E_rC_iE_r$ 机理的特殊情况是在图 13.3.27 的右下方，其中 K 非常大（例如，$\lg K=4$，使 C 步骤有效地单向进行）。可以找到与图 13.3.26 中相同的一组区域。

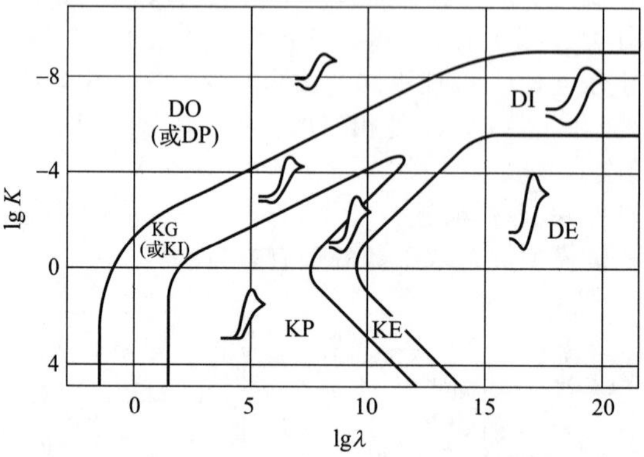

图 13.3.27　在反应式(13.3.45a) 中 $E_rC_rE_r$ 机理的区域图

$K=k_f/k_b$，$\lambda=(k_f+k_b)/(fv)$。曾经的替代标记显示在 DO 和 KG 区域（改编自 Savéant，Andrieux 和 Nadjo[53]）

(3) DISP 反应

在 ECE 例子的通用处理中，必须考虑到歧化作用［式(13.3.41)］。在模拟中这样做是很容易实现的。我们现在集中讨论一些极限情况，称为 DISP 体系[1,7,9,17,55]，即歧化反应在 A 物质向 D 物质的转化中起着重要作用，而第二个 E 步骤［式(13.3.40)］根本不会发生。

对于我们一直在考虑的体系，在 A 物质的还原发生的电势区，第二个 E 步骤总是热力学上可行。然而，如果 C 物质不能到达电极，它就不能发生。例如，当 k_f 较小时，C 主要是在离电极一定距离处产生；而 k_d 较大，导致扩散到电极的 C 主要与扩散离开电极的 B 发生均相反应。

有两种 DISP 情况：

① DISP1，其中 C 步骤［式(13.3.39)］是决速步骤。

② DISP2，其中歧化反应［式(13.3.41)］是决速步骤，而 C 步骤处于平衡状态。

图 13.3.28 是一个简化的区域图（忽略了中间区域），通过参数 K 和 p[7] 绘制。其中：

$$p=\frac{k_dC_A^*}{k_f+k_b}\lambda^{-1/2}=\frac{\tau^C_{rxn}}{\tau^d_{rxn}}\left(\frac{\tau^C_{rxn}}{\tau_{obs}}\right)^{1/2}=\frac{(\tau^C_{rxn})^{3/2}}{\tau^d_{rxn}(\tau_{obs})^{1/2}} \tag{13.3.48}$$

这里 λ 的定义与式(13.3.44) 一样。式(13.3.48) 中 p 的中间和右边的表达式考虑了 C 步骤的反应特征时间，$\tau^C_{rxn}=1/(k_f+k_b)$；歧化反应的特征时间，$\tau^d_{rxn}=1/(k_dC_A^*)$；观测的特征时间，$\tau_{obs}=1/(fv)$。

由于 p 是一个复杂的时间尺度表达式，解释区域图并不简单，但一些观察可以帮助表达其含义：

① 对于任何固定的 K、k_f+k_b 和 v 的集合，在图中的定位由 $k_dC_A^*$ 决定。较大的 p 值对应于更快、更重要的歧化反应。

(a) 当 K 很大时，C 步骤实际上是不可逆的。如果 $k_dC_A^*$ 小到歧化反应可以忽略不计，那么 p 很小，体系处于图 13.3.28 的ECE_{irr} 区，可能是在 A 点。这就是上述 $E_rC_iE_r$ 机理。

(b) 如果 $k_dC_A^*$ 较大，则 p 也较大，体系落在更靠右的一点，但具有相同的 K。它可能位于 B 点，仍然在图 13.3.28 的ECE_{irr} 区，对应于 $E_rC_iE_r$/DISP 机理，因为歧化反应是不可忽略的。

(c) 如果 $k_dC_A^*$ 很大以至于 $\tau^d_{rxn}\ll\tau^C_{rxn}$，那么歧化反应可能非常重要，以至于物种 C 在溶液中被完全消耗掉，永远不会到达电极。这是一种 DISP 机理，此时 C 步骤是决速步骤，所以体系位于 DISP1 区，也许在 C 点。

② 对于任何给定的化学体系，K、k_f+k_b 和 k_d 是固定的；因此，p 的值由扫描速率和 C_A^* 决定。如果浓度保持不变，p 值越大对应 v 值越小。一个具有较大 K 值的体系可能在高 v 值时停留在 A 点。然后在较低的扫描速率下依次停留在 B 点和 C 点。

③ 如果 $0.1<K<1$，C 步骤的双向性对于理解该体系至关重要。该步骤对 B 物质有利，但 C 物质形成速度相当快，可能被还原成 D。

(a) 如果 p 很小，歧化反应可以忽略不计，体系将位于图 13.3.28 的 ECE_{rev} 区，可能在 D 点。这种情况对应于前面考虑的 $E_rC_rE_r$ 机理。

(b) 较大的 p 值对应于较大的 $k_dC_A^*$ 或较低的 v，体系将位于更右侧。在图 13.3.28 的 E 点，它仍在 ECE_{rev} 区，但是作为 $E_rC_rE_r$/DISP 机理存在。如果歧化反应变得非常快，那么物种 C 将完全被均相还原，C 步骤是决速步骤。该体系将处于 DISP1 区，可能在 F 点。

④ 如果 K 很小，溶液中 C 物种的浓度永远不会大到足以支撑第二个 E 步骤发生［式(13.3.40)］。A 物质转化为 D 的唯一途径是通过溶液中形成的 C 的均相还原。

(a) 如果 p 很小，歧化反应是无效的，在 C 转换为 B 之前只能还原一小部分；因此，式(13.3.39) 处于平衡状态，歧化反应是速控步。这就是前面定义的 DISP2 机理。该体系位于图 13.3.28 的 DISP2 区，可能在 G 点。

(b) 如果 p 很大，歧化反应非常有效，在形成后立即转化为 C 物种；因此，C 步骤是速控步。该体系处于图 13.3.28 的 DISP1 区，可能在 H 点。

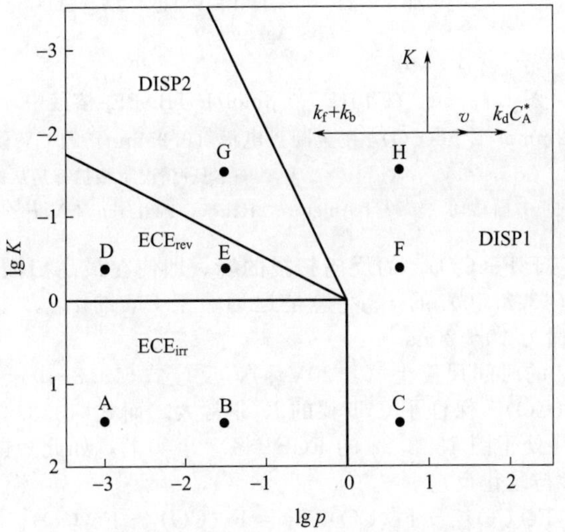

图 13.3.28　对于 ECE/DISP 体系的简化区域图

带字母的点在正文中讨论。右上方的图例显示了所指参数数量级变化的影响

（改编自 Andrieux 和 Savéant[7]，经许可）

ECE/DISP 体系的一般行为显然是复杂的。各种机理之间的差异是微小的，因此在较宽的 C_A^* 和 v 范围内收集 CV 数据进行判断和提取参数是十分必要的。对于全组 ΔE^0、k_f、k_b、k_d、C_A^* 和 v 的理论伏安图很容易通过数值模拟获得。原则上，异相电子转移动力学也可以包括在内。但是，这样做需要额外的参数，可能会超出实际数据的分析能力。

(4) 一个实验案例

在 THF 中 $Fe(CO)_5$ 的大量还原得到可分离的产物 $Fe_2(CO)_8^{2-}$，对应于每个 $Fe(CO)_5$ 发生单电子转移反应。然而，还原机理一直存在争议[56]，在很大程度上是由于 CV 的复杂性（图 13.3.29）。

现在，我们暂且忽略标记为 O_3 和 R_3 的波。在较高的扫描速度下［图 13.3.29(b)］，波形与图 13.3.25(d) 中的相似。正向还原 R_1 显然产生了在更正电势下表现为化学可逆 CV 的产物。该行为与下面的 ECE 机理是一致的：

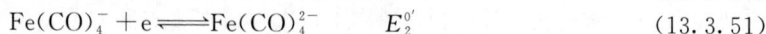

$$Fe(CO)_5 + e \rightleftharpoons Fe(CO)_5^- \qquad E_1^{0'} \tag{13.3.49}$$

$$Fe(CO)_5^- \longrightarrow Fe(CO)_4^- + CO \tag{13.3.50}$$

$$Fe(CO)_4^- + e \rightleftharpoons Fe(CO)_4^{2-} \qquad E_2^{0'} \tag{13.3.51}$$

R_1 峰对应于在 $E_1^{0'}$ 附近开始的整个过程，而 O_2 和 R_2 峰将被分配到 $E_2^{0'}$ 的第二对峰。

ECE 机理的有力证据来自于对 R_1 过程中 $n_{app}=1.95\pm0.06$ 的独立测量[56]。为了得到这个结果，研究者采用了一种基于计时电流和 SSV[57] 的方法，类似于 6.1.4(3) 节中描述的方法。

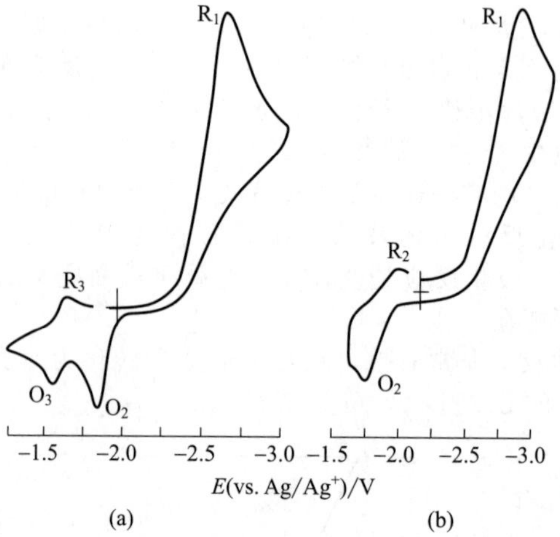

图 13.3.29 在 THF+0.3mol/L $TBABF_4$ 溶液中，2mmol/L $Fe(CO)_5$ 在金圆盘电极（0.25mm）的 CV 图

T=20℃。(a) v=1V/s；(b) v=20V/s。在每种情况下扫描都是从原点开始，并先向负方向移动（转载自 Amatore，Krusic，Pedersen 和 Verpeaux[56]）

在 $E_1^{0'}$ 附近没有对应于 $Fe(CO)_5^-$ 的反向扫描的峰，即使在最高扫描速度下也是如此；因此，这个中间体的寿命［式(13.3.50) 的 τ_{rxn}］总是远远短于 CV 的 τ_{obs}。然而，研究者能够捕捉到 $Fe(CO)_5^-$，并估计其寿命为 10～20ns。

在所使用的最快 CV 的时间尺度上（≥20V/s），反应式(13.3.49)～式(13.3.51) 充分描述了该体系。短寿命的 $Fe(CO)_5^-$ 保证了 C 步骤的 K 非常大，而式(13.3.48) 中定义的参数 p 非常小；因此，该体系将始终处于图 13.3.28 的 ECE_{irr} 区。事实上，如此短的寿命保证了永远不会有显著浓度的 $Fe(CO)_5^-$ 参与歧化反应，

$$Fe(CO)_5^- + Fe(CO)_4^- \rightleftharpoons Fe(CO)_5 + Fe(CO)_4^{2-} \tag{13.3.52}$$

因此，该体系位于 ECE_{irr} 区的左侧，其中歧化反应总是忽略不计。这是一个真正的 $E_rC_iE_r$ 机理，而且，由于 $Fe(CO)_5^-$ 没有反向扫描峰，该体系总是处于图 13.3.26 的 KP 区。

由于一个两电子 ECE 产物往往是有活性的，许多（可能是大多数）真正的 ECE 机理后面至少有一个额外的均相反应步骤。在这个例子中，存在着这种情况。虽然 ECE 机理足以解释短时间尺度上的行为，但在更长的时间尺度上，情况变得比较复杂了。CV 中 O_3 和 R_3 波的增长需要解释。此外，还需要其他化学反应来产生已知的最终产物 $Fe_2(CO)_8^{2-}$。对于这个体系，额外的步骤被证明是单电子中间体 $Fe(CO)_4^-$ 的二聚：

$$2Fe(CO)_4^- \longrightarrow Fe_2(CO)_8^{2-} \tag{13.3.53}$$

研究者能够明确地确认，O_2 和 R_2 是由反应式(13.3.51) 产生的，而 O_3 和 R_3 是由于：

$$Fe_2(CO)_8^- + e \rightleftharpoons Fe_2(CO)_8^{2-} \qquad E_3^{0'} \tag{13.3.54}$$

通过各种评估方法，包括对比模拟，研究者报道了 $E_1^{0'}$、$E_2^{0'}$、$E_3^{0'}$，以及反应式(13.3.53) 的速率常数[56]。

13.3.8 协同反应相对于逐步反应

化学家们早就明白，涉及多种变化的总反应，有时是单步发生，有时是连续发生。在这种情

况下，人们对决定反应路径的因素进行了许多研究和争论。这个问题在电化学中也是同样的，特别是涉及断键或成键的电极反应[1,4,6-7]。研究最多的实验是在异相电子转移反应后分离一个离去基团，例如在 9-溴蒽的单电子还原过程中 Br^- 的消除。

对于一个电反应物 RX 和一个离去基团 X^- 来说，其机理可以简单表示：

① 键的断裂与电子进入分子同时发生，因此整个过程是一个协同的基元反应：

$$RX + e \xrightarrow{k^0,\alpha} R\cdot + X^- \tag{13.3.55}$$

② 电子的进入和键的断裂是分步进行的。前者触发后者，但不是在同一时刻。在这个概念中，单电子转移的产物在离去基团离开之前短暂地存在：

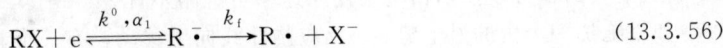

$$RX + e \xrightleftharpoons{k^0,\alpha_1} R\bar{\cdot} \xrightarrow{k_f} R\cdot + X^- \tag{13.3.56}$$

这样，一个中间体存在于分步过程中，但不存在于协同过程中。

(1) 反应图

实验研究清楚地表明，在某些情况下协同机理占主导地位，而在其他情况下则是分步机理占主导[1,4,6-7,9]。图 13.3.30 中的反应图将帮助我们看到，对于任何体系来说，这两种机理都是可能的，但具体的化学性质会使其中一种机理比另一种更受青睐。

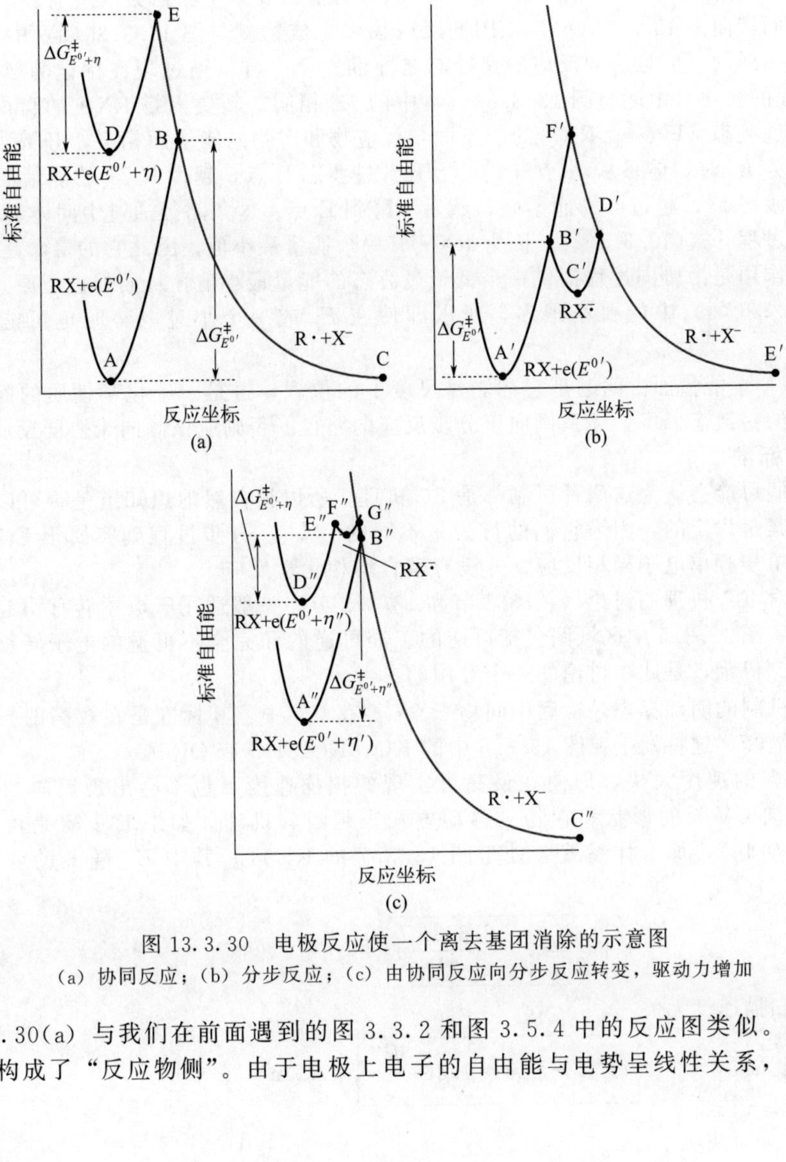

图 13.3.30 电极反应使一个离去基团消除的示意图

(a) 协同反应；(b) 分步反应；(c) 由协同反应向分步反应转变，驱动力增加

图 13.3.30(a) 与我们在前面遇到的图 3.3.2 和图 3.5.4 中的反应图类似。黑色的曲线代表 RX＋e，构成了“反应物侧”。由于电极上电子的自由能与电势呈线性关系，这些曲线随着

电势的增大或减小而上下移动。下面的黑色曲线为整个电极反应在 $E^{0'}$ 时的反应物，上面的黑色曲线代表在一个更负的电势 $E^{0'}+\eta$ 下的反应物。“生成物侧”是一条灰色的曲线，揭示了 R· 和 X^- 的互斥分离。我们通常希望反应物和生成物的曲线（代表多维表面）相交。在这一点上，体系可以从反应物表面到生成物表面（反之亦然）；因此，相交点是一个活化配合物或过渡态。

如果电极在 $E^{0'}$ 处，反应路径从 A 点开始，沿着反应物曲线上升到过渡态 B 点，然后沿着生成物曲线下降到 C 点（及以后）。这个反应直接得到最终产物，所以是一个协同过程［见式(13.3.55)］。由于该反应涉及键的断裂，存在一个相当大的内在势垒[1]；因此，活化自由能 $\Delta G^{\ddagger}_{E^{0'}}$ 是很大的，可以预期相应的还原速率可忽略不计。

如果施加一个负的过电势 η，反应物曲线向上移动，有一个新的反应路径从 D 点开始，经过过渡态 E 点，然后下降到 C 点。活化自由能 $\Delta G^{\ddagger}_{E^{0'}+\eta}$ 小于 $E^{0'}$ 处的自由能，而且还原速率会因两者的差值而呈指数级增长。因此，在此电势下，可能会看到协同反应产生的电流。

这里有三个主要信息：

① 协同反应在概念上是简单的，总是有可能发生的；

② 对于整个过程，在任何接近 $E^{0'}$ 的电势下，都可能涉及大量的活化能；

③ 要观察到明显的电流（例如，一个 CV 峰），可能需要一个相当大的过电势。

现在，我们转向图 13.3.30(b)。该图的反应物和生成物侧与图 13.3.30(a) 中 $E^{0'}$ 处的反应物和生成物是一样的，而且协同反应的路径与之前的完全一样（通过现在标记为 A′、F′和 E′的点）。协同过程的活化自由能与图 13.3.30(a) 中的 $E^{0'}$ 相同。新要素是 $RX^{\cdot-}$ 的自由能最小值低于协同过程的过渡态（F′点）。$RX^{\cdot-}$ 的能量面与反应物和产物的能量面相交，开辟了一条新的反应路径。在电势 $E^{0'}$ 时，体系从 A′点开始，上升到过渡态 B′点，越过 $RX^{\cdot-}$ 的能量面，在 C′点停留，上升到过渡态 D′，越过产物能量面，然后下降到 E′点。这条路径通过中间体 $RX^{\cdot-}$ 进行，对应于分步反应过程［式(13.3.56)］。因为 $RX^{\cdot-}$ 有一个能量最小值，因此它的寿命是有限的。

中间体的作用是为协同过程提供一个低于过渡态的能量最小值，从而促进还原。活化自由能 $\Delta G^{\ddagger}_{E^{0'}}$ 比图 13.3.30(a) 中的要小很多，所以即使在 $E^{0'}$ 或一个小过电势时也可能存在较大的电流。

$RX^{\cdot-}$ 存在一个能量面。问题是它在能量尺度上的位置，这是一个化学性质的问题。如果它位于协同过程的过渡态以下，体系倾向于分步反应的路径。否则应该倾向于协同反应过程。

(2) 判断标准

起初，人们可能会认为这两种机制都是 EC 机理，所以很自然地想知道是否可以通过实验来区分它们。答案是肯定的，因为它们的行为是不同的[1,4,6-7]。分步过程确实属于 EC 情况，但协同过程是一个单步骤单电子异相反应，并没有耦合均相化学反应。

我们先前对 EC_i 机理的讨论（13.3.1 节和 13.3.2 节）一般适用于电子转移引起离去基团逐步损失的体系。图 13.3.5 中区域图包括可逆的、准可逆的和完全不可逆的电子转移，因此它适用于所有的 EC_i 机理，是此次讨论的一个有用的参考。

分步反应机制的明确标志是检测中间物 $RX^{\cdot-}$。在 CV 中，其标准是在较高的扫描速度下出现一个反向扫描峰，这将发生在图 13.3.5 中的 KO、KG、DO 或 QR 区。

如果 C 步骤的速度太快，即使在最高可实现的扫描速度下也不会出现反向扫描峰，我们还是可以从正向 CV 峰的形状和它随 v 移动方式来判断其机理。如果 E 步骤是可逆的（在许多情况下都是如此），那么体系就会处于图 13.3.7 的 KE 区。其中 E_{pf} 随 v 的变化由以下公式给出

$$\boxed{\left|\frac{\partial E_{pf}}{\partial \lg v}\right| = \frac{2.303RT}{2F}} \quad (29.6\text{mV}, 25℃) \tag{13.3.57}$$

峰的宽度应与扫描速度无关：

$$\boxed{|E_{p/2} - E_{pf}| = 1.857\frac{RT}{F}} \quad (47.7\text{mV}, 25℃) \tag{13.3.58}$$

未补偿的电阻影响这些参数的测量，因此研究者必须注意尽量使误差最小化，并进行修正。如果满足这些标准，体系可以判断为分步反应。

图 13.3.31 给出了 9-蒽基二甲基锍的还原数据[58]，还原过程中会造成甲基自由基离去。在所研究的 ν 范围内，峰宽保持在 47.7mV 的上下 2～5mV 内。此外，扫描速度每变化 10 倍，峰位移约 29mV。观察到的行为完全符合对逐步反应机制的预期。

协同过程是一个完全不可逆的单电子电极反应；因此，CV 图应如 7.4 节所述。由式(7.4.9)可得 E_{pf} 随 v 的变化为

$$\boxed{\left|\frac{\partial E_{pf}}{\partial \lg v}\right| = \frac{2.303RT}{2\alpha F}}\left(\frac{29.6}{\alpha}\text{mV},25℃\right) \tag{13.3.59}$$

从式(7.4.10) 可知峰宽应为：

$$\boxed{|E_{p/2}-E_{pf}| = 1.857\frac{RT}{\alpha F}}\left(\frac{47.7}{\alpha}\text{mV},25℃\right) \tag{13.3.60}$$

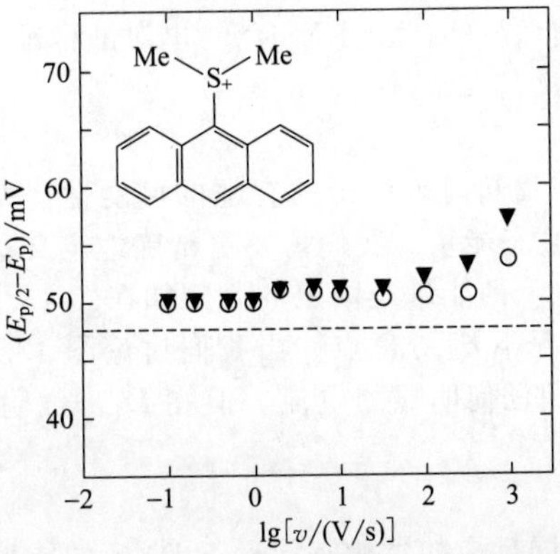

图 13.3.31 在 MeCN+0.1mol/L $TBABF_4$ 溶液中，玻碳圆盘电极上 9-蒽基二甲基锍的还原峰峰宽

虚线为 47.7mV。三角形是原始数据；圆圈是对未补偿欧姆降的修正

（改编自 Andrieux，Robert，Saeva 和 Savéant[58]）

因此，由协同机理进行的体系应该比分步反应机理显示出更宽的伏安峰和更大的峰位移。可以用参数 α 来表示这些判断。为了判断协同机理，提取的值应该在适当的传递系数范围内。

事实上 Savéant 认为，协同反应的标志是一个小的 α 值[1,4,59]。这一观点是基于 Marcus 动力学模型，其中 α 是一个与电势有关的函数［3.5.4(3) 节］⑲。在 $E^{0'}$ 时，$\alpha=0.5$，但预计将向更负电势线性下降。如上所述，协同反应的 CV 还原峰应该位于显著的负过电势；因此，峰值处的 α 值应明显小于 0.5⑳。

只有 E_iC_i 分步机理难以通过 CV 与协同机理区分。这种体系总是在图 13.3.5 的 IR 区。中间体不能通过伏安法检测到，基于波的位置和形状的判断方法与协同机理相同。也许可以通过非电化学手段检测到中间体；在这种情况下，可以认定为分步机理。

(3) 还原和氧化消除反应

刚才介绍的观点是针对 RX 还原为 R· 和 X^- 而提出的，但它们也适用于涉及离去基团的其他过程，包括

$$RX^+ + e \longrightarrow R\cdot + X\cdot \tag{13.3.61}$$

---

⑲ 这种说法与 Savéant 书[1] 中的介绍一致；然而，他先前采用 Morse 曲线（接近反应物侧的最小值，但只有生成物侧的排斥部分）发展了一种模型[59]。它预测了活化能与电势的二次依赖关系，以及与 Marcus 理论的结果相似但不同的 α 变化。

⑳ Savéant 用 α_p 符号来区分 α 值。

$$RX - e \longrightarrow R\cdot + X^+ \tag{13.3.62}$$

$$RX^- - e \longrightarrow R\cdot + X\cdot \tag{13.3.63}$$

这些过程被广泛地称为还原消除和氧化消除反应[1,4,6-7]。

对于氧化过程，如式(13.3.62)和式(13.3.63)，标准式(13.3.57)～式(13.3.60)都适用。但以 $1-\alpha$ 代替 α。$1-\alpha$ 的一个较小值成为协同氧化的对应标志。图 13.3.30 中的反应图也适用于氧化反应，但曲线在反应物一侧的上移对应于正电势变化。

目前已经探究了大量的化学反应，并对其进行了很好的总结[1,4,6-7]。我们可以从以下几个方面理解大多数离去基团消除的机制：

① 电反应物生成单电子产物的标准电势（例如，对于 $RX/RX^{\overset{+}{\cdot}}$ 或 $RX/RX^{\overset{+}{\cdot}}$ 电对）。

② R—X 键的强度。

研究最广泛的类别是卤化物的还原消除，其在芳香族化合物和脂肪族卤化物之间有明显的区别：芳香族化合物一般是逐步过程，脂肪族卤化物则经历了协同的还原反应和消除反应。这种区别是基于芳香键离域加入的电子的能力，将 $RX^{\overset{-}{\cdot}}$ 稳定在协同反应的过渡态以下［如图 13.3.30(b)］。脂肪族卤化物缺乏这种能力；因此，$RX/RX^{\overset{-}{\cdot}}$ 电对的标准电势要负得多。而且 $RX^{\overset{-}{\cdot}}$ 的能量总是远远高于协同反应的过渡态，如图 13.3.30(a)。

(4) 机理转换

图 13.3.30(c) 描述了一种我们尚未讨论的有趣的可能性，即 $RX^{\overset{-}{\cdot}}$ 的能量既没有远远高于也没有明显低于协同反应的过渡态能量。我们需要更精确地定义这种情况，因为协同反应的过渡态能量取决于电极电势，而 $RX^{\overset{-}{\cdot}}$ 的能量是固定的。例如在图 13.3.30(a) 中，$E^{0'}$ 时的过渡态在 B 点，在更负电势 $E^{0'}+\eta$ 的情况下却在 D 点。当我们讨论图 13.3.30(a) 时，认识到在 $E^{0'}$ 时，活化自由能太大以至于无法看到任何明显的电流，但在 $E^{0'}+\eta$ 附近可能看到一个伏安波。我们现在的重点是以下情况：

① 可以观察到一个波；

② 在波的电势范围内，协同反应的过渡态接近于 $RX^{\overset{-}{\cdot}}$ 的能量最小值。

假设图 13.3.30(c) 中反应物侧下方曲线是针对电势 $E^{0'}+\eta'$，可以看到一个 CV 峰。这一峰是由协同还原产生的，路径沿着从 A″经过 B″到 C″。由于反应物能量面与 B″以下的 $RX^{\overset{-}{\cdot}}$ 能量面不相交。所以不存在活化的逐步路径。

如果我们把电势变得更负一点——把它移到 $E^{0'}+\eta''$，情况就会大大改变。反应物能量面与 $RX^{\overset{-}{\cdot}}$ 能量面相交，产生了一个新的过渡态，并开辟了一条从 D″经过 E″、F″和 G″到达 C″的逐步路径。在这个电势下，体系必须倾向于逐步反应的路径，因为协同反应的过渡态在能量上明显更高。因此，似乎可以寻找一个能够观察到这种机理变化的实验体系。

当扫描速度提高，CV 峰逐渐移向更极端的电势，通过观察这一行为细节，可以在选定的体系中研究这一想法。图 13.3.32 提供了第一个被发现的实例[1,58]，涉及苄基苯基甲基锍的还原［图 13.3.32(c)］。在低 v 下，体系显示了一个较大的峰宽［图 13.3.32(a)］和相应的较小 α 值，与预期的协同机制一致。随着 v 的增加，峰负向移动；然而，峰变窄，α 增大。这种行为与完全协同机理的预期情况（正常观察结果）相反。它被认为是向分步反应转换的证据。如果这种转换是完整的，并且 E 步骤保持可逆，那么峰宽应降至 50mV 附近的恒定值，而且 α 的计算值应为 1。这些极限并没有实现，可能是因为 E 步骤的准可逆性使得体系复杂化[58]，这导致了在更高的 v 下峰再次展宽。机理转换的其他案例也有文献报道[1]，都是基于中间体形成的标准电势的特殊值。

(5) 质子耦合电子转移

本节中的所有观点也适用于两个主要过程为电子转移和质子转移的反应。质子耦合电子转移（proton-coupled electron transfer，PCET）既发生在均相反应也发生在异相反应，在生命体系以及基础和工程电化学中都很重要[3,60-61]。

式(13.3.64) 提供了一个分子内的例子，其以酸性和碱性基团之间具有内部氢键的氨基酚的氧化为特征[3]：

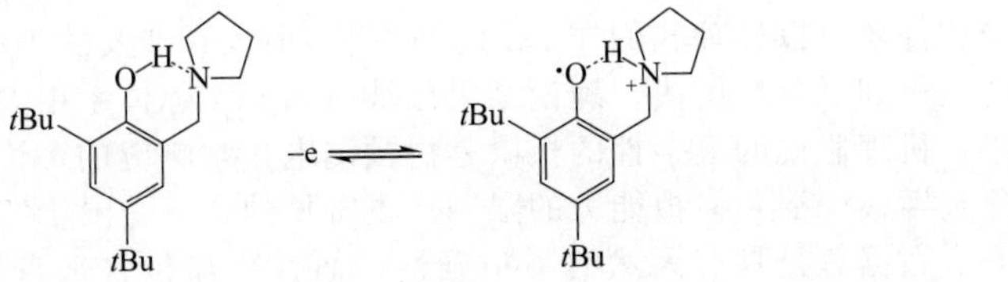

(13.3.64)

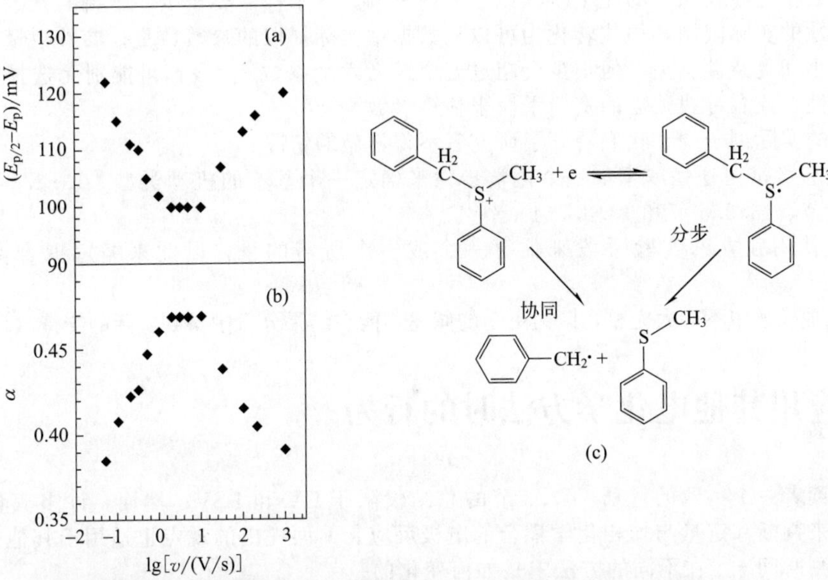

图 13.3.32　在 MeCN＋0.1mol/L $TBABF_4$ 溶液中，玻碳圆盘电极上还原苄基苯基甲基锍的 CV 峰的行为

(a) 测量的峰宽与扫描速率的关系；(b) $|E_{p/2}-E_{pf}|$ 计算出的 α 值 [式(13.3.60)]；(c) 反应示意图（由 Saveant[1] 得证，原始数据来自文献[58]）

一个电子的移去伴随着（在一个协同过程中）或引起（在一个分步过程中）质子向胺官能团的转移。

如果它们能够达到所需的过渡态，电化学 PCET 反应可以在成对的反应物之间发生。水溶液环境是特别有利的，因为 H_2O 在电极表面无处不在，并且可以作为质子受体和质子供体。它还参与氢键的生成，这通常对过渡态很重要。

这种化学反应具有广泛的范围，并已有文献总结[3,60-61]。在第 15 章中，我们将遇到非常重要的涉及吸附物的 PCET 反应。

13.3.9 反应体系的详尽阐述

化学反应是非常多样化的，所以研究者们一定会对我们没有提及的机理类型感兴趣。因此，本章的设计是介绍和练习读者处理新问题所需的主要要素。其中有：

① 主要动态部分——不同的异相和均相步骤、双向过程和连接氧化还原电对的均相反应。

② 基本的机理类型 EC、EC′、CE、EE 和 ECE。

③ CV 的主要判断标准。

④ 具有广泛价值的分析思想，包括特征时间、区域图和使用模拟来测试机理假设和提取参数。

将这些要素应用于新问题需要想象力、意志力、判断力和实践。

商业模拟软件包的实用性和能力对于任何对电化学机理感兴趣的研究者来说都是一种帮助。有了这些工具，人们可以自由地发展和验证假设，而不需要被模拟的细节所干扰。因此，把一个基本的类型，如 EC，转换为更复杂的类型，如 $E_qC_rC_i$，已经变得很容易。许多以 ECE 机理开始的反应之后有一个不可逆的衰变，所以它们变成了 ECEC。在模拟软件中添加额外的步骤是没有问题的。模拟软件还可以处理我们在 13.1 节中提出但没有涉及的类型，包括 $\overrightarrow{\mathrm{E}}\mathrm{C}\overleftarrow{\mathrm{E}}$ 和方格反应机理。其中一些也得到了分析解决，理论结果已被应用于实际体系中[4-5,7,62-65]。

几十年来，机理假说的复杂性的极限是由预测电化学响应的理论能力决定的。在目前的实践中，模型的复杂性很少受到模拟能力的限制。更常见的是，受限于实验者使用真实数据区分替代品的能力，真实数据总是具有天然的不精确性，而且往往包含来自背景电流或其他组分波的干扰。更复杂的模型涉及额外的化学步骤或额外的影响，每个都需要至少一个新的参数。因此，机理模型复杂性的实际限制，往往转化为可以从数据中实际提取的参数数量。参数数量反过来又与数据集的大小和复杂性有关，但很少会超过五个或者六个参数㉑。我们可能别无选择，只能限制模型的复杂性，或者寻找独立的实验手段来估算参数。

在本节的实际例子中，我们看到了研究者不得不做的情况：

① 通过包含准可逆性或增加一个化学步骤来确定一个基本的机理类型［13.2.3 节、13.3.2 节、13.3.3 节、13.3.5 节和 13.3.7(4) 节］。

② 通过使用独立的实验手段来估算一个或多个所需的量，以此来缩短拟合参数的列表（13.3.5 节）。

③ 在机理模型中不能太完整，因为更多的阐述不能在结果分析中得到实际的支持（13.3.3 节）。

13.4　应用其他电化学方法时的行为

为了给读者一个一致的背景，13.3 节的总结仅限于 CV 和 LSV；然而，许多其他电化学方法也可以用来判断和定量与均相化学耦合的电极反应。前面提出的观点也适用于其他方法，但必须意识到观测时间 τ_{obs} 在不同的方法中是如何变化的。

τ_{obs} 的定义必须针对每种技术进行调整（表 13.4.1），因为不同的变量控制着不同的时间尺度（例如，CV 的 v，两步实验的 τ，或阻抗的 ω）。对于 CV 或 LSV，$\tau_{obs}=1/(nfv)$，这是每个电子扫描 kT 所需的时间（13.2.2 节）。对于 SSV，τ_{obs} 受电极半径 r_0 的制约，约为 $r_0{}^2/D$。表 13.4.1 中对 τ_{obs} 使用的定义是文献中的典型，但它们不一定是唯一的。有时，研究者还采用了其他的定义（与表中给出的数量级相似）。

表 13.4.1　可溶性物质实验的观测时间和时间窗

技术	τ_{obs}	适用范围①	时间窗/s②
CV,LSV③	$1/(fv)$	$v=0.01\sim3\times10^6$ V/s	$10^{-8}\sim3$
SECM④	d^2/D	$d=10$nm～10μm	$10^{-7}\sim0.1$
SSV(盘状 UME)	r_0^2/D	$r_0=10$nm～25μm	$10^{-7}\sim0.6$
阻抗⑤	$1/\omega=(2\pi f)^{-1}$	$f=10^{-2}-10^6\,\mathrm{s}^{-1}$	$2\times10^{-7}\sim20$
计时电流法⑥	τ	$\tau=10^{-6}\sim10$s	$10^{-6}\sim10$
计时库仑法⑥	τ	$\tau=10^{-6}\sim10$s	$10^{-6}\sim10$
计时电势法⑦	τ 或 t_1	$\tau=10^{-6}\sim50$s	$10^{-6}\sim50$
SWV⑧	t_p	$t_p=5\times10^{-5}\sim0.1$s	$5\times10^{-5}\sim0.1$
NPV,RPV⑨	$\tau-\tau'$	$\tau-\tau'=10^{-4}\sim0.2$s	$10^{-4}\sim0.2$

㉑ 数学家约翰·冯·诺依曼曾经说过：“有了四个参数，我就能拟合一头大象。有了五个参数，我可以让它扭动它的鼻子。”

续表

技术	τ_{obs}	适用范围①	时间窗/s②
RDE,RRDE⑩	$1/\omega=(2\pi f)^{-1}$	$\omega=30\sim1000s^{-1}$	$2\times10^{-4}\sim5\times10^{-3}$
直流极谱法⑪	t_{max}	$t_{max}=1\sim5s$	1～5
薄层库仑法⑫	t	$t=0.1\sim10s$	0.1～10
整体库仑法⑫	t	$t=100\sim3000s$	100～3000
宏观电解⑫	t	$t=100\sim3000s$	100～3000

① 在已发表的文献中，可溶性物质实验的控制参数达到近似的范围。在最短的时间或距离尺度上的实验工作可能要求很高，远非常规。

② 根据控制参数的适用范围计算出的 τ_{obs} 的下限和上限。$D=10^{-5}cm^2/s$。

③ $f=F/(RT)$。

④ d=针尖与基底的间距。

⑤ f=频率，Hz。

⑥ 两步反应模式，τ=正向步进持续时间。

⑦ τ=过渡时间（无反转）；t_1=转换时间（有反转）。

⑧ $t_p=1/2f$=脉冲持续时间。f=频率，s^{-1}。

⑨ $\tau-\tau'$=脉冲持续时间。

⑩ f=旋转速率，s^{-1}（即 r/s）。

⑪ t_{max}=液滴寿命。

⑫ t=电解持续时间。

对于给定的方法和特定的仪器，τ_{obs} 可以在一定范围内变化，有时称为时间窗口（time window）。对于暂态方法来说，最短有用 τ_{obs} 经常是由双电层充电和仪器响应（取决于激励设备、测量设备、工作电极的大小或电解池的设计；16.7节）决定的。最长有效 τ_{obs} 可能由自然对流的开始或电极表面的变化所决定。表13.4.1总结了可溶性物质研究中可实现的时间窗口[22]。不同技术之间时间窗口存在很大差异。

为了直接研究一个耦合均相反应，必须找到将反应的特征时间 τ_{rxn}（13.2.2节）置于所选择技术的时间窗口内的条件。一个统一的策略是改变决定 τ_{obs} 的参数（例如，扫描速率、旋转频率或应用电流），并观察以下行为：

① 正向电流［例如，CV中的 $i_p/(v^{1/2}C^*)$，计时电势法中的 $i\tau^{1/2}/C^*$，或RDE上伏安法的 $i_l/(\omega^{1/2}C^*)$］。

② 特征电势（如 E_p 和 $E_{1/2}$）。

③ 反向参数［CV中的 $|i_{pr}/i_{pf}|$，计时电势法中的 $-i_r/i_f$，计时电量法中的 $Q_d(2\tau)/Q_d(\tau)$，RRDE中的 N］。

变量的方向和程度可以帮助判断机制，而测量本身也为参数估算提供了数据。对比模拟广泛适用于测试机制和量化的不同技术。

区域图可用于许多机制和方法。通常，对于其他技术，它们本质上与CV/LSV是相同的，尽管对于所使用的技术，无量纲参数必须以 τ_{obs} 表示（习题13.10和13.11）。λ 参数始终是 τ_{obs}/τ_{rxn} 的表达式。

本书第二版综述了耦合均相反应对计时电流法和计时电势法[23]。以及旋转圆盘电极上的流体动力学伏安法[24]。控制电势电量法的影响[25]。

---

[22] 该表适用于可溶性溶质，以保持本章的可比性，处理耦合均相反应。耦合反应也可用于研究表面结合物种。在这种情况下，某些技术的时间窗口可以向下扩展。

[23] 第二版，12.2～12.3节。合并处理对CV的影响。

[24] 第二版，12.4节。

[25] 第二版，12.7节。

13.5 参考文献

1 J.-M. Savéant, "Elements of Molecular and Biomolecular Electrochemistry," Wiley, Hoboken, NJ, 2006.
2 J.-M. Savéant, *ChemElectroChem*, **3**, 1967 (2016).
3 C. Constentin, M. Robert, and J.-M. Savéant, *Acc. Chem. Res.*, **43**, 1019 (2010).
4 J.-M. Savéant, *Acc. Chem. Res.*, **26**, 455 (1993).
5 J.-M. Savéant, in "Advances in Physical Organic Chemistry," Vol. 26, D. Bethell, Ed., Academic Press, New York, 1990, pp. 1–130.
6 C. P. Andrieux, P. Hapiot, and J.-M. Savéant, *Chem. Rev.*, **90**, 723 (1990).
7 C. P. Andrieux and J.-M. Savéant, in "Investigation of Rates and Mechanisms of Reactions," 4th ed., Part II, Vol. 6, C. F. Bernasconi, Ed., Wiley-Interscience, New York, 1986, pp. 305–390.
8 R. G. Compton, E. Kätelhön, K. R. Ward, and E. Laborda, "Understanding Voltammetry: Simulation of Electrode Processes," World Scientific, London, 2020.
9 R. G. Compton and C. E. Banks, "Understanding Voltammetry," 3rd ed., World Scientific, London, 2018.
10 Z. Galus, "Fundamentals of Electrochemical Analysis," 2nd ed., Wiley, New York, 1994.
11 D. H. Evans, *Chem. Rev.*, **90**, 739 (1990).
12 D. D. Macdonald, "Transient Techniques in Electrochemistry," Plenum, New York, 1977.
13 P. Delahay, "New Instrumental Methods in Electrochemistry," Wiley-Interscience, New York, 1954.
14 I. M. Kolthoff and J. J. Lingane, "Polarography," 2nd ed., Wiley-Interscience, New York, 1952.
15 A. C. Testa and W. H. Reinmuth, *Anal. Chem.*, **33**, 1320 (1961).
16 Q. Xie, E. Perez-Cordero, and L. Echegoyen, *J. Am. Chem. Soc.*, **114**, 3978 (1992).
17 C. Amatore and J.-M. Savéant, *J. Electroanal. Chem.*, **85**, 27 (1977).
18 S. W. Feldberg, and L. Jeftic, *J. Phys. Chem.*, **76**, 2439 (1972).
19 J. Jacq, *J. Electroanal. Chem.*, **29**, 149 (1971).
20 W. H. Smith and A. J. Bard, *J. Am. Chem. Soc.*, **97**, 5203 (1975).
21 R. S. Nicholson and I. Shain, *Anal. Chem.*, **36**, 706, (1964).
22 O. Nekrassova, J. Kershaw, J. D. Wadhawan, N. S. Lawrence, and R. G. Compton, *Phys. Chem. Chem. Phys.*, **6**, 1316 (2004).
23 D. Britz and J. Strutwolf, "Digital Simulation in Electrochemistry," 4th ed., Springer, Switzerland, 2016.
24 J. T. Maloy, in "Laboratory Techniques in Electroanalytical Chemistry," P. T. Kissinger and W. R. Heineman, Eds., 2nd ed., Marcel Dekker, New York, 1996, Chap. 20.
25 M. Rudolph, in "Physical Electrochemistry," I. Rubinstein, Ed., Marcel Dekker, New York, 1995, Chap. 3.
26 J.-M. Savéant and E. Vianello, *Electrochim. Acta*, **8**, 905 (1965).
27 J.-M. Savéant and E. Vianello, *Electrochim. Acta*, **12**, 1545 (1967).
28 R. S. Nicholson, *Anal. Chem.*, **37**, 667 (1965).
29 M. L. Olmstead and R. S. Nicholson, *Anal. Chem.*, **41**, 851 (1969).
30 M. L. Olmstead, R. T. Hamilton, and R. S. Nicholson, *Anal. Chem.*, **41**, 260 (1969).
31 W. V. Childs, J. T. Maloy, C. P. Keszthelyi, and A. J. Bard, *J. Electrochem. Soc.*, **118**, 874 (1971).
32 J.-M. Savéant and E. Vianello, *Electrochim. Acta*, **12**, 629 (1967).
33 C. P. Andrieux, L. Nadjo, and J.-M. Savéant, *J. Electroanal. Chem.*, **26**, 147 (1970).
34 L. Nadjo and J.-M. Savéant, *J. Electroanal. Chem.*, **48**, 113 (1973).
35 D. H. Evans, *J. Phys. Chem.*, **76**, 1160 (1972).

36 C. L. Bentley, A. M. Bond, A. F. Hollenkamp, P. J. Mahon, and J. Zhang, *J. Phys. Chem. C*, **118**, 22439 (2014).
37 D. H. Evans, *Acc. Chem. Res.*, **10**, 313 (1977).
38 C. P. Andrieux, C. Blocman, J.-M. Dumas-Bouchiat, and J.-M. Savéant, *J. Am. Chem. Soc.*, **101**, 3431 (1979).
39 C. Costentin, M. Robert, and J.-M. Savéant, *J. Phys. Chem.*, **104**, 7492 (2000).
40 J. M. Savéant and F. Xu, *J. Electroanal. Chem.*, **208**, 197 (1986).
41 J. Orsini and W. E. Geiger, *Organometallics*, **18**, 1854 (1999).
42 D. S. Polcyn and I. Shain, *Anal. Chem.*, **38**, 370 (1966).
43 D. H. Evans, *Chem. Rev.*, **108**, 2113 (2008).
44 F. Ammar and J.-M. Savéant, *J. Electroanal. Chem.*, **47**, 215 (1973).
45 J. B. Flanagan, S. Margel, A. J. Bard, and F. C. Anson, *J. Am. Chem. Soc.*, **100**, 4248 (1978).
46 K. Itaya, A. J. Bard, and M. Szwarc, *Z. Phys. Chem. N. F.*, **112**, 1 (1978).
47 J. Phelps and A. J. Bard, *J. Electroanal. Chem.*, **68**, 313 (1976).
48 C. P. Andrieux and J.-M. Savéant, *J. Electroanal. Chem.*, **28**, 339 (1970).
49 T. T. Chin, W. E. Geiger, and A. L. Rheingold, *J. Am. Chem. Soc.*, **118**, 5002 (1996).
50 A. Molina, E. Laborda, J. M. Gómez-Gil, F. Martínez-Ortiz, and R. G. Compton, *Electrochim. Acta*, **195**, 230 (2016).
51 R. S. Nicholson and I. Shain, *Anal. Chem.*, **37**, 178 (1965).
52 J.-M. Savéant, *Electrochim. Acta*, **12**, 753 (1967).
53 J.-M. Savéant, C. P. Andrieux, and L. Nadjo, *J. Electroanal. Chem.*, **41**, 137 (1973).
54 M. Mastragostino, L. Nadjo, and J.-M. Savéant, *Electrochim. Acta*, **13**, 721 (1968).
55 C. Amatore and J.-M. Savéant, *J. Electroanal. Chem.*, **102**, 21 (1979).
56 C. Amatore, P. J. Krusic, S. U. Pedersen, and J.-N. Verpeaux, *Organometallics*, **14**, 640 (1995).
57 C. Amatore, M. Azzabi, P. Calas, A. Jutand, C. Lefrou, and Y. Rollin, *J. Electroanal. Chem.*, **288**, 45 (1990).
58 C. P. Andrieux, M. Robert, F. D. Saeva, and J.-M. Savéant, *J. Am. Chem. Soc.*, **116**, 7864 (1994).
59 J.-M. Savéant, *J. Am. Chem. Soc.*, **109**, 6788 (1987).
60 J. W. Darcy, B. Koronkiewicz, G. A. Parada, and J. W. Mayer, *Acc. Chem. Res.*, **51**, 2391 (2018).
61 J. J. Goings and S. Hammes-Schiffer, *ACS Cent. Sci.*, **6**, 1594 (2020).
62 B. W. Rossiter and J. F. Hamilton, Eds., "Physical Methods of Chemistry: Electrochemical Methods," 2nd ed., Vol. II, Wiley-Interscience, New York, 1986.
63 J. Heinze, *Angew. Chem. Int. Ed. Engl.*, **23**, 831 (1984).
64 J.-M. Savéant, *Acc. Chem. Res.*, **13**, 323 (1980).
65 D. H. Evans and K. M. O'Connell, *Electroanal. Chem.*, **14**, 113 (1986).
66 G. Costa, A. Puxeddu, and E. Reisenhofer, *J. Chem. Soc. Dalton*, 2034 (1973).

13.6　习题

13.1　考察如下的体系：

$$A + e \rightleftharpoons B \qquad E^{0'} = -0.5V(vs.\ SCE)$$
$$B \longrightarrow C$$
$$C + e \rightleftharpoons D \qquad E^{0'} = -1.0V(vs.\ SCE)$$

B 的半寿命是 100ms。两个电荷转移反应具有较大的 k^0 值。绘出所期望的循环伏安图，扫描从 0.0V(vs. SCE) 开始到−1.2V 反向。显示在扫描速度为 50mV/s、1V/s 和 20V/s 时的曲线。

13.2　计算图 13.3.1(a)～(d) 的 τ_{rxn}、τ_{obs} 和 λ 值。

(a) 绘制图 13.3.2 的区域示意图并标记图 13.3.1(a)～(d) 中使用的每个扫描速率对应的位置。

(b) 讨论每种情况下 τ_{obs}/τ_{rxn} 的取值和影响。

(c) 计算每个扫描速率下的 τ_{rev} 值，讨论 τ_{rev}/τ_{rxn} 在每种情况下的值和影响。

(d) CV 图的观测时间 τ_{obs} 的定义如文中所示。讨论该定义在确定正向峰的形状和反向峰的高度方面的适用性。对于后一个目的，τ_{rev} 是更好的观测特征时间的度量方法吗？使用 τ_{rev} 的缺点是什么？

13.3 下列数据是由一系列循环伏安实验所得到的，实验的目的是导出涉及确定化合物电极反应的机理。请提出解释诊断函数行为的机理公式，然后，通过所提出的机理简明地从数据中得出尽量多的合理化趋势。每次扫描从－0.8V(vs. SCE) 开始，在－1.400V (vs. SCE) 反转，然后返回到－0.8V。

扫描速度/(V/s)	E_{pf}/(vs. SCE)/V	E_{pf}/(vs. SCE)/V	$\lvert i_{pr}/i_{pf}\rvert$	$i_{pf}/v^{1/2}$ /(μA·s$^{1/2}$/V$^{1/2}$)
0.1	－1.253	－1.17	0.1	35
2.0	－1.260	－1.185	0.51	34.4
10	－1.265	－1.197	0.84	33.0
20	－1.270	－1.208	0.91	32.8
100	－1.271	－1.212	1.01	32.6
200	－1.270	－1.212	1.01	32.7

13.4 在分子性质的相关研究中（例如质子化电势，电子亲和力，分子轨道计算等，15.1.2 节)，循环伏安法经常用于获得标准电势的信息。在此类研究中标准电势是如何获得的？涉及任何假设吗？如果电极过程是 EC 机理，将会出现什么样的误差？当涉及慢电子转移和一个化学稳定的产物时，情况如何？

13.5 对于一个 E_rC_i'反应体系［见式(13.3.17)］，在 LSV 中的极限电流 $i_{plateau}$，可由应用稳态条件而导出，稳态条件是$\partial C_O(x,t)/\partial t=\partial C_R(x,t)/\partial t=0$ 和 $C_O(x,t)+C_R(x,t)=C_O^*$ (设 $D_O=D_R=D$)。请进行此推导。

13.6 在汞电极上的 CV 图中，Costa 等[66] 表明配合物 Co^{II}(salen) 可以在 DMF［其中 salen 为螯合配体 N,N'-双乙烯（水杨醛亚胺）］中可逆还原。对应于反应

$$Co^{II}(salen)+e \rightleftharpoons Co^{I}(salen)^-$$

当加入溴乙烷 (EtBr) 时，可发生不可逆的均相反应：

$$Co^{I}(salen)^- + EtBr \xrightarrow{k} Et\text{-}Co^{III}(salen)+Br^-$$

其中，Et-Co^{III}(salen) 在比 Co^{II}(salen) 更负的电势下被还原。为了测量 k，需要在一定 EtBr 浓度下，使随后反应是准一级反应 ($k'=k$[EtBr])，测定比值$\lvert i_{pr}/i_{pf}\rvert$。当 $E_{1/2}$ 和转换电势 E_λ 之间的时间 τ_{rev} 为 32ms 时，在 0℃、13.3mmol/L EtBr 存在下，$\lvert i_{pr}/i_{pf}\rvert$为 0.7。

(a) 利用图 13.3.3(b) 中的工作曲线，估算 k'。

(b) 计算 k 和 τ_{rxn}。

(c) 本实验中 τ_{rev}/τ_{rxn} 的比值是多少？如果扫描慢一个数量级会有什么影响？$\lvert i_{pr}/i_{pf}\rvert$的期望值是多少？

13.7 考察图 13.3.13 中的曲线 1，设 $v=10$V/s。在开始扫描时 O 的浓度是多少？假设前置反应不影响其行为，计算 i_{pf} 值，比较它与观察到的 i_{pf} 值。

13.8 在图 13.3.1(EC)，图 13.3.9(EC′) 和图 13.3.13(CE) 中的伏安图均涉及 Nernst 电极反应与化学反应的耦合。在每种情况下，开始物质的总浓度是 1mmol/L，并且 $D=10^{-5}cm^2/s$。从这些图中的数据，做出每种机理下，i_{pf} 相对于 $v^{1/2}$ 的曲线，并且要求包括未受干扰的 Nernst 电子转移反应的曲线。通过每种情况下所发生的反应来解释这些行为。

13.9 考虑图 13.3.14 中的例子。通过加入盐 $Rh(COD)_2^+PF_6^-$ 制备 1.4mmol/L 溶液。假设过程式(13.3.29) 达到平衡。

(a) 根据脚注⑬中 K_{assoc} 的定义和 $K=[Rh(COD)_2^+]/[Rh(COD)(acetone)_2^+]$，推导出 K_{assoc} 与 K 的关系。

(b) 计算 [COD] 和 K 的值。

(c) 计算式(13.3.29) 和式(13.3.30) 中 CE 机制的 k_f'和 λ 的值。

(d) 在图 13.3.12 的区域示意图中找到图 13.3.14 体系的操作点。该区域的 CV 图是否与实际实验结果相似？

13.10 利用 13.3.1(1) 节中的概念，确定参数 λ，并绘制粗糙但定量的 E_rC_i 区域图，其依据是：

(a) RRDE 上流体动力学伏安法的收集效率 N。对于 Fe(Ⅱ) $\rightleftharpoons$ Fe(Ⅲ)＋e，RRDE 的收集效率为 0.45。

(b) 圆盘电极上计时库仑法的电荷比 $Q_d(2\tau)/Q_d(\tau)$。

(c) 圆盘电极上 SWV 的比值 $|i_{pr}/i_{pf}|$，其中 i_{pf} 和 i_{pr} 分别为正向和反向伏安图的峰高。

(d) 圆盘电极上计时电势法的转变时间比 τ_2/t_1。

在每种情况下，确定区域 DO、KO 和 KP，并具体说明这些区域的预期行为。

13.11 对于一个 EC 机理的经验方法是当 $\tau_{obs}=\tau_{rxn}$ 时，随后反应衰减的影响将大约是一半。假设随后反应 $k_f=1000s^{-1}$。

(a) 对于 CV，$\tau_{obs}=\tau_{rxn}$ 时，λ 的值是多少？对于其他方法呢？

(b) 在 CV 中，$|i_{pr}/i_{pf}|=0.5$ 时，v 值大约是多少？

(c) 在 RRDE 上的流体动力学伏安法中，类似的影响是什么？达到预期影响时，旋转速度 [$\omega/(2\pi)$] 是多少？

(d) SWV 中的类似影响是什么？达到预期影响时，脉冲宽度是多少？

第 14 章　双电层结构和吸附

第 1 章中遇到过一些有关双电层的基本概念，通篇可见双电层对电极过程和测量的影响。现在有必要更详细深入地研究双电层，目的是明确各种可以阐明和量化其结构的实验方法，探索重要物理模型，理解其在电极动力学方面的含义。

科学界一个引人注目的故事，涉及通过探索和严谨努力得到了双电层结构和行为的经验模型[1-2]。早期研究人员采用了精确的热力学并充分利用了他们可用的实验方法（现在来看这些方法非常简单）。清晰、详细的模型出现在他们的著作中，并且仍占据当前核心地位。本书较早版本❶及其他资料[3-7] 中，详细介绍了热力学基本原理。当前版本中作者缩减了这一部分，以便读者更快速地接触到普遍采用的模型。

14.1　双电层热力学

关于双电层的大部分知识来自宏观平衡性质的测量，如界面电容和表面张力。主要关注的是这些性质如何随电势和电解质组分变化。当关注平衡界面时，可以认为热力学能严格描述体系，无需引用假设模型。这是一个重要观点，因为它意味着任何成功的模型必须合理解释所能够得到的数据。

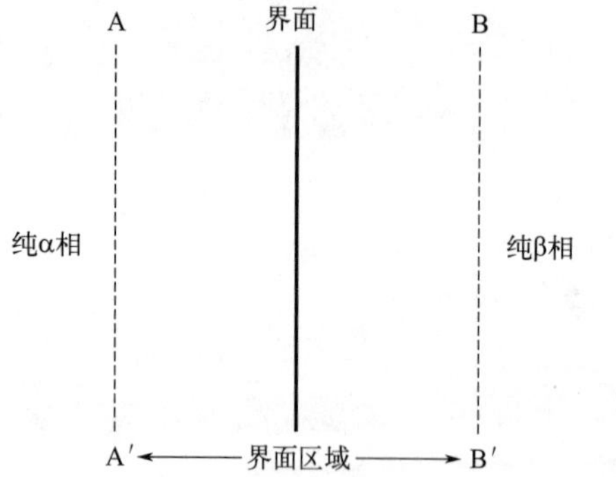

图 14.1.1　分开 α 和 β 两相的界面区示意图
界面是一个面积为 A 的平面，假想平行平面 AA′和 BB′尺寸相同。在一个假想的参考体系，纯 α 相和纯 β 相分别从两侧扩展至分界面。实际体系中界面附近组分不同于任一纯相，平面 AA′和 BB′的位置在界面两侧不管多远，包括了组成不同于纯相的全部区域（见习题 14.1）

让我们从推导吉布斯吸附等温式（Gibbs adsorption isotherm）开始，它描述了界面的一般情况，从中获得与特定的电化学界面性质有关的电毛细方程（electrocapillary equation）。

14.1.1　吉布斯吸附等温式

假设一个表面积为 A 的平面界面将 α 和 β 两相分开（图 14.1.1），可以想象两个平行的平面 AA′和 BB′位于界面两侧，其间的区域构成界面区，界面区的特殊性质是我们感兴趣的。平面 BB′右侧为纯 β 相，平面 AA′左侧为纯 α 相。纯 α 相和纯 β 相之间的真实界面附近，分子间相互作用是不对称的，因此其组成不同于假想体系，假想体系中组成从两侧纯 α 相和纯 β 相一直延伸到界面。

组成差异可表述为表面过剩（surface excess）量。例如，某物质，如钾离子或电子，表面过剩物质的量应该是

$$n_j^{\sigma}=n_j^{\mathrm{S}}-n_j^{\mathrm{R}} \tag{14.1.1}$$

式中，n_j^{σ} 为过剩量；n_j^{S} 和 n_j^{R} 分别为真实体系和参考体系在平面 AA′和 BB′之间物质 j 的物质的量（摩尔），参考体系为如上所述的假想状态。通

---

❶ 第二版第 13 章；第一版第 12 章。

常，用单位表面过剩来表述更方便，因此我们除以面积得到表面过剩浓度（surface excess concentration），$\Gamma_j = n_j^{\sigma}/A$。

利用热力学关系，可以处理组装界面过程中的自由能变化，一个最有价值的结果就是吉布斯吸附等温式❷

$$\boxed{-\mathrm{d}\gamma = \sum_j \Gamma_j \mathrm{d}\overline{\mu}_j} \tag{14.1.2}$$

该公式将表面张力（surface tension）γ——一个重要的可测量，与界面组成（由全部组分的表面过剩浓度 Γ_j 表示的）联系起来。

表面张力定义为

$$\gamma = \frac{\partial \overline{G}^{\sigma}}{\partial A} \tag{14.1.3}$$

它是扩展界面做功（即电化学自由能）的一个度量，其单位为单位面积能量（国际单位制 J/m^2，但文献常用 erg/cm^2）。γ 为正时，面积扩大需要能量，因此体系自然反应为最小化面积。例如，水滴聚结时的空气/水界面状态。后面我们会看到汞/电解质界面表面张力通常在 200～400$erg/cm^2$❸。

为阐明 Gibbs 吸附等温式实验结果，需要专注于电化学的情况，这就是下面的工作。

14.1.2　电毛细方程

现在来讨论汞表面与 KCl 溶液接触的一个特定电化学池。汞电势的控制相对于一个与实验溶液无液接界的参比电极，同时假设水相含有中性物质 M。例如，这个电化学池可以是❹

$$Cu'/Ag/AgCl/K^+, Cl^-, M/Hg/Ni/Cu \tag{14.1.4}$$

我们将重点讨论汞电极与水溶液之间的界面。

对此情况，在写出的 Gibbs 吸附等温式中，将汞电极组分、溶液的离子组分以及中性组分有关的项分组是有用的。因为电极表面可能存在过剩电荷，需要考虑汞表面电子的过剩，它可以为正也可以为负，因此

$$-\mathrm{d}\gamma = (\Gamma_{Hg}\mathrm{d}\overline{\mu}_{Hg} + \Gamma_e \mathrm{d}\overline{\mu}_e^{Hg}) + (\Gamma_{K^+}\mathrm{d}\overline{\mu}_{K^+} + \Gamma_{Cl^-}\mathrm{d}\overline{\mu}_{Cl^-}) + (\Gamma_M \mathrm{d}\overline{\mu}_M + \Gamma_{H_2O}\mathrm{d}\overline{\mu}_{H_2O}) \tag{14.1.5}$$

式中，$\overline{\mu}_e^{Hg}$ 指的是汞相中的电子。

电化学势之间存在的重要的关联可以简化这个公式。另外，可以确定金属一侧界面过剩电荷密度为：

$$\sigma^M = -F\Gamma_e \tag{14.1.6}$$

上述考虑导出本实验体系中电毛细方程❺：

$$\boxed{-\mathrm{d}\gamma = \sigma^M \mathrm{d}E_- + \Gamma_{K^+(H_2O)}\mathrm{d}\mu_{KCl} + \Gamma_{M(H_2O)}\mathrm{d}\mu_M} \tag{14.1.7}$$

式中，E_- 是汞电极相对于参比电极的电势。依照惯例，用负号下角标表示参比电极对体系中阴离子组分有响应。量 $\Gamma_{K^+(H_2O)}$ 和 $\Gamma_{M(H_2O)}$ 称为相对表面过剩（relative surface excesses），并在 14.1.3 节进行详述。

式(14.1.7) 中每个量或者是可控或者是可测的，这一公式是双电层结构实验探索的关键。

每个电化学池都有自己特定的电毛细方程，不同于上述体系的其他体系应该具有包含其本身组分项的类似方程式。关于电毛细方程更普遍的表述可参阅专门的文献 [5]。

14.1.3　相对表面过剩

在电毛细方程推导过程中，发现溶液侧的表面过剩浓度，Γ_{K^+}、Γ_M 和 Γ_{H_2O} 是不可独立测量

---

❷ 完整推导见第二版 13.1.1 节或第一版 12.1.1 节。

❸ 表面张力单位 dyn/cm 更常见。1erg 即 1dyn · cm，所以，1dyn/cm＝1erg/cm^2，这里为了强调表面张力来自面积增加所需能耗，将其表示为 erg/cm^2（译者注：1erg＝10^{-7}J）。

❹ 由于 Cu 溶于 Hg，该电化学池中 Cu 和 Hg 之间需要 Ni 或 W 接线。这一连接对得到的电毛细方程无影响。

❺ 完整推导见第二版 13.1.2 节或第一版 12.1.2 节。

的，选择其中一个（通常是溶剂）作为参比组分。可测的量，即其他组分的相对表面过剩，对我们的体系来说，分别为

$$\Gamma_{K^+(H_2O)}=\Gamma_{K^+}-\frac{X_{KCl}}{X_{H_2O}}\Gamma_{H_2O} \tag{14.1.8}$$

$$\Gamma_{M(H_2O)}=\Gamma_M-\frac{X_M}{X_{H_2O}}\Gamma_{H_2O} \tag{14.1.9}$$

式中，X_j 为本体溶液中物质的摩尔分数。

例如，K^+ 零相对过剩并不意味着 K^+ 不存在过剩，只是说明 K^+ 和 H_2O 的界面过剩程度相同而已，即 K^+ 和 H_2O 在界面的摩尔比与本体电解液中相同。相对过剩为正值是指 K^+ 比 H_2O 在更大程度上过剩，并不是指绝对的物质的量，而是相对于本体电解液中的有效量。

选择溶剂 S 作为参考成分是有优越性的，因为它不涉及活度。再者，有时可以认为 $(X_j/X_S)\Gamma_S$ 是微不足道的，因此所测定的相对表面过剩可以认为是绝对表面过剩。当然这种假设并不严格，但是在稀溶液中的许多实验情况下可能是足够合理的。

14.2 实验测定

与界面结构有关的热力学关系（14.1 节）强调表面张力是一个主要的可测的量。鉴于表面张力的测量在液体金属电极上更易得到好结果，所以几十年来在这方面的研究中，汞和汞齐占据了主导地位。汞还有一些其他的优势，如具有较大的氢过电势，因此，存在一个宽的电势窗口，其间以非法拉第过程为主。汞是液体，所以像晶界一类的表面特征在汞表面是不可能出现的。在有些体系中表面自动更新，因此工作表面累积污染问题减少到最小。总之，这些优点对探索界面结构是非常有利的。

14.2.1 电毛细现象

"电毛细方程"名称是历史上人为赋予的，它由早期应用该方程式解释汞/电解液界面上表面张力测量演变而来[1-9]。最早进行这种测量的是 Lippmann，为此目的，他发明了一种叫作毛细静电计的高精度装置[10]，电毛细曲线（electrocapillary curve）是表面张力相对于电势作图。

出于同一目的 Heyrovský 随后发明了 DME（图 8.1.1）[11]。当然，它的应用已远远超越了当初的设想（8.1 节）。DME 汞滴的寿命 t_{max} 恰好与 γ 成正比，因此 t_{max} 对电势 E 作图（亦称为电毛细曲线）与 γ 对 E 作图具有相同的形状。

下面来了解电毛细曲线是如何揭示界面结构各个层面的。

14.2.2 过剩电荷和电容

我们再次讨论 14.1.2 节具体的化学体系。根据其电毛细方程式(14.1.7)，显然

$$\boxed{\sigma^M=-\left(\frac{\partial\gamma}{\partial E_-}\right)_{\mu_{KCl},\mu_M}} \tag{14.2.1}$$

因此，电极上的过剩电荷量是任一电势下电毛细曲线的斜率。图 14.2.1(a) 是在 0.1mol/L KCl 中 DME 的滴落时间与电势关系曲线。尽管电解质改变时曲线变化显著［图 14.2.1(b)］，但它通常具有作为这些曲线特征的近似抛物线形状。

这些曲线共同的特征是存在一个电毛细极大值（electrocapillary maximum，ECM），此处表面张力 γ 具有最大值。此处曲线斜率为零，因此，ECM 出现在零电荷电势（PZC，用 E_z 代表）处，该电势下，$\sigma^M=\sigma^S=0$。

在较 E_z 负的电势下，电极表面负电荷过剩，而在较正的电势下，则正电荷过剩。过剩电荷相互排斥，因此削弱了表面张力。表面电荷的曲线可以由微分电毛细曲线得到（图 14.2.2）。

界面电容量化了界面在一定电势变化下相应的电荷储存能力。微分电容（differential capacitance），

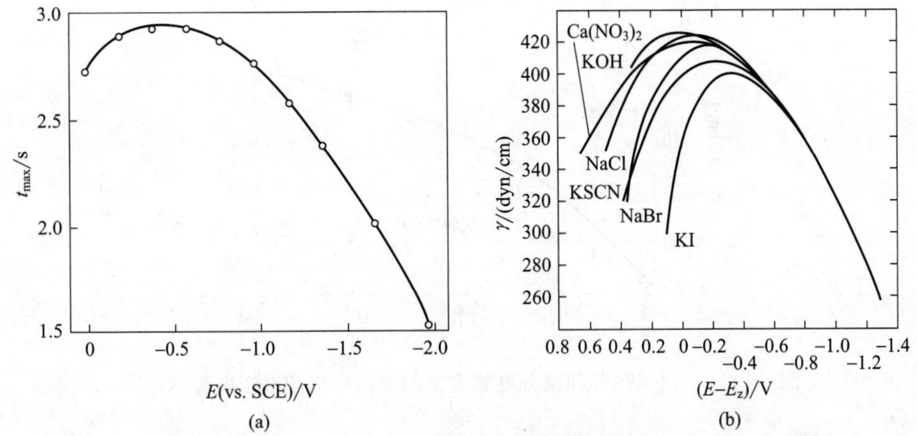

图 14.2.1　(a) 在 0.1mol/L KCl 溶液中 DME 上滴落时间 t_{max} 与电势作图的电毛细曲线（数据来自 Meites[12]）；(b) 在 18℃时，汞与指定电解质溶液相接触的表面张力与电势（相对于 NaF 的 PZC）作图的电毛细曲线（引自 Grahame[1]）

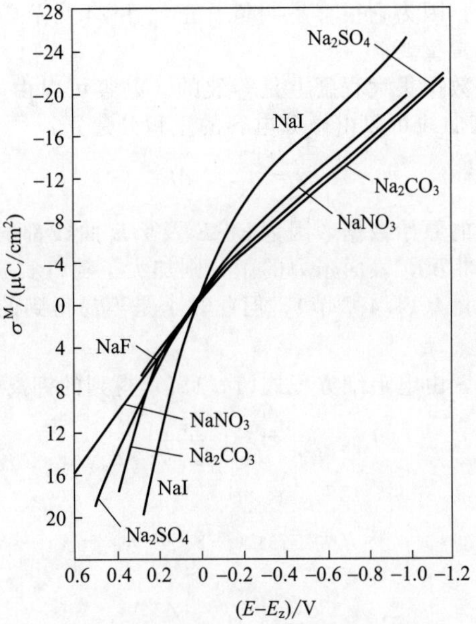

图 14.2.2　所标明的 1mol/L 电解质溶液中汞电极电荷密度相对于电势的曲线（25℃）电势相对于相应电解质的 PZC（引自 Grahame[1]）

$$\boxed{C_d=\frac{\partial\sigma^M}{\partial E}} \tag{14.2.2}$$

是 σ^M-E 曲线上任一点的斜率（图 14.2.3）。由图 14.2.2 及图 14.2.3 看到，C_d 相对电势并不像理想的电容器那样是恒定的。

由于 C_d 随 E 变化，促使人们定义一个积分电容（integral capacitance）C_i（有时表示为 K），它是在电势 E 下的总电荷密度 σ^M 除以此时所加电势差（图 14.2.3），即

$$\boxed{C_i=\frac{\sigma^M}{E-E_z}} \tag{14.2.3}$$

积分电容通过如下方程式与 C_d 相关联

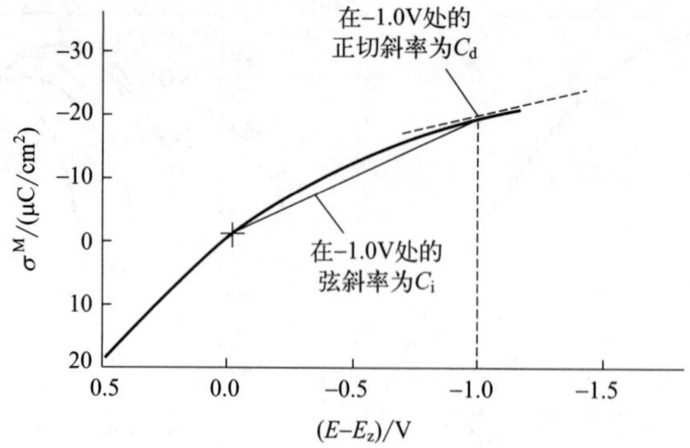

图 14.2.3　说明积分和微分电容定义的电荷密度相对于电势示意图

$$C_i=\frac{\int_{E_z}^{E}C_d\mathrm{d}E}{\int_{E_z}^{E}\mathrm{d}E}=\frac{1}{E-E_z}\int_{E_z}^{E}C_d\mathrm{d}E \tag{14.2.4}$$

因此，C_i 是从 E_z 到 E 的电势范围内 C_d 的平均值。

微分电容是更有用的量，因为它很容易测量。正如在 14.3 节中将会看到的那样，电容测量对双电层结构模型的建立非常重要。

这些测量结果与电毛细数据很大程度上是等效的。电容可以由电毛细曲线的二阶微分求得，反之，已知 E_z[13-14]，电毛细曲线可以由微分电容的重积分建立：

$$\gamma=\iint_{E_z}^{E}C_d\mathrm{d}E \tag{14.2.5}$$

电容或许是更普遍有用的原始数据，因为 σ^M-E 及 γ-E 曲线都要由它积分而来，这样就把随机实验变量误差平均掉了。相反，表面张力的微分则加大了随机实验变量的误差。此外，电容可以直接在固体电极上进行测量（14.4.2 节），但此时 γ 是不易得到的。

14.2.3　相对表面过剩

在我们所讨论的界面上，由电毛细方程式(14.1.7) 得到的钾离子相对表面过剩量为

$$\Gamma_{K^+(H_2O)}=-\left(\frac{\partial\gamma}{\partial\mu_{KCl}}\right)_{E_-,\mu_M} \tag{14.2.6}$$

由于

$$\mu_{KCl}=\mu_{KCl}^0+RT\ln a_{KCl} \tag{14.2.7}$$

故

$$\Gamma_{K^+(H_2O)}=\frac{-1}{RT}\left(\frac{\partial\gamma}{\partial\ln a_{KCl}}\right)_{E_-,\mu_M} \tag{14.2.8}$$

因此，这个关系式意味着能够在任意电势 E_- 下，通过测量几种 KCl 活度下的表面张力来计算 $\Gamma_{K^+(H_2O)}$，同时 M 的活度保持恒定。

那么，氯离子的相对表面过剩量可以由过剩电荷求得，因为

$$\sigma^S=-\sigma^M=F(\Gamma_{K^+}-\Gamma_{Cl^-}) \tag{14.2.9}$$

用式(14.1.8) 和类似的 Cl^- 关系式替换可以得到

$$\boxed{\sigma^M=-F[\Gamma_{K^+(H_2O)}-\Gamma_{Cl^-(H_2O)}]} \tag{14.2.10}$$

由于 σ^M 和 $\Gamma_{K^+(H_2O)}$ 已求得，因此可以计算出 $\Gamma_{Cl^-(H_2O)}$。

对于中性物质 M，可以很容易地推导出类似式(14.2.8) 的关系式，因此，$\Gamma_{M(H_2O)}$ 就能够根据它的活度 a_M 对 γ 的影响进行评估。

图 14.2.4 是 0.1mol/L KF 与汞接触时溶液组分相对表面过剩量的图。F^- 在比 E_z 正的区域相对表面过剩量为正值，而 K^+ 为负值；在比 E_z 负的电势区域情况相反，KF 溶液的行为与简单

的静电学预期的结果是一致的。Hg 在 0.1mol/L KBr 溶液中的行为截然不同（图 14.2.5），即使在 $E>E_z$（即 $\sigma^M>0$），$\Gamma_{K^+(H_2O)}$ 也保持为正值。这个有趣现象的原因与 Br^- 在汞表面的特性吸附有关，这一现象将在 14.3.4 节中讨论。

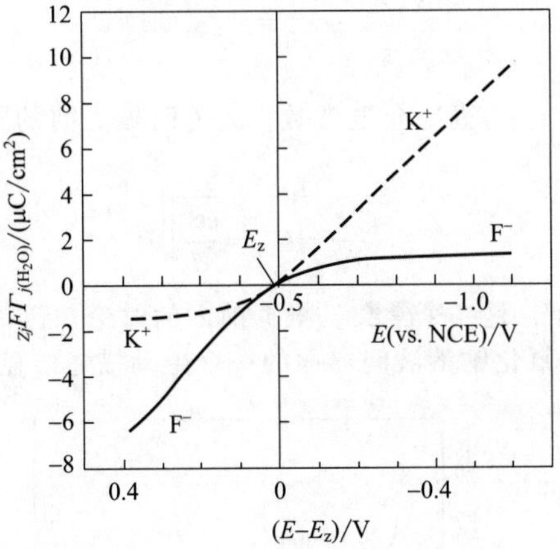

图 14.2.4 在 0.1mol/L KF 溶液中汞表面过剩量对电势作图

电势相对于 NCE 和零电荷电势 E_z（数据来自 Grahame，Soderberg[15]）

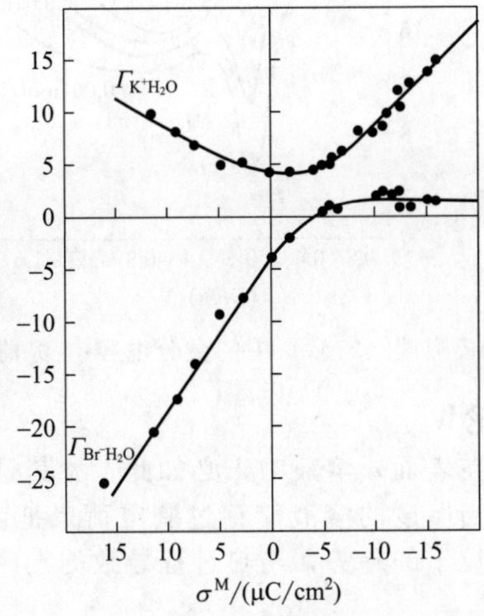

图 14.2.5 在 0.1mol/L KBr 溶液中汞表面过剩量对电势作图

［引自 Devanathan 和 Ganagaratna[16]，Pergmon 出版社版权所有（1963）］

14.3 双电层结构模型

既然已经了解到对于如何量化界面的电荷密度和相对物质的摩尔过剩量，那么就希望勾勒出一幅过剩量的物理分布方式图。这里将继续通过几个模型加以完善，直至提升到一个广泛认可的概念[1-5,7-8,17]。

14.3.1 Helmholtz 模型

由于金属电极是一种良导体，所以在平衡时，其内部不存在电场。在第 2 章中了解到了一个事实，即金属相的任何过剩电荷均严格存在于表面。Helmholtz 首次详细思考了界面电荷分离，提出溶液中的相反电荷也存在于表面这一推论。因此，应当说有两个由分子量级距离分开的、极性相反的电荷层。实际上，双电层这个名字起源于早期的大部分由 Helmholtz 撰写的著作[18-20]。

这样的结构相当于平板电容器，其储存电荷密度 σ 和两平板之间的电压降 V 之间存在如下关系[21]：

$$\sigma=\frac{\varepsilon\varepsilon_0}{d}V \tag{14.3.1}$$

式中，ε 为介质的介电常数；ε_0 为真空介电常数；d 为两板之间的距离[22]❻。故 Helmholtz 模型给出的微分电容 C_H 为

$$\boxed{\frac{\partial\sigma}{\partial V}=C_H=\frac{\varepsilon\varepsilon_0}{d}} \tag{14.3.2}$$

这一模型的缺点是电容 C_H 是一个常数。根据前面的讨论知道，在真实体系中 C_H 并非常数，图 14.3.1 是对汞和不同浓度氟化钠溶液间界面的一个生动描述。显然，需要一个更完善的模型。

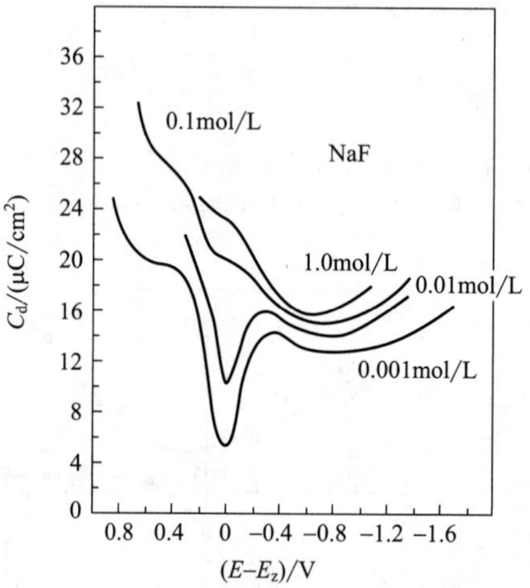

图 14.3.1 汞在 NaF 溶液（25℃）中的微分电容-电势曲线（引自 Grahame[1]）

14.3.2 Gouy-Chapman 理论

即使电极上的电荷被限制在表面，溶液中未必如此，尤其是稀电解液中，溶液相中电荷载体密度相对较低，它可能需要相当厚度的溶液储存过剩电荷来抵消 σ^M。由于金属相电荷具有依据其极性吸引或排斥溶液中带电粒子的趋势，与热过程导致的无序化趋势之间的相互作用，必然会使厚度有限。

为此，如前面 1.6.3 节[1-5,7-8,17] 中描述的那样，这种模型得出一个溶液中分散层（diffuse layer）概念。过剩电荷最高浓度应该在靠近电极位置，此处静电力克服热过程的能力最大；距离

---

❻ 本书中所有的电学公式均使用国际单位制（SI）导出如下库仑定律关系式[22]：

$$F=\frac{qq'}{4\pi\varepsilon\varepsilon_0 r^2}$$

因此电荷 q 与 q'(C) 间的作用力 F(N) 与电荷间距 r(m)、介质介电常数 ε（无量纲）和真空介电常数 ε_0［亦称自由空间介电常数（permittivity of free space)］有关。最后一个参数是可测量常数，等于 $8.85419\times10^{-12}C^2/(N\cdot m^2)$。这个体系具有电学变量按统一量纲测量的优点。另外一种选择的是静电学体系，库仑定律为

$$F=\frac{qq'}{\varepsilon r^2}$$

这里作用力 F（dyn）通过介电常数 ε 和间距 r（cm）与电荷（C）联系起来。将 ε 替换为 $4\pi\varepsilon\varepsilon_0$，静电学体系公式可以转化为国际单位制（SI）公式，反之亦然。许多界面结构处理使用静电学单位，可由结果是否缺少 ε_0 和是否出现 4π 倍数来判断。$\varepsilon\varepsilon_0$ 在有些处理中通常表示为一个单一量 ε，称为介质介电常数。

越远静电力越弱，过剩电荷浓度逐渐减小，因此，在电容表达式(14.3.2) 中，应以电荷之间的平均距离来代替，d 也可预测，平均距离与电势和电解质浓度有关。电极带电越多，分散层越紧凑，C_d 就越大。当电解质浓度增大时，分散层应该有类似压缩，结果使电容上升。实际上这些定性趋势在图 14.3.1 的数据中明显可见。

Gouy 和 Chapman 各自独立地提出了分散层的概念，并且用统计力学的方法进行了描述[23-25]，这里概述一下这个问题。

现在从这样的想法开始，即把溶液细分成平行于电极表面、厚度为 dx 的若干薄层（如图 14.3.2 所示)，所有这些薄层彼此均处于热平衡。然而，由于静电势 ϕ 变化，任意物质 j 的离子在各个薄层并不具有相同的能量，薄层可以被认为是等效简并态（equivalent degeneracies)，因此，物质在两个薄层中的数量浓度（number concentration）有一个由 Boltzmann 因子决定的比值。如果以远离电极的薄层作为参考层，该层中每种离子均处于它的本体数量浓度 n_j^0(cm^{-3})，那么，任意其他薄层（距离 x）中离子的总数为

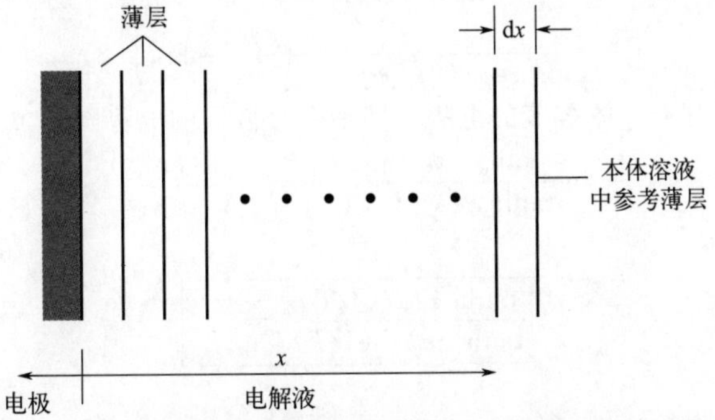

图 14.3.2　将电极表面附近溶液看作一系列薄层的示意图

$$\boxed{n_j(x)=n_j^0\exp\left(\frac{-z_je\phi}{kT}\right)} \tag{14.3.3a}$$

$$\boxed{C_j(x)=C_j^*\exp\left(\frac{-z_je\phi}{kT}\right)} \tag{14.3.3b}$$

式中，ϕ 相对于本体溶液进行测量；其他量分别为电子电荷 e、Boltzmann 常数 k、热力学温度 T 以及离子 j 的（带符号的）电荷 z_j。意识到 $C_j(x)=n_j(x)/N_A$ 和 $C_j^*=n_j^0(x)/N_A$，很容易推导出式(14.3.3b)。该式两侧可以同时除以一个因数，因此浓度可用任何形式物质的量（mol）/体积表示。

于是，任意薄层中单位体积总电荷为

$$\rho(x)=\sum_j n_jz_je=\sum_j n_j^0z_je\exp\left(\frac{-z_je\phi}{kT}\right) \tag{14.3.4}$$

式中，j 覆盖所有离子种类。从静电学知道，$\rho(x)$ 与距离 x 处的电势符合 Poisson 方程[26]：

$$\rho(x)=-\varepsilon\varepsilon_0\frac{\mathrm{d}^2\phi}{\mathrm{d}x^2} \tag{14.3.5}$$

因此，联立式(14.3.4) 和式(14.3.5)，可以得到描述这种体系的 Poisson-Boltzmann 方程：

$$\frac{\mathrm{d}^2\phi}{\mathrm{d}x^2}=-\frac{e}{\varepsilon\varepsilon_0}\sum_j n_j^0z_j\exp\left(\frac{-z_je\phi}{kT}\right) \tag{14.3.6}$$

根据下式处理式(14.3.6)

$$\frac{\mathrm{d}^2\phi}{\mathrm{d}x^2}=\frac{1}{2}\frac{\mathrm{d}}{\mathrm{d}\phi}\left(\frac{\mathrm{d}\phi}{\mathrm{d}x}\right)^2 \tag{14.3.7}$$

于是，

$$\mathrm{d}\left(\frac{\mathrm{d}\phi}{\mathrm{d}x}\right)^2=-\frac{2e}{\varepsilon\varepsilon_0}\sum_j n_j^0z_j\exp\left(\frac{-z_je\phi}{kT}\right)\mathrm{d}\phi \tag{14.3.8}$$

积分得到

$$\left(\frac{\mathrm{d}\phi}{\mathrm{d}x}\right)^2=\frac{2kT}{\varepsilon\varepsilon_0}\sum_j n_j^0\exp\left(\frac{-z_je\phi}{kT}\right)+常数 \tag{14.3.9}$$

并根据在远离电极的位置 $\phi=0$ 及 $\mathrm{d}\phi/\mathrm{d}x=0$，可求出该常数。于是

$$\left(\frac{\mathrm{d}\phi}{\mathrm{d}x}\right)^2=\frac{2kT}{\varepsilon\varepsilon_0}\sum_j n_j^0\left[\exp\left(\frac{-z_je\phi}{kT}\right)-1\right] \tag{14.3.10}$$

现在，将模型简化为只包含对称电解质的系统是有用的❼。采用这一限制后，可以得到

$$\frac{\mathrm{d}\phi}{\mathrm{d}x}=-\left(\frac{8kTn^0}{\varepsilon\varepsilon_0}\right)^{1/2}\sinh\left(\frac{ze\phi}{2kT}\right) \tag{14.3.11}$$

推导的细节留在习题 14.2 中。在方程式(14.3.11) 中，n^0 是每种离子在本体溶液中的数量浓度；z 是离子上电荷大小。

(1) 分散层中的电势分布

方程式(14.3.11) 可按如下方式整理并积分：

$$\int_{\phi_0}^{\phi}\frac{\mathrm{d}\phi}{\sinh[ze\phi/(2kT)]}=-\left(\frac{8kTn^0}{\varepsilon\varepsilon_0}\right)^{1/2}\int_0^x\mathrm{d}x \tag{14.3.12}$$

式中，ϕ_0 是 $x=0$ 处相对于本体溶液的电势（即整个分散层的电势降）。结果为

$$\frac{2kT}{ze}\ln\frac{\tanh[ze\phi/(4kT)]}{\tanh[ze\phi_0/(4kT)]}=-\left(\frac{8kTn^0}{\varepsilon\varepsilon_0}\right)^{1/2}x \tag{14.3.13}$$

或

$$\boxed{\frac{\tanh[ze\phi/(4kT)]}{\tanh[ze\phi_0/(4kT)]}=\mathrm{e}^{-\kappa x}} \tag{14.3.14}$$

式中

$$\boxed{\kappa=\left(\frac{2n^0z^2e^2}{\varepsilon\varepsilon_0kT}\right)^{1/2}} \tag{14.3.15}$$

对于稀水溶液（$\varepsilon=78.49$），在 25℃下此方程式可表示为

$$\boxed{\kappa=(3.29\times10^7)zC^{*1/2}} \tag{14.3.16}$$

式中，C^* 是以 mol/L 表示的 $z:z$ 型电解质本体浓度；κ 以 cm^{-1} 表示。

式(14.3.14) 描述了分散层电势分布的一般方式，图 14.3.3 是对几种不同 ϕ_0 值计算的电势分布，电势总是随离开表面而不断衰减。在较大的 ϕ_0 之下（高度荷电的电极），因为分散层比较紧密，电势下降很快。当 ϕ_0 较小时，衰减比较缓慢。

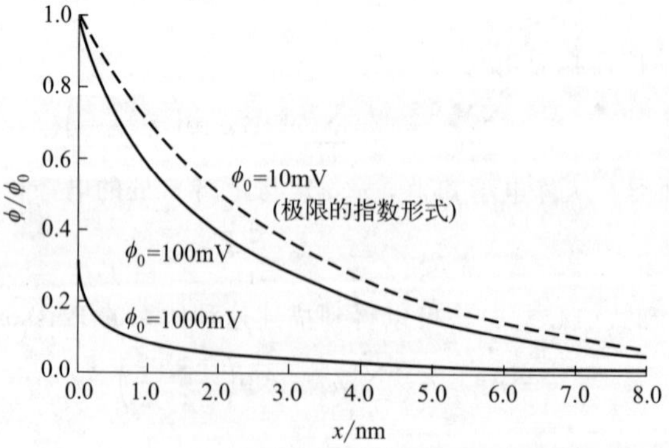

图 14.3.3 Gouy-Chapman 模型中分散层电势分布曲线

由 10^{-2}mol/L 电解质（1∶1 型）水溶液（25℃）计算得到。$1/\kappa=3.04$nm

❼ 即电解质分别只含有一种带等量电荷 z 的阳离子和阴离子。有时对称型电解质，如 NaCl、HCl 和 $CaSO_4$ 也称为"$z:z$ 型电解质"。

实际上，在 ϕ_0 小到某种极限程度时，衰减遵守指数形式。如果 ϕ_0 足够低，即$[ze\phi_0/(4kT)]<0.5$，那么 $\tanh[ze\phi/(4kT)]\approx ze\phi/(4kT)$ 总是成立，而且

$$\phi=\phi_0 e^{-\kappa x} \tag{14.3.17}$$

在 25℃下，当 $\phi_0 \leqslant 50/z$ mV 时，这种关系是一个很好的近似关系。

应当注意，κ 的倒数具有距离的量纲并代表了电势空间衰减的特性，它可以被视为分散层的特征厚度值，通常称为 Debye 长度。表 14.3.1 提供了 1∶1 型电解质几种浓度下的 $1/\kappa$ 值。与典型法拉第实验中遇到的扩散层的距离尺度相比，分散层相当薄。正如我们在前面的定性讨论中所预期的那样，随着电解质浓度的下降，它会变厚。

表 14.3.1　分散层的特征厚度①

C^*/(mol/L)②	$(1/\kappa)$/nm	C^*/(mol/L)②	$(1/\kappa)$/nm
1	0.30	10^{-3}	9.62
10^{-1}	0.96	10^{-4}	30.4
10^{-2}	3.04		

① 指 25℃时 1∶1 型电解质水溶液。

② $C^*=n^0/N_A$，式中 N_A 是 Avogadro 常数。

(2) σ^M 和 ϕ_0 之间的关系

现在，设想在所研究体系中放置一盒状的高斯表面，如图 14.3.4 所示，盒子一端位于界面，侧面垂直于这一端，并且在溶液中延伸至场强 $-d\phi/dx$ 基本上为零的平行于电极的远端面，所以盒中包括了与靠近其末端电极表面部分的电荷相反的分散层中所有电荷。

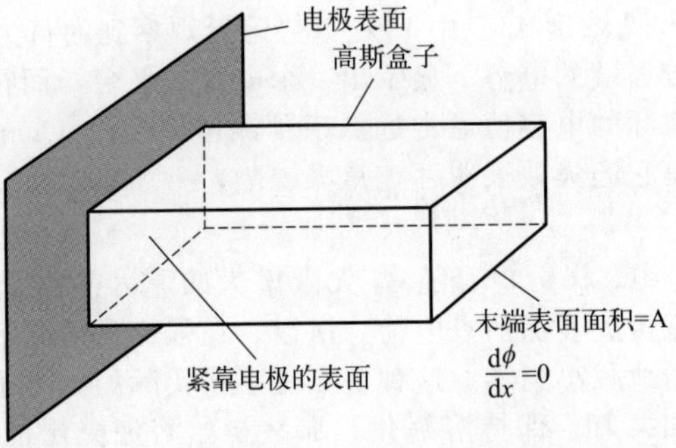

图 14.3.4　电极溶液一侧面积为 A 的分散层内包含电荷的高斯盒子

在介电相中，如水溶液中，据 Gauss 定律（2.2.1 节），该电量为

$$q=\varepsilon\varepsilon_0\oint_{\text{surface}}\boldsymbol{\varepsilon}\cdot d\boldsymbol{S} \tag{14.3.18}$$

因为表面上的所有点场强 $\boldsymbol{\varepsilon}$ 均为零，除了末端表面［此处，每一点场强的大小为 $(-d\phi/dx)_{x=0}$］，而且单位矢量 $\boldsymbol{S}$ 在表面另一端指向为负，故

$$q=\varepsilon\varepsilon_0\left(\frac{d\phi}{dx}\right)_{x=0}\int_{\text{surface}}^{\text{end}}dS=\varepsilon\varepsilon_0 A\left(\frac{d\phi}{dx}\right)_{x=0} \tag{14.3.19}$$

将式(14.3.11) 代入，并认为 q/A 为溶液相的电荷密度 σ^S，得到

$$\sigma^M=-\sigma^S=(8kT\varepsilon\varepsilon_0 n^0)^{1/2}\sinh\left(\frac{ze\phi_0}{2kT}\right) \tag{14.3.20}$$

对于稀的水溶液，在 25℃下可以求得常数并给出

$$\sigma^M=11.7C^{*1/2}\sinh(19.5z\phi_0) \tag{14.3.21}$$

式中，σ^M 为 $\mu C/cm^2$ 时，C^* 为 mol/L。应当注意，ϕ_0 只与电极上的电荷密度有单调关系。

(3) 微分电容

至此可以简单地通过微分式(14.3.20) 来预测 Gouy-Chapman 模型微分电容 C_D：

$$C_D=\frac{d\sigma^M}{d\phi_0}=\left(\frac{2z^2e^2\varepsilon\varepsilon_0 n^0}{kT}\right)^{1/2}\cosh\left(\frac{ze\phi_0}{2kT}\right) \tag{14.3.22}$$

对于稀的水溶液，在25℃下，该方程式可以写为

$$C_D=228zC^{*1/2}\cosh(19.5z\phi_0) \tag{14.3.23}$$

式中，当本体电解质溶液浓度 C^* 以 mol/L 为单位时，C_D 单位为 $\mu F/cm^2$。图 14.3.5 是按照式(14.3.23) 的要求得到的 C_D 随电势变化的曲线。在 PZC 处有一个最小值，而其两侧 C_D 均急剧增高。

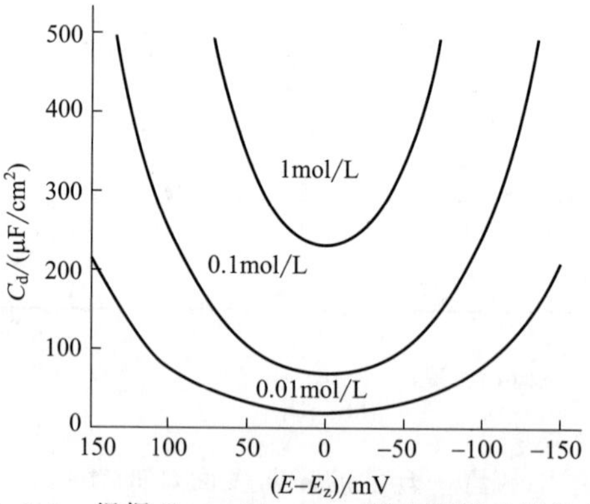

图 14.3.5 根据 Gouy-Chapman 理论预测的微分电容

由式(14.3.23) 对标注的浓度下的电解质（1∶1型）水溶液（25℃）计算得到。相比图 14.3.1，由于偏离 E_z 时预测的电容增加迅速，纵、横坐标均被极大扩展

预测的 V 形电容函数与低浓度 NaF 中 PZC 电势附近观察到的行为的确很相似（图 14.3.1）。然而，在实际体系中，在较极端的电势下显示出一个电容的平台，而在高电解液浓度下，PZC 处完全不出现低谷。而且，实际的电容值通常远低于预测值。Gouy-Chapman 理论的部分成功说明它有一些真实的要素，但是它的失败表明存在重大缺陷。

14.3.3 Stern 修正

在 Gouy-Chapman 模型中，微分电容随 ϕ_0 无限增大的原因是由于离子在溶液相的位置不受限制，它们被视为可以任意接近表面的点电荷。所以，在强极化情况下，金属和溶液相电荷层区域之间的有效距离将会不断地减小到零。这种观点是不切实际的。离子有一定的大小，不可能靠近表面到小于它的半径。如果离子保持溶剂化，那么初始溶液壳层的厚度必须加在离子的半径上。对于在电极表面上的溶剂层来说，也必须考虑为另外的增量。那么，通常可以将某 x_2 距离处的离子中心想象为最靠近的平面（plane of closest approach）（图 1.6.3）。

在低电解质浓度体系中，这种限制作用对 PZC 电势附近预测的电容几乎无影响，因为分散层的厚度比 x_2 要大得多。然而，在较大的极化作用下，或者电解液的浓度很高时，溶液中电荷变得更加紧密地靠向 x_2 的界面，整个体系与亥姆霍兹模型相近。于是可以预期到相应水平的微分电容。x_2 平面是一个重要的概念，称为外 Helmholtz 平面（outer Helmholtz plane，OHP）。

对 Stern[27] 首先提出的这种界面模型[1-5,7-8,17]，将 14.3.2 节的原则加以延伸就可以处理。Poisson-Boltzmann 方程式(14.3.6) 及其解式(14.3.10) 和式(14.3.11) 在 $x\geqslant x_2$ 位置仍然适用，于是 $z:z$ 型电解液分散层电势分布可由下式给出

$$\int_{\phi_2}^{\phi}\frac{d\phi}{\sinh[ze\phi/(2kT)]}=\left(\frac{8kTn^0}{\varepsilon\varepsilon_0}\right)^{1/2}\int_{x_2}^{x}dx \tag{14.3.24}$$

或

$$\boxed{\frac{\tanh[ze\phi/(4kT)]}{\tanh[ze\phi_2/(4kT)]}=e^{-\kappa(x-x_2)}} \tag{14.3.25}$$

式中，ϕ_2 是在 x_2 处相对于本体溶液的电势；κ 由式(14.3.15) 确定。

依据式(14.3.11)，在 x_2 处的场强为

$$-\left(\frac{d\phi}{dx}\right)_{x=x_2}=\left(\frac{8kTn^0}{\varepsilon\varepsilon_0}\right)^{1/2}\sinh\left(\frac{ze\phi_2}{2kT}\right) \tag{14.3.26}$$

因为电极表面到 OHP 之间的任意点电荷密度均为零，由式(14.3.5) 得知，这一区间内具有相同的场强，故紧密层的电势分布是线性的。图 14.3.6（b）总结了这一情形。由此双电层总电势降为

$$\phi_0=\phi_2-\left(\frac{d\phi}{dx}\right)_{x=x_2}x_2 \tag{14.3.27}$$

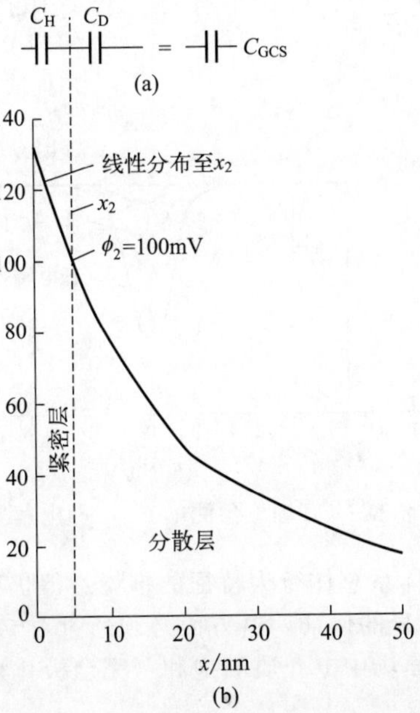

图 14.3.6 (a) Gouy-Chapman-Stern(GCS) 模型串联的 Helmholtz 层和分散层电容的微分电容示意；(b) 根据 GCS 理论得到的双电层溶液一侧的电势分布

对 10^{-2} mol/L 电解质（1∶1 型）水溶液（25℃）由公式(14.3.25) 计算得到

此外，还应注意，在溶液一侧的所有电荷都存在于分散层中，其数值与 ϕ_2 的关系正好符合上面我们所设想的高斯盒子的原则[8]：

$$\boxed{\sigma^M=-\sigma^S=-\varepsilon\varepsilon_0\left(\frac{d\phi}{dx}\right)_{x=x_2}=(8kT\varepsilon\varepsilon_0 n^0)^{1/2}\sinh\left(\frac{ze\phi_2}{2kT}\right)} \tag{14.3.28}$$

为了求得微分电容，可用式(14.3.27) 取代 ϕ_2：

$$\sigma^M=(8kT\varepsilon\varepsilon_0 n^0)^{1/2}\sinh\left[\frac{ze}{2kT}\left(\phi_0-\frac{\sigma^M x_2}{\varepsilon\varepsilon_0}\right)\right] \tag{14.3.29}$$

微分并加以整理（见习题 14.4）得到 Gouy-Chapman-Stern]] (GCS) 模型预测的微分电容

$$C_{GCS}=\frac{d\sigma^M}{d\phi_0}=\frac{[2\varepsilon\varepsilon_0 z^2e^2n^0/(kT)]^{1/2}\cosh[ze\phi_2/(2kT)]}{1+[x_2/(\varepsilon\varepsilon_0)][2\varepsilon\varepsilon_0 z^2e^2n^0/(kT)]^{1/2}\cosh[ze\phi_2/(2kT)]} \tag{14.3.30}$$

以倒数来描述更为简单：

$$\boxed{\frac{1}{C_{GCS}}=\frac{x_2}{\varepsilon\varepsilon_0}+\frac{1}{[2\varepsilon\varepsilon_0 z^2e^2n^0/(kT)]^{1/2}\cosh[ze\phi_2/(2kT)]}} \tag{14.3.31}$$

该式中第一项与式(14.3.2) 对比，可以由 Helmholtz 模型确定其为 $1/C_H$，C_H 相应于 OHP 上（$d=x_2$）电荷的电容；同样，对比式(14.3.22)，该式中第二项本质上为 $1/C_D$，C_D 是真正的

[8] 求算 25℃时溶液常数参见式(14.3.16)、式(14.3.21) 和式(14.3.23)。

Gouy-Chapman 模型真正分散电荷的电容❾。该表达式表明，电容 C_{GCS} 可由两个单独的倒数形式组成，就像是两个电容器的串联一样［图 14.3.6(a)］：

$$\boxed{\frac{1}{C_{GCS}}=\frac{1}{C_H}+\frac{1}{C_D}} \tag{14.3.32}$$

C_H 的值与电势无关，但在 14.3.2(3) 节已经知道它以 V 形方式变化。复合电容 C_{GCS} 表现为一种复杂的行为，这种行为由两个分电容中较小的电容所决定。在低电解质浓度体系 PZC 电势附近，预期可以看到 C_D 的 V 形函数特征。在较高浓度电解质浓度下，甚至稀电解液中较强极化作用情况下，C_D 会变得如此之大，以至于对 C_{GCS} 没有什么贡献，只能看到恒定的电容 C_H。图 14.3.7 是这种行为的示意图。

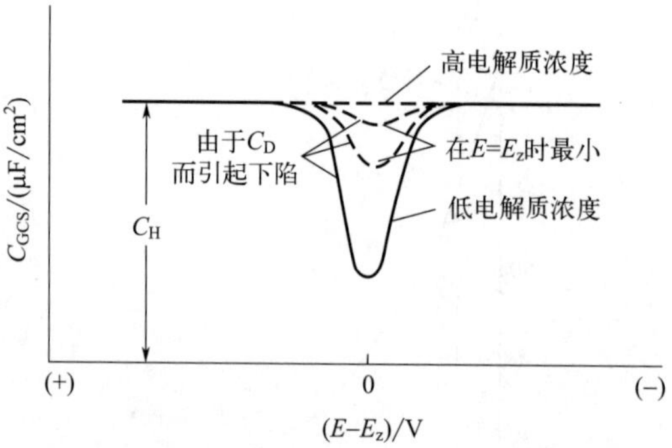

图 14.3.7 依据 GCS 理论预测的 C_{GCS} 随电解质浓度变化行为

GCS 模型给出了解释真实体系总体行为特征的推论。但仍存在 C_H 并非真正与电势相关这样的偏差，图 14.3.1 就是一个明显的例证。这方面必须通过对 GCS 理论的改进来解决，如考虑紧密层中电介质的结构，在强界面场中电介质的饱和（完全极化），在 x_2 处阴离子和阳离子过剩量的差异，以及其他类似的情况等[1-5,7-8,17,28]。

该理论还忽略了双电层内离子对（或离子关联）效应以及离子与电极表面电荷非特异性强相互作用。后者影响可以描述为双电层中“离子凝聚”，可用将表面电荷看作“有效表面电荷”的模型来处理，凝聚的反荷离子（condensed ionic countercharge）比电极表面实际电荷小[28-29]。

另一个关注点是金属电子分布并非限域在界面的金属一侧，而是扩展到电解液中这一概念。已有处理这一概念的与电容数据异常[30-32] 有关的理论工作，这一概念称为电子溢流（electron spillover)。电极与隔开的氧化还原中心之间电子隧穿转移就是以该理论为基础［3.5.2(1) 节］。

目前，计算方法，尤其密度泛函理论（DFT)，正用于分子水平研究界面结构[33]，对类似上述刚刚提到的效应提供了深入了解。

电容或表面张力测量不易探测界面结构更精细的细节，但可能由第 18 章和第 21 章所述的研究界面的替代方法来解决。

14.3.4 特性吸附

在构建界面结构模型时，我们至今仅考虑了溶液相中产生电荷过剩的长程静电作用。除了离子电荷数和可能的离子半径之外，可以忽略它们的化学本性，即所谓的非特性吸附（nonspecifically adsorption)❿。

然而，情况并非如此。讨论一下图 14.2.1(b) 中的数据，可以注意到在比 PZC 电势更负时，表面张力的下降和我们所预料的一样，并且不论体系的组成如何，下降的情况都相同。这种结果

---

❾ 式(14.3.31) 第二项双曲余弦自变量为 ϕ_2，而式(14.3.22) 中为 ϕ_0。这一差异是因为 GCS 模型中分散层以 OHP 为界，而 Gouy-Chapman 模型中延伸到 $x=0$。

❿ 注意，非特性吸附物质并非按照“吸附”的字面意义指完全不被吸附，此处是指无短程力相互作用存在。表面过剩只是由于带相反电荷的电极吸引力引起的。

可由GCS理论预测。另外，电势比PZC更正时，曲线间差异明显。在正电势范围内，体系的行为与组成有关。由于这种行为的差异发生在阴离子必定过剩的电势下，人们猜想，在汞上发生了阴离子的某种特性吸附（specific adsorption）[1-5,7-8,34-35]。特性相互作用应当有非常短程的本质，因此推断，特性吸附物质如图1.6.3所描述的那样通过化学作用紧密结合在电极表面上。距表面x_1处的中心轨迹就是内亥姆霍兹平面（inner Helmholtz plane，IHP）。

为了测量和量化特性吸附，可关注相对表面过剩量与表面电荷密度关系。现在回到图14.2.5，注意到它有几个特征。首先，溴离子在电势比PZC负、钾离子在比PZC正时相对过剩均为正，在PZC电势下发现两种物质均为正的过剩。这些特点之中没有一个是可以由静电模型诸如GCS基础理论来解释的。

特性吸附离子的鉴别，可通过考虑在关键的区域中$z_jF\Gamma_{j(H_2O)}$相对于σ^M斜率来揭示。下式总是正确的：

$$\sigma^M = -[F\Gamma_{K^+(H_2O)} - F\Gamma_{Br^-(H_2O)}] \tag{14.3.33}$$

无特性吸附时，电极上电荷由一种离子过剩和另一种离子缺乏来平衡，如在图14.2.5的负电势区域所示。如果电极电势变得更负，那么过剩电荷就由过剩和缺乏两者的增加来适应，因此，$F\Gamma_{K^+(H_2O)}$不如σ^M增长得快。换言之，在负的区域内$F\Gamma_{K^+(H_2O)}$对σ^M的斜率应当是一个不大于1的值。同样道理，得到$-F\Gamma_{Br^-(H_2O)}$ vs. σ^M的斜率在正的区域内也应当是小于或等于1。

图14.2.5数据表明，在比PZC负得多的电势下，体系在这方面的行为正常。然而，在正的区域内，存在溴超化学计量吸附（superequivalent adsorption）。斜率$d[-F\Gamma_{Br^-(H_2O)}]/d\sigma^M$的值超过1，因此，电极上电荷的变化由多于等化学计量的Br^-电荷所平衡。这一证据充分表明，在电势比PZC更正时溴化物发生特性吸附。同一区域内，K^+过剩为正可解释为部分补偿溴化物超化学计量吸附的需要。显然，导致特性吸附的力是足够强的，至少在部分负的区域克服了反向库仑力场的作用，这可以从稍负的σ^M区域内溴化物过剩为正推断出来。

荷电物质特性吸附的另一特征是Esin-Markov效应，这种效应表现为PZC随电解质浓度变化而发生的PZC偏移[36]（见表14.3.2）。PZC偏移的幅度通常与电解质活度对数呈线性关系，直线的斜率是$\sigma^M=0$条件下的Esin-Markov系数。在电极电荷密度非零但恒定时，也会得到类似结果，因此，Esin-Markov系数一般可以写成

$$\boxed{\frac{1}{RT}\left(\frac{\partial E_{\pm}}{\partial \ln a_{salt}}\right)_{\sigma^M} = \left(\frac{\partial E_{\pm}}{\partial \mu_{salt}}\right)_{\sigma^M}} \tag{14.3.34}$$

非特性吸附未提出电极电势取决于电解质浓度的机理，因此在无特性吸附时，Esin-Markov系数应该为零。

表14.3.2 各种电解质中的零电荷电势①

电解质	浓度/(mol/L)	E_z(vs. NCE)②	电解质	浓度/(mol/L)	E_z(vs. NCE)②
NaF	1.0	−0.472	KBr	1.0	−0.65
	0.1	−0.472		0.1	−0.58
	0.01	−0.480		0.01	−0.54
	0.001	−0.482	KI	1.0	−0.82
NaCl	1.0	−0.556		0.1	−0.72
	0.3	−0.524		0.01	−0.66
	0.1	−0.505		0.001	−0.59

① 引自Grahame[1]。

② NCE为常规甘汞电极［式(2.1.55)］。

然而，当以阴离子特性吸附为例时，情况就不同了。如果电极电势保持在PZC，同时加入更多相同的电解质，将有更多的阴离子被特性吸附，因此，σ^S变为非零，必须得到补偿。由于

电极比溶液更易极化，导致靠近电极的溶液中相反电荷的增加，为了保持 $\sigma^M=0$，电势必须负移，这样特性吸附阴离子的过剩电荷正好由分散层中相反的过剩电荷所平衡。因此，恒电荷密度下电势随电解质浓度增加负移，标志着阴离子的特性吸附，而电势正移标志着阳离子特性吸附。

由表 14.3.2 数据可以看出，氯离子、溴离子和碘离子均表现出特性吸附，但氟离子没有。现在很清楚为什么将氟化钠和氟化钾溶液同汞接触作为测试非特性吸附 GCS 理论的标准体系。

由于离子特性吸附必然改变界面电容，因此也可由 C_d 研究来检测，可在后面 14.4.2 节看到一些示例。

离子特性吸附可显著改变界面区电势分布。图 14.3.8 是 Grahame[1] 早期提供的 0.3mol/L NaCl/汞界面的一组曲线，特别应当注意最正的电势下曲线形状。这种电势分布能通过后面 14.7 节讨论的机理影响电极动力学。

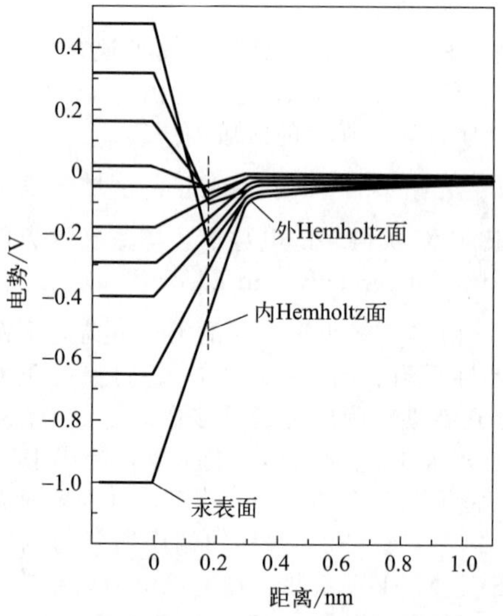

图 14.3.8 汞在 0.3mol/L NaCl 水溶液（25℃）中根据 GCS 模型计算的电势分布曲线
电势相对于 NaF 中的 PZC。在正电极电势下由于氯的特性吸附，曲线上有一个尖锐的极小值。电极表面上电子溢流会减缓电势的快速下降。这一效应和其他效应也趋向改变 IHP 内电势分布，导致其非严格线性（引自 Grahame[1]）

中性分子作为被吸附物也是大家所感兴趣的，因为它们可以影响或者参与法拉第过程[1-5,7-8,35,37]。它们可通过上面概述的方法进行检测和研究（见习题 14.8）。中性分子吸附行为的一个有趣的方面是，它们在水溶液中的吸附往往只在相对接近 PZC 电势时有效。这种现象的一般解释是依据中性分子吸附需要取代表面水分子这样的共识，当界面强极化时，水被紧密结合，其被弱偶极性物质取代在能量上是不利的。吸附只能在 PZC 附近发生，此时水可以较容易被排除。在任何给定的情况下，这种理论的适用性显然取决于具体中性物质的电性质。

14.4 固体电极研究

由于 14.2 节开头所述的实际原因，14.2 节和 14.3 节讨论的所有实验内容几乎都涉及汞电极。然而，电化学家对固体界面结构研究更感兴趣，因为绝大多数电化学研究和技术涉及此类电极（如铂、金、碳、锂、铁、镍或各种半导体）。对固体表面的彻底研究具有挑战性，因为它们很难重现并保持清洁，溶液中的杂质会随着时间的推移而吸附，从而显著改变界面性质。此外，固体表面与汞表面不同，不是原子平整的，而是存在密度至少为 $10^5\sim10^7\text{cm}^{-2}$ 的缺陷。作为对比，一般金属表面原子密度约为 10^{15}cm^{-2}。

尽管存在挑战，但在对固体电极界面行为的理解方面已经取得了很大进展。由于这些挑战，目前实验方法往往比历史上使用的汞电极方法趋于更为多样和复杂。

14.4.1　完整单晶（well-defined single-crystal）电极表面

大多数报道的固体电极电化学使用多晶材料，这种电极由许多小晶体组成，这些小晶体通过不同晶面和棱面与电解液接触。由下面讨论可知，不同晶面性质（如 PZC 或功函数）不同，因此，观测到的多晶电极行为代表所有暴露的不同晶面和缺陷位点的平均性质。对更简化的实验场景和更完整的领悟的需求，促进了对精心制备的、已知表面结构的电极的广泛研究[3,38-43]。

(1) 金属

金属单晶可通过区域精炼法生长，且已经商品化。许多用作电极的金属（如 Pt、Pd、Ag、Ni、Cu）具有面心立方（FCC）晶体结构。利用 X 射线或激光束精确定向后，这些晶体可以切割出不同的晶面（指数晶面，见图 14.4.1）。图 14.4.1 所示为低指数晶面［（100）、（110）和（111）］，也是最常用的电极表面，它们更稳定并可以抛光出相当平整的有序表面，图 14.4.2 所示高指数晶面具有较小的原子平整平台和更多暴露的棱和缺陷位置[44]。

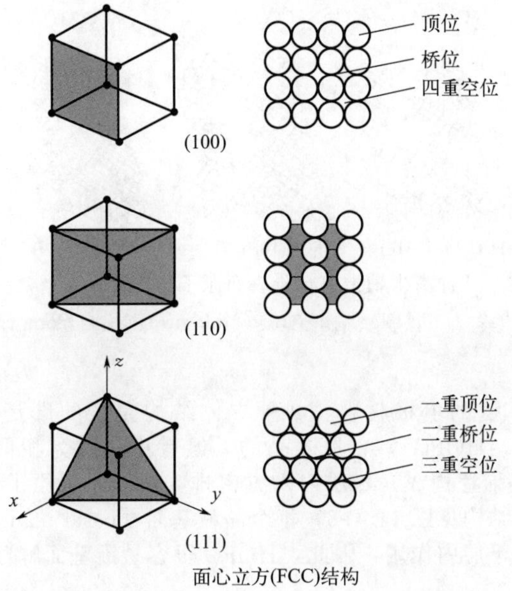

图 14.4.1　面心立方晶体按左侧所示面切割得到的低米勒指数（Miller-index）表面，即（100）、（110）和（111）面原子结构

米勒指数通过感兴趣的面与左侧下方示意图的坐标轴（x,y,z）截距计算得到。米勒指数（hkl）是指满足 $h:k:l=(1/p):(1/q):(1/r)$ 的最小整数 h、k 和 l，其中 p、q 和 r 分别是在 x、y 和 z 轴上截距的坐标。例如，一个平面与 x、y 和 z 轴在 $x=2$、$y=2$ 和 $z=2$ 相交，那么 $h:k:l=(1/2):(1/2):(1/2)=1:1:1$，因此为（111）面。相应面原子排布见右侧。（110）面带阴影的原子位于未带阴影的（表面）原子下一层。表面不同位置的名称也已标明

其他获得完整晶面的替代方法，包括火焰褪火或真空蒸镀。火焰褪火法利用氢氧焰熔化细金属（Pt、Pd、Au、Ag）丝，然后冷却形成金属小球，球面上按八面体构型分布着八个明显的（111）小晶面[45-46]。一定条件下，适当控制条件在合适的基底表面真空蒸镀（如云母或玻璃表面镀金）也可以得到原子级平整（111）面。

表面可用低能电子衍射（LEED）以及第 18 章和第 21 章介绍的其他技术进行表征。

但应意识到，即使最仔细制备的表面，原子级平台也不会超过几平方微米，而且不可避免存在台阶边缘（step edge）和缺陷位点（defect site）（如扫描隧道显微镜所观测到的）。

完整的表面并非一定是稳定的，表面或许会自发发生所谓重构（reconstruction）的结构变化。当固体解理或界面条件发生某种改变时，表面原子受到的改变的局部力作用而重新排布为最

小化表面能。电极表面的这种重构经常伴随电势和特性吸附程度的改变［14.4.2(4) 节和 14.5.1 节］。

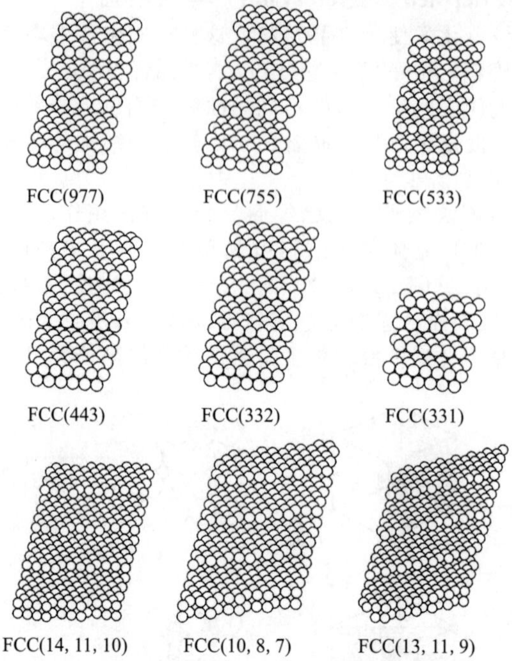

图 14.4.2 几种高米勒指数台阶表面原子结构，存在平台（terrace）、台阶边缘（step edge）和空位（kink site）(引自 Somorjai[44])

(2) 碳

碳是一种应用非常广泛的电极材料。一种本体结构完整的碳是高定向热解石墨（highly oriented pyrolytic graphite，HOPG），它是多晶的，但有序，因为相同的石墨晶粒晶面整齐排列[47]。每个晶粒均由石墨烯片构成，片层内六方密排（HCP）碳原子强键合为大面积的平面多芳环结构。这些片层堆积结构见图 14.4.3，每个晶粒基面（basal plane）均为暴露的石墨烯。石墨烯片间范德华力远远弱于层内作用，因此，HOPG 很容易沿基面解理出新鲜的平整 HCP 面。

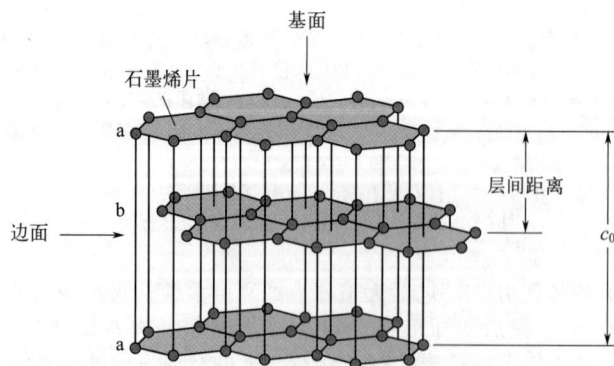

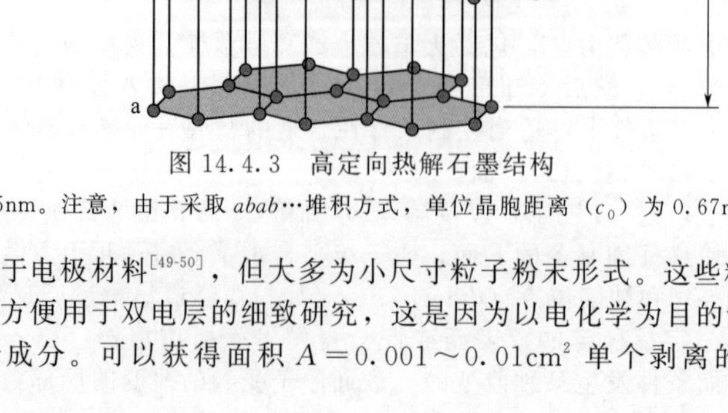

图 14.4.3 高定向热解石墨结构

a 和 b 层间距为 0.335nm。注意，由于采取 *abab*…堆积方式，单位晶胞距离（c_0）为 0.67nm（改编自 Bard[48]）

石墨烯片也可用于电极材料[49-50]，但大多为小尺寸粒子粉末形式。这些粉末在电化学器件中受到高度关注，但不方便用于双电层的细致研究，这是因为以电化学为目的制备的粉体通常包括聚合物黏合剂等复合成分。可以获得面积 $A=0.001\sim0.01\text{cm}^2$ 单个剥离的石墨烯片，但难以操控。

碳纳米管（CNT）[51] 本质上是管状的石墨烯片，理论上将片的边缘卷起与另一边结合，管壁就成为单个芳环烃分子。与石墨烯一样，该材料以单个的纳米管构成粉体，但不含黏结剂情况下更易于使用。已经利用纳米管电极进行了双电层研究[52]。

金刚石是一种理想的碳晶体形式，掺杂硼可以赋予其半导体性质[53-55]。已经在硼掺杂金刚石（BDD）电极进行了双电层研究[56]。

14.4.2　固体表面双电层

(1) 测量方法

我们注意到 14.2.2 节关于双电层的主要信息很大程度上来自表面张力或微分电容的测量。固体电极必然依赖微分电容[3-6,43,57]。尽管在固定于压电材料上的固体电极表面进行过测量 PZC 的尝试[58-59]，然而固体表面张力或表面应力的测量并不是很方便。

固体电极上电活性物质表面过剩量常常通过基于吸附物的法拉第反应方法来测量（17.2 节和 17.3 节）。循环伏安法、计时电量法及薄层法在这方面均很有用。

此外，光谱和微观方法（如表面增强拉曼光谱、红外光谱和各种显微镜）已用于探测在固体电极/电解液界面的电极表面组成和结构（第 18 章和第 21 章）。部分工作针对的是超高真空（UHV）环境下金属表面，在表面上水和其他物质可以共吸附构建双电层模型[60]。

(2) 完整固体表面双电层性质

从电容数据导出表面电荷和相对过剩所需的全部信息，必须知道 PZC。普遍采用的方法是测量稀电解质溶液体系中固体电极在最小微分电容下的电势，这一关联是基于 14.3 节的 GCS 理论。

图 14.4.4 是 Ag(100) 在 KPF_6 和 NaF 两种电解质溶液不同浓度下的电容曲线[61]。两种电解质中均观察到一个最小值，且电容最小值随电解质浓度增加而增大，这两个发现均与 GCS 模型符合很好（图 14.3.7）。

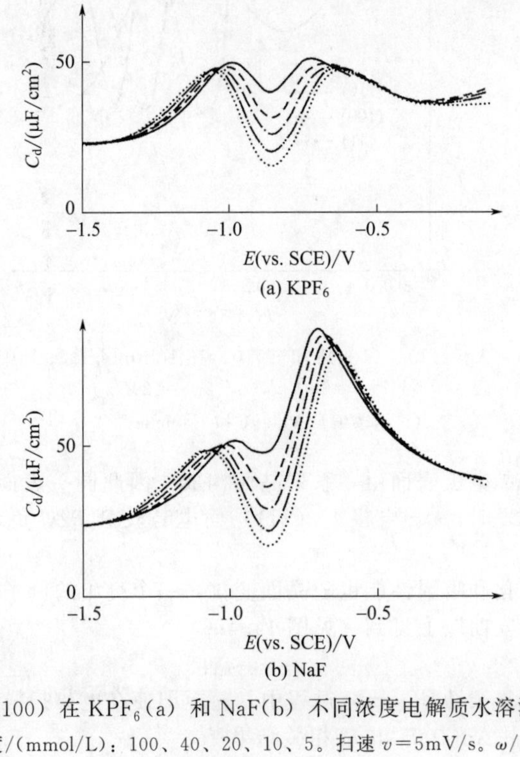

图 14.4.4　Ag(100) 在 KPF_6(a) 和 NaF(b) 不同浓度电解质水溶液中的电容曲线

从上到下浓度/(mmol/L)：100、40、20、10、5。扫速 $v=5mV/s$。$\omega/(2\pi)=20Hz$

（引自 G. Valette[61]）

KPF_6 存在下的电容曲线［图 14.4.4 (a)］沿最小值对称，表明 PF_6^- 和 K^+ 在 Ag(100) 上均无特性吸附。因此，无特性吸附下电容极小值对应的 PZC 为（−0.865±0.005）V(vs. SCE)。

在 NaF 电解质中［图 14.4.4(b)］，比 PZC 更负电势下的微分电容实际上与 KPF_6 溶液中观察到的一致，但在更正的电势下明显更大，这归因于 F^- 的弱吸附。此外，尽管在 KPF_6 溶液中 PZC 与电解质浓度无关，但在 NaF 溶液中随浓度由 0.005mol/L 升高到 0.1mol/L 而负移 22mV。该 Esin-Markov 效应（14.3.4 节）证实了 F^- 的吸附。图 14.4.4(b) 还表明 Helmholtz 或内层电容并非如 GCS 模型（图 14.3.7）所预测的那样是恒定的，而是随着电势偏离 PZC（正负几百毫伏内）而减小。这种依赖电势的内层电容被证明主要来自于电势范围内高电场下电极表面溶剂偶极取向。

(3) 随晶面的变化

采用单晶电极和其他完整的表面进行的研究清楚地表明，PZC 和功函数等界面性质取决于接触溶液的晶面指数。

图 14.4.5 图示了在给定电解质中 Ag 不同晶面的这种变化[43,62]。如果电容最小值代表 PZC，那么 PZC 显然取决于暴露的晶面。Ag(111) 和 Ag(110) 电极的 E_z 分别为−0.69V 和−0.98V (vs. SCE)。

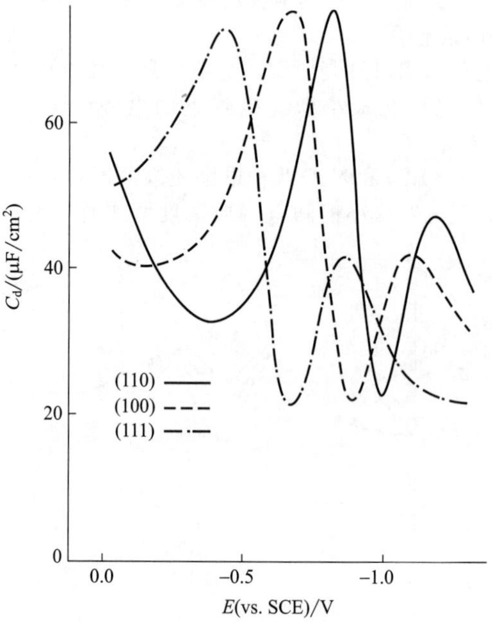

图 14.4.5 Ag(111)、(100) 和 (110) 在 10mmol/L NaF 中电容曲线

扫速 v=5mV/s，$\omega/(2\pi)$ =20Hz

（许可改编自 Valette 和 Hamelin[62]）

由于与溶液接触的多晶电极表面由一系列晶面构成，因此同一表面不同部分所带电荷不同。例如，在−0.8V(vs. SCE) 时，Ag 电极上 (111) 面电势较其 PZC 负，因此带负电，而 (110) 面带正电[57]。

另外，固体表面的催化和吸附性能也随晶面变化，一个突出的例子可在低指数铂表面的氢还原吸附和氧化脱附循环伏安曲线上见到（见图 14.4.6）[63]。

(4) 重构

固体电极的另外一个复杂性是：研究过程中，甚至即使在电势扫描过程中，表面也有重构的可能[65]。例如图 14.4.7 中 Au(100) 电极相关结果[66]。

表面经火焰褪火时，会重构形成一层密排的、轻微起伏的 (111) 排列，根据低能电子衍射 (LEED) 图案，通常称为 (5×20) 表面。这种结构在 0.01mol/L $HClO_4$ 溶液中仍然存在。当电

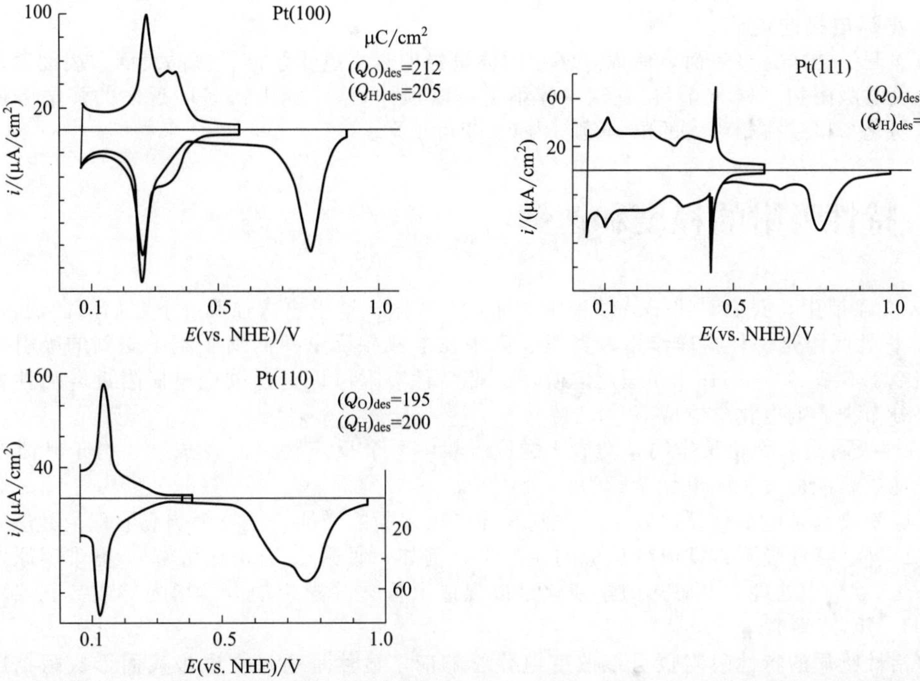

图 14.4.6　退火处理的不同取向的铂电极在 0.5mol/L H_2SO_4 溶液中第一次循环伏安图

扫速 50mV/s，电势坐标右侧为正，氧化电流向上。请对比多晶铂电极循环伏安图 14.6.1。Q_H 和 Q_O 分别代表氢、氧脱附峰面积。后面表明 $(Q_H)_{des}$ 值包括氢原子脱附和电解质阴离子吸附电荷[64]（引自 J. Clavilie[63]）

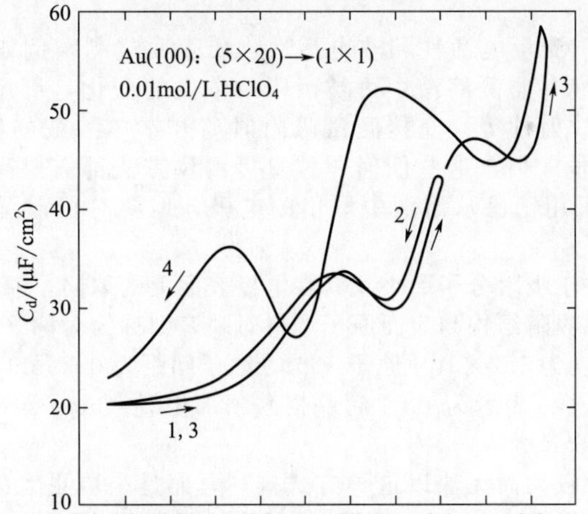

图 14.4.7　Au(100) 电极 (5×20) 重构表面在 0.01mol/L $HClO_4$ 溶液中的电容曲线

扫速 v=10mV/s。横坐标代表电势（vs. SCE）。数字代表单向扫描次序，5×20 重构表面在电势约 0.4V 之前扫描（1 和 2）后仍然保持不变。然而，扫描（3 和 4）超过 0.6V 后表面转化为本体 Au(100)（1×1）结构

（引自 Kolb 和 Schneider[66]）

极电势正扫时，在约＋0.5V（vs. SCE）之前，重构表面一直不变，反扫（曲线 2）期间电容仍代表的是（5×20）表面。

然而，如果电势超过＋0.5V，初始重构表面就转化为（1×1）（LEED 图案）本征（100）结构，称为去重构。伴随这一过程的是电容曲线的大幅度变化，表明 PZC 发生了偏离。其他表面

也可观察到类似效果[67]，这清楚表明电势扫描过程中电极表面结构通常会改变。

(5) 实际电极的说明

本节强调了洁净完整表面，然而，多数固体电极的真实电化学涉及多晶表面，表面通常有意或无意地负载吸附物（14.6 节）。在这一体系中可以预计 C_d（尤其 PZC 附近）的强电势依赖性通常变得弱化，以致在相当大的电势范围内 C_d 变得很平。

14.5 特性吸附的程度和速率

在 14.3.4 节中，我们对比了特性吸附和非特性吸附，这里再次强调一下它们的区别。

① 非特性吸附是一种物理作用，类似于离子在溶液相反电荷的离子氛中受到的吸引力（例如，按照 2.1.5 节 Debye-Hückel 理论建模）⓫。非特性吸附可以通过改变电极附近电活性物质浓度或电势分布来影响电化学响应（14.7 节）。

② 特性吸附是一种化学作用，类似于配位步骤中两个反应物之间形成键。由于其改变了界面的化学性质，能极大影响电化学行为。

如果吸附物也是电活性反应物，考虑到其在电极表面的增加，法拉第响应的理论处理必须加以修正。此外，特性吸附常常改变反应的能量学，例如，吸附 O 通常比溶解 O 更难还原，这一影响将在 17.2 节中处理。有时热力学变化足以促进电催化（异相动力学增强）或钝化（异相动力学抑制）（第 15 章）。

非电活性物质的特性吸附也可以改变电化学响应，显然是通过在电极表面形成阻挡层。然而，吸附也可能提高物质的反应活性，例如，使非活性物质分解为活性的物质，如铂电极上脂肪族碳氢化合物的吸附，导致电催化。

14.5.1 特性吸附本质和程度

法拉第响应可用于电活性反应物和产物吸附量的测定，17.2 节和 17.3 节对这一方法进行了详细讨论。

非电化学方法常用于测量电活性和非电活性物质表面过剩。例如，将一个大面积的电极在给定的电势下浸入溶液并监测溶液中可被吸附物浓度的变化，可用一种灵敏分析技术（如荧光测定、化学发光和放射性等）直接测量吸附时离开本体溶液的物质的量[8,68-69]。由于吸附引起的本体浓度变化非常小，这些任何一种直接测量方法都需要高灵敏度及精确度（见习题 14.9）。放射性测量可用于已从溶液中取出的电极，但要对仍浸湿电极的本体溶液进行适当校正[69]。

单层吸附物的量取决于吸附分子大小及其在电极表面上的取向，原子或分子可在表面以不同的方式和结构吸附。如果吸附结构与表面原子严格对映，则称为对称（commensurate）吸附。例如 Au(100) 表面原子密度为 1.2×10^{15} 原子/cm^2，原子间距为 0.29nm［见图 14.5.1(a)］。如果吸附原子位于每个 Au 原子（表示为 1×1 超晶格）顶部位置（atop site，见图 14.4.1），则表面覆盖度为 2.0×10^{-9} mol/cm^2。

通常吸附分子的尺寸较大而无法以这种方式排列，而是采取更大的间隙。图 14.5.1(a) 提供了一个原位扫描隧道显微镜（in-situ STM）原子水平研究 I^- 在 Au(100) 表面吸附实例[70]。这个实验中，完整的金表面在 10mmol/L KI 溶液中电势由初始保持的 −0.25V 阶跃到 −0.1V (vs. SCE)，同时由下向上扫描采集 STM 图像［图 14.5.1(a)］，图像下方 1/3 电势为初始电势，上方 2/3 电势为阶跃后电势。在 −0.25V，碘离子无特性吸附，这个区域显示 Au(100) 原子间距为 0.29nm 的正方排列。阶跃到 −0.1V 后，图像上部结构转化为沿金的晶格对角方向排列的六方阵列。最近相邻距离增加到 0.42～0.46nm。这一结果与 I^- 在 $E\geqslant-0.2$V(vs. SCE) 时特性吸附的电化学结果一致。

⓫ Gouy-Chapman 和 Debye-Hückel 理论有着共同的理论基础，均依赖于 Poisson-Boltzmann 方程的解，但前者是在线性坐标系中，后者是在极坐标系中。

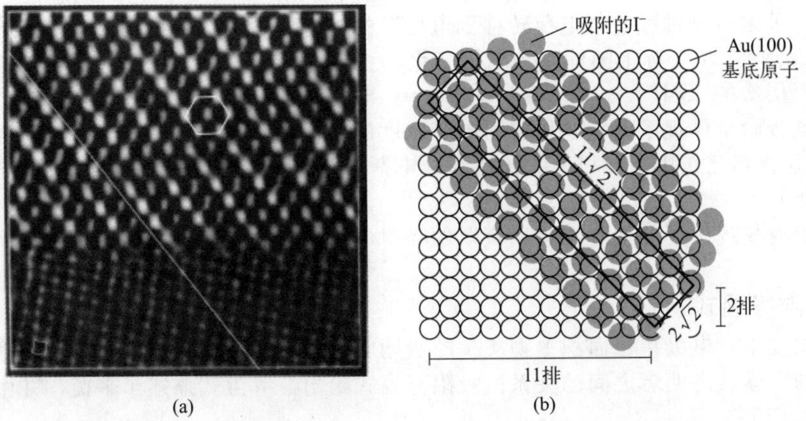

图 14.5.1 (a) 10mmol/L KI 溶液中电势控制下 Au(100) 表面原位 STM 图像。由于图像由底向上逐行扫描，图中不连续位置对应电势由－0.25V 阶跃到－0.1V。图中底部 1/3 部分的电势为－0.25V，对应 Au(100) 正方晶格，单位晶格（左下角白色正方形）大小为 0.29nm。图中上方 2/3 部分电势为－0.1V(vs. SCE)，对应六方晶格（上部中间白色正六方形），晶格最近相邻距离 0.42～0.46nm。这一排列以沿着 Au(100) 晶格对角线方向（白线）排列成行为特征。(b) 对应图 (a) 上部提出的吸附晶格结构。白圈排列代表 Au(100) 基底。灰色圈代表吸附晶格，深灰色的代表顶部位置的吸附原子

（改编自 GAO 等[70]）

结果按照图 14.5.1 (b) 进行了诠释，显示了一个沿基底 Au(100) 晶格的对角线方向取向对齐排列的 I^-（或碘原子）六方吸附晶格的模型。Au(100) 上的矩形吸附晶格边长分别 $2\sqrt{2}$ 倍和 $11\sqrt{2}$ 倍 Au(100) 单位晶格长度。找到顶位吸附的 I^- [图 14.5.1(b) 中矩形四角的原子显示为深灰色] 可以很容易看出这些矩形。鉴于它的周期性，该层称为 $2\sqrt{2}\times 11\sqrt{2}$ 吸附晶格。在 0.0V(vs. SCE)，即，比图 14.5.1(a) 的电势正 100mV，吸附晶格采取排列更紧密、表面 I^- 密度更高的不同结构方式，吸附晶格采用更小单位晶格 $2\sqrt{2}\times\sqrt{2}$。

Au(100) 表面吸附的 I^- 密度约为 8×10^{-10} mol/cm^2，或为下方金原子密度的 40%[70]。完整的金属表面上低分子量物质的覆盖度通常在 $10^{-9}\sim 10^{-10}$ mol/cm^2，这相当于一个容易测得的电量（$>10\mu C/cm^2$），所以电活性吸附物的电化学测量可以检测到亚单层（17.2 节和 17.3 节）。

上述覆盖度指的是在原子级平整表面上。实际上所有固体电极（包括单晶电极）表面存在台阶、平台和缺陷，所以通常显示出单位投影面积的覆盖度会更大。实际面积与投影面积（即假设电极完全平滑的面积）的比值称为粗糙度因子（6.1.5 节）。即便是表观平滑和抛光的固体电极粗糙度因子也可达到 1.5～2 甚至更大。

14.5.2 电吸附价

由于对吸附物在电极上的吸附本质兴趣的增加，电吸附价（electrosorption valency）概念受到了更多的关注[3,71]。这一概念源自这一见解[72]：吸附有时会涉及吸附物 j 与电极之间部分电荷转移，伴随 j 吸附态相对 j 未吸附态化学性质的变化。该术语已经量化[73] 为电极电荷密度 σ^M 相对于 j 表面过剩 Γ_j 的变化。由此，电化学吸附价 l 定义为：

$$l=-(\partial\sigma^{M}/\partial\Gamma_j)_E/F \tag{14.5.1}$$

这是一个无量纲量，以电子电荷为单位测量；$l=-1$ 表示一个吸附离子或分子使电极更正一个电子单位。

为了说明这一点，让我们再次考虑 I^- 在 Ag 上吸附。按最简单的想法，认为每个界面吸附离子将被 Ag 上一个电子单位正电荷中和。实际上，吸附结果是每个吸附 I^- 将一个单位负电荷转移

到电极上，因为到达 I^- 的电荷受库仑作用传递到金属甚至外部电路。这一概念是一再陈述的电化学吸附价是吸附本身过程中“电荷转移到电极”的基础。根据这一讨论，我们预计 I^- 在 Ag 上吸附 $l=-1$。然而，l 实际上随体系的电势变化，总是比 -1 更正[71]。一定有比上述设想的简单库仑描述更深层次的原因。

的确，电吸附价体现了影响电极表面电荷密度的任何因素，因此对下述敏感：吸附物所带电荷；电极-吸附物相互作用过程相关的任何部分电荷转移[74]；与吸附物相关的偶极子取向（或取向的任何变化）。

电吸附价测量提供了其他方法难以获取的吸附层结构和化学信息，相关理论和实验有详细的综述[3,71]。

14.5.3 吸附等温式

在给定温度下，电极单位面积上物质 j 的吸附量 Γ_j，与本体溶液中的活度 a_j^b 和 E（或 q^M）决定的体系的电学状态两者之间的关系由吸附等温式给出。等温式描述了平衡，并由相应电化学势导出（2.2.4 节）。

当物质 j 吸附在电极表面 L 位点时，中断了该位置与溶剂的相互作用。利用上标 A 和 b 分别表示吸附的和本体的 j，可以描述该过程如下：

$$j^b + L \rightleftharpoons j^A \tag{14.5.2a}$$

$$\bar{\mu}_j^b + \bar{\mu}_L = \bar{\mu}_j^A \tag{14.5.2b}$$

则

$$\mu_j^{0,b} + RT\ln a_j^b + z_j F\phi^b + \mu_L^0 + RT\ln a_L = \mu_j^{0,A} + RT\ln a_j^A + z_j F\phi^A \tag{14.5.3}$$

式中，μ_j^0 是标准化学势；ϕ^A 和 ϕ^b 分别是在吸附平面和本体中的电势。位点 L 的电化学势假定不受 ϕ^A 影响，重排得到：

$$-RT\ln\frac{a_j^A}{a_j^b a_L} = (\mu_j^{0,A} + z_j F\phi^A) - (\mu_j^{0,b} + z_j F\phi^b) - \mu_L^0 \tag{14.5.4}$$

标准电化学吸附自由能 $\Delta\bar{G}_j^0$ 是式(14.5.4) 右侧一组表达式，重新分组后如下：

$$\Delta\bar{G}_j^0 = (\mu_j^{0,A} - \mu_j^{0,b} - \mu_L^0) + z_j F(\phi^A - \phi^b) \tag{14.5.5}$$

该公式表明电化学吸附自由能包括两部分：第一项是化学能变化；第二项是电功。电极电势明显通过 $\phi^A-\phi^b$ 影响第二项，也可能通过改变化学因素，如物理取向或键强度，影响第一项。

利用式(14.5.5) 的 $\Delta\bar{G}_j^0$ 重新改写式(14.5.4) 为：

$$\frac{a_j^A}{a_L} = a_j^b e^{-\Delta\bar{G}_j^0/(RT)} = \beta_j a_j^b \tag{14.5.6}$$

其中

$$\beta_j = \exp\frac{-\Delta\bar{G}_j^0}{RT} \tag{14.5.7}$$

式(14.5.6) 是吸附等温式的一般形式，a_j^A/a_L 用 a_j^b 和 β_j 来表达。各种特殊的等温式源于特定假设或模型，已经提出过一些假设或模型[3-5,8,34,75]。下面将认识三个常用的等温式。

(1) 无横向相互作用

Langmuir 等温式推导基于以下三点假设：①表面具有均一性；②吸附物之间无相互作用；③在高的本体活度下，电极被吸附物饱和（如形成单层）。这等同于假设吸附点位数是固定的，当所有点位被占据后，体系达到的饱和覆盖度为 Γ_s。

用摩尔分数表征表面物质的标准态是很方便的，摩尔分数可以按照可占据的点位来衡量。于是，$a_j^A=\gamma_j^A\Gamma_j/\Gamma_s$，$a_L=\gamma_L(\Gamma_s-\Gamma_j)/\Gamma_s$。由于吸附物之间无相互作用，取 $\gamma_j^A=\gamma_L=1$，式(14.5.6) 变换为

$$\boxed{\frac{\Gamma_j}{\Gamma_s-\Gamma_j} = \beta_j a_j^b} \tag{14.5.8a}$$

$$\boxed{\frac{\theta}{1-\theta} = \beta_j a_j^b} \tag{14.5.8b}$$

式(14.5.8b) 有时写成表面被覆盖的分数 (fractional coverage) $\theta=\Gamma_j/\Gamma_s$，它是一个常用的变量。

通过在 β_j 项中引入剩余活度系数和标准态浓度，Langmuir 等温式可用溶液中物质 j 的浓度来表示 (2.1.5 节)，这就得到

$$\Gamma_j=\frac{\Gamma_s\beta_jC_j}{1+\beta_jC_j} \tag{14.5.9}$$

尽管符号相同，式(14.5.9) 中 β_j 单位为 cm^3/mol，而在式(14.5.8) 中是无单位的。

如果 j 和 k 两种物质竞争吸附，那么相应的 Langmuir 等温式为

$$\Gamma_j=\frac{\Gamma_{j,s}\beta_jC_j}{1+\beta_jC_j+\beta_kC_k} \tag{14.5.10a}$$

$$\Gamma_k=\frac{\Gamma_{k,s}\beta_kC_k}{1+\beta_jC_j+\beta_kC_k} \tag{14.5.10b}$$

式中，$\Gamma_{j,s}$ 和 $\Gamma_{k,s}$ 分别表示 j 和 k 的饱和覆盖度。假设覆盖度 θ_j 和 θ_k 是独立的，每种物质吸附速率正比于自由面积 $1-\theta_j-\theta_k$ 和溶液浓度 C_j 及 C_k，各自的脱附速率正比于 θ_j 和 θ_k，由此动力学模型 (见习题 14.12) 可以导出上述方程式。

(2) 存在横向相互作用

吸附物之间的相互作用使吸附能量成为表面覆盖度的函数，从而使问题复杂化。Frumkin 等温式是这一可能性最突出的实例。

$$\boxed{\beta_ja_j^{\mathrm{b}}=\frac{\Gamma_j}{\Gamma_s-\Gamma_j}\exp\left(-\frac{2g\Gamma_j}{RT}\right)} \tag{14.5.11}$$

这一公式是由一个饱和覆盖的模型如 Langmuir 等温式推导出来的，只是假设式(14.5.5) 定义的电化学吸附自由能与 Γ_j 呈线性关系：

$$\Delta\overline{G}_j^0(\text{Frumkin})=\Delta\overline{G}_j^0(\text{Langmuir})-2g\Gamma_j \tag{14.5.12}$$

参数 g 具有 $(J/mol)/(mol/cm^2)$ 的单位。若 g 为正，表面上相邻的吸附分子间的作用力是相互吸引的；若 g 为负，则是相互排斥的。当 $g\to0$ 时，Frumkin 等温式趋近于 Langmuir 等温式。这种等温式可以写成下面的形式：

$$\beta_jC_j=\frac{\theta}{1-\theta}\exp(-g'\theta) \tag{14.5.13}$$

式中，$g'=2g\Gamma_s/(RT)$，现在 β_j 项包含 γ_j^{b} 和溶液中 j 的标准态浓度。g'在 $-2\leqslant g'\leqslant2$ 一般看作常数，但 g'有时也作为电势的函数[37]。

另一种处理横向相互作用的方法导出了 Temkin 对数等温式：

$$\boxed{\Gamma_j=\frac{RT}{2g}\ln(\beta_ja_j^{\mathrm{b}})}\quad(0.2<\theta<0.8) \tag{14.5.14}$$

14.5.4　吸附速率

在产生新的电极表面时 (例如，在 DME 的新生汞滴上)，物质 j 的吸附显示出类似于电极反应的动力学行为。如果吸附动力学是快速的，则可在电极表面上建立平衡，给定时间内吸附物的吸附量 $\Gamma_j(t)$ 与电极表面上吸附物浓度 $C_j(0,t)$ 通过适当的等温式相关联。吸附层增长到它的平衡值 Γ_j，然后速率由到电极表面的传质速率控制。

当扩散和对流作为物质传递的方式(扩散层近似) 时可采用扩散层近似和线性等温式一般地处理此问题[76]。当 $\beta_jC_j\ll1$ 时，等温式(14.5.9) 可被线性化为 (见习题 14.10)：

$$\Gamma_j=\Gamma_s\beta_jC_j=b_jC_j \tag{14.5.15}$$

式中，$b_j=\beta_j\Gamma_s$。利用扩散问题常用的符号，该方程式变为

$$\Gamma_j(t)=b_jC_j(0,t) \tag{14.5.16}$$

对于扩散控制形成的吸附层的情况，可以用式(14.5.16) 求解 j 的 Fick 第二定律。也适用初始条件 $C_j(x,0)=C_j^*$ 和半无限条件 $\lim\limits_{x\to\infty}C_j(x,t)=C_j^*$。在任意时间 t 时吸附物质的量是到达

电极表面的 j 流量的积分，对于静止的平板电极（半无限线性扩散），

$$\Gamma_j(t)=\int_0^t D_j\left[\frac{\partial C_j(x,t)}{\partial x}\right]_{x=0}\mathrm{d}t \tag{14.5.17}$$

这个问题的解是[76]

$$\frac{C_j(x,t)}{C_j^*}=1-\exp\left(\frac{x}{b_j}+\frac{D_jt}{b_j^2}\right)\mathrm{erfc}\left[\frac{x}{2(D_jt)^{1/2}}+\frac{(D_jt)^{1/2}}{b_j}\right] \tag{14.5.18}$$

$$\frac{\Gamma_j(t)}{\Gamma_j}=\frac{C_j(0,t)}{C_j^*}=1-\exp\left(\frac{D_jt}{b_j^2}\right)\mathrm{erfc}\left[\frac{(D_jt)^{1/2}}{b_j}\right] \tag{14.5.19}$$

图 14.5.2 无量纲地显示了式(14.5.19) 的函数关系。

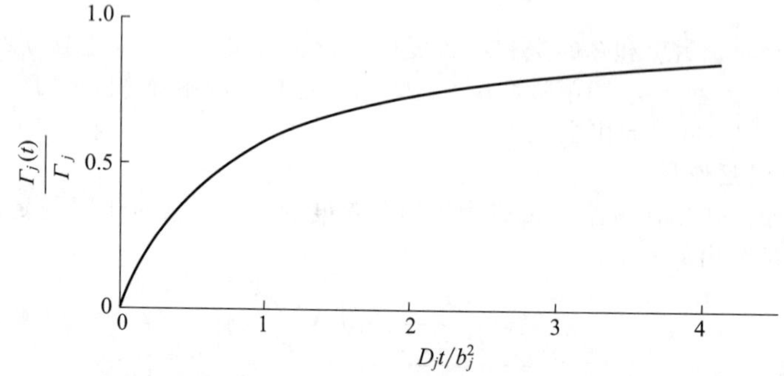

图 14.5.2　式(14.5.19) 线性等温式条件下，扩散控制吸附达到平衡覆盖度 Γ_j 的速率，$b_j=\beta_j\Gamma_s$

在线性化等温式条件下 $\Gamma_j(t)/\Gamma_j$ 与 C_j^* 无关，而且，对于 D_j 和 b_j 的真实值来说，达到平衡覆盖度［即，对于 $\Gamma_j(t)/\Gamma_j\rightarrow1$；见习题 14.11］需要很长的时间。在 DME 上或者静止电极上由不发生吸附的初始电势 LSV 扫描时，可能达不到吸附平衡。

当然，线性等温式的假设仅有限的浓度范围内有效。完整的吸附等温式的应用，可能需要问题的数值解；定性来看，这样处理的结果与线性等温式结果是一致的[77-78]。然而，达到平衡的速率显然与本体浓度 C_j^* 有关。

吸附速率可以通过搅拌溶液来提高。对于搅拌溶液中的线性等温式[76]，

$$\frac{\Gamma_j(t)}{\Gamma_j}=1-\exp\left(\frac{-m_jt}{b_j}\right) \tag{14.5.20}$$

式中，m_j 是 j 的传质系数。关于传质控制的动力学其他处理方法已有评述[79]。

当电极上的吸附速率由吸附过程本身控制时，也曾用 Temkin 对数等温式和 Temkin 动力学的假设处理过[5,37,80]。尽管已经尝试测定吸附速率，但该结果尚未得到广泛应用[81]。Delahay[37] 判定吸附动力学是很快的，至少水溶液中汞上的吸附如此，所以总的速率往往是由传质所控制。

14.6　吸附的实用层面

主要由于技术影响，大量研究致力于固体电极上吸附的作用[3,5,8-9,34,37,39-43,57,65]，尤其是使用贵金属电极或电催化剂的燃料电池和其他应用研究方面[82]。在水溶液中，许多贵金属上形成吸附氢或吸附氧层（或者说，氧化物单层膜），由图 14.4.6 可见，即使排除存在其他吸附物，这些层也影响电化学行为。

水溶液中多晶铂电极电流-电势曲线上的峰（见图 14.6.1）为吸附氢和吸附氧形成和脱附峰[39-40,45-46,63,82-83]。多晶电极是由不同取向的微晶粒构成的，因此，当材料制备成电极时，电极表面暴露的是多种不同晶面。观测到的 i-E 曲线就是所有晶面 i-E 响应的总和，每个晶面都有独特

的吸附和电容行为（如图 14.4.6）。

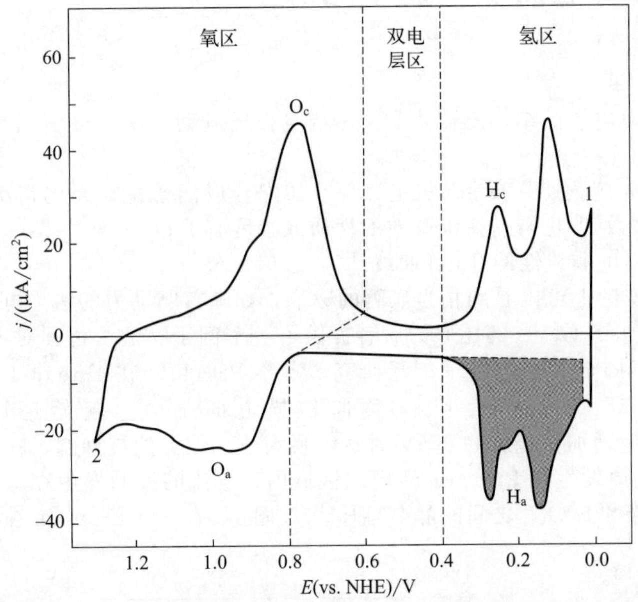

图 14.6.1　在 0.5mol/L H_2SO_4 溶液中光滑铂电极循环伏安图

峰 H_c：吸附氢形成；峰 H_a：吸附氢氧化；峰 O_a：吸附氧或铂氧化层形成；峰 O_c：氧化层还原。1—大量析氢起始位置；2—大量析氧起始位置。吸附氢峰形、数目和大小取决于暴露的铂晶面[83]、电极预处理、溶液杂质和支持电解质，另见图 14.4.6。阴影部分为用于测量微观面积区域

假设两者为单层覆盖，氢和氧吸附峰面积广泛用作一种测量电极真实或微观（不同于“几何”或“投影”）面积的方法[84]（见 6.1.5 节）。多晶铂电极上氢脱附峰面积（图 14.6.1 中阴影区）相应于约 $210\mu C/cm^2$[82]。这是最常用的估算多晶铂电极微观面积的依据。

异物（如汞和砷的化合物、一氧化碳或许多有机物）可以吸附在铂电极表面从而抑制氢电极反应。当竞争吸附物存在时，这种影响的证据表现为 i-E 曲线在吸附氢区域峰面积的减少。

铂上吸附氧（或氧化物）层通常会抑制其他电极过程（如氢、草酸、肼和许多有机物的氧化）。然而，Pt 上的氧化层也可以作为电催化反应的中间体，例如，H_2O_2 的氧化还原[85]（15.3.7 节）。扫描电化学显微镜在表面问询模式（surface interrogation mode）下（18.5 节）可以定量氧化剂和还原剂与表面氧化物的化学反应。

非电活性物质的吸附在电沉积过程中起到非常重要的积极作用，如作为光亮剂（12.2.4 节）。

一些吸附的有机分子（如吖啶或喹啉衍生物）也可通过减缓金属表面反应（如金属溶解或氧还原）的速率而起到缓蚀剂作用。

实验室中经常遇到来自未知吸附物的影响［常称为“电极沾污（getting crab on the electrode）”］。这一物质可能（例如，通过形成阻挡层钝化部分电极表面）抑制（或“毒化”）电极反应，或（通过 14.7 节的双电层效应或 3.5.1 节的阴离子诱导的金属离子吸附）加速电极反应。固体电极可以观察到电化学响应随时间的缓慢变化，或许反映了受传输速率控制的吸附杂质从本体溶液到电极表面的积累。

有时可以在感兴趣实验步骤前“活化”[86] 电极表面，改善固体电极的重现性。活化过程包括使工作电极电势阶跃到杂质脱附或形成氧化膜的电势然后还原的实验方法来实现。已有一些涉及此类问题的相关综述文章[37,87-91]。

6.8.1 节讨论了 Pt 电极的清洁，目的是获得能够给出与图 14.6.1 的循环伏安行为相当的表面，该图可以作为干净 Pt 表面一个参考标准。

14.7 双电层对电极反应速率的影响

14.7.1 引言和原理

早在1933年，双电层的结构就被认为会影响电极反应动力学[92]。其后果往往表现为反常现象。例如：

① 即使是电解质离子似乎未参与特定过程（如配合或离子配对）的情况下，给定的异相电子转移步骤的速率常数 k^0 也与支持电解质的性质或浓度有关；

② 可能观测到高度非线性的 Tafel 曲线［3.4.3(4) 节］；

③ 有时循环伏安图上可以看到相当显著的影响，如随着驱动力的增加电流突然降低。

过硫酸根阴离子（$S_2O_8^{2-}$）的还原为后者提供了一个例子。这一过程对金属表面自由电荷非常敏感并且已经在不同金属上进行了广泛研究。考察 Pt(111) 在 1mmol/L $S_2O_8^{2-}$ 和 0.1mol/L $HClO_4$ 溶液中的 CV（图 14.7.1）[93]，负向扫描方向 $S_2O_8^{2-}$ 起始还原电势为约 0.65V (vs. RHE)，电流快速增加，直到约 0.5V 时达到最大值，但突然被抑制，在约 0.3V 时恢复到背景水平。过硫酸盐还原发生在 Pt(111) 双电层区域内，电流的抑制发生在施加电势负于 Pt(111) 的 PZC 时，导致电极和 $S_2O_8^{2-}$ 之间的静电排斥[94]。图 14.7.1 与 Frumkin 在 RDE 上的首次观测体系的结果一致[92]。

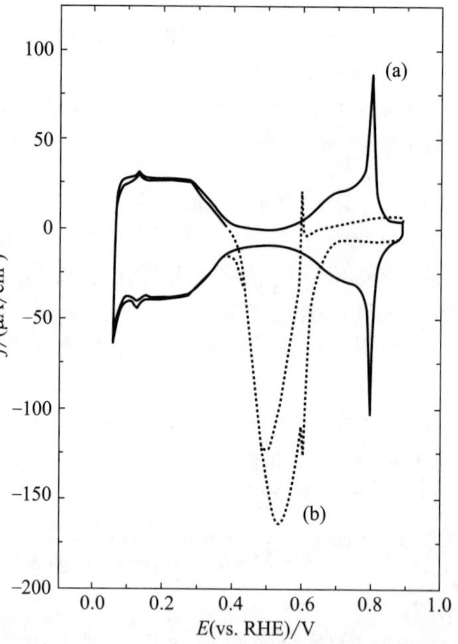

图 14.7.1 Pt(111) 上 $S_2O_8^{2-}$ 还原 CV

负向扫描起始电势为 0.9V，还原电流向下。(a) 空白 0.1mol/L $HClO_4$；(b) 0.1mol/L $HClO_4$ + 1mmol/L $K_2S_2O_8$，v=50mV/s。两个循环伏安图中 0.0～0.35V 区间的电流来自 Pt 表面上氢的吸脱附［14.4.2(3) 节和 14.6 节］。空白中 0.6～0.9V 区间电流来自含氧物质的吸脱附。在上述两个区域之间 Pt 电极被称为处于双电层区（许可引自 V. Climent 等[93]）

本节开头列出的那些影响可以用 14.3 节讨论的双电层区域的浓度和电势变化来理解和解释。Frumkin[8,92] 提出了这些基本概念，因此有时称这一现象为 Frumkin 效应⑫。

---

⑫ 有时也称为“ϕ_2 效应”或俄文文献中的“Ψ 效应”。

如果假设物质 O^z 经历一步单电子反应

$$O^z + e \rightleftharpoons R^{z-1} \tag{14.7.1}$$

如果 O^z 无特性吸附，则其最接近电极的位置为 OHP($x=x_2$；14.3.3 节)。由于存在于分散层的电势差（也可能由于一些离子特性吸附），OHP 处的电势 ϕ_2 不同于本体溶液中的电势 ϕ^S。双电层中这些电势差（图 14.3.6 和图 14.3.8）能够以两种方式影响电极反应动力学。

① 如果 $z\neq 0$，x_2 处 O^z 浓度将不等于紧邻分散层外的 C_O^b，为便于计算 C_O^b 可被视为“电极表面”浓度⑬，由公式(14.3.3b) 得到，

$$C_O(x_2,t)=C_O^b e^{-zF\phi_2/(RT)} \tag{14.7.2}$$

另一种表达方式是当电极带正电（即 $q^M>0$）时，$\phi_2>0$，阴离子（即 $z=-1$）受电极表面吸引，而阳离子（即 $z=+1$）受到排斥；当 $q^M<0$ 时相反；在 PZC 时，$q^M=0$，$\phi_2=0$，$C_O(x_2,t)=C_O^b$。

② 驱动电极反应的电势差不是 $\phi^M-\phi^S$，而是 $\phi^M-\phi^S-\phi_2$；那么有效电极电势为 $E-\phi_2$。

考虑前面写出的完全不可逆一步单电子反应速率方程（3.3 节）：

$$\frac{i}{FA}=k^0 C_O(0,t) e^{\alpha f(E-E^{0'})} \tag{14.7.3}$$

应用对于公式(14.7.2) 和 E 的校正，以真实速率常数 k_t^0 给出的方程为

$$\frac{i}{FA}=k_t^0 C_O^b e^{-zf\phi_2} e^{-\alpha f(E-\phi_2-E^{0'})} \tag{14.7.4}$$

或

$$\frac{i}{FA}=k_t^0 e^{(\alpha-z)f\phi_2} C_O^b e^{-\alpha f(E-E^{0'})} \tag{14.7.5}$$

对比式(14.7.3) 和式(14.7.5)，注意到 $C_O^b \approx C_O(0,t)$，我们发现

$$\boxed{k_t^0=k^0 \exp\frac{-(\alpha-z)F\phi_2}{RT}} \tag{14.7.6}$$

在这个重要的关系式中，由于从表观速率常数 k^0 可以得到真实（或校正）的标准速率常数 k_t^0，指数因子有时称为 Frumkin 校正（Frumkin correction）。类似地，真实交换电流 $i_{0,t}$ 可由式(3.4.6) 那样来定义：

$$i_{0,t}=FAk_t^0 C_O^{*(1-\alpha)} C_R^{*\alpha} \tag{14.7.7}$$

$$\boxed{i_{0,t}=i_0 \exp\frac{-(\alpha-z)F\phi_2}{RT}} \tag{14.7.8}$$

另外，利用本书第一版中给出的基于电化学势的方法可更严格地推导出式(14.7.6) 和式(14.7.8)[37,95]⑭。

双电层对动力学总体影响表现为：通过 ϕ_2 随（$E-E_z$）变化，表观量 k^0 和 i_0 与电势呈函数关系。由于 ϕ_2 随支持电解质浓度变化，表观量也是支持电解质浓度的函数。为了得到与电势和浓度无关的 k_t^0 或 $i_{0,t}$，表观速率数据的校正需要获得基于某种双电层结构模型在给定实验条件下的 ϕ_2 值（见 14.3 节）。

14.7.2　无电解质特性吸附的双电层效应

在无特性吸附情况下，可通过假设 GCS 模型并利用式(14.3.28) 计算求得 ϕ_2。对水溶液中 Zn(Hg) 电极上 Zn(Ⅱ)[96] 和 DMF 溶液中几种芳香族化合物[97] 的还原进行校正的典型结果见

---

⑬　本节必须区分“电极表面浓度”的两重含义。对于电极动力学，相关距离尺度是几分之一纳米；因此“$x=0$”表示非常接近界面，$C_O(0,t)$ 必须从本质上理解为 $C_O(x_2,t)$。当考虑扩散时“$x=0$”是扩散层内边界。由于分散层厚度（约为 $1/\kappa$，表 14.3.1）通常远小于扩散层厚度（一般为微米尺度，即使是稀溶液和相当短实验持续时间），该平面操作上非常接近电极。因此，扩散理论推导的公式中，$C_O(0,t)$ 就是这里提到的 C_O^b。

⑭　第一版 3.4 节和 12.7.1 节。

表 14.7.1。对于 Zn(Ⅱ) 的还原（$z=2$，$\alpha=0.6$），i_0 值大于 $i_{0,t}$ 值，这是因为电极上的负电荷（对应于 $\phi_2<0$）吸引带正电锌离子。浓度效应超过了分散双电层电势降的动力学抑制效应。另外，对不带电的芳香族化合物还原不存在浓度效应，因为 $z=0$；然而，由于对动力学抑制的校正，$\phi_2<0$，因此，k_t^0 大于 k^0。

表 14.7.2 列出了 NaF 溶液中汞电极上实际 ϕ_2 值的校正因子[98]。注意，校正可能会变得相当大，特别是在低浓度的支持电解质和远离 E_z 电势情况下。

表 14.7.1 异相电子转移速率校正双电层影响后的典型实验结果

A. 在 Zn 汞齐上还原 Zn(Ⅱ)①

支持电解质/(mol/L)	ϕ_2/mV	i_0/(mA/cm²)	$i_{0,t}$/(mA/cm²)
0.025	−63.0	12.0	0.39
0.05	−56.8	9.0	0.41
0.125	−46.3	4.7	0.38
0.25	−41.1	2.7	0.29

B. 在含有 0.5mol/L TBAP 的 DMF 溶液中，汞电极上芳香类化合物的还原②

化合物	$E_{1/2}$(vs. SCE)/V	α	ϕ_2/mV	k^0/(cm/s)	k_t^0/(cm/s)
苄腈	−2.17	0.64	−83	0.61	4.9
邻苯二甲腈	−1.57	0.60	−71	1.4	7.5
蒽	−1.82	0.55	−76	5	26
对二硝基苯	−0.55	0.61	−36	0.93	2.2

① 数据来自参考文献 [96]，$T=26℃\pm1℃$，$C_{Zn(Ⅱ)}=2$mmol/L，$C_{Zn(Hg)}=0.048$mol/L，支持电解质：$Mg(ClO_4)_2$；利用恒电流方法测定交换电流，$\alpha=0.60$；最后一栏由式(14.7.8) 求出。原始文献中假定此种情形为 2e 速率控制步骤 (RDS)，得出 $\alpha=0.3$；如果按多步骤过程 (3.7 节) 处理，则发现与还原过程为速率控制步骤 ($\alpha=0.6$) 的一级电子转移机理相当符合。

② 来自参考文献 [97]，$T=22℃\pm2℃$，化合物浓度约 1mmol/L。速率常数由交流阻抗方法测得。最后一栏由式(14.7.6) 求出。

表 14.7.2 在 NaF 溶液中汞电极的双电层数据及几种情况下的 Frumkin 校正因子①

$(E-E_z)$/V	σ^M/(μC/cm²)	ϕ_2/V	Frumkin 校正因子($\alpha=0.5$)②		
			$z=0$	$z=1$	$z=-1$
0.010mol/L NaF($E_z=-0.480$V vs. NCE)					
−1.4	−23.2	−0.189	0.025	39.5	1.6×10^{-5}
−1.0	−16.0	−0.170	0.037	27.3	4.9×10^{-5}
−0.5	−8.0	−0.135	0.072	13.8	3.8×10^{-4}
0	0	0	1.0	1.0	1.0
+0.5	11.5	0.153	19.6	0.051	7.5×10^{3}
0.10mol/L NaF($E_z=-0.472$V vs. NCE)					
−1.4	−24.4	−0.133	0.075	13.3	4.3×10^{-4}
−1.0	−17.0	−0.114	0.11	9.2	1.3×10^{-3}
−0.5	−8.9	−0.083	0.20	5.0	7.9×10^{-3}
0	0	0	1.0	1.0	1.0
+0.5	13.2	0.102	7.3	0.141	3.8×10^{2}
1mol/L NaF($E_z=-0.472$V vs. NCE)					
−1.4	−25.7	−0.078	0.22	4.6	1.1×10^{-2}

续表

$(E-E_z)$/V	$\sigma^M/(\mu C/cm^2)$	ϕ_2/V	Frumkin 校正因子($\alpha=0.5$)②		
			$z=0$	$z=1$	$z=-1$
−1.0	−18.0	−0.062	0.30	3.3	2.6×10^{-2}
−0.5	−9.8	−0.039	0.47	2.1	0.10
0	0	0	1.0	1.0	1.0
+0.5	14.9	0.054	2.9	0.35	23

① σ^M 和 ϕ_2 摘自根据 Grahame 数据整理的数据汇编[98]。
② 校正因子$=\exp[(\alpha-z)f\phi_2]$。

虽然刚刚讨论的校正在解释支持电解质对速率常数影响方面非常有用，必须注意处理中的几个局限性。①完全无特性吸附的情况是非常少见的，并非普遍情况。②GCS 模型的局限性以及当电解质包含许多不同离子时通常不存在单一的“最近平面”，会导致 ϕ_2 和 x_2 最佳值的不确定性。事实上，这些不确定性可能会变得如此之大，以至于阻碍了将测量的表观速率常数与其他电子转移理论的预测进行比较[97]。③GCS 模型涉及电极附近的平均电势并忽略了溶液中电荷的离散本质。曾对这种“电荷离散效应”进行了处理并用以解释在通常的双电层校正中的失败[99]。

14.7.3　电解质特性吸附时的双电层影响

当支持电解质中离子（如 Cl^- 或 I^-）特性吸附时，ϕ_2 将偏离由分散双电层校正严格计算出的值。阴离子特性吸附会导致 ϕ_2 更负，而阳离子特性吸附会导致 ϕ_2 更正，原则上，Frumkin 校正因子考虑到了这些影响；然而，反应物最接近平面的位置和 OHP 处的实际电势常常无法确定，并且，通常只是定性地而非定量地解释这些影响。正如 14.6 节所述，离子的特性吸附也可能导致电极表面的封闭从而抑制反应，并且与 ϕ_2 效应无关。

尽管双电层结构对反应速率影响的研究常常很复杂[3-4,32-33]，但可以提供电极反应机理、反应物质的位置和反应位点的性质等方面的详细信息。例如，可参见汞电极上配合物离子电化学还原方面的研究[100]。

14.7.4　分散双电层对传质的影响

在 14.3 节根据平衡条件下的 Poisson-Boltzmann 方程建立了分散双电层 Gouy-Chapman-Stern 模型。该模型不涉及电极反应，也不涉及溶液中离子或分子的净流量。更通用的理论允许有电极反应和离子流量。

以仅含 $FeSO_4$ 的溶液为例，在 Fe^{2+} 不发生氧化的电势下，Fe^{2+} 和 SO_4^{2-} 在分散双电层中的分布由 GCS 理论确定。当电势位于 Fe^{2+} 氧化为 Fe^{3+} 时，情况变得更加复杂，这是因为电子转移反应耗尽 Fe^{2+} 生成 Fe^{3+}，导致一系列 Fe^{2+}、Fe^{3+} 和 SO_4^{2-} 非平衡分散双电层分布。另外，这 3 种物质通过分散双电层具有净流量。分散双电层仍然保持在电极界面，但已经具有电势依赖性的结构，不再适合 GCS 理论。离子流量存在下的分散双电层结构称为动态分散层（dynamic diffuse layer）[101]。

适用法拉第反应和离子流量的通用模型由 Poisson 方程，

$$\rho(x)=-\varepsilon\varepsilon_0\frac{d^2\phi}{dx^2} \tag{14.7.9}$$

和一组描述每个离子或分子 j 的扩散和迁移对总流量的贡献的 Nernst-Planck 方程式(4.1.13)导出，

$$\boldsymbol{J}_j=-D_j\nabla C_j-\frac{z_jF}{RT}D_jC_j\nabla\phi \tag{14.7.10}$$

Poisson 方程将电荷密度 $\rho(x)$ 与电势 ϕ 联系起来，并体现了溶质离子静电相互作用及其与带电电极表面之间的相互作用。这组方程与一般连续性方程，

$$\frac{\partial C_j}{\partial t}+\nabla\cdot\boldsymbol{J}_j=0 \tag{14.7.11}$$

一起构成一个非线性偏微分方程——Poisson-Nernst-Planck（PNP）模型体系。电化学测量中，利用有限元数值模拟可以方便解 PNP 方程。

平衡条件下，分散双电层中离子扩散流量被反向迁移流量准确地抵消，且所有位置 $\boldsymbol{J}_j=0$。在这一限制下，可以很容易证明 Nernst-Planck 方程重排后得到 Boltzmann 表达式［式(14.3.3b)］。因此，平衡条件下分散层 PNP 模型等同于 Gouy-Chapman 模型。

有法拉第反应发生时，分散双电层结构通常难以用探测平衡双电层结构的实验方法（如电容和表面张力的测量）确定。相反，分散层与反应物或产物离子迁移的相互作用，是从电流与电势和电解质浓度的依赖关系推断出来的。例如，再以只含 $FeSO_4$ 的溶液中 Fe^{2+} 氧化为 Fe^{3+} 为例，在 Pt 电极上，Fe^{2+} 氧化发生在比 Pt 的 PZC 正的电势下，因此，随着反应进行，电极表面带正电。可以预见，表面与 Fe^{2+} 之间的静电排斥会使 Fe^{2+} 迁移离开电极表面，导致向表面的 Fe^{2+} 总流量和观测到的法拉第电流下降。相反，带正电的氧化还原反应物与带负电的电极之间静电吸引会导致法拉第电流增大。这些静电效应对迁移速率的影响源自电极表面电荷产生的电场，与 5.7 节讨论的低离子强度溶液中的迁移效应有本质区别，后者源自溶液中欧姆电势降相关的电场，两种电场导致的离子迁移通常同时存在。

双电层是否抑制或增强氧化还原反应物流量是由分散双电层和耗尽层相对厚度决定的。前者以德拜长度 κ^{-1} 为特征，而后者是以耗尽层厚度 δ 为特征。这两个量对实验条件有不同的依赖性。德拜长度反比于离子浓度平方根，但本质上与电极尺寸、几何形状和时间无关。相比之下，在第 1 章、第 5 章和第 10 章我们发现 δ 是电极尺寸的函数且可以随时间增加，但不是溶液中离子浓度的函数。

高浓度支持电解质溶液的大电极实验中，δ 比 κ^{-1} 大很多数量级，而且，分散双电层对氧化还原物质的总传质阻抗影响微小或无影响。因此，分散双电层对绝大部分常规电化学测量的离子流量无显著影响。

然而，当 δ 与 κ^{-1} 相当时，分散双电层对传质的影响的确变得重要。有 3 类实验中遇到过这种情况：

① 当电极临界尺度即 δ 减小到与 κ^{-1} 相当时的 UME 上的 SSV[102-108]。

② 电势阶跃实验时间非常短[109] 或循环伏安扫描速度非常快[110-111]，以致时间相关的 δ 减小到与 κ^{-1} 相当。

③ 两电极体系中电极间距限定在一个与 κ^{-1} 相当的传输长度 δ[112-118]。

以图 14.7.2 作为具体示例，显示 1mmol/L 的 1∶1 型支持电解质水溶液中预想的 10nm 半径半球形电极上发生稳态法拉第反应 $O^{+}+e \longrightarrow O$ 的 κ^{-1} 和 δ 相对尺度。对于 1mmol/L 离子溶液 κ^{-1} 值是 9.6nm（表 14.3.1），分散层电势衰减为（$\phi_2-\phi_S$）（大约在 $3\kappa^{-1}$）的 95%时的距离为约 30nm。δ 值也可以直接求得。对单纯扩散控制的过程，距半球形电极中心 10 倍半径，即 δ 大约为 $9r_0$ 位置，反应物浓度达到本体浓度的 90%。那么，如图 14.7.2 示例，δ 大约为 90nm。30nm 厚的分散层与法拉第反应确立的 90nm 厚的耗尽层显著重叠，因此，当分子 O^{+} 向电极表面移动时，受到电场力作用，其符号取决于电极带正电还是负电。该力产生一个离开或朝向电极表面的 O^{+} 迁移流量，相应抑制或提高扩散流量并导致电流减小或增大。

对于过剩支持电解质溶液中的宏观电极，κ^{-1} 只是微不足道的一部分而且电场对离子向电极传输影响也微乎其微。

图 14.7.3 是基于 PNP 模型对 O^{z}（$z=-3\sim+3$）在水溶液中 5nm 半径的盘电极上的稳态单电子还原 i-E 曲线的有限元模拟。模型也考虑了介电性低于本体水的 0.56nm 宽 Helmholtz 层的电势降，这对准确计算分散层电势分布和离子流量是必要的。假设溶液含有 5mmol/L 的 O^{z} 和 500mmol/L 1∶1 型电解质。不存在任何双电层效应（即 $z=0$）情况下，i-E 曲线呈 S 形，极限电流与电势无关。然而，当绘制 i-E 曲线，尤其对带高电荷的反应物还原，考虑表面电荷效应时，可以明确看到分散双电层对极限电流的影响。当 z 为正，电极电势比 PZC 负，O^{z} 迁移得到增强，但 z 和电极符号均为负时则被抑制。例如，图 14.7.3 中 PZC 假设为 $E^{0'}$，因此在整个伏安波范围电极带负电。对带负电的 O^{z}，随着电极带更多负电荷，迁移引起的对总流量的抑制变得越来越严重，因此，稳态伏安图呈现一个电流极大。

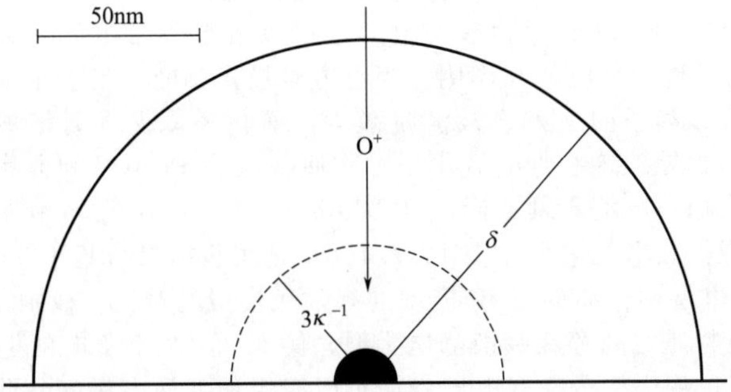

图 14.7.2　半径 10nm 半球形电极在 10^{-3} mol/L 的 1∶1 型电解质水溶液中（$\kappa^{-1}=9.6$nm）分散双电层（大约 $3\kappa^{-1}$）和耗尽层（δ 大约为 $9r_0$）相对厚度示意图

按比例绘制（基于 Norton，White，Feldberg[102]）

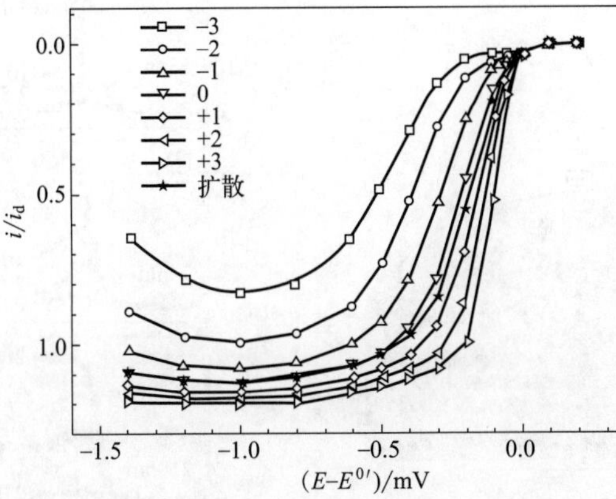

图 14.7.3　带电反应物（$O^z+e \rightleftharpoons R^{z-1}$，$z=-3\sim+3$）在纳米盘电极（$r_0=5$nm）上单电子还原模拟循环伏安响应

溶液含有 5mmol/L O^z 和 0.5mol/L 1∶1 型电解质，模拟基于 PNP 模型，PZC 对应 $E=0$，设定与本体溶液电势相同。模拟包括一个具有空间相关介电常数的 0.56nm 宽 Helmholtz 层，而电子传递反应假设由 Marcus 动力学控制，$k^0=1$cm/s，$\lambda=100$kJ/mol。模拟模型也允许长程电子传递［$\beta=10\text{nm}^{-1}$，见 3.5.2(1) 节］，导致有效电极半径有时大于 r_0。所有电流均归一化到预期的无双电层效应和长程电子传递的盘状电极扩散极限电流（$i_d=4nFDCr_0$）（根据许可改编自 Liu，He，Zhang 和 Chen[104]）

已有报道，电极间电解质溶液厚度接近 κ^{-1} 的两电极体系分散双电层对 i-E 曲线影响，示例令人印象深刻。一个电极电势保持在 O 还原为 R，而另一个电极电势保持在 R 再生为 O，形成一个稳态氧化还原循环（5.6.3 节、12.6.3 节和 19.6 节）。这一构架下，稳态下电极间距决定了扩散距离 d。距离 d 在 10～200nm 之间的体系可以利用刻蚀加工方法[112-113] 或利用 SECM 控制金属针尖靠近电极表面[114] 来实现（18.4 节）。

图 14.7.4(b) 是 $FcTMA^{2+}/FcTMA^+$ 体系（$FcTMA^{2+}+e \rightleftharpoons FcTMA^+$，$E^{0'}\approx 0.4$V 相对于 Ag/AgCl）在刻蚀法制备的距离 53nm、74nm 和 210nm 厚的两个平行 Pt 电极构成的双电极池［图 14.7.4(a)］中的稳态氧化还原循环 i-E 曲线[112]，当下方电极电势扫描到比 0.4V 正时，$FcTMA^+$ 氧化为 $FcTMA^{2+}$ 并传输到上方电极（0V）被还原，$FcTMA^+$ 然后又传输回到下方电极，完成一次循环。与同样组分溶液中相同尺寸的 Pt 电极相比，这一快速重复过程极大增强了电流（19.6 节）。在过量支持电解质（200mmol/L $TBAPF_6$）存在下，这些池子得到了 S 形伏安图，其极限电流与池子厚度 d 相匹配。然而，在 10mmol/L 甚至更低浓度的 $TBAPF_6$ 时，氧化还原循环电流发生衰减，i-E 曲线响应变成峰形，在比 $E^{0'}$ 正约 100mV 电势下达到最大。i-E 曲

线响应正反向扫描重合说明响应实际上是稳态而非暂态现象。在低电解质浓度和薄层池（即 d 较小）情况下，电流衰减和成峰形行为最明显。这可以解释为带电氧化还原物质（$FcTMA^+$ 和 $FcTMA^{2+}$）与 Pt 电极显现的静电相互作用。当下方电极正扫时，带正电的下方电极和 $FcTMA^+$ 之间的静电排斥力导致该离子向下方电极流量减少，氧化还原循环时该离子在下方电极发生氧化。另外，这一排斥力也导致这些带电氧化还原物质从两个 Pt 电极间非常有限的溶液中部分排出。两种效应叠加导致稳态电流急剧下降。在 200mmol/L $TBAPF_6$ 溶液中，离子量足够屏蔽电极表面电荷，呈现极限扩散电流平台。图 14.7.4(b) 是实验结果与基于 TBA^+，PF_6^-，$FcTMA^+$ 和 $FcTMA^{2+}$ 在分散双电层中传质的 PNP 模型的有限元模拟的对比。模拟与实验结果吻合很好。

当电极和氧化还原物质之间存在吸引静电力时，例如，两个带负电的电极之间 $Ru(NH_3)_6^{3+}/Ru(NH_3)_6^{2+}$ 氧化还原循环过程中，分散双电层效应可以极大增强两电极间氧化还原循环速率[113,116]。这一情形下电流增加的主要原因是两电极间电场下氧化还原离子浓度的增加。这一现象已经被巧妙地用于提高分析灵敏度，有文献报道氧化还原循环增敏可高达 500 倍[116]。

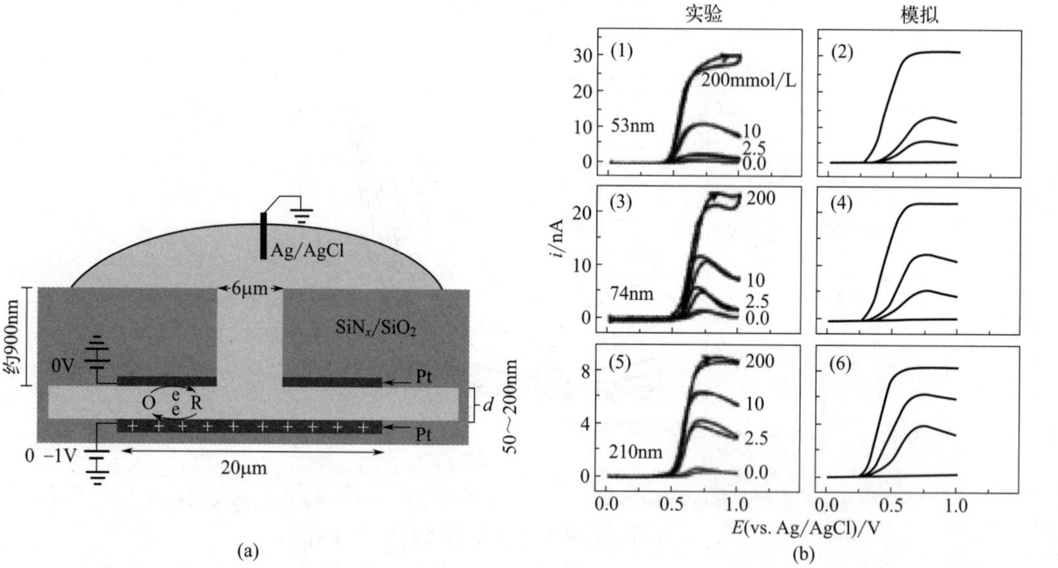

图 14.7.4 (a) 研究两个平行电极间分散双电层对氧化还原循环影响的双电极池示意图。电解池上方电极有一个开口允许本体溶液和电极间电解质溶液进行离子交换。图中未按比例绘制电极间距，实际间隔远小于图中所示间距。(b) 实验[(1),(3),(5)]和模拟[(2),(4),(6)]伏安图。本体乙腈溶液含有 50μmol/L $FcTMAPF_6$ 以及 0、2.5mmol/L、10mmol/L 或 200mmol/L $TBAPF_6$。池体厚度分别为 53nm[(1),(2)]、74nm[(3),(4)]和 210nm[(5),(6)]，扫速 10mV/s。上方电极电势保持在 0V（此时 $FcTMA^{2+}$ 在极限传质速率下还原），下方电极在 0～1V (vs. Ag/AgCl) 之间扫描。模拟时假设 Helmholtz 层 0.6nm，$\varepsilon=6$。(根据许可改编自 Xiong，Chen，Edwards，White[112])

14.8 参考文献

1 D. C. Grahame, *Chem. Rev.*, **41**, 441 (1947).
2 D. C. Grahame, *Annu. Rev. Phys. Chem.*, **6**, 337 (1955).
3 W. Schmickler and E. Santos, “Interfacial Electrochemistry,” 2nd ed., Springer, Heidelberg, 2010.
4 J. Goodisman, “Electrochemistry: Theoretical Foundations, Quantum and Statistical Mechanics, Thermodynamics, The Solid State,” Wiley, New York, 1987, Chaps. 4–6.

5 D. M. Mohilner, *Electroanal. Chem.*, **1**, 241 (1966).
6 P. Delahay, "Double Layer and Electrode Kinetics," Wiley-Interscience, New York, 1965, Chap. 2.
7 R. Parsons, *Mod. Asp. Electrochem.*, **1**, 103 (1954).
8 B. E. Conway, "Theory and Principles of Electrode Processes," Ronald, New York, 1965, Chaps. 4 and 5.
9 R. Payne, in "Techniques of Electrochemistry," Vol. 1, E. Yeager and A. J. Salkind, Eds., Wiley-Interscience, New York, 1972, pp. 43ff.
10 G. Lippmann, *Compt. Rend.*, **76**, 1407 (1873).
11 J. Heyrovský, *Chem. Listy*, **16**, 246 (1922).
12 L. Meites, *J. Am. Chem. Soc.*, **73**, 2035 (1951).
13 J. Lawrence and D. M. Mohilner, *J. Electrochem. Soc.*, **118**, 259, 1596 (1971).
14 D. M. Mohilner, J. C. Kreuser, H. Nakadomari, and P. R. Mohilner, *J. Electrochem. Soc.*, **123**, 359 (1975).
15 D. C. Grahame and B. A. Soderberg, *J. Chem. Phys.*, **22**, 449 (1954).
16 M. A. V. Devanathan and S. G. Canagaratna, *Electrochim. Acta*, **8**, 77 (1963).
17 P. Delahay, *op. cit.*, Chap. 3.
18 H. L. F. von Helmholtz, *Ann. Phys.*, **89**, 211 (1853).
19 G. Quincke, *Pogg. Ann.*, **113**, 513 (1861).
20 H. L. F. von Helmhotz, *Ann. Phys.*, **7**, 337 (1879).
21 J. Walker, D. Halliday, and R. Resnick, "Fundamentals of Physics," 10th ed., Wiley, Hoboken, NJ, 2014.
22 E. M. Pugh and E. W. Pugh, "Principles of Electricity and Magnetism," 2nd ed., Addison Wesley, Reading, MA, 1970, Chap. 1.
23 G. Gouy, *J. Phys. Radium*, **9**, 457 (1910).
24 G. Gouy, *Compt. Rend.*, **149**, 654 (1910).
25 D. L. Chapman, *Philos. Mag.*, **25**, 475 (1913).
26 E. M. Pugh and E. W. Pugh, *op. cit.*, pp. 69, 146.
27 O. Stern, *Z. Elektrochem.*, **30**, 508 (1924).
28 (a) S. L. Carnie and G. M. Torrie in "Advances in Chemical Physics," Vol. 56, I. Prigogine and S. A. Rice, Eds., Wiley-Interscience, New York, 1984, pp. 141–253; (b) L. Blum in "Advances in Chemical Physics," Vol. 78, I. Prigogine and S. A. Rice, Eds., Wiley-Interscience, New York, 1990, 171–222; (c) P. Attard in "Advances in Chemical Physics," Vol. 92, I. Prigogine and S. A. Rice, Eds., Wiley-Interscience, New York, 1996, 1–159.
29 P. Attard, *J. Phys. Chem.*, **99**, 14174 (1995).
30 J. P. Badiali, M. L. Rosenberg, and J. Goodisman, *J. Electroanal. Chem.*, **130**, 31 (1981).
31 A. A. Kornyshev, W. Schmickler, and M. A. Vorotynsev, *Phys. Rev. B*, **25**, 5244 (1982).
32 W. Schmickler, *Chem. Phys. Lett.*, **99**, 135 (1983).
33 W. Schmickler, *J. Solid State Chem.*, **24**, 2175 (2020).
34 P. Delahay, *op. cit.*, Chap. 4.
35 F. C. Anson, *Acc. Chem. Res.*, **8**, 400 (1975).
36 O. A. Esin and B. F. Markov, *Acta Physicochem. USSR*, **10**, 353 (1939).
37 P. Delahay, *op. cit.*, Chap. 5.
38 R. M. Ishikawa and A. T. Hubbard, *J. Electroanal. Chem.*, **69**, 317 (1976).
39 V. Climent and J. M. Feliu, *Adv. Electrochem. Sci. Eng.*, **17**, 1 (2017).
40 C. Korzeniewski, V. Climent, and J. M. Feliu, *Electroanal Chem.*, **24**, 75 (2012).
41 A. T. Hubbard, E. Y. Cao, and D. A. Stern, in "Physical Electrochemistry," I. Rubinstein, Ed., Marcel Dekker, New York, 1995, Chap. 10.
42 A. T. Hubbard, *Chem. Rev.*, **88**, 633 (1988).
43 A. Hamelin, *Mod. Asp. Electrochem.*, **16**, 1 (1985).
44 G. A. Somorjai, in "Photocatalysis—Fundamentals and Applications," N. Serpone and E. Pelizzetti, Eds., Wiley, New York, 1989, p. 265.

45 J. Clavilier, R. Fauré, G. Guinet, and D. Durand, *J. Electroanal. Chem.*, **107**, 205 (1980).
46 J. Clavilier, D. El Achi, and A. Rodes, *Chem. Phys.*, **141**, 1 (1990).
47 A. G. Güell, S.-Y. Tan, P. R. Unwin, and G. Zhang, *Adv. Electrochem. Sci. Eng.*, **16**, 68 (2015).
48 A. J. Bard, "Integrated Chemical Systems," Wiley, New York, 1994, p. 132.
49 H. V. Patten, M. Velický, and R. A. W. Dryfe, *Adv. Electrochem. Sci. Eng.*, **16**, 397 (2015).
50 A. Ambrosi, C. K. Chua, A. Bonanni, and M. Pumera, *Chem. Rev.*, **114**, 7150 (2014).
51 E. N. Primo, F. Gutiérrez, M. D. Rubianes, N. F. Ferreyra, M. C. Rodríguez, M. L. Pedano, A. Gasnier, A. Gutierrez, M. Eguílaz, P. Dalmasso, G. Luque, S. Bollo, C. Parrado, and G. A. Rivas, *Adv. Electrochem. Sci. Eng.*, **16**, 136 (2015).
52 J. Li, P. H. Q. Pham, W. Zhou, T. D. Pham, and P. J. Burke, *ACS Nano*, **12**, 9763 (2018).
53 J. V. Macpherson, *Adv. Electrochem. Sci. Eng.*, **16**, 398 (2015).
54 G. M. Swain, *Electroanal. Chem.*, **22**, 181 (2003).
55 Yu. V. Pleskov, *Adv. Electrochem. Sci. Eng.*, **8**, 209 (2003).
56 A. J. Lucio, S. K. Shaw, J. Zhang, and A. M. Bond, *J. Phys. Chem. C*, **122**, 11777 (2018).
57 R. Parsons, *Chem. Rev.*, **90**, 813 (1990).
58 A. V. Gokhshtein, *Russ. Chem. Rev.*, **44**, 921 (1975).
59 R. E. Malpas, R. A Fredlein, and A. J. Bard, *J. Electroanal. Chem.*, **98**, 339 (1979).
60 F. T. Wagner, in "Structure of Electrified Interfaces," J. Lipkowski and P. N. Ross, Eds., VCH, New York, 1993, Chap. 9.
61 G. Valette, *J. Electroanal. Chem.*, **138**, 37 (1982).
62 G. Valette and A. Hamelin, *J. Electroanal. Chem.*, **45**, 301 (1973).
63 J. Clavilier, in "Electrochemical Surface Science: Molecular Phenomena at Electrode Surfaces," M. Soriaga, Ed., ACS Books, Washington, DC, 1988, p. 205.
64 (a) J. Clavilier, R. Albalat, R. Gomez, J. M. Orts, J. M. Feliu, and A. Aldaz, *J. Electroanal. Chem.*, **330**, 489 (1992); (b) J. M. Feliu, J. M. Orts, R. Gomez, A. Aldaz, and J. Clavilier. *J. Electroanal. Chem.*, **372**, 265 (1994).
65 D. M. Kolb, in "Structure of Electrified Interfaces," J. Lipkowski and P. N. Ross, Eds., VCH, New York, 1993, Chap. 3.
66 D. M. Kolb and J. Schneider, *Electrochim. Acta*, **31**, 929 (1986).
67 A. Hamelin, M. J. Sottomayor, F. Silva, S. C. Chang, and M. J. Weaver, *J. Electroanal. Chem.*, **295**, 291 (1990).
68 B. E. Conway, T. Zawidzki, and R. G. Barradas, *J. Phys. Chem.*, **62**, 676 (1958).
69 N. A. Balashova and V. E. Kazarinov, *Electroanal. Chem.*, **3**, 135 (1969).
70 X. Gao, G. J. Edens, F.-C. Liu, A. Hamelin, and M. J. Weaver, *J. Phys. Chem.*, **98**, 8086 (1994).
71 R. Guidelli and W. Schmickler, *Mod. Asp. Electrochem.*, **38**, 303 (2005).
72 W. Lorenz and G. Salié, *Z. Phys. Chem.*, **218**, 259 (1961).
73 K. J. Vetter and J. W. Schultze, *Ber. Bunsenges. Phys. Chem.*, **76**, 920, 927 (1972).
74 W. Schmickler and R. Guidelli, *Electrochim. Acta*, **127**, 489 (2014).
75 R. Parsons, *Trans. Faraday Soc.*, **55**, 999 (1959); *J. Electroanal. Chem.*, **7**, 136 (1964).
76 P. Delahay and I. Trachtenberg, *J. Am. Chem. Soc.*, **79**, 2355 (1957).
77 P. Delahay and C. T. Fike, *J. Am. Chem. Soc.*, **80**, 2628 (1958).
78 W. H. Reinmuth, *J. Phys. Chem.*, **65**, 473 (1961).
79 R. Parsons, *Adv. Electrochem. Electrochem. Eng.*, **1**, 1 (1961).
80 P. Delahay and D. M. Mohilner, *J. Am. Chem. Soc.*, **84**, 4247 (1962).
81 W. Lorenz, *Z. Elektrochem.*, **62**, 192 (1958).
82 R. Woods, *Electroanal. Chem.*, **9**, 1 (1976).
83 P. N. Ross, Jr., *J. Electrochem. Soc.*, **126**, 67 (1979).
84 J. M. Doña Rodríguez, J. A. Herrera Melián, and J. Pérez Peña, *J. Chem. Ed.*, **77**, 1195 (2000).

85 I. Katsounaros, W. B. Schneider, J. C. Meier, U. Benedikt, P. U. Biedermann, A. A. Auer, and K. J. J. Mayrhofer, *Phys. Chem. Chem. Phys.*, **14**, 7384 (2012).
86 S. Gilman, *Electroanal. Chem.*, **2**, 111 (1967).
87 J. Heyrovský and J. Kuta, "Principles of Polarography," Academic, New York, 1966.
88 C. N. Reilley and W. Stumm, in "Progress in Polarography," Vol. 1, P. Zuman and I. M. Kolthoff, Eds., Wiley-Interscience, New York, 1962, 81–121.
89 H. W. Nurnberg and M. von Stackelberg, *J. Electroanal. Chem.*, **4**, 1 (1962).
90 A. N. Frumkin, *Dokl Akad. Nauk. S.S.S.R.*, **85**, 373 (1952); *Electrochim. Acta*, **9**, 465 (1964).
91 R. Parsons, *J. Electroanal. Chem.*, **21**, 35 (1969).
92 A. N. Frumkin, *Z. Physik. Chem.*, **164A**, 121 (1933).
93 V. Climent, M. D. Maciá, E. Herrero, J. M. Feliu, and O. A. Petrii, *J. Electroanal. Chem.*, **612**, 269 (2008).
94 R. Martínez-Hincapié, V. Climent, and J. M. Feliu, *Electrochem. Commun.*, **88**, 43 (2018).
95 D. M. Mohilner and P. Delahay, *J. Phys. Chem.*, **67**, 588 (1963).
96 A. Aramata and P. Delahay, *J. Phys. Chem.*, **68**, 880 (1964).
97 H. Kojima and A. J. Bard, *J. Am. Chem. Soc.*, **97**, 6317 (1975).
98 C. D. Russell, *J. Electroanal. Chem.*, **6**, 486 (1963).
99 W. R. Fawcett and S. Levine, *J. Electroanal. Chem.*, **43**, 175 (1973).
100 M. J. Weaver and T. L. Satterberg. *J. Phys. Chem.*, **81**, 1772 (1977).
101 V. G. Levich, "Physicochemical Hydrodynamics," Prentice-Hall, Englewood Cliffs, NJ, 1962.
102 J. D. Norton, H. S. White, and S. W. Feldberg, *J. Phys. Chem.*, **94**, 6772 (1990).
103 C. P. Smith and H. S. White, *Anal. Chem.*, **65**, 3343 (1993).
104 Y. Liu, R. He, Q. Zhang, and S. Chen, *J. Phys. Chem. C*, **114**, 10812 (2010).
105 Y. Liu and S. Chen, *J. Phys. Chem. C*, **116**, 13594 (2012).
106 E. J. F. Dickinson and R. G. Compton, *J. Phys. Chem. C*, **113**, 17585 (2009).
107 E. J. F. Dickinson and R. G. Compton, *J. Electroanal. Chem.*, **661**, 198 (2011).
108 D. Krapf, B. M. Quinn, M.-Y. Wu, H. W. Zandbergen, C. Dekker, and S. G. Lemay, *Nano Lett.*, **6**, 2531 (2006).
109 I. Streeter and R. G. Compton, *J. Phys. Chem. C*, **112**, 13716 (2008).
110 C. Amatore and C. Lefrou, *J. Electroanal. Chem.*, **296**, 335 (1990).
111 C. Lee and F. C. Anson, *J. Electroanal. Chem.*, **323**, 381 (1992).
112 J. Xiong, Q. Chen, M. A. Edwards, and H. S. White, *ACS Nano*, **9**, 8520 (2015).
113 Q. Chen, K. McKelvey, M. A. Edwards, and H. S. White, *J. Phys. Chem. C*, **120**, 17251 (2016).
114 J. H. Bae, Y. Yu, and M. V. Mirkin, *J. Phys. Chem. Lett.*, **8**, 1338 (2017).
115 L. Fan, Y. Liu, J. Xiong, H. S. White, and S. Chen, *ACS Nano*, **8**, 10426 (2014).
116 K. Fu, D. Han, C. Ma, and P. W. Bohn, *Nanoscale*, **9**, 5164 (2017).
117 C. Ma, W. Xu, W. R. A. Wichert, and P. W. Bohn, *ACS Nano*, **10**, 3658 (2016).
118 J. Lu and B. Zhang, *Anal. Chem.* **89**, 2739 (2017).
119 G. Gouy, *Ann. Chim. Phys.*, **8**, 291 (1906).
120 K. Asada, P. Delahay, and A. K. Sundaram, *J. Am. Chem. Soc.*, **83**, 3396 (1961).

14.9 习题

14.1 证明图 14.1.1 中表面相对过剩量与用于界面热力学处理的参照体系的分隔面 AA′和 BB′位置无关。分隔面分别位于纯 α 和 β 相。

14.2 由式(14.3.10) 推导特殊情况式(14.3.11)。

14.3 仅根据高斯盒子，给出紧密层内线性分布电势的理由。

14.4 由式(14.3.29) 推导式(14.3.31)。

14.5 电势的空间衰减以德拜长度 κ^{-1} 为标志。在小 ϕ_0 限制条件下，证明分散双电层相关电容与厚度为 κ^{-1} 的理想平板电容器的电容等同。

14.6 根据 GCS 模型，计算 0.01mol/L NaF 溶液中汞电极在不同 ϕ_2 值（$-0.2\sim+0.2$V）下的 σ^M 值。(a) 给出 ϕ_2-σ^M 曲线；(b) 由表 14.7.2 中 σ^M 随 $E-E_z$ 的变化，画出 ϕ_2 vs. $(E-E_z)$ 曲线。

14.7 为什么我们将吸附的中性分子看作紧密吸附在电极表面而非聚集在分散层？

14.8 解释图 14.9.1 中的数据。图 14.9.1(b) 与图 14.9.1(a) 中曲线是如何相关联的？正庚醇存在下，由电毛细曲线平台区可得到何种推论？建立一个化学模型解释正庚醇存在下，从 $-0.4\sim-1.4$V 具有很低的微分电容。你能否对 C_d 的尖峰给出一个数学原理，并从化学角度合理解释它们？

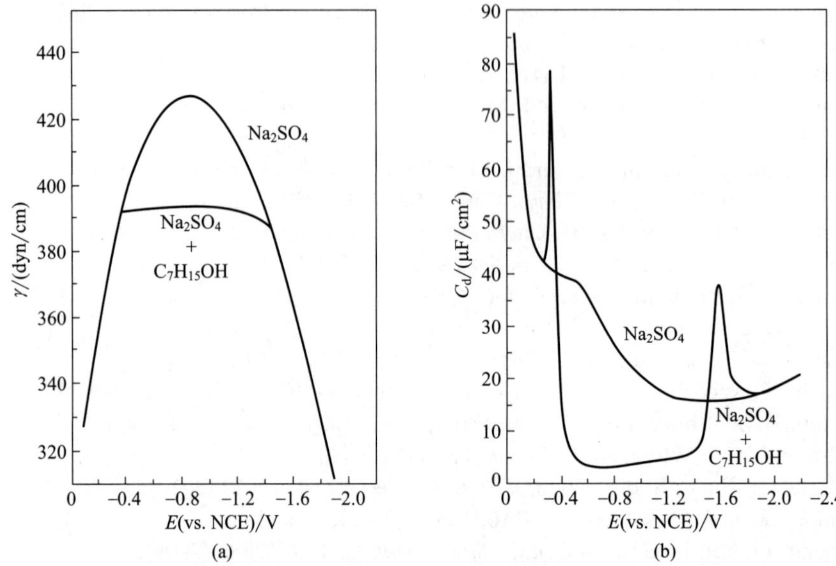

图 14.9.1 (a) 正庚醇存在和不存在下汞与 0.5mol/L Na_2SO_4 溶液接触时的电毛细曲线（数据来自 Gouy[119]）；(b) 相应于图 (a) 体系的微分电容曲线（引自 Grahame[1]）

14.9 含有某种有机化合物 Z（浓度 1.00×10^{-4} mol/L）的溶液，在长度 1.00cm 分光光度池内，330nm 光测量 UV 吸光度 $A=0.500$。将面积为 100cm^2 的铂电极浸入到 50cm^3 该溶液中，如果 Z 吸附量为 1.0×10^{-9} mol/cm^2，那么达到吸附平衡后溶液的吸光度为多少？

14.10 某种物质 X 的吸附遵循 Langmuir 等温式。物质的饱和覆盖度为 8×10^{-10} mol/cm^2，$\beta=5\times10^7$ cm^3/mol（假设 β 包括 a_j/C_j^0）。物质 X 浓度为多少时电极表面覆盖度为一半（即 $\theta=0.5$）？画出该物质吸附等温线示意图。X 浓度多大时线性等温式准确率接近 1%？

14.11 习题 14.10 中物质 X，在线性化条件下取 $D=10^{-5}$ cm^2/s，平板电极浸入溶液后需多久表面覆盖度可以达到平衡覆盖度一半（见图 14.5.2）？如果搅拌溶液且 $m_X=10^{-2}$ cm/s 则需多长时间？

14.12 利用动力学模型推导 j 和 k 两种物质同时吸附的 Langmuir 吸附等温式[见式(14.5.10a，b)]。

14.13 写出 Frumkin 等温式 [式(14.5.11)]的数据表程序，求出 $g'=-2$、0 和 2 时 θ-C_j 曲线。讨论吸引（$g'=2$）和排斥（$g'=-2$）作用是如何影响等温式的。

14.14 吸附与电势的关系，与电化学势的处理一样，可通过 $\Delta\overline{G}_j^0$ 展开为 $E=0$（相对任意参比电极）时吸附标准自由能和与电势相关的 $z_jF(\phi^A-\phi^b)$ 来处理。[见方程式(14.5.5)]从而给出 Langmuir 等温式

$$\frac{\theta}{1-\theta}=a_j^b\exp[-\Delta G_{ads}^0/(RT)]\exp[-z_jFE/(RT)] \tag{14.9.1}$$

有时表示为

$$\frac{\theta}{1-\theta}=C_jK_{j,ads}\exp[-z_jFE/(RT)] \tag{14.9.2}$$

其中，$K_{j,ads}$ 为吸附平衡常数。请推导这些方程。从中可推论出何种有关电势对阴、阳离子吸附影响的结论？此模型忽略了什么（例如用于解释中性物质的行为）？推导 Frumkin 等温式的等效表达式。

14.15 由于 Frumkin 效应，Tafel 曲线表现为非线性并且在阴极区有如下变化的斜率：

$$f\left[-\alpha+(\alpha-z)\left(\frac{\partial \phi_2}{\partial \eta}\right)\right] \tag{14.9.3}$$

(a) 对 BV 动力学推导该公式；

(b) Asada，Delahay 和 Sundaram[120] 提出的 $\ln\{i\exp[zF\phi_2/(RT)]\}(\phi_2-\eta)$曲线（“校正的 Tafel 曲线”）为线性，斜率为 $\alpha F/(RT)$。请说明该情况下的确如此。

14.16　考虑一个包括自由扩散分子的能斯特外层氧化还原反应的 i-E 或 i-t 行为，如，乙腈中二茂铁/二茂铁盐（$Fc^+ + e \rightleftharpoons Fc$）氧化还原化学体系。

(a) 利用式(2.2.9) 电化学势定义，证明 Fc 和 Fc^+ 活度是双电层内电势 ϕ 的函数。假设 Fc 和 Fc^+ 位于电极隧穿距离之内时发生电子传递，距离表面这一相应位置电势 ϕ 不同于本体溶液电势 ϕ^S。

(b) 假设氧化还原分子在双电层内与本体溶液之间通过扩散保持平衡，证明能斯特反应 i-E 或 i-t 行为不受双电层内电势分布影响。

(c) 循环伏安实验中，多大扫速 v 下，(b) 中描述的扩散平衡不再适用？

14.17　将高斯定律[式(14.3.18)]用于图 14.9.2 显示的体积中，推导泊松方程式(14.3.5)。假设容积在 y 和 z 方向无限扩展。

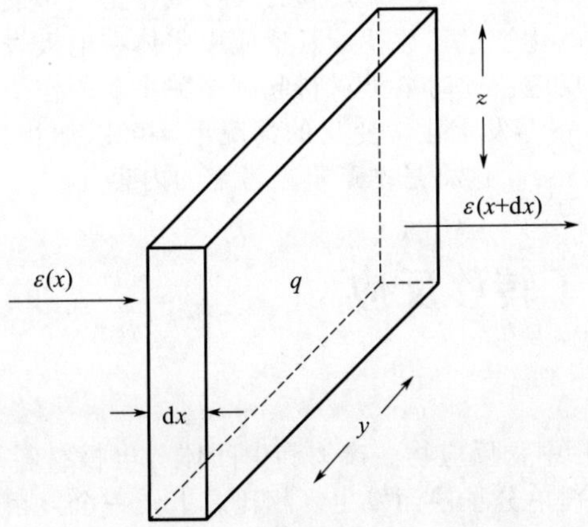

图 14.9.2　习题 14.17 示意图

第 15 章　内层电极反应与电催化

至此本书所描述的大多数基元电化学步骤均为单电子外层（球）反应，这是一种简化处理方式。对于外层电极反应，所有反应物和产物均处于溶液相，电极材料的影响不那么重要。即使是更复杂的情形，比如 EC 和 EE 反应（第 13 章），电子转移步骤也可视为单电子外层反应，因此第 3 章中的动力学模型仍然适用。

但是，一些电极反应（例如 H^+ 或 N_2 的还原、CO 或甲醇的氧化，或 Cu 的沉积）并不遵循外层反应路径。许多重要的电化学过程往往涉及反应中间体在电极表面的吸附，比如发生在燃料电池或电解水过程中的电极反应。此时电极材料起到至关重要的作用，该类过程通常称为内层反应（inner-sphere reaction）。在不发生化学变化的情况下，可以加快反应动力学的电极表面被认为存在电催化（electrocatalysis），这将是本章重点考虑的内容。

15.1　内层异相电子转移反应

15.1.1　电极表面的作用

在外层反应（3.5.1 节）中，反应物、产物和中间体与电极材料不发生强烈的相互作用，电子转移通过隧穿至少一个溶剂单分子层而发生。相比之下，一个异相界面上发生的内层反应则涉及反应物、产物或中间体与电极表面的强烈相互作用，通常至少其中一种发生特异性吸附。

内层和外层电极反应动力学对电极材料的敏感程度显著不同。例如，在非质子溶剂中，二茂铁氧化为二茂铁阳离子是一个简单的单电子转移反应，二茂铁和二茂铁阳离子均不发生吸附，所以该反应是一个典型的外层反应，在 Pt、Au 和 C 电极上得到的 CV 响应几乎相同。相比之下，在上述这些电极上，H^+ 的还原速率相差很大。根据 Tafel 分析（15.2.2 节），汞电极上 H^+ 还原的交换电流密度比铂或铱等贵金属电极小 9 个数量级[1]。动力学上的差异反映了氢原子的吸附强度，因为氢原子是 H^+ 还原为 H_2 的中间体。实际上，在包括 O_2 还原在内的许多其他电催化反应中，经常观察到反应速率与电极材料的属性密切相关。反应速率的极端差异，恰恰源自于反应物、中间体或产物与电极表面之间显著不同的化学相互作用。

15.1.2　单电子转移反应的能量学

在探究为什么一些电子转移反应是通过外层途径发生，而另一些是通过内层途径进行时，首先应该考虑给出或获得单个电子到反应物所消耗的能量。在可用的溶剂电势窗范围内，如果电子转移反应是能量上禁阻的，那么只有存在改变反应能量学的机理途径，该氧化或还原过程才能够发生。具有催化活性的电极表面，可以促进化学相互作用，从而使电子转移成为可能。

在非质子溶剂中，单电子外层氧化反应的 $E^{0'}$ [或称为可逆反应的半波电势 $E_{1/2}$，式(6.2.13)]通常与电离能（ionization energy，IE）相关❶。IE 表示从处于气相的中性分子中移除一个电子而产生相应阳离子所需要的能量[4-10]。对于结构相似的一类化合物，即使 $E_{1/2}$ 受中性

❶　历史上称为电离势（ionization potential，IP）。

母体和溶液中阳离子产物的溶剂化能的影响，它们的 $E^{0'}$ 或 $E_{1/2}$ 仍与 IE 成线性相关❷。图 15.1.1 展示了一系列芳香烃化合物在乙腈中氧化的 $E_{1/2}$ 与 IE 的依赖关系❸，包括比较容易氧化的 TMPD（IE 较低）和较难氧化的苯（IE 值比 TMPD 高约 3eV，所以其氧化发生在电势窗口末端）。如图 15.1.1 所示，$E_{1/2}$ 与 IE 成直线关系，斜率约为 0.8。该值小于 1，这是因为忽略了溶剂化效应[10]。

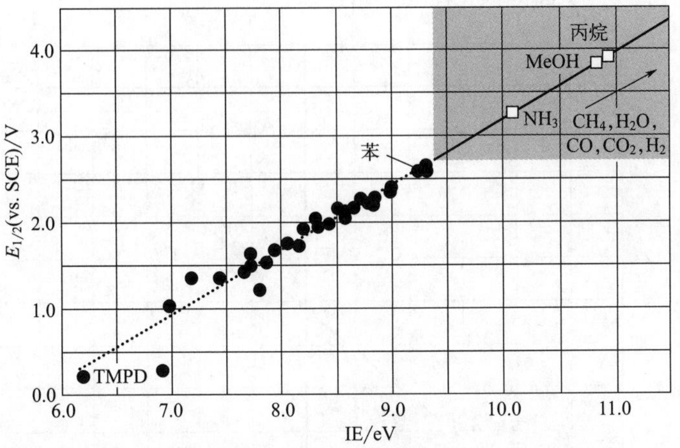

图 15.1.1　不同物质的单电子外层可逆反应的半波电势（$E_{1/2}$）与电离能（IE）的相关性（实心圆）[2-3]

图中直线是根据实心圆数据点计算所得（斜率=0.76），而各种不同小分子的数据点则依据其 IE 值置于该直线的延伸线上（空心方块）。随 IE 值越来越正，从分子中夺取电子所需能量越来越高，所以图中的阴影区内的电化学氧化反应在常规电解液中都无法进行。CH_4(IE=12.61eV)、H_2O(IE=12.62eV)、CO_2(IE=13.78eV)、CO(IE=14.01eV) 和 H_2(IE=15.43eV) 的数据点处于图的右上方但并未纳入图中

相对于饱和甘汞参比电极（vs. SCE），乙腈溶剂的电势窗的正电势端可延伸至约 2.7V，对应于图 15.1.1 中阴影区域的下部边缘。对于其它物质，可依据其 IE 值以及 $E_{1/2}$ 和 IE 之间的直线关系来预测可逆单电子氧化反应的电势；但是，阴影区域内所发生的单电子氧化还原反应的 $E_{1/2}$ 值超出了电势窗的极限，因此实验上无法观测和研究。例如，甲醇的 IE 值为 10.8eV，相当于 $E_{1/2}$=3.8V(vs. SCE)，因此甲醇的单电子氧化是实验无法企及的：

$$CH_3OH \longrightarrow CH_3OH^{+\cdot} + e \tag{15.1.1}$$

尽管如此，作为直接甲醇燃料电池的燃料，甲醇的电化学氧化非常值得研究。甲醇在酸性水溶液中会发生六电子氧化：

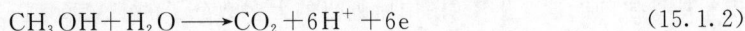

$$CH_3OH + H_2O \longrightarrow CO_2 + 6H^+ + 6e \tag{15.1.2}$$

金属间 Pt/Ru 纳米粒子是该反应的有效电催化剂（15.3.3 节）。

甲醇外层单电子氧化生成 $CH_3OH^{+\cdot}$ 的基元反应的电极电势，比整体六电子反应的热力学标准电势 E^0=0.030V(vs. NHE)[−0.214V(vs. SCE)]要大得多。因此，甲醇电化学氧化必然遵循内层反应路径，即通过反应物、中间体或产物在电催化活性表面上的特定吸附而为第一个电子的转移提供一条低能路径。考虑到整个过程共有 6 个电子发生转移，反应式(15.1.2) 必定是一个涉及中间化学物质的多步过程。甲醇氧化以及其他电催化反应的过程解析，一直是许多实验和理论研究的热点。

---

❷　物质的溶剂化能是指将该物质从真空转移到特定溶液中所产生的自由能变化。通常溶剂化能为负值，并随分子大小和极性而变化。

❸　该图沿用了参考文献 [9] 的绘图设计，即依据参考文献 [6-8] 中的相关曲线绘制，且图中仅归纳了可逆体系的数据。表 C.3 中 TMPD、TTF 和 TH 数值以及苝、苯并[*ghi*] 苝和芘的数值引自参考文献 [2]，烷基化苯的数值引自参考文献 [6]，双环过氧化物的数值引自参考文献 [7]。IE 值取自参考文献 [6-7] 或美国国家标准技术研究所（NIST）“认证”的数据或最精确的出处[3]。

由于溶剂化效应的影响可能非常重要，特别是小分子的电化学反应，所以依据 $E_{1/2}$ 与 IE 的线性相关性来判断物质是否可以发生单电子外层反应仅仅是一种近似的做法。以氢原子 H・为例，其在真空中的 IE 为 13.69eV。根据图 15.1.1 中的相关性，可预测其在 $E_{1/2}\approx 5$V(vs. SCE) 时被可逆地氧化为 H^+。但 H^+ 在水中的溶剂化能较大（约 11.4eV）[12-13]，因此 H・的氧化电势显著降低。对于较大的分子来说，溶剂化效应不太重要，因为反应物和产物的溶剂化能与构建 $E_{1/2}$ 和 IE 相关性的那些分子的溶剂化能大小相近。

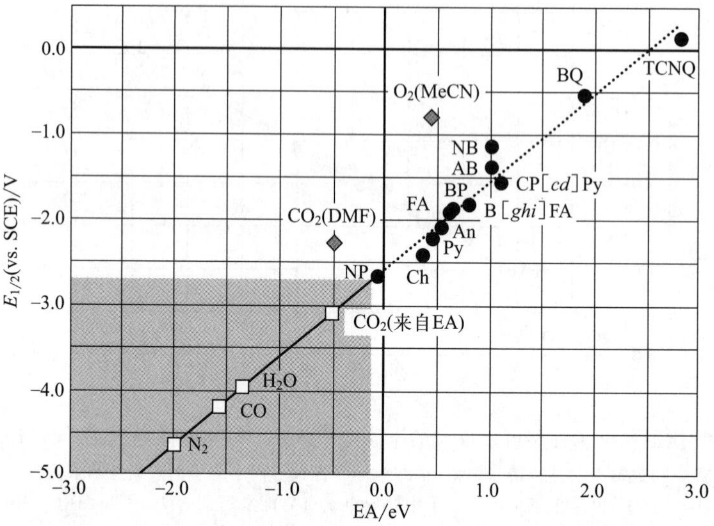

图 15.1.2 不同物质在乙腈中的单电子外层可逆反应的半波电势（$E_{1/2}$）与电子亲和势（electron affinity，EA）的相关性（实心圆），图中回归线是根据实心圆数据点计算所得（斜率＝1.03），而研究较多的小分子的数据点则依据其 EA 值而置于该直线的延伸线上（空心方块）

在常规电解液中，图中的阴影区内的电化学实验都无法进行。实验中，CO_2 和 O_2 两种小分子的还原比回归线预测的要容易得多，相对于回归线的位移源自于还原产物的强烈溶剂化，因为这两种小分子的还原产物的电荷密度远高于获得实心圆数据所用的较大分子的还原产物。AB—偶氮苯；An—蒽；B[*ghi*]FA—苯并［*ghi*］荧蒽；BP—二苯甲酮；BQ—对苯醌；Ch—䓛；CP[*cd*]Py—环戊基［*cd*］芘；FA—荧蒽；NB—硝基苯；NP—萘；Py—芘；TCNQ—7,7,8,8-四氰基喹啉二甲烷（分子结构见图 1）

对于单电子还原过程，还可以采用另一种相关性分析策略。图 15.1.2 显示芳香烃类化合物还原的 $E_{1/2}$ 值与其气相电子亲和势（EA）的相关性[4-5,9-10]，其中－EA 是向气相中的分子转移单电子所产生的能量变化❹。图中所列出的大多数分子的 EA 都为正值，意味着它们可以自发地得到一个电子。而当 EA 变小时，得到一个电子所释放的能量减少。如果 EA 为负值，则表示分子在气相中可以自发失去电子。

对于 EA 和 $E_{1/2}$ 值落在图 15.1.2 中阴影区域以外的物质，在非质子溶剂中电势窗极限内［－2.7V(vs. SCE)］可发生外层单电子反应而被还原。但是，对于 EA 和 $E_{1/2}$ 值落在阴影区域以内的物质，则不能发生还原。因此，在 N_2 电化学还原为 NH_3 的过程中，反应起始不大可能发生外层单电子反应生成溶解 $N_2^{\cdot-}$。根据图 15.1.2 预测，该反应发生的电势远远超出电势窗极限［约－4.7V(vs. SCE)］。但是，N_2 的六电子还原生成 NH_3 可以发生在具有催化活性的电极表面（例如 Pt）[15]：

$$N_2+6H_2O+6e\longrightarrow 2NH_3+6OH^- \qquad E^0=-0.77\text{V(vs. NHE)}❺ \qquad (15.1.3)$$

与甲醇氧化类似，所预测的外层单电子反应的发生电势比整个多电子反应的热力学电势要负得多，这表明 N_2 还原也必须通过内层反应发生。

---

❹ $E_{1/2}$ 值引自参考文献［14］或取自表 C.3，EA 值则为 NIST 给出的数值的平均值[3]。

❺ 依据 pH＝14 时的标准化学势计算[15]。

上述讨论强调热力学在确定反应是通过外层还是内层机制进行时的作用，但溶剂和溶液中其它物质的性质也会影响反应路径。例如，取决于溶剂和质子存在与否，O_2 既可通过简单的外层反应也可通过复杂的内层反应发生还原[16]。

① 在非质子溶剂中，O_2 可以发生可逆单电子还原，生成 $O_2^{\cdot -}$[16]。由于 $O_2^{\cdot -}$ 易于溶剂化，该还原反应的电势[在乙腈里 −0.82V(vs. SCE)]显著低于 O_2 的 EA 值（0.45eV）所预测的 −2V（图 15.1.2）：

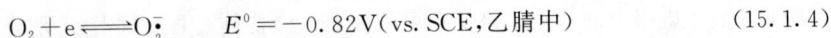

$$O_2 + e \rightleftharpoons O_2^{\cdot -} \qquad E^0 = -0.82\text{V(vs. SCE,乙腈中)} \tag{15.1.4}$$

② 在水溶液中，O_2 可以发生四电子还原生成 H_2O：

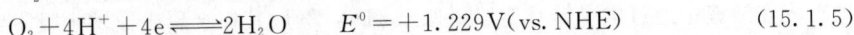

$$O_2 + 4H^+ + 4e \rightleftharpoons 2H_2O \qquad E^0 = +1.229\text{V(vs. NHE)} \tag{15.1.5}$$

该反应遵循复杂的内层反应路径。与形成 $O_2^{\cdot -}$ 相比，内层反应电势正移约 2V，主要源于产物 H_2O 的稳定性。然而，在强碱性的水溶液（>6mol/L NaOH）中，可以再次观察到 O_2 的单电子还原，这一结果表明 H^+ 在形成 H_2O 时的作用[17]。

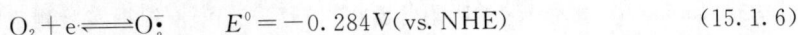

$$O_2 + e \rightleftharpoons O_2^{\cdot -} \qquad E^0 = -0.284\text{V(vs. NHE)} \tag{15.1.6}$$

在 15.3.1 节和 15.4.3 节将进一步详细讨论氧气的四电子还原。

15.1.3　吸附能

参与内层反应的化学物种的吸附能可以显著降低动力学能垒，甚至提供很大的驱动力，从而使整个过程遵循表面反应路径。例如，虽然氢原子的弱溶剂化不利于 H^+ 还原为溶剂化氢原子 $H^{\bullet}_{ads}$，但 $H^{\bullet}_{ads}$ 在金属（如 Pt）上的较负化学吸附自由能可驱动 H^+ 还原，形成表面结合的 Pt-H 物种，即 H_{ads}❻。$H^{\bullet}_{ads}$ 在金属电极上的吸附自由能影响质子还原的速率和机理，因此不同金属上的电催化速率和吸附能之间存在相关性（15.5 节）。吸附物种是所有异相内层反应的关键中间体，本章余下部分将对此进行讨论。

15.2　电催化反应机理

15.1 节介绍了许多有趣的电催化反应过程，例如 N_2 还原和甲醇氧化，它们都会涉及吸附中间体。针对每一个电催化过程，我们都可以提出一个相应的反应序列，但实验测量往往不能准确地揭示真正的反应机理，也无法准确鉴别吸附中间体。在本节中，将以 H^+ 还原为 H_2——一个相对简单但尚未完全理解的内层反应为例，说明吸附在电催化反应中的重要性，并为如何处理和研究电催化反应提供框架。

15.2.1　析氢反应

电催化通常要求一种反应物或中间体能够吸附在电极表面。一旦吸附发生，则电催化反应持续进行，伴随化学键的断裂和形成，然后是产物的脱附。此处将采用第 14 章所阐述的原则，考虑吸附过程如何影响内层反应速率。研究表明，吸附热力学是决定总反应速率的关键因素。存在两个极限情况：极弱的反应物吸附无法驱动反应发生，强吸附中间体则可能与电极上的活性位点紧密结合而导致脱附缓慢。因此，一个较为中等的吸附强度是比较理想的，这与电极材料的性质密切相关。

质子还原生成氢气是目前研究得最为充分的内层反应之一，其通常被称为析氢反应（hydrogen evolution reaction，HER）：

$$2H^+ + 2e \rightleftharpoons H_2 \qquad E^0_{H^+/H_2} = 0.0\text{V(vs. NHE)} \tag{15.2.1}$$

尽管 $E^0_{H^+/H_2}$ 仅由 H^+ 和 H_2 的生成自由能所决定［并且与金属的选择无关；见 2.2.4(5) 节］，但

❻ 本书中的一般做法是通过在符号中引入一个圆点来表示溶液中的含有不成对电子的物质，即自由基（例如 H·）。如果强调溶剂，还可以添加下标（例如 $H^{\bullet}_{ads}$）。如果自由基被吸附，鉴于不成对电子可能参与表面结合，下标为"ads"，圆点可省略（例如 H_{ads}）。

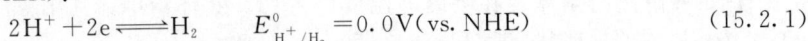

反应速率发生数量级的变化。在 Pt 和 Pd 等金属上反应非常快，在 Hg 上非常缓慢。以下将探讨产生这种差异的原因。

(1) 氢原子的还原吸附

根据已有的机理，从 H^+ 生成 H_2 至少包括两个基元步骤，第一个步骤是 H^+ 的还原吸附以形成吸附的 H 原子，即 H_{ads}：

$$H^+ + L + e \rightleftharpoons H_{ads} \tag{15.2.2}$$

其中，L 表示电极上的空位。该反应可认为是一个协同过程，同时涉及电子转移和吸附。

为了理解吸附热力学在决定 H_2 生成速率中的作用，可以认为式(15.2.2) 分两个步骤发生。即首先在溶液中通过电子转移生成氢原子 $H^{\bullet}_{aq}$，然后其在金属表面发生吸附：

$$H^+ + e \rightleftharpoons H^{\bullet}_{aq} \tag{15.2.3}$$

$$H^{\bullet}_{ads} + L \rightleftharpoons H_{ads} \tag{15.2.4a}$$

$$a_{H_{ads}}/a_L = \beta a_{H^{\bullet}_{aq}} \tag{15.2.4b}$$

其中式(15.2.4b) 表示 $H^{\bullet}_{aq}$ 的吸附等温线（14.5.3 节）。根据实验测定的 H· 在气相中的标准生成自由能（203.278kJ/mol），以及理论上估算的约 20kJ/mol 的溶剂化能，可得 $H^{\bullet}_{aq}$ 在溶液中的标准生成自由能，$\Delta G^0_{H^{\bullet}_{aq}} = (223\pm3)$kJ/mol[13]。进一步依据 $\Delta G^0 = -nFE^0$，可知 $E^0_{H^+/H^{\bullet}_{aq}} = -2.31$V (vs. NHE)[13]。

图 15.2.1 显示了该体系可能的自由能图。若无吸附发生，则 H^+ 的单电子还原生成 $H^{\bullet}_{aq}$ 将遵循从曲线 1 到 3 的反应路径，该步骤的过渡态位于两条曲线的交点，相应的活化自由能（$\Delta G^{\ddagger}$）则为从 H^+ 到活化配合物的能量变化。因为 $H^{\bullet}_{aq}$ 在包括 H_2O 在内的大多数溶剂中都是弱溶剂化的，因此 $\Delta G^{\ddagger}$的值很大。

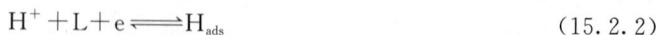

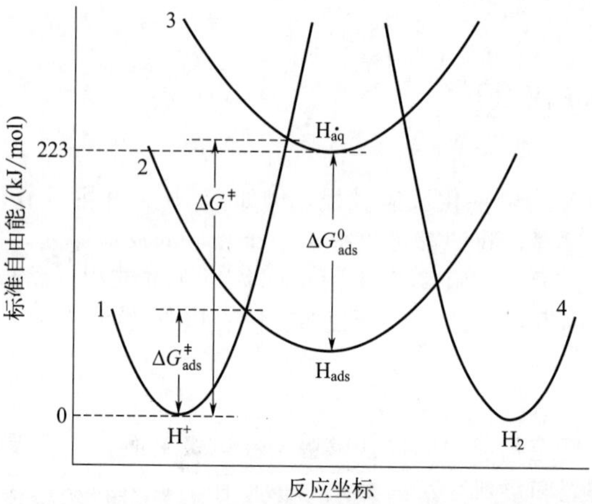

图 15.2.1　反应$2H^+ + 2e \rightleftharpoons H_2$ 的标准自由能（G^0）与反应坐标的简化关系图

H^+ 还原产生吸附中间体 H_{ads}，可显著降低从 $\Delta G^{\ddagger}$到 $\Delta G^{\ddagger}_{ads}$ 的电子转移的活化能垒

由于 $H^{\bullet}_{aq}$ 可自发地吸附在金属电极上，H_{ads} 的自由能曲线（曲线 2）低于 $H^{\bullet}_{aq}$。因此曲线 1 和 2 的交点处的过渡态具有较小的活化能（ΔG_{ads}），从而使还原吸附反应式(15.2.2) 成为可能，随后反应通过第二过渡态到达曲线 4，最终产生 H_2。

$H^{\bullet}_{aq}$ 的吸附热力学体现在吸附等温线［式(15.2.4b)］中，其中 $\beta_H = \exp[-\Delta G^0_{ads}/(RT)]$，$\Delta G^0_{ads}$ 表示吸附的标准自由能（14.5.3 节）。

在 HER 中，作为中间体的吸附氢（H_{ads}）与催化活性金属表面在 $E > E^0_{H^+/H_2}$ 电势区间的吸附氢不一定相同。后者通常被称为欠电势沉积（UPD）氢，在酸性介质中呈现可逆 CV 峰，表明其发生相对较强的吸附。图 14.4.6 和图 14.6.1 所示，Pt 电极表面可发生此过程。与此相反，一般认为 HER 中所涉及的中间体 H_{ads}（电势区间 $E < E^0_{H^+/H_2}$）仅发生弱吸附。对于欠电势沉积氢和 H_{ads} 之间的关系，已有相关工作进行了实验研究和讨论[18-19]。

(2) Volmer-Tafel 和 Volmer-Heyrovský 机理

紧随 H^+ 的还原吸附，两个相邻的 H_{ads} 可以反应生成 H_2，其后 H_2 迅速从表面脱附：

$$2H_{ads} \rightleftharpoons H_2 + 2L \tag{15.2.5a}$$

$$K_{eq} = a_{H_2} a_L^2 / a_{H_{ads}}^2 \tag{15.2.5b}$$

式(15.2.2) 和式(15.2.5a) 描述的反应路径称为 Volmer-Tafel 机理，可将其分割等效为三个基元步骤，即式(15.2.3)、式(15.2.4a) 和式(15.2.5a) 来进行分析。

从式(15.2.3) 的能斯特方程开始：

$$E = E^0_{H^+/H^{\bullet}_{aq}} + \frac{RT}{F}\ln\frac{a_{H^+}}{a_{H^{\bullet}_{aq}}} \tag{15.2.6}$$

然后根据式(15.2.4b) 和式(15.2.5b) 的平衡表达式约去 $H^{\bullet}_{aq}$、H_{ads} 和 L 的活度，得到下式：

$$E = E^0_{H^+/H^{\bullet}_{aq}} + \frac{RT}{F}\ln\beta_H K_{eq}^{1/2} + \frac{RT}{2F}\ln\frac{a^2_{H^+}}{a_{H_2}} \tag{15.2.7}$$

与式(15.2.1) 的能斯特方程进行比较，可以发现：

$$\boxed{E^0_{H^+/H_2} = E^0_{H^+/H^{\bullet}_{aq}} + \frac{RT}{F}\ln\beta_H K_{eq}^{1/2}} \tag{15.2.8}$$

该公式依据 β_H 和 K_{eq} 两个热力学参数确立了 $E^0_{H^+/H_2}$ 和 $E^0_{H^+/H^{\bullet}_{aq}}$ 之间的关系，其差值确定了 $\beta_H K_{eq}^{1/2}$ 为 1.1×10^{39}，表示两个 $H^{\bullet}_{aq}$ 形成 H_2 的总驱动力。即使 β_H 和 K_{eq} 各自都与界面结构（如电极材料、晶格取向、溶剂、电解质）有关，也可能都与电极电势相关，但二者乘积 $\beta_H K_{eq}^{1/2}$ 与界面结构和电极电势均无关。这一点可以明显地从式(15.2.8) 看出，$E^0_{H^+/H_2}$ 和 $E^0_{H^+/H^{\bullet}_{aq}}$ 均为与电极无关的热力学常数。即便如此，β_H 和 K_{eq} 决定 H_{ads} 的表面覆盖度，并影响 HER 的总体速率。15.5 节中将展示电流密度与 H· 在不同金属上的吸附能的相关性（即所谓的“火山图”），其进一步证实了上述观点。

对于 HER 几乎可逆的金属电极（例如 Pt)，热力学参数 β_H 和 K_{eq} 不影响 i-E 响应曲线的位置或形状，因为总体可逆性要求所有中间步骤也必须是可逆的。

HER 的另一种解释是 Volmer-Heyrovský 机理。与 Volmer-Tafel 机理相同，反应起始于 H^+ 的还原吸附形成 H_{ads} [式(15.2.2)]。但不同的是，Volmer-Heyrovský 机理中的再一个 H^+ 经历协同还原并与 H_{ads} 反应形成 H_2：

$$H_{ads} + H^+ + e \longrightarrow H_2 + L \tag{15.2.9}$$

对于上述两种机理，决速步骤可能是初始还原吸附产生 H_{ads}，也可能是随后的 H_2 生成。根据反应式(15.2.2)、式(15.2.5a) 和式(15.2.9)，Volmer-Tafel 和 Volmer-Heyrovský 机理对 H_{ads} 的表面覆盖度和电极电势呈现不同的依赖性，而且这两种反应机理极可能是同时存在的，其贡献随电极材料、电势和溶液条件的不同而不同。

15.2.2 Tafel 图用于分析析氢反应动力学

Tafel 分析是通过电化学数据来判别一个内层反应的决速步骤的常用方法之一[1,20]。根据 3.4.3(4) 节的定义，过电势与电流对数之间的关系曲线（$\eta = E - E_{eq}$, vs. $\lg i$）即为 Tafel 曲线，它是获得动力学参数的一个经典方法。Tafel 在研究 H^+ 在汞、铂和其它金属电极上的还原反应时，发现了以下经验关系：

$$\eta = a + b\lg i \tag{15.2.10}$$

如 3.4.3(3) 节所述，当施加足够大的过电势时，可将 Butler-Volmer 方程近似处理，得到式(15.2.10)，此时可以忽略阴极或者阳极电流。从定量的角度来说，当逆反应贡献的电流<1%时，即在 25℃时施加高于约 118mV 的过电势 [方程式(3.4.17)]，Tafel 公式才是有效的。当施加一个较大的负过电势且在非传质控制的情况下，Butler-Volmer 方程简化为式(3.4.15)，用对数形式表示如下：

$$\boxed{\eta = \frac{2.303RT}{\alpha F}\lg i_0 - \frac{2.303RT}{\alpha F}\lg i} \tag{15.2.11}$$

比较式(15.2.10) 和式(15.2.11) 可知，经验 Tafel 常数 $a=\frac{2.303RT}{\alpha F}\lg i_0$，$b=-\frac{2.303RT}{\alpha F}$。

本质上来讲，Tafel 公式[式(15.2.10)]是一个经验性处理方法。虽然 Tafel 公式适用于许多复杂的多步反应（如 O_2 还原），这些年引起了人们的广泛关注，但并不能提供很多信息。为了获得机理上的深刻认知，需要建立一个电极动力学模型并引入一个机理假设。若采用 Butler-Volmer 模型处理电极动力学，如式(15.2.11) 所示，通常简单地假设反应速率由单电子转移步骤所决定，并且需要明确知道平衡电势（E_{eq}），从而可以在实验中准确测量 η。对于本章中所关注的复杂反应，E_{eq} 通常非常难确定，以下将探讨 Tafel 曲线的实际运用及限制条件。

式(15.2.11) 的应用还应考虑其它重要的限制条件，包括假设反应物的传质应该不影响电流，以及 α 在测量电势范围内应该是一个常数。原则上传质效应是可以校正的（3.4.6 节），但是许多反应的极限电流是未知的，且较高的电流会导致气泡产生等现象。在大多数情况下，Tafel 分析仅适用于非常低的电流密度。

在下面的分析中，将基于前面介绍的不同机制和决速步骤推导 HER 的 Tafel 表达式。假设 HER 发生在酸性溶液中，并且主要反应物是 H^+，而碱性溶液中 HER 主要发生 H_2O 的还原。

Tafel 曲线分析几乎仅考虑反应物的浓度而不是其活度，因此在后面所推导的 Tafel 表达式中以 $E^{0'}$ 代替 E^0，以 C_{H^+} 代替 a_{H^+}，以 θ 代替 $a_{H_{ads}}$，以 $1-\theta$ 代替 a_L[7]。在后两种情况下，以单位摩尔分数作为标准状态来定义活度（2.1.5 节和 14.5.3 节）。H_{ads} 的表面覆盖度定义为 $\theta=\Gamma_{H_{ads}}/\Gamma_{s,H_{ads}}$，其中，$\Gamma_{s,H_{ads}}$ 表示饱和覆盖度；$0\leqslant\theta\leqslant1$。

目的是推导电流 i 和过电势 η 的关系（即 i-η 关系），并预测 $\lg\eta$ vs. $\lg i$ 曲线的斜率，给出在 15.2.1 节讨论的机理的替代方案。而 i-η 关系的最终表达式取决于决速步骤。

按照第 3 章中的方法，首先写出 Volmer、Heyrovský 和 Tafel 反应的速率表达式，v_q[mol/(s·cm²)]（下标 q 分别为 V、H 或 T）：

$$H^+ + L + e \rightleftharpoons H_{ads} \quad \text{(Volmer 反应)} \tag{15.2.12}$$

$$H_{ads} + H^+ + e \rightleftharpoons H_2 + L \quad \text{(Heyrovský 反应)} \tag{15.2.13}$$

$$2H_{ads} \rightleftharpoons H_2 + 2L \quad \text{(Tafel 反应)} \tag{15.2.14}$$

$$v_V = k_V C_{H^+}(1-\theta) \tag{15.2.15}$$

$$v_H = k_H C_{H^+}\theta \tag{15.2.16}$$

$$v_T = k_T\theta^2 \tag{15.2.17}$$

Volmer 和 Heyrovský 反应都涉及电子转移，速率常数 k_V 和 k_H 可以反映反应速率与电极电势的相关性。由于 θ 是前一步电子转移 [式(15.2.12)]的函数，Tafel 反应速率也与电极电势相关。本节将处理这些与电极电势相关的物理量，以获得某一给定机制下的反应速率与 η 的关系，然后根据下式得到电化学电流：

$$i = nFAv_q \tag{15.2.18}$$

其中，n 表示整个反应中转移的电子数；v_q 为决速步骤的速率。尽管式(15.2.12)～式(15.2.14) 给出的 HER 的三个可能的决速步骤分别为单电子、单电子和零电子转移反应，但其前后均发生一个或两个其他快反应，最终总是两个电子发生转移，因此 HER 的 $n=2$。

(1) Volmer 反应为限速步骤

首先，假设 H^+ 还原吸附是限速步骤 [式(15.2.12)]，而随后的 Heyrovský 和/或 Tafel 步骤为快反应。此时 H_{ads} 的表面覆盖度非常低，即 $\theta\to0$。还原吸附的速率常数遵循 BV 模型：

$$k_V = k_V^0 e^{-\alpha_V f(E-E_V^{0'})} \tag{15.2.19}$$

其中，k_V^0，$E_V^{0'}$ 和 α_V 分别表示 Volmer 反应的标准速率常数、形式电势和电荷转移系数。根据式(15.2.15)、式(15.2.18) 和式(15.2.19) 以及 $\theta\to0$，可以得到当 Volmer 步骤为 HER 的决速

[7] 此替代将活度系数和标准状态浓度（2.1.5 节）纳入速率常数或平衡参数，还将无量纲的基于活度的速率常数或平衡参数转换为带有单位的基于浓度的常数。

步骤时的电化学电流：

$$i=nFAk_{\mathrm{V}}^{0}C_{\mathrm{H}^{+}}\mathrm{e}^{-\alpha_{\mathrm{V}}f(E-E_{\mathrm{V}}^{0'})} \tag{15.2.20}$$

公式两端取对数并重排，即可得到相应的 Tafel 关系：

$$E-E_{\mathrm{V}}^{0'}=\frac{2.303}{\alpha_{\mathrm{V}}f}\lg(nFAk_{\mathrm{V}}^{0}C_{\mathrm{H}^{+}})-\frac{2.303}{\alpha_{\mathrm{V}}f}\lg i \tag{15.2.21}$$

由于 $E_{\mathrm{V}}^{0'}$ 值未知，无法依据式(15.2.21) 计算某一电流下的左侧数值，因此该方程无助于解释实际实验结果。取而代之的是，通常在某一过电势（$\eta_{\mathrm{HER}}=E-E_{\mathrm{eq}}$，其中 E_{eq} 表示实验体系的平衡电势，通常由 H^{+}/H_{2} 电对来定义）下来进行 Tafel 分析。对于 Volmer 反应为决速步骤的情形，Tafel 方程可以重写为：

$$\boxed{\eta_{\mathrm{HER}}=\frac{2.303}{\alpha_{\mathrm{V}}f}\lg(nFAk_{\mathrm{V}}^{0}C_{\mathrm{H}^{+}})+(E_{\mathrm{V}}^{0'}-E_{\mathrm{eq}})-\frac{2.303}{\alpha_{\mathrm{V}}f}\lg i} \tag{15.2.22}$$

若 $\alpha_{\mathrm{V}}=0.5$，$T=25℃$，相应的 Tafel 曲线（η_{HER} vs. $\lg i$）的斜率为 $2.303/(\alpha_{\mathrm{V}}f)=0.118\mathrm{V/dec}$。

对于 $E^{0'}$ 已知的单电子转移反应（例如 $Fe^{3+}+e \rightleftharpoons Fe^{2+}$），从 Tafel 曲线的截距可计算交换电流密度并获取异相反应速率常数［3.4.3(4) 节］。但对于复杂多步反应（比如 HER)，由于中间体氧化还原基元步骤的电势是未知的，所以上述做法通常是不可行的。此时，若依据式(15.2.22) 从 Tafel 曲线的截距确定 k_{V}^{0} 之前，$E_{\mathrm{V}}^{0'}$ 必须是已知的。对于下面推导的所有 Tafel 方程，都会遇到类似困难。

(2) Heyrovský 反应为限速步骤

若 Heyrovský 反应式(15.2.13) 为 HER 的限速步骤，可用类似的方式推导 i-η 关系，该步骤的速率常数可表示如下：

$$k_{\mathrm{H}}=k_{\mathrm{H}}^{0}\mathrm{e}^{-\alpha_{\mathrm{H}}f(E-E_{\mathrm{H}}^{0'})} \tag{15.2.23}$$

其中，k_{H}^{0}，$E_{\mathrm{H}}^{0'}$ 和 α_{H} 应用于 Heyrovský 反应。将式(15.2.23) 和式(15.2.16) 代入式(15.2.18)，得到：

$$i=nFAk_{\mathrm{H}}^{0}C_{\mathrm{H}^{+}}\theta\mathrm{e}^{-\alpha_{\mathrm{H}}f(E-E_{\mathrm{H}}^{0'})} \tag{15.2.24}$$

此时，表面覆盖率 θ 与电极电势有关且不为零。为了推导电极电势的影响，假设之前的 Volmer 步骤始终处于平衡，因此其遵循能斯特方程：

$$E=E_{\mathrm{V}}^{0}+\frac{RT}{F}\ln\frac{a_{\mathrm{H}^{+}}a_{\mathrm{L}}}{a_{\mathrm{H}_{\mathrm{ads}}}}=E_{\mathrm{V}}^{0'}+\frac{RT}{F}\ln\frac{(C_{\mathrm{H}^{+}}/C^{0})(1-\theta)}{\theta} \tag{15.2.25}$$

在式(15.2.25) 中，活度系数被囊括在 $E_{\mathrm{V}}^{0'}$ 中，C^{0} 为标准状态浓度（2.1.5 节）[8]。最后整理可得：

$$\theta=\frac{C_{\mathrm{H}^{+}}/C^{0}}{C_{\mathrm{H}^{+}}/C^{0}+\mathrm{e}^{f(E-E_{\mathrm{V}}^{0'})}} \tag{15.2.26}$$

其中 $C_{\mathrm{H}^{+}}/C^{0}$ 为无量纲浓度。一般来讲，当电极电势 E 比 $E_{\mathrm{V}}^{0'}$ 值更正时，θ 可以很小；但当其更负时，θ 可以接近 1。下面进一步考察这两种极限情况：

① θ 较小：当 $\theta\leqslant 0.1$，根据式(15.2.26) 可得 $\exp[f(E-E_{\mathrm{V}}^{0'})]\geqslant 9C_{\mathrm{H}^{+}}/C^{0}$；也就是说，当 $E>E_{\mathrm{V}}^{0'}+59\lg C_{\mathrm{H}^{+}}/C^{0}+(59\lg 9)\mathrm{mV}$（25℃）时，低覆盖度极限情形是适用的。在此电势范围内，式(15.2.26) 中分母的第二项远大于第一项，该公式可简化为

$$\theta=\frac{C_{\mathrm{H}^{+}}/C^{0}}{\mathrm{e}^{f(E-E_{\mathrm{V}}^{0'})}} \tag{15.2.27}$$

当 $C_{\mathrm{H}^{+}}=0.1\mathrm{mol/L}$ 时，$\theta\leqslant 0.1$ 对应于 $E\geqslant E_{\mathrm{V}}^{0'}-3\mathrm{mV}$。

---

[8] H^{+} 的活度总是 $a_{\mathrm{H}^{+}}=\gamma_{\mathrm{H}^{+}}C_{\mathrm{H}^{+}}/C^{0}$，其中 C^{0} 为标准状态浓度。如果 $C_{\mathrm{H}^{+}}$ 为摩尔浓度，则 $C^{0}=1\mathrm{mol/L}$。在本书中，物种 j 的浓度单位通常为 $\mathrm{mol/cm^{3}}$，$C^{0}=10^{-3}\mathrm{mol/cm^{3}}$。通常 C^{0} 被囊括到相关的速率常数或平衡常数中，只需给予该常数适当的尺度和单位。此处保留其单位，因此 H^{+} 的浓度以无量纲比率 $C_{\mathrm{H}^{+}}/C^{0}$ 来表示。

② θ 较大：当 $\theta \geqslant 0.9$，根据式(15.2.26) 可得 $\exp[f(E-E_V^{0'})] \leqslant (1/9)C_{H^+}/C^0$；也就是说，当 $E \leqslant E_V^{0'} + 59\lg C_{H^+}/C^0 + [59\lg(1/9)]\mathrm{mV}(25℃)$ 时，高覆盖度极限情形是适用的。

当 $C_{H^+} = 0.1\mathrm{mol/L}$ 时，$\theta \geqslant 0.9$ 对应于 $E-E_V^{0'} < -116\mathrm{mV}$。

两种极限情况之间的过渡区域的宽度是上述两个边界之间的差值，在 25℃时为 $(2\times 59)\lg 9 = 113\mathrm{mV}$，且与 H^+ 浓度无关。

当 Heyrovský 反应为限速步骤时，可从式(15.2.24) 中获得低或高 θ 时的 HER 电流，如下所示：

① θ 较小时，将式(15.2.27) 代入式(15.2.24) 得到下式：

$$i = \frac{nFAk_H^0}{C^0} C_{H^+}^2 e^{-\alpha_H f(E-E_H^{0'}) - f(E-E_V^{0'})} \tag{15.2.28}$$

两边取对数可得：

$$\boxed{\eta_{HER} = E - E_{eq} = \frac{2.303}{(1+\alpha_H)f}\lg\left(\frac{nFAk_H^0}{C^0}C_{H^+}^2\right) + \frac{\alpha_H}{1+\alpha_H}E_H^{0'} + \frac{1}{1+\alpha_H}E_V^{0'} - E_{eq} - \frac{2.303}{(1+\alpha_V)f}\lg i} \tag{15.2.29}$$

若 $\alpha_H = 0.5$，$T = 25℃$，相应的 Tafel 曲线（η_{HER} vs. $\lg i$）的斜率为 $2.303/(1+\alpha_H)f = 0.039\mathrm{V/dec}$。

② 当 H_{ads} 的 θ 较大时，依据 $\theta \to 1$ 这一极限情况，得到下式：

$$i = nFAk_H^0 C_{H^+} e^{-\alpha_H f(E-E_H^{0'})} \tag{15.2.30}$$

相应的 Tafel 方程为：

$$\boxed{\eta_{HER} = E - E_{eq} = \frac{2.303}{\alpha_H f}\lg(nFAk_H^0 C_{H^+}) + E_H^{0'} + - E_{eq} - \frac{2.303}{\alpha_V f}\lg i} \tag{15.2.31}$$

若 $\alpha_H = 0.5$，$T = 25℃$，相应的 Tafel 曲线的斜率为 $2.303/(\alpha_H f) = 0.118\mathrm{V/dec}$。

(3) Tafel 反应为限速步骤

如果假设两个吸附的氢原子缓慢通过 Tafel 二聚生成 H_2，其随后快速脱附，则 η_{HER} 的分析与前面 (1) 和 (2) 中的分析略有不同，原因在于该基元反应不涉及电子转移。因此，式(15.2.17) 中的速率常数 k_T 与电极电势无关。但依据式(15.2.26)，由于 θ 与电极电势相关，所以 Tafel 反应速率仍然与电极电势有关。由式(15.2.17)、式(15.2.18) 和式(15.2.26) 可得电流的一般表达式：

$$i = nFAk_T\left[\frac{C_{H^+}/C^0}{C_{H^+}/C^0 + e^{f(E-E_V^{0'})}}\right]^2 \tag{15.2.32}$$

① θ 较小时，括号内这一项等同于式(15.2.27)，所以得到下式：

$$i = nFAK_T\left[\frac{C_{H^+}/C^0}{e^{f(E-E_V^{0'})}}\right]^2 \tag{15.2.33}$$

相应的 Tafel 表达式为：

$$\eta_{HER} = E - E_{eq} = \frac{2.303}{2f}\lg nFAK_T\left(\frac{C_{H^+}}{C^0}\right)^2 + E_V^{0'} - E_{eq} - \frac{2.303}{2f}\lg i \tag{15.2.34}$$

此时 Tafel 曲线的斜率为 $2.303/(2f) = 0.0296\mathrm{V/dec}$，且与 α 无关，原因在于 Tafel 步骤不涉及电子转移。

② 当 H_{ads} 的 θ 较大时，鉴于 $\theta \to 1$，电流与电极电势无关：

$$\boxed{i = nFAk_T} \tag{15.2.35}$$

此时 Tafel 曲线的斜率将接近无穷大。由于 H_{ads} 已经完全覆盖，电极电势的进一步变负不会提高 Tafel 步骤的速率。

(4) H^+ 传质为限速步骤

若 HER 的两个基元步骤都是可逆的，则电流由 H^+ 向电极表面的传输所控制。在这种情况下，可以得到能斯特型的 i-E 响应［例如式(1.3.15)］以及非线性的 Tafel 曲线（E 或 η_{HER} vs. lg$i$）。当 H^+ 浓度较低时，Pt 电极上的 HER 近乎呈现能斯特响应，意味着每个中间步骤在微观上都是可逆的。

（5）基于 Tafel 斜率的动力学分析

(1)～(4) 中的公式推导，强调 HER 速率与电极电势的相关性对反应路径是敏感的。因此，从不同实验条件下的 Tafel 曲线中应该能够提取反应机制和动力学信息。表 15.2.1 总结了不同 HER 机理和不同限速步骤条件下所推导出的 Tafel 斜率。

表 15.2.1　不同限速步骤条件下 HER 预期的 Tafel 斜率①

表面覆盖率	预期的 Tafel 斜率/mV②			
	Volmer 反应	Heyrovský 反应	Tafel 反应	传质
低，$\theta\approx0$	118	40	30	非线性
高，$\theta\to1$	N/A	118	∞	非线性

① 25℃。

② 每一列所标注的反应为决速步骤。

表 15.2.2　预期的总反应的电荷转移系数 α_R(25℃)

表面覆盖率	预期的 α_R①		
	Volmer 反应	Heyrovský 反应	Tafel 反应
低，$\theta\approx0$	α_V	$1+\alpha^H$	2
高，$\theta\to1$	α_V	α^H	0

① 每一列所标注的反应均为决速步骤。

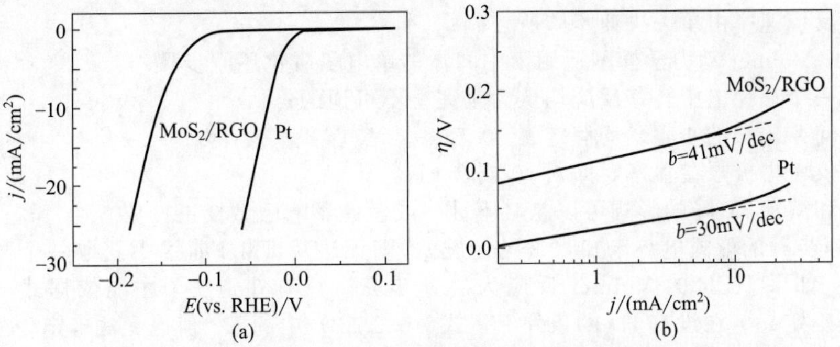

图 15.2.2　(a) 负载等量 Pt 和 MoS_2/RGO 纳米颗粒催化剂的玻碳电极在 0.5mol/L H_2SO_4 中得到的 HER 的 i-E 曲线；(b) 相应的 Tafel 曲线，横坐标为电流密度 j，以 Pt 电极测量过电势 η(vs. E_{eq})，Pt 纳米颗粒催化剂为市售 Vulcan 炭黑上负载（质量分数计）的 20% Pt（引自文献[24]）

为了得到有效的 Tafel 斜率，Tafel 曲线（η_{HER} vs. lg$i$）的电流范围至少要跨越 2 个数量级。对于 HER 非常慢的金属（例如 Hg），这很容易实现；因为这种情况下电流会足够小，所以传质不会控制反应。在 HER 快速的、具有电催化活性的表面（例如 Pt），Tafel 方程的有效电势区域［没有传质效应，但有足够的过电势来抑制反向电子转移反应（即 $\eta_{HER}>118$mV）］是有限的[22]。

一般来说，总反应转移系数（α_R）在文献中均有报道，其可作为描述反应动力学的一个特征动力学参数。α_R 与 α_V 和 α_H 不同，后两者为 Volmer 和 Heyrovský 单电子反应的电荷转移系数，反映相应反应能垒的对称性，而 α_R 仅是 Tafel 斜率的另一种表达形式，$\alpha_R=(2.303/f)(\text{Tafel 斜率})^{-1}$。表 15.2.2 给出了不同反应机理下 HER 的 α_R 值。

通过 HER 反应的 Tafel 分析获得表 15.2.1 和表 15.2.2 中所列数值，前提条件是对极限表面覆盖率的两种假设（$\theta \approx 0$ 或 $\theta \to 1$）。θ 可能不仅位于这两个极限值之间，而且可能与电极电势有关。如 15.2.1(2) 节所述，H·的吸附等温线 β_H 和 H_2 形成/脱附的平衡常数 K_{eq} 均与电极电势有关。因此，HER 的不同反应机理可能共存，甚至是占主导地位的反应机理，都可能随电极电势变化，从而产生非线性 Tafel 曲线[1,20,23]。

图 15.2.2 显示了两种电催化材料（即 Pt 纳米颗粒和杂化的 MoS_2/RGO 纳米颗粒，其中 RGO 表示还原的氧化石墨烯）HER 的 Tafel 分析。MoS_2 是一种层状晶体材料，在 RGO 上合成的 MoS_2 颗粒具有平整的结构，厚度仅为几个单层，具有电催化活性的边缘暴露于溶液中。如图 15.2.2(a) 中的 i-E 曲线所示，Pt 纳米颗粒 HER 的起始电位略比 0.0V(vs. RHE) 更负，表明 Pt 的析氢过电势非常小。相比之下，同等负载量的 MoS_2/RGO 纳米颗粒 HER 的起始电势负移约 0.1V，表明非贵金属电催化剂的动力学较慢（相当于 HER 的 i_0 小约 1.5 个数量级）。

图 15.2.2(b) 显示了两种电催化剂的 Tafel 曲线（η_{HER} vs. $\lg j$）。对于 Pt，低 η_{HER} 下的 Tafel 斜率为 30mV/dec，这与 Volmer-Tafel 机理一致，H_{ads} 复合生成 H_2 为限速步骤［式(15.2.14)］。这一发现与先前在 Pt 电极上的研究结果一致，即 Volmer-Tafel 机理在较低的 H_{ads} 覆盖度下占主导地位。在更负的电极电势下，θ 增加，Volmer-Heyrovský 机理占主导，Tafel 斜率增大到约 118mV/dec（此处未显示，见参考文献［1,18］）。与此相比，低过电势下 MoS_2/RGO 催化 HER 的 Tafel 斜率为 41mV/dec，此时 θ 也是较小的，表明 Volmer-Heyrovský 机理占主导，H_2 脱附［式(15.2.13)］是电催化反应的决速步骤。

在所有条件下，氢在 Hg 上均发生弱吸附，因此 $\theta \approx 0$。实验测得的 Tafel 斜率为约 118mV/dec，表明反应由 Volmer-Heyrovský 机理所主导，氢吸附是决速步骤［式(15.2.12)］。

其它内层反应（如 O_2 还原）的 Tafel 分析结果可在文献中查阅，亦或采用前述研究 HER 所用的方法来获取。将预测的 Tafel 曲线斜率与实验值进行比较，可以确定电化学反应的决速步骤。该方法适用于与能源转换有关的电催化反应，详细介绍参见概述文献［23］。在任何复杂电极反应机制的 Tafel 分析中，需要回顾以下基本假设：

① 整体反应速率由单一决速步骤所控制；

② Butler-Volmer 动力学模型适用于中间体的单电子氧化还原步骤；

③ 任何一个速控电子转移反应均认为是完全不可逆的；

④ 对任何 α 未知的步骤，均假定 $\alpha = 0.5$；

⑤ 通常仅考虑极限覆盖率，即 $\theta \approx 0$ 或 $\theta \to 1$；

⑥ 传质和溶液 iR 降的影响可以忽略不计（或者此影响已做校正）。

如果决速步骤的形式电势未知（常见情况），则无法从 Tafel 曲线中获取一个微观决速步骤的 i_0。例如：如果 HER 的 Volmer 反应为决速步骤，只有知道 $E_V^{0'}$ 才能依据式(15.2.22) 和 Tafel 曲线来确定 i_0。在没有 H_2 的条件下，式(15.2.22) 中的 E_{eq} 值也无法确定。因此，i_0 值通常采用 RHE 电势下测定的电流密度值[25]。

15.3 内层反应的其他实例

能源转换技术（例如燃料电池[26]）和新化合物的电合成，均是以大量的无机和有机氧化还原反应为基础，因此内层反应机理至关重要。以发展新的高效电催化剂为目标，许多研究集中在分子水平上理解控制反应速率的机理和因素。本节将简要介绍几个重要的内层反应。

15.3.1 氧还原反应

O_2 的电还原即氧还原反应（oxygen reduction reaction，ORR）备受关注，因为它不仅是燃料电池的阴极反应，而且在生物体系中发挥着广泛作用。在电化学池中，ORR 机理与电解质成分和电极材料密切相关。例如，在非质子溶剂和碱性水溶液中，O_2 发生准可逆的单电子还原产生超氧负离子（$O_2^{\cdot-}$），而在中性和酸性水溶液中分别发生两电子还原产生 H_2O_2 和四电子还原生成 H_2O。ORR 机理认知对于研发新型、廉价、耐用和高效的电催化剂至关重要，与燃料电池相关的研究进展可参考相关综述[27-34]。

本节简要概述了重要ORR途径的机理假设，着重考虑水溶液中的反应。O_2发生两电子和四电子还原生成H_2O_2和H_2O是非常复杂的过程，涉及电子和质子转移，以及化学键的断裂和形成。如15.1节所述，这些反应只能通过吸附中间体的内层反应发生。

在酸性水溶液中，O_2的四电子还原生成H_2O：

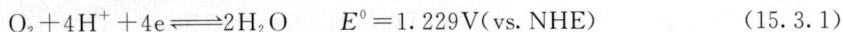

$$O_2 + 4H^+ + 4e \rightleftharpoons 2H_2O \qquad E^0 = 1.229V(vs. NHE) \tag{15.3.1}$$

因此，在含有1mol/L酸的水溶液中，理论上O_2在约1.23V(vs. NHE)的电势即可发生还原。但是，即使在催化性能最好的电极上❾，也需要大的过电势来驱动ORR。对于Pt电极而言，除非电极电势比0.88V(vs. NHE)更负，即施加一个约0.35V的过电势，否则反应基本不会发生。相比之下，Pt电极上的HER几乎是热力学可逆的，而ORR始终被视为一个热力学不可逆过程。ORR的电子转移动力学较慢，是当前制约燃料电池技术的一个关键因素，因为过电势会导致电池可输送的电能发生相当大的损失。

ORR的初始基元步骤还可能包括几种不同的反应，其中最简单的一个过程是将O_2还原为超氧化物：

$$O_2 + e \rightleftharpoons O_2^{\cdot -} \qquad E^0 = 0.284V(vs. NHE) \tag{15.3.2}$$

该反应主要发生于非质子溶剂以及强碱性水溶液（如>6mol/L NaOH）中，这些溶液的缺质子和水的低活度有助于$O_2^{\cdot -}$的稳定性，$O_2^{\cdot -}$不会发生进一步的化学反应。

在酸性水溶液中，电生成的$O_2^{\cdot -}$与H^+快速反应（EC机制），这在电化学上是观察不到的。在一个金属电极上的活性位点L处，O_2可被还原为吸附态的超氧化物$O^-_{2,ads}$，其进一步快速质子化形成吸附的过氧化物自由基$HO_{2,ads}$：

$$O_2 + L + e \rightleftharpoons O^-_{2,ads} \tag{15.3.3}$$

$$O^-_{2,ads} + H^+ \longrightarrow HO_{2,ads} \tag{15.3.4}$$

随后，$HO_{2,ads}$可发生三次连续的质子和电子转移以产生H_2O：

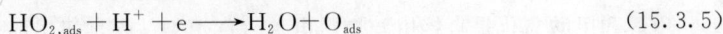

$$HO_{2,ads} + H^+ + e \longrightarrow H_2O + O_{ads} \tag{15.3.5}$$

$$O_{ads} + H^+ + e \longrightarrow HO_{ads} \tag{15.3.6}$$

$$HO_{ads} + H^+ + e \longrightarrow H_2O + L \tag{15.3.7}$$

式(15.3.3)～式(15.3.7)的加和可得出一个总的四电子ORR［式(15.3.1)］。由于O—O键在初始吸附步骤中没有断裂，因此该反应序列被称为ORR的缔合机理（associative mechanism）。

缔合机理的一个特征中间体是反应式(15.3.4)中所形成的过氧化物自由基$HO_{2,ads}$，其可接受一个电子产生H_2O_2并快速脱附：

$$HO_{2,ads} + H^+ + e \longrightarrow H_2O_2 + L \tag{15.3.8}$$

如果该反应比较显著，可与反应式(15.3.5)竞争，但最终导致两电子ORR：

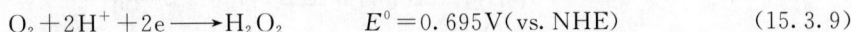

$$O_2 + 2H^+ + 2e \longrightarrow H_2O_2 \qquad E^0 = 0.695V(vs. NHE) \tag{15.3.9}$$

在燃料电池中，两电子还原途径通常是要尽量避免的，因为它降低了能量效率并产生了活性H_2O_2，H_2O_2可氧化电催化剂的碳载体。

另一种表述初始步骤式(15.3.3)和式(15.3.4)的方式是假定分子氧（而非超氧化物）吸附在电极上，随后发生协同的$1e/1H^+$反应，形成吸附的过氧化物自由基❿：

$$O_2 + L \longrightarrow O_{2,ads} \tag{15.3.10}$$

$$O_{2,ads} + H^+ + e \longrightarrow HO_{2,ads} \tag{15.3.11}$$

然后$HO_{2,ads}$历经式(15.3.5)～式(15.3.7)生成H_2O。

---

❾ 四电子ORR可以在酶修饰电极上以最小的过电势发生（17.8.2节）。

❿ 协同加成一个H^+和一个电子至表面吸收物种一般遵循内层反应机制，通常称为氢化。相反地，脱氢指的是失去一个H^+和一个电子。这不同于化学中常用的术语定义——氢化和脱氢，其分别指分子得到或失去H_2。

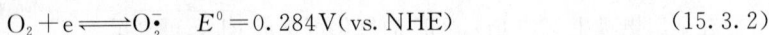

式(15.3.10) 和式(15.3.11) 在热力学上等同于式(15.3.3) 和式(15.3.4)，但代表不同的反应机理，也许导致不同的动力学限制。

如果 O_2 在电极表面吸附时发生分解，ORR 机理则遵循完全不同的途径，称为解离机理。在酸性介质中，该反应序列通常写为：

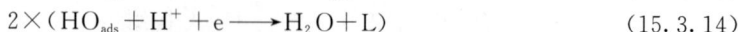

$$O_2 + 2L \longrightarrow 2O_{ads} \tag{15.3.12}$$

$$2\times(O_{ads} + H^+ + e \longrightarrow HO_{ads}) \tag{15.3.13}$$

$$2\times(HO_{ads} + H^+ + e \longrightarrow H_2O + L) \tag{15.3.14}$$

组合式(15.3.12)～式(15.3.14) 即可得到 O_2 的四电子还原总反应式(15.3.1)。

在特定金属电极上，ORR 是以解离还是缔合机理发生，取决于中间体的吸附能。已知 O_2 在 Ni 和 Co 等金属上发生解离，但在 Au 上确不发生解离，因此解离机理在前者上更易发生。虽然 ORR 的反应产物可以通过实验检测（例如 H_2O_2），但吸附中间体的直接实验测量鲜有报道，且很难通过实验确定哪一个基元反应是决速步骤。从理论计算的角度出发，探究吸附中间体的能量与外加电势的关系已经取得很大进展，该结果可预测在一个假设机理中的能量瓶颈（15.4 节）。

15.3.2 氯气析出

在金属电极上（如 Pt），Cl^- 的氧化可生成 Cl_2，可表示为

$$Cl^- + L \longrightarrow Cl_{ads} + e \tag{15.3.15}$$

$$Cl_{ads} + Cl^- \longrightarrow Cl_2 + L + e \tag{15.3.16}$$

其中，Cl_{ads} 表示吸附在金属表面的氯原子。从机理的角度来讲，式(15.3.15) 和式(15.3.16) 与 HER 的 Volmer-Heyrovský 机理完全相似［式(15.2.12) 和式(15.2.13)］，因此析氯反应的动力学分析可采用 15.2.2 节中介绍的方法。当式(15.3.15) 或式(15.3.16) 为决速步骤时，Tafel 表达式很容易推导出来（问题 15.3），亦可查阅文献［1］。由于 Cl_2 的高腐蚀性，Cl_2 工业生产采用高度稳定的阳极［DSA，20.1.5(1) 节］。

15.3.3 甲醇氧化

甲醇和甲酸氧化是直接甲醇燃料电池（DMFC）或直接甲酸燃料电池的阳极反应[11,35-37]，因此引起了广泛的兴趣。

甲醇氧化反应为：

$$CH_3OH + H_2O \rightleftharpoons CO_2 + 6H^+ + 6e \qquad E^0 = 0.030V(vs.\ NHE) \tag{15.3.17}$$

该反应包含一系列步骤（图 15.3.1）[38]，其中每个步骤均涉及失去单电子，并伴随着 H^+ 的失去或 OH^- 的捕获。例如，$CH_2O \longrightarrow CHO$ 反应代表一个 $1e/1H^+$ 脱氢。无论通过何种反应路径以及何种可能的中间体，至少需要六个步骤将初始反应物 CH_3OH 转化为最终产物 CO_2，对应于显示在式(15.3.17) 中的 6 个电子。CH_2O（甲醛）和 HCOOH（甲酸）在溶液中是热力学稳定的，因此 CH_3OH 转化为六电子产物 CO_2 的效率取决于中间体的形成和进一步氧化速率与中间体向溶液中的脱附速率的相对大小[36,39]。

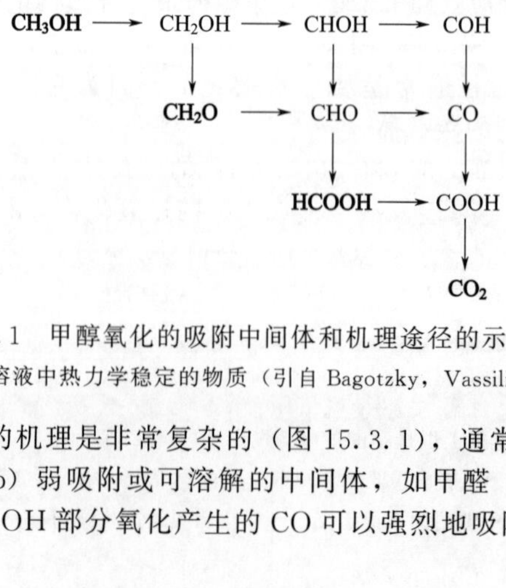

图 15.3.1 甲醇氧化的吸附中间体和机理途径的示意图[38]

加粗字体表示在溶液中热力学稳定的物质（引自 Bagotzky，Vassiliev，Khazova[38]）

甲醇电催化氧化所提出的机理是非常复杂的（图 15.3.1），通常包括双重途径：(a) 涉及强吸附的一氧化碳（CO_{ads}）；(b) 弱吸附或可溶解的中间体，如甲醛（H_2CO）、甲酸（HCOOH）、甲酸盐（$HCOO^-$）等。CH_3OH 部分氧化产生的 CO 可以强烈地吸附在催化性电极（如 Pt）上，

从而作为“毒化剂”占据其它中间体所需的表面吸附位点，阻断反应到 CO_2 的路径。如图 15.3.1 所示，吸附的 CO 在存在氧供体的情况下可被进一步氧化为 CO_2，例如通过在 Pt 表面活化 H_2O 产生的吸附 OH·作为氧供体：

$$H_2O + L \rightleftharpoons OH_{ads} + H^+ + e \qquad (15.3.18)$$

OH_{ads} 随后与吸附的 CO 反应生成 CO_2，而 CO_2 迅速脱附使 Pt 表面得以恢复：

$$CO_{ads} + OH_{ads} \longrightarrow CO_2 + H^+ + 2L + e \qquad (15.3.19)$$

这一路径称为 CO 电化学氧化的 Langmuir-Hinshelwood 机理[40]，其包括吸附在相邻表面位点上的两个分子之间的双分子反应式(15.3.19)。一旦从表面去除强吸附的 CO，其它中间体就可能吸附在 Pt 表面上，为 CO_2 产生提供附加的活性位点。

图 15.3.2(a) 展示了 Pt 电极上甲醇氧化的伏安行为，溶液含有 0.5mol/L CH_3OH 和 0.1mol/L $HClO_4$。在正向扫描中，CH_3OH 氧化所产生的阳极电流始于 0.5V(vs. RHE) 左右。该电流随着正扫描而逐渐增大，在 1.0V 附近达到最大值，随后基本上降低到背景水平。在电势回扫过程中，可以观察到类似的阳极峰；电流在 0.95V 时急剧上升达到最大值，随后在 0.5V 附近降至接近零。

比较 CH_3OH 氧化的起始电势和标准氧化电势（$E^0=0.03$V），可以清楚地看出，Pt 电极上 CH_3OH 的氧化需要较大的过电势。该过电势在很大程度上与 CO 的吸附有关，这可以直接采用振动光谱进行测量[41-42]。图 15.3.2(b) 显示了与伏安扫描同步记录的原位表面增强红外吸收光谱（SEIRAS；21.4.1 节）[43]。SEIRAS 具有高度的表面选择性，能够在伏安扫描过程中识别吸附物种。在 CH_3OH 氧化开始之前，2060cm^{-1} 和 1860cm^{-1} 处的红外吸收带分别对应 Pt 表面线形键合和桥接键合的 CO 分子（图 15.3.3）。这两个吸收谱带的强度均保持恒定，直至电势达到 0.5V 时 CH_3OH 发生氧化［图 15.3.2(c)］。在 CO 吸收减弱的同时，1230cm^{-1} 处出现了一个源自于吸附的甲酸盐的吸收谱带，其强度与伏安电流同时增大，在约 1.0V 达到最大值，随后由于 Pt 氧化物的形成而降至背景水平。在回扫过程中，位于 1230cm^{-1} 的甲酸盐的红外吸收谱带和伏安电流变化趋势类似。

如图 15.3.3 所示，联用的原位红外和伏安测量结果证实，CH_3OH 氧化为 CO_2 是通过双重途径进行的，既包括 CO_{ads} 也包括 $HCOO^-_{ads}$ 的氧化。对于 CH_3OH 和 HCOOH 氧化，人们也提出了包括吸附（如甲醛）和溶解物质的其它不同路径[35,44]。

从图 15.3.2 可以明显看出，吸附的 CO 是导致甲醇氧化“中毒”的原因。红外数据清楚地表明，其阻断了 $HCOO^-_{ads}$ 及其它可能中间体的表面吸附，只能施加足够大的过电势才能氧化和去除吸附的 CO。CO 吸附是许多有机小分子氧化过程中的一个常见问题[45]，CO 在不同金属表面的吸附和氧化可查阅相关综述文章[40]。

在较低的过电势下，双金属 Pt/Ru 电催化剂展示出比纯 Pt 更高的抗 CO 吸附性能，这主要归因于混合催化剂的双功能性质[35,46]。CO 在 Pt 位点上吸附的同时，暴露的 Ru 表面位点会产生 OH_{ads}，随后这两种吸附物种可发生反应［式(15.3.19)］，从而可在比纯 Pt 表面更低的电位下反应掉 CO_{ads}，提高催化活性。针对甲醇和甲酸在 Pt/Ru[46] 和其它双金属催化剂（如 Pt/Au[47]）上的氧化机理，已有大量实验和理论研究[48]。

15.3.4 CO_2 还原

在 15.3.3 节中，在 DMFC 产生电的情况下讨论了 CH_3OH 的六电子氧化产生 CO_2。而逆反应——CO_2 的电还原，是一种利用电能将 CO_2 转化为高能化学物质（例如碳氢化合物和醇类）的潜在途径[49-50]，但该过程（哪怕产生一个有机小分子）涉及一系列复杂的反应步骤和吸附中间体。一个负电势总是需要施加的，通常的阻碍是存在 H^+ 的竞争性还原，从而降低了制备目标有机化合物的法拉第效率。此处以 CO_2 的八电子还原生成甲烷为例：

$$CO_2 + 8H^+ + 8e \rightleftharpoons CH_4 + 2H_2O \qquad E^0 = 0.169\text{V(vs. NHE)} \qquad (15.3.20)$$

虽然该反应的热力学电势比 $E^0(H^+/H_2)$ 要正，但 CH_4 的生成需要一个很大的过电势，并且 HER 总是参与竞争。铜是唯一一种能够在 CO_2 电还原过程中产生大量 CH_4 或其它碳氢化合物的金属，但仍需要接近 1V 的过电势。

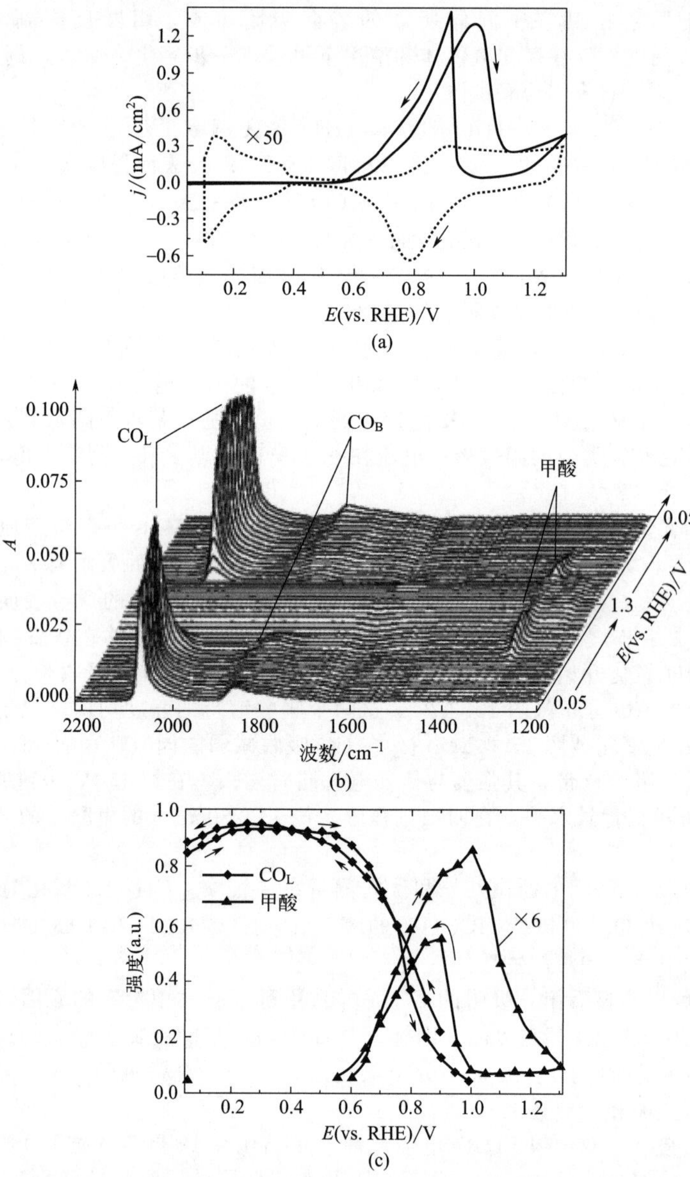

图 15.3.2 (a) Pt 电极在 0.1mol/L $HClO_4$(虚线)和 0.1mol/L $HClO_4$ +0.5mol/L CH_3OH(实线)中的循环伏安图，扫描速率为 5mV/s；(b) 在 0.1mol/L $HClO_4$ +0.5mol/L CH_3OH 中 Pt 电极表面 CH_3OH 氧化过程的 SEIRAS，标记为 CO_L 和 CO_B 的吸收分别对应 CO 的线形和桥接吸附构象；(c) SEIRAS 吸收强度与电极电势的关系曲线（引自 Chen 等[43]）

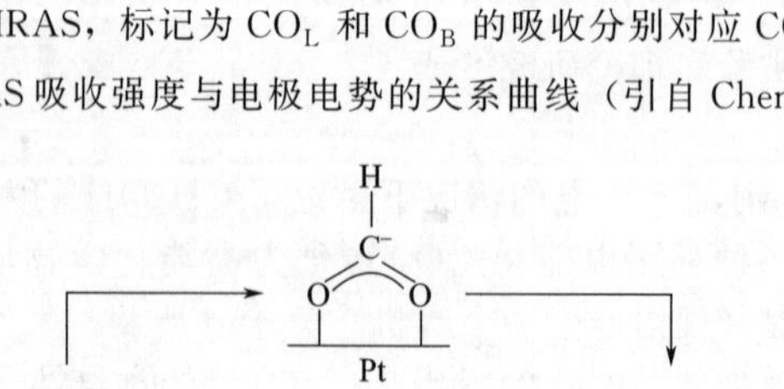

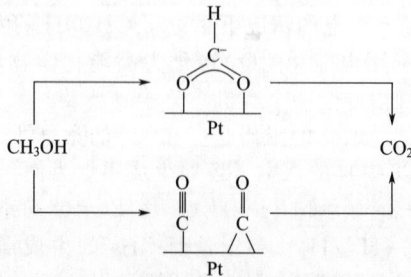

图 15.3.3 Pt 电极表面 CH_3OH 氧化过程中的反应路径（引自 Chen 等[43]）

图15.3.4显示了在Cu上CO_2电解还原的产物分布，演示了该反应通常非常低效[51]。在电势达到－0.8V之前，主要产物是H_2，仅产生了少量的CH_4和C_2H_4。基于密度泛函理论（DFT；15.4.1节）的理论研究表明，产生CH_4的关键步骤是形成CO_{ads}，其进一步氢化生成HCO_{ads}[52]。随后，反应经历一系列电子转移和质子化步骤，涉及吸附的甲醛（H_2CO_{ads}）和甲氧基（CH_3O_{ads}），最终产生甲烷。

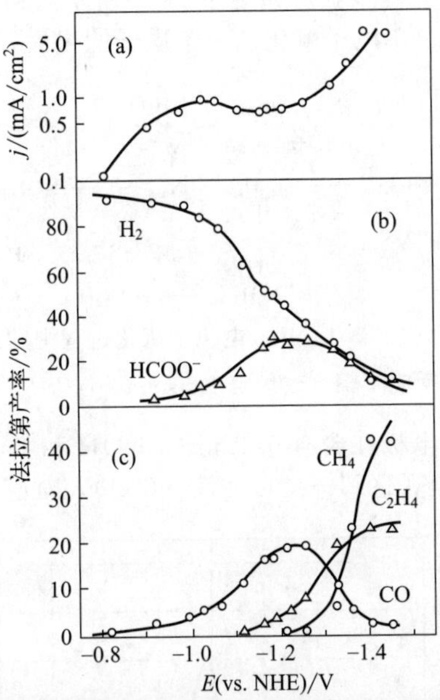

图15.3.4 Cu电极上CO_2的控制电势还原得到的电流密度（a）和法拉第产率[(b),(c)][51]
溶液为CO_2饱和的0.1mol/L $KHCO_3$水溶液（pH 6.8），温度为19℃。法拉第产率依据CO_2在H_2O中还原生成产物所需的电子数来计算：CH_4为8，C_2H_4为12，CO为2，$HCOO^-$为2，H_2为2。电还原产物的量由气相和离子色谱测定（引自Hori，Murata，Takahashi[51]）

由于CO_{ads}氢化为HCO_{ads}与CO与金属的结合强度紧密相关，因此CH_4生成取决于所用金属[52]。对于那些与CO结合非常弱的金属（例如Au），在形成必要的中间体HCO_{ads}之前，CO作为主要产物从表面脱附。反之，对于那些与CO结合非常强的金属（例如Pt），CO_{ads}氢化为HCO_{ads}在热力学上是不可行的，从而无法产生CH_4。理论计算表明，CO与Cu具有中等强度的结合能力，可以形成中间体HCO_{ads}[52]。

基于分子氧化还原催化剂的CO_2还原也已被广泛地研究[53]，比如将酞菁钴（图1，MPc，M＝Co）固定在碳纳米管上，其能够催化CO_2的六电子还原产生甲醇，法拉第效率为40％[54]。这是一个通过在电极表面化学修饰薄层催化剂来推动原本在裸电极上进行缓慢的反应的例子。修饰电极的反应动力学将在17.5节进行讨论。在分子氧化还原催化剂的应用中，一个关键问题是如何保持其长期稳定性。

15.3.5 NH_3氧化到N_2

已建议的制备H_2的一个可再生途径涉及在碱性溶液中将NH_3电氧化为N_2[55]：

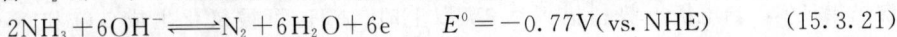

$$2NH_3+6OH^- \rightleftharpoons N_2+6H_2O+6e \qquad E^0=-0.77V(vs. NHE) \tag{15.3.21}$$

在碱性溶液中，式(15.3.21)与HER偶联：

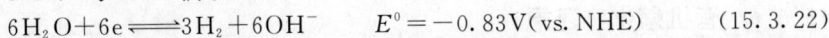

$$6H_2O+6e \rightleftharpoons 3H_2+6OH^- \qquad E^0=-0.83V(vs. NHE) \tag{15.3.22}$$

净反应为：

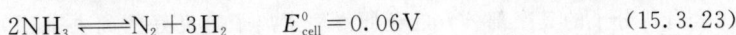

$$2NH_3 \rightleftharpoons N_2+3H_2 \qquad E^0_{cell}=0.06V \tag{15.3.23}$$

上式为电解氨的电池反应。该反应在能源存储和转换方面具有吸引力，因为它只需要低电压［仅为H_2O电解产H_2（E^0_{cell}＝1.23V）所需能量的约5％］，而且仅生成N_2和H_2。

尽管氨电解为制氢提供了一个重要的技术选择，但 NH_3 氧化为 N_2 的动力学过程缓慢，并会产生含氮副产物。对式(15.3.21) 最具活性的金属表面是 Pt 和 Ir，但即使在这些金属上，也需要较高的过电势才能显著地驱动反应。图 15.3.5 显示了 Pt(100) 上 NH_3 氧化的可能机制，包括作为反应中间体的各种吸附 N 物种[15]。尽管生成热力学稳定的 N_2 需要 $6e/6H^+$ 转化，所有中间步骤都是单电子氧化和单质子损失，因此反应可以逐步进行。实验和理论证据表明，NH_{ads} 二聚为 $N_2H_{2,ads}$ 是形成含 N_2 物质的关键步骤。如图 15.3.5 所示，通过两个连续步骤，可将 $N_2H_{2,ads}$ 转化为 N_2，其中每个步骤均涉及单电子氧化和一个质子的损失。

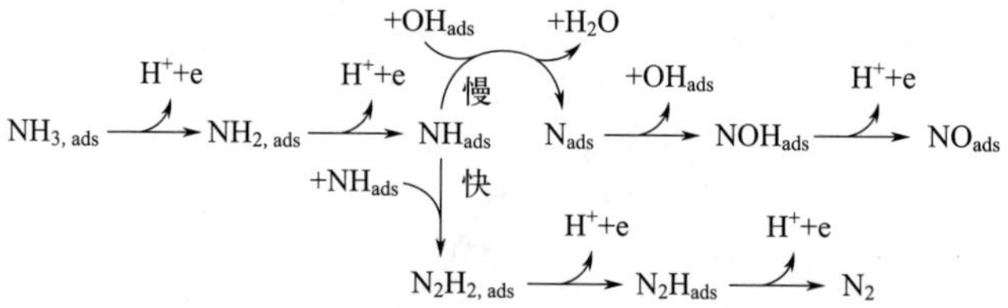

图 15.3.5 Pt(100) 上 NH_3 电化学氧化过程中的最可能包括的反应步骤（改编自 Katsounaros 等[15]）

图 15.3.6 显示了 Pt(100) 电极在含有 0.1mol/L KOH 和 1mmol/L NH_4ClO_4 的水溶液中的伏安响应。在正向扫描中，可以观察到一个可逆波（Ox1），对应于 NH_3 的吸附：

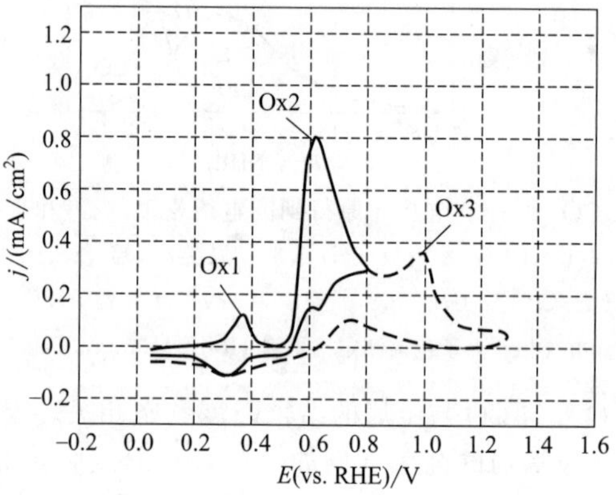

图 15.3.6 Pt(100) 在 0.1mol/L KOH 和 1mmol/L NH_4ClO_4 静止溶液中的 CV
实线和虚线表示具有不同电位电势上限的伏安图（引自 Katsounaros 等[15]）

$$2H_{ads} + NH_3 \rightleftharpoons NH_{3,ads} + 2H^+ + 2e \qquad (15.3.24)$$

一个 NH_3 分子的吸附需要两个 H 原子的氧化脱附，从而产生伏安电流。随着电势的进一步正向扫描，从约 0.5V(vs. RHE) 开始出现一个大的不可逆峰（Ox2）。该不可逆电流峰源于一系列过程，包括 $NH_{3,ads}$ 的脱氢、NH_{ads} 中间体的重组以及 NH_3 的持续吸附。以在线电化学质谱法技术测量伏安实验产生的溶解产物，证实了 Ox2 峰的确与 N_2 生成有关（图 15.3.7），从而表明 N_2 生成起始于 Ox2 峰的底部。其它实验也表明，由于各种物种占据 NH_3 的吸附位点，电势正于约 0.7V 会使 N_2 减少[15]，这些物种可能包括 OH_{ads} 或 O_{ads} 以及 OH^- 氧化 NH_{ads} 所生成的 NO_{ads}。质谱结果证实，当电极电势扫描到 0.8V 以上时，NH_3 可被氧化生成 NO 和 N_2O（图 15.3.7），NO 氧化为 N_2O 对应于图 15.3.6 中标记为 Ox3 的峰。

15.3.6 有机卤化物还原

内层反应不局限于小分子的氧化和还原，还包括有机卤化物 RX（其中 X 代表卤素原子，R 代表有机分子的其余部分）的还原。卤素离子是良好的离去基团，因此碳-卤键取代反应广泛应用于电化学合成。

尽管有机卤化物的还原机理多种多样（13.3.8 节），但反应均起始于母体化合物 RX 的碳-卤

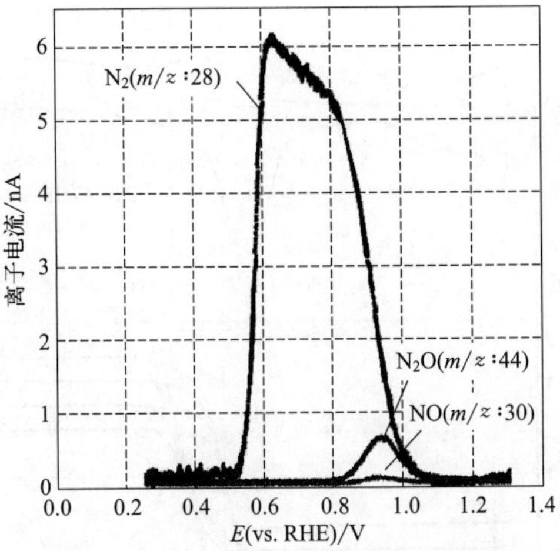

图 15.3.7 在 0.1mol/L KOH+1mmol/L NH_3 中正电势扫描（1mV/s）时挥发性产物的质谱图（引自参考文献[15]）

键的单电子还原活化[56-57]。例如，RX 被还原为自由基离子 $RX^{\cdot-}$，其继续发生 C—X 键断裂产生 R· 和 X^-：

$$RX + e \longrightarrow RX^{\cdot-} \tag{15.3.25}$$

$$RX^{\cdot-} \longrightarrow R\cdot + X^- \tag{15.3.26}$$

随后 R· 发生化学反应（例如二聚）或接受第二个电子形成碳负离子 R^-：

$$R\cdot + e \longrightarrow R^- \tag{15.3.27}$$

由于电子转移步骤式(15.3.25) 和式(15.3.27) 都是外层反应，上述反应路径为非催化机理。

实验结果表明，许多有机卤化物的电还原速率通常与金属电极密切相关[58]。例如，苄基溴和氟烷（CF_3—CHBrCl）在 Ag 上的还原电势比 Pt 上少负数百毫伏。在碳基电极（如 GC 或 BDD）上，过电势甚至比 Pt 更大。过电势与所用电极材料的相关性表明，整个反应涉及包括吸附的有机卤化物在内的内层机理。有机卤化物还原可能通过一种协同途径，其中电子转移步骤与 C—X 键断裂同时发生[57]：

$$RX + L \longrightarrow L\text{—}(RX) + e \longrightarrow R\cdot + X^- + L \tag{15.3.28}$$

其中，L 表示 Ag 电极上的吸附位点。氟烷还原的过电势与溴-金属键强度相关，表明 RX 通过溴原子吸附[59]。

15.3.7 H_2O_2 氧化与还原

过氧化氢（H_2O_2）具有不同寻常的氧化还原行为，在相同的电势范围内，H_2O_2 既可以发生氧化也可以发生还原：

$$H_2O_2 + 2H^+ + 2e \rightleftharpoons 2H_2O \qquad E^0 = 1.763\text{V(vs. NHE)} \tag{15.3.29}$$

$$O_2 + 2H^+ + 2e \rightleftharpoons 2H_2O_2 \qquad E^0 = 0.695\text{V(vs. NHE)} \tag{15.3.30}$$

根据以上反应和标准氧化还原电势，H_2O_2 在 $0.695\text{V} < E < 1.763\text{V}$ 这一电势范围内的氧化和还原是自发发生的。将式(15.3.29) 和式(15.3.30) 的逆反应相加，即得到自发总反应，$2H_2O_2 \rightleftharpoons O_2 + 2H_2O$（$E^0_{rxn} = 1.068\text{V}$）。因此，$H_2O_2$ 在所有电势下都是热力学不稳定的，H_2O_2 稀溶液可以储存而不发生分解，这仅仅与其氧化或还原的动力学稳定性有关。催化剂（如 Pt 粉末或血红蛋白）可以大大降低分解的活化能垒，当它们加入到 H_2O_2 溶液中时，发生 O_2 析出。

在燃料电池应用中，O_2 发生两电子还原生成 H_2O_2 不利于 ORR 的整体效率，因此 H_2O_2 在 Pt 和其他金属上的电化学氧化和还原得到了详尽的研究[60]。Pt-RDE 上的伏安结果表明，H_2O_2 在 Pt 氧化物形成的电势下被氧化 [约 0.95V（vs. RHE)]，而在该氧化物还原电势下被还原（约 0.8V）(图 15.3.8)。此对应关系可归因于 H_2O_2 与裸 Pt 和 Pt 氧化物之间的独特的化学反应，其

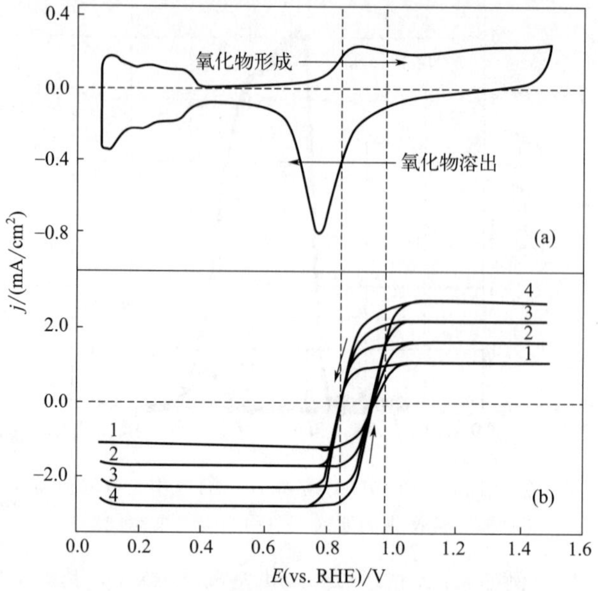

图 15.3.8 (a) 多晶 Pt 在 Ar 饱和 0.1mol/L $HClO_4$ 中的 CV；(b) 相同 Pt 电极在 Ar 饱和 0.1mol/L $HClO_4$ 和 1mmol/L H_2O_2 中的 RDE 伏安法

1—400r/min；2—900r/min；3—1600r/min；4—2500r/min。扫速＝0.1V/s（引自 Katsounaros 等[60]）

中氧化遵循两步机理：

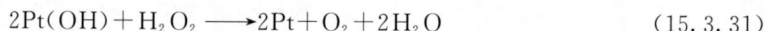

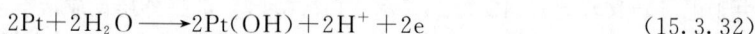

$$2Pt(OH) + H_2O_2 \longrightarrow 2Pt + O_2 + 2H_2O \tag{15.3.31}$$

$$2Pt + 2H_2O \longrightarrow 2Pt(OH) + 2H^+ + 2e \tag{15.3.32}$$

式(15.3.31) 表示 Pt(OH) 被 H_2O_2 化学还原，随后通过一个电子转移步骤再生［式(15.3.32)］。两个反应相加即为 H_2O_2 氧化的总反应［式(15.3.30)］。

一般认为 H_2O_2 的还原遵循类似的两步过程，但活性表面是裸露的 Pt：

$$2Pt + H_2O_2 \longrightarrow 2Pt(OH) \tag{15.3.33}$$

$$2Pt(OH) + 2H^+ + 2e \longrightarrow 2Pt + 2H_2O \tag{15.3.34}$$

其中式(15.3.33) 表示 Pt 被 H_2O_2 化学氧化，式(15.3.34) 表示电子转移步骤中 Pt 的再生，二者相加即得 H_2O_2 还原总反应［式(15.3.29)］。

一般来讲，金属上的氧化物层在电催化中起重要作用，因为它们可以阻挡反应物的吸附或取代中间体。18.5 节介绍了一种基于 SECM 的电化学方法，该方法能够测量溶液相中分子物质与氧化物层的化学反应速率。

15.4 内层电子转移反应的计算分析

第 3 章采用 Marcus 微观模型，描述了简单单电子外层反应（例如，$O + e \rightleftharpoons R$）的活化能垒（$\Delta G^{\ddagger}$）和速率常数（$k_i$），其中反应物 O 和产物 R 都不与电极发生相互作用，除非距离电极表面足够近以发生电子隧穿。在 Marcus 模型中，$\Delta G^{\ddagger}$用重组能 λ 表示，其描述反应物（包括溶剂化层）向产物转变所发生的构型变化［(3.5.3 (3) 节］。λ 与电极性质和电势无关，但与 O 和 R 的结构以及溶剂的物理性质有关。Marcus 模型和相关方法能够根据分子和溶剂的重组能和性质来估算 $\Delta G^{\ddagger}$，从而预测已被广泛讨论和实验研究的外层异相电子转移动力学的趋势[61-65]。

电催化反应不是这么简单，通常涉及多步机理，包括吸附、键断裂、键形成以及反应物分子和电极之间的电荷转移，因此需要用不同的方法来描述这种复杂的过程。在任何电催化反应的微观动力学模型中，都必须考虑电极原子结构和电子性质在吸附物种热力学中的作用，而且要考虑吸附物种与溶剂和离子的相互作用。以下将另辟蹊径，采用从头计算量子化学方法探讨这一新的复杂问题。

15.4.1 密度泛函理论分析电催化反应

从第一性原理出发，目标是计算一组能够充分描述整个电极/电解质界面上原子核位置所携带所有电子的能量，包括吸附物种、溶剂、离子和电极。这是一个电子结构问题，传统的分析方法涉及多电子薛定谔方程，其中系统能量在所有粒子波函数上实现最小化。但是，由于计算步骤的数量为约 N^6（其中 N 是电子的数量），基于波函数的计算方法在可处理的系统大小方面受到制约。电极/电解质界面建模需要考虑大量原子，使得这种计算难以实现。一种主要的替代方法是密度泛函理论（density functional theory，DFT），DFT 以电子密度而不是波函数为计算系统能量的基本变量。基于 DFT 的计算具有更好的计算效率，计算步骤的数量为约 N^3。DFT 方法和计算效率的进步使电化学界面结构的热力学计算成为可能，包括确定分子中间体的能量。分子中间体是内层电子转移反应的关键中间体[66-71]。

由于 DFT 可计算中间体的吸附能，该方法经常用于研究电催化体系的基本动力学。一种常用的简化策略是假设中间步骤的活化能与该步骤的初始和最终状态的基态能量差成正比⑪。这一概念在图 15.2.1 中已经提及，该图展示了 H^+ 的还原吸附如何形成能量上有利的中间物种 H_{ads}，降低从 $\Delta G^{\ddagger}$到 $\Delta G^{\ddagger}_{ads}$ 的活化能垒，从而促进 H^+ 到 H_2 的还原。准确确定 H· 吸附究竟降低了多少 $\Delta G^{\ddagger}$，需要详细地计算过渡态的能量或预设 H^+ 和 H_{ads} 的自由能曲线形状。

15.4.2 析氢反应

在研究电催化反应时，DFT 重点计算反应物（包括吸附中间体）的相对平衡自由能。通常认为平衡能量增加最大的步骤为决速步骤，该步骤的能量差异有时在文献中被称为“热力学过电势”⑫。

图 15.4.1 以析氢反应为例阐述了这一概念。将反应物（H^+）、中间体（H_{ads}）和产物（H_2）的平衡态能量绘制成反应坐标的函数，而不考虑从一种物质到另一种物质的转变是如何发生的（这与图 15.2.1 中考虑活化复合物的抛物线能量面的做法截然不同）⑬。对于图 15.4.1 中的示例，产物 H_2 的能量低于反应物 H^+ 的能量。因此，总反应自由能 ΔG^0_{rxn} 为负值，其对应的电极电势在热力学上有利于 H^+ 电化学还原产生 H_2，即 $E<E^0(H^+/H_2)$。

图 15.4.1 比较了 H· 的吸附能不同的两种情况下的析氢反应所涉及物种的能级变化。在图 15.4.1(a) 中，H· 仅发生弱吸附，因此产生一个与 H^+ 还原吸附有关的较大的正能垒 ΔG^0_{12}。在图 15.4.1(b) 中，由于 H· 发生强吸附，因此 ΔG^0_{12} 降低。

在图 15.4.1(a) 中，H· 弱吸附和 H^+ 还原吸附所导致的较大 ΔG^0_{12} 值表明该反应是决速步骤。如上所述，使用基态能量来预测决速步骤基于一个重要前提假设，即两个中间态之间的自由能差可以代表它们之间的活化能垒。比较图 15.2.1 和图 15.4.1 可以看出，H^+ 还原吸附的 $\Delta G^{\ddagger}$ 与 ΔG^0_{12} 大小相近。

与此相反，如图 15.4.1(b) 所示，H· 的强吸附导致其基态能量显著降低，因此 H^+ 转化为 H_{ads} 的 ΔG^0_{12} 大大降低。虽然在图 15.4.1(a) 和（b）两种情况中 ΔG^0_{12} 都是正值，但 H^+ 到 H_{ads} 的转化在后一种情况下更快。在实际体系中，中间体的吸附能在很大程度上取决于金属性质。因此，图 15.4.1 的两种情况分别对应于 H· 吸附较弱和较强的不同金属，如 Hg（极弱吸附）和 Pt（中等吸附）。

15.4.3 氧还原反应

基于 DFT 的各种模型被越来越多地用于描述电极/电解质界面的结构，以及理解和预测电催

---

⑪ 类似于 Bronsted-Evans-Polanyi 关系中提出的 ΔG^0 和 $\Delta G^{\ddagger}$之间的经典关系[72-73]，$\Delta G^{\ddagger}=\alpha\Delta G^0$，其中 $0<\alpha<1$。

⑫ 在本教科书和整个电化学界，术语——过电势反映了平衡电势和以特定速率驱动反应所需电势之间的差值，与电子转移反应的真正动力学和传质限制有关。

⑬ 反应图通常涉及反应物、中间体和产物的势能曲线交汇（如图 15.2.1），每条曲线的最低点通常称为“平衡能”，即此处所讨论的物理意义。而在 DFT 中，该能量通常称为“基态能量”。这些名称在本节中可互换使用。

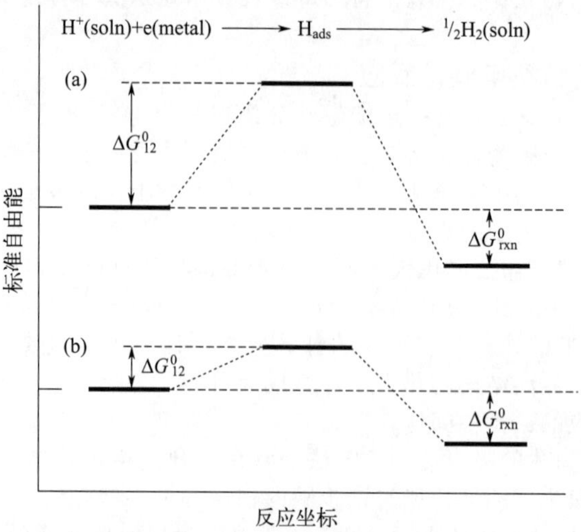

图 15.4.1 H^+ 还原为 H_2 所涉及物种的基态标准自由能与反应坐标，H_{ads} 在（b）中的吸附比在（a）中更强

化反应的动力学趋势，包括质子还原和氢气氧化[74-75]、氧还原[71,76] 和有机小分子氧化[35,77]。例如，假设 O_2 的四电子还原生成 H_2O 遵循解离机制（15.3.1 节）[76]，图 15.4.2 展示了该反应发生在 Au、Pt 和 Ni 电极上时的相对自由能图。该图类似于上文所示的 HER，仅略作修改以便理解：

① 反应涉及两种中间体，O_{ads} 和 OH_{ads}，其在四电子还原机制中都非常重要，式(15.3.12)～式(15.3.14)。

② 提供了三种不同金属（Au、Pt 和 Ni）的计算结果，强调了金属电极在确定吸附自由能方面的作用。

③ 与 HER 自由能图一样，为简单起见，仅在一个电极电势处显示了自由能数值。此处自由能在标准电势 $E^0(O_2/H_2O)$ 处绘制，对应于 1.23V(vs. NHE) 的电极电势。

从图 15.4.2 中可以判断基元反应式(15.3.12)～式(15.3.14) 是吸热反应还是放热反应。例如，对于 O_2 分解为 O_{ads} 的反应式(15.3.12)，其在 Ni 上是热力学可行的，而在 Au 上是不可行的。该图还表明，O_2 在 Pt 上的解离能介于 Ni 和 Au 之间。以类似的方式，可以看到，在 Au 上从 O_{ads} 形成 OH_{ads} 是放热的，但在 Pt 和 Ni 上是吸热的。

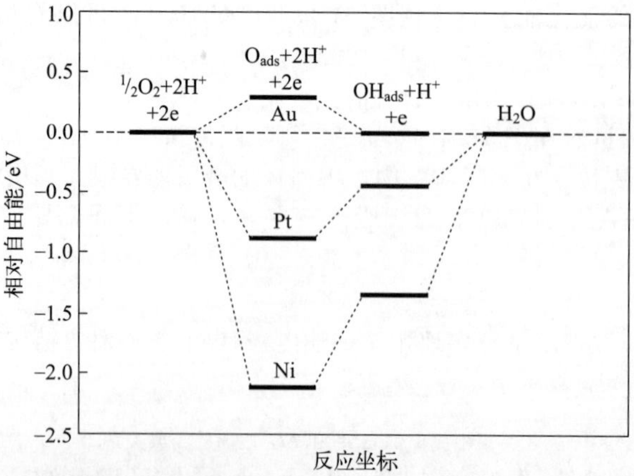

图 15.4.2 基于解离机制计算的酸性溶液中 Au、Pt 和 Ni 上四电子 ORR 的自由能图

在标准电势 $E^0(O_2/H_2O)$=1.23V(vs. NHE) 下计算所有能量，即图中相对自由能 0eV 的位置。每条水平线表示反应每一步反应物的自由能之和（引自 Nϕrskov 等[76]）

像图 15.4.2 这样作图有助于识别一个复杂反应中的决速基元步骤，预测不同金属上的反应趋势，或预测决速步骤如何随电极电势变化。如上所述，这些图中没有描述活化复合物的自由能，但任何基元步骤的活化能垒必须至少与该步骤所涉及的基态能量差一样大小。在此示例中，很明显看出 O_{ads} 和 OH_{ads} 在 Ni 上的吸附非常强烈，因此它们的还原质子化极可能是决速步骤，并且比在 Au 或 Pt 上慢得多。恰恰相反，在 Au 上，O_2 的解离吸附可能是决速步骤。

再次说明一下，图 15.4.2 中所示的自由能对应于 1.23V 的电极电势。很明显，在四电子 ORR 的热力学电势附近，O_{ads} 和 OH_{ads} 强烈吸附在 Pt 上。因此，DFT 结果表明这两种物质在 Pt 上的质子化速率具有较大的活化能垒。据此预测，在接近 O_2 还原的平衡电势处，Pt 上的 ORR 动力学缓慢，这与 Pt 上所观察到的大的过电势一致。

基于 DFT 对电极/电解质界面和内层反应的第一原理建模，通常涉及计算与电极电势（E）相关的半电池反应系统的自由能。尽管图 15.4.2 中所计算的 ORR 自由能对应于 $E^0(O_2/H_2O)=$ 1.23V(vs. NHE) 这一特定的电势，实际上其他电势下的计算都可以进行。一般来说，由于界面结构和反应路径都取决于电极电势，因此需要计算与 E 相关的可能中间态的绝对自由能。图 15.4.3 显示了 Pt(111) 上 ORR 平衡电势下，即 $E^0(O_2/H_2O)=1.23V$(vs. NHE)(与图 15.4.2 相同) 以及 $E=0.78V$ 和 0.0V(vs. NHE) 的自由能级图。在较低电势下，ORR 反应是放热的。

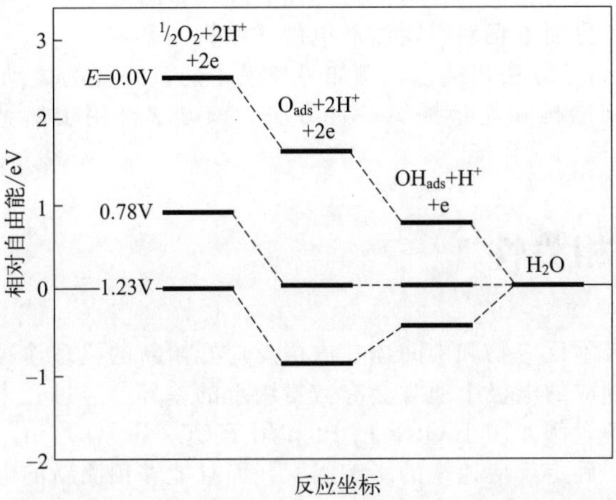

图 15.4.3 基于解离机制的酸性溶液中 Pt 上四电子 ORR 的自由能图

分别在 1.23V（平衡电势）、0.78V 和 0.0V 下计算自由能。如 $E=0.0V$ 时所标记的，每条水平线表示反应的每一步反应物的自由能之和。$E=0$ 时的相对自由能为 $2.46eV=2\times1.23eV$，等于 $2H^+ + \frac{1}{2}O_2 + 2e$ 和 H_2O 的组合自由能（引自 Nφrskov 等[76]）

审视图 15.4.3 发现，根据解离机制，Pt(111) 上 ORR 的两个中间步骤，即 $O_{ads}+H^+ + e \longrightarrow OH_{ads}$ 和 $OH_{ads}+H^+ + e \longrightarrow H_2O$，在 $E^0(O_2/H_2O)$ 处吸热约 0.45eV。因此，其中之一或两者都是决速步骤，其活化能至少约 0.45eV，这大约等于 Pt 上 ORR 实验测得的过电势。当电极电势负移到 0.78V 时，与中间步骤相关的自由能变化接近零，活化能垒将大大降低，实验的确观察到 ORR 活性的相应增加。最后，在 $E=0$ 时，所有中间反应步骤都变得强烈放热。在如此大的过电势下，ORR 受 O_2 向表面的传质控制，并且除了 H_2O 以外还会产生 H_2O_2。

DFT 计算以氧吸附能为主要对象，能够成功地预测适用于 ORR 催化剂的新材料。需要特别指出的是，由 Pt 与过渡金属合金化所形成的 Pt_3M（其中 M 是 3d 过渡金属）[78-79] 或与 Cu 的近表面合金化的材料是性能较好的 ORR 催化剂[80]，显示出比单独 Pt 更高的活性（见 15.5 节）。DFT 计算证实，合金化的积极作用与表面应变和电子因素有关。通过 DFT 计算预测新型电催化材料，是燃料电池开发中的一个主要领域[81]。

DFT 的挑战之一是解释所施加的电极电势对吸附中间体基态能量的影响，即如何使第一原理计算的理论电极电势与实验中测量的电极电势一致。在实际电化学池中，E 控制或测量都是相对于参考电极的电势；因此，E 值是由两个半电池反应的能量所决定的。DFT 无法对包括参比电极的整个电化学电池进行建模，这需要一个内部能量参考点。因此，通常将 E 与真空能量参考相关联。这种做法在计算真实体系时会遇到几个挑战，因为描述真实体系往往需要引入近似处理。

如 2.2.5 节所述，由于单个电极的电势无法测量，所以金属中电子的自由能与电极电势 E 之间的关系是不能直接关联的。但是，根据超热力学计算（比如 Born-Haber 循环），相对于真空中电子的能量，NHE 上的电子能量估算为 (-4.4 ± 0.1)eV[2.2.5(3)节]。这一关系可将 DFT 计算出来的相对能量与电极电势关联起来。

一个相关的挑战是模拟 E 相对于参比电极的控制。在一个真实的实验中，电极电势的偏移与驻留在金属上的电荷的变化相关联［1.6.4(1) 节、2.2.2 节和 14.2.2 节］。因此，在建模界面时，一种直接的方法是简单地向电极表面添加（或从电极表面减去）电荷，然后添加相等数目的均匀分布的对离子进入溶液中。此过程产生相对于溶液相的界面电位降可能与模型计算中 E 的变化有关[70]。一种称为计算氢电极（computational hydrogen electrode）的不同方法将电极电势与模型溶液中的质子浓度联系起来[74]。在溶液中加入 H 原子后，原子的电子自发地进入金属电极，留下溶剂化的质子。由于气相中 H_2 的化学势与平衡态 NHE 定义的 $2H^+ + 2e$ 的能量之间的等效性，每个质子浓度对应于 E(vs. NHE) 的特定值。这些模拟界面电位降的方法依赖于许多已经讨论过的近似值以及简化[82-83]。基于第一性原理计算的电化学现象建模正在迅速发展，使用自洽的方法包括电势和界面电场对吸附物和电解质结构的影响[67,70,84-90]。

将 DFT 与其它量子力学方法相结合，例如寻找最小能量路径的微动弹性带计算[91]，可为估计内层反应过渡态的几何结构和能量提供一种方法。该方法已用于估算 HER[74]、甲醇氧化[35]和 CO 氧化[92] 的基元步骤的活化能。

15.5 电催化的相关性

本章通篇都在强调吸附反应物和中间体在内层反应开始新的机理途径中的作用，而一个特定反应的速率在不同材料制成的电极上通常会有数量级上的差异。经过几十年的研究，人们已经发现许多高效的电催化材料，例如用于 ORR 的 Pt 和用于 CO_2 还原的 Cu。电催化活性与电极材料性质的相关性不仅有助于确定反应速率的影响因素，而且能够预测新的电催化剂材料。

长期以来一直强调的相关性是电催化反应速率和金属与反应物或反应物中间体之间的键合能之间的关系，基本思路很简单：非常弱的吸附不足以充分活化吸附物质而使反应发生；非常强的吸附则会产生一个热力学阱，从而减慢中间步骤或阻止产物的脱附。这些想法被称为 Sabatier 原理，该原理认为吸附强度适中通常可使内层反应的速率最大化，因为适中的吸附强度允许反应物的吸附、中间步骤反应和产物的脱附等过程都能够发生。Sabatier 原理在多相催化中得到了广泛应用[93]。Parsons[94] 和 Gerischer[95] 在 20 世纪 50 年代末建立了电催化的理论基础。

此处以 HER 为例加以探讨，假设 Volmer 反应式(15.2.12) 为决速步骤。为便于理解，此处重复一下该反应：

$$H^+ + L + e \longrightarrow H_{ads} \quad \text{(Volmer)} \tag{15.5.1}$$

L 表示金属表面上的空吸附位点。

当反应体系处于平衡状态，阴极电流［对应于式(15.5.1) 的正向反应］为交换电流 i_0，由下式给出：

$$i_0 = nFAC_{H^+}(1-\theta)k_V^0 e^{-\alpha_V f(E_{eq}-E_V^{0'})} \tag{15.5.2}$$

其中 E 等同于 E_{eq}。如 15.2.2(2) 节所述，当 Volmer 反应处于平衡时，θ 可由式(15.2.26) 得到。假设 $E=E_{eq}$ 时反应处于动态平衡，正向和反向反应速率相等，则有：

$$\theta = \frac{C_{H^+}/C^0}{C_{H^+}/C^0 + e^{f(E_{eq}-E_V^{0'})}} \tag{15.5.3}$$

该方程可重排为：

$$e^{f(E_{eq}-E_V^{0'})}=\frac{(C_{H^+}/C^0)(1-\theta)}{\theta} \tag{15.5.4}$$

方程两边取 $-\alpha_V$ 次幂，然后代入式（15.5.2）可得：

$$i_0=nFAk_V^0C_{H^+}(C_{H^+}/C^0)^{-\alpha_V}(1-\theta)^{(1-\alpha_V)}\theta^{\alpha_V} \tag{15.5.5}$$

对于典型的 $\alpha_V=0.5$ 的情形，从式(15.5.5) 可以看出，当 $\theta=0.5$ 时，i_0 达到最大值，说明当H·的吸附量适中时，电催化电流最大。

下一步是将 θ 与 H_2 吸附的自由能联系起来，H_2 在电极上的解离可以写成：

$$H_2+2L \rightleftharpoons 2H_{ads} \tag{15.5.6}$$

如果考虑 Langmuir 吸附等温线，则式(15.5.6) 的平衡常数为：

$$\frac{\theta^2}{(P_{H_2}/P^0)(1-\theta)^2}=\exp\left(-\frac{\Delta G^0_{H_{ads}}}{RT}\right) \tag{15.5.7}$$

其中，P_{H_2} 为与溶液平衡的 H_2 的压力；P^0 为标准大气压（1bar）。

结合式(15.5.5) 和式(15.5.7) 可将 θ 约掉，可得：

$$\boxed{i_0=nFAk_V^0C_{H^+}(C_{H^+}/C^0)^{-\alpha_V}\frac{\left[\exp\left(-\frac{\Delta G^0_{H_{ads}}}{2RT}\right)(P_{H_2}/P^0)^{1/2}\right]^{\alpha_V}}{1+\exp\left(-\frac{\Delta G^0_{H_{ads}}}{2RT}\right)(P_{H_2}/P^0)^{1/2}}} \tag{15.5.8}$$

依据式(15.5.8)，以 $\lg[i_0/i_0(\Delta G^0_{H_{ads}}=0)]$ 相对于 $\Delta G^0_{H_{ads}}/(RT)$ 作图，图 15.5.1 显示了 $\alpha_V=0.5$ 和 $P_{H_2}=1$bar 时的曲线。可以看出，当 $\Delta G^0_{H_{ads}}=0$ 时交换电流达到峰值，而且在峰值两侧无论 $\Delta G^0_{H_{ads}}$ 增大还是减少，交换电流都呈指数下降，这完全符合 Sabatier 原理。由于 $\Delta G^0_{H_{ads}}=0$ 附近峰值两侧数值分布成线性翼状，此图通常被称为“火山图”⑭，$\Delta G^0_{H_{ads}}$ 为较大正值或负值时的斜率由 Volmer 步骤的传递系数 α_V 所决定。

方程式(15.5.8) 和图 15.5.1 都基于以下假设：Volmer 反应是决速步骤且 H·吸附遵循 Langmuir 等温线。第一个假设适用于 H·弱吸附的金属。对于其它不同假设（例如决速步骤为 Tafel 或 Heyrovský 反应，或者 H·吸附遵循不同的等温线），仍可得到类似于式(15.5.8) 的表达式以及火山图，且交换电流在近 $\Delta G^0_{H_{ads}}=0$ 处达到极值[94,96-97]。原理上，可从 i_0 和 $\Delta G^0_{H_{ads}}$ 的依赖关系中获得反应机理方面的信息。但由于假设 HER 速率仅由 $\Delta G^0_{H_{ads}}$ 决定而忽略了影响电子转移速率的电子相互作用，能够获得的信息是有限的。不同 HER 机理下的火山关系及其与 Tafel 表达的联系可参考相关文献[94,96]。此外，参考文献［98］和［99］讨论了火山图分析的局限性。

对于 HER，当 H^+ 和 H_2 都存在时，小过电势下的线性极化测量在单晶 Pt 电极的低折射面产生的 i_0 介于 0.21mA/cm² 和 0.65mA/cm² 之间[100]。使用扫描电化学显微镜，直接测量了多晶 Pt 电极上 HER 和氢气氧化反应的 k^0，分别为 0.3cm/s[101] 和 0.23cm/s[102]。

$\Delta G^0_{H_{ads}}$ 较大的不确定性大大降低了式(15.5.8)（或基于不同假设的类似表达式）在计算 i_0 绝对值时的用途。此外，如果决速步骤的形式电势未知或者在 H^+ 和 H_2 共存的条件下平衡电势不能确定，则无法从 Tafel 实验图中提取微观决速步骤的 i_0［15.2.2(5) 节］。因此，在 $E=0$ (vs. RHE) 时测得的电流密度通常认为是 i_0。尽管有些武断，但便于比较不同金属的相对电催化活性[25]。

基于 DFT 计算得到的吸附自由能，可对不同电催化反应（包括 HER[75,99]）进行火山图分析。使用 DFT 的关键优势在于，吸附能的计算不局限于基元物种（如 H_{ads}），而是包括与决速步骤相关的特定、通常复杂的中间物种，比如将 CO_2 还原为 CH_4 所涉及的中间体（15.3.4 节）。

---

⑭ 在峰值处 $\Delta G^0_{H_{ads}}=-2\ln\{\alpha_V/[(1-\alpha_V)(P_{H_2}/P^0)^{1/2}]\}$，因此峰位置与 α_V 和 P_{H_2} 弱相关。当 $\alpha_V=0.5$ 和 $P_{H_2}=1$bar 时，$\Delta G^0_{H_{ads}}=0$ 处曲线恰好达到峰值。

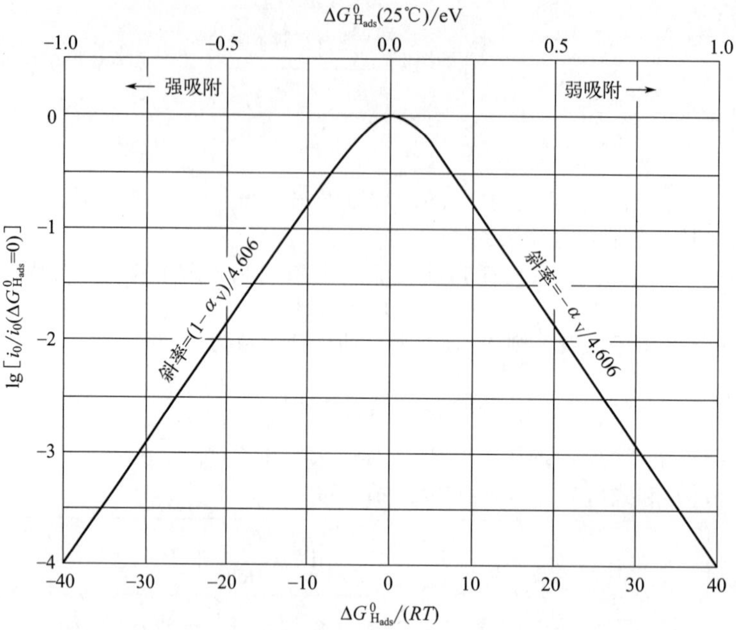

图 15.5.1 当 $\alpha_V=0.5$ 和 $P_{H_2}=1$bar 时式(15.5.8) 的曲线图

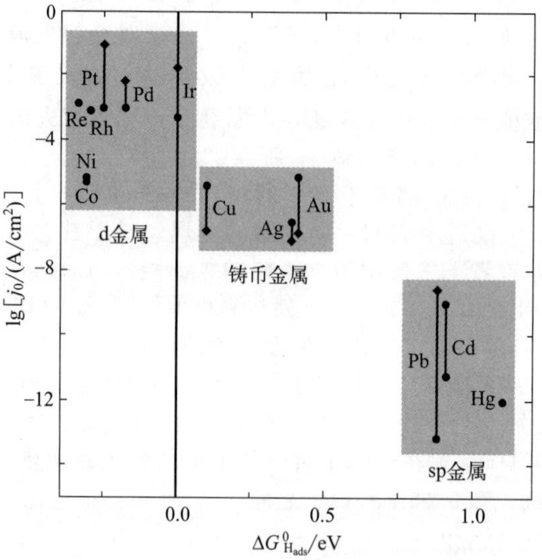

图 15.5.2 酸性水溶液中 HER 的 lg j_0 vs. $\Delta G^0_{H_{ads}}$ 图（引自 Quaino，Juarez，Santos，Schmickler[99]）

图 15.5.2 以 HER 实验测定的 j_0 相对于 DFT 计算得到的 $\Delta G^0_{H_{ads}}$ 来作图[99]。如图所示，当 $\Delta G^0_{H_{ads}}=0$ 时，并没有观察到一个明显的峰值。但随 $\Delta G^0_{H_{ads}}$ 变得更负（放热），j_0 几乎呈指数增长了约 10 个数量级。这与实验结果非常一致，说明 sp 型金属（例如 Hg）对 HER 的电催化活性最低，铸币金属（例如 Ag）适中，而 d 金属（例如 Ir）最佳。

虽然 HER 活性与吸附自由能有关，但 $\Delta G^0_{H_{ads}}$ 并非是决定 HER 电催化速率的唯一因素。根据 DFT 计算结果，HER 快速发生需要满足以下条件[99]：

① 在平衡电势处，$\Delta G^0_{H_{ads}}\approx 0$；

② 存在跨越费米能级的 d 带；

③ d 带和 H 的 1s 轨道之间存在较强的长程相互作用。

电极 d 带特性的重要性已在其它电催化反应中得以体现，例如 ORR。图 15.5.3(a) 给出了

Pt_3M 合金的结构示意图，该合金用于实验研究电子效应对 ORR 的影响[78]。在该体系中，3d 过渡金属（M＝Ni、Co、Fe、Ti、V）与 Pt 合金化，然后退火以产生富 Pt 表面层。对 ORR 的电催化活性与 Pt 表面原子的 d 带中心位置有关，Pt_3Co 的活性优于纯 Pt 和其它合金［图 15.5.3(b)］。所得的火山图源自于 O_2 和 OH^-（后者来自 H_2O，与氧化物的形成有关）的竞争性吸附是与 d 带中心位置（相对于费米能级）有关的。当 d 带中心非常接近费米能级（例如 Pt）时，O_2 和 OH^- 都发生强吸附，O_2 还原速率受活性位点数量决定。与此相反，若 d 带中心远离费米能级（例如 Pt_3Ti），OH^- 的结合能降低而 O_2 吸附的活性位点充足，但是 O_2 吸附仍是不易发生的，因而 ORR 速率仍然较低。

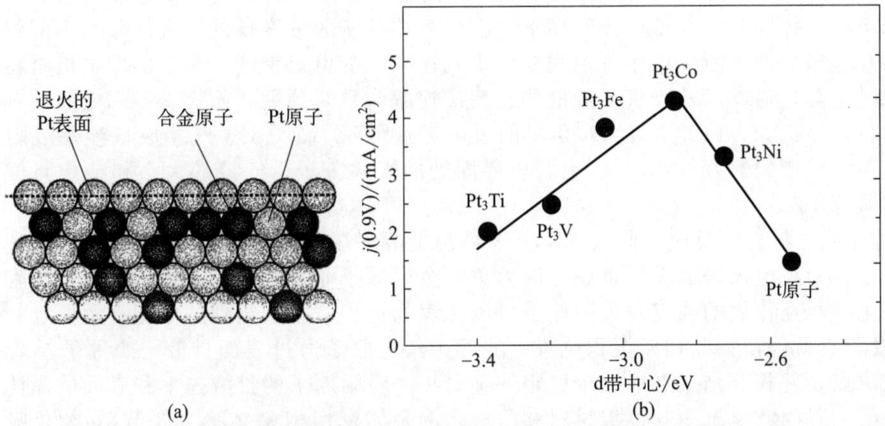

图 15.5.3　(a) 具有 Pt 表层（上表面层）的 Pt_3M 侧视结构图；(b) Pt_3M 表面测得的 ORR 电流密度与 Pt 表层中 d 带中心位置之间的关系，溶液含有 0.1mol/L $HClO_4$，温度为 333K（引自 Stamenkovic 等[78]）

电催化活性不仅仅与 $\Delta G^0_{H_{ads}}$ 或 d 带中心位置有关。例如 HER 动力学还与金属的熔点和体积模量存在相关性，与基于金属 d 带中心的相关性相似[103]。

15.6　电化学相转化

电化学反应常会在电极表面形成新的热力学稳定的物相。水溶液中 Cu^{2+} 的还原会在电极表面形成 Cu 膜，

$$Cu^{2+} + 2e \longrightarrow Cu \tag{15.6.1}$$

析氧反应会在电极表面产生 O_2 气泡，

$$2H_2O \longrightarrow O_2 + 4H^+ + 4e \tag{15.6.2}$$

这些都是电子转移反应涉及新相形成的著名案例。除了用于沉积各种不同的金属（例如 Al、Hg 和 Fe）和合金之外，电化学反应还可用于在电极表面上生长有机晶体或沉积聚合物膜/颗粒。同理，一系列小分子的电合成（例如 N_2、H_2、CO_2 和 Cl_2）则会产生气体。此外，电极内部也可能发生相变，例如锂离子电池充放电期间所发生的相变[104]。本节将概述电沉积和析气反应的成核和生长过程。

15.6.1　新相的成核和生长

电极表面相变通常分两步进行。首先，电化学反应产生少量团聚在一起的吸附原子［例如式(15.6.1) 中的 Cu 吸附原子］或吸附分子［例如式(15.6.2) 中的 O_2］，该过程为新相的成核，通常倾向发生于电极表面的低能位点。吸附原子或吸附分子团簇会形成新的表面（例如 O_2 气泡成核产生了新的电极/气体和气体/液体界面），因此需要能量来驱动。取决于吸附原子或吸附分子间的相互作用及其与电极和溶剂分子间的相互作用，这些小核可能不稳定而发生溶解；它们也

可能是稳定的，如果电子转移反应持续进行，其能够继续生长。达到临界尺寸且稳定的小核随后经历一个生长阶段，新相逐渐变大。

本质上而言，电极表面形成新相涉及内层氧化还原反应。例如，H_2O 氧化生成 O_2 是一个复杂的过程，涉及多种吸附中间体（15.3.1 节）。电沉积反应同样复杂，包括金属离子去溶剂化来沉积吸附金属原子的一个或多个电子转移步骤。对于多电子还原（例如水溶液中电沉积铜所发生的还原），反应可能通过中间价态物种的部分溶剂化离子（例如 Cu^+）进行，这些中间价态物种仅在电极表面短暂存在。

虽然金属沉积和气体析出反应有一些相似之处，但它们有显著差异：

① 气体析出：一般而言，只有电极/电解质界面处溶解气体的过饱和度非常高的时候，成核才能形成稳定的气体团簇。在低电流密度下，电生气体分子的浓度较低，气体分子仍溶解在溶液中并扩散离开电极表面，所以产生气泡需要中等到比较大的电流密度。至于不同电极材料上气泡成核所需的过电势，通常可从产气反应的异相反应速率常数来预测，而无需考虑电极的其它性质（例如晶体结构）。例如，Pt 电极上 H_2 析出的过电势远低于 Au 或 C。气相成核涉及吸附的气体分子和溶解在溶液中但恰好处于电极/电解质界面处的气体分子，气核的大小和结构与气体本身无关（15.6.4 节）。

② 金属沉积：与析气反应不同（气体分子最初是溶解在溶液中的），金属离子一旦被还原到其元素状态，就会在电极表面发生沉积，因为单个金属原子非常难以溶剂化。取决于吸附原子和电极表面间化学相互作用的强度，吸附原子可以在表面上扩散，直至到达低能表面位点（例如台阶边缘），或者它就停留在其初始沉积位置。随后，其它原子通过表面扩散一个原子接着一个原子地到达该位点，并相互结合形成一个稳定的金属核。吸附原子的扩散速率和表面的晶体结构决定沉积物的结构，因此电沉积与电极材料和所沉积的金属密切相关（15.6.3 节）。如果吸附原子和表面之间的化学相互作用很强，金属离子还原可能会发生欠电势沉积（UPD），即在低于金属沉积的热力学电势下形成一个吸附单层［15.6.3(1) 节］。

15.6.2 经典成核理论

本节中讨论的成核与生长处理基本方法，它们是在 20 世纪 20 年代，由 Volmer 和 Weber[105] 以及 Farkas[106] 首次提出的。随着时间推移不断完善，他们的想法逐渐发展成为经典的成核理论（classical nucleation theory，CNT）。如本节所展示的，CNT 适用于固体和气体的成核和生长。

(1) 成核过电势

成核是形成一个热力学稳定的新相的初始微观步骤。虽然相转化伴随着体系自由能的降低，但平衡条件下的成核反应依然有一个活化能垒。因此，这类电化学体系在微观上是不可逆的，新相的成核往往需要一定的过电势。

图 15.6.1 给出了电势控制下的电极表面相转化的两个实例，其中图 15.6.1(a) 显示了 GC 电极上 Ag 纳米颗粒成核和沉积的 CV[107]。在含有 1.3mmol/L $AgClO_4$ 和 0.1mol/L $LiClO_4$ 的乙腈溶液中，Ag^+ 的电化学还原在 GC 电极表面生成高密度的 Ag 核（$10^8 cm^{-2}$）。一旦 GC 表面形成稳定的晶核，Ag^+ 可在其表面继续发生还原，从而得到 Ag 纳米颗粒。

从一个比 $E^{0'}(Ag^+/Ag)$ 正的电势开始，向负电势扫描（称为阴极扫描），第一圈循环伏安响应［实线，图 15.6.1(a)］的还原波起始于 −120mV［vs. $E^{0'}(Ag^+/Ag)$］附近。该波说明 GC 表面发生 Ag 纳米颗粒的成核，随后纳米颗粒快速生长。由于 Ag^+ 还原的传质和动力学在无颗粒覆盖的裸 GC 表面（阴极扫描）和有颗粒覆盖的表面（阳极扫描）显著不同，因此阳极电流响应的起始电势明显滞后于阴极扫描。在阳极扫描过程中，观察到一个较大的阳极氧化电流峰，对应于银纳米颗粒的氧化（即所谓的“溶出”）。在第二圈电势扫描过程中（虚线），Ag 纳米颗粒沉积的起始电势比第一圈扫描正移了 42mV，意味着成核和生长的过电势降低。这种现象源自于 Ag 纳米颗粒的不完全氧化（“溶出”），称为“记忆效应”。也就是说，第一圈电势扫描中的阴极扫描所生成的银纳米颗粒，在随后的阳极扫描过程中不会完全被氧化溶解。虽然氧化大大减小了尺寸，但留下的颗粒在第二圈阴极扫描中起到了预成核位点的作用[107]。

图 15.6.1(b) 所示为第二个例子，即在半径为 27nm 的 Pt 圆盘超微电极上还原 H^+ 产生单个 H_2 纳米气泡，溶液为 0.5mol/L H_2SO_4。当电极电势扫描到比 RHE 更负的位置（阴极扫描），

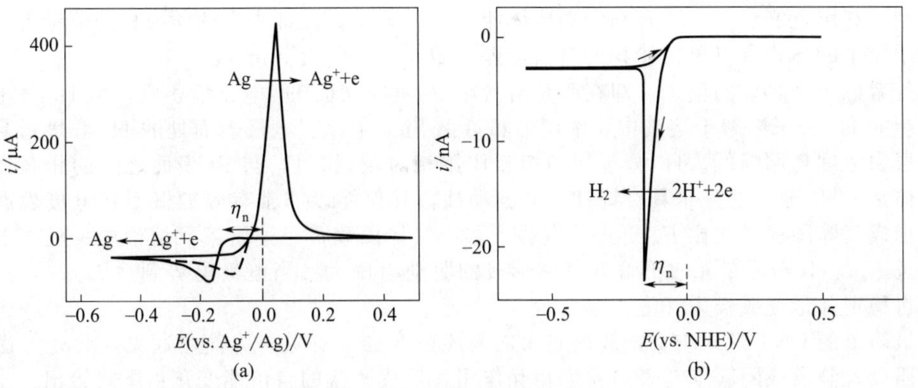

图 15.6.1　电化学相转化示例

(a) GC 电极上 Ag^+ 还原的 CV[107]，溶液为含有 1.3mmol/L $AgClO_4$ + 0.1mol/L $LiClO_4$ 的乙腈，实线为第一圈扫描，虚线为第二圈扫描，扫描速率为 0.02V/s，电化学沉积得到直径在 100～400nm 之间的 Ag 纳米颗粒，表面数量密度约 $2.5\times10^8 cm^{-2}$。(b) 半径为 27nm 的 Pt 圆盘超微电极上 H^+ 还原的 CV[108]，溶液含 0.5mol/L H_2SO_4，Pt 表面上形成单个 H_2 纳米气泡，扫描速率为 100V/s。注：在 (b) 中，η_n 是相对于 NHE 测量得到的过电势。对于气泡成核，η_n 是指伏安峰电势和 RHE 之间的电势差；在 0.5mol/L H_2SO_4 中，RHE 非常接近 NHE（引自 Liu 等[108]）

H^+ 还原产生溶于水的 H_2，其可以自由扩散离开电极。随着电流的增加，Pt 表面上溶解的 H_2 浓度逐渐增加，直到在 Pt 圆盘超微电极上产生单个气泡。在<1ms 的时间尺度内，H_2 气泡成长为一个稳定的准半球形，覆盖整个圆盘表面。此时，除非 H^+ 刚好处于圆盘电极边缘，否则其无法扩散到电极表面。因此，电流突然降低，意味着电极表面发生相转化。由于 H_2 快速扩散离开超微电极表面，在反向的阳极扫描过程中没有观察到 H_2 氧化的阳极电流峰。

无论 GC 电极表面 Ag 纳米颗粒的沉积，还是 Pt 电极表面 H_2 纳米气泡的生成，都需要一个显著的过电势（vs. E_{eq}）。定义成核过电势，$\eta_n = E_n - E_{eq}$，其中 E_n 表示发生成核的电势。固相和气相转化的 η_n 值已将标注在图 15.6.1 中。对于 Ag 纳米颗粒的沉积，$\eta_n \approx -120$mV，而对于 H_2 气泡形成，$\eta_n \approx -140$mV。

一般来说，成核过电势取决于电子转移和新相成核步骤的动力学。对于 Pt 电极表面的 H^+ 还原，电子转移动力学足够快，所以 η_n 由气泡成核动力学所主导。类似地，当在 GC 电极表面沉积 Ag 纳米颗粒时，首先 Ag^+ 还原产生吸附原子或尺寸较小的 Ag 簇。后者在 $E^{0'}$（Ag^+/Ag）附近的电势下是热力学不稳定的 [15.6.3(3) 节]，可被迅速氧化回到 Ag^+。在上述两个例子中，一旦 E 比 E_n 更负，成核就会快速发生。通常采用计时安培法对成核过程进行定量研究，该方法可以考察不同阶跃电位下的成核和生长速率[109]。

(2) 成核的阿伦尼乌斯速率表达式

除了上述以及其它电化学体系的实例以外，热力学稳定相的成核可发生在许多化学体系中，例如过饱和溶液中的固体结晶、蒸汽在表面冷凝形成液滴以及水沸腾产生气泡等。研究发现，成核速率 J_n(s^{-1}) 遵循阿伦尼乌斯速率定律：

$$J_n = J_{n,0}\exp[-\Delta G^{\ddagger}/(kT)] \tag{15.6.3}$$

其中，$\Delta G^{\ddagger}$为活化势垒。在 CNT 中，如果假设包含新相组分的簇的自由能（G）等于体积能和表面能（两者都可以用宏观热力学数据来表示）之和，即可得到 $\Delta G^{\ddagger}$。从物理角度来看，CNT 中的活化能垒源于新生相和现有相之间形成的新界面，例如金属颗粒成核所形成的固-液界面。形成面积为 A 的界面的能量成本为 γA，其中 γ 为表面张力（N/m，相当于单位面积的能量，J/m^2；14.1.1 节）。γA 的数值为正⑮，因此新生相和现有相之间的界面形成和生长受到表面张

⑮ 如式(14.1.3) 所定义，表面能 γ 是表面相对于体相的过剩能量。在本书中，γ 总是一个正值。因此，为使总自由能最小化，气泡倾向于球体形状——表面积与体积比最小的几何结构。

力的限制。利用电能建立一个有利于形成体相的自由能差，此即为电化学成核的驱动力，该自由能差等于粒子的体积乘以单位体积的自由能差（ΔG_V，单位为 J/m^3）。

此处考虑一个具体的例子，即在静止溶液中 Pt 电极表面 H^+ 电化学还原产生 H_2 气泡。反应最初产生的 H_2 分子溶解于溶液中，浓度分布遵循 Fick 定律。电极表面处的 H_2 浓度最高，之后在扩散层中浓度急剧降低。H_2 分子间的相互作用相对较弱，H_2 与 Pt 表面之间的相互作用也是如此。但是，H_2 分子的分布具有统计学的波动性，其仅能以非常有限的概率在电极表面附近或表面上形成气体团簇。在比 E_n 更正的电势下，小气体团簇可迅速溶解到溶液中。随着电极电势逐渐接近 E_n，H_2 分子的浓度升高，气体形成的驱动力增大；当电极电势到达 E_n 时，一个气体团簇变得稳定并最终成长为气泡。

在最简单的 CNT 形式中，团簇的自由能与团簇半径 r 有关。为简单起见，此处考虑一个球形气体团簇，假设该团簇不与表面发生相互作用。形成团簇的自由能变化由下式给出：

$$\Delta G = A\gamma + V\Delta G_V \tag{15.6.4}$$

其中，$A=4\pi r^2$；$V=(4/3)\pi r^3$。所以有：

$$\boxed{\Delta G = 4\pi r^2\gamma + \frac{4}{3}\pi r^3\Delta G_V} \tag{15.6.5}$$

式(15.6.5) 的第一项为正值，表示气体团簇和溶液之间形成界面所消耗的能量（称为表面能，ΔG_S）；而第二项表示产生体相产物的自由能变化（称为体相能，ΔG_b），此项与气体形状或表面积无关。在电化学成核中，ΔG_V 与电极电势有关。在发生成核的电势范围内，ΔG_V 必须为负值，因此式(15.6.5) 的第二项也是负值。

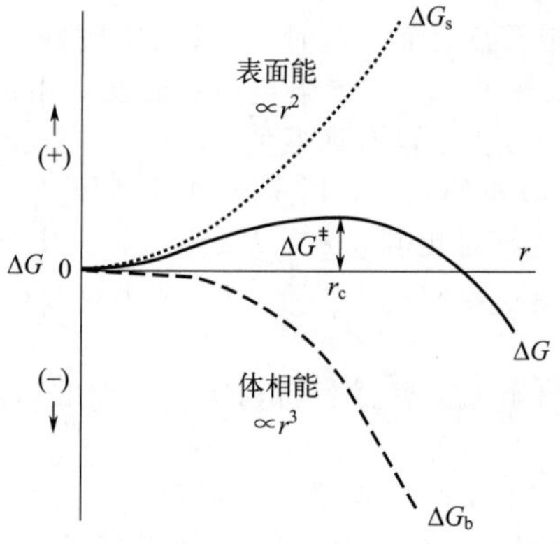

图 15.6.2 簇自由能及其分量随簇半径 r 变化的曲线

图 15.6.2 给出了 ΔG_S、ΔG_b 和总自由能 ΔG 是如何随簇半径 r 变化的。ΔG_S 和 ΔG_b 分别与 r 二次方和三次方成反比关系，导致在临界半径 r_c 处 ΔG 达到最大值。半径小于 r_c 的簇会溶解以减少自由能，而半径大于 r_c 的簇则会继续生长。在 H_2 气泡的形成过程中，达到半径 r_c 的簇可以形成稳定的 H_2 气泡。

成核所需的活化能（$\Delta G^\ddagger$）可以理解为簇生长到 r_c 所需的能量（图 15.6.2），因此通过 ΔG 对 r 的微分可求得 r_c 值：

$$\frac{d\Delta G}{dr} = 8\pi r\gamma + 4\pi r^2\Delta G_V \tag{15.6.6}$$

在 $d\Delta G/dr=0$ 时求解 r_c：

$$\boxed{r_c = -\frac{2\gamma}{\Delta G_V}} \tag{15.6.7}$$

将此值代入式(15.6.5) 得到：

$$\Delta G^\ddagger = \frac{16\pi\gamma^3}{3\Delta G_V^2} \tag{15.6.8}$$

对于推导式(15.6.5)时所考虑的球形结构，半径 r_c 可由热力学参数 γ 和 ΔG_V 计算得到。因此，r_c 是临界核的基本特征，称为热力学半径。在下一节中将看到，一个热力学半径为 r_c 的真实的核的几何结构可能并不是一个球体。

将 $\Delta G^{\ddagger}$ 代入式(15.6.3)即可得到成核速率：

$$\boxed{J_n = J_{n,0}\exp\left(-\frac{16\pi\gamma^3}{3kT\Delta G_V^2}\right)} \tag{15.6.9}$$

指前因子 $J_{n,0}$ 通常表示为 $N_n Zj$，其中，N_n 为成核位点的数量；j 为簇生长的平均速率；Z 为 Zeldovich 因子，其与半径为 r_c 的簇继续生长或溶解回溶液中的概率有关[110]。如图 15.6.1 所示，对于 Pt 圆盘超微电极上的单个气泡，$N_n = 1\text{cm}^{-2}$；而对于 GC 电极表面的 Ag 颗粒沉积，$N_n \approx 10^8\text{cm}^{-2}$。$j$ 由扩散控制，亦可由原子或分子结合到簇上的速率所控制，这两种情况都与电极电势和其它因素（例如，浓度和温度）有关。

(3) 电极表面性质对活化能的影响

在推导式(15.6.9)时仅考虑了核与溶液之间的界面，而忽略了簇和电极表面之间的相互作用，没有考虑表面相互作用的过程称为均相成核（homogenous nucleation）。但是，在大多数电化学相转化过程中，核与电极之间的相互作用不可忽略。这些附加的表面相互作用能够降低 $\Delta G^{\ddagger}$ 并促进成核，同时影响核及新相的形状。

图 15.6.3 显示了位于固体电极表面的一个简化的球帽形气核。根据文献中的模型[111]，核的形状由三个表面的能量所决定：

① 表面张力为 γ 的气-液界面；

② 表面张力为 γ_{gs} 的气-固界面；

③ 表面张力为 γ_{ls} 的液-固界面。

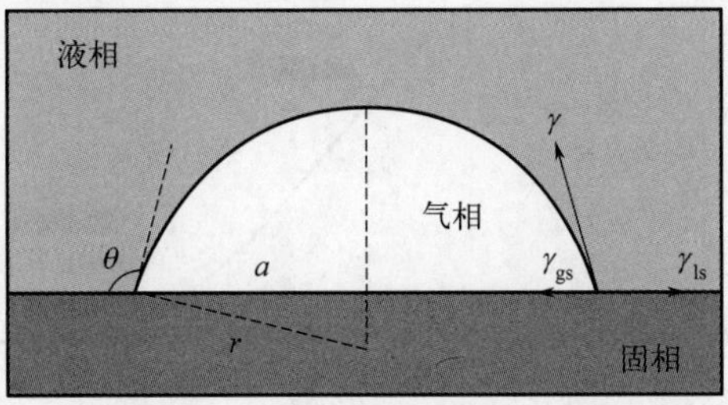

图 15.6.3　接触角为 θ 和曲率半径为 r 的球帽核的几何结构和表面能（γ、γ_{gs} 和 γ_{ls}）

根据水平面上原子核边缘的力平衡（即表面张力），得到杨氏方程⑯

$$\gamma_{gs} - \gamma_{ls} = \gamma\cos\theta \tag{15.6.10}$$

其中，θ 为通过液相测量得到的接触角（图 15.6.3）。一般而言，不同相在界面处的有利的相互作用会降低表面张力。因此，若气体与电极的相互作用比溶液与电极的相互作用强，则有 $\gamma_{ls} > \gamma_{gs}$ 和 $\theta > 90°$，气核倾向于扁平，而且气核与溶液之间的表面积减小；反之，若气体与电极的相互作用较弱，则有 $\gamma_{ls} < \gamma_{gs}$ 和 $\theta < 90°$，此时气核倾向于呈球形，气核与溶液之间的表面积更大。

如前所述，核的自由能来自于界面和体相自由能贡献，可用下式表示：

$$\Delta G = A_{gl}\gamma + A_{gs}(\gamma_{gs} - \gamma_{gl}) + V_{sc}\Delta G_V \tag{15.6.11}$$

其中，A_{gl} 和 A_{gs} 分别表示气-液和气-固界面的面积，

$$A_{gl} = 2\pi r^2(1+\cos\theta) = \frac{1+\cos\theta}{2}A_{sphere} \tag{15.6.12}$$

---

⑯ 文献中经常定义角度 θ 为"进入气泡或液滴的角度"，而不是图 15.6.3 中所示的"进入溶液的角度"。但基于恒等式 $\cos\theta = -\cos(180° - \theta)$，两种定义都可得到杨氏方程式(15.6.10)。

$$A_{gs}=\pi a^2=\pi r^2\sin^2\theta=\frac{1-\cos^2\theta}{4}A_{sphere} \tag{15.6.13}$$

V_{sc} 表示球帽的体积：

$$V_{sc}=\frac{\pi r^3}{3}(2-\cos\theta)(1+\cos\theta)^2=\frac{(2-\cos\theta)(1+\cos\theta)^2}{4}V_{sphere} \tag{15.6.14}$$

在式(15.6.12)～式(15.6.14) 中，$A_{sphere}=4\pi r^2$ 和 $V_{sphere}=(4/3)\pi r^3$ 分别表示一个半径为 r 的球体的表面积和体积。

结合式(15.6.11)～式(15.6.14) 和杨氏方程式(15.6.10)，得到下式：

$$\boxed{\Delta G=\Phi(\theta)(A_{sphere}\gamma+V_{sphere}\Delta G_V)} \tag{15.6.15}$$

其中

$$\boxed{\Phi(\theta)=\frac{(2-\cos\theta)(1+\cos\theta)^2}{4}} \tag{15.6.16}$$

图 15.6.4 绘制了 $\Phi(\theta)$ 曲线，清晰地描述了核的形状随新相与表面之间的相互作用强度大小而变化。在 $\theta\to0$ 的极限条件下（弱相互作用），$\Phi(\theta)\to1$，式(15.6.15) 简化为式(15.6.4)。方程（15.6.15）是一种更常见的情形，包含表面能 γ_{ls} 和 γ_{gs}，对应于非均相成核。虽然 γ_{ls} 和 γ_{gs} 没有出现在式(15.6.16) 中，但通过杨氏方程式(15.6.10) 影响 $\Phi(\theta)$ 的值。

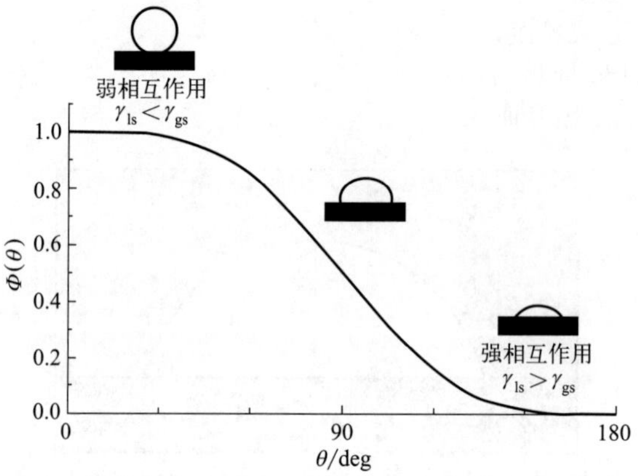

图 15.6.4　$\Phi(\theta)$ 曲线，其中角度 θ 已在图 15.6.3 中定义

将式(15.6.15) 的导数设定为 0，则得到：

$$\boxed{r_c=-\frac{2\gamma}{\Delta G_V}} \tag{15.6.17}$$

r_c 表示特征热力学半径［15.6.2(2) 节］，正如所期望的那样，r_c 与 θ 无关。将 r_c 代入式(15.6.15) 得到：

$$\Delta G^{\ddagger}=\frac{16\pi\gamma^3\Phi(\theta)}{3\Delta G_V^2} \tag{15.6.18}$$

式(15.6.18) 表明，异相成核［$\Phi(\theta)<1$］的 $\Delta G^{\ddagger}$显著小于均匀成核［$\Phi(\theta)=1$］。

将式(15.6.18) 代入式(15.6.3)，即可得到异相成核速率（J_n）：

$$\boxed{J_n=J_{n,0}\exp\left[-\frac{16\pi\gamma^3\Phi(\theta)}{3kT\Delta G_V^2}\right]} \tag{15.6.19}$$

式(15.6.17)～式(15.6.19) 适用于气相和固相成核，是一个完全通用的方程组。

审视式(15.6.19) 发现，成核速率由指前因子 $J_{n,0}$ 和四个能量参数{ΔG_V、γ、γ_{gs} 和 γ_{ls}[后两

者隐含在 $\Phi(\theta)$ 中]}所决定。通常，在实验中 $J_{n,0}$ 和三个表面张力保持相对恒定⑰，而体积自由能 ΔG_V 可变。因此，ΔG_V 经常是研究的主要变量，通过调节施加的电极电势或电流很容易实现 ΔG_V 的控制。ΔG_V 的表达式取决于所研究的相转化类型，具体形式可以在文献中查阅。

CNT 的局限和修正可参考相关综述[109,112]，分子模拟[113] 和 DFT[112] 已用于研究成核的动力学与能量学。对于气体成核，CNT 预测的与实验结果非常一致（15.6.4 节）。对于固相成核，由于受到晶体特征和吸附原子表面扩散的影响（15.6.3 节），上述简化处理在金属电沉积的定量处理中更加受限。因此，需要更加了解原子水平的化学相互作用，而不仅仅是考虑热力学表面张力。表面特征（例如台阶边缘、抛光划痕和杂质）可以大大降低气体和固体成核的活化能。尽管存在这些限制，CNT 仍为解析许多电化学成核现象提供了有用的框架。

(4) 三维固相成核的 ΔG_V 估算

对于不可压缩固体（例如 Ag^+ 还原沉积的 Ag 纳米颗粒）的电沉积，反应 $M^{n+} + ne \longrightarrow M$，沉积每摩尔 M^{n+} 所产生的电化学自由能变化为：

$$\Delta\overline{G} = \overline{\mu}_M^M - \overline{\mu}_{M^{n+}}^S - n\overline{\mu}_e^M \tag{15.6.20}$$

其中，$\overline{\mu}_{M^{n+}}^S$、$\overline{\mu}_M^M$ 和 $\overline{\mu}_e^M$ 表示反应物的电化学势；上标 S 和 M 分别表示溶液和金属。方程式(15.6.20) 可进一步展开（2.2.4 节）：

$$\Delta\overline{G} = \mu_M^{0M} - \mu_{M^{n+}}^{0S} - \frac{RT}{F}\ln a_{M^{n+}} - nF\phi^S - n\mu_e^{0M} + nF\phi^M \tag{15.6.21}$$

重新整理有：

$$\Delta\overline{G} = \left(\mu_M^{0M} - \mu_{M^{n+}}^{0S} - n\mu_e^{0M} - \frac{RT}{F}\ln a_{M^{n+}}\right) + nF(\phi^M - \phi^S) \tag{15.6.22}$$

前一个括号项表示化学自由能变化（ΔG），而后一括号项表示电势差的贡献。式(15.6.22) 适用于任一电极电势 E，而电极电势 E 与 $\phi^M - \phi^S$ 仅有一个常数（b）的大小差异。当 $E = E_{eq}$，式(15.6.22) 变为：

$$\Delta\overline{G}(E_{eq}) = \Delta G + nF(E_{eq} - b) \tag{15.6.23}$$

当施加一个过电势 η，上式变为：

$$\Delta\overline{G}(E_{eq} + \eta) = \Delta G + nF(E_{eq} + \eta - b) \tag{15.6.24}$$

因此，施加过电势使电沉积每摩尔原子的自由能增大，幅度等于式(15.6.24) 和式(15.6.23) 的差值：

$$\Delta\overline{G}(E_{eq} + \eta) - \Delta\overline{G}(E_{eq}) = nF\eta \tag{15.6.25}$$

还原过程的过电势总为负值，所以自由能差值也是负值。只有自由能差值为负，成核才能自发进行。

由于每个原子的自由能差为 $nF\eta/N_A = ne\eta$，因此单位体积的自由能变化为：

$$\Delta G_V = nF\eta/V_a \tag{15.6.26}$$

其中，V_a 为所沉积的金属 M 的原子体积。该方程给出了成核驱动力（ΔG_V）和过电势（η）之间的关系。由于 η 是负值，所以 ΔG_V 也必然是负值；当 $E = E_{eq}$ 时，$\Delta G_V = 0$，这与实验结果一致——体相的还原成核总是发生在 $E < E_{eq}$。

将式(15.6.26) 代入式(15.6.5)，即可得到 ΔG 与 η 的关系式：

$$\boxed{\Delta G = 4\pi r^2\gamma + 4\pi r^3 ne\eta/(3V_a)} \tag{15.6.27}$$

对于较小的 η 值，当表面能大于体积能时（图 15.6.2），ΔG 为正值。

当金属沉积达到临界半径时，沉积物变得稳定并继续生长。所以当 $r = r_c$ 时，必然有 $\eta = \eta_n$。因此，将式(15.6.26) 代入式(15.6.7) 得到：

---

⑰ 如 14.1 节所述，表面过剩和表面张力与电极电位 E 密切相关，因此 γ_{gs} 和 γ_{ls} 也是如此。但在下文中可以发现，在非常小的电势范围（几十毫伏）内，尽管 γ_{gs} 和 γ_{ls} 值保持相对恒定，成核速率仍然变化了许多个数量级。究其原因，一方面 $\Delta G^{\ddagger}$ 与 ΔG_V^2 相关，另一方面 $\Phi(\theta)$ 抑制了 γ_{gs} 和 γ_{ls} 的变化对 $\Delta G^{\ddagger}$ 的影响。

$$\boxed{r_c=\frac{-2\gamma V_a}{ne\eta_n}} \tag{15.6.28}$$

依据 15.6.2(3) 节中所描述的异相成核过程，$\Delta G^{\ddagger}$与电极过电位的关系显而易见，其随 η^{-2} 成比例迅速降低：

$$\Delta G^{\ddagger}=\frac{16\pi\gamma^3 V_a^2 \Phi(\theta)}{3n^2e^2\eta^2} \tag{15.6.29}$$

最后将式(15.6.29) 代入 Arrhenius 公式 [式(15.6.3)]，得到电沉积的成核速率：

$$\boxed{J_n=J_{n,0}\exp\left[-\frac{16\pi\gamma^3 V_a^2 \Phi(\theta)}{3n^2e^2\eta^2 kT}\right]} \tag{15.6.30}$$

与更精确的处理方法相比[109]，以上近似处理将金属电沉积的成核过程大大简化，进而得到 ΔG_V 与 η 以及 r_c 与 J_n 的关系表达式。尽管这种近似处理忽略了晶体特征和表面相互作用对核形状的影响，但它为三维成核提供了基本的概念框架。需要特别说明的几点：

① 式(15.6.30) 表明，J_n 与 $\exp(-B/\eta^2)$ 成正比，其中 B 是常数。对于准球形颗粒的电沉积，$\ln J_n$ 和 η^{-2} 通常呈线性关系，这与理论预测非常一致。基于这种一致性，可进一步知核尺寸和活化能[109]。

② $\ln J_n$ 和 η^{-2} 的相关性还表明，η 的微小变化即可导致 J_n 的迅速增大。如图 15.6.5 所示，当在 Pt 表面电沉积 Hg 滴时，几十毫伏大小的 η 可使 J_n 增大几个数量级。在实验过程中，假设每个成核事件产生一个 Hg 滴；在不同 η 下电解一段时间，随后在显微镜下对形成的 Hg 滴进行计数，即可得到 J_n。此外，当一个新相在电极表面发生成核时，LSV 也能够定性地反映出 J_n 与 η 的相关性。在伏安扫描过程中，当 η 增大至 η_n 附近时，电流会发生瞬时突增，这意味着颗粒的成核和生长。此外，与电极电势相关的成核时间（$\tau_n=J_n^{-1}$）也会突然变得小于 LSV 的实验时间 [$\tau_{obs}=RT/(nFv)$]。图 15.6.1(a) 显示了 HOPG 表面电沉积 Ag 颗粒的实验结果。

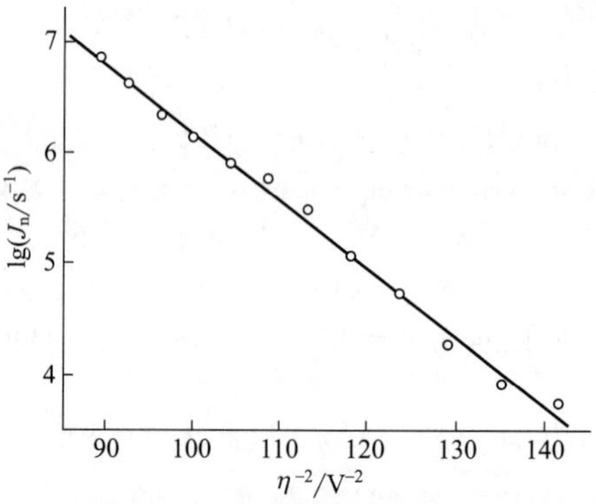

图 15.6.5 在 Pt 表面电沉积 Hg 滴所得的 $\lg J_n$-η^{-2} 线性关系图

每个 J_n 值对应于电势阶跃后达到的给定过电势下的稳态成核速率。在 22mV 的过电势（$-106\text{mV}<\eta<-84\text{mV}$）范围内，成核速率增加了 10^3 倍以上！实验采用直径为 5×10^{-4}cm 的半球形 Pt 单晶电极，水溶液含有 0.5mol/L $Hg_2(NO_3)_2$（引自 Toschev，Markov[115]）

③ 方程式(15.6.28) 可用来近似地估算 r_c。例如在 GC 电极上沉积 Ag 纳米颗粒时，测得 η_n=140mV [图 15.6.1(a)]，基于 Ag 的 $\gamma=0.72\text{J/m}^2$[114] 和 $V_a=1.7\times10^{-29}\text{m}^3/\text{atom}$，计算得到 r_c=1.1nm。这里提醒一下，r_c 是核的热力学半径。确定临界核内所含原子的几何形状和数量，需要知道接触角 θ⑱，其可从 $\ln J_n$-η^{-2} 直线的斜率中得到。

在高的过电势下，电沉积产生的临界核仅包含少量原子。对于这种情况，使用体相中的 γ 和

---

⑱ 半径为 1.1nm 的球形 Ag 颗粒包含约 320 个 Ag 原子。据报道，HOPG 和 Pt 电极上沉积的 Ag 颗粒的核包含 1～6 个原子，对应于 $143°<\theta<165°$。此范围 θ 对应于球帽几何结构，其中球帽的高度远小于 r_c（图 15.6.4）。

ΔG_V 值以及球形结构是有问题的，此时应该采用“小簇”成核模型[109]。

2D 金属层的电化学成核（比如 UPD）是由吸附原子所形成的临界 2D 簇。在该临界簇的台阶边缘逐渐沉积原子，初始 2D 簇可生长到临界尺寸（示例见图 21.1.3）。对于 2D 成核速率，已经推导出类似于 3D 成核的方程[109]。关键区别在于：2D 沉积的临界簇尺寸和成核速率是以簇边缘单位长度上的能量来表示的，而 3D 成核中以单位面积上的能量（即 γ）来表示。二维成核与 $\exp(\eta^{-1})$ 而不是 $\exp(\eta^{-2})$ 成正比，而 3D 成核是与后者成正比的[109]。

(5) 气泡成核的 ΔG_V 估算

对于涉及气泡形成的成核过程，ΔG_V 表示将气体从液相可逆地转移到体积为 V 的气泡中所需做的最小功（包括压力-体积功），其表达式为[111,116-117]：

$$W_{\min}=A\gamma-V(P_i-P_e)+(N/N_A)(\mu_V-\mu_L) \tag{15.6.31}$$

其中，P_i 为气泡内的气体压力；P_e 为周围液体的静水压力；μ_V 和 μ_L 分别为发生转移的物质在气相和液相中的化学势；N 表示从液相转移到气相的分子数量；N_A 为阿伏伽德罗常数。由于新相是可压缩流体，因此 $V(P_i-P_e)$ 这一项必须要考虑。如果假设核呈球形，则式(15.6.31)变为：

$$W_{\min}=4\pi r^2\gamma-(4/3)\pi r^3(P_i-P_e)+(N/N_A)(\mu_V-\mu_L) \tag{15.6.32}$$

在临界半径（$r=r_c$），$W_{\min}=\Delta G^{\ddagger}$。在这个尺寸，气泡膨胀的概率等于其收缩概率，因此气相和液相之间不会发生分子的净转移。相应地，$\mu_{V,c}=\mu_{L,c}$，此处添加的下标“c”表示它们为临界半径处的数值[116]。在临界半径（$r=r_c$）处，式(15.6.32) 对 r 的导数为零，据此可以得到：

$$\boxed{r_c=\frac{2\gamma}{P_i-P_e}} \tag{15.6.33}$$

将 r_c 代入式(15.6.18)，即可得到活化能：

$$\Delta G^{\ddagger}=\frac{16\pi\gamma^3\Phi(\theta)}{3(P_i-P_e)^2} \tag{15.6.34}$$

将式(15.6.33) 和式(15.6.34) 与式(15.6.17) 和式(15.6.18) 进行比较，可以看出 ΔG_V 为气泡内和溶液间的压力差⑲：

$$\Delta G_V=-(P_i-P_e) \tag{15.6.35}$$

因此可得气泡的成核速率：

$$J_n=J_{n,0}\exp\left[-\frac{16\pi\gamma^3\Phi(\theta)}{3kT(P_i-P_e)^2}\right] \tag{15.6.36}$$

因为溶解气体的浓度可由电极电流来确定（15.6.4 节），进而通过亨利定律很容易确定 P_i 值，所以 J_n 的这个表达式非常便于实验分析。

这一行为与金属电沉积类似。从式(15.6.30) 可以看出，η 的微小变化即可导致 J_n 的数量级变化［J_n 与 $\exp(-B/\eta^2)$ 成正比，其中 B 是常数］。而根据式(15.6.36)，J_n 与（P_i-P_e）存在类似的强相关。对于气体析出反应，（P_i-P_e）的微小增大即可导致 J_n 的数量级增大。在 15.6.4 节中，就此极限情形将给出一个实例。

15.6.3　电沉积

金属电化学沉积是电化学最早的应用之一，目前在许多技术中仍然非常重要。电沉积为制备金属和金属氧化物涂层材料提供了一种方法，用以提高耐腐蚀性、表面硬度、电学性能、催化活性和改善外观。例如，印刷电路板上的电路就是采用 Au、Ni 和其它金属的电镀来制备的，以防止腐蚀并提高性能。在锂电池中，金属锂负极的可逆性则取决于电池充电时 Li^+ 能否均匀地电沉积。电沉积还用于纳米颗粒、纳米线、外延层、有机和无机晶体、多层聚合物电解质的合成，以及金属（如铜）的电解沉积和电解精炼。

本节将介绍与金属电沉积相关的一些基本问题，有关金属电沉积理论和文献的详细介绍可查阅相关参考资料[109]。

---

⑲ 这一结果与 ΔG_V 的定义一致，ΔG_V 是单位体积的自由能变化。压力乘以体积后的单位为能量。

最简单的电沉积形式，是溶液中的金属离子（M^{n+}）在由相同金属制成的电极（M）上发生还原反应：

$$M^{n+}+ne \rightleftharpoons M \tag{15.6.37}$$

反应的平衡电势（E_{eq}）取决于溶液组成，可以用 M^{n+}/M 的形式电势和 M^{n+} 的浓度表示：

$$E_{eq}=E^{0'}+\frac{RT}{nF}\ln C_{M^{n+}} \tag{15.6.38}$$

当外加电势比 E_{eq} 更负（$E<E_{eq}$）时，M^{n+} 发生电还原；而当 $E>E_{eq}$ 时，则发生相反的过程，即电溶解。至于其他电化学反应，电沉积或电溶解的速率可能受界面动力学或 M^{n+} 的传质控制。对于某些 M^{n+}/M 体系，式(15.6.37) 的动力学非常快。例如，Ag^+/Ag 体系的标准交换电流密度可达 $24A/cm^2$[118]，其大小与 O 和 R 都可溶的快速外层反应的数值相当。因此，Ag^+ 还原很容易发生在 Ag 上，具有最小的过电势。

M^{n+} 的还原与外层反应显著不同，这是因为 M^{n+} 在还原过程中发生去溶剂化，且还原产生的 M 原子与 M 电极晶格中的其它原子发生相互作用而稳定地沉积下来。一般来说，相互作用最强的表面位点为缺陷和台阶。如果表面扩散很快，电沉积在平坦平台上的原子可能会穿过电极表面扩散到这些位点。电沉积金属的结晶度和表面结构取决于许多因素，包括沉积过电势、电流密度、温度、溶剂和电解质等。有意使用某些小分子吸附物也能够控制晶粒尺寸和表面光滑度，其在电镀行业中通常被称为“光亮剂”和“整平剂”。当过电势比较大时，传质控制的电沉积通常导致枝晶的形成。

因为需要新相的成核，M^{n+} 在一种其它金属 M′上的电还原比在 M 本身上更加复杂。方程式(15.6.37) 依然可以描述氧化还原过程，但反应热力学受 M 原子在电极 M′上的吸附能的影响。M 吸附原子和 M′表面之间的化学相互作用可能与 M 吸附原子（adatom）在 M 表面上的完全不同⑳，它们的性质会显著影响电沉积新相的结构：

① 当 M 强吸附在 M′上时，在热力学上 M′表面上的 M^{n+} 更容易发生还原，因此沉积在 M′上的电势比 $E^{0'}(M^{n+}/M)$[5.3.2(3)节和 17.2.4(1)节] 更正。这种效应称为欠电势沉积，通常可以在电极表面形成有序的二维膜。

② 反之，当 M 仅能在 M′上发生弱吸附，M′表面上的 M^{n+} 还原比在 M 上更难，沉积电势比 $E^{0'}(M^{n+}/M)$ 更负。该过程称为过电势沉积（OPD)，导致三维颗粒和岛的形成。

图 15.6.6 展示了依据 M 和 M′的吸附能和晶体结构而区分的三种电沉积模式[109]：

① M 和 M′之间存在弱相互作用：M 吸附原子在 M 上的吸附能比 M 原子在金属 M′上的吸附能更大（更负），因此形成 3D 电沉积结构在热力学上有利于 M—M′相互作用的最小化[图 15.6.6(a)]。经常在电极表面形成 M 的颗粒或岛状结构，称为 Volmer-Weber 沉积，其中一个例子是在 HOPG 基面上沉积 Ag 和其它金属[119-121]。

② 晶格排列诱导的 M 和 M′之间的强相互作用：M 吸附原子与 M′金属表面之间存在强烈的相互作用，导致 M 2D 吸附层（adlayer）的形成［图 15.6.6(b)］。如果 M 和 M′的晶体结构足够相似，就会发生外延生长，称为 Frank-van der Merwe 沉积。例如在 Au 单晶电极上沉积 Ag，由于 Ag 和 Au 的晶格间距相似，发生 Ag 膜的外延生长[122]。

③ 晶体错配诱导的 M 和 M′之间的强相互作用：与情况②类似，M 与表面的强烈相互作用导致最初形成一个或两个 M 单层。但如果 M 和 M′的晶体结构不匹配，则生成的 2D 吸附层受到热力学应力。如图 15.6.6(c) 所示，该应力有利于 3D 颗粒或岛状的电化学沉积（Volmer-Weber 沉积），这种生长模式称为 Stranski-Krastanov 沉积，例如 Pb 在 Ag 单晶电极上的沉积[123]。

(1) 欠电势沉积 (UPD) 吸附质单层

在一种金属电极表面欠电势沉积另一种（有时两种）金属单层，是一个非常重要的电化学过程，引起了广泛的研究兴趣[109,124]。业已发现并报道的欠电势沉积体系有许多，例如 Au(111) 上沉积 Hg[125]、Ag(100) 上沉积 Tl[126] 和 Pt(111) 上沉积 Cu[127]，这些体系中通常使用具有确定

---

⑳ adatom 是指电极表面上吸附的原子，由溶液中化学物质的氧化或还原产生。类似地，adlayer 指的是吸附原子层。

表面取向的单晶电极。由于吸附层形成的热力学与暴露的电极表面晶面［例如 Au(111) vs. Au(110)］密切相关，因此欠电势沉积的伏安特征取决于所使用的基底电极表面上的原子排列。

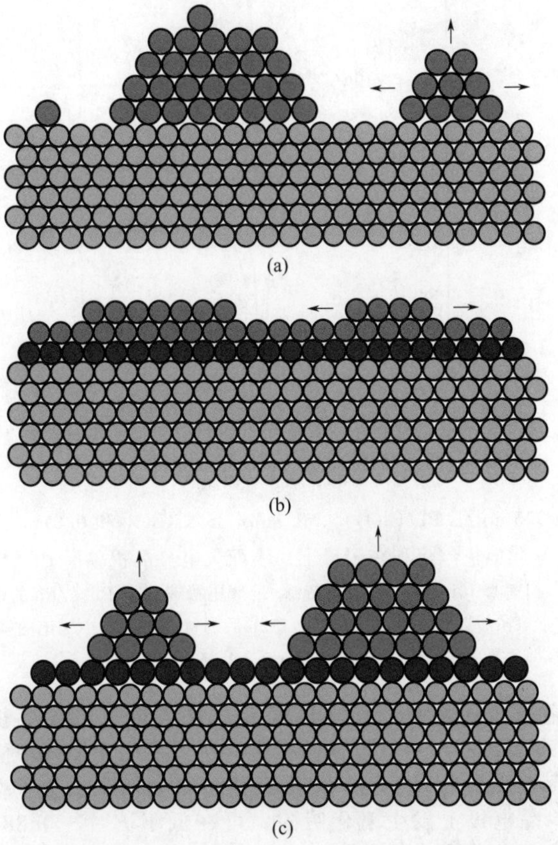

图 15.6.6 (a) Volmer-Weber；(b) Frank-van der Merwe；(c) Stranski-Krastanov 电沉积模式
箭头显示了电沉积层的生长方向（引自 Budevski，Staikov，Lorenz[109]）

图 15.6.7 显示了在 300nm 厚的 Ag(111) 膜电极表面（面积为 0.22cm^2）上欠电势沉积 Pb 的实验结果，该膜电极是采用热蒸汽沉积法将 Ag 沉积到分子水平光滑的云母表面上而制备的[128]。在水溶液中，单层 Pb 的沉积发生在 −300mV(vs. Ag/AgCl) 附近，该电势比 Pb^{2+}/Pb 电对的式电势［$E^{0'}$ = −440mV (vs. Ag/AgCl)］低约 150mV。在新制备的电极上（虚线），阴极扫描导致欠电势沉积形成单层 Pb($Pb^{2+} + 2e \longrightarrow Pb$)，在伏安图中可观察到三个电流峰（$C_1$、$C_2$ 和 C_3）。在反向的阳极扫描过程中，Pb 原子发生氧化和脱附（$Pb \longrightarrow Pb^{2+} + 2e$），产生三个对应的电流峰（$A_3$、$A_2$ 和 A_1）。三对电流峰对应三个可逆的氧化还原过程，其中电流值最大的 C_2/A_2 对应于 Pb 在原子平滑的 Ag 台阶上的欠电势沉积，而两侧的 C_1/A_1 和 C_3/A_3 对应于表面缺陷处的欠电势沉积。经原位 STM 和非原位 X 射线衍射实验证实，在 300℃下对 Ag(111) 膜进行热退火处理，可使其产生更加有序的表面。因此，在热退火体系中 C_1/A_1 和 C_3/A_3 电流峰均消失；C_2 峰的积分电荷密度为 318$\mu C/cm^2$，相当于 Pb 原子的表面浓度为约 $1.0\times10^{15} cm^{-2}$。原位表面 X 射线散射实验表明，单层 Pb 与 Ag(111) 表面不匹配，当电极电势在欠电势沉积和体相沉积电势区间扫描时，单层 Pb 将发生与电势相关的压缩[129]。当电极电势处于过电势时，单层 Pb 上面的过量沉积会导致 Pb 岛的形成[128]。

欠电势沉积的伏安特征除了取决于电极晶体取向和表面结构以外，还与支持电解质阴离子的选择密切相关。例如，Cu 在 Au(111) 上的欠电势沉积产生尖锐的伏安峰，但是峰电势取决于是用 SO_4^{2-} 还是卤素离子作电解质阴离子，这是因为欠电势沉积往往伴随阴离子的共吸附[130]。在欠电势沉积过程中，电势相关的沉积层结构重整也经常被观察到。

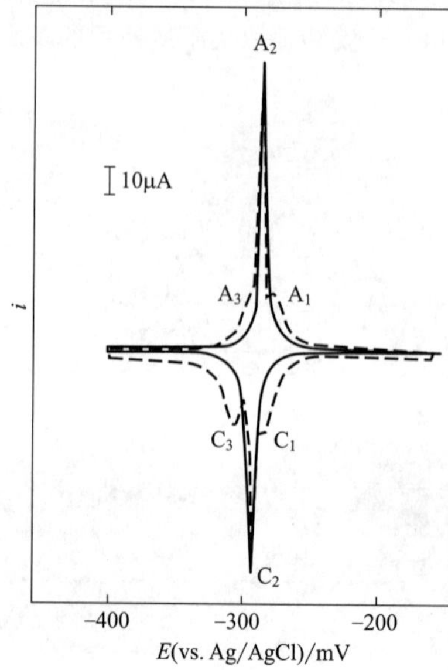

图 15.6.7 在含有 0.005mol/L $Pb(ClO_4)_2$、0.1mol/L $NaClO_4$ 和 0.01mol/L $HClO_4$ 的溶液中，Ag(111) 膜电极（沉积在云母上）表面欠电势沉积单层 Pb 的伏安图

初始电势扫描从正到负，扫速为 10mV/s。虚线：新制 Ag 膜电极表面上 Pb^{2+}/Pb 的伏安图；实线：Ag 膜电极经 300℃真空退火（10^{-6} Torr，1Torr=133.322Pa）12h 后的伏安图。图中标记的峰将在文中加以讨论（引自 Stevenson，Hatchett，White[128]）

欠电势沉积不限于金属单层的沉积。在酸性介质中，氢欠电势沉积的可逆伏安峰出现在 $E>E^{0'}$（H^+/H_2）处，表明其发生相对较强的吸附（例如发生在 Pt 表面的过程，参见图 14.4.6 和图 14.6.1）。而且当存在强配合离子时，阳极氧化可在金属电极表面欠电势沉积形成吸附单层。例如，HS^- 在 Ag 单晶电极上发生氧化吸附，可在低于 $E^{0'}$[−0.88V(vs. Ag/AgCl)，对应于体相沉积 Ag_2S] 0.5V 或更大的负电势即可产生 S 吸附层。在 Ag 电极表面欠电势沉积 S，所产生的多个伏安峰信号与暴露于溶液中的电极表面晶格结构取向密切相关［即（111)、(110) 或（100）］[131]。

伏安法和库仑法等电化学方法，可用于研究欠电势沉积的氧化还原热力学性质（例如吸附能）及其涉及的电荷量变化，但能提供的结构信息却很少。大量原位技术，例如振动光谱、X 射线衍射、扫描探针显微镜（例如 STM 和 AFM）和基于沉积质量测量的 QCM 技术，已被广泛用于电沉积膜的结构表征。第 21 章将进一步讨论这些方法。

(2) 新相的电化学生长

在电极表面发生成核并形成一个稳定的新相之后，该相的生长和结构由沉积晶核的数量、电沉积层的结构（即 2D 单层或 3D 颗粒）以及施加的电极电势所决定。沉积速率可能由界面沉积动力学所控制，在高过电势下也可能由传质控制。

通常采用计时安培法对成核和生长速率进行分析。在电势阶跃到过电势后，发生成核和相生长，对电流响应进行一定时间的测量，得到 i-t 曲线。随后，基于包含几何因素（3D 与 2D 生长)、成核速率以及动力学或传质控制等因素的数学模型，对 i-t 曲线进行分析。当发生 3D 颗粒或岛的电沉积时，扩散场重叠或奥斯特瓦尔德熟化（Ostwald ripening）[15.6.3(3) 节] 所引起的颗粒相互作用也应视情况而予考虑。最常见做法是，通过 STM 或 AFM 进行结构成像，获取成核位点的数量和新相的结构等信息，从而大大简化计时安培分析。

以 HOPG 电极表面电沉积 Ag 纳米颗粒为例[120]，如图 15.6.8 所示，将 HOPG 电极的电势阶跃至特定的过电势［−100mV，−250mV，以及−500mV，vs. $E^{0'}(Ag^+/Ag)$］并持续 50ms。在 i-t 曲线中［图 15.6.8(a)]，可以观察到两种不同的行为。在短时间内（<5ms)，电流快速上升，在衰减前达到峰值，这种行为与电极的双层充电有关。在更长的时间（>5ms)，电流缓慢

上升，在最高过电位处出现一个峰值。如上所述，银在 HOPG 上的沉积遵循 Volmer-Weber 生长模式，对沉积在 HOPG 表面上的 Ag 纳米颗粒进行非接触 AFM 成像已经证实了这一模式[图 15.6.8(c)]。Ag 颗粒呈圆盘状，直径在 20～60nm 之间，高度在 1.5～5nm 之间。

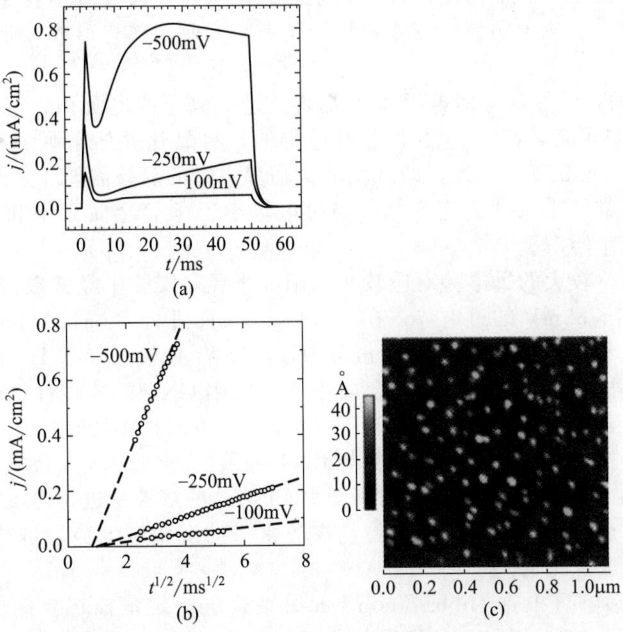

图 15.6.8　HOPG 上沉积 Ag 的瞬态电流

(a) j vs. t；(b) j vs. $t^{1/2}$；(c) AFM 图像（引自 Zoval，Stiger，Biernacki，Penner[120]）

在实验过程中，过电势较大往往导致颗粒的快速成核，从实验的时间尺度来讲其近似是“瞬时”发生的。因此，i-t 响应可认为是由 Ag^+ 向颗粒的扩散所控制的。如果颗粒表面的 Ag^+ 扩散场不发生重叠，则 i-t 响应可用下式表达[120,132]：

$$i(t)=\frac{F\pi(2D_{Ag^+}C^*_{Ag^+})^{3/2}M_{Ag}^{1/2}Nt^{1/2}}{d_{Ag}^{1/2}} \tag{15.6.39}$$

其中，M_{Ag} 为银的原子质量；d_{Ag} 为银的密度；N 是形成稳定的 Ag 颗粒所需的晶核数。根据 i vs. $t^{1/2}$ 曲线的斜率，可以得到 N 值，并可与 AFM 图像中测定的 Ag 颗粒的表面密度进行比较。对于图 15.6.8 中的实验，N 为 2.7×10^9（-500mV 过电势）、4.3×10^8（-250mV 过电势）和 4.2×10^7（-100mV 过电势）。前两者在数值上与 AFM 成像结果非常一致，而在 -100mV 过电势下 AFM 确定的值小了一个数量级。基于对 HOPG 表面 Ag 沉积的其它分析结果，这可能与沉积过程中所发生的颗粒聚集和分离有关[121]。

审视图 15.6.8(c)，可以发现其中一些颗粒之间的距离约为颗粒直径，因此应用式(5.6.39)时所作的非重叠扩散场假设显然是一种近似处理。模拟结果表明，重叠的扩散场会使颗粒尺寸更加分散。随着沉积过电势的降低，预计可获得更窄的粒度分布[133]。

(3) E^0 与颗粒大小的关系

产生“体相金属”究竟需要多少个原子或多大的颗粒，以及标准（或式）电势与颗粒的大小是否相关，这都是非常有趣也是一直备受关注的问题[134-140]。对于由 n 个原子组成的簇，其 E_n^0 值与体相金属的 E^0 值是不同的。例如，考虑银簇 Ag_n，对于单个原子（$n=1$），E_1^0 与 E^0 可通过一个热力学循环进行关联，该热力学循环涉及 Ag 的电离势以及 Ag 和 Ag^+ 的水合能。该过程可用下式表示：

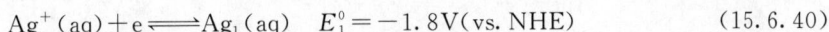

$$Ag^+(aq)+e \rightleftharpoons Ag_1(aq)\quad E_1^0=-1.8V(vs.\ NHE) \tag{15.6.40}$$

E_1^0 比相应的体相 Ag 的反应低 2.6V。因此，从热力学角度来讲，从单个 Ag 原子中移除电子比从 Ag 原子晶格中移除电子容易得多。进一步实验研究表明，随着银簇逐渐变大，E_n^0 值不断向体相金属的值靠近。

与晶体内部的原子相比，表面原子与更少的相邻原子相结合，因此需要更多的表面自由能来构建额外的表面积。而从另一个角度而言，体系的总能量可以通过减小表面积来最小化，例如形成球形颗粒或小颗粒融合成大颗粒。胶体颗粒的奥斯特瓦尔德熟化形成沉淀就是后一种效应的完美体现。

E^0 与颗粒尺寸的相关性对金属电沉积，尤其低过电势下的电沉积，有重要的影响。如果金属簇的 E^0 比成核电势更负，则簇是热力学不稳定的，将氧化并溶解回到溶液中。这一理念与 CNT 的早期讨论（15.6.2 节）一致，即沉积形成临界半径的晶核需要一定的过电势（η_n），只有临界半径的晶核能够继续生长到稳定新相。当过电势小于 η_n，金属原子和团簇可以形成，但在进一步生长之前会发生溶解。

基于类似的推理，较大的过电势对应较小的临界半径，实验中经常报道包含 1～10 个原子的临界核。例如，以 71～82mV 的过电势，在 Au(111) 表面进行 Cu 的 3D 电沉积，晶核含有 2 个或 3 个 Cu 原子。同样地，在 Pt 电极上沉积 Hg，临界晶核由 3～10 个 Hg 原子构成（如图 15.6.5 中直线的斜率所示）。对于这种金属小簇，使用 CNT 的合理性（假设小簇的表面张力为体相值）受到质疑，因此提出了更多的原子模型[109]。虽然“小团簇”成核模型基于更现实的物理假设，但对临界核尺寸的分析结果通常与 CNT 一致。

如 19.5 节中所描述，在含有低浓度的离子型 Pt 前体的溶液中进行电沉积，预计会沉积出非常小的簇 Pt_n，其中 $n=1,2,3,4\cdots$。该实验是在非常大的沉积过电势下进行的，得到的 Pt 原子是稳定的，可以用作电催化剂。

表面能对 E^0 的影响可根据 Gibbs-Thomson 关系式进行定量描述。例如，对于一个可逆的 M^{n+}/M 电对，半径为 r 的球形粒子的标准氧化还原电势 $E^0(r)$ 由下式给出：

$$\boxed{E^0(r)=E^0-\frac{\gamma\Omega_M}{nF}\times\frac{2}{r}} \qquad (15.6.41)$$

式中，E^0 为体相电极（$r\rightarrow\infty$）的标准氧化还原电势；γ 为金属颗粒/电解质界面的表面张力，J/m^2；Ω_M 为 M 的摩尔体积，m^3/mol。

如图 15.6.9 所示，Pt 纳米颗粒溶解（$Pt\longrightarrow Pt^{2+}+2e$）的电势（$E_d$）与其粒径（$r$）的关系遵循式(15.6.41)[141]。采用原位电化学扫描隧道显微镜（EC-STM），在 0.1mol/L H_2SO_4 中研究 Au 电极表面的 Pt 纳米颗粒（$r=0.58\sim1.43$nm），即可得到不同粒径大小颗粒的 E_d。从所有纳米颗粒都稳定的电极电势[0.60V(vs. NHE)]开始，电势以 50mV 的步长增加，同时通过 EC-STM 对颗粒进行成像，借此估计每个颗粒溶解的电势。图 15.6.9 中的数据点显示了 E_d vs. $2/r$ 的测量值，由 E_d 数值可得到式(15.6.41) 中 $E^0(r)$ 的近似值，可将其与 Gibbs-Thomson 关系式的预测值进行比较。根据式(15.6.41) 并令 $\gamma=2.35J/m^2$[142]、$E^0=1.01V$ (vs. NHE)（Pt，溶液为 0.1mol/L H_2SO_4）和体相 $\Omega_M=9.1\times10^{-6}m^3/mol$(Pt)，可以计算得到图 15.6.9 中的实线。实验数据和 Gibbs-Thomson 关系式之间呈现非常好的一致性，证明了随着颗粒尺寸的减小，颗粒逐渐变得热力学不稳定。

对于一个给定体系，如果可以建立 $E^0(r)$ 与 r 的依赖关系，则可以将其用作测量粒径的分析工具[143]。一种便捷的校准方法是确定多个样品的溶解电位，每个样品包括许多大小均匀的且粒径经 SEM 测定的颗粒。由于每个样品的颗粒大小已知，因此可以绘制 $E^0(r)$ vs. r 的标准曲线图。基于该方法，在含 10mmol/L Br^- 和 0.1mol/L $KClO_4$ 的溶液中，使用阳极溶出伏安法（ASV，12.7 节）测量了尺寸已知的金纳米颗粒［固定在（3-氨基丙基）三乙氧基硅烷修饰的玻璃/铟锡氧化物电极上］的溶解电势。在溴化物介质中，金可发生 3e 和 1e 溶解过程，分别产生 $AuBr_4^-$ 和 $AuBr_2^-$：

$$AuBr_4^-+3e\rightleftharpoons Au^0+4Br^- \qquad E^0=0.85V(vs.\ NHE) \qquad (15.6.42)$$

$$AuBr_2^-+e\rightleftharpoons Au^0+2Br^- \qquad E^0=0.96V(vs.\ NHE) \qquad (15.6.43)$$

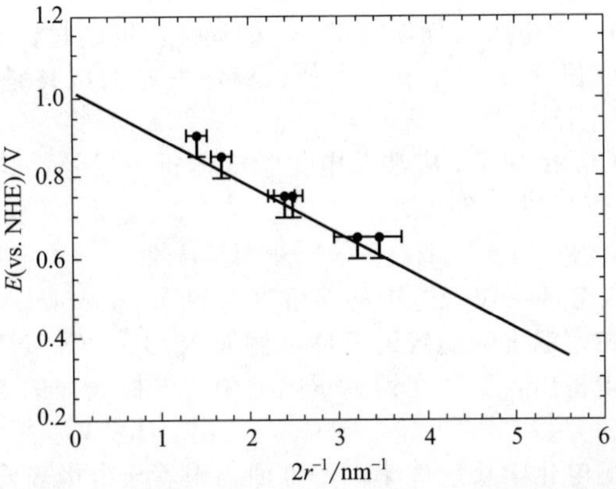

图 15.6.9　溶解电势 E_d 与 Pt 粒径（2/r）的相关性

实验数据点为 0.1mol/L H_2SO_4 中在 Au 电极表面沉积的 Pt 颗粒。向下的垂直棒对应于 EC-STM 颗粒溶解观测值之间的 50mV 增量步长，水平误差棒表示与颗粒尺寸测量相关的 8%误差，实线是体系的 Gibbs-Thomson 方程［式(15.6.41)］(引自 Tang 等[141])

对于三个颗粒样品，ASV 峰电势（E_p,vs. NHE）随颗粒半径（由 SEM 测定）的减小而负移，其顺序遵循 7.5nm（0.77V）、2nm（0.69V）和 0.8nm（0.45V），与式(15.6.41）预测一致。这些结果建立了 E_p 和 r 之间的关系，随后被用于电化学诱导奥斯特瓦尔德熟化的其它实验。

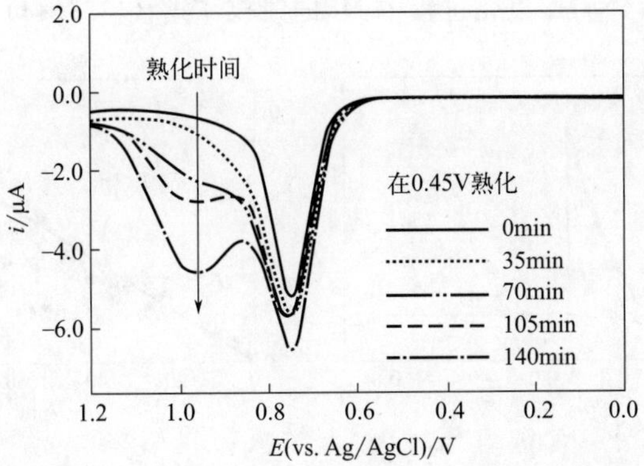

图 15.6.10　柠檬酸保护的半径为 7.5nm 的 Au 纳米颗粒在 10mmol/L KBr+0.1mol/L $KClO_4$ 中经 0.45V 电势下奥斯特瓦尔德熟化 0min、35min、70min、105min 或 140min 后的阳极溶出伏安图（ASV）

所有实验在同一的溶液中以 0.01V/s 的扫描速率完成（引自 Pattadar 和 Zamborini[143]）

奥斯特瓦尔德熟化的一般现象是指颗粒群体中的一些颗粒变大而另一些颗粒变小或完全消失的不稳定性，驱动力为颗粒稳定性与尺寸的依赖性，类似于式(15.6.41）中 E^0 与 r 的依赖性。在某一给定电势下，Au 纳米颗粒的电化学奥斯特瓦尔德熟化源于较小颗粒的氧化溶解［具有最小的阳极氧化电势 $E^0(r)$ 值］，随后是氧化产物 $AuBr_4^-$ 和 $AuBr_2^-$ 在较大颗粒上的还原［具有更正的 $E^0(r)$］。因此，以较小颗粒的溶解为代价，较大的颗粒逐渐生长。图 15.6.10 显示了涂覆有半径为 7.5nm 的 Au 纳米颗粒的电极的 ASV 曲线。在进行溶出之前，电极上施加不同时长的恒电势（E=0.45V），完成奥斯特瓦尔德熟化。E_p=0.77V 处的电流（与 7.5nm 半径的颗粒相关）随熟化时间明显减小，并且在 E_p=0.95V 处出现新的电流峰，源于半径约 10nm 的颗粒的生长。

15.6.4　气体析出

电化学反应有时会导致电极表面自发形成气相（即气泡），发生液气转化是因为气体分子于室温下在电解质中的溶解度通常非常有限。例如，在 25℃和 1bar 氢气压时，H_2 在水中的溶解度仅为约 0.8mmol/L，远低于在强酸性溶液通过电极表面质子还原（$2H^+ + 2e \rightleftharpoons H_2$）所产生的氢气浓度（>100mmol/L）。当电极表面溶解的 H_2 的局部浓度超过饱和浓度时，生成气态 H_2 是热力学可行的。与金属电沉积（15.6.3 节）类似，稳定气相的成核是一个活化过程，需要一定的过电势。

除了生产 H_2、O_2 和 Cl_2 的电解反应涉及电化学气体析出以外，其它许多过程也会涉及。例如肼（N_2H_4）的氧化用于直接肼燃料电池：

$$N_2H_4 \longrightarrow N_2 + 4H^+ + 4e \tag{15.6.44}$$

该过程产生 N_2[144]，其在水溶液中仅有适中的溶解度（约 0.7mmol/L）。15.3 节中讨论的电催化反应的许多反应物和产物在室温下为稳定的气体（例如 N_2O、NO、NH_3、CH_4、CO_2 和 C_2H_4）。有时要避免电极表面的气体析出，比如在锂离子电池中，电极表面的电解质分解可能产生 H_2 和其它易燃有机物。

气泡的形成通常会影响电化学反应效率。一方面，附着于电极表面的气泡降低了反应活性位点数量；另一方面，从电极表面脱离的气泡也会阻碍反应物、产物和离子的传输，增大传质和欧姆过电势。此外，气体形成也可能损坏电极和其它电池组件。以上问题已被广泛研究，可参考相关文献[145-146]。

本节主要关注可用于研究电极/电解质界面上的气相转化过程热力学和动力学的电化学方法。采用伏安法和计时安培法研究气体析出反应，由电极电流可知电极表面许多位置气泡的随机成核、生长和分离，但通常因电流中出现“噪声”而使分析变得复杂。这些信号的叠加反映的是多个气泡析出事件的复合动力学，因此无法对气泡形成的物理和化学机制进行定量分析。为避免这一问题，一种策略是使用尺寸足够小的电极，进而在测量期间形成多于一个气泡的概率基本上为零[147]。图 15.6.11 显示了 N_2H_4 氧化过程中 N_2 的成核［式（15.6.44）］。

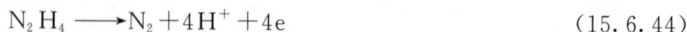

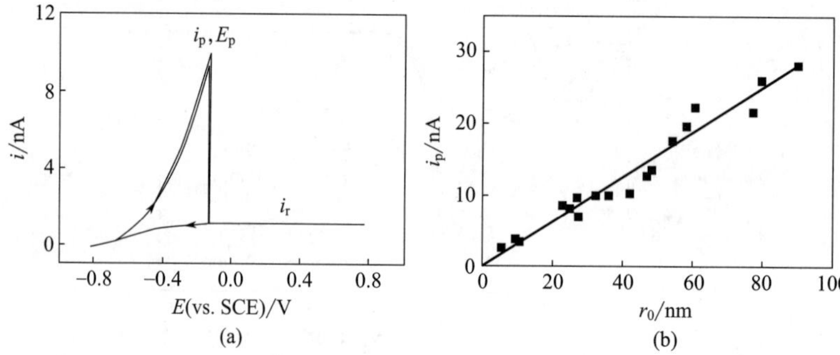

图 15.6.11 （a）半径为 32nm 的 Pt 纳米电极表面形成 N_2 气泡的 i-E 响应，图中显示了两个伏安循环，初始电势为−0.80V，扫速为 200mV/s，溶液为 1.0mol/L N_2H_4；（b）i_p 与 Pt 纳米电极半径的相关性（引自 Chen，Wiedenroth，German 和 White[149]）

如果依据图 15.6.12 所示的气泡形成过程示意图，那么图 15.6.11(a) 中的伏安图就会相对容易解释。电流起始于−0.7V(vs. SCE) ——接近 N_2H_4 氧化的热力学电势[148]，并随电势阳极扫描而逐渐增大［图 15.6.12(a)］。在该区域，反应速率［式(15.6.44)］由 N_2H_4 传质和电子转移动力学控制。随着电流持续增大，电极表面附近溶解的 N_2 逐渐达到过饱和，最终达到 N_2 气相成核的临界值［图 15.6.12(b)］。在电势 E_p 处出现电流突降，表明覆盖电极表面的单个 N_2 纳米气泡快速生长，最终在超微电极表面形成了三相（固体-气体-液体）界面［图 15.6.12(c)］㉑。气泡形成之后，残余电流 i_r 几乎与电极电势无关，由三相界面处 N_2 的电生成速率和 N_2 从气泡到溶液的外溢扩散速率之间的动态平衡所决定[149]。在反向阴极电势扫描过程中，当电势负到足以停止 N_2H_4 的氧化时，只观察到基线电流。如果没有继续生成 N_2，气泡收缩并消失。

㉑ 在数学上，可认为超微圆盘电极上的三相界面是一个宽度无穷小的圆形线。根据残余电流[147]和分子动力学模拟[113]，三相界面的物理宽度估计在单个 Pt 原子尺寸的量级上。

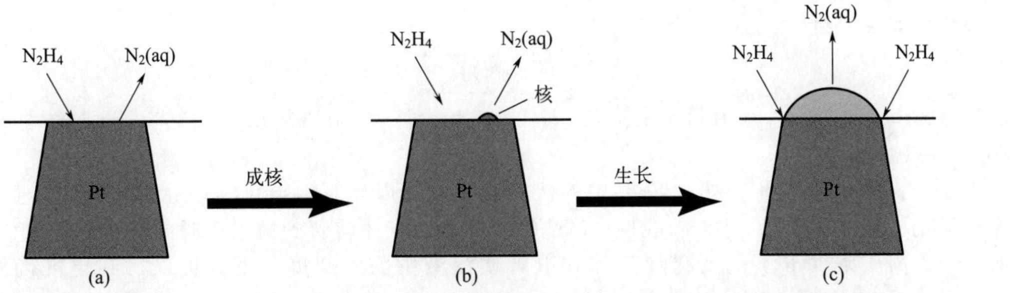

图 15.6.12 以 Pt 纳米盘电极的截面图展示 N_2 纳米气泡的形成过程

(a) N_2H_4 还原生成溶解的 N_2；(b) 单个气泡核的形成；(c) 气泡核生长得到稳定的 N_2 纳米气泡。在 $r_0 \leqslant 100$nm 的盘电极表面可产生单个纳米气泡（引自 Edwards，White 和 Ren[150]）

图 15.6.11(a) 所示的伏安响应也是纳米电极上其它气体气泡成核和生长的特征信号，包括甲酸氧化产生的 CO_2[151]、H_2O_2 氧化产生的 O_2[152-153] 和质子还原产生的 H_2[147,154]。质子还原产生 H_2 的结果如图 15.6.1(b) 所示。此外，从伏安响应中还可以提取气泡形成的热力学信息[155]，比如峰值电流 i_p 可用于计算成核时电极表面溶解 N_2 的浓度。在气泡形成之前的任何电势下，盘状超微电极的电流可用溶解 N_2 的稳态扩散流量来表示：

$$i = 4nFC_gD_gr_0 \tag{15.6.45}$$

其中，r_0 为电极半径；D_g 和 C_g 分别表示溶解气体的扩散系数和电极表面浓度。在成核时刻，C_g 表示新相形成所需的过饱和浓度 C_g^S：

$$C_g^S = i_p/(4nFD_gr_0) \tag{15.6.46}$$

依据 C_g^S，可以计算气相成核的相对过饱和度 S，其定义为：

$$S = C_g^S/C_g(1\text{bar}) - 1 \tag{15.6.47}$$

其中，$C_g(1\text{bar})$ 是该气体与溶液上方 1bar 气体达到气-液平衡时的饱和溶解浓度。例如，对于 N_2，如果根据图 15.6.11(a) 中的 $i_p = 10$nA 以及 $r_0 = 32$nm 和 $D_g = 2.1 \times 10^{-5}$cm^2/s，则 $C_g^S =$ 94mmol/L。根据伏安图也可确定相应的过饱和度，$S = [(94\text{mmol/L})/(0.67\text{mmol/L})] - 1 =$ 139，与经典方法测量的数值（$136 \geqslant S \geqslant 90$）非常接近。在经典方法中，一般是在已知高压下将溶液用 N_2 平衡，然后突然减压以释放气泡，进而实现相应过饱和度的测量。如图 15.6.11(b) 所示，i_p 与 r_0 成比例，表明当 $r_0 < 100$nm 时，C_g^S 和 S 与电极尺寸无关。

与 N_2 气泡成核相关的伏安峰仅出现在含有至少 0.3mol/L N_2H_4 的溶液中。低于此浓度时，没有气泡形成的迹象，仅观察到具有扩散控制特征的 S 形电流波。在该阈值浓度以上（高达 2mol/L），i_p 与 N_2H_4 的浓度无关，表明气泡成核是由反应产物 N_2 的过饱和浓度 C_g^S 而不是反应物 N_2H_4 的浓度所决定的。

对于气-液界面平衡，根据亨利定律，溶解气体的分压与 C_g 有关：

$$C_g = K_HP_g \tag{15.6.48}$$

其中，K_H 为亨利定律常数。因此，与临界核相关的压力 P_g^S 由下式定义：

$$C_g^S = K_HP_g^S \tag{15.6.49}$$

对于 N_2，$P_g^S = (94\text{mmol/L})/[0.67\text{mmol/(L·bar)}] = 140$bar。

鉴于气泡的内部压力 P_i 可以用环境压力 P_e 和拉普拉斯压力 P_L 来表示（P_L 与气-液界面的表面张力相关），临界核的半径 r_c 可以根据 P_i 预估得到。

$$P_i = P_L + P_e \tag{15.6.50}$$

其中，P_L 由杨氏-拉普拉斯方程给出：

$$P_L = 2\gamma/r_c \tag{15.6.51}$$

对于亚临界气泡（$r < r_c$），较大的 P_L 会将气体分子赶出气泡，导致气泡破裂。作用于气泡上使其收缩的总压力（$P_L + P_e$），被溶解气体的分压 P_g 抵消，该分压等于气泡的内部压力，即

$P_g=P_i$。当气泡核处于临界尺寸时，$P_i=P_g^S$。将此结果与式(15.6.48)～式(15.6.51) 结合，可以得出临界核尺寸：

$$\boxed{r_c=2\gamma/(P_g^S-P_e)} \tag{15.6.52}$$

已知 $1\text{bar}=10^5\text{N/m}^2=10^5\text{Pa}$，所以 N_2 的 $r_c=2\times(0.073\text{N/m})/(139\times10^5\text{N/m}^2)=1\times10^{-8}\text{m}=10\text{nm}$。

总而言之，依据图 15.6.11(a) 中的伏安曲线，可以计算由电化学还原析出的 N_2 气泡的临界核 r_c(10nm) 和压力（$P_g^S=140\text{bar}$），此时仍需知道气体溶解到纯水中时的 γ(1bar) 和 K_H 值。如果考虑高压条件下 γ 的变化和气体在电解质溶液中的溶解度降低，可以得到更准确的结果（$r_c=7.9\text{nm}$ 和 $P_g^S=160\text{bar}$）[155]。

气体析出的 CNT[15.6.2(5)节] 预测，随着溶解气体分压 P_g 的增加，气泡成核速率 J_n 迅速增加。将式(15.6.46) 和式(15.6.49) 代入式(15.6.36) 得到电流 J_n：

$$\boxed{J_n=J_{n,0}\exp\left[\frac{16\pi\gamma^3\Phi(\theta)}{3kT\left(\dfrac{i}{K_H4nFD_gr_0}-P_e\right)^2}\right]} \tag{15.6.53}$$

该式表明，可以从 $\ln J_n$-$[i/(K_H4nFD_gr_0)-P_e]^{-2}$ 的关系图中获得指前因子 $J_{n,0}$ 和活化能 $\Delta G^{\ddagger}$。由于伏安波的上升部分对应于稳态响应，因此可以测量某恒电势 E 下的 J_n 随 i 的变化以及 i 发生突降的时间点（电极表面上气泡的形成会导致电流突降），该时间点即为成核所需的时间。然而，恒电流实验可以更精确地控制电流，此时电极电势发生突变（约为 0.5V）的时间点（t_n，从施加恒电流开始计时）即为气相成核时间。

图 15.6.13 所示为 H_2 纳米气泡在半径为 41nm 的 Pt 盘电极上成核的实验案例[154]。如前针对图 15.6.1(b) 所展开的讨论，H^+ 还原导致 H_2 纳米气泡的成核，其伏安响应类似于 N_2H_4 氧化过程中 N_2 气泡的形成（图 15.6.11）。根据图 15.6.13(b) 中的电流响应，施加一个与伏安波上升部分相对应的电流，即可实现 J_n 的测量。成核是一个一阶随机过程，因此每次施加相同的电流以重复上述实验，可测量得到不同的 t_n 值。对于一个给定电流，J_n 是恒定不变的，因此成核是一个泊松过程。换言之，由许多重复实验确定的 t_n 值是符合指数分布的。在某时刻 t，成核的累积概率 $P(t)$ 可定义为 N^+/N_T，其中 N^+ 为在时间 t 内产生一个气泡的试验次数；N_T 为给定电流下的试验总数。在 N_T 很大的极限情况下，$P(t)$ 为连续函数：

$$P(t)=1-e^{-J_nt} \tag{15.6.54}$$

依据式(15.6.54) 拟合 $P(t)$ vs. t 的实验值，即可得到每个施加电流下的 J_n 值[154]。

图 15.6.13(c) 显示半径为 41nm 的 Pt 电极上 H^+ 还原的 $\ln J_n$-$[i/(K_H4nFD_gr_0)-P_e]^{-2}$ 关系图，从直线斜率$[=-16\pi\gamma^3\Phi(\theta)/(3kT)=-2.08\times10^{16}\text{Pa}^2]$可知 $\Phi(\theta)$ 值。进一步依据式(15.6.16)，可计算晶核接触角 θ 为 150°±1°；而依据直线截距，可知指前因子$J_{n,0}\approx10^{12}\text{s}^{-1}$。

接触角 $\theta=150°$表明 H_2 气泡成核是一个非均相过程（图 15.6.4），气泡核具有扁平的球帽几何结构，圆形足迹半径为 2.7nm、高度为 0.8nm（图 15.6.14）。

临界气泡核中 H_2 分子的数量 n_c，可以根据理想气体定律、核的热力学半径 r_c(约 5nm) 和球帽体积 $[=4\pi r_c^3\Phi(\theta)$；15.6.2(5) 节] 来估算：

$$n_c=P_g4\pi r_c^3\Phi(\theta)/(3kT) \tag{15.6.55}$$

根据图 15.6.13 所示实验，使用半径为 41nm 的 Pt 超微电极，随着电流从 −30nA 增大至 −36nA，n_c 从 55 减小到 35。结果表明，在较高的过饱和度（即较大的电流和溶解 H_2 较高的表面浓度）下，P_g^S 会增大而 r_c 会减小。

表 15.6.1 总结了 H_2、N_2 和 O_2 的电化学成核参数，数据来自于恒电流[153-154] 和伏安法测量[150]。比较这些参数，可以发现一个有趣的现象：三种气体核的大小、几何结构和所含分子数都大体相当。而对每种气体而言，气体核中的分子间距明显小于溶液中临界饱和浓度（即恰好发生成核之前的浓度——C_g^S）时的分子间距。例如，气泡核内 H_2 分子间距为 0.5nm（$P_L=305\text{bar}$），但溶液中临界成核浓度时（$C_g^S\approx0.24\text{mol/L}$）的分子间距为 1.9nm。这一发现表明，

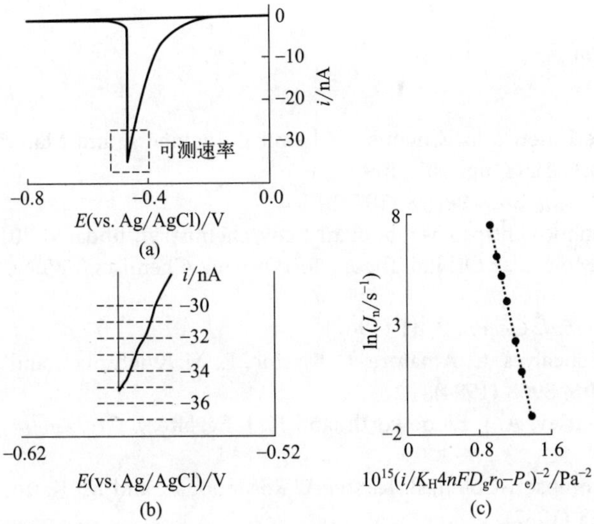

图 15.6.13　半径为 41nm 的 Pt 纳米盘电极上 H_2 气泡形成的成核速率分析
（溶液为 0.5mol/L H_2SO_4 +0.05mol/L KCl）

（a）CV 从 0.0V 开始负扫，阴极电流向下；（b）为测定 J_n 而放大显示的伏安峰附近的 i-E 曲线，对应 30～36nA 电流区间和 25mV 电势区间；（c）$\ln J_n$-$[i/(K_H 4nFD_g r_0)-P_e]^{-2}$ 关系图，1Pa=10^{-5}bar（引自 German，Edwards，Ren 和 White[154]）

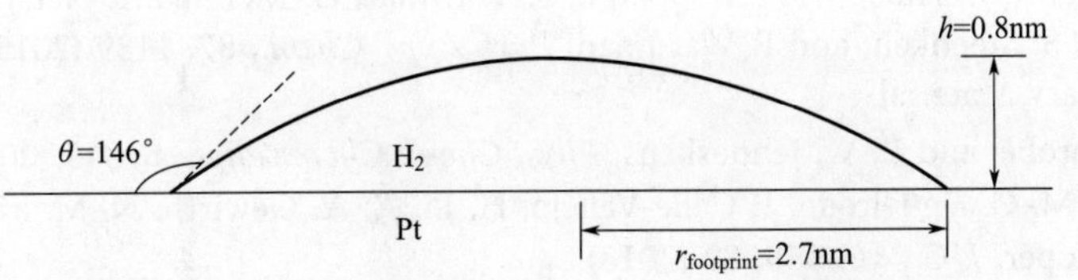

图 15.6.14　伏安图峰值电势 E_p 处 H_2 核的横截面几何结构

核含有约 50 个 H_2 分子［方程式(15.6.55)］。曲线实线表示时间平均气体/液体界面（引自 Edwards，White 和 Ren[150]）

成核动力学反映水的溢出和气体分子的内流瞬时通量。此外，气泡核大小和形状的相似性也表明，成核的机制和动力学几乎与气体类型无关。考虑到每种类型的气体分子之间的弱相互作用（例如，两个 H_2 分子之间的相互作用），可以认为成核主要是由过饱和溶解气体对水结构的破坏所驱动的，而非气体分子之间的引力。针对 Pt 纳米盘电极上电化学气泡形成过程，分子动力学模拟得到了与实验一致的结果，并提供了关于气泡核和稳定气泡形状的动态变化信息[156]。

表 15.6.1　描述 H_2、N_2 和 O_2 电化学成核的参数

气体	反应	C_g^S/(mol/L)	P_L/bar	r_c/nm	θ/(°)	n_c
H_2	$2H^+ + 2e \longrightarrow H_2$	0.24	305±5	5±1	146±1	61±4
N_2	$N_2H_4 \longrightarrow N_2 + 4H^+ + 4e$	0.11	177±6	8±3	158±1	39±5
O_2	$H_2O_2 \longrightarrow O_2 + 2H^+ + 2e$	0.21	167±3	9±2	154±1	84±6

注：改编自 Edwards 等的工作[150]。

使用不同的 Pt 超微电极进行测量，发现单个气泡电化学成核的活化能是不同的。对 H_2 而言，活化能在 8～28kT 之间（问题 15.8）。这并不奇怪，因为非均相成核与活性表面位点的性质密切相关，而每个 Pt 超微电极都具有不同的表面缺陷结构。

15.7 参考文献

1 E. Gileadi, "Electrode Kinetics for Chemists, Chemical Engineers, and Materials Scientists," Wiley-VCH, New York, 1993, pp. 161–169.
2 V. D. Parker, *J. Am. Chem. Soc.*, **98**, 98 (1976).
3 NIST Chemistry Webbook, https://webbook.nist.gov/chemistry/, updated 2018.
4 A. Streitwieser, Jr., "Molecular Orbital Theory for Organic Chemists," Wiley, New York, 1961, Chap. 7.
5 M. E. Peover, *Electroanal. Chem.*, **2**, 41 (1967).
6 J. O. Howell, J. M. Goncalves, C. Amatore, L. Klasinc, R. M. Wightman, and J. K. Kochi, *J. Am. Chem. Soc.*, **106**, 3968 (1984).
7 S. F. Nelsen, M. F. Teasley, A. J. Bloodworth, and H. J. Eggelte, *J. Org. Chem.*, **50**, 3299 (1985).
8 S. F. Nelsen, J. A. Thompson-Colon, B. Kirste, A. Rosenhouse, and M. Kaftory, *J. Am. Chem. Soc.*, **109**, 7128 (1987).
9 A. J. Bard, *J. Am. Chem. Soc.*, **132**, 7559 (2010).
10 D. H. Evans, *Chem. Rev.*, **108**, 2113 (2008).
11 J.-M. Leger, C. Coutanceau, and C. Lamy, in "Fuel Cell Catalysis," M. T. M. Koper, Ed., Wiley, Hoboken, NJ, 2009, Chap. 11.
12 M. D. Tissandier, K. A. Cowen, W. Y. Feng, E. Gundlach, M. H. Cohen, A. D. Earhart, J. V. Coe, and T. R. Tuttle, *J. Phys. Chem. A*, **102**, 7787 (1998).
13 D. A. Armstrong, R. E. Huie, W. H. Koppenol, S. V. Lymar, G. Merényi, P. Neta, B. Ruscic, D. M. Stanbury, S. Steenken, and P. Wardman, *Pure Appl. Chem.*, **87**, 1139 (2015), including Supplementary Material.
14 C. Koper, M. Sarobe, and L. W. Jenneskens, *Phys. Chem. Chem. Phys.*, **6**, 319 (2004).
15 I. Katsounaros, M. C. Figueiredo, F. Calle-Vallejo, H. Li, A. A. Gewirth, N. M. Markovic, and M. T. M. Koper, *J. Catal.*, **359**, 82 (2018).
16 D. T. Sawyer, G. Chiericato, C. T. Angelis, E. J. Nanni, and T. Tsuchiya, *Anal. Chem.*, **54**, 1720 (1982).
17 C. Zhang, F.-R. F. Fan, and A. J. Bard, *J. Am. Chem. Soc.*, **131**, 177 (2009).
18 B. E. Conway and B. V. Tilak, *Electrochim. Acta*, **47** 3571 (2002).
19 G. Jerkiewicz, *Prog. Surf. Sci.*, **57**, 137 (1998).
20 E. Gileadi and E. Kirowa-Eisner, *Corros. Sci.*, **47**, 3068 (2005).
21 J. Tafel, *Z. Phys. Chem.*, **50**, 641 (1905).
22 R. R. Adžić, M. D. Spasojević, and A. R. Despić, *Electrochim. Acta*, **24**, 569 (1979).
23 T. Shinagawa, A. T. Garcia-Esparza, and K. Takanabe, *Sci. Rep.*, **5**, 13801 (2015).
24 Y. Li, H. Wang, L. Xie, Y. Liang, G. Hong, and H. Dai, *J. Am. Chem. Soc.*, **133**, 7296 (2011).
25 R. Gómez, A. Fernandez-Vega, J. M. Feliu, and A. Aldaz, *J. Phys. Chem.*, **97**, 4769 (1993).
26 M. T. M. Koper, Ed. "Fuel Cell Catalysis," Wiley, Hoboken, NJ, 2009.
27 M. Shao, Q. Chang, J.-P. Dodelet, and R. Chenitz, *Chem. Rev.*, **116**, 3594 (2016).
28 Y. Xu, M. Shao, M. Mavrikakis, and R. R. Adžić, in "Fuel Cell Catalysis," M. T. M. Koper, Ed., Wiley, Hoboken, NJ, 2009, Chap. 9.
29 S. Gottesfeld, in "Fuel Cell Catalysis," M. T. M. Koper, Ed., Wiley, Hoboken, NJ, 2009, Chap. 1.
30 A. Kulkarni, S. Siahrostami, A. Patel, and J. K. Nørskov, *Chem. Rev.*, **118**, 2302 (2018).
31 J. Stacy, Y. N. Regmi, B. Leonard, and M. Fan, *Renew. Sustain. Energy Rev.*, **69**, 401 (2017).
32 Y. Li, Q. Li, H. Wang, L. Zhang, D. P. Wilkinson, and J. Zhang, *Electrochem. Energy Rev.*, **2**, 518 (2019).

33 S. Sui, X. Wang, X. Zhou, Y. Su, S. Riffat, and C. Liu, *J. Mater. Chem. A*, **5**, 1808 (2017).
34 X. Wang, Z. Li, Y. Qu, T. Yuan, W. Wang, Y. Wu, and Y. Li, *Chem.*, **5**, 1486 (2019).
35 M. Neurock, M. Janik, and A. Wieckowski, *Faraday Discuss.*, **140**, 363 (2009).
36 Z. Juys and R. J. Behm, in "Fuel Cell Catalysis," M. T. M. Koper, Ed., Wiley, Hoboken, NJ, 2009, Chap. 13.
37 W. Huang, H. Wang, J. Zhou, J. Wang, P. N. Duchesne, D. Muir, P. Zhang, N. Han, F. Zhao, M. Zeng, J. Zhong, C. Jin, Y. Li, S.-T. Lee, and H. Dai, *Nat. Commun.*, **6**, 10035 (2015).
38 V. S. Bagotzky, Y. B. Vassiliev, and O. A. Khazova, *J. Electroanal. Chem.*, **81**, 229 (1977).
39 C. Korzeniewski and C. L. Childers, *J. Phys. Chem. B*, **102**, 489 (1998).
40 M. T. M. Koper, S. C. S. Lai, and E. Herrero, in "Fuel Cell Catalysis," M. T. M. Koper, Ed., Wiley, Hoboken, NJ, 2009, Chap. 6.
41 J. K. Foley, C. Korzeniewski, J. L. Daschbach, and S. Pons, *Electroanal. Chem.*, **14**, 309 (1986).
42 D. C. Corrigan, E. S. Brandt, and M. J. Weaver, *J. Electroanal. Chem.*, **235**, 327 (1987).
43 Y. X. Chen, A. Miki, S. Ye, H. Sakai, and M. Osawa, *J. Am. Chem. Soc.*, **125**, 3680 (2003).
44 J. Joo, T. Uchida, A. Cuesta, M. T. M. Koper, and M. Osawa, *J. Am. Chem. Soc.*, **135**, 9991 (2013).
45 R. Parsons and T. VanderNoot, *J. Electroanal. Chem.*, **257**, 9 (1988).
46 H. E. Hoster and R. J. Behm, in "Fuel Cell Catalysis," M. T. M. Koper, Ed., Wiley, Hoboken, NJ, 2009, Chap. 14.
47 J.-H. Choi, K.-J. Jeong, Y. Dong, J. Han, T.-H. Lim, J.-S. Lee, and Y.-E. Sung, *J. Power Sources*, **163**, 71 (2006).
48 Z. A. C. Ramli and S. K. Kamarudin, *Nanoscale Res. Lett.*, **13**, 410 (2018).
49 S. Nitopi, E. Bertheussen, S. B. Scott, X. Liu, A. K. Engstfeld, S. Horch, B. Seger, I. E. L. Stephens, K. Chan, C. Hahn, J. K. Nørskov, T. F. Jaramillo, and I. Chorkendorff, *Chem. Rev.*, **119**, 7610 (2019).
50 M. Umeda, Y. Niitsuma, T. Horikawa, S. Matsuda, and M. Osawa, *ACS Appl. Energy Mater.*, **3**, 1119 (2020).
51 Y. Hori, A. Murata, and R. Takahashi, *J. Chem. Soc., Faraday Trans. 1*, **85**, 2309 (1989).
52 A. A. Peterson, F. Abild-Pedersen, F. Studt, J. Rossmeisl, and J. K. Nørskov, *Energy Environ. Sci.*, **3**, 1311 (2010).
53 E. Boutin, L. Merakeb, B. Ma, B. Boudy, M. Wang, J. Bonin, E. Anxolabéhère-Mallart, and M. Robert, *Chem. Soc. Rev.*, **49**, 5772 (2020).
54 Y. Wu, Z. Jiang, X. Lu, Y. Liang, and H. Wang, *Nature*, **575**, 639 (2019).
55 F. Vitse, M. Cooper, and G. G. Botte, *J. Power Sources*, **142**, 18 (2005).
56 A. A. Isse, A. De Giusti, A. Gennaro, L. Falciola, and P. R. Mussini, *Electrochim. Acta*, **51**, 4956 (2006).
57 A. A. Isse, P. R. Mussini, and A. Gennaro, *J. Phys. Chem. C*, **113**, 14983 (2009).
58 C. Bellomunno, D. Bonanomi, L. Falciola, M. Longhi, P. R. Mussini, L. M. Doubova, and G. Di Silvestro, *Electrochim. Acta*, **50**, 2331 (2005).
59 J. Langmaier and Z. Samec, *J. Electroanal. Chem.*, **402**, 107 (1996).
60 I. Katsounaros, W. B. Schneider, J. C. Meier, U. Benedikt, P. U. Biedermann, A. A. Auer, and K. J. J. Mayrhofer, *Phys. Chem. Chem. Phys.*, **14**, 7384 (2012).
61 C. E. D. Chidsey, *Science*, **251**, 919 (1991).
62 H. O. Finklea and D. D. Hanshew, *J. Am. Chem. Soc.*, **114**, 3173 (1992).
63 L. Tender, M. T. Carter, and R. W. Murray, *Anal. Chem.*, **66**, 3173 (1994).
64 M. Velický, S. Hu, C. R. Woods, P. S. Tóth, V. Zólyomi, A. K. Geim, H. D. Abruña, K. S. Novoselov, and R. Dryfe, *ACS Nano* **14**, 993 (2020).
65 A. D. Clegg, N. V. Rees, O. V. Klymenko, B. A. Coles, and R. G. Compton, *J. Am. Chem Soc.*, **126**, 6185 (2004).

66 M. J. Janik, S. A. Wasileski, C. D. Taylor, and M. Neurock, in "Fuel Cell Catalysis," M. T. M. Koper, Ed., Wiley, Hoboken, NJ, 2009, Chap. 4.
67 J. Rossmeisl, E. Skúlason, M. E. Björketun, V. Tripkovic, and J. K. Nørskov, *Chem. Phys. Lett.*, **466**, 68 (2008).
68 E. Skúlason, *Procedia Comput. Sci.*, **51**, 1887 (2015).
69 A. Roldan, *Curr. Opin. Electrochem.*, **10**, 1 (2018).
70 C. D. Taylor, S. A. Wasileski, J.-S. Filhol, and M. Neurock, *Phys. Rev. B*, **73**, 165402 (2006).
71 M. J. Janik, C. D. Taylor, and M. Neurock, *J. Electrochem. Soc.*, **156**, B126 (2009).
72 J. N. Brønsted, *Chem. Rev.*, **5**, 231 (1928).
73 M. G. Evans and M. Polanyi, *Trans. Faraday Soc.*, **34**, 11 (1938).
74 E. Skúlason, G. S. Karlberg, J. Rossmeisl, T. Bligaard, J. Greeley, H. Jónsson, and J.K. Nørskov, *Phys. Chem. Chem. Phys.*, **9**, 3241 (2007).
75 E. Skúlason, V. Tripkovic, M. E. Björketun, S. Gudmundsdóttir, G. Karlberg, J. Rossmeisl, T. Bligaard, H. Jónsson, and J. K. Nørskov, *J. Phys. Chem. C*, **114**, 18182 (2010).
76 J. K. Nørskov, J. Rossmeisl, A. Logadóttir, L. Lindqvist, J. R. Kitchin, T. Bligaard, and H. Jónsson, *J. Phys. Chem. B.*, **108**, 17886 (2004).
77 D. Cao, G.-Q. Lu, A. Wieckowski, S. A. Wasileski, and M. Neurock, *J. Phys. Chem. B.*, **109**, 11622 (2005).
78 V. R. Stamenkovic, B. S. Mun, M. Arenz, K. J. J. Mayrhofer, C. A. Lucas, G. Wang, P. N. Ross, and N. M. Markovic, *Nat. Mater.*, **6**, 241 (2007).
79 J. Greeley, I. E. L. Stephens, A. S. Bondarenko, T. P. Johansson, H. A. Hansen, T. F. Jaramillo, J. Rossmeisl, I. Chorkendorff, and J. K. Nørskov, *Nat. Chem.*, **1**, 552 (2009).
80 I. E. L. Stephens, A. S. Bondarenko, F. J. Perez-Alonso, F. Calle-Vallejo, L. Bech, T. P. Johansson, A. K. Jepsen, R. Frydendal, B. P. Knudsen, J. Rossmeisl, and I. Chorkendorff, *J. Am. Chem. Soc.*, **133**, 5485 (2011).
81 M. J. Eslamibidgoli, J. Huang, T. Kadyk, A. Malek, and M. Eikerling, *Nano Energy*, **29**, 334 (2016).
82 D. R. Alfonso, D. N. Tafen, and D. R. Kauffmann, *Catalysts*, **8**, 424 (2018).
83 H. Oberhofer, in "Handbook of Materials Modeling", W. Andreoni, S. Yip, Eds., Springer Link, Cham, Switzerland, 2018. https://www.scribd.com/document/476221415/handbook-of-materials-modeling-2020-pdf.
84 N. Bonnet, T. Morishita, O. Sugino, and M. Otani, *Phys. Rev. Lett.*, **109**, 266101 (2012).
85 R. Jinnouchi and A. B. Anderson, *J. Phys. Chem. C*, **112**, 8747 (2008).
86 G. Fisicaro, L. Genovese, O. Andreussi, N. Marzari, and S. Goedecker, *J. Chem. Phys.*, **144**, 014103 (2016).
87 Y. Ping, R. J. Nielsen, and W. A. Goddard, *J. Am. Chem. Soc.*, **139**, 149 (2017).
88 J. D. Goodpaster, A. T. Bell, and M. Head-Gordon, *J. Phys. Chem. Lett.*, **7**, 1471 (2016).
89 N. G. Hörmann, O. Andreussi, and N. Marzari, *J. Chem. Phys.*, **150**, 041730 (2019).
90 J. A. Gauthier, S. Ringe, C. F. Dickens, A. J. Garza, A. T. Bell, M. Head-Gordon, J. K. Nørskov, and K. Chan, *ACS Catal.*, **9**, 920 (2019).
91 G. Henkelman, B. P. Uberuaga, and H. Jónsson, *J. Chem. Phys.*, **113**, 9901 (2000).
92 M. J. Janik and M. Neurock, *Electrochim. Acta*, **52**, 5517 (2007).
93 J. K. Nørskov, F. Studt, F. Abild-Pedersen, and H. Bligaard, "Fundamental Concepts in Heterogeneous Catalysis," Wiley, Hoboken, NJ, 2014.
94 R. Parsons, *Trans. Faraday Soc.*, **54**, 1053 (1958).
95 H. Gerischer, *Bull. Soc. Chim. Belg.*, **67**, 506 (1958).
96 M. T. M. Koper, *J. Solid State Electrochem.*, **17**, 339 (2013).
97 M. T. M. Koper, *J. Solid State Electrochem.*, **20**, 895 (2016).
98 A. R. Zeradjanin, J.-P. Grote, G. Polymeros, and K. J. J. Mayrhofer, *Electroanalysis*, **28**, 2256 (2016).
99 P. Quaino, F. Juarez, E. Santos, and W. Schmickler, *Beilstein J. Nanotechnol.*, **5**, 846 (2014).
100 N. M. Markovic, B. N. Grgur, and P. N. Ross, *J. Phys. Chem. B*, **101**, 5405 (1997).

101 J. Zhou, Y. Zu, and A. J. Bard, *J. Electroanal. Chem.*, **491**, 22 (2000).
102 C. G. Zoski, *J. Phys. Chem. B*, **107**, 6401 (2003).
103 K. C. Leonard and A. J. Bard, *J. Am. Chem. Soc.*, **135**, 15885 (2013).
104 M. S. Whittingham, *Chem. Rev.*, **114**, 11414 (2014).
105 M. Volmer and A. Z. Weber, *Z. Phys. Chem.*, **119**, 277 (1926).
106 L. Farkas, *Z. Phys. Chem.*, **125**, 236 (1927).
107 A. A. Isse, S. Gottardello, C. Maccato, and A. Gennaro, *Electrochem. Commun.*, **8**, 1707 (2006).
108 Y. Liu, M. A. Edwards, S. R. German, Q. Chen, and H. S. White, *Langmuir*, **33**, 1845 (2017).
109 E. Budevski, G. Staikov, and W. J. Lorenz, "Electrochemical Phase Formation and Growth," VCH, Weinheim, 1996.
110 H. Vehkamäki, A. Määttänen, A. Lauri, I. Napari, and M. Kulmala, *Atmos. Chem. Phys.*, **7**, 309 (2007).
111 M. Blander and J. L. Katz, *AIChE J.*, **21**, 833 (1975).
112 S. Karthika, T. K. Radhakrishnan, and P. Kalaichelvi, *Cryst. Growth Des.*, **16**, 6663 (2016).
113 Y. A. Perez Sirkin, E. D. Gadea, D. A. Scherlis, and V. Molinero, *J. Am. Chem. Soc.*, **141**, 10801 (2019).
114 S.F. Chernov, Y. Fedorov, and V. N. Zakharov, *J. Phys. Chem. Solids*, **54**, 963 (1993).
115 S. Toschev and I. Markov, *Ber. Bunsenges. Phys. Chem.*, **73**, 184 (1969).
116 C. F. Delale, J. Hruby, and F. Marsik, *J. Chem. Phys.*, **118**, 792 (2003).
117 P. G. Bowers, K. Bar-Eli, and R. M. Noyes, *J. Chem. Soc., Faraday Trans.*, **92**, 2843 (1996).
118 D. Larkin and N. Hackerman, *J. Electrochem. Soc.*, **124**, 360 (1977).
119 R. T. Pötzschke, C. A. Gervasi, S. Vinzelberg, G. Staikov, and W. J. Lorenz, *Electrochim. Acta*, **40**, 1469 (1995).
120 J. V. Zoval, R. M. Stiger, P. R. Biernacki, and R. M. Penner, *J. Phys. Chem.*, **100**, 837 (1996).
121 S. C. S. Lai, R. A. Lazenby, P. M. Kirkman, and P. R. Unwin, *Chem. Sci.*, **6**, 1126 (2015).
122 G. Staikov, K. Jüttner, and W. J. Lorenz, *Electrochim. Acta*, **39**, 1019 (1994).
123 W. Obretenov, U. Schmidt, W. J. Lorenz, G. Staikov, E. Budevski, D. Carnal, U. Müller, H. Siegenthaler, and E. Schmidt, *Faraday Discuss.*, **94**, 107 (1992).
124 E. Herrero, L. J. Buller, and H. D. Abruña, *Chem. Rev.*, **101**, 1897 (2001).
125 J. Li and H. D. Abruña, *J. Phys. Chem. B*, **101**, 2907 (1997).
126 A. Bewick and J. Thomas, *J. Electroanal. Chem.*, **70**, 239 (1976).
127 N. Markovic and P. N. Ross, *Langmuir*, **9**, 580 (1993).
128 K. J. Stevenson, D. W. Hatchett, and H. S. White, *Langmuir*, **12**, 494 (1996).
129 M. F. Toney, J. G. Gordon, M. G. Samant, G. L. Borges, O. R. Melroy, D. Yee, and L. B. Sorenson, *J. Phys. Chem.*, **99**, 4733 (1995).
130 M. F. Toney, J. N. Howard, J. Richer, G. L. Borges, J. G. Gordon, O. R. Melroy, D. Yee, and L. B. Sorensen. *Phys. Rev. Lett.*, **75**, 4472 (1995).
131 D. W. Hatchett and H. S. White, *J. Phys. Chem.*, **100**, 9854 (1996).
132 G. Gunawardena, G. Hills, and I. Montenegro, *J. Electroanal. Chem.*, **184**, 357 (1985).
133 R. M. Penner, *J. Phys. Chem. B*, **105**, 8672 (2001).
134 A. Henglein, *Ber. Bunsenges. Phys. Chem.*, **94**, 600 (1990).
135 A. Henglein, *Top. Curr. Chem.*, **143**, 113 (1988).
136 A. Henglein, *Acc. Chem. Res.*, **9**, 1861 (1989).
137 J. Zhang, Z. Li, Q. Fu, Y. Xue, and Z. Cui, *J. Electrochem. Soc.*, **164**, H828 (2017).
138 W. J. Plieth, *J. Phys. Chem.*, **86**, 3166 (1982).
139 L. Tang, X. Li, R. C. Cammarata, C. Friesen, and K. Sieradzki, *J. Am. Chem. Soc.*, **132**, 11722 (2010).
140 D. K. Pattadar, J. N. Sharma, B. P. Mainali, and F. P. Zamborini, *Curr. Opin. Electrochem.*, **13**, 147 (2019).

141 L. Tang, B. Han, K. Persson, C. Friesen, T. He, K. Sieradzki, and G. Ceder, *J. Am. Chem. Soc.*, **132**, 596 (2010).
142 J. L. F. Da Silva, C. Stampfl, and M. Scheffler, *Surf. Sci.*, **600**, 703 (2006).
143 D. K. Pattadar and F. P. Zamborini, *Langmuir*, **35**, 16416 (2019).
144 A. Serov and C. Kwak, *Appl. Catal., B: Environ.* **98**, 1 (2010).
145 X. Zhao, H. Ren, and L. Luo, *Langmuir*, **35**, 5392 (2019).
146 A. Angulo, P. van der Linde, H. Gardeniers, M. Modestino, and D. Fernández Rivas, *Joule*, **4**, 555 (2020).
147 L. Luo and H. S. White, *Langmuir*, **29**, 11169 (2013).
148 J. T. Maloy, in "Standard Potentials in Aqueous Solutions," A. J. Bard, R. Parsons, and J. Jordan, Eds., Marcel Dekker, New York, 1985, pp. 127–139.
149 Q. Chen, H. S. Wiedenroth, S. R. German, and H. S. White, *J. Am. Chem. Soc.*, **137**, 12064 (2015).
150 M. A. Edwards, H. S. White, and H. Ren, *ACS Nano*, **13**, 6330 (2019).
151 H. Ren, M. A. Edwards, Y. Wang, and H. S. White, *J. Phys. Chem. Lett.*, **11**, 1291 (2020).
152 H. Ren, S. R. German, M. A. Edwards, Q. Chen, and H. S. White, *J. Phys. Chem. Lett.*, **8**, 2450 (2017).
153 Á. M. Soto, S. R. German, H. Ren, D. van der Meer, D. Lohse, M. A. Edwards, and H. S. White, *Langmuir*, **34**, 7309 (2018).
154 S. R. German, M. A. Edwards, H. Ren, and H. S. White, *J. Am. Chem. Soc.*, **140**, 4047 (2018).
155 S. R. German, M. A. Edwards, Q. Chen, Y. Liu, L. Luo, and H. S. White, *Faraday Discuss.*, **193**, 223 (2016).
156 E. D. Gadea, Y. A. Perez Sirkin, V. Molinero, and D. A. Scherlis, *J. Phys. Chem. Lett.*, **11**, 6573 (2020).
157 J. Tafel, *Zeit. Physik. Chem.*, **34**, 187 (1900).
158 C. Korzeniewski, V. Climent, and J. M. Feliu, *Electroanal. Chem.*, **24**, 75 (2011).
159 E. Herrero, K. Franaszczuk, and A. Wieckowski, *J. Phys. Chem.*, **98**, 5074 (1994).

15.8 习题

15.1 1900 年，Tafel 提出[157]：HER 首先发生 H^+ 的还原吸附［式(15.2.12)］，随后两个吸附氢原子结合产生 H_2［式(15.2.14)］，该反应路径被称为 Volmer-Tafel 机理。五年后[21]，他报道了各种金属上 H_2 的析出速率，并提出了众所周知的 Tafel 方程：

$$\eta = a + b\lg i$$

已报道的汞电极上 H_2 析出的原始数据（1mol/L H_2SO_4，26.4℃）如下表所示。注意：此处 j 为电流密度，E 的符号与当前相反，并假设 E 值相对于电极平衡电势。

E/V	j/(A/cm^2)	E/V	j/(A/cm^2)	E/V	j/(A/cm^2)
1.665	0.004	1.824	0.01	1.940	0.10
1.713	0.001	1.858	0.02	1.963	0.14
1.7465	0.002	1.875	0.03	1.989	0.30
1.7665	0.003	1.891	0.04		
1.777	0.004	1.912	0.06		

(a) 绘制 E-lg$j$ 关系图，并证明 Tafel 方程确实描述 Hg 上 HER 的 i-E 行为。

(b) 根据 (a) 中确定的斜率，分析 Tafel 所提出的 HER 机制是否与他的实验结果一致。

(c) 确定 HER 的交换电流密度，并将其与图 15.5.2 中所报道的数值进行比较。

15.2 方程式(15.2.8)表示遵循 Volmer-Tafel 机制的 HER 的标准电极电势 $E^0_{H^+/H_2}$ 由 $E^0_{H^+/H^{\bullet}_{aq}}$、$\beta_H$ 和 K_{eq} 三个参数所决定。请推导 Volmer-Heyrovský 机制下的 HER 的标准电极电势。

15.3 根据式(15.3.15)和式(15.3.16)给出的 Cl_2 析出机制，计算 Tafel 斜率。假设：

(a) 式(15.3.15)是决速步骤。

(b) 式(15.3.16)是决速步骤，并分别考虑 Cl_{ads} 低覆盖度（$\theta<0.1$）和高覆盖度（$\theta>0.9$）两种情况。

15.4 图15.8.1显示了 Pt 在 0.2mol/L MeOH 和 0.5mol/L H_2SO_4 中的三个低指数面的 CV 响应。请对以下现象或问题做出解释或回答：

(a) 在正向和反向扫描中观察到的阳极波的形状。

(b) 相对于 Ag/AgCl，氢吸附波没有落在 −0.25V 和 0.0V 之间的电势区间内。

(c) 阳极波的起始电势对 Pt 表面的晶面取向的相关性。

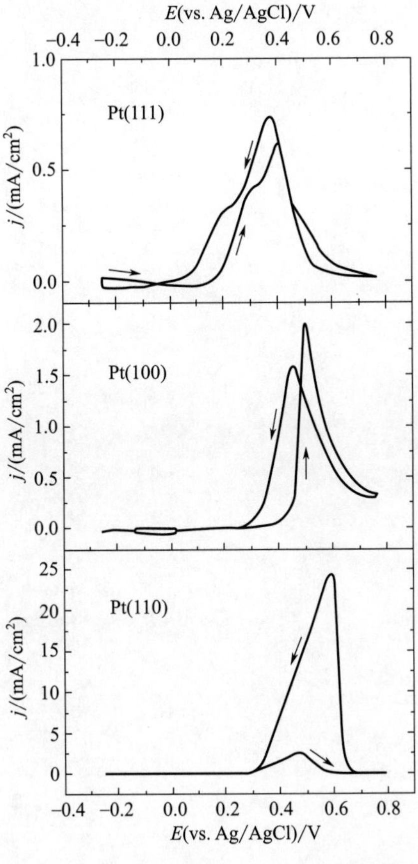

图15.8.1 在 0.2mol/L MeOH 和 0.5mol/L H_2SO_4 水溶液中，Pt(111)、Pt(100)和 Pt(110) 电极的 CV 曲线

扫描速率 50mV/s（引自 Korzeniewski，climent 和 Feliu[158]，获许可；最初数据来自 [40]，基于 Herrero 等[159]）

15.5 假设 HER 遵循 Volmer-Tafel 机理，从 Langmuir 吸附等温线式(15.5.7)和交换电流的表达式(15.5.5)开始，推导式(15.5.8)，得 i_0 与 $\Delta G^0_{H_{ads}}$ 的关系式。

15.6 假设 HER 遵循的 Volmer-Heyrovský 机理，按照习题15.5中的方法推导式(15.5.8)，得到 i_0 与 $\Delta G^0_{H_{ads}}$ 的关系式。

15.7 假设 HER 遵循 Volmer-Tafel 机理，根据式(15.5.8)来说明：

(a) 当 $\Delta G^0_{H_{ads}} \gg 0$ 或 $\Delta G^0_{H_{ads}} \ll 0$ 时，$i_0 \rightarrow 0$。

(b) 当 $\Delta G^0_{H_{ads}} \approx 0$ 时，i_0 达到极值。

15.8 图 15.6.13(c) 显示了在半径为 41nm 的 Pt 电极上施加 30～36nA 的电流所诱发的 H_2 气泡成核的 $\ln J_n$-$[i/(K_H 4nFD_g r_0)-P_e]^{-2}$ 关系图，该直线的斜率 S 为 $=-2.08\times10^{16}\text{Pa}^2$。

(a) 通过比较式(15.6.3) 和式(15.6.53)，推导出 H_2 纳米气泡成核的 $\Delta G^{\ddagger}$。

(b) 根据 S 值，计算 $i=30$nA、32nA、34nA 和 36nA 时的 $\Delta G^{\ddagger}$值。假设 $K_H=0.78$mmol/(L・bar)，$D_{H_2}=4.5\times10^{-5}\text{cm}^2/\text{s}$，$n=2$。

(c) 从问题 (b) 的结果应该可以发现，$\Delta G^{\ddagger}$随 i 的增大而减小。根据图 15.6.2 和式(15.6.8)，对这一趋势进行定性解释。

(d) 将成核反应的 $\Delta G^{\ddagger}$和水溶液中分子扩散的 $\Delta G^{\ddagger}$数值进行比较，评论成核和扩散物理过程如何与活化能差异相一致。

第 16 章　电化学仪器

本章介绍电化学仪器的设计、性能和局限性。典型的测量系统包括：

① 用于控制电极电势的恒电势仪（potentiostat），或用于控制通过电化学池的电流的恒电流仪（galvanostat）。

② 函数信号发生器（function generator）用于产生需要扰动工作电极的信号。

③ 用于测量和展示结果的记录和显示系统。

虽然这些功能可以单独实现，但许多电化学仪器现在已经完全集成，所有组件都包含在单个仪器中，基本上如图 5.1.1 所示。这种系统有时被称为电化学工作站（electrochemical workstation）或自动化的恒电势仪。

虽说大多数实验室工作可以在商品化工作站上进行，但某些领域的研究要求超出了它们的能力。实现极小电流（＜10pA）、极大电流（＞1A）和很短时间尺度（＜10μs）需要特殊的仪器。

任何电化学系统的核心由模拟电路（analog circuit）组成，模拟电路处理连续的信号❶。主要的电化学变量——电压、电流和电量，都是模拟量（至少在所感兴趣的范围内都是）。因此，本章重点介绍能够控制和测量它们的模拟电路。最适合于这些目的的电子元件是运算放大器（operational amplifier），我们首先探讨它们。

16.1　运算放大器

16.1.1　理想性质

运算放大器通常是封装的集成电路[1-4]。我们不关心放大器的构成，所感兴趣严格地限于它作为一个电路单元的行为[1-6]。

在图 16.1.1(a) 中，可以看出放大器必须有几个连接。首先是电源线。通常这些器件需要两个电源线，经常是＋15V 和－15V，它们都相对于电源指定的、电路的公共参考点——地（ground）。许多电路的参考点都相对该点，它可能与地球大地（earth ground）有关，也可能无关。除了电源线，还有如图 16.1.1(a) 所示的两输入和两输出连接线。通常输出中有一线直接接地。大多数放大器设计为两个输入端可不必接地，也就是说两个输入端都可以是浮地的（floating）。重要的输入参数是两输入端之间的电压差。在电路图中，电源线当然总是存在的，无需强调，所以放大器可以绘成图 16.1.1(b) 的形式。在更简洁的表示中，输入与输出的地线总是存在的，可被省略。

两个输入端以图 16.1.1 中所绘出的符号来标明。上面的一个称为反相输入端（inverting input），下面的一个称为同相输入端（noninverting input）。放大器的基本性质是它的输出电压 e_o 反相放大了输入电压 e_s，e_s 是反相输入端相对于同相输入端的电压，即

$$e_o = -Ae_s \tag{16.1.1}$$

---

❶ 相比之下，数字电路处理的信号只有离散的电平，通常只在代表 1 和 0 的两个电压电平之间切换，或者只表示存在和不存在。

式中，A 称为开环增益（open-loop gain）❷。

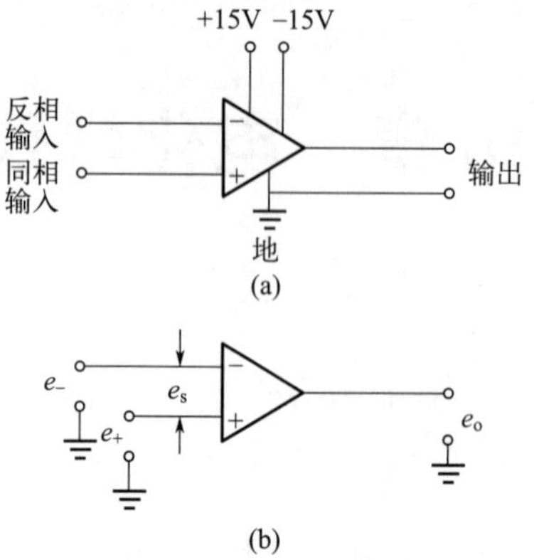

图 16.1.1 运算放大器的示意图

（a）包含了电源连接和地；（b）简化了电源连接和接地形式

输入端的名称取决于如何看待 e_s 这个差值。可把体系描述成有两个独立的输入 e_- 和 e_+，它们都是相对于“地”来测量确定的。这样，输出就是，

$$e_o = -Ae_- + Ae_+ \tag{16.1.2}$$

即输出是放大的反相信号 e_- 和同相信号 e_+ 之和。由于 $e_s = e_- - e_+$，故式(16.1.2) 与式(16.1.1) 等价。

对于一个理想的运算放大器，它的开环增益 A 事实上是无限大，因此最微小的净输入电压 e_s 也会使它的输出达到电源可提供的极限值［通常是±(13～14V)］。需要高放大倍数的原因将在 16.2 节中阐明。现在我们只谨记一点，若要理想放大器电路的输出处于电压极限范围内的任一值，两个输入端的电压必须相同。

理想放大器还有一些其他的特点，包括输入阻抗无限大，这样，它就可以不消耗任何电流而接入输入电压。这一性质使放大器能无干扰地测量电压。另外，对负载，理想放大器可以输出需要的任意电流，即它的输出阻抗实际为零。最后，理想放大器的带宽无穷大，这样它就能可靠地响应和跟随任意频率的信号。

在讨论电路时，经常先假设它为理想行为，这样可以简化分析方式。对于大多数电化学应用，可用器件工作得很好，非理想性可以忽略。当然，遇到苛刻要求时，可能不得不考虑非理想行为。

16.1.2 非理想性

运算放大器的特性在电子学教材[2-3] 和制造商的文献中均有讨论[1,4,6]。下面列举一些实用中重要的特性。

（1）开环增益

实际器件的直流开环增益 A_{dc} 通常在 10^4～10^6（80～120db）范围内❸。在高频时 A 值下降（图 16.1.2），这一特性限制了可用工作范围。

（2）带宽和转换速率（压摆率）

电子电路的带宽（bandwidth）是指它能提供规定性能的频率范围。对于开环方式配置的运算放大器，带宽定义为放大器能够为小幅度交流信号传送提供指定增益 A（或更大值）的频率范围。许多放大器都有很高的 A_{dc} 值，带宽基本上由放大器能提供规定值 A 的最高频率来决定。从图 16.1.2 中可举三个例子：直流开环增益 $A_{dc} = 10^6$，带宽约为 10Hz；对 $A = 10^4$，带宽是

❷ 开环（open-loop）是指如图 16.1.1 所示使用的放大器，输入和输出之间没有任何连接。运算放大器实际工作于闭环（closed-loop）方式，即从输出到输入有起反馈作用的连接（16.2 节和 16.3 节）。

❸ 增益 A 或放大倍数，通常以分贝表示为 $20\lg A$ db。

1kHz；对 $A=1$，带宽是 10MHz。这里每种情况下，增益和带宽的乘积都是 10MHz。对于运算放大器，增益带宽积（gain-bandwidth product，GBP）是高频性能的重要描述。

在增益带宽积适用范围内，$Af=\mathrm{GBP}$，其中 f 为频率。在类似于图 16.1.2（称为 Bode 图）的图中，这种关系定义了一条直线，$20\lg A=20\lg\mathrm{GBP}-20\lg f$，斜率为 20db/dec，截距 $f=\mathrm{GBP}$ 是指 0db 轴（即 $A=1$）的截距。

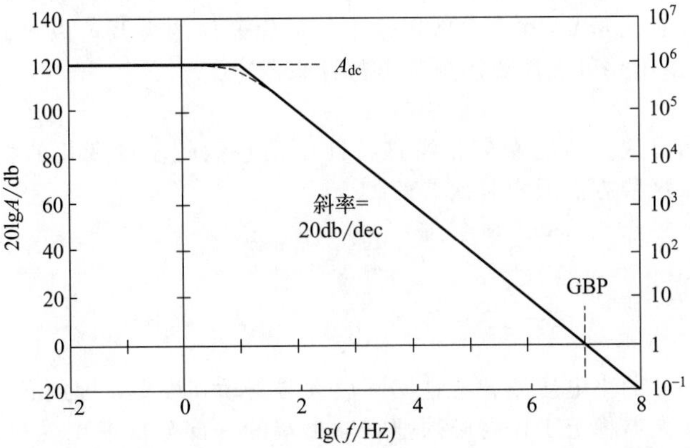

图 16.1.2　典型通用运算放大器的开环增益与频率关系简化图

实际增益在平坦段和倾斜段之间是平滑过渡，如 10Hz 交叉点下方的虚线所示

放大器在低频时受直流开环增益限制，所以在图顶部有一个平台。对于给定的运算放大器，只需要 A_{dc} 和 GBP 两个参数就可构建 Bode 图❹。

根据给定运算放大器设计用途，其 GBP 可以低至 2kHz，也可能高达 4GHz。一般放大器的 GBP 值在 100kHz～100MHz。作为粗略的指南，放大器的 GBP 必须比放大器无失真处理的信号带宽至少大 1.5 个数量级。

上述讨论是实际放大器行为的简化描述。对于许多器件，即使在低频范围内，A 也有适度的变化，而不是恒定在 A_{dc}。某些器件在低频侧频率响应下降，甚至不提供 A_{dc}。还有些器件的高频特性比图 16.1.2 所示的更复杂。运算放大器电路的高频性能是一个复杂的话题，超出了本章的范围。这里的讨论适用于大多数电化学应用，但不适用于最严苛要求的应用。

描述放大器高频限制的另一个重要参数是压摆率（电压转换速率，slew rate），即输出电压响应输入端大幅度阶跃的最大变化速率。实际值范围为 800μV/μs～5000V/μs，通用器件的压摆率范围为 0.1～500V/μs；因此，在整个输出范围内转换所需的最短时间粗略地为 300～0.1μs。

商用放大器的特性是在 10μs 或更长的时间范围内（即信号带宽小于 100kHz），可以轻松获得精确、可靠的性能。仔细设计电路和选择元件，可以在 10～1μs（信号带宽为 100kHz～1MHz）时间尺度内实现精确控测。对于 1μs 以下的时间尺度（1MHz 以上的信号带宽）构建可靠的运算放大器电路非常困难。

（3）输入偏置电流

实际运算放大器中，每个输入端都有一个输入偏置电流（input bias current）。商用器件这些电流的大小各有不同，与输入级的工程设计相关。可用范围从 20fA～250μA 涵盖 10 个数量级。低输入偏置电流适用于更高要求的用途，例如监控阻性电压源（如玻璃电极）、积分器和低电流测量等（16.8 节）。

（4）输出极限

放大器的电压极限由电源控制，通常约为电源电压值的 90%，对于许多设备来说，该电压

---

❹　该讨论适用于开环配置的放大器使用。然而 GBP 也适用于闭环电压反馈电路（16.3 节），如电压跟随器和恒电势仪。这种电路的带宽可以根据 GBP 合理估算。GBP 不适用于闭环电流反馈电路，如反相器和比例器（16.2 节）。在这些情况下，GBP 只能提供电路带宽的定性指引。

极限可以在特定范围内指定［如±(5～22V)］。在电化学仪器中，大多数器件的电源电压为±15V，输出电压极限值约为±13.5V。在电流上限［通常为±(15～125mA)］之内，可以向负载轻松提供电流。能提供更大电流或电压输出极限的运算放大器也有商品，但运放电路的高输出功率通常通过升压级（booster stage）提供，后文阐明。

(5) 失调电压

在实际器件中，零输入电压 e_s 可能不会产生零输出电压。如果确实如此，称为存在有输入失调电压（input offset voltage）。在大多数用途中，现代器件的失调可以忽略不计，较旧的器件（可能在旧仪器中还有使用）可能需要用外部电势计来调零。

(6) 其他性质

在一些应用中，运算放大器的噪声和漂移特性以及它们随温度变化的稳定性可能会受到关注。在电化学仪器中，这些方面通常是次要的。

16.2 电流反馈

输入端几乎忽略不计的小电压差就会将实际放大器驱动到极限，因此必须精心设计电路才能使用放大器。要实现放大器稳定工作就必须把它输出端的一部分反馈到反相输入端。在本节中，我们关注把电流从输出送回输入的电路[1-6]。

16.2.1 电流跟随器

考虑图16.2.1所示的电路。电阻 R_f 是反馈元件，反馈电流 i_f 通过它送回输入端。输入电流是 i_{in}，可能来自工作电极或光电倍增管。根据电荷守恒（即基尔霍夫定律，Kirchhoff's law），所有流入加和点（summing point）S 的电流之和必须为零，由于仅允许一个忽略不计的小电流流入放大器，则

$$i_f = -i_{in} \tag{16.2.1}$$

根据欧姆定律，

$$\frac{e_o - e_s}{R_f} = -i_{in} \tag{16.2.2}$$

将式（16.1.1）代入，

$$e_o\left(1+\frac{1}{A}\right) = -i_{in}R_f \tag{16.2.3}$$

由于 A 值通常很大，括号中的值几乎等于1，故

$$\boxed{e_o \approx -i_{in}R_f} \tag{16.2.4}$$

由于输出电压通过比例因子 R_f 与输入电流成比例，因此该电路被称为电流跟随器（current follower，CF）或电流电压（current-to-voltage，i/E 或 i/V）转换器。

加和点处的电压 e_s 为 $-e_o/A$，对于典型器件，该值介于 $\pm 15\text{V}/10^5$，或 $\pm 150\mu\text{V}$ 之间，因此 S 是一个虚地（virtual ground，用作与地等电势的参考点）。因为没有与地直接连接，它不是真正的地，但它与地具有几乎相同的电势。这个特性很重要，使得电流转换成等效电压表达，而电流源维持在地电势。稍后我们将利用这一特性构建恒电势仪。

有一种快速的方法可以分析这个电路。由于两个输入端实际上总是处于几乎相同的电势，因此直观地看，同相输入端可视为一个虚拟接地。因此从式(16.2.1）中，可以立即写出

$$\frac{e_o}{R_f} = -i_{in} \tag{16.2.5}$$

这就是最后结果。

16.2.2 比例器/反相器

图16.2.2的电路与电流跟随器的区别仅在于，输入电流 i_{in} 是由电压 e_i 通过一个输入电阻引入的。以前的分析仍然准确地成立，但现在用 e_i/R_i 重新表示式(16.2.5）中的 i_{in}，因此

$$\boxed{e_o=-e_i\frac{R_f}{R_i}} \tag{16.2.6}$$

该电路是一比例器（scaler），其输出是反相输入 e_i 乘以比例因子（R_f/R_i）。虽然对于单级变换，实际的比例值在约 0.01～200 之间，但通过选择精密的电阻，R_f/R_i 可为任何需要的值。$R_f=R_i$ 时，电路称作反相器（或倒相器，inverter）。

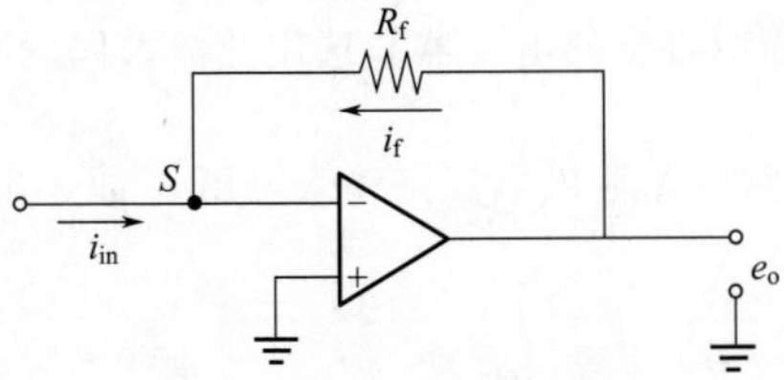

图 16.2.1　电流跟随器

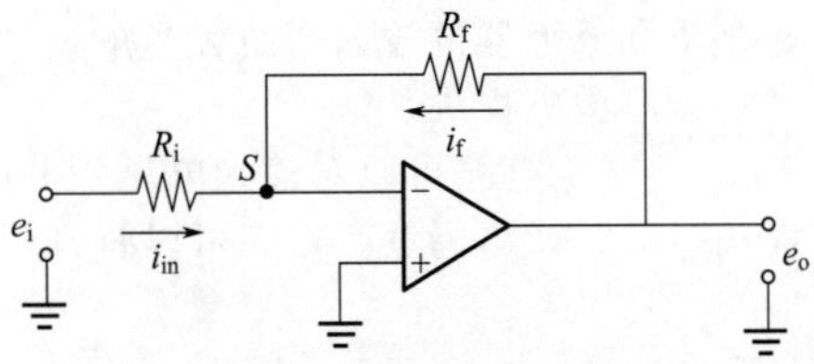

图 16.2.2　比例器/反相器

输入电压源必须能够提供输入电流 i_{in}，因此整个电路的有效输入阻抗为 R_i，典型值为 1～100kΩ。

16.2.3　加法器

图 16.2.3 中的电路中，三个不同的电压源 e_1、e_2 和 e_3 通过各自的输入电阻将三个输入电流 i_1、i_2 和 i_3 施加到加和点 S。反馈电路同前一样。现在可写出

$$i_f=-(i_1+i_2+i_3) \tag{16.2.7}$$

由于加和点是一个虚地点

$$\frac{e_o}{R_f}=-\left(\frac{e_1}{R_1}+\frac{e_2}{R_2}+\frac{e_3}{R_3}\right) \tag{16.2.8}$$

或

$$\boxed{e_o=-\left(e_1\frac{R_f}{R_1}+e_2\frac{R_f}{R_2}+e_3\frac{R_f}{R_3}\right)} \tag{16.2.9}$$

输出电压是各独立比例输入电压之和。同样通过选择适当的电阻来确定各比例因子。如果所有的电阻都相等，就得到一个简单的反相加法器（inverting adder）：

$$e_o=-(e_1+e_2+e_3) \tag{16.2.10}$$

加法器的基本基础是 S 点上电流的加和。因 S 是虚地点，简化了表达。

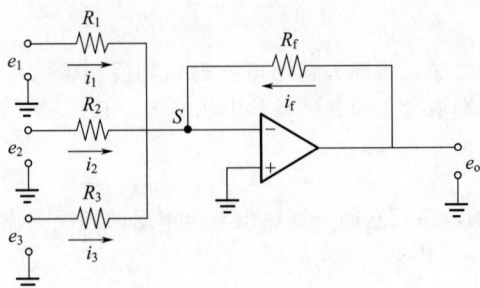

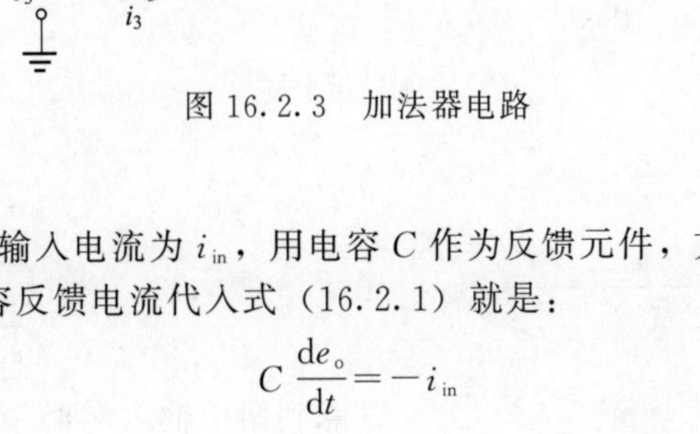

图 16.2.3　加法器电路

16.2.4　积分器

在图 16.2.4 电路中，输入电流为 i_{in}，用电容 C 作为反馈元件，方程式(16.2.1) 仍然适用，S 还是虚地点。因此把电容反馈电流代入式（16.2.1）就是：

$$C\frac{de_o}{dt}=-i_{in} \tag{16.2.11}$$

或

$$\boxed{e_{\mathrm{o}}=-\frac{1}{C}\int i_{\mathrm{in}}\,\mathrm{d}t} \tag{16.2.12}$$

输出是与输入电流的积分成正比的电压，实际上此积分就是存储在电容上的电量。在电量法和计时电量法实验中，电流积分器（current integrator）是很有用的。

通常在开始新测量前，希望电容放电。图 16.2.4 中的复位（reset）开关就起这种作用。

如果电荷要在电容 C 上存储几秒钟以上，务必注意尽量减少漏电损失。漏电主要是通过电容器中的电介质和放大器的输入阻抗发生的。通过选用特殊的电容器和选用低输入偏置电流的放大器可以尽量减小漏电损失。

用图 16.2.5 所示电路可以对输入电压积分，电路中，输入电流是输入电压 e_{i} 通过电阻 R 引入的。方程式(16.2.12) 仍然有效，可以将其代入得到

$$\boxed{e_{\mathrm{o}}=-\frac{1}{RC}\int e_{\mathrm{i}}\,\mathrm{d}t} \tag{16.2.13}$$

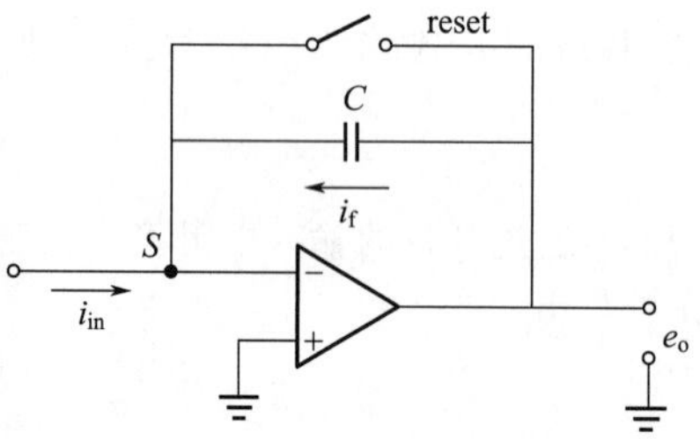

图 16.2.4 电流积分器

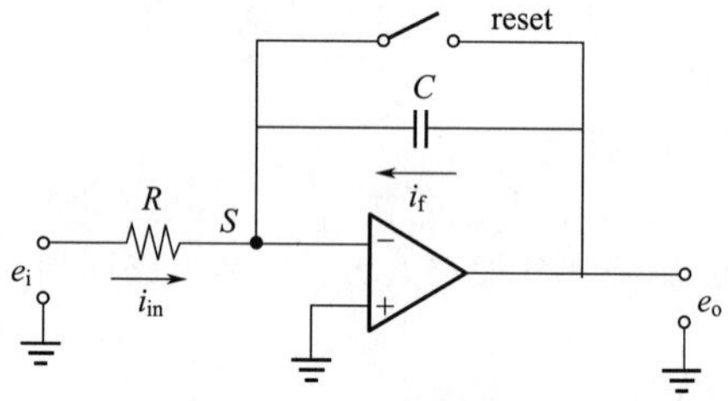

图 16.2.5 电压积分器

斜坡信号发生器（ramp generator）是一种特殊类型的电压积分器，它的输入电压 e_{i} 是恒定值。如果从复位状态开始实验，那么

$$e_{\mathrm{o}}=-\frac{e_{\mathrm{i}}}{RC}t \tag{16.2.14}$$

这样电路就用来为线性扫描实验产生波形。扫描速度是由 e_{i}、R 和 C 联合控制的；扫描方向由 e_{i} 的极性所决定。

16.3 电压反馈

从输出端反馈的另一种方法是将部分输出电压返回到反相输入端[1-6]。电压反馈的电路通常需要可忽略的输入电流，特别适合于控制功能和电压测量。相比之下，基于电流反馈的电路更适合以前面讨论过的方式进行信号处理。

16.3.1 电压跟随器

图 16.3.1 是一个重要的电路，它的全部输出电压都返回到反相输入端。用式(16.1.1) 来处理它，并且注意到 $e_{\mathrm{s}}=e_{\mathrm{o}}-e_{\mathrm{i}}$，因此

$$e_{\mathrm{o}}=-A(e_{\mathrm{o}}-e_{\mathrm{i}}) \tag{16.3.1}$$

或

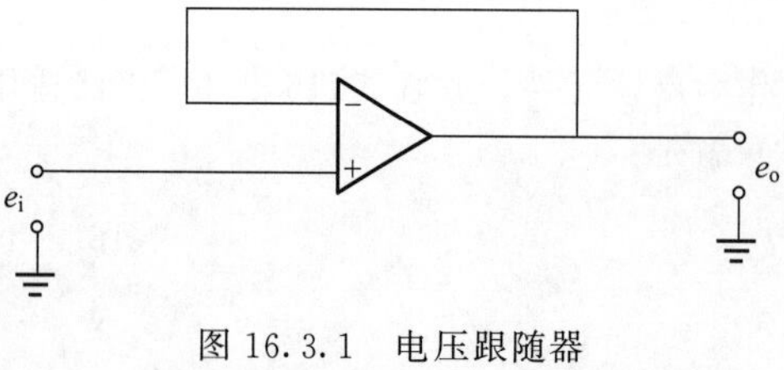

图 16.3.1 电压跟随器

$$e_{\mathrm{o}}=\frac{e_{\mathrm{i}}}{1+1/A} \tag{16.3.2}$$

由于 A 很大，

$$\boxed{e_{\mathrm{o}}\approx e_{\mathrm{i}}} \tag{16.3.3}$$

注意到两个输入端必须处于几乎相同的电势，可以直观地得到这个结果。

因为输出电压与输入电压相等，所以这种电路称为电压跟随器（voltage follower）。它的功能是匹配阻抗，它提供很高的输入阻抗和很低的输出阻抗。因此它前面可以从不能提供较大电流的器件（如玻璃电极）接受输入，后面向一个重要负载（例如一个电压比例器电路或一个低阻抗的伏特计）提供相同的电压。电压跟随器可以作为一种对电压没有太大干扰的情况下测量电压的中介电路。

16.3.2　控制功能

讨论图 16.3.2 所示的电路。由于同相输入接地，反相输入为虚地，因此 A 点电势相对地为 $-e_i$。放大器能通过调节输出控制流过电阻的电流 i_o，维持 A 点电势相对地为 $-e_i$。于是我们就有了控制电阻网络中某固定点的电压的方法，即使这些电阻（或者说更广义的阻抗）在实验过程中发生波动。这正是我们要恒电势仪做的事情。

由于通过 R_1 的电流也必然流经 R_2，总输出电压 e_o 就是 $i_o(R_1+R_2)$。由于 $i_o=-e_i/R_2$，所以有

$$e_o=-e_i\frac{R_1+R_2}{R_1} \qquad (16.3.4)$$

该基本设计也可以用于控制流过负载的电流。考虑图 16.3.3 的电路，其中有一个任意的负载阻抗 Z_L。因为 A 点的电压被保持在 $-e_i$，故流过电阻 R 的电流一定是 $i_o=-e_i/R$，它也一定流经负载 Z_L 但与 Z_L 的值或它的波动变化无关。这种电路可用作为恒电流仪，只需用电解池简单地代替负载阻抗 Z_L 即可（16.5 节）。

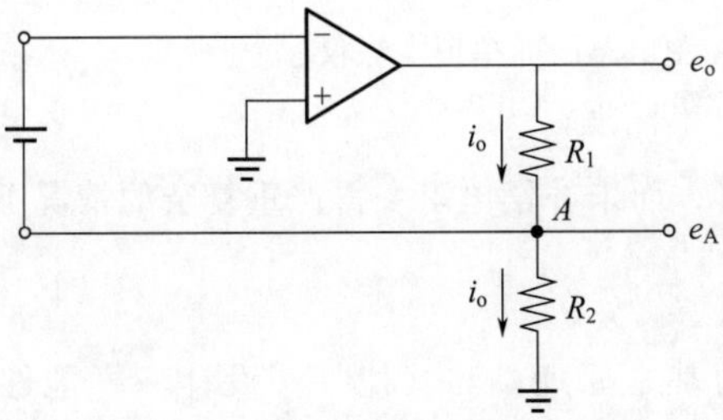

图 16.3.2　不受 R_1 和 R_2 变化影响而控制 A 点电势的电路

注意反馈电路通过电压源 e_i，为简便起见 e_i 用电源符号表示

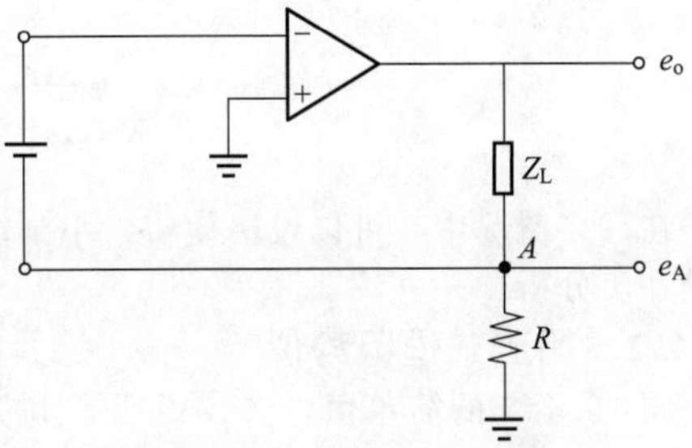

图 16.3.3　控制通过任意负载 Z_L 电流的电路

16.4　恒电势仪

16.4.1　基本原理

根据电子学观点，一个电化学池可以看成图 16.4.1(a) 所示的等效电路表示的阻抗网络，图中 Z_{ctr} 和 Z_{wk} 分别表示对电极和工作电极的界面阻抗，溶液电阻分成补偿电阻 R_c 和未补偿电阻 R_u 两部分，它们与电流通路中参比电极的位置有关（见 1.5.4 节）。这种表示法可以进一步简化为图 16.4.1(b)。

现在设想把电化学池引入图 16.4.2 的电路。如果电化学池与图 16.4.1(b) 中的网络等效，那么立即可以看出总电路与图 16.3.2 中的控制体系是几乎一样的。放大器可控制流经电解池的电流，使得参比电极对地的电势总是在 $-e_i$。由于工作电极接地，就有

$$e_{wk}(\text{相对于参比})=e_i \qquad (16.4.1)$$

无论 Z_1 和 Z_2 怎么波动变化，此式总成立。

图 16.4.1(a) 表明，在控制电压 e_{ref}（相对于地）中包含溶液中总电压降的一部分 iR_u。通常可以看出这里的 e_{wk}（相对于参比）$=-e_{ref}$ 就是在本书的其他地方表示的 E_{appl} [1.5.4 节和 1.6.4 (4) 节]。未补偿电阻的存在，使电路难以精确地控制工作电极相对于参比电极的真实电

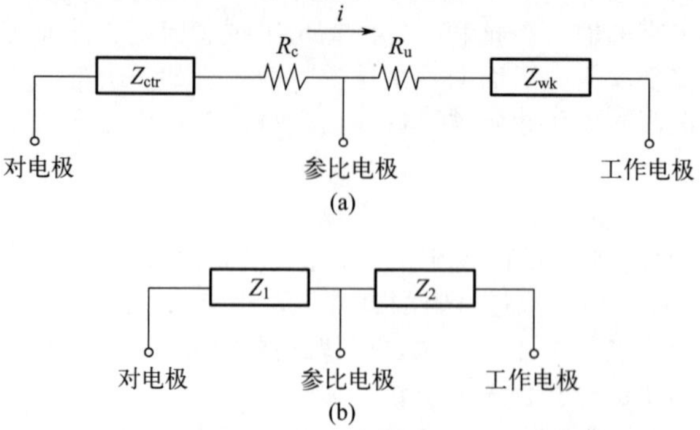

图 16.4.1 把电解池视为三电极连接的阻抗网络的图示

(a) 各阻抗成分分别表示；(b) 参比电极两侧组分的总和

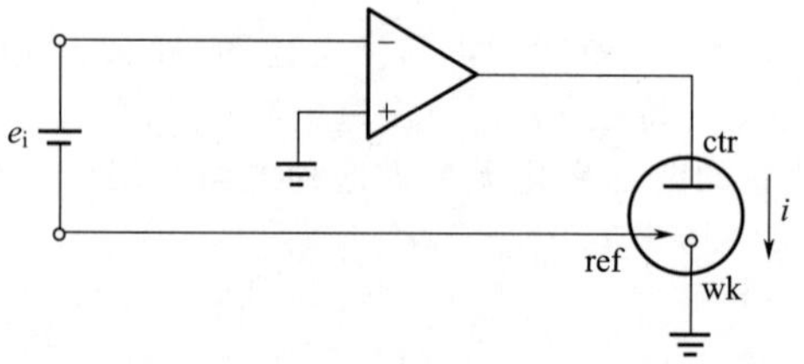

图 16.4.2 基于图 16.3.2 控制电路的简单恒电势仪

ctr—对电极；ref—参比电极；wk—工作电极

势，在许多情况中，可以设法使 iR_u 小到能够忽略；而未补偿电阻变得严重复杂的情况下，后面再进一步分析。

16.4.2 加法式恒电势仪

图 16.4.2 的简单恒电势仪说明了电势控制的基本原理，和其他一些设计一样能够完成控测任务[7]。它的缺点是对输入有一定的要求。连接电势来源的输入端没有一个是真正接地的，因此为控制电势提供波形的函数发生器必须提供差分浮动输出，大多数波形源无法满足这样的要求。

还要考虑所需要控制函数的形式。例如，假设我们要做一个从－0.5V 开始扫描的交流伏安实验，所需 e_i 的波形示于图 16.4.3 中。它是一个复杂的函数，需要把一个斜波、一个正弦波、一个恒定偏置加起来合成此波形。由于电化学波形经常是几个简单信号的合成，需要恒电势仪本身有能接受并加和多个输入的通用装置。

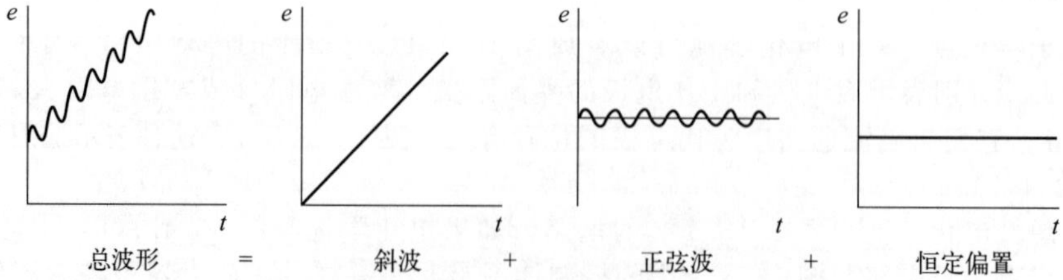

图 16.4.3 一个复杂波形的合成

为清楚可见，相对于通常所用的值，正弦波的幅度被夸大，而它的频率被降低

图 16.4.4 所示的加法式恒电势仪（adder potentiostat）弥补了图 16.4.2 控制电路的两个缺点，也是迄今最广泛使用的设计。由于进入加和点 S 的电流的总和必须为零，所以

$$-i_{ref}=i_1+i_2+i_3 \tag{16.4.2}$$

且因 S 是虚地点，

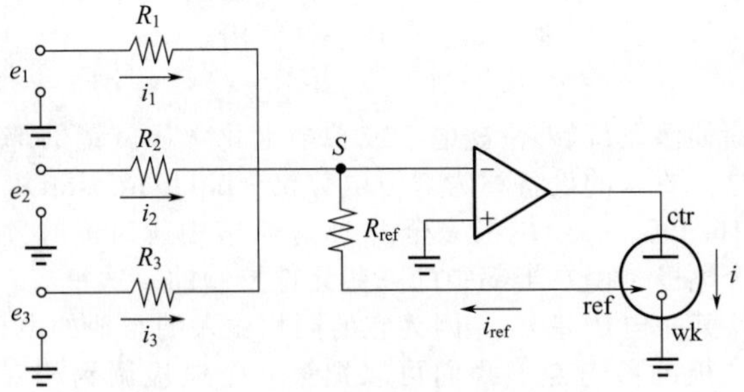

图 16.4.4 基本的加法式恒电势仪

$$-e_{ref}=e_1\frac{R_{ref}}{R_1}+e_2\frac{R_{ref}}{R_2}+e_3\frac{R_{ref}}{R_3} \tag{16.4.3}$$

如前所述的$-e_{ref}$是工作电极相对于参比电极的电势。因此，这个电路把工作电极电势维持在一个等于各输入电势加权和的电势。通常所有的电阻值都相等，故有

$$\boxed{e_{wk}(\text{相对于参比})=e_1+e_2+e_3} \tag{16.4.4}$$

每一个输入信号都有独立的电路地，输入信号加和装置能使复杂波形直接合成。任何适当数量的信号都可以添加到输入端。只需简单地通过一个电阻把每一个信号引入到加和点即可。

16.4.3 加法式恒电势仪的改进

图 16.4.4 的设计仍有三个重要的不足：(a) 必须通过参比电极给加和点一个较大的电流i_{ref}；(b) 没有测量流过电解池电流的装置；(c) 电解池所需功率仅仅由运算放大器输出提供。

图 16.4.5 是弥补这些不足的一个恒电势仪示意图，是一个很常用的设计[5]。

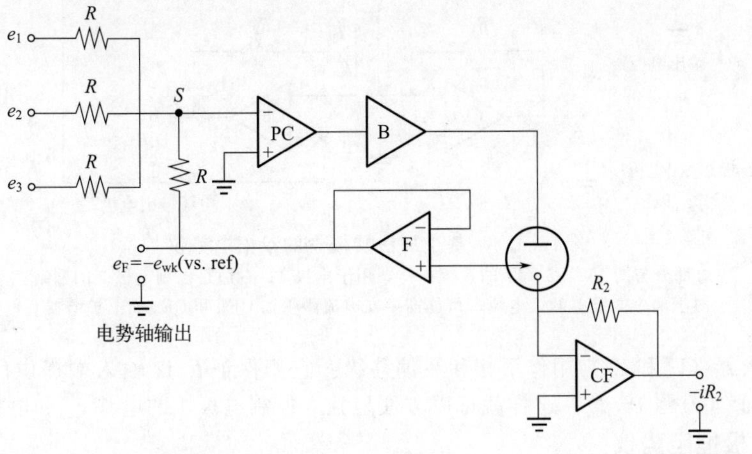

图 16.4.5 基于加法式电势控制（potential control，PC）放大器的完整恒电势仪器系统
采用升压器（B）提升输出电压范围。如果需要扩增电流，可在电流跟随器（CF）
后加另外一个升压器，以使它可以处理超过 CF 的电解池电流

引入电压跟随器 F 到反馈回路中，这样电流可以反馈到加和点而参比电极无需承载电流。跟随器 F 的输出e_F还可用于外接到记录装置，方便记录监测$-e_{wk}$（相对于参比）。

工作电极现在接入一个输出与电流成比例的电流跟随器 CF。电流跟随器使工作电极保持在虚地点，这是系统工作的重要条件。

在 PC 的输出端中插入一个功率扩展器或升压放大器（booster amplifier）B 来提高功率。升压器是一个简单的同相放大器，通常是低增益的，与运算放大器相比，它能提供较大的电流或较高的电压或两者兼备。由于它是同相的，可以把它认为是运算放大器的扩展。因此组合电路的总

开环增益是 $A=A_{OA}A_B$，其中运算放大器的开环增益是 A_{OA}，扩展器的开环增益是 A_B。式(16.1.1) 仍可直接应用，反馈原理也如前所述一样使用。

16.4.4 双恒电势仪

一些电化学实验，诸如涉及旋转环-盘电极或扫描电化学显微镜的那些实验，需要同时控制两个工作电极。能满足这一要求的设备称为双恒电势仪（bipotentiostat）[8-9]。

常见的方法示于图 16.4.6。一个电极完全由 16.4.3 节中所讨论的方式来控制，这个电路表示在图的左半部。第二个电极是由右半部中的一些元件控制的。这里有一个电流跟随器（CF2），它的加和点与“地”保持某一电压差 Δe，因为它的同相输入端与地的电压差是 Δe。这个电路用第一个电极作为第二个电极的参考点。我们可以把第一个电极调到相对于参比电极的电势 e_1，那么第二个工作电极相对于第一个电极的电势偏离 $\Delta e=e_2-e_1$，这样 e_2 就是第二个电极相对于参比电极的电势了。对电极通过的电流是 i_1 和 i_2 之和。

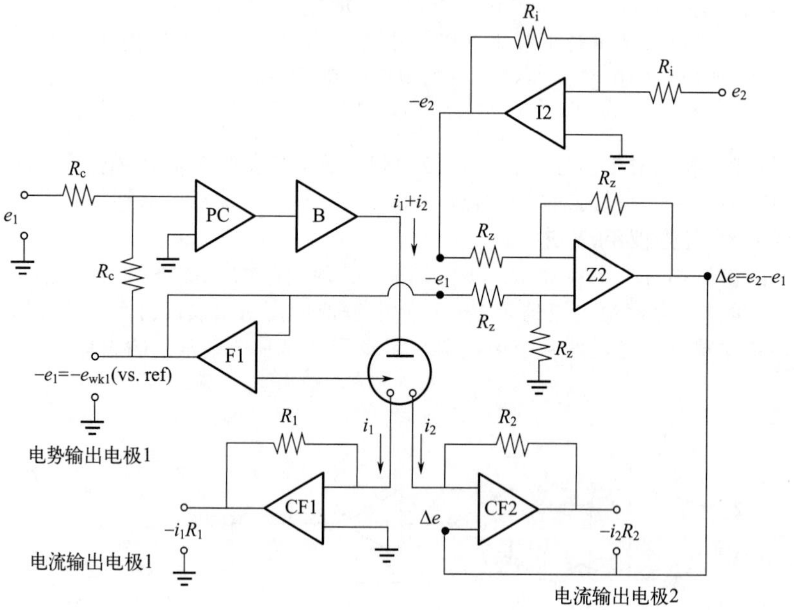

图 16.4.6 基于加法器概念的双恒电势仪

左边部分与图 16.4.5 所示的系统一样，用于电极 1；右边是控制电极 2 的网络。对于两个电极上的大电流，可能需要在电流跟随器 CF1 和 CF2 加上扩增器

余下的放大器（I2 和 Z2）用作反相和零偏移级。它们保证在 I2 输入端提供所需的电势 e_2，而无需关心 e_1 值（习题 16.7）。这样就可以方便地独立控制电极 1 的电势 e_1 和电极 2 的电势 e_2。

16.4.5 四电极恒电势仪

在标准加法器恒电势仪（16.4.3 节）中，受控电压是在参比电极和仪器地之间（与参比电极和虚地工作电极之间电势差几乎相同）。对于某些应用，使用不同设计是有用的，其中受控电压是参比电极和第二参考线（有时称为“传感线”，它不需要处于虚地）之间的电压，这种安排通常称为“四电极”配置，确定四个电极的关系，但与双恒电势仪不同。双恒电势仪处理两个工作电极（加一个参比电极和一个对电极），而这个四电极配置的特征是两个参比电极（加一个工作电极和一个对电极）。

这种电子系统易于管理。参比电极和传感线被馈送到电压跟随器，电压跟随器向两者提供高阻抗输入。然后，两个跟随器输出之间的差值进一步再被馈送到电势控制放大器的加和点。从功能上看，如果说加法器恒电势仪控制的是工作电极相对参比电极的电势，那么四电极恒电势仪就是控制传感线相对于参比电极的电势。

当传感线接地时，四电极恒电势仪就等效于常规三电极系统。

如 7.8 节所述，研究液-液界面需要这种仪器。独立的参比电极分处于两相，恒电势仪必须通过在工作电极和对电极之间传递所需的电流来控制两个参比电极之间的电压。一个参比电极连接参考线，另一个参比电极接传感线。

另一个不同的应用是减轻工作电极到恒电势仪连接的欧姆降。当通过的电流大于 10mA 时，夹头连接或电路中其他元件（比如继电器）的总电阻即使小到 0.3～1Ω 电阻也会引起较大的控制误差，使工作电极偏离虚地，产生显著的控制误差。把四电极恒电势仪的传感线直接接到工作电极，就可以直接定量控制参比电极和工作电极之间的电压，而不是参比电极和仪器接地之间的电压。

16.5　恒电流仪

因为控制电流电路仅涉及电解池的工作电极和对电极两个部分，所以控制电解池的电流比控制一个电极电势简单。在恒电流实验中，人们通常对记录工作电极相对于参比电极的电势感兴趣，通常添加电路只是为了测量它，不涉及控制功能。

用上述所考虑的运算放大器电路，可以得到两种不同的恒电流仪。图 16.5.1 所示的装置使人联想到 16.2.2 节中讨论过的比例器/反相器，只需用电解池替代反馈电阻 R_f，在 S 点把电流加和，就有

$$i_{cell}=-i_{in}=-\frac{e_i}{R} \tag{16.5.1}$$

因此，电解池电流由输入电压 e_i 控制。输入电压可以是恒定的或以任意方式变化的，而电解池电流将跟随它变化。

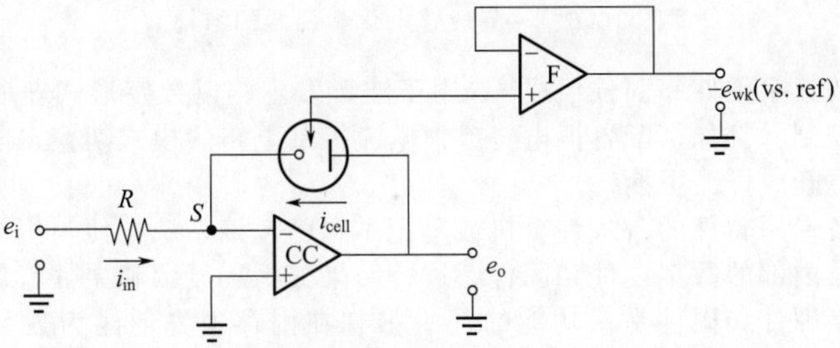

图 16.5.1　基于比例器/反相器电路的简单恒电流仪

这种设计中，工作电极处于虚地，方便测量参比和工作电极之间电势差。电压跟随器 F 给出参比电极相对于地的电势 e_{ref}，即 $-e_{wk}$（相对于参比）。比较图 16.5.1 和图 16.4.1 可以看到，跟随器的输出电压中包含来自未补偿电阻的贡献 $i_{cell}R_u$。

可以通过在加和点添加电阻，以加法器的形式使电解池的电流等于各输入电流之和，能把输入网络扩展。如图 16.5.1 所示，这要求每一个输入源都必须有给电解池供给电流的能力。对于需要高电流的体系，这个要求可能会产生一些问题。

这种情况下，图 16.5.2 所示的恒电流仪可能更有用。它基于图 16.3.3 的设计，那里的任意阻抗 Z_L 被电解池替换。流经电解池的电流为

$$i_{cell}=-\frac{e_i}{R} \tag{16.5.2}$$

这个电流不需要由电压源 e_i 供给。该电路的一个缺点是工作电极电势与“地”差 $-e_i$，因此工作电极相对参比电极的电势必须用差分方法测量。此外，前面图 16.4.2 讨论过，这样输入 e_i 电压

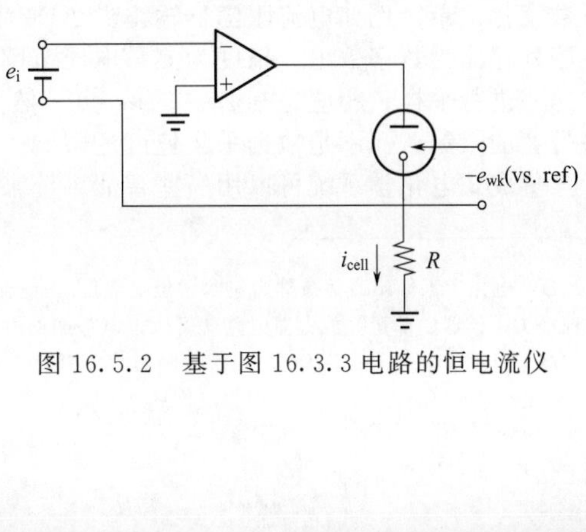

图 16.5.2　基于图 16.3.3 电路的恒电流仪

缺乏灵活性。

16.6 集成式电化学仪器

大多数现代电化学仪器遵循图 16.6.1 所示的结构概念，由四个同心区域组成，核心是电化学池本身[10-12]。

只有区域 2 中的模拟电路直接接触电解池，建立对电解池的控制和主要实验测量，包括恒电势仪/恒电流仪❺，和已讨论过的方便输出所需的电路。此外，还有将在 16.7.3 节讨论的 iR_u 补偿电路。

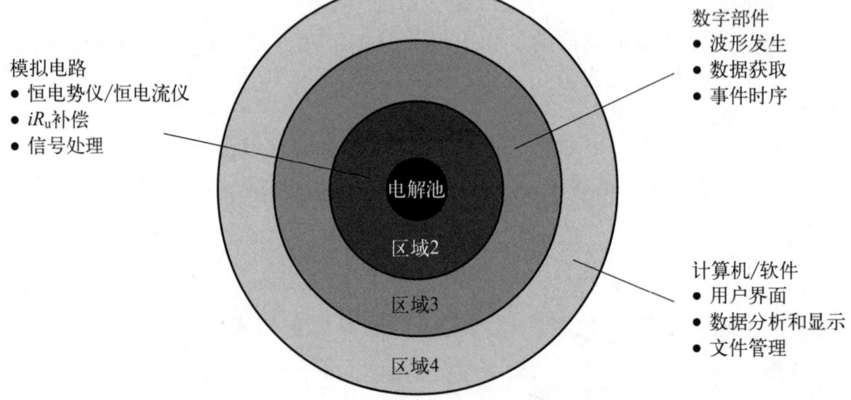

图 16.6.1 集成式电化学仪器的结构

区域 3 由内置的数字硬件和固件组成❻，用于波形发生、以数字形式获取实验结果、时序控制和实验事件启停控制（例如，配置恒电势或恒电流控制电路的模式切换、电解池的接通/断开、搅拌、脱气、电极更新或样品更换）。

外部区域是配备专用软件的台式计算机或笔记本电脑。该系统方便与用户的交互，将用户的选择通信传达给仪器内部的数字硬件和固件，进行结果分析、显示和文件管理。

产生波形的数字硬件和固件是多功能的[12]。最初在内存中先创建为数字数组，然后，数字序列被定时序送往数模转换器（DAC），由这种把输入数字比例转换成模拟输出电压的封装器件进行转换[2]。通常，该模拟电压施加到基于加法器设计的恒电势仪（16.4.3 节）。一些仪器使用多个 DAC 各自产生复杂波形的不同部分，这些部分汇集一起到加法式恒电势仪，实质上就如图 16.4.3 所示。

现代仪器中使用的 DAC 通常具有 16 位输入，提供 65536 分之一，即 0.0015%的分辨率。通常输出范围为−5～+5V，电压分辨率为 0.15mV。这些器件可以高于 10MHz 的速度高精度输出，因而可以支持微秒级的阶跃和扫速 1000V/s 以上的扫描波形。

采用模数转换器（ADC）[2]，可以在固定的时间间隔把电化学响应（电势、电流或电荷）进行数字化记录。例如电流跟随器输出做 ADC 的输入，通过时钟信号触发被转换成数字序列，数字序列存储为数字数组。精度为测量电压范围 0.0015%的 16 位模数转换器可以 20MHz 到 4GHz 的速率进行采样，相应是 0.25～50ns/点。然而，在短时间尺度上，大多数商品仪器受到模拟电路带宽的限制，而不是数据采集速度的限制。

集成式电化学系统可以用一些智能系统来管理实验、存储大量数据、自动处理复杂数据，以

❺ 电化学工作站通常被称为包含“恒电势仪/恒电流仪”，但这不是指单独的设备。使用者选择配置模式，使用可编程开关，仪器内部运算放大器电路就可以恒电势或恒电流方式工作。

❻ 固件（firmware）是指写入微控制器的专用程序，存储在设备内部的非易失性存储器中，用户通常无法修改。

方便的格式显示结果（例如绘制适于发表或展示的图）。数据分析也可使用复杂的方法，如傅里叶分析[13] 方法进行分析。其他可能方法包括数字滤波、重叠峰的数字解析、卷积、背景电流扣除、未补偿电阻的数字校正。许多仪器的软件包还包括模拟器，能对比实验和模拟计算结果。

电化学工作站的创造者们竭尽全力来制造灵活多用、使用方便的仪器。不可避免地依赖于算法去简化用户选择的同时并优化性能。算法设置通常是适当的，但并不总是恰当的。16.10.1 节提供了实用建议。

16.7　电势控制的难点

16.4 节概述了电势控制的原理。在此我们探讨实际体系测量中可能遇到的困难。

16.7.1　控制问题的类型

(1) 仪器输出限制

任何实验中，恒电势仪或恒电流仪必须能够提供所需的电流（即使只是瞬间需要），必须能够驱使这样的电流流过电解液。在高电流情况下，恒电势仪的输出电压降大部分会在补偿和未补偿的溶液电阻 R_c+R_u 上，这个压降有时会超过 100V。

当然，任何电化学仪器所能提供的都有电学限制。这些限制称为额定电流和额定电压。最大输出功率是它们两个的乘积。对典型的电化学工作站，额定值大约是 100mA 和 14V，最大输出功率为 1.4W。更强功率的恒电势仪可能提供 1A 和 100V（100W）范围内的组合。

如果恒电势仪或恒电流仪被驱动到其电压或电流极限，将失去对电解池的控制。工作电极电势将出现仪器控制误差（instrumental control error），这意味着由于电学限制，目标电势或电流将无法实现。习题 16.10 将聚焦这类情况。

输出极限可能是暂时的（如在电势阶跃前沿的充电电流尖峰期间）或持续的（如在所选电势的电流超过电流上限的整体电解期间）。对于某些实验目的来说，相应的仪器控制误差可能只是可忽略不计的短时间存在，甚至在一段时间内也可以容忍；但对其他实验目的，该误差严重地影响合理解释实验必需的实验条件。

最简单的纠正办法是减少工作电极的面积。

(2) 对扰动的延迟响应

正如 1.6 节所述，双电层充电是建立或改变工作电极电势的机制，由电解池时间常数 R_uC_d 控制，大约需要 $5R_uC_d$ 才能完成。只有当电解池时间常数与所施加扰动的时间尺度相比很小时，暂态实验才有意义。

如果仪器带宽足够，但 R_uC_d 对于所需实验来说太长，则必须设法降低 R_u 或 C_d。16.7.2～16.7.3 节和 16.9 节均已给出了措施。

另外，电解池时间常数足够短，但仪器也可能太慢而难以实现所需的扰动。唯一的纠正办法是换用一台有足够带宽的仪器（16.9 节）。

(3) 未补偿的欧姆降

恒电势条件下，只要有电流流过电解池❼，就存在欧姆控制误差（ohmic control error），已经在 1.5 节和 1.6 节中将其称为未补偿的电阻降 iR_u。根据式(1.5.2)，

$$E=E_{appl}+iR_u \tag{16.7.1}$$

其中，E 是工作电极的实际电势；E_{appl} 是施加在工作电极和参比电极（与前面符号中的 $-e_{ref}$ 相同）之间的电压。图 16.7.1 显示了电子电路模仿的电解池（dummy cell）模拟未补偿电阻的影响。

在快速暂态电化学实验或大电流整体电解实验中，欧姆误差最明显。在整体电解中，由于电极面积大、传质起作用，持续保持大电流。在快速瞬态实验中，因为 dE/dt 很大，测量中有时

---

❼ 仪器工作在额定范围内，意味着工作电极电势得到很好控制，没有仪器控制误差。

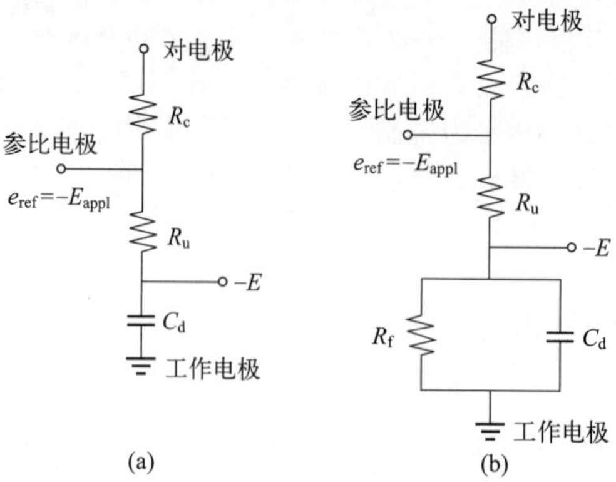

图 16.7.1 简单的模拟电解池

(a) 非法拉第体系，C_d 是双电层的电容，R_c+R_u 是总溶液电阻，其中 R_u 是未补偿的电阻；(b) 对于一个体系，法拉第流过电阻 R_f，充电电流流过 C_d。任一情况，对地的 e_{ref} 与 $-E_{appl}$ 相同，标在 R_u 和 C_d 之间的对地电压是 $-E$，E 才是工作电极对参比的实际电势

会遇到高电流，至少有较高的电容性电流成分。例如，假设要在界面电容为 2μF 的电极上，1μs 内施加一个 1V 电势阶跃，这期间的平均电流为 2μC/μs 或 2A。峰电流会更高。即使 R_u 值很小，如 1～10Ω，大电流也会导致大的欧姆控制误差[8]。

但欧姆控制误差不应大到产生问题的程度，不然即使在毫伏级范围，也会因与理论条件不符导致电化学实验的数据解释复杂困难。

经常设法通过降低电流 i 或 R_u 或同时降低两者来减少这种误差。16.7.2 节和 16.7.3 节建议了一些选择。

(4) 工作电极表面的电势不均匀

当大电流通过电解液时，电解液不是一个等电势体（2.2.1 节）。工作电极和电解质溶液之间的界面电势差，沿工作电极表面各处都不相同（12.1.3 节），导致电流密度不均匀。一般来说，离对电极最近的工作电极上的位置，电流密度最高。不均匀的电流密度意味着有效工作面积比电流绝对值所关联的实际面积要小。显然，对定量关联理论与实验关系的研究，这种情况是不可接受的。

改进方法是设计电解池，使得工作电极上所有点的电流路径基本等效。工作电极和对电极设计和位置上的对称性是很重要的（12.1.3 节）。这也有助于降低电流或工作电极的面积。

(5) 电解池的电阻加热

工作电极和对电极之间的电阻通常决定着恒电势仪所需的功率水平和伴随的电阻加热。在整体电解中，这种热能可能高到需要进行冷却降温。通过缩短电极之间的间隙距离、消除影响电流流过的阻碍（如多孔玻璃或其他隔板），兼顾将对电极进行化学隔离，能满足工作表面上均匀电流密度的空间分布关系，又可以最大程度地减小电阻。

16.7.2 电解池性质与电极位置

上一节提到的补救措施通常可以通过改进电解池本身来解决：

① 增加电解液电导率。通过采用更高的支持电解质浓度、选择极性更强的溶剂、降低黏度，可以降低电阻 R_c 和 R_u。这些改进可以改善 16.7.1 节中所有类别的问题。

② 优化法拉第电流。对于传统小电极和 UME 的实验，明智的做法是基于可接受的信噪比和信号背景比要求，使用一个合适大小的法拉第电流。通常可以通过减少电活性物质浓度或电极面积进行优化。这样改进可以改善 16.7.1 节的（1）、（3）、（4）和（5）类问题。对整体电解，降低电反应物浓度可能不利于实现产品期望产率。

---

[8] 这是大规模电合成一般不用恒电势方法的一个原因。这种情况下，控制电流密度通常更实用。

③ 降低双电层电容。缩小电极面积可以降低电极的 C_d，有时甚至数量级地降低。这种改变可以改善 16.7.1 节的（1）和（2）类的问题。

④ 优化参比电极尖端的放置位置。在使用常规小电极或整体电解用大电极的电解池中，可以将参比电极尖端尽可能靠近工作电极放置，以便使 R_u 成为总电阻 $R_c + R_u$（若保持不变）的最小成分。对于 UME，这不是一个实用可行的策略（5.6.1 节）。这方面的改进可以改善 16.7.1 节的（2）和（3）类问题。

16.7.3　电阻的电路补偿

由于未补偿的电阻会导致等于 iR_u 的电势控制误差，因此通过在恒电势仪输入端增加一个等于 $-iR_u$ 的校正电压，就可以自动补偿 e_1、e_2 和 e_3 加和的电势。如果成功，那么❾

$$E_{appl} = e_1 + e_2 + e_3 - iR_u \tag{16.7.2}$$

这样，工作电极的实际电势将完全符合要求：

$$E = E_{appl} + iR_u = e_1 + e_2 + e_3 \tag{16.7.3}$$

这种概念是电子学上电阻补偿的基础，通常通过两种不同策略之一实现[14-21]，商业仪器中有时两者都提供。

(1) 正反馈补偿

最常见的方法是在图 16.7.2 的电路中实现的。基本系统与图 16.4.5 的加法器恒电势仪相同，只是增加电流跟随器 CF 到电势控制放大器 PC 加和点 S 的连接，构成新的反馈回路。调节调压器把电流跟随器输出的 f 份额引入到输入网络，因此反馈电压是 $-ifR_f$。于是

$$E_{appl} = e_1 + e_2 + e_3 - ifR_f \tag{16.7.4}$$

和

$$\boxed{E = e_1 + e_2 + e_3 + i(R_u - fR_f)} \tag{16.7.5}$$

这样控制误差就变为 $i(R_u - fR_f)$，反馈回路把未补偿电阻降低了 fR_f。

分析建议有可能让 fR_f 恰好等于 R_u，达成完全补偿。也表明几乎任何程度的未补偿或过补偿都是可能的。

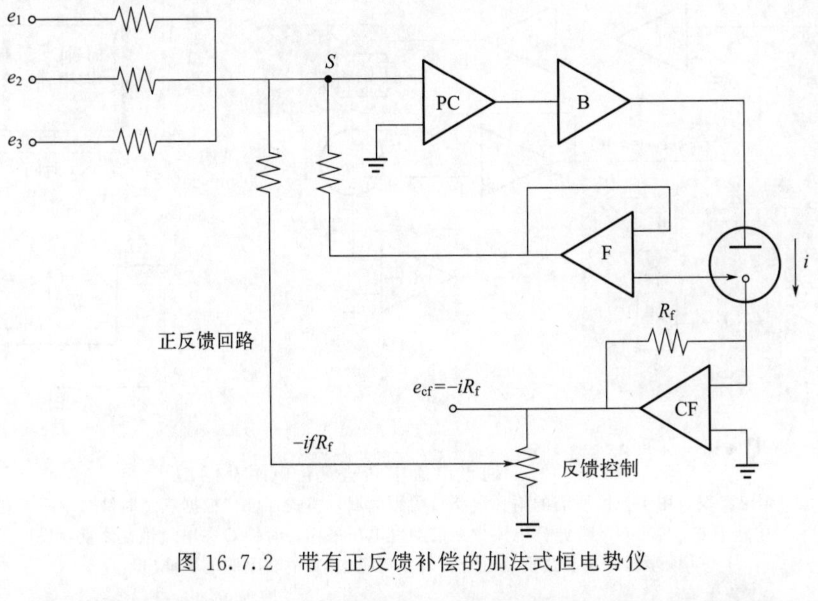

图 16.7.2　带有正反馈补偿的加法式恒电势仪

实际上，这种方法也有问题，因为电解池的各组元件和控制回路中的各放大器会引起相移[14,16-17,19]。因此在所施加的校正信号上，建立校正和为校正进行的检测中都会出现时间滞后。

---

❾ 这里的讨论中，电流 i 遵循我们通常的定义，阴极电流为正。

这些延迟会造成整个反馈体系对输入信号 $e_1+e_2+e_3$ 变化的过校正。过冲和振荡就是这种过校正效应的效果表现。严重时，恒电势仪将进入振荡状态并因此完全失去对电解池的控制。原因复杂且超出处理能力，所以恒电势仪可能需要保留一些未补偿的电阻来实现稳定性。完全补偿是不现实的。

另外，如何确定 R_u 值也有问题。简明随性的方法是将电势设置到不会发生法拉第过程的位置，然后增加份额 f，直到恒电势仪开始振荡。然后把 f 降低 10%～20%，这样重新建立稳定性。取决于电解池与恒电势仪的电子特性[17]，振荡点可能低于或高于全补偿位置，所以这种方法须小心使用。此外，振荡期间，测试溶液或工作电极可能会经历不期望的或者甚至是致命的损害（俗称"熟过了"）。

更可取的是，事先测量 R_u，并以此为基础进行补偿。对于自动恒电势仪，两种方法都有使用，两种方法最好都控制在只有电容性背景的电势下时进行：

① 在一个频率范围内进行阻抗测量，按 11.4.3 节所述进行分析。

② 施加小电势阶跃（例如 $\Delta E=50\text{mV}$）[18]。如果只有充电电流流过，则电流响应可以按照 1.6.4（1）节（习题 16.12）的讨论进行分析。

一旦获得 R_u，就可以有计划地调整正反馈电路中 f 的值，在恒电势仪不稳定性迹象出现前确定反馈比例 f 值。所有这些都已经可以用集成仪器自动完成。

（2）电流中断法

电阻补偿的第二种方法［有时称为动态补偿（dynamic compensation）］，是在实验进行中，多次测量和调整[20-21] 校正项。每次测量都是基于电解池电流的短暂中断，大约 100～1000μs，电解池切换到开路状态，电流降至零，参比电极电压的立刻瞬时突变用于确定 iR_u。该过程通常以几赫兹循环重复进行。

如图 16.7.3(b) 所示，使用三个数字时钟的脉冲来同步关键事件。标准加法式恒电势仪增加有关元件［图 16.7.3(a)］来响应时钟触发：

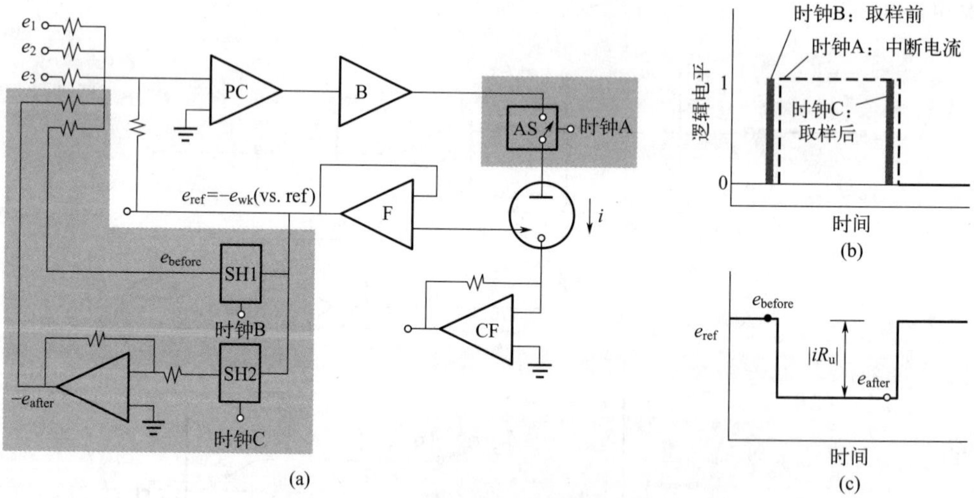

图 16.7.3 通过电流中断法进行电阻补偿

(a) 标准加法器恒电势仪，用于补偿所需的附加电路（阴影区域）模式；(b) 根据三个时钟对中断序列进行计时：时钟 A 电流中断 100～3000μs，时钟 B 电流中断前触发电压采样，时钟 C 在电流恢复之前触发电压采样，该序列以几赫兹重复进行；(c) 对应 (b) 中顺序的电压输出

① 模拟开关（AS）在时钟 A 的每个脉冲期间断开通过电解池的电流⑩。

⑩ 模拟开关是一种逻辑控制的固态器件，可以像继电器一样打开和关闭电流路径，但要快得多且没有接触噪声。在图 16.7.3 中，假设时钟输入端的逻辑 0 闭合开关接通，逻辑 1 断开它。

② 由时钟B和C驱动触发采样保持放大器[11]（SH1 和 SH2）在电流中断前后获得 e_{ref} 值[图 16.7.3(b)，(c)]。

③ SH1 的输出和 SH2 的反相输出分别为 e_{before} 和 $-e_{after}$，馈送到电势控制放大器的输入端。这个系统给出

$$E_{appl}=e_1+e_2+e_3+e_{before}-e_{after} \tag{16.7.6}$$

于是

$$E=e_1+e_2+e_3+e_{before}-e_{after}-iR_u \tag{16.7.7}$$

如果开路时，来自法拉第过程和扩散的工作电极电势弛豫比较慢，那么

$$e_{before}-e_{after}=iR_u \tag{16.7.8}$$

如式(16.7.3) 所示，就实现了完美的补偿。

电化学工作站可能采用数字化方案来代替图 16.7.3(a) 中左侧灰色区域的电路。使用 ADC 用于在每次电流中断之前和电流中断期间转换采集 e_{ref}。然后出校正项 $e_{before}-e_{after}$ 的数字等效值，并将其提供给 DAC，后者将此校正电压反馈到恒电势仪输入端。这些步骤都在固件中管理。

通过电流中断进行电阻补偿具有重要的优点。首先，电势控制放大器没有连续的正反馈回路，因此恒电势仪保持无条件稳定。此外，该方法是动态的，因此可以随着实验的进行根据未补偿电阻的变化进行调整。

然而，这种方法会增加噪声，并且仅限用于相对较慢的实验。中断的占空比（中断的持续时间除以中断之间的时间）必须保持在 1%以下，以避免干扰实验条件；因此，中断的最大频率大约为 10Hz。如果校正值在 100ms 或更长时间内保持不变（对应于 10Hz 的中断频率），则基于中断的系统将无法跟踪时间尺度变化短于 1s 的电势程序或电解池电流。对于 LSV 或 CV，在这些条件下，扫描速率限制在 $RT/(Fv)\leqslant 1s$（即 $v\leqslant 25mV/s$）。较高的中断频率允许稍高的扫描速率，但通常不超过 100mV/s。

在电流中断期间，法拉第过程继续进行，并倾向于对双电层进行恒电量放电（9.7 节），从而 e_{ref} 变化产生一个斜率。如果这种情况在中断的时间尺度上明显发生，那么式(16.7.6) 就不准确了，会引入电势控制误差。使用上述数字采样方法的工作站可以使用校正算法，通过算法将中断期间获取的数据外推至中断的起点。

16.8 低电流测量

电化学中的基础实验研究一直向表征更小的系统发展，包括更少的分子和检测单个事件的可能性（第 19 章）。创新的装置和方法，尤其是 UME（第 5 章）和 SECM（第 18 章），明显促进了技术进步，强调了对小电流测量的兴趣。

16.8.1 基本的局限性

通过测量电流来检测电化学事件最终受限于测量系统中任意时刻单个电子出现的随机变动性(stochastic variability)。这被称为散粒噪声（shot noise），电化学[22] 中已经结合定量极限（LoQ）对其进行了检验。

涉及在时间间隔 Δt 内随机到达进行计数的任何测量都受这种不确定本质的影响，可以用泊松分布来描述这种不确定性。标准计数偏差为 $\sqrt{N}$，其中 N 是多次重复测量的平均计数。任何电流 i，都是测自 Δt 内通过 $\Delta q/e$ 个电子的电荷 Δq；因此测量它的散粒噪声不确定度就是 $\sqrt{\Delta q/e}$。使用 10 倍标准偏差[23] 定义为 LoQ，发现对于电流测量

$$\boxed{i_{LoQ}=\pm 100e/\Delta t} \tag{16.8.1}$$

因此，在间隔 Δt 内必须至少有 100 个电子通过（平均而言），才能基于电流定量测量电化学

[11] 在时钟输入端收到脉冲后，该器件对其模拟输入端的电压进行采样，然后在模拟输出端保持此采样值直到接收到下一个采样脉冲。

事件。

图 16.8.1 总结了对已报道的电化学研究结果的广泛调查，涉及接近 LoQ 的电流测量[22]。实验涵盖了各种方法、目的、时间尺度（$10^{-3}\,s^{-1} < \Delta t^{-1} < 10^{8}\,s^{-1}$）和电流（$10^{-3}\,pA < \Delta i < 10^{8}\,pA$）。这些数据证实所需检测事件的差分电流 Δi 与观察的时间尺度 Δt 呈反比关系。图上的点以代表式(16.8.1) 的实线为下边界，但是没有接近这条实线。

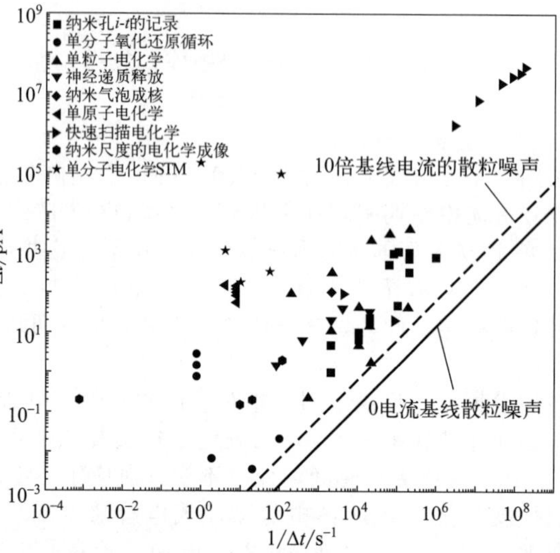

图 16.8.1　用于定量事件或实体的电化学电流 Δi 对响应时间倒数 Δt^{-1} 的关系

实线：式(16.8.1) 表示的散粒噪声极限值；虚线：$10\Delta i$ 基线电流的散粒噪声极限值（Gao，Edwards，Harris 和 White[22]）

研究人员注意到，电化学事件测量实际上总是涉及在重要基线电流 $i_{baseline}$ 上的 Δi 测量。从总信号中减去基线电流来确定 Δi 时，Δi 的不确定性由总信号和基线的变动度之和计算得出。如果基线电流为 $10\Delta i$，使用 Δi 的 LoQ 为

$$\boxed{\Delta i_{LoQ} = \pm 2100e/\Delta t} \tag{16.8.2}$$

因此，在间隔 Δt 内必须观测到至少 2100 个电子才能保障事件可探测。在图 16.8.1 中，虚线对应于这一概念，代表了迄今电化学实验的可探测性边界。这项工作表明，降低基线应该是提高电化学定量极限的有效途径。

16.8.2　实际考虑

使用更小 UME 的研究常常涉及 pA 甚至 fA 量级电流的测量，需要特别注意许多实际问题[24]：

① 噪声，尤其是来自杂散电磁场的，会成为一个关键问题。必须采取措施将这种干扰降至最低。对于要求最高的低电流测量，电化学电解池必须装在法拉第笼（Faraday cage）[25-26] 中。法拉第笼是一个接地的金属屏蔽外罩，保护电解池免受杂散场的影响。即使工作要求不高不需要法拉第笼，应用屏蔽电缆连接工作电极和参比电极也将可能是有益的。

② 必须最大限度地减少由：(a) 产生静电荷的振动；(b) 电缆在地球磁场中的运动；(c) 与带电体或载流导线[24] 的静电耦合带来的杂散电流。

③ 用于电流跟随器的运算放大器必须选用非常低的输入偏置电流。输入电流低于 20fA 的放大器都可用。

④ 需要注意失调电流（即在输入零电流时，电流跟随器输出的非零电流）。测量高电流时，电流失调通常可以忽略，但在测量非常低电流时，失调电流就变得重要。

⑤ 电路中测量小电流用的大反馈电阻，不仅用于信号的转换，也用于降噪滤波。但这些电阻限制了仪器的带宽。即使在通常时间尺度下，准确地跟踪测量随时变化的小电流也是困难的

(16.8.1 节)。

⑥ 即使反馈环路中没有增加滤波电容，电流跟随器的带宽也将受到时间常数 $R_f C_s$ 的限制，其中 C_s 是杂散分流电容。为了获得足够的仪器响应，需要采取措施尽量最小化 C_s[24] 的影响。

16.8.3 电流放大器

要实现低至 nA 和 pA 电流范围的测量，经常把电化学仪器与电流放大器联合使用。电流放大器（current amplifier）是一个由电流跟随器和反相器构成的独立模块（图 16.8.2）。该装置插入工作电极与恒电势仪引线（通常恒电势仪内电流跟随器 CF 的输入）[27] 之间。模块的放大倍数为 R_f/R_o，其中，R_f 为第一个放大器（OA1）的反馈电阻；R_o 是输出电阻（对 CF）。

为了实现最佳噪声限制，电流放大器应与电解池的连接线尽可能短。即使仅用一个，两个都应放在法拉第笼内。

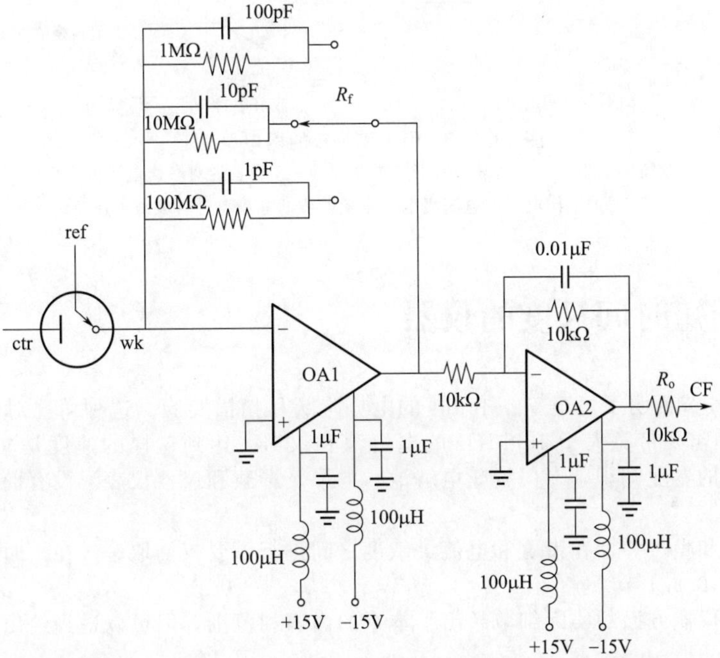

图 16.8.2 插入工作电极和恒电势仪电流跟随器（CF）之间的电流放大器

OA1 必须选用低输入偏置电流。电流放大倍数为 10^2、10^3 或 10^4，取决于第一级用的反馈电阻 R_f。反馈回路中的电容提供滤波功能（时间常数，100μs）。电感电容网络用于降低电源噪声（Huang，He 和 Faulkner[27]）

16.8.4 简化的仪器与电化学池

当电化学池和电流放大器在法拉第笼内工作时，用电化学工作站虽然可以测量 10～100pA 范围内的小电流，但对于 10pA 以下的测量，工作站的噪声水平可能超标。简化方法可能会有所帮助。

通常商品静电计[24] 为测量低至 1fA 的小电流提供了最佳选择⑫。这种设备一般在电流反馈模式下，其输入保持在虚地。因此，简单地把工作电极连接到静电计输入端，并在恒电势仪和静电计之间建立一个公共接地，可以很容易地将其纳入传统的恒电势系统。在这种配置中，恒电势仪通常的工作电极引线不能使用，静电计输出代替恒电势器中电流跟随器的输出送往记录系统。

因为在小电流测量中，未补偿的电阻通常不重要（5.6.2 节），因此可以使用两电极电解池进一步简化，这有助于减小杂散电流和改善噪声。图 16.8.3 展示了一种配置，其中函数波形发生器直接连接到参比电极。工作电极保持在虚地，因此函数发生器有恒电势作用，它只需提供期

⑫ 1fA 相当于每秒 6000 个电子。目前可检测的电化学电流最小是大约 100fA，或大约每秒 600000 个电子。

望的波形和通过电解池的电流。典型的商品函数波形发生器可以满足这些要求，和电化学工作站相比噪声也显著降低。对于这样的“最小”配置——商品函数发生器/两电极电解池/商品静电计，需要使用可编程接口和相关软件，如 LabVIEW[28]，用于在台式或笔记本计算机上记录和显示数据。

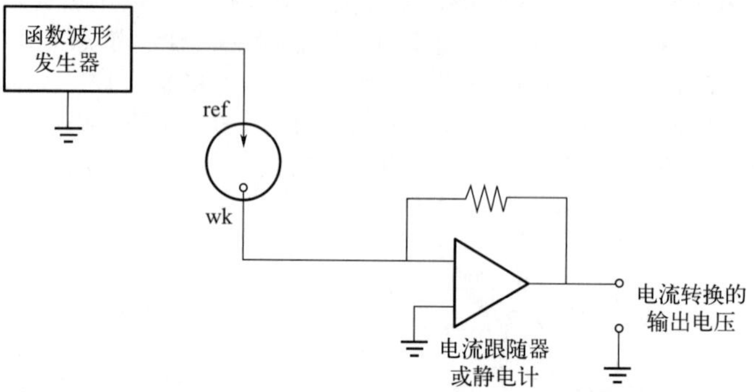

图 16.8.3　用于 UME 的两电极配置

函数波形发生器产生所需的波形，控制对地 e_{ref} 或者说对参比电极的 $-E_{wk}$。通过工作电极的电流用电流跟随器或商品静电计转换成电压

16.9　用于短时间尺度的仪器

6.7 节和 7.6 节说明了短至 50～100ns 的电势阶跃和扫描实验。这种情况对应的信号带宽高达 10～20MHz，需要带宽大于 100MHz 的电解池和仪器。达到这样的速度是非常苛刻的任务，通常需要高水平的专业知识，专门构建电解池、电缆、屏蔽和仪器仪表。没有商业产品能够完成这样的工作。

需要在带宽和噪声，即在带宽和电流灵敏度之间进行重要权衡取舍。在短时间尺度无法测量非常小的电流（16.8.1 节）。

快速电化学仪器方面的实际细节超出了本章的内容和范围，但可以适当给出几个需要特别注意的方面：

① 电化学池的带宽（本质上是实际电解池时间常数的倒数）往往决定了实用的最短时间尺度。如果要实现有用的测量，电化学信号带宽无法超过电解池带宽，通常明显小于电解池带宽。仪器带宽比电解池带宽更高很大程度上是不必要的。对快速电化学测量，6.7 节分析了实现足够小时间常数的困难。

② 所有运算放大器必须选用大增益带宽积（GBP）。

③ 要获得足够的带宽，一些电路可能需要用元件搭建，而不是基于运算放大器。

④ 在电路的电路连接和元件布局中必须非常小心，尽量减少杂散电容。

⑤ 紧凑的仪器和短连接线至关重要。

感兴趣的读者可以参考专门文献 [29-38]，它们提供了实用仪器的原理和设计的详细讨论。

16.10　实验室贴士：电化学仪器的实际使用

16.10.1　电化学工作站的注意事项

虽然电化学工作站提供了极大便利和广泛功能，但由于经常以“暗盒”模式操作，必须小心使用。获取数据、处理数据过程的详细信息常常是模糊的。用户应定期校准仪器，确保在规格范围内准确测量或控制电流和电势。这可以通过标准电阻或模拟电解池轻松做到。

此外，在它可能会影响记录结果的情况下，最好检查下仪器的响应时间。集成仪器通常采用固件控制某些电路如电流跟随器中的电子滤波，因此仪器时间常数因实验而改变。内部固件通常使用一个判据设定仪器的时间常数比实验的特征时间小一个数量级左右，通常实验条件下可以正常安全地测量记录，但遇到剧烈变化（例如伏安尖峰或阶跃边缘）时响应会失真。

这些仪器一般允许操作者用其他设定（包括更差设定的）覆盖自动滤波设置。理解滤波作用的一种方法是用如图 16.7.1(a) 所示的模拟电解池，检查不同滤波条件下对电势阶跃的响应。人们也可以探索不同滤波条件对实际体系电化学结果的影响。最终应该在不改变定量电化学结果的前提下，接受可降低噪声的一个滤波设置。

同样应该意识到，在显示数据之前，仪器的固件或者软件可能已处理了原始数据，例如通过平均或其他算法滤波。基于软件或固件的数据处理通常可由使用者选用。如果是这样的话，就有必要对各种可能性进行实验，以便确定什么情况下它们开始不可接受地干扰了数据。

16.10.2 电化学系统的故障排除

本节列出了检查电化学系统（仪器和电化学池）的一些简单指南，以便在系统似乎没有产生恰当响应时找出问题所在。以下程序旨在用于：

① 采用一个三电极电解池（例如直径 1mm 的铂圆盘工作电极，大于工作电极的铂对电极，Ag/AgCl 参比电极）或一个两电极电解池（例如直径为 10μm 的铂盘 UME 和 Ag/AgCl 参比电极）。

② 设置电化学仪器进行扫描速率为 0.1V/s 的循环伏安实验。

③ 溶液含有支持电解质和接近能斯特反应的电活性物质。除氧的 0.1mol/L KCl 和 5mmol/L $Ru(NH_3)_6^{3+}$ 溶液就是个不错的选择。在大多数工作电极（Pt、Au、Hg）上，此溶液应在约 −0.14V（vs. Ag/AgCl）产生扩散控制的可逆 CV 响应。

这里建议使用循环伏安法，因为 CV 是可以发现问题的简单实验。如果一切正常了，那么该仪器和电化学池很可能可以适用于其他方法，如 SWV 或 EIS。

如果没有获得应该的电流-电势响应［比如 i 一直为零，不随 E 变化（上述系统中电势从 +0.3～−0.5V)］，或者异常［例如噪声过大、没有显示预期的良好峰形或波形，或者是“奇怪的”(也许表现出高斜率或过大电容)］，可以按照以下步骤尝试找出问题所在。如果仪器本身经过检查，已确保电极电流范围恰当、电势范围正确且包括了氧化还原活性物质的反应电势范围，那么使用毫米大小的工作电极，在 0.1V/s 的扫描速率下，CV 中的单电子反应的预期峰值电流约为 200μA×电极面积（cm^2）×浓度（mmol/L）；使用圆盘 UME，预期的稳态波高约为 0.4nA×电极半径（μm）×浓度（mmol/L）。

① 断开电解池连接，关闭电化学仪器，用 10kΩ 电阻替代，参比电极引线和对电极引线连在一起接电阻的一端，工作电极引线连接到电阻另一端。扫描自 +0.5～−0.5V，仪器灵敏度设置为 100μA，扫描结果应该是一条通过原点的直线，且最大电流是 ±50μA。

(a) 若得到正确响应，说明电化学仪器、导线连接完好无损。问题出在电化学池上（转步骤②）。

(b) 若响应不正确，说明仪器或导线有问题（转步骤③）。

② 重新连接电解池，但将参比电极引线和对电极引线连在一起接到 Pt 对电极，工作电极引线接工作电极。执行电势扫描。现在得到的响应应该类似于典型的伏安图，但电势位置偏移、能斯特响应变形。

(a) 得到此响应。问题在于参比电极（据作者经验，大多数电解池问题来自坏的参比电极）。检查确保电极盐桥没有堵塞且已浸入溶液，盐桥末端没有气泡堵塞，参比电极引线接触良好。如果没有这些问题，用一个准参比电极（如银丝）更换参比电极，观察是否正常得到伏安图。如果是，参比电极应更换。

(b) 未获得此响应。确保对电极和工作电极浸入溶液中，且内部电极导线完好无损（使用欧姆表检查导线和电极之间的导通性）。如果获得的响应基本满意的，但是波形被拉长了或者其他奇怪的情况，问题可能与工作电极的表面条件或结构有关（转步骤④）。

③ 断开仪器和电解池之间的导线，换用另一组导线，检查仪器连接、电解池连接、每条

（工作电极、参比电极、对电极）引线的每一段端是否导通。如果问题不在引线上，那么是仪器有故障，需要维修。

④ 问题可能出在工作电极表面。例如，可能有一层聚合物或吸附物部分阻碍或改变了电化学响应。固体电极可以用 0.05μm 三氧化二铝抛光，然后仔细清洗（有时用超声波清洗）来复新。Pt 电极可以电化学活化清洁，步骤是在 1mol/L H_2SO_4 中以 1Hz 循环进行双电势阶跃，两个电势分别是析氢电势和析氧电势，最后在阴极析氢电势结束。这个过程可能需要几个周期或几分钟，清洁后，最终应该产生类似于图 14.6.1 的 Pt 电极伏安图。

⑤ 工作电极或其连接可能存在不易觉察的问题。更早的实验贴士（5.9.1～5.9.2 节和 6.8.1 节）讨论过工作电极的构建、状态控制、验证。常见故障包括以下任何一种：

（a）金属-玻璃密封欠佳，留下暴露于溶液的间隙，导致基线倾斜。

（b）内部电极引线和实际工作电极（例如 Pt）之间接触不良，导致高电阻。

（c）在溶液和工作电极与内引线连接处之间玻璃过薄，导致高电容。这种连接通常是熔融、焊接或由银导电胶或伍德合金制成。

（d）工作电极引线无保护暴露于电解液，导致引线或焊接点中金属发生阳极溶解产生巨大电流。

（e）恒电势仪导线和电极或仪器之间接触不良，导致噪声过大。

（f）导线或电解池拾取的环境噪声通常为 50～60Hz。缩短引线并将电解池置于恰当接地的法拉第笼中[25]，可以纠正这个问题。

16.11 参考文献

1 B. Carter and T. R. Brown, "Handbook of Operational Amplifier Applications," Texas Instruments, Dallas, TX, 2016.

2 P. Horowitz and W. Hill, "The Art of Electronics," 3rd ed., Cambridge University Press, Cambridge, 2015, Chap. 4.

3 J. Huijsing, "Operational Amplifiers," 3rd ed., Springer, Dordrecht, New York, 2017.

4 W. Jung, Ed., "Op Amp Applications Handbook," Newnes/Elsevier, Burlington, MA, 2005.

5 P. T. Kissinger in "Laboratory Techniques in Electroanalytical Chemistry," 2nd ed., P. T. Kissinger and W. R. Heineman, Eds., Marcel Dekker, New York, 1996, Chap. 6.

6 H. Zumbahlen, Ed., "Linear Circuit Design Handbook," Newnes/Elsevier, Burlington, MA, 2008.

7 W. M. Schwarz and I. Shain, *Anal. Chem.*, **35**, 1770 (1963).

8 D. T. Napp, D. C. Johnson, and S. Bruckenstein, *Anal. Chem.*, **39**, 481 (1967).

9 B. Miller, *J. Electrochem. Soc.*, **116**, 1117 (1969).

10 P. He, J. P. Avery, and L. R. Faulkner, *Anal. Chem.*, **54**, 1313A (1982).

11 P. He and L. R. Faulkner, *J. Chem. Inf. Comput. Sci.*, **25**, 275 (1985).

12 P. He and L. R. Faulkner, *J. Electroanal. Chem.*, **224**, 277 (1987).

13 S. C. Creason, J. W. Hayes, and D. E. Smith, *J. Electroanal. Chem.*, **47**, 9 (1973).

14 D. E. Smith, *Crit. Rev. Anal. Chem.*, **2**, 247 (1971).

15 J. E. Harrar and C. L. Pomernacki, *Anal. Chem.*, **45**, 57 (1973).

16 D. Garreau and J.-M. Savéant, *J. Electroanal. Chem.*, **86**, 63 (1978).

17 D. Britz, *J. Electroanal. Chem.*, **88**, 309 (1978).

18 P. He and L. R. Faulkner, *Anal. Chem.*, **58**, 517 (1986).

19 D. K. Roe, in "Laboratory Techniques in Electroanalytical Chemistry," P. T. Kissinger and W. R. Heineman, Eds., Marcel Dekker, New York, 1996, Chap. 7.

20 Gamry Instruments, Technical Note, "Understanding iR Compensation," Gamry Instruments, Warminster, PA, 2010.

21 Princeton Applied Research, "Potential Error Correction (iR Compensation)," Technical Note 101, Princeton Applied Research, Oak Ridge, TN

22 R. Gao, M. A. Edwards, J. M. Harris, and H. S. White, *Curr. Opin. Electrochem.*, **22**, 170 (2020).

23 D. MacDougall and W. B. Crummett, *Anal. Chem.* **52**, 2242 (1980).

24 Keithley Instruments, "Low-Level Measurements Handbook," 7th ed., Tektronix, Beaverton, OR, 2016.

25 R. Morrison, "Grounding and Shielding Techniques in Instrumentation," Wiley, New York, 1967.

26 Gamry Instruments, "The Faraday Cage: What Is It? How Does It Work?," Gamry Instruments, Warminster, PA, 2010.

27 H. J. Huang, P. He, and L. R. Faulkner, *Anal. Chem.*, **58**, 2889 (1986).

28 J. Travis and J. Kring, "LabVIEW for Everyone," 3rd ed., Prentice Hall, Upper Saddle River, NJ, 2007.

29 D. O. Wipf and R. M. Wightman, *Anal. Chem.*, **60**, 2460 (1988).

30 C. Amatore, C. Lefrou, and F. Pfluger, *J. Electroanal. Chem.*, **270**, 43 (1989).

31 R. M. Wightman and D. O. Wipf, *Electroanal. Chem.*, **15**, 267 (1989).

32 R. M. Wightman and D. O. Wipf, *Acc. Chem. Res.*, **23**, 64, 1990.

33 C. Xu, "Fast Electrochemistry of Surface Monolayers on Ultramicroelectrodes," Ph.D. Thesis, University of Illinois at Urbana-Champaign, 1992.

34 C. Amatore in "Physical Electrochemistry—Principles, Methods, and Applications," I. Rubinstein, Ed., Marcel Dekker, New York, 1995, p. 191.

35 C. Amatore, E. Maisonhaute, and G. Simonneau, *J. Electroanal. Chem.*, **486**, 141 (2000).

36 C. Amatore, Y. Bouret, E. Maisonhaute, H. D. Abruña, and J. I. Goldsmith, *C.R. Chim.*, **6**, 99 (2003).

37 C. Amatore and E. Maisonhaute, *Anal. Chem.*, **77**, 303A (2005).

38 X.-S. Zhou, B. W. Mao, C. Amatore, R. G. Compton, J.-L. Marignier, M. Mostafavi, J.-F. Nierengarten, and E. Maisonhaute, *Chem. Commun.*, **52**, 251 (2016).

16.12　习题

16.1　考虑电压跟随器电路，输入导线反接使反馈回路接到了同相输入端，推导输出电压 e_o 与输入电压 e_i 关系公式。在任何条件下（例如任意频率），e_o 都有确定值吗？假设放大器处于平衡状态，而 e_i 突然正向变化到一个新定值，在有限时间内，e_o 对 e_i 的响应会达到一个新的平衡值吗？对常规的电压跟随器回答这些同样的问题。现在你是否清楚为什么反馈要接到反相输入端？

16.2　设计一个运算放大器电路，将两个输入信号之和积分。这里只用一个放大器。

16.3　假如你想要一台斜坡信号发生器。它能在任意点停止扫描并保持恒定输出，直到扫描重新恢复，应该如何设计这样的装置？

16.4　电流跟随器中，常常将一电容与反馈电阻并联，它的作用是什么？效果如何？

16.5　考虑一个类似于图 16.2.2 的电路，但用电容器 C_i 替代输入电阻 R_i。

（a）推导输出电压 e_o 与输入电压 e_i 的关系。

（b）假设你有一个输入信号，$e_i = 10\sin 2\pi(10)t + 0.1\sin 2\pi(60)t$，如果信息在 10Hz、噪声在 60Hz，$e_i$ 的信噪比是多少？

（c）使用该电路可改变信噪比到什么程度？

（d）使用积分器电路，计算这些信噪比数据。

16.6　讨论图 16.4.5 加法式恒电势仪。在加和点和升压器的输出端之间加一个电容，会有什么作用？通过加和点的电流讨论解释这一影响的机理。什么情况下这种接法会有用？

16.7　图 16.4.6 中放大器 I2 和 Z2 使 CF2 同相输入端的电压为 $e_2 - e_1$。CF2 的输出是什么？

16.8　对于图 16.7.1(a) 所示模拟电解池，C_d 正上方触点处的电压是 $-E$，其中 E 为工作电极相对于参比电极的“实际电势”。

（a）解释为什么实际电势是模拟电解池中这个点的电势。

（b）设计一个（假想的）实验安排，用于恒电势控制下通过电流的三电极电解池中“实际电势”的测量。

(c) 假设在阶跃前 C_d 不带电，对 e_{ref} 从 0V 到任意 e_{ref} 值的电势阶跃，推导图 16.7.1(a) 中模拟电解池的电流公式。

(d) 证明 $E=E_{appl}\ [1-e^{t/(R_u C_d)}]$。

16.9 对于图 16.7.1 (b) 所示的虚拟电解池，施加一个从 0V 到一个任意 e_{ref} 值的电势阶跃，推导校正电阻 R_u 压降后的参比电极和工作电极之间实际电势差 $-E$ 的公式。电解池时间常数还是控制实际电势上升的因素吗？

16.10 如果大电流负载下，图 16.4.5 中电流跟随器输出达到它的电压极限，工作电极的电势将会如何？假设该情况在电势阶跃期间发生。工作电极和参比电极之间真实电势差上升过程的影响因素是什么？

16.11 图 16.12.1 显示了另外一类恒电势仪的电路。解释它的工作原理。它基于的简单放大电路是什么？评价它相对于图 16.4.2 的简单电路和图 16.4.4 的加法式设计的优缺点。以此电路为基础，设计等效于图 16.4.5 的恒电势仪系统。

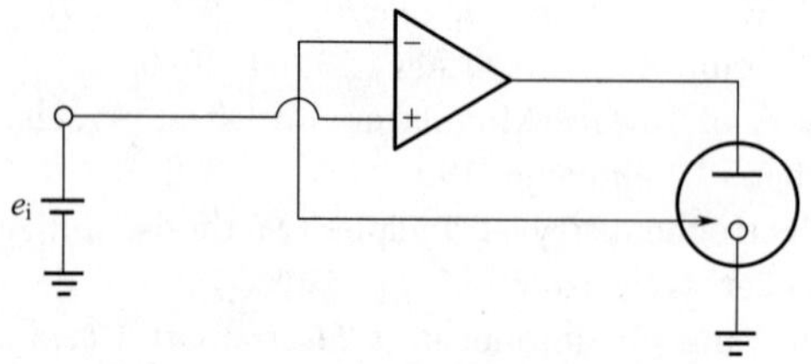

图 16.12.1 另一类恒电势仪电路

16.12 一个电解池和一个面积为 0.1cm^2 的工作电极，在无法拉第反应发生的电势区进行 50mV 电势阶跃，1.0ms 时电流为 30μA，3ms 时电流为 11μA。求未补偿电阻 R_u 和双电层电容 C_d。

16.13 当 1pA 电流流过 1μs，流过的电子数是多少？你认为这样的电流能被测量吗？

第 17 章　电活性层和修饰电极

在第 14 章，我们发现吸附物常参与到电极界面结构中，并在第 15 章了解到它们可以实现电催化。本章将关注限域在电极附近（包括吸附在电极表面）的氧化还原中心的电活性。这类体系有几种不同的制备方法，包括不可逆吸附法、单层共价键合法、聚合物或其他材料（有时包括 DNA、酶或完整细胞）膜涂覆电极法等。

类似这些的组装通常称为修饰电极（modified electrode），以强调人为的意图。事实上，它们通常是通过赋予电极不同于未修饰表面的性质来制备的，以使电极具有特定的功能。对修饰电极的兴趣主要基于潜在的应用，包括：

① 能量转换中重要的电催化反应，如甲醇氧化或氧气还原；

② 基于变色或发光膜的显示技术；

③ 保护金属防止腐蚀或化学侵蚀；

④ 常用于环境和临床的高特异性分析传感器；

⑤ 分子电子器件，如模拟二极管、晶体管和电子网络行为的电化学体系。

探讨修饰电极在有序体系的电子转移和传质基础研究方面也是有用的，并且已经为如何设计化学纳米结构来实现特定过程提供了宝贵的借鉴。

这是一个非常活跃的领域，即使是综述文献也包括整卷和数百篇单独的文章，这里仅引用了最详尽的综述和影响深远的源文献[1-17]。

尽管电极修饰通常包括在电极上覆膜，但也可以通过生成独立的活性位点来修饰表面，这一方法有时也称为图案化（decoration），对基于贵金属的实际电催化是十分重要的，也已用于单颗粒电化学研究中（第 19 章）。

进行修饰的平台被称为基底（substrate）❶，通常也是一种广泛用作未修饰电极的材料（如 Pt、Au、C 或 SnO_2）。选择的基底要有良好机械和化学稳定性，如果试图构造层状体系，一般选择平面的或圆柱形基底。对于侧重微观平整度的应用，可以采用 HOPG、金属单晶或云母上的金属镀膜。如果需要的是图案化体系，可不必苛求平整度。例如，大面积的碳常用于燃料电池电极上催化剂颗粒图案化的基底。

在本章的剩余部分，鉴于大多数概念和大部分实验均基于层状体系，我们将对其进行集中讨论，这些原理通常可适用非平面或图案化体系。

下面我们将电活性层的区域分为两部分。17.1～17.3 节集中在完全或部分单层（complete or partial monolayer），而 17.4～17.6 节关注更厚的层。其划分依据是层中氧化还原中心与层下方电极的交流方式：

① 在完全或部分单层中，每个氧化还原中心都与电极足够近，可发生直接电子转移，这一密切关系可以保证层的电解转化。整个结构或许包含多于一个单层，但仍然足够少，以保证全部氧化还原中心处于电极的隧穿范围内。

② 在一个通常从电极表面延伸数百甚至数千纳米的厚层中，尽管很少有氧化还原中心与电极足够近而发生直接联系，仍然可以观测到完全的电解转化，其多数一定经历了更复杂的过程，包括层中传质和电荷运动。

---

❶ 由 substratum 衍生而来，意思是“下一层”。遗憾的是，在修饰电极这一领域中，该词有两个不同的意思（17.5 节）。

17.1 电极上的单层和亚单层

在电极表面有5种生成完全单层或部分单层的方式，均依赖自发化学：

① 可逆吸附。将电极简单浸泡到待吸附的电活性物质（也许是O/R电对中的物质O）溶液中，等待体系达到平衡。鉴于该物质仍存在溶液中，其电化学响应（如CV中）常包括吸附的和溶解的电化学反应物两者特征，后面将介绍此类情况。在此类体系中，可以通过改变溶液浓度或改变平衡状态下电极电势来调节表面覆盖度（fractional surface coverage）θ。假设 $0\leqslant\theta\leqslant1$，$\theta$ 总是由吸附等温式控制，饱和单层（full monolayer）吸附时 $\theta=1$。

② 不可逆吸附。如果导致吸附的化学相互作用非常强，清洁的表面可以从稀溶液中不可逆吸附电活性吸附物。电极上吸附物在电极转移到一个空白的电解液中时可能仍然存在，甚至可承受反复的氧化还原循环。覆盖度（$0\leqslant\theta\leqslant1$）可以通过暴露于最初溶液的时间来改变。

③ 共价连接（covalent attachment）。通过将所需氧化还原中心共价键接到基底表面功能团，可以实现与基底表面更强且持久的结合。有机硅烷常用作键合试剂，最常用的氧化还原中心包括二茂铁、紫精和 $M(bpy)_3^{n+}$（M＝Ru、Os、Fe 和 Co），因为它们表现出容易检测的电化学反应。基于所涉及的化学过程，这种合成方法可以生成亚单层、单层或多层。

一个重要策略是借助金表面接触硫醇（RSH，基团R通常为烷基链）时形成的S—Au键[18]。多证据表明硫醇失去H原子，实际上形成了Au(Ⅰ)的巯化物AuSR❷。如果R为氧化还原中心，如二茂铁为尾基，氧化还原中心就会与表面永久结合。如果烷基链较长（例如C_{18}），相邻链之间的横向相互作用会形成规则结构，其中链与法线成一定角度平行伸展（图3.5.2和图17.6.5）。有序结构的自发形成称为自组装（self-assembly），因而前述的二维结构称为自组装单层（self-assembled monolayer，SAM）。

④ 转移膜。Langmuir-Blodgett（LB）膜天平上液/气界面形成的完整的电活性表面活性剂单层可转移到基底表面[21]。表面活性剂必须带有一个电活性的极性头基，如紫精[22]，外加一个疏水的尾基。LB法可进行连续转移，因此可以制备多层膜。

⑤ 欠电势沉积（underpotential deposition，UPD）。在电沉积可以容易地生成多层的体系中，如将某种金属电镀到另一种金属基底上（如Pt上镀Cu），或某种金属基底上形成氧化物、硫化物或卤化物层（如Ag上形成 Ag_2S），第一层与基底的结合可能比后续层间结合更牢固，在这种情况下，第一层更易电沉积，因此在欠电势下形成（15.6.3节）。如果在此区间仔细控制电势，沉积将在UPD层形成后停止，并且可以检测其性质。

17.2 吸附层的循环伏安法

由于CV是研究电极吸附层最通用的方法，本节将仅讨论CV。我们将发展通用的理论原理，然后考察不同行为案例，其响应与通常的CV响应一样，可用于诊断和参数的定量估算。

17.2.1 基本原理

如果O或R的任一个被吸附，一个基本过程 $O+e \rightleftharpoons R$ 的电化学响应常常发生显著变化。理论上出现了新的考虑因素，成为观测到的实验行为变化的基础：

① 吸附物 O_{ads} 和 R_{ads} 与其相应的溶解物 O_{soln} 和 R_{soln} 不同，它们处境不同、行为也不同。电极过程中的所有参与者必须按照其作用的要求在理论上进行确认和处理。

② 吸附位点数量有限，并且其上结合的吸附物连续不断地与电极密切交流。电子转移到

---

❷ 实验表明：硫醇层可在碱性醇溶液中通过电化学氧化吸附方法形成[19] $Au+RS^- \rightleftharpoons AuSR+e$ 这也可逆向产生还原脱附[20]。

（或出）吸附的电反应物的动力学与应用于未吸附溶解物的动力学不同。如果二者均具有电活性，则需要两组动力学参数（如 k^0，α）来描述体系。

③ 可能需要一个或多个吸附等温式，引入额外的参数，并且通常为数学非线性。

④ 可能需要一个关于电化学实验开始前达到吸附平衡程度的假设（即，形成新的电极表面后多久开始实验）。

只有吸附物参与电化学反应时，由于不涉及传质，处理通常很简单。当 O_{soln} 和 R_{soln} 也均为电活性时，尤其是当非均相动力学缓慢时，会出现更复杂情况。

我们发现，化学讨论中使用符号 O_{ads}、R_{ads}、O_{soln} 和 R_{soln} 很方便，但数学中需要不同性质的变量处理吸附物及相应溶质。O_{soln} 和 R_{soln} 一直分别表示三维浓度 $C_O(x,t)$ 和 $C_R(x,t)$（mol/cm^3），但对 O_{ads} 和 R_{ads} 来说，浓度是二维的，表示为 $\Gamma_O(t)$ 或 $\Gamma_R(t)$（mol/cm^2）。

多数推导始于传质方程、通用公式的初始和边界条件（4.5.2 节）。然而，电极表面的流量条件被改变，因为净反应可能涉及 O_{soln} 和 O_{ads} 两者的电解，生成 R_{soln} 和 R_{ads}，反之亦然。因此，流量平衡变为

$$\boxed{D_O\left[\frac{\partial C_O(x,t)}{\partial x}\right]_{x=0}-\frac{\partial \Gamma_O(t)}{\partial t}=-\left\{D_R\left[\frac{\partial C_R(x,t)}{\partial x}\right]_{x=0}-\frac{\partial \Gamma_R(t)}{\partial t}\right\}=\frac{i}{nFA}} \tag{17.2.1}$$

通常 O_{soln} 和 O_{ads} 假设参与一种等温式描述的吸附平衡，同样处理 R_{soln} 和 R_{ads}。假如为 Langmuir 等温式［14.5.3(1) 节］，

$$\Gamma_O(t)=\frac{\beta_O\Gamma_{O,s}C_O(0,t)}{1+\beta_O C_O(0,t)+\beta_R C_R(0,t)} \tag{17.2.2}$$

$$\Gamma_R(t)=\frac{\beta_R\Gamma_{R,s}C_R(0,t)}{1+\beta_O C_O(0,t)+\beta_R C_R(0,t)} \tag{17.2.3}$$

其中，β_O 和 β_R（cm^3/mol）是以浓度表达的等温式常数；$\Gamma_{O,s}$ 和 $\Gamma_{R,s}$ 是饱和表面浓度。

有时需要吸附物初始条件，例如，初始表面只有 O 存在，

$$\Gamma_O(0)=\Gamma^* \tag{17.2.4a}$$

$$\Gamma_R(0)=0 \tag{17.2.4b}$$

最后，加上限定所用电化学方法和电子转移动力学的条件，对此问题进行求解。这里，将解析推导一些简单的情况，更复杂情况需要模拟或其他类型的数值解（17.2.3 节）。

17.2.2　可逆吸附电对

假设电极反应是可逆的且只有 O_{ads} 和 O_{soln}[23-26]：

$$O_{ads}+ne \rightleftharpoons R_{ads}\quad (E^{0'}_{ads}) \tag{17.2.5}$$

由于是能斯特体系，式(17.2.5) 可以是一个多步骤机理，其中不止一个电子被转移。存在几种实际情况，电活性可能仅限于吸附物：

① 吸附很强，即使溶液浓度可忽略不计，也可以形成吸附层时。

② 式(17.2.5) 的吸附波电势移至 O_{soln} 的还原波电势之前时。这种情况很常见，其条件将在下面给出。

③ 扫描速率 v 很大以致 O_{soln} 和 R_{soln} 来不及明显扩散到电极表面时 $\{$即 $D_O[\partial C_O(0,t)/\partial x]_{x=0}\ll\partial\Gamma_O(t)/\partial t\}$。

在吸附波的电势范围内，假定表面 O 或 R 无明显扩散流量，那么，式(17.2.1) 变为

$$-\frac{\partial \Gamma_O(t)}{\partial t}=\frac{\partial \Gamma_R(t)}{\partial t}=\frac{i}{nFA} \tag{17.2.6}$$

表明 O_{ads} 还原生成 R_{ads}，无吸附/脱附。如果初始条件是式（17.2.4a,b)，则式(17.2.6) 要求

$$\Gamma_O(t)+\Gamma_R(t)=\Gamma^* \tag{17.2.7}$$

由式(17.2.2) 和式(17.2.3) 得

$$\frac{\Gamma_O(t)}{\Gamma_R(t)}=\frac{\beta_O\Gamma_{O,s}C_O(0,t)}{\beta_R\Gamma_{R,s}C_R(0,t)}=\frac{b_O C_O(0,t)}{b_R C_R(0,t)} \tag{17.2.8}$$

其中，$b_O=\beta_O\Gamma_{O,s}$，$b_R=\beta_R\Gamma_{R,s}$。由于是能斯特反应，那么

$$\frac{C_O(0,t)}{C_R(0,t)}=e^{nf(E-E^{0'})} \tag{17.2.9}$$

其中，$E^{0'}$适用于涉及的溶质氧化还原电对 O_{soln} 和 R_{soln}。合并式(17.2.9) 和式(17.2.8) 得到

$$\frac{\Gamma_O(t)}{\Gamma_R(t)}=\frac{b_O}{b_R}e^{nf(E-E^{0'})}=e^{nf(E-E^{0'}_{ads})} \tag{17.2.10}$$

其中

$$\boxed{E^{0'}_{ads}=E^{0'}-\frac{RT}{nF}\ln\frac{b_O}{b_R}} \tag{17.2.11}$$

由式(17.2.6) 和 LSV 的 $E=E_i-vt$ 得到

$$\frac{i}{nFA}=-\frac{\partial\Gamma_O(t)}{\partial t}=\left[\frac{\partial\Gamma_O(t)}{\partial E}\right]v \tag{17.2.12}$$

(1) 理想特征

i-E 曲线的方程式是通过求解式(17.2.7) 和式(17.2.10) 得到 $\Gamma_O(t)$，然后根据式(17.2.12) 对 E 进行微分得到的，结果是

$$\boxed{i=\pm\frac{n^2F^2vA\Gamma^*}{RT}\frac{e^{nf(E-E^{0'}_{ads})}}{\left[1+e^{nf(E-E^{0'}_{ads})}\right]^2}}\quad\begin{pmatrix}+\text{向负方向扫描}\\-\text{向正方向扫描}\end{pmatrix} \tag{17.2.13}$$

该方程式本质上和薄层池中 LSV 推导的式(12.6.19) 一样。这种相似性很容易理解：无论哪种情况，样品都会在无传质限制下完全转化。在薄层池中，有 VC^* (mol) 在电势扫描期间被电解，与电极表面上 $A\Gamma^*$ (mol) 相当，因此吸附体系的 i-E 曲线（图 17.2.1）与图 12.6.3 曲线的形状相同，其峰电流为

$$\boxed{i_p=\pm\frac{n^2F^2vA\Gamma^*}{4RT}}\quad\begin{pmatrix}+\text{向负方向扫描}\\-\text{向正方向扫描}\end{pmatrix} \tag{17.2.14}$$

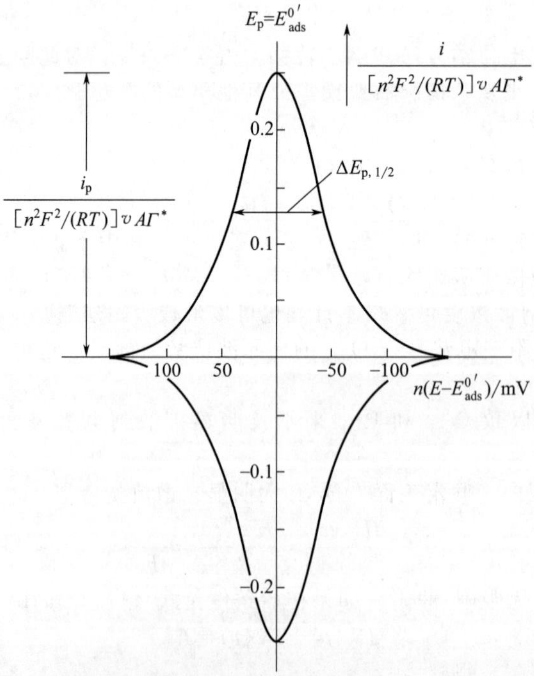

图 17.2.1 25℃下符合 Langmuir 吸附等温式的能斯特反应 $O_{ads}+ne \rightleftharpoons R_{ads}$ 循环伏安曲线

吸附波上每个点的电流，包括峰电流，与 v 成正比，这与扩散物能斯特波观察到的 $v^{1/2}$ 关系

形成鲜明对比。i 与 v 之间的正比性与纯电容电流所观察到的相同［例如，式(7.2.27)］，并且，这一特点导致吸附有时可作为电容项处理[25,27]。经过残余电流校正的还原峰面积，代表吸附层完全还原所需电量，$nFA\Gamma^*$。

上述推导是针对 LSV 向负方向扫描，O_{ads} 还原为 R_{ads} 形成还原峰的情况，然而，正扫给出形状位置一样的氧化峰，证明留给读者（习题 17.1）。两个峰的半峰宽均可由下式给出

$$\Delta E_{p,1/2}=3.53\frac{RT}{nF}=\frac{90.6}{n}\text{mV}\qquad(25℃)\tag{17.2.15}$$

吸附层的峰位置不同于薄层情况，对于后者，响应是关于 $E_p=E^{0'}$ 对称的；而这里，它是关于 $E_p=E^{0'}_{ads}$ 对称的。根据 5.3.2(3) 节讨论的稳定原理，E_p 相对于 $E^{0'}$ 的位置取决于 O 和 R 的相对吸附强度。如果 $b_O=b_R$，则 $E_p=E^{0'}$。如果 O 吸附较强（$b_O>b_R$），波向 $E^{0'}$ 偏负方向位移；如果 R 吸附较强（$b_R>b_O$），波出现在比 $E^{0'}$ 更正的电势下。

(2) 非理想行为

真实体系中观察到的波形取决于实际的等温式，并且很少显示图 17.2.1 中的理想波形。非理想行为过去已经根据吸附分子间相互作用进行了处理，这实际上导致结合强度随着吸附层表面覆盖度和组成而变化。例如，如果假设为 Frumkin 等温式[23,28-29]，则类似式(17.2.10) 的表达式为

$$\exp\left[\frac{nF}{RT}(E-E^{0'}_{ads})\right]=\frac{\theta_O}{\theta_R}\exp\left[2\nu\theta_O(a_{OR}-a_O)+2\nu\theta_R(a_R-a_{OR})\right]\tag{17.2.16}$$

式中，a_{OR}、a_O 和 a_R 分别为 O-R、O-O 和 R-R 相互作用参数（$a_j>0$ 为互相吸引，$a_j<0$ 为互相排斥）；$\theta_O=\Gamma_O/\Gamma_m$ 和 $\theta_R=\Gamma_R/\Gamma_m$ 分别是 O 和 R 表面覆盖分数，其中 Γ_m 是饱和浓度 $\Gamma_{O,s}$ 或 $\Gamma_{R,s}$ 中较大的一个；参数 ν 是每个 O 或 R 吸附在表面所置换的水分子数量。由式(17.2.16) 可以导出[26,30]

$$i=\frac{n^2F^2A\nu\Gamma^*}{RT}\left[\frac{f(1-f)}{1-2\nu g\theta_T f(1-f)}\right]\tag{17.2.17}$$

式中，$f=\theta_O/\theta_T$，$1-f=\theta_R/\theta_T$，$\theta_T=\theta_O+\theta_R$，$g=a_O+a_R-2a_{OR}$，$\Gamma^*=\Gamma_O+\Gamma_R$。这一结果中 i 相对于 E 的变化由 f 随 E 的变化决定，后者可由来自式(17.2.16) 的 θ_O 或 θ_R 形式求出。

基于式(17.2.17) 的 i-E 曲线由图 17.2.2(a) 给出。当相互作用参数 $\nu g\theta_T=0$ 时，适用 Langmuir 情况（图 17.2.1），半峰宽 $\Delta E_{p,1/2}=90.6/n$mV（$T=25℃$）。当 $\nu g\theta_T>0$ 时，$\Delta E_{p,1/2}<90.6/n$mV；相反，当 $\nu g\theta_T<0$ 时，$\Delta E_{p,1/2}>90.6/n$mV。图 17.2.2(b) 给出了实验伏安图与考虑相互作用参数的理论处理结果对比的例子。

方程式(17.2.16) 和式(17.2.17) 适用于 O 和 R 在膜内随机分布的情况。如果膜是结构化的［例如，利用 LB 技术沉积的有序单层膜］，则位点将有序分布，而且，需要一种统计力学方法来解释相互作用并求得 i-E 曲线[32]。对于结构化膜中的相互作用参数为负值时，即使只有单一的电极反应也会产生双波，而随机分布的膜只能产生单个变宽的波。

相互作用参数的使用总是经验性的，这些参数不是由涉及物质的基本性质来预测的，而是简单地进行调整以实现理论和观测的伏安波形的最佳匹配。

一种更基本的方法是基于对双电层电势分布的清楚论述，其随扫过波形的电极电势而变化[33-34]，即如图 17.2.3 所示的 Smith-White 模型概念，显示了不可逆吸附或共价结合的氧化还原中心位于距离电极表面 x_{PET} 的一个电子转移平面（plane of electron transfer，PET）上。PET 处的电势为 ϕ_{PET}。简单理论中，电子转移是由电势差（$\phi^M-\phi^S$，电极电势 E 的线性部分）驱动的。然而，实际的驱动力来自 $\phi^M-\phi^S-(\phi_{PET}-\phi^S)$，有效电势为 $E-(\phi_{PET}-\phi^S)$。由于 O 和 R 电荷不同，ϕ_{PET} 不仅仅是 E 的函数，还是膜的氧化态的函数，在接近 O/R 电对的电势 $E^{0'}$ 附近变化最快。

处理类似于 14.7.1 节，从中我们认识到扩散物在 OHP 发生反应，受到电势 ϕ_2 作用，因此有效电极电势为 $E-(\phi_2-\phi^S)$。双电层理论中，选择 ϕ 的范围使 $\phi^S=0$，因此有效电势简化为 $E-\phi_2$。在 14.7.1 节提出了 Frumkin 修正，以说明 ϕ_2 对溶解物电极动力学的影响。

目前情况下，同样选择 $\phi^S=0$，因此，有效电势简化为 $E-\phi_{PET}$。在可逆体系中，正如此时

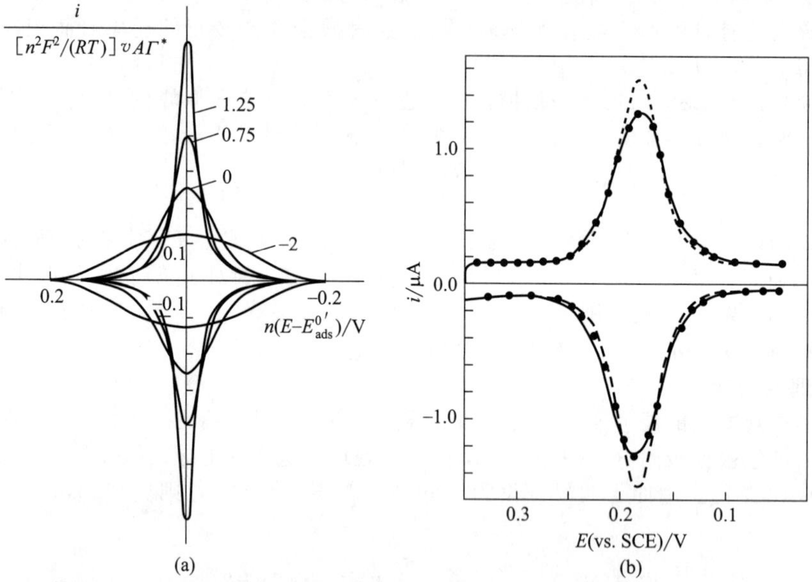

图 17.2.2 (a) 遵循 Frumkin 等温式的电活性层相互作用对 CV 峰形的影响，显示了每条曲线的 $\nu g\theta_T$ 值（改编自 Laviron[30]）。(b) 在 1mol/L $HClO_4$ 溶液中，石墨电极基面（basal-plane）上不可逆吸附的 9,10-菲醌还原和再氧化时的 CV，$A=0.2\text{cm}^2$，$\Gamma^*=1.9\times10^{-10}\text{mol/cm}^2$，$v=50\text{mV/s}$。—实验曲线；------ Langmuir 情形［式（17.2.13）］；·考虑非理想参数的 Langmuir 情形（引自 Brown 和 Anson[31]）

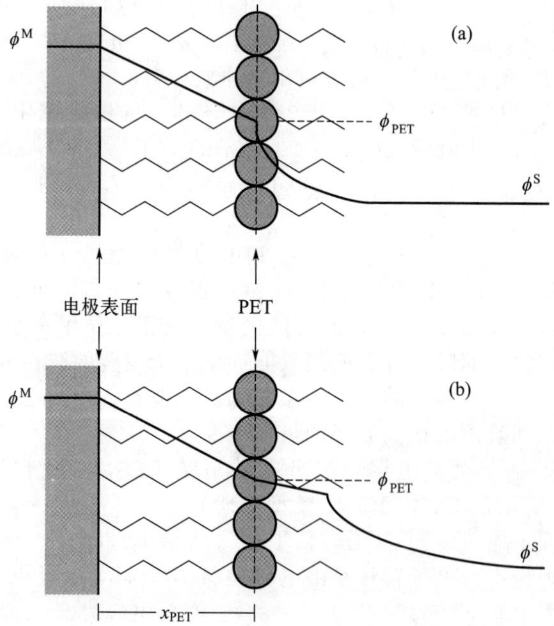

图 17.2.3 不可逆吸附或共价结合的氧化还原活性物质修饰的电极表面附近电势 ϕ 的分布图

黑实线是 ϕ 与电极表面距离 x 的关系曲线；氧化还原中心（带阴影圆圈）位于 PET，距离为 x_{PET}。锯齿形图案代表其间的电介质，例如烷基链接部分。图（a）中氧化还原中心直接与溶液接触；图（b）中则被额外电介质区与溶液隔开（引自 Smith 和 Whhite[33]）

考虑的，依据下式，有效电势决定了能斯特方程

$$E-\phi_{PET}=E^{0'}+\frac{RT}{nF}\ln\frac{\Gamma_O}{\Gamma_R} \tag{17.2.18}$$

通过假设一个特定的 O/R 比，可以由式(17.2.18) 计算出 $E-\phi_{PET}$。此外，利用 14.3 节提出的方法计算 ϕ_{PET} 是实用的。掌握了 $E-\phi_{PET}$ 和 ϕ_{PET} 数据，也就得到了假设的 O/R 比相应的 E 值。对一系列 O/R 比重复这一过程，确定 Γ_O/Γ_R-E，然后应用式(7.2.7) 和式(7.2.12) 得到预测的伏安图。

该方法明确说明了氧化还原分子的位置 x_{PET}、溶液和膜的介电常数、支持电解质的浓度和吸附物的表面浓度，预测了 CV 曲线的形状而无需可调节的相互作用参数。Smith-White 模型成功解释了各种特定情况下观测到的伏安行为，包括尾基为二茂铁的链烷基硫醇（SAM）[33] 和二茂铁链烷硫醇盐单层膜[35] 的峰电势偏移和峰变宽的特殊情况。通过将电荷离散性[36]、离子对[34,37]和慢电子转移[38] 对伏安波形的影响包括进来，扩展了这种静电处理。

横向相互作用本质上是化学的，例如，不同分子基团之间的强相互作用甚至成键也可发生在电活性表面层中，有时表面层甚至可以经历二维结构转变，如层内分子重新取向或凝聚成有序相，这一现象会导致伏安曲线不连续（通常是电流尖峰）。如图 17.2.4 所示的一例是 0.1mol/L HNO_3 溶液中汞电极上的蒽醌-2,6-二磺酸盐（2,6-AQDS，图 1）的强吸附层。该体系经历的电极反应是

$$\text{2,6-AQDS}+2H^{+}+2e \rightleftharpoons \text{2,6-DHADS} \tag{17.2.19}$$

其中，2,6-DHADS 是 9,10-二羟基蒽-2,6-二磺酸盐［图 1 和图 17.2.4(c)］。

在低 2,6-AQDS 本体浓度［图 17.2.4(a)］下，CV 仅体现吸附层响应且几乎为理想行为。负扫和正扫峰电势差只有 1mV，相应 $\Delta E_{p,1/2}$ 分别为 48mV 和 45.6mV，峰电流仅相差约 10%。在图 17.2.4(a) 的本体浓度下，等温式表明表面基本饱和。每个分子的表面积 σ 是 1.8nm^2 (180Å^2)，与分子在电极表面采取平躺的取向一致。

当 2,6-AQDS 本体浓度提高 100 倍时，吸附峰［图 17.2.4(b) 中 0.0V 附近］变得更复杂，在向负电势扫描中，如图 17.2.4(a) 所示开始起峰，但过峰后立刻出现一个非常窄的尖峰，尖峰后电流急速下降削掉了峰尾。这一行为仅出现在 2,6-AQDS 和 HNO_3 均为高浓度情况下，是重构产生新的二维相的标志[23]。如图 17.2.4(c) 所示，重构归结于[39] 还原物 2,6-DHADS 能通过氢键形成大的网状结构。虽然大量的观察与该假设一致，但结构凝聚或许与其他因素有关，包括分散层的组成和电荷排布，仅凭电化学证据不足以证实一个结构模型。

17.2.3　不可逆吸附电对

对于完全不可逆的单步骤单电子反应中被还原的 O_{ads}[23,25-26]，可以写为

$$O_{ads}+e\xrightarrow{k^0,\alpha}R_{ads}(E^{0'}_{ads}) \tag{17.2.20}$$

其中标准速率常数 k^0 的单位为 s^{-1}，朗格缪-能斯特型边界条件式(17.2.10) 随后被类似式(7.4.1) 的动力学条件取代，该动力学条件适用于 $O_{soln}+e\longrightarrow R_{soln}$：

$$\frac{i}{FA}=k_f\Gamma_O(t) \tag{17.2.21}$$

式(17.2.21) 中 k_f 仍按式(3.3.7a) 的形式给出。对于 LSV，$E=E_i-vt$，因此

$$k_f=k^0\exp[-\alpha f(E_i-E^{0'}_{ads})]e^{\alpha fvt}=k_{fi}e^{\alpha fvt} \tag{17.2.22}$$

式中，k_{fi} 是在 E_i 下的速率常数。将式(17.2.12)、式(17.2.21) 和式(17.2.22) 联立，得到

$$\frac{d\Gamma_O(t)}{dt}=-k_{fi}e^{\alpha fvt}\Gamma_O(t) \tag{17.2.23}$$

在 $\Gamma_O(0)=\Gamma^*$ 初始条件下求解式(17.2.23) 得到

$$\Gamma_O(t)=\Gamma^*e^{k_i/(\alpha fv)}e^{-k_f/(\alpha fv)} \tag{17.2.24}$$

如果在足够正的电势下开始扫描，使得 $k_{fi}\rightarrow 0$，那么 $\exp[k_{fi}/(\alpha fv)]\rightarrow 1$，可以得到 $\Gamma_O(t)$ 和 i-E 曲线二者的表达式：

$$\boxed{\Gamma_O(t)=\Gamma^*e^{-k_f/(\alpha fv)}} \tag{17.2.25a}$$

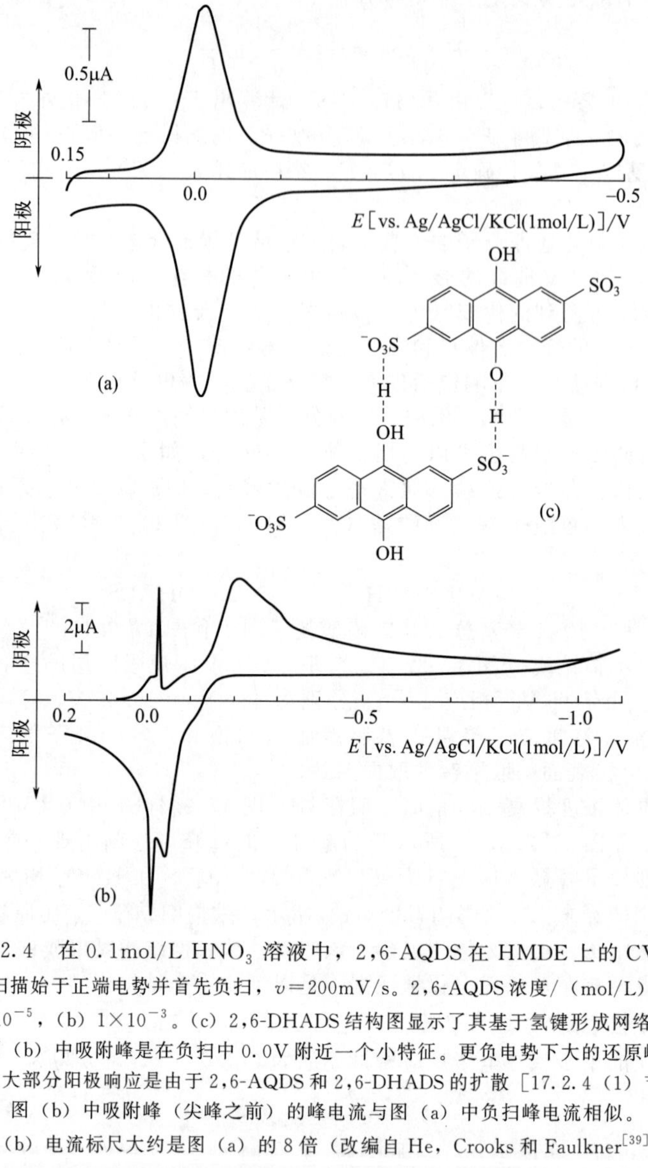

图 17.2.4 在 0.1mol/L HNO_3 溶液中，2,6-AQDS 在 HMDE 上的 CV 曲线

扫描始于正端电势并首先负扫，v=200mV/s。2,6-AQDS 浓度/（mol/L）：

(a) 1×10^{-5}，(b) 1×10^{-3}。(c) 2,6-DHADS 结构图显示了其基于氢键形成网络的能力。

图 (b) 中吸附峰是在负扫中 0.0V 附近一个小特征。更负电势下大的还原峰

以及大部分阳极响应是由于 2,6-AQDS 和 2,6-DHADS 的扩散［17.2.4 (1) 节］。

图 (b) 中吸附峰（尖峰之前）的峰电流与图 (a) 中负扫峰电流相似。

图 (b) 电流标尺大约是图 (a) 的 8 倍（改编自 He，Crooks 和 Faulkner[39]）

$$\boxed{i=FAk_{\mathrm{f}}\Gamma^{*}\mathrm{e}^{-k_{\mathrm{f}}/(\alpha fv)}} \tag{17.2.25b}$$

根据式(17.2.22)，取代 k_{f} 就可得到电流对电势的依赖关系。

还原峰形状无量纲地显示在图 17.2.5(a)，其主要特性很容易从式(17.2.25b) 中导出：

$$\boxed{i_{\mathrm{p}}=\frac{\alpha F^{2}Av\Gamma^{*}}{2.718RT}} \tag{17.2.26}$$

$$\boxed{E_{\mathrm{p}}=E_{\mathrm{ads}}^{0'}+\frac{RT}{\alpha F}\ln\left(\frac{RT}{\alpha F}\frac{k^{0}}{v}\right)} \tag{17.2.27}$$

$$\Delta E_{\mathrm{p},1/2}=2.44\,\frac{RT}{\alpha F}\quad(62.5/\alpha\,\mathrm{mV},25℃) \tag{17.2.28}$$

i_{p} 同样与 v 成正比，但波是不对称的，并向负偏离可逆峰电势 $E_{\mathrm{ads}}^{0'}$ 值。峰宽与 α 有关，但与 k^{0} 和 v 均无关，实例见图 17.2.5(b)。

对于准可逆单步骤单电子反应的处理，遵循上述采用的方法，但是，必须包括逆反应［通过

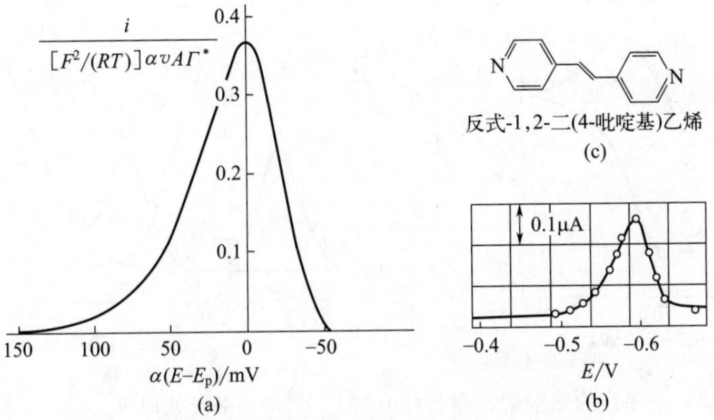

图 17.2.5　O_{ads} 不可逆还原体系的 LSV

(a) 来自式(17.2.23) 的理论曲线；(b) 在 0.05mol/L H_2SO_4 溶液中滴汞电极（$A=0.017cm^2$）上的实验结果，$v=100mV/s$；(c) 图 (b) 中的吸附物（溶液浓度为 5μmol/L）。图 (b) 数据点是通过取该反应 $n=2$ 作为单电子决速第一步（$\alpha=0.6$）计算的［3.7.5 (1) 节］（改编自 Laviron[26]）

式(3.2.8)］及 O 和 R 的吸附等温式。已经讨论了这种情况以及电子转移反应与耦合化学反应相关的变量[23,25,40-41]。此外，已详细阐述了 Smith-White 模型［17.2.2(2) 节］，以允许处理准可逆体系中离子对和双电层效应。

17.2.4　涉及吸附物和溶质的能斯特过程

当电极过程涉及部分或全部 O_{ads}、R_{ads}、O_{soln} 和 R_{soln} 时，理论处理需要用到全流量方程式(17.2.1)，以及吸附等温式、通用扩散方程和 17.2.1 节讨论的初始及半无限边界条件。由于必须采用涉及传质的偏微分方程，因此数学处理更加复杂。这里通过仅考虑其中电化学反应物 O 或电化学产物 R 被吸附而不是两者均被吸附时的能斯特体系来简化[42]。

(1) 产物 (R) 强吸附

在此情形下，$\beta_O \to 0$ 而 β_R 相当大（即 $\beta C_O^* \geqslant 100$）。初始时，$C_O(x,0)=C_O^*$，$C_R(x,0)=0$，$\Gamma_R^*=0$。要解的方程是：

① O 和 R 的扩散方程式；

② 流量方程式(17.2.1)；

③ 物质 R 的吸附等温式(17.2.3)；

④ 定义能斯特动力学的方程式(17.2.9)。

假设吸附平衡总是适用的，数学计算通常遵循 17.2.1 节中描述的过程。依据下式，最初的处理[42] 考虑到了 β_R 随电势变化的可能性，

$$\beta_R=\beta_R^0 e^{\sigma_R nf(E-E_{1/2})} \tag{17.2.29}$$

式中，σ_R 是定义变量的一个参数。$\sigma_R=0$ 意味着 β_R 与 E 无关。

图 17.2.6(a) 中的 CV 出现一个前波（prewave）［或前峰（prepeak）］，具有 17.2.2 节描述的形状和性质，表明 O_{soln} 还原形成 R_{ads} 层，

$$O_{soln}+ne \rightleftharpoons R_{ads} \quad (E^{0'}_{s/ads}) \tag{17.2.30}$$

由于 R 的吸附自由能，使 O_{soln} 还原为 R_{ads} 比还原为 R_{soln} 更容易，因此负方向扫描中前波出现在比扩散控制的波电势 $E^{0'}$ 更正的电势下，然后才是 O_{soln}/R_{soln} 响应，

$$O_{soln}+ne \rightleftharpoons R_{soln} \quad (E^{0'}) \tag{17.2.31}$$

虽然后者在很大程度上是在无吸附情况下观察到的，但会受到负方向扫描初期 O_{soln} 还原为 R_{ads} 引起的物质 O 贫乏的干扰。β_R 越大表明形成 R_{ads} 自由能越负，且表现为前峰相对于扩散峰的正位移更大［图 17.2.6(b)］。

刚刚描述的情形类似于图 17.2.4(b) 中所示的 2,6-AQDS/2,6-DHADS 体系在高本体浓度下的情况，但存在两个重要的差异。首先，2,6-AQDS/2,6-DHADS 扩散的电子转移动力学是准可

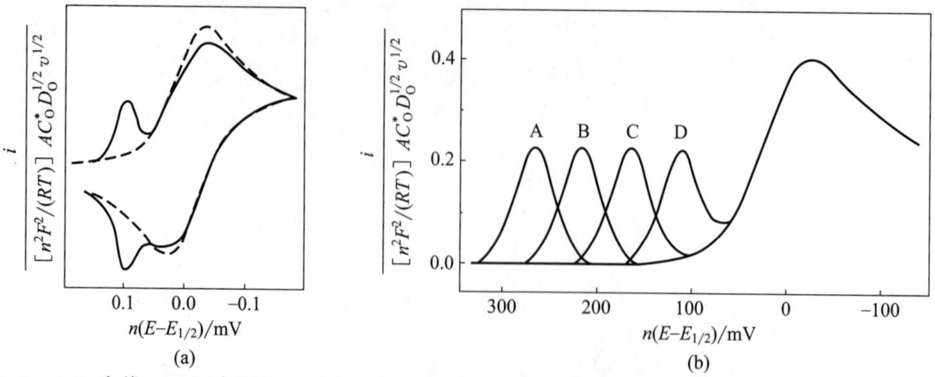

图 17.2.6 (a) 实线：还原产物强吸附出现前峰时的 CV，由正端开始向负扫描；虚线：不存在吸附时的行为。(b) 产物强吸附时还原的 LSV。吸附能随 β_R^0 [无量纲表达为 $4\Gamma_{R,s}\beta_R^0(nfv)^{1/2}/(\pi D_R)^{1/2}$] 增加，该参数值分别为 2.5×10^6（曲线 A）、2.5×10^5（曲线 B）、2.5×10^4（曲线 C）和 2.5×10^3（曲线 D）。$C_O^*(\pi D_O)^{1/2}/[4\Gamma_{R,s}(nfv)^{1/2}]=1$，$\sigma_R f=0.05\text{mV}^{-1}$（引自 Wopschall 和 Shain[42]）

逆的，因此相应的负扫和正扫 CV 峰存在显著的分离。这种效应导致正扫扩散峰叠加在正扫吸附峰之上，因此后者无法区分。对图 17.2.4(a) 来说，本体浓度太低，无法看到扩散峰；其次，2,6-AQDS/2,6-DHADS 体系中 O 和 R 均被吸附，但 R 吸附明显更强。前锋的存在取决于 R 的更强结合，而不是缺乏 O 的结合。

现在回到本节处理的完全可逆情形，注意到前峰电流 $i_{p,ads}$ 随 v 增大 [17.2.2(1) 节]，而扩散波的峰电流 $i_{p,d}$ 随 $v^{1/2}$ 变化，所以 $i_{p,ads}/i_{p,d}$ 随 v 增大而增大 [图 17.2.7(a)]。对于非常低的本体浓度，只能观察到前峰（假设吸附了大量的 R）。当 C_O^* 增大时，Γ_R 也提高，因此前峰和扩散波均增高。然而，当 Γ_R 接近 $\Gamma_{R,s}$ 时，$i_{p,ads}$ 达到极限值，$i_{p,ads}/i_{p,d}$ 开始随 C_O^* 的提高而减小 [图 17.2.7(b)]，因为扩散峰仍然随 C_O^* 增加而增加，但吸附峰没有。

如果 β_R 根据式(17.2.29) 是电势的函数，前峰的宽度 $\Delta E_{p,1/2}$ 随 σ_R 变化。当 $\sigma_R f=0\text{mV}^{-1}$ 时，$\Delta E_{p,1/2}=90.6/n\text{mV}$（17.2.2 节）。然而，当 $\sigma_R f=0.4\text{mV}^{-1}$ 时，前锋的峰宽变得很窄，为 $7.5/n\text{mV}$。

参考文献 [42] 中给出了有关理论和数据处理的详细信息。

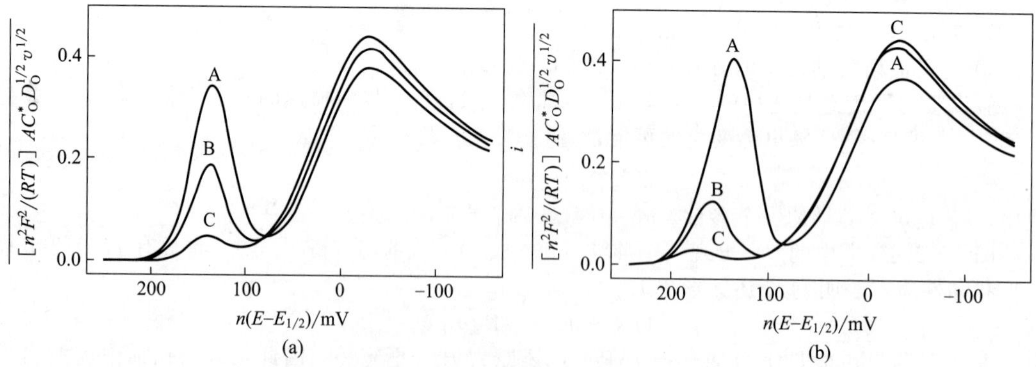

图 17.2.7 产物强吸附时的 LSV

(a) v 和 $\Gamma_{R,s}$ 的影响。这些变量表示为无量纲 $4\Gamma_{R,s}v^{1/2}(nf)^{1/2}/[C_O^*(\pi D_O)^{1/2}]$值，分别为 1.6（曲线 A）、0.8（曲线 B）、0.2（曲线 C）。除了扫速 v，所有参数均不变，相对扫速为 64 : 16 : 1，$\sigma_R f=0.05\text{mV}^{-1}$，$\beta_R^0 C_O^*(D_O/D_R)^{1/2}=2.5\times10^5$。(b) C_O^* 的影响，C_O^* 表达为 $C_O^*(\pi D_O)^{1/2}/[4\Gamma_{R,s}\beta_R^0(nfv)^{1/2}]$，其值分别为 0.5（曲线 A）、2.0（曲线 B）、8.0（曲线 C），$\sigma_R f=0.05\text{mV}^{-1}$，$4\Gamma_{R,s}\beta_R^0(nfv)^{1/2}/(\pi D_R)^{1/2}=1.0\times10^6$（引自 Wopschall 和 Shain[42]）

(2) 反应物 (O) 强吸附

现在考察相反情形，其中 O 被吸附，但 R 不吸附（$\beta_O C_O^* \geqslant 100$；$\beta_R \rightarrow 0$），

$$O_{ads} + ne \rightleftharpoons R_{soln} \quad (E_{ads/s}^{0'}) \tag{17.2.32}$$

负扫时的结果是扩散控制的 O_{soln} 还原为 R_{soln} 的峰［反应式(17.2.31)］之后形成后波（postwave）［或后峰（postpeak）］（图 17.2.8）。$E_{ads/s}^{0'}$ 相对于 $E^{0'}$ 的负移，反映了 O_{ads} 比 O_{soln} 稳定。负扫中，如果扫描开始前已经建立了吸附平衡并且溶液已经均匀，则扩散波不受 O 吸附的影响，正扫时扩散波仅略受干扰。溶解 O 的还原可以通过吸附膜或裸露表面的媒介发生反应。后峰呈典型的钟形以及具有 17.2.2 节和 17.2.4(1) 节中讨论的吸附波的其他性质。

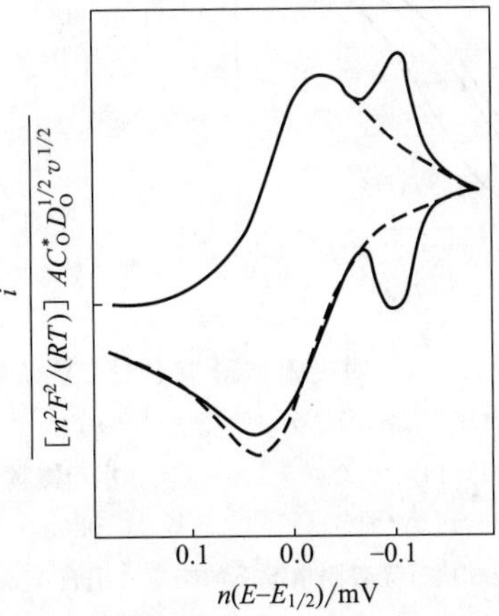

图 17.2.8 实线：反应物 O 强吸附出现后峰时的 CV，扫描首先由正端向负；虚线：为无吸附时行为（引自 Wopschall 和 Shain[42]）

我们可以再回到图 17.2.4(b) 作为一个例子，只需将 CV 视为初始扫描由负端向正移动。在正扫的长时间初始阶段，体系形成了一个急剧缩小的扩散层，对于 CV 的目的来讲，与 2,6-DHADS 本体溶液几乎没有什么不同。相对于初始氧化过程，吸附波是后峰，因为“初始反应物”2,6-HADS 比“初始产物”2,6-AQDS 吸附更强。

(3) 反应物 (O) 弱吸附

在 O 弱吸附情形下（$\beta_O C_O^* \leqslant 2$；$\beta_R \rightarrow 0$），吸附 O 和溶解 O 的还原能量差很小，观察不到单独的后波［图 17.2.9(a)］。与无吸附情况预期相比，由于 O_{ads} 和 O_{slon} 两者均对电流有贡献，故其主要效果是使阴极峰高度增加。正扫的阳极电流也增加了，但幅度较小，这只是因为在扫描反向时电极附近 R 的量比较大。

与 O 的强吸附情形一样，在更大的扫描速率下，O_{ads} 的相对贡献在负扫中增加［图 17.2.10(a)］。在很高的 v 的极限下，i_{pf} 接近于同 v 成正比；而在很低的 v 下，$i_{pf} \propto v^{1/2}$（见习题 17.3）。反比 $|i_{pr}/i_{pf}|$ 是 v 的函数，并且小于 1［图 17.2.10(b)］。与强吸附一样，C_O^* 较大时，吸附作用的相对贡献降低。

(4) 产物 (R) 弱吸附

当 R 弱吸附时（$\beta_O \rightarrow 0$；$\beta_R C_O^* \leqslant 2$），CV 中负扫的阴极电流仅略受影响，而正扫的阳极电流则增强［图 17.2.9(b)］。负扫的阴极波随 v 的提高其电势稍向正移，说明由于吸附导致电极表面附近 R_{soln} 减少。当 R 参与随后反应时（例如 E_rC_i 情形，13.3.1 节），可观察到类似 E_{pc} 正移的效应。反比 $|i_{pr}/i_{pf}|$ 大于 1，并且随 v 的降低而减小［图 17.2.10(b)］。

17.2.5 更复杂体系

CV 中吸附影响通常涉及无法用 17.2.2～17.2.4 节用到的方法解决的因素。其中包括：

① 当扩散物电活性也很显著时 O 和 R 均吸附；

② 任何或所有电极反应涉及准可逆或完全不可逆异相动力学；

③ 吸附层中的横向相互作用需要更复杂的等温式；

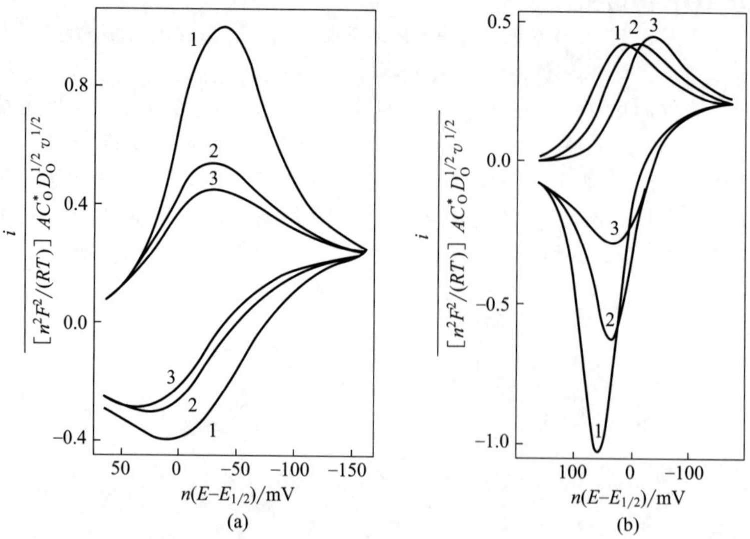

图 17.2.9　弱吸附情形下 v 对 CV 的影响

(a) 反应物弱吸附（$\beta_O C_O^*=0.01$），扫速无量纲表达为 $4\Gamma_{O,s}\beta_O v^{1/2}(nf)^{1/2}/(\pi D_O)^{1/2}$，其值分别为 5.0（曲线 1）、1.0（曲线 2）和 0.1（曲线 3），相对扫速为 2500：100：1；(b) 产物弱吸附（$\beta_R C_O^*=0.01$），扫速表达为 $4\Gamma_{R,s}\beta_R v^{1/2}(nf)^{1/2}/(\pi D_R)^{1/2}$，其值分别为 20（曲线 1）、5（曲线 2）和 0.1（曲线 3），相对扫速为 4×10^4：2500：1。在每种情形下，曲线 3 接近无吸附情况下的响应（引自 Wopschall 和 Shain[42]）

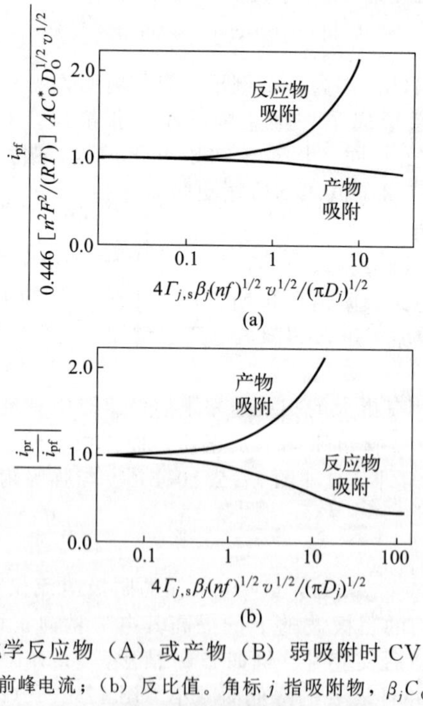

图 17.2.10　当电化学反应物（A）或产物（B）弱吸附时 CV 的随扫速变化行为

(a) 向前峰电流；(b) 反比值。角标 j 指吸附物，$\beta_j C_O^*=1$。

对于图 (b)，在 $E_{1/2}$-180/nmV 时开始反向扫描（即正扫）（改编自 Wopschall 和 Shain[42]）

④ 吸附速率控制的动力学；

⑤ 涉及吸附物的氧化还原过程耦合均相化学或其他表面化学。

更复杂的问题通常必须用数值方法来解决。如果电极过程涉及扩散物[43]，则模拟适用，并且一些商业电化学模拟器具有内置选项，用于容纳上述所列的项目。如果由于只有吸附物参与电极过程而不涉及传质，则可以使用其他数值方法来预测响应。

对比模拟（例如，13.2.5 节和 13.3.9 节）是根据实际 CV 结果评估参数的最可靠方法。然而，读者被事先告知，所提出的涉及吸附和扩散物的机理比仅基于扩散物的机理涉及更多的参数。参数的数量很容易超过评估的实际数量（13.3.9 节）。在这种情况下，研究人员必须简化模型或找到独立的方法来评估某些参数。

17.2.6　电场驱动的吸附层酸-碱化学

电极表面静电学一个有趣的结果是，可以观察到与不可逆吸附层中酸性基团的可逆离解相关的伏安峰。这种行为是可由带有弱酸或弱碱单层电极的双电层静电学预测的[44]，随后进行了实验验证[45]。

基本思想如图 17.2.11 所示，该图描述了由 11-巯基十一烷酸[$HS(CH_2)_{10}COOH$]和 1-癸硫醇[$HS(CH_2)_9CH_3$]构成的混合 SAM。在水溶液中，混合 SAM 中的两种分子在适中的电势窗口内（−1～1V）均不显示法拉第化学反应。然而，膜的电荷状态可能会改变，因为—COOH 离解的程度取决于双电层的静电分布。在某些实验条件下，这种电场驱动的酸-碱化学产生了可逆的伏安响应，类似于吸附的氧化还原分子的法拉第行为。

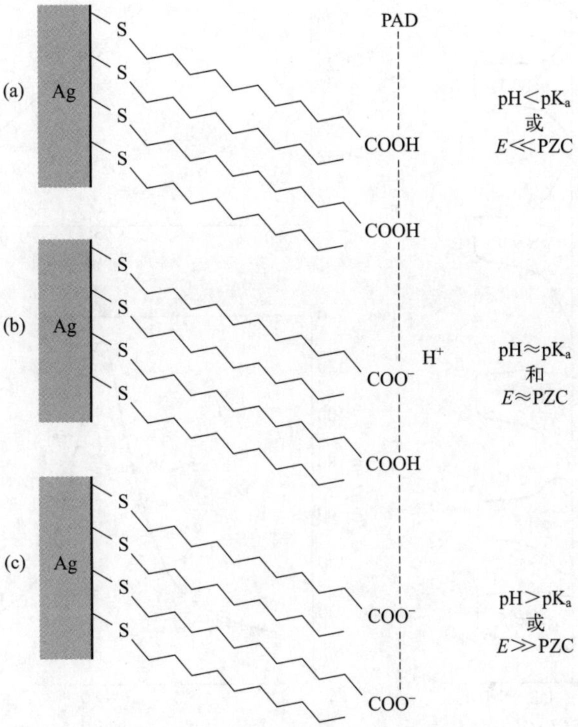

图 17.2.11　Ag(111) 表面 11-巯基十一烷酸［$HS(CH_2)_{10}COOH$］和 1-癸硫醇［$HS(CH_2)_9CH_3$］混合单层膜上电场驱动的酸-碱化学

（a）完全质子化层；（b）部分去质子化层；（c）完全去质子化层（改编自 White，Peterson，Cui 和 Stevenson[45]）

最令人感兴趣的情形是，本体溶液的 pH 接近结合酸的 pK_a，并且电极电势离 PZC 不远［图 17.2.11(b)］。在这些条件下，酸被部分离子化的程度不仅受 pH 控制，还受电极电势控制。后一种效应是由于双电层中酸离解平面（plane of acid dissociation，PAD）的静电场，$E=-\partial\phi/\partial x$，而产生的。当电极变得更正时，电场倾向于增加离解的分数，反之亦然。因此，PAD 处的电荷密度变得依赖于电势，这意味与该效应不起作用的情形相比，界面电容更大。

图 17.2.11(a) 所示情形下，行为则有所不同。两个条件中的任何一个都适用：溶液 pH 远低于 pK_a，或者电势比 PZC 负得多。在低 pH 下，酸被完全质子化；或者，如果电势非常负，即使在较高的 pH 下，PAD 处的电场也会抑制酸的离解。在任何一种情况下，电势的微小变化均

不会影响膜的电荷状态，因此界面电容较小，并且不随电势变化。

图 17.2.11(c) 中的情况与图 17.2.11(a) 中的情形相反，pH 远高于 pK_a，或者电势比 PZC 正得多。在任何一种情况下，酸性基团基本上都是完全离解的。

当在此体系中进行 CV 时，只有充电电流。在相对于 pK_a 高或低的 pH 下，PZC 附近的界面电容不会随电势变化太大，因为质子化状态是不变的。因此，CV 在两个扫描方向上都应该是平坦的。然而，在接近 pK_a 的 pH 下，行为应该不同，因为膜是部分离解的，并且离解度是电势依赖性的。界面电容在相对于 PZC 附近的电势具有最大值，因此，循环伏安法应该显示在两个扫描方向上近似相同电势下的峰值充电电流。确切地说，这种行为在混合 SAM 的实验中得到了证实[45]，如图 17.2.11 所示。这些影响的说明如图 17.2.12(a) 所示，该图涉及 11-巯基十一烷基羧酸的纯 SAM[46]。

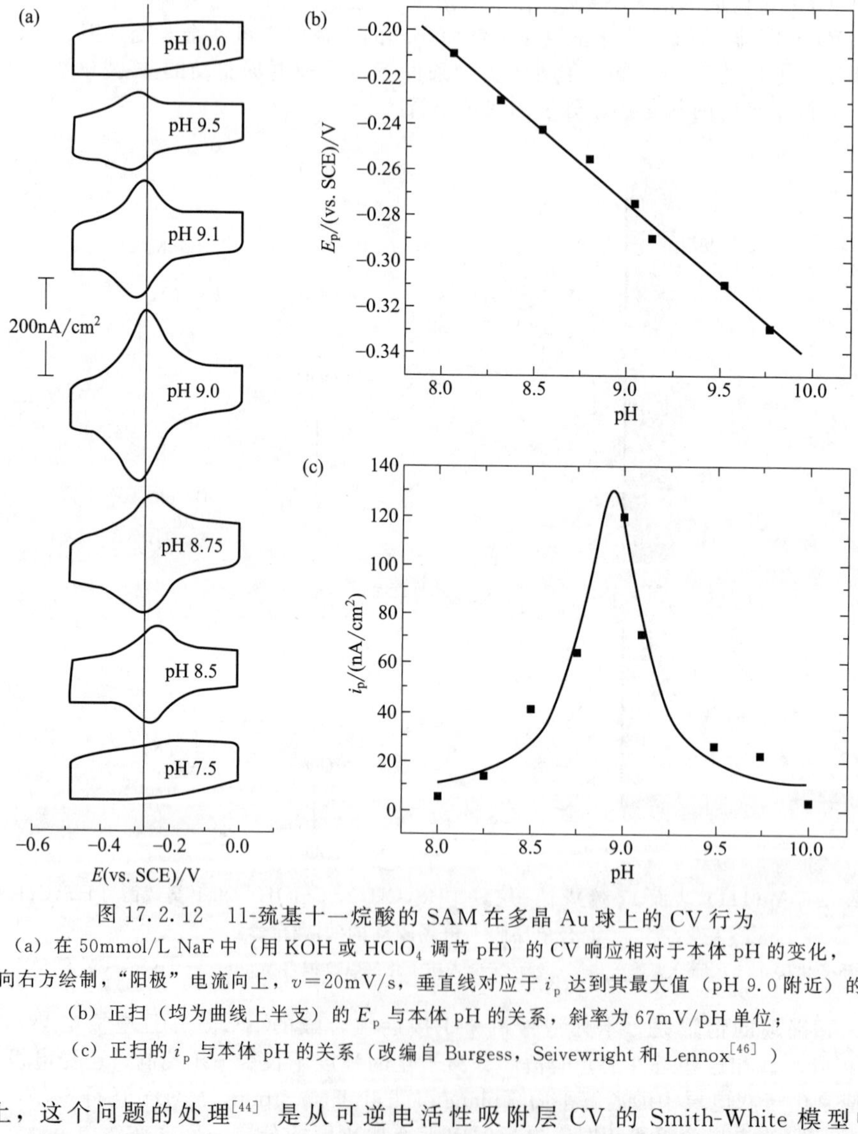

图 17.2.12　11-巯基十一烷酸的 SAM 在多晶 Au 球上的 CV 行为

(a) 在 50mmol/L NaF 中（用 KOH 或 $HClO_4$ 调节 pH）的 CV 响应相对于本体 pH 的变化，正电势向右方绘制，"阳极"电流向上，$v=20mV/s$，垂直线对应于 i_p 达到其最大值（pH 9.0 附近）的电势；

(b) 正扫（均为曲线上半支）的 E_p 与本体 pH 的关系，斜率为 67mV/pH 单位；

(c) 正扫的 i_p 与本体 pH 的关系（改编自 Burgess，Seivewright 和 Lennox[46]）

实际上，这个问题的处理[44] 是从可逆电活性吸附层 CV 的 Smith-White 模型中得出的 [17.2.2(2) 节]。假设快速质子化/去质子化，离解度 $f=\Gamma_{A^-}/(\Gamma_{HA}+\Gamma_{A^-})$ 由下式给出

$$\lg\frac{f}{1-f}=pH-pK_a^{PAD}+\frac{F(\phi_{PAD}-\phi^S)}{2.303RT} \tag{17.2.33}$$

其中，下标 HA 和 A^- 分别涉及质子化和去质子化形式；ϕ_{PAD} 和 ϕ^S 分别是在 PAD 和本体溶液中

的电势。该 pK_a 被特别指出适用于 PAD，并且可能与本体水溶液中的值不同。公式(17.2.33)包含了上述定性概述的所有行为。

这一重要关系是通过假设在 PAD 处的酸碱反应平衡以及在 PAD 处和本体溶液中 H^+ 之间的平衡得出的。这两个条件，用电化学势表示（2.2.4 节），变为

$$\bar{\mu}_{HA}^{PAD}=\bar{\mu}_{A^-}^{PAD}+\bar{\mu}_{H^+}^{PAD} \tag{17.2.34}$$

$$\bar{\mu}_{H^+}^{PAD}=\bar{\mu}_{H^+}^{S} \tag{17.2.35}$$

将式(17.2.35) 代入式(17.2.34)，然后扩展电化学势（2.2.4 节）给出

$$\mu_{HA}^{0PAD}+RT\ln a_{HA}^{PAD}=\mu_{A^-}^{0PAD}+RT\ln a_{A^-}^{PAD}-F\phi_{PAD}+\mu_{H^+}^{0S}+RT\ln a_{H^+}^{S}+F\phi^{S} \tag{17.2.36}$$

在 PAD 处，酸离解常数 K_a^{PAD} 由下式给出

$$-RT\ln K_a^{PAD}=\mu_{A^-}^{0PAD}+\mu_{H^+}^{0PAD}-\mu_{HA}^{0PAD} \tag{17.2.37}$$

其中右侧为 HA 在 PAD 处离解的 ΔG^0。通过重排式(17.2.37) 和替换式(17.2.36) 中的 $\mu_{A^-}^{0PAD}-\mu_{HA}^{0PAD}$ 可得

$$-RT\ln\frac{a_{A^-}^{PAD}}{a_{HA}^{PAD}}=-RT\ln K_a^{PAD}+RT\ln a_{H^+}^{S}-F(\phi_{PAD}-\phi^{S})-(\mu_{H^+}^{0PAD}-\mu_{H^+}^{0S}) \tag{17.2.38}$$

认识到 $a_{A^-}^{PAD}/a_{HA}^{PAD}\approx f/(1-f)$ 并转换为常用对数，式(17.2.38) 变为

$$\lg\frac{f}{1-f}=\mathrm{pH}-\mathrm{p}K_a^{PAD}+\frac{F(\phi_{PAD}-\phi^{S})}{2.303RT}+\frac{\mu_{H^+}^{0PAD}-\mu_{H^+}^{0S}}{2.303RT} \tag{17.2.39}$$

在 PAD 处，H^+ 的溶剂化环境基本上与溶液中的环境相同，因此，我们可以假设 $\mu_{H^+}^{0PAD}\cong\mu_{H^+}^{0S}$，那么由式(17.2.39) 得出式(17.2.33)。

与酸-碱化学相关的伏安电流是随着电势的变化而对电极充电的结果。它可以表示为

$$i=C_T v \tag{17.2.40}$$

其中，C_T 是总界面电容。

C_T 的解析表达式可以根据等效电路获得，该等效电路由并联的 Helmholtz 电容❸和基于电势依赖的去质子化和质子化速率的复阻抗组成。阻抗模型对酸碱伏安图的一般形状以及 i_p 对 pH 的依赖性进行了很好的预测[46]。

通常，当膜是半离解的并且 $f/(1-f)$ 比近似为 1 时，PAD 处的净电荷密度随电势或 pH 的变化率最高。因此，当 $\lg[f/(1-f)]=0$，或当

$$\mathrm{pH}=\mathrm{p}K_a^{PAD}-\frac{F(\phi_{PAD}-\phi^{S})}{2.303RT} \tag{17.2.41}$$

时，C_T 和伏安响应随着 pH 值应近似达到最大值。如果第二项很小［如在 PZC 附近预期的那样（14.3 节）］，则应在酸的 pK_a^{PAD} 附近出现对 pH 的最大伏安响应。图 17.2.12(c) 证实了峰值 pH 的定性预测，并表明 pK_a^{PAD} 约为 8.9。对于图 17.2.11 的混合 SAM[45]，峰值在 pH 8.5 附近。这两项研究之间的一致性很好，但所示的 pK_a^{PAD} 比水中脂肪酸的 pK_a 值高约 4 个单位。这种差异归因于羧基在 PAD 处遇到的极性较小的环境[46]。

现在将式(17.2.41) 改写为

$$(\phi_{PAD}-\phi^{S})_p=-\frac{2.303RT}{F}\mathrm{pH}+\frac{2.303RT}{F}\mathrm{p}K_a^{PAD} \tag{17.2.42}$$

其中下标“p”与伏安图中的峰响应有关。峰电势为 $E_p=(\phi^M-\phi_{PAD})_p+(\phi_{PAD}-\phi^S)_p+(\phi^S-\phi^{ref})$，其中 ϕ^{ref} 是参比电极接触电势。最后一项不变，无需标注下角标。可用式(17.2.42) 写出

$$E_p=(\phi^M-\phi_{PAD})_p+(\phi^S-\phi^{ref})-\frac{2.303RT}{F}\mathrm{pH}+\frac{2.303RT}{F}\mathrm{p}K_a^{PAD} \tag{17.2.43}$$

pH 的变化 ΔpH 使峰电势偏移 ΔE_p，注意到 $(\phi^S-\phi^{ref})$ 和 pK_a^{PAD} 与 pH 无关，由式(17.2.43)

---

❸ 这种情形下，Helmholtz 电容（14.3.1 节）为 $\varepsilon_0\varepsilon_F/x_{PAD}$，其中，$\varepsilon_F$ 是膜的介电常数；x_{PAD} 是 PAD 距电极表面的距离。

得到

$$\Delta E_{\mathrm{p}}=\Delta(\phi^{\mathrm{M}}-\phi_{\mathrm{PAD}})_{\mathrm{p}}-\frac{2.303RT}{F}\Delta\mathrm{pH} \tag{17.2.44}$$

量 $(\phi^{\mathrm{M}}-\phi_{\mathrm{PAD}})_{\mathrm{p}}$ 是 pH 的函数，因为 ϕ_{PAD} 以一种我们现在更明确阐述的方式依赖于 pH。允许 β 是发生在整个膜上的 ΔE_{p} 的分数部分，即，

$$\beta=\Delta(\phi^{\mathrm{M}}-\phi_{\mathrm{PAD}})_{\mathrm{p}}/\Delta E_{\mathrm{p}} \tag{17.2.45}$$

由于 ϕ^{M} 必须准确地跟随 E_{p}，因此 $\Delta\phi^{\mathrm{M}}/\Delta E_{\mathrm{p}}=1$，而且

$$\beta=1-\Delta(\phi_{\mathrm{PAD}})_{\mathrm{p}}/\Delta E_{\mathrm{p}} \tag{17.2.46}$$

在窄的电势范围内，β 可能是相当恒定的；因此，可以将式(17.2.45) 代入式(17.2.44) 得到

$$\Delta E_{\mathrm{p}}=\beta\Delta E_{\mathrm{p}}-\frac{2.303RT}{F}\Delta\mathrm{pH} \tag{17.2.47}$$

或

$$\Delta E_{\mathrm{p}}=-\frac{2.303RT}{(1-\beta)F}\Delta\mathrm{pH} \tag{17.2.48}$$

该方程表明，E_{p} 与 pH 的关系图应该是线性的，斜率为 $-2.303RT/[(1-\beta)F]$。

图 17.2.12(b) 中的实验结果证实了这一预期。斜率为 −67mV，给出 $\beta=0.12$。由式(17.2.46) 发现 $\Delta(\phi_{\mathrm{PAD}})_{\mathrm{p}}/\Delta E_{\mathrm{p}}=0.88$。在图 17.2.12(b) 的实验中，1.75 个单位的 pH 变化产生 $\Delta E_{\mathrm{p}}=-120\mathrm{mV}$。根据得出式(17.2.48) 的模型，$\phi_{\mathrm{PAD}}$ 在该 pH 变化期间降低 105mV，并且总电势变化在界面上被划分为 $\Delta(\phi^{\mathrm{M}}-\phi_{\mathrm{PAD}})_{\mathrm{p}}=-15\mathrm{mV}$ 和 $\Delta(\phi_{\mathrm{PAD}}-\phi^{\mathrm{S}})_{\mathrm{p}}=-105\mathrm{mV}$。

电场驱动的质子化/去质子化已被认为是增强超级电容器中电荷存储的机理[47]，也是决定位于电极/电解质界面处的分子发生质子耦合电子转移（PCET）的电势的一个因素[48]。

17.3 研究吸附单层的其他有用方法

虽然 CV 是考察吸附层最广泛使用的电化学方法，但其他方法也很有价值，有时提供有吸引力的简单性或更好的量化精度。

17.3.1 计时电量法

原则上，可以通过在 CV 或 LSV 中积分后波下的面积来确定吸附的电化学反应物的量，例如 Γ_{O}。然而，只有当后波与扩散波很好地分离时，这才是可行的。即使这样，主波基线扣除法和双电层充电校正法也难免不够精确。计时电量法[49-51] 是一种优越的方法，因为它可以明确地测定 Γ_{O}，而不管 $\mathrm{O_{soln}}$ 和 $\mathrm{O_{ads}}$ 还原波的相对位置如何。

计时电量法已在 6.6 节中介绍过，因此此处仅介绍一些新要素。我们只考虑电化学产物 R 未被吸附的情况。由初始电势 E_{i} 阶跃到足够负，所有 $\mathrm{O_{ads}}$ 还原，$C_{\mathrm{O}}(0,t)\approx 0$。在 $t=\tau$ 时，电势返回到 E_{i}，在表面附近产生的 R 被再氧化。使用如图 17.3.1 所示 Anson 图对结果进行分析，有两个分支：

① 上方是 $Q_{\mathrm{f}}=Q\ (t\leqslant\tau)$ 对 $t^{1/2}$ 作图曲线，代表负电势阶跃提供的电荷。它与下式截距呈线性关系

$$\boxed{Q_{\mathrm{f}}^{0}=nFA\Gamma_{\mathrm{O}}+Q_{\mathrm{dl}}} \tag{17.3.1}$$

② 下方曲线是 $Q_{\mathrm{r}}(t>\tau)=Q(\tau)-Q(t>\tau)$，描述正电势阶跃过程中收回的电荷。这个量对 $\theta=\tau^{1/2}+(t-\tau)^{1/2}-t^{1/2}$ 作图，结果也呈线性，且截距为正。

在 6.6.2 节中，下方分支的截距被确定为负电势阶跃给予双电层的电量，因此，两个截距之差被理解为 $nFA\Gamma_{\mathrm{O}}$，从中可以很容易地计算 Γ_{O}。这种表述对于基本理解来说足够真实，但它并不精确，因为 6.6.2 节中的处理确实没有考虑到在负电势阶跃中 $\mathrm{O_{ads}}$ 的还原，增加了在扩散层中通过 $\mathrm{O_{soln}}$ 的还原所生成的 R 这一事实。全面推导给出[50]

$$Q_{\mathrm{r}}(t>\tau)=2nFAC_{\mathrm{O}}^{*}D_{\mathrm{O}}^{1/2}\pi^{-1/2}\theta+nFA\Gamma_{\mathrm{O}}\left(1-\frac{2}{\pi}\sin^{-1}\sqrt{\frac{\tau}{t}}\right)+Q_{\mathrm{dl}} \tag{17.3.2}$$

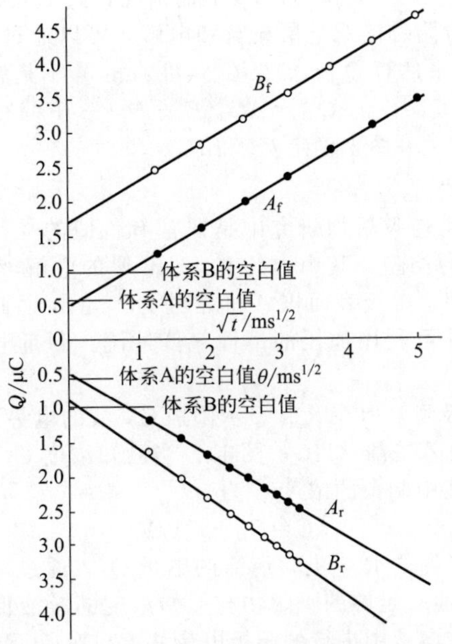

图 17.3.1 HMDE 上 Cd(Ⅱ) 计时电量法 Anson 图

相对于 SCE，电势从 $E_i=-0.200$V 阶跃到-0.900V，
然后回到 E_i，$A=0.032\text{cm}^2$。A_f，A_r：1mmol/L Cd(Ⅱ) 在 1mol/L $NaNO_3$ 中，斜率 $S_f=S_r=0.58\mu\text{C/ms}^{1/2}$，
截距 $Q_f^0=0.54\mu$C、$Q_r^0=0.55\mu$C；B_f，B_r：1mmol/L Cd(Ⅱ) 在 0.2mol/L NaSCN+0.8mol/L $NaNO_3$ 中，
斜率 $S_f=0.60\mu\text{C/ms}^{1/2}$，截距 $Q_f^0=1.67\mu$C、$Q_r^0=0.86\mu$C。标有“空白”的电量值是
指在无 Cd(Ⅱ) 电解质溶液中的双电层充电量（引自 Anson，Christie 和 Osteryoung[51]）

Q_r-θ 作图非常接近线性并且遵循

$$Q_r(t>\tau)=2nFAC_O^*D_O^{1/2}\pi^{-1/2}\left(1+\frac{a_1nFA\Gamma_O}{Q_c}\right)\theta+a_0nFA\Gamma_O+Q_{dl} \tag{17.3.3}$$

其中，Q_c 是来自负电势阶跃中的扩散物总电量，

$$Q_c=2nFAC_O^*\left(\frac{D_O\tau}{\pi}\right)^{1/2} \tag{17.3.4}$$

且 $a_0=-0.069$，$a_1=0.97$❹。因此，Anson 图的正电势阶跃分支截距为

$$Q_r^0=a_0nFA\Gamma_O+Q_{dl} \tag{17.3.5}$$

且

$$\boxed{Q_{dl}=\frac{Q_r^0-a_0Q_f^0}{1-a_0}} \tag{17.3.6}$$

一旦确定了 Q_{dl}，就可以从式(17.3.1) 得到 $nFA\Gamma_O$。

图 17.3.1 是 HMDE 上 Cd(Ⅱ) 还原实验的结果[51]。在不存在 SCN^- 的情况下，Cd^{2+} 不会吸附在 Hg 上，并且相应的 Anson 图的分支（A_f 和 A_r）显示出相等截距 Q'_{dl}。在 SCN^- 存在的情况下，Cd^{2+} 被吸附，并且 Anson 图具有显著不同截距的分支（B_f 和 B_r），允许通过刚刚建立的方法计算 Γ_O。Γ_O 随电势的变化可以通过改变 E_i 来研究。改变 O 或支持电解质浓度的影响很容易研究，这种情形提供了阴离子诱导吸附（anion-induced adsorption）的一个很好的例子，其中特性吸附的物质（例如，SCN^-、N_3^-、卤化物离子）也与溶液中的金属离子结合，并能够使该物质[例如，Cd(Ⅱ)、Pb(Ⅱ) 和 Zn(Ⅱ)] 特性吸附[52-53]。

❹ a_0 和 a_1 稍微取决于 $\theta/\tau^{1/2}$ 范围，通常采用给定的值。

计时电量法也可应用于17.2.2节和17.2.3节的情况，其中只有吸附物是电活性的[54]。在这种情况下，电势阶跃仅导致吸附物的双电层充电和电解，可以通过吸附波底部的电势 E_i 和超过吸附波的电势 E_f 之间的阶跃来估算 Q_{dl}。如果 C_d（μC/cm^2）不是波所在区域 E 的函数，则[54]：

$$Q=Q_{dl}+Q_{ads}=AC_d(E_i-E_f)+nFA\Gamma_O \tag{17.3.7}$$

然后可以利用 Q 与 E_i-E_f 的关系图来确定 C_d 和 Γ_O。

17.3.2 薄层池中的电量法

薄层法（12.6节）在不可逆吸附物研究中是非常有价值的[55-56]，此类研究中使用的电解池通常具有图12.6.1(b) 所示的类型，其中大约有40μm 厚的电解液层被封闭在光滑的圆柱形 Pt 电极和周围的精密玻璃管之间。电极表面积 A 通常约为1cm^2，因此溶液体积 V 约为4μL。电解池可利用毛细作用反复填充并可利用加压的惰性气体冲洗。测量电活性或非电活性吸附物的 Γ 均是可能的，但过程不同。

考虑物质R被不可逆地吸附，但在 R_{soln} 显示阳极CV波的电势下 R_{ads} 无电活性的情形。一个例子是1mol/L $HClO_4$ 中的对苯二酚（HQ；图1）。当已知浓度 C_0 的溶液被加入薄层池时，ΓA 摩尔的HQ被吸附，因此溶液中剩余的浓度 C 为

$$C=C_O-\Gamma A/V \tag{17.3.8}$$

阳极电量分析给出与吸附层平衡的 R_{soln} 电解所需的电量 Q_1，通过多次填充和冲洗电解池（不带走电极上的吸附物），电极表面有足够的吸附物与原始浓度的溶液保持平衡，从而使电解池中的溶液不再因吸附而耗尽。在该溶液中进行的阳极电量法给出对应于 C_0 的电量 Q_0。因此

$$\Gamma=(Q_0-Q_1)/(nFA) \tag{17.3.9}$$

吸附层可在很正的电势下氧化除去。

另外，如果吸附分子是电活性的并表现为伏安曲线中与溶解物伏安响应完全分开的后波，那么通过在溶解物与吸附物的波之间某一电势下的电量分析有可能测得 Q_1，而当电势改变到超过后波的某一个值后，则有可能测得额外通过的电量 Q_0-Q_1。

Γ（mol/cm^2）值有时用于确定电极表面吸附分子的取向，这可以通过计算分子所占据的平均面积 σ 来实现，其中

$$\boxed{\sigma(\text{nm}^2)=10^{14}/(6.022\times10^{23}\Gamma)=1.66\times10^{-10}/\Gamma} \tag{17.3.10}$$

然后，人们可以将这个数据与在紧密堆积的固定结构分子模型中，假设不同分子取向时获得的值进行比较[55]［见图17.3.2；习题（17.7)］。

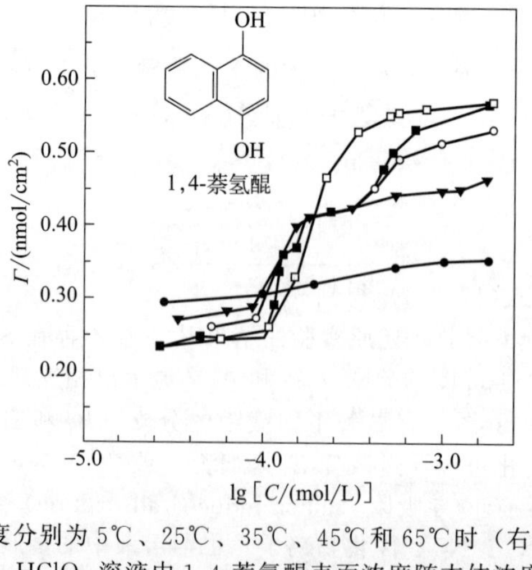

图17.3.2 温度分别为5℃、25℃、35℃、45℃和65℃时（右侧由上到下），在1mol/L $HClO_4$ 溶液中1,4-萘氢醌表面浓度随本体浓度的变化

数据由类似图12.6.1(b) 薄层池中的铂电极上通过薄层电量法获得。多级饱和覆盖度表明，随着覆盖度的变化，分子吸附采取不同取向，如平躺的（flat）与侧立的（edgewise)（改编自 Soriaga，White 和 Hubbard[57]）

17.3.3　阻抗测量

吸附的电化学反应物，在交流方法中通过修改代表电极反应的等效电路（11.3 节）进行了处理，通常添加一个“吸附阻抗”，与 Warburg 阻抗 Z_W 和双电层电容 C_d 组成的支路并联［图 17.3.3(a)］[58-62]。已经提出了可逆[59-60] 和不可逆[61-62] 体系的表达式，然而，当必须考虑 O_{ads}、R_{ads}、O_{soln} 和 R_{soln} 全部时，分析的复杂性限制了阻抗技术的应用。

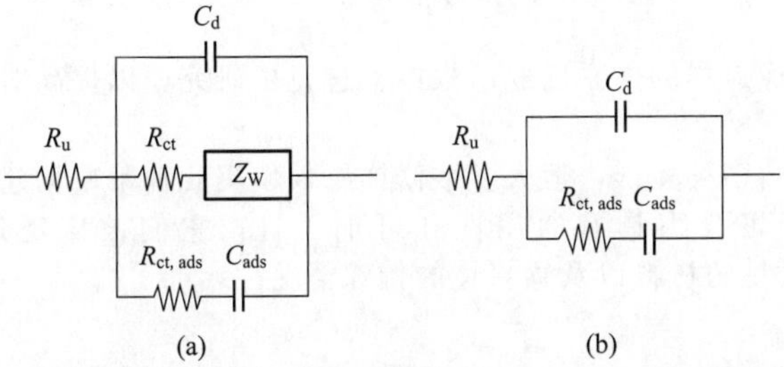

图 17.3.3　(a) 针对扩散和吸附物具有电活性情况修改的 Randles 等效电路图，最下方支路描述了吸附层的影响；(b) 电活性单层功能等效电路

R_u—未补偿溶液电阻；R_{ct}—包含溶质异相电子转移的电荷转移电阻；其他说明见正文

更简单的情形是，电活性仅限于吸附在电极上或以其他方式固定在电极上的物质［例如，带有电活性尾基的烷基硫醇层（17.6.2 节）］[63-65]。那么，Warburg 阻抗变为无穷大，通过它的支路可从等效电路中删除［图 17.3.3(b)］。吸附层由电容 $C_{ads}=F^2A\Gamma^*/(4RT)$ 和电荷转移电阻 $R_{ct,ads}=2RT/(F^2A\Gamma^* k_f)$ 代表，其中电子转移速率常数的单位为 s^{-1}。EIS 分析很直观，11.4.4 节涵盖了电极上含电活性位点的厚修饰层的 EIS 相关问题［17.5.2(3) 节］。

17.3.4　计时电势法

恒电流电解[66-69] 处理方法取决于吸附和扩散物质的电解顺序：

① 如果只有 O_{ads} 电解，那么过渡时间 τ 遵循如下关系

$$i\tau = nFA\Gamma_O^* \tag{17.3.11}$$

类似的方程式适用 O_{soln} 还原为 R_{ads} 的前波。

② 如果 O_{ads} 和 O_{soln} 均被还原，但 O_{ads} 在 O_{soln} 还原前几乎完全被还原，则

$$i\tau = \frac{n^2F^2\pi D_O A^2 C_O^{*2}}{4i} + nFA\Gamma_O^* \tag{17.3.12}$$

③ 如果 O_{ads} 最后还原（即出现后波），则由于两种过程在时间上无法分开，情形更为复杂。随着 O_{ads} 的还原，部分电流必须用于 O_{soln} 的持续流动，总过渡时间 $\tau=\tau_1+\tau_2$，其中 τ_1 只是 O_{soln} 引起的过渡时间：

$$\tau_1 = \frac{n^2F^2\pi D_O A^2 C_O^{*2}}{4i^2} \tag{17.3.13}$$

而 τ_2 毫无疑问由下式定义

$$\frac{\pi nFA\Gamma_O^*}{i} = \tau\cos^{-1}\frac{\tau_1-\tau_2}{\tau} - 2(\tau_1\tau_2)^{1/2} \tag{17.3.14}$$

④ O_{ads} 和 O_{soln} 同时还原时的行为仍然更为复杂，而且与吸附等温式的形式以及吸附和扩散 O 间的电流分配有关。此问题类似于计时电势法中的双电层充电问题（9.3.4 节）。

测定 Γ_O^* 计时电势法不如计时电量法有效，然而，一旦 Γ_O^* 确定，计时电势法可以给出溶解物和吸附物还原顺序的信息。

17.4　电极上的厚修饰层

按本章的说法，厚修饰层是指几乎所有氧化还原中心都远离电极，并且不能通过电子隧穿与

电极交流的修饰层，因此，修饰层的厚度 l 大于几个单层，即至少几纳米。通常，厚度在 10～500nm 之间，但也可能甚至超过 50μm。

厚修饰层通常是为了特定目的而构造的，例如：

(a) 提高电化学响应选择性，例如通过限制到达电极表面的通路；

(b) 使催化分子或催化颗粒与电极协同工作，可能用于选择性分析、电合成或能量转换；

(c) 作为层状或 3D 纳米结构的组件，在其中可以进行一系列化学操作，例如包括精细的化学过程或逻辑功能。

除了它们的应用，像这样的体系已经从根本上进行了研究，以提高对电极修饰层动力学过程的科学理解。

尽管用于修饰的材料多种多样，但大多数修饰层仅使用几种策略构建：

① 高分子膜。由于聚合物具有通用性和可加工性，它们被广泛用作电极上的修饰层。图 17.4.1 所示说明了常见的材料以及感兴趣的特殊情况。

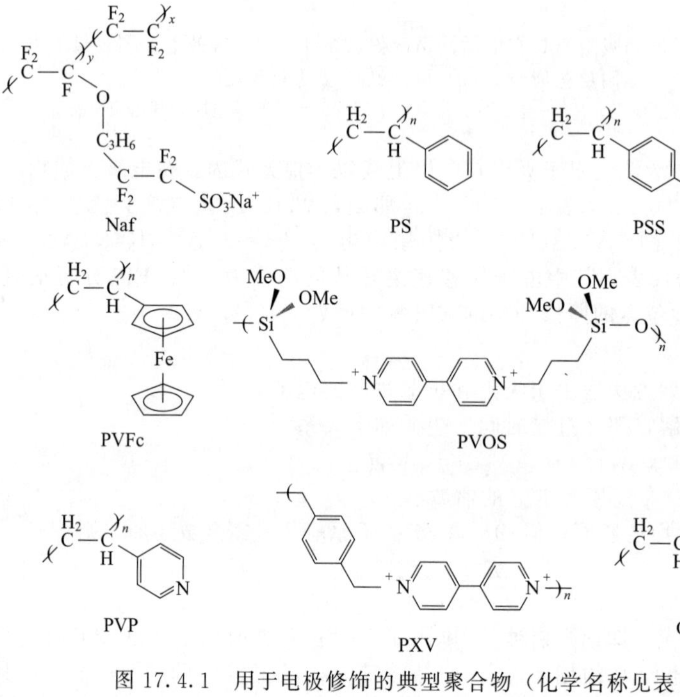

图 17.4.1 用于电极修饰的典型聚合物（化学名称见表 5）

(a) 电活性聚合物，特征是有共价键合到聚合物骨架的可氧化或可还原的基团。实例是聚（乙烯基二茂铁）(PVFc)、聚二甲苯基紫精（PXV）和聚紫精有机硅烷（PVOS）。

(b) 配位（含配体）聚合物，如聚（4-乙烯基吡啶）(PVP)，在聚合物基质中含有可以高密度结合金属配合物的基团。这些通常是能够进行电子交换的氧化还原中心，例如图 17.8.2 中的 Os 配合物[70]；或催化中心，例如在 O_2 还原中具有活性的钴配合物。

(c) 离子交换聚合物（聚电解质），含有带电位点，可以通过离子交换过程结合溶液中的离子，典型的例子有 Nafion™ (Naf)、聚苯乙烯磺酸（PSS）、质子化的 PVP 或聚（4-乙烯基-*N*-甲基吡啶）［通常称为“季铵化的聚（4-乙烯基吡啶）”（QPVP）］。离子结合物通常是氧化还原中心［例如 $Ru(bpy)_3^{2+}$］或氧化还原催化剂。众多的离子，甚至相当大的颗粒，均可以固定在这些基质中。

(d) 电子导电聚合物，例如聚吡咯（PPy）和聚噻吩（PT），也可以被视为离子交换材料，因为聚合物的氧化还原过程伴随着离子进入聚合物网络。这些材料在 20.2.3 节中进行了讨论，结构如图 20.2.5 所示。

(e) 阻碍型聚合物（blocking polymer）是绝缘体，例如聚苯乙烯（PS）。它们形成不渗透层，阻碍或钝化表面。

膜可由聚合物溶液通过浸涂、旋涂、电沉积或通过官能团共价连接在电极表面上形成。从单体开始，可以通过热、电化学、等离子体或光化学聚合制备膜。

② 无机膜。可以沉积在电极表面上的固体通常具有明确定义的纳米结构，该纳米结构能够在分子尺度的空腔或层间，捕获和容纳氧化还原活性分子或催化剂。如果固体包括过渡金属，它们可能提供自己的氧化还原中心或催化能力。此外，无机膜通常是稳定、便宜且易得的。

(a) 金属氧化物。金属氧化物膜可由金属电极阳极氧化制备（如 Al 表面 Al_2O_3 膜），膜厚度可由阳极极化电势和时间控制。金属氧化物膜也可由化学蒸镀（CVD）、真空蒸镀和溅射以及胶体溶液沉降制备。

(b) 黏土和沸石。铝硅酸盐通常具有明确的结构，并且表现出离子交换和催化的能力。黏土是层状铝硅酸盐；沸石是一类具有明确笼状骨架和孔结构的网状物。悬浮颗粒可以浇铸在基底表面，用作电极时仍会保持完整。电活性阳离子，如 $Ru(bpy)_3^{2+}$ 或 MV^{2+}，可以通过交换进入其中并具有表面限域物质的典型循环伏安响应。

(c) 过渡金属固体。基于过渡金属的结晶固体，有时同时支持电子和离子导电性，使单个位点发生可逆的氧化还原转化。在电极上的层中，氧化还原过程可以由法拉第电化学驱动，因此，负载过渡金属固体的修饰电极显示出电催化性能（例如，用于氧还原或水分解）以及电解变色(电致变色行为)。令人最感兴趣的是 Mn、Co 和 Ni 的磷酸盐、钨的氧化物以及过渡金属氰化物材料，如普鲁士蓝（亚铁氰化铁晶型）。过渡金属磷酸盐的一个显著特征是有自修复能力[71-72]。

③ 复合膜。一种通用的合成策略实质上是将一种材料作为基质（matrix），以固定另一种不同材料，这种材料性质是主要关注的。例如，金属颗粒、具有催化性的氧化物、黏土、沸石、量子点和几乎所有其他类型的纳米颗粒，通常这些纳米颗粒是由其含聚合物溶液的悬浮液浇铸在电极上的。这种方法结合了聚合物良好的成膜性能和颗粒的化学多样性。

同样常见的是使用共混聚合物膜，其中两种或多种聚合物从一种溶液中同时浇铸。这种方法可用于固定聚合物，否则由于溶剂化或低平均分子量而倾向于溶解。它还可以通过溶剂化帮助控制膜的溶胀，这会影响膜内的动力学（17.5 节）。

④ 生物材料。基于活性生物组分的膜引起了人们的极大兴趣，特别是对于生物电催化和电化学传感器的制备（17.8.2 节和 17.8.3 节）❺。基本方法是固定酶、抗体、DNA、RNA 或多肽片段，或全细胞的集合，使固定化的组分能够识别目标物，并且，在这个过程中，产生电化学可检测的信号。许多基于生物组分的修饰层是其中聚合物（通常是凝胶）作为固定基质的复合材料。导电成分，例如碳纳米管，通常有助于在基底电极和活性氧化还原位点之间传输电子。有时，酶或其悬浮液通过可渗透的聚合物膜简单地保持在电极上。固定化的替代方法包括吸附和共价键合。

⑤ 多层组装和图案化结构。在前面的段落中，我们关注的是由单一厚层修饰的电极，然而，也探索了更复杂的结构，包括不同聚合物的多层膜（如图 17.8.4[73]）、聚合物膜上形成的金属膜、修饰层下的电极阵列、离子与电子导体的混合膜（双导电层）。修饰膜也可以横向地二维图案化。像这样的体系通常表现出与更简单的修饰电极不同的电化学性质，对开关、放大器和传感器等应用有吸引力。

17.5　修饰层动力学

修饰电极上的许多测量都是基于电流的流动，其大小决定了分析测量的灵敏度、电合成的速度或能量转换的速度。通过建立电极和氧化或还原所涉及物质之间传递电子的最有利动力学来实现最佳性能。选择性也是一个共同的目标（17.8.3 节），为了实现这一目标，可能需要加入选择性催化剂或限制进入结构内部的路径。

---

❺ 例如，生物燃料电池（biofuel cell）是利用酶催化剂的燃料电池。

图 17.5.1 是外部溶液中初始反应物 A 转化为产物 B 的示意图。这个过程可由 A 透膜传质到下面的电极，或与膜内包含的以及电化学更新的媒介体/催化剂 Q 的交叉反应来完成。物质 A 也可能在膜内三维空间区域或仅在膜/溶液界面与 Q 反应❻。

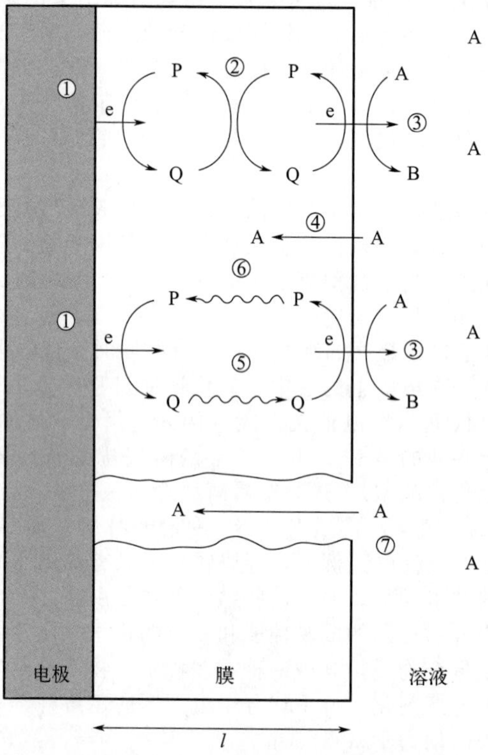

图 17.5.1 修饰电极上的过程

物质 P 是电极表面膜中的可还原的中介体/催化剂，A 为溶液中的初始反应物。过程①为异相电子转移到 P 产生还原态 Q；过程②为电子由 Q 转移到膜中其他的 P（电子扩散或跃迁）；过程③为电子在膜/液界面由 Q 转移到 A；过程④为 A 渗透到膜内（在膜内或膜/基体界面可与 Q 反应）；过程⑤为 Q 在膜内的传质；过程⑥为 P 在膜内的传质；过程⑦为 A 通过膜内针孔或通道到达电极被还原（改编自 Bard[7]）

在这样的体系中，几个动态过程可能同时发生，它们一起运行决定整体行为。在本节中，我们将单独地和协同地研究动态因素。Savéant 等[74]提供了最全面的处理方法，这里给出的进展沿用了他们的方法和符号。

17.5.1 旋转圆盘电极的稳态

在稳态下研究修饰电极和其他复杂结构是有利的，因为可以消除时间变量并简化处理。事实上，修饰电极的许多应用基于稳态电解。RDE 的流体动力学伏安法被广泛用于修饰电极的表征，并将作为我们进一步讨论的基础。

如 10.2.5 节所见，Koutecký-Levich（KL）曲线（$1/i_1$ 对 $1/\omega^{1/2}$）是一个通用工具，可以将电极上速率控制的影响与溶液中对流扩散影响区分开。当底物 A 被还原，极限电流可表示为

$$\boxed{1/i_1=1/i_A+1/i_F} \tag{17.5.1}$$

式中，i_F 表示 RDE 电极（包括任何修饰膜）上 A 转化为 B 的最大速率；$i_A=0.62nFAC_A^*D_A^{2/3}v^{-1/6}\omega^{1/2}$ 是 Levich 电流，表达物质 A 由膜边界外部到达的速率。KL 图是将行为外推到 ω

❻ 本书中，名词基底（substrate），在某种意义上讲与平台（platform）一致，如可用于支撑较大结构组装体。在绝大多数有关修饰电极的文献中，这一名词用于（如生物化学中常见的）消耗性反应物（consumble reactant）的理解。这些术语中，初始反应物（primary reactant）A，被称为底物（substrate）。

无穷大的一种方法，并且给出截距 $1/i_F$（图 10.2.7）。因此，i_F 是膜外边界处 A 的供应无传质限制的极限电流，并且那里的浓度为 C_A^*。

这种方法的影响力在于其通用性（10.2.5 节）。该处理无需对速率限制的同一性假设，并且数学形式只有一个约束：总反应速率必须与流体动力学边界表面（在这种情况下，是指膜的外边界）的溶液中的底物浓度成正比。当 A 在外边界的浓度达到其最大值，即 C_A^* 时，出现最大反应速率 $i_F/(nFA)$，因此

$$i_F/(nFA)=k'C_A^* \tag{17.5.2}$$

k'是描述总速率定律的比例常数，通过检查 k'（或 i_F）随实验变量，如膜厚、ϕ 或膜内中介体/催化剂浓度的变化，有可能判断速率控制过程。

17.5.2　修饰膜的主要动态过程

在修饰电极上将 A 转化为 B 的总速率可以由单个动态过程确定，也可以由多个动态过程共同确定，主要有（图 17.5.1）：

① 溶液中的对流扩散，将 A 输送到薄膜的外部边界；

② 分配动力学，使 A 能够到达薄膜内部；

③ A 通过薄膜扩散到电极表面或薄膜中的氧化还原位点；

④ 电极表面或中介体/催化剂位点的电子转移动力学；

⑤ 电极和膜中反应位点之间电子的移动。

为了鉴别，使用共同的基准来比较这些过程的速率大小是有价值的。我们的策略是定义一组表示转换率的特征电流，如果每个单独的过程完全是速率决定的，则会观测到转换率。对其中最小的一个或多个过程负责的必然是决速步骤。稍后，我们将看到，这些特征电流也可以用来表示所有稳态运行条件下的实际电流。

下面开始依次考虑每个动力学因素。

(1) 溶液中对流扩散

假设膜内过程均为快速过程，由此 A 的转化速率与 A 到达结构外部边界的速率相同，即 Levich 流量 $0.62C_A^*D_A^{2/3}v^{-1/6}\omega^{1/2}$，于是电流为 i_A。这是任一体系在任何条件下所能观测到的最大转化速率，因为不可能达到比其运动更快的转化速率。

(2) A 在膜内的扩散

现在考虑对流扩散非常快并且物质 A 很快分配进入膜内，然而膜内不存在 A 转化为 B 过程的情形。如果 A 的异相转换很快，那么总过程（和电流）完全由 A 透膜扩散到达电极表面的速率控制。

图 17.5.2 给出了这种情形的示意图。由于异相动力学是快速的，电极表面 A 的浓度为零。由于分配效应的存在，紧靠膜的外边界的内侧（$x=l^-$）与靠近膜的外侧（$x=l^+$）的浓度不同，二者之间可由分配系数关联，

$$\kappa=\frac{C_A(l^-)}{C_A(l^+)} \tag{17.5.3}$$

体系处于稳态，因此在膜内所有 x 位置 A 的流量都是恒定的。如果 A 在膜内所有位置的扩散系数 D_S 都相同，那么浓度曲线的斜率一定为常数，因此曲线一定如图 17.5.2 所示为线性的。

在非常快速的对流扩散条件下（$\omega\rightarrow\infty$），膜外贫化层将消失，接触膜的 A 的浓度将与本体浓度相同。膜内靠近外边界的最大可能浓度为 κC_A^*，最大流量为 $D_S\kappa C_A^*/l$。这是当该过程完全取决于膜内反应物扩散时，A 可以转化为 B 的最大可能的速率，而这个反应物扩散电流 i_S 就成为我们的体系概念性表述之一❼。

$$\boxed{i_S=\frac{nFAD_S\kappa C_A^*}{l}} \tag{17.5.4}$$

---

❼　对于该理论电流和 A 在膜内的扩散系数，下标“S”与文献通常使用的是一致的。这种习惯用法源于 A 通常称为底物这一事实，见前一页脚注❻。

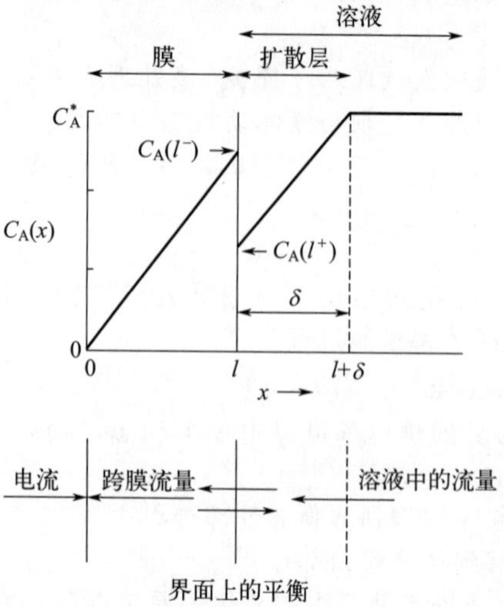

图 17.5.2　当电流取决于膜和溶液中 A 的传质时 RDE 上的稳态浓度分布

l 为膜厚；扩散层厚度 $\delta=1.61D_A^{1/3}v^{1/6}\omega^{-1/2}$，距离不代表实际比例，通常 $\delta \gg l$；箭头表示流量

在 RDE 上，A 到达膜表面的对流转移和透膜扩散是连续发生的，电流遵循式(17.5.1)，其中 $i_F=i_S$。因此，i_S 值可由 KL 图截距决定。一个例子涉及在聚乙烯二茂铁（PVFc）膜修饰电极上苯醌（BQ）的还原（图 17.5.3）。用 C_A^*（$=C_{BQ}^*$）归一化的斜率仅由溶液中的传质（即 i_A）决定，且无论膜存在与否均一样。正如公式(17.5.4）所预示的，截距由 l 和 C_A^* 决定。

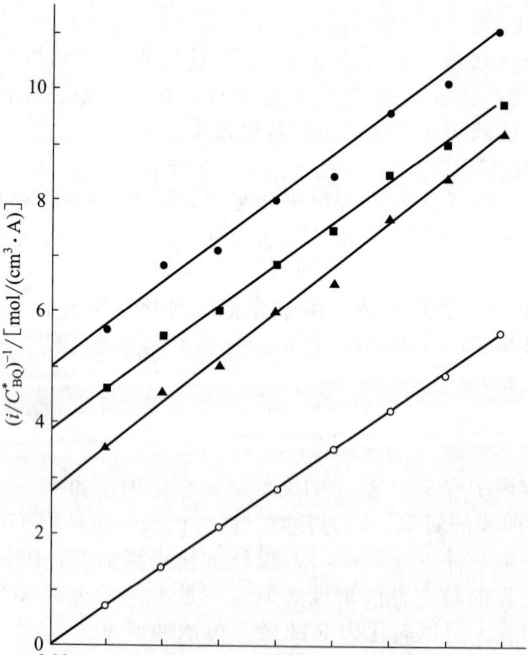

图 17.5.3　在 MeCN+0.5mol/L TBABF$_4$ 溶液中铂 RDE 上 BQ 还原的$(i/C_{BQ}^*)^{-1}$-$\omega^{-1/2}$ 曲线

电流通过 C_{BQ}^* 归一化。上方三组数据属于跨 PVFc 膜扩散（按从上到下顺序，$C_{BQ}^*=5.82$mmol/L、3.84mmol/L 和 1.96mmol/L），底下一组数据代表 5.82mmol/L BQ 溶液中裸铂 RDE 上的结果。$\omega=2\pi f$，f 单位为 r/min（引自 Leddy 和 Bard[75]）

分配动力学也可以是限速步骤[76]，物质 A 穿过膜/溶液界面的传递净流量为$\chi_f C_A(l^+)-\chi_b C_A(l^-)$，其中$\chi_f$和$\chi_b$分别是物质 A 由溶液进入膜和由膜进入溶液的转移速率常数。如果膜中渗透（permeation）和扩散的连续过程是联合速率控制，则 KL 方程变为

$$\boxed{\frac{1}{i_l}=\frac{1}{i_A}+\frac{1}{i_S}+\frac{1}{i_P}} \qquad (17.5.5)$$

其中渗透电流 i_P 由下式给出

$$\boxed{i_P=nFA\chi_f C_A^*} \qquad (17.5.6)$$

当物质 A 穿过界面的最大流量（表示为 i_P）远大于 i_S 时，式(17.5.5)的最后一项可略，KL 图截距为 $1/i_S$。如上所述，这是膜中的扩散完全是限速步骤的情形。相反，如果分配动力学是完全限速步骤，则 $i_P \ll i_S$，KL 图的截距将为 $1/i_P$。

由于薄膜行为类似于膜，物质 A 须通过膜扩散到达基底表面，因此刚刚讨论过的情况有时被认为包括膜模型（membrane model）。

(3) 膜内电子的扩散

修饰电极的许多潜在应用需要电子在整个层中移动。如果给定的电极过程由于缓慢的动力学而无法在电极表面进行，则仍然可以通过膜中的催化剂传递电荷来实现。设计用于葡萄糖氧化的修饰电极就是一个很好的例子（17.8.2 节）。葡萄糖氧化酶可以选择性地催化反应，但需要一个支持氧化还原的网络将电子从还原酶输送到电极。

图 17.5.1 描述了通过使用中介体电对 P/Q 在薄膜中传输电子的两种机理：

① 在图的顶部，底物 A 没有进入膜，但电子可以通过从 Q 跳跃（hopping）到 P 而移动（过程②），并且最终，它们可以通过膜/溶液界面转移到 A（过程③）。

② 图的中间部分描述了一种不同的情形，其中电子也可以通过 Q 的物理扩散到达外界面（过程⑤）。

在许多体系中，中介体的物理扩散是微不足道的，因为它们是结合的（例如，通过连接到聚合物链，如图 17.8.2 所示）。P 和 Q 的远距离运动是不可能的或高度受限。即便如此，即使通过跳跃机理，物理运动也一定发生在电荷的传输中，因为对离子必须维持局部电中性。

在一个受限体系中，Q 的表观运动由 P 和 Q 之间的电子交换动力学决定。对均相溶液中类似过程的理论研究表明，电荷的运动仍然是随机的移动，相当于扩散[77-84]。表观扩散系数（apparent diffusion coefficient）D_E 是二者贡献的总和，一个来自物质的物理运动（由其平移扩散系数 D 决定），另一个来自电子交换过程。当双分子动力学适用并且可以将物质视为质点时，可以根据 Dahms-Ruff 方程估算 D_E❽，

$$\boxed{D_E=D+(1/6)k\delta^2 C_P^*} \qquad (17.5.7)$$

式中，δ 为电子交换位点间距离；C_P^* 为（氧化态和还原态全部）位点总浓度。虽然式(17.5.7)是一个有用的近似，但在修饰电极的情况下不应过于字面化，因为受限体系中电荷扩散的运算在很大程度上取决于物理运动的活动范围，已经确认并考察了各种极限情形[84]。

现在设想一个体系，其中电子扩散为 A 转化为 B 过程的决速步骤。假设 A 不允许渗透到膜内，那么所有电子一定全部被传输过膜传递给 A，在膜中 A 发生快速反应。当电子浓度在膜内电极表面附近达到最大可能值，但在膜的外边界（此处物质 A 以高流量到达并迅速耗尽电子）接近零时，电流出现最大值。最大可能的电子浓度为承载它们的氧化还原位点浓度 C_P^*，因此，最大电子流量（形式上为图 17.5.1 中 Q 向外的流量）为 $D_E C_P^*/l$[mol/(cm² · s)]，相应电流为❾

---

❽ 这个方程式经常以“π/4”代替“1/6”出现在文献中。这种替换是由于原始推导中的一个错误，后来进行了更正[80-82]。参考文献［84］提供了对理论的批判性评述。

❾ 有时，膜中 P 的量是以二维浓度 Γ_P(mol/cm²）的形式给出的，其中 $C_P^*=\Gamma_P/l$。

$$\boxed{i_E = \frac{FAD_E C_P^*}{l}} \tag{17.5.8}$$

这个量，即电子扩散电流（electron diffusion current），代表了体系中通过电子扩散的最大电荷转移能力。

（4）膜内的交叉反应

一种常见的实际情况是，A 与膜内 Q 的“交叉反应”是 A 整体转化的决速步骤。因此，还需要定义交叉反应本身可能支持的最大电流。

设想一个体系，物质 A 快速分配和渗透，因此 A 在膜内所有地方均为分配值，并与紧靠膜外的溶液浓度处于平衡；还要假设电子快速扩散通过膜，因此它们的浓度也是均匀的；最后，假设 A 不在电极表面发生反应。这种情况下，如图 17.5.4 所示，由于存在均匀分布的初始反应物、电子以及交叉反应位点，A 在膜内均匀转化为 B。

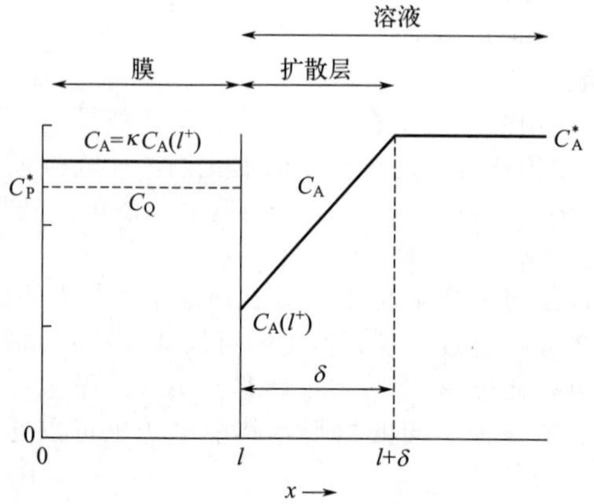

图 17.5.4 A（实线）和 Q（虚线）之间交叉反应速率决定电流时的浓度分布示意图

当满足如下两个条件时，交叉反应的速率最大：

① 电极电势必须足够负以使电极附近氧化还原位点充分还原，使电子的浓度为 C_P^*。由于电子扩散很快，该电极电势确保膜中的任何地方适用同一电子浓度。

② 电极的旋转必须足够快，以使刚好在膜/溶液边界外侧的浓度 $C_A(l^+)$ 基本上达到本体值 C_A^*。这一条件保证了膜内 A 的浓度具有最大可能的值，κC_A^*。因为 A 扩散很快，这一浓度适用任何地方。

多数已发表的处理方法中，支持电子跳跃的氧化还原位点被假设为与 A 催化转化为 B 的活性位点相同，在很多实际体系中这种假设常常有效，这里采用该方法，结果是电子的浓度也就是交叉反应中心的浓度 C_P^*，因此，最大可能交叉反应速率为 $k\kappa C_A^* C_P^*$ [mol/(s·cm³)]，交叉反应电流 i_K，是在此速率、膜体积 Al 和每摩尔反应流过 nF 电荷时的结果，

$$\boxed{i_k = nFAlk\kappa C_A^* C_P^* = nFAk\kappa \Gamma_P C_A^*} \tag{17.5.9}$$

相应的 KL 表达式为

$$\frac{1}{i_l} = \frac{1}{i_A} + \frac{1}{i_k} \tag{17.5.10}$$

往返传输电子的物质，无须和参加与 A 发生交叉反应的物质相同，因此氧化还原位点浓度可能与公式(17.5.9) 中的 C_P^* 不同。推导的适用性是明显的，除非任何这种体系也需要明确考虑中介体和催化剂之间电子转移速率的能力。

17.5.3 动力学因素的相互影响

一般稳态浓度分布如图 17.5.5 所示，以提示任何真实的修饰电极的行为均比刚才仔细界定的极限情况更复杂。我们刚刚描述的任何动力学因素均可以控制或影响在修饰电极上发生电极反应的速率。例如，底物 A 可能以其在膜中的扩散及其与中介体 Q 的交叉反应共同决定的速率在

膜中还原。一般情况的数学处理[85] 比 17.5.2 节中提出的各种极限情况更复杂，需要比这里所能给出的更多的讨论。然而，可以对其进行有益的归纳。

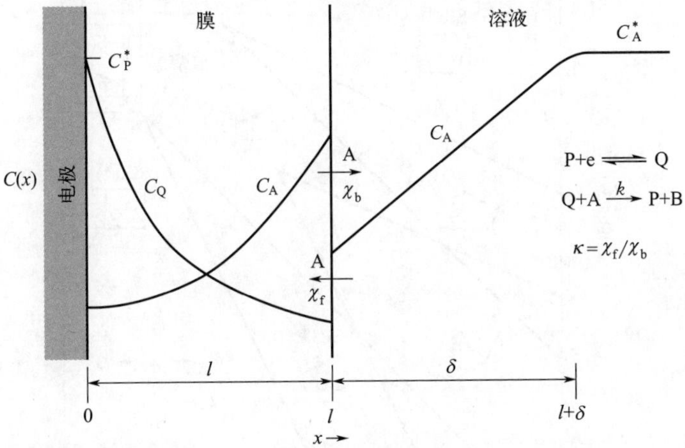

图 17.5.5 电致生成的 Q 介导（mediated）的初始反应物 A 稳态还原的一般浓度分布图

为了保持清晰，省略了物质 P 和 B 的分布图。电极电势保持在使电极表面 P 完全还原，以致电极表面 Q 浓度为 C_P^* $(=\Gamma_P^*/l)$。溶液中（$x>l$）靠近膜边界 A 的浓度分布是线性的。χ_f 和 χ_b 分别代表 A 进出膜传输的速率常数（改编自 Leddy，Bard，Maloy 和 Savéant[76]）

在大多数实验体系中，只有一到两个过程是限速步骤，运行可能性的范围可以用二维区域图来描述，就像第 13 章中介绍的那样。和以前一样，这些区域是用定义全部行为的无量纲参数来界定的。对于目前这样的体系，最有用的参数是两个电流比：

① i_S^*/i_k^*，将初始反应物的可利用率与交叉反应速率进行比较。在该比例中，

$$i_S^*=i_S\left(1-\frac{i}{i_A}-\frac{i}{i_P}\right) \tag{17.5.11}$$

$$i_k^*=i_k\left(1-\frac{i}{i_A}-\frac{i}{i_P}\right) \tag{17.5.12}$$

② i_E^*/i_k^*，将电子的可利用率与交叉反应速率进行比较。

这些参数的使用是简明的：

(a) 如果 i_S^*/i_k^* 较小，底物 A 的可利用率可能是一个限制因素，因为其相对于交叉反应的能力而言较低。这是该领域一个术语——“S”极限。

(b) 如果 i_E^*/i_k^* 较小，则电子的可利用率可能是一个限制因素，因为其相对于交叉反应的能力而言较低。这被称为“E”极限。

(c) 如果 i_S^*/i_k^* 或 i_E^*/i_k^* 较大，交叉反应的能力可能是一个限制因素，因为它相对于底物或电子的可利用率较低。这是一个“R”极限。

完整的区域图如图 17.5.6 所示，我们可以通过几个例子来探讨它。首先，考虑 A 和 Q 之间的反应速率较慢，但 A 可以很容易地穿透薄膜，并且电子在薄膜中的扩散很快（i_S^*/i_k^* 或 i_E^*/i_k^* 均很大）的情形，这是分区图右上角的情形 R，可以看到 A 和 Q 的浓度分布模式与图 17.5.4 中的浓度曲线相匹配。

现在让我们思考当 D_S 减小使 A 在膜中的运动变得更慢时会发生什么。运行位置直接向下移动，因为 i_S^*/i_k^* 减小，而 i_E^*/i_k^* 不变，行为随之发生变化，首先是 R+S 情形，然后是 SR 情形。在这两种情形下，交叉反应速率和 A 在膜中的扩散是联合速率控制的。图 17.5.6 中浓度分布所示的差异是，在 R+S 的情形下，物质 A 仍然有足够流动性，交叉反应不能完全消耗供应量，并且 A 的浓度分布延伸到电极表面。在实际体系中经常发生的 SR 情形下，交叉反应可能会在 A 到达电极表面之前消耗掉 A 的供应量。

只有情形 S、情形 E 和情形 R，才存在单一的速率控制过程。这三种情形分别对应于我们在

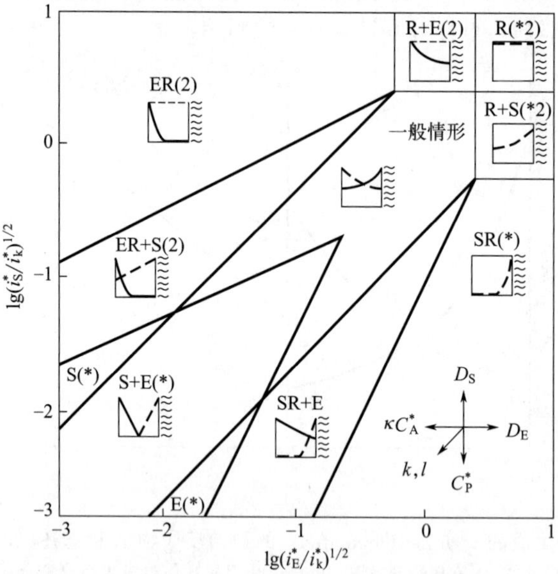

图 17.5.6 在薄膜修饰电极上初始反应物 A 的介导（mediated）还原的分区图

图示浓度分布仅显示膜内部分，并且仅针对物质 A（虚线）和 Q（实线）。情形（case）标识后带圆括号的指示符："（*）"表示波 1 的 KL 图是线性的；"（2）"表示存在波 2。右下方的图例显示了所示参数增加导致的变化方向（改编自 Leddy，Bard，Maloy 和 Savéant[76]）

17.5.2(2)～(4)节中遇到的极限状况。

对于大多数标记的情形，KL 图（$1/i_l$-$1/\omega^{1/2}$）预期为线性的并且给出带有关于修饰层中的动力学信息的截距。详细信息汇总见表 17.5.1。在该表中，波 1 的极限电流对应于 A 通过与 Q 的交叉反应（催化反应）的还原，而波 2 的极限电流产生于 A 的直接还原。第二个波仅发生在 A 透膜并在其被与 Q 的反应完全消耗之前到达金属基底的情形下（如情形 R+S）。

表 17.5.1 修饰的 RDE 上来自 Koutecký-Levich 曲线极限电流的信息

类型	波①	斜率	截距
E	仅 1	0	i_E^{-1}
ER	1	非线性	非线性
	2+1	$(0.62nFAC_A^*D_A^{2/3}v^{-1/6})^{-1}$	$i_P^{-1}+i_S^{-1}$
ER+S	1	非线性	非线性
	2+1	$(0.62nFAC_A^*D_A^{2/3}v^{-1/6})^{-1}$	$i_P^{-1}+i_S^{-1}$
R	1	$(0.62nFAC_A^*D_A^{2/3}v^{-1/6})^{-1}$	$i_P^{-1}+i_k^{-1}$
	2+1	$(0.62nFAC_A^*D_A^{2/3}v^{-1/6})^{-1}$	$i_P^{-1}+i_S^{-1}$
R+E	1	非线性	非线性
	2+1	$(0.62nFAC_A^*D_A^{2/3}v^{-1/6})^{-1}$	$i_P^{-1}+i_S^{-1}$
R+S	1	$(0.62nFAC_A^*D_A^{2/3}v^{-1/6})^{-1}$	$i_P^{-1}+[(i_ki_S)^{1/2}\tanh(i_k/i_S)^{1/2}]^{-1}$
	2+1	$(0.62nFAC_A^*D_A^{2/3}v^{-1/6})^{-1}$	$i_P^{-1}+(i_ki_S)^{-1/2}\tanh(i_k/i_S)^{1/2}$
S	仅 1	$(0.62nFAC_A^*D_A^{2/3}v^{-1/6})^{-1}$	$i_P^{-1}+i_S^{-1}$
S+E	仅 1	$[i_S/(i_S^{-1}+i_E^{-1})](0.62nFAC_A^*D_A^{2/3}v^{-1/6})^{-1}$	$(i_P+i_S)/[i_P(i_S+i_E)]$
SR	仅 1	$(0.62nFAC_A^*D_A^{2/3}v^{-1/6})^{-1}$	$i_P^{-1}+(i_ki_S)^{-1/2}$

续表

类型	波①	斜率	截距
SR+E	仅 1	非线性	非线性

① KL 图（$1/i_1$-$1/\omega^{1/2}$）用于（仅 1）单个预期波。(1) 代表两个波中的第一个，(2+1) 代表第一个和第二个波的平台电流之和。

注：基于 Leddy 等的文献[76]。KL 方程适用于信息来源中的所有情形。

作为使用表 17.5.1 的一个例子，我们可以看到，情形 SR 只产生一个波，其 KL 图呈线性，截距为 $i_P^{-1}+(i_k i_S)^{-1/2}$。如果其他参数是独立已知的，通过截距，可以获得其中一个基本参数（κ，k、C_P^*、D_S 或 l）。

为了定量解释 KL 图截距，必须首先对适用的动力学情形进行准确判断。通常可以从具有 C_A^*、l 和 Γ_P 变量的 KL 图的行为进行判断。原始文献［76,85］提供了一个有用的判断指南，其中也涵盖了催化剂和电子载体是不同物质的情况，比如葡萄糖氧化酶电极（17.8.2 节）。

17.6 阻碍层

用于阻碍电极和溶液之间的电子和离子传输的薄层也是令人感兴趣的，因为它们通常可以发挥实际作用，例如防止表面腐蚀。这种层也可用于研究电子转移对距离的依赖性（17.6.2 节）。

由于阻碍作用可能会受到针孔（pinhole）等缺陷的影响，因此阻碍效能通常是首要关注问题，电化学方法有助于对其进行表征[86]：

① 获得针孔总面积，例如，可以比较裸露电极和薄膜修饰电极的某些伏安峰的大小（例如，Au 上氧化层形成和还原的峰）。

② 获得针孔的空间分布，可以沉积类似 Cu 的金属，然后溶出阻碍膜，并对所得表面进行显微镜检查。

③ 与裸电极相比，在电极表面形成阻碍层会降低电容，因为“对离子”最接近的距离会随着阻碍层厚度的增加而增加［方程式(14.3.2) 和图 17.6.1］。

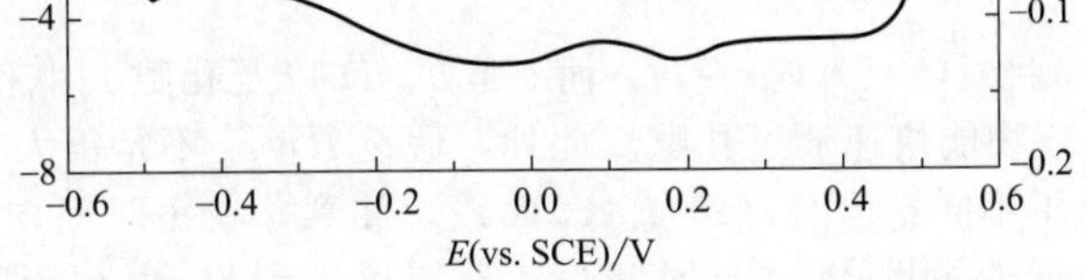

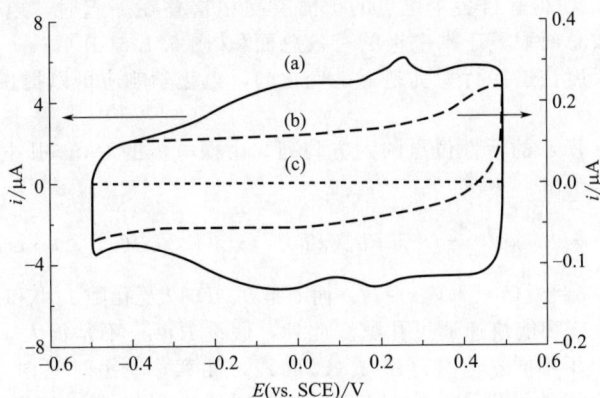

图 17.6.1 在 1mol/L Na_2SO_4 溶液中，裸多晶金电极 (a)（$A\approx 1cm^2$）［实线（左侧电流标尺）］，键合了 C_{18} 烷基硫醇层 (b)［长虚线（在右侧电流标尺下）］，硫醇层 (c)［短虚线（在左侧电流标尺下）］的 CV 充电电流

扫速 0.1V/s。修饰硫醇后的电容降低到约 1/50

（引自 Finklea[86]，由 Marcel Dekker 公司提供）

④ 可以通过计时电流法或 CV（17.6.1 节）测量通过孔隙渗透到下方电极表面的电活性物质的量。通常，在膜内无电子隧穿的情况下，使用类似 $Ru(NH_3)_6^{3+}$ 外层物质作为探针（17.6.2 节）。

17.6.1 通过孔隙和针孔的渗透

考虑覆盖薄膜的电极，该薄膜具有从溶液到电极的贯通孔（隙）（pore）或通道（channel）（图 17.5.1，过程⑦）。人们可能会问，在这样的电极上，溶质 A 的电解与在裸电极上的电解有何不同。答案取决于孔隙的特性和实验的时间尺度。情况可能会变得复杂，因为孔隙的尺寸和弯曲度可能不同，而且它们的分布可能不均匀。理论处理通常是理想化的。这类电极的理论与超微电极阵列的理论密切相关（5.6.3 节）[87-88]。

(1) 计时电流法表征

也许，研究这种系统的最简单方法是利用电势阶跃法使溶质进行扩散控制的电解，然后将修饰电极通过的电流与裸电极相应 Cottrell 行为进行比较。通常使用图 17.6.2 中的简单模型。

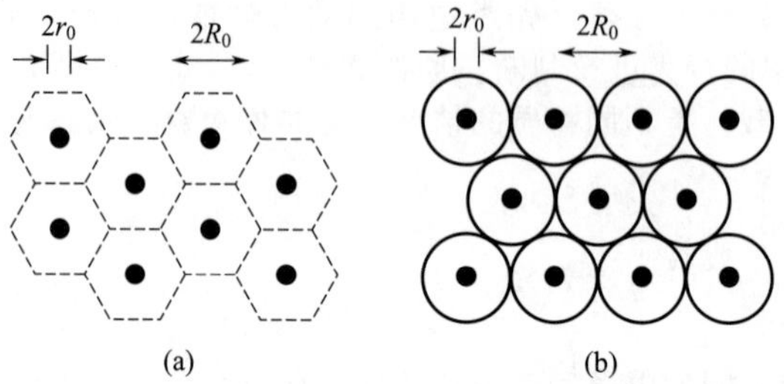

图 17.6.2 半径 r_0、间距 $2R_0$ 活性中心（实心圆）表面分布面的理想模型

(a) 六方阵列；(b) 将非活性区看作圆的近似假设

最常见的处理情况是孔隙半径 r_0 较小，并且与 r_0 相比，孔隙间隔很远，因此表面的活性（未覆盖）部分 $(1-\theta)$ 也很小，其行为在性质上类似于图 6.1.6，图 6.1.6 说明了不同的行为机制（6.1.5 节）：

① 当实验的时间尺度很小时，使得 $(Dt)^{1/2} \ll r_0$，除了有效面积是裸电极的 $(1-\theta)$ 倍，电极表现出线性扩散的电化学响应特性。溶质的电解仅直接发生在活性区域基底上，没有明显的径向扩散[图 6.1.6(a)]。

② 在适中的时间，每个位点显示 UME 行为，总电流是单个位点电流的总和[图 6.1.6(b)]。

③ 当时间足够长，使得来自各个位点的扩散层互相重叠在一起时，电极行为接近未修饰电极的行为，并且其有效总面积等于裸电极的有效总面积[图 6.1.6(c)]。

由于实验的时间尺度在这些行为机制下是变化的，电化学响应可以提供关于 θ、r_0 和孔隙分布的信息。

对于图 17.6.2(a) 所示的活性位点的六方阵列，由裸电极的 Cottrell 电流 $i_d(t)$ 归一化的总电流 $i(t)$ 由下式[89-90] 给出

$$\frac{i(\tau)}{i_d(\tau)}=\frac{1}{\sigma^2-1}\{\sigma\exp(-\tau)-1+\sigma^2(\pi T)^{1/2}\exp(T)[\mathrm{erf}(\sigma T^{1/2})-\mathrm{erf}(T^{1/2})]\} \tag{17.6.1}$$

其中，$T=\tau/(\sigma^2-1)$，$\sigma=\theta/(1-\theta)$，$\tau=lt$，而 l 是 θ、D 以及孔隙大小和分布的函数[89]。假设膜不厚，从而电化学反应物能快速通过孔隙。此外，假设 R_0/r_0 不是很大。

图 17.6.3(a) 给出了不同 θ 值时 $i(\tau)/i_d(\tau)$ 曲线，注意，在短时间内（小的 τ 值），电流比值保持极限值 $1-\theta$（上面的示例①）。长时间后扩散层增大到与 R_0 相当的厚度时，比值接近 1（上面的示例"③"的极限）。中间区域的位置取决于 θ 和 r_0 值，因此，可由 $i(\tau)/i_d(\tau)$ 相对于 t 作图确定这些参数。

具有类似计时电流行为的竞争物理模型不涉及活性位点阵列，而是考虑了电反应物在膜中的分配及其由膜内向电极表面的扩散，这是在 17.5.2 (2) 节中讨论的膜模型。电流的表达式归一化到裸电极电流为[90]

$$\frac{i(\tau)}{i_d(\tau)}=u\left[1+2\sum_{j=1}\left(\frac{1-u}{1+u}\right)^j\exp(-j^2/\tau)\right] \tag{17.6.2}$$

其中，$\tau=D_S t/l^2$，$u=\kappa(D_S/D_A)^{1/2}$。通常 l 是膜厚度；κ 是物质 A 的分配系数；D_A 和 D_S 分别

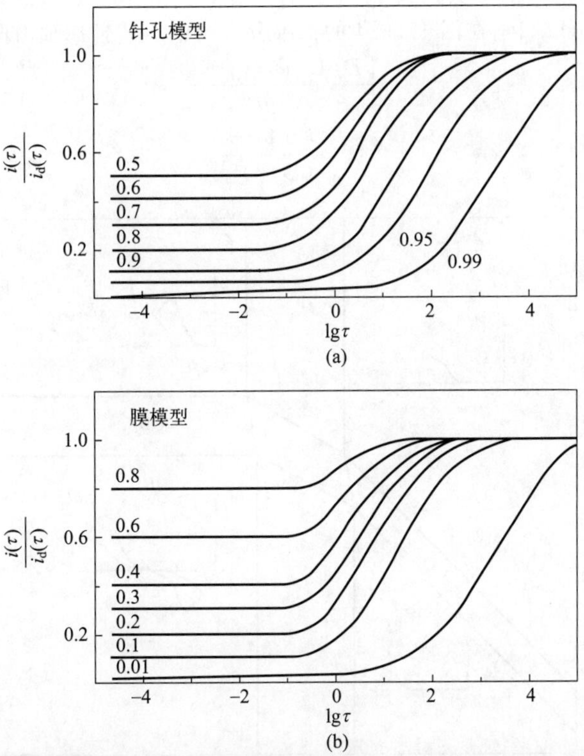

图 17.6.3　假设为针孔（a）和膜（b）模型的阻碍膜修饰电极的计时电流（电势阶跃）实验工作曲线
针孔模型（a）和膜模型（b）的曲线标注分别为覆盖度 θ 值
（封闭面积分数）和 $u=\kappa(D_S/D_A)^{1/2}$ 值（引自 Leddy 和 Bard[75]）

是物质 A 在溶液和膜中的扩散率。图 17.6.3(b) 为膜模型 $i(\tau)/i_d(\tau)$-lgτ 曲线。在短时间内，当扩散层厚度比膜厚度小时$[(D_S t)^{1/2} \ll l]$，电解完全发生在膜内，其特征是扩散系数 D_S 和初始浓度 κC_A^*。这些条件下 $i(\tau)/i_d(\tau)$接近 $\kappa(D_S/D_A)^{1/2}$。在长时间下，扩散层完全扩展到溶液相中，并且在膜中的扩散成为实验的次要方面，电流接近电极的 Cottrell 电流，并且 $i(\tau)/i_d(\tau)$接近 1。

在阻碍层的研究中，区分针孔行为和膜行为具有实际意义。这两种模型的计时电流法的相似性，在图 17.6.3 中清楚可见，表明需要进行仔细研究。这种类型的计时电流法研究涉及聚（乙烯基二茂铁）薄膜（$l \approx 1\mu m$），其中 BQ 或 MV^{2+} 是电化学反应物[75]。对于该体系，膜模型比针孔模型更符合实验结果，并估算了 κ 和 D_S 值。

在许多实际体系中，上述确认的简化假设不成立，需要更复杂的模型。处理通常需要模拟，但解释方法基本一致。

(2) 循环伏安法

当通过计时电流法研究阻碍膜电极时，仅在传质控制极限下进行测量，其中电子转移动力学对结果无影响。因为观测的是全波，循环伏安法完全不同。阻碍层修饰电极的活性位点处的电流密度大于裸露电极处的电流密度，因此，所需的过电势更大，除非动力学简单到体系基本上保持可逆。

对于阻碍层较薄且通道中的传输时间可忽略不计的体系，该问题与在 UME 阵列上的 CV 基本相同。有一个通用的处理方法[91]，但我们只会在基于图 17.6.2(b) 模型早期的、更简单的方法中考虑[92]。如此，$\pi r_0^2/(\pi R_0^2) \approx 1-\theta$，$r_0 = R_0(1-\theta)^{1/2}$，因此 θ 和 R_0 充分描述了几何形状。除了这些变量之外，一步单电子反应

$$A + e \xrightleftharpoons{k^0,\alpha} B \tag{17.6.3}$$

的 CV 仅取决于标出的动力学参数以及 A 和 B 的浓度和扩散率。如果假设后者相等，并且 α 取 0.5，预测的行为[92] 可以归纳在图 17.6.4 的二维分区图中，其坐标轴由两个无量纲参数定义，

$$\lambda=\frac{[D(1-\theta)/(fv)]^{1/2}}{0.6R_0} \tag{17.6.4}$$

$$\Lambda=\frac{k^0(1-\theta)}{(Dfv)^{1/2}} \tag{17.6.5}$$

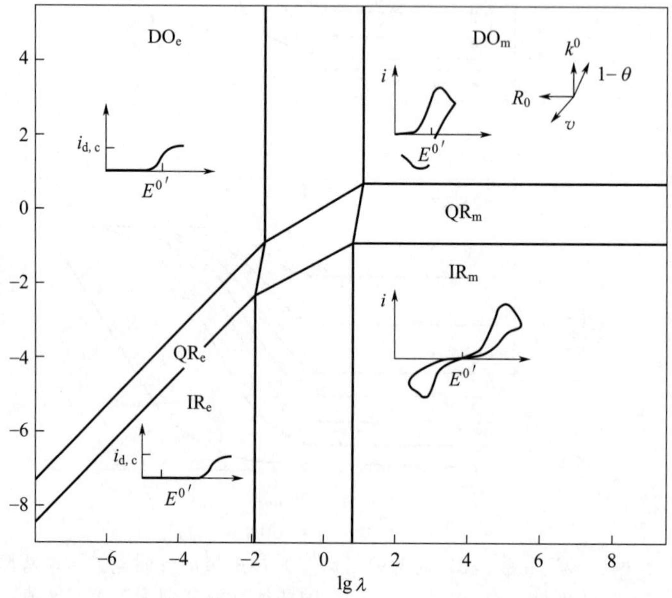

图 17.6.4 具有类圆盘状活性区域的钝化电极上 CV 的分区图

无量纲参数 λ 和 Λ 分别由式(17.6.4) 和式(17.6.5) 定义。右上角的图例显示了由确定的实验参数增加引起的变化方向。分区的标示在正文中进行了讨论（改编自 Amatore，Savéant 和 Tessier[92]）

对较大 λ 值（例如，低扫速下），扩散层厚度比位点间距大，因此，单个位点的扩散场如图 6.1.6(c) 所示叠加。在图 17.6.4 中，相应的分区下标为“m”［表示“重叠（merged）”］。电极表现得好像整个面积——封闭的和未封闭的均有活性，但异相速率常数明显降低到 $k^0_{app}=k^0(1-\theta)$。如果 k^0 足够大，Λ 保持高值（DO_m 区），则观测到 Nernst 循环伏安曲线。如果 Λ 不那么大，则 CV 变为准可逆（QR_m 区）或完全不可逆（IR_m 区）。

对于较小的 λ 值（例如，在较高的扫速下），扩散层厚度小于活性位点的间距，其行为具有孤立的圆盘 UME 组合体的特征，如图 6.1.6(b) 所示［分区标签下标为“e”，表示“组合体（ensemble）”］。如果时间尺度保持足够长以在每个活性位点确立稳态扩散，则观察到 UME 的典型 SSV，但具有按活性位点数量缩放的极限电流。如果电极的总几何面积为 A，则有 $p\approx A/(\pi R_0^2)$ 个活性“圆盘”，总极限电流为

$$i_{d,c}=4FD_AC_A^*r_0p=\frac{4FAD_AC_A^*(1-\theta)^{1/2}}{\pi R_0} \tag{17.6.6}$$

在 DO_e 区，Λ 足够大，以确保反应的可逆性。在 QR_m 和 IR_m 区，动力学缓慢，因此峰变宽并偏移到更远的电势。

对这个问题的更通用的处理[91] 产生了分区图的更精细版本，但具有相同的九个行为范例。

17.6.2 通过阻碍膜的隧穿

根据定义，17.5 节讨论的中介电子转移类型不会在阻碍膜内发生，然而对非常薄的膜，如烷基硫醇的 SAM 或氧化层，电子可以隧穿势垒产生法拉第反应。这一现象在电子器件、金属表面钝化以及电子转移动力学基础研究中具有重要意义。

3.5.2 节讨论了电子隧穿基本概念。隧穿速率随距离呈指数衰减，表明只有阻碍膜不超过约

2nm 情况下该过程才变得重要。

对电子隧穿到或离开氧化还原中心的研究通常有两种类型。一种涉及阻碍膜和溶液中的电活性分子[图 17.6.5(a)]；另一种涉及连接链上，与电极附着位点相反一端束缚的（tethered）电活性基团，通常与无电活性基团的分子混合成单层［图 3.5.2 和图 17.6.5(b)]。在任何一种研究中，重点都是：①电子转移的速率常数如何随电活性中心与导电电极表面之间的距离变化；②它如何受到电势或其他实验条件的影响。

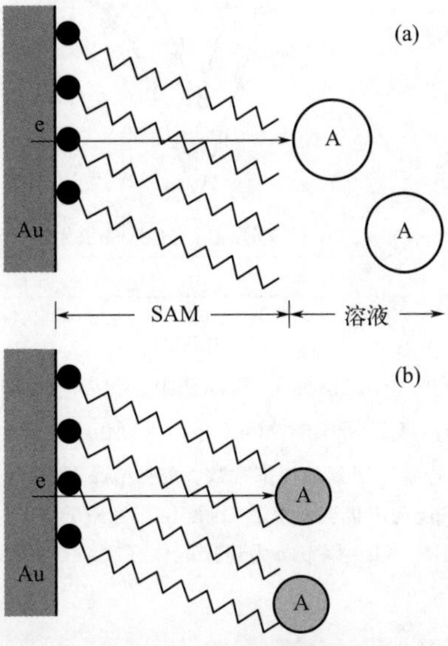

图 17.6.5　表层电子隧穿

(a) 通过阻碍层到达电活性溶质 A 及 (b) 共价结合在表层的电活性基团（尾基）A

要想进行有意义的测量，阻碍膜中一定不能存在允许溶液中电活性物质或束缚的电活性基团直接进入基底表面的针孔或其他缺陷。另外膜应该具有明确的结构，从而电活性基团与基底的距离恒定且已知。

与溶解的电反应物相比，尽管异质性、衬底的粗糙度和膜缺陷仍然可能起作用，束缚的电活性物质的实验工作对针孔的敏感性较低。对于束缚的电化学反应物，电子转移速率常数 k 具有一级反应的单位（s^{-1}）。速率常数可通过如前所述的用于电活性单层的伏安法测定（17.2.3 节）；或者，可采用 6.7 节所述的电势阶跃计时电流法，在这种情况下，电流遵循简单的指数衰减[86,93-94]。

这类结果如图 17.6.6 所示，其中可以看出，速率常数与过电势并不保持单纯指数关系。Marcus 模型预测了高过电势下的翻转，但 Butler-Volmer 模型未能预测到［3.5.4（1）节］。

在处理溶解的反应物时，阻碍层的质量是非常重要的，因此，已经发展了表征它的实验方法[86,95-97]。TiO_2 和 Ta_2O_5[97] 阻碍层表现出良好的性能，特别是在 UME 上，无缺陷的面积无需很大，因为在这类实验中，电化学反应物是自由扩散的，所以速率常数是异相电子转移的典型值（例如 k^0 或 k_f，单位为 cm/s），通常可以从 SSV、CV、计时电流法、EIS 和其他技术中获得。

在将单个金属颗粒（例如半径为几纳米的 Pt）置于覆盖有薄氧化层的 UME 上的实验中，通过阻碍层的隧穿被完全不同地利用[98-99]。在这种情况下，隧穿发生在颗粒和 UME 这两个导电相之间。如果氧化物层厚度适当，UME 则保持与电解液中物质的电化学完全无关，但是颗粒受到了隧穿[98] 的有效支持，可以用作活性电极。使用 $r_0=1\sim40$nm 的 Pt 颗粒，并通过 KL 法进行分析（5.4.6 节），在 0.1mol/L KNO_3 中，测得 $Ru(NH_3)_6^{3+}/Ru(NH_3)_6^{2+}$ 的 k^0 为 36cm/s[99]。第 19 章对涉及单颗粒电化学的实验进行了更充分的讨论。

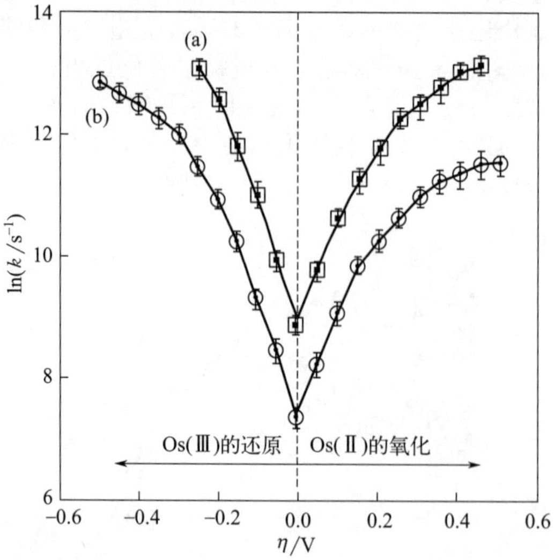

图 17.6.6 在氯仿+0.1mol/L TBAP 中，ln$k$ 与修饰在 Pt-UME 上、
以锇为氧化还原中心的 $Os(bpy)_2Cl(pnp)^{3+}/Os(bpy)_2Cl(pnp)^{2+}$ 过电势（$\eta=E-E^{0'}$）的关系图
k 是电势从 $E^{0'}$ 跃迁到 E 后计时电流法得到的速率常数。配体 pnp 是 $py(CH_2)_n py$，其中 py 是 4-吡啶基。
一个末端 py 与电极表面上的 Os 配位，另一个与 Pt 原子配位
（a）以 p2p 为连接配体；（b）以 p3p 为连接配体（改编自 Forster 和 Faulkner[94]）

17.7 其他表征电极修饰层的方法

虽然电化学方法提供了一种研究修饰电极热力学和动力学的有效方法，但它们提供的关于化学/物理结构或有关元素组成的信息很少。更全面表征需要许多如第 21 章所述的非电化学方法：

① 膜结构可利用扫描电子显微镜（SEM，STEM）和各种扫描探针显微镜（STM，AFM，SECM，SECCM）获得；

② 元素组成可由带有能量散射 X 射线光谱（EDS）的 SEM 或光电子能谱（XPS）获得；

③ 表面层中成分的分子特征可利用振动光谱（SERS，SEIRAS，HREELS，TERS）来确定；

④ 电化学过程中的质量变化可以通过石英晶体微天平（QCM）进行测量；

⑤ 膜厚度 l 是解释许多电化学实验的关键参数。通常在假定膜密度的值后，根据电极上的材料量来估算。椭圆测量法在测量薄膜厚度 l 和监测薄膜生长方面特别有用。厚度也可以通过轮廓仪、AFM 和 SECM 来确定。

原位（in situ）方法之所以受到重视，是因为从电化学环境中移出修饰电极通常会引起实质性的化学和物理变化。例如，如果薄膜去溶剂化，厚度可能会明显改变。

人们经常假设整个修饰层的组成和性质是均匀的，因此 D_S 和 D_E 等参数是常数。然而，组成和扩散系数可能是到基底的距离的函数，特别是对于较厚的膜。SECM 可用于探测薄膜内部，并根据穿透深度在针尖进行电化学实验（18.7.3 节）。

17.8 基于电活性层或电极修饰的电化学方法

我们将通过介绍采用带有电活性层或表面修饰的电极在 4 个电化学领域所取得的进展来结束本章。

17.8.1　电催化

第 15 章对具有技术重要性的电极反应电催化（其中许多是大规模进行的）进行了广泛总结。用于能量转换和电合成的电化学体系经常使用修饰电极[100-103]。

用于这种目的的电极通常是多孔的，因此它们具有足够的活性面积来支持实用的电解速率。它们通常由高比表面积碳制成，将其在用作集流器的丝网周围与惰性黏合剂（通常是聚合物）压实。虽然这种结构对于预期的应用来说足够坚固，但它通常不会支持所需的电极反应，因为它不具有电催化活性。因此，微量的电催化剂——通常是一种具有催化活性的贵金属，如 Pt 或 Pd，或一种具有催化活性的过渡金属化合物，如钴氧化物——在黏合之前被“修饰”到碳颗粒上。尽管这些电极不涉及分层修饰，但它们起作用是因为它们确实被修饰，并且可以使用本章中已经介绍的原理和实验方法来理解它们。

尺寸稳定的阳极［DSA；20.1.5（1）节］广泛用于氯碱行业，是一种不同类型的修饰电极。它们的结构是在非催化金属表面（通常为 Ti）完全覆盖一层催化活性的过渡金属氧化物（如 RuO_2-TiO_2）。

17.8.2　基于酶修饰电极的生物电催化

催化两个底物分子之间的电子转移反应的酶，为进行氧化还原反应提供了一种手段，否则很难实现电化学反应[104-106]。这些酶被称为氧化还原酶（oxidoreductase enzymes）⑩，因为氧化和还原发生在同一个酶上，电子从供体分子转移到受体分子[图 17.8.1(a)]。

一个众所周知的例子是葡萄糖氧化酶 GOx，它催化 O_2 氧化葡萄糖产生 D-葡萄糖酸-1,5-内酯和 H_2O_2：

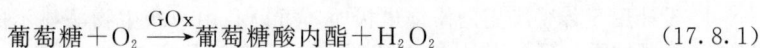

$$葡萄糖 + O_2 \xrightarrow{GOx} 葡萄糖酸内酯 + H_2O_2 \tag{17.8.1}$$

然后葡萄糖酸内酯水解成葡萄糖酸。

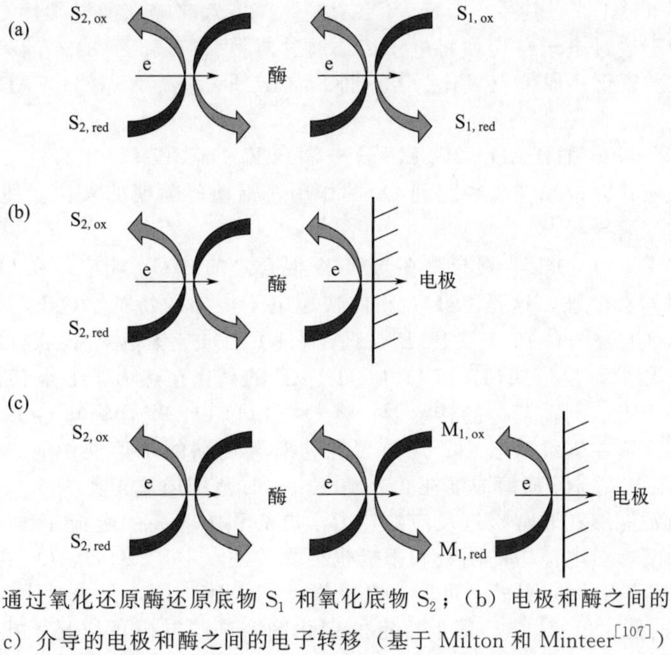

图 17.8.1　(a) 通过氧化还原酶还原底物 S_1 和氧化底物 S_2；(b) 电极和酶之间的直接电子转移；(c) 介导的电极和酶之间的电子转移（基于 Milton 和 Minteer[107]）

GOx 的活性位点是位于酶内部的氧化还原辅酶——黄素腺嘌呤二核苷酸（FAD/H_2FAD），它充当了氧化还原中介体，作为两个不同过程的净结果，完成反应式(17.8.1) 过程：

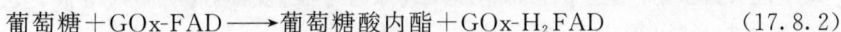

$$葡萄糖 + GOx\text{-}FAD \longrightarrow 葡萄糖酸内酯 + GOx\text{-}H_2FAD \tag{17.8.2}$$

---

⑩　电化学文献中也称为“redox enzyme（氧化还原酶）。”

$$GOx\text{-}H_2FAD + O_2 \longrightarrow GOx\text{-}FAD + H_2O_2 \qquad (17.8.3)$$

二者均是复杂的内层反应，涉及 O_2 和葡萄糖与活性位点的结合，以及电子和质子二者的转移。对于自发发生的反应式(17.8.2) 和式(17.8.3)，氧化还原电势的顺序一定遵循 $E^{0'}(O_2/H_2O_2) > E^{0'}(FAD/H_2FAD) > E^{0'}$(葡萄糖/葡萄糖酸内酯)。在 pH 为 7 时，这 3 个电对的 $E^{0'}$ 的值（vs. NHE）按下降顺序为：0.281V、−0.080V[108] 和−0.36V[109-110]，因此，反应式(17.8.2) 和式(17.8.3) 根据要求均是热力学可行的。

氧化还原酶的催化活性，可以通过用电极取代其中一个底物分子而方便地用于电化学体系[图 17.8.1(b)，(c)]。电极的作用只是供给或移走酶的电子，允许其催化感兴趣的反应。例如，在葡萄糖氧化的情况下[式(17.8.1)]，电极可以作为电子阱（sink），取代必需的分子氧化剂 O_2。

在电化学体系中，氧化还原酶通常用在电极表面修饰层中，或者直接与电极接触，或者更经常地作为聚合物水凝胶的组分[111]。吸附的酶和电极之间的直接电子转移通常非常缓慢，因为酶通常相对较大（直径约 5～15nm），氧化还原活性中心距离蛋白质外表面足够远，直接电子转移的距离超过了电子的隧穿距离（约 0.8nm）[112]。虽然像 O_2 和葡萄糖这样的小分子可以自由扩散到活性位点并发生反应，但大多数氧化还原酶不能在电极上直接氧化或还原⓫。

因此，可以接近活性位点的氧化还原中介体（redox mediator）通常用于促进电极和酶之间的电交流［图 17.8.1(c)］。它可能是一种小的氧化还原活性溶质，也可能是与酶共沉积在电极表面的氧化还原活性聚合物。氧化还原酶在电化学中的许多应用依赖于介导的电子转移来最大化酶所能支持的电流。当不使用中介体时，采用特殊的预处理来促进长程电子转移，例如，用分子修饰电极表面，该分子使酶取向有利于直接电子转移[107,113]。

在设计用于传感应用的修饰电极时，可以利用一些生物酶显示的高特异性[114-115]。图 17.8.2(a) 显示了一个例子，其中氧化还原聚合物将电子从 GOx 传导到电极表面[70]。这种聚合物与 GOx 以及交联剂共沉积，形成相对较厚的膜（约 4μm），当润湿时，薄膜会膨胀，形成水凝胶结构。氧化还原中心（OsL_3^{2+}，其中 L＝N,N'-二烷基-2,2′-双咪唑）通过柔性 C_{13} 烷基间隔连接到聚合物骨架上，用于通过电子自交换将电子传输通过薄膜［17.5.2 (3) 节］。向电极施加足够正的电势，将 Os(Ⅱ) 氧化还原位点氧化为 Os(Ⅲ)，Os(Ⅲ) 然后氧化 H_2FAD，导致葡萄糖的氧化和 FAD 的再生。

$$GOx\text{-}H_2FAD + 2OsL_3^{3+} \longrightarrow GOx\text{-}FAD + 2OsL_3^{2+} + 2H^+ \qquad (17.8.4)$$

OsL_3^{3+} 有效地在反应式（17.8.3）中起到 O_2 的作用，驱动葡萄糖的氧化。使用氧化还原聚合物传输电子有时被称为酶导线[116]。

图 17.8.2(b) 显示了 OsL_3^{2+} 聚合物在与 GOx 混合之前的 CV 响应。在 OsL_3^{2+} 膜内存在一个 $\Delta E_p \approx 5$mV 的几乎对称的波，这是 OsL_3^{2+} 膜内快速电子传导的特征。OsL_3^{3+}/OsL_3^{2+} 膜内的形式电势相对于 Ag/AgCl 为−0.195V，比 $E^{0'}(FAD/H_2FAD)$ ［相对于 Ag/AgCl（1mol/L）为−0.277V］略正，因此，反应式(17.8.4) 中 H_2FAD 的氧化在热力学上是有利的。

为了制备一种用于监测葡萄糖的传感器，将 $Os^{2+}/Os^{3+}L_3$ 聚合物与 GOx 和交联剂混合制成水凝胶，然后将其涂覆在碳纤维表面。当放置在含有葡萄糖的水溶液中时，修饰电极显示 SSV［图 17.8.2(c)］极限电流与葡萄糖浓度在 0～100mmol/L 范围内成正比。

酶修饰电极通常能够在非常接近反应的热力学电势和中等高的电流密度下进行所需的反应，因此，它们作为酶基燃料电池中的阴极和阳极也很受关注[117-119]。例如，O_2 到 H_2O 的 4e 还原可以在生理 pH 下，在基于酶的阴极上进行，电极设计与上述类似，只是其上结合了多 Cu 原子氧化酶作为 O_2 还原的催化位点[120]。基于特定的催化剂，这些电极可以显示出小于 100mV 的 O_2 的 4e 还原过电势（相对于 pH 为 6～7 时的 $E^{0'}$）[121]，显著低于在 Pt 或其他金属电催化剂上观察到的过电势。

图 17.8.3(a) 描绘了用于将 CO_2 还原为甲酸盐的不同酶修饰电极。这里，该酶是钼依赖性甲酸脱氢酶（Mo-FDH），它能够使 CO_2 和甲酸盐相互转化，

⓫ 参考文献［112］报道了对 GOx 和电极之间直接电子转移观测结果的严格讨论。

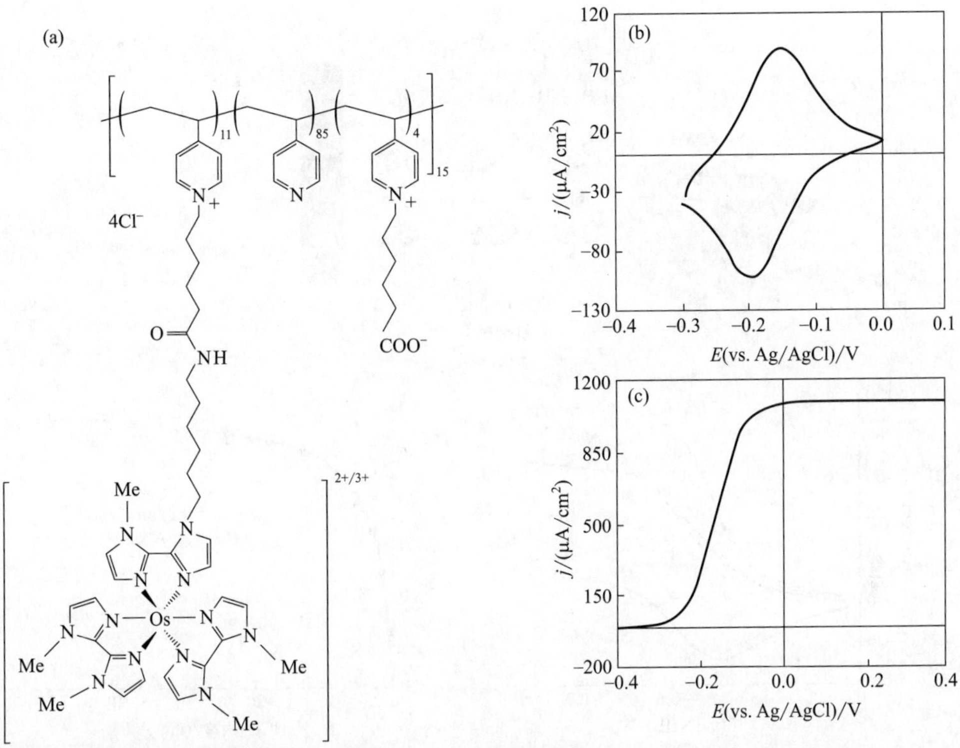

图 17.8.2　(a) 设计用于将 GOx 的反应中心电连接到电极的 Os(Ⅲ)/Os(Ⅱ) 氧化还原聚合物的结构；(b) 图 (a) 中的聚合物在直径为 3mm 的 GC 电极上形成的非交联吸附膜的 CV

在 0.1mol/L NaCl、20mmol/L 磷酸盐缓冲液 (pH 7) 中，Ar 气气氛、$T=37$℃、$v=20$mV/s，首先从−0.3V 开始正扫，阳极电流向上；(c) 如文中所述修饰的直径为 7μm、长度为 2cm 的碳纤维上的 SSV ($v=1$mV/s)，在含有 15mmol/L 葡萄糖的磷酸盐缓冲液中，在空气气氛下，$T=37.5$℃，扫描开始于−0.4V，阳极电流向上 (改编自 Mao，Mano 和 Heller[70])

$$CO_2 + H^+ + 2e \rightleftharpoons HCOO^- \tag{17.8.5}$$

它经氧化还原活性二茂钴聚合物连接到碳电极，Co(Ⅱ)/Co(Ⅰ) 电对的 $E^{0'}$ 相对于 NHE 为 −0.576V，略负于 CO_2/甲酸盐电对的 $E^{0'}=-0.420$V。最靠近电极表面的二茂钴中心的还原导致电子传输到 Mo-FDH 的活性位点，在那里它们被用来将 CO_2 还原为甲酸盐。图 17.8.3(b) 显示了在不含和含有 20mmol/L $NaHCO_3$ 时该酶电极的 CV 响应，$NaHCO_3$ 在 pH 6 下离解为 CO_2 和 H_2O。在不存在 $NaHCO_3$ 的情况下，伏安响应对应于 $E^{0'}$[Co(Ⅱ)/Co(Ⅰ)] 处聚合物结合的茂钴中心的可逆还原。加入 $NaHCO_3$ 后，阴极电流增强并达到极限平台，而无反向阳极波。这些伏安特征是电催化响应的特征 (13.3.4 节)。

电化学测量还提供了关于酶反应动力学的基本信息。图 17.8.3(c) 显示了在 −0.66V (vs. NHE) 下测得的 CO_2 还原的稳态催化电流与 $NaHCO_3$ 浓度的关系图。这些电流遵循 Michaelis-Menten 模型，表观 Michaelis 常数 K_M 为 (2.5±0.2)mmol/L $NaHCO_3$，最大酶促反应速度对应于最大电流密度为 (62±1)μA/cm²。将 CO_2 转化为甲酸盐的法拉第效率为 95%，反映了茂钴聚合物将电子传输到电催化 Mo-FDH 位点的高效性。

更复杂的策略是基于酶修饰电极，其中使用两种或多种酶来进行整个多步反应的连续生物催化步骤，该过程被称为级联 (cascaded) 生物电催化[123]。

17.8.3　电化学传感器

传感器在健康管理、安全保证、环境监测和过程控制等方面引起了人们的广泛关注。它们的工作原理非常多样化。大多数测量的是物理或化学变量，其他只是对事件简单地计数。

化学传感器是一个分支，主要设计用于分析目的。目标是实现一种，在与预期应用相关的浓

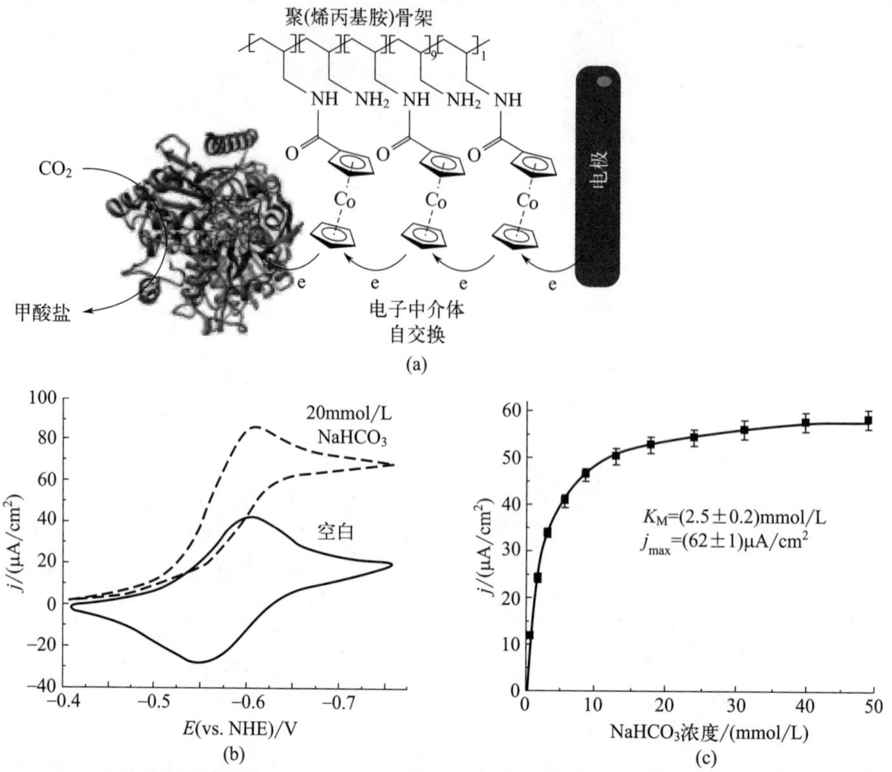

图 17.8.3 (a) 通过用茂钴氧化还原聚合物 Co-PAA 固定在电极表面的 Mo-FDH 对 CO_2 进行电酶还原 (electroenzymatic reduction); (b) Mo-FDH/Co-PAA 修饰电极

在 1mol/L 磷酸钾缓冲液 (pH 6) 中不含 (实线) 和含有 (虚线) 20mmol/L $NaHCO_3$ 时的 CV, $v=1mV/s$; (c) 在 $-0.66V$ (vs. NHE) 下的伏安电流密度随 $NaHCO_3$ 浓度的变化 (改编自 Yuan 等[122])

度范围内，对特定化学分析物（或一类分析物）做出理想且无干扰响应的装置。大多数化学传感器预期在基质效应可能具有挑战性的复杂情况下，仍能够可靠运行，因此，无论环境如何，该装置都必须包含确保选择性的特性。

在一些传感器中，关键的测量或化学转化是电化学的，几乎所有这些电化学传感器可分为四类：

① 安培或库仑传感器，其中主要测量的是由分析物的电化学氧化或电化学还原产生的电流（或积分电流）。广泛使用的例子包括 Clark 氧电极（2.4.4 节）、室内空气中 CO 监测仪和商用电化学葡萄糖传感器［17.8.3（1）节］。

② 电势传感器，其中主要测量的是选择性界面相对于参考电极的电势。一个主要的例子是玻璃 pH 电极（2.4.2 节），它可能是最早的实用电化学传感器。几乎所有其他 ISE（2.4 节）也都是电势传感器。

③ 伏安传感器，设计用作电分析伏安法（通常为 DPV、SWV 或溶出伏安法）的工作电极，主要测量伏安法的峰高或波高。17.8.3（2）节提供了一个例子。

④ 光电传感器，通过光子检测电化学过程。许多例子都建立在电致化学发光（ECL）现象的基础上，其中电子转移产生发射激发态。ECL 将在 20.5 节中介绍，它灵敏度很高，并且已经被非常成功地用于分析。

数以万计的出版物报道了电化学传感器的研究，提出了无数的概念。一个全面的总结是不切实际的，但考虑主要挑战和设计原则仍然是有用的，由以下两个例子来说明。

(1) 葡萄糖传感器

商业产品中成功的最好例证是基于图 17.8.2 概念的 Heller 葡萄糖传感器[73,124]，17.8.2 节讨论了基本原理。在这里，我们专注于成品，这些成品自 2000 年以来已经商业化了好几代⑫。专注于产品的重点是强调如何掌握设计的挑战。[译者注：实际上，牛津大学的 Allen Hill 教授等是第一个提出采用 GOD 与中介体制备葡萄糖传感器原理的，基于他们的工作，该类葡萄糖传感器于 1989 年商品化。Heller 等的葡萄糖传感器仅是 Allen Hill 等的改进型。]

糖尿病的管理取决于葡萄糖的测量，最好是由患者每天几次甚至连续测量。从历史上看，这项任务是通过指尖点刺采集血液来完成的。开发新的测量系统的主要目标是使过程对患者更舒适，提高获得结果的频率，提高性能的可靠性和质量，并减少患者所需的注意力。

在首个基于 Heller 概念[73] 的商业传感器中，葡萄糖传感器位于一次性测试条的一端，只需要 300nL 的血液，这些血液可以从比指尖敏感度低的区域（如前臂）的一个小刺点上采集。条带的另一端固定着一组电子连接器，并接入到电势控制、测量和读出的模块中。该条带由多层塑料制成，具有丝网印刷特征，包括一个通过毛细管作用吸收血液的精确体积通道。通道的一侧是一个功能性修饰的工作电极，如图 17.8.2 所示⑬。测量基于库仑法。基本上，在仅需几秒钟的测量过程中，捕获体积中的所有葡萄糖都被电催化转化为葡萄糖酸内酯。该设备及其后续产品在国际上仍在广泛使用，已制造的数十亿测试条被患者使用。

基于 Heller 传感器的最新商业产品是一种葡萄糖连续监测仪（continuous glucose monitor），该监测仪具有植入皮肤下的电极。显示电势控制和记录数据的设备主体不是植入的，而是在电极皮下植入的位置黏附安装在皮肤上（通常是上臂）的一个小吊舱（pod）。传感单元安装在一个长约 5mm 的单个元件上，具有约 330μm 宽、约 200μm 厚的矩形横截面。它的大小与一根细（30 号）皮下注射针大致相同。整个元件，包括修饰的工作电极、参比电极和对电极，通过在聚酯基底上丝网印刷制成。该系统对皮下间质液而非血液进行采样，并可在原位停留长达两周。

碳工作电极具有两种不同的修饰层［图 17.8.4(a)］，均基于聚合物：

① 与电极表面接触的内层基本上具有结合图 17.8.2 讨论的修饰层的特征。它提供了来自间质液的葡萄糖介导的电催化氧化。

② 面对间质液的外层（译者注：层 2）具有两个目的：

(a) 限制葡萄糖从间质液向内层的扩散。该层是葡萄糖的扩散率远低于间质液中的扩散率的膜，因此支持葡萄糖传输的扩散分布基本上完全控制在该膜中。虽然该层降低了葡萄糖的流量（因此降低了测量的电流），但它通过提供更宽的线性范围并使传感器对由电极的放置或患者的物理运动引起的间质液中的传输变化不敏感来提高性能。这种膜还提高了装置的选择性。

(b) 在传感器的功能部分和活体之间建立一个惰性的、生物相容的屏障，同时仍然允许葡萄糖和小离子进入。由于工作电极是长时间植入的，这是一项重要措施。生物不相容性不仅会影响患者的健康，而且，如果患者的身体通过在植入电极外表面形成沉积物做出反应，设备的性能也可能降低。

该系统通过在连续的 1min 内对稳态电流进行平均来测量葡萄糖，并且它可以存储数小时的每分钟数据。结果通过遥测发送到专用模块或移动电话上，用户可以用此检查结果。当血糖水平高于或低于可接受界限时，会触发警报。

与植入式系统相关的一项重要研究涉及皮下间质液与全血中葡萄糖测量对照的可靠性[73]。图 17.8.4(b) 显示的结果表明，所有方法获得的临床信息基本相同。

可靠、改进的葡萄糖传感器市场很大，它推动了相关概念的不断发展。有大量可用的综述，并经常更新[124-126]。

(2) 基于 DNA 适配体的传感器

第二个例子不是最终的商业产品，而是具有广泛潜在适用性的原理样机。众所周知，生物聚合物，特别是多肽和多核苷酸，可以结合靶分子，通常具有非常高的选择性。分子识别和结合发生在被称为适配体（aptamer）的生物聚合物片段上。分离适用于广泛靶标的适配体是可能的，

---

⑫ 来自 Abbott Laboratories 的 FreeStyle 商标。

⑬ 但是没有 Os(Ⅲ)/Os(Ⅱ) 配合物结合在聚合物上。由于测试条是一次性使用的，仅持续几秒钟，因此暴露于血液后该层的长期稳定性并不重要。

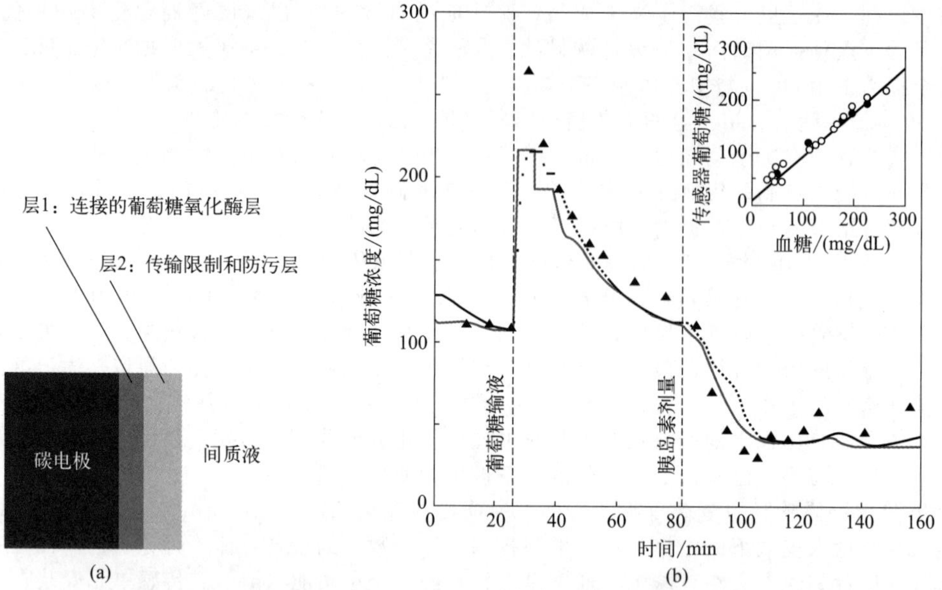

图 17.8.4 (a) 正文讨论的连续血糖监测仪中使用的修饰工作电极的示意图，每一层都有不同的作用。(b) 大鼠血液和皮下间质液中葡萄糖浓度的相似性，三角形：在抽取的血液中；虚线：在静脉中，由传感器测量；实线：在皮下间质液中，通过传感器测量。在指定的时间给大鼠注入葡萄糖和随后的胰岛素剂量。图 (b) 中的插图：间质液中的传感器测量与抽取血液中的分析关系图

［图 (b) 部分经 Heller 和 Feldman[73] 许可转载］

靶标包括大小生物分子、有机分子和无机物[127]。在这里，我们将看到适配体可以被用作电极的修饰剂，并且它们在电极的电化学响应中具有高度的选择性[127-130]。

事实上，分子识别这一事实正是用来赋予刚刚讨论过的 Heller 型葡萄糖传感器选择性的。在这种情况下，策略是利用进化的酶发挥其正常的生物学作用。就像在自然界中一样，葡萄糖氧化酶被用来识别和氧化葡萄糖。本节策略有所不同，仅使用适配体，适配体可以从 DNA、RNA 或多肽样品中选择，用于可能在自然界中罕见或根本不出现的分子。

图 17.8.5(a) 说明了基于选择性结合可卡因的 DNA 序列的体系的概念[128]。DNA 适配体通过在一端添加硫醇官能团和在另一端添加亚甲基蓝（MB）标记进行衍生。衍生的适配体可以通过不可逆的巯基键合固定在金表面，就像本章前面讨论的 SAM 一样。这可以简单地通过将干净的 Au 表面暴露于适配体的溶液中来完成。随后，将电极暴露于短链硫醇的溶液中，短链硫醇与适配体未覆盖的位点结合，对于图 17.8.5，该组分为 6-巯基-1-己醇。

标记物 MB 可在 $2e/1H^+$ 非均相过程中还原为无色亚甲蓝（LMB），

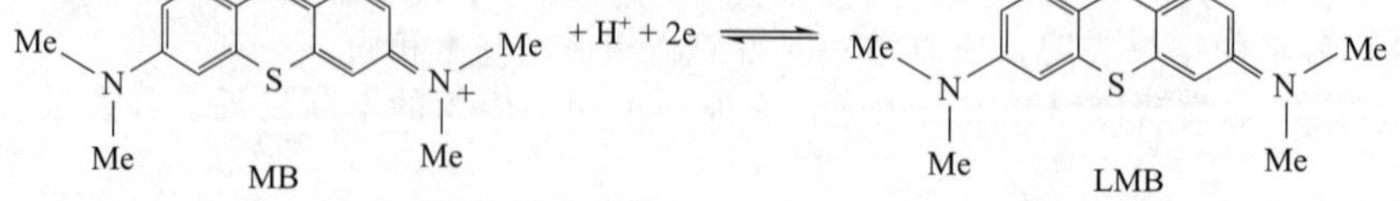

(17.8.6)

对于该反应，在中性 pH 下，$E^{0'}$ 接近 -0.3V (vs. Ag/AgCl)[131]。标记的适配体可以通过伏安法进行查证，图 17.8.5(b) 显示交流伏安法中有一个充分伸展的峰。

在不存在可卡因的情况下，适配体应自行伸展，将离子化 MB 基团大部分留在 SAM 外边界的水溶性区域中。因此，可以预期，表面层中仅少数 MB 足够靠近电极表面参与法拉第过程，图 17.8.5(b) 显示，有些确实足够接近。当修饰电极暴露于可卡因时，交流响应显著增强，这种效应归因于可卡因结合时适配体的折叠，这被认为是更大比例的 MB 标记物与电极发生法拉第过程。

图 17.8.5(c) 显示了相对空白值峰高的百分比变化与 SAM 外 pH=7 的柠檬酸盐缓冲液中可

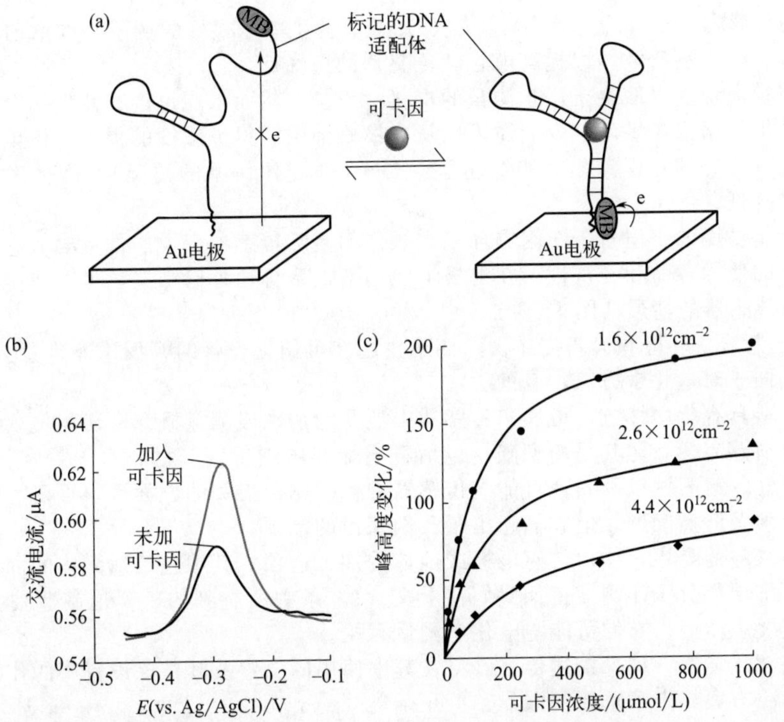

图 17.8.5　(a) Au 电极上固定的、标记的 DNA 适配体上的靶标结合示意图。电活性标记物 MB 是亚甲基蓝。(b) 固定的适配体上标记的 MB 的交流伏安曲线。扫描从正端开始向负扫。(c) 交流伏安峰高度变化百分比相对于本体溶液中可卡因浓度的关系。曲线上数字是电极上相应的适配体密度。通过在制造过程中将干净的 Au 表面分别暴露于 25nmol/L、60nmol/L 和 500nmol/L 浓度的适配体来建立不同的密度（从下到上）。实线对应（从下到上）(327±64)μmol/L、(101±8)μmol/L 和 (127±35)μmol/L 的离解常数（经 White 等人[129] 许可改编）

卡因浓度的关系，该行为符合热力学键合平衡的预期，在高浓度可卡因下达到饱和。

这些结果值得注意，因为它们具有潜在的通用性：

① DNA 适配体可以被界定用于广泛的靶标；

② 这里使用的锚定和标记技术对 DNA 适配体是通用的；

③ 靶标的结合是热力学可逆的，并且不需要额外的试剂，此外，适配体与电极的连接是持久的，因此构筑的该体系可重复使用；

④ SAM 的短链组分钝化了基底电极裸露的区域，以免与分析物溶液接触，从而减少残余电流并提高选择性。

适配体修饰电极对传感器的开发展现了相当大的持续活力[132-133]。我们将在 20.5.5 (3) 节不同的背景下中遇到另一个 DNA 修饰电极的例子。

(3) 传感器研发

电化学传感器的探索和发展是一个非常活跃的领域，许多专门的综述都涵盖了这一领域。在上述例子中，我们遇到了一些与成功有关的主要考虑因素，持续的研究涉及所有主要方面，现在分两组重新审视这些方面：

① 选择性、灵敏度和防污性。这三个因素共同决定了传感器在实际环境中的性能质量，这三者中最重要的是选择性。电化学测量本身并不具有高度选择性，因此，必须通过在电化学测量之前纳入一个额外的因素来赋予高度选择性。最有效的方法依靠选择性地接近电极：一种选择是在电极前面放置一个选择性筛子，允许分析物进入但拒绝干扰物，K^+ 的基于缬氨酸霉素的 ISE (2.4.3 节) 就是一个例子，正如刚才讨论的基于 DNA 适配体的体系；另一种选择是利用选择性

反应仅将分析物转化为在电极上可以检测到的物质，酶催化是实现选择性反应的一种实用方法，Heller 葡萄糖传感器［17.8.2 节和 17.8.3（1）节］就是一个很好的例子。本章前面讨论的电极修饰技术被进行了广泛研究，以提高电化学传感器的选择性。

灵敏度在很大程度上取决于用于测量的电化学方法，然而，通过选择性地结合在电极上进行预富集的体系可以增强灵敏度。人们还可以从电极修饰中获得灵敏度的提高，该电极修饰倾向于使所需电极过程之外的过程钝化（如上述基于 DNA 适配体体系的情况），这是确实的，因为钝化使残余背景降低。

防污措施是枯燥的，但对于在困难环境中操作的实际传感器来说非常重要。它们的有效性可以决定传感器的使用寿命和经济性。在电极上使用惰性聚合物外修饰层，可以获得显著成效，如 Heller 葡萄糖传感器的情形［图 17.8.4(a)］。

② 材料、制造、环境和设备支持。这四个主题在可销售设备的开发中非常重要。在下文中，人们会更加偏向于对电化学方法本身的关注。

当然，材料具有化学性质，可能与传感器中涉及的识别或测量概念密切相关。人们继续对电极修饰的新材料感兴趣，尤其是新型碳，包括石墨烯和碳纳米管。材料对于封装、生物相容性、防污、可制造性、耐磨性以及其他可能与传感器进行的测量无关的方面也很重要。传感器文献中有很大一部分涉及此类问题，但它们超出了我们探讨的范围。

总令人感兴趣的是用于构建传感电极或池体的加工选项。其中包括适配体的固定化、电极的丝网印刷或修饰层的分子印刷。正如我们在上文（1）条中所看到的，其他制造技术对商业产品的成功至关重要，然而，它们可能与电化学测量无关。

这里使用“环境”一词来描述传感器将在其中使用的设置及其在该设置中的作用。通常，环境对可能的解决方案界定了重要的限制。“可穿戴（wearability）”概念是一个环境概念的很好例子。例如，可穿戴的葡萄糖传感器，为与应用于血液样本或皮下间质液截然不同的测量概念打开了大门。然而，设想的操作环境往往更多地与全面的设备开发有关，而不仅是化学测量。

最后，我们谈到了设备支持，它包括电力、电子控制、遥测、用户界面和显示元素。这些对产品的成功都很重要，但它们是电化学测量的衍生，而不是其核心。除了提到本质上电化学概念的自供电（self-powering）外，其他不作详述。

许多传感器被设想用于生活体系中，并且人们对长期植入非常感兴趣。但存在障碍，其中之一是用于提供设备运行所需能量的机制。一个有趣的想法是结合体内（活体）（in vivo）可用的试剂驱动的生物燃料电池[134]。例如，可以使用图 17.8.2 中的修饰电极氧化葡萄糖，并在阴极将 O_2 还原为 H_2O。生物相容性是此类体系持续关注的问题。

17.8.4 活体法拉第电化学测量

定量法拉第测量现在用于活体组织靶向分子常规监测，特别是在施加刺激或治疗后的时间内。这方面在实验上要求很高，因为介质，例如血液或细胞间液，总是很复杂；此外，通常需要以空间精度对系统进行采样，可能在特定器官中的特定位置，甚至在单个细胞内[135-136]。

在这里包括这个主题是很自然的，因为活体的法拉第电化学通常依赖于吸附层的检测或修饰电极的使用。这样的工作通常分为两类：

① 使用标准方法（例如，CV）在裸的或修饰的工作电极上进行的直接法拉第测量，无论是真正的活体还是非原位检测新鲜的液体或组织的临床样品。

② 对活体中提取的临床样品进行有效分离，再进行非原位法拉第测量，例如 LC 或 CE 结合电化学检测和定量。

本节仅限于第①类，因为 12.5.3 节涵盖了第②类。活体法拉第电分析起源于监测功能脑组织中神经递质的需求[137]。自最初的实验[138] 以来，该领域已经得到广泛扩展[136,139-144]，许多研究人员，尤其是神经科学领域的研究人员，现在使用电化学测量。

(1) 一般考虑

对于体内植入的电极，精确的空间定位和对生物体影响最小的双重要求直接指向了对 UME 的需求。事实上，UME 在电化学中的广泛采用是自它们被引入作为生命体系中伏安法的工作电极之后发生的。实际上，所有活体法拉第电化学现在都是基于 UME 的。对于在体内采集的新鲜样品，非原位使用的工作电极在尺寸方面不受限制。

UME 的一个非常有用的优点是能够在两电极电解池配置中工作（1.5 节和 16.8.4 节）。对于体内测量，未补偿的欧姆降总是可以忽略不计的，并且与三电极系统相比，电极配置简化了。这些优点对于活体法拉第电化学是有吸引力的，因此两电极电解池被广泛使用。如果应用涉及临床样品的非原位测量，则可能需要三电极系统，尤其是使用更大的工作电极。

工作电极通常是暴露的碳纤维，用作圆柱形 UME。合格的电极可在市场上买到。否则，可以按照 5.9 节和 6.8.1 节中的讨论制备合适的 UME。由于电化学反应通常是由吸附层引起的，因此电极材料通常是成功的关键，碳是该领域的主要材料。

如果要将电极植入活体中，则必须仔细选择电极及其导线周围的绝缘材料，以确保生物相容性，尤其是在植入时间较长的情况下。这方面已进行了详细的综述[139]。

(2) 快速扫描循环伏安法

一种广泛使用的活体定量方法是快速扫描循环伏安法（fast-scan cyclic voltammetry，FSCV）[136,139,141,145-148]，其某些方面在 7.6 节中进行了介绍。它的发明是为了在几秒钟的时间尺度上跟踪神经递质，尤其是儿茶酚胺浓度随时间的变化。

多巴胺（DA）作为主要靶点[136,139-141,145-148]，将在这里用于说明该方法及其功能。相关的电极反应是

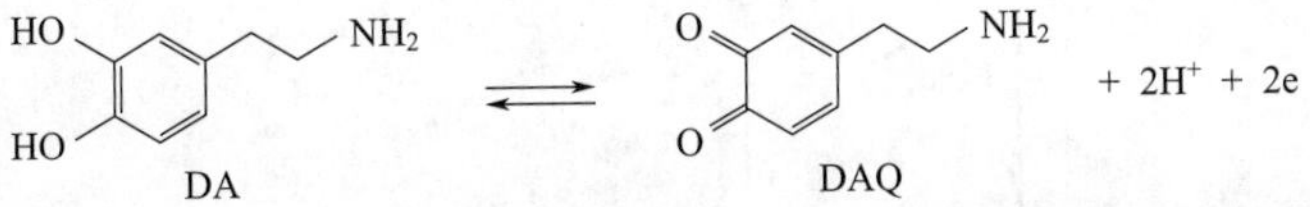

(17.8.7)

其中 DAQ 是多巴胺邻醌。在中性缓冲溶液、低扫速 v 下的常规 CV 中，该体系显示出明显的准可逆响应，中心在 0.2V（vs. Ag/AgCl）附近。然而，这一行为由于吸附而变得复杂。

FSCV 背后的概念是当体系的组成在几秒钟的时间尺度内变化时，展现体系的时间分辨特征。在每个采样时间内，记录一个完整的循环伏安图。为了使采样时间足够追踪感兴趣的变化，必须每秒记录几个 CV 图，并且为了使采样的想法有效，必须快速记录每个 CV 图，速度可与采样之间的时间间隔相比。所需波形如图 17.8.6 所示，其中 $v=400\text{V/s}$，因此每个 CV 图可在 8.5ms 内采集，并且 CV 图之间的保持时间为 91.5ms。对要求的周期以 10Hz 频率重复测量。对于图 17.8.6，以 100ms 的间隔扫描体系时，可以获得一组 151 个 CV 图。

由于高扫描速率，充电电流会产生很大的背景，残余电流中的法拉第电流也经常起作用。在 FSCV 中，始终从用于数据分析的 CV 中扣除背景。背景曲线通常取自数据集本身。常见的方法是简单地使用第一个记录的 CV（即图 17.8.6 中的 CV_0）或对几个早期 CV 进行平均（例如 $CV_0 \sim CV_4$）。这种做法很好地适应了活体测量的要求，在活体测量中，可以预期背景由许多可变的贡献组成，因此会发生漂移。在实践中，背景在几秒钟内保持稳定，但在几分钟内漂移。背景扣除的有效性如图 17.8.7(a) 所示，这是在完整动物大鼠背侧纹状体中记录的 CV 图[149]。CV 图显示出基本上为零的电流，除非观察到容易归属的伏安峰。

图 17.8.7(a) 中的 CV 图是 FSCV 中 DAQ/DA 电对的伏安特征，但其形状与上述在低 v 下、缓冲水溶液中该电对的准可逆响应大不相同。溶液中的 DAQ/DA 在 0.6V 附近的氧化峰从 $E^{0'}$ 正移了 400mV。此外，峰具有对称的形状，没有扩散拖尾。还原峰从溶液中的 $E^{0'}$ 负移了 400mV。这些结果表明，FSCV 来自吸附的 DA，并且电极动力学实际上已经变得不可逆[145]。FSCV 中使用的高扫描速率促进了观测结果的两个方面，这在使用简单水溶液的常规研究中得到了证实。

扣除背景的过程确定 FSCV 为示差测量。CV 序列显示测量背景后体系随时间推移演变的情况。活体体系和许多临床样本具有预先存在的目标分析物浓度（图 17.8.7 体系中的 DA）。在 FSCV 中，预先存在的浓度的伏安响应包含在背景曲线中，然后从所有后续 CV 中扣除，因此，只有当分析物浓度与背景水平不同时，后面的 CV 才会显示出响应。

可以通过绘制每个 CV 的选定伏安电流与 CV 采样时间的关系来获得时间曲线。图 17.8.7(b) 中显示了一个示例，该示例显示了 0.6V（vs. Ag/AgCl）附近的主伏安峰高度与时间的关系。刺激引起的响应和弛豫是明显的，图 17.8.7(a) 的 CV 图［在图 17.8.7(b) 中最大值附近的记录］证实释放的物质是 DA。

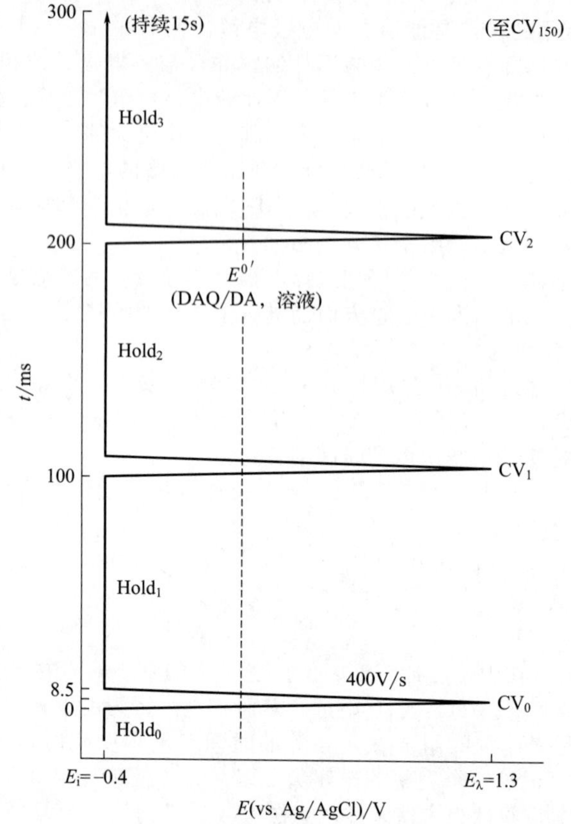

图 17.8.6 DA 检测和定量的 FSCV 扫描电势波形

正电势绘制在右侧，以与图 17.8.7 中的数据相匹配。工作电极电势保持在 E_i，CV 扫描期间除外，每隔 100ms 以 400V/s 记录一次 CV 图，因此，每次循环扫描需要 8.5ms。在所选择的观测周期内重复扫描电势波形。该示例显示了 151 个 CV 图的记录，其中第一个 CV_0 从 $t=0$ 开始。实验运行将在 $t=15.0085$s 结束，在 $Hold_{150}$ 之后记录 CV_{150}

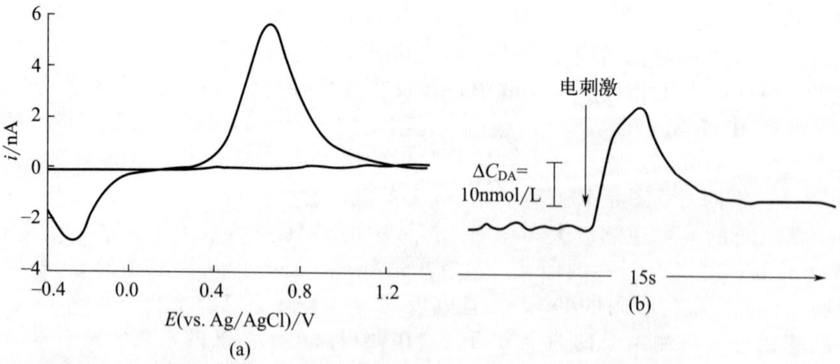

图 17.8.7 在植入大鼠背侧纹状体的碳纤维 UME（直径 7μm，长度～100μm）上使用 FSCV 监测 DA

测量运行遵循类似图 17.8.6 的参数。背景由初期运行的 CV 确定，并在所有后期 CV 中减去此背景。(a) 从识别了 DA 为响应来源的运行中扣除了背景的 CV，正电势在右侧，阳极电流向上；(b) 从运行中的所有背景校正的 CV 中获得的 DA 氧化峰电流随时间的分布，在标示的位置，使用位于大脑中部（远离工作电极）的双极电极（bipolar electrode）施加持续时间为 2ms 的电刺激（经 Spanos 等人[149] 许可转载）

儿茶酚胺 FSCV 测定的巨大成功在很大程度上取决于它们在碳表面的吸附。这导致：

① 在复杂介质中对分析物进行选择性预富集；

② 峰电流与扫描速率成线性关系，因此在 FSCV 所需的高扫描速率下保持了信噪比；

③ 符合活体工作需要的分析灵敏度。

例如，图 17.8.7(b) 表明，DA 的浓度变化可以在纳摩尔水平上进行跟踪。

FSCV 的实践与其他形式的临床研究一样，往往建立在完善的测量方案之上[145-147]。例如，当目标是 DA 或 DAQ 时，图 17.8.6 的波形代表着标准的做法，而且每个细节——电极材料、v、E_i、E_λ 和保持时间——都对基于 DAQ/DA 电对的化学和动力学行为[145] 的特别原因已经进行了界定。类似的方案可用于其他广泛的靶向分析物，包括腺苷、组胺、血清素和 H_2O_2[146]。

该方法产生大量数据，通常每次测量运行至少有 100 个完整的 CV 图，已经在可视化和解释结果的方法上付出了相当大的努力[136,139,141,145-147]。

17.9 参考文献

1 J. Simonet, "Electro-Catalysis at Chemically Modified Solid Surfaces," World Scientific, London, 2018.

2 R. C. Alkire, P. N. Bartlett, and J. Lipkowski, Eds., "Nanopatterned and Nanoparticle-Modified Electrodes: Advances in Electrochemical Science and Engineering," Vol. 17, Wiley-VCH, Weinheim, 2017.

3 R. Seeber, F. Terzi, and C. Zanardi, "Functional Materials in Amperometric Sensing: Polymeric, Inorganic, and Nanocomposite Materials for Modified Electrodes," Springer, Berlin/Heidelberg, 2014.

4 R. C. Alkire, D. M. Kolb, J. Lipkowski, and P. N. Ross, Eds., "Chemically Modified Electrodes: Advances in Electrochemical Science and Engineering," Vol. 11, Wiley-VCH, Weinheim, 2009.

5 M. Fujihira, I. Rubinstein, and J. F. Rusling, Eds., "Modified Electrodes," Vol. 10 in "Encyclopedia of Electrochemistry," A. J. Bard and M. Stratmann, Series Eds., Wiley-VCH, Weinheim, 2007.

6 G. A. Edwards, A. J. Bergren, and M. D. Porter, in "Handbook of Electrochemistry," C. G. Zoski, Ed., Elsevier, Amsterdam, 2006, Chap. 8.

7 A. J. Bard, "Integrated Chemical Systems," Wiley, New York, 1994.

8 G. Inzelt, *Electroanal. Chem.*, **18**, 89 (1994).

9 R. W. Murray, Ed., "Molecular Design of Electrode Surfaces," Vol. XXII in the series, "Techniques in Chemistry," A. Weissberger, Founding Ed., Wiley-Interscience, New York, 1992.

10 I. Rubinstein, in "Applied Polymer Analysis and Characterization," Vol. II, J. Mitchell, Jr., Ed., Hanser, Munich, 1992, Part III, Chap. 1.

11 A. J. Bard and W. E. Rudzinski, in "Preparative Chemistry Using Supported Reagents," P. Laszlo, Ed., Academic, San Diego, CA, 1987, pp. 77–97.

12 R. W. Murray, A. G. Ewing, and R. A. Durst, *Anal. Chem.*, **59**, 379A (1987).

13 M. Fujihira, in "Topics in Organic Electrochemistry," A. J. Fry and W. E. Britton, Eds., Plenum, New York, 1986.

14 C. E. D. Chidsey and R. W. Murray, *Science*, **231**, 25 (1986).

15 R. W. Murray, *Electroanal. Chem.*, **13**, 1 (1983).

16 A. J. Bard, *J. Chem. Educ.*, **60**, 302 (1983).

17 R. W. Murray, *Accts. Chem. Res.*, **13**, 135 (1980).

18 M. Buck, *Adv. Electrochem. Sci. Engr.*, **11**, 197, 2009.

19 K. Uosaki, *Chem. Record*, **9**, 199 (2009).

20 M. M. Walczak, D. D. Popenoe, R. S. Deinhammer, B. D. Lamp, C. Chung, and M. D. Porter, *Langmuir*, **7**, 2687 (1991).

21 T. Nakanishi, *Encycloped. Electrochem.*, **11**, 203 (2007).

22 C.-W. Lee and A. J. Bard, *J. Electroanal. Chem.*, **239**, 441 (1988).

23 E. Laviron, *Electroanal. Chem.*, **12**, 53 (1982).
24 E. Laviron, *Bull. Soc. Chim. Fr.*, 3717 (1967).
25 S. Srinivasan and E. Gileadi, *Electrochim. Acta*, **11**, 321 (1966).
26 E. Laviron, *J. Electroanal. Chem.*, **52**, 355, 395 (1974).
27 B. E. Conway, "Theory and Principles of Electrode Processes," Ronald, New York, 1965, Chaps. 4 and 5.
28 A. N. Frumkin and B. B. Damaskin, *Mod. Asp. Electrochem.*, **3**, 149 (1964).
29 P. Delahay, "Double Layer and Electrode Kinetics," Interscience, New York, 1965.
30 E. Laviron, *J. Electroanal. Chem.*, **100**, 263 (1979).
31 A. P. Brown and F. C. Anson, *Anal. Chem.*, **49**, 1589 (1977).
32 H. Matsuda, K. Aoki, and K. Tokuda, *J. Electroanal. Chem.*, **217**, 1 (1987); **217**, 15 (1987).
33 C. P. Smith and H. S. White, *Anal. Chem.*, **64**, 2398 (1992).
34 M. Ohtani, S. Kuwabata, and H. Yoneyama, *Anal. Chem.*, **69**, 1045 (1997).
35 T. J. Duffin, N. Nerngchamnong, D. Thompson, and C. A. Nijhuis, *Electrochim. Acta*, **311**, 92 (2019).
36 R. Andreu, J. J. Calvente, W. R. Fawcett, and M. Molero, *Langmuir*, **13**, 5189 (1997).
37 P. K. Eggers, N. Darwish, M. N. Paddon-Row, and J. J. Gooding, *J. Am. Chem. Soc.*, **134**, 7539 (2012).
38 M. Ohtani, *Electrochem. Commun.*, **1**, 488 (1999).
39 P. He, R. M. Crooks, and L. R. Faulkner, *J. Phys. Chem.*, **94**, 1135 (1990).
40 H. Angerstein-Kozlowska and B. E. Conway, *J. Electroanal. Chem.*, **95**, 1 (1979).
41 V. Plichon and E. Laviron, *J. Electroanal. Chem.*, **71**, 143 (1976).
42 R. H. Wopschall and I. Shain, *Anal. Chem.*, **39**, 1514 (1967).
43 S. W. Feldberg, in "Computers in Chemistry and Instrumentation: Electrochemistry," Vol. 2, J. S. Mattson, H. B. Mark, Jr., and H. C. MacDonald, Jr., Eds., Marcel Dekker, New York, 1972, Chap. 7.
44 C. P. Smith and H. S. White, *Langmuir*, **9**, 2398 (1993).
45 H. S. White, J. D. Peterson, Q. Cui, and K. J. Stevenson, *J. Phys. Chem. B*, **102**, 2930 (1998).
46 I. Burgess, B. Seivewright, and R. B. Lennox, *Langmuir*, **22**, 4420 (2006).
47 F. Ma, X. Wang, Z. Hu, L. Hou, Y. Yang, Z. Li, Y. He, and H. Zhu, *Energy Fuels*, **34**, 13079 (2020).
48 M. N. Jackson, M. L. Pegis, and Y. Surendranath, *ACS Cent. Sci.*, **5**, 831 (2019).
49 F. C. Anson, *Anal. Chem.*, **38**, 54 (1966).
50 J. H. Christie, R. A. Osteryoung, and F. C. Anson, *J. Electroanal. Chem.*, **13**, 236 (1967).
51 F. C. Anson, J. H. Christie, and R. A. Osteryoung, *J. Electroanal. Chem.*, **13**, 343 (1967).
52 F. C. Anson and D. J. Barclay, *Anal. Chem.*, **40**, 1791 (1968).
53 H. B. Herman, R. L. McNeely, P. Surana, C. M. Elliot, and R. W. Murray, *Anal. Chem.*, **46**, 1268 (1974).
54 M. T. Stankovich and A. J. Bard, *J. Electroanal. Chem.*, **86**, 189 (1978).
55 M. P. Soriaga and A. T. Hubbard, *J. Am. Chem. Soc.*, **104**, 2735 (1982).
56 G. N. Salaita and A. T. Hubbard, in "Molecular Design of Electrode Surfaces," in R. W. Murray, Ed., Vol. XXII in the series, "Techniques in Chemistry," A. Weissberger, Founding Ed., Wiley-Interscience, New York, 1992.
57 M. P. Soriaga, J. H. White, and A. T. Hubbard, *J. Phys. Chem.*, **87**, 3048 (1983).
58 M. Sluyters-Rehbach and J. H. Sluyters, *Electroanal. Chem.*, **4**, 1 (1970).
59 B. Timmer, M. Sluyters-Rehbach, and J. H. Sluyters, *J. Electroanal. Chem.*, **18**, 93 (1968).
60 P. Delahay and K. Holub, *J. Electroanal. Chem.*, **16**, 131 (1968).
61 P. Delahay, *J. Electroanal. Chem.*, **19**, 61 (1968).
62 I. Epelboim, C. Gabrielli, M. Keddam, and H. Takenouti, *Electrochim. Acta*, **20**, 913 (1975) and references therein.
63 H. O. Finklea, M. S. Ravenscroft, and D. A. Snider, *Langmuir*, **9**, 223 (1993).
64 T. M. Nahir and E. F. Bowden, *J. Electroanal. Chem.*, **410**, 9 (1996).
65 S. E. Creager and T. T. Wooster, *Anal. Chem.*, **70**, 4257 (1998).

66 F. C. Anson, *Anal. Chem.*, **33**, 1123 (1961).
67 W. Lorenz, *Z. Elektrochem.*, **59**, 730 (1955).
68 W. H. Reinmuth, *Anal. Chem.*, **33**, 322 (1961).
69 S. V. Tatwawadi and A. J. Bard, *Anal. Chem.*, **36**, 2 (1964).
70 F. Mao, N. Mano, and A. Heller, *J. Am. Chem. Soc.*, **125**, 4951 (2003).
71 D. A. Lutterman, Y. Surendranath, and D. G. Nocera, *J. Am. Chem. Soc.*, **131**, 3838 (2009).
72 C. Costentin and D. G. Nocera, *Proc. Natl. Acad. Sci. U.S.A.*, **114**, 13380 (2017).
73 A. Heller and B. Feldman, *Acc. Chem. Res.*, **43**, 963 (2010).
74 (a) C. P. Andrieux, J. M. Dumas-Bouchiat, and J.-M. Savéant, *J. Electroanal. Chem.*, **131**, 1 (1982); (b) C. P. Andrieux and J.-M. Savéant, *ibid.*, **134**, 163 (1982); *ibid.*, **142**, 1 (1982); (c) C. P. Andrieux, J. M. Dumas-Bouchiat, and J.M. Savéant, *ibid.*, **169**, 9 (1984); (d) C. P. Andrieux and J.-M. Savéant, *ibid.*, **171**, 65 (1984); (e) F. C. Anson, J.-M. Savéant, and K. Shigehara, *J. Phys. Chem.*, **87**, 214 (1983).
75 J. Leddy and A. J. Bard. *J. Electroanal. Chem.*, **153**, 223 (1983).
76 J. Leddy, A. J. Bard, J. T. Maloy, and J.-M. Savéant, *J. Electroanal. Chem.*, **187**, 205 (1985).
77 H. Dahms, *J. Phys. Chem.*, **72**, 362 (1968).
78 I. Ruff and V. J. Friedrich, *J. Phys. Chem.*, **75**, 3297 (1971).
79 I. Ruff, V. J. Friedrich, K. Demeter, and K. Csaillag, *J. Phys. Chem.*, **75**, 3303 (1971).
80 I. Ruff and L. Botár, *J. Chem. Phys.*, **83**, 1292 (1985).
81 I. Ruff and L. Botár, *Chem. Phys. Lett.*, **126**, 348 (1986).
82 I. Ruff and L. Botár, *Chem. Phys. Lett.*, **149**, 99 (1988).
83 M. Majda, in "Molecular Design of Electrode Surfaces," R. W. Murray, Ed. *op. cit.*, p. 159.
84 D. N. Blauch and J.-M. Savéant, *J. Am. Chem. Soc.*, **114**, 3323 (1992).
85 C. P. Andrieux and J.-M. Savéant, in "Molecular Design of Electrode Surfaces," R. W. Murray, Ed. *op. cit.*, p. 207.
86 H. O. Finklea, *Electroanal. Chem.*, **19**, 109 (1996).
87 B. R. Scharifker, *J. Electroanal. Chem.*, **240**, 61 (1988).
88 H. Reller, E. Kirowa-Eisner, and E. Gileadi, *J. Electroanal. Chem.*, **138**, 65 (1982).
89 T. Gueshi, K. Tokuda, and H. Matsuda, *J. Electroanal. Chem.*, **89**, 247 (1978).
90 P. J. Peerce and A. J. Bard, *J. Electroanal. Chem.*, **112**, 97 (1980).
91 G. Pireddu, I. Svir, C. Amatore, and A. Oleinick, *ChemElectroChem*, **8**, 2413 (2021).
92 C. Amatore, J.-M. Savéant, and D. Tessier, *J. Electroanal. Chem.*, **147**, 39 (1983).
93 (a) C. E. D. Chidsey, C. R. Bertozzi, T. M. Putvinski, and A. M. Mujsce, *J. Am. Chem. Soc.*, **112**, 4301 (1990); (b) C. E. D. Chidsey, *Science*, **251**, 919 (1991).
94 R. J. Forster and L. R. Faulkner, *J. Am. Chem. Soc.*, **116**, 5444 (1994).
95 C. J. Miller, "Physical Electrochemistry. Principles, Methods, and Applications," I. Rubinstein, Ed., Marcel Dekker, New York, 1995, Chap. 2.
96 J. Kim, B.-K. Kim, S. K. Cho, and A. J. Bard, *J. Am. Chem. Soc.*, **136**, 8173 (2014).
97 C. M. Hill, J. Kim, N. Bodappa, and A. J. Bard, *J. Am. Chem. Soc.*, **139**, 6114 (2017).
98 J.-N. Chazalviel and P. Allongue, *J. Am. Chem. Soc.*, **133**, 762 (2011).
99 J. Kim and A. J. Bard, *J. Am. Chem. Soc.*, **138**, 975 (2016).
100 T. F. Fuller and J. N. Harb, "Electrochemical Engineering," Wiley, Hoboken, NJ, 2018.
101 J. Newman and K. E. Thomas-Alyea, "Electrochemical Systems," 3rd ed., Wiley, Hoboken, NJ, 2004.
102 M. Winter and R. J. Brodd, *Chem. Rev.*, **104**, 4245 (2004).
103 D. Pletcher and F. C. Walsh, "Industrial Electrochemistry," 2nd ed.; Chapman and Hall, London, 1990.
104 H. Chen, O. Simoska, K. Lim, M. Grattieri, M. Yuan, F. Dong, Y. S. Lee, K. Beaver, S. Weliwatte, E. M. Gaffney, and S. D. Minteer, *Chem. Rev.*, **120**, 12903 (2020).
105 J. A. Cracknell, K. A. Vincent, and F. A. Armstrong, *Chem. Rev.*, **108**, 2439 (2008).

106 H. Chen, F. Dong, and S. D. Minteer, *Nat. Catal.*, **3**, 225 (2020).
107 R. D. Milton and S. D. Minteer, *J. R. Soc. Interface*, **14**, 20170253 (2017).
108 S. Vogt, M. Schneider, H. Schäfer-Eberwein, and G. Nöl, *Anal. Chem.*, **86**, 7530 (2014).
109 K. Burton, *Ergeb. Physiol*, **49**, 275 (1957).
110 P. A. Loach, in "Handbook of Biochemistry: Selected Data for Molecular Biology," H. A. Sober, Ed., CRC Press, Cleveland, OH, 1968, p. J-27.
111 A. Heller, *Curr. Opin. Chem. Biol.*, **10**, 664 (2006).
112 P. N. Bartlett and F. A. Al-Lolage, *J. Electroanal. Chem.*, **819**, 26 (2018).
113 I. Mazurenko, V. P. Hitaishi, and E. Lojou, *Curr. Opin. Electrochem.*, **19**, 113 (2020).
114 T. Adachi, Y. Kitazumi, O. Shirai and K. Kano, *Sensors*, **20**, 4826 (2020).
115 P. Bollella and E. Katz, *Sensors*, **20**, 3517 (2020).
116 A. Heller, *Acc. Chem. Res.*, **23**, 128 (1990).
117 X. Xiao, H. Xia, R. Wu, L. Bai, L. Yan, E. Magner, S. Cosnier, E. Lojou, Z. Zhu, and A. Liu, *Chem. Rev.*, **119**, 9509 (2019).
118 A. Ruff, F. Conzuelo, and W. Schuhmann, *Nat. Catal.*, **3**, 214 (2020).
119 J. C. Ruth and A. M. Spormann, *ACS Catal.*, **11**, 5951 (2021).
120 N. Mano and A. de Poulpiquet, *Chem. Rev.*, **118**, 2392 (2018).
121 V. Soukharev, N. Mano, and A. Heller, *J. Am. Chem. Soc.*, **126**, 8369 (2004).
122 M. Yuan, S. Sahin, R. Cai, S. Abdellaoui, D. P. Hickey, S. D. Minteer, and R. D. Milton, *Angew. Chem. Int. Ed.*, **57**, 6582 (2018).
123 Y. S. Lee, K. Lim, and S. D. Minteer, *Annu. Rev. Phys. Chem.*, **72**, 467 (2021).
124 A. Heller and B. Feldman, *Chem. Rev.*, **108**, 2842 (2008).
125 M. Wei, Y. Qiao, H. Zhao, J. Liang, T. Li, Y. Luo, S. Lu, X. Shi, W. Lu, and X. Sun, *Chem. Commun.*, **56**, 14553 (2020).
126 H. Teymourian, A. Barfidokht, and J. Wang, *Chem. Soc. Rev.*, **49**, 7671 (2020).
127 I. Willner and M. Zayats, *Angew. Chem. Int. Ed.*, **46**, 6408 (2007).
128 Y. Xiao, A. A. Lubin, A. J. Heeger, and K. W. Plaxco, *Angew. Chem. Int. Ed.*, **44**, 5456 (2005).
129 R. J. White, N. Phares, A. A. Lubin, Y. Xiao, and K. W. Plaxco, *Langmuir*, **24**, 10513 (2008).
130 Y. Xiao, B. D. Piorek, K. W. Plaxco, and A. J. Heeger, *J. Am. Chem. Soc.*, **127**, 17990 (2005).
131 S. O. Kelley, J. K. Barton, N. M. Jackson, and M. G. Hill, *Bioconjugate Chem.*, **8**, 31 (1997).
132 M. A. Pellitero, A. Shaver, and N. Arroyo-Currás, *J. Electrochem. Soc.*, **167**, 037529 (2020).
133 J. K. Barton, P.L. Bartels, Y. Deng, and E. O'Brien, *Methods Enzymol.*, **591**, 355 (2017).
134 M. Rasmussen, R. E. Ritzmann, I. Lee, A. J. Pollack, and D. Scherson, *J. Am. Chem. Soc.*, **134**, 1458 (2012).
135 D. J. Eves and A. G. Ewing, *Chem. Anal.*, **172**, 215 (2007).
136 E. S. Bucher and R. M. Wightman, *Annu. Rev. Anal. Chem.*, **8**, 239 (2015).
137 P. T. Kissinger, J. B. Hart, and R. N. Adams, *Brain Res.*, **55**, 20 (1973).
138 R. N. Adams, *Progr. Neurobiol.*, **35**, 297 (1990).
139 N. T. Rodeberg, S. G. Sandberg, J. A. Johnson, P. E. M. Phillips, and R. M. Wightman, *ACS Chem. Neurosci.*, **8**, 221 (2017).
140 E. E. Ferapontova, *Electrochim. Acta*, **245**, 664 (2017).
141 G. S. Wilson and A. C. Michael, Eds., "Compendium of In Vivo Real-Time Monitoring in Molecular Neuroscience," 3 vols., World Scientific, Singapore, 2015.
142 D. L. Robinson, A. Hermans, A.T. Seipel, and R.M. Wightman, *Chem. Rev.*, **108**, 2554 (2008).
143 A. C. Michael and L. M. Borland, Eds., "Electrochemical Methods for Neuroscience," CRC Press, Boca Raton, FL, 2007.
144 A. A. Boulton, G. B. Baker, and R. N. Adams, Eds., "Voltammetric Methods in Brain Systems," Humana Press, Totowa, NJ, 1995.

145 B. J. Venton and Q. Cao, *Analyst*, **145**, 1158 (2020).
146 P. Puthongkham and B. J. Venton, *Analyst*, **145**, 1087 (2020).
147 J. G. Roberts and L. A. Sombers, *Anal. Chem.*, **90**, 490 (2018).
148 D. L. Robinson, B. J. Venton, M. L. A. V. Heien, and R. M. Wightman, *Clin. Chem.*, **49**, 1763 (2003).
149 M. Spanos, J. Gras-Najjar, J. M. Letchworth, A. L. Sanford, J. V. Toups, and L. A. Sombers, *ACS Chem. Neurosci.*, **4**, 782 (2013).
150 C. M. Elliott and R. W. Murray, *J. Am. Chem. Soc.*, **96**, 3321 (1974).

17.10　习题

17.1　当初始电势比 $E_{ads}^{0'}$ 足够负，并且初始表面浓度为 $\Gamma_R(0)=\Gamma^*$ 和 $\Gamma_O(0)=0$ 时，考虑式(17.2.5) 体系，从 $t=0$ 开始，电势以速率 v 向正向扫描。

(a) 推导 i-E 响应，并表明式(17.2.13) 适用于正电势和负电势扫描。

(b) 导出峰电势的方程式。

(c) 导出峰电流的方程式。

17.2　由图 17.2.5(b) 曲线，计算反-4,4'-联吡啶-1,2-乙烯每 $1cm^2$ 的吸附量。假设 $n=2$。

17.3　对于反应物弱吸附（$\beta_O C_O^*=1$,25℃），由图 17.2.10 估算 v 的范围，用 β_O、$\Gamma_{O,s}$ 和 D_O 来表达，其中 (a) $i_p \propto v$；(b) $i_p \propto v^{1/2}$。

17.4　利用图 17.3.1 数据，计算 D_O 和 Γ_O［O 代表 Cd(Ⅱ)］，并分别计算不存在和存在 SCN^- 时的 Q_{dl} 和 C_d 值。

17.5　计时电量实验用于测量汞/电解质溶液界面上 Tl^+ 的表面过剩（图 17.10.1）。令人感兴趣的是溴对吸附的影响。

(a) 解释如何进行此类测量。

(b) 根据化学过程解释结果。

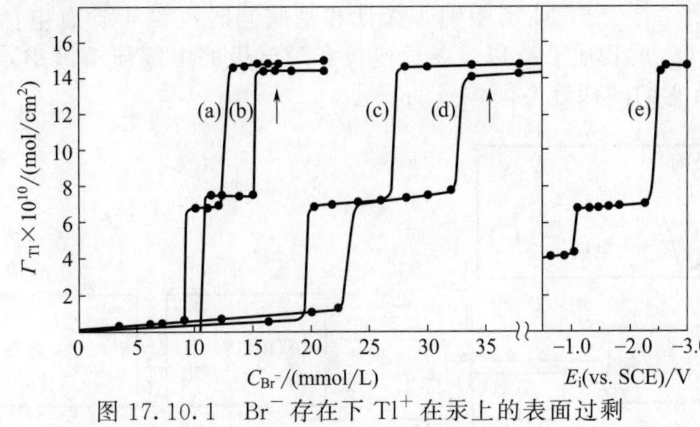

图 17.10.1　Br^- 存在下 Tl^+ 在汞上的表面过剩

阶跃电势＝－0.70V (vs. SCE)。$C_{Tl^+}^*$ 和初始电势 E_i (vs. SCE) 的值：(a) 1mmol/L，－0.30V；(b) 1mmol/L，－0.20V；(c) 0.5mmol/L，－0.30V；(d) 0.5mmol/L，－0.20V。对于 (e)，E_i 随 1mmol/L Tl^+、14mmol/L Br^- 而变化。箭头标记 TlBr 从本体溶液中沉淀（经 Elliott 和 Murray[150] 许可转载）

17.6　O 的吸附量 Γ_O 也可以由计时电量法实验中负向阶跃和正向阶跃阶段的曲线斜率比 (S_f/S_r) 来确定，请解释为何？

17.7　一个铂电极 ($A=1.2cm^2$) 薄层池（厚度 40μm）用于测量氢醌 (HQ) 在铂电极上的吸附量。首先加入 0.100mmol/L HQ 溶液，发生不可逆吸附，然后，通过电势阶跃计时电量实验氧化溶解的 HQ（吸附的 HQ 为非电活性），HQ 的氧化 ($n=2$) 需要 32μC 电量。排出池中溶液并用新鲜溶液清洗几次，然后加入新鲜试样，再次进行电势阶跃计时电量实验的结果表明需要 96μC 电量。

(a) 计算 HQ 吸附量 $\Gamma(mol/cm^2)$ 以及单个分子所占面积 $\sigma(nm^2/分子)$；

(b) 根据 HQ 分子结构（图 1），推测其在电极表面最合理的分子取向。

第 18 章　扫描电化学显微镜

电化学反应通常与界面微观结构密切相关，甚至原子水平的变化都会对电化学反应产生显著影响，因此在显微镜下观测电化学过程日趋受到关注。这一趋势从本书第 14 章开始就可以看出，相关内容一直贯穿本书的剩余部分。本章的全部内容将围绕扫描电化学显微镜（scanning electrochemical microscopy，SECM）叙述，SECM 的核心元件是一根可在表面（称为基底，substrate）上三维移动的超微电极（称为探针或探头，tip）[1-4]。SECM 可在微纳米尺度上对电化学反应过程进行空间分辨测量。

18.1　原理

如图 18.1.1 所示，SECM 仪器包括用于移动探针的压电控制器以及用于控制探针和基底电势的双恒电势仪。探针通常是一根圆盘形的 UME，电极材料一般为半径在 1～25μm 之间的 Pt 丝或碳纤维，将其密封于一根玻璃毛细管中且表面抛光制得。导电圆盘周围的绝缘玻璃层通常打磨成斜面且剩余厚度较小，从而在玻璃层不接触基底表面的情况下，更易将探针定位在非常靠近基底表面的位置。制备较小的 SECM 探针（比如半径为 10～500nm）的一种方法，是将 Pt 丝密封在拉制的玻璃毛细管中（5.9.1 节）。另一种方法是将电极丝蚀刻出一个尖锐的顶部，再用蜡或其它涂层将侧面绝缘。在 SECM 实验中，探针和基底同时浸没于含有电活性物质（例如浓度为 C_O^* 且扩散系数为 D_O 的物质 O）以及参比电极和对电极的电解质溶液中，主要测量探针电流 i_T 和基底电流 i_S 以及它们随探针空间位置的变化。

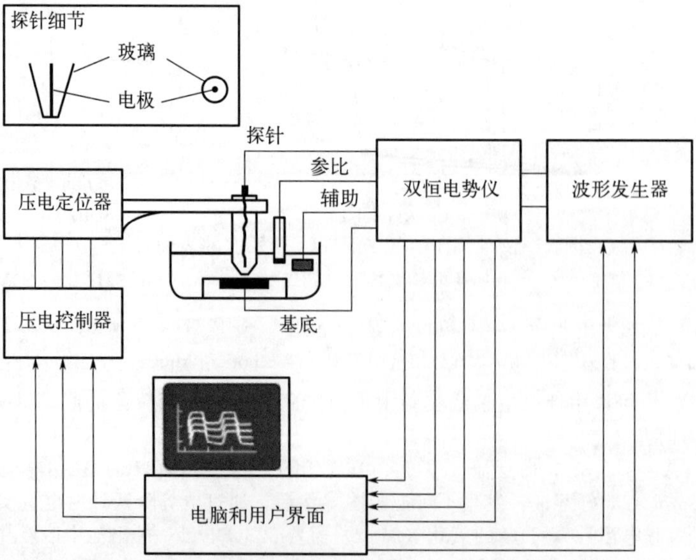

图 18.1.1　SECM 仪器示意图（引自 Bard 等[5]）

在特定的电势下，当探针远离基底时，其产生的电流为稳态扩散电流：

$$\boxed{i_{T,\infty}=GnFD_OC_O^*a} \tag{18.1.1}$$

其中，a 为探针电极的半径［如图 18.1.2(a) 所示］❶；G 为一个几何因子，取决于电极的形状和绝缘层的半径[6]。对于嵌入无限大的一个平面中的圆盘电极，$G=4$［5.2.2 节；式（5.2.18b）］。

当探针非常靠近基底表面（相当于几个探针半径的距离）时，探针电流开始受到影响。如果基底表面是绝缘的，其会阻碍 O 向探针表面的扩散，导致探针电流降低［图 18.1.2(b)］。但如果基底是一个可以使探针表面反应产物 R 再氧化的电极，导致 O 向探针表面的扩散通量增大，从而使探针电流上升［图 18.1.2(c)］。因此，i_T 是探针-基底间距 d 的函数，也与基底表面产生电活性物质的反应速率有关。SECM 的这种操作模式称为反馈模式（feedback mode）。另一种操作模式是基底产生/探针收集模式（substrate generation/tip collection mode），此时基底上施加某一电势产生电活性物质，而探针置于基底表面附近检测该物质。

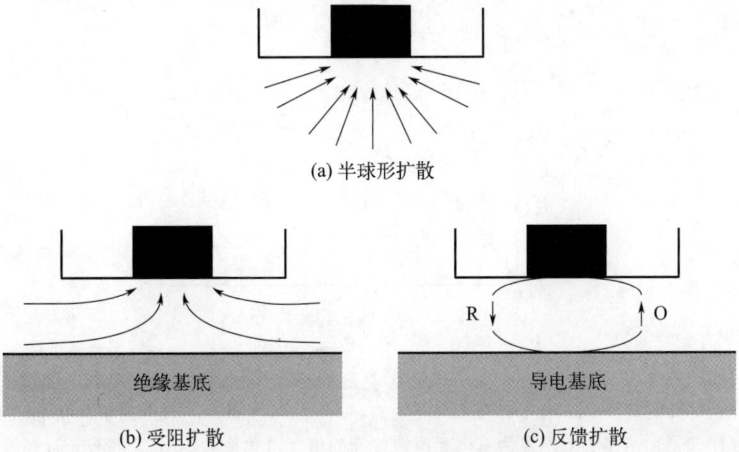

图 18.1.2　SECM 的基本原理

(a) 远离基底的探针产生稳态电流 $i_{T,\infty}$；(b) 探针靠近绝缘基底，导致扩散受阻和 $i_T<i_{T,\infty}$；(c) 探针靠近导电基底，导致扩散反馈和 $i_T>i_{T,\infty}$（引自 Bard 等[5]）

18.2　渐近曲线

由于探针电流 i_T 是探针-基底间距 d 的函数，记录探针从几个探针直径的距离向基底表面移动过程中所产生的电流变化，即得到所谓的渐近曲线（approach curve）。如 18.1 节所述，从该曲线可获知有关基底性质的信息。图 18.2.1 显示了薄层绝缘平面中的圆盘形状探针向绝缘基底（探针产生的物质 R 不能在基底发生反应）和活性基底（R 以扩散控制的速率氧化回 O）移动得到的两种类型的渐近曲线。

渐近曲线的形状与探针尖端的几何形状密切相关。如上所述，圆盘形探针尖端通常用薄绝缘层保护，使尖端尽可能接近基底。因此，探针表面的物质扩散场不仅限于正对尖端表面的溶液，还包括位于尖端平面后面的部分溶液[6-8]。也就是说，电化学反应物的扩散在某种程度上也发生在探针的“侧背”，由此产生一个较大的 i_T 值。当这种影响比较显著时，用于定义式(18.1.1)中的 $i_{T,\infty}$ 的几何因子 G 将大于 4。因此，SECM 渐近曲线取决于绝缘层半径 r_g 和电极半径 a（图 18.2.2），二者可整合为一个无量纲几何因子，$RG=r_g/a$。

表 18.2.1 列出了当 $d\to\infty$ 时与 RG 相关的一些代表性 G 值。若 $RG<10$，来自探针侧背的物质扩散会显著影响 $i_{T,\infty}$ 值，此时 SECM 渐近曲线取决于 RG。对于导电基底上的渐近，i_T 由反馈

❶ 尽管在本书的其他地方，圆盘电极的半径用 r_0 表示，但在文献中 SECM 探针的半径通常用 a 表示。

机制所主导［图 18.1.2(c)］，因此 RG 对 i_T 的影响比较适中。但是，当接近绝缘基底时，一个小的 RG 值会使探针产生一个更大的电流，这是因为探针侧背的扩散可以显著增加进入探针和基底间隙的总的物质流量［图 18.1.2(b)］。

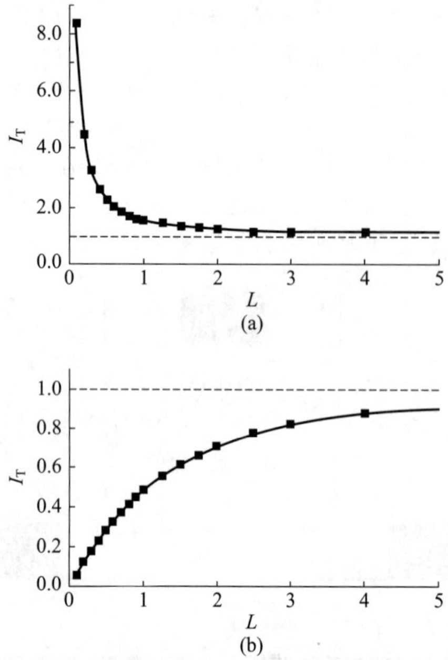

图 18.2.1 导电基底（a）和绝缘基底（b）上得到的 SECM 渐近曲线

I_T 为归一化的探针电流，$i_T/i_{T,\infty}$；L 是归一化距离，d/a。RG=10。实线对应于（a）［式(18.2.2)］和（b）［式(18.2.1)］。实心方形点为有限元模拟计算的值（由犹他大学 G. T. Solymosi 提供，2021）

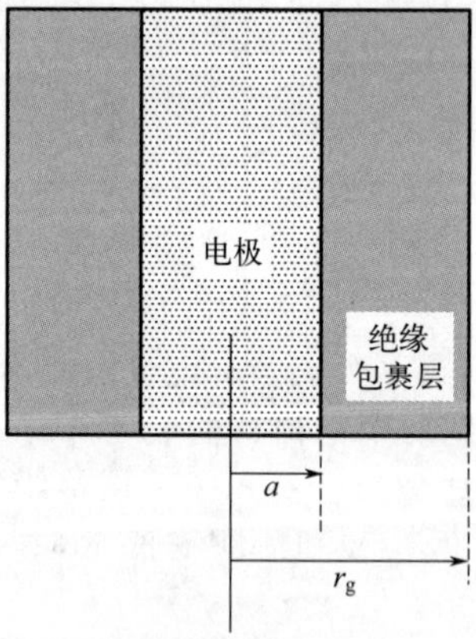

图 18.2.2 SECM 圆盘形探针尖端的几何形状（经 Shao 和 Mirkin 许可改编[9]）

表 18.2.1 与 RG 相关的 G 值①

RG	∞	10	5	2	1.5
G	4	4.07	4.16	4.44	4.65

① 依据文献［8］中的公式 19 计算。

渐近曲线通常以 $I_T(L)=i_T/i_{T,\infty}$ vs. $L=d/a$ 的无量纲形式展现，因此它们与圆盘形探针的半径、扩散系数和浓度无关。然而，如上所述，它们仍与 RG 密切相关。若 RG≥10，渐近绝缘基底所产生的电流，可用以下数值近似式描述：

$$\boxed{I_T^i(L)=[0.4572+1.4604/L+0.4313\exp(-2.3507/L)]^{-1}+[-0.14544L/(5.5769+L)]} \tag{18.2.1}$$

渐近导电基底时，相应的近似式为：

$$\boxed{I_T^C(L)=0.68+0.78377/L+0.3315\exp(-1.0672/L)} \tag{18.2.2}$$

式(18.2.1)和式(18.2.2)均针对 RG≥10 的情形，已证明可以精确地模拟渐近曲线(图18.2.1)。这两种情形均假定基底尺寸远大于探针半径 a 且探针表面的电子转移速率受传质控制。对于 RG<10 的情形，也可得到类似于式(18.2.1)和式(18.2.2)的近似式，但往往需要更精确的分析[9-11]，尤其是拉制法制备的超微探针（RG通常小于5）。

导电基底上的渐近曲线也可以表征探针尖端的导电部分是否凹陷在绝缘包裹层内，这种情况通常发生在非常小的探针上。此时，在绝缘包裹层接触基底之前，正反馈现象不明显，i_T 趋于平稳。较小的探针难以用包括电子显微镜在内的各种方法进行表征，因此 SECM 是表征探针尺寸和结构的一种有效方法[12-13]。如文献中所总结的，球形或锥形探针显示出与圆盘形探针不同的渐近曲线[10]。

除了前面描述的极限情况（即在绝缘基底处没有反应或在导电基底处 R 到 O 的快速转化）之外，还可以计算渐近曲线随基底处 R/O 转化速率的变化[14-15]。首先假设溶液中最初只存在 O，且其在探针表面的还原是可逆的：

$$\mathrm{O}+ne \rightleftharpoons \mathrm{R} \quad \text{（探针反应，可逆）} \tag{18.2.3}$$

而 R 的氧化发生在大尺寸的平面基底电极上，并由 Butler-Volmer 动力学模型描述：

$$\mathrm{R} \xrightarrow{k^0,\alpha} \mathrm{O}+ne \quad \text{（基底反应，不可逆）} \tag{18.2.4}$$

在这些条件下，探针渐近电流是基底电压 E_S 的函数，以无量纲形式 $I_T(E_S,L)$ 表示[2]：

$$\boxed{I_T(E_S,L)=I_S\left(1-\frac{I_T^i}{I_T^c}\right)+I_T^i} \tag{18.2.5}$$

其中，I_T^i 和 I_T^c 遵循式(18.2.1)和式(18.2.2)；I_S 是动力学控制的基底电流：

$$I_S=\frac{0.78377}{L(1+1/\Lambda)}+\frac{0.68+0.3315\exp(-1.0672/L)}{1+F(L,\Lambda)} \tag{18.2.6}$$

上式中的无量纲函数定义为：

$$F(L,\Lambda)=\frac{11/\Lambda+7.3}{110-40L} \tag{18.2.7}$$

$$\Lambda=K_S d/a \tag{18.2.8}$$

其中，K_S 为无量纲的基底反应速率常数：

$$K_S=k_S a/D_R \tag{18.2.9}$$

其中，k_S 为式(18.2.4)的 BV 速率常数：

$$k_S=k^0\exp[(1-\alpha)f(E_S-E^{0'})] \tag{18.2.10}$$

其中，k^0 和 α 适用于如上所述的基底反应式(18.2.4)；$E^{0'}$ 为 O/R 电对的形式电势。与数值模拟相比，当 RG=10 时，对于 $0.1<L<1.5$ 和 $-2<K_S<3$，式(18.2.5)已被证明可以精确到约1%～2%以内[16]。如果 RG 更小，则需要更精确的分析[17]。

图18.2.3显示了一系列间距下 $I_T(E_S,L)$-$\lg K_S$ 曲线，每条曲线的 $\lg L=\lg(d/a)$ 值不同，其中 d 是基底和探针间的距离，a 是 SECM 探针的半径。在这些曲线中，探针在(a)中处于最靠近基底的位置，在(p)中则处于最远的位置。

尽管很复杂，图18.2.3中的无量纲工作曲线提供了大量关于探针电流如何随 d、E_S 和 k^0 变化的信息。从这个图中，可以很容易地识别出几个极限情况和有价值之处：

① 图中任意一条曲线都是在一个特定的 d 值得到的，沿着曲线从右到左 E_S 逐渐变得更负，因此曲线为探针电流相对于基底电压的伏安图，即对应于基底上标准速率常数为某一特定值 k^0 时的 $I_T(E_S,L)$。

② 通过曲线(p)～(a)作一个垂直切片，其对应于某一恒定 k_S（或等效于某一恒定 E_S 和

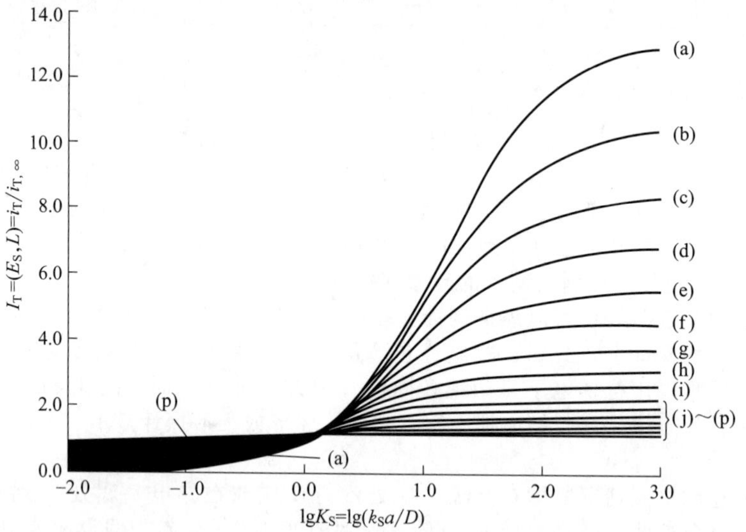

图 18.2.3 当基底电极处 R 转化为 O 的无量纲非均相速率常数 K_S 取不同数值时，SECM 探针的循环伏安曲线

曲线（a）～（p）分别对应于 $\lg L=\lg(d/a)=-1.2,-1.1,-1.0,\cdots,0.3$。曲线（p）是 $I_T(E_S,L)=1$ 时的水平线，它是曲线（a）～（p）右侧的底边和左侧的顶边。曲线（a）是左侧封套的底部（经 Bard，Mirkin，Unwin 和 Wipf 许可转载[15]）

k^0）时的渐近曲线。例如，如果基底上的电子转移反应速率很快，即 $E_S \gg E^{0'}$ 和 $K_S \gg 1$，此种情形对应于图 18.2.3 的右半侧（比如 $\lg K_S=3$）。此时，通过曲线的垂直切片对应于纯扩散控制的正反馈的渐近曲线[式(18.2.2)]。

③ 随 d 逐渐增大［对应于从曲线（a）到（p）］，无论 E_S 或 k^0 值多大，$I_T(E_S,L)$单调收敛于 1。该极限情形对应于较大探针-基底间距下的探针电流 $i_{T,\infty}$，如式(18.1.1) 所示。

④ 当 $E_S \ll E^{0'}$ 和 K_S 较小时，对应于探针向一个完美绝缘体渐近（18.2.1 节），相当于在图 18.2.3 左侧作一个垂直切片。但是，当 $E_S \approx E^{0'}$ 和 K_S 较大时，d 足够小也会出现显著的反馈。

无论基底上发生的反应是可逆的还是准可逆的，在非稳态条件下，已提出了一种分析探针伏安图的方法[18]。

SECM 通常可用于探测电极表面以及其它表面（如含酶膜）的异相反应动力学，18.4.1 节涵盖了探针表面反应（$O+ne \rightleftharpoons R$）准可逆时的情形。可测的 k^0 的最大值与 D/d 在一个数量级上，该极限在实验上取决于 d，d 是 SECM 的特征尺寸。在本体溶液中，UME 也会同样受到限制，可测的最大 k^0 值也在 D/a 量级（5.4.3 节）。

当导电基底没有连接到恒电势仪电路时，也可能发生纯扩散正反馈。这种情形在某些时候非常有用，尤其当施加电势可能引发不期望的反应（例如金属溶解或氧化物形成）或者对表面上处于断路状态的颗粒或区域成像时。究其原因，由于大部分导电表面都距离探针较远且浸没于仅含有 O 的溶液中，根据 O/R 电对的能斯特方程，整个基底的电势 E_S 处于一个比 $E^{0'}$ 更正的数值。图 18.2.4 展示了此种情形。当 R 在探针处产生后，其扩散到基底表面并被氧化回 O，产生反馈。由于没有净电流可以流过没有施加电势的基底界面，只能在基底上其它地方还原等量的 O 来保持电中性。如果基底比探针大很多，则该事件可能发生在远离探针区域的地方。本质上，基底充当双极电极，其中平行的阴极和阳极反应的驱动力来自于探针正下方的溶液成分与远离探针-基底间隙的溶液成分的差异。

当一个平滑且无偏压基底的尺寸与探针的半径相似时，渐近曲线显示出纯粹的负反馈，因为此时基底的任何部分都没有浸没在只含有 O 的溶液中，探针下方的基底上不存在氧化 R 的驱动力。当 SECM 在表面问讯模式下工作时，这种极限情形非常重要（18.5 节）。定量处理提供了反馈如何依赖探针和基底的相对尺寸、探针-基底距离和 k^0 的详细信息[19-21]。

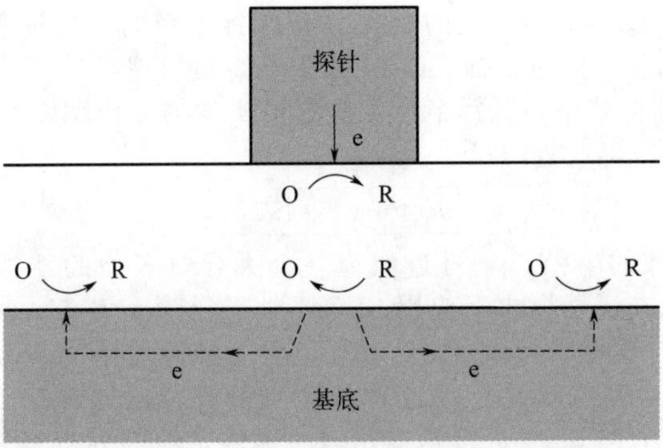

图 18.2.4 无偏压电极处的 SECM 反馈
由于没有净法拉第电流通过基底/电解质界面，探针阴极电流由对电极（未示出）处的阳极电流所平衡（经 Xiong，Guo 和 Amemiya 许可改编[19]）

基于式(18.2.5) 测量界面氧化还原动力学，不仅限于固体电极。通过测量探针接近不相混溶的电解质溶液界面（也称为液/液界面）时的探针电流，并应用与上述类似的理论处理方法[16,22-23]，也可以测定该界面上两个氧化还原分子之间的电子转移速率。

18.3 表面形貌与反应活性成像

18.3.1 基于基底导电性的成像

如果探针在 x-y 平面上以恒定高度 z 扫描一个均匀的导电基底❷，通过记录探针电流 i_T 就可以对表面形貌进行成像，这是因为 i_T 反映了探针位置横向变化时 d 的变化。对于既有导电区域又有绝缘区域的基底，如图 18.2.3 所示，给定 z 下的探针电流在不同区域也会发生变化。在导电区域上方，$i_T > i_{T,\infty}$；而在绝缘部分上方，$i_T < i_{T,\infty}$。此外，在 z 方向压电控制器上施加一个正弦电压来调制探针位置，并记录相对于调制距离的调制电流的相位变化，也可以区分导电和绝缘区域[24]。在导电区域上方，当探针接近样品时，电流增大；而在绝缘区域上方，电流减小。因此，导体上的电流和绝缘体上的电流的交流分量存在 180°的相位差。

18.3.2 基于异相电子转移活性成像

SECM 也可用于绘制电极表面上反应活性逐渐变化的区域，因为 i_T 与 $i_{T,\infty}$ 的差异量是基底上电子转移速率常数的函数（18.2 节）。对于在基底上方恒定距离 d 扫描的探针处所产生的物种 R，反馈电流是 R 在基底上不同部位发生氧化的速率的度量[14]。当然，同样的策略也可以用于研究基底上 O 的还原速率。在这种情况下，R 最初存在于溶液中，并在探针处还原为 O。

在 18.2 节中推导表达式时，假定基底很大并且具有均匀的电化学活性。在 SECM 成像中，通常希望测量活性的空间变化，此时就需要关注 SECM 的分辨率。通常，分辨率受探针处产生的 R 的径向外扩散的限制，导致基底上某一尺寸大于探针的区域产生正或负反馈。目前已有方法对该问题进行定量处理[15]，此处仅做一个简短的定性描述，以便读者大致了解控制分辨率的因素。

当探针位于基底上方时，只有探针下方的基底区域参与反馈过程。该区域的面积取决于探针半径 a 以及探针和基底之间的距离 d，并最终决定了 SECM 可以达到的空间分辨率。例如，若对一个嵌入很大绝缘平面中的、半径为 a_S 的导电圆盘基底进行成像，当探针半径 a 小于 a_S 时，有两种容易识别的极限情况：

① 如果探针位于导电圆盘附近且 $a_S \gg d$，则导电圆盘可等效为一个无限大的导电基底，此时依据式(18.2.2) 产生正反馈且 $i_T > i_{T,\infty}$。

---

❷ 在二维中进行系统扫描称为光栅化。

② 反之，若 $a_S \ll d$，探针表面产生的物质 R 从探针处径向向外扩散。由于基底周围的绝缘区域远大于导电圆盘的面积，此时依据式(18.2.1) 产生负反馈且 $i_T < i_{T,\infty}$。

显然，在 SECM 反馈模式中，探针半径 a 决定可实现的分辨率。数值模拟（I_T 是 a_S、a 和 L 的函数）证实，存在以下经验近似[15]：

$$\boxed{a_S^{\infty} \approx a(1+1.5L)} \qquad (18.3.1)$$

其中，a_S^{∞} 为导电圆盘基底的半径；i_T 可近似为一个大导电表面的纯扩散正反馈电流，即遵循式(18.2.2)。例如，考虑在反馈模式下使用 SECM 对半径为 $a_S=50\text{nm}$ 的圆形导电位点进行成像，该圆形导电位点被一个无限大绝缘平面所包围。如果 $a=10\text{nm}$，$L=1.5$（相当于 $d=15\text{nm}$），则 $a_S^{\infty}=32.5\text{nm}$，其明显小于要成像的位点的半径（$a_S=50\text{nm}$）。因此，一个半径为 10nm 的探针可在表面上方 15nm 处进行扫描，能够提供足够的分辨率对导电位点成像。如果采用 50nm 的探针并在 $d=100\text{nm}$ 处扫描，则 a_S^{∞} 变为 400nm，比要成像的尺寸大得多。在后一种情况下，i_T 将始终包含来自绝缘区域的负反馈的贡献。显然，SECM 高分辨成像需要使用非常小的探针[25]。

图 18.3.1 显示了反馈模式下的单个 Au 纳米颗粒的高分辨成像，该纳米颗粒的直径为 20nm，附着在沉积有绝缘聚合物膜的 HOPG 表面[26]。SECM 成像使用半径为 14nm 的 Pt 圆盘探针，溶液中含有 1mmol/L FcMeOH。在成像过程中，FcMeOH 在 SECM 探针处以扩散控制的速率被氧化，随后生成的 $FcMeOH^+$ 在基底上又被还原。图 18.3.1(a) 中的图像灰度变化说明，Au 纳米颗粒上的 $FcMeOH^+$ 还原速率远高于 HOPG/聚亚苯基基底上的还原速率。在 Au 纳米颗粒[图 18.3.1(b)]和 HOPG/聚亚苯基基底[图 18.3.1(c)]上得到的渐近曲线分别符合式(18.2.2)和式(18.2.1)，也表明 $FcMeOH^+$ 在 Au 纳米颗粒上的还原非常快速，而在 HOPG/聚亚苯基基底上基本没有氧化还原活性。使用纳米探针进行类似的测量，但在基底产生/探针收集模式下进行操作（18.4.2 节），还可以研究 Au 纳米颗粒上的 HER[26] 和氧化镍纳米片上的析氧反应

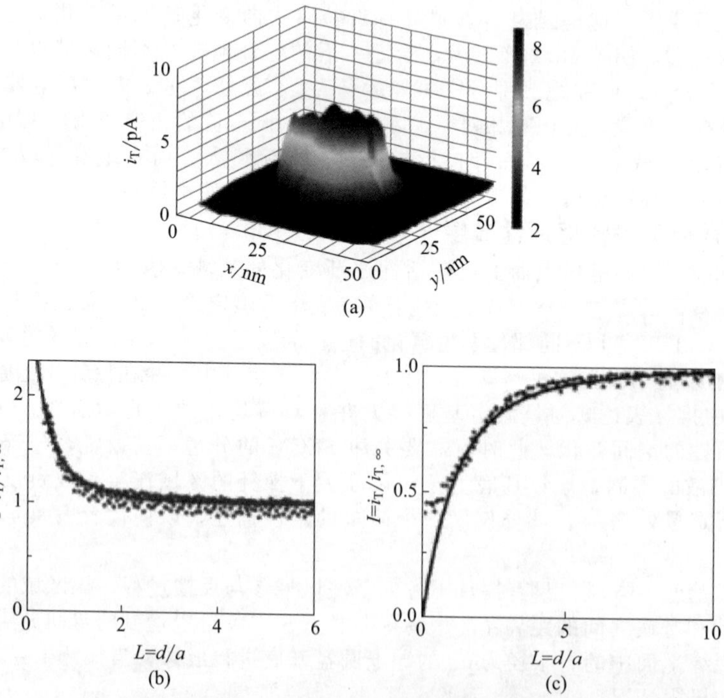

图 18.3.1 (a) 绝缘 HOPG/聚亚苯基基底上 Au 纳米颗粒的反馈模式 SECM 高分辨成像，所用探针为半径 14nm 的 Pt 超微圆盘电极，溶液含有 1mmol/L FcMeOH 和 0.1mol/L KCl，探针施加 400mV 的电势（vs. Ag/AgCl）以氧化 FcMeOH 而基底未施加电势；(b) Au 纳米颗粒上得到的正反馈渐近曲线；(c) 在远离纳米颗粒的 HOPG/聚亚苯基基底上得到的负反馈渐近曲线（Sun，Yu，Zacher 和 Mirkin[26]）

(OER) 的动力学参数[27]。使用半径为 10nm 量级的 SECM 探针，动力学活性成像的空间分辨率可达到 15nm。

18.3.3　形貌与反应活性同时成像

在 SECM 成像实验中，SECM 探针通常在表面上方的恒定高度（即恒定 z）处扫描。如果表面相对光滑且平行于探针扫描平面，则探针电流仅反映电子转移反应的速率。但是，许多表面具有台阶和凹坑等特征，也可能存在修饰层和颗粒（如金属或蛋白质），导致探针-基底距离 d 随探针横向位置（x-y）的变化而变化。在这种情况下，探针电流与反应活性和表面形貌均有关联。

由于原子力显微镜（AFM）是一种基于力学测量的成像技术（例如非接触模式，21.1.2 节），AFM 与 SECM 联用可将探针保持在一个恒定的 d 值，同时可以测量探针处的电化学电流[28]。这种联用需要一个 AFM/SECM 探针，它有双重作用：

① 感应探针和基底之间的力，以保持恒定的 d 值；

② 测量电化学电流，如前面所有章节所述。

这种双重功能允许在恒定 d 下获得 SECM 图像，从而将表面形貌的影响与电化学表面反应活性分离。在获得 SECM 图像的同时，同步记录了 AFM 形貌图像。因此，可以在单次实验中实现结构和反应活性信息的关联。

由于双功能探针必须具备测量局部电化学反应活性的能力，有大量研究致力于改进 AFM 探针。能够实现形貌和反应活性同时成像的关键是探针要有明确的几何形状，且在尺寸上能够实现力的传感。此外，SECM 探针应尽可能靠近 AFM 针尖，以便电化学和形貌信息的空间对应。除电活性区域以外，浸入电解液中的 AFM-SECM 探针的所有部分必须是绝缘的或涂有绝缘层。

探针的基本设计思路是用导电 AFM 探针顶点同时测量力和反应活性。一种是以金属丝为探针，除了在最末端暴露出一个顶点以外，金属丝的其余部分都需经过绝缘处理；另一种是传统的绝缘 AFM 尖端涂覆金属层[29]。此外，也可采用微米光刻制备 AFM-SECM 探针，分隔 SECM 探针和 AFM 探针的非导电顶点但保持二者彼此相邻[30-33]。在设计探针时，暴露的电活性区域恰好位于不导电 AFM 探针的后方，以防止探针和基底之间发生短路，此时为接触模式的 AFM 测量。AFM-SECM 探针的几何形状与传统 SECM 探针非常不同。因此，AFM-SECM 探针和基底之间的电化学相互作用也是不同的，其在很大程度上仍然基于氧化还原物质的扩散。尽管 AFM-SECM 探针的几何结构比较复杂，通过有限元模拟仍然可以得到其电流表达式[34-35]。

AFM-SECM 探针已成功地实现表面形貌和电化学反应活性的同时成像，在包括酶活性、颗粒电催化活性和局部腐蚀等研究领域得到了广泛应用。通常，电化学图像是通过在基底上产生氧化还原物种并在 AFM-SECM 探针上检测它来获得的（即基底产生/探针收集模式）。有关 AFM-SECM 技术及其应用，可参考相关综述[36]。

18.4　动力学测量

18.4.1　异相电子转移反应

在 18.2 节所考虑的情形如下：探针上施加一定的电势，以扩散控制的速率不断产生 R，而基底上发生的反应是不可逆的。根据探针电流的数学表达式（18.2.5）和图 18.2.3，就可以理解为什么对导电和绝缘区域进行成像时 i_T 发生变化，以及为什么基底反应速率常数随电势发生变化。

下面考虑另一种情形：探针表面发生准可逆反应（$O+e \longrightarrow R$），而基底上施加某一电势发生扩散控制的逆反应（$R \longrightarrow O+e$）。此时，对于一个 RG=10 的探针，其电流为[37]：

$$I_T(E_T,L)=\frac{0.78377}{L(\theta+1/\kappa)}+\frac{0.68+0.3315\exp(-1.0672/L)}{\theta\left[1+\left(\frac{\pi}{\kappa\theta}\right)\left(\frac{2\kappa\theta+3\pi}{4\kappa\theta+3\pi^2}\right)\right]} \tag{18.4.1}$$

其中：

$$\theta=1+(D_O/D_R)\exp[nf(E_T-E^{0'})] \tag{18.4.2}$$

$$\kappa=\frac{k^0\exp[-\alpha f(E_T-E^{0'})]}{m_O} \tag{18.4.3}$$

$$m_O=\frac{4D_O}{\pi a}[0.68+7877/L+0.3315\exp(-1.0672/L)]=\frac{i_T}{\pi a^2 nFC_O^*} \tag{18.4.4}$$

式(18.4.3)中的k^0为探针表面反应的标准速率常数，m_O为物质O的传质系数。与式(18.2.5)类似，式(18.4.1)可用于计算探针的伏安响应（恒定d）以及渐近曲线（恒定E_T）。

当探针表面的反应非常快时，即$E_T \ll E^{0'}$和k^0较大时，那么$\theta \approx 1$和$\kappa \to \infty$。在这个极限条件下，式(18.4.1)可简化为纯扩散反馈的表达式(18.2.2)，其中探针和基底反应都很快。

图18.4.1显示了半径为46nm的Pt探针得到的实验渐近曲线，基底为表面光滑的Au电极，溶液中含有1mmol/L FcMeOH和0.2mol/L NaCl。控制探针的电势以发生FcMeOH的扩散控制氧化（$FcMeOH \longrightarrow FcMeOH^+ + e$），而Au电极保持开路状态。此时将产生纯扩散反馈电流，渐近曲线遵循式(18.2.2)。图18.4.1中的实线根据式(18.2.2)的理论计算曲线（设定$D_O=D_R=7.8\times10^{-6}cm^2/s$，$C_O^*=1mmol/L$和$a=46nm$作为仅输入的参数）。可以看出，理论计算曲线与实验曲线非常一致。

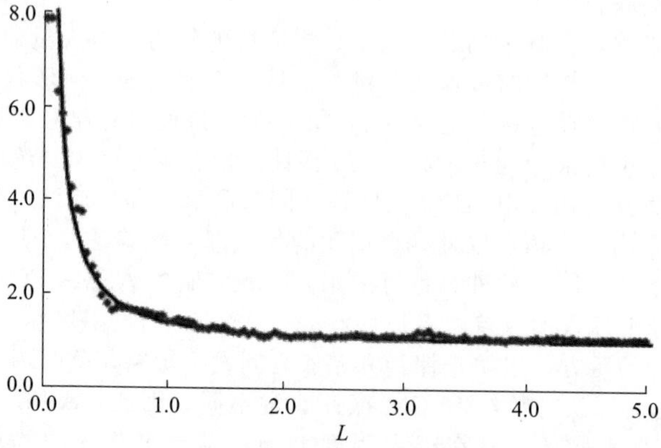

图18.4.1 半径为46nm的Pt探针得到的SECM渐近曲线

溶液含有1mmol/L FcMeOH和0.2mol/L NaCl，基底是处于开路状态的Au膜电极，控制探针电势使FcMeOH以扩散控制的速率发生氧化。因此，渐近曲线对应于纯扩散反馈。矩形符号：实验数据点，即I_T是相对于$i_{T,\infty}$归一化的探针电流；实线：基于文中注明参数数值的式(18.2.2)的计算曲线（经Sun和Mirkin许可改编[37]）

图18.4.2所示为同一化学体系的SECM探针（探针半径为36nm）的伏安图，曲线与施加到探针的电势有关。图中也显示了基于式(18.4.1)的最佳拟合曲线，其中k^0和α为可调节变

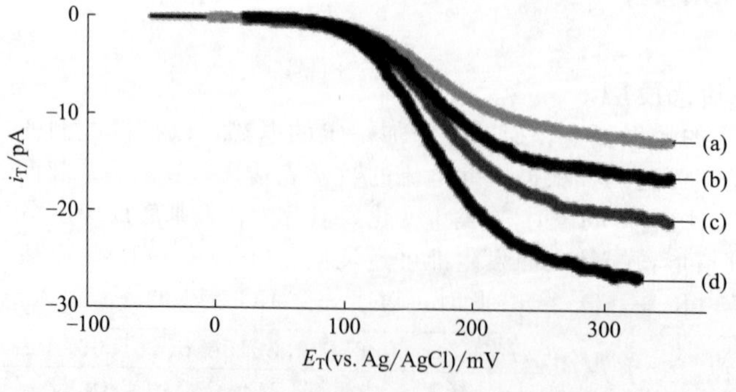

图18.4.2 在1mmol/L FcMeOH+0.2mol/L NaCl溶液中记录的SECM探针伏安图

Pt探针半径为36nm，探针-基底间距d分别为：(a) ∞；(b) 54nm；(c) 29nm；(d) 18nm

扫描速率50mV/s，基底为处于开路状态的Au膜电极。每个伏安图中的实线

对应于式(18.4.1)的最佳拟合曲线，其中k^0和α是可调节变量（改编自Sun和Mirkin[37]）

量。根据伏安图确定的动力学参数的平均值，以及使用 $a=25\sim290\text{nm}$ 的额外实验，得出 $k^0=(6.8\pm0.7)\text{cm/s}$ 和 $\alpha=0.42\pm0.03$，其中不确定性代表95%的置信水平。此外，并没有观察到 k^0 和 α 与探针尺寸的相关性。

SECM 探针伏安实验可极其可靠和精确地测量外层氧化还原反应的动力学参数[37-38]。表18.4.1列出的 $k^0>10\text{cm/s}$ 是文献中报道的最大的异相反应速率常数之一。

表 18.4.1 依据 SECM 探针伏安图所测量的电化学动力学参数①,②

中介体	电极	电解液	α	k^0/(cm/s)
$Ru(NH_3)_6^{3+}$	Pt③	H_2O+0.5mol/L KCl	0.45±0.03	17±0.9
	Au④	H_2O+0.5mol/L KCl	0.45±0.09	13.5±2
	Pt④	H_2O+1mol/L KF	0.40±0.05	11.9±0.5
	Au④	H_2O+1mol/L KF	0.42±0.03	9.3±0.4
Fc	Pt③	MeCN	0.47±0.02	8.4±0.2
	Au④	MeCN	0.44±0.03	8.0±0.5
FcMeOH	Pt③	H_2O	0.42±0.03	6.8±0.7
	Au④	H_2O	0.42±0.06	8±1
TCNQ	Pt③	MeCN	0.42±0.02	1.1±0.4
TTF	Pt④	DCE	0.375±0.02	8.8±0.4
	Au④	DCE	0.395±0.02	9.0±0.4

① 经 Amemiya[39] 许可改编。
② 表5中确认的化学简称。
③ 摘自文献[37]。
④ 摘自文献[38]。

在上述方法中，均是在探针上施加电势 E_T 以发生反应 O+e⟶R，而在基底上施加电压 E_S 以发生对应的逆反应 R⟶O+e。除此之外，也可以在屏蔽模式（shielding mode）下开展SECM实验，即探针和基底上发生相同的氧化还原反应[40-41]，例如 O+e⟶R。此时，基底反应会屏蔽探针上的反应，导致探针电流比基底为绝缘体时的电流还要小，类似于RRDE中的屏蔽实验[10.3.2（2）节]。对 i_T 的屏蔽程度取决于基底反应的标准速率常数 k^0 以及 E_S 值，因此该SECM屏蔽模式可用于探究基底反应动力学的可逆性。

屏蔽模式也可用于局域电催化成像。在该模式（也称为氧化还原竞争SECM，redox competition SECM，RC-SECM）中，探针和基底竞争相同的电化学反应物[42]。因此，在基底表面某一电催化活性位置或存在电催化活性颗粒时，探针电流将减小。

RC-SECM的一个有趣应用是采用Pt探针在沉积有葡萄糖氧化酶的绝缘表面上方监测 O_2 的浓度变化。当向溶液中加入葡萄糖，葡萄糖氧化酶催化葡萄糖的氧化而消耗 O_2，从而导致探针电流减小。因此，i_T 可用于测量酶促反应的速率[43]。

18.4.2 均相反应

SECM反馈和产生/收集模式也可用于研究探针或基底处反应产物所发生的均相反应[44-45]。从实验角度来讲，其类似于其它双电极体系，如RRDE（10.3.2节）或叉指带状电极（5.6.3节）。在反馈模式下，可以研究耦合反应对探针电流的影响。而在产生/收集模式下，其中一个电极（比如探针）作为产生电极去生成目标产物（R），而另一个电极（比如基底）作为收集电极，在适当的电势下将R氧化回O。这种产生/收集模式，即探针产生/基底收集（tip generation/substrate collection，TG/SC）模式，应用非常广泛。

若物质R稳定，当探针靠近基底（$a/d<2$）时，所有电生的R都会被基底收集（即氧化）。此时，基底的稳态电流 i_S 在大小上等于探针电流 i_T，因此收集效率（collection efficiency），即 $|i_S/i_T|$ 为1，优于RRDE。即使RRDE的圆盘和环间距很小且环尺寸较大，收集效率通常远

低于1，这是因为大部分圆盘上产生的物质在被环收集到之前会发生外向扩散。

若探针产生的物质R不稳定，可分解为一种非电活性物质（E_rC_i 过程；13.3.1节）。如果R在扩散穿过探针-基底间隙之前发生可观的化学反应，则收集效率将小于1；当R分解非常快时，收集效率接近于零。根据 $|i_S/i_T|$ 与 d、C_O^* 和共存反应物浓度的关系，还可以阐明反应动力学。此外，分解反应还减少了O向探针的正反馈扩散通量，使 i_T 变得比没有任何动力学影响因素的情况下更小。因此，根据 i_T 与 d 的关系，可确定R分解速率常数 k。无论收集还是反馈模式，都是先根据无量纲电流与距离的工作曲线（即 $i_T/i_{T,\infty}$ 与 d/a）来确定无量纲动力学参数，$K=kd^2/D$（一级反应）或 $K'=k'd^2C_O^*/D$（二级反应），随后再计算 k 值。

例如丙烯腈（AN）的电还原加氢二聚，其在商业上用于生产己二腈（ADN），即尼龙的前体[46]。在干燥的DMF中，反应是一个 E_rC_2 过程［13.1.1（1）节］，涉及丙烯腈阴离子自由基 $AN^{\overline{\cdot}}$ 的二聚[47]：

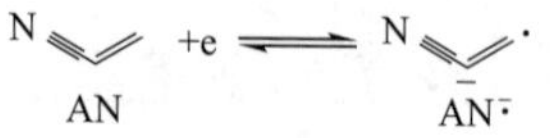

(18.4.5)

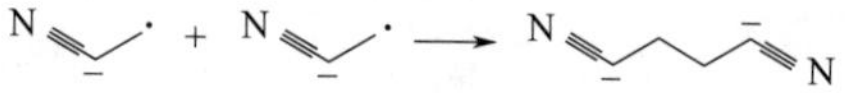

(18.4.6)

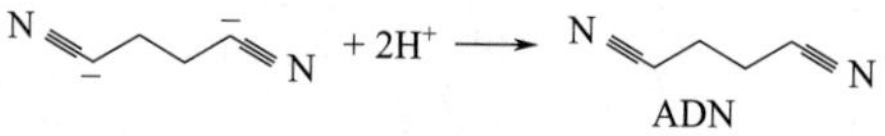

(18.4.7)

图18.4.3(b) 显示了AN在DMF＋0.1mol/L $TBAPF_6$ 中发生还原的探针伏安曲线，其在−2.0V（vs. QRE）呈现一个还原波。由于探针上产生的物质 $AN^{\overline{\cdot}}$ 不稳定，以至于在包括快速扫描循环伏安在内的大多数实验中都无法观察到其反向氧化。然而，如图18.4.3(a) 当SECM探针靠近一个施加−1.75V（vs. QRE）电势的基底电极时，若探针电势扫过还原波，就可以在基底电极上观察到 $AN^{\overline{\cdot}}$ 氧化的收集波。通过研究收集效率与 d 和AN浓度的关系，得出反应式(18.4.6) 的速率常数为 6×10^7 L/(mol・s)。需要说明的是，上述实验是在干燥DMF中完成的，AN还原机制和产物分布在很大程度上取决于溶剂和溶液条件的选择[48]。

TG/SC操作模式特别适用于检测电化学反应在溶液中产生的、寿命很短的物质。SECM的观测时间尺度约为 $\tau_{obs}=d^2/D$（表13.4.1），其中 D 是研究对象的扩散系数。因此，探针-基底距离 d 要足够小，以便不稳定物质在发生化学反应之前能够扩散穿过间隙而被检测。使用非常光滑的探针和基底电极，d 值可以小到10nm，从而可以检测寿命在100ns数量级的中间体。相比之下，由于循环伏安测量易受到双层充电和吸附的干扰，仅在超高电势扫描速率（约 10^6 V/s；7.6节）才能实现寿命很短的物质的检测。而SECM测量是在稳态下进行的，不易遇到上述干扰。

SECM能够检测 CO_2 电化学还原过程中产生的瞬态 $CO_2^{\overline{\cdot}}$[49]，充分说明了其功能强大。CO_2 还原因为有将 CO_2 转化为燃料或其他产品的潜力，已引起了广泛的研究兴趣。在没有吸附的情

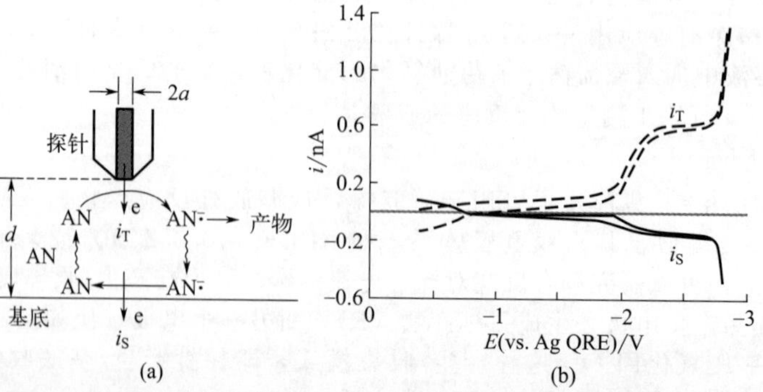

图18.4.3　在DMF＋0.1mol/L $TBAPF_6$ 中得到的TG/SC伏安图

AN浓度为1.5mmol/L，探针（$a=2.5\mu m$）与直径为60μm的金电极间隔1.36μm，金电极的 $E_S=-1.75$V（vs. Ag QRE）。探针伏安曲线（i_T，虚线）的电势扫描速率为100mV/s，基底电流（i_S，实线）显示了探针产生的 $AN^{\overline{\cdot}}$ 的氧化收集（经Zhou和Bard许可转载[47]）

况下[50]，第一步反应是让 CO_2 发生单电子还原产生溶解的 $CO_2^{\cdot-}$：

$$CO_2 + e \rightleftharpoons CO_2^{\cdot-} \tag{18.4.8}$$

根据电极材料、溶液 pH 和组成，电解产生的 $CO_2^{\cdot-}$ 迅速发生均相反应，产生包括草酸盐 $C_2O_4^{2-}$ 在内的许多产物。$C_2O_4^{2-}$ 是由两个 $CO_2^{\cdot-}$ 自由基离子的快速二聚所产生的：

$$2CO_2^{\cdot-} \xrightarrow{k_C} C_2O_4^{2-} \tag{18.4.9}$$

图 18.4.4 所示为基于 TG/SC 模式检测 CO_2 还原产生的 $CO_2^{\cdot-}$ 和 $C_2O_4^{2-}$，实验所用溶剂为干燥的 DMF，电解质为 0.1mol/L $TBAPF_6$。实验起始于 CO_2 在半径为 5μm 的 Hg/Pt 超微电极（UME）上的还原，该电极是通过将亚汞离子电沉积到 Pt 表面而制备的。汞电极具有半球形以及原子级光滑的表面，因此能够接近半径为 12.5μm 的超微 Au 电极基底。探针电势 E_T 保持恒定，以稳定速率连续产生 $CO_2^{\cdot-}$，而同时在 Au 基底电极上施加电势 E_S 来检测 $CO_2^{\cdot-}$。鉴于半球形探针的形状和 $CO_2^{\cdot-}$ 的快速二聚合速率，只能检测到在 Au 基底附近的 Hg 表面产生的 $CO_2^{\cdot-}$。

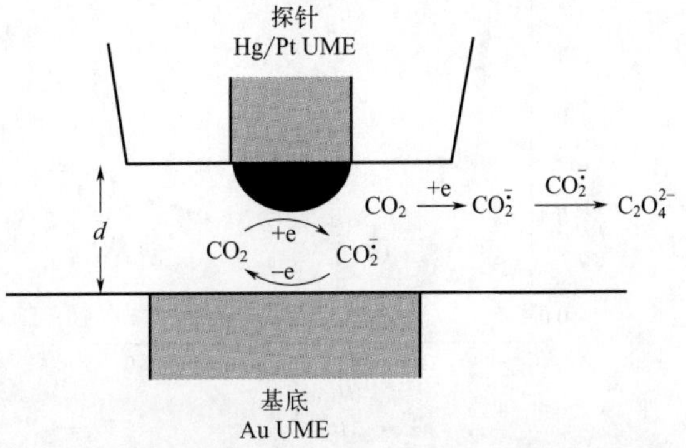

图 18.4.4　用于检测 $CO_2^{\cdot-}$ 的 TG/SC 模式的 SECM
探针和基底之间的距离 d 远比图中所示的要小（经 Kai 等[49] 许可改编）

图 18.4.5(a) 显示了 Hg/Pt 超微电极在 DMF 溶液中（即远离基底电极）得到的稳态伏安响应曲线，两种情况分别对应于溶液中无（黑色曲线）和有（灰色曲线）20mmol/L CO_2。在该体系中，CO_2 还原始于 −2.45V（vs. Pt/PPy QRE）或 −0.19V（vs. SCE，2.5.2 节）。将探针置于 Au 基底电极上方，并在 TG/SC 实验中施加 $E_T = -2.8V$（vs. Pt/PPy）产生 $CO_2^{\cdot-}$。图 18.4.5(b) 显示了探针和基底上记录的稳态伏安曲线，探针电势 E_T 保持在 −2.8V 而基底电势 E_S 从 −2.0V 扫描到 −0.9V。当探针距离基底电极足够近（$d<2\mu m$）时，基底电流 i_S 从 −1.6V 开始增大，指示 $CO_2^{\cdot-}$ 的收集。此外，探针电流 i_T 也会小幅增大，源于基底处产生的 CO_2 的扩散反馈。在 $d=1\mu m$ 时，收集效率 $|i_S/i_T|$ 为 0.005，表明基底电极只收集了 0.5% 的探针所产生的 $CO_2^{\cdot-}$，主要是因为 $CO_2^{\cdot-}$ 快速二聚产生了 $C_2O_4^{2-}$。此外，低收集效率也与探针的半球形形状有关，这种形貌导致大多数 $CO_2^{\cdot-}$ 产生在远离探针和基底最窄间隙的地方。随着 d 减小到 200nm，$CO_2^{\cdot-}$ 的收集效率明显提高[图 18.4.5(c)]。基于 SECM 实际配置和式(18.4.8) 和式(18.4.9) 所描述的 EC 反应机理，数值模拟结果证实 $|i_S/i_T|$ 与 d 相关，并且可以确定二聚反应的速率常数 k_c。拟合实验结果，得到 $k_c = 6\times10^8$ L/(mol·s) [图 18.4.5(c)]，其接近扩散控制的双分子反应速率常数的极限，并与快扫 CV 获得的数值一致[51]。

如图 18.4.5(d) 所示，也可在同一实验中直接检测二聚合产物 $C_2O_4^{2-}$，即将 E_S 保持在一个正值 [比如 0.5V（vs. Pt/PPy)]，此时 $C_2O_4^{2-}$ 快速氧化为 CO_2：

$$C_2O_4^{2-} \longrightarrow 2CO_2 + 2e \tag{18.4.10}$$

与此同时，对 E_T 进行跨波扫描，将 CO_2 还原为 $CO_2^{\cdot-}$ [式(18.4.8)]。当 $CO_2^{\cdot-}$ 产生时，$C_2O_4^{2-}$ 的高收集效率（$|i_S/i_T|\approx 0.9$，$d=1\mu m$）证实 $C_2O_4^{2-}$ 是 DMF 中 CO_2 还原过程中产生的主要物种。

TG/SC 模式已被用于检测其他有趣的中间体，包括：

① Sn(Ⅳ)Br_6^{2-} 的 2e 还原所产生的 Sn(Ⅲ)[52]；

② 水溶液中 O_2 还原所产生的超氧化物[53]。

除 TG/SC 模式以外，还可以开展基底产生/探针收集（substrate generation/tip collection，SG/TC）模式实验，此时探针用来探测基底处的反应产物。但是，采用此方法研究均相反应动

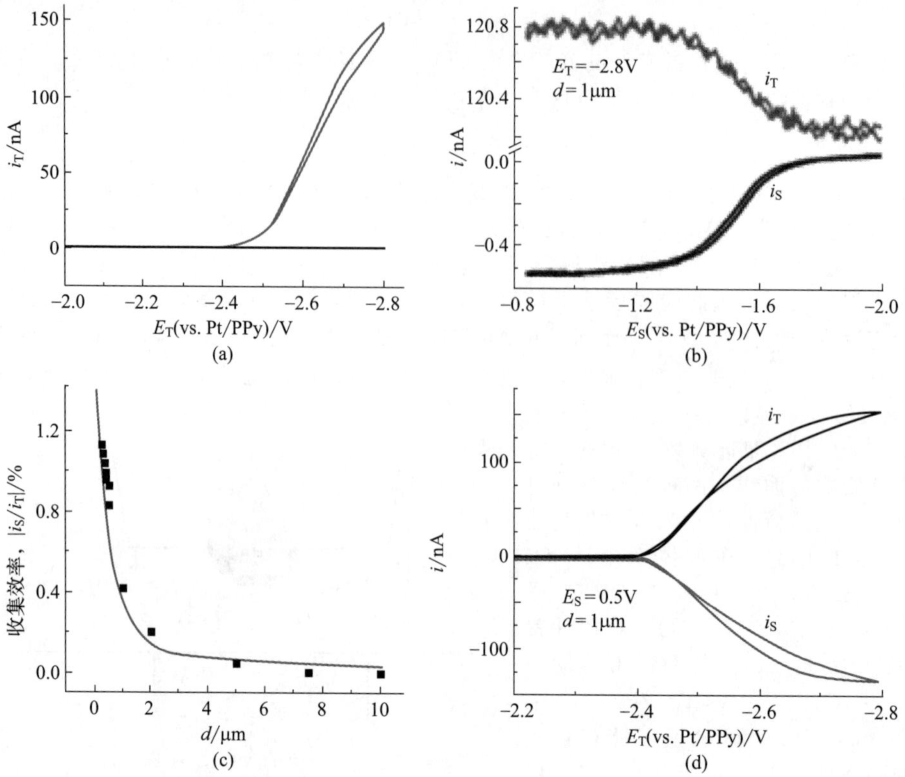

图 18.4.5 (a) 在无（黑色曲线）和有（灰色曲线）20mmol/L CO_2 的情况下，Hg/Pt 超微电极（$a=5\mu m$）在 DMF+0.1mol/L $TBAPF_6$ 中的 CV 曲线，扫速 100mV/s。(b) 当 E_S 以 100mV/s 扫速从−2.0V 扫描到−0.9V 而 E_T 保持在−2.8V 时，同时记录 $CO_2^{\cdot-}$ 生成和收集所对应的 i_T 和 i_S，基底是半径为 12.5μm 的 Au 超微电极。(c) $CO_2^{\cdot-}$ 的收集效率 $|i_S/i_T|$，与探针-基底距离的关系，实心点：实验值；实线：式(18.4.8) 和式(18.4.9) 的模拟结果，$k_c=6\times10^8 L/(mol\cdot s)$ 且考虑探针和基底的几何形状。(d) 将 E_S 保持在 0.5V 而同时将 E_T 从−2.2V 扫描到−2.8V 来记录 $CO_2^{\cdot-}$ 的产生和 $C_2O_4^{2-}$ 的收集所对应的 i_T 和 i_S，收集效率 $|i_S/i_T|$ 几乎为 1（改编自 Kai 等[49]）

力学并非易事。因为较大的基底电极不易达到稳态条件，收集效率 $|i_T/i_S|$ 就会远低于 1，即使没有均相耦合动力学。虽然如此，该模式已被用于探测基底上方的浓度分布[54]。

18.5 表面问询

18.4 节重点介绍了 SECM 在研究可溶解的氧化还原反应物及产物的反应机理及动力学方面的应用。实验通常涉及稳态测量，例如渐近曲线和探针稳态伏安。而基于瞬态行为测量的 SECM 模式，则可以研究许多不同类型的界面过程[55]，例如：

① 质子在氧化物电极上的吸附/脱附[56]；

② Langmuir 单层中的横向质子扩散[57-58]；

③ 分子通过空气/水界面的转移速率[59]。

当研究表面的化学状态时，特别有用的是表面问询模式（surface interrogation mode）SI-SECM[60-61]。在此模式下，探针用于产生氧化还原滴定剂，滴定剂能与基底表面吸附的物种发生化学反应。通过对 SI-SECM 探针伏安图的分析，可以直接测量吸附物种的表面覆盖率，其直接与基底电势有关。

图 18.5.1(a)～(d)显示了 SI-SECM 实验所涉及的基本步骤。实验通常采用尺寸相当的探针和基底电极[60-61]，两者通常都是半径在 10～50μm 范围内的、RG 值为约 1.5 的超微电极。在表面问询实验所用的本体溶液中，溶解具有明确 $E^{0'}$ 的氧化还原中介体电对中的一种分子（O 或 R）。在图 18.5.1 和下面的讨论中，考虑本体溶液中仅存在 O。由于基底大小在微米尺寸，实验的第一步[图 18.5.1(a)]是采用正反馈模式将探针和基底电极对准；当探针刚好定位在基底上方时，可获得最大的正反馈电流。然后将探针到基底的距离减小到 $L\approx0.1$，以便在问询步骤中得到最大探针电流。

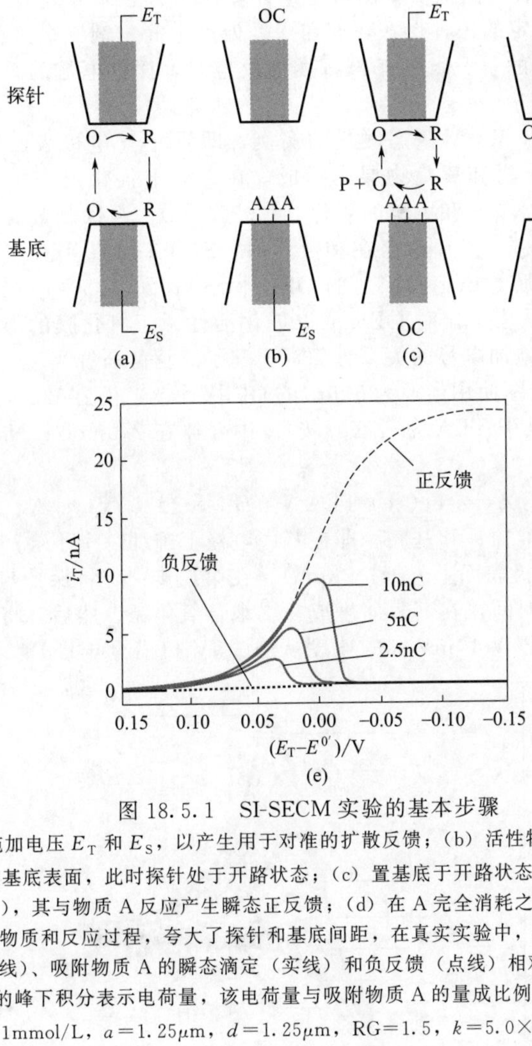

图 18.5.1 SI-SECM 实验的基本步骤

(a) 探针和基底分别施加电压 E_T 和 E_S，以产生用于对准的扩散反馈；(b) 活性物质 A 在电势控制下发生化学或电化学反应而吸附在基底表面，此时探针处于开路状态；(c) 置基底于开路状态，同时在探针上施加电势以产生物质 R（"滴定剂"），其与物质 A 反应产生瞬态正反馈；(d) 在 A 完全消耗之后，探针响应出现负反馈，为了在图中更好地显示反应物质和反应过程，夸大了探针和基底间距，在真实实验中，实际距离 $L=d/a$ 通常约为 0.1；(e) 与扩散正反馈（虚线）、吸附物质 A 的瞬态滴定（实线）和负反馈（点线）相对应的探针伏安响应的数值模拟。每个峰形伏安图的峰下积分表示电荷量，该电荷量与吸附物质 A 的量成比例。模拟参数：$v=50$mV/s，$C_O^*=1$mmol/L，$a=1.25\mu$m，$d=1.25\mu$m，RG=1.5，$k=5.0\times10^4$L/(mol·s)

[图 (e) 经 Rodríguez-López，Alpuche Avilés 和 Bard[60] 许可改编]

在第二步[图 18.5.1(b)]中，探针与恒电势仪的连接断开，并保持在开路电势（OCP）。同时，采用化学或电化学修饰方法，将氧化还原活性物质 A 吸附在基底电极表面。例如，将基底电极电势保持在一个预设的时长，以使 A 在电极表面发生化学吸附。在第三步[图 18.5.1(c)]中，断开基底电极与恒电势仪的连接，同时重新连接探针并将其保持在恒定电势 $E_T>E^{0'}$，使探针上不发生 O 的还原。随后，向负电势方向上缓慢扫描探针电压，将 O 还原为 R，R 扩散穿过间隙，还原吸附在基底表面的 A，从而重新生成 O，最终呈现正反馈。第二个产物 P 来自于 A 的还原。需要指出的是，只有当物质 A 存在并可与 R 反应时，才会出现正反馈。因此，在问询伏安图中，探针电流随着A的消耗而减小。由于O的化学计量数由一分子A的反应所产生，正反馈电流对时间的积分精确地对应吸附物质A的初始量。一旦A被耗尽，只有从本体溶液扩散到间隙中的O才能在探针处被还原，从而呈现纯粹的负反馈[图18.5.1(d)]。当所有A都发生反应且基底电极处于开路状态的时候，探针和基底电极的尺寸必须相当才能产生负反馈。(对于无外加偏压的基底电极，其成像可参见18.2节。)

图18.5.1(e)显示了SI-SECM实验所预期的探针伏安响应的数学模拟结果，分别对应于对准过程中的纯扩散反馈(虚线)、瞬态表面问询反馈(实线)和纯负反馈(点线)。瞬态表面问询反馈的三个伏安图对应于物质A的三种不同吸附量，用电量单位表示：10nC、5nC和2.5nC。从模拟结果可以清楚地看到，表面问询伏安图可定量计算物质A在基底表面的吸附量。

SI-SECM实验是库仑滴定的一种形式，即在探针处产生滴定剂(在这种情况下为R)，用于滴定基底表面以确定物质A的量。当所有A都发生反应时，探针电流的减小可以指示滴定终点[图18.5.1(e)]。

图18.5.2显示了一个SI-SECM瞬态测量的实例，即研究Ir电极表面氧化物的形成[62]。如第15章所述，氧或羟基的吸附和氧化物层的形成，在许多电催化反应中发挥重要作用，例如H_2O_2的氧化和还原(15.3.7节)和甲醇的氧化(15.3.3节)。当探测金属和半导体表面上不同含氧物种以及其它吸附物种(如溴)的存在和数量时，SI-SECM特别有用。氧化铱膜是一种特别重要的材料，不仅可用于尺寸稳定阳极上的OER [DSA；20.1.5 (1) 节]，还有其它广泛的用途，例如pH传感。通常认为，Ir对OER的电催化活性源于氧化膜的形成。因此，在氧化物的厚度、结构和稳定性与所施加电势的关系方面，引起了广泛的研究兴趣。

图18.5.2中的问询伏安图使用半径为50μm的GC探针、半径为62μm的Ir基底电极和氧化还原中介体Fe(Ⅲ)-TEA(其中TEA为三乙醇胺)。中介体在2.0mol/L NaOH溶液中发生可逆单还原[62]：

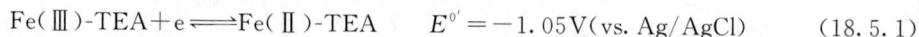

$$\text{Fe(III)-TEA} + e \rightleftharpoons \text{Fe(II)-TEA} \qquad E^{0'} = -1.05\text{V(vs. Ag/AgCl)} \tag{18.5.1}$$

如前所述，实验第一步是对准探针和基底，即在基底电极上施加一个不会产生氧化物的电势，采用正反馈将探针定位到Ir电极表面上方(1～3μm)。在第二步中，将探针与电路断开，并置基底电极电压于某一恒定值一段时间，在其表面生成一层水合氧化铱。然后，将基底电极置于开路状态，并重新连接探针，其电势以10mV/s的速度从−0.9V扫描至−1.3V，产生滴定剂Fe(Ⅱ)-

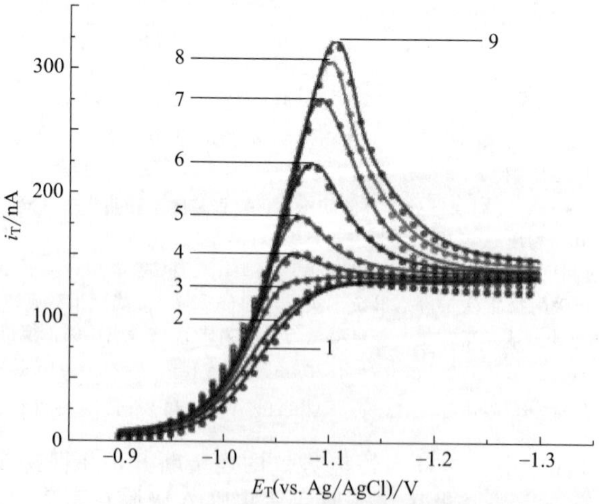

图18.5.2 SI-SECM得到的瞬态探针伏安图(实线)，用于测量沉积在Ir圆盘电极(a=62.5μm)表面上的氧化物量

探针是一个半径为50μm的GC电极，溶液含有10mmol/L Fe(TEA)(OH)和2.0mol/L NaOH。施加不同电势E_S在Ir电极表面沉积氧化物：1——1.00V；2——0.90V；3——0.80V；4——0.70V；5——0.60V；6——0.50V；7——0.40V；8——0.30V；9——0.20V。扫速为50mV/s。假设$k_{chem}=(4.0\pm0.5)\times10^4$L/(mol·s)，对SI-SCM瞬态响应曲线进行数字模拟(空心圆点)，细节见所引用文献[62] (改编自Arroyo-Currás和Bard[62])

TEA，该滴定剂扩散到基底表面与水合氧化铱反应：

$$\text{Fe(II)-TEA} + \text{Ir-(OH)}_{ads} \xrightarrow{k_{chem}} \text{Fe(III)-TEA} + \text{Ir} + \text{OH}^- \quad (18.5.2)$$

Fe(Ⅱ)-TEA 还原 Ir-(OH)_{ads} 将产生瞬态反馈电流［即 Fe(Ⅲ)-TEA 在探针表面的电化学还原］。当 Ir-(OH)_{ads} 被完全消耗时，探针电流下降到一个恒定的负反馈水平，其由 L 和电极几何形状所决定。

图 18.5.2 中的实验结果是在 2mol/L NaOH 溶液中得到的，Ir 电极电势 E_S 保持在 −1.0V 和 −0.2V 之间，施加时长为 70s。当 $E_S = -1.0$V 时，Ir 表面没有氧化物或吸附氧；当 Ir 电极置于开路状态后，探针问询伏安图呈现出纯负反馈响应，显示出 S 形电流信号（图 18.5.2 中的曲线 1）。将 Ir 电极电势逐渐正移并重复上述实验，探针问询伏安图出现峰值响应，电流峰值随 E_S 的正移而逐渐增大（曲线 2～9）。减去纯负反馈响应（曲线 1）并除以扫描速率，每个探针问询伏安图下方的面积对应于滴定实验中所消耗的电荷量 Q。因此，Q 与 E_S 的关系图描述了 Ir 表面上氧化物形成与电势的关系。对于图 18.5.2 所示的实验，将 Q 对 Ir 电极表面面积归一化后，在 −0.2V 下对表面氧化铱层进行滴定，总电荷密度约为 300μC/cm^2。类似地，采用不同的氧化还原中介体，可对表面吸附的 H 进行滴定，以确定其在 Ir 电极表面的覆盖度及其与电势的关系[62]。

根据产生反馈电流的过程，数字模拟可以得到 i_T 值，如图 18.5.2 中的空心圆点所示。数字模拟对式(18.5.2) 所描述的反应［即滴定剂 Fe(Ⅱ)-TEA 还原 Ir 水合氧化物］的速率常数 k_{chem} 非常敏感。当 $k_{chem} = (4.0 \pm 0.5) \times 10^4$ L/(mol·s)时，模拟值与图 18.5.2 中实验伏安图的拟合是最佳的。研究表明，k_{chem} 值取决于滴定所采用的氧化还原中介体的 $E^{0'}$[63]。

SI-SECM 已用于测量酸性介质中 Pt 和 Au 电极表面的氧化物覆盖度[60]、H 在 MoS_2 上的吸附量[64]，以及滴定 TiO_2[65]、赤铁矿[66] 和 W/Mo-$BiVO_4$[67] 半导体电极表面的光生 OH·。

18.6　电势型探针

至此，本章所讨论的 SECM 探针均为安培型的，通常由金属或碳制成，可以产生反映氧化还原过程的法拉第电流。SECM 实验也可以使用电势型探针，比如基于玻璃毛细管型的 ISE[68-70]。针对某一特定离子，电势型探针与参比电极之间可以产生一个与离子活度的对数成正比的电势差（2.4 节）。电势型探针已经用于测量 H^+、Zn^{2+}、Cl^-、Ca^{2+}、NH_4^+ 和 K^+，其空间分辨率可达到几微米。制备电势型探针通常采用一端有一个小开口的玻璃毛细管，利用毛细作用将含有对目标离子有选择性的载体（2.4.3 节）和离子交换剂的液体混合物吸入管中[68]。然后，从玻璃管的大口侧引入内充电解质溶液和丝状的 Ag/AgCl 参比电极。用 IrO_2 颗粒封装玻璃管末端[71] 或使用 Sb 微电极[72]，可实现局部 pH 测量。

电势型探针尤其适用于检测那些电流型探针无法检测到的非电活性离子。然而，电势型探针的测量模式是被动的，其能够检测给定物质的局部活性，但无法感知基底存在与否。它们不能测定 d，因此需要采用一定方法对探针进行定位（相对于基底电极），包括显微镜视觉观察、电阻测量和使用包含电流和电势测量元件的双毛细管探针。一旦建立了相对于表面的参考高度，就可以测量探针电势随 d 的变化。经校准探针对浓度（或 pH）的响应后，上述关系就可以转换为浓度或 pH 随距离的变化。

电势型和电流型 SECM 探针，均已被广泛用于绘制微区腐蚀中 pH 和金属离子的浓度分布图[73-75]。在这些体系中，腐蚀反应经常在活性位点附近产生金属离子，金属离子水解则进一步导致局部溶液 pH 的降低。因此，对 pH 或金属离子具有选择性的探针，可以在微米级的空间分辨率下检测和跟踪腐蚀事件。

pH 敏感的 SECM 探针也在生物分析中得到了应用，包括电刺激下细胞外 pH 变化的测量[76] 和产酸变形链球菌生物膜上方 pH 变化的实时成像[77]。

18.7 其他应用

SECM是一个多功能仪器，已被巧妙和广泛地应用于不同领域，具体可参考相关综述[78-80]和专著[81]。本节旨在通过三个应用领域的介绍来说明其多样性功能，而19.6节描述了第四个应用领域，即利用SECM探针和基底之间的氧化还原循环来检测单分子。

18.7.1 检测表面、膜或孔释放的物质

SECM可用于研究修饰电极表面产生的物质流量，例如聚合物膜修饰的电极表面（17.4节）。在探针上施加某一恒定偏压，可以检测氧化还原过程中从聚合物膜释放出来的电活性离子[82-84]。例如，在氧化的聚吡咯（PPy）膜发生还原的过程中，SECM可测量Br^-的释放（以PPy^+Br^-形式表示）[84]。在还原扫描过程中，Br^-仅在扫描后期被释放出来，而此时相当一部分阴极电荷已被消耗。结果表明，在PPy^+还原的早期阶段，阳离子摄取而不是阴离子释放维持了PPy膜中的电荷平衡。

将探针置于多孔膜（例如，皮肤或微孔聚合物）的表面附近，SECM可测量电流驱动的跨孔离子通量（离子电渗法）[85]。类似地，可研究电子和离子在液/液界面（ITIES）上的转移速率[16,86]。

在电极表面成像和表面膜探测方面，SECM尤其有用。例如，通过绘制碘化物在基底表面的氧化位置（通过探针检测碘化物），研究了Ta电极上Ta_2O_5钝化膜中结构缺陷的性质与电极电势的关系（图18.7.1）[87]。当扫描电势变得更正时，结构缺陷处的I^-氧化活性升高，但随表面上Ta氧化物层厚度的增加而逐渐消失。

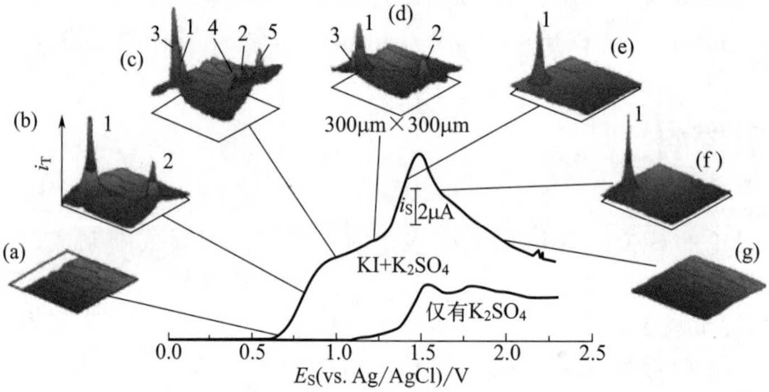

图18.7.1 (a)～(g) Ta_2O_5/Ta电极表面300μm×300μm区域内的i_T随x-y位置变化的SECM图像
溶液为10mmol/L NaI+0.1mol/L K_2SO_4，电极电压扫描由负到正。直线指示与图像相对应的电压。探针电压为0.0V（vs. Ag/AgCl），该电压下基底处产生的碘被还原。图(b)中的垂直比例尺约为0～2nA，适用于所有图像。
LSV曲线显示了有和无碘化物时的i_S与E_S的关系（经Basame和White[87]许可改编）

18.7.2 生物体系

除上述基于电势型探针的应用（18.6节），SECM也广泛应用于生物体系研究，包括酶活性监测、小斑点免疫测定、DNA阵列读出和成像。相关综述[88-90]详细介绍了这些应用。

SECM特别适用于活细胞的非侵入式成像和监测[91]。如图18.7.2(a)所示，以带有微孔阵列的培养皿培养组织，采用RC-SECM测量组织上方溶液中O_2的浓度（18.4.1节），即可评估细胞组织的活力[92]。具有高呼吸活性的活细胞组织将消耗微孔上方溶液中的O_2，因此SECM探针电流会发生降低。如图18.7.2(b)所示，每个微孔上方的探针电流减少了约40%，清楚地反映出活细胞组织对O_2的局部消耗。若将组织暴露于50%乙醇溶液，再用探针扫描微孔时，探针电流保持不变，表明细胞已经死亡。与传统的荧光和比色测定相比，SECM测定不需要大量的样品制备。

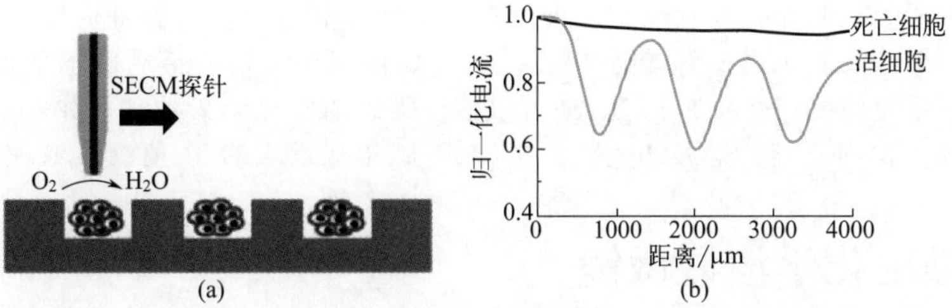

图 18.7.2 基于 Hg 涂覆的 10μm Pt 探针的 SECM 组织活性分析

(a) 测量细胞 O_2 的摄取示意图，在含有组织的微孔阵列表面上方 15μm 的位置，以恒定高度扫描探针。圆形微孔深 200μm，直径为 400μm，间隔为 800μm。(b) 活组织阵列上的线扫（灰色曲线）和暴露于乙醇后的线扫（黑色曲线）记录的 O_2 还原的探针电流，扫描速率 10μm/s，显示的电流值已相对于探针在远离表面（>250μm）时测得的 O_2 还原电流进行了归一化。在 HEPES 缓冲液中，探针电位为 −0.6V (vs. Ag/AgCl)

（经 Sridhar，de Boer，van den Berg 和 Le Gac[92] 许可改编）

18.7.3 基底表面膜层的内部探测

一个有代表性的实验是在电极 z 方向上探测含有 $Os(bpy)_3^{2+}$ 的 Nafion 膜[93]。当锥形探针从溶液相移动到 Nafion 膜内，测量探针表面发生 $Os(bpy)_3^{2+}$ 氧化所产生的电流。如图 18.7.3 所

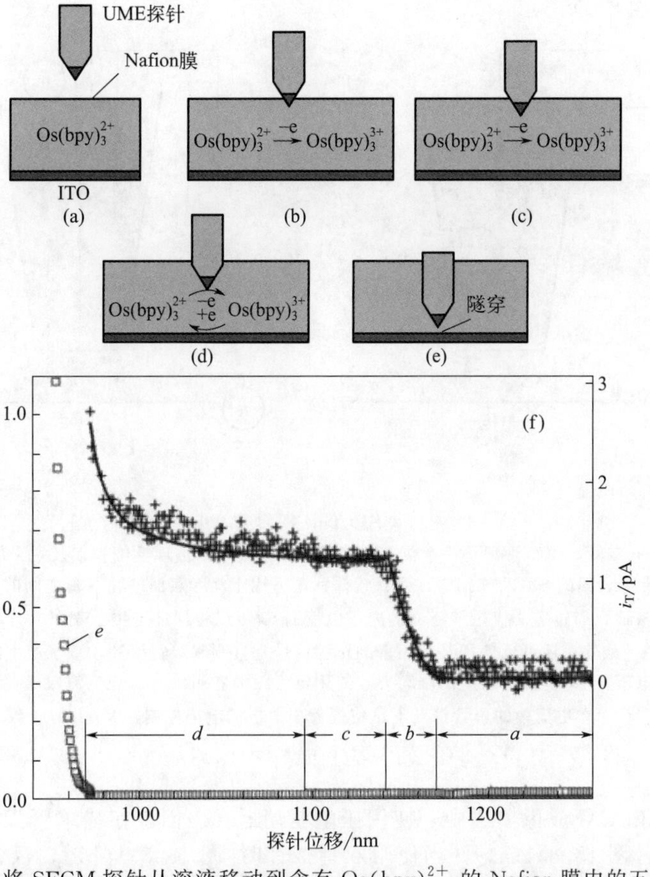

图 18.7.3 将 SECM 探针从溶液移动到含有 $Os(bpy)_3^{2+}$ 的 Nafion 膜内的五个阶段：

(a) 探针处于膜上方的溶液中；(b) 探针刚好刺穿薄膜；(c) 探针的锥形电活性部分完全进入薄膜；(d) 探针靠近基底并在那里产生正反馈；(e) 探针处于电子隧穿区；(f) 在两种不同灵敏度下观察到的探针电流与位移：(正方形) 左侧坐标，(十字星) 右侧坐标。标签 a～e 分别对应于阶段 (a) ～ (e)。E_T = 0.80V (vs. SCE)；E_S = 0.20V (vs. SCE)。探针以 3nm/s 的速度在 z 方向上移动（经 Mirkin，Fan 和 Bard[93] 许可转载）

示，探针阳极电流的起始标志着它恰好进入薄膜。电流逐渐增大，直到锥形部分完全进入薄膜，之后电流达到一个稳态值。当探针接近 ITO 基底时，出现正反馈，最后电子发生隧穿。该实验可以原位精确测定膜厚度（l=220nm），还可以估计膜内的电化学参数。例如，根据探针在膜内的伏安图[图 18.7.3(c)]，获得 $Os(bpy)_3^{3+}/Os(bpy)_3^{2+}$ 电极反应的 k^0 值约为 1.6×10^{-4} cm/s[93]。

18.8 扫描电化学池显微镜

扫描电化学池显微镜（scanning electrochemical cell microscopy，SECCM）是扫描探针显微镜的一种独特形式，其中填充电解质的微米或纳米玻璃管（pipette）的尖端与基底表面——工作电极表面接触[94-95]［图 18.8.1(a)］。在微/纳米玻璃管内放置一根参比-辅助电极，即可形成电化学池，随后以两电极配置测量电流。实际上，电池中的电解质成为扫描探针的一部分，液体弯月液面和电极表面之间的界面定义了所研究的基底区域，即 SECCM 响应来自于基底局部区域内发生的氧化还原反应。使用玻璃管制备探针，其尖端开口半径很容易低至 100nm。不同类型的电化学测量，包括伏安法和计时电流法，可以用来探测与尖端接触的区域内的电化学反应。尽管在某些情况下需要校正尖端和弯月面几何形状对物质传输的影响，i-E 或 i-t 响应的解释在很大程度上与宏观电极相同。

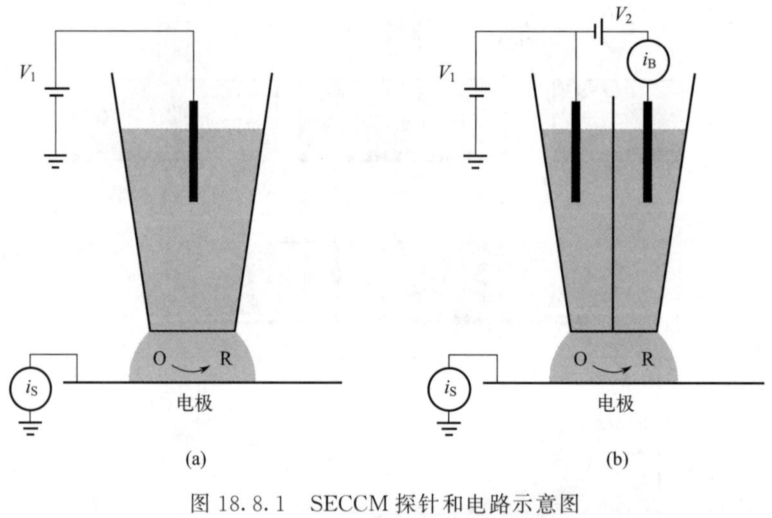

图 18.8.1 SECCM 探针和电路示意图

（a）单管；（b）双管。每个管都是一个装有电解质的微米或纳米玻璃毛细管以及一个准参比-辅助电极。单管探针可用于导电表面的 SECCM 扫描，而双管探针还适用于绝缘表面。在双管之间的施加偏置电压（V_2），可在管口产生弯月液面，通过监测流过该液面的离子电流 i_B 就可以将探针定位于表面上方，i_B 的变化可指示弯月液面与表面的接触。此外，还可以使用某一频率的正弦信号垂直调制双管探针，基于产生的交流信号定位探针。在（a）或（b）中，电压 V_1 为电化学反应的驱动力，使用电流跟随器测量 i_S，该电流跟随器将基底置于仪器接地状态（16.2.1 节）。在更简单的单管情况下，将探针中电极的电势控制在 V_1 并置于仪器接地状态，因此 $E_S=-V_1$（16.4 节）（经 Wahab，Kang 和 Unwin[96] 许可改编）

在最简单的 SECCM 成像模式中，使用压电驱动器在表面上扫描单管探针的同时，在固定电势下连续测量电流[图 18.8.1(a)]。当使用双管探针时[图 18.8.1(b)]，双管间施加偏压 V_2，在扫描过程中测量两个管之间通过的直流或交流电流，从而控制处于表面上方的探针高度。在跳跃模式成像中，初次测量之后，SECCM 探针收回以使弯月面与表面分离；随后，将探针移动到电极表面上方的一个新位置并降低高度，直到电解质弯月面再次与表面接触。该过程重复数百或数千次，以记录电极表面不同位置的电化学响应。最后，使用各个电化学响应来构建 SECCM 图像。图像分辨率由弯月面接触半径决定，弯月面与探针半径成正比，但也取决于电极表面的润湿特性。弯月面接触面积通常可以在电化学实验之后用光学或电子显微镜来精确测定，同时可以对留在表面上的电解质残留物进行成像。

如图 18.8.2 所示，SECCM 可实现电极表面局部电化学性质的探测[97]。如 15.2.2（5）节中所述，MoS_2 层状纳米颗粒的边缘平面显示出增强的析氢电催化活性。在 0.1mol/L $HClO_4$ 水溶液中，使用椭圆形双管探针❸，并在恒电势条件下以跳跃模式对 MoS_2 的电催化活性进行 SECCM 成像[图 18.8.2(a)]。结果显示，MoS_2 层状纳米颗粒的台阶边缘的 HER 活性明显比基平面更高。SEM 和 AFM 形貌成像确定的台阶位置和高度[图 18.8.2(b)]与 SECCM 绘制的空间 HER 活性相对应。可以确认，在 2nm 和 40nm 高的台阶处，HER 的速率显著增大。

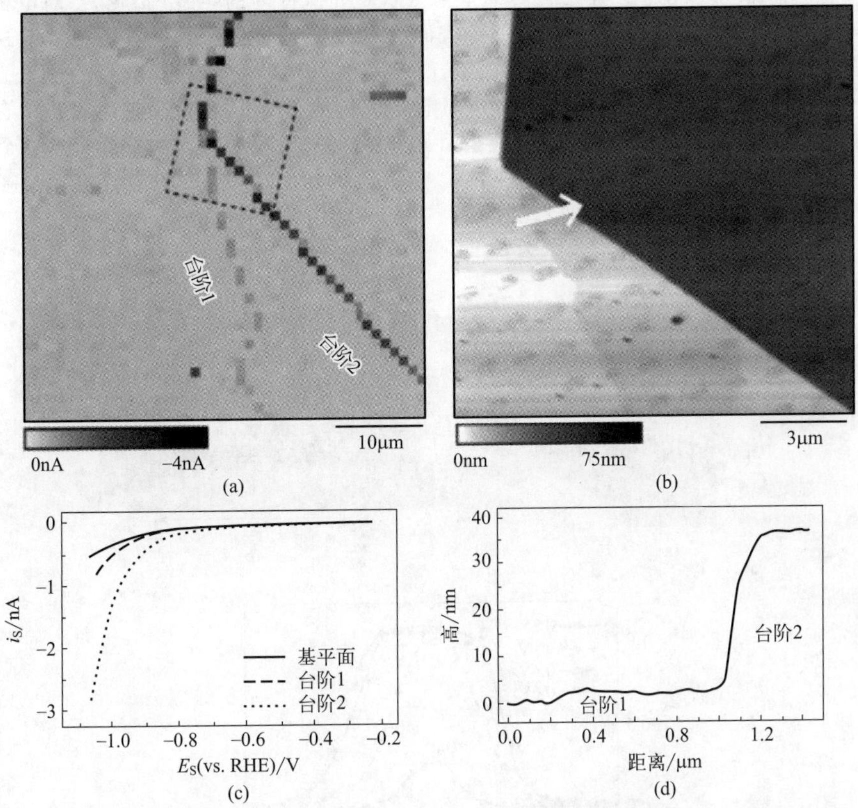

图 18.8.2　(a) 在 $E_S=-1.05V$ (vs. RHE) 的情况下获得的 MoS_2 基面上 HER 活性的 SECCM 图像，探针为椭圆形的双管（长轴和短轴半径分别为 220nm 和 100nm），溶液为 100mmol/L $HClO_4$，$V_2=0.05V$；(b) 图 (a) 中虚线框内区域的 AFM 形貌图像；(c) 基平面上台阶 1 和台阶 2 的像素位置处记录得到的、多次扫描的平均 LSV（从上到下：分别为 1500 次、33 次和 14 次扫描），电位扫描速率 0.25V/s；(d) 与图 (b) 中的箭头相对应的高度变化（经 Bentley 等[97] 许可改编）

当 SECCM 探针下降到存在台阶缺陷的位置时，弯月液面所定义的接触面积主要包括基平面（90%），再加上与台阶相关的一个小面积。因此，实验测定的电流既有高活性台阶的贡献，也有台阶两侧低活性基平面的贡献。图 18.8.2(c) 显示了在远离台阶的基平面上以及在较小和较大台阶上记录得到的 LSV。与先前的理解一致，SECCM 研究表明，与基平面相比，MoS_2 边缘平面上的 HER 动力学明显加快。对 SECCM 的 i-E 响应进行半定量的 Tafel 曲线分析，发现 MoS_2 边缘平面上的标准交换电流密度（$j_0\approx10^{-4}A/cm^2$）大约是基平面上的 40 倍（$j_0\approx2.5\times10^{-6}A/cm^2$）。由于台阶边缘区域的不确定性，边缘平面上的 j_0 值是近似的，但小至多晶 Pt 处观察到的

❸　双管的圆形管道中间有一个贯穿的薄玻璃壁。在拉制过程中，由于玻璃壁的存在双管受力不对称，最终形成椭圆形管口末端，每个管占据大约一半的管口面积。

值的1/40。如图15.2.2所示，这些数值与 MoS_2 层状纳米颗粒和Pt的 j-E 响应和Tafel曲线一致。

图18.8.3中展示了一个完全不同的SECCM实验。该实验采用了载流子产生/探针收集模式(carrier generation/tip collection，CG/TC模式)，用来可视化和量化半导体电极中的光生载流子传输距离和复合速率（20.3节）[98]。在实验过程中，用一束窄的高斯形光束激发负载于ITO电极表面上的n型半导体 WSe_2 薄层[图18.8.3(a)]，产生多数和少数载流子（分别是电子和空穴）。当光阳极未连接到阴极时，这些载流子在 WSe_2 层内发生复合。为了测量光生空穴的横向扩散传输，将半径为150nm且含有0.1mol/L NaI和10mmol/L I_2 水溶液的SECCM探针与 WSe_2 层的顶面接触[图18.8.3(b)]。当在ITO基底和SECCM探针内的Ag/AgI参比-对电极之间施加适当的电势时，与SECCM探针接触的 WSe_2 表面上可以收集到从照射位置横向扩散过来的光生空穴，它们在那里可以氧化 I^-。与此同时，在ITO基底处可收集到相同数量的电子。因此，反应（$3I^- \longrightarrow I_3^- + 2e$）产生光电流，可采用外部电路进行测量。但是，这些空穴必须有足够长的寿命，才能扩散到SECCM探针的位置。当探针距离光生位点较远时，大部分空穴在到达探针之前与半导体内部的电子复合，从而光电流减小。因此，测量SECCM探针处光电流与径向距离 r_p 的关系，能够确定少数载流子的扩散长度。

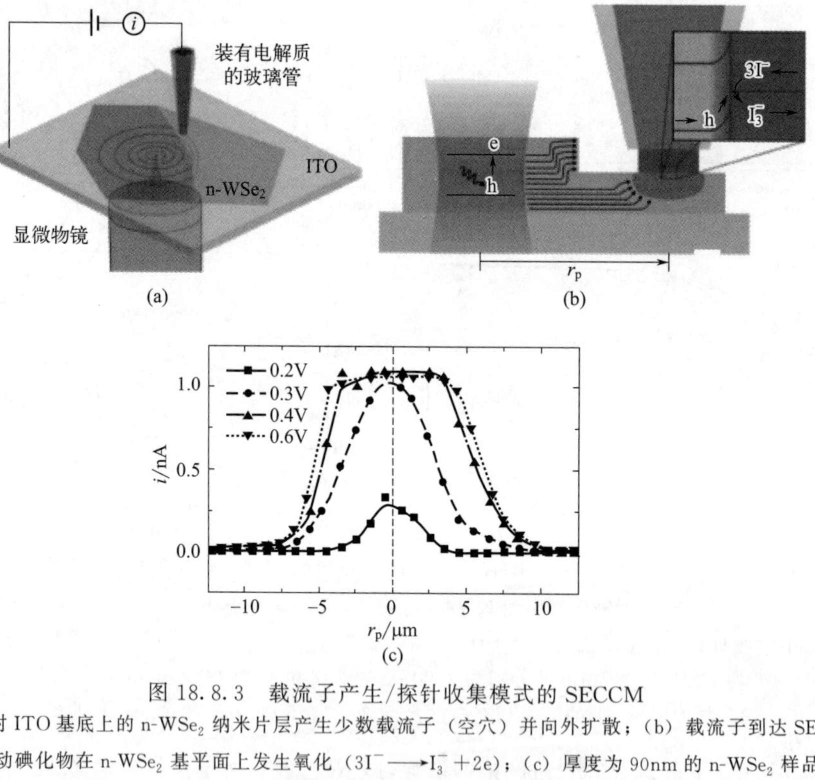

图18.8.3 载流子产生/探针收集模式的SECCM

(a) 局部照射ITO基底上的n-WSe_2 纳米片层产生少数载流子（空穴）并向外扩散；(b) 载流子到达SECCM探针并驱动碘化物在n-WSe_2 基平面上发生氧化（$3I^- \longrightarrow I_3^- + 2e$）；(c) 厚度为90nm的n-$WSe_2$ 样品以 $\lambda = 633$nm和高斯分布 $\sigma = 0.75\mu m$ 的光束激发时，SECCM所记录的横截面方向的电流响应，探针为半径150nm的玻璃毛细管，其内充有0.1mol/L NaI和10mmol/L I_2 的水溶液（经Hill和Hill[98] 许可改编）

图18.8.3(c)显示了不同电势下SECCM电流与激发位点距离之间的关系曲线。数据表明，空穴从产生位点径向扩散，在空间分辨率约为1μm的情况下，可以在距离光生位点10μm的地方收集到空穴。对以上和其它更多CG/TC模式的SECCM成像结果进行分析，发现空穴传输呈现高度的各向异性，平面内和平面外的空穴扩散长度分别为2.8μm和5.8nm。在台阶边缘明确分隔的位置进行光激发和SECCM载流子检测，光电流明显减小，说明载流子在这些缺陷处复合更快。

SECCM特别适合对单颗粒[99]、纳米线[100]、气泡[101-102]、晶界[103] 上发生的电化学过程或可在探针直径内隔离的任何其它过程进行成像和定量分析。SECCM 还被用于对多晶 Au 电极表面上的单个晶粒的 PZC 进行成像[104]。需要指出的是，SECM 探针通过记录反馈电流或收集反应产物来探测基底的电化学活性，这是一种间接的测量方法。相比之下，SECCM 是直接测量基底上化学反应过程所产生的电流。因此，SECCM 电流不需要考虑电活性物质在探针和基底之间的扩散传输，因此更易于分析。然而对于需要严格干燥或无 O_2 的溶液体系，SECCM 测量是比较有挑战性的。因为在纳米级弯月面处的空气/溶液界面上的气体传输极其迅速，测量需要在惰性环境中开展。有关 SECCM 应用的综述可参考文献［95-96，105］，关于 SECM 和 SECCM 电化学成像的综述也可参考文献［106］。

18.9　参考文献

1 A. J. Bard, F.-R. F. Fan, J. Kwak, and O. Lev, *Anal. Chem.*, **61**, 132 (1989).
2 A. J. Bard, F.-R. F. Fan, and M. V. Mirkin, *Electroanal. Chem.*, **18**, 243 (1994).
3 M. V. Mirkin, *Anal. Chem.*, **68**, 177A (1996).
4 A. J. Bard, F.-R. F. Fan, and M. V. Mirkin, in "Physical Electrochemistry: Principles, Methods and Applications," I. Rubinstein, Ed., Marcel Dekker, New York, NY, 1995, p. 209.
5 A. J. Bard, G. Denuault, C. Lee, D. Mandler, and D. O. Wipf, *Accts. Chem. Res.*, **23**, 357 (1990).
6 D. Shoup and A. Szabo, *J. Electroanal. Chem.*, **160**, 27 (1984).
7 Y. Fang and J. Leddy, *Anal. Chem.*, **67**, 1259 (1995).
8 C. G. Zoski and M. V. Mirkin, *Anal. Chem.*, **74**, 1986 (2002).
9 Y. Shao and M. V. Mirkin, *J. Phys. Chem. B*, **102**, 9915 (1998).
10 M. V. Mirkin, in "Scanning Electrochemical Microscopy," M. V. Mirkin and A. J. Bard, Eds., Taylor and Francis Group, Boca Raton, FL, 2012, Chap. 5.
11 J. L. Amphlett and G. Denuault, *J. Phys. Chem. B*, **102**, 9946 (1998).
12 M. V. Mirkin, F.-R. F. Fan, and A. J. Bard, *J. Electroanal. Chem.*, **328**, 47 (1992).
13 P. Sun and M. V. Mirkin, *Anal. Chem.*, **79**, 5809 (2007).
14 D. O. Wipf and A. J. Bard, *J. Electrochem. Soc.*, **138**, 469 (1991).
15 A. J. Bard, M. V. Mirkin, P. R. Unwin, and D. O. Wipf, *J. Phys. Chem.*, **96**, 1861 (1992).
16 C. Wei, A. J. Bard, and M. V. Mirkin, *J. Phys. Chem.*, **99**, 16033 (1995).
17 R. Cornut and C. Lefrou, *J. Electroanal. Chem.*, **621**, 178 (2008).
18 N. Nioradze, J. Kim, and S. Amemiya, *Anal. Chem.*, **83**, 828 (2011).
19 H. Xiong, J. Guo, and S. Amemiya, *Anal. Chem.*, **79**, 2735 (2007).
20 A. I. Oleinick, D. Battistel, S. Daniele, I. Svir, and C. Amatore, *Anal. Chem.*, **83**, 4887 (2011).
21 C. G. Zoski, N. Simjee, O. Guenat, and M. Koudelka-Hep, *Anal. Chem.*, **76**, 62 (2004).
22 M. V. Mirkin and M. Tsionsky, in "Scanning Electrochemical Microscopy," M. V. Mirkin and A. J. Bard, Eds., Taylor and Francis Group, Boca Raton, FL, 2012, Chap. 8.
23 J. Zhang and P. R. Unwin, *Phys. Chem. Chem. Phys.*, **4**, 3820 (2002).
24 D. O. Wipf and A. J. Bard, *Anal. Chem.*, **64**, 1362 (1992).
25 F.-R. F. Fan and C. Demaille, in "Scanning Electrochemical Microscopy," M. V. Mirkin and A. J. Bard, Eds., Taylor and Francis Group, Boca Raton, FL, 2012, Chap. 3.
26 T. Sun, Y. Yu, B. J. Zacher, and M. V. Mirkin, *Angew. Chem. Int. Ed.*, **53**, 14120 (2014).
27 T. Sun, D. Wang, M. V. Mirkin, H. Cheng, J.-C. Zheng, R. M. Richards, F. Lin, and H. L. Xin, *Proc. Natl. Acad. Sci. U.S.A.*, **116**, 11618 (2019).
28 J. V. Macpherson and C. Demaille, in "Scanning Electrochemical Microscopy," M. V. Mirkin and A. J. Bard, Eds., Taylor and Francis Group, Boca Raton, FL, 2012, Chap. 17.
29 J. V. Macpherson and P. R. Unwin, *Anal. Chem.*, **7**, 276 (2000).
30 C. Kranz, G. Friedbacher, B. Mizaikoff, A. Lugstein, J. Smoliner, and E. Bertagnolli, *Anal. Chem.*, **73**, 2491 (2001).

31 M. A. Derylo, K. C. Morton, and L. A. Baker, *Langmuir*, **27**, 13925 (2011).
32 A. Eifert, B. Mizaikoff, and C. Kranz, *Micron*, **68**, 27 (2015).
33 P. S. Dobson, J. M. R. Weaver, M. N. Holder, P. R. Unwin, and J. V. Macpherson, *Anal. Chem.*, **77**, 424 (2005).
34 K. Leonhardt, A. Avdic, A. Lugstein, I. Pobelov, T. Wandlowski, M. Wu, B. Gollas, and G. Denuault, *Anal. Chem.* **83**, 2971 (2011).
35 O. Sklyar, A. Kueng, C. Kranz, B. Mizaikoff, A. Lugstein, E. Bertagnolli, and G. Wittstock, *Anal. Chem.*, **77**, 764 (2005).
36 X. Shi, W. Qing, T. Marhaba, and W. Zhang, *Electrochim. Acta*, **332**, 135472 (2020).
37 P. Sun and M. V. Mirkin, *Anal. Chem.*, **78**, 6526 (2006).
38 J. Velmurugan, P. Sun, and M.V. Mirkin, *J. Phys. Chem. C*, **113**, 459 (2008).
39 S. Amemiya in "Scanning Electrochemical Microscopy," M. V. Mirkin and A. J. Bard, Eds., Taylor and Francis Group, Boca Raton, FL, 2012, Chap. 6, Table 6.1.
40 C. G. Zoski, C. R. Luman, J. L. Fernández, and A. J. Bard, *Anal. Chem.*, **79**, 4957 (2007).
41 C. B. Ekanayake, M. B. Wijesinghe, and C. G. Zoski, *Anal. Chem.*, **85**, 4022 (2013).
42 K. Eckhard, X. Chen, F. Turcu, and W. Schuhmann, *Phys. Chem. Chem. Phys.*, **8**, 5359 (2006).
43 I. Morkvenaite-Vilkonciene, A. Ramanaviciene, and A. Ramanavicius, *RSC Adv.*, **4**, 50064 (2014)
44 P. R. Unwin and A. J. Bard, *J. Phys. Chem.*, **95**, 7814 (1991).
45 F. Zhou, P. R. Unwin, and A. J. Bard, *J. Phys. Chem.*, **96**, 4917 (1992).
46 D. E. Danly, *J. Electrochem. Soc.*, **131**, 435C, (1984).
47 F. Zhou and A. J. Bard, *J. Am. Chem. Soc.*, **116**, 393 (1994).
48 D. E. Blanco, B. Lee, and M. A. Modestino, *Proc. Natl. Acad. Sci. U.S.A.*, **116**, 17683 (2019).
49 T. Kai, M. Zhou, Z. Duan, G. A. Henkelman, and A. J. Bard, *J. Am. Chem. Soc.*, **139**, 18552 (2017).
50 A. R. Paris and A. B. Bocarsly, *ACS Catal.*, **9**, 2324 (2019).
51 A. Gennaro, A. A. Isse, J.-M. Savéant, M.-G. Severin, and E. Vianello, *J. Am. Chem. Soc.*, **118**, 7190 (1996).
52 J. H Chang and A. J. Bard, *J. Am. Chem. Soc.*, **136**, 311 (2014).
53 M. Zhou, Y. Yu, K. K. Hu, and M. V. Mirkin, *J. Am. Chem. Soc.*, **137**, 6517 (2015).
54 R. C. Engstrom, T. Meany, R. Tople, and R. M. Wightman, *Anal. Chem.*, **59**, 2005 (1987).
55 P. R. Unwin and J. V. Macpherson, in "Scanning Electrochemical Microscopy," M. V. Mirkin and A. J. Bard, Eds., Taylor and Francis Group, Boca Raton, FL, 2012, Chap. 13.
56 P. R. Unwin and A. J. Bard, *J. Phys. Chem.*, **96**, 5035 (1992).
57 J. Zhang and P. R. Unwin, *J. Am. Chem. Soc.*, **122**, 2597 (2002).
58 J. Zhang and P. R. Unwin, *J. Am. Chem. Soc.*, **124**, 2379 (2002).
59 J. Zhang, and P. R. Unwin, *Langmuir*, **18**, 1218 (2002).
60 J. Rodríguez-López, M. A. Alpuche-Avilés, and A. J. Bard, *J. Am. Chem. Soc.*, **130**, 16985 (2008).
61 J. Rodríguez-López, C. G. Zoski, and A. J. Bard, in "Scanning Electrochemical Microscopy,' M. V. Mirkin and A. J. Bard, Eds., Taylor and Francis Group, Boca Raton, FL, 2012, Chap. 16.
62 N. Arroyo-Currás and A. J. Bard., *J. Phys. Chem. C*, **119**, 8147 (2015).
63 J. Rodríguez-López, A. Minguzzi, and A. J. Bard, *J. Phys. Chem. C*, **114**, 18645 (2010).
64 H. S. Ahn and A. J. Bard, *J. Phys. Chem. Lett.*, **7**, 2748 (2016).
65 D. Zigah, J. Rodríguez-López, and A. J. Bard, *Phys. Chem. Chem. Phys.*, **14**, 12764 (2012).
66 Y. Ma, P. S. Shinde, X. Li, and S. Pan, *ACS Omega*, **4**, 17257 (2019).
67 H. S. Park, K. C. Leonard, and A. J. Bard, *J. Phys. Chem. C*, **117**, 12093 (2013).
68 G. Denuault, G. Nagy, and K. Toth, in "Scanning Electrochemical Microscopy,"

M. V. Mirkin and A. J. Bard, Eds., Taylor and Francis Group, Boca Raton, FL, 2012, Chap. 10.
69 B. R. Horrocks, M. V. Mirkin, D. T. Pierce, A. J. Bard, G. Nagy, and K. Toth, *Anal. Chem.*, **65**, 1213 (1993).
70 C. Wei, A. J. Bard, G. Nagy, and K. Toth, *Anal. Chem.*, **67**, 34 (1995).
71 E. El-Giar and D. O. Wipf, *J. Electroanal. Chem.*, **609**, 147 (2007).
72 D. Filotás, B.M. Fernández-Pérez, J. Izquierdo, A. Kiss, L. Nagy, G. Nagy, and R. M. Souto, *Corros. Sci.*, **129**, 136 (2017).
73 D. E. Tallman, M. B. Jensen, and K. Toth, in "Scanning Electrochemical Microscopy," M. V. Mirkin and A. J. Bard, Eds., Taylor and Francis Group, Boca Raton, FL, 2012, Chap. 14.
74 R. M. P. da Silva, J. Izquierdo, M. X. Milagre, A. M. Betancor-Abreu, I. Costa, and R. M. Souto, *Sensors*, **21**, 1132 (2021).
75 N. Payne, L. I. Stephens, and J. Mauzeroll, *Corrosion*, **73**, 759 (2017).
76 Q. Xiong, R. Song, T. Wu, F. Zhang, and P. He, *J. Electroanal. Chem.*, **887**, 115169 (2021).
77 V. S. Joshi, P. S. Sheet, N. Cullin, J. Kreth, and D. Koley, *Anal. Chem.*, **89**, 11044 (2017).
78 D. Polcari, P. Dauphin-Ducharme, and J. Mauzeroll, *Chem. Rev.*, **116**, 13234 (2016).
79 C. G. Zoski, *J. Electrochem. Soc.*, **163**, H3088 (2016).
80 A. Preet and T.-E. Lin, *Catalysts*, **11**, 594 (2021).
81 M. V. Mirkin and A. J. Bard, Eds., "Scanning Electrochemical Microscopy," Taylor and Francis Group, Boca Raton, FL, 2012.
82 J. Kwak and F. C. Anson, *Anal. Chem.*, **64**, 250 (1992).
83 C. Lee and F. C. Anson, *Anal. Chem.*, **64**, 528 (1992).
84 M. Arca, M. V. Mirkin, and A. J. Bard, *J. Phys. Chem.*, **99**, 5040 (1995).
85 E. R. Scott, H. S. White, and J. B. Phillips, *J. Membr. Sci.*, **58**, 71 (1991).
86 M. Tsionsky, A. J. Bard, and M. V. Mirkin, *J. Am. Chem. Soc.*, **119**, 10785 (1997).
87 S. B. Basame and H. S. White, *Anal. Chem.*, **71**, 3166 (1999).
88 F. Conzuelo, A. Schulte, and W. Schuhmann, *Proc. R. Soc. A*, **474**, 20180409 (2018).
89 I. Beaulieu, S. Kuss, and J. Mauzeroll, *Anal. Chem.*, **83**, 1485 (2011).
90 B. R. Horrocks and G. Wittstock, in "Scanning Electrochemical Microscopy," M. V. Mirkin and A. J. Bard, Eds., Taylor and Francis Group, Boca Raton, FL, 2012, Chap. 11.
91 S. Bergner, P. Vatsyayan, F. M. Matysik, *Anal. Chim. Acta*, **775**, 1 (2013).
92 A. Sridhar, H. L. de Boer, A. van den Berg, and S. Le Gac, *PLoS One*, **9**, e93618 (2014).
93 M. V. Mirkin, F.-R. F. Fan, and A. J. Bard, *Science*, **257**, 364 (1992).
94 N. Ebejer, M. Schnippering, A. W. Colburn, M. A. Edwards, and P. R. Unwin, *Anal. Chem.*, **82**, 9141 (2010).
95 N. Ebejer, A. G. Güell, S. C. S. Lai, K. McKelvey, M. E. Snowden, and P. R. Unwin, *Annu. Rev. Anal. Chem.*, **6**, 329 (2013).
96 O. J. Wahab, M. Kang, and P. R. Unwin, *Curr. Opin. Electrochem.*, **22**, 120 (2020).
97 C. L. Bentley, M. Kang, F. M. Maddar, F. Li, M. Walker, J. Zhang, and P. R. Unwin, *Chem. Sci..*, **8**, 6583 (2017).
98 J. W. Hill and C. M. Hill, *Chem. Sci.*, **12**, 5102 (2021).
99 M. Choi, N. P. Siepser, S. Jeong, Y. Wang, G. Jagdale, X. Ye, and L. A. Baker, *Nano Lett.*, **20**, 1233 (2020).
100 A. G. Güell, N. Ebejer, M. E. Snowden, K. McKelvey, J. V. Macpherson, and P. R. Unwin, *Proc. Natl. Acad. Sci. U.S.A.*, **109**, 11487 (2012).
101 Y. Wang, E. Gordon, and H. Ren, *J. Phys. Chem. Lett.*, **10**, 3887 (2019).
102 Y. Liu, C. Jin, Y. Liu, K. H. Ruiz, H. Ren, Y. Fan, H. S. White, and Q. Chen, *ACS Sens.*, **6**, 355 (2021).
103 R.G. Mariano, K. McKelvey, H.S. White, and M.W. Kanan, *Science*, **358**, 1187 (2017).
104 Y. Wang, E. Gordon, and H. Ren, *Anal. Chem.*, **92**, 2859 (2020).

105 C. L. Bentley, *Electrochem. Sci. Adv.*, e2100081 (2021).
106 C. L. Bentley, J. Edmondson, G. N. Meloni, D. Perry, V. Shkirskiy, and P. R. Unwin, *Anal. Chem.*, **91**, 84 (2019).

18.10 习题

18.1 以一根嵌入玻璃绝缘护套、直径为 10μm 的 Pt 微圆盘电极（RG=10）和一根 Pt 电极为探针和基底，开展 SECM 实验。溶液中 O 的浓度为 $C_O^*=5.0$mmol/L，O 的扩散系数为 $D_O=5\times10^{-6}cm^2/s$。在探针上施加某一恒定电压，以保持 O 还原生成 R 的电化学反应为扩散控制。同样在 Pt 基底电极上施加另一个恒定电势，使得 R 能够发生完全氧化。归一化电流 $i_T/i_{T,\infty}=2.5$。

(a) 探头与基底表面的距离 d 是多少？

(b) $i_{T,\infty}$ 是多少？

(c) 如果将探针置于相同高度处的玻璃基底上，$i_T/i_{T,\infty}$ 会怎样？

18.2 (a) 定性地描绘一下当微圆盘形 SECM 探针向一个绝缘基底渐进时物质 O 向该探针表面扩散的情形。假设 RG=10，$L=100$、10 和 1。

(b) 若 RG=1.5，重新回答上述问题。

18.3 使用软件和表达式(18.2.5)～式(18.2.10)来计算不同反馈模式下的探针伏安曲线（i_T vs. E_S）。假设探针反应为 $O+e\longrightarrow R$，基底表面反应的标准速率常数 $k^0=10^{-2}$cm/s、10^{-4}cm/s 和 10^{-6}cm/s，$L=0.1$，$a=10\mu m$，RG=10，$D_O=D_R=10^{-5}cm^2/s$，$\alpha=0.5$，$T=25℃$。解释降低 L 将如何影响伏安图的形状。

18.4 采用 SECM 研究某一 E_rC_i 反应（$O+e \rightleftharpoons R$；$R\longrightarrow Z$）。10μm 的探针置于 Pt 基底电极表面，O 在探针表面发生还原，生成的 R 以扩散控制的速率被氧化回 O。当探针距离基底表面 0.2μm 时，渐近曲线显示出与产物稳定的中介体相同的反馈电流。但当探针距离为 4.0μm 时，电流响应与绝缘基底的情形类似。

(a) 估算 R 分解为 Z 的速率常数。

(b) 如果采用 CV 研究该反应，大约需要多大的扫描速率才能得到能斯特响应？

(c) 与 CV 相比，SECM 在研究此类反应方面有什么优势？

18.5 考虑一个与问题 18.1 中相同的体系。若相对于 Pt 基底，在探针上施加大约 0.5V 的电势。在大约多大的距离 d 处，探针和基底之间的直接隧穿电流会大于 SECM 反馈电流？若用问题 18.1 中的探针，能够达到该 d 值吗？为什么？

第 19 章　单颗粒电化学

在前面的章节中，电化学实验通常在含有 1μmol/L～10mmol/L 氧化还原物质的溶液中进行，该浓度相当于每升溶液中含有约 10^{18}～10^{22} 个分子。含有如此多分子的体系称为集合体(ensemble)，解释其产生的 i-E 或 i-t 响应，都是依据描述分子集合体传输（例如菲克定律）和反应动力学的方程。本章将考虑另一个极限条件下的情况和实验，其中电化学响应仅与单个颗粒有关且具有随机性。颗粒（particle）一词可以描述各种各样的单体（entity），包括原子、分子、金属纳米颗粒、乳化液滴和细胞，其大小从几分之一纳米到几十微米不等。当颗粒浓度足够低时，就可以观察到与单个颗粒相关的电化学 i-E 或 i-t 响应。在本章中，将介绍观察和解释与单个颗粒相关的不同类型电化学响应的各种策略，包括纳米颗粒与电极表面碰撞的安培检测、基于两个邻近电极间稳态氧化还原循环的单分子检测以及金属单原子和簇的伏安法。

19.1　单颗粒电化学总论

人们对单颗粒电化学的兴趣源于两个愿景，一是可以观察到在集合体中看不到的行为，二是发展超灵敏电分析新方法。一般来说，第 1～18 章中对电化学体系的描述，均是基于大集合体的平均行为，往往掩盖了电化学过程中物质传输和反应的真实复杂性。例如，从前面介绍的各个章节可以看出，电极表面的氧化或还原反应时刻伴随着大量分子的随机热运动，由此产生的电极表面物质流量可用菲克定律描述。但是，在一个大的分子集合体中，无法观察到单个分子的随机运动，也无法观察单个分子到达电极时的电子转移反应。然而，单颗粒水平的测量可为研究微观尺度上的运动和反应性提供一种有效方法，且能够探测样品所含颗粒的异质性，例如金属纳米颗粒的尺寸和催化活性的分散性。

本章将考虑能够检测单个颗粒的特殊条件和方法学，并通过电化学方法对其性质和行为进行表征。一般来说，如果要成功检测或定量分析与单个颗粒相关的电化学行为，则需要对电极和颗粒的相互作用所产生的电流进行某种形式的物理化学放大。在 16.8.1 节中看到，使用特殊的低噪声电子器件，可以测量的最小电流约为 10fA，即每秒约 60000 个电子。因此，为了检测单个颗粒，5 个数量级或更高倍数的电流放大是必不可少的。在过去二十年中，各种电化学放大方法应运而生，用于检测单个颗粒（包括原子和分子）。例如，在相距 10～100nm 的两个电极上，单分子的重复氧化和还原可产生 10fA～1pA 量级的电流响应，这一大小足以被测量（19.6 节）。类似地，在电化学惰性电极表面，电催化活性颗粒的吸附可产生 10pA～1nA 量级的电流突增，因此很容易检测到该颗粒。相比之下，绝缘颗粒的检测截然相反：绝缘颗粒与表面碰撞会阻止大量氧化还原分子向表面的传输，因此导致电流骤降。

19.2　颗粒碰撞实验

颗粒与电极碰撞的电化学测量适用于金属、金属氧化物和聚合物纳米颗粒、乳液液滴、碳纳米管和生物颗粒（包括酶和单细胞）。有关纳米颗粒碰撞电化学的研究方法和应用，可参考相关文献综述[1-4]。

在静止溶液中，颗粒从本体溶液向电极表面的扩散和迁移引发碰撞，这可能导致颗粒吸附（“黏性”碰撞）或颗粒与电极的瞬时相互作用（“反射”碰撞）。在大多数颗粒碰撞实验中，通常是将颗粒引入溶液后，记录恒定电极电势下的计时电流响应。需要指出的是，该电极电势下将发生与碰撞事件有关的氧化还原反应。如图 19.2.1 所示，在电解质溶液中，可采用超微电极进行单颗粒碰撞实验。由于颗粒与超微电极碰撞所产生的电流通常非常小，因此既可以使用两电极也可以使用三电极电解池。

出于两个原因，通常采用半径在 1～10μm 之间的超微电极检测单颗粒碰撞。首先，通常需要将多个颗粒同时碰撞的概率降到最低，以简化 i-t 响应的数据分析。若碰撞频率为 100～0.01s^{-1}，则单个颗粒的碰撞事件很容易分辨，同时能够记录有统计分析意义的足够数量的碰撞事件。如果颗粒浓度低于 nmol/L 水平，只有用半径 1～10μm 的超微电极，才能得到上述碰撞频率。其次，单个颗粒碰撞产生的电流通常在 0.01～100pA 范围内，因此电极背景电流足够低才能测到碰撞事件。背景电流源于瞬时电容电流和与杂质有关的法拉第反应，例如氧还原或电极表面氧化还原反应。减小电极尺寸可以有效减少背景干扰，从而更容易地检测和定量分析单个颗粒碰撞行为。然而与此同时，颗粒碰撞频率会随电极尺寸的减小而降低。综上，半径为 1～10μm 的超微电极可以提供足够低的背景电流，同时保持合理的碰撞频率。

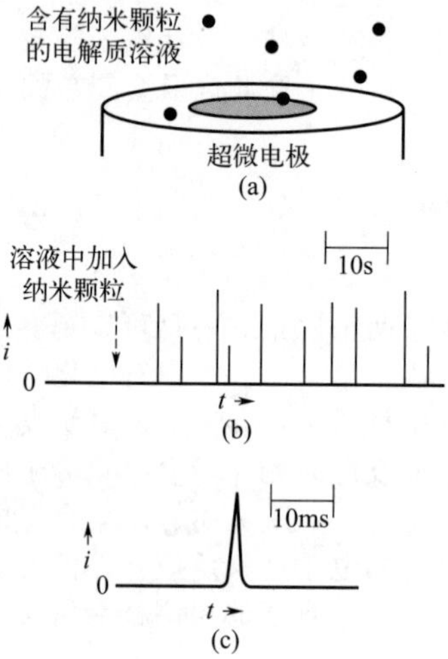

图 19.2.1 (a) 分散在电解质溶液中的纳米颗粒（NP）在超微电极表面的随机碰撞示意图；(b) 单颗粒与电极表面随机碰撞的长时程（例如 50s）i-t 响应，颗粒加入溶液后即可记录到电流脉冲尖峰；(c) 时间轴放大（例如 50ms）的 i-t 响应以显示单个颗粒碰撞事件

图 (b) 和 (c) 中描述的瞬时电流尖峰信号源自于颗粒碰撞所导致的氧化或还原，尖峰振幅和宽度的差异反映了颗粒尺寸和/或反应活性的差异

如果溶液中颗粒浓度在每升皮摩尔（10^{-12} mol/L）至飞摩尔（10^{-15} mol/L）量级，一般可通过测量颗粒在电极表面的碰撞频率来确定其浓度。但是，并非所有颗粒碰撞都会产生电化学信号。颗粒必须与电极表面接触足够长的时间，以便发生电子转移反应。为满足这一要求，颗粒必须吸附在电极表面或处于电子隧穿距离内。因此需注意去除电极表面的污染物或绝缘膜，避免其阻碍电极和颗粒之间的电接触。

通过测量颗粒的碰撞速率，通常可知颗粒尺寸和颗粒传输动力学等基本信息。纳米颗粒在高离子强度的溶液中会发生团聚，但可以在低电解质浓度的条件下或使用离子型表面稳定剂（比如颗粒为金属纳米颗粒的情况下）来避免。一般来说，颗粒碰撞实验有助于探测颗粒聚集状况和颗粒聚集尺寸的分散性。

根据电化学信号的来源，颗粒电化学检测方法分为三类：

① 绝缘颗粒阻挡溶液中氧化还原物质的传输（阻塞碰撞，blocking collisions）；

② 电化学反应的放大（电催化放大碰撞，electrocatalytic amplification collisions）；

③ 颗粒电解（直接电化学检测，direct electrochemical detection）。

图 19.2.2 显示了每种类型的颗粒碰撞实验的示例。19.4 节将对每种测量中可获得的信息进行更深入的探讨。

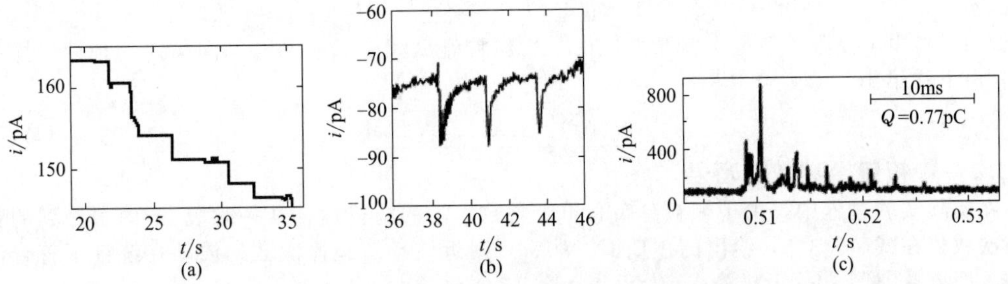

图 19.2.2 颗粒碰撞产生的典型计时安培响应

(a) 在含有 2mmol/L FcMeOH 的溶液中，半径为 0.5μm 的绝缘聚苯乙烯颗粒在半径为 2.5μm 的 Pt 电极表面吸附后产生的阻塞电流响应[5]，电流的每一次骤降对应于一个颗粒的吸附，FcMeOH 向被吸附区域的扩散受到阻碍；(b) IrO_x 纳米颗粒在半径为 5μm 的 Au 电极上的瞬时吸附所产生的 H_2O 电催化氧化电流响应[3]；(c) 采用 10kHz 低通滤波器和 50kHz 采样频率记录的单个半径为 35nm 的银纳米颗粒在直径为 6.25μm 的金微电极上的碰撞和氧化（引自 Robinson 等[6]）

19.3 超微圆盘电极上的颗粒碰撞速率

在时间和空间上，单个颗粒的运动和电子转移过程本质上是随机的。术语“随机”(stochastic) 意味着单个分子的扩散或电极反应具有随机性，此时确定性连续方程不再适用。因此，本节处理单颗粒电化学的数学方法，与前面章节中介绍的方法有根本区别。本质上，所有单颗粒电化学响应都具有随机行为的特征。颗粒与电极表面碰撞的时间无法准确预测，但可以计算某一实验时段内的预期碰撞次数，这需要用到统计分析或概率论[7]。

19.3.1 碰撞频率

溶液中的颗粒与电极表面碰撞的频率，是后续诸多实验中的一个关键参数。在实验中，若假设所有碰撞都产生可观测的电化学响应，碰撞频率 $f(s^{-1})$ 就可简单地通过统计某一特定时段内的电流台阶数或尖峰数来确定。通常会发现，f 与颗粒浓度成正比。以下将推导三个参数的表达式：(a) 平均碰撞频率；(b) 观测期内碰撞次数的预期方差；(c) 实验开始后首次颗粒碰撞发生的预期平均时间。这三个参数充分描述了碰撞行为的时间相关性，可用于获取颗粒浓度、活性和大小等信息。

为了简单起见，在实验开始时，假设大小相同的颗粒以浓度 C^* 随机分布在整个溶液中。但实际上，颗粒尺寸是不均一的，从而在碰撞行为上呈现差异（例如碰撞峰值高度）。颗粒浓度通常在 pmol/L 和 fmol/L 之间，相当于 10～100μm 的颗粒间距，这等于或大于所用超微电极的半径。与电极尺寸相比，较大的颗粒间距是颗粒碰撞随机性的物理基础❶。

在大多数颗粒碰撞实验（并非全部）中，颗粒在碰撞时黏附在表面上并发生氧化还原反应——电解消耗，因此电极类似于颗粒的接收器或吸附端。采用第 5 章和第 6 章中所介绍的计时安培法，可以记录电势阶跃后产生的电流响应，进而计算颗粒在超微电极表面的扩散流量。如果所有到达的颗粒都黏附在电极上或通过电解消耗，那么纳米颗粒的流量（J_{NP}）受扩散限制。对于半径为 r_0 的圆盘超微电极，达到稳态时的流量大小可表示为：

---

❶ 在极稀颗粒溶液中，颗粒间距与电极尺寸相当或超过电极，不再适合用连续微分方程来描述颗粒浓度。但此时可以将微分方程中与时间相关的局部浓度 $C(x,t)$，理解为在时间点 t 溶液中 x 处颗粒出现的概率[7]。

$$|J_{NP}| = 4DC^*/(\pi r_0) \tag{19.3.1}$$

将两边乘以阿伏伽德罗常数 N_A，以表示颗粒的流量（$s^{-1} \cdot cm^{-2}$）。进一步考虑超微电极的表面积，πr_0^2，即可得到以 s^{-1} 为单位的预期碰撞频率：

$$\boxed{f = 4DC^* r_0 N_A} \tag{19.3.2}$$

式(19.3.2) 表示极限扩散稳态测量期间的平均颗粒碰撞频率。任何时间间隔内的预期碰撞次数（Δt）由下式给出：

$$\boxed{N(\Delta t) = 4DC^* r_0 N_A \Delta t} \tag{19.3.3}$$

19.3.2 颗粒碰撞次数的方差

在实际实验过程中，由于颗粒分布和单个颗粒运动的随机性，某一时段 Δt 内观测到的颗粒碰撞次数将在式(19.3.3) 给出的预期值[$N(\Delta t)$]附近波动。碰撞次数的波动在统计上符合泊松分布，即方差[$\sigma^2_{N(\Delta t)}$]等于碰撞次数[$N(\Delta t)$]：

$$\sigma^2_{N(\Delta t)} = N(\Delta t) \tag{19.3.4}$$

对于超微圆盘电极，预期值[$N(\Delta t)$]附近的波动可用标准偏差表示：

$$\boxed{\sigma_{N(\Delta t)} = (4DC^* r_0 N_A \Delta t)^{1/2}} \tag{19.3.5}$$

例如，在一个颗粒碰撞实验中，若平均碰撞频率 f 为 $1s^{-1}$，那么 100s 内的预期碰撞次数为 $N(\Delta t) \pm \sigma_{N(\Delta t)} = 100 \pm 10$。

泊松分布的一个重要结论是，碰撞次数的相对波动[$\sigma_{N(\Delta t)}/N(\Delta t)$]随 f 或 Δt 的减小而增大。例如，在前一个例子中，如果 Δt 减小到 10s，则预期碰撞次数为 10 ± 3.3。因此，对于短时程测量，C^* 的相对误差增加了 3 倍（从 10%增加到 33%）。对于超低浓度的颗粒，由于碰撞次数极小，通常很难得到准确的 f 或 $N(\Delta t)$。

在碰撞实验中，通常希望知道某一时段 Δt 内观察到一定数量碰撞事件的概率。由泊松概率分布容易得出：

$$\boxed{P(k, \lambda) = \lambda^k \exp(-\lambda)/k} \tag{19.3.6}$$

上式描述了在 Δt 内观察到 k 个颗粒碰撞事件的概率，λ 为该时段事件数量的平均值或最概然值。根据式(19.3.3)，λ 显然等同于 $N(\Delta t)$。例如，如果 $f = 0.1s^{-1}$ 和 $\Delta t = 20s$，则 $\lambda = 2$，观察到 0 次、1 次、2 次或 3 次碰撞的概率分别为 0.14、0.27、0.27 和 0.18。

19.3.3 首次碰撞时间

通过测量开始到第一次颗粒碰撞发生所耗费的时间，可估算极稀溶液中的颗粒浓度，即 C^*（<1pmol/L）。该时间称为首次碰撞时间（time of first arrival，TFA），其与溶液中颗粒间的平均距离成比例变化，因此正比于 $C^{*-1/3}$。表 19.3.1 给出了不同浓度的稀溶液中颗粒间的平均距离。颗粒间距可以超过超微圆盘电极的尺寸，在亚 fmol/L 浓度的溶液中甚至可以达到毫米级或更大。

表 19.3.1 不同浓度稀溶液中的颗粒间距

C^*/(fmol/L)	距离/μm
14.5	48.6
1.45	105
0.145	225
0.0145	486
0.00145	1050

使用 TFA 估算浓度的基本原则是：(a) 颗粒在整个溶液中是随机分布的[❷]；(b) 由电极和

❷ 在 TFA 实验开始时（$t=0$），颗粒随机分布的假设很难实现。在碰撞实验中，当颗粒加到溶液中时，电极上通常施加检测所需的电势。短时搅拌后将溶液静置，就可以实现扩散控制的颗粒随机分布。

最接近电极的颗粒的随机初始位置之间的距离确定 TFA。平均而言，纳米颗粒和电极表面之间的最近距离与表 19.3.1 中所示的颗粒间距相近。因此，预计 TFA 随着颗粒浓度的降低而增加。跟上一节所讨论的碰撞频率类似，TFA 受到电极和最近颗粒之间距离的随机波动以及扩散随机性的影响。因此，当实验重复多次后，将会得到 TFA 值的分布。

从扩散方程的全时间相关解，可以推导出 TFA 平均值的分析解[7]。对于超微圆盘电极，TFA 可用下式表示：

$$\boxed{\mathrm{TFA}=(4DC^{*}r_0N_A)^{-1}} \tag{19.3.7}$$

与式(19.3.2) 相比，式(19.3.7) 的右侧就是 f^{-1}，即 TFA 等于碰撞频率的倒数。

根据 TFA 测量值，可以估算颗粒浓度，尤其适用于极稀溶液[8]。图 19.3.1 为 TFA 值与纳米颗粒浓度关系的一个示例。图中数据来自于半径为 20nm 的 Pt 纳米颗粒与半径为 5μm 的 Au 圆盘电极之间的碰撞实验（检测原理是 Pt 纳米颗粒对电化学信号的催化放大）。在颗粒浓度为 0.75pmol/L、1.5pmol/L 和 3.0pmol/L 的溶液中，多次测量 TFA 值，发现 TFA 值与 C^{*-1} 成正比（如实线所示），这与在稳态区域收集数据的假设一致。基于 Stokes-Einstein 方程，可以估算纳米颗粒的扩散系数为 $2.1\times10^{-7}\mathrm{cm^2/s}$。图 19.3.1 中虚线是根据方程式(19.3.7) 所绘制的理论直线。虽然方程式(19.3.7) 预测的 TFA 值和实验测量值在数量级上一致，但第一个颗粒到达的实验时间大于预测值。这一结果表明，并非所有颗粒的初始碰撞都会产生可测事件。

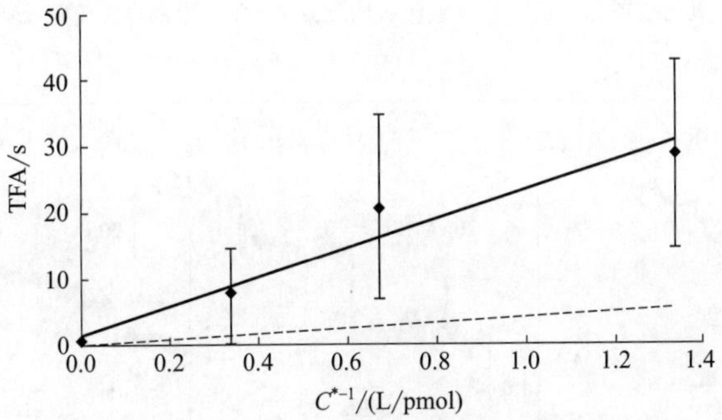

图 19.3.1 TFA 与 Pt 纳米颗粒浓度之间的关系

数据来自于直径约 20nm 的 Pt 纳米颗粒在半径为 5μm 的金电极表面的碰撞实验，电解质溶液为 15mmol/L 肼和 5mmol/L 磷酸盐缓冲溶液（pH7）。实线是实验数据的最佳线性拟合，虚线是依据式(19.3.7) 及 $D=2.1\times10^{-7}\mathrm{cm^2/s}$ 和 $r_0=5\mu\mathrm{m}$ 的计算结果（引自 Boika 和 Bard[8]）

纳米颗粒向电极表面的传输过程也可能由电迁移主导，此时 TFA 的表达式不同于式(19.3.7)[8]。

19.4 纳米颗粒碰撞行为

19.4.1 阻塞型碰撞

非电化学活性、非导电颗粒在电极表面的碰撞和吸附是最简单的颗粒碰撞实验体系[5,9]。当溶液中存在此类颗粒，记录溶液中氧化还原探针，例如二茂铁甲醇（FcMeOH）或 $\mathrm{Fe(CN)_6^{4-}}$，在 Pt 或 Au 超微电极上产生的瞬时电流响应。在扩散控制条件下，氧化还原分子在电极表面持续地被氧化或还原，产生稳态电流 i_{ss}。当电极表面发生非导电颗粒碰撞和吸附时，氧化还原分子向电极表面的传质被部分阻断，导致稳态电流降低，相对于 i_{ss} 的降低幅度可用 Δi 来表示（如图 19.4.1 所示）。如果吸附是不可逆的，则连续碰撞事件会产生阶梯效应[图 19.2.2(a)]。由于颗粒吸附导致电活性物质的通量减少即电流降低，因此被称为阻塞型碰撞。

如图 19.4.2 所示，阻塞碰撞实验已用于检测多种颗粒，包括半径为 10～500nm 的乳胶和聚苯乙烯小球、半径为 50nm 的磷脂囊泡、半径为 25nm 的半导体颗粒和生物大分子（包括酶、抗体和 DNA)[10]。阻塞碰撞确实是一种能够检测单个大分子的最简单、最通用的方法之一。

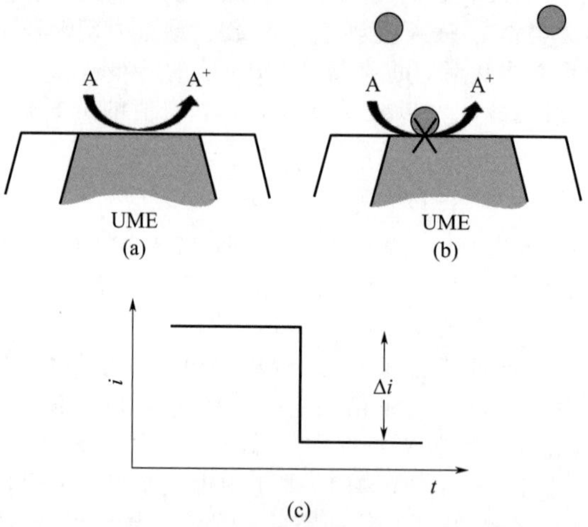

图 19.4.1 阻塞碰撞实验示意图

(a)，(b) 绝缘颗粒如聚合物微球或蛋白质吸附在超微电极表面，并阻止溶液中氧化还原物质 A 的氧化或还原；(c) 绝缘颗粒吸附导致 i-t 曲线中的电流降低 Δi

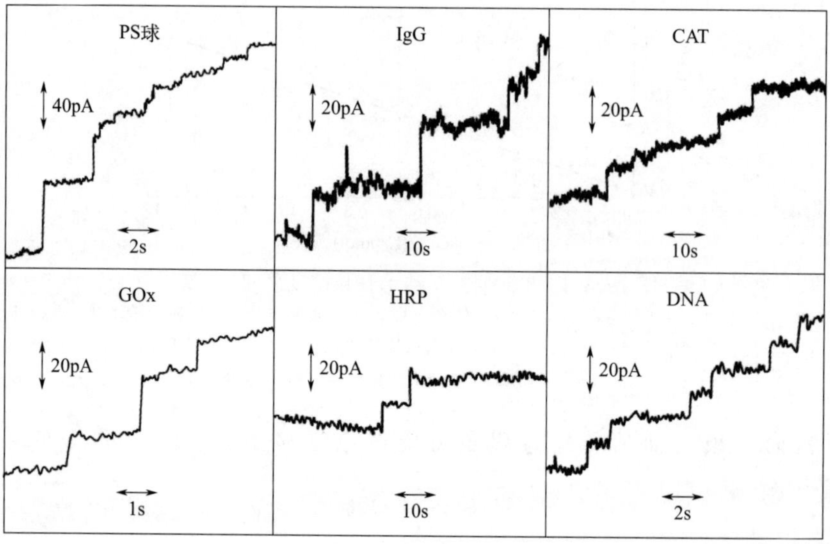

图 19.4.2 当溶液含有 7pmol/L 聚苯乙烯球（半径 11nm)、2pmol/L IgG（小鼠单克隆抗体)、2pmol/L CAT（过氧化氢酶)、2pmol/L GOx（葡萄糖氧化酶)、2pmol/L HRP（辣根过氧化物酶）和 300pmol/L pDNA（质粒 DNA）时，以 Pt 超微电极（r_0＝80～140nm）在恒定电势（0.8V，vs. Ag/AgCl）下记录的 i-t 曲线，400mmol/L 亚铁氰化钾作为氧化还原探针。所显示的电流为阳极氧化电流，朝上的方向表示逐渐减小。电流台阶对应于单个颗粒的吸附，其部分阻断了亚铁氰化钾在 Pt 超微电极表面的氧化（引自 Dick，Renault 和 Bard[10]）

为了能够观察到颗粒碰撞，每个吸附事件必须在一定程度上阻碍氧化还原分子的扩散流量。实验和模拟已证明，Δi 既与 i_{ss} 成正比，也与非导电颗粒半径 r_p 和电极半径 r_0 之比的平方成正比：

$$\boxed{\Delta i = i_{ss}(r_p/r_0)^2} \tag{19.4.1}$$

根据方程 (19.4.1)，可以通过测量 Δi 来确定 r_p。但是，该方程没有考虑超微圆盘电极上的不均匀电流密度［5.2.2（3）节］，因此只是一个近似式。此外，这里还假设颗粒是一个完美的球形粒子，而且颗粒无法被氧化还原探针分子所渗透。即便如此，式(19.4.1)可作为阻塞碰撞实验的指南。根据该式，如果单颗粒碰撞要使得 i_{ss} 产生约1%变化，r_p/r_0 比值应大于0.1。对于有效半径约为5～10nm的酶的碰撞检测，如图19.4.2所示，超微电极的半径应为100nm或更小。因为稳态电流 i_{ss} 与电极半径成正比，所以氧化还原探针的浓度要足够高，以保证 i_{ss} 尽可能大，从而检测到吸附在纳米电极上的小颗粒所产生的 Δi。如图19.4.2所示，实验以400mmol/L亚铁氰化钾为氧化还原探针，所产生的 Δi 为几十皮安。而如果使用较低浓度的亚铁氰化钾，比如4mmol/L，将产生无法测量的低 Δi 值。

碰撞实验可以得到颗粒尺寸、尺寸分布、浓度及其在电极表面的吸附能力等丰富信息。在一定程度上，碰撞实验可采集到的信息，取决于颗粒传输到电极表面的准确机理。在扩散主导的碰撞实验中，颗粒在超微圆盘电极上的碰撞频率 f 遵循方程式(19.3.2)。即，f 随颗粒浓度的增加而增大，这与小尺寸生物分子吸附的实验结果一致（如图19.4.3所示）。如果颗粒的扩散系数 D 已知，则可以根据碰撞频率来确定颗粒浓度；或当 C^* 已知时，可以用 f 来确定 D。根据扩散系数和Stokes-Einstein方程式(4.4.5)，可以确定颗粒半径：

$$\boxed{D=kT/(6\pi\eta r_p)} \tag{19.4.2}$$

其中，k 是玻尔兹曼常数；T 是热力学温度；η 是溶液的黏度。

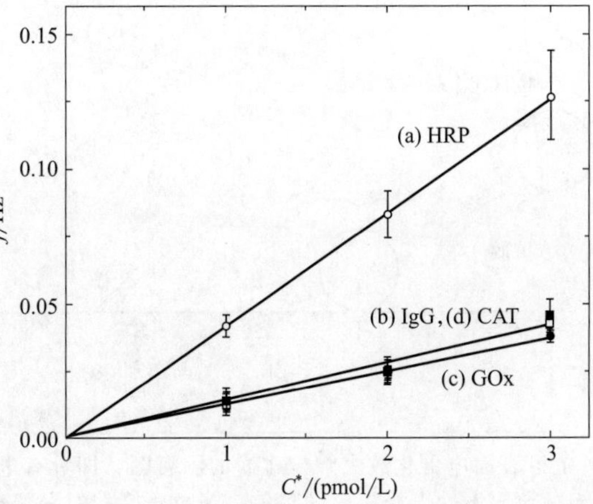

图19.4.3　阻塞碰撞频率与生物分子浓度的关系图，误差棒为至少三次测量的标准偏差
(a) 辣根过氧化物酶（HRP，空心圆），r_0=100nm；(b) 小鼠单克隆抗体（IgG，空心方块），r_0=150nm；
(c) 葡萄糖氧化酶（GOx，实心圆），r_0=120nm；(d) 过氧化氢酶（CAT，实心方块），
r_0=80nm。图 (b) 和 (d) 线无法区分（引自Dick，Renault和Bard[10]）

在某些情况下，颗粒从本体溶液到电极的传输过程主要由电迁移所主导。这种情况通常发生在含有低浓度支持电解质的溶液中，尤其当超微电极的稳态电流由中性氧化还原探针产生时。例如，在含有1～50mmol/L KCl的溶液中，通过碰撞实验检测带负电的乳胶颗粒，可以采用中性氧化还原探针FcMeOH来产生稳态电流。在离子强度较低的溶液中，FcMeOH的氧化（$FcMeOH \longrightarrow FcMeOH^+ + e$）将在电极附近溶液中产生一个强电场，其可将带负电的物种（包括乳胶颗粒）驱动到表面以保持电中性。该效应类似于5.7节所描述的情形，即在低离子强度溶液中超微电极SSV实验中也会出现电迁移。此时，带电量高的颗粒的电迁移主导了物质传输，碰撞的频率可由下式表示：

$$f=i_{ss}\left(\frac{C^*}{eC_{elec}}\right)\left(\frac{\mu_p}{\mu_{C^+}+\mu_{A^-}}\right) \tag{19.4.3}$$

其中，e 是电子电荷；C_{elec} 是支持电解质的浓度；μ_p、μ_{C^+} 和 μ_{A^-} 分别是颗粒和支持电解质阳离子及阴离子的淌度。据文献报道[5]，f 的实验值和式(19.4.3)预测值之间高度一致，并得到了更严格的有限元模拟的支持[9]。对于 r_p=0.5μm的带负电乳胶球形颗粒，在含有0.5mmol/L、

5mmol/L 和 50mmol/L KCl 的溶液中，观察到的 f 分别为 $0.43s^{-1}$、$0.1s^{-1}$ 和 $0.005s^{-1}$，这与式(19.4.3) 所预测的 $0.5s^{-1}$、$0.06s^{-1}$ 和 $0.003s^{-1}$ 非常接近。根据式(19.3.2)，乳胶球形颗粒($D=4.4\times10^{-9}cm^2/s$) 的碰撞频率约为 $0.002s^{-1}$，说明仅限在离子强度最高的溶液中，颗粒的传输由扩散主导。

与大颗粒相比，小颗粒（例如生物分子）的电荷总量低，扩散是其传输的主要形式。此外，高离子强度可以有效地消除颗粒的电迁移，如图 19.4.3 所示的碰撞阻塞实验。

单个颗粒的电流阻塞 Δi，与颗粒表面覆盖率密切相关[5,9]。在短时间和低颗粒覆盖率下，Δi 值的变动可归因于颗粒在电极不同区域的吸附。氧化还原分子和颗粒传输到圆盘电极边缘的扩散流量大于中心，因此很大比例的颗粒碰撞发生在电极边缘，相应地在电极表面产生更大的 Δi。当球形颗粒在电极表面吸附并形成一个完全覆盖的单层时，预计电流将降低到初始扩散控制电流的约 60%，此时分子仅能通过颗粒之间的间隙扩散到电极表面[5,11]。

19.4.2 催化放大型碰撞

本节讨论的是电催化活性纳米颗粒与惰性电极表面之间的碰撞所产生的 i-t 响应。图 19.4.4 展示了基本的实验过程。首先金属纳米颗粒自由扩散到电极表面，随后发生碰撞接触。如果该纳米颗粒对溶液中探针的氧化或还原具有催化作用，则碰撞会产生可观测的电流信号变化，其反映了电催化反应速率以及纳米颗粒与电极表面之间的相互作用。当使用无催化活性的电极记录 i-t 时，由纳米颗粒碰撞所产生的催化电流将显著高于背景电流，因此易于检测到碰撞事件。

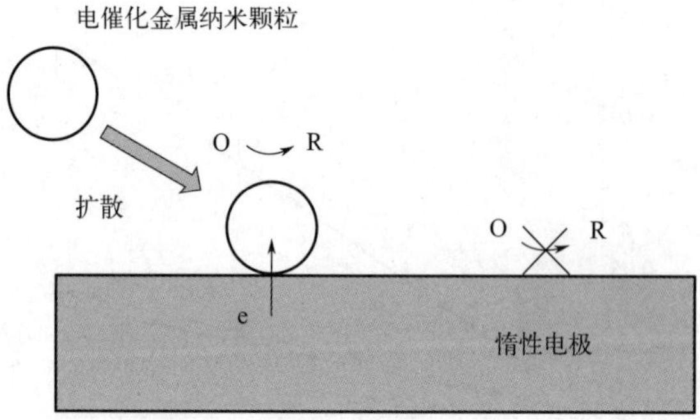

图 19.4.4 电极表面电催化放大颗粒碰撞的示意图，即具有电催化活性的金属纳米颗粒向惰性电极表面的扩散，颗粒碰撞并引发颗粒表面的氧化还原反应 $O+e\longrightarrow R$，产生对应于该单个纳米颗粒的催化电流。与金属纳米颗粒表面的氧化还原反应相比，非催化活性电极表面的反应速率非常小

图 19.4.5 显示了一个典型碰撞实验的结果，即缓冲水溶液中半径为 3.6nm 的 Pt 纳米颗粒碰撞催化肼在 Au 超微圆盘电极表面的氧化。电极电势保持在 0.1V（vs. SCE)，此时肼在金电极表面的氧化（$N_2H_4 \longrightarrow N_2+4H^++4e$）相对较慢。Pt 纳米颗粒是肼氧化的优良催化剂，借助于电催化信号放大，很容易检测单个 Pt 纳米颗粒碰撞。如图 19.4.5(b) 中放大的 i-t 响应曲线所示，每次碰撞都会导致电流台阶变化约 60pA。在该实验中，Pt 纳米颗粒黏附在 Au 表面，并以稳定的速率氧化肼，从而在 Au 超微圆盘电极上产生一个台阶状的 i-t 信号［图 19.4.5(a)，(b)］。在没有 Pt 纳米颗粒的情况下，Au 超微电极的电流接近于背景值。

为了在某一电势范围内观察到电催化颗粒碰撞，该颗粒和电极的催化活性必须存在显著差异。图 19.4.6 比较了 10mmol/L N_2H_4 在相同尺寸的 Au 和 Pt 超微电极表面发生氧化反应所得的稳态伏安图。可以发现，在一个相对较大的电势范围内（约 0.35V)，Au 电极上的 N_2H_4 氧化反应速率极慢，而在 Pt 电极上非常快，表明该范围内可进行电催化碰撞实验。纳米颗粒和电极呈现显著的电催化活性差异，是所有电催化颗粒碰撞方法的基础。表 19.4.1 归纳了电催化放大碰撞实验所研究过的一些内层反应。

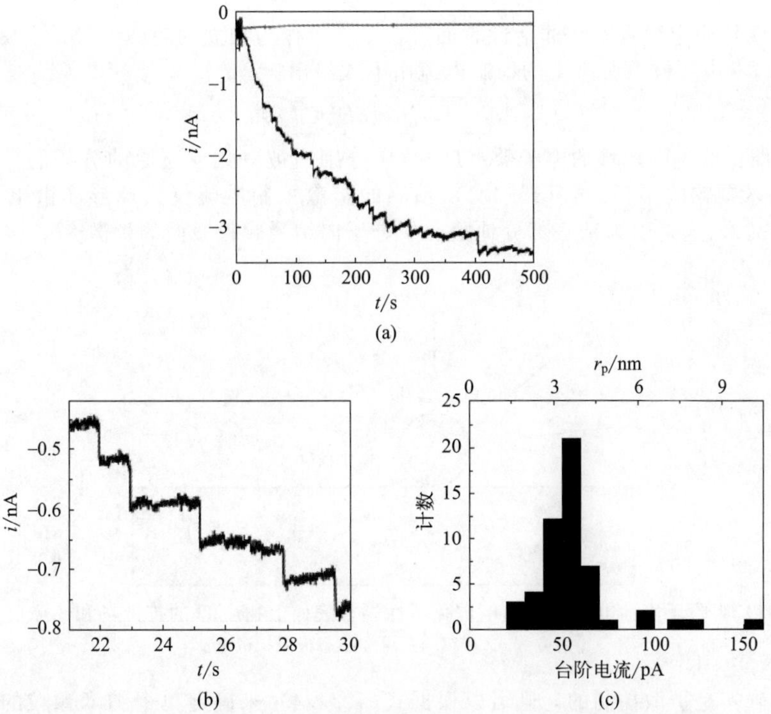

图 19.4.5 （a）向含有 15mmol/L 肼和 50mmol/L 磷酸盐的缓冲溶液中加入半径为约 3.6nm 的 Pt 纳米颗粒后，在直径为 10μm 的 Au 圆盘电极上记录到的瞬态电流信号，Pt 纳米颗粒的总浓度为约 36pmol/L，图中上方灰色曲线为没有纳米颗粒时的电流基线；（b）图（a）中截取的部分电流台阶信号；（c）在 200s 内记录的台阶电流振幅的直方图，顶部横坐标表示根据电流台阶和方程式(19.4.4) 计算得到的颗粒半径（引自 Xiao，Fan，Zhou 和 Bard[12]）

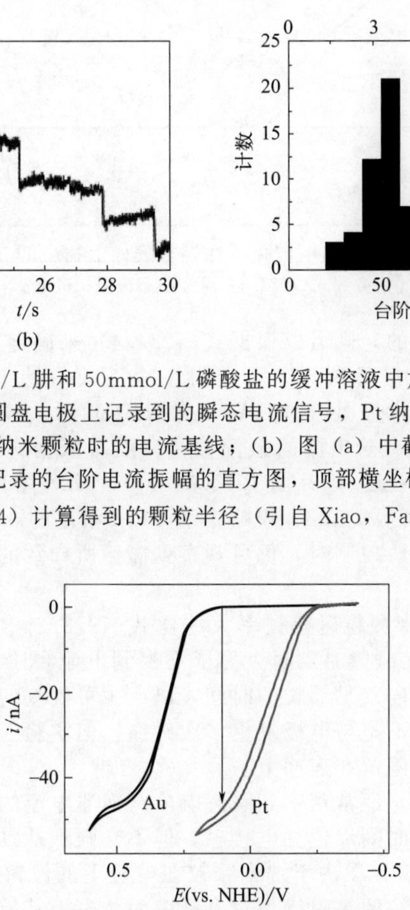

图 19.4.6　Au 和 Pt 超微圆盘电极表面发生肼电化学氧化的稳态伏安图

溶液为含有 10mmol/L 肼和 50mmol/L 磷酸盐的缓冲液，电势扫描速率为 50mV/s（引自 Xiao，Fan，Zhou 和 Bard[12]）

表 19.4.1　电催化放大碰撞实验研究举例

反应	催化颗粒@电极
质子还原	Pt@C[12-14]，Pt@Au[15]
肼氧化	Pt@Au[12,16]，Pt@Hg[17]
水氧化	IrO_x@Pt[18-19]
硼氢化钠氧化	Au@Pt[20]
氧还原	Au@C[21]，Pt@Au[22]，Pt@C[23-24]
过氧化氢还原	Pt@Au[13]

如果纳米颗粒稳定地吸附在非活性表面上，则其可作为独立的超微电极。当反应为扩散控制时（图 19.4.7），该颗粒上所产生的稳态电流由下式给出：

$$\boxed{i_d = 4\pi(\ln 2)nFDC^* r_p} \tag{19.4.4}$$

其中，n 为电催化反应中转移的电子数；D 和 C^* 分别为被氧化或还原的分子的扩散系数和本体浓度；r_p 为纳米颗粒的半径。式(19.4.4) 预测的扩散控制电流仅为球形超微电极（5.1.2 节）的 0.693（$=\ln 2$），这是因为基底部分地阻碍了分子向纳米颗粒表面的扩散[25]。

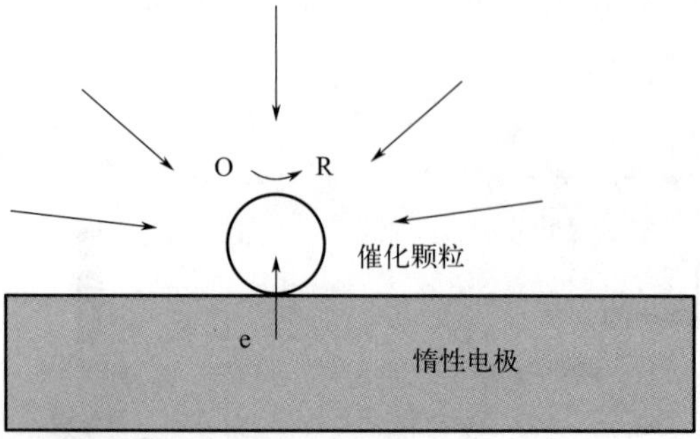

图 19.4.7 吸附于惰性电极表面的电催化活性颗粒表面上物质 O 的扩散场和还原反应示意图
[由方程式(19.4.4) 可知稳态极限扩散电流]

如果反应确实是扩散控制的，则可以根据式(19.4.4) 来确定单个纳米颗粒的半径。根据大量碰撞事件所产生的 i-t 响应信号统计，可获得一个溶液中纳米颗粒尺寸分布的直方图。如图 19.4.5(c) 所示，当电极电势处于 0.1V（vs. NHE）时，N_2H_4 的氧化的确为扩散控制(图 19.4.6)，统计分析肼氧化台阶电流的振幅分布，随后依据式(19.4.4) 可以确定 Pt 纳米颗粒的半径。通过该方法获得的粒度分布[图 19.4.5(c)]与 TEM 结果非常一致。例如，一个 60pA 大小的台阶电流对应的粒径为约 3.3nm，仅略小于 TEM 测定的 3.6nm。当纳米颗粒处的电催化电流由电子转移动力学而非扩散控制时，仍可观察到碰撞所导致的台阶电流变化，但差异将低于式(19.4.4) 所预测的值。

如图 19.4.5 所示，Pt 纳米颗粒碰撞频率大约比式(19.3.2) 所计算的值低一个数量级，表明并非所有 Pt 纳米颗粒都会在碰撞时黏附。为了观察到电流台阶，颗粒必须与电极表面保持接触（或至少处于电子隧穿距离内）足够长的时间，以产生可观测的电流响应。尽管颗粒可能处于电极附近的"溶剂笼"中而并不是与电极发生多次碰撞，但实验上确实观察到了一个连续的台阶电流，表明颗粒确实会黏附并停留在表面上。

在一些电催化碰撞实验中，经常观察到瞬态响应，而非电流的台阶增加。该现象表明，颗粒与电极表面相互作用足够长的时间以建立电接触，但不会强烈地黏附到电极表面。单次碰撞所产生的 i-t 信号形状和转移电荷量，取决于纳米颗粒在电极上的停留时间、颗粒的大小和电催化反应的速率。一般来说，纳米颗粒的黏附行为对电极表面状态极其敏感，后者可通过不同的化学预处理来调控。

如图 19.4.8 所示，在空气饱和的溶液中，半径为 24nm 的 Pt 纳米颗粒与 Au 微圆盘电极表面碰撞会产生更加复杂的电催化放大响应[22]，此时金超微电极的电势保持在－150mV（vs. Ag/AgCl）。金电极表面的氧还原反应（ORR）相对缓慢，而 Pt 是 ORR 的优秀催化剂。因此，在 O_2 存在下，由于 Pt 纳米颗粒的电催化放大效应，很容易观察到单个碰撞事件［如图 19.4.8(a) 所示］。Pt 纳米颗粒在金微电极上的碰撞产生了不同类型的 i-t 响应，反映了纳米颗粒与电极相互作用的差异。如图 19.4.8(c) 所示，碰撞可分为几种情形：

①"黏滞"碰撞，导致稳态 ORR 电流；

②"弹性"碰撞，并导致短电流尖峰（$<$1ms）；

③"脱附"碰撞，在一段时间后导致电流突降。

是否使用保护剂来合成纳米颗粒或控制纳米颗粒的稳定性，是影响金属纳米颗粒碰撞行为的

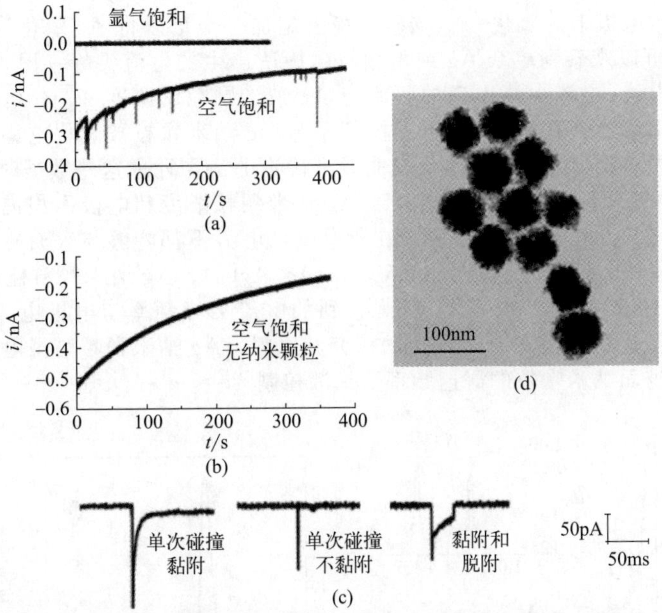

图 19.4.8　(a) 在 0.85atm（1atm＝101325Pa）下空气饱和溶液（约 0.21mmol/L O_2）和氩气饱和溶液（0mmol/L O_2）中，半径为 24nm 的 Pt 纳米颗粒在半径为 12.5μm 的金圆盘电极表面碰撞所产生的 i-t 响应，电极电势为－150mV（vs. Ag/AgCl）(3.4mol/L KCl)，电解液为 10mmol/L 磷酸缓冲溶液（pH 7.5），Pt 纳米颗粒浓度为约 $5\times10^9 mL^{-1}$（7.5pmol/L）；(b) 无纳米颗粒存在时的 i-t 响应，所有其它条件与 (a) 中相同；(c) 选取的颗粒单次碰撞信号的放大图；(d) 半径为 24nm 的柠檬酸保护的 Pt 纳米颗粒的 TEM 图（引自 Zhang 等[22]）

另一个重要因素。保护剂一般借助氨基、羧基和硫醇等官能团吸附在纳米颗粒表面，通常包括聚合物或长链烷基分子。保护剂不仅影响纳米颗粒的催化活性，还能够改变颗粒在电极上的黏附力。

19.4.3　电解型碰撞

一种常见的纳米颗粒碰撞实验的原理是测量由纯纳米颗粒或多组分纳米颗粒的氧化还原活性组分的氧化或还原所产生 i-t 响应。基本过程如图 19.4.9 所示，纳米颗粒向电极表面扩散并发生碰撞；若纳米颗粒含有氧化还原活性组分，当电极处于可发生氧化还原反应的电势时，碰撞就会产生可观测的法拉第电流。与阻塞或电催化碰撞中经常观察到的台阶电流变化不同，电解碰撞总是产生短时的瞬态 i-t 响应，这是纳米颗粒内所含氧化还原活性物质彻底还原或氧化的结果。电解碰撞实验已用于分析金属、无机氧化物和有机材料组成的硬颗粒，以及包含氧化还原活性成分的软颗粒，如囊泡[26]和乳液液滴。

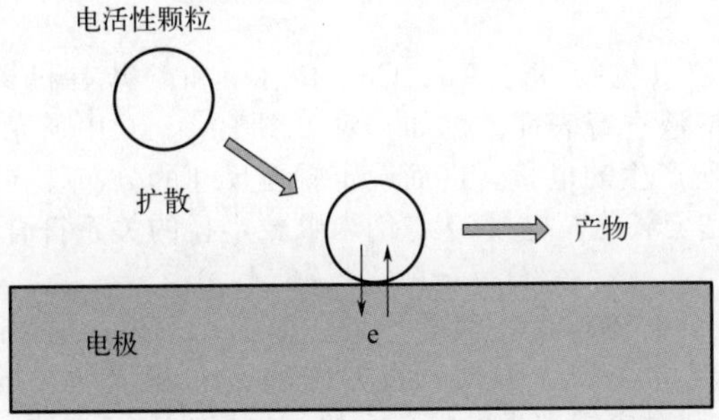

图 19.4.9　电活性颗粒向电极的扩散并发生碰撞，颗粒的氧化还原活性组分氧化或还原产生瞬态电流

图 19.4.10 显示了一例电解碰撞的实验结果，该实验记录了柠檬酸钠溶液中银纳米颗粒在半径为 11μm 的碳超微电极上的氧化[27]。当碳电极上施加一个足以将 Ag 氧化为 Ag^+ 的正电势时，在计时安培响应中可以观察到单个 Ag 纳米颗粒碰撞所产生的电流尖峰［图 19.4.10(a)］。恰如式(19.3.2) 所预测的，电流尖峰出现的频率与 Ag 纳米颗粒的浓度（0～40pmol/L 范围内）成正比。图 19.4.10(b) 显示了所观察到的碰撞频率与 Ag 纳米颗粒被氧化电势之间的关系，后者是通过预吸附 Ag 纳米颗粒的常规溶出伏安曲线来确定的。在处理这些数据时，碰撞频率（s^{-1}）即 i-t 曲线上出现电流脉冲的频次，已相对于 Ag 纳米颗粒浓度和电极面积进行了归一化，因此其单位为 L/(pmol·s·cm^2)。银纳米颗粒在所有电极电势下都能够与表面碰撞，但只有当电极电势设置在 Ag 能够发生氧化时（E>50mV，vs. Ag/AgCl），Ag 纳米颗粒碰撞才会产生可观测的电流信号［如图 19.4.10(b) 所示］。所观察到的电流尖峰频率与电极电势之间的关系曲线，类似于超微电极的可逆稳态伏安图（5.3 节）。究其原因，Ag 纳米颗粒与微电极碰撞后发生氧化是动力学可行的，进而纳米颗粒的碰撞频率受扩散控制。

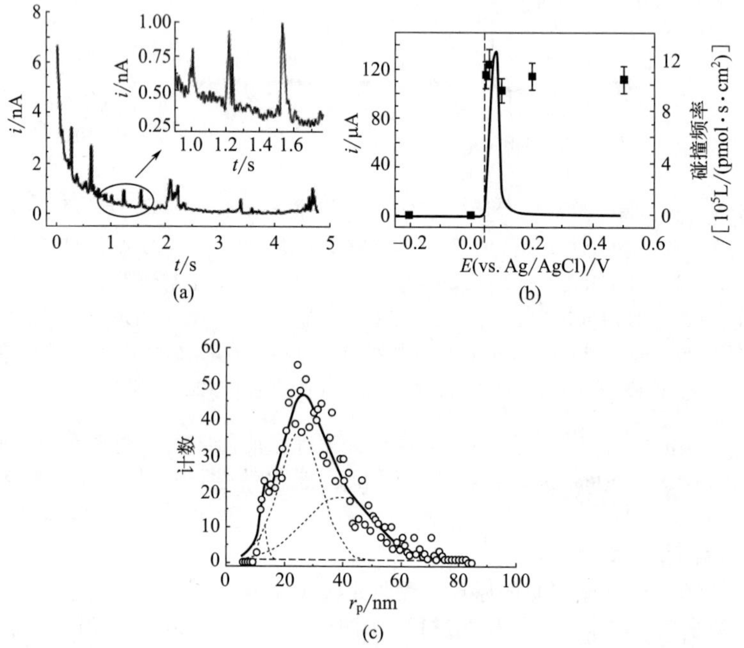

图 19.4.10 (a) 银纳米颗粒在半径为 11μm 的碳超微电极表面发生氧化碰撞所产生的计时电流，颗粒氧化产生阳极电流脉冲，溶液含有 10mmol/L 柠檬酸钠和 90mmol/L KCl；(b) GC 电极表面一层 Ag 纳米颗粒溶出伏安图（左轴）和 Ag 纳米颗粒碰撞频率（右轴）的比较；(c) 根据 i-t 曲线中的每个电流脉冲的积分电荷 Q 和式(19.4.5) 所计算的纳米颗粒半径分布，去卷积拟合（虚线）对应于平均半径为 13nm、26nm 和 39nm 的纳米颗粒的子分布，说明存在单个 Ag 纳米颗粒和团聚体

（引自 Zhou，Reez 和 Compton[27]）

金属和非金属纳米颗粒（包括 Ni、Au、Cu、Fe_3O_4 和靛蓝有机聚合物）均可发生电解碰撞[1]，从而可对纳米颗粒溶液进行表征。例如，对于图 19.4.10 中所示的 Ag 纳米颗粒碰撞，可以测量每个颗粒碰撞氧化所产生的电量，进而确定颗粒尺寸的分布。在最简单的情况下，假设每个 Ag 纳米颗粒在碰撞时完全氧化，电量 Q 与纳米颗粒半径的关系符合下式：

$$Q = 4\pi F d_{Ag} r_p^3 / (3A_{Ag}) \tag{19.4.5}$$

其中，d_{Ag} 和 A_{Ag} 分别是 Ag 的体积密度和原子量。图 19.4.10(c) 显示了以这种方式求算 1500 次碰撞所得的 Ag 纳米颗粒半径的直方图。直方图的去卷积表明，溶液中存在半径为 13nm、26nm 和 39nm 的颗粒，分别对应银纳米颗粒单个体、二聚体和三聚体。

根据式(19.4.5) 测量绝对粒径及其分布，既有理论也有实际限制[28]。例如，扩散系数取决于颗粒尺寸，因此小颗粒与微电极的碰撞频率高于大颗粒。如图 19.4.10(c) 所示，粒度分布往往会过多地统计小颗粒。此外，方程式(19.4.5) 假定颗粒为球形，而许多金属和金属氧化物颗粒是矩形或棒状的。

有趣的是，Ag 纳米颗粒碰撞产生的电流尖峰的形状，取决于采集 i-t 数据所用的仪器的过滤频率。低通滤波器的截止频率决定了可观测到的电流变化的快速程度，即较高的截止频率可实现高时间分辨测量。在 Ag 纳米颗粒碰撞实验中，当使用具有低截止频率（比如 250Hz）的滤波器时，通常观察到单个峰值[29]。然而，这些单峰很容易分解为多个峰［图 19.2.2(c)］。当使用高采样率（50kHz）和具有较高截止频率（例如 10000Hz）的滤波器进行测量时[6,30-32]，在 25ms 的时间窗口内单峰通常可分解为 5～10 个峰。一般认为，多峰源于 Ag 颗粒在电极/电解质界面处存在着随机扩散，导致其在氧化过程中与电极发生多次碰撞。采用晶格随机游动模拟 Ag 纳米颗粒的运动，并结合 Ag 氧化的 Butler-Volmer 动力学模型，可以定量描述这种多峰行为[6]。模拟结果表明，单个颗粒实际上可能经历数千次单独的碰撞，每次持续 10ns，而每次碰撞期间纳米颗粒仅有少部分 Ag 原子被氧化。需要指出的是，目前还没有电化学测量系统能够在这个时间尺度上追踪到纳米颗粒的运动[33-34]。

软颗粒的电解碰撞也能提供有关颗粒组成、浓度和大小的信息。软颗粒电解碰撞实验的一个代表性例子是乳液中纳米液滴的检测。乳液是一种液体的微滴在另一种液体中的均匀分散，通常这两种液体必须不相混溶以保证乳液的稳定性。乳液可能由分散在水溶液中的非极性液体的液滴组成（通常称为“水包油”乳液），或反之，水滴分散在非极性相中（“油包水”乳液）。乳液的类型主要取决于两相的体积比和用于稳定乳液的乳化剂，可以认为液滴在连续相中随机分布且自由扩散。为了在纳米颗粒碰撞实验中检测到液滴，液滴必须包含电活性成分或本身由电活性液体组成。

图 19.4.11 显示了一例电解碰撞实验的结果，该实验检测了微乳液中的阿升纳米液滴[35]。微乳液具有“水包油”特性，由非极性硝基苯（NB）纳米液滴组成，该纳米液滴含有氧化还原活性分子，即 7,7,8,8-四氰基对苯二醌二甲烷［TCNQ；如图 19.4.11(a) 所示］。NB 纳米液滴（平均直径 291nm）分散在大体积的水相中，该水相还含有溶解的离子液体［三己基十四烷基鏻双（2,4,4-三甲基戊基）膦酸盐］，其既充当乳化剂来稳定 NB 液滴，又充当水相的支持电解质以维持导电性。

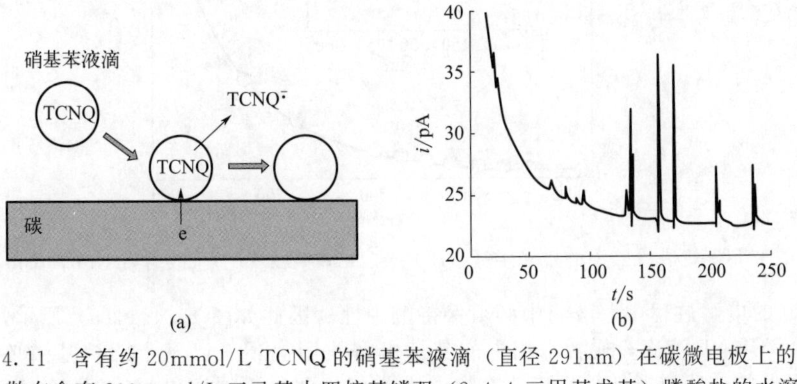

图 19.4.11 含有约 20mmol/L TCNQ 的硝基苯液滴（直径 291nm）在碳微电极上的碰撞，液滴分散在含有 200mmol/L 三己基十四烷基鏻双（2,4,4-三甲基戊基）膦酸盐的水溶液中。
（a）当硝基苯液滴发生碰撞时，其内的 TCNQ 被还原为 $TCNQ^{\cdot-}$，随后分配进入水相；
（b）单个液滴碰撞导致 TCNQ 的定量还原，产生瞬时电流尖峰［图（b）引自 Kim，Kim 和 Bard[35]］

图 19.4.11(b) 显示了 NB/TCNQ 纳米液滴在碳超微电极上发生碰撞后所产生的电流信号。只要在碳超微电极上施加足够负的电势，液滴内 TCNQ 就可发生单电子还原，产生瞬态电流尖峰。当单个液滴在非常短的时间（0.1～0.2s）内落在微电极表面时，液滴与表面可形成有效半径为 r_c 的接触区域。液滴内的 TCNQ 扩散到该界面区域，随后发生还原。因此，每次纳米液滴碰撞都会产生单独的瞬态电流尖峰。实验观察到的碰撞频率（0.17Hz）低于式(19.3.2) 预测的

碰撞频率（0.53Hz），两者之差在碰撞实验的典型变化范围之内，说明液滴在超微电极上的碰撞受扩散控制。

液滴碰撞产生的电流在几秒内呈指数级衰减，直至基线水平，表明每个纳米液滴内的TCNQ都在消耗减少。该瞬态电流可表示为（12.2.1节）：

$$i(t)=i_{\mathrm{p}}\mathrm{e}^{-(m_{\mathrm{O}}A/V)t} \tag{19.4.6}$$

$$m_{\mathrm{O}}=4D_{\mathrm{O}}/(\pi r_{\mathrm{e}}) \tag{19.4.7}$$

其中，i_p 是碰撞后的峰值电流；m_O 是扩散到圆盘形接触区的传质系数；V 是纳米液滴的体积；D_O 是TCNQ在NB中的扩散系数；A 是超微电极和乳液纳米液滴之间的有效接触面积，可根据 r_e 计算。当 D_{TCNQ} 已知时，可依据 i-t 响应以及式(19.4.6) 和式(19.4.7) 确定 r_e。而常规的电化学方法即可测定 D_{TCNQ}，比如依据超微电极测得的NB中TCNQ还原的稳态极限扩散电流来确定。

若NB液滴中TCNQ的浓度已知，并假定在纳米液滴碰撞时其被还原耗尽，则可根据下式求算液滴半径 r_p：

$$\boxed{r_{\mathrm{p}}=\left(\frac{3Q}{4\pi nFC_{\mathrm{p}}}\right)^{1/3}} \tag{19.4.8}$$

其中，电量 Q 对应于 i-t 尖峰的面积积分；C_p 表示液滴中氧化还原分子的浓度。在此处所讨论的体系中，由数百次碰撞中TCNQ还原产生的电量变化求得的NB液滴尺寸分布与动态光散射结果非常一致[35]，证实了上述假设的合理性。

依据式(19.4.6) 和式(19.4.7) 拟合单个NB/TCNQ液滴碰撞的 i-t 实验数据，可以得到 r_e 值，随后将 r_e 相对于 r_p 作图。如图19.4.12所示，r_e 随 r_p 的增大而呈指数级增大，但始终明显小于 r_p。这一趋势表明，溶液中乳液液滴的球形在碰撞时保持相对不变（即NB不会润湿电极表面）。

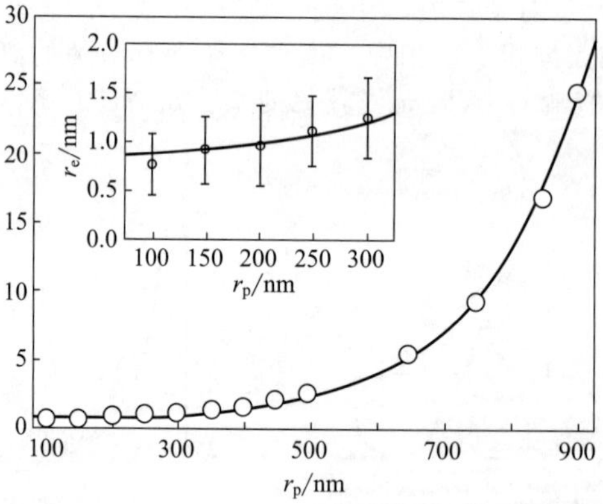

图 19.4.12 NB/TCNQ乳液液滴的接触半径（r_e）vs. 液滴半径（r_p）（改编自Kim，Kim和Bard[35]）

在TCNQ的电解过程中，液滴中必须保持电中性。因此如图19.4.11(a) 所示，阴离子产物 $TCNQ^{\cdot-}$ 必须离开NB液滴，或者水相中的支持电解质阳离子三己基十四烷基鏻必须进入液滴。纳米液滴界面上的这些离子转移反应，在概念上类似于两种不混溶电解质溶液（ITIES）宏观界面上的离子转移反应（2.3.6节和7.8节）。离子从液滴转移到连续相以保持电中性或反之亦然，在很大程度上取决于离子在液滴和连续相中的相对溶解度。在图19.4.11的示例中，$TCNQ^{\cdot-}$ 转移到水相所需的自由能小于支持电解质阳离子（即三己基十四烷基鏻）从水相转移到NB纳米液滴内所需的自由能，因此 $TCNQ^{\cdot-}$ 转移是维持电中性的主要方式。根据这一原理，可以构造一种乳液系统，使得在液滴/连续相界面的两个方向上的离子转移的标准自由能非常之大，从而防止碰撞时发生电解[36]。

油包水乳液的电解碰撞实验类似于水包油乳液中的情形，即含有氧化还原活性组分的单个纳米水滴与电极碰撞，其中该组分的氧化或还原在 i-t 曲线中表现为特征的瞬时电流尖峰，借此实现纳米水滴的检测。水包水乳液的碰撞实验有一个特别有趣的应用，即用于在电极表面上沉积电催化性的金属纳米颗粒。当含有金属盐的水相纳米液滴发生碰撞时，金属离子被电化学还原，从而形成单个金属纳米颗粒。改变纳米液滴内的金属盐的浓度，即可控制所沉积的金属纳米颗粒的大小。二氯乙烷乳液中的水滴含有几种不同的金属离子，这些离子在碰撞时被同时还原，沉积为对水氧化具有催化活性的合金化纳米颗粒[37]。

19.5　单原子和原子簇电化学

在电催化研究中，人们一直好奇，当尺寸减小后，金属颗粒是否可以继续充当电极反应的活性位点，尤其当颗粒尺寸减小到纳米，甚至单个原子或小原子簇（atomic cluster）的水平。例如，在惰性电极（例如氧化铟锡[38]、石墨烯[39]、TiN[40] 和 MoS_2[41]）表面上，通过可控制备 Pt 簇（Pt_n，$n=1,2,3,\cdots$），人们研究了单个 Pt 原子或纳米簇的集合体的 HER 和 ORR 速率。此外，也有文献报道 CO 在 FeO_x 负载的单个 Pt 原子集合体上所发生的氧化反应[42]。这些实验结果深刻揭示了亚纳米尺度下电催化速率与纳米簇电子性质和原子表面结构的相关性[43]。

将单个电催化原子或原子簇沉积到惰性电极表面，是研究粒径相关的电催化速率和机理的另一种方法。与集合体测量相比，该方法有几点独特优势，包括避免了电催化过程中团簇的 Ostwald 熟化[44] 和相邻团簇之间的邻近效应[45-46]。如果电催化颗粒可以分散在无催化活性但导电的表面，上述方法就可以量化已知大小的单个电催化颗粒的活性。本节将介绍相关实验技术[47-49]。

根据图 19.5.1 中所描绘的两个步骤，可以在电催化惰性表面（例如 Bi）上沉积和表征单个 Pt 原子或原子簇（$Pt_n, n=1,2,3,\cdots$）：

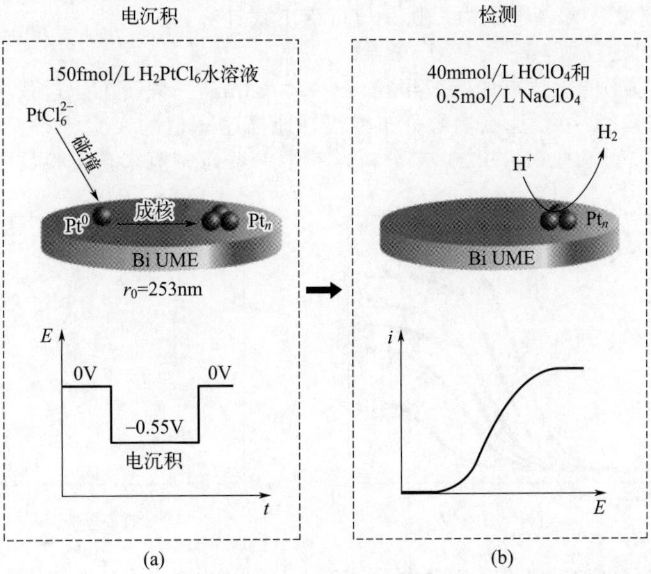

图 19.5.1 单个 Pt 簇（Pt_n）沉积（a）和析氢反应伏安法检测与表征（b）的实验设计

（改编自 Zhou，Dick 和 Bard[47]）

① 簇沉积。单个 Pt 原子沉积可在含有非常低浓度的 H_2PtCl_6 水溶液（约 100fmol/L）中完成，低浓度保证了在 10s 的沉积时间内仅有 1 个 $PtCl_6^{2-}$ 到达电极表面，即在此期间平均沉积一个 Pt 原子。由于 $PtCl_6^{2-}$ 到达电极表面的速率受扩散控制且在给定的 10s 内不断变化，所以实际沉积的 Pt 原子数量取决于泊松统计（19.3.2 节）。因此，在一个沉积周期内，可以沉积 0、1 个、2 个、3 个…Pt 原子。提高 $PtCl_6^{2-}$ 浓度或加大沉积周期的时长，就可以增加沉积的 Pt 原子数量。单原子和单原子簇的电沉积参见 15.6.2（4）节和 15.6.3（3）节。

② 颗粒表征。将制备得到的 Pt_n 颗粒移入含有 H^+ 源（通常为 $HClO_4$）和支持电解质的水溶液中，采用稳态伏安法研究 Pt_n 颗粒的析氢反应。根据扩散控制的 H^+ 还原电流大小可估算 Pt_n 颗粒的大小，而根据 i-E 响应曲线的形状则可以提取析氢反应的动力学参数。分析稳态伏安响应的方法见第 5 章。

实现单个 Pt_n 粒子的沉积主要基于以下想法，即圆盘纳米电极表面上的活性成核位点数量有限，因此 Pt 原子在超过一个位点上发生沉积和生长是不可能的。一旦一个 Pt 原子沉积到表面上，它就会扩散到成核位点，使单个原子相接生长。析氢反应的 i-E 曲线形状验证了上述推测，后文将详细讨论。实验通常使用非常小的超微电极（r_0＜500nm），以减少多个成核位点的可能性并减小背景电流。如上所述，电极材料对于析氢反应应该具有非常低的电催化活性，从而在电极上产生的电流不会掩盖 Pt_n 颗粒的电化学活性。Bi 和 Pb 都满足这一条件，并且已报道都可制成盘状超微电极[47-48]。

在半径为约 120nm 的 Bi 电极表面沉积单个 Pt_n 颗粒，其析氢反应产生的 i-E 响应如图 19.5.2。在 H_2PtCl_6 浓度为 300fmol/L 的溶液中，$PtCl_6^{2-}$ 的电化学还原持续 10s 即可在 Bi 电极表面沉积 Pt_n 颗粒。从图 19.5.2(a) 中的六个伏安图可以看出，不同电极表面的析氢反应的极限电流和 $E_{1/2}$ 值均有差异，主要源于不同 Bi 电极表面沉积了不同尺寸的 Pt_n 颗粒。如上所述，这种差异符合泊松统计。假设 H^+ 在催化颗粒表面的扩散场呈半球形，则每个 Pt_n 颗粒的有效半径 r_d 可由扩散限制电流 i_d 来估算：

$$\boxed{r_d=\frac{i_d}{2\pi nFD_{H^+}C^*_{H^+}}} \tag{19.5.1}$$

在图 19.5.2(a) 所示的稳态伏安图中，最小的极限扩散电流 $i_d\approx 56$pA，相当于 $r_d=0.25$nm，该值略大于单个 Pt 原子的半径（约 0.15nm）。其它 Pt_n 簇的等效半径可以通过类似的方式加以计算。假设小尺寸金属簇具有二维结构，则 n 值可由下式计算：

$$n=(r_d/r_{d,1})^2 \tag{19.5.2}$$

其中 $r_{d,1}$ 是单个 Pt 原子催化位点的有效半径（$r_d=0.25$nm）。假设沉积过程中所沉积的原子数是确定的，即 0，1，2，3，…，那么泊松分布能很好地描述 n 值的实验分布。习题 19.3 为一个实例，可依据式(19.5.1) 和式(19.5.2) 来分析，其中一系列 n 值来自实验数据。

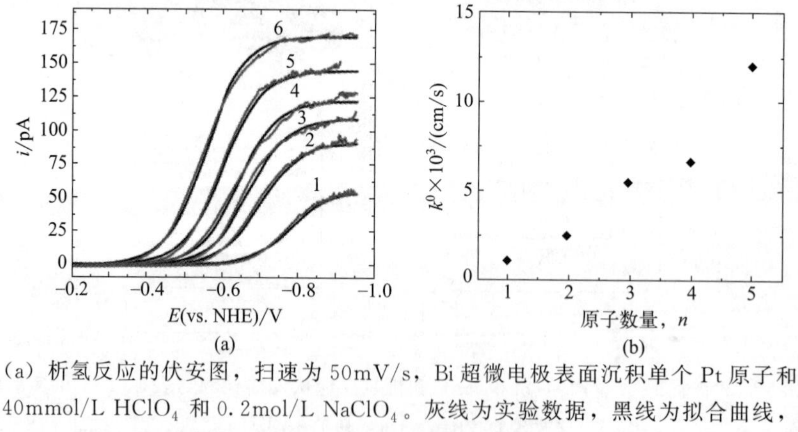

图 19.5.2 (a) 析氢反应的伏安图，扫速为 50mV/s，Bi 超微电极表面沉积单个 Pt 原子和单个 Pt_n 簇，溶液中含有 40mmol/L $HClO_4$ 和 0.2mol/L $NaClO_4$。灰线为实验数据，黑线为拟合曲线，从拟合曲线可以得到 k^0 和 α。曲线 1～5 分别对应 $n=1$～5，Pt_n 的沉积溶液含有 300fmol/L H_2PtCl_6，沉积时间为 10s；对于曲线 6，沉积时间则为 100s。(b) 拟合得到的 k^0 值与单个 Pt_n 簇中原子数的关系

（改编自 Zhou，Bao 和 Bard[48]）

随着 Pt_n 颗粒尺寸的不断增大，析氢反应的起始电势和 $E_{1/2}$ 均向正电势大幅移动［图 19.5.2(a)］，说明析氢反应的电子转移动力学随颗粒尺寸的增大而加快。已知析氢反应的初始步骤为 H^+ 发生单电子 Volmer 反应并在 Pt_n 簇上形成吸附 H 原子：

$$H^+ + e^- \rightleftharpoons H_{ads} \tag{19.5.3}$$

假设该步骤是比较缓慢的，而随后的 Tafel 步骤（$2H_{ads} \rightarrow H_2$）或 Heyrovský 步骤（$H_{ads} + H^+ + e \rightarrow H_2$）（15.2 节）很快。在这种反应机理的框架下，可以得到动力学参数 k^0 和 α。图 19.5.2(a) 显示了基于 Butler-Volmer 动力学计算得到的 i-E 曲线，计算过程中不断改变 k^0 和 α 值，以获得与实验曲线最接近的拟合。结果表明，随 n 从 1 增加到 5，α 保持相对恒定（约 0.5），而 k^0 增大了几乎一个数量级。对更大范围的颗粒尺寸进行更全面的分析，可以发现：当颗粒半径大于约 3nm 时，k^0 值达到平台值 0.1cm/s，接近体相 Pt 电极上观察到的数值（约 0.3cm/s）。因此，单个 Pt 原子的电催化活性低至体相 Pt 的 1/100 倍。据报道，k^0 随粒径变化源于粒径相关的 H 原子吸附能，后者影响 Volmer 步骤的反应速率[47]。

当 Pb 超微电极作为基底电极时，k^0 对颗粒尺寸的依赖性与 Bi 电极规律相似（仅作定性分析）。但是，随粒径的增大，k^0 达到平台值 10^{-4} cm/s，明显小于 Bi 或体相 Pt。在 Bi 和 Pb 电极上，k^0 值存在巨大差异，这意味着 Pt_n 颗粒与基底之间存在较强的电子和/或结构相互作用[48]。

制备 Pt_n 颗粒的逐个原子沉积法可以扩展到分子催化剂的沉积，包括单分子和簇。图 19.5.3 显示了 10mmol/L NaOH 和 0.2mol/L $NaClO_4$ 溶液中析氧反应的 i-E 曲线，催化剂为单个 Co_1O_x 和 Co_nO_y 簇。其中，在含有 900fmol/L $Co(NO_3)_2$ 的 0.1mol/L 磷酸盐缓冲溶液中，将 Co^{2+} 顺序还原即可在碳超微电极表面沉积 Co_nO_y 团簇。类似于前面针对式(19.5.1) 和式(19.5.2) 的讨论，r_d 和 n 的值由 OH^- 电催化氧化的 i_d 估算，但方程中相应参数应替换为 OH^- 的浓度和扩散系数。当 Co^{2+} 在电极表面的还原受扩散控制[49] 时，n 值符合泊松分布，该分布可通过计算碳电极表面的 Co^{2+} 到达速率而得到。最小 Co 簇的有效半径为 0.21nm，大约相当于单个 Co—O 键的长度。因此，该颗粒可被看作为单个具有电催化活性的 Co 分子，即 Co_1O_x。

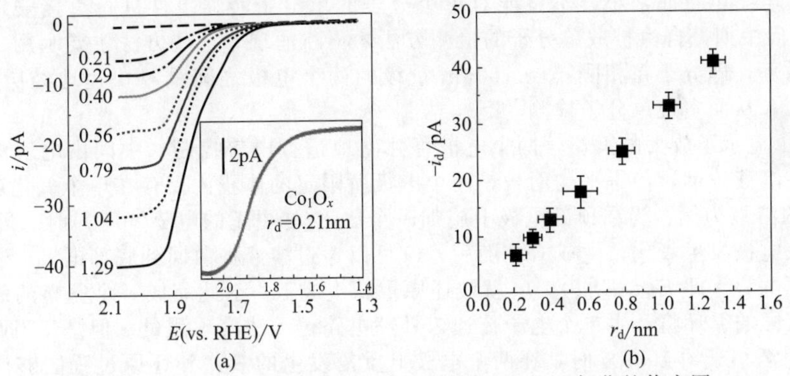

图 19.5.3 (a) Co_1O_x 和 Co_nO_y 簇上发生 OH^- 氧化的伏安图，溶液中含有 10mmol/L NaOH 和 0.2mol/L $NaClO_4$，扫速为 10mV/s，RHE 为可逆氢电极。每一条曲线左侧数字为根据 i_d 估算出的 r_d 值（单位：nm），内插图为最小簇（Co_1O_x 单分子）的放大伏安图；(b) i_d 平均值与 r_d 估算值之间的相关性，误差棒为每种尺寸纳米簇的六次连续伏安实验的标准偏差，r_d 的估算是基于公式 $r_d = i_d/(2\pi nFD_{OH^-}C^*_{OH^-})$，此图的目的是展示相对精度（引自 Jin 和 Bard[49]）

与 Bi 或 Pb 上 Pt_n 颗粒催化的析氢反应不同，Co_nO_y 对析氧反应的电催化活性随着簇尺寸的增大而降低。图 19.5.4(a) 显示了 OH^- 氧化的电流密度 j 与碳超微电极的电势之间的关系曲线，这些曲线对应于图 19.5.3 中所示的伏安波根部。可以清楚地看到，随着 Co_nO_y 簇大小从 0.21nm（对应于单个 Co 分子）增加到 1.29nm，任何电势下的电流密度都会降低。图 19.5.4(b) 显示了达到 2.5pA/nm² 的电流密度所需的电势与团簇尺寸的关系，更加定量地说明了簇活性与尺寸的相关性。OH^- 氧化的过电势随簇尺寸而增加，增幅超过 0.12V，这意味着单分子催化剂显示出优异的析氧活性。

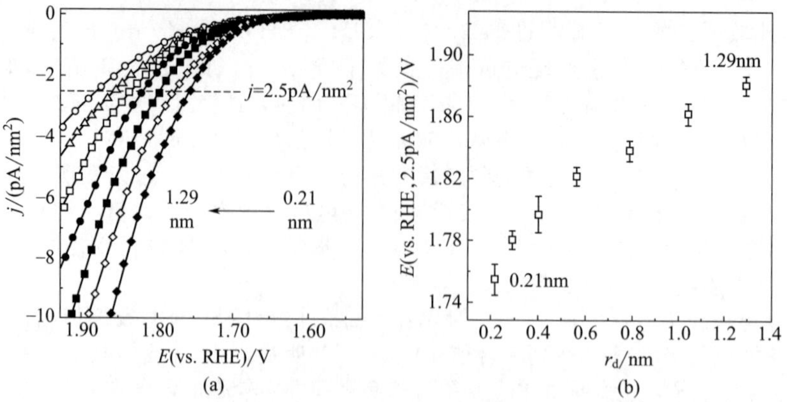

图 19.5.4 相对析氧动力学分析

(a) 图 19.5.3(a) 中所示伏安图的电流密度与电势关系图，将电流相对于半径为 r_d 的半球的几何表面积进行归一化来计算电流密度。曲线排布遵循 (b) 中所示的颗粒尺寸顺序，最右边的曲线表示最小尺寸，最左边的表示最大尺寸；(b) 电流密度 $j=2.5\text{pA/nm}^2$ 时的电位与 Co_nO_y 簇半径的关系，每种尺寸的簇在相同条件下重复沉积五次，然后根据伏安图计算标准偏差（引自 Jin 和 Bard[49]）

19.6 单分子电化学

由于单个电子电量非常小，不可能对单个分子的单电子转移事件进行直接安培检测。直到 20 世纪 90 年代中期，自由扩散单分子的检测方法才不断涌现。这些方法主要利用了单分子的氧化还原反应循环，即分子在相隔 10～100nm 量级的两个电极之间重复快速地经历氧化和还原，产生电流放大，从而实现单分子检测[50-52]。

图 19.6.1 显示了放大的策略，两个电极可独立地进行电势控制，中间由电解液分开。调节电活性物质的溶液浓度，使得平均而言，两个电极所限定的体积内仅存在单个氧化还原分子。此处以仅含 R 的溶液为例：当在顶部电极上施加一个比 $E^{0'}_{O/R}$ 更正的电势（E_t）时（即 $E_t>E^{0'}_{O/R}$），分子扩散到该电极发生氧化，生成 O；随后，O 可以通过溶液扩散回到底部电极；若底部电极上施加一个还原电势（即 $E_b<E^{0'}_{O/R}$），O 就被还原重新生成 R，至此完成一个完整的氧化还原反应循环。一个这样的循环将产生单个电子传递，外部电路仍无法实现测量。但是，当两个电极之间的距离 d 缩短至小于约 100nm 时，在两个电极上重复发生的氧化和还原过程能够产生足够大的电流，从而实现单分子检测。如果通过氧化还原循环实现单分子检测，则要求该分子从 R 转化到 O 必须是化学可逆的。

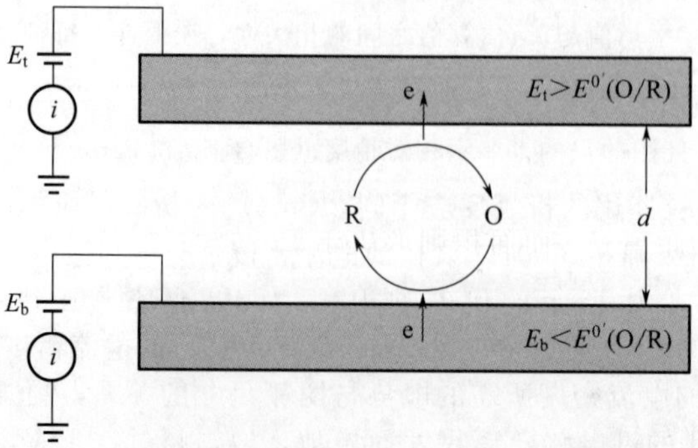

图 19.6.1 单分子在电势可单独控制的两个电极之间发生氧化还原反应循环的示意图

根据分子完成一个循环所需的时间，可以很容易地计算出氧化还原循环产生的时间平均电流。若两个电极之间的距离为 d，则分子在两个电极之间扩散（布朗运动）的平均时间 t_d 由下式给出：

$$t_d=\frac{d^2}{2D} \tag{19.6.1}$$

其中，D 是分子的扩散系数。由于 O 和 R 都必须扩散相同的距离（d）来完成一个氧化还原循环，则循环总时间为：

$$t_{2d}=\frac{d^2}{2D_O}+\frac{d^2}{2D_R}=2\frac{d^2}{2D_e} \tag{19.6.2}$$

其中，D_e 是 O/R 电对的有效扩散系数。该方程可以重排为：

$$D_e=\frac{2D_O D_R}{D_O+D_R} \tag{19.6.3}$$

对于发生简单电子转移反应的可逆氧化还原电对，通常满足 $D_O=D_R\approx D$。在这种情况下，式(19.6.3)简化为 $D_e=D$。

若 $d=10\text{nm}$，并假设 $D_O=D_R=1\times10^{-5}\text{cm}^2/\text{s}$，则得到 $t_d\approx100\text{ns}$。也就是说，在 1s 内，该分子将在两个电极之间进行 10^7 次往返，产生 1.6pA 的电流，此大小可由电化学实验室中的标准放大器实现测量。

如果 E_t 和 E_b 保持在比 $E^{0'}_{O/R}$ 足够正和负的数值，则氧化还原循环以最大扩散控制速率发生。此时，电流可以表示为：

$$i=nNe/(2t_{2d}) \tag{19.6.4}$$

其中，N 是陷于间隙中的分子数量；n 是反应 $O+ne \rightleftharpoons R$ 所涉及的电子数；e 是电子电荷。将式(19.6.1)代入式(19.6.4)，可得到下式：

$$\boxed{i=nNeD_e/d^2} \tag{19.6.5}$$

采用大的双电极薄层电解池反应的电流公式[53-54]，并假定薄层内的分子浓度为 $C^*=N/(AdN_A)$，则扩散控制的氧化还原循环电流也可用下式表示：

$$\boxed{i=nFAD_eC^*/d} \tag{19.6.6}$$

式(19.6.5)和式(19.6.6)可以相互推导，因此它们是等同的（习题 19.6）。

在上述测量模式中，两个电极上均施加恒定电势，以扩散控制速率测量氧化还原循环电流。在另一种测量模式中，可以将一个电极保持在恒定电势，同时扫描另一个电极的电势以产生对应于单分子的伏安波[50,55]。

基于这些原理的两种模式均已经用于设计单分子检测（single-molecule detection，SMD）实验。在“封闭”体系中，一个分子被限域在一个小的金属电极和一个大得多的导电基底之间［如图 19.6.2(a)，(b) 所示］。在第一个 SMD 实验中[50]，使用 SECM 将半径为约 5nm 的 Pt-Ir 探针定位到距 ITO 或 TiO_2 导电基底约 10nm 的位置［图 19.6.2(a)］，金属探针尖端周围的蜡绝缘层可以抑制分子的横向扩散。因此，在含有 2mmol/L 电活性分子的溶液中，当蜡绝缘层向下接触到基底时，SECM 探针和基底之间的体积小至 10^{-18}cm^3，其中可能只包含一个电活性分子。图 19.6.2(b) 所示的方法十分类似，即先将一个 Pt 纳米圆盘电极（$r_0=10\sim100\text{nm}$）中间的金属 Pt 刻蚀掉几纳米，使 Pt 表面低于周边密封玻璃端面，然后将尖端凹陷的 Pt 纳米电极置于一个汞滴中[55]。最后，氧化还原反应循环发生在 Pt 纳米圆盘和 Hg 电极之间，Pt 纳米圆盘凹陷的深度（约 5～10nm）即为距离 d，而面积则取决于 Pt 纳米圆盘的面积。在以上两个实验中，实验开始时分子就已经被限域在一个密封的体积中，随后任何分子都不能进入或离开，因此两个体系都是“封闭”的。虽然“封闭”体系内的平均分子数量取决于溶液本体浓度和受限体积，但任何实验中的实际分子数量都取决于泊松统计。

相比之下，在测量单分子的“开放”体系中，待测分子在测量期间可以自由扩散进入或离开检测体积。图 19.6.2(c) 显示了光刻制备的薄层电解池，包括两个面积相对较大（长 50μm×宽 1.5μm）的 Pt 电极，二者间隔 70nm，溶液可由开口引入到 Pt 电极之间[58]。因此，氧化还原分

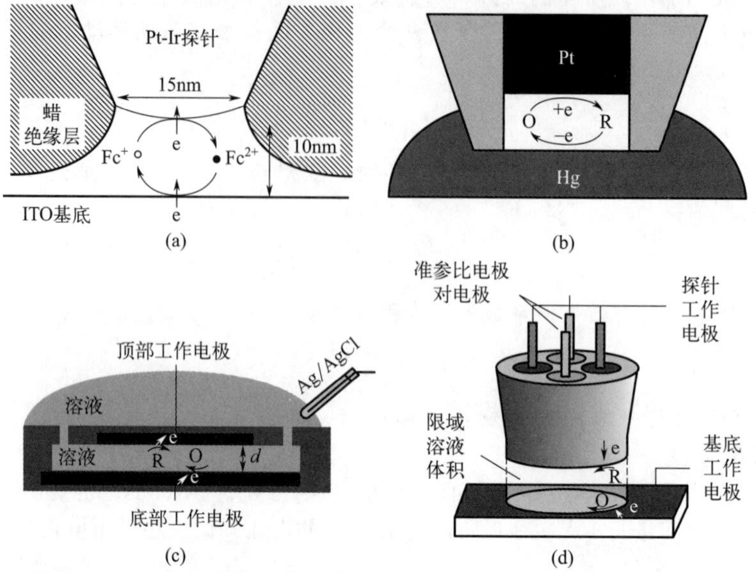

图 19.6.2 单分子限域捕获并借助氧化还原循环进行检测的实验方法

(a) 将 SECM 探针置于导电基底上方（引自 Fan 和 Bard[50]）；(b) 尖端凹陷的 Pt 纳米电极浸入汞滴（改编自 Sun 和 Mirkin[55]）；(c) 通过光刻制备的含两个 Pt 电极的纳米间隙电解池（改编自 Mampallil，Mathwig，Kang 和 Lemay[56]）；(d) 将多通道 SECCM 探针置于导电基底上方（改编自 Byers 等[57]）。(a) 和 (b) 都是“封闭”体系，其中一个或几个氧化还原分子在实验开始时就被捕获在两个电极之间，而 (c) 和 (d) 是“开放”体系，氧化还原分子可以进入和离开电极之间的溶液。在每个系统中，两个电极通常相隔 10～100nm，氧化还原反应快速循环，从而实现单分子检测

子能够进入或离开受限的传感区域，通过氧化还原反应循环实现检测。基于类似的原理，也可使用以多通道玻璃毛细管为探针的扫描电化学池显微镜（SECCM）[如图 19.6.2(d) 所示]。在这一体系中，玻璃毛细管的一个通道填充有适当浓度的电解质和氧化还原分子，而其他填充有热解沉积碳的通道充当氧化还原循环的工作电极。准确调控玻璃毛细管中电解液的弯液面，使其从玻璃毛细管延伸到基底工作电极表面，产生一个由玻璃毛细管直径（约 3μm）以及玻璃毛细管与基底电极间距（约 20nm）所限定的小体积。由于基底电极和溶液之间的接触面积很小，基于 SECCM 的单分子检测方法具有极低的基线噪声（约 1fA）[57]。

图 19.6.2 中所示的四个体系，都可用于自由扩散的氧化还原分子的单分子检测，但每个体系都有自己的优缺点。图 19.6.3(a) 显示了基于 SECM 体系的一个例子，其中 Pt 探针尖端和 ITO 基底之间限定了体积为约 $10^{-18}cm^3$ 的溶液，内含 2.0mmol/L $FcTMA^+$（图 1）和 2.0mol/L $NaNO_3$。根据估算的溶液体积和 $FcTMA^+$ 的本体浓度，大约仅一个分子 $FcTMA^{2+}/FcTMA^+$ 被捕获在 Pt 探针尖端和 ITO 基底之间。在 SECM 探针上施加 0.55V（vs. SCE）电势，$FcTMA^+$ 氧化生成 $FcTMA^{2+}$，而 ITO 基底上施加 −0.3V 将 $FcTMA^{2+}$ 还原回 $FcTMA^+$，二者均以扩散控制速率进行。当探针移动到距离 ITO 基底表面约 10nm 距离以内时，i-t 响应曲线上可以观察到明显的电流波动。尽管存在噪声干扰，i-t 曲线上能够观察到峰值约 0.5pA 和 1.0pA 的电流峰，以及基本上为零的平均电流周期。i-t 响应曲线上的电流波动对应于一个或两个 $FcTMA^+$ 分子的氧化还原循环，分子被捕获在探针尖端和基底之间的 10nm 间隙内，但仍能通过扩散进入或离开该间隙。图 19.6.3(b) 显示了对应这些数据的概率密度函数（PDF）图，可以分辨出两个以 0.5pA 和 1.0pA 为中心的高斯峰，表明在任何时刻发生氧化还原循环的分子数量都是离散的（0、1 个或 2 个）[51]。

如图 19.6.4 所示，在光刻制备的薄层电化学池中，控制两个 Pt 电极的间隙为 70nm [图 19.6.2(c)]，可以进行氧化还原循环实验[58-59]。虽然与前述实验相似，但薄层电解池还允许记录两个电极上的氧化还原电流。图 19.6.4 显示了采用该薄层池可检测单个 Fc 分子，其中施加到两个电极的电势保证 Fc 的氧化和 Fc^+ 的还原均为扩散控制。图 19.6.4(a) 是不存在 Fc 时的背景电流，其可作为实验的背景噪声。如图 19.6.4(b) 所示，当在溶液中加入 Fc 后，离散数量的

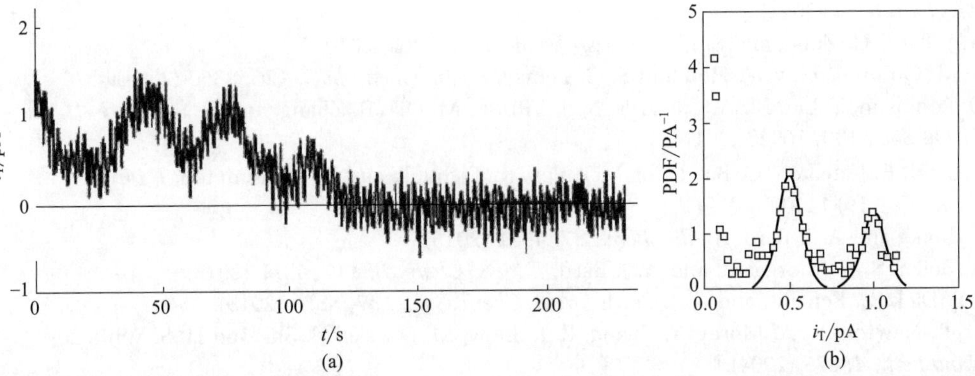

图 19.6.3 (a) 将 SECM 的 Pt 探针 (r_0=7nm) 置于 ITO 电极上方约 10nm [如图 19.6.2(a) 所示] 而记录得到的 i-t 响应，水溶液中含有 2.0mmol/L $FcTMA^+$ 和 2.0mol/L $NaNO_3$，SECM 探针上施加 0.55V (vs. SCE) 的电势以氧化 $FcTMA^+$，而 ITO 电极上施加 −0.3V 的电势以还原 $FcTMA^{2+}$；(b) 图 (a) 中数据的概率密度函数 (PDF) 分析，最可能的探针电流间隔 0.5pA，标准偏差为 0.1pA (引自 Fan，Fwak 和 Bard[51])

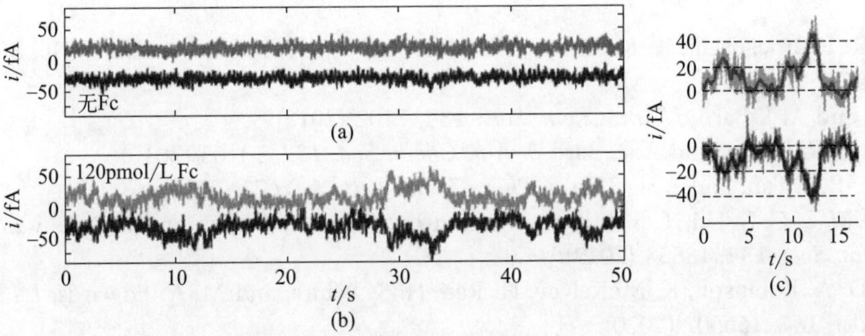

图 19.6.4 基于纳米间隙电解池 [如图 19.6.2(c) 所示] 的单分子安培检测，该电解池允许分子通过扩散进入和离开间隙，电解质溶液为含有 0.1mol/L $TBAPF_6$ 的乙腈。溶液中无 (a) 和有 120pmol/L Fc (b) 的情况下，在顶部 (灰线) 和底部 (黑线) 工作电极上同步记录的 i-t 曲线，顶部和底部工作电极重叠的电活性面积为 50μm×1.5μm，两工作电极间隔 70nm，施加电势分别为 E_t=0.35V 和 E_b=0.1V 以发生 Fc 的氧化和 Fc^+ 的还原。在两个工作电极记录的 i-t 曲线上，均可观察到离散的反相关波动，振幅约 20fA，对应于一个 (或多个) Fc 分子进入纳米间隙，发生氧化还原循环然后离开。(c) 展现纳米间隙内 0、1 个和 2 个分子的氧化还原的 i-t 曲线 (引自 Lemay，Kang，Mathwig 和 Singh[58])

Fc 分子(N=0,1,2,3,…)会扩散到两个电极之间的小体积内，导致出现电流波动。由于分子在薄层电解池和本体溶液之间可以自由扩散，所以任意时刻在两个电极之间发现 0,1,2,…,N 个分子的概率遵循泊松分布 [见式(19.3.6)]。分别测量顶部和底部 Pt 电极的电流，可以探究氧化和还原之间的相关性，从而证实氧化还原循环事件的发生。任何氧化还原循环事件，都需要在两个电极上出现相关的、大小相等但方向相反的电流。从图 19.6.4(b) 和 (c) 中的 i-t 曲线可以清楚地看到，当溶液中存在 Fc 时，两个 Pt 电极记录得到的阳极和阴极 i-t 曲线上会同步出现离散的、反相关的电流波动，电流振幅约为 20fA。

19.7 参考文献

1 W. Cheng and R. G. Compton, *Trends Anal. Chem.*, **58**, 79 (2014).

2 S. V. Sokolov, S. Eloul, E. Kätelhön, C. Batchelor-McAuley, and R. G. Compton, *Phys. Chem. Chem. Phys.*, **19**, 28 (2017).

3 S. J. Kwon, H. Zhou, F.-R. F. Fan, V. Vorobyev, B. Zhang, and A. J. Bard, *Phys. Chem. Chem.*

Phys., **13**, 5394 (2011).
4 A. J. Bard, H. Zhou, and S. J. Kwon, *Isr. J. Chem.*, **50**, 267, 2010.
5 B. M. Quinn, P. G. van't Hof, and S. G. Lemay, *J. Am. Chem. Soc.*, **126**, 8360 (2004).
6 D. Robinson, Y. Liu, M. A. Edwards, N. J. Vitti, S. M. Oja, B. Zhang, and H. S. White, *J. Am. Chem. Soc.*, **139**, 16923 (2017).
7 S. Eloul, E. Kätelhön, C. Batchelor-McAuley, K. Tschulik, and R. G. Compton, *J. Phys. Chem. C*, **119**, 14400 (2015).
8 A. Boika and A. J. Bard, *Anal. Chem.*, **87**, 4341 (2015).
9 A. Boika, S. N. Thorgaard, and A. J. Bard, *J. Phys. Chem. B*, **117**, 4371 (2013).
10 J. E. Dick, C. Renault, and A. J. Bard, *J. Am. Chem. Soc.*, **137**, 8376 (2015).
11 M. R. Newton, K. A. Morey, Y. Zhang, R. J. Snow, M. Diwekar, J. Shi, and H. S. White, *Nano Lett.*, **4**, 875 (2004).
12 X. Xiao, F.-R. F. Fan, J. Zhou, and A. J. Bard, *J. Am. Chem. Soc.*, **130**, 16669 (2008).
13 X. Xiao and A. J. Bard, *J. Am. Chem. Soc.*, **129**, 9610 (2007).
14 P. A. Defnet, C. Han, and B. Zhang, *Anal. Chem.*, **91**, 4023 (2019).
15 Z.-P. Xiang, H.-Q. Deng, P. Peljo, Z.-Y. Fu, S. L. Wang, D. Mandler, G.-Q. Sun, and Z.-X. Liang, *Angew. Chem. Int. Ed.*, **57**, 3464 (2018).
16 S. E. F. Kleijn, B. Serrano-Bou, A. I. Yanson, and M. T. M. Koper, *Langmuir*, **29**, 2054 (2013).
17 J. H. Bae, R. F. Brocenschi, K. Kisslinger, H. L. Xin, and M. V. Mirkin, *Anal. Chem.*, **89**, 12618 (2017).
18 S. J. Kwon and A. J. Bard, *J. Am. Chem. Soc.*, **134**, 7102 (2012).
19 S. J. Kwon, F.-R. F. Fan, and A. J. Bard, *J. Am. Chem. Soc.* ***132***, 13165 (2010).
20 H. Zhou, F.-R. F. Fan, and A. J. Bard, *J. Phys. Chem. Lett.*, **1**, 2671 (2010).
21 S. E. F. Kleijn, S. C. S. Lai, T. S. Miller, A. I. Yanson, M. T. M. Koper, and P. R. Unwin, *J. Am. Chem. Soc.*, **134**, 18558 (2012).
22 Y. Zhang, D. A. Robinson, K. McKelvey, H. Ren, H. S. White, and M. A. Edwards, *J. Electrochem. Soc.*, **167**, 166507 (2020).
23 P. Li, Q. He, H.-X. Liu, Y. Liu, J.-J. Su, N. Tian, and D. Zhan, *ChemElectroChem*, **5**, 3068 (2018).
24 Z.-P. Xiang, A.-D. Tan, Z.-Y. Fu, J.-H. Piao, and Z.-X. Liang, *J. Energy Chem.*, **49**, 323, (2020).
25 P. A. Bobbert, M. M. Wind, and M. Vlieger, *J. Physica*, **141A**, 58 (1987).
26 X. Li, J. Dunevall, and A.G. Ewing, *Acc. Chem. Res.*, **49**, 2347 (2016).
27 Y.-G. Zhou, N. V. Rees, and R. G. Compton, *Angew. Chem. Int. Ed.*, **50**, 4219 (2011).
28 C. A. Little, R. Xie, C. Batchelor-McAuley, E. Kätelhön, X. Li, N. P. Young, and R. G. Compton, *Phys. Chem. Chem. Phys.*, **20**, 13537 (2018).
29 C. Batchelor-McAuley, J. Ellison, K. Tschulik, P. L. Hurst, R. Boldt, and R. G. Compton, *Analyst*, **140**, 5048 (2015).
30 J. Ustarroz, M. Kang, E. Bullions, and P.R. Unwin, *Chem. Sci.*, **8**, 1841 (2017).
31 W. Ma, H. Ma, J.-F. Chen, Y.-Y. Peng, Z.-Y. Yang, H.-F. Wang, Y.-L. Ying, H. Tian, and Y.-T. Long, *Chem. Sci.*, **8**, 1854 (2017).
32 S. M. Oja, D. A. Robinson, N. J. Vitti, M. A. Edwards, D. A. Robinson, H. S. White, and B. Zhang, *J. Am. Chem. Soc.*, **139**, 708 (2017).
33 D. Robinson, M. A. Edwards, H. Ren, and H. S. White, *ChemElectroChem*, **5**, 3059 (2018).
34 S. Gutierrez-Portocarrero, K. Sauer, N. Karunathilake, P. Subedi, and M. A. Alpuche-Aviles, *Anal. Chem.*, **92**, 8704 (2020).
35 B.-K. Kim, J. Kim, and A. J. Bard, *J. Am. Chem. Soc.*, **137**, 2343 (2015).
36 H. Deng, J. E. Dick, S. Kummer, U. Kragl, S. H. Strauss, and A. J. Bard, *Anal. Chem.*, **88**, 7754 (2016).
37 M. W. Glasscott, A. D. Pendergast, S. Goines, A. R. Bishop, A. T. Hoang, C. Renault, and J. E. Dick, *Nat. Commun.*, **10**, 2650 (2019).

38 A. von Weber, E. T. Baxter, H. S. White, and S. L. Anderson, *J. Phys. Chem. C*, **119**, 11160 (2015).

39 N. Cheng, S. Stambula, D. Wang, M. Norouzi Banis, J. Liu, A. Riese, B. Xiao, R. Li, T.-K. Sham, L.-M. Liu, G. A. Botton, and X. Sun, *Nat. Commun.*, **7**, 13638 (2016).

40 S. Yang, J. Kim, Y. J. Tak, A. Soon, and H. Lee, *Angew. Chem. Int. Ed.*, **55**, 2058 (2016).

41 J. Deng, H. Li, J. Xiao, Y. Tu, D. Deng, H. Yang, H. Tian, J. Li, P. Ren, and X. Bao, *Energy Environ. Sci.*, **8**, 1594 (2015).

42 B. Qiao, A. Wang, X. Yang, L. F. Allard, Z. Jiang, Y. Cui, J. Liu, J. Li, and T. Zhang, *Nat. Chem.*, **3**, 634 (2011).

43 C. Zhu, S. Fu, Q. Shi, D. Du, and Y. Lin, *Angew. Chem. Int. Ed.*, **56**, 13944 (2017).

44 R. M. Arań-Ais, Y. Yu, R. Hovden, J. Solla-Gulloń, E. Herrero, J. M. Feliu, and H. D. Abruña, *J. Am. Chem. Soc.*, **137**, 14992 (2015).

45 J. Huang, J. Zhang, and M. H. Eikerling, *J. Phys. Chem. C*, **121**, 4806 (2017).

46 M. Gara, K. R. Ward, and R. G. Compton, *Nanoscale*, **5**, 7304 (2013).

47 M. Zhou, J. E. Dick, and A. J. Bard, *J. Am. Chem. Soc.*, **139**, 17677 (2017).

48 M. Zhou, S. Bao, and A. J. Bard, *J. Am. Chem. Soc.*, **141**, 7327 (2019).

49 Z. Jin and A. J. Bard, *Proc. Natl. Acad. Sci. U.S.A.*, **117**, 12651 (2020).

50 F.-R. F. Fan and A. J. Bard, *Science*, **267**, 871 (1995).

51 F.-R. F. Fan, J. Kwak, and A. J. Bard, *J. Am. Chem. Soc.*, **118**, 9669 (1996).

52 A. J. Bard and F.-R. F. Fan, *Acc. Chem. Res.*, **29**, 572 (1996).

53 L. B. Anderson and C.N. Reilley, *J. Electroanal. Chem.*, **10**, 538 (1965).

54 L. B. Anderson and C.N. Reilley, *J. Electroanal. Chem.*, **10**, 295 (1965).

55 P. Sun and M.V. Mirkin, *J. Am. Chem. Soc.*, **130**, 8241 (2008).

56 D. Mampallil, K. Mathwig, S. Kang, and S. G. Lemay, *J. Phys. Chem. Lett.*, **5**, 636 (2014).

57 J. C. Byers, B. P. Nadappuram, D. Perry, K. McKelvey, A. W. Colburn, and P. R. Unwin, *Anal. Chem.*, **87**, 10450 (2015).

58 S. G. Lemay, S. Kang, K. Mathwig, and P. S. Singh, *Acc. Chem. Res.*, **46**, 369 (2013).

59 M. A. G. Zevenbergen, P. S. Singh, E. D. Goluch, B. L. Wolfrum, and S. G. Lemay, *Nano Lett.*, **11**, 2881 (2011).

19.8　习题

19.1　考虑某一电势阶跃后电活性分子膜的电化学氧化（例如通过烷基硫醇修饰于 Au 电极表面的 Fc 的氧化；第 17 章）。

$$\mathrm{Fc} \longrightarrow \mathrm{Fc}^{+} + \mathrm{e}$$

$k(\mathrm{s}^{-1})$ 为 Fc 氧化的一级速率常数，该常数取决于电极电势，描述 Fc 氧化为 Fc^{+} 的平均速率。

(a) 假设实验中存在大量 Fc（$N_0 \approx 10^{12}$），绘制出电势阶跃后 Fc 分子的相对数量 $N(t)/N_0$ 随时间 t 的变化曲线。

(b) 若实验中仅存在 5 个 Fc 分子（$N_0 = 5$），在同一图上绘制出 $N(t)/N_0$ 随时间 t 的变化曲线，观察发生了什么变化？

19.2　基于稳态伏安法，使用半径为 1μm 的 Pt 超微电极氧化二茂铁（$\mathrm{Fc} \longrightarrow \mathrm{Fc}^{+} + \mathrm{e}$）（5.1.4 节）。假设 Fc 的浓度为 1mmol/L，电势扫描速率为 10mV/s，$D = 10^{-5}\,\mathrm{cm}^2/\mathrm{s}$，当电极电势在 0.5V 范围内双向扫描时，约 10^{11} 个 Fc 分子发生氧化。计算稳态伏安极限电流响应所对应的一个非常窄的电势范围（例如 1mV）内所氧化的 Fc 分子数量，并讨论该电流是确定还是随机的。

19.3　通过电化学还原水溶液中的 $\mathrm{PtCl_6^{2-}}$（$\mathrm{PtCl_6^{2-}} + 4\mathrm{e} \longrightarrow \mathrm{Pt} + 6\mathrm{Cl^-}$），可在半径为 120nm 的 Bi 电极表面沉积独立分布的 Pt_n 纳米簇[48]。若 $\mathrm{PtCl_6^{2-}}$ 的浓度为 300fmol/L，电沉积时间为 20s，23 次独立实验所观察到的含有 n 个 Pt 原子的团簇的分布如下。

原子数	0	1	2	3	4	5
出现的次数	5	5	7	3	2	1

假设 $PtCl_6^{2-}$ 电化学还原为 Pt 原子是一个扩散控制的反应，$PtCl_6^{2-}$ 的 $D=1.2\times10^{-5}cm^2/s$，计算 Pt 原子在 Bi 超微电极表面沉积的速率常数（s^{-1}）。

（a）根据泊松统计，计算团簇尺寸的预期分布。

（b）在同一图中绘制 Pt_n 团簇的实验和理论分布。

（c）泊松分布是否充分反映了实验结果？

19.4 基于式(4.4.3)，证明式(19.6.1) 定义了氧化还原循环过程中两个平面电极之间的平均循环时间 t_d。

19.5 方程式(19.6.6) 描述双电极薄层电化学电解池的扩散控制的稳态极限电流，其中两个电极的电势相对于参比电极独立控制。假设两个电极表面（区域 A）相互平行并正相对（如图 19.6.1 所示），电极间距为 d，试推导出方程式(19.6.6)。此外，还假设物质 O 和 R 发生简单的氧化还原反应（$O+e \rightleftharpoons R$）且实验开始时溶液中仅存在物质 O，$D_O=D_R$。其中一个电极施加某一电势使 O 以扩散控制的速率发生还原，而另一个电极施加特定电势使 R 以扩散控制的速率发生氧化。[提示：推导涉及稳态假设方程式(4.5.11) 和 Fick 第二定律的积分，以及与该问题陈述相对应的适当边界条件的设定。]

19.6 考虑使用图 19.6.2（c）所示的双电极“纳米间隙”薄层电解池检测单个氧化还原分子。假设两个平行的 Au 电极相隔 70nm，电极重叠区域之间的溶液体积由 1.5μm 的电解池宽度和 50μm 的长度所限定。

（a）基于泊松概率分布函数，计算当薄层电解池与含有 120pmol/L Fc 和 0.1mol/L $TBAPF_6$ 的外部乙腈溶液平衡时，在两个电极之间发现 0,1,2,…,N 个 Fc 的概率。当 $N=1,2,3,\cdots$时，电极之间 Fc 的相应浓度是多少？

（b）基于（a）中的结果说明：虽然薄层电解池内 Fc 的瞬时浓度随着分子扩散进出两个电极之间的检测区域而随时间波动，但薄层电解池内 Fc 的时间平均浓度等于外部溶液中的浓度（120pmol/L）。

（c）使用式(19.6.6)（习题 19.5 中推导），计算 Fc 分子在薄层电解池和外部溶液之间扩散时的时间平均电流，以及当薄层电解池中仅存在一个 Fc 分子时的电流。假设 $D_{Fc}=D_{Fc^+}=1.7\times10^{-5}cm^2/s$。

（d）根据式(19.6.4)，可依据 O/R 分子完成一个氧化还原反应循环所需时间 t_{2d} 来计算电流。假设薄层电解池的结构同上，当其中存在一个 Fc 分子时，根据该公式计算电流，并比较说明该结果与式(19.6.6) 计算的稳态电流值相同。

（e）在问题（c）中，根据式(19.6.6) 计算得出单个 Fc 分子的电流，而该公式从 Fick 第二定律的连续性微分方程推导得出（习题 19.5）。该微分方程假设 Fc 在两个电极之间的浓度分布是连续的，从而可以根据 Fick 第二定律高精度地计算稳态浓度分布 $C_{Fc}(x)$ 和 $C_{Fc^+}(x)$。然而在真实实验中，单个 Fc 分子发生布朗运动，其在薄层池内的位置在任何时刻都无法预测。考虑以上描述，解释为什么连续性微分方程式(19.6.6) 能够准确预测单个氧化还原分子的电流。

第 20 章　光电化学和电致化学发光

本章主要考虑涉及光子参与的电极过程实验。在光电化学（photoelectrochemistry）（20.3 节和 20.4 节）过程中，光子实际上是反应物，提供能量以驱动电化学过程。而在电致化学发光（electrogenerated chemiluminescence，ECL，20.5 节）过程中，光子是电极反应的产物，通过光辐射释放电化学反应能量。为了便于读者理解，本章首先简要介绍固体材料的性质（20.1 节）和半导体的暗态电化学行为（20.2 节）。

20.1　固体材料

固体材料在电化学中一直都很重要，因此在 14.4～14.7 节以及第 15 章和第 17 章已经对固体电极表面的性质和修饰进行了广泛的介绍。本节重点关注固体材料的宏观性质，尤其是电子传导性能，目标是定义和区分电化学体系中所使用的固体材料的类别。固体材料远比此处所描述的要多样和复杂，由于篇幅有限，感兴趣并想了解详情的读者可以参考相关文献[1-4]。

20.1.1　能带模型

固体的电子性质通常用能带模型（band model）来描述，该模型涉及电子在规则排布的原子核和其他电子的组合场中的行为[5-8]。以晶型固体（例如 Au、Si 或 TiO_2）的形成为例，当孤立原子组装形成包含 N 个原子的晶格时，每种类型的价键轨道都会分裂成 N 个不同的能级。由于涉及的原子众多（5×10^{22} 原子/cm^3），源于相同的原子轨道的能级具有共同的特征并在能量上紧密相邻（$\Delta E\approx10^{-22}$ eV），最终呈现出一个连续分布的状态“带”（图 20.1.1 所示）。

① 成键轨道形成价带（valence band，VB）。

② 反键轨道形成导带（conduction band，CB）。

在大多数晶型固体中，CB 底部与 VB 顶部之间存在一定的能量差 $\boldsymbol{E}_g$，称为带隙（band gap），其大小有时可达几个电子伏［当原子间隔为 d'时，如图 20.1.1(b) 所示］。在带隙中，几乎不存在能级轨道，因此有时也称为禁带（forbidden band）。在这些固体中，VB 中的能级轨道充满了电子，类似于分子中的成键轨道；而 CB 中的能级轨道没有电子，类似于分子中的反键轨道情况。

在某些固体中，CB 和 VB 发生重叠，因此不存在带隙［当原子间隔为 d''时，如图 20.1.1 (b) 所示］。在这些材料中，所有电子均分布在 VB 或 CB 中的底部能级轨道上。由于能级分布是连续的，在最高电子填充能级的上方存在未填充能级［图 20.1.1(a)］。

20.1.2　纯晶型固体的分类

任何晶型固体的电学和光学性质都受到能带结构的显著影响，而以下因素决定固体的能带结构：

① 固体晶格中的原子间距［如图 20.1.1(b) 所示］；

② 导致晶格形成的化学键的性质和强度；

③ 晶格中的原子数。

这三个因素一起决定了 $\boldsymbol{E}_g$ 的大小，而最后一个因素决定能级间的能量差。根据电学和光学性质，可将纯材料分为几类（见表 20.1.1）。

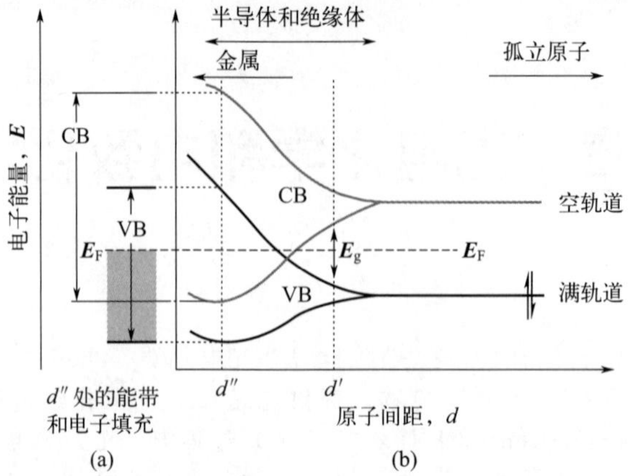

图 20.1.1　孤立原子组装形成固态晶格而产生的电子能带

在（b）的最右边，能级对应于孤立原子的最高被占据和最低未被占据状态。随着原子间距减小，成键和反键轨道产生了能带；最低的未被占据的原子轨道形成导带（CB），最高的被占据的轨道形成价带（VB）。灰色曲线表示 CB 的顶部和底部，其间有许多紧密间邻的能级，黑色曲线同样表示 VB 的顶部和底部。当原子间距适中时（d'），CB 和 VB 在能量上存在一定差异，即带隙 $\boldsymbol{E}_g$。当原子间距离进一步减小（例如 d''时），带隙消失，CB 和 VB 发生重叠。(a) 中描述了原子间隔 d''处的能带结构和电子填充。从 VB 的底部到 CB 的顶部有一个连续的能级轨道分布，最高占有原子轨道上的电子按照能量增加的顺序填充这些轨道（如阴影区所示）。费米能级 $\boldsymbol{E}_F$ 表示填充和未填充轨道之间的边界。带隙的产生和大小不仅与原子间距有关，其还反映化学键的性质和键合强度。根据化学键的性质，原子间距在 d'或 d'左侧的材料可以是金属、半导体或绝缘体

表 20.1.1　纯晶型固体材料的主要分类

类型	$\boldsymbol{E}_g$	举例
金属	无	金，银，铜，铁，铂
半金属	$<kT$	石墨，锡，锑，铋
绝缘体	>2eV	二氧化硅，氮化硅
本征半导体	约 0.3～4eV	硅，锗，砷化镓，硒化镉
量子点	变量①	硅，砷化镓，硒化镉

① 严格来讲，能带模型并不适用于量子点，但最高成键和最低反键能级间的能量差是光学可测的。当颗粒含有多达 10^5 个原子时，该能量差接近于本征半导体的带隙；但对于含有较少原子的量子点，它逐渐蓝移。

当价带和导带强烈重叠时，材料显示出金属导电性（如 Cu 和 Ag）。在电子占有能级附近的较小能量范围内［即费米能级附近；图 20.1.1(a) 和 20.1.4 节］，电子填充和空位能级共存。此时电子只需很小的激发能量就可以从一个能级移动到另一个能级，这一特性为固体中的电子提供了电移动能力，使其能够对电场产生响应。相比之下，当电子处于完全填充的能带，由于附近没有空位能级，电子无法响应电场作用进行空间上重新分布，因此无法支持电传导。

若带隙小于 kT（25℃时为 25.7meV），虽然电子仍然可以自由移动，但价带边缘附近的能级相对较少。因此载流子密度较小，电子传导不如金属有效，此种材料被称为半金属（semimetal）。

若纯固体的 $\boldsymbol{E}_g \gg kT$（例如硅，$\boldsymbol{E}_g=1.1$eV），其价带几乎是充满电子的，而导带则几乎是全空的。将电子从价带热激发至导带，即可实现电子传导（如图 20.1.2 所示）。在此过程中，激发至导带的电子能够在导带的空位能级间自由运动，而价带中剩余电子在空间位置和价态能量上的重新排布类似于产生了能够移动的“空穴”，这样的材料称为本征半导体（intrinsic semiconductor）。电子和空穴统称为电荷载流子（charge carrier），二者之间始终处于动态平衡，由分离而产生，又由复合而消失❶。导带中的电子密度为 n_i，价带中的空穴密度为 p_i，二者均与 $\boldsymbol{E}_g$ 定义的平衡常

❶　复合是电子和空穴的湮灭，通常发生在界面处的表面态［20.2.1 (3) 节］。

数密切相关。对于本征半导体，电子与空穴密度相等，可由下式近似给出：

$$n_i = p_i \approx 2.5 \times 10^{19} \exp\left(\frac{-\boldsymbol{E}_g}{2kT}\right) \mathrm{cm}^{-3} \quad (约\ 25℃) \tag{20.1.1}$$

对于硅 $n_i = p_i \approx 1.4 \times 10^{10}\,\mathrm{cm}^{-3}$。载流子在半导体中的运动与离子在溶液中的运动非常相似（2.3.3 节和 2.4.2 节），但它们的淌度（u_n 和 u_p）却比溶剂化的离子大几个数量级（表 2.3.2）。例如，硅的 $u_n = 1350\mathrm{cm}^2/(\mathrm{V \cdot s})$，$u_p = 480\mathrm{cm}^2/(\mathrm{V \cdot s})$。

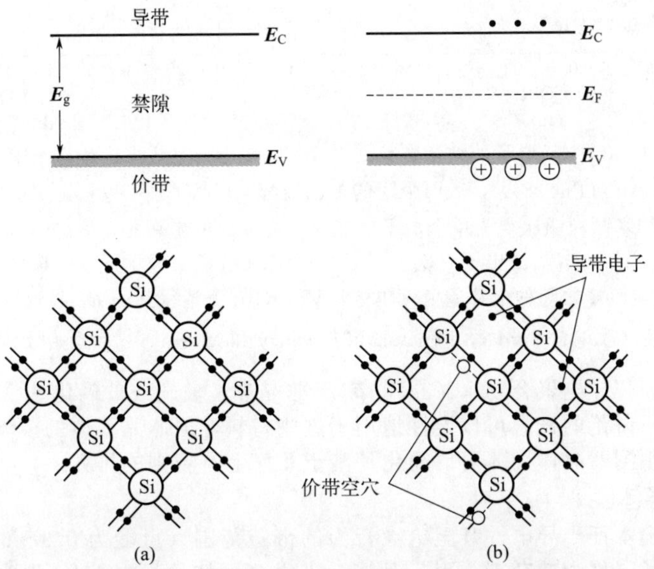

图 20.1.2　本征半导体晶格的能带和二维示意图

（a）在绝对零度时，晶格是完美的，无空穴或移动电子；（b）在较高的温度下，一些晶格键断裂，在导带中产生电子，在价带中产生空穴。$\boldsymbol{E}_F$ 表示费米能级

对于 $\boldsymbol{E}_g > 2\mathrm{eV}$ 的纯固体材料，在室温下由热激发所产生的载流子很少，该固体被称为电绝缘体。例如 SiO_2、C（金刚石）和 TiO_2 的 $\boldsymbol{E}_g$ 分别为 8.9eV、5.5eV 和 3.0eV。

对于上述所讨论的分类，都可采用能带模型，并且电子能级在一定能量范围内是连续分布的。连续性模型要求晶型固体包含足够多的原子，从而使能带内相邻能级之间的能量间隔小到可以忽略不计。很少有样品材料能够满足这一条件。例如一个体积为 100nm×100nm×100nm 的金立方晶粒包含 4×10^7 个原子，足以显示出晶体 Au 的特征能带结构和宏观性质。

但是，如果颗粒尺寸显著减小，反键和成键能级就会变得太少，无法视为连续分布，而且在能量尺度上能级的离散性更加明显[9-13]，这种尺度的晶体材料通常被称为纳米晶（nanocrystal）。

上述尺寸相关性可以在电化学中直接体现出来。如图 20.1.3(a) 中的示差脉冲伏安图所示，仅含有 25 个 Au 原子的纳米颗粒可以顺次得失单个电子，说明其电子能级分布不再连续。此外，该电化学方法可以测量 HOMO 和 LUMO 之间的能隙（实际上并不是“带”隙，但此处仍用 $\boldsymbol{E}_g$ 表示）。如图 20.1.3(b) 所示，测得的 $\boldsymbol{E}_g$ 值与颗粒大小相关。随着颗粒中 Au 原子数量的增大，$\boldsymbol{E}_g$ 值逐渐减小，当数量超过 100 个时 $\boldsymbol{E}_g$ 趋于零（尽管每个颗粒需要更多的原子来呈现金属特性）。

直径在 2～30nm 范围内的半导体颗粒，每个颗粒含有 10^2～10^6 个原子，通常被称为量子点（quantum dots，QD）[9-11]。在某些方面，它们的行为更像分子而不是晶型固体。就性质而言，它们既有电化学活性又有光致发光活性。在 20.3.4 节和 20.5 节将进一步介绍和讨论。

电化学偶尔会使用较大的单晶作为电极或其他电化学池组件，但多晶材料更为常见。在典型的固体中，平均晶粒尺寸大于上面提及的 Au 立方晶粒——边缘长度为 100nm。因此，通常认为多晶材料具有晶型材料的宏观电学性质，但是必须注意晶界的影响。晶界可以表示多晶样品的内部不连续性，其对某些电化学行为有实质性的影响，将在下文对此做进一步讨论。

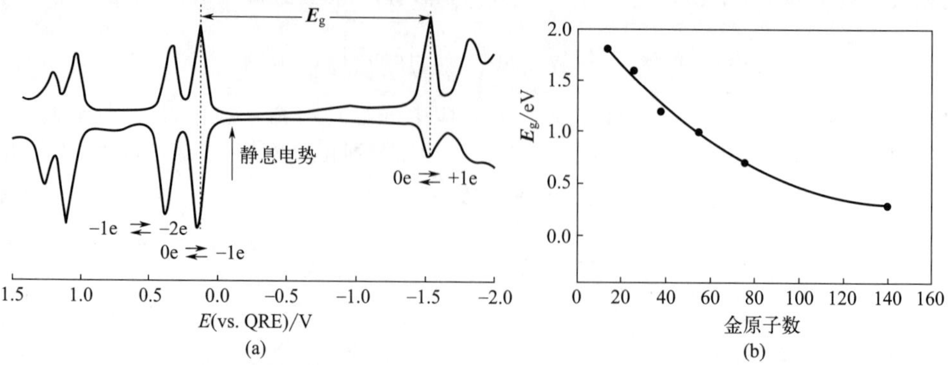

图 20.1.3 (a) 含有 25 个 Au 原子的纳米颗粒在 CH_2Cl_2 +0.1mol/L $TBAPF_6$ 中的示差脉冲伏安曲线。纳米颗粒的分子式为 $Au_{25}(PhC2S)_{18}$，表面吸附的苯乙硫醇（PhC2S）可以稳定 Au 纳米颗粒。如图所示，伏安响应源于纳米颗粒顺次得失单个电子的充放电电流。纳米颗粒在静息电势下是不带电的，但在负电势得电子而正电势失去电子。$\boldsymbol{E}_g$（单位：eV）在数值上等于不带电颗粒得失第一个电子的电流峰之间的电势差值（单位：V）。(b) 测量得到的 $\boldsymbol{E}_g$ 与颗粒大小之间的相关性（改编自 Sardar，Funston，Mulvaney 和 Murray[14]；原始数据引自 Lee 等[15]）

非晶固体［例如，导电聚合物（20.2.3 节）、非晶硅、玻碳或玻璃化 SiO_2］在实际电化学中也十分重要。本节所讨论的概念可以定性地用于这些材料，但非晶固体的模型通常比晶型固体更加复杂，更加难以预测。晶体固体可以简化是基于几何上有规则的排列。

20.1.3 掺杂半导体

在纯固体表现出本征半导电性甚至绝缘行为的带隙范围（可能为 0.5～6eV）内，通过人为地将受主和施主原子（称为掺杂剂）引入晶格，来提高固体的导电性是可能的[1-5]，由此产生的材料被称为非本征半导体（extrinsic semiconductor）。掺杂半导体的导电性比相应的本征材料高几个数量级。依据掺杂剂是电子施主还是电子受主，掺杂半导体分为两种类型。

例如，砷原子（Ⅴ族元素）是一种电子施主，当其添加到硅（Ⅳ族元素）晶格中，可在仅低于导带底部（大约 0.05eV 处）引入一个新能级 $\boldsymbol{E}_D$。在室温下，大多数施主原子发生离子化，每个原子为导带贡献一个电子而自身留下一个孤立的正位点［图 20.1.4(a)］。如果掺杂剂的量大约是 1×10^{-6}，施主密度 N_D 大约为 $5\times10^{16}cm^{-3}$，其本质上等于导带电子的密度 n。空穴密度 p 则要小得多，可由电子-空穴的平衡关系得到：

$$p=\frac{n_i^2}{N_D} \tag{20.1.2}$$

对于砷掺杂的硅，在 25℃时 $p\approx4000m^{-3}$。在这样的材料中，实际上所有导电性来自于导带中的电子，称为多数载流子；而对导电性仅有少量贡献的空穴，称为少数载流子。相应地，由施主原子掺杂的材料称为 n 型半导体（n-type semiconductor）❷。

如果将一种受主原子（例如Ⅲ族元素镓）添加到本征硅中，则在价带顶部的上方引入一个能级 $\boldsymbol{E}_A$［图 20.1.4(b)］。在此情况下，电子受热激发从价带迁移到受主原子，形成孤立的带负电荷的受主中心，而同时在价带留下可移动的空穴。因此，受主密度（N_A）本质上等于空穴的密度 p，而导带中电子的密度 n 由下式给出：

$$n=\frac{n_i^2}{N_A} \tag{20.1.3}$$

例如硅中 $N_A=5\times10^{16}cm^{-3}$，则 $n\approx4000cm^{-3}$。在此情况下，空穴是多数载流子，电子是少数载流子，这种材料称为 p 型半导体（p-type semiconductor）。

---

❷ 也可以在晶格中的原子空位引入离域电子和空穴，例如本征绝缘体 TiO_2 中的 n 型导电性可由晶格中的氧空位产生。

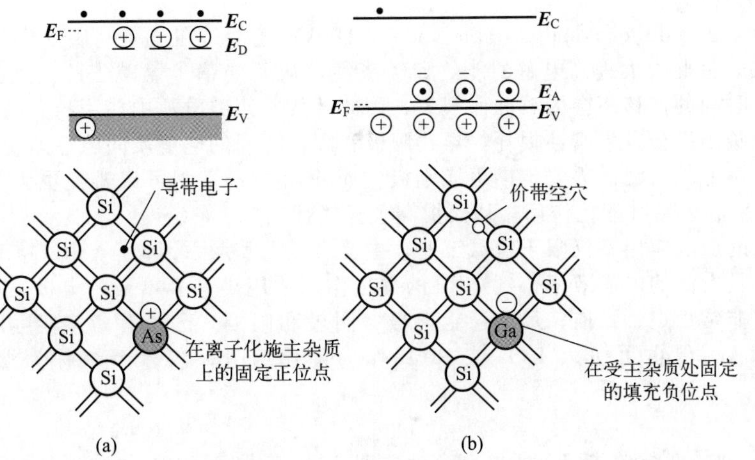

图 20.1.4　非本征半导体晶格的能带及二维结构示意图

（a）n 型；（b）p 型

20.1.4　费米能级

描述半导体电极的一个重要概念是费米能级 $\boldsymbol{E}_F$，定义为电子占据的概率准确为 1/2 的能级的能量（即被占据或空置概率相等，见 3.5.5 节）。

① 金属存在从填充到未填充的连续电子能级分布[图 20.1.1(a)]，因此电子占据和空置能级都位于 $\boldsymbol{E}_F$ 附近。

② 对于室温下的绝缘体和本征半导体，其 $\boldsymbol{E}_F$ 位于带隙内，恰好在导带和价带的中间。此时，电子占据和空置能级都远离 $\boldsymbol{E}_F$ [图 20.1.1(b) 中原子间距为 d'时]。

③ 对于掺杂半导体，$\boldsymbol{E}_F$ 的位置与掺杂密度 N_A 或 N_D 有关。对于中度掺杂的 n 型固体而言，$\boldsymbol{E}_F$ 稍低于导带底部[图 20.1.4(a)]。同理，对于中度掺杂的 p 型材料而言，$\boldsymbol{E}_F$ 稍高于价带顶部[图 20.1.4(b)]❸。

依据 2.2.5 节中的描述，某一相 α 的费米能级 $\boldsymbol{E}_F^{\alpha}$，等于单个电子在该相的电化学势 $\bar{\mu}_e^{\alpha}$。这一关联非常有意义，因为它可以将半导体电极的电学性质与相邻电解质的电学特性联系起来。

为了确定 $\boldsymbol{E}_F$，通常定义自由电子在真空中的能量为零。通过测量功函（Φ）或电子亲和势(EA)，即可确定金属和半导体的 $\boldsymbol{E}_F$（见图 20.1.5 和 2.2.5 节）。在实际材料中，电子的能量低于真空，因此 $\boldsymbol{E}_F$ 通常为负值（例如，金的 $\boldsymbol{E}_F$ 大约为－5.1eV，本征硅的 $\boldsymbol{E}_F$ 为－4.8eV）。

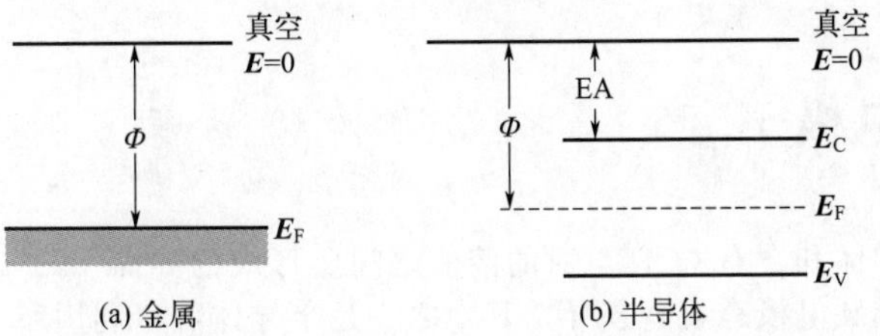

图 20.1.5　金属（a）和半导体（b）的能级、功函 Φ 与亲和势 EA 之间的关系

20.1.5　高导电氧化物

导电金属氧化物陶瓷在电化学中有悠久的应用历史。尽管许多已被探讨过，以下仅以三类为例介绍其特征与可能性。

---

❸ 带边指带隙的边界，因此价带边是价带中能量最高的能级，而导带边是导带中能量最低的能级。

(1) RuO_2-TiO_2

尺寸稳定阳极(dimensionally stable anode, DSA)通常是在金属基底(如 Ti[16])表面涂覆 RuO_2-TiO_2 层，借此大大提高电解的能效和经济性，从而变革了氯碱工业。这种电极称为尺寸稳定的，随着时间的推移不会因腐蚀而损失，因此替代了氯碱电池中使用的大型碳阳极。在实际操作过程中，碳阳极会发生腐蚀损耗，导致阳极和阴极之间的电解质间隙逐渐变宽，溶液电阻热逐渐增大而提高能耗，因此需要定期更换阳极。而使用 DSA，则可以避免更大成本。此外，Ru 表面对 Cl_2 的生成还具有催化作用，从而提高了经济性。

这种概念的成功应用不仅限于氯碱工业，主要有以下几点原因：(a) RuO_2-TiO_2 的金属导电性使这些体系具有高的电学效率；(b) Ru 的催化作用适用于许多重要的电极反应；(c) 氧化物在极端环境中非常稳定。目前，尺寸稳定电极(阴极和阳极)已经有诸多实际应用。虽然仍以 RuO_2-TiO_2 为主，但也可引入 IrO_2 或 PtO_2 作为催化组分，该体系统称为混合金属氧化物(MMO)电极。

(2) Ti_4O_7

TiO_2 是一种晶型绝缘体。在还原剂(通常是 H_2)存在下加热，TiO_2 晶格会失氧，从而转化为几种亚化学计量氧化物(Ti_nO_{2n-1})中的任意一种，称为 Magnéli 相。Magnéli 系列材料的晶体结构、能带结构、电学性质和光学性质差异显著[17]。这些材料中最重要的是 Ti_4O_7，其已经商业化并应用于许多电化学体系[18]。

在室温及以上，Ti_4O_7 是半金属。由于 Ti_4O_7 晶体结构允许 d 带电子发生离域[17]，所以其电导率与石墨相当。

尽管 TiO_2 是亮白色固体，但 Ti_4O_7 几乎是黑色的。Ti_4O_7 有时被称为 Ebonex®，这是其商品名称之一[18]。

Ti_4O_7 可以制成粉末，也可以制成圆盘或棒状单块体陶瓷材料，而且在结构上既可以致密也可以多孔。粉末形式的 Ti_4O_7 可以涂覆在如 Ti 或 Al 基底表面。在电化学池中，Ti_4O_7 可以充当阴极或阳极，并可以负载 Pt 等电催化剂。由于 Ti_4O_7 耐腐蚀且在极端环境中尺寸稳定，因此已应用于熔盐电化学池[19-20]。例如，以 Ti_4O_7 为阳极，可从 $CaCl_2$-CaO-SiO_2 共晶中析出 O_2，而在阴极上沉积 Si[20]，因此该电化学池可在无 CO_2 排放的情况下制备 Si。

(3) 氧化铟锡和氟掺杂氧化锡

氧化铟锡(ITO)和氟掺杂氧化锡(FTO)可在玻璃或塑料基底上形成透明涂层，如此制备的透明电极已经商业化，广泛用于光谱电化学(21.3 节)或光电化学(20.3 节)研究。ITO 和 FTO 都是高度掺杂的 *n* 型半导体，掺杂量如此之高，以至于在电化学上更像金属电极而非半导体电极(20.2.2 节)。

ITO 或 FTO 电极可为外层电极反应提供一定的电势窗，而且薄膜通常在可见光范围内有 80%的透光率。

20.2 半导体电极

现在考虑掺杂半导体和含有 O/R 电对的溶液之间所形成的界面[5,8,21]，该界面上所发生的法拉第过程与前述金属或碳电极有显著差异，其中之一是半导体可以利用所吸收的光子能量驱动电极过程。这一现象将在 20.3 节中讨论，此处首先考虑没有光照的情形。如需深入了解，可参考相关文献综述[5,8,21-25]。

20.2.1 黑暗条件下的半导体电极界面

如图 20.2.1 所示，一个 n 型半导体与一个含有 O/R 电对的溶液接触。当界面电荷转移达到平衡时[2.2.5(4) 节]，两相中的 $\bar{\mu}_e$(或相应的费米能级)必须相等。在图 20.2.1 中，半导体的 $\boldsymbol{E}_F$ 最初高于溶液的 $\boldsymbol{E}_F$，因此电子从半导体(最终带正电)流向溶液相中的物种 O(最终带负电)❹。

(1) 空间电荷区

半导体内的剩余电荷不像金属那样存在于表面，而是分布于三维空间电荷区（space charge region），这是因为半导体中载流子浓度比金属低得多。这种空间电荷分布类似于金属电极-溶液界面处的分散双层（14.3 节），但厚度远大于后者❺。在处于平衡态的空间电荷区中，电荷分布会产生电场，影响所有电子的局域能量。因此，空间电荷区内的能带能量与半导体内部（没有电场存在）显著不同。

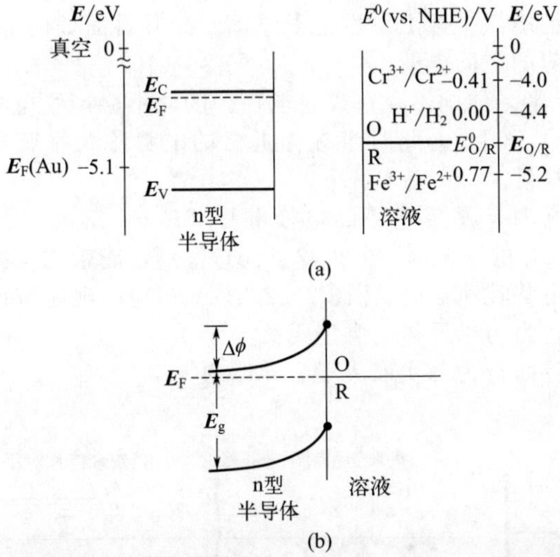

图 20.2.1　n 型半导体和含有氧化还原电对 O/R 的溶液之间所形成的界面

(a) 与溶液接触前，相对于 NHE（E^0）和真空（$\boldsymbol{E}$）的能级示意图；

(b) 与溶液接触并达到静电平衡后，空间电荷区是半导体中能带发生弯曲的区域（改编自 Bard[26]）

如图 20.2.1 所示，由于界面两侧的能级与半导体内部电荷无关，随着空间电荷的建立，半导体表面的能级基本上保持不变。但是，空间电荷区中的正电荷分布将导致能带弯曲（band bending），即能级水平随着远离界面而逐渐降低，最后在半导体内部达到平台[图 20.2.1(b)]。正如图中所展示的情况，空间电荷为正所导致的能带弯曲，常被称为“向上弯曲”（相对于体相半导体）。

将 n 型半导体置于含有 O/R 的溶液中，如图 20.2.1 所示，阴极反应中的大多数载流子（电子）耗尽会产生一个带正电的空间电荷区。界面处的净电荷交换留下了过量的正电荷，主要由固定的、离子化的供体位点组成。少数载流子（在本例中为空穴）也会对正空间电荷区有所贡献，但非常有限，因为材料中的空穴太少。

空间电荷区内的任何一个载流子均会受到电场作用力，与电场一致：

① 电子倾向于流动至导带边缘的低能级；

② 空穴倾向于流动至价带边缘的低能级。

如图 20.2.1(b) 所示，电子上的力是朝向半导体内部的，而空穴上的力则朝向界面。这些

---

❹ 尽管半导体-溶液界面的描述非常普遍，但实际情况非常复杂。尤其在水溶液中，半导体的腐蚀、表面膜（例如氧化物）形成或界面上固有的缓慢电子转移都会对平衡产生干扰。有时，半导体电极的行为甚至接近理想极化电极（1.6.1 节）。

❺ 中度掺杂半导体的多数载流子浓度通常为 $10^{15} \sim 10^{17}\,cm^{-3}$，比典型金属（$10^{22}\,cm^{-3}$）小 5～7 个数量级。半导体中的载流子密度也比 0.1mol/L 电解质水溶液（$10^{19}\,cm^{-3}$）小 2～4 个数量级。在 0.1mol/L 电解质溶液中，金属电极表面的分散层厚度，即德拜长度（κ^{-1}）约为 1nm（表 14.3.1）。考虑到掺杂半导体中较低的载流子密度和较低的介电常数，空间电荷层厚度将增大几个数量级。对于中等掺杂，该厚度可达几十至数千纳米（习题 20.2）。

力存在于任何载流子上，但热力学随机分布也是一个不可忽略的因素。与双电层溶液一侧的分散层类似，空间电荷分布是一个平衡的结果。

（2）半导体电极的极化

前面刚刚讨论了如何通过界面电子交换在半导体-电解质界面上产生空间电荷，但空间电荷的存在并不取决于溶液中是否存在氧化还原电对。采用恒电势仪改变半导体电极的电势，就可方便地改变空间电荷。

对于任意一个电极，电势的变化相当于费米能的变化。如果电极电势相对于参比电极偏移 −0.5V，其费米能将提高 0.5eV。对于半导体电极，这意味着当电势变得更负或更正时，体相半导体中的整个能带结构在能量坐标上发生上下浮动。如果界面处的能带结构随电势保持不变，则能带必须弯曲并产生相应的空间电荷。

在零电荷电势 E_z 处，半导体中不存在过量电荷，因此不会产生电场和空间电荷区，能带不会发生弯曲［图 20.2.2(a)，(d)］。此时半导体电极的电势称为平带电势（flat-band potential，E_{fb}），它是一个重要的参考点。

根据半导体的类型和相对于平带电势的电极电势（E vs. E_{fb}），需要区分四种空间电荷区。当半导体的电极电势位于 E_{fb} 的正侧时［图 20.2.2(b)，(e)］，能带向上弯曲，说明空间电荷区内的净电荷为正。如果电极电势比 E_{fb} 更负［图 20.2.2(c)，(f)］，则能带向下弯曲，说明空间电荷区内的净电荷为负。这种行为与半导体的类型无关。

但空间电荷的特性和界面行为确实取决于半导体的类型。

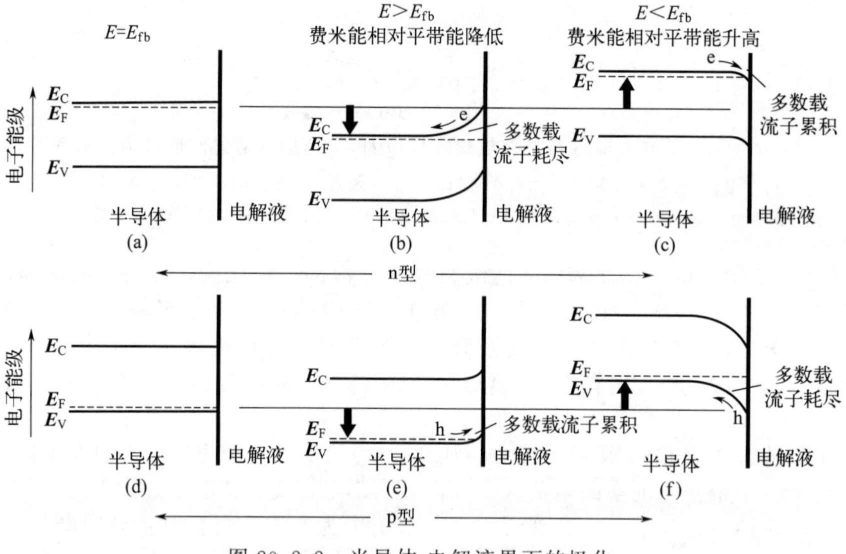

图 20.2.2　半导体-电解液界面的极化

(a) ～ (c) n 型电极；(d) ～ (f) p 型电极。(a)，(d) $E=E_{fb}$；(b)，(e) $E>E_{fb}$；(c)，(f) $E<E_{fb}$。粗体垂直箭头显示了费米能相对于平带能级的能量移动。当耗尽层形成［(b)，(f)］时，表面处的能带边缘基本上保持在平带能级；当聚积极形成［(c)，(e)］时，表面的能带边缘被释放以随费米能移动

首先考虑 n 型半导体：

① 当 $E>E_{fb}$ 时［图 20.2.2(b)］，多数载流子（即电子）向半导体内部移动产生能带弯曲。虽然空穴在界面处有聚集的趋势，但 n 型材料中空穴毕竟很少，因此空间电荷主要来自于固定的离子化施主位点。载流子的密度比半导体内部低（通常低得多），该区域被称为耗尽层（depletion layer）。

② 当 $E<E_{fb}$ 时［图 20.2.2(c)］，多数载流子在界面处聚集产生能带弯曲，界面处的多数载流子密度比半导体内部高，该区域被称为累积层（accumulation layer）。

对于 p 型半导体，情况类似，但能带弯曲和空间电荷区发生在相反的电势区间。

③ 当 $E>E_{fb}$ 时[图 20.2.2(e)]，多数载流子（空穴）在界面处聚集产生能带弯曲，界面处的多数载流子密度超过半导体内部，存在累积层。

④ 当 $E<E_{fb}$ 时[图 20.2.2(f)]，多数载流子（即空穴）向半导体内部移动产生能带弯曲。空间电荷主要来自于不可移动的离子化受主位点，因此多数载流子密度比半导体内部低，产生耗尽层。

从图 20.2.2 中可以看出，与耗尽层相比，累积层的能带弯曲程度和空间电荷层厚度明显更小。在宏观半导体中，费米能级和相邻带边（n 型为导带，p 型为价带）之间的能量差较小。如果改变电势，使费米能级向相邻带边移动，则会产生一个累积层。在空间电荷区，费米能可以穿过表面的能带边缘，实际上进入空间电荷区[图 20.2.2(c),(e)]，这种情况称为简并（degeneracy）。与金属类似，此时在费米能级附近存在较大密度的部分占据能级。因此，可在表面附近建立一个较大的多数载流子密度，并且表面能态分布不再受到 E_{fb} 能量的束缚，进而随费米能级（和电极电势）发生移动。

在 20.2.2 节和 20.3 节中将看到，半导体电极的电化学行为与刚刚讨论的各种条件有关。

(3) 表面态

在上述模型中，表面态（surface state）是一个非常复杂的问题[5,22-23]。表面态是位于表面附近的轨道能级。例如，很容易看出，表面硅原子并不具备体相固体中的四面体对称性，因此它们的电学性质一定不尽相同，它们会产生局域轨道。当表面态能级处于带隙中时，它们倾向于捕获载流子，并可以介导电极与溶液中的氧化还原物质之间的电子交换，因此会对界面的电学性质产生很大的影响。

对于单晶半导体电极，唯一值得关注的表面态就是电极/溶液界面。而对于多晶电极来说，每个晶界处都可能存在表面态，它们可使电极内部的电荷传输更加复杂。

(4) Mott-Schottky 关系

采用类似于 Gouy-Chapman 处理金属电极微分电容的方法（14.3 节），可以推导出半导体中的过剩电荷、空间电荷区中的电势分布和微分电容之间的关系[5,8]。对于本征半导体，空间电荷密度（σ^{SC}）与表面电势（$\Delta\phi$，相对于半导体的本体电势）之间的关系也遵循式(14.3.20)，仅做如下替换：以 σ^{SC} 替代 σ^{M}，$\Delta\phi$ 替代 ϕ^0，n_i 替代 n_0，其中 $z=1$，ε 为半导体的介电常数。而空间电荷电容（C_{SC}）遵循式(14.3.22)，同样也仅需做类似的参数替换。

对于掺杂半导体，多数载流子的对电荷主要由电离的、不可移动的掺杂位点所组成，因此情况更为复杂。

形成耗尽层是半导体/液体界面的一个有趣特征[图 20.2.2(b),(f)]。对于 n 型半导体电极，空间电荷电容可以表示为[5,8]：

$$C_{SC}=\left(\frac{e^2\varepsilon\varepsilon_0 N_D}{2kT}\right)^{\frac{1}{2}}\left(-\frac{e\Delta\phi}{kT}-1\right)^{-\frac{1}{2}} \tag{20.2.1}$$

方程重排即得到莫特-肖特基（Mott-Schottky）方程（首先从金属/半导体界面推导）[27-28]：

$$\frac{1}{C_{SC}^2}=\left(\frac{2}{e\varepsilon\varepsilon_0 N_D}\right)\left(-\Delta\phi-\frac{kT}{e}\right) \tag{20.2.2}$$

鉴于 $-\Delta\phi=E-E_{fb}$，$T=298\text{K}$，N_D 的单位为 cm^{-3}，C_{SC} 的单位为 $\mu\text{F/cm}^2$，电势的单位为 V，则可以得到下式：

$$\boxed{\frac{1}{C_{SC}^2}=\frac{1.41\times10^{20}}{\varepsilon N_D}(E-E_{fb}-0.0257)} \tag{20.2.3}$$

因此，莫特-肖特基曲线（即 $1/C_{SC}^2$ vs. E）应该是一条直线。直线与电势轴的交点所对应的电势即为 E_{fb}，而由直线斜率可知掺杂水平 N_D。图 20.2.3 展示了一个例子[29]。在习题 20.4 中，请读者解释该图中的数据。

类似地，对于 p 型半导体电极中的耗尽层，可根据式(20.2.3) 来确定受主密度 N_A 和平带电势 E_{fb}。

在表征半导体/溶液界面时，尽管莫特-肖特基曲线非常有用，但须谨慎使用。因为扰动效应

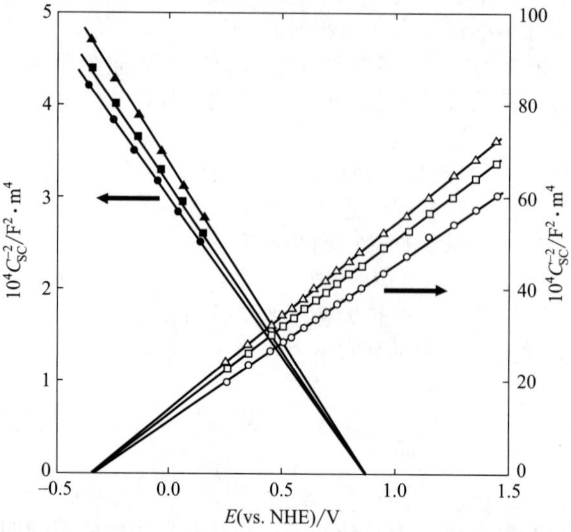

图 20.2.3 与 1mol/L KCl+0.01mol/L HCl 接触的 n 型和 p 型 InP（111）面的 Mott-Schottky 图

右侧纵轴为 n 型：○ 200Hz；□ 2500Hz；△ 20000Hz。左侧纵轴为 p 型：● 200Hz；■ 2500Hz；▲ 20000Hz（引自 Van，Wezemael，Laflère，Cardon 和 Gomes[29]）

（如表面态引起的扰动效应）会偏离理论预测[30]，应验证从这些图中获得的参数与电容测量中所用的频率无关。

20.2.2 半导体电极的电流-电势曲线

界面处载流子（电子和空穴）密度对半导体/电解质界面上的电子转移过程的影响很大。由于半导体中的载流子密度远低于金属和碳等导体，因此实验观察到的 i-E 行为与金属和碳不尽相同。Marcus-Gerischer 动力学模型（3.5.5 节）广泛地应用于处理半导体电极的电化学动力学，反应速率常数遵循式(3.5.62) 和式(3.5.63)。本节将对这种处理方法进行介绍。

一个电活性溶质的能级位于 E^0 两侧，即具有空电子轨道的氧化态 O 的能级高于 E^0，而具有充满电子轨道的还原态 R 的能级低于 E^0（3.5.5 节）。如果 E^0 位于半导体表面的带隙中［图 20.2.1(b)］，多数载流子通常主导电化学行为。因此，对于中度掺杂的 n 型半导体，其导带中的电子可以转移到溶液中的氧化态 O，即半导体表面发生还原反应。同时，由于几乎没有空穴可以接受来自溶液中还原态 R 的电子，半导体表面不会发生氧化反应。

以溶液中稳定的硫蒽（TH，见图 1）阳离子自由基为例，对半导体电极表面的电化学过程进行说明[31]［图 20.2.4(a)］。$TH^{\dot{+}}$/TH 电对的氧化还原反应在 Pt 电极上是可逆的（$E^{0'}$ = 1.23V，vs. SCE）。在 n-TiO_2 电极上，$TH^{\dot{+}}$ 可被还原为 TH，但反向扫描中 TH 不会发生再氧化。由于 n-TiO_2 电极的 E_{fb} 大概处于 −0.7V(vs. SCE)，因此在图 20.2.4(a) 所示的整个电势范围内，n-TiO_2 电极/溶液界面都存在一个耗尽层。此外，对于 n-TiO_2 电极，$TH^{\dot{+}}$ 的还原需要一个相当大的过电势。在 1.2V 至约 0.7V 的电势范围内，表面上的电子太少，无法进行还原反应。但当电势变得更负时，界面处多数载流子的密度会升高，还原反应最终发生。

对于 n 型半导体，当 $E>E_{fb}$ 时，氧化态 O 的还原电流为[5,21,23]：

$$i=nFAk_f' n_s C_O(x=0) \tag{20.2.4}$$

其中，n_s 为电子在界面的浓度，cm^{-3}；k_f'为异相反应速率常数，cm^4/s。需要说明的是，k_f'的单位与金属电极上的不同。由于金属中的载流子密度很高，其通常被包括在 k_f 中［cm/s；式(3.5.62)］。

同理，p 型材料含有多余空穴，其表面可发生氧化反应，但不能发生还原。当 $E<E_{fb}$ 时，p 型半导体上存在耗尽层，还原态 R 的氧化电流为：

$$i=nFAk_b' p_s C_R(x=0) \tag{20.2.5}$$

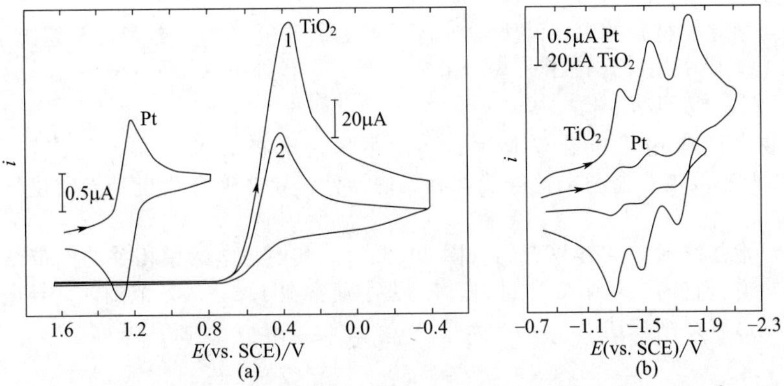

图 20.2.4　在 MeCN+TBAP 溶液中，n-TiO_2 单晶电极（$A=0.5cm^2$）或 Pt 盘电极（$A=7.5\times10^{-3}cm^2$）的暗态 CV

所有扫描开始于 1.6V（vs. SCE）附近，并首先向负电势扫描，扫速 200mV/s。(a) 溶液中含有 1.2mmol/L $TH^{\dot{+}}$：曲线 1 是 n-TiO_2 电极记录的第一圈电流；由于第一圈扫描中电极附近被还原的$TH^{\dot{+}}$在反向电势扫描中没有氧化再生，第二圈电流（曲线 2）明显减小。(b) 溶液中含有 0.4mmol/L $Ru(bpy)_3^{3+}$：当达到所示的电势范围时，$Ru(bpy)_3^{3+}$ 已经发生了单电子还原，电极附近的物质主要是 $Ru(bpy)_3^{2+}$；负电势扫描产生三个电流峰，对应于 $Ru(bpy)_3^{2+}$ 的连续单电子还原（改编自 Frank 和 Bard[31]）

其中，p_s 为空穴在表面的浓度，cm^{-3}；k_b'为异相氧化反应速率常数，cm^4/s。

在这两个公式中，速率常数（k_f'或 k_b'）和多数载流子在界面的浓度（n_s 或 p_s）都与电势相关。依据式(3.3.7a,b) 并以半导体/溶液界面上 Helmholtz 层内的电势降取代 $E-E^{0'}$，即可得到 k_f'或 k_b'与电势的关系，进而可根据下式计算载流子的表面浓度：

$$n_s=N_D e^{-f(E-E_{fb})} \qquad p_s=N_A e^{f(E-E_{fb})} \tag{20.2.6a,b}$$

式中，$E-E_{fb}$ 表示能带弯曲的大小。

对于 n 型半导体，当 $E>E_{fb}$ 时，$n_s<N_D$。而对于 p 型半导体，当 $E<E_{fb}$ 时，$p_s<N_A$。在耗尽的情况下，电势变化多发生在半导体和溶液间的空间电荷区，而非 Helmholtz 层。这种情况可从另外一个角度加以理解，即比较由式(20.2.1) 定义的空间电荷区的电容（C_{SC}）和式(14.3.30) 定义的 Helmholtz-分散层的电容（C_{GCS}）。通常来说，$C_{SC}\ll C_{GCS}$。当分析一个半导体电极的电流-电势曲线时发现，电荷耗尽区内电极行为由 n_s 或 n_p 的变化而非 k_f'或 k_b'的变化所主导。

对于 n 型半导体，当电势较 E_{fb} 更负时，它建立一个累积层后发生能级简并。此时，半导体表现出金属性质，氧化还原物质的 E^0 处于导带内。电势变化主要发生在 Helmholtz 层内，主要影响 k_f'或 k_b'，而对 n_s 的影响不再明显。同理，当 $E>E_{fb}$ 时，p 型半导体发生能级简并，而开始呈现金属电极性质❻。

图 20.2.4(b) 解释了在较负的电势区间内，n-TiO_2 电极呈现上述行为。在所展示的整个电势范围内，对于 n-TiO_2 电极而言，$E<E_{fb}$[31]，因此产生累积层。此时 n-TiO_2 电极与 Pt 电极类似，$Ru(bpy)_3^{2+}$ 的 3 个连续单电子还原的伏安图都是可逆的。

与金属电极的情况类似，半导体电极的 i-E 曲线形状也由电荷转移动力学和传质的相对大小所决定。但是，半导体电极更加复杂，可能有以下几个原因：

① 存在与电子转移反应平行发生的其他过程，如半导体材料的腐蚀；

② 电极材料电阻的影响；

❻ 一些材料的掺杂水平如此之高，以至于体相半导体中的费米能低于 VB 边缘（p-掺杂）或高于 CB 边缘（n-掺杂），这种情况称为简并掺杂。一个常见的例子是玻璃上的 ITO 涂层［20.1.5（3）节］。简并掺杂的电极具有如此大的载流子浓度，以至于它不形成明显的空间电荷，并且电化学行为基本上类似于金属。

③ 存在通过表面态所发生的电荷转移反应❼。

人们已经对半导体材料的电极动力学进行了详尽的研究[32-33]，更多细节超出了我们的范围，但在 3.5.4 (6) 节中引用并讨论了一些结果。

20.2.3 导电聚合物电极

导电聚合物广泛应用于电化学体系[34-37]，尤其是电极表面修饰、传感器中的电流采集（17.8.3 节）以及超级电容器和电池等能源相关的器件。导电聚合物也是光电化学体系所关注的研究对象（20.3.3 节）。

这些材料通常是线形 π-共轭聚合物（图 20.2.5），其中与电导率相关的能带结构源于组成共轭链的大量 p 轨道。它们也是半导体材料，$\boldsymbol{E}_g$ 大小通常在 1.5～3eV 范围内。导电聚合物的固态物理和电学性质已有详细综述[38]。

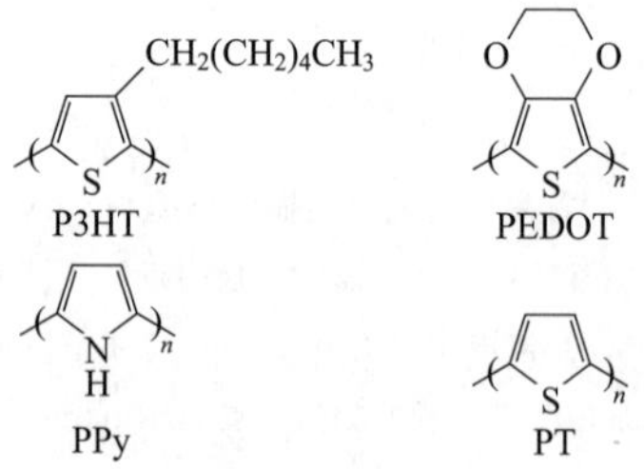

图 20.2.5　常见导电聚合物

P3HT—聚（3-正己基噻吩）；PEDOT—聚（3,4-亚乙基二氧噻吩）；PPy—聚吡咯；PT—聚噻吩

所有这些材料均可通过化学或电化学方法部分氧化来进行掺杂

导电聚合物的导电性通常源自于聚合物的部分氧化或还原[35-39]。与晶型半导体类似，该过程称为“掺杂”。但是，这种“掺杂”不是通过晶格取代实现的，而是通过氧化还原作用实现的，该过程需要在晶格中引入对离子而维持电荷中和。实际使用的大多数导电聚合物，包括图 20.2.5 中的聚合物，都是通过氧化实现“掺杂”——“p-掺杂”，通常被称为“空穴传输材料”(HTM)。通过还原掺杂的材料［n-掺杂，产生电子传输材料（ETM）］在空气中化学性质不稳定，因此不便使用。

许多导电聚合物是通过相应单体的氧化聚合而制备的。聚合反应有时可发生在均相溶液中，但通常直接发生在电极表面，反复扫描电势至单体氧化电势即可完成导电聚合物的制备[35,37]。许多聚合物的溶解度很差，难以加工处理，除非将它们与另一种聚合物混合，如聚（苯乙烯磺酸盐）(PSS)。

与中度掺杂的晶型半导体相比，导电聚合物的掺杂水平非常高，通常在百分之几的范围内，因此它们基本上是简并掺杂的（20.2.2 节）。当导电聚合物与电解质溶液接触时，聚合物在导电状态下通常更易溶剂化。从某些角度来讲，每个聚合物链均可视为与其它聚合物链平行运行的单个电极，电极整体上具有三维结构。由于简并掺杂和缺乏明确的电化学界面，尚无法采用 20.2.1 节和 20.2.2 节中的半导体模型来考虑导电聚合物的电化学行为。在固态体系中，虽然可以采用能带模型考虑导电聚合物，但高掺杂往往不会产生明显的空间电荷区[35,37-38]。

与许多工作电极一样，可将导电聚合物电极上的电化学视为“电极的”或“电极上的”：

① 在前一种情况下，通常只研究电极材料本身的电化学响应。当电极电势发生改变时，聚合物掺杂所产生的法拉第电流和双层充电所产生的非法拉第电流叠加在一起。在导电聚合物中，两种过程很难区分，电流差别也不明显[40]。在 CV 中，伏安响应总体上与扫描速率 v 成正比（图 20.2.6）。在聚合物未掺杂的电势区间（对 PXDOT 而言就是比 −0.2V 更负的区间，如图 20.2.6 所示），电流很小。随着电势扫描到掺杂区域，掺杂水平随着聚合物被氧化而增加，伏安电流大大增加。扫描的反转改变了电流的符号，最终导致聚合物去掺杂。

---

❼ 据参考文献报道[31]，图 20.2.4(a) 中 $TH^{+\cdot}$ 的还原由表面态所介导。

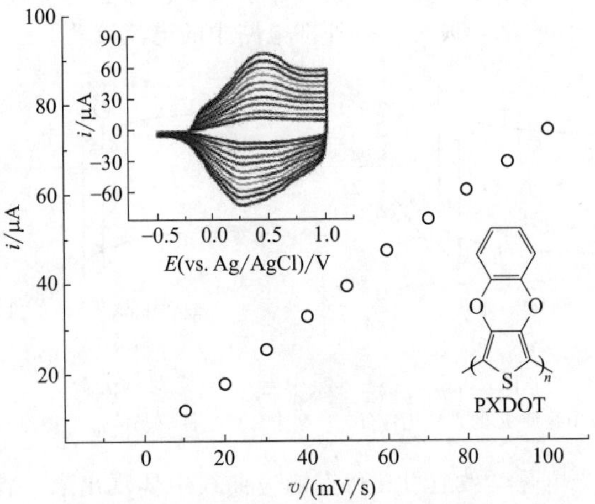

图 20.2.6　内插图：聚（3,4-邻二甲苯二氧噻吩）(PXDOT) 电极在 MeCN+0.1mol/L TBAP 中的 CV，扫速为 50～500mV/s。右侧电势为正，阳极电流为正。电势扫描从−0.5V 开始，初始扫描方向由负向正。随扫速逐渐增大，电流曲线从内到外逐渐变大。点代表了 CV 的阳极氧化峰电流 i_{pa} 与 v 的依赖关系（改编自 Ibanez 等[35]）

② 如果体系包含除电极材料之外的电活性物质，则当导电聚合物处于掺杂状态时，该物质可在导电聚合物处发生法拉第反应。采用常规方法（如 CV），通常可以观察到电极反应。由于导电聚合物电极的背景电流相对较高，特别在分析应用中通常采用可扣除背景信号的测试方法(如 DPV 或 SWV)。

20.3　半导体光电化学

与金属或半金属电极相比，半导体电极在光电化学方面独具特色。在适当的条件下，可采用半导体吸收的光辐照电极，产生光电流响应。光电流随波长、电极电势和溶液组成而变化，进而提供大量有关该光学过程的本质、能量学和动力学的信息。光电化学经常用于探讨电极/溶液界面的基本问题[5,32-33,41-42]。此外，由于光电化学涉及光能到电能和化学能的转化[43-48]，具有潜在的应用价值，因此相关研究相当广泛。

20.3.1　半导体电极的光效应

若重新考虑 n 型半导体与包含 O/R 电对的溶液相接触的情形（20.2.1 节），如图 20.2.1 所示，在界面上半导体一侧形成厚度约为 50～1000nm 的电荷耗尽层（与掺杂水平和 $\Delta\phi$ 有关）。空间电荷区中的电场将驱动过剩空穴向表面移动，而任何过剩电子则向本体半导体内部移动。当界面被能量大于带隙（$\boldsymbol{E}_g$）的光照射时，每个吸收的光子都会产生一个电子-空穴对（图 20.3.1）。电子-空穴对，尤其是体相半导体中形成的电子-空穴对会发生复合，伴随放热或光子辐射。但是，在电场的作用下，空间电荷区内的电子-空穴对则可以有效分离，其中空穴可迁移到半导体的表面。当电极有效电势处于表面价带边缘时，迁移至此的空穴就可以发生异相转移，比如将溶液中的 R 氧化成 O。而分离的电子可向半导体内部迁移，从而在外部电路中产生电流。因此，光照射 n 型半导体电极可引发光氧化（或产生阳极光电流），但必须耗尽层存在时才能发生（$E>E_{fb}$）。相反地，累积层存在时[图 20.2.2(c)]，空间电荷区内的电场仍然可以有效分离光生电子-空穴对，但空穴将向半导体内部迁移并不可避免地遇到电子而发生复合。此时，光子吸收不会产生载流子的净变化，光能仅转化为热，吸收的光子最终不能产生光电流。

同理，当 p 型半导体在界面处具有耗尽层时，它也可以产生光电流［$E<E_{fb}$；图 20.2.2(f)］。此时，在空间电荷区内的电场驱动下，电子和空穴分别向界面和本体迁移而实现分离。因此，p 型半导体可以发生光还原，产生阴极光电流。

总结以上两种情况，可以发现：光生少数载流子聚集在界面，参与发生电化学反应；而光生多数载流子则迁移至半导体内部，最终支持外部电路中的电流流动。

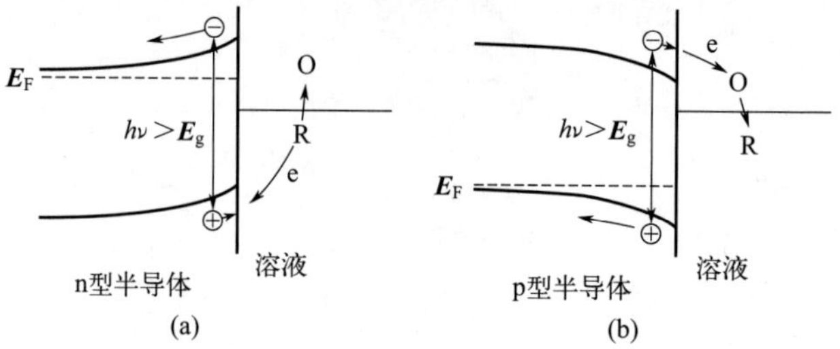

图 20.3.1 耗尽层中电子-空穴对的分离

(a) n 型半导体电极驱动溶液中物质 R 的光氧化；(b) p 型半导体电极驱动溶液中物种 O 的光还原（改编自 Bard[26]）

如图 20.3.2 所示，光电化学效应可在伏安响应曲线中体现出来。首先考虑 n 型半导体电极［图 20.3.2(a)］：

① 在暗态条件下（曲线 1），当 $E > E_{fb}$ 时，半导体电极上没有电流流过。尽管溶液中氧化还原电对的还原态能级处于半导体带隙中间，但半导体上几乎没有空穴可以接受来自于还原态的电子❽。

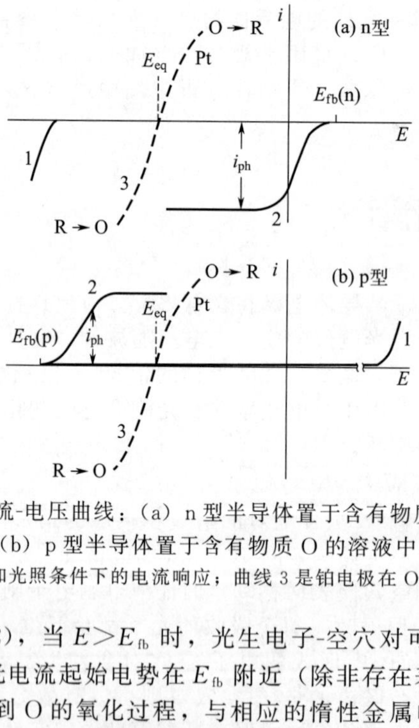

图 20.3.2 电流-电压曲线：(a) n 型半导体置于含有物质 R 的溶液中；(b) p 型半导体置于含有物质 O 的溶液中

曲线 1 和 2 分别为暗态和光照条件下的电流响应；曲线 3 是铂电极在 O 和 R 溶液中的 i-E 曲线

② 在光照情况下（曲线 2），当 $E > E_{fb}$ 时，光生电子-空穴对可有效分离，从而产生阳极光电流 i_{ph}。正因为这样，阳极光电流起始电势在 E_{fb} 附近（除非存在表面复合过程，此时起始电位发生正移）。由于光驱动了 R 到 O 的氧化过程，与相应的惰性金属电极表面过程相比（曲线 3），反应在较低的正电势下即可发生，诸如此类过程经常称为光辅助（photoassisted）电极反应。

对于氧化还原电势在带隙区间的电对［图 20.3.2(b)］，在 p 型半导体上的行为与 n 型类似，但特性相反：

① 在暗态条件下（曲线 1），当 $E < E_{fb}$ 时，尽管溶液中 O/R 的 E^0 处于半导体带隙中间，但半导体上几乎没有电子可以转移到 O，因此基本没有光电流产生。

② 在光照情况下（曲线 2），当 $E > E_{fb}$ 时，产生阴极光电流。与惰性金属电极上的还原反应

❽ 在非常正的电压，击穿现象会产生阳极“暗”电流流动。

相比，光还原可发生在较低负电势（曲线 3），相当于光驱动了还原反应。

光电流 i_{ph} 大小取决于光吸收率和半导体/电解质界面处电活性反应物的数量。从实际应用的角度来讲，光电流最好由光照而非物质传递或反应动力学所控制，但实际光电化学体系的性能可能受制于非理想的电极动力学。此外，由于第二个光过程可能同时发生，例如半导体的氧化，光电化学体系的电流效率可能低于 100%。

20.3.2 光电化学体系

鉴于具有将辐射能转换为电能或化学能方面的应用潜能，各式各样基于半导体电极的光电化学池已得到广泛研究。三种类型如下[26]。

(1) 光伏电池

如果一个电化学池通过设计，其对电极上的反应为简单地将半导体电极上的光辅助反应逆转，理想情况下溶液组成或电极材料都不会发生改变，然后该电化学池将光转换为电，称为光伏电池（photovoltaic cell）（图 20.3.3）。根据光伏电池的 i-E 曲线（如图 20.3.2 所示），可以推断其工作特性。典型的光伏电池包括[49-54]：

$$\text{n-TiO}_2/\text{NaOH},\text{O}_2/\text{Pt} \tag{20.3.1}$$

$$\text{n-CdSe}/\text{Se}_2^{-},\text{Se}_2^{2-}/\text{Pt} \tag{20.3.2}$$

$$\text{p-MoS}_2/\text{Fe}^{3+},\text{Fe}^{2+}/\text{Pt} \tag{20.3.3}$$

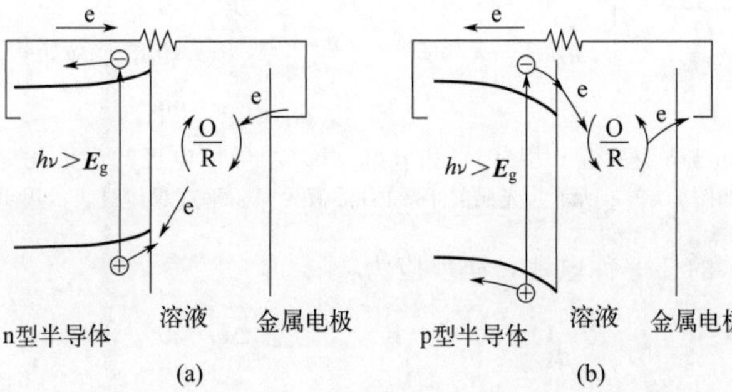

图 20.3.3 基于 n 型（a）和 p 型（b）半导体电极的光伏电池

光照射半导体/溶液界面，只有在半导体的空间电荷层中吸收的光子才能驱动电池

(2) 光电合成电池

半导体电极所吸收的光能有时可以驱动非自发电池反应，此时辐射能存储为化学能，该体系称为光电合成电池（photoelectrosynthetic cell）（图 20.3.4）。

对于图 20.3.4 所示的任一种电池，净反应为：

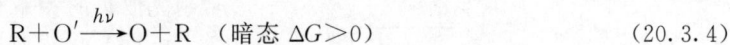

$$\text{R}+\text{O}' \xrightarrow{h\nu} \text{O}+\text{R}' \quad (\text{暗态 } \Delta G>0) \tag{20.3.4}$$

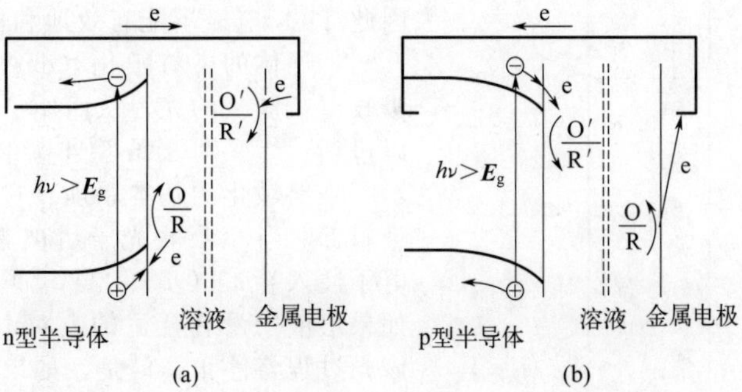

图 20.3.4 基于 n 型（a）和 p 型（b）半导体电极的光电合成电池

电池中的初始反应物为 R 和 O′。如图 20.3.3 所示，光照射半导体/溶液界面。

垂直双虚线表示用于分开产物 O 和 R′的隔膜

对于 n 型半导体，驱动反应发生需要的条件是 $E^0_{O/R}$ 位于价带边缘上方，而 $E^0_{O'/R'}$ 位于导带边缘下方（据此 $E^0_{O'/R'} > E_{fb}$）。如果无法满足该条件，仍然可以向电池施加外部偏压来驱动反应。类似情形适用于基于 p 型半导体的电合成电池，读者可从图 20.3.4(b) 中找到答案。

典型的光电合成电池包括[55-58]：

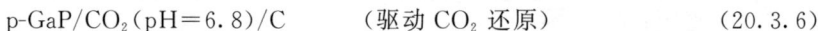

$$n\text{-}SrTiO_3/H_2O/Pt \qquad （驱动水分解） \tag{20.3.5}$$

$$p\text{-}GaP/CO_2(pH=6.8)/C \qquad （驱动 CO_2 还原） \tag{20.3.6}$$

(3) 光催化电池

有时需要采用吸收的光子能量去驱动自发反应方向（$\Delta G<0$），但暗态下缓慢发生的反应。在该情况下光能用于克服反应的活化能，该体系称为光催化电池（photocatalytic cell）（图 20.3.5）。光催化电池与光电合成电池相似，只是 O/R 和 O′/R′电势的相对位置反转。

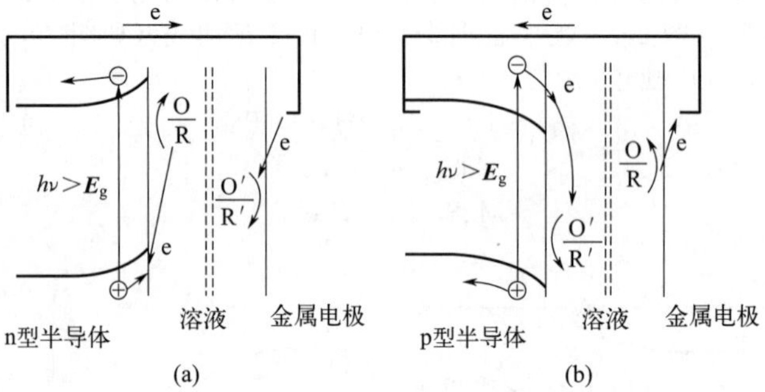

图 20.3.5　基于 n 型（a）和 p 型（b）半导体电极的光催化电池

电池中初始含有 R 和 O′。如图 20.3.3 所示，光照射半导体/溶液界面。垂直双虚线表示用于保持两侧溶液纯度的隔膜

对于图 20.3.5 所示的任一种电池，净反应为：

$$R+O' \xrightarrow{h\nu} O+R' \quad （暗态\ \Delta G<0） \tag{20.3.7}$$

典型例子包括[59-60]：

$$n\text{-}TiO_2/CH_3COOH/Pt \qquad (CH_3COOH \longrightarrow C_2H_6+CO_2+H_2) \tag{20.3.8}$$

$$p\text{-}GaP/DME, AlCl_3, N_2/Al \qquad （Al 还原 N_2） \tag{20.3.9}$$

虽然有些应用很有趣，但许多光电合成电池和光催化电池进行的过程的效率经常较低。

20.3.3　染料敏化

至此所讨论的体系中，只有能量大于半导体带隙（$\boldsymbol{E}_g$）的光子才能被半导体所吸收，而能量较低的光子则不能被吸收。因此，基于光电流与照射光波长的关系图，可以确定半导体的 $\boldsymbol{E}_g$。例如，n-TiO_2 仅吸收能量高于 3.0eV 的光子。由于地球表面太阳光谱中超过 95% 的总能量低于该值，因此 TiO_2 电极不能有效地利用太阳光。

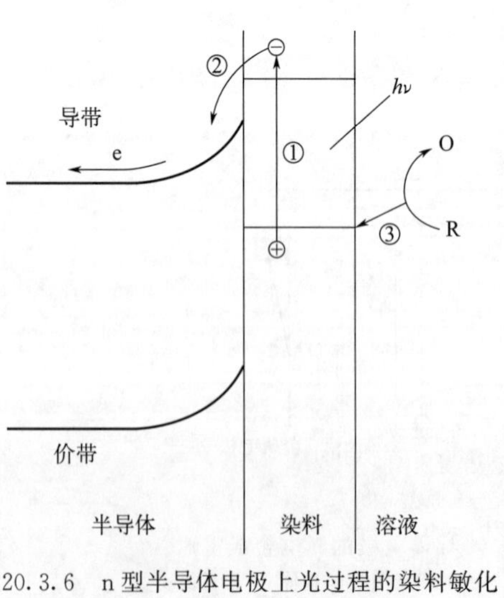

图 20.3.6　n 型半导体电极上光过程的染料敏化

以 n-ZnO/玫瑰红/I^-/Pt 为例[65]

半导体的染料敏化（dye sensitization）则允许吸收更长波长的光，从而使一些有趣的实验过程得以进行[61-64]。对于 n 型半导体电极，图 20.3.6 展示了染料敏化的基本原理。在半导体上涂覆一薄层染料 D，当 D 吸收光子后被激发（步骤①），其将电子注入导带（步骤②），而自身被氧化生成 D^+。如果溶液中没有合适的电对，当 D 被完全消耗时，该光过程将停止。但是，如果溶液中的物质 R 能够还原 D^+（步骤③），则 D 可以再生。因此，尽管光生空穴的电势低于无染料敏化的半导体价带中的空穴，染料敏化仍可吸收长波长的光以完成光电化学

反应。这一概念适用于前一节中讨论的任何体系。

对于 p 型半导体，若所用染料的能级位于价带边缘，染料吸收光之后，空穴会注入半导体。本案例的能级图和所涉及过程留给读者练习（习题 20.3）。

染料敏化已成功用于导电聚合物光电化学电池[35]。

金属电极上也观察到光效应：

① 若直接照射金属电极，能够引起电子的光致发射到溶剂中。如果该电子被溶液中的某些反应物所捕获，则会产生净的阴极光电流[66-67]（20.4.1 节）。

② 若染料吸附在金属电极上，光激发也可以产生光电流，但光电流通常比类似条件下的半导体电极要小得多[62]。由于金属能够通过电子或能量转移猝灭表面或非常接近表面的激发态，因此金属电极的光电转换效率低[68-69]。

20.3.4　半导体颗粒的表面光催化过程

半导体电极的电化学原理同样适用于颗粒体系的氧化还原过程，此时主要考察颗粒上的氧化和还原半反应的速率（通常以电流来表示）与颗粒电势的关系。正如 3.6 节中所讨论的，可采用电流-电势曲线来评估表面上混合非均相反应的性质和速率。这种方法不仅适用于半导体颗粒，也适用于具有催化活性的金属颗粒和发生腐蚀的表面。

首先考虑发生在金属颗粒上的异相催化反应。由于反应机理非常复杂，许多热力学上可行的反应在均相溶液中缓慢。一个典型的例子就是甲基紫精阳离子自由基（$MV^{\dot{+}}$）与质子反应产生氢气：

$$MV^{\dot{+}} + H^+ \longrightarrow MV^{2+} + \tfrac{1}{2}H_2 \qquad (20.3.10)$$

其中 MV^{2+} 为甲基紫精（图 1），$MV^{\dot{+}}$ 为其稳定的阳离子自由基。H_2 的析出需要两个电子，而反应物是单电子还原剂。此外，质子单电子还原生成中间体 $H^{\bullet}_{aq}$ 发生在一个非常负的电势（15.2 节）。

在 Pt 颗粒存在下，颗粒可充当电极（即电子储存库），阳极和阴极半反应都可在其表面发生[图 20.3.7(a)]，加速整个反应过程。根据两个半反应的电流-电势曲线［图 20.3.7(b)］[70-71]，可以得到反应速率。阴极电流 i_c 代表质子在颗粒表面的还原，阳极电流 i_a 代表还原剂（比如 $MV^{\dot{+}}$）的氧化。当反应达到稳态，两个半反应的速率必须相等（即 $i_c = -i_a$），此时颗粒具有一个确定的电势（有时称为混合电势）［图 20.3.7(b)］❾。

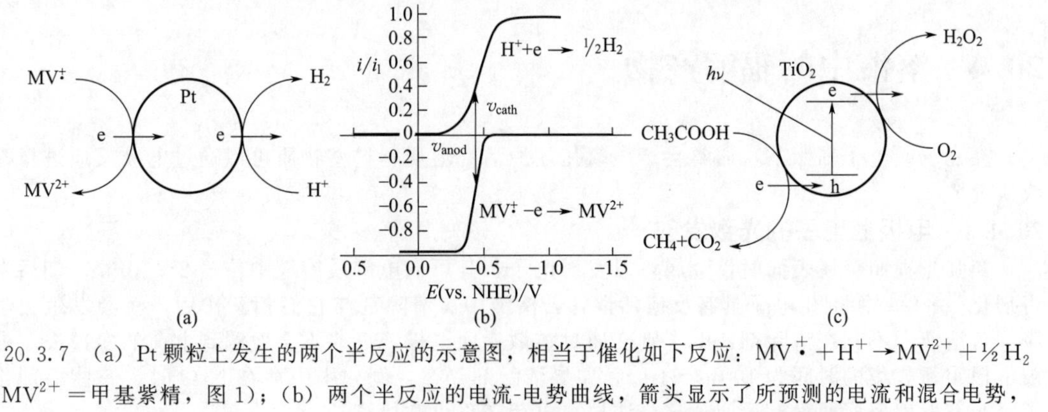

图 20.3.7　(a) Pt 颗粒上发生的两个半反应的示意图，相当于催化如下反应：$MV^{\dot{+}} + H^+ \rightarrow MV^{2+} + \tfrac{1}{2}H_2$（$MV^{2+}$ = 甲基紫精，图 1）；(b) 两个半反应的电流-电势曲线，箭头显示了所预测的电流和混合电势，其中 $v_{cath} = v_{anod}$（或 $i_c = -i_a$）；(c) 在氧饱和的乙酸溶液中光照射 TiO_2 颗粒时所发生的半反应

当光照射半导体颗粒时，光反应的速率可由一个暗反应来平衡。例如，考虑浸在含有醋酸和氧的溶液中的 TiO_2 颗粒。当 TiO_2 吸收紫外线后，颗粒的行为将遵循图 20.3.4(a) 所示的电化

❾ 这一原理同样适用于金属表面的腐蚀反应。例如铁的腐蚀，Fe 氧化生成 Fe_2O_3 发生在某一个位点，其由发生在其它位点的 O_2 或质子的还原来平衡。

学池的短路形式[72]。在 TiO_2 表面，光生空穴对乙酸的氧化（生成 CO_2 和 CH_4）与氧气的还原相平衡[图 20.3.7(c)]。

从更为化学的角度来看，可将光激发过程描述为配体到金属的电荷转移，从而光生空穴即为 TiO_2 表面被氧化的氢氧根离子（羟基自由基），其可与乙酸反应。而光生电子将 Ti(Ⅳ) 中心还原为 Ti(Ⅲ)，其随后与氧发生反应。在光照射的 TiO_2 表面，羟基自由基的生成已得到电子自旋共振和自旋捕获技术的验证[73]。

当光照射半导体时，在电极附近产生了能够检测到的可溶性物质，或在颗粒中产生可收集的过剩电荷，因此电化学方法可用于表征半导体颗粒浆料中的光过程。例如，光照射脱气溶液中悬浮的 TiO_2 颗粒产生光生电子和空穴，光生空穴与溶液中的不可逆电子供体（如乙酸或 EDTA）发生反应，而光生电子则滞留在颗粒表面[74-75]。在适当的阳极电势下，可以收集这些电子，从而在光辐照期间产生阳极光电流。或者，在不可逆电子受体（如氧气）存在的情况下进行照射，可以产生阴极光电流。

除了不可逆电子施主以外，如果实验体系中加入可在半导体颗粒处发生可逆还原的电子中介体（比如 MV^{2+} 或 Fe^{3+}），光电流可以大幅提高。在这种情况下，光化学过程首先产生还原态的电子中介体（$MV^{\dot{+}}$ 或 Fe^{2+}），然后它们在适当的电势下于阳极发生氧化[76]。由于电子中介体比颗粒更容易发生移动，可以更好地与阳极传导电子，从而大幅增强电流。

对于相对较大的颗粒（μm 水平），可以将它们看作溶液中的浆料，从而进行电化学表征。这种做法不足为奇，实际上已有许多论文关注悬浮固体的暗态电化学，例如采用伏安法研究 AgBr 悬浮液[77]。此外，也有大量研究工作是将固体颗粒固定在电极表面，从而进行电化学表征[78]。

电极可通过半导体颗粒薄膜来制备。一种简单直接的方法是对基底金属进行适当的化学处理，例如对 Ti 进行化学或阳极氧化以形成 TiO_2 膜，该 TiO_2 膜是多晶的，由独立分布的颗粒所组成。另一种方法是在电极表面上铺展半导体颗粒而成膜。纳米尺寸的半导体颗粒（量子点，QD，20.1.2 节）具有独特的电学和光学性质，由它们所构成的薄膜备受关注[9]。此外，纳米颗粒具有非常大的比表面积，并且由它们形成的薄膜电极往往具有高孔隙率和高粗糙度[48]。采用制备胶体的各种技术，可以得到颗粒悬浮液，例如 $TiCl_4$ 或 Ti(Ⅳ) 醇盐水解可形成 TiO_2 纳米晶体[79-81]。以这些纳米晶涂覆 ITO/玻璃，即可制备能够用于染料敏化光电化学池和其他的器件[48,80-81]。

20.4　溶液中的辐解产物

在光子或电子辐照下，通常会产生氧化还原活性溶质，这些物质可以通过电极反应进行检测或研究❿。

20.4.1　电极上电子的光致发射

当强光辐照金属表面时，金属可以发射电子，其可向电解质溶液中传输 2～10nm，随后发生溶剂化[67,82-86]。溶剂化电子具有反应活性，若溶液中有清除剂与它们相互作用，就会发生化学反应。若溶液中不存在清除剂，电子则会通过扩散返回电极，最终不会检测到电荷的净损失。电子被电极重新收集的时间为 100ns～1ms。如果清除剂存在，例如水中存在 N_2O 时，一些溶剂化电子会与其发生反应而没有返回，这样法拉第电荷转移可被检测：

$$e_{aq} + N_2O + H_2O \longrightarrow N_2 + OH^- + OH\cdot \qquad (20.4.1)$$

OH· 可扩散到电极表面（与电势有关），也可能撤回额外的电荷。

通常激发采用脉冲激光。由于电子光致发射的量子产率较低，因此需要一个强光源（约 10～100kW/cm^2）。

---

❿　参考第二版 18.3 节中的详细介绍。

检测方法与电量法类似（9.7 节），电子发射首先会引起电极电势的移动，随着电子弛豫返回电极，电极恢复初始状态。图 9.9.2 展示了 N_2O 体系的一些实验数据，习题 9.9 要求对其做出解释。

此外，这种技术已用于自由基（例如 $CH_3\cdot$ 、$\cdot CH_2OH$ 或苯基）的电化学测量。由于这些自由基的寿命太短，采用纯电化学技术，很难对其进行研究[87]。习题 9.10 涉及 $H^{\bullet}_{aq}$，其化学性质与电解析氢有关（15.2 节）。

20.4.2　溶液中辐解产物的检测与利用

脉冲辐解是采用高能电子束脉冲（约 20ns）照射溶液，产生溶剂化电子、自由基和离子，这些物质的分布通常化学可控。所产生的物质浓度较高，有时可通过测量电流或电量进行检测[88-90]。如果目标辐解产物具有相当长的寿命，在恒电势条件下，脉冲辐解后产生类似于 Cottrell 的响应，这是因为法拉第电流是由扩散控制，或者部分地由电极动力学控制。如果产物寿命较短，均相衰减也会影响瞬态电流。

同理，电化学可以监测闪光光解的产物。在闪光光解实验中，通常采用脉冲紫外或可见光激发[82,91-96]。

在最近的研究工作中，研究者有意以 TEM 电子束为激发源，产生的辐解产物可参与表面电化学反应[97-98]。这些工作采用一个由 Si_3N_4 或石墨烯窗口所构成的薄层 TEM 电化学池，厚度约为 50nm，该电化学池可在真空条件下承载液体样品[99-101]。基本的电子束可以激发产生活性物质（比如前面讨论所提及的活性物质），它们可以进一步激发产生其它物质或修饰固体表面，这些过程都可以通过 TEM 进行连续监测。例如，Pt(Ⅱ）的辐解还原可生成 Pt 纳米晶，采用上述技术可原位观察晶面演变细节[97]。

20.4.3　光原电池

采用光能可能驱动非自发的均相氧化还原反应。例如配合物 $Ru(bpy)_3^{2+}$（bpy＝2,2′-联吡啶）可以吸收光产生一个具有还原性的激发态，其可参与如下反应：

$$Ru(bpy)_3^{2+*} + Fe^{3+} \longrightarrow Ru(bpy)_3^{3+} + Fe^{2+} \qquad (20.4.2)$$

一般来讲，反应产物 $Ru(bpy)_3^{3+}$ 和 Fe^{2+} 会自发地发生均相化学反应[式(20.4.2)]，生成初始的反应物，即 $Ru(bpy)_3^{2+}$ 和 Fe^{3+}。因此，反应的最终结果仅仅是激发复合物发生猝灭，而配合物所吸收的光子转换为热。但是，式(20.4.2）的逆反应生成基态产物不是很快[102]，因此反应体系累积的 $Ru(bpy)_3^{3+}$ 和 Fe^{2+} 浓度会比较可观。如果在溶液中引入电极，$Ru(bpy)_3^{3+}$ 和 Fe^{2+} 可分别自发地在阴极和阳极发生还原和氧化，从而产生电能。在选择两个电极时，需要考虑仅对一个半反应是可逆的，以便每个电极上发生特定的半反应。

上述体系称为光原电池（或光伽伐尼电池，或常称为光伏电池）（photogalvanic cell），已用于太阳能转化[103-104]。转化效率强烈依赖于动力学的优化程度[103-107]。

20.5　电致化学发光

某些高放热的电子转移反应会伴生化学发光，这是一个非常有趣的现象。尽管发光总是源于溶液中的化学反应，但实验中通常需要电解来产生反应物，因此被称为电致化学发光（或电化学发光，electrogenerated chemiluminescence or electrochemiluminescence，ECL）。人们对 ECL 现象的兴趣，最初是因为其可用于研究电子转移反应中反应产物容纳释放能量的机理[108-113]，而后是它的分析应用[108,114-123]。到目前为止，分析应用已成为 ECL 新研究的主要基础。

20.5.1　化学原理

ECL 最初是在常用的 MeCN 或 DMF 溶液中，研究自由基离子的氧化还原反应中发现的。以下举例涉及红荧烯（R）、TMPD 和对苯醌（BQ）自由基离子（如图 1 所示），都是有代表性的 ECL 体系：

$$R^{\overline{\cdot}} + R^{\overset{+}{\cdot}} \longrightarrow {}^1R^* + R \qquad (20.5.1)$$

$$R^{\cdot -} + TMPD^{\cdot +} \longrightarrow {}^1R^* + TMPD \tag{20.5.2}$$

$$R^{\cdot +} + BQ^{\cdot -} \longrightarrow {}^1R^* + BQ \tag{20.5.3}$$

在所有三种情况下，发光均为R的黄色荧光，由第一单重激发态$^1R^*$所产生：

$$^1R^* \longrightarrow R + h\nu \tag{20.5.4}$$

电子转移反应形成的一个激发态是Frank-Condon原理的动力学表现形式[108,110-112]，这些反应释放很大的能量（一般为2～4eV）并且非常快速（可能与分子振动处于相同的时间尺度）。在如此短的时间内，分子无法以机械的形式（比如振动）容纳电子转移反应所释放的大量能量，所以大概率产生激发态物质。此领域的研究致力于探讨快速、高能反应的能量分配[108,110-111]，并检验电子转移反应理论。

例如考虑一个生成基态物质的氧化还原反应自由能的释放：

$$R^{\cdot -} + R^{\cdot +} \longrightarrow 2R \tag{20.5.5}$$

其所释放的能量近似等于激发一个产物所需要的能量❶。依据离子/反应前体电对的可逆标准电势，很容易计算得到ΔG^0。将该值与光谱测量得到的激发态能量进行比较，若激发态能量低于ΔG^0，该激发态就是可以生成的，否则无法生成。

图20.5.1是反应式(20.5.1)～式(20.5.3)的能级图。由于BQ和TMPD的所有激发态是不易产生的，所以三个电子转移反应仅生成红荧烯单重激发态（$^1R^*$）和三重激发态（$^3R^*$），产物在基态。反应式(20.5.1)直接产生发光物质$^1R^*$，该途径通常称为S路径（S表示单重态），相应的体系有时称为富能（energy-sufficient）体系。

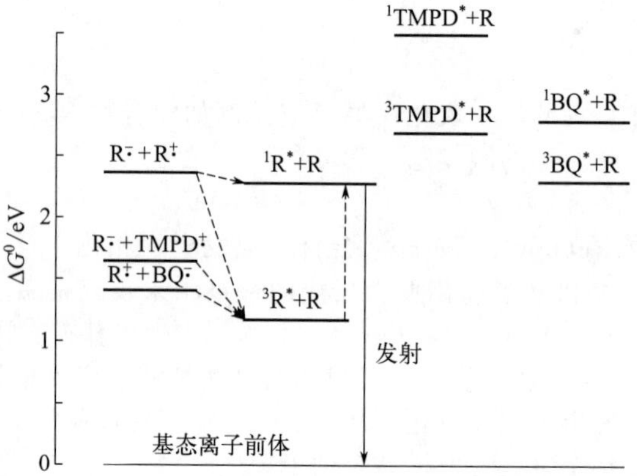

图20.5.1 红荧烯自由基离子化学发光反应的能量变化

所有能量均相对于基态中性物质。虚线箭头显示S路径，而点线箭头显示T路径。从$^3R^*$+R产生$^1R^*$+R需要另一个三重态红荧烯分子（改编自Faulkner[111]）

相比之下，反应式(20.5.2)和式(20.5.3)是乏能的（energy-deficient），其所描述的电子转移过程无法产生发光体。因此，反应式(20.5.2)和式(20.5.3)不是基元步骤，发光体的产生一定需要一个以上的步骤。对于能量不足的ECL反应，往往都涉及三重态中间体，比如：

$$R^{\cdot -} + TMPD^{\cdot +} \longrightarrow {}^3R^* + TMPD \tag{20.5.6}$$

$$^3R^* + {}^3R^* \longrightarrow {}^1R^* + R \tag{20.5.7}$$

第二步称为三重态-三重态湮灭，该步骤将两个电子转移反应的能量汇集产生$^1R^*$。这一机理称为T路径（T表示三重态），能量充足和能量不足的反应体系均可能发生，已经得到广泛验证[108,110-112]。

Marcus理论（3.5.3节和3.5.4节）有助于理解电子转移反应中激发态是如何形成的[108,124]。

❶ 实际上，激发一个产物所需的能量是标准内能变化，ΔE^0。由于反应发生在一个凝聚相中，$\Delta E^0 \approx \Delta H^0$，即$\Delta G^0 + T\Delta S^0$。由于此类反应的$T\Delta S^0$通常约为0.1eV，所以$\Delta E^0 \approx \Delta G^0$。

在所有其它因素均相同的情况下（特别是重组能，λ），电子转移反应的相对速率常数由总自由能变化 ΔG^0 所决定。对于一个适中的 ΔG^0，速率常数随着 ΔG^0 变得更负而逐渐增加。然而，当 ΔG^0 非常负时，电子转移反应速率落入“翻转区”［3.5.4（5）和（7）节］，即速率常数逐渐变小。在 ECL 反应中，直接产生基态物质的 ΔG^0 很大，而产生激发态的 ΔG^0 要小得多。因此，Marcus 理论预测，产生激发态的高能电子转移反应的速率常数可能超过基态产物的生成速率常数。事实上，ECL 为电子转移反应“翻转区”的存在提供了第一个实验证据[125]。

已报道的 ECL 反应有数百种，其中许多反应用光谱术语足以描述和理解。其他反应的激发态是由于形成激发复合物［激发二聚体，如 $(DMA)_2^*$，其中 DMA 为 9,10-二甲基蒽］、激态配合物［激发态配合物，如 $(TPTA^{\overset{+}{\cdot}}BP^{\overset{-}{\cdot}})$，其中 TPTA 表示三对甲苯胺，BP 表示二苯甲酮；图 1］或自由基离子的衰变产物。需要更复杂的机理来描述这些反应。许多研究涉及芳香族化合物的自由基离子，而其他涉及处理金属配合物［尤其是 $Ru(bpy)_3^{2+}$［bpy=2,2′-联吡啶］］、超氧化物、溶剂化电子和经典化学发光试剂（比如光泽精）[108,110-113]。

20.5.2 自由基离子湮灭型发光的基础工作

聚焦于自由基离子湮灭反应［例如，是式(20.5.1)～式(20.5.3)］的 ECL 实验，可在常规的电化学装置上进行[112]，但必须改变实验过程以便电致生成两种反应物。此外，必须严格控制溶剂/支持电解质的纯度。水和氧气对该反应体系特别有害，因此需要设计能够在高真空管线上转移溶剂和除氧或在惰性气体环境手套箱中操作的装置。其他的限制可能是针对光信号的检测使用的光学仪器。

研究的主要目标通常是确定发光态的性质、产生发光体的反应机理以及激发态产生的效率。

（1）双电势产生 ECL

许多 ECL 实验需要在两个不同的电势下产生反应物，这两个电势之间的间隔通常是比较大的。若通过反应式(20.5.1)来产生发光，则需要在电极上依次施加一个超过 −1.5V（vs. SCE）和一个超过 +1.0V（vs. SCE）的电势，分别还原和氧化红荧烯产生 $R^{\overset{-}{\cdot}}$ 和 $R^{\overset{+}{\cdot}}$。无论两种反应物是在同一个电极还是在分开的电极产生，该种形式的实验均可称为双电势产生型 ECL。

但多数情况下，ECL 是通过在单个电极上依次生成反应物来产生的。例如，在溶有红荧烯和 TMPD 的 DMF 中，将 Pt 圆盘电极电势阶跃至 −1.6V（vs. SCE）后，在扩散层中会产生 $R^{\overset{-}{\cdot}}$。经过一定时间 t_f（大约 10μs～10s）后，将电极电势阶跃至 +0.35V，在扩散层中产生 $TMPD^{\overset{+}{\cdot}}$。由于 $R^{\overset{-}{\cdot}}$ 在第二个电极电势下会被氧化，其有效的电极表面浓度降至零，但溶液中的 $R^{\overset{-}{\cdot}}$ 将向电极表面扩散。因此，$TMPD^{\overset{+}{\cdot}}$ 和 $R^{\overset{-}{\cdot}}$ 一起在扩散层中移动并发生反应。如果反应速率常数非常大，它们的浓度分布不会发生重叠，反应发生在它们相遇的平面上，如图 20.5.2 所示。随着实验的进行，$R^{\overset{-}{\cdot}}$ 逐渐耗尽，反应平面逐渐远离电极表面。随着 $R^{\overset{-}{\cdot}}$ 不断消耗，发光信号随时间逐渐衰减。如果实验中只施加一次双电势阶跃，则产生一个发光脉冲信号。如果施加一系列交替的双电势阶跃，则得到一系列发光脉冲信号。

在两个相邻的不同电极上施加不同电势来产生反应物，是产生离子湮灭型 ECL 的另一种方法。例如使用 RRDE（10.3.2 节），在其圆盘电极上产生一种反应物，而在圆环产生另一种反应物。两种反应物通过扩散和对流相遇⑫，随即发生化学反应并在圆环电极的内边缘产生环形发光信号[126-127]。此外，采用双工作电极薄层电化学池、叉指电极或液流混合等方法[128-129]，也可产生离子湮灭型 ECL。

（2）研究模式

ECL 实验经常需要记录发射光的光谱，因为发光光谱对于识别发光物质非常重要。图 20.5.3 展示了 $TMPD^{\overset{+}{\cdot}}$ 和芘（Py）自由基阴离子 $Py^{\overset{-}{\cdot}}$ 发生反应所产生的发光光谱。在 350nm 处激发含有芘和 TMPD 的溶液，荧光光谱上观察到一个对应于 $^1Py^*$ 的尖发射带（λ_{max} = 400nm）。此外，在 450nm 处还出现一个相对较弱的肩峰，可部分归因于激发复合物 $^1Py_2^*$ 的解离发射：

---

⑫ 详见第一版，14.4.2 节。

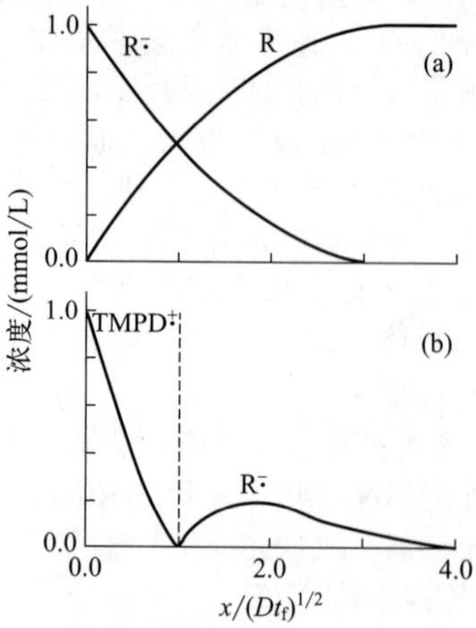

图 20.5.2　电势阶跃 ECL 实验中电极表面附近的浓度分布（溶液含有 1mmol/L R 和 1mmol/L TMPD）

（a）第一个电势阶跃结束时 R 和 R$^{\overline{\cdot}}$ 的浓度分布；（b）阶跃至第二个电势并经过 $0.4t_f$ 后的 TMPD$^{\dot{+}}$ 和 R$^{\overline{\cdot}}$ 的浓度分布（t_f 为第一个电势阶跃的持续时间），虚线表示反应边界。假定所有分子及自由基离子的扩散系数相等

$$^1Py_2^* \longrightarrow 2Py + h\nu \tag{20.5.8}$$

相反，以 RRDE 为电极进行电解（Py 在圆环电极上被还原，TMPD 在圆盘电极上被氧化），ECL 光谱中可观察到激发复合物的强烈发射。结果说明，化学发光体系中明显存在一条可有效产生激发复合物的特定路径，通常认为该路径涉及$^3Py^*$的三重态-三重态湮灭反应。

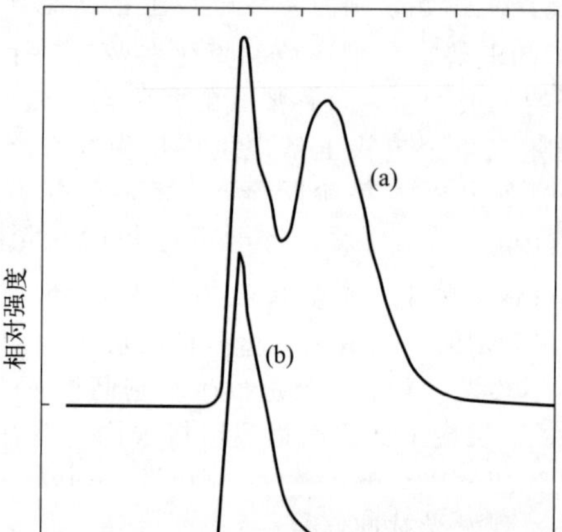

图 20.5.3　（a）在 DMF 中 TMPD$^{\dot{+}}$ 和 Py$^{\overline{\cdot}}$ 反应所产生的 ECL 的稳态光谱（ECL 强度 vs. λ），在 1mmol/L TMPD 和 5mmol/L Py 的溶液中，RRDE 表面电化学反应生成自由基离子；（b）激发光为 350nm 的相同溶液的荧光光谱

图 20.5.4 显示了同一体系所产生的发光强度与圆盘电极电势之间的关系。在图 20.5.4(a) 中，Py$^{\overline{\cdot}}$ 在圆环电极上产生，但只有 TMPD 在圆盘电极上被氧化为 TMPD$^{\dot{+}}$（第一个波）或 $TMPD^{2+}$（第二波）后才能检测到发光信号。当圆盘电极电势非常正的时候，所产生的氧化产物（可能是 Py$^{\dot{+}}$ 或其衰变产物）完全猝灭 ECL。如何解释图 20.5.4(b) 中的结果，作为习题 20.8 留给读者。

发光产生的机理一直备受关注，已有诸多实验研究。一种方法如上述所示，是基于时序阶跃产生光的单个脉冲的形状[110-112]。基本思路是建立发光强度与氧化剂和还原剂之间的氧化还原反应速率的相关性。例如，在 S 路径中，二者之间线性相关；而在 T 路径中，二者存在更高阶的关系。电势阶跃产生 ECL 的扩散-动力学问题已经解决[130]，对于一个给定的体系，可以计算氧化还原反应速率随时间的衰减。计算结果可与实验测得的瞬态 ECL 强度进行比较。习题 20.9 是一个案例。

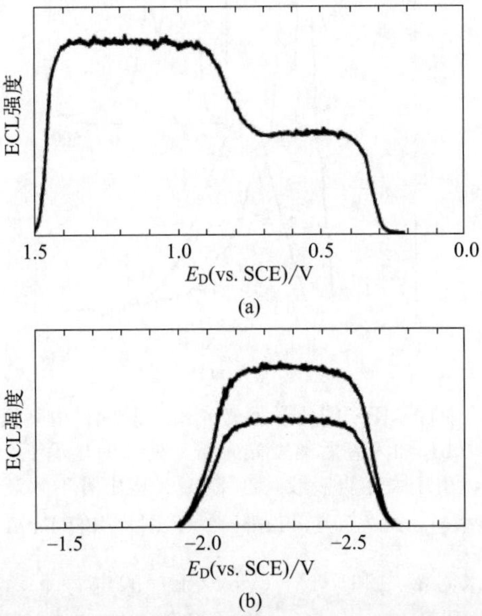

图 20.5.4　Py 和 TMPD 在 RRDE 电极表面反应产生的稳态 ECL 强度与圆盘电极电势（E_D）之间的关系

（a）393nm 的 ECL 强度，圆环电极上产生 $Py^{-\cdot}$［施加一个落在图（b）发光平台区内的电势 E_R］，圆盘电极电势扫描由负到正，顺次产生 $TMPD^{+\cdot}$ 和 $TMPD^{2+}$；（b）393nm（上）和 470nm（下）的 ECL 强度，圆环电极上产生 $TMPD^{+\cdot}$［施加一个落在图（a）中第一个发光平台区内的电势 E_R］（引自 Maloy 和 Bard[126]）

采用 UME，则可能缩短反应时间。在一组实验中[131]，以半径 $r_0=1\sim5\mu m$ 的 Pt 微圆盘电极为工作电极，施加阶跃时间低至 5μs 的连续对称方波，并通过单光子计数测量发光信号。将测得的相对发光强度与时间曲线的形状和数值模拟结果进行比较，就可以得到离子湮灭反应的速率常数。在乙腈溶液中，$DPA^{-\cdot}+DPA^{+\cdot}$ 以及 $Ru(bpy)_3^{3+}+Ru(bpy)_3^{+}$ 之间的湮灭反应均受扩散控制［反应速率常数约 2×10^{10} L/(mol · s)］。当时间分辨率扩展到纳秒范围时[132]，可以观察到单个湮灭反应事件。

ECL 实验可以阻断反应中间体，例如三重态或单重态氧。图 20.5.5 显示了一个例子。10-甲基吩噻嗪（10-MP）阳离子自由基和荧蒽（FA）阴离子自由基之间的化学反应是乏能的[133]，反应主要通过 $^3FA^*$ 的三重态-三重态湮灭产生 $^1FA^*$，进而发光。在体系中加入蒽（An)，并不会干扰电化学过程，但发射物质却由 $^1FA^*$ 转换为 $^1An^*$，显然该结果是由能量转移引起的：

$$An+{}^3FA^* \longrightarrow FA+{}^3An^* \tag{20.5.9}$$

随后 $^3An^*$ 之间发生三重态-三重态湮灭反应，产生 $^1An^*$。

有时磁场会增强 ECL 强度，相关方法已用于机理研究[112]。究其原因，某些涉及三重态的反应的速率常数与磁场相关；因此它们与 T 路径相关。

20.5.3　基于共反应剂的单电势产生

共反应型 ECL 是该领域的一个重要研究进展，即当存在合适的辅助试剂（称为共反应剂，coreactant）时，ECL 可以在单个电极电势下产生[135-137]。此处用术语“单电势产生”（single-potential generation）来表示这种情形。在某些情况下，电极电势可以在两个值之间交替，但仅其中一个电势下会产生 ECL 所需的反应物。采用单电势策略，可以在水溶液中产生 ECL，这对于其分析应用非常重要[108,114-122]。

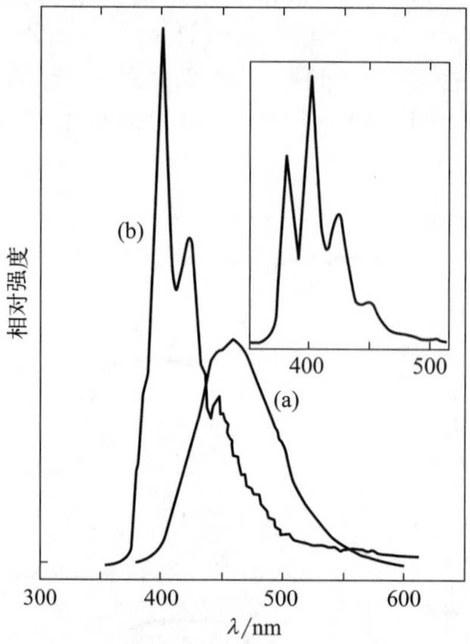

图 20.5.5 (a) DMF 中 $FA^{\overline{\cdot}}$ 和10-$MP^{\stackrel{+}{\cdot}}$ 的化学发光光谱，两种自由基反应物由含有 1mmol/L FA 和 10-MP 的溶液所产生；(b) 加入蒽后的发光光谱。内插图显示了 DMF 中含有 10μmol/L 蒽的荧光光谱。由于发生自吸收，在 ECL 光谱中看不到最短波长的蒽峰（原始数字来自 Freed 和 Faulkner[133]，图片引自 Faulkner[134]）

以 $Ru(bpy)_3^{2+}$ 为例，在水溶液中和+1V（vs. SCE）的电势下，其可在铂电极上被氧化生成 $Ru(bpy)_3^{3+}$。但形成激发态物质 $Ru(bpy)_3^{2+*}$（能量高于基态 2.04eV），需要在比−1V 还要负的一个电势下产生还原态物质。在水溶液中，Pt 电极无法施加如此负的电势，因为不仅会产生背景电流，还会析出大量的氢气。此时有另一种方法，即电极反应与均相化学反应耦合（第 13 章），先产生一个强还原剂作为中间体，再通过溶液相化学反应产生 ECL。例如，草酸根（$C_2O_4^{2-}$）被氧化可以产生强还原性物质 $CO_2^{\overline{\cdot}}$。因此，在约 1V（vs. SCE）的电极电势下，$Ru(bpy)_3^{2+}$ 和 $C_2O_4^{2-}$ 可以同时发生氧化，在电极表面附近分别产生 $Ru(bpy)_3^{3+}$ 和 $CO_2^{\overline{\cdot}}$。二者发生湮灭反应产生激发态 $Ru(bpy)_3^{2+*}$ 和 ECL。反应序列如下：

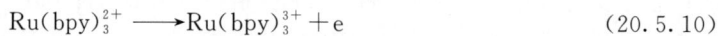

$$Ru(bpy)_3^{2+} \longrightarrow Ru(bpy)_3^{3+} + e \tag{20.5.10}$$

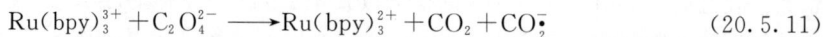

$$Ru(bpy)_3^{3+} + C_2O_4^{2-} \longrightarrow Ru(bpy)_3^{2+} + CO_2 + CO_2^{\overline{\cdot}} \tag{20.5.11}$$

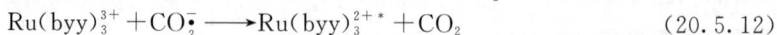

$$Ru(byy)_3^{3+} + CO_2^{\overline{\cdot}} \longrightarrow Ru(byy)_3^{2+*} + CO_2 \tag{20.5.12}$$

同时，$C_2O_4^{2-}$ 也可以在电极表面直接发生氧化，生成 $CO_2^{\overline{\cdot}}$：

$$C_2O_4^{2-} \longrightarrow C_2O_4^{\overline{\cdot}} + e \tag{20.5.13}$$

$$C_2O_4^{\overline{\cdot}} \longrightarrow CO_2 + CO_2^{\overline{\cdot}} \tag{20.5.14}$$

提高式(20.5.12) 的速率，可以促进激发态的产生。此外，还有一种间接产生发光的路径：

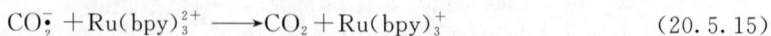

$$CO_2^{\overline{\cdot}} + Ru(bpy)_3^{2+} \longrightarrow CO_2 + Ru(bpy)_3^{+} \tag{20.5.15}$$

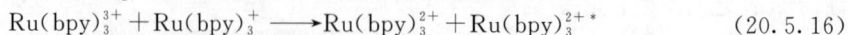

$$Ru(bpy)_3^{3+} + Ru(bpy)_3^{+} \longrightarrow Ru(bpy)_3^{2+} + Ru(bpy)_3^{2+*} \tag{20.5.16}$$

在该路径中，$CO_2^{\overline{\cdot}}$ 来自于 $C_2O_4^{\overline{\cdot}}$ 的歧化分解反应，另一个产物是非常稳定的 CO_2。已经检测到 $CO_2^{\overline{\cdot}}$ 和 $C_2O_4^{\overline{\cdot}}$ 两种自由基中间体，而且采用 SECM 技术可以估算它们的寿命[138]（18.4.2 节）。

无论直接还是间接机理，$Ru(bpy)_3^{2+}$ 都要在电极表面发生氧化。实验过程中仅在产生 $Ru(bpy)_3^{3+}$ 的电极电势才能检测到 ECL[136]，证实了上述机理。这两种反应机理中的任何一种，产生一个 ECL 光子发射，阳极反应需要消耗至少两个电子。

由于 $C_2O_4^{2-}$ 与发光试剂 $Ru(bpy)_3^{2+}$ 平行发生氧化，因此被称为“共反应剂”。其他共反应剂，比如叔胺，也可作为 $Ru(bpy)_3^{2+}$ 电化学发光的共反应剂。但是机理可能变得更加复杂，具体细节取决于共反应剂分解所产生的自由基中间体的寿命。在 20.5.5（2）节中，将进一步讨论重要的 $Ru(bpy)_3^{2+}$/三丙胺体系的电化学发光机理。

另外，在单电势产生的还原模式下，$Ru(bpy)_3^{2+}$ 的电化学还原可能产生 ECL。此时，共反应剂发生电化学还原后，必须最终生成强氧化剂[137]，常用的共反应剂为过硫酸根 $S_2O_8^{2-}$。在适当大小的负电势，$Ru(bpy)_3^{2+}$ 和 $S_2O_8^{2-}$ 均发生电化学还原。生成的 $SO_4^{\cdot-}$ 是一个很强的氧化剂，可以直接或间接氧化 $Ru(bpy)_3^{+}$ 产生 ECL。推测的反应机理如下：

$$Ru(bpy)_3^{2+} + e \longrightarrow Ru(bpy)_3^{+} \tag{20.5.17}$$

$$Ru(bpy)_3^{+} + S_2O_8^{2-} \longrightarrow Ru(bpy)_3^{2+} + SO_4^{2-} + SO_4^{\cdot-} \tag{20.5.18}$$

$$Ru(bpy)_3^{+} + SO_4^{\cdot-} \longrightarrow Ru(bpy)_3^{2+*} + SO_4^{2-} \tag{20.5.19}$$

同时，$S_2O_8^{2-}$ 在电极表面的直接电化学还原，也可以产生 $SO_4^{\cdot-}$：

$$S_2O_8^{2-} + e \longrightarrow S_2O_8^{3-\cdot} \tag{20.5.20}$$

$$S_2O_8^{3-\cdot} \longrightarrow SO_4^{2-} + SO_4^{\cdot-} \tag{20.5.21}$$

整个反应过程通过式(20.5.19) 产生激发态 $Ru(bpy)_3^{2+*}$。

通过类似式(20.5.15) ～式(20.5.16) 所描述的间接路径，该体系也可产生 ECL：

$$SO_4^{\cdot-} + Ru(bpy)_3^{2+} \longrightarrow SO_4^{2-} + Ru(bpy)_3^{3+} \tag{20.5.22}$$

$$Ru(bpy)_3^{3+} + Ru(bpy)_3^{+} \longrightarrow Ru(bpy)_3^{2+} + Ru(bpy)_3^{2+*} \tag{20.5.23}$$

20.5.4 基于量子点的电化学发光

不仅小分子可以产生 ECL，半导体纳米晶（也称为量子点，QD；20.1.2 节）也可以产生 ECL。以 Si 量子点为发光体，首次观察到量子点的电化学发光[139]。随后相关研究广泛扩展到 CdS、CdSe、PbS 和许多其他材料。读者可查阅相关综述[9,114,140]。

在非质子溶剂中，QD 可以发生单电子还原或氧化，产生 QD^- 和 QD^+，二者随后发生湮灭反应产生激发态 QD^*：

$$QD^+ + QD^- \longrightarrow QD^* + QD \tag{20.5.24}$$

发光可由 QD^* 直接产生，也可由能量转移反应的受主分子产生。

在以 Si 量子点（直径 2～4nm）为发光体的最初研究工作中，QD^- 和 QD^+ 是通过交替双电势阶跃所产生的。从 ECL 光谱[图 20.5.6(a)]可以看出，640nm 处的最大发射峰远离同一量子点位于 420nm 处的光致最大发光峰。显然产生 ECL 的发光体与光致发光的发光体不同。提出了发光表面态用于解释 ECL。由于光致发光并没有看到该表面态，所以 ECL 中的发光体（QD^*）可能是由式(20.5.24) 直接产生的。

如图 20.5.6(b) 和（c）所示，当采用共反应剂并施加单电势扫描时，Si 量子点 ECL 会更加有效。涉及 $S_2O_8^{2-}$ 的还原过程的效率更显著。这是采用 QD 的共性，已引起对于涉及 $S_2O_8^{2-}$ 作为共反应剂的单电势产生型 ECL 的广泛兴趣。

20.5.5 电化学发光的分析应用

由于光强度通常与发光物质的浓度成正比，ECL 可用于发光物质（通常标记于目标分子上）或共反应剂的检测[108,114-122]。使用单光子计数技术，可以测量极弱的光信号，因此可以实现高灵敏分析。由于电化学发光无需激发光，因此不存在散射光和杂质发光干扰。实际上，在所有发光分析方法中，ECL 具有最低的背景。

(1) 基于标记试剂的分析

应用最广泛的 ECL 活性标记探针是 $Ru(bpy)_3^{2+}$，这是因为它可以在水溶液中产生 ECL，仅需要合适的共反应剂分子（例如氧化发光所用的 $C_2O_4^{2-}$ 和还原发光所用的 $S_2O_8^{2-}$）。此外，发射强度高而且相当稳定。在一个很宽的浓度范围内（例如 10^{-13}～10^{-7}mol/L)，ECL 强度与浓度成正比[141]。在联吡啶基团上修饰适当的官能团，就可将 $Ru(bpy)_3^{2+}$ 连接到所感兴趣的生物分子上(比如抗体或 DNA)，作为 ECL 分析的标记探针，其功能类似于相关分析过程中所用的放射性或荧光标记探针[142]。抗体、抗原和 DNA 的 ECL 分析仪器已经成功商业化[108,114-122,143-145]，这些分析仪器通常基于采用磁微球技术[142-144]。

图 20.5.7 展示了典型的夹心式抗原分析的示意图。将特定目标抗原（如前列腺特异性抗原，

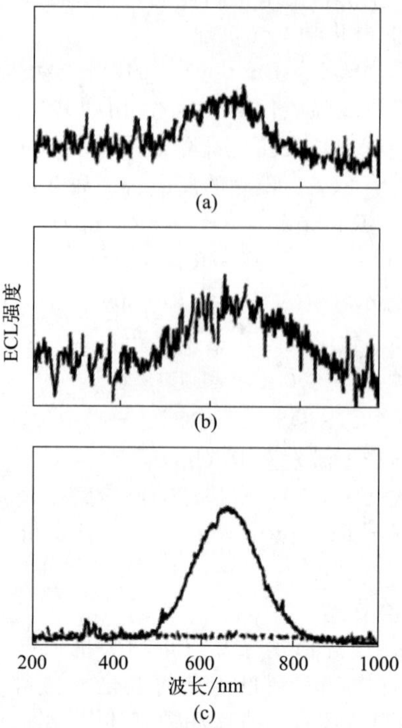

图 20.5.6　Si 量子点的 ECL

(a) 以 10Hz 的频率在 QD 的第一还原电势和第一氧化电势间阶跃，溶液为含有 0.1mol/L 高氯酸四己基铵的 MeCN；(b) 涉及同时氧化 QD 和共反应剂 $C_2O_4^{2-}$ 的单电势产生；(c) 涉及同时还原 QD 和共反应剂 $S_2O_8^{2-}$ 的单电势产生（引自 Deng 等[139]）

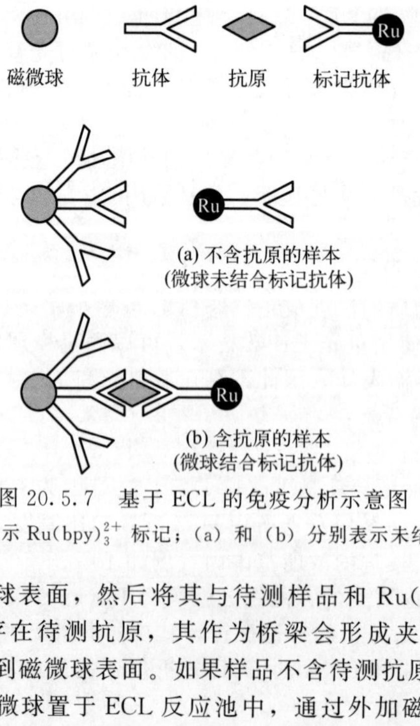

图 20.5.7　基于 ECL 的免疫分析示意图

带“Ru”的黑色圆圈表示 $Ru(bpy)_3^{2+}$ 标记；(a) 和 (b) 分别表示未结合和结合抗原的情形

PSA）的抗体修饰在市售磁微球表面，然后将其与待测样品和 $Ru(bpy)_3^{2+}$ 标记的抗体混合。如图 20.5.7 所示，如果样品中存在待测抗原，其作为桥梁会形成夹心式“三明治”结构，最终 $Ru(bpy)_3^{2+}$ 标记的抗体会结合到磁微球表面。如果样品不含待测抗原，则 $Ru(bpy)_3^{2+}$ 标记的抗体不会结合到磁微球表面。将磁微球置于 ECL 反应池中，通过外加磁场将磁微球捕获至工作电极表面（图 20.5.8）。清洗磁微球后，将含有共反应剂（通常为三正丙胺，TPrA；图 1）的溶液泵入反应池中。工作电极向正电势方向扫描电势或施加电势阶跃，共反应剂的氧化会驱动结合在磁微球上的 $Ru(bpy)_3^{2+}$ 产生 ECL，光信号可用光电倍增管检测。在完成 ECL 测量之后，将反应池中的磁微球冲刷出来，反应池清洗后备用。现已有临床诊断所用的自动化仪器，可同时处理多个样本且无需人为干预。

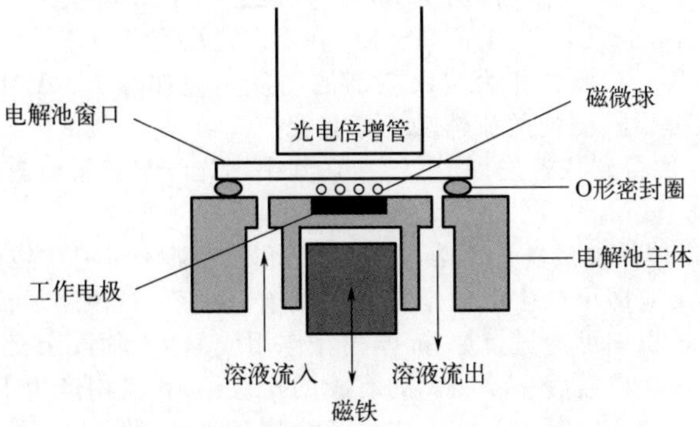

图 20.5.8　商业磁微球 ECL 免疫分析仪中使用的流动池

（基于 Bard 和 Whitesides[142]，Yang 等[143]，Blackburn 等[144]）

(2) 以 TPrA 为共反应剂的 ECL 机理

$Ru(bpy)_3^{2+}$/TPrA 的化学体系一直备受关注，现在对其的认知已经很深入[146-148]。中心概念与草酸盐作为共反应剂的体系相同，即共反应剂氧化之后伴随发生均相化学反应，从而产生强还原剂，它可驱动光生过程。但是，该体系的确切机理错综复杂。图 20.5.9 列出了 ECL 产生的主要路径。

TPrA 在电极上发生单电子氧化，生成关键反应物 $TPrA^{+\cdot}$，其通过价键重组并失去一个 H^+ 变为 TPrA·（不仅仅是简单的去质子化）。随后，这两种自由基作为氧化还原中间体，参与后续化学反应。需要指出的是，二者性质截然不同，前者是强氧化剂，而后者是强还原剂。

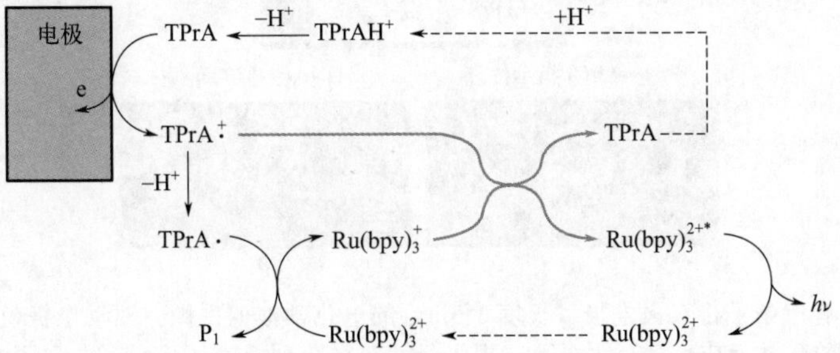

图 20.5.9　在磷酸缓冲溶液中（pH 8～9）$Ru(bpy)_3^{2+}$/TPrA 体系 ECL 的主要机制

$TPrAH^+$/TPrA 酸碱体系的 $pK_a=10.4$，因此溶液中主要以 $TPrAH^+$ 形式存在。

灰色箭头表示发光反应。P_1 是一种惰性反应产物（改编自 Miao，Choi 和 Bard[148]）

$TPrA^{+\cdot}$ 和 $Ru(bpy)_3^+$ 发生湮灭反应，产生激发态 $Ru(bpy)_3^{2+*}$，从而发光。强还原剂 TPrA· 的作用是产生上述反应需要的 $Ru(bpy)_3^+$。在上述夹心式电化学发光分析中，$TPrA^{+\cdot}$ 和 TPrA· 在磷酸盐缓冲溶液中的寿命足够长，两者都可与磁微球表面抗体上标记的 $Ru(bpy)_3^{2+}$ 反应。

大量实验证据支持图 20.5.9 所描绘的反应机理[148]，它能够解释诸多实验细节。比如在低于 $Ru(bpy)_3^{2+}$ 氧化的电极电势下，就可以检测到 ECL。若 $Ru(bpy)_3^{3+}$ 可以自由扩散并由 $Ru(bpy)_3^{2+}$ 的直接电化学氧化所产生，体系中会存在平行发生的 $Ru(bpy)_3^{3+}$ 和 $Ru(bpy)_3^+$ 之间的湮灭反应。

(3) ECL 分析优化

ECL 分析应用不断扩展的同时，不断涌现出新概念和新工具，已经远远超出前面所讨论的化学、分析方法和仪器的范畴：

① 迄今已经探讨了大量的发光探针（发光体）[108,114-122]，其中大多数是与 $Ru(bpy)_3^{2+}$ 相关的 Ru(Ⅱ）配合物。除此之外，Ir(Ⅲ）配合物也是一类高效的发光探针，同样备受关注。大多数分子探针含有吡啶基配体或乙酰丙酮结构单元。人们也投入大量精力，发展了芳香有机化合物探针（如 DPA 衍生物）和纳米材料探针（特别是 CdS、CdSe、CdTe 和其他半导体 QD）[9,140]。

② 微流控 ECL 池已被开发，并用于 FI、LC 和 CE 的检测[108,114-122,149-150]。借助于 Ru(Ⅱ）基发光体的单电势产生 ECL，检测常作为共反应剂的物质，比如胺、NADH 和氨基酸。对于流动体系，ECL 信号还可以提供检测池的流体动力学信息[151]。

③ ECL 空间分辨成像得到快速发展[114-116,152]，其中用光学显微镜收集发光信号，可获得发射波长量级的空间分辨率。

④ 磁微球 ECL 分析体系的成功应用表明，可以将发光探针固定在磁微粒表面，只要共反应剂的电解产物能够与其反应即可产生电化学发光（见前一小节）。该路径极大地推动了 ECL 生物传感器的研究，其中分子识别可通过抗原-抗体相互作用或 DNA 片段杂交来实现[108,114-122]。

图 20.5.10 展示了一个与最后一项相关的有趣的实验[153]，其中产生 ECL 的所有电化学过程都发生在与外部断路的小的金属条上。实验中，该金属条沿着长轴方向置于两个“驱动”电极之间的电解质溶液内。当两个电极间流过一定电流时，金属条就能够感受到溶液内的欧姆降[图 20.5.10(a)]。如果金属条两端的欧姆降足够大，则金属条两端与溶液间的电势差（$\phi^M-\phi^S$）相当于两端的电势不同，因此两端可发生不同的电极反应。但是，由于金属条无法积聚电荷，因此一端发生氧化反应而另一端必须发生还原反应，并且反应速率完全相同（$i_c=-i_a$）。此时，金属条被称为双极电极（bipolar electrode）。双极电极能够以阵列形式排布，不需要与任何元件单独连接[154]。

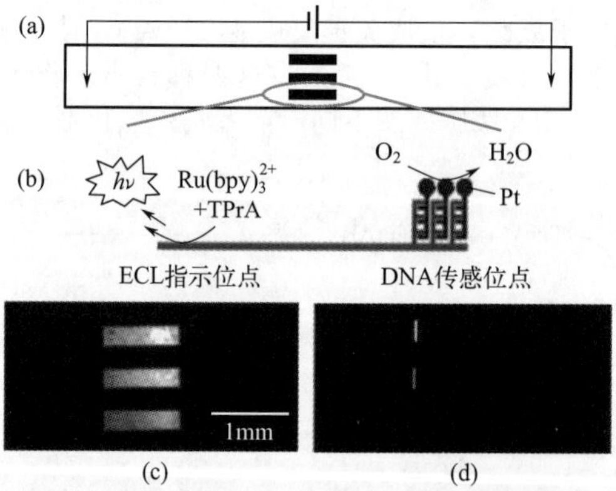

图 20.5.10 (a) 具有三条平行双极电极（长度 1mm）的电化学池俯视图，驱动电极位于电化学池的两侧；(b) 双极电极两端的化学反应；(c) 明场下三根平行双极电极的显微图像；(d) 与图 (c) 相同光学条件但暗态下拍摄的 ECL 显微图像，此时只有上部的两根双极电极表面存在 Pt 标记的待测核酸（改编自 Mavré 等[153]）

在图 20.5.10 所示的特定情况下，电解质溶液含有 $Ru(bpy)_3^{2+}$ 和 TPrA，金属条的右端表面修饰了探针 DNA 片段[图 20.5.10(b)]。如果将 Pt 纳米颗粒标记的目标 DNA 加入到溶液中，其可与探针 DNA 片段杂交（通过化学识别）。随后，Pt 纳米颗粒表面发生 O_2 还原反应，而该反应驱动金属条产生 ECL。由于 $i_c=-i_a$，左端的光生速率[图 20.5.10(d)]与 O_2 还原速率成正比，而 O_2 还原速率又与电极右端表面的标记 DNA 的数量成正比。

20.5.6 超越液相的电化学发光

在其经典形式下，ECL 被认为是一个液相过程，这种观点基于两个实验事实：一是典型的电化学发光均需要液相（习题 20.9）；二是金属电极猝灭激发态[68-69]。但是，特殊个例普遍存在[108,114-122]。

① 如前所述，固定在电极表面的发光体可通过单电势方法产生 ECL，但不仅限于此。电极表面薄膜［包括自组装单层膜和聚合物修饰电极（第 17 章）］，也都可以产生 ECL。例如，当共反应剂存在时，由 $Ru(bpy)_3^{2+}$ 修饰的长链烷烃所构筑的 Langmuir-Blodgett 单层或类似的自组装单层膜均可产生 ECL[155-156]。事实上，对于空气/水界面上含有 ECL 活性基团的单层膜，当超微电极尖端从空气侧接触该薄膜，就会产生发光。在该实验中，对电极和参比电极以及共反应剂都放置在 Langmuir 槽的水溶液中[157]。

② 半导体电极的能带结构（20.1 节）有时能够避免激发态猝灭，因此半导体电极表面异相电荷转移反应可直接产生激发态从而发光[158-160]。

③ 电极表面上的聚合物膜，例如聚（乙烯基 DPA）[161]、三（4-乙烯基-4′-甲基-2,2′-联吡啶基）Ru(Ⅱ)[162] 或含有 $Ru(bpy)_3^{2+}$ 的 Nafion 膜[163]，也会产生 ECL。聚合物薄膜的发光过程，有时在无溶剂条件下的 ECL（电致发光聚合物），与显示应用相关[108,119,164-167]。

20.6　参考文献

1 S. H. Simon, "The Oxford Solid State Basics," Oxford, 2013.
2 C. Kittel, "Introduction to Solid State Physics," 8th ed., Wiley, Hoboken, NJ, 2005.
3 N. W. Ashcroft and N. D. Mermin, "Solid State Physics," Saunders, New York, 1976.
4 N. F. Mott and R. W. Gurney, "Electronic Processes in Ionic Crystals," 2nd ed., Clarendon Press, Oxford, 1948.
5 Yu. V. Pleskov and Yu. Ya. Gurevich, "Semiconductor Photoelectrochemistry," P. N. Bartlett, Transl. Ed., Consultants Bureau, New York, 1986.
6 D. Madelung, in "Physical Chemistry—An Advanced Treatise," Vol. X, W. Jost, Ed., Academic Press, New York, 1970, Chap. 6.
7 G. Ertl and H. Gerischer, *ibid.*, Chap. 7.
8 V. A. Myamlin and Yu. V. Pleskov, "Electrochemistry of Semiconductors," Plenum, New York, 1967.
9 W. W. Zhao, J. Wang, Y.-C. Zhu, J.-J. Xu, and H.-Y. Chen, *Anal. Chem.*, **87**, 9520 (2015).
10 A. M. Smith and S. Nie, *Acc. Chem. Res.*, **43**, 190 (2010).
11 D. J. Norris, M. G. Bawendi, and L. E. Brus, in "Molecular Electronics," J. Jortner and M. A. Ratner, Eds., Blackwell Science, Malden, MA, 1997, pp. 281–323.
12 M. L. Steigerwald and L. Brus, *Acc. Chem. Res.*, **23**, 183 (1990).
13 A. Henglein, *Chem. Rev.*, **89**, 1861 (1989).
14 R. Sardar, A. M. Funston, P. Mulvaney, and R. W. Murray, *Langmuir*, **25**, 13480 (2009).
15 D. Lee, R. L. Donkers, G. Wang, A. S. Harper, and R. W. Murray, *J. Am. Chem. Soc.*, **126**, 6193 (2004).
16 S. Trasatti, *Electrochim. Acta*, **45**, 2377 (2000).
17 L. Liborio, G. Mallia, and N. Harrison, *Phys. Rev. B*, **79**, 245133 (2009).
18 P. C. S. Hayfield, "Development of a New Material—Monolithic Ti_4O_7 Ebonex® Ceramic," Royal Society of Chemistry, Cambridge, 2002.
19 K. McGregor, E. J. Frazer, A. J. Urban, M. I. Pownceby, and R. L. Deutscher, *ECS Trans.* **2**, 369 (2006).
20 J. Ge, X. Zou, S. Almassi, L. Ji, B. P. Chaplin, and A. J. Bard, *Angew. Chem. Int. Ed.*, **58**, 16223 (2019).
21 H. Gerischer, *Electrochim. Acta*, **35**, 1677 (1990).
22 A. J. Nozik and R. Memming, *J. Phys. Chem.*, **100**, 13061 (1996).
23 C. A. Koval and J. N. Howard, *Chem. Rev.*, **92**, 411 (1992).
24 H. Gerischer, in "Physical Chemistry—An Advanced Treatise," Vol. IXA, H. Eyring, D. Henderson, and W. Jost, Eds., Academic Press, New York, 1970, p. 463.
25 H. Gerischer, *Adv. Electrochem. Electrochem. Eng.*, **1**, 139 (1961).

26 A. J. Bard, *J. Photochem.*, **10**, 59 (1979).
27 W. Schottky, *Z. Phys.*, **113**, 367 (1939); **118**, 539 (1942).
28 N. F. Mott, *Proc. R. Soc. (London)*, **A171**, 27 (1939).
29 A. M. Van Wezemael, W. H. Laflère, F. Cardon, and W. P. Gomes, *J. Electroanal. Chem.*, **87**, 105 (1978).
30 E. C. Dutoit, F. Cardon, and W. P. Gomes, *Ber. Bunsenges. Phys. Chem.*, **80**, 1285 (1976).
31 S. N. Frank and A. J. Bard, *J. Am. Chem. Soc.*, **97**, 7427 (1975).
32 N. S. Lewis, *J. Phys. Chem. B*, **102**, 4843 (1998).
33 N. S. Lewis, *Annu. Rev. Phys. Chem.*, **42**, 543 (1991).
34 A. F. Diaz, K. K. Kanazawa, and G. P. Gardini, *J. Chem. Soc., Chem. Commun.*, **635** (1979).
35 J. G. Ibanez, M. E. Rincón, S. Gutierrez-Granados, M. Chahma, O. A. Jaramillo-Quintero, and B. A. Frontana-Uribe, *Chem. Rev.*, **118**, 4731 (2018).
36 P. G. Pickup, *Mod. Asp. Electrochem.*, **33**, 549 (1999).
37 A. F. Diaz, M. T. Nguyen, and M. Leclerc, in "Physical Electrochemistry," I. Rubinstein, Ed., Marcel Dekker, New York, 1995, Chap. 12.
38 A. J. Heeger, *Chem. Soc. Rev.*, **39**, 2354 (2010).
39 T. A. Skotheim and J. Reynolds, Eds., "Handbook of Conducting Polymers," 3rd ed.; CRC Press, Boca Raton, FL, 2007.
40 S. W. Feldberg, *J. Am. Chem. Soc.*, **106**, 4671 (1984).
41 N. S. Lewis, *Acc. Chem. Res.*, **23**, 176 (1990).
42 L. M. Peter and D. Vanmaekelbergh, *Adv. Electrochem. Sci. Eng.*, **6**, 77 (1999).
43 M. R. Nellist, F. A. L. Laskowski, F. Lin, T. J. Mills, and S. W. Boettcher, *Acc. Chem. Res.*, **49**, 733 (2016).
44 L. M. Peter and K. G. U. Wijayantha, *Chem. Phys. Chem.*, **15**, 1983 (2014).
45 M. G. Walter, E. L. Warren, J. R. McKone, S. W. Boettcher, Q. Mi, E. A. Santori, and N. S. Lewis, *Chem. Rev.*, **110**, 6446 (2010).
46 P. Dale and L. Peter, *Adv. Electrochem. Sci. Eng.*, **12**, 1 (2010).
47 H. J. Leverenz, *Adv. Electrochem. Sci. Eng.*, **12**, 61 (2010).
48 M. Grätzel, *Philos. Trans. R. Soc. A*, **365**, 993 (2007).
49 A. Fujishima and K. Honda, *Bull. Chem. Soc. Jpn.*, **44**, 1148 (1971); *Nature*, **238**, 37 (1972).
50 D. Laser and A. J. Bard, *J. Electrochem. Soc.*, **123**, 1027 (1976).
51 B. Miller and A. Heller, *Nature*, **262**, 680 (1976).
52 G. Hodes, D. Cahen, and J. Manassen, *Nature*, **260**, 312 (1976).
53 M. S. Wrighton, A. B. Bocarsly, J. M. Bolts, A. B. Elllis, and K. D. Legg, in "Semiconductor Liquid-Junction Solar Cells," A. Heller, Ed., The Electrochemical Society, Princeton, NJ, Proc. Vol. 77-3, 1977, p. 138.
54 H. Tributsch, *Ber. Bunsenges. Phys. Chem.*, **81**, 361 (1977).
55 M. S. Wrighton, A. B. Ellis, P. T. Wolczanski, D. L. Morse, H. B. Abrahamson, and D. S. Ginley, *J. Am. Chem. Soc.*, **98**, 2774 (1976).
56 J. G. Mavroides, J. A. Kafalas, and D. F. Kolesar, *Appl. Phys. Lett.*, **28**, 241 (1976).
57 T. Watanabe, A. Fujishima, and K. Honda, *Bull. Chem. Soc. Jpn.*, **49**, 355 (1976).
58 M. Halman, *Nature*, **275**, 115 (1978).
59 B. Kraeutler and A. J. Bard, *J. Am. Chem. Soc.*, **99**, 7729 (1977).
60 C. R. Dickson and A. J. Nozik, *J. Am. Chem. Soc.*, **100**, 8007 (1978).
61 H. Gerischer and F. Willig, "Topics in Current Chemistry," Vol. 61, Springer-Verlag, Berlin, 1976, p. 31.
62 H. Gerischer, *J. Electrochem. Soc.*, **125**, 218C (1978).
63 M. T. Spitler and B. A. Parkinson, *Acc. Chem. Res.*, **42**, 2017 (2009).
64 F. Bella, C. Gerbaldi, C. Barolo, and M. Grätzel, *Chem. Soc. Rev.*, **44**, 3431 (2015).
65 H. Tsubomura, M. Matsumura, Y. Nomura, and T. Amamiya, *Nature*, **261**, 402 (1976).
66 G. A. Kenney and D. C. Walker, *Electroanal. Chem.*, **5**, 1 (1971).
67 G. C. Barker, *Ber. Bunsenges. Phys. Chem.*, **75**, 728 (1971).

68 E. A. Chandross and R. E. Visco, *J. Phys. Chem.*, **72**, 378 (1968).
69 H. Kuhn, *J. Chem. Phys.*, **53**, 101 (1970).
70 M. Spiro, *J. Chem. Soc., Faraday Trans. 1*, **75**, 1507 (1979).
71 D. S. Miller, A. J. Bard, G. McLendon, and J. Ferguson, *J. Am. Chem. Soc.*, **103**, 5336 (1981).
72 D. Meissner and R. Memming, *Electrochim. Acta*, **37**, 799 (1992).
73 C. D. Jaeger and A. J. Bard, *J. Phys. Chem.*, **83**, 3146 (1979).
74 W. W. Dunn, Y. Aikawa, and A. J. Bard, *J. Am. Chem. Soc.*, **103**, 3456 (1981).
75 M. D. Ward and A. J. Bard, *J. Phys. Chem.*, **86**, 3599 (1982).
76 M. D. Ward, J. R. White, and A. J. Bard, *J. Am. Chem. Soc.*, **105**, 27 (1983).
77 I. M. Kolthoff and J. T. Stock, *Analyst*, **80**, 860 (1955).
78 F. Scholz and B. Meyer, *Chem. Soc. Rev.*, **23** 341 (1994); *Electroanal. Chem.*, **20**, 1 (1998).
79 N. Vlachopoulos, P. Liska, J. Augustynski, and M. Grätzel, *J. Am. Chem. Soc.*, **110**, 1216 (1988).
80 B. O'Regan and M. Grätzel, *Nature*, **353**, 737 (1991).
81 T. Gerfin, M. Grätzel, and L. Walder, *Prog. Inorg. Chem.*, **44**, 345 (1997).
82 A. B. Bocarsly, H. Tachikawa, and L. R. Faulkner, in "Laboratory Techniques in Electroanalytical Chemistry," 2nd ed., P. T. Kissinger and W. R. Heineman, Eds., Marcel Dekker, New York, 1996, Chap. 28.
83 Yu. V. Pleskov and Z. A. Rotenberg, *Adv. Electrochem. Electrochem. Eng.*, **11**, 1 (1978).
84 G. C. Barker, D. McKeown, M. J. Williams, G. Bottura, and V. Concialini, *Faraday Discuss. Chem. Soc.*, **56**, 41 (1974).
85 Yu. V. Pleskov, Z. A. Rotenberg, V. V. Eletsky, and V. I. Lakomov, *Faraday Discuss. Chem. Soc.*, **56**, 52 (1974).
86 A. Brodsky and Yu. V. Pleskov, in "Progress in Surface Sciences," Vol. 2, Part 1, S. G. Davidson, Ed., Pergamon, Oxford, 1972.
87 P. Hapiot, V. V. Konovalov, and J.-M. Savéant, *J. Am. Chem. Soc.*, **117**, 1428 (1995).
88 A. Henglein, *Electroanal. Chem.*, **9** 163 (1976).
89 M. S. Alam, E. Maisonhaute, D. Rose, A Demarque, J.-P. Larbre, J.-L. Marignier, and M. Mostafavi, *Electrochem. Commun.*, **35**, 149 (2013).
90 A. Latus, M. S. Alam, M. Mostafavi, J.-L. Marignier, and E. Maisonhaute, *Chem. Commun.*, **51**, 9089 (2015).
91 S. P. Perone and J. R. Birk, *Anal. Chem.*, **38**, 1589 (1966).
92 G. L. Kirschner and S. P. Perone, *Anal. Chem.*, **44**, 443 (1972).
93 R. A. Jamieson and S. P. Perone, *J. Phys. Chem.*, **76**, 830 (1972).
94 J. I. H. Patterson and S. P. Perone, *J. Phys. Chem.*, 77, 2437 (1973).
95 D. D. M. Wayner, D. J. McPhee and D. Griller, *J. Am. Chem. Soc.*, **110**, 132 (1988).
96 B. A. Sim, P. H. Milne, D. Griller, and D. D. M. Wayner, *J. Am. Chem. Soc.*, **112**, 6635 (1990).
97 H.-G. Liao, D. Zherebetskyy, H. Xin, C. Czarnik, P. Ercius, H. Elmlund, M. Pan, L.-W. Wang, and H. Zheng, *Science*, **345**, 916 (2014).
98 N. Hodnik, G. Dehm, and K. J. J. Mayrhofer, *Acc. Chem. Res.*, **49**, 2015 (2016).
99 H. Rasool, G. Dunn, A. Fathalizadeh, and A. Zettl, *Phys. Status Solidi B*, **253**, 2351 (2016).
100 Y. Sasaki, R. Kitaura, J. M. Yuk, A. Zettl, and H. Shinohara, *Chem. Phys. Lett.*, **650**, 107 (2016).
101 W. Xin, I. M. De Rosa, P. Ye, L. Zheng, Y. Cao, C. Cao, L. Carlson, and J.-M. Yang, *J. Phys. Chem. C*, **123**, 4523 (2019).
102 C. T. Lin and N. Sutin, *J. Phys. Chem.*, **80**, 97 (1976).
103 W. J. Albery, *Acc. Chem. Res.*, **15**, 142 (1982).
104 M. D. Archer, *J. Appl. Electrochem.*, **5**, 17 (1975).
105 W. J. Albery and M. D. Archer, *Electrochim. Acta*, **21**, 1155 (1976).
106 W. J. Albery and M. D. Archer, *J. Electrochem. Soc.*, **124**, 688 (1977).

107 W. J. Albery and M. D. Archer, *J. Electroanal. Chem.*, **86**, 1, 19 (1978).
108 A. J. Bard, Ed., "Electrogenerated Chemiluminescence," Marcel Dekker, New York, 2004.
109 A. Kapturkiewicz, *Adv. Electrochem. Sci. Eng.*, **5**, 1 (1997).
110 L. R. Faulkner and R. S. Glass, in "Chemical and Biological Generation of Excited States," W. Adam and G. Cilento, Eds., Academic Press, New York, 1982, pp. 191–227.
111 L. R. Faulkner, *Methods Enzymol.*, **57**, 494 (1978).
112 L. R. Faulkner and A. J. Bard, *Electroanal. Chem.*, **10**, 1 (1977).
113 T. Kuwana, *Electroanal. Chem.*, **1**, 197 (1966).
114 N. Sojic, Z. Ding, A. Kapturkiewicz, W. Miao, G. Xu, I. Svir, F. Paolucci, J. Li, C. Hogan, and R. Forster, "Analytical Electrogenerated Chemiluminescence," Royal Society of Chemistry, London, 2020.
115 C. Ma, Y. Cao, X. Gou, and J. J. Zhu, *Anal. Chem.*, **92**, 431 (2020).
116 H. Qi and C. Zhang, *Anal. Chem.*, **92**, 524 (2020).
117 K. Hiramoto, E. Villani, T. Iwama, K. Komatsu, S. Inagi, K. Y. Inoue, Y. Nashimoto, K. Ino, and H. Shiku, *Micromachines*, **11**, 530 (2020).
118 L. Li, Y. Chen, and J.-J. Zhu, *Anal. Chem.*, **89**, 358 (2017).
119 Z. Liu, W. Qi, and G. Xu, *Chem. Soc. Rev.*, **44**, 3117 (2015).
120 S. Parveen, M. S. Aslam, L. Hu, and G. Xu, "Electrogenerated Chemiluminescence: Protocols and Applications," Springer, Dordrecht, 2013.
121 R. J. Forster, P. Bertoncello, and T. E. Keyes, *Annu. Rev. Anal. Chem.*, **2**, 359 (2009).
122 W. Miao, *Chem. Rev.*, **108**, 2506 (2008).
123 A. W. Knight and G. M. Greenway, *Analyst*, **119**, 879 (1994).
124 R. A. Marcus, *J. Chem. Phys.*, **43**, 2654 (1965).
125 R. A. Marcus (Nobel Lecture), *Angew. Chem. Int. Ed. Engl.*, **32**, 1111 (1993).
126 J. T. Maloy and A. J. Bard. *J. Am. Chem. Soc.*, **93**, 5968 (1971).
127 J. T. Maloy, in "Computers in Chemistry and Instrumentation," Vol. 2, "Electrochemistry," J. S. Mattson, H. B. Mark, Jr., and H. C. MacDonald, Jr., Eds., Marcel Dekker, New York, 1972, Chap. 9.
128 G. H. Brilmyer and A. J. Bard, *J. Electrochem. Soc.*, **127**, 104 (1980).
129 J. E. Bartelt, S. M. Drew, and R. M. Wightman, *J. Electrochem. Soc.*, **139**, 70 (1992).
130 L. R. Faulkner, *J. Electrochem. Soc.*, **124**, 1725 (1977).
131 M. M. Collinson, R. M. Wightman, and P. Pastore, *J. Phys. Chem.*, **98**, 11942 (1994).
132 M. M. Collinson and R. M. Wightman, *Science*, **268**, 1883 (1995).
133 D. J. Freed and L. R. Faulkner, *J. Am. Chem. Soc.*, **93**, 2097 (1971).
134 L. R. Faulkner, *Int. Rev. Sci.: Phys. Chem. Ser. Two.*, **9**, 213 (1975).
135 M. Chang, T. Saji, and A. J. Bard, *J. Am. Chem. Soc.*, **99**, 5399 (1977).
136 I. Rubinstein and A. J. Bard, *J. Am. Chem. Soc.*, **103**, 512 (1981).
137 H. S. White and A. J. Bard, *J. Am. Chem. Soc.*, **104**, 6891 (1982).
138 T. Kai, M. Zhou, S. Johnson, H. S. Ahn, and A. J. Bard, *J. Am. Chem. Soc.*, **140**, 16178 (2018).
139 Z. Deng, B. M. Quinn, S. K. Haram, L. E. Pell, B. A. Korgel, and A. J. Bard, *Science*, **296**, 1293 (2002).
140 Q. Zhai, J. Li, and E. Wang, *ChemElectroChem*, **4**, 1639 (2017).
141 D. Ege, W. G. Becker, and A. J. Bard, *Anal. Chem.*, **56**, 2413 (1984).
142 A. J. Bard and G. M. Whitesides, U. S. Patent 5,221,605 (June 22, 1993).
143 H. Yang, J. K. Leland, D. Yost, R. J. Massey, *Nat. Biotechnol.*, **12**, 193 (1994).
144 G. F. Blackburn, H. P. Shah, J. H. Kenten, J. Leland, R. A. Kamin, J. Link, J. Peterman, M. J. Powell, A. Shah, D. B. Talley, S. K. Tyagi, E. Wilkins, T.-G. Wu, and R. J. Massey, *Clin. Chem.*, **37**, 1534 (1991).
145 N. R. Hoyle, *J. Biolumin. Chemilumin.*, **9**, 289 (1994).
146 J. B. Noffsinger and N. D. Danielson, *Anal. Chem.*, **59**, 865 (1987).
147 J. Leland and M. J. Powell, *J. Electrochem. Soc.*, **137**, 3127 (1990).

148 W. Miao, J.-P. Choi, and A. J. Bard, *J. Am. Chem. Soc.*, **124**, 14478 (2002).
149 J. A. Holeman and N. D. Danielson, *J. Chromatogr.*, **679**, 277 (1994).
150 T. M. Downey and T. A. Nieman, *Anal. Chem.*, **64**, 261 (1992).
151 L. L. Shultz, J. S. Stoyanoff, and T. A. Nieman, *Anal. Chem.*, **68**, 349 (1996).
152 M. Sentic, M. Milutinovic, F. Kanoufi, D. Manojlovic, S. Arbault, and N. Sojic, *Chem. Sci.*, **5**, 2568 (2014).
153 F. Mavré, R. K. Anand, D. R. Laws, K.-F. Chow, B.-Y Chang, J. A. Crooks, and R. M. Crooks, *Anal. Chem.*, **82**, 8766 (2010).
154 K.-F. Chow, F. Mavré, J. A. Crooks, B.-Y. Chang, and R. M. Crooks, *J. Am. Chem. Soc.* **131**, 8364 (2009).
155 X. Zhang and A. J. Bard, *J. Phys. Chem.*, **92**, 5566 (1988).
156 Y. S. Obeng and A. J. Bard, *Langmuir*, **7**, 195 (1991).
157 C. J. Miller, P. McCord, and A. J. Bard, *Langmuir*, **7**, 2781 (1991).
158 M. Gleria and R. Memming, *Z. Phys. Chem.*, **101**, 171 (1976).
159 L. S. R. Yeh and A. J. Bard, *Chem. Phys. Lett.*, **44**, 339 (1976).
160 J. D. Luttmer and A. J. Bard, *J. Electrochem. Soc.*, **125**, 1423 (1978).
161 F.-R. F. Fan, A. Mau, and A. J. Bard, *Chem. Phys. Lett.*, **116**, 400 (1985).
162 H. D. Abruña and A. J. Bard, *J. Am. Chem. Soc.*, **104**, 2641 (1982).
163 I. Rubinstein and A. J. Bard, *J. Am. Chem. Soc.*, **102**, 6641 (1980).
164 K. M. Maness, R. H. Terrill, T. J. Meyer, R. W. Murray, and R. M. Wightman, *J. Am. Chem. Soc.*, **118**, 10609 (1996).
165 Q. Pei, Y. Yang, G. Yu, C. Zhang, and A. J. Heeger, *J. Am. Chem. Soc.*, **118**, 3922 (1996).
166 H. C. Moon, T. P. Lodge, and C. D. Frisbie, *J. Am. Chem. Soc.*, **136**, 3705 (2014).
167 H. K. Seok, J. I. Lee, S. Kim, and S. K. Moon, *ACS Photonics*, **5**, 267 (2018).
168 P. R. Michael and L. R. Faulkner, *J. Am. Chem. Soc.*, **99**, 7754 (1977).

20.7　习题

20.1　根据半导体光伏电池的 i-E 特征曲线［如图 20.3.2(a) 所示］并忽略内阻的影响，可以判断电池性能。假设 O/R 氧化还原电对为 $Fe(CN)_6^{3-}$（0.1mol/L）/$Fe(CN)_6^{4-}$（0.1mol/L），$E_{fb}=-0.20V$（vs. SCE），极限光电流由光流量（6.2×10^{15} 光子/s）所决定，光被完全吸收并转化为分离的电子-空穴对。

(a) 对一个由 n 型半导体和 Pt 电极所组成的电池，最大开路电压是多少？光照射下的短路电流是多少？

(b) 绘制该电池的输出电流 vs. 输出电压曲线。

(c) 电池的最大输出功率是多少？

20.2　以下公式常用于计算“空间电荷区厚度”L_1[5,8,24-25]：

$$L_1=\left(\frac{2\varepsilon\varepsilon_0}{eN_D}\Delta\phi\right)^{1/2}\approx\left(1.1\times10^6\frac{\Delta\phi}{N_D}\varepsilon\right)^{1/2}\text{cm}(N_D\text{ 单位:cm}^{-3};\Delta\phi\text{ 单位:V})\qquad(20.7.1)$$

(a) 对于一种 $\varepsilon=10$ 的半导体，绘制几种 N_D（$5\times10^{17}cm^{-3}$，$5\times10^{16}cm^{-3}$，$5\times10^{15}cm^{-3}$ 和 $5\times10^{14}cm^{-3}$）值时，L_1 随 $\Delta\phi$ 变化的曲线。

(b) 若要有效利用光辐射，大部分光辐射应被空间电荷区吸收，而光的吸收遵循 Beer 定律。假如吸收系数为 $\alpha(cm^{-1})$，则可以估算“穿透深度”约为 $1/\alpha$。如果 $\alpha=10^5cm^{-1}$ 并且能带弯曲 0.5V，推荐的掺杂密度 N_D 是多少？

(c) 在半导体光电化学池中，为什么掺杂密度不能过低？

20.3　图 20.7.1 显示了 p 型染料敏化半导体电极/染料/溶液界面的能级图。解释一下该体系在光照下如何工作。

20.4　根据图 20.2.3 中的莫特-肖特基曲线：

(a) 估算两个 InP 电极的掺杂水平及其在 1mol/L KCl、0.01mol/L HCl 中的平带电势。

(b) 对于这种材料（$\boldsymbol{E}_g=1.3eV$），n 型和 p 型 InP 的 E_{fb} 与 $\boldsymbol{E}_g$ 的差异如何？

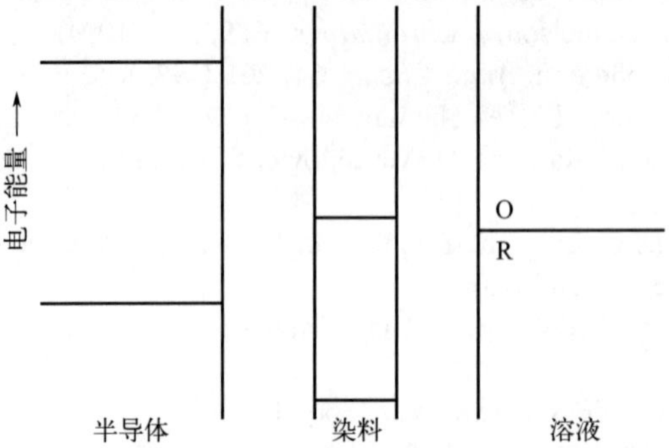

图 20.7.1 染料敏化半导体电极/染料/溶液界面能级

20.5 下面的电池有望作为光电化学储能电池：

$$n\text{-}TiO_2/0.2mol/L\ Br^-\ (pH=1)/0.1mol/L\ I_3^-\ (pH=1)/Pt$$

在此条件下，n-TiO_2 的 $E_{fb}=-0.30V$（vs. SCE）。在光照射下，TiO_2 上发生光氧化反应产生 Br_2。(a) 写出在光照射下两个电极上所发生的半反应。忽略液接电势，光照射下的最大开路电压是多少？(b)“光-电荷循环”导致 Br_2 和 I^- 在电池内积聚。如果电池充电过程中一半 I_3^- 被转化，且 Br_2/Br^- 电池在暗态放电过程中使用铂电极，则充电后的电池电压是多少？写出在暗态放电过程发生的半反应。

20.6 反式芪（均二苯代已烯，*trans*-stilbene）是一种湮灭剂，能够测量某些氧化还原过程产生三重激发态的效率。例如，它可与荧蒽三重态发生如下反应：

$$^3FA^* + trans\text{-stilbene} \longrightarrow {}^3stilbene^* + FA$$

三重激发态芪（$^3stilbene^*$）能够以已知比例衰变到顺式和反式基态。设计一个本体电解实验用于测量 10-$MP^{\dot{+}}$ 和 $FA^{\dot{-}}$ 反应生成三重激发态的效率，即每个氧化还原生成的三重态。推导出所测量的参数与效率之间的关系公式。解释为何需要本体电解？

20.7 根据图 20.5.4 中 ECL 强度波的半波电势，估算两个半反应 $TMPD^{\dot{+}}+e \longrightarrow TMPD$ 和 $Py+e \longrightarrow Py^{\dot{-}}$ 的 $E^{0'}$。然后，估算下列反应释放的自由能：

$$TMPD^{\dot{+}} + Py^{\dot{-}} \longrightarrow TMPD + Py$$

根据图 20.5.3 中的荧光光谱，估算$^1Py^*$ 相对于 Py 的能量。评论 $TMPD^{\dot{+}}$ 和 $Py^{\dot{-}}$ 反应生成$^1Py^*$ 的概率，同时解释光的作用。

20.8 解释图 20.5.4(b)。

20.9 图 20.7.2 显示了噻蒽阳离子自由基（$TH^{\dot{+}}$）和 2,5-二苯基-1,3,4-噁二唑（图 1）阴离子自由基

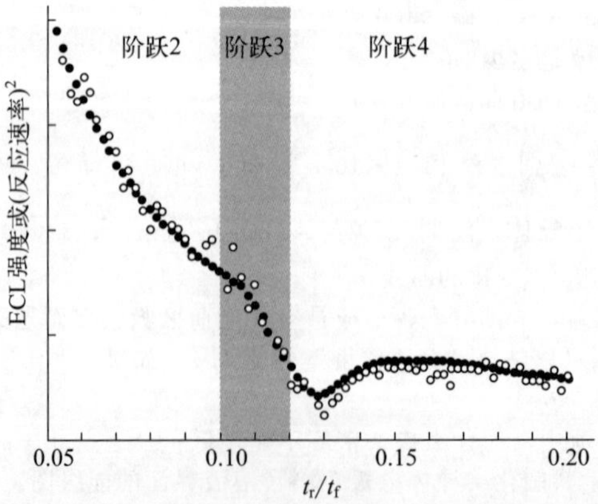

图 20.7.2 $TH^{\dot{+}}$ 和 $PPD^{\dot{-}}$ 反应产生的 ECL 强度（空心圆）和氧化还原反应速率的平方（实心圆）与时间的关系

时间 t_r 是在四步瞬态实验的步骤 1 之后开始测量的。步骤 1 的持续时间 t_f 为 500ms。ECL 强度以任意单位表示，因此需要垂直比例因子来拟合光强度和反应速率的平方。不需要其他参数（引自 Michael 和 Faulkner[168]）

（$PPD^{\overline{\cdot}}$）之间的富能反应所产生的瞬态 ECL。瞬态 ECL 来自于$^1TH^*$，其由一个包括四个电势阶跃序列所驱动的电化学反应产生。第一个电势阶跃持续时间（t_f）为 500ms，产生 $PPD^{\overline{\cdot}}$；然后第二个电势阶跃持续时间（t_r，以 t_f 为起始重新计时）为 50ms，产生 $TH^{\stackrel{+}{\cdot}}$。在接下来的 10ms（第三个电势阶跃，$0.10 \leqslant t_r/t_f \leqslant 0.12$）中，电极电势返回中间电势，$TH^{\stackrel{+}{\cdot}}$ 发生异相还原。最后，在第四个电势阶跃中，电势与第二个电势阶跃相同，再次电化学生成 $TH^{\stackrel{+}{\cdot}}$。

（a）光强曲线的下降凹陷滞后于第三个电势阶跃，这一现象被用于说明产光反应发生在距离电极表面一定距离的溶液中。请加以讨论。能否估计反应区离表面的距离？

（b）若分子的扩散系数已知，可以通过模拟预测 $PPD^{\overline{\cdot}}$ 和 $TH^{\stackrel{+}{\cdot}}$ 之间的氧化还原反应速率。如图 20.7.2 所示，光强与反应速率的平方同步变化。请分析机理。

第 21 章　电化学体系的原位表征

电化学研究人员经常使用非电化学方法（例如，各种光谱或显微镜）来收集相关体系的额外信息[1-7]。在本章中，我们探讨将电化学池与非电化学表征装置耦合所涉及的机遇与挑战。通常确定有三种模式：

① 原位（in situ）方法是指在不移动，甚至在电化学池仍处于电势控制下有电流通过时，对电化学池部件（如电极表面）进行非电化学测量。

② 工况（operando）方法涉及运行体系在提供电化学性能数据时的非电化学表征。在电化学中，这个术语用于标记在运行的实际装置（如电池或燃料电池）上的非电化学测量❶。

③ 非原位（ex situ）方法包括从电化学池中移走组件，以便在不同的环境中进行后续测量，例如在空气或高真空中。许多类型的非原位测量是可能的，然而，必须注意电化学组件从电化学池中移走引起的变化。

在 21.1～21.7 节中，我们将重点介绍具有原位或工况能力并广泛使用的方法，其中大多数也可以非原位使用，但是，不会单独讨论非原位使用情况。在 21.8 节，我们将简要介绍仅非原位（或几乎如此）发挥作用的重要工具。对于所有方法，参考文献主要是一些重要的综述❷。

21.1　显微技术

Binnig 和 Rohrer 发明的扫描隧道显微镜（scanning tunneling microscopy，STM）提供了一种全新的表面成像概念[8]，并且很快获得了诺贝尔奖。他们创新性地使用压电微定位器在原子距离尺度上探测表面，并启发促进了其他方法的发展，包括 SECM（第 18 章），SECM 本质上是电化学显微镜。在这里，我们介绍几种非电化学类型的显微镜，它们可以有效地原位表征电化学体系。

21.1.1　扫描隧道显微镜

STM 在明确定义的（well-defined）原子级平滑表面研究方面非常有用。这种方法是基于测量一个尖的金属（W 或 Pt）针尖（tip）接近电极表面并扫描时与电极表面之间所产生的隧穿电流（图 21.1.1）。针尖的运动由压电体（piezo）控制，基本上与 SECM 中使用的完全相同。当尖端非常靠近表面，以至于尖端原子的波函数与基底原子的波函数重叠时，就会发生隧穿现象。这个电流不是法拉第过程也不会产生化学变化。

隧穿电流（i_{tun}）的简化表达形式为

$$i_{\text{tun}}=(\text{常数})V\exp(-2\beta d)=V/R_{\text{tun}} \tag{21.1.1}$$

式中，V 表示针尖-基底之间的偏压；d 表示针尖-基底间距；R_{tun} 表示隧道间隙的有效电阻，一般为 $10^9\sim10^{11}\,\Omega$。前指常数（pre-exponential constant）与（填充的和空的）轨道态密度分布的重叠有关，而 β 与针尖和样品间的能垒有关，其中能垒与样品的功函数有关[9-12]，通常 $\beta\approx1\text{Å}^{-1}$（1Å=0.1nm）。只有当针尖与表面接近到几纳米之内、偏压在几毫伏到几伏时，才会产生可测

---

❶ operando 一词原意与原位（in situ）方法的一个分组（subgroup）有关，但这两个术语越来越多地被用作同义词。

❷ 第二版第 17 章涵盖了广泛的非电化学表征方法的基本原理，以及比这里包含的有关仪器的更多细节。

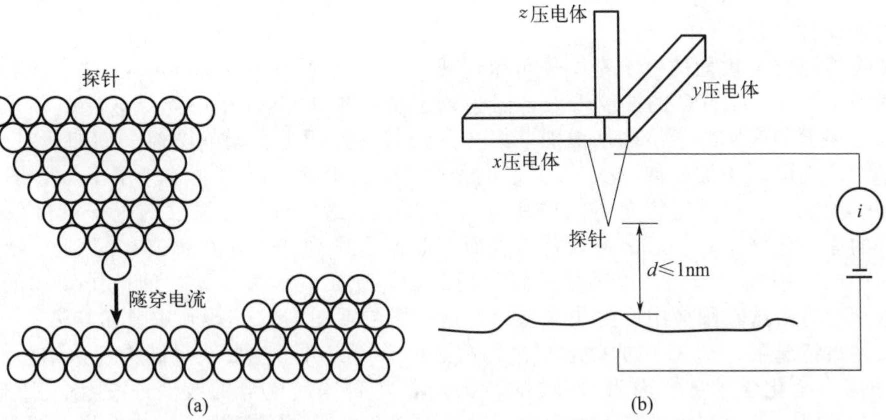

图 21.1.1　(a) 针尖和样品原子间隧穿示意图；(b) 针尖安装在三个用于定位针尖并扫描表面的压电体上

量到的电流（pA～nA）。

STM 通常以恒电流模式（constant current mode）进行工作，在这种模式下，通过将针尖向表面移动直到产生隧穿电流，然后在 x-y 平面方向沿表面扫描针尖来获得图像，通过上下移动针尖（即，通过改变 z）来保持隧穿电流恒定，并且图像是 z 相对于（x,y）。还可以通过在 z 压电体保持固定［恒高模式（constant height mode）］的情况下测量 i_{tun} 来获得图像，那么，图像是 i_{tun} 相对于（x,y）。

观测到的 STM 图像基本上由表面的形貌轨迹构成，并受功函数局部变化的影响。典型的图像以彩色或灰度图的形式呈现，其中不同的高度被描绘为不同的深浅或不同的颜色，如图 21.1.2(a) 所示[13]。为了获得高分辨率的 STM 图像，针尖必须非常尖，它的运动必须控制在几十分之一纳米以内，并且必须避免热漂移和振动位移。

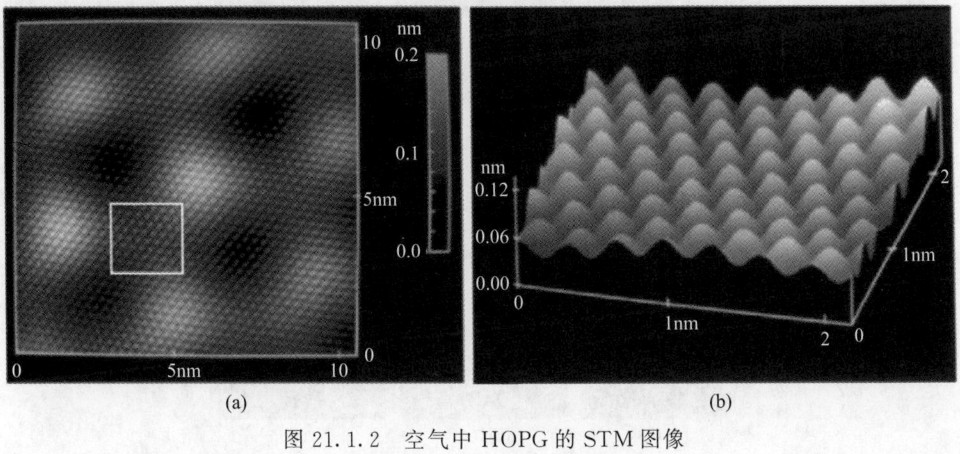

图 21.1.2　空气中 HOPG 的 STM 图像

(a) 低分辨率的灰度图像；(b) 图 (a) 中正方形区域的高分辨率形貌图（引自 Liu，Chang 和 Bard[13]）

在电化学 STM（EC-STM）中[1,14-23]，工作电极水平安装在配置了辅助和参比电极的小型电解池底部，扫描针尖保持在工作电极上方。基底电势（E_S）和针尖电势（E_T）由双恒电势仪（16.4.4 节）分别独立控制，从而 E_S 使所感兴趣的反应发生，E_T 提供所需的偏压。由于只有隧穿电流对 STM 是有意义的，所以针尖上的电极反应是不受欢迎的。因此，EC-STM（与空气或真空中非原位 STM 相反）针尖需要用玻璃或聚合物封住，只露出尖端最底部非常小的部分。此外，针尖电势选在无电极反应发生的范围，工作电极表面上的电解液层厚度必须要薄，只有针尖而非针座或压电体与溶液接触。实验细节可见文献［14-23］。

EC-STM 通常用于研究 HOPG 或金属和半导体单晶，很多情况下可以分辨电极表面原子结构，观测结构特征。示例见图 21.1.2 的 HOPG 基面 STM 图像[13]，图 14.5.1(a) 是 Au(100) 表面吸附碘的图像[24]。

这些图像是整个表面的电子密度分布图，观察到的波纹（corrugation）反映了这种分布的周期性，与 Au 相比，HOPG 的波纹较大，因为电子密度在 HOPG 中的离域较小。强度的变化有时可以通过表面的实际原子结构来识别，但样品的其他方面也会影响图像。例如，对于 HOPG，只有一半的表面碳原子被成像。交替的表面原子直接位于第二层中的碳原子上方（图 14.4.3)，对于这些表面原子，电子密度向下，与其他表面原子相比，与针尖重叠的电子密度较小[13]。当获得良好的原子分辨率时，通常可以获得表面上的原子排列［例如在 Au(100) 上］的全貌并确定原子间距[24]。有时，人们可以区分不同类型的相邻原子，因为元素之间电子结构的差异导致不同的隧穿行为，这在图像中产生明显差异。这种影响在图 14.5.1(a) 中显而易见。

在大多数情况下，STM 中的化学信息是匮乏的。研究人员主要获得结构性认知。然而，EC-STM 提供了一个化学维度，因为 STM 的行为通常随着基底电势的改变而变化。图 14.5.1(a) 提供了一个示例，其中在图像采集过程中，基底电势阶跃到一个新值，因此电势阶跃引起的结构变化被完全记录在一幅图像中。

现在时间分辨 STM 允许实时观察表面的原子水平结构变化[1,25]，许多具有重要化学意义。图 21.1.3 提供了在 Au(111) 基底上电沉积 Bi 的过程的示例[26]。首先看到的是已经形成的有序 Bi 岛，在图 21.1.3 连续画面中，可以看到该岛在 0.5s 的时间内通过沿边缘添加原子继续生长。该过程涉及扭结传播（kink propagation)，其中两排 Bi 以锯齿形（zig-zag pattern）共同生长。时间分辨 EC-STM 还允许在伏安扫描期间直接观察 Pt(111) 上 CO 吸附层的相变[27]。

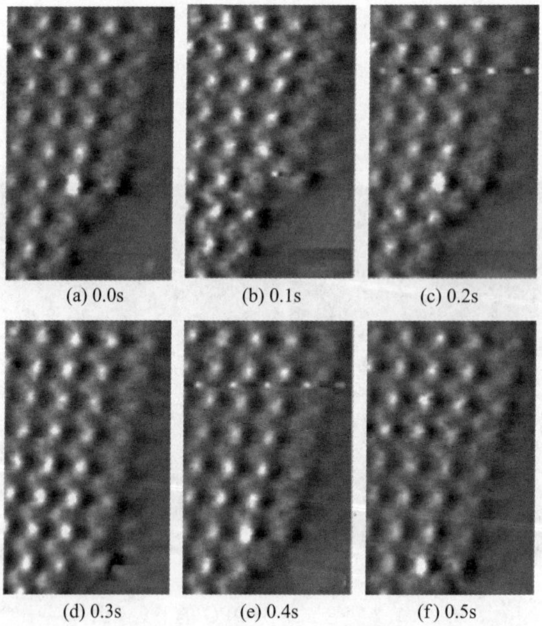

图 21.1.3 (a) ～ (f) 当 Bi 岛从 0.1mol/L $HClO_4$ + Bi^{3+} 溶液中在 −0.40V（vs. SCE）电沉积在 Au(111) 上时，连续采集的 STM 图像；成像面积为 2.5nm×3.8nm（Matsushima，Lin，Morin 和 Magnussen[26]）

另一个有趣的化学示例涉及原卟啉Ⅸ（PP；图 1）和铁原卟啉Ⅸ［FePP；图 1（MPP，M=Fe)］在 HOPG 上混合单层的 EC-STM[28]，结果如图 21.1.4 所示。PP 在所研究的电势区间无电活性，但 FePP 在 E_p = −0.48V[图 21.1.4(b)]显示出表面吸附物种特征还原波（17.2.2 节）。在 −0.1V 的针尖偏压和 −0.41V 的基底电势下，与 PP 相比，当针尖位于 FePP 上方时，隧穿电流更大，因此，FePP 分子看起来更亮[图 21.1.4(a)]。FePP 和 PP 之间的最大差异以及 FePP 的最大隧穿电流（即表观高度）均在 E_p 附近观察到［图 21.1.4(c)，(d)］。FePP 在 E_p 处的电流增加归因于分子的共振隧穿。

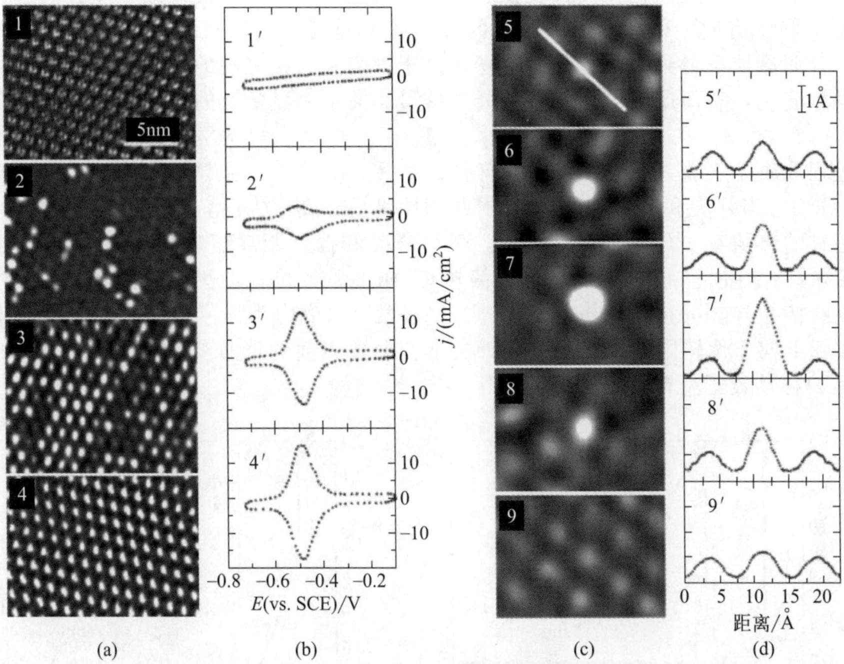

图 21.1.4　(a) HOPG 表面 PP 和 FePP 混合吸附层 STM 图像

采用蜡封 Pt 针尖在 FePP 和 PP 比例为 0∶1 (1)；1∶4 (2)；4∶1 (3) 和 1∶0 (4) 的 0.05mol/L $Na_2B_4O_7$ 溶液中采集图像，HOPG 电势为−0.41V (vs. SCE)，针尖对基底偏压为−0.1V，隧穿电流为 30pA；(b) 1′～4′为相应图 (a) 中 1～4 的循环伏安图，扫速为 200mV/s (首先负扫，阴极电流方向向下)；(c) 其他条件与图 (a) 条件相同，在不同基底电势 (vs. SCE)：−0.15V (5)、−0.30V (6)、−0.42V (7)、−0.55V (8) 和−0.65V (9) 条件下，HOPG 基底表面嵌入 PP 有序阵列中的 FePP 的 STM 图像；(d) 5′～9′为相应图 (c) 中 5～9 的截面图，截面沿图 (c) 中 5 经过三个 PP/FePP/PP 分子的白线。图像在恒电流 30pA 下采集，响应信号为表观高度 (引自 Tao[20])

尽管 STM 很好地解决了某些问题，但它是一种要求很高的方法，主要使用自行设计和搭建的仪器，商品仪器来源有限。

21.1.2　原子力显微镜

原子力显微镜 (atomic force microscopy，AFM) 是基于在表面上扫描针尖时，装有很尖针尖 (通常是 Si_3N_4 或 SiO_2) 的微悬臂的垂直偏转变化 (图 21.1.5)[9,12,29-32]。这些偏转是由针尖和表面之间的短程力引起的，微小位移是通过观察悬臂反射的激光束位置来测量的。在原子力显微

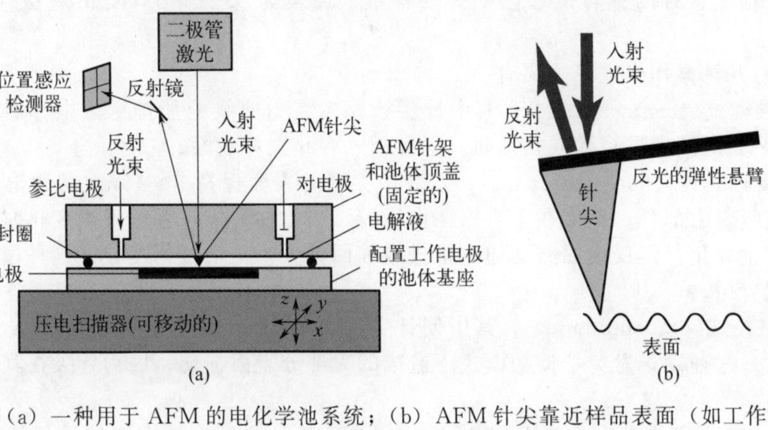

图 21.1.5　(a) 一种用于 AFM 的电化学池系统；(b) AFM 针尖靠近样品表面 (如工作电极)

该图未按比例绘制。针尖的尖端几乎在原子尺度上，但针尖另一端和悬臂必须在微加工零件的尺度上。针尖上力的变化会导致悬臂做出弹性响应，从而改变入射光束反射的角度。

镜中，悬臂和针尖是固定的，样品安装在压电扫描器上，该扫描器使样品在 z 方向（靠近和远离针尖）以及 x 和 y 方向上移动。集成针尖的悬臂通常通过硅的光刻法制备。入射光束通过悬臂顶部表面的金属涂层反射到光电管阵列。悬臂由于针尖和表面之间的力而移动，导致每个光电管上的光量发生变化，从而产生被记录的差分电信号。关于力显微镜的构造和操作的更多细节可参考文献［9，12，29-32］。

成像过程取决于表面力[33-34]，表面力有多种来源。来看一下悬臂偏转对 z-压电体位移的曲线［图 21.1.6(a)］。当针尖和表面浸入溶液中并相距 20nm 或更大时，它们之间基本上不存在力，因此悬臂是直的。随着 z-压电体向上移动，最终样品和探针距离缩短到 3nm 以下，范德华引力起主要作用，针尖移向样品（即悬臂向下偏转）。如果单位位移的力变化率大于悬臂弹性常数，则针尖“跳跃接触（jump to contact）”基底，“接触”时的力为强斥力，随着 z-压电体进一步上移，悬臂实际上向上偏转同样距离（假设针尖不会导致表面的严重变形），在这一区间可允许根据 z-压电体的移动校正悬臂的偏转。

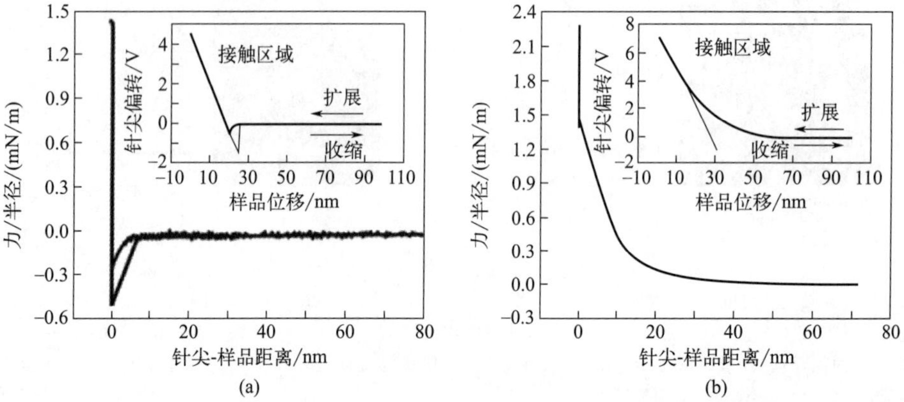

图 21.1.6　针尖和基底相互吸引（主要是范德华力）(a) 和其上过剩同性电荷引起的相互排斥（b）对 AFM 中样品在 z 方向上移动的影响

插图显示了原始数据（悬臂偏转），该数据根据针尖半径和悬臂的力常数转换为力数据。在该研究中，针尖是一个直径为约 10μm 的 SiO_2 球体。在（a）中，下方的曲线为接触后的回缩，并显示了克服黏附所需的额外力（引自 Hillier，Kim 和 Bard[35]）

图 21.1.6(b) 涉及一种不同的情况，在这种情况下，在距离表面大于 10nm 的距离处，针尖上存在排斥力。在如此大的距离上，唯一的力是静电力，它可能是吸引的，也可能是相斥的。在所示的情况下，它们是排斥性的，因为在针尖和基底上均有过剩的同性电荷。它们导致悬臂偏离样品表面。根据悬臂的偏转量和已知弹性常数（通常为 0.01～0.4N/m 量级），可以估算出排斥力。

AFM 有几种操作模式，主要有[29]：

① 接触模式（contact mode），其中针尖被保持在力曲线的强排斥区中。实际上，针尖与表面“接触”。当对针尖进行横向扫描时，这种模式容易损坏表面。

② 非接触模式（non-contact mode），其中尖端与表面保持 5～15nm 的距离，通常位于力曲线的平坦或吸引力部分，针尖在垂直振荡中运行，当力在扫描过程中发生变化时，振荡频率或相位往往会发生变化，但反馈回路会通过推进或缩回针尖来抵消任何变化。这种模式对于较软材料的样品特别有用。

③ 轻敲模式（tapping mode），其中使针尖在约 20nm 的范围内垂直振荡，最近达到力曲线的强排斥区。这种模式避免了接触模式下造成的大部分表面损伤，因为针尖在其横向运动过程中不接触表面。

由于 AFM 更容易操作，其比 STM 应用得更广泛。包括探针在内的设备均有市售的，并且该方法对临时使用的人来说很容易。AFM 是许多实验室的常规工具，而 STM 则不然。

AFM也更通用，基底无需支持隧穿电流，所以它们可以是绝缘的。此外，AFM所检测的距离尺度可以覆盖几分之一纳米到微米的广泛范围。例如，图15.6.8中所示的工作涉及在1μm×1μm的范围对5～50nm范围内的颗粒尺寸进行AFM测量。

在电化学中，AFM主要用于检测欠电势沉积（UPD）、腐蚀、蚀刻、吸附或其他类型的电极修饰引起的电极表面变化[1,14,21-23]，图15.6.8提供了一个示例。AFM在与SECM的联用中也得到了有效使用（18.3.3节）。

AFM已经被发现可用于表面力的定量测量[36]，然后可以与表面电荷密度或其他参数关联[33-36]。例如，连接到悬臂上的一个小的二氧化硅球体在水溶液中获得电荷，在pH值大于4时，由于硅烷醇（SiOH）表面基团的去质子化，该表面电荷是负的，当针尖移动通过分散双电层时，针尖和电极之间的力是表面电荷的量度[35,37]。

21.1.3 光学显微镜

长期以来，各种形式的光学显微镜一直被用于考察电化学体系，包括原位和非原位[38-39]。光学显微镜的基本原理和实践在一般资料中有充分的描述[40-41]，并且对读者来说通常是熟悉的。

常规显微镜相对容易与运行中的电化学池一起使用，因为可以很容易地在池中添加一个观察窗口。在某些情况下，显微镜物镜可以简单地浸入到电解液中，也许就正对着工作电极表面。

对于基于λ波长光源的光学显微镜，理论空间分辨率是Abbé衍射极限，在$\lambda/2$范围。可见光子的波长为400～800nm，因此实际分辨率为数百纳米。常规的光学显微镜非常适合检查电沉积、腐蚀或电池技术中的结构变化，这些变化涉及微米级或更大尺度的特征[42-43]。

光学显微镜有许多种形式[39-40]，其中一些可应用于电化学。我们列举三个：

① 荧光显微镜（fluorescence microscopy），其中入射光束用于激发样品的荧光，成像系统只允许接收荧光。在电化学体系中，例如，该方法用于跟踪电极修饰层中的荧光探针[44]或来自纳米颗粒的天然发光[45-46]。

② 暗场显微镜（dark-field microscopy），其中图像仅由入射光束散射的光形成。因此，散射体看起来是明亮的，而非散射背景是暗的，这是对颗粒进行成像的有利模式[38]。

③ 表面增强拉曼显微镜（surface-enhanced Raman microscopy），其中用来自激光的单色光照射样品，并检测拉曼频移光波长。这对于显微镜来说是可行的，因为表面可以大大提高拉曼发射概率，因此该方法可用于表征特定的表面相互作用[38]。拉曼光谱，包括表面增强效应，可见21.4.2节。

一种完全不同的方法是近场扫描光学显微镜（near-field scanning optical microscopy, NSOM）[41,47]。入射光束不会直接入射到样品上，而是被一个直径只有几纳米的小孔阻挡，这个小孔比光的波长范围小得多，光束无法射出并被反射，反射产生倏逝波（evanescent wave），这是光的电磁场在反射平面之外的延伸。这种倏逝波能够对小孔之外的波长的一小部分进行光吸收，并且可以在反射波中检测到吸收。通过在样品上光栅化扫描小孔并测量吸收程度与位置的关系，可以获得近场显微照片，因此，NSOM是一种扫描探针方法，分辨率不受衍射的限制，而是受孔径大小的限制，并且可以比传统显微镜高得多。NSOM能够在纳米尺度上成像，并已被用于原位研究纳米颗粒上的电极反应[38]。

21.1.4 透射电子显微镜

在电子显微镜中，电子被用来“照射”样品[48]，仪器的所有元件，包括样品，均处于真空中。为了方便控制电子束，特别是聚焦，电子被加速到均一的能量，因此，它们是单色的，具有单一的德布罗意波长❸。通常，它们的能量在10～300keV，对应于12～2pm的波长。由于这些波长比可见光的波长小4～5个数量级，电子显微镜能够对远小于光学显微镜可分辨的特征进行成像。主要种类有扫描电子显微镜（SEM）[48-49]、透射电子显微镜（TEM）[48,50]和扫描透射电子显微镜（STEM）[48,50]。所有这些都在很大程度上是非现场使用的，并在21.8.1节中进行讨论。

❸ 质量为m的运动颗粒具有德布罗意波长，$\lambda=h/(2\boldsymbol{E}m)^{1/2}$，其中，$h$是普朗克常数；$E$是动能。当速度接近光速$c$时，应用相对论修正。

然而，TEM 和 STEM 现在已被发展用于原位电化学研究。

在 TEM 和 STEM 中，图像是通过收集穿过极薄样品的电子而产生的，因此，它们可以显示样品的内部结构。对于最薄的样品，这些方法可以分辨单个原子，但分辨率会随着样品厚度的增加而降低。利用 TEM 或 STEM 对电化学池进行原位表征是非常苛刻的，因为包括池壁在内的整个电解池必须足够薄才能支持电子透射。此外，必须关注电子束造成损坏的可能性。对实验条件和可行性已经进行了严谨的评估[51]。

已经开发出如图 21.1.7 所示的流动池，以限制光束损伤并更新池中的溶液。窗口通常由 Si_3N_4 制成，并且整个池体的厚度不超过几百纳米。

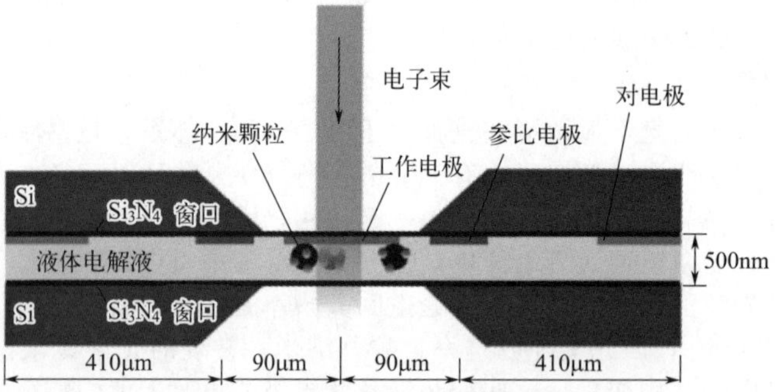

图 21.1.7　原位 TEM 的液体流动池

参比电极焊盘和对电极焊盘对称地位于工作电极的两侧（引自 Zhu 等[52]）

在涉及金属沉积、腐蚀、电催化颗粒和电池材料等体系，已经有许多成功的研究，其中伴随电极反应的形态变化引起了人们的兴趣[51-55]。图 21.1.8 显示了这种情形的结果。事实上，可以以显著的空间分辨率实时观察发生的事情，但达不到 STEM 通常达到的原子分辨率，因为样品和池体仍然相当厚。

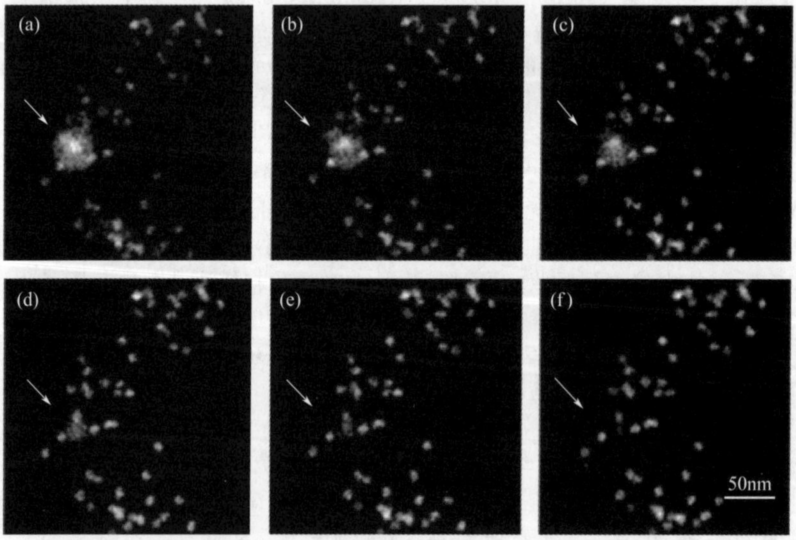

图 21.1.8　在 0V 和 1.0V（vs. RHE）之间的线性扫描（100mV/s）循环期间，碳工作电极上 Pt-Ni 催化剂纳米颗粒在 0.1mol/L $HClO_4$ 中的 STEM 图像

在循环：(a) 1 圈；(b) 10 圈；(c) 11 圈；(d) 12 圈；(e) 15 圈和 (f) 20 圈期间，在 0.0～1.0V 转换电势下采集图像。一个大的富镍颗粒在每幅图中的箭头处降解和溶解（来自 Beerman 等[55]）

20.4.2 节涉及了一个不同的例子，其中 TEM 用于研究捕集液体中的电化学过程。

21.2　石英晶体微天平

在许多电化学实验中，当物质在电极上沉积或失去时，会发生质量变化。在电化学响应同时测量这些变化是非常有帮助的，而石英晶体微天平（quartz crystal microbalance，QCM）是实现这一目的的最重要工具。商品化仪器可以购买到，它们很容易与电化学系统联用。

21.2.1　基本方法

QCM取决于石英晶体片的压电特性，当其上施加电场时会导致石英晶体片变形［图21.2.1(a)］[56-61]。晶体的机械共振模式取决于其尺寸和厚度，并且，当在能够提供电能以维持振荡的电路中使用时，晶体以其固有频率 f_0 振荡，在QCM中使用的典型晶体的 $f_0=5\text{MHz}$。

如果通过在单位面积晶体表面附加质量 $\Delta m(\text{g/cm}^2)$ 来改变晶体频率，则根据Sauerbrey方程，振荡频率变化 $\Delta f(\text{Hz})$ 为

$$\boxed{\Delta f=-2f_0^2 n\Delta m/(d_q\mu)^{1/2}=C_f\Delta m} \tag{21.2.1}$$

式中，n 为振荡的谐波数；μ 为石英的剪切模量，$2.947\times10^{11}\text{g/(cm}\cdot\text{s}^2)$；$d_q$ 为石英的密度，2.648g/cm^3。这些常数可合并成灵敏度因子 C_f，对于空气中5MHz的单晶，其值为 $56.6\text{Hz}\cdot\text{cm}^2/\mu\text{g}$。谐振行为随晶体操作环境的不同而变化，因为相邻介质耦合（或“加载”）到晶体表面并影响共振模式。因此，液体中的 f_0 和 C_f 值低于空气或真空中的值[62]。对于通常的水溶液，5MHz晶体的 C_f 约为 $42\text{Hz}\cdot\text{cm}^2/\mu\text{g}$。频率也依赖于温度。

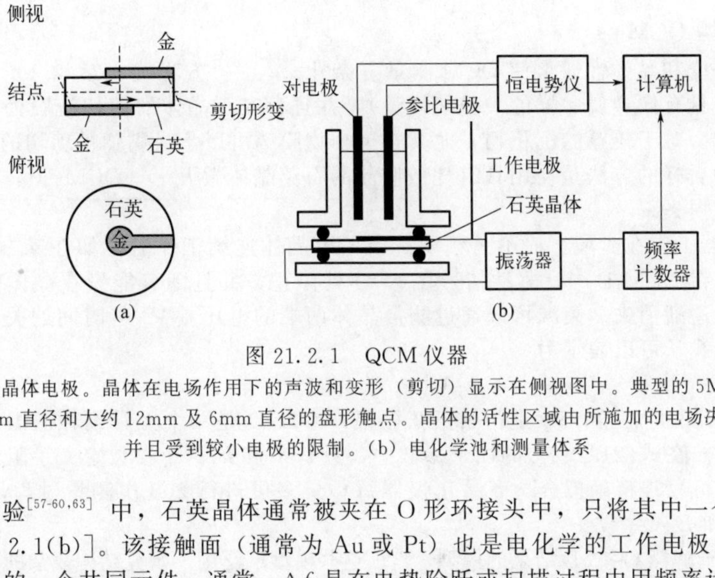

图21.2.1　QCM仪器

(a) 镀金石英晶体电极。晶体在电场作用下的声波和变形（剪切）显示在侧视图中。典型的5MHz晶体具有25mm直径和大约12mm及6mm直径的盘形触点。晶体的活性区域由所施加的电场决定，并且受到较小电极的限制。(b) 电化学池和测量体系

在电化学实验[57-60,63]中，石英晶体通常被夹在O形环接头中，只将其中一个金属电极暴露在溶液中［图21.2.1(b)］。该接触面（通常为Au或Pt）也是电化学的工作电极，并且是恒电势仪和振荡电路中的一个共同元件。通常，Δf 是在电势阶跃或扫描过程中用频率计数器测量的。

校准实验可能涉及在电极上电沉积Cu或Pb，这会降低频率。例如，如果Au电极面积为 0.3cm^2，并且在其上沉积单层Pb（质量约为 $0.1\mu\text{g}$），则观察到的频率变化（取 $C_f=42\text{Hz}\cdot\text{cm}^2/\mu\text{g}$）约为14Hz。通常频率测量精度为0.1～1Hz，因此，亚单层灵敏度是容易实现的。如式(21.2.1)所示，灵敏度随着 f_0 的平方而增加，并且随着 n 而线性增加，因此，通过使用更高 f_0（例如，10MHz）的晶体或更高次谐波可以获得更高的灵敏度。

QCM已用于测量金属欠电势沉积、表面活性剂吸附/脱附以及修饰层中氧化还原中心反应过程中电极上的质量变化。图21.2.2(a)提供了一个示例，涉及QCM晶体Au电极上的聚乙烯二茂铁（PVFc）薄膜。PVFc氧化后，QCM频率降低（曲线2），表明掺入 PF_6^- 导致质量增加。在扫描返转后，薄膜发生还原，并且频率增加回到原始值。质量变化与氧化还原过程中通过的电荷相关，表明氧化还原过程不会导致溶剂掺入膜中[64]。

第二个例子[图 21.2.2(b)]涉及置于 QCM 晶体镀金膜上的高比表面积碳 YP-50 工作电极，电极也接触 0.75mol/L Et_4PBF_4 的 MeCN 溶液[65]。该体系是由相同材料制成的超级电容器电极的模型。当碳电极从其 PZC 极化时，它进行充电。在负极化的情况下，碳带负电荷，并且伴随着充电的是几乎线性的质量变化。然而，质量的变化超过了吸附的 Et_4P^+ 中和所需的量，表明溶剂在充电过程中也进入多孔电极结构。

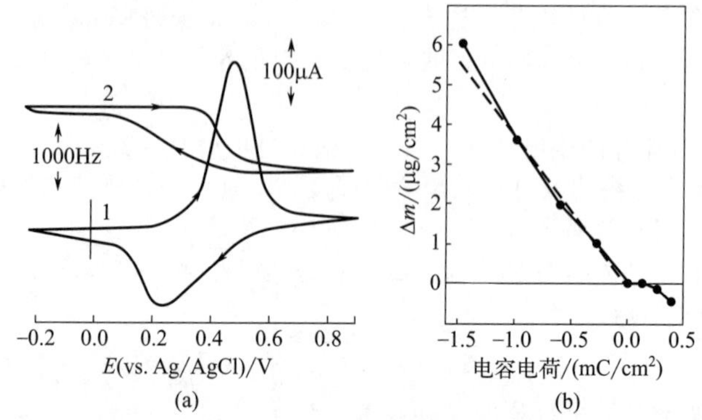

图 21.2.2 QCM 测量的两个例子

(a) 在 0.1mol/L KPF_6 中的金电极上 PVFc 膜在电势扫描期间的现象。1—10mV/s 时的 CV，电势向右更正，阳极电流向上，扫描从负端开始，首先正向扫描；2—QCM 频率变化（引自 Varineau 和 Buttry[64]）。(b) MeCN+0.75mol/L 四氟硼酸四乙基鏻中在 YP-50F（大比表面积炭）电极上 QCM 测量的质量变化与电极上电量的关系。虚线是线性拟合（引自 Griffin 等[65]）

21.2.2 耗散型 QCM

表面层的厚度和黏弹性通常使 QCM 测量复杂化[56-61,66]。方程式（21.2.1）是在假设沉积材料是刚性的（即具有像金属一样的大剪切模量），并且存在于晶体的剪切波腹处的非常薄的膜中的情况下导出的。对于较厚的沉积物，尤其是聚合物膜等可以承受黏弹性剪切的材料，情况更为复杂[56,66]。一种更好的方法是使用具有耗散监测的石英晶体微天平（QCM-D），来评估黏弹性的质量变化和能量损失。

QCM-D 仪器工作在时域，而不是频域。当压电晶体连续工作时，如在基本 QCM 中，电路支持连续振荡。在 QCM-D 中，驱动信号在 $t=0$ 处停止，并且随着能量在晶体内部及其周围的耗散，振荡运动逐渐消失。衰减可以通过测量晶体两端的电压差 V_x 与时间的关系进行跟踪。信号是阻尼正弦曲线，可以表示为

$$V_x = V_x^0 e^{-2\pi f t D} \sin(2\pi f t + \phi) \tag{21.2.2}$$

其中，f 是频率；ϕ 是相角；V_x^0 是初始正弦振幅；参数 D 是一个无量纲耗散因子，体现了环境的尺度和黏弹性。在式(21.2.2) 的四个参数中，只有 f 和 D 两个参数定义了阻尼正弦曲线的形状，因此，它们可以被精确拟合。商品化仪器每秒最多可进行 200 次测量过程，每 5ms 提供一组 $\Delta f = f - f_0$ 和 D。

文献中有用于解释 QCM-D 结果的模型[56,66]。这些模型广泛用于研究结构复杂的电化学体系[67-70]。

21.3 紫外-可见光谱法

基于紫外或可见光的光学方法在电化学中有很长的应用历史[2-7,71]，本书前两版均详细进行了介绍❹。这里我们只讨论 3 种广泛、持续使用的方法。

21.3.1 薄层池吸收光谱

或许最简单的光谱电化学实验是引导紫外-可见光束透过电极表面，测量在电极过程中由于

❹ 第二版 17.1 节；第一版 14.1 节。

物质的产生或消耗所引起的吸光度的变化。前提条件显然是需要一个光透电极（optically transparent electrode，OTE)。已有很多类型 OTE 的报道[2,7,71-81]，它们可以是一种导电氧化物（例如铟锡氧化物，ITO）薄膜，或是一种沉积在玻璃、石英或塑料基底上的金属（如金或铂）或碳（例如 BDD 或 CNT)，或者它们也可以是由每厘米几百根细丝所构成的小栅极网格。

透射实验的常见模式包括一个薄层池系统[2,7,71,75-76,79,82-83]（图 21.3.1)。工作电极封闭在一个腔内（例如，间距 0.05～0.5mm 的两片玻璃之间)，腔内可由底部通过毛细作用充满，且保持与一个包含参比电极和辅助电极的大体积容器连接，该池的电化学表现类似 12.6 节讨论的薄层体系，可以按照普通的方式进行 CV 和电量分析，但也需要有获得薄层池中物质的吸收光谱的装置。光透薄层电极（optically transparent thin-layer electrode，OTTLE）的优点是可以在薄层池几秒钟内实现本体电解，因此可以在一个静态的溶液组成下收集光谱数据。图 21.3.1 池体与标准光学吸收池尺寸一样，可用于分光光度法或荧光光谱电化学。

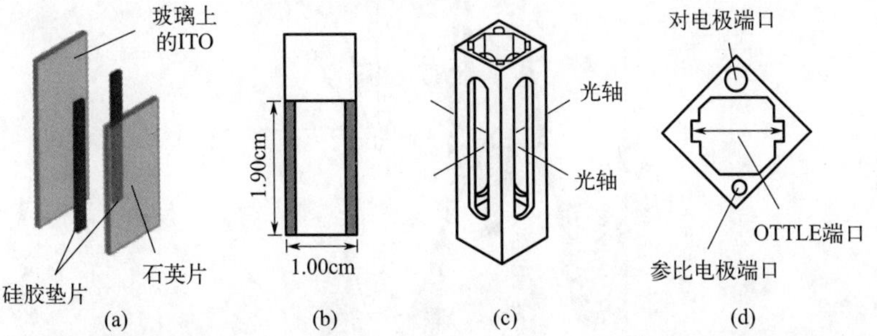

图 21.3.1 （a）配置 ITO 工作电极的 OTTLE 分解图；（b）装配 OTTLE 的正面图；（c）分光光度计和荧光分光光度计中用于电化学的吸收池，顶部开口用于添加溶液和 OTTLE，其他端口用于放置参比电极和辅助电极，吸收池中的溶液仅在光学端口下方的最底部；（d）吸收池俯视图显示 OTTLE、参比电极和辅助电极布局，OTTLE 相对任一光轴都是 45°（改编自 Wilson，Pinyayev，Membreno 和 Heineman[83]）

图 21.3.2 为钴与 Schiff 碱配体的配合物在 OTTLE 上得到的光谱[84]。在－0.9V（vs. SCE）时，配合物含有 Co(Ⅱ)，但在－1.45V 时，金属中心被还原为 Co(Ⅰ)。如果体系是可逆的，类似结果可用于得到准确的标准电势，因为 OTTLE 中溶液可以随着电极电势迅速达到平衡。

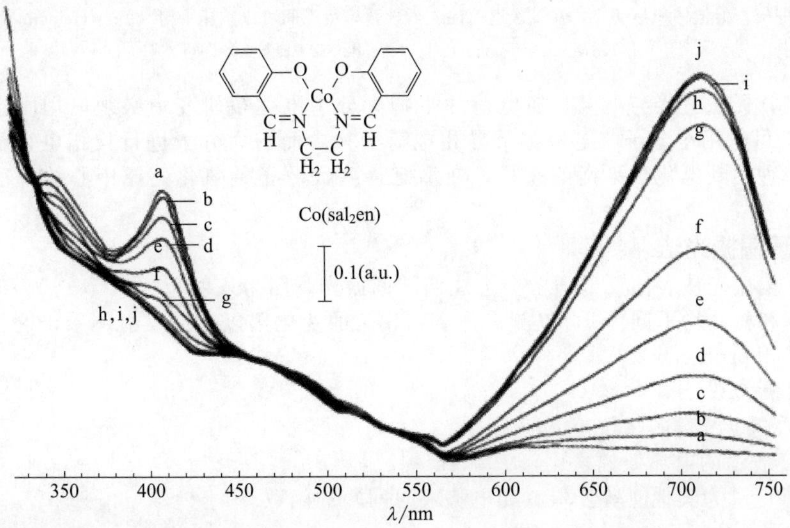

图 21.3.2 在 OTTLE 电极上得到的钴（Ⅲ，Ⅱ）与双（水杨酸）乙二亚胺配合物[Co(sal_2en)]的光谱

施加的电势（vs. SCE）/V：a——0.900；b——1.120；c——1.140；d——1.160；e——1.180；f——1.200；g——1.250；h——1.300；i——1.400；j——1.450（引自 Rohrbach，Deutsch 和 Heineman[84]）

光谱电化学方法在揭示电荷转移复杂顺序时是特别有用的。图 21.3.3 显示了一个经典例子[85]，样品是细胞色素 c 及细胞色素 c 氧化酶的混合物，初始时两者均完全氧化，实验是通过甲基紫精（MV^{2+}；图 1）的电生自由基阳离子进行库仑滴定：

$$MV^{2+} + e \rightleftharpoons MV^{\dot{+}} \qquad (21.3.1)$$

在溶液中，一个 $MV^{\dot{+}}$ 可还原细胞色素 c 中的 1 个血红素或细胞色素 c 氧化酶中的 2 个血红素中的 1 个。在递增通过电量后记录光谱图，结果表明细胞色素 c 氧化酶中的 1 个血红素基团首先被还原，然后 $MV^{\dot{+}}$ 在与氧化酶中的第 2 个血红素反应之前，还原细胞色素 c 中的血红素。

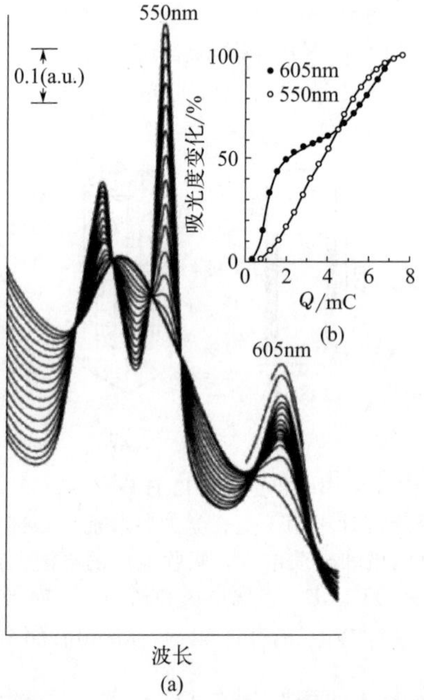

图 21.3.3 采用在 SnO_2 的 OTE 上产生的 $MV^{\dot{+}}$ 电量滴定细胞色素 c（17.5μmol/L）和细胞色素 c 氧化酶（6.3μmol/L）

（a）在每个均匀递增通过的电量后记录光谱；（b）吸光度相对于总电量变化。该实验中未使用 OTTLE 电极，但池体积足够小，在每次电荷注入后短暂等待期间可以重建平衡（引自 Heineman，Kuwana 和 Hartzell[85]，Academic Press Inc 许可）

正如该例，无法直接与电极交换电荷的生物大分子电化学研究中必须应用间接非电化学法（17.8.2 节），可采用小分子与电极进行异相电荷交换，而与大分子进行均相电荷交换。这些中介体提供了一种达到电化学平衡的途径，在测定这些大分子的氧化还原中心的标准电势时特别有用。

21.3.2 椭圆偏振光法

一个线性偏振光从表面反射通常会生成椭圆偏振光，因为入射光的平行（p）和垂直（s）分量的反射效率和相移均不同❺，可以测量强度和相角的变化用以表征反射体系，这种方法称为椭圆偏振光法（ellipsometry）[86-92]。

有两个可测参数：

① 前、后两个分量的相位差 Δ；

② 以角度表示的电场振幅之比，$\Psi = \tan^{-1}|\varepsilon_p|/|\varepsilon_s|$。

Δ 和 Ψ 的值可记录为其他实验变量（如电势或时间）的函数。

❺ 在光学系统中，偏振状态是相对于入射平面表示的。对于平行偏振光，电矢量平行于入射平面，垂直偏振光则是垂直的。

有几种评估 Δ 和 Ψ 的方法，但最准确的方法依赖于零平衡。相对于入射平面以45°线性偏振的光入射到样品上。线性偏振意味着 $|\varepsilon_p|=|\varepsilon_s|$ 和 $\Delta=0$。反射后，光束通过可调节的光补偿器恢复到 $\Delta=0$ 的初始状态，补偿器的位置可用于测量反射引起的 Δ 值。产生的线性偏振光然后通过第二个偏振器（分析器），它可旋转直到其透射轴与迎面的光的偏振面成合适的角度，以致没有光通过分析器到达检测器，达到消光条件。分析器的角位置提供了 Ψ 的测量值。除非正确调节补偿器和分析器，否则达不到消光的效果。商用自动椭圆仪可以在毫秒时间尺度上处理光束的光学分析。

椭圆偏振法通常用于研究表面薄膜的生长。有关铝表面阳极膜示例的结果如图 21.3.4 所示[93]。初始测量始于标注"裸"基底的点❻，随后在膜生长过程中所做的测量显示为十字，它们是一个封闭的环，然后，随着厚度（圆圈）更大，开始重复闭环。由测到的两个参数 Δ 和 Ψ 以及已知的铝光学常数，可确定薄膜在任何生长阶段的两个基本参数。在此情形下，假设膜是不吸光的，可以计算折射率 n 和厚度 l。图 21.3.4 中的曲线是 $n=1.62$ 时的预测响应。可以在不从电解池中移出电极或中断电解的情况下研究膜生长动力学。

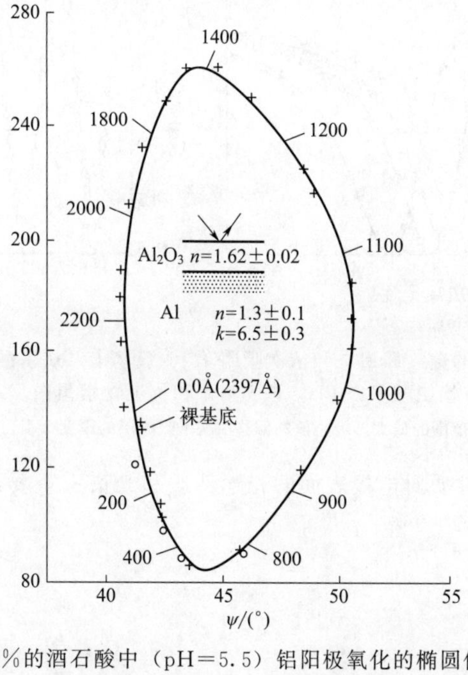

图 21.3.4 在 3%的酒石酸中（pH=5.5）铝阳极氧化的椭圆偏振测量结果

沿着拟合曲线的数字表示膜的厚度（Å）。十字：在第 1 个循环中测量的点（0～2397Å）；

圆圈：第 2 个循环中测量的点（>2397Å）（引自 Dell'Oca 和 Fleming[93]）

椭圆偏振光法也已被用于研究电极上聚合物膜的生长或变化（第 17 章）。

尽管椭圆偏振光法测量通常在单一波长（通常由激光器产生）和单一入射角下进行，但其他操作模式也是可能的。例如，薄膜光谱响应可以通过用变化的波长进行测量（椭圆光谱法）来获得。

21.3.3 表面等离子体共振

金属导体中的移动电荷和固定电荷包括等离子体（plasma），该等离子体可以受偏振光作用产生集体振动（collective oscillation），这种状态被称为等离激元（plasmon）（又称等离子体激元、等离子体等——译者注）。在金属和电子绝缘体（包括电解质溶液）之间的表面上，等离激元表现独特，被称为表面等离激元。它们是量子化的，并且光吸收可以在激发时发生，从而降低

❻ 因为 Al 上存在天然氧化膜，其不在 0.0nm。

金属表面的反射率。这种效应被称为表面等离子体共振（surface plasmon resonance，SPR）（又称表面等离激元共振—译者注），可以用于电化学表面的研究[94-95]。

对于薄膜工作电极（例如，玻璃上 50nm Au 膜），反射率可以作为入射角 θ 的函数来测量，如图 21.3.5(a) 所示。电极由激光器的 p 偏振光从背面照射，薄膜的正面暴露在池中的溶液里。随着 θ 变化，入射光的电矢量分量在任一表面平面上发生变化，影响光吸收的概率。在一个特定的角度，即 SPR 极小值，反射率达到其最低点，可以接近零［图 21.3.5(a)，(b)］。

与表面等离激元相关的振荡电场延伸到邻近的溶液中，但随着远离电极表面的距离呈指数衰减。衰减长度大约为 200nm。该场与溶液中或吸附在表面上的电荷和偶极子的相互作用改变了表面等离激元的波长，从而它们改变了 SPR 极小值。因此，极小值的位置提供了关于表面介电常数和膜厚度的信息，它已被用于研究生物分子和自组装单层在金属上的吸附、电极表面的电势分布以及欠电势沉积和电极氧化等电化学过程。图 21.3.5 展示了洁净金表面在连续吸附后的 SPR 行为变化[97]。注意 SPR 极小值随薄膜厚度的增加而发生的系统性偏移。

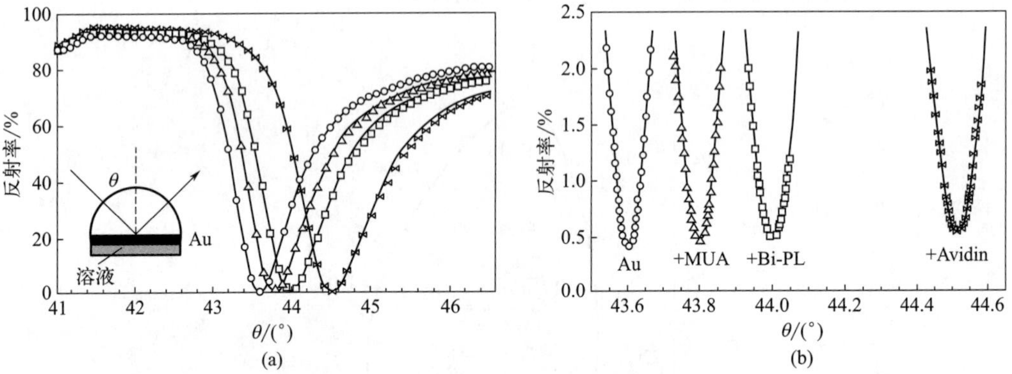

图 21.3.5 清洁的金（圆圈）和依次吸附了 11-巯基十二烷基酸（MUA，三角形）、含有 22%的生物素的聚-L-赖氨酸（Bi-PL，正方形）和抗生物素蛋白（Avidin，蝶形）的反射率曲线

(a) 宽角度范围；(b) SPR 极小值范围的放大。极小值的偏移反映了吸附层的厚度（引自 Frey，Jordan，Kornguth 和 Corn[96]）

表面等离激元的物理性质对电极表面的光学性质和光谱有重要影响，我们将在 21.4 节中再次面对它们。

21.4 振动光谱

振动光谱具有来自观测样品物质的正常模式引起的特征[98-99]。通常，这些特征窄，数量多，并且容易归属于特定的化学基团（例如，$—CH_2$、$—CH_3$、$C=O$、—Ph）。电化学体系的原位振动光谱可以提供其他方法难以获得的结构分析信息。它们可以帮助研究人员识别电极反应的参与者，即使它们仅以亚单层存在。一个很好的例子如图 15.3.2 所示。振动光谱可以通过红外光谱和拉曼光谱从运行的电化学池中获得。

21.4.1 红外光谱

当入射电磁辐射的频率与分子振动模式共振时，可以发生光吸收。能量变化对应于红外区域，因此，可以通过记录入射光的吸光度与频率的关系——或者更常见的是与波数❼的关系来获得振动光谱。红外光谱探测涉及偶极矩变化的分子振动，因此，极性分子键的振动通常对应于强

❼ 频率为 ν 的光的波数 $\tilde{\nu}=\nu/c$。它表示每单位距离（通常为每厘米）的波的数量。相应的光子能量为 $\boldsymbol{E}=h\nu=hc\tilde{\nu}$，因此，光子的波数与其能量成正比。单位 cm^{-1} 通常被视为能量单位，$1eV=8065.6cm^{-1}$。通常观察到的振动光谱范围约为 $400\sim4000cm^{-1}$，或约为 $0.05\sim0.5eV$。

红外波段。

红外光谱电化学[100-109] 在电极表面和表面附近的薄溶液区对物质进行探测。最常见的配置是外反射模式[图 21.4.1(a)]，其中红外辐射穿过窗口和薄层溶液，在电极表面反射并被检测。窗口和电极之间的溶液层必须很薄（1～100μm），因为大多数溶剂都是很好的红外辐射吸收剂。电极通常放置在一个活塞的末端，活塞可用于调整电极和窗口之间的间距。

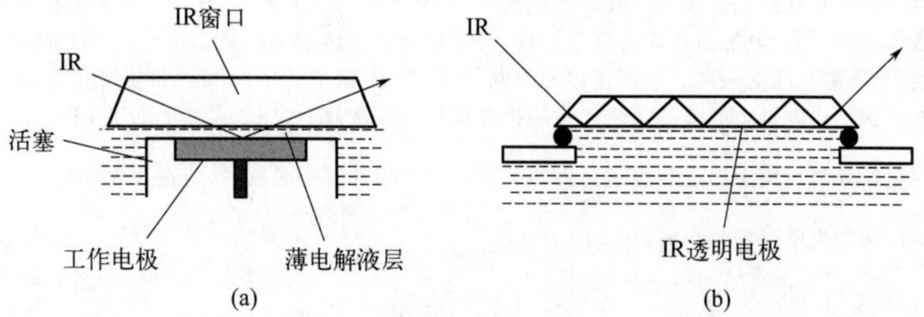

图 21.4.1　红外光谱电化学的光学配置

(a) 外反射模式；(b) 衰减全反射模式。窗口或 ATR 元件必须对 IR 辐射透明并且不溶于感兴趣的溶液（例如，CaF_2、Si、ZnSe）（引自 Chazalviel 和 Ozanam[102]）

在另一种模式中，电极沉积在内反射元件的一面上[图 21.4.1(b)]，在穿过元件的过程中，光从电极/电解液界面反射多次，在每个反射点，其倏逝波（21.1.3 节）允许在反射平面外延伸几分之一波长的区域内的吸收光，在出射光束中可以检测到吸收，这种模式被称为衰减全反射(ATR)。

对于任何一种模式，感兴趣的物质的吸光度通常比其他吸收组分（如溶剂和支持电解质）的吸光度小得多，因此，必须采取措施将感兴趣的吸收与只有干扰的吸收隔离开来。已经设计了几种不同的方法。表 21.4.1 对它们进行了总结和对比❽。

表 21.4.1　红外光谱电化学的主要形式

电化学调制红外反射光谱(EMIRS)	
概念	电势在不产生感兴趣物质处和电化学产生或消耗物质处之间进行调制(通常通过阶跃)。该技术允许检测电化学反应物或产物,同时区分溶剂和溶解物,它们的 IR 吸光度不受电势调制的影响。解调分离调制信号,并将其呈现为变化的直流信号,可以进行正常处理或记录
仪器	宽带红外光源和红外单色仪产生入射光束。通过使用单色仪扫描波长,同时记录来自检测器的解调信号,从而产生光谱。改进后的仪器具有 FTIR 功能
局限	调制速率通常被限制在几赫兹,因为电极和窗口之间的薄层溶液的高电阻导致大的电解池时间常数。时域中的测量,包括扫描,必须在几秒或更长的时间内进行。整个光谱的采集时间相对较长,电化学体系在观察期内必须是化学可逆和稳定的
优点	光谱需求可以通过商品化红外光谱仪来满足。电解池和相关光学器件,加上检测信号的解调,必须进行定制
参考文献	[101-103,106-108,110]
红外反射-吸收光谱(IRRAS)	
概念	使用插入入射光束中的光弹性调制器相对于偏振快速调制的 IR 辐射,在固定电势下观察该体系。随机取向的溶液分子吸收 p 偏振光和 s 偏振光的程度相同,因此它们的吸光度不受调制。只有 p 偏振光对表面敏感,因此,检测信号的解调给出了吸附层的 IR 响应

❽　名称和缩写在该领域未标准化，可能会令人费解。表 21.4.1 按作者认为的使用最广泛的名称和缩写排列。还确定了其他名称和缩写。如果使用 ATR 模式，则前缀 ATR 通常被添加到名称中（例如 ATR-SEIRAS）。

续表

仪器	该方法可以与基于单色仪的或 FTIR 的光谱仪一起使用(见下文 SNIFTIRS)。偏振调制的频率比干涉仪使用的频率高得多,因此可以将检测到的信号与干涉图的分析分开解调。宽带红外光源和红外单色仪产生入射光束。通过使用单色仪扫描波长,同时记录来自检测器的解调信号,或者通过干涉图的常规 FT 反演,可以产生光谱
局限	尽管商品化红外光谱仪可以满足光谱需求,但与大多数方法相比,有更多定制的仪器和信号处理。调制和解调步骤,加上电解池和相关光学器件,必须定制。时域观测在光谱上受到扫描感兴趣的光谱范围(可能很窄)所需时间的限制。根据仪器的限制,可以在 1s 或更长的时间内获得光谱序列。时域观察在电化学上受到工作电极上的薄溶液层产生的长电解池时间常数的限制(参见上面 EMIRS)
优点	观测结果与表层中固定的物质紧密相关。化学可逆性不是必需的,但在观察期间需要稳定性
其他名称	偏振调制内反射吸收光谱(PM-IRRAS)
参考文献	[101-108]
表面增强红外吸收光谱(SEIRAS)	
概念	当分子的振动模式耦合到具有适当组成和形状的金属表面上的表面等离子体激元时,发生表面增强吸收。实际上,金属充当天线,收集入射光,并大大增加分子(通常是吸附物)吸收光子的概率。增强是数量级的,因此可以在不采取其他步骤分离信号的情况下观察表面层。然而,一个 ATR 元件经常被用来提供更强的吸收
仪器	该方法可以与基于单色仪的或 FTIR 的光谱仪一起使用(见下文 SNIFTIRS)
局限	表面增强发生在粗糙度反映三维粒状(granular)生长的表面上(15.6.3 节)。时域观测受到适用于 IRRAS 的相同因素的限制(如上所述)
优点	当这种方法可以应用时,它是相对简单的,商品化红外光谱仪可以满足光学需求和数据采集,只有电解池和相关光学器件必须进行定制
参考文献	[100-104,106-108,111]
差减归一化界面 FTIR 光谱(SNIFTIRS)	
概念	分别在两个电势下获得光谱:第一个电势是感兴趣的电化学过程尚未发生的电势;第二个电势是它们正在发生或已经完成的电势。得到的结果是减去不受电势变化影响的 IR 分量的差谱
仪器	红外仪器是傅里叶变换红外(FTIR)光谱仪,其中用连续光谱的红外辐射照射样品,并以毫秒为单位记录干涉图,干涉图可以通过 FT 转换为光谱。通常,在进行转换之前,对多个干涉图进行信号平均以提高信噪比,总的光谱采集时间通常是十分之几秒到几秒
局限	该方法设计旨在捕捉电势阶跃后红外光谱的变化。时域观测受到适用于 IRRAS 的相同因素的限制(如上所述)
优点	商品化 FTIR 光谱仪可以满足光学和数据采集的要求,只有电解池必须进行定制,可以在仪器的用户界面中处理光谱差减和其他基于数据的操作,所观测的电化学体系无需化学可逆或稳定
其他名称	电势差红外光谱(PDIRS)、单电势变化红外光谱(SPAIRS)
参考文献	[101,103,105-108,110]

这些红外方法已被用于研究吸附物,检测电极和窗口之间的薄层溶液中生成的物质,以及探测双电层。在有利的情况下,可以获得关于被吸附分子的取向和吸附对电势依赖性的信息。

图 15.3.2 提供了一个例子,其中在 CV 扫描期间对 Pt 的甲醇氧化体系进行 ATR-SEIRAS。光谱表明甲酸盐和 CO 均吸附,其中 CO 存在 2 种不同的取向,吸附物的混合随电极电势的变化显著。

21.4.2　拉曼光谱

拉曼散射实验通常采用不被样品吸收的光激发，大部分光直接透过体系或在光子能量不变的情况下散射（Rayleigh scattering，瑞利散射）。然而，一些光子与样品交换振动量子，通过波长的变化反映能量的损失或增加（Raman scattering，拉曼散射）[98-99]。由于能量变化是量子化的，拉曼效应产生的光相对于入射光的能量具有离散能差（discrete energy differences）。通常研究 Stokes 线，这是能量低于激发能量的拉曼发射（导致散射体的振动激发）。然而，拉曼光子也可以通过从具有一些初始振动激活的体系散射而具有比入射光更多的能量。这种反 Stokes 分支的强度通常要低得多，因为能量差对应于散射物质的振动模式的量子，拉曼光谱提供了与红外光谱类似的分子信息。

激发和检测在光谱的可见光区域，因此，拉曼光谱可以用于具有玻璃窗和水溶液的电化学池中。由于散射概率和能量偏移小，强单色光源是必不可少的，普遍使用的是激光。

电化学体系中，可以对溶解物进行原位测量，但最感兴趣的是吸附物。通常，拉曼散射产生的信号弱、灵敏度低，因此，电化学体系的研究依赖于涉及信号大幅度增强的技术[112-121]。

① 共振拉曼光谱（resonance Raman spectroscopy，RRS）是利用目标分子中电子跃迁附近的激发波长进行的。拉曼散射概率可以增加 $10^4 \sim 10^6$ 倍，并且使监测运行的电解池中溶解的电化学反应物和电化学产物变得切实可行[122]。

② 表面增强拉曼光谱（Surface-enhanced Raman spectroscopy，SERS）是由分子吸附在 Ag、Au 和 Cu[123-125] 粗糙表面上发现的，其光学性质使拉曼散射增强了几个数量级，现在已经有更多对单分子进行监测工作的报道[112-114,126-127]。

表面增强的机理一直备受关注[114-115]。最普遍的，这种效应归因于散射分子与在"等离子体"金属（Ag、Au 或 Cu）中产生的表面等离激元（21.3.3 节）的耦合。等离激元以光的频率提供振荡电场，从表面向外延伸大约 $\lambda/2$ 量级距离。它提高了分子在表面或表面附近的拉曼散射效率，但为了有效，它必须具有一个垂直于表面的分量。为了满足这一条件，金属表面在分子尺度上必须是非平面的，这与通常的观察结果一致，即 SERS 的观察通常需要纳米级粗糙表面。在某些体系中，吸附质和宿主表面之间的化学相互作用可能会产生额外的共振增强[114-115]。

由于等离激元的振荡场远离 Ag、Au 或 Cu 表面并延伸一段距离，因此可以用另一种非常薄的金属层覆盖 SERS 活性金属，并且仍然获得外表面上吸附物的增强信号。这种方法大大拓宽了 SERS 的应用，并已被广泛用于电化学表面的原位研究[113,117-120]。

针尖增强拉曼光谱（tip-enhanced Raman spectroscopy，TERS）是一种扫描探针方法，其通过由等离子体金属（通常为金[112-114,116]）制成的可移动针尖（例如，AFM 针尖）局部进行增强。当该针尖被入射光覆盖时，其等离子体场向外延伸，并可以强烈增强针尖正下方表面上分子的拉曼散射。在该方法的一些表现形式中，针尖相对简单，例如尖锐的金锥，激发分别来自表面上方、下方或侧面。在其他版本中，激发光通过光纤传送到针尖尖端的无孔终端，该终端在光学上类似于 NSOM（21.1.3 节）。还有一些仪器通过与针尖集成的光纤进行激发和发射收集。TERS 可以提供二维拉曼成像，并且，由于增强是由可移动探针提供的，所以观察到的样品可以是非增强的，甚至是平坦的或绝缘的。

电化学 TERS 实验的光谱如图 21.4.2 所示。染料尼罗蓝被吸附在 ITO 工作电极上，可以用 He-Ne 激光照射的金 AFM 针尖进行探测，尼罗蓝经历可逆还原为无色形式，

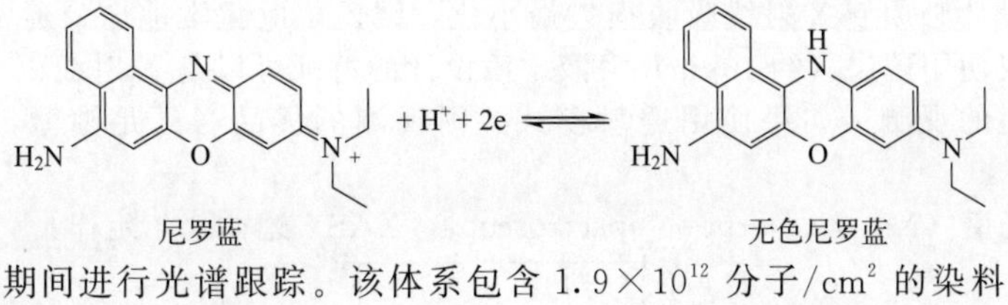

$$\text{尼罗蓝} + H^+ + 2e \Longleftrightarrow \text{无色尼罗蓝} \tag{21.4.1}$$

这可以在 CV 扫描期间进行光谱跟踪。该体系包含 1.9×10^{12} 分子/cm^2 的染料（约 0.02 单层），并且被探测的区域预计是针尖曲率半径 20nm 约一半的圆，因此，研究人员得出结论，图 21.4.2 中的光谱是由少于 10 个分子产生的[128]。

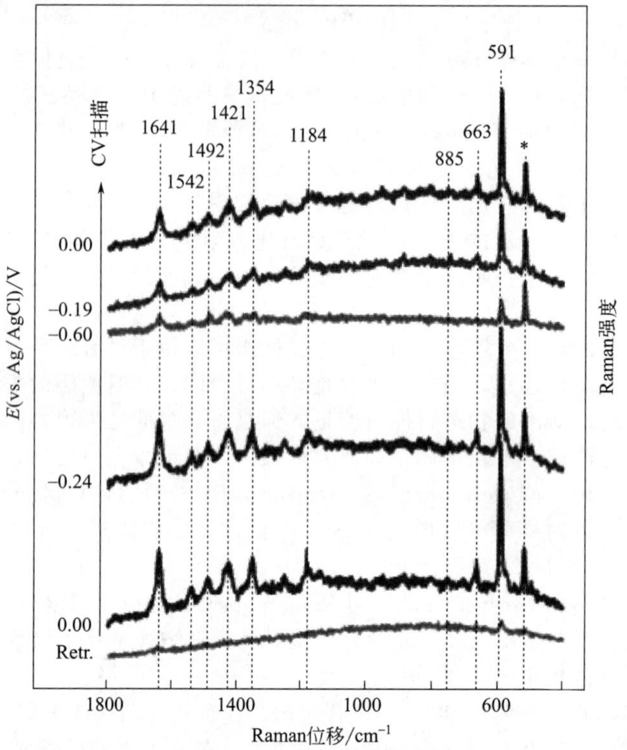

图 21.4.2 在 50mmol/L tris 缓冲液＋50mmol/L NaCl（pH 7.1）中的 CV 期间，尼罗蓝吸附在 ITO 工作电极上的原位 TERS

在扫描（v=10mV/s）过程中，每 20mV 采集一次光谱。此处所示为初始电势（0.0V，vs. Ag/AgCl）、E_{pc}(−0.24V)、E_{λ}(−0.60V)、E_{pa}(−0.19V) 和返回到 0.0V 电势。标记为 Retr. 的曲线是针尖从表面缩回时的光谱。星号标记源自 AFM 针尖的峰值（引自 Kurouski，Mattei 和 Van Duyne[128]）

21.5 X 射线方法

对于电化学体系的研究，能量为几千电子伏的 X 射线提供了两个重要优势：

① 它们的波长与分子和固体中的原子间距相当，因此，它们与物质的相互作用可以提供原子尺度上的结构信息。

② 它们在通过散射损失之前可以穿透至少几毫米的水或许多其他凝聚相，因此，原位使用是可行的（如果需要的话）。

在电化学表面，与 X 射线相互作用的原子相对较少，因此信号比本体材料实验中弱得多。解决方案是使用同步辐射 X 射线，它比实验室光源亮 8～10 个数量级。随着同步加速器的可用时间的增加，电化学体系的原位 X 射线研究已经发展起来，出版了许多综述[129-138]。

电化学池的设计必须使 X 射线吸收损失最小化，因此，电化学池窗口通常是聚乙烯或聚酰亚胺薄膜，并且仅使用薄层（约 10μm）溶液。该设计的特征可以是 X 射线束通过工作电极的透射或是在掠入射时的观测。如果使用透射模式，则观测的样品必须足够薄，以允许可检测到透射。

X 射线吸收光谱（X-ray adsorption spectroscopy，XAS）遵循比尔定律：

$$\boxed{I = I_0 \exp(-\mu x)} \qquad (21.5.1)$$

其中，I 和 I_0 分别是透射辐射和入射辐射的强度；x 是距离；μ 是线性吸收系数，它取决于光子能量 $\boldsymbol{E}$。μ 对 $\boldsymbol{E}$ 的谱线以吸收边（absorption edges）为特征，这是光离子化核心电子所需的能量，如 1s 电子（K 边）或 $2p_{3/2}$ 电子（L_3 边）。作为例子，纯铁和几种氧化铁的 K 边吸收光谱如图 21.5.1(a) 所示。吸收边以上能量的光谱变化构成 X 射线吸收精细结构（X-ray absorption fine structure，XAFS）[139-140]，它有两部分：

① X 射线吸收近边结构（X-ray absorption near-edge structure，XANES）❾。构成了一个约 50eV 宽的区域，包括吸收边本身和较高能量下的一部分光谱［图 21.5.1(a)，(b)］。XANES 产生于原子中核心电子向高未占轨道的跃迁，由观察到的原子的局域层面限定，特别是环境的氧化态和电负性。图 21.5.1(b) 说明了这些影响。XANES 光谱法是为数不多的可以提供电极表面原子氧化态信息的方法之一。

② 扩展 X 射线吸收精细结构（extended X-ray absorption fine structure，EXAFS）包括 XANES 以外几百电子伏的光谱特征［图 21.5.1(a)］。EXAFS 是由出射电子和近邻环境的原子结构之间基于波的干涉产生的。可以分析 EXAFS 光谱，以提供与样品中负责吸收边的原子的近邻原子的平均距离信息［例如，图 21.5.1(a) 中使用的样品中与 Fe 近邻的原子］。

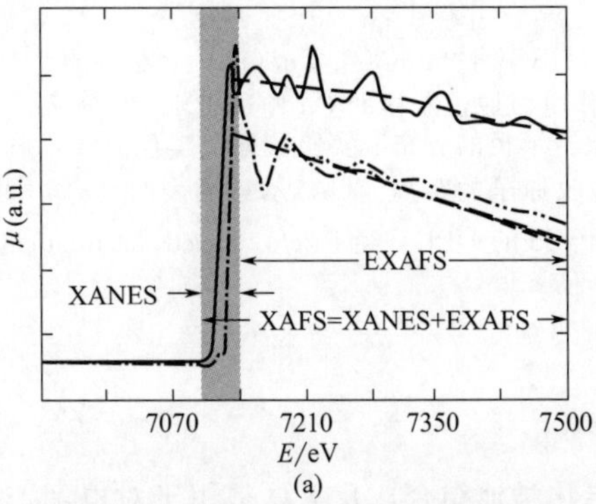

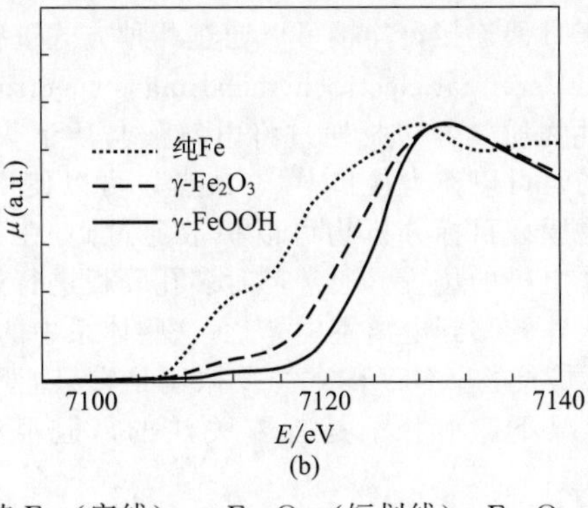

图 21.5.1　(a) 纯 Fe（实线）、γ-Fe_2O_3（短划线）、Fe_3O_4（交替点划线）和 γ-FeOOH（交替双点划线）的 Fe K 边光谱；(b) Fe、γ-Fe_2O_3，以及 γ-FeOOH 的 XANES 谱图

在这两种情况下，纵坐标都是仅由于 K 壳层引起的吸收系数（已减去吸收边前背景）。(a) 中的阴影区域对应于 (b) 的光谱范围（经许可，改编自 Long 和 Kruger[137]）

EXAFS 分析的一个例子如图 21.5.2 所示，它与 Au 纳米颗粒上 Cu 的 UPD 有关[141]。虽然我们无法深入研究分析的细节，但可以认识到，它提供了近邻原子的数量和间距。该研究中的研究人员报道了在 0.20V 下观察到的体系中 Cu^{2+} 的两个轴向和四个赤道 H_2O 配体的 Cu—O 距离，以及在 −0.51V 下观察的体系中每种类型的 2～3 个近邻原子的 Cu—Cu 和 Cu—Au 距离。

X 射线衍射（X-ray diffraction，XRD）涉及从有序材料散射单色 X 射线束，同时测量表面反射率或确定衍射图案[131-132]。衍射图案是由表面原子散射光束的干涉产生的，符合布拉格定律。这些图案提供了关于结构和改变结构过程的信息，例如单晶电极的重构或相变。

---

❾ 或近边 X 射线吸收精细结构（near-edge X-ray absorption fine structure，NEXAES）。

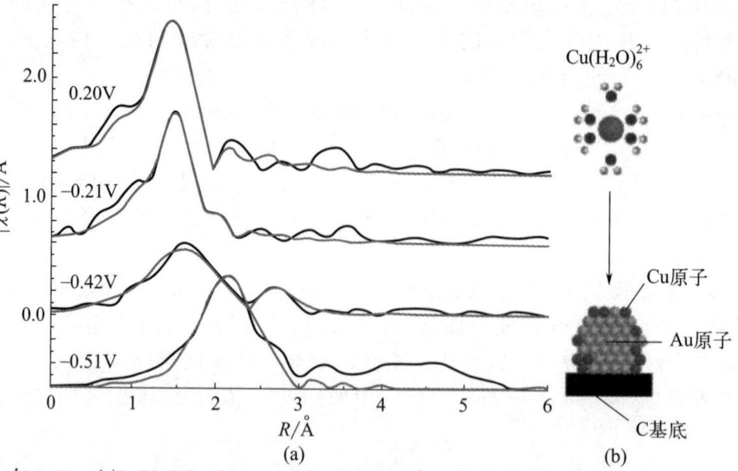

图 21.5.2 (a) 在 0.5mol/L H_2SO_4 +2mmol/L $CuSO_4$ 中，标注电势（vs. Hg/Hg_2SO_4）下，恒电势保持的碳上 Au 纳米颗粒工作电极原位获得的 Cu K 边 EXAFS 分析。分析涉及光谱的傅里叶变换，产生此处所示相对于来自吸收原子半径的分布。实验数据（黑色曲线）可以通过与模型（灰色曲线）拟合来提供相邻原子的数量及其与吸收原子的距离。(b) 示意图表明 (a) 中的上方曲线与 $Cu(H_2O)_6^{2+}$ 有关，但下方曲线适用于 Au 上 Cu 的 UPD（经 Price，Speed，Kannan 和 Russell[141] 许可改编）

21.6 质谱法

质谱法通常与运行中的电化学池结合，几乎总是用于对电解产物进行灵敏、选择性的监测。可以使用专门的商品化设备来方便连接，连接可以通过几种方式进行[142-144]，主要的有两种模式：

① 微分电化学质谱法（differential electrochemical mass spectrometry，DEMS）[142-146] 被广泛用于观察电极上产生的挥发性物质，方法是通过将电解液与质谱仪分隔的多孔隔板对其进行采样。电极本身，如果是多孔的，可以作为接口[145]，或者，可以使用带有可渗透针尖的探针（例如，精细烧结玻璃甚至聚合物膜，目标分析物可以扩散通过）。在不干扰电化学过程的情况下，将探针放置在尽可能靠近工作电极的位置。通常，对多孔隔板进行处理，使其不润湿。差动泵送用于保护质谱仪并允许产物快速转移到电离室中[146]。这些体系中的响应时间可以小于 50ms，因此可以在 CV 期间实时分析反应产物。DEMS 的主要限制是它只能用于挥发性产物。虽然这种条件限制了应用，但在许多情况下，小分子是首要关注的，但很难用其他方式进行监测[147]。图 15.3.7 提供了一个示例[148]。

② 在线电化学质谱（online electrochemistry-mass spectrometry，OEMS）[142-144,149] 涉及将取样的电解液直接引入质谱仪，最常见的是通过解吸电喷雾电离质谱（DESI-MS）。采样是通过将毛细管探针尽可能靠近电极并允许液体流入电离器来完成的。电化学产物的形成与其质量信号的检测之间的滞后通常比 DEMS 更长。OEMS 的优点是它适用于大范围的分析物，即使是那些相对不挥发的分析物。

21.7 磁共振波谱法

21.7.1 ESR

电子自旋共振（electron spin resonance，ESR）⑩ 经常用于检测和鉴定具有奇数电子的电化

⑩ 或电子顺磁共振（electron paramagnetic resonance，EPR）。

学产物或中间体，即自由基、自由基离子和某些过渡金属物质。该方法允许在 10^{-8} mol/L 水平上检测自由基离子，并产生信息丰富的谱图。电化学和 ESR 的联用[150] 已有详细的综述[2,7,151-155]。

ESR 是基于强度为 H 的磁场中包含的顺磁性物质对微波辐射的吸收。该磁场将未配对的电子能级分裂为 $\Delta \boldsymbol{E}=g\mu_B H$，其中 μ_B 是玻尔磁子，5.788×10^{-5} eV/T；g 是取决于电子轨道和电子的电环境的光谱分裂因子。对于一个自由电子和大多数有机自由基物质，$g\approx2$。当磁场和辐射频率使得

$$\boxed{h\nu=g\mu_B H} \tag{21.7.1}$$

入射辐射的吸收产生分裂能级之间的跃迁，通过扫描场强并测量吸收作为 H 的函数来记录谱图，光谱中的超精细结构是由于具有磁矩的相邻原子（例如质子、^{14}N 或 ^{31}P）与未配对电子相互作用而产生的额外能级分裂。基本原理和谱图解释已有详细介绍[156-159]。

通常使用独立的商品化 ESR 仪器，以及设计用于在 ESR 腔中进行电化学的电解池。电解池具有大的 A/V，工作电极位于敏感区域，较小的参比电极和对电极位于更远的位置[160-162]。ESR 信号和电解池中的电流可同时根据电势或时间进行监测。

ESR 提供了多种信息：

① 通过谱图检测，确认在电化学反应中产生的自由基离子或其他自由基物质。对于 ESR 直接观察来说，过于不稳定的电致自由基，通常可以用合适的自旋捕获剂（例如，苯基叔丁基硝酮）捕获，产生稳定、可观察的自由基[163-165]。

② 通过对超精细结构的详细分析，获得自由基中的自旋密度分布以及关于离子配对、溶剂化和受限内旋等信息。

③ 由浓度对谱线宽度的影响，获得自由基离子与其母体之间的电子交换率[166-167]。

④ 由来自不同介质中相同物质的比较谱图，获得关于介质效应的信息[168]。

最后一类中的一个例子来自甲基紫精自由基阳离子 $MV^{\dot{+}}$ 的 ESR 行为[169]。在溶液中，由于未配对电子与^{1}H 和^{14}N 的相互作用，光谱显示出丰富的超精细结构。在 Nafion™ 中掺入 $MV^{\dot{+}}$ 也可见类似的谱图，表明自由基离子在该聚合物中仍然可以自由翻转。然而，如果紫精离子结合在聚合物骨架中（例如，PVOS 或 PXV，图 17.4.1），则由于流动性受限，不存在超精细结构。

21.7.2　NMR

尽管核磁共振（NMR）经常被用于分析本体电解的产物，但使用该方法进行原位电化学研究一直很困难。问题是 NMR 的灵敏度相对较低，这需要在样品中有相当数量的可观察到的原子核。即便如此，该方法在两个常见领域仍然有效且化学信息丰富：

① 在非常大面积的电极上检查催化剂、吸附物或其他物质，例如用于电催化或超级电容器的电极[170-171]。

② 电化学体系中的体相检查，包括用于嵌入型电极、电沉积相或电解质的材料[172-173]。已经对整个电化学装置进行了工况原位观测。

21.8　非原位技术

在 21.1～21.7 节中讨论的方法是在原位或工况应用的背景下提出的。尽管几乎所有的方法也都可在非现场使用，但没有必要就此进行单独讨论。本节专门介绍两组广泛用于电化学体系表征的方法，但几乎总是非原位的。

21.8.1　电子显微镜

在 21.1.4 节介绍了电子显微镜的基本原理，其中涵盖了原位应用。然而，几乎所有支持电化学研究的电子显微镜都是非原位进行的。表 21.8.1 概述了三种主要方法。

表 21.8.1 用于电化学研究的电子显微镜主要类型

扫描电子显微镜(SEM)	
测量的量	通过在样品上光栅化入射电子束并检测:(a)由入射电子束产生的二次电子;(b)来自入射电子束的背散射电子形成的图像,图像是检测信号的强度与入射光束位置的关系,二次电子是在被入射电子束激发时从样品表面几层原子逸出的低能电子(<50eV)。有几种 SEM 成像模式,每种都有应用
探针和源	在独立工作模式仪器上产生的、能量确定的(0.5~40keV)聚焦电子束;有小型台式仪器可选;图像的分辨率由样品处入射电子束斑点大小决定(通常为 0.5~5nm,具体取决于电子光学器件)。包括样品在内的所有部件均处于中等至高真空[10^{-4}~<10^{-6}Torr]中
化学信息	基础型 SEM 不提供化学信息,然而,许多仪器配备有能量色散 X 射线光谱(energy dispersive X-ray spectroscopy,EDS)。入射电子束将样品中的电子激发到更高的原子轨道,这些激发态的弛豫通常会产生来源原子的特征 X 射线。EDS 检测器可以提供:(a)样品上给定入射电子束斑点位置的 X 射线光谱;(b)给定 X 射线能量的信号强度。在前一种情况下,可以确定斑点位置的元素组成;在后一种情况下,当电子束被光栅化时,可以记录元素特征信号,从而提供样品的元素分布图
最有价值的用途	放大倍数为 10 倍至>10^6 倍时的形态,加上大多数元素的元素图谱(如果 EDS 可用);无氧化态或分子结构的信息
参考文献	[48-49]
扫描透射电子显微镜(STEM)	
测量的量	通过光栅化入射电子束穿透薄样品检测:(a)透射后的入射电子束强度;(b)从入射电子束散射的透射电子的强度形成图像,图像是检测信号的强度与主光束位置的关系;有许多 STEM 成像模式,每种模式都有应用
探针和源	在独立工作模式仪器上产生的、能量确定的聚焦电子束(100~300keV),使用非常高的能量来降低德布罗意波长,并使电子束能够穿透厚达 100~500nm 的样品截面;图像的分辨率由样品处入射电子束的斑点大小决定(通常为 50~200pm),具体取决于电子光学器件,可以实现原子水平的成像。包括样品在内的所有部件均处于超真空(10^{-8}Torr)
化学信息	基础型 STEM 可以提供基于对比度的化学特征指标,但更详细的信息来自:(a)EDS(前面对 SEM 的讨论);(b)HREELS(表 21.8.2),其中仅检测到能量在入射电子束能量几电子伏以内的非弹性散射电子。STEM 中 HREELS 的能量分辨率可以接近 10meV,允许基于分子振动模式进行成像
最有价值的用途	在有利的情况下放大到原子尺度的形态,加上元素分布像[如果 EDS 或 EELS(表 21.8.2)可用];来自 EELS 或 HREELS 的关于氧化态或分子结构的信息
参考文献	[48,50]
透射电子显微镜(TEM)	
测量的量	通过使入射电子束穿过薄样品,并将透射的散射电子强度重新聚焦在一个平面上而形成的放大图像,图像可以使用荧光屏或阵列探测器进行观察。有多种 TEM 成像模式,每种模式都有应用
探针和源	入射电子束性质同 STEM(如上),限定了样品观察部分的照射面积大于 STEM 中的照射面积;分辨率受到德布罗意波长的限制,原子级别的图像是可以实现的;包括样品在内的所有部件均处于超真空(<10^{-8}Torr)
化学信息	基础型 TEM 可以显示基于对比度的化学特征,但更详细的信息来自:(a)EELS(表 21.8.2);(b)衍射模式 TEM,其可以提供晶体学特性和取向
最有价值的用途	在有利的情况下,放大到原子尺度的形态,加上晶体结构或元素分布像(如果 EELS 可用);来自 EELS 或 HREELS 的关于氧化态或分子结构的信息
参考文献	[48,50]

21.8.2 电子和离子谱学

基于电子和离子检测的强大表面分析技术已被开发用于材料和微电子器件的表征[174-181]。它们对电化学体系也很有价值,并得到广泛应用,特别是在电极表面[1,3-4,182-187]。表 21.8.2 总结了其中最重要的用于电化学的方法。所有这些都是在超高真空(ultrahigh vacuum,UHV)

(<10^{-8} Torr) 下进行的，主要是为了最大限度地降低表面污染，同时也是因为电子和离子在气体中非弹性散射。已经开发了用于将电极从电化学池快速转移到 UHV 中进行分析的硬件。

将各种方法的仪器安装在单个 UHV 室中是很常见的。当表 21.8.2 中使用"独立工作模式仪器"一词时，它可能确实是指专用的单用途商业仪器，但它也适用于作为多用途仪器附件的封装硬件。

表 21.8.2　用于电化学研究的电子和离子光谱主要方法

俄歇电子能谱(AES)	
测量的量	俄歇电子能谱源于原子被激发进入更高的核心轨道，激发的原子可以通过 X 射线荧光或通过发射俄歇电子产生弛豫；俄歇电子具有确定的动能，与原子激发态和基态之间的能量差相等
探针和源	在独立工作模式仪器上产生的、具有确定能量的聚焦电子束；在扫描俄歇微探针(SAM)中，激发电子束被光栅化以提供给定俄歇线的二维强度图；添加溅射枪可以在溅射过程从表面层连续剥离时对原子成分进行深度剖析
化学信息	确认原子和涉及生成俄歇电子的参与能量转移的原子轨道
最有价值的用途	表面原子组成；几乎无氧化态的信息；适用于除 H 和 He 以外的所有元素
参考文献	[1,3-4,48,174,177-178,182-187]
电子能量损失谱(EELS 和 HREELS)	
测量的量	表面非弹性散射电子能谱；该能谱显示为相对于入射电子能量的能量损失，损失范围可能高达数百电子伏，但在电化学体系的研究中，通常小于 10eV
探针和源	在独立工作模式仪器上产生的单色低能电子束(通常在 2～5meV 以内)；这种方法也经常在电子显微镜(SEM、STEM 或 TEM，表 21.8.1)中使用，在这种情况下，电子束具有更高的能量，通用术语是 EELS；高分辨率能量损失谱法(HREELS)是指低于 1eV 的范围，分辨率约为 10meV
化学信息	在 HREELS 中，能量损失涉及振动模式的激活，并且在振动量子的范围内，因此，散射强度与能量损失的关系图是表面上实体的振动光谱，能量损失高达约 600meV(约 5000cm^{-1})。通常，只有完全对称的模式是激活的。在一般的 EELS 中，其他散射机制会产生 1eV 以上的光谱特征，但它们仍然是样品的特征
最有价值的用途	固体材料或吸附物的化学特性，甚至采用 HREELS 得到的分子特性
参考文献	[1,3-4,48-50,177,180,182-188]
低能电子衍射(LEED)	
测量的量	被表面上的原子阵列散射的衍射电子
探针和源	在独立工作模式仪器上产生的 10～500eV 电子束(德布罗意波长<1nm)
化学信息	无化学信息
最有价值的用途	在原子尺度上的表面重复顺序；在所采用的能量范围内，电子不能在没有非弹性能量损失的情况下穿透表面，并且不能在表面以下进行采样[示例：14.4.1(1)节和 14.4.2(4)节]
参考文献	[1,3-4,177,181-187,189-191]
二次离子质谱法(SIMS)	
测量的量	质谱检测通过溅射蚀刻表面的入射离子束轰击表面时从表面溅射出来的二次离子
探针和源	在独立工作模式仪器上产生的高能离子束(例如 15keV Cs^+)；该离子束通常可以栅格化
化学信息	表面区域的原子组成。SIMS 的检测限(10^{-4}～10^{-8}，原子分数/%)比 XPS 或 AES 低得多；然而，SIMS 不是真正的表面技术，因为二次离子产生的效率由入射束产生的薄离子注入层的三维特性决定
最有价值的用途	电极上的层状结构(如腐蚀膜、钝化层、修饰层)的原子组成(包括少量甚至微量成分)。二维表征可以通过栅格化入射电子束来进行，深度分布可以通过监测所选离子强度与溅射时间的关系来获得
参考文献	[175,177,192]

续表

X 射线光电子能谱(XPS)	
测量的量	源自表面最初几个原子层中原子芯轨道的光电子能谱
探针和源	来自独立工作模式仪器中的常规 X 射线源或来自同步加速器的单色 X 射线束
化学信息	原子特性和产生光电子的原子轨道
最有价值的用途	表面原子组成和原子氧化态的信息,适用于除 H 和 He 以外的所有元素
参考文献	[1,3-4,174,176-177,179,182-187]

21.9 参考文献

1 O. M. Magnussen and A. Gross, *J. Am. Chem. Soc.*, **141**, 4777 (2019).

2 W. Kaim and A. Klein, Eds., "Spectroelectrochemistry," Royal Society of Chemistry, Cambridge, 2008.

3 A. T. Hubbard, Ed., "The Handbook of Surface Imaging and Visualization," CRC Press, Boca Raton, FL, 1995.

4 H. D. Abruña, Ed., "Electrochemical Interfaces: Modern Techniques for In-Situ Interface Characterization," VCH, New York, 1991.

5 R. Varma and J. R. Selman, Eds., "Techniques for Characterization of Electrodes and Electrochemical Processes," Wiley, New York, 1991.

6 C. Gutierrez and C. Melendres, Eds., "Spectroscopic and Diffraction Techniques in Interfacial Electrochemistry," Kluwer, Amsterdam, 1990.

7 R. J. Gale, Ed., "Spectroelectrochemistry," Plenum, New York, 1988.

8 G. Binnig and H. Rohrer, *Helv. Phys. Acta*, **55**, 726 (1982).

9 B. Voigtländer, "Scanning Probe Microscopy," Springer-Verlag, Berlin, 2015

10 C. J. Chan, "Introduction to Scanning Tunneling Microscopy," 2nd ed., Oxford University Press, New York, 2008.

11 D. A. Bonnell, Ed., "Scanning Tunneling Microscopy and Spectroscopy—Theory, Techniques and Applications," VCH, New York, 1993.

12 H. K. Wickramasinghe, Ed., "Scanned Probe Microscopy," AIP Conf. Proc. 241, American Institute Physics, New York, 1992.

13 C.-Y. Liu, H. Chang, and A. J. Bard, *Langmuir*, **7**, 1138 (1991).

14 S. V. Kalinin, O. Dyck, N. Balke, S. Neumayer, W.-Y. Tsai, R. Vasudevan, D. Lingerfelt, M. Ahmadi, M. Ziatdinov, M. T. McDowell, and E. Strelcov, *ACS Nano*, **13**, 9735 (2019).

15 S. N. Thorgaard and P. Bühlmann, in "Nanoelectrochemistry," M. V. Mirkin and S. Amemiya, Eds., CRC Press, Boca Raton, FL, 2015, Chap. 20.

16 K. Gentz, and K. Wandelt, *Chimia*, **66**, 44 (2012).

17 T. P. Moffat, in "Encyclopedia of Electrochemistry," A. J. Bard and M. Stratmann, Eds., Vol. 3, Wiley-VCH, Weinheim, 2003, pp. 393–414.

18 D. M. Kolb, *Electrochim. Acta*, **45**, 2387 (2000).

19 T. P. Moffat, *Electroanal. Chem.*, **21**, 211 (1999).

20 K. Itaya, *Prog. Surf. Sci.*, **58**, 121 (1998).

21 A. A. Gewirth and B. K. Niece, *Chem. Rev.*, **97**, 1129 (1997).

22 M. D. Ward and H. S. White, in "Modern Techniques in Electroanalysis," P. Vanýsek, Ed., Wiley, New York, 1996, Chap. 3.

23 A. J. Bard and F.-R. F. Fan, in "Scanning Tunneling Microscopy and Spectroscopy—Theory, Techniques and Applications," D. A. Bonnell, Ed., VCH, New York, 1993, Chap. 9.

24 X. Gao, G. J. Edens, F.-C. Liu, A. Hamelin, and M. J. Weaver, *J. Phys. Chem.*, **98**, 8086 (1994).

25 G. Schitter and M. J. Rost, *Mater. Today*, **11** (Supplement), 40 (2008).

26 H. Matsushima, S.-W. Lin, S. Morin, and O. M. Magnussen, *Faraday Discuss.*, **193**, 171 (2016).

27 J. Wei, Y.-X. Chen, and O. M. Magnussen, *J. Phys. Chem. C*, **125**, 3066 (2021).

28 N. J. Tao, *Phys. Rev. Lett.*, **76**, 4066 (1996).

29 X. Shi, W. Qing, T. Marhaba, and W. Zhang, *Electrochim. Acta*, **332**, 135472 (2020).

30 G. Haugstad, "Atomic Force Microscopy," Wiley, Hoboken, NJ, 2012.

31 P. Eaton and P. West, "Atomic Force Microscopy," Oxford University Press, Oxford, 2010.

32 D. Sarid, "Scanning Force Microscopy," Oxford University Press, New York, 1994.

33 J. Ralston, I. Larson, M. W. Rutland, A. A. Feiler, and M. Kleijn, *Pure Appl. Chem.*, **77**, 2149 (2005).

34 J. Israelachvili, "Intermolecular and Surface Forces," Academic Press, New York, 1992.

35 A. C. Hillier, S. Kim, and A. J. Bard, *J. Phys. Chem.*, **100**, 18808 (1996).

36 H.-J. Butt, B. Cappella, and M. Kappl, *Surf. Sci. Rep.*, **59**, 1 (2005).

37 W. A. Ducker, T. J. Sneden, and R. M. Pashley, *Langmuir*, **8**, 1831 (1992).

38 K. Qui, T. P. Fato, P.-Y. Wang, and Y.-T. Long, *Dalton Trans.*, **48**, 3809 (2019).

39 A.C. Simon, *Adv. Electrochem. Electrochem. Eng.*, **9**, 423 (1973).

40 J. Mertz, "Introduction to Optical Microscopy," 2nd ed., Cambridge University Press, Cambridge, 2019.

41 A. Zayats and D. Richards, Eds., "Nano-Optics and Near-Field Optical Microscopy," Artech House, Boston, MA, 2009.

42 J. L. Durham, A. S. Poyraz, E. S. Takeuchi, A. C. Marschilok, and K. J. Takeuchi, *Acc. Chem. Res.*, **49**, 1864 (2016).

43 K. C. Kirshenbaum, D. C. Bock, A. B. Brady, A. C. Marschilok, K. J. Takeuchi, and E. S. Takeuchi, *Phys. Chem. Chem. Phys.*, **17**, 11204 (2015).

44 D. Bizzotto and J. L. Shepherd, *Adv. Electrochem. Sci. Eng.*, **9**, 97 (2006).

45 E. Agneli, A. Volpe, P. Fanzio, L. Repetto, G. Firpo, P. Guida, R. Lo Savio, M. Wanunu, and U. Valbusa, *Nano Lett.*, **15**, 5696 (2015).

46 Y. Yu, V. Sundaresan, S. Bandyopadhyay, Y. Zhang, M. A. Edwards, K. McKelvey, H. S. White, and K. A. Willets, *ACS Nano*, **11**, 10529 (2017).

47 R. C. Dunn, *Chem. Rev.*, **99**, 2891 (1999).

48 R. F. Egerton, "Physical Principles of Electron Microscopy," 2nd ed., Springer, Switzerland, 2016.

49 J. I. Goldstein, D. E. Newbury, J. R. Michael, N. W. M. Ritchie, J. H. J. Scott, and D.C. Joy, "Scanning Electron Microscopy and X-ray Microanalysis," 4th ed., Springer, New York, 2018.

50 J. M. Zuo and J. C. H. Spence, "Advanced Transmission Electron Microscopy," Springer, New York, 2017.

51 N. Hodnik, G. Dehm, and K. J. J. Mayrhofer, *Acc. Chem. Res.*, **49**, 2015 (2016).

52 G.-Z. Zhu, S. Prabhudev, J. Yang, C. M. Gabardo, G. A. Botton, and L. Soleymani, *J. Phys. Chem. C*, **118**, 22111 (2014).

53 M. J. Williamson, R. M. Tromp, P. M. Vereecken, R. Hull, and F. M. Ross, *Nat. Mater.*, **2**, 532 (2003).

54 M. E. Holtz, Y. Yu, D. Gunceler, J. Gao, R. Sundararaman, K. A. Schwarz, T. A. Arias, H. D. Abruña, and D. A. Muller, *Nano Lett.*, **14**, 1453 (2014).

55 V. Beerman, M. E. Holtz, E. Padgett, J. Ferreira de Araujo, D. A. Muller, and P. Strasser, *Energy Environ. Sci.*, **12**, 2476 (2019).

56 D. Johannsmann, "The Quartz Crystal Microbalance in Soft Matter Research," Springer, Cham, 2015.

57 V. Tsionsky, L. Daikhin, M. Urbakh, and E. Gileadi, *Electroanal. Chem.*, **22**, 1 (2004).
58 D. A. Buttry, in "Electrochemical Interfaces: Modern Techniques for In-Situ Interface Characterization," H. D. Abruña, Ed., VCH, New York, 1991, Chap. 10.
59 D. A. Buttry, *Electroanal. Chem.*, **17**, 1 (1991).
60 D. A. Buttry and M. D. Ward, *Chem. Rev.*, **92**, 1355 (1992).
61 C. Lu and A. W. Czanderna, Eds., "Applications of Piezoelectric Quartz Crystal Microbalances," Elsevier, Amsterdam, 1984.
62 K. K. Kanazawa and J. G. Gordon, *Anal. Chem.*, **57**, 1770 (1985).
63 A. R. Hilman, Ed., "The QCM in Electrochemistry," *Electrochim. Acta*, **45** (22–23), 3613 (2000).
64 P. T. Varineau and D. A. Buttry, *J. Phys. Chem.*, **91**, 1292 (1987).
65 J. M. Griffin, A. C. Forse, W.-Y. Tsai, P.-L. Taberna, P. Simon, and C. P. Grey, *Nat. Mater.*, **14**, 812 (2015).
66 D. Johannsmann, A. Langhoff, and C. Leppin, *Sensors*, **21**, 3490 (2021).
67 N. Kornienko, K. H. Ly, W. E. Robinson, N. Heidary, J. Z. Zhang, and E. Reisner, *Acc. Chem. Res.*, **52**, 1439 (2019).
68 N. Shpigel, M. D. Levi, S. Sigalov, L. Daikhin, and D. Aurbach, *Acc. Chem. Res.*, **51**, 69 (2018).
69 N. Shpigel, M. R. Lukatskaya, S. Sigalov, C. E. Ren, P. Nayak, M. D. Levi, L. Daikhin, D. Aurbach, and Y. Gogotsi, *ACS Energy Lett.*, **2**, 140 (2017).
70 M. D. Levi, N. Shpigel, S. Sigalov, V. Dargel, L. Daikhin, and D. Aurbach, *Electrochim. Acta*, **232**, 271 (2017).
71 A. Neudeck, F. Marken, and R. G. Compton, in "Electroanalytical Methods," 2nd ed., F. Scholz, Ed., Springer-Verlag, Berlin, 2010, Chap. II.6.
72 N. Winograd and T. Kuwana, *Electroanal. Chem.*, **7**, 1 (1974).
73 W. R. Heineman, F. M. Hawkridge, and H. N. Blount, *Electroanal. Chem.*, **13**, 1 (1984).
74 W. N. Hansen, *Adv. Electrochem. Electrochem. Eng.*, **9**, 1 (1973).
75 T. Kuwana and W. R. Heineman, *Acc. Chem. Res.*, **9**, 241 (1976).
76 W. R. Heineman, *Anal. Chem.*, **50**, 390A (1978).
77 T. P. DeAngelis, R. W. Hurst, A. M. Yacynych, H. B. Mark, Jr., W. R. Heineman, and J. S. Mattson, *Anal. Chem.*, **49**, 1395 (1977).
78 R. Cieslinski and N. R. Armstrong, *Anal. Chem.*, **51**, 565 (1979).
79 R. W. Murray, W. R. Heineman, and G. W. O'Dom, *Anal. Chem.*, **39**, 1666 (1967).
80 J. Stotter, J. Zak, Z. Behler, Y. Show, and G. M. Swain, *Anal. Chem.*, **74**, 5924 (2002).
81 T. Wang, D. Zhao, N. Alvarez, V. N. Shanov, and W. R. Heineman, *Anal. Chem.*, **87**, 9687 (2015).
82 W. R. Heineman, B. J. Norris, and J. F. Goelz, *Anal. Chem.*, **47**, 79 (1975).
83 R. A. Wilson, T. S. Pinyayev, N. Membreno, and W. R. Heineman, *Electroanalysis*, **22**, 2162 (2010).
84 D. F. Rohrbach, E. Deutsch, and W. R. Heineman, in "Characterization of Solutes in Nonaqueous Solvents," G. Mamantov, Ed., Plenum, New York, 1978, p. 177.
85 W. R. Heineman, T. Kuwana, and C. R. Hartzell, *Biochem. Biophys. Res. Commun.*, **50**, 892 (1973).
86 H. G. Tompkins and J. N. Hilfiker, "Spectroscopic Ellipsometry," Momentum, New York, 2016.
87 S. Gottesfeld, Y.-T. Kim, and A. Redondo, in "Physical Electrochemistry," I. Rubinstein, Ed., Marcel Dekker, New York, 1995, Chap. 9.
88 R. H. Muller, in "Techniques of Characterization of Electrodes and Electrochemical Processes," R. Varma and J. R. Selman, Eds., Wiley, New York, 1991, Chap. 2.
89 S. Gottesfeld, *Electroanal. Chem.*, **15**, 143 (1989).
90 R. M. A. Azzam and N. M. Bashara, "Ellipsometry and Polarized Light," North-Holland, Amsterdam, 1977.

91 R. H. Muller, *Adv. Electrochem. Electrochem. Eng.*, **9**, 167 (1973).
92 J. Kruger, *Adv. Electrochem. Electrochem. Eng.*, **9**, 227 (1973).
93 C. J. Dell'Oca and P. J. Fleming, *J. Electrochem. Soc.*, **123**, 1487 (1976).
94 N. Zhang, R. Schweiss, Y. Zong, and W. Knoll, *Electrochim. Acta*, **52**, 2869 (2007).
95 D. M. Kolb, in "Spectroelectrochemistry," R. J. Gale, Ed., Plenum, New York, 1988, Chap. 4.
96 B. L. Frey, C. E. Jordan, S. Kornguth, and R. M. Corn, *Anal. Chem.*, **67**, 4452 (1995).
97 D. G. Hanken, C. E. Jordan, B. L. Frey, and R. M. Corn, *Electroanal. Chem.*, **20**, 141 (1998).
98 P. J. Larkin, "Infrared and Raman Spectroscopy," 2nd ed., Elsevier, Amsterdam, 2018.
99 B. Schrader, Ed., "Infrared and Raman Spectrocopy," VCH, Weinheim, 1995.
100 A. Cuesta, in "Vibrational Spectroscopy at Electrified Interfaces," A. Wieckowski, C. Korzeniewski, and B. Braunschweig, Wiley, Hoboken, NJ, 2013, Chap. 8.
101 S. P. Best, S. J. Borg, and K. A. Vincent, in "Spectroelectrochemistry," W. Kaim and A. Klein, Eds., Royal Society of Chemistry, Cambridge, 2008, Chap. 1.
102 J.-N. Chazalviel and F. Ozanam, *Adv. Electrochem. Sci. Eng.*, **9**, 199 (2006).
103 C. Korzeniewski, *Adv. Electrochem. Sci. Eng.*, **9**, 233 (2006).
104 M. Osawa, *Adv. Electrochem. Sci. Eng.*, **9**, 269 (2006).
105 V. Zamlynny and J. Lipkowski, *Adv. Electrochem. Sci. Eng.*, **9**, 315 (2006).
106 J. Benziger in "The Handbook of Surface Imaging and Visualization," A. T. Hubbard, Ed., CRC Press, Boca Raton, FL, 1995, p. 265.
107 T. Iwasita and F. C. Nart, *Adv. Electrochem. Sci. Eng.*, **4**, 123 (1995).
108 S. M. Stole, D. D. Popenoe, and M. D. Porter, in "Electrochemical Interfaces: Modern Techniques for In-Situ Interface Characterization," H. D. Abruña, Ed., VCH, New York, 1991, p. 339.
109 B. Beden and C. Lamy, in "Spectroelectrochemistry," R. J. Gale, Ed., Plenum, New York, 1988, p. 189.
110 J. K. Foley, C. Korzeniewski, J. L. Daschbach, and S. Pons, *Electroanal. Chem.*, **14**, 309 (1986).
111 M. Osawa, *Bull. Chem. Soc. Jpn.*, **70**, 2861 (1997).
112 A. B. Zrimsek, N. Chiang, M. Mattei, S. Zaleski, M. O. McAnally, C. T. Chapman, A.-I. Henry, G. C. Schatz, and R. P. Van Duyne, *Chem. Rev.*, **117**, 7583 (2017).
113 S. Zaleski, A. J. Wilson, M. Mattei, X. Chen, G. Goubert, M. F. Cardinal, K. A. Willets, and R. P. Van Duyne, *Acc. Chem. Res.*, **49**, 2023 (2016).
114 B. Pettinger, P. Schambach, C. J. Villagómez, and N. Scott, *Annu. Rev. Phys. Chem.*, **63**, 379 (2012).
115 E. C. Le Ru, E. Blackie, M. Meyer, and P. G. Etchegoin, *J. Phys. Chem. C*, **111**, 13794 (2007).
116 B. Pettinger, *Adv. Electrochem. Sci. Eng.*, **9**, 377 (2006).
117 Z.-Q. Tian and B. Ren, *Annu. Rev. Phys. Chem.*, **55**, 197 (2004).
118 M. J. Weaver, S. Zou, and H. Y. H. Chan, *Anal. Chem.*, **72**, 38A (2000).
119 J. E. Pemberton, in "The Handbook of Surface Imaging and Visualization," A. T. Hubbard, Ed., CRC Press, Boca Raton, FL, 1995, p. 647.
120 J. E. Pemberton, in "Electrochemical Interfaces: Modern Techniques for In-Situ Interface Characterization," H. D. Abruña, Ed., VCH, New York, 1991, p. 193.
121 R. L. Birke, T. Lu, and J. R. Lombardi, in "Spectroelectrochemistry," R. J. Gale, Ed., Plenum, New York, 1988, p. 211.
122 D. L. Jeanmaire and R. P. Van Duyne, *J. Electroanal. Chem.*, **66**, 235 (1975).
123 M. Fleischmann, P. J. Hendra, and A. J. McQuillan, *J. Chem. Soc., Chem. Commun.*, 80 (1973).
124 M. G. Albrecht and J. A. Creighton, *J. Am. Chem. Soc.*, **99**, 5215 (1977).

125 D. L. Jeanmaire and R. P. Van Duyne, *J. Electroanal. Chem.*, **84**, 1 (1977).
126 S. Nie and S. R. Emory, *Science*, **275**, 1102 (1997).
127 K. Kneipp, Y. Wang, H. Kneipp, L. T. Perelman, I. Itzkan, R. R. Dasari, and M. S. Feld, *Phys. Rev. Lett.*, **78**, 1667 (1997).
128 D. Kurouski, M. Mattei, and R. P. Van Duyne, *Nano Lett.*, **15**, 7956 (2015).
129 A. Minguzzi and P. Ghigna, *Electroanal. Chem.*, **27**, 119 (2017).
130 Z. Nagy and H. You, *Mod. Asp. Electrochem.*, **45**, 247 (2009).
131 C. A. Lucas and N. M. Marković, *Adv. Electrochem. Sci. Eng.*, **9**, 1 (2006).
132 J. McBreen, in "Physical Electrochemistry," I. Rubinstein, Ed., Marcel Dekker, New York, 1995, Chap. 8.
133 H. D. Abruña, in "The Handbook of Surface Imaging and Visualization," A. T. Hubbard, Ed., CRC Press, Boca Raton, FL, 1995, Chap. 64.
134 H. D. Abruña, in "Electrochemical Interfaces: Modern Techniques for In-Situ Interface Characterization," H. D. Abruña, Ed., VCH, New York, 1991, Chap. 1.
135 M. F. Toney and O. R. Melroy, *ibid.*, Chap. 2.
136 J. H. White, *ibid.*, Chap. 3.
137 G. G. Long and J. Kruger, in "Techniques for Characterization of Electrodes and Electrochemical Processes," R. Varma and J. R. Selman, Eds., Wiley, New York, 1991, Chap. 4.
138 H. D. Abruña, *Mod. Asp. Electrochem.*, **20**, 265 (1989).
139 G. Bunker, "Introduction to XAFS," Cambridge University Press, Cambridge, 2010.
140 B. K. Teo, "EXAFS: Basic Principles and Data Analysis," Springer-Verlag, Berlin, 1986.
141 S. W. T. Price, J. D. Speed, P. Kannan, and A. E. Russell, *J. Am. Chem. Soc.*, **133**, 19448 (2011).
142 T. Herl and F.-M. Matysik, *ChemElectroChem*, **7**, 2498 (2020).
143 P. Liu, M. Lu, Q. Zheng, Y. Zhang, H. D. Dewald, and H. Chen, *Analyst*, **138**, 5519 (2013).
144 H. Baltruschat, *J. Am. Soc. Mass. Spectrom.*, **15**, 1693 (2004).
145 S. Bruckenstein and R. R. Gadde, *J. Am. Chem. Soc.*, **93**, 793 (1971).
146 O. Wolter and J. Heitbaum, *Ber. Bunsenges. Phys. Chem.*, **88**, 2 (1984).
147 H. Wang, L. R. Alden, F. J. DiSalvo, and H. D. Abruña, *Langmuir*, **25**, 7725 (2009).
148 I. Katsounaros, M. C. Figueiredo, F. Calle-Vallejo, H. Li, A. A. Gewirth, N. M. Markovic, and M. T. M. Koper, *J. Catal.*, **359**, 82 (2018).
149 Y.-H. Hong, Z.-Y. Zhou, M. Zhan, Y.-C. Wang, Y. Chen, S.-C. Lin, M. Rauf, and S.-G. Sun, *Electrochem. Commun.*, **87**, 91 (2018).
150 D. H. Geske and A. H. Maki, *J. Am. Chem. Soc.*, **82**, 2671 (1960).
151 M Chiesa, E. Giamello, and M. Che, *Chem. Rev.*, **110**, 1320 (2010).
152 J. D. Wadhawan and R. G. Compton, in "Encyclopedia of Electrochemistry," A. J. Bard and M. Stratmann, Eds., Vol. 2, Wiley-VCH, Weinheim, 2003, p. 170.
153 A. M. Waller and R. G. Compton, *Compr. Chem. Kinet.*, **29**, 297 (1989).
154 T. M. McKinney, *Electroanal. Chem.*, **10**, 97 (1977).
155 I. B. Goldberg and A. J. Bard, in "Magnetic Resonance in Chemistry and Biology," J. N. Herak and K. J. Adamic, Eds., Marcel Dekker, New York, 1975, Chap. 10.
156 P. Bertrand, "Electron Paramagnetic Resonance Spectroscopy," Springer, Switzerland, 2020.
157 J. A. Weill and J. R. Bolton, "Electron Paramagnetic Resonance," 2nd ed., Wiley, Hoboken, NJ, 2007.
158 C. P. Poole, "Electron Spin Resonance," Wiley, New York, 1983.
159 N. M. Atherton, "Electron Spin Resonance: Theory and Applications," Halsted, New York, 1973.
160 R. N. Bagchi, A. M. Bond, and F. Scholz, *Electroanalysis*, **1**, 1 (1989).
161 R. D. Allendoerfer, G. A. Martinchek, and S. Bruckenstein, *Anal. Chem.*, **47**, 890 (1975).
162 (a) I. B. Goldberg and A. J. Bard, *J. Phys. Chem.*, **75**, 3281 (1971). (b) *Ibid.*, **78**, 290 (1974).

163 E. G. Bagryanskaya, O. A. Krumkacheva, M. V. Fedin, and S. R. A. Marque, *Methods Enzymol.*, **563**, 365 (2015).
164 A. J. Bard, J. C. Gilbert, and R. D. Goodin, *J. Am. Chem. Soc.*, **96**, 620 (1974).
165 E. Janzen, *Acc. Chem. Res.*, **4**, 31 (1971).
166 (a) R. L. Ward and S. I. Weissman, *J. Am. Chem. Soc.*, **76**, 3612 (1954). (b) *Ibid.*, **79**, 2086 (1957).
167 B. A. Kowert, L. Marcoux, and A. J. Bard, *J. Am. Chem. Soc.*, **94**, 5538 (1972).
168 A. J. Bard, "Integrated Chemical Systems," Wiley, New York, 1994, pp. 114–120.
169 J. G. Gaudiello, P. K. Ghosh, and A. J. Bard, *J. Am. Chem. Soc.*, **107**, 3027 (1985).
170 P. K. Babu, E. Oldfield, and A. Wieckowski, *Mod. Asp. Electrochem.*, **36**, 1 (2003).
171 Y. Y. Tong, A. Wieckowski, and E. Oldfield, *J. Phys. Chem. B*, **106**, 2434 (2002).
172 O. Pecher, J. Carretero-González, K. J. Griffith, and C. P. Grey, *Chem. Mater.*, **29**, 213 (2017).
173 F. Blanc, M. Leskes, and C. P. Grey, *Acc. Chem. Res.*, **46**, 1952 (2013).
174 J. F. Watts and J. Wolstenhome, "An Introduction to Surface Analysis by XPS and AES," 2nd ed., Wiley, Hoboken, NJ, 2020.
175 P. van der Heide, "Secondary Ion Mass Spectrometry," Wiley, Hoboken, NJ, 2014.
176 P. van der Heide, "X-ray Photoelectron Spectroscopy," Wiley, Hoboken, NJ, 2012.
177 J. C. Vickerman and I. S. Gilmore, "Surface Analysis," 2nd ed., Wiley, Chichester, 2009.
178 M. Prutton and M. M. El Gomati, "Scanning Auger Electron Microscopy," Wiley, Chichester, 2006.
179 S. Hüfner, "Photoelectron Spectroscopy," 3rd ed., Springer, Berlin, 2003.
180 R. Brydson, "Electron Energy Loss Spectroscopy," Taylor and Francis, London, 2001.
181 J. B. Pendry, "Low Energy Electron Diffraction," Academic, New York, 1974.
182 D. M. Kolb, *Angew. Chem. Int. Ed.*, **40**, 1162 (2001).
183 M. P. Soriaga, D. A. Harrington, J. L. Stickney, and A. Wieckowski, *Mod. Asp. Electrochem.*, **28**, 1, 1996.
184 M. P. Soriaga and J. L. Stickney, in "Modern Techniques in Electroanalysis," P. Vanýsek, Ed., Wiley, New York, 1996, Chap. 1.
185 A. T. Hubbard, E. Y. Cao, and D. A. Stern, in "Physical Electrochemistry," I. Rubinstein, Ed., Marcel Dekker, New York, 1995, Chap. 10.
186 A. J. Bard, "Integrated Chemical Systems," Wiley, New York, 1994, pp. 100–108.
187 P. N. Ross and F. T. Wagner, *Adv. Electrochem. Electrochem. Eng.*, **13**, 69 (1985).
188 L. L. Kesmodel, in "The Handbook of Surface Imaging and Visualization," A. T. Hubbard, Ed., CRC Press, Boca Raton, FL, 1995, p. 223.
189 D. G. Frank, *ibid.*, p. 289.
190 P. A. Thiel, *ibid.*, p. 355.
191 G. A. Somorjai and H. H. Farrell, *Adv. Chem. Phys.*, **20**, 215 (1971).
192 J. A. Gardella, Jr., in "The Handbook of Surface Imaging and Visualization," A. T. Hubbard, Ed., CRC Press, Boca Raton, FL, 1995, p. 705.

附录A 数学方法

对许多电化学现象的理解，依赖于对某些微分方程的求解能力，因此值得总结一些相关的数学工具。本附录仅做些综述和介绍，不是严格的数学阐述。若需要全面详细的信息，请参考有关文献。但是，这里所介绍的内容足以帮助读者解决相关的问题，理解正文中的推导过程。

A.1 用拉普拉斯变换技术求解微分方程

A.1.1 偏微分方程

我们最常遇到的偏微分方程（partial differential equations，PDE）源于电极表面上发生异相反应时对附近扩散的处理。通常活性物质浓度$C(x,t)$是时间t和距电极距离x的函数，往往服从Fick扩散定律（4.4.2节）的某种形式，如

$$\frac{\partial C(x,t)}{\partial t}=D\frac{\partial^2 C(x,t)}{\partial x^2} \tag{A.1.1}$$

式中，D为所研究物质的扩散系数。该方程是一个线性PDE，仅含有$C(x,t)$的一次或零次幂及其导数。导数最高次数是方程的阶数，所以该方程是二阶的偏微分方程。

一般来讲，偏微分方程PDE的解没有确定的函数形式。例如，对方程

$$\frac{\partial z}{\partial x}-\frac{\partial z}{\partial y}=0 \tag{A.1.2}$$

下列函数都可作为它的解：

$$z=A\mathrm{e}^{(x+y)} \tag{A.1.3}$$

$$z=A\sin(x+y) \tag{A.1.4}$$

$$z=A(x+y) \tag{A.1.5}$$

偏微分方程的这个特点与只含有单变量微分的常微分方程（ordinary differential equations，ODE）不同。通常ODE的解的形式由ODE自身确定，这样描述单分子衰变反应的线性一阶ODE

$$\frac{\mathrm{d}C(t)}{\mathrm{d}t}=-kC(t) \tag{A.1.6}$$

有单一通解：

$$C(t)=(\text{常数})\mathrm{e}^{-kt} \tag{A.1.7}$$

指定一个附加条件（例如：$t=0$时的浓度）可确定解中的常数项。

相反，PDE解的数学形式和常数的确定都需要附加的条件，同一PDE在不同条件下一般得到的是不同的函数结果。

A.1.2 拉普拉斯变换介绍

利用Laplace变换[1-3] 可以把微分问题转换到能用简单数学方法处理的域，这对于求解某些微分方程，特别是电化学中遇到的微分方程有很大价值。这种方法与用对数法去解决乘法运算类似。把乘法运算转换到映像的对数域，乘法运算就变成了加法运算，就可以很容易求出结果的变换形式，然后逆变换得到需要的结果。与之类似，把常微分方程经Laplace变换后，可以用代数运算求出常微分方程变换形式的解，然后逆变换后就完成了求解。使用同样的方法，偏微分方程

可以转换成常微分方程形式，然后就可以用常规方法求解或继续使用变换技术。这种方法非常方便，但一般限用于线性微分方程。

函数 $F(t)$ 对 t 的 Laplace 变换以符号 $L\{F(t)\}$、$f(s)$或 $\overline{F}(s)$ 表示，定义为

$$\boxed{L\{F(t)\} \equiv \int_0^\infty e^{-st}F(t)\,dt} \tag{A.1.8}$$

变换的存在有条件要求，需要 $F(t)$ 函数：(a) 在 $0 \leqslant t < \infty$ 区间的所有内部点都有界；(b) 具有有限个不连续点；(c) $F(t)$ 是"指数级"函数。在实际应用中，条件 (a) 和 (c) 偶尔不能满足，(b) 很少不满足。

从条件 (a) 可以判断 $(t-1)^{-1}$ 没有变换形式，但无法判断 $t^{-1/2}$ 和 t^{-1}。只要 n 是某些小于 1 的正值，$|t^nF(t)|$ 就有界，$F(t)$在 $t=0$ 可能有无限不连续。于是 $t^{-1/2}$ 有 Laplace 转换，而 t^{-1} 没有。

条件 (c) 是指当 $t\to\infty$时，对某些常数 α 值，$e^{-\alpha t}|F(t)|$ 必须有界；这要求 t 很大时，函数值的增长要慢于某 $e^{\alpha t}$ 指数函数。如 e^{2t} 是指数级函数，而 e^{t^2} 不是。

许多函数的拉普拉斯变换可以从上面的积分定义直接得到，其他一些用间接方法更容易导出得到。表 A.1.1 给出了一些常见的函数及其变换。更详细的列表参考文献［1-2，4-6］。

表 A.1.1 常见函数的拉普拉斯变换[1]

$F(t)$	$f(s)$
A(常数)	A/s
e^{-at}	$1/(s+a)$
$\sin at$	$a/(s^2+a^2)$
$\cos at$	$s/(s^2+a^2)$
$\sinh at$	$a/(s^2-a^2)$
$\cosh at$	$s/(s^2-a^2)$
t	$1/s^2$
$t^{(n-1)}/(n-1)!$	$1/s^n$
$(\pi t)^{-1/2}$	$1/s^{1/2}$
$2(t/\pi)^{1/2}$	$1/s^{3/2}$
$\{x/[2(\pi k t^3)^{1/2}]\}\exp(-x^2/4kt)$	$e^{-\beta x}$,式中 $\beta=(s/k)^{1/2}$
$(k/\pi t)^{1/2}\exp(-x^2/4kt)$	$e^{-\beta x}/\beta$
$\operatorname{erfc}[x/2(kt)^{1/2}]$	$e^{-\beta x}/s$
$2(kt/\pi)^{1/2}\exp(-x^2/4kt)-x\operatorname{erfc}[x/2(kt)^{1/2}]$	$e^{-\beta x}/(s\beta)$
$\exp(a^2t)\operatorname{erfc}(at^{1/2})$	$[s^{1/2}(s^{1/2}+a)]^{-1}$

注：摘自 Churchill[1]。© 1972，McGraw Hill。

A.1.3 变换的基本性质

Laplace 变换是线性的，当 a 和 b 是常数时为

$$L\{aF(t)+bG(t)\}=af(s)+bg(s) \tag{A.1.9}$$

这一性质是直接从定义和积分运算的基本性质导出的。

拉普拉斯变换求解微分方程的有效性源自它能把对导数运算转换为 s 变量的代数运算——可看作一种微分降阶。如

$$L\left\{\frac{dF(t)}{dt}\right\}=L\{F'(t)\}=sf(s)-F(0) \tag{A.1.10}$$

用分部积分可以证明这种转换：

$$L\left\{\frac{\mathrm{d}F(t)}{\mathrm{d}t}\right\}=\int_0^{\infty}\mathrm{e}^{-st}\ \frac{\mathrm{d}F(t)}{\mathrm{d}t}\mathrm{d}t \quad (A.1.11)$$

$$=\left[\mathrm{e}^{-st}F(t)\right]_0^{\infty}+s\int_0^{\infty}\mathrm{e}^{-st}F(t)\mathrm{d}t \quad (A.1.12)$$

$$=-F(0)+sf(s) \quad (A.1.13)$$

类似可得到

$$L\{F''\}=s^2f(s)-sF(0)-F'(0) \quad (A.1.14)$$

一般通式为

$$\boxed{L\{F^{(n)}\}=s^nf(s)-s^{n-1}F(0)-s^{n-2}F'(0)-\cdots-F^{(n-1)}(0)} \quad (A.1.15)$$

变换通常针对时间 t 变量的微分算子，t 之外的变量当作常量处理：

$$L\left\{\frac{\partial F(x,t)}{\partial x}\right\}=\frac{\partial f(x,s)}{\partial x} \quad (A.1.16)$$

其他有用的性质涉及积分的变换、指数乘积的变换

$$\boxed{L\left\{\int_0^t F(x)\mathrm{d}x\right\}=\frac{1}{s}(s)} \quad (A.1.17)$$

$$\boxed{L\{\mathrm{e}^{at}F(t)\}=f(s-a)} \quad (A.1.18)$$

例如

$$L\{\sin bt\}=\frac{b}{s^2+b^2} \quad (A.1.19)$$

$$L\{\mathrm{e}^{at}\sin bt\}=\frac{b}{(s-a)^2+b^2} \quad (A.1.20)$$

若逆变换无法从表中列出的函数导出时，有时可以通过卷积积分进行逆变换

$$\boxed{L^{-1}\{f(s)g(s)\}=F(t)*G(t)=\int_0^t F(t-\tau)G(\tau)\mathrm{d}\tau} \quad (A.1.21)$$

注意式中 $F(t)*G(t)$ 是卷积的表示符号，不是乘积。

A.1.4 用拉普拉斯变换求解常微分方程

(1) 弹簧上的质点振动

选择弹簧振动作为第一个例子。弹簧上的一个质点，从相对于平衡位置的初始位移 A 释放，分析质点位置对时间的依赖关系，这是基础力学中的线性简谐振荡问题。令 $y(t)$ 为相对于平衡位置的位移，k 为弹簧的力常数，作用在质点上的力为

$$m\frac{\mathrm{d}^2y}{\mathrm{d}t^2}=-ky \quad (A.1.22)$$

初始速度 $y'(0)=0$。使用拉普拉斯变换得到

$$s^2\overline{y}-sy(0)-y'(0)=-\frac{k}{m}\overline{y} \quad (A.1.23)$$

$$s^2\overline{y}-As=-\frac{k}{m}\overline{y} \quad (A.1.24)$$

$$\overline{y}=\frac{As}{s^2+\dfrac{k}{m}} \quad (A.1.25)$$

逆变换得到其解

$$L^{-1}\{\overline{y}\}=y(t)=A\cos\left(\frac{k}{m}\right)^{1/2}t \quad (A.1.26)$$

(2) 电子阻尼振荡

第二个例子，图 A.1.1 电路，求解开关闭合后的电流时间函数 $i(t)$。假设电容 C 初始未充电，即初始电量为 0，则整个电路的总电压降是

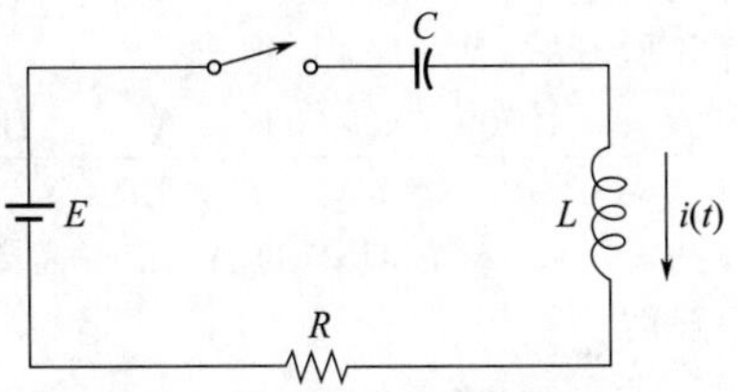

图 A.1.1 RLC 串联电路

$$E=iR+\frac{1}{C}\int_0^t i(\tau)\mathrm{d}\tau+L\frac{\mathrm{d}i}{\mathrm{d}t} \tag{A.1.27}$$

对式(A.1.27) 进行拉普拉斯变换后重排得到

$$\frac{E}{s}=\bar{i}R+\frac{1}{sC}\bar{i}+Ls\bar{i} \tag{A.1.28}$$

$$\bar{i}=\frac{E/L}{s^2+Rs/L+1/(LC)} \tag{A.1.29}$$

此式有如下的形式

$$L\{A\mathrm{e}^{-at}\sin bt\}=\frac{Ab}{(s+a)^2+b^2} \tag{A.1.30}$$

简单比较式(A.1.29) 和式(A.1.30) 就可看出，a 为 $R/(2L)$，b^2 为 $[1/LC-R^2/(4L^2)]$，常数 A 为 $E/(Lb)$，于是解为

$$i=\frac{E}{Lb}\mathrm{e}^{-at}\sin bt \tag{A.1.31}$$

(3) 一个与电化学理论有关的微分方程

第三个例子，我们来考虑一个在电化学研究中经常遇到的方程

$$\frac{\mathrm{d}^2C(x)}{\mathrm{d}x^2}-a^2C(x)=-b \tag{A.1.32}$$

做拉普拉斯变换并处理得到

$$s^2\overline{C}(s)-sC(0)-C'(0)-a^2\overline{C}(s)=-b/s \tag{A.1.33}$$

$$\overline{C}(s)=\frac{-b+s^2C(0)+sC'(0)}{s(s-a)(s+a)} \tag{A.1.34}$$

此式需要分式分解处理，才能逆变换，因此暂时不考虑该式的解法，先介绍分数分解方法。要分解展开这样的表达式，首先要尽可能地把它因式分解成真正的线性和二次因子，例如下式

$$\frac{s+3}{(s-1)^2(s-2)(s-3)(s^2+2s+2)} \tag{A.1.35}$$

按照下列规则[7] 分解转写为多项简单分式的和。

① 若线性因子 $as+b$ 在分母中出现 n 次，对应这个因子就展开为 n 个部分分数之和：

$$\frac{A_1}{as+b}+\frac{A_2}{(as+b)^2}+\cdots+\frac{A_n}{(as+b)^n} \tag{A.1.36}$$

式中，A_i 为常数且 $A_i\neq 0$。

② 若二次项 as^2+bs+c 在分母中出现 n 次，对应这个因子就展开为 n 个部分分数之和：

$$\frac{A_1s+B_1}{as^2+bs+c}+\frac{A_2s+B_2}{(as^2+bs+c)^2}+\cdots+\frac{A_ns+B_n}{(as^2+bs+c)^n} \tag{A.1.37}$$

式中，A_i 和 B_i 为常数且 $A_is+B_i\neq 0$。

依据这些规则，例子式(A.1.35) 就可展开为

$$\frac{s+3}{(s-1)^2(s-2)(s-3)(s^2+2s+2)}=\frac{A}{s-1}+\frac{B}{(s-1)^2}+\frac{C}{s-2}+\frac{D}{s-3}+\frac{Es+F}{s^2+2s+2} \tag{A.1.38}$$

一般有两种方便的方法求出常数项。一是通分，两边分子都转化为多项式形式，由 s 相同次

幂项的系数相等得出；或者是代入指定 s 值，建立联立方程组并求解。

现在回到前面的问题，分解并展开式(A.1.34) 得到

$$\overline{C}(s)=\frac{-b+s^2C(0)+sC'(0)}{s(s-a)(s+a)}=\frac{A'}{s+a}+\frac{B'}{s-a}+\frac{D'}{s} \tag{A.1.39}$$

将等式乘以 s 并设 $s=0$，就可得到 $D'=b/a^2$，具体的 A' 和 B' 需要定义边界条件 $C(0)$ 和 $C'(0)$ 后才能导出。逆变换就可以得到一般解：

$$C(x)=\frac{b}{a^2}+A'\mathrm{e}^{-ax}+B'\mathrm{e}^{ax} \tag{A.1.40}$$

我们将在 A.1.6 节再讨论这个方程。

A.1.5 联立线性常微分方程组

为了解释采用拉普拉斯变换求解联立线性常规微分方程组（ODE）的方法。考察下列动力学机理：

$$\mathrm{A}\xrightarrow{k_1}\mathrm{B}+\mathrm{C}$$

$$\mathrm{B}\xrightarrow{k_2}\mathrm{D}$$

$$\mathrm{C}+(\mathrm{Z})\xrightarrow{k_3'}\mathrm{D} \tag{A.1.41}$$

式中，k_3' 是准一级速率常数。目标是求解 A、B、C、D 浓度的时间分布。设定 $t=0$ 时，$[\mathrm{A}]=A^*$，$[\mathrm{B}]=[\mathrm{C}]=[\mathrm{D}]=0$。可直接写出描述体系的 ODE：

$$\frac{\mathrm{d}[\mathrm{A}]}{\mathrm{d}t}=-k_1[\mathrm{A}] \tag{A.1.42}$$

$$\frac{\mathrm{d}[\mathrm{B}]}{\mathrm{d}t}=k_1[\mathrm{A}]-k_2[\mathrm{B}] \tag{A.1.43}$$

$$\frac{\mathrm{d}[\mathrm{C}]}{\mathrm{d}t}=k_1[\mathrm{A}]-k_3'[\mathrm{C}] \tag{A.1.44}$$

$$\frac{\mathrm{d}[\mathrm{D}]}{\mathrm{d}t}=k_2[\mathrm{B}]+k_3'[\mathrm{C}] \tag{A.1.45}$$

令 $L\{[\mathrm{A}]\}=a$，其他类似，可得到变换后的联立代数方程组

$$sa-A^*=-k_1a \tag{A.1.46}$$

$$sb=k_1a-k_2b \tag{A.1.47}$$

$$sc=k_1a-k_3'c \tag{A.1.48}$$

$$sd=k_2b+k_3'c \tag{A.1.49}$$

由这些方程式很容易解出 a、b、c 和 d，然后逆变换得到需要的浓度。

A.1.6 基于偏微分方程的传质问题

电化学中经常需要基于偏微分方程解决传质问题。有关的方程及其解已在 4.5 节中讨论过。由于拉普拉斯变换的广泛应用，我们现在介绍一下。

一种常见的情况是在未搅拌溶液中的平板电极上，发生电化学反应 $\mathrm{O}+n\mathrm{e}\rightleftharpoons\mathrm{R}$。反应发生前，溶液是均匀的，所以溶液中氧化还原物质体相浓度 C_O^*、C_R^* 处处可用。氧化物种和还原物种沿垂直于电极表面方向即 x 方向、通过扩散移向或者离开电极，电极本身位于 $x=0$。电解扰动电极表面附近的浓度，但不会太远。通常可使用 O 和 R 的扩散传质方程描述该情况：

$$\frac{\partial C_\mathrm{O}(x,t)}{\partial t}=D_\mathrm{O}\frac{\partial^2 C_\mathrm{O}(x,t)}{\partial x^2} \tag{A.1.50a}$$

$$\frac{\partial C_\mathrm{R}(x,t)}{\partial t}=D_\mathrm{R}\frac{\partial^2 C_\mathrm{R}(x,t)}{\partial x^2} \tag{A.1.50b}$$

用此方程组（A.1.50a,b）解得 $C_\mathrm{O}(x,t)$、$C_\mathrm{R}(x,t)$。求解它们需要六个附加条件（两个初始条件和四个边界条件）。4.5.1 节已经讨论过这些条件，这里不再详述。

即使对不同问题，其中这五个条件常常是相同的，

$$C_{\mathrm{O}}(x,0)=C_{\mathrm{O}}^{*} \tag{A.1.51a}$$

$$C_{\mathrm{R}}(x,0)=C_{\mathrm{R}}^{*} \tag{A.1.51b}$$

$$\lim_{x\to\infty}C_{\mathrm{O}}(x,t)=C_{\mathrm{O}}^{*} \tag{A.1.52a}$$

$$\lim_{x\to\infty}C_{\mathrm{R}}(x,t)=C_{\mathrm{R}}^{*} \tag{A.1.52b}$$

$$D_{\mathrm{O}}\left[\frac{\partial C_{\mathrm{O}}(x,t)}{\partial x}\right]_{x=0}+D_{\mathrm{R}}\left[\frac{\partial C_{\mathrm{R}}(x,t)}{\partial x}\right]_{x=0}=0 \tag{A.1.53}$$

这 7 个方程经常在电化学中遇到，包括两个 PDE［式(A. 1. 50a, b)］、两个初始条件［式(A. 1. 51a, b)］、两个半无限边界条件［式 (A. 1. 52a, b)］和流量平衡［式 (A. 1. 53)］，本书把它们合称为通用公式（general formulation，4. 5. 2 节）。

此外，还需要一个边界条件就可以完全确定要研究的问题，这个条件来自所要处理的特定实验情况。

即使不知道最后一个边界条件，也可以做些有用的分析。基于时间变量 t，对式(A. 1. 50a)进行拉普拉斯变换并应用初始条件式(A. 1. 51a)，得到

$$s\overline{C}_{\mathrm{O}}(x,s)-C_{\mathrm{O}}^{*}=D_{\mathrm{O}}\frac{\mathrm{d}^{2}\overline{C}_{\mathrm{O}}(x,s)}{\mathrm{d}x^{2}} \tag{A.1.54}$$

$$\frac{\mathrm{d}^{2}\overline{C}_{\mathrm{O}}(x,s)}{\mathrm{d}x^{2}}-\frac{s}{D_{\mathrm{O}}}\overline{C}_{\mathrm{O}}(x,s)=-\frac{C_{\mathrm{O}}^{*}}{D_{\mathrm{O}}} \tag{A.1.55}$$

与 A. 1. 4 (3) 节类似，仿照解出式(A. 1. 55)，可立即写出类似式(A. 1. 40) 的结果❶

$$\overline{C}_{\mathrm{O}}(x,s)=\frac{C_{\mathrm{O}}^{*}}{s}+A(s)\mathrm{e}^{-(s/D_{\mathrm{O}})^{1/2}x}+B(s)\mathrm{e}^{(s/D_{\mathrm{O}})^{1/2}x} \tag{A.1.56}$$

半无限条件式(A. 1. 52a) 变换为

$$\lim_{x\to\infty}\overline{C}_{\mathrm{O}}(x,s)=\frac{C_{\mathrm{O}}^{*}}{s} \tag{A.1.57}$$

因此 $B(s)$ 必须为零。于是

$$\overline{C}_{\mathrm{O}}(x,s)=\frac{C_{\mathrm{O}}^{*}}{s}+A(s)\mathrm{e}^{-(s/D_{\mathrm{O}})^{1/2}x} \tag{A.1.58}$$

由于有关的方程组完全一样，对物种 R 做类似物种 O 的式(A. 1. 54)～式(A. 1. 58) 的一样处理，结果也是相同的形式

$$\overline{C}_{\mathrm{R}}(x,s)=\frac{C_{\mathrm{R}}^{*}}{s}+E(s)\mathrm{e}^{-(s/D_{\mathrm{R}})^{1/2}x} \tag{A.1.59}$$

流量平衡式(A. 1. 53) 的拉普拉斯变换为，

$$D_{\mathrm{O}}\left[\frac{\partial\overline{C}_{\mathrm{O}}(x,s)}{\partial x}\right]_{x=0}+D_{\mathrm{R}}\left[\frac{\partial\overline{C}_{\mathrm{R}}(x,s)}{\partial x}\right]_{x=0}=0 \tag{A.1.60}$$

此式代入式(A. 1. 58)、式(A. 1. 59) 的导数，可简化得到

$$-A(s)D_{\mathrm{O}}^{1/2}s^{1/2}-E(s)D_{\mathrm{R}}^{1/2}s^{1/2}=0 \tag{A.1.61}$$

于是 $E(s)=-A(s)\xi$，这里 $\xi=(D_{\mathrm{O}}/D_{\mathrm{R}})^{1/2}$，那么就有

$$\boxed{\overline{C}_{\mathrm{O}}(x,s)=\frac{C_{\mathrm{O}}^{*}}{s}+A(s)\mathrm{e}^{-(s/D_{\mathrm{O}})^{1/2}x}} \tag{A.1.62}$$

$$\boxed{\overline{C}_{\mathrm{R}}(x,s)=\frac{C_{\mathrm{R}}^{*}}{s}-\xi A(s)\mathrm{e}^{-(s/D_{\mathrm{R}})^{1/2}x}} \tag{A.1.63}$$

---

❶ 式(A. 1. 40) 的首项在式(A. 1. 56) 中不需要，已移去。式(A. 1. 56) 中的"常数" A 和 B 是 s 的函数，这在 6. 1 节和其他地方已经遇到。A、B 为常数是基于 ODE 的变量导出的，这个变量是式(A. 1. 55) 的 x。在推导式(A. 1. 40) 时，不允许 A'、B' 是 s 的函数，因为在那里 s 是对应 x 的变换变量。而在这里，s 是时间 t 的变换变量，因此 A 和 B 可以是 s 的函数。

这两个方程处于 7 个方程共同构成一般公式的“拉普拉斯空间”。至此，我们没有引入其他任何条件，因此，这两个方程适用于一般公式描述的任何情况，代表了原始问题的精华部分，可作为发展循环伏安法、电势阶跃实验和许多其他电化学方法理论的实际起点。本书中我们会经常依赖它们。

A. 1. 7 零点位移定理

在电化学实验中，经常遇到突变型的边界条件。简单的阶跃技术就是最明显的例子。常常使用单位阶跃函数［unit step function，$S_\kappa(t)$］来简化理论处理。在 $t=\kappa$ 时刻瞬间 $S_\kappa(t)$ 从 0 跃变到 1，精确地说就是：

$$S_\kappa(t)=0 \qquad (t\leqslant\kappa) \tag{A. 1. 64}$$

$$S_\kappa(t)=1 \qquad (t>\kappa) \tag{A. 1. 65}$$

此函数可以看作是在 $t=\kappa$ 时刻瞬间“闭合接通”的数学“开关”，用它可以紧凑地表示一些复杂的条件。如 $t=\kappa$ 前保持为 E_1，然后阶跃突变为 E_2 的电势，可以表示为

$$E(t)=E_1+S_\kappa(t)(E_2-E_1) \tag{A. 1. 66}$$

类似地，恒电势一段时间后接线性电势扫描电势程序可表示为

$$E(t)=E_1+S_\kappa(t)\nu(t-\kappa) \tag{A. 1. 67}$$

一旦确定边界条件，也常常必须被变换。这种包含阶跃函数的变换，需要零点位移定理（zero-shift theorem）作数学基础。零点位移定理为

$$\boxed{L\{S_\kappa(t)F(t-\kappa)\}=\mathrm{e}^{-\kappa s}f(s)} \tag{A. 1. 68}$$

基于变换的定义可证明：

$$L\{S_\kappa(t)F(t-\kappa)\}\equiv\int_0^\infty \mathrm{e}^{-ts}S_\kappa(t)F(t-\kappa)\mathrm{d}t=\int_\kappa^\infty \mathrm{e}^{-ts}F(t-\kappa)\mathrm{d}t \tag{A. 1. 69}$$

定义 $\theta=t-\kappa$，重排后得到所需结果

$$\int_\kappa^\infty \mathrm{e}^{-ts}F(t-\kappa)\mathrm{d}t=\mathrm{e}^{-\kappa s}\int_0^\infty \mathrm{e}^{-\theta s}F(\theta)\mathrm{d}\theta=\mathrm{e}^{-\kappa s}f(s) \tag{A. 1. 70}$$

在 s 变换空间变换函数 $f(s)$ 乘以 $\mathrm{e}^{-\kappa s}$，等价于对应原函数 $F(t)$ 在真正的时间 t 坐标偏移 κ，因而方程式(A. 1. 68) 称作零点位移定理。以简单函数 $F(t)=2t$ 为例，这个位移的效果示于图 A. 1. 2。

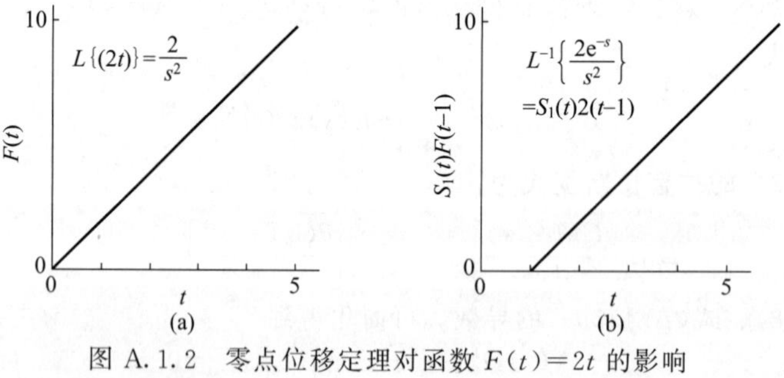

图 A. 1. 2 零点位移定理对函数 $F(t)=2t$ 的影响

(a) $F(t)$-t 图，截距为 0；(b) 其变换函数 $f(s)$ 乘以 e^{-s}，再反变换得到的函数相当于原函数沿 x 轴平移 1 个单位

A. 2 Taylor 展开式

函数太复杂而难以直接使用或需要线性近似时，常常对函数做级数展开[3,8]。选择某点为中心位置，在此点附近做级数展开来表示此函数。这样的级数有许多项（或甚至无数个项）。常仅取前几个有限项对级数截断就可进行近似的表达。许多情况下，它们代表中心点附近可接受的函数关系，但离中心点较远时，表达误差可能较大。

A. 2. 1 多变量函数的展开

若三变量函数 $f(x,y,z)$ 在点(x_0,y_0,z_0)附近，可以用 Taylor 公式展开表示：

$$\boxed{f(x,y,z)=f(x_0,y_0,z_0)+\sum_{j=1}^{\infty}\frac{1}{j!}\left[\left(\delta x\frac{\partial}{\partial x}+\delta y\frac{\partial}{\partial y}+\delta z\frac{\partial}{\partial z}\right)^j f(x,y,z)\right]_{(x_0,y_0,z_0)}} \tag{A.2.1}$$

式中，$\delta x=x-x_0$，$\delta y=y-y_0$，$\delta z=z-z_0$。式中圆括号内的项是微分算子的 j 次幂，$\partial/\partial x$、$\partial/\partial y$、$\partial/\partial z$ 的 j 幂次实际是表示 $f(x,y,z)$在(x_0,y_0,z_0)附近的 j 阶微分。

下面以电流-过电势方程式(3.4.10) 的展开为例进行分析

$$g\left[C_{\mathrm{O}}(0,t),C_{\mathrm{R}}(0,t),\eta\right]=i/i_0=\frac{C_{\mathrm{O}}(0,t)}{C_{\mathrm{O}}^*}\mathrm{e}^{-\alpha f\eta}-\frac{C_{\mathrm{R}}(0,t)}{C_{\mathrm{R}}^*}\mathrm{e}^{(1-\alpha)f\eta} \tag{A.2.2}$$

中心点选在 $g=0$ 的$(C_{\mathrm{O}}^*,C_{\mathrm{R}}^*,0)$。如果 j 仅取到一阶，则有

$$\frac{i}{i_0}=\left\{\left[\delta C_{\mathrm{O}}(0,t)\frac{\partial}{\partial C_{\mathrm{O}}(0,t)}+\delta C_{\mathrm{R}}(0,t)\frac{\partial}{\partial C_{\mathrm{R}}(0,t)}+\delta\eta\frac{\partial}{\partial\eta}\right]g\left[C_{\mathrm{O}}(0,t),C_{\mathrm{R}}(0,t),\eta\right]\right\}_{(C_{\mathrm{O}}^*,C_{\mathrm{R}}^*,0)} \tag{A.2.3}$$

代入导数并在中心点处求值，得到

$$\frac{i}{i_0}=\frac{\delta C_{\mathrm{O}}(0,t)}{C_{\mathrm{O}}^*}-\frac{\delta C_{\mathrm{R}}(0,t)}{C_{\mathrm{R}}^*}-f\delta\eta \tag{A.2.4}$$

或

$$i=i_0\left[\frac{C_{\mathrm{O}}(0,t)}{C_{\mathrm{O}}^*}-\frac{C_{\mathrm{R}}(0,t)}{C_{\mathrm{R}}^*}-f\eta\right] \tag{A.2.5}$$

此式与式(3.4.31) 等价。这样通过在 $j=1$ 截断级数，就得到了复杂公式(3.4.10) 的简单线性近似式，适用于中心点附近小偏离范围。对于 $\delta C_{\mathrm{O}}(0,t)$、$\delta C_{\mathrm{R}}(0,t)$、$\delta\eta$ 较大时，就必须包括更多展开项。完整的级数也容易推导，留做读者作业练习。

A.2.2　单变量函数的展开

如果函数仅有一个独立自变量，Taylor 公式有简化形式

$$\boxed{f(x)=f(x_0)+\sum_{j=1}^{\infty}\frac{1}{j!}(x-x_0)^j\left[\frac{\partial^j}{\partial x^j}f(x)\right]_{x=x_0}} \tag{A.2.6}$$

此时在 $x=x_0$ 点附近展开。

A.2.3　Maclaurin 级数

在 $x=0$ 处的 Taylor 展开又称麦克劳林（Maclaurin）级数，其通式为

$$\boxed{f(x)=f(0)+\sum_{j=1}^{\infty}\frac{1}{j!}x^j\left[\frac{\partial^j}{\partial x^j}f(x)\right]_{x=0}} \tag{A.2.7}$$

A.3　误差函数和高斯分布

处理扩散问题时，经常遇到积分形式的标准误差曲线，又称误差函数（error function）[2,8]

$$\boxed{\operatorname{erf}(x)\equiv\frac{2}{\pi^{1/2}}\int_0^x \mathrm{e}^{-y^2}\,\mathrm{d}y} \tag{A.3.1}$$

当 x 变很大时，此式接近极限值 1。电化学中也常使用它的补函数，其定义为

$$\operatorname{erfc}(x)\equiv 1-\operatorname{erf}(x) \tag{A.3.2}$$

这两个函数示于图 A.3.1。注意 erf(x) 初期陡峭上升，对大于 2 的任意 x，几乎接近其极限值 1❷。

---

❷　在微软的 Excel 软件中，erf(x) 和 erfc(x) 都是标准函数，可以很容易计算使用。此外，在各种数学手册中也有此函数的数值表格。

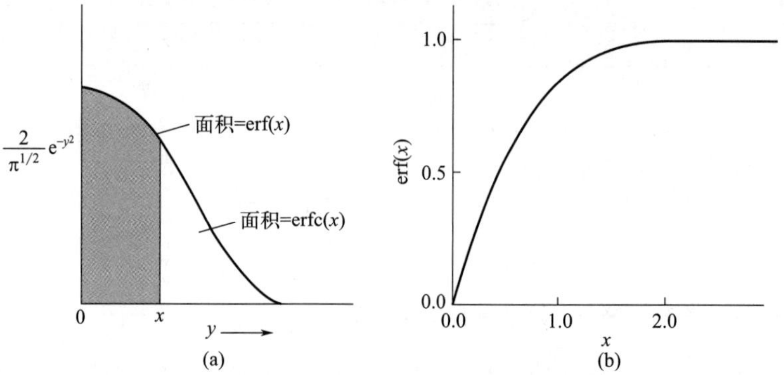

图 A. 3. 1 (a) 基于高斯分布的 erf(x) 和 erfc(x) 的定义；(b) erf(x) 曲线

误差函数值也可用级数方法求出[9-10]，其 Maclaurin 级数展开是

$$\mathrm{erf}(x)=\frac{2}{\pi^{1/2}}\left(x-\frac{x^3}{3}+\frac{x^5}{5\cdot 2!}-\frac{x^7}{7\cdot 3!}+\frac{x^9}{9\cdot 4!}-\cdots\right) \tag{A. 3. 3}$$

在 $0\leqslant x\leqslant 2$ 时，用此式可很方便地求值。若 $x<0.1$，可以只保留第一项使用线性近似式

$$\mathrm{erf}(x)\approx\frac{2x}{\pi^{1/2}} \qquad (x<0.1) \tag{A. 3. 4}$$

参数较大（$x>2$）时，可用下式更好地计算

$$\mathrm{erf}(x)=1-\frac{e^{-x^2}}{\pi^{1/2}x}\left[1-\frac{1}{2x^2}+\frac{1\cdot 3}{(2x^2)^2}-\frac{1\cdot 3\cdot 5}{(2x^2)^3}+\cdots\right] \tag{A. 3. 5}$$

用 A. 4 节介绍的莱布尼兹规则（Leibnitz rule）可以导出 erf(x) 的导数。

误差函数［式(A. 3. 1)］的积分参数与高斯分布（即通常的标准误差分布，normal error distribution）有关，高斯分布的定义是

$$\boxed{f(y)=\frac{1}{(2\pi)^{1/2}\sigma}\exp\left[-\frac{(y-\overline{y})^2}{2\sigma^2}\right]} \tag{A. 3. 6}$$

这是个类似钟形的误差曲线，在平均值 $\overline{y}$ 处有极大值，宽度由标准偏差（standard deviation）σ 描述。高斯分布对所有值的积分是 1。由于函数是对称的，从平均值向任何一侧的积分都是 0.5。

比较式(A. 3. 1) 和式(A. 3. 6) 可以看出，误差函数就是平均值为 0、标准偏差 σ 为 $1/\sqrt{2}$ 的高斯分布的正半边对 x 积分的 2 倍。实际上，任何高斯曲线都可以通过对误差函数用 $z=(y-\overline{y})/(\sqrt{2}\sigma)$ 转换来表示，并用标准偏差表示转换的效果❸。所以众所周知，$\mathrm{erf}(1/\sqrt{2})=\mathrm{erf}(0.707)=0.683$，这与高斯分布在 $\pm\sigma$ 之间的面积占总面积的 68.3%对应一致。

A. 4 莱布尼兹规则

Leibnitz 规则[8] 为求算单参数定积分的微分提供了数学基础：

$$\frac{d}{d\beta}\int_{u_1(\beta)}^{u_2(\beta)}f(y,\beta)dy=f[u_2(\beta),\beta]\frac{du_2}{d\beta}-f[u_1(\beta),\beta]\frac{du_1}{d\beta}+\int_{u_1(\beta)}^{u_2(\beta)}\frac{\partial f(y,\beta)}{\partial\beta}dy \tag{A. 4. 1}$$

例如

$$\frac{d}{dx}\mathrm{erf}(x)\equiv\frac{2}{\pi^{1/2}}\frac{d}{dx}\int_0^x e^{-y^2}dy=\frac{2}{\pi^{1/2}}e^{-x^2} \tag{A. 4. 2}$$

❸ 把变量从 y 改用 z，是因为横坐标表达的改变。z 是 y 坐标的 $\sqrt{2}\sigma$ 倍。以标准偏差 σ 作为 y 横坐标的单位尺度，对应 z 变量坐标表示时，单位尺度是它的 $1/\sqrt{2}$ 倍。

该式中的结果只是式(A.4.1)的第一项。因为式(A.4.1)的β是这里式(A.4.2)中的x，而$u_1(x)=0$，$du_1/dx=0$，即第二项消失。由于$f(y,x)=(2/\pi^{1/2})e^{-y^2}$不是$x$的函数，于是$\partial f(y,x)/\partial x=0$，第三项也消失。

A.5 复数表示法

在许多涉及矢量变量的问题中，如交流电路分析（第 11 章），需要将物理量用复数函数表示成二维函数[11]。一个复数一般写作$z=x+jy$，其中$j=\sqrt{-1}$，x和y分别称作实部和虚部。可以把z看作是表示复平面（complex plane）上由x和y构成的点，也可以把z看作是笛卡儿坐标系中的一个矢量。如图 A.5.1(a) 所示，分量x为实轴坐标，y为虚轴坐标，只有$x_1=x_2$且$y_1=y_2$时，两个复数$z_1=x_1+jy_1$和$z_2=x_2+jy_2$才相等。

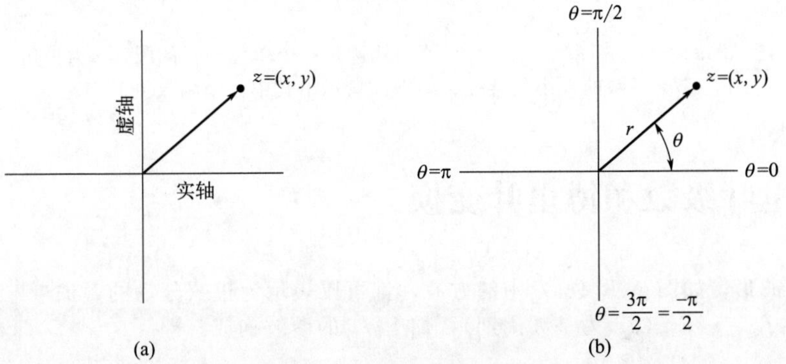

图 A.5.1 复平面上的点

(a) 笛卡儿坐标系；(b) 极坐标系

复变量函数也是可定义的，并且总是可分成实部和虚部两个部分。即函数$w(z)$总是可以写成$z=x+jy$的形式

$$w(z)=u(x,y)+j\nu(x,y) \tag{A.5.1}$$

式中，$u(x,y)$和$\nu(x,y)$都是实数。例如

$$w(z)=x^2+y^2-2jxy \tag{A.5.2}$$

式中，$w(z)$的实部$\mathrm{Re}[w(z)]$是$u(x,y)=x^2+y^2$，虚部$\mathrm{Im}[w(z)]$是$\nu(x,y)=-2xy$。只有$u_1(x,y)=u_2(x,y)$且$\nu_1(x,y)=\nu_2(x,y)$时，$w_1(z)=u_1(x,y)+j\nu_1(x,y)$和$w_2(z)=u_2(x,y)+j\nu_2(x,y)$两个复数函数才相等。

复数的另一种表示法是用极坐标表示它的位置，如图 A.5.1(b) 所示。矢量的长度是

$$r=(x^2+y^2)^{1/2} \tag{A.5.3}$$

相角θ为

$$\theta=\tan^{-1}\left(\frac{y}{x}\right) \tag{A.5.4}$$

有一个重要的函数和这种表示直接相关。定义复数指数为

$$\exp(z)\equiv e^x(\cos y+j\sin y) \tag{A.5.5}$$

于是有

$$e^z=e^x e^{jy} \tag{A.5.6}$$

式中

$$\boxed{\exp(jy)=\cos y+j\sin y} \tag{A.5.7}$$

函数e^{jy}本身的幅值大小总是 1，因此该函数的所有值都在以原点为圆心、半径为 1 的圆上，如图 A.5.2 所示，y是矢量的相角。科学上经常把正弦和余弦项用式(A.5.7)的形式表达。

指数函数提供了一个以极坐标形式表示复数 z 的方便途径，即

$$z=x+jy=re^{j\theta} \tag{A.5.8}$$

把复函数不用 x 和 y，而用 r 和 θ 的形式表示，在应用中常常更有用。

任意一个复变量函数 $w=u+j\nu$ 乘以其共轭复数 $w^*=u-j\nu$ 就变成一个完全实数：

$$ww^*=u^2+\nu^2 \tag{A.5.9}$$

这一特性在代数运算中非常有用，如从分数分母中消去虚数成分。

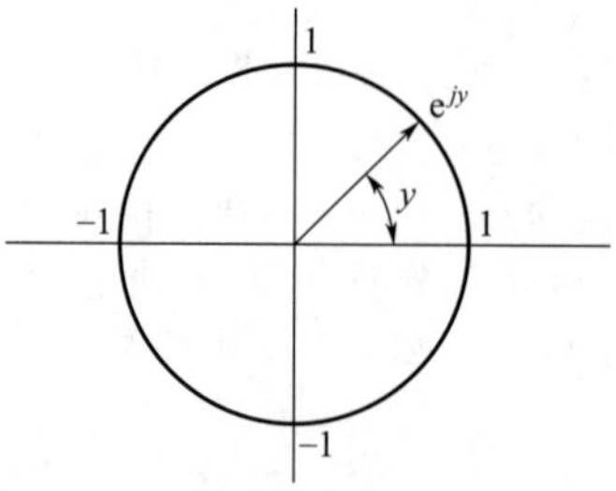

图 A.5.2 极坐标系中 exp(jy) 值的轨迹是一个单位半径的圆，y 为相角，函数的大小是半径。图中矢量示出其中一个函数值

A.6 傅里叶级数和傅里叶变换

任意周期波形，如图 A.6.1(a) 中的方波，都可以表示为正弦分量的叠加[12-15]，这些正弦分量由一个基频 $f_0=1/T_0$（T_0 为基频周期)，加上 f_0 的谐波构成。即

$$y(t)=\frac{a_0}{2}+\sum_{n=1}^{\infty}[a_n\cos(2\pi nf_0t)+b_n\sin(2\pi nf_0t)] \tag{A.6.1}$$

或写作

$$y(t)=A_0+\sum_{n=1}^{\infty}A_n\sin(2\pi nf_0t+\phi_n) \tag{A.6.2}$$

式中，A_n 为 nf_0 频率分量的幅值；ϕ_n 为其相角；A_0 为直流偏置。这种级数称为傅里叶级数(Fourier series)，信号 $y(t)$ 就是各分量的 Fourier 合成。图 A.6.1(b) 显示了方波的几个分量，可以看出它们的叠加如何逐渐趋近方波本身。

傅里叶级数存在，使得可以把一个信号在时间域（time domain）用信号水平对时间的关系来表示，也可以在频率域（frequency domain）用一组正弦分量的幅值和相角来表示。把一个时域信号分解成其分量或由其分量合成时域信号都是很有用的。两种处理在化学仪器中都是常见的。电化学中，它们更是特别适用于阻抗谱 EIS 技术和交流伏安法（第 11 章）。

我们这里关注的是时频域间互相转换的原理。通过傅里叶积分可以把时域函数 $h(t)$变换为频域函数 $H(f)$：

$$H(f)=\int_{-\infty}^{\infty}h(t)e^{-j2\pi ft}dt \tag{A.6.3}$$

这种变换称为傅里叶变换，$H(f)$ 是 $h(t)$ 的傅里叶变换（Fourier transformation，FT）。通过逆变换也可以把频域的 $H(f)$ 变换到时域的 $h(t)$

$$h(t)=\int_{-\infty}^{\infty}H(f)e^{j2\pi ft}df \tag{A.6.4}$$

傅里叶分析的大多数电化学应用，是处理以恒定速度数字化（采样得到）的周期波形。例如，把流过电解池的电流按等时间间隔表示成数据点列表，然后用基于式(A.6.3) 积分的数值算法，得到用幅值和相角列表表示的频域信息。算法的输入是用 n 个点（点数 n 常是 2 的指数，如 256，512，1024，…）表示的波形的一个周期。而输出为直流偏置和 $1/T_0$、$1/2T_0$、…、$1/[(n/2)-1]T_0$ 共 $n/2$ 个频率的幅值和相角组成的数据表。算法一般基于快速 Fourier 变换

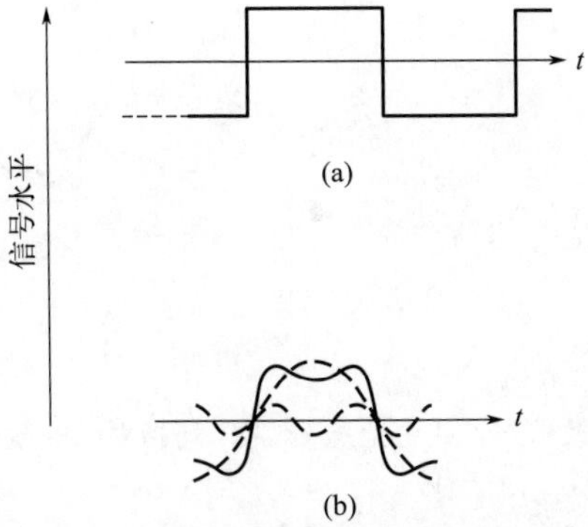

图 A.6.1 (a) 方波；(b) 方波的两个分量（虚线）$\cos(2\pi f_0 t)$ 和 $-\cos(6\pi f_0 t)/3$ 及它们的加和（实线）

(FFT) 技术[13-15]，可以用计算机软件实现，也可以用专用硬件实现。

FFT 也有逆变换算法，输入上述 $n/2$ 个频率分量的幅值和相角，输出就是 n 个等间隔时域点组成的一个周期。

如 11.8 节所述在电化学上的应用，傅里叶变换有很多性质可以有效地用于信号处理。最简单的例证就是噪声衰减和平滑。假设有一信号中有用的信息在低频，而噪声在高频。对信号做变换得到频谱，然后将高频分量的幅值改为 0，进行逆变换就给出了平滑后的时域数据，低频信息没有失真扭曲。还有积分、微分、两个信号相关、单信号的自相关等有关运算可以使用，其细节超出了本书的范围，请参考专门文献[13-15]。

A.7 参考文献

1 R. V. Churchill, "Operational Mathematics," 3rd ed., McGraw-Hill, New York, 1972.
2 G. Doetsch, "Laplace Transformation," Dover, New York, 1953.
3 H. Margenau and G. M. Murphy, "The Mathematics of Physics and Chemistry," 2nd ed., Van Nostrand, New York, 1956.
4 A. Erdelyi, W. Magnus, F. Oberhettinger, and F. Tricomi, "Tables of Integral Transforms," McGraw-Hill, New York, 1954.
5 G. E. Roberts and H. Kaufman, "Table of Laplace Transforms," Saunders, Philadelphia, 1966.
6 F. Oberhettinger and L. Badii, "Tables of Laplace Transforms," Springer-Verlag, New York, 1973.
7 T. S. Peterson, "Calculus," Harper, New York, 1960.
8 W. Kaplan, "Advanced Calculus," 5th ed., Addison-Wesley, Reading, MA, 2003.
9 F. S. Acton, "Numerical Methods That Work," Mathematical Association of America, Washington, 1990, Chap. 1.
10 M. Abramowitz and I. A. Stegun, Eds., "Handbook of Mathematical Functions," Dover, New York, 1977.
11 J. W. Brown and R. V. Churchill, "Complex Variables and Applications," 9th ed., McGraw-Hill, New York, 2014.
12 J. W. Brown and R. V. Churchill, "Fourier Series and Boundary Value Problems," 8th ed., McGraw-Hill, New York, 2012.
13 R. N. Bracewell, "The Fourier Transform and its Applications," 3rd ed., McGraw-Hill, New York, 2000.
14 E. O. Brigham, "The Fast Fourier Transform and Its Applications," Prentice-Hall, Englewood Cliffs, NJ, 1988.
15 P. R. Griffiths, Ed., "Transform Techniques in Chemistry," Plenum, New York, 1978.

A.8 习题

A.1 通过定义证明 $L\{\sin at\}=a/(a^2+s^2)$。

A.2 推导式(A.1.17)。

A.3 用式(A.1.14) 求 $L\{\sin at\}$。

A.4 用卷积求 $1/[s^{1/2}(s-1)]$的逆变换。

A.5 在下列情况下用拉普拉斯转换求 Y，式中上撇号“$'$”均指对 t 的微分：

(a) $Y''+Y'=0$，且 $Y(0)=5$，$Y'=-1$。

(b) $Y=2\cos(t)-2\int_0^t Y(\tau)\sin(t-\tau)\mathrm{d}\tau$。

(c) $Y'''-Y''-Y'+Y=\cos(t)$，且 $Y(0)=Y'(0)=0$，$Y''(0)=1$。

A.6 从 $t=0$ 开始，恒电流 i 施加于图 A.8.1 所示的电路。在此之前 $i=0$，$V=0$。求 $t>0$ 时的 $V(t)$。不同 R、L、C 组合会给出明显不同的响应，为什么？

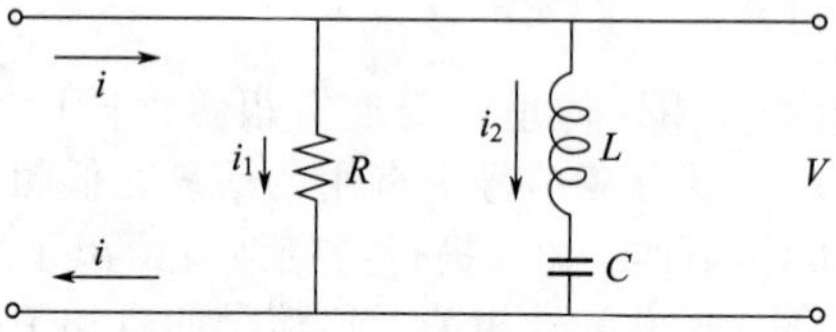

图 A.8.1 并行 RLC 电路

A.7 对 $ax=1$ 求出 $\exp(ax)$ 的 Taylor 展开。得到麦克劳林级数。在 $ax=1$ 和 $ax=0$ 附近，$\exp(ax)$ 可以使用什么近似？

A.8 推导式(A.3.3)。

A.9 初始条件为式(1.6.15)，从式(1.6.14) 推导式(1.6.16)。

附录 B 模拟的基本概念

通常用描述化学转变和物质运动的联合微分方程组，可以建立电化学传质问题的模型（4.5 节）；然而，问题往往不能得到解析解，常常必须应用数值方法[1]。

Feldberg[2] 引入一种重要的方法——有限差分法（method of finite difference）求解电化学问题。该方法把电化学系统的数值模型分解为时间和空间的离散单元来表达，然后根据有关微分方程导出的代数定律进行迭代求解，模拟实验过程，得到电流-时间曲线、浓度分布、电势暂态行为或其他需要的数值分析函数表达。模拟可以使用商业软件包、研究者自行开发的程序或电子数据表格软件完成。

本附录向读者介绍了显式模拟（explicit simulation）[1-8]，这方法在电化学中已被广泛使用，对于建立电化学体系中重要过程的直观理解很有价值。这里的介绍将使读者理解模拟的工作原理、开发能够解决实际问题的模拟方法。商业模拟软件包［4.5.4（2）节］常采用比显式模拟更复杂的方法，但这里不打算深入研究那些方法，细节请参考文献［1，3，5］。

B.1 模型建立

B.1.1 离散系统

通过模拟，我们承认无法处理由复杂连续函数描述的电化学体系的微积分。因此，我们避开复杂性，退一步用小的、离散的体积元来表示电极附近的溶液。在一体积元内，把所有物质的浓度都认为是均匀的，浓度变化仅发生在单元之间。许多情况下，我们希望研究的是面积为 A 的平板电极上具有线性扩散特征的电化学实验。如果边缘扩散被阻止或可忽略，平行于电极的平面上任一物质浓度就都是均一的，即浓度只沿垂直于表面的一维方向变化。

这样，就构建了一个如图 B.1.1 所示的模型，其特征是一系列体积元从界面向本体溶液延伸。通常把电极表面看作位于第一个盒子（体积元）的中心，用盒子 j 表示距电极表面距离 $x=(j-1)\Delta x$ 的溶液。如果存在物种 A，B，…，它们的浓度相应是 $C_A(j)$，$C_B(j)$，…，这样使用离散浓度序列来近似表示实际连续体系，就建立了溶液的一个离散模型（discrete model）。模型变量（model variable，Δx）的大小可选择设置，Δx 越小，单元数越多，模型就越精细。在 B.1.7 节中我们可以看到用少至 30～50 个盒子也可以来构造的一个实用模型。盒子组数目是有效的，最后一个盒子编号是 j_{tot}。

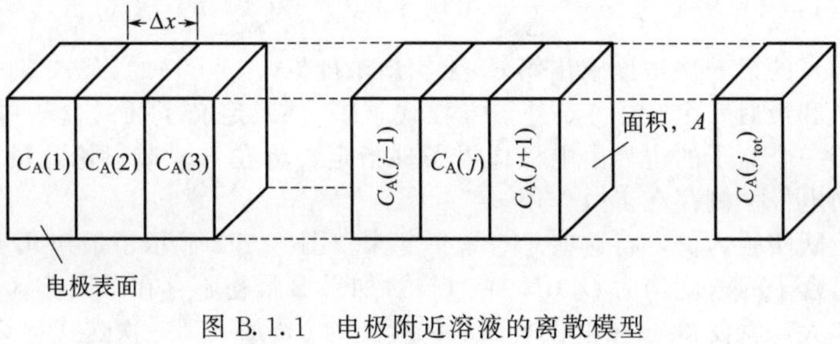

图 B.1.1 电极附近溶液的离散模型

若距离 x_1 处的浓度 C_A 与相邻的 x_2 处的浓度不同，就会发生扩散使它们趋于相等。另外，也可能发生均相反应如 A+B ⟶C 导致浓度变化。于是在一有限的时间段内，整个化学体系可以用一个离散的浓度序列$[C_A(j)]$，$[C_B(j)]$，…表示，随后按照扩散过程和反应的规律，发生相互作用和变化，发展为不同浓度序列、描述下一时间段的体系。

该方法暗示时间也分段离散表达，设每段时间长度为 Δt。要把体系的变化模型化，需要整理反应和传质定律去描述一个时间段中反应和传质过程变化的代数关系式。模拟计算开始，先对应用体系初始条件（$t=0$）得到一组浓度序列，随后应用反应和传质过程变化的代数关系式，得到表示体系在 $t=\Delta t$ 时刻状态的一组不同的浓度序列。如此继续应用这些代表变化的关系得到 $t=2\Delta t$ 时新浓度序列。如此类推迭代计算，第 k 次迭代就给出 $t=k\Delta t$ 时的体系状态——第 k 组浓度序列。就这样，模型近似表达了连续体系的时间演变，并且模型第二个变量 Δt 选取得越小，模型与实际连续体系的行为就越接近。

B.1.2 扩散

线性扩散的 Fick 第一定律定义式(4.4.9) 是

$$J(x,t)=-D\frac{\partial C(x,t)}{\partial x} \tag{B.1.1}$$

从导数的定义，式(B.1.1) 可改写为

$$J(x,t)=\lim_{\Delta x\to 0}-D\frac{C(x+\Delta x,t)-C(x,t)}{\Delta x} \tag{B.1.2}$$

有限差分模拟方法的本质，是在实际的离散模型中，取足够小的有限差 Δx，使差分形式近似可用

$$J(x,t)=-D\frac{C(x+\Delta x,t)-C(x,t)}{\Delta x} \tag{B.1.3}$$

或对这里情形，更适合表达为

$$J(x,t)=-\frac{D}{\Delta x}[C(x+\Delta x/2,t)-C(x-\Delta x/2,t)] \tag{B.1.4}$$

现在考虑对线性扩散的 Fick 第二定律式(4.5.9)

$$-\frac{\partial C(x,t)}{\partial t}=\frac{\partial J(x,t)}{\partial x} \tag{B.1.5}$$

其有限差分形式可表示为

$$-\frac{C(x,t+\Delta t)-C(x,t)}{\Delta t}=\frac{J(x+\Delta x/2,t)-J(x-\Delta x/2,t)}{\Delta x} \tag{B.1.6}$$

把式(B.1.4) 代入取代流量项，得到

$$C(x,t+\Delta t)=C(x,t)+\frac{D\Delta t}{\Delta x^2}[C(x+\Delta x,t)-2C(x,t)+C(x-\Delta x,t)] \tag{B.1.7}$$

参考图 B.1.1，可以容易看出，此式让我们可以从时间 t 时的某盒子及其前后紧邻盒子的浓度，求出此盒子下一时刻 $t+\Delta t$ 时的浓度。按照模拟术语，式(B.1.7) 就是对任一盒子 j，从第 k 次迭代的盒子 $j-1$、j、$j+1$ 的浓度计算出第 $k+1$ 次的盒子 j 的浓度。于是

$$C(j,k+1)=C(j,k)+\frac{D\Delta t}{\Delta x^2}[C(j+1,k)-2C(j,k)+C(j-1,k)] \tag{B.1.8}$$

这种只从旧（已知）的第 k 次浓度求出第 $k+1$ 次新浓度 $C(j,k+1)$的算法，称为显式模拟。

除第一个盒子和最后一个盒子 j_{tot} 外，方程式（B.1.8）定义了任一盒子中任一物质扩散效应的普遍规律。第一个盒子的边界由电极边界条件指定，将在 B.4 节讨论。最后盒子 j_{tot}，代表溶液本体，仅其向电极一侧存在扩散作用。

下面以电势阶跃实验为例，将这些思想聚集起来。图 B.1.2 显示了最初几步的情况。初始溶液是均匀的，每个盒子的浓度均为 $C_A(j,0)=C_A^*$。如果 B 最初不存在，则 $C_B(j,0)=0$。若设定施加电势阶跃足够大，就使得 A 在电极表面的浓度变为 0，那么第一次迭代计算时第一盒子的 A 全部转化为 B。因为上次（$k=0$）浓度是均匀的，所以没有扩散，$C_A(1,1)=0$，$C_B(1,1)=C_A^*$，

对 $j>1$ 的所有盒子 $C_A(j>1,1)=C_A^*$，$C_B(j>1,1)=0$。第二次迭代计算，由于盒子 1 和盒子 2 的浓度不同，发生扩散，A、B 均有流量越过盒子 1、2 的边界，第 2 个盒子的浓度将改变。对所有 $k>0$，电势阶跃实验条件保障了电极界面条件 $C_A(1,k)=0$，扩散到电极（盒子 1）的 A 必然全部转变为 B，这就给出了第二次迭代计算时的电流。继续这样的迭代计算过程就得到了随时间（k）变化的浓度分布和电流-时间关系。

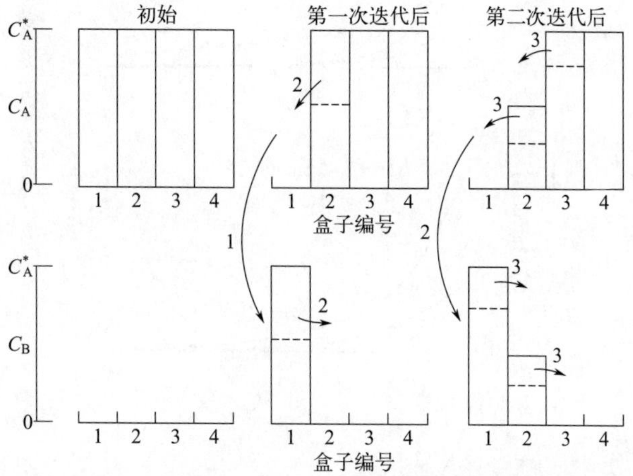

图 B.1.2　发生电极反应 $A+ne \longrightarrow B$ 的体系中，浓度分布的演变
箭头表示传质流，并标记了对应迭代计算次数

B.1.3　无量纲参数

如果想得到多个初始浓度 C_A^* 情况下的结果，需要进行多次这样的模拟。如果 $f(j,k)=C(j,k)/C_A^*$，通过除以 C_A^* 把式(B.1.8) 改写为

$$\boxed{f(j,k+1)=f(j,k)+\boldsymbol{D}_M[f(j+1,k)-2f(j,k)+f(j-1,k)]} \tag{B.1.9}$$

式中，$f(j,k)$称作分数浓度（fractional concentration），是无量纲参数之一。另一个是模型扩散系数（model diffusion coefficient）$\boldsymbol{D}_M=D\Delta t/\Delta x^2$，后面会对其进行讨论。

现在使用 f_A 和 f_B 代替对应的浓度来模拟阶跃反应。方程式(B.1.9) 表示它们如何被扩散改变，边界条件较简单，为 $f_A(1,k)=0$（对所有 $k>0$）。起始时所有位置的 $f_A=1$ 和 $f_B=0$。模拟是直接的，可得到分数浓度分布的时间演变。但现在使用一次模拟得到的这些分数浓度分布就可以描述所有可能 C_A^* 值的实验特征。要得到特定初始 C_A^* 浓度的有量纲的分布，只需用具体 C_A^* 乘以 $f(j,k)$分数浓度分布即可。

因为可使理论结果紧凑地展示，无量纲参数是有价值的。以速率常数 k_1 的均相反应 $A \rightarrow B$ 为例，任意时刻 t 时 A 的浓度为 $C_A=C_A^*\exp(-k_1t)$，其中 C_A^* 是 $t=0$ 时的浓度。很自然会用绘制 C_A-t 曲线来表示不同的 C_A^* 和 t 值。这涉及一个 $m\times n$ 曲线族，其中 m 是 C_A^* 的个数，n 是 k_1 的个数[图 B.1.3(a)]。

如果使用 k_1t 无量纲参数来表示 k_1 和 t 的整体影响，使用 C_A-k_1t 曲线，只需不同 C_A^* 的 m 条曲线就可以表示同样的信息[图 B.1.3(b)]。

进一步可以看出 C_A/C_A^* 也是很有用的无量纲参数，使用它，方程可改写为 $f_A=\exp(-a)$，其中 $f_A=C_A/C_A^*$，$a=k_1t$，于是一条 f_A-a 曲线就可以表示原来用 $m\times n$ 条曲线才能表示的全部信息[图 B.1.3(c)]。这才是体系的本质特征函数，有时称为工作曲线。

以无量纲参数求解微分方程，一般可得到特定实验条件下的整族特征解。特别是在数值求解时，这样做非常有价值。所以，现在使用无量纲参数变量已经是通用做法。

使用无量纲参数的一个模糊不清的方面是常把多个可观测变量的作用合为一个整体，心理上有时不容易区分单个可观测变量的独立作用。如图 B.1.3(c) 中，横坐标 a 涉及 k_1 和 t 两者各自或共同的变化。对一般保持某些变量为恒定值的特定实验，理解工作曲线是较容易的：

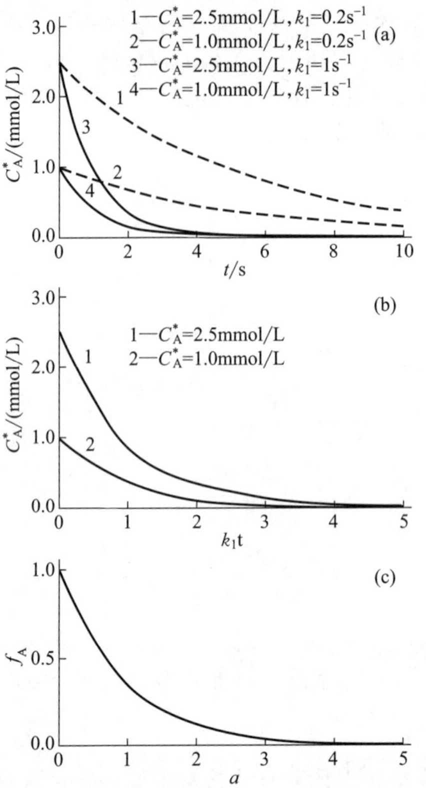

图 B.1.3　描述均相反应 A→B 的指数衰减曲线

① 例如通过观察 A 浓度随时间的衰减来研究反应 A→B。对一个确定的实验，C_A^* 和 k_1 是恒定的，这时可把工作曲线看作是缩放过的 C_A-t 衰减函数。此时可以称 f 为无量纲浓度，a 为无量纲时间。

② 另外，也可以在给定时间 t 测量 C_A 来研究反应 A→B。这时图 B.1.3(c) 工作曲线可看作是在采样时刻 t 时剩余 A 的浓度（相对于初始浓度）对度量速率常数的关系图。此时 a 可称为无量纲速率常数。

因此，对工作曲线的解释取决于具体的特定实验。

一般用所研究的变量除以体系的一些特征变量得到无量纲参数。如用分数浓度描述实际浓度相对特征浓度 C_A^* 的浓度，把 $1/k_1$ 作为 A 的平均寿命时间（习题 3.7），参数 a 可理解为观测时间 t 对 A 物质平均寿命的比值。这样理解，a 就不仅是个数字，而是可以用来指导实验的设计和解释。无量纲参数表示观测量与特征量之间关系的这种能力非常有用，在实践中可以有效地帮助人们获得直观深刻的认识（见 13.2.2 节和 13.4 节的例子）。

B.1.4　时间

现在我们回到前述模型，在那里时间 t 以 $k\Delta t$ 计，其中 k 就是迭代计算次数。Δt 是需要选择设定的模型参数，在模型中，选定它就等价于把某已知的实验特征时间 t_k（如可以是阶跃宽度、扫描时间，或类似的某个实验持续总时间）分解成 l 次的迭代、l 个离散时间段，即

$$\Delta t = t_k / l \tag{B.1.10}$$

l 或 Δt 可人为选择作为模型变量，一般用 l 要方便些。可以分 100 次、1000 次、10000 次迭代计算来模拟一个持续时间为 t_k 的阶跃实验。所有这些模拟在它们自己的近似能力内给出合理的结果。l 越大，模拟质量越高，但 l 越大需要更多的资源如计算时间、计算数据量等，所以一般折中平衡。通常简单显式模拟中，一般选 l 为 100～1000 次。

时间可以简单地以比值 t/t_k 表示为无量纲参数，即

$$\boxed{t/t_{\mathrm{k}}=k/l}\tag{B.1.11}$$

B.1.5　距离

盒子 j 的中心到电极表面的距离是 $(j-1)\Delta x$。如前所述，选择设定 Δx 决定模型在空间尺度上的精细程度。

然而对于显式模拟，有限差分算法稳定性要求模型扩散系数 $\boldsymbol{D}_{\mathrm{M}}$ 不能超过 0.5❶，这限制了 Δx 的可选择下限，原因是 Δx 和 Δt 不是独立的。对扩散的处理中，隐含在 Δt 期间，物质扩散必须只能发生在相邻盒子之间。对一给定的 Δt，若 Δx 设定得太小，就不能满足这个条件，模拟就偏离了实际情况。

给定了 Δt，$\boldsymbol{D}_{\mathrm{M}}$ 就是 Δx 的等价模型变量。一般选择设定无量纲的 $\boldsymbol{D}_{\mathrm{M}}$ 要更方便些。

$$\Delta x=\left(\frac{D\Delta t}{\boldsymbol{D}_{\mathrm{M}}}\right)^{1/2}\tag{B.1.12}$$

$\boldsymbol{D}_{\mathrm{M}}$ 选得越大，Δx 就越小，模型就越精细，所以一般选 $\boldsymbol{D}_{\mathrm{M}}$ 为 0.45 这样较大的常数值。代入 Δt，得到

$$\boxed{\Delta x=\left(\frac{Dt_{\mathrm{k}}}{\boldsymbol{D}_{\mathrm{M}}l}\right)^{1/2}}\tag{B.1.13}$$

显然，现在 l 才是模拟时间和空间分辨率的重要决定因素。

至此，盒子 j 的中心距电极的距离现在可写为

$$x(j)=(j-1)\left(\frac{Dt_{\mathrm{k}}}{\boldsymbol{D}_{\mathrm{M}}l}\right)^{1/2}\tag{B.1.14}$$

把体系实际变量和模型变量分写到等号两边，就得到方便的无量纲距离 $\chi(j)$：

$$\boxed{\chi(j)=\frac{x(j)}{(Dt_{\mathrm{k}})^{1/2}}=\frac{j-1}{(\boldsymbol{D}_{\mathrm{M}}l)^{1/2}}}\tag{B.1.15}$$

$(j-1)/(\boldsymbol{D}_{\mathrm{M}}l)^{1/2}$ 用来从模拟参数容易地计算无量纲距离 $\chi(j)$，而表达式 $x(j)/(Dt_{\mathrm{k}})^{1/2}$ 用来把盒子 j 的性质与距实际电极距离为 x 的溶液段的性质关联起来。给定了实验时间 t_{k}，$\chi(j)$就是实际距离 $x(j)$和特征时间 t_{k} 时对应扩散长度 $(Dt_{\mathrm{k}})^{1/2}$ 的比值。

分析至此对电势阶跃实验模拟的处理，可以看出最有效的计算方法是给出不同 t/t_{k} 下，以 f_{A} 和 f_{B} 对 χ 表示的浓度分布。这样的曲线才完全表征了满足初始条件和边界条件的所有可能电化学实验。这时一旦指定 C_{A}^{*}、t_{k} 和 D，把曲线转换为不同时间 t 时以 C_{A}、C_{B} 对 x 的曲线表示的实际浓度分布，就比较简单。

B.1.6　电流

通常，盒子 1 和盒子 2 之间有电活性物质传质流量存在。对第 $k+1$ 次迭代中的物质 A，其流量为

$$-J_{\mathrm{A}}^{1,2}(k+1)=DC_{\mathrm{A}}^{*}\frac{f_{\mathrm{A}}(2,k)-f_{\mathrm{A}}(1,k)}{\Delta x}\tag{B.1.16}$$

没有其他过程时，这个流量将引起盒子 1 中的浓度变化。但是，总有一个决定电极表面状况的边界条件必须保持。

对该例子，边界条件就是所有 $k>0$ 时 $f_{\mathrm{A}}(1,k)=0$，A 的表面浓度为 0，说明反应物 A 总是从盒子 2 流向盒子 1 即流向电极。要保持这个表面条件，就要求到达盒子 1 的物质 A 消失、立即全部被电化学反应转变为产物 B。于是对 $k+1$ 次迭代，电流就由流量 $J_{\mathrm{A}}^{1,2}(k+1)$定义，即

$$i(k+1)=\frac{nFADC_{\mathrm{A}}^{*}f_{\mathrm{A}}(2,k)}{\Delta x}\tag{B.1.17}$$

把式(B.1.13) 的 Δx 代入，得到

---

❶ 译者注：如果 $\boldsymbol{D}_{\mathrm{M}}=0.5$，那么相邻盒子的浓度差的一半将转入低浓度盒子，意味着浓差消失。如果 $\boldsymbol{D}_{\mathrm{M}}>0.5$，则浓差反转，这样下一刻，岂不是要反向扩散！这在物理上是不合理的！所以 $\boldsymbol{D}_{\mathrm{M}}$ 不能超过 0.5。

$$i(k+1)=\frac{nFAD^{1/2}C_A^* f_A(2,k)(\boldsymbol{D}_M \ell)^{1/2}}{t_k^{1/2}} \tag{B.1.18}$$

通过标准化处理——把实验变量和模型变量分列等号两边，就可得到无量纲电流 $Z(k)$：

$$Z(k+1)=\frac{i(k+1)t_k^{1/2}}{nFAD^{1/2}C_A^*}=(\boldsymbol{D}_M \ell)^{1/2} f_A(2,k)=\left(\frac{\ell}{\boldsymbol{D}_M}\right)^{1/2}\boldsymbol{D}_M f_A(2,k) \tag{B.1.19}$$

最后两项的乘积 $\boldsymbol{D}_M f_A(2,k)$ 是 $k+1$ 次迭代后，盒子 1 中将被电解消耗的 A 的分数浓度。Z 的这个定义把实际电流与时间 t_k 时的扩散控制 Cottrell 电流联系起来（习题 B.1）。

第一次迭代计算时，没有流量，所以电流的计算不同❷，这时流过的电流用于消耗掉盒子 1 中的 A 以建立起表面条件。在 Δt 时间间隔内电解的物质的量（mol）为 $\Delta x A C_A^*$，所以第一次电流为

$$i(1)=\frac{nFAC_A^*\Delta x}{\Delta t}=\frac{nFAC_A^* D^{1/2}\ell^{1/2}}{t_k^{1/2}\boldsymbol{D}_M^{1/2}} \tag{B.1.20}$$

于是

$$Z(1)=(\ell/\boldsymbol{D}_M)^{1/2} \tag{B.1.21}$$

那么 $Z(k)$ 是指什么时间的无量纲电流呢？电流实际上是用当次迭代中通过的所有电量除以当次迭代的持续时间，所以把它看作是此次迭代的中点电流更合适些。因而可以说在时间 $t/t_k=(k-0.5)/\ell$ 时流过的电流是 $Z(k)$。（也见 B.2.3 节）

B.1.7 扩散层厚度

做实际模拟计算时需要确定计算多少个盒子？用一个粗略估计可以给出保守的合理答案：线性扩散条件下，经历了 t 时间的电极反应，将改变距离不大于 $6(Dt)^{1/2}$ 内的溶液［参考 6.1.1（3）节］。模型最后迭代计数 k_{max} 时，模拟的总时间是 $k_{max}\Delta t$，因此需要计算的盒子数最多是

$$j_{tot}=\text{Int}\left[\frac{6(Dk_{max}\Delta t)^{1/2}}{\Delta x}+1\right] \tag{B.1.22}$$

式中，Int 函数指取最高整数。代入 Δt 和 Δx 得到

$$j_{tot}=\text{Int}[6(\boldsymbol{D}_M k_{max})^{1/2}+1] \tag{B.1.23}$$

此式定义了模型需要的浓度数组的大小。由于 $\boldsymbol{D}_M$ 最大不超过 0.5，所以

$$\boxed{j_{tot}=\text{Int}[4.24k_{max}^{1/2}+1]} \tag{B.1.24}$$

通常 $k_{max}=\ell$ 是真实的，模型模拟需要 43 个盒子对 $\ell=100$，或 135 个盒子对 $\ell=1000$。然而有时 k_{max} 是 ℓ 的倍数，这时就需要更大的浓度数组。

大部分迭代计算中，涉及扩散需要计算的浓度数组元素并不是很多。第 k 次计算对应经过的时间是 $k\Delta t$，所以第 k 次迭代计算，扩散能影响到的最大盒子数是

$$j_{max}=\text{Int}[6(\boldsymbol{D}_M k)^{1/2}+1] \tag{B.1.25}$$

计算时无需计算超出此指示的浓度数组元素。自编程序进行模拟可以据此设计，这是一种节省计算时间的考虑，但对于基于电子表格的模拟来说，计算是由电子表格软件控制的。

B.1.8 扩散系数

参数 $\boldsymbol{D}_M$ 存在于每种物质的扩散表达式内，每个 $\boldsymbol{D}_M$ 包含相应物种的扩散系数。但如果 $D_A\neq D_B\neq D_C\cdots$，它们的 $\boldsymbol{D}_M$ 也不相等，就需要把它们分别写为 $\boldsymbol{D}_{M,A}$，$\boldsymbol{D}_{M,B}$，$\boldsymbol{D}_{M,C}$，…。这显然增加了模型的复杂性，因此，常常假设所有的扩散系数都相等来简化，这样使用一个 $\boldsymbol{D}_M$ 就够了。

如果 D 值的差别需要慎重考虑时，可对每种物质使用不同的 $\boldsymbol{D}_M$。一般可以选定其中一个如 $\boldsymbol{D}_{M,A}$ 做模型变量，其他的通过比例确定

$$\boldsymbol{D}_{M,i}/\boldsymbol{D}_{M,A}=D_i/D_A \tag{B.1.26}$$

这就可以保证模型的扩散行为和实际体系一致❸。

---

❷ 有限差分方法中，初期的这些计算是不准确的，初次迭代的电流计算一般也不重要。对照 Cottrell 实验中 $t\to 0$ 时 $i\to\infty$ 的理论极限情况。

❸ 模型一般假定扩散系数不是 x 的函数。然而需要时也可以考虑扩散系数随空间变化。

B.2　范例

在本书以往版本中，使用 FORTRAN 语言编写的程序做模拟[4]。本版改用现在已经既有效又方便的 Excel® 电子表格软件[5]。

所列举的例子是对 Cottrell 实验模型进行 100 次迭代计算［6.1.1（1）节］。初始电活性反应物 A 均匀分布，在 $t=0$ 时刻施加电势阶跃，通过法拉第反应把 A 转化为 B，使 A 的表面浓度为 0，使用半无限线性扩散条件，且物质 B 初始不存在。

B.2.1　电子数据表格规划

任何模拟涉及一系列大小可变的数组，所以电子数据表格的合理布局很重要。这里我们按照图 B.2.1 所示的方式进行排布。图 B.2.2 展示了计算完成后数据表格的部分重要内容——主工作表和第二页工作表中计算结果及选择显示的部分。

图 B.2.1 的核心布局是反应物 A 的二维分数浓度数组，包括所有 $f_A(j,k)$。行向排列的列号即盒子编号数字 j，其增加表示距电极距离增加；列向排列的行号即迭代次数 k，其增加表示时间增加。模拟计算使用 $\ell=100$ 且 $k_{max}=\ell$，所以共有 101 行，初始状态为第 $k=0$ 次，然后每次迭代计算记录一行 $f_A(j,k)$。列编号 j 为 1～43，盒子总数 43 来自式(B.1.24）按 $k_{max}=100$ 计算的。溶液边界 $j=1$ 列、$j=43$ 列和起始时间 $k=0$ 行使用不同于其它的白色背景，用于标记它们需要专门处理。

主工作表格还包含其它数组：

① 模型变量参数表，包括 $\boldsymbol{D}_{M,A}$、$\boldsymbol{D}_{M,B}$、C_B^*/C_A^*、ℓ、k_{max} 和 j_{tot}。

② 标记迭代次数 k、框数 j 和无量纲距离 $\mathcal{X}(j)$ 值的数组。

③ 多个列向一维数组用于记录随时间变化的物理量，包括 t/t_k 和 $Z(k)$ 等。

④ 质量守恒数组，见下面讨论。

任何模拟都应明确列明电极过程模型中的所有参与者。因此，对涉及的每一物种，都必须使用相同大小和结构的分数浓度数组列出数据。图 B.2.1 是主页表，仅列出了反应物 A 的。二维浓度数组很大且难以控制，建议最好把它们放在单独的工作表上。图 B.2.2(b）显示了产物 B 的部分数组，它放在 Excel 工作簿的第二页工作表。

B.2.2　浓度数组

每个浓度数组包括四个区域，其中三个区域的处理无需特别参考电极上的事件：

① 0 次迭代的值代表初始条件，应统一设置为每个物种 m 的初始分数浓度 C_m^*/C_A^*。在此示例中，对反应物 A 的所有值都是 1，产物 B 的所有值都是 0。

② 灰色背景的浓度数组（G15：AU114 区域）的每个单元格都有一个相当于式(B.1.9）的公式。例如，G 列 15 行的单元格应该有

$$=G14+DM\_A*(H14-2*G14+F14) \tag{B.2.1}$$

其中，DM_A 是赋给 $\boldsymbol{D}_{M,A}$ 值的 Excel 名称。把该单元格的公式跨单元格复制并填充（G15：AU114）区域。

③ 盒子的最后一列也需要类似式(B.2.1）那样的扩散公式；但因为此为空间边界——右边没有盒子，它与其他不同。扩散场在此结束，唯一的扩散流量是越过盒子 43 向盒子 42 之间的一个界面，因此，单元格 AV15 的公式是

$$=AV14+DM\_A*(-AV14+AU14) \tag{B.2.2}$$

此式可以沿列向下复制直到 AV114。

需要强调的是每物种浓度的数组的最后区域是盒子 1 所在的列，特别注意其计算公式必须满

---

[4] 见早期任一版本的 B.2 节。

[5] 文中尽可能说明了基于 Excel 进行模拟的细节，但并没有进行 Excel 教学。假定读者掌握电子数据表格的原理和使用，自学资料见参考文献［9-10］。

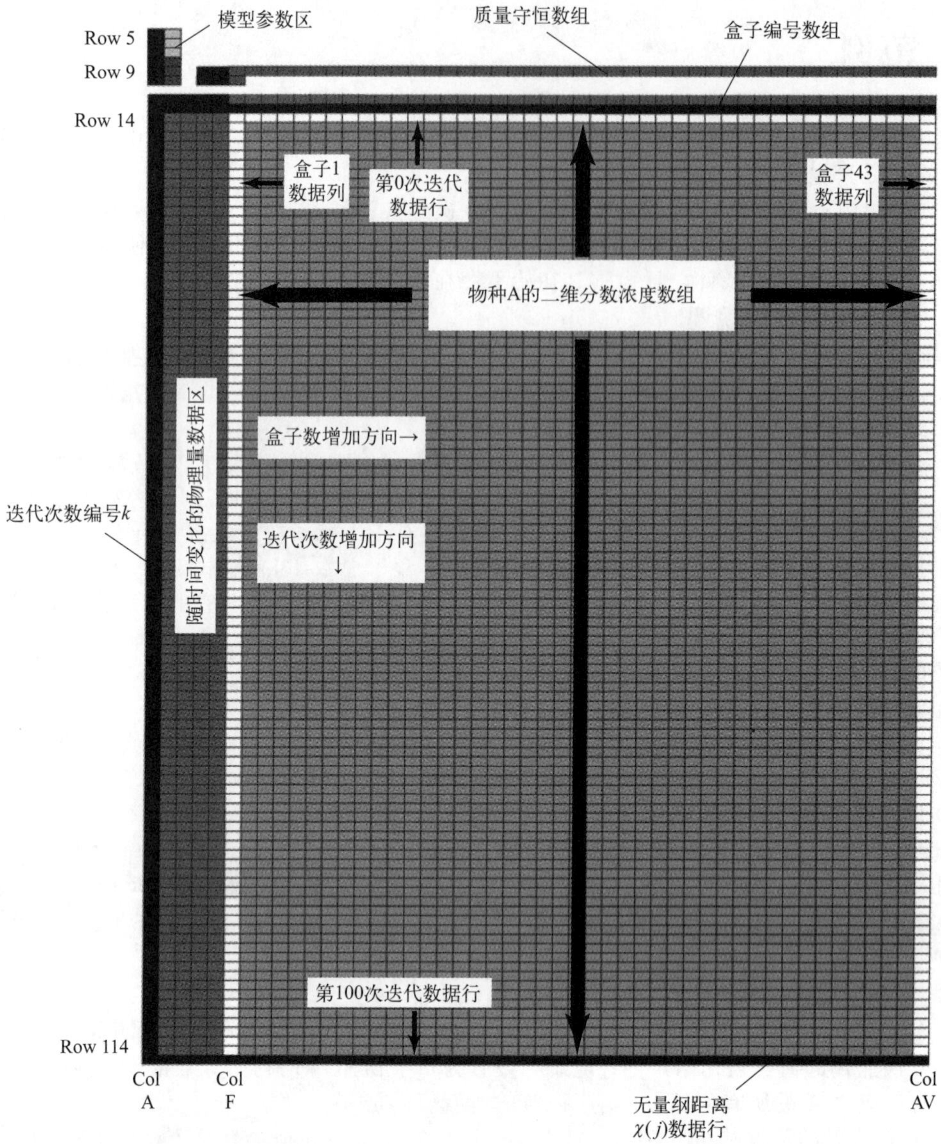

图 B.2.1　基于 Excel 100 次迭代计算的 Cottrell 实验模拟工作表布局

足如下条件：

① 保持电极表面需要的边界条件；

② 考虑盒子 1 和 2 之间的扩散；

③ 考虑电解转化过程。

对于本例，对于所有 $k>1$，边界条件是分数浓度 $f_A(1,k)=0$。因此，在物种 A 的浓度中，列 F15:F114 的所有单元格都被设置为零。

对于物种 B，盒子 1 中的情况更复杂，因为必须处理扩散和电解转化。主页表上的许多单元内容在 B 的工作表中不需要；因此，和物种 A 浓度的映射计算不同，$f_B(1,1)$对应单元格编号是 B7，该单元格所需的公式为

=Main! F14+DM_A*(Main! G14−Main! F14)+(B6+DM_B*(C6−B6))　(B.2.3)

标签“Main!”指明主页表中的单元格，主页表是物种 A 的浓度数组所在的工作表页。式(B.2.3) 中的第一项表示前一次迭代后盒子 1 尚有的 A 都全部反应转化新生成 B；第二项描述当前迭代时从盒子 2 扩散到盒子 1 中的 A 也全部反应转化新生成 B；第三项表示当前迭代时盒子

(a) 主页表：扩散层中反应物A随时间变化的浓度分布数据

Parameters

DMA	0.45
DMB	0.45
CB*/CA*	0
Iterations, l	100
k_{tot}	100
j_{tot}	43

Mass conservation, last iteration

Total f per box	1	1	1	1	→	1	1
Avg.Total f	1						

Iteration	Time	Current	Cottrell	Ratio	Diffusion layer for A, box no., j						
k	t/tk	$Z(k)$	$Z(k)$	R	1	2	3	4	→	42	43
0	0	0			1	1	1	1	→	1	1
1	0.005	14.90712	7.978846	1.86833	0	1	1	1	→	1	1
2	0.015	6.708204	4.606589	1.456219	0	0.55	1	1	→	1	1
3	0.025	3.689512	3.568248	1.033984	0	0.505	0.7975	1	→	1	1
↓	↓	↓	↓	↓	↓	↓	↓	↓	↓	↓	↓
99	0.985	0.569839	0.568469	1.002409	0	0.084517	0.168092	0.249816	→	0.999988	0.999991
100	0.995	0.566954	0.565605	1.002385	0	0.084093	0.167259	0.248601	→	0.999987	0.99999
				CHi(j)	0	0.149071	0.298142	0.447214	→	6.111919	6.26099

(b) 产物B的扩散层数据

Iteration	Diffusion layer for B, box no., j						
k	1	2	3	4	→	42	43
0	0	0	0	0	→	0	0
1	1	0	0	0	→	0	0
2	1	0.45	0	0	→	0	0
3	1	0.495	0.2025	0	→	0	0
↓	↓	↓	↓	↓	↓	↓	↓
90	1	0.915483	0.831908	0.750184	→	1.18E-05	9.22E-06
100	1	0.915907	0.832741	0.751399	→	1.32E-05	1.04E-05

图 B. 2. 2　基于 Excel 100 次迭代计算的 Cottrell 实验模拟计算结果

盒子 5～41、迭代 4～98 次的数据已被忽略以便紧凑显示。(a) 主页表：扩散层中反应物 A 随时间变化的浓度分布数据；(b) 产物 B 的扩散层数据

1 和盒子 2 之间的 B 的扩散效果。式(B. 2. 3) 可以沿列向下复制直到最后一次迭代。

B. 2. 3　计算结果与误差检测

前面介绍了模拟计算的主要核心步骤，但需要其他步骤展示绘制结果并检查保证正确可靠性。

作为结果记录，必须认识到，在任何迭代步骤 k 中计算的量对应稍微不同的时间，并与它们的性质有关：

① 迭代计算输出与 $t/t_k = k/l$ 次迭代完成对应。重要的例子包括浓度数组所有元素，如 $f_A(j,k)$。

② 迭代的平均值指定为 $t/t_k=(k-0.5)/l$ 次迭代的中点。参数表示的是速率，包括无量纲电流 $Z(k)$ 就属于这一类，如之前在 B. 1. 6 节中讨论的。

整个模拟还需要以下附加步骤才能完成：

① 对于 C15:C114 中的无量纲电流 $Z(k)$，$k=1$ 时使用式(B. 1. 21) 计算，$k>1$ 时用式(B. 1. 19) 计算。

② 对应于 $Z(k)$ 的每个值的无量纲时间 $t/t_k=(k-0.5)/l$ 必须放在 B14:B114 中。

③ 对于这个特定的模拟，我们还想将模拟计算的 $Z(k)$ 与理论分析的解析精确解结果进行比较，解析精确解无量纲电流通过重新排列 Cottrell 方程式(6. 1. 12) 得到

$$Z_{\mathrm{Cott}} = \left[\pi^{1/2}\left(\frac{t}{t_k}\right)^{1/2}\right]^{-1} \tag{B. 2. 4}$$

理论公式计算的 Z_{Cott} 列在 D15:D114 格子中（和时间 k 编号对应）。

④ E15:114 中列出比值 $R=Z(k)/Z_{\mathrm{Cott}}$ 对比模拟计算和理论结果，以便检查评价模拟计算质量。

⑤ 最后，质量守恒数据数组必须完成。许多程序编码错误导致总质量发生变化，因此必须确保物质总量守恒——没有质量增加或损失。模拟计算中的错误可能不易察觉、很难发现。使用一切可能的安全检查校验措施都很重要。

现在我们来研究一下如何验证质量守恒。在本例中，有两个部分进行整个检查，第一部分在 F9:AV9 行区共 43 格，把最后迭代计算的所有物种分数浓度在这里按盒子对应相加。单元格 F9 的公式为❻：

=INDEX(FAarray,ELL+1,F13)+INDEX(FBarray,ELL+1,F13)　　(B.2.5)

其中，FAarray、FBarray 和 ELL 分别是 $f_{\mathrm{A}}(j,k)$、$f_{\mathrm{B}}(j,k)$ 和 l 的 Excel 名称。此式沿行复制直到 AV9。

当取所有扩散系数相等时，扩散层中任何位置的所有参与者的总浓度总是等于本体浓度的总和。因此，对于所有迭代中的每个盒子，

$$\boxed{\sum_m f_m(j,k)=1+\sum_{m\neq \mathrm{A}} C_m^*/C_{\mathrm{A}}^*} \qquad (\mathrm{B.2.6})$$

指数 m 覆盖所有物种。人们可以很容易地检查质量守恒数组，检查在最终迭代后是否满足此条件。在本例中，$\boldsymbol{D}_{\mathrm{M,A}}=\boldsymbol{D}_{\mathrm{M,B}}$，$C_{\mathrm{B}}^*/C_{\mathrm{A}}^*=0$；因此，数组中每个单元格的值应该正好是 1，实际上确实如此（图 B.2.2）。用这种方法，即使最终应用要求扩散系数不同，总是可以先用相等的扩散系数运行模型来检验它的完整性。

当它们不同时，式(B.2.6) 不成立。全部质量检验数据数组是不一致的，所以可视化检查没有用。即便这样，仍然可以通过检查 F10 单元来检查系统的总质量，它计算全部物质守恒数组 F9:AV9 中所有值的平均值。这个平均值应该精确地等于式（B.2.6）的右边，因为原来在系统中的所有物质最后都必须仍在系统中的某个地方。在我们的例子中，这个单元格的值是 1，就是它应该的值（图 B.2.2）。

B.2.4　性能

图 B.2.3 显示了评价指数 $R=Z(k)/Z_{\mathrm{Cott}}$ 随时间的变化。理想情况下，R 总是准确地为 1。该图显示在最初的几次迭代计算中有大的误差，正如预期，模型的最初迭代数值计算总是粗略的。到第 10 次迭代，误差已经降到 3%，随后进一步降低。最后当 $t/t_{\mathrm{k}}=0.9995$ 时，误差仅 0.2%。选用更大的 l 值，在任意给定的 t/t_{k} 计算的误差会更小。

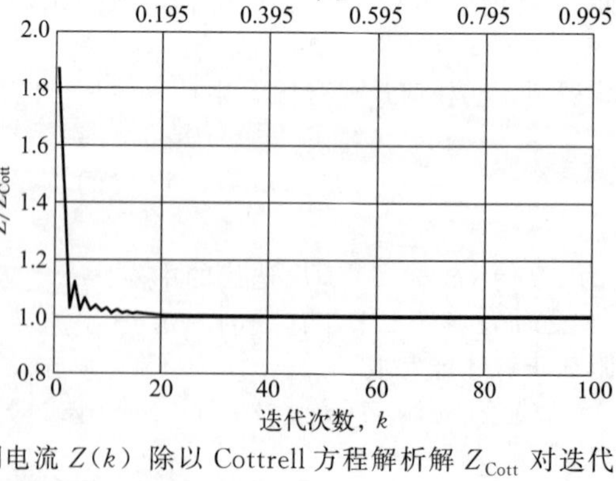

图 B.2.3　模拟计算无量纲电流 $Z(k)$ 除以 Cottrell 方程解析解 Z_{Cott} 对迭代次数的模拟计算结果评价

$l=100$，$D_{\mathrm{M,A}}=D_{\mathrm{M,B}}=0.45$，$C_{\mathrm{B}}^*/C_{\mathrm{A}}^*=0$。$Z(k)$ 取自 $t/t_{\mathrm{k}}=(k-0.5)/l$（标注在上面的第二横轴坐标）

---

❻ Excel 的 INDEX 函数是指相对于命名数组区的左上单元为行 1 列 1 的行列坐标单元。在 A、B 分数浓度数组区，式(B.2.5) 就是把最后迭代计算 A、B 对应结果相加，就是最后一行即第 $l+1=101$ 行、F13 指定的列号（此编号也是质量守恒单元格 F9:AV9 盒子编号）对应单元格内容相加，即把最后迭代计算出的同盒子位置的 A、B 分数浓度相加去计算总物料质量——每个盒子都应该质量守恒（记录在 F9：AV9）。

图 B. 2. 4 显示了 $t/t_k=0.5$ 时的浓度分布曲线。模拟数值计算结果与精确解析解没有区别。

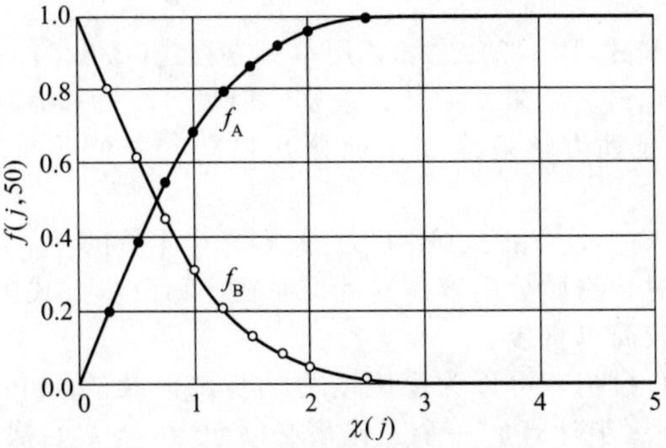

图 B. 2. 4　Cottrell 实验模拟计算得到的在 $t/t_k=0.5$ 时的浓度分布

$l=100$，$D_{M,A}=D_{M,B}=0.45$，$C_B^*/C_A^*=0$。曲线是模拟计算结果，点是式(6. 1. 14) 的解析解结果和其补数

B. 3　耦合均相动力学

当电化学过程与一个或多个均相化学反应耦合时（第 13 章），描述体系的微分方程很难得到解析解，这时数值模拟计算方法就特别有价值。

B. 3. 1　单分子反应

考虑电化学反应跟随单分子转化反应的体系

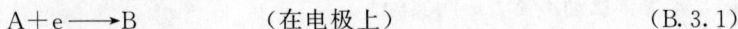

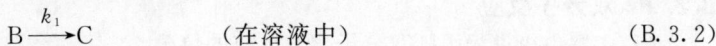

$$A+e \longrightarrow B \qquad (在电极上) \tag{B. 3. 1}$$

$$B \xrightarrow{k_1} C \qquad (在溶液中) \tag{B. 3. 2}$$

描述 B 和 C 的微分方程必须同时考虑扩散和反应（13. 2. 4 节）。这里对 B，有

$$\frac{\partial C_B(x,t)}{\partial t}=D_B\frac{\partial^2 C_B(x,t)}{\partial x^2}-k_1C_B(x,t) \tag{B. 3. 3}$$

右边第一项是 Fick 第二定律，它的有限差分表示的就是前面的式(B. 1. 7)。可以仿照写出式(B. 3. 3) 的有限差分形式

$$C_B(x,t+\Delta t)=C_B(x,t)+\boldsymbol{D}_{M,B}[C_B(x+\Delta x,t)-2C_B(x,t)+C_B(x-\Delta x,t)]-k_1\Delta tC_B(x,t) \tag{B. 3. 4}$$

除以 C_A^*，引入模型模拟计算的表示符号，得到

$$f_B(j,k+1)=f_B(j,k)+\boldsymbol{D}_{M,B}[f_B(j+1,k)-2f_B(j,k)+f_B(j-1,k)]-\frac{k_1t_k}{l}f_B(j,k) \tag{B. 3. 5}$$

此方程可以在第 $k+1$ 次迭代时，一步计算扩散和动力学两者对 B 数组的作用。

实际模拟中，通常使用两步骤方式分别计算扩散和动力学，一般是先计算扩散的作用，然后加上均相动力学的影响。图示该运算过程如下

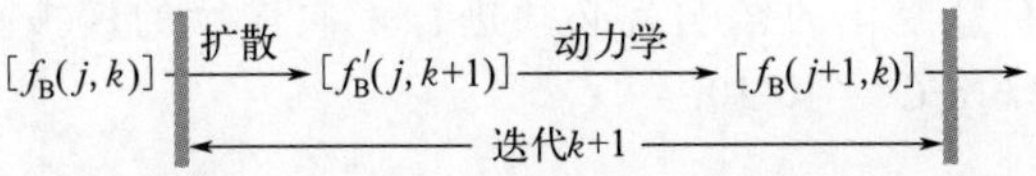

扩散计算可被写为

$$f'_B(j,k+1)=f_B(j,k)+\boldsymbol{D}_{M,B}[f_B(j+1,k)-2f_B(j,k)+f_B(j-1,k)] \tag{B. 3. 6}$$

均相动力学的影响为

$$f_B(j,k+1)=f'_B(j,k+1)-\frac{k_1 t_k}{\ell}f_B(j,k) \tag{B.3.7}$$

式(B.3.5)是式(B.3.6)和式(B.3.7)之和，用单一方程式(B.3.5)一步计算还是用式(B.3.6)和式(B.3.7)分两步计算，最后结果并没什么差别。但是分步计算有两个实用的优点：

① 在计算机程序中，把动力学效应和扩散分开独立，应对不同的机理细节容易组配设计编程。

② 如果均相动力学影响大，方程式(B.3.5)就容易产生负的 $f_B(j,k+1)$值。有时这种情况很难预计，发生这种情况时，物质分配容易混乱。而在序列分步方式中，反应物消失只发生在动力学步骤，物质分配就比较简单直接。

如果通过电子表格进行模拟，可以为反应动力学步骤涉及的每个物种（本例中是物种B和C）创建两个工作表来实现逐步计算。一个工作表必须包含 $0\sim k_{max}$ 次迭代的扩散层所有盒子的数据，正如B.2.2节所描述的那样。每个物种的第一个工作表显示扩散过程，第二个工作表处理反应动力学。对于动力学中涉及的任何物种，迭代结束时的分数浓度记录在动力学表上，用作 $f_m(j,k)$值再通过式(B.3.6)和式(B.3.7)去得到 $f_m(j,k+1)$。

如果模拟是由顺序程序实现的，反应动力学应该在扩散之后的步骤中处理。

方程式(B.3.7)的 k_1t_k 是无量纲动力学参数。对任何具体的模拟，它必须是一给定的数值，但模拟结果对于 t_k 和 k_1 乘积与给定值相等的任何实验都有效，可以看出这个无量纲参数是特征时间 t_k 对B的寿命 $1/k_1$ 的比值。一般来讲，如果 k_1t_k 远小于1，实验中几乎觉察不到B的单分子衰变，而如果 k_1t_k 远大于1，反应的效应就明显表现出来。有限差分方法建立在对真实导数的近似上，因此可以预期只有在 k_1t_k/ℓ 不太大时，式(B.3.7)才能用于动力学效应的精确计算。否则，每时间单元内的过度衰变会导致计算失真。因此模型最有用范围的上限是 $k_1t_k\approx\ell/10$，下限是动力学扰动不显著影响实验。

B.3.2 双分子反应

现在考察电极过程跟随双分子化学反应的情况

$$A+e\longrightarrow B \quad \text{（在电极上）} \tag{B.3.8}$$

$$B+B\xrightarrow{k_2}C \quad \text{（在溶液中）} \tag{B.3.9}$$

对B，有（13.2.4节）

$$\frac{\partial C_B(x,t)}{\partial t}=D_B\frac{\partial^2 C_B(x,t)}{\partial x^2}-k_2C_B(x,t)^2 \tag{B.3.10}$$

和前面一样，使用模型模拟表示符号，得到和式(B.3.5)类似的式子

$$f_B(j,k+1)=f_B(j,k)+\mathbf{D}_{M,B}[f_B(j+1,k)-2f_B(j,k)+f_B(j-1,k)]-\frac{k_2t_kC_A^*}{\ell}[f_B(j,k)]^2 \tag{B.3.11}$$

同样，把扩散和均相反应分步骤顺序处理是有益的，因此将式(B.3.11)分成两部分。其中扩散效应就是式(B.3.6)，化学反应造成的浓度变化由下式给出

$$f_B(j,k+1)=f'_B(j,k+1)-\frac{k_2t_kC_A^*}{\ell}[f_B(j,k)]^2 \tag{B.3.12}$$

这里二级反应动力学的无量纲动力学参数是 $k_2t_kC_A^*$。对任何具体的模拟，它必须是一给定的值，要说明 $k_2t_kC_A^*$ 各变量变化的影响就必须进行多次连续的模拟。基于上述总结的同样原因，模型最有用范围的是 $k_2t_kC_A^*\leqslant\ell/10$。

B.4 各种技术的边界条件

至今，我们只考虑了传质极限扩散控制下的电势阶跃。这种情况的边界条件很简单：$C_A(0,$

$t)=0$，因而 $f_A(1,k)=0$。其他实验情况要求不同的边界条件，下面做一介绍。

B. 4. 1 能斯特体系的电势阶跃

假设电极反应是能斯特型的

$$A+ne \rightleftharpoons B \tag{B. 4. 1}$$

如下方程总是成立

$$E=E^{0'}+\frac{RT}{nF}\ln\frac{C_A(0,t)}{C_B(0,t)} \tag{B. 4. 2}$$

使用分数浓度写成

$$E=E^{0'}+\frac{RT}{nF}\ln\frac{f_A(1,k)}{f_B(1,k)} \tag{B. 4. 3}$$

整理得到无量纲电势参数

$$\boldsymbol{E}_{\mathrm{norm}}=\frac{(E-E^{0'})nF}{RT}=\ln\frac{f_A(1,k)}{f_B(1,k)} \tag{B. 4. 4}$$

或

$$\boxed{\frac{f_A(1,k)}{f_B(1,k)}=\exp(\boldsymbol{E}_{\mathrm{norm}})} \tag{B. 4. 5}$$

归一化的无量纲电势 $\boldsymbol{E}_{\mathrm{norm}}$ 是以 kT 为单位的势能差 $n(E-E^{0'})$。

要模拟这样一个实验，体系初始状态是 A 的均匀溶液，阶跃到电势 E，首先和前面类似，要建立初始条件。但在随后的迭代计算中，第一个盒子的 $f_A(1,k)/f_B(1,k)$ 比值由式(B. 4. 5)限定，其中 $\boldsymbol{E}_{\mathrm{norm}}$ 值对应阶跃电势 E。$\boldsymbol{E}_{\mathrm{norm}}$ 的值是一个模型变量。若 E 不同，应分别做单独模拟。

保持条件式(B. 4. 5)，盒子 1 的 A 浓度改变，进而引起盒子 2 向盒子 1 的扩散流量。经模拟程序扩散计算，该流量改变了 $f_A(1,k)/f_B(1,k)$，因此必须通过法拉第反应转化 A 为 B 或转化 B 为 A 来重建满足式(B. 4. 5) 要求的比值。转化的量给出按 B. 1. 6 节方法计算的无量纲电流 $Z(k)$。

B. 4. 2 异相动力学

对异相单步骤单电子反应

$$A+e \underset{k_b}{\overset{k_f}{\rightleftharpoons}} B \tag{B. 4. 6}$$

电流总是由下式给出

$$\frac{i}{nFA}=k_f C_A(0,t)-k_b C_B(0,t) \tag{B. 4. 7}$$

按模拟变量形式改写成

$$\frac{it_k^{1/2}}{nFAD_A^{1/2}C_A^*}=Z(k+1)=\left(\frac{k_f t_k^{1/2}}{D_A^{1/2}}\right)f_A(1,k)-\left(\frac{k_b t_k^{1/2}}{D_A^{1/2}}\right)f_B(1,k) \tag{B. 4. 8}$$

式中，$(k_f t_k^{1/2}/D_A^{1/2})$ 和 $(k_b t_k^{1/2}/D_A^{1/2})$ 为无量纲速率常数。迭代时，如果其他参数已确定，从式(B. 4. 8) 可以求出无量纲电流 $Z(k)$。

对 Butler-Volmer 动力学

$$\frac{k_f t_k^{1/2}}{D_A^{1/2}}=\left(\frac{k^0 t_k^{1/2}}{D_A^{1/2}}\right)\exp(-\alpha\boldsymbol{E}_{\mathrm{norm}}) \tag{B. 4. 9}$$

$$\frac{k_b t_k^{1/2}}{D_A^{1/2}}=\left(\frac{k^0 t_k^{1/2}}{D_A^{1/2}}\right)\exp[(1-\alpha)\boldsymbol{E}_{\mathrm{norm}}] \tag{B. 4. 10}$$

式中，$\boldsymbol{E}_{\mathrm{norm}}=F(E-E^{0'})/(RT)$[1]。显然，若有两个无量纲模型变量，即传递系数 α（本身就是一无量纲的量）和无量纲标准速率常数 $(k^0 t_k^{1/2}/D_A^{1/2})$，就可以从 $\boldsymbol{E}_{\mathrm{norm}}$ 计算两个速率常数。

模拟时，同时考虑来自或去往盒子 2 的扩散以及电流引起的盒子 1 的变化来计算盒子 1 中的分数浓度。

$$f_A(1,k+1)=f_A(1,k)+\boldsymbol{D}_{\mathrm{M,A}}[f_A(2,k)-f_A(1,k)]-Z(k+1)\left(\frac{D_{\mathrm{M,A}}}{l}\right)^{1/2} \tag{B. 4. 11}$$

$$f_B(1,k+1)=f_B(1,k)+\boldsymbol{D}_{M,B}[f_B(2,k)-f_B(1,k)]+Z(k+1)\left(\frac{D_{M,A}}{l}\right)^{1/2} \quad (B.4.12)$$

对第 $k+1$ 次迭代，先从式(B.4.8) 计算电流参数 $Z(k+1)$，它表明有$(k_f t_k^{1/2}/D_A^{1/2})f_A(1,k)$量的A转化为B，同时有$(k_b t_k^{1/2}/D_A^{1/2})f_B(1,k)$量的B转化为A。然后用式(B.4.11) 和式(B.4.12) 算出盒子1中第 $k+1$ 次的分数浓度。

B.4.3 电势扫描

对式(B.4.6) 所示的体系，施加这样的电势扫描程序

$$E=E_i \pm vt \quad (B.4.13)$$

就有

$$\boldsymbol{E}_{norm}=\frac{F(E_i-E^{0'})}{RT}\pm\frac{Fvt}{RT} \quad (B.4.14)$$

第一项是必须指定作为模拟模型变量的归一化的初始电势 $\boldsymbol{E}_{i,norm}$。第二项描述电势扫描的作用，模拟时，它的值随时间而变（第二项是迭代次数 k 的函数）。借助式(B.1.11)，改写为

$$\boldsymbol{E}_{norm}=\boldsymbol{E}_{i,norm}+\frac{Fvt_k}{RT}\times\frac{k}{l} \quad (B.4.15)$$

还需要设定对应 l 次数的已知时间 t_k。对此有多种设置方式，最方便的是设置 t_k 为从 E_i 扫描到 E_f 需要的时间，即 $t_k=(E_i-E_f)/v$，于是

$$\boxed{\boldsymbol{E}_{norm}=\boldsymbol{E}_{i,norm}+\frac{E_i-E_f}{RT/F}\times\frac{k}{l}=\boldsymbol{E}_{i,norm}+(\boldsymbol{E}_{i,norm}-\boldsymbol{E}_{f,norm})\frac{k}{l}} \quad (B.4.16)$$

模拟扫描实验经常用来研究异相动力学或耦合均相反应动力学的影响，按照B.4.2节或B.3节所述组合添加到模型中。当包括异相动力学时，从式(B.4.16) 计算得到 $\boldsymbol{E}_{norm}$，用于式(B.4.9) 和式(B.4.10) 中计算无量纲速率常数，再以式 (B.4.8) 计算 $Z(k+1)$，最后用式(B.4.11) 和式(B.4.12) 计算第一个盒子的分数浓度。

B.4.4 控制电流

对电极反应式(B.4.1)，控制电流就是控制电极表面A的浓度梯度，即

$$\frac{i}{nFA}=-J_A(0,t)=D_A\left[\frac{\partial C_A(x,t)}{\partial x}\right]_{x=0} \quad (B.4.17)$$

为得到模拟需要的有限差分表示，需要假设从盒子1的中心（即电极表面）到盒子2的中心，浓度分布是可差分线性近似的。于是有

$$\frac{i}{nFA}=D_A C_A^*\ \frac{f_A(2,k)-f_A(1,k)}{\Delta x} \quad (B.4.18)$$

因此，真实实验中控制电流就等价于模型中控制盒子1和盒子2之间的分数浓度差。

重排式(B.4.18)，得到常用的电流参数

$$Z=\frac{it_k^{1/2}}{nFAD_A^{1/2}C_A^*}=\frac{D_A^{1/2}t_k^{1/2}}{\Delta x}[f_A(2,k)-f_A(1,k)] \quad (B.4.19)$$

把式(B.1.13) 代入，给出

$$Z=(\boldsymbol{D}_{M,A}l)^{1/2}[f_A(2,k)-f_A(1,k)] \quad (B.4.20)$$

如果电流值恒定，最方便的是使用Sand方程式(9.2.11) 的跃变电流持续时间作为物质A的 t_k。第 $l^{1/2}$ 次迭代就对应

$$\tau^{1/2}=t_k^{1/2}=\frac{nFAD_A^{1/2}C_A^*\pi^{1/2}}{2i} \quad (B.4.21)$$

此时电流参数为

$$Z=\frac{\pi^{1/2}}{2}=(\boldsymbol{D}_{M,A}l)^{1/2}[f_A(2,k)-f_A(1,k)] \quad (B.4.22)$$

在进行模拟时，必须保证前两个盒子的分数浓度差为常数。若选 $t_k=\tau$，从式(B.4.22) 得到这个差值为

$$f_A(2,k)-f_A(1,k)=\frac{\pi^{1/2}}{2(\boldsymbol{D}_{M,A}l)^{1/2}} \tag{B.4.23}$$

每次迭代，发生扩散使得分数浓度 $f_A(1)$ 升高，法拉第反应转化 A 降低 $f_A(1)$ 保证满足式(B.4.23)，同时生成 B 使 $f_B(1)$ 提高相当的量。这就给出了第 k 次迭代的 $f_A(1,k)$ 和 $f_B(1,k)$。

如果体系是式(B.4.1) 表示的简单情况，在第 1 次迭代将正好达到电势跃变时刻，且 $f_A(1,k)=0$。若引入均相动力学等复杂情况，当然就会偏离这个结果。

对可逆体系，在每次迭代时用式(B.4.4) 计算 $\boldsymbol{E}_{norm}$ 值可以得到电势-时间曲线。若是准可逆体系，如 B.4.2 节介绍的那样，就需要指定有关的异相反应速率参数。

B.5 更复杂的体系

在以前版本的附录 B 中还介绍了：

① 对流，包括 RDE 和 RRDE 的处理；

② 电迁移和分散双层的影响；

③ 薄层池和电阻效应；

④ 多电极系统中的二维传质。

先前的介绍仍然有效[7]，有兴趣的读者不妨参考一下。然而，在这些情况下，显式模拟不再是建模的最佳方法。4.5.4 节介绍了商用电化学模拟器和通用模拟器/求解器，它们是解决这些问题的更好工具。

第二版还包含了对更复杂的模拟方法的简要介绍[8]，这些方法有时被用于刚刚提到的软件包中。

B.6 参考文献

1 B. Speiser, *Electroanal. Chem.*, **19**, 1 (1996).

2 S. W. Feldberg, *Electroanal. Chem.*, **3**, 199 (1969).

3 D. Britz and J. Strutwolf, "Digital Simulation in Electrochemistry," 4th ed., Springer, Switzerland, 2016.

4 J. T. Maloy in "Laboratory Techniques in Electroanalytical Chemistry," P. T. Kissinger and W. R. Heineman, Eds., 2nd ed., Marcel Dekker, New York, 1996, Chap. 20.

5 M. Rudolph in "Physical Electrochemistry," I. Rubinstein, Ed., Marcel Dekker, New York, 1995, Chap. 3.

6 S. W. Feldberg in "Computers in Chemistry and Instrumentation," Vol. 2, "Electrochemistry," J. S. Mattson, H. B. Mark, Jr., and H. C. MacDonald, Jr., Eds., Marcel Dekker, New York, 1972, Chap. 7.

7 K. B. Prater, *ibid.*, Chap. 8.

8 J. T. Maloy, *ibid.*, Chap. 9.

9 B. Jelen, "Power Excel by MrExcel," Holy Macro! Books, Merritt Island, FL, 2019.

10 B. Jelen, "Excel 2016 in Depth," Que, Indianapolis, 2016.

11 R. S. Nicholson and I. Shain, *Anal. Chem.*, **36**, 706 (1964).

---

❼ 见旧版 B.5 节和 B.6 节。

❽ 见第二版 B.6.4 节。

B.7 习题

B.1 证明 $Z(t)$ 和时间 t 时的电流与时间 t_k 时的 Cottrell 电流之比成正比，比例系数是什么？

B.2 使用 Excel 或其它电子数据表格，按照 B.2 节所述，认真规划安排，设计实现 Cottrell 实验的 100 次迭代模拟。此模拟程序可作为其它模型模拟的基础，比如 B.5 节和 B.6 节中的情况。

(a) 将你的数据与图 B.2.2 对比，讨论说明有何不同。

(b) 你的模拟中是否完美符合物质守恒？

(c) 使用你的电子数据表格的绘图功能绘制图 B.2.3 和图 B.2.4 那样的图。

(d) 将 $\boldsymbol{D}_{M,B}$ 改为 0.20 进行模拟计算，观察对 $Z(k)$ 和质量守恒数组的影响并解释。

(e) 将 $\boldsymbol{D}_{M,A}$、$\boldsymbol{D}_{M,B}$ 都改为 0.20，进行模拟计算，观察对 $Z(k)$、$R(100)$ 的值、$R(k)$ 图、质量守恒数组的影响并解释说明。

B.3 设计模拟计时电量法，推导类似 $Z(k)$ 的无量纲电量参数。模拟计算时，计算第 k 次迭代的无量纲电量参数应该使用什么时间？

B.4 讨论下列机理

$$\mathrm{A}+\mathrm{e} \rightleftharpoons \mathrm{B} \qquad \text{(在电极上)}$$

$$\mathrm{B}+\mathrm{C} \xrightarrow{k_2} \mathrm{D} \qquad \text{(在溶液中)}$$

推导类似式(B.3.11) 和式(B.3.12) 的扩散-动力学方程，并确定包含 k_2 的无量纲动力学参数。

B.5 使用电子数据表格开发程序，模拟准可逆体系的循环伏安过程（可以习题 B.2 为基础）。选用 l=100，$\boldsymbol{D}_M=0.45$，$\alpha=0.5$，且所有物种使用相同扩散系数。用式(7.3.6) 定义的函数 ψ 构造无量纲本质速率参数，并求出对应 $\psi=20$、1 和 0.1 时的值。将你模拟的伏安峰位分离结果和表 7.3.1 的结果进行比较。

B.6 对习题 B.5 的模拟程序，增加还原产物 B 的一级均相衰减反应，即

$$\mathrm{A}+\mathrm{e} \underset{k_b}{\overset{k_f}{\rightleftharpoons}} \mathrm{B} \qquad \text{(准可逆)}$$

$$\mathrm{B} \xrightarrow{k_1} \mathrm{D} \qquad \text{(在溶液中)}$$

对 $\psi=20$ 和 $k_1 t_k=1$ 进行模拟计算。将结果与 Nicholson 和 Shain[11] 的结果进行比较。

附录C 参考表

表 C.1 25℃下水溶液中一些选择的标准电极电势[①]

反应	E^0(vs. 旧的 NHE)/V[②]	E^0(vs. 新的 NHE)/V[③]
$Ag^+ + e \rightleftharpoons Ag$	0.7991	0.7989
$AgBr + e \rightleftharpoons Ag + Br^-$	0.0711	0.0709
$AgCl + e \rightleftharpoons Ag + Cl^-$	0.2223	0.2221
$AgI + e \rightleftharpoons Ag + I^-$	−0.1522	−0.1524
$Ag_2O + H_2O + 2e \rightleftharpoons 2Ag + 2OH^-$	0.342	0.342
$Al^{3+} + 3e \rightleftharpoons Al$	−1.676	−1.676
$Au^+ + e \rightleftharpoons Au$	1.83	1.83
$Au^{3+} + 2e \rightleftharpoons Au^+$	1.36	1.36
$BQ + 2H^+ + 2e \rightleftharpoons HQ$	0.6992	0.6990
$Br_2(aq) + 2e \rightleftharpoons 2Br^-$	1.0874	1.0872
$CO_2 + 8H^+ + 8e \rightleftharpoons CH_4 + 2H_2O$	0.169	0.169
$Ca^{2+} + 2e \rightleftharpoons Ca$	−2.84	−2.84
$Cd^{2+} + 2e \rightleftharpoons Cd$	−0.4025	−0.4027
$Cd^{2+} + 2e \rightleftharpoons Cd(Hg)$	−0.3515	−0.3517
$Ce^{4+} + e \rightleftharpoons Ce^{3+}$	1.72	1.72
$Cl_2(g) + 2e \rightleftharpoons 2Cl^-$	1.3583	1.3581
$HClO + H^+ + e \rightleftharpoons \frac{1}{2}Cl_2 + H_2O$	1.630	1.630
$Co^{2+} + 2e \rightleftharpoons Co$	−0.277	−0.277
$Co^{3+} + e \rightleftharpoons Co^{2+}$	1.92	1.92
$Cr^{2+} + 2e \rightleftharpoons Cr$	−0.90	−0.90
$Cr^{3+} + e \rightleftharpoons Cr^{2+}$	−0.424	−0.424
$Cr_2O_7^{2-} + 14H^+ + 6e \rightleftharpoons 2Cr^{3+} + 7H_2O$	1.36	1.36
$Cu^+ + e \rightleftharpoons Cu$	0.520	0.520
$Cu^{2+} + 2CN^- + e \rightleftharpoons Cu(CN)_2^-$	1.12	1.12
$Cu^{2+} + e \rightleftharpoons Cu^+$	0.159	0.159
$Cu^{2+} + 2e \rightleftharpoons Cu$	0.340	0.340
$Cu^{2+} + 2e \rightleftharpoons Cu(Hg)$	0.345	0.345
$Eu^{3+} + e \rightleftharpoons Eu^{2+}$	−0.35	−0.35
$\frac{1}{2}F_2 + H^+ + e \rightleftharpoons HF$	3.053	3.053

续表

反应	E^0(vs. 旧的 NHE)/V②	E^0(vs. 新的 NHE)/V③
$Fe^{2+}+2e \rightleftharpoons Fe$	−0.44	−0.44
$Fe^{3+}+e \rightleftharpoons Fe^{2+}$	0.771	0.771
$Fe(CN)_6^{3-}+e \rightleftharpoons Fe(CN)_6^{4-}$	0.3610	0.3608
$2H^{+}+2e \rightleftharpoons H_2$	0.0000	0.0000
$2H_2O+2e \rightleftharpoons H_2+2OH^-$	−0.828	−0.828
$H_2O_2+2H^{+}+2e \rightleftharpoons 2H_2O$	1.763	1.763
$Hg_2^{2+}+2e \rightleftharpoons 2Hg$	0.7960	0.7958
$Hg_2Cl_2+2e \rightleftharpoons 2Hg+2Cl^-$	0.26816	0.26799
$HgO+H_2O+2e \rightleftharpoons Hg+2OH^-$	0.0977	0.0975
$Hg_2SO_4+2e \rightleftharpoons 2Hg+SO_4^{2-}$	0.613	0.613
$I_2(c)+2e \rightleftharpoons 2I^-$	0.5355	0.5353
$I_2(aq)+2e \rightleftharpoons 2I^-$	0.621	0.621
$I_3^-+2e \rightleftharpoons 3I^-$	0.536	0.536
$K^{+}+e \rightleftharpoons K$	−2.925	−2.925
$Li^{+}+e \rightleftharpoons Li$	−3.045	−3.045
$Mg^{2+}+2e \rightleftharpoons Mg$	−2.356	−2.356
$Mn^{2+}+2e \rightleftharpoons Mn$	−1.18	−1.18
$Mn^{3+}+e \rightleftharpoons Mn^{2+}$	1.5	1.5
$MnO_2+4H^{+}+2e \rightleftharpoons Mn^{2+}+2H_2O$	1.23	1.23
$MnO_4^-+8H^{+}+5e \rightleftharpoons Mn^{2+}+4H_2O$	1.51	1.51
$Na^{+}+e \rightleftharpoons Na$	−2.714	−2.714
$Ni^{2+}+2e \rightleftharpoons Ni$	−0.257	−0.257
$Ni(OH)_2+2e \rightleftharpoons Ni+2OH^-$	−0.72	−0.72
$O_2+e \rightleftharpoons O_2^{\cdot-}$	−0.284	−0.284
$O_2+2H^{+}+2e \rightleftharpoons H_2O_2$	0.695	0.695
$O_2+4H^{+}+4e \rightleftharpoons 2H_2O$	1.229	1.229
$O_2+2H_2O+4e \rightleftharpoons 4OH^-$	0.401	0.401
$O_3+2H^{+}+2e \rightleftharpoons O_2+H_2O$	2.075	2.075
$Pb^{2+}+2e \rightleftharpoons Pb$	−0.1251	−0.1253
$Pb^{2+}+2e \rightleftharpoons Pb(Hg)$	−0.1205	−0.1207
$PbO_2+4H^{+}+2e \rightleftharpoons Pb^{2+}+2H_2O$	1.468	1.468
$PbO_2+SO_4^{2-}+4H^{+}+2e \rightleftharpoons PbSO_4+2H_2O$	1.698	1.698
$PbSO_4+2e \rightleftharpoons Pb+SO_4^{2-}$	−0.3505	−0.3507
$Pd^{2+}+2e \rightleftharpoons Pd$	0.915	0.915
$Pt^{2+}+2e \rightleftharpoons Pt$	1.188	1.188
$PtCl_4^{2-}+2e \rightleftharpoons Pt+4Cl^-$	0.758	0.758
$PtCl_6^{2-}+2e \rightleftharpoons PtCl_4^{2-}+2Cl^-$	0.726	0.726

续表

反应	E^0(vs. 旧的 NHE)/V②	E^0(vs. 新的 NHE)/V③
$Ru(NH_3)_6^{3+}+e \rightleftharpoons Ru(NH_3)_6^{2+}$	0.10	0.10
$S+2e \rightleftharpoons S^{2-}$	−0.447	−0.447
$Sn^{2+}+2e \rightleftharpoons Sn$	−0.1375	−0.1377
$Sn^{4+}+2e \rightleftharpoons Sn^{2+}$	0.15	0.15
$Tl^{+}+e \rightleftharpoons Tl$	−0.3363	−0.3365
$Tl^{+}+e \rightleftharpoons Tl(Hg)$	−0.3338	−0.3340
$Tl^{3+}+2e \rightleftharpoons Tl^{+}$	1.25	1.25
$U^{3+}+3e \rightleftharpoons U$	−1.66	−1.66
$U^{4+}+e \rightleftharpoons U^{3+}$	−0.52	−0.52
$UO_2^{2+}+4H^{+}+2e \rightleftharpoons U^{4+}+2H_2O$	0.273	0.273
$UO_2^{2+}+e \rightleftharpoons UO_2^{+}$	0.163	0.163
$V^{2+}+2e \rightleftharpoons V$	−1.13	−1.13
$V^{3+}+e \rightleftharpoons V^{2+}$	−0.255	−0.255
$VO^{2+}+2H^{+}+e \rightleftharpoons V^{3+}+H_2O$	0.337	0.337
$VO_2^{+}+2H^{+}+e \rightleftharpoons VO^{2+}+H_2O$	1.000	1.000
$Zn^{2+}+2e \rightleftharpoons Zn$	−0.7626	−0.7628
$ZnO_2^{2-}+2H_2O+2e \rightleftharpoons Zn+4OH^{-}$	−1.285	−1.285

① 表中的数据主要来自 Bard 等[1]（在 IUPAC 电化学与电分析化学委员会支持下编撰的）。另外的标准电势和热力学数据来自：Bard 与 Lund[2]，Milazzo 与 Caroli[3]。

② 在 1982 年前，NHE 的值是基于 H_2、1atm（1.01325×10^5Pa）的标准态，表中旧的值是基于该定义的测量。

③ 1982 年后，NHE 的定义是基于 1bar 标准态氢气压（2.1.6 节）。目前的 NHE 值相对于旧的 NHE 为＋0.169mV。如果上述表中的值小数点后多于 3 位，均需要扣去 0.169mV。

表 C.2　25℃下一些选择的电对水溶液中的形式电势①

反应	条件	$E^{0'}$(vs. NHE)/V
Cu(Ⅱ)+e ⇌ Cu(Ⅰ)	1mol/L NH_3＋1mol/L NH_4^{+}	0.01
Ce(Ⅳ)+e ⇌ Ce(Ⅲ)	1mol/L HNO_3	1.61
	1mol/L HCl	1.28
	1mol/L $HClO_4$	1.70
	1mol/L H_2SO_4	1.44
$Fc^{+}+e \rightleftharpoons Fc$	0.1mol/L $NaClO_4$	0.148②
$FcA+e \rightleftharpoons FcA^{-}$	0.20mol/L Na_2HPO_4，pH 9.2	0.288③
$FcMeOH^{+}+e \rightleftharpoons FcMeOH$	0.1mol/L 磷酸盐缓冲溶液，pH 8	0.21④
$FcTMA^{2+}+e \rightleftharpoons FcTMA^{+}$	0.2mol/L KCl	0.35⑤
Fe(Ⅲ)+e ⇌ Fe(Ⅱ)	1mol/L HCl	0.70
	10mol/L HCl	0.53
	1mol/L $HClO_4$	0.735
	1mol/L H_2SO_4	0.68
	2mol/L H_3PO_4	0.46
$Fe(CN)_6^{3-}+e \rightleftharpoons Fe(CN)_6^{4-}$	0.1mol/L HCl	0.56
	1mol/L HCl	0.71
	1mol/L $HClO_4$	0.72

续表

反应	条件	$E^{0'}$(vs. NHE)/V
$Ru(NH)_6^{3+} + e \rightleftharpoons Ru(NH)_6^{2+}$	0.02mol/L NaOAc,pH 5.5	−0.174⑥
	0.2mol/L NaOAc,pH 5.5	−0.190⑥
	2.0mol/L NaOAc,pH 5.5	−0.225⑥
Sn(Ⅳ)+2e ⇌ Sn(Ⅱ)	1mol/L HCl	0.14

① 表中的数据主要是来自 Charlot[4]。另外的数值来自 Lingane[5] 与 Meites[6]。缩写见本书文前"主要符号和缩写"中的表 5 及随后的结构式图 1。

② 见 Noviandri 等[7]，测量是在 22℃相对于 Ag/AgCl 进行的，但这里已经通过扣去 47mV 转为相对于 SCE。

③ 见 Matsue 等[8]，在 20℃。

④ 见 Bourdillon 等[9]，测量是在 0.0365mol/L KH_2PO_4 溶液中进行，通过加入 1mol/L NaOH，调节 pH 至 8，使离子强度为 0.1mol/L。

⑤ 见 Watkins 等[10]。

⑥ 见 Tsou 和 Anson[11]，测量是相对于 SSCE，但这里是通过扣去 5mV 转化为相对于 SCE。

表 C.3 非质子溶剂中估算的形式电势 (vs. 水相 SCE)①②

物质	反应	条件③	$E^{0'}$/V
蒽(An)	$An + e \rightleftharpoons An^{\cdot-}$	DMF,0.1mol/L TBAI	−1.92
	$An^{\cdot-} + e \rightleftharpoons An^{2-}$	DMF,0.1mol/L TBAI	−2.5
	$TPTA^{\cdot+} + e \rightleftharpoons An$	MeCN,0.1mol/L TBAP	1.3
偶氮苯(AB)	$AB + e \rightleftharpoons AB^{\cdot-}$	DMF,0.1mol/L TBAP	−1.36
	$AB^{\cdot-} + e \rightleftharpoons AB^{2-}$	DMF,0.1mol/L TBAP	−2.0
	$AB + e \rightleftharpoons AB^{\cdot-}$	MeCN,0.1mol/L TEAP	−1.40
	$AB + e \rightleftharpoons AB^{\cdot-}$	PC,0.1mol/L TBAP	−1.40
二苯甲酮(BP)	$BP + e \rightleftharpoons BP^{\cdot-}$	MeCN,0.1mol/L TBAP	−1.88
	$BP + e \rightleftharpoons BP^{\cdot-}$	THF,0.1mol/L TBAP	−2.06
	$BP + e \rightleftharpoons BP^{\cdot-}$	NH_3,0.1mol/L KI	−1.23④
	$BP^{\cdot-} + e \rightleftharpoons BP^{2-}$	NH_3,0.1mol/L KI	−1.76④
1,4-苯醌(BQ)	$BQ + e \rightleftharpoons BQ^{\cdot-}$	MeCN,0.1mol/L TEAP	−0.54
	$BQ^{\cdot-} + e \rightleftharpoons BQ^{2-}$	MeCN,0.1mol/L TEAP	−1.4
二茂铁(Fc)	$Fc^+ + e \rightleftharpoons Fc$	DCE,0.1mol/L TBAP	0.478⑤
	$Fc^+ + e \rightleftharpoons Fc$	DMF,0.1mol/L TBAP	0.497⑤
	$Fc^+ + e \rightleftharpoons Fc$	MeCN,0.1mol/L TBAP	0.460⑤
	$Fc^+ + e \rightleftharpoons Fc$	MeCN,0.1mol/L $TBAPF_6$	0.382⑥
$Me_{10}Fc$	$Me_{10}Fc^+ + e \rightleftharpoons Me_{10}Fc$	DCE,0.1mol/L TBAP	−0.054⑤
	$Me_{10}Fc^+ + e \rightleftharpoons Me_{10}Fc$	DMF,0.1mol/L TBAP	0.039⑤
	$Me_{10}Fc^+ + e \rightleftharpoons Me_{10}Fc$	MeCN,0.1mol/L TBAP	−0.046⑤
	$Me_{10}Fc^+ + e \rightleftharpoons Me_{10}Fc$	MeCN,0.1mol/L $TBAPF_6$	−0.125⑥
硝基苯(NB)	$NB + e \rightleftharpoons NB^{\cdot-}$	MeCN,0.1mol/L TEAP	−1.15
	$NB + e \rightleftharpoons NB^{\cdot-}$	DMF,0.1mol/L $NaClO_4$	−1.01
	$NB + e \rightleftharpoons NB^{\cdot-}$	NH_3,0.1mol/L KI	−0.42④
	$NB^{\cdot-} + e \rightleftharpoons NB^{2-}$	NH_3,0.1mol/L KI	−1.241④
氧气(O_2)	$O_2 + e \rightleftharpoons O_2^{\cdot-}$	DMF,0.2mol/L TBAP	−0.87
	$O_2 + e \rightleftharpoons O_2^{\cdot-}$	MeCN,0.2mol/L TBAP	−0.82
	$O_2 + e \rightleftharpoons O_2^{\cdot-}$	DMSO,0.1mol/L TBAP	−0.73
$Ru(bpy)_3^{n+}$	$Ru(bpy)_3^{3+} + e \rightleftharpoons Ru(bpy)_3^{2+}$	MeCN,0.1mol/L $TBABF_4$	1.32
	$Ru(bpy)_3^{2+} + e \rightleftharpoons Ru(bpy)_3^{+}$	MeCN,0.1mol/L $TBABF_4$	−1.30
	$Ru(bpy)_3^{+} + e \rightleftharpoons Ru(bpy)_3^{0}$	MeCN,0.1mol/L $TBABF_4$	−1.49
	$Ru(bpy)_3^{0} + e \rightleftharpoons Ru(bpy)_3^{-}$	MeCN,0.1mol/L $TBABF_4$	−1.73
四氰基对苯二醌二甲烷(TCNQ)	$TCNQ + e \rightleftharpoons TCNQ^{\cdot-}$	MeCN,0.1mol/L $LiClO_4$	0.13
	$TCNQ^{\cdot-} + e \rightleftharpoons TCNQ^{2-}$	MeCN,0.1mol/L $LiClO_4$	−0.29

续表

物质	反应	条件③	$E^{0'}$/V
N,N,N',N'-四甲基对苯二胺(TMPD)	$TMPD^{\cdot -} + e \rightleftharpoons TMPD$	DMF,0.1mol/L TBAP	0.21
四硫富瓦烯(TTF)	$TTF^{\cdot -} + e \rightleftharpoons TTF$	MeCN,0.1mol/L TEAP	0.30
	$TTF^{2+} + e \rightleftharpoons TTF^{\cdot +}$	MeCN,0.1mol/L TEAP	0.66
噻蒽(TH)	$TH^{\cdot -} + e \rightleftharpoons TH$	MeCN,0.1mol/L $TBABF_4$	1.23
	$TH^{2+} + e \rightleftharpoons TH^{\cdot +}$	MeCN,0.1mol/L $TBABF_4$	1.74
	$TH^{\cdot +} + e \rightleftharpoons TH$	SO_2,0.1mol/L TBAP	0.30⑦
	$TH^{2+} + e \rightleftharpoons TH^{\cdot +}$	SO_2,0.1mol/L TBAP	0.88⑦
三对甲苯基胺(TPTA)	$TPTA^{\cdot +} + e \rightleftharpoons TPTA$	THF,0.2mol/L TBAP	0.98

① 见表C.1的脚注①。

② 所报道的非水溶液中电势存在一些问题。用水中的SCE作为参比电极经常引入一个未知的，有时不可再现的液接界电势。有时参比电极用所研究的溶剂制作（例如 $Ag/AgClO_4$）或使用准参比（QRE）。除了注明以外本表报道的值相对水溶液SCE。尽管在报道非水溶液中电势时还没有适用的习惯，常用的办法是用同样溶剂中具体的可逆电对的电势作参考。这个电对（有时称为“参考氧化还原体系”）通常是在特殊的热力学假设的基础上来选择，也就是该体系的氧化还原电势仅仅略受溶剂体系的影响。常用的包括二茂铁/二茂铁盐电对。参见下面⑤的文献。

③ 化合物的缩写与结构参见本书文前“主要符号和缩写”中表5以及随后的图1。

④ 在−50℃下，在 NH_3 中相对 Ag/Ag^+（0.01mol/L）测量。

⑤ 见Noviandri等[7]，在22℃下相对于Ag/AgCl测量，但这里是通过扣去47mV转化为相对于SCE。该文献提供了 Fc^+/Fc 与 $Me_{10}Fc^+/Me_{10}Fc$ 电对在29种溶剂中的数据。

⑥ 见Aranzaes等[12]，在20℃下测量。

⑦ 在−40℃下，在 SO_2 中相对 $Ag/AgNO_3$（饱和）测量。

表C.4 一些选择的扩散系数①

物质	介质	T/℃	$10^5 D/(cm^2/s)$	参考文献
Cd	Hg	25	1.5	[13]
Cd^{2+}	0.1mol/L KCl	25	0.70	[14]
Fc	MeCN,0.5mol/L $TBABF_4$	RT	1.7	[15]
Fc	MeCN,0.1mol/L TEAP	RT	2.4	[16]
Fc	MeCN,0.6mol/L TEAP	RT	2.0	[17]
FcA^-	0.2mol/L Na_2HPO_4,pH 9.2	20	0.54②	[8]
$FcTMA^+$	0.2mol/L KCl	RT	0.75	[10]
$Fe(CN)_6^{3-}$	0.1mol/L KCl	25	0.76	[18]
$Fe(CN)_6^{3-}$	1.0mol/L KCl	25	0.76	[18]
$Fe(CN)_6^{4-}$	0.1mol/L KCl	25	0.65	[18]
$Fe(CN)_6^{4-}$	1.0mol/L KCl	25	0.63	[18]
H_2	0.1mol/L KNO_3	25	5.0	[19]
H^+	0.1mol/L KNO_3	25	7.9	[19]
$Ru(NH_3)_6^{3+}$	0.1mol/L KNO_3	RT	0.74	[20]
$Ru(NH_3)_6^{3+}$	0.1mol/L NaTFA	RT	0.67	[17]
$Ru(NH_3)_6^{3+}$	0.09mol/L 磷酸盐溶液	RT	0.53	[21]
1,2-二苯乙烯	DMF,0.5mol/L TBAI	RT	0.80	[22]

① 缩写：NaTFA，三氟醋酸钠盐；RT，室温（未注明准确的温度）；化合物的缩写与结构参见本书文前“主要符号和缩写”中表5与随后的图1。

② 在20℃。

参考文献

1 A. J. Bard, J. Jordan, and R. Parsons, Eds., “Standard Potentials in Aqueous Solutions,” Marcel Dekker, New York, 1985.

2 A. J. Bard and H. Lund, Eds., “The Encyclopedia of the Electrochemistry of the Elements,” Marcel Dekker, New York, 1973–1986.

3 G. Milazzo and S. Caroli, “Tables of Standard Electrode Potentials,” Wiley-Interscience, New York, 1977.

4 G. Charlot, “Oxidation-Reduction Potentials,” Pergamon, London, 1958.

5 J. J. Lingane, “Electroanalytical Chemistry,” Interscience, New York, 1958.

6 L. Meites, Ed., “Handbook of Analytical Chemistry,” McGraw-Hill, New York, 1963.

7 I. Noviandri, K. N. Brown, D. S. Fleming, P. T. Gulyas, P. A. Lay, A. F. Masters, and L. Phillips, *J. Phys. Chem. B*, **103**, 6713 (1999).

8 T. Matsue, D. H. Evans, T. Osa, and N. Kobayashi, *J. Am. Chem. Soc.*, **107**, 3411 (1985).

9 C. Bourdillon, C. Demaille, J. Moiroux, and J.-M. Savéant, *J. Am. Chem. Soc.*, **117**, 11499 (1995).

10 J. J. Watkins, J. Chen, H. S. White, H. D. Abruña, E. Maisonhaute, and C. Amatore, *Anal. Chem.*, **75**, 3962 (2003).

11 Y.-M. Tsou and F. C. Anson, *J. Electrochem. Soc.*, **131**, 595 (1984).

12 J. R. Aranzaes, M.-C. Daniel, and D. Astruc, *Can. J. Chem.*, **84**, 288 (2006).

13 I. M. Kolthoff and J. J. Lingane, “Polarography,” 2nd ed., Interscience, New York, 1952, p. 201.

14 D. J. Macero and C. L. Rulfs, *J. Electroanal. Chem.*, **7**, 328 (1964).

15 M. V. Mirkin, T. C. Richards, and A. J. Bard, *J. Phys. Chem.*, **97**, 7672 (1993).

16 A. M. Bond, T. L. E. Henderson, D. R. Mann, T. F. Mann, W. Thormann, and C. G. Zoski, *Anal. Chem.*, **60**, 1878 (1988).

17 D. O. Wipf, E. W. Kristensen, M. R. Deakin, and R. M. Wightman, *Anal. Chem.*, **60**, 306 (1988).

附录 D

现将原版中封面和封底上所列出的基本公式、量纲换算、重要关系式、物理常数、25℃时导出的常数等整理成为附录 D。公式仍然标明原章节的出处。

D.1 基本公式

对于如下反应式 $O+ne \rightleftharpoons R$ 的 Nernst 方程为

$$E=E^{0}+\frac{RT}{nF}\ln\frac{a_{O}}{a_{R}} \qquad E=E^{0'}+\frac{RT}{nF}\ln\frac{C_{O}^{*}}{C_{R}^{*}}$$

单步骤单电子动力学关系式（Butler-Volmer 理论）：

$$k_{f}=k^{0}e^{-\alpha f(E-E^{0'})} \tag{3.3.7a}$$

$$k_{b}=k^{0}e^{(1-\alpha)f(E-E^{0'})} \tag{3.3.7b}$$

$$i=FAk^{0}[C_{O}(0,t)e^{-\alpha f(E-E^{0'})}-C_{R}(0,t)e^{(1-\alpha)f(E-E^{0'})}] \tag{3.3.8}$$

$$i_{0}=FAk^{0}C_{O}^{*(1-\alpha)}C_{R}^{*\alpha} \tag{3.4.6}$$

$$i=i_{0}\left[\frac{C_{O}(0,t)}{C_{O}^{*}}e^{-\alpha f\eta}-\frac{C_{R}(0,t)}{C_{R}^{*}}e^{(1-\alpha)f\eta}\right] \tag{3.4.10}$$

$$R_{ct}=\frac{RT}{Fi_{0}} \tag{3.4.13}$$

$$\eta=\frac{RT}{\alpha F}\ln i_{0}-\frac{RT}{\alpha F}\ln i \qquad \text{（阴极 Tafel 公式）} \tag{3.4.15}$$

$$\frac{i}{i_{0}}=\frac{C_{O}(0,t)}{C_{O}^{*}}-\frac{C_{R}(0,t)}{C_{R}^{*}}-\frac{F\eta}{RT} \tag{3.4.31}$$

Marcus 理论（$\Delta w=w_{R}-w_{O}$）：

$$\Delta G_{f}^{\ddagger}=\frac{\lambda}{4}\left[1+\frac{F(E-E^{0'})+\Delta w}{\lambda}\right]^{2} \qquad \text{（电极反应）} \tag{3.5.23}$$

$$\Delta G_{f}^{\ddagger}=\frac{\lambda}{4}\left[1+\frac{\Delta G^{0}+\Delta w}{\lambda}\right]^{2} \qquad \text{（均相反应）} \tag{3.5.24}$$

Cottrell 公式

$$i(t)=i_{d,c}(t)=\frac{nFAD_{O}^{1/2}C_{O}^{*}}{\pi^{1/2}t^{1/2}} \tag{6.1.12}$$

线性扫描伏安法中，对于可逆体系向前峰电流[1]

$$i_{pc}=(2.69\times10^{5})n^{3/2}AD_{O}^{1/2}C_{O}^{1/2}v^{1/2} \tag{7.2.21}$$

$$i_{p}=2.69\mu A\times cm^{2}\times mmol/L(n=1,v=0.1V/s,D_{O}=10^{-5}cm^{2}/s)$$

---

[1] i(A)，D_{O}(cm/s)，C_{O}^{*}(mol/cm^{3})，A(cm^{2})，v(V/s)，$T=25$℃。

D.2 单层膜

Au(111) 表面　　1.5×10^{15} 原子/cm^2
典型的吸附覆盖　　$10^{-10}\sim10^{-9}$ mol/cm^2

D.3 简化的传质关系式

$$\frac{i}{nFA}=m_O[C_O^*-C_O(\text{surafce})] \tag{1.3.7}$$

$$\frac{i}{nFA}=m_R[C_R(\text{surface})-C_R^*] \tag{1.3.8}$$

$$i_{l,c}=nFAm_OC_O^* \tag{1.3.10}$$

$$i_{l,a}=-nFAm_RC_R^* \tag{1.3.18}$$

$$C_O(\text{surface})=C_O^*\left(1-\frac{i}{i_l}\right) \tag{1.3.11}$$

$$C_R(\text{surface})=\frac{m_OC_R^*}{m_R}\frac{i}{i_{l,c}}\quad\text{（本体中无 R）} \tag{5.2.29}$$

$$C_R(\text{surface})=C_R^*\left(1-\frac{i}{i_{l,a}}\right)\quad\text{（本体中有 R）} \tag{1.3.20}$$

传质系数 m_O

超微电极的稳态				
球形 半球形	圆盘	圆锥①	带状①	惰性基底上的球形
$\frac{D_O}{r_0}$	$\frac{4D_O}{\pi r_0}$	$\frac{2D_O}{r_0\ln(4D_Ot/r_0^2)}$	$\frac{2\pi D_O}{w\ln(64D_Ot/w^2)}$	$\frac{D_O}{r_0}\ln2$
其他的体系				
	线性 STV	DME②	RDE③	
	$\frac{D_O^{1/2}}{\pi^{1/2}\tau^{1/2}}$	$[(7/3)D_O/(\pi t_{max})]^{1/2}$	$0.62D_O^{2/3}\omega^{1/2}\nu^{-1/6}$	

① 长时间的极限是达到准稳态。
② 在上述式(1.3.10)，该 m_O 结合与时间相关的面积的清晰的表达式(8.1.2)，可给出 Ilkovič 公式[式(8.1.1)]。
③ 采用上述式(1.3.10)，该 m_O 给出 Levich 公式[式(10.2.21)]。

通用的可逆波方程

$$E=E_{1/2}+\frac{RT}{nF}\ln\frac{i_{l,c}-i}{i-i_{l,a}} \tag{1.3.22}$$

$$E_{1/2}=E^{0'}+\frac{RT}{nF}\ln\frac{m_R}{m_O} \tag{1.3.16}$$

圆盘电极的稳态电流

$$i_{d,c}=\frac{4nFAD_OC_O^*}{\pi r_0} \tag{5.2.18a}$$

$$i_{d,c}=4nFD_OC_O^*r_0 \tag{5.2.18b}$$

$$i_d\approx0.4\text{nA}\times n\times\mu\text{m(radius)}\times\text{mmol/L}(D\approx10^{-5}\text{cm}^2/\text{s})$$

D.4 25℃时参比电极电势

参比电极	电势/V			E_F/eV
	vs. NHE	vs. Ag/AgCl	vs. SCE	
NHE:Pt/H_2(a=1)/H^+(a=1)	0.000	−0.197	−0.244	−4.4
Hg/HgO/NaOH(0.1mol/L)	0.164	−0.033	−0.080	−4.6
Ag/AgCl/KCl(饱和)	0.197	0.000	−0.047	−4.6
SCE:Hg/Hg_2Cl_2/KCl(饱和)	0.244	0.047	0.000	−4.6
NCE:Hg/Hg_2Cl_2/KCl(1mol/L)	0.280	0.083	0.036	−4.7
Hg/Hg_2SO_4/K_2SO_4(饱和)	0.651	0.454	0.407	−5.1

D.5 物理常数①

C	真空中的光速	2.99792×10^{8} m/s
e	单位电荷	1.60218×10^{-19} C
F	法拉第常数	9.64853×10^{4} C/mol
h	普朗克常数	6.62607×10^{-34} J·s
k	玻尔兹曼常数	1.38065×10^{-23} J/K
N_A	阿伏伽德罗常数	6.02214×10^{23} mol^{-1}
R	摩尔气体常数	8.31447J/(mol·K)
ε_0	真空中的介电常数	8.85419×10^{-12} $C^2/(N\cdot m^2)$ 或 F/m

① 2018CODATA 推荐的值(http://physics.nist.gov/cuu/Constants/index.html)。

D.6 量纲和换算①

1A=1C/s	1F=1C/V
1Å=10^{-10}m=10^{-8}cm=10^{-4}μm=10^{-1}nm	1J=1N·m
1cal=4.184J	1N=1kg·m/s^2
1erg=10^{-7}J	1V=1J/C
1eV=1.602×10^{-19}J	1W=1J/s

① 标准前缀:T(太,tera),10^{12};G(吉,giga),10^{9};M(兆,mega),10^{6};M(千,kilo),10^{3};c(厘,centi),10^{-2};m(毫,milli),10^{-3};μ(微,micro),10^{-6};n(纳,nano),10^{-9};p(皮,pico),10^{-12};f(飞,femto),10^{-15};a(阿,atto),10^{-18};z(仄,zepto),10^{-21}。

D.7 25℃(298.15K)时导出的常数值

$f=F/(RT)$	38.92V^{-1}
$1/f=RT/F$	0.02569V
$2.303/f=2.303RT/F$	0.05916V

kT　　　　$4.116\times10^{-21}J=25.69meV$

$RT=N_AkT$　　　　$2.478kJ/mol=592cal/mol$

水相和非水相估算的电势范围见图 D.7.1。

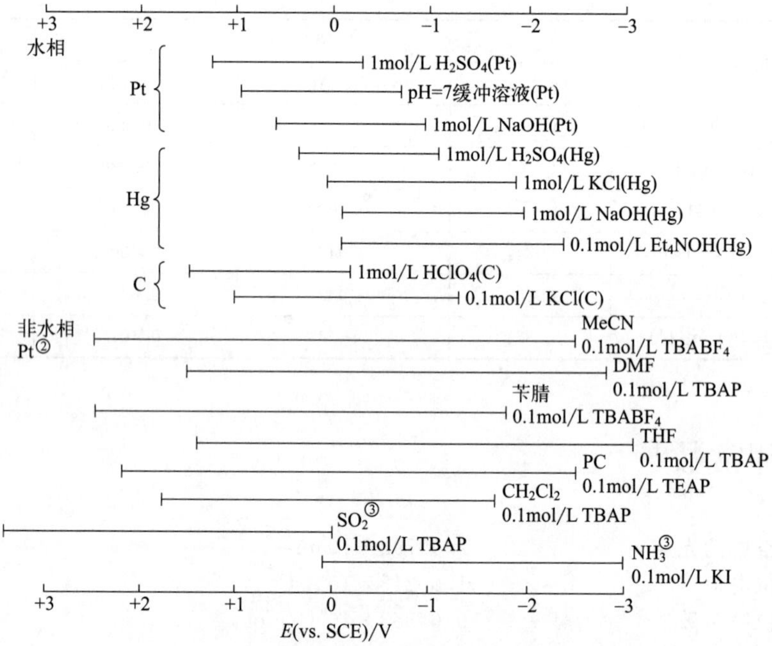

图 D.7.1　水相和非水相估算的电势范围[①]

① "电压极限"和"电势范围"不是很精确定义的术语，它们通常对应于一种溶剂的背景电流小于 $\mu A/cm^2$ 的有用工作范围。对于非水溶剂，此范围严格地依赖于纯度，特别是要除去溶剂中痕量水。可参考：［1］R. N. Adams，"Electrochemistry at Solid Electrodes，" Marcel Dekker，New York，1969，pp. 19-37. ［2］C. K. Mann，*Electroanal. Chem.*，3，57（1969）．［3］D. T. Sawyer，A. Sobkowiak，and J. L. Roberts，Jr.，"Electrochemistry for Chemists" 2nd ed.，Wiley，New York，1995.［4］A. J. Fry in "Laboratory Techniques in Electroanalytical Chemistry，" 2nd ed.，P. T. Kissinger and W. R. Heineman，Eds.，Marcel Dekker，New York，1996，Chap. 15.

② 在汞电极上的范围通常在负方向稍大，但是在正方向受汞（大约在 0.3～0.6V）的氧化的限制。

③ 在这些溶液中不能采用水相 SCE。以 SCE 电极为参比的范围是以 Ag/Ag^+ 为参比电极和在适当的氧化还原系统中测量估算来的

索　引

A

B

C

D

E

F

G

H

J

K

L

M

N

O

P

Q

R

S

T

W

X

Y

Z

其他